Fundamentals of Microelectronics with Robotics and Bioengineering Applications

Third Edition

Behzad Razavi
University of California, Los Angeles

THIRD EDITION

마이크로전자회로

FUNDAMENTALS OF MICROELECTRONICS

WITH ROBOTICS AND BIOENGINEERING APPLICATIONS

김철우 · 김종선 · 노정욱 · 박상규 · 양병도 · 이강윤 · 정성욱 · 조성익 옮김

BEHZAD RAZAVI

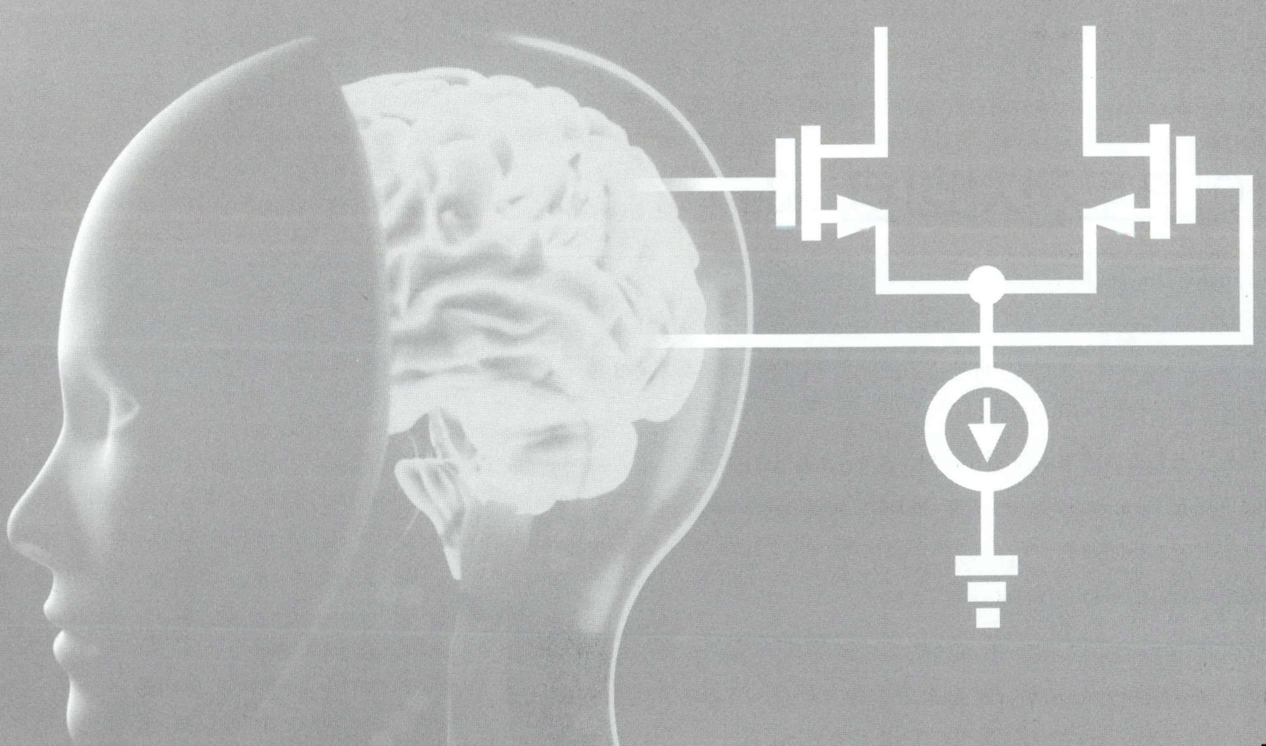

WILEY

TEXTBOOKS 텍스트북스

옮긴이 소개

김철우	고려대학교	전기전자공학부	지은이 머리말, 옮긴이 머리말, 1장, Appendix
김종선	홍익대학교	전자전기공학부	7, 10, 11장
노정욱	국민대학교	전자공학부	3, 14장
박상규	한양대학교	융합전자공학부	5, 6장
양병도	충북대학교	전자공학부	4, 17장
이강윤	성균관대학교	전자전기공학부	2, 13장
정성욱	연세대학교	전기전자공학부	15, 16장
조성익	전북대학교	전자공학부	8, 9, 12장

마이크로전자회로 제3판

발행일 2026년 2월 28일 3판 2쇄

지은이 Behzad Razavi

옮긴이 김철우 · 김종선 · 노정욱 · 박상규 · 양병도 · 이강윤 · 정성욱 · 조성익

발행인 임은정 발행처 (주)텍스트북스

주소 서울시 영등포구 양평로 30길 14, 세종앤까뮤스퀘어 1109호

전화 02-702-5725, 6 팩스 02-702-5727 웹사이트 www.textbooks.co.kr

등록번호 제2022-000098호

ISBN 979-11-91679-40-3 93560

정가 49,000원

옮긴이 머리말

1958년 Texas Instrument 사의 Jack Kilby(2000년 노벨 물리학상 수상)가 집적 회로를 발명한 이후 집적 회로 기술은 지속적으로 발전하여 점점 더 많은 트랜지스터와 수동 소자들을 하나의 칩에 집적할 수 있게 되었으며 이와 함께 집적 회로 설계 기술에도 많은 발전이 이루어졌다. 전자회로는 전기, 전자, 컴퓨터 관련 분야에서 핵심 기초 과목 중 하나로 많은 학교에서 필수 과목으로 가르치고 있다. 기존에 출간된 많은 전자회로 관련 서적들이 있지만 캘리포니아 주립대(University of California, Los Angeles)의 Behzad Razavi 교수가 쓴 「Fundamentals of Microelectronics」는 다른 책들에 비해 직관적으로 회로를 볼 수 있는 능력을 길러 주는 큰 장점이 있다. 이는 회로 구성이 점점 복잡해지는 요즘 추세에 아주 유용하다고 할 수 있다. 특히 Razavi 교수는 아날로그/RF 회로 설계 분야에서 오랜 경험과 많은 연구 업적을 가지고 있으며 이를 바탕으로 여러 권의 회로 설계 관련 서적을 출판해 왔다. 따라서 이 책은 다른 교재들에 비해 현장 경험을 바탕으로 독자들이 이해하기 쉽게 접근한 장점을 갖고 있다. 책의 분량 또한 기존의 책들이 너무 두꺼워서 두 학기에 다 소화하기에는 부담이 되는 데 비해 이 책은 상대적으로 분량을 많이 줄이면서 내용을 잘 구성하고 있다. 이러한 점들을 널리 알려 학생들이 더욱 쉽게 전자회로에 대한 이해를 넓힐 수 있도록 하자는 데 여러 역자들이 공감하여 이 책의 번역판을 출판하게 되었다.

이 책을 공부하기에 앞서 전기회로 과목과 반도체 소자 관련 과목을 먼저 공부하기를 권한다. 이 책에서는 전기회로 이론을 바탕으로 다이오드, 바이폴라 트랜지스터, MOS 트랜지스터 등으로 구성된 다양한 아날로그 회로들의 여러 특성을 다루고 있다. 16장에서는 디지털 회로의 기본적인 이해를 돕는 내용도 다루고 있다. 이 책에서 다루는 주요 내용들은 소신호 해석, 증폭 회로, 연산 증폭기, 전류 거울, 주파수 해석, 필터, 귀환, 발진기, 출력단 회로, 디지털 회로 등 기초적인 것들이다. 이번 판에서는 앞으로 전자회로 의존도가 더 많아질 로봇공학, 생명공학 관련 사례를 추가하였고 각 장 말미의 연습문제들을 재배치하였다. 그리고 최근 저자가 YouTube에 올린 전자회로 강연 동영상을 목록을 각 장 시작 페이지에 수록했으므로 이를 참조하면 공부에 도움이 될 것이라 생각한다. 전자회로를 공부할 때 많은 학생들은 수식이 많은 점에 어려워한다. 하지만 이 책에 사용되는 많은 수식들을 전부 외워야 하는 것은 아니다. 기본이 되는 몇 가지 수식만 이해하고 외우면 다른 것들은 직관적으로 다 유도할 수 있도록 공부하는 것이 필요하다. 그리고 이 책을 공부하는 데 있어 각 회로의 특성 및 장단점, 사용 목적 등에 대한 이해도 중요하므로 수식만 들여다보고 끝내지 않기 바란다. 또한 스파이스(SPICE) 모의실험과 전자회로 실험 과목은 실질적인 회로의 동작을 이해하기 위해 반드시 필요하므로 이론 공부와 꼭 병행할 것을 추천한다. 각 장의 연습문제들을 풀어 보며 고민하는 것도 자신의 이해도를 측정하고 넓힐 수 있는 좋은 방법이므로 스스로 많은 문제들을 풀어 보기 바란다.

역자들이 원저의 내용과 의도에 충실한 번역을 위해 최선을 다했지만 책의 번역 과정에 따르는 어쩔 수 없는 한계와 역자들의 능력 부족으로 내용 전달에 부족한 부분이 있더라도 독자 여러분의 너그러운 이해를 바란다. 또한 원서나 번역서의 오타로 인한 오류 등에 대해서도 독자들의 양해를 구한다. 이러한 부분들은 지속적으로 수정해 나갈 예정이다. 아무쪼록 이 책이 전자회로 공부에 위한 기초를 잘 닦는 데 조금이나마 도움이 되기를 바란다.

마지막으로 이 책이 나오기까지 많은 도움을 주신 출판사 관계자분들께 깊은 감사를 드린다.

2025년 1월 10일

옮긴이 적음

제3판 머리말

이 책의 2판은 7년 전에 출판되었다. 그 이후로 독자들의 학습 능력을 향상시킬 수 있는 새로운 재료들을 개발 중이다. 특히 3판은 다음 두 가지 중요한 사항이 추가되었다.

관련 비디오: 학생들은 일반적으로 책을 읽기 전에 강의를 보는 것을 선호한다. 온라인 영상의 확산과 함께 이에 대한 선호도가 높아져서 학생들은 읽는 것을 우선순위에 두지 않게 되었다. 따라서 나는 이 책이 어떻게 영상 강의로부터 도움을 받을 수 있을지 생각하게 되었다.

2014년에 나는 이 책의 첫 9개 장과 거의 비슷한 내용의 Electronics 1이라는 강의 영상 시리즈를 제작하였다. 해당 시리즈는 스마트보드 앞에서 녹화한 1시간 분량 동영상 강의 45개로 구성되어 있고, 실제 응용 분야와 깊이 연관된 'Frontiers in Electronics'도 포함되어 있다. 해당 영상들을 YouTube에 올려 많은 시청자들로부터 빠르게 인기를 얻게 되었다. 이로 인해 나는 10~12장을 다루는 Electronics 2에 대한 45개의 강의를 추가로 제작하였다. 90개의 강의는 누적 조회수 총 3백만 회를 넘겼고 총 조회시간은 50만 시간을 넘겼다. 시청자들이 수천 개의 긍정적인 메시지를 보내 주었고, 나는 이로 인해 책뿐 아니라 영상도 학습에 효과적인 수단으로 작용한다는 것을 알았다. 비디오 제목과 링크는 각 장 시작 페이지에 명시해 놓았다.

로봇공학과 생명공학: 통신과 컴퓨팅 외에도 다른 많은 분야가 집적 회로와 관련된 전자공학에 크게 의존하고 있는데 그중 대표적인 것이 로봇공학과 생명공학이다. 그러한 응용 분야를 가르치는 데 있어 주된 과제는 해당 개념을 학생들이 이해하는 언어로 설명하는 것이다. 그래서 실생활에서 다양한 전자 장치나 회로를 사용하는 20여 개의 로봇공학 및 생명공학 사례를 추가하였다.

그 외에 각 장 말미의 문제들을 재배치하고 각종 오타를 수정한 것이 3판의 또 다른 변화이다.

Behzad Razavi

2020년 9월

제2판 머리말

이 책은 2008년에 초판이 출판된 후 전 세계 수많은 대학에서 마이크로 전자공학 학부 교육을 위해 채택되었다. 학생들과 강의자들로부터 받은 피드백을 반영하여 2판에는 다음과 같이 교육학적인 측면을 강화하는 방향의 개정 사항들을 포함시켰다.

1. 학생의 몰입도를 높이고 동기부여가 되도록, 그리고 강의자가 실제 사례를 활용할 수 있도록 전자 장치 및 회로의 역사와 적용에 관한 풍부한 사이드바를 교재 전반에 걸쳐 추가했다. 사이드바는 전자 장치의 영향력을 설명하거나, 독자의 이해를 끌어올리거나, 또는 산업에서의 최신 개발 관련 스냅숏을 제공하기 위한 것이다.
2. 발진기에 대한 장이 추가되었다. 피드백 회로에 대한 자연스러운 파생인 이산적이고 통합된 발진기가 대부분의 장치에서 필수불가결하게 되었고 따라서 자세히 연구할 만하다.
3. 각 장의 진행과 더 잘 일치하도록 장 말미의 문제들을 재배치했고, 독자가 해당 절의 문제를 빠르게 찾을 수 있도록 절 제목이 추가되었다. 또한 도전적인 문제들은 난이도에 따라 별 한 개 또는 두 개로 구분하였다.
4. 접근법의 타당성 검증을 위해 정답을 필요로 하는 학생들의 요구에 따라 짝수 번 문제들에 대한 답을 책의 웹사이트에 게재하였다.
5. 많은 오타들이 수정되었다.

지난 5년 동안 귀중한 피드백을 준 모든 학생과 강의자 및 개정판을 만들도록 결정하게 해 준 분들께 감사드린다.

Behzad Razavi

2013년 1월

초판 머리말

반도체와 통신 산업의 발전과 함께 전기 공학자들은 마이크로일렉트로닉스를 잘 이해하는 것이 점점 더 중요해지고 있다. 이 책은 마이크로일렉트로닉스를 현대적이고 직관적인 관점으로 가르치는 텍스트의 필요성을 다룬다. 나는 학생들이 산업계에 진출하거나 대학원에 진학할 때 유용하다고 판단되는 분석과 설계 원칙을 효율적으로 진달하기 위해 나의 신업, 연구, 학문적 경험을 바탕으로 주제, 순서, 깊이, 폭을 선택하였다.

이 책의 두드러지는 점 중 하나는 합성 또는 디자인 지향 접근법이다. 가방에서 회로를 꺼내 이를 분석하려고 하는 것보다, 실생활에서 직면하게 되는, 예를 들면 핸드폰 충전기를 어떻게 만드는지와 같은 문제들로 각 장의 시작을 장식했다. 우리가 마지막 해답에 도달했을 때 학생들은 각 장치의 정확한 역할을 알게 되고, 회로 합성의 논리적 사고 순서에 대해 알게 된다.

이 책의 또 다른 필수적인 구성요소는 '관찰을 통한 분석'이다. 이러한 '정신력'은 두 가지 단계로 만들어진다. 첫 번째로, 기본적인 빌딩블록들의 작동 원리는 각 분석적인 결과의 '언어적'인 설명으로 만들어진다.(예를 들면, "이미터 쪽을 보면 $1/g_m$이 보인다.") 두 번째는 큰 회로들은 KVL, KCL을 쓰는 것을 피하고자 작은 기본 블록들로 분해되고 '대응'된다. 이러한 접근법은 많은 양의 직관을 주고, 큰 회로들의 분석을 단순화시킨다.

서문 뒤에 나오는 '학생을 위한 제안'과 '강의자를 위한 제안'은 학생과 강의자에게 도움이 되는 제안 사항을 기술한 것이다. 이 제안으로 인해 마이크로일렉트로닉스를 배우거나 가르치는 일이 더 즐거워지기를 바란다.

강의자는 파워포인트 슬라이드, 답안지 안내서, 그리고 다른 많은 교육 보조 자료를 사용할 수 있다.

Behzad Razavi

2007년 11월

지은이 소개

Behzad Razavi는 1985년 Sharif University of Technology에서 BSEE 학위를 받았고, Stanford University에서 1988년과 1992년에 각각 MSEE와 PhDEE 학위를 받았다. 1996년까지 AT&T Bell 연구소와 Hewlett-Packard 연구소에서 근무했다. 1996년부터 University of California, Los Angeles에서 전기·전자공학과 부교수로 재직하고 있다. Razavi 교수의 현재 연구는 wireless transceivers, frequency synthesizers, phase-locking and clock recovery for high-speed data communications, data converters를 포함한다.

Razavi 교수는 1992년부터 1994년까지 Princeton University에서, 1995년에는 Stanford University에서 겸임교수로 근무했고, 1993년부터 2002년까지 ISSCC(International Solid-State Circuits Conference)에서 Technical Program Committees로, 1998년부터 2002년까지 VLSI Circuits Symposium에서 일원으로 일했다. 또한 IEEE Journal of Solid-State Circuits, IEEE Transactions on Circuits and Systems와 International Journal of High Speed Electronics에서 Guest Editor와 Associate Editor로도 활동했다.

Razavi 교수는 1994년 ISSCC Beatrice Winner Award for Editorial Excellence를 수상했고, 1994년 European Solid-State Circuits Conference에서 최우수 논문상을, 1995년과 1997년 ISSCC에서 최우수 패널상을, 1997년 TRW Innovative Teaching Award를, 1998년 IEEE Custom Integrated Circuits Conference 최우수 논문상을, 2001년 McGraw-Hill First Edition of the Year Award를 수상했다. 또한 2001년 ISSCC에서 Jack Kilby Outstanding Student Paper Award와 Beatrice Winner Award for Editorial Excellence를 수상했다. Razavi는 2006년 Lockheed Martin Excellence in Teaching Award를, 2007년 UCLA Faculty Senate Teaching Award를, 2009년과 2012년 CICC Best Invited Paper Award를 수상했고, 2012년 VLSI Circuits Symposium Best Student Paper Award의 공동 수상자이다. Razavi는 또한 ISSCC의 50년 역사에서 상위 10명의 저자들 중 하나로 인정받았으며, 2011년에는 IEEE Donald Pederson Award in Solid-State Circuits를 수상했다.

Razavi 교수는 IEEE Distinguished Lecturer로 재직했고, IEEE의 Fellow 구성원이며, 「Principles of Data Conversion System Design」, 「RF Microelectronics」(한국어, 일본어, 중국어로 번역), 「Design of Analog CMOS Integrated Circuits」(한국어, 일본어, 중국어로 번역), 「Design of Integrated Circuits for Optical Communications」, 「Fundamentals of Microelectronics」(한국어, 포르투갈어로 번역)의 저자이다. Razavi 교수는 또한 「Monolithic Phase-Locked Loops and Clock Recovery Circuits」와 「Phase-Locking in High-Performance Systems」의 편집자이기도 하다.

감사의 글

이 책을 완성하기까지 4년이 걸렸고 그 과정에서 많은 이들의 도움을 받았다. 책의 출판에 기여해 주신 많은 분들께 감사를 드린다: David Allstot(University of Washington), Joel Berlinghieri, Sr.(The Citadel), Bernhard Boser(University of California, Berkeley), Charles Bray(University of Memphis), Marc Cahay(University of Cincinnati), Norman Cox(University of Missouri, Rolla), James Daley(University of Rhode Island), Tranjan Farid(University of North Carolina at Charlotte), Paul Furth(New Mexico State University), Roman Genov(University of Toronto), Maysam Ghovanloo(North Carolina State University), Gennady Gildenblat(Pennsylvania State University), Ashok Goel(Michigan Technological University), Michael Gouzman(SUNY, Stony Brook), Michael Green(University of California, Irvine), Sotoudeh Hamedi-Hagh(San Jose State University), Reid Harrison(University of Utah), Payam Heydari(University of California, Irvine), Feng Hua(Clarkson University), Marian Kazmierchuk(Wright State University), Roger King(University of Toledo), Edward Kolesar(Texas Christian University), Ying-Cheng Lai(Arizona State University), Daniel Lau(University of Kentucky, Lexington), Stanislaw Legowski(University of Wyoming), Philip Lopresti(University of Pennsylvania), Mani Mina(Iowa State University), James Morris(Portland State University), Khalil Najafi(University of Michigan), Homer Nazeran(University of Texas, El Paso), Tamara Papalias(San Jose State University), Matthew Radmanesh(California State University, Northridge), Angela Rasmussen(University of Utah), Sal R. Riggio, Jr.(Pennsylvania State University), Ali Sheikholeslami(University of Toronto), Kalpathy B. Sundaram(University of Central Florida), Yannis Tsividis(Columbia University), Thomas Wu(University of Central Florida), Darrin Young(Case Western Reserve University).

이 책의 초안을 수업을 통해 검토해 주고 조언해 준 Naresh Shanbhag 교수(University of Illinois, Urbana-Champaign)에게 감사드린다. UCLA 학생들인 Lawrence Au, Hamid Hatamkhani, Alireza Mehrnia, Alireza Razzaghi, William Wai-Kwok Tang, Ning Wang이 모범 해답을 작성해 주었다. Ning Wang은 이 책의 파워포인트 자료도 작성하였다. Eudean Sun(University of California, Berkeley)과 John Tyler(Texas A&M University)는 교정자로

서 도움을 주었다. 이들 모두의 수고에 감사드린다.

출판사의 Catherine Shultz, Wiley의 Lucille Buonocore, Carmen Hernandez, Dana Kellogg, Madelyn Lesure, Christopher Ruel, Kenneth Santor, Lauren Sapira, Daniel Sayre, Gladys Soto, Carolyn Weisman에게 감사드리고, Bill Zobrist에게도 감사의 마음을 전한다. 그리고 2판 출판에 큰 도움을 준 Jessica Knecht와 Joyce Poh에게도 깊이 감사드린다.

마지막으로 이 책 전체를 타자하고 저술을 마칠 수 있게 도와준 아내 Angelina에게 마음 깊이 감사를 전한다.

Behzad Razavi

학생을 위한 안내

우리는 이제 매력적인 전자회로의 세계로 여행을 떠나려고 한다. 다행히 전자회로는 우리 일상의 많은 측면에 나타나기 때문에 전자회로를 공부하기 위한 충분한 동기를 얻을 수 있다. 그러나 이 책을 읽는 것이 소설책을 읽는 것처럼 쉽지는 않다. 우리는 공학도로서 직관력뿐만 아니라 수학적인 법칙까지 동원하여 분석 및 설계를 해야 한다. 이 글은 전자회로를 공부하는 학생들에게 도움이 되는 몇 가지 제안을 담고 있다.

논리적인 면과 직관 이 책을 읽기에 앞서 학생들은 기본적인 회로 이론 수업을 통해 키르히호프의 법칙과 회로의 RLC 분석을 습득했을 것이다. 비록 실생활과 밀접한 관련이 없이 추상적인 내용이지만, 이러한 지식을 통해 전자회로의 기초를 공고히 하였다.

이 책 역시 전자회로에 관련된 법칙들을 요구하지만, 추가적인 두 가지 요소가 있다. 하나는 우리가 공부하는 개념에 따라 많은 적용 사례를 확인하였다. 또 다른 요소는 학생들이 전자 소자와 회로의 동작을 이해하는 직관력을 길러야 한다는 것이다. 복잡한 기능을 수행하기 위해 더 많은 소자들이 추가되었을 때, 직관적인 이해력이 없다면 회로 분석은 훨씬 더 어렵게 된다.

관찰을 통한 분석 우리는 이 책을 통해 '관찰을 통한 분석'에 필요한 사고력과 기술을 획득하기 위해 많은 노력을 할 것이다. 즉, 복잡한 회로를 관찰을 통해 더 단순한 구조로 만들어 몇 줄의 수식으로 동작을 수식화할 수 있도록 말이다. 간단한 예로서 그림 1(a)와 같은 저항을 이용한 전압 분할 회로와 그것의 테브냉 등가 회로를 생각해 보자. 이제 그림 1(b)와 같은 회로가 주어졌다면, 우리는 V_{in}, R_1, R_2를 테브냉 등가 회로로 대체함으로써 계산을 간소화할 수 있다.

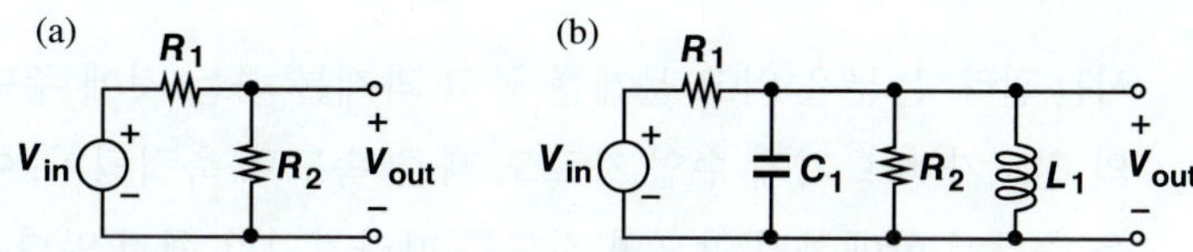

그림 1 관찰을 통한 분석의 예

한 주에 40페이지씩 전자회로 수업을 수강하는 동안 학생들은 이 책을 매주 40페이지씩 읽을 필요가 있다. 강의는 각 장의 '골격'을 잡아 주지만, 정독과 다음 장으로 넘어가기에 앞서 매 단락들을 이해함으로써 '각각의 골격들을 연결'하는 것은 온전히 학생들의 몫이다.

매주 이 책을 40페이지씩 읽고 이해하는 것은 집중력과 인내가 필요하다. 학생들은 매 페이지마다 새로운 내용과 구체적 서술을 접할 것이고 따라서 2~3시간 정도는 집중할 수 있어야 한다. 그리하여 해석력을 키우면서 내용의 흐름을 따라갈 수 있어야 한다. 또한 각 예제를 풀어 보려는 시도 후에 해답을 확인할 것을 제안한다.

한 주에 40문제씩 각 절을 읽고 예제를 푼 뒤 각 장 말미의 문제를 풀 것을 장려한다. 문제들은 상대적으로 쉬운 단계에서 시작하여 점점 심화된다. 몇몇 문제들은 다시 본문으로 돌아가서 애매한 부분을 더 주의 깊게 공부하도록 만들 것이다.

문제 풀이로부터 얻을 수 있는 효과는 얼마나 지속적으로 푸느냐에 달려 있다. 문제를 처음 접할 때는 어렵게 느껴질 수 있다. 하지만 그 문제를 다른 시각으로 바라보고, 나아가 본문 내용을 재조명함으로써 문제 해결의 실마리를 찾을 수 있을 것이다. 만약 심사숙고해도 문제가 풀리지 않는다면, 강의자나 조교로부터 힌트를 얻을 수도 있다. 문제에 대해 더 많이 고민하고 노력할수록 그로부터 얻는 해답은 더욱 설득력을 얻고 기억에도 오래 남을 것이다.

강의를 듣고 책을 읽는 것은 '수동적 학습 태도'이다. 단순히 강의자로부터 제공되는 일련의 정보들을 받아들이고 마는 것이다. 물론 수동적 학습도 필요하지만, 그것이 본문 내용에 대한 성취도를 확인시켜 주지는 않는다. 학생은 아마 공부를 하면서 본문에 중요한 부분들은 강조하기 위해 밑줄을 그을 것이다. 그리고 중요한 개념들을 따로 요약할 수도 있다. 하지만 내용을 완벽히 습득하려면 '능동적 학습'이 필요하다. 각 장 말미에 수록된 문제들은 이러한 목적으로 제공되는 것이다.

숙제와 시험 각 장 끝의 문제들을 푸는 것이 시험이나 과제를 준비하는 데 도움이 될 것이다. 과제 역시 지식을 활용하고 이해를 넓힐 수 있도록 집중할 수 있는 시간이 필요하다. 한 가지 충고할 점은, 동료들과 함께 과제를 하는 것은 현명하지 못하다는 것이다. 토론, 논쟁 등이 효과를 발휘하는 기타 과목과는 달리 전자회로는 조용한 집중을 요구하는 과목이다. 각자가 가지고 있는 답에 대한 확신을 위해 과제 작성이 끝난 후 동료 학생이나 조교, 교수와 토론할 수 있다.

시간 관리 본문을 읽고 문제를 풀고 과제를 하는 것에 주당 최소 10시간이 요구된다. 과목의 진도가 빠르기에 수업 자료도 빠른 속도로 축적되며, 이것은 강의 시작 첫 주부터 시간을 충분히 할애하지 않으면 진도를 따라가기가 쉽지 않다는 것을 의미한다. 실제로 수업에 뒤처질수록 수업에 대한 흥미가 줄어들게 되고, 이것은 강의자가 하는 말을 이해하지 않고 단순히 받아 적게 되는 결과를 낳는다. 비슷한 양의 시간 할애를 요구하는 다른 과목들과 마찬가지로 시간 관리를 적절히 하지 못하면 머지않아 수업의 양에 압도될 것이다.

시간 관리는 다음과 같이 두 단계로 이루어진다. (1) 깨어 있는 시간 중 일정 시간을 할당한다. (2) 각 할당된 시간을 효율적으로 이용한다. 그리고 여기서 효율을 높이기 위해서는 다음과 같은 방법을 사용할 수 있다. (a) 주의가 산만해지지 않도록 조용한 곳에서 공부한다. (b) 몰아서 공부하면 나중에는 이해하는 데 한계가 있을 수 있으므로 개념을 잘 이해할 수 있도록 주어진 학습량을 한 주에 걸쳐(예를 들면, 하루에 3시간씩) 분산시킨다.

선행 학습 회로 이론 수업에서 배웠던 많은 개념들이 전자회로를 공부하는 데 필수적이다. 1장에서는 지난 수업 내용을 환기시켜 주기 위해서 간략한 복습을 할 것이다. 제한된 강의 시간으로 인해 강의자가 수업에서 이 부분을 학생들에게 과제로 남길 수 있다. 학생들은 집중해서 읽기 전에 우선 1장을 통독하여 어느 부분이 자신에게 이해하기 어려운 부분인지를 파악할 필요가 있다.

강의자를 위한 안내

암기 위주가 아닌 사고력이나 추론에 강의의 초점이 맞추어져 있다면, 학부생들을 가르치는 것은 상당히 어렵다고 알려져 있다. 더구나 오늘날 빠른 속도의 비디오 게임이나 인터넷 '클릭'에 익숙한 젊은이들에게 장시간 집중하게 하고 추상적인 개념들을 다루게 하는 것은 점점 더 어려워지고 있다. 이 글은 10년 이상의 강의로부터 얻은 경험을 바탕으로 전자회로 강의자들에게 도움이 되고자 작성한 것이다.

치료 시간 전자회로 강의 수강생들은 대개 한 과목에서 두 과목 정도의 기초 회로 이론 과목을 수강한 상태이다. 대부분의 학생들에게 기초 회로 이론에 관한 수업 내용들은 특별히 머릿속에 기억되어 있지 않다. 사실, 회로 이론 교재는 회로 분야에 있지 않은 사람이 쓴 경우도 많고, 또 기초 회로 이론 강의는 회로 설계와는 거의 관계없는 강사가 가르치는 경우도 많다. 예를 들어 학생들은 메시 해석보다 노드 해석이 손으로 계산할 때 훨씬 더 많이 쓰인다는 사실을 수업 시간에 거의 듣지 못한다. 또는 테브낭과 노턴의 정리에 관해 깊은 직관력을 갖지 못한 채 한 학기를 마치게 되기도 한다.

앞서 말한 문제들을 염두에 두고 나는 5분간의 '치료 시간'으로 첫 강의를 시작한다. 나는 학생들이 얼마나 많이 회로 이론 강의를 좋아했고 '실제적인' 이해를 얻었는지를 묻는다. 아주 적은 수의 학생들이 손을 든다. 그런 다음, 미적분학 강의들은 어땠는지, 얼마나 많은 학생들이 미적분학 강의에서 '실제적인' 이해를 얻었는지를 묻는다. 이어서 미적분학이 공학에 기초가 되는 것처럼 회로 이론은 마이크로 전자공학에 대한 기초가 된다고 설명한다. 그리고 회로의 분석과 설계에서 심화된 주제들을 위한 기초를 완성해 나아가면서 전자회로에서 약간의 추상성은 각오해야 한다고 부연 설명을 한다. 그러고 나서 (1) 마이크로 전자공학은 단순히 키르히호프의 법칙을 쓰고 수식들을 해석하는 것을 넘어서 직관적인 이해에 아주 많이 기초를 두고 있고, (2) 이 강의는 우리의 일상생활에 있어서 마이크로 전자공학의 소자들과 회로들에 관한 많은 응용을 제공함을 알려 준다. 다시 말해서 전자회로 과목은 임의의 1 Ω 저항, 1 H 인덕터, 그리고 1 F 커패시터로 이루어진 RLC 회로들같이 무미건조하지 않다는 것을 강조한다.

첫 퀴즈 학생들의 수준이 각기 다른 상태에서 강의에 들어가기 때문에, 나는 첫 시간에 10분간의 퀴즈를 푸는 것이 매우 유용하다는 것을 깨달았다. 이 퀴즈는 성적에는 반영되지 않고 수강생들의 이해 정도를 알아보기 위한 것이며, 퀴즈를 푸는 목적은 지능이 아닌 지식을 테스트하는 것임을 강조한다. 퀴즈 문제지들을 수합한 뒤, 조교들 중 한 명에게 전체 문제의 50%를 맞히지 못하면 빨간 별 1개를 표시하는 방식으로 채점을 요구한다. 첫 강의가 끝날 때쯤 퀴즈 문제지들을 돌려주고 빨간 별이 있는 학생은 더 열심히 공부해야 하고 나와 조교들에게 좀 더 집중적으로 질문을 해야 한다고 말해 준다.

큰 그림 가르치는 일에 강력한 동기를 유발하는 도구는 '큰 그림', 즉 배우고 있는 개념에 대한 '실제적인' 응용이다. 1장에 있는 마이크로 전자공학 시스템의 두 가지 예는 이 책에서 다루어지는 내용들에 대한 문맥을 형성하는 첫 단계로서의 역할을 한다. 그러나 '큰 그림'을 제시하는 것이 여기에서 끝나서는 안 된다. 각각의 새로운 개념은 각각의 다른 응용에 장점이 될 수 있다. 그러나 이 책에서 그 응용에 대한 언급은 비교적 간단한 수준에서 이루어졌다. 그리고 여기서 생기는 부담은 책이 아닌 강의에 지워진다.

어떤 응용을 선택할지에 관한 문제는 신중히 다루어져야 한다. 만약 설명이 너무 길거나 추상적이라면 학생들은 개념과 응용의 관련성을 놓칠 수 있다. 나의 일반적인 강의 방법은 다음과 같다. 우리가 2장(기초 반도체 물리)을 시작한다고 가정해 보자. 나는 "만약 반도체가 없다면 세상은 어떻게 될까?"라거나 "너의 시계, 휴대전화, 노트북, 디지털카메라에 반도체로 만든 칩이 있는가?"를 묻는다. 이어지는 토론에서 반도체 칩들의 예와 그것들이 사용되는 제품들에 관한 설명을 계속한다.

'큰 그림'을 제시한 뒤에, "그런데 이것들은 너무 오래된 것들 아닌가? 왜 우리가 이런 것들을 배워야 하지?"라고 물으면서 추가적인 동기를 유발시킨다. 그런 다음 오늘날 설계의 어려움과 휴대용 기기 분야 제조업체들 사이에서의 전력 소비를 줄이고 가격을 낮추는 경쟁에 대해 간단히 말한다.

분석과 종합 전자회로 강의를 수강하는 학생들의 배경 지식에 대해 생각해 보자. 그들은 키르히호프의 법칙들을 효율적으로 쓸 수 있다. 그들은 또한 '무작위의' 많은 RLC 회로들을 보아 왔다. 이 학생들에게 모든 RLC 회로들은 다 비슷해 보이고 또 그 회로들이 어떻게 만들어지게 되었는지 명확하지 않다. 반면에 전자회로를 가르치는 본질적인 목적은 어떠한 특성을 제공하는 특정한 회로의 구성 방식을 개발하는 것이다. 따라서 우리는 학생들의 심리 상태를 "여기에 인생에서 다시는 볼 수 없을 회로가 있다. 분석하라!"에서 "우리는 다음 문제에 직면했다. 그리고 우리는 그 문제를 해결하는 회로를 만들어야 한다."로 바꾸어야 한다. 그런 후 우리는 가장 간단한 회로 구조로부터 문제 해결을 시작할 수 있다. 그것들의 단점을 확인하고, 받아들일 수 있는 해결책에 도달할 때까지 계속 개선해 나아간다. 이러한 단계적인 종합적 접근 방식은 (a) 회로에서의 각 소자들의 역할을 나타내고, (b) '설계지향적'인 심리 상태를 만들고, (c) 학생들의 '지성'과 '관심'을 이끌어 낸다.

관찰을 통한 분석 마이크로 전자공학을 공부하면서 학생들은 점점 더 복잡한 회로에 직면하게 되어, 단순히 키르히호프의 법칙들을 쓰는 것은 극히 비효율적이고 심지어 엄두도 못 낼 일이라고 생각할 수 있는 때에 도달한다. 초기의 몇 강의들 중 한 강의에서, 연산 증폭기 내부의 회로를 보여 주면서 "우리가 이 회로의 동작을 노드나 메시 방정식을 세워서 분석할 수 있을까?"라고 묻는다. 그렇게 해서 학생들에게 '관찰을 통한 분석'의 개념이 스며들게 하는 것이 중요하다. 접근 방식은 두 단계로 이루어진다. (1) 각각의 간단한 회로들에 대해 직관적인 언어로 각 특성들을 명확히 한다. 예를 들면 "공통 소스 단의 전압 이득은 부하 저항을 $1/g_m$과 소스에서 접지로 가는 저항의 합으로 나눈 값으로 주어진다". (2) 복잡한 회로를 단계 (1)에서 공부한 하나 이상의 회로 구성 방식으로 대응시킨다.

관찰을 통한 분석은 효율성과 더불어 엄청난 직관 또한 제공한다. 많은 예제들을 다루면서 학생들에게 이와 같은 방식으로 얻어진 결과들은 직관적인 개념을 회로에 대응시키는 과정 없이 단순히 키르히호프의 법칙들을 쓰는 것보다 회로의 연관성을 훨씬 더 잘 드러낸다는 것을 강조한다.

"이러면 어떨까?(What if?)" 시도 회로의 특성을 강조하는 재미있는 방법은 "우리가 이 소자를 노드 A와 B에 묶기보다 C와 D에 묶으면 어떻게 될까?"와 같은 질문을 하는 것이다. 사실 학생들은 종종 비슷한 질문들을 한다. 그에 대한 나의 대답은 "두려워하지 마라! 네가 회로를 네 생각대로 바꾼다 해도 너를 물지는 않는다. 그러므로 계속 나아가서 새로운 형태를 분석하라."이다.

간단한 회로에 대해, 학생들이 여러 가능한 변형들을 고려해 보고 결과적인 동작을 도출하도록 격려하는 것이 좋다. 결과적으로 학생들은 원래의 구성 방식이 훨씬 편안하다고 느끼고 많은 경우에 왜 그것이 유일하게 받아들일 수 있는 해결책이 되는지 이해한다.

수적인 계산과 기호적인 계산 강의자는 예제, 숙제, 그리고 시험에서의 설계 문제 풀이에 대해 수적인 계산과 기호적인 계산 중 한 종류를 결정해야 한다. 물론 단순히 대응되는 방정식을 찾아서 숫자를 대입하면 되므로 학생들은 전자를 선호할 것이다.

수적인 계산의 가치는 무엇인가? 내 생각에 그것은 두 가지 목적 중 한 가지를 제공한다: (1) 최근에 얻어진 값들이므로 학생들이 편안함을 느낀다. (2) 아니면, 학생들에게 실제에서 나오는 일반적인 값들에 대한 감각을 제공한다. 그러므로 수적인 계산은 가르치고 개념을 강조하는 데 제한적인 역할만을 하게 된다.

반면에 기호적인 계산은 연관성, 경향성, 제한을 드러내면서 회로 동작의 직관을 제공할 수 있다. 또한 얻어진 결과들은 좀 더 복잡한 예들로 응용될 수 있다.

판서와 파워포인트 이 책은 완결된 파워포인트 슬라이드를 제공한다. 그러나 나는 강의자에게 판서 강의와 파워포인트 발표의 장단점을 신중히 고려할 것을 제안한다.

내가 관찰한 몇 가지 사항들을 적어 본다. (1) 많은 학생들은 그들이 쓰고 있지 않으면 (적어도 정신적으로) 잠이 든다. (2) 또 다른 많은 학생들은 그들이 적고 있지 않으면 무언가를 놓치고 있다는 기분을 느낀다. (3) 대부분의 사람들에게 종이 위에 무언가를 쓰는 행위는 그들의 머리에 '새기는' 일에 도움을 준다. (4) 슬라이드를 이용하는 것은 빠른 속도로 수업을 이끌게 되고(만약 우리가 쓰고 있지 않으면 계속 진도를 나가야 한다!), 학생들이 개념을 소화하는 시간이 부족해지게 된다. 이러한 이유들 때문에 학생들이 발표 슬라이드의 출력물을 가지고 있다고 하더라도 이러한 슬라이드 발표 방식은 효율성이 떨어진다는 것이 밝혀져 있다.

이러한 상황을 개선하기 위해서 각 슬라이드에 빈칸을 만들어 두고 실시간으로 중요하거나 흥미 있는 결과들을 채워 넣을 수 있다. 나는 이러한 방법들을 OHP용 투명 용지를 사용하거나, 최근에는 태블릿으로 시도해 보았다. 이 방법은 대학원 강의에서는 잘 통하지만 학부생들은 여전히 지루해하거나 어리둥절한 상태에 있게 된다.

내 결론은 학부생들에게 마이크로 전자공학을 가르치기 위해서는 오래된 칠판이 여전히 최고의 수단으로 남아 있다는 것이다. 그럼에도 불구하고 강의자들은 파워포인트 슬라이드를 강의의 흐름을 위한 가이드로 활용할 수 있다.

개별 소자와 집적 회로 전자회로 과목은 개별 소자와 집적 회로 중에 어디를 얼마나 많이 강조해야 할까? 우리 중 대부분에게 '마이크로 전자공학'은 '집적 회로'와 동의어로 남아 있고, 사실 몇몇 대학교 교과 과정에서는 강의의 개별 소자의 측면을 점차적으로 없애고 있다. 하지만 많은 학생들이 보드 레벨의 설계 분야로 가기도 하고, 또 다른 학생들은 IC 제품 설계 분야에서 종사하게 된다.

이 책에서 내가 사용한 접근 방식은 두 개념이 동시에 적용될 수 있는 일반적인 개념으로 시작해서 점차 집적 회로로 집중해 가는 것이다. 또한 심지어 보드 레벨의 설계자들도 그들이 사용하는 집적 회로에 대한 기초적인 이해는 가지고 있어야 한다고 믿는다.

바이폴라 트랜지스터와 MOSFET 현재, 학부의 전자회로 강의에 바이폴라 트랜지스터 소자와 바이폴라 트랜지스터 회로를 포함시키는 문제를 두고 약간의 논쟁이 진행 중이다. MOSFET가 압도하고 있는 반도체 시장에서 바이폴라 소자들은 가치가 적어 보인다. 이러한 관점은 학부 강의에서는 어느 정도 적용되는 반면, (1) 앞서 말한 바와 같이, 많은 학부생들이 보드 레벨이나 개별 소자 설계 분야로 가고, 또한 바이폴라 소자들을 직면할 가능성이 있고, (2) 바이폴라와 MOS 소자의 대조되는 점과 비슷한 점이 각 분야를 이해하는 데에 유용하다는 것이 밝혀져 있다는 점을 명심해야 한다.

이 두 분야를 가르치는 순서 역시 논쟁거리이다.(Wiley에서 집중적인 설문조사를 했는데 이 문제에 대해 강의자들이 50 대 50으로 나뉘었다고 한다.) 어떤 강의자는 MOS를 다루기 위한 충분한 시간을 확보하기 위해 MOS로부터 시작해야 한다고 생각한다. 반면, 강의의 자연스러운 흐름을 위해서는 *pn* 접합의 연장선상에서의 바이폴라 소자를 먼저 가르치는 것이 요구된다. 사실 다이오드 이후 곧바로 MOS를 다루게 되면 학생들은 그 둘 사이

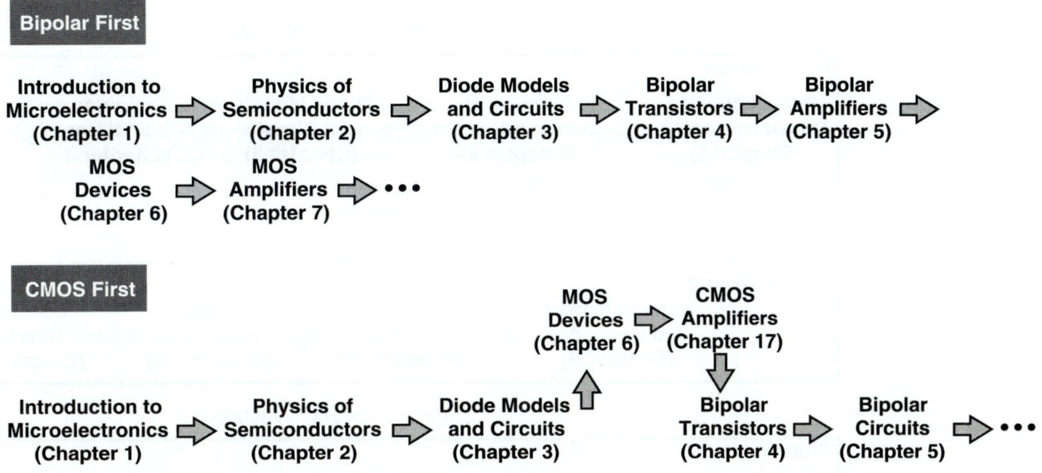

그림 2 바이폴라 기술 혹은 CMOS 기술을 우선으로 다루는 교육과정 순서

의 연관성을 거의 찾지 못하게 된다.(MOSFET에서의 *pn* 접합은 소자의 커패시턴스들이 소개되기 전까지는 두드러지게 나타나지 않는다.)

이 책에서 나의 접근 방법은 뒤이을 MOS의 대응되는 부분들이 더 쉽게 학습될 수 있도록 바이폴라 소자와 회로들을 기초를 다지면서 먼저 다루는 것이다.

그러나 이 책은 강의자가 원한다면 CMOS 회로를 먼저 다루도록 구성되어 있다. 각 경우에 대한 강의 진행 순서를 그림 3에 나타냈다. 16장은 강의자가 MOS 물리에서 MOS 증폭기 설계로 바이폴라 증폭기 설계를 다루지 않고도 자연스럽게 이어지는 강의를 할 수 있도록 학생들이 어떠한 증폭기에 관한 설계 원리도 본 적이 없다는 가정하에 쓰여졌다.

강의 요강 이 책은 두 쿼터나 두 학기 동안 사용할 수 있다. 강의자의 선택에 따라 여러 장을 조합하여 강의할 수 있는데, 그림에 몇 가지 가능성을 제시했다. 나는 UCLA의 쿼터제에 맞도록 여러 해 동안 강의 요강 I을 택했다.[1] 강의 요강 II는 디지털 집적 회로의 소개로 인해 연산 증폭기 부분이 희생된다.

학기제에서 강의 요강 I은 첫 강의를 전류 거울과 캐스코드 단으로 확장시키고 두 번째 강의를 출력단과 아날로그 필터로 확장시킨다. 그러나 강의 요강 II는 디지털 회로를 첫 강의에 포함한다. 전류 거울과 캐스코드 단은 두 번째 강의로 옮겨진다. 출력단은 희생이 된다.

그림 4는 UCLA에서 단원에 걸리는 대략적인 시간을 보여 준다. 학기제에서 할당된 시간은 좀 더 유연해진다.

단원의 범위 각 장의 소재는 세 가지 즉 (1) 강의자가 꼭 다루어야 하는 필수적인 개념, (2)

1) 우리는 디지털 회로 설계에 대한 별도의 학부 과정을 제공한다. 해당 과정은 우리의 첫 번째 마이크로 전자회로 과정을 수강한 후에 학습할 수 있다.

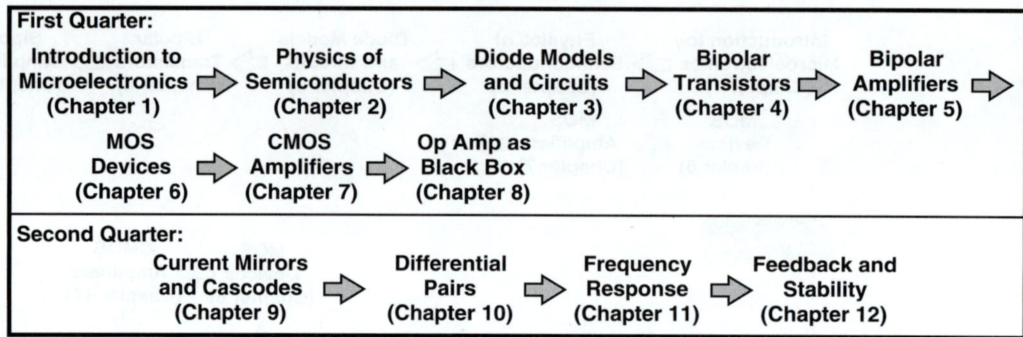

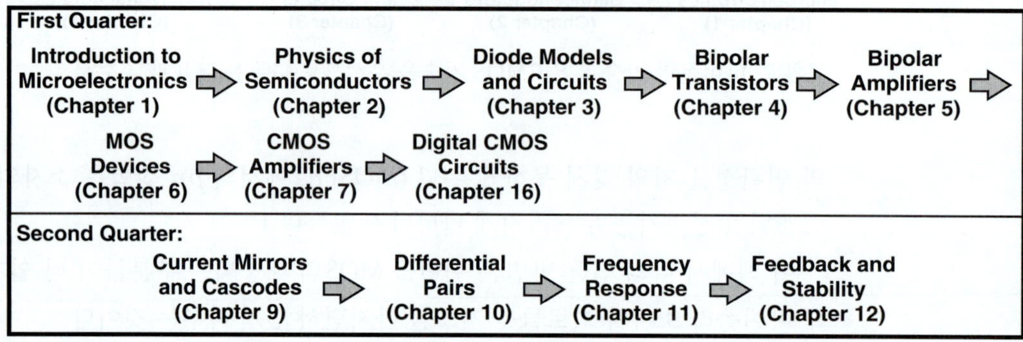

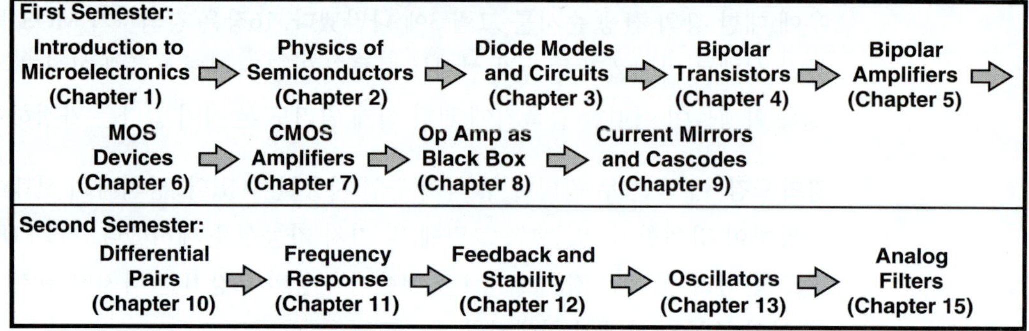

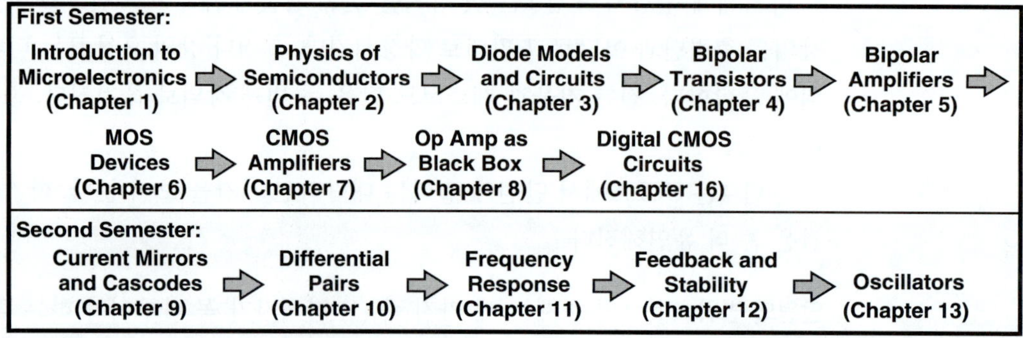

그림 3 분기 및 학기에 따른 다양한 교육과정

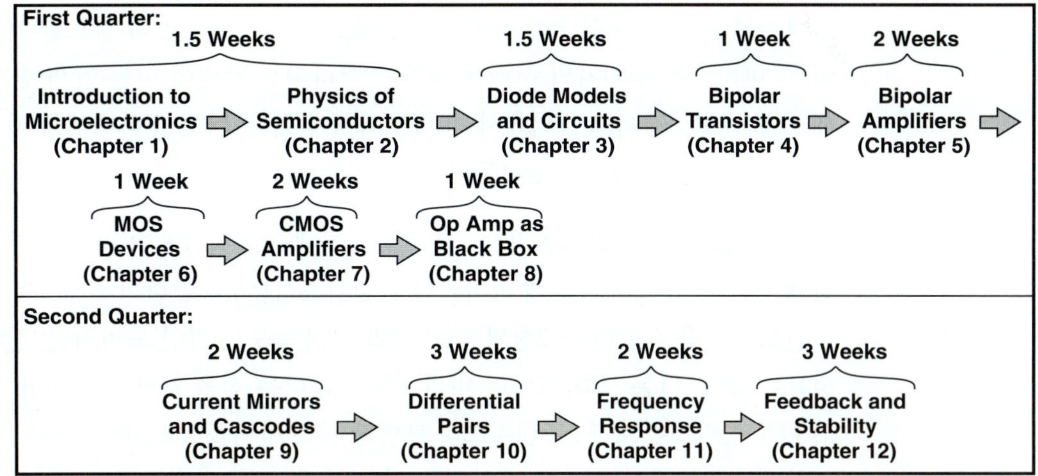

그림 4 두 교육과정의 시간표

제한된 시간상 강의에서는 다룰 수 없지만 학생들이 꼭 알아야 하는 필수적인 기술, (3) 유용하다고 판명되었지만 강의자의 선택에 따라 건너뛸 수 있는 주제[2]로 나뉠 수 있다: 아래에 요약된 것은 각 장에서 꼭 다루어져야 하는 주제들의 대략적인 소개이다.

1장: 전자회로의 소개 이 장의 목표는 '큰 그림'을 제공하는 것이다. 그리고 아날로그와 디지털 신호들로부터 학생들을 편안하게 만들어 주는 것이다. 나는 나머지 부분(기본 개념)은 첫 주의 저녁 보강 시간에 조교에게 가르치도록 맡기고 1.1절과 1.2절에 30~45분 정도를 할애한다.

2장: 기초 반도체 물리 이 장은 반도체 소자 물리의 기본을 제공하면서 다양한 각도에서 개념들을 점검하고 학생들이 읽으면서 소화할 수 있도록 천천히 그리고 신중하게 나아간다. 간단한 언어는 시간을 단축할 수 있지만, 학생들이 내용을 판독하기 위해 여러 번 다시 읽도록 만든다.

그러나 강의 속도가 최대한 늦추어질 필요는 없다. 내용에 대한 이해를 강화하기 위해 자세한 부분과 예제를 학생들 스스로 읽게 해야 한다. 이 장의 핵심은 회로 모델을 구성하기 위해 소자 물리를 공부해야 한다는 것이다. 쿼터제에서 나는 전자와 정공, 도핑, 드리프트와 확산, 평형 상태와 순방향 또는 역방향 바이어스에서의 *pn* 접합에 대한 개념을 다룬다.

3장: 다이오드 모델과 회로 이 장에서 달성하려는 목표는 다음 네 가지이다. (1) 학생들이 비선형 소자로서의 *pn* 접합에 친숙해지도록 만든다. (2) 분석을 간단히 하기 위해 비선형 모델을 선형화하는 개념을 소개한다. (3) 전기 엔지니어라면 친숙해야 하는 기본 회로(예를

2) 해당 주제들은 이 책의 각주 부분에서 확인하기 바란다.

들면, 정류기나 리미터)들을 다룬다. (4) 예를 들어 어떤 입력 전압에서 어떤 다이오드가 켜질지 예측하기 힘든 상당히 비선형적인 회로들을 분석하는 데 필요한 기술들을 개발한다. 이 중 마지막은 강의자의 선택에 따라서 달라지는 반면에(나는 강의에 포함시킨다) 앞의 세 가지는 필수적이고 강의에서 꼭 다루어져야 한다. 나는 쿼터제에서 배전압기나 레벨 시프터와 같은 많은 절들은 건너뛴다.

4장: 바이폴라 트랜지스터 물리 이 장은 증폭기에서의 전압제어 방식의 전류 거울의 활용과 함께 시작한다. 그런 다음에 바이폴라 트랜지스터를 *pn* 접합의 확장으로 소개하고 그것의 소신호 모델을 유도한다. 2장과 같이 교과 전개 속도는 약간 느리지만, 강의는 그렇게 느릴 필요는 없다. 나는 포화 상태는 바람직하지 않다는 점을 간단히 지적한 뒤 지수적인 특성의 아주 간략화된 유도, 트랜지스터 모델과 같은 바이폴라 트랜지스터의 구조와 동작을 설명한다. T 모델은 분석에서 제한된 쓰임을 가지고 있고 적은 직관을 주므로(특히 MOS 소자에서) 이 책에서 제외시켰다.

5장: 바이폴라 증폭기 이 장은 전자회로에서 앞으로 나올 내용들을 공부하는 데 필요한 기초를 다지는 단원으로서 이 책에서 가장 긴 단원이다. 상향식 접근 방식을 따르면서 입출력 저항, 바이어싱, 소신호 해석과 같은 중요한 개념을 확립한다.

책을 쓰면서, 한 장은 위의 개념을 설명하고 또 한 장은 바이폴라 증폭기 구조를 설명하도록 5장을 2개의 장으로 나누는 것을 고민했었다. 그것은 강의자의 선택에 따라 MOS 회로를 계속 진행할 수 있도록 하기 위함이다. 그러나 일반적인 개념을 가르치는 것은 트랜지스터의 쓰임을 필요로 한다. 따라서 그러한 분리는 어려워진다.

5장은 단계적으로 합성의 개념을 강조하고 'What if?' 예제들과 함께 회로 구조를 탐구하면서 천천히 진행된다. 2장, 4장과 같이 강의자는 빠르게 나아가고 학생들이 스스로 읽도록 많은 양의 내용을 남겨 둘 수 있다. 쿼터제에서는 그림 5.7에 나와 있는 개념들(베이스, 이미터, 컬렉터에서 보이는 저항)을 자주 강조하면서 모든 장을 가르친다. 이 장은 약 2주(아니면 2주 반) 정도가 할당되며 강의실에서 주요 개념을 가르칠 수 있도록 정확히 계획되어야 한다.

6장: MOS 트랜지스터 물리 이 장은 MOSFET를 전압제어 방식의 전류원으로 소개하고 그 특성을 이끌어 냄으로써 4장과 비슷한 관계에 있다. 주제를 다루는 제한된 시간에 몸체 효과나 포화 속도에 관한 짧은 논의가 포함되며 이 책의 나머지 부분에서는 이러한 현상들을 무시했다. 이 장은 첫 학기에 모두 다루어진다.

7장: CMOS 증폭기 5장에서 확립된 기본 개념들을 충분히 활용하여 빠른 속도로 MOS 증폭기를 다룬다. 이 장은 첫 학기에 모두 다루어진다.

8장: 블랙박스로서의 연산 증폭기 연산 증폭기에 기반한 회로들을 다루면서 이 장은 다른 장들과 함께 어떤 순서로도 가르칠 수 있도록 쓰여졌다. 나는 학생들이 연산 증폭기의 내부 회로와 이득의 제한을 이해하게 하려고 증폭기의 구조를 가르친 뒤 이 장을 다룬다. 또한 첫 강의의 마지막에 이 장을 배치하는 것은 연산 증폭기를 차동 증폭기(10장)에 가까이 둠으로써 학생들이 각각의 관련성을 보게 하기 위해서이다. 이 장은 첫 학기에 모두 다루어진다.

9장: 캐스코드 단과 전류 거울 이 장은 집적 회로 설계로 가는 중요한 단계가 된다. 여기에서의 캐스코드와 전류 거울에 대한 공부는 또한 10장의 능동 부하나 캐스코드로 차동쌍을 구성하는 데 필요한 배경 지식을 제공한다. 이 장부터는 바이폴라와 MOS 회로가 같이 다루어지며 이들의 다양한 차이점과 공통점이 지적된다. 두 번째 마이크로 전자공학 교육과정에 약 2주에 걸쳐 이 장의 모든 주제를 다룬다.

10장: 차동 증폭기 이 장은 차동 증폭기의 소신호, 대신호 동작을 다룬다. 학생들은 아마도 왜 5장이나 7장에서 그 많은 증폭기의 대신호 동작을 공부하지 않았는지 궁금할 것이다. 그래서 나는 차동쌍은 다방면으로 쓰일 수 있는 회로이고 두 방식 모두에서 사용된다고 설명한다. 이 장은 두 번째 학기에 모두 다루어진다.

11장: 주파수 응답 보데의 규칙과 같은 기본 개념들의 복습을 시작으로 이 장에서는 트랜지스터의 고주파 모델을 소개하고 기본 증폭기의 주파수 응답을 분석한다. 이 장은 두 번째 학기에 모두 다루어진다.

12장: 귀환 대부분의 강의자는 학부 과정에서 다루는 마이크로 전자공학에서 학생들이 귀환을 가장 어려운 주제로 알고 있음에 동의한다. 이러한 이유로 귀환 회로, 특히 입력과 출력의 부하 효과가 고려되어야 하는 부분을 분석하는 단계적인 진행을 만들기 위해 아주 큰 노력을 기울였다. 2장, 5장과 마찬가지로 이 장은 학생들이 각 개념에 편안해지고 예제를 통해 설명된 요점들을 음미하도록 의도적으로 천천히 진행한다. 이 장은 두 번째 학기에 모두 다루어진다.

13장: 발진기 이 새로운 장에서는 개별 소자로서의 발진기와 집적된 발진기에 대해 다룬다. 발진기 회로는 실제 전자제품에서 많이 사용되며 12장에서 배운 귀환에 대한 개념을 더 잘 이해하는 데 도움을 준다. 이 장은 쿼터제보다 학기제에서 강의에 포함하기 좋다.

14장: 출력단과 전력 증폭기 이 장에서는 앞 장들에서 다룬 회로들보다 높은 전력을 전달하는 회로에 대해 공부한다. 푸시풀 단과 같은 구조와 그 구조들의 한계가 분석된다. 이 장도 쿼터제보다 학기제에서 강의에 포함하기 좋다.

15장: 아날로그 필터 이 장은 학생들이 좀 더 진보된 주제들에 대한 준비가 되도록 수동, 능동 필터의 기본적인 이해를 제공한다. 이 장도 학기제에서 강의에 포함하기 좋다.

16장: 디지털 CMOS 회로 이 장은 이어지는 주제에 대한 준비 과정으로서 디지털 회로들에 대한 소개를 포함하는 마이크로 전자공학 수업을 위해 쓰여졌다. 학기제나 쿼터제의 시간 관계상 TTL과 ECL 회로는 제외했다.

17장: CMOS 증폭기 이 장은 바이폴라 회로에 앞서 CMOS 회로를 다루는 수업을 위해 쓰여졌다. 앞서 설명한 바와 같이 이 장은 MOS 소자의 물리를 다룬다. 5장과 비슷하지만, MOS의 대응되는 부분들을 설명한다.

문제 각 장은 많은 예제들과 더불어 광범위하고 다양한 문제들을 장 말미에 제공한다. 각 장에서 다루어진 개념에 대한 간단하고 자신감을 키워 주는 문제들로 시작하여 점점 난이도가 높은 문제들로 나아간다. 소자의 물리를 다루는 장을 제외한 모든 장들은 학생들이 '거꾸로' 생각하는 것을 장려하고, 어떤 요구사항을 충족시키는 바이어스나 구성요소들의 값들을 선택하게 하도록 설계 문제를 제공한다.

SPICE 일부 기초 회로 과목들은 스파이스(SPICE)를 사용하도록 하지만, 이 책은 학생들이 시뮬레이션 툴의 중요성을 음미할 수 있는 첫 마이크로 전자공학 수업이 되도록 하고자 한다. 부록 A는 스파이스를 소개하고 많은 예제와 함께 회로의 시뮬레이션 방법을 지도한다. 현 수준에 맞는 거의 모든 회로를 시뮬레이션할 수 있는 스파이스 명령어들을 익히는 것이 목적이다. 강의 시간이 제한되어 있기 때문에 나는 조교에게 학기 중반이나 스파이스 문제를 숙제로 내기 직전 저녁 보강 시간을 이용하여 스파이스 부분을 다루도록 한다.

대부분의 장에 스파이스 문제가 있다. 그러나 나는 스파이스를 첫 학기의 중반쯤(5장 끝부분)에 소개하는 것을 선호한다. 여기에는 다음과 같은 두 가지 이유가 있다. (1) 학생들은 기본적인 이해와 분석적인 기술들을 먼저 학습해야 한다. (2) 학생들은 비교적 많은 수의 소자(5~10개)가 포함된 회로일 때 스파이스의 유용함을 더 많이 알 수 있다.

숙제와 시험 쿼터제에서 중간고사 전과 후에 각각 네 번의 숙제를 낸다. 대부분 책에 있는 문제들을 바탕으로 하는 숙제는 중간부터 고급까지의 문제들을 포함하고 있기 때문에 학생들은 먼저 책에 있는 더 쉬운 문제들을 스스로 풀어 보게 된다.

시험 문제는 보통 책에 있는 문제를 '꼬아 놓은' 형태이다. 학생들이 각 장의 모든 문제를 풀도록 격려하기 위해서 나는 문제 중 하나가 시험에 나온다고 알려 준다. 시험은 오픈북이다. 그러나 나는 학생들이 중요한 공식들을 한 장의 종이에 요약해 오도록 한다.

즐거운 강의가 되기를 바라며!

차례

1장 전자회로의 소개 / 1

1.1 전자공학과 전자회로 1

1.2 전자 시스템의 예시 2

1.2.1 휴대전화 2

1.2.2 디지털 카메라 5

1.2.3 아날로그와 디지털 8

1.3 기본 개념들 8

1.3.1 아날로그와 디지털 신호 9

1.3.2 아날로그 회로 10

1.3.3 디지털 회로 12

1.3.4 기본 회로 원리 13

1.4 요약 22

Reference 22

2장 기초 반도체 물리 / 23

2.1 반도체 물질 및 성질 24

2.1.1 고체에서의 전하 캐리어 25

2.1.2 캐리어 밀도 변화 28

2.1.3 캐리어의 이동 30

2.2 *pn* 접합 39

2.2.1 평형 상태의 *pn* 접합 40

2.2.2 역방향 바이어스에서의 *pn* 접합 45

2.2.3 순방향 바이어스에서의 *pn* 접합 51

2.2.4 전류/전압 특성 54

2.3 역방향 절연 파괴 59

2.3.1 제너 항복 60

2.3.2 애벌런치 항복 61

2.4 요약 61

Problems 62

SPICE Problems 65

Reference 65

3장 다이오드 모델과 회로 / 67

3.1 이상적인 다이오드 68

3.1.1 다이오드 필요성 68

3.1.2 이상적인 다이오드 69

3.1.3 응용 예 75

3.2 *pn* 접합의 다이오드 활용 80

3.3 추가 예제 82

3.4 대신호와 소신호 동작 90

3.5 다이오드의 응용 99

3.5.1 반파 및 전파 정류기 99

3.5.2 전압 조절 112

3.5.3 제한 회로 115

3.5.4 배전압기 118

3.5.5 레벨 시프터와 스위치로서의 다이오드 125

3.6 요약 127

Problems 128

SPICE Problems 135

Reference 136

4장 바이폴라 트랜지스터 물리 / 137

4.1 일반적인 고찰 138

4.2 바이폴라 트랜지스터의 구조 139

4.3 능동 모드에서의 바이폴라 트랜지스터 동작 141

4.3.1 컬렉터 전류 143

4.3.2 베이스와 이미터 전류 147

4.4 바이폴라 트랜지스터의 모델과 특성 149

4.4.1 대신호 모델 149

4.4.2 전류/전압 특성 152

4.4.3 트랜스컨덕턴스의 개념 153

4.4.4 소신호 모델 156

4.4.5 얼리 효과 161

4.5 포화 모드에서의 바이폴라 트랜지스터 동작 168

4.6 *pnp* 트랜지스터 172

4.6.1 구조 및 동작 172

4.6.2 대신호 모델 172

4.6.3 소신호 모델 175

4.7 요약 179

Problems 179

SPICE Problems 186

5장 바이폴라 증폭기 / 189

5.1 일반적인 고찰 190

5.1.1 입력 및 출력 임피던스 190

5.1.2 바이어스 회로 196

5.1.3 직류 및 소신호 해석 196

5.2 동작점 해석 및 설계 198

5.2.1 간단한 바이어스 회로 200

5.2.2 저항 분할 바이어스 회로 202

5.2.3 이미터 축퇴를 사용한 바이어스 회로 206

5.2.4 자기 바이어스를 사용한 단 211

5.2.5 *pnp* 트랜지스터의 바이어스 회로 214

5.3 바이폴라 증폭기의 토폴로지 219

5.3.1 공통 이미터 토폴로지 220

5.3.2 공통 베이스 토폴로지 252

5.3.3 이미터 폴로어 269

5.4 요약 및 추가 예제 279

5.5 요약 286

Problems 287

SPICE Problems 300

6장 MOS 트랜지스터의 물리 / 303

6.1 MOSFET의 구조 304

6.2 MOSFET의 동작 307

6.2.1 정성적 해석 307

6.2.2 I/V 특성의 유도 314

6.2.3 채널길이 변조 324

6.2.4 MOS 트랜스컨덕턴스 327

6.2.5 속도 포화 329

6.2.6 다른 2차 효과들 330

6.3 MOS 소자의 모델 331

6.3.1 대신호 모델 331

6.3.2 소신호 모델 333

6.4 PMOS 트랜지스터 335

6.5 CMOS 공정 338

6.6 바이폴라와 MOS 소자의 비교 339

6.7 요약 339

Problems 341

SPICE Problems 347

Reference 348

7장 CMOS 증폭기 / 349

7.1 일반적인 고찰 350

7.1.1 MOS 증폭기 토폴로지 350

7.1.2 바이어싱 350

7.1.3 전류 소스의 구현 355

7.2 공통 소스(CS) 단 356
- 7.2.1 공통 소스(CS) 코어 356
- 7.2.2 전류 소스 부하를 갖는 공통 소스(CS) 단 359
- 7.2.3 다이오드 연결 부하를 갖는 공통 소스(CS) 단 361
- 7.2.4 축퇴된 공통 소스(CS) 단 362
- 7.2.5 바이어스된 공통 소스(CS) 코어 366

7.3 공통 게이트(CG) 단 369
- 7.3.1 바이어스된 CG 단 373

7.4 소스 폴로어 375
- 7.4.1 소스 폴로어 코어 376
- 7.4.2 바이어스된 소스 폴로어 378

7.5 요약 및 추가 예제 381

7.6 요약 385
- Problems 386
- SPICE Problems 398
- Reference 399

8장 블랙박스로서의 연산 증폭기 / 401

8.1 일반적인 고찰 402

8.2 연산 증폭기 기반 회로 404
- 8.2.1 비반전 증폭기 404
- 8.2.2 반전 증폭기 407
- 8.2.3 적분기와 미분기 411
- 8.2.4 전압 가산기 419

8.3 비선형 기능 421
- 8.3.1 정밀 정류기 421
- 8.3.2 대수 증폭기 423
- 8.3.3 제곱근 증폭기 424

8.4 연산 증폭기의 비이상성 424
- 8.4.1 직류 오프셋 424
- 8.4.2 입력 바이어스 전류 428
- 8.4.3 속도 제한 432
- 8.4.4 유한한 입력과 출력 임피던스 437

8.5 설계 예제 439

8.6 요약 441
- Problems 442
- SPICE Problems 447

9장 캐스코드 단과 전류 거울 / 449

9.1 캐스코드 단 450
- 9.1.1 전류원으로서의 캐스코드 450
- 9.1.2 증폭기로서의 캐스코드 457

9.2 전류 거울 468
- 9.2.1 초기 생각 468
- 9.2.2 바이폴라 전류 거울 469
- 9.2.3 MOS 전류 거울 480

9.3 요약 484
- Problems 485
- SPICE Problems 495
- Reference 496

10장 차동 증폭기 / 497

10.1 일반적인 고찰 498
- 10.1.1 초기 생각 498
- 10.1.2 차동 신호 500
- 10.1.3 차동쌍 504

10.2 바이폴라 차동쌍 506
- 10.2.1 정성적 해석 506
- 10.2.2 대신호 해석 513
- 10.2.3 소신호 해석 518

10.3 MOS 차동쌍 525
- 10.3.1 정성적 해석 525
- 10.3.2 대신호 해석 530
- 10.3.3 소신호 해석 535

10.4 캐스코드 차동 증폭기 538

10.5 공통 모드 제거 542

10.6 능동 부하를 가진 차동쌍 547
- 10.6.1 정성적 해석 548

10.6.2 정량적 해석 551

10.7 요약 556

Problems 557

SPICE Problems 568

Reference 569

11장 주파수 응답 / 571

11.1 기본 개념 572

11.1.1 일반적인 고찰 572

11.1.2 전달 함수와 주파수 응답과의 관계 575

11.1.3 보데의 규칙 579

11.1.4 노드와 극점의 연관 580

11.1.5 밀러 이론 582

11.1.6 일반적인 주파수 응답 586

11.2 트랜지스터의 고주파수 모델 590

11.2.1 바이폴라 트랜지스터의 고주파수 모델 591

11.2.2 MOSFET의 고주파 모델 593

11.2.3 트랜싯(통과) 주파수 595

11.3 분석 절차 597

11.4 공통 이미터(CE)와 공통 소스(CS) 단의 주파수 응답 598

11.4.1 저주파수 응답 598

11.4.2 고주파수 응답 599

11.4.3 밀러 이론의 이용 599

11.4.4 직접 해석 602

11.4.5 입력 임피던스 606

11.5 공통 베이스(CB)와 공통 게이트(CG) 단의 주파수 응답 607

11.5.1 저주파수 응답 607

11.5.2 고주파수 응답 608

11.6 폴로어의 주파수 응답 611

11.6.1 입출력 임피던스 614

11.7 캐스코드 단의 주파수 응답 618

11.7.1 입출력 임피던스 623

11.8 차동쌍의 주파수 응답 623

11.8.1 공통 모드 주파수 응답 625

11.9 추가 예제 626

11.10 요약 630

Problems 631

SPICE Problems 639

Reference 640

12장 귀환 / 641

12.1 일반적인 고찰 643

12.1.1 루프 이득 645

12.2 부귀환의 성질 649

12.2.1 이득 둔감화 649

12.2.2 대역폭 확장 651

12.2.3 I/O 임피던스의 변화 654

12.2.4 선형성 개선 657

12.3 증폭기 형태 659

12.3.1 간단한 증폭기 모델 660

12.3.2 증폭기 형태의 예 661

12.4 감지 및 반송 기술 663

12.5 귀환의 극성 666

12.6 귀환 토폴로지 669

12.6.1 전압-전압 귀환 669

12.6.2 전압-전류 귀환 674

12.6.3 전류-전압 귀환 678

12.6.4 전류-전류 귀환 683

12.7 비이상적인 I/O 임피던스의 영향 687

12.7.1 I/O 효과의 포함 688

12.8 귀환 시스템의 안정성 701

12.8.1 보데의 규칙 복습 701

12.8.2 불안정성 문제 704

12.8.3 안정 조건 706

12.8.4 위상 마진 710

12.8.5 주파수 보상 712

12.8.6 밀러 보상 715

12.9 요약 716

Problems 718

SPICE Problems 728
Reference 729

13장 발진기 / 731

13.1 일반적인 고찰 731
13.2 링 발진기 735
13.3 LC 발진기 740
13.3.1 병렬 LC 탱크들 741
13.3.2 교차 결합 발진기 744
13.3.3 콜피츠 발진기 747
13.4 위상 시프트 발진기 750
13.5 빈-브리지 발진기 753
13.6 크리스털 발진기 756
13.6.1 크리스털 모델 757
13.6.2 음의 저항 회로 759
13.6.3 크리스털 발진기 구현 760
13.7 요약 763
Problems 764
SPICE Problems 768
Reference 769

14장 출력단 및 전력 증폭기 / 771

14.1 일반적인 고찰 772
14.2 전력 증폭기로서의 이미터 폴로어 773
14.3 푸시풀 단 775
14.4 개선된 푸시풀 단 779
14.4.1 교차 왜곡의 완화 779
14.4.2 CE 단의 추가 783
14.5 대신호에 대한 고려 787
14.5.1 바이어스에 관한 이슈 787
14.5.2 *pnp* 전력 트랜지스터의 제거 789
14.5.3 고충실도 설계 792
14.6 단락 보호 792
14.7 열 소모 794
14.7.1 이미터 폴로어의 전력 등급 794
14.7.2 푸시풀 단의 전력 등급 795
14.7.3 열 폭주 797
14.8 효율 799
14.8.1 이미터 폴로어의 효율 799
14.8.2 푸시풀 단의 효율 800
14.9 전력 증폭기의 등급 801
14.10 요약 802
Problems 803
SPICE Problems 808
Reference 809

15장 아날로그 필터 / 811

15.1 일반적인 고찰 811
15.1.1 필터 특성 812
15.1.2 필터의 분류 813
15.1.3 필터의 전달 함수 817
15.1.4 감도의 문제 820
15.2 1차 필터 822
15.3 2차 필터 824
15.3.1 특별한 경우 825
15.3.2 RLC 구현 829
15.4 능동 필터 835
15.4.1 살렌과 키 필터 835
15.4.2 적분기 기반 바이쿼드 841
15.4.3 흉내낸 인덕터를 사용하는 바이쿼드 845
15.5 필터 응답의 근사 851
15.5.1 버터워스 응답 852
15.5.2 체비셰프 응답 857
15.6 요약 862
Problems 863
SPICE Problems 868
Reference 868

16장 디지털 CMOS 회로 / 869

16.1 일반적인 고찰 869
- 16.1.1 게이트의 정적 특성 870
- 16.1.2 게이트의 동적 특성 878
- 16.1.3 전력-속도 상충 881

16.2 CMOS 인버터 883
- 16.2.1 초기 생각 883
- 16.2.2 전압 전달 특성 886
- 16.2.3 동적 특성 892
- 16.2.4 전력 소모 898

16.3 CMOS NOR 및 NAND 게이트 902
- 16.3.1 NOR 게이트 903
- 16.3.2 NAND 게이트 905

16.4 요약 907
- Problems 908
- SPICE Problems 913

17장 CMOS 증폭기 / 915

17.1 일반적인 고찰 915
- 17.1.1 입출력 임피던스 916
- 17.1.2 바이어스 921
- 17.1.3 직류 및 소신호 분석 921

17.2 동작점 해석 및 설계 923
- 17.2.1 간단한 바이어스 925
- 17.2.2 소스 축퇴의 바이어스 927
- 17.2.3 자기 바이어스 단 930
- 17.2.4 PMOS 트랜지스터의 바이어스 931
- 17.2.5 전류원의 구현 933

17.3 CMOS 증폭기 토폴로지 933

17.4 공통 소스 토폴로지 934
- 17.4.1 전류원 부하를 가진 CS 단 939
- 17.4.2 다이오드 연결 부하를 가진 CS 단 941
- 17.4.3 소스 축퇴를 가진 CS 단 942
- 17.4.4 공통 게이트 토폴로지 955
- 17.4.5 소스 폴로어 966

17.5 추가 예제 974

17.6 요약 978
- Problems 979
- SPICE Problems 991
- Reference 992

부록 A 스파이스의 소개 / 993

찾아보기 1013

1

전자회로의 소개

지난 50년 동안 전자회로는 우리의 생활을 크게 변화시켜 왔다. 수십 년 전만 해도 불가능하게 여겨지던 휴대전화, 디지털 카메라, 노트북을 비롯한 많은 전자제품들을 이제는 일상생활 속에서 흔하게 접할 수 있게 되었다.

전자회로를 배우는 것은 흥미로울 수 있다. 각각의 장치들이 동작하는 원리를 배우고, 그러한 장치들이 어떠한 회로들로 구성되어서 유용한 기능을 하는지 배우고, 또한 회로들이 어떻게 복잡한 시스템을 형성하는지 배움으로써 우리는 전자회로의 심미성을 확인하게 되고, 폭발적으로 성장하는 이유를 수긍하게 된다.

이 장은 이 책에서 말하는 내용에 대한 맥락을 제공하기 위한 목적으로 전자회로의 개략적인 내용들을 언급하고 있다. 전자회로 시스템의 예들을 소개하고 그들이 내포하고 있는 중요한 회로적 '기능'에 대해 알아본다. 또한 학생들의 기억을 환기시키기 위해 기본적인 회로 이론에 대한 내용을 복습한다.

1.1 전자공학과 전자회로

전자공학은 약 100년 전에 일반적인 학문으로서 첫발을 내디뎠고, 1차와 2차 세계대전에서 사용되었던 전파나 레이더 통신에서 그 활용도가 입증되었다. 초기 시스템은 진공 체임버와 극 사이의 전류의 흐름을 이용하는 증폭 장치인 '진공관'을 탑재하였다. 하지만 진공관의 한정적인 수명과 큰 면적은 새로운 장치를 개발하는 동기가 되었다.

첫 번째 트랜지스터는 1940년대에 발명되었고, 급속히 진공관을 대체해 갔다. 트랜지스터는 진공관에 비해 수명이 길고 훨씬 작은 면적을 차지하였다.

1960년대에는 많은 트랜지스터들이 한 칩에 집적되기 시작하였다. 초기 '집적 회로'는 겨우 소량의 장치만을 포함했지만, 기술의 진보는 전자회로의 복잡도를 기하급수적으로 증가시켰다.

예제 1.1 오늘날의 마이크로프로세서는 약 1억 개의 트랜지스터를 대략 3 cm × 3 cm 크기의 칩 안에 포함하고 있다.(칩의 두께는 수백 μm이다.) 집적 회로가 발명되지 않았더라면 1억 개에 해당되는 '별도의' 트랜지스터를 이용하여 마이크로프로세서를 제작했어야 했을 것이다. 각각의 소자들이 3 mm × 3 mm × 3 mm를 차지할 경우, 이를 이용해 만든 마이크로프로세서의 최소 부피를 구해 보라. 이러한 방법으로 제작할 때 발생할 수 있는 추가적인 문제점이 있다면 무엇인가?

풀이 최소 부피는 27 $\text{mm}^3 \times 10^8$, 즉 한 변이 1.4 m인 정사면체에 해당한다. 또한 트랜지스터를 이어 주는 도선들은 부피를 급격하게 증가시킨다.

게다가 큰 부피로 인하여 프로세서는 아주 느린 속도로 동작하게 된다. 왜냐하면 신호들이 1.4 m에 해당되는 긴 거리까지 전송되어야 하기 때문이다. 또한 각각의 트랜지스터 가격이 1 g당 1센트라면, 각각의 프로세서는 100톤에 육박하므로, 100만 달러에 해당되는 가격이 책정될 것이다.

연습문제 각각의 트랜지스터가 10 μW의 전력을 소모할 때 그러한 시스템이 소모하는 전력은 얼마인가?

이 책은 일반적인 전자 시스템에 대한 기본적인 내용을 제공하면서 전자회로를 다루고 있다.

1.2 전자 시스템의 예시

여기서 전자회로 시스템의 두 가지 예를 제시하고 기본적으로 공부해야 할 중요한 빌딩블록에 대하여 알아본다.

1.2.1 휴대전화

휴대전화는 1980년대에 발명되어서 1990년대에 빠르게 대중화되었다. 오늘날 휴대전화는 엄청난 수의 복잡한 아날로그 및 디지털 전자회로를 포함하고 있다. 이 책의 목적은 이 책에 서술되어 있는 개념들이 휴대전화의 동작과 어떠한 연관이 있는지 보이는 것이다.

당신이 휴대전화를 통하여 친구와 통화하고 있다고 가정해 보자. 당신의 목소리는 마이크를 통해 전기적 신호로 변환되어 일련의 과정을 거쳐 안테나에 의해 전송될 것이다. 안

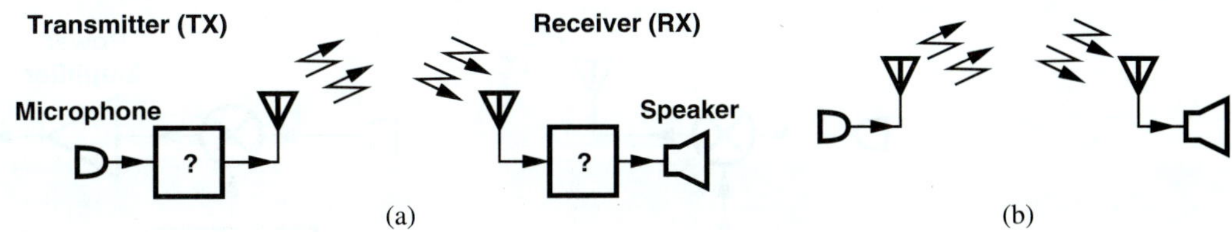

그림 1.1 (a) 간략화된 휴대전화; (b) 더욱더 간략화된 송수신단

테나로부터 생성된 신호는 친구의 수신기를 통해 수집되고 일련의 과정을 거쳐 스피커를 통해 나오게 된다[그림 1.1(a)]. 이 블랙박스들 속에서는 어떠한 일이 벌어지는 걸까? 그리고 그것들은 왜 필요할까?

블랙박스를 생략하고 그림 1.1(b)의 간단한 시스템을 만들어 보자. 이 시스템이 얼마나 잘 작동할 것인가? 우선 두 가지 측면을 생각해 보자. 첫째, 사람의 목소리는 20 Hz에서 20 kHz에 이르는 대역의 주파수를 포함한다. 둘째, 안테나가 효율적으로 동작하기 위해서, 즉 전기적 신호의 대부분을 전자기적 방사로 변환하기 위해서는 안테나 길이가 파장의 25%보다 커야 한다. 안타깝게도 20 Hz에서 20 kHz에 이르는 주파수는 1.5×10^7 m에서 1.5×10^4 m에 해당하는 파장[1)]으로 변환된다. 거꾸로 말하면, 합리적인 안테나 길이(5 cm)를 얻기 위해서는 파장이 약 20 cm, 주파수는 약 1.5 GHz가 되어야 한다.

어떻게 음성 대역을 기가헤르츠(GHz) 대역으로 '변환'할 것인가? 한 가지 방법은 음성 신호 $x(t)$에 사인 곡선 $A\cos(2\pi f_c t)$를 곱하는 것이다[그림 1.2(a)]. 시간 영역에서의 곱셈은 주파수 영역에서 컨볼루션으로 나타난다. 사인 곡선의 스펙트럼은 $\pm f_c$에서 두 임펄스로 나타나기에 음성 스펙트럼은 단순히 $\pm f_c$로 이동된 모습으로 나타난다[그림 1.2(b)]. 따라서

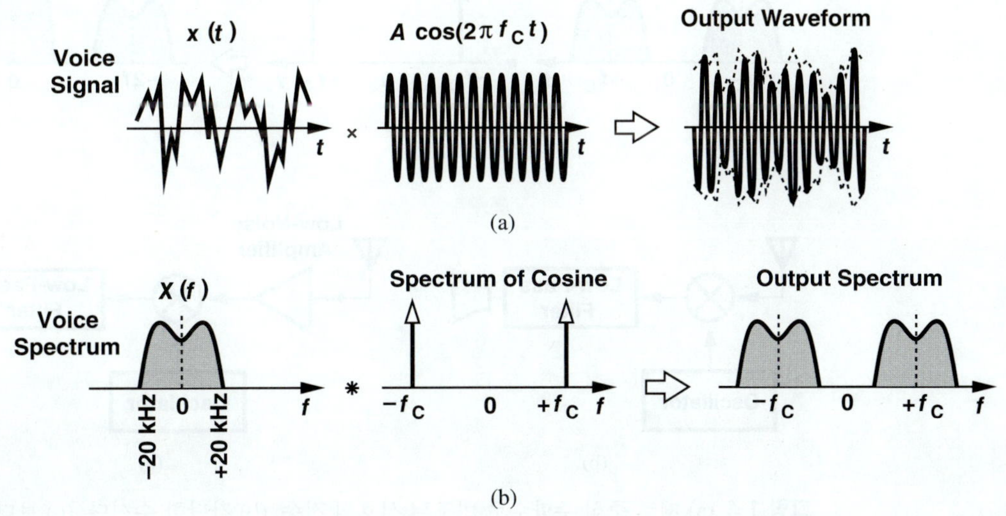

그림 1.2 (a) 사인 곡선에 의하여 증폭된 음성 신호; (b) 주파수 영역에서의 등가 동작

1) 파장은 (빛의) 속도에서 주파수를 나눈 값과 같다는 것을 기억하라.

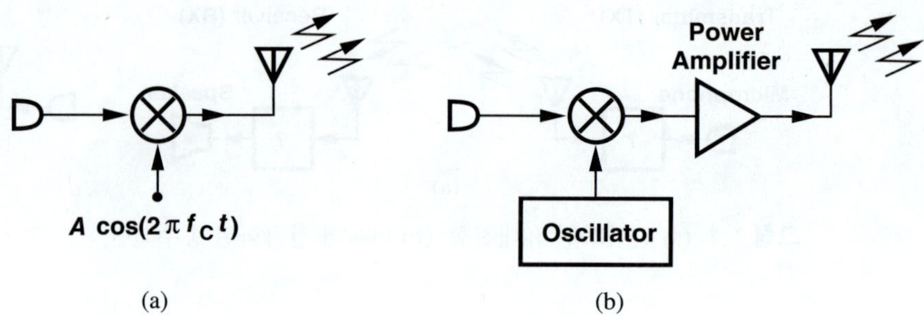

그림 1.3 (a) 간단한 송신기; (b) 보다 복잡한 송신기

만약 $f_c = 1$ GHz라면, 출력은 1 GHz를 중심으로 40 kHz의 대역폭을 차지하게 된다. 이러한 동작은 '진폭 변조'[2]의 한 예이다.

그림 1.1(a) 송신단의 블랙박스는 그림 1.3(a)에 나타나 있듯이 곱셈기[3]를 포함한다고 할 수 있다. 그러나 여기에는 두 가지 문제점이 있다. 첫째, 휴대전화는 방출되는 전력이 수 킬로미터 밖의 거리에 도달할 수 있도록, 상대적으로 큰 폭의 전압(가령 20 V_{pp})을 안테나로 전달해야 한다. 따라서 곱셈기와 안테나 사이에 '전력 증폭기'가 요구된다. 둘째, 사인 곡선 $A\cos(2\pi f_c t)$는 반드시 '발진기'로부터 생성되어야 한다. 따라서 그림 1.3(b)에 나타나 있는 송신기 구조에 이른다.

이제 그림 1.1(b)에 간략하게 나타나 있는 휴대전화의 수신단으로 관심을 돌려 보자. 불행히도 이러한 토폴로지는 변조 원리로 동작할 수 없다. 안테나로부터 받은 신호가 GHz

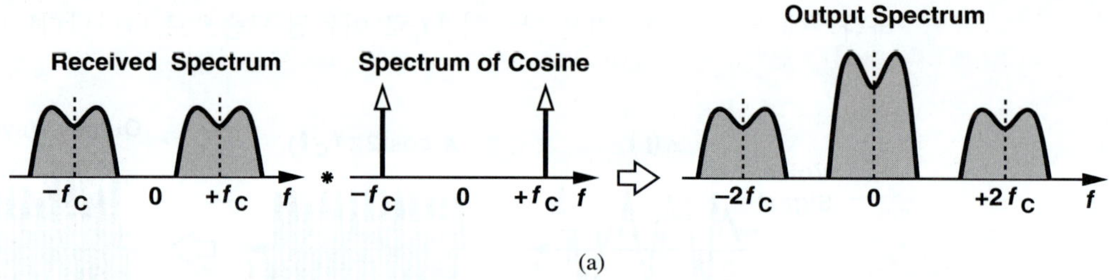

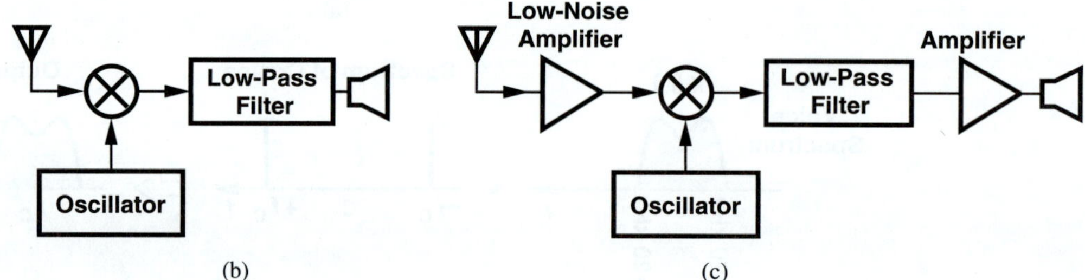

그림 1.4 (a) 제로 중심 주파수로 변조된 신호의 전송; (b) 간단한 수신단; (c) 보다 복잡한 수신단

2) 사실 휴대전화는 음성 대역을 더 높은 주파수로 변환하기 위해 다른 종류의 변조를 사용한다.

3) 고주파 전자공학에서 '믹서'라고도 한다.

대역의 중심 주파수 근처에 위치한다면, 오디오 스피커가 의미 있는 정보를 생성할 수 없다. 다시 말하면, 스펙트럼을 다시 제로 중심 주파수 대역으로 변환하는 수단이 필요하다. 예를 들어 그림 1.4(a)에 나타나 있는 사인 곡선 $A\cos(2\pi f_c t)$에 의한 곱셈은 원래의 음성 대역을 복원시키며 스펙트럼을 f_c만큼 왼쪽과 오른쪽으로 이동시킨다. $\pm 2f_c$에 새롭게 생성된 성분들은 저역 필터를 사용하여 제거할 수 있다. 따라서 그림 1.4(b)와 같은 수신단 토폴로지에 이른다.

우리의 수신단 설계는 아직 미완성이다. 스피커가 수십, 수백 mV의 폭을 요구하는 반면에, 안테나에 의해 받은 신호는 수십 mV 수준으로 낮을 수 있다. 즉, 수신단은 안테나와 스피커 사이의 큰 증폭을 가져야 한다. 게다가 곱셈기는 일반적으로 '잡음'의 영향을 많이 받고 이러한 잡음은 수신된 신호들을 왜곡시키기 때문에 '저잡음 증폭기'가 곱셈기 앞에 위치해야 한다. 전체적인 구조는 그림 1.4(c)에 나와 있다.

오늘날의 휴대전화는 위에 설명된 구조보다 훨씬 더 복잡하다. 예를 들어 송수신단의 음성 신호는 품질과 연산 효율을 향상시키기 위하여 디지털 신호 처리기를 거친다. 그러나 자세히 들여다보면 기본적인 빌딩블록(증폭기, 발진기, 필터 등)이 필요하다. 특히 증폭기뿐만 아니라 발진기와 필터도 증폭이 필요한 회로이므로 우리는 증폭기의 분석과 설계를 위하여 많은 노력을 기울여야 한다.

휴대전화 송수신단의 증폭기, 발진기, 곱셈기의 필요성을 알아보았으나 학생들은 이 회로들이 '오래되고' 중요성이 떨어지는 것이 아닌가 하는 의구심이 들지도 모른다. 흥미롭게도 이러한 빌딩블록들은 여전히 통신 시스템 분야에서 가장 설계하기 힘든 회로들로 남아 있다. 왜냐하면 동작 속도, 잡음, 소모 전력, 무게, 비용 등 많은 설계 요소들이 어느 하나를 향상시키면 다른 것이 나빠지는 특성이 있기 때문이다. 경쟁이 심한 휴대전화 제조 분야에서 공학도들은 기존의 설계에서 충분히 고려하지 못한 점을 반영하여 차세대 제품에서 여러 설계 요소들의 특성을 향상시키도록 해야 한다.

1.2.2 디지털 카메라

디지털화가 이루어지면서 우리의 습관과 일상을 극적으로 변화시킨 또 다른 전자제품으로 디지털 카메라가 있다. 사진을 찍고 나서 바로 확인할 수 없는 기존의 카메라는 필름의 낭비를 막기 위해 사진을 찍는 데에 많은 주의를 요했고 또한 부피를 차지하는 필름을 휴대해야 하는 부담을 가지고 있었다. 또한 사진을 인화하고 나서야 결과물을 확인할 수 있다는 단점이 있었다. 하지만 디지털 카메라는 이러한 단점들을 해결하였고 전자회로적 처리가 제공하는 여러 가지 이점(휴대전화를 이용한 사진 전송, 컴퓨터를 이용한 사진 수정)을 활용할 수 있다. 이 절에서는 디지털 카메라의 동작에 관한 공부를 하겠다.

카메라의 '전면부'는 배열된 픽셀[4]을 통하여 빛을 전기로 변환한다. 각각의 픽셀은 받은

---

4) pixel은 picture cell의 약어이다.

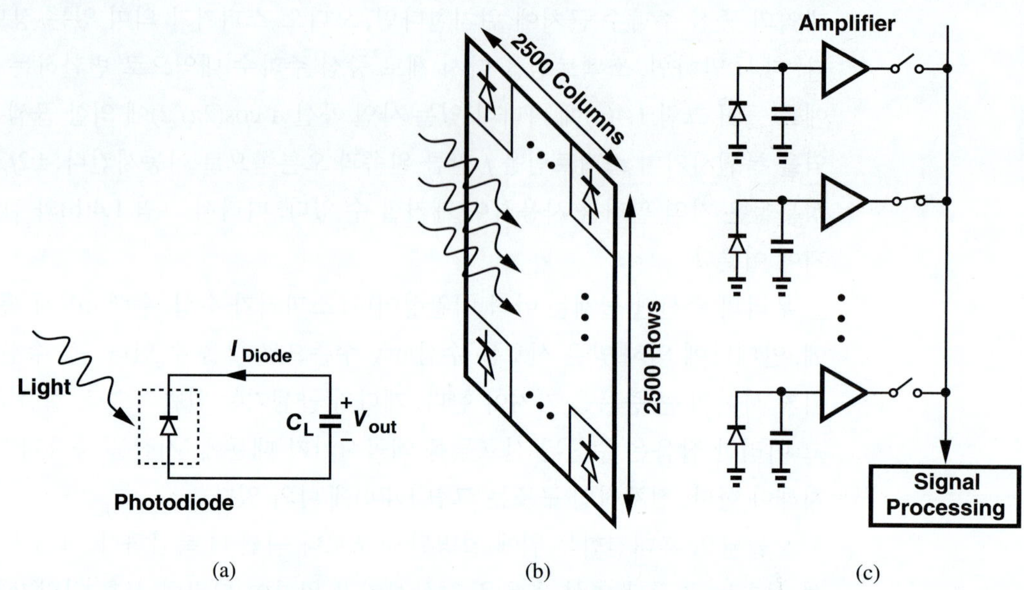

그림 1.5 (a) 광다이오드의 동작; (b) 디지털 카메라에서의 픽셀 배열; (c) 한 줄의 배열

빛의 강도에 비례하여 전류를 생성하는 전기적 소자('광다이오드')로 구성되어 있다. 그림 1.5(a)에 나타나 있듯이, 이 전류는 커패시터 C_L을 통하여 흐르고, 일정한 시간 동안 양단에 전류 변화에 비례하는 전압을 생성시킨다. 따라서 각각의 픽셀은 '국부적인 빛'의 밀도에 비례하여 전압을 생성하게 된다.

2500 × 2500으로 배열된 625만 픽셀의 디지털 카메라를 생각해 보자[그림 1.5(b)]. 각 픽셀의 출력 전압이 따로따로 감지되고 처리될까? 각 픽셀들이 자신만의 전자회로를 가지고 있다면 전체 배열은 매우 큰 면적을 차지하여 비용과 소모 전력을 아주 많이 증가시킬 것이다. 그러므로 픽셀들 간에 신호를 처리하는 회로들은 '시간적으로 공유'되어야 한다. 따라서 그림 1.5(a)처럼, 이후에 단순하고 간단한 증폭기와 스위치를 위치시킨다[그림 1.5(c)]. 이제 한 번에 하나의 스위치만을 켜는 '세로줄' 형태로 배열되어 있는 모든 2500 픽셀의 출력에 전선을 연결시키고 '신호 처리' 블록에 해당 전압을 인가한다. 그러한 배열 2500개가 각각의 신호 처리 블록과 함께 전체 배열을 구성한다.

예제 1.2

디지털 카메라가 체스판에 초점을 맞추고 있다. 한 열에 의해 생성된 전압을 시간에 관한 함수로 나타내라.

풀이 각 열의 픽셀들은 오직 그림 1.6(a)의 흰색 네모로부터만 빛을 받는다. 그러므로 각 열에 해당하는 전압은 픽셀에 해당하는 최댓값과 0 사이에서 변하게 된다. 그 결과 파형이 그림 1.6(b)에 나타나 있다.

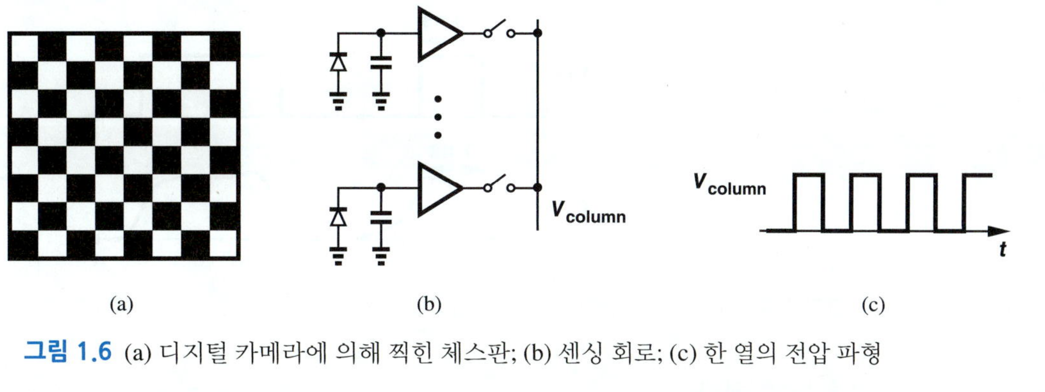

그림 1.6 (a) 디지털 카메라에 의해 찍힌 체스판; (b) 센싱 회로; (c) 한 열의 전압 파형

연습문제 각각의 줄에 있는 첫 번째와 두 번째 사각형이 같은 색상일 경우 전압을 도시하라.

각각의 신호 처리 블록은 어떠한 기능을 하는가? 각각의 픽셀에서 생성된 전압은 아날로그 신호이고 일정한 범위 이내에서 예상할 수 있기 때문에 '아날로그-디지털 변환기(analog-to-digital converter)'를 사용하여 그 값을 '디지털화'해야 한다. 625만 픽셀 배열에는 2500개의 아날로그-디지털 변환기가 필요하다. 아날로그-디지털 변환기는 상대적으로 복잡한 회로이기에, 매 두 줄 사이에 하나의 아날로그-디지털 변환기를 공유하면서(그림 1.7), 아날로그-디지털 변환기의 동작 속도를 2배 빠르게 한다. 극단적인 경우 우리는 모든 2500개 세로줄에 대해 각각의 아주 빠른 아날로그-디지털 변환기를 이용해야 한다. 실제로 최적의 선택은 이 두 극단 사이에 있다.

디지털 영역에서 카메라에 의해 수집된 '영상' 신호들이 조정될 수 있다. 예를 들어 '줌인'을 하기 위해서 디지털 영상 처리기는 단순히 배열의 일정 구역만 인지하고 남아 있는 픽셀의 정보는 버린다. 또한 요구되는 메모리 크기를 줄이기 위하여 프로세서는 영상 신호

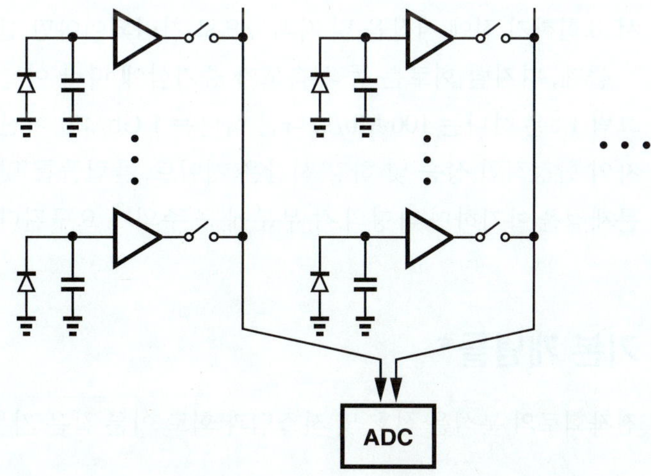

그림 1.7 두 줄의 픽셀 배열이 아날로그-디지털 변환기를 공유한 예

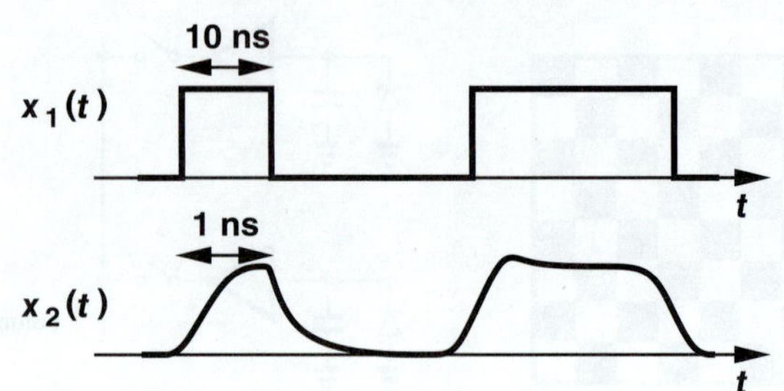

그림 1.8 100 Mb/s와 1 Gb/s에서의 데이터 파형

를 '압축'한다.

디지털 카메라는 아날로그 및 디지털 전자회로의 여러 사용 예 중 하나이다. 아날로그 기능은 증폭 및 스위칭, 아날로그-디지털 변환을 포함하고 디지털 기능은 차후의 처리 및 저장으로 구성된다.

1.2.3 아날로그와 디지털

증폭기와 아날로그-디지털 변환기는 파형의 각 부분들이 잡음과 '왜곡'을 피하기 위하여 주의 깊게 처리되어야 하는 아날로그 기능의 예이다. 대조적으로 디지털 회로는 이진 레벨 (0과 1)을 다루고 당연히 아날로그 기능은 포함하지 않는다. 학생들은 "난 휴대전화나 카메라 제조업체에서 일할 마음이 없으니 아날로그 회로를 공부하지 않아도 괜찮다"라고 생각할지도 모른다. 사실 디지털 통신, 디지털 신호 처리기, 그리고 이외의 모든 기능들이 디지털화하고 있다. 그렇다면 아날로그 설계에 미래가 있는가?

위의 설명들 중 몇몇은 옳지 않다. 첫째, 모든 기능이 디지털로 구현될 수는 없다. 그림 1.3과 1.4의 구조는 통신 방식이 아날로그이든 디지털이든 상관없이 저잡음과 저전력 증폭기, 발진기, 곱셈기가 필요하다. 예를 들어 안테나에서 수신된 20 μV 신호는 디지털 게이트에 직접적으로 인가할 수 없다. 디지털 카메라에서 수집된 영상 신호 역시 디지털 영역에서 표현하기 전에 저잡음 및 저왜곡으로 처리되어야만 한다.

둘째, 디지털 회로는 동작 속도가 증가함에 따라 아날로그 전문 지식이 필요하게 된다. 그림 1.8은 하나는 100 Mb/s, 다른 하나는 1 Gb/s의 이진 데이터 파형을 묘사하고 있다. 후자의 한정적인 상승 및 하강 시간은 게이트, 플립플롭 및 다른 디지털 회로의 동작에 많은 문제점을 야기하며 파형의 각 부분에 큰 주의가 요구된다.

1.3 기본 개념들*

전자회로의 분석은 신호 및 시스템과 회로 이론 같은 기본 과목들에서 배운 많은 개념들을

---

* 이 절은 복습하는 부분이므로 강의를 생략할 수 있다.

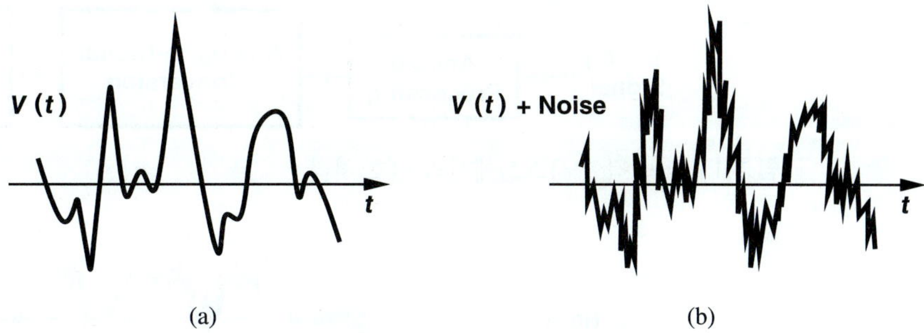

그림 1.9 (a) 아날로그 신호; (b) 아날로그 신호에 대한 잡음의 영향

기초로 한다. 이 절에서는 학생들의 기억을 환기시키기 위해 기본 개념들을 복습하고 이 책에서 사용되는 용어들에 대해서 소개할 것이다. 학생들은 이 절을 훑어보고 어떤 내용이 복습이 필요한지를 결정하거나 아니면 나중에 필요하게 되면 이 질로 돌아와 복습을 하면 된다.

1.3.1 아날로그와 디지털 신호

전기 신호는 정보를 전달하는 파형이다. 자연계에서 발생하는 신호들은 주어진 범위에서 어떠한 값도 가질 수 있다. 음성, 영상, 지진, 음악 파형 등이 '아날로그' 신호에 포함된다. 그림 1.9(a)의 아날로그 전압 파형은 '연속적인' 값으로 매 순간순간 정보를 제공한다.

우리 주변에서 발생하는 아날로그 신호들은 '잡음'이나 '왜곡'[5]에 민감하기 때문에 '처리'하기가 쉽지 않다. 그림 1.9(b)는 잡음의 영향을 보여 주고 있다. 게다가 아날로그 신호는 (커패시터 같은) '아날로그 메모리'가 필요하기 때문에 '저장'하기가 어렵다.

반대로 디지털 신호는 특정 순간에 한정된 수의 값만 가진다. 그림 1.10(a)에 나타나 있듯이 '이진' 파형은 각 주기 T마다 두 레벨 중 하나에만 머무르는 것을 볼 수 있다. 1과 0에 해당하는 두 전압의 차이가 충분하면, 논리 회로들은 잡음과 왜곡의 영향이 있더라도 정확하게 디지털 신호들을 감지하여 처리할 수 있다[그림 1.10(b)]. 따라서 디지털 신호가 아날로그 신호에 비해 잡음과 왜곡의 영향으로부터 좀 더 '안정적'이라고 할 수 있다. 또한 (디지털 메모리에) 이진 신호를 저장하는 것은 훨씬 간단하다.

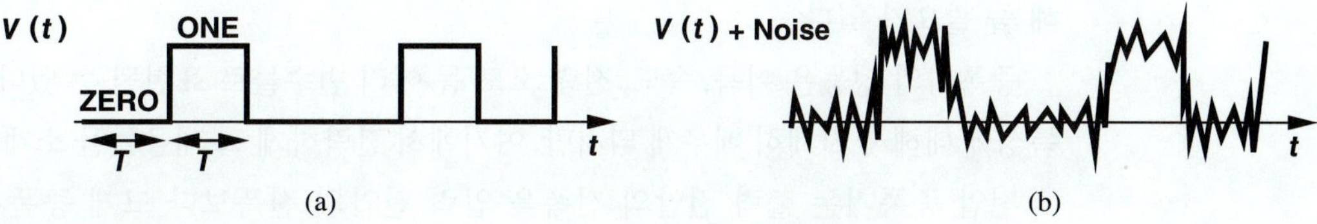

그림 1.10 (a) 디지털 신호; (b) 디지털 신호에 대한 잡음의 영향

5) 출력이 입력에 대한 선형 함수가 아닌 경우 왜곡이 발생한다.

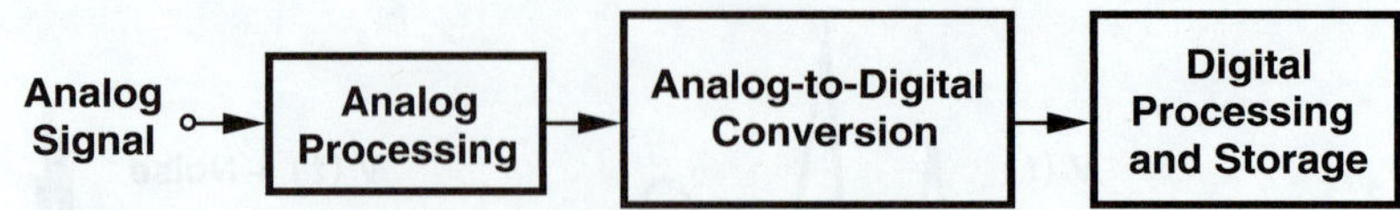

그림 1.11 일반적인 시스템에서의 신호 처리

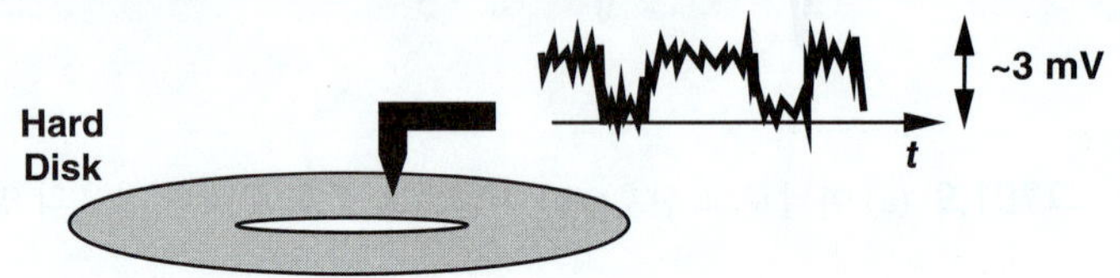

그림 1.12 컴퓨터의 하드 디스크에서 얻은 신호

앞서 언급했듯이 신호 처리는 디지털 영역에서 하는 것이 유리하기 때문에 아날로그 정보는 가능한 한 일찍 디지털 형태로 변환해야 한다. 디지털 카메라, 캠코더, 콤팩트디스크(CD) 리코더 같은 복잡한 전자회로 시스템은 아날로그 프로세싱, '아날로그-디지털 변환'과 디지털 신호 처리를 수행하며(그림 1.11), 아날로그 프로세싱과 아날로그-디지털 변환은 신호 품질에 큰 영향을 미친다.

많은 디지털 이진 신호들이 아날로그 파형으로 간주되고 처리되어야 할 때가 있다는 것을 주목할 필요가 있다. 예를 들어 컴퓨터 하드 디스크에 저장되어 있는 정보들을 생각해 보자. '디지털' 데이터가 복원될 때, 겨우 수 mV 크기를 가진 왜곡된 파형으로 나타난다(그림 1.12). 1과 0 사이의 차이가 그 정도로 작으면, 논리 게이트를 구동하기에 충분하지 못하며, 따라서 왜곡된 데이터를 안정적인 디지털 형태로 만들어 주기 위해 큰 증폭과 기타 아날로그 처리가 필요하게 된다.

1.3.2 아날로그 회로

오늘날의 전자기기들은 많은 아날로그 기능을 포함한다. 휴대전화와 디지털 카메라의 예에서도 확인할 수 있듯이 아날로그 회로는 종종 전체 시스템의 성능을 제한하게 된다.

가장 널리 사용되는 아날로그 기능은 증폭이다. 휴대전화나 마이크로부터 받은 신호는 너무 작아서 신호처리 하기가 어렵다. 그러므로 증폭기가 적당한 수준으로 이 신호를 증폭해 줄 필요가 있다.

증폭기의 성능은 이득, 속도, 전력 소모 등 여러 변수들로 표현될 수 있다. 차후에 증폭기의 특성에 대해서 자세히 배우게 되지만, 여기에서 간략하게 그 내용들을 소개하고자 한다.

전압 증폭기는 출력 전압의 진폭을 입력 전압의 진폭보다 크게 증폭시킨다. 전압 이득 A_v는 다음과 같이 정의된다.

$$A_v = \frac{v_{out}}{v_{in}} \tag{1.1}$$

어떤 경우에 있어서는 이득을 데시벨(dB) 단위로 표현하는 것을 선호한다.

$$A_v|_{dB} = 20 \log \frac{v_{out}}{v_{in}} \tag{1.2}$$

예를 들어 전압 이득 10은 20 dB과 같다. 일반적인 증폭기의 이득 범위는 10^1과 10^5 사이이다.

예제 1.3 휴대전화는 20 μV의 신호 레벨을 받지만, 음성을 재생하는 스피커에 50 mV의 진폭을 전달해야 한다. 필요한 전압 이득을 데시벨 단위로 계산하라.

풀이

$$A_v = 20 \log \frac{50 \text{ mV}}{20 \text{ μV}} \tag{1.3}$$

$$\approx 68 \text{ dB} \tag{1.4}$$

연습문제 이득이 50 dB인 경우 출력 진폭은 어떻게 되는가?

올바르게 동작하고 이득을 제공하기 위하여 증폭기는 배터리나 충전기와 같은 전압원으로부터 전력을 제공받아야 한다. '전원'이라고 불리는 이 전압원은 보통 V_{CC}나 V_{DD}라고 표기한다[그림 1.13(a)]. 복잡한 회로에서 그림 1.13(b)와 같이 '접지' 단자가 전위 0의 기준이 되는 점을 의미하도록 표기를 단순화할 수 있다. 증폭기가 삼각형으로 표기되면 전원 단자는 생략도 가능하다[그림 1.13(c)]. 일반적인 증폭기는 1~10 V 전원 전압 범위에서 동작한다.

증폭기의 속도를 제한하는 것은 무엇인가? 회로 내의 여러 커패시터 성분들이 고주파에서 두드러지기 시작하여 이득을 낮출 것으로 예상할 수 있다. 그림 1.14에 나타나듯이 이득은 고주파 영역에서 감소하여 결과적으로 '대역폭'을 제한한다. 증폭기(및 기타 아날로그 회로)는 이득과 속도, 소모 전력 사이에 트레이드오프 관계를 가지고 있다. 오늘날 증폭기는 수십 GHz에 해당하는 대역폭을 가지고 있다.

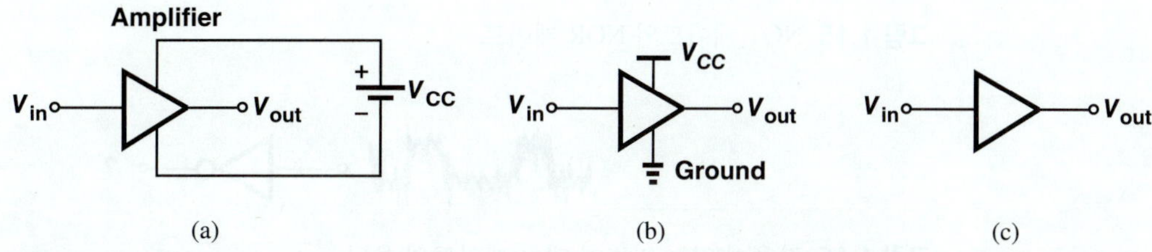

그림 1.13 (a) 전압원이 있는 일반적인 증폭기 기호; (b) (a)의 간단한 다이어그램; (c) 전원 단자가 생략된 증폭기

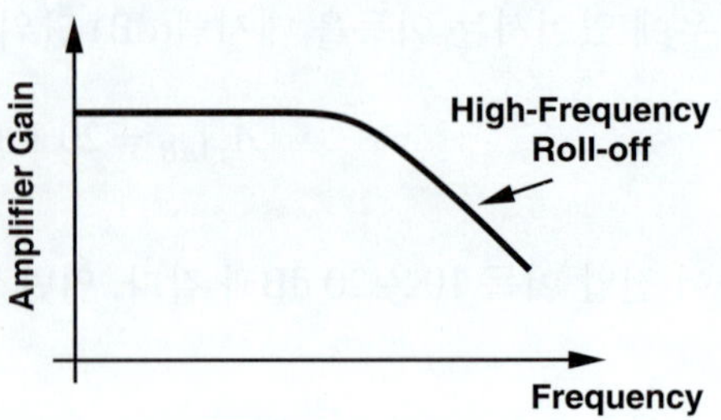

그림 1.14 고주파 영역에서 증폭기 이득의 감소(롤오프)

그 밖에 어떤 아날로그 기능들이 자주 사용될까? 중요한 기능 중 하나가 '필터링'이다. 예를 들어 환자의 심장 활동을 측정하는 심전계는 환자의 신체가 안테나로서 기능을 하기 때문에 60 Hz(또는 50 Hz)로 전압을 수집한다. 그러므로 심장 활동을 제대로 측정하기 위해서는 필터가 '방해 요소'들을 억제해야 한다.

1.3.3 디지털 회로

반도체 칩 시장의 80% 이상이 디지털 회로로 이루어져 있다. 그 예로는 마이크로프로세서, 메모리(DRAM, 플래시, SRAM), 디지털 신호 처리기(digital signal processor) 등이 있다. 게이트들은 '조합' 회로를 구성하고 래치와 플립플롭은 '순차' 회로를 구성한다는 기본적인 논리 설계 내용을 떠올려 보자. 이러한 단위 블록들의 복잡도, 속도, 소모 전력은 전체 시스템의 성능에 큰 부분을 차지한다.

디지털 전자회로에서는 논리 게이트, 플립플롭이나 다른 블록들의 내부 회로 설계에 대하여 공부하게 된다. 예를 들어 NOT과 NOR 기능을 구현하기 위하여 그림 1.15처럼 트랜지스터와 같은 소자를 사용하여 회로를 구성한다. 이러한 구현을 기반으로 하여 각 회로의 다양한 특성들을 결정할 수 있다. 예를 들어, 게이트의 속도를 제한하는 것은 무엇인가? 게이트가 특정 속도로 동작할 때 소모 전력은 얼마나 되는가? 잡음 등 이상적이지 못한 환경에서 아래 게이트가 얼마나 안정적으로 동작할 수 있는가(그림 1.16)?

NOT Gate

A — $Y = \overline{A}$

NOR Gate

A, B — $Y = \overline{A + B}$

그림 1.15 NOT 게이트와 NOR 게이트

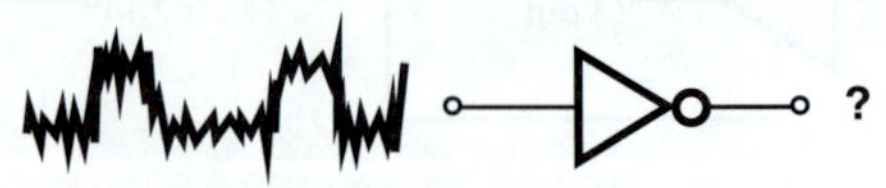

그림 1.16 잡음이 있는 입력에 대한 게이트의 응답

예제 1.4 스위치 S_1이 디지털 입력에 의해 제어되는 회로가 그림 1.17에 있다. A가 'high'이면 S_1이 켜져 있고, 그 반대이면 꺼져 있다. 이 회로가 인버터 기능을 한다는 것을 증명하라.

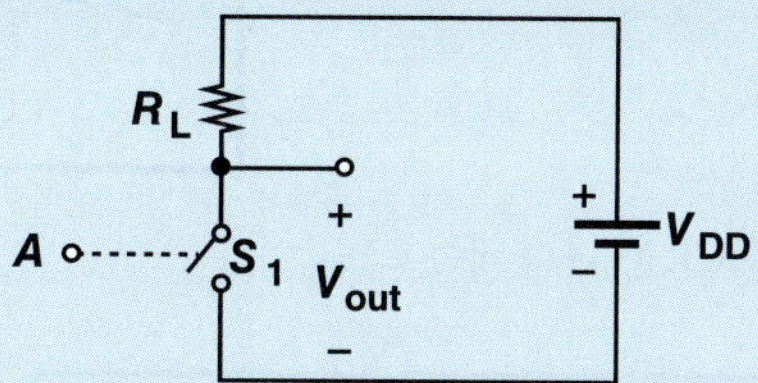

그림 1.17

풀이 만약 A가 크다면 S_1이 켜져 있으므로 V_{out}이 0으로 된다. 반면, A가 작으면 S_1은 꺼져 있으므로 R_L에서 전류를 끌어오지 않는다. 결과적으로 R_L에서의 전압 강하는 0이므로 $V_{out} = V_{DD}$, 즉 출력이 'high'를 갖는다. 따라서 우리는 입력에서의 두 논리 상태에 대해 출력은 반대 상태를 가진다는 것을 관찰할 수 있다.

연습문제 S_1과 R_L이 바뀌고, V_{out}이 R_L을 감지하는 경우 어떤 논리 함수를 나타내는가?

위의 예시는 스위치가 논리적 기능을 수행할 수 있다는 것을 의미한다. 사실 초기의 디지털 회로는 기계적 스위치(릴레이)를 포함했었지만 제한된 동작 속도(수 kHz)가 문제점이었다. 디지털 회로가 수백만 개의 게이트를 포함하고 빠른 속도(수 GHz)로 동작이 가능해진 것은 '트랜지스터'가 발명되고 그것들이 스위치로서 동작할 수 있다는 것이 발견된 이후였다.

1.3.4 기본 회로 원리

기존의 회로 수업에서 배운 수많은 분석 기술 중에서 몇몇은 특히 오늘날의 전자회로 학습에 매우 중요하다. 여기서는 그러한 내용들을 복습한다.

키르히호프의 법칙 키르히호프의 전류 법칙(KCL)은 한 노드에 흘러 들어가는 전류의 총합은 0임을 의미한다(그림 1.18).

$$\sum_j I_j = 0 \tag{1.5}$$

키르히호프의 전류 법칙은 전하량 보존 법칙으로부터 기인한다. 0이 아닌 총합은 노드 X로 유입된 전하가 사라졌거나 노드가 전하를 생성한다는 것을 의미한다.

키르히호프의 전압 법칙(KVL)은 회로 내의 어떤 폐루프의 전압 강하의 총합은 0이 된

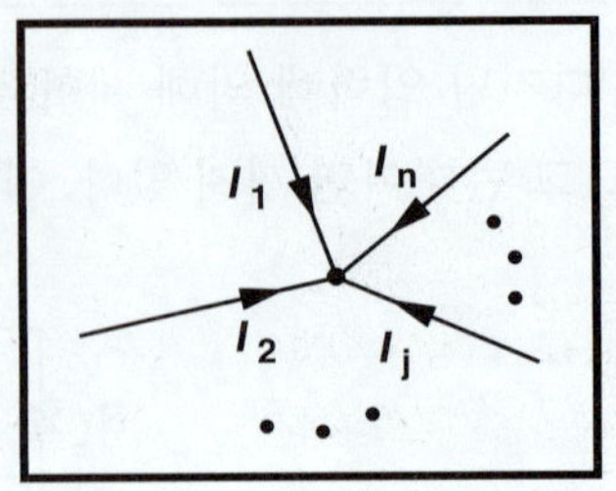

그림 1.18 KCL을 나타내는 그림

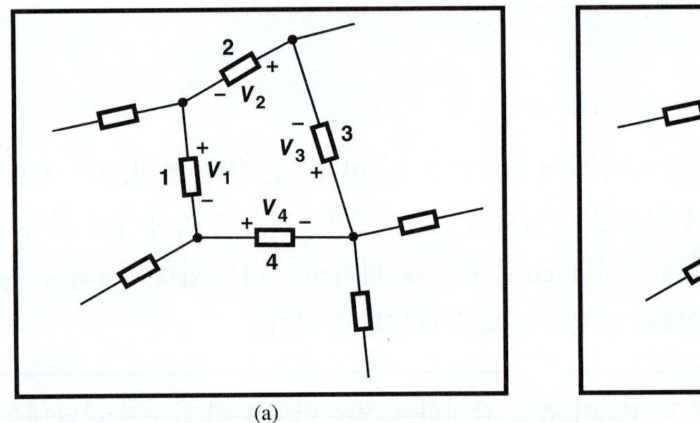

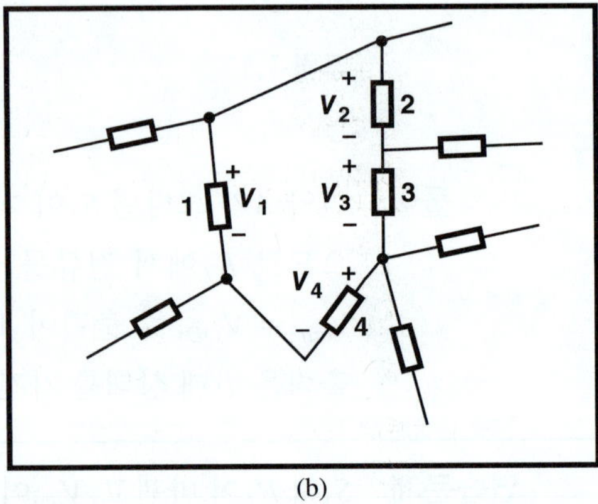

그림 1.19 (a) KVL을 나타내는 그림; (b) 조금 다른 관점으로 본 회로

다는 것을 의미한다[그림 1.19(a)].

$$\sum_j V_j = 0 \tag{1.6}$$

V_j는 j번째 소자 양단의 전압 강하를 의미한다. 키르히호프의 전압 법칙은 '기전력'의 보존에서 기인한다. 그림 1.19(a)에 나타난 것처럼 루프 내의 전압 강하의 총합은 0이 된다. 즉, $V_1 + V_2 + V_3 + V_4 = 0$. 그림 1.19(b)처럼 수정된 그림에서 V_1은 2번, 3번, 4번 소자 양단 전압의 합과 같다. 즉, $V_1 = V_2 + V_3 + V_4$. 그림 1.19(b)에서 V_2, V_3, V_4의 극성이 그림 1.19(a)에서의 극성과는 다르다는 것을 유의해야 한다.

회로를 해석할 때 전류 및 전압의 극성을 초기에는 모르는 경우가 있을 것이다. 그런 경우에 임의의 극성을 부여한 뒤 KCL 및 KVL을 적용하여 방정식을 풀면 실제의 극성과 값을 구할 수 있다.

예제 1.5

그림 1.20은 증폭기의 등가 회로를 나타낸다. 종속 전류원 i_1은 상수 gm[6]에 r_π 양단의 전압 강하를 곱한 값과 같다. 증폭기의 전압 이득 v_{out}/v_{in}을 구하라.

---

6) g_m의 차원은 무엇인가?

그림 1.20

풀이 우리는 v_{in} 항을 이용하여 V_{out}을 계산해야 한다. 즉, 식에서 v_π를 소거해야 한다. '입력 루프'에서 KVL을 쓰면 다음과 같다.

$$v_{in} = v_\pi \tag{1.7}$$

따라서 $g_m v_\pi = g_m v_{in}$이다. 출력 노드에서의 KCL은 다음과 같다.

$$g_m v_\pi + \frac{v_{out}}{R_L} = 0 \tag{1.8}$$

따라서

$$\frac{v_{out}}{v_{in}} = -g_m R_L \tag{1.9}$$

이다. $g_m R_L > 1$이면 회로는 입력을 증폭시킨다. 대부분의 경우에서 중요하지는 않지만, 음의 기호는 단순히 회로가 신호를 '반전'시킨다는 것을 의미한다.

연습문제 $r_\pi \to \infty$인 경우에 대하여 위의 예제를 다시 풀어라.

예제 1.6 그림 1.21은 또 다른 구조를 가진 증폭기의 등가 회로이다. 이득을 계산하라.

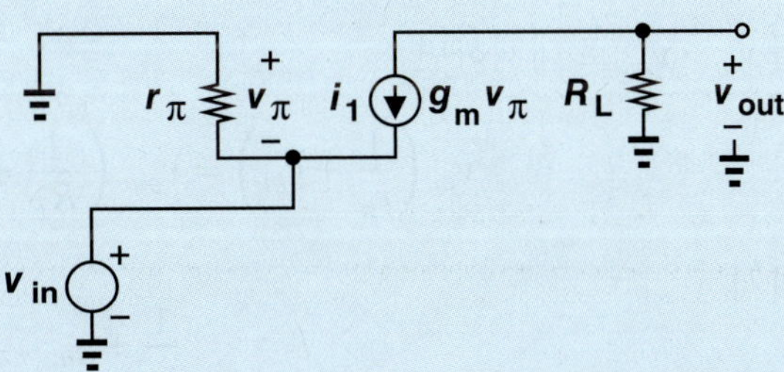

그림 1.21

풀이 r_π가 v_{in}과 병렬이라는 점을 주목하여, 우리는 이 두 소자를 지나는 경로로 KVL을 쓸 수 있다.

$$v_{in} = -v_\pi \tag{1.10}$$

출력 노드에서의 KCL은 식 (1.8)과 비슷하다. 따라서

$$\frac{v_{out}}{v_{in}} = g_m R_L \tag{1.11}$$

이다. 흥미롭게도 이 유형의 증폭기는 신호를 반전시키지 않는다.

연습문제 $r_\pi \to \infty$인 경우에 대하여 위의 예제를 다시 풀어라.

예제 1.7 세 번째 구조를 갖는 증폭기 등가 회로가 그림 1.22에 있다. 전압 이득을 계산하라.

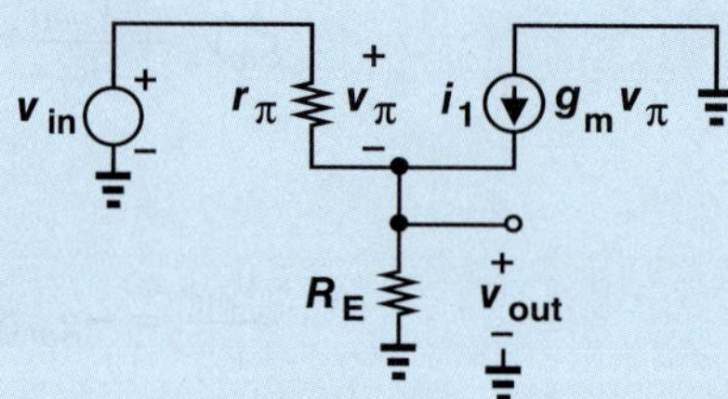

그림 1.22

풀이 v_{in}, r_π, R_E를 포함하는 루프로 KVL을 적용하면

$$v_{in} = v_\pi + v_{out} \tag{1.12}$$

따라서 $v_\pi = v_{in} - v_{out}$이다. 다음으로 전류 v_π/r_π와 $g_m v_\pi$가 출력 노드로 흘러 들어오고, 전류 v_{out}/R_E가 흘러 나가기 때문에 아래와 같이 KCL을 적용할 수 있다.

$$\frac{v_\pi}{r_\pi} + g_m v_\pi = \frac{v_{out}}{R_E} \tag{1.13}$$

v_π를 $v_{in} - v_{out}$로 대체하면

$$v_{in}\left(\frac{1}{r_\pi} + g_m\right) = v_{out}\left(\frac{1}{R_E} + \frac{1}{r_\pi} + g_m\right) \tag{1.14}$$

따라서

$$\frac{v_{out}}{v_{in}} = \frac{\frac{1}{r_\pi} + g_m}{\frac{1}{R_E} + \frac{1}{r_\pi} + g_m} \tag{1.15}$$

$$= \frac{(1 + g_m r_\pi)R_E}{r_\pi + (1 + g_m r_\pi)R_E} \tag{1.16}$$

전압 이득은 항상 1보다 낮다는 점에 유의하라. 이러한 증폭기가 과연 유용하게 쓰일 것인가? 사실 이 구조의 증폭기는 다양한 빌딩블록으로 쓰일 수 있는 몇 가지 중요한 특성

을 보여 준다.

연습문제 $r_\pi \to \infty$인 경우에 대하여 위의 예제를 다시 풀어라.

위의 세 예제는 5장에서 폭넓게 다룰 3개의 증폭기 구조와 관련이 있다.

테브냉과 노턴 등가 키르히호프의 법칙은 어떠한 회로를 해석하는 데에도 사용될 수 있는 반면에, 테브냉과 노턴의 정리는 수식을 간소화하고 회로의 동작에 대한 통찰력을 키워 준다.

테브냉의 정리는 단일 포트 네트워크는 하나의 임피던스와 직렬로 연결된 하나의 전압원으로 이루어진 등가 회로로 대체할 수 있다는 것이다. 그림 1.23(a)에 나타나 있듯이 '포트'라는 용어는 전압차를 알고 싶은 두 노드를 의미한다. 등가 전압 v_{Thev}는 포트를 개방(open)한 상태로 남겨 두고 회로에 의해 이 포트에 생성되는 전압을 계산하여 얻을 수 있다. 등가 임피던스 Z_{Thev}는 모든 독립 전압원과 전류원을 0으로 놓고 두 노드 사이의 임피던스를 계산하여 얻을 수 있다. Z_{Thev}는 출력 포트에서 '들여다보이는' 임피던스라고도 부른다[그림 1.23(b)]. 임피던스는 포트 양단에 전압원을 인가하고 그 결과 생성되는 전류를 이용하여 계산할 수 있다. 몇 가지 예제를 통하여 이 원리를 알아보자.

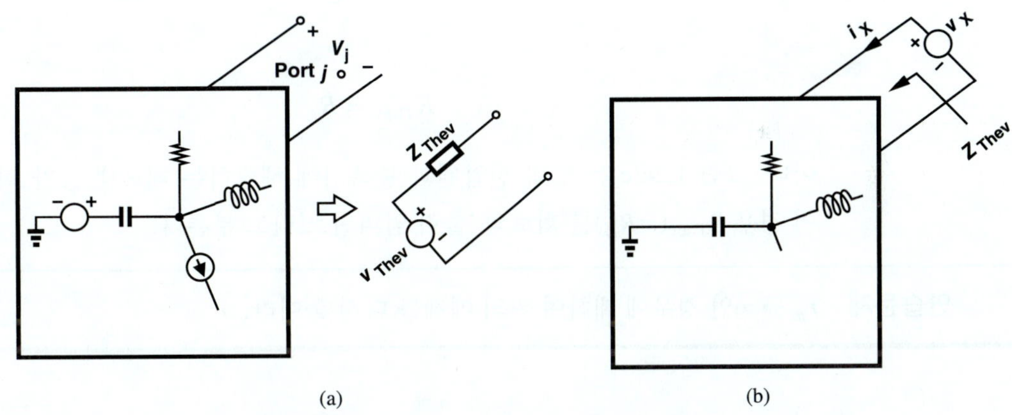

그림 1.23 (a) 테브냉 등가회로; (b) 등가 임피던스 계산

예제 1.8 그림 1.20의 입력 전압원과 증폭기를 상자에 넣고 출력 포트에만 관심 있다고 가정하자 [그림 1.24(a)]. 이때 테브냉 등가 회로를 구하라.

풀이 출력 포트를 들여다볼 때 보이는 임피던스와 개방 회로 출력 전압을 계산해야 한다. 테브냉 전압은 그림 1.24(a) 및 식 (1.9)로부터 얻어진다.

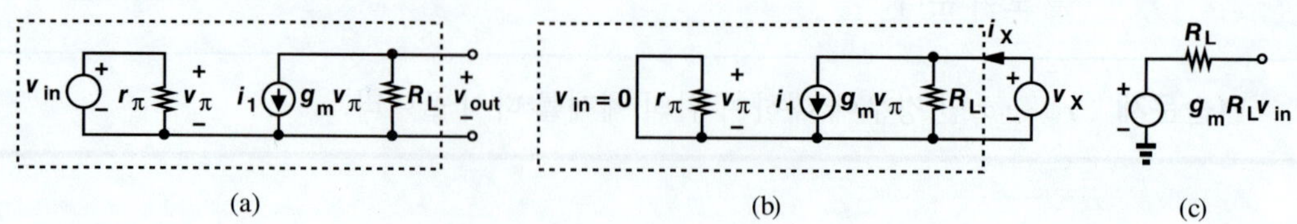

그림 1.24

$$v_{\text{Thev}} = v_{out} \tag{1.17}$$

$$= -g_m R_L v_{in} \tag{1.18}$$

Z_{Thev}를 계산하기 위하여 v_{in}을 0으로 설정하고, 출력 포트에 전압원 v_X를 가하고, 전압원에서 끌어온 전류 i_X를 구한다. 그림 1.24(b)와 같이 v_{in}을 0으로 설정하는 것은 단락 회로로 대체함을 의미한다. 또한 전류원 $g_m v_\pi$는 r_π 양단의 전압에 따라 달라지므로 회로에 남아 있어야 하며 r_π 양단 전압값은 미리 알려져 있지는 않다.

그림 1.24(b)의 회로를 어떻게 풀 것인가? 우리는 다시 v_π를 제거해야 한다. 다행히 r_π의 양단은 접지에 묶여 있기 때문에 $v_\pi = 0$이고 $g_m v_\pi = 0$이다. 따라서 회로는 R_L로 줄어들고

$$i_X = \frac{v_X}{R_L} \tag{1.19}$$

즉,

$$R_{\text{Thev}} = R_L \tag{1.20}$$

이다. 그림 1.24(c)는 입력 전압원과 증폭기에 해당하는 테브냉 등가 회로를 나타낸다. 이 경우 $R_{\text{Thev}}(=R_L)$를 회로의 '출력 임피던스'라고 부른다.

연습문제 $r_\pi \to \infty$인 경우에 대하여 위의 예제를 다시 풀어라.

테브냉 등가 회로를 이용하여 회로의 다음 단, 즉 '부하'와 함께 회로의 동작을 분석할 수 있다.

예제 1.9 그림 1.20의 증폭기는 R_{sp}의 임피던스를 갖는 스피커를 구동해야 한다. 스피커로 공급되는 전압을 구하라.

풀이 그림 1.25(a)는 우리가 풀어야 할 회로도이다. 점선 박스 부분을 그림 1.24(c)의 테브냉 등가 회로로 대체하고 그림 1.25(b)처럼 단순화하여 문제를 풀면 다음과 같다.

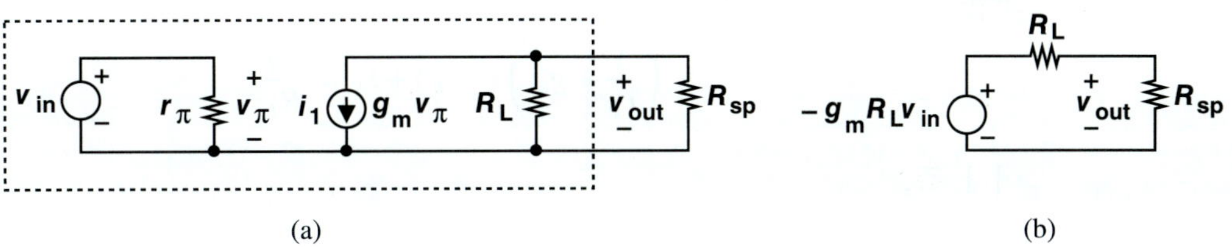

그림 1.25

$$v_{out} = -g_m R_L v_{in} \frac{R_{sp}}{R_{sp} + R_L} \tag{1.21}$$

$$= -g_m v_{in}(R_L || R_{sp}) \tag{1.22}$$

연습문제 $r_\pi \to \infty$인 경우에 대하여 위의 예제를 다시 풀어라.

예제 1.10 출력 포트가 관심이라면, 그림 1.22 회로의 테브냉 등가 회로를 구하라.

풀이 개방 회로 출력 전압은 식 (1.16)으로부터 쉽게 얻어진다.

$$v_{\text{Thev}} = \frac{(1 + g_m r_\pi)R_L}{r_\pi + (1 + g_m r_\pi)R_L} v_{in} \tag{1.23}$$

테브냉 임피던스를 계산하기 위하여 그림 1.26과 같이 v_{in}을 0으로 설정하고, 출력 포트에 전압원을 인가한다. v_π를 제거하기 위하여 r_π의 양단이 v_X와 연결되어 있음을 주목한다.

$$v_\pi = -v_X \tag{1.24}$$

그림 1.26

이제 출력 노드에서 KCL을 적용한다. 전류 v_π/r_π, $g_m v_\pi$, i_X는 출력 노드로 흘러 들어가고 전류 v_X/R_L은 반대로 흘러 나간다. 결과적으로,

$$\frac{v_\pi}{r_\pi} + g_m v_\pi + i_X = \frac{v_X}{R_L} \tag{1.25}$$

또는

$$\left(\frac{1}{r_\pi}+g_m\right)(-v_X)+i_X=\frac{v_X}{R_L} \tag{1.26}$$

이다. 즉,

$$R_{\text{Thev}}=\frac{v_X}{i_X} \tag{1.27}$$

$$=\frac{r_\pi R_L}{r_\pi+(1+g_m r_\pi)R_L} \tag{1.28}$$

연습문제 $R_L = \infty$인 경우는 어떻게 되는가?

노턴 정리는 포트가 하나인 네트워크는 하나의 임피던스와 병렬로 연결된 하나의 전류원으로 표현될 수 있다는 것이다(그림 1.27). 등가 전류 i_{Nor}는 해당 포트를 단락시키고 그것을 통하여 흐르는 전류를 계산하여 얻을 수 있다. 등가 임피던스 Z_{Nor}는 회로 내의 모든 독립 전압원과 전류원을 0으로 만들고 포트에서 들여다보이는 임피던스를 계산하여 얻을 수 있다. 물론 $Z_{\text{Nor}} = Z_{\text{Thev}}$이다.

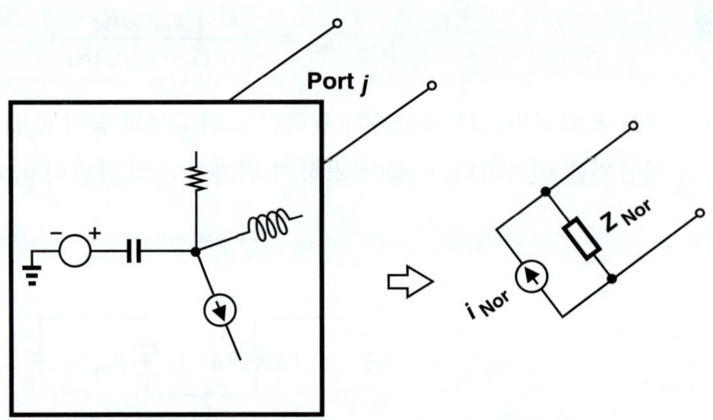

그림 1.27 노턴 정리

예제 1.11 출력 포트가 관심이라면, 그림 1.20 회로에 해당하는 노턴 등가 회로를 구하라.

풀이 그림 1.28(a)와 같이 출력 포트를 단락시키고 i_{Nor}의 값을 구한다. 이제 R_L 양단의 전압이 강제로 0이 되기 때문에 이 저항에는 전류가 흐르지 않는다.

출력 노드에서의 KCL을 적용해서 다음 식들을 얻는다.

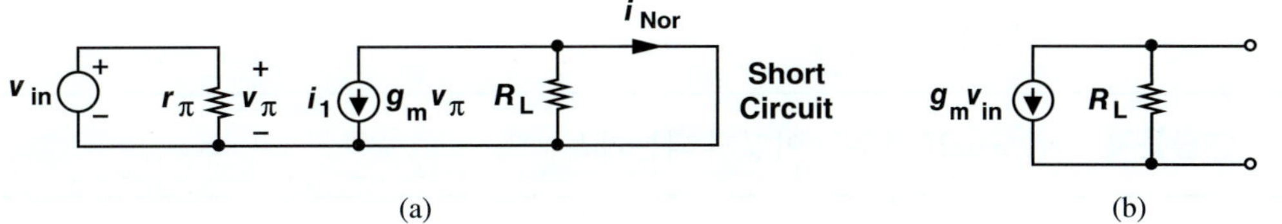

그림 1.28

$$i_{\text{Nor}} = -g_m v_\pi \quad (1.29)$$

$$= -g_m v_{in} \quad (1.30)$$

또한 예제 1.8로부터 $R_{\text{Nor}}(=R_{\text{Thev}}) = R_L$이다. 따라서 노턴 등가 회로는 그림 1.28(b)와 같이 된다. R_L을 통과하는 i_{Nor}의 흐름이 원래 회로의 출력 전압과 동일한 $-g_m R_L v_{in}$의 전압을 생성한다는 것으로부터 이 모델이 타당함을 알 수 있다.

연습문제 v_{in}의 상단 단자와 출력 노드 사이에 R_1 값을 갖는 저항이 추가된 경우에 대하여 위의 예제를 다시 풀어라.

예제 1.12 출력 포트가 관심이라면, 그림 1.22 회로에 해당하는 노턴 등가 회로를 구하라.

풀이 그림 1.29(a)에서 출력 단자를 단락시키면 R_L에 전류가 흐르지 않는다는 것을 알 수 있다. 따라서

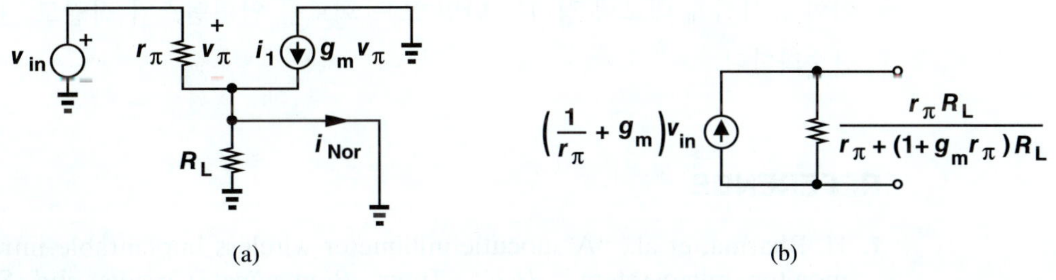

그림 1.29

$$i_{\text{Nor}} = \frac{v_\pi}{r_\pi} + g_m v_\pi \quad (1.31)$$

또한 $v_{in} = v_\pi$이고(왜 그럴까?), 다음 식이 얻어진다.

$$i_{\text{Nor}} = \left(\frac{1}{r_\pi} + g_m\right) v_{in} \quad (1.32)$$

예제 1.10에서 찾은 R_{Thev}의 도움으로, 그림 1.29(b)에 설명된 노턴 등가 회로를 구성할 수 있다.

연습문제 $r_\pi \to \infty$인 경우는 어떻게 되는가?

1.4 요약

- 휴대전화, 디지털 카메라, 노트북 컴퓨터 등의 많은 전자기기들에서 전자적인 기능을 포함한다.
- 증폭은 많은 아날로그, 디지털 시스템에서 필수적인 동작이다.
- 아날로그 회로는 어느 순간에서나 다양한 값을 가질 수 있는 신호들을 처리한다. 이와는 대조적으로 디지털 회로는 두 값들만 가지고 있고 정해져 있는 순간에 이 두 값들 사이를 스위칭하는 신호들을 처리한다.
- '디지털 혁명'에도 불구하고 아날로그 회로는 대부분의 최신 전자 시스템에서 그 활용 범위를 넓히고 있다.
- 증폭기의 전압 이득은 v_{out}/v_{in}으로 정의되고 때로는 데시벨(dB) 단위로[$20\log(v_{out}/v_{in})$] 표기되기도 한다.
- 키르히호프의 전류 법칙(KCL)은 임의의 노드로 흘러 들어오는 전류의 총합은 0이라는 것을 의미하고, 키르히호프의 전압 법칙(KVL)은 임의의 루프 주위의 전압 강하의 총합은 0이라는 것을 의미한다.
- 노턴 정리는 단일 포트 회로를 임피던스와 병렬로 연결된 전류원으로 간소화할 수 있다. 이와 유사하게 테브냉 정리는 단일 포트 회로를 임피던스와 직렬로 연결된 전압원으로 단순화한다.

REFERENCE

1. H. Bharma, et al., “A subcutic millimeter wireless implantable intraocular pressure monitor microsystem,” *IEEE Trans. Biomedical Circuits and Systems*, vol. 11, pp. 1204–1215, Dec. 2019.

2

기초 반도체 물리

관련 YouTube 비디오:

Razavi Electronics 1, 강의 1: Introduction, Charge Carriers, Doping
https://www.youtube.com/watch?v=yQDfVJzEymI

Razavi Electronics 1, 강의 2: Doping, Drift
https://www.youtube.com/watch?v=NWolpDgi6_Y

Razavi Electronics 1, 강의 3: Diffusion, Introduction to PN Junction
https://www.youtube.com/watch?v=mhtYm-USVD8

Razavi Electronics 1, 강의 4: PN Junction in Equilibrium & Reverse Bias
https://www.youtube.com/watch?v=6UNezo_GByE

Razavi Electronics 1, 강의 5: PN Junction in Forward Bias, Introduction to Diodes
https://www.youtube.com/watch?v=p9q5thwmlxY

마이크로 전자회로는 과거 60년 동안 활발히 연구되어 온 복잡한 반도체 구조를 기본으로 하고 있다. 이 책은 회로(circuit)의 분석 및 설계를 다루고 있지만, 이를 위해서는 소자(device)의 완벽한 이해가 필수적이라는 것을 미리 강조해 둔다. 이는 여러 다른 공학 문제와 유사한데, 예를 들면 우수한 성능의 자동차를 설계하는 데 엔진의 상세한 지식과 제한 사항의 고려가 필수적인 것과 같은 이치이다.

그러므로 소자 물리에 관한 공부는 충분히 이해될 수 있도록 깊이 있게 다루어져야 하는데, 회로에 빨리 적용될 수 있도록 간단히 취급되어야 한다. 이 장에서는 이러한 공부가 수행되었으면 한다.

이 장에서 다루어질 내용은 '다이오드'라 불리는 기본적이며 중요한 소자이다. 디저트를 먹기 전에 브로콜리를 먹을 필요가 있듯이, 다이오드를 공부하기 전에 '반도체' 물질의 기본 특성과 전류 전도의 원리를 이해해야 한다.

이 장에서는 반도체 개념과 전하 이동(즉, 전류 흐름)을 먼저 소개하고, 다이오드로 표현되는 '*pn* 접합'과 관련 공식을 소개한다. 궁극적인 목표는 소자를 회로 모델(저항, 전압원, 전류원, 커패시터 등으로 구성되어 있음)로 표현하여 그러한 소자로 구성된 회로를 쉽게 이해할 수 있도록 하는 데 있다. 이 장의 주요 내용은 다음과 같다.

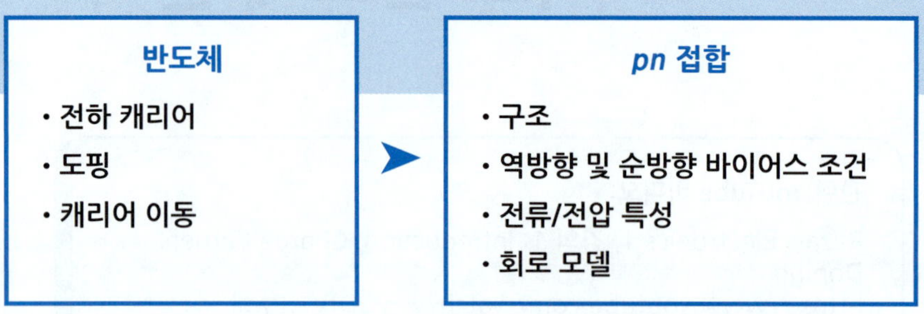

마이크로 전자 소자에서 정확한 회로 모델을 제시하는 것은 중요하다. 전자 산업은 다양한 회로의 요구가 많은데, 반도체 소자의 한계점에 이르도록 공격적인 설계를 요구하고 있다. 그러므로 소자의 내부적인 동작의 이해가 필요하다.[1)]

2.1 반도체 물질 및 성질

여기서는 여러 개념을 소개하는데, 일반적으로 알아 두어야 할 주요 내용은 다음과 같다.

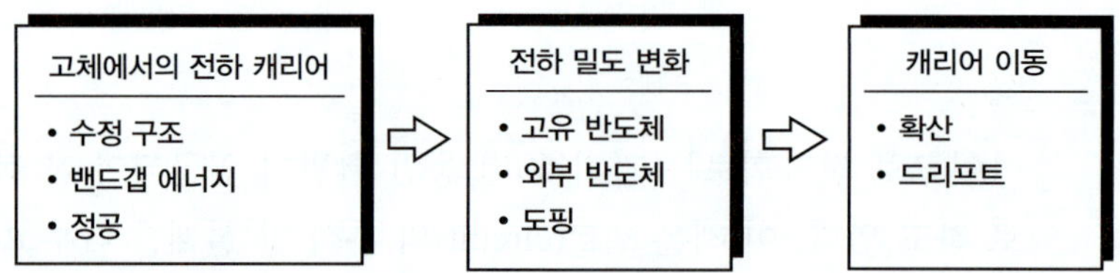

그림 2.1 이 절의 주요 내용

위 그림은 논리적 사고 과정을 나타낸다: (a) 고체에서의 전하 캐리어를 소개하고 전류 흐름에서 그들의 역할을 공식화한다, (b) 원하는 전류 흐름의 성질을 얻기 위해 전하 캐리어의 농도를 변화시키는 방법을 소개한다, (c) 전류 흐름의 메커니즘을 결정한다. 이 과정

---

1) 설계 관리자는 "당신은 소자나 회로를 한계점에 이르도록 못하는데 경쟁자들이 해 낸다면, 경쟁자에게 패하는 결과가 된다"라고 말하곤 한다.

	III	IV	V	
	Boron (B)	Carbon (C)		
• • •	Aluminum (Al)	Silicon (Si)	Phosphorus (P)	• • •
	Galium (Ga)	Germanium (Ge)	Arsenic (As)	
		• • •		

그림 2.2 주기율표의 일부분

들은 다음 절에서 소개될 다이오드의 전류/전압(I/V) 특성의 계산에 이용된다.

2.1.1 고체에서의 전하 캐리어

기초 화학에서 원자 내의 전자는 다른 '궤도'에 있는 핵 주위를 돌고 있다는 사실을 배웠다. 원자의 화학적 성질은 최외각 궤도에 있는 전자에 의해 결정되며, 여기에서의 전자는 '원자가(valence)' 전자라 불리는데, 이 전자가 궤도를 얼마나 채우는가에 달려 있다. 예를 들면 네온은 최외각 궤도에 8개의 전자가 완전히 채워져 있어 화학적 반응을 일으키지 않는다. 반면에 나트륨(sodium)은 단지 1개의 원자가전자만 가지고 있어, 궤도에서 전자를 떼어 내기 쉽고, 염소(chloride)는 7개의 원자가전자를 가지고 있어, 1개의 전자를 받아들이기 쉽다. 그러므로 두 성분은 쉽게 반응한다.

위 원리는 대략 4개의 원자가전자를 가진 원자가 이상 기체(inert gas)들 사이에 존 재하여 휘발성(volatile) 성뷴을 가지게 되고, 흥미로운 화학적, 물리적 성질을 나타냄을 제시한다. 그림 2.2는 최외각 전자가 3~5개인 원소들을 나타내는 주기율표(periodic table)의 일부분이다. 마이크로 전자공학에서 가장 많이 다루어지는 물질로서 실리콘은 자세히 분석해 볼 가치가 있다.[2)]

공유결합 독립적으로 존재하는 하나의 실리콘 원자는 최외각 전자를 4개 가지고 있으며[그림 2.3(a)], 완전한 궤도를 형성하는 데 4개의 전자가 더 필요하다. 정상적으로 반응한다면, 실리콘 물질은 '수정(crystal)'을 형성하는데, 각 원자는 똑같은 4개의 다른 원자로 둘러싸여 있다[그림 2.3(b)]. 그러므로 각 원자는 이웃 원자와 1개의 원자가전자를 공유하며, 자체 및 이웃의 궤도를 완성한다. 원자 사이에 존재하는 그와 같은 '결합'을 원자가전자를 공유한다는 의미로 '공유결합(covalent bond)'이라 한다.

---

2) 실리콘은 모래로부터 많은 과정을 거쳐 얻어진다.

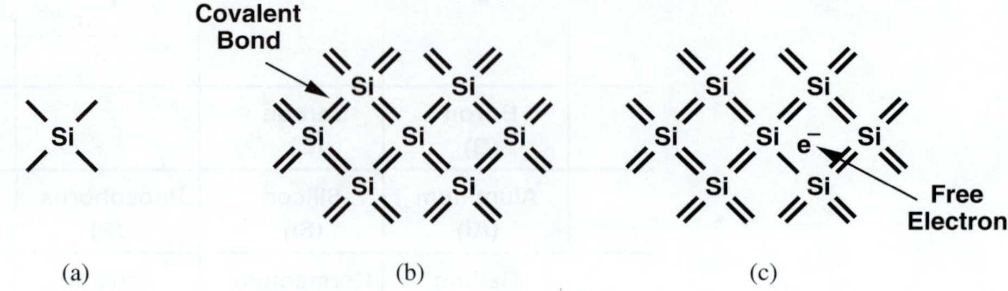

그림 2.3 (a) 실리콘 원자; (b) 원자 사이의 공유결합; (c) 열에너지에 의해 형성된 자유 전자

그림 2.3(b)에 나타나 있는 수정은 반도체 소자에서 중요한 역할을 한다. 수정이 전압에 반응해서 전류를 흐르게 할 수 있을까? 절대온도 0도 부근에서 원자가전자들은 각자의 공유결합에 구속되어 자유롭게 이동하지 못한다. 즉, 실리콘 수정은 절대온도 0 K 부근에서 부도체로 동작한다. 그러나 높은 온도에서 전자는 열에너지를 흡수하고, 공유결합을 깨뜨려서 또 다른 불완전한 결합을 이룰 때까지 자유 전하 캐리어[그림 2.3(c)]로 동작한다. 지금부터 언급하는 '전자'는 이러한 자유 전자들이다.

정공 공유결합이 깨지면 결합은 불완전하기 때문에 전자는 '구멍(void)'을 남긴다. 그러한 구멍을 '정공(hole)'이라 부르는데 가능하면 자유 전자를 흡수한다. 그러므로 전자가 자유로울 때 '전자-정공 쌍(electron-hole pair)'이 형성되고, 전자가 정공을 '만났을' 때 '전자-정공 재결합(electron-hole recombination)'이 발생한다.

정공의 개념이 왜 어려운가? 수정에서 실제로 이동하는 것은 자유 전자이다. 정공을 이해하기 위해 그림 2.4에 나와 있는 시간에 대한 변천 과정을 보자. 숫자 1의 공유결합이 $t = t_1$ 이전에 전자를 잃고 정공을 형성했다고 가정하자. $t = t_2$에서 전자는 숫자 2의 결합에서 깨어져서, 숫자 1의 결합에 있는 정공과 재결합한다. 같은 방법으로 $t = t_3$에서 전자는 3의 결합에서 떨어져 나와 2의 결합에 있는 정공과 재결합한다. 이 그림들을 보면, 하나의 전자는 오른쪽에서 왼쪽으로 이동하는 것을 알 수 있다. 달리 표현하면, 하나의 정공은 왼쪽에서 오른쪽으로 이동하는 것이다. 이러한 정공에 의한 전류 흐름의 표현은 반도체 소자의 분석에 매우 유용하다.

밴드갭 에너지 두 가지 중요한 질문이 있다. 열에너지는 실리콘에서 자유 전자나 정공을 형

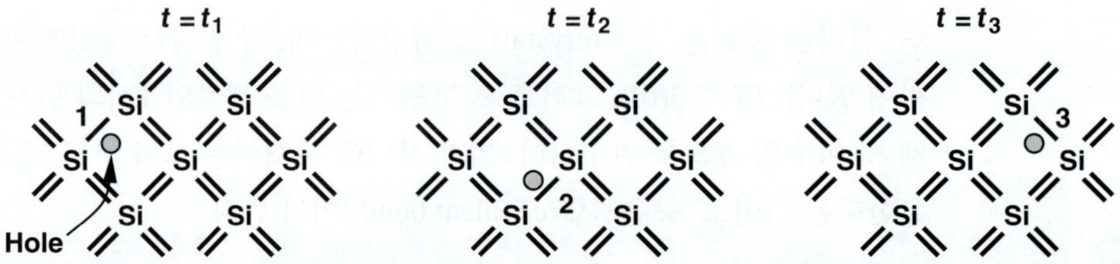

그림 2.4 수정에서 일어나는 전자의 운동

성하는가? 아니다. 실제로는 공유결합에서 전자를 떼어 내는 데 최소 에너지가 필요한데, 그 에너지는 '밴드갭 에너지(bandgap energy)'라 불리며, E_g로 표현된다. 이 최소 에너지는 물질의 기본 성질에 의해 결정되며, 실리콘의 경우는 $E_g = 1.12$ eV이다.[3)]

두 번째 질문은 물질의 전도도와 관련이 있다. 특정 온도에서 얼마나 많은 자유 전자가 형성되는가? 관찰한 바에 의하면, 전자의 수는 E_g 및 절대온도 T에 관련이 있다고 가정된다. E_g가 클수록 전자의 이동이 생기는데, 온도 T가 클수록 더욱더 많은 전자의 이동이 있다. 앞으로의 이야기를 단순화하기 위해서 전자의 밀도(density)를 생각해 보자. 밀도는 단위 부피당 전자의 수 n_i인데 실리콘의 경우는 다음과 같다.

$$n_i = 5.2 \times 10^{15} T^{3/2} \exp \frac{-E_g}{2kT} \text{ electrons/cm}^3 \tag{2.1}$$

여기서 $k = 1.38 \times 10^{-23}$ J/K(볼츠만 상수)이다. 이 결과에 대한 유도는 반도체 물리에 관한 책에서 찾아볼 수 있다[1]. 기대하는 바와 같이 E_g가 큰 물질일수록 n_i는 작다. 또한 $T \to 0$일 때, $T^{3/2}$, $\exp[-E_g/(2kT)]$도 0에 수렴하며, 결과적으로 n_i는 0에 수렴한다.

n_i와 E_g의 지수적 종속성은 물질의 전도성이 밴드갭 에너지와 관련이 있음을 나타낸다. 부도체는 큰 E_g를 가진다. 다이아몬드의 경우 E_g는 2.5 eV이다. 반면에 전도체는 작은 밴드갭을 가지고, 반도체는 중간 정도의 E_g를 가지는데, 대략 1 eV에서 1.5 eV까지이다.

예제 2.1 $T = 300$ K(대기 온도)과 $T = 600$ K에서 실리콘의 전자 농도를 구하라.

풀이 $E_g = 1.12 \text{ eV} = 1.792 \times 10^{-19}$ J이므로 다음 결과를 얻는다.

$$n_i(T = 300 \text{ K}) = 1.08 \times 10^{10} \text{ electrons/cm}^3 \tag{2.2}$$

$$n_i(T = 600 \text{ K}) = 1.54 \times 10^{15} \text{ electrons/cm}^3 \tag{2.3}$$

각 자유 전자에서 정공은 같이 결정되므로 정공의 밀도는 식 (2.2)와 (2.3)으로 결정된다.

연습문제 1.5 eV 밴드갭을 가진 물질에 대하여 위의 예제를 다시 풀어라.

위 예제에서 얻어진 n_i 값은 상당히 큰 편이다. 실리콘의 원자 농도 5×10^{22}을 생각하면, 5×10^{12} 원자 중에서 하나의 원자가 1개의 자유 전자를 가진다는 의미이다. 즉, 실리콘은 전도도가 낮은 전도체인 셈이다. 다음으로 실리콘이 보다 큰 전도체가 되는 방법을 소개한다.

---

3) 단위 eV(electron volt)는 단위 전자가 1 V 전압차를 넘어 이동하는 데 필요한 에너지를 나타낸다. 1 eV $= 1.6 \times 10^{-19}$ J.

2.1.2 캐리어 밀도 변화

고유 및 외부 반도체 지금까지의 '순수한' 반도체는 '고유 반도체(intrinsic semiconductor)'이며, 높은 저항을 가진다. 다행히 수정의 원자를 다른 물질의 원자와 교환함으로써 실리콘의 비전도도를 바꿀 수 있다. 고유 반도체에서 전자 농도 $n(=n_i)$은 정공 농도 p와 같다.

> **Did you know?**
> 반도체 산업은 마이크로프로세서, 메모리, RF 트랜시버, 이미징, 또는 많은 다른 제품들을 제조해서 300억 달러 이상의 연간 매출을 가져온다. 이것은 매년 세상에 있는 70억 인구 중에서 한 사람당 반도체 칩들에 평균 40달러를 소비한다는 것을 의미한다. 이것은 어린이들이 첫 번째 비디오 게임 장치를 구매할 때 시작된다.

$$np = n_i^2 \tag{2.4}$$

나중에 이 방정식을 이용하자.

그림 2.2에서 인(P)은 5개의 원자가전자를 가지고 있다. P 원자가 실리콘 수정에 주입되면 어떻게 될까? 그림 2.5에서와 같이 각 P 원자는 이웃 실리콘 원자들과 4개의 전자를 공유하고, 다섯 번째 전자는 '결속되지 않은 채' 남아 있다. 이 전자는 자유롭게 이동하며, 전하 캐리어로 동작한다. 만약 N개의 인 원자가 실리콘 수정의 단위 cm^3에 균일하게 분포되면, 자유 전자의 농도는 비례해서 증가한다.

고유 반도체에 인과 같은 '불순물'을 추가하는 것을 '도핑(doping)'이라 하며, 인 자신은 '불순물(dopant)'이라 한다. 고유 반도체의 상태보다 많은 자유 전자가 보충되면, 불순물이 첨가된 실리콘 수정은 '외부 반도체(extrinsic semiconductor)'라 불리고, 좀 더 상세히 말하면, 자유 전자가 많다는 의미에서 'n형' 반도체라 한다.

앞에서 언급하였지만, 고유 반도체에서 전자와 정공의 농도는 같다. 반면에 불순물이 첨가된 물질에서 이 농도는 어떨까? 이러한 경우에도 다음 식이 적용된다.

$$np = n_i^2 \tag{2.5}$$

여기서 n, p는 각각 외부 반도체에서의 전자와 정공의 농도이다. n_i는 고유 반도체 농도를 나타낸다. 그러므로 도핑의 정도에 무관하다[예를 들면, 식 (2.1)].

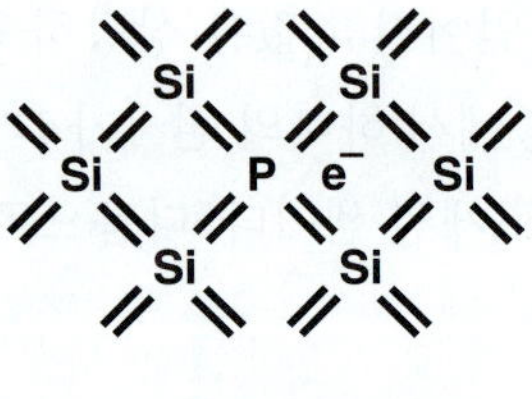

그림 2.5 인산 도핑으로 이완된 전자

예제 2.2 위 결과는 아주 이상하다. 더 많은 도너 원자를 주입하고 n을 증가시켰는데, np는 어떻게 일정한가?

풀이 식 (2.5)는 수정에 n형의 불순물이 추가되면 p는 고유 반도체 수준 이하로 감소함을 나타낸다. 이는 불순물로 명명된 많은 새로운 전자들이 고유 반도체에서 생성된 정공과 '재결합'하기 때문이다.

연습문제 왜 $n+p$는 항상 일정하게 유지될 수 없는가?

예제 2.3 수정 실리콘 조각이 인 원자로 균일하게 도핑되어 있다. 도핑 농도는 10^{16} atoms/cm^{3}이다. 대기 온도에서 전자와 정공의 농도를 구하라.

풀이 10^{16}인 원자가 단위 cm^3 부피에 같은 수의 단위 전자를 가져온다. 이 전자 밀도는 예제 2.1에서 계산한 것보다도 10^6 이상 값이 크기 때문에 다음을 가정할 수 있다.

$$n = 10^{16}\ \text{electrons/cm}^3 \tag{2.6}$$

식 (2.2)와 (2.5)에서 다음과 같다.

$$p = \frac{n_i^2}{n} \tag{2.7}$$

$$= 1.17 \times 10^4\ \text{holes/cm}^3 \tag{2.8}$$

정공 농도는 고유 반도체에서의 농도보다도 10^6 이상 값이 작다는 것을 나타낸다. 그러므로 만약 이 실리콘 조각에 전압이 가해지면 전류는 대부분 전자에 의해 결정된다.

연습문제 정공 밀도가 10^3 이상 감소하기 위해서는 불순물 농도를 얼마로 하여야 하는가?

다음 예는 n형 반도체에서 전자를 '다수 캐리어', 정공을 '소수 캐리어'라 부르는 이유를 설명한다. 당연히 p형 반도체에서 전자와 정공의 역할이 바뀌는지 의심할 것이다.

만약 실리콘이 불충분한 전자 수를 가진 원자로 도핑되어 있다면, 불완전한 공유결합을 형성할 것이다. 예를 들어 그림 2.2의 도표는 3개의 원자가전자를 가진 붕소(B) 원자는 실리콘 격자에 3개의 공유결합을 형성한다는 것을 보여 주고 있다(그림 2.6). 결과적으로 네 번째 결합은 정공을 포함하고 있고, 자유 전자를 받을 준비가 되어 있다. 달리 표현하면, N개의 붕소 원자는 실리콘의 전류 전도에서 N개의 붕소 정공에 기여한다. 그림 2.6의 구조

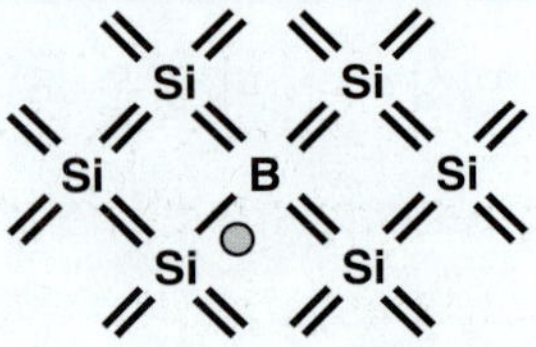

그림 2.6 붕소 도핑과 정공 형성

는 p형 반도체를 설명하는데, 다수 캐리어로서 정공을 공급한다. 붕소 원자는 '억셉터' 불순물이라 불린다.

지금까지의 결과를 공식화해 보자. 만약 고유 반도체가 단위 cm^3 부피에 $N_D(\gg n_i)$ 농도의 도너 원자로 도핑된다면, 유동 전하 밀도는 다음과 같다.

$$\text{Majority Carriers: } n \approx N_D \tag{2.9}$$

$$\text{Minority Carriers: } p \approx \frac{n_i^2}{N_D} \tag{2.10}$$

마찬가지로 단위 cm^3 부피에 $N_A(\gg n_i)$ 농도의 억셉터 원자가 도핑되면 다음과 같다.

$$\text{Majority Carriers: } p \approx N_A \tag{2.11}$$

$$\text{Minority Carriers: } n \approx \frac{n_i^2}{N_A} \tag{2.12}$$

전형적인 도핑 농도는 $10^{15} \sim 10^{18}$ atoms/cm^{3}이므로, 위 결과는 아주 정확하다.

예제 2.4 그림 2.2의 다른 원소는 반도체와 불순물로 사용될 수 있는가?

풀이 그렇다. 예를 들면 초기 다이오드와 트랜지스터는 실리콘보다는 게르마늄(Ge)을 썼으며, As 원소도 불순물로 많이 사용되었다.

연습문제 탄소(C)도 이러한 목적으로 사용될 수 있는가?

그림 2.7은 이 절에서 설명한 내용을 요약한 것으로, 반도체에서의 농도와 전하 캐리어의 형태를 보여 준다.

2.1.3 캐리어의 이동

전하 캐리어와 도핑의 개념에 대해 배웠으므로, 반도체에서의 전하 이동, 즉 전류 흐름의 메커니즘을 공부하자.

Intrinsic Semiconductor

Si Si Si

Covalent Bond

Valence Electron

Extrinsic Semiconductor

Silicon Crystal
N_D Donors/cm^3

Silicon Crystal
N_A Acceptors/cm^3

Si P e$^-$ Si B

n–Type Dopant (Donor)

Free Majority Carrier

Free Majority Carrier

p-Type Dopant (Acceptor)

그림 2.7 실리콘에서의 전하 캐리어의 요약

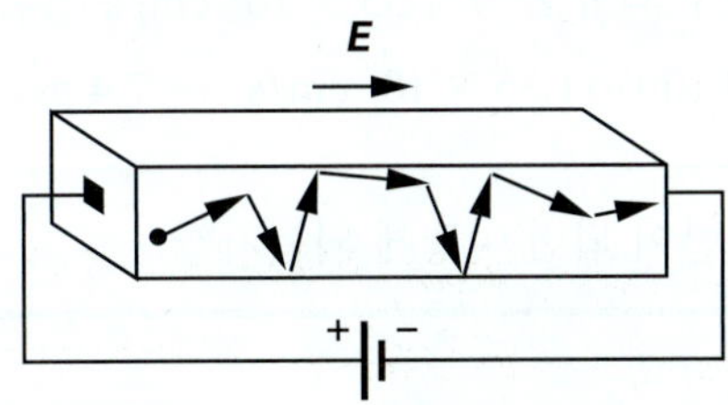

그림 2.8 반도체에서의 드리프트

드리프트 기초 물리와 옴의 법칙에서 전위차나 전기장[4]에 의해 물질에 전류를 흘릴 수 있다는 것을 배웠다. 전기장은 물질에서 전하 캐리어를 가속시켜, 한쪽에서 다른 쪽으로 이동시킨다. 전기장에 의한 전하 캐리어의 이동을 '드리프트(drift)'라 부른다.[5]

반도체도 유사한 행동을 한다. 그림 2.8에 나와 있는 바와 같이, 전하 캐리어는 전기장에 의해 가속되고 수정의 원자와 충돌해서, 결과적으로 다른 한쪽에 도착하고, 배터리에 들어간다. 전기장에 의한 가속과 수정에서의 충돌은 캐리어에 일정한 속도를 주게 되고,[6] 속도 v는 전기장 E에 비례하게 된다.

$$v \propto E \tag{2.13}$$

4) 전위차(전압)는 전기장 E를 거리에 대해 적분하여 음의 값을 취한 것과 같다: $V_{ab} = -\int_b^a E dx$.

5) 전류 방향에 대한 개념은 양의 전하를 양의 전압에서 음의 전압으로 이동시킨 것과 같다. 즉, 전자가 점 A에서 점 B로 이동할 때 전류는 B에서 A로의 방향을 갖는다고 생각된다.

6) 이 현상은 스카이 다이버가 낙하산을 타고 경험하는 '종말 속도'와 유사하다.

그러므로

$$v = \mu E \tag{2.14}$$

이고 여기서 μ는 '이동도'라 불리고, $cm^2/(V \cdot s)$으로 표현된다. 실리콘을 예로 들면 전자의 이동도는 $\mu_n = 1350\ cm^2/(V \cdot s)$이고, 정공의 이동도는 $\mu_p = 480\ cm^2/(V \cdot s)$이다. 물론 전자는 전기장과 반대방향으로 움직이므로, 다음과 같이 속도 벡터로 표현된다.

$$\vec{v_e} = -\mu_n \vec{E} \tag{2.15}$$

반면에 정공의 경우는 다음과 같다.

$$\vec{v_h} = \mu_p \vec{E} \tag{2.16}$$

예제 2.5 길이 1 μm인 n형 실리콘 조각에 1 V 전압이 가해졌다. 전자의 속도를 구하라.

풀이 균일한 물질에서 전기장 E는 V/L이다. 여기서 L은 길이이다. $E = 10{,}000$ V/cm이고 따라서 속도 $v = \mu_n E = 1.35 \times 10^7$ cm/s이다. 달리 표현하면, 전자는 1 μm 길이를 이동하는 데 (1 μm)/(1.35×10^7 cm/s) = 7.4 ps의 시간이 소요된다.

연습문제 이동도가 반이 되면 어떻게 되는가?

캐리어 속도를 알고 있다면, 전류는 어떻게 계산이 되는가? 먼저 전자는 $q = 1.6 \times 10^{-19}$ C의 음전하량을 이동시킨다는 것을 알아야 한다. 정공의 경우는 같은 양의 양전하를 이동시킨다. 자유 전자 밀도가 n인 균일한 반도체 막대에 전압 V_1이 가해졌다고 하자(그림 2.9). 속도 v m/s의 전자가 x_1의 위치에서 시간 $t = t_1$과 $t = t_1 + 1$초에 이동하는 두 장면을 생각해 보라. 이는 v m 거리 속의 전체 전하가 1초 동안에 단면적을 지나게 되는 것과 같다. 달리 표현하면, 전류는 v m의 막대 길이에 포함된 전체 전하와 같다. 막대는 폭이 W이므로, 전류는 다음과 같다.

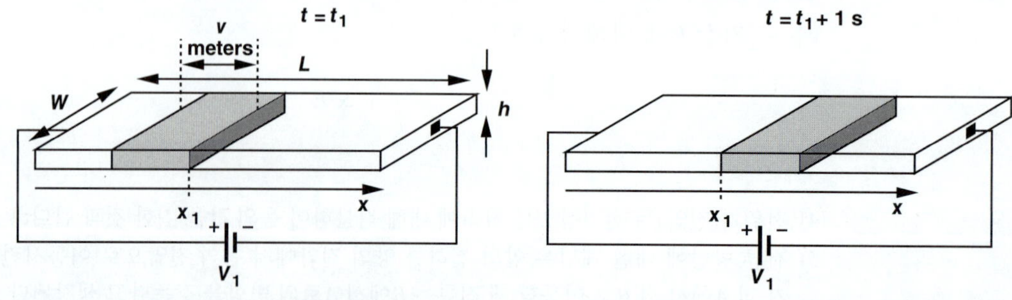

그림 2.9 전하 밀도 개념의 전류 흐름

$$I = -v \cdot W \cdot h \cdot n \cdot q \tag{2.17}$$

여기서 $v \cdot W \cdot h$는 부피를, 그리고 $n \cdot q$는 쿨롱 단위의 전하 밀도를 나타낸다. 그리고 음의 표시는 전자가 음의 전하를 가지고 있다는 것을 설명한다.

식 (2.13)을 편리한 형태로 단순화해 보자. 전자에 대해서는 $v = -\mu_n E$이고, $W \cdot h$는 단면적이므로 다음과 같다.

$$J_n = \mu_n E \cdot n \cdot q \tag{2.18}$$

여기서 J_n은 '전류 밀도' 즉 단위 면적을 통과하는 전류를 나타내고, 단위는 A/cm^{2}이다. "전류는 전하 속도 곱하기 전류 밀도와 같다"고 설명되는데, 여기서 '전류'는 실제로 전류 밀도를 나타내고, 음과 양의 표시는 적당히 추가될 수 있다.

전자와 정공이 함께 있을 때, 식 (2.18)은 다음과 같다.

$$J_{tot} = \mu_n E \cdot n \cdot q + \mu_p E \cdot p \cdot q \tag{2.19}$$

$$= q(\mu_n n + \mu_p p)E \tag{2.20}$$

이 공식에서 드리프트 전류 밀도는 일정한 전자와 정공의 전류 밀도를 가지고 있는 반도체에 전기장 E가 가해진 것과 같다는 것을 의미한다.

예제 2.6

실험적으로 전자와 정공의 드리프트 전류를 구하고자 한다. 어떻게 전류 밀도가 구해지는가?

풀이

$$\mu_n n = \mu_p p \tag{2.21}$$

이므로

$$\frac{n}{p} = \frac{\mu_p}{\mu_n} \tag{2.22}$$

이다. $np = n_i^2$이므로 다음과 같다.

$$p = \sqrt{\frac{\mu_n}{\mu_p}} n_i \tag{2.23}$$

$$n = \sqrt{\frac{\mu_p}{\mu_n}} n_i \tag{2.24}$$

예로서 실리콘에서는 $\mu_n/\mu_p = 1350/480 = 2.81$이 다음의 결과를 가져온다.

$$p = 1.68 n_i \tag{2.25}$$

$$n = 0.596 n_i \tag{2.26}$$

p와 n은 n_i와 같은 단위이므로, 동일한 전자와 정공의 드리프트 전류는 불순물이 약하게 주입된 물질에서만 발생한다. 이 사실은 다수 캐리어의 불순물 농도가 10^{15}~10^{18} atoms/cm^{3}이라는 것을 확인시켜 준다.

연습문제 전자의 드리프트 전류가 정공 전류의 2배가 되기 위해서 캐리어 밀도는 어떻게 되어야 하는가?

속도 포화* 반도체에서 전하의 이동도는 전기장에 독립적이고, 속도는 $v = \mu E$ 공식에 의해 전기장 E에 선형적으로 증가한다는 사실을 배웠다. 실제로는 전기장이 상당히 크면, 속도 v는 전기장 E에 선형적으로 증가하지 않는다. 이유는 캐리어가 격자와 자주 충돌하고 충돌 간 시간이 짧아 캐리어가 가속될 수 없기 때문이다. 결과적으로 v는 높은 전기장에서는 비선형적으로 증가하고, 포화 단계 v_{sat}에 도달한다(그림 2.10). '속도 포화(velocity saturation)'라 불리는 효과는 현대의 트랜지스터 회로에서 제한 사항으로 작용한다.

속도 포화를 표현하기 위해 공식 $v = \mu E$는 수정되어야 한다. 간단한 접근법은 경사도 μ를 전기장 종속 변수로 보는 것이다. μ의 표현식은 E가 증가할 때 영에 수렴되어야 하고, 작은 E에서는 일정한 값을 갖도록 해야 한다.

$$\mu = \frac{\mu_0}{1 + bE} \tag{2.27}$$

여기서 μ_0는 '저전기장' 이동도이고, b는 비례 상수이다. μ를 특정 전기장 E에서 '유효' 이동도로 생각해도 좋다.

$$v = \frac{\mu_0}{1 + bE}E \tag{2.28}$$

$E \to \infty$, $v \to v_{sat}$이므로 다음을 얻는다.

$$v_{sat} = \frac{\mu_0}{b} \tag{2.29}$$

그러므로 $b = \mu_0/v_{sat}$이다. 달리 표현하면 다음과 같다.

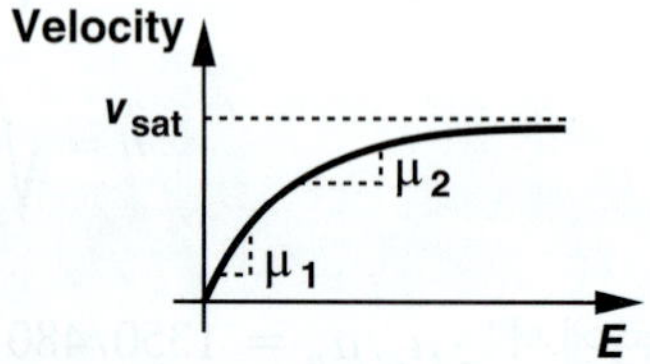

그림 2.10 속도 포화

---

* 이 절은 처음 읽을 때는 건너뛰어도 된다.

$$v = \frac{\mu_0}{1 + \frac{\mu_0 E}{v_{sat}}} E \tag{2.30}$$

예제 2.7

균일한 0.2 μm의 반도체 조각에 1 V의 전압이 가해졌다. 만약 저전기장 이동도가 1350 $cm^2/(V \cdot s)$이고, 캐리어의 포화 속도가 10^7 cm/s이면 유효 이동도는 얼마인가? 또한 유효 이동도 μ_0보다 10% 낮도록 최대 허용 전압을 구하라.

풀이

$$E = \frac{V}{L} \tag{2.31}$$

$$= 50 \text{ kV/cm} \tag{2.32}$$

이므로

$$\mu = \frac{\mu_0}{1 + \frac{\mu_0 E}{v_{sat}}} \tag{2.33}$$

$$= \frac{\mu_0}{7.75} \tag{2.34}$$

$$= 174 \text{ cm}^2/(\text{V} \cdot \text{s}) \tag{2.35}$$

이다. 이동도가 저전기장 값의 10% 이내에 존재하기 위해서는

$$0.9\mu_0 = \frac{\mu_0}{1 + \frac{\mu_0 E}{v_{sat}}} \tag{2.36}$$

이고 그러므로 다음과 같이 된다,

$$E = \frac{1}{9}\frac{v_{sat}}{\mu_0} \tag{2.37}$$

$$= 823 \text{ V/cm} \tag{2.38}$$

이 값은 0.2 μm 길이의 소자가 전압 $(823 \text{ V/cm}) \times (0.2 \times 10^{-4} \text{ cm}) = 16.5 \text{ mV}$에 있을 때의 전기장과 같다.

이 예는 현대 소자(마이크론 단위 이하)가 16.5 mV보다 큰 전압에서 동작하기 때문에 잠재적인 속도 포화 현상을 겪게 된다는 것을 설명한다.

연습문제 이동도가 20% 떨어질 때의 전압은 얼마인가?

Semiconductor Material
Injection of Carriers
Nonuniform Concentration

그림 2.11 반도체에서의 확산

확산 드리프트 외에 또 다른 메커니즘도 전류 흐름에 기여한다. 잉크 한 방울이 물병에 떨어졌다고 가정하자. 잉크 분자가 고농도라면, 잉크 방울은 '확산'되기 시작한다. 즉, 잉크 분자는 고농도의 영역에서 저농도의 영역으로 이동하려는 경향이 있다. 이 메커니즘을 '확산(diffusion)'이라 한다.

전하 캐리어가 반도체에 '떨어져서'(주입되어) 불균일 농도를 형성하기 시작할 때의 현상과 유사하다. 전기장이 없더라도 캐리어는 낮은 농도의 영역으로 이동하여, 불균일성이 유지되는 한 전류는 이동한다. 그러므로 확산은 드리프트와 확연히 다른 것이다.

그림 2.11은 확산의 과정을 개념적으로 나타내고 있다. 왼쪽의 소스가 반도체 속으로 전하 캐리어를 지속적으로 주입하고 있다. 불균일한 전하 분포도는 x축을 따라 형성되어 있고, 전하의 분포도는 계속 '줄어들고' 있다.

이 지점에서 몇 가지 의문점이 생긴다. 그림 2.11에서 캐리어의 소스는 무엇인가? 전하 캐리어가 오른쪽 끝에서 분포도의 종료점에 있을 때, 전하 캐리어는 어디로 가는가? 더욱 중요한 것은 왜 관심을 기울여야 하는가이다. 다음 절에 이 문제의 답이 있다.

예제 2.8 그림 2.12와 같이 한 소스에서 반도체로 전하 캐리어가 주입되고 있다. 전류가 어떻게 흐르는지 설명하라.

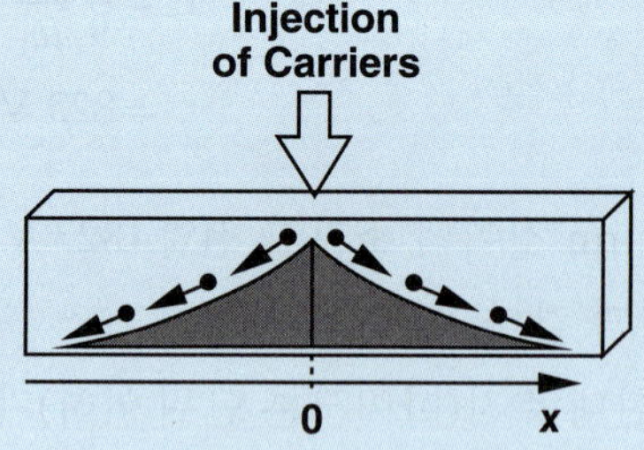

그림 2.12 반도체로의 캐리어 주입

풀이 이 경우에 2개의 대칭 분포도가 x축을 기준으로 양과 음의 방향으로 형성되어 있다. 즉, 소스에서 x축의 양 끝으로 전류의 흐름이 있다.

연습문제 주입점(point of injection)에서 KCL이 충족되는가?

확산의 정성적인 연구는 농도의 불균일성이 커질수록 전류도 커진다는 것을 나타낸다. 좀 더 자세히 표현하면 다음과 같다.

$$I \propto \frac{dn}{dx} \tag{2.39}$$

여기서 n은 x축의 주어진 점에서 캐리어 농도이다. dn/dx는 전류가 x축으로만 흐를 때, x축에 대한 농도 '기울기'이다. 각 캐리어의 전하가 q이고, 반도체의 단면적이 A일 때, 식 (2.39)는

$$I \propto Aq\frac{dn}{dx} \tag{2.40}$$

이 되고 따라서

$$I = AqD_n\frac{dn}{dx} \tag{2.41}$$

이다. 여기서 D_n은 '확산 계수'라 불리는 비례 상수로 cm^2/s로 표현된다. 예로 고유 반도체에서는 $D_n = 34\ cm^2/s$(전자), $D_p = 12\ cm^2/s$(정공)이다.

드리프트 전류에 사용된 개념과 같이 확산 전류를 교차 면적으로 나누어 전류 밀도라 정의하면

$$J_n = qD_n\frac{dn}{dx} \tag{2.42}$$

이고 마찬가지로 정공 농도의 변화는

$$J_p = -qD_p\frac{dp}{dx} \tag{2.43}$$

이다. 전자와 정공 농도에 의한 전체 전류 밀도는 다음과 같다.

$$J_{tot} = q\left(D_n\frac{dn}{dx} - D_p\frac{dp}{dx}\right) \tag{2.44}$$

예제 2.9

그림 2.11에 주어진 경우를 다시 생각해 보자. 전자의 농도가 $x = 0$에서 N이고, $x = L$에서 선형적으로 감소하여 0이 된다고 가정하자(그림 2.13). 확산 전류를 계산하라.

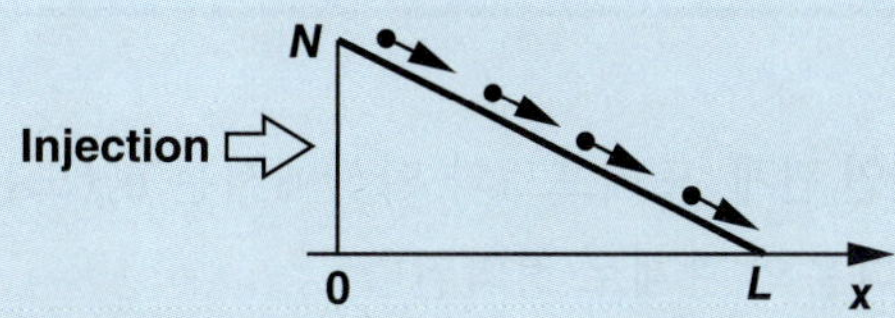

그림 2.13 선형적 확산 분포도에 의한 전류

풀이

$$J_n = qD_n \frac{dn}{dx} \tag{2.45}$$

$$= -qD_n \cdot \frac{N}{L} \tag{2.46}$$

전류는 x축으로는 일정하다. 즉, $x = 0$에서 물질로 들어오는 전자의 양은 $x = L$에서의 전자의 양과 같다. 이러한 현상은 다음 예에서도 알 수 있다.

연습문제 정공에 대하여 위의 예제를 다시 풀어라.

예제 2.10 위의 예제를 다시 풀어라. 단, 지수적 변화로 가정하라(그림 2.14).

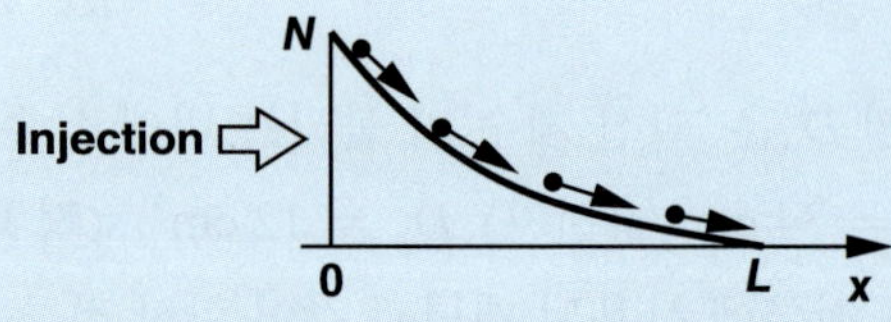

그림 2.14 지수적 확산 분포도에 의한 전류

$$n(x) = N \exp \frac{-x}{L_d} \tag{2.47}$$

여기서 L_d는 상수이다.[7]

풀이

$$J_n = qD_n \frac{dn}{dx} \tag{2.48}$$

$$= \frac{-qD_n N}{L_d} \exp \frac{-x}{L_d} \tag{2.49}$$

흥미롭게도 전류는 x축에 관해 일정하지 않다. 즉, 일부 전자는 $x = 0$에서 오른쪽으로 이동하면서 사라진다. 이 전자에 무슨 현상이 일어났을까? 전하 보존 법칙을 위배했을까? 중요한 질문인데, 다음 절에서 논의하겠다.

연습문제 전류 밀도가 최댓값의 1%에 해당하는 x 값을 구하라.

아인슈타인 관계 드리프트와 확산에서는 μ_n(또는 μ_p)과 D_n(또는 D_p) 변수를 도입했는데, μ와 D는 다음의 관계로 정의된다.

7) L_d는 지수 함수를 차원이 없는 양으로 변화시키는 계수이다.

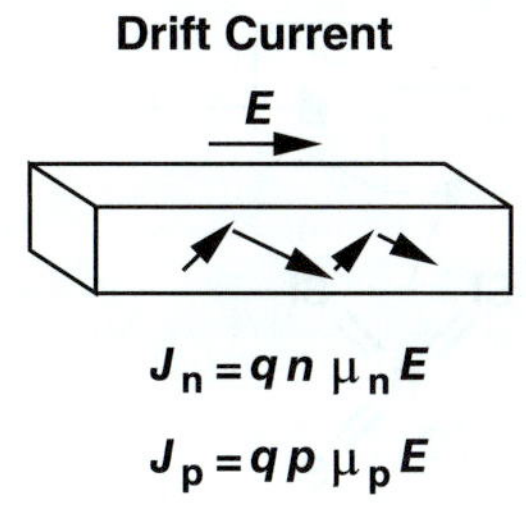

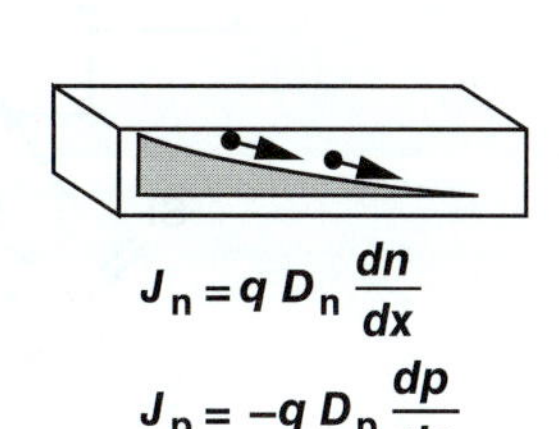

그림 2.15 드리프트와 확산 메커니즘의 요약

$$\frac{D}{\mu} = \frac{kT}{q} \tag{2.50}$$

'아인슈타인 관계(Einstein relation)'라 불리는 이 결과는 반도체 물리에 관한 책에 증명되어 있다[1]. $T = 300$ K에서 $kT/q \approx 26$ mV이다.

그림 2.15는 이 절에서 설명한 전하 이동 메커니즘의 요약이다.

2.2 *pn* 접합

pn 접합의 반도체 소자를 공부하는 세 가지 이유는 다음과 같다: (1) 이 소자는 전자공학에서 많이 이용되고 있다. 즉, 휴대전화의 배터리를 충전하는 어댑터용으로 많이 쓰인다. (2) *pn* 접합은 단순한 반도체 소자이므로, 복잡한 구조를 가진 트랜지스터의 동작을 공부하는 데 훌륭한 시발점이 된다. (3) *pn* 접합은 트랜지스터의 한 부분으로도 동작한다. '다이오드'는 *pn* 접합이다.

> **Did you know ?**
>
> *pn* 접합부는 1940년에 벨 연구소의 러셀 올(Russel Ohl)에 의해 우연히 발명되었다. 그는 높은 순도를 달성하기 위해서 석영 튜브에서 실리콘을 녹였다. 냉각 공정 동안 *p*형 및 *n*형 불순물들이 자체적으로 재분배하여 *pn* 접합을 생성하였다. 올은 심지어 *pn* 접합이 빛에 노출되었을 때 전류가 생성된다는 것을 관찰했다. 이런 특성이 궁극적으로 디지털 카메라의 발명을 이끌 수 있을 거라고 올이 예측조차 했을지 궁금하다.

지금까지 반도체에 불순물을 주입하면 자유 전자와 정공을 생성하고, 전기장과 농도 변화는 이러한 전하 캐리어들을 이동시킨다는 것을 보아 왔다. 만약 n형과 p형의 불순물을 반도체 조각의 이웃한 두 영역에 주입하면 흥미로운 현상이 발생한다. 그림 2.16에 나와 있는 바와 같이 '*pn* 접합'의 구조는 반도체 소자에서 중요한 역할을 한다. p와 n의 영역은 각각 '애노드'와 '캐소드'라 불린다.

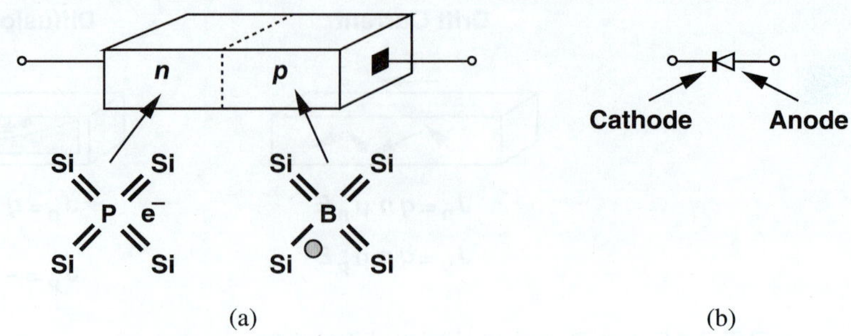

그림 2.16 *pn* 접합

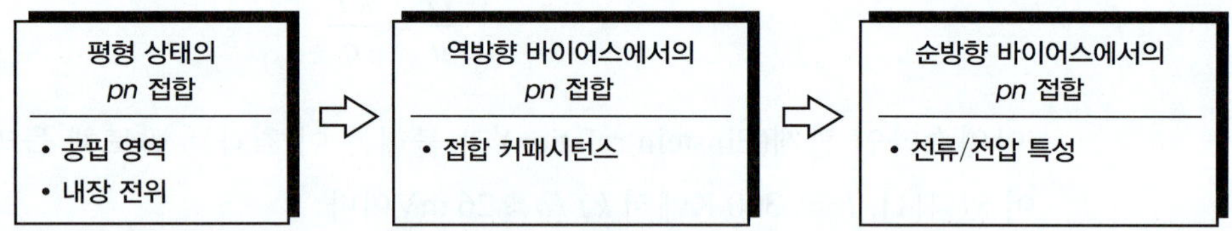

그림 2.17 공부할 개념의 소개도

이 절에서는 *pn* 접합의 성질과 전류/전압 특성을 공부한다. 우리의 목표는 회로 분석과 설계에 이용될 수 있는 회로 모델을 구하는 것이다.

2.2.1 평형 상태의 *pn* 접합

pn 접합의 양 끝이 열려 있고, 소자에 전압이 인가되지 않은 경우를 공부해 보자. 이때 접합이 '평형' 상태에 있다고 말한다. 물론 이 조건은 비평형 상태에서의 동작을 이해하는 데 도움을 준다.

*n*과 *p* 영역 사이의 경계를 생각해 보자. 한쪽에는 정공이, 다른 쪽에는 전자가 다량 존재하고 있다고 하자. 접합을 기점으로 전자와 정공의 농도 변화의 날카로움은 두 종류의 큰 확산 전류를 발생시킨다: 전자는 *n* 쪽에서 *p* 쪽으로 흐르고, 정공은 반대로 흐른다. 접합의 양면에서 전자와 정공의 농도를 동시에 고려하면 그림 2.18과 같은 표현이 얻어진다.

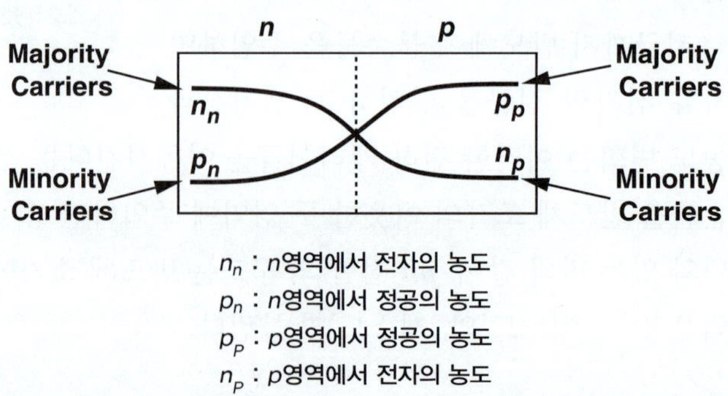

그림 2.18

예제 2.11 *pn* 접합의 도핑 농도는 $N_A = 10^{16}\ \text{cm}^{-3}$, $N_D = 5 \times 10^{15}\ \text{cm}^{-3}$이다. 접합의 양면에서 정공과 전자 농도를 구하라.

풀이 식 (2.11)과 (2.12)에서 p영역의 정공과 전자의 농도는 다음과 같다.

$$p_p \approx N_A \tag{2.51}$$

$$= 10^{16}\ \text{cm}^{-3} \tag{2.52}$$

$$n_p \approx \frac{n_i^2}{N_A} \tag{2.53}$$

$$= \frac{(1.08 \times 10^{10}\ \text{cm}^{-3})^2}{10^{16}\ \text{cm}^{-3}} \tag{2.54}$$

$$\approx 1.1 \times 10^4\ \text{cm}^{-3} \tag{2.55}$$

마찬가지로 n영역의 농도는 다음과 같다.

$$n_n \approx N_D \tag{2.56}$$

$$= 5 \times 10^{15}\ \text{cm}^{-3} \tag{2.57}$$

$$p_n \approx \frac{n_i^2}{N_D} \tag{2.58}$$

$$= \frac{(1.08 \times 10^{10}\ \text{cm}^{-3})^2}{5 \times 10^{15}\ \text{cm}^{-3}} \tag{2.59}$$

$$= 2.3 \times 10^4\ \text{cm}^{-3} \tag{2.60}$$

한 영역의 다수 캐리어 농도는 소수 캐리어 농도보다 상당히 크다는 것을 나타낸다.

연습문제 N_D의 농도가 10^4배만큼 감소한다고 가정하고 위의 예제를 다시 풀어라.

확산 전류는 많은 양의 전하를 한 방향에서 다른 방향으로 이동하는 것인데, 결국 영에 수렴한다. 이유는 만약 단자가 개방 상태(평형 조건)에 있다면, 소자는 무한정 전류를 흘릴 수 없기 때문이다.

무엇이 확산 전류를 멈추게 하는가? 자유 전자가 양쪽으로 이동하여 농도가 같게 되었을 때라고 가정할 수 있다. 그러나 어떤 효과가 상황을 만들고, 확산 전류를 멈추게 한다.

이 효과를 이해하기 위해 n영역에서 전자가 떠나고 양이온만 남아 있다고 가정하자. 즉, 그림 2.19와 같이 접합이 시간에 따라 변화한다고 가정한다. 이 예에서 접합은 $t = 0$에서 갑자기 형성되고, 시간이 흐를수록 더 많은 이온이 확산 전류에 기여한다. 마지막으로 접합의 인접 부위에 자유 전자는 없어져서 '공핍 영역'이라 불리게 된다.

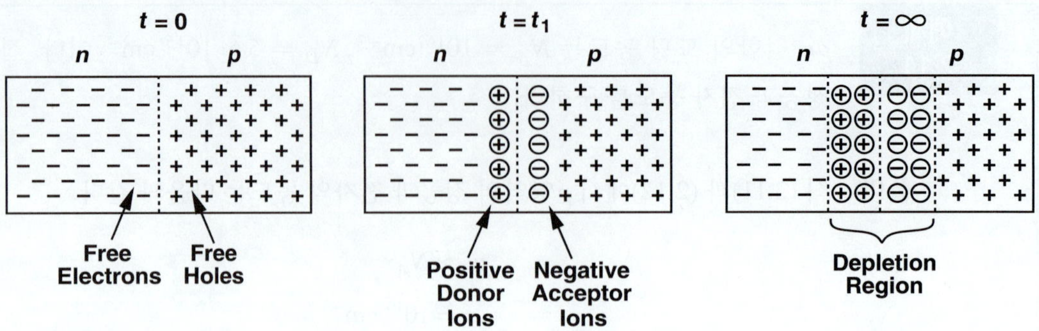

그림 2.19 *pn* 접합에서의 전하 농도 변화

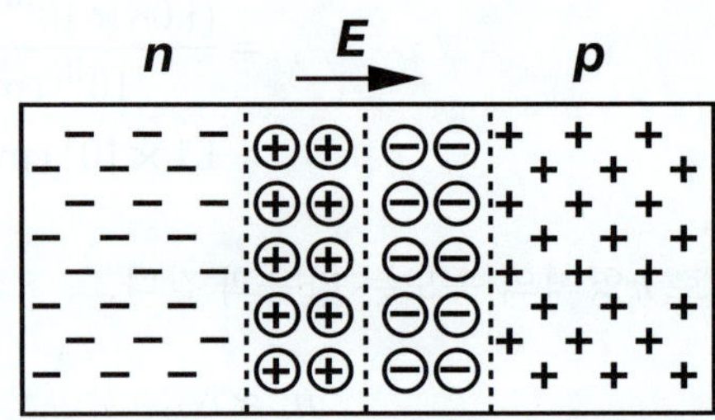

그림 2.20 *pn* 접합에서의 전기장

기본 물리 개념으로 전하를 가지고 있는 입자가 주위에 전기장을 형성한다고 가정하자. 공핍 영역의 형성으로 그림 2.20과 같이 전기장이 형성된다.[8] 전기장은 양전하가 왼쪽에서 오른쪽으로 이동하도록 형성되고, 농도 변화는 정공을 오른쪽에서 왼쪽으로(전자는 왼쪽에서 오른쪽으로) 이동하도록 한다. 전기장이 확산 전류를 멈추게 할 만큼 충분히 강할 때 접합은 **평형**(equilibrium) 상태에 도달하였다고 말한다. 평형 상태를 달리 표현하면, 전기장에 의해 발생하는 드리프트 전류가 기울기에 의한 확산 전류를 상쇄하였을 경우이다.

예제 2.12

그림 2.21의 접합에서 공핍 영역은 n영역에 b, p영역에 a의 폭을 가지고 있다. x의 함수로 전기장을 그려라.

풀이 $x < -b$ 영역에서는 전기장 E가 0이다. $x > -b$ 영역에서는 양의 도너 이온이 전기장을 일으킨다. 즉, 전기장의 크기는 x가 0에 수렴할 때 증가한다. $x = 0$을 지날 때 음의 억셉터 원자가 음의 전기장을 일으키고, 전기장은 점점 감소하여 0이 된다. $x = a$에서 음과 양의 전하는 상쇄되어 전기장은 0이 된다.

8) 전기장의 방향은 한 영역에 양의 시험 전하를 놓아 어떻게 움직이는지 관찰함으로써 결정된다: 양의 전하로부터는 멀리, 음의 전하로부터는 가까이.

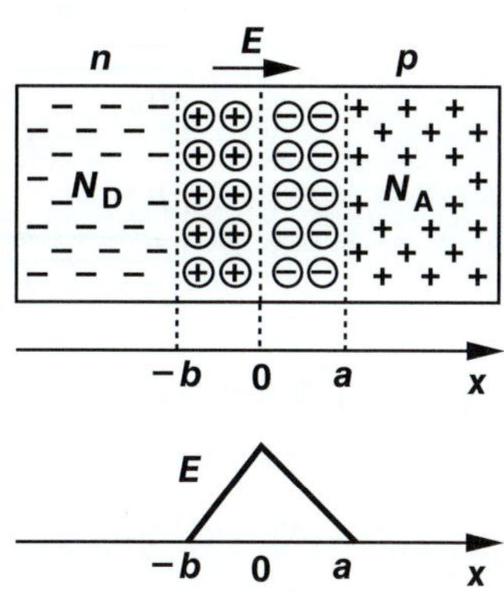

그림 2.21 *pn* 접합에서의 전기장 분포도

연습문제 전위차 전압은 전기장을 적분하여 음의 값을 취한다는 사실을 이용하여, x의 함수로 전위차를 구하라.

평형 상태의 드리프트와 확산 전류에 대해 다음과 같이 쓰고 싶을 것이다.

$$|I_{\text{drift},p} + I_{\text{drift},n}| = |I_{\text{diff},p} + I_{\text{diff},n}| \tag{2.61}$$

여기서 p와 n은 각각 정공과 전자를 나타내고, 각 전류는 적절한 성질을 포함하고 있다. 그러나 이 조건은 비현실적이다: 만약 n 쪽에서 p 쪽으로 흐르는 전자의 수가 p 쪽에서 n 쪽으로 흐르는 정공의 수와 같다면, 전자는 p 쪽에 정공은 n 쪽에 축적되어 이 방정식의 양변은 0이 된다. 그러므로 각각의 캐리어에 대해 평형 조건을 만들어야 한다.

$$|I_{\text{drift},p}| = |I_{\text{diff},p}| \tag{2.62}$$

$$|I_{\text{drift},n}| = |I_{\text{diff},n}| \tag{2.63}$$

내장 전위 공핍 영역 내 전기장의 존재는 접합이 '내장 전위(built-in potential)'를 발생시킨다는 것을 의미한다. 식 (2.62)와 (2.63)을 이용하면 전위차(전압)를 계산할 수 있다. 전기장 $E = -dV/dx$이므로, 식 (2.62)는 다음과 같다.

$$q\mu_p pE = qD_p \frac{dp}{dx} \tag{2.64}$$

$$-\mu_p p\frac{dV}{dx} = D_p \frac{dp}{dx} \tag{2.65}$$

양변을 p로 나누고 적분하면 다음과 같다.

$$-\mu_p \int_{x_1}^{x_2} dV = D_p \int_{p_n}^{p_p} \frac{dp}{p} \tag{2.66}$$

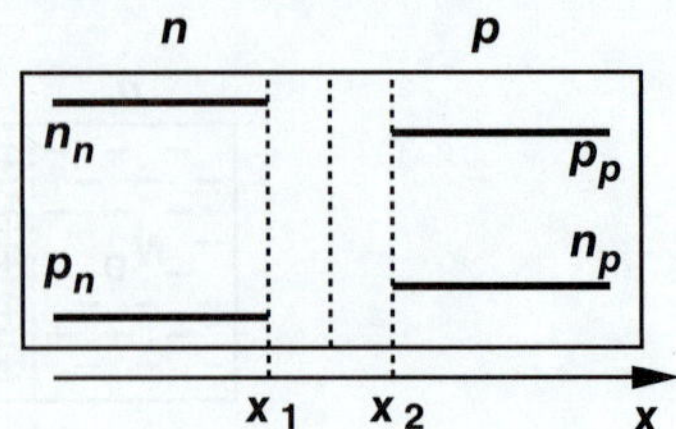

그림 2.22 pn 접합에서의 캐리어 분포도

여기서 p_n과 p_p는 x_1과 x_2에서의 정공 농도를 나타낸다(그림 2.22).

$$V(x_2) - V(x_1) = -\frac{D_p}{\mu_p} \ln \frac{p_p}{p_n} \tag{2.67}$$

오른쪽은 공핍 영역에서의 전위차이고, V_0로 표현된다. 식 (2.50)의 아인슈타인 관계에서 D_p/μ_p는 kT/q로 대체되므로 다음과 같다.

$$|V_0| = \frac{kT}{q} \ln \frac{p_p}{p_n} \tag{2.68}$$

연습문제 전자의 드리프트와 확산 전류에 대하여 식 (2.64)를 써 보고, 적분하여 V_0를 n_n과 n_p의 함수로 구하라.

마지막으로 p_p와 p_n에 대해 식 (2.11)과 (2.10)을 이용하면 다음과 같다.

$$V_0 = \frac{kT}{q} \ln \frac{N_A N_D}{n_i^2} \tag{2.69}$$

내장 전위를 접합 파라미터로 표현하면, 이 방정식은 반도체 소자에서 중요한 역할을 한다.

예제 2.13 pn 접합에서 $N_A = 2 \times 10^{16}\ \text{cm}^{-3}$, $N_D = 4 \times 10^{16}\ \text{cm}^{-3}$이다. 대기 온도($T = 300$ K)에서 내장 전위를 구하라.

풀이 예제 2.1의 $n_i(T = 300\ \text{K}) = 1.08 \times 10^{10}\ \text{cm}^{-3}$를 이용하면 다음을 얻는다.

$$V_0 \approx (26\ \text{mV})\ \ln \frac{(2 \times 10^{16}) \times (4 \times 10^{16})}{(1.08 \times 10^{10})^2} \tag{2.70}$$

$$\approx 768\ \text{mV} \tag{2.71}$$

연습문제 V_0를 20 mV 낮추는 데 N_D가 변화하는 정도는 얼마인가?

예제 2.14 식 (2.69)는 V_0가 불순물 농도의 함수임을 나타낸다. N_A나 N_D가 10배 증가한다면 V_0는 어떻게 변화하는가?

풀이 다음과 같이 쓸 수 있다.

$$\Delta V_0 = V_T \ln \frac{10N_A \cdot N_D}{n_i^2} - V_T \ln \frac{N_A \cdot N_D}{n_i^2} \quad (2.72)$$

$$= V_T \ln 10 \quad (2.73)$$

$$\approx 60 \text{ mV (at } T = 300 \text{ K)} \quad (2.74)$$

연습문제 N_A나 N_D가 10^3배 증가한다면 V_0는 어떻게 변화하는가?

여기서 중요한 문제가 있다. 접합은 전류는 흘리지 않지만, 전압은 가지고 있다. 이것이 어떻게 가능한가? 내장 전위는 확산 전류의 흐름을 방해한다고 배웠다(가끔 '전위 장벽'이라 불림). 이 현상은 일정한 전도체의 그것과는 다르며, 확산의 경향이 없어 내장 전위를 발생시킬 필요도 없다.

2.2.2 역방향 바이어스에서의 *pn* 접합

pn 접합을 평형 상태에서 분석하면, 더욱 유용한 조건에서 특성을 조사할 수 있다. 그림 2.23과 같이 소자에 전압이 가해졌다고 하자. 여기서 전압은 p영역에 비해 n영역이 보다 양의 값을 가지고 있다. n단자에 양의 전압이 가해졌다고 해서 그 접합을 '역방향 바이어스'에 있다고 한다. '바이어스'는 명사 및 동사로 사용되는데, '원하는' 조건에서 동작함을 나타낸다. 이 장과 다음 장에서 바이어스의 개념을 광범위하게 공부할 것이다.

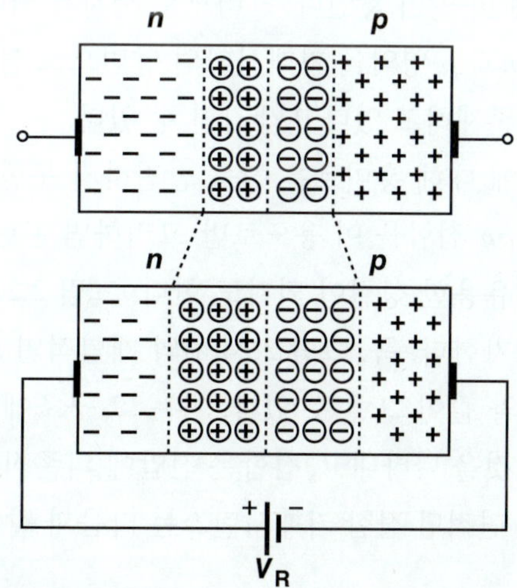

그림 2.23 역방향 바이어스 상태에서의 *pn* 접합

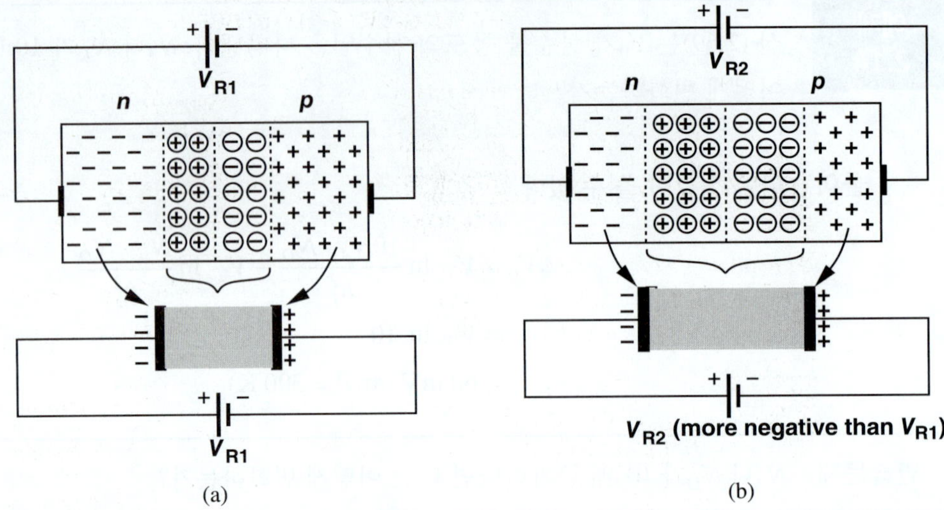

그림 2.24 역방향 바이어스에서의 접합 커패시턴스 감소

역방향 바이어스의 경우에 평형 상태에서 얻은 결과를 복습해 보자. 외부 전압이 내장 전위를 증가시키는지 또는 감소시키는지 알아보자. 평형 상태에서 전기장 $\vec{E}$는 n 쪽에서 p 쪽으로 향하고 있으므로, V_R은 전기장을 증가시킨다. 그러나 강한 전기장은 많은 수의 고정 전하가 공급될 때만 유지될 수 있다. 이는 보다 많은 억셉터 및 도너 이온이 보충되는 것을 의미하고, 결과적으로 공핍 영역은 확장된다.

확산 및 드리프트 전류는 어떻게 될까? 외부 전압이 전기장을 강하게 하므로 장벽은 평형 상태보다 커지고, 전류의 흐름을 방해한다. 즉, 접합은 역방향 바이어스에서는 거의 전류를 흘리지 않는다.[9)]

전류 전달이 없으므로 역방향으로 바이어스된 pn 접합은 쓸모없다고 생각될 수 있는데, 한편으로 중요한 사실도 있다. 그림 2.23에서 V_B가 증가할 때 양전하는 n영역에, 음전하는 p영역에 더 많이 쌓인다. 그러므로 소자는 커패시터(capacitor)로 동작한다[그림2.24(a)]. 전도성의 n과 p 영역을 커패시터의 양면으로 볼 수 있다. 또한 공핍 영역의 전하는 양면에 동일하게 존재하고 있다고 생각할 수 있다.

소자에 대해 흥미로운 점을 발견하지 못할 수 있다. 평행한 두 평면이 커패시터를 형성하므로 pn 접합을 이 용도로만 고려하면 곤란하다. 역방향 바이어스된 pn 접합은 회로 설계에서 유용한 성질이 되기도 한다. 그림 2.23을 되돌아보면, V_R이 증가할 때 공핍 영역의 폭도 증가한다. 즉, 그림 2.24(a)의 개념적인 도표는 V_R이 증가하는 경우에 대해서는 그림 2.24(b)와 같이 그릴 수 있다. 이는 그 구조에서의 커패시턴스는 두 평면이 멀어질 때 감소한다는 것을 나타내고, 접합은 전압에 의존적인 커패시턴스라는 것을 보여 준다.

단위 면적당 접합 커패시턴스는 다음과 같다.

---

9) 2.2.3절에 설명한 바와 같이 전류는 완전히 0은 아니다.

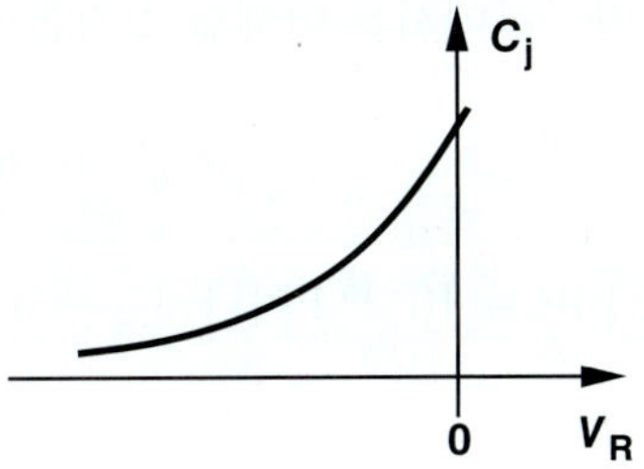

그림 2.25 역방향 바이어스 상태에서의 접합 커패시턴스

$$C_j = \frac{C_{j0}}{\sqrt{1 - \frac{V_R}{V_0}}} \tag{2.75}$$

여기서 C_{j0}는 0 바이어스($V_R = 0$)일 때 커패시턴스이고, V_0는 내장 전위이다[식 (2.69)]. (이 식은 V_R이 역방향 바이어스에서 음이라고 가정한다.) C_{j0} 값은 다음과 같다.

$$C_{j0} = \sqrt{\frac{\epsilon_{si} q}{2} \frac{N_A N_D}{N_A + N_D} \frac{1}{V_0}} \tag{2.76}$$

여기서 ϵ_{si}는 실리콘 유전 상수를 나타내고, 값은 $11.7 \times 8.85 \times 10^{-14}$ F/cm이다.[10] 그림 2.25에 나와 있는 바와 같이 C_j는 V_R이 증가할 때 감소한다.

예제 2.15

pn 접합에서 $N_A = 2 \times 10^{16}\ \text{cm}^{-3}$, $N_D = 9 \times 10^{15}\ \text{cm}^{-3}$이다. (a) $V_R = 0$, (b) $V_R = 1$ V일 때 소자의 커패시턴스를 구하라.

풀이 내장 전위는 다음과 같다.

$$V_0 = V_T \ \ln \frac{N_A N_D}{n_i^2} \tag{2.77}$$

$$= 0.73\ \text{V} \tag{2.78}$$

$V_R = 0, q = 1.6 \times 10^{-19}$ C이므로 다음을 얻는다.

$$C_{j0} = \sqrt{\frac{\epsilon_{si} q}{2} \frac{N_A N_D}{N_A + N_D} \cdot \frac{1}{V_0}} \tag{2.79}$$

$$= 2.65 \times 10^{-8}\ \text{F/cm}^2 \tag{2.80}$$

---

10) 물질의 유전 상수는 $\epsilon_r \epsilon_0$의 형태로 쓰인다. 여기서 ϵ_r은 '상대적인' 유전 상수(예를 들면, 11.7)이고 ϵ_0는 진공의 유전 상수(8.85×10^{-14} F/cm)이다.

마이크로 전자공학에서는 미세한 소자를 다루므로 다시 표현하면

$$C_{j0} = 0.265 \text{ fF}/\mu\text{m}^2 \tag{2.81}$$

이고 여기서 1 fF $= 10^{-15}$ F이다. $V_R = 1$ V에 대해서는 다음과 같다.

$$C_j = \frac{C_{j0}}{\sqrt{1 + \frac{V_R}{V_0}}} \tag{2.82}$$

$$= 0.172 \text{ fF}/\mu\text{m}^2 \tag{2.83}$$

연습문제 N 쪽의 도너 농도가 2배가 될 때 위의 예제를 다시 풀어라. 그리고 두 경우의 결과를 비교하라.

인가 전압에 따른 커패시턴스의 변화는 $Q = CV$를 만족시키지 않기 때문에 소자를 '비선형적'인 커패시터로 생각하게 한다. 그럼에도 다음 예에서 증명되듯이 전압 의존적 커패시터는 흥미로운 회로 구성을 보여 준다.

예제 2.16

LC 탱크의 공진 주파수가 2 GHz인 발진기(그림 2.26)를 가진 휴대전화가 있다. 만약 탱크 커패시턴스가 예제 2.15의 pn 접합으로 구현된다면, 역전압이 2 V까지 변화할 때 발진 주파수 변화를 계산하라. 회로는 0 V에서 2 GHz로 동작하고, 접합 면적은 2000 μm^{2}이다.

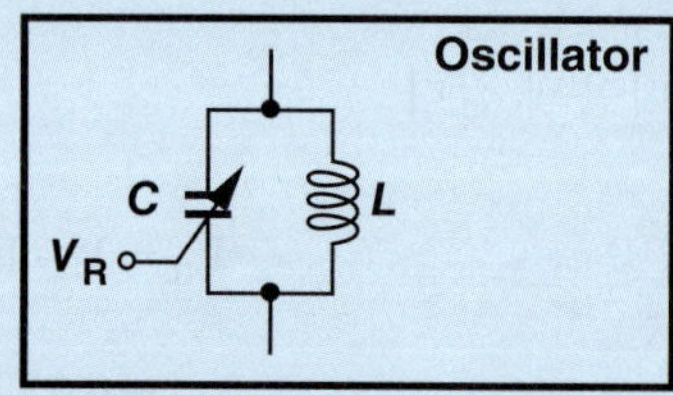

그림 2.26 발진기에 사용되는 가변 커패시턴스

풀이 인덕터와 커패시터의 임피던스가 같다면 탱크는 '공진'한다고 기본 회로 이론에서 배웠다: $jL\omega_{res} = -(jC\omega_{res})^{-1}$. 그러므로 공진 주파수는

$$f_{res} = \frac{1}{2\pi}\frac{1}{\sqrt{LC}} \tag{2.84}$$

이다. $V_R = 0$, $C_j = 0.265$ fF/μm^{2}에서 전체 커패시턴스는

$$C_{j,tot}(V_R = 0) = (0.265\ \text{fF}/\mu\text{m}^2) \times (2000\ \mu\text{m}^2) \tag{2.85}$$

$$= 530\ \text{fF} \tag{2.86}$$

이다. f_{res}를 2 GHz로 하면

$$L = 11.9\ \text{nH} \tag{2.87}$$

이다. $V_R = 2$ V가 되면 다음과 같다.

$$C_{j,tot}(V_R = 2\ \text{V}) = \frac{C_{j0}}{\sqrt{1 + \frac{2}{0.73}}} \times 2000\ \mu\text{m}^2 \tag{2.88}$$

$$= 274\ \text{fF} \tag{2.89}$$

식 (2.84)에서 $L = 11.9$ nH로 잡으면

$$f_{res}(V_R = 2\ \text{V}) = 2.79\ \text{GHz} \tag{2.90}$$

를 얻는다. 외부 전압(이 경우는 V_R)에 의해 주파수가 변화하는 발진기를 '전압제어 발진기'라 하며 휴대전화, 마이크로프로세서, 개인용 컴퓨터 등에 광범위하게 사용된다.

연습문제 무선 시스템이 5.2 GHz로 동작하고 있다. 이 주파수에서 위의 예제를 풀어라. 접합 면적은 2000 μm^{2}이고, 인덕터 값은 주파수 5.2 GHz가 이루어지도록 등급이 변경되어 있다.

요약하면, 역방향 바이어스에서의 *pn* 접합은 거의 전류를 흘리지 않고, 전압종속인 커패시턴스를 발생시킨다. 또한 소자에 대한 회로 모델을 만들 때 이 조건을 고려한다: 커패시턴스는 식 (2.75)로 주어진다.

역방향 바이어스 다이오드의 또 다른 응용은 디지털 카메라(1장)이다. 충분한 에너지를 가진 빛이 *pn* 접합에 가해지면, 전자는 공유결합에서 떨어져 나와 전자-정공 쌍이 생성된다. 역방향 바이어스에서 전자는 양의 배터리 전극으로, 정공은 음의 전극으로 가게 된다. 결과적으로 빛의 강도에 비례하는 전류가 다이오드에 흐르며, 그러한 *pn* 접합을 '광다이오드'라 한다.

Did you know?

전압에 의존적인 커패시터를 '버랙터'(또는 오래된 문헌에서는 'varicap')라고 부른다. 전압에 의해 커패시터의 값을 '튜닝'할 수 있는 능력이 많은 시스템에서 필수적임이 증명되었다. 예를 들어 당신의 TV는 버랙터에 인가된 전압을 바꾸면서 채널을 변경한다. 대조적으로, 오래된 TV에는 기계적으로 서로 다른 커패시터들을 스위칭하는 손잡이가 있었다. 리모컨으로 손잡이를 돌리는 것을 상상해 보시라!

로봇공학 응용: 적외선 트랜시버

일부 로봇은 적외선(IR) 트랜시버를 사용하여 장애물을 감지하고 다른 로봇과의 거리를 제어하거나, 데이터를 송수신한다.(TV 리모컨도 또한 IR 트랜시버를 통합한다.)

로봇공학에서의 장애물 검출은 레이더의 동작과 유사한 방식으로 진행된다: IR LED(발광 다이오드)가 빔을 전송하고, 빔이 장애물에 부딪히고 반사되며, IR 센서들은 반사된 빔을 수신한다[그림 2.27(a)]. 왕복시간은 거리에 비례한다.

IR LED는 GaAs 또는 GaN 기술로 제작되어 순방향 바이어스 조건에서 빛을 발생한다는 점을 제외하고는 이 장에서 공부한 다이오드와 동일한 구조를 가지고 있다.(실리콘 다이오드는 빛을 '방사'하지 않는다.) IR 센서는 또한 역방향 바이어스 영역에서 동작하는 다이오드('광다이오드')이다. 빛을 받으면 센서는 공핍 영역에서 캐리어를 생성하고, 그 캐리어는 전류의 형태로 휩쓸려 나간다[그림 2.27(b)].

그림 2.27(a)에 묘사된 상황은 흥미로운 문제를 묘사하고 있다: IR 센서는 햇빛이나 실내 조명으로부터 간섭을 받아 장애물 감지 동안 거짓 경보를 야기할 수도 있다. 이러한 어려움을 피하기 위해, 전송된 빛은 주기적으로 '펄스'된다[그림 2.27(c)]. 따라서 센서에 의해 수신된 빔은 주기적인 전류를 발생시킨다. 그다음 이 전류는 간섭을 억제하고 원하는 주기적인 파형만 통과하는 필터에 인가된다.

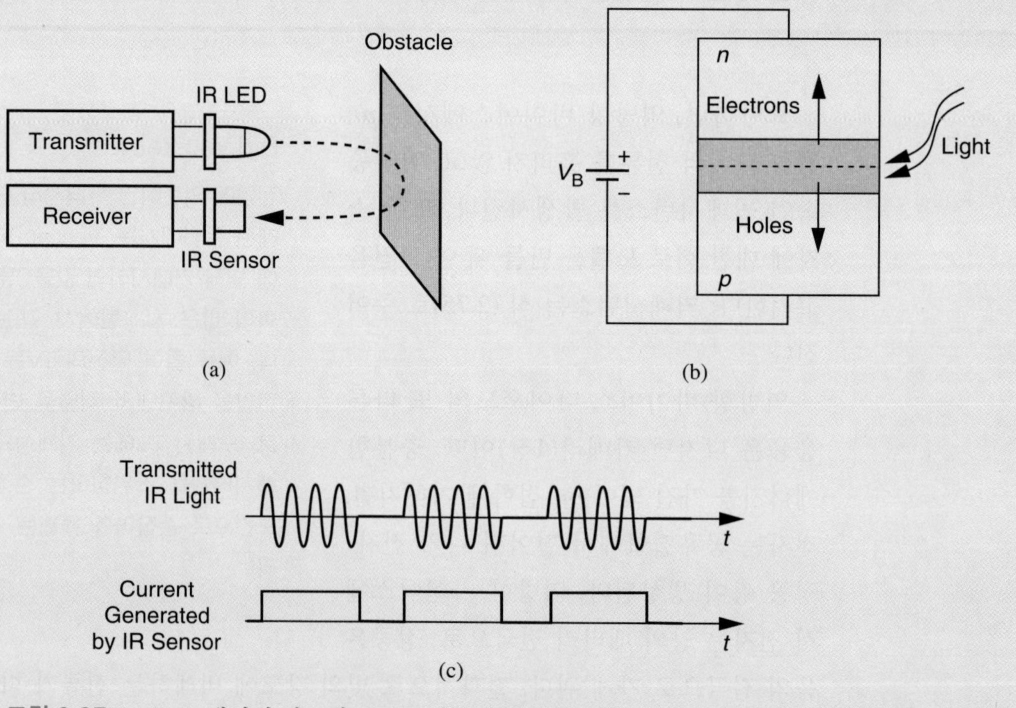

그림 2.27 (a) IR 트랜시버 시스템; (b) IR 센서의 작동; (c) 펄스 광 및 결과 센서 전류

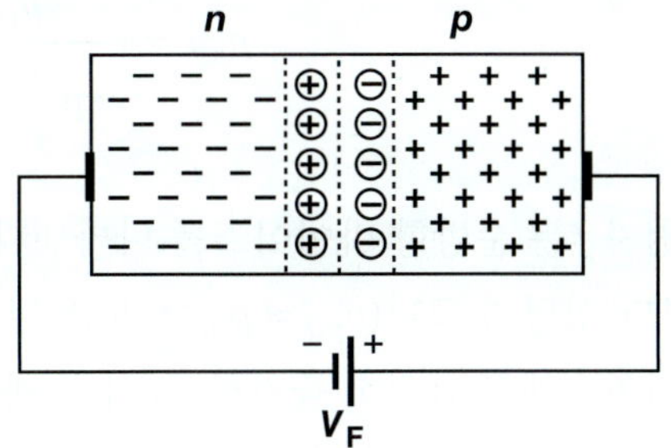

그림 2.28 순방향 바이어스에서의 pn 접합

2.2.3 순방향 바이어스에서의 *pn* 접합

이 절에서의 목표는 p영역의 전압이 n영역의 전압보다 클 때 pn 접합 전류가 흐른다는 사실을 보이는 것이나(그림 2.28). 이 조건을 '순방향 바이어스'라 부른다. 전류를 인가 전압 및 접합 파라미터로 계산하고 회로 모델을 얻고자 한다.

평형 상태와 역방향 바이어스에서 소자를 공부한 바에 의하면 공핍 영역에서 발생한 전위 장벽은 소자의 전도성을 결정한다. 순방향 바이어스에서 외부 전압 V_F는 p영역에서 n영역으로 전기장을 형성한다. 이는 확산 전류를 멈추는 내장 전위와 반대이다. 그러므로 V_F는 전기장을 약화시켜 전위 장벽을 낮추어서 보다 큰 확산 전류를 발생시키는 것으로 생각될 수 있다.

순방향 바이어스에서 전류/전압 특성을 유도하기 위해 식 (2.68)의 내장 전위를 변형시키면 다음과 같다.

$$p_{n,e} = \frac{p_{p,e}}{\exp \dfrac{V_0}{V_T}} \tag{2.91}$$

여기서 첨자 e는 평형 상태를 나타내고[그림 2.29(a)], $V_T = kT/q$는 '열전압'($\approx$ 26 mV, T = 300 K)이라 불린다. 순방향 바이어스에서 전위 장벽은 인가 전압의 크기만큼 감소한다.

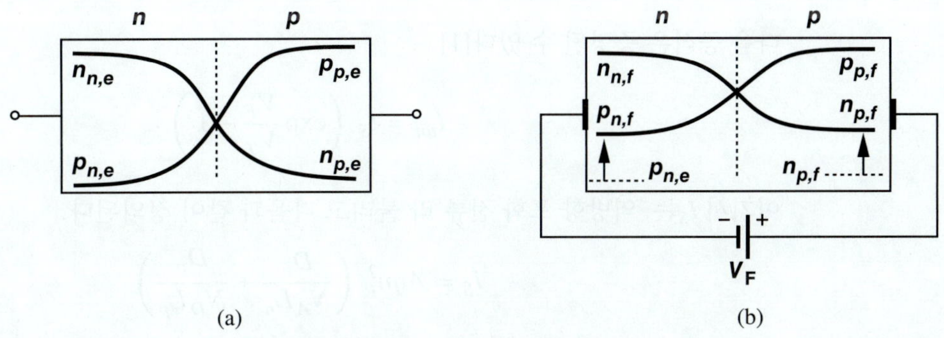

그림 2.29 캐리어 분포도: (a) 평형 상태; (b) 순방향 바이어스

$$p_{n,f} = \frac{p_{p,f}}{\exp \dfrac{V_0 - V_F}{V_T}} \tag{2.92}$$

여기서 첨자 f는 순방향 바이어스를 나타낸다. 지수함수적 분모는 상당히 감소하므로 $p_{n,f}$는 $p_{n,e}$보다 상당히 크다($p_{p,f} \approx p_{p,e} \approx N_A$). 달리 표현하면, p영역의 소수 캐리어 농도는 순방향 바이어스에서 급격히 증가하고, 다수 캐리어 농도는 거의 일정하게 유지된다. 이러한 상황은 n영역에도 똑같이 적용된다.

그림 2.29(b)는 지금까지의 설명을 나타낸다. 접합이 평형 상태에서 순방향 바이어스로 될 때, n_p와 p_n은 급격히 증가하여 확산 전류의 변화를 가져온다.[11)] n영역의 정공 농도 변화를 표현하면 다음과 같다.

$$\Delta p_n = p_{n,f} - p_{n,e} \tag{2.93}$$

$$= \frac{p_{p,f}}{\exp \dfrac{V_0 - V_F}{V_T}} - \frac{p_{p,e}}{\exp \dfrac{V_0}{V_T}} \tag{2.94}$$

$$\approx \frac{N_A}{\exp \dfrac{V_0}{V_T}} \left(\exp \frac{V_F}{V_T} - 1 \right) \tag{2.95}$$

마찬가지로 p영역의 전자 농도 변화를 표현하면 다음과 같다.

$$\Delta n_p \approx \frac{N_D}{\exp \frac{V_0}{V_T}} \left(\exp \frac{V_F}{V_T} - 1 \right) \tag{2.96}$$

식 (2.69)에서 $\exp(V_0/V_T) = N_A N_D / n_i^2$이 이용되었다.

소수 캐리어 농도 증가는 확산 전류가 평형 상태 이상의 값에 비례하는 양만큼 증가한다는 것을 나타낸다.

$$I_{tot} \propto \frac{N_A}{\exp \frac{V_0}{V_T}} \left(\exp \frac{V_F}{V_T} - 1 \right) + \frac{N_D}{\exp \frac{V_0}{V_T}} \left(\exp \frac{V_F}{V_T} - 1 \right) \tag{2.97}$$

다음 공식은 증명될 수 있다[1].

$$I_{tot} = I_S \left(\exp \frac{V_F}{V_T} - 1 \right) \tag{2.98}$$

여기서 I_S는 '역방향 포화 전류'라 불리고 다음과 같이 정의된다.

$$I_S = Aqn_i^2 \left(\frac{D_n}{N_A L_n} + \frac{D_p}{N_D L_p} \right) \tag{2.99}$$

11) 공핍 영역의 폭은 순방향 바이어스에서 실제로 감소한다. 그러나 여기에서는 이 효과를 무시한다.

이 식에서 A는 소자의 단위 면적이고 L_n과 L_p는 각각 전자와 정공의 '확산 길이'이다. 확산 길이는 일반적으로 수십 μm 단위이다. 괄호 안의 첫째와 둘째 항은 각각 전자와 정공의 흐름이다.

예제 2.17 예제 2.13의 접합에 대해 I_S를 구하라. $T = 300$ K에서 $A = 100\ \mu m^2$, $L_n = 20\ \mu m$, $L_p = 30\ \mu m$이다.

풀이 $q = 1.6 \times 10^{-19}$ C, $n_i = 1.08 \times 10^{10}$ electrons/cm^3[식 (2.2)], $D_n = 34$ cm^2/s, $D_p = 12$ cm^2/s를 이용하여 다음을 얻는다.

$$I_S = 1.77 \times 10^{-17}\ \text{A} \tag{2.100}$$

I_S는 상당히 작기 때문에 식 (2.98)에서 지수 항은 매우 큰 값이고 I_{tot}에 중요한 값이다.

연습문제 I_S가 10^{-15} A가 되는 접합 면적은 얼마인가?

여기 재미있는 질문이 있다. 소수 캐리어 농도는 x축을 따라 일정한가? 그림 2.30(a)의 설명은 전자가 n영역에서 p영역으로 계속 이동함을 제시한다. 그러나 $x = x_2$를 넘어서는 그러한 경향이 없는데, 이는 경사도가 0이기 때문이다. 정공에 대해서도 비슷한 설명이 가능한데, 전하 캐리어는 p영역에서 n영역 깊이 이동하지 않아 형성된 전류는 없다! 그러므로 소수 캐리어 농도는 그림 2.30(b)에 나와 있는 바와 같이 변화하여 확산이 일어날 수 있다.

예제 2.10에 이런 개념이 설명되어 있는데, 관련된 의문이 제기될 수 있다: 소수 캐리어 농도가 x축을 따라 감소하면 캐리어에 어떤 변화가 일어나는가? 전류는 x축을 따라 어떻게 일정하게 유지되는가? 흥미롭게도 전자가 p영역에 들어와 경사도가 감소할 때, 전자는

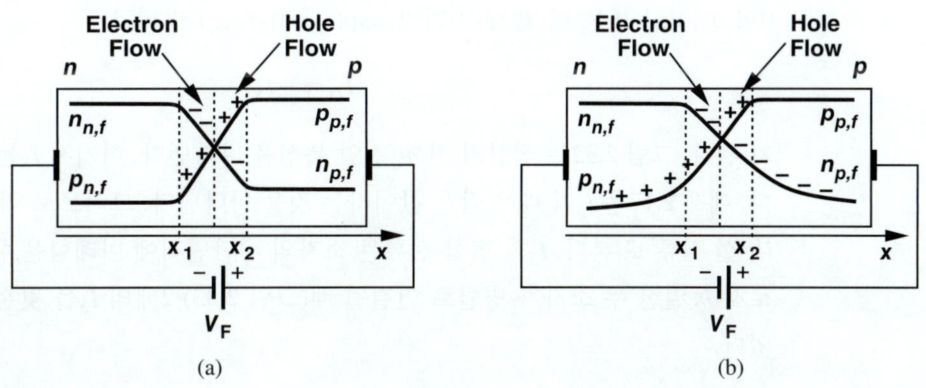

그림 2.30 (a) 공핍 영역 밖의 일정한 다수 캐리어 분포도; (b) 공핍 영역 밖의 변화하는 다수 캐리어 분포도

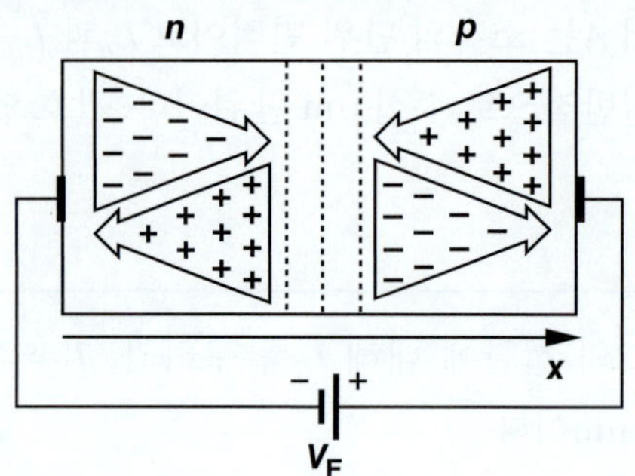

그림 2.31 소수 및 다수 캐리어 전류

점진적으로 p영역에 충분히 존재하는 정공과 재결합한다. 마찬가지로 n영역에 들어온 정공은 전자와 재결합한다. 그러므로 공핍 영역의 접근 영역에서는 전류가 주로 소수 캐리어로 구성되어 있고, 멀리 떨어진 영역에서는 주로 다수 캐리어로 구성되어 있다(그림 2.31). x축을 따라 이 두 성분을 합하면 전체 I_{tot}가 형성된다.

2.2.4 전류/전압 특성

지금까지의 개념을 요약해 보자. 순방향 바이어스에서 외부 전압은 내장 전위에 반대로 작용하여 확산 전류를 증가시킨다. 반면에 역방향 바이어스에서는 인가 전압이 전기장을 증가시키고 전류의 흐름을 방해한다. 접합 방정식은 다음과 같이 쓸 수 있다.

$$I_D = I_S\left(\exp\frac{V_D}{V_T} - 1\right) \tag{2.101}$$

여기서 I_D와 V_D는 각각 다이오드 전류와 전압을 나타낸다. $V_D = 0$이면 $I_D = 0$이 된다.(왜 그럴까?) V_D가 양이 되고 V_T의 몇 배를 초과할 때 지수 항은 급격히 증가하여 $I_D \approx I_S$ $\exp(V_D/V_T)$가 된다. 지금부터 순방향 바이어스 영역에서는 $\exp(V_D/V_T) \gg 1$를 가정한다.

식 (2.101)은 역방향 바이어스(즉, 음의 V_D)에서도 적용됨을 증명할 수 있다. 만약 $V_D < 0$이고 $|V_D|$가 V_T의 몇 배가 되면, $\exp(V_D/V_T) \ll 1$가 되고

$$I_D \approx -I_S \tag{2.102}$$

가 된다. 그림 2.32는 접합의 전류/전압 특성을 나타낸다. 여기서 I_S는 '역포화 전류'라 불린다. 예제 2.17은 I_S가 매우 작은 값이라는 것을 나타낸다. 그러므로 역방향 바이어스 전류를 '누설 전류'로 본다. I_S와 접합 전류는 소자의 횡단면적에 비례함을 유의하라[식 (2.99)]. 예로서 동일한 두 소자가 병렬로 연결될 때(그림 2.33) 2배의 I_S를 갖는 단일 접합으로 볼 수 있다.

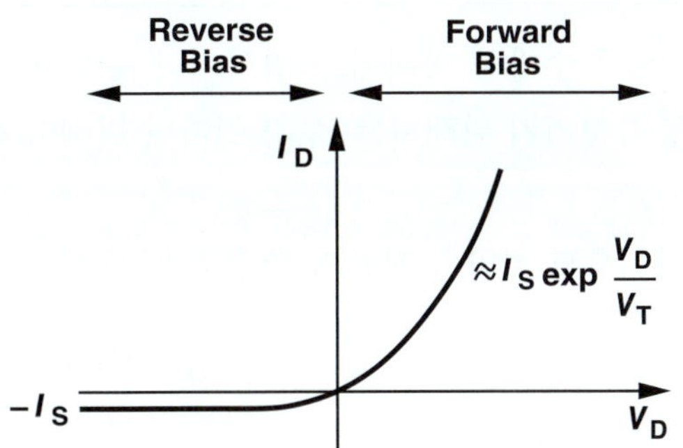

그림 2.32 *pn* 접합의 전류/전압 특성

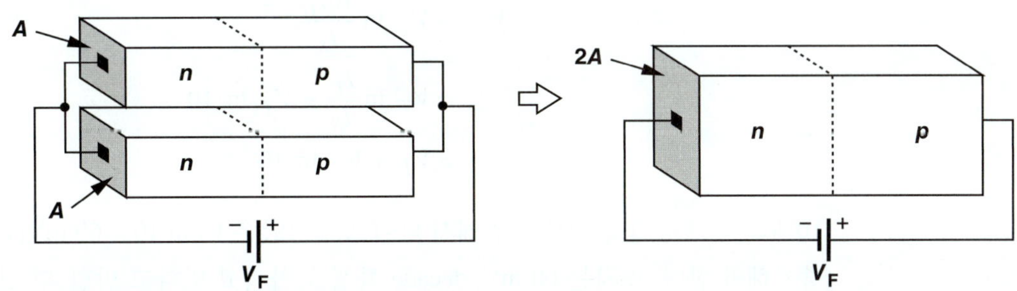

그림 2.33 병렬 연결 소자의 등가성

예제 2.18 그림 2.33의 접합은 예제 2.13의 불순물 농도를 가지고 있다. $T = 300$ K에서 $V_D = 300$ mV와 800 mV를 가진 복합 소자의 순방향 바이어스 전류를 구하라.

풀이 예제 2.17에서 각 접합에 대해 $I_S = 1.77 \times 10^{-17}$ A이므로 전체 전류는 다음과 같다.

$$I_{D,tot}\ (V_D = 300\ \text{mV}) = 2I_S \left(\exp\frac{V_D}{V_T} - 1\right) \tag{2.103}$$

$$= 3.63\ \text{pA} \tag{2.104}$$

마찬가지로 $V_D = 800$ mV에서는 다음과 같다.

$$I_{D,tot}(V_D = 800\ \text{mV}) = 816\ \mu\text{A} \tag{2.105}$$

연습문제 750 mV 전압에서 100 μA 전류를 얻기 위해 몇 개의 다이오드를 병렬로 연결해야 하는가?

예제 2.19

다이오드가 순방향 바이어스 영역에서 동작하고 있다[즉, $I_D \approx I_S \exp(V_D/V_T)$]. 전류를 10배 증가시키기 위해서는 V_D가 얼마나 변해야 하는가?

풀이 우선 다이오드 전압을 전류의 함수로 써 보자.

$$V_D = V_T \ln \frac{I_D}{I_S} \tag{2.106}$$

$I_1 = 10I_D$로 정의하고 관련 전압 V_{D1}을 구하면 다음과 같다.

$$V_{D1} = V_T \ln \frac{10I_D}{I_S} \tag{2.107}$$

$$= V_T \ln \frac{I_D}{I_S} + V_T \ln 10 \tag{2.108}$$

$$= V_D + V_T \ln 10 \tag{2.109}$$

10배의 전류 증가를 이루기 위해서 다이오드 전압은 $V_T \ln 10 \approx 60$ mV($T = 300$ K)만큼 증가해야 한다. 소자는 60 mV/decade 특성을 가지고 있다고 말할 수 있다. 즉, I_D에 10배의 변화가 있을 때 V_D는 60 mV 변화함을 의미한다. 일반적으로 I_D에 n승 변화가 있을 때 V_D는 $V_T \ln n$배 변화한다.

연습문제 전압 변화가 120 mV라면 전류는 얼마나 변하는가?

예제 2.20

순방향 바이어스 영역에서 동작하는 다이오드의 횡단면적이 10배 증가하였다. (a) V_D가 일정하게 유지된다면 I_D의 변화는 얼마인가? (b) I_D가 일정하게 유지된다면 V_D의 변화는 얼마인가? $I_D \approx I_S \exp(V_D/V_T)$라고 가정하자.

풀이 (a) $I_S \propto A$이므로 전류는 다음과 같다.

$$I_{D1} = 10I_S \exp \frac{V_D}{V_T} \tag{2.110}$$

$$= 10I_D \tag{2.111}$$

(b) 위의 예에서

$$V_{D1} = V_T \ln \frac{I_D}{10I_S} \tag{2.112}$$

$$= V_T \ln \frac{I_D}{I_S} - V_T \ln 10 \tag{2.113}$$

이다. 그러므로 소자 면적의 10배 증가는 I_D가 일정하다면 V_D 전압을 60 mV 낮게 한다.

연습문제 순방향 바이어스 영역에서 동작하는[$I_D \approx I_S \exp(V_D/V_T)$] 다이오드에 두 가지 변화가 동시에 일어나고 있다: 전류가 m배 증가하고 면적이 n배 증가한다. 소자의 전압 변화는 어떠한가?

정전압 모델 다이오드의 지수적 전류/전압 특성은 비선형적 함수가 되고, 소자 분석을 보다 어렵게 한다. 다행히 위 예제들은 다이오드 전압이 소자 전류 및 면적에 단순한 함수임을 암시한다. 일반적인 전류 크기와 면적에서 V_D는 700~800 mV 범위에 있다. 이 때문에 소자가 V_D < 800 mV일 때 오프 상태라면, 순방향 바이어스 전압은 800 mV(이상적인 배터리와 같이)의 일정한 값으로 된다. 턴온 전압이 $V_{D,on}$으로 정의된 특성의 그래프가 그림 2.34(a)에 나타나 있다. 여기서 순방향으로 바이어스된 다이오드는 이상적인 전압원으로 가정되기 때문에 V_D가 $V_{D,on}$을 초과할 때는 전류가 무한대가 된다는 것을 나타낸다. 역방향 바이어스에서 누설 전류를 무시하면 그림 2.34(b)와 같은 회로 모델을 생각할 수 있다. 만약 $V_D < V_{D,on}$이면 접합이 개방 회로로 동작하고, V_D가 $V_{D,on}$을 넘어 동작하면 정전압원으로 동작한다고 말한다. 오프 상태의 스위치와 전압원이 직렬로 놓여 있으면 회로의 해석을 단순하게 하기도 한다: 오프에서 온 상태로의 변화에서 스위치는 온 되고, 배터리는 스위치와 항상 직렬로 있다고 말할 수 있다.

이 시점에서 몇 가지 질문이 제기될 수 있다. 첫째, 왜 다이오드를 부정확한 근사 상태로 놓는가? 둘째, 단순한 근삿값을 사용한다면, 왜 반도체 물리와 *pn* 접합을 자세히 공부해야 하는가?

이 장에서 전개되는 내용은 반도체 소자의 모든 분야를 포함하고 있다: 소자의 동작을 이해하기 위해 소자의 구조와 물리를 상세히 해석하고, '물리에 근거한' 회로 모델을 만들고, 모델의 근삿값을 찾아 순차적으로 단순한 모델을 구한다. 서로 다른 복잡성을 가진 소자 모델(결과적으로 정확도의 차이)은 회로의 분석과 설계에 필수적이다. 단순한 모델은 회로 동작의 빠르고 직관적인 이해를 가능하게 하지만, 보다 정확한 모델은 정밀을 요하는 해석에 필요하다.

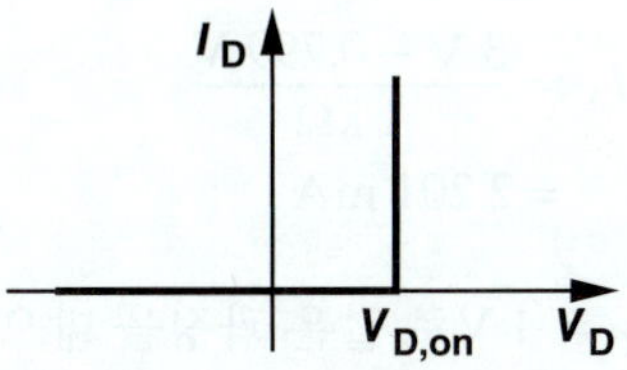

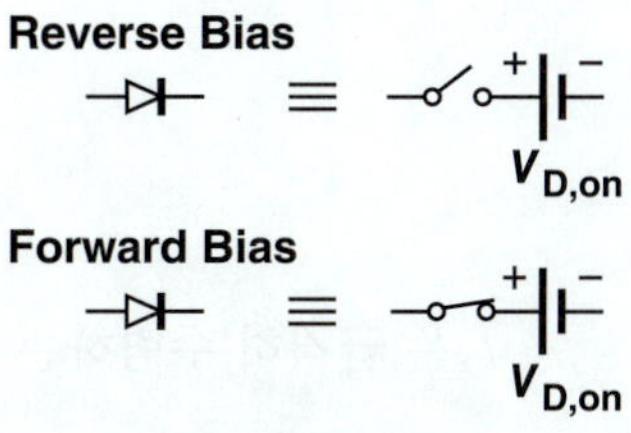

그림 2.34 정전압 다이오드 모델

예제 2.21

그림 2.35의 회로를 해석하자. $V_X = 3$ V와 $V_X = 1$ V의 경우 I_X를 계산하라. (a) $I_S = 10^{-16}$ A인 지수 모델을 사용하라. (b) $V_{D,on} = 800$ mV인 정전압 모델을 사용하라.

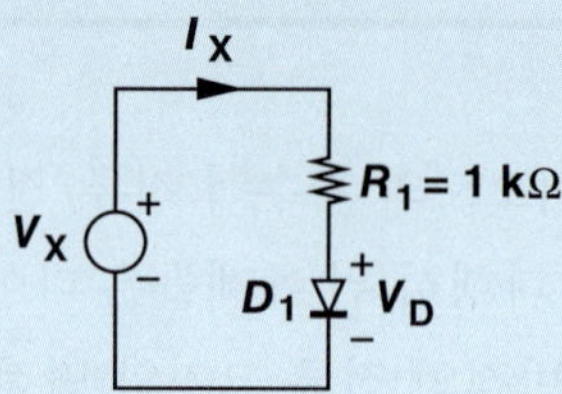

그림 2.35 다이오드를 이용한 단순한 회로

풀이 (a) $I_D = I_X$를 이용하여 다음을 얻는다.

$$V_X = I_X R_1 + V_D \tag{2.114}$$

$$V_D = V_T \ln \frac{I_X}{I_S} \tag{2.115}$$

이 방정식은 반복법에 의해 풀 수 있다: V_D를 추측하고 $I_X R_1 = V_X - V_D$로부터 I_X를 계산한다. 그리고 $V_D = V_T \ln(I_X/I_S)$로부터 새로운 V_D를 구하여 계속 반복법을 적용한다. $V_D = 750$ mV로 가정하여 풀면 다음과 같다.

$$I_X = \frac{V_X - V_D}{R_1} \tag{2.116}$$

$$= \frac{3\text{ V} - 0.75\text{ V}}{1\text{ k}\Omega} \tag{2.117}$$

$$= 2.25\text{ mA} \tag{2.118}$$

그러므로

$$V_D = V_T \ln \frac{I_X}{I_S} \tag{2.119}$$

$$= 799\text{ mV} \tag{2.120}$$

이다. 이 새로운 V_D로부터 보다 정확한 I_X를 구할 수 있다.

$$I_X = \frac{3\text{ V} - 0.799\text{ V}}{1\text{ k}\Omega} \tag{2.121}$$

$$= 2.201\text{ mA} \tag{2.122}$$

I_X는 급격히 수렴하는 값이다. $V_X = 1$ V로 같은 과정을 밟으면

$$I_X = \frac{1\text{ V} - 0.75\text{ V}}{1\text{ k}\Omega} \tag{2.123}$$

$$= 0.25\text{ mA} \tag{2.124}$$

가 되고 여기서 $V_D = 0.742$ V, $I_X = 0.258$ mA를 얻는다.

(b) 정전압 모델을 적용하면 다음과 같다.

$$I_X = 2.2 \text{ mA for } V_X = 3 \text{ V} \tag{2.125}$$

$$I_X = 0.2 \text{ mA for } V_X = 1 \text{ V} \tag{2.126}$$

여기서 I_X 값에 오류가 다소 포함되어 있다. 그러나 이것은 (a)에서 구한 것보다 계산 과정을 단순화하여 얻어진 것이다.

연습문제 다이오드 횡단면적이 10배 증가하였을 때 위의 예제를 다시 풀어라.

생명공학 응용: 암 검출

특정 암세포는 광학 기술을 사용하여 검출할 수 있다. 환자는 먼저 체내 종양에만 결합하는 물질인 '형광단'의 주사를 받는다[2]. 다음으로, 환자 조직의 시험 샘플을 광학적으로 검사한다. 그림 2.36에서 보이는 바와 같이, 전류원에 의해 구동되는 '레이저 다이오드'는 특정 파장 λ_1을 갖는 빛을 발생시킨다. 이 빛은 조직 샘플을 통과하여 형광단의 전자들을 더 높은 에너지 레벨까지 올린다. 원래 레벨로 돌아올 때 이 전자들은 다른 파장 $\lambda 2$를 가진 빛을 방출한다. 광학 필터는 λ_1을 억제하고 λ_2를 '광다이오드'에 의해 수신할 수 있게 하여 빛을 전하로 변환한다. 생성된 전류인 I_D는 암세포의 밀도를 나타낸다[2].

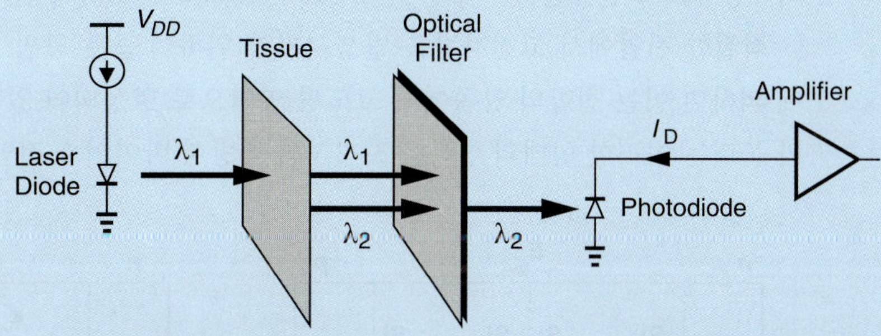

그림 2.36 암세포를 검출하는 광학적 방법

2.3 역방향 절연 파괴*

역방향 바이어스에서 *pn* 접합은 상대적으로 작고 일정한 전류를 흘린다는 것을 배웠다(그림 2.32 참조). 그러나 소자에 가한 역전압이 증가하면 결과적으로 '항복(breakdown)'이 일어나고 급격하고 큰 전류가 발생한다. 그림 2.37은 이 현상을 보여 주는 전류/전압 특성을

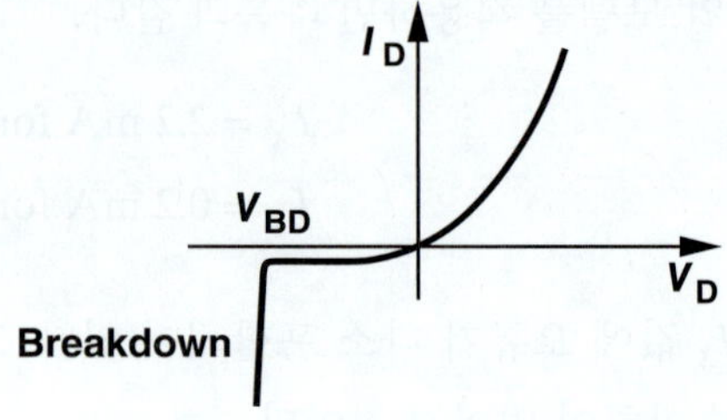

그림 2.37 역방향 파괴 특성

나타내고 있다.

고전압에 의한 파괴는 어떤 물질에서도 일어날 수 있다. 일반적인 예가 빛의 조사이다. 이 경우 공기에서 전기장은 산소 분자를 이온화할 만큼 충분히 강하여 공기의 저항을 낮추어 상당히 큰 전류를 발생시킨다.

pn 접합에서 항복 현상은 두 가지 가능한 메커니즘, 즉 '제너(Zener) 효과'와 '애벌런치(avalanche) 효과' 중 하나에 의해 일어난다.

2.3.1 제너 항복

pn 접합에서 공핍 영역은 전자나 정공을 잃은 원자들을 가지고 있어, 약하게 연결된 캐리어들을 제공한다. 이 영역에서 고전자장은 공유결합에서 남아 있는 전자를 분리하는 충분한 에너지를 제공한다[그림 2.38(a)]. 일단 자유로워지면 전자는 전자장에 의해 가속되어 접합의 n영역으로 휩쓸린다. 이 효과는 약 10^6 V/cm(1 V/μm)의 전기장 크기에서 발생한다.

적절한 전압에서 고전자장을 발생시키기 위하여 좁은 공핍 영역이 필요하다. 식 (2.76)에 의하면 이는 접합의 양쪽에서 고도핑 영역으로 형성되어 있다.(왜 그럴까?) '제너 효과'라 불리는 이러한 형태의 항복은 3~8 V의 역방향 바이어스 전압에서 발생한다.

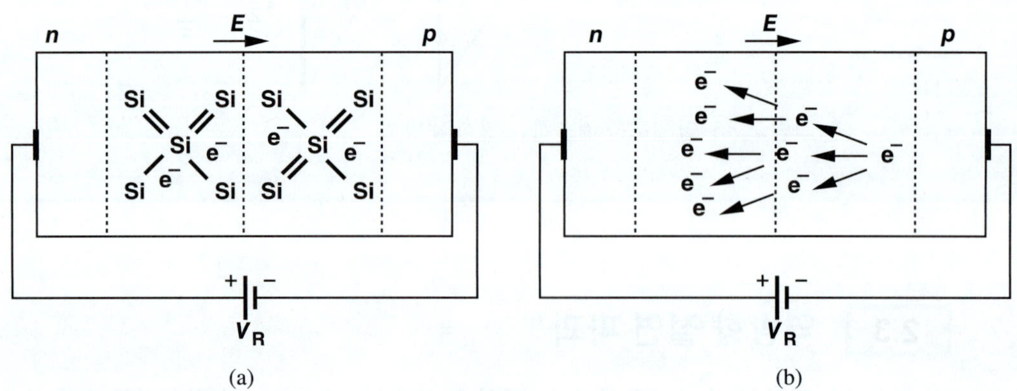

그림 2.38 (a) 고전기장으로 인한 전자의 이완; (b) 애벌런치 효과

* 이 절은 처음 읽을 때는 건너뛰어도 된다.

2.3.2 애벌런치 항복

비교적 낮은 불순물 농도(< 10^{15} cm^3)를 가진 접합은 일반적으로 제너 항복을 나타내지 않는다. 소자에 역방향 바이어스 전압이 증가할 때 애벌런치 효과가 발생한다. 누설 전류는 적지만, 공핍 영역으로 들어오는 캐리어는 고전자장에 있게 되고 가속 현상이 커진다. 그리하여 공유결합에서 전자를 분리시키는 충분한 에너지를 갖게 된다. '충돌 이온화'라 불리는 현상이 애벌런치를 일으킨다: 충돌에 의해 자유로워진 전자는 충분한 에너지를 가지고 다른 원자와 충돌한다. 그리하여 또 다른 공유결합 전자를 자유롭게 한다. 이 두 전자는 다시 에너지를 얻어 이온 충돌을 일으키고 급속하게 자유 전자의 수를 증가시킨다.

제너와 애벌런치 현상의 서로 다른 점은 그들이 서로 반대의 온도 계수(TC)를 갖고 있다는 것이다: V_{BD}가 제너 효과에 대해서는 음의 TC를, 애벌런치 효과에 대해서는 양의 TC를 가지고 있다. $V_{BD} \approx 3.5$ V에서는 두 TC가 서로 상쇄된다. 이 때문에 3.5 V 정격을 가진 제너 다이오드는 전압 레귤레이터로 응용된다.

발생되는 전류가 불순물 정도와 접합 외형에 의해 어떤 범위 내로 조정되면, 제너와 애벌런치 항복 효과는 다이오드에 손상을 주지 않는다. 항복 전압과 최대 역전류는 다이오드 제조 시 결정된다.

2.4 요약

- 실리콘은 마지막 궤도에 4개의 원자를 가지고 있다. 또한 대기 온도에서 소량의 자유 전자를 가지고 있다.
- 전자가 공유결합에서 자유로워지면 '정공'이 남는다.
- 밴드갭 에너지는 전자를 공유결합에서 떼어 내기 위한 최소 에너지이다.
- 자유 전자 수를 증가시키기 위하여 반도체는 불순물을 첨가한다. 예를 들어 실리콘에 비소를 첨가하면 비소가 최외각 궤도에 5개의 전자를 가지고 있기 때문에 자유 전자 수를 증가시킨다.
- 순수 및 불순물이 첨가된 반도체는 $np = n_i^2$이 성립한다. 예를 들어 n형 물질에서는 $n \approx N_D$이고, $p \approx n_i^2/N_D$이 된다.
- 전하 캐리어는 반도체에서 드리프트와 확산이라는 두 메커니즘에 의해 움직인다.
- 드리프트 전류 밀도는 전기장과 캐리어 이동도에 비례하고 $J_{tot} = q(\mu_n n + \mu_p p)E$이다.
- 확산 전류 밀도는 캐리어 농도 변화에 비례하고 $J_{tot} = q(D_n dn/dx - D_p dp/dx)$이다.
- pn 접합은 한쪽은 n형 불순물이, 다른 쪽에는 p형 불순물이 서로 이웃하고 있는 반도체 조각이다.
- pn 접합은 세 가지 종류로 생각해 볼 수 있다: 평형 상태, 역방향 바이어스, 순방향 바이어스.

- pn 접합이 형성될 때, 접합 부위의 캐리어 농도가 급격하게 변화하면 전자와 정공의 전류는 크다. 캐리어가 접합을 지날 때 이온화된 원자를 남기고 '공핍 영역'을 형성한다. 공핍 영역에 형성된 전기장은 결과적으로 전류의 흐름을 멈추게 한다. 이 조건을 평형 상태라고 한다.
- 공핍 영역에 형성된 전기장은 $(kT/q)\ \ln(N_A N_D)/n_i^2$의 크기를 갖는 내장 전위를 발생시키는데, 크기는 700~800 mV이다.
- 역방향 바이어스에서 접합은 거의 전류를 흘리지 않고 커패시터로 동작한다. 여기서 커패시턴스는 소자에 인가된 전압의 함수이다.
- 순방향 바이어스에서 접합은 인가 전압의 지수 함수 형태, 즉 $I_S[\exp(V_F/V_T) - 1]$을 갖는 전류를 흘린다.
- 지수 모델이 가끔 회로 분석을 어렵게 하기 때문에 정전압 모델이 이용될 때가 있다. 이는 수학적 노력이 덜 드는 회로의 응답에 이용된다.
- 높은 역방향 바이어스 전압에서 pn 접합은 파괴되어 상당히 큰 전류가 흐른다. 소자의 구조 및 불순물 정도에 의해 '제너' 또는 '애벌런치' 항복이 발생한다.

PROBLEMS

Sec. 2.1 Semiconductor Materials and Their Properties

2.1. The intrinsic carrier concentration of germanium (GE) is expressed as

$$n_i = 1.66 \times 10^{15} T^{3/2} \exp \frac{-Eg}{2kT} \text{ cm}^{-3}, \qquad (2.127)$$

where $Eg = 0.66$ eV.

(a) Calculate n_i at 300 and 600 K and compare the results with those obtained in Example 2-1 for Si.

(b) Determine the electron and hole concentrations if Ge is doped with P at a density of 5×10^{16} cm^{-3}.

2.2. An n-type piece of silicon experiences an electric field equal to 0.1 V/μm.

(a) Calculate the velocity of electrons and holes in this material.

(b) What doping level is necessary to provide a current density of 1 mA/μm^2 under these conditions? Assume the hole current is negligible.

2.3. A n-type piece of silicon with a length of 0.1 μm and a cross section area of 0.05 μm × 0.05 μm sustains a voltage difference of 1 V.

(a) If the doping level is 10^{17} cm^{-3}, calculate the total current flowing through the device at $T = 300$ K.

(b) Repeat (a) for $T = 400$ K assuming for simplicity that mobility does not change with temperature. (This is not a good assumption.)

2.4. From the data in Problem 2.1, repeat Problem 2.3 for Ge. Assume $\mu_n = 3900$ cm^2/(V · s) and $\mu_p = 1900$ cm^2/(V · s).

2.5. Figure 2.39 shows a p-type bar of silicon that is subjected to electron injection from the left and hole injection from the right. Determine the total current flowing through the device if the cross section area is equal to 1 μm × 1 μm. SOL

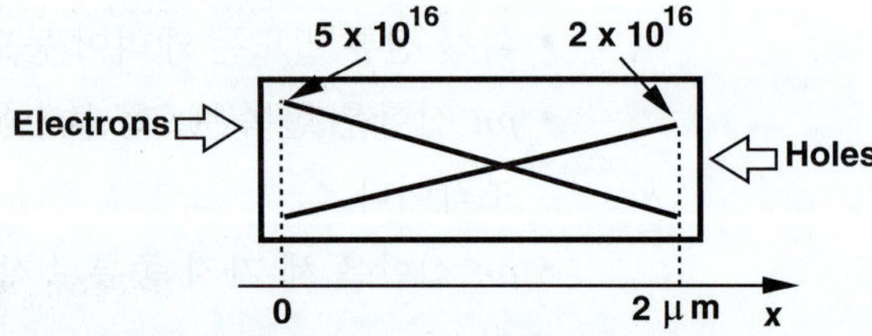

Figure 2.39

2.6. In Example 2-9, compute the total number of electrons "stored" in the material from $x = 0$ to $x = L$. Assume the cross section area of the bar is equal to a.

2.7. Repeat Problem 2.6 for Example 2-10 but for $x = 0$ to $x = \infty$. Compare the results for linear and exponential profiles.

*__2.8.__ Repeat Problem 2.7 if the electron and hole profiles are "sharp" exponentials, i.e., they fall to negligible values at $x = 2$ μm and $x = 0$, respectively (Fig. 2.40).

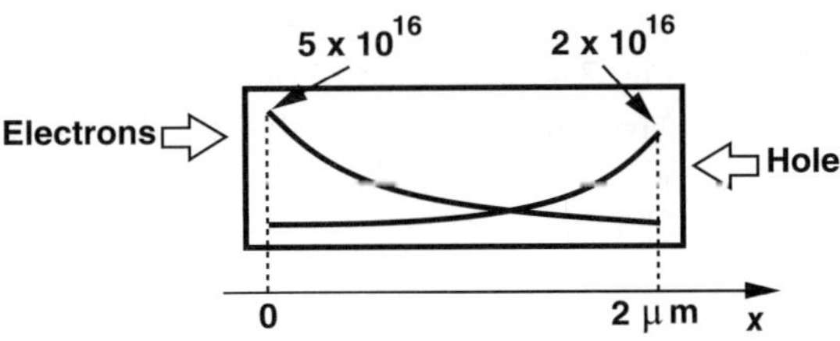

Figure 2.40

SOL **2.9.** How do you explain the phenomenon of drift to a high school student?

Sec. 2.2 *pn* Junctions

2.10. A junction employs $N_D = 5 \times 10^{17}$ cm^{-3} and $N_A = 4 \times 10^{16}$ cm^{-3}.
(a) Determine the majority and minority carrier concentrations on both sides.
(b) Calculate the built-in potential at $T =$ 250 K, 300 K, and 350 K. Explain the trend.

2.11. Due to a manufacturing error, the p-side of a pn junction has not been doped. If $N_D = 3 \times 10^{16}$ cm^{-3}, calculate the built-in potential at $T = 300$ K.

2.12. A pn junction with $N_D = 3 \times 10^{16}$ cm^{-3} and $N_A = 2 \times 10^{15}$ cm^{-3} experiences a reverse bias voltage of 1.6 V.
(a) Determine the junction capacitance per unit area.
(b) By what factor should N_A be increased to double the junction capacitance?

2.13. An oscillator application requires a variable capacitance with the characteristic shown in Fig. 2.41. Determine N_A and N_D.

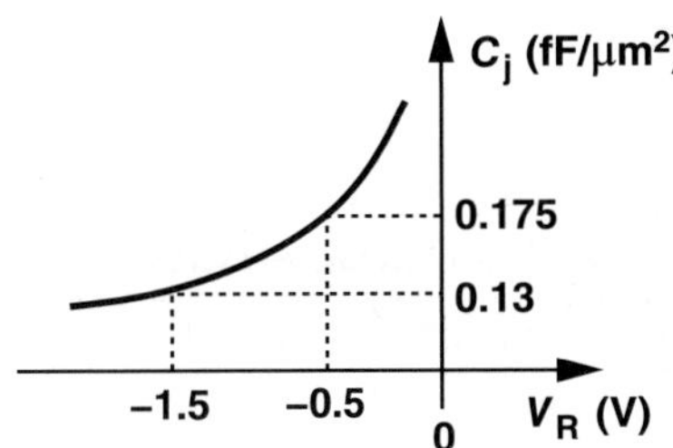

Figure 2.41

2.14. Consider a pn junction in forward bias.
(a) To obtain a current of 1 mA with a voltage of 750 mV, how should I_S be chosen?
(b) If the diode cross section area is now doubled, what voltage yields a current of 1 mA?

2.15. Figure 2.42 shows two diodes with reverse saturation currents of I_{S1} and I_{S2} placed in parallel. SOL
(a) Prove that the parallel combination operates as an exponential device.
(b) If the total current is I_{tot}, determine the current carried by each diode.

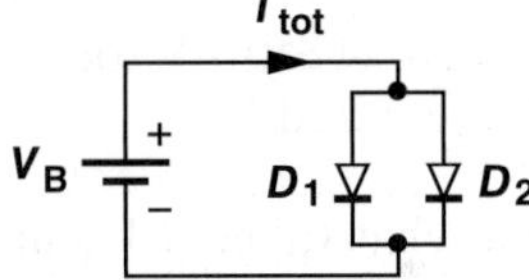

Figure 2.42

*__2.16.__ Two identical pn junctions are placed in series.
(a) Prove that this combination can be viewed as a single two-terminal device having an exponential characteristic.
(b) For a tenfold change in the current, how much voltage change does such a device require?

2.17. Figure 2.43 shows two diodes with reverse saturation currents of I_{S1} and I_{S2} placed in series. Calculate I_B, V_{D1}, and V_{D2} in terms of V_B, I_{S1}, and I_{S2}.

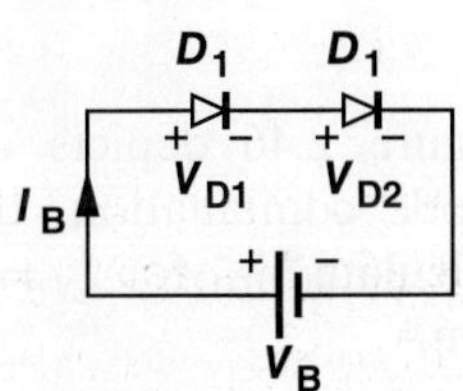

Figure 2.43

2.18. In the circuit of Problem 2.17, we wish to increase I_B by a factor of 10. What is the required change in V_B?

Sec. 2.2.5 I/V Characteristics

2.19. Consider the circuit shown in Fig. 2.44, where $I_S = 2 \times 10^{-15}$ A. Calculate V_{D1} and I_X for $V_X = 0.5$ V, 0.8 V, 1 V, and 1.2 V. Note that V_{D1} changes little for $V_X \geq$ 0.8 V.

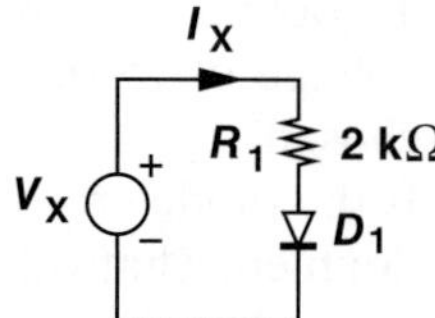

Figure 2.44

2.20. In the circuit of Fig. 2.44, the cross section area of D_1 is increased by a factor of 10. Determine V_{D1} and I_X for $V_X = 0.8$ V and 1.2 V. Compare the results with those obtained in Problem 2.19.

SOL **2.21.** Suppose D_1 in Fig. 2.44 must sustain a voltage of 850 mV for $V_X = 2$ V. Calculate the required I_S.

2.22. For what value of V_X in Fig. 2.44, does R_1 sustain a voltage equal to $V_X/2$? Assume $I_S = 2 \times 10^{-16}$ A.

2.23. We have received the circuit shown in Fig. 2.45 and wish to determine R_1 and I_S. We note that $V_X = 1\text{ V} \rightarrow I_X = 0.2$ mA and $V_X = 2\text{ V} \rightarrow I_X = 0.5$ mA. Calculate R_1 and I_S.

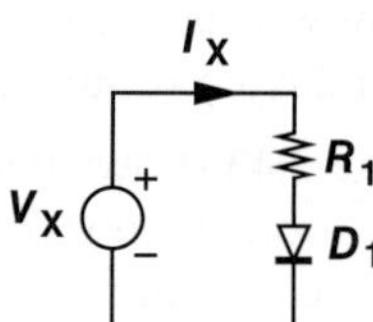

Figure 2.45

***2.24.** Figure 2.46 depicts a parallel resistor-diode combination. If $I_S = 3 \times 10^{-16}$ A, calculate V_{D1} for $I_X = 1$ mA, 2 mA, and 4 mA.

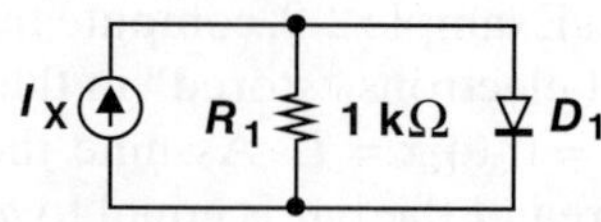

Figure 2.46

2.25. In the circuit of Fig. 2.46, we wish D_1 to carry a current of 0.5 mA for $I_X = 1.3$ mA. Determine the required I_S.

2.26. For what value of I_X in Fig. 2.46, does R_1 carry a current equal to $I_X/2$? Assume $I_S = 3 \times 10^{-16}$ A.

***2.27.** We have received the circuit shown in Fig. 2.47 and wish to determine R_1 and I_S. Measurements indicate that $I_X = 1\text{ mA} \rightarrow V_X = 1.2$ V and $I_X = 2\text{ mA} \rightarrow V_X = 1.8$ V. Calculate R_1 and I_S. SOL

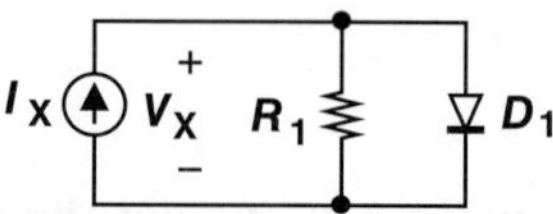

Figure 2.47

***2.28.** The circuit illustrated in Fig. 2.48 employs two identical diodes with $I_S = 5 \times 10^{-16}$ A. Calculate the voltage across R_1 for $I_X =$ 2 mA.

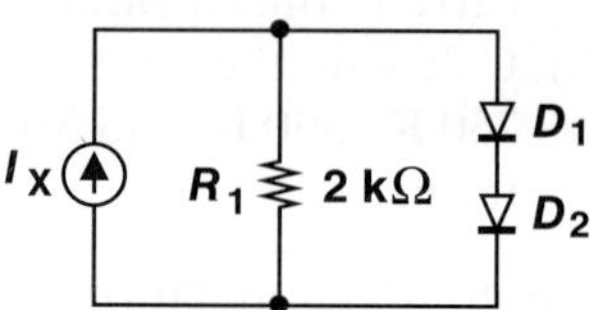

Figure 2.48

***2.29.** In the circuit of Fig. 2.49, determine the value of R_1 such that this resistor carries 0.5 mA. Assume $I_S = 5 \times 10^{-16}$ A for each diode.

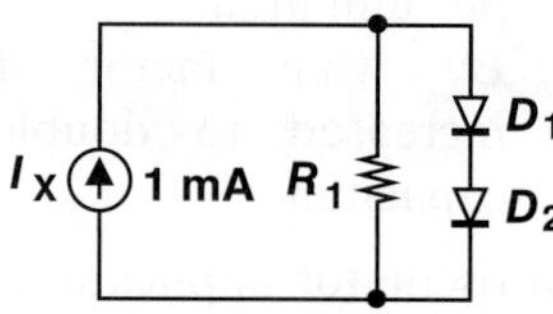

Figure 2.49

**2.30. Sketch V_X as a function of I_X for the circuit shown in Fig. 2.50. Assume (a) a constant-voltage model, (b) an exponential model.

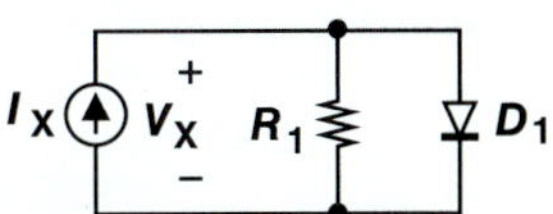

Figure 2.50

SPICE PROBLEMS

In the following problems, assume $I_S = 5 \times 10^{-16}$ A.

2.31. For the circuit shown in Fig. 2.51, plot V_{out} as a function of I_{in}. Assume I_{in} varies from 0 to 2 mA.

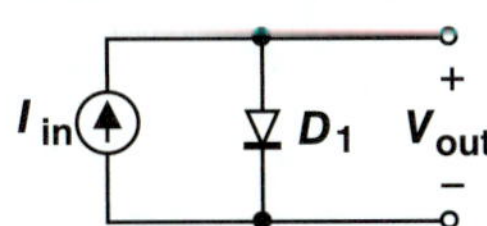

Figure 2.51

2.32. Repeat Problem 2.31 for the circuit depicted in Fig. 2.52, where $R_1 = 1\ \text{k}\Omega$. At what value of I_{in} are the currents flowing through D_1 and R_1 equal?

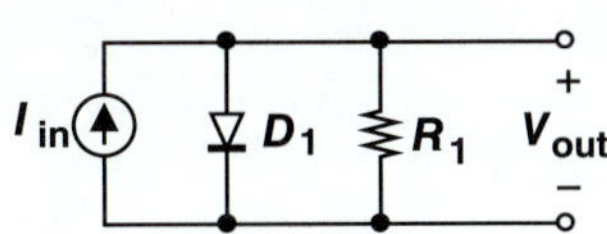

Figure 2.52

2.33. Using SPICE, determine the value of R_1 in Fig. 2.52 such that D_1 carries 1 mA if $I_{in} = 2$ mA.

2.34. In the circuit of Fig. 2.53, $R_1 = 500\ \Omega$. Plot V_{out} as a function of V_{in} if V_{in} varies from −2 V to +2 V. At what value of V_{in} are the voltage drops across R_1 and D_1 equal?

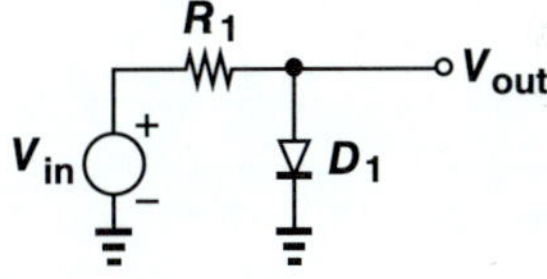

Figure 2.53

2.35. In the circuit of Fig. 2.53, use SPICE to select the value of R_1 such that $V_{out} < 0.7$ V for $V_{in} < 2$ V. We say the circuit "limits" the output.

REFERENCE

1. B. Streetman and S. Banerjee, *Solid-State Electronic Device*, fifth edition, Prentice-Hall, 1999.
2. E. P. Papageorgiou, et al., "Chip-scale angle-selective imager for in-vivo microscopic cancer detection," *IEEE Trans. Biomedical Circuits and Systems*, vol. 14, pp. 91–92, Feb. 2020.

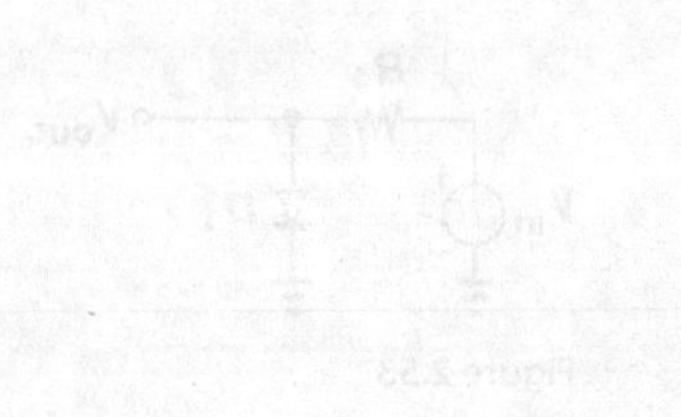

3

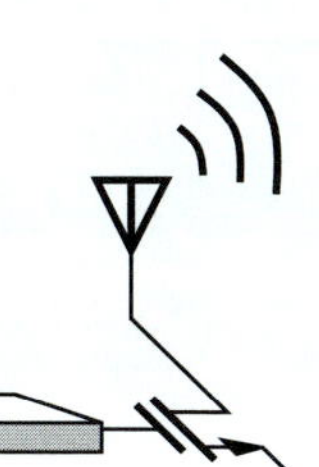

다이오드 모델과 회로

관련 YouTube 비디오:

Razavi Electronics 1, 강의 5: PN Junction in Forward Bias, Introduction to Diodes
https://www.youtube.com/watch?v=p9q5thwmlxY

Razavi Electronics 1, 강의 6: Diode Models
https://www.youtube.com/watch?v=EnA9m7TOaol

Razavi Electronics 1, 강의 7: Analysis of Diode Circuits I
https://www.youtube.com/watch?v=PoPp3Ea6KMs

Razavi Electronics 1, 강의 8: Analysis of Diode Circuits II
https://www.youtube.com/watch?v=5NSKxgWZFEE

Razavi Electronics 1, 강의 9: Other Examples of Diode Circuits, Half-Wave Rectifier
https://www.youtube.com/watch?v=4BoxbOs2gs0

Razavi Electronics 1, 강의 10: Half-Wave Rectifier with Different Loads
https://www.youtube.com/watch?v=cN-mNvzD6_Q

Razavi Electronics 1, 강의 11: Full-Wave Rectifier
https://www.youtube.com/watch?v=rtsamkkLcdY

Razavi Electronics 1, 강의 12: Limiters and Voltage Doublers
https://www.youtube.com/watch?v=uni-behIRN4

2장에서는 다이오드의 물리적인 현상에 대해 다루었고, 이번 장에서는 다이오드를 실제 생활에 응용되는 회로 소자로서 논의한다. 또한 이 장에서는 다음 장들에서 다루게 되는 트랜지스터를 회로 소자로 이해할 수 있도록 준비한다. 이 장의 주요 내용은 다음과 같다.

회로 소자로서의 다이오드
- 이상적인 다이오드
- 회로 특성
- 실제 다이오드

응용
- 레귤레이터
- 정류기
- 제한 및 클램핑 회로

3.1 이상적인 다이오드

3.1.1 다이오드 필요성

다이오드의 필요성을 이해하기 위해 휴대전화 충전기의 설계에 대해 간단히 학습해 본다. 충전기는 60 Hz[1)]의 교류 전압 110 V[2)]를 직류 전압 3.5 V로 변환한다. 그림 3.1(a)에 보이는 것과 같이 이 변환은 먼저 교류 전압을 변압기를 이용하여 약 4 V로 강압하고, 연속적으로 교류 전압을 직류 전압으로 변환함으로써 이루어진다.[3)] 동일한 원리가 다른 전기 소자에 전력을 공급하는 어댑터에 적용된다.

그림 3.1(a)의 블랙박스가 이 변환을 어떻게 수행할까? 그림 3.1(b)에 그려진 것과 같이, 음의 반주기와 양의 반주기가 차지하는 면적의 크기가 동일하므로 평균 0이 되어 변압기의 출력은 0의 직류 성분을 갖는다. 이제 이 파형이 양의 반주기는 통과시키고 음의 반주기는 차단시키는 미지의 소자에 연결되었다고 가정하자. 그 결과는 양의 직류 평균값과 교류 성분의 합으로 나타나며, 교류 성분은 저역통과 필터에 의해서 제거될 수 있다(3.5.1절).

그림 3.1(b)의 파형 변환은 음과 양의 전압을 식별하여 양(음)의 전압을 통과시키고 음(양)의 전압을 차단할 수 있는 소자의 필요성을 나타낸다. 단순한 저항은 선형이므로 이 역할을 수행할 수 없다. 즉, 옴의 법칙($V = IR$)은 저항에 걸린 전압이 양수에서 음수로 되면 전류 또한 양수에서 음수로 된다는 것을 의미한다. 그러므

Did you know ?

정류 효과는 1875년경 카를 브라운(Carl Braun)에 의해 발견되었다. 그는 황화물에 대해 눌러진 금속 와이어가 다른 방향보다 한 방향으로 더 많은 전류를 전달한다는 것을 관찰했다. 이후 수십 년 동안 연구원들은 초기 라디오 및 레이더에서 무선 신호 수신을 위한 감지기 역할을 하는 '고양이 수염' 정류기에 도달하는 다른 구조를 시도했다. 이들은 결국 *pn* 접합으로 대체되었다.

---

1) 대부분의 나라에서 전원 교류 전압은 220 V이고 50 Hz이다.
2) 이 값은 평균값의 제곱에 대한 근(rms)의 전압을 나타낸다. 그러므로 피크값은 $110\sqrt{2}$와 같다.
3) 어댑터의 실제 동작은 다소 다르다.

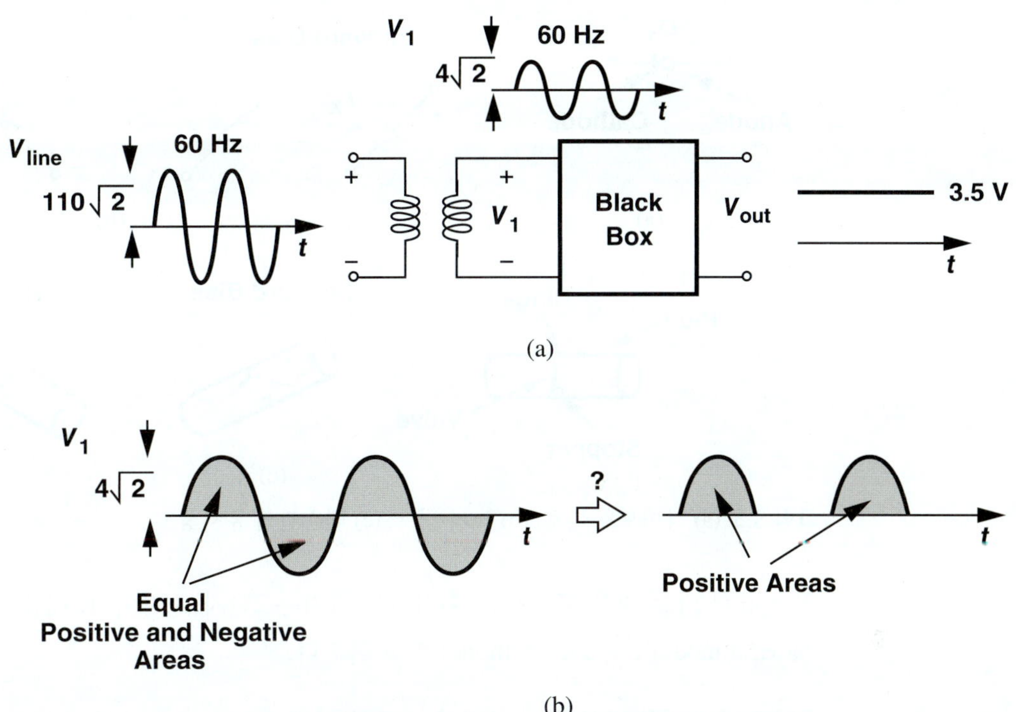

그림 3.1 (a) 충전 회로; (b) 음의 반주기 제거

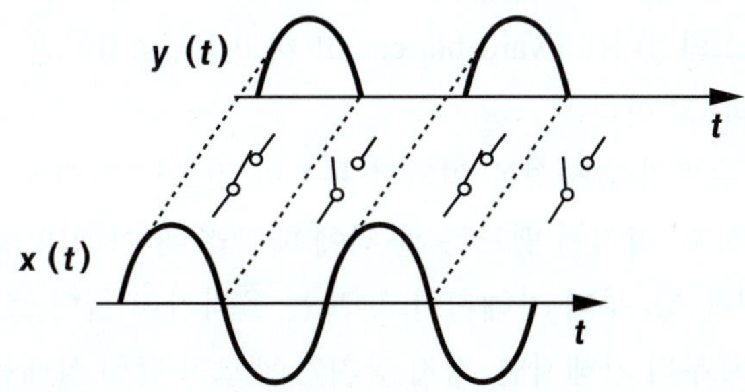

그림 3.2 다이오드의 개념적인 동작

로 양수의 전압에서는 단락 회로로, 음수의 전압에서는 개방 회로로 동작하는 소자가 필요하다.

그림 3.2는 지금까지 구상의 결과를 요약한다. 미지의 소자는 양의 반주기 동안에는 입력과 동일한 출력을 발생시키고 음의 반주기 동안에는 0을 출력한다. 이 소자는 $y = ax$, $x \to -x$이면, $y \nrightarrow -y$를 만족하지 않으므로 비선형 소자임에 주목한다.

3.1.2 이상적인 다이오드

위에서 언급한 미지의 소자는 '이상적인 다이오드(ideal diode)'로 불린다. 그림 3.3(a)에 보이는 것과 같이 다이오드는 허용되는 전류의 방향을 알려 주는 삼각형의 머리와 반대방향

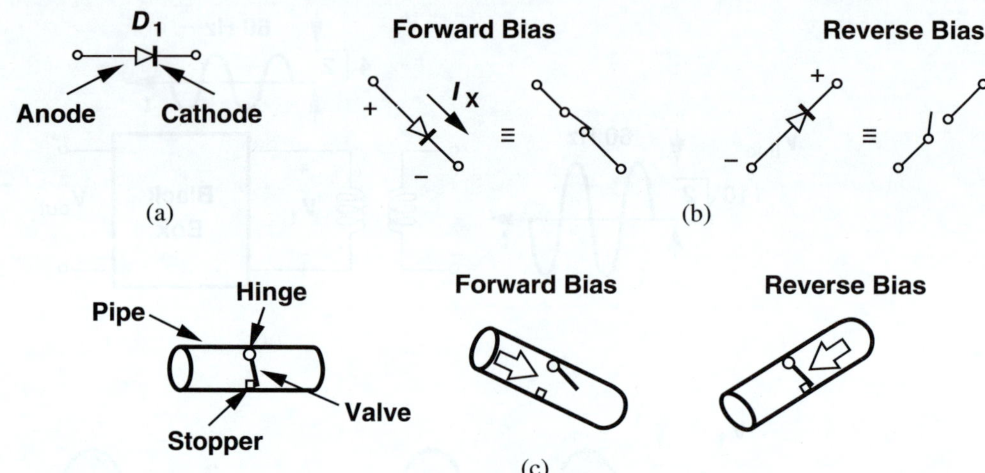

그림 3.3 (a) 다이오드 기호; (b) 등가 회로; (c) 배수관의 유사성

의 전류를 막는 것을 표현하는 수직선을 가지는 2단자 소자이다. 대응되는 단자들은 각각 '애노드(anode)', '캐소드(cathode)'라고 불린다.

순방향 및 역방향 바이어스 미지의 소자가 그림 3.3(a) 축전기의 예로서 역할을 하려면 다이오드는 $V_{anode} > V_{cathode}$이면 '켜져야' 하고 $V_{anode} < V_{cathode}$이면 '꺼져야' 한다[그림 3.3(b)]. $V_{anode} - V_{cathode} = V_D$로 정의하고, 다이오드는 V_D가 0보다 크면 '순방향으로 바이어스되었다(forward-biased)'고 하고 $V_D < 0$이면 '역방향으로 바이어스되었다(reverse-biased)'고 한다.[4)]

배수관의 유사성은 여기서 유용한 것으로 알려져 있다. 그림 3.3(c)에 보이는 배수관을 고려하자. 여기서 밸브는 관 위에 매달려 관 아래의 정지 장치를 바라보고 있다. 물의 압력이 왼쪽으로부터 가해지면, 밸브는 올라가고 물이 흐르게 된다. 반면에 물의 압력이 오른쪽으로부터 가해지면, 정지 장치가 밸브가 닫힌 상태를 유지하게 한다.

예제 3.1

다른 두 단자 소자와 같이 다이오드는 직렬(또는 병렬)로 위치할 수 있다. 그림 3.4에 있는 구성 중에 어떤 것이 전류를 전도할 수 있는지를 결정하라.

A D1 B D2 C (a) A D1 B D2 C (b) A D1 B D2 C (c)

그림 3.4 다이오드의 직렬 조합

4) 회로의 동작을 알아보기 쉽게 하기 위해 때때로 좀 더 양의 노드를 높게 위치시켜 그린다. 그림 3.3(b)가 이 관행에 따라 그려졌다.

풀이 그림 3.4(a)에서 D_1과 D_2의 애노드는 같은 방향을 가리키며 A에서 B, B에서 C로 전류가 흐르는 것을 허용하지만 반대방향으로는 전류의 흐름을 허용하지 않는다. 그림 3.4(b)에서 D_1은 B에서 A로 전류 흐름을 정지시키고 D_2는 B에서 C로의 전류 흐름을 정지시킨다. 그러므로 전류가 어느 방향으로도 흐를 수 없다. 같은 이유로 그림 3.4(c)의 구조는 어느 전압에 대해서도 개방 회로로 동작한다. 물론 이 회로들 중 어떤 회로도 이 시점에서 특히 유용하지 않은 것으로 나타나지만, 이 회로들은 우리가 다이오드에 대해 편해지도록 도와준다.

연습문제 3개 다이오드의 모든 가능한 조합을 결정하고 그들의 전도 성질을 조사하라.

I/V 특성 전자 소자 공부에서 방정식을 그래프와 함께 도시하는 것은 매우 유용하다. 일반적인 형태의 그래프는 소자를 통해 흐르는 전류를 소자에 걸린 전압의 함수로 나타내는 전류/전압 특성의 그래프이다.

이상적인 다이오드는 단락(short) 또는 개방(open) 회로로 동작하므로, 먼저 옴의 법칙의 2개의 특별한 경우에 대한 I/V 특성을 구성한다.

$$R = 0 \Rightarrow I = \frac{V}{R} = \infty \tag{3.1}$$

$$R = \infty \Rightarrow I = \frac{V}{R} = 0 \tag{3.2}$$

상기 결과는 그림 3.5(a)의 그래프로 나타낸다. 이상적인 다이오드에 대해, 양의 전압 영역과 음의 전압 영역을 결합하여 그림 3.5(b)에 보이는 I_D/V_D 특성을 구할 수 있다. 여기서 $V_D = V_{\text{anode}} - V_{\text{cathode}}$이고, I_D는 애노드로 흘러 들어가서 캐소드로 흘러 나오는 전류를 나타낸다.

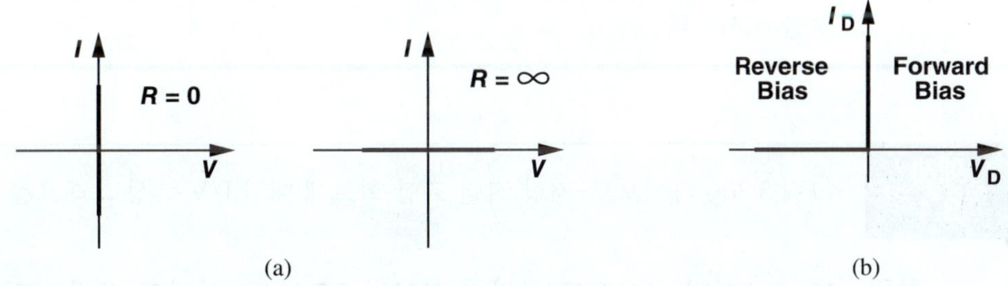

그림 3.5 (a) R이 0인 경우와 매우 큰 경우의 I/V 특성 그래프; (b) 이상적인 다이오드의 I/V 특성

예제 3.2 이상적인 다이오드는 Anode-Cathode 양단 전압(V_D)이 0보다 크면 켜진다. 그러나 그림 3.5(b)의 특성은 $V_D > 0$에 대해 I_D의 값이 존재하지 않는다. 이 그래프를 어떻게 해석해야 하는가?

풀이 이 그래프는 V_D가 0보다 크거나 같으면, I_D 값에 상관없이 $V_D = 0$이 되는 것을 나타낸다. 즉, Anode-Cathode 양단이 단락된(short) 상태이다. 순방향으로 바이어스된 이상적인 다이오드는 $V_D = 0$(단락 회로와 유사함)이 된다.

연습문제 1 Ω 저항을 이상적인 다이오드와 직렬로 연결하는 경우 I/V 특성을 도시하라.

예제 3.3 그림 3.6(a)에 보이는 '역평행(anti-parallel)' 다이오드에 대한 I/V 특성을 도시하라.

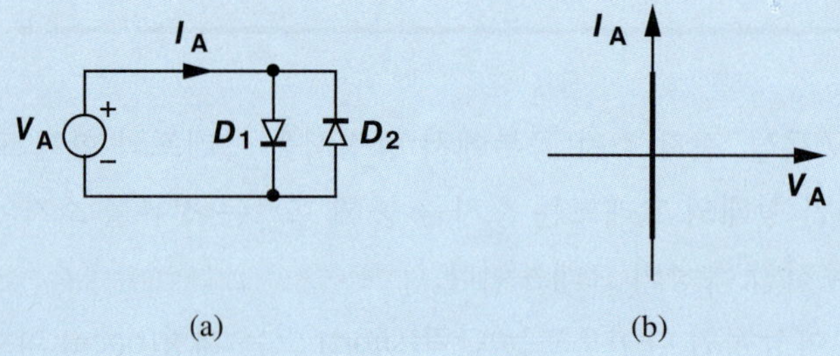

그림 3.6 (a) 역평행 다이오드; (b) I/V 특성

풀이 $V_A > 0$이면, D_1은 켜지고(D_1 ON), D_2는 꺼지며(D_2 OFF), $I_A = \infty$가 된다. $V_A < 0$이면, D_1은 꺼지고(D_1 OFF), D_2는 켜지며(D_2 ON), $I_A = -\infty$가 된다. 결과는 그림 3.6(b)와 같다. 역평행 다이오드는 모든 인가 전압에서 단락 회로로 동작한다. 이상적인 다이오드로 역평행 다이오드 구성은 쓸모없는 회로로 보이지만, 실제 다이오드로 역평행 다이오드를 구성하는 경우 흥미로운 현상이 나타나게 된다(3.5.3절).

연습문제 1 V 전지들이 역평행 다이오드 D_1과 D_2에 각각 직렬로 위치하는 경우에 대하여 I/V 특성을 도시하라.

예제 3.4 그림 3.7(a) 다이오드-저항 직렬 조합 회로에 대한 I/V 특성 그래프를 도시하라.

풀이 $V_A > 0$이면 다이오드는 켜지고[그림 3.7(b)] 이상적인 다이오드는 $V_{D1} = 0$이므로 $I_A = V_A/R_1$이 된다. 반면에 $V_A < 0$이면 D_1은 꺼지고[그림 3.7(c)] $I_D = 0$이 된다. 그림 3.7(d)는 I/V 특성 그래프이다.

위의 설명은 근사적인 가정을 기반으로 한다. 그림 3.7(a)의 회로에서, 먼저 $V_A < 0$인 경우 다이오드는 꺼져 있다고 가정한다. 이 가정이 유효하다는 것을 검증하기 위해 반대로 D_1이 켜져 있다고 가정하면, 그림 3.7(e)의 등가 회로가 되고, V_A가 음이면 I_A도 음이

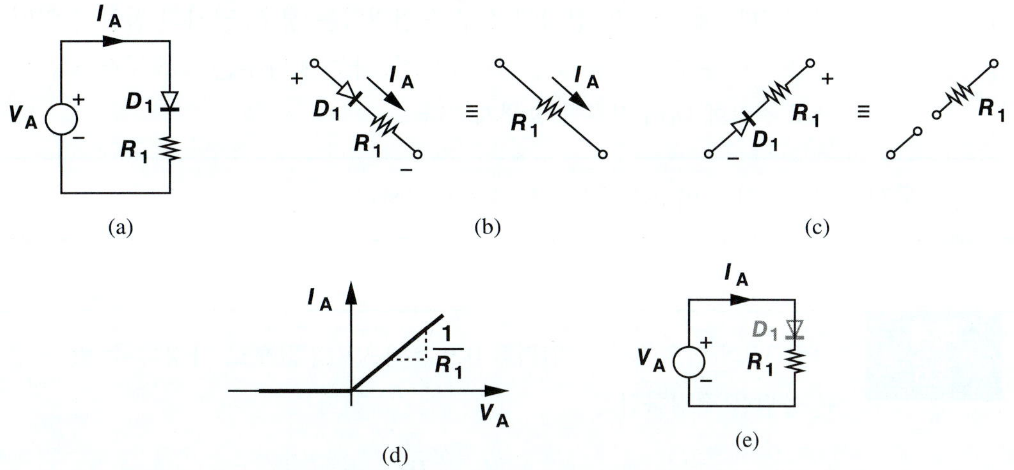

그림 3.7 (a) 다이오드-저항 직렬 조합 회로; (b) 순방향 바이어스의 경우 등가 회로; (c) 역방향 다이오드의 경우 등가 회로; (d) I/V 특성; (e) D_1이 ON인 경우 등가 회로

다. 즉, I_A 전류는 오른쪽에서 왼쪽으로 흐르고, D_1이 캐소드에서 애노드로 흐른다는 것을 의미하여 다이오드의 정의에 어긋난다. 즉, 모순된 결과가 도출되며, $V_A < 0$인 경우 다이오드는 꺼져 있다는 가정이 맞음을 알 수 있다.(그러므로 $V_A < 0$인 경우 D_1은 꺼진 상태를 유지하며, $I_A = 0$이 된다.)

마찬가지로 $V_A > 0$인 경우, 다이오드는 켜져 있다(D_1 ON)고 가정한다. 반대로 가정한 경우(즉, D_1이 OFF되어 있다는 가정의 경우), $I_A = 0$이 되고, R_1 양단 전압은 0 V가 된다. $V_{D1} = V_A > 0$이 되고, 다이오드 Anode-Cathode 간 전압은 0보다 작거나 같다는 다이오드 I/V 특성에 위배된다(즉, 모순이 발생함). 따라서 $V_A > 0$인 경우, 다이오드는 켜져 있다(D_1 ON)라는 초기 가정이 맞게 된다.

연습문제 다이오드의 단자가 반대로 연결되어 있는 경우에 대한 I/V 특성을 도시하라.

위의 예제는 두 가지 중요한 점을 나타낸다. 첫째, D_1과 R_1의 직렬 연결은 음의 전압에 대해 개방 회로로 동작하고 양의 전압에 대해서는 R_1의 값을 갖는 저항으로 역할을 한다는 점이다. 둘째, 다이오드 회로의 분석을 할 경우는 다이오드에 대한 임의의 상태(켜짐 또는 꺼짐)를 가정하고 전압과 전류 계산을 진행할 수 있다는 점이다. 초기 가정이 틀리면, 최종 결과는 모순이 도출된다. 물론, 회로를 주의 깊게 살펴보고 직관적인 추론을 하는 것이 유용하다.

예제 3.5 왜 V/I 특성보다 I/V 특성에 관심이 있는가?

풀이 실제 회로에서 종종 전압이 '원인'이 되고 전류는 '결과'로 발생하는 경우가 대다수이기 때문이다.(예를 들면, 전지에 전구를 연결하는 경우, 전지의 전압이 원인으로 전구에 전류가 흐르는 결과로 빛을 발한다.) 또한, 나중에 다루는 트랜지스터 같은 소자는 기본적으로 전압에 대해 전류를 발생시킨다.

연습문제 이상적인 다이오드의 V/I 특성을 도시하라.

예제 3.6 그림 3.8의 회로에서 각 입력을 0 또는 +3 V의 값으로 가정할 수 있다. 출력에서 관측되는 응답을 결정하라.

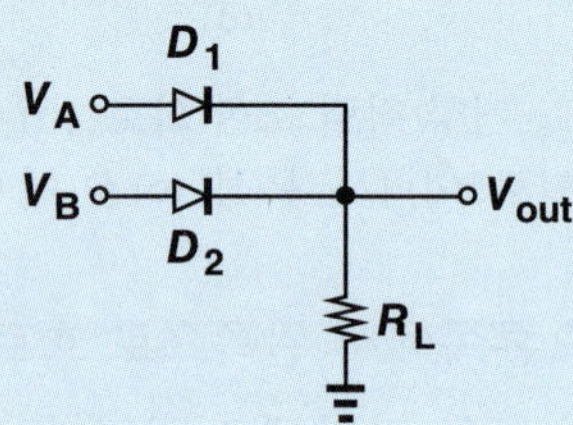

그림 3.8 다이오드에 의해 구현되는 OR 게이트

풀이 $V_A = +3$ V이고, $V_B = 0$이면, D_1은 순방향 바이어스로 ON되고, D_2는 역방향 바이어스로 OFF된다고 가정한다. 이 경우 $V_{out} = V_A = +3$ V이다. 다른 가정의 경우, 즉 D_1과 D_2 모두 순방향으로 바이어스되어 D_1과 D_2 모두 ON이 된다고 가정하는 경우 즉각적인 모순이 발생한다. D_1과 D_2가 모두 ON으로 $V_A = V_B$가 되어야 하는데, $V_A = +3$ V이고 $V_B = 0$이다. 그러므로 이 가정은 틀린 것이다.

$V_A = 0$이고 $V_B = +3$ V이면, D_1은 OFF, D_2는 ON, 따라서 $V_{out} = +3$ V가 됨을 알 수 있다. 이 회로는 논리 OR 게이트로 동작하고, 실제로 초기 디지털 컴퓨터에 사용된 회로 방식이다.

연습문제 3-입력 OR 게이트 회로를 구성하라.

예제 3.7 $V_D = 0$인 경우에 이상적인 다이오드는 켜지는가 꺼지는가?

풀이 0 전압을 경험하는 이상적인 다이오드는 0 전류를 흐르게 해야만 한다.(왜 그럴까?) 그러나 이것이 개방 회로로 동작한다는 것을 의미하지는 않는다. 그러므로 $V_D = 0$이면 이상적인 다이오드는 다소 자의적이며 모호하다. 실제로는 다이오드의 응답을 결정하기 위해 약간 양 또는 음의 전압을 고려한다.

연습문제 1 Ω 저항이 다이오드와 직렬로 연결되는 경우에 대하여 위의 예제를 다시 풀어라.

입력/출력 특성 전자회로는 입력을 처리하여 대응되는 출력을 발생시킨다. 그러므로 입력을 허용되는 범위에서 변화시키고 그 결과 출력을 그려서 회로의 입력/출력 특성을 구성하는 것은 유익하다.

예를 들어 출력이 D_1에 걸린 전압으로 정의되는 그림 3.9(a)에 묘사된 회로를 고려해 보자. $V_{in} < 0$이면 D_1은 역방향으로 바이어스되고 회로를 그림 3.9(b)에 보이는 회로로 간략화한다. R_1을 통해 전류가 흐르지 않으므로 V_{out}은 V_{in}이 된다. $V_{in} > 0$이면 D_1은 순방향으로 바이어스되고 출력이 단락되어 V_{out}은 0이 된다[그림 3.9(c)]. 그림 3.9(d)는 전체적인 입력/출력 특성을 설명한다.

3.1.3 응용 예

그림 3.2에서 배운 $x(t)$를 $y(t)$로 변환하는 수단으로서 이상적인 다이오드의 개념을 상기하고 이 기능을 수행하는 회로를 설계해 보자. 그림 3.10(a)에 보이는 회로를 자연스럽게 구성하게 될 것이다. 그러나 다이오드의 캐소드는 '고정되지 않고', 출력 전류는 항상 0이고, 다이오드의 상태는 분명하지가 않다. 그러므로 그림 3.10(b)에 그려진 것과 같이 회로를 수정하고 정현파 입력에 대한 반응을 분석한다[그림 3.10(c)]. R_1은 D_1의 캐소드를 0 근처로 유지시키려고 하는 경향을 가지고 있으므로 V_{in}이 증가함에 따라 D_1은 순방향으로 바이어스되어 출력과 입력을 연결시킨다. 이 상태를 양의 반주기 동안 유지한다. V_{in}이 0 아래

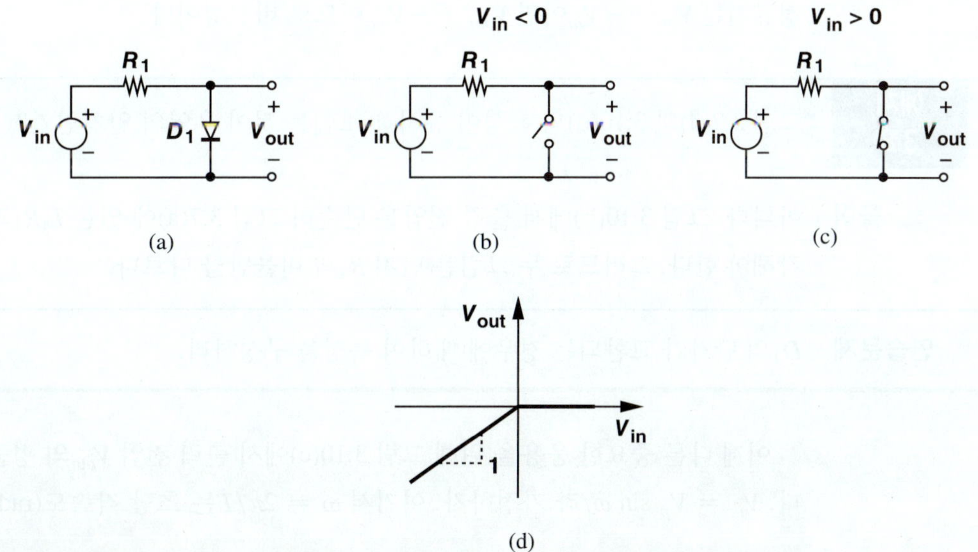

그림 3.9 (a) 저항-다이오드 회로; (b) 음의 입력에 대한 등가 회로; (c) 양의 입력에 대한 등가 회로; (d) 입력/출력 특성

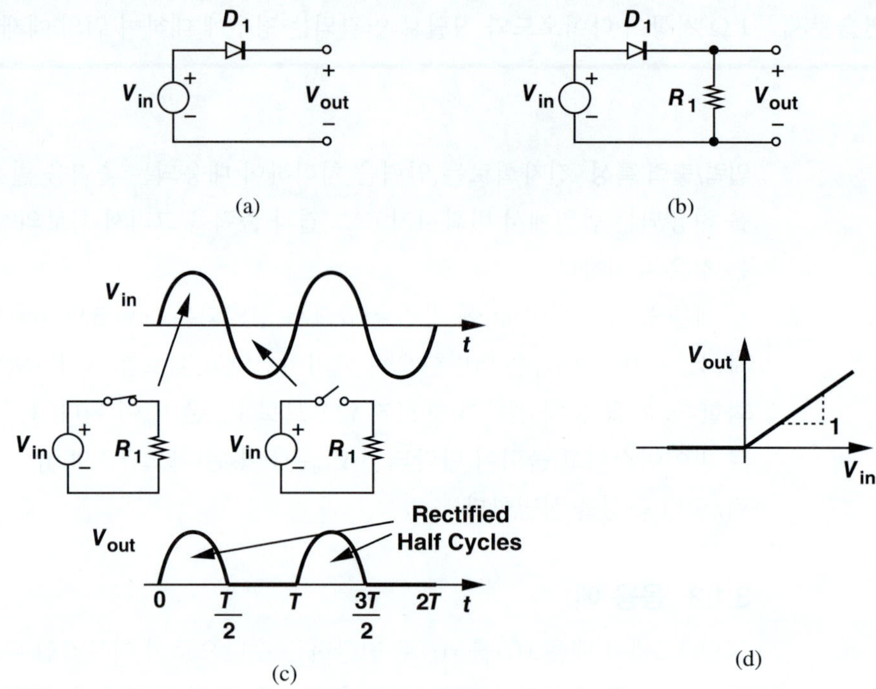

그림 3.10 (a) 정류기로 동작하는 다이오드; (b) 완전한 정류기; (c) 입력과 출력 파형; (d) 입력/출력 특성

로 떨어지면, D_1은 꺼지고 R_1은 $I_D R_1 = 0$이므로 V_{out}이 확실하게 0이 되도록 한다.[5] 그림 3.10(b)의 회로는 '정류기(rectifier)'라 불린다.

또한 회로의 입력/출력 특성을 그리는 것은 유익하다. $V_{in} < 0$이면 D_1은 꺼지고 $V_{in} > 0$이면 D_1은 켜지며 $V_{out} = V_{in}$이라는 것을 인지하면, 그림 3.10(d)에 보이는 특성을 얻는다. 정류기는 $V_{in} \rightarrow -V_{in}$이면 $V_{out} \not\rightarrow -V_{out}$이므로 비선형이다.

예제 3.8 그림 3.7(d)와 3.10(d)의 특성이 유사해 보이는 것이 우연의 일치인가?

풀이 아니다. 그림 3.10(b)에서 출력 전압은 단순히 그림 3.7(a)에 있는 $I_A R_1$과 같다는 것을 생각해야 한다. 그러므로 두 그림은 단지 R_1의 비율만큼 다르다.

연습문제 D_1의 단자가 교환되는 경우에 대하여 특성을 구성하라.

이제 다른 중요한 응용을 위해 그림 3.10(c)에서 출력 전압 V_{out}의 평균값(직류값)을 구한다. $V_{in} = V_p \sin \omega t$라 가정하자. 여기서 $\omega = 2\pi/T$는 초당 각속도(rad/sec)를 나타내며 T

5) R_1을 가지지 않고는, 고정되지 않은 노드는 어느 전위로도 가정할 수 있으므로 출력 전압이 정의되지 않는다는 것을 인지하라.

는 주기를 나타낸다. 그러면 $t = 0$에서 처음 한 주기 동안

$$V_{out} = V_p \sin \omega t, \quad 0 \le t \le \frac{T}{2} \tag{3.3}$$

$$= 0, \quad \frac{T}{2} \le t \le T \tag{3.4}$$

이 구해진다. 평균을 계산하기 위해, V_{out}의 면적을 계산하고(즉, 주기 동안 V_{out}을 정적분하고), 결과를 주기로 나눈다.

$$V_{out,avg} = \frac{1}{T}\int_0^T V_{out}(t)dt \tag{3.5}$$

$$= \frac{1}{T}\int_0^{T/2} V_p \sin \omega t \, dt \tag{3.6}$$

$$= \frac{1}{T} \cdot \frac{V_p}{\omega}[-\cos \omega t]_0^{T/2} \tag{3.7}$$

$$= \frac{V_p}{\pi} \tag{3.8}$$

여기서 평균값은 V_p에 비례함을 알 수 있다. 위에서 보듯 정류된 출력의 평균값은 입력 '세기'(크기)의 척도로 사용될 수 있음을 알 수 있다. 즉, 정류기는 '신호 세기 지표'로서 동작할 수 있다. 예를 들어 휴대전화는 사용자의 위치 및 환경에 따라 변하는 신호의 크기를 받으므로 얼마나 신호가 증폭되어야 하는가를 결정하는 지표가 필요하다.

예제 3.9 휴대전화가 2 μV에서 10 mV에 이르는 피크 크기를 가지는 1.8 GHz의 신호를 받는다. 그 신호가 정류기에 인가되는 경우에 출력 신호의 대응되는 범위는 무엇인가?

풀이 정류된 출력은 2 μV/(π) = 0.637 μV에서 10 mV/(π) = 3.18 mV에 이르는 평균값을 나타낸다.

연습문제 1 Ω 저항이 다이오드와 직렬로 놓이는 경우에 대해 위의 결과가 변하는가?

다이오드 역할을 이해하기 위해 중요한 응용에 사용되는 다른 회로를 살펴보자(3.5.3절). 첫 번째로 1 V 전지가 직렬로 다이오드에 연결된 그림 3.11(a)의 회로를 고려하자. 이 회로는 어떻게 동작하는가? $V_1 < 0$이면 캐소드 전압은 애노드 전압보다 작고 D_1은 역방향 바이어스 상태가 된다. V_1이 0보다 크더라도, 예를 들어 0.9 V이어도, 애노드 전압은 D_1을 순방향으로 바이어스할 수 있을 만큼 충분한 양의 값이 아니다. 그러므로 V_1은 D_1을 켜기 위해서 1 V보다 커야 한다. 그림 3.11(a) 다이오드-전지 조합 회로의 I/V 특성은 기언급된 다이오드의 I/V 특성과 유사하지만, x축 방향 오른쪽으로 1 V 이동한 그래프이다.

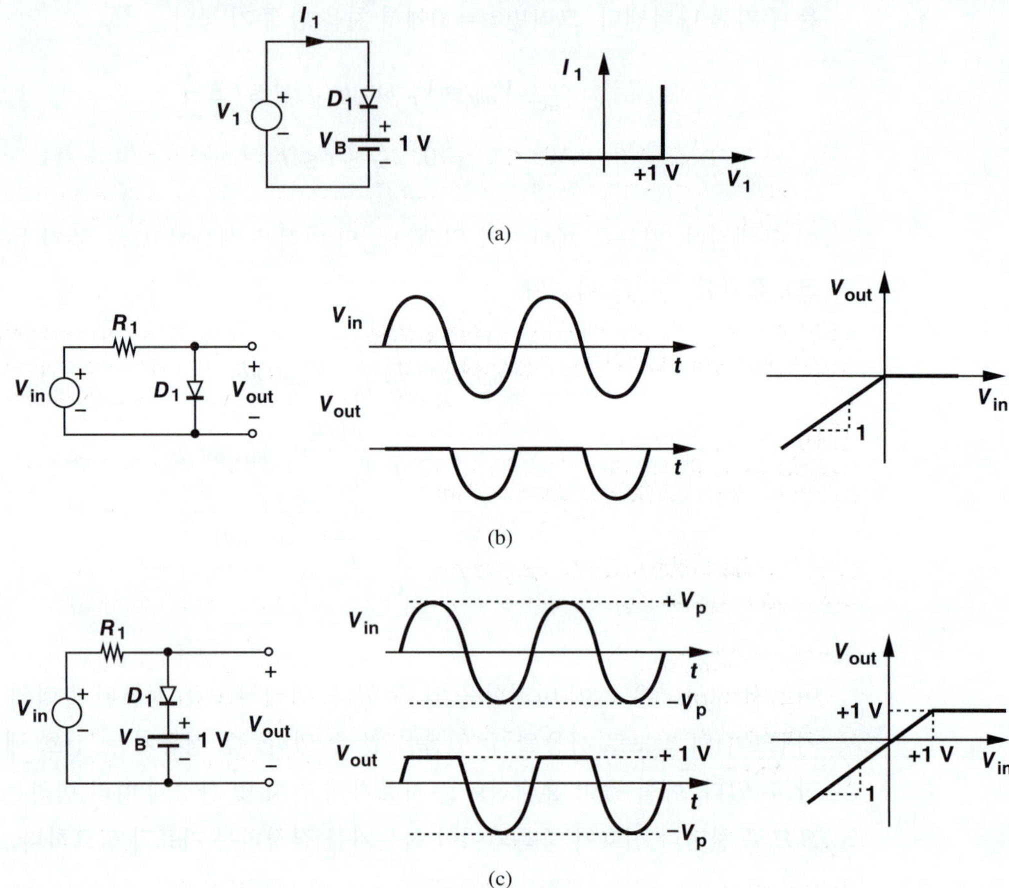

그림 3.11 (a) 다이오드-전지 회로; (b) 저항-다이오드 회로; (c) (b)에 직렬 전지 추가

이제 그림 3.11(b)의 회로를 평가하자. 여기서 $V_{in} < 0$에 대해 D_1은 꺼진 상태를 유지하고 $V_{out} = V_{in}$이 된다. $V_{in} > 0$에 대해 D_1은 단락 회로로 동작하고 $V_{out} = 0$이 된다. 그러므로 출력 파형과 입력/출력 특성에 설명된 것과 같이 회로는 출력이 0을 초과하는 것을 허용하지 않는다. 그러나 출력이 (0 V라기보다는) +1 V를 초과하는 것을 허용하지 않아야만 하는 회로를 찾는다고 가정하자. 그림 3.11(b)의 회로가 어떻게 변형되어야 하는가? 이 경우 D_1은 V_{out}이 +1 V로 접근하는 경우에만 켜져야 하며 이는 1 V 전지가 다이오드 D_1과 직렬로 삽입되어야 한다는 것을 의미한다. 그림 3.11(c)에 그려진 변형은 사실상 어떤 입력 크기에 대해서도 $V_{out} \leq +1$ V를 보장한다. 우리는 이를 회로가 1 V에 '제한한다' 또는 '한계를 둔다'라고 한다. '제한 회로(limiter)'는 많은 응용에서 유용하다고 알려져 있으며 3.5.3절에서 설명한다.

예제 3.10

전지 전압 V_B가 $-\infty$에서 ∞로 변할 때 정현파 입력에 대한 그림 3.11(c)에 있는 V_{out}의 시 평균을 도시하라.

풀이 V_B가 아주 큰 음수이면, $V_{in} \geq -V_p$이므로 D_1은 항상 켜진다. 이 경우에 출력 평균은 V_B와 같다[그림 3.12(a)]. $-V_p < V_B < 0$에 대해 D_1은 음의 반주기 어떤 점에서 꺼지고 양의 반주기에서 꺼진 상태를 유지하고 평균은 $-V_p$보다는 크지만 V_B보다는 작게 된다. $V_B = 0$에 대해 평균은 $-V_p/(\pi)$에 이른다. 마지막으로 $V_B \geq V_p$에 대해 제한이 발생하지 않고 평균은 0과 같다. 그림 3.12(b)에 이 동작을 그렸다.

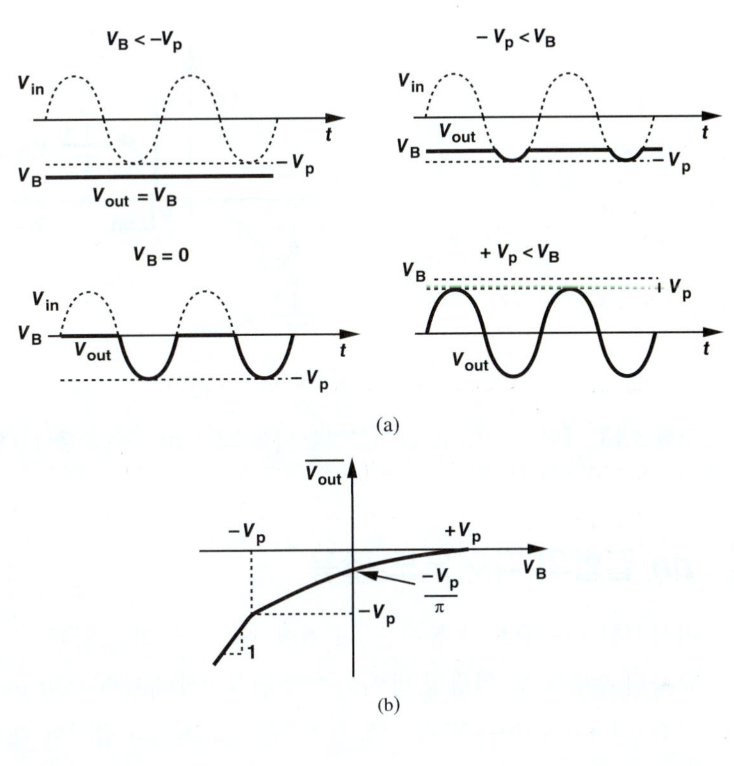

그림 3.12

연습문제 다이오드의 단자가 바뀌는 경우(즉, 극성이 반대로 연결된 경우), 위의 예제를 다시 풀어라.

예제 3.11 그림 3.11(b)에 있는 회로가 정류기인가?

풀이 그렇다. 회로는 음의 주기만을 출력으로 통과시키고 음의 평균을 발생시킨다.

연습문제 단지 양의 주기만을 출력에 통과시키기 위해서는 그림 3.11(b)에 있는 회로가 어떻게 수정되어야 하는가?

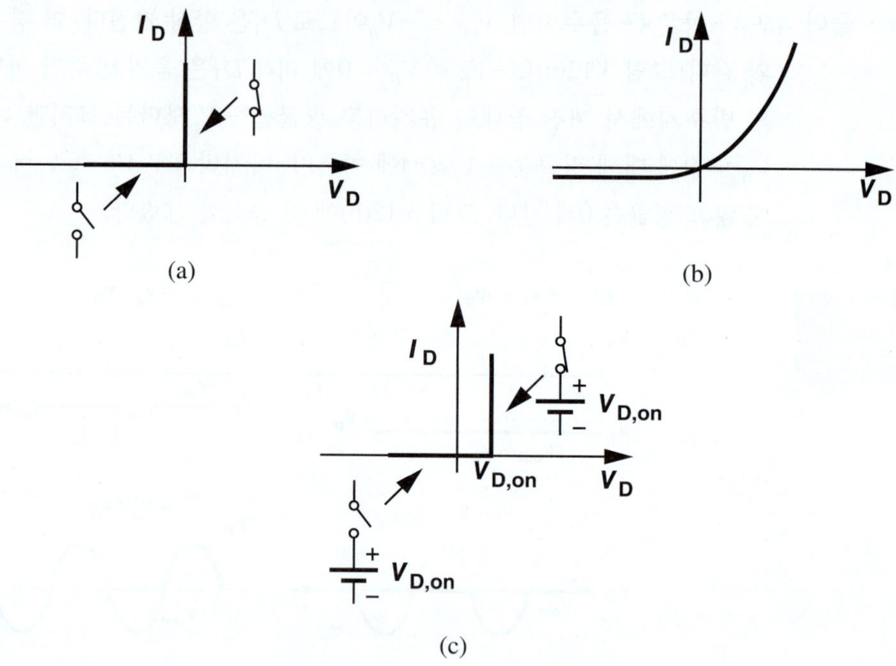

그림 3.13 다이오드 특성: (a) 이상적인 다이오드; (b) 지수 모델; (c) 일정 전압 모델

3.2 *pn* 접합의 다이오드 활용

이상적인 다이오드의 동작은 *pn* 접합에서 전류의 흐름과 유사하다. 실제로 그림 3.3(b)에 묘사된 순방향 및 역방향 바이어스 조건은 2장에서 공부한 *pn* 접합 현상과 매우 유사하다. 그림 3.13(a)와 (b)는 각각 이상적인 다이오드와 *pn* 접합에 대한 I/V 특성 그래프를 도시한 것이다. 후자는 '일방향(unilateral)' 전류 흐름을 제공하므로 전자의 근사로서 역할을 수행할 수 있다. 지수 함수의 단순 근사를 행하고 그림 3.11(a)의 I/V 특성 그래프와 유사한, 2장에서 다룬 일정 전압 모델을 그림 3.13(c)에 나타내었다.

주어진 회로 구성에 대해 다이오드는 위의 세 가지 모델 중 어떤 것을 선택해야 하는가? 이상적인 다이오드 모델은 회로 동작의 개략적인 이해를 빠르게 하기 위해 사용될 수 있다. 하지만 이상적인 다이오드 모델은 회로 해석 수행 시 부적절한 값을 도출하게 되어 이에 따라 일정 전압 모델을 사용하는 것이 일반적이다. 일정 전압 모델은 대부분의 회로 해석의 경

Did you know ?

다이오드는 크기가 매우 다양한 몇 안 되는 인간이 만든 장치 중 하나이다. 집적 회로의 다이오드는 0.5 μm × 0.5 μm의 단면적을 가지며 수백 마이크로암페어의 전류를 전달할 수 있다. 반면에 전기도금과 같은 산업 응용 분야에 사용되는 다이오드는 단면적이 10 cm × 10 cm이고 수천 암페어의 전류가 흐른다! 이렇게 다양한 크기로 제공되는 다른 장치를 생각할 수 있을까?

우 충분하지만, 어떤 회로에서는 지수 모델을 사용해야 할 필요가 있다.(지수 모델을 사용하는 해석은 3.3절에서 다룬다.)

다음 두 가지 사항은 반드시 기억하도록 하자. (1) 만약 다이오드가 켜짐과 꺼짐의 경계 상태에 있다면 $I_D \approx 0$이고, $V_D \approx V_{D,on}$이다. (2) 만약 다이오드가 켜졌다면, I_D는 항상 애노드에서 캐소드로 흐른다.

예제 3.12

(a) 이상적인 다이오드 모델과 (b) 일정 전압 모델을 이용하여 그림 3.14(a)에 보이는 회로의 입력/출력 특성을 도시하라.

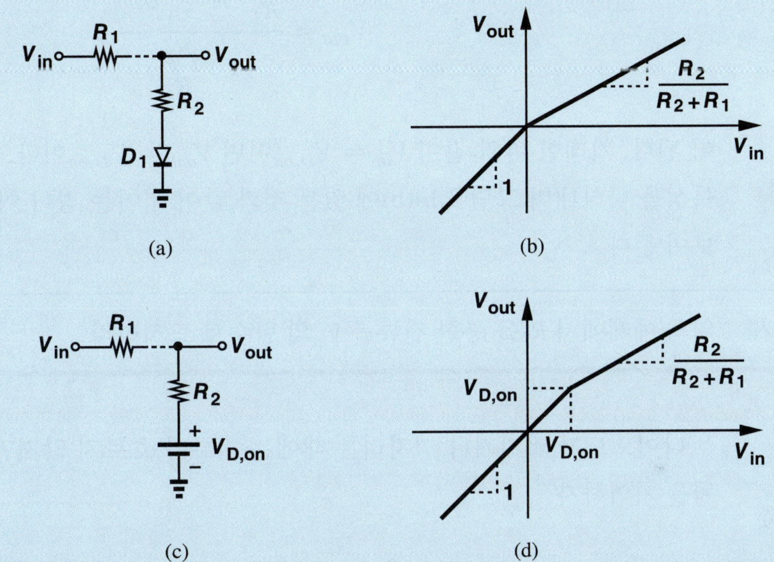

그림 3.14 (a) 다이오드 회로; (b) 이상적인 다이오드 모델을 사용한 입력/출력 특성; (c) 일정 전압 다이오드 모델을 사용한 다이오드 회로; (d) 일정 전압 다이오드 모델을 사용한 입력/출력 특성

풀이 (a) $V_{in} = -\infty$로부터 시작하며 이때 D_1이 역방향으로 바이어스된다는 것을 인지한다. 사실상 $V_{in} < 0$에 대해 다이오드는 꺼진 상태를 유지하고 회로를 통한 전류는 흐르지 않는다. 그러므로 R_1에 걸리는 전압 강하는 0이고 $V_{out} = V_{in}$이다.

V_{in}이 0을 초과하므로 D_1은 켜지며 단락 회로로 동작하고 회로는 전압 분배기로 단순화된다. 즉,

$$V_{out} = \frac{R_2}{R_1 + R_2} V_{in}, \quad V_{in} > 0 \tag{3.9}$$

이다. 그림 3.14(b)는 전체 특성을 그린 것으로, $V_{in} < 0$에 대해 기울기는 1과 같으며, $V_{in} > 0$에 대해 기울기는 $R_2/(R_2 + R_1)$과 같다는 것을 나타낸다. 다시 말해서 일단 다이오

드가 켜지고 출력 노드에 R_2의 부하가 걸리면 회로는 전압 분배기로 동작한다.

(b) 이 경우에 $V_{in} < V_{D,on}$에 대해 역방향으로 바이어스되며 $V_{out} = V_{in}$이 된다. V_{in}이 $V_{D,on}$을 초과하므로 D_1은 켜지고 $V_{D,on}$의 값을 가지는 일정 전압원으로 동작한다[그림 3.13(c)에 설명된 것과 같이]. 이 회로를 그림 3.14(c)에 있는 회로로 간략화하고 키르히호프 전류 법칙을 출력 노드에 적용한다.

$$\frac{V_{in} - V_{out}}{R_1} = \frac{V_{out} - V_{D,on}}{R_2} \tag{3.10}$$

그러므로

$$V_{out} = \frac{\dfrac{R_2}{R_1} V_{in} + V_{D,on}}{1 + \dfrac{R_2}{R_1}} \tag{3.11}$$

이 된다. 기대한 바와 같이 $V_{in} = V_{D,on}$이면 $V_{out} = V_{D,on}$이다. 그림 3.14(d)는 결과적인 특성을 나타내며 그림 3.14(b)에 있는 것과 같이 꺾이는 점이 이동했지만 동일한 모양을 보여 준다.

연습문제 위의 예제에서 R_1을 통한 전류를 V_{in}의 함수로 도시하라.

다이오드가 켜지거나 꺼지려는 때에는 전류가 흐르지 않지만 전압은 $V_{D,on}$과 같게 유지됨을 기억하자.

3.3 추가 예제*

예제 3.13 그림 3.15의 회로에서 D_1과 D_2는 다른 소자 단면적을 가지고 있고, 그 밖에는 동일 파라미터이다. 각 다이오드를 통해 흐르는 전류를 구하라.

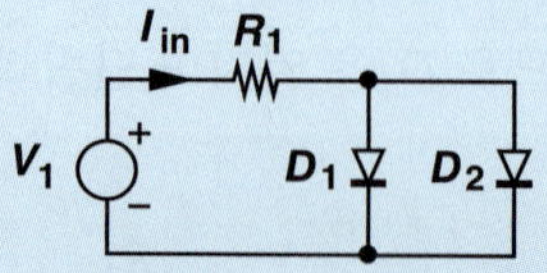

그림 3.15 다이오드 회로

* 이 절은 처음 읽을 때는 건너뛰어도 된다.

풀이 이 경우에 이상적인 다이오드 모델과 일정 전압 모델은 소자 면적을 포함하고 있지 않으므로 지수 방정식에 의존해야 한다. 우리는 다음 식을 얻는다.

(3.12)

또한 D_1과 D_2에 걸리는 전압을 같게 한다.

$$V_T \ln \frac{I_{D1}}{I_{S1}} = V_T \ln \frac{I_{D2}}{I_{S2}} \tag{3.13}$$

즉,

$$\frac{I_{D1}}{I_{S1}} = \frac{I_{D2}}{I_{S2}} \tag{3.14}$$

이다. 식 (3.12)와 (3.14)를 함께 풀면

$$I_{D1} = \frac{I_{in}}{1 + \dfrac{I_{S2}}{I_{S1}}} \tag{3.15}$$

$$I_{D2} = \frac{I_{in}}{1 + \dfrac{I_{S1}}{I_{S2}}} \tag{3.16}$$

을 얻는다. 기대한 바와 같이 $I_{S1} = I_{S2}$이면 $I_{D1} = I_{D2} = I_{in}/2$이다.

연습문제 그림 3.15의 회로에 대하여 V_D를 I_{in}, I_{S1}, I_{S2}의 항으로 계산하라.

예제 3.14 다이오드의 일정 전압 모델을 사용하여 그림 3.16(a) 회로의 입력/출력 특성을 도시하라. 다이오드의 ON/OFF 경계면에서 다이오드 전류는 0 A이지만, 양단 전압은 $V_{D,on}$이 된다는 것에 유의하라.

풀이 이 경우에 다이오드에 걸린 전압은 출력 전압과 같아진다. $V_{in} = -\infty$이면 D_1은 역방향으로 바이어스되고 회로는 그림 3.16(b)에 있는 회로로 간략화된다. 결과적으로

$$v_{out} = \frac{R_2}{R_1 + R_2} V_{in} \tag{3.17}$$

이다. 어떤 점에서 D_1이 켜지는가? 다이오드 전압은 $V_{D,on}$에 도달해야만 하며

$$\frac{R_2}{R_1 + R_2} V_{in} = V_{D,on} \tag{3.18}$$

에 의해 주어지는 입력 전압을 요구한다. 그러므로 다음과 같다.

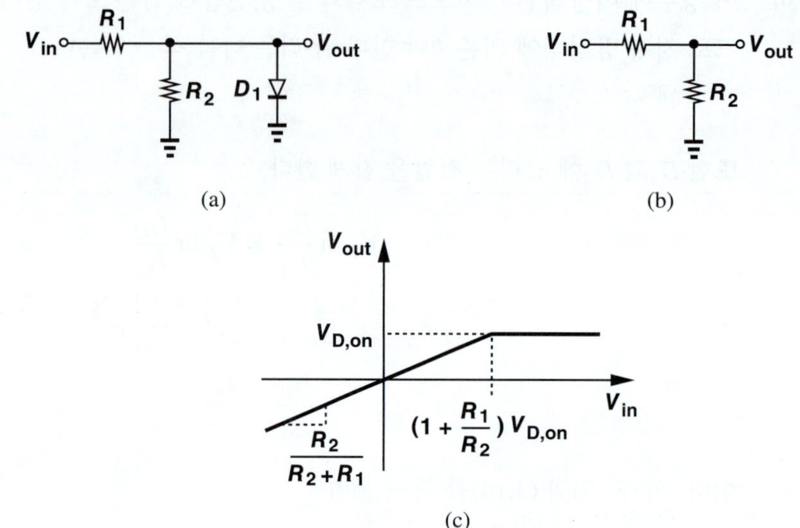

그림 3.16 (a) 다이오드 회로; (b) D_1이 꺼졌을 때의 등가 회로; (c) 입력/출력 특성

$$V_{in} = \left(1 + \frac{R_1}{R_2}\right) V_{D,on} \tag{3.19}$$

독자는 이 결과의 타당성에 의문을 가질지도 모른다: 다이오드가 사실상 켜지면 다이오드는 전류를 흐르게 하고 다이오드 전압은 더 이상 $[R_2/(R_1+R_2)]V_{in}$과 같지 않다. 따라서 왜 다이오드 전압을 식 (3.18)과 같이 표현하는가? 꺾이는 점을 결정하기 위해 V_{in}이 점진적으로 증가하여 다이오드를 켜지는 가장자리에 위치시킨다고, 예를 들어 V_{in}이 $V_{out} \approx 799$ mV를 만든다고 가정한다. 그러므로 다이오드는 아직 전류를 흐르게 하지 않지만 다이오드에 걸린 전압 그러므로 입력 전압은 다이오드를 켜기에 거의 충분하다.

$V_{in} > (1 + R_1/R_2)V_{D,on}$에 대해 D_1은 순방향으로 바이어스된 것을 유지하며 $V_{out} = V_{D,on}$이 되게 한다. 그림 3.16(c)는 전체 특성을 그린 것이다.

연습문제 D_1의 단자들이 교환되었다고, 즉 애노드가 접지에 연결되고 캐소드가 출력 노드에 연결되었다고 가정하고 위의 예제를 다시 풀어라.

연습문제 위의 예제에서 R_1을 통해 흐르는 전류를 V_{in}의 함수로 도시하라.

예제 3.15 그림 3.17(a)에 보이는 회로에 대한 입력/출력 특성을 도시하라. 다이오드에 대해 일정 전압 모델을 가정하라.

풀이 $V_{in} = -\infty$로 시작하며 그림 3.17(b)에 그려진 것과 같이 보다 음의 전압을 아래에, 보다

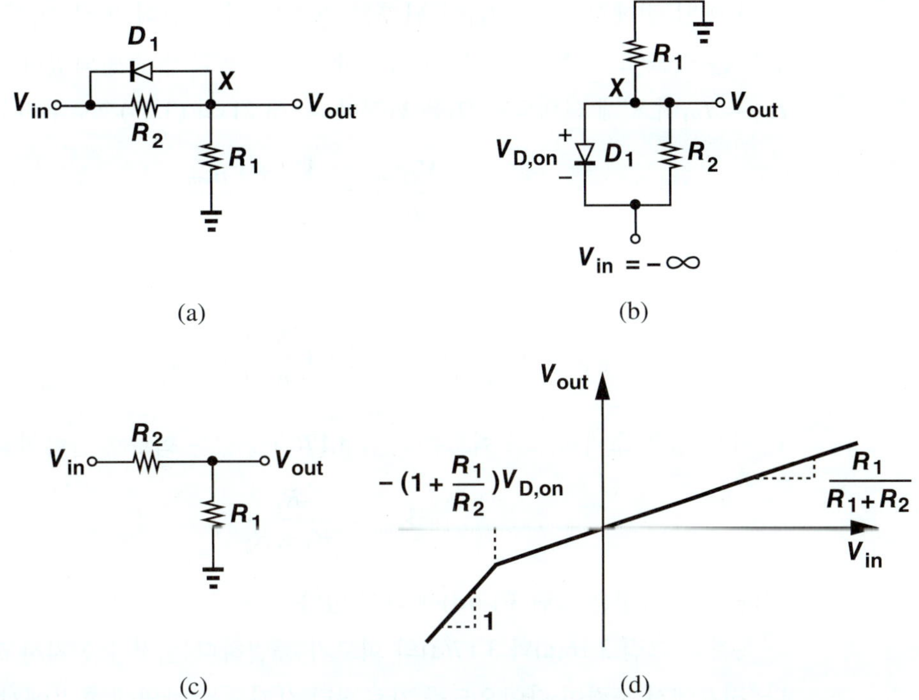

그림 3.17 (a) 다이오드 회로; (b) 매우 큰 음의 입력에 대한 설명; (c) D_1이 꺼졌을 때의 등가 회로; (d) 입력/출력 특성

양의 전압을 위에 위치시켜서 회로를 다시 그린다. 이 그림은 다이오드가 순방향 바이어스에서 동작하여 노드 X에서 전압을 $V_{in}+V_{D,on}$으로 만든다는 것을 제안한다. 이 영역에서 D_1이 전지로 동작하기 때문에 V_X는 R_2에 무관하다는 것을 인지하라. 그러므로 D_1이 켜져 있는 한

$$V_{out} = V_{in} + V_{D,on} \tag{3.20}$$

을 얻는다. 또한 R_2와 R_1으로 흐르는 전류를 계산한다.

$$I_{R2} = \frac{V_{D,on}}{R_2} \tag{3.21}$$

$$I_{R1} = \frac{0 - V_X}{R_1} \tag{3.22}$$

$$= \frac{-(V_{in} + V_{D,on})}{R_1} \tag{3.23}$$

따라서 V_{in}이 $-\infty$로부터 증가하므로 I_{R2}는 상수를 유지하지만 $|I_{R1}|$은 감소한다. 즉, 어떤 점에서 $I_{R2} = I_{R1}$이다.

어떤 점에서 D_1이 꺼지는가? 흥미롭게도 이 경우에 다이오드에 걸리는 불충분한 전압보다는 다이오드를 통해 전류를 흐르게 하지 않는 조건을 찾는 것이 더 단순하다. 여

기서 어떤 점에서 $I_{R2} = I_{R1}$이 된다는 관측은 이 조건이 또한 D_1이 전류를 흘리지 않는다는 것을(노드 X에서 KCL) 의미하므로 유용함이 증명되었다. 다시 말해서 V_{in}이 $I_{R2} = I_{R1}$이 되게 선택되면 D_1은 꺼진다. 식 (3.21)과 (3.23)으로부터

$$\frac{V_{D,on}}{R_2} = -\frac{V_{in} + V_{D,on}}{R_1} \tag{3.24}$$

이고 그러므로

$$V_{in} = -\left(1 + \frac{R_1}{R_2}\right) V_{D,on} \tag{3.25}$$

V_{in}이 이 값을 초과하므로 회로는 그림 3.17(c)에 있는 회로로 간략화되고

$$V_{out} = \frac{R_1}{R_1 + R_2} V_{in} \tag{3.26}$$

이다. 전체 특성은 그림 3.17(d)에 나와 있다.

독자는 그림 3.16(a)와 3.17(a)의 회로가 동일하다는 것을 인지하고 흥미로워할 것이다: 전자에서 출력이 다이오드를 가로질러 감지되는 반면에 후자에서는 출력이 직렬 저항을 가로질러 감지된다.

연습문제 다이오드의 단자가 교환되는 경우에 대하여 위의 예제를 다시 풀어라.

예제 3.4에 언급된 바와 같이, 보다 복잡한 회로에서는 직관적으로 각 다이오드의 동작 영역을 정확히 예측하는 것은 어려울 것이다. 그러한 경우에 단순히 추측을 하여 분석을 진행하고 마지막으로 최종 결과가 원래의 추측과 같은지를 결정한다. 물론 추측하는 일을 최소화하기 위해 직관을 여전히 적용할 수 있다. 다음 예제가 이 접근 방법을 설명한다.

예제 3.16 일정 전압 다이오드 모델을 사용하여 그림 3.18(a)에 보이는 회로의 입력/출력 특성을 도시하라.

풀이 $V_{in} = -\infty$로 시작하며 직관적으로 D_1이 켜진다는 것을 예측한다. 또한 (무턱대고) D_2가 켜진다고 가정하고 그림으로써 회로를 그림 3.18(b)에 있는 회로로 간략화한다. $V_{D,on}$과 V_B를 통한 경로는 V_{in}과 V_{out} 사이에 $V_{D,on} + V_B$의 차를 만든다. 즉, $V_{out} = V_{in} - (V_{D,on} + V_B)$이다. 또한 이 전압차는 R_1과 $V_{D,on}$을 구성하는 가지를 가로질러 나타나고

$$R_1 I_{R1} + V_{D,on} = -(V_B + V_{D,on}) \tag{3.27}$$

이 되게 하며 그러므로

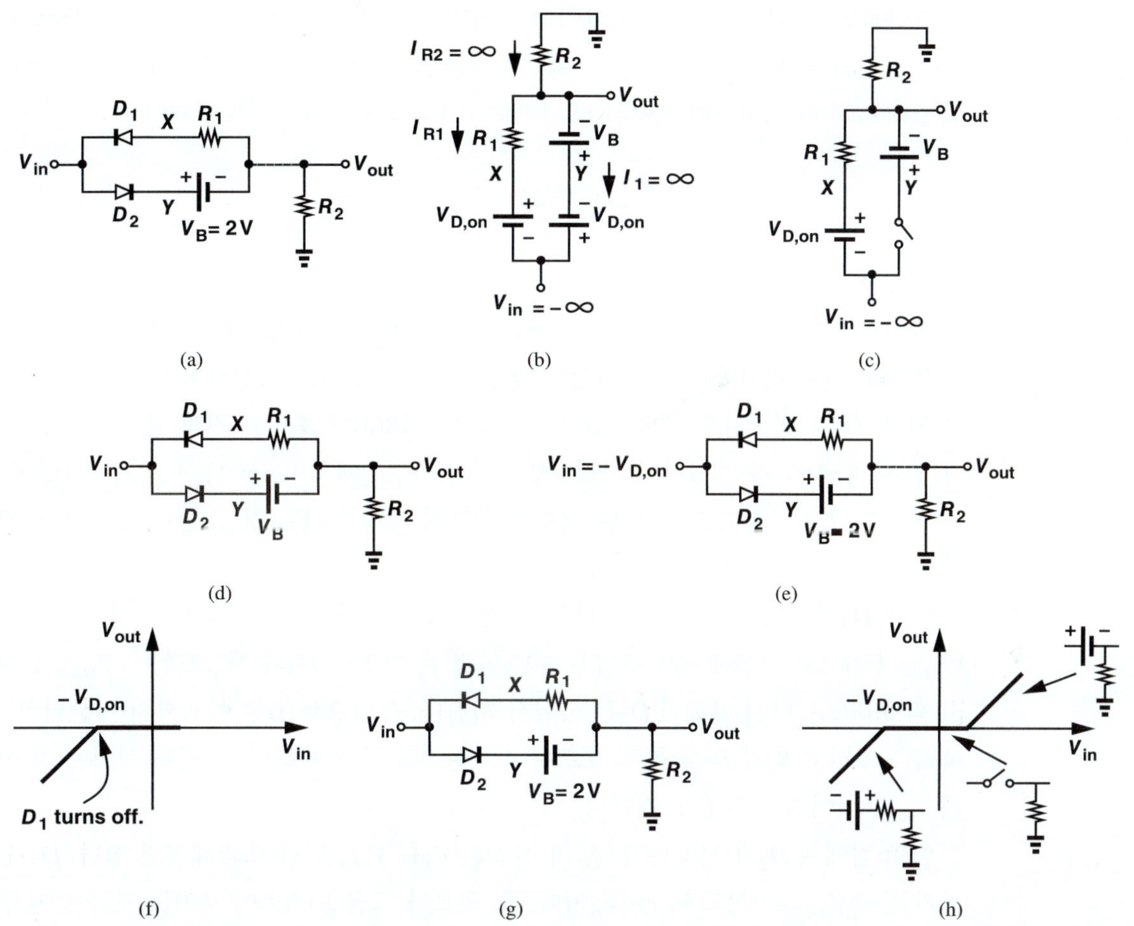

그림 3.18 (a) 다이오드 회로; (b) 매우 큰 음의 입력에 대한 가능한 등가 회로; (c) 단순화한 회로; (d) 등가 회로; (e) $V_{in} = -V_{D,on}$에 대한 등가 회로; (f) 입력/출력 특성의 부분; (g) 등가 회로; (h) 완전한 입력/출력 특성

$$I_{R1} = \frac{-V_B - 2V_{D,on}}{R_1} \tag{3.28}$$

즉, I_{R1}은 V_{in}에 무관하다. 이제 결과들이 D_1과 D_2의 상태에 대한 가정과 일치하는지를 결정하기 위해 결과들을 분석해야만 한다. R_2를 통해 흐르는 전류를 고려하자.

$$I_{R2} = -\frac{V_{out}}{R_2} \tag{3.29}$$

$$= -\frac{V_{in} - (V_{D,on} + V_B)}{R_2} \tag{3.30}$$

이 식은 $V_{in} = -\infty$에 대해 $+\infty$로 접근한다. I_{R2}의 보다 큰 값과 I_{R1}의 일정한 값은 V_B와 D_2로 구성되는 가지가 보이는 방향으로 큰 전류를 보낸다는 것을 나타낸다. 즉, D_2는 캐소드에서 애노드로 전류를 흘려야만 하나 그것은 가능하지 않다.

요약하면, D_2에 대한 순방향 바이어스 가정은 금지된 방향으로의 전류로 변형된다는 것을 관측하였다. 그러므로 $V_{in} = -\infty$에 대해 D_2는 역방향 바이어스에서 동작한다. 그림 3.18(c)에 있는 것처럼 회로를 다시 그리고 $V_X = V_{in} + V_{D,on}$을 인지하면

$$V_{out} = (V_{in} + V_{D,on})\frac{R_2}{R_1 + R_2} \tag{3.31}$$

을 얻는다.

이제 V_{in}을 증가시키고 첫 번째 꺾이는 점, 즉 D_1이 꺼지거나 D_2가 켜지는 어떤 점을 결정한다. 어떤 것이 먼저 발생하는가? D_1이 먼저 꺼진다고 가정하고 V_{in}의 대응하는 값을 얻자. D_2가 꺼졌다고 가정되었으므로 그림 3.18(d)에 보이는 것과 같은 회로를 그린다. D_1이 아직 약간 켜졌다고 가정하면 $V_{in} \approx -V_{D,on}$에서 $V_X = V_{in} + V_{D,on}$은 0으로 접근하고 R_1, R_2, 그리고 D_1을 통한 전류가 흐르지 않게 한다는 것을 알 수 있다. 그러므로 다이오드는 $V_{in} = -V_{D,on}$에서 꺼진다.

이제 D_2가 꺼진 것을 유지한다는 가정을 증명해야만 한다. 꺾이는 점에서 $V_X = V_{out} = 0$이므로 노드 Y에서 전압은 $+V_B$와 같은 반면에 D_2의 캐소드는 $-V_{D,on}$에 있다 [그림 3.18(e)]. 다시 말해서 D_2는 사실상 꺼진다. 그림 3.18(f)는 이제까지 계산된 입력/출력을 그리고 R_1과 R_2를 통해 흐르는 전류는 0과 같기 때문에 첫 번째 꺾이는 점 이후에 $V_{out} = 0$이 되는 것을 드러낸다.

어떤 점에서 D_2가 켜지는가? 입력 전압은 V_Y를 $V_{D,on}$만큼 초과해야만 한다. D_2가 켜지기 전에 $V_{out} = 0$이고 $V_Y = V_B$이다. 즉, 회로가 그림 3.18(g)에 보이는 것과 같이 구성된 후에 V_{in}은 $V_B + V_{D,on}$에 도달해야만 한다. 결과적으로 다음과 같다.

$$V_{out} = V_{in} - V_{D,on} - V_B \tag{3.32}$$

그림 3.18(h)는 전체 결과를 그리고 동작 영역을 요약한 것이다.

연습문제 위의 예제에서 D_1이 꺼지기 전에 D_2가 켜진다는 것을 가정하고 결과가 가정과 모순된다는 것을 보여라.

로봇공학 응용: 릴레이 제어

로봇은 고출력 모터를 제어하기 위해 수십 암페어의 전류를 전달할 수 있고 전자적으로 제어할 수 있는 스위치가 필요하다. 이러한 스위치는 자기적으로 제어되는 기계적 접점인 '릴레이'로 구현된다. 그림 3.19(a)에 개념적으로 표시된 것처럼 계전기는 노드 A와 B 사이의 주 스위치와 전류가 X에서 Y로 주변의 솔레노이드(인덕터)를 통과할 때 자화

되는 막대로 구성된다. 릴레이를 켜고 고전류 전도를 위한 A와 B 사이의 경로를 설정하기 위해 솔레노이드를 통해 작은 전류 I_r을 통과시킨다.

그림 3.19(b)는 마이크로컨트롤러가 모터를 제어하기 위해 릴레이를 켜거나 끄는 일반적인 환경을 보여 준다. 그러나 솔레노이드는 흥미롭지만 치명적인 문제를 야기한다. 마이크로컨트롤러가 릴레이를 끄고 I_r을 0으로 떨어뜨리기로 결정했다고 가정하자. 솔레노이드는 이러한 급격한 전류 변화에 어떻게 반응할까? 그림 3.19(c)와 같이 회로를 모델링하고

$$V_1 = L_1 \frac{dI_r}{dt} \tag{3.33}$$

과 같이 나타낼 수 있다. I_r이 0으로 떨어지면 음의 전압이 L_1에 걸쳐 발생한다. 이 전압은 전류가 빠르게 떨어지면 큰 크기를 가질 수 있다. 이제 이 큰 음의 전압이 마이크로컨트롤러의 출력에 나타나 손상될 수 있음을 관찰했다.

이 문제는 그림 3.19(d)와 같이 솔레노이드와 병렬로 다이오드를 배치하면 해결된다. 마이크로컨트롤러가 릴레이를 켜면 $V_1 = L_1 dI_r/dt > 0$(I_r이 상승하기 때문에)이고 D_1은 꺼진다. 반면에 마이크로컨트롤러가 전류를 멈추고 V_1이 음의 값이 되면 D_1이 켜지고 V_1이 마이크로컨트롤러에 안전한 값인 -0.7 V에서 -0.8 V로 제한된다.

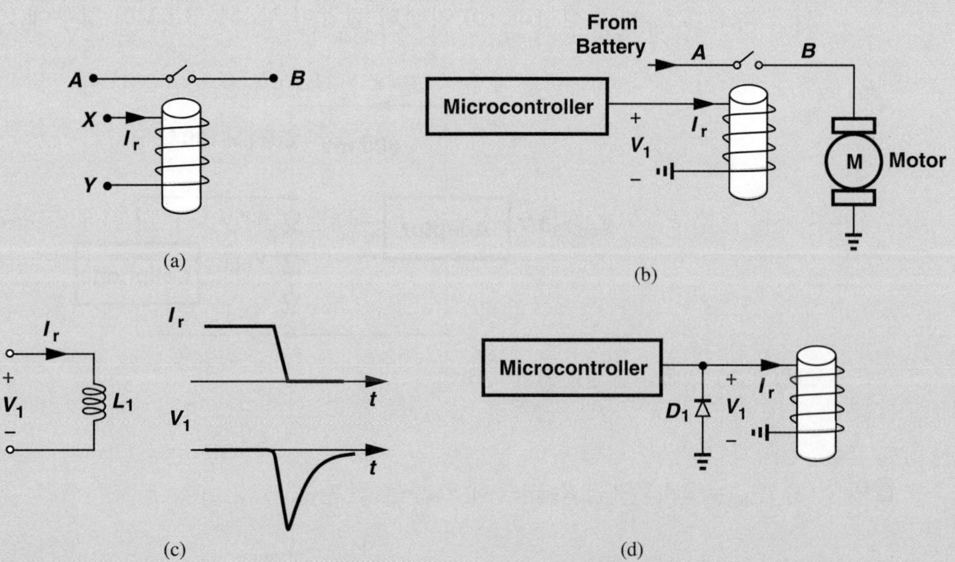

그림 3.19 (a) 계전기의 구조; (b) 계전기에 의한 모터 제어; (c) 전압 서지 문제; (d) 마이크로컨트롤러를 보호하기 위한 다이오드 사용

3.4 대신호와 소신호 동작

지금까지는 다이오드에 임의의 큰 전압과 전류 변화가 허용되었다. 그러므로 지수 I/V 특성과 같은 '일반적인' 모델을 필요로 하였다. 이 상황을 '대신호 동작(large-signal operation)'이라 부르고, 지수 특성을 이 모델이 임의의 신호 크기를 수용할 수 있다는 것을 강조하기 위해 '대신호 모델(large-signal model)'이라고 부른다. 그러나 이전 예제들에서 본 것과 같이 이 모델은 종종 분석을 복잡하게 하고 회로 동작의 직관적인 이해를 전개하는 것을 어렵게 만든다. 게다가 회로 내에서 비선형 소자의 수가 증가함에 따라 '손으로 하는' 분석이 결국 비현실적으로 된다.

이상적인 다이오드 모델 및 일정 전압 다이오드 모델은 어느 정도 이 문제를 해결하지만 다이오드가 켜지는 시점에서의 날카로운 비선형성은 아직도 문제가 된다. 다음 예제가 일반적인 어려움을 설명한다.

예제 3.17

2.4 V 휴대폰 충전기를 잃어버린 전기공학과 학생이 몇 군데 가게를 찾아가 보았지만 3 V보다 작은 출력을 가지는 어댑터를 찾을 수 없었다. 그래서 그는 전기에 대한 그의 지식을 사용하여 그림 3.20에 보이는 회로를 구성하였다. 여기서 순방향 바이어스인 3개의 동일한 다이오드는 $V_{out} = 3V_D \approx 2.4$ V의 전체 전압을 만들고 R_1은 나머지 600 mV를 유지한다. 휴대전화로 흐르는 전류는 무시한다.[6] (a) $V_{out} = 2.4$ V가 되게 하는 역방향 포화전류 I_{S1}을 결정하라. (b) 어댑터 전압이 사실상 3.1 V인 경우에 V_{out}을 결정하라.

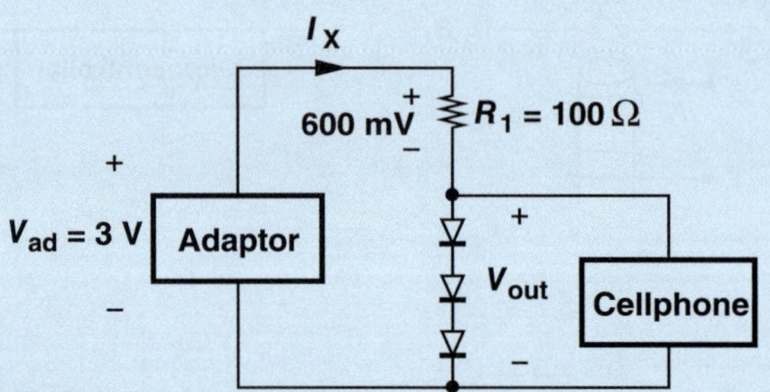

그림 3.20 휴대전화를 충전하는 어댑터

풀이 (a) $V_{out} = 2.4$ V이면 R_1을 통해 흐르는 전류는

$$I_X = \frac{V_{ad} - V_{out}}{R_1} \tag{3.34}$$

$$= 6\ \text{mA} \tag{3.35}$$

와 동일하다. 각 다이오드는 I_X를 흘린다는 것을 알고 있으므로

---

6) 여기서 단순화를 위해 만들어졌으며 이 가정은 유효하지 않을지도 모른다.

$$I_X = I_S \exp \frac{V_D}{V_T} \tag{3.36}$$

이고 그러므로

$$6\,\text{mA} = I_S \exp \frac{800\,\text{mV}}{26\,\text{mV}} \tag{3.37}$$

가 성립하고

$$I_S = 2.602 \times 10^{-16}\,\text{A} \tag{3.38}$$

가 된다.

(b) V_{ad}가 3.1 V로 증가하면 V_{out}이 단지 조금 증가하리라고 기대한다. 이유를 알기 위해 먼저 V_{out}을 일정하게 유지하고 2.4 V와 동일하다고 가정한다. 그런 다음 부가적인 0.1 V가 R_1을 가로질러서 떨어져야만 하며 I_X를 7 mA로 올린다. 각 다이오드에 걸리는 전압이 전류에 대수 의존도를 가지므로 6 mA에서 7 mA로의 변화는 사실상 V_{out}에서 작은 변화를 발생시킨다.[7)]

회로를 정성적으로 평가하기 위해 $I_X = 7$ mA로 시작하고

$$V_{out} = 3V_D \tag{3.39}$$

$$= 3V_T \ln \frac{I_X}{I_S} \tag{3.40}$$

$$= 2.412\,\text{V} \tag{3.41}$$

을 되풀이한다. V_{out}의 값은 I_X의 새로운 값을 준다.

$$I_X = \frac{V_{ad} - V_{out}}{R_1} \tag{3.42}$$

$$= 6.88\,\text{mA} \tag{3.43}$$

이 식은 새로운 V_{out}으로 변환된다.

$$V_{out} = 3V_D \tag{3.44}$$

$$= 2.411\,\text{V} \tag{3.45}$$

식 (3.41)과 (3.45) 사이의 매우 작은 차이를 인지하면서 아주 좋은 정확도를 가지고 $V_{out} = 2.411$ V로 결론짓는다. 일정 전압 모델은 이 경우에 유용하지 않을 것이다.

연습문제 2.35의 출력 전압이 요구되는 경우에 대하여 위의 예제를 다시 풀어라.

7) 식 (2.109)로부터 다이오드 전류에서 10배의 변화는 그것의 전압에서 60 mV 변화로 변형된다는 것을 상기하라.

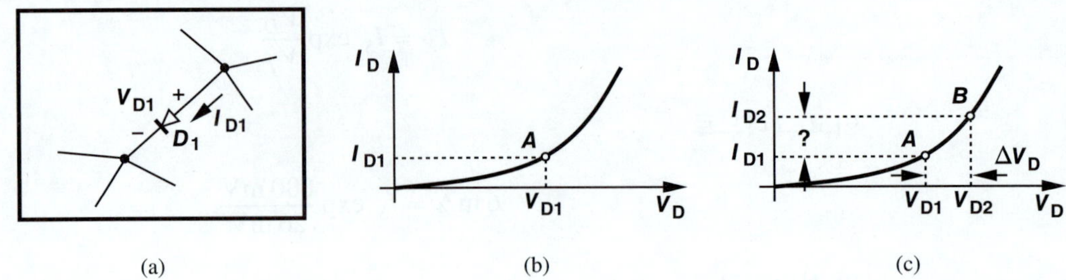

그림 3.21 (a) 다이오드를 포함하는 일반적인 회로; (b) D_1의 동작점; (c) V_D의 변화에 따른 I_D의 변화

위에 기술된 상황은 회로에서 발생 가능한 작은 '동요(perturbation)'의 예이다. 3 V에서 3.1 V로 V_{ad}이 적게 변화하는 경우, 비선형 방정식과 이의 풀이를 위한 반복적인 계산 과정을 대체할 수 있는 단순한 분석 방법을 추구하게 하는 동기를 부여한다. 물론 위의 예제가 아주 어려운 문제는 아니므로, 단순한 분석 방법이 진정으로 필요한가에 대한 의문을 가질지도 모른다. 그러나 이후 장들에서 다루는 것과 같이 트랜지스터 등 복잡한 소자를 포함하는 회로는 비선형 방정식으로 분석하는 것이 사실상 불가능하다.

이와 같은 생각이 '소신호 동작(small-signal operation)'이라는 매우 중요한 개념에 이르게 하였다. 회로의 전압과 전류의 변화가 작은 경우에는 비선형 소자에 대한 '소신호 모델(small-signal model)'의 사용을 통해 단순화될 수 있다. 소신호 모델은 선형이기 때문에 회로 분석이 용이하고, 비선형 방정식과 같이 반복 계산이 필요 없게 된다. '소'—얼마나 작은가?—에 대한 정의는 나중에 다룬다.

소신호 동작에 대한 이해를 위해 전압 V_{D1}을 유지하고 전류 I_{D1}을 흐르게 하는[그림 3.21(b)에서 점 A] 그림 3.21(a)에 있는 다이오드 D_1을 고려하자. 이제 회로에서 동요가 다이오드의 전압을 적은 양 ΔV_D[그림 3.21(c)에서 점 B]만큼 변화시킨다고 가정하자. 다이오드의 전류 변화 ΔI_D를 어떻게 예측할까? 비선형 특성으로부터 시작한다.

$$I_{D2} = I_S \exp \frac{V_{D1} + \Delta V}{V_T} \tag{3.46}$$

$$= I_S \exp \frac{V_{D1}}{V_T} \exp \frac{\Delta V}{V_T} \tag{3.47}$$

$\Delta V \ll V_T$이면, $\exp(\Delta V/V_T) \approx 1 + \Delta V/V_T$이고

$$I_{D2} = I_S \exp \frac{V_{D1}}{V_T} + \frac{\Delta V}{V_T} I_S \exp \frac{V_{D1}}{V_T} \tag{3.48}$$

$$= I_{D1} + \frac{\Delta V}{V_T} I_{D1} \tag{3.49}$$

즉,

$$\Delta I_D = \frac{\Delta V}{V_T} I_{D1} \tag{3.50}$$

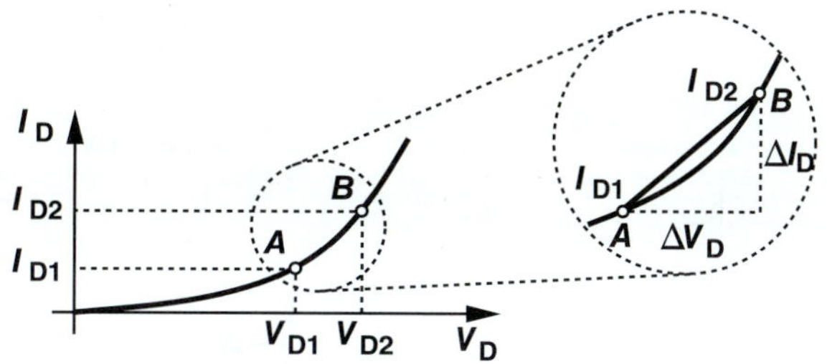

그림 3.22 직선에 의한 특성의 근사화

이다. 여기서 중요한 관측은 ΔI_D가 비례 계수 I_{D1}/V_T를 가지고 ΔV의 선형 함수라는 것이다.(큰 값의 I_{D1}은 주어진 한 ΔV_D에 대해 ΔI_D를 크게 한다. 이 경향의 중요성은 나중에 분명해진다.)

위의 결과는 놀라운 것이 아니다: V_D 변화가 작으면 그림 3.21(c)에 있는 A와 B 사이 특성의 부분은 기울기가 그 특성의 국소 기울기와 같은 직선(그림 3.22)에 의해 근사화된다. 다시 말해서

$$\frac{\Delta I_D}{\Delta V_D} = \left.\frac{dI_D}{dV_D}\right|_{VD=VD1} \tag{3.51}$$

$$= \frac{I_S}{V_T} \exp \frac{V_{D1}}{V_T} \tag{3.52}$$

$$= \frac{I_{D1}}{V_T} \tag{3.53}$$

인데 이것은 식 (3.50)과 같은 결과이다.[8]

지금까지의 결과를 요약하자. 다이오드에 걸리는 전압의 변화가 작은 양(V_T보다 훨씬 작은)이면 전류의 변화는 식 (3.50)에 의해 주어진다. 동일하게 소신호 분석에 대해 동작이 그림 3.22의 A와 같이 어느 한 점에 있고, 작은 동요에 의해 동작이 특성의 국소 기울기(즉, $V_D = V_{D1}$ 또는 $I_D = I_{D1}$에서 계산된 dI_D/dV_D)와 동일한 기울기를 가지는 직선상의 점 B로 이동한다고 가정할 수 있다. 점 A는 '바이어스' 점 또는 '정지(quiescent)' 점 또는 '동작(operating)' 점이라고 부른다.

예제 3.18

다이오드는 1 mA의 전류에서 바이어스된다. (a) V_D가 1 mV만큼 변하는 경우에 전류 변화를 결정하라. (b) I_D가 10% 변하는 경우에 전압 변화를 결정하라.

---

8) 이것 또한 기대되었다. V_D에 일어나는 작은 변화에 대한 I_D의 변화를 얻기 위해 식 (3.46)을 쓰는 것은 사실상 도함수를 취하는 것과 동일하다.

풀이 (a)

$$\Delta I_D = \frac{I_D}{V_T}\Delta V_D \tag{3.54}$$

$$= 38.4\,\mu\text{A} \tag{3.55}$$

를 얻는다.

(b)

$$\Delta V_D = \frac{V_T}{I_D}\Delta I_D \tag{3.56}$$

$$= \left(\frac{26\,\text{mV}}{1\,\text{mA}}\right) \times (0.1\,\text{mA}) \tag{3.57}$$

$$= 2.6\,\text{mV} \tag{3.58}$$

가 된다.

연습문제 1 mA의 전류 변화에 응답하여 다이오드는 3 mV의 전압 변화를 나타낸다. 다이오드의 바이어스 전류를 계산하라.

위의 예제는 소신호 동작의 흥미로운 점을 드러낸다: 다이오드 전류와 전압의 작은 변화가 고려되면 소자는 선형 저항으로 동작한다. 옴의 법칙과 유사하게 다이오드의 '소신호 저항(small-signal resistance)'을 다음과 같이 정의한다.

$$r_d = \frac{V_T}{I_D} \tag{3.59}$$

이 양은 또한 작은 변화에 대한 유효성을 강조하기 위해 '증가되는' 저항값으로 불린다. 위의 예에서 $r_d = 26\,\Omega$이다.

그림 3.23(a)는 순방향으로 바이어스된 다이오드에 대한 유도 결과를 요약한 것이다. 바이어스 계산을 위해 다이오드는 $V_{D,on}$의 값을 가지는 이상적인 전압원으로 대치되고 소신호 분석을 위해서는 r_d의 값을 갖는 저항으로 대치된다. 예를 들어 그림 3.23(b)에 있는 회로는 단지 V_1과 V_{out}의 작은 변화만이 관심이면 그림 3.23(c)에 있는 회로로 변환된다. 그림 3.23(c)에 있는 v_1과 v_{out}은 전압에서의 변화를 표현하며 소신호 양이라 불린다. 일반적으로 소신호 전압과 전류는 소문자로 나타낸다.

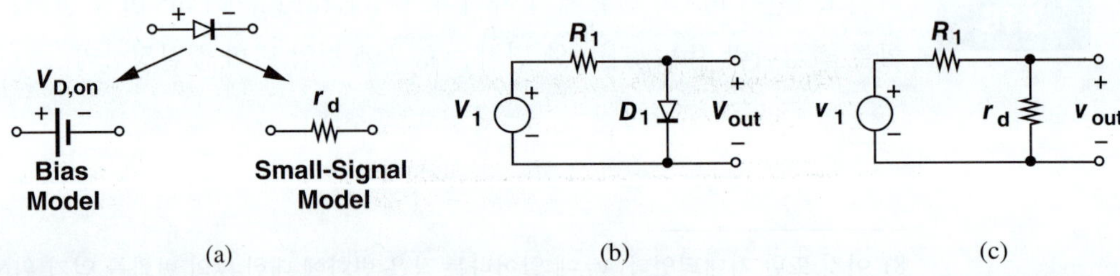

그림 3.23 (a) 바이어스와 신호 계산을 위한 다이오드 모델의 요약; (b) 회로 예; (c) 소신호 모델

예제 3.19 V_p의 피크 전압과 V_0의 직류값을 가지는 정현파 신호는 $V(t) = V_0 + V_p \cos \omega t$로 표현될 수 있다. 이 신호가 다이오드에 걸리고 $V_p \ll V_T$일 때 결과적인 다이오드 전류를 결정하라.

풀이 신호 파형은 그림 3.24(a)에 설명되어 있다. 그림 3.24(b)에 보이는 것과 같이 그림의 수직축을 다이오드 특성의 전압 축과 맞추기 위해 그림을 90° 회전하였다. V_T보다 훨씬 작은 신호 폭을 가지고 V_0와 대응되는 전류 I_0를 다이오드의 바이어스 점으로, V_p를 작은 동요로 볼 수 있다. 그러므로

$$I_0 = I_S \exp \frac{V_0}{V_T} \tag{3.60}$$

가 성립하고

$$r_d = \frac{V_T}{I_0} \tag{3.61}$$

그러므로 피크 전류는 단순히

$$I_p = V_p / r_d \tag{3.62}$$

$$= \frac{I_0}{V_T} V_p \tag{3.63}$$

와 같고

$$I_D(t) = I_0 + I_p \cos \omega t \tag{3.64}$$

$$= I_S \exp \frac{V_0}{V_T} + \frac{I_0}{V_T} V_p \cos \omega t \tag{3.65}$$

가 되게 한다.

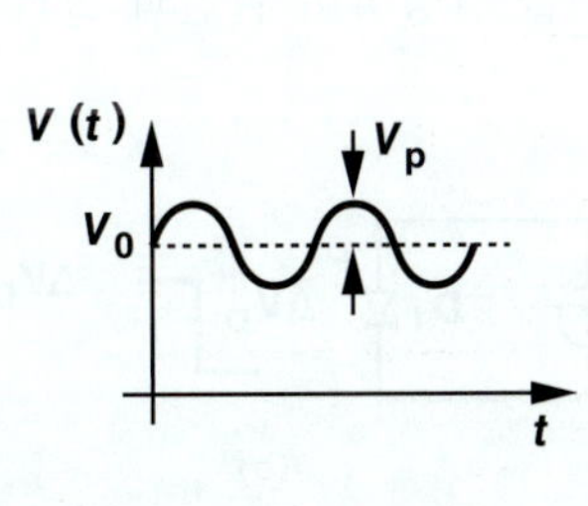

(a) (b)

그림 3.24 (a) 직류 레벨을 가지는 정현 입력; (b) 정현 입력에 대한 다이오드의 응답

연습문제 위의 예제에서 다이오드는 $V_0 = 800$ mV와 $V_p = 1.5$ mV에 대한 응답으로 0.1 mA의 피크 전류를 만든다. I_S를 계산하라.

위의 예제는 소신호 분석의 유용성을 증명한다. V_p가 크면 다음 식을 풀어야 한다.

$$I_D(t) = I_S \exp \frac{V_0 + V_p \cos \omega t}{V_T} \tag{3.66}$$

이 일은 위의 선형식보다 훨씬 어렵다.[9]

예제 3.20 식 (3.50)에 이르는 유도에서 V_D의 작은 변화를 가정하였고 I_D의 결과적인 변화를 얻었다. $V_D = V_T \ln(I_D/I_S)$로 시작하면서 반대의 경우를 조사하라. 즉, 적은 양의 I_D 변화와 V_D의 변화를 계산하려고 한다.

풀이 V_D의 변화를 ΔV_D로 나타내면

$$V_{D1} + \Delta V_D = V_T \ln \frac{I_{D1} + \Delta I_D}{I_S} \tag{3.67}$$

$$= V_T \ln \left[\frac{I_{D1}}{I_S}\left(1 + \frac{\Delta I_D}{I_{D1}}\right)\right] \tag{3.68}$$

$$= V_T \ln \frac{I_{D1}}{I_S} + V_T \ln \left(1 + \frac{\Delta I_D}{I_{D1}}\right) \tag{3.69}$$

를 얻는다. 소신호 동작에 대해 $\Delta I_D \ll I_{D1}$을 가정하고 $\epsilon \ll 1$이면 $\ln(1+\epsilon) \approx \epsilon$임을 인지한다. 그러므로

$$\Delta V_D = V_T \cdot \frac{\Delta I_D}{I_{D1}} \tag{3.70}$$

이고 이것은 식 (3.50)과 같다. 그림 3.25는 두 경우를 설명하며 원인과 결과를 구별한다.

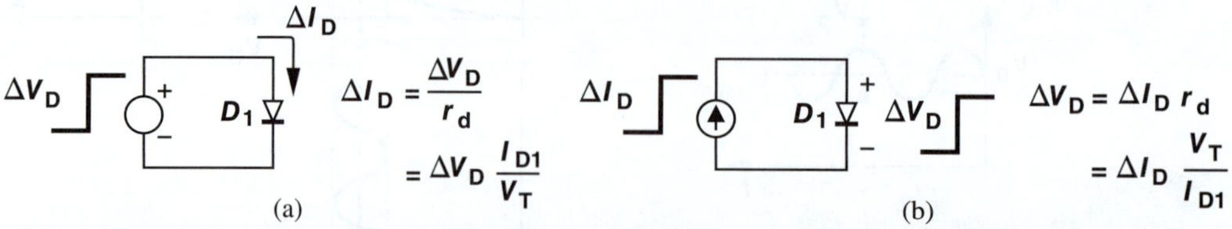

그림 3.25 다이오드 전압(전류)의 변화에 기인한 다이오드 전류(전압)의 변화

---

9) 함수 $\exp(a \sin bt)$는 테일러 확장이나 베셀 함수에 의해서 근사화될 수 있다.

연습문제 I_D에 대해 다이오드 전압식에 도함수를 취함으로써 위의 예제를 다시 풀어라.

소신호 동작을 이해하였으므로 이제 예제 3.17을 다시 살펴보자.

예제 3.21 다이오드에 대한 소신호 모델의 도움으로 예제 3.17의 (b)를 다시 풀어라.

풀이 3 V의 어댑터 전압과 $V_{D1} = 800$ mV를 가지고 각 다이오드가 $I_{D1} = 6$ mA를 흘리므로 그림 3.26에 보이는 소신호 모델을 구성할 수 있다. 여기서 $v_{ad} = 100$ mV이고 $r_d = (26$ mV$)/(6$ mA$) = 4.33\ \Omega$이다.(이전에 가정한 것과 같이 이 모델에 보이는 전압은 작은 변화를 나타낸다.) 그러므로

$$v_{out} = \frac{3r_d}{R_1 + 3r_d} v_{ad} \tag{3.71}$$

$$= 11.5 \text{ mV} \tag{3.72}$$

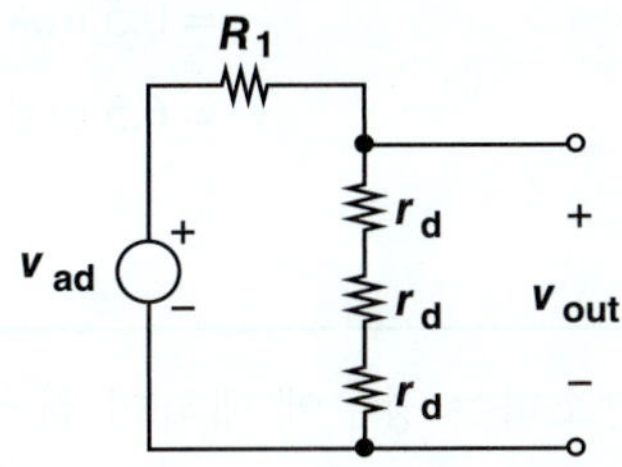

그림 3.26 어댑터의 소신호 모델

이라 쓸 수 있다. 즉, V_{ad}의 100 mV 변화는 V_{out}의 11.5 mV 변화가 되게 한다. 예제 3.17에서 비선형 다이오드의 해는 V_{out}의 11 mV 변화를 예측하였다. 그러므로 소신호 분석은 계산하는 데 아주 적은 노력을 요구하면서 합리적인 정확도를 제공한다.

연습문제 그림 3.20에 있는 R_1의 값이 200 Ω으로 변화되는 경우에 대하여 예제 3.17과 3.21을 다시 풀어라.

오늘날의 컴퓨터 소프트웨어의 능력을 고려하면 소신호 모델이 진정으로 필요한가 하는 의문이 들 것이다. 사실상 오늘날 집적 회로를 설계하는 데는 매우 세련된 시뮬레이션 도구를 사용하지만 회로에 대해 손에 의한 분석으로 얻어진 직관은 근본적인 제한점과 결국 설계에서 타협에 이르게 하는 다양한 트레이드오프를 이해하는 데 매우 중요하다. 좋은 회로 설계자는 보다 정확한 분석을 하여 회로를 컴퓨터에 넣기 전에 회로를 분석하고 이해한다. 반면에 나쁜 회로 설계자는 컴퓨터가 자신을 위해 생각하도록 한다.

예제 3.22

예제 3.17과 3.21에서 휴대전화로 흐르는 전류는 무시된다. 이제 그림 3.27에 보이는 것과 같이 부하가 0.5 mA[10)]의 전류를 흘린다고 가정하고 V_{out}을 결정하라.

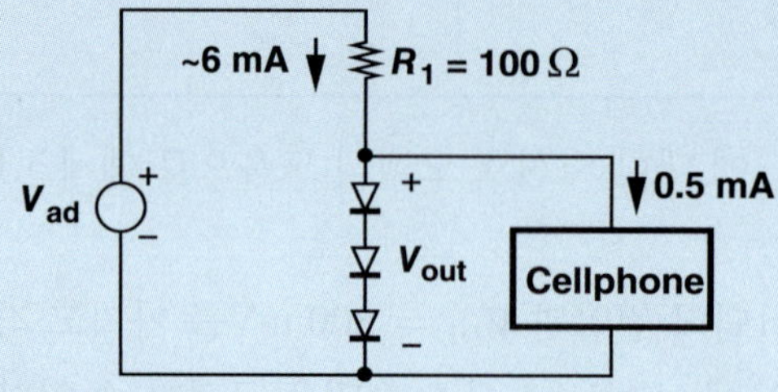

그림 3.27 휴대전화를 충전하는 어댑터

풀이 다이오드를 통해 흐르는 전류는 0.5 mA만큼 감소하고 이 변화는 바이어스 전류(6 mA)보다 훨씬 작으므로 출력에서의 변화를

$$\Delta V_{out} = \Delta I_D \cdot (3r_d) \tag{3.73}$$

$$= 0.5\ \text{mA}(3 \times 4.33\ \Omega) \tag{3.74}$$

$$= 6.5\ \text{mV} \tag{3.75}$$

로 쓴다.

연습문제 R_1이 80 Ω으로 감소하는 경우에 대하여 위의 예제를 다시 풀어라.

요약하면, 다이오드(그리고 트랜지스터와 같은 기타 비선형 소자)를 포함하는 회로의 분석은 다음 세 단계를 통해 수행한다. (1) 초기(입력 변화가 인가되기 전의) 전압과 전류 값을 결정한다—일정 전압 모델을 사용; (2) 각 다이오드의 소신호 모델을 도출한다(즉, r_d를 계산); (3) 각 다이오드를 소신호 모델로 대치하고 입력 변화의 영향을 계산한다.

Did you know ?

다이오드가 없다면 우리의 삶은 어떻게 될까? 휴대전화, 노트북, 디지털카메라는 생각할 수 없다. 라디오, TV, GPS, 레이더, 위성, 발전소, 장거리 전화 통신도 없을 것이다. 물론 구글이나 페이스북도 없다. 본질적으로 우리는 1900년대 초반의 단순한 생활 방식으로 돌아갈 것이다.

10) 실제로 휴대전화는 훨씬 더 큰 전류를 흘린다.

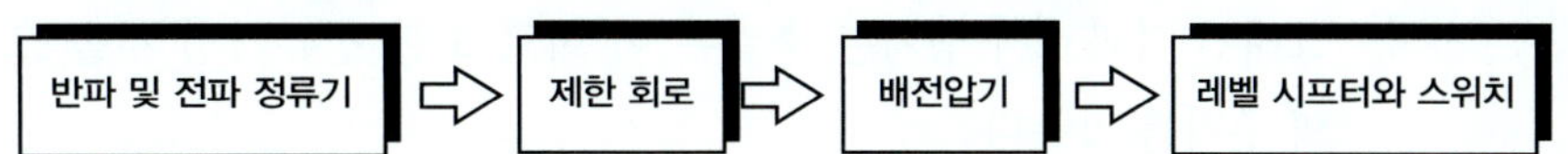

그림 3.28 다이오드의 응용

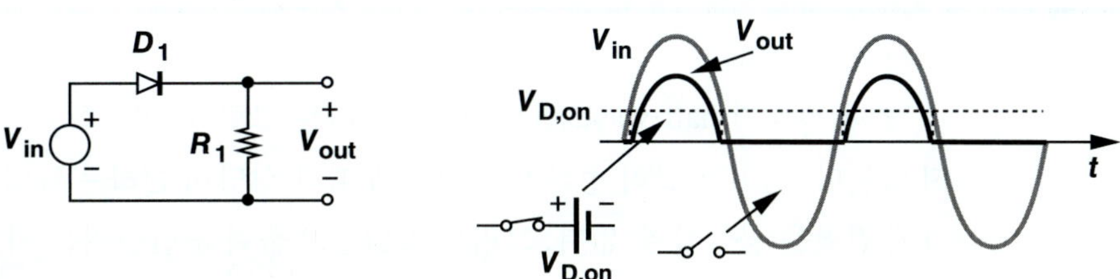

그림 3.29 단순 정류기

3.5 다이오드의 응용

이 장의 나머지 부분에서는 다이오드의 응용에 대해 다루며 그림 3.28에 개요를 나타냈다.

3.5.1 반파 및 전파 정류기

반파 정류기 그림 3.10(b)의 정류기 회로로 돌아가서 좀 더 자세히 공부해 보자. 특히 D_1은 더 이상 이상적이라 가정하지 않지만 일정 전압 모델을 사용한다. 그림 3.29에 설명된 것과 같이 V_{out}은 V_{in}이 $V_{D,on}$을 초과할 때까지 0을 유지하는데, 이 점에서 D_1은 켜지고 $V_{out} = V_{in} - V_{D,on}$이다. $V_{in} < V_{D,on}$이면 D_1은 꺼지고[11] $V_{out} = 0$이다. 그러므로 회로는 아직 정류기로서 동작하지만 약간 낮은 직류 크기를 발생시킨다.

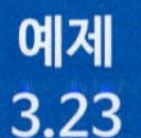
예제 3.23

그림 3.30(a)에 보이는 회로 또한 정류기임을 증명하라.

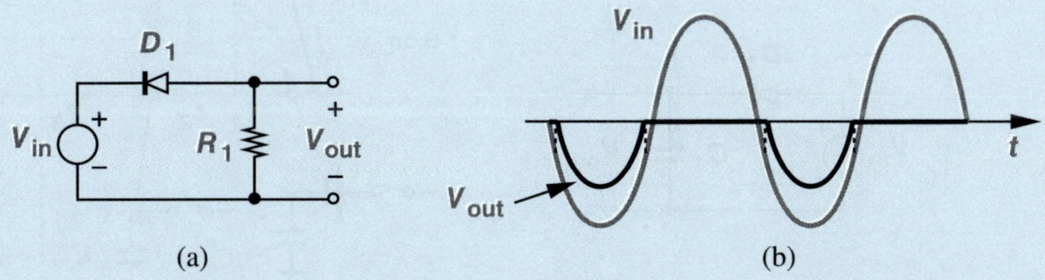

그림 3.30 양의 주기에 대한 정류

풀이 이 경우에 D_1은 음의 값의 V_{in}에 대해, 특히 $V_{in} \leq -V_{D,on}$에 대해 켜진 상태를 유지한다. V_{in}이 $-V_{D,on}$을 초과하므로 D_1은 꺼지고 R_2가 $V_{out} = 0$을 유지하도록 한다. 그림 3.30에

11) $V_{in} < 0$이면 D_1은 작은 누설 전류를 흘리지만 그 영향은 미미하다.

그려진 결과로서 생기는 출력은 이 회로 또한 정류기인 것을 드러내지만, 이 회로는 양의 주기를 막는다.

연습문제 D_1이 이상적인 다이오드인 경우에 대하여 출력을 도시하라.

'반파 정류기(half-wave rectifier)'라 불리는 그림 3.29의 회로는 유용한 출력을 발생시키지 않는다. 전지와 달리 정류기는 시간에 따라 상당히 변하는 출력을 발생시키므로 전기 소자에 전력을 공급할 수 없다. 그러므로 일정한 출력을 만들려는 시도를 해야 한다.

다행히도 단순한 변경이 이 문제를 해결한다. 그림 3.31(a)에 묘사된 것과 같이 저항은 커패시터로 대치된다. 이 회로의 동작은 위의 정류기의 동작과 상당히 다르다. 순방향 바이어스에서 D_1에 대한 일정 전압 모델을 가정하면서 C_1에 걸린 초기 조건은 0으로 시작하고 회로의 동작을 공부한다[그림 3.31(b)]. V_{in}이 0으로부터 증가함으로써 D_1은 $V_{in} > V_{D,on}$일 때까지 꺼지는데, 이 점에서 D_1은 전지로서 동작하기 시작하고 $V_{out} = V_{in} - V_{D,on}$이다. 그러므로 V_{out}은 $V_p - V_{D,on}$의 피크값에 이른다. V_{in}이 피크값을 지난 후에는 무슨 일이 생길까? $t = t_1$에서 $V_{in} = V_p$이고 $V_{out} = V_p - V_{D,on}$이 된다. V_{in}이 떨어지기 시작하면서 V_{out}은 일정하게 유지해야만 한다. 이것은 V_{out}이 떨어지면 C_1의 위의 판에서 D_1의 캐소드를 통해 C_1이 방전되어야 하지만 그것은 불가능하기 때문이다.[12] 그러므로 다이오드는 t_1 후에 꺼진다. $t = t_2$에서, $V_{in} = V_p - V_{D,on} = V_{out}$이다. 즉, 다이오드는 0 전압 차이를 유지한다. $t > t_2$에서 $V_{in} < V_{out}$이고 다이오드는 음의 전압을 경험한다.

분석을 계속하는 데 있어서 $t = t_3$, $V_{in} = -V_p$를 알고 다이오드에 걸리는 $V_{out} - V_{in} = 2V_p - V_{D,on}$의 최대 역방향 바이어스를 적용한다. 이와 같은 이유로 정류기에 사용

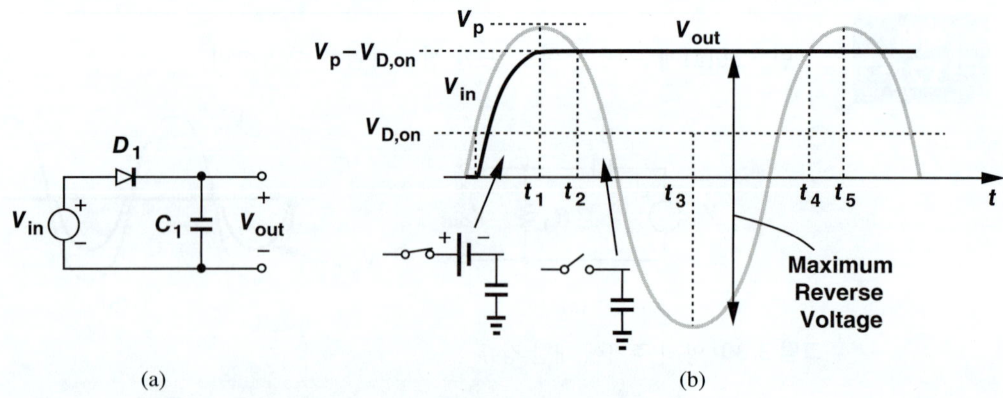

그림 3.31 (a) 다이오드-커패시터 회로; (b) 입력과 출력 파형

12) 그림 3.3(c)에 있는 배수관의 유사성이 여기서 유용하다는 것이 증명된다.

된 다이오드는 파괴가 없이 대략 $2V_p$의 역방향 전압을 견디어 내야 한다.

$t = t_1$ 후에 V_{out}이 변하는가? $t = t_4$를 가능한 흥미로운 점으로 고려하자. 여기서 V_{in}은 겨우 V_{out}을 초과하나 아직 D_1을 켤 수 없다. $t = t_5$에서 $V_{in} = V_p = V_{out}+V_{D,on}$이고, D_1은 켜지나 V_{out}은 상황이 $t = t_1$일 때와 동일하므로 변화의 경향은 보이지 않는다. 다시 말해서 V_{out}은 무기한으로 $V_p - V_{D,on}$을 유지한다.

예제 3.24 이상적인 다이오드 모델을 가정하고 (a) 위의 분석을 반복하라. (b) 시간의 함수로 D_1에 걸리는 전압 V_{D1}을 도시하라.

풀이 (a) C_1에 걸리는 초깃값이 0이므로 V_{in}이 0을 초과함으로써 D_1은 켜지고 $V_{out} = V_{in}$이다. $t = t_1$ 후에 V_{in}은 V_{out} 아래로 떨어지고 D_1을 끈다. 그림 3.32(a)는 입력과 출력 파형을 보여 준다.

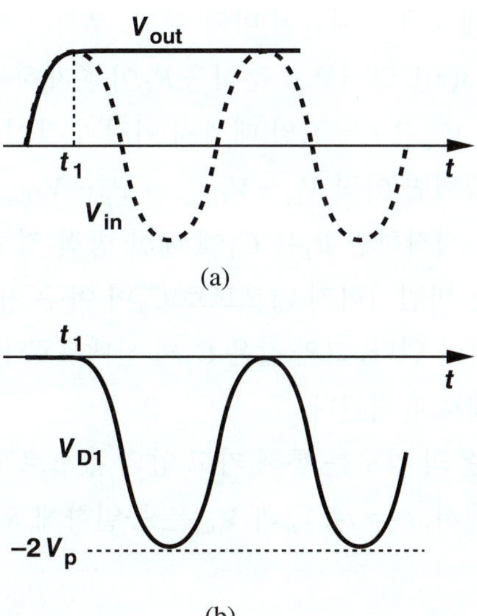

그림 3.32 (a) 이상적인 다이오드를 가지는 그림 3.31에 있는 회로의 입력과 출력 파형; (b) 다이오드 에 걸리는 전압

(b) 다이오드에 걸리는 전압은 $V_{D1} = V_{in} - V_{out}$이다. 그림 3.32(a)의 그림을 이용하면 그림 3.32(b)에 있는 파형에 쉽게 이른다. 흥미롭게도 V_{D1}은 V_{in}과 유사하지만 평균값은 0으로부터 $-V_p$로 이동하였다. 배전압기를 설계하는 데 이 결과를 이용한다(3.5.4절).

연습문제 다이오드의 단자가 교환되는 경우에 대하여 위의 예제를 다시 풀어라.

그림 3.31(a)의 회로는 정현파 입력의 피크값과 동일한 일정한 출력을 발생시킴으로써

'교류-직류 변환기'에 요구되는 성질들을 갖추고 있다.[13] 그러나 C_1의 값을 어떻게 선택해야 하는가? 이 질문에 답하기 위해 회로가 부하에 **전류**를 공급해야만 하는 실질적인 응용을 고려한다.

예제 3.25 휴대용 컴퓨터는 3.3 V의 공급 전압을 가지고 평균 25 W의 전력을 소모한다. 전지 또는 어댑터로부터 빠져나오는 평균 전류를 결정하라.

풀이 $P = V \cdot I$이므로 $I \approx 7.58$ A를 얻는다. 휴대용 컴퓨터가 저항 R_L로 모델링되면 $R_L = V/I = 0.436\ \Omega$이다.

연습문제 1 Ω 부하가 그와 같은 공급 전압에 나타내는 전력 소모는 얼마인가?

위의 예제에서 제안된 바와 같이, 부하는 어떤 경우에 단순한 저항으로 표현될 수 있다[그림 3.33(a)]. 그러므로 분석을 R_L이 존재하는 경우에 반복해야 한다. 그림 3.33(b)의 파형으로부터 V_{out}은 $t = t_1$일 때까지 이전과 같이 동작하며, 다이오드 전압이 상대적으로 상수라고 가정되면 아직 $V_{in} - V_{D,on} = V_p - V_{D,on}$의 값을 나타낸다. 그러나 V_{in}이 $t = t_1$ 후에 떨어지기 시작하면 R_L은 C_1에 대한 방전 경로를 제공함으로써 V_{out}도 떨어진다. 물론 V_{out}의 변화는 바람직하지 않으므로 C_1이 아주 커서 R_L에 의한 전류가 V_{out}을 상당히 감소시키지 말아야만 한다. 그와 같은 C_1의 선택으로 V_{out}은 천천히 떨어지고 D_1은 역방향으로 바이어스된 채로 유지된다.

V_{in}이 음의 경로를 통해 가고 양의 값으로 돌아오는 동안에 출력 전압은 계속 감소한다. 어떤 점에서, $t = t_2$, V_{in}과 V_{out}은 동일하게 되고 조금 후에, $t = t_3$, V_{in}은 V_{out}을 $V_{D,on}$만큼

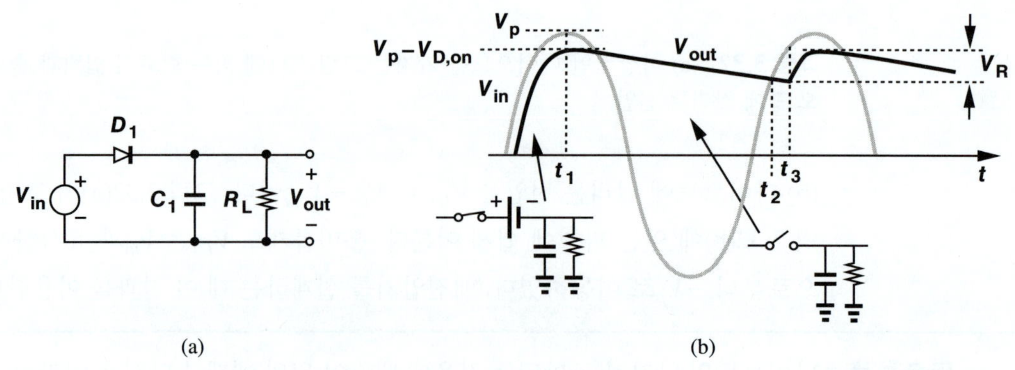

그림 3.33 (a) 저항 부하를 구동하는 정류기; (b) 입력과 출력 파형

13) 이 회로는 '피크 검출기(peak detector)'라고도 부른다.

초과하므로 D_1을 켜고 $V_{out} = V_{in} - V_{D,on}$이 되게 한다. 여기서부터 회로는 처음 주기에 있는 것처럼 동작한다. V_{out}에 결과적으로 생기는 변화는 '리플(ripple)'이라고 한다. 또한 C_1은 '평활(smoothing)' 또는 '필터(filter)' 커패시터라고 한다.

예제 3.26 C_1이 아주 큰 값에서 아주 작은 값으로 변할 때 그림 3.33의 출력 파형을 도시하라.

풀이 C_1이 아주 큰 경우에, D_1이 꺼졌을 때 R_L에 의해 흐르는 전류는 V_{out}에 아주 작은 변화를 만든다. 반대로 C_1이 아주 작으면 이 회로는 그림 3.29에 있는 회로에 가까워지며 V_{out}에 아주 큰 변화를 보인다. 그림 3.34에 몇 가지 경우가 예시되어 있다.

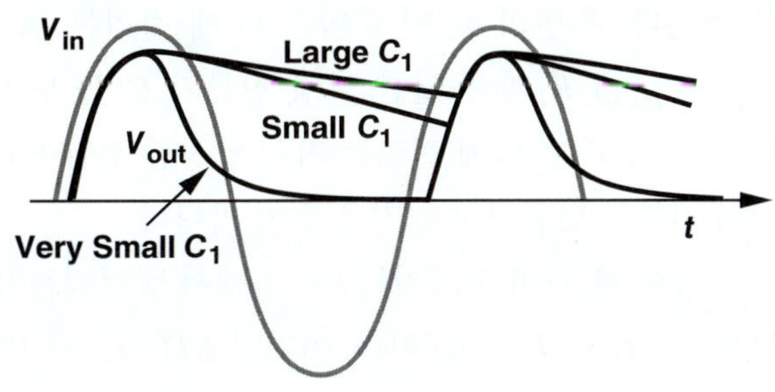

그림 3.34 평활 커패시터의 다른 값들에 대한 정류기의 출력 파형

연습문제 C_1이 상수일 때 R_L의 다른 값에 대하여 위의 예제를 다시 풀어라.

리플 크기* 일반적인 응용에서 그림 3.33(b) 리플의 피크-피크 크기 V_R은 입력 피크 전압의 5~10% 아래에 유지되어야 한다. 부하에 의한 최대 전류를 알면 C_1의 값은 수용되는 리플이 발생하도록 충분히 크게 선택된다. 이와 같은 목적으로 V_R을 분석적으로 계산해야 한다(그림 3.35). $t = t_1$에서 $V_{out} = V_p - V_{D,on}$이므로 R_L을 통한 C_1의 방전은 다음과 같이 표현될 수 있다.

$$V_{out}(t) = (V_p - V_{D,on}) \exp \frac{-t}{R_L C_1} \quad 0 \le t \le t_3 \tag{3.76}$$

여기서 단순화를 위해 $t_1 = 0$을 선택하였다. 작은 리플을 확실하게 하기 위해, $R_L C_1$은 $t_3 - t_1$보다 훨씬 커야 한다. 그러므로 $\epsilon \ll 1$에 대해 $\exp(-\epsilon) \approx 1 - \epsilon$임을 인지하고

$$V_{out}(t) \approx (V_p - V_{D,on}) \left(1 - \frac{t}{R_L C_1}\right) \tag{3.77}$$

$$\approx (V_p - V_{D,on}) - \frac{V_p - V_{D,on}}{R_L} \cdot \frac{t}{C_1} \tag{3.78}$$

* 이 절은 처음 읽을 때는 건너뛰어도 된다.

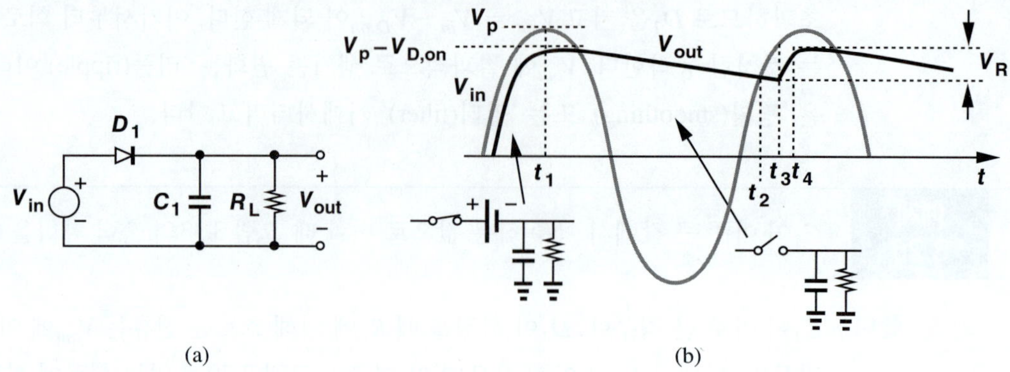

그림 3.35 정류기 출력에서의 리플

을 얻는다. 우변의 첫 번째 항은 C_1에 걸리는 초기 조건을 나타내며, 두 번째 항은 마치 $(V_p - V_{D,on})/R_L$과 동일한 일정 전류가 C_1을 방전하는 것처럼 떨어지는 경사를 나타낸다.[14] 이 결과는 R_L에 걸리는 거의 일정한 전압이 $(V_p - V_{D,on})/R_L$과 동일한 상대적으로 일정한 전류를 만들므로 놀라운 일이 아니다.

리플의 피크-피크 크기는 $t = t_3$에서 방전되는 양과 같다. $t_4 - t_1$은 입력 주기 T_{in}과 같으므로 $t_3 - t_1 = T_{in} - \Delta T$이다. 여기서 $\Delta T(=t_4 - t_3)$는 D_1이 켜지는 동안의 시간을 나타낸다. 그러므로

$$V_R = \frac{V_p - V_{D,on}}{R_L}\frac{T_{in} - \Delta T}{C_1} \tag{3.79}$$

이다. C_1이 적은 양을 방전하면 다이오드는 아주 짧은 구간만 켜진다는 사실을 인지하면 $\Delta T \ll T_{in}$이라 가정할 수 있고 그러므로

$$V_R \approx \frac{V_p - V_{D,on}}{R_L} \cdot \frac{T_{in}}{C_1} \tag{3.80}$$

$$\approx \frac{V_p - V_{D,on}}{R_L C_1 f_{in}} \tag{3.81}$$

이고 여기서 $f_{in} = T_{in}^{-1}$이다.

예제 3.27

변압기는 110 V, 60 Hz 라인 전압을 9 V의 피크-피크 폭으로 변환한다. 반파 정류기가 변환기 뒤에 와서 예제 3.25의 휴대용 컴퓨터에 전력을 공급한다. 리플을 0.1 V 아래로 유지하는 필터 커패시터의 최솟값을 결정하라. $V_{D,on} = 0.8$ V로 가정한다.

풀이 $V_p = 4.5$ V, $R_L = 0.436\ \Omega$이고, $T_{in} = 16.7$ ms이다. 그러므로

14) $I = CdV/dt$이므로 $dV = (I/C)dt$임을 상기하라.

$$C_1 = \frac{V_p - V_{D,on}}{V_R} \cdot \frac{T_{in}}{R_L} \tag{3.82}$$

$$= 1.417\ \text{F} \tag{3.83}$$

이다. 이는 매우 큰 값이다. 설계자는 리플 크기를 어댑터의 크기, 무게 및 비용과 교환해야 한다. 사실상 어댑터의 크기, 무게 및 비용에 대한 제한은 훨씬 더 큰 리플, 예를 들어 0.5 V를 만들고 그럼으로써 정류기 뒤에 오는 회로가 그와 같이 크고 주기적인 변화를 견디어 내는 것을 요구한다.

연습문제 변환기가 아직 9 V의 피크-피크 폭을 제공하는 것을 가정하고 220 V, 50 Hz 라인 전압에 대하여 위의 예제를 다시 풀어라. 어떤 주파수에서 C_1의 선택이 보다 바람직하게 되는가?

많은 경우에 부하에 의한 전류는 알려져 있다. 위의 분석을 일정 전류원에 의해 표현되는 부하와 함께 분석하거나 또는 단순히 식 (3.81)의 $(V_p - V_{D,on})/R_L$을 부하 전류로 보면 다음과 같이 식을 쓸 수 있다.

$$V_R = \frac{I_L}{C_1 f_{in}} \tag{3.84}$$

다이오드 피크 전류* 그림 3.31(b)에서 다이오드는 최소한 $2V_p$의 역방향 파괴 전압을 나타내어야 한다는 것을 알고 있다. 다이오드의 또 다른 중요한 파라미터는 다이오드가 견디어 내야 하는 최대 순방향 전류이다. 주어진 접합 도핑 개요 및 구조에서, 전류가 어떤 한계를 초과하면 다이오드에서 전력 소모($=V_D I_D$)는 소자를 손상시킬 만큼 접합 온도를 증가시킨다.

그림 3.36으로부터 순방향 바이어스 다이오드 전류는 2개의 성분으로 구성된다는 것을 알 수 있다: (1) C_1에 의한 순간적인 전류 $C_1 dV_{out}/dt$와 (2) 대략적으로 $(V_p - V_{D,on})/R_L$과 같은 R_L에 공급되는 전류. 그러므로 피크 다이오드 전류는 첫 번째 성분이 최대에 이를 때,

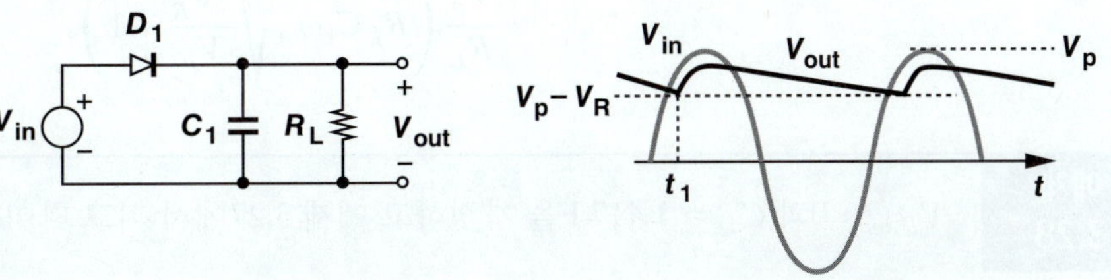

그림 3.36 I_D를 계산하기 위한 정류기 회로

* 이 절은 처음 읽을 때는 건너뛰어도 된다.

즉 출력 파형의 기울기가 최대이므로 D_1이 켜질 때 발생한다. 단순화를 위해 $V_{D,on} \ll V_p$를 가정하면 D_1이 켜지는 점은 $V_{in}(t_1) = V_p - V_R$에 의해 주어진다. 그러므로 $V_{in}(t) = V_p \sin \omega_{in} t$에 대해

$$V_p \sin \omega_{in} t_1 = V_p - V_R \tag{3.85}$$

이고 그러므로

$$\sin \omega_{in} t_1 = 1 - \frac{V_R}{V_p} \tag{3.86}$$

이다. $V_{D,on}$을 무시하고, $V_{out}(t) \approx V_{in}(t)$이므로 다이오드 전류는 다음 식으로 얻는다.

$$I_{D1}(t) = C_1 \frac{dV_{out}}{dt} + \frac{V_p}{R_L} \tag{3.87}$$

$$= C_1 \omega_{in} V_p \cos \omega_{in} t + \frac{V_p}{R_L} \tag{3.88}$$

전류는 $t = t_1$에서 피크에 이르고

$$I_p = C_1 \omega_{in} V_p \cos \omega_{in} t_1 + \frac{V_p}{R_L} \tag{3.89}$$

식 (3.86)으로부터 다음 식으로 정리된다.

$$I_p = C_1 \omega_{in} V_p \sqrt{1 - \left(1 - \frac{V_R}{V_p}\right)^2} + \frac{V_p}{R_L} \tag{3.90}$$

$$= C_1 \omega_{in} V_p \sqrt{\frac{2V_R}{V_p} - \frac{V_R^2}{V_p^2}} + \frac{V_p}{R_L} \tag{3.91}$$

$V_R \ll V_p$이므로 제곱근 안의 두 번째 항은 무시한다.

$$I_p \approx C_1 \omega_{in} V_p \sqrt{\frac{2V_R}{V_p}} + \frac{V_p}{R_L} \tag{3.92}$$

$$\approx \frac{V_p}{R_L} \left(R_L C_1 \omega_{in} \sqrt{\frac{2V_R}{V_p}} + 1 \right) \tag{3.93}$$

예제 3.28 $V_{D,on} \approx 0$과 $C_1 = 1.417$ F을 가정하고 예제 3.27에서 피크 다이오드 전류를 결정하라.

풀이 $V_p = 4.5$ V, $R_L = 0.436\ \Omega$, $\omega_{in} = 2\pi(60\text{ Hz})$, $V_R = 0.1$ V이다. 그러므로

$$I_p = 517\text{ A} \tag{3.94}$$

이다. 이 값은 너무 크다. C_1에 흐르는 전류는 R_L을 통해 흐르는 전류보다 훨씬 크다는 것을 인지하라.

연습문제 $C_1 = 1000\ \mu\text{F}$인 경우에 대하여 위의 예제를 다시 풀어라.

전파 정류기 위에서 공부한 반파 정류기는 입력의 음의 반주기를 막음으로써 필터 커패시터가 거의 전체 주기 동안 부하에 의해 방전되는 것을 허용한다. 그러므로 회로는 큰 부하(높은 전류)가 존재하면 큰 리플 때문에 문제가 된다.

단순한 변형을 통해 리플을 반으로 줄이는 것이 가능하다. 그림 3.37(a)에 설명된 것과 같이 음의 반주기는 반전(invert)시키면서(즉, −1을 곱해서) 음과 양의 반주기를 모두 출력으로 통과시키는 것이다. 먼저 이 기능을 수행하는 회로['전파 정류기(FWR: full-wave rectifier)']를 구현하고 이 회로가 사실상 작은 리플을 보인다는 것을 증명할 것이다. 회로 합성 과정을 단순화하기 위해 다이오드는 이상적이라고 가정하고 시작한다. 그림 3.37(b)는 전파 정류기의 요구되는 입력/출력 특성을 묘사한다.

그림 3.38(a)에 보이는 2개의 반파 정류기를 고려하자. 여기서 하나의 반파 정류기는 음

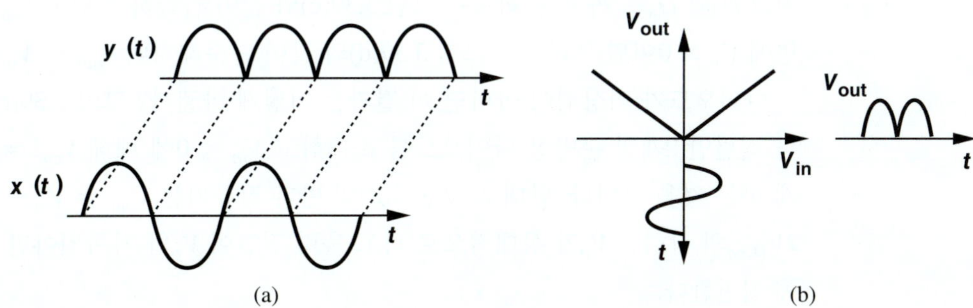

그림 3.37 (a) 입력과 출력 파형; (b) 전파 정류기의 입력/출력 특성

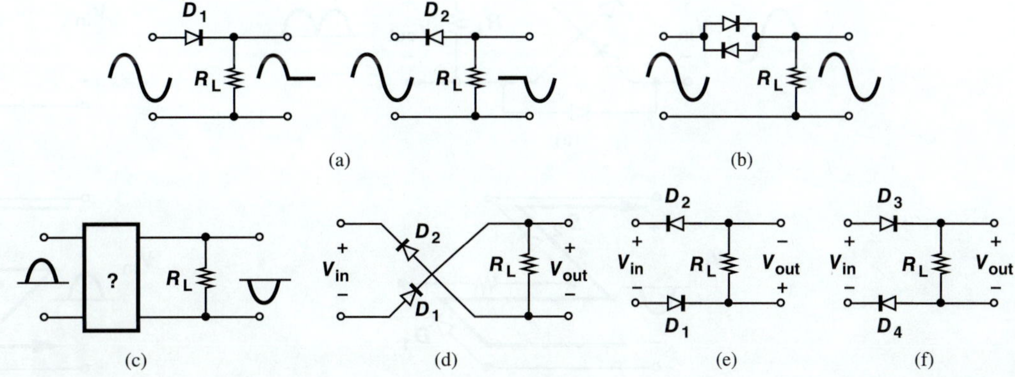

그림 3.38 (a) 각 반주기의 정류; (b) 정류 없음; (c) 정류와 반전; (d) (c)의 실현; (e) 음의 반주기 동안의 경로; (f) 양의 반주기 동안의 경로

의 반주기를 막고 다른 하나의 반파 정류기는 양의 반주기를 막는다. 전파 정류기를 만들기 위해 이 회로들을 결합할 수 있을까? 그림 3.38(b)에 시도된 회로는 안타깝게도 출력이 음과 양의 반주기를 모두 포함하고 있다. 즉, 음의 반주기가 반전되지 않았기 때문에 정류가 수행되지 않았다. 그러므로 문제는 그림 3.38(c)와 같이 정리된다. 즉, 먼저 반전을 하는 반파 정류기를 설계해야만 한다. 그와 같은 구성이 그림 3.38(d)에 보이며, 단순화를 위해 그림 3.38(e)와 같이 다시 그릴 수 있다. 두 그림에서 V_{out}의 극성을 주의해야 한다. 여기서 $V_{in} < 0$이면 D_2와 D_1 모두 켜지고 $V_{out} = -V_{in}$이 된다. 반대로 $V_{in} > 0$이면 양 다이오드는 꺼져 R_L로 흐르는 전류는 0이 되고 $V_{out} = 0$이 된다. 이 회로와 유사하게 단순히 음의 반주기를 막는 그림 3.38(f)에 있는 회로를 구성한다. 즉, $V_{in} < 0$인 동안 $V_{out} = 0$이고 $V_{in} > 0$인 동안 $V_{out} = V_{in}$이다.

앞의 사실을 기반으로 전파 정류기를 만들기 위해 그림 3.38(d)와 (f)의 구조를 결합할 수 있다. 그림 3.39(a)에 묘사된 것처럼 결과로서 생기는 회로는 음의 반주기를 D_1과 D_2를 통해 부호를 바꾸어 통과시키고[그림 3.38(d)와 같이] 양의 반주기를 D_3와 D_4를 통해 부호의 반전 없이 통과시킨다[그림 3.38(f)와 같이]. 이 구성은 그림 3.39(b)와 같이 그려지고 '브리지 정류기(bridge rectifier)'라 불린다.

그림 3.39(b)에 보이는 회로의 도움을 받아 생각을 요약하자. $V_{in} < 0$이면 D_2와 D_1이 켜지고 D_3와 D_4는 꺼지며, 회로는 그림 3.39(c)와 같이 간략하게 되고 $V_{out} = -V_{in}$이 된다. 반면에 $V_{in} > 0$이면 브리지는 그림 3.39(d)와 같이 단순해지며 $V_{out} = V_{in}$이 된다.

다이오드가 이상적이 아니면 이 결과는 어떻게 바뀔까? 그림 3.39(c)와 (d)는 회로가 R_L과 직렬인 2개의 순방향 다이오드를 소개하고 $V_{in} < 0$에 대해 $V_{out} = -V_{in} - 2V_{D,on}$이 되게 하는 것을 보인다. 반대로 그림 3.29의 반파 정류기는 $V_{out} = V_{in} - V_{D,on}$을 발생시킨다. $2V_{D,on}$의 강하는 V_p가 상대적으로 작고 출력 전압이 V_p와 가까워야만 하는 경우에 어려움에 직면한다.

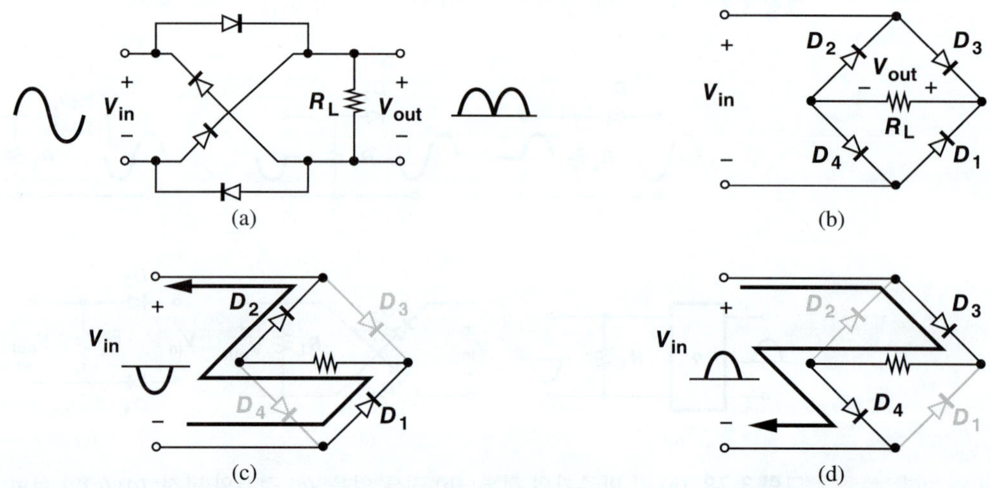

그림 3.39 (a) 전파 정류기; (b) 단순화한 그림; (c) 음의 입력에 대한 경로; (d) 양의 입력에 대한 경로

예제 3.29 다이오드에 대한 일정 전압 모델을 가정하고 전파 정류기의 입력/출력 특성을 도시하라.

풀이 출력은 $|V_{in}| < 2V_{D,on}$에 대해 0과 같은 값을 유지하고 $|V_{in}| > V_{D,on}$에 대해 1의 기울기를 가지고 입력을 '따라간다'. 그림 3.40에 그 결과를 그렸다.

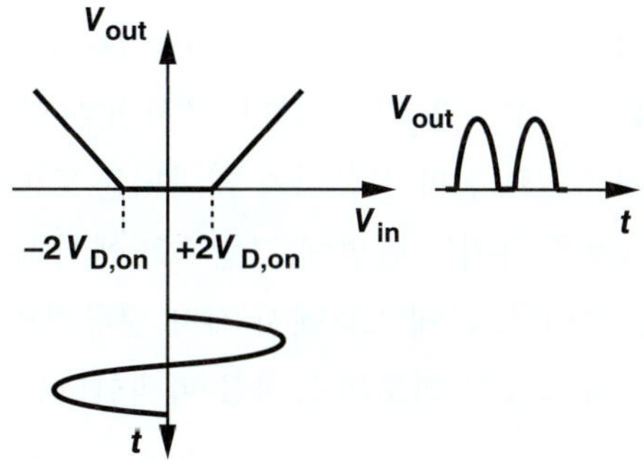

그림 3.40 비이상적인 다이오드를 가지는 전파 정류기의 입력/출력 특성

연습문제 $|V_{in}| > 2V_{D,on}$에 대하여 특성의 기울기는 무엇인가?

브리지를 한 번 더 그리고 완전한 설계에 이르기 위해 평활 커패시터를 추가한다[그림 3.41(a)]. 커패시터 방전은 대략 입력 주기의 반 동안 발생하므로 리플은 대략적으로 식 (3.81)의 반과 같다.

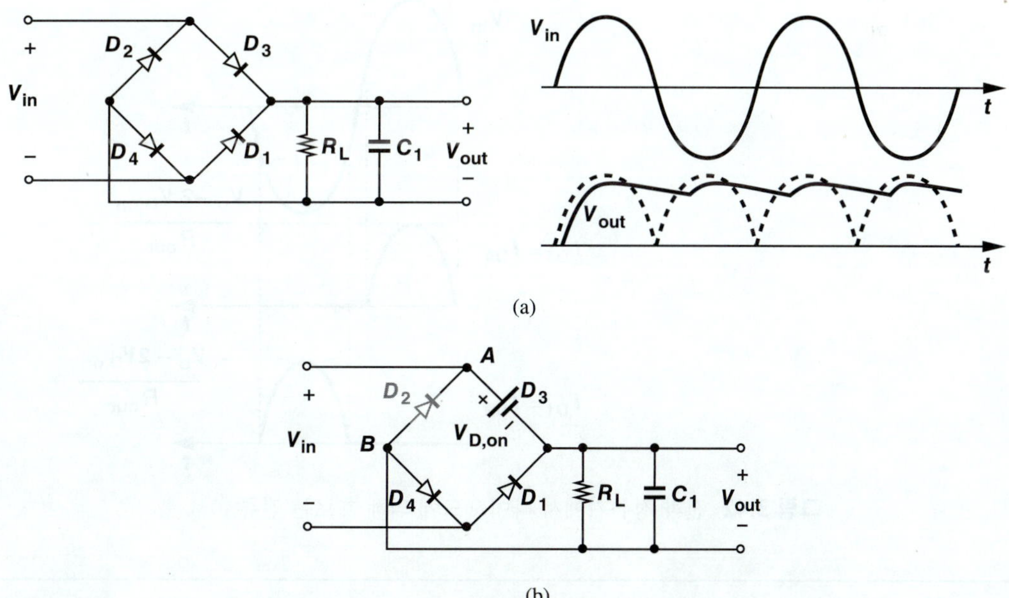

그림 3.41 (a) 전파 정류기에서의 리플; (b) 등가 회로

$$V_R \approx \frac{1}{2} \cdot \frac{V_p - 2V_{D,on}}{R_L C_1 f_{in}} \tag{3.95}$$

여기서 분자는 브리지에 기인한 $2V_{D,on}$ 강하를 반영한다.

작은 리플에 부가하여 전파 정류기는 또 다른 중요한 장점을 제공한다: 각각의 다이오드에 걸리는 최대 역방향 바이어스 전압이 대략적으로 $2V_p$가 아니라 V_p와 같다. 그림 3.41(b)에 설명된 것처럼, V_{in}이 V_p 근처이고 D_3가 켜졌을 때 D_2에 걸리는 전압 V_{AB}는 단순히 $V_{D,on} + V_{out} = V_p - V_{D,on}$과 같다. 유사한 논의가 다른 다이오드에도 적용된다.

반파 정류기와 전파 정류기가 대비되는 또 다른 점은 반파 정류기가 입력과 출력 사이에 공통의 단자를 가지는 반면에(그림 3.29에서 노드 G) 전파 정류기는 공통의 단자를 가지지 않는다는 것이다. 문제 3.38에서 전파 정류기의 입력과 출력 접지를 단락시키는 것의 효과를 공부하며 그것이 회로의 동작을 파괴한다는 결론에 이른다.

예제 3.30 정현파 입력에 대해 브리지 정류기에 있는 각 다이오드에 의해 흐르는 전류를 시간의 함수로 도시하라. 어떤 평활 커패시터도 출력에 연결되지 않는다고 가정하라.

풀이 그림 3.39(c)와 (d)로부터 $V_{in} < -2V_{D,on}$에 대해 $V_{out} = -V_{in} + 2V_{D,on}$을, $V_{in} > +2V_{D,on}$에 대해 $V_{out} = V_{in} - 2V_{D,on}$을 얻는다. 각 반주기에서 2개의 다이오드는 V_{out}/R_L과 같은 전류를 흘리고 다른 2개는 꺼진 상태를 유지한다. 그러므로 다이오드 전류는 그림 3.42에 보이는 것과 같이 나타난다.

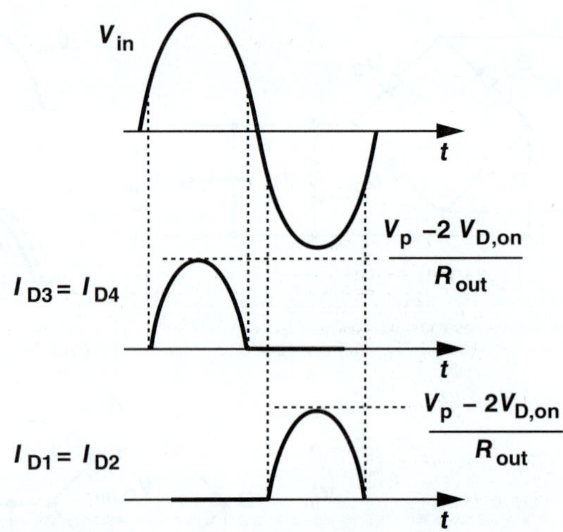

그림 3.42 전파 정류기에서 다이오드에 의해 흐르는 전류

연습문제 각각의 다이오드에서 소모되는 전력을 시간의 함수로 도시하라.

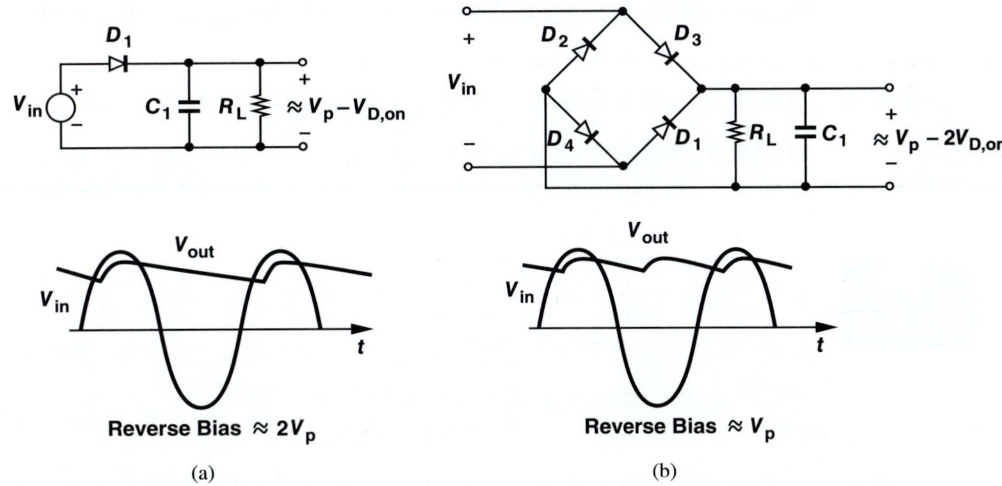

그림 3.43 정류기 회로의 요약

정류기에 대한 내용이 그림 3.43에 요약되어 있다. 전파 정류기는 2개의 다이오드를 더 사용하는 반면에 작은 리플을 나타내며 단지 다이오드의 파괴 전압을 절반만 요구함으로써 어댑터와 충전기로서 사용되는 것이다.[15)]

예제 3.31 2 W의 평균 전력을 3.6 V의 전압과 0.2 V의 리플을 가지는 휴대전화에 전달하는 전파 정류기를 설계하라.

풀이 요구되는 입력 폭으로 시작한다. 출력 전압이 대략적으로 $V_p - 2V_{D,on}$과 같으므로

$$V_{in,p} = 3.6\ \mathrm{V} + 2V_{D,on} \tag{3.96}$$

$$\approx 5.2\ \mathrm{V} \tag{3.97}$$

를 얻는다. 그러므로 정류기 앞의 변압기는 라인 전압(110 V_{rms} 또는 220 V_{rms})을 5.2 V의 피크값으로 낮춘다.

다음으로 $V_R \le 0.2$ V를 보증하는 평활 커패시터의 최솟값을 결정한다. 전파 정류기에 대해 식 (3.84)를 다시 쓰면

$$V_R = \frac{I_L}{2C_1 f_{in}} \tag{3.98}$$

$$= \frac{2\ \mathrm{W}}{3.6\ \mathrm{V}} \cdot \frac{1}{2C_1 f_{in}} \tag{3.99}$$

이 된다. $V_R = 0.2$ V와 $f_{in} = 60$ Hz에 대해

$$C_1 = 23{,}000\ \mu\mathrm{F} \tag{3.100}$$

15) 4개 다이오드는 일반적으로 4개의 단자를 갖는 하나의 패키지에 만들어진다.

이다. 이 다이오드는 5.2 V의 역방향 바이어스 전압을 유지해야만 한다.

연습문제 비용과 크기 제한은 평활 커패시터에 1000 μF의 최댓값을 부과한다. 위의 예제에서 최대 허용 전력 유출은 얼마인가?

예제 3.32 휴대전화에 의해 수신되고 증폭되는 라디오 주파수 신호는 10 mV의 피크 폭을 나타낸다. 신호 크기를 표현하는 직류 전압을 발생시키려고 한다[식 (3.8)]. 위에서 공부한 반파 정류기나 전파 정류기를 사용하는 것이 가능한가?

풀이 가능하지 않다. 신호의 작은 크기 때문에 신호는 실제 다이오드를 켜거나 끌 수가 없어 0 출력이 된다. 그와 같은 신호 레벨에 대해 8장의 주제인 '정확한 정류(precision rectification)'가 필요하다.

연습문제 0.8 V의 일정 전압이 요구되는 신호에 적용되면 어떻게 되는가?

3.5.2 전압 조절*

위에서 공부한 어댑터 회로는 일반적으로 부적절한 것으로 판명되었다. 라인 전압의 상당한 변화에 기인하여 변압기에 의해서 만들어지는 피크 진폭 그러므로 직류 출력은 상당히 많이 변하며 부하가 견딜 수 있는 크기를 초과할 가능성이 있다(예를 들면, 휴대전화). 게다가 많은 응용에서 리플은 심각하게 바람직하지 않다. 예를 들어 어댑터가 스테레오에 전압을 공급하면 120 Hz 리플이 스피커로부터 들릴 수 있다. 더욱이 변압기의 유한한 출력 임피던스는 부하에 의한 전류가 바뀌면 V_{out}에 변화가 생기게 한다. 이와 같은 이유로 그림 3.41(a)의 회로에는 일정한 출력을 공급하기 위해 종종 '전압 레귤레이터(voltage regulator)'가 따라온다.

전압 레귤레이터를 이렇게 부르기 전에 이미 접한 바 있다: 예제 3.17에서 공부한 회로는 100 mV의 입력 변화에 대해 단지 11 mV의 변화를 일으키면서 출력에 2.4 V의 전압을 제공한다. 그러므로 $3V_{D,on} \approx 2.4$ V의 공칭 출력을 가지는 보다 다재다능한 어댑터로서 그림 3.44에 보이는 회로에 이르게 된다. 안타깝게도 예제 3.22에서 공부한 바와 같이 출력 전압은 부하 전류에 의해서 변한다.

그림 3.45(a)는 제너 다이오드를 사용하는 또 다른 레귤레이터를 보여 준다. 역방향 파괴 영역에서 동작하는 D_1은 1~10 Ω 범위의 소신호 저항 r_D를 나타내므로 $r_D \ll R_1$이면 입력

* 이 절은 처음 읽을 때는 건너뛰어도 된다.

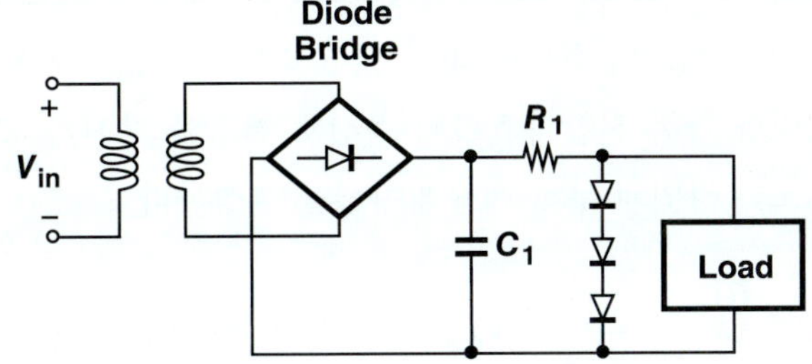

그림 3.44 전압 레귤레이터 블록 다이어그램

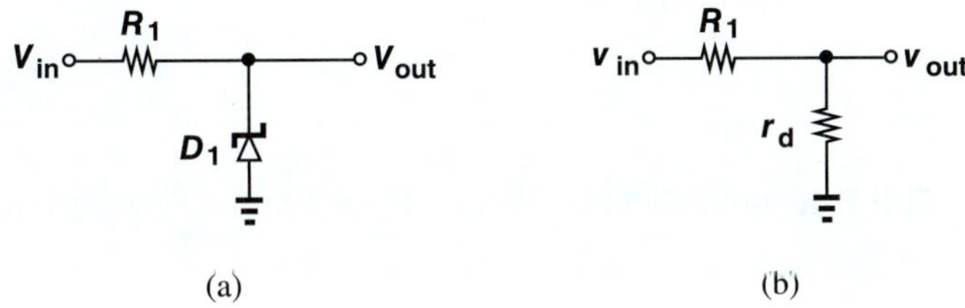

그림 3.45 (a) 제너 다이오드를 사용한 레귤레이터; (b) (a)의 소신호 등가 회로

변화에도 불구하고 상대적으로 일정한 출력을 제공한다. 이는 그림 3.45(b)의 소신호 모델로부터 보일 수 있다.

$$V_{out} = \frac{r_D}{r_D + R_1} V_{in} \tag{3.101}$$

예를 들어 $r_D = 5\ \Omega$이고 $R_1 = 1\ \text{k}\Omega$이면 V_{in}에서의 변화는 V_{out}에서 나타날 때 대략 200배 감쇠한다. 그럼에도 불구하고 제너 다이오드는 부하 전류가 심하게 변하면 안정적이지 못한 그림 3.44의 회로와 동일한 결점을 갖는다.

레귤레이터에 대한 지금까지의 간략한 공부는 레귤레이터 설계에 있어서 두 가지 중요한 측면인 입력 변화에 대한 출력의 안정성과 부하 전류의 변화에 대한 출력의 안정성을 드러낸다. 전자는 $\Delta V_{out}/\Delta V_{in}$으로 정의되며 '라인 레귤레이션(line regulation)'에 의해 양을 정하며, 후자는 $\Delta V_{out}/\Delta I_L$로 정의되며 '부하 레귤레이션(load regulation)'에 의해 양을 정한다.

Did you know?

전원 공급 장치에 사용되는 다이오드는 탄소 발자국이 크지 않은 것처럼 보일 수 있지만 전 세계 모든 다이오드의 소비 전력을 합산하면 무서운 그림을 볼 수 있다. 예를 들어 구글의 서버 팜을 생각해 보면, 약 50만 대의 서버를 보유한 것으로 추산된다.

한 서버가 12 V 전원에서 200 W를 끌어오는 경우 각 정류기 다이오드는 200 W/12 V ≈ 8.5 A의 평균 전류를 전달한다.(각각 서버 평균 전류의 절반을 전달하는 2개의 다이오드가 교대로 켜진다고 가정한다.) 약 0.7 V의 순방향 바이어스로 2개의 다이오드가 12 W를 소비하므로 구글 서버의 정류기 다이오드가 약 6 MW의 총 전력을 소비한다는 것을 알 수 있다. 이는 약 10개의 원자력 발전소가 생산하는 전력과 맞먹는 양이다! 실제로 전원 공급 장치 자체를 포함하여 모든 회로의 전력 소비를 줄이기 위해 현재 '친환경 전자제품'에 많은 노력을 기울이고 있다.(우리의 예는 컴퓨터가 효율성을 개선하기 위해 '스위칭'전원 공급 장치를 사용하기 때문에 실제로 매우 비관적이다.)

예제 3.33

그림 3.46(a)의 회로에서 V_{in}은 5 V의 공칭값을 가지고, $R_1 = 100\ \Omega$이고 D_2는 2.7 V의 역방향 항복 전압과 5 Ω의 소신호 저항을 가진다. D_1에 대해 $V_{D,on} \approx 0.8$ V를 가정하고 회로의 라인과 부하 레귤레이션을 결정하라.

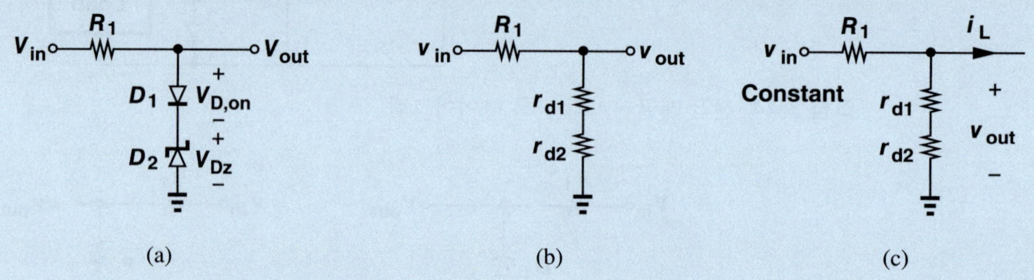

그림 3.46 (a) 두 다이오드를 사용하는 회로; (b) 소신호 등가; (c) 부하 레귤레이션

풀이 먼저 D_1의 바이어스 전류를 결정하고 소신호 저항을 결정한다.

$$I_{D1} = \frac{V_{in} - V_{D,on} - V_{D2}}{R_1} \tag{3.102}$$

$$= 15\ \text{mA} \tag{3.103}$$

그러므로

$$r_{D1} = \frac{V_T}{I_{D1}} \tag{3.104}$$

$$= 1.73\ \Omega \tag{3.105}$$

이다. 그림 3.45(b)의 소신호로부터 라인 레귤레이션을

$$\frac{v_{out}}{v_{in}} = \frac{r_{D1} + r_{D2}}{r_{D1} + r_{D2} + R_1} \tag{3.106}$$

$$= 0.063 \tag{3.107}$$

으로 계산한다. 부하 레귤레이션에 대해 입력이 상수라는 것을 가정하고 부하 전류 변화의 영향을 공부한다. 그림 3.46(c)에 보이는 소신호를 이용하여(여기서 $v_{in} = 0$은 일정 전압을 나타낸다)

$$\frac{v_{out}}{(r_{D1} + r_{D2}) \parallel R_1} = -i_L \tag{3.108}$$

을 얻는다. 즉,

$$\left|\frac{v_{out}}{i_L}\right| = (r_{D1} + r_{D2}) \parallel R_1 \tag{3.109}$$

$$= 6.31\ \Omega \tag{3.110}$$

이다. 이 값은 부하 전류의 1 mA 변화는 그 결과로 출력 전압에 6.31 mV의 변화를 나타냄을 말해 준다.

연습문제 $R_1 = 50\ \Omega$에 대하여 위의 예제를 다시 풀고 결과를 비교하라.

그림 3.47은 이 절에서 배운 내용을 요약하고 있다.

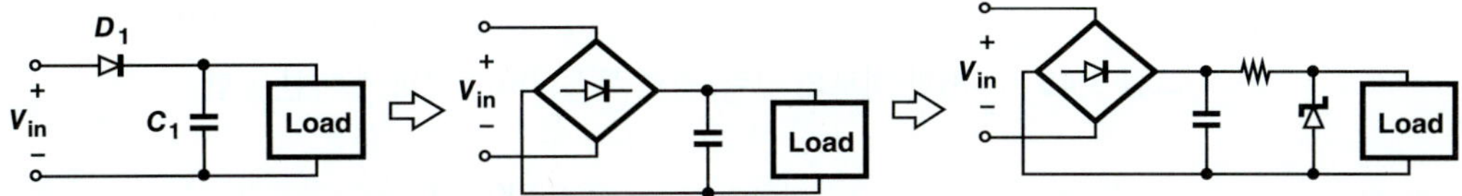

그림 3.47 레귤레이터의 요약

3.5.3 제한 회로

사용자가 기지국에 가깝게 다가옴으로써 휴대전화에 의해 수신되는 신호를 고려하자(그림 3.48). 거리가 수 킬로미터에서 수백 미터로 감소함으로써 신호 크기는 신호가 수신기 회로를 통해 이동함으로써 회로를 '포화'시킬 수 있을 만큼 크게 된다. 그러므로 수신기의 적절한 점에서 신호의 진폭을 '제한'하는 것이 바람직하다.

회로의 동작을 어떻게 제한할 것인가? 작은 입력 크기에 대해 회로는 단순히 입력을 출력에 통과시켜야 하며($V_{in} = V_{out}$), 입력 수준이 '임계' 또는 '한계(limit)'를 넘어가면 출력은 상수를 유지해야 한다. 이 작용은 그림 3.49(a)에 보이는 입력/출력 특성으로 해석되며 양과 음의 입력 모두에 적용되어야 한다. 그림 3.49(b)에 설명된 바와 같이, 입력에 가해지는 신호는 $\pm V_L$에 '잘려진(clipped)' 피크값을 가지고 출력에 나타난다.

이제 위의 동작을 나타내는 회로를 구현한다. 비선형 입력/출력 특성은 V_{in}이 $\pm V_L$에 접근함으로써 하나 또는 그 이상의 다이오드가 켜지거나 꺼져야 한다는 것을 암시한다. 사실상 단순한 예를 그림 3.11(b)와 (c)에서 보았다. 여기서 입력의 양의 반주기가 0 V와 1 V에 잘려 있다. 보다 현실적인 다이오드, 예를 들어 일정 전압 모델을 가정하여 앞의 것을 다시 검사한다. 그림 3.50(a)에 설명된 바와 같이 $V_{in} < V_{D,on}$에 대해 V_{out}은 V_{in}과 같으며 그 후에는 $V_{D,on}$과 같다.

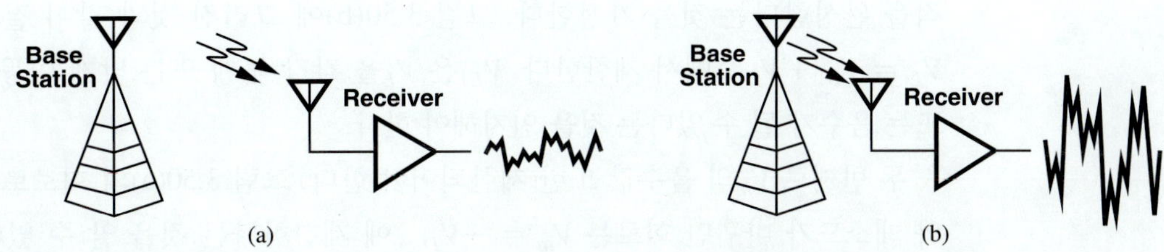

그림 3.48 (a) 기지국으로부터 멀리서 받는 신호; (b) 기지국 가까이서 받는 신호

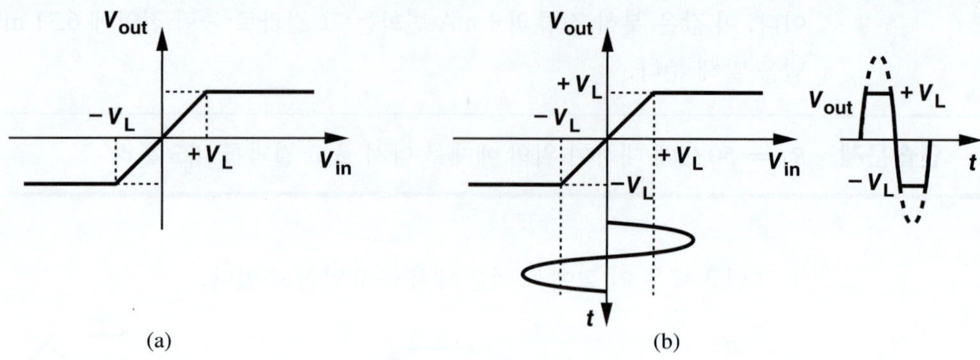

그림 3.49 (a) 제한 회로의 입력/출력 특성; (b) 정현파에 대한 응답

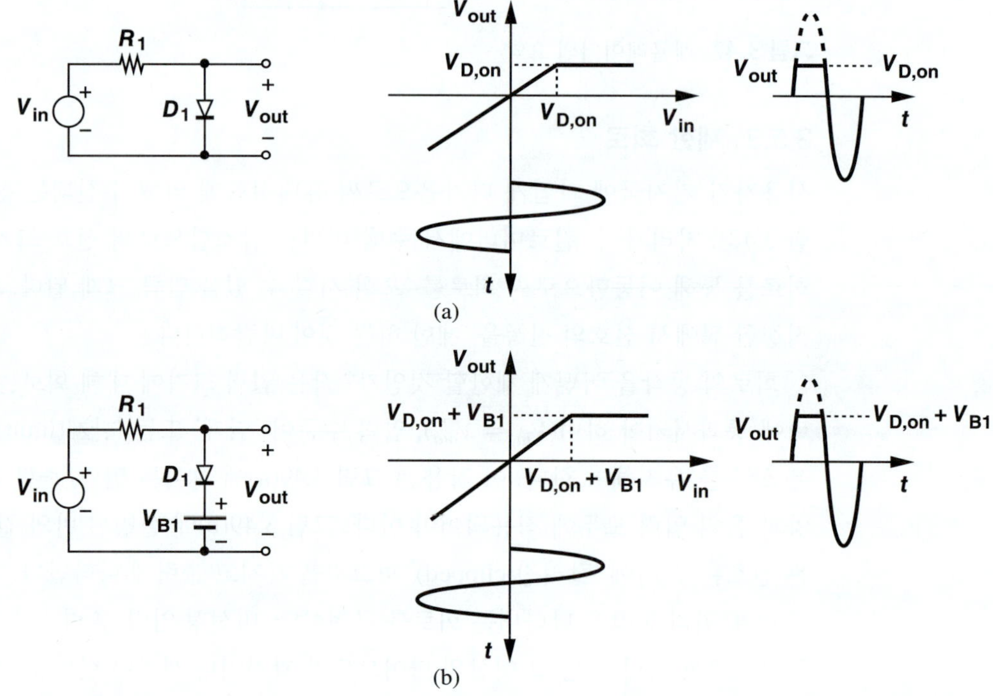

그림 3.50 (a) 단순한 제한 회로; (b) 레벨 시프트를 위한 제한 회로

보다 일반적인 제한 회로로 알맞으려면 위의 구조는 두 가지 다른 조건을 만족시켜야 한다. 먼저 한계 레벨 V_L이 임의의 전압이어야 하고 $V_{D,on}$과 같을 필요는 없다. 그림 3.11(c)의 회로에서 영향을 받아 D_1과 직렬로 연결된 일정 전압원은 한계점을 이동시켜 이 목적을 완성한다는 것을 가정한다. 그림 3.50(b)에 그려진 것과 같이 결과로 생긴 회로는 $V_L = V_{B1} + V_{D,on}$에서 제한한다. V_{B1}은 V_L을 각각 높게 또는 낮게 이동시키기 위해 양수 또는 음수가 될 수 있다는 것을 인지해야 한다.

두 번째로 V_{in}의 음수값 또한 제한되어야 한다. 그림 3.50(a)의 회로로부터 D_1의 애노드와 캐소드가 바뀌면 회로는 $V_{in} = -V_{D,on}$에 제한한다는 것을 알 수 있다. 그러므로 그림 3.51(b)에 보이는 것과 같이 2개의 '역평행' 다이오드가 $\pm V_{D,on}$에서 제한하는 특성을 만들

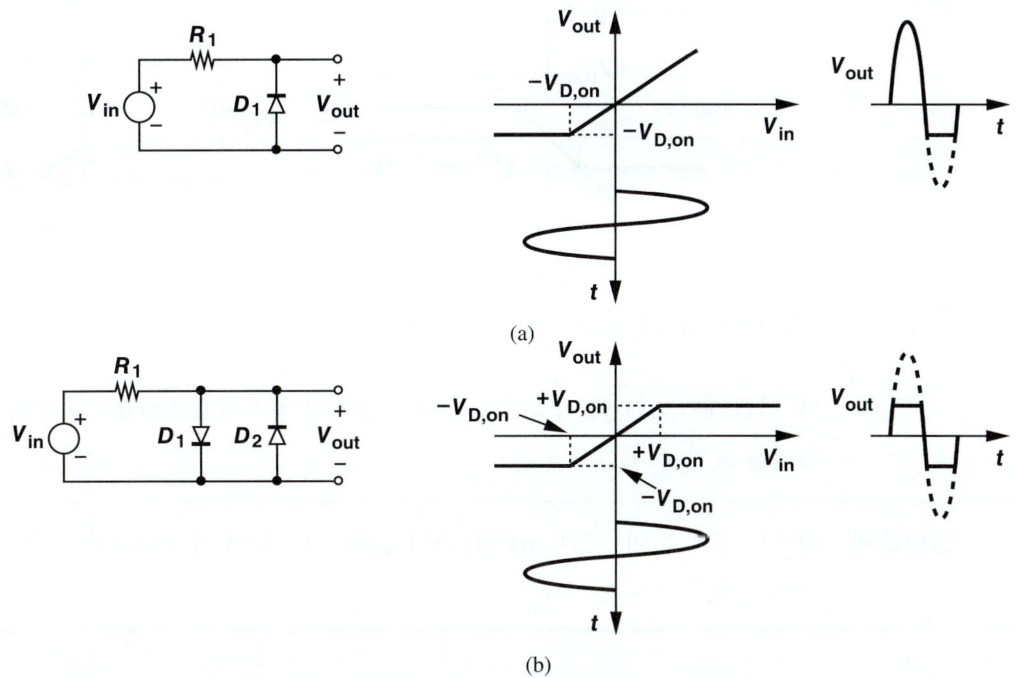

그림 3.51 (a) 음주기 제한 회로; (b) 2개의 음과 양의 반주기를 위한 제한 회로

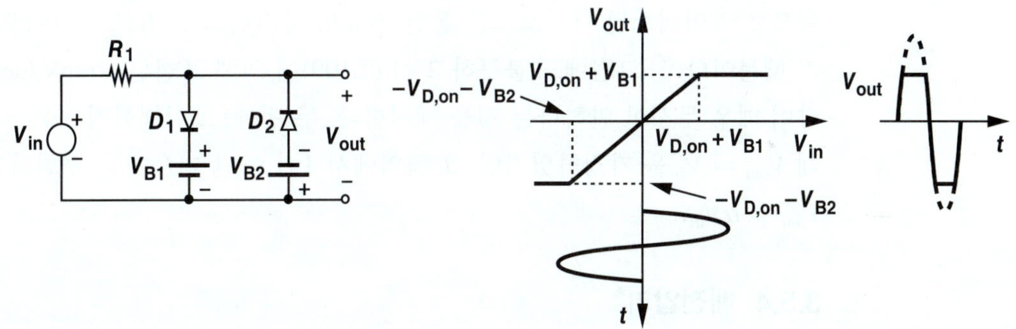

그림 3.52 일반적인 제한 회로와 특성

어 낼 수 있다. 마지막으로 일정한 전압원을 다이오드와 직렬로 삽입하여 한계점을 임의의 레벨로 이동한다(그림 3.52).

예제 3.34 신호는 ±100 mV에 제한되어야만 한다. $V_{D,on}$ = 800 mV를 가정하면서 요구되는 한계 전류를 설계하라.

풀이 그림 3.53(a)는 전압원이 꺾이는 점을 어떻게 이동시켜야 하는지를 설명한다. 양의 제한점이 왼쪽으로 이동해야만 하므로 D_1에 직렬인 전압원은 음수이어야 하고 700 mV와 같

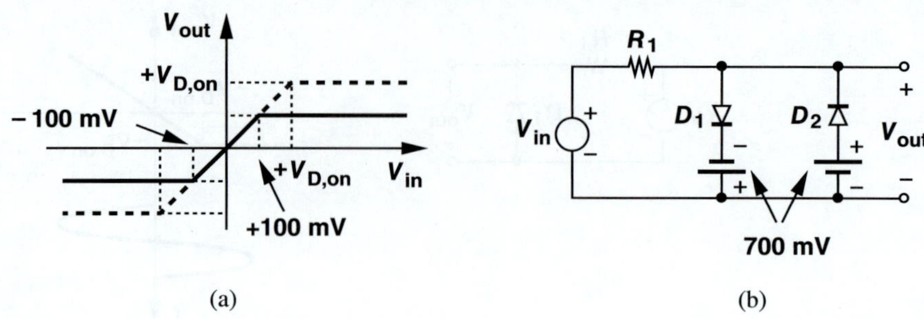

그림 3.53 (a) 제한 회로의 예; (b) 입력/출력 특성

다. 마찬가지로 D_2와 직렬인 전압원은 양수이어야 하고 700 mV와 같다. 그림 3.53(b)는 결과를 보여 준다.

연습문제 신호의 양의 값이 +200 mV에, 음의 값이 −1.1 V에 제한되어야만 하는 경우에 대하여 위의 예제를 다시 풀어라.

이 장을 결론짓기 전에 두 가지만 더 언급한다. 첫 번째로, 위에 공부한 회로들은 실제로 한계 영역에서 0이 아닌 기울기를 나타낸다(그림 3.54). 이는 V_{in}이 증가함으로써 순방향으로 바이어스된 다이오드를 통한 전류도 증가하고 그러므로 다이오드 전압도 증가하기 때문이다.[16] 그럼에도 불구하고 식 (2.109)에 의해 표현된 60 mV/decade 법칙은 이 영향이 매우 무시할 만하다는 것을 제시한다. 두 번째로, 이제까지 $-V_L < V_{in} < +V_L$에 대해 $V_{out} = V_{in}$을 가정하였지만 그 영역에서 1이 아닌 기울기를 구현하는 것은 가능하다: $V_{out} = \alpha V_{in}$.

3.5.4 배전압기*

일반적으로 전자 시스템은 분리된 또는 집적된 회로들이 그 값에서 동작하는 것을 요구하는 '전체적인(global)' 공급 전압(예를 들면, 3 V)을 채용한다. 그러나 그 시스템 내의 어떤 회로들이 높은 공급 전압(예를 들면, 6 V)에서 동작하면 그 회로들의 설계가 아주 단순해진

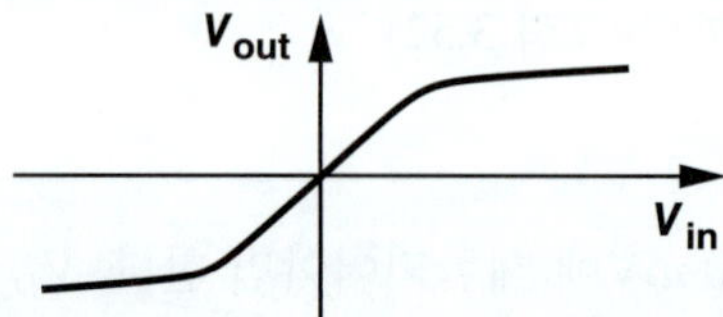

그림 3.54 비선형 다이오드의 한계 특성에 대한 영향

16) $V_D = V_T \ln(I_D/I_S)$를 상기하라.
* 이 절은 처음 읽을 때는 건너뛰어도 된다.

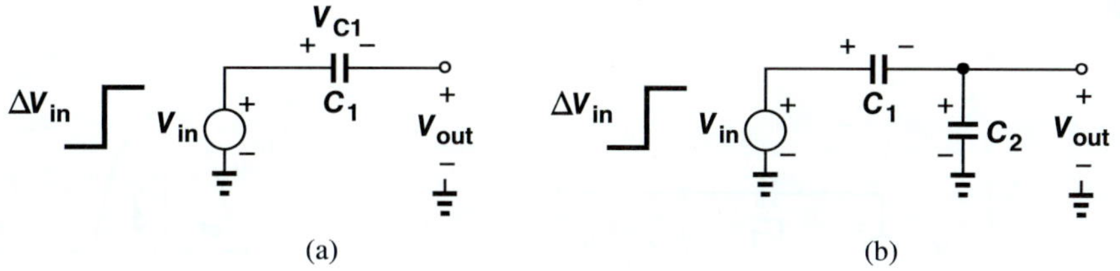

그림 3.55 (a) 커패시터의 한 평판에서의 전압 변화; (b) 전압 분할

다. '배전압기(voltage doubler)'는 이 목적을 위해 사용된다.[17)]

배전압기를 공부하기 전에 커패시터의 기본 성질을 복습하는 것이 유용하다. 첫 번째로 커패시터의 한 평판을 $+Q$로 충전하기 위해 다른 평판이 $-Q$로 충전되어야만 한다. 그러므로 그림 3.55(a)의 회로에서 C_1에 걸리는 전압은 V_{in}이 변하더라도 C_1의 오른쪽 평판이 전하를 받거나 놓아줄 수 없으므로 충전될 수 없다($Q = CV$). V_{C1}이 일정한 값을 유지하므로 입력 변화 ΔV_{in}은 출력에 그대로 나타난다. 이것은 중요한 관찰이다.

두 번째로 그림 3.55(b)에 있는 것과 같은 전압 분배기는 다음과 같이 동작한다. V_{in}이 좀 더 양수이면 C_1의 왼쪽 평판은 V_{in}으로부터 양전하를 받음으로써 오른쪽 평판이 같은 양의 음전하를 C_2의 위쪽 평판으로부터 흡수할 것을 요구한다. 음전하를 잃음으로써 C_2의 위쪽 평판은 동일한 좀 더 많은 양전하를 유지하고 그러므로 아래 평판은 음전하를 접지로부터 흡수한다. C_1과 C_2가 직렬이므로 모든 4개의 평판은 같은 양의 전하를 받거나 놓아준다. ΔV_{in}에 의해 발생하는 V_{out}에서의 변화 ΔV_{out}을 결정하기 위해서 C_2에서의 전하의 변화를 $\Delta Q_2 = C_2 \cdot \Delta V_{out}$으로 쓰며 이는 또한 C_1에 대해서도 유지된다: $\Delta Q_2 = \Delta Q_1$. 그러므로 C_1에 걸리는 전압 변화는 $C_2 \cdot \Delta V_{out}/C_1$과 같게 된다. 이 2개의 전압 변화를 더하고 그 결과를 ΔV_{in}과 같다고 놓으면

$$\Delta V_{in} = \frac{C_2}{C_1}\Delta V_{out} + \Delta V_{out} \tag{3.111}$$

을 얻는다. 즉,

$$\Delta V_{out} = \frac{C_1}{C_1 + C_2}\Delta V_{in} \tag{3.112}$$

이다. 이 결과는 C_1(C_2보다는)이 분자에 나타난다는 것을 제외하고는 저항 분할기의 전압 분할 표현과 같다. 흥미롭게도 그림 3.55(a)의 회로는 $C_2 = 0$을 가지는 커패시터 분할기의 특별한 경우로서 $\Delta V_{out} = \Delta V_{in}$이 된다.

배전압기를 구현하는 첫 번째 단계로서 그림 3.32에 그려진 결과를 상기해 보자: 피크 검출기에 있는 다이오드에 걸린 전압은 평균 $-V_p$를 나타내며 보다 중요하게 $-2V_p$의 피크값을 나타낸다(0에 대하여). 좀 더 조사하기 위해 그림 3.56에 보이는 것과 같이 회로를

---

17) 배전압기는 '직렬-직렬 변환기'의 예이다.

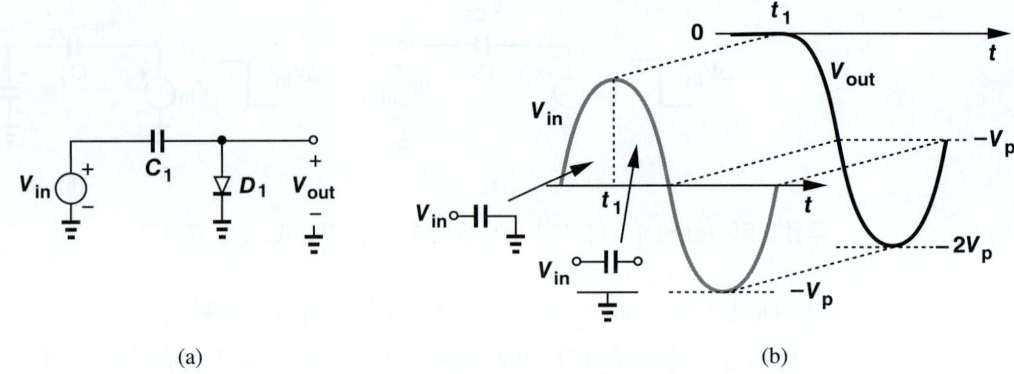

그림 3.56 (a) 커패시터-다이오드 회로와 (b) 출력 파형

다시 그렸다. 여기서 다이오드와 커패시터는 교환되었고 D_1에 걸리는 전압은 V_{out}으로 표시되었다. 이 회로에 있는 V_{out}이 그림 3.31(a)에 있는 V_{D1}과 정확히 동일하게 동작하지만 더 많은 통찰력을 얻기 위해 다른 시각으로부터 출력 파형을 유도한다.

이상적인 다이오드와 C_1에 걸리는 0 초기 조건을 가정하고 V_{in}이 0을 초과하면 입력은 C_1의 왼쪽 평판에 양전하를 위치시켜 D_1으로부터 음전하를 끌어내는 경향이 있다는 것을 알고 있다. 결과적으로 D_1이 켜지고 $V_{out} = 0$으로 만든다.[18] 입력이 V_p를 향해 올라가면 C_1의 오른쪽 평판이 D_1에 의해 0에 '고정되어' 있으므로 C_1에 걸린 전압은 V_{in}과 같게 유지한다. $t = t_1$ 후에, V_{in}은 떨어지기 시작하고 C_1을 방전한다. 즉, 왼쪽 평판으로부터 양전하를 끌어내고 그러므로 D_1으로부터 양전하를 끌어낸다. 그러므로 다이오드는 꺼지고 회로는 그림 3.55(a)에 있는 회로로 간략화된다. 이 시간부터 C_1은 V_p와 동일한 일정한 전압을 유지하는 반면에 출력은 단순히 입력의 변화를 따른다. 특히 V_{in}이 $+V_p$에서 $-V_p$로 변함으로써 출력은 0에서 $-2V_p$로 가고 주기는 무한정 반복된다. 그러므로 출력 파형은 그림 3.32(b)에서 얻어진 것과 동일하다.

예제 3.35 C_1에 걸리는 초기 조건이 0인 경우에 그림 3.57에 보이는 회로의 출력 파형을 도시하라.

풀이 V_{in}이 0으로부터 올라가므로 C_1의 왼쪽 평판에 양의 전하를 위치시킴으로써 D_1으로부터 음의 전하를 끌어내고 다이오드를 끄려고 한다. 결과적으로 C_1은 입력 변화를 전체 양의 주기에 대해 출력으로 바로 전달한다. $t = t_1$ 후 입력은 음의 전하를 C_1으로 넣으므로 D_1을 켜고 $V_{out} = 0$이 되게 한다. 그러므로 C_1에 걸리는 전압은 $t = t_2$일 때까지 V_{in}과 같다. 이 점에서 D_1을 끄면서 C_1과 D_1을 통해 흐르는 전류의 방향이 변해야만 한다. 이제 C_1은 V_p와 같은 전압을 수반하고 입력 변화를 출력에 전달한다. 즉, 출력은 입력을 따라가지만 레벨은 $+V_p$만큼 이동되었고 $+2V_p$의 피크값에 이른다.

18) D_1이 켜지지 않으면 회로는 그림 3.55(a)에 있는 회로와 유사하며 V_{out} 증가와 D_1 켜짐을 요구한다.

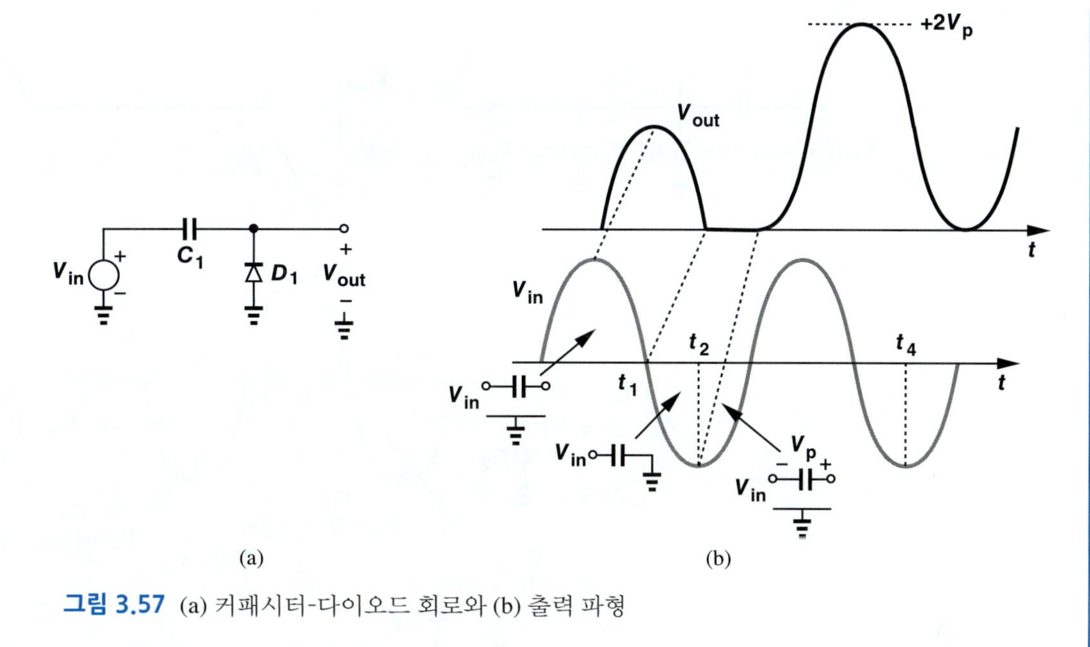

그림 3.57 (a) 커패시터-다이오드 회로와 (b) 출력 파형

연습문제 $t = 0$에서 C_1의 오른쪽 평판이 그것의 왼쪽 평판보다 1 V 더 양인 경우에 대하여 위의 예제를 다시 풀어라.

지금까지 $-V_p$에서 $+V_p$로 변하는 입력 정현파에 대해 $-2V_p$ 또는 $+2V_p$의 피크값을 가지는 주기적인 출력을 발생시키는 회로를 개발해 왔다. 피크 검출기(peak detector)가 이 회로 뒤에 오면 $-2V_p$ 또는 $+2V_p$와 동일한 일정 출력이 만들어질 것이다[그림 3.31(a)]. 그림 3.58은 그림 3.57의 회로를 그림 3.31(a)의 피크 검출기와 결합하여 이 개념을 예시한다. D_2가 켜졌을 때 물론 피크 검출기가 첫 번째 단에 '부하'를 가하므로 이 회로를 주의 깊게 분석해야 하고 이 회로가 사실상 배전압기로 동작하는지를 판단해야 한다.

이상적인 다이오드, C_1과 C_2에 걸리는 0 초기 조건과 $C_1 = C_2$를 가정한다. 이 경우에 음의 주기부터 분석을 시작하면 분석이 단순해진다. V_{in}이 0 아래로 떨어짐으로써 D_1이 켜지고 노드 X를 0에 고정한다.[19] 그러므로 $t < t_1$이면 D_2는 꺼진 상태를 유지하고 $V_{out} = 0$이다. $t = t_1$에서, C_1에 걸리는 전압은 $-V_p$에 이른다. $t > t_1$이면 입력은 올라가기 시작하고 양전하를 C_1의 왼쪽 평판에 축적하고 D_1을 끄며 그림 3.58에 보이는 회로를 야기한다.

이 상황에서 D_2는 어떻게 동작할까? V_{in}이 이제 증가하므로 V_X 또한 0으로부터 증가하여 D_2를 켤 것이라고 추론된다.(D_2가 꺼져 있으면 C_1은 단순히 V_{in}의 변화를 노드 X에 전달하여 V_X를 올리고 그러므로 D_2를 켠다.) 결과적으로 $C_1 = C_2$이기 때문에 회로는 식

---

19) 여느 때처럼 독자가 다르게 가정하고(즉, D_1은 꺼진 상태를 유지함) 모순된 결과에 도달해 보기 바란다.

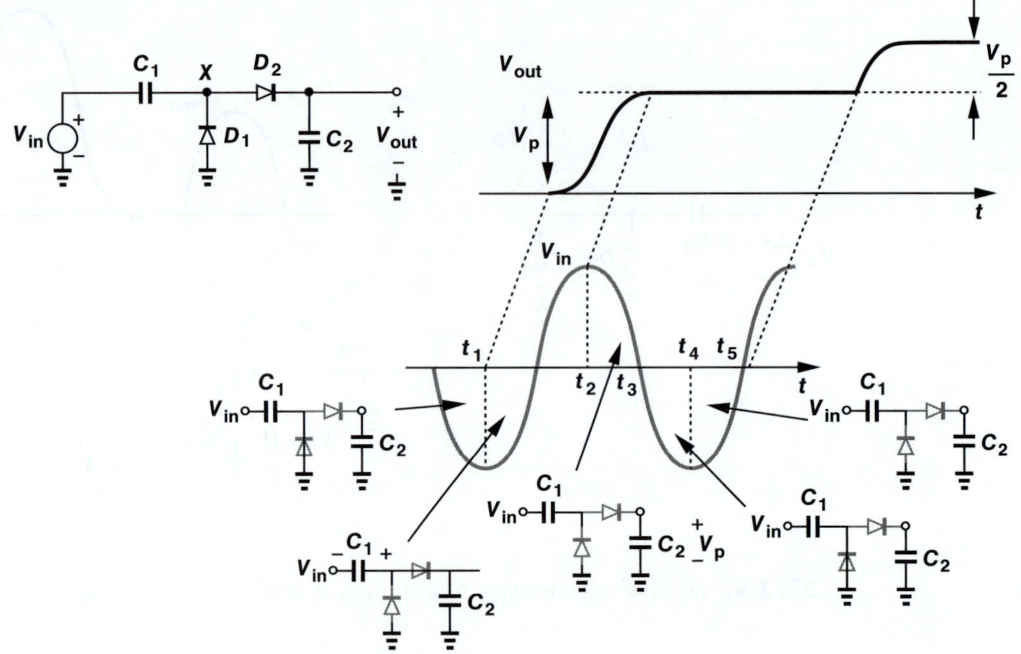

그림 3.58 배전압기 회로와 출력 파형

(3.112)를 따르는 단순한 커패시터 분할기로 간단하게 된다.

$$\Delta V_{out} = \frac{1}{2}\Delta V_{in} \tag{3.113}$$

다시 말해서 V_X와 V_{out}은 0부터 시작해서 같은 값을 가지고 정현파적으로 변하지만 크기는 $V_p/2$와 같다. 그러므로 t_1에서 t_2까지 V_{in}에서 $2V_p$의 변화가 V_X와 V_{out}에서 V_p만큼의 변화로서 나타난다. $t_1 = t_2$에서 C_1에 걸리는 전압은 V_{in}과 V_{out}이 모두 $+V_p$와 같기 때문에 0이다.

$t = t_2$ 후에 무슨 일이 일어나는가? 여기서 독자는 무엇인가 잘못된 것이 아닌가 의아해할 것이다. 목적은 V_p가 아닌 $2V_p$와 같은 출력을 발생시키는 것이다. 그러나 다시 인내가 미덕이고 과도 분석은 계속해야 한다. $t > t_2$에 대해 D_1과 D_2는 모두 꺼지며 각 커패시터는 일정한 값을 유지한다. C_1에 걸리는 전압이 0이므로 $V_X = V_{in}$이고 $t = t_3$에서 0으로 떨어

Did you know?

배전압기 회로는 종종 시스템의 전원 공급 장치가 제공할 수 있는 것보다 더 큰 직류 전압을 생성하는 데 사용된다. 예를 들어 '광전자 증배관'은 전자를 가속하고 '2차 방출'이라는 프로세스를 통해 광자의 수를 증폭하기 위해 1000~2000 V의 공급 전압이 필요하다. 이 경우 110 V 또는 220 V의 라인 전압으로 시작하고 필요한 값에 도달하기 위해 배전압기의 캐스케이드를 사용한다. 광전자 증배관은 천문학, 고에너지 물리학 및 의학을 포함한 많은 분야에서 응용되고 있다. 예를 들면, 혈액 세포는 광전자 증배관의 도움을 받아 저조도 조건에서 계산된다.

진다. 이 점에서 D_1은 다시 켜지고 C_1이 $t = t_4$에서 $-V_p$로 충전되게 한다. V_{in}이 다시 증가하기 시작함에 따라서 $V_X = 0$이고 $V_{out} = +V_p$이므로 D_1은 꺼지고 D_2는 꺼진 상태를 유지한다. 이제 고정되지 않은 C_1의 오른쪽 평판과 함께, V_X는 입력에서의 변화를 따라가고 V_{in}이 $-V_p$에서 0으로 감으로써 $+V_p$에 도달하게 된다. 이 시간 후 출력 변화는 입력 변화의 절반이다. 즉, V_{out}은 V_{in}이 0에서 $+V_p$로 감으로써 $+V_p$에서 $+V_p + V_p/2$로 증가한다. 출력은 이제 $3V_p/2$에 이르렀다.

이전의 분석으로부터 분명해진 것과 같이, 출력은 $V_p, V_p/2, V_p/4, \cdots$만큼씩 각 주기에서 계속 증가하고

$$V_{out} = V_p\left(1 + \frac{1}{2} + \frac{1}{4} + \cdots\right) \tag{3.114}$$

$$= \frac{V_p}{1 - \frac{1}{2}} \tag{3.115}$$

$$= 2V_p \tag{3.116}$$

의 최종값에 접근한다. 독자가 조금 더 많은 주기에 대한 분석을 계속하고 이 경향을 증명해 보기 바란다.

예제 3.36 배전압기 회로에 있는 D_1의 전류를 시간의 함수로 도시하라.

풀이 그림 3.59(a)에 있는 그림을 사용하고, D_1이 순방향으로 바이어스되었을 때 D_1과 C_1은

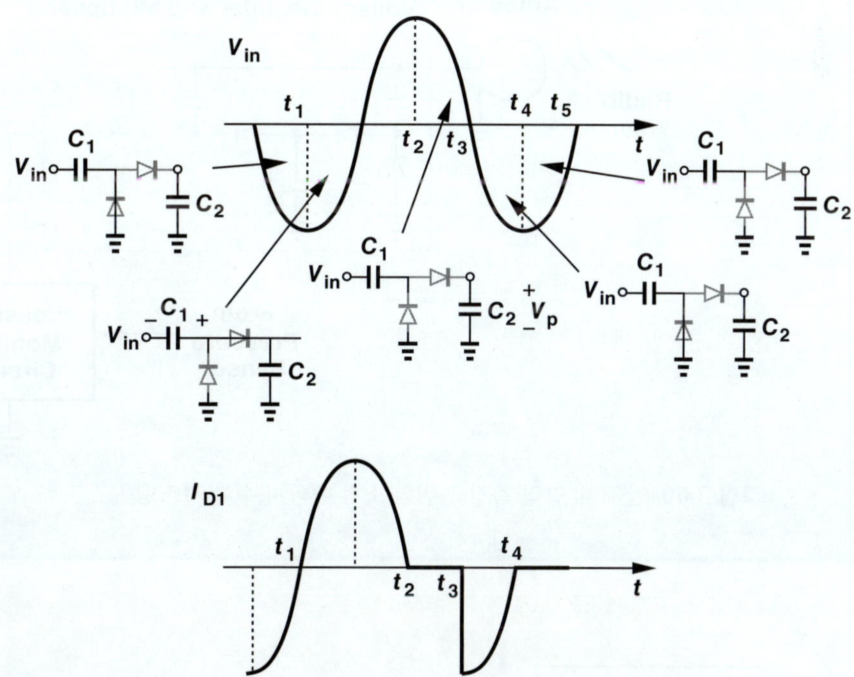

그림 3.59 배전압기에서의 다이오드 전류

동일한 전류를 수반한다는 것을 알고 전류를 $I_{D1} = -C_1 dV_{in}/dt$로 써서, 그림 3.59(b)에 보이는 그림을 그린다.[20] $0 < t < t_1$에 대해 D_1은 켜지고 피크 전류는 V_{in}의 최고 기울기, 즉 $t = 0$ 바로 후에 대응한다. $t = t_1$에서 $t = t_3$까지 다이오드는 꺼져 있고 그 후의 주기에서 같은 동작을 반복한다.

연습문제 위의 예제에 있는 D_2를 통해 흐르는 전류를 시간의 함수로 도시하라.

생명공학 응용: 에너지 수확

사람 몸에 이식하는 의료기기는 전선 없이 작동해야 한다. 이와 같이 충전식 배터리 또는 외부 전파 에너지를 장치에서 수집하여 커패시터에 저장하고 짧은 시간 동안 전자제품에 전원을 공급하는 '에너지 수확(energy harvesting)'으로 전원을 공급할 수 있다. 의료기기의 크기가 작아서 배터리를 수용할 수 없는 경우 에너지 하비스팅이 필수적이다.

이러한 장치의 흥미로운 예로 녹내장 환자를 위해 개발된 '안구 내'압력 모니터를 들 수 있다[1]. 부피가 작아서(1 mm^3 미만) 환자의 눈에 이식하여 압력을 측정할 수 있다. 그림 3.60은 구조를 단순화하여 나타낸 것이다[1]. 전파는 작은 루프 안테나에 의해 수신되고 이 장에서 설명하는 배전압기와 다소 유사한 4단계 정류기를 통해 직류 전압으로 변환된다. 그런 다음 직류 전압은 압력 모니터 회로의 전원으로 작동한다.

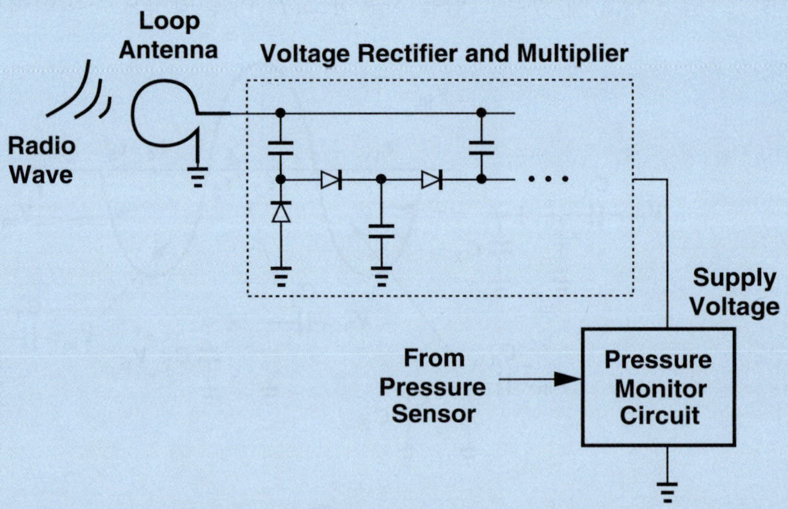

그림 3.60 안구 내 압력 측정을 위한 소형 에너지 수확 시스템

20) 일반적으로 I_{D1}은 애노드로부터 캐소드로 흐르는 전류의 양을 나타낸다.

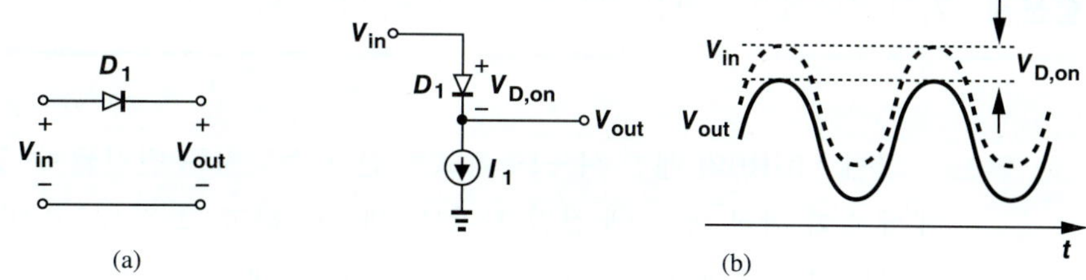

그림 3.61 (a) 레벨 시프트를 위한 다이오드의 사용; (b) 실제 구현

3.5.5 레벨 시프터와 스위치로서의 다이오드*

전자회로 설계에 있어서 다음 단(예를 들면, 증폭기)이 현재 직류 크기로 적절하게 동작하지 않을지도 모르기 때문에 신호의 평균 크기를 위 또는 아래로 이동시킬 필요가 있을지도 모른다.

순방향 바이어스에서 상대적으로 일정 전압을 유지함으로써 다이오드는 전지로 보일 수 있고 그러므로 신호의 크기를 이동시킬 수 있는 소자로 보일 수 있다. 첫 번째 시도로서 그림 3.61(a)에 보이는 회로를 신호의 크기를 $V_{D,on}$만큼 내리기 위한 후보로 고려한다. 그러나 다이오드 전류는 알려지지 않은 상태로 있고 다음 단에 의존한다. 이 문제를 완화하기 위해 회로를 그림 3.61(b)에 그려진 것처럼 수정한다. 여기서 I_1은 일정한 전류를 끌어내며 D_1에 $V_{D,on}$이 걸리게 한다.[21] 다음 단이 끌어내는 전류가 무시할 만하면(또는 최소한 일정하면) V_{out}은 단순히 상수 양인 $V_{D,on}$만큼 V_{in}보다 낮다.

예제 3.37 신호의 직류 레벨을 $2V_{D,on}$만큼 위로 이동시키는 회로를 설계하라.

풀이 레벨을 위로 이동시키기 위해 입력을 캐소드에 인가한다. 또한 $2V_{D,on}$의 이동을 얻기 위해 두 다이오드를 직렬로 위치시킨다. 그림 3.62는 결과를 보여 준다.

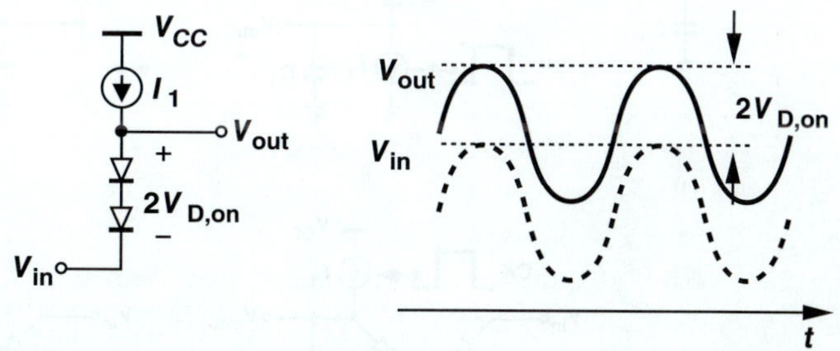

그림 3.62 두 다이오드에 의한 양의 전압 이동

* 이 절은 처음 읽을 때는 건너뛰어도 된다.

21) 다이오드는 V_{out}이 V_{in}보다 작다는 것을 강조하기 위해 수직으로 그려졌다.

연습문제 I_1이 극단적으로 작은 경우에 무슨 일이 발생하는가?

그림 3.61(b)의 레벨 시프트 회로는 전자 스위치로 변경될 수 있다. 예를 들어 많은 응용에서 S_1이 꺼질 때 C_1에 걸린 전압을 '샘플링'하고 그 값을 '고정'하기 위해 그림 3.63(a)에 보이는 구조를 채택한다. S_1을 레벨 시프트로 대체하고 I_1이 꺼지고 켜지는 것을 허용하자[그림 3.63(b)]. I_1이 켜지면 V_{out}은 신호의 이동이 $V_{D,on}$과 같다는 것을 제외하고는 V_{in}을 따라간다. I_1이 꺼질 때 D_1이 꺼지고 아무래도 입력으로부터 C_1을 끊고 C_1에 걸리는 전압을 고정한다.

회로의 본질적인 동작은 위에서 기술한 것과는 조금 다르므로 마지막에서 '아무래도'라는 표현을 사용하였다. D_1이 꺼진다는 가정은 단지 C_1이 D_1으로부터 전류를 끌어내지 않는 경우, 즉 $V_{in} - V_{out}$이 $V_{D,on}$보다 작게 유지되는 경우에만 유효하다. 이제 그림 3.63(c)에 설명된 경우를 고려하자. 여기서 I_1은 $t = t_1$일 때 꺼지고 C_1이 $V_{in1} - V_{D,on}$과 같은 값을 저장하는 것을 허용한다. 입력 파형이 음의 여정을 완료하고 $t = t_2$에서 V_{in1}을 초과함으로써 다이오드는 다시 순방향으로 바이어스되고 입력으로 C_1을 충전한다(피크 검출기와 유사한 방법으로). 즉, I_1이 꺼지더라도 D_1은 주기의 일부분 동안 켜진다.

이 문제를 해결하기 위해 회로가 그림 3.63(d)에 보이는 바와 같이 수정되었다. 여기서 D_2는 D_1과 C_1 사이에 삽입되었고, I_2는 D_2를 위한 바이어스를 공급한다. I_1과 I_2가 모두 켜지면 다이오드는 순방향 바이어스에서 동작하고 $V_X = V_{in} - V_{D1}$이고, $V_{D1} = V_{D2}$이면 $V_{out} = V_X + V_{D2} = V_{in}$이다. 그러므로 V_{out}은 레벨 이동 없이 V_{in}을 따라간다. I_1과 I_2가 모두 꺼지면 회로는 그림 3.63(e)와 같이 간략화되며, 여기서 연속적인 다이오드는 $V_{in} - V_{out}$

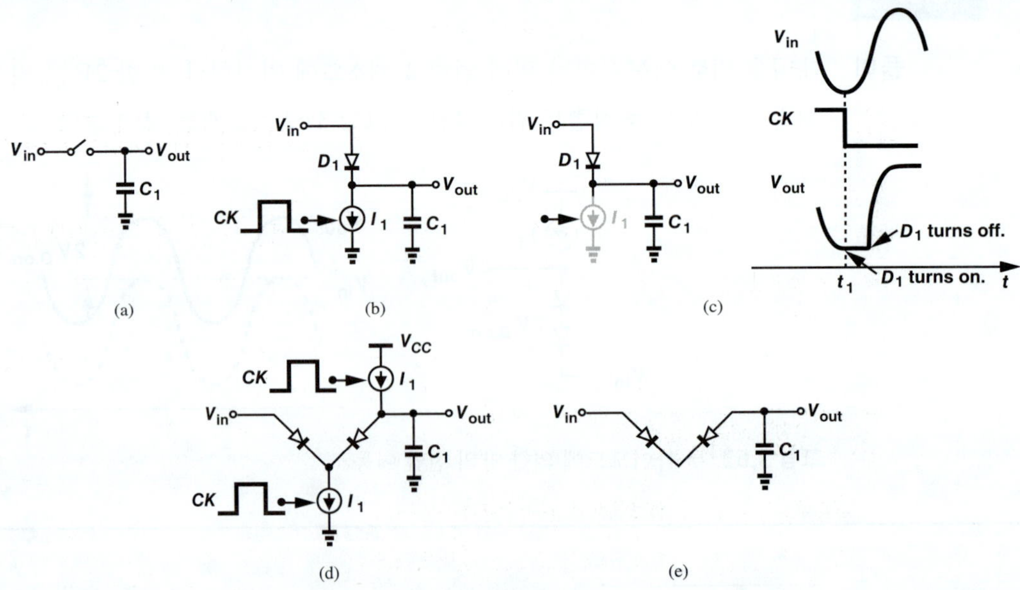

그림 3.63 (a) 스위치붙이 커패시터 회로; (b) 스위치로서 다이오드를 사용한 (a)의 구현; (c) 다이오드 전도의 문제점; (d) 보다 복잡한 회로; (e) I_1과 I_2가 꺼졌을 때의 등가 회로

의 어느 값에 대해서도 켜지지 않음으로써 C_1을 입력으로부터 분리한다. 다시 말해서 두 다이오드와 두 전류원은 전자 스위치를 형성한다.

예제 3.38 2장으로부터 다이오드가 역방향 바이어스에서 접합 커패시턴스를 보인다는 것을 상기하자. 이 커패시턴스가 위 회로의 동작에 미치는 효과를 연구하라.

풀이 그림 3.64는 다이오드가 꺼지는 경우에 대한 등가 회로를 보여 주며 접합 커패시턴스를 통한 입력의 전도는 출력을 방해한다는 것을 암시한다. 특히 그림 3.55(b)의 커패시턴스 분할기를 적용하고 $C_{j1} = C_{j2} = C_j$를 가정하면

$$\Delta V_{out} = \frac{C_j/2}{C_j/2 + C_1}\Delta V_{in} \tag{3.117}$$

을 얻는다. 이 '피드스루(feedthrough)'가 작은 것을 확실하게 하기 위해 C_1은 충분히 커야 한다.

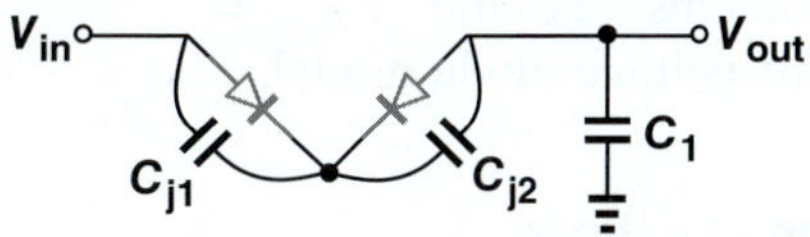

그림 3.64 다이오드 스위치에서의 피드스루

연습문제 C_{j1}의 오른쪽 평면에서 나타나는 전압의 변화를 ΔV_{in}의 항으로 계산하라.

3.6 요약

- 지수와 일정 전압 모델에 부가하여 '이상적인' 모델은 다이오드 회로를 분석하기 위해 때때로 이용된다. 이상적인 다이오드는 다이오드가 아주 작은 순방향 바이어스 전압으로 켜진다고 가정한다.
- 많은 전자회로에서 '입력/출력 특성'은 다양한 입력 레벨(예를 들면, 입력 레벨이 $-\infty$에서 $+\infty$로 감)에 대한 응답을 이해하기 위해 연구된다.
- '대신호 동작'은 회로 또는 소자가 임의의 큰 전압 또는 전류 여정을 경험할 때 발생한다. 이 경우에 지수, 일정 전압, 이상적인 다이오드 모델이 사용된다.
- 전류와 전압의 변화가 충분히 작으면 비선형 소자와 회로들은 선형 상대물에 의해서 근사화될 수 있으며 분석을 상당히 단순화한다. 이것을 '소신호 동작'이라 부른다.
- 다이오드의 소신호 모델은 V_T/I_D로 주어지는 '증분 저항'으로 구성된다.

- 다이오드는 정류기, 제한 회로, 배전압기와 레벨 시프터를 포함하는 많은 응용이 있다.
- 반파 정류기는 입력 파형의 양의(음의) 반주기를 통과시키고 음의(양의) 반주기를 막는다. 커패시터가 정류기 뒤에 오면 정류기는 입력 진폭의 크기와 거의 같은 직류 전압을 만들어 낼 수 있다.
- C_1과 부하 저항 R_L의 평활 커패시터를 가지는 반파 정류기는 $(V_p - V_{D,on})/(R_L C_1 f_{in})$과 같은 출력 리플을 나타낸다.
- 전파 정류기는 음과 양의 입력 주기 모두를 출력에서 같은 극성으로 변환한다. 평활 커패시터와 부하 저항이 전파 정류기 다음에 오면 정류기는 $0.5(V_p - 2V_{D,on})/(R_L C_1 f_{in})$으로 주어지는 출력 리플을 나타낸다.
- 다이오드는 한계 소자로 동작할 수 있다. 즉, 입력 진폭이 계속 증가하더라도 출력 진폭을 제한한다.

PROBLEMS

In the following problems, assume $V_{D,on} = 800$ mV for the constant-voltage diode model.

Section 3.2 *pn* Junction as a Diode

SOL **3.1.** Plot the I/V characteristic of the circuit shown in Fig. 3.65.

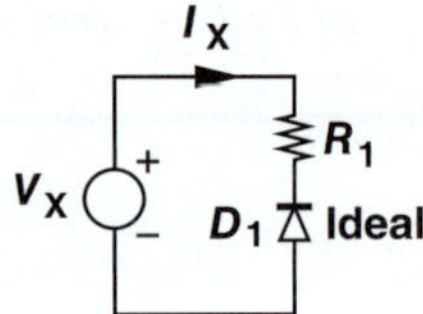

Figure 3.65

3.2. If the input in Fig. 3.65 is expressed as $V_X = V_0 \cos \omega t$, plot the current flowing through the circuit as a function of time.

3.3. Plot I_X as a function of V_X for the circuit shown in Fig. 3.66 for two cases: $V_B = -1$ V and $V_B = +1$ V.

3.4. If in Fig. 3.66, $V_X = V_0 \cos \omega t$, plot I_X as a function of time for two cases: $V_B = -1$ V and $V_B = +1$ V.

3.5. For the circuit depicted in Fig. 3.67, plot I_X as a function of V_X for two cases: $V_B = -1$ V and $V_B = +1$ V.

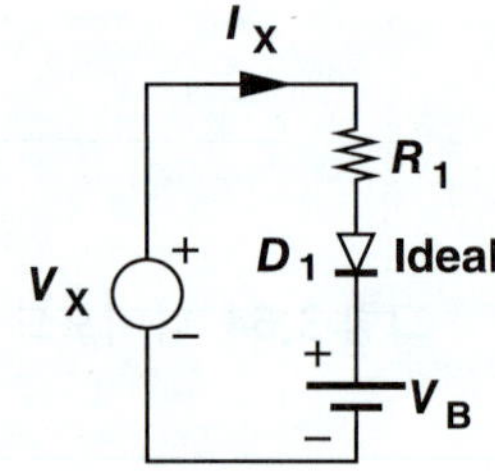

Figure 3.66

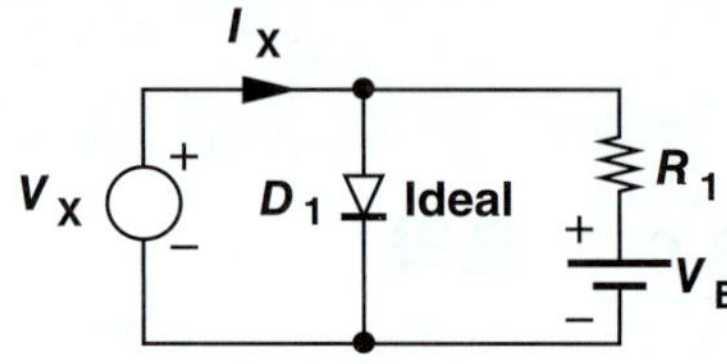

Figure 3.67

3.6. Plot I_X and I_{D1} as a function of V_X for the circuit shown in Fig. 3.68. Assume $V_B > 0$. SOL

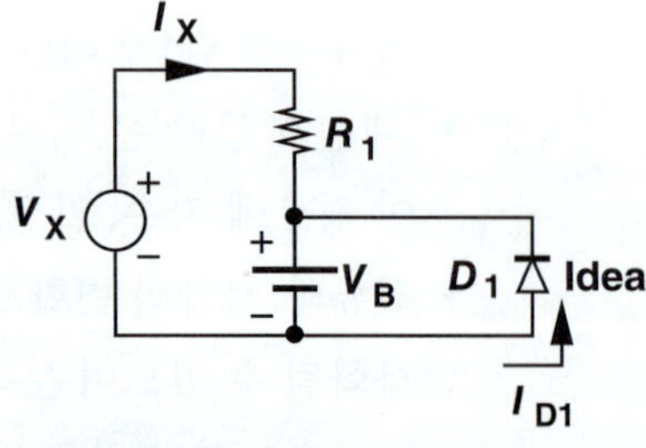

Figure 3.68

3.7. For the circuit depicted in Fig. 3.69, plot I_X and I_{R1} as a function of V_X for two cases: $V_B = -1$ V and $V_B = +1$ V.

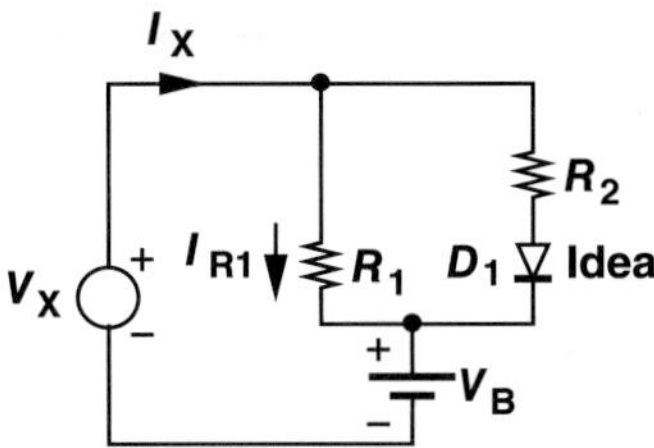

Figure 3.69

SOL **3.8.** In the circuit of Fig. 3.70, plot I_X and I_{R1} as a function of V_X for two cases: $V_B = -1$ V and $V_B = +1$ V.

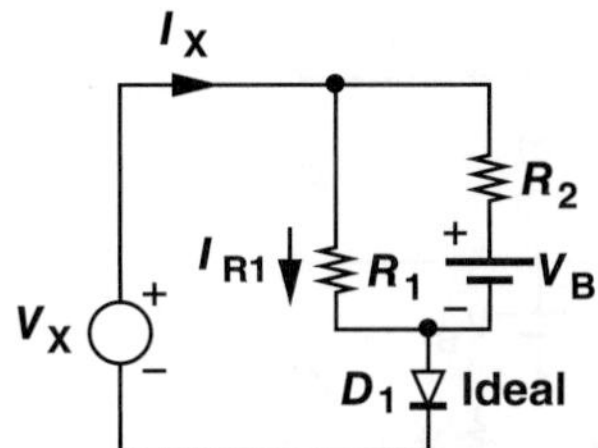

Figure 3.70

***3.9.** Plot the input/output characteristics of the circuits depicted in Fig. 3.71 using an ideal model for the diodes. Assume $V_B = 2$ V.

***3.10.** Repeat Problem 3.9 with a constant-voltage diode model.

***3.11.** If the input is given by $V_{in} = V_0 \cos \omega t$, plot the output of each circuit in Fig. 3.71 as a function of time. Assume an ideal diode model.

****3.12.** Plot the input/output characteristics of the circuits shown in Fig. 3.72 using an ideal model for the diodes.

****3.15.** Assuming a constant-voltage diode model, plot V_{out} as a function of I_{in} for the circuits shown in Fig. 3.73. SOL

****3.16.** In the circuits of Fig. 3.73, plot the current flowing through R_1 as a function of V_{in}. Assume a constant-voltage diode model.

****3.17.** For the circuits illustrated in Fig. 3.73, plot V_{out} as a function of time if $I_{in} = I_0 \cos \omega t$. Assume a constant-voltage model and a relatively large I_0.

****3.18.** Plot V_{out} as a function of I_{in} for the circuits shown in Fig. 3.74. Assume a constant-voltage diode model.

***3.19.** Plot the current flowing through R_1 in the circuits of Fig. 3.74 as a function of I_{in}. Assume a constant-voltage diode model.

***3.20.** In the circuits depicted in Fig. 3.74, assume $I_{in} = I_0 \cos \omega t$, where I_0 is relatively large. Plot V_{out} as a function of time using a constant-voltage diode model. SOL

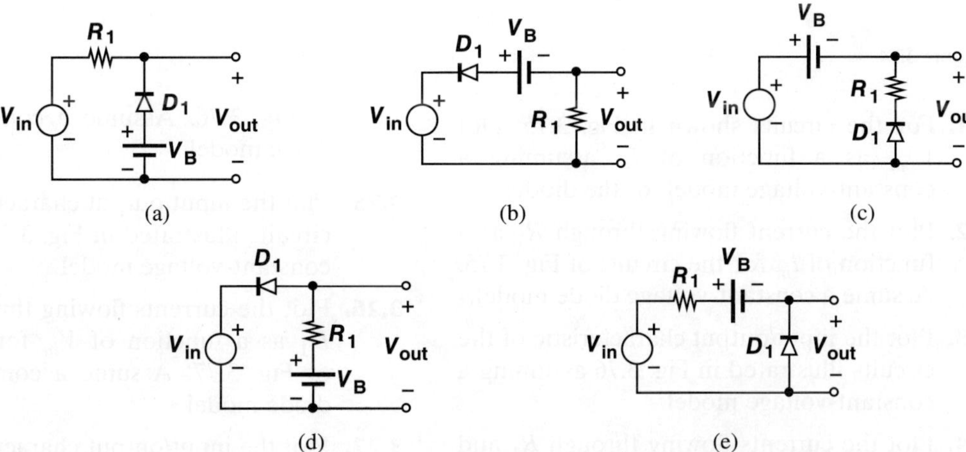

Figure 3.71

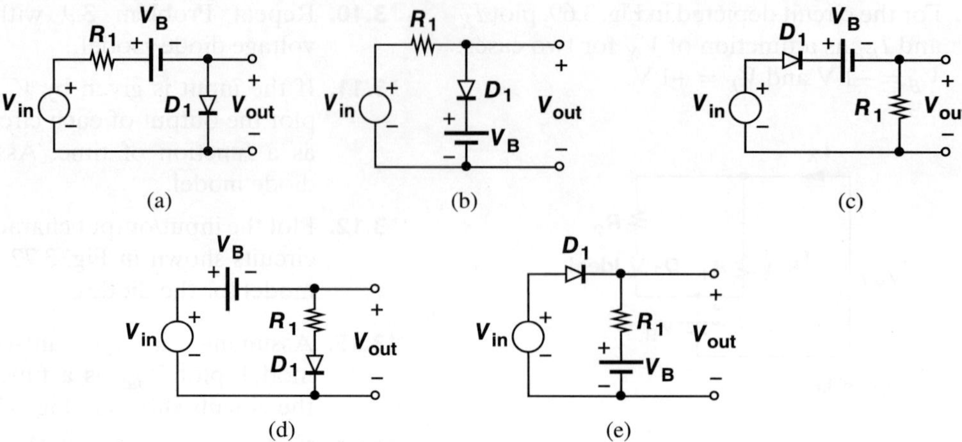

Figure 3.72

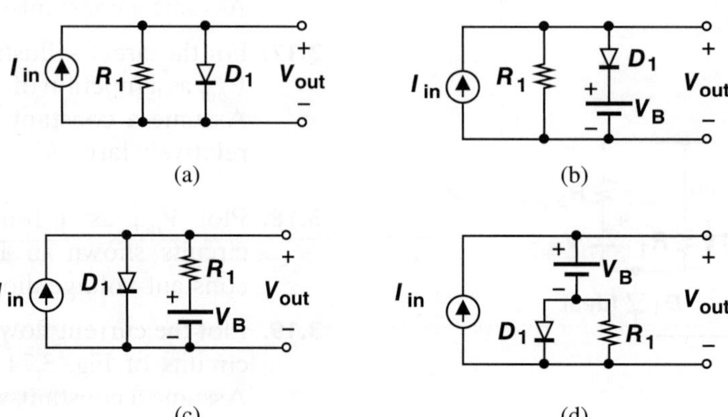

Figure 3.73

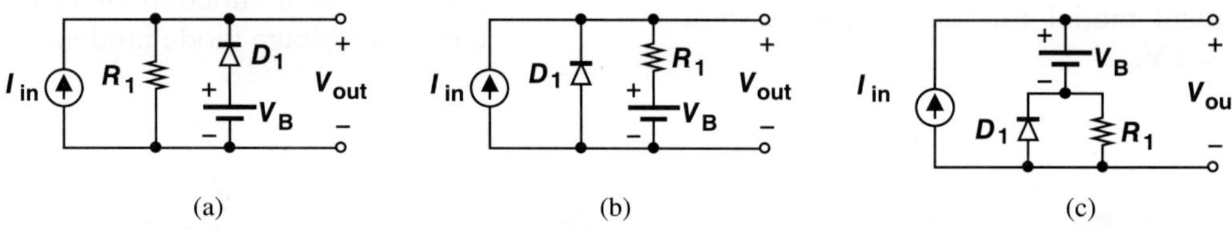

Figure 3.74

**3.21. For the circuits shown in Fig. 3.75, plot V_{out} as a function of I_{in} assuming a constant-voltage model for the diodes.

**3.22. Plot the current flowing through R_1 as a function of I_{in} for the circuits of Fig. 3.75. Assume a constant-voltage diode model.

*3.23. Plot the input/output characteristic of the circuits illustrated in Fig. 3.76 assuming a constant-voltage model.

SOL *3.24. Plot the currents flowing through R_1 and D_1 as a function of V_{in} for the circuits of Fig. 3.76. Assume a constant-voltage diode model.

**3.25. Plot the input/output characteristic of the circuits illustrated in Fig. 3.77 assuming a constant-voltage model.

**3.26. Plot the currents flowing through R_1 and D_1 as a function of V_{in} for the circuits of Fig. 3.77. Assume a constant-voltage diode model.

**3.27. Plot the input/output characteristic of the circuits illustrated in Fig. 3.78 assuming a

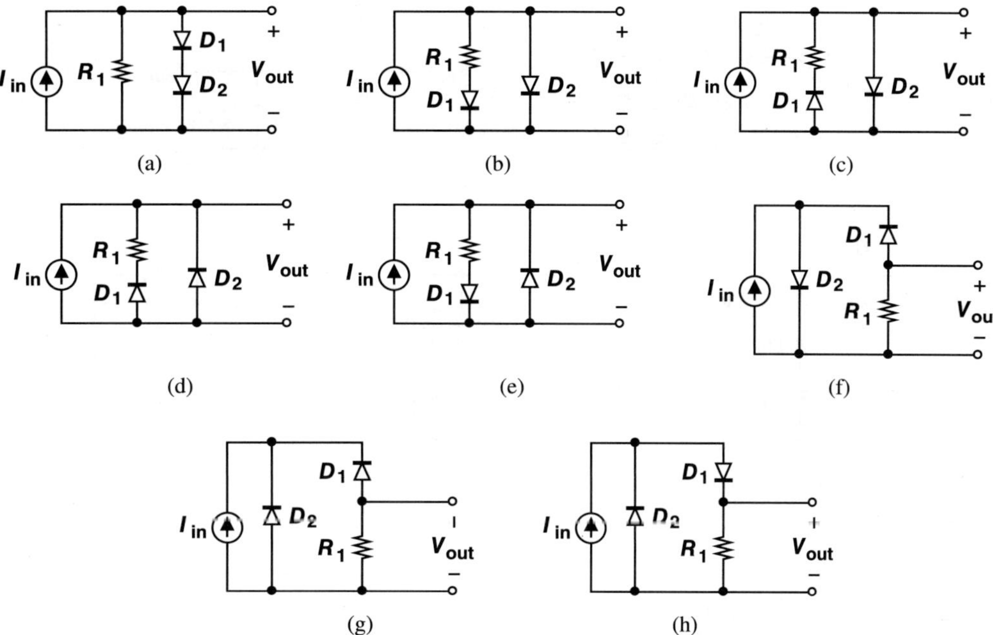

Figure 3.75

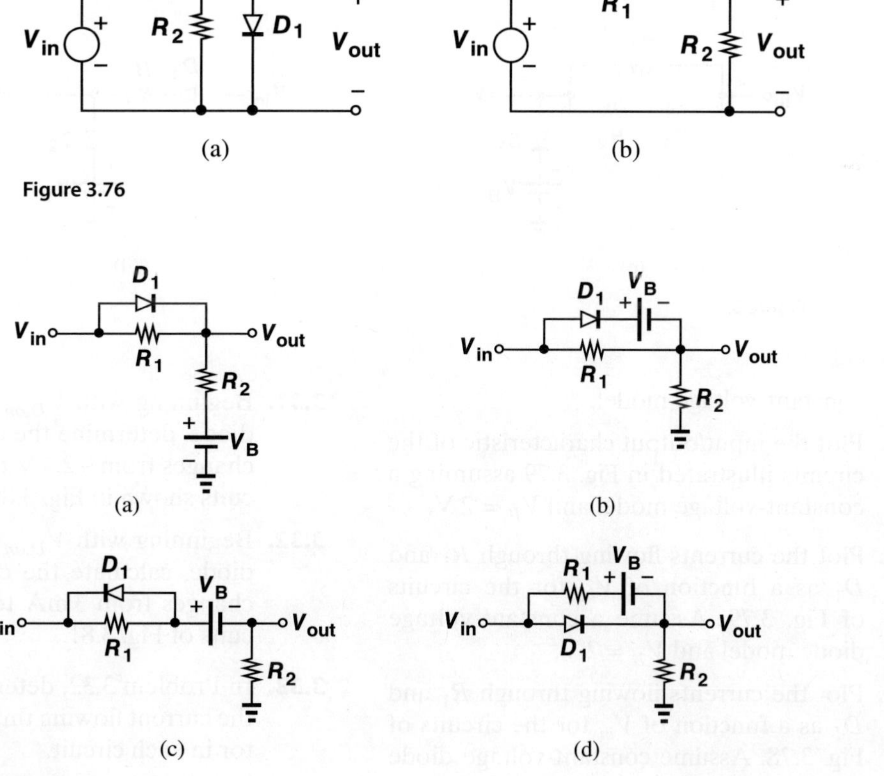

Figure 3.76

Figure 3.77

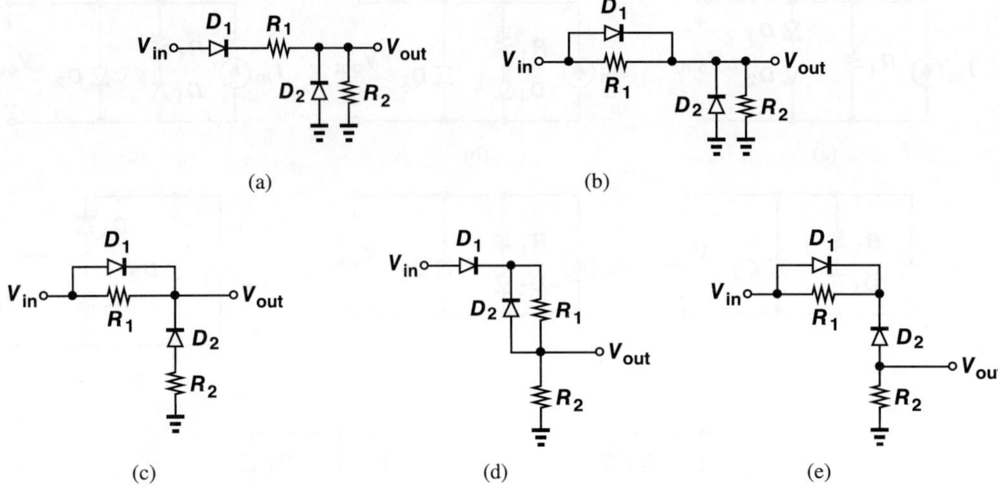

Figure 3.78

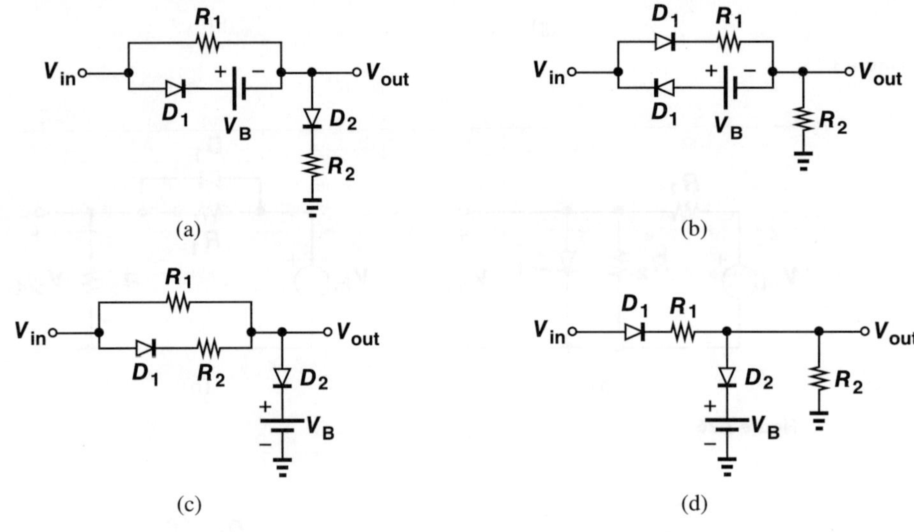

Figure 3.79

constant-voltage model.

**3.28. Plot the input/output characteristic of the circuits illustrated in Fig. 3.79 assuming a constant-voltage model and $V_B = 2\,\text{V}$.

**3.29. Plot the currents flowing through R_1 and D_1 as a function of V_{in} for the circuits of Fig. 3.79. Assume a constant-voltage diode model and $V_B = 2\,\text{V}$.

**3.30. Plot the currents flowing through R_1 and D_1 as a function of V_{in} for the circuits of Fig. 3.78. Assume constant-voltage diode model.

*3.31. Beginning with $V_{D,on} \approx 800\,\text{mV}$ for each diode, determine the change in V_{out} if V_{in} changes from +2.4 V to +2.5 V for the circuits shown in Fig. 3.80.

*3.32. Beginning with $V_{D,on} \approx 800\,\text{mV}$ for each diode, calculate the change in V_{out} if I_{in} changes from 3 mA to 3.1 mA in the circuits of Fig. 3.81.

3.33. In Problem 3.32, determine the change in the current flowing through the 1-kΩ resistor in each circuit.

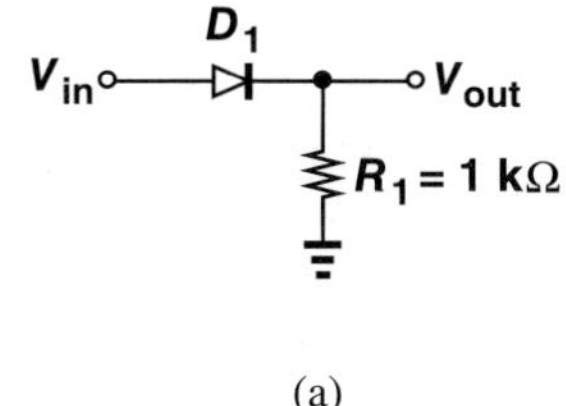

(a)

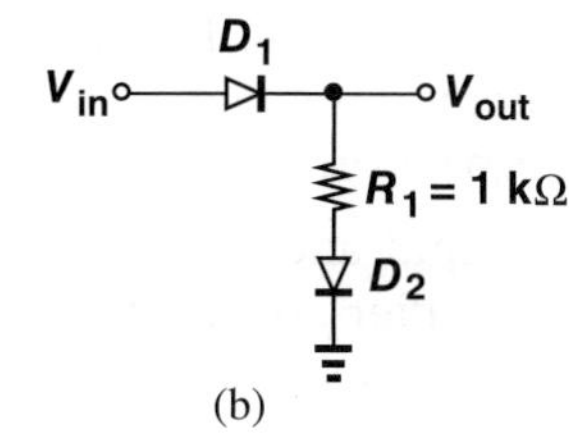

(b)

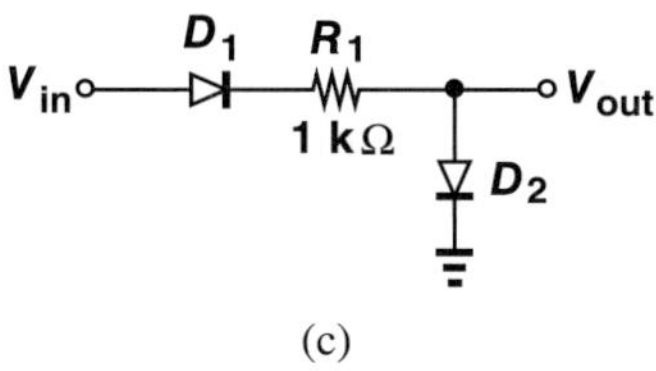

(c)

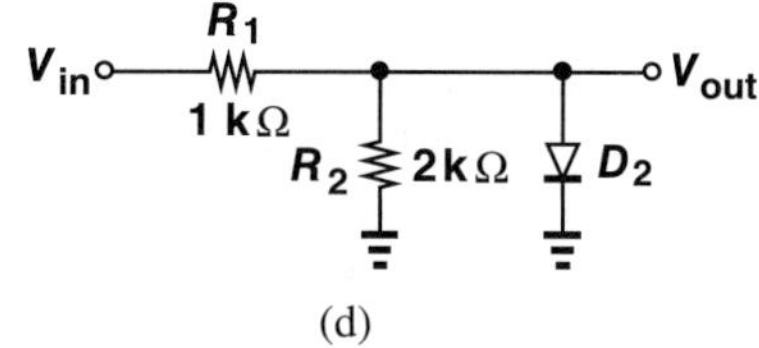

(d)

Figure 3.80

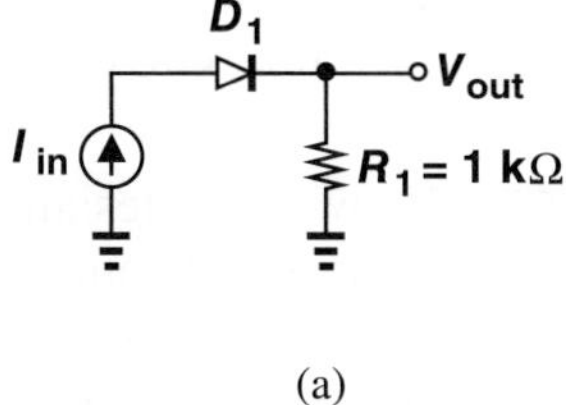

(a)

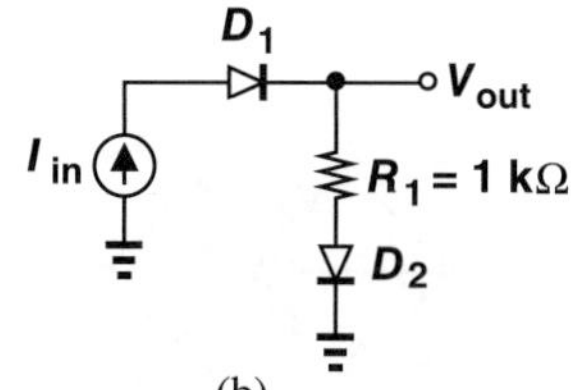

(b)

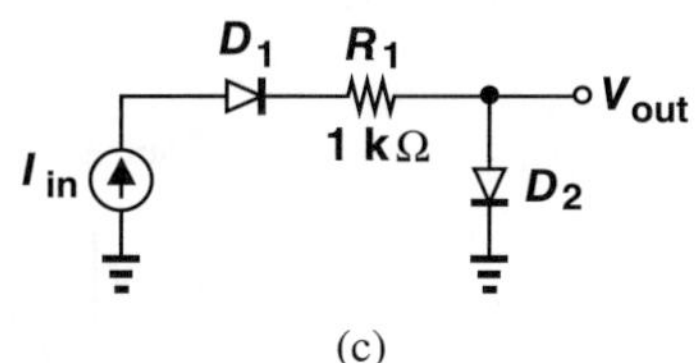

(c)

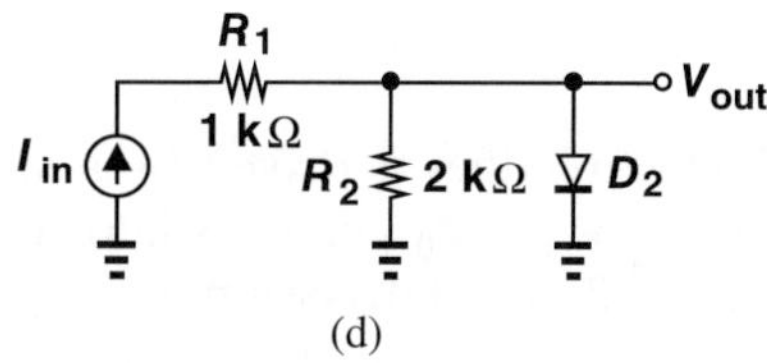

(d)

Figure 3.81

3.34. Assuming $V_{in} = V_p \sin \omega t$, plot the output waveform of the circuit depicted in Fig. 3.82 for an initial condition of +0.5 V across C_1. Assume $V_p = 5$ V.

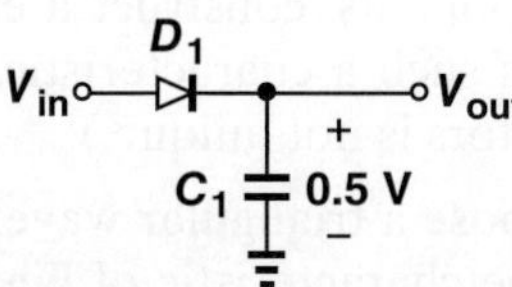

Figure 3.82

3.35. Repeat Problem 3.34 for the circuit shown in Fig. 3.83.

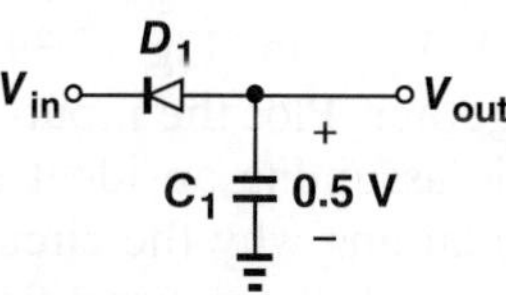

Figure 3.83

Section 3.5 Applications of Diodes

3.36. Suppose the rectifier of Fig. 3.33 drives a 100-Ω load with a peak voltage of 3.5 V. For a 1000-μF smoothing capacitor, calculate the ripple amplitude if the frequency is 60 Hz. SOL

3.37. A 3-V adaptor using a half-wave rectifier must supply a current of 0.5 A with a maximum ripple of 300 mV. For a frequency of 60 Hz, compute the minimum required smoothing capacitor.

3.38. Assume the input and output grounds in a full-wave rectifier are shorted together. Draw the output waveform with and without the load capacitor and explain why the circuit does not operate as a rectifier.

3.39. Plot the voltage across each diode in Fig. 3.39(b) as a function of time if $V_{in} = V_0 \cos \omega t$. Assume a constant-voltage diode model and $V_D > V_{D,on}$.

*__3.40.__ While constructing a full-wave rectifier, a student mistakenly has swapped the terminals of D_3 as depicted in Fig. 3.84. Explain what happens.

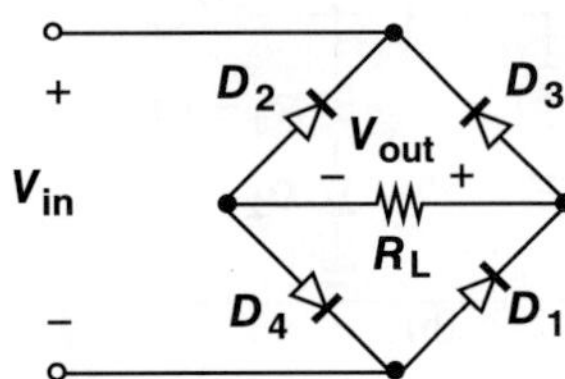

Figure 3.84

SOL **3.41.** A full-wave rectifier is driven by a sinusoidal input $V_{in} = V_0 \cos \omega t$, where $V_0 = 3$ V and $\omega = 2\pi(60 \text{ Hz})$. Assuming $V_{D,on} = 800$ mV, determine the ripple amplitude with a 1000-μF smoothing capacitor and a load resistance of 30 Ω.

3.42. Suppose the negative terminals of V_{in} and V_{out} in Fig. 3.39(b) are shorted together. Plot the input-output characteristic assuming an ideal diode model and explaining why the circuit does not operate as a full-wave rectifier.

3.43. Suppose in Fig. 3.44, the diodes carry a current of 5 mA and the load, a current of 20 mA. If the load current increases to 21 mA, what is the change in the total voltage across the three diodes? Assume R_1 is much greater than $3r_d$.

3.44. In this problem, we estimate the ripple seen by the load in Fig. 3.44 so as to appreciate the regulation provided by the diodes. For simplicity, neglect the load. Also, $f_{in} = 60$ Hz, $C_1 = 100$ μF, $R_1 = 1000$ Ω, and the peak voltage produced by the transformer is equal to 5 V.

(a) Assuming R_1 carries a relatively constant current and $V_{D,on} \approx 800$ mV, estimate the ripple amplitude across C_1.

(b) Using the small-signal model of the diodes, determine the ripple amplitude across the load.

*__3.45.__ In the limiting circuit of Fig. 3.52, plot the currents flowing through D_1 and D_2 as a function of time if the input is given by $V_0 \cos \omega t$ and $V_0 > V_{D,on} + V_{B1}$ and $-V_0 > -V_{D,on} - V_{B2}$.

3.46. Design the limiting circuit of Fig. 3.52 for a negative threshold of −1.9 V and a positive threshold of +2.2 V. Assume the input peak voltage is equal to 5 V, the maximum allowable current through each diode is 2 mA, and $V_{D,on} \approx 800$ mV.

3.47. We wish to design a circuit that exhibits the input/output characteristic shown in Fig. 3.85. Using 1-kΩ resistors, ideal diodes, and other components, construct the circuit.

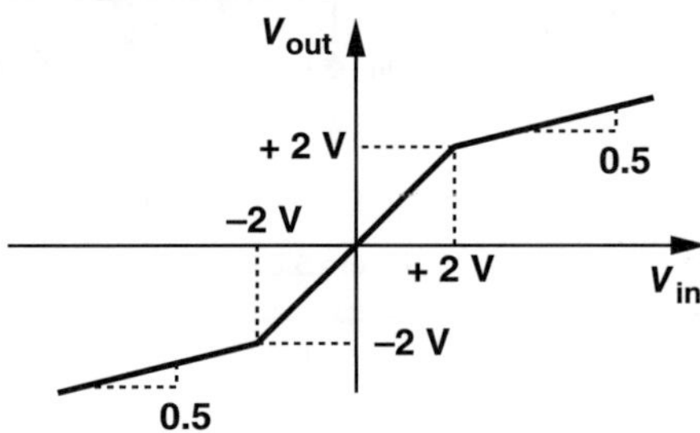

Figure 3.85

*__3.48.__ "Wave-shaping" applications require the input/output characteristic illustrated in Fig. 3.86. Using ideal diodes and other components, construct a circuit that provides such a characteristic. (The value of resistors is not unique.)

**__3.49.__ Suppose a triangular waveform is applied to the characteristic of Fig. 3.86 as shown in Fig. 3.87. Plot the output waveform and note that it is a rough approximation of a sinusoid. How should the input-output characteristic be modified so that the output becomes a better approximation of a sinusoid?

Figure 3.86

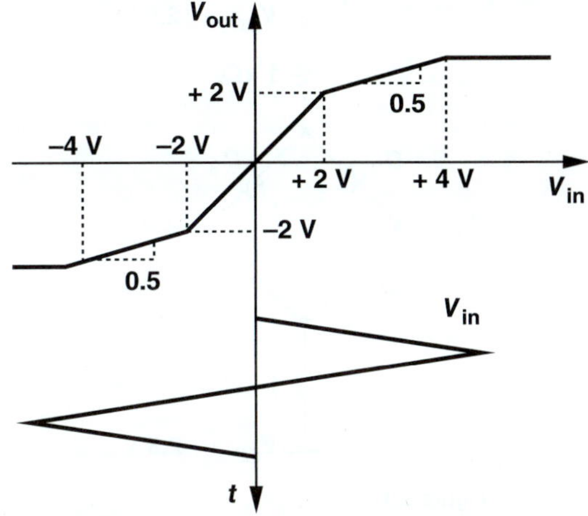

Figure 3.87

SPICE PROBLEMS

In the following problems, assume $I_S = 5 \times 10^{-16}$ A.

3.50. The half-wave rectifier of Fig. 3.88 must deliver a current of 5 mA to R_1 for a peak input level of 2 V.

(a) Using hand calculations, determine the required value of R_1.

(b) Verify the result by SPICE.

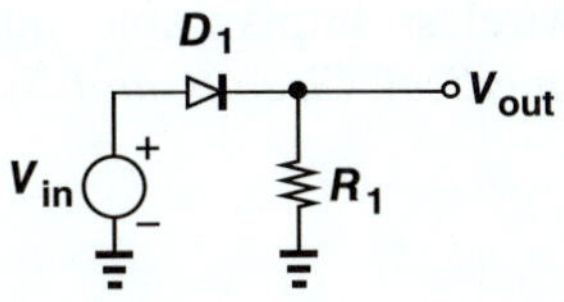

Figure 3.88

3.51. In the circuit of Fig. 3.89, $R_1 = 500\,\Omega$ and $R_2 = 1\,\text{k}\Omega$. Use SPICE to construct the input/output characteristic for $-2\text{ V} < V_{in} < +2\text{ V}$. Also, plot the current flowing through R_1 as a function of V_{in}.

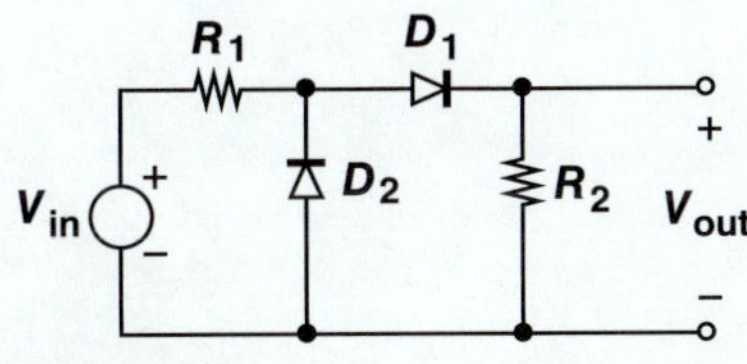

Figure 3.89

3.52. The rectifier shown in Fig. 3.90 is driven by a 60-Hz sinusoid input with a peak amplitude of 5 V. Using the transient analysis in SPICE,

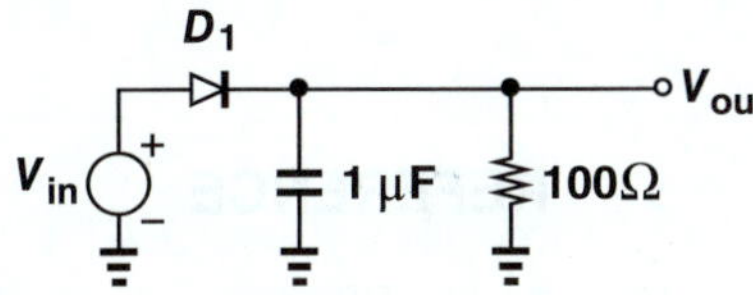

Figure 3.90

(a) Determine the peak-to-peak ripple at the output.

(b) Determine the peak current flowing through D_1.

(c) Compute the heaviest load (smallest R_L) that the circuit can drive while maintaining a ripple less than 200 mV_{pp}.

3.53. The circuit of Fig. 3.91 is used in some analog circuits. Plot the input/output characteristic for $-2\text{ V} < V_{in} < +2\text{ V}$ and determine the maximum input range across which $|V_{in} - V_{out}| < 5\text{ mV}$.

3.54. The circuit shown in Fig. 3.92 can provide an approximation of a sinusoid at the output in response to a triangular

Figure 3.91

input waveform. Using the dc analysis in SPICE to plot the input/output characteristic for $0 < V_{in} < 4$ V, determine the values of V_{B1} and V_{B2} such that the characteristic closely resembles a sinusoid.

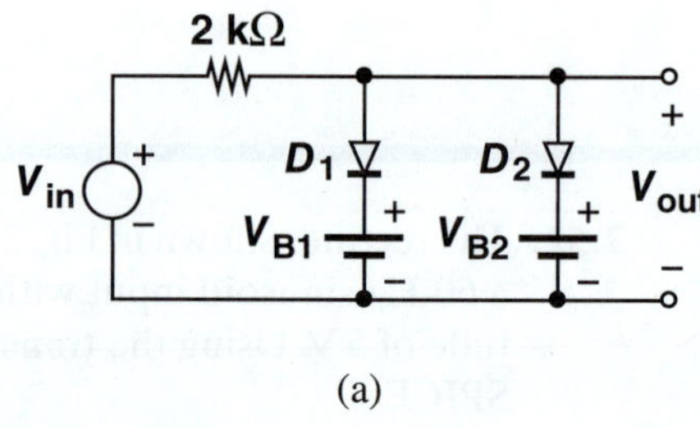

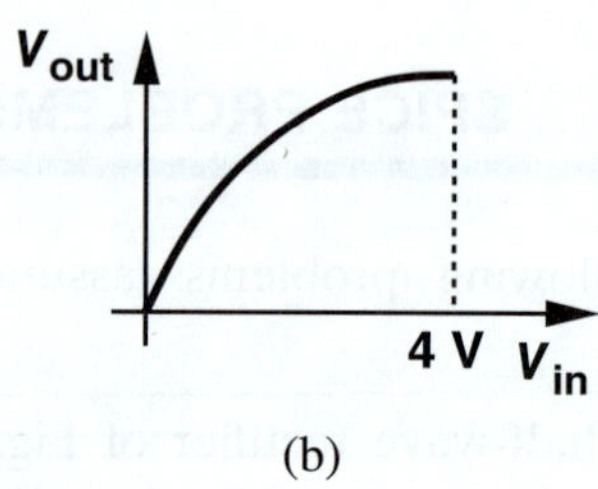

Figure 3.92

REFERENCE

1. H. Bharma, et al., "A subcutic millimeter wireless implantable intraocular pressure monitor microsystem," *IEEE Trans. Biomedical Circuits and Systems*, vol. 11, pp. 1204–1215, Dec. 2019.

4

바이폴라 트랜지스터 물리

관련 YouTube 비디오:

Razavi Electronics 1, 강의 13: 바이폴라 트랜지스터 구조 및 동작
https://www.youtube.com/watch?v=j0rEXZYLksM

Razavi Electronics 1, 강의 14: 바이폴라 트랜지스터 특성, 바이어싱 소개
https://www.youtube.com/watch?v=_g6WdzfNvNU

Razavi Electronics 1, 강의 15: 트랜지스터 바이어싱, 트랜스컨덕턴스
https://www.youtube.com/watch?v=98dj7_rZvBA

Razavi Electronics 1, 강의 16: 대신호 및 소신호 동작
https://www.youtube.com/watch?v=SueDJ13jLe8

Razavi Electronics 1, 강의 17: 바이폴라 소신호 모델, 얼리 효과
https://www.youtube.com/watch?v=XtRjv0EzSOQ

Razavi Electronics 1, 강의 18: pnp 트랜지스터
https://www.youtube.com/watch?v=79ya97P-AkE

Razavi Electronics 1, 강의 19: pnp 트랜지스터, 증폭기의 진화
https://www.youtube.com/watch?v=S4RgdPdBKY0

바이폴라 트랜지스터는 1945년 벨 연구소의 쇼클리, 브래튼, 바딘에 의해 발명되어, 전자 시스템의 진공관을 대체하였고, 집적 회로로 구현하는 길을 열어 놓았다.

이 장에서는 바이폴라 트랜지스터의 구조 및 동작을 분석해 보고, 이를 이용한 회로의 공부를 준비해 보자. 2장의 *pn* 접합에 적용된 것과 같은 과정을 따라가 보자. 트랜지스터의 물리를 이해하고, 전류/전압 특성을 나타내는 방정식을 유도하고, 마지막으로 회로 분석 및 설계에 사용할 수 있는 등가 모델을 개발하는 데 목표를 두고 있다. 이 장의 주요 내용은 다음과 같다.

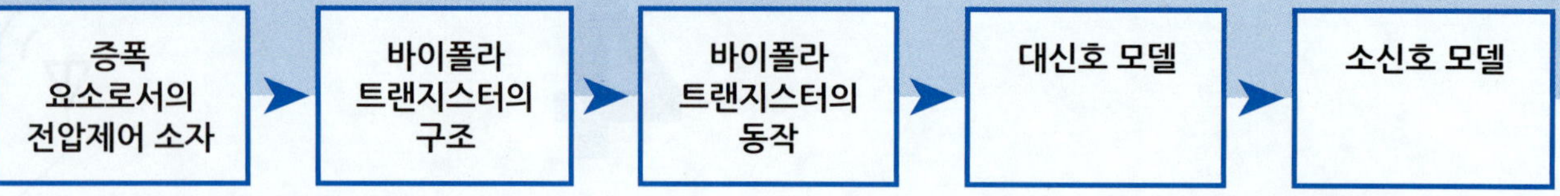

4.1 일반적인 고찰

간단히 말해서 바이폴라 트랜지스터는 전압종속 전류원으로 볼 수 있다. 어떻게 전류원이 증폭기를 형성할 수 있는지, 왜 바이폴라 소자가 유용한지 보여 주고자 한다.

그림 4.1(a)에 있는 전압종속 전류원을 생각해 보자. 여기서 I_1은 V_1에 비례하고($I_1 = KV_1$), K는 저항$^{-1}$의 단위를 가지고 있다. 예를 들어 $K = 0.001\ \Omega^{-1}$이면 1 V의 입력 전압은 1 mA의 출력 전류를 형성한다. 그림 4.1(b)의 회로를 구성해 보자. 여기서 전압원 V_{in}은 I_1을 제어하고, 출력 전류는 부하 저항 R_L에 흘러 V_{out}을 형성한다. 목표는 이 회로가 증폭기로 동작할 수 있다는 것을 증명하는 것이다. 즉, V_{out}은 V_{in}을 증폭한 것이다. $V_1 = V_{in}$이고, $V_{out} = -R_L I_1$이므로 다음과 같다.

$$V_{out} = -KR_L V_{in} \tag{4.1}$$

흥미롭게도 $KR_L > 1$이면 회로는 입력을 증폭한다. 음의 표시는 출력이 입력 회로를 반전한 것을 나타낸다[그림 4.1(b)]. 증폭률 또는 회로의 '전압 이득(voltage gain)' A_V는 다음과 같이 정의되며

$$A_V = \frac{V_{out}}{V_{in}} \tag{4.2}$$

$$= -KR_L \tag{4.3}$$

제어된 전류원과 부하 저항의 특성에 종속적이다. K가 어떻게 V_1과 I_1의 관계에 적용되는지, 또한 전압 이득에 영향을 주는지 알아 두자.

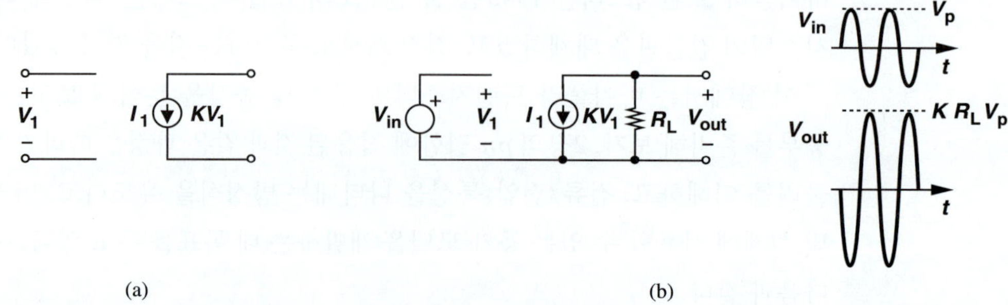

그림 4.1 (a) 전압종속 전류원; (b) 간단한 증폭기

예제 4.1 그림 4.2의 회로를 생각해 보자. 여기서 전압종속 전류원은 '내부' 저항 r_{in}을 나타낸다. 회로의 전압 이득을 구하라.

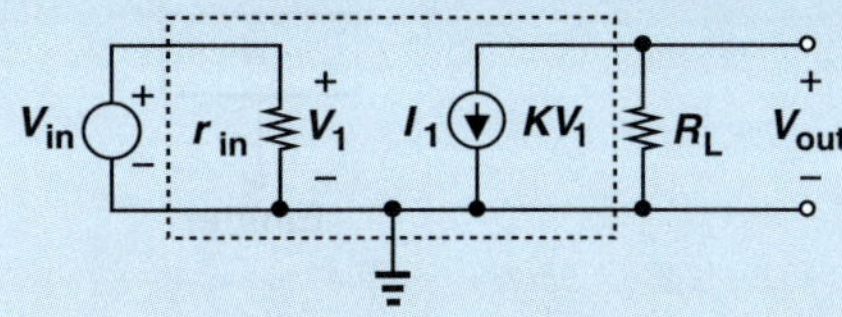

그림 4.2 내부 저항 r_{in}을 가진 전압종속 전류원

풀이 V_1은 r_{in}의 값에 상관없이 V_{in}과 같으므로 전압 이득은 변하지 않는다. 이 개념은 나중에 분석에서도 유용하다.

연습문제 $r_{in} = \infty$일 때 위의 예제를 다시 풀어라.

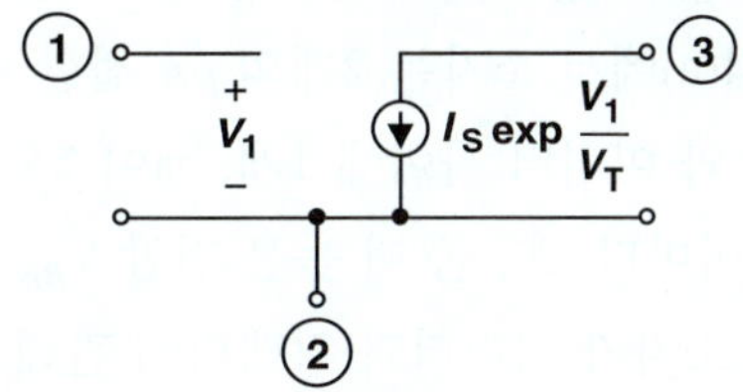

그림 4.3 지수함수적 전압종속 전류원

다음은 전압종속 전류원이 실제로 신호 증폭을 할 수 있다는 것을 보여 준다. 바이폴라 트랜지스터는 그러한 전류원의 예이며, 그림 4.3과 같이 모델링될 수 있다. 소자는 3개의 단자를 가지고 있고, 출력 전류는 V_1의 지수 함수로 표현된다. 특정 조건하에서 이 모델링은 그림 4.1(a)와 같이 된다는 것을 4.4.4절에서 볼 것이다.

바이폴라 트랜지스터는 3개의 단자 소자이므로 회로 분석은 더욱 어려운 편이다. 2단자 소자인 저항, 커패시터, 인덕터, 다이오드를 앞 장들에서 그리고 기본 회로에서 다루어 왔기 때문에 각 소자의 전류와 전압을 서로 엮는 법을 익히 알고 있다. 반면에 3단자가 있으면 2단자 사이에 전류, 전압을 복잡한 형태의 방정식으로 엮어서 풀 수도 있다. 다행히도 트랜지스터의 동작을 이해하기 때문에 이러한 전류와 전압의 조합을 관련이 없는 것으로 무시하고 비교적 단순한 모델을 적용하기로 한다.

4.2 바이폴라 트랜지스터의 구조

바이폴라 트랜지스터는 3개의 불순물 영역으로 구성되어 있다. 그림 4.4(a)는 p영역이 2개

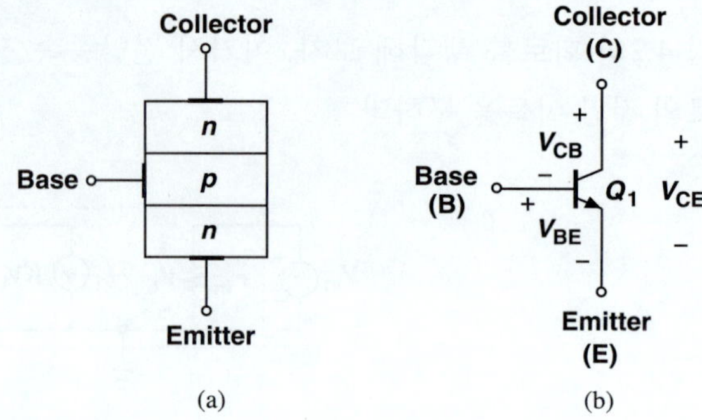

그림 4.4 바이폴라 트랜지스터의 (a) 구조; (b) 회로 기호

의 n영역 사이에 삽입되어 있는 예인데, '*npn*' 트랜지스터라 불린다. 3개의 단자는 '베이스(base)', '이미터(emitter)', '컬렉터(collector)'라 불린다. 나중에 설명하겠지만, '이미터'는 캐리어를 방출하고, '컬렉터'는 캐리어를 모아 준다. 이때 베이스는 캐리어 수를 제어해 준다. *npn* 트랜지스터의 회로 기호가 그림 4.4(b)에 있다. 여기서 단자 전압은 V_E, V_B, V_C로, 전압차는 V_{BE}, V_{CB}, V_{CE}로 정의한다. 트랜지스터는 Q_1으로 한다.

그림 4.4(a)에서 소자는 2개의 *pn* 접합 다이오드로 구성되어 있다는 것을 보여 주고 있다: 베이스와 이미터 사이에 1개, 베이스와 컬렉터 사이에 또 다른 1개가 있다. 예를 들어 베이스가 이미터보다 좀 더 높은 전압 $V_{BE} > 0$이면, 접합은 순방향 바이어스이다. 이 단순한 그림은 소자가 이미터와 컬렉터에 관해 서로 대칭이라 할 수 있으나, 이 두 영역의 크기 및 불순물 농도는 많이 다름을 보여 준다. 즉, 이미터와 컬렉터는 교환이 될 수 없다는 것이다. 현대의 집적 회로에서 소자가 잘 동작하기 위해서는 100 Å 정도의 얇은 베이스 폭이 요구된다.

앞에서 언급한 바와 같이 3단자 소자의 전류와 전압의 가능한 조합은 쉽게 얻어질 수 있다. 그림 4.4(a) 소자에서 V_{BE}, V_{CB}, V_{CE}는 양이나 음의 값으로 생각될 수 있고, 트랜지스터의 단자 전압은 2^3개의 가능성이 있다. 다행히 이 8개의 조합 중에서 1개만이 실제값이 되고, 이것이 우리의 관심사가 된다.

바이폴라 트랜지스터를 계속하기 전에 *pn* 접합을 더 공부해 보자. 그림 4.5의 역방향 바이어스 접합을 생각해 보자. 공핍 영역은 강한 전계를 가지고 있다는 것을 2장에서 배웠다. 전자가 외부에서 공핍 영역의 오른쪽으로 '주입'되고 있다고 가정해 보자. 이 전자에 무슨 일이 일어나는가? p영역에 소수 캐리어로 동작하여 전자는 전계를 형성하고 n영역으로 흡수되어 간다. 외부에서 주입된 전자를 효과적으로 '흡수'하기 위하여 *pn* 접합을 역방향 바이어스로 하는데, 이는 바이폴라 트랜지스터의 동작에 중요하다.

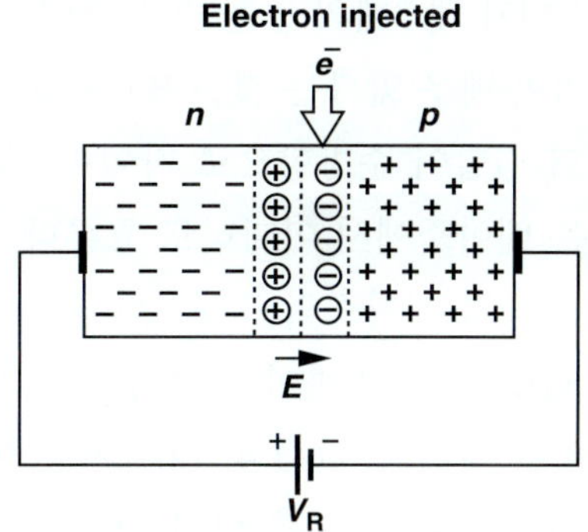

그림 4.5 공핍 영역으로의 전자 주입

4.3 능동 모드에서의 바이폴라 트랜지스터 동작

이 절에서는 바이폴라 트랜지스터를 분석하고, 어떤 영역에서 전압종속 전류원으로 작용하는지 알아보자. 좀 더 정확히 두 가지를 보여 주려고 한다: (a) 이미터에서 컬렉터로 흐르는 전류는 두 단자 사이의 전류원으로 볼 수 있다. (b) 이 전류는 베이스와 이미터 사이의 전압차 V_{BE}에 의해 조절된다.

먼저 베이스-이미터 접합이 순방향으로 바이어스($V_{BE} > 0$)되어 있고 베이스-컬렉터 접합이 역방향 바이어스($V_{BC} < 0$)되어 있다고 가정하자. 이 조건하에서는 소자가 '순방향 능동 영역' 또는 '능동 모드'에 있다고 말한다. 예를 들어 이미터는 접지되어 있고, 베이스는 0.8 V, 컬렉터는 더 높은 전압인 1 V[그림 4.6(a)]라 하면, 베이스-컬렉터 접합은 0.2 V 역방향 바이어스에 있게 된다.

능동 모드에서 나타나는 트랜지스터의 동작을 생각해 보자. 그림 4.6(a)의 예를 단순화하여 그림 4.6(b)의 등가 회로를 얻었다. 여기서 바이폴라 트랜지스터는 2개의 다이오드로 구성되어 있는데, 베이스 단자에 애노드를 공유한 것과 같다. 이 그림에서 D_1은 전류를 흘리고 D_2는 그렇지 않다는 것을 나타낸다. 전류는 베이스에서 이미터로 흐르지만, 컬렉터로는 흐르지 않는다는 것을 알아야 한다. 이것이 사실이라면 트랜지스터는 전압종속 전류원으로 동작하지 않고 가치도 거의 없을 것이다.

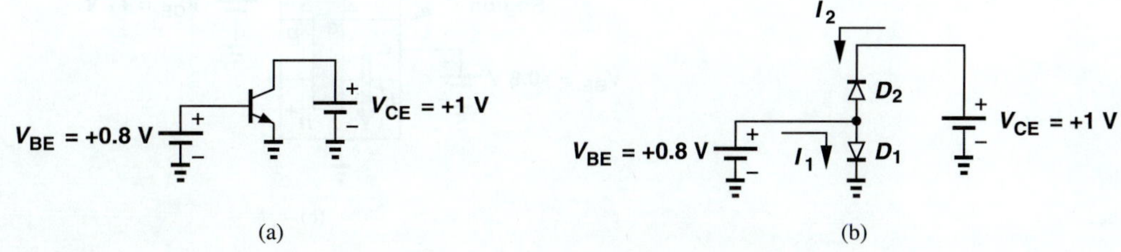

그림 4.6 (a) 베이스와 컬렉터 바이어스 전압이 있는 바이폴라 트랜지스터; (b) 바이폴라 트랜지스터의 간단한 전환

트랜지스터가 왜 2개의 등을 맞댄 다이오드로 모델링될 수 없는지를 이해하기 위해서는 베이스 영역이 매우 얇다는 것을 명심하고 소자 내의 전하 흐름을 생각해 보아야 한다. 베이스-이미터 접합이 순방향으로 바이어스되어 있으므로 전자는 이미터에서 베이스로 흐르고 정공은 베이스에서 이미터로 흐른다. 트랜지스터가 적절히 동작하기 위해서는 이미터 불순물 농도가 베이스의 그것보다 훨씬 클 필요가 있고, 전자 전류 성분이 후자보다 훨씬 커야 한다(2장). 그리하여 이미터 영역은 n^+로 표시한다. 여기서 첨자는 불순물의 고농도를 의미하는 것이다. 그림 4.7(a)에서는 이미터가 많은 수의 전자를 베이스로 주입하고, 베이스로부터 소수의 정공을 받아들인다는 것을 나타내고 있다.

전자가 베이스로 들어갈 때 어떤 일이 발생하는가? 이미터 영역은 얇기 때문에 대부분의 전자는 컬렉터-베이스 공핍 영역의 가장자리에 도달하여 고유 전계를 형성한다. 결과적으로 그림 4.5에 나와 있는 바와 같이 전자는 컬렉터 영역으로 휩쓸려 가고, 양극의 배터리 단자에 의해 흡수된다. 그림 4.7(b)와 (c)는 이 효과를'느린 동작'으로 표현했다. 그러므로 역방향 바이어스된 컬렉터-베이스 접합은 소수 캐리어가 공핍 영역으로 '주입'되기 때문에 전류를 흘린다는 것을 알 수 있다.

요약해 보면, 능동 영역에서 *npn* 바이폴라 트랜지스터는 이미터로부터 베이스를 경유하여 컬렉터로 많은 수의 전자를 흘리고, 소수의 정공은 베이스 단자로부터 받는다. 몇 가지 질문이 있을 수 있다. 첫째, 전자는 어떻게 베이스로 이동하는가—드리프트 또는 확산에 의해서? 둘째, 전류는 어떻게 단자 전압에 종속적인가? 셋째, 베이스 전류는 얼마나 큰가?

베이스 영역은 전도체로 동작하면서 소량의 전계를 가지고 있다. 이 전계의 대부분은 베

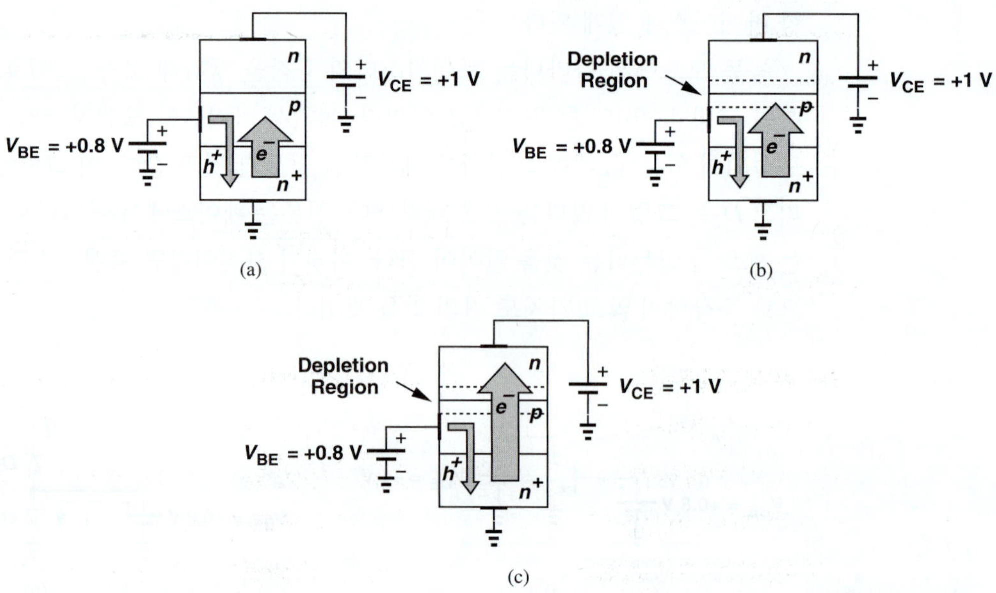

그림 4.7 (a) 베이스-이미터 접합을 통한 전자와 정공의 흐름; (b) 컬렉터 접합에 접근하는 전자; (c) 컬렉터 접합을 통과하는 전자

이스-이미터 공핍 영역을 극복하기 위한 전계와 같다. 2장의 *pn* 접합에서 설명했듯이 베이스의 드리프트 전류는 무시되고,[1] 확산이 이미터에 주입된 전자 흐름의 주된 메커니즘이 된다. 실제로 확산의 개념이 필요하게 되는 두 가지 사항은 다음과 같다: (1) 그림 2.29의 이미터-베이스 접합의 그림을 다시 그려 보면[그림 4.8(a)], $x = x_1$ 위치에서 전자의 농도는 상당히 높다. (2) 그림 4.8(b)에서 $x = x_2$ 위치에 도달한 전자는 없어지기 때문에 전자의 농도는 이 점에서 0이 된다. 결과적으로 베이스의 전자 농도는 전자의 확산에 대한 경사도를 적용하면 그림 4.8(c)에 있는 분포도와 같이 가정된다.

4.3.1 컬렉터 전류

앞에서 제기된 두 번째 질문의 답을 알아보고 컬렉터에서 이미터로 흐르는 전류를 계산해 보자.[2] 순방향으로 바이어스된 전자와 같이 베이스-이미터 접합은 식 (2.96)에 주어진 $x = x_1$ 위치에[그림 4.8(c)] 고농도의 진자를 가지고 있다.

$$\Delta n(x_1) = \frac{N_E}{\exp \dfrac{V_0}{V_T}} \left(\exp \frac{V_{BE}}{V_T} - 1 \right) \tag{4.4}$$

$$= \frac{N_B}{n_i^2} \left(\exp \frac{V_{BE}}{V_T} - 1 \right) \tag{4.5}$$

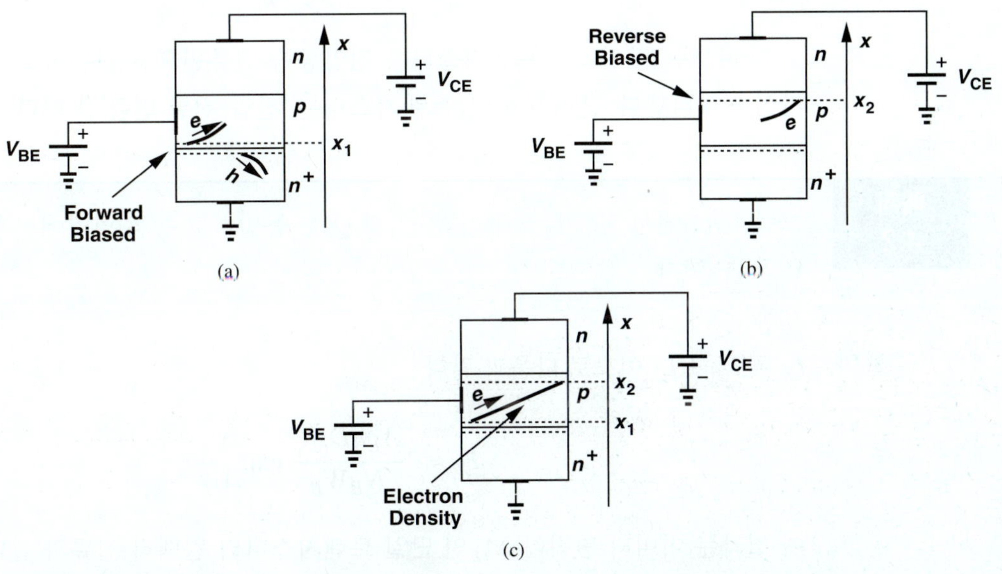

그림 4.8 (a) 베이스-이미터 접합에서의 정공과 전자 분포도; (b) 컬렉터 근처의 0의 전자 농도; (c) 베이스의 전자 분포도

1) 이 가정은 분석을 단순화하지만 일반적인 경우에는 적용되지 않을 수 있다.

2) *npn* 트랜지스터에서 전자는 이미터에서 컬렉터로 흐른다. 그러므로 전류의 방향은 컬렉터로부터 이미터 쪽이다.

여기서 N_E와 N_B는 각각 이미터와 베이스의 불순물 농도를 나타낸다. 그리고 $\exp(V_0/V_T) = N_E N_B/n_i^2$를 사용하고, $V_T = 26$ mV로 가정한다. 확산의 법칙[식 (2.42)]을 적용하면 컬렉터로의 전자의 흐름은 다음과 같다.

$$J_n = qD_n \frac{dn}{dx} \tag{4.6}$$

$$= qD_n \cdot \frac{0 - \Delta n(x_1)}{W_B} \tag{4.7}$$

여기서 W_B는 베이스 영역의 폭이다. 여기에 이미터 단면적 A_E를 곱하고 식 (4.5)에서 $\Delta n(x_1)$을 대입하면 전류를 얻는다.

$$I_C = \frac{A_E q D_n n_i^2}{N_B W_B}\left(\exp\frac{V_{BE}}{V_T} - 1\right) \tag{4.8}$$

$\exp(V_{BE}/V_T) \gg 1$을 가정하고, 다이오드 전류 공식과의 유사성을 취하면

$$I_C = I_S \exp\frac{V_{BE}}{V_T} \tag{4.9}$$

가 되며 여기서 다음을 얻는다.

$$I_S = \frac{A_E q D_n n_i^2}{N_B W_B} \tag{4.10}$$

식 (4.9)는 바이폴라 트랜지스터가 전압종속 전류원으로 작용하고 증폭기로 훌륭한 소자임을 나타낸다. 달리 말하면, 트랜지스터는 '전압-전류 변환'을 한다고 표현할 수 있다.

예제 4.2 그림 4.9(a)에서 전류 I_X를 구하라. Q_1과 Q_2는 동일하고 능동 영역에서 동작한다. 그리고 $V_1 = V_2$이다.

풀이 $I_X = I_{C1} + I_{C2}$이므로 다음과 같다.

$$I_X \approx 2\frac{A_E q D_n n_i^2}{N_B W_B}\exp\frac{V_1}{V_T} \tag{4.11}$$

이 결과는 이미터 면적이 $2A_E$인 단일 트랜지스터의 컬렉터 전류와 같다. 그림 4.9(b)와 같이 회로를 다시 그리고, Q_1과 Q_2가 동일 전압에 있다면, 두 트랜지스터는 '병렬'이라 말할 수 있는데, 이미터 면적이 2배인 단일 트랜지스터로 동작한다.

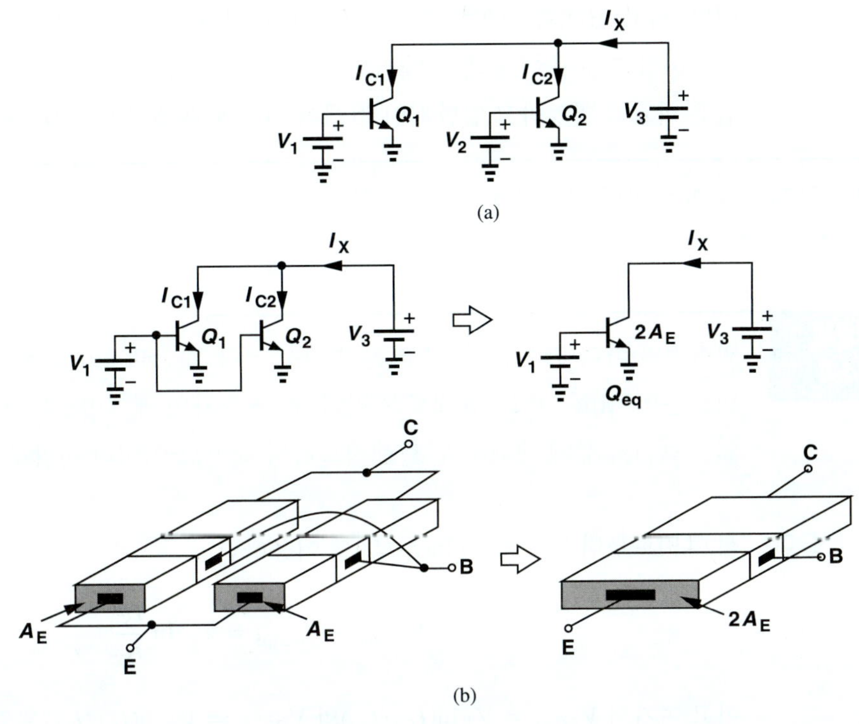

그림 4.9 (a) V_3에서 전류가 공급되는 두 트랜지스터; (b) 면적이 2배인 단일 트랜지스터

연습문제 Q_1의 이미터 면적이 A_E이고 Q_2의 이미터 면적이 $8A_E$일 때 위의 예제를 다시 풀어라.

예제 4.3 그림 4.9(a)에서 Q_1과 Q_2는 동일하고 능동 영역에서 동작한다. $I_{C1} = 10I_{C2}$가 되도록 $V_1 - V_2$를 결정하라.

풀이 식 (4.9)로부터

$$\frac{I_{C1}}{I_{C2}} = \frac{I_S \exp \dfrac{V_1}{V_T}}{I_S \exp \dfrac{V_2}{V_T}} \tag{4.12}$$

이고 따라서

$$\exp \frac{V_1 - V_2}{V_T} = 10 \tag{4.13}$$

즉

$$V_1 - V_2 = V_T \ln 10 \tag{4.14}$$

$$\approx 60 \text{ mV at } T = 300 \text{ K} \tag{4.15}$$

이다. 식 (2.109)와 동일하게 I_C의 V_{BE}에 대한 지수함수적 종속성은 다이오드의 성질과 유사하기 때문에 이 결과는 예견되는 것이다. 그러므로 트랜지스터의 베이스-이미터 전압은 비교적 일정하고 일반적인 컬렉터 전류에 대해서 대략 0.8 V이다.

연습문제 Q_1의 이미터 면적이 A_{E1}이고 Q_2의 이미터 면적이 nA_{E2}일 때 위의 예제를 다시 풀어라.

예제 4.4 일반적인 바이폴라 트랜지스터는 면적이 크다. 즉, 500 μm × 500 μm이다. 반면에 집적회로는 0.5 μm × 0.2 μm 정도로 작다. 다른 소자의 매개변수는 동일하다고 가정하고 동일 컬렉터 전류에 대해서 두 트랜지스터의 베이스-이미터 전압을 구하라.

풀이 식 (4.9)로부터 $V_{BE} = V_T \ln(I_C/I_S)$를 이용하면

$$V_{BEint} - V_{BEdis} = V_T \ln \frac{I_{S1}}{I_{S2}} \tag{4.16}$$

이고 여기서 $V_{BEint} = V_T \ln(I_{C2}/I_{S2})$와 $V_{BEdis} = V_T \ln(I_{C1}/I_{S1})$은 각각 집적 및 개별 소자의 베이스-이미터 전압을 나타낸다. $I_S \propto A_E$이므로

$$V_{BEint} - V_{BEdis} = V_T \ln \frac{A_{E2}}{A_{E1}} \tag{4.17}$$

이고, $A_{E2}/A_{E1} = 2.5 \times 10^6$이므로

$$V_{BEint} - V_{BEdis} = 383 \text{ mV} \tag{4.18}$$

이다. 그러나 실제로 $V_{BEint} - V_{BEdis}$는 베이스 폭과 다른 매개변수의 차이이므로 100~150 mV의 범위에 있다. 여기서 핵심은 $V_{BE} = 800$ mV는 집적된 트랜지스터에 대한 합리적인 근사치이며, 개별 소자의 경우 약 700 mV로 낮춰야 한다는 것이다.

연습문제 이미터 면적이 0.15 μm × 0.15 μm인 집적 소자에 대하여 위의 예제를 다시 풀어라.

많은 응용이 전압에 대해 다루기 때문에 바이폴라 트랜지스터에서 컬렉터 전류는 저항으로 흐르게 되고 전압을 발생시킨다.

예제 4.5 $I_S = 5 \times 10^{-16}$ A일 때 그림 4.10에서 출력 전압을 구하라.

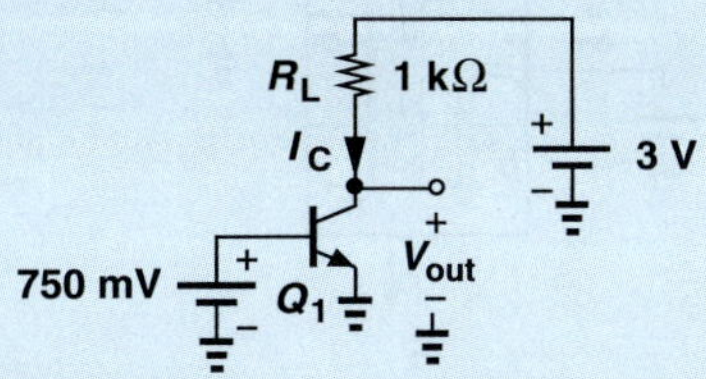

그림 4.10 바이어스가 있는 간단한 회로

풀이 식 (4.9)로부터 $I_C = 1.69$ mA를 얻는다. 이 전류는 R_L로 흐르고 1 kΩ × 1.69 mA = 1.69 V의 전압 강하를 발생시킨다. $V_{CE} = 3\text{ V} - I_C R_L$이므로 다음 결과가 나온다.

$$V_{out} - 1.31\text{ V} \tag{4.19}$$

연습문제 부하 저항이 반이면 어떻게 되는가?

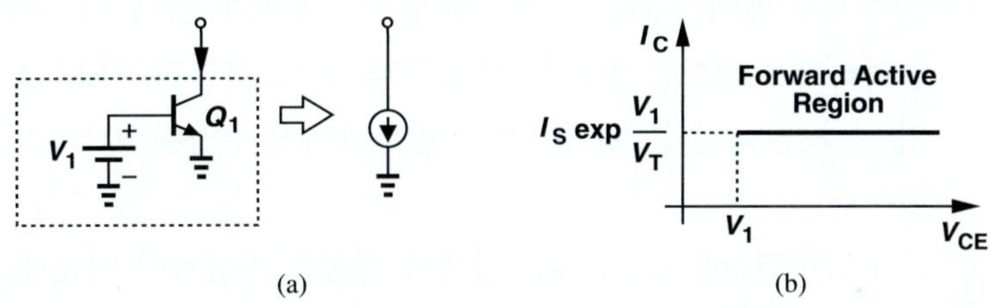

그림 4.11 (a) 전류원으로서의 바이폴라 트랜지스터; (b) 전류/전압 특성

식 (4.9)는 바이폴라 트랜지스터의 흥미로운 사실을 나타낸다: 컬렉터 전류는 컬렉터 전압에 종속적이지 않다(소자가 능동 영역에 있는 한). 그러므로 일정한 베이스-이미터 전압에 대해서 소자는 전류원으로[그림 4.11(a)] 동작하고 전류를 발생시킨다. 그림 4.11(b)는 전류가 컬렉터-이미터 전압의 함수이고, $V_{CE} > V_1$에 대해 일정한 값을 가진다는 것을 나타낸다.[3] 정전류원은 많은 전자회로에 응용된다. 이 책에서 관련된 많은 예제를 볼 것이다. 4.5절에서 $V_{CE} < V_{BE}$인 경우에 대해 트랜지스터의 동작을 공부하게 된다.

4.3.2 베이스와 이미터 전류

컬렉터 전류가 정해지면 베이스와 이미터 전류 및 단자 전압의 종속성에 관심을 가지게 된다. 바이폴라 트랜지스터가 키르히호프 전류 법칙을 만족시켜야 하므로 베이스 전류를 계산하면 이미터 전류도 구해진다.

---

3) 컬렉터-베이스 접합이 역방향 바이어스 상태에 있기 위해서는 $V_{CE} > V_1$이어야 한다는 것을 기억하자.

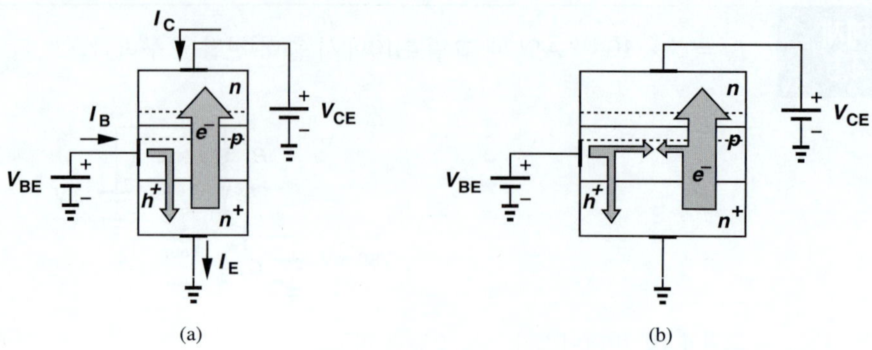

그림 4.12 정공에 의한 베이스 전류: (a) 이미터를 통과; (b) 전자와 재결합

그림 4.12(a)의 *npn* 트랜지스터에서 베이스 전류 I_B는 정공에 의한 전류이다. 순방향으로 바이어스된 *pn* 접합에서 정공과 전자 전류는 불순물 농도 및 다른 매개변수의 비에 의해 결정된다. 그러므로 베이스에서 이미터로의 정공의 수는 이미터에서 베이스로 흐르는 전자의 수의 일정한 배수이다. 예를 들어 이미터에서 방출되는 200개의 전자마다 1개의 정공이 베이스에 의해 공급되어야 한다.

실제로 베이스 전류는 정공도 일부 포함하고 있다. 이미터에서 주입된 전자는 베이스를 통과하므로 일부는 정공과 '재결합'할 수 있다[그림 4.12(b)]. 몇몇의 전자와 정공은 재결합의 결과 '없어진다'. 평균적으로 이미터에서 주입된 200개의 전자마다 하나는 정공과 재결합한다.

요약하면, 베이스 전류는 양쪽에 정공을 공급해야 하는데, 하나는 이미터로의 역주입이고 또 하나는 컬렉터로 이동하는 전자와의 재결합이다. 그러므로 I_B는 I_E와 I_C의 일정 부분의 조합이라 할 수 있다. 다음의 식은 일반적으로 사용되는데

$$I_C = \beta I_B \tag{4.20}$$

여기서 β는 '전류 이득(current gain)'으로, 베이스 전류가 얼마나 '증폭'되는가를 나타낸다. 소자 구조에 따라 달라지는데 *npn* 트랜지스터의 β는 50~200이다.

이미터 전류를 결정하기 위하여 KCL을 그림 4.12(a)의 전류 방향을 가지는 트랜지스터에 적용하면 다음과 같다.

$$I_E = I_C + I_B \tag{4.21}$$

$$= I_C\left(1 + \frac{1}{\beta}\right) \tag{4.22}$$

다음과 같이 요약할 수 있다.

$$I_C = I_S \exp\frac{V_{BE}}{V_T} \tag{4.23}$$

$$I_B = \frac{1}{\beta} I_S \exp \frac{V_{BE}}{V_T} \tag{4.24}$$

$$I_E = \frac{\beta + 1}{\beta} I_S \exp \frac{V_{BE}}{V_T} \tag{4.25}$$

가끔 $I_C = [\beta/(\beta+1)]I_E$와 $\beta/(\beta+1) = \alpha$를 이용하면 유용하다. $\beta = 100, \alpha = 0.99$에 대해서 $\alpha \approx 1$과 $I_C \approx I_E$가 적용된다. 이 책에서 컬렉터와 이미터 전류는 거의 동일하다고 가정한다.

예제 4.6

$I_S = 5 \times 10^{-16}$ A인 바이폴라 트랜지스터가 $V_{BE} = 750$ mV로 순방향 능동 영역에 있다. 전류 이득이 50~200으로 변할 때 소자의 최소 및 최대 단자 전류를 구하라.

풀이 주어진 V_{BE}에 대해 컬렉터 전류는 β에 독립적이다.

$$I_C = I_S \exp \frac{V_{BE}}{V_T} \tag{4.26}$$

$$= 1.685 \text{ mA} \tag{4.27}$$

베이스 전류는 $I_C/200$에서 $I_C/50$으로 변한다.

$$8.43\ \mu\text{A} < I_B < 33.7\ \mu\text{A} \tag{4.28}$$

반면에 이미터 전류는 $(\beta+1)/\beta$이 상당히 큰 β에 대해서 1이 되므로 거의 변화가 없다.

$$1.005 I_C < I_E < 1.02 I_C \tag{4.29}$$

$$1.693 \text{ mA} < I_E < 1.719 \text{ mA} \tag{4.30}$$

연습문제 트랜지스터의 면적이 배가 될 경우에 대하여 위의 예제를 다시 풀어라.

4.4 바이폴라 트랜지스터의 모델과 특성

4.4.1 대신호 모델

순방향 능동 영역에서의 트랜지스터 동작과 식 (4.23)~(4.25)를 이해하였으므로 회로의 분석 및 설계에 유용한 모델을 만들 수 있다(2장에서 다룬 pn 접합의 경우와 같이).

베이스-이미터 전압이 능동 영역에서 순방향 바이어스되어 있으므로, 베이스와 이미터 단자 사이에 다이오드가 있는 것으로 생각될 수 있다. 더욱이 컬렉터에서 나와 이미터로 흐르는 전류는 베이스-이미터 전압에 관련이 있으므로 그림 4.13의 모델과 같이 컬렉터

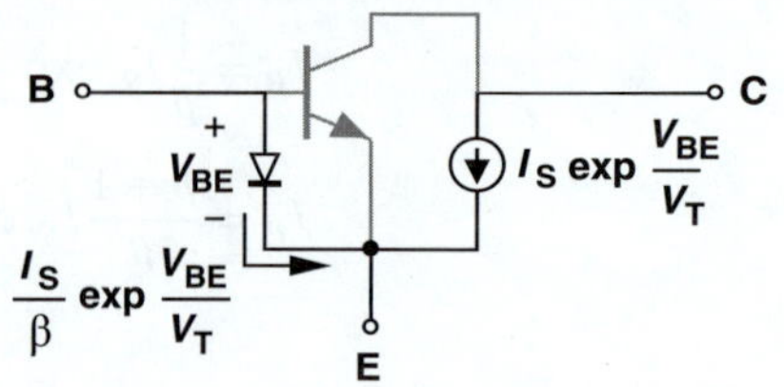

그림 4.13 능동 영역에서 바이폴라 트랜지스터의 대신호 모델

와 이미터 사이에 전압종속 전류원이 있는 것으로 생각될 수 있다. 그림 4.11과 같이 이 전류는 컬렉터-이미터 전압에 독립적이다.

그러나 다이오드에 흐르는 전류가 컬렉터 전류의 $1/\beta$배라는 것을 어떻게 확신할 수 있는가? 베이스 전류는 역포화 전류가 I_S/β인 다이오드 전류와 같다는 것을 식 (4.24)가 나타내고 있다. 그러므로 베이스-이미터 접합은 단면적이 이미터 면적의 $1/\beta$배인 다이오드로 모델링될 수 있다.

> **Did you know ?**
>
> 1948년에 벨 연구소에서 소개된 최초의 바이폴라 트랜지스터는 실리콘이 아닌 게르마늄으로 구현되었고, 약 30 μm의 베이스 두께와 10 MHz의 최대 작동 주파수('과도 주파수'라고 함)를 가졌다. 이에 반해 오늘날 실리콘 집적 회로에 구현된 바이폴라 트랜지스터는 0.01 μm 미만의 베이스 두께와 수백 GHz의 과도 주파수를 가진다.

바이폴라 트랜지스터의 전류와 전압의 상호 관련성에 관하여 조금 애매하게 생각될 수 있다. $V_{BE} \to I_C \to I_B \to I_E$와 같은 순서의 종속성이 있다. 베이스-이미터 전압은 컬렉터 전류를, 컬렉터 전류는 베이스 전류를 형성하고, 마지막으로 두 성분이 합쳐져 이미터 전류를 형성한다.

예제 4.7

그림 4.14(a) 회로를 생각해 보자. $I_{S,Q1} = 5 \times 10^{-17}$ A, $V_{BE} = 800$ mV, $\beta = 100$으로 가정하자. (a) 트랜지스터의 단자 전압과 전류를 구하고, 소자가 능동 영역에 있는지를 증명하라. (b) 능동 영역에서 동작할 수 있는 최대 R_C를 구하라.

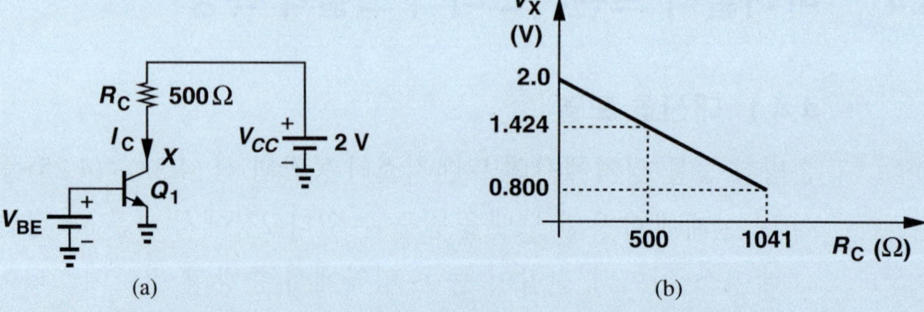

그림 4.14 (a) 바이어스가 있는 단순한 회로; (b) 컬렉터의 저항과 전압의 관계

풀이 (a) 식 (4.23)~(4.25)를 사용하면 다음과 같다.

$$I_C = 1.153\ \text{mA} \tag{4.31}$$

$$I_B = 11.53\ \mu\text{A} \tag{4.32}$$

$$I_E = 1.165\ \text{mA} \tag{4.33}$$

베이스와 이미터 전압은 각각 +800 mV, 0이다. 컬렉터 전압 V_X를 계산하자. 2 V 전원 전압, R_C, Q_1으로부터 KVL을 이용하면

$$V_{CC} = R_C I_C + V_X \tag{4.34}$$

즉,

$$V_X = 1.424\ \text{V} \tag{4.35}$$

이다. 컬렉터 전압이 베이스 전압보다 더 크므로, 이 접합은 역방향으로 바이어스되어 있고, 트랜지스터는 능동 모드로 동작한다.

(b) R_C가 증가하면 회로는 어떻게 되는가? 전압 강하 $R_C I_C$는 V_{CC}가 일정하면 증가하므로, X점에서 전압은 강하한다. 베이스-컬렉터 전압이 0이 되면($V_X \rightarrow +800$ mV), 소자는 순방향 능동 영역의 '가장자리'에 있다. 식 (4.33)을 다시 쓰면 다음을 얻는다.

$$R_C = \frac{V_{CC} - V_X}{I_C} \tag{4.36}$$

$V_X = +800$ mV에 대하여

$$R_C = 1041\ \Omega \tag{4.37}$$

이다. 그림 4.14(b)는 V_X를 R_C의 함수로 그린 것이다.

이 예제는 그림 4.14(a) 회로에서 컬렉터 저항 R_C의 최대 허용 범위가 있다는 것을 나타낸다. 5장에서 설명되겠지만, 전압 이득에는 제한이 있다.

연습문제 위 예제에서 트랜지스터가 능동 모드로 동작하기 위한 최소 V_{CC}를 구하라. $R_C = 500\ \Omega$이라고 가정하자.

그림 4.13의 등가 회로가 왜 '대신호 모델(large-signal model)'이라 불리는지 이상하게 생각할 수 있다. 위 예제는 신호를 포함하지 않았다. 이 모델은 트랜지스터에서 비교적 큰 전압과 전류의 변화가 있을 때 사용된다.(소자는 능동 모드에 있다.) 예를 들어 베이스-이미터 전압이 800 mV에서 300 mV로 변하면 컬렉터 전류는 많이 변하게 되고,[4] 이 모델이

4) V_{BE}의 500 mV 변화는 I_C 변화에 있어 500 mV/60 mV = 8.3의 변화를 가져온다.

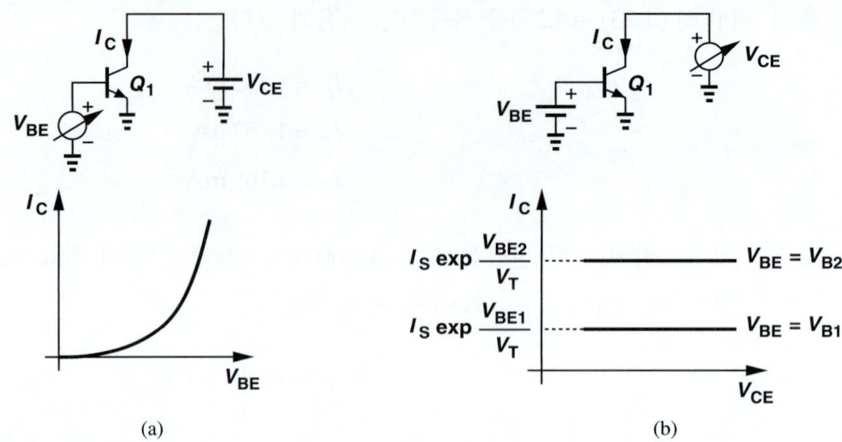

그림 4.15 (a) 베이스-이미터 전압의 함수에 의한 컬렉터 전류; (b) 컬렉터-이미터 전압의 함수에 의한 컬렉터 전류

적용된다. 이는 4.4.4절에서 공부할 소신호 모델과 대비된다.

4.4.2 전류/전압 특성

대신호 모델은 트랜지스터의 전류/전압 특성과 관련 있다. 세 단자의 전압과 전류로 각 두 단자 사이의 전압과 전류를 구할 수 있다. 복잡한 작업이기는 하나 그중 몇 가지가 유용하다.

첫 번째 특성은 소자의 지수함수적 관련성이다. 그림 4.15(a)는 V_{BE} 컬렉터 전압이 일정하고 베이스 전압보다는 크다는 가정하에서 I_C와 V_{BE}의 관련성을 그린 것이다. 그림 4.11에서는 I_C가 V_{CE}에 독립적이다. 그러므로 V_{CE}를 달리하더라도 특성은 변하지 않는다.

다음으로 V_{BE}는 일정하게 두고 V_{CE}를 달리하였을 때 I_C를 알아보자. 그림 4.15(b)에 나와 있는 바와 같이 소자가 능동 영역에 있다면($V_{CE} > V_{BE}$) I_C가 일정하므로 특성은 수평선이 된다. 반면에 V_{BE}가 다른 값을 가지면, 특성은 위로 또는 아래로 이동한다.

그림 4.15의 두 그림은 분석과 설계에 중요한 특성을 제공한다. 식 (4.24)와 (4.25)는 베이스와 이미터 전류가 같은 특성을 가지고 있다는 것을 나타낸다.

예제 4.8 $I_S = 5 \times 10^{-17}$ A, $\beta = 100$인 바이폴라 트랜지스터에 대해서 I_C-V_{BE}, I_C-V_{CE}, I_B-V_{BE}, I_B-V_{CE}의 특성을 그려라.

풀이 I_C-V_{BE} 특성 곡선으로부터 다음을 구할 수 있다.

$$V_{BE1} = 700\,\text{mV} \Rightarrow I_{C1} = 24.6\,\mu\text{A} \tag{4.38}$$

$$V_{BE2} = 750\,\text{mV} \Rightarrow I_{C2} = 169\,\mu\text{A} \tag{4.39}$$

$$V_{BE3} = 800\,\text{mV} \Rightarrow I_{C3} = 1.153\,\text{mA} \tag{4.40}$$

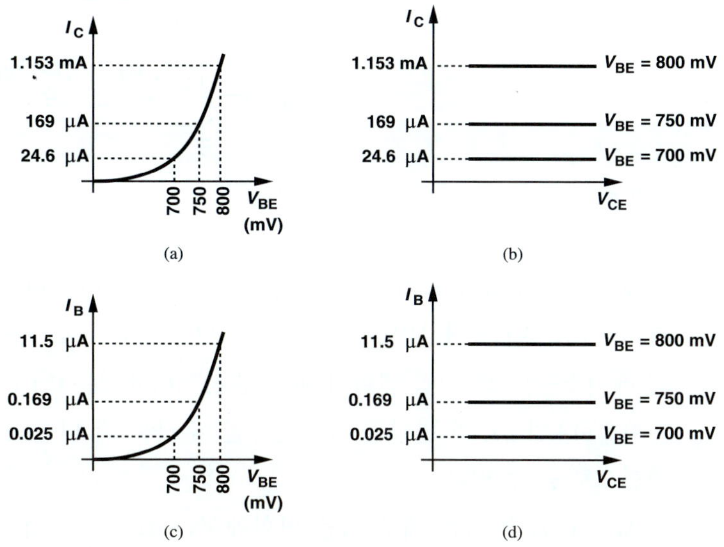

그림 4.16 (a) V_{BE} 함수에 의한 컬렉터 전류; (b) V_{CE} 함수에 의한 컬렉터 전류; (c) V_{BE} 함수에 의한 베이스 전류; (d) V_{CE} 함수에 의한 베이스 전류

위 결과가 그림 4.16(a)에 도시되어 있다.

위에서 얻어진 결과를 이용하여 그림 4.16(b)와 같이 I_C-V_{CE} 특성 곡선을 그릴 수 있다. 이는 베이스-이미터 전압이 750 mV이면 169 μA의 전류원으로 트랜지스터가 동작함을 나타낸다. V_{BE}의 증가분에 대해 I_C는 더 많이 증가함을 나타낸다. 4.4.3절로 돌아가 보자.

I_B는 I_C를 100으로 나눈 것이다[그림 4.16(c)와 (d)].

연습문제 V_{BE}가 얼마나 변하면 베이스 전류가 2배로 되는가?

전류/전압 특성에서 무엇을 배울 수 있는가? 식 (4.23)~(4.25)와 비교해서, 그래프에서 더 많은 정보를 구할 수는 없다. 그러나 이 책을 통하여 알겠지만 그러한 그래프를 통하여 공식을 이해하는 것은 소자나 회로를 이해하는 데 많은 도움을 준다.

4.4.3 트랜스컨덕턴스의 개념

바이폴라 트랜지스터는 순방향 능동 영역에서 동작할 때 전압종속 전류원으로 동작한다. 소자의 동작은 어떻게 정량화될 수 있는가? 달리 표현하면, 전압종속 전류원의 '유용함'은 무엇인가?

그림 4.1의 예는 K가 증가할 때 소자가 더 '강해진다'는 것을 나타낸다. 왜냐하면 주어진 입력 전압이 보다 큰 출력 전류를 생성하기 때문이다. 그러므로 트랜지스터의 전압-전류 변환에 더욱 관심을 가질 필요가 있다. 이는 또한 신호의 증폭과 관련이 있다. 만약 신호가

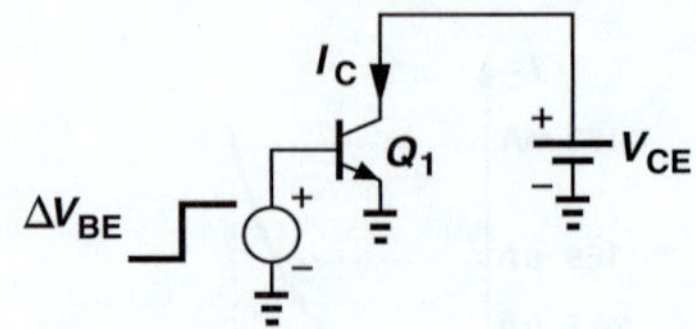

그림 4.17 g_m을 측정하기 위한 시험 회로

트랜지스터의 베이스-이미터 전압을 조금 바꾼다면(그림 4.17), 컬렉터 전류는 얼마나 변할까? I_C가 ΔI_C만큼 변하면 소자의 '힘'은 $\Delta I_C/\Delta V_{BE}$로 표현될 수 있다. 예를 들어 만약 1 mV의 베이스-이미터 전압 변화가 한 트랜지스터에서는 0.1 mA의 ΔI_C, 다른 트랜지스터에서는 0.5 mA의 ΔI_C의 변화를 일으킨다면, 후자를 더 나은 전압종속 전류원 또는 전압-전류 변환으로 볼 수 있다.

$\Delta I_C/\Delta V_{BE}$의 비는 매우 적은 변화에서는 dI_C/dV_{BE}에 수렴하고 이는 '트랜스컨덕턴스(transconductance)' g_m이라 불린다.*

$$g_m = \frac{dI_C}{dV_{BE}} \tag{4.41}$$

이 정의는 전압종속 전류원과 비슷한 어떤 소자에도 적용된다.(6장에서 다른 종류의 트랜지스터를 다룬다.) 바이폴라 트랜지스터에 대해서 식 (4.9)는 다음과 같다.

$$g_m = \frac{d}{dV_{BE}}\left(I_S \exp\frac{V_{BE}}{V_T}\right) \tag{4.42}$$

$$= \frac{1}{V_T} I_S \exp\frac{V_{BE}}{V_T} \tag{4.43}$$

$$= \frac{I_C}{V_T} \tag{4.44}$$

이 결과와 다이오드의 소신호 저항과의 유사성은 일치하는 것은 아니며, 다음 장에서 자세히 공부할 것이다.

식 (4.44)는 I_C가 증가할 때 트랜지스터는 더 좋은 증폭기가 됨을 나타낸다. 이는 베이스와 이미터 사이에 가해진 신호에 반응해서 더 큰 컬렉터 전류가 발생한다는 것을 나타낸다. 트랜스컨덕턴스는 Ω^{-1}이나 '지멘스(siemens)'로 표현된다. 예를 들어 $V_T = 26$ mV에서 $I_C = 1$ mA이면 다음과 같이 된다.

$$g_m = 0.0385\ \Omega^{-1} \tag{4.45}$$

$$= 0.0385\ \text{S} \tag{4.46}$$

$$= 38.5\ \text{mS} \tag{4.47}$$

* 여기서 V_{CE}는 상수임에 유의하라.

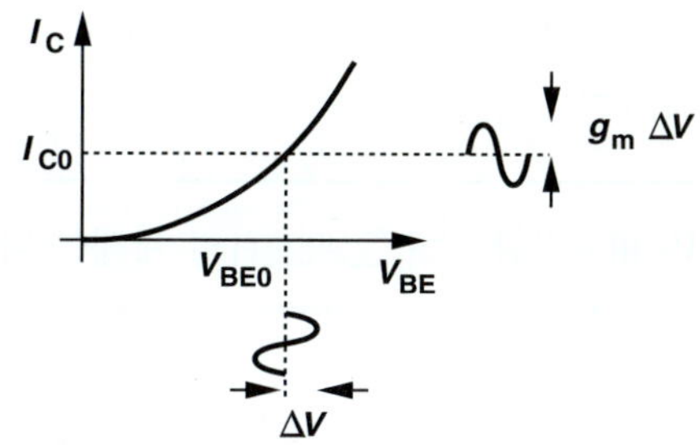

그림 4.18 트랜스컨덕턴스의 개념

이 책을 통해 알게 되겠지만, g_m을 저항의 역으로 보는 것이 가끔 도움이 된다. 예를 들어 $I_C = 1$ mA이면 다음과 같이 쓸 수 있다.

$$g_m = \frac{1}{26\ \Omega} \tag{4.48}$$

전도성의 개념은 트랜지스터의 전류/전압 특성을 이용하면 더욱 쉬워진다. 그림 4.18에서와 같이 $g_m = dI_C/dV_{BE}$는 주어진 컬렉터 전류 I_{C0}와 베이스-이미터 전압 V_{BE0}에서 I_C-V_{BE} 특성 곡선의 경사도를 나타낸다. 달리 표현하면, V_{BE}가 V_{BE0} 주변에서 $\pm\Delta V$의 변화가 있을 때, 컬렉터 전류는 I_{C0} 주변에서 $\pm g_m \Delta V$의 변화를 나타낸다. 여기서 g_m은 I_{C0}/V_T이다. 그러므로 I_{C0} 값은 필요한 g_m에 따라 선택되어야 한다. 컬렉터 전류 I_{C0}에서 트랜지스터가 '바이어스'되었다는 것은, 소자가 신호 없이 I_{C0}의 바이어스 전류를 가지고 있다는 의미이다.[5)]

예제 4.9

그림 4.19(a) 회로를 생각해 보자. 소자의 면적이 n배 증가하면 Q_1의 트랜스컨덕턴스는 어떻게 되는가?

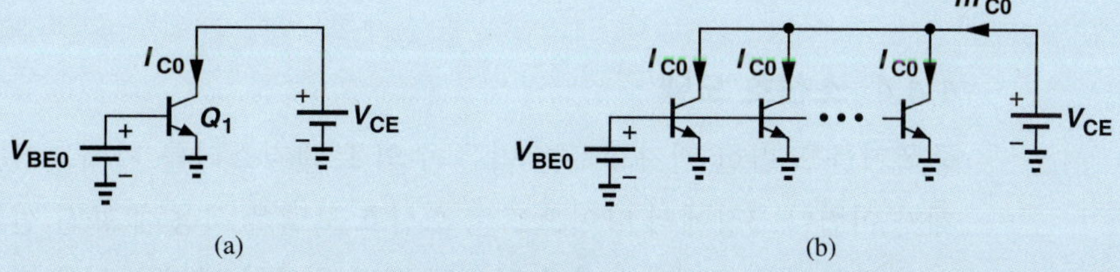

그림 4.19 (a) 트랜스컨덕턴스를 제공하는 트랜지스터; (b) 트랜스컨덕턴스를 제공하는 n개의 트랜지스터

풀이 $I_S \propto A_E$이므로 I_S는 같은 비율만큼 증가한다. 그러므로 $I_C = I_S \exp(V_{BE}/V_T)$는 V_{BE}가 일정하므로 n배 증가한다. 결과적으로 트랜스컨덕턴스는 n배 증가한다. 다른 관점에서 보면, 컬렉터 전류가 I_{C0}인 n개의 동일한 트랜지스터가 병렬로 있으면, 복합 소자의 트랜

5) 달리 표현하지 않으면 '바이어스 전류'는 컬렉터 바이어스 전류를 의미한다.

스컨덕턴스는 단일 소자의 n배가 된다[그림 4.19(b)]. 반면에 컬렉터 전류가 변화하지 않으면 트랜스컨덕턴스도 변하지 않는다.

연습문제 V_{BE0}가 $V_T \ln n$만큼 감소할 때, 위의 예제를 다시 풀어라.

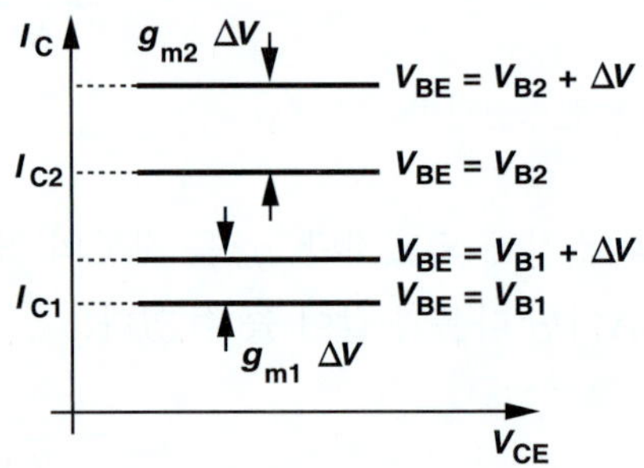

그림 4.20 서로 다른 컬렉터 바이어스 전류에 대한 트랜스컨덕턴스

I_C-V_{CE} 특성에서 V_{BE}를 매개변수로 하여 트랜스컨덕턴스를 알아볼 수 있다. 2개의 바이어스 전류가 있는 그림 4.20을 보면, V_{BE}에서의 ΔV 변화는 동작점 I_{C1}에서보다 I_{C2}에서 I_C를 더 많이 변화시킨다. 왜냐하면 $g_{m2} > g_{m1}$이기 때문이다.

식 (4.42)~(4.44)에서 g_m을 유도해 보면, 트랜스컨덕턴스가 베이스 전류보다는 컬렉터 전류의 함수임을 알 수 있다. 일례로 I_C는 일정하고 β가 변화하면 g_m은 변화하지 않고 I_B는 변화한다. 이 때문에 컬렉터 바이어스 전류는 회로의 분석과 설계에서 베이스 전류보다 중요한 역할을 한다.

그림 4.10에서 본 바와 같이 트랜지스터에 의해 발생한 전류는 전압을 발생시키기 위해 저항을 통해 흐른다. 증폭기를 설계하기 위해 5장에서 이 개념을 공부할 것이다.

4.4.4 소신호 모델

증폭기를 포함한 전자회로는 많은 수의 트랜지스터를 가지고 있으므로 회로의 분석과 설계가 어렵다. 3장에서 다이오드는 소신호 모델을 사용해 보면 선형적 소자가 될 수 있었다. 소신호 모델을 트랜지스터에 적용해 보면 유사한 개념을 얻을 수 있다.

대신호 모델에서 소신호 모델을 쉽게 유도할 수 있다. 각 두 단자 사이에 전압차를 설정하고(세 번째 단자는 일정 전압으로 놓고), 모든 단자를 통하여 흐르는 전류의 변화량을 구하고, 결과를 전류원이나 저항과 같은 적절한 회로 성분으로 표현한다. 그림 4.21은 V_{BE} 또는 V_{CE}가 ΔV만큼 변화하고, I_C, I_B, I_E도 변화가 있을 때의 예이다.

컬렉터 전압은 일정하고 V_{BE}에 변화가 있을 때를 생각해 보자(그림 4.22). 전압종속 전류원은 컬렉터와 이미터 사이에 $g_m\Delta V$의 값을 가지고 있다는 것을 트랜스컨덕턴스의 개념으로부터 알 수 있다.

(a) (b)

그림 4.21 (a) 베이스-이미터 전압에 작은 변화가 있을 때의 바이폴라 트랜지스터; (b) 컬렉터-이미터 전압에 작은 변화가 있을 때의 바이폴라 트랜지스터

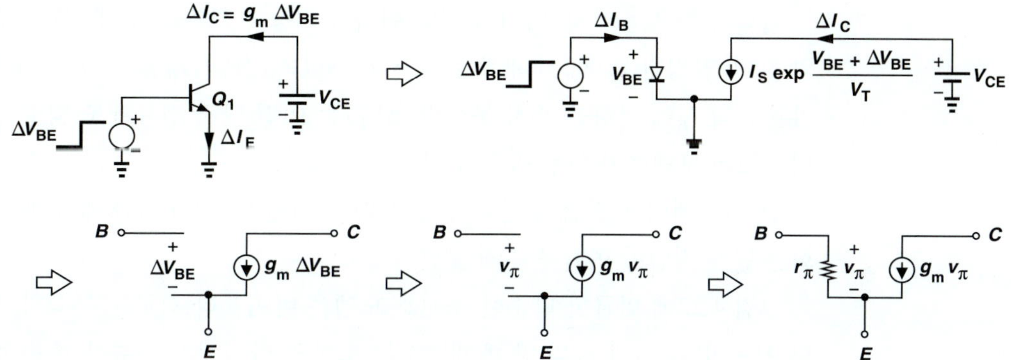

그림 4.22 소신호 모델의 전개 과정

$$\Delta I_C = g_m \, \Delta V_{BE} \tag{4.49}$$

단순화를 위해 ΔV_{BE}는 v_π로, 컬렉터 전류 변화는 $g_m v_\pi$로 표현한다.

V_{BE}의 변화는 또 다른 변화를 일으킨다.

$$\Delta I_B = \frac{\Delta I_C}{\beta} \tag{4.50}$$

$$= \frac{g_m}{\beta} \Delta V_{BE} \tag{4.51}$$

즉, 베이스-이미터 전압이 ΔV_{BE}만큼 변화하면, 두 단자 사이에 흐르는 전류의 변화는 $(g_m/\beta)\Delta V_{BE}$이다. 전압과 전류는 같은 두 단자에 대응되므로 옴의 법칙과 관련이 있다. 즉, 베이스와 이미터 사이의 저항값이 다음과 같다.

$$r_\pi = \frac{\Delta V_{BE}}{\Delta I_B} \tag{4.52}$$

$$= \frac{\beta}{g_m} \tag{4.53}$$

그러므로 베이스-이미터 사이에 순방향으로 바이어스된 다이오드는 소신호 저항이 β/g_m로 모델링될 수 있다. 다이오드가 I_C/β의 바이어스 전류를 가지고 있기 때문에, 그리고 식

그림 4.23 V_{CE}에 작은 변화가 있을 때 바이폴라 트랜지스터의 반응

(3.58)로부터 소신호 저항 값은 $V_T/(I_C/\beta) = \beta(V_T/I_C) = \beta/g_m$를 나타내므로 위 결과가 나온 것이다.

컬렉터 쪽으로 가서, 이미터 전압 변화를 적용해 보자(그림 4.23). 그림 4.11에 예시한 바와 같이, 일정한 V_{BE}에 대해서는 $I_C = I_S \exp(V_{BE}/V_T), I_B = I_C/\beta$로 표현되므로 컬렉터 전압은 I_C나 I_B에 영향을 주지 못한다. ΔV_{CE}는 어떤 단자 전류에도 영향을 주지 못하므로 그림 4.22의 모델은 변화될 필요가 없다.

컬렉터-베이스 전압에 변화가 있을 때는 어떤가? 문제 4.18에서 배우겠지만, 그러한 변화는 단자 전압에 변화를 주지 못한다.

그림 4.22에 언급한 단순한 소신호 모델은 바이폴라 회로를 분석하고 설계하는 데 유용한 기구이다. g_m과 r_π의 양 매개변수는 소자의 바이어스 전류에 종속적이다. 컬렉터 바이어스 전류가 증가하면 더 큰 g_m 값이 얻어지지만 베이스와 이미터 사이의 임피던스는 감소한다. 5장에서 공부하겠지만, 이러한 양면성이 어떤 경우에는 바람직하지 않다.

예제 4.10

그림 4.24(a) 회로를 생각해 보자. 여기서 $I_S = 3 \times 10^{-16}$ A, $\beta = 100$이고, v_1은 마이크에 의해 발생된 신호이며, Q_1은 능동 영역에 있다. (a) $v_1 = 0$일 때, Q_1의 소신호 매개변수를 구하라. (b) 마이크가 1 mV 신호를 발생시킨다면, 컬렉터와 베이스 전류의 변화량은 얼마인가?

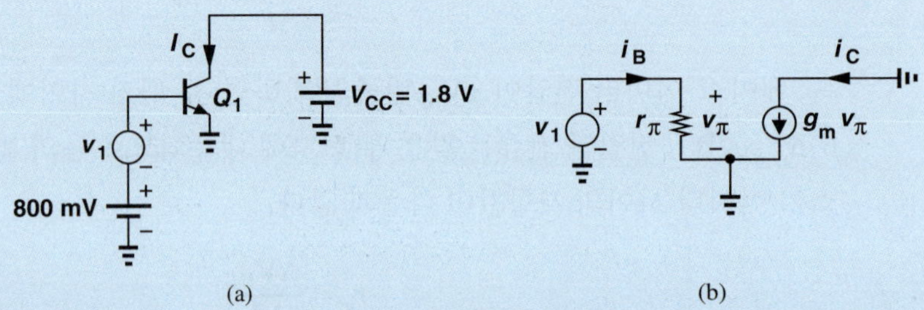

그림 4.24 (a) 바이어스와 소신호 해석을 위한 트랜지스터; (b) 소신호 등가 회로

풀이 (a) $I_C = I_S \exp(V_{BE}/V_T)$를 이용하면, $V_{BE} = 800$ mV에서 6.92 mA의 컬렉터 바이어스 전류를 얻는다. 그러므로

$$g_m = \frac{I_C}{V_T} \tag{4.54}$$

$$= \frac{1}{3.75\ \Omega} \tag{4.55}$$

이고

$$r_\pi = \frac{\beta}{g_m} \tag{4.56}$$

$$= 375\ \Omega \tag{4.57}$$

이다.

(b) 그림 4.24(b)에서와 같이 소신호 등가 회로를 그리고, $v_\pi = v_1$을 이용하면 컬렉터 전류의 변화량은 다음과 같다.

$$\Delta I_C = g_m v_1 \tag{4.58}$$

$$= \frac{1\ \text{mV}}{3.75\ \Omega} \tag{4.59}$$

$$= 0.267\ \text{mA} \tag{4.60}$$

등가 회로는 베이스 전류의 변화량을 다음과 같이 정의한다.

$$\Delta I_B = \frac{v_1}{r_\pi} \tag{4.61}$$

$$= \frac{1\ \text{mV}}{375\ \Omega} \tag{4.62}$$

$$= 2.67\ \mu\text{A} \tag{4.63}$$

이것은 물론 $\Delta I_C/\beta$와 같다.

연습문제 I_S가 반이 되었을 때, 위의 예제를 풀어라.

위 예제는 유용한 회로는 아니다. 마이크의 신호는 I_C에 변화를 일으키며, 1.8 V 배터리를 통하여 흐른다. 즉, 회로는 출력을 발생시키지 않는다. 반면에 컬렉터 전류가 저항으로 흐르면 출력은 발생한다.

예제 4.11

그림 4.24(a) 회로는 그림 4.25와 같이 변환되었다. 여기서 저항 R_C는 컬렉터 전류를 전압으로 변환시킨다. (a) 트랜지스터가 능동 영역에서 동작한다는 것을 증명하라. (b) 마이크가 1 mV 신호를 발생시킬 때, 출력 신호를 구하라.

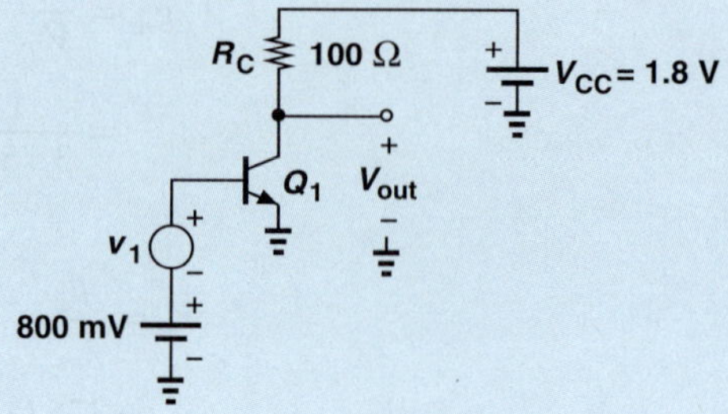

그림 4.25 바이어스와 소신호를 가지고 있는 간단한 회로단

풀이 (a) 6.92 mA의 컬렉터 바이어스 전류는 R_C로 흘러 전압 강하 $I_C R_C = 692$ mV를 발생시킨다. 컬렉터 전압은 V_{out}과 같으며

$$V_{out} = V_{CC} - R_C I_C \tag{4.64}$$

$$= 1.108 \text{ V} \tag{4.65}$$

이다. 컬렉터 전압이 베이스 전압에 비해 양의 값을 가지므로 소자는 능동 영역에서 동작한다.

(b) 앞의 예에서 본 바와 같이 1 mV 마이크 신호는 I_C에 0.267 mA의 변화를 일으킨다. R_C를 통하여 흐르므로 이 변화는 V_{out}에 0.267 mA × 100 Ω = 26.7 mV 변화를 가져온다. 따라서 이 회로는 입력을 26.7배 증폭한다.

연습문제 컬렉터-베이스 전압이 0이 되기 위해서는 R_C 값이 얼마가 되어야 하는가?

다음 예는 트랜지스터의 증폭 특성을 보여 준다. 다음 장에서 여러 가지 증폭기의 특성을 공부할 것이다.

공급 전압의 소신호 모델 다이오드나 트랜지스터에 소신호 모델을 적용했을 때, 분석이 상당히 단순화됨을 배웠다. 그러한 분석에서 회로의 다른 성분들도 소신호 모델로 표현되어야 한다. 회로의 전류와 전압이 조금 변화할 때, 공급 전압 V_{CC}를 어떻게 처리해야 할지 결정해 보자.

회로의 전류와 전압이 변화하더라도 공급 전압은 일정하다는 사실은 중요하다.

Did you know ?

트랜지스터가 제공한 첫 번째 혁명은 휴대용 라디오였다. 1940년대까지 라디오는 매우 높은 전압(예를 들면, 60 V)이 필요한 진공관으로 구현되어 부피가 크고 무거운 디자인이었다. 반면에 트랜지스터는 몇 개의 배터리로 작동할 수 있었고, 1954년 리젠시와 텍사스 인스트루먼트에 의해 휴대용 '트랜지스터 라디오'가 소개되었다. 흥미롭게도 그 무렵 쓰신코교(通信工業)라는 일본 회사도 트랜지스터 라디오를 만들고 미국 시장에 진출하기를 희망했다. 회사 이름이 서양인에는 어려운 발음이었기 때문에 소리에 해당하는 라틴어 단어 'sonus'를 선택하여 스스로를 소니(Sony)라고 불렀다.

공급 전압은 변하지 않고, 소신호 모델은 양적 변화를 다루므로, 0 변화를 나타내기 위하여 V_{CC}는 0의 전압으로 간주되어야 한다. 그러므로 소신호 해석에서는 공급 전압을 '접지'로 취급한다. 마찬가지로 회로의 다른 일정한 전압들도 접지로 간주하면 된다. 그러한 접지가 단지 신호에만 적용된다는 점을 강조하기 위하여 '교류 접지'라 표현한다.

4.4.5 얼리 효과

지금까지 바이폴라 트랜지스터의 2차적인 효과라든지 소신호 및 대신호 모델의 표현은 무시한 채 근본 원리만 취급하여 왔다. 그러나 의미 있는 결과를 얻기 위해서는 그러한 효과에도 관심을 가질 필요가 있다. 다음 예제에서 살펴보자.

예제 4.12 예제 4.11 회로에서 R_C는 200 Ω, V_{CC}는 3.6 V로 가정하자. 소자가 능동 영역에서 동작한다는 것을 증명하고, 전압 증폭률을 구하라.

풀이 R_C에 전압 강하는 $6.92\ \text{mA} \times 200\ \Omega = 1.384\ \text{V}$로 증가하여, 컬렉터 전압은 $3.6\ \text{V} - 1.384\ \text{V} = 2.216\ \text{V}$가 되고 능동 영역에서 동작한다. V_{CC}가 2배로 되지 않으면, $V_{out} = 1.8\ \text{V} - 1.384\ \text{V} = 0.416\ \text{V}$가 되고, 트랜지스터는 순방향 능동 영역에서 동작하지 않는다.

앞 예제의 (b)에서 출력 전압의 변화는 컬렉터 전류 변화 곱하기 R_C이다. R_C가 2배가 되므로 전압 이득도 2배인 53.4가 된다. 이 결과는 소신호 모델의 도움으로 얻어질 수도 있다. 그림 4.26에서는 등가 회로에 의해 $v_{out} = -g_m v_\pi R_C = -g_m v_1 R_C$가 얻어진다. $g_m = (3.75\ \Omega)^{-1}$과 $R_C = 200\ \Omega$으로 $v_{out}/v_1 = -53.4$이다.

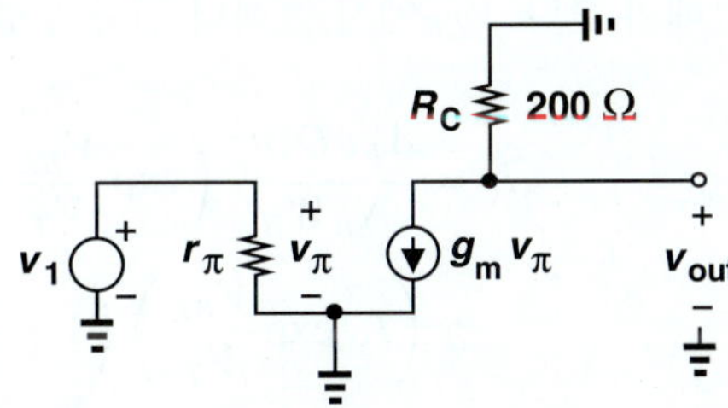

그림 4.26 그림 4.25의 회로단의 소신호 등가 회로

연습문제 $R_C = 250\ \Omega$이면 어떻게 되는가?

이 예제는 R_C가 증가하면 회로의 전압 이득도 증가한다는 중요한 사항을 언급하고 있다. 만일 $R_C \to \infty$이면 이득도 무한대로 증가하는가? 회로에 트랜지스터의 최대 이득을 제

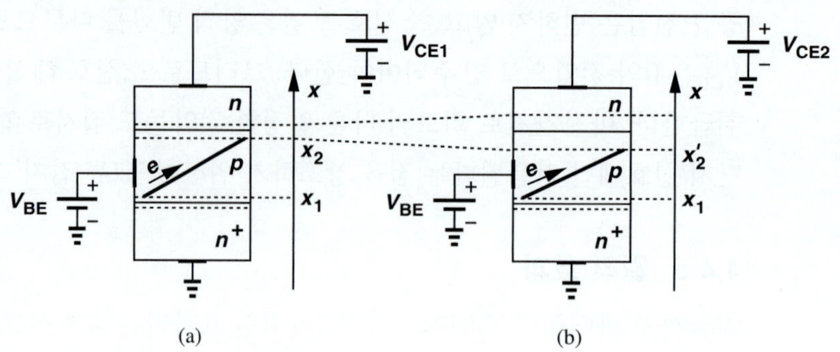

그림 4.27 (a) 컬렉터와 베이스에 바이어스 전압이 있는 경우의 바이폴라 트랜지스터; (b) 컬렉터 전압이 증가할 때의 효과

한하는 또 다른 메커니즘이 작용하는가? '얼리 효과(Early effect)'는 증폭기의 이득을 제한하는 비이상적인 특성을 나타낸다.

이 효과를 이해하기 위하여 트랜지스터의 내부 동작으로 돌아가 보자. 그리고 그림 4.11에서 보여 준 "컬렉터 전류는 컬렉터 전압에 종속적이지 않다"라는 사실을 되새겨 보자. 그림 4.27(a)의 소자를 생각해 보자. 여기서 컬렉터 전압은 베이스 전압보다 다소 높으며, 역방향 바이어스 접합은 공핍 영역 폭을 발생시킨다. V_{CE}가 V_{CE2}로 증가했다고 생각해 보자[그림 4.27(b)]. 이 경우는 역방향 바이어스를 증가시키고, 컬렉터와 베이스에서 공핍 영역을 증가시킨다. 베이스 전하의 분포도가 공핍 영역의 끝 x_2'에서 0이 되어야 하므로, 분포도의 경사도(slope)는 증가한다. 식 (4.8)에서 유효 베이스 폭 W_B는 감소하게 되고, 컬렉터 전류는 증가한다. 얼리에 의해 발견된 바와 같이 이 현상은 증폭기 설계에서 흥미로운 현상을 설명한다(5장).

어떻게 얼리 효과가 트랜지스터 모델로 표현되는가? 우선 식 (4.9)에 이 효과가 포함되도록 수정해야 한다. V_{CE}에서 컬렉터 전류의 증가는 대략 배수에 의해 표현될 수 있다.

$$I_C = \frac{A_E q D_n n_i^2}{N_B W_B}\left(\exp\frac{V_{BE}}{V_T} - 1\right)\left(1 + \frac{V_{CE}}{V_A}\right) \tag{4.66}$$

$$\approx \left(I_S \exp\frac{V_{BE}}{V_T}\right)\left(1 + \frac{V_{CE}}{V_A}\right) \tag{4.67}$$

여기서 W_B는 일정하다고 가정하고, $1 + V_{CE}/V_A$는 얼리 효과를 표현한 것이다. V_A는 '얼리 전압'이라 불린다.

얼리 효과가 있을 때, 그림 4.15의 전류/전압 특성을 생각해 보자. 일정한 V_{CE}에 대하여 I_C의 V_{BE}에 대한 종속성은 지수함수적이며 경사도는 크다[그림 4.28(a)]. 반면에 일정한 V_{BE}에 대하여 I_C-V_{CE} 특성은 0이 아닌 경사도를 보여 준다[그림 4.28(b)]. 실제로 식 (4.67)을 V_{CE}에 대해 미분하면 다음과 같다.

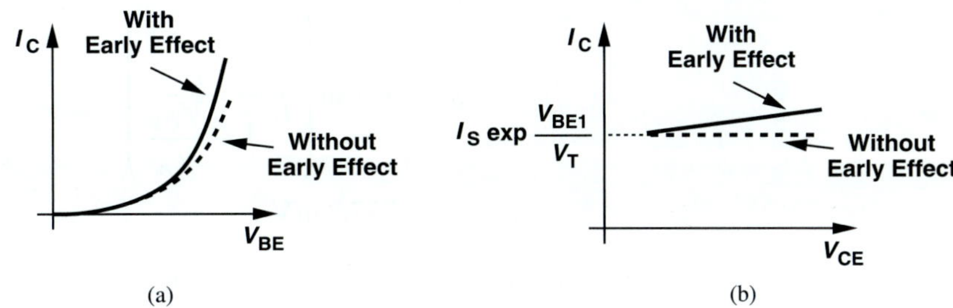

그림 4.28 얼리 효과가 있을 때와 없을 때: (a) V_{BE}; (b) V_{CE} 함수에 의한 컬렉터 전류

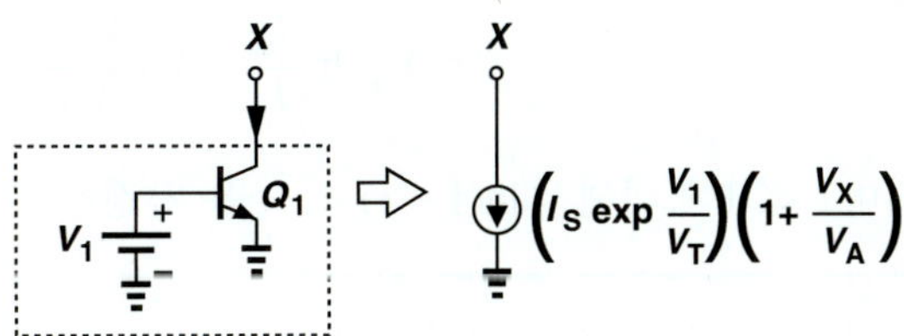

그림 4.29 전류원으로서의 바이폴라 트랜지스터 모델

$$\frac{\delta I_C}{\delta V_{CE}} = I_S \left(\exp \frac{V_{BE}}{V_T}\right)\left(\frac{1}{V_A}\right) \tag{4.68}$$

$$\approx \frac{I_C}{V_A} \tag{4.69}$$

여기서 $V_{CE} \ll V_A$라고 가정하고, $I_C \approx I_S \exp(V_{BE}/V_T)$가 된다. 이는 대부분의 경우 적절한 근삿값이다.

그림 4.28(b)에서 I_C와 V_{CE}의 관계는 트랜지스터가 이상적인 전류원으로 동작하지 않고 그림 4.11(a)의 수정을 요한다는 것을 나타낸다. 트랜지스터는 2단자 소자로도 볼 수 있는데, V_{CE}의 변화에 대응하는 전류를 가진다(그림 4.29).

예제 4.13 바이폴라 트랜지스터에서 $V_{CE} = 2$ V일 때, 컬렉터 전류는 1 mA이다. $V_A = \infty$일 때와 20 V일 때, 베이스-이미터 전압을 구하라. $I_S = 2 \times 10^{-16}$ A라 가정하자.

풀이 $V_A = \infty$이면, 식 (4.67)에서 다음을 알 수 있다.

$$V_{BE} = V_T \ln \frac{I_C}{I_S} \tag{4.70}$$

$$= 760.3 \text{ mV} \tag{4.71}$$

$V_A = 20$ V이면, 식 (4.67)을 이용해서 다음과 같이 쓸 수 있다.

$$V_{BE} = V_T \ln\left(\frac{I_C}{I_S}\frac{1}{1+\dfrac{V_{CE}}{V_A}}\right) \tag{4.72}$$

$$= 757.8\,\text{mV} \tag{4.73}$$

$V_{CE} \ll V_A$에 대해서 $(1 + V_{CE}/V_A)^{-1} \approx 1 - V_{CE}/V_A$이므로

$$V_{BE} \approx V_T \ln\frac{I_C}{I_S} + V_T \ln\left(1 - \frac{V_{CE}}{V_A}\right) \tag{4.74}$$

$$\approx V_T \ln\frac{I_C}{I_S} - V_T\frac{V_{CE}}{V_A} \tag{4.75}$$

가 되며 $\epsilon \ll 1$에 대해서 $\ln(1-\epsilon) \approx -\epsilon$을 가정하였다.

연습문제 두 트랜지스터가 병렬로 연결되어 있을 때, 위의 예제를 다시 풀어라.

대신호 및 소신호 모델 얼리 효과는 4.4.1절과 4.4.4절에서 소개한 트랜지스터 모델을 변화시킨다. 그림 4.13의 대신호 모델은 그림 4.30에 나와 있는 바와 같이 변화되어야 한다. 여기서

$$I_C = \left(I_S \exp\frac{V_{BE}}{V_T}\right)\left(1 + \frac{V_{CE}}{V_A}\right) \tag{4.76}$$

$$I_B = \frac{1}{\beta}\left(I_S \exp\frac{V_{BE}}{V_T}\right) \tag{4.77}$$

$$I_E = I_C + I_B \tag{4.78}$$

이고 여기서 I_B는 V_{CE}에 독립적이며, 베이스-이미터 전압에 의해 정해진다.

소신호 모델에 대해서 제어된 전류원은 변하지 않으며, g_m은 다음과 같이 표현된다.

$$g_m = \frac{dI_C}{dV_{BE}} \tag{4.79}$$

$$= \frac{1}{V_T}\left(I_S \exp\frac{V_{BE}}{V_T}\right)\left(1 + \frac{V_{CE}}{V_A}\right) \tag{4.80}$$

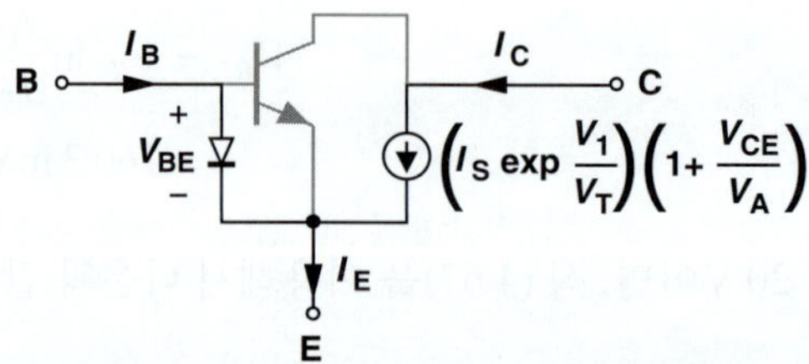

그림 4.30 얼리 효과를 포함한 바이폴라 트랜지스터의 대신호 모델

$$= \frac{I_C}{V_T} \tag{4.81}$$

마찬가지로

$$r_\pi = \frac{\beta}{g_m} \tag{4.82}$$

$$= \beta \frac{V_T}{I_C} \tag{4.83}$$

이다. 컬렉터 전류가 V_{CE}에 의해 변한다는 것을 고려하여 컬렉터에 소신호 전압 변화를 적용하여, 전류 변화[그림 4.31(a)]를 측정해 보자.

$$I_C + \Delta I_C = \left(I_S \exp \frac{V_{BE}}{V_T}\right)\left(1 + \frac{V_{CE} + \Delta V_{CE}}{V_A}\right) \tag{4.84}$$

그러므로

$$\Delta I_C = \left(I_S \exp \frac{V_{BE}}{V_T}\right) \frac{\Delta V_{CE}}{V_A} \tag{4.85}$$

이다. 이는 식 (4.69)와 일치한다. 전압과 전류 변화는 같은 두 단자에서 발생하므로 옴의 법칙이 적용되고, 등가 저항은 다음과 같다.

$$r_O = \frac{\Delta V_{CE}}{\Delta I_C} \tag{4.86}$$

$$= \frac{V_A}{I_S \exp \dfrac{V_{BE}}{V_T}} \tag{4.87}$$

$$\approx \frac{V_A}{I_C} \tag{4.88}$$

그림 4.31(b)에 표현한 대로 소신호 모델은 단지 1개의 외부 요소 r_O를 포함하며, 이는 얼리 효과를 나타낸다. '출력 저항'이라 불리는 r_O는 고이득 증폭기에서 중요한 역할을 한다(5장). 그리고 r_π와 r_O는 바이어스 전류 I_C에 반비례한다.

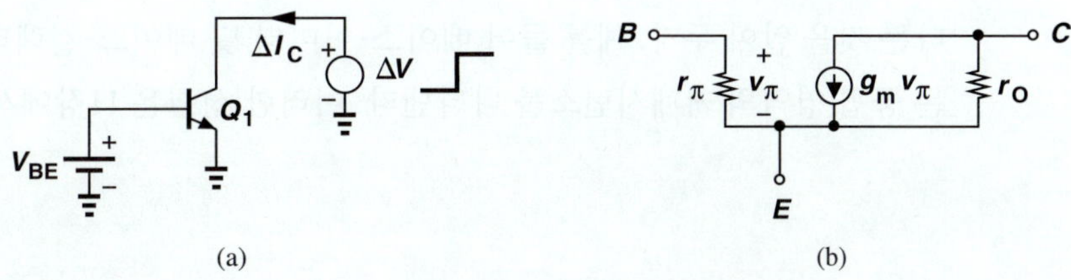

그림 4.31 (a) V_{CE}의 작은 변화; (b) 얼리 효과를 포함하는 소신호 모델

예제 4.14 트랜지스터에서 컬렉터의 바이어스 전류는 1 mA이다. $V_A = 15$ V이고, $\beta = 100$일 때 소신호 모델을 구하라.

풀이

$$g_m = \frac{I_C}{V_T} \tag{4.89}$$

$$= \frac{1}{26\,\Omega} \tag{4.90}$$

이고

$$r_\pi = \frac{\beta}{g_m} \tag{4.91}$$

$$= 2600\,\Omega \tag{4.92}$$

또한

$$r_O = \frac{V_A}{I_C} \tag{4.93}$$

$$= 15\,\text{k}\Omega \tag{4.94}$$

이다.

연습문제 출력 저항이 25 kΩ이 되기 위해서 얼리 전압은 얼마가 필요한가?

예제 4.12로 돌아가서 얼리 효과가 존재할 때 증폭기의 이득을 구해 보자. 이득은 결국 출력 저항 r_O에 의해 결정된다고 할 수 있다. 그림 4.32에 이 절에서 공부한 개념을 요약하였다.

트랜지스터에서 중요한 개념은 바이어스이다. 다음과 같은 두 가지 목표를 이루기 위하여 소자의 단자에 적절한 직류 전압과 전류를 가해야 한다. (1) 능동 모드에서 동작해야 한다($V_{BE} > 0, V_{CE} \geq 0$). 즉, 컬렉터에 연결된 부하 저항은 주어진 전압에 대해서 제한 영역이 있다(예제 4.7). (2) 소신호 매개변수 g_m, r_O, r_π가 필요한 값을 가지도록 컬렉터 전류를 구한다. 다음 장에서 이러한 개념을 이용하여 증폭기의 분석을 광범위하게 다룬다.

끝으로 그림 4.31(b)의 소신호 모델은 트랜지스터의 고주파의 제한성은 포함하지 않는다는 것을 알아 두자. 예를 들어 베이스-이미터 및 베이스-컬렉터 접합은 속도에 영향을 주는 공핍 영역의 커패시턴스를 나타낸다. 이러한 성질은 11장에서 다룰 것이다.

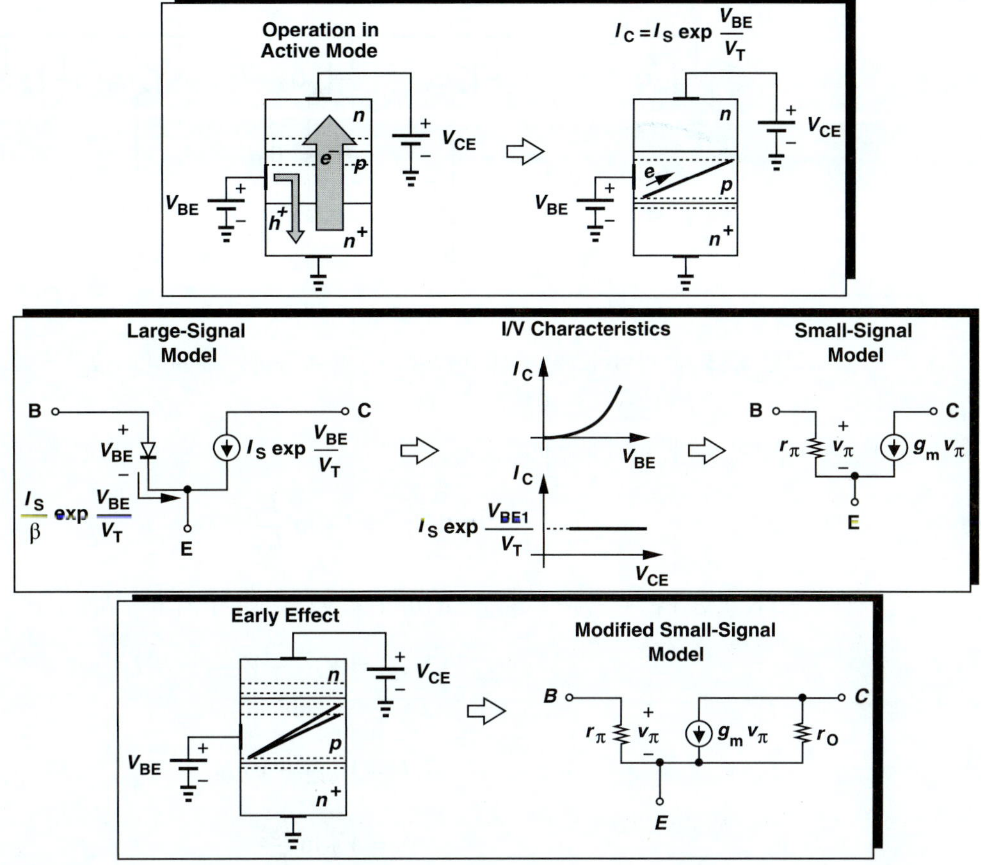

그림 4.32 지금까지 공부한 개념의 요약

로봇공학 응용: 온도 센서

로봇은 동작을 결정하기 위해 온도 센서를 사용한다. 예를 들어 로봇이 불에 접근하는 경우 상승된 온도를 감지하고 스스로를 보호하기 위해 불을 피할 수 있다.

온도 센서는 주변 온도에 비례하는 아날로그 또는 디지털 출력을 제공하는데, 바이폴라 트랜지스터는 이러한 목적을 훌륭하게 수행한다. 그림 4.33(a)의 지선을 생각해 보자. 여기서 바이어스 전류 I_0는 트랜지스터 Q_1을 통해 흐른다. 베이스 전류를 무시하면, $I_{C1} \approx I_0$이고, $I_{C1} = I_{S1}\exp(V_{BE1}/V_T)$이므로

$$V_{BE1} = V_T \ln \frac{I_0}{I_{S1}} \tag{4.95}$$

이다. 여기서 $V_X = V_{CC} - V_{BE1}$이다.

그림 4.33(b) 회로를 생각해 보자. 왼쪽 지선에 추가적으로 Q_2, R_1, I_0로 구성된 다른

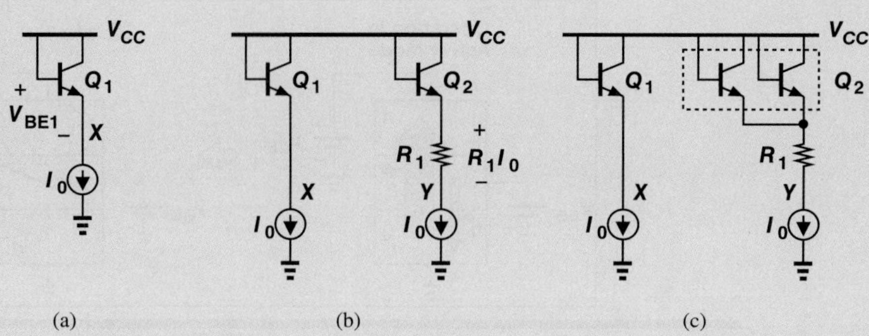

그림 4.33 (a) 바이어스된 지선; (b) $R_1I_0 \propto T$를 제공하는 두 지선; (c) $I_{S2} = 2I_{S1}$을 위한 구조

지선이 있다. 여기서

$$V_{BE2} = V_T \ln \frac{I_0}{I_{S2}} \tag{4.96}$$

이다. 또한 $V_Y = V_{CC} - V_{BE2} - R_1I_0$이다. $V_X = V_Y$가 되도록 I_0를 선택하면

$$V_{CC} - V_{BE1} = V_{CC} - V_{BE2} - R_1I_0 \tag{4.97}$$

이다. 즉,

$$R_1I_0 = V_{BE1} - V_{BE2} \tag{4.98}$$

$$= V_T \ln \frac{I_{S2}}{I_{S1}} \tag{4.99}$$

여기서 $V_T = kT/q$이고 절대온도에 비례한다. 마찬가지로 R_1의 전압 강하도 절대온도에 비례한다. 이 전압은 온도 센서의 출력으로 사용된다. 물론, $I_{S1} \neq I_{S2}$라는 조건이 필요하다. 그림 4.33(c)는 Q_2를 Q_1과 동일한 두 트랜지스터로 병렬 구성한 예를 보여 준다. 따라서 $I_{S2} = 2I_{S1}$이다. $V_X = V_Y$를 어떻게 보장할 수 있는가? 이것은 고급 과정에서 설명될 것이다.

4.5 포화 모드에서의 바이폴라 트랜지스터 동작

앞 절에서 언급한 바와 같이, 바이폴라 트랜지스터는 순방향 능동 영역에서 동작하는 것이 바람직하다. 이 영역에서는 전압제어 전류원으로 동작한다. 이 절에서는 이 영역의 밖에서 일어나는 소자의 동작을 공부한다.

V_{BE}를 750 mV라 하고 컬렉터 전압을 큰 값에서 작은 값으로 변화시켜 보자[그림 4.34(a)]. V_{CE}가 V_{BE}에 수렴하고, V_{BC}가 음의 값에서 0으로 변화할 때, 베이스-컬렉터 접합은 역방향 바이어스가 덜 걸리게 된다. $V_{CE} = V_{BE}$에 대해서, 접합은 0 전압을 유지하지

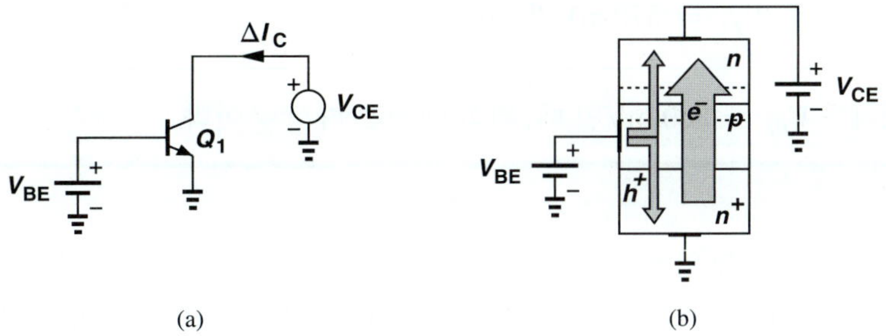

(a) (b)

그림 4.34 (a) 순방향으로 바이어스된 베이스-컬렉터 접합이 있는 바이폴라 트랜지스터; (b) 컬렉터로의 정공의 흐름

만, 공핍 영역은 이미터에 의해 베이스로 주입된 전자의 대부분을 흡수한다. $V_{BC} > 0$이고, B-C 접합이 순방향 바이어스가 되면 어떻게 되는가? 트랜지스터는 '포화 영역(saturation region)'에 있다고 말할 수 있다. $V_{CE} = 550$ mV, 즉 $V_{BC} = +200$ mV라 하자. 우리는 2장에서 200 mV의 순방향 바이어스를 가진 다이오드는 매우 적은 전류를 나타낸다는 것을 배웠다.[6] 이 경우에도 트랜지스터는 능동 영역에서 동작을 계속한다. 소자는 '가벼운 포화 영역'에 있다고 말한다.

컬렉터 전압이 더욱 감소하면 B-C 접합은 더욱 순방향 바이어스가 되고 많은 전류를 흘린다[그림 4.34(b)]. 결과적으로 다량의 정공은 베이스 단자에 공급되어 β가 감소한 것과 같다. 달리 표현하면, 강한 포화는 베이스 전류를 급격하게 증가하게 하고, β를 급격히 감소하게 한다.

예제 4.15

바이폴라 트랜지스터가 $V_{BE} = 750$ mV, $\beta = 100$으로 바이어스되어 있다. β가 10% 이상 열화되지 않기 위해서 소자가 견뎌야 할 B-C 순방향 바이어스는 얼마인가? 단순화를 위해 베이스-컬렉터 및 베이스-이미터 접합은 이상적인 구조이며 불순물 농도를 가지고 있다고 가정하자.

풀이 베이스-컬렉터 및 베이스-이미터 접합이 베이스 전류 I_B의 0.1배의 전류를 운반하도록 순방향으로 바이어스되어 있다면, β는 10% 열화된다. $I_B = I_C/100$이므로, B-C 접합은 $I_C/1000$ 이상 전달하지 않는다. $V_{BE} = 750$ mV가 컬렉터 전류를 발생시킨다면, B-C 전압이 얼마일 때 $I_C/1000$의 전류를 발생시키는가? B-E 및 B-C 접합이 이상적이라면

$$V_{BE} - V_{BC} = V_T \ln \frac{I_C}{I_S} - V_T \ln \frac{I_C/1000}{I_S} \tag{4.100}$$

$$= V_T \ln 1000 \tag{4.101}$$

$$\approx 180\,\text{mV} \tag{4.102}$$

6) (750 mV − 200 mV)/(60 mV/decade) ≈ 9.2

즉, $V_{BC} = 570$ mV가 된다.

연습문제 $V_{BE} = 800$ mV일 때, 위의 예제를 다시 풀어라.

포화 영역에서 트랜지스터의 대신호 모델과 전류/전압 특성을 공부해 보자. 베이스-컬렉터 다이오드를 포함한 그림 4.35(a)의 모델을 만들었다. 제어 전류 $I_C = I_{S1} \exp(V_{BE}/V_T)$는 B-C 다이오드에 의해 공급되고, 컬렉터 단자에서 흐를 필요가 없기 때문에 소자가 포화 영역에 들어갈 때 컬렉터 전류는 감소한다. 그림 4.35(b)에 표시한 바와 같이 컬렉터가 개방되어 있으면 전류가 제어 전류와 같아야 하므로 D_{BC}는 순방향으로 바이어스되어 있다.

위 해석은 그림 4.36의 I_C-V_{CE} 특성을 나타낸다. 여기서 V_{CE}가 몇백 mV 정도의 V_1보다 작으면 I_C는 감소하기 시작한다. '포화'라는 용어는 이 영역에서 베이스 전류의 증가가 컬렉터 전류에 변화를 주지 못하기 때문에 붙여진 것이다.

포화 영역에서 바이폴라 트랜지스터의 속도 및 β는 감소한다(11장). 그러므로 바이폴라 트랜지스터가 이 영역에서 동작하도록 해서는 안 된다. 소자가 포화 영역에 깊숙이 들어가지 않으면 B-C 접합의 전류는 무시할 수 있기 때문에 $V_{BC} < 400$ mV가 되는 가벼운 포화만 허용된다.

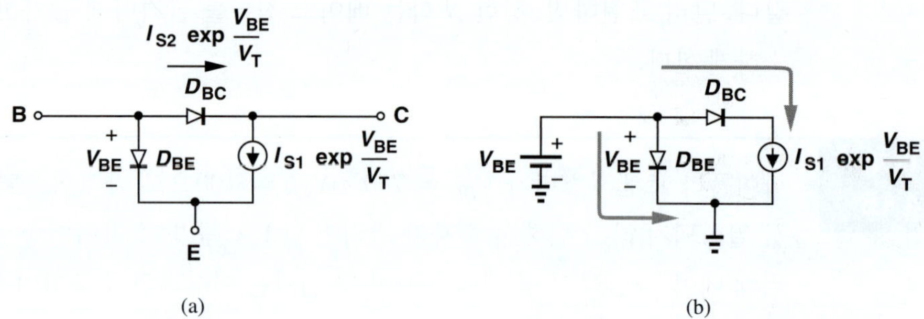

그림 4.35 (a) 포화 효과를 포함하는 바이폴라 트랜지스터 모델; (b) 개방된 컬렉터 단자의 경우

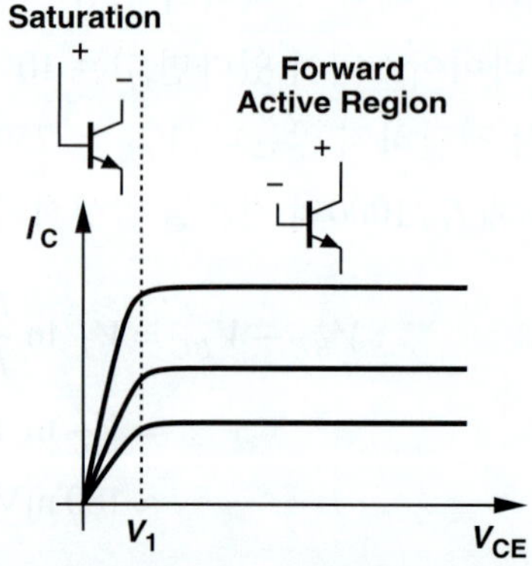

그림 4.36 서로 다른 동작 영역에서 트랜지스터의 전류/전압 특성

트랜지스터는 컬렉터에 연결된 저항 성분으로부터 전류를 가져온다는 것을 알아 두자. 그것은 컬렉터 전압과 동작 영역을 정하는 외부 성분이다.

예제 4.16 그림 4.37로부터 가벼운 포화나 능동 영역에서 동작하는 R_C와 V_{CC}의 관계식을 구하라.

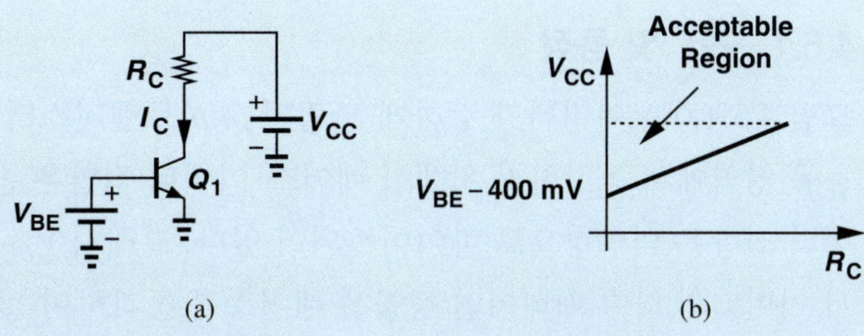

그림 4.37 (a) 간단한 회로단; (b) R_C와 V_{CC}의 허용되는 범위

풀이 가벼운 포화에서 컬렉터 전류는 $I_C = I_S \exp(V_{BE}/V_T)$와 같다. 컬렉터 전압은 베이스 전압보다 400 mV 이상 작아서는 안 된다.

$$V_{CC} - R_C I_C \geq V_{BE} - 400\,\text{mV} \tag{4.103}$$

그러므로

$$V_{CC} \geq I_C R_C + (V_{BE} - 400\,\text{mV}) \tag{4.104}$$

이다. 주어진 R_C에 대해서 $V_{CC} - I_C R_C$가 적절한 컬렉터 전압을 유지하도록 V_{CC}는 충분히 커야 한다.

연습문제 R_C의 최대 허용 값을 구하라.

깊은 포화 영역에서 컬렉터-이미터 전압은 $V_{CE,sat}$라 불리는 대략 200 mV의 일정한 값에 수렴한다. 이러한 조건에서 트랜지스터는 제어된 전류원과 닮은 점이 없으며 그림 4.38과 같이 모델링될 수 있다.(C와 E 사이의 전압 V_{CE}는 일정하다는 것을 나타낸다.)

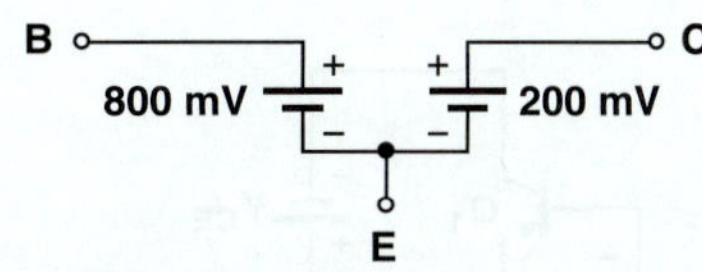

그림 4.38 깊은 포화 영역에서의 트랜지스터 모델

4.6 *pnp* 트랜지스터

지금까지 이미터와 컬렉터는 n형, 베이스는 p형 물질로 되어 있는 *npn* 트랜지스터의 구조와 성질을 공부하였다. 세 영역에서 불순물 극성이 반대로 되면 '*pnp*' 소자가 되는지 의문이 생긴다. 또한 왜 그러한 소자가 유용한지도 의문스럽다.

4.6.1 구조 및 동작

그림 4.39(a)는 이미터가 강하게 도핑된 *pnp* 트랜지스터의 구조를 보여 준다. *npn* 소자가 능동 영역에서 동작하기 위해서 베이스-이미터 접합은 순방향으로 바이어스되어 있고, 컬렉터 접합은 역방향으로 바이어스되어 있다. 그래서 $V_{BE} < 0, V_{BC} > 0$이 된다. 이 조건에서 이미터의 다수 캐리어인 정공은 베이스를 통과하여 컬렉터로 간다. 정공의 분포도는 베이스에 형성되어 확산된다. 베이스의 다수 캐리어인 전자는 소량이 이미터에 주입되어 베이스의 정공과 재결합하여 베이스 전류를 형성한다. 그림 4.39(b)는 캐리어 이동을 나타내고 있다. *npn* 트랜지스터에서의 동작 원리 및 방정식은 *pnp* 소자에서도 적용된다.

그림 4.39(c)는 일정한 전압원을 가진 *pnp* 트랜지스터인데, 능동 영역에서 소자가 바이어스되어 있다. 그림 4.6의 *npn* 트랜지스터의 바이어스와는 반대로, 여기서 베이스와 컬렉터 전압은 이미터 전압보다 낮다. $V_{EB} > 0$와 $V_{BC} > 0$를 강조하기 위하여 그리고 각 단자로의 전류 흐름 방향을 나타내기 위하여 그림 4.39(d)와 같이 회로를 재구성하였다.

4.6.2 대신호 모델

*npn*과 *pnp* 트랜지스터에서의 전류와 전압의 극성은 복잡할 수 있다. 다음과 같이 정의함

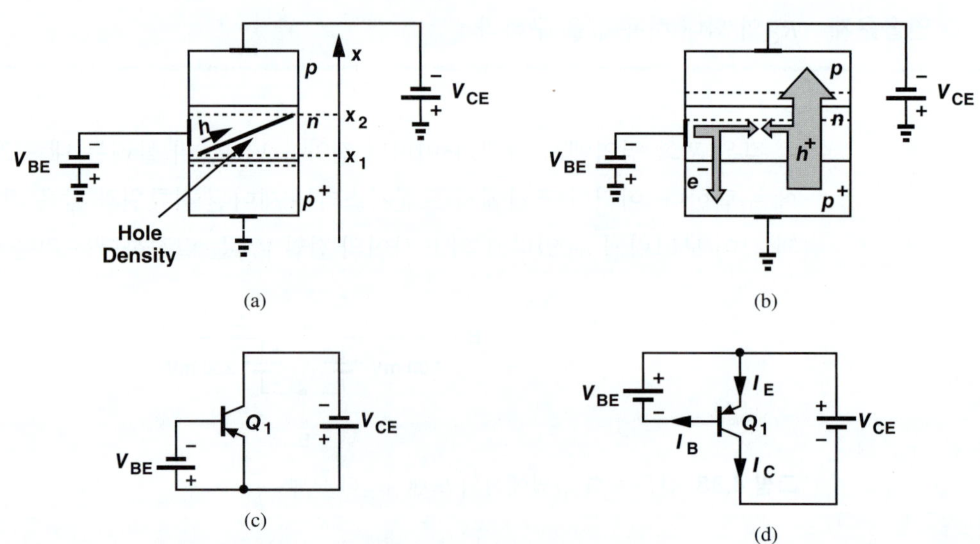

그림 4.39 (a) *pnp* 트랜지스터의 구조; (b) *pnp* 트랜지스터에서의 전류 흐름; (c) 바이어스; (d) (c)의 재구성

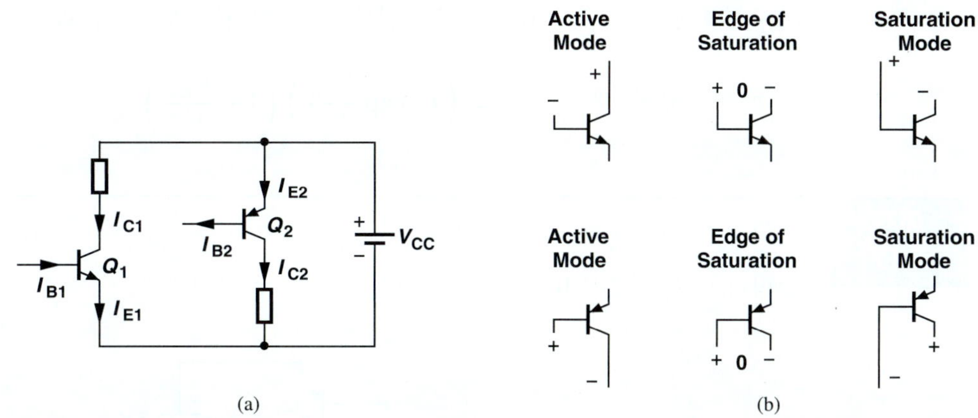

그림 4.40 (a) *npn*과 *pnp* 트랜지스터에서 전압과 전류의 극성; (b) 능동 영역과 포화 영역의 표시

으로써 쉽게 해서될 수 있다: (1) 전류는 항상 높은 전압에서 낮은 전압으로 흐른다. 그림 4.40(a)의 *npn*과 *pnp* 트랜지스터의 두 지선에서, *npn* 소자에서는 컬렉터에서 이미터로 전류가 흐르고, *pnp* 소자에서는 이미터에서 컬렉터로 전류가 흐르는 것을 보여 주고 있다. 베이스 전류는 이미터 전류에 포함되어야 하므로 I_{B1}과 I_{C1}이 합쳐져 I_{E1}이 되고, 반면에 I_{E2}는 I_{C2}로 나타나기 전에 I_{B2}를 '잃는다'. (2) 능동 영역과 포화 영역의 차이는 B-C 접합 바이어스에 있다. 그림 4.40(b)에 여러 경우가 요약되어 있는데, 베이스와 컬렉터의 상대적인 위치는 그 전위차를 나타낸다. 만약 *npn* 트랜지스터에서 컬렉터 전압이 베이스 전압보다 낮지 않으면 능동 영역에 있다. 반면에 *pnp* 소자에서는 컬렉터 전압이 베이스 전압보다 높지 않아야 한다. (3) *npn* 소자에서의 전류 방정식 (4.23)~(4.25)는 *pnp* 소자에서 다음과 같이 바뀐다.

$$I_C = I_S \exp \frac{V_{EB}}{V_T} \tag{4.105}$$

$$I_B = \frac{I_S}{\beta} \exp \frac{V_{EB}}{V_T} \tag{4.106}$$

$$I_E = \frac{\beta+1}{\beta} I_S \exp \frac{V_{EB}}{V_T} \tag{4.107}$$

전류 방향은 그림 4.41에 정의되어 있다. *npn*과 *pnp* 소자에서 방정식의 차이점은 지수함수적으로 나타나는 베이스-이미터 전압과 관련 있다. *pnp* 소자에서는 $V_{BE} < 0$가 되고,

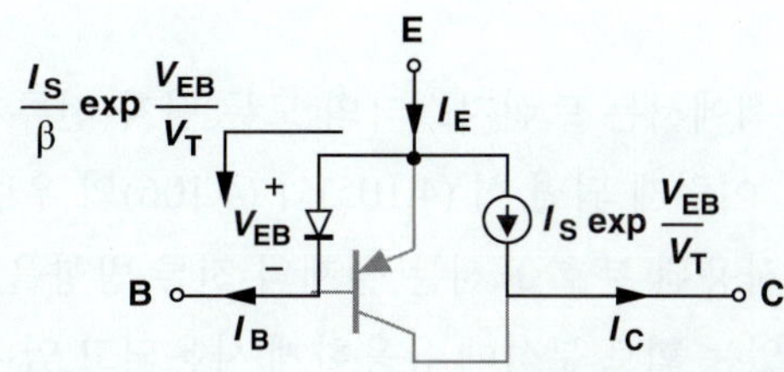

그림 4.41 *pnp* 트랜지스터의 대신호 모델

npn 소자에서는 $V_{EB} < 0$로 바뀌게 된다. 또한 얼리 효과가 다음과 같이 포함될 수 있다.

$$I_C = \left(I_S \exp \frac{V_{EB}}{V_T}\right)\left(1 + \frac{V_{EC}}{V_A}\right) \tag{4.108}$$

예제 4.17

그림 4.42 회로에서 Q_1의 단자 전류를 구하고, 순방향 능동 영역에서 동작한다는 것을 증명하라. $I_S = 2 \times 10^{-16}$ A, $\beta = 50$, $V_A = \infty$로 가정하자.

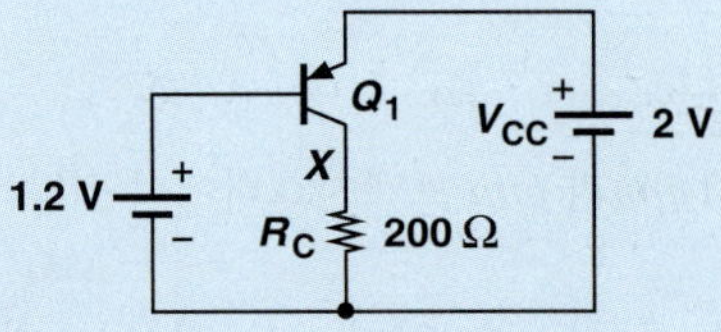

그림 4.42 pnp 트랜지스터를 사용한 간단한 회로단

풀이 $V_{EB} = 2\text{ V} - 1.2\text{ V} = 0.8\text{ V}$이므로

$$I_C = I_S \exp \frac{V_{EB}}{V_T} \tag{4.109}$$

$$= 4.61\text{ mA} \tag{4.110}$$

이다. 그러므로

$$I_B = 92.2\ \mu\text{A} \tag{4.111}$$

$$I_E = 4.70\text{ mA} \tag{4.112}$$

이다. 컬렉터 전압과 B-C 접합의 바이어스 전압을 계산하자. R_C와 I_C에 의하여

$$V_X = R_C I_C \tag{4.113}$$

$$= 0.922\text{ V} \tag{4.114}$$

이고 이는 베이스 전압보다 작다. 그림 4.40(b)를 고려하면 Q_1은 능동 영역에서 동작함을 알 수 있고, 식 (4.105)~(4.107)은 옳은 것이다.

연습문제 트랜지스터가 가벼운 포화 상태에 있을 때, R_C의 최댓값은 얼마인가?

어떤 책에서는 트랜지스터의 모든 단자 전류가 소자로 흘러 들어가는 것으로 가정하기도 한다. 이렇게 되면 식 (4.105)와 (4.106)의 우변에 음의 표시를 추가하면 된다. 그럼에도 여기서 사용된 부호 표시는 실제의 전류 방향을 나타내고, 많은 npn과 pnp 트랜지스터를 가지고 있는 회로 분석에 유용하게 사용되고 있다.

예제 4.18

그림 4.43 회로에서 마이크에서 발생한 신호 V_{in}이 0과 $+5$ mV일 때 V_{out}을 구하라. $I_S = 1.5 \times 10^{-16}$ A이다.

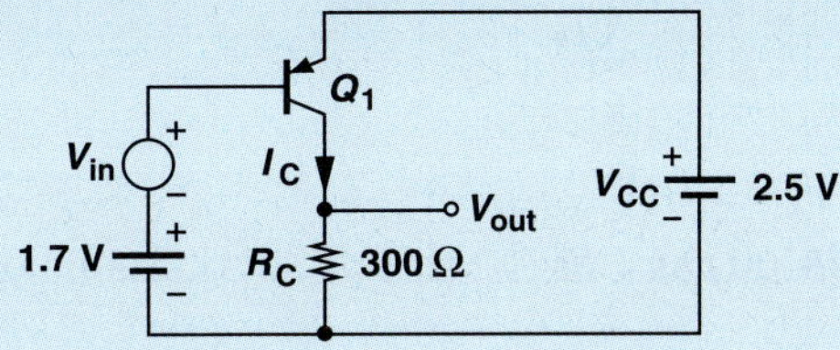

그림 4.43 바이어스와 소신호 전압이 있을 때의 *pnp* 회로단

풀이 $V_{in} = 0$과 $V_{EB} = +800$ mV에 대해서

$$I_C|_{V_{in}=0} = I_S \exp\frac{V_{EB}}{V_T} \tag{4.115}$$

$$= 3.46\text{ mA} \tag{4.116}$$

이고 그러므로

$$V_{out} = 1.038\text{ V} \tag{4.117}$$

이다. 만약 V_{in}이 $+5$ mV로 증가하면 $V_{EB} = +795$ mV가 되고

$$I_C|_{V_{in}=+5\text{ mV}} = 2.85\text{ mA} \tag{4.118}$$

그러므로

$$V_{out} = 0.856\text{ V} \tag{4.119}$$

가 된다. 베이스 전압이 증가할 때, 컬렉터 전압은 감소하고, 그림 4.25의 *npn* 소자의 특성과 유사한 성질을 보인다. V_{in}의 5 mV의 변화는 V_{out}의 182 mV의 변화를 일으키므로 전압 이득은 36.4가 된다. 이 결과는 소신호 모델을 사용하여 쉽게 얻을 수 있다.

연습문제 $V_{in} = -5$ mV일 때 V_{out}을 구하라.

4.6.3 소신호 모델

소신호 모델은 전압과 전류의 변화를 나타내므로 *npn*과 *pnp* 트랜지스터는 유사한 모델이 된다. 그림 4.44(a)에 나와 있는 바와 같이 *pnp* 트랜지스터의 소신호 모델은 *npn* 소자의 그것과 동일하다. 그림 4.39(d)의 개념을 따르면 그림 4.44(b)의 모델을 그릴 수 있다.

소신호 모델에서 단자 전류는 그림 4.41의 대신호 모델의 단자 전류와 방향이 반대이다. 이와 관련하여 문제 4.49에서 공부할 것이다.

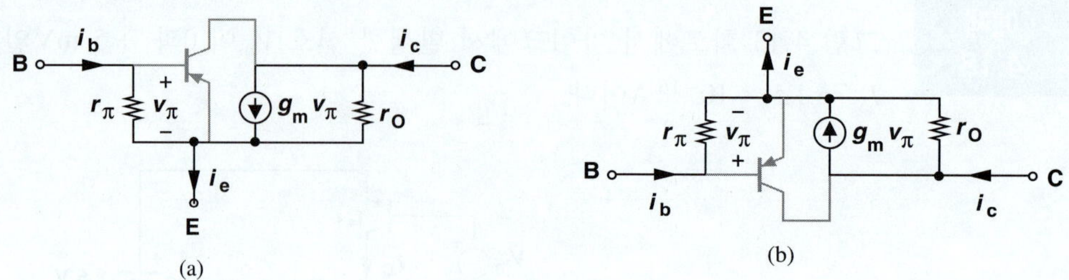

그림 4.44 (a) *pnp* 트랜지스터의 소신호 모델; (b) (a)를 달리 표현한 것

pnp 트랜지스터의 소신호 모델을 그림 4.44(b)와 같이 표현하면 이해하기 힘들 것이다. *npn* 트랜지스터와 같이, '위' 단자는 컬렉터이고, 그림 4.44(b) 모델은 그림 4.31(b)의 그것과 같지 않다고 가정해도 좋다. 다음 예제들을 통해 좀 더 공부해 보자.

Did you know?

초기의 저가 라디오 중 일부는 단지 2개의 게르마늄(실리콘 대신) *pnp* 트랜지스터만 사용하여 2단 증폭기를 구현하였다.(실리콘 트랜지스터는 나중에 제조가 가능하게 되었다.) 그러나 이런 라디오는 성능이 좋지 않아서 하나 또는 두 개의 방송국만을 수신할 수 있었다. 이러한 이유로 많은 제조업체는 전면 패널에 상표명과 함께 'Admiral—Eight Transistors'처럼 라디오 내부 트랜지스터 수를 인쇄하였다.

예제 4.19

바이폴라 트랜지스터의 컬렉터와 베이스가 같이 묶여져 있으면 2단자 소자가 된다. 그림 4.45(a) 소자의 소신호 임피던스를 구하라. $V_A = \infty$로 가정하라.

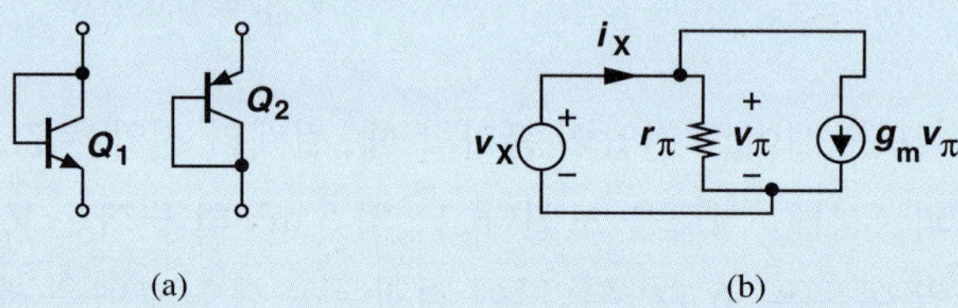

그림 4.45

풀이 바이폴라 트랜지스터 Q_1을 소신호 모델로 바꾸고, 소자에 소신호를 적용하자[그림 4.45(b)]. r_π는 v_X/r_π와 같은 전류를 흘리므로, 입력점에 KCL을 적용하면 다음과 같다.

$$\frac{v_X}{r_\pi} + g_m v_\pi = i_X \tag{4.120}$$

$g_m r_\pi = \beta \gg 1$이므로 다음을 얻는다.

$$\frac{v_X}{i_X} = \frac{1}{g_m + r_\pi^{-1}} \tag{4.121}$$

$$\approx \frac{1}{g_m} \tag{4.122}$$

$$= \frac{V_T}{I_C} \tag{4.123}$$

흥미롭게도 바이어스 전류 I_C에서의 소자의 임피던스는 같은 바이어스를 가진 다이오드의 임피던스와 같다. 이 구조는 '다이오드가 연결된 트랜지스터'라 불린다. 같은 결과가 그림 4.45(a)의 *pnp* 구조에서도 적용된다.

연습문제 다이오드가 연결된 소자가 1 mA의 전류에서 동작할 때 임피던스를 구하라.

예제 4.20 그림 4.46(a)~(c)의 구조에 대해 소신호 등가 회로를 그리고, 결과를 비교하라.

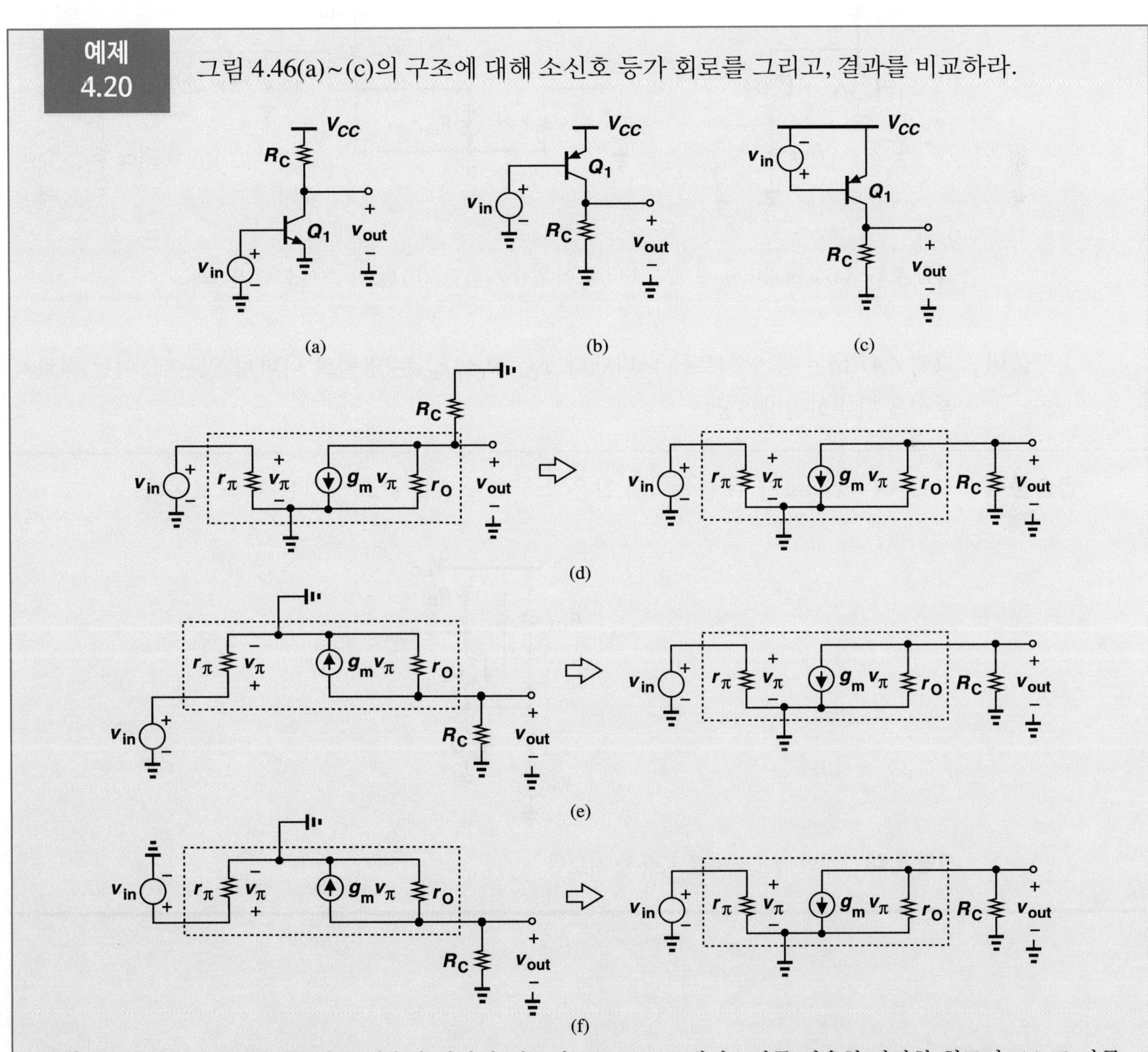

그림 4.46 (a) *npn* 트랜지스터를 이용한 간단한 회로단; (b) *pnp* 트랜지스터를 이용한 간단한 회로단; (c) 또 다른 *pnp* 회로단; (d) (a)의 소신호 등가 회로; (e) (b)의 소신호 등가 회로; (f) (c)의 소신호 등가 회로

풀이 그림 4.46(d)~(f)에서 예시한 바와 같이, 각 트랜지스터를 소신호 모델로 바꾸고, 공급 전압은 접지시킨다. V_{CC}는 소신호 표현에서 접지되어 있기 때문에 3개의 구조는 모두 동일한 등가 회로를 갖는다.

연습문제 각 트랜지스터의 컬렉터와 베이스 사이에 저항이 있을 때, 위의 예제를 다시 풀어라.

예제 4.21 그림 4.47(a) 증폭기의 소신호 등가 회로를 도시하라.

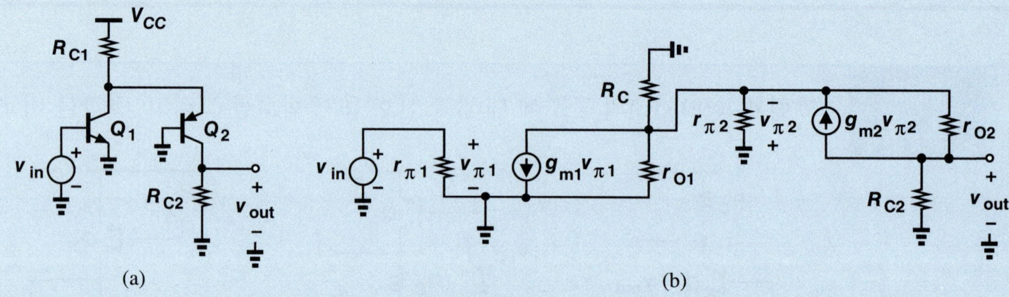

그림 4.47 (a) *npn*과 *pnp* 트랜지스터를 이용한 회로단; (b) (a)의 소신호 등가 회로

풀이 그림 4.47(b)는 등가 회로를 나타낸다. $r_{O1}, R_{C1}, r_{\pi 2}$는 병렬로 나타나 있는데, 이는 회로 분석을 단순화한다(5장).

연습문제 그림 4.48의 회로가 위 증폭기와 같은 소신호 모델을 갖고 있다는 것을 보여라.

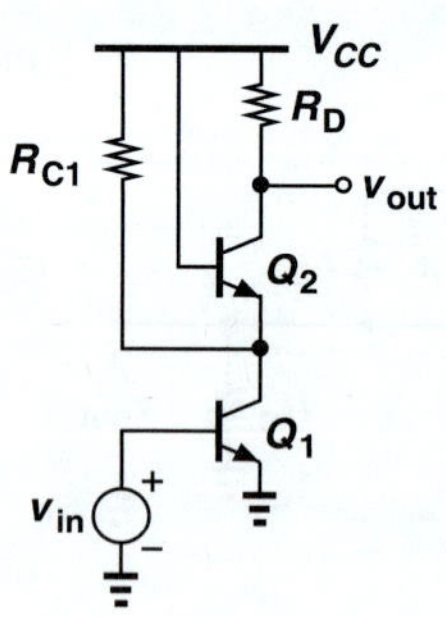

그림 4.48 2개의 *npn* 소자를 사용한 회로단

4.7 요약

- 전압종속 전류원은 부하 저항과 함께 증폭기를 형성할 수 있다. 바이폴라 트랜지스터는 전압종속 전류원으로 동작할 수 있는 전자 소자이다.
- 바이폴라 트랜지스터는 2개의 *pn* 접합과 3개의 단자(베이스, 이미터, 컬렉터)로 이루어져 있다. 캐리어는 이미터에서 컬렉터로 흐르고, 베이스에 의해 제어된다.
- 적절한 동작을 위해서 베이스-이미터 접합은 순방향으로 바이어스되어 있고, 베이스-컬렉터 접합은 역방향으로 바이어스되어 있다(순방향 능동 영역). 이미터에서 베이스로 주입된 캐리어는 컬렉터 공핍 영역의 가장자리에 존재하게 되고, 강한 전계에 의해 움직인다.
- 베이스 단자는 소량의 캐리어 이동만 제공하는데, 일부는 이미터로 가고, 나머지는 베이스 영역에서 재결합한다. 컬렉터와 베이스 전류비는 β로 표시한다.
- 순방향 능동 영역에서 컬렉터 전류와 베이스-이미터 전압은 지수 함수의 관계에 있다.
- 순방향 능동 영역에서 바이폴라 트랜지스터는 정전류원으로 동작한다.
- 바이폴라 트랜지스터의 대신호 모델은 지수 함수 관계의 전압종속 전류원(컬렉터와 이미터 사이)과 베이스와 이미터 사이의 다이오드(베이스 전류에 기여함)로 구성되어 있다.
- 바이폴라 트랜지스터의 트랜스컨덕턴스는 $g_m = I_C/V_T$로 표현되고, 소자의 크기와는 관련이 없다.
- 바이폴라 트랜지스터의 소신호 모델은 선형적인 전압종속 전류원, 베이스와 이미터 사이의 저항, 그리고 출력 저항으로 구성되어 있다.
- 베이스-컬렉터 접합이 순방향으로 바이어스되어 있으면, 바이폴라 트랜지스터는 포화 영역으로 가게 되고, 특성이 열화된다.
- *npn*과 *pnp* 트랜지스터의 소신호 모델은 동일하다.

PROBLEMS

In the following problems, unless otherwise stated, assume the bipolar transistors operate in the active mode.

Section 4.1 General Considerations

4.1. Suppose the voltage-dependent current source of Fig. 4.1(a) is constructed with $K = 20\,\text{mA/V}$. What value of load resistance in Fig. 4.1(b) is necessary to achieve a voltage gain of 15?

SOL **4.2.** A resistance of R_S is placed in series with the input voltage source in Fig. 4.2. Determine V_{out}/V_{in}.

4.3. Repeat Problem 4.2 but assuming that r_{in} and K are related: $r_{in} = a/x$ and $K = bx$. Plot the voltage gain as a function of x.

Section 4.3 Operation of Bipolar Transistor in Active Mode

4.4. Due to a manufacturing error, the base width of a bipolar transistor has increased by a factor of two. How does the collector current change?

4.5. In the circuit of Fig. 4.49, it is observed that the collector currents of Q_1 and Q_2 are equal if $V_{BE1} - V_{BE2} = 20\,\text{mV}$. Determine the ratio of transistor cross section areas if the other device parameters are identical.

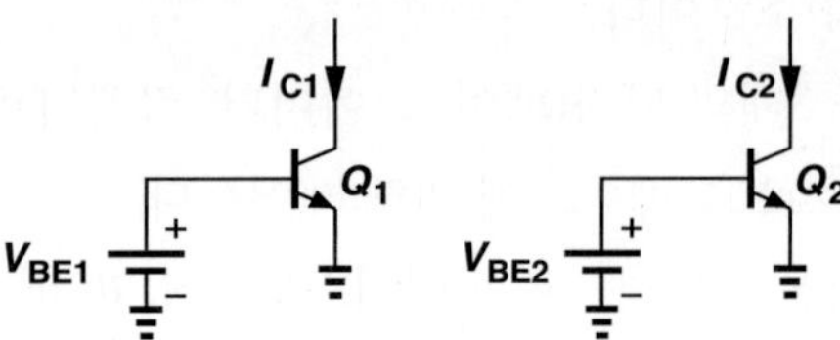

Figure 4.49

4.6. In the circuit of Fig. 4.50 $I_{S1} = I_{S2} = 3 \times 10^{-16}$ A.

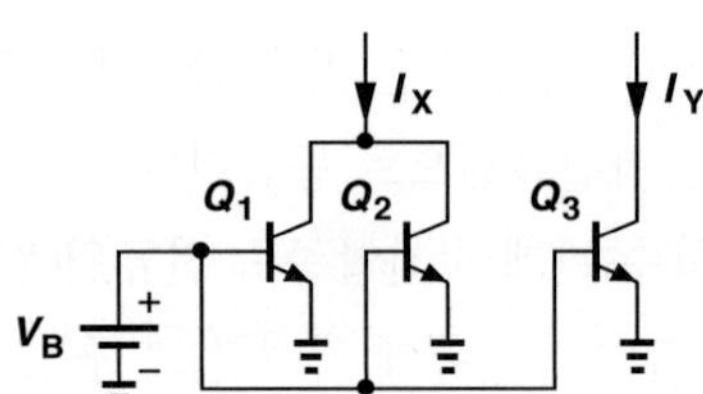

Figure 4.50

(a) Calculate V_B such that $I_X = 1$ mA.
(b) With the value of V_B found in (a), choose I_{S3} such that $I_Y = 2.5$ mA.

4.7. Consider the circuit shown in Fig. 4.51.

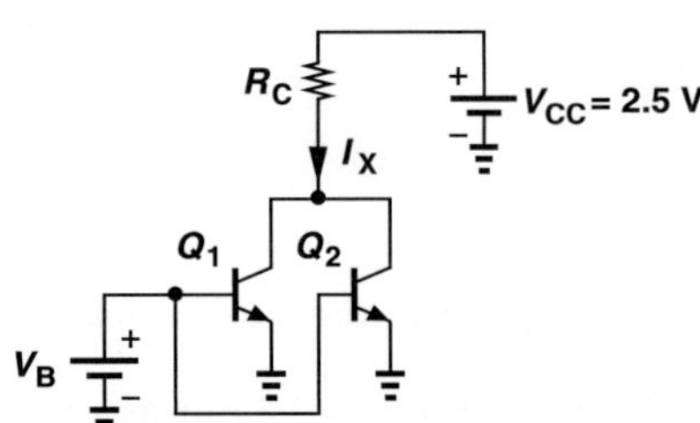

Figure 4.51

(a) If $I_{S1} = 2I_{S2} = 5 \times 10^{-16}$ A, determine V_B such that $I_X = 1.2$ mA.
(b) What value of R_C places the transistors at the edge of the active mode?

SOL **4.8.** Repeat Problem 4.7 if V_{CC} is lowered to 1.5 V.

4.9. Consider the circuit shown in Fig. 4.52. Calculate the value of V_B that places Q_1 at the edge of the active region. Assume $I_S = 5 \times 10^{-16}$ A.

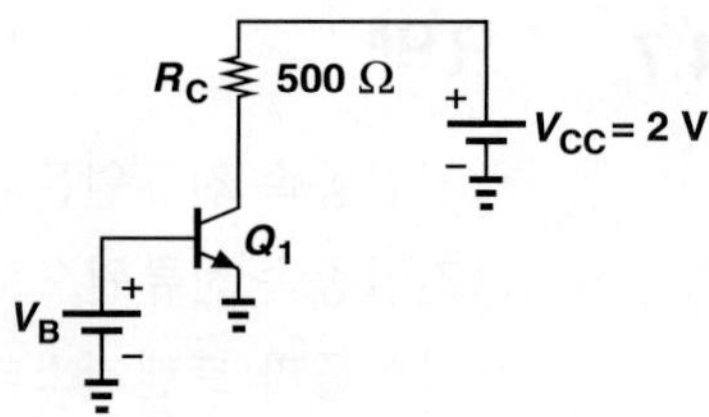

Figure 4.52

4.10. In the circuit of Fig. 4.53, determine the maximum value of V_{CC} that places Q_1 at the edge of saturation. Assume $I_S = 3 \times 10^{-16}$ A.

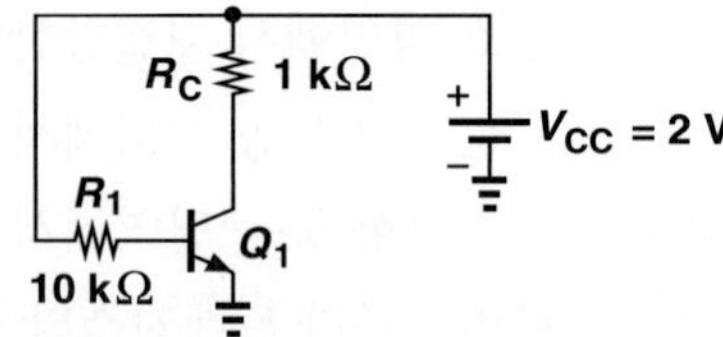

Figure 4.53

4.11. Calculate V_X in Fig. 4.54 if $I_S = 6 \times 10^{-16}$ A.

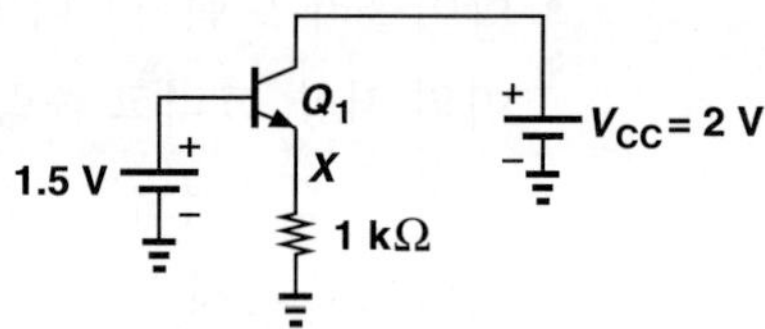

Figure 4.54

4.12. An integrated circuit requires two current sources: $I_1 = 1$ mA and $I_2 = 1.5$ mA. Assuming that only integer multiples of a unit bipolar transistor having $I_S = 3 \times 10^{-16}$ A can be placed in parallel, and only a single voltage source, V_B, is available (Fig. 4.55), construct the required circuit with minimum number of unit transistors.

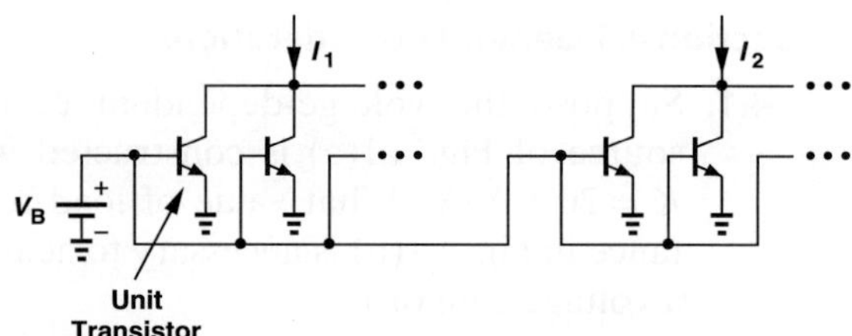

Figure 4.55

SOL **4.13.** Repeat Problem 4.12 for three current sources $I_1 = 0.2$ mA, $I_2 = 0.3$ mA, and $I_3 = 0.45$ mA.

4.14. Consider the circuit shown in Fig. 4.56, assuming $\beta = 100$ and $I_S = 7 \times 10^{-16}$ A. If $R_1 = 10$ kΩ, determine V_B such that $I_C = 1$ mA.

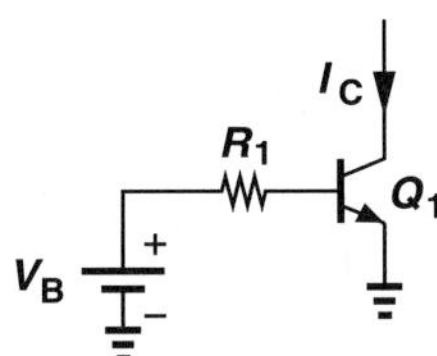

Figure 4.56

4.15. In the circuit of Fig. 4.56, $V_B = 800$ mV and $R_B = 10$ kΩ. Calculate the collector current.

4.16. In the circuit depicted in Fig. 4.57, $I_{S1} = 2I_{S2} = 4 \times 10^{-16}$ A. If $\beta_1 = \beta_2 = 100$ and $R_1 = 5$ kΩ, compute V_B such that $I_X = 1$ mA.

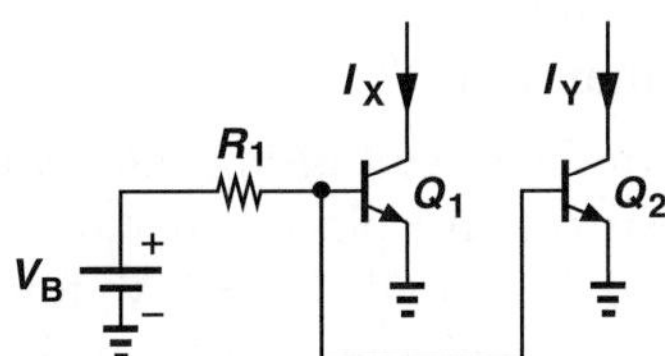

Figure 4.57

4.17. In the circuit of Fig. 4.57, $I_{S1} = 3 \times 10^{-16}$ A, $I_{S2} = 5 \times 10^{-16}$ A, $\beta_1 = \beta_2 = 100$, $R_1 = 5$ kΩ, and $V_B = 800$ mV. Calculate I_X and I_Y.

4.18. The base-emitter junction of a transistor is driven by a constant voltage. Suppose a voltage source is applied between the base and collector. If the device operates in the forward active region, prove that a change in base-collector voltage results in no change in the collector and base currents. (Neglect the Early effect.)

Section 4.4 Bipolar Transistor Models and Characteristics

4.19. A transistor with $I_S = 6 \times 10^{-16}$ A must provide a transconductance of 1/(13 Ω). What base-emitter voltage is required?

4.20. Most applications require that the transconductance of a transistor remain relatively constant as the signal level varies. Of course, since the signal changes the collector current, $g_m = I_C/V_T$, does vary. Nonetheless, proper design ensures negligible variation, e.g., ±10%. If a bipolar device is biased at $I_C = 1$ mA, what is the largest change in V_{BE} that guarantees only ±10% variation in g_m? SOL

4.21. Determine the operating point and the small-signal model of Q_1 for each of the circuits shown in Fig. 4.58. Assume $I_S = 8 \times 10^{-16}$ A, $\beta = 100$, and $V_A = \infty$.

4.22. Determine the operating point and the small-signal model of Q_1 for each of the circuits shown in Fig. 4.59. Assume $I_S = 8 \times 10^{-16}$ A, $\beta = 100$, and $V_A = \infty$.

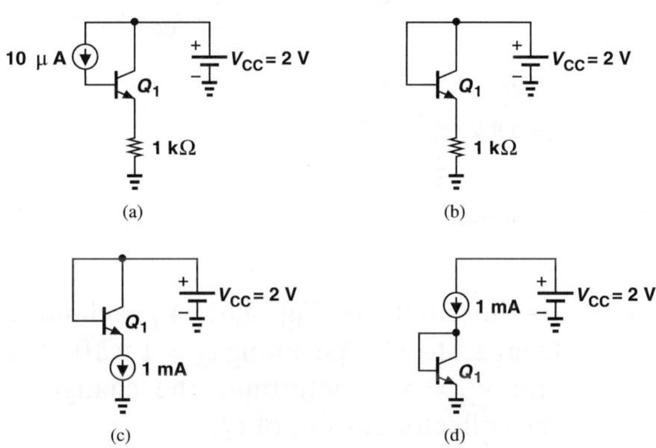

Figure 4.59

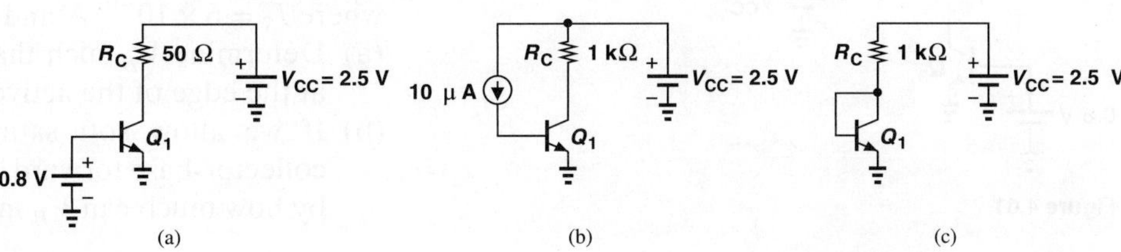

Figure 4.58

4.23. A fictitious bipolar transistor exhibits an I_C-V_{BE} characteristic given by

$$I_C = I_S \exp \frac{V_{BE}}{nV_T}, \quad (4.124)$$

where n is a constant coefficient. Construct the small-signal model of the device if I_C is still equal to βI_B.

***4.24.** A fictitious bipolar transistor exhibits the following relationship between its base and collector currents:

$$I_C = aI_B^2, \quad (4.125)$$

where a is a constant coefficient. Construct the small-signal model of the device if I_C is still equal to $I_S \exp(V_{BE}/V_T)$.

4.25. The collector voltage of a bipolar transistor varies from 1 V to 3 V while the base-emitter voltage remains constant. What Early voltage is necessary to ensure that the collector current changes by less than 5%?

***4.26.** In the circuit of Fig. 4.60, $I_S = 5 \times 10^{-17}$ A. Determine V_X for (a) $V_A = \infty$, and (b) $V_A = 5$ V.

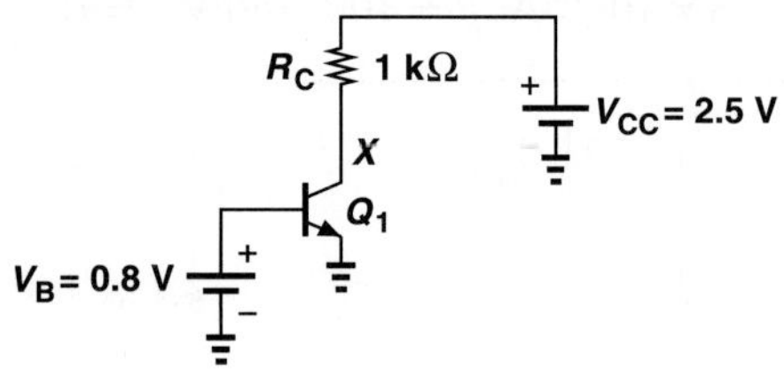

Figure 4.60

4.27. In the circuit of Fig. 4.61, V_{CC} changes from 2.5 to 3 V. Assuming $I_S = 1 \times 10^{-17}$ A and $V_A = 5$ V, determine the change in the collector current of Q_1.

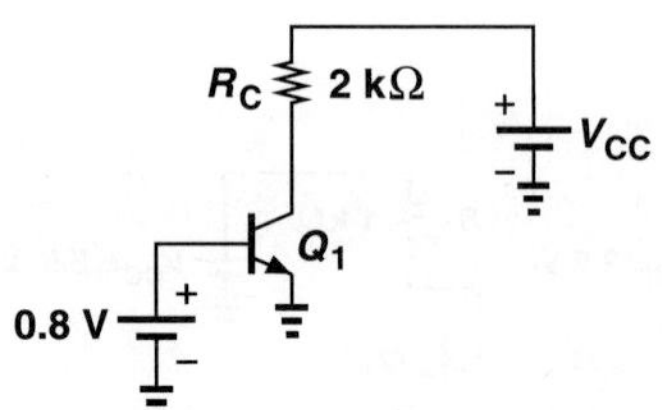

Figure 4.61

4.28. In Problem 4.27, we wish to decrease V_B to compensate for the change in I_C. Determine the new value of V_B.

***4.29.** Consider the circuit shown in Fig. 4.62, where I_1 is a 1-mA ideal current source and $I_S = 3 \times 10^{-17}$ A.

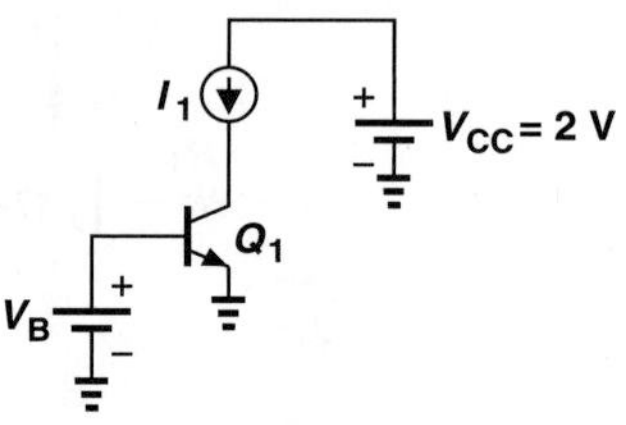

Figure 4.62

(a) Assuming $V_A = \infty$, determine V_B such that $I_C = 1$ mA.
(b) If $V_A = 5$ V, determine V_B such that $I_C = 1$ mA for a collector-emitter voltage of 1.5 V.

4.30. A bipolar current source is designed for an output current of 2 mA. What value of V_A guarantees an output resistance greater than 10 kΩ? SOL

4.31. In the circuit of Fig. 4.63, n identical transistors are placed in parallel. If $I_S = 5 \times 10^{-16}$ A and $V_A = 8$ V for each device, construct the small-signal model of the equivalent transistor.

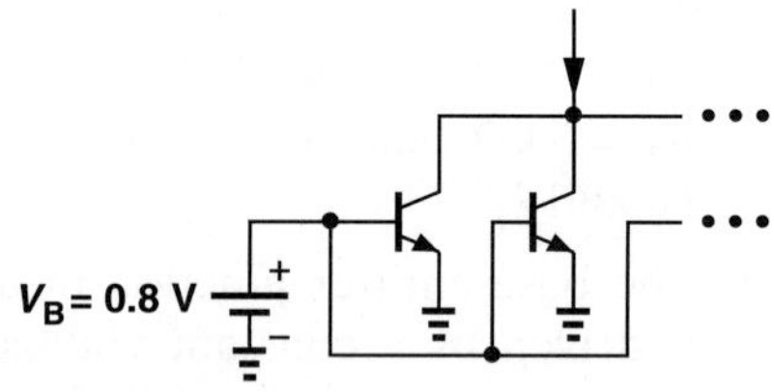

Figure 4.63

4.32. Consider the circuit shown in Fig. 4.64, where $I_S = 6 \times 10^{-16}$ A and $V_A = \infty$.
(a) Determine V_B such that Q_1 operates at the edge of the active region.
(b) If we allow soft saturation, e.g., a collector-base forward bias of 200 mV, by how much can V_B increase?

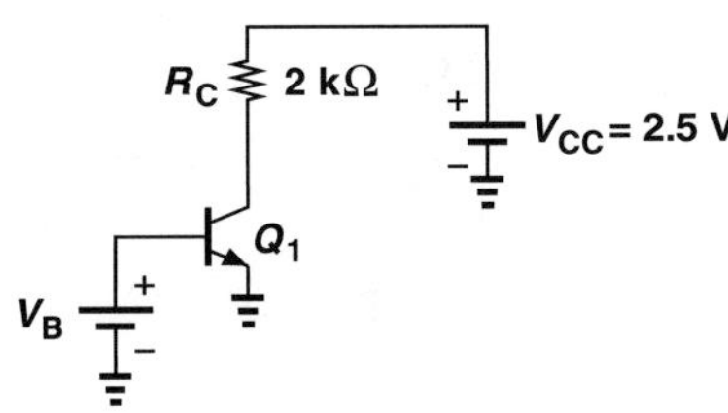

Figure 4.64

4.33. For the circuit depicted in Fig. 4.65, calculate the maximum value of V_{CC} that produces a collector-base forward bias of 200 mV. Assume $I_S = 7 \times 10^{-16}$ A and $V_A = \infty$.

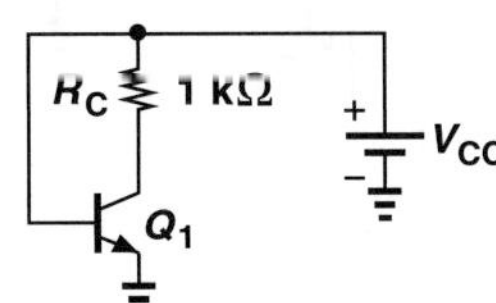

Figure 4.65

***4.34.** Assume $I_S = 2 \times 10^{-17}$ A, $V_A = \infty$, and $\beta = 100$ in Fig. 4.66. What is the maximum value of R_C if the collector-base must experience a forward bias of less than 200 mV?

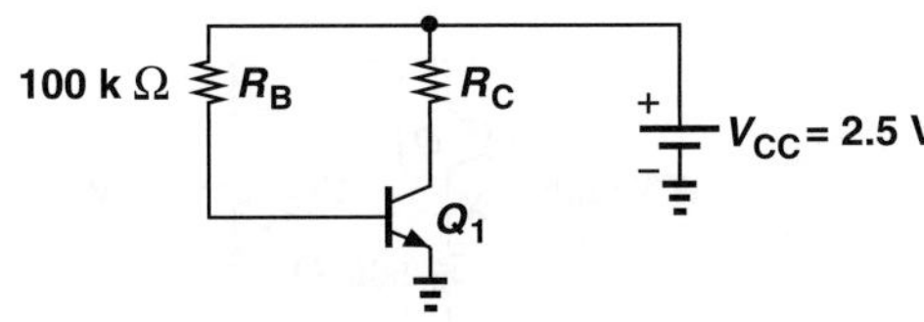

Figure 4.66

4.35. Consider the circuit shown in Fig. 4.67, where $I_S = 5 \times 10^{-16}$ A and $V_A = \infty$. If V_B is chosen to forward-bias the base-collector junction by 200 mV, what is the collector current?

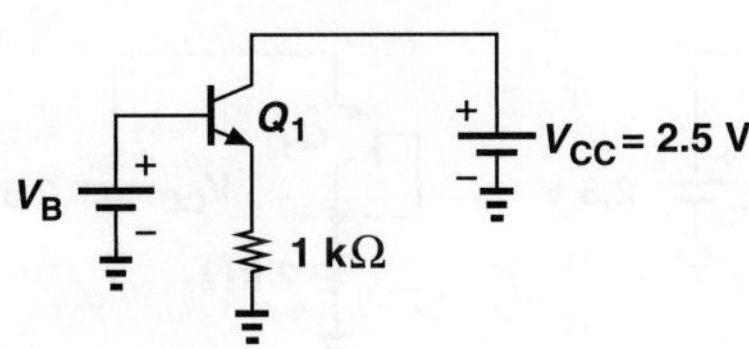

Figure 4.67

4.36. In the circuit of Fig. 4.68, $\beta = 100$ and $V_A = \infty$. Calculate the value of I_S such that the base-collector junction is forward-biased by 200 mV.

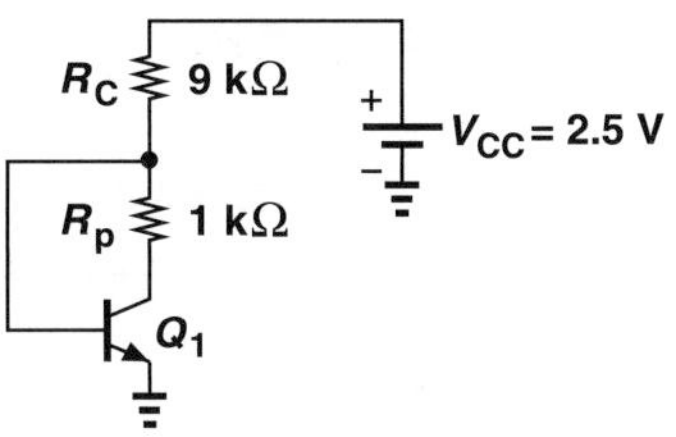

Figure 4.68

Section 4.6 The *PNP* Transistor

4.37. If $I_{S1} = 3I_{S2} = 6 \times 10^{-16}$ A, calculate I_X in Fig. 4.69. SOL

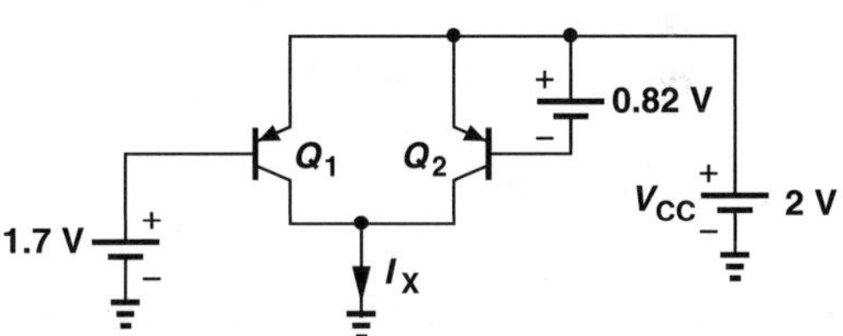

Figure 4.69

4.38. Determine the collector current of Q_1 in Fig. 4.70 if $I_S = 2 \times 10^{-17}$ A and $\beta = 100$.

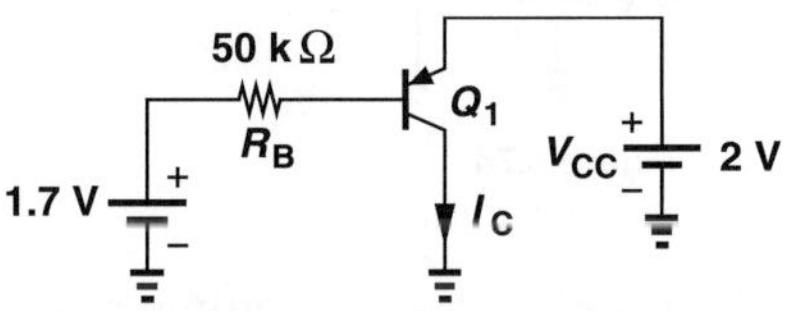

Figure 4.70

4.39. In the circuit of Fig. 4.71, it is observed that $I_C = 3$ mA. If $\beta = 100$, calculate I_S.

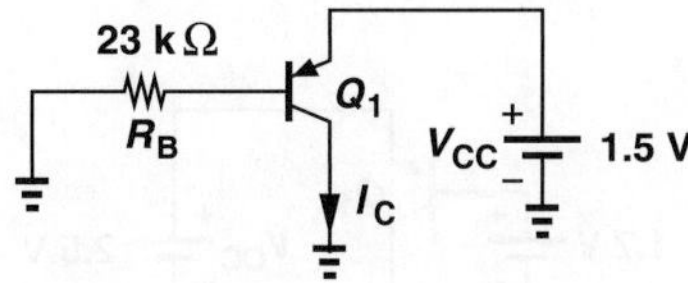

Figure 4.71

4.40. Determine the value of I_S in Fig. 4.72 such that Q_1 operates at the edge of the active mode.

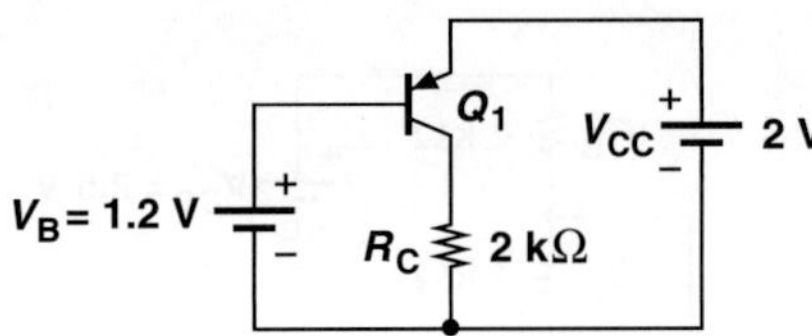

Figure 4.72

4.41. What is the value of β that places Q_1 at the edge of the active mode in Fig. 4.73? Assume $I_S = 8 \times 10^{-16}$ A.

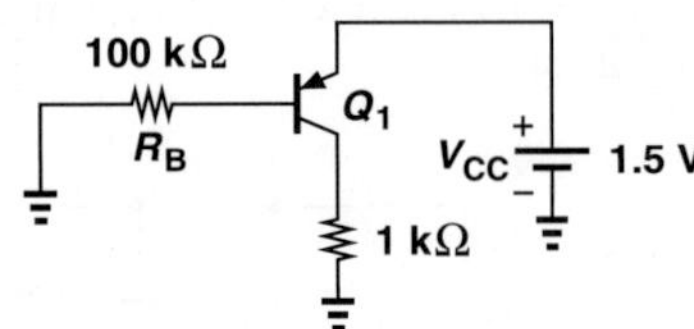

Figure 4.73

4.42. Calculate the collector current of Q_1 in Fig. 4.74 if $I_S = 3 \times 10^{-17}$ A.

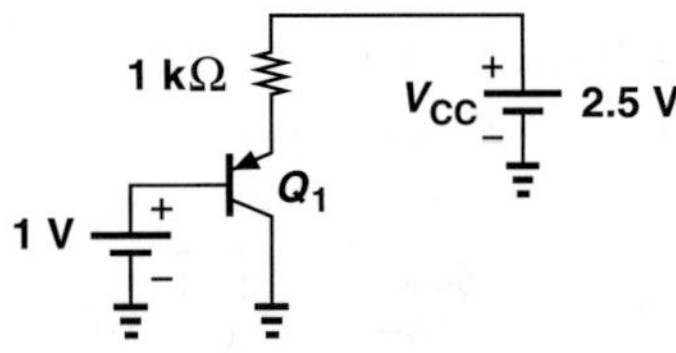

Figure 4.74

*__4.43.__ Determine the operating point and the small-signal model of Q_1 for each of the circuits shown in Fig. 4.75. Assume $I_S = 3 \times 10^{-17}$ A, $\beta = 100$, and $V_A = \infty$.

*__4.44.__ Determine the operating point and the small-signal model of Q_1 for each of the circuits shown in Fig. 4.76. Assume $I_S = 3 \times 10^{-17}$ A, $\beta = 100$, and $V_A = \infty$.

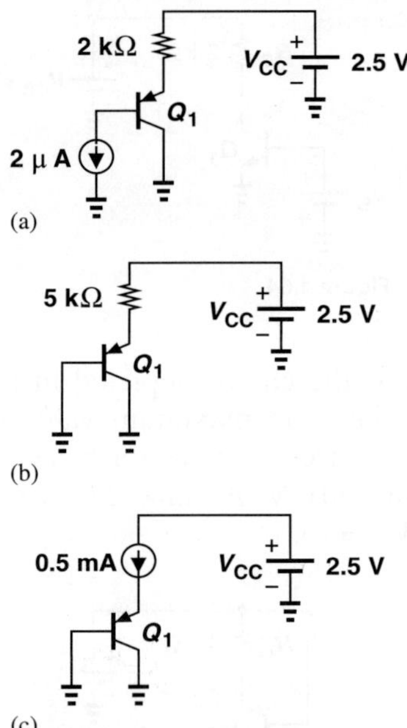

Figure 4.76

4.45. In the circuit of Fig. 4.77, $I_S = 5 \times 10^{-17}$ A. Calculate V_X for (a) $V_A = \infty$, and (b) $V_A = 6$ V.

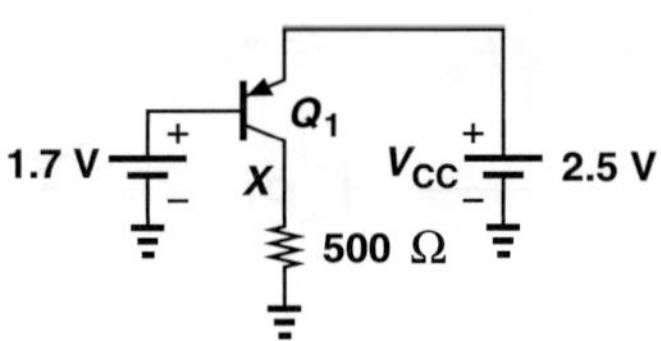

Figure 4.77

4.46. A *pnp* current source must provide an output current of 2 mA with an output resistance of 60 kΩ. What is the required Early voltage? SOL

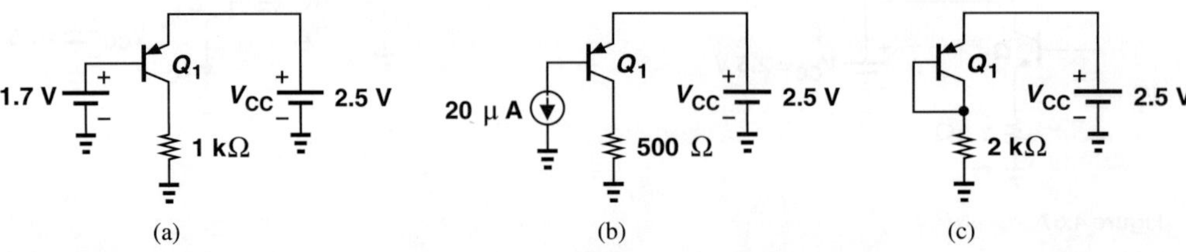

Figure 4.75

4.47. Repeat Problem 4.46 for a current of 1 mA and compare the results.

*__4.48.__ Suppose $V_A = 5\,\text{V}$ in the circuit of Fig. 4.78.

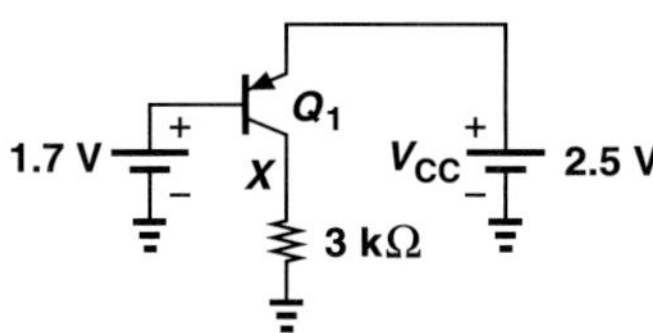

Figure 4.78

(a) What value of I_S places Q_1 at the edge of the active mode?
(b) How does the result in (a) change if $V_A = \infty$?

*__4.49.__ The terminal currents in the small-signal model of Fig. 4.44 do not seem to agree with those in the large-signal model of Fig. 4.41. Explain why this is not an inconsistency.

*__4.50.__ Consider the circuit depicted in Fig. 4.79, where $I_S = 6 \times 10^{-16}\,\text{A}$, $V_A = 5\,\text{V}$, and $I_1 = 2\,\text{mA}$.

(a) What value of V_B yields $V_X = 1\,\text{V}$?
(b) If V_B changes from the value found in (a) by 0.1 mV, what is the change in V_X?

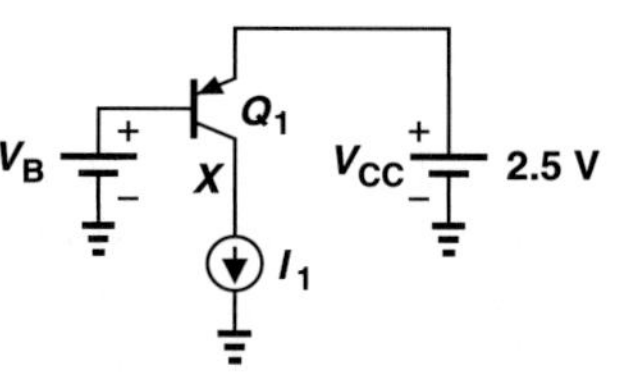

Figure 4.79

4.51. In the circuit of Fig. 4.80, $\beta = 100$ and $V_A = \infty$.

(a) Determine I_S such that Q_1 experiences a collector-base forward bias of 200 mV.
(b) Calculate the transconductance of the transistor.

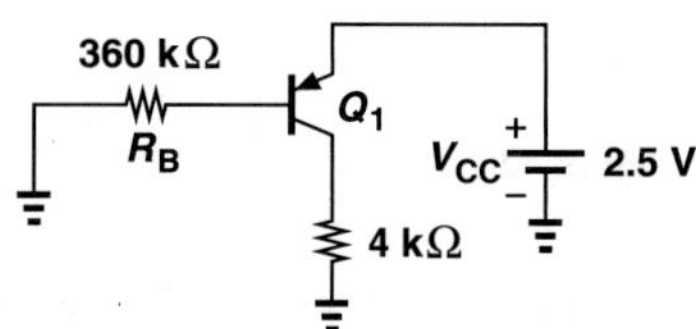

Figure 4.80

**__4.52.__ Determine the region of operation of Q_1 in each of the circuits shown in Fig. 4.81. Assume $I_S = 5 \times 10^{-16}\,\text{A}$, $\beta = 100$, $V_A = \infty$.

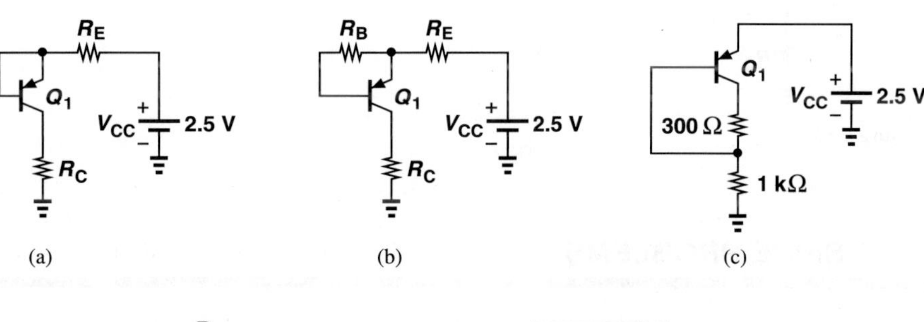

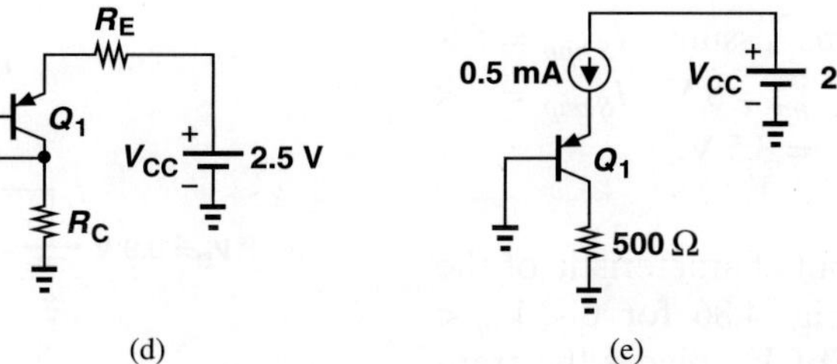

Figure 4.81

**4.53. Consider the circuit shown in Fig. 4.82, where $I_{S1} = 3I_{S2} = 5 \times 10^{-16}$ A, $\beta_1 = 100$, $\beta_2 = 50$, $V_A = \infty$, and $R_C = 500\ \Omega$.

(a) We wish to forward-bias the collector-base junction of Q_2 by no more than 200 mV. What is the maximum allowable value of V_{in}?

(b) With the value found in (a), calculate the small-signal parameters of Q_1 and Q_2 and construct the equivalent circuit.

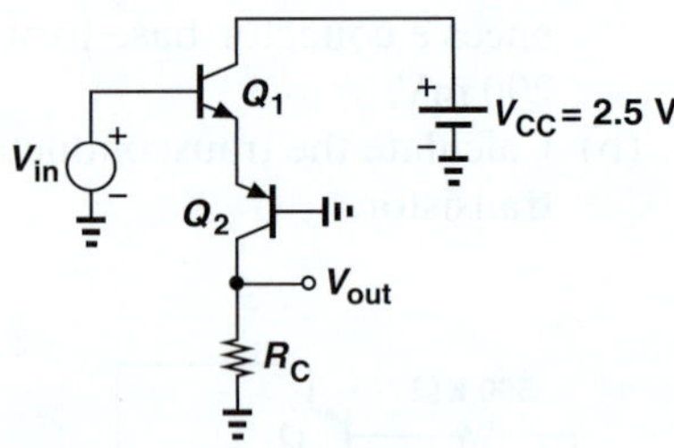

Figure 4.82

**4.54. Repeat Problem 4.53 for the circuit depicted in Fig. 4.83 but for part (a), determine the minimum allowable value of V_{in}. Verify that Q_1 operates in the active mode.

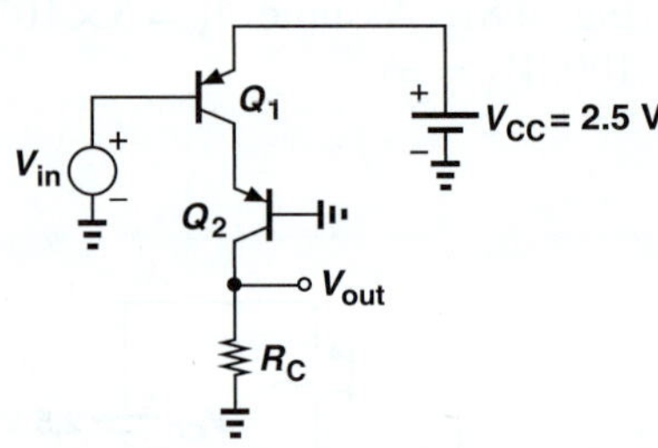

Figure 4.83

**4.55. Repeat Problem 4.53 for the circuit illustrated in Fig. 4.84.

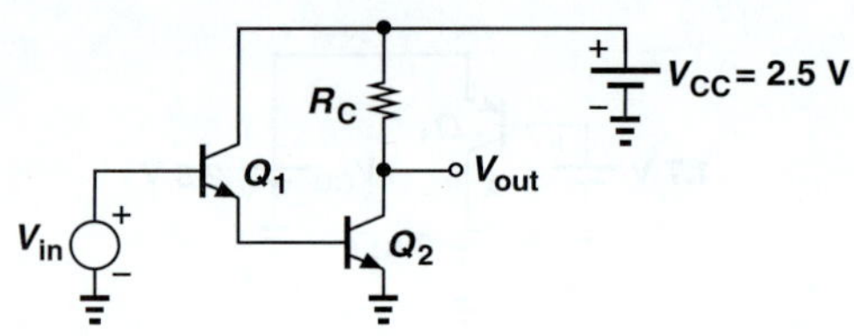

Figure 4.84

**4.56. In the circuit of Fig. 4.85, $I_{S1} = 2I_{S2} = 6 \times 10^{-17}$ A, $\beta_1 = 80$ and $\beta_2 = 100$.

(a) What value of V_{in} yields a collector current of 2 mA for Q_2?

(b) With the value found in (a), calculate the small-signal parameters of Q_1 and Q_2 and construct the equivalent circuit.

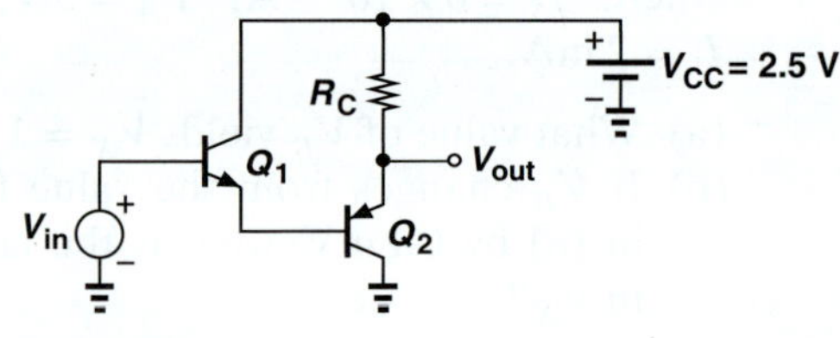

Figure 4.85

SPICE PROBLEMS

In the following problems, assume $I_{S,npn} = 5 \times 10^{-16}$ A, $\beta_{npn} = 100$, $V_{A,npn} = 5$ V, $I_{S,pnp} = 8 \times 10^{-16}$ A, $\beta_{pnp} = 50$, $V_{A,pnp} = 3.5$ V.

4.57. Plot the input/output characteristic of the circuit shown in Fig. 4.86 for $0 < V_{in} < 2.5$ V. What value of V_{in} places the transistor at the edge of saturation?

Figure 4.86

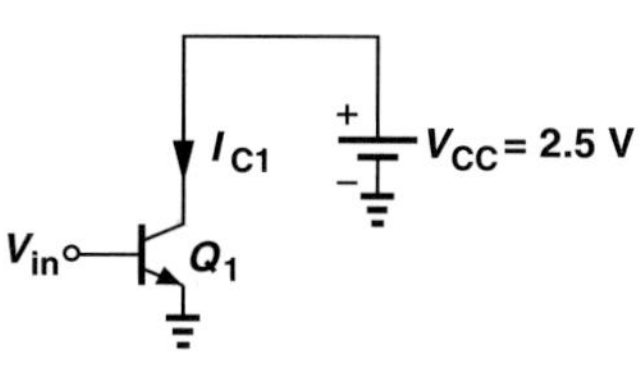

(a)

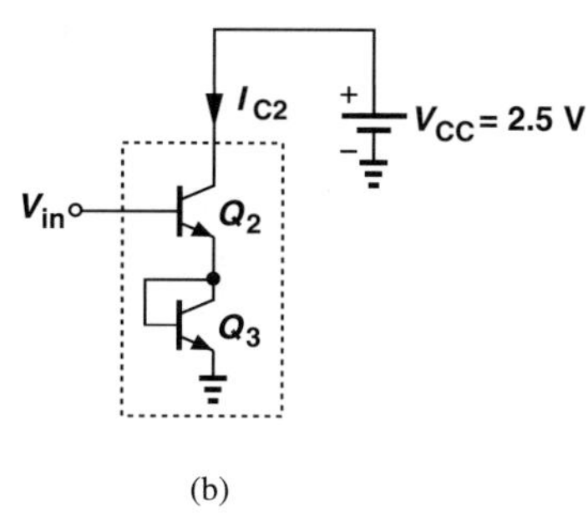

(b)

Figure 4.88

4.58. Repeat Problem 4.57 for the stage depicted in Fig. 4.87. At what value of V_{in} does Q_1 carry a collector current of 1 mA?

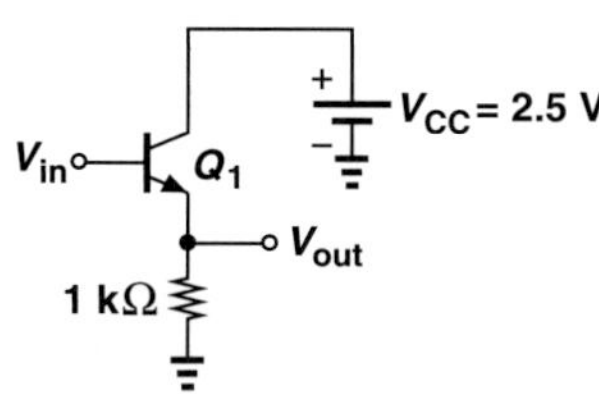

Figure 4.87

4.59. Plot I_{C1} and I_{C2} as a function of V_{in} for the circuits shown in Fig. 4.88 for $0 < V_{in} < 1.8$ V. Explain the dramatic difference between the two.

4.60. Plot the input/output characteristic of the circuit illustrated in Fig. 4.89 for $0 < V_{in} < 2$ V. What value of V_{in} yields a transconductance of $(50\ \Omega)^{-1}$ for Q_1?

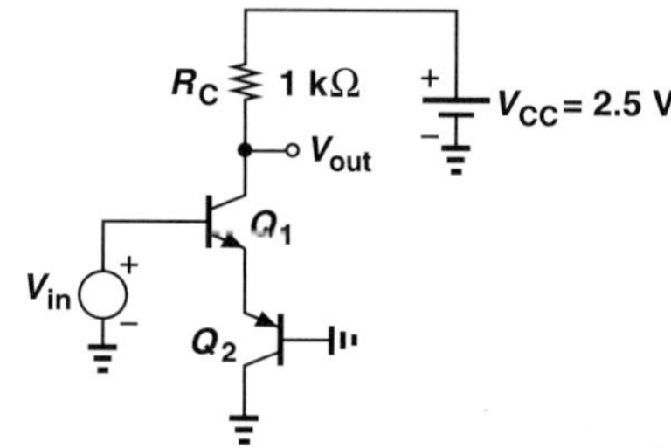

Figure 4.89

4.61. Plot the input/output characteristic of the stage shown in Fig. 4.90 for $0 < V_{in} < 2.5$ V. At what value of V_{in} do Q_1 and Q_2 carry equal collector currents? Can you explain this result intuitively?

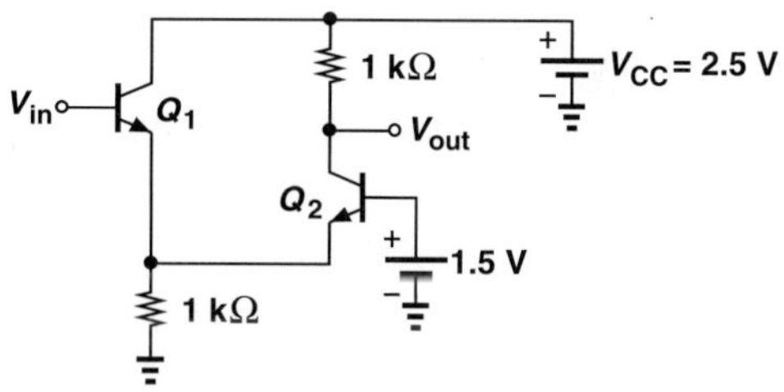

Figure 4.90

5

바이폴라 증폭기

관련 YouTube 비디오:

Razavi Electronics 1, 강의 19: Evolution of Amplifiers
https://www.youtube.com/watch?v=S4RgdPdBKY0

Razavi Electronics 1, 강의 20: Common-Emitter Stage
https://www.youtube.com/watch?v=nl5ut-WpV9Y

Razavi Electronics 1, 강의 21: Input & Output Impedances
https://www.youtube.com/watch?v=HLJWeQYI9QI

Razavi Electronics 1, 강의 22: Common-Emitter Stage with Degeneration
https://www.youtube.com/watch?v=3J3r7o39aCM

Razavi Electronics 1, 강의 23:More on Emitter Degeneration
https://www.youtube.com/watch?v=jvUAUqlk0nA

Razavi Electronics 1, 강의 24: Biasing Techniques I
https://www.youtube.com/watch?v=2oxuxlZaq-Q

Razavi Electronics 1, 강의 25: Biasing Techniques II
https://www.youtube.com/watch?v=fo5hlmLZefY

Razavi Electronics 1, 강의 26: Common-Base Stage
https://www.youtube.com/watch?v=G7AkWcjtWD4

Razavi Electronics 1, 강의 27: Emitter Followers
https://www.youtube.com/watch?v=pQcH28h4vxk

Razavi Electronics 1, 강의 28: Emitter Followers & Summary
https://www.youtube.com/watch?v=NoExn4dkdSw

4장에서 배운 바이폴라 트랜지스터 내부의 물리 현상과 동작 원리를 사용하여, 5장에서는 바이폴라 트랜지스터를 사용한 증폭기를 공부한다. 마이크로 전자공학에서는 증폭기 이외에도 매우 많은 회로들이 사용된다. 하지만 1장에서 학습한 휴대전화나 디지털 카메라의 예를 통해 그중에서 특히 증폭기가 매우 넓은 범위에서 사용된다는 것을 쉽게 알 수 있으며, 이는 우리가 증폭기의 해석과 설계를 심도 있게 이해해야 하는 동기가 된다. 이 장의 주요 내용은 다음과 같다.

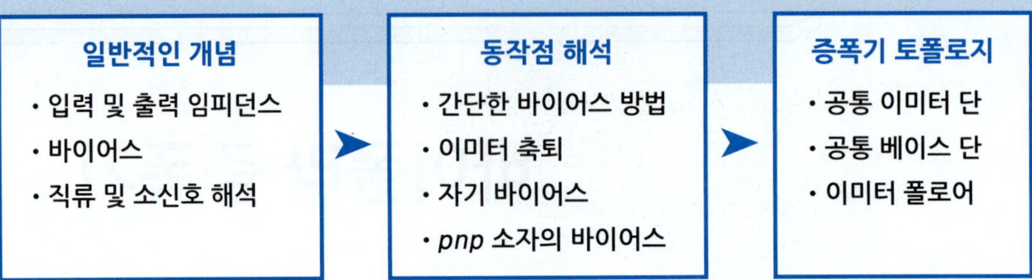

이 장은 상당히 길며, 여기에서 배우는 내용은 이 책의 나머지 부분들의 기초가 된다. 이 장에서 소개된 대부분의 개념들은 7장의 MOS 증폭기에서 다시 활용된다. 따라서 독자들은 이 장을 조금씩 나누어 공부하면서 제시되는 개념들을 충분히 소화해야 한다.

5.1 일반적인 고찰

4장에서 전압제어 전류원은 부하 저항과 함께 증폭기를 구성할 수 있음을 배웠다. 일반적으로 증폭기는 (전압 또는 전류) 입력을 받아들인 후 이를 더 크게 만들어서 (전압 또는 전류 형태의) 출력으로 내보내는 회로이다. 하지만 대부분의 전자회로는 전압을 측정하고 전압을 출력한다.[1] 따라서 우리는 '전압 증폭기(voltage amplifier)' 및 v_{out}/v_{in}으로 정의되는 '전압 이득(voltage gain)'의 개념을 중심으로 학습한다.

이득 이외에 증폭기 성능 중 어떤 것들이 중요한가? 바로 떠오르는 파라미터들은 (1) 전력 소모(이것은 휴대전화나 디지털 카메라의 배터리의 수명을 결정한다), (2) 속도(휴대전화나 디지털 카메라의 아날로그-디지털 변환기에서 사용되는 증폭기 중 어떤 것들은 높은 주파수에서 동작해야 한다), (3) 잡음(휴대전화나 디지털 카메라의 맨 앞단에 사용되는 증폭기는 매우 작은 신호를 다루므로, 그 자신이 생성하는 잡음은 무시할 수 있을 만큼 작아야 한다)이다.

5.1.1 입력 및 출력 임피던스

위의 파라미터들 이외에 증폭기의 입력 및 출력(I/O) 임피던스는 증폭기가 그 앞단 및 뒷단과 연결되는 능력에 매우 큰 영향을 끼친다. 이 점을 이해하기 위하여 우선 이상적인 전압 증폭기가 어떤 입출력 임피던스를 가져야 하는지를 알아보자. 이상적인 전압 증폭기의

1) 예외는 12장에서 설명한다.

입력부는 전압계와 같이 동작해서, 그 앞단의 출력 전압을 측정하되 측정하고 있는 전압에 영향을 주지 않아야 한다. 따라서 전압 증폭기의 이상적인 입력 임피던스는 무한대이다. 이상적인 전압 증폭기의 출력부는 이상적인 전압원과 같이 동작해서, 출력에 연결된 부하 임피던스의 크기에 관계없이 일정한 전압을 출력해야 한다. 따라서 이상적인 전압 증폭기의 출력 임피던스는 영(0)이다.

전압 증폭기의 입출력 임피던스들은 실제로는 이상적인 값과 상당히 다를 수 있으므로, 전압 증폭기를 그 앞뒤의 단들과 연결할 때는 주의를 기울여야 한다. 다음 예제가 이 점을 보여 준다.

예제 5.1

전압 이득이 10인 증폭기가 마이크가 생성한 신호를 감지하여 증폭한 후 출력을 스피커에 전달한다[그림 5.1(a)]. 마이크는 10 mV의 피크-피크 전압과 200 Ω의 직렬 저항(출력 저항)을 갖는다고 가정하자. 또 스피커는 8 Ω의 저항으로 나타낼 수 있다고 가정하자.

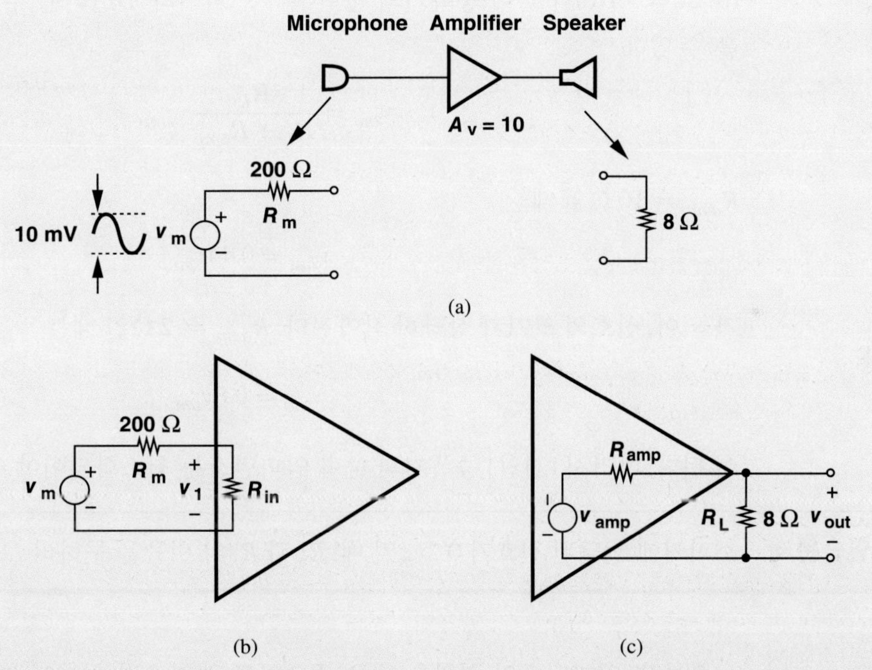

그림 5.1 (a) 간단한 오디오 시스템; (b) 증폭기의 입력 임피던스에 의한 신호의 손실; (c) 증폭기의 출력 임피던스에 의한 신호의 손실

(a) 증폭기가 감지하는 신호 레벨을 증폭기의 입력 임피던스가 2 kΩ 또는 500 Ω인 경우에 대해서 계산하라.

(b) 스피커에 전달되는 신호의 크기를 증폭기의 출력 임피던스가 10 Ω 또는 2 Ω인 경우에 대해서 계산하라.

풀이 (a) 그림 5.1(b)는 마이크와 증폭기가 연결되는 부분을 나타낸다. 이때 증폭기가 감지하는 전압은 다음과 같이 주어진다.

$$v_1 = \frac{R_{in}}{R_{in} + R_m} v_m \tag{5.1}$$

$R_{in} = 2\ \text{k}\Omega$일 때

$$v_1 = 0.91 v_m \tag{5.2}$$

이며, 이 값은 마이크의 출력 신호의 크기보다 단지 9%가 작을 뿐이다. 한편 $R_{in} = 500\ \Omega$일 때는

$$v_1 = 0.71 v_m \tag{5.3}$$

인데, 거의 30%의 신호가 손실된다. 이로부터 증폭기의 입력 임피던스를 최대한 크게 만드는 것이 바람직하다는 것을 알 수 있다.

(b) 그림 5.1(c)와 같이 증폭기의 출력부가 스피커와 연결되는 부분을 그리면 다음을 얻을 수 있다.

$$v_{out} = \frac{R_L}{R_L + R_{amp}} v_{amp} \tag{5.4}$$

$R_{amp} = 10\ \Omega$일 때

$$v_{out} = 0.44 v_{amp} \tag{5.5}$$

가 되어, 신호의 크기가 상당히 작아진다. $R_{amp} = 2\ \Omega$일 때는

$$v_{out} = 0.8 v_{amp} \tag{5.6}$$

이 된다. 따라서 (전압) 증폭기의 출력 임피던스는 최소화되어야 하는 것을 알 수 있다.

연습문제 스피커에 전달된 신호가 $0.2v_m$일 때, R_m과 R_L의 비율을 구하라.

입출력 임피던스의 역할은 매우 중요하므로 입출력 임피던스를 측정하는 방법에 대해서 자세히 살펴볼 필요가 있다. 저항이나 커패시터와 같은 2단자 소자의 임피던스와 마찬가지로, 회로의 입력(또는 출력) 임피던스도 회로 내부의 독립 전압원 및 전류원의 값을 영으로 한 후 입력(또는 출력) 단자들 사이에서 측정한다.[2] 임피던스를 측정하는 방법이 그림 5.2에 나타나 있는데, 측정 대상이 되는 2개 단자('포트'라고도 한다) 사이에 전압 v_X를 가하고 이때 흘러 들어가는 전류 i_X를 측정하면 v_X/i_X로 정의된 임피던스를 구할 수 있다.

2) 이 경우 전압원은 단락(short)으로 전류원은 개방(open)으로 대체됨을 상기하라.

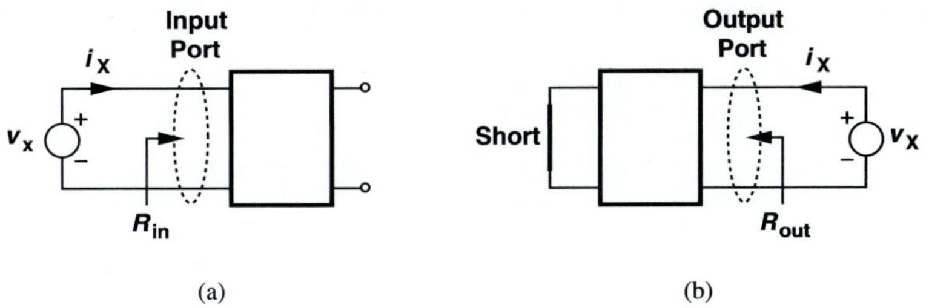

그림 5.2 (a) 입력 및 (b) 출력 임피던스의 측정

그림의 화살표는 입력 또는 출력 단자들을 '들여다봄'으로써 각각 입력 또는 출력 임피던스를 측정하는 것을 보여 주고 있다.

독자는 그림 5.2(b)에서 입력 포트가 단락되어 있는 데 반하여 그림 5.2(a)에서는 출력 포트가 개방되어 있는 이유가 궁금할지도 모른다. 전압 증폭기는 정상 동작할 때 전압원에 의해 구동된다. 그런데 입출력 임피던스를 측정할 때 모든 독립적인 전압원의 전압값은 영이 되어야 하므로, 그림 5.2(b)에서 독립 전압원의 하나인 입력 포트도 단락이 되어야 한다. 즉, 출력 임피던스를 계산하는 과정은 회로의 테브냉 임피던스를 계산하는 과정과 동일함을 알 수 있다(1장 참조). 반면에 그림 5.2(a)에서 출력 단자들은 개방되어 있는데 그것은 출력 단자들은 아무런 외부 전압원(또는 전류원)에도 연결되어 있지 않기 때문이다.

입출력 임피던스는 신호가 한 단에서 다음 단으로 전달되는 것을 결정하는 파라미터로서 일반적으로 소신호 파라미터로 간주된다. 즉, 입출력 신호의 크기는 작다고 암묵적으로 가정된다. 예를 들어 입력 임피던스는 입력 전압에 매우 작은 변화를 가한 후, 그에 따르는 입력 전류의 변화를 측정하여 계산한다. 따라서 반도체 소자들의 소신호 모델들이 매우 중요한 역할을 한다.

예제 5.2

트랜지스터가 순방향 활성 영역에서 동작하고 있다고 가정하고, 그림 5.3(a)에 있는 회로의 입력 임피던스를 구하라.

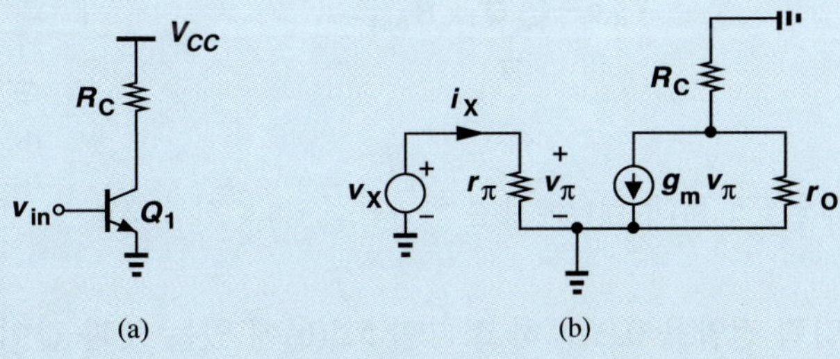

그림 5.3 (a) 간단한 증폭기 단; (b) 소신호 모델

풀이 그림 5.3(b)와 같이 소신호 등가 회로를 구성하면, 입력 임피던스가 다음과 같이 간단히 주어지는 것을 알 수 있다.

$$\frac{v_x}{i_x} = r_\pi \tag{5.7}$$

그런데 $r_\pi = \beta/g_m = \beta V_T/I_C$이므로, 우리는 β가 크거나 I_C가 작을 때 입력 임피던스가 크다고 결론을 내릴 수 있다.

연습문제 만일 위에서 R_C가 2배가 되면 어떻게 되는가?

표기법이나 그림을 간단히 하기 위해서, 두 노드 사이의 임피던스가 아닌 하나의 노드를 들여다본 임피던스라는 개념을 자주 사용한다. 그림 5.4가 그와 같은 경우를 보여 주고 있는데, 이러한 관용적인 표현에서는 다른 한 노드는 접지임을 가정하고 있다. 다시 말해서 테스트 전압원은 문제의 노드와 접지 사이에 연결된다.

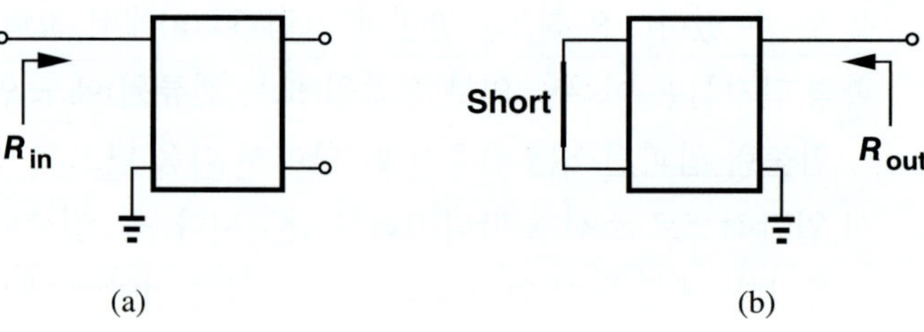

그림 5.4 '노드에서 본 임피던스'라는 개념

예제 5.3 그림 5.5(a)에서 Q_1의 컬렉터를 들여다본 임피던스를 계산하라.

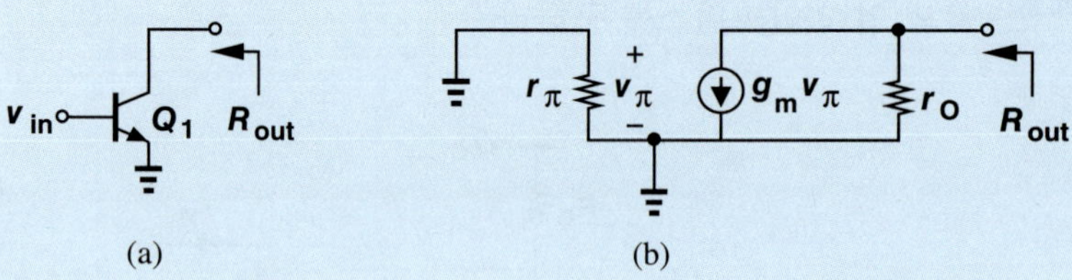

그림 5.5 (a) 컬렉터에서 본 임피던스; (b) 소신호 모델

풀이 입력 전압을 0으로 하고 그림 5.5(b)에 있는 것과 같이 소신호 모델을 사용하면, $v_\pi = 0$이고 따라서 $g_m v_\pi = 0$임을 알 수 있다. 이로부터 $R_{out} = r_O$를 얻을 수 있다.

연습문제 만일 R_1의 크기를 갖는 저항이 베이스와 직렬로 연결되면 어떻게 되는가?

예제 5.4 그림 5.6(a)에서 Q_1의 이미터를 들여다본 임피던스를 구하라. 단순화를 위해 얼리 효과는 무시하라.

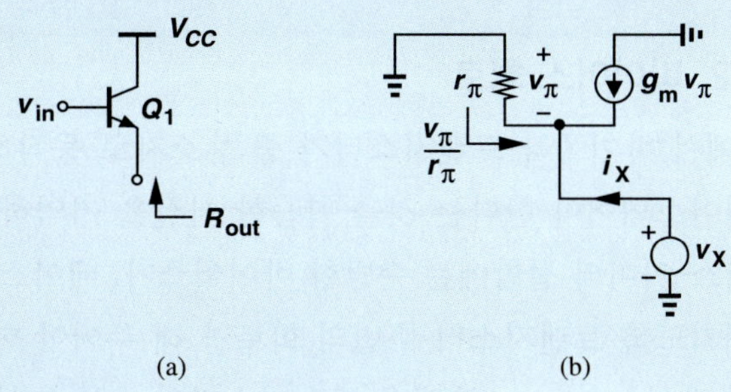

그림 5.6 (a) 이미터에서 본 임피던스; (b) 소신호 모델

풀이 입력 전압을 0으로 하고 V_{CC}를 교류 접지로 바꾸면, 그림 5.6(b)와 같은 소신호 회로를 얻을 수 있다. 흥미롭게도 $v_\pi = -v_X$이고

$$g_m v_\pi + \frac{v_\pi}{r_\pi} = -i_X \tag{5.8}$$

이다. 이로부터 다음을 얻을 수 있다.

$$\frac{v_X}{i_X} = \frac{1}{g_m + \frac{1}{r_\pi}} \tag{5.9}$$

$r_\pi = \beta/g_m \gg 1/g_m$이므로 $R_{out} \approx 1/g_m$이 된다.

연습문제 만일 R_1의 크기를 갖는 저항이 컬렉터와 직렬로 연결되면 어떻게 되는가?

위의 세 예제들로부터 이 책에서 앞으로 계속 사용될 중요한 규칙 3개를 얻는다(그림 5.7): (1) 만일 이미터가 (교류) 접지되어 있다면 베이스를 들여다본 임피던스는 r_π이다. (2) 또 이미터가 (교류) 접지되었을 때 컬렉터를 들여다본 임피던스는 r_O이다. (3) 베이스가

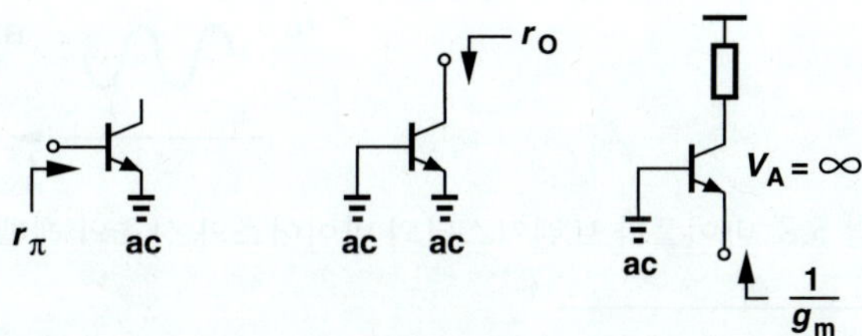

그림 5.7 트랜지스터의 노드들에서 본 임피던스의 요약

(교류) 접지되고 얼리 효과가 무시된다면 이미터를 들여다본 임피던스는 $1/g_m$이다. 독자는 반드시 이 규칙들을 충분히 이해해야 하고, 또한 복잡한 회로에도 적용할 수 있어야 한다.[3)]

5.1.2 바이어스 회로

4장에서 바이폴라 트랜지스터가 증폭 소자로 동작하기 위해서는 활성 모드 안에 있도록 바이어스되어야 한다는 것을 학습한 사실을 기억하자. 즉, 신호가 없을 때 트랜지스터의 베이스-이미터 접합에는 순방향 바이어스가, 베이스-컬렉터 접합에는 역방향 바이어스가 가해지도록 트랜지스터 주변의 회로가 해 주어야 한다. 그뿐만 아니라 4.4절에서 설명한 바와 같이 g_m, r_π, r_O와 같은 트랜지스터의 증폭 특성들은 트랜지스터의 정지점(바이어스) 컬렉터 전류에 따라 바뀐다. 따라서 트랜지스터 주변의 회로는 트랜지스터의 바이어스 전류량이 적절하게 되도록 해 주어야 한다.

5.1.3 직류 및 소신호 해석

위의 결과로부터 증폭기의 (그리고 다른 많은 회로의) 해석 순서를 다음과 같이 정리할 수 있다. 첫째, 신호가 없는 상태에서 각각의 트랜지스터의 동작 조건(노드의 전압 및 전류)을 구한다. '직류 해석(dc analysis)' 또는 '바이어스 해석(bias analysis)'이라고 하는 이 과정에서, 각각의 트랜지스터의 동작 영역(활성 영역 혹은 포화 영역)과 소신호 파라미터가 결정된다. 둘째, '소신호 해석(small-signal analysis)'을 수행하는데, 소신호에 대한 회로의 반응을 살펴보고 전압 이득이나 입출력 임피던스 등을 계산한다. 그림 5.8은 전압과 전류를 바이어스 성분과 신호 성분으로 나눈 예를 보여 주고 있다.

소신호 해석은 회로의 전압 또는 전류의 동작점으로부터의 (작은) 변화량만을 대상으로 한다는 사실을 기억하는 것이 중요하다. 따라서 4.4.4절에서 언급되었던 바와 같이, 모든 상수 신호원—시간에 따라 변화하지 않는 정전압원이나 정전류원—들은 소신호 해석을 할 때 제거되어야 한다. 예를 들어 전원 전압은 시간에 따라 변화하지 않으므로, 소자들의 바

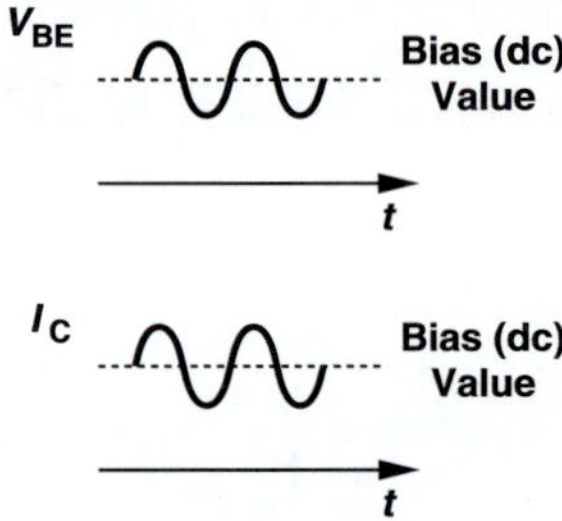

그림 5.8 바이폴라 트랜지스터의 바이어스와 신호의 레벨

3) 이 책의 범위를 넘어서는 것이기는 하지만, 컬렉터가 비교적 작은 임피던스에 연결되어 있는 경우에만 이미터를 들여다본 임피던스가 약 $1/g_m$이 된다.

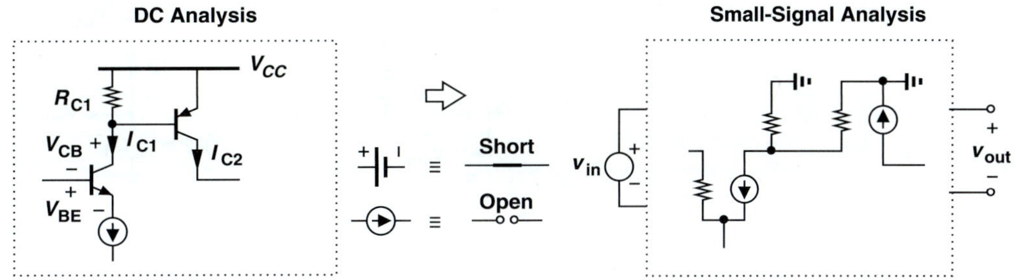

그림 5.9 일반적인 회로 해석의 순서

이어스 점을 정할 뿐 소신호에 대한 회로의 응답에는 아무 역할도 하지 않는다. 따라서 소신호 등가 회로를 구성할 때 모든 정전압원은 접지에 연결하고[4] 정전류원은 개방한다. 위의 두 단계 작업(직류 해석 및 소신호 해석)은 중첩의 원리라는 관점에서 해석될 수 있다. 첫째, 시간에 따라 변화하는 소신호를 영으로 한 상태에서 정전압원과 정전류원이 회로에 미치는 영향을 결정한다. 둘째, 정전압원과 정전류원을 제거한 상태에서 소신호에 대한 회로의 응답을 결정한다. 그림 5.9가 이러한 개념을 보여 주고 있다.

회로의 해석뿐만 아니라 설계도 이와 비슷한 과정을 따른다. 첫째, 필요한 소신호 파라미터에 적절한 바이어스 조건을 확립하기 위해 트랜지스터 주위의 회로를 설계한다. 둘째, 회로의 소신호에 대한 응답이 요구 조건에 부합하는지 검토한다. 회로의 동작이 요구 조건을 만족시키기까지 앞의 두 단계를 오가는 반복이 필요할 수 있다.

한편 소신호 동작과 대신호 동작을 어떻게 구분할 수 있는가? 다시 말해서 어떤 조건이 충족될 때 소자를 소신호 모델로 대체할 수 있는가? 만일 소자들의 바이어스 점이 신호에 의해 흔들리는 정도가 무시할 만큼 작다면 우리는 회로가 소신호 영역에서 동작한다고 말할 수 있다. 예를 들어 그림 5.8에서 신호에 의해 I_C가 바뀌는 정도가 크지 않아야 한다. 이러한 기준이 정당화되는 이유는 소신호 해석에서는 g_m이나 r_π 같은 트랜지스터의 증폭 특성을 상수로 간주하지만, 실제로는 신호에 의해 I_C가 흔들릴 때 이들도 변하기 때문이다. 즉, 소신호 해석에서 사용하는 트랜지스터 특성의 선형화는 소신호 파라미터들이 변화하는 정도가 무시할 만큼 작을 때만 유효하다. 얼마만큼이 '무시할 만큼'인지는 회로와 응용 분야에 따라 약간씩 달라진다. 하지만 대략 10% 정도의 컬렉터 전류의 변화가 소신호 동작의 상한선이라고 할 수 있다.

앞으로 회로도를 그릴 때는 몇 가지의 간략한 표기법과 기호들을 사용한다. 그림 5.10은 전원으로 사용되는 전지가 V_{CC}라고 이름 붙은 수평 막대로 대체된 예를 보여 주고 있다.[5] 또한 입력 전압원도 V_{in}이라고 이름 붙은 하나의 노드로 간략하게 표현되었는데, 이때 입력의 또 하나의 노드는 접지인 것으로 이해해야 한다.

4) 이때 정전압원이 '교류 접지'로 대체되었다고 말한다.

5) 아래첨자 CC는 컬렉터를 구동하는 전원을 나타낸다.

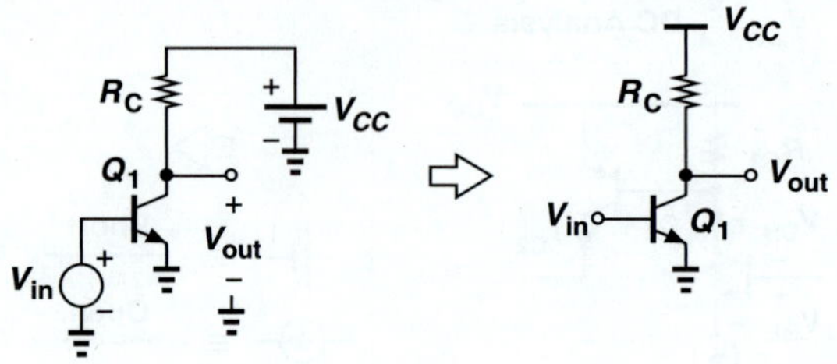

그림 5.10 전압 전원의 표시법

이 장은 바이폴라 단들의 직류 해석과 설계를 통해 바이어스 조건을 해석하고 또한 설계하는 기술을 익히는 것에서 시작한다. 이 단계에서 아직 신호는 다루지 않으며 따라서 입력 및 출력 포트도 정해져 있지 않다. 직류 해석과 설계를 마친 후에, 증폭기의 여러 가지 토폴로지를 소개하고 이들의 소신호 동작을 살펴본다.

5.2 동작점 해석 및 설계

동작점의 학습은 다음의 예와 함께 시작하는 것이 좋겠다.

예제 5.5

바이폴라 소자에 익숙한 한 학생이 그림 5.11과 같은 회로를 구성하여 마이크가 생성한 신호를 증폭하려고 시도하였다. $I_S = 6 \times 10^{-16}$ A이고 마이크에서 나온 신호의 피크값이 20 mV일 때 출력의 피크값을 구하라.

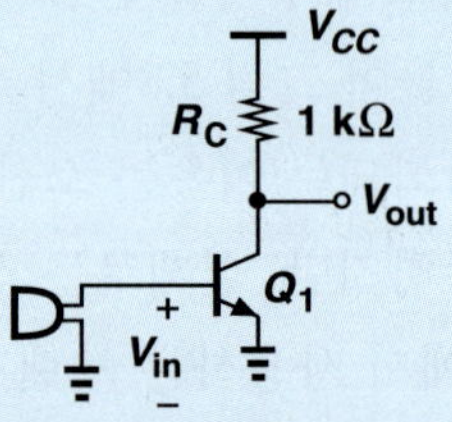

그림 5.11 마이크에 의해 직접 구동된 증폭기

풀이 안타깝게도 이 학생은 트랜지스터에 바이어스를 가하는 것을 잊었다.(마이크는 직류 출력을 생성하지 않는다.) $V_{in}(=V_{BE})$이 20 mV일 때 I_C의 변화는 다음과 같다.

$$\Delta I_C = I_S \exp \frac{\Delta V_{BE}}{V_T} \tag{5.10}$$

$$= 1.29 \times 10^{-15} \text{ A} \tag{5.11}$$

I_C가 위의 크기만큼 변할 때, 출력 전압의 변화는 다음과 같다.

$$R_C \, \Delta I_C = 1.29 \times 10^{-12} \text{ V} \tag{5.12}$$

이 회로는 거의 출력 전압을 생성하지 않는데, 이것은 (마이크의 신호가 없는 상태에서) 바이어스 전류가 영이며, 이에 따라 트랜지스터의 트랜스컨덕턴스도 영이기 때문이다.

연습문제 정전압원 0.65 V가 마이크에 직렬로 연결된 경우에 대해서 위의 예제를 다시 풀어라.

5.1.2절에서 언급한 대로 바이어스에는 두 가지 목적이 있는데, 첫째는 순방향 활성 모드에서 소자가 동작하도록 하는 것이고, 둘째는 여기서 더 나아가 컬렉터 전류가 그 회로에서 필요한 값이 되도록 하는 것이다. 다시 위의 예제로 돌아가 보자.

예제 5.6 예제 5.5의 학생이 회로의 바이어스에 문제가 있는 것을 깨닫고 회로를 그림 5.12와 같이 수정하였다. 이 회로에서는 베이스를 V_{CC}에 연결하여 베이스-이미터 접합에 직류 바이어스가 가해지도록 하였다. 왜 이 학생이 아직 바이어스를 가하는 방법을 더 공부해야 하는지 설명하라.

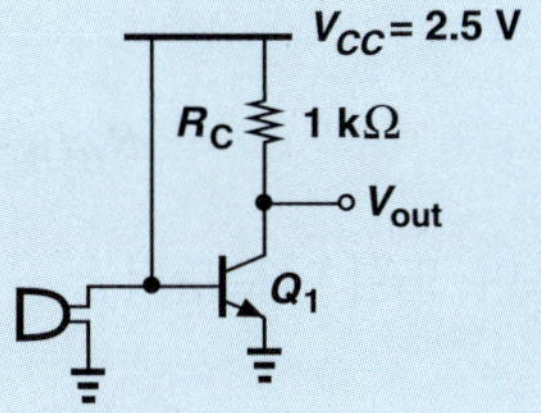

V_{CC}= 2.5 V
R_C 1 kΩ
V_{out}
Q_1

그림 5.12 베이스에 V_{CC}가 직접 연결된 증폭기

풀이 이 회로의 근본적인 문제는 마이크가 생성한 신호가 V_{CC}에 단락되어 있는 것이다. V_{CC}가 이상적인 전압원이므로, Q_1의 베이스 전압은 일정하게 유지되며, 마이크의 신호는 베이스 전압을 전혀 변화시키지 못한다. V_{BE}가 변하지 않으므로 V_{out}도 바뀌지 않으며 증폭은 일어나지 않는다.

또 하나의 중요한 문제는 V_{BE}의 값 자체와 관련된 것이다. $V_{BE} = V_{CC} = 2.5$ V일 때 트랜지스터에는 막대한 양의 전류가 흐른다.

연습문제 위에서 Q_1의 이미터에 직렬로 저항을 연결하면 회로의 동작이 개선되는가?

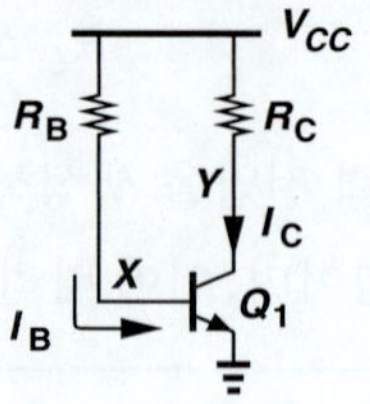

그림 5.13 베이스 전류의 경로로 베이스 저항을 사용한 경우

5.2.1 간단한 바이어스 회로

이제 그림 5.13의 토폴로지를 살펴보자. 이 회로에서 베이스는 상당히 큰 저항 R_B를 통해 V_{CC}에 연결되어 있으며, 따라서 베이스-이미터 접합에는 순방향 바이어스가 가해진다. 우리의 목표는 Q_1의 단말 전압들과 전류들을 결정하고, 트랜지스터가 활성 모드에 바이어스되는 조건을 구하는 것이다. 이 회로를 어떻게 분석해야 하는가? 트랜지스터 Q_1을 대신호 등가 모델로 대체하고 KVL과 KCL을 적용할 수도 있을 것이다. 하지만 그렇게 하면 비선형 방정식들을 얻게 되는데, 이 방정식들은 회로의 동작에 대한 우리의 직관적인 이해에 별로 도움이 되지 않는다. 대신 베이스-이미터 전압은 대부분 약 700~800 mV의 범위 안에 들어오며 또한 대체로 상수로 간주될 수 있다는 사실을 상기하자. R_B에서의 전압 강하가 R_BI_B이므로

$$R_BI_B + V_{BE} = V_{CC} \tag{5.13}$$

을 얻을 수 있으며, 또한 이로부터

$$I_B = \frac{V_{CC} - V_{BE}}{R_B} \tag{5.14}$$

을 얻는다. 이렇게 구한 베이스 전류를 사용하면 다음을 얻을 수 있다.

$$I_C = \beta\frac{V_{CC} - V_{BE}}{R_B} \tag{5.15}$$

이때 R_C에서의 전압 강하가 R_CI_C임을 생각하면 V_{CE}를 다음과 같이 구할 수 있다.

$$V_{CE} = V_{CC} - R_CI_C \tag{5.16}$$

$$= V_{CC} - \beta\frac{V_{CC} - V_{BE}}{R_B}R_C \tag{5.17}$$

V_{CE}를 계산해 볼 필요가 있는데, 이것이 트랜지스터가 활성 모드에서 동작하는지 여부를 말해 주기 때문이다. 예를 들어 트랜지스터가 전혀 포화 영역에 들어가지 않게 하려면 다음과 같이 컬렉터 전압은 베이스 전압보다 높은 값으로 유지되어야 한다.

$$V_{CC} - \beta\frac{V_{CC} - V_{BE}}{R_B}R_C > V_{BE} \tag{5.18}$$

따라서 회로의 파라미터들은 위의 조건을 만족하도록 선택하면 된다.

결론적으로 우리는 $I_B \rightarrow I_C \rightarrow V_{CE}$의 순서를 사용하여 Q_1의 단말 전압과 전류를 계산하였다. 지금 별로 중요하지는 않지만, 이미터 전류는 $I_C + I_B$로부터 간단히 구할 수 있다.

독자는 위의 계산에서 V_{BE}의 값이 700~800 mV 범위에서 일정하다고 한 가정에 따르는 오차가 얼마나 되는지 궁금할 것이다. 아래 예제에서 이 점을 살펴보자.

예제 5.7 그림 5.14의 회로에서 컬렉터 전류를 구하라. $\beta = 100$이고 $I_S = 10^{-17}$ A라고 가정하라. Q_1이 순방향 활성 영역에서 동작함을 확인하라.

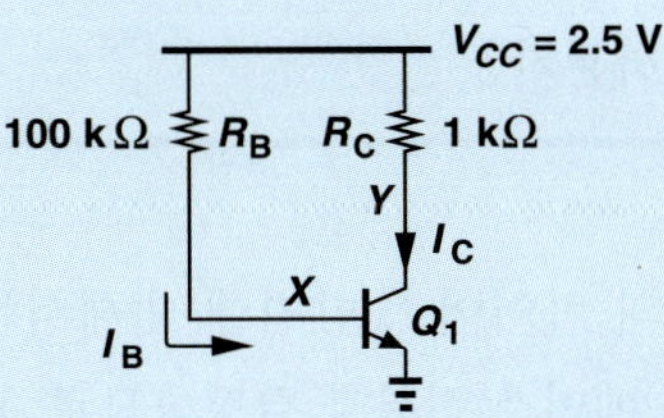

그림 5.14 바이어스된 간단한 단

풀이 I_S가 비교적 작으므로, 일단 보통 수준의 전류가 흐르는 데 필요한 베이스-이미터 전압이 상당히 클 것으로 추정할 수 있다. 이에 따라 $V_{BE} = 800$ mV를 초기 가정으로 사용하면 식 (5.14)로부터

$$I_B = \frac{V_{CC} - V_{BE}}{R_B} \tag{5.19}$$

$$\approx 17\ \mu\text{A} \tag{5.20}$$

를 얻을 수 있으며, 이로부터 다음도 얻을 수 있다.

$$I_C = 1.7\ \text{mA} \tag{5.21}$$

이와 같이 구한 I_C를 가지고 우리는 V_{BE}의 새로운 값을 다음과 같이 구할 수 있다.

$$V_{BE} = V_T \ \ln \frac{I_C}{I_S} \tag{5.22}$$

$$= 852\ \text{mV} \tag{5.23}$$

위의 과정을 아래와 같이 되풀이하면 더 정확한 결과를 얻을 수 있다.

$$I_B = \frac{V_{CC} - V_{BE}}{R_B} \tag{5.24}$$

$$= 16.5\ \mu\text{A} \tag{5.25}$$

$$I_C = 1.65\ \text{mA} \tag{5.26}$$

식 (5.21)과 식 (5.26)의 값이 거의 같으므로 $I_C = 1.65$ mA가 충분히 정확하다고 간주하고 더 이상 되풀이하지 않는다.

식 (5.16)으로부터

$$V_{CE} = V_{CC} - R_C I_C \tag{5.27}$$

$$= 0.85 \text{ V} \tag{5.28}$$

를 얻을 수 있는데, 이 값은 V_{BE}의 값과 거의 같다. 이로부터 이 회로의 트랜지스터가 활성 모드와 포화 모드의 경계 근처에서 동작하는 것을 알 수 있다.

연습문제 위에서 베이스-컬렉터 접합에 200 mV의 역바이어스가 가해지게 하려면 R_B의 값이 얼마가 되어야 하는가?

그림 5.13의 바이어스 방법에 대해서는 몇 가지를 추가로 언급할 필요가 있다. 첫째, $V_{CC} - V_{BE}$가 베이스 전류를 결정하므로, V_{BE}의 '불확실성'에 의한 효과는 V_{CC}가 작을수록 더 커지게 된다. 따라서 최신 전자회로 시스템에서 점점 보편적이 되고 있는 저전압 설계에서는, 여러 트랜지스터들 사이의 V_{BE}의 차이나 온도 변화에 의한 V_{BE}의 변화에 바이어스가 더 민감하다. 둘째, 식 (5.15)에서 I_C가 β에 크게 의존하는 것을 알 수 있는데, β는 상당히 큰 폭으로 변할 수 있는 파라미터이다. 위의 예제에서 만일 β가 100에서 120으로 커지면 I_C도 1.98 mA로 커지며 V_{CE}는 0.52 V로 줄어드는데, 이때 트랜지스터는 포화 영역에 깊숙이 들어가게 된다. 이러한 이유 때문에 그림 5.13과 같은 토폴로지는 실제로는 거의 사용되지 않는다.

5.2.2 저항 분할 바이어스 회로

I_C의 β에 대한 의존성을 억제하기 위해, 근본적인 관계식 $I_C = I_S \exp(V_{BE}/V_T)$으로 돌아가서 I_C는 잘 정의된 V_{BE}에 의해 결정되어야 한다고 생각해 보자. 그림 5.15는 이러한 방법을 사용한 예를 보여 주고 있다. 만일 베이스 전류의 영향을 무시한다면, 저항 R_1과 R_2가 전압 분배기로 동작해서 다음과 같은 베이스-이미터 전압을 제공한다.

$$V_X = \frac{R_2}{R_1 + R_2} V_{CC} \tag{5.29}$$

이때 컬렉터 전류는

$$I_C = I_S \exp\left(\frac{R_2}{R_1 + R_2} \cdot \frac{V_{CC}}{V_T}\right) \tag{5.30}$$

이 되는데, 이 양은 β에 의존하지 않는다. 단, 이 설계에서는 실제로 베이스 전류가 무시될 수 있을 정도로 작은지 확인해야 한다.

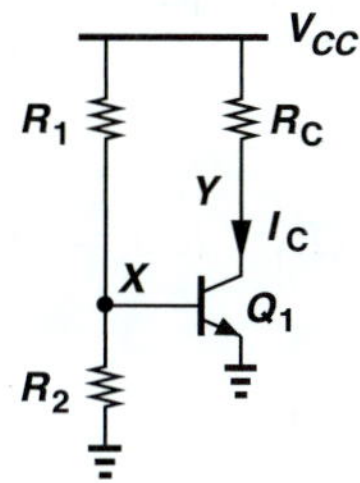

그림 5.15 저항성 분배기를 사용하여 V_{BE}를 결정한 경우

예제 5.8

그림 5.16에서 $I_S = 10^{-17}$ A이고 $\beta = 100$일 때, Q_1의 컬렉터 전류를 구하라. 베이스 전류가 무시할 만큼 작고 Q_1이 순방향 활성 모드에서 동작하는 것을 확인하라.

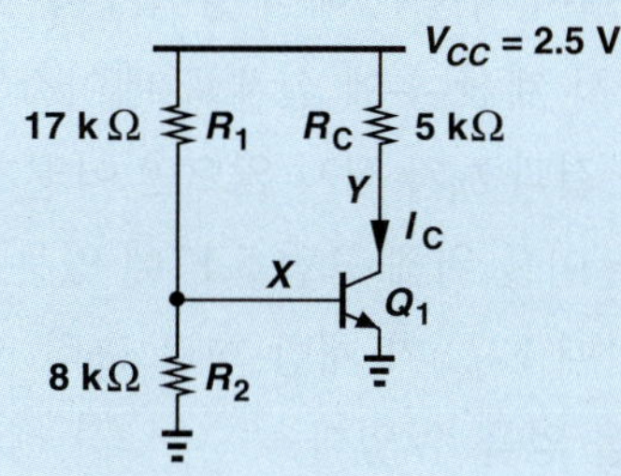

그림 5.16 바이어스된 단의 예

풀이 Q_1의 베이스 전류를 무시하면 다음을 얻을 수 있다.

$$V_X = \frac{R_2}{R_1 + R_2} V_{CC} \tag{5.31}$$

$$= 800 \text{ mV} \tag{5.32}$$

이 결과는 다시

$$I_C = I_S \exp \frac{V_{BE}}{V_T} \tag{5.33}$$

$$= 231 \text{ μA} \tag{5.34}$$

그리고

$$I_B = 2.31 \text{ μA} \tag{5.35}$$

로 이어진다. 베이스 전류가 무시할 만큼 작은가? 이 전류의 크기를 무엇과 비교해서 큰지 작은지를 판정해야 하는가? I_B는 저항성 분할기를 통해 트랜지스터에 흘러 들어가므로, I_B는 R_1 및 R_2를 흐르는 전류에 비해서 매우 작아야 한다.

$$I_B \overset{?}{\ll} \frac{V_{CC}}{R_1 + R_2} \tag{5.36}$$

이 문제에서는 $V_{CC}/(R_1 + R_2) = 100\ \mu\text{A} \approx 43I_B$이므로 위의 조건이 충족되는 것을 알 수 있다.

한편 V_{CE}를 계산하면

$$V_{CE} = 1.345\ \text{V} \tag{5.37}$$

가 되는데, 이로부터 Q_1이 활성 영역에서 동작하는 것을 확인할 수 있다.

연습문제 Q_1이 소프트 포화 영역에 있게 하는 R_C의 최댓값은 얼마인가?

위의 예제에서 사용한 해석 방법에서는 베이스 전류가 무시할 만큼 작다는 것을 가정하였으며, 따라서 계산 후에 실제로 베이스 전류가 작은지를 검증하는 것이 필요하다. 그런데 만일 검증 결과 I_B가 작지 않으면 어떻게 되는가? 그때는 당연히 그러한 가정 없이 해석을 해야 한다. 이를 위해 그림 5.17에 있는 것과 같이 전압 분배기를 테브냉 등가 회로로 나타내 보자. 이때 V_{Thev}가 개방 회로 출력 전압(증폭기가 연결되지 않았을 때의 V_X)임을 이용하면 다음을 얻을 수 있다.

$$V_{Thev} = \frac{R_2}{R_1 + R_2} V_{CC} \tag{5.38}$$

그리고 R_{Thev}은 V_{CC}를 영으로 놓았을 때 저항성 분할 회로망의 출력 저항이므로 다음과 같다.

$$R_{Thev} = R_1 || R_2 \tag{5.39}$$

그러면 단순화한 회로로부터 다음을 얻을 수 있다.

$$V_X = V_{Thev} - I_B R_{Thev} \tag{5.40}$$

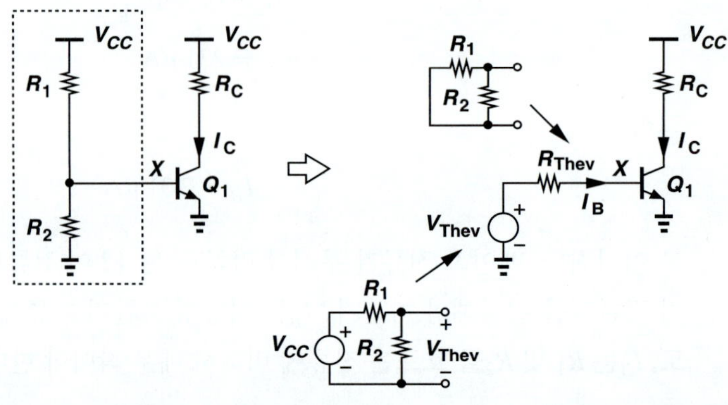

그림 5.17 테브냉 등가를 사용한 바이어스의 계산

$$I_C = I_S \exp \frac{V_{Thev} - I_B R_{Thev}}{V_T} \tag{5.41}$$

이 결과는 $I_C = \beta I_B$와 함께 연립 방정식을 구성하며, 이 연립 방정식을 풀면 I_C와 I_B를 구할 수 있다. 앞의 예제들에서와 마찬가지로 여기서도 반복법이 유용하게 사용될 수 있다. 그러나 식 (5.41)의 지수 함수를 반복법에 적용하면 반복 과정의 중간해가 크게 진동하여 빨리 수렴하지 않는다. 따라서 식 (5.41)은

$$I_B = \left(V_{Thev} - V_T \ln \frac{I_C}{I_S} \right) \cdot \frac{1}{R_{Thev}} \tag{5.42}$$

로 바꾸어 사용하며, 풀이는 $V_{BE} = V_T \ln(I_C/I_S)$의 값을 추정하는 것에서 시작한다. 반복은 $V_{BE} \to I_B \to I_C \to V_{BE} \to \cdots$의 순서로 진행한다.

예제 5.9 그림 5.18(a)에서 컬렉터 전류 Q_1을 계산하라. $\beta = 100$이고 $I_S = 10^{-17}$ A라고 가정하라.

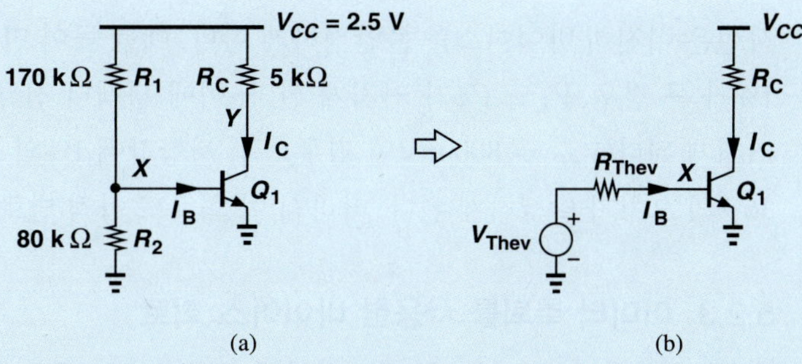

그림 5.18 (a) 저항성 분배기로 바이어스된 단; (b) 저항성 분배기와 V_{CC}를 테브냉 등가로 나타낸 단

풀이 그림 5.18(b)와 같이 등가 회로를 구성하면 V_{Thev}와 R_{Thev}의 값은

$$V_{Thev} = \frac{R_2}{R_1 + R_2} V_{CC} \tag{5.43}$$

$$= 800 \text{ mV} \tag{5.44}$$

그리고

$$R_{Thev} = R_1 || R_2 \tag{5.45}$$

$$= 54.4 \text{ k}\Omega \tag{5.46}$$

으로 계산된다. $V_{BE} = 750$ mV라고 추정하고 반복법을 시작하자.(여기서 R_{Thev}에서의 전압 강하 때문에 V_{BE}는 V_{Thev}보다 약간 작게 되는 것을 고려하였다.) 그러면 다음과 같이 베이스 전류를 구할 수 있다.

$$I_B = \frac{V_{Thev} - V_{BE}}{R_{Thev}} \tag{5.47}$$

$$= 0.919\ \mu\text{A} \tag{5.48}$$

따라서 $I_C = \beta I_B = 91.9\ \mu A$이며, 이를 이용하면 다음을 얻는다.

$$V_{BE} = V_T \ln \frac{I_C}{I_S} \tag{5.49}$$

$$= 776\ mV \tag{5.50}$$

위의 결과를 사용해서 $I_B = 0.441\ \mu A$ 및 $I_C = 44.1\ \mu A$를 얻을 수 있는데, 이들은 앞에서 얻은 값들과 차이가 많이 나는 것을 볼 수 있다. 한 번 더 반복하면 $V_{BE} = 757\ mV$, $I_B = 0.79\ \mu A$, $I_C = 79.0\ \mu A$를 얻는다. 이후 반복을 많이 되풀이하면 $V_{BE} \approx 766\ mV$와 $I_C = 63\ \mu A$를 얻을 수 있다.

연습문제 Q_1이 소프트 포화에 있게 하려고 할 때, R_2는 얼마까지 증가시킬 수 있는가?

그림 5.15의 토폴로지에서 R_1과 R_2를 적절히 선택하면 바이어스 조건이 비교적 β에 민감하지 않게 된다. 하지만 I_C가 저항성 분할기가 생성하는 전압에 지수적으로 의존한다는 사실은 여전히 바이어스를 불안정하게 한다. 예를 들어 만일 R_2가 설계된 명목상의 값보다 1%가 큰 경우, V_X도 1%가 커지게 된다. 이때 컬렉터 전류는 $\exp(0.01 V_{BE}/V_T) \approx 1.36$배로 커지게 된다($V_{BE} = 800\ mV$인 경우). 즉, 저항값에 1%의 오차가 있을 때, 컬렉터 전류에는 36%의 오차가 발생하게 된다. 따라서 이 회로도 아직 별로 실용적인 가치가 없다.

5.2.3 이미터 축퇴를 사용한 바이어스 회로

β와 V_{BE}에 대한 민감성의 문제를 완화하는 바이어스 방법이 그림 5.19에 있다. 이 회로에서는 저항 R_E가 이미터에 직렬로 연결되어 있어서 V_{BE}에 대한 민감성을 줄여 준다. 직관적으로 보

Did you know?

리젠시와 텍사스 인스트루먼트에 의해 최초의 트랜지스터 라디오가 개발될 때 이미 위의 단순한 바이어스 방법은 대량 생산에 좋지 않다는 것이 인지되었다. 그 라디오에 사용된 4개의 트랜지스터들은 공정상의 산포(불균일성)와 지구 곳곳의 극한의 온도 변화에도 어느 정도 일정한 바이어스를 유지해야 했다. 따라서 각 단은 '이미터 축퇴'를 사용하여 바이어스 점을 안정화하였다.

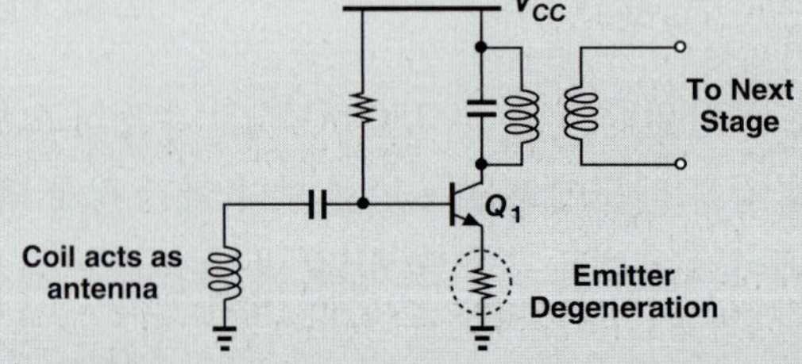

리젠시의 TR1 라디오의 전단부(front-end)의 간략화된 회로도

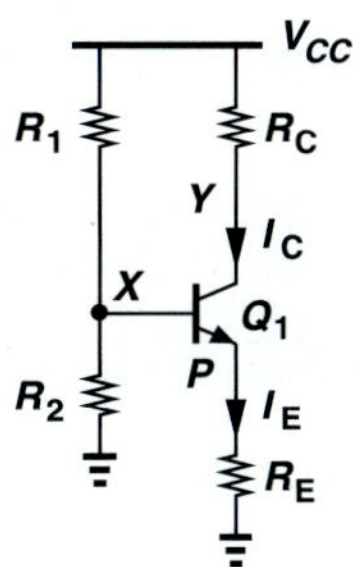

그림 5.19 바이어스 점을 안정화하기 위한 축퇴 저항의 추가

면 이것은 R_E가 (지수적이 아니라) 선형적인 I/V 특성을 갖고 있기 때문이라고 이해할 수 있다. 즉, R_1, R_2 혹은 V_{CC}가 정확하지 않아서 생긴 V_X의 오차의 일부가 R_E에 '흡수'되기 때문에 V_{BE}의 오차가 줄며, 따라서 I_C의 오차도 줄어든다. 이와 같이 R_E를 이미터에 직렬로 연결하는 기법을 '이미터 축퇴(emitter degeneration)'라고 부른다. 이미터 축퇴는 회로의 성질을 많이 바꾸는데, 이것에 대해서는 이 장의 뒷부분에서 다룬다.

위의 특성을 이해하기 위해 트랜지스터의 바이어스 전류를 구해 보자. 베이스 전류를 무시하면 $V_X = V_{CC}R_2/(R_1 + R_2)$가 된다. 또한 $V_P = V_X - V_{BE}$이므로 $\beta \gg 1$이라고 가정하면 다음을 얻을 수 있다.

$$I_E = \frac{V_P}{R_E} \tag{5.51}$$

$$= \frac{1}{R_E}\left(V_{CC}\frac{R_2}{R_1 + R_2} - V_{BE}\right) \tag{5.52}$$

$$\approx I_C \tag{5.53}$$

위에서 구한 I_C가 V_X나 V_{BE}의 변화에 덜 민감하도록 하려면 어떻게 해야 하는가? 만일 R_E에서의 전압 강하, 즉 $V_{CC}R_2/(R_1 + R_2)$와 V_{BE}의 차이가 충분히 커서, V_X나 V_{BE}의 변화를 압도할 수 있으면 I_E와 I_C는 비교적 일정하게 된다. 아래의 예제가 이 점을 보여 준다.

예제 5.10

그림 5.20의 회로의 바이어스 전류를 계산하고, Q_1이 순방향 활성 영역에서 동작함을 확인하라. $\beta = 100$이고 $I_S = 5 \times 10^{-17}$ A라고 가정하라. 또 R_2가 설계된 명목 값보다 1.6%만큼 클 때 컬렉터 전류는 얼마나 바뀌는지 계산하라.

그림 5.20 바이어스된 단의 예

풀이 베이스 전류를 무시하면 다음을 구할 수 있다.

$$V_X = V_{CC}\frac{R_2}{R_1+R_2} \tag{5.54}$$

$$= 900 \text{ mV} \tag{5.55}$$

V_{BE}의 초기 추정치로 800 mV를 사용하면 다음을 얻는다.

$$V_P = V_X - V_{BE} \tag{5.56}$$

$$= 100 \text{ mV} \tag{5.57}$$

$I_E = V_P/R_E$이므로 식 (5.57)로부터 다음을 얻는다.

$$I_E \approx I_C \approx 1 \text{ mA} \tag{5.58}$$

이 결과를 가지고 $V_{BE} = 800$ mV라는 가정을 다시 검토할 필요가 있다.

$$V_{BE} = V_T \ln\frac{I_C}{I_S} \tag{5.59}$$

$$= 796 \text{ mV} \tag{5.60}$$

따라서 앞의 추정치가 적당한 것이었음을 알 수 있다. 더욱이 식 (5.57)에 따르면 V_{BE}의 계산에 4 mV의 오차가 발생하더라도 이에 따른 V_P의 오차는 4% 정도밖에 되지 않으며 I_E에도 역시 같은 4% 정도의 작은 오차만이 발생한다. 즉, 이렇게 얻은 근삿값들은 상당히 정확하다.

이제 Q_1이 활성 모드에서 동작하는지를 알아보자. 컬렉터 전류는 다음과 같이 주어진다.

$$V_Y = V_{CC} - I_C R_C \tag{5.61}$$

$$= 1.5 \text{ V} \tag{5.62}$$

따라서 베이스 전류가 0.9 V일 때 Q_1은 활성 모드에 있음을 알 수 있다.

앞에서 베이스 전류가 무시할 만큼 작다고 한 가정은 타당한가? $I_C \approx 1$ mA일 때 $I_B \approx 10\ \mu$A이다. 이에 반하여 R_1 및 R_2에 흐르는 전류는 약 100 μA이다. 따라서 앞의 가정은 타당하다고 할 수 있다. 만일 더욱 정확한 결과를 얻고 싶으면, 위에서 얻은 V_{BE}를 초기 조건으로 사용하여 예제 5.9에서 사용한 것과 같은 반복 방법을 적용할 수 있다.

R_2가 명목 값보다 1.6%가 크면 V_X가 약 909 mV로 증가할 것임을 식 (5.54)로부터 알 수 있다. 9 mV의 변화가 대부분 R_E에 나타날 것이라고 가정한다면, 이때 이미터 전류는 약 9 mV/100 Ω = 90 μA만큼 증가하게 된다. 앞의 가정은 V_{BE}가 일정하다고 가정하는 것과 같은 것인데[식 (5.56) 참조], 이미터 전류나 컬렉터 전류가 겨우 9% 정도밖에 변화하지 않았기 때문에 이 가정은 정당화될 수 있다.

연습문제 Q_1을 포화 영역의 경계에 있게 하는 R_2의 값을 구하라.

그림 5.19의 바이어스 토폴로지는 이산 회로에서 매우 광범위하게 사용되며 집적 회로에서도 종종 사용된다. 그림 5.21에 있는 것과 같이 보통 다음 두 가지의 규칙이 사용된다: (1) β에 대한 민감도를 줄이기 위해 $I_1 \gg I_B$이어야 한다. (2) V_X와 V_{BE}의 불확실성에 의한 효과를 억제하기 위해 V_{RE}는 (100 mV 내지 수백 mV 정도로) 충분히 커야 한다.

설계 절차 그림 5.21의 바이어스 토폴로지를 위한 설계 절차는 다음과 같이 정리할 수 있으며, 이 절차는 대부분의 응용 사례에 적용될 수 있다: (1) g_m이나 r_π와 같은 소신호 파라미터가 적절한 값이 되는 데 필요한 컬렉터 전류 I_C의 값을 결정한다. (2) 예측되는 R_1, R_2 및 V_{BE}의 변화 정도에 근거하여 $V_{RE} \approx I_C R_E$의 값을 선택한다(예를 들면, 200 mV). (3) $V_{BE} = V_T \ln(I_C/I_S)$를 사용하여 $V_X = V_{BE} + I_C R_E$를 계산한다. (4) V_X의 값에 맞는 R_1과 R_2를 고른다. 이때 $I_1 \gg I_B$가 충족되어야 한다. R_C의 값은 소신호 이득에 관한 요구 조건에 의해 결정되는데, 다만 사용할 수 있는 R_C의 값에는 한계가 있어서, R_C가 이보다 커지면 Q_1은 포화 영역에 들어간다. 아래 예제는 이 개념들을 사용한 설계의 예를 보여 준다.

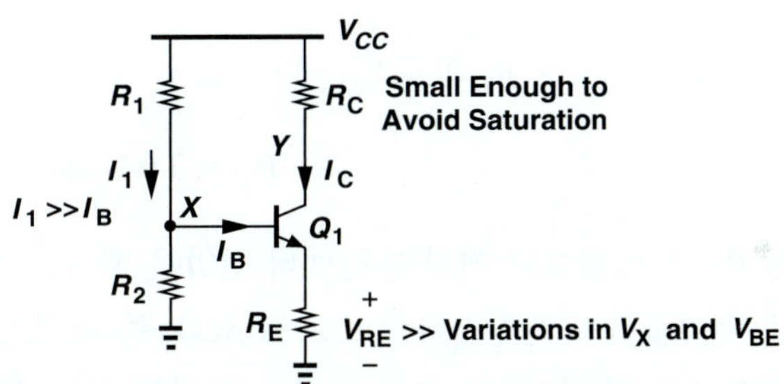

그림 5.21 강인한 바이어스를 위한 조건의 요약

예제 5.11 Q_1의 트랜스컨덕턴스가 $1/(52\ \Omega)$이 되도록 그림 5.21의 회로를 설계하라. $V_{CC} = 2.5$ V, $\beta = 100$, $I_S = 5 \times 10^{-17}$ A라고 가정하라. 허용되는 R_C의 최댓값은 얼마인가?

풀이 $g_m = 1/(52\ \Omega)$이라는 요구 조건으로부터 바로 $I_C = 0.5$ mA를, 또 이로부터 다시 $V_{BE} = 778$ mV를 얻을 수 있다. R_E에서의 전압 강하에 $R_E I_C = 200$ mV 정도를 배정하면 $R_E = 400\ \Omega$이 된다. 이때 $V_X = V_{BE} + R_E I_C = 978$ mV가 되는데, 이를 위해서는 다음이 충족되어야 한다.

$$\frac{R_2}{R_1 + R_2} V_{CC} = V_{BE} + R_E I_C \tag{5.63}$$

위에서 베이스 전류는 무시하였다. $I_B = I_C/\beta = 5\ \mu A$인 베이스 전류가 안전하게 무시되기 위해서는 다음이 충족되어야 한다.

$$\frac{V_{CC}}{R_1 + R_2} \gg I_B \tag{5.64}$$

위에서 매우 크다(≫)는 조건은 대략 좌변이 우변보다 10배 정도 클 때 충족된다고 할 수 있다. 이를 적용하면 $R_1 + R_2 = 50\ k\Omega$이 되며, 이 결과를 식 (5.63)과 같이 사용하면 다음을 얻는다.

$$R_1 = 30.45\ k\Omega \tag{5.65}$$

$$R_2 = 19.55\ k\Omega \tag{5.66}$$

R_C는 얼마나 커도 되는가? 컬렉터 전압은 $V_{CC} - I_C R_C$이므로, 트랜지스터가 활성 모드에서 동작하기 위해서는 다음 조건이 충족되어야 한다.

$$V_{CC} - R_C I_C > V_X \tag{5.67}$$

위 식으로부터 다음을 얻는다.

$$R_C I_C < 1.522\ V \tag{5.68}$$

따라서 허용 가능한 R_C의 범위는 다음과 같이 주어진다.

$$R_C < 3.044\ k\Omega \tag{5.69}$$

만일 R_C가 이 값보다 커지면 컬렉터 전압은 베이스 전압보다 낮아진다. 4장에서 언급한 대로 바이폴라 트랜지스터는 소프트 포화, 즉 베이스-컬렉터 접합에 최대 400 mV 정도까지의 순방향 바이어스가 가해지는 상태를 어느 정도 견딜 수 있다. 따라서 저전압 응용의 경우에는 $V_Y \approx V_X - 400\ mV$ 정도까지 허용하기도 하며, 이 경우 위에서 구한 것보다 더 큰 값의 R_C를 사용할 수 있다.

연습문제 허용되는 파워가 1 mW로 제한되어 있고 Q_1의 트랜스컨덕턴스는 주어지지 않은 경우에 대해서 앞의 예제를 다시 풀어라.

그림 5.21에 나타나 있는 (V_{RE}와 I_1에 관한) 2개의 규칙은 바이어스의 민감성을 줄여 주지만, 이 규칙들은 다른 조건과 상충의 문제를 발생시킨다. 구체적으로 말하면, 너무 보수적인 설계를 할 경우 다음과 같은 문제가 발생한다: (1) I_1을 I_B보다 아주 크게 만들기 위해서는 $R_1 + R_2$, 즉 R_1과 R_2가 매우 작아져야 하는데 이 경우 입력 임피던스가 작아진다. (2) 매우 큰 값의 V_{RE}를 사용하면 $V_X(=V_{BE} + V_{RE})$도 커야 하는데 이렇게 되면 트랜지스터가 포화되지 않기 위해 필요한 최소 컬렉터 전압이 높아진다. 아래에서 앞의 예제로 돌아가서

이러한 문제점들을 검토해 보자.

예제 5.12 $V_{RE} = 500$ mV와 $I_1 \geq 100I_B$를 사용하여 예제 5.11을 반복하라.

풀이 컬렉터 전류와 베이스-이미터 전압은 바뀌지 않고 그대로이다. R_E의 크기는 500 mV/0.5 mA = 1 kΩ이 된다. 또 $V_X = V_{BE} + R_E I_C = 1.278$ V가 되며 식 (5.63)은 여전히 성립한다. 식 (5.64)를

$$\frac{V_{CC}}{R_1 + R_2} \geq 100I_B \tag{5.70}$$

로 다시 쓰면 $R_1 + R_2 = 5$ kΩ을 얻을 수 있다. 이를 식 (5.63)과 연립하면 다음을 얻는다.

$$R_1 = 1.45 \text{ k}\Omega \tag{5.71}$$

$$R_2 = 3.55 \text{ k}\Omega \tag{5.72}$$

베이스 전압이 1.278 V로 증가했기 때문에 컬렉터 전압도 이 값보다 커야 트랜지스터의 포화를 피할 수 있다. 이 조건으로부터 다음을 얻는다.

$$R_C < \frac{V_{CC} - V_X}{I_C} \tag{5.73}$$

$$< 1.044 \text{ k}\Omega \tag{5.74}$$

5.3.1절에서 본 바와 같이 R_C의 감소는 낮은 전압 이득으로 이어진다. 또한 여기서 얻은 R_1과 R_2의 값이 예제 5.11에서의 값들보다 작은 것은 입력 임피던스를 낮게 하여 이전 단에 부담을 준다. 이 회로의 정확한 입력 임피던스는 5.3.1절에서 계산한다.

연습문제 V_{RE}가 100 mV로 제한되었을 경우에 대하여 위의 예제를 다시 풀어라.

5.2.4 자기 바이어스를 사용한 단

이산 회로나 집적 회로에서 많이 사용되는 또 하나의 바이어스 방법이 그림 5.22에 나타나 있다. 이 방법은 '자기 바이어스(self-bias)'라고 불리는데 그 이유는 베이스 전류와 전압이 컬렉터에 의해서 제공되기 때문이다. 자기 바이어스를 사용한 단은 여러 가지 흥미롭고 유용한 성질을 갖고 있다.

회로의 해석을 시작해 보자. 우선 베이스 전압이 항상 컬렉터 전압보다 낮다는 사실을 발견할 수 있다($V_X = V_Y - R_B I_B$). 이 중요한 성질은 자기 바이어스의 직접적인 결과로서, 소자와 회로의 파라미터들에 상관없이 Q_1이 항상 활성 영역에 있는 것을 보장해 준다. 예를 들어 R_C가 무한대로 커지더라도 Q_1은 항상 활성 영역에 머무르는데, 이것은 그림 5.21

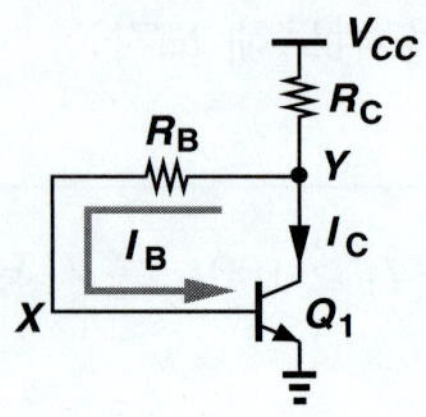

그림 5.22 자기 바이어스된 단

의 회로와 비교할 때 매우 중요한 이점이다.

이제 컬렉터 전류의 크기를 계산해 보자. 베이스 전류가 컬렉터 전류보다 매우 작다고 가정하면, R_C에 흐르는 전류가 I_C와 같게 되는데, 이 경우 다음의 결과를 얻게 된다.

$$V_Y = V_{CC} - R_C I_C \tag{5.75}$$

또한 다음의 식도 성립한다.

$$V_Y = R_B I_B + V_{BE} \tag{5.76}$$

$$= \frac{R_B I_C}{\beta} + V_{BE} \tag{5.77}$$

식 (5.75)와 (5.77)의 우변을 같게 놓으면 다음을 얻을 수 있다.

$$I_C = \frac{V_{CC} - V_{BE}}{R_C + \frac{R_B}{\beta}} \tag{5.78}$$

식 (5.78)을 풀기 위해서는 이제까지 계속 사용해 온 방법을 사용한다. 우선 V_{BE}의 값을 추정하고 이를 바탕으로 I_C를 계산한다. 정확도를 높이기 위해서 $V_{BE} = V_T \ln(I_C/I_S)$를 이용하여 새로운 V_{BE}를 구하고 위 과정을 반복한다.

예제 5.13 그림 5.22에서 Q_1의 컬렉터 전류와 전압을 결정하라. $R_C = 1\ \text{k}\Omega$, $R_B = 10\ \text{k}\Omega$, $V_{CC} = 2.5\ \text{V}$, $I_S = 5 \times 10^{-17}\ \text{A}$, $\beta = 100$을 사용하라. $R_C = 2\ \text{k}\Omega$을 사용하여 계산을 반복하라.

풀이 $V_{BE} = 0.8\ \text{V}$라고 가정하고 식 (5.78)을 사용하면 다음을 얻는다.

$$I_C = 1.545\ \text{mA} \tag{5.79}$$

이로부터 $V_{BE} = V_T \ln(I_C/I_S) = 807.6\ \text{mV}$를 얻을 수 있으므로, 앞의 V_{BE}에 대한 가정과 이로부터 얻은 I_C의 값이 상당히 정확함을 알 수 있다. 또 $R_B I_B = 154.5\ \text{mV}$와 $V_Y = R_B I_B + V_{BE} \approx 0.955\ \text{V}$를 구할 수 있다.

만일 $R_C = 2\text{ k}\Omega$이라면, $V_{BE} = 0.8\text{ V}$를 식 (5.78)에 대입하여 다음을 얻는다.

$$I_C = 0.810\text{ mA} \tag{5.80}$$

V_{BE}에 대한 추정이 적절했는지 확인하기 위하여 I_C로부터 V_{BE}를 구하면 $V_{BE} = V_T \ln(I_C/I_S) = 791\text{ mV}$가 된다. 식 (5.78)의 분자 $V_{CC} - V_{BE}$와 비교할 때 9 mV의 오차는 무시할 만하며 따라서 식 (5.80)에서 구한 I_C의 값도 받아들일 수 있다. $R_B I_B = 81\text{ mV}$이므로 $V_Y \approx 0.881\text{ V}$이다.

연습문제 만일 베이스 저항이 2배가 되면 어떻게 되는가?

식 (5.78)과 앞의 예제는 자기 바이어스를 사용하는 단을 설계할 때 고려해야 하는 두 가지 중요한 가이드라인을 알려 준다: (1) $V_{CC} - V_{BE}$의 값이 V_{BE}의 불확실성에 비하여 훨씬 더 커야 한다. (2) β에 대한 민감도를 줄이기 위해서는 R_C가 R_B/β보다 훨씬 더 커야 한다. $R_C \gg R_B/\beta$인 경우

$$I_C \approx \frac{V_{CC} - V_{BE}}{R_C} \tag{5.81}$$

가 되며, 또한 이로부터 $V_Y = V_{CC} - I_C R_C \approx V_{BE}$도 얻을 수 있다. 이 결과는 트랜지스터의 바이어스 조건을 빨리 어림하여 계산하는 데 사용할 수 있다.

설계 진행 순서 식 (5.78)은 $R_C \gg R_B/\beta$의 조건과 함께 회로를 설계하는 데 기본적인 수식으로 사용된다. 소신호 요구 조건에 대한 고려로부터 I_C의 값이 얼마가 되어야 하는지를 결정하고, $R_C = 10R_B/\beta$를 사용하여 식 (5.78)을 아래와 같이 다시 작성한다.

$$I_C = \frac{V_{CC} - V_{BE}}{1.1R_C} \tag{5.82}$$

여기서 $V_{BE} = V_T \ln(I_C/I_S)$이다. 식 (5.82)로부터 다음과 같이 R_C 및 R_B를 구할 수 있다.

$$R_C = \frac{V_{CC} - V_{BE}}{1.1I_C} \tag{5.83}$$

$$R_B = \frac{\beta R_C}{10} \tag{5.84}$$

R_B는 소신호 요구 조건도 고려하여 선택해야 하므로 그 값은 위와 달라질 수 있다. 하지만 R_B가 βR_C보다 상당히 작아야 한다는 점은 지켜져야 한다.

예제 5.14 그림 5.22의 자기 바이어스 단을 설계하라. 이때 $g_m = 1/(13\ \Omega)$ 및 $V_{CC} = 1.8$ V를 사용하라. 또한 $I_S = 5 \times 10^{-16}$ A 및 $\beta = 100$이라고 가정하라.

풀이 $g_m = I_C/V_T = 1/(13\ \Omega)$으로부터 $I_C = 2$ mA, $V_{BE} = 754$ mV를 얻을 수 있으며, 이로부터 다음도 얻을 수 있다.

$$R_C \approx \frac{V_{CC} - V_{BE}}{1.1 I_C} \tag{5.85}$$

$$\approx 475\ \Omega \tag{5.86}$$

$$R_B = \frac{\beta R_C}{10} \tag{5.87}$$

$$= 4.75\ \text{k}\Omega \tag{5.88}$$

여기서 $R_B I_B = 95$ mV이므로 컬렉터 전압은 754 mV + 95 mV = 849 mV가 되는 것을 확인하고 넘어가자.

연습문제 위의 예제를 2.5 V의 전원 전압을 사용하여 다시 풀어라.

그림 5.23은 이 절에서 배운 바이어스 기본 원리를 요약하고 있다.

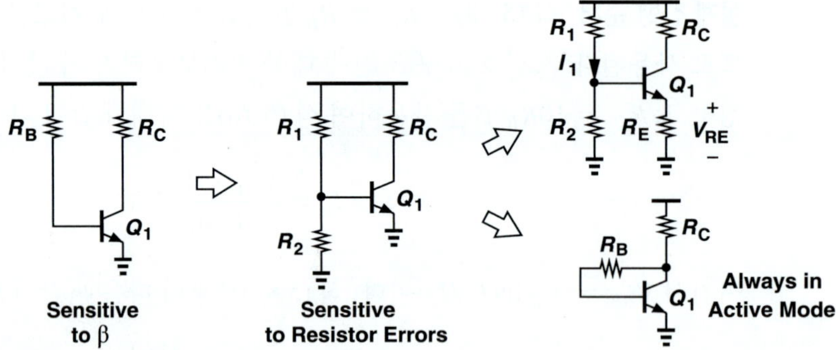

그림 5.23 바이어스 기법들의 요약

5.2.5 *pnp* 트랜지스터의 바이어스 회로

이제까지 공부한 직류 바이어스 회로들은 *npn* 트랜지스터를 사용하였다. *pnp* 소자를 사용한 회로를 해석하거나 설계할 때에도 *npn* 소자를 사용하는 회로에서와 같은 방법을 사용하면 되는데, 다만 전압과 전류의 극성에 주의를 기울여야 한다. 예제들을 통하여 이 점을 학습해 보자.

Did you know ?

자기 바이어스 방법은 바이어스를 안정화하기 위하여 '부귀환(negative feedback)'을 사용한다. 예를 들어 온도의 변화 때문에 컬렉터 전압이 상승하려고 하면 저항 R_B가 이 전압 증가를 베이스에 전달하여 V_{BE}가 증가하고 따라서 컬렉터 전류도 증가한다. 이에 따라 컬렉터 전압은 거의 원래의 값으로 되돌아가게 된다.

부귀환의 사용은 회로의 속도도 향상시킨다. 실제로 인터넷 기간 통신망에서 사용되는 많은 광통신 링크에서는 이러한 유형의 증폭기를 사용하여 40 Gb/s에 이르는 데이터 속도를 달성하였다. 다음번 이메일을 보낼 때는, 당신이 보낸 데이터가 자기 바이어스 기법을 사용한 단을 통과할지도 모른다는 것을 한번쯤 생각해 보자.

예제 5.15 그림 5.24의 회로에서 Q_1의 컬렉터 전압과 전류를 구하라. 또 Q_1이 활성 모드에서 동작하도록 허용하는 R_C의 최댓값을 구하라.

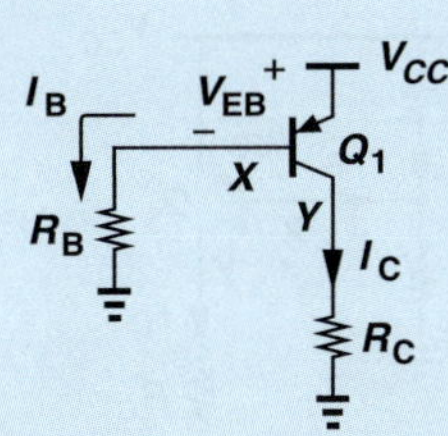

그림 5.24 *pnp* 단의 간단한 바이어스 방법

풀이 그림 5.24의 회로는 그림 5.13의 회로와 토폴로지가 동일하며 따라서 다음이 성립한다.

$$I_B R_B + V_{EB} = V_{CC} \tag{5.89}$$

이로부터

$$I_B = \frac{V_{CC} - V_{EB}}{R_B} \tag{5.90}$$

및

$$I_C = \beta \frac{V_{CC} - V_{EB}}{R_B} \tag{5.91}$$

도 성립한다. 이 회로는 β에 대한 민감도가 크다는 문제점이 있다.

R_C가 증가하면 V_Y가 올라가서 $V_X(=V_{CC} - V_{EB})$에 접근하게 되고 Q_1은 포화 영역에 접근한다. 트랜지스터가 포화 영역에 들어가는 것은 $V_X = V_Y$가 될 때, 다시 말하면

$$I_C R_{C,max} = V_{CC} - V_{EB} \tag{5.92}$$

또는

$$R_{C,max} = \frac{V_{CC} - V_{EB}}{I_C} \tag{5.93}$$

$$= \frac{R_B}{\beta} \tag{5.94}$$

일 때이다. 또 다른 관점에서 보면, $V_X = R_B I_B$이고 $V_Y = I_C R_C$이므로 우리는 $R_B I_B = I_C R_{C,max}$가 트랜지스터를 포화 영역의 경계에 있게 하는 조건이라고 할 수 있으며, 이로부터 $R_B = \beta R_{C,max}$를 얻는다.

연습문제 주어진 R_C에 대해서, 트랜지스터를 포화 영역의 경계에 있게 하는 R_B의 값은 얼마인가?

예제 5.16

그림 5.25(a)의 회로에서 Q_1의 컬렉터 전류와 전압을 구하라.

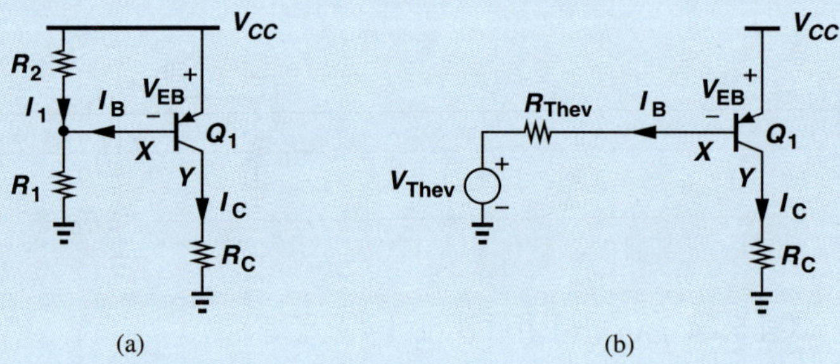

그림 5.25 (a) 저항성 분배기 바이어스 방법을 사용한 *pnp* 단; (b) 분배기와 V_{CC}의 테브냉 등가

풀이 어떤 경우에도 제한 없이 적용할 수 있도록, I_B의 값이 상당히 커서 무시할 수 없다고 가정하고, 전압 분배기를 그림 5.25(b)와 같이 테브냉 등가 회로로 나타내자.

$$V_{Thev} = \frac{R_1}{R_1 + R_2} V_{CC} \tag{5.95}$$

$$R_{Thev} = R_1 || R_2 \tag{5.96}$$

V_{Thev}에 R_{Thev}에서의 전압 강하와 V_{EB}를 더하면

$$V_{Thev} + I_B R_{Thev} + V_{EB} = V_{CC} \tag{5.97}$$

를 얻는데 이를 풀면

$$I_B = \frac{V_{CC} - V_{Thev} - V_{EB}}{R_{Thev}} \tag{5.98}$$

$$= \frac{\frac{R_2}{R_1 + R_2} V_{CC} - V_{EB}}{R_{Thev}} \tag{5.99}$$

를 얻는다. 이 결과로부터 다음도 얻을 수 있다.

$$I_C = \beta \frac{\frac{R_2}{R_1 + R_2} V_{CC} - V_{EB}}{R_{Thev}} \tag{5.100}$$

위의 방정식을 풀기 위해서는 예제 5.9에서와 마찬가지로 I_C와 V_{EB} 사이에 약간의 반복이 필요할 수 있다.

식 (5.100)으로부터 만일 I_B가 무시할 만큼 작지 않으면 트랜지스터의 바이어스는 β에 따라 크게 달라진다는 것을 알 수 있다. 반면에 $I_B \ll I_1$인 경우에는, R_2에서의 전압 강하가 V_{EB}와 같은 것으로부터 다음과 같이 컬렉터 전류를 구할 수 있다.

$$\frac{R_2}{R_1 + R_2} V_{CC} = V_{EB} \tag{5.101}$$

$$I_C = I_S \exp\left(\frac{R_2}{R_1 + R_2} \frac{V_{CC}}{V_T}\right) \tag{5.102}$$

이 결과가 식 (5.30)과 동일함에 주목하자.

연습문제 Q_1이 소프트 포화를 벗어나지 않도록 하는 R_C의 최댓값은 얼마인가?

예제 5.17

베이스 전류가 무시할 만큼 작다고 가정하고 그림 5.26의 회로에서 Q_1의 컬렉터 전류와 전압을 계산하라. Q_1이 순방향 활성 모드에서 동작하도록 허용하는 R_C의 최댓값은 얼마인가?

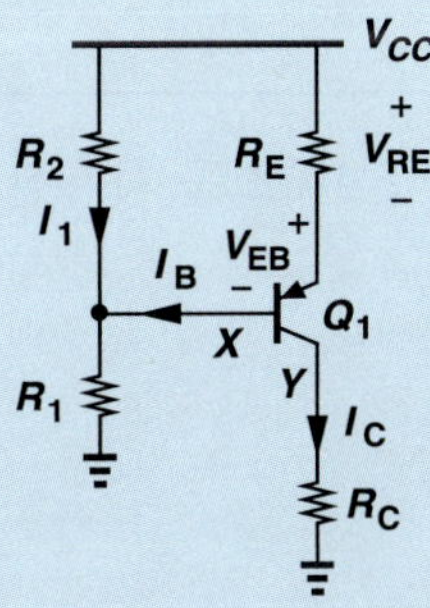

그림 5.26 축퇴 저항을 사용한 *pnp* 단

풀이 $I_B \ll I_1$이므로, $V_X = V_{CC}R_1/(R_1+R_2)$을 사용할 수 있다. V_X에 이미터-베이스 전압과 R_E에서의 전압 강하를 더하면

$$V_X + V_{EB} + R_E I_E = V_{CC} \tag{5.103}$$

를 얻으며, 이를 정리하면 다음을 얻을 수 있다.

$$I_E = \frac{1}{R_E}\left(\frac{R_2}{R_1+R_2}V_{CC} - V_{EB}\right) \tag{5.104}$$

필요하면 $I_C \approx I_E$임을 이용하여 V_{EB}의 새로운 값을 구하고 반복법을 사용할 수 있다. 또한 $I_B = I_C/\beta$를 이용하여, $I_B \ll I_1$라는 가정이 정당하였는지를 확인할 수 있다.

앞에서 식 (5.104)를 얻기 위하여 V_{CC}부터 접지까지 KVL을 적용하였다[식 (5.103)]. 그런데 더 직접적인 방법은 R_2에서의 전압 강하가 $V_{EB} + I_E R_E$라는 것, 즉

$$V_{CC}\frac{R_2}{R_1+R_2} = V_{EB} + I_E R_E \tag{5.105}$$

를 이용하는 것인데, 이것도 식 (5.104)와 같은 결과를 낳는다.

허용되는 R_C의 최댓값은 컬렉터 전압과 베이스 전압을 같다고 놓아서 구할 수 있다.

$$V_{CC}\frac{R_1}{R_1+R_2} = R_{C,max} I_C \tag{5.106}$$

$$\approx \frac{R_{C,max}}{R_E}\left(\frac{R_2}{R_1+R_2}V_{CC} - V_{EB}\right) \tag{5.107}$$

이로부터 다음을 얻을 수 있다.

$$R_{C,max} = R_E V_{CC}\frac{R_1}{R_1+R_2} \cdot \frac{1}{\dfrac{R_2}{R_1+R_2}V_{CC} - V_{EB}} \tag{5.108}$$

연습문제 $R_2 = \infty$인 경우에 대해서 위의 예제를 다시 풀어라.

예제 5.18 그림 5.27의 자기 바이어스를 사용한 회로에서 Q_1의 컬렉터 전류와 전압을 구하라.

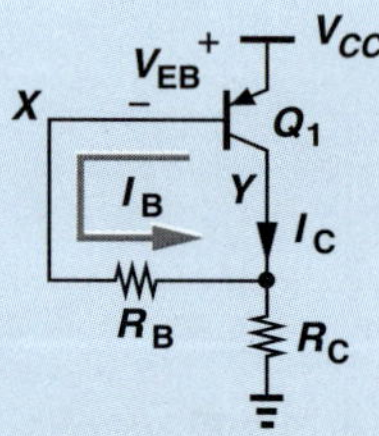

그림 5.27 자기 바이어스된 *pnp* 단

풀이 V_{CC}에서 Q_1의 이미터-베이스 접합, R_B 및 R_C를 통해서 접지까지 KVL을 적용해야 한다. $\beta \gg 1$이고 이에 따라 $I_C \gg I_B$이므로, R_C를 흐르는 전류는 대략 I_C와 같고 이로부터 $V_Y = I_C R_C$이 나온다. 또한 $V_X = R_B I_B + V_Y = R_B I_B + I_C R_C$로부터 다음을 얻는다.

$$V_{CC} = V_{EB} + V_X \tag{5.109}$$

$$= V_{EB} + R_B I_B + I_C R_C \tag{5.110}$$

$$= V_{EB} + \left(\frac{R_B}{\beta} + R_C\right) I_C \tag{5.111}$$

이로부터

$$I_C = \frac{V_{CC} - V_{EB}}{\frac{R_B}{\beta} + R_C} \tag{5.112}$$

를 얻는데 이 결과는 식 (5.78)과 비슷하다. 이 식을 풀기 위해서는 이제까지 해 왔듯이 V_{EB}를 추정하고 이로부터 I_C를 구한 후 이를 사용하여 V_{EB}의 새로운 값을 결정하는 반복법을 사용한다. 베이스 전압이 컬렉터 전압보다 높으므로 Q_1은 항상 활성 모드에 있다.

연습문제 Q_1은 포화 상태로부터 얼마나 떨어져 있는가?

5.3 바이폴라 증폭기의 토폴로지

바이어스 방법을 자세히 학습한 데 이어 이제 여러 종류의 증폭기 토폴로지들과 그들의 소신호 성능을 살펴볼 차례가 되었다.[6)]

바이폴라 트랜지스터가 3개의 단자를 가지고 있으므로, 우리는 입력을 가하는 방법으로 세 가지를 생각할 수 있으며, 이것들이 그림 5.28(a)~(c)에 나타나 있다. 이와 마찬가지로 출력 신호도 (접지를 기준으로) 세 단자 중 어디에서나 감지될 수 있다[그림 5.28(d)~(f)]. 따라서 (트랜지스터에) 입력과 출력을 연결하는 회로망의 방식으로 총 아홉 가지가 가능하며, 가능한 증폭기 토폴로지의 개수도 총 9개이다.

하지만 4장에서 본 바와 같이 활성 모드에서 동작하는 바이폴라 트랜지스터는 베이스-이미터 전압의 변화에 반응하여 컬렉터 전류를 변화시킨다. 따라서 그림 5.28(c)와 같은 입력 연결은 불가능하다. 왜냐하면 이 방법에서는 V_{in}이 베이스나 이미터 전압에 영향을 주지 않기 때문이다. 또한 그림 5.28(f)의 토폴로지는 쓸모가 없는데 왜냐하면 V_{out}이 컬렉터 전류에 따라 달라지지 않기 때문이다. 따라서 가능한 조합의 개수는 4개로 줄어들었다. 그리고 그림 5.28(b)의 입력 연결을 5.28(e)의 출력 연결과 같이 사용하는 것은 불가능한데, 그 이유는 이렇게 할 경우 V_{out}을 입력 노드에서 바로 감지하는 것이 되므로 회로가 결국 아

6) 이 책의 범위를 넘어서는 것이기는 하지만, 많은 경우에 증폭기의 대신호 동작도 중요하다.

무 기능을 하지 않기 때문이다.

앞의 관찰들을 종합하면 모두 세 가지의 증폭기 토폴로지가 가능하다는 것을 알 수 있다. 이제부터 이들 각각을 주의 깊게 학습하여 이 토폴로지들의 이득, 입력 및 출력 임피던스를 구한다. 모든 경우에 바이폴라 트랜지스터는 활성 모드에서 동작한다. 더 진도를 나가기 전에 예제 5.2, 5.3, 5.4와 이들로부터 얻어진 3개의 규칙(그림 5.7에 나타나 있음)을 복습할 것을 권유한다.

5.3.1 공통 이미터 토폴로지

4.1절에서 그림 4.1(b)와 같은 원리로 동작하는 증폭기 회로를 생각하였고, 이로부터 그림 4.25에 있는 것과 같은 증폭기의 토폴로지를 얻었다. 입력 신호가 베이스에 가해지고 [그림 5.28(a)] 출력 신호가 컬렉터에서 감지되는[그림 5.28(d)] 회로를 '공통 이미터(CE: common-emitter)' 단이라고 부른다(그림 5.29). 이 회로는 이미 앞에서 몇 번 나왔고 분석도 한 바 있는데, 다만 그때는 아직 이름을 붙이지 않았었다. '공통 이미터'라는 용어가 사용되는 것은 이미터 단자가 접지되어 입력과 출력 포트에 공통으로 나타나기 때문이다. 하지만 우리는 더 복잡한 토폴로지에서 혼동이 일어나지 않도록, 단의 종류를 단순히 입력과 출력이 어떻게 연결되어 있는가 하는 것으로 분류하기로 한다.(즉, 공통 이미터는 입력이 베이스에 가해지고 출력은 컬렉터에서 감지되는 회로로 정의한다.)

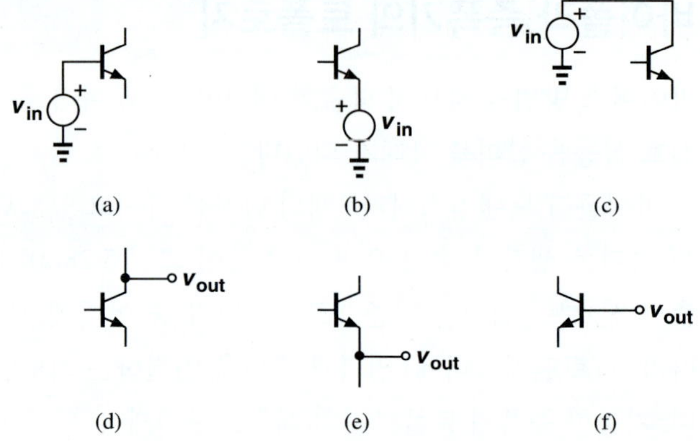

그림 5.28 바이폴라 트랜지스터에 사용 가능한 입력 및 출력 연결

V_{CC}
R_C
v_{out}
Q_1
Output Sensed at Collector
v_{in}
Input Applied to Base

그림 5.29 공통 이미터 단

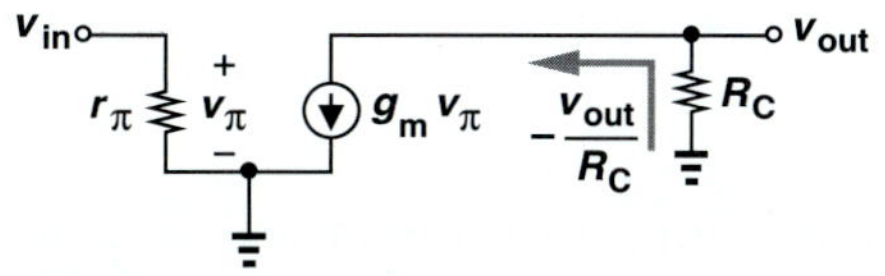

그림 5.30 CE 단의 소신호 등가 모델

CE 증폭기는 다음의 두 단계로 학습한다: (a) CE의 코어를 해석하여 중심적인 성질을 이해한다. (b) 바이어스 회로를 포함하는 더 실제적인 CE 단을 해석한다.

CE 코어의 해석 4.4.3절에서 배운 트랜스컨덕턴스의 정의를 상기하면, 그림 5.29의 Q_1의 베이스에 가해진 전압이 ΔV만큼 증가할 때 컬렉터 전류는 $g_m\Delta V$만큼 증가하고 R_C에서의 전압 강하도 $g_m\Delta V R_C$만큼 증가한다. CE 단의 증폭 성질을 검토하기 위하여 그림 5.30과 같이 소신호 등가 회로를 구성한다. 4장에서 설명한 대로 전원 노드 V_{CC}는 교류 접지가 되는데 이것은 V_{CC}의 전압이 시간에 따라 변화하지 않고 일정하기 때문이다. 당분간 얼리 효과는 무시한다.

우선 소신호 전압 이득 $A_v = v_{out}/v_{in}$을 계산해 보자. 출력 포트에서 계산을 시작하자. KCL을 컬렉터 노드에 적용하면

$$-\frac{v_{out}}{R_C} = g_m v_\pi \tag{5.113}$$

를 얻으며 또한 여기서 $v_\pi = v_{in}$이다. 이로부터 다음을 얻을 수 있다.

$$A_v = -g_m R_C \tag{5.114}$$

식 (5.114)는 CE 증폭기의 두 가지 흥미롭고 중요한 성질을 담고 있다. 첫째, 소신호 이득이 음수인데 그 이유는 그림 5.29에서 베이스 전압이 증가하고 이에 따라 컬렉터 전류가 증가할 때 V_{out}이 감소하기 때문이다. 둘째, A_v는 g_m(다시 말해 컬렉터 바이어스 전류)과 컬렉터 저항 R_C에 비례한다.

흥미롭게도 CE 단의 전압 이득은 전원 전압에 의해 제한된다. 컬렉터 바이어스 전류나 R_C를 크게 하면 R_C에서의 전압 강하가 증가한다. 그런데 이 전압 강하는 V_{CC}를 넘을 수 없다. 다시 말해 R_C에서의 직류 전압 강하를 V_{RC}로 나타내고 $g_m = I_C/V_T$인 점을 이용하면 식 (5.113)은 다음과 같이 표현할 수 있다.

$$|A_v| = \frac{I_C R_C}{V_T} \tag{5.115}$$

$$= \frac{V_{RC}}{V_T} \tag{5.116}$$

$V_{RC} < V_{CC}$이므로 다음이 성립한다.

$$|A_v| < \frac{V_{CC}}{V_T} \tag{5.117}$$

더욱이 트랜지스터 자신이 활성 모드에 있기 위해서는 컬렉터-이미터 전압이 대략 V_{BE}보다 커야 한다. 따라서 위의 한도는 아래와 같이 더 줄어든다.

$$|A_v| < \frac{V_{CC} - V_{BE}}{V_T} \tag{5.118}$$

예제 5.19

$V_{CC} = 1.8$ V 및 사용 가능한 전력 소모량 $P = 1$ mW를 사용하여 최대의 전압 이득을 갖도록 CE의 코어를 설계하라.

풀이 $P = I_C \cdot V_{CC} = 1$ mW로부터 $I_C = 0.556$ mA를 얻는다. Q_1을 포화 영역의 경계에 있게 하는 R_C의 값은 다음과 같이 구할 수 있다.

$$V_{CC} - R_C I_C = V_{BE} \tag{5.119}$$

여기서 $V_{BE} \approx 800$ mV를 사용하면 다음을 얻을 수 있다.

$$R_C \leq \frac{V_{CC} - V_{BE}}{I_C} \tag{5.120}$$

$$\leq 1.8\ \text{k}\Omega \tag{5.121}$$

따라서 전압 이득은 다음과 같다.

$$A_v = -g_m R_C \tag{5.122}$$

$$= -38.5 \tag{5.123}$$

위의 최대 전압 이득의 조건에서는 어떤 작은 입력이라도 가해지면 트랜지스터가 포화 영역에 들어간다. 그림 5.31(a)에 나타난 것과 같이 2 mV_{pp}의 입력이 가해지면 77 mV_{pp}의 출력이 발생하는데 이때 베이스-컬렉터 접합은 매 주기의 절반 시간 동안 순방향 바이어스 된다. 그렇더라도 Q_1이 소프트 포화에 머물러 있으면($V_{BC} < 400$ mV) 회로는 정상적으로 증폭을 한다.

더 적극적인 설계에서는 아예 Q_1이 소프트 포화되도록 바이어스할 수 있다. 즉, $V_{CE} \approx 400$ mV가 되게 하면 다음을 얻는다.

$$R_C \leq \frac{V_{CC} - 400\ \text{mV}}{I_C} \tag{5.124}$$

$$\leq 2.52\ \text{k}\Omega \tag{5.125}$$

이 경우 최대 전압 이득은 다음과 같이 주어진다.

$$A_v = -53.9 \tag{5.126}$$

물론 이 경우에 회로는 출력에서 매우 작은 전압 스윙만을 허용한다. 예를 들어 2 mV_{pp}의 입력 신호는 107.8 mV_{pp}의 출력 신호를 발생시키는데 이때 Q_1은 포화 영역에 깊숙하게 들어간다[그림 5.31(b)]. 즉, CE 회로의 설계에서 전압 이득과 전압 여유공간(headroom)은 서로 상충되는 관계에 있다.

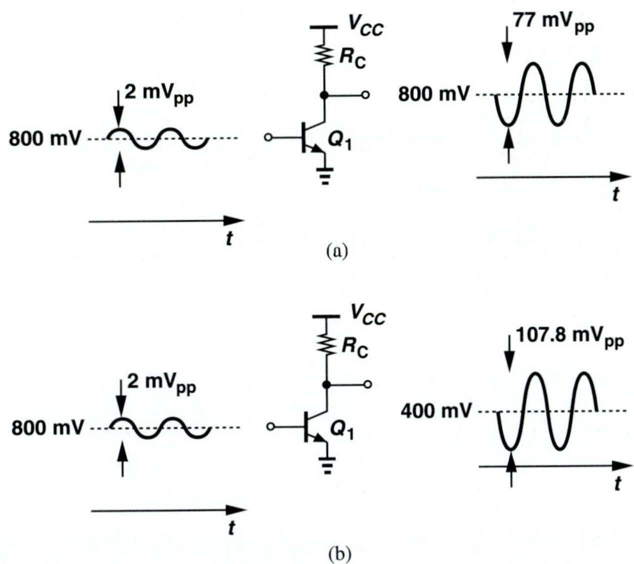

그림 5.31 (a) CE 단의 신호 레벨의 예; (b) 포화 영역에 있는 CE 단의 신호 레벨

연습문제 $V_{CC} = 2.5$ V인 경우에 대해서 앞의 예제를 다시 풀고 결과를 비교하라.

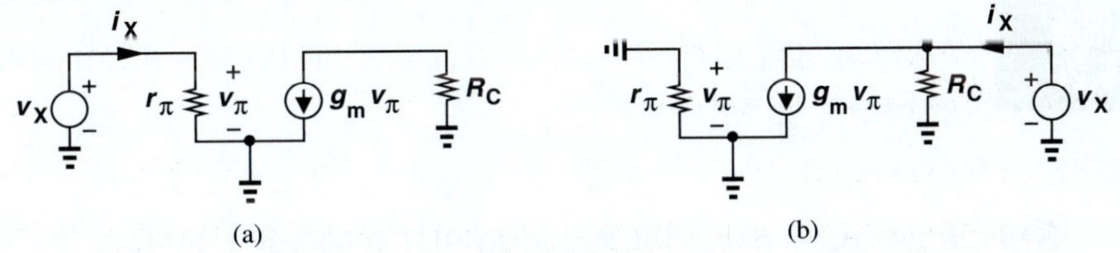

그림 5.32 CE 단의 (a) 입력 및 (b) 출력 임피던스 계산

이제 CE 단의 입출력 임피던스를 계산해 보자. 그림 5.32(a)의 등가 회로를 이용하면 다음을 얻을 수 있다.

$$R_{in} = \frac{v_X}{i_X} \tag{5.127}$$

$$= r_\pi \tag{5.128}$$

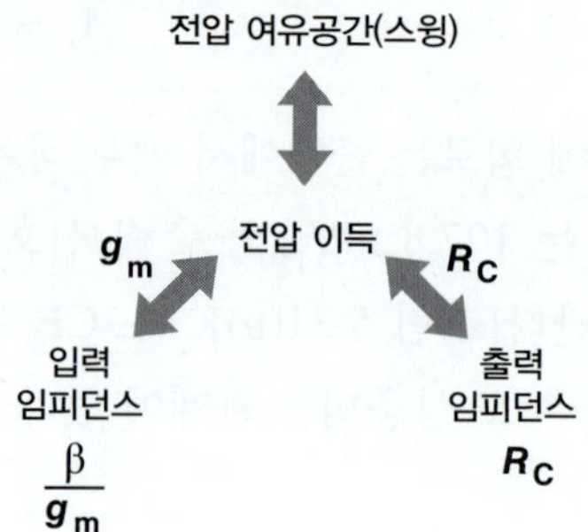

그림 5.33 CE 단의 상충 조건

따라서 입력 임피던스는 간단히 $\beta/g_m = \beta V_T/I_C$로 얻어지며, 컬렉터 바이어스 전류가 증가할수록 감소한다.

출력 임피던스는 그림 5.32(b)에서 얻을 수 있다. 이 그림에서 입력 전압원은 (단락으로 대체되어) 영(0)으로 되어 있다. $v_\pi = 0$이므로 종속 전류원도 없어지며 따라서 v_X가 들여다보는 소자는 R_C밖에 남지 않는다. 이를 나타낸 것이 다음 식이다.

$$R_{out} = \frac{v_X}{i_X} \tag{5.129}$$

$$= R_C \tag{5.130}$$

출력 저항은 전압 이득($= -g_m R_C$)과 서로 상충하는 관계에 있다.

그림 5.33은 CE 토폴로지 성능들의 상충 관계를, 그러한 관계를 초래하는 파라미터들과 함께 요약하고 있다. 예를 들어 출력 임피던스가 주어졌을 때 R_C는 고정되며 전압 이득은 I_C를 증가시킴으로써 증가될 수 있다. 하지만 이때 전압 여유공간이나 입력 임피던스는 줄어든다.

예제 5.20 어떤 CE 단의 입력 임피던스는 R_{in}, 출력 임피던스는 R_{out}이 되어야 한다. 이 회로의 전압 이득은 얼마인가?

풀이 $R_{in} = r_\pi = \beta/g_m$이고 $R_{out} = R_C$이므로 다음을 얻는다.

$$A_v = -g_m R_C \tag{5.131}$$

$$= -\beta \frac{R_{out}}{R_{in}} \tag{5.132}$$

흥미롭게도 입출력 임피던스들이 정해지면 전압 이득은 자동적으로 결정된다. 이 책에서는 설계 사양들 사이의 이와 같은 연관을 회피할 수 있는 다른 회로들도 학습할 것이다.

연습문제 전원 전압이 절반이 되면 어떤 일이 생기는가?

얼리 효과의 고려 식 (5.114)에 따르면 g_m이 일정한 상태에서 R_C가 무한대로 커지면 CE 단의 전압 이득도 무한대로 커지게 된다. 4.4.5절에서 언급한 대로 R_C와 함께 V_{CC}도 같이 증가하여 트랜지스터가 계속 활성 모드에 있게 된다면 실제로 이렇게 될 것으로 생각할 수도 있다. 직관적으로 보면, 주어진 입력 전압의 변화에 의한 컬렉터 전류의 변화량이 고정되어 있을 때, R_C가 커지면 출력 전압의 변화도 커질 것이다.

하지만 실제로는 R_C가 무한대로 커지더라도 얼리 효과가 전압 이득이 아주 커지는 것을 제한한다. 연산 증폭기와 같은 회로의 설계에서는 높은 전압 이득을 얻는 것이 매우 중요한 일이므로, 위의 전압 이득의 유도 과정은 얼리 효과를 고려하여 다시 검토해 보아야 한다.

그림 5.34는 얼리 효과에 의한 트랜지스터의 출력 저항을 고려했을 때 CE 단의 소신호 등가 회로를 보여 주고 있다. r_O가 R_C와 평행하게 나타나므로 식 (5.114)는 다음과 같이 간단히 수정될 수 있다.

$$A_v = -g_m(R_C||r_O) \tag{5.133}$$

입력 임피던스는 r_π에서 바뀌지 않으며, 출력 임피던스는 다음과 같이 되는 것을 쉽게 알 수 있다.

$$R_{out} = R_C||r_O \tag{5.134}$$

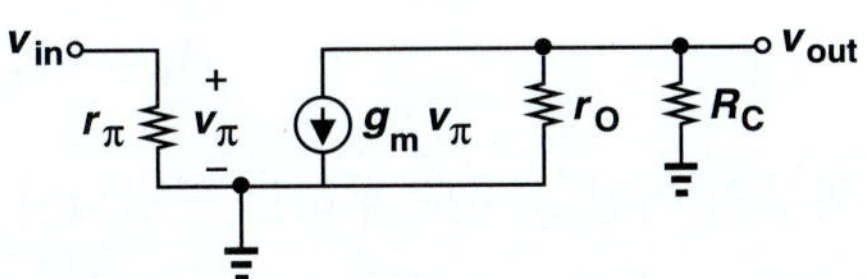

그림 5.34 얼리 효과를 포함한 CE 단

예제 5.21 그림 5.29의 회로가 컬렉터 전류가 1 mA가 되도록 바이어스되어 있고 $R_C = 1\text{ k}\Omega$이다. $\beta = 100$이고 $V_A = 10\text{ V}$일 때, 소신호 전압 이득과 입출력 임피던스들을 구하라.

풀이 바이어스 컬렉터 전류로부터 다음을 얻을 수 있다.

$$g_m = \frac{I_C}{V_T} \tag{5.135}$$

$$= (26\ \Omega)^{-1} \tag{5.136}$$

$$r_O = \frac{V_A}{I_C} \tag{5.137}$$

$$= 10\text{ k}\Omega \tag{5.138}$$

이로부터 다음과 같이 전압 이득을 구할 수 있다.

$$A_v = -g_m(R_C||r_O) \tag{5.139}$$

$$\approx -35 \tag{5.140}$$

(이와 비교해서 $V_A = \infty$일 때, $A_v \approx -38$이다.) 입출력 임피던스는 다음과 같이 구할 수 있다.

$$R_{in} = r_\pi \tag{5.141}$$

$$= \frac{\beta}{g_m} \tag{5.142}$$

$$= 2.6\ \text{k}\Omega \tag{5.143}$$

$$R_{out} = R_C||r_O \tag{5.144}$$

$$= 0.91\ \text{k}\Omega \tag{5.145}$$

연습문제 $V_A = 5$ V인 경우의 이득을 구하라.

$R_C \to \infty$일 때 CE 단의 이득을 구하면, 식 (5.132)로부터 다음을 얻을 수 있다.

$$A_v = -g_m r_O \tag{5.146}$$

$g_m r_O$는 외부의 어떤 소자도 부하로 연결되지 않았을 때의 이득임을 강조하여 트랜지스터의 '고유 이득(intrinsic gain)'이라고 부른다. 고유 이득은 주어진 트랜지스터를 사용한 회로가 얻을 수 있는 최대의 이득을 나타내며 고이득 증폭기의 설계에서 중심적인 역할을 한다.

식 (5.133)에 $g_m = I_C/V_T$와 $r_O = V_A/I_C$를 대입하면 다음을 얻는다.

$$|A_v| = \frac{V_A}{V_T} \tag{5.147}$$

흥미롭게도 바이폴라 트랜지스터의 고유 이득은 바이어스 전류와 무관하다. 최신 집적 회로에서 바이폴라 트랜지스터는 약 5 V의 V_A를 가지며 따라서 고유 이득은 약 200 정도가 된다.[7] 이 책에서는 모든 트랜지스터에 대해서 $g_m r_O \gg 1$(즉, $r_O \gg 1/g_m$)라고 가정한다.

다음과 같이 정의되는 '전류 이득(current gain)'도 경우에 따라 CE 증폭기의 또 하나의 중요한 파라미터가 될 수 있다.

$$A_I = \frac{i_{out}}{i_{in}} \tag{5.148}$$

---

7) 하지만 다른 2차적 효과들 때문에 실제로 이득은 약 50 정도로 제한된다.

여기서 i_{out}은 부하에 전달되는 전류를, i_{in}은 입력에 흐르는 전류를 의미한다. 전압 증폭기에서 이 파라미터를 다루게 되는 경우는 별로 없다. 다만 그림 5.29의 단에서는 모든 컬렉터 전류가 R_C에 전달되므로 $A_I = \beta$가 된다는 것만 언급해 둔다.

> **Did you know?**
>
> 얼리 효과는 1950년대에 벨 연구소에서 쇼클리 밑에서 일한 제임스 얼리(James Early)에 의해 발견되었다. 얼리는 인공위성을 위한 트랜지스터와 태양 전지의 개발에도 참여하였다. 얼리는 베이스 영역의 두께를 컬렉터 영역보다 훨씬 작게 만들면 바이폴라 트랜지스터의 속도를 향상시킬 수 있다는 것을 최초로 알아낸 사람이었다.

이미터가 축퇴된 CE 단 많은 경우에 그림 5.29의 CE 코어는 그림 5.35(a)와 같이 변형되어 저항 R_E가 이미터에 직렬로 연결된다. 이 기법을 '이미터 축퇴'라고 하는데, 회로의 '선형성'을 향상시키고 (더 고급의 과목에서 다루는) 많은 흥미로운 성질을 제공한다.

CE 코어부의 경우와 마찬가지로 Q_1이 적절히 바이어스되어 있다고 가정하고 전압 이득과 입출력 임피던스를 구하려고 한다. 그런데 자세한 해석에 들어가기 전에 몇 가지 정성적인 고찰을 하는 것이 도움이 된다. 우선 입력 신호가 베이스 전압을 ΔV만큼 증가시켰다고 생각해 보자[그림 5.35(b)]. 만일 $R_E = 0$이면 베이스-이미터 전압도 ΔV만큼 증가하고 이에 따라 컬렉터 전류는 $g_m\Delta V$만큼 증가할 것이다. 하지만 $R_E \neq 0$인 경우 ΔV의 일부분은 R_E에 걸리게 되며 따라서 BE 접합의 전압 강하는 ΔV보다 작게 된다. 따라서 컬렉터 전류의 변화도 $g_m\Delta V$보다 작게 된다. 따라서 이미터가 축퇴된 CE 단은 그렇지 않은 CE 단에 비해 전압 이득이 작을 것으로 예상할 수 있다. 물론 이득의 감소는 바람직하지 않은 점이지만, 그 대가로 회로의 다른 성능을 향상시킬 수 있다.

입력 임피던스는 어떻게 되는가? 컬렉터 전류의 변화가 $g_m\Delta V$보다 작으므로 베이스 전류의 변화도 $g_m\Delta V/\beta$보다 작게 된다. 따라서 입력 임피던스는 $\beta/g_m = r_\pi$보다 크게 된다. 즉, 이미터 축퇴는 입력 임피던스를 크게 하는데 이것은 바람직한 현상이다. 흔히 있는 실수 중 하나가 $R_{in} = r_\pi + R_E$로 착각하는 것인데, 뒤에서 설명하겠지만 정확하게 계산하면 $R_{in} = r_\pi + (\beta + 1)R_E$이 된다.

이제 회로의 소신호 해석을 통해서 앞에서 논의한 결과를 정량화하자. 그림 5.36은 소신

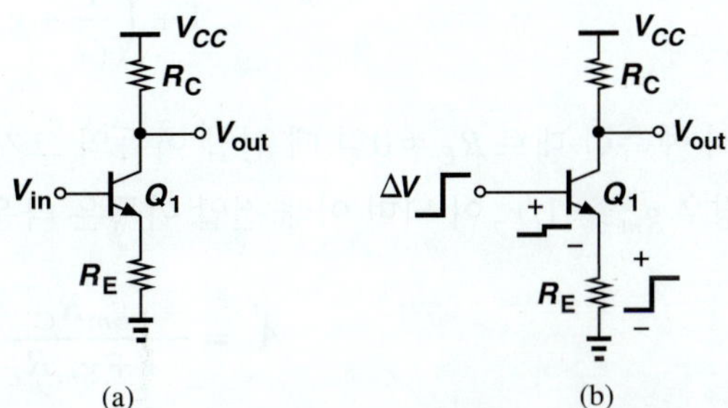

그림 5.35 (a) 축퇴가 사용된 CE 단; (b) 입력 전압의 변화가 주는 영향

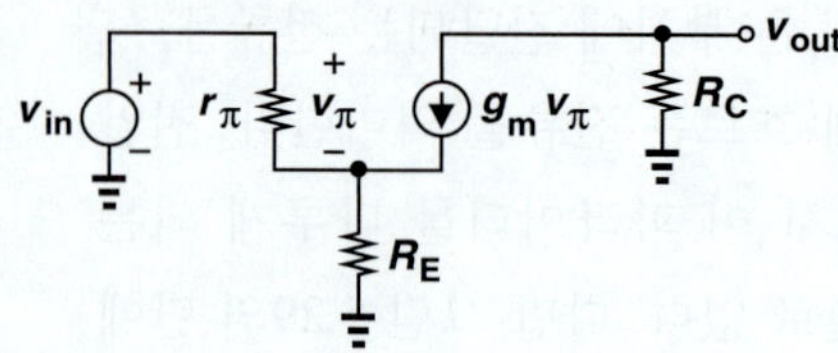

그림 5.36 이미터가 축퇴된 CE 단의 소신호 모델

호 등가 회로를 보여 주고 있는데, V_{CC}는 교류 접지로 대체되었고 얼리 효과는 무시되었다. v_π가 베이스와 접지 사이가 아니라 r_π에 걸린다는 것에 유의하자. v_{out}/v_{in}을 결정하기 위해서 출력 노드에 KCL을 적용하면 다음을 얻는다.

$$g_m v_\pi = -\frac{v_{out}}{R_C} \tag{5.149}$$

$$v_\pi = -\frac{v_{out}}{g_m R_C} \tag{5.150}$$

또한 두 가지의 전류가 R_E를 통해 흐르는 것을 알 수 있는데, 하나는 r_π에서 오는 것으로 v_π/r_π이며, 또 하나는 $g_m v_\pi$이다. 따라서 R_E에서의 전압 강하는 다음과 같다.

$$v_{RE} = \left(\frac{v_\pi}{r_\pi} + g_m v_\pi\right) R_E \tag{5.151}$$

r_π와 R_E에서의 전압 강하를 더하면 v_{in}이 되므로 다음을 얻을 수 있다.

$$v_{in} = v_\pi + v_{RE} \tag{5.152}$$

$$= v_\pi + \left(\frac{v_\pi}{r_\pi} + g_m v_\pi\right) R_E \tag{5.153}$$

$$= v_\pi \left[1 + \left(\frac{1}{r_\pi} + g_m\right) R_E\right] \tag{5.154}$$

식 (5.150)을 식 (5.154)에 대입한 후 재배열하면 다음 결과를 얻을 수 있다.

$$\frac{v_{out}}{v_{in}} = -\frac{g_m R_C}{1 + \left(\dfrac{1}{r_\pi} + g_m\right) R_E} \tag{5.155}$$

앞에서 예측한 대로 $R_E \neq 0$일 때 전압 이득의 크기가 $g_m R_C$보다 작은 것을 알 수 있다. $\beta \gg 1$인 경우 $g_m \gg 1/r_\pi$이 되며 이때 전압 이득은 다음과 같이 된다.

$$A_v = -\frac{g_m R_C}{1 + g_m R_E} \tag{5.156}$$

따라서 이득은 $(1+g_mR_E)$배만큼 줄어든다.

식 (5.156)의 분자와 분모를 g_m으로 나누면 이 식의 또 다른 흥미로운 해석을 얻을 수 있다.

$$A_v = -\frac{R_C}{\frac{1}{g_m} + R_E} \tag{5.157}$$

이 결과는 다음과 같이 기억하는 것이 유용하다: “이미터 축퇴된 CE 증폭기의 이득은 컬렉터에서 들여다본 총 부하저항을 $1/g_m$과 이미터에 직렬로 연결된 저항의 합으로 나눈 것이다.”(위에서처럼 문장으로 풀어서 말할 때는 마이너스 부호가 흔히 생략되지만 식에서는 포함되어야 한다.) 이 책 전체에서 위와 유사한 해석 방법이 사용되는데, 이러한 방법은 증폭기의 해석을 매우 간단하게 만들어서, 많은 경우 소신호 등가 회로를 그리지 않아도 되도록 해 준다.

예제 5.22 그림 5.37(a)의 단의 전압 이득을 결정하라.

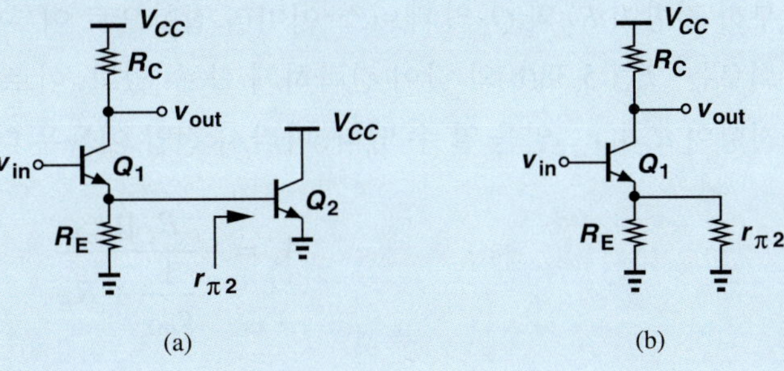

그림 5.37 (a) CE 단의 예; (b) 단순화한 회로도

풀이 문제의 회로는 입력이 Q_1의 베이스에 연결되고 출력이 컬렉터에 연결된 것을 보고 CE 단임을 알 수 있다. 이 트랜지스터는 2개의 소자, 즉 저항 R_E와 Q_2의 베이스-이미터 접합에 의해 축퇴되어 있다. 그림 5.7의 등가 회로에 나타나 있는 대로, Q_2의 베이스-이미터 접합을 들여다본 임피던스는 $r_{\pi 2}$이며, 이를 이용하면 그림 5.37(b)와 같은 등가 회로를 얻을 수 있다. 따라서 이미터와 직렬로 연결되어 있는 총 저항은 $R_E || r_{\pi 2}$가 되며 이로부터 다음을 얻는다.

$$A_v = -\frac{R_C}{\frac{1}{g_{m1}} + R_E || r_{\pi 2}} \tag{5.158}$$

위와 같은 점을 인식하지 못했으면 Q_1과 Q_2 모두의 소신호 모델이 있는 회로도를 그리고, 몇 개의 방정식으로 구성된 연립 방정식을 풀어야 했을 것이다.

연습문제 위에서 Q_2의 이미터에 저항이 직렬로 연결된 경우에 대해서 예제를 다시 풀어라.

예제 5.23 그림 5.38(a)의 회로의 전압 이득을 구하라.

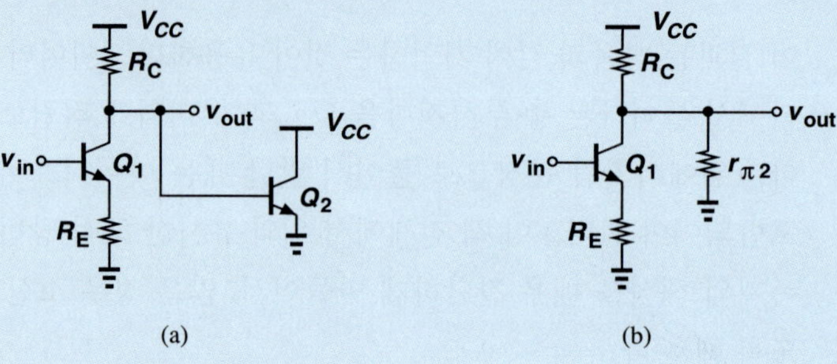

그림 5.38 (a) CE 단의 예; (b) 단순화한 회로도

풀이 이 토폴로지는 R_E에 의해 축퇴된 CE 단이다. 그런데 Q_1의 컬렉터와 교류 접지 사이의 부하 저항이 R_C와 Q_2의 베이스-이미터 접합으로 이루어져 있다. 후자를 $r_{\pi 2}$로 모델하면 회로는 그림 5.38(b)와 같이 간략하게 할 수 있고, 이로부터 Q_1의 컬렉터에서 본 총 부하 저항이 $R_C \| r_{\pi 2}$임을 알 수 있다. 따라서 전압 이득은 다음과 같이 주어진다.

$$A_v = -\frac{R_C \| r_{\pi 2}}{\dfrac{1}{g_{m1}} + R_E} \tag{5.159}$$

연습문제 Q_2의 이미터에 저항이 직렬로 연결된 경우에 대해서 위의 예제를 다시 풀어라.

축퇴된 CE 단의 입력 임피던스를 계산하기 위해서 소신호 모델을 그림 5.39(a)와 같이 다시 그리고, 이것을 사용해서 v_X/i_X를 계산하자. $v_\pi = r_\pi i_X$이므로, R_E에는 $i_X + g_m r_\pi i_X = (1+\beta)i_X$의 전류가 흘러서 $R_E(1+\beta)i_X$의 전압 강하를 발생시킨다. v_π와 v_{RE}의 합이 v_X와 같다고 놓으면 다음을 얻는다.

$$v_X = r_\pi i_X + R_E(1+\beta)i_X \tag{5.160}$$

따라서 다음이 성립한다.

$$R_{in} = \frac{v_X}{i_X} \tag{5.161}$$

$$= r_\pi + (\beta+1)R_E \tag{5.162}$$

앞의 정성적인 고찰에서 예측되었듯이, 이미터 축퇴는 입력 임피던스를 증가시킨다[그림

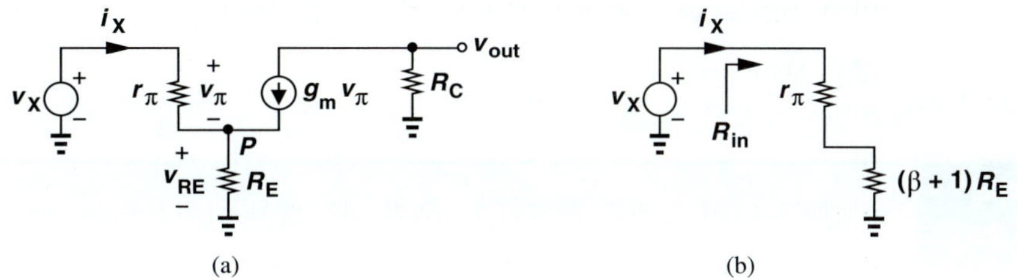

그림 5.39 (a) 축퇴된 CE 단의 입력 임피던스; (b) 등가 회로

5.39(b)].

왜 R_{in}이 단순히 $r_\pi + R_E$가 아닐까? 만일 r_π와 R_E가 단순히 직렬로 연결되어 있으면, 즉 이 둘을 통해 같은 양의 전류가 흐른다면 그렇게 될 것이다. 그러나 그림 5.39(a)에서는 컬렉터 전류 $g_m v_\pi$도 노드 P로 흘러들므로 그렇게 되지 않는다.

계수 $(\beta + 1)$에 어떤 직관적인 의미를 부여할 수 있을까? 우리는 문제의 회로에서 R_E에 베이스 전류와 컬렉터 전류가 모두 흘러서 $(\beta + 1)i_X R_E$라는 큰 전압 강하가 발생하는 것을 볼 수 있다. 하지만 이 전류 중에서 v_X로부터 온 전류는 i_X뿐이다. 다시 말해서 시험 전압원 v_X가 전류 i_X를 공급할 때 R_E에 $(\beta + 1)i_X R_E$의 전압 강하를 만들어 내는데 이것은 i_X가 $(\beta + 1)R_E$의 크기를 갖는 저항을 통하여 흐를 때 발생하는 전압 강하와 같다.

위의 관찰 결과는 다음과 같이 요약될 수 있다: "이미터와 접지 사이에 연결된 임피던스를 베이스에서 들여다볼 때는 $(\beta + 1)$배를 곱해야 한다." 여기서 베이스에서 들여다본 임피던스라는 말은 베이스와 접지 사이에서 측정된 임피던스라는 뜻이다.

이미터 축퇴된 CE 단의 출력 임피던스는 그림 5.40의 등가 회로를 활용하여 계산할 수 있다. 이 회로에서 입력 전압은 0으로 놓는다. 식 (5.153)은 이 회로에도 적용할 수 있다.

$$v_{in} = 0 = v_\pi + \left(\frac{v_\pi}{r_\pi} + g_m v_\pi\right) R_E \tag{5.163}$$

위로부터 $v_\pi = 0$ 그리고 이에 따라 $g_m v_\pi = 0$인 것을 알 수 있다. 따라서 i_X는 모두 R_C를 통하여 흐르며 다음이 성립한다.

$$R_{out} = \frac{v_X}{i_X} \tag{5.164}$$

$$= R_C \tag{5.165}$$

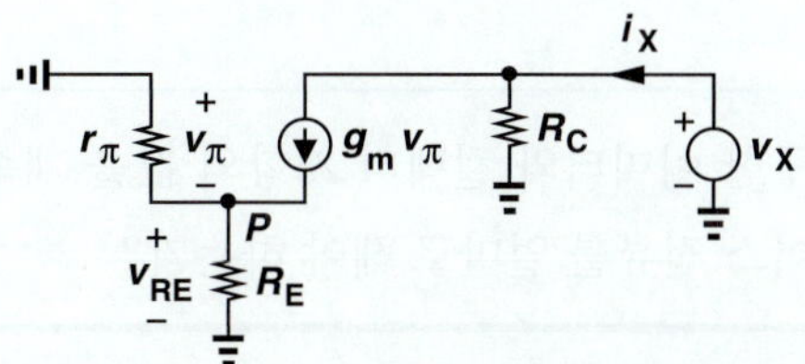

그림 5.40 축퇴된 단의 출력 임피던스

위의 결과는 얼리 효과가 무시될 때 이미터 축퇴가 출력 임피던스를 변화시키지 않는다는 것을 보여 준다.

예제 5.24 어떤 CE 단이 컬렉터 전류가 1 mA가 되도록 바이어스되어 있다. 이미터 축퇴가 없을 때 이 회로의 전압 이득이 20이고, 이미터 축퇴가 있을 때는 10이라고 한다. R_C, R_E와 입출력 임피던스들을 구하라. $\beta = 100$이라고 가정한다.

풀이 이미터 축퇴가 없을 때 $A_v = 20$이므로 다음 조건이 충족되어야 한다.

$$g_m R_C = 20 \tag{5.166}$$

위의 식을 $g_m = I_C/V_T = (26\ \Omega)^{-1}$과 함께 사용하면 다음을 얻는다.

$$R_C = 520\ \Omega \tag{5.167}$$

축퇴가 이득을 절반으로 낮추므로

$$1 + g_m R_E = 2 \tag{5.168}$$

가 성립하는데 이는 곧 다음으로 이어진다.

$$R_E = \frac{1}{g_m} \tag{5.169}$$

$$= 26\ \Omega \tag{5.170}$$

입력 임피던스는 위에서 $\beta \gg 1$이고, 이 문제에서 $R_E = 1/g_m$이므로 다음과 같이 계산할 수 있다.

$$R_{in} = r_\pi + (\beta + 1)R_E \tag{5.171}$$

$$= \frac{\beta}{g_m} + (\beta + 1)R_E \tag{5.172}$$

$$\approx 2r_\pi \tag{5.173}$$

이로부터 $R_{in} = 5200\ \Omega$을 얻는다. 끝으로 R_{out}은 다음과 같이 계산할 수 있다.

$$R_{out} = R_C \tag{5.174}$$

$$= 520\ \Omega \tag{5.175}$$

연습문제 위에서 구한 이미터와 컬렉터 저항의 값을 계속 사용하면서 전압 이득이 5가 되게 하려면 바이어스 전류를 얼마로 해야 하는가?

예제 5.25 그림 5.41의 회로의 전압 이득과 입출력 임피던스들을 구하라. 단, C_1의 값이 매우 크다고 가정하라.

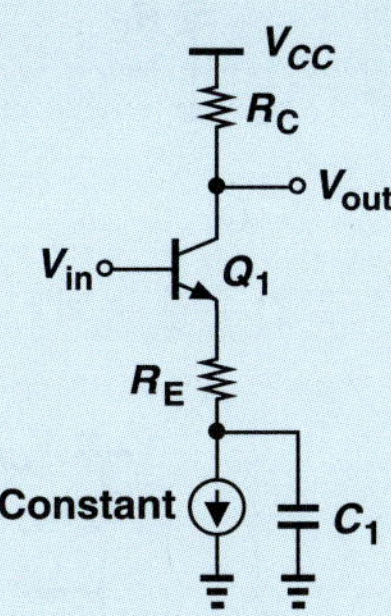

그림 5.41 CE 단의 예

풀이 C_1이 매우 크다면 C_1은 신호 주파수 대역에서 단락 회로로 작용할 것이다. 또한 소신호 등가 회로에서 정전류원은 개방 회로로 대치된다. 따라서 문제의 단은 그림 5.35(a)의 단과 동일하게 되고, 식 (5.157), (5.162), (5.165)를 그대로 이용할 수 있다.

연습문제 또 하나의 커패시터가 베이스와 접지 사이에 연결되어 있을 경우에 대해서 위의 예제를 다시 풀어라.

축퇴된 CE 단을 다른 관점에서 해석하면 더 깊은 이해를 할 수 있다. 트랜지스터와 이미터 저항을 3개의 노드를 갖는 블랙박스 안에 집어넣자[그림 5.42(a)]. 소신호 동작에 대해서는 이 상자를 새로운 트랜지스터(혹은 어떤 새로운 '능동' 소자)로 생각할 수 있고, 이 상자가 나타내는 소자를 어떤 새로운 값의 트랜스컨덕턴스와 임피던스로 모델링할 수 있다. 이 새로운 소자의 등가 트랜스컨덕턴스를 Q_1의 트랜스컨덕턴스 g_m과 구별하기 위해서 G_m이라고 하자. 그러면 G_m은 그림 5.42(b)에서 구할 수 있다. 식 (5.154)가 여기서도 성립한다는 사실로부터

$$i_{out} = g_m v_\pi \tag{5.176}$$

$$= g_m \frac{v_{in}}{1 + (r_\pi^{-1} + g_m)R_E} \tag{5.177}$$

을 얻을 수 있으며 다시 다음도 얻을 수 있다.

$$G_m = \frac{i_{out}}{v_{in}} \tag{5.178}$$

$$\approx \frac{g_m}{1 + g_m R_E} \tag{5.179}$$

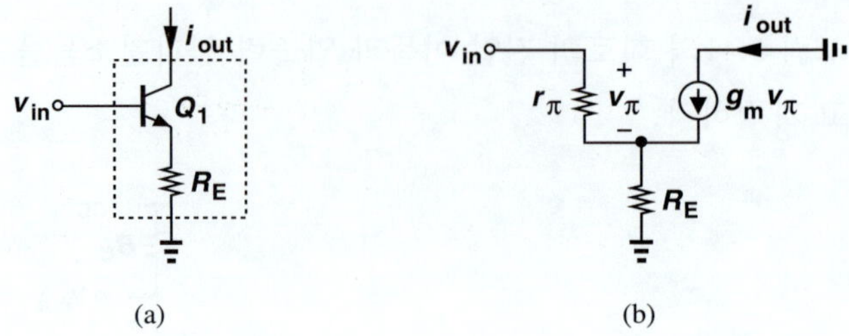

그림 5.42 (a) 블랙박스로 간주된 축퇴된 바이폴라 트랜지스터; (b) 소신호 등가

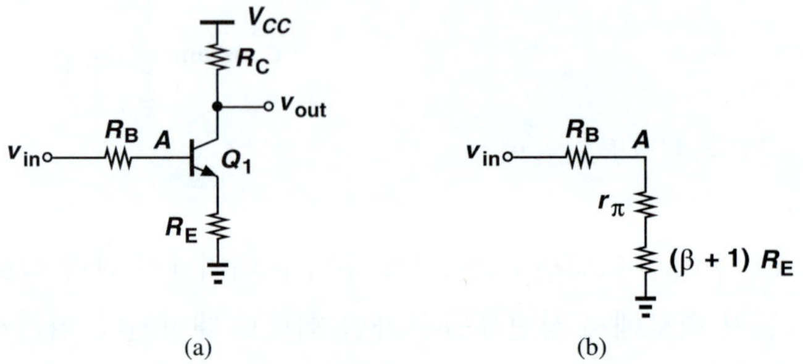

그림 5.43 (a) 베이스 저항이 있는 CE 단; (b) 등가 회로

또한 위의 단에 부하 저항 R_C가 연결될 때 전압 이득은 $-G_m R_C$로 주어진다.

축퇴된 CE 단의 흥미로운 특성 중 하나는 $g_m R_E \gg 1$인 경우 전압 이득이 트랜지스터의 트랜스컨덕턴스, 달리 말하면 바이어스 전류에 독립적이라는 것이다. 즉, 식 (5.157)로부터 $g_m R_E \gg 1$인 경우 $A_v \to -R_C/R_E$이라는 것을 알 수 있다. 이러한 경향은 축퇴된 이미터 단이 갖는 '선형화' 효과로 이해할 수 있으며 문제 5.40에서 다룬다.

이제 더 일반화된 경우로서, 베이스에 저항이 직렬로 연결된 이미터 축퇴된 단을 생각해 보자[그림 5.43(a)]. 아래에서 설명하는 것처럼, R_B는 회로의 성능을 나쁘게만 하고 좋게 하지는 않는데, 그럼에도 많은 경우 불가피하게 존재한다. 예를 들어 R_B는 증폭기의 입력에 연결된 마이크의 출력 임피던스에 해당한다.

이 단의 소신호 동작을 해석하기 위해서는 다음의 두 가지 중 하나의 접근법을 사용할 수 있다: (a) 전체 회로의 소신호 모델을 그리고 거기서 발생하는 방정식들을 푼다. (b) 노드 A에서의 신호는 단순히 v_{in}이 약화된 것이라는 점을 인식하고 다음을 이용한다.

$$\frac{v_{out}}{v_{in}} = \frac{v_A}{v_{in}} \cdot \frac{v_{out}}{v_A} \tag{5.180}$$

여기서 v_A/v_{in}은 Q_1의 베이스에서 본 임피던스와 R_B 사이의 전압 분배를 나타낸다. 또 v_{out}/v_A는 Q_1의 베이스로부터 출력까지의 전압 이득을 나타내는데 이것은 이미 식 (5.155) 또는 (5.157)에서 구한 바 있다. 전자의 접근법[(a)]은 문제 5.44로 미루고 여기서는 후자[(b)]를 사용하여 계산을 계속하자.

우선 식 (5.162)와 그림 5.39(b)에 있는 모델을 사용해서 v_A/v_{in}을 계산하자. 이 계산을 위한 등가 회로가 그림 5.43(b)에 있는데, 이로부터 다음을 얻을 수 있다.

$$\frac{v_A}{v_{in}} = \frac{r_\pi + (\beta+1)R_E}{r_\pi + (\beta+1)R_E + R_B} \tag{5.181}$$

식 (5.155)와 (5.181)을 결합하면 다음과 같이 총 이득을 얻을 수 있다.

$$\frac{v_{out}}{v_{in}} = \frac{r_\pi + (\beta+1)R_E}{r_\pi + (\beta+1)R_E + R_B} \cdot \frac{-g_m R_C}{1 + \left(\dfrac{1}{r_\pi} + g_m\right) R_E} \tag{5.182}$$

$$= \frac{r_\pi + (\beta+1)R_E}{r_\pi + (\beta+1)R_E + R_B} \cdot \frac{-g_m r_\pi R_C}{r_\pi + (1+\beta)R_E} \tag{5.183}$$

$$= \frac{-\beta R_C}{r_\pi + (\beta+1)R_E + R_B} \tag{5.184}$$

더 직관적인 표현을 얻기 위해, 위 식의 분자와 분모를 모두 β로 나누어 보자.

$$A_v \approx \frac{-R_C}{\dfrac{1}{g_m} + R_E + \dfrac{R_B}{\beta+1}} \tag{5.185}$$

식 (5.157)과 비교하면 위의 결과는 분모에 베이스 저항을 $\beta + 1$로 나눈 항을 하나 더 갖고 있는 것만 다르다.

위의 결과들로부터 이미터에 직렬로 연결된 저항과 베이스와 연결된 저항이 전압 이득에 주는 효과는 비슷하다는 것을 알 수 있다. 다만 R_B의 경우 $\beta + 1$로 나누어지기 때문에 효과가 작아지는데, 이 점의 중요성은 나중에 더 분명해진다.

그림 5.43(a)의 단에서 우리는 2개의 다른 입력 임피던스를 정의할 수 있다. 하나는 Q_1의 베이스에서 들여다본 입력 임피던스이고, 다른 하나는 R_B의 왼쪽 노드에서 들여다본 것이다(그림 5.44). 전자는

$$R_{in1} = r_\pi + (\beta+1)R_E \tag{5.186}$$

이고 후자는

$$R_{in2} = R_B + r_\pi + (\beta+1)R_E \tag{5.187}$$

이다. 실제로는 R_{in1}이 더 의미가 있고 유용한 경우가 많다. 마지막으로 $R_B \neq 0$인 경우에도 출력 임피던스는 계속

$$R_{out} = R_C \tag{5.188}$$

인 것을 확인할 수 있다. 문제 5.45에서 이에 대해 다룬다.

그림 5.44 여러 노드들에서 들여다본 입력 임피던스들

예제 5.26 출력 저항이 1 kΩ인 마이크가 2 mV의 피크 신호를 생성한다. 신호를 40 mV로 증폭하도록 CE 단을 설계하는데 바이어스 전류가 1 mA가 되도록 하라. 단, $R_E = 4/g_m$이고 $\beta = 100$이라고 가정하라.

풀이 다음과 같은 값들을 얻을 수 있다: $R_B = 1\ \text{k}\Omega$, $g_m = (26\ \Omega)^{-1}$, $|A_v| = 20$, $R_E = 104$ Ω. 이들을 사용하면 식 (5.185)로부터

$$R_C = |A_v|\left(\frac{1}{g_m} + R_E + \frac{R_B}{\beta + 1}\right) \quad (5.189)$$

$$\approx 2.8\ \text{k}\Omega \quad (5.190)$$

을 얻을 수 있다.

연습문제 마이크의 출력 저항이 2배인 경우에 대해서 위의 예제를 다시 풀어라.

예제 5.27 그림 5.45(a)의 회로의 전압 이득과 입출력 임피던스를 구하라. 단, C_1은 매우 크다고 가정하고 얼리 효과는 무시하라.

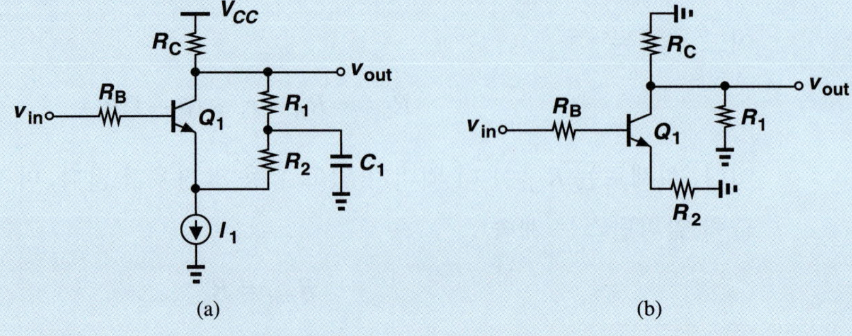

그림 5.45 (a) CE 단의 예; (b) 단순화한 회로

풀이 C_1을 단락으로, I_1을 개방 회로로, V_{CC}를 교류 접지로 대체하면 그림 5.45(b)와 같이 간략한 모델을 얻을 수 있다. 여기서 R_1과 R_C는 병렬로 나타나고 R_2는 이미터 축퇴 저항의 역할을 한다. 따라서 식 (5.185)~(5.188)을 사용하여 다음을 얻을 수 있다.

$$A_v = \frac{-(R_C||R_1)}{\frac{1}{g_m} + R_2 + \frac{R_B}{\beta+1}} \tag{5.191}$$

$$R_{in} = R_B + r_\pi + (\beta+1)R_2 \tag{5.192}$$

$$R_{out} = R_C||R_1 \tag{5.193}$$

연습문제 만일 매우 큰 커패시터가 Q_1의 이미터와 접지를 연결하면 어떻게 되는가?

트랜지스터 출력 저항의 효과 이제까지의 축퇴된 CE 단의 해석에서는 얼리 효과를 무시하였다. 얼리 효과가 축퇴된 CE 단의 성능에 미치는 영향은 이 책의 범위를 약간 벗어나며, 다만 관심 있는 독자를 위해 문제 5.48에 개요를 제공하였다. 얼리 효과가 회로의 출력 임피던스에 미치는 영향은 여기서 살펴보려고 하는데 그 이유는 이것이 뒤에 학습할 다른 토폴로지의 기반이 되기 때문이다.

우리의 목표는 축퇴된 트랜지스터의 컬렉터에서 들여다본 출력 임피던스를 구하는 것이다[그림 5.46(a)]. 그림 5.7에서 $R_E = 0$일 경우 $R_{out} = r_O$이었던 것을 상기하자. 또 $V_A = \infty$일 때 $R_{out} = \infty$이었다.(왜 그럴까?) 얼리 효과를 고려하여 R_{out}을 계산하기 위해서 그림 5.46(b)와 같이 입력 노드를 접지하고 소신호 등가 회로를 그려 보자. 여기서 흔한 실수는 $R_{out} = r_O + R_E$라고 생각하는 것이다. 하지만 전류 $g_m v_\pi$가 출력 노드에서 P로 흘러들므로 r_O와 R_E는 직렬로 연결되어 있지 않다. 대신 R_E와 r_π가 병렬로 연결되어 있고, 이 병렬 저항 $R_E||r_\pi$에 흐르는 전류가 i_X임을 바로 알 수 있다. 따라서 다음이 성립한다.

Did you know?

우리가 여기서 이미터 축퇴를 집중적으로 다루고 있는 것은 충분히 정당화될 수 있다. 앞에서도 언급한 바와 같이, 초기의 라디오에서도 트랜지스터의 산포와 온도의 변화에도 증폭기의 바이어스 점과 이득을 안정화하기 위하여 이미터 축퇴가 사용되었다. 오늘날 우리는 이 기법을 주로 회로의 선형성을 향상시키기 위하여 사용한다. 축퇴가 없을 때 회로의 전압 이득은 $g_m R_C = (I_C/V_T)R_C$가 된다. 만일 입력 신호가 올라가고 내려가는 정도가 크면 I_C도 상당히 변화하게 되며 이에 따라 이득도 변화하는데 이는 비선형 특성을 초래한다.(만일 이득이 입력 신호의 값에 의존한다면 회로는 비선형이 된다.) 반면에 축퇴를 사용할 경우 이득은 $g_m R_C/(1+g_m R_E)$가 되어 변화의 정도가 작아진다. 가령 $g_m R_E \gg 1$이면 $|A_v| \approx R_C/R_E$가 되어 이득은 입력 신호의 값과 상관이 없어진다. 선형성은 오디오 증폭기, 비디오 증폭기, RF 회로 등 대부분의 아날로그 회로에서 중요한 파라미터이다.

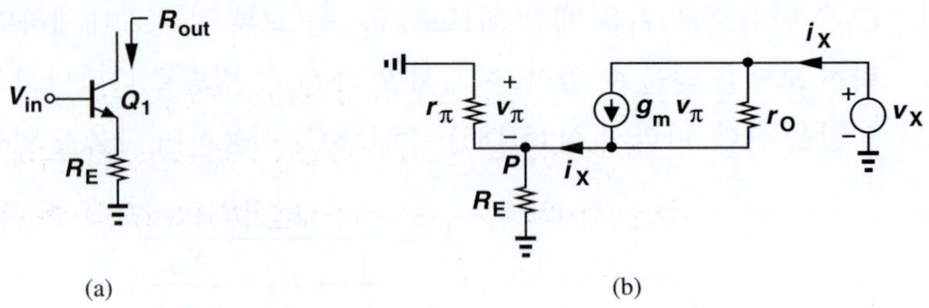

그림 5.46 (a) 축퇴된 단의 출력 임피던스; (b) 등가 회로

$$v_\pi = -i_X(R_E||r_\pi) \tag{5.194}$$

여기서 음수 부호가 있는 것은 v_π의 양(+)의 쪽이 접지되어 있기 때문이다. 또 r_O에 전류 $i_X - g_m v_\pi$가 흐르며, 이에 따라 $(i_X - g_m v_\pi)r_O$의 전압 강하가 생기는 것을 알 수 있다. 이 전압을 R_E에서의 전압 강하인 $-v_\pi$에 더한 결과를 v_X와 같다고 놓음으로써 다음을 얻는다.

$$v_X = (i_X - g_m v_\pi)r_O - v_\pi \tag{5.195}$$

$$= [i_X + g_m i_X(R_E||r_\pi)]r_O + i_X(R_E||r_\pi) \tag{5.196}$$

이로부터 다음을 얻을 수 있다.

$$R_{out} = [1 + g_m(R_E||r_\pi)]r_O + R_E||r_\pi \tag{5.197}$$

$$= r_O + (g_m r_O + 1)(R_E||r_\pi) \tag{5.198}$$

식 (5.146)으로부터 $g_m r_O \gg 1$, 즉 트랜지스터의 고유 이득이 1보다 매우 크다는 사실을 기억하면, 식 (5.198)을 다음과 같이 간략하게 할 수 있다.

$$R_{out} \approx r_O + g_m r_O(R_E||r_\pi) \tag{5.199}$$

$$\approx r_O[1 + g_m(R_E||r_\pi)] \tag{5.200}$$

흥미롭게도 이미터 축퇴는 출력 임피던스를 r_O에서 위의 값으로 약 $1 + g_m(R_E \,||\, r_\pi)$배 증가시킨다.

독자는 이와 같은 출력 임피던스의 증가가 바람직한 것인지 혹은 그렇지 않은 것인지 궁금할 것이다. 축퇴의 결과로 대폭 향상된 출력 임피던스는 높은 이득을 갖는 증폭기나 더 이상적인 전류원을 만들어 내는 등 회로의 설계에서 매우 유용하게 사용된다. 이 개념은 9장에서 공부한다.

식 (5.200)을 두 가지 특수한 경우, 즉 $R_E \gg r_\pi$인 경우와 $R_E \ll r_\pi$인 경우에 대해서 고찰해 보는 것이 학습에 도움이 된다. $R_E \gg r_\pi$인 경우 $R_E \,||\, r_\pi \to r_\pi$이므로 다음을 얻는다.

$$R_{out} \approx r_O(1 + g_m r_\pi) \tag{5.201}$$

$$\approx \beta r_O \tag{5.202}$$

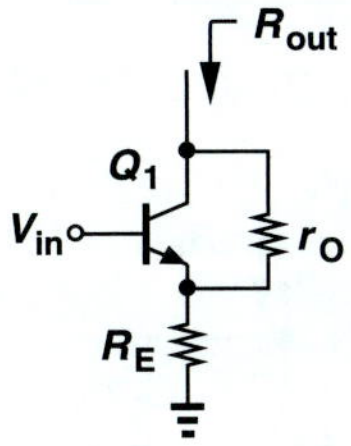

그림 5.47 어떤 단의 회로도에서 r_O를 명시적으로 나타낸 것

위에서 $\beta \gg 1$이 사용되었다. 즉, 바이폴라 트랜지스터의 컬렉터를 들여다볼 때의 최대 저항은 βr_O이며, 이렇게 되기 위해서는 축퇴 임피던스(R_E)가 r_π보다 매우 커야 한다.

$R_E \ll r_\pi$인 경우 $R_E || r_\pi \rightarrow R_E$이므로 다음을 얻는다.

$$R_{out} \approx (1 + g_m R_E) r_O \tag{5.203}$$

따라서 출력 저항은 $(1 + g_m R_E)$배로 증가한다.

회로들을 해석할 때 트랜지스터의 출력 저항을 강조하여 명시적으로 그리는 경우가 자주 있다(그림 5.47). 물론 이러한 표현 방법에서는 Q_1이 내부에 또 다른 r_O를 가지고 있지 않다고 가정하고 있다.

예제 5.28 출력 저항이 20 kΩ인 1 mA짜리 전류원을 설계하려고 한다. 사용 가능한 바이폴라 트랜지스터는 $\beta = 100$이고 $V_A = 10$ V이다. 필요한 이미터 축퇴 저항의 최솟값을 구하라.

풀이 $r_O = V_A / I_C = 10$ kΩ이므로 이미터 축퇴가 출력 저항을 2배로 증가시켜야 한다. $R_E \ll r_\pi$인 조건이 충족된다고 가정하고 다음 식을 사용하자.

$$1 + g_m R_E = 2 \tag{5.204}$$

이로부터 다음을 얻을 수 있다.

$$R_E = \frac{1}{g_m} \tag{5.205}$$

$$= 26\ \Omega \tag{5.206}$$

한편 가정한 대로 $r_\pi = \beta / g_m \gg R_E$인 것을 확인해 보자.

연습문제 R_E가 2배가 되면 출력 저항은 얼마가 되는가?

예제 5.29 그림 5.48(a)의 회로의 출력 저항을 구하라. 단, C_1은 매우 크다고 가정하라.

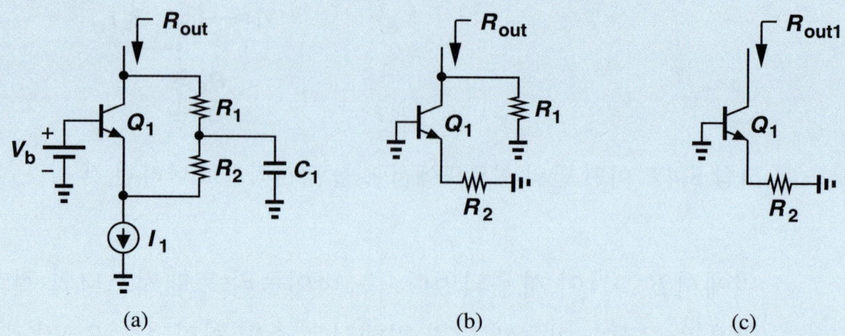

그림 5.48 (a) CE 단의 예; (b) 단순화한 회로; (c) 컬렉터에서 본 저항

풀이 V_b는 교류 접지로, C_1은 단락 회로로, 그리고 I_1은 개방 회로로 대체하면 그림 5.48(b)의 간략한 모델을 얻는다. R_1은 Q_1의 컬렉터를 들여다본 저항과 병렬이 되는데, 잠시 R_1을 무시하면 풀어야 할 회로는 그림 5.48(c)로 귀착된다. 이것을 그림 5.40과 비교하면, 식 (5.200)으로부터 다음을 구할 수 있다.

$$R_{out1} = [1 + g_m(R_2||r_\pi)]r_O \tag{5.207}$$

그림 5.48(b)로 돌아가서 R_1의 효과를 포함하면 다음을 얻는다.

$$R_{out} = R_{out1}||R_1 \tag{5.208}$$

$$= \{[1 + g_m(R_2||r_\pi)]r_O\}||R_1 \tag{5.209}$$

연습문제 매우 큰 커패시터가 Q_1의 이미터와 접지 사이에 연결될 때 출력 임피던스는 얼마인가?

회로를 계속 단순화해서 알고 있는 토폴로지와 비슷한 모양이 되도록 하는 과정은 회로의 해석에서 매우 중요하다. 이 방법을 '관찰을 통한 분석'이라고 하는데 복잡한 소신호 모델과 이에 따른 긴 계산이 필요 없게 해 준다. 위의 예제를 전체 회로의 소신호 모델을 사용하여 풀어 보기 바란다. 그러면 우리의 직관적인 접근법이 얼마나 효율적이고 또한 깊은 이해를 제공해 주는지를 알 수 있을 것이다.

예제 5.30 그림 5.49(a) 단의 출력 임피던스를 구하라.

풀이 그림 5.7에서 베이스와 이미터가 모두 (교류) 접지되어 있을 때, 컬렉터에서 본 임피던스가 r_O가 됨을 기억하자. 따라서 Q_2는 r_{O2}로 대체될 수 있다[그림 5.49(b)]. 또 다른 관점에서 보면, Q_2의 베이스-이미터 전압이 V_{b1}으로 고정되어 있으므로, Q_2는 $g_{m2}v_{\pi 2}$에 의

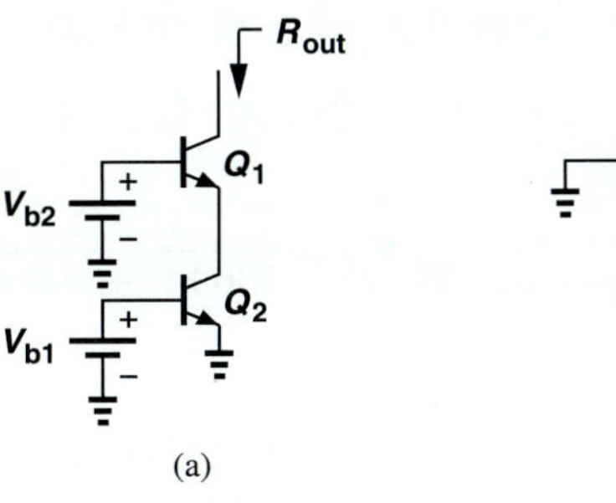

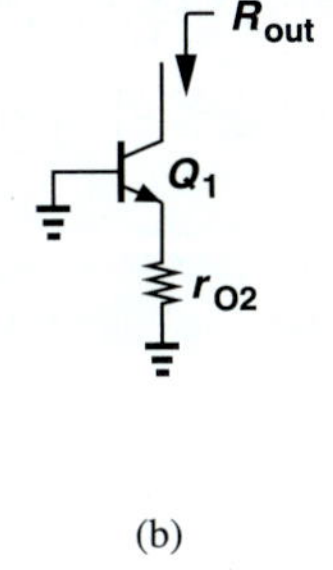

그림 5.49 (a) CE 단의 예; (b) 단순화한 회로

한 전류를 생성하지 않으며, 이에 따라 Q_2는 r_{O2}로 간략하게 나타낼 수 있다.

이제 r_{O2}는 Q_1의 이미터 축퇴 저항의 역할을 한다. 따라서 그림 5.40(a)와 비교한 후 식 (5.200)을 변형하여 다음을 얻을 수 있다.

$$R_{out} = [1 + g_{m1}(r_{O2}||r_{\pi 1})]r_{O1} \tag{5.210}$$

이 회로를 캐스코드 회로라고 부르는데 9장에서 학습하고 폭넓게 이용할 것이다.

연습문제 3개의 트랜지스터가 '쌓여 있을' 때에 대해서 위의 예제를 다시 풀어라.

바이어스 회로가 있는 CE 단 CE 증폭기 및 그 유사 회로의 소신호 성능을 학습하였으므로, 이제 바이어스 회로망을 포함하고 있는 더 일반화된 CE 회로를 알아보자. 먼저 5.2절에서 다룬 간단한 바이어스 방법에서 시작하여 점차 복잡한 (그러나 더 강인한 성능을 갖는) 회로를 공부할 것이다. 다음 예제로부터 시작하자.

예제 5.31

CE 단과 기본적인 바이어스 방법에 친숙한 학생이 그림 5.50에 나타나 있는 회로를 구성하여 마이크가 생성한 신호를 증폭하려고 하였다. 안타깝게도 Q_1에는 전류가 흐르지 않았고 증폭을 하는 데 실패하였다. 문제가 무엇인지를 설명하라.

그림 5.50 마이크 증폭기

풀이 많은 마이크는 낮은 주파수에서 작은 저항을 갖는다(예를 들면, < 100 Ω). 이러한 마이크가 이 회로에 사용될 경우 마이크의 출력 저항은 Q_1의 베이스와 접지 사이의 저항을

매우 작게 만든다. 따라서 R_B와 함께 전압 분배기를 형성할 때 베이스 전압을 매우 낮게 한다. 예를 들어 마이크의 저항이 100 Ω인 경우

$$V_X = \frac{100\ \Omega}{100\ \mathrm{k}\Omega + 100\ \Omega} \times 2.5\ \mathrm{V} \tag{5.211}$$

$$\approx 2.5\ \mathrm{mV} \tag{5.212}$$

가 된다. 즉, 마이크의 저주파 출력 저항이 증폭기의 바이어스를 망가뜨린다.

연습문제 만일 R_B가 절반이 되면 이 회로는 동작하는가?

그림 5.50의 회로는 어떻게 고쳐야 하는가? 마이크의 출력 중 신호 성분만이 관심의 대상이므로, 커패시터 하나를 그림 5.51에 나와 있는 것과 같이 직렬로 삽입하여 증폭기의 직류 바이어스를 마이크로부터 분리할 수 있다. 즉, 바이어스 전류는 C_1을 통해서 흐르지 않으므로 Q_1의 바이어스 점은 마이크의 출력 저항과 상관없이 일정하게 된다. 이때 C_1의 값은 신호의 주파수에서 (거의 단락 회로나 마찬가지인) 작은 임피던스가 되도록 골라야 한다. 이 회로에서 C_1을 '결합' 커패시터라고 부르며, 또한 입력이 '교류 결합' 혹은 '커패시터 결합'이 되었다고 말한다. 많은 회로에서 바이어스 조건을 바람직하지 않은 효과들로부터 격리하기 위해서 커패시터를 사용한다. 뒤에 나오는 많은 예제들에서 이 점을 잘 볼 수 있을 것이다.

위의 관찰 결과는 그림 5.9에 나타낸 방법론에 하나의 규칙을 더 포함해야 한다는 것을 말해 준다. 즉, 모든 커패시터는 직류 해석에서는 개방 회로로, 교류 해석에서는 단락 회로로 대체되어야 한다.

그림 5.52(a)에 있는 단의 해석에서 시작하자. 바이어스 계산을 위해서 그림 5.52(b)와 같이 신호원을 영으로 만들었다. 이때 5.2.1절의 결과로부터 다음을 얻는다.

$$I_C = \beta \frac{V_{CC} - V_{BE}}{R_B} \tag{5.213}$$

$$V_Y = V_{CC} - \beta R_C \frac{V_{CC} - V_{BE}}{R_B} \tag{5.214}$$

여기서 포화를 피하기 위해서는 $V_Y \geq V_{BE}$가 되어야 한다.

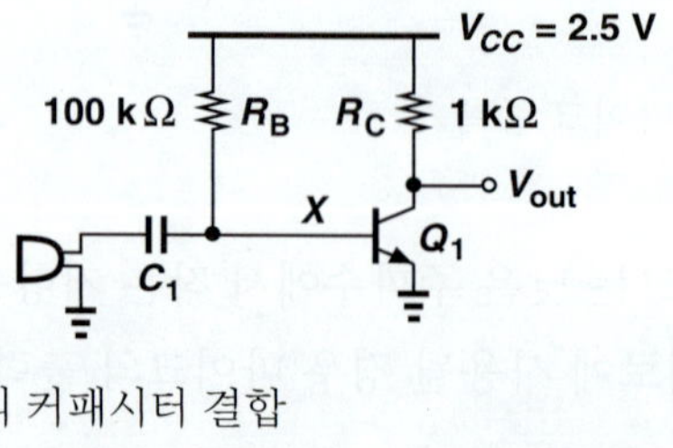

그림 5.51 마이크 증폭기 입력의 커패시터 결합

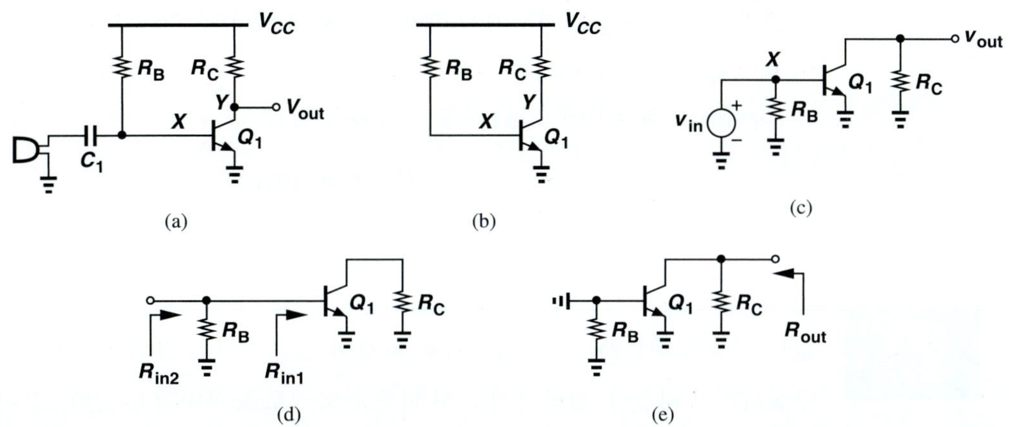

그림 5.52 (a) CE 단 입력의 커패시터 결합; (b) 바이어스 계산을 위해 단순화한 회로; (c) 소신호 계산을 위해 단순화한 회로; (d) 입력 임피던스 계산을 위해 단순화한 회로; (e) 입력 임피던스 계산을 위해 단순화한 회로

바이어스 전류를 알아냈으므로 소신호 파라미터 g_m, r_π, r_O는 쉽게 계산할 수 있다. 이제 소신호 해석으로 관심을 돌려서 그림 5.52(c)의 단순화한 회로를 살펴보자. 이 회로도에서 C_1은 단락 회로로, V_{CC}는 교류 접지로 대체되었으나 Q_1은 아직 그냥 기호로 유지하였다. 우리는 일단 이 회로를 직관적으로 풀어 보고, 혹시 실패하는 경우에만 Q_1의 소신호 모델 및 KVL, KCL 방정식에 의지할 것이다.

그림 5.52(c)의 회로는 R_B 부분만 빼면 그림 5.29에 있는 CE 코어부와 닮은 모양이다. 흥미로운 것은 v_{in}이 이상적인 전압원인 경우 R_B는 노드 X의 전압에 아무런 영향을 주지 않는다는 점이다. 즉, R_B의 값과 상관없이 항상 $v_X = v_{in}$이 성립한다. 베이스에서 컬렉터로의 전압 이득이 $v_{out}/v_X = -g_m R_C$이므로 다음이 성립한다.

$$\frac{v_{out}}{v_{in}} = -g_m R_C \tag{5.215}$$

또 만일 $V_A < \infty$이면 위 식은 다음과 같이 수정된다.

$$\frac{v_{out}}{v_{in}} = -g_m (R_C || r_O) \tag{5.216}$$

하지만 전압 이득과는 달리 입력 임피던스는 R_B의 영향을 받는다[그림 5.52(d)]. 그림 5.7에서 이미터를 접지하고 베이스를 들여다본 저항 R_{in1}이 r_π이었음을 기억하자. 여기서는 R_B가 단순히 R_{in1}과 병렬로 연결되어 있으므로 다음이 성립한다.

$$R_{in2} = r_\pi || R_B \tag{5.217}$$

따라서 바이어스 저항은 입력 임피던스를 낮춘다. 하지만 문제 5.51에서 알 수 있듯이, 이 효과는 대부분의 경우 무시할 수 있다.

출력 임피던스를 결정하기 위해서는 그림 5.52(e)와 같이 입력 신호원을 0으로 놓는다. 이 회로를 그림 5.32(b)의 회로와 비교하면 R_B의 양쪽 노드가 모두 접지되었기 때문에 R_{out}은 (바이어스 회로망에 의해) 바뀌지 않음을 알 수 있다.

$$R_{out} = R_C || r_O \tag{5.218}$$

요약하면, 바이어스 저항 R_B는 그림 5.52(a) 단의 성능에 거의 영향을 끼치지 않는다.

예제 5.32 교류 결합을 학습한 후, 예제 5.31의 학생이 그림 5.53과 같이 설계를 수정하여 스피커를 구동하려고 하였다. 안타깝게도 이 회로는 아직도 동작하지 않는다. 그 이유를 설명하라.

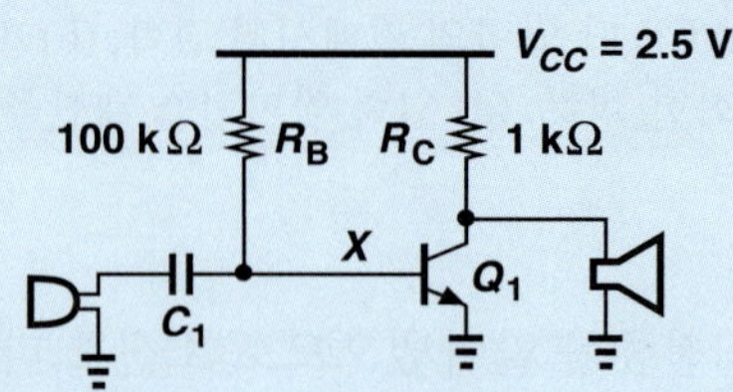

그림 5.53 스피커가 직접 연결된 증폭기

풀이 일반적인 스피커는 떨림막을 움직이기 위해서 내부에 솔레노이드(인덕터)를 가지고 있다. 그런데 솔레노이드는 예를 들면 1 Ω 미만과 같은 매우 작은 직류 저항을 갖는다. 따라서 그림 5.53의 스피커는 컬렉터를 접지에 단락시키며 Q_1을 포화 영역으로 깊숙하게 밀어 넣는다.

연습문제 만일 스피커를 출력 노드와 V_{CC} 사이에 연결하면 이 회로는 더 잘 동작하겠는가?

예제 5.33 이 학생이 교류 결합을 출력에도 적용한 다음에[그림 5.54(a)], 바이어스가 제대로 되었는지를 확인하기 위하여 정지점을 측정하였다. 컬렉터 바이어스 전압은 1.5 V이었는데 이것은 Q_1이 활성 모드에서 동작한다는 것을 말해 준다. 하지만 이 학생은 아직 이 회로에서 이득을 관찰할 수가 없었다. (a) $I_S = 5 \times 10^{-17}$ A이고 $V_A = \infty$일 때 트랜지스터의 β를 계산하라. (b) 왜 이 회로에 이득이 없는지를 설명하라.

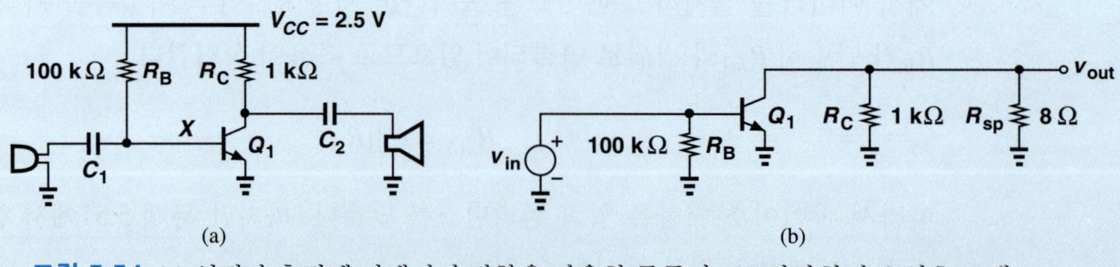

그림 5.54 (a) 입력과 출력에 커패시터 결합을 사용한 증폭기; (b) 간략화된 소신호 모델

풀이 (a) 컬렉터 전압이 1.5 V일 때 R_C에서의 전압 강하는 1 V가 되고, 따라서 컬렉터 전류는 1 mA가 된다. 따라서 다음이 성립한다.

$$V_{BE} = V_T \ln \frac{I_C}{I_S} \tag{5.219}$$

$$= 796 \text{ mV} \tag{5.220}$$

이로부터 다음을 얻는다.

$$I_B = \frac{V_{CC} - V_{BE}}{R_B} \tag{5.221}$$

$$= 17 \text{ μA} \tag{5.222}$$

따라서 $\beta = I_C/I_B = 58.8$이다.

(b) 스피커들은 보통 가청 주파수에서 예를 들면 8 Ω 같은 매우 낮은 임피던스를 갖고 있다. 교류 등가 회로를 그림 5.54(d)와 같이 그리면 컬렉터 노드에서 본 총 저항은 1 kΩ || 8 Ω이며 따라서 이득은 다음과 같이 됨을 알 수 있다.

$$|A_v| = g_m(R_C||R_S) = 0.31 \tag{5.223}$$

연습문제 $R_C = 500\ \Omega$의 경우에 대해서 위의 예제를 다시 풀어라.

그림 5.54(a)의 설계는 증폭기와 부하 간의 부적절한 연결의 예를 보여 주고 있다. 즉, 출력 임피던스가 부하의 저항보다 훨씬 큰 경우 부하가 증폭기에 연결될 때 증폭기의 이득이 크게 떨어진다.

부하에 의한 문제를 어떻게 하면 해결할 수 있을까? 전압 이득은 g_m에 비례하므로 Q_1의 바이어스 전류를 훨씬 크게 증가시키면 이득을 증가시킬 수 있다. 문제 5.53에서 이 방법을 다룬다. 또 다른 방법으로, '버퍼'를 CE 증폭기와 스피커 사이에 끼워 넣을 수 있다(5.3.3절).

이제 그림 5.15의 바이어스 방법에 대해 생각해 보자. 그림 5.15를 다시 그린 것이 그림 5.55(a)이다. 바이어스 조건을 결정하기 위해서 우리는 신호원을 영으로 놓고 커패시터는 개방한다. 이때 식 (5.38)~(5.41)을 사용할 수 있다. 소신호 해석을 위해서는 그림 5.55(b)의 단순화한 회로를 사용한다. 이 회로는 그림 5.52(b)의 회로와 매우 비슷하며, 다만 R_1과 R_2가 입력과 병렬로 연결되어 있는 점이 다르다. 따라서 전압 이득은 전과 같이 $-g_m(R_C || r_O)$으로 주어지며 입력 임피던스는 다음과 같다.

$$R_{in} = r_\pi || R_1 || R_2 \tag{5.224}$$

출력 임피던스는 $R_C || r_O$이다.

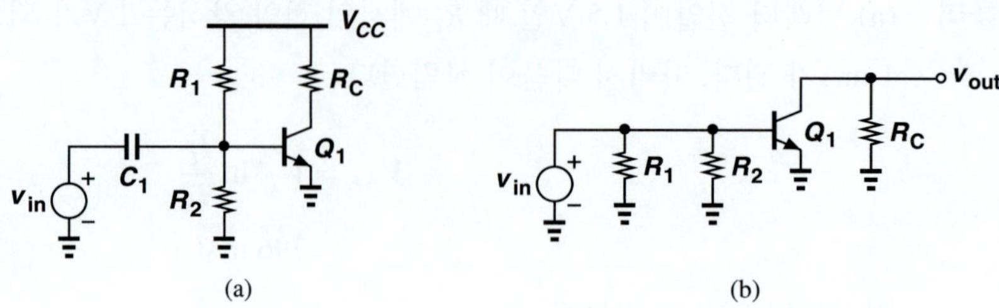

그림 5.55 (a) 커패시터 결합과 바이어스; (b) 단순화한 회로

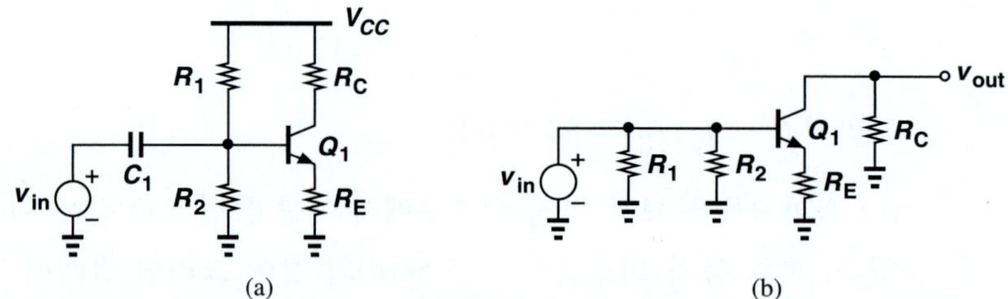

그림 5.56 (a) 커패시터 결합을 사용한 축퇴된 단; (b) 단순화한 회로

다음에는 그림 5.19의 더 강인한 바이어스 방법을 학습한다. 그림 5.56(a)는 그림 5.19를 입력 결합 커패시터와 함께 다시 그린 것이다. 바이어스 점은 C_1을 개방하고 식 (5.52)와 (5.53)을 사용하여 구할 수 있다. 컬렉터 전류가 결정되면, Q_1의 소신호 파라미터들도 결정될 수 있다. 간략하게 나타낸 교류 회로는 그림 5.56(b)와 같다. 얼리 효과를 무시할 때, 전압 이득은 R_1이나 R_2에 의해 영향을 받지 않고 다음의 값을 유지한다는 것을 알 수 있다.

$$A_v = \frac{-R_C}{\frac{1}{g_m} + R_E} \tag{5.225}$$

이에 반해 입력 임피던스는 다음과 같이 낮아진다.

$$R_{in} = [r_\pi + (\beta + 1)R_E] || R_1 || R_2 \tag{5.226}$$

$V_A = \infty$일 때, 출력 임피던스는 계속 R_C이다.

5.2.3절에서 설명했듯이, 이미터 축퇴는 β와 I_S가 변하는 상황에서 바이어스 점을 효과

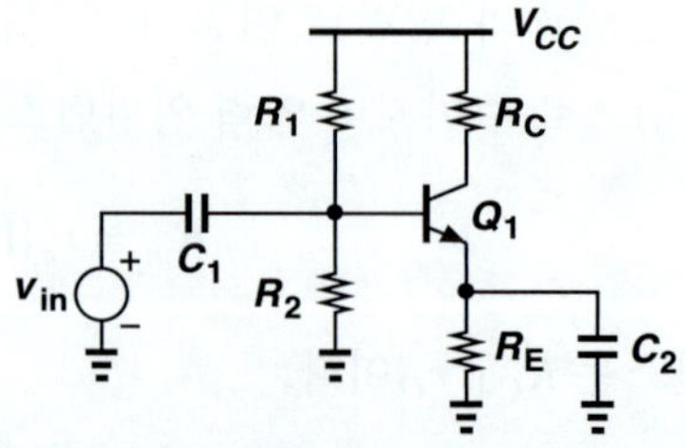

그림 5.57 축퇴를 제거하기 위한 커패시터의 사용

적으로 안정시킬 수 있다. 하지만 식 (5.225)에서 명백하게 볼 수 있듯이, 축퇴는 이득을 낮춘다. 그렇다면 축퇴를 바이어스에만 적용하고 신호에는 적용하지 않는 것이 가능한가? 그림 5.57이 바로 그러한 회로를 보여 주는데, 이 회로에서 C_2는 신호 주파수 대역에서 단락 회로로 작용하기에 충분한 큰 값을 갖는다. 이때 다음을 얻을 수 있다.

$$A_v = -g_m R_C \tag{5.227}$$

$$R_{in} = r_\pi || R_1 || R_2 \tag{5.228}$$

$$R_{out} = R_C \tag{5.229}$$

예제 5.34

그림 5.57의 단을 다음의 조건을 만족시키도록 설계하라: $I_C = 1$ mA, R_E에서의 전압 강하 = 400 mV, 가청 주파수(20 Hz에서 20 kHz)에서의 전압 이득 = 20, 입력 임피던스 > 2 kΩ. 또한 $\beta = 100$, $I_S = 5 \times 10^{-16}$ A, $V_{CC} = 2.5$ V라고 가정하라.

풀이 $I_C = 1\text{ mA} \approx I_E$이므로 R_E의 값은 400 Ω이다. 전압 이득이 축퇴의 영향을 받지 않기 위해서는 C_2의 최대 임피던스가 $1/g_m = 26\ \Omega$보다 매우 작아야 한다.[8] C_2의 최대 임피던스는 20 Hz에서 발생하며 이 값이 약 $0.1 \times (1/g_m) = 2.6\ \Omega$보다 작아야 한다.

$$\frac{1}{C_2\omega} \le \frac{1}{10} \cdot \frac{1}{g_m} \text{ for } \omega = 2\pi \times 20\text{ Hz} \tag{5.230}$$

따라서 다음이 충족되어야 한다.

$$C_2 \ge 30{,}607\ \mu\text{F} \tag{5.231}$$

(이 값은 비현실적으로 크며, 따라서 설계를 수정하는 것이 필요하다.) 또한

$$|A_v| = g_m R_C = 20 \tag{5.232}$$

으로부터 다음도 얻을 수 있다.

$$R_C = 520\ \Omega \tag{5.233}$$

R_E에서의 전압 강하가 400 mV이고 $V_{BE} = V_T \ln(I_C/I_S) = 736$ mV이므로 $V_X(=V_{RE} + V_{BE}) = 1.14$ V이다. 또한 베이스 전류가 10 μA$(=I_C/\beta)$이므로 다음과 같이 R_1과 R_2를 흐르는 전류가 100 μA 이상이 되어야 β에 대한 민감도를 낮출 수 있다.

$$\frac{V_{CC}}{R_1 + R_2} > 10 I_B \tag{5.234}$$

8) 여기서 흔한 실수는 C_2의 임피던스를 R_E보다 작게 하는 것이다.

$$R_1 + R_2 < 25\ \text{k}\Omega \tag{5.235}$$

위의 조건을

$$V_X \approx \frac{R_2}{R_1 + R_2} V_{CC} = 1.14\ \text{V} \tag{5.236}$$

에 적용하면 다음을 얻는다.

$$R_2 = 11.4\ \text{k}\Omega \tag{5.237}$$

$$R_1 = 13.6\ \text{k}\Omega \tag{5.238}$$

이제 위의 R_1과 R_2의 선택이 $R_{in} > 2\ \text{k}\Omega$의 조건을 만족시키는지를 확인해야 한다. R_{in}은 다음과 같다.

$$R_{in} = r_\pi || R_1 || R_2 \tag{5.239}$$

$$= 1.83\ \text{k}\Omega \tag{5.240}$$

안타깝게도 R_1과 R_2는 입력 임피던스를 너무 많이 낮춘다. 이 문제를 해결하기 위해서 R_1 및 R_2를 흐르는 전류가 $10I_B$보다 작게 만들 수 있는데, 다만 이 경우 β에 대한 민감도가 증가하는 것을 감수해야 한다. 예를 들어 만일 이 전류로 $5I_B = 50\ \mu\text{A}$를 선택하고 I_B를 V_X의 계산에서 계속 무시한다면 다음이 성립한다.

$$\frac{V_{CC}}{R_1 + R_2} > 5I_B \tag{5.241}$$

$$R_1 + R_2 < 50\ \text{k}\Omega \tag{5.242}$$

이로부터 다음과 같이 R_1, R_2 및 R_{in}을 구할 수 있다.

$$R_2 = 22.8\ \text{k}\Omega \tag{5.243}$$

$$R_1 = 27.2\ \text{k}\Omega \tag{5.244}$$

$$R_{in} = 2.15\ \text{k}\Omega \tag{5.245}$$

연습문제 위의 단을 이득이 10이 되도록 다시 설계하고 결과를 비교하라.

이제 그림 5.58(a)에 있는 더 일반화된 사례를 간단히 살펴보면서 CE 단에 대한 학습을 마무리한다. 이 회로에서 입력 신호원은 유한한 저항을 갖고 있고 출력은 부하 R_L에 연결되어 있다. 바이어스 방법은 그림 5.56(a)의 경우와 동일하나 R_S와 R_L이 전압 이득 v_{out}/v_{in}을 낮춘다. 그림 5.58(b)의 간략하게 나타낸 교류 회로에서, R_S와 노드 X에서 들여다본 임피던스 $R_1 || R_2 || [r_\pi + (\beta + 1)R_E]$에 의한 전압 분배에 의해 v_{in}이 다음과 같이 약화됨을 알 수 있다.

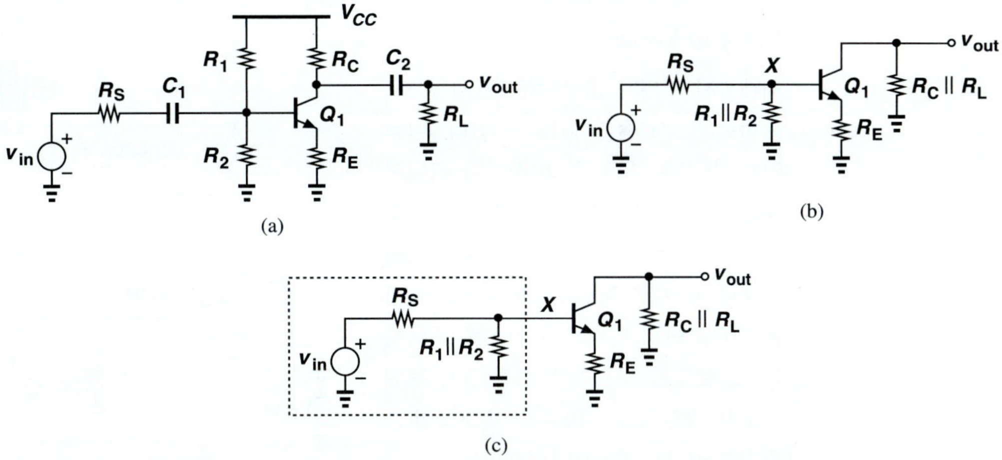

(a)

(b)

(c)

그림 5.58 (a) 일반화된 CE 단; (b) 단순화한 회로도; (c) 입력 회로망의 테브냉 모델

$$\frac{v_X}{v_{in}} = \frac{R_1||R_2||[r_\pi + (\beta+1)R_E]}{R_1||R_2||[r_\pi + (\beta+1)R_E] + R_S} \tag{5.246}$$

이때 v_{in}과 출력 사이의 전압 이득은 다음과 같이 주어진다.

$$\frac{v_{out}}{v_{in}} = \frac{v_X}{v_{in}} \cdot \frac{v_{out}}{v_X} \tag{5.247}$$

$$= -\frac{R_1||R_2||[r_\pi + (\beta+1)R_E]}{R_1||R_2||[r_\pi + (\beta+1)R_E] + R_S} \frac{R_C||R_L}{\frac{1}{g_m} + R_E} \tag{5.248}$$

예상한 대로 R_1과 R_2의 값이 작을수록 이득이 작아진다.

위의 계산에서는 입력 회로망을 전압 분배기로 간주했다. 이와 다른 방법으로 R_S, R_1 및 R_2가 전압 이득에 미치는 영향을 고려하기 위해 테브냉 등가 회로를 사용할 수도 있다. 그림 5.58(c)가 이 방법을 나타내고 있는데, 핵심은 v_{in}, R_S 및 $R_1 || R_2$를 다음의 v_{Thev} 및 R_{Thev}로 대체하는 것이다.

$$v_{Thev} = \frac{R_1||R_2}{R_1||R_2 + R_S} v_{in} \tag{5.249}$$

$$R_{Thev} = R_S||R_1||R_2 \tag{5.250}$$

테브냉 등가 회로를 사용하여 만들어지는 회로는 그림 5.43(a)의 회로와 유사하다. 따라서 전압 이득은 식 (5.185)를 적용하여 다음과 같이 구할 수 있다.

$$A_v = -\frac{R_C||R_L}{\frac{1}{g_m} + R_E + \frac{R_{Thev}}{\beta+1}} \cdot \frac{R_1||R_2}{R_1||R_2 + R_S} \tag{5.251}$$

위에서 우변의 두 번째 분수는 식 (5.249)로 주어지는 전압의 약화를 나타낸다. 식

Did you know?

이제까지 우리가 공부한 것만 사용해도 흥미로운 회로들을 만들 수 있다. 당장 만들 수 있는 회로 중의 하나가 라디오 수신기와 송신기이다. 그림에 보이는 것은 100 MHz 부근의 주파수에서 동작하는 FM 송신기이다. 자기 바이어스를 사용한 CE 단이 마이크의 신호를 증폭하여 그 결과를 발진기에 전달한다. 음성 신호가 발진기의 주파수를 '변조하여(변화시켜서)' FM 출력이 생성된다.

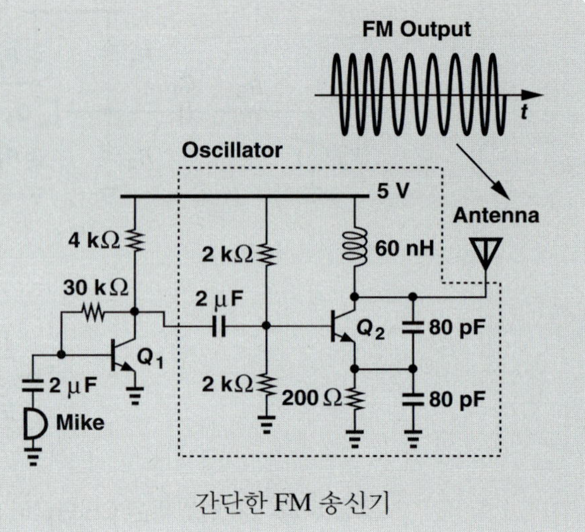

간단한 FM 송신기

(5.248)과 (5.251)이 같은 것은 독자가 반드시 증명해 보기 바란다.

위의 두 가지 접근법은 회로를 해석하고 통찰력을 얻기 위해서 사용하는 해석 기법들의 예를 보여 준다. 두 방법 모두에서 소신호 모델을 그리는 것이 불필요했는데, 이것은 간략화된 회로들을 이미 알고 있는 회로에 바로 대응시킬 수 있었기 때문이다.

그림 5.59에 이 절에서 배운 개념들이 요약되어 있다.

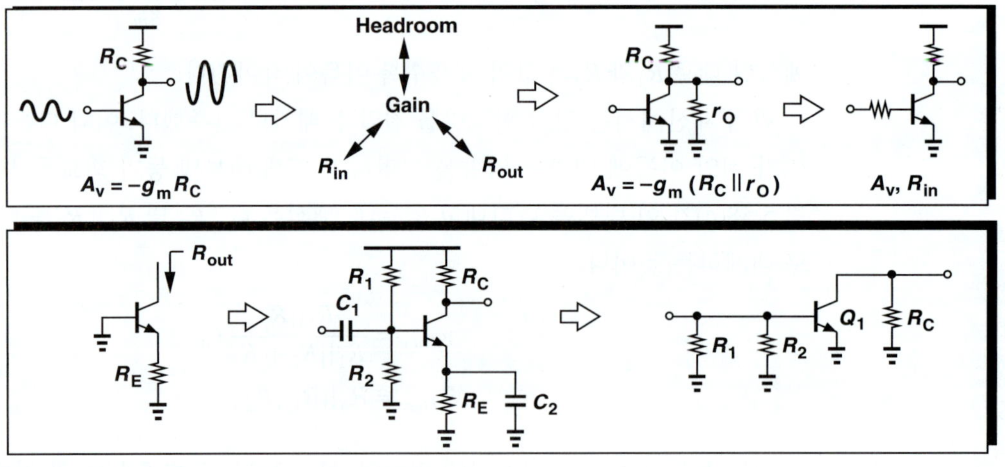

그림 5.59 이제까지 학습한 개념들의 요약

로봇공학 응용: 디지털-아날로그 변환기

로봇공학에서 마이크로컨트롤러(혹은 마이크로프로세서)를 사용하여 디지털 도메인에서 계산을 수행하는 것은 흔한 일이다. 그렇기는 해도 많은 경우 그러한 계산의 결과는 아날로그 신호의 형태로 여러 소자들에 전달되어야 한다. 예를 들어 로봇의 팔은 지속적으로 움직여야 하고 아날로그 신호에 의해 구동되어야 한다. 로봇의 팔이 물체를 집기 위해 움직일 때, 물체에 가까워지면 속도를 늦추어야 한다. 마이크로프로세서는 카메라나 다른 센서의 측정 결과를 사용하여, 팔을 움직이는 모터가 단순히 꺼지지 않고 점차 적은 양의 전류를 받아야 한다고 결정한다. 따라서 마이크로컨트롤러의 디지털 출력은 디지털-아날로그 변환기(DAC)를 통하여 아날로그 값으로 변환되어야 한다. 그림 5.60은 DAC의 가능한 구현 방법 중 하나를 개념적으로 보여 주고 있다. 그림에서 DAC는 n개의 전류원으로 구성되어 있으며, 마이크로컨트롤러에서 이진 입력 D_n, ⋯ D_1을 받는다. n개의 전류원은 각기 그에 대응하는 이진 입력이 '1'일 때 모터에 전류를 흐르게 하는데, 전류원들의 크기는 최하위 비트(LSB)에서 최상위 비트(MSB)까지 2배씩 점차로 커진다. 예를 들어 만일 D_n만이 '1'이면 $I_{out} = 2^{n-1}I_0$가 된다. 출력 전류의 최소 변화량은 I_0이다. 우리는 이 DAC가 n비트의 '분해능'을 가졌다고 말한다. 각 전류원은 순방향 활성 모드에서 동작하는 바이폴라 트랜지스터를 사용하여 구현할 수 있다. 저항성 축퇴를 사용하여 전류원의 정확도를 더 높일 수 있는데, 이에 관해서는 더 높은 수준의 과목에서 다룬다. LSB 전류 I_0가 로봇 팔이 얼마나 부드럽게 움직이는지 결정한다는 것을 기억해 두자.

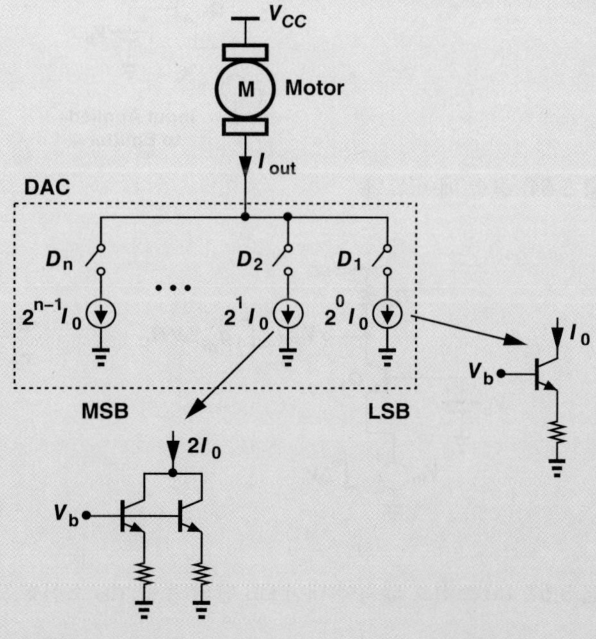

그림 5.60 DAC를 사용한 모터 제어

5.3.2 공통 베이스 토폴로지

앞에서 CE 단을 충분히 공부했으므로, 이제 '공통 베이스(CB: common-base)' 토폴로지에 관심을 돌려 보자. CE 구조에서 설명했던 개념은 거의 대부분 여기에서도 적용될 수 있다. 따라서 거의 같은 생각의 경로를 따르되 다만 더 빠른 속도로 진도를 나가기로 한다.

CE 단의 증폭 능력을 생각할 때 독자는 왜 다른 증폭기 토폴로지를 학습해야 하는지 의아하게 느낄지 모른다. 앞으로 자세히 살펴보면 알게 되겠지만, 다른 구조를 갖는 증폭기들은 각각 다른 특성을 갖고 있으며, 따라서 경우에 따라서는 CE 단이 아닌 다른 종류의 증폭기가 더 유리하다. 진도를 더 나가기 전에 예제 5.2~5.4 및 거기서 얻은 규칙들(그림 5.7에 요약됨), 그리고 그림 5.28에 나타나 있는 사용 가능한 토폴로지들을 복습하기 바란다.

그림 5.61은 CB 단을 나타낸다. 입력은 이미터에 가해지고 출력은 컬렉터에서 감지한다. 적당한 전압에 바이어스가 된 베이스는 교류 접지로 작용을 하며, 따라서 입력과 출력에 '공통'인 노드가 된다. CE 단의 경우에서와 같이, 우선 코어를 학습한 후 바이어스를 위한 소자들을 추가하자.

CB 코어의 해석 그림 5.62(a)의 CB 단은 어떻게 입력 신호에 반응할 것인가?[9] 만일 베이스 전압이 고정되어 있으면서 V_{in}이 적은 양 ΔV만큼 증가하면, Q_1의 베이스-이미터 전압은 ΔV만큼 감소한다. 따라서 컬렉터 전류는 $g_m \Delta V$만큼 감소하는데, 이것은 다시 V_{out}이

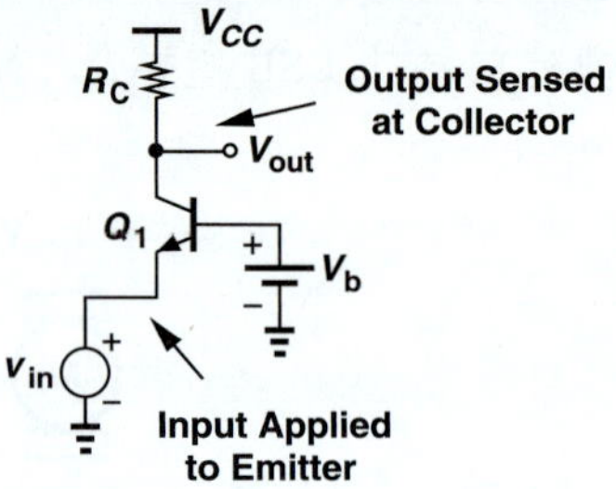

그림 5.61 공통 베이스 단

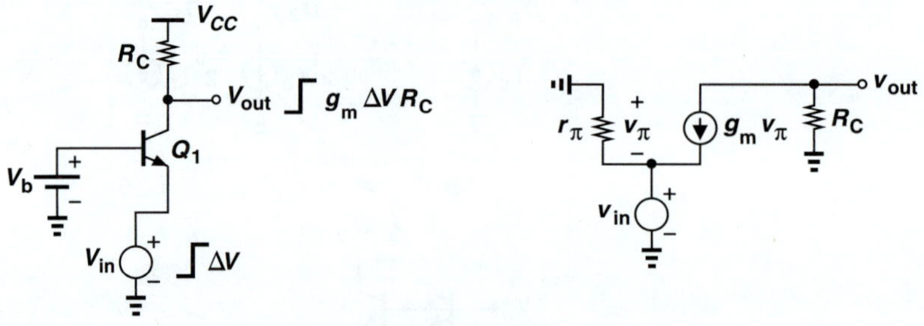

그림 5.62 (a) 소신호 입력에 대한 CB 단의 응답; (b) 소신호 모델

9) Q_1이 다르게 그려졌더라도 그림 5.61과 5.62(a)의 토폴로지들은 동일함에 유의하라.

$g_m \Delta V R_C$만큼 증가하게끔 한다. 따라서 우리는 소신호 전압 이득이 다음과 같을 것이라고 추정할 수 있다.

$$A_v = g_m R_C \tag{5.252}$$

흥미롭게도 이 수식은 CE 토폴로지의 이득의 수식과 동일하다. 다만 CE 단의 경우와 달리 CB 단의 이득은 양수인데, 이것은 V_{in}이 증가할 때 V_{out}도 증가하기 때문이다.

위의 결과를 그림 5.62(b)의 소신호 등가 회로를 사용하여 확인하자. 여기서 얼리 효과는 무시하였다. 출력 노드에서 시작하자. R_C에 흐르는 전류를 $g_m v_\pi$와 같다고 놓으면 다음이 성립한다.

$$-\frac{v_{out}}{R_C} = g_m v_\pi \tag{5.253}$$

여기서 $v_\pi = -v_{out}/(g_m R_C)$를 얻는다. 이제 입력 노드를 생각해 보면 $v_\pi = -v_{in}$임을 알 수 있으며 이로부터 다음을 얻는다.

$$\frac{v_{out}}{v_{in}} = g_m R_C \tag{5.254}$$

CE 단의 경우와 마찬가지로, CB 단의 성능도 이득, 전압 여유공간 및 입출력 임피던스 사이의 상충 관계에 의해서 제한을 받는다. 우선 CB 회로의 여유공간에 대한 제한을 살펴보자. 그림 5.62(a)에서 베이스 전압 V_b는 어떻게 선정해야 하는가? Q_1이 활성 영역에서 동작하기 위해서는 $V_{BE} > 0$ 및 $V_{BC} \leq 0$이 충족되어야 하는 것을 기억하자.(여기서는 *npn* 소자를 가정한다.) 따라서 V_b는 반드시 입력보다 약 800 mV 높아야 하며, 출력은 V_b보다 크거나 이와 같아야 한다. 예를 들어 입력의 직류 레벨이 영이면(그림 5.63), 출력은 800 mV보다 낮지 않아야 되는데, 이것은 R_C에서의 전압 강하가 $V_{CC} - V_{BE}$보다 커서는 안 된다는 것을 의미한다. CE 단의 경우에서와 마찬가지로 이 조건은 다음과 같이 변형해서 나타낼 수 있다.

$$A_v = \frac{I_C}{V_T} \cdot R_C \tag{5.255}$$

$$= \frac{V_{CC} - V_{BE}}{V_T} \tag{5.256}$$

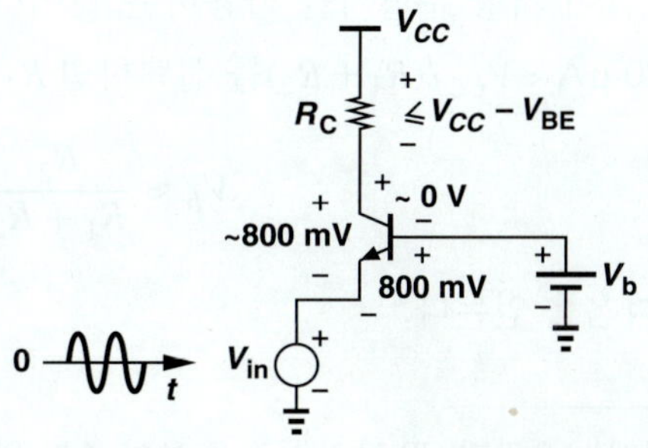

그림 5.63 CB 단에서의 전압 여유공간

예제 5.35 어떤 전자 온도계가 생성하는 전압은 실온에서 600 mV이다. 이 온도계의 출력을 감지하여 최대의 이득으로 증폭하는 CB 단을 설계하라. $V_{CC} = 1.8$ V, $I_C = 0.2$ mA, $I_S = 5 \times 10^{-17}$ A, $\beta = 100$을 가정하라.

풀이 그림 5.64(a)에서 볼 수 있듯이 이 회로는 600 mV의 입력에서 적절히 동작해야 한다. 따라서 $V_b = V_{BE} + 600$ mV $= V_T \ln(I_C/I_S) + 600$ mV $= 1.354$ V의 조건을 얻는다. Q_1이 포화 영역에 들어가지 않으려면 컬렉터 전압은 베이스 전압보다 낮아지지 않아야 하며, 이에 따라 R_C에서의 최대 전압 강하는 1.8 V − 1.354 V = 0.446 V가 된다. 따라서 $R_C = 2.23$ kΩ이 되며, 이것을 이용하여 다음을 얻을 수 있다.

$$A_v = g_m R_C \tag{5.257}$$

$$= \frac{I_C R_C}{V_T} \tag{5.258}$$

$$= 17.2 \tag{5.259}$$

$I_C = 0.4$ mA의 바이어스 전류의 조건에서 이 문제를 다시 풀어 보기 바란다. 그러면 최대 이득이 바이어스 전류와 비교적 무관함을 알 수 있을 것이다.[10)]

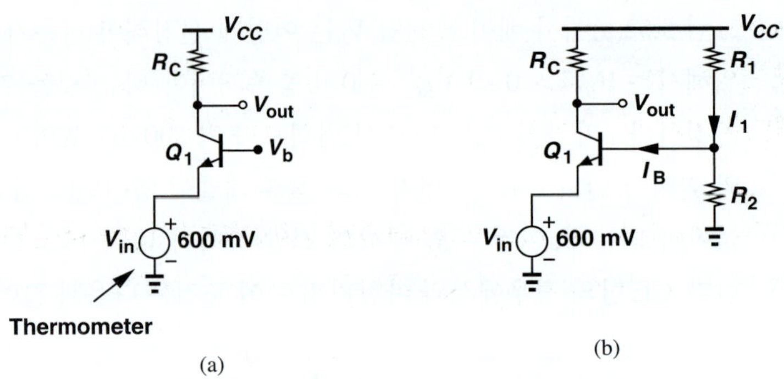

그림 5.64 (a) CB 단의 입력 감지; (b) 베이스를 위한 바이어스 회로망

이제 V_b를 생성하는 회로를 구성하는 것이 필요하다. 간단한 방법은 그림 5.64(b)에 있는 것과 같이 저항 분할기를 사용하는 것이다. β에 대한 민감도를 줄이기 위해서 $I_1 \approx 10I_B \approx 20\ \mu\text{A} \approx V_{CC}/(R_1 + R_2)$를 선택하면 $R_1 + R_2 = 90$ kΩ을 얻는다. 또한

$$V_b \approx \frac{R_2}{R_1 + R_2} V_{CC} \tag{5.260}$$

로부터 다음을 얻는다.

10) 이 예제는 오로지 CB 단의 동작을 보여 주기 위한 것이다. 온도계의 전압을 감지하는 데는 CE 단이 더 적합할 수 있다.

$$R_2 = 67.7\ \text{k}\Omega \tag{5.261}$$

$$R_1 = 22.3\ \text{k}\Omega \tag{5.262}$$

연습문제 온도계의 전압이 300 mV인 경우에 대하여 위의 예제를 다시 풀어라.

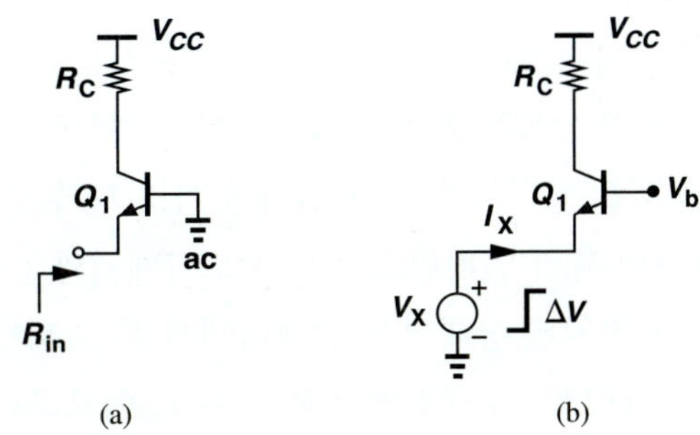

그림 5.65 (a) CB 단의 입력 임피던스; (b) 입력의 작은 변화에 대한 응답

이제 CB 단이 앞뒤의 단들과 연결되는 능력을 이해하기 위하여 그 입출력 임피던스를 계산해 보자. 그림 5.7에 나타낸 규칙들이 여기서 매우 유용한데, 이 규칙들은 소신호 등가 회로를 그리지 않아도 되게 해 준다. 그림 5.65(a)의 간략화된 교류 회로는 R_{in}이 단순히 베이스가 접지된 상태에서 이미터를 들여다본 임피던스라는 것을 말해 준다. 따라서 그림 5.7의 규칙으로부터 다음을 얻는다.

$$R_{in} = \frac{1}{g_m} \tag{5.263}$$

위에서 $V_A = \infty$를 가정하였다. 따라서 CB 단의 입력 임피던스는 비교적 작다. 예를 들어 $I_C = 1$ mA인 경우 26 Ω 정도밖에 되지 않는다.(이것은 CE 단의 입력 임피던스가 β/g_m인 것과 뚜렷하게 대비된다.)

CB 단의 입력 임피던스는 또한 직관적으로 알아낼 수 있다[그림 5.65(b)]. Q_1의 이미터에 연결된 전압원 V_X가 적은 양인 ΔV만큼 변했다고 하자. 베이스-이미터 전압도 이때 같은 양만큼 변화하며 컬렉터 전류를 $g_m\Delta V$만큼 변화시킨다. 컬렉터 전류가 입력 신호원을 통해 흐르므로 V_X가 공급하는 전류도 역시 $g_m\Delta V$만큼 변화한다. 따라서 $R_{in} = \Delta V_X/\Delta I_X = 1/g_m$이다.

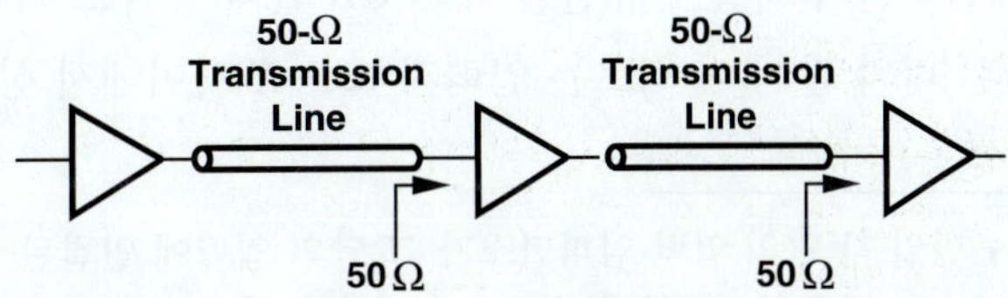

그림 5.66 전송선을 이용한 시스템

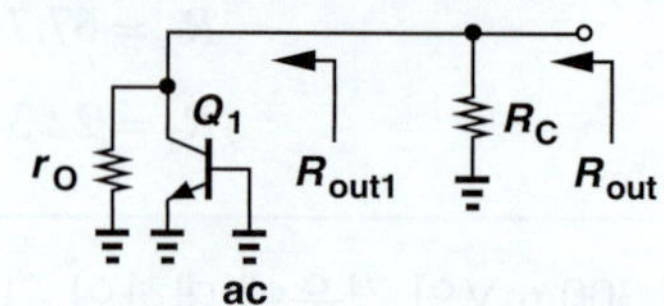

그림 5.67 CB 단의 출력 임피던스

입력 임피던스가 작은 증폭기가 실용적으로 쓸모가 있을까? 그렇다. 예를 들어 많은 고주파 증폭기 모듈들은 각 모듈과 그들을 연결하는 전송선(PCB의 선들) 사이의 '임피던스 정합'을 위해 입력 저항이 50 Ω 정도가 되도록 설계된다(그림 5.66).[11)]

CB 단의 출력 임피던스는 그림 5.67에서와 같이 입력 신호를 영(0)으로 놓고 계산한다. 이미터가 접지된 상태에서 컬렉터에서 본 임피던스를 R_{out1}이라고 하면 $R_{out} = R_{out1} || R_C$가 된다. 그림 5.7의 규칙에서 $R_{out1} = r_O$이므로

$$R_{out} = r_O || R_C \tag{5.264}$$

또는

$$R_{out} = R_C \text{ if } V_A = \infty \tag{5.265}$$

가 성립한다.

예제 5.36 공통 베이스 증폭기가 입력 임피던스가 R_{in}이고 출력 임피던스가 R_{out}이 되도록 설계되었다. 얼리 효과를 무시하고 이 회로의 전압 이득을 구하라.

풀이 $R_{in} = 1/g_m$이고 $R_{out} = R_C$이므로 다음이 성립한다.

$$A_v = \frac{R_{out}}{R_{in}} \tag{5.266}$$

연습문제 이 값을 CE 단에서 얻은 값과 비교하라.

식 (5.256)과 (5.266)으로부터 CB 단은 그림 5.33에 나타낸 CE 증폭기의 경우와 유사한 상충 관계를 갖는다는 것을 알 수 있다.

신호원의 저항이 유한할 때의 CB 단의 동작도 학습할 필요가 있다. 그림 5.68에 나타나 있는 바와 같이 이 회로는 입력과 노드 X 사이에서 신호가 약화되는 문제를 겪으며, 따라서

11) 만일 각 단의 입력 임피던스가 그 단의 입력에 연결된 전송선의 특성 임피던스와 정합이 되지 않으면 신호의 '반사'가 발생하여 신호가 깨끗하지 않게 되거나, 그렇게는 되지 않더라도 최소한 전송선의 길이에 따라 신호가 달라지는 현상이 발생한다.

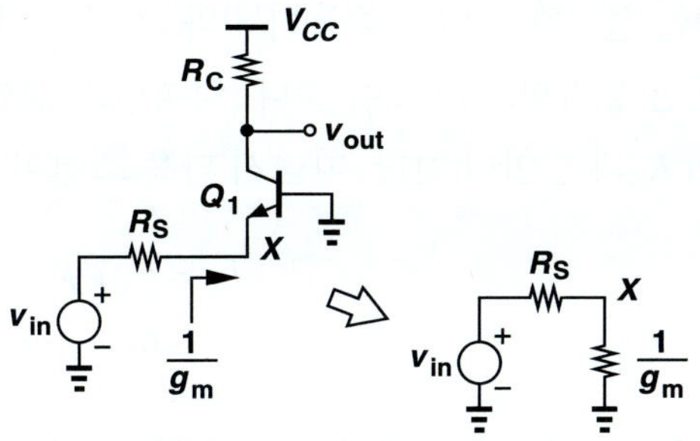

그림 5.68 신호원 저항이 있을 때의 CB 단

작은 전압 이득을 갖는다. 더 구체적으로 말하면, (베이스가 접지된 상태에서) Q_1의 이미터를 들여다본 임피던스가 $1/g_m$이므로($V_A = \infty$를 가정함) 다음이 성립한다.

$$v_X = \frac{\frac{1}{g_m}}{R_S + \frac{1}{g_m}} v_{in} \tag{5.267}$$

$$= \frac{1}{1 + g_m R_S} v_{in} \tag{5.268}$$

또한 식 (5.254)로부터 이미터와 출력 사이의 이득이 다음과 같은 것을 알 수 있다.

$$\frac{v_{out}}{v_X} = g_m R_C \tag{5.269}$$

이로부터 다음을 얻을 수 있다.

$$\frac{v_{out}}{v_{in}} = \frac{g_m R_C}{1 + g_m R_S} \tag{5.270}$$

$$= \frac{R_C}{\frac{1}{g_m} + R_S} \tag{5.271}$$

위의 결과는 R_S를 이미터 축퇴 저항이라고 간주했을 때의 CE 단의 이득을 나타내는 수식과 (음수 부호만 제외하면) 동일하다.

예제 5.37

50 Ω 안테나가 수신한 RF 신호를 증폭하는 공통 베이스 단을 설계한다. 이 증폭기의 입력 임피던스가 안테나의 임피던스에 정합되게 하는 데 필요한 바이어스 전류를 구하라. 또 이 증폭기가 구동하는 부하의 저항도 50 Ω일 때 전압 이득은 얼마인가? $V_A = \infty$라고 가정하라.

풀이 그림 5.69는 설계하고 있는 증폭기[12]와 그 안의 안테나를 전압원 v_{in}과 저항 $R_S = 50\ \Omega$으로 모델한 등가회로를 보여 준다. 임피던스 정합을 위해서는 CB 코어의 입력 임피던스 $1/g_m$이 R_S과 같아야 한다. 따라서 다음 조건이 만족되어야 한다.

$$I_C = g_m V_T \tag{5.272}$$

$$= 0.52\ \text{mA} \tag{5.273}$$

R_C가 50 Ω의 부하로 대치된다면 식 (5.271)은 다음과 같이 된다.

$$A_v = \frac{R_C}{\dfrac{1}{g_m} + R_S} \tag{5.274}$$

$$= \frac{1}{2} \tag{5.275}$$

따라서 이 회로는 50 Ω의 부하를 직접 구동하는 데는 적합하지 않다.

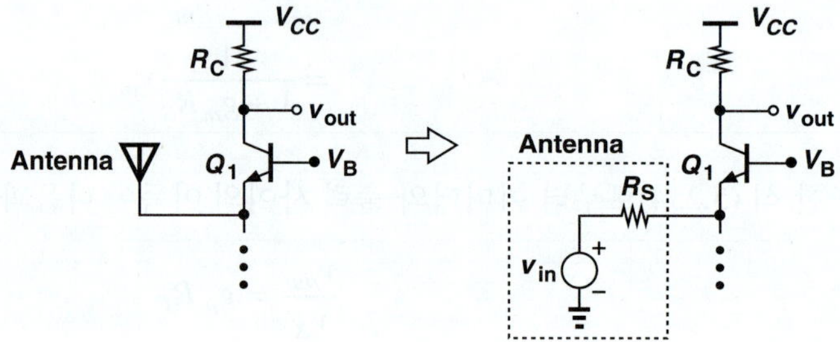

그림 5.69 안테나가 보낸 신호를 수신하는 CB 단과 등가 회로

연습문제 Q_1의 이미터와 접지 사이에도 50 Ω 저항이 연결될 경우 전압 이득은 얼마인가?

CE 단과 CB 단 사이의 또 하나의 흥미로운 대조는 이들의 전류 이득에 있다. CB 단에서는 이미터로 흘러 들어간 전류가 그대로 컬렉터로 나오므로 전류 이득이 1이 된다. 이에 반해 CE 단은 5.3.1절에서 언급한 대로 $A_I = \beta$의 전류 이득을 갖는다. 사실 앞에서 입력 전류 $i_{in} = v_{in}/(R_S + 1/g_m)$이 R_C에 흐르면 $v_{out} = R_C v_{in}/(R_S + 1/g_m)$이 발생한다. 따라서 $R_C \le R_S$일 때 전압 이득이 0.5를 넘지 않는 것은 당연한 일이다.

CE 단에서와 마찬가지로 CB 토폴로지도 이미터 축퇴, 얼리 효과($V_A < \infty$), 베이스에 직렬로 연결된 저항 등이 포함된 더 일반화된 경우[그림 5.70(a)]에 대한 해석을 해 볼 수 있다. 하지만 이러한 해석은 이 책의 범위를 다소 벗어나기 때문에 문제 5.64에서 간략히 다루었다. 그럼에도 불구하고 $V_A < \infty$이지만 $R_B = 0$인 특수한 경우를 생각해 보는 것은 유

12) 그림에서 점들은 바이어스 회로가 필요함을 가리킨다. 이에 대해서는 이 절의 뒷부분에서 설명한다.

그림 5.70 (a) 일반화된 CB 단; (b) 다른 노드들에서 들여다본 출력 임피던스

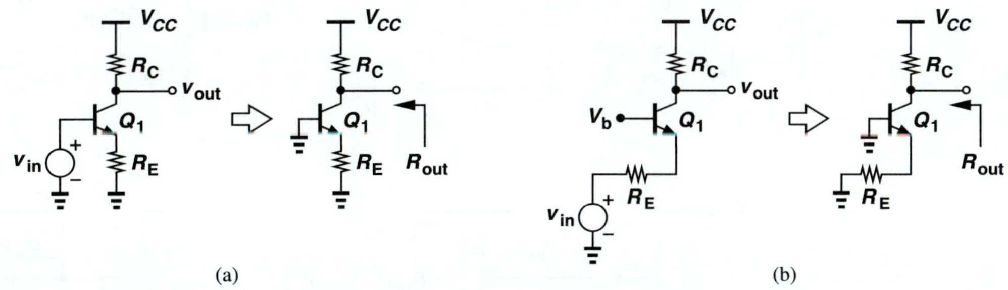

그림 5.71 출력 임피던스 계산을 위해 간략화한 (a) CE 단 및 (b) CB 단의 회로도

익하다. 이 회로의 출력 저항을 구해 보자. 그림 5.70(b)에 나타낸 대로 R_{out}은 컬렉터를 들여다본 임피던스 R_{out1}과 R_C의 병렬 저항이다. 그런데 R_{out1}이 이미터 축퇴된 CE 단의 출력 저항과 동일한 것은 그림 5.46과 비교하면 바로 알 수 있으며, 따라서 R_{out1}은 식 (5.197)을 이용하여 다음과 같이 나타낼 수 있다.

$$R_{out1} = [1 + g_m(R_E||r_\pi)]r_O + (R_E||r_\pi) \tag{5.276}$$

여기서 다음을 얻을 수 있다.

$$R_{out} = R_C||\{[1 + g_m(R_E||r_\pi)]r_O + (R_E||r_\pi)\} \tag{5.277}$$

독자는 CB 단의 출력 저항이 CE 단의 출력 저항과 같은 것을 알아차렸을지도 모른다. 이것이 항상 성립하는가? 출력 저항을 계산할 때는 입력 신호원을 0으로 놓는다는 것을 상기하자. 따라서 R_{out}을 계산할 때는 입력 신호가 어느 노드에 연결되는지가 상관이 없다. CE 단과 CB 단에 대해서 이 점을 나타낸 것이 그림 5.71이다. 따라서 CE 단과 CB 단이 (V_A 값이나 이미터 축퇴 등에서) 같은 조건을 갖고 있을 때, 같은 출력 임피던스를 갖는 것은 우연이 아니다.

예제 5.38

"CB 단의 출력 임피던스는 CE 단의 출력 임피던스에 비해 상당히 크다"라는 말이 있다. 이러한 주장은 그림 5.72에 나타나 있는 것과 같은 테스트를 통해 정당화되어 왔다. 즉, 컬렉터 전압을 변화시키면서 베이스에 일정한 전류를 주입하면 I_C는 r_O^{-1}의 기울기를 보인다[그림 5.72(a)]. 이에 반해 정전류를 이미터에서 뽑아낼 때 I_C는 컬렉터 전압에 대해서 훨씬 더 작은 의존도를 보인다. 왜 이러한 테스트들이 실제의 상황을 나타내지 못하는지 설명하라.

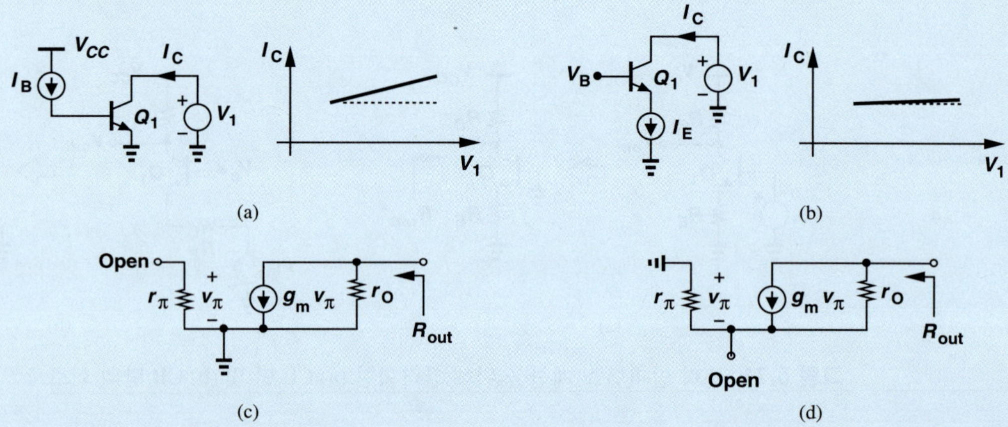

그림 5.72 (a) 이미터가 접지된 상태에서 컬렉터에서 들여다본 저항; (b) 이미터에 이상적인 전류원이 연결된 상태에서 컬렉터에서 들여다본 저항; (c) (a)의 소신호 모델; (d) (b)의 소신호 모델

풀이 여기서 기본적인 문제는 전류원을 사용하여 각각의 단을 구동한다는 점에 있다. 소신호의 관점에서 이 2개의 회로는 각각 그림 5.72(c)와 (d)의 회로로 간략하게 나타낼 수 있다. 이 과정에서 전류원 I_B와 I_E는 정전류원이므로 개방 회로로 대체되었다. 그림 5.72(c)에서 r_π를 흐르는 전류가 0이므로 $g_m v_\pi = 0$이 되며, 따라서 $R_{out} = r_O$가 된다. 이에 반해 그림 5.72(d)는 무한대의 이미터 저항을 갖는 이미터 축퇴된 단(그림 5.46)이라고 할 수 있으며, 따라서 출력 저항은 다음과 같이 된다.

$$R_{out} = [1 + g_m(R_E||r_\pi)]r_O + (R_E||r_\pi) \tag{5.278}$$

$$= (1 + g_m r_\pi)r_O + r_\pi \tag{5.279}$$

$$\approx \beta r_O + r_\pi \tag{5.280}$$

따라서 이 경우 R_{out}은 r_O보다 매우 크다. 하지만 실제의 경우에서 이들 단들이 유한한 임피던스를 갖는 전압원에 의해 구동된다면 위의 비교는 의미가 없게 된다.

연습문제 크기가 R_1인 저항이 이미터와 직렬로 연결되었을 경우에 대해서 위의 예제를 다시 풀어라.

그림 5.73 베이스 저항이 있을 때의 CB 단

그림 5.70(a)에 있는 토폴로지의 또 다른 특수한 경우로 $V_A = \infty$이지만 $R_B > 0$인 경우가 있다. 이 경우는 앞에서 학습한 어떤 경우로도 환원되지 않으므로, 이 회로의 동작을 학습하기 위해서 그림 5.73의 소신호 모델을 사용한다. 이제까지 사용한 방법을 계속 사용하면 $g_m v_\pi = -v_{out}/R_C$로부터 $v_\pi = -v_{out}/(g_m R_C)$를 얻을 수 있다. r_π를 흐르는 전류(R_B를 흐르는 전류이기도 함)는 $v_\pi/r_\pi = -v_{out}/(g_m r_\pi R_C) = -v_{out}/(\beta R_C)$와 같다. 이 전류에 $R_B + r_\pi$를 곱하면 노드 P의 전압을 얻는다.

$$v_P = -\frac{-v_{out}}{\beta R_C}(R_B + r_\pi) \tag{5.281}$$

$$= \frac{v_{out}}{\beta R_C}(R_B + r_\pi) \tag{5.282}$$

또 노드 P에서 KCL을 사용하자.

$$\frac{v_\pi}{r_\pi} + g_m v_\pi = \frac{v_P - v_{in}}{R_E} \tag{5.283}$$

위 식에서 다음을 얻을 수 있다.

$$\left(\frac{1}{r_\pi} + g_m\right)\frac{-v_{out}}{g_m R_C} = \frac{\dfrac{v_{out}}{\beta R_C}(R_B + r_\pi) - v_{in}}{R_E} \tag{5.284}$$

Did you know?

베이스에 직렬로 연결된 임피던스에 의한 CB 단의 이득의 감소는 많은 회로 설계자들에게 시련을 안겨 주었다. 이 효과는 특히 높은 주파수에서 두드러지는데, (칩이 들어 있는) 패키지의 기생 인덕턴스가 상당한 임피던스를 만들기 때문이다($=L\omega$). 그림에 보인 것과 같이, 칩을 패키지에 연결하는 '본드 와이어'는 인덕터로 작용하여 성능을 저하시킨다. 예를 들어 5 mm 길이의 본드 와이어는 대략 5 nH의 인덕턴스를 가지는데 이는 5 GHz에서 약 157 Ω의 임피던스에 해당한다.

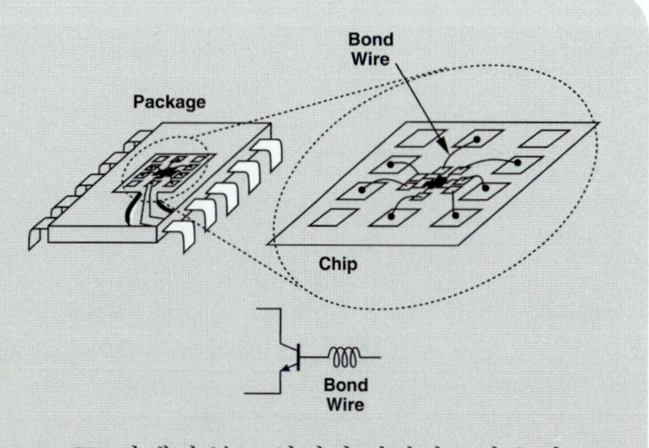

CB 단에서 본드 와이어 인덕턴스의 효과

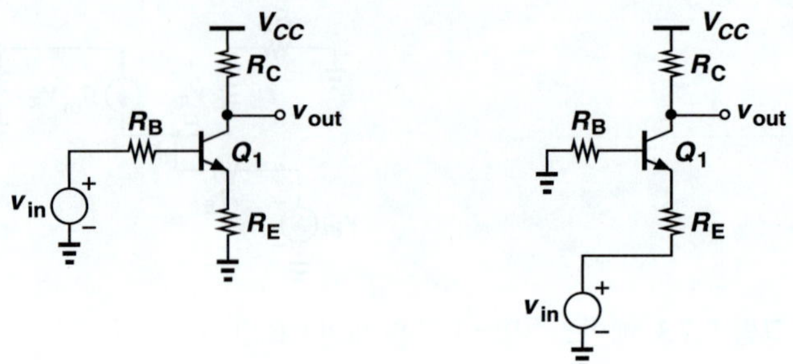

그림 5.74 베이스 저항이 있을 때 CE 단과 CB 단의 비교

위의 결과는 다음으로 이어진다.

$$\frac{v_{out}}{v_{in}} = \frac{\beta R_C}{(\beta+1)R_E + R_B + r_\pi} \tag{5.285}$$

위의 분자와 분모를 $\beta+1$로 나누면 다음을 얻는다.

$$\frac{v_{out}}{v_{in}} \approx \frac{R_C}{R_E + \dfrac{R_B}{\beta+1} + \dfrac{1}{g_m}} \tag{5.286}$$

예상한 대로 이득은 양수이다. 더욱이 이 식은 CE 단의 이득을 나타낸 식 (5.185)와 일치한다. 그림 5.74는 왜 두 단이 부호만 제외하면 동일한 이득을 갖는지를 보여 준다. R_B는 이득을 감소시키기만 하는데, 우리가 일부러 회로에 더해 주는 것이 아니라는 점에 주의하자. 이 절의 뒷부분에서 설명하겠지만, R_B는 바이어스 회로망 때문에 생길 수 있다.

이제 베이스에 직렬로 연결된 저항이 있을 때의 CB 단의 입력 임피던스를 구해 보자. 여기서도 계속 $V_A = \infty$라고 가정한다. 그림 5.75의 소신호 등가 회로로부터 r_π와 R_B가 전압 분배기를 형성하고 그 출력이 다음과 같음을 알 수 있다.[13)]

$$v_\pi = -\frac{r_\pi}{r_\pi + R_B} v_X \tag{5.287}$$

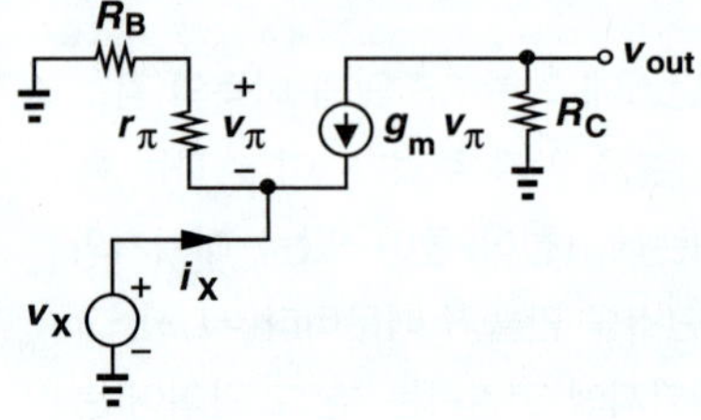

그림 5.75 베이스 저항이 있는 CB 단의 입력 임피던스

13) 그 대신에 r_π와 R_B를 통해 흐르는 전류가 $v_X/(r_\pi + R_B)$이므로 r_π 양단의 전압차가 $-r_\pi v_X/(r_\pi + R_B)$가 된다고도 할 수 있다.

그림 5.76 트랜지스터의 이미터 또는 베이스에서 본 임피던스

또한 KCL을 입력 노드에 적용하면 다음을 얻는다.

$$\frac{v_\pi}{r_\pi} + g_m v_\pi = -i_X \tag{5.288}$$

따라서 다음이 성립한다.

$$\left(\frac{1}{r_\pi} + g_m\right) \frac{-r_\pi}{r_\pi + R_B} v_X = -i_X \tag{5.289}$$

$$\frac{v_X}{i_X} = \frac{r_\pi + R_B}{\beta + 1} \tag{5.290}$$

$$\approx \frac{1}{g_m} + \frac{R_B}{\beta + 1} \tag{5.291}$$

위에서 $R_B = 0$일 경우 $R_{in} = 1/g_m$이 됨을 주목하라. 이것은 그림 5.7의 규칙들로부터 예상할 수 있는 결과이다. 흥미롭게도 베이스 저항은 이미터 쪽에서 '보았을' 때 $\beta + 1$로 나누어진다. 이것은 이미터 축퇴의 경우와 대비되는데, 거기서 이미터 저항은 베이스 쪽에서 보았을 때 $\beta + 1$로 곱해졌었다. 그림 5.76이 두 경우를 요약한다. $V_A = \infty$일 때 위의 결과들은 R_C의 값과 상관이 없어짐을 기억하자.

예제 5.39

그림 5.77(a)에서 2개의 트랜지스터가 동일하고 $V_A = \infty$일 때, Q_2의 이미터에서 본 임피던스를 결정하라.

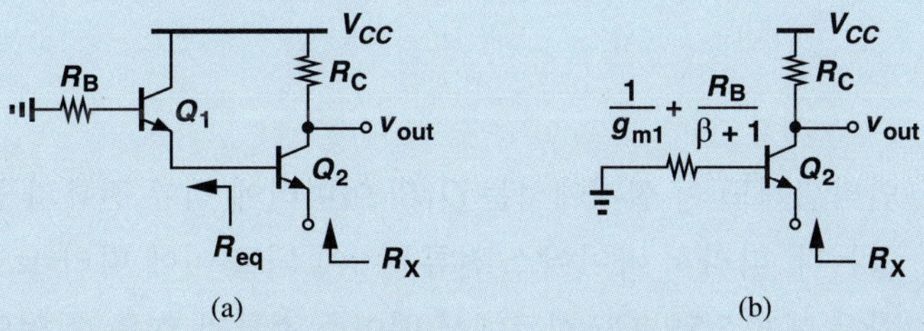

그림 5.77 (a) CB 단의 예; (b) 단순화한 회로

풀이 이 회로는 Q_2를 공통 베이스 소자로 사용하지만, Q_2의 베이스는 Q_1의 이미터를 들여다 본 저항과 등가인 직렬 저항에 연결되어 있다. 따라서 우선 등가 저항 R_{eq}를 구해야 되는데, 이는 식 (5.291)을 사용하여 바로 다음과 같이 나타낼 수 있다.

$$R_{eq} = \frac{1}{g_{m1}} + \frac{R_B}{\beta + 1} \tag{5.292}$$

이때 회로를 그림 5.77(b)와 같이 단순화하면 다음을 얻을 수 있다.

$$R_X = \frac{1}{g_{m2}} + \frac{R_{eq}}{\beta + 1} \tag{5.293}$$

$$= \frac{1}{g_{m2}} + \frac{1}{\beta + 1}\left(\frac{1}{g_{m1}} + \frac{R_B}{\beta + 1}\right) \tag{5.294}$$

연습문제 Q_1의 컬렉터에 저항 R_1이 직렬로 연결되면 어떻게 되는가?

바이어스된 CB 단 CB 코어의 소신호 성질들을 공부하였으므로 이제 범위를 넓혀서 바이어스를 포함한 회로를 해석해 보자. 예제를 통해 공부하는 것이 효과적이다.

예제 5.40 예제 5.31의 학생이 CB 단의 입력에 교류 결합을 사용하여, 바이어스가 신호원에 의해 영향을 받지 않게 만들기로 결정하고, 그림 5.78과 같이 회로를 설계하였다. 왜 이 회로가 동작하지 않는지를 설명하라.

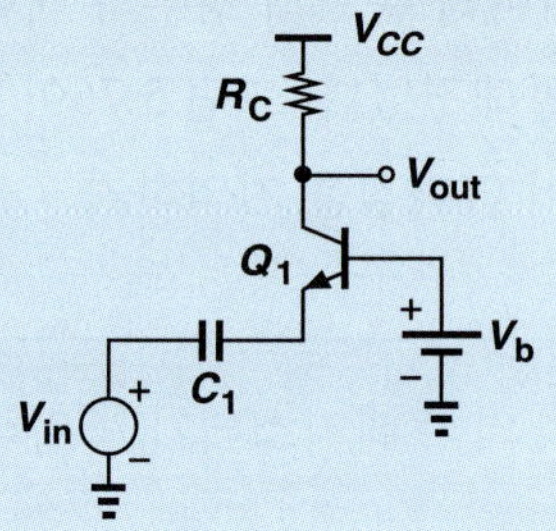

그림 5.78 바이어스 전류를 빠뜨린 CB 단

풀이 안타깝게도 이 설계에서는 Q_1의 이미터에 직류 전류가 들어갈 수 있는 경로가 존재하지 않는다. 따라서 바이어스 전류는 0이 되고 이에 따라 트랜스컨덕턴스도 0이 된다. 이 상황은 예제 5.5의 CE 회로에서 베이스 전류가 흐를 수 없었던 상황과 비슷하다.

연습문제 $V_b = V_{CC}$라면 Q_1은 어느 영역에서 동작하는가?

예제 5.41 약간 당황한 이 학생이 이미터를 접지에 연결하여 $V_{BE} = V_b$가 되고 적당한 양의 컬렉터 전류가 흐르도록 하였다(그림 5.79). 왜 "서두르면 일을 그르친다"는 말이 맞는지 설명하라.

그림 5.79 이미터가 접지에 단락된 CB 단

풀이 예제 5.6에서와 마찬가지로 이 학생은 신호를 교류 접지에 단락되게 하였다. 즉, 이미터 전압은 v_{in}의 값에 관계없이 0이 되며 따라서 $v_{out} = 0$이 된다.

연습문제 만일 V_b를 증가시키면 이 회로는 동작하는가?

위의 예제들은 이미터가 개방되어도 안 되고 접지에 단락되어도 안 되기 때문에, 바이어스를 위해서는 약간의 소자들이 필요하다는 것을 말해 준다. 바이어스 회로의 한 가지 예를 그림 5.80(a)가 보여 주고 있다. R_E가 바이어스 전류를 위한 경로를 만들고 있는데, 그 대가로 입력 임피던스는 낮아진다. 이제 R_{in}은 병렬로 연결된 2개의 성분으로 구성되는 것을 알 수 있다: (1) 베이스가 교류 접지된 상태에서 이미터를 올려다본 임피던스 $1/g_m$, (2) 아래쪽에 있는 R_E. 따라서 입력 임피던스는 다음과 같다.

$$R_{in} = \frac{1}{g_m} || R_E \tag{5.295}$$

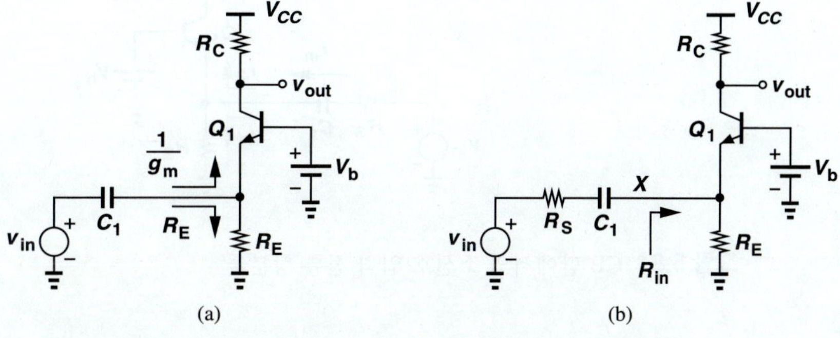

그림 5.80 (a) 바이어스된 CB 단; (b) 신호원 저항을 포함한 경우

CE 단의 바이어스 회로망(그림 5.58)의 경우와 마찬가지로, R_{in} 감소의 영향은 전압 신호원이 유한한 출력 임피던스를 갖고 있을 때 드러나게 된다. 그림 5.80(b)가 그러한 영향을 보여 주는데, 이때 신호가 약화되어 전체적인 전압 이득이 감소한다.

그림 5.68에 있는 해석 방법을 따르면 다음과 같은 관계를 얻을 수 있다.

$$\frac{v_X}{v_{in}} = \frac{R_{in}}{R_{in} + R_S} \tag{5.296}$$

$$= \frac{\frac{1}{g_m} || R_E}{\frac{1}{g_m} || R_E + R_S} \tag{5.297}$$

$$= \frac{R_E}{R_E + (1 + g_m R_E) R_S} \tag{5.298}$$

여기서 $v_{out}/v_X = g_m R_C$이므로 다음이 성립한다.

$$\frac{v_{out}}{v_{in}} = \frac{R_E}{R_E + (1 + g_m R_E) R_S} \cdot g_m R_C \tag{5.299}$$

이제까지 해 온 것처럼 우리는 여기서도 소신호 등가 회로를 그리는 것보다 직관에 의한 풀이를 택하였다.

어떤 독자는 우리의 논의에서 모순점을 발견했을지도 모른다. 즉, 우리는 한편으로는 CB 단의 입력 임피던스가 작은 것을 유용한 성질로 생각하였으며, 또 다른 한편으로는 R_E 때문에 입력 임피던스가 작아지는 것이 바람직하지 않다고 하였다. 이 모순을 해결하기 위해서는 $1/g_m$과 R_E를 구별하는 것이 필요하다. 즉, R_E는 입력 신호 전류를 접지로 빼돌리기 때문에 신호를 '낭비'한다. 그림 5.81에 있듯이 i_{in}은 둘로 나누어지는데 이 중 i_2만이 R_C에 도달하고 출력 신호에 기여를 한다. 만일 $1/g_m$이 일정한 상태에서 R_E가 감소하면 i_2도 감소한다.[14] 따라서 R_E에 의한 R_{in}의 감소는 바람직하지 않다. 이와 반대로 R_E가 일정한 상

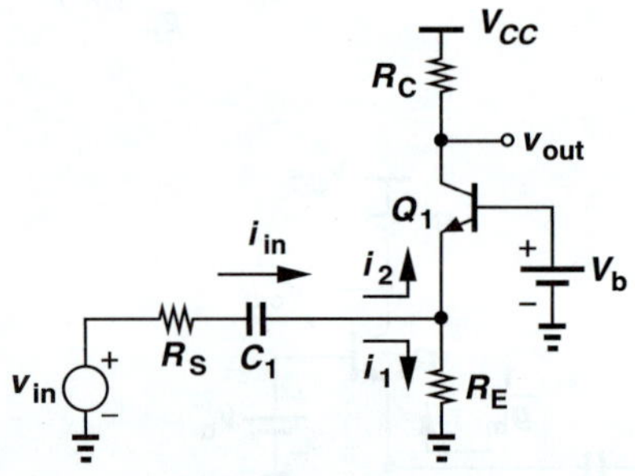

그림 5.81 CB 단에서의 소신호 입력 전류 성분들

14) 극단적으로 $R_E = 0$인 경우(예제 5.41) $i_2 = 0$이 된다.

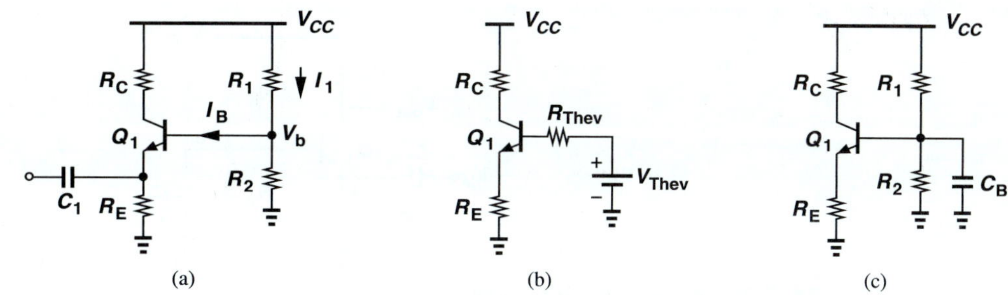

그림 5.82 (a) 바이어스 회로망이 있는 CB 단; (b) 테브냉 등가를 사용한 간략화; (c) 바이패스 커패시터의 효과

태에서 $1/g_m$이 감소하면 i_2가 증가한다. R_E가 입력 임피던스에 주는 영향이 무시할 만큼 작기 위해서는 다음 조건이 충족되어야 한다.

$$R_E \gg \frac{1}{g_m} \tag{5.300}$$

위의 관계는 다음과 같이 표현될 수 있다.

$$I_C R_E \gg V_T \tag{5.301}$$

즉, R_E에서의 직류 전압 강하가 V_T보다 매우 커야 한다.

베이스 전압 V_b는 어떻게 만들어야 하는가? CE 단에서 사용한 것과 비슷한 저항성 분할기를 사용할 수 있다. 그런 방법이 그림 5.82(a)에 나타나 있는데, 이 회로의 β에 대한 민감성을 최소화하기 위해서는 $I_1 \gg I_B$가 확실히 충족되도록 해야 하며, 이 경우 다음이 성립한다.

$$V_b \approx \frac{R_2}{R_1 + R_2} V_{CC} \tag{5.302}$$

그런데 식 (5.286)으로부터 베이스에 직렬로 연결된 저항이 CB 단의 전압 이득을 낮춘다는 것을 알았다. 그림 5.82(b)에서와 같이 R_1과 R_2를 테브냉 등가 회로로 나타내면 저항 $R_{Thev} = R_1 || R_2$가 베이스와 직렬로 나타나는 것을 볼 수 있다. 이 때문에 '바이패스 커패시터(bypass capacitor)'가 베이스와 접지 사이에 자주 사용되는데, 이 커패시터는 신호 주파수 대역에서 단락 회로로 작용한다[그림 5.82(c)].

예제 5.42

그림 5.83과 같은 CB 단을 전압 이득이 10이고 입력 임피던스가 50 Ω이 되도록 설계하라. $I_S = 5 \times 10^{-16}$ A, $V_A = \infty, \beta = 100, V_{CC} = 2.5$ V라고 가정하라.

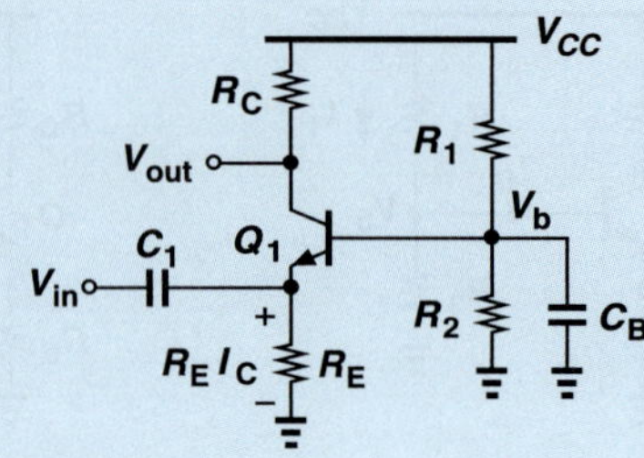

그림 5.83 바이어스된 CB 단의 예

풀이 우선 R_E에 의한 바람직하지 않은 효과를 최소화하기 위하여 $R_E \gg 1/g_m$이 되도록 한다 (예를 들면, $R_E = 500\ \Omega$). 이때 입력 임피던스의 조건에서 다음을 얻는다.

$$R_{in} \approx \frac{1}{g_m} = 50\ \Omega \tag{5.303}$$

위로부터 다음도 얻을 수 있다.

$$I_C = 0.52\ \text{mA} \tag{5.304}$$

만일 베이스가 접지에 바이패스된다면

$$A_v = g_m R_C \tag{5.305}$$

가 성립하며 이로부터 다음을 얻는다.

$$R_C = 500\ \Omega \tag{5.306}$$

이제 바이어스 저항을 결정하자. R_E에서의 전압 강하가 $500\ \Omega \times 0.52\ \text{mA} = 260\ \text{mV}$이고 $V_{BE} = V_T \ln(I_C/I_S) = 899\ \text{mV}$이므로 다음이 성립한다.

$$V_b = I_E R_E + V_{BE} \tag{5.307}$$

$$= 1.16\ \text{V} \tag{5.308}$$

R_1과 R_2에 흐르는 전류로 $10I_B = 52\ \mu\text{A}$를 선택하면 다음 조건을 얻는다.

$$V_b \approx \frac{R_2}{R_1 + R_2} V_{CC} \tag{5.309}$$

$$\frac{V_{CC}}{R_1 + R_2} = 52\ \mu\text{A} \tag{5.310}$$

이것은 다음으로 이어진다.

$$R_1 = 25.8\ \text{k}\Omega \tag{5.311}$$

$$R_2 = 22.3\ \text{k}\Omega \tag{5.312}$$

이 회로의 설계에서 마지막 단계는 필요한 C_1과 C_B의 값을 신호의 주파수에 맞추어 결정하는 것이다. 예를 들어 이 증폭기가 900 MHz 핸드폰의 프런트엔드에서 사용이 된다면, C_1과 C_B의 임피던스는 이 주파수에서 충분히 작아야 한다. C_1은 Q_1의 이미터와 직렬로 나타나므로 그림 5.68 및 식 (5.271)의 R_S와 비슷한 역할을 한다. 따라서 C_1의 임피던스 $|C_1\omega|^{-1}$는 $1/g_m = 50\ \Omega$보다 매우 작아야 한다. 핸드폰과 같은 고성능 응용 사례의 경우에는 이득의 저하가 무시할 만큼 작게 하기 위해서 $|C_1\omega|^{-1} = (1/g_m)/20$을 기준으로 사용할 수 있다. 이 경우 $\omega = 2\pi \times (900\ \text{MHz})$로부터 다음을 얻는다.

$$C_1 = \frac{20g_m}{\omega} \tag{5.313}$$

$$= 71\ \text{pF} \tag{5.314}$$

C_B의 임피던스는 베이스와 직렬로 나타나고 식 (5.286)의 $R_B/(\beta+1)$ 항과 비슷한 역할을 하므로 우리는 요구 조건을 다음과 같이 표현할 수 있다.

$$\frac{1}{\beta+1}\frac{1}{C_B\omega} = \frac{1}{20}\frac{1}{g_m} \tag{5.315}$$

이로부터 다음을 얻는다.

$$C_B = 0.7\ \text{pF} \tag{5.316}$$

(흔한 실수는 C_B의 임피던스가 $1/g_m$에 비하여 무시할 만큼 작게 하지 않고 $R_1 \| R_2$에 비하여 작게 하는 것이다.)

연습문제 위의 회로를 입력 임피던스가 100 Ω이 되도록 설계하라.

5.3.3 이미터 폴로어

또 하나의 중요한 회로 토폴로지가 이미터 폴로어(emitter follower)이다.[이미터 폴로어는 '공통 컬렉터(common-collector)' 단이라고도 한다.] 진도를 더 나가기 전에 예제 5.2, 5.3, 그림 5.7에 있는 규칙들, 그리고 그림 5.28에 나타낸 가능한 토폴로지의 종류들을 복습하기 바란다. 참고로 이 장에서는 표현을 간단히 하기 위해서 '이미터 폴로어' 대신 '폴로어'라는 표현을 종종 사용한다.

그림 5.84에 있는 대로, 이미터 폴로어는 입력을 트랜지스터의 베이스에서 감지하고 출력을 이미터에 생성한다. 트랜지스터의 컬렉터는 V_{CC}, 즉 교류 접지에 연결된다. 우선 코어를 학습한 후에 바이어스 회로망을 공부한다.

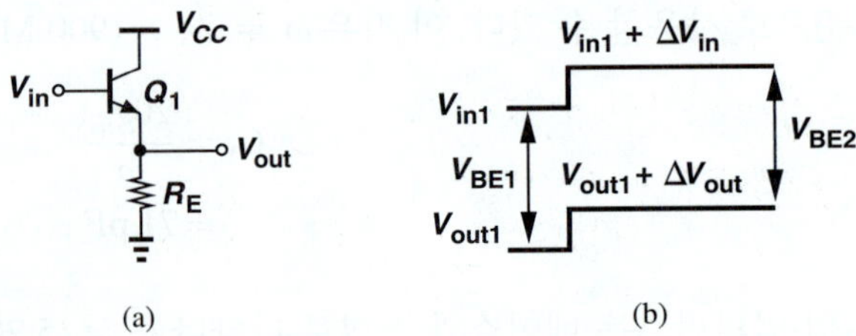

그림 5.84 이미터 폴로어

(a) (b)

그림 5.85 (a) 이미터 폴로어; (b) 회로의 응답

이미터 폴로어 코어 그림 5.85(a)의 폴로어는 V_{in}의 변화에 어떻게 반응하는가? 만일 V_{in}이 적은 양 ΔV_{in}만큼 증가하면, Q_1의 베이스-이미터 전압도 증가하며, 컬렉터와 이미터의 전류를 증가시킨다. 이미터 전류의 증가는 R_E에서의 전압 강하의 증가로 이어지며 따라서 V_{out}도 증가한다. 또 다른 관점에서 만일 (V_{in}의 증가에도) V_{out}이 일정하다고 가정해 보자. V_{in}이 증가하면 V_{BE}는 증가해야 하고 이에 따라 I_E도 증가하는데, 그러면 결국 V_{out}이 증가한다.(이는 가정에 모순된다.) V_{out}이 V_{in}과 같은 방향으로 변화하므로 전압 이득은 양수일 것이라고 예상할 수 있다. V_{out}은 항상 V_{BE}만큼 V_{in}보다 낮다는 사실에 주목할 필요가 있는데, 이 때문에 이 회로가 '레벨 시프트(level shift)'를 한다고 말한다.

또 하나의 흥미롭고 중요한 점은 V_{out}의 변화가 V_{in}의 변화보다 클 수는 없다는 것이다. V_{in}이 V_{in1}에서 $V_{in1} + \Delta V_{in}$으로 증가하고 V_{out}이 V_{out1}에서 $V_{out1} + \Delta V_{out}$으로 증가했다고 생각해 보자[그림 5.85(b)]. 출력이 입력보다 더 많이 변한다는 것은 $\Delta V_{out} > \Delta V_{in}$임을 의미하며, 이때 V_{BE2}는 V_{BE1}보다 작아야 한다. 하지만 이것은 이미터 전류가 감소하고 $I_E R_E = V_{out}$도 감소한다는 것을 의미한다. 이 결과는 앞에서 V_{out}이 증가한다고 한 가정에 어긋난다. 따라서 $\Delta V_{out} < \Delta V_{in}$이 되어야 하며 이것은 폴로어의 전압 이득이 1보다 작다는 것을 의미한다.[15]

독자는 1보다 작은 이득을 가진 증폭기에 실용적인 가치가 조금이라도 있을지 의문이 들 것이다. 뒤에서 설명하겠지만, 이미터 폴로어의 입력 및 출력 임피던스는 경우에 따라 이 회로를 매우 유용하게 한다.

이제 폴로어의 소신호 성능을 유도해 보자. 우선 $V_A = \infty$라고 가정한다. 그림 5.86의 등가 회로로부터

15) 예제 5.43에 있는 것과 같은 극단적인 경우에는 이득이 1이 될 수도 있다.

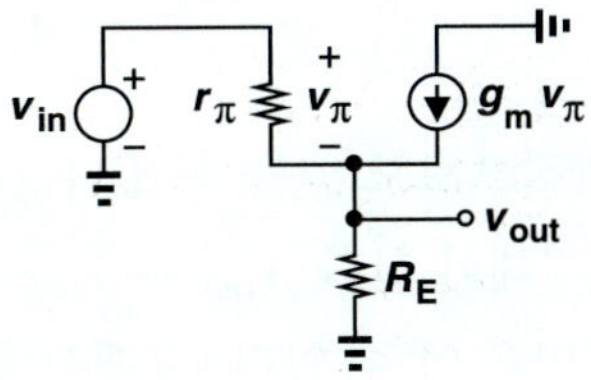

그림 5.86 이미터 폴로어의 소신호 모델

$$\frac{v_\pi}{r_\pi} + g_m v_\pi = \frac{v_{out}}{R_E} \tag{5.317}$$

을 얻으며, 이로부터 다음이 성립한다.

$$v_\pi = \frac{r_\pi}{\beta + 1} \cdot \frac{v_{out}}{R_E} \tag{5.318}$$

또 다음이 성립한다.

$$v_{in} = v_\pi + v_{out} \tag{5.319}$$

위 식에 식 (5.318)로부터 얻은 v_π를 대입하면 다음을 얻을 수 있다.

$$\frac{v_{out}}{v_{in}} = \frac{1}{1 + \frac{r_\pi}{\beta + 1} \cdot \frac{1}{R_E}} \tag{5.320}$$

$$\approx \frac{R_E}{R_E + \frac{1}{g_m}} \tag{5.321}$$

따라서 전압 이득은 양수이고 1보다 작다.

예제 5.43 집적 회로에서 폴로어는 보통 그림 5.87과 같이 구현된다. 전류원이 이상적이고 $V_A = \infty$ 라고 가정할 때 전압 이득을 구하라.

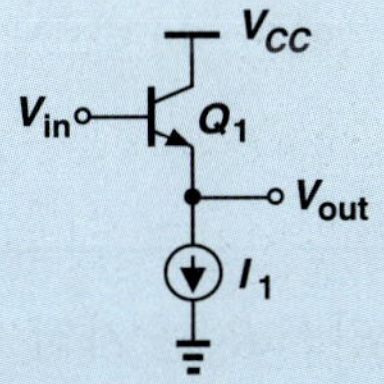

그림 5.87 전류원을 사용한 폴로어

풀이 이미터 저항이 이상적인 전류원으로 대체되었으므로, 식 (5.321)의 R_E 값은 무한대가 되며 이것으로부터 다음을 얻는다.

$$A_v = 1 \tag{5.322}$$

이 결과는 직관적으로도 얻을 수 있다. Q_1을 통해 흐르는 전류가 일정할 경우 $V_{BE} = V_T \ln(I_C/I_S)$도 일정해야 한다. $V_{out} = V_{in} - V_{BE}$라고 쓰면 V_{BE}가 일정할 때 V_{out}이 V_{in}을 그대로 따라갈 것임을 알 수 있다.(그래서 폴로어라고 부른다.)

연습문제 저항 R_1이 컬렉터와 직렬로 연결되었을 때에 대하여 위 예제를 다시 풀어라.

식 (5.321)은 이미터 폴로어가 전압 분배기로 작동하는 것을 암시하는데 이러한 관점은 다음의 또 다른 해석에 의해서도 뒷받침된다. 그림 5.88(a)와 같이 v_{in}과 Q_1을 테브냉 등가 회로로 모델링하는 것을 생각해 보자. 여기서 테브냉 전압은 Q_1이 생성하는 개방 회로 출력 전압인데[그림 5.88(b)], 이것은 마치 Q_1이 $R_E = \infty$인 조건에서 동작하는 것과 같다(예제 5.43). 따라서 $v_{Thev} = v_{in}$이 된다. 한편 테브냉 저항은 입력을 0으로 놓고 측정하는데[그림 5.88(c)], $1/g_m$이 된다. 따라서 그림 5.88(a)의 회로는 그림 5.88(d)와 같이 간략화될 수 있으며, 이로부터 이 회로가 전압 분배기로 동작하는 것을 다시 확인할 수 있다.

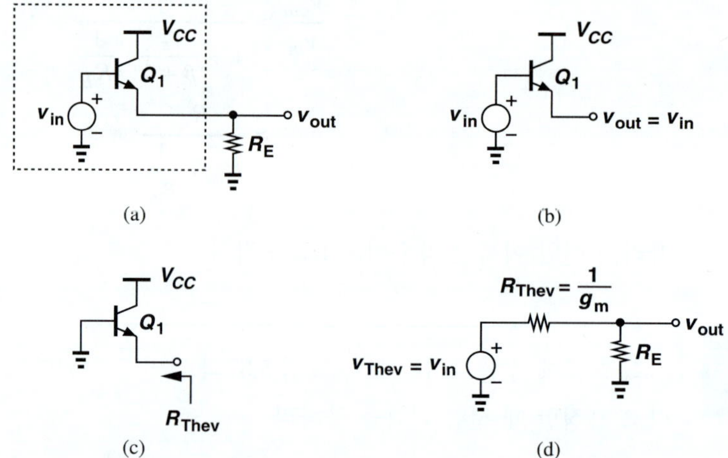

그림 5.88 (a) 이미터 폴로어 단; (b) 테브냉 전압; (c) 테브냉 저항; (d) 단순화한 회로

예제 5.44 폴로어가 유한한 임피던스 R_S를 가진 신호원에 의해 구동될 때[그림 5.89(a)] 전압 이득을 구하라. $V_A = \infty$를 가정하라.

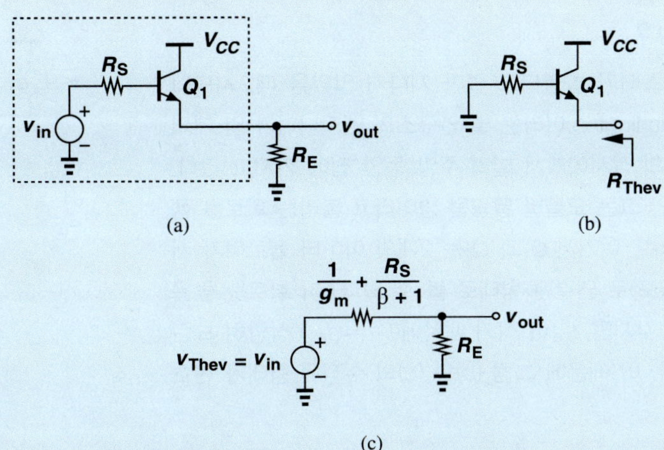

그림 5.89 (a) 신호원 임피던스가 있을 때의 폴로어; (b) 이미터에서 본 테브냉 저항; (c) 단순화한 회로

풀이 v_{in}, R_S, Q_1을 테브냉 등가로 모델링하자. 독자는 개방 회로 전압이 v_{in}임을 보일 수 있을 것이다. 또한 테브냉 저항[그림 5.89(b)]은 식 (5.291)에 의해 $R_S/(\beta+1)+1/g_m$로 주어진다. 그림 5.89(c)가 테브냉 등가 회로를 나타내는데 이 회로로부터 다음을 얻을 수 있다.

$$\frac{v_{out}}{v_{in}} = \frac{R_E}{R_E + \dfrac{R_S}{\beta+1} + \dfrac{1}{g_m}} \tag{5.323}$$

이 결과는 폴로어의 소신호 등가 회로를 풀어서도 얻을 수 있다.

연습문제 만일 $R_E = \infty$이면 어떻게 되는가?

이미터 폴로어의 유용성을 올바로 이해하기 위하여 폴로어의 입력 및 출력 임피던스를 계산해 보자. 그림 5.90(a)의 등가 회로에서 $i_X r_\pi = v_\pi$를 얻는다. 또한 전류 i_X와 $g_m v_\pi$가 R_E를 통해 흐르면 전압 강하 $(i_X + g_m v_\pi)R_E$를 발생시킨다. 이때 r_π와 R_E에서의 전압 강하를 더한 것이 v_X와 같다고 놓은 것이 다음 식이다.

$$v_X = v_\pi + (i_X + g_m v_\pi)R_E \tag{5.324}$$

$$= i_X r_\pi + (i_X + g_m i_X r_\pi)R_E \tag{5.325}$$

따라서 다음이 성립한다.

$$\frac{v_X}{i_X} = r_\pi + (1+\beta)R_E \tag{5.326}$$

이 식은 축퇴된 CE 단에서 유도된 식 (5.162)와 동일한데, 이들이 같은 것은 물론 우연이 아니다. CE 토폴로지의 입력 임피던스는 ($V_A = \infty$인 경우에) 컬렉터 저항의 크기와 상관

Did you know?

바이폴라 트랜지스터가 발명되고 얼마 지나지 않았을 때, 시드니 달링턴(Sidney Darlington)이라는 벨 연구소의 엔지니어가 몇 개의 트랜지스터를 그의 상사에게서 빌려 주말 동안 집에 가지고 갔다. 바로 그 주말 동안 그는 오늘날 달링턴 쌍이라고 불리는 회로를 생각해 냈다[그림 (a)]. 여기서 Q_1과 Q_2는 2개의 이미터 폴로어가 캐스케이드(다단 폭포)로 연결된 형태로 볼 수 있다. 이 회로는 높은 입력 임피던스를 갖지만, I_{C1}이 작기 때문에($I_{C1} = I_{B2}$) 상당히 느린 단점을 갖고 있다. 이 때문에 그림 (b)와 (c)의 수정된 형태가 선호된다.

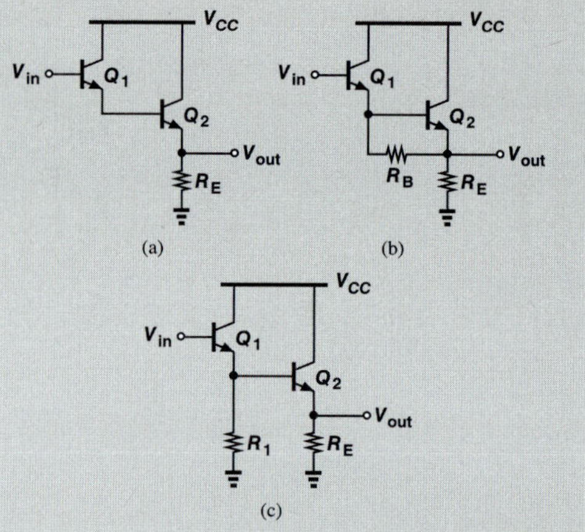

(a) (b) (c)

달링턴 쌍

(a) (b)

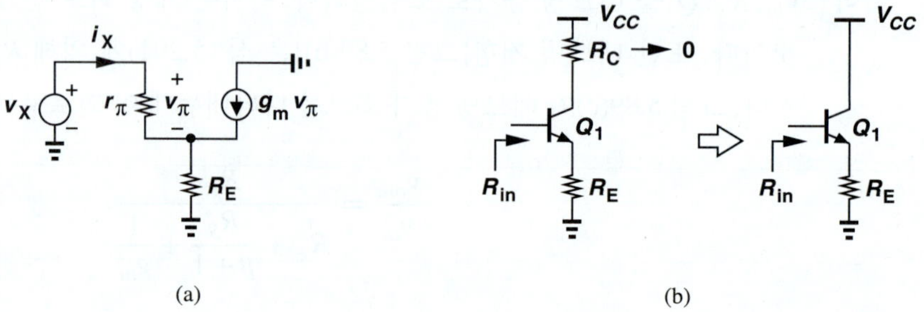

그림 5.90 (a) 이미터 폴로어의 입력 임피던스; (b) CE 단과 폴로어 단의 입력 임피던스의 등가성

이 없으므로, 이미터 폴로어에서와 같이 $R_C = 0$인 경우에도 바뀌지 않는다[그림 5.90(b)].

여기서 주목해야 할 점은 폴로어가 부하 저항 R_E를 훨씬 큰 값으로 '변환'시키기 때문에 효율적인 '버퍼'의 역할을 한다는 것이다. 다음 예제가 이 개념을 나타낸다.

예제 5.45

어떤 CE 단의 전압 이득이 20이고 출력 저항이 1 kΩ이다. 다음의 경우에 대하여 이 증폭기의 전압 이득을 결정하라.

(a) 이 증폭기가 8 Ω 스피커를 직접 구동하는 경우.

(b) 5 mA의 전류로 바이어스된 이미터 폴로어가 CE 단과 스피커 사이에 삽입된 경우. $\beta = 100$, $V_A = \infty$이고 폴로어는 이상적인 전류원에 의해 바이어스되었다고 가정하라.

풀이 (a) 그림 5.91(a)에 나타낸 것처럼, 컬렉터에서 본 등가 저항은 R_C와 스피커 임피던스 R_{sp}의 병렬 연결로 주어진다. 이 저항은 이득을 20에서 $20 \times (R_C \,||\, 8\ \Omega)/R_C = 0.159$로 감소시킨다. 즉, 전압 이득이 대폭 줄어든다.

(a) (b)

그림 5.91 (a) CE 단 혹은 (b) 2단 회로를 사용한 스피커 구동

(b) 그림 5.91(b)와 같은 구성에서 다음을 알 수 있다.

$$R_{in1} = r_{\pi 2} + (\beta + 1)R_{sp} \tag{5.327}$$

$$= 1328\ \Omega \tag{5.328}$$

따라서 CE 단의 전압 이득은 20에서 $20 \times (R_C \| R_{in1})/R_C = 11.4$로 줄어들지만, (a)의 경우와 비교하면 현저한 향상이 있음을 알 수 있다.

연습문제 이미터 폴로어가 10 mA의 전류로 바이어스된 경우에 대하여 위의 예제를 다시 풀어라.

이제 폴로어의 출력 임피던스를 계산하는데, 회로가 임피던스 R_S를 갖는 신호원에 의해 구동된다고 가정하자[그림 5.92(a)]. 흥미롭게도 소신호 모델에 의지하지 않고도 직관적 해석에 의해서 R_{out}을 구할 수 있다. 그림 5.92(b)에 나타나 있는 것처럼, 출력 임피던스는 두 성분의 병렬 합성으로 생각할 수 있다. 그중 하나는 이미터를 올려다본 것이고 다른 하나는 R_E를 내려다본 것이다. 그림 5.89에 나타나 있듯이 전자는 $R_S/(\beta + 1) + 1/g_m$이며, 이로부터 다음을 얻을 수 있다.

$$R_{out} = \left(\frac{R_S}{\beta + 1} + \frac{1}{g_m}\right) \| R_E \tag{5.329}$$

이 결과는 또한 그림 5.89(c)의 테브냉 등가 회로에서 v_{in}을 0으로 놓고 계산할 수도 있다.

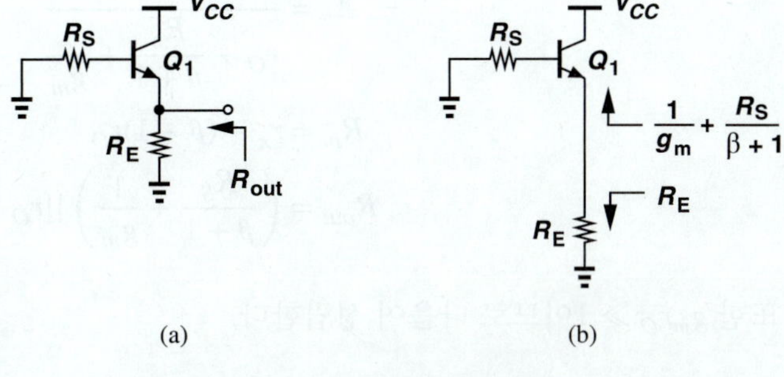

그림 5.92 (a) 폴로어의 출력 임피던스; (b) 출력 저항의 성분들

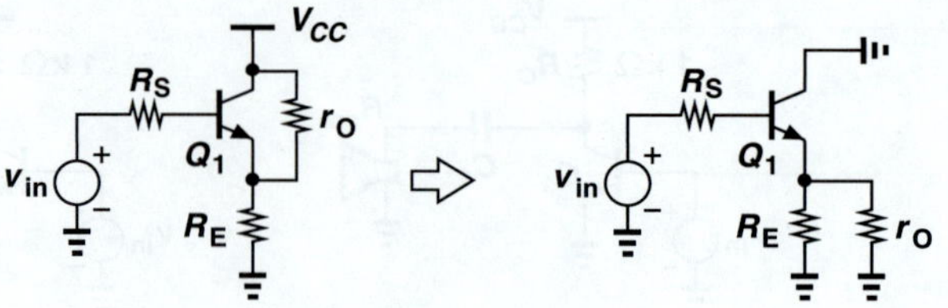

그림 5.93 트랜지스터의 출력 저항을 고려한 폴로어 회로

식 (5.329)는 이미터 폴로어의 또 하나의 중요한 성질을 드러낸다. 즉, 이 회로는 신호원 임피던스 R_S를 이보다 훨씬 작은 값으로 변환시키며, 이 때문에 매우 높은 '구동' 능력을 갖는다. 폴로어가 (전압계와 같은) 높은 입력 임피던스와 (전압원과 같은) 낮은 출력 임피던스를 갖기 때문에, 폴로어는 좋은 '전압 버퍼'로 동작한다고 말할 수 있다.

트랜지스터 출력 저항의 영향 이제까지의 폴로어 해석에서는 얼리 효과를 무시하였다. 다행히도 지금까지 얻은 결과를 조금만 수정하면 얼리 효과에 의한 비이상성을 반영할 수 있다. 그림 5.93이 해석을 쉽게 해 주는 핵심적인 이유를 보여 주고 있는데, 그것은 바로 소신호 동작에서 r_O가 R_E와 병렬로 나타난다는 것이다. 따라서 식 (5.323), (5.326), (5.329)는 다음과 같이 수정된다.

$$A_v = \frac{R_E || r_O}{R_E || r_O + \dfrac{R_S}{\beta+1} + \dfrac{1}{g_m}} \tag{5.330}$$

$$R_{in} = r_\pi + (\beta+1)(R_E || r_O) \tag{5.331}$$

$$R_{out} = \left(\frac{R_S}{\beta+1} + \frac{1}{g_m}\right) || R_E || r_O \tag{5.332}$$

예제 5.46 이상적인 전류원을 사용한다는 점에서는 예제 5.43의 경우와 같으나 신호원의 임피던스가 R_S인 이미터 폴로어의 소신호 성능을 결정하라.

풀이 $R_E = \infty$이므로 다음을 얻을 수 있다.

$$A_v = \frac{r_O}{r_O + \dfrac{R_S}{\beta+1} + \dfrac{1}{g_m}} \tag{5.333}$$

$$R_{in} = r_\pi + (\beta+1) r_O \tag{5.334}$$

$$R_{out} = \left(\frac{R_S}{\beta+1} + \frac{1}{g_m}\right) || r_O \tag{5.335}$$

또한 $g_m r_O \gg 1$이므로 다음이 성립한다.

$$A_v \approx \frac{r_O}{r_O + \dfrac{R_S}{\beta + 1}} \tag{5.336}$$

$$R_{in} \approx (\beta + 1) r_O \tag{5.337}$$

$R_S \ll (\beta + 1) r_O$가 충족될 때 A_v가 1에 근접하는 것을 알 수 있는데, 보통 이 조건은 충족된다.

연습문제 $R_E < \infty$이면 위의 결과는 어떻게 수정되는가?

폴로어의 버퍼링 능력은 때에 따라 '전류 이득'에서 오는 것으로 해석되기도 한다. 베이스 전류 i_B로부터 이미터 전류 $(\beta + 1)i_B$가 발생한다. 따라서 부하에 전달되는 전류가 i_L일 때 폴로어는 신호 전압원으로부터 $i_L/(\beta + 1)$의 전류만을 끌어들인다(그림 5.94). 즉, v_X는 $(\beta + 1)$배의 부하 임피던스를 본다.

바이어스 회로망이 있는 이미터 폴로어 이미터 폴로어에 바이어스를 가하기 위해서는 베이스 전압과 컬렉터(이미터) 전류를 결정하는 것이 필요하다. 그림 5.95(a)는 그림 5.19의 CE 단과 비슷한 바이어스의 예를 보여 주고 있다. 늘 그랬듯이 R_1과 R_2를 흐르는 전류는 베이스 전류보다 매우 크도록 정해 주어야 한다.

흥미로운 점은 CE 토폴로지의 경우와 달리 이미터 폴로어는 베이스 전압을 V_{CC}에 가깝게 바이어스하여 동작시킬 수 있다는 것이다. 이것은 컬렉터 또한 V_{CC}에 연결되어 있기 때문에 베이스를 같은 V_{CC}에 연결하더라도 Q_1이 포화 영역으로 들어가지 않기 때문이다. 이

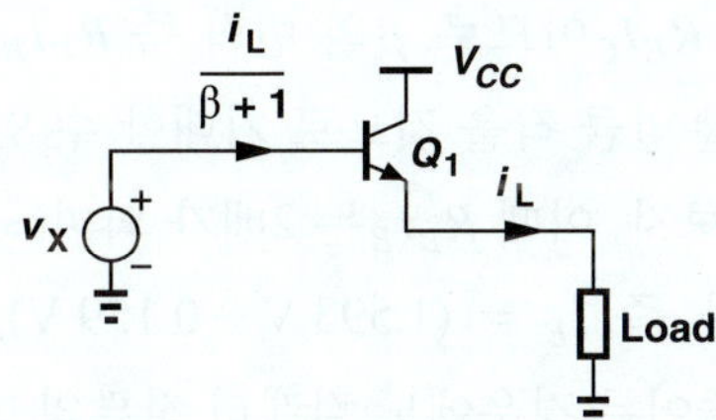

그림 5.94 폴로어에서의 전류 증폭

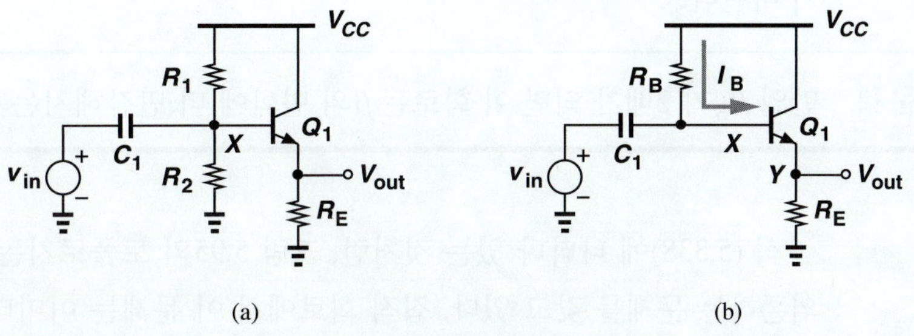

그림 5.95 (a) 저항성 분배기 혹은 (b) 단일 베이스 저항을 사용한 폴로어의 바이어스 공급

때문에 많은 경우 폴로어는 그림 5.95(b)와 같이 바이어스된다. 이때 $R_B I_B$에는 R_E에서의 전압 강하보다 훨씬 작은 값이 사용되는데, 그렇게 함으로써 β에 대한 민감도를 낮춘다. 다음 예제가 이 점을 보여 준다.

예제 5.47 그림 5.95(b)의 폴로어에서 $R_B = 10\ \text{k}\Omega, R_E = 1\ \text{k}\Omega$이다. $I_S = 5 \times 10^{-16}\ \text{A}, \beta = 100$, $V_{CC} = 2.5\ \text{V}$일 때 바이어스 전류와 전압 값을 구하라. 만일 β가 50으로 줄어들면 어떻게 되는가?

풀이 바이어스 전류를 결정하기 위하여 5.2.3절에서 설명한 반복법을 사용한다. R_B, 베이스-이미터 접합 및 R_E에서의 전압 강하에 대하여 KVL을 사용하면 다음을 얻는다.

$$\frac{R_B I_C}{\beta} + V_{BE} + R_E I_C = V_{CC} \tag{5.338}$$

위에서 $V_{BE} \approx 800\ \text{mV}$를 사용하면 다음을 얻는다.

$$I_C = 1.545\ \text{mA} \tag{5.339}$$

이로부터 새로운 $V_{BE} = V_T\ \ln(I_C/I_S) = 748\ \text{mV}$를 얻을 수 있다. 이 값을 다시 식 (5.338)에 대입하면 다음을 얻는다.

$$I_C = 1.593\ \text{mA} \tag{5.340}$$

위의 값은 식 (5.339)의 값에 근접하므로 비교적 정확하다고 할 수 있다. 이 조건에서 $R_B I_B = 159\ \text{mV}$이며 $R_E I_C = 1.593\ \text{V}$이다.

$R_B I_B \ll R_E I_C$이므로, β의 변화 즉 $R_B I_B$의 변화가 R_E에서의 전압 강하에 미치는 영향이 무시할 만큼 작을 것으로 기대할 수 있다. $\beta = 50$으로 줄어들었을 때의 영향을 대략 추정해 보자. 이때 $R_B I_B$는 2배가 되며($\approx 318\ \text{mV}$), R_E에서의 전압 강하는 159 mV만큼 줄어든다. 즉, $I_E = (1.593\ \text{V} - 0.159\ \text{V})/1\ \text{k}\Omega = 1.434\ \text{mA}$가 되는데, 이 결과는 β가 절반으로 줄어든 경우에도 컬렉터 전류의 변화는 약 10% 정도에 그친다는 것을 말해 준다. 위의 반복법에 의한 계산을 $\beta = 50$인 경우에 대해 수행해서 정확한 전류를 구해 보기 바란다.

연습문제 만일 R_B가 2배가 되면 이 회로는 β의 변화에 더 민감해지는가 아니면 덜 민감해지는가?

식 (5.338)에 나타나 있는 것처럼, 그림 5.95의 토폴로지는 바이어스 조건이 전원 전압에 의존하는 문제를 갖고 있다. 집적 회로에서 이 문제는 이미터 저항을 정전류원으로 대체함으로써 해결할 수 있다(그림 5.96). 이 회로에서는 I_{EE}가 일정하므로, V_{BE} 및 $R_B I_B$도 일정하

그림 5.96 폴로어 입력 및 출력의 커패시터 결합

다. 따라서 V_{CC}가 증가하면 V_X와 V_Y는 변화하지만, 바이어스 전류는 일정하게 유지된다.

5.4 요약 및 추가 예제

이 장에서는 증폭기 설계를 위한 기초를 마련하였으며, 특히 각 회로의 소신호 성능을 설정하기 위해서는 바이어스 점이 확립되어야 한다는 것을 강조하였다. 이 장에서 공부한 세 종류의 증폭기 회로들이 그림 5.97에 있는데, 이들은 각기 다른 이득 및 입출력 임피던스를 가지며, 각각 다른 응용 분야에서 사용된다. CE와 C_B 단은 1보다 큰 전압 이득을 제공할 수 있으며, 이들의 입력 및 출력 임피던스들은 각각 부하 및 신호원의 임피던스와 무관하다 ($V_X = \infty$인 경우에 한함). 이에 반해서 폴로어는 최대 이득이 1에 그치나 단자 임피던스들이 부하 및 신호원의 임피던스에 의존한다.

이 절에서는 우리의 회로 해석 기법을 향상시키기 위하여 몇 개의 상당히 어려운 예들을 검토한다. 이제까지 그래왔듯이 직관적인 방법에 의해 문제를 푸는 것, 즉 직관적으로 회로를 이해하는 것이 강조된다. 각각의 회로에서 사용된 커패시터는 해당하는 신호 주파수에서 무시할 만큼 작은 임피던스를 갖는다고 가정한다.

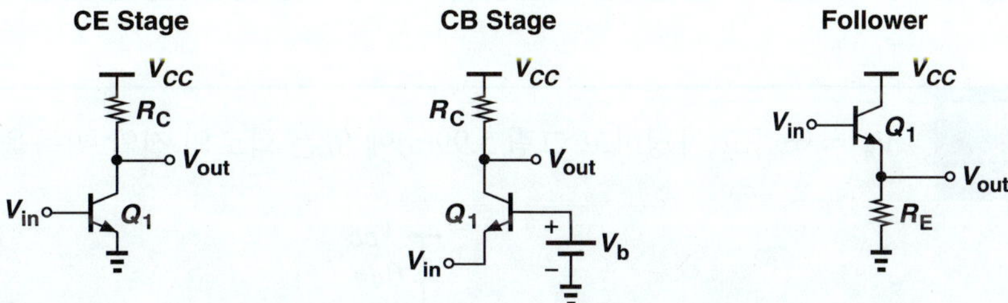

그림 5.97 바이폴라 증폭기 구조들의 요약

예제 5.48 $V_A = \infty$라고 가정하고 그림 5.98(a)에 있는 회로의 전압 이득을 결정하라.

풀이 간략화된 교류 모델이 그림 5.98(b)에 나타나 있는데, 이것을 보면 R_1이 베이스와 접지 사이에, R_2는 컬렉터와 접지 사이에 있는 것을 알 수 있다. v_{in}, R_S, R_1을 테브냉 등가로

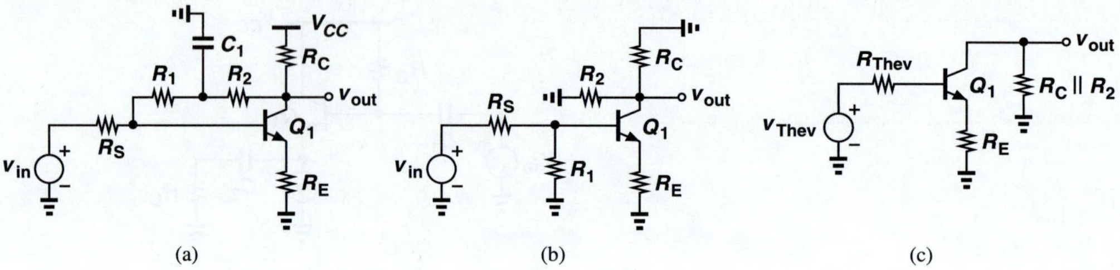

그림 5.98 (a) CE 단의 예; (b) C_1이 단락된 등가회로; (c) 단순화한 회로

치환하면[그림 5.98(c)] 다음을 얻을 수 있다.

$$v_{Thev} = \frac{R_1}{R_1 + R_S} v_{in} \tag{5.341}$$

$$R_{Thev} = R_1 || R_S \tag{5.342}$$

이 결과로 만들어지는 회로는 그림 5.43(a)의 회로와 비슷하게 생겼으며, 따라서 식 (5.185)를 충족한다.

$$\frac{v_{out}}{v_{Thev}} = -\frac{R_2 || R_C}{\frac{R_{Thev}}{\beta + 1} + \frac{1}{g_m} + R_E} \tag{5.343}$$

위 식에 v_{Thev}와 R_{Thev}를 치환하면 다음을 얻을 수 있다.

$$\frac{v_{out}}{v_{in}} = -\frac{R_2 || R_C}{\frac{R_1 || R_S}{\beta + 1} + \frac{1}{g_m} + R_E} \cdot \frac{R_1}{R_1 + R_S} \tag{5.344}$$

연습문제 만일 매우 큰 커패시터가 Q_1의 이미터와 접지 사이에 더해지면 어떻게 되는가?

예제 5.49 $V_A = \infty$라고 가정하고 그림 5.99(a)에 있는 회로의 전압 이득을 결정하라.

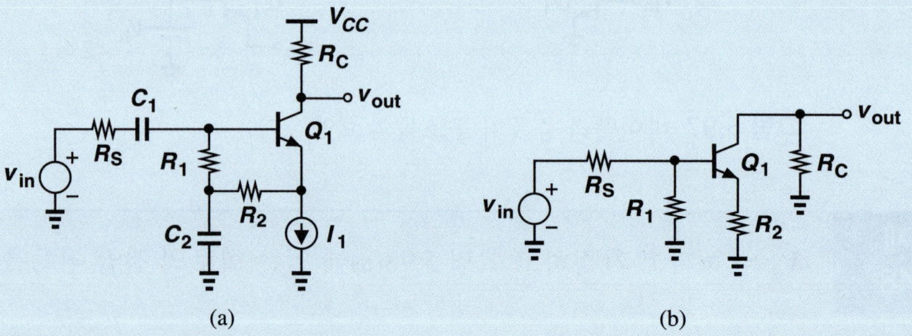

그림 5.99 (a) CE 단의 예; (b) 단순화한 회로

풀이 그림 5.99(b)의 간략화된 회로도에 나타나 있는 것처럼 R_2는 이미터 축퇴 저항의 역할을 한다. 앞의 예제에서와 마찬가지로 v_{in}, R_S, R_1을 테브냉 등가로 대체하고 식 (5.185)를 사용하면

$$\frac{v_{out}}{v_{in}} = -\frac{R_C}{\frac{R_{Thev}}{\beta+1} + \frac{1}{g_m} + R_2} \tag{5.345}$$

및

$$\frac{v_{out}}{v_{in}} = -\frac{R_C}{\frac{R_S||R_1}{\beta+1} + \frac{1}{g_m} + R_2} \cdot \frac{R_1}{R_1+R_S} \tag{5.346}$$

을 얻는다.

연습문제 C_2가 Q_1의 이미터와 접지 사이에 연결되면 어떻게 되는가?

예제 5.50 $V_A = \infty$라고 가정하고 그림 5.100(a)에 있는 회로의 전압 이득과 입력 임피던스를 계산하라.

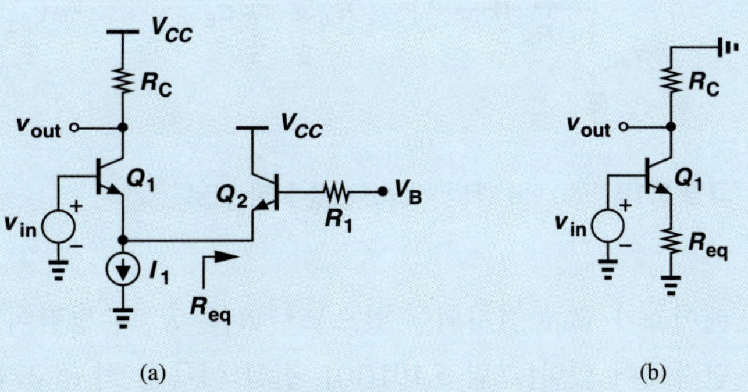

그림 5.100 (a) CE 단의 예; (b) 단순화한 회로

풀이 이 회로는 CE 단이라 할 수 있는데(왜 그럴까?), Q_2의 이미터에서 들여다본 임피던스 R_{eq}에 의해 축퇴되었다. 그림 5.76으로부터 다음을 상기하자.

$$R_{eq} = \frac{R_1}{\beta+1} + \frac{1}{g_{m2}} \tag{5.347}$$

이때 그림 5.100(b)의 간략화된 모델을 사용하면 다음을 얻을 수 있다.

$$A_v = \frac{-R_C}{\frac{1}{g_{m1}} + R_{eq}} \tag{5.348}$$

$$= \frac{-R_C}{\frac{1}{g_{m1}} + \frac{R_1}{\beta+1} + \frac{1}{g_{m2}}} \tag{5.349}$$

입력 임피던스는 그림 5.76에서 다음과 같이 얻을 수 있다.

$$R_{in} = r_{\pi1} + (\beta+1)R_{eq} \tag{5.350}$$

$$= r_{\pi1} + R_1 + r_{\pi2} \tag{5.351}$$

연습문제 R_1이 Q_2의 이미터에 직렬로 연결되어 있을 때에 대하여 위의 예제를 다시 풀어라.

예제 5.51 $V_A = \infty$로 가정하고 그림 5.101(a)의 회로의 전압 이득을 계산하라.

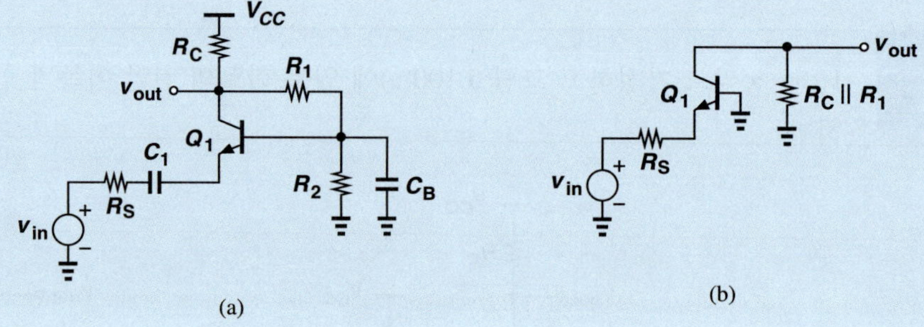

그림 5.101 (a) CB 단의 예; (b) 단순화한 회로

풀이 베이스가 교류 접지되어 있으므로 R_1은 R_C와 병렬이며 R_2는 양쪽 끝이 모두 접지에 단락되어 있다[그림 5.101(b)]. 전압 이득은 식 (5.271)에 의해 주어지는데, 단 R_C는 $R_C || R_1$으로 대체되어야 한다.

$$A_v = \frac{R_C||R_1}{R_S + \frac{1}{g_m}} \tag{5.352}$$

연습문제 R_C가 이상적인 전류원으로 대체되면 어떻게 되는가?

예제 5.52 $V_A = \infty$로 가정하고 그림 5.102(a)에 있는 회로의 입력 임피던스를 결정하라.

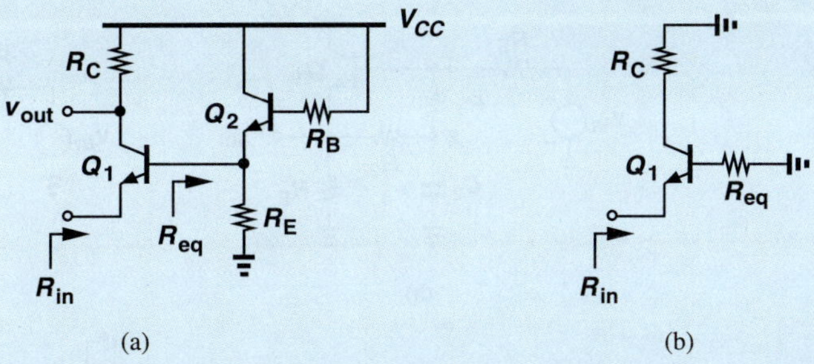

그림 5.102 (a) CB 단의 예; (b) 단순화한 회로

풀이 이 회로에서 Q_1은 공통 베이스 소자로 동작하는데(왜 그럴까?), 다만 저항 R_{eq}가 베이스와 직렬로 연결되어 있다[그림 5.102(b)]. R_{eq}를 얻기 위해서는 우선 Q_2 부분이 그림 5.92(a)에 나타나 있는 이미터 폴로어의 토폴로지와 닮았다는 것을 알아차려야 한다. 그러면 R_{eq}는 그러한 토폴로지의 출력 저항으로 간주될 수 있으며 식 (5.329)에 의해 다음과 같이 주어진다.

$$R_{eq} = \left(\frac{R_B}{\beta+1} + \frac{1}{g_{m2}}\right) || R_E \tag{5.353}$$

이제 그림 5.102(b)에서 R_{in}이 두 성분의 직렬 연결로 되어 있음을 알 수 있다. 하나는 베이스와 직렬로 있는 저항 R_{eq}를 $\beta+1$로 나눈 것이고, 다른 하나는 $1/g_{m1}$이다.

$$R_{in} = \frac{R_{eq}}{\beta+1} + \frac{1}{g_{m1}} \tag{5.354}$$

$$= \frac{1}{\beta+1}\left[\left(\frac{R_B}{\beta+1} + \frac{1}{g_{m2}}\right) || R_E\right] + \frac{1}{g_{m1}} \tag{5.355}$$

R_{in}을 완전한 소신호 해석에 의해 구해 보고, 이에 필요한 수고의 양을 위의 계산의 경우와 비교해 보기 바란다.

연습문제 만일 Q_2의 전류 이득이 무한대가 되면 어떻게 되는가?

예제 5.53 $V_A < \infty$를 사용하여 그림 5.103(a)의 회로의 전압 이득과 출력 저항을 계산하라.

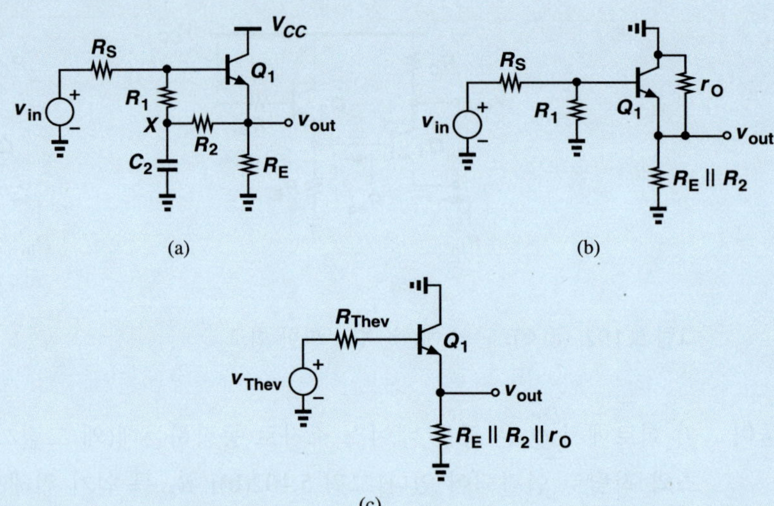

그림 5.103 (a) 이미터 폴로어의 예; (b) C_1이 단락되었을 때의 회로; (c) 단순화한 회로

풀이 X가 교류 접지 노드임을 알아차리고 그림 5.103(b)와 같은 단순화한 회로를 구성하자. 여기에는 Q_1의 출력 저항을 명시적으로 나타내었다. v_{in}, R_S, R_1을 그들의 테브냉 등가로 대체하고 R_E, R_2, r_O가 서로 병렬로 연결되어 있음을 확인하면[그림 5.103(c)], 식 (5.330)을 이용하여 다음을 얻을 수 있다.

$$\frac{v_{out}}{v_{Thev}} = \frac{R_E||R_2||r_O}{R_E||R_2||r_O + \frac{1}{g_m} + \frac{R_{Thev}}{\beta+1}} \tag{5.356}$$

이로부터 다음을 얻는다.

$$\frac{v_{out}}{v_{in}} = \frac{R_E||R_2||r_O}{R_E||R_2||r_O + \frac{1}{g_m} + \frac{R_S||R_1}{\beta+1}} \cdot \frac{R_1}{R_1 + R_S} \tag{5.357}$$

출력 저항을 구하기 위해서는 식 (5.332)를 참조한다.

$$R_{out} = \left(\frac{R_{Thev}}{\beta+1} + \frac{1}{g_m}\right)||(R_E||R_2||r_O) \tag{5.358}$$

$$= \left(\frac{R_S||R_1}{\beta+1} + \frac{1}{g_m}\right)||R_E||R_2||r_O \tag{5.359}$$

연습문제 $R_S = 0$이면 어떻게 되는가?

예제 5.54 그림 5.104(a)의 토폴로지의 전압 이득과 입출력 임피던스들을 구하라. $V_A = \infty$이고 npn과 pnp 트랜지스터의 β가 같다고 가정하라.

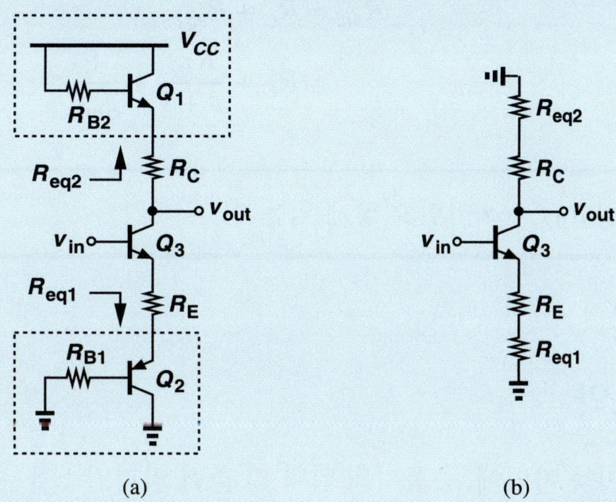

그림 5.104 (a) CE 단의 예; (b) 단순화한 회로

풀이 문제의 단이 이미터 축퇴된 CE 증폭기이고 합성된 컬렉터 부하를 갖고 있음을 확인하자. 우선 첫 단계로 Q_2와 Q_1이 하는 역할을 이들이 각각 자신의 이미터 노드에 생성하는 임피던스로 나타내자. R_{eq1}은 베이스 저항 R_{B1}이 연결되어 있는 Q_2의 이미터를 들여다본 임피던스이며, 그림 5.76으로부터 다음을 얻는다.

$$R_{eq1} = \frac{R_{B1}}{\beta + 1} + \frac{1}{g_{m2}} \tag{5.360}$$

비슷한 방법으로 다음도 얻을 수 있다.

$$R_{eq2} = \frac{R_{B2}}{\beta + 1} + \frac{1}{g_{m1}} \tag{5.361}$$

위의 결과를 사용하면 그림 5.104(b)의 단순화된 회로를 얻는다. 이로부터 다음을 얻을 수 있다.

$$A_v = -\frac{R_C + R_{eq2}}{R_{eq1} + \dfrac{1}{g_{m3}} + R_E} \tag{5.362}$$

$$= -\frac{R_C + \dfrac{R_{B2}}{\beta + 1} + \dfrac{1}{g_{m1}}}{\dfrac{R_{B1}}{\beta + 1} + \dfrac{1}{g_{m2}} + \dfrac{1}{g_{m3}} + R_E} \tag{5.363}$$

또한 입력 및 출력 임피던스는 다음과 같이 주어진다.

$$R_{in} = r_{\pi 3} + (\beta+1)(R_E + R_{eq1}) \tag{5.364}$$

$$= r_{\pi 3} + (\beta+1)\left(R_E + \frac{R_{B1}}{\beta+1} + \frac{1}{g_{m2}}\right) \tag{5.365}$$

$$R_{out} = R_C + R_{eq2} \tag{5.366}$$

$$= R_C + \frac{R_{B2}}{\beta+1} + \frac{1}{g_{m1}} \tag{5.367}$$

연습문제 만일 $R_{B2} \to \infty$이면 어떻게 되는가?

5.5 요약

- 이득 이외에, 증폭기의 입력 및 출력 임피던스들은 여러 종류의 단들이 얼마나 쉽게 앞뒤로 연결될 수 있는지를 결정하기 때문에 중요하다.
- 전압 증폭기는 이상적으로는 (앞단의 출력을 변화시키지 않으면서 전압을 감지하기 위해서) 높은 입력 임피던스와 (이득의 감소 없이 부하를 구동하기 위해서) 낮은 출력 임피던스를 가져야 한다.
- 바이폴라 트랜지스터의 베이스, 컬렉터, 이미터를 들여다본 저항은 각각 r_π(이미터는 접지된 상태), r_O(이미터는 접지된 상태), $1/g_m$(베이스는 접지된 상태)이다.
- 바이폴라 트랜지스터의 소신호 파라미터 g_m, r_π, r_O 등이 원하는 값을 갖기 위해서는 반드시 트랜지스터에 '바이어스'가 가해져야 한다. 즉, 트랜지스터에는 적당한 컬렉터 전류가 흘러서 활성 영역에서 동작을 해야 한다. 신호는 이 상태를 약간 변화시킬 뿐이다.
- 바이어스는 베이스 전류를 공급하는 동시에 필요한 베이스-이미터 및 베이스-컬렉터 전압을 확립한다.
- 하나의 바이폴라 트랜지스터를 사용해서 만들 수 있는 증폭기의 토폴로지 수는 3개이다. 이들은 공통 이미터, 공통 베이스 및 이미터 폴로어이다.
- CE 단은 상당한 전압 이득, 적당한 입력 임피던스 및 적당한 출력 임피던스를 제공한다.
- 이미터 축퇴는 선형성을 증가시키나 전압 이득을 낮춘다.
- 이미터 축퇴는 CE 단의 출력 임피던스를 상당히 증가시킨다.
- CB 단은 상당한 전압 이득, 낮은 입력 임피던스 및 적당한 출력 임피던스를 제공한다.
- CE 단과 CB 단의 전압 이득 수식은 비슷하나 부호가 다르다.
- 이미터 폴로어는 1보다 작은 전압 이득, 높은 입력 임피던스 및 작은 출력 임피던스를 제공하며, 좋은 전압 버퍼의 역할을 할 수 있다.

PROBLEMS

Section 5.1.1 Input and Output Impedances

5.1. An antenna can be modeled as a Thevenin equivalent having a sinusoidal voltage source $V_0 \cos \omega t$ and an output resistance R_{out}. Determine the average power delivered to a load resistance R_L and plot the result as a function of R_L.

5.2. Determine the small-signal input resistance of the circuits shown in Fig. 5.105. Assume all diodes are forward-biased. (Recall from Chapter 3 that each diode behaves as a linear resistance if the voltage and current changes are small.)

5.3. Compute the input resistance of the circuits depicted in Fig. 5.106. Assume $V_A = \infty$.

5.4. Compute the output resistance of the circuits depicted in Fig. 5.107.

5.5. Determine the input impedance of the circuits depicted in Fig. 5.108. Assume $V_A = \infty$.

5.6. Compute the output impedance of the circuits shown in Fig. 5.109.

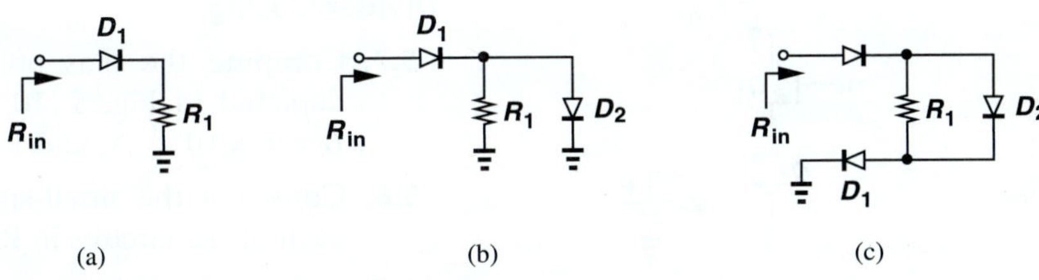

Figure 5.105

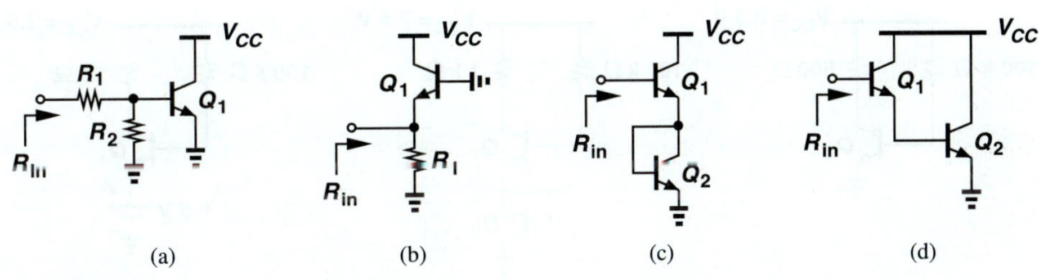

Figure 5.106

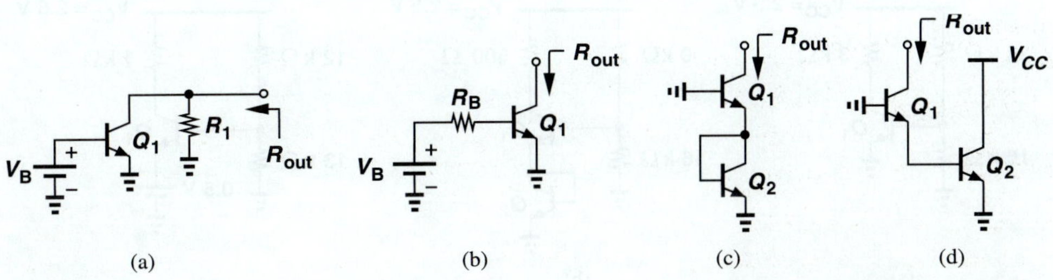

Figure 5.107

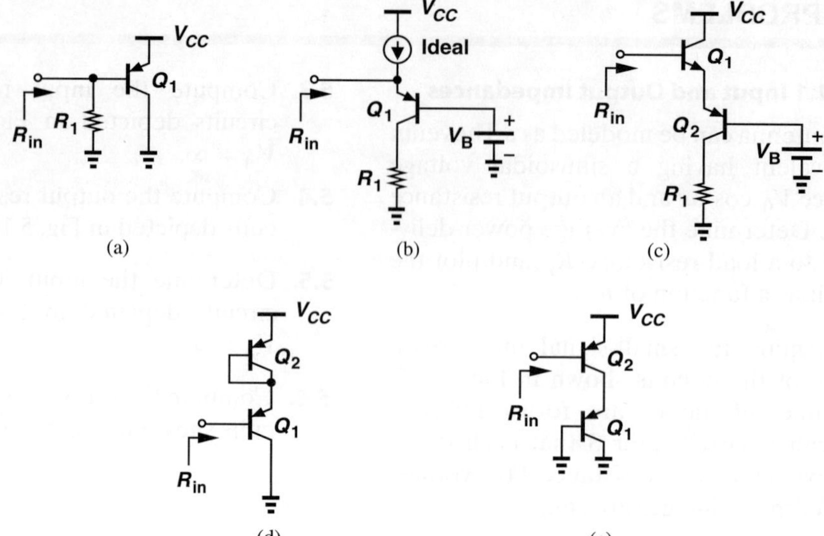

Figure 5.108

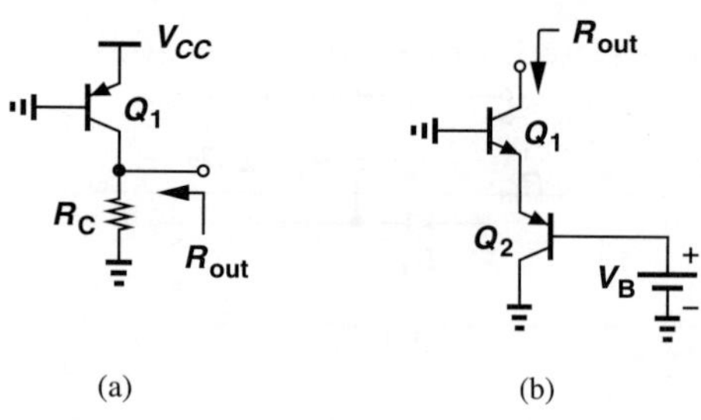

Figure 5.109

Sections 5.2.1 and 5.2.2 Simple and Resistive Divider Biasing

5.7. Compute the bias point of the circuits depicted in Fig. 5.110. Assume $\beta = 100$, $I_S = 6 \times 10^{-16}$ A, and $V_A = \infty$.

5.8. Construct the small-signal equivalent of each of the circuits in Problem 5.7.

*__5.9.__ Calculate the bias point of the circuits shown in Fig. 5.111. Assume $\beta = 100$, $I_S = 5 \times 10^{-16}$ A, and $V_A = \infty$.

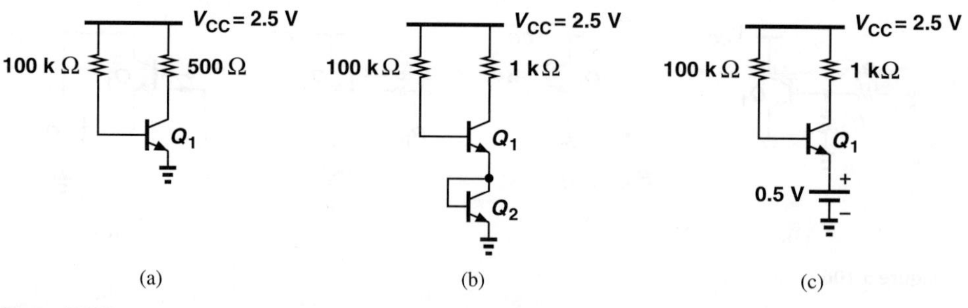

Figure 5.110

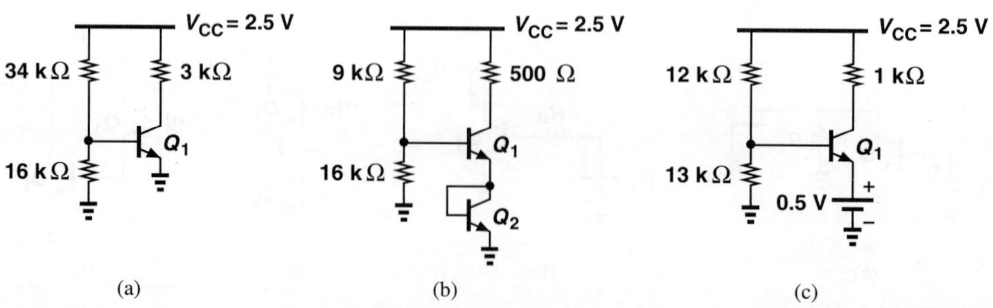

Figure 5.111

5.10. Construct the small-signal equivalent of each of the circuits in Problem 5.9.

5.11. Consider the circuit shown in Fig. 5.112, where $\beta = 100$, $I_S = 6 \times 10^{-16}$ A, and $V_A = \infty$.

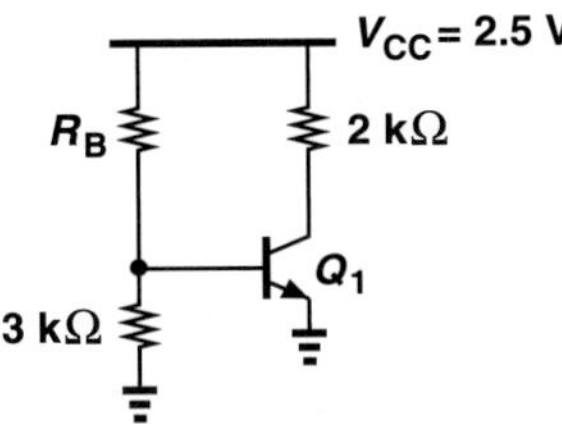

Figure 5.112

(a) What is the minimum value of R_B that guarantees operation in the active mode?

(b) With the value found in R_B, how much base-collector forward bias is sustained if β rises to 200?

SOL **5.12.** In the circuit of Fig. 5.113, $\beta = 100$ and $V_A = \infty$.

(a) If the collector current of Q_1 is equal to 0.5 mA, calculate the value of I_S.

(b) If Q_1 is biased at the edge of saturation, calculate the value of I_S.

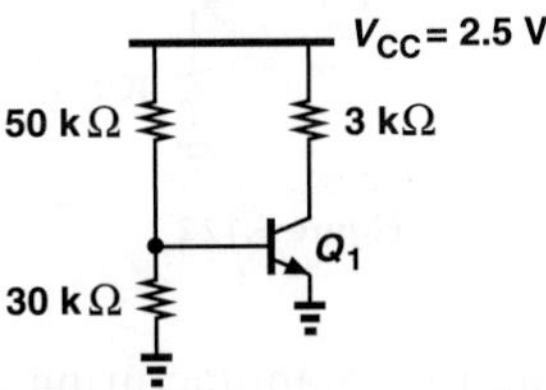

Figure 5.113

5.13. The circuit of Fig. 5.114 must be designed for an input impedance of greater than 10 kΩ and a g_m of at least 1/(260 Ω). If $\beta = 100$, $I_S = 2 \times 10^{-17}$ A, and $V_A = \infty$, determine the minimum allowable values of R_1 and R_2.

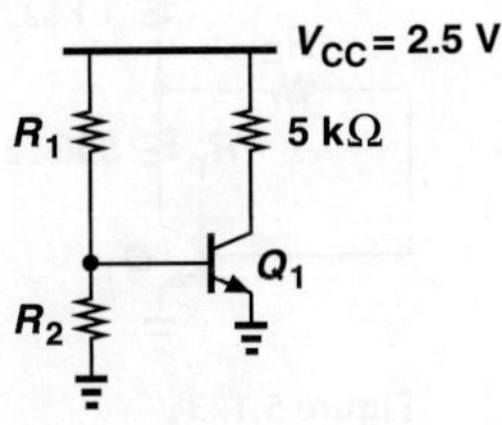

Figure 5.114

***5.14.** Repeat Problem 5.13 for a g_m of at least 1/(26 Ω). Explain why no solution exists. SOL

***5.15.** We wish to design the CE stage depicted in Fig. 5.115 for a gain ($= g_m R_C$) of A_0 with an output impedance of R_0. What is the maximum achievable input impedance here? Assume $V_A = \infty$.

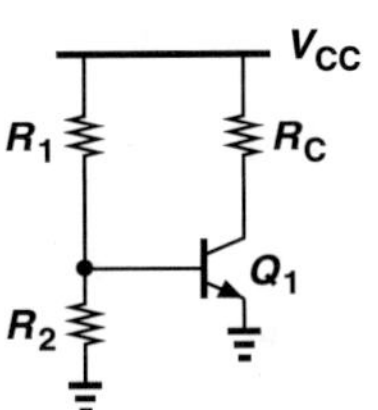

Figure 5.115

Section 5.2.3 Biasing with Emitter Degeneration

5.16. The circuit of Fig. 5.116 is designed for a collector current of 0.25 mA. Assume $I_S = 6 \times 10^{-16}$ A, $\beta = 100$, and $V_A = \infty$.

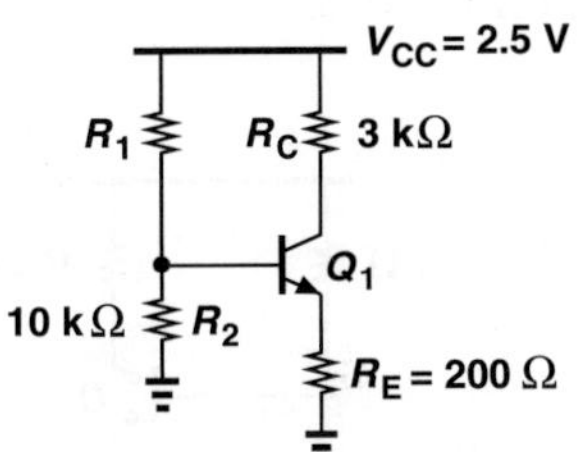

Figure 5.116

(a) Determine the required value of R_1.

(b) What is the error in I_C if R_E deviates from its nominal value by 5%?

5.17. In the circuit of Fig. 5.117, determine the maximum value of R_2 that guarantees operation of Q_1 in the active mode. Assume $\beta = 100$, $I_S = 10^{-17}$ A, and $V_A = \infty$.

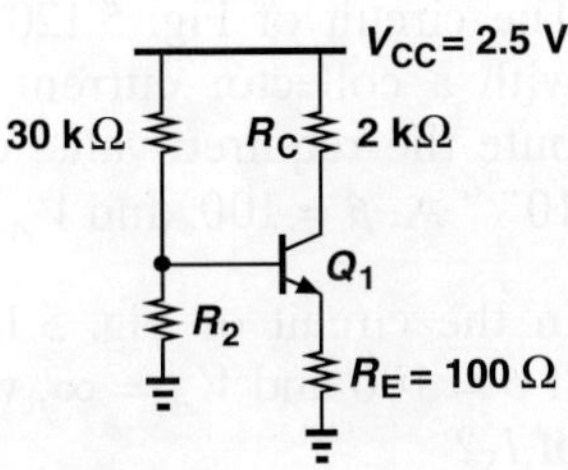

Figure 5.117

***5.18.** Consider the circuit shown in Fig. 5.118, where $I_{S1} = 2I_{S2} = 5 \times 10^{-16}$ A, $\beta_1 = \beta_2 = 100$, and $V_A = \infty$.

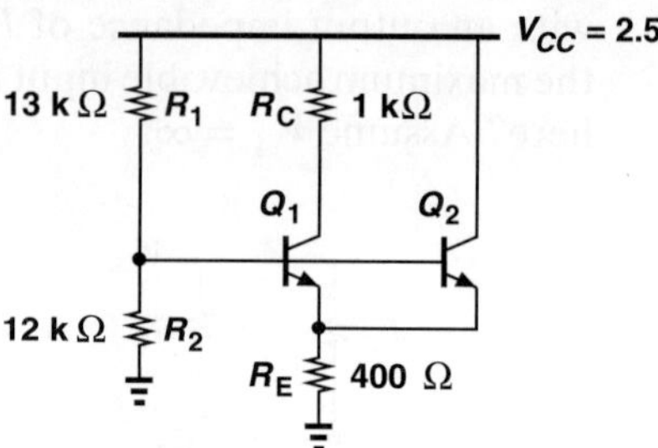

Figure 5.118

(a) Determine the collector currents of Q_1 and Q_2.
(b) Construct the small-signal equivalent circuit.

5.19. In the circuit depicted in Fig. 5.119, $I_{S1} = I_{S2} = 4 \times 10^{-16}$ A, $\beta_1 = \beta_2 = 100$, and $V_A = \infty$.

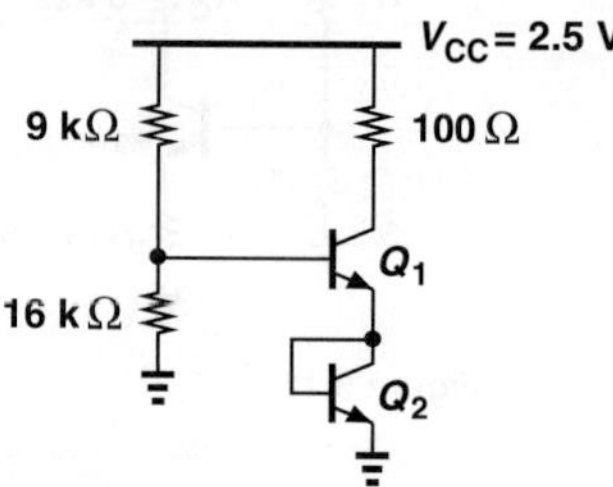

Figure 5.119

(a) Determine the operating point of the transistor.
(b) Draw the small-signal equivalent circuit.

Section 5.2.4 Self-Biased Stage

SOL **5.20.** The circuit of Fig. 5.120 must be biased with a collector current of 1 mA. Compute the required value of R_B if $I_S = 3 \times 10^{-16}$ A, $\beta = 100$, and $V_A = \infty$.

5.21. In the circuit of Fig. 5.121, $V_X = 1.1$ V. If $\beta = 100$ and $V_A = \infty$, what is the value of I_S?

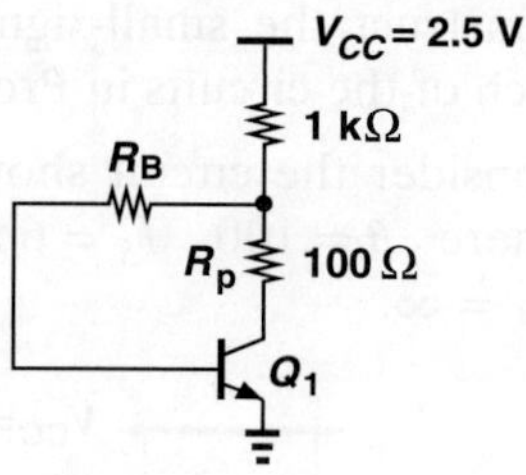

Figure 5.120

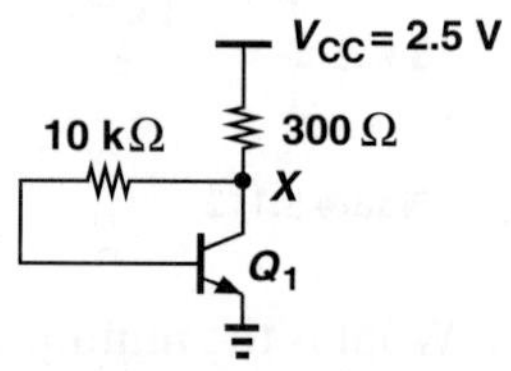

Figure 5.121

5.22. Consider the circuit shown in Fig. 5.122, where $I_S = 6 \times 10^{-16}$ A, $\beta = 100$, and $V_A = \infty$. Calculate the operating point of Q_1.

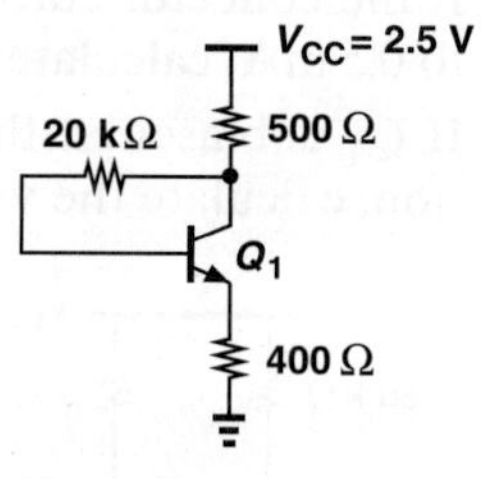

Figure 5.122

5.23. Due to a manufacturing error, a parasitic resistor, R_P, has appeared in series with the collector of Q_1 in Fig. 5.123. What is the minimum allowable value of R_B if the base-collector forward bias must not exceed 200 mV? Assume $I_S = 3 \times 10^{-16}$ A, $\beta = 100$, and $V_A = \infty$.

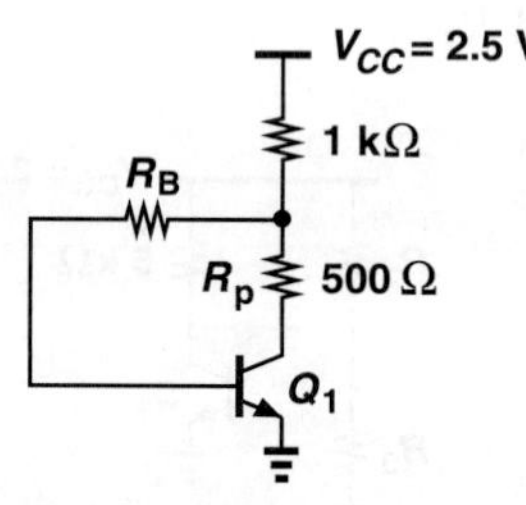

Figure 5.123

*5.24. In the circuit of Fig. 5.124, $I_S = 8 \times 10^{-16}$ A, $\beta = 100$, and $V_A = \infty$.

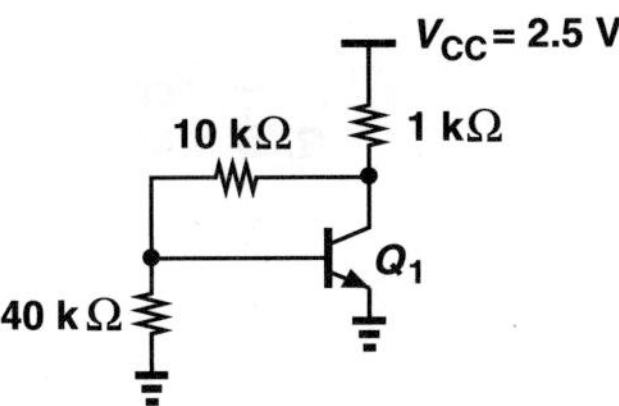

Figure 5.124

(a) Determine the operating point of Q_1.
(b) Draw the small-signal equivalent circuit.

**5.25. In the circuit of Fig. 5.125, $I_{S1} = I_{S2} = 3 \times 10^{-16}$ A, $\beta = 100$, and $V_A = \infty$.

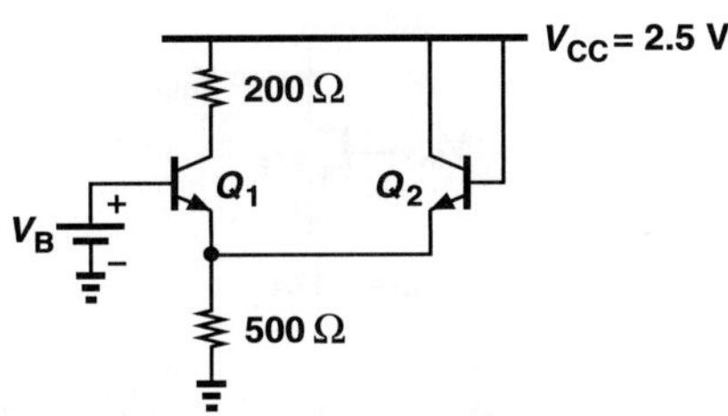

Figure 5.125

(a) Calculate V_B such that Q_1 carries a collector current of 1 mA.
(b) Construct the small-signal equivalent circuit.

Section 5.2.5 Biasing of *PNP* Transistors

5.26. Determine the bias point of each circuit shown in Fig. 5.126. Assume $\beta_{npn} = 2\beta_{pnp} = 100$, $I_S = 9 \times 10^{-16}$ A, and $V_A = \infty$.

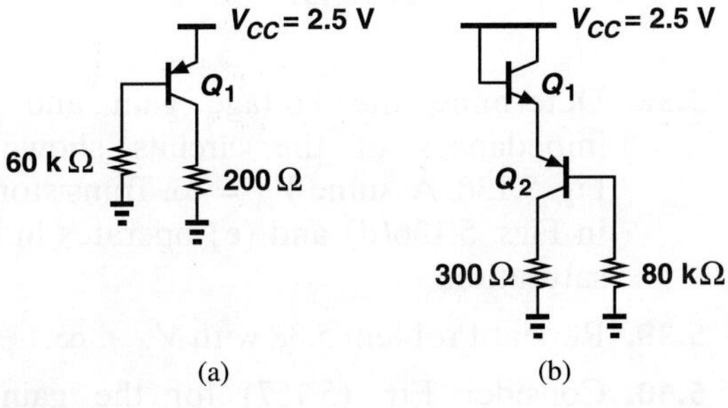

Figure 5.126

5.27. Construct the small-signal model of the circuits in Problem 5.26.

5.28. Calculate the bias point of the circuits shown in Fig. 5.127. Assume $\beta_{npn} = 2\beta_{pnp} = 100$, $I_S = 9 \times 10^{-16}$ A, and $V_A = \infty$.

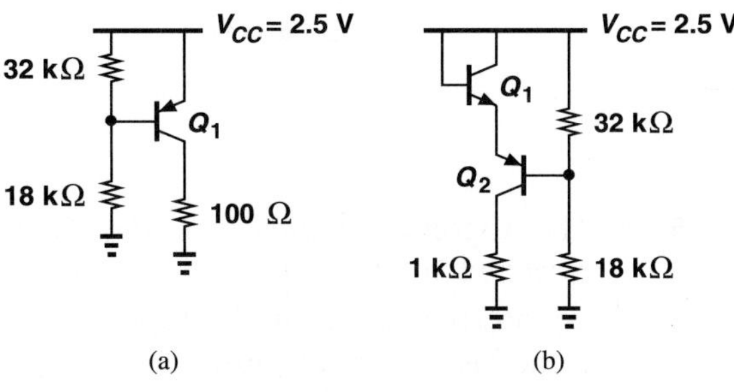

Figure 5.127

5.29. Draw the small-signal model of the circuits in Problem 5.28.

5.30. We have chosen R_B in Fig. 5.128 to place Q_1 at the edge of saturation. But the actual value of this resistor can vary by ±5%. Determine the forward- or reverse-bias across the base-collector junction at these two extremes. Assume $\beta = 50$, $I_S = 8 \times 10^{-16}$ A, and $V_A = \infty$.

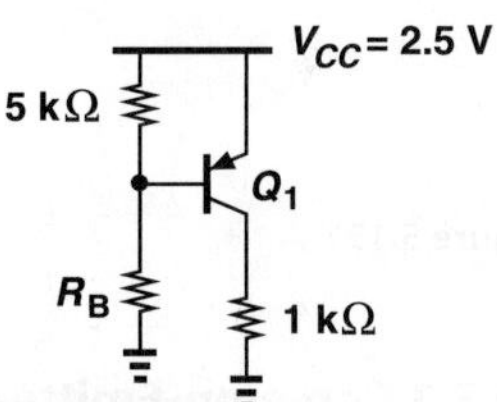

Figure 5.128

5.31. Calculate the value of R_E in Fig. 5.129 such that Q_1 sustains a reverse bias of 300 mV across its base-collector junction. Assume $\beta = 50$, $I_S = 8 \times 10^{-16}$ A, and $V_A = \infty$. What happens if the value of R_E is halved?

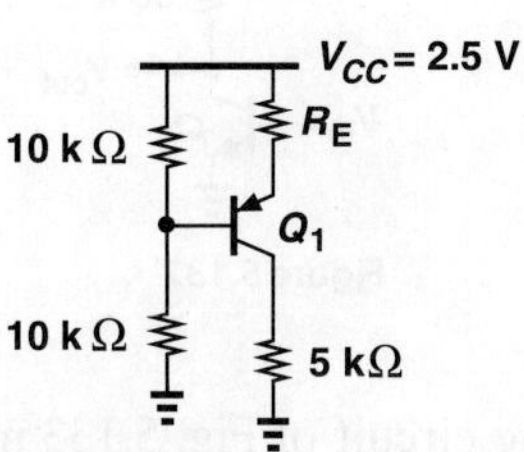

Figure 5.129

5.32. If $\beta = 80$ and $V_A = \infty$, what value of I_S yields a collector current of 1 mA in Fig. 5.130?

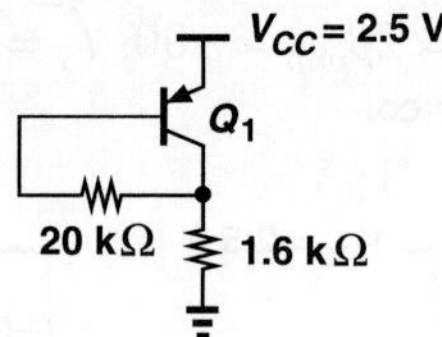

Figure 5.130

***5.33.** The topology depicted in Fig. 5.131(a) is called a "V_{BE} multiplier." (The *npn* counterpart has a similar topology.) Constructing the circuit shown in Fig. 5.131(b), determine the collector-emitter voltage of Q_1 if the base current is negligible. (The *npn* counterpart can also be used.)

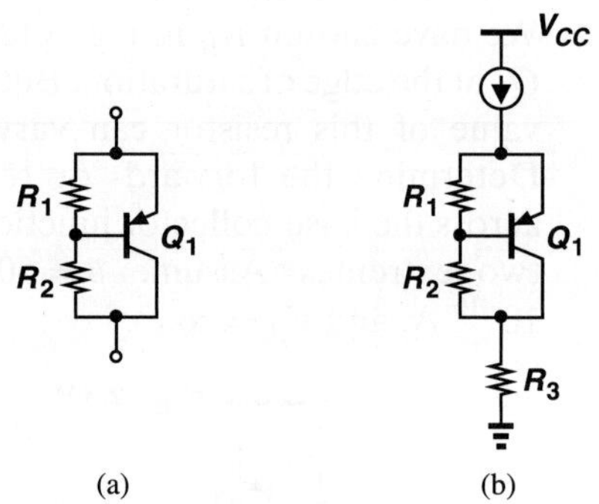

Figure 5.131

Section 5.3.1 Common-Emitter Topology

SOL **5.34.** We wish to design the CE stage of Fig. 5.132 for a voltage gain of 20. What is the minimum allowable supply voltage if Q_1 must remain in the active mode? Assume $V_A = \infty$ and $V_{BE} = 0.8$ V.

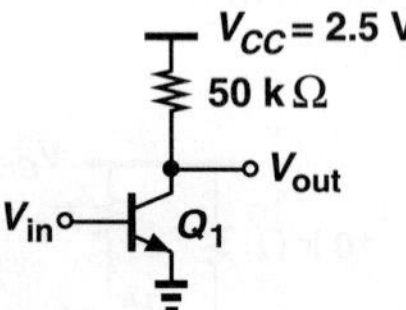

Figure 5.132

5.35. The circuit of Fig. 5.133 must be designed for maximum voltage gain while maintaining Q_1 in the active mode. If $V_A = 10$ V and $V_{BE} = 0.8$ V, calculate the required bias current.

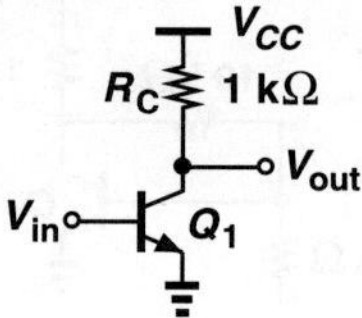

Figure 5.133

5.36. The CE stage of Fig. 5.134 employs an ideal current source as the load. If the voltage gain is equal to 50 and the output impedance equal to 10 kΩ, determine the bias current of the transistor. SOL

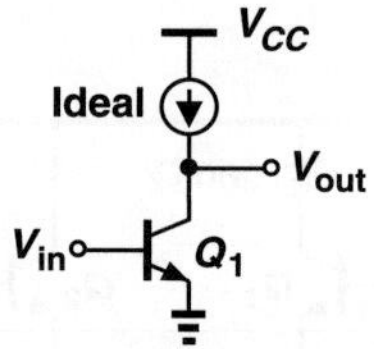

Figure 5.134

5.37. Suppose the bipolar transistor in Fig. 5.135 exhibits the following hypothetical characteristic:

$$I_C = I_S \exp \frac{V_{BE}}{2V_T}, \tag{5.368}$$

and no Early effect. Compute the voltage gain for a bias current of 1 mA.

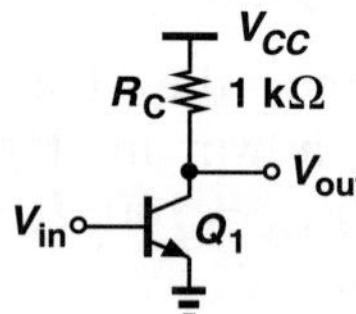

Figure 5.135

****5.38.** Determine the voltage gain and I/O impedances of the circuits shown in Fig. 5.136. Assume $V_A = \infty$. Transistor Q_2 in Figs. 5.136(d) and (e) operates in soft saturation.

****5.39.** Repeat Problem 5.38 with $V_A < \infty$.

5.40. Consider Eq. (5.157) for the gain of a degenerated CE stage. Writing $g_m =$

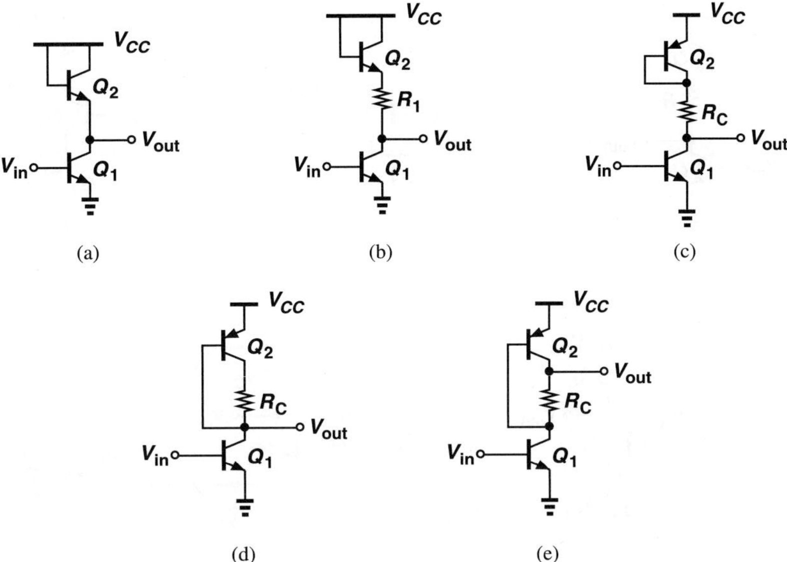

Figure 5.136

I_C/V_T, we note that g_m and hence the voltage gain vary if I_C changes with the signal level. For the following two cases, determine the relative change in the gain if I_C varies by 10%: (a) $g_m R_E$ is nominally equal to 3; (b) $g_m R_E$ is nominally equal to 7. The more constant gain in the second case translates to greater circuit linearity.

SOL **5.41.** Express the voltage gain of the stage depicted in Fig. 5.137 in terms of the collector bias current, I_C, and V_T. If $V_A = \infty$, what is the gain if the dc voltage drops across R_C and R_E are equal to $20V_T$ and $5V_T$, respectively?

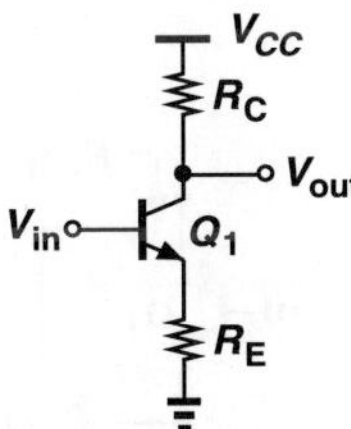

Figure 5.137

5.42. We wish to design the degenerated stage of Fig. 5.138 for a voltage gain of 10 with Q_1 operating at the edge of saturation. Calculate the bias current and the value of R_C if $\beta = 100$, $I_S = 5 \times 10^{-16}$A, and $V_A = \infty$. Calculate the input impedance of the circuit.

***5.43.** Repeat Problem 5.42 for a voltage gain of 100. Explain why no solution exists. What is the maximum gain that can be achieved in this stage?

Figure 5.138

5.44. Construct the small-signal model of the CE stage shown in Fig. 5.43(a) and calculate the voltage gain. Assume $V_A = \infty$.

5.45. Construct the small-signal model of the CE stage shown in Fig. 5.43(a) and prove that the output impedance is equal to R_C if the Early effect is neglected.

****5.46.** Determine the voltage gain and I/O impedances of the circuits shown in Fig. 5.139. Assume $V_A = \infty$.

****5.47.** Compute the voltage gain the I/O impedances of the circuits depicted in Fig. 5.140. Assume $V_A = \infty$.

***5.48.** Using a small-signal equivalent circuit, compute the output impedance of a degenerated CE stage with $V_A < \infty$. Assume $\beta \gg 1$.

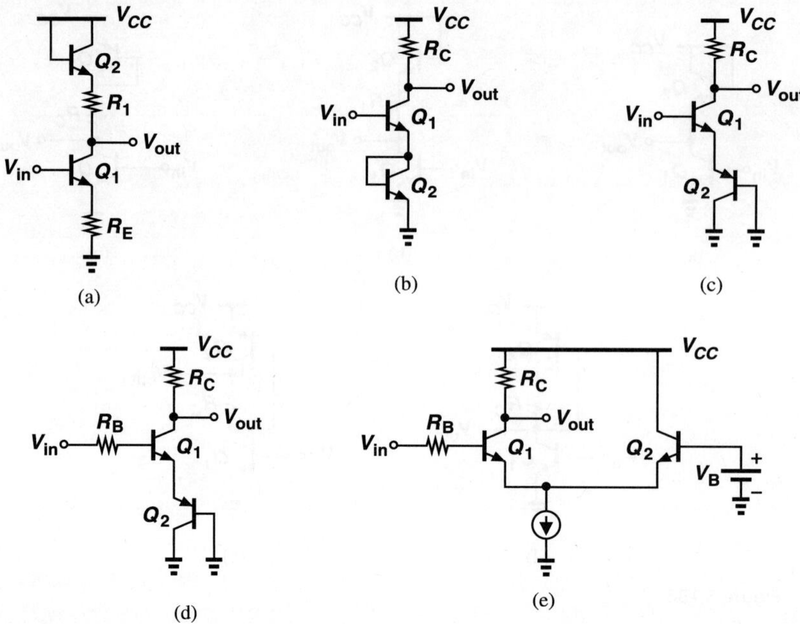

Figure 5.139

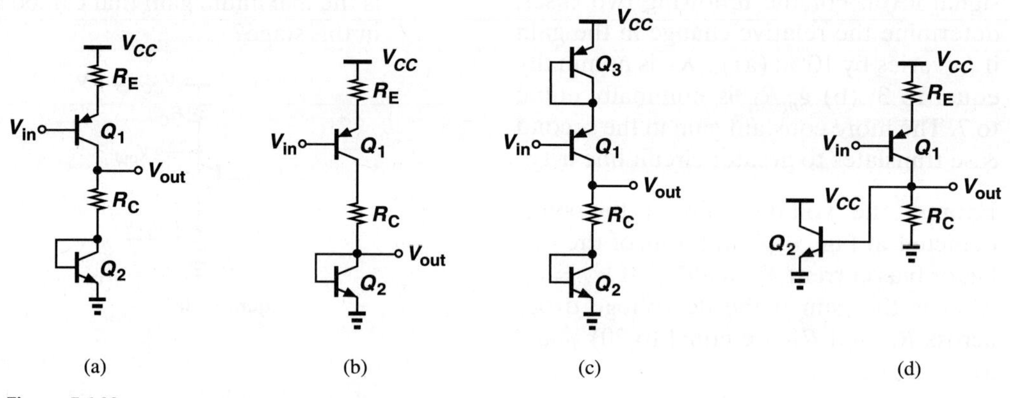

Figure 5.140

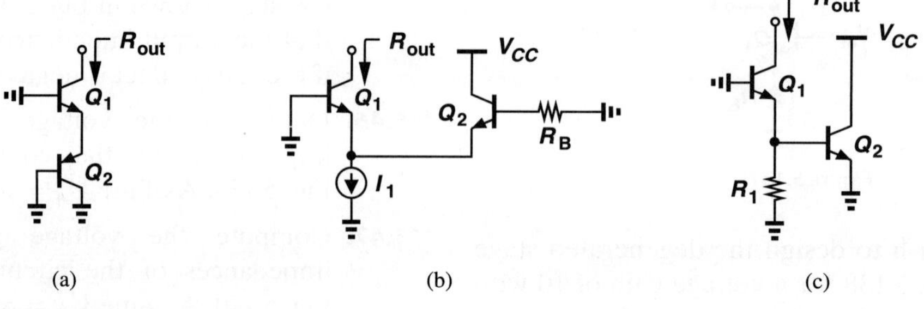

Figure 5.141

***5.49.** Calculate the output impedance of the circuits shown in Fig. 5.141. Assume $\beta \gg 1$.

***5.50.** Compare the output impedances of the circuits illustrated in Fig. 5.142. Assume $\beta \gg 1$.

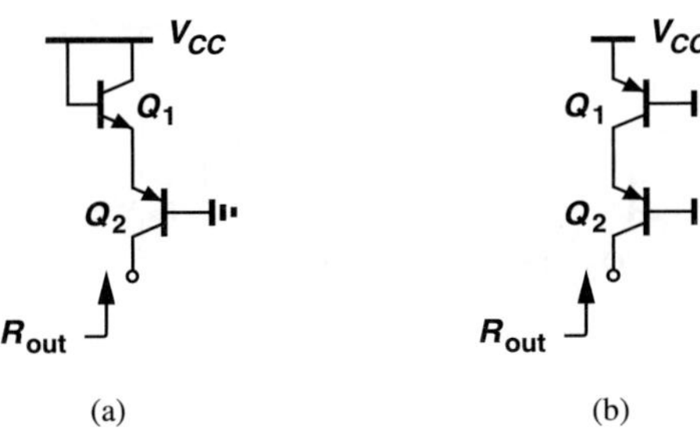

Figure 5.142

***5.51.** Writing $r_\pi = \beta V_T / I_C$, expand Eq. (5.217) and prove that the result remains close to r_π if $I_B R_B \gg V_T$ (which is valid because V_{CC} and V_{BE} typically differ by about 0.5 V or higher).

5.52. Calculate v_{out}/v_{in} for each of the circuits depicted in Fig. 5.143. Assume $I_S = 8 \times 10^{-16}$ A, $\beta = 100$, and $V_A = \infty$. Also, assume the capacitors are very large.

5.53. Repeat Example 5-33 with $R_B = 25k\Omega$ and $R_C = 250\ \Omega$. Is the gain greater than unity?

Section 5.3.2 Common-Base Topology

5.54. The common-base stage of Fig. 5.144 is biased with a collector current of 2 mA. Assume $V_A = \infty$. SOL

Figure 5.144

(a) Calculate the voltage gain and I/O impedances of the circuit.

(b) How should V_B and R_C be chosen to maximize the voltage gain with a bias current of 2 mA?

5.55. Determine the voltage gain of the circuits shown in Fig. 5.145. Assume $V_A = \infty$.

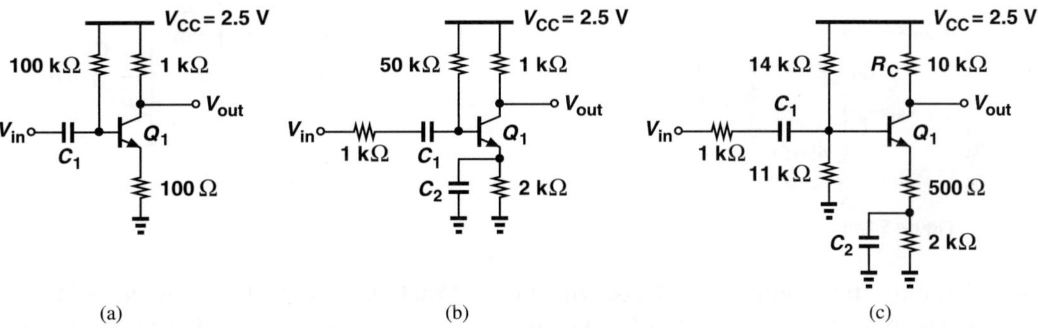

Figure 5.143

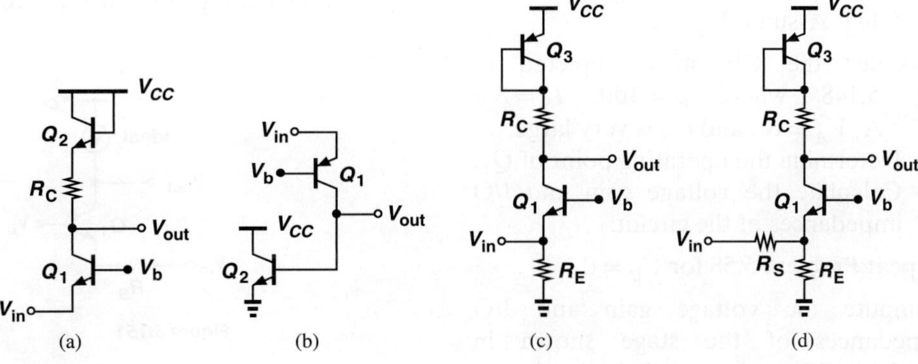

Figure 5.145

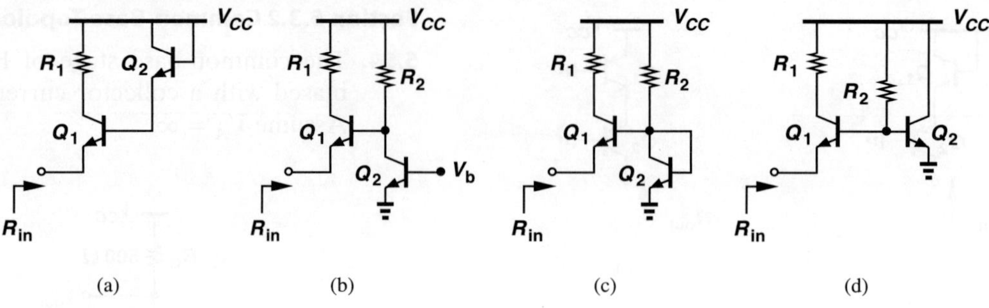

Figure 5.146

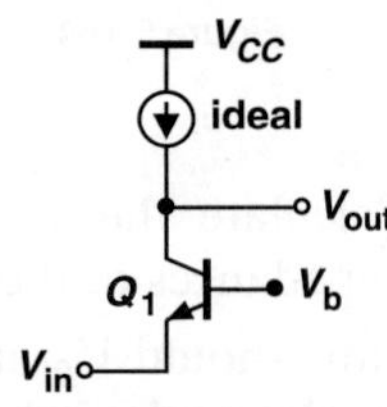

Figure 5.147

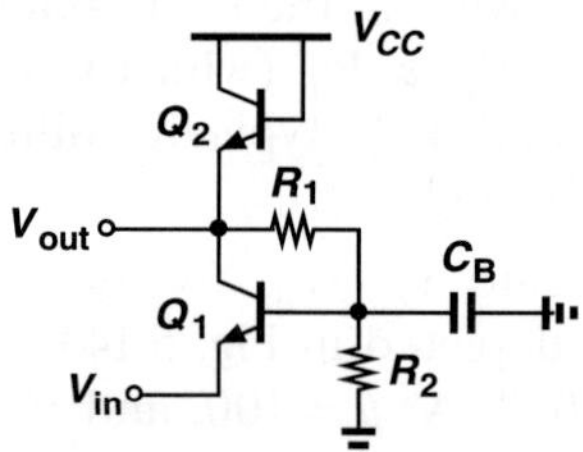

Figure 5.149

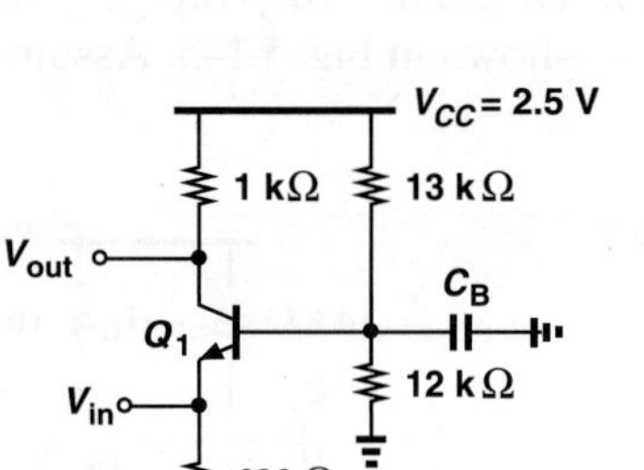

Figure 5.148

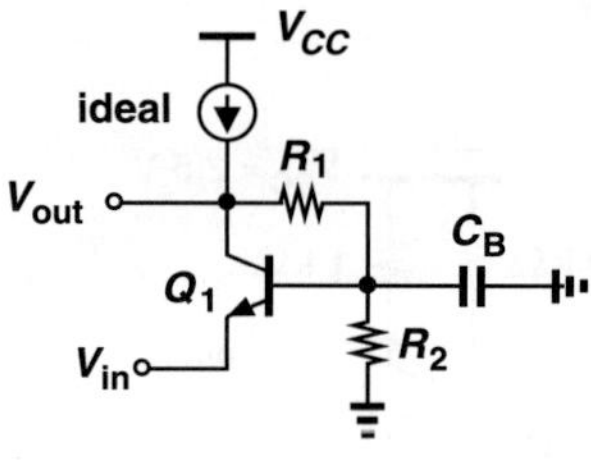

Figure 5.150

***5.56.** Compute the input impedance of the stages depicted in Fig. 5.146. Assume $V_A = \infty$.

5.57. Calculate the voltage gain and I/O impedances of the CB stage shown in Fig. 5.147. Assume $V_A < \infty$.

5.58. Consider the CB stage depicted in Fig. 5.148, where $\beta = 100$, $I_S = 8 \times 10^{-16}$ A, $V_A = \infty$, and C_B is very large.
(a) Determine the operating point of Q_1.
(b) Calculate the voltage gain and I/O impedances of the circuit.

5.59. Repeat Problem 5.58 for $C_B = 0$.

SOL **5.60.** Compute the voltage gain and I/O impedances of the stage shown in Fig. 5.149 if $V_A = \infty$ and C_B is very large.

***5.61.** Calculate the voltage gain and the I/O impedances of the stage depicted in Fig. 5.150 if $V_A = \infty$ and C_B is very large.

***5.62.** Calculate the voltage gain of the circuit shown in Fig. 5.151 if $V_A < \infty$.

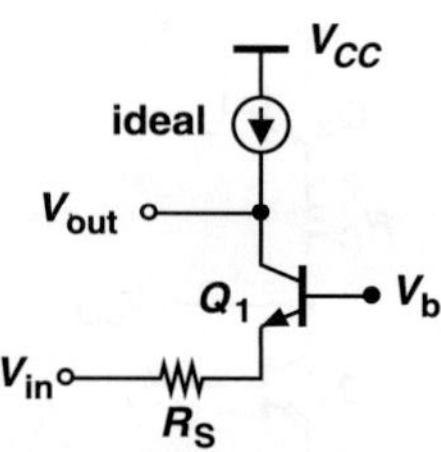

Figure 5.151

5.63. The circuit of Fig. 5.152 provides two outputs. If $I_{S1} = 2I_{S2}$, determine the relationship between v_{out1}/v_{in} and v_{out2}/v_{in}. Assume $V_A = \infty$.

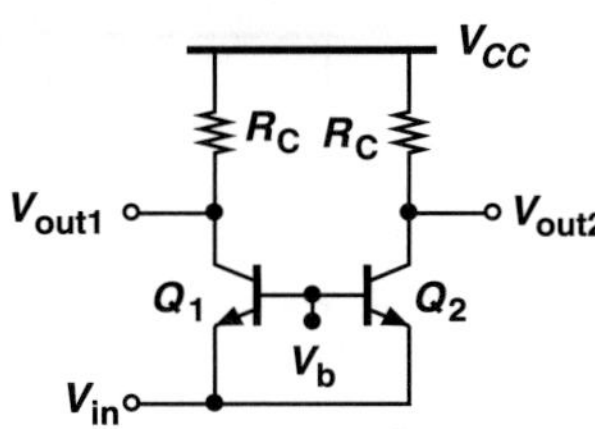

Figure 5.152

****5.64.** Using a small-signal model, determine the voltage gain of a CB stage with emitter degeneration, a base resistance, and $V_A < \infty$. Assume $\beta \gg 1$.

Section 5.3.3 Emitter Follower

5.65. For $R_E = 100\ \Omega$ in Fig. 5.153, determine the bias current of Q_1 such that the gain is equal to 0.8. Assume $V_A = \infty$.

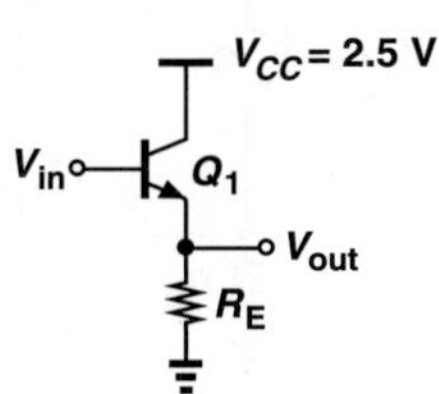

Figure 5.153

5.66. The circuit of Fig. 5.153 must provide an input impedance of greater than 10 kΩ with a minimum gain of 0.9. Calculate the required bias current and R_E. Assume $\beta = 100$ and $V_A = \infty$.

5.67. A microphone having an output impedance $R_S = 200\ \Omega$ drives an emitter follower as shown in Fig. 5.154. Determine the bias current such that the output impedance does not exceed 5 Ω. Assume $\beta = 100$ and $V_A = \infty$.

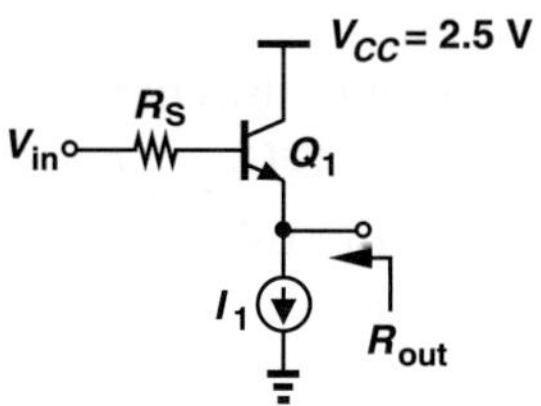

Figure 5.154

5.68. Compute the voltage gain and I/O impedances of the circuits shown in Fig. 5.155. Assume $V_A = \infty$.

***5.69.** Figure 5.156 depicts a "Darlington pair," where Q_1 plays a role somewhat similar to an emitter follower driving Q_2. Assume $V_A = \infty$ and the collectors of Q_1 and Q_2 are tied to V_{CC}. Note that $I_{E1}(\approx I_{C1}) = I_{B2} = I_{C2}/\beta$.

(a) (b) (c) (d) (e)

Figure 5.155

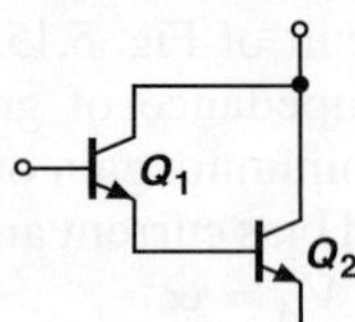

Figure 5.156

(a) If the emitter of Q_2 is grounded, determine the impedance seen at the base of Q_1.
(b) If the base of Q_1 is grounded, calculate the impedance seen at the emitter of Q_2.
(c) Compute the current gain of the pair, defined as $(I_{C1} + I_{C2})/I_{B1}$.

***5.70.** In the emitter follower shown in Fig. 5.157, Q_2 serves as a current source for the input device Q_1.
(a) Calculate the output impedance of the current source, R_{CS}.
(b) Replace Q_2 and R_E with the impedance obtained in (a) and compute the voltage gain and I/O impedances of the circuit.

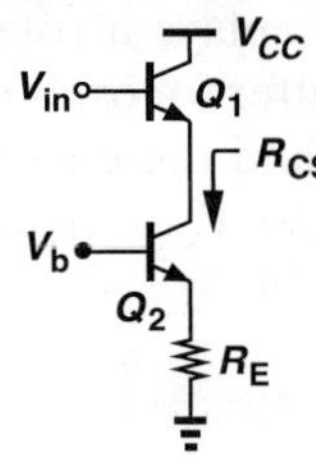

Figure 5.157

5.71. Determine the voltage gain of the follower depicted in Fig. 5.158. Assume $I_S = 7 \times 10^{-16}$ A, $\beta = 100$, and $V_A = 5$ V. (But for bias calculations, assume $V_A = \infty$.) Also, assume the capacitors are very large.

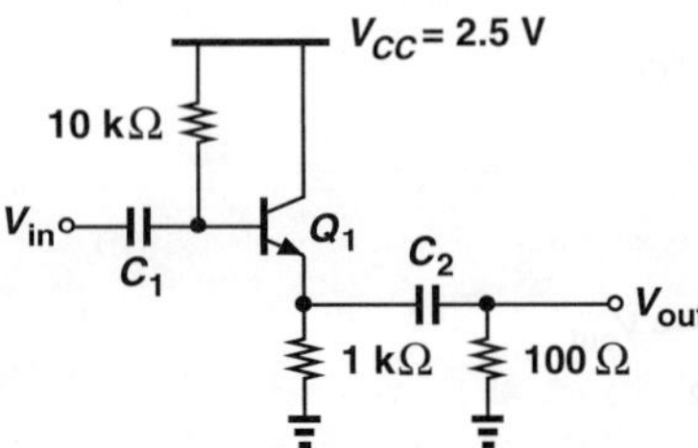

Figure 5.158

5.72. Figure 5.159 illustrates a cascade of an emitter follower and a common-emitter stage. Assume $V_A < \infty$.

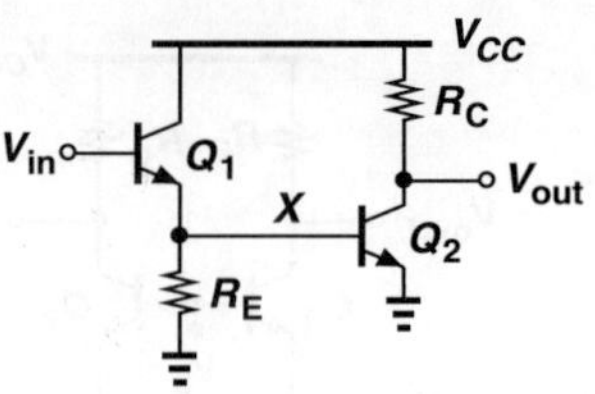

Figure 5.159

(a) Calculate the input and output impedances of the circuit.
(b) Determine the voltage gain, $v_{out}/v_{in} = (v_X/v_{in})(v_{out}/v_X)$.

***5.73.** Figure 5.160 shows a cascade of an emitter follower and a common-base stage. Assume $V_A = \infty$.

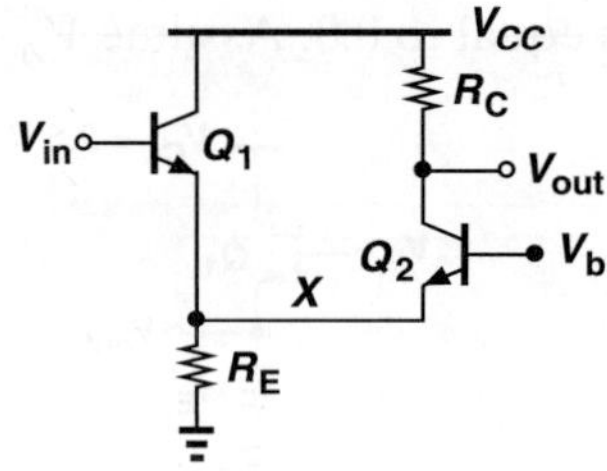

Figure 5.160

(a) Calculate the I/O impedances of the circuit.
(b) Calculate the voltage gain, $v_{out}/v_{in} = (v_X/v_{in})(v_{out}/v_X)$.

Design Problems

In the following problems, unless otherwise stated, assume $\beta = 100$, $I_S = 6 \times 10^{-16}$A, and $V_A = \infty$.

5.74. Design the CE stage shown in Fig. 5.161 for a voltage gain of 10, and input impedance of greater than 5 kΩ, and an output impedance of 1 kΩ. If the lowest signal frequency of interest is 200 Hz, estimate the minimum allowable value of C_B.

Figure 5.161

5.75. We wish to design the CE stage of Fig. 5.162 for maximum voltage gain but with an output impedance no greater than 500 Ω. Allowing the transistor to experience at most 400 mV of base-collector forward bias, design the stage.

Figure 5.162

5.76. The stage depicted in Fig. 5.162 must achieve maximum input impedance but with a voltage gain of at least 20 and an output impedance of 1 kΩ. Design the stage.

5.77. The CE stage of Fig. 5.162 must be designed for minimum supply voltage but with a voltage gain of 15 and an output impedance of 2 kΩ. If the transistor is allowed to sustain a base-collector forward bias of 400 mV, design the stage and calculate the required supply voltage.

5.78. We wish to design the CE stage of Fig. 5.162 for minimum power dissipation. If the voltage gain must be equal to A_0, determine the trade-off between the power dissipation and the output impedance of the circuit.

SOL 5.79. Design the CE stage of Fig. 5.162 for a power budget of 1 mW and a voltage gain of 20.

5.80. Design the degenerated CE stage of Fig. 5.163 for a voltage gain of 5 and an output impedance of 500 Ω. Assume R_E sustains a voltage drop of 300 mV and the current flowing through R_1 is approximately 10 times the base current.

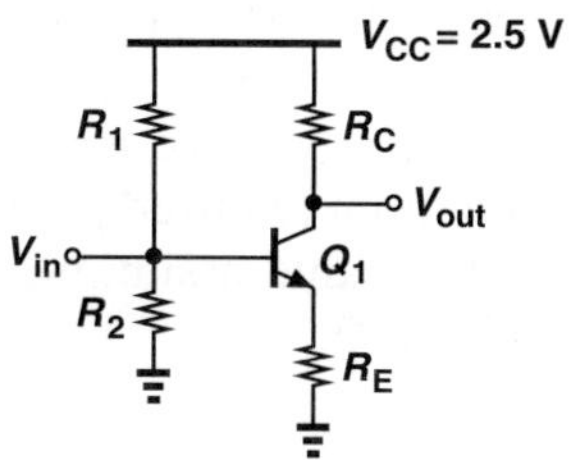

Figure 5.163

5.81. The stage of Fig. 5.163 must be designed for maximum voltage gain but an output impedance of no greater than 1 kΩ. Design the circuit, assuming that R_E sustains 200 mV, the current flowing through R_1 is approximately 10 times the base current, and Q_1 experiences a maximum base-collector forward bias of 400 mV.

5.82. Design the stage of Fig. 5.163 for a power budget of 5 mW, a voltage gain of 5, and a voltage drop of 200 mV across R_E. Assume the current flowing through R_1 is approximately 10 times the base current.

5.83. Design the common-base stage shown in Fig. 5.164 for a voltage gain of 20 and an input impedance of 50 Ω. Assume a voltage drop of $10V_T = 260$ mV across R_E so that this resistor does not affect the input impedance significantly. Also, assume the current flowing through R_1 is approximately 10 times the base current, and the lowest frequency of interest is 200 Hz.

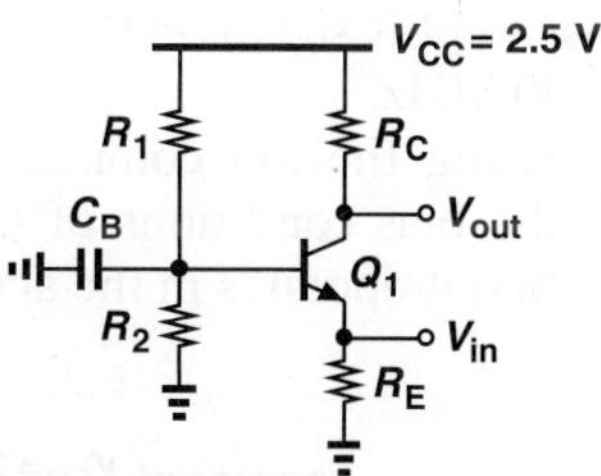

Figure 5.164

5.84. The CB amplifier of Fig. 5.164 must achieve a voltage gain of 8 with an output impedance of 500 Ω. Design the circuit with the same assumptions as those in Problem 5.83.

5.85. We wish to design the CB stage of Fig. 5.164 for an output impedance of 200 Ω and a voltage gain of 20. What is the minimum required power dissipation? Make the same assumptions as those in Problem 5.83.

5.86. Design the CB amplifier of Fig. 5.164 for a power budget of 5 mW and a voltage gain of 10. Make the same assumptions as those in Problem 5.83.

5.87. Design the CB stage of Fig. 5.164 for the minimum supply voltage if an input impedance of 50 Ω and a voltage gain of 20 are required. Make the same assumptions as those in Problem 5.83.

5.88. Design the emitter follower shown in Fig. 5.165 for a voltage gain of 0.85 and an input impedance of greater than 10 kΩ. Assume $R_L = 200\ \Omega$.

5.89. The follower of Fig. 5.165 must consume 5 mW of power while achieving a voltage gain of 0.9. What is the minimum load resistance, R_L, that it can drive?

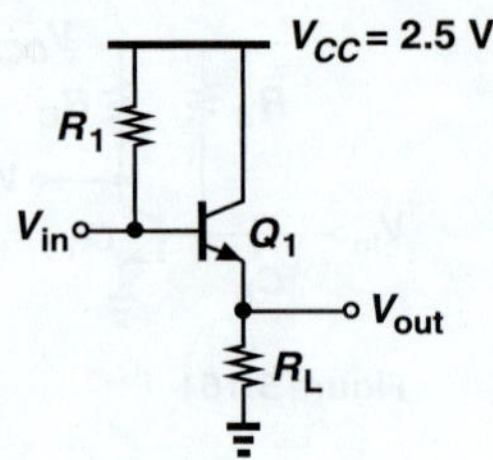

Figure 5.165

5.90. The follower shown in Fig. 5.166 must drive a load resistance, $R_L = 50\ \Omega$, with a voltage gain of 0.8. Design the circuit assuming that the lowest frequency of interest is 100 MHz. (Hint: Select the voltage drop across R_E to be much greater than V_T so that this resistor does not affect the voltage gain significantly.)

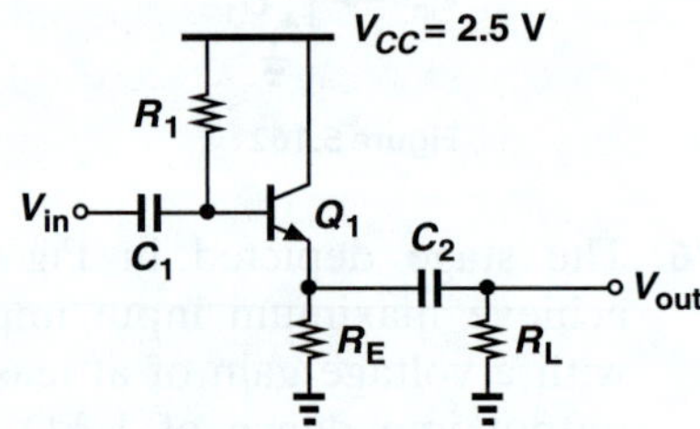

Figure 5.166

SPICE PROBLEMS

In the following problems, assume $I_{S,npn} = 5 \times 10^{-16}$ A, $\beta_{npn} = 100$, $V_{A,npn} = 5$ V, $I_{S,pnp} = 8 \times 10^{-16}$ A, $\beta_{pnp} = 50$, $V_{A,pnp} = 3.5$ V.

5.91. The common-emitter shown in Fig. 5.167 must amplify signals in the range of 1 MHz to 100 MHz.

(a) Using the .op command, determine the bias conditions of Q_1 and verify that it operates in the active region.

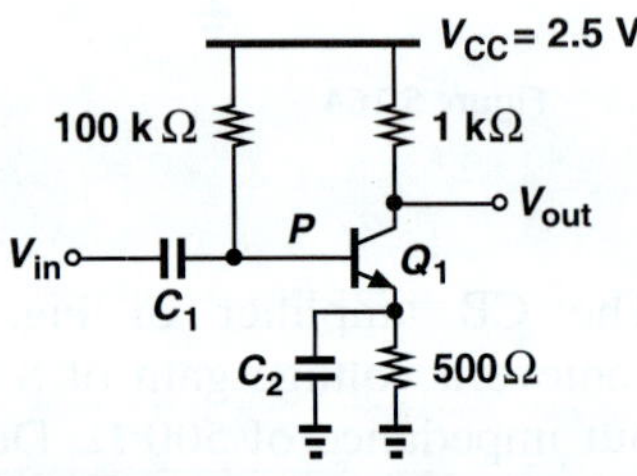

Figure 5.167

(b) Running an ac analysis, choose the value of C_1 such that $|V_P/V_{in}| \approx 0.99$ at 1 MHz. This ensures that C_1 acts as a short circuit at all frequencies of interest.

(c) Plot $|V_{out}/V_{in}|$ as a function of frequency for several values of C_2, e.g., 1 μF, 1 nF, and 1 pF. Determine the value of C_2 such that the gain of the circuit at 10 MHz is only 2% below its maximum (i.e., for $C_2 = 1$ μF).

(d) With the proper value of C_2 found in (c), determine the input impedance of the circuit at 10 MHz. (One approach is to insert a resistor in series with V_{in} and adjust its value until V_P/V_{in} or V_{out}/V_{in} drops by a factor of two.)

5.92. Predicting an output impedance of about 1 kΩ for the stage shown in Fig. 5.167, a student constructs the circuit depicted

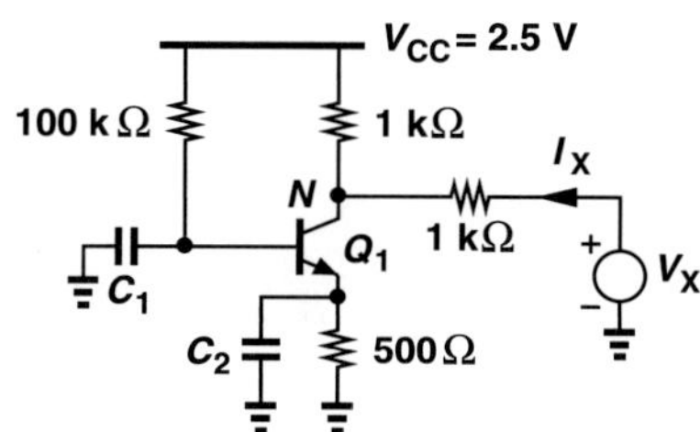

Figure 5.168

in Fig. 5.168, where V_X represents an ac source with zero dc value. Unfortunately, V_N/V_X is far from 0.5. Explain why.

5.93. Consider the self-biased stage shown in Fig. 5.169.

(a) Determine the bias conditions of Q_1.

(b) Select the value of C_1 such that it operates as nearly a short circuit (e.g., $|V_P/V_{in}| \approx 0.99$) at 10 MHz.

(c) Compute the voltage gain of the circuit at 10 MHz.

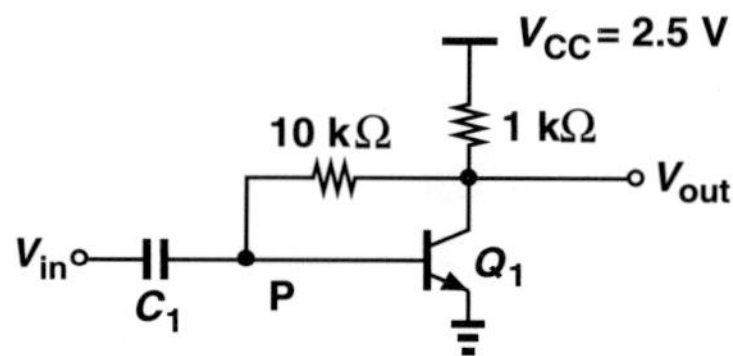

Figure 5.169

(d) Determine the input impedance of the circuit at 10 MHz.

(e) Suppose the supply voltage is provided by an aging battery. How much can V_{CC} fall while the gain of the circuit degrades by only 5%?

5.94. Repeat Problem 5.93 for the stage illustrated in Fig. 5.170. Which one of the two circuits is less sensitive to supply variations?

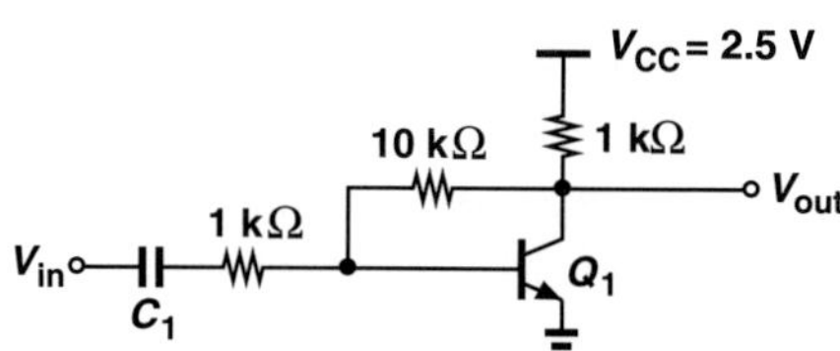

Figure 5.170

5.95. The amplifier shown in Fig. 5.171 employs an emitter follower to drive a 50-Ω load at a frequency of 100 MHz.

(a) Determine the value of R_{E1} such that Q_2 carries a bias current of 2 mA.

(b) Determine the minimum acceptable value of C_1, C_2, and C_3 if each one is to degrade the gain by less than 1%.

(c) What is the signal attenuation of the emitter follower? Does the overall gain increase if R_{G2} is reduced to 100 Ω? Why?

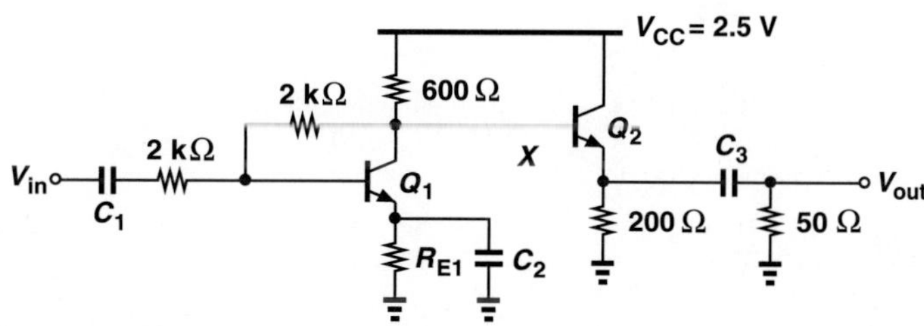

Figure 5.171

6

MOS 트랜지스터의 물리

관련 YouTube 비디오:

Razavi Electronics 1, 강의 29: Introduction to MOSFETs
https://www.youtube.com/watch?v=dlOlxAcfBo4

Razavi Electronics 1, 강의 30: MOS Characteristics I
https://www.youtube.com/watch?v=0OH9d72ZX7s

Razavi Electronics 1, 강의 31: MOS Characteristics II
https://www.youtube.com/watch?v=GmhFnm6mdxY

Razavi Electronics 1, 강의 32: Biasing, Transconductance
https://www.youtube.com/watch?v=jfizMWm3Q0I

Razavi Electronics 1, 강의 33: Large-Signal & Small-Signal Operation
https://www.youtube.com/watch?v=LvE0curDf_Q

Razavi Electronics 1, 강의 34: MOS Small-Signal Model, PMOS Device
https://www.youtube.com/watch?v=HviPXCkrdXg

Razavi Electronics 1, 강의 35: CMOS Technology, Introduction to Amplifiers
https://www.youtube.com/watch?v=UTo4IGXxzlk

오늘날의 마이크로 전자공학은 금속-산화물-반도체 전계효과 트랜지스터(MOSFET: metal-oxide-semiconductor field-effect transistor)라고 하는 소자가 주도하고 있다. MOSFET에 관한 아이디어는 1930년대에 제안되었으나 MOSFET가 실제로 구현된 것은 1960년대이다. MOSFET(MOS 소자라고도 한다)에는 다른 소자에는 없는 독특한 특성들이 있으며, 이 특성들이 반도체 산업에 혁명을 불러 왔다. 이 혁명은 1억 개의 트랜지스터를 가진 마이크로프로세서, 수십억 개의 트랜지스터를 가진 메모리 칩, 그리고 엄청난 신호 처리 능력을 가진 고도로 정교한 통신용 회로들에서 절정에 이르고 있다.

우리는 MOS 소자와 회로에 관한 학습에서도 2장 및 3장에서의 pn 접합에 관한 학습과 같은 단계를 밟을 것이다. 이 장에서는 MOSFET의 구조와 동작을 분석하고 회로 설계에 유용하게 사용할 수 있는 모델을 찾는다. 7장에서는 그러한 모델을 사용하여 MOS 증폭기 토폴로지들을 학습한다. 이 장의 주요 내용은 다음과 같다.

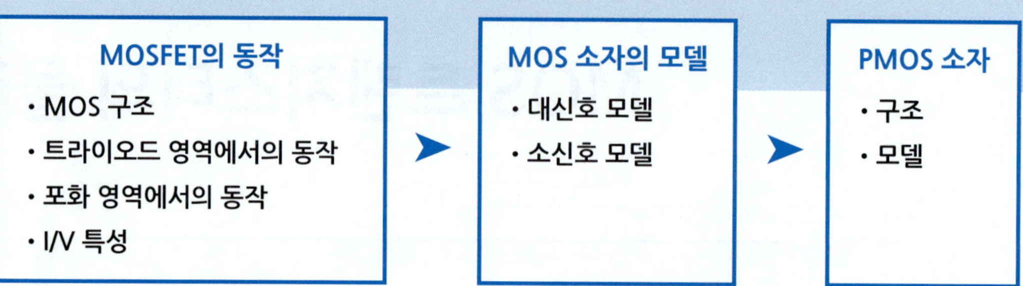

6.1 MOSFET의 구조

5장에서 모든 전압종속 전류원은 신호를 증폭할 수 있다는 사실을 배웠다. MOSFET도 그러한 신호원의 하나인데, 다만 그 특성이 바이폴라 트랜지스터와 차이가 있다.

MOSFET의 구조를 다루기 전에 전도성(예를 들면, 금속) 판, 절연체['유전체(dielectric)'] 및 도핑된 반도체로 구성된 간단한 구조를 먼저 생각해 보자. 그림 6.1(a)에 나타나 있는 그러한 구조는 커패시터로 동작하는데, 그것은 p형 반도체가 상당한 전도성이 있어서 위쪽 판(금속판)에 쌓인 전하와 양이 같고 극성이 반대인 전하가 이곳에 모이기 때문이다.

만일 그림 6.1(b)에서와 같이 전위차가 가해지면 어떻게 될까? 양전하가 위쪽 판에 쌓일 때, 이 양전하는 음전하, 즉 전자를 실리콘에서 끌어당긴다.(억셉터에 의해 도핑된 p형 반도체도 적은 양이나마 전자를 갖고 있다.) 따라서 자유 전자의 '채널(channel)'이 절연체와 반도체 사이에 형성될 수 있다. 만일 전자의 농도가 충분히 높으면, 잠재적으로 이 채널은 전류가 흐르는 좋은 통로가 될 수 있다. 여기서 중요한 것은 채널에 있는 전자의 농도가 V_1에 의해서 변한다는 것인데, 이것은 $Q = CV$의 관계에서 명백하다. 여기서 C는 두 판 사이

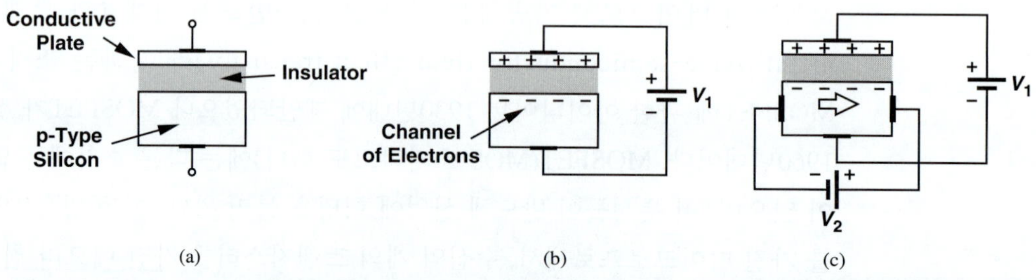

그림 6.1 (a) 가상적인 반도체 소자; (b) 커패시터로서의 동작; (c) 전위차에 의한 전류의 흐름

의 커패시턴스이다.

V_1에 따라 전자의 농도가 달라진다는 사실은 하나의 흥미로운 결과로 이어진다. 그림 6.1(c)에 나타낸 대로 실리콘을 통해서 전류가 왼쪽에서 오른쪽으로 흐를 때, V_1은 채널의 저항을 조절함으로써 전류의 크기를 제어할 수 있다는 것이다.(전류는 저항이 가장 작은 경로를 선호한다는 것을 상기하자. 따라서 전류는 대부분 실리콘 몸체보다 채널로 흐르게 된다.) 이 현상이 우리가 목표로 하는 전압종속 전류원을 만드는 데 중심적인 역할을 한다.

식 $Q = CV$는 Q가 V에 의해 강력하게 조절되기 위해서는 C의 값이 극대화되어야 한다는 것을 말해 주는데, 이를 위해서는 두 판을 분리하고 있는 유전체의 두께를 줄이는 일 등이 필요하다.[1] 극도로 얇으면서도 매우 일정한 유전체 층(현재 20 Å 미만의 두께)을 만드는 실리콘 공정의 개발은 이제까지 마이크로 전자 소자의 발달에 필수적이었다.

앞의 생각들을 이어 가면 증폭용 소자의 후보로서 그림 6.2(a)에 있는 것과 같은 MOSFET 소자의 구조에 이른다. 그림에서 위에 있는 전도성 판은 '게이드(G: gate)'라고 불리며 얇은 유전체(절연체) 막 위에 붙어 있다. 또 이 유전체 막 자신은 p형 반도체로 이루어진 '기판(substrate)' 위에 증착되어 있다. 실리콘을 통해서 전류가 흐르게 하기 위해서는 2개의 금속 '접촉'을 기판에 붙인다. 금속을 직접 기판에 붙이면 좋은 '옴성(ohmic)' 접촉이 형성되지 않기 때문에, 도핑이 많이 된 n형 영역을 통해서 붙인다.[2] 이 2개의 단자를 '소스

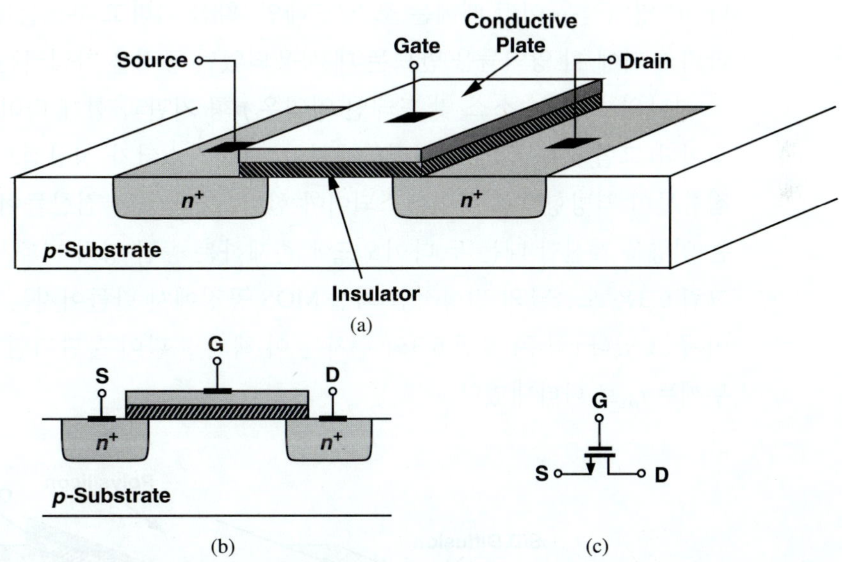

그림 6.2 (a) MOSFET의 구조; (b) 측면도; (c) 회로 기호

1) 두 판 사이의 커패시턴스는 $\epsilon A/t$로 주어진다. 여기서 ϵ은 '유전 상수(dielectric constant)'를, A는 각 판의 넓이, t는 유전체의 두께를 나타낸다.

2) '옴성' 접촉은 다이오드와 같은 다른 종류의 접촉과 구별하기 위해서 사용되는 용어로서, 저항에서와 같이 양방향으로 전류가 흐른다는 것을 강조한다.

(S: source)'와 '드레인(D: drain)'이라고 부르는데, 이는 앞의 단자가 전하 캐리어를 제공하고 뒤의 단자는 이들을 받아들인다는 것을 나타낸다. 그림 6.2(a)는 소자가 S와 D에 관해서 대칭이라는 것을 드러내고 있다. 즉, 이 두 단자 중 어느 것이 드레인이 되어 다른 단자에서 나온 캐리어를 받아들일지는 가해지는 전압에 의해 결정된다. 뒤의 6.2절에서 설명할 것이지만, n형 소스/드레인과 p형 기판을 가진 MOS 소자는 정공이 아니라 전자의 흐름에 의해 동작하며, 따라서 이러한 소자를 n형 MOS(NMOS)라고 부른다.(이와 대칭되는 것인 p형 소스/드레인으로 이루어진 소자는 6.4절에서 학습한다.) 이 소자는 그림 6.2(b)와 같이 간략히 나타낼 수 있다. 그림 6.2(c)는 NMOS 트랜지스터를 나타내는 기호를 보여 주는데 여기서 화살표가 소스 단자를 나타낸다.

MOSFET의 동작에 깊이 들어가기 전에, 이 소자에서 사용되는 물질들에 대해 생각해 보자. 게이트 판은 반드시 좋은 전도체로서 기능을 해야 하며, 초기의 MOS 공정에서는 실제로 금속(알루미늄)으로 구현하였다. 하지만 그 후 매우 높은 농도로 도핑된 비결정질 실리콘('폴리실리콘' 혹은 간단히 '폴리'라고 부른다)이 제작의 용이성 측면에서나 성능 측면에서 더 우수함이 발견되었다. 따라서 오늘날의 MOSFET는 폴리실리콘 게이트를 사용한다.

게이트와 기판 사이에 끼여 있는 유전체 층은 트랜지스터의 성능에 결정적인 역할을 하는데, 이산화규소(혹은 간단히 '산화물'이라고도 한다)를 실리콘 영역 위에 길러서 만든다. n^+ 영역들은 어떤 때에는 소스/드레인 '확산'이라고 부르는데 이것은 마이크로 전자공학의 초기에 이 영역들을 만드는 데 사용되었던 공정을 가리키는 말이다. 언급하고 넘어갈 또 하나의 사실은, 소스 및 드레인 영역은 p형 기판과 함께 다이오드(diode)를 형성한다는 점이다(그림 6.3). 뒤에서 설명하겠지만, 트랜지스터가 정상적으로 동작하기 위해서는 이 접합들이 역방향으로 바이어스되어야 한다. 따라서 이 접합들이 MOSFET의 동작에 미치는 영향을 계산할 때는 두 다이오드에 존재하는 공핍 영역 커패시턴스만을 고려하면 된다. 그림 6.3은 오늘날의 전형적인 최신 MOS 공정에서 만들어지는 소자의 치수 중 일부를 보여 주고 있다.(역주: 그림 6.3의 수치는 이 책의 초판이 출판되던 때를 반영한다.) 산화물의 두께는 t_{ox}로 나타내었다.

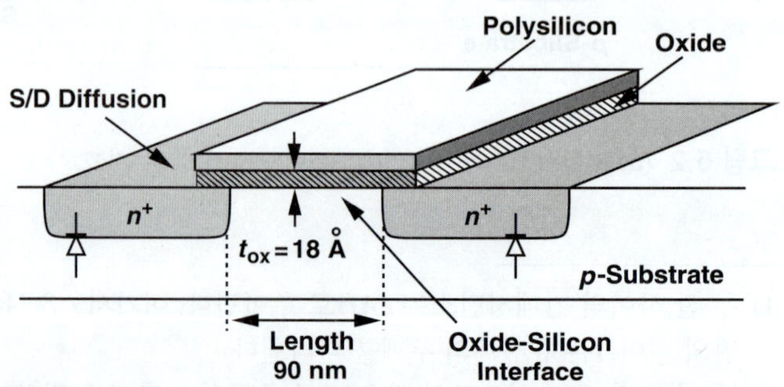

그림 6.3 최신 MOSFET의 전형적인 크기

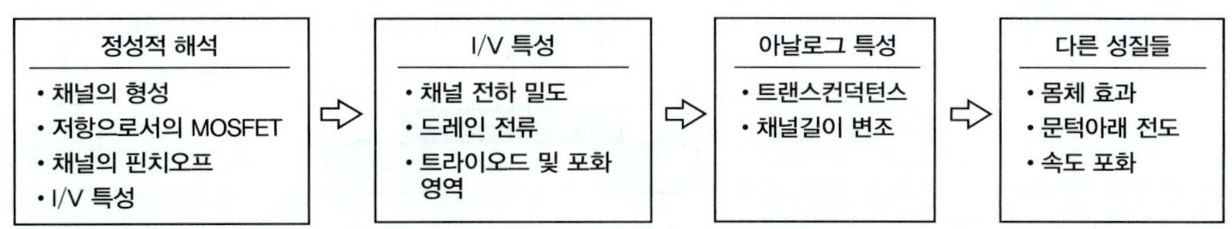

그림 6.4 학습할 개념들의 개요

6.2 MOSFET의 동작

이 절에서는 MOSFET에 관련된 다양한 개념들을 다룬다. 개요가 그림 6.4에 나와 있다.

6.2.1 정성적 해석

그림 6.1과 6.2의 간단한 구조를 학습한 결과, MOSFET의 게이트에 충분한 양(+)의 전압이 가해져서 채널에 전자가 생성되면 소스와 드레인 사이에 전류가 흐를 수 있다는 것을 알게 되었다. 더욱이 이때 전류의 크기는 게이트 전압으로 조절할 수 있으리라고 예측할 수 있다. 우리의 해석은 이러한 추측이 실제로 맞다는 것을 소자의 다른 미세한 효과들과 함께 보여 줄 것이다. 게이트는 산화물에 의해 채널로부터 절연되어 있기 때문에, 게이트 단자에는 (저주파의) 전류가 흘러들지 않는다는 것도 주목하자.

MOSFET는 3개의 단자를 가지고 있으므로[3] 여러 가지 단자 전압과 전류의 조합을 다루어야 했을 수도 있다. 하지만 다행히도 (저주파에서) 게이트 전류가 영(0)이므로 관심을 가질 전류는 소스와 드레인 사이에 흐르는 것뿐이다. 우리는 이 전류가 (드레인 전압이 일정한 조건에서) 게이트 전압에 의해 변하는 성질과, (게이트 전압이 일정한 조건에서) 드레인 전압에 의해 변하는 성질을 학습해야 한다. 이러한 개념들이 아래에서 명확하게 될 것이다.

우선 그림 6.5(a)에 설정된 상황을 고려해 보자. 여기서 소스와 드레인은 접지되고 게이트 전압이 변화한다. 이 회로 자체는 특별히 유용하지 않지만, MOSFET의 동작에 관해 깊이 있는 이해를 할 수 있게

> **Did you know?**
> MOSFET의 개념은 1925년 줄리어스 에드가 릴리언펠트(Julius Edgar Lilienfeld)에 의해 제안되었는데 이것은 바이폴라 트랜지스터가 발명되기 수십년 전의 일이었다. 그런데 왜 1960년대가 되어서야 MOS 트랜지스터가 성공적으로 제작되었을까? 가장 어려운 문제는 산화물-실리콘 계면이었다. 초기 시도에서는 이 계면이 많은 '표면상태'를 가지고 있었는데, 이들이 전하 전송자들을 포획하여 전기전도도를 나쁘게 만들었다. 점차 반도체 기술이 발전하고 반도체 제작을 위한 '클린룸'이 발명됨에 따라 표면상태를 거의 만들지 않으면서 산화물을 실리콘 위에 기르는 것이 가능해졌고, 이에 따라 트랜스컨덕턴스가 높아졌다.

3) 기판도 하나의 단자로 기능하지만 당분간은 이를 무시한다.

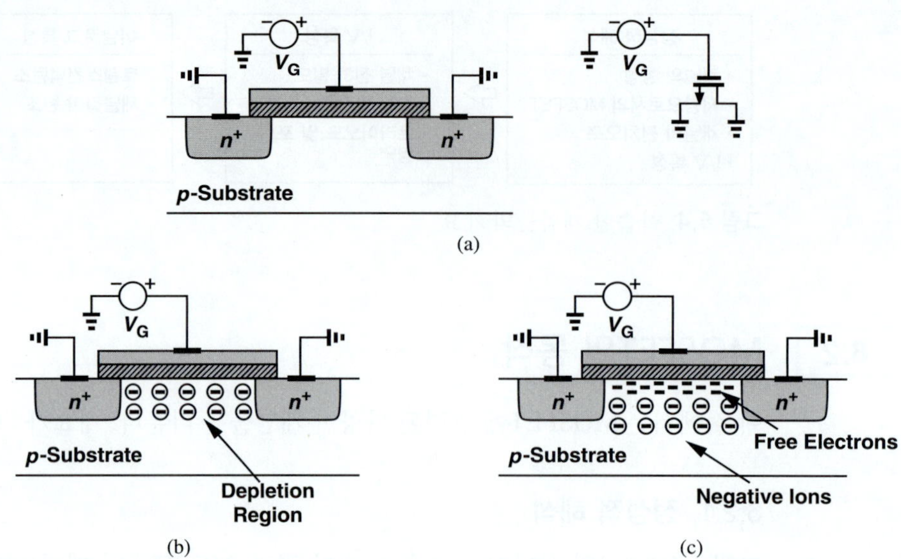

그림 6.5 (a) 게이트 전압이 가해진 MOSFET; (b) 공핍 영역의 형성; (c) 채널의 형성

해 준다. 그림 6.1(b)에서 V_G가 변화할 때 게이트에 있는 양전하와 같은 양의 음전하가 기판에 생겨야 함을 알았다. 6.1절에서는 단순히 전자가 계면으로 끌어당겨진다고만 기술했지만 사실은 채널의 형성에 앞서서 다른 현상이 먼저 일어난다. V_G가 0에서 서서히 증가할 때, 게이트의 양전하는 기판에서 정공들을 쫓아내며 이에 따라 음이온들이 노출되어 공핍층을 형성한다[그림 6.5(b)].[4] 이 소자는 이 경우에도 커패시터로 동작하고 있음을 주목하자. 게이트의 양전하는 기판의 음전하와 매칭이 된다. 하지만 이동성이 있는 전하로 이루어진 채널은 아직 생성되지 않았다. 따라서 아직 소스에서 드레인으로 전류가 흐르지 못한다. 이때 MOSFET는 꺼져 있다(off)고 말한다.

위의 모드에서 소스-기판 및 드레인-기판 접합이 전류를 흘릴 수 있을까? 실제로는 이 현상을 방지하기 위해, 기판 자체도 접지에 연결하여 이들 접합 다이오드들이 순방향 바이어스가 되지 않도록 한다. 하지만 단순화를 위해 여기서는 이 연결을 그리지 않았다.

V_G가 더 증가하면 어떤 일이 생기는가? 게이트의 전하 증가를 따라가기 위해서, 더 많은 음이온들이 노출되며 산화물 밑의 공핍 영역이 더 깊어진다. 그렇다면 V_G가 아무리 증가해도 트랜지스터가 절대로 켜지지 않는가? 다행히 만일 V_G가 (양의 방향으로) 충분히 커지면, 자유 전자들이 산화물-실리콘 계면으로 끌어당겨지고 전도성 채널이 생성된다[그림 6.5(c)]. 이때 MOSFET는 켜져 있다(on)고 말한다. 채널이 생기기 시작하는 게이트 전압을 '문턱 전압(threshold voltage, V_{TH})'이라고 하는데 대략 300~500 mV 정도이다. 이때 전자는 n^+ 도핑된 소스 및 드레인에 의해 쉽게 공급되므로 기판에서 공급되지 않아도 된다는

4) 주목할 것은 이 공핍층은 한 가지 극성의 부동 전하만을 가지고 있다는 것이다. 이에 반해 *pn* 접합의 공핍 영역은 접합의 양쪽에 각각 음이온과 양이온으로 이루어진 영역을 갖고 있다.

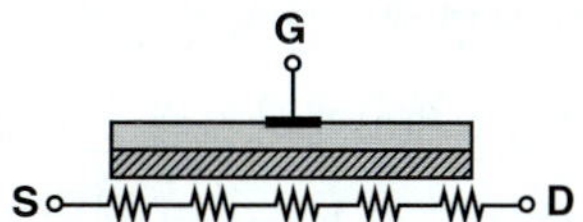

그림 6.6 전압의존 저항으로 간주된 MOSFET

사실을 주목하자.

흥미로운 것은 게이트 단자에 (저주파) 전류가 흘러 들어가지 않는다는 것이다. 게이트는 산화물의 위에 있기 때문에 다른 단자들로부터 절연되어 있고 단순히 커패시터의 한쪽 판으로 동작한다.

가변 저항으로서의 MOSFET S와 D 사이의 전도성 채널은 하나의 저항으로 간주될 수 있다. 특히 V_G가 증가할 때 채널의 전자 농도도 증가하므로(왜 그럴까?) 이 저항의 크기도 게이트 전압에 따라 변화한다. 이것을 개념적으로 나타낸 것이 그림 6.6인데, 이러한 전압의존 저항은 아날로그나 디지털 회로에서 모두 매우 유용하게 사용된다.

예제 6.1 무선 기지국 주위에서는 핸드폰이 수신하는 신호가 매우 강력하기 때문에 회로를 '포화'시켜서 회로의 정상적인 동작이 불가능하게 만들 수 있다. 핸드폰이 기지국에 가까이 갈수록 신호의 강도를 줄여 주는 가변이득 회로를 고안하라.

풀이 MOSFET를 그림 6.7과 같이 저항과 사용하면 전압제어 감쇄기를 만들 수 있다.

이때

$$\frac{v_{out}}{v_{in}} = \frac{R_1}{R_M + R_1} \tag{6.1}$$

이 성립하므로, V_{cont}이 작아질수록 출력 신호는 작아진다. 그 이유는 채널의 전자의 농도가 줄어듦에 따라 R_M이 증가하기 때문이다. MOSFET는 가변이득 증폭기에서 전압의존 저항으로 흔히 이용된다.

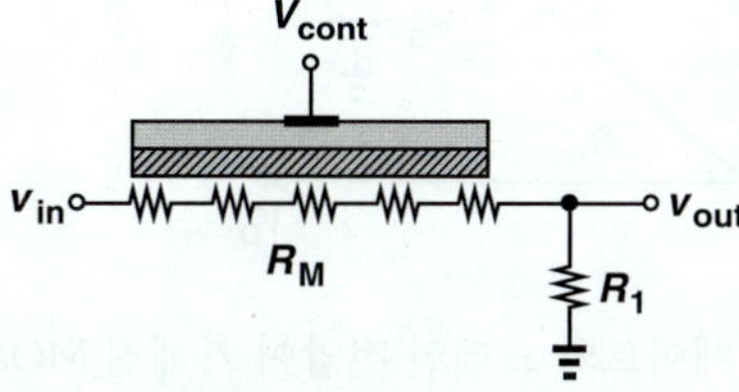

그림 6.7 신호 크기의 조절을 위해 MOSFET를 사용한 예

연습문제 만일 채널의 길이가 2배가 되면 R_M은 어떻게 되는가?

그림 6.5(c)의 상황에서는 S와 D가 같은 전위에 있으므로 이들 사이에는 전류가 흐르지 않는다. 이제 그림 6.8(a)에서처럼 드레인 전압을 증가시키면서 드레인 전류(=소스 전류)를 살펴보자. 만일 $V_G < V_{TH}$이면 채널이 존재하지 않으므로 이 소자는 꺼져 있고 V_D의 값에 관계없이 $I_D = 0$이다. 그런데 만일 $V_G > V_{TH}$이면 $I_D > 0$이다[그림 6.8(b)]. 사실 소스-드레인을 이어 주는 경로는 그림 6.8(c)와 같은 I_D-V_D 특성을 나타내는 단순한 저항으로 동작할 수 있다. 이 직선의 기울기의 역수를 트랜지스터의 '온-저항(on-resistance)' 즉 R_{on}이라고 한다.[5)]

이제까지의 MOS I/V 특성의 간략한 분석은 MOS 동작에 관한 두 가지 관점을 말해 준다. 즉, 그림 6.8(b)에서와 같이 V_D가 일정한 조건에서 V_G가 변하는 경우와 그림 6.8(c)에서와 같이 V_G가 일정한 조건에서 V_D가 변하는 경우이다. 두 관점 모두 트랜지스터 동작의 이해에 유용한 통찰을 제공해 준다.

그림 6.8(c)의 특성은 V_G가 증가할 때 어떻게 바뀌는가? 채널의 전자 농도가 높아지면 온-저항이 낮아지고 따라서 특성 곡선의 기울기가 커진다. 그림 6.8(d)에 나타나 있는 이러한 특성은 전압의존 저항이라는 개념을 더 확실하게 보여 준다.

2장에서 반도체에서 전하는 확산과 드리프트 두 가지 현상에 의해 흐른다는 것을 배웠다. 그러면 MOSFET에서의 전하 전송 메커니즘은 무엇인가? MOSFET에서는 드레인에 연결된 전압원이 채널에 전기장을 만들어서 전류가 흐르므로, MOSFET의 전류는 드리프트에 의한 것이다.

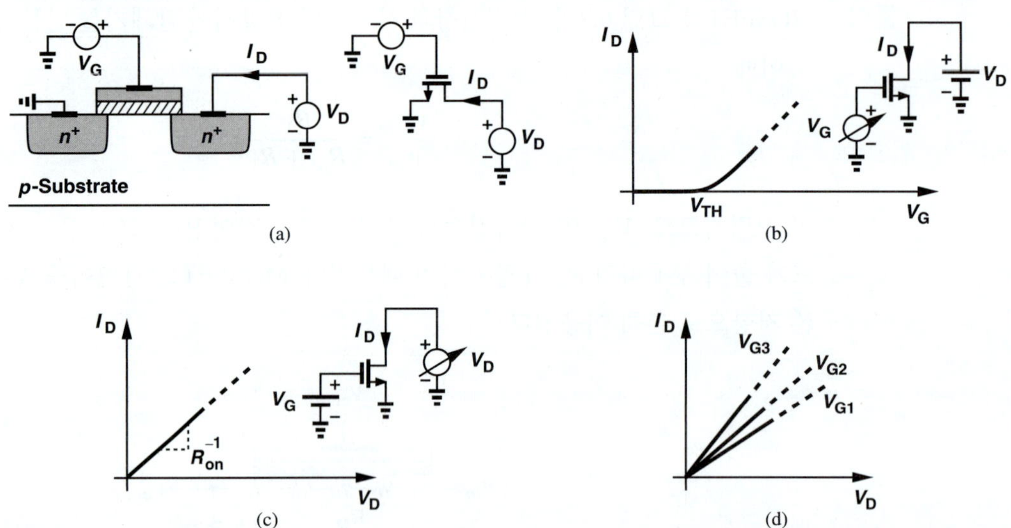

그림 6.8 (a) 게이트와 드레인 전압이 가해진 MOSFET; (b) I_D-V_G 특성; (c) I_D-V_D 특성; (d) 여러 가지 게이트 전압에 대한 I_D-V_D 특성

5) '온-저항'이라는 용어는 항상 소스와 드레인 사이의 저항을 의미하는데, 이것은 게이트와 다른 단자 사이에는 전류가 흐르지 않으므로 저항이 무한대이기 때문이다.

그림 6.8(b) 및 (c)에 있는 I_D-V_G 및 I_D-V_D 특성은 MOS 소자를 이해하는 데 중심적인 역할을 한다. 다음 예제가 이제까지 공부한 개념들을 확실하게 해 준다.

예제 6.2 I_D-V_G 및 I_D-V_D 특성을 (a) 여러 가지의 채널 길이들 및 (b) 여러 가지의 산화물 두께들에 대하여 간략히 도시하라.

풀이 채널의 길이가 증가하면 온-저항도 증가한다.[6] 따라서 $V_G > V_{TH}$인 영역에서 채널의 길이가 증가하면 드레인 전류는 더 작아진다[그림 6.9(a)]. 비슷한 이유로 I_D를 V_D의 함수로 나타낼 때의 기울기도 작아진다[그림 6.9(b)]. 따라서 큰 드레인 전류를 얻기 위해서는 채널의 길이를 최소화하는 것이 바람직하다.(이것은 MOS 공정 기술 개발에서 중요한 요소이다.)

그러면 산화물의 두께 t_{ox}는 어떻게 I/V 특성에 영향을 미치는가? t_{ox}가 증가하면 게이트와 실리콘 기판 사이의 커패시턴스가 감소한다. 따라서 $Q = CV$의 관계로부터, 일정한 전압에서 게이트에 생기는 전하의 양이 감소하며, 따라서 채널의 전자 농도도 줄어들 것을 예상할 수 있다. 또한 이에 따라 소자는 더 큰 온-저항을 갖게 되며, 주어진 게이트 전압 또는 드레인 전압에서 더 작은 드레인 전류를 생성한다[그림 6.9(c) 및 그림 6.9(d)]. 이러한 이유 때문에 반도체 산업에서는 지속적으로 게이트 산화물의 두께를 줄여 왔다.

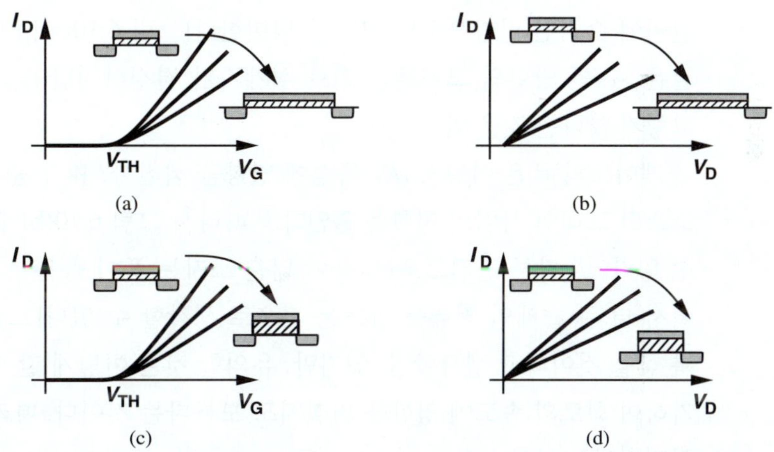

그림 6.9 (a) 여러 가지 채널 길이에 대한 I_D-V_G 특성; (b) 여러 가지 채널 길이에 대한 I_D-V_D 특성; (c) 여러 가지 산화물 두께에 대한 I_D-V_G 특성; (d) 여러 가지 산화물 두께에 대한 I_D-V_D 특성

연습문제 채널에서 전류의 흐름은 드리프트의 형태를 띤다. 만일 높은 온도에서 전자의 이동도가 감소한다면, 온도가 올라갈 때 온-저항은 어떻게 될 것이라고 말할 수 있는가?

6) 전도체의 저항은 길이에 비례한다는 것을 상기하자.

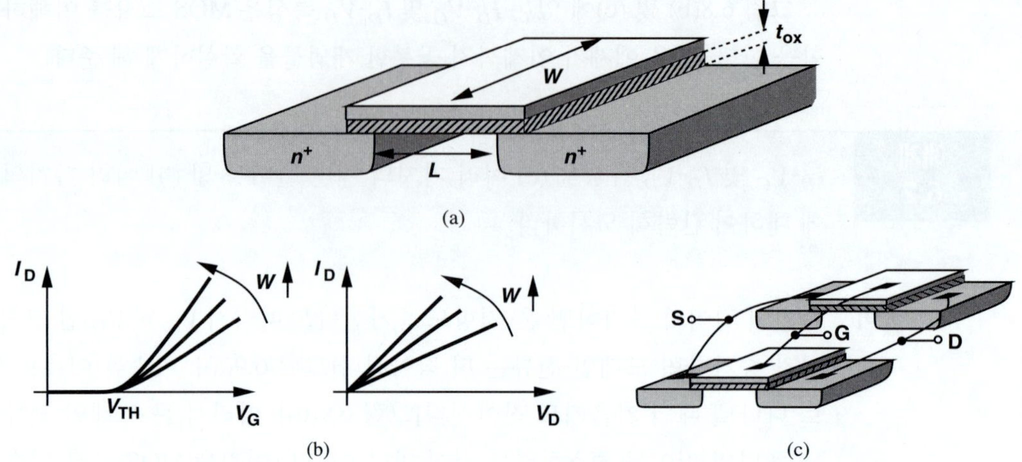

그림 6.10 (a) MOSFET의 크기(이 중 W와 L은 회로 설계자가 결정할 수 있는 수치이다); (b) 여러 가지 W 값에 대한 I_D 특성; (c) 병렬로 연결된 소자들과의 등가성

MOSFET의 길이나 산화물의 두께가 모두 MOSFET의 성능에 영향을 미치지만, 이 둘 중에서 앞의 것만 회로 설계자가 조절할 수 있다. 즉, MOSFET의 길이만 트랜지스터의 레이아웃에 표시된다. 반면에 어떤 공정에서 산화물의 두께가 한번 정해지면 그 값은 그 공정의 모든 트랜지스터에 대해 동일하다.

회로 설계자에 의해 정해지는 또 하나의 MOS 파라미터가 트랜지스터의 폭이다.(폭은 길이에 수직인 방향으로의 크기를 의미한다[그림 6.10(a)].) 이상을 종합하면, L이나 W와 같은 '수평' 방향의 크기들은 회로 설계자가 결정하지만 t_{ox}와 같은 '수직' 방향의 크기는 그렇지 않다는 것을 알 수 있다.

게이트의 폭은 어떻게 I/V 특성에 영향을 끼칠까? W가 증가하면 채널의 폭도 증가하여 소스와 드레인 사이의 저항을 줄인다.[7] 따라서 그림 6.10(b)에 있는 것과 같은 경향을 얻을 수 있다. 또 다른 관점으로는, 폭이 넓은 소자는 폭이 좁은 소자 2개가 **병렬로** 연결되어 있어서 더 큰 드레인 전류를 만드는 것으로 생각할 수 있다[그림 6.10(c)]. 따라서 W가 클수록 좋을 것이라고 생각할 수 있지만, 유의할 것은 이렇게 할 때 게이트의 커패시턴스가 증가하여 회로의 속도에 영향을 미칠지도 모른다는 것이다. 따라서 각 소자의 폭은 신중하게 결정되어야 한다.

채널의 핀치오프 이제까지 MOSFET에 관하여 정성적으로 공부한 결과, MOSFET의 게이트 전압이 V_{TH}를 넘으면 전압의존 저항으로 동작한다는 것을 알게 되었다. 그런데 실제로는 드레인 전압이 (양의 방향으로) 충분히 크면 MOSFET는 **전류원**으로 동작을 한다. 이 현

7) 전도체의 저항은 단면적에 반비례하는 것을 상기하자. 그런데 전도체의 단면적은 그 폭과 두께의 곱이다.

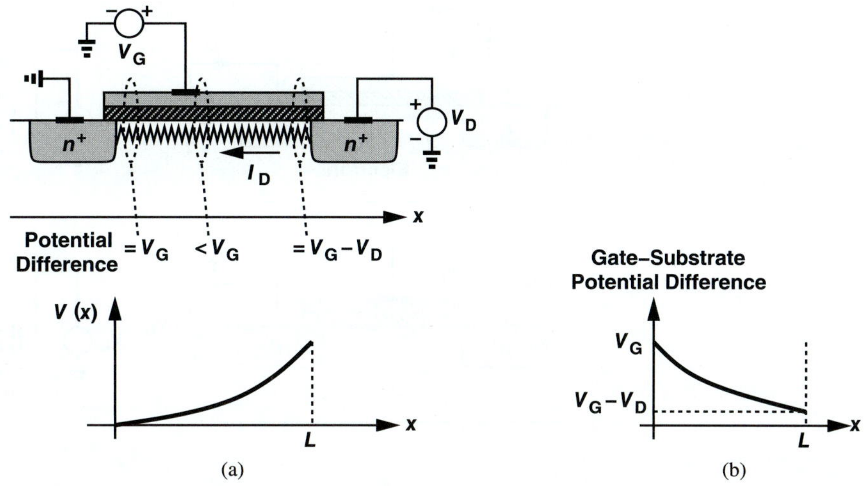

그림 6.11 (a) 채널 전위의 변화; (b) 채널 방향으로의 게이트-기판 전압차의 변화

상을 이해하기 위해서 다음 두 가지에 주목하자. 즉, (1) 채널을 형성하기 위해서는 게이트와 산화물-실리콘 계면의 전위차가 V_{TH}를 넘어야 한다. (2) 드레인 전압이 소스 전압보다 높을 경우, 소스에서 드레인까지의 채널 각 점의 (접지를 기준으로 한) 전압은 드레인에 가까울수록 점점 높아진다. 그림 6.11(a)에 나타나 있듯이 이 효과는 채널 저항에 전류가 흐를 때 발생하는 점차적인 전압 강하 때문에 발생한다. 게이트 전압은 위치에 상관없이 일정하고(왜냐하면 게이트는 전도성이 있으나 게이트 안에서는 아무 방향으로도 전류가 흐르지 않기 때문임), 산화물-실리콘 계면의 전압은 소스에서 드레인 쪽으로 점점 증가하므로, 게이트와 산화물-실리콘 계면의 전위차는 x축을 따라 점점 감소한다[그림 6.11(b)]. 따라서 채널의 전자 농도도 같은 경향을 따르며, $x = L$에서 최소가 된다.

이러한 관찰로부터, 만일 드레인 전압이 충분히 높아서 $V_G - V_D \leq V_{TH}$가 되면, 드레인 근처에서는 채널이 더 이상 존재하지 않을 것이라고 결론을 내릴 수 있다. 이때 $x = L$에서는 게이트-기판 전위차가 전자를 끌어당기기에 충분하지 않아서 채널이 '핀치오프(pinch-off)'가 되었다고 말한다[그림 6.12(a)].

만일 V_D가 $V_G - V_{TH}$보다 더 높아지면 어떻게 되는가? $x = 0$에서 $x = L$까지의 구간에서 $V(x)$가 0에서 $V_D(> V_G - V_{TH})$까지 변하므로, $x = L_1 < L$인 어떤 점에서 게이트와 기판 사이의 전압차가 V_{TH}로 줄어들 것이다[그림 6.12(b)]. 따라서 이 소자는 L_1과 L 사이에 채널을 갖지 않는다. 그렇다면 이 상태에서 트랜지스터에는 전류가 흐르지 않는가? 그렇지는 않으며, 이 소자에는 계속 전류가 흐른다. 그림 6.12(c)에 있는 것처럼, 전자들이 일단 채널의 끝에 도달하면, 이들은 드레인 접합을 둘러싸고 있는 공핍 영역에서 매우 강한 전기장의 영향을 받게 되며, 이에 따라 신속하게 드레인으로 쓸려 나간다. 하지만 다음 절에서 기술하는 것처럼, 드레인 전압은 더 이상 전류의 크기에 큰 영향을 주지 못하며, 따라서 이 영역에서 MOSFET는 정전류원으로 작용한다. 이것은 바이폴라 트랜지스터의 순방향 활

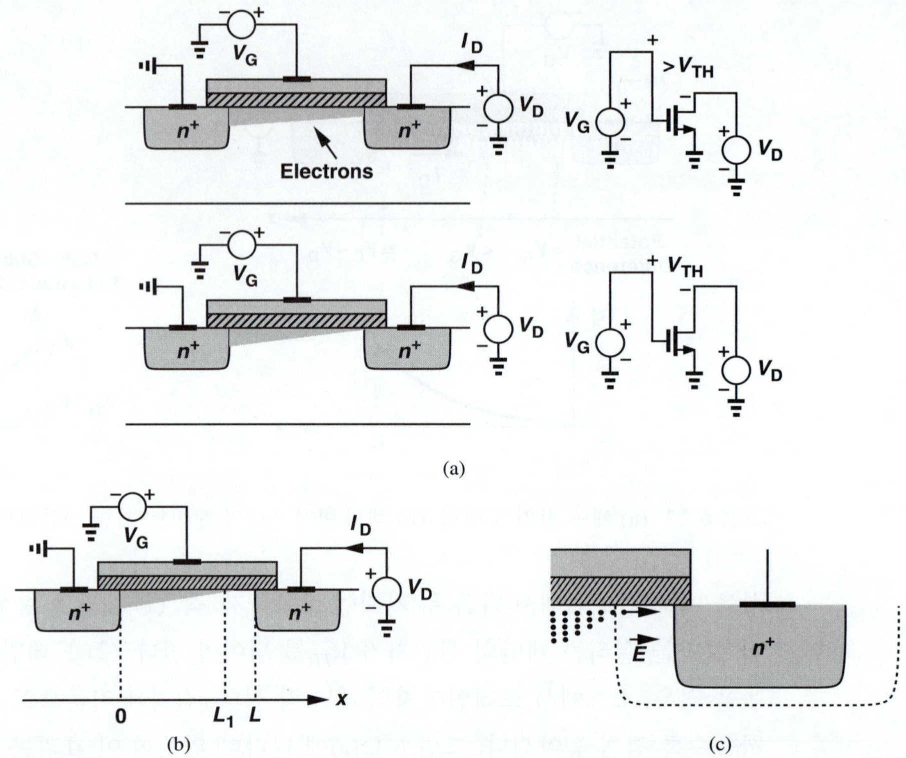

그림 6.12 (a) 핀치오프; (b) 드레인 전압에 의한 채널 길이의 변화; (c) 드레인 부근에서의 동작을 자세히 나타낸 것

성 모드와 비슷하다. 이때 소스-기판 및 드레인-기판 접합을 통해서는 전류가 흐르지 않는다는 사실에 주목하자.

6.2.2 I/V 특성의 유도

앞의 정성적인 학습 결과를 바탕으로, 이제 MOSFET의 특성을 단자 전압의 함수로 나타낼 수 있다.

채널 전하 밀도 전류식을 유도하기 위해서는 단위 길이당 채널 전하(말하자면 자유 전자들)의 양, 즉 '전하 밀도(charge density)'가 필요하다. $Q = CV$의 식에서 C가 단위 길이당 게이트 커패시턴스이고 V가 게이트와 채널 사이의 전압차를 나타낸다면, Q가 우리가 필요로 하는 전하 밀도에 해당한다. 단위 면적당 게이트 커패시턴스를 C_{ox}(F/m^2 혹은 fF/μm^{2}의 단위를 가짐)로 나타낼 때, 트랜지스터의 폭을 고려하면 $C = WC_{ox}$을 얻을 수 있다(그림 6.13). 더욱이 $V_{GS} < V_{TH}$에서는 유동성 전하가 없다는 사실로부터 $V = V_{GS} - V_{TH}$를 얻을 수 있다.(이제부터 게이트와 드레인 전압은 소스를 기준으로 나타낸다.) 이러한 사실들을 종합하여 다음과 같이 나타낼 수 있다.

$$Q = WC_{ox}(V_{GS} - V_{TH}) \tag{6.2}$$

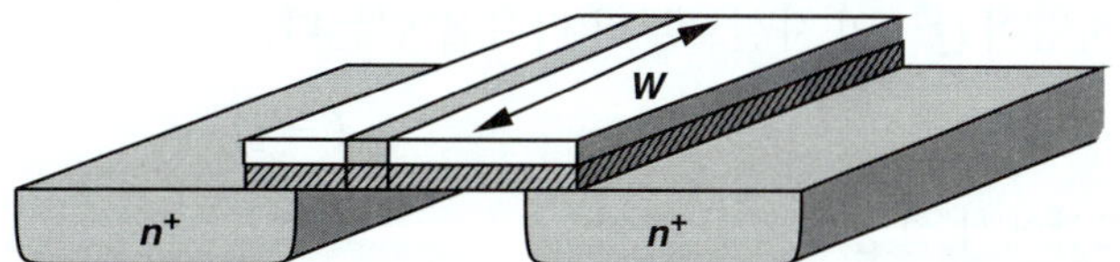

그림 6.13 단위 길이당 커패시턴스

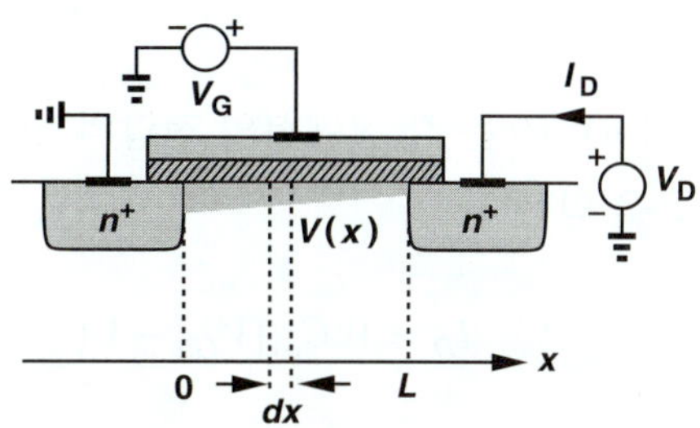

그림 6.14 드레인 전류 계산을 위한 소자의 그림

여기서 Q를 쿨롱/미터(coulomb/meter)의 단위로 나타내었음에 유의하자. 그림 6.11(a)로부터 채널의 전압이 트랜지스터의 길이 방향을 따라 변하는 것과, 전하 밀도가 소스에서 드레인으로 가까이 감에 따라 줄어드는 것을 알았다. 따라서 식 (6.2)는 채널 전위가 0에 가까운 소스 단자 부근에서만 효력이 있다. 그림 6.14와 같이 x에서의 채널 전위를 $V(x)$라고 나타내면 대신 다음이 성립한다.

$$Q(x) = WC_{ox}[V_{GS} - V(x) - V_{TH}] \tag{6.3}$$

채널이 핀치오프가 되지 않은 경우 $V(x)$는 0에서 V_D까지 변한다.

드레인 전류 유동 전하 밀도와 전류의 관계는 무엇인가? 일정한 단위 길이당 전하 밀도가 Q(쿨롱/미터)인 반도체 막대기에 전류 I가 흐르는 경우를 생각해 보자(그림 6.15). 2장에서 (1) I는 막대기의 한 단면을 1초 동안 통과하는 총 전하량에 의해서 결정되는 것과 (2) 캐리어가 v(m/s)의 속도로 움직일 경우, 막대기 중에서 길이가 v(m)인 부분에 들어 있는 전하가 그 단면을 통과하는 데 1초가 걸리는 것을 알았다. 이때 v미터의 길이 안에 들어 있는 전

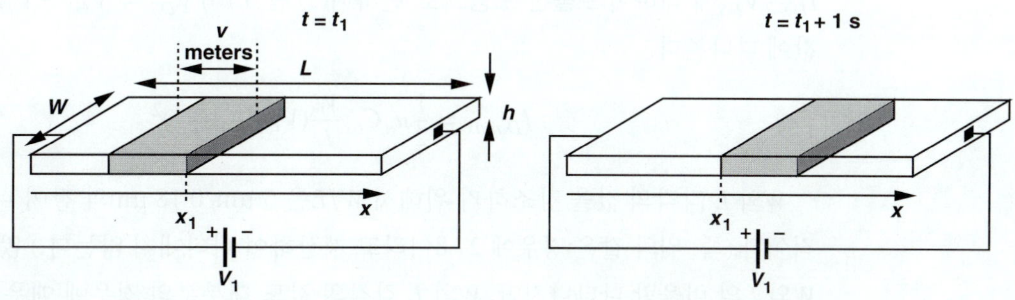

그림 6.15 전하 속도와 전류의 관계

하량이 $Q \cdot v$인 사실로부터 다음을 얻는다.

$$I = Q \cdot v \tag{6.4}$$

2장에서 설명한 바와 같이

$$v = -\mu_n E \tag{6.5}$$

$$= +\mu_n \frac{dV}{dx} \tag{6.6}$$

이며, 여기서 dV/dx는 각 점에서의 전압의 미분 값을 말한다. 식 (6.3), (6.4) 및 (6.6)을 결합하면 다음을 얻는다.

$$I_D = WC_{ox}[V_{GS} - V(x) - V_{TH}]\mu_n \frac{dV(x)}{dx} \tag{6.7}$$

흥미롭게도 I_D는 채널을 따라서 일정해야 하므로(왜 그럴까?) $V_{GS} - V(x) - V_{TH}$와 dV/dx의 곱이 x에 관계없이 일정하도록 $V(x)$와 dV/dx가 변해야 한다.

위의 미분 방정식을 풀어서 $V(x)$를 I_D의 함수로 얻는 것도 가능하지만(독자들이 직접 해보기 바란다), 우리에게 당장 필요한 것은 I_D를 단자 전압의 함수로 나타내는 것이다. 이것을 위해서 식 (6.7)의 양변을 적분하여 다음과 같이 나타낸다.

$$\int_{x=0}^{x=L} I_D \, dx = \int_{V(x)=0}^{V(x)=V_{DS}} \mu_n C_{ox} W[V_{GS} - V(x) - V_{TH}] \, dV \tag{6.8}$$

이로부터 다음을 얻을 수 있다.

$$I_D = \frac{1}{2}\mu_n C_{ox} \frac{W}{L}\left[2(V_{GS} - V_{TH})V_{DS} - V_{DS}^2\right] \tag{6.9}$$

이제 이 중요한 공식을 여러 각도에서 살펴보고 통찰력을 얻도록 하자. 첫째, I_D가 μ_n, C_{ox}, W/L에 대해 선형 의존성을 갖는 것은 예상했던 대로이다. 즉, 더 높은 이동도는 주어진 드레인-소스 전압에서 더 많은 전류를 흐르게 하고, 더 높은 게이트 커패시턴스는 주어진 게이트-소스 전압에서 채널에 더 큰 전하 밀도를 만들며, 더 큰 W/L(종횡비)은 더 많은 트랜지스터를 병렬로 연결한 것과 같은 효과를 낸다[그림 6.10(c)]. 둘째, V_{GS}가 일정할 때 I_D는 V_{DS}에 대하여 포물선 모양으로 변하며(그림 6.16) $V_{DS} = V_{GS} - V_{TH}$에서 다음의 최댓값에 다다른다.

$$I_{D,max} = \frac{1}{2}\mu_n C_{ox} \frac{W}{L}(V_{GS} - V_{TH})^2 \tag{6.10}$$

W와 L 각각의 값을 강조하기 위해서 W/L은 5 μm/0.18 μm와 같이 나타내는 것이 일반적이다.(즉, 위와 같은 경우에 27.8이라고 계산하여 나타내지 않는다.) 많은 MOS 수식에는 W와 L의 비율만 나타나지만, W와 L 각각의 값도 대부분의 경우에 매우 중요하다. 예를 들어 W와 L이 모두 2배가 되면 W/L은 변하지 않지만 게이트 커패시턴스는 증가한다.

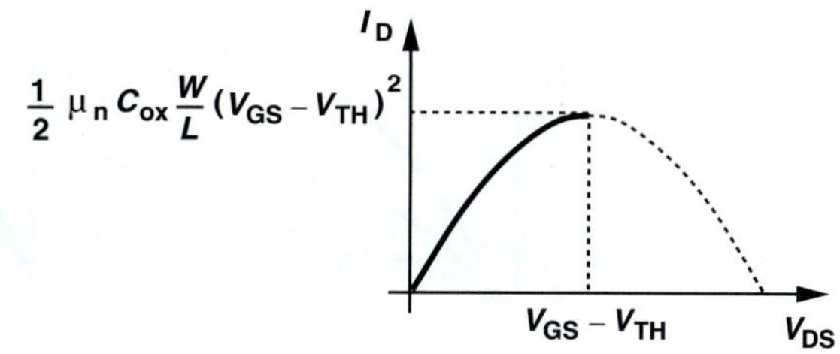

그림 6.16 포물선 모양의 I_D-V_{DS} 특성

예제 6.3 I_D-V_{DS} 특성을 여러 가지의 V_{GS}에 대하여 도시하라.

풀이 V_{GS}가 증가하면 $I_{D,max}$와 $V_{GS}-V_{TH}$도 증가한다. 그림 6.17에 나타낸 것과 같이 특성 곡선들의 최댓값을 이은 선은 포물선 모양을 하는데, 이것은 $I_{D,max} \propto (V_{GS}-V_{TH})^2$이기 때문이다.

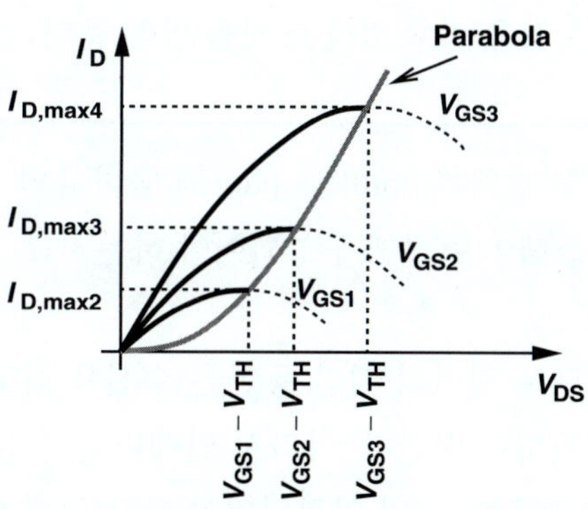

그림 6.17 여러 가지 게이트-소스 전압에 대한 MOS의 특성

연습문제 만일 t_{ox}가 절반이 되면 위의 그림은 어떻게 되는가?

위의 I_D와 V_{DS} 사이의 비선형적인 관계식은 트랜지스터가 항상 간단한 선형 저항으로 모델링될 수는 없다는 것을 말해 준다. 하지만 $V_{DS} \ll 2(V_{GS}-V_{TH})$인 경우, 식 (6.9)는 다음과 같이 근사화된다.

$$I_D \approx \mu_n C_{ox}\frac{W}{L}(V_{GS}-V_{TH})V_{DS} \tag{6.11}$$

위 식은 주어진 V_{GS}에서 I_D-V_{DS} 특성이 선형임을 보여 준다. 실제 등가 온-저항은 V_{DS}/I_D으로부터 다음과 같이 계산할 수 있다.

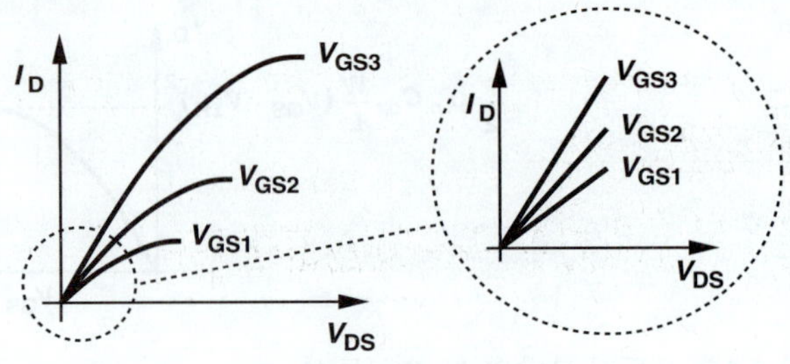

그림 6.18 V_{DS}가 작을 때의 특성을 확대하여 나타낸 그림

$$R_{on} = \frac{1}{\mu_n C_{ox} \frac{W}{L}(V_{GS} - V_{TH})} \tag{6.12}$$

또 다른 측면에서 보면, V_{DS}가 매우 작은 영역에서(즉, 원점 근처에서) 그림 6.17의 포물선들은 각기 다른 기울기를 갖는 직선들로 근사화할 수 있다(그림 6.18).

6.2.1절에서 예측한 대로 식 (6.12)는 온-저항이 게이트-소스 전압에 의해 제어될 수 있다는 것을 말해 준다. 특히 $V_{GS} = V_{TH}$에서 $R_{on} = \infty$가 되는데, 이것은 MOSFET가 전자식 스위치로 사용될 수 있다는 것을 말해 준다.

예제 6.4 어떤 무선 전화기(cordless phone)가 하나의 안테나를 송신과 수신 겸용으로 사용한다. 이때 시스템이 어떻게 구성되어야 하는지를 설명하라.

풀이 이 시스템은 절반의 시간 동안은 수신을 하고 나머지 절반의 시간 동안에는 송신을 하도록 설계되어야 한다. 따라서 안테나는 수신기와 송신기에 일정한 간격(예를 들면, 20 ms)으로 번갈아 가며 연결되어야 한다(그림 6.19). 그러므로 전자식 안테나 스위치가 여기에 필요하다.[8)]

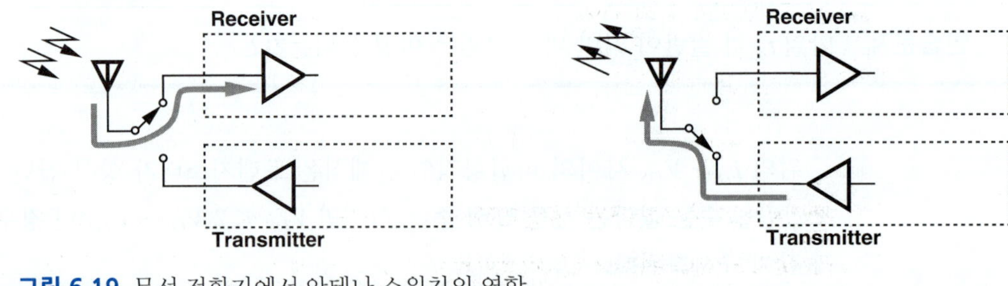

그림 6.19 무선 전화기에서 안테나 스위치의 역할

연습문제 어떤 시스템은 2개의 안테나를 사용하여 하나는 수신을 하고 다른 하나는 송신을 한다. 몇 개의 스위치가 필요한가?

8) 핸드폰 중에서도 이와 같은 방식으로 동작하는 것이 있다.

대부분의 경우에 MOS 스위치는 낮은 온-저항을 갖는 것이 바람직하다. 따라서 회로 설계자는 W/L과 V_{GS}를 극대화하여야 한다. 다음 예제는 이 점을 보여 준다.

예제 6.5 예제 6.4의 무선 전화기에서, 송신기를 안테나에 연결하는 스위치 때문에 발생하는 신호의 약화는 무시할 만큼 작아야 하는데, 예를 들어 10%를 넘지 않아야 한다. $V_{DD} = 1.8$ V, $\mu_n C_{ox} = 100$ μA/V², $V_{TH} = 0.4$ V일 때 스위치의 최소 종횡비를 구하라. 안테나는 50 Ω의 저항으로 모델링할 수 있다고 가정하라.

풀이 그림 6.20에서 다음이 충족되어야 한다.

$$\frac{V_{out}}{V_{in}} \geq 0.9 \tag{6.13}$$

이로부터 다음 조건을 얻는다.

$$R_{on} \leq 5.6\ \Omega \tag{6.14}$$

V_{GS}를 최댓값 즉 V_{DD}로 정하면, 식 (6.12)로부터 다음을 얻는다.

$$\frac{W}{L} \geq 1276 \tag{6.15}$$

(폭이 넓은 트랜지스터들은 상당한 커패시턴스를 신호 경로에 발생시키기 때문에, 이렇게 W/L을 선택해도 고주파 성분은 여전히 약화될 수 있다.)

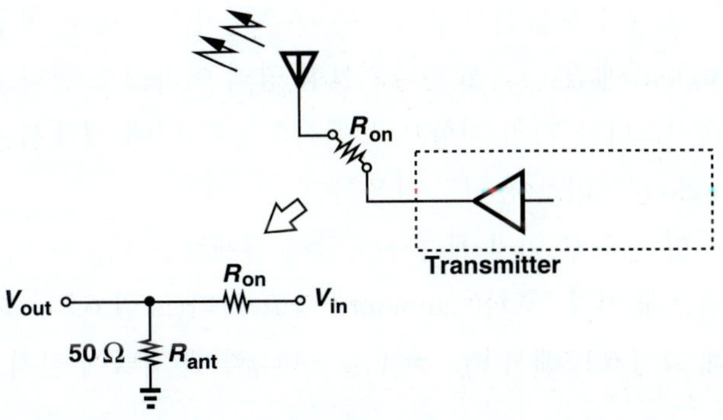

그림 6.20 안테나 스위치의 온-저항에 의한 신호의 열화

연습문제 만일 V_{DD}가 1.2 V로 떨어지면 어떤 W/L이 필요한가?

트라이오드 영역과 포화 영역 식 (6.9)는 드레인 전류를 단자 전압을 사용하여 나타내는데, 이 식에 따르면 $V_{DS} > V_{GS} - V_{TH}$에서 전류는 감소한다. 우리는 $V_{DS} < V_{GS} - V_{TH}$인 경우,

Did you know?

MOS 기술의 지수함수적인 성장은 다음 두 가지 요소에 기인하였다. 즉, 매년 MOS 소자의 크기(W, L, t_{ox} 등)를 더 작게 만들 수 있는 능력, 그리고 하나의 칩에 더 많은 수의 MOS 소자를 집적할 수 있는 능력이다. 그중 후자의 경향은 1965년 인텔의 창립자 중 하나인 고든 무어(Gordon Moore)에 의해 예측되었다. 그는 하나의 칩당 트랜지스터의 개수가 매년 2배가 될 것이라고 하였다. 실제로 칩당 소자의 개수는 1965년도에 50개에서 시작하여 지금은 메모리 칩의 경우 수백억 개, 마이크로프로세서의 경우에는 수십억 개에 이르렀다. (빌 게이츠의 재산을 빼고) 인류 역사상 이렇게 많이, 빠르게 성장한 것이 있을까?

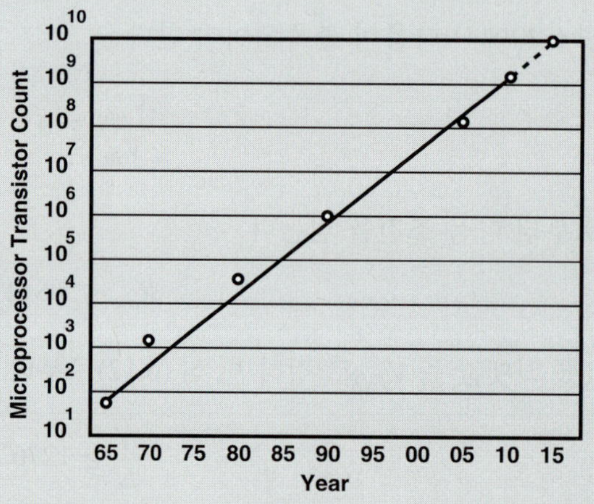

무어의 법칙: 연도별 칩당 트랜지스터의 개수

즉 소자가 포물선이 증가하는 부분에서 동작하는 경우, 이 소자가 '트라이오드 영역(triode region)'에 있다고 말한다.('선형 영역'이라고도 한다.) 특히 $V_{DS} \ll 2(V_{GS} - V_{TH})$이어서 트랜지스터가 거의 저항으로 동작하는 영역에 대해서는 '깊은 트라이오드 영역(deep triode region)'이라는 용어도 사용한다.

한편 식 (6.9)의 예측과는 달리 실제로는 $V_{DS} > V_{GS} - V_{TH}$인 영역에서 전류는 일정하게 되는데 이를 '포화(saturation)'라고 한다(그림 6.21). 왜 포화가 발생하는지를 이해하기 위해 그림 6.12에서 $V_{DS} = V_{GS} - V_{TH}$일 때 채널이 핀치오프가 됨을 상기하자. 더 이상 V_{DS}가

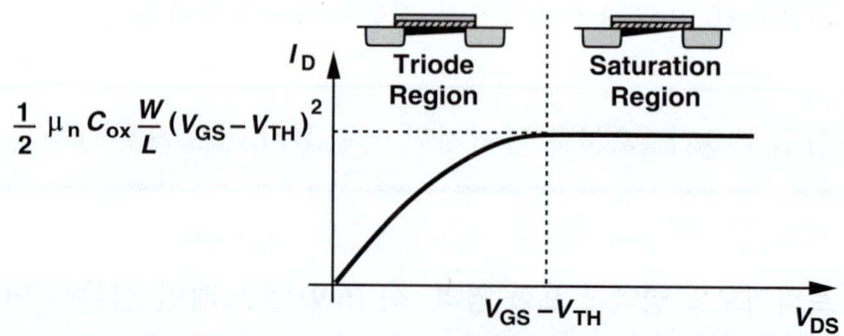

그림 6.21 MOS의 전체적인 특성

증가하는 것은 단순히 핀치오프가 발생하는 위치를 약간 소스 쪽으로 이동시킬 뿐이다. 또한 식 (6.7)과 (6.8)은 채널 전하가 존재할 때만 유효하다는 것을 상기하자. 따라서 식 (6.8)의 적분은 채널이 존재하는 부분에 대해서만, 즉 그림 6.12(b)의 $x = 0$과 $x = L_1$ 사이에서만 해야 하며, 이에 따라 식은 다음과 같이 수정되어야 한다.

$$\int_{x=0}^{x=L_1} I_D\, dx = \int_{V(x)=0}^{V(x)=V_{GS}-V_{TH}} \mu_n C_{ox} W [V_{GS} - V(x) - V_{TH}]\, dV \tag{6.16}$$

여기서 적분의 상한은 채널이 핀치오프가 되는 점에 대응하는데, 특히 우변의 적분의 상한이 V_{DS}가 아닌 $V_{GS} - V_{TH}$인 것에 유의하자. 적분을 수행하면

$$I_D = \frac{1}{2}\mu_n C_{ox} \frac{W}{L_1}(V_{GS} - V_{TH})^2 \tag{6.17}$$

을 얻을 수 있는데, 이 결과는 V_{DS}에 독립적이며, 또한 $L_1 \approx L$이라고 가정한다면 식 (6.10)의 $I_{D,max}$와 동일하다. $V_{GS} - V_{TH}$를 '과구동 전압(overdrive voltage)'이라고 부르는데, MOS 회로에서 핵심적인 역할을 한다. MOSFET는 때때로 '제곱 법칙(square-law)' 소자라고 불리는데, 이것은 I_D와 과구동 전압 사이의 관계를 강조하기 위한 것이다. 식을 간단하게 만들기 위해 앞으로 L_1을 그냥 L로 표시한다.

그림 6.21의 I/V 특성은 바이폴라 소자의 특성을 닮았는데, MOSFET의 트라이오드 영역과 포화 영역은 각각 바이폴라 트랜지스터의 포화 영역 및 순방향 활성 영역과 유사하게 보인다. 다만 안타깝게도 '포화'라는 용어는 MOSFET와 바이폴라의 I/V 특성에서 완전히 다른 영역을 가리킨다.

트랜지스터가 어느 영역에서 동작하고 있는지를 결정하기 위해서 그림 6.22의 개념도를 사용할 수 있다. 여기서는 게이트-드레인 전위차를 사용하는 것이 간편하며, 게이트-소스 및 게이트-드레인 전압을 따로 계산할 필요가 없는 것에 주목하자.

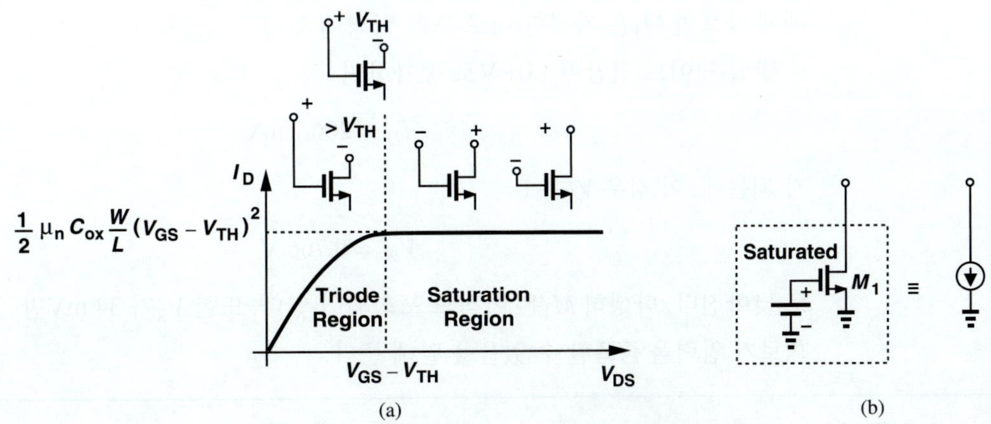

그림 6.22 게이트와 드레인 전압에 의한 트라이오드와 포화 영역의 구분

MOSFET는 포화 영역에서 '평평한' 전류 특성을 보이므로 전류원으로 동작하며 그 전류값은 식 (6.17)에 의해 주어진다. 더욱이 I_D가 $V_{GS} - V_{TH}$에 대하여 제곱 법칙을 따르는 것은 이 소자가 전압종속 전류원으로 사용될 수 있다는 것을 말해 준다.

예제 6.6

그림 6.23의 M_1의 바이어스 전류를 구하라. $\mu_n C_{ox} = 100\ \mu A/V^2$, $V_{TH} = 0.4$ V라고 가정한다. 만일 게이트 전압이 10 mV만큼 증가하면, 드레인 전압은 얼마만큼 변화하는가?

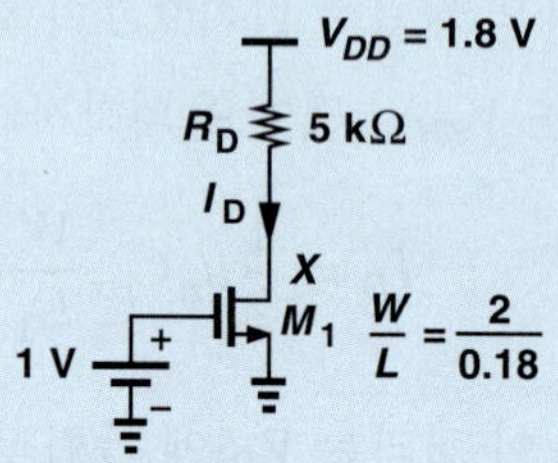

그림 6.23 간단한 MOS 회로

풀이 일반적으로 M_1이 어느 영역에서 동작하는지를 미리 알기는 어렵다. 따라서 우선 M_1이 포화되었다고 가정해 보자. $V_{GS} = 1$ V이므로 다음을 얻는다.

$$I_D = \frac{1}{2}\mu_n C_{ox}\frac{W}{L}(V_{GS} - V_{TH})^2 \tag{6.18}$$

$$= 200\ \mu A \tag{6.19}$$

이때 드레인의 전위를 체크하여 우리의 가정이 맞는지를 확인해야 한다.

$$V_X = V_{DD} - R_D I_D \tag{6.20}$$

$$= 0.8\ V \tag{6.21}$$

드레인 전압은 게이트 전압보다 낮지만 그 차이가 V_{TH}보다 작다. 따라서 그림 6.22의 도해에 따르면 M_1은 가정한 대로 포화 영역에 있다.

만일 게이트 전압이 1.01 V로 증가하면

$$I_D = 206.7\ \mu A \tag{6.22}$$

가 되는데, 이 경우 V_X는

$$V_X = 0.766\ V \tag{6.23}$$

로 낮아진다. 다행히 M_1은 아직도 포화되어 있다. 또한 V_X가 34 mV만큼 변한 사실은 이 회로가 입력을 증폭할 수 있음을 말해 준다.

연습문제 트랜지스터를 트라이오드 영역의 경계에 있게 하려면 R_D를 어떻게 선택해야 하는가?

바이폴라와 MOS 소자의 차이점을 확인하고 넘어가는 것이 학습에 도움이 된다: (1) 바이폴라 트랜지스터는 활성 영역의 경계에서 $V_{BE} = V_{CE}$가 되지만, MOSFET는 드레인 전압이 게이트 전압보다 V_{TH} 이상 낮아질 때 포화 영역의 경계에 이르게 된다. (2) 바이폴라 소자는 I_C-V_{BE} 특성이 지수 함수의 모양을 갖는 데 반해 MOSFET는 제곱 법칙의 특성을 보인다. 이 때문에 같은 바이어스 전류에서 바이폴라 소자는 MOSFET보다 더 큰 트랜스컨덕턴스를 갖는다. (3) 바이폴라 회로에서 대부분의 트랜지스터들은 크기가 같으며 따라서 I_S가 같다. 이에 반해 MOS 회로에서 각 소자의 종횡비는 설계 요구 조건을 만족시키기 위해서 각기 다르게 결정될 수 있다. (4) MOSFET의 게이트에는 바이어스 전류가 흐르지 않는다.[9)]

예제 6.7 그림 6.23에서 M_1이 포화 영역의 경계에 있도록 하는 W/L의 값을 결정하고 게이트 전압이 1 mV 변화할 때 드레인 전압이 얼마나 변화하는지를 계산하라. $V_{TH} = 0.4$ V를 가정하라.

풀이 $V_{GS} = +1$ V이므로 드레인 전압이 $V_{GS} - V_{TH} = 0.6$ V로 떨어져야 M_1이 트라이오드 영역에 들어간다. 이때의 전류는 다음과 같이 구할 수 있다.

$$I_D = \frac{V_{DD} - V_{DS}}{R_D} \tag{6.24}$$

$$= 240\ \mu\text{A} \tag{6.25}$$

I_D는 W/L에 비례하므로 다음이 성립한다.

$$\left.\frac{W}{L}\right|_{max} = \frac{240\ \mu\text{A}}{200\ \mu\text{A}} \cdot \frac{2}{0.18} \tag{6.26}$$

$$= \frac{2.4}{0.18} \tag{6.27}$$

V_{GS}가 1 mV만큼 증가하면

$$I_D = 248.04\ \mu\text{A} \tag{6.28}$$

가 되며 따라서 V_X는

$$\Delta V_X = \Delta I_D \cdot R_D \tag{6.29}$$

$$= 4.02\ \text{mV} \tag{6.30}$$

만큼 변화한다. 따라서 이 문제에서 전압 이득은 4.02이다.

9) 최신 MOSFET들은 게이트 '누설' 전류의 문제를 갖고 있다. 하지만 이 책에서는 이것을 무시한다.

연습문제 R_D가 2배로 증가한 경우에 대하여 위의 예제를 다시 풀어라.

예제 6.8

그림 6.24에서 M_1이 반드시 포화 영역에 있어야 할 때, 사용 가능한 최대 게이트 전압을 구하라.

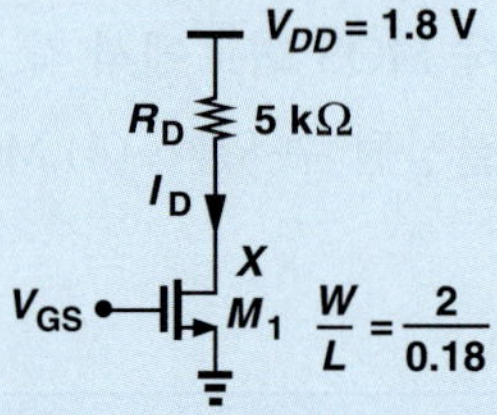

그림 6.24 간단한 MOS 회로

풀이 포화 영역의 경계에서 $V_{GS} - V_{TH} = V_{DS} = V_{DD} - I_D R_D$이다. 식 (6.17)을 I_D에 대입하면

$$V_{GS} - V_{TH} = V_{DD} - \frac{R_D}{2}\mu_n C_{ox}\frac{W}{L}(V_{GS} - V_{TH})^2 \tag{6.31}$$

을 얻으며, 이때 다음이 성립한다.

$$V_{GS} - V_{TH} = \frac{-1 + \sqrt{1 + 2R_D V_{DD}\mu_n C_{ox}\frac{W}{L}}}{R_D \mu_n C_{ox}\frac{W}{L}} \tag{6.32}$$

따라서 다음을 얻을 수 있다.

$$V_{GS} = \frac{-1 + \sqrt{1 + 2R_D V_{DD}\mu_n C_{ox}\frac{W}{L}}}{R_D \mu_n C_{ox}\frac{W}{L}} + V_{TH} \tag{6.33}$$

연습문제 $\mu_n C_{ox} = 100\ \mu\text{A/V}^2$이고 $V_{TH} = 0.4$ V일 때 V_{GS}의 값을 구하라.

6.2.3 채널길이 변조

핀치오프 효과에 대한 학습에서, 드레인 전압이 높아짐에 따라 채널이 없어지는 위치가 소스 쪽으로 조금씩 이동하는 것을 보았다. 다시 말하면 그림 6.12(b)의 L_1의 값이 V_{DS}에 따라 약간씩 변화한다. 이 현상을 '채널길이 변조(channel-length modulation)'라고 부르는데, 식 (6.17)에 있는 것과 같이 $I_D \propto 1/L_1$이므로 V_{DS}가 증가할 때 드레인 전류가 증가한다. 이는

로봇공학 응용: 이진 모터 제어

움직이는 로봇은 동작을 위해서 모터를 사용한다. 모터에 가해진 전압 또는 전류의 극성에 따라 모터는 시계방향 혹은 반시계방향으로 회전한다. 따라서 로봇이 전진과 후진을 하게 하기 위해서는, 모터에 가해지는 양과 음의 신호의 연결을 서로 맞바꾸어 주어야 한다. 그림 6.25는 이러한 목적을 달성하기 위한 구성을 나타낸다. 여기서 S_1과 S_4가 켜지면 모터의 A와 B 터미널이 각각 배터리의 양극 및 음극 단자에 연결되는 것을 알 수 있다. 반면에 S_2와 S_3이 켜지면 모터는 반대 극성으로 구동된다. 이러한 구성은 'H-브리지'라고 불리는데, 그 모양이 'H'자를 닮았기 때문이다. 이것은 또한 '이진 제어'라고 불리는데, 그 이유는 모터가 단 2개의 상태만을 갖기 때문이다.

스위치 S_1-S_4들의 온-저항 때문에 모터에 전달되는 전압은 V_B보다 낮게 된다. 만일 S_1과 S_4가 켜져 있고, 모터가 I_M의 전류를 빨아들인다면, 다음의 관계식이 성립하게 된다.

$$V_{AB} = V_{DD} - I_M R_1 - I_M R_4 \tag{6.34}$$

여기서 R_1과 R_4는 각기 해당하는 스위치들의 저항을 나타낸다. 우리는 스위치의 온-저항을 최소화함으로써 스위치들에 발생하는 전압 강하를 최소화하려고 한다.

MOSFET들이 그림 6.25의 스위치로 동작할 수 있다. S_1과 S_2로는 PMOS를, S_3과 S_4로는 NMOS를 선택하게 되는데, 이 이유를 설명하는 것은 우리의 범위를 벗어난다.

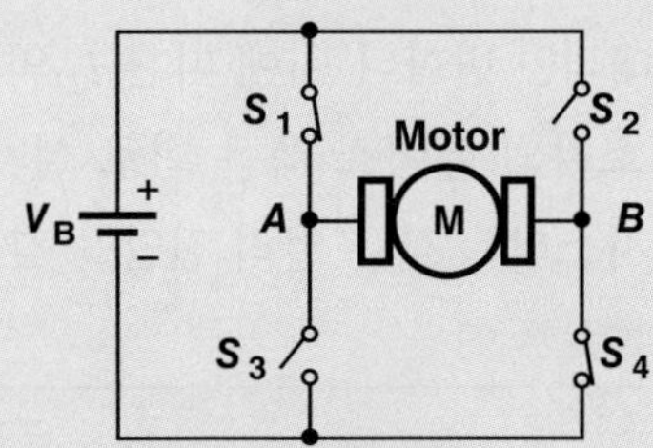

그림 6.25 H-브리지를 사용한 모터의 제어

그림 6.26에도 표현되어 있다. 이 현상은 바이폴라 소자의 얼리 효과와 유사한데, 그림 6.26에 있는 I_D-V_{DS} 특성 곡선의 기울기의 역수로 주어지는 유한한 출력 저항의 원인이 된다.

전류의 계산에서 채널길이 변조의 효과를 고려하기 위해서, L 자체는 일정하다고 간주하는 대신 식 (6.17)의 우변에 다음과 같이 보정 항을 곱해 줄 수 있다.

$$I_D = \frac{1}{2}\mu_n C_{ox}\frac{W}{L}(V_{GS} - V_{TH})^2(1 + \lambda V_{DS}) \tag{6.35}$$

여기서 λ를 '채널길이 변조 계수'라고 부른다. 이 식에서 I_D가 V_{DS}에 선형으로 의존하는 것

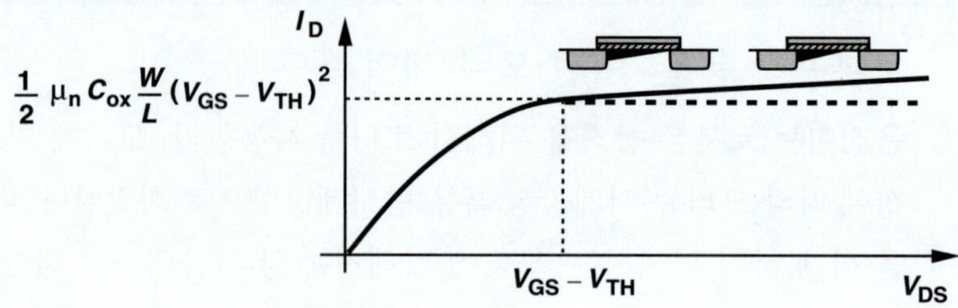

그림 6.26 포화 영역에서의 I_D의 변화

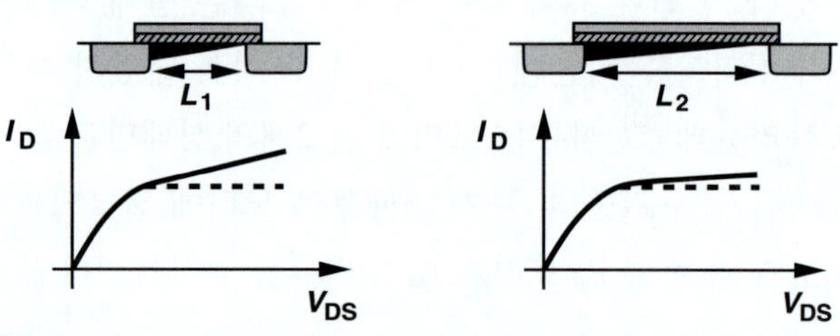

그림 6.27 채널길이 변조

은 실제로는 근사일 뿐이지만, 그래도 채널길이 변조가 회로 설계에 주는 영향에 대해서 많은 통찰을 준다.

4장에서 학습한 바이폴라 소자의 얼리 효과와는 달리 채널길이 변조의 크기는 회로 설계자가 제어할 수 있다. 이것은 λ가 L에 반비례하기 때문이다. 즉, 채널이 길면 V_{DS}의 변화에 따른 L의 상대적인 변화나 이에 따른 I_D의 상대적인 변화가 더 작다(그림 6.27).[10](이에 반해 바이폴라 소자의 베이스 폭은 회로 설계자가 조절할 수 없으며, 따라서 주어진 공정에서 모든 트랜지스터는 같은 얼리 전압을 갖는다.)

예제 6.9

어떤 MOSFET가 $V_{DS} = 0.5$ V일 때 포화 영역에 있고 이 소자에 1 mA의 드레인 전류가 흐른다. $\lambda = 0.1$/V일 때 $V_{DS} = 1$ V로 증가하는 데 따르는 I_D의 변화를 계산하라. 또, 소자의 출력 임피던스는 얼마인가?

풀이

$$I_{D1} = \frac{1}{2}\mu_n C_{ox}\frac{W}{L}(V_{GS} - V_{TH})^2(1 + \lambda V_{DS1}) \tag{6.36}$$

$$I_{D2} = \frac{1}{2}\mu_n C_{ox}\frac{W}{L}(V_{GS} - V_{TH})^2(1 + \lambda V_{DS2}) \tag{6.37}$$

10) 한 회로에서 각 MOSFET는 다른 λ를 갖도록 크기가 다르게 정해질 수 있으므로, 얼리 전압과 같은 것을 MOSFET에서는 정의하지 않는다.

로부터

$$I_{D2} = I_{D1}\frac{1 + \lambda V_{DS2}}{1 + \lambda V_{DS1}} \tag{6.38}$$

를 얻는다. 여기에 $I_{D1} = 1$ mA, $V_{DS1} = 0.5$ V, $V_{DS2} = 1$ V, $\lambda = 0.1$/V를 대입하면

$$I_{D2} = 1.048 \text{ mA} \tag{6.39}$$

를 얻는다. 따라서 I_D의 변화는 48 μA이며 출력 임피던스는 다음과 같이 계산된다.

$$r_O = \frac{\Delta V_{DS}}{\Delta I_D} \tag{6.40}$$

$$= 10.42 \text{ k}\Omega \tag{6.41}$$

연습문제 W는 위의 값에 영향을 미치는가?

위의 예제는 채널길이 변조가 MOS 전류원의 출력 임피던스를 제한한다는 것을 드러낸다. 4장과 5장에서 같은 효과를 바이폴라 전류원에 대해서 발견한 바 있다.

예제 6.10 $\lambda \propto 1/L$이라고 가정하고, 예제 6.9에서 W와 L이 모두 2배일 때 ΔI_D 및 r_O를 계산하라.

풀이 식 (6.36)과 (6.37)에서 W/L은 변하지 않고 다만 λ만 0.05/V로 줄어든다. 이로부터 다음을 얻을 수 있다.

$$I_{D2} = I_{D1}\frac{1 + \lambda V_{DS2}}{1 + \lambda V_{DS1}} \tag{6.42}$$

$$= 1.024 \text{ mA} \tag{6.43}$$

즉, $\Delta I_D = 24$ μA이고

$$r_O = 20.84 \text{ k}\Omega \tag{6.44}$$

이다.

연습문제 만일 W와 L이 4배가 되고 I_D가 1/2이 되면 어떤 출력 임피던스를 얻을 수 있는가?

6.2.4 MOS 트랜스컨덕턴스

전압종속 전류원으로서의 MOS 트랜지스터의 특성은 트랜스컨덕턴스를 사용해서 나타낼 수 있다.

$$g_m = \frac{\partial I_D}{\partial V_{GS}} \tag{6.45}$$

이 양은 소자의 '세기'를 나타내는 지표의 역할을 한다. 즉, 트랜스컨덕턴스가 크다는 것은 주어진 V_{GS}의 변화에 대해서 드레인 전류의 변화가 더 많음을 의미한다. 식 (6.17)의 포화 영역에서의 전류식을 이용하면

$$g_m = \mu_n C_{ox} \frac{W}{L}(V_{GS} - V_{TH}) \tag{6.46}$$

를 얻을 수 있으며, 이로부터 다음과 같은 결론을 얻을 수 있다: (1) $V_{GS} - V_{TH}$가 주어졌을 때 g_m은 W/L에 비례한다. (2) W/L이 주어졌을 때 g_m은 $V_{GS} - V_{TH}$에 비례한다. 또한 식 (6.17)을 이용하여 $V_{GS} - V_{TH}$를 소거하면

$$g_m = \sqrt{2\mu_n C_{ox} \frac{W}{L} I_D} \tag{6.47}$$

를 얻는다. 이것은 (1) I_D가 주어졌을 때 g_m은 $\sqrt{W/L}$ 에 비례하고, (2) W/L이 주어졌을 때 $\sqrt{I_D}$ 에 비례한다는 것을 말해 준다. 마지막으로 식 (6.46)을 (6.17)로 나누면 다음을 얻는다.

$$g_m = \frac{2I_D}{V_{GS} - V_{TH}} \tag{6.48}$$

이것은 (1) $V_{GS} - V_{TH}$가 주어졌을 때 g_m은 I_D에 비례하고, (2) I_D가 주어졌을 때는 g_m이 $V_{GS} - V_{TH}$에 반비례한다는 것을 말해 준다. 이러한 관계가 표 6.1에 요약되어 있는데, MOS 소자의 성능의 경향을 이해하는 데 매우 중요하다. 바이폴라 트랜지스터에서는 이러한 것에 대응하는 것이 없다.[11] 위에 있는 g_m에 대한 세 표현 중에서 식 (6.47)이 가장 많이 사용되는데, 이것은 전력 소모 제한 조건으로부터 I_D가 먼저 결정되는 경우가 많기 때문이다.

표 6.1 g_m의 여러 의존성

$\frac{W}{L}$ **Constant** $V_{GS} - V_{TH}$ **Variable**	$\frac{W}{L}$ **Variable** $V_{GS} - V_{TH}$ **Constant**	$\frac{W}{L}$ **Variable** I_D **Constant**
$g_m \propto \sqrt{I_D}$	$g_m \propto I_D$	$g_m \propto \sqrt{\frac{W}{L}}$
$g_m \propto V_{GS} - V_{TH}$	$g_m \propto \frac{W}{L}$	$g_m \propto \frac{1}{V_{GS} - V_{TH}}$

11) 표 6.1의 둘째 열과 바이폴라 트랜지스터에서의 $g_m = I_C/V_T$ 사이에는 약간의 유사성이 있다. 만일 바이폴라 트랜지스터에서 V_{BE}가 일정한 상태에서 면적이 증가하면 I_C와 g_m이 모두 이에 비례하여 증가한다.

예제 6.11 포화 상태에서 동작하는 MOSFET에서 W/L과 I_D가 모두 2배가 되면 g_m과 $V_{GS}-V_{TH}$는 어떻게 바뀌는가?

풀이 식 (6.47)로부터 이 경우 g_m도 역시 2배가 됨을 알 수 있다. 또한 식 (6.17)은 이때 과구동 전압은 바뀌지 않는다는 것을 말해 준다. 이 결과는 W/L과 I_D를 2배로 하는 것을 그림 6.28에서와 같이 생각하면 직관적으로 이해할 수 있다. 즉, V_{GS}가 일정한 상황에서 소자의 폭이 2배가 되는 것은 마치 같은 전류를 흘리는 2개의 트랜지스터가 병렬로 연결된 것과 동일하며 따라서 트랜스컨덕턴스는 2배가 된다. 독자들은 이러한 경향이 어떤 종류의 트랜지스터에도 적용될 수 있다는 것을 보일 수 있다.

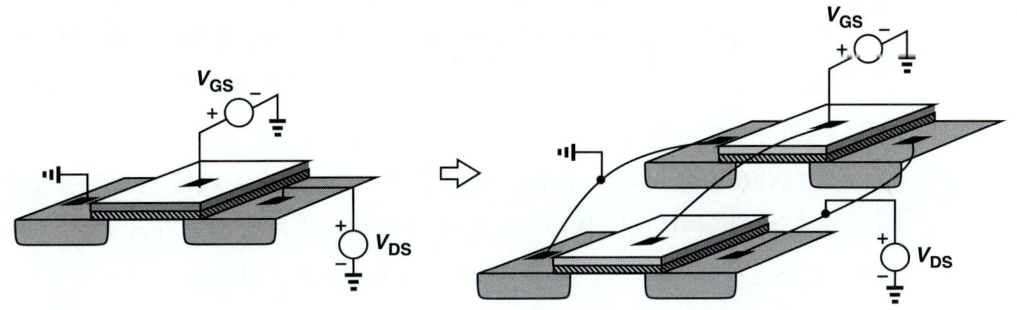

그림 6.28 폭이 넓은 MOSFET와 병렬로 연결된 2개의 MOSFET의 등가성

연습문제 만일 W와 I_D 둘 중 하나가 2배가 되면 g_m과 $V_{GS}-V_{TH}$는 어떻게 되는가?

6.2.5 속도 포화*

2.1.3절에서 매우 높은 전기장에서 캐리어의 이동도는 점점 떨어지고 마침내 전기장이 어느 정도 이상 커지면 캐리어의 속도는 더 이상 증가하지 않고 일정해진다는 사실을 배웠다. 최신의 MOS는 채널의 길이가 매우 짧기 때문에(예를 들면, 0.1 μm) 드레인-소스 전압이 1 V 정도로 낮을 때에도 속도 포화(velocity saturation) 현상이 나타난다. 그 결과 I/V 특성은 더 이상 제곱 법칙을 따르지 않게 된다.

6.2.2절에서 전류식을 유도한 과정을 속도 포화가 일어난 조건에서 다시 검토해 보자. 포화 속도를 v_{sat}이라고 하면

$$I_D = v_{sat} \cdot Q \quad (6.49)$$

$$= v_{sat} \cdot WC_{ox}(V_{GS} - V_{TH}) \quad (6.50)$$

* 이 절은 처음 읽을 때는 건너뛰어도 된다.

를 얻는다. 흥미롭게도 I_D는 이제 $V_{GS} - V_{TH}$에 선형의 의존성을 보이며 또한 L에 의존하지 않는다.[12] 또한 g_m은

$$g_m = \frac{\partial I_D}{\partial V_{GS}} \tag{6.51}$$

$$= v_{sat} W C_{ox} \tag{6.52}$$

와 같이 되는데, g_m은 L이나 I_D에 의존하지 않는다.

6.2.6 다른 2차 효과들

몸체 효과 MOSFET에 대한 학습에서 우리는 소스와 기판['벌크(bulk)'나 '몸체(body)'라고도 함]이 모두 접지에 연결되어 있다고 가정하였다. 하지만 이 조건이 모든 회로에서 반드시 충족되어야 하는 것은 아니다. 예를 들어 기판이 접지된 상태에서 소스 단자의 전압이 양(+)으로 증가하더라도, 소스-기판 접합은 여전히 역방향으로 바이어스되어 있으며 소자는 정상적으로 동작한다.

그림 6.29가 이러한 경우를 보여 준다. 소스 단자는 V_S에 연결되어 있으며 기판은 p^+ 접촉을 통해 접지되어 있다.[13] 그림의 트랜지스터 기호에 추가된 점선은 기판 단자를 나타낸다. 소스와 기판(벌크) 사이의 전압차는 V_{SB}라고 표현한다.

소스-기판의 전위차가 0이 아니게 되면 흥미로운 현상이 발생한다. 즉, 소자의 문턱 전압이 변화하는데, 더 구체적으로 말하면 소스 전압이 기판 전압에 대하여 양의 방향으로 커질수록 V_{TH}는 증가한다. 이 현상을 '몸체 효과(body effect)'라고 부르며 다음과 같이 나타낼 수 있다.

$$V_{TH} = V_{TH0} + \gamma\,(\sqrt{|2\phi_F + V_{SB}|} - \sqrt{|2\phi_F|}) \tag{6.53}$$

여기서 V_{TH0}는 $V_{SB} = 0$일 때의 문턱 전압을 나타내며(이것은 이미 앞에서 공부한 양이다), γ와 ϕ_F는 공정에 따라 바뀌는 파라미터들로서 보통 각각 $0.4\sqrt{\text{V}}$ 및 0.4 V의 값을 갖는다.

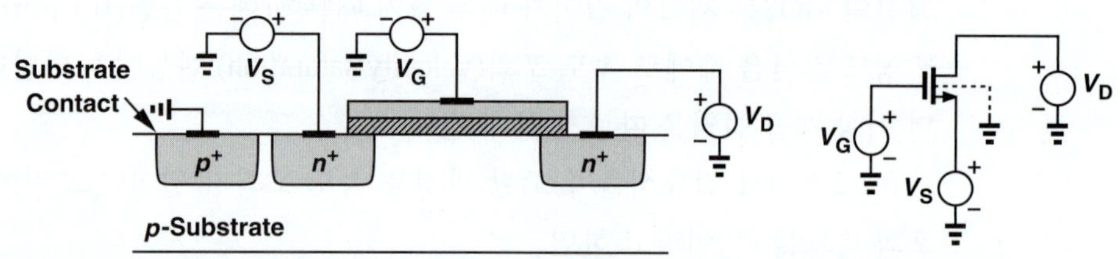

그림 6.29 몸체 효과

12) 물론 V_{DS}가 일정한 상황에서 L이 상당히 증가하면 속도 포화의 정도는 줄어들 것이고 따라서 식 (6.50)은 정확하지 않게 된다.

13) p^+의 섬은 작은 저항을 갖는 '옴성' 저항을 얻기 위해 필요하다.

예제 6.12 그림 6.29의 회로에서 $V_S = 0.5$ V, $V_G = V_D = 1.4$ V, $\mu_n C_{ox} = 100$ μA/V^2, $W/L = 50$, $V_{TH0} = 0.6$ V라고 가정하자. $\lambda = 0$일 때 드레인 전류를 결정하라.

풀이 소스-몸체 전압이 $V_{SB} = 0.5$ V이므로 식 (6.53)과 γ와 ϕ_F의 일반적인 값을 사용하면 다음을 얻는다.

$$V_{TH} = 0.698 \text{ V} \tag{6.54}$$

또한 $V_G = V_D$이므로 이 소자는 포화 영역에 있으며(왜 그럴까?) 따라서 다음을 얻을 수 있다.

$$I_D = \frac{1}{2}\mu_n C_{ox}\frac{W}{L}(V_G - V_S - V_{TH})^2 \tag{6.55}$$

$$= 102 \text{ μA} \tag{6.56}$$

연습문제 V_S가 0에서 1 V까지 변화할 때 드레인 전류를 V_S의 함수로 간략히 도시하라.

몸체 효과는 경우에 따라 아날로그 및 디지털 회로의 성능에 영향을 끼치는데, 이에 대한 것은 더 고급의 책에서 다룬다. 이 책에서는 앞으로 몸체 효과를 무시한다.

문턱아래 전도 앞에서 MOS의 I/V를 유도하는 과정에서는 V_{GS}가 V_{TH}에 도달하는 순간 트랜지스터가 갑자기 켜진다고 가정하였다. 하지만 실제로는 채널은 점차로 생기며 MOSFET에는 $V_{GS} < V_{TH}$에서도 약간의 전류가 흐른다. '문턱아래 전도(subthreshold conduction)'라고 하는 이 효과는 최신 MOS 소자에서는 매우 중요한 사항인데, 더 고급의 책들에서 다룬다.

6.3 MOS 소자의 모델

앞 절에서 학습한 MOS의 I/V 특성을 바탕으로 이제 회로의 해석 및 설계에 사용될 수 있는 모델을 만들어 보자.

6.3.1 대신호 모델

임의의 전압과 전류에 대해서 식 (6.9) 및 (6.35)를 사용하여 소자의 특성을 표현해야 한다.

$$I_D = \frac{1}{2}\mu_n C_{ox}\frac{W}{L}\left[2(V_{GS} - V_{TH})V_{DS} - V_{DS}^2\right] \text{ 트라이오드 영역} \tag{6.57}$$

$$I_D = \frac{1}{2}\mu_n C_{ox}\frac{W}{L}(V_{GS} - V_{TH})^2(1 + \lambda V_{DS}) \text{ 포화 영역} \tag{6.58}$$

$V_{GS} > V_{TH}$
$V_{DS} > V_{GS} - V_{TH}$

G, D, S, +, −

I_D $\frac{1}{2}\mu_n C_{ox}\frac{W}{L}(V_{GS} - V_{TH})^2(1 + \lambda V_{DS})$

(a)

$V_{GS} > V_{TH}$
$V_{DS} < V_{GS} - V_{TH}$

G, D, S, +, −

I_D $\frac{1}{2}\mu_n C_{ox}\frac{W}{L}[2(V_{GS} - V_{TH})V_{DS} + V_{DS}^2]$

(b)

$V_{GS} > V_{TH}$
$V_{DS} \ll 2(V_{GS} - V_{TH})$

G, D, S, +, −

$R_{on} = \dfrac{1}{\mu_n C_{ox}\frac{W}{L}(V_{GS} - V_{TH})}$

(c)

그림 6.30 (a) 포화 영역; (b) 트라이오드 영역; (c) 깊은 트라이오드 영역에서의 MOS 모델들

포화 영역에서 트랜지스터는 전압종속 전류원으로 동작하며 따라서 그림 6.30(a)의 모델로 나타낼 수 있다. 여기서 I_D가 V_{DS}에 완전히 무관한 것은 아니며 따라서 이상적인 전류원은 아니라는 것에 주목하자. $V_{DS} < V_{GS} - V_{TH}$에서는 소자가 트라이오드 영역에 있는 것을 반영해야 하는데, 이 경우에도 전압종속 전류원으로 그림 6.30(b)와 같이 나타낼 수 있다. 마지막으로 만일 $V_{DS} \ll 2(V_{GS} - V_{TH})$이면 이 트랜지스터는 전압의존 저항으로 간주될 수 있다[그림 6.30(c)]. 이상의 모든 경우에서 게이트는 개방 회로로 표현했는데, 이것은 게이트를 통해 전류가 흐르지 않는 것을 나타낸다.

예제 6.13

그림 6.31(a)에서 V_1이 0에서 V_{DD}까지 변할 때 M_1의 드레인 전류를 V_1의 함수로 간략히 도시하라. $\lambda = 0$으로 가정하라.

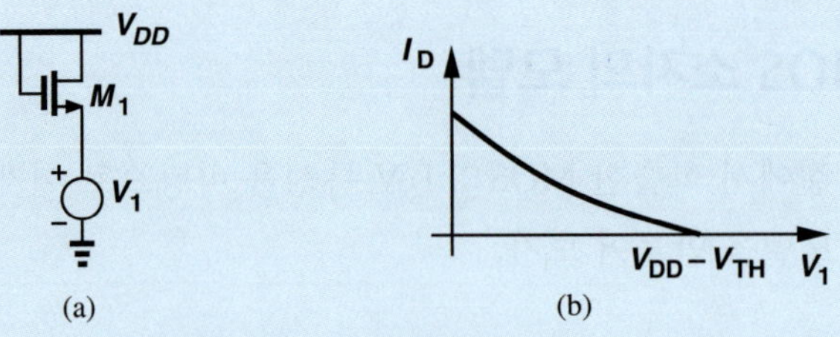

그림 6.31 (a) 간단한 MOS 회로; (b) V_1에 의한 I_D의 변화

풀이 이 소자가 포화 영역에서 동작하고 있음을 알아차린다면(왜 그럴까?) 다음을 얻을 수 있다.

$$I_D = \frac{1}{2}\mu_n C_{ox}\frac{W}{L}(V_{GS} - V_{TH})^2 \tag{6.59}$$

$$= \frac{1}{2}\mu_n C_{ox}\frac{W}{L}(V_{DD} - V_1 - V_{TH})^2 \tag{6.60}$$

$V_1 = 0$일 때, $V_{GS} = V_{DD}$이며 이 회로에는 최대의 전류가 흐른다. V_1이 증가함에 따라 V_{GS}는 줄어들고 이에 따라 I_D도 감소한다. V_1이 $V_{DD} - V_{TH}$에 다다를 때 V_{GS}는 V_{TH}로 떨어지며 트랜지스터가 꺼진다. 따라서 드레인 전류는 그림 6.31(b)에 그려진 것과 같이 변화한다. 주의할 것은, 만일 기판이 접지에 연결되어 있으면 몸체 효과 때문에 V_1이 변할 때 V_{TH}도 변한다는 사실이다.

연습문제 M_1의 게이트가 1.5 V에 연결되고 $V_{DD} = 2$ V인 경우에 대하여 위의 예제를 다시 풀어라.

6.3.2 소신호 모델

만일 MOSFET의 바이어스 전류와 전압이 신호에 의해서 약간만 변하는 경우에는 비선형인 대신호 모델을 선형인 소신호 모델로 간략화할 수 있다. 소신호 모델의 전개 과정은 4장에서 학습한 바이폴라 소자의 경우와 동일하다. 특히 소신호 모델 중에서 이 책에서 우리가 관심을 갖는 것은 포화 영역의 모델이다.

트랜지스터를 전압종속 전류원으로 간주하고 기본 모델을 그림 6.32(a)와 같이 그리자. 여기서 $i_D = g_m v_{GS}$이고 게이트는 개방되어 있다. 채널길이 변조의 효과, 즉 v_{DS}에 의한 i_D의 변화를 나타내기 위해서는 그림 6.32(b)에 있는 것과 같이 저항을 추가한다.

$$r_O = \left(\frac{\partial I_D}{\partial V_{DS}}\right)^{-1} \tag{6.61}$$

$$= \frac{1}{\frac{1}{2}\mu_n C_{ox}\frac{W}{L}(V_{GS} - V_{TH})^2 \cdot \lambda} \tag{6.62}$$

채널길이 변조의 효과는 상대적으로 작으므로 식 (6.62)의 분모는 $I_D \cdot \lambda$로 근사화될 수 있으며, 이때 다음을 얻는다.

$$r_O \approx \frac{1}{\lambda I_D} \tag{6.63}$$

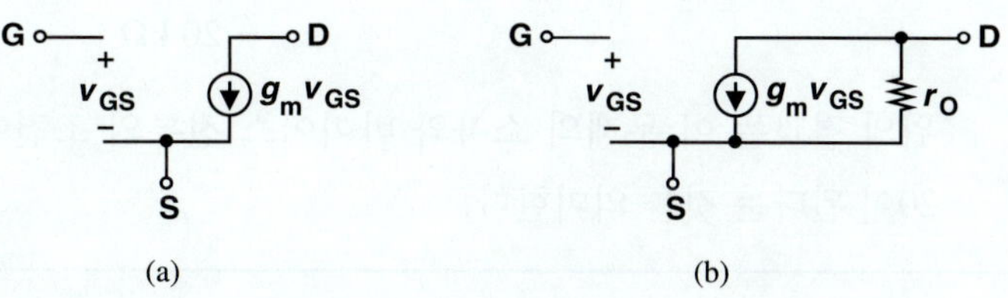

그림 6.32 (a) MOSFET의 소신호 모델; (b) 채널길이 변조를 포함한 모델

Did you know?

하나의 칩당 많은 숫자의 트랜지스터를 집적하는 것 외에도 MOS 기술은 스케일링, 즉 트랜지스터 크기의 감소의 혜택을 엄청나게 많이 입었다. 최소 채널길이는 10 μm에서 오늘날 약 25 nm로 감소하였고, MOSFET의 속도는 10,000배 이상 향상되었다. 예를 들어 인텔 마이크로프로세서의 클럭 주파수는 100 kHZ에서 4 GHz로 증가하였다. 그런데 아날로그 회로도 이러한 스케일링의 혜택을 보았을까? 답은 "그렇다"이다. 아래 그림은 지난 30년간 MOS 발진기의 주파수의 변화를 보여 준다.

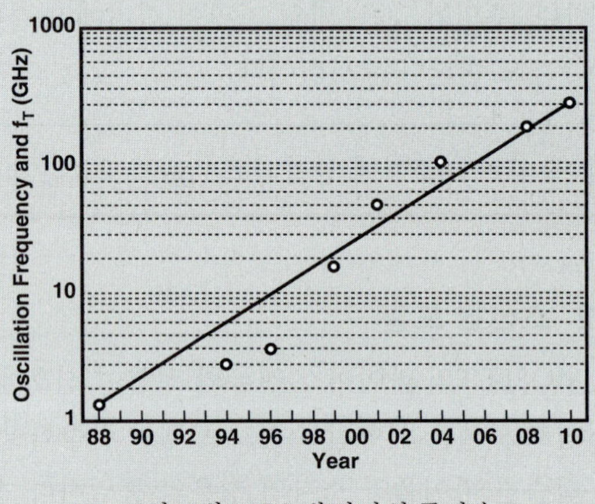

연도별 MOS 발진기의 주파수

예제 6.14 어떤 MOSFET가 드레인 전류가 0.5 mA가 되도록 바이어스되어 있다. $\mu_n C_{ox} = 100$ $\mu A/V^2$, $W/L = 10$, $\lambda = 0.1/V$일 때 이 소자의 소신호 파라미터를 구하라.

풀이 g_m은 다음과 같이 구할 수 있다.

$$g_m = \sqrt{2\mu_n C_{ox} \frac{W}{L} I_D} \tag{6.64}$$

$$= \frac{1}{1\ \text{k}\Omega} \tag{6.65}$$

또한 r_O는 다음과 같이 구할 수 있다.

$$r_O = \frac{1}{\lambda I_D} \tag{6.66}$$

$$= 20\ \text{k}\Omega \tag{6.67}$$

위의 결과는 이 문제의 소자와 바이어스 전류의 조건에서 고유 이득 $g_m r_O$(4장 참조)가 20이 된다는 것을 의미한다.

연습문제 W/L을 2배로 하여 위의 예제를 다시 풀어라.

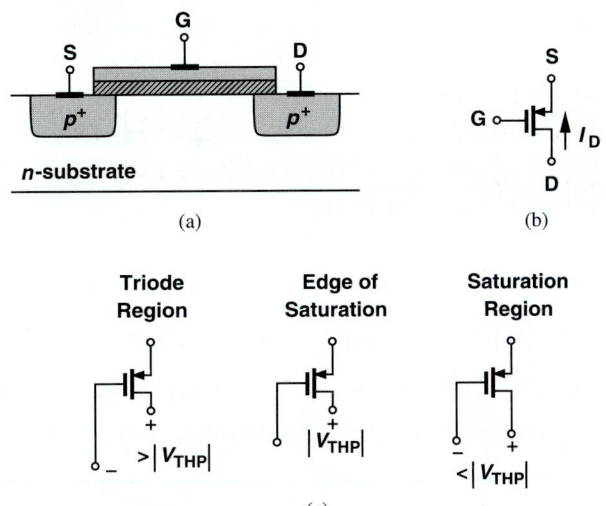

그림 6.33 (a) PMOS의 구조; (b) PMOS의 회로 기호; (c) 게이트 및 드레인 전압으로 트라이오드 및 포화 영역을 구분하는 것을 나타낸 그림

6.4 PMOS 트랜지스터

독자들은 *npn*과 *pnp* 두 종류의 바이폴라 트랜지스터를 보았으므로, MOSFET에도 이제까지 배운 *n*형에 대응하는 *p*형이 존재하지 않는지 궁금할 것이다. 실제로 그림 6.33(a)에 나타나 있듯이 기판과 S/D 영역의 도핑의 극성을 바꾸면 'PMOS' 소자를 얻게 된다. PMOS에서 채널은 정공들로 이루어지며 게이트 전압을 소스 전압보다 문턱 전압만큼 낮출 때 형성된다. 즉, PMOS를 켜기 위해서는 $V_{GS} < V_{TH}$가 되어야 하는데, 다만 여기서 V_{TH}는 음수이다. 바이폴라 소자에서 사용된 관례를 따라서 PMOS 소자는 그림 6.33(b)와 같이 그리는데, 소스 단자를 화살표로 표시하며, 소스의 전위가 더 높다는 것을 강조하기 위해 위쪽에 그린다. 만일 트랜지스터의 드레인 전압이 소스 전압과 비슷하면 이 트랜지스터는 트라이오드 영역에서 동작하며 V_D가 $V_G - V_{TH} = V_G + |V_{TH}|$로 떨어지면 포화 영역에 접근한다. 그림 6.33(c)는 각 영역에서 동작하기 위한 게이트-드레인 전압의 조건을 개념적으로 나타내고 있다. 우리는 PMOS(NMOS)의 V_{DS}가 충분한 크기의 음(양)의 값을 가지는 경우 이 소자가 포화 영역에 있다고 말한다.

예제 6.15

그림 6.34의 회로에서 V_1이 V_{DD}에서 0으로 변화할 때, M_1의 동작 영역의 변화를 결정하라. $V_{DD} = 2.5$ V, $|V_{TH}| = 0.5$ V라고 가정하라.

풀이 $V_1 = V_{DD}$일 때, $V_{GS} = 0$이고 M_1은 꺼져 있다. V_1이 떨어져서 $V_{DD} - |V_{TH}|$가 되면, 게이트-소스 전압이 충분히 음수가 되어서 정공으로 구성된 채널이 형성되고 소자가 켜진

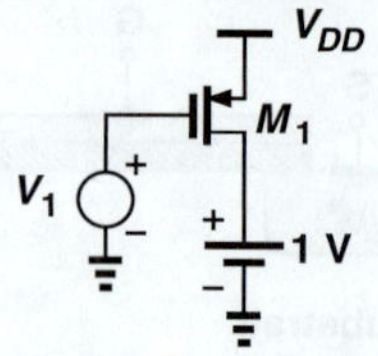

그림 6.34 간단한 PMOS 회로

다. 이 순간 $V_G = V_{DD} - |V_{TH}| = +2$ V이고 $V_D = +1$ V이다. 즉, M_1은 포화 상태에 있게 된다[그림 6.33(c)]. V_1이 더 떨어질 때 V_{GS}는 더 음수가 되며 따라서 트랜지스터의 전류는 증가한다. $V_1 = +1\text{ V} - |V_{TH}| = 0.5$ V일 때 M_1은 트라이오드 영역의 경계에 있게 되며, V_1이 0.5 V보다 낮아지면 트랜지스터는 트라이오드 영역에 들어간다.

PMOS 소자에서 전압과 전류의 극성은 혼동을 일으킬 수 있다. 그림 6.33(b)에 표시되어 있는 전류의 방향을 사용하여 포화 영역에서의 I_D를 다음과 같이 나타낼 수 있다.

$$I_{D,sat} = -\frac{1}{2}\mu_p C_{ox}\frac{W}{L}(V_{GS} - V_{TH})^2(1 - \lambda V_{DS}) \tag{6.68}$$

여기서 λ에는 음의 부호가 곱해졌다.[14] 트라이오드 영역에서의 전류식은 다음과 같이 된다.

$$I_{D,tri} = -\frac{1}{2}\mu_p C_{ox}\frac{W}{L}\left[2(V_{GS} - V_{TH})V_{DS} - V_{DS}^2\right] \tag{6.69}$$

혹은 위의 식들은 다음과 같이 절댓값을 사용해서 나타낼 수 있다.

$$|I_{D,sat}| = \frac{1}{2}\mu_p C_{ox}\frac{W}{L}(|V_{GS}| - |V_{TH}|)^2(1 + \lambda|V_{DS}|) \tag{6.70}$$

$$|I_{D,tri}| = \frac{1}{2}\mu_p C_{ox}\frac{W}{L}\left[2(|V_{GS}| - |V_{TH}|)|V_{DS}| - V_{DS}^2\right] \tag{6.71}$$

PMOS 트랜지스터의 소신호 모델은 NMOS 트랜지스터의 모델과 동일하다(그림 6.32). 다음의 예제가 이 점을 보여 준다.

예제 6.16

그림 6.35(a)와 같이 구성된 회로들에서 소신호 저항 R_X와 R_Y를 구하라. $\lambda \neq 0$이라고 가정하라.

---

14) 이 식을 NMOS의 경우[식 (6.35)]와 더 일관성이 있도록 하기 위해서는 λ 자체가 음수가 되도록 정의하고 I_D를 $(1/2)\mu_p C_{ox}(W/L)(V_{GS} - V_{TH})^2(1 + \lambda V_{DS})$와 같이 나타낼 수 있다. 하지만 음수인 λ에는 물리적인 의미가 별로 없다.

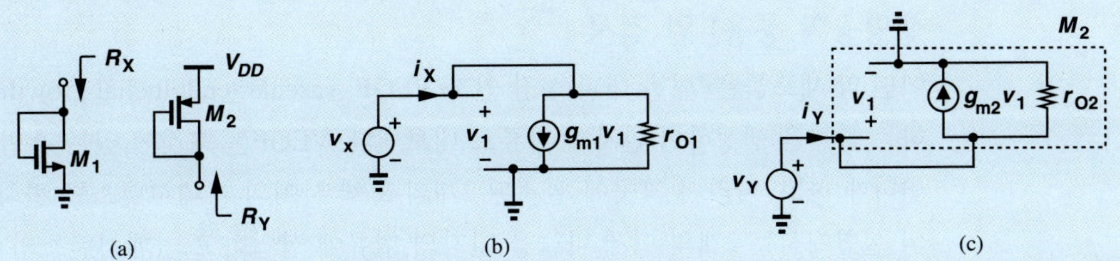

그림 6.35 (a) 다이오드 연결된 NMOS 및 PMOS 소자들; (b) 다이오드 연결된 NMOS의 소신호 모델; (c) 다이오드 연결된 PMOS의 소신호 모델

풀이 NMOS 버전의 경우에 소신호 등가 회로는 그림 6.35(b)에 나타낸 것과 같으며, 이로부터 다음을 얻는다.

$$R_X = \frac{v_X}{i_X} \tag{6.72}$$

$$= \left(g_{m1}v_X + \frac{v_X}{r_{O1}}\right) -1_{v_x} \tag{6.73}$$

$$= \frac{1}{g_{m1}} \| r_{O1} \tag{6.74}$$

PMOS 버전의 경우 등가 회로는 그림 6.35(c)와 같이 그릴 수 있으며, 이로부터 다음을 얻는다.

$$R_Y = \frac{v_Y}{i_Y} \tag{6.75}$$

$$= \left(g_{m2}v_Y + \frac{v_Y}{r_{O1}}\right) -1_{v_x} \tag{6.76}$$

$$= \frac{1}{g_{m2}} \| r_{O2} \tag{6.77}$$

위의 경우 모두에서 $\lambda \rightarrow 0$일 경우 소신호 저항은 $1/g_m$이 된다.

이 구조에 대응하는 바이폴라 회로에 비유해서[그림 4.45(a)], 그림 6.35(a)의 구조들을 '다이오드 연결된 소자(diode-connected device)'라고 부르는데 마치 2단자 소자와 같이 동작한다. 9장과 10장에서 다이오드 연결된 소자들을 이용한 예를 많이 볼 것이다.

정공의 이동도가 낮기 때문에(2장) PMOS 소자들은 NMOS 트랜지스터들에 비해서 성능이 떨어진다. 예를 들어 식 (6.47)은 드레인 전류가 일정할 때 PMOS 소자의 트랜스컨덕턴스가 더 낮음을 보여 준다. 따라서 가능한 한 NMOS 소자를 사용하는 것이 선호된다.

생명공학 응용: 암 검사

어떤 암 세포들은 '혈관 내피 성장 인자(VEGF: vascular endothelial growth factor)'라고 하는 물질을 생성하여 환자의 혈류로 내보낸다. VEGF는 그것이 있는 주변의 유전율을 변하게 하고, 따라서 그곳에 설치된 2개의 도체 사이의 커패시턴스를 변하게 한다. [1]의 실험에서는 2개의 미세 바늘을 환자의 혈류에 삽입하고 커패시턴스의 변화를 측정하였다[그림 6.36(a)]. 그림 6.36(b)에서 볼 수 있는 것처럼 S_3이 꺼져 있을 때 I_1은 커패시턴스를 통해 흘러서 V_X가 선형적으로 상승하게 한다. 그런 후에 S_3를 켜면 C_B는 급속하게 방전된다. 이러한 일련의 동작을 주기적으로 반복하면 V_X가 톱니 모양의 파형을 갖도록 만들 수 있다. 이때 V_X의 진폭은 I_1T_1/C_B이 되므로 이 진폭을 정밀하게 측정하면 C_B의 작은 변화를 측정할 수 있다[1]. MOS 전류원과 스위치들이 이러한 측정에서 필수적이다.

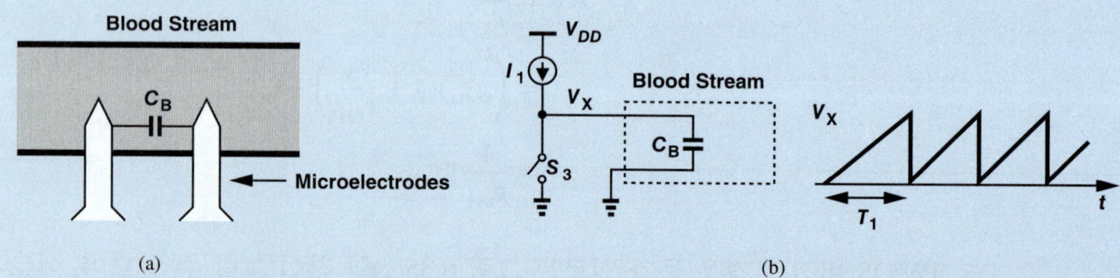

그림 6.36 (a) 2개의 미세 바늘 사이의 커패시턴스 측정을 통한 암 검사; (b) 커패시턴스 변화를 측정하기 위한 회로

6.5 CMOS 공정

같은 웨이퍼 위에 NMOS와 PMOS를 둘 다 만들 수는 없을까? 그림 6.2(a)와 6.33(a)를 보면 NMOS와 PMOS가 서로 다른 종류의 기판을 필요로 한다는 것을 알 수 있다. 다행히도 p형 기판 위에 n형 기판을 국부적으로 만들고, 다시 그 안에 PMOS 트랜지스터를 만들 수 있다. 그림 6.37은 'n 우물(n-well)' 안에 PMOS 소자가 있고 NMOS는 p형 기판에 있는 것을 보여 준다.

이러한 공정 기술을 CMOS['상보적 MOS(complementary MOS)']라고 부르는데, 이를 위해서는 단순히 NMOS나 PMOS만을 만드는 것에 비해서 복잡한 공정이 필요하다. 사실 처음 몇 세대의 MOS 공정은 NMOS 소자만을 갖고 있었으며,[15] CMOS는 너무 비싸서 불

15) 최초의 인텔 마이크로프로세서인 4004는 NMOS 공정을 사용하여 제작되었다.

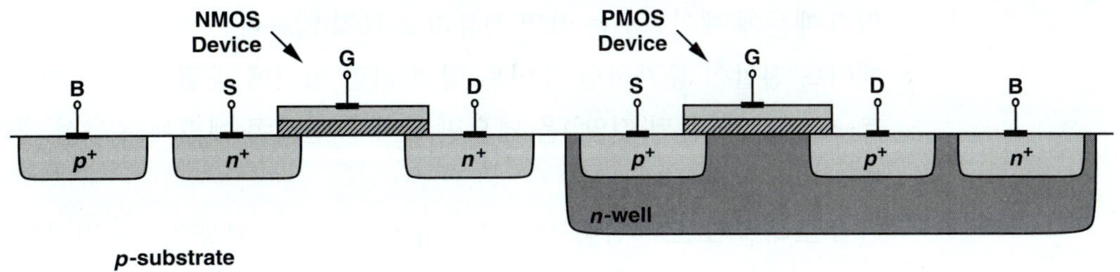

그림 6.37 CMOS 공정

표 6.2 바이폴라와 MOS 트랜지스터의 비교

바이폴라 트랜지스터	제곱함수적 특성
지수함수적 특성	제곱함수적 특성
활성 영역: $V_{CB} > 0$	포화 영역: $V_{DS} > V_{GS} - V_{TH}$(NMOS)
포화 영역: $V_{CB} < 0$	트라이오드 영역: $V_{DS} < V_{GS} - V_{TH}$(NMOS)
유한한 베이스 전류	영(0) 게이트 전류
얼리 효과	채널길이 변조
확산 전류	드리프트 전류
–	전압의존 저항

가능하다고 여겨졌다. 하지만 상보적인 소자들을 사용하는 데서 오는 유리함이 매우 컸기 때문에 결국은 CMOS 공정이 대세를 장악하였고 NMOS 공정은 더 이상 쓰이지 않는 낡은 것이 되었다.

6.6 바이폴라와 MOS 소자의 비교

바이폴라와 MOS 드랜지스터에 관련된 물리 현상과 그 동작 원리를 배웠으므로 이제 이들의 동작을 비교해 보자. 표 6.2는 각 소자의 중요한 측면을 보여 준다. 주목할 것은 바이폴라 트랜지스터는 지수함수적인 I_C-V_{BE} 관계를 갖기 때문에 바이어스 전류가 같을 때 더 큰 트랜스컨덕턴스를 갖는다는 점이다.

6.7 요약

- 전압종속 전류원이 부하 저항과 함께 사용되면 증폭기를 구성할 수 있다. MOSFET는 전압종속 전류원으로 동작할 수 있는 전자 소자이다.
- MOSFET는 반도체 기판 위에 올려져 있는 전도성 판('게이트')과 기판 안에 있는 2개의 접합('소스' 및 '드레인')으로 구성되어 있다. 게이트는 기판과 절연층에 의해 분리되어

있기 때문에 게이트로는 거의 전류가 흐르지 않는다.

- 게이트 전압이 증가하면 게이트 밑의 기판 영역에 공핍 영역이 형성된다. 특정한 게이트-소스 전압('문턱 전압')을 넘으면 산화물-실리콘 계면에 유동성 캐리어가 끌어당겨지고 채널이 형성된다.
- 만일 드레인-소스 전압이 작으면 소자는 전압의존 저항으로 동작한다.
- 드레인 전압이 증가하면 드레인 근처의 전하 농도가 줄어든다. 드레인 전압이 게이트 전압보다 낮은 정도가 문턱 전압보다 작아지면 드레인 근처에는 더 이상 채널이 존재하지 않게 되며 '핀치오프'가 일어난다.
- MOSFET는 드레인 전압이 게이트 전압보다 문턱 전압 이상으로 낮을 때 '트라이오드' 영역에서 동작한다. 이 영역에서 드레인 전류는 V_{GS}와 V_{DS}의 함수이다. 이 전류는 또한 소자의 종횡비 W/L에 비례한다.
- MOSFET는 채널에 핀치오프가 일어날 때, 즉 드레인 전압이 게이트 전압보다 문턱 전압 이상 작지 않을 때 '포화 영역'으로 들어간다. 이 영역에서 드레인 전류는 $(V_{GS} - V_{TH})^2$에 비례한다.
- MOSFET는 포화 영역에 있을 때 전류원으로 동작하며 마이크로 전자회로에서 광범위하게 사용된다.
- 드레인 전압이 $V_{GS} - V_{TH}$를 초과하면 핀치오프가 일어나는 지점이 드레인에서 소스 쪽으로 이동하고, 이에 따라 소자의 유효 길이를 단축시킨다. 이 효과를 '채널길이 변조'라고 하는데 포화 영역에서 드레인 전류가 변화하게 한다. 즉, MOSFET는 완전히 이상적인 전류원은 아니다.
- 전압종속 전류원의 소신호 성능의 지표 중 하나가 '트랜스컨덕턴스'이며 출력 전류를 입력 전압으로 나눈 것으로 정의된다. MOSFET의 트랜스컨덕턴스는 바이어스 전압과 전류를 사용한 세 가지 수식으로 나타낼 수 있다.
- 범위가 둘 이상의 구역에 걸치거나 신호의 변화폭이 큰 동작을 '대신호 동작'이라고 한다. 만일 신호의 변화폭이 충분히 작으면 MOSFET는 선형적인 전압종속 전류원과 출력 저항으로 이루어진 소신호 모델로 대체될 수 있다.
- 소신호 모델은 다른 전압들을 일정하게 한 상태에서 특정한 두 단자 사이의 전압차에 작은 변화를 주어서 유도할 수 있다.
- NMOS와 PMOS 소자의 소신호 모델은 동일하다.
- NMOS와 PMOS 트랜지스터를 같은 기판에 만드는 것이 CMOS 공정이다.

PROBLEMS

In the following problems, unless otherwise stated, assume $\mu_n C_{ox} = 200\ \mu A/V^2$, $\mu_p C_{ox} = 100\ \mu A/V^2$, and $V_{TH} = 0.4$ V for NMOS devices and -0.4 V for PMOS devices.

Sec. 6.2 Operation of MOSFET

***6.1.** Two identical MOSFETs are placed in series as shown in Fig. 6.38. If both devices operate as resistors, explain intuitively why this combination is equivalent to a single transistor, M_{eq}. What are the width and length of M_{eq}?

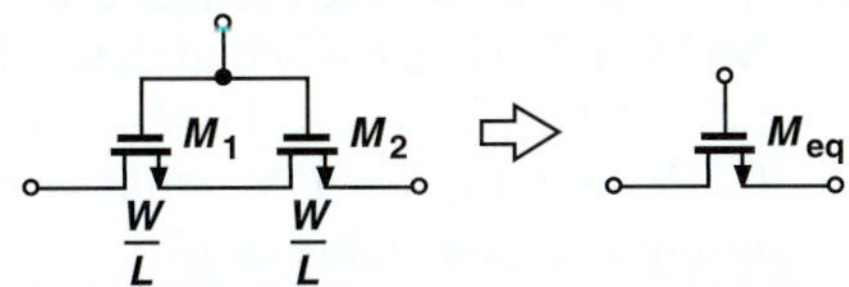

Figure 6.38

***6.2.** Consider a MOSFET experiencing pinch-off near the drain. Equation (6.4) indicates that the charge density and carrier velocity must change in opposite directions if the current remains constant. How can this relationship be interpreted at the pinch-off point, where the charge density approaches zero?

SOL **6.3.** Calculate the total charge stored in the channel of an NMOS device if $C_{ox} = 10\ fF/\mu m^2$, $W = 5\ \mu m$, $L = 0.1\ \mu m$, and $V_{GS} - V_{TH} = 1$ V. Assume $V_{DS} = 0$.

6.4. Referring to Fig. 6.11 and assuming that $V_D > 0$,

(a) Sketch the electron density in the channel as a function of x.

(b) Sketch the local resistance of the channel (per unit length) as a function of x.

6.5. Assuming I_D is constant, solve Eq. (6.7) to obtain an expression for $V(x)$. Plot both $V(x)$ and dV/dx as a function of x for different values of W or V_{TH}.

***6.6.** The drain current of a MOSFET in the triode region is expressed as

$$I_D = \mu_n C_{ox}\frac{W}{L}\left[(V_{GS} - V_{TH})V_{DS} - \frac{1}{2}V_{DS}^2\right]. \quad (6.78)$$

Suppose the values of $\mu_n C_{ox}$ and W/L are unknown. Is it possible to determine these quantities by applying different values of $V_{GS} - V_{TH}$ and V_{DS} and measuring I_D?

6.7. An NMOS device carries 1 mA with $V_{GS} - V_{TH} = 0.6$ V and 1.6 mA with $V_{GS} - V_{TH} = 0.8$ V. If the device operates in the triode region, calculate V_{DS} and W/L.

***6.8.** Compute the transconductance of a MOSFET operating in the triode region. Define $g_m = \partial I_D/\partial V_{GS}$ for a constant V_{DS}. Explain why $g_m = 0$ for $V_{DS} = 0$.

6.9. An NMOS device operating with a small drain-source voltage serves as a resistor. If the supply voltage is 1.8 V, what is the minimum on-resistance that can be achieved with $W/L = 20$? SOL

6.10. We wish to use an NMOS transistor as a variable resistor with $R_{on} = 500\ \Omega$ at $V_{GS} = 1$ V and $R_{on} = 400\ \Omega$ at $V_{GS} = 1.5$ V. Explain why this is not possible.

6.11. For a MOS transistor biased in the triode region, we can define an incremental drain-source resistance as

$$r_{DS,tri} = \left(\frac{\partial I_D}{\partial V_{DS}}\right)^{-1}. \quad (6.79)$$

Derive an expression for this quantity.

6.12. It is possible to define an "intrinsic time constant" for a MOSFET operating as a resistor:

$$\tau = R_{on} C_{GS}, \quad (6.80)$$

where $C_{GS} = WLC_{ox}$. Obtain an expression for τ and explain what the circuit designer must do to minimize the time constant.

6.13. In the circuit of Fig. 6.39, M_1 serves as an electronic switch. If $V_{in} \approx 0$, determine W/L such that the circuit attenuates the signal by only 5%. Assume $V_G = 1.8$ V and $R_L = 100\ \Omega$.

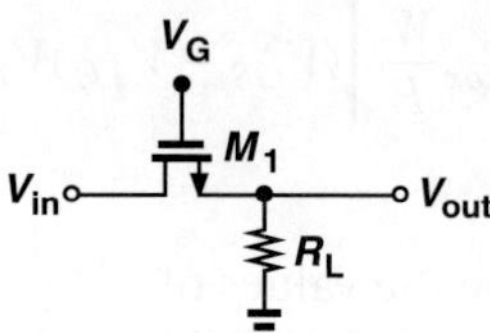

Figure 6.39

6.14. In the circuit of Fig. 6.39, the input is a small sinusoid superimposed on a dc level: $V_{in} = V_0 \cos \omega t + V_1$, where V_0 is on the order of a few millivolts.

(a) For $V_1 = 0$, obtain W/L in terms of R_L and other parameters so that $V_{out} = 0.95V_{in}$.

(b) Repeat part (a) for $V_1 = 0.5$ V. Compare the results.

6.15. For an NMOS device, plot I_D as a function of V_{GS} for different values of V_{DS}.

SOL **6.16.** In Fig. 6.17, explain why the peaks of the parabolas lie on a parabola themselves.

6.17. Advanced MOS devices do not follow the square-law behavior expressed by Eq. (6.17). A somewhat better approximation is:

$$I_D = \frac{1}{2}\mu_n C_{ox}\frac{W}{L}(V_{GS} - V_{TH})^{\alpha}, \quad (6.81)$$

where α is less than 2. Determine the transconductance of such a device.

6.18. For MOS devices with very short channel lengths, the square-law behavior is not valid, and we may instead write:

$$I_D = WC_{ox}(V_{GS} - V_{TH})v_{sat}, \quad (6.82)$$

where v_{sat} is a relatively *constant* velocity. Determine the transconductance of such a device.

***6.19.** Determine the region of operation of M_1 in each of the circuits shown in Fig. 6.40.

***6.20.** Determine the region of operation of M_1 in each of the circuits shown in Fig. 6.41.

6.21. Two current sources realized by identical MOSFETs (Fig. 6.42) match to within 1%, i.e., $0.99I_{D2} < I_{D1} < 1.01I_{D2}$. If $V_{DS1} = 0.5$ V and $V_{DS2} = 1$ V, what is the maximum tolerable value of λ?

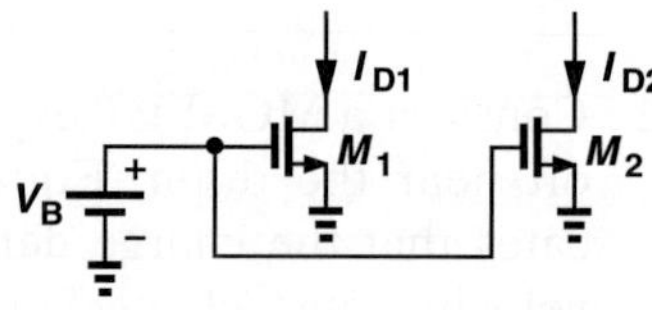

Figure 6.42

Figure 6.40

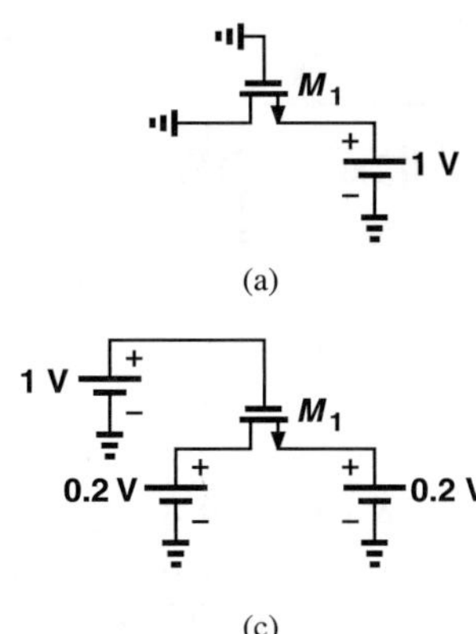

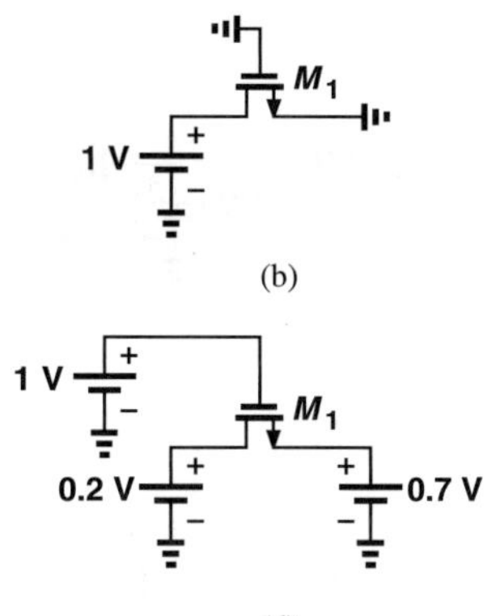

Figure 6.41

6.22. Assume $\lambda = 0$, compute W/L of M_1 in Fig. 6.43 such that the device operates at the edge of saturation.

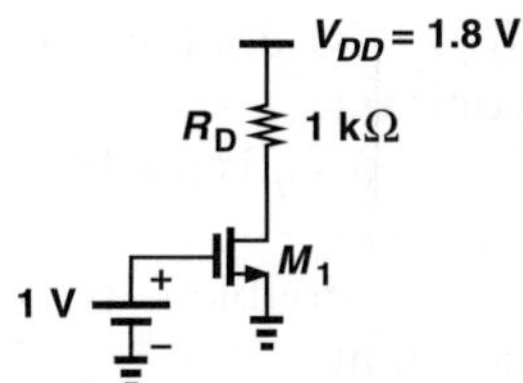

Figure 6.43

SOL **6.23.** Using the value of W/L found in Problem 6.22, explain what happens if the gate oxide thickness is doubled due to a manufacturing error.

6.24. In the Fig. 6.44, what is the minimum allowable value of V_{DD} if M_1 must not enter the triode region? Assume $\lambda = 0$.

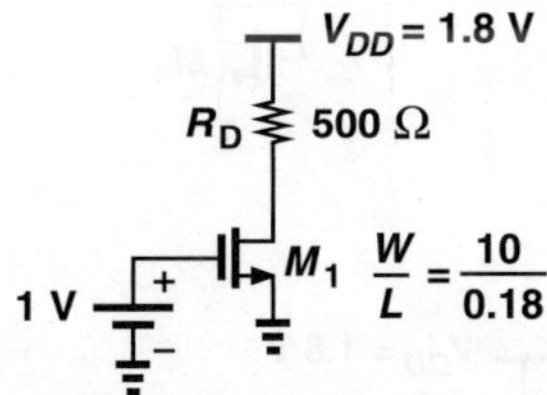

Figure 6.44

***6.25.** In Fig. 6.45, derive a relationship among the circuit parameters that guarantees M_1 operates at the edge of saturation. Assume $\lambda = 0$.

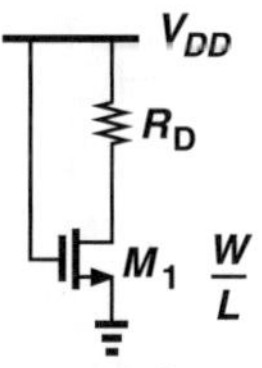

Figure 6.45

6.26. Compute the value of W/L for M_1 in Fig. 6.46 for a bias current of I_1. Assume $\lambda = 0$.

Figure 6.46

6.27. Calculate the bias current of M_1 in Fig. 6.47 if $\lambda = 0$.

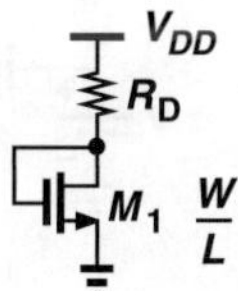

Figure 6.47

****6.28.** Sketch I_X as a function of V_X for the circuits shown in Fig. 6.48. Assume V_X goes from 0 to $V_{DD} = 1.8$ V. Also, $\lambda = 0$. Determine at what value of V_X the device changes its region of operation.

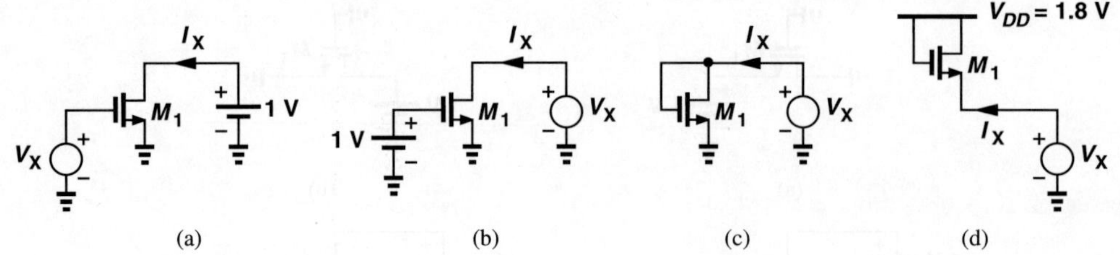

Figure 6.48

6.29. Assuming $W/L = 10/0.18$ $\lambda = 0.1\ \text{V}^{-1}$, and $V_{DD} = 1.8$ V, calculate the drain current of M_1 in Fig. 6.49.

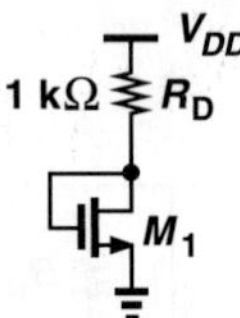

Figure 6.49

6.30. In the circuit of Fig. 6.50, $W/L = 20/0.18$ and $\lambda = 0.1\ \text{V}^{-1}$. What value of V_B places the transistor at the edge of saturation?

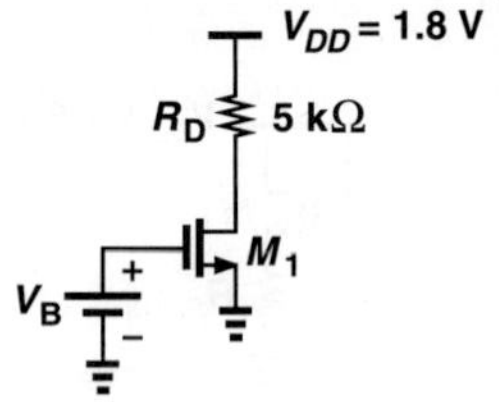

Figure 6.50

6.31. An NMOS device operating in saturation with $\lambda = 0$ must provide a transconductance of $1/(50\ \Omega)$. **SOL**

(a) Determine W/L if $I_D = 0.5$ mA.

(b) Determine W/L if $V_{GS} - V_{TH} = 0.5$ V.

(c) Determine I_D if $V_{GS} - V_{TH} = 0.5$ V.

****6.32.** Determine how the transconductance of a MOSFET (operating in saturation) changes if

(a) W/L is doubled but I_D remains constant.

(b) $V_{GS} - V_{TH}$ is doubled but I_D remains constant.

(c) I_D is doubled but W/L remains constant.

(d) I_D is doubled but $V_{GS} - V_{TH}$ remains constant.

6.33. If $\lambda = 0.1\ \text{V}^{-1}$ and $W/L = 20/0.18$, construct the small-signal model of each of the circuits shown in Fig. 6.51.

6.34. The "intrinsic gain" of a MOSFET operating in saturation is defined as $g_m r_O$. Derive

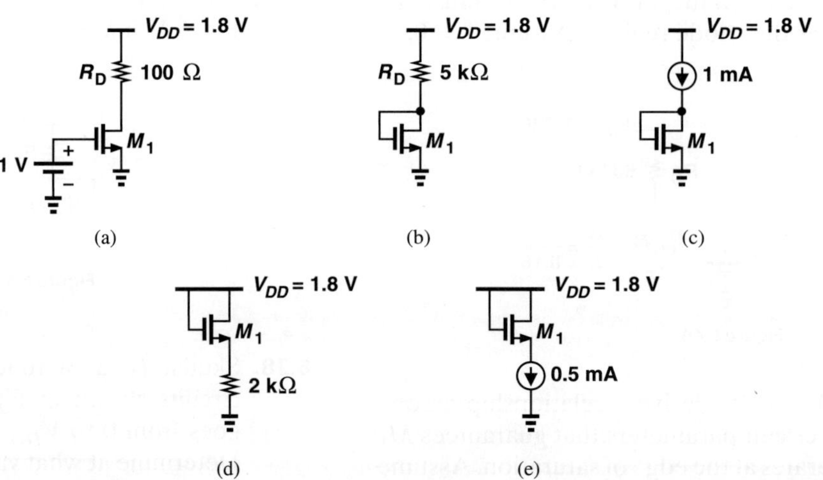

Figure 6.51

an expression for $g_m r_O$ and plot the result as a function of I_D. Assume V_{DS} is constant.

*6.35. Assuming a constant V_{DS}, plot the intrinsic gain, $g_m r_O$, of a MOSFET
(a) as a function of $V_{GS} - V_{TH}$ if I_D is constant.
(b) as a function of I_D if $V_{GS} - V_{TH}$ is constant.

6.36. An NMOS device with $\lambda = 0.1\ \text{V}^{-1}$ must provide a $g_m r_O$ of 20 with $V_{DS} = 1.5$ V. Determine the required value of W/L if $I_D = 0.5$ mA.

6.37. Repeat Problem 6.36 for $\lambda = 0.2\ \text{V}^{-1}$. SOL

6.38. Construct the small-signal model of the circuits depicted in Fig. 6.52. Assume all transistors operate in saturation and $\lambda \neq 0$.

Sec. 6.4 PMOS Transistor

*6.39. Determine the region of operation of M_1 in each circuit shown in Fig. 6.53.

*6.40. Determine the region of operation of M_1 in each circuit shown in Fig. 6.54.

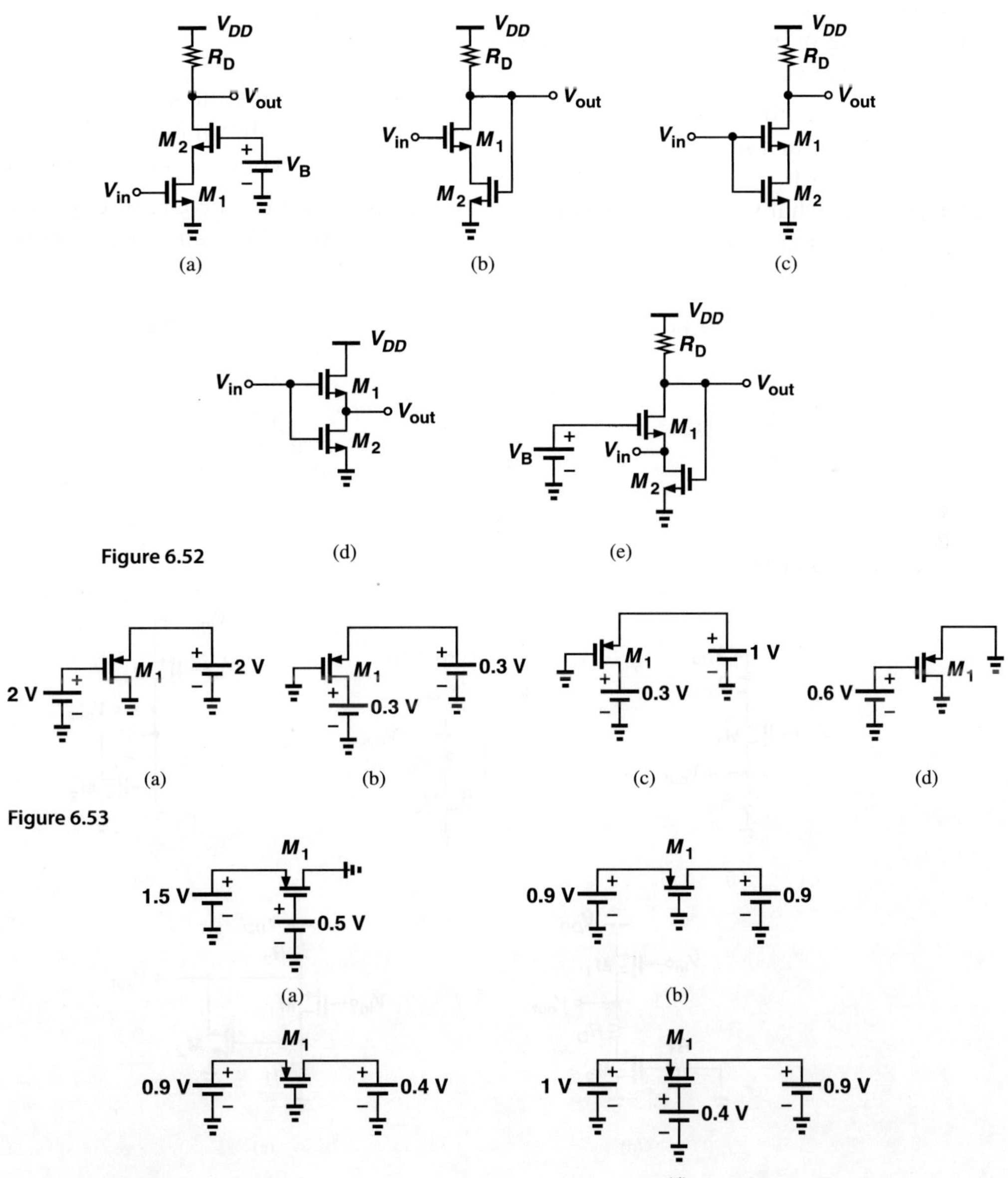

Figure 6.52

Figure 6.53

Figure 6.54

6.41. If $\lambda = 0$, what value of W/L places M_1 at the edge of saturation in Fig. 6.55?

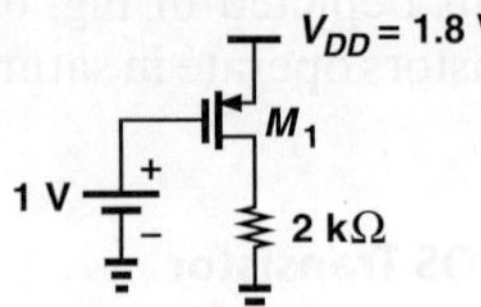

Figure 6.55

6.42. With the value of W/L obtained in Problem 6.41, what happens if V_B changes to +0.8 V?

6.43. If $W/L = 10/0.18$ and $\lambda = 0$, determine the operating point of M_1 in each circuit depicted in Fig. 6.56.

****6.44.** Sketch I_X as a function of V_X for the circuits shown in Fig. 6.57. Assume V_X goes from 0 to $V_{DD} = 1.8$ V. Also, $\lambda = 0$. Determine at what value of V_X the device changes its region of operation.

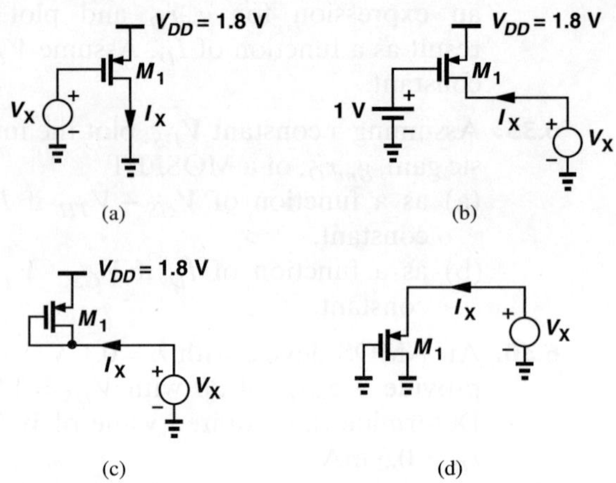

Figure 6.57

6.45. Construct the small-signal model of each circuit shown in Fig. 6.58 if all of the transistors operate in saturation and $\lambda \neq 0$.

****6.46.** Consider the circuit depicted in Fig. 6.59, where M_1 and M_2 operate in satura-

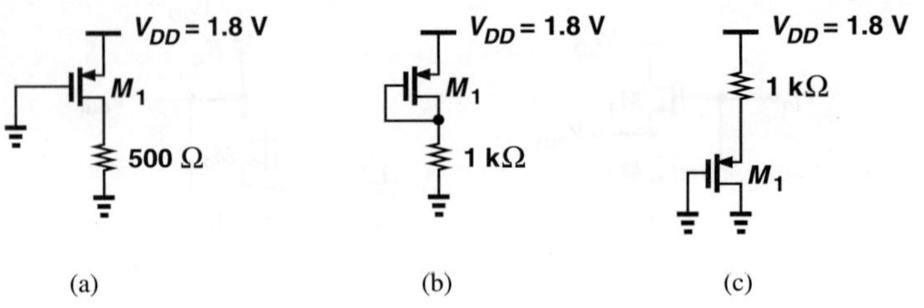

Figure 6.56

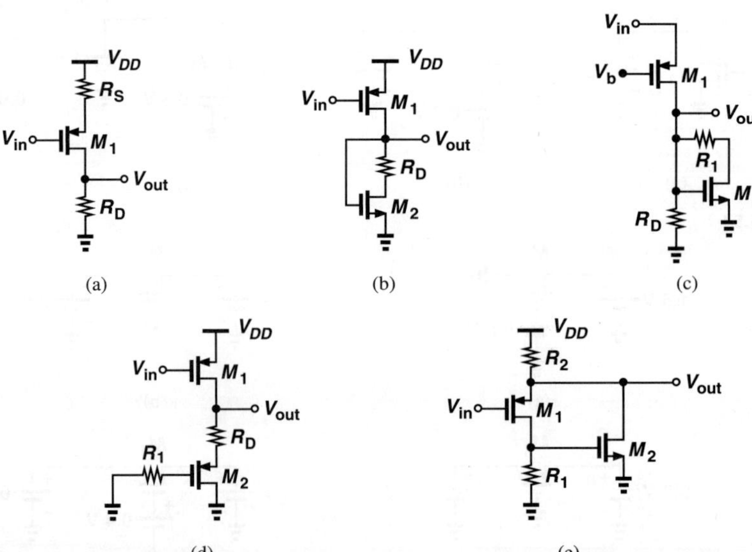

Figure 6.58

tion and exhibit channel-length modulation coefficients λ_n and λ_p, respectively.

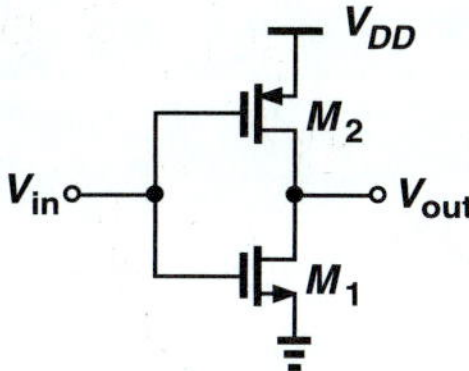

Figure 6.59

(a) Construct the small-signal equivalent circuit and explain why M_1 and M_2 appear in "parallel."

(b) Determine the small-signal voltage gain of the circuit.

SPICE PROBLEMS

In the following problems, use the MOS models and source/drain dimensions given in Appendix A. Assume the substrates of NMOS and PMOS devices are tied to ground and V_{DD}, respectively.

6.47. For the circuit shown in Fig. 6.60, plot V_X as a function of I_X for $0 < I_X < 3$ mA. Explain the sharp change in V_X as I_X exceeds a certain value.

Figure 6.60

6.48. Plot the input/output characteristic of the stage shown in Fig. 6.61 for $0 < V_{in} < 1.8$ V. At what value of V_{in} does the slope (gain) reach a maximum?

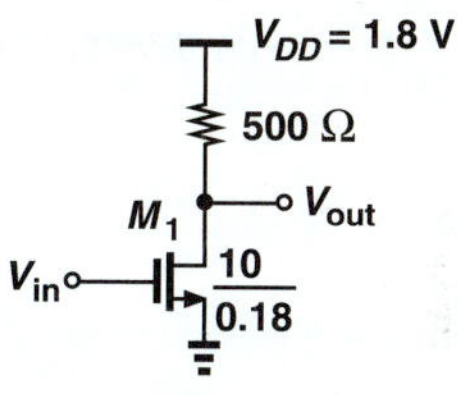

Figure 6.61

6.49. For the arrangements shown in Fig. 6.62, plot I_D as a function of V_X as V_X varies from 0 to 1.8 V. Can we say these two arrangements are equivalent?

6.50. Plot I_X as a function of V_X for the arrangement depicted in Fig. 6.63 as V_X varies from 0 to 1.8 V. Can you explain the behavior of the circuit?

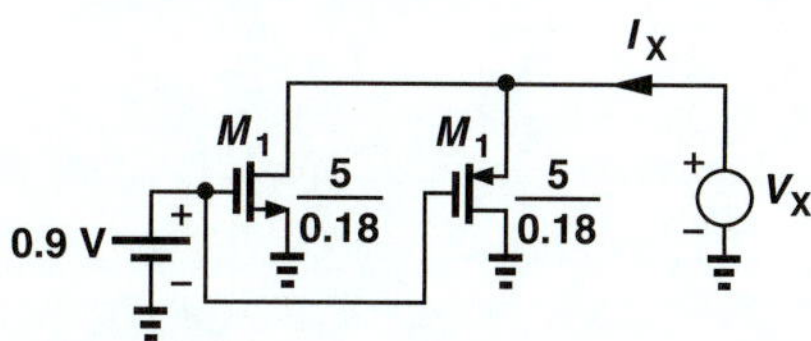

Figure 6.63

6.51. Repeat Problem 6.50 for the circuit illustrated in Fig. 6.64.

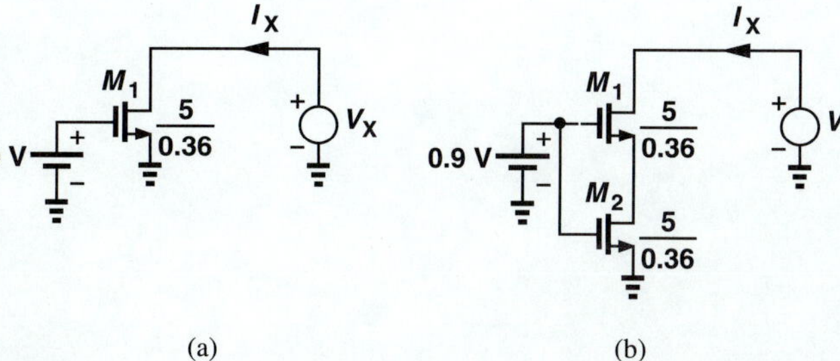

Figure 6.62

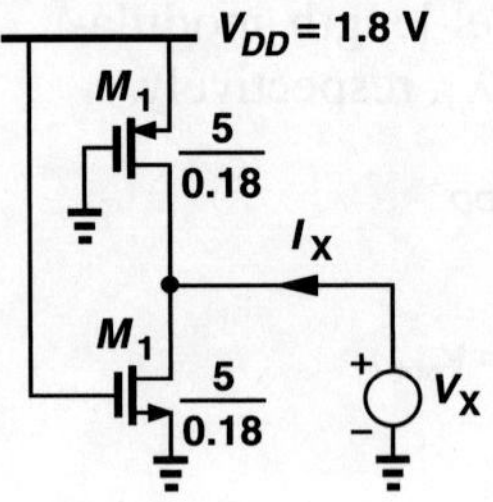

Figure 6.64

REFERENCE

1. S. Song, et al., "A CMOS VEGF sensor for cancer diagnosis using a peptide aptamer-based functionalized microneedle," *IEEE Trans. Biomedical Circuits and Systems*, vol. 13, pp. 1288–1299, Nov. 2019.

7

CMOS 증폭기

관련 YouTube 비디오:

Razavi Electronics 1, 강의 35: Introduction to Amplifiers, Common-Source Stage I
https://www.youtube.com/watch?v=UTo4IGXxzlk

Razavi Electronics 1, 강의 36: Common-Source Stage II
https://www.youtube.com/watch?v=tdjabkYv-Dc

Razavi Electronics 1, 강의 37: Common-Source Variants
https://www.youtube.com/watch?v=UeXtyA42ElU

Razavi Electronics 1, 강의 38: Common-Source Stage with Degeneration
https://www.youtube.com/watch?v=qc6pDZJqFRs

Razavi Electronics 1, 강의 39: Biasing Techniques, Introduction to Common-Gate Stage
https://www.youtube.com/watch?v=qNNk1cmnYCo

Razavi Electronics 1, 강의 40: Common-Gate Stage
https://www.youtube.com/watch?v=-Gm7BskTC1A

Razavi Electronics 1, 강의 41: Source Followers & Summary
https://www.youtube.com/watch?v=hol6CUOoMmU

대부분의 CMOS 증폭기들은 상응하는 동일한 바이폴라 증폭기들을 가지고 있으므로, 바이폴라와 같은 방식으로 분석할 수 있다. 이번 장에서는 5장의 기술적 발전들과의 비교를 통해 CMOS와 바이폴라 회로 토폴로지 사이의 유사점과 차이점을 알아본다. 독자들에게 5장, 특히 5.1절의 복습을 권하며, 독자들이 입출력 임피던스, 바이어싱, 직류와 소신호 분석 등의 개념에 익숙할 것임을 가정하겠다. 이 장의 주요 내용은 다음과 같다.

일반적인 개념
- MOS 단의 바이어싱
- 전류 소스의 구현

MOS 증폭기
- 공통 소스(CS) 단
- 공통 게이트(CG) 단
- 소스 폴로어

7.1 일반적인 고찰

7.1.1 MOS 증폭기 토폴로지

5.3절에서 바이폴라 트랜지스터를 사용한 아홉 가지 회로 토폴로지를 실제로 세 가지 유용한 구성으로 줄였음을 상기해 보자. 바이폴라와 MOS 소신호 모델(즉, 전압제어 전류원) 간의 유사점은 바이폴라 증폭기의 토폴로지가 MOS 증폭기에 동일하게 적용되어야 함을 제시한다. 세 가지 기본 CMOS 증폭기는 '공통 소스(CS)' 단, '공통 게이트(CG)' 단, '소스 폴로어'를 말한다.

7.1.2 바이어싱

응용에 따라 MOS 회로는 5장의 바이폴라 단에서 기술한 것과는 상당히 다른 바이어싱 기술들을 채택할 것이다. 이러한 기술들의 대부분은 이 책의 범위를 넘어서며, 몇 가지 방법들은 5장에서 공부했다. 그럼에도 불구하고, 5장의 몇 가지 바이어싱 개념들을 MOS 단에 적용해 보는 것은 유익할 것이다.

그림 7.1의 회로를 보면, 게이트 전압은 R_1과 R_2에 의해 정의된다. M_1은 포화 모드에서 동작한다고 가정한다. 또한 대부분 바이어스 계산에서 채널길이 변조는 무시할 수 있다. 게이트 전류가 0임을 주의하면 다음과 같이 유도할 수 있다.

$$V_X = \frac{R_2}{R_1 + R_2} V_{DD} \tag{7.1}$$

$V_X = V_{GS} + I_D R_S$이므로

$$\frac{R_2}{R_1 + R_2} V_{DD} = V_{GS} + I_D R_S \tag{7.2}$$

이다. 또한

$$I_D = \frac{1}{2} \mu_n C_{ox} \frac{W}{L} (V_{GS} - V_{TH})^2 \tag{7.3}$$

이다. I_D와 V_{GS}를 얻기 위해 식 (7.2)와 (7.3)을 풀어 볼 수 있는데, 반복법을 쓰거나 식 (7.2)

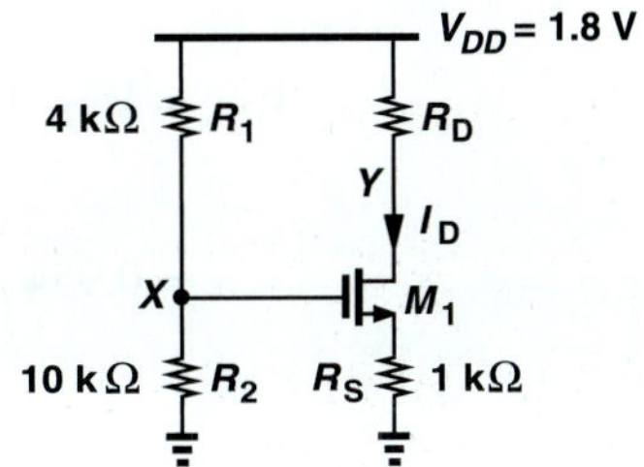

그림 7.1 바이어스된 MOS 단

에서 I_D를 찾아 식 (7.3)에 대입하면 다음과 같다.

$$\left(\frac{R_2}{R_1+R_2}V_{DD}-V_{GS}\right)\frac{1}{R_S}=\frac{1}{2}\mu_n C_{ox}\frac{W}{L}(V_{GS}-V_{TH})^2 \tag{7.4}$$

그러므로 V_{GS}는

$$V_{GS}=-(V_1-V_{TH})+\sqrt{(V_1-V_{TH})^2-V_{TH}^2+\frac{2R_2}{R_1+R_2}V_1V_{DD}} \tag{7.5}$$

$$=-(V_1-V_{TH})+\sqrt{V_1^2+2V_1\left(\frac{R_2V_{DD}}{R_1+R_2}-V_{TH}\right)} \tag{7.6}$$

여기서

$$V_1=\frac{1}{\mu_n C_{ox}\frac{W}{L}R_S} \tag{7.7}$$

이다. I_D를 얻기 위해 이 V_{GS}의 값을 식 (7.2)에 대입할 수 있다. 물론 V_Y는 포화 영역에서의 동작을 보장하기 위해 $V_X - V_{TH}$보다 커야 한다.

예제 7.1

그림 7.1에서 M_1의 바이어스 전류를 결정하라. $V_{TH} = 0.5$ V, $\mu_n C_{ox} = 100$ μA/V^2, $W/L = 5/0.18$, $\lambda = 0$으로 가정한다. 포화 영역을 유지하기 위한 $M1$의 허용 가능한 최대 R_D 값은 얼마인가?

풀이

$$V_X=\frac{R_2}{R_1+R_2}V_{DD} \tag{7.8}$$

$$=1.286\text{ V} \tag{7.9}$$

초기 추측값 $V_{GS} = 1$ V로부터, R_S에서의 전압 강하는 $V_X - V_{GS} = 286$ mV로 표시될 수 있으며, 286 μA의 드레인 전류 I_D를 가지게 한다. 식 (7.3)에 I_D 값을 대입하면 새로운 V_{GS} 값이 다음과 같이 주어진다.

$$V_{GS} = V_{TH} + \sqrt{\frac{2I_D}{\mu_n C_{ox}\frac{W}{L}}} \tag{7.10}$$

$$= 0.954\ \text{V} \tag{7.11}$$

결과적으로

$$I_D = \frac{V_X - V_{GS}}{R_S} \tag{7.12}$$

$$= 332\ \mu\text{A} \tag{7.13}$$

그러므로

$$V_{GS} = 0.989\ \text{V} \tag{7.14}$$

이 값으로부터 $I_D = 297\ \mu\text{A}$가 된다.

반복법으로부터 알 수 있듯이, 전류값의 해답들은 5장의 바이폴라 회로에서 본 것보다 더 느리게 수렴해 간다. 이것은 (지수함수적이기보다는) 2차 함수적인 I_D-V_{GS} 의존성 때문이다. 그러므로 긴 계산을 피하기 위해 식 (7.6)의 정확한 결과를 이용할 수도 있다. $V_1 = 0.36$ V이므로

$$V_{GS} = 0.974\ \text{V} \tag{7.15}$$

그리고

$$I_D = \frac{V_X - V_{GS}}{R_S} \tag{7.16}$$

$$= 312\ \mu\text{A} \tag{7.17}$$

허용 가능한 최대 R_D 값은 $V_Y = V_X - V_{TH} = 0.786$ V일 때 얻어진다. 즉,

$$R_D = \frac{V_{DD} - V_Y}{I_D} \tag{7.18}$$

$$= 3.25\ \text{k}\Omega \tag{7.19}$$

연습문제 M_1을 포화 상태의 가장자리에 위치하게 하는 R_2의 값은 얼마인가?

예제 7.2

예제 7.1의 회로에서 M_1이 포화 상태에 있다고 가정하고, $R_D = 2.5\ \text{k}\Omega$일 때, (a) 허용 가능한 최대 W/L의 값과 (b) 허용 가능한 최소 R_S의 값($W/L = 5/0.18$일 때)을 계산하라. $\lambda = 0$이라고 가정한다.

풀이 (a) W/L이 커질수록 M_1은 주어진 V_{GS}에 대해 더 많은 전류를 흐르게 할 수 있다. $R_D = 2.5\ \text{k}\Omega$, $V_X = 1.286\ \text{V}$일 때, 허용 가능한 최대 I_D 값은 다음과 같다.

$$I_D = \frac{V_{DD} - V_Y}{R_D} \tag{7.20}$$

$$= 406\ \mu\text{A} \tag{7.21}$$

R_S를 통한 전압 강하는 406 mV와 같고, $V_{GS} = 1.286\ \text{V} - 0.406\ \text{V} = 0.88\ \text{V}$가 된다. 달리 말하면, M_1은 $V_{GS} = 0.88\ \text{V}$일 때 406 μA의 전류를 흘려야만 한다.

$$I_D = \frac{1}{2}\mu_n C_{ox}\frac{W}{L}(V_{GS} - V_{TH})^2 \tag{7.22}$$

$$406\ \mu\text{A} = (50\ \mu\text{A/V}^2)\frac{W}{L}(0.38\ \text{V})^2 \tag{7.23}$$

그러므로

$$\frac{W}{L} = 56.2 \tag{7.24}$$

(b) $W/L = 5/0.18$일 때, 허용 가능한 최소 R_S 값은 406 μA의 드레인 전류를 흐르게 한다.

$$V_{GS} = V_{TH} + \sqrt{\frac{2I_D}{\mu_n C_{ox}\frac{W}{L}}} \tag{7.25}$$

$$= 1.041\ \text{V} \tag{7.26}$$

R_S에서의 전압 강하는 $V_X - V_{GS} = 245\ \text{mA}$이고, R_S는 다음과 같다.

$$R_S = \frac{V_X - V_{GS}}{I_D} \tag{7.27}$$

$$= 604\ \Omega \tag{7.28}$$

연습문제 $V_{TH} = 0.35\ \text{V}$일 때 위의 예제를 다시 풀어라.

그림 5.22의 자기 바이어스 기술은 MOS 증폭기에도 적용할 수 있다. 그림 7.2에 그려진 바와 같이 M_1은 포화 상태에 있으며(왜 그럴까?) R_G를 통한 전압 강하는 0인 것에 주의하면서 회로를 해석해 볼 수 있다. 그러므로

$$I_D R_D + V_{GS} + R_S I_D = V_{DD} \tag{7.29}$$

이 식으로부터 V_{GS}를 구하여 식 (7.3)에 대입하면 다음과 같으며, 여기서 채널길이 변조는 무시되어 있다.

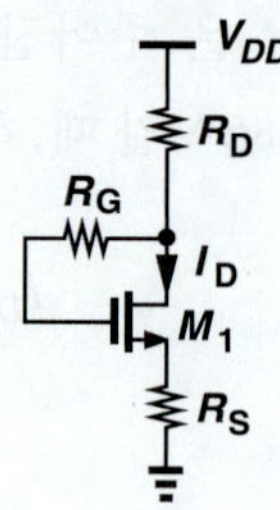

그림 7.2 자기 바이어스 된 MOS 단

$$I_D = \frac{1}{2}\mu_n C_{ox}\frac{W}{L}[V_{DD} - (R_S + R_D)I_D - V_{TH}]^2 \tag{7.30}$$

정리하면 다음과 같다.

$$(R_S + R_D)^2 I_D^2 - 2\left[(V_{DD} - V_{TH})(R_S + R_D) + \frac{1}{\mu_n C_{ox}\frac{W}{L}}\right]I_D + (V_{DD} - V_{TH})^2 = 0 \tag{7.31}$$

예제 7.3

그림 7.3에서 $\mu_n C_{ox} = 100\ \mu A/V^2$, $V_{TH} = 0.5$ V, $\lambda = 0$일 때 M_1의 드레인 전류를 계산하라. I_D를 2배로 줄이기 위해서 필요한 R_D 값은 얼마인가?

그림 7.3 자기 바이어스 된 MOS 단의 예

풀이 식 (7.31)에서

$$I_D = 556\ \mu A \tag{7.32}$$

I_D를 278 μA로 줄이기 위해 식 (7.31)을 R_D에 관해 풀면

$$R_D = 2.867\ k\Omega \tag{7.33}$$

연습문제 V_{DD}가 1.2 V로 낮아졌을 때 위의 예제를 다시 풀어라.

그림 7.4 (a) 전류 소스로 동작하는 NMOS 소자; (b) 전류 소스로 동작하는 PMOS 소자; (c) 전류 소스로 동작하지 않는 PMOS 토폴로지; (d) 전류 소스로 동작하지 않는 NMOS 토폴로지

7.1.3 전류 소스의 구현

포화 상태에서 동작하는 MOS 트랜지스터는 전류 소스로 쓸 수 있다. 그림 7.4(a)에 설명된 바와 같이 NMOS 소자는 한쪽 단자가 접지되어 있는 전류 소스의 역할을 하는데, 즉 전류는 X 노드에서 접지로 흐르게 된다. 반면, 그림 7.4(b)의 PMOS 트랜지스터는 V_{DD}에서 Y 노드로 전류가 흐른다. 만약 $\lambda = 0$이라면 전류는 트랜지스터가 포화 상태에서 동작하는 한 V_X 또는 V_Y 값과 상관없이 독립적으로 유지된다.

MOSFET의 드레인 단자만이 직류 전류를 흐르게 할 수 있고, 드레인 단자의 임피던스가 여전히 큰 값을 갖는다는 것을 이해하는 것이 중요하다. 특히 그림 7.4(c)와 (d)에 구성된 NMOS나 PMOS 소자들은 전류 소스로서 작동하지 않는데, 이는 V_X와 V_Y의 변화가 직접적으로 게이트-소스 전압을 변화시키고, 따라서 드레인 전류가 크게 변하기 때문이다. 다른 관점에서 볼 때, 두 구조의 소신호 모델은 그림 6.34의 다이오드 연결 소자의 소신호 모델과 동일하며, 소신호 임피던스의 값으로 무한대가 아닌 오직 $1/g_m(\lambda = 0$일 때)을 가진다.

로봇공학 응용: 연속 모터 제어

로봇은 다양한 기능을 위해 모터를 포함하고 있다. 모터는 일반적으로 조정 가능한 속도로 동작해야 하는데, 이는 모터를 통해 흐르는 전류를 제어함으로써 달성된다. 그림 7.5(a)에서 볼 수 있듯이 MOS 트랜지스터는 조정 가능한 전류를 전달하는 전압 의존형 전류 소스 역할을 할 수 있다.

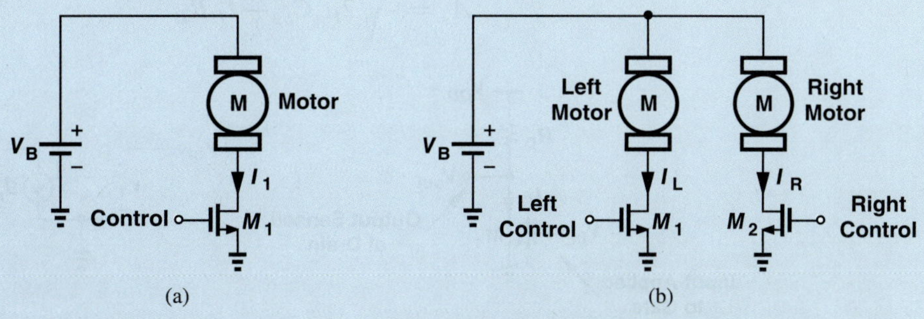

그림 7.5 (a) MOS 전류 소스에 의한 모터의 연속 제어; (b) 로봇의 좌우 모터 제어

이동 로봇은 좌우 바퀴에 모터를 탑재하고 있다[그림 7.5(b)]. 로봇이 직선으로 이동하는 경우 두 모터는 동일한 속도로 동작한다. 좌회전 또는 우회전을 하기 위해서 모터 하나는 전류를 줄여 속도를 줄이게 된다. 예를 들어, 왼쪽 모터가 더 느리게 동작하면 로봇은 왼쪽으로 회전하게 된다.

그림 7.5(b)에서, 흥미롭게도 $I_L = I_R$인 경우에도 두 모터가 일반적으로 제조상의 오차로 인해 '미스매치(불일치)'를 겪기 때문에 로봇이 직선으로 가지 못할 수 있다는 점을 알아야 한다. 마찬가지로 모터가 미스매치가 없는 경우에도 M_1과 M_2에서 미스매치가 있을 수 있다. 따라서 미스매치 문제를 해결하기 위해서 시스템은 초기에 캘리브레이션(보정) 과정을 거쳐야만 한다.

7.2 공통 소스(CS) 단

7.2.1 공통 소스(CS) 코어

그림 7.6(a)에 보이는 바와 같이, 기본적인 공통 소스(CS) 단은 공통 이미터(CE) 토폴로지와 유사하며, 게이트에 입력이 인가되고 드레인에서 출력을 감지한다. 소신호에서 M_1은 입력 전압 변화를 그에 비례하는 드레인 전류로 변환하고, R_D는 드레인 전류를 출력 전압으로 변환시킨다. 만약 채널길이 변조가 무시된다면, 그림 7.6(b)의 소신호 모델에서 $v_{in} = v_1$ 그리고 $v_{out} = -g_m v_1 R_D$이다. 즉,

$$\frac{v_{out}}{v_{in}} = -g_m R_D \tag{7.34}$$

이것은 5장의 공통 이미터(CE) 단에서 얻은 결과와 유사하다.

공통 소스 단의 전압 이득은 또한 공급 전압에 의해 제한된다. $g_m = \sqrt{2\mu_n C_{ox}(W/L)I_D}$ 이기 때문에 전압 이득은 다음과 같이 되며,

$$A_v = -\sqrt{2\mu_n C_{ox}\frac{W}{L}I_D}R_D \tag{7.35}$$

그림 7.6 (a) 공통 소스 단; (b) 소신호 모드

I_D나 R_D가 증가하면, R_D를 통한 전압 강하($=I_DR_D$)[1]도 증가하는 결과를 가져온다. M_1이 포화 상태에 남기 위해서

$$V_{DD} - R_DI_D > V_{GS} - V_{TH} \tag{7.36}$$

즉,

$$R_DI_D < V_{DD} - (V_{GS} - V_{TH}) \tag{7.37}$$

예제 7.4

그림 7.7에서 $I_D = 1$ mA, $\mu_nC_{ox} = 100\ \mu\text{A/V}^2$, $V_{TH} = 0.5$ V, $\lambda = 0$일 때 공통 소스(CS) 단의 소신호 전압 이득을 계산하라. 이때 M_1이 포화 상태에서 동작함을 증명하라.

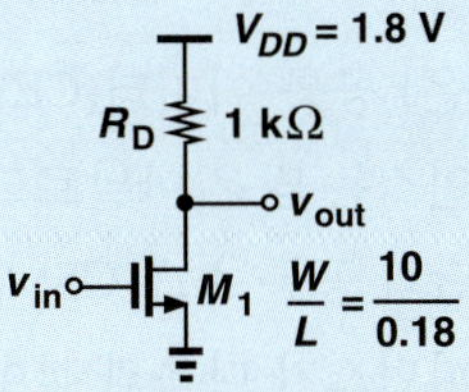

그림 7.7 공통 소스 단의 예

풀이

$$g_m = \sqrt{2\mu_nC_{ox}\frac{W}{L}I_D} \tag{7.38}$$

$$= \frac{1}{300\ \Omega} \tag{7.39}$$

그러므로

$$A_v = -g_mR_D \tag{7.40}$$

$$= 3.33 \tag{7.41}$$

동작 영역을 확인하기 위해, 먼저 게이트-소스 전압을 계산한다.

$$V_{GS} = V_{TH} + \sqrt{\frac{2I_D}{\mu_nC_{ox}\frac{W}{L}}} \tag{7.42}$$

$$= 1.1\ \text{V} \tag{7.43}$$

드레인 전압은 $V_{DD} - R_DI_D = 0.8$ V와 같다. $V_{GS} - V_{TH} = 0.6$ V이므로, 소자는 실제로 포화 상태에서 작동하고, 트라이오드 영역에 대하여 0.2 V의 여유를 갖는다. 예를 들어, A_v를 2배 증가시킬 의도로 R_D를 2배로 증가시키면, M_1은 트라이오드 영역으로 진입하고 전도성이 하락할 것이다.

---

1) W를 증가시킴으로써 어느 정도는 이득을 증가시킬 수 있다. 그러나 '역치 전도'가 결국 전도성을 제한한다. 이 개념은 이 책의 범위를 벗어난다.

연습문제 M_1을 포화 상태의 끝에 위치하게 하는 V_{TH}의 값은 얼마인가?

MOSFET의 게이트 단자는 (저주파수에서) 전류를 흘리지 않기 때문에, 공통 소스(CS) 증폭기는 무한대의 전류 이득을 제공한다고 말할 수 있다. 대조적으로, 공통 이미터(CE) 단의 전류 이득은 β이다.

이제 공통 소스(CS) 증폭기의 입출력 임피던스를 계산해 보자. 게이트 전류가 (저주파수에서) 0이기 때문에

$$R_{in} = \infty \tag{7.44}$$

이는 ($R_{in} = r_\pi$와 같은) 공통 이미터(CE) 단과 대조되는 부분이다. 공통 소스(CS) 토폴로지의 높은 입력 임피던스는 많은 아날로그 회로에서 중요한 역할을 한다.

공통 이미터(CE) 단과 공통 소스(CS) 단의 소신호 등가 모델들 사이의 유사점은 공통 소스 증폭기의 출력 임피던스가 다음과 같이 간단히 동일하다는 것이다.

$$R_{out} = R_D \tag{7.45}$$

이것은 그림 7.8로부터도 알 수 있다.

사실, 채널길이 변조는 특히 R_D가 클 경우 무시할 수 없다. 그러므로 CS 토폴로지의 소신호 모델은 그림 7.9에 보인 바와 같이 수정되되 다음과 같은 결과를 가져온다.

$$A_v = -g_m(R_D||r_O) \tag{7.46}$$

$$R_{in} = \infty \tag{7.47}$$

$$R_{out} = R_D||r_O \tag{7.48}$$

바꿔 말하면, 채널길이 변조와 얼리 효과는 CS 단과 CE 단에 각각 비슷한 방식으로 영향을 미친다.

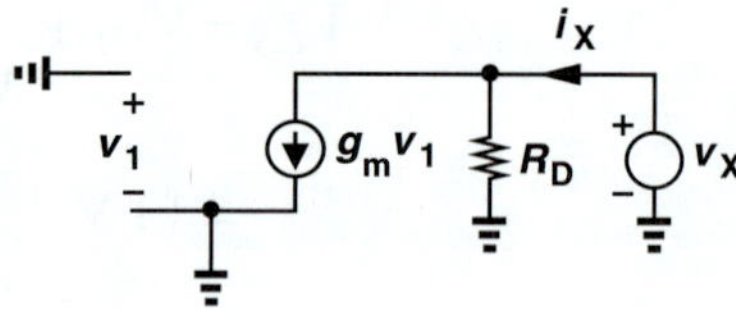

그림 7.8 공통 소스(CS) 단의 출력 임피던스

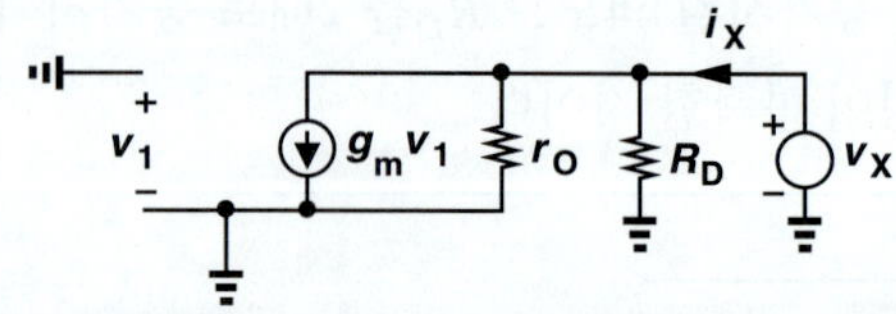

그림 7.9 CS 단의 채널길이 변조 효과

예제 7.5 M_1이 포화 상태에서 동작한다고 가정할 때, 그림 7.10(a)에 도시된 회로의 전압 이득을 계산하고, 다른 변수들이 일정하게 유지될 때 트랜지스터 채널 길이에 대한 함수로서 그 결과를 그려라.

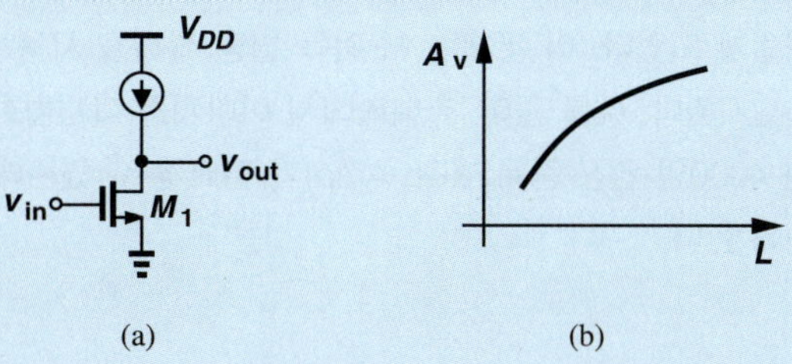

그림 7.10 (a) 이상적인 전류 소스 부하를 가지는 CS 단; (b) 소자 채널 길이에 대한 함수로서의 전압 이득

풀이 이상적인 전류 소스는 무한대의 소신호 저항값을 가지며, $R_D = \infty$를 써서 식 (7.46)을 이용하면

$$A_v = -g_m r_O \tag{7.49}$$

이것이 하나의 트랜지스터가 제공할 수 있는 가장 큰 전압 이득이다. $g_m = \sqrt{2\mu_n C_{ox}(W/L)I_D}$와 $r_O = (\lambda I_D)^{-1}$을 대입하면 다음과 같다.

$$|A_v| = \frac{\sqrt{2\mu_n C_{ox}\frac{W}{L}}}{\lambda\sqrt{I_D}} \tag{7.50}$$

이 결과는 L이 증가하면 $|A_v|$가 감소할 것을 의미할 것처럼 보인다. 그러나 6장에서 $\lambda \propto L^{-1}$을 상기하면

$$|A_v| \propto \sqrt{\frac{2\mu_n C_{ox} WL}{I_D}} \tag{7.51}$$

이다. 결과적으로 $|A_v|$는 L에 따라 증가한다[그림 7.10(b)].

연습문제 M_1의 게이트와 드레인 사이에 저항 R_1이 연결되어 있을 경우 위의 예제를 다시 풀어라.

7.2.2 전류 소스 부하를 갖는 공통 소스(CS) 단

위의 예제에서 살펴본 것처럼, 전압 이득과 전압 헤드룸(제한) 간의 트레이드오프는 부하 저항을 전류 소스로 대체함으로써 완화시킬 수 있다. 그림 7.4(b)와 연계된 관찰은 그러므로 NMOS 공통 소스(CS) 증폭기의 부하로서 PMOS 소자의 사용을 제시한다[그림 7.11(a)].

Did you know?

MOSFET의 고유 이득(게인) $g_m r_O$는 공정 스케일링에 따라 감소, 즉 최소 채널 길이가 1960년대 약 10 μm에서 오늘날 25 nm로 작아져 왔다. 심각한 채널길이 변조로 인해 이러한 단-채널 장치의 고유 이득은 5에서 10 정도이므로, 많은 아날로그 회로에서 높은 전압 이득을 달성하는 것이 어렵게 되었다. 이 문제는 저-이득 빌딩 블록을 사용하는 아날로그 설계에 대한 광범위한 연구를 촉발시켰다. 예를 들어, 카메라에서 이미지를 디지털화하는 아날로그-디지털 변환기(ADC)는 이득이 4000인 연산 증폭기(Op Amp)가 필요할 수 있는데, 이제는 이득이 20짜리를 이용하여 설계되어야 한다.

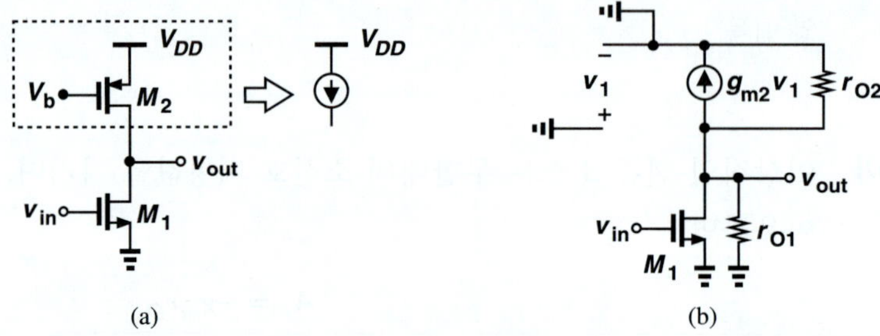

그림 7.11 (a) 전류 소스로 PMOS 소자를 사용한 CS 단; (b) 소신호 모델

이제 회로의 소신호 이득과 출력 임피던스를 결정해 보자. 일정한 게이트-소스 전압을 가진 M_1은 단순히 저항으로 동작하는데, 그 저항값은 출력 임피던스와 같으며[그림 7.11(b)], 이는 $v_1 = 0$이고 따라서 $g_{m2}v_1 = 0$이기 때문이다. 그러므로 M_1의 드레인 노드는 r_{O1}과 r_{O2} 모두를 교류 접지 된 것으로 본다. 식 (7.46)과 (7.48)은 다음과 같이 된다.

$$A_v = -g_{m1}(r_{O1}||r_{O2}) \tag{7.52}$$

$$R_{out} = r_{O1}||r_{O2} \tag{7.53}$$

예제 7.6

그림 7.12는 NMOS 전류 소스 부하를 사용한 PMOS CS 단을 보여 준다. 이 회로의 전압 이득을 계산하라.

그림 7.12 전류 소스로 NMOS 소자를 사용한 CS 단

풀이 트랜지스터 M_2는 $g_{m2}v_{in}$의 값을 가지는 소신호 전류를 발생시킨다. 전류는 $r_{O1} \| r_{O2}$를 통해 흐르므로 $v_{out} = -g_{m2}v_{in}(r_{O1} \| r_{O2})$을 생성한다. 그러므로

$$A_v = -g_{m2}(r_{O1} \| r_{O2}) \tag{7.54}$$

연습문제 이 회로가 R_L의 값을 가지는 부하 저항을 구동할 때, 회로의 이득을 계산하라.

7.2.3 다이오드 연결 부하를 갖는 공통 소스(CS) 단

어떤 응용에서는 다이오드 연결된 MOSFET를 드레인 부하로서 사용할 수 있다. 그림 7.13(a)에 그려진 바와 같이, 이러한 토폴로지는 다이오드 연결 소자의 상대적으로 낮은 임피던스(7.1.3절) 때문에 단지 적당한 전압 이득을 보인다. $\lambda = 0$일 때 M_2는 $1/g_{m2}$의 값을 가지는 소신호 저항으로 동작하고, 식 (7.34)는 다음과 같이 된다.

$$A_v = -g_{m1} \cdot \frac{1}{g_{m2}} \tag{7.55}$$

$$= -\frac{\sqrt{2\mu_n C_{ox}(W/L)_1 I_D}}{\sqrt{2\mu_n C_{ox}(W/L)_2 I_D}} \tag{7.56}$$

$$= -\sqrt{\frac{(W/L)_1}{(W/L)_2}} \tag{7.57}$$

흥미롭게도 전압 이득은 M_1과 M_2의 치수에 의해 결정되며, 공정 변수인 μ_n, C_{ox}, 드레인 전류 I_D 들과는 독립적으로 유지된다.

독자는 5장에서 다이오드 연결 부하를 갖는 공통 이미터(CE) 단을 다루지 않은 이유를 궁금해할지도 모른다. 그림 7.13(b)에 나타낸 바와 같이 이러한 회로는 전압 이득이 단지 1에 가깝기 때문에 사용되지 않는다.

$$A_v = -g_{m1} \cdot \frac{1}{g_{m2}} \tag{7.58}$$

$$= -\frac{I_{C1}}{V_T} \cdot \frac{1}{I_{C2}/V_T} \tag{7.59}$$

$$\approx -1 \tag{7.60}$$

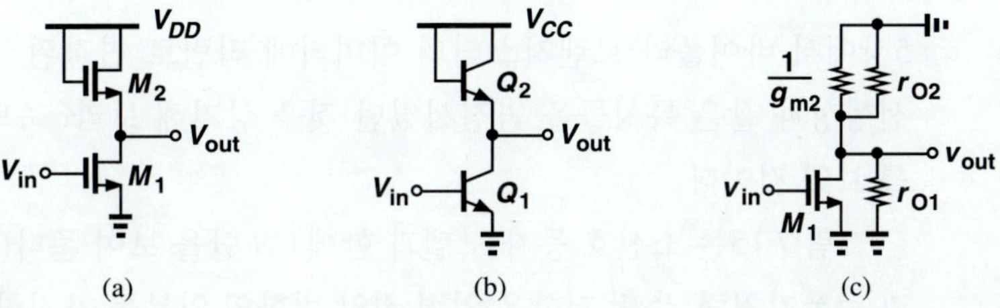

그림 7.13 (a) 다이오드 연결 부하를 사용한 MOS 단; (b) 상응하는 바이폴라 단; (c) 단순화한 (a) 회로

식 (7.57)과 (7.60) 간의 차이는 MOS와 바이폴라 소자 사이의 근본적인 차이에 기인한다. 즉, MOS 소자의 전도성은 W/L 치수에 의존하고, 이에 반해 바이폴라 소자는 그렇지 않다.

그림 7.13(a) MOS 단의 전압 이득을 더욱 정확히 표현하려면 채널길이 변조를 고려해야만 한다. 그림 7.13(c)에 도시된 바와 같이 드레인에서 바라본 저항은 $(1/g_{m2})||r_{O2}||r_{O1}$와 같다. 따라서

$$A_v = -g_{m1}\left(\frac{1}{g_{m2}}||r_{O2}||r_{O1}\right) \tag{7.61}$$

유사하게, 이 단의 출력 저항은 다음과 같이 주어진다.

$$R_{out} = \frac{1}{g_{m2}}||r_{O2}||r_{O1} \tag{7.62}$$

예제 7.7 $\lambda \neq 0$일 때, 그림 7.14에 나타낸 회로의 전압 이득을 계산하라.

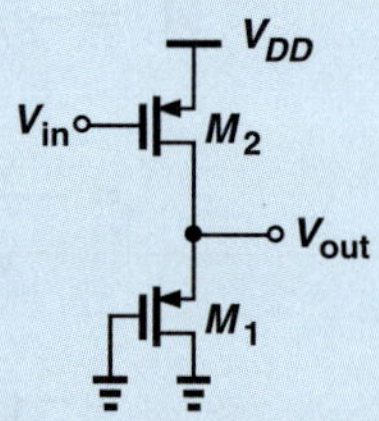

그림 7.14 다이오드 연결 PMOS 소자를 갖는 CS 단

풀이 이 단은 그림 7.13(a)와 비슷하지만, NMOS 소자들이 PMOS 소사들로 바뀌었나: M_1은 공통 소스 소자로, M_2는 다이오드 연결 부하로 동작한다. 그러므로

$$A_v = -g_{m2}\left(\frac{1}{g_{m1}}||r_{O1}||r_{O2}\right) \tag{7.63}$$

연습문제 M_1의 게이트에 0.5 V의 일정한 전압이 인가되어 있는 경우 위의 예제를 다시 풀어라.

7.2.4 축퇴된 공통 소스(CS) 단

5장에서 바이폴라 트랜지스터의 이미터에 직렬로 연결된 저항이 이득, 입출력 임피던스, 선형성과 같은 특성들을 변경시켰던 것을 상기해 보라. 축퇴된 CS 증폭기도 비슷한 결과를 보일 것이다.

그림 7.15는 소신호 등가 모델과 함께 CS 단을 보여 준다($\lambda = 0$일 때). 상응하는 바이폴라 증폭기처럼, 축퇴 저항은 입력 전압 변화의 일부를 차지한다. 그림 7.15(b)로부터

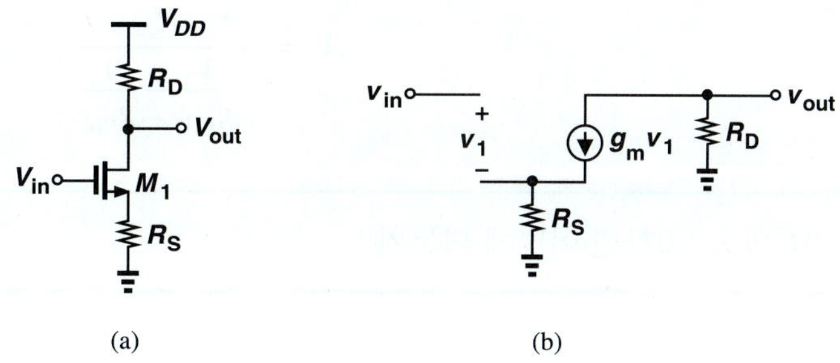

그림 7.15 (a) 축퇴된 CS 단; (b) 소신호 모델

$$v_{in} = v_1 + g_m v_1 R_S \tag{7.64}$$

따라서

$$v_1 = \frac{v_{in}}{1 + g_m R_S} \tag{7.65}$$

$g_m v_1$이 R_D를 통해 흐르기 때문에 $v_{out} = -g_m v_1 R_D$이다. 전압 이득은 다음과 같으며,

$$\frac{v_{out}}{v_{in}} = -\frac{g_m R_D}{1 + g_m R_S} \tag{7.66}$$

$$= -\frac{R_D}{\frac{1}{g_m} + R_S} \tag{7.67}$$

결과는 상응하는 바이폴라 증폭기의 식 (5.157)에 의해 표현된 것과 동일하다.

예제 7.8 $\lambda = 0$일 때, 그림 7.16(a)에 나타낸 회로의 전압 이득을 구하라.

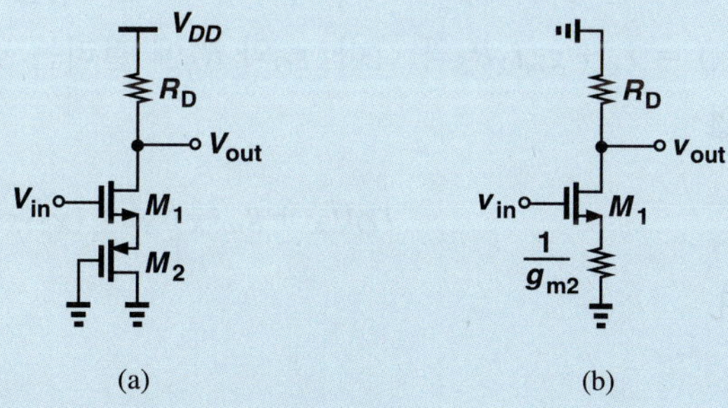

그림 7.16 (a) 축퇴된 CS 단의 예; (b) 단순화한 회로

풀이 트랜지스터 M_2는 다이오드 연결 소자로 동작하며 $1/g_{m2}$[그림 7.16(b)]의 임피던스를 갖는다. 그러므로 R_S를 $1/g_{m2}$로 대치하면, 식 (7.67)에 의해 이득은 다음과 같이 주어진다.

$$A_v = -\frac{R_D}{\frac{1}{g_{m1}} + \frac{1}{g_{m2}}} \quad (7.68)$$

연습문제 M_2의 $\lambda \neq 0$라면 어떻게 되는가?

5장의 전개와 병행하여, 게이트와 직렬인 저항(그림 7.17)의 효과를 공부해 보자(저주파수에서). 게이트 전류가 0이기 때문에 R_G는 전압 강하를 일으키지 않고, 따라서 전압 이득이나 입출력 임피던스에 영향을 미치지 않는다.

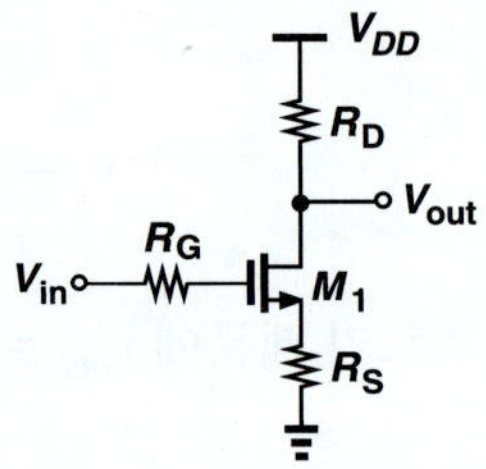

그림 7.17 게이트 저항을 가진 CS 단

트랜지스터 출력 임피던스의 효과 상응하는 바이폴라 증폭기처럼, 트랜지스터 출력 임피던스가 포함되면 해석이 복잡해지는데, 이것은 문제 7.32에서 다룬다. 그럼에도 불구하고, 축퇴된 CS 단의 출력 임피던스는 아날로그 설계에서 중요한 역할을 하기에 여기서 다뤄 볼 가치가 있다.

그림 7.18은 회로의 소신호 등가 모델을 보여 준다. R_S에 i_X의 전류가 흐르기 때문에(왜 그럴까?), $v_1 = -i_X R_S$이다. 또한 r_O를 통하는 전류는 $i_X - g_m v_1 = i_X - g_m (-i_X R_S) = i_X + g_m i_X R_S$와 같다. r_O와 R_S에 걸리는 전압 강하를 더하고, 그 결과를 v_X와 같게 하면

$$r_O(i_X + g_m i_X R_S) + i_X R_S = v_X \quad (7.69)$$

따라서

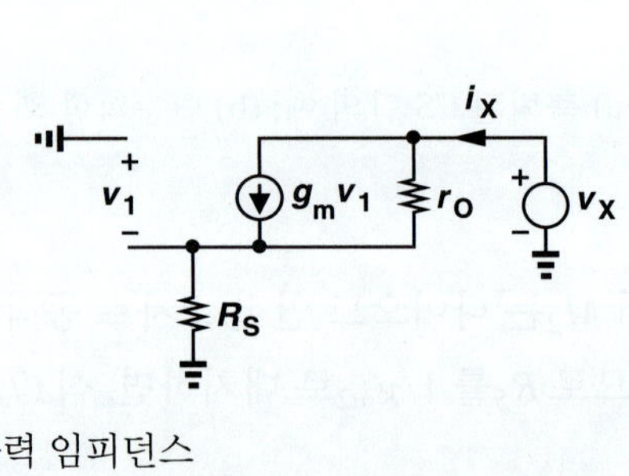

그림 7.18 축퇴된 CS 단의 출력 임피던스

$$\frac{v_X}{i_X} = r_O(1 + g_m R_S) + R_S \tag{7.70}$$

$$= (1 + g_m r_O)R_S + r_O \tag{7.71}$$

$$\approx g_m r_O R_S + r_O \tag{7.72}$$

대안으로, 그림 7.18의 모델은 그림 5.46(a)에 그려진 상응하는 바이폴라가 $r_\pi = \infty$일 경우와 유사함을 알 수 있다. 식 (5.196)과 (5.197)에서 $r_\pi \to \infty$로 하면 위에서와 동일한 결과를 얻는다. 축퇴된 바이폴라 단에서 배운 것으로 예상한 바와 같이, MOS 버전에서도 '증폭된(부스티드된)' 출력 임피던스를 보여 준다.

예제 7.9 M_1과 M_2가 동일할 때 그림 7.19(a) 회로의 출력 임피던스를 계산하라.

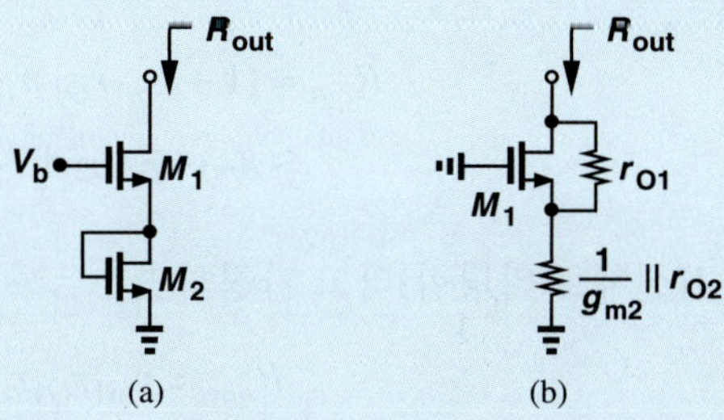

그림 7.19 (a) 축퇴된 CS 단의 예; (b) 단순화한 회로

풀이 다이오드 연결 소자 M_2는 $(1/g_{m2}) \| r_{O2} \approx 1/g_{m2}$의 소신호 저항으로 표현할 수 있다. 트랜지스터 M_1은 이 저항에 의해 축퇴되고, 식 (7.70)으로부터 다음과 같이 된다.

$$R_{out} = r_{O1}\left(1 + g_{m1}\frac{1}{g_{m2}}\right) + \frac{1}{g_{m2}} \tag{7.73}$$

$g_{m1} = g_{m2} = g_m$이기 때문에 식을 정리하면 다음과 같다.

$$R_{out} = 2r_{O1} + \frac{1}{g_m} \tag{7.74}$$

$$\approx 2r_{O1} \tag{7.75}$$

연습문제 M_2를 다이오드 연결 PMOS 소자로 대체한다면, 결과는 바뀌지 않고 유지되는가?

예제 7.10 그림 7.20(a) 회로의 출력 임피던스를 결정하고, 결과를 위 예제와 비교하라. M_1과 M_2는 포화 상태에 있다고 가정한다.

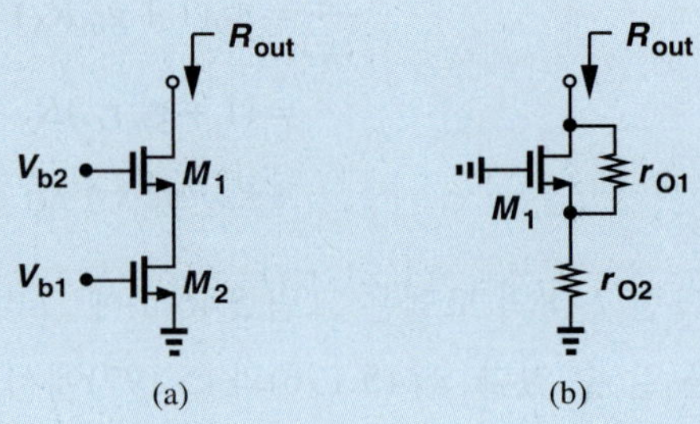

그림 7.20 (a) 축퇴된 CS 단의 예; (b) 단순화한 회로

풀이 트랜지스터 M_2는 게이트-소스 전압이 고정이며, 전류 소스로 동작하고, 그림 7.20(b)에 나타낸 바와 같이 M_1의 소스와 접지 사이에서 저항 r_{O2}를 가진다.

그러므로 식 (7.71)은 다음과 같이 된다.

$$R_{out} = (1 + g_{m1}r_{O1})r_{O2} + r_{O1} \tag{7.76}$$

$$\approx g_{m1}r_{O1}r_{O2} + r_{O1} \tag{7.77}$$

$g_{m1}r_{O2} \gg 1$(실제로 타당함)라고 가정하면

$$R_{out} \approx g_{m1}r_{O1}r_{O2} \tag{7.78}$$

이 값은 식 (7.75)보다 상당히 크다는 것을 알 수 있다.

연습문제 상응하는 PMOS 회로에 대하여 위 예제를 다시 풀어라.

7.2.5 바이어스된 공통 소스(CS) 코어

그림 7.1에 보인 간단한 바이어싱 회로망의 효과는 5장의 바이폴라 단에서의 분석과 유사하다. 입력 커플링(결합) 커패시터와 함께 도시된 그림 7.21(a)의 회로(단락 회로라고 가정함)에서 보듯이, 이러한 회로는 더 이상 무한대의 입력 임피던스를 갖지 않는다.

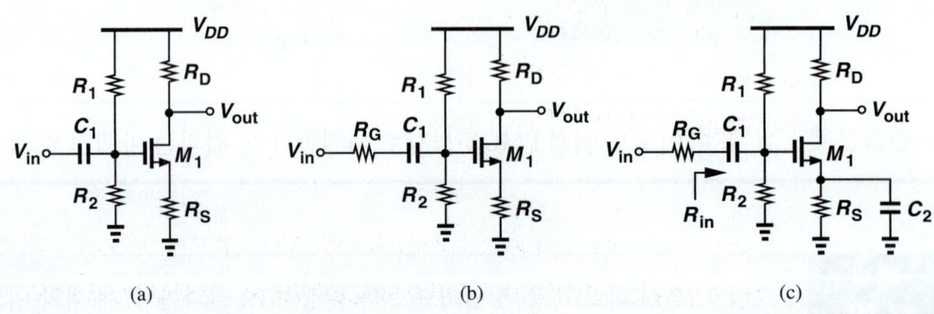

그림 7.21 (a) 입력 커플링(결합) 커패시터를 가지는 CS 단; (b) 게이트 저항의 포함; (c) 바이패스 커패시터의 사용

$$R_{in} = R_1||R_2 \tag{7.79}$$

그러므로 회로가 유한한 소스 임피던스에 의해 구동된다면[그림 7.21(b)] 전압 이득은 다음과 같이 줄어든다.

$$A_v = \frac{R_1||R_2}{R_G + R_1||R_2} \cdot \frac{-R_D}{\dfrac{1}{g_m} + R_S} \tag{7.80}$$

여기서 λ는 0이라고 가정한다.

5장에서 언급한 대로, 바이어스 포인트의 안정을 위해 축퇴를 이용하는 것이 가능하지만, 바이패스 커패시터[그림 7.21(c)]에 의해서 소신호 성능에 미치는 효과는 제거할 수 있다. 바이폴라 구현의 경우와는 다르게, CS 단의 입력 임피던스는 변경되지 않는다.

$$R_{in} = R_1||R_2 \tag{7.81}$$

그러나 전압 이득은 증가한다.

$$A_v = -\frac{R_1||R_2}{R_G + R_1||R_2} g_m R_D \tag{7.82}$$

예제 7.11

그림 7.21(c)의 CS 단이 전압 이득 5, 입력 임피던스 50 kΩ, 한계 전력 소모 5 mW를 갖도록 설계하라. $\mu_n C_{ox} = 100\ \mu\text{A/V}^2$, $V_{TH} = 0.5$ V, $\lambda = 0$, $V_{DD} = 1.8$ V라고 가정한다. 또한 R_S를 통한 전압 강하로 400 mV를 가정한다.

풀이 $V_{DD} = 1.8$ V일 때 한계 전력 소모는 2.78 mA의 최대 공급 전류를 의미한다. 초기 추측값으로 M_1에 2.7 mA, R_1과 R_2에 80 μA를 분배하면 다음과 같아진다.

$$R_S = 148\ \Omega \tag{7.83}$$

일반적인 설계 문제로서, g_m과 R_D의 선택은 $g_m R_D = 5$이기만 하면 어느 정도 유연하게 할 수 있다. 그러나 I_D가 주어진다면, 예를 들어 $V_{GS} = 1$ V와 같이 V_{GS}에 적당한 값을 보장해 줘야만 한다. 이러한 선택은 다음 값을 가져온다.

$$g_m = \frac{2I_D}{V_{GS} - V_{TH}} \tag{7.84}$$

$$= \frac{1}{92.6\ \Omega} \tag{7.85}$$

따라서

$$R_D = 463\ \Omega \tag{7.86}$$

I_D 식에 의해서

$$I_D = \frac{1}{2}\mu_n C_{ox}\frac{W}{L}(V_{GS} - V_{TH})^2 \tag{7.87}$$

다음 값이 주어진다.

$$\frac{W}{L} = 216 \tag{7.88}$$

$V_{GS} = 1$ V와 R_S의 전압 강하 400 mV로부터 게이트 전압은 1.4 V에 이르게 되어 다음과 같이 된다.

$$\frac{R_2}{R_1 + R_2}V_{DD} = 1.4\ \text{V} \tag{7.89}$$

$R_{in} = R_1 || R_2 = 50$ kΩ이므로, 다음과 같이 된다.

$$R_1 = 64.3\ \text{k}\Omega \tag{7.90}$$

$$R_2 = 225\ \text{k}\Omega \tag{7.91}$$

이제 M_1이 실제로 포화 상태에서 동작하고 있는지 점검해 봐야 한다. 드레인 전압은 $V_{DD} - I_D R_D = 1.8\ \text{V} - 1.25\ \text{V} = 0.55$ V로 주어진다. 게이트 전압이 1.4 V이므로, 게이트-드레인 전압 차이가 V_{TH}를 넘는다. 따라서 M_1은 트라이오드 영역에서 구동되고 있다!

어떻게 설계 과정이 이러한 결과에 이르게 한 것일까? V_{GS}는 적당했었지만, 주어진 I_D에 대해 과도하게 큰 R_D와 너무 작은 g_m을(왜냐하면 $g_m R_D = 5$이다) 선택했었다. 그러므로 R_D 값이 작아지도록 허용하기 위해서 g_m을 증가시켜야만 한다. 예를 들어 R_D를 반으로 줄이고, W/L을 4배로 증가시켜 g_m을 2배로 키우는 것을 가정해 보자.

$$\frac{W}{L} = 864 \tag{7.92}$$

$$g_m = \frac{1}{46.3\ \Omega} \tag{7.93}$$

상응하는 게이트-소스 전압이 식 (7.84)로부터 다음과 같이 얻어지며,

$$V_{GS} - V_{TH} = 250\ \text{mV} \tag{7.94}$$

게이트 전압은 1.17 V가 된다.

M_1은 포화 상태인가? 드레인 전압은 $V_{DD} - I_D R_D = 1.17$ V이고, 게이트 전압에서 V_{TH}를 뺀 값보다 더 크다. 그러므로 M_1은 포화 상태에서 동작한다.

연습문제 3 mW의 한계 전력 소모와 $V_{DD} = 1.2$ V인 경우에 대하여 위 예제를 다시 풀어라.

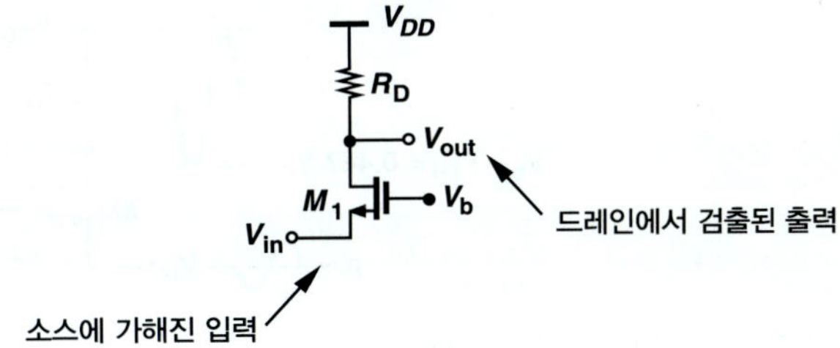

그림 7.22 공통 게이트 단

7.3 공통 게이트(CG) 단

그림 7.22에 보이는 공통 게이트(CG) 토폴로지는 5장에서 배운 공통 베이스 단과 유사하다. 여기서 만약 입력이 ΔV의 작은 값만큼 증가하면, M_1의 게이트-소스 전압은 같은 양만큼 감소한다. 그 때문에 $g_m\Delta V$만큼 드레인 전류는 줄어들고, $g_m\Delta VR_D$만큼 V_{out}이 증가한다. 따라서 전압 이득은 양의 값을 갖고 다음과 같다.

$$A_v = g_m R_D \tag{7.95}$$

CG 단은 CB 토폴로지와 유사하게 전압 헤드룸(제한)과 이득 간의 트레이드오프 문제를 겪는다. 특히 높은 이득을 얻기 위해서는 큰 I_D나 R_D가 필요하지만, $V_{DD} - I_D R_D$의 드레인 전압은 M_1의 포화 상태를 보장해 주기 위해 $V_b - V_{TH}$보다 커야만 한다.

예제 7.12 직류 레벨이 0인 마이크가 $I_D = 0.5$ mA로 바이어스된 CG 단을 구동한다. $W/L = 50$, $\mu_n C_{ox} = 100\ \mu\text{A/V}^2$, $V_{TH} = 0.5$ V, $V_{DD} = 1.8$ V일 때, 허용 가능한 최대 R_D 값과 그에 따른 최대 전압 이득을 결정하라. 채널길이 변조는 무시한다.

풀이 주어진 W/L을 가지고 다음 식으로부터 게이트-소스 전압을 결정할 수 있다.

$$I_D = \frac{1}{2}\mu_n C_{ox}\frac{W}{L}(V_{GS} - V_{TH})^2 \tag{7.96}$$

즉,

$$V_{GS} = 0.947\ \text{V} \tag{7.97}$$

M_1이 포화 상태에 있어야 하므로

$$V_{DD} - I_D R_D > V_b - V_{TH} \tag{7.98}$$

따라서

$$R_D < 2.71\ \text{k}\Omega \tag{7.99}$$

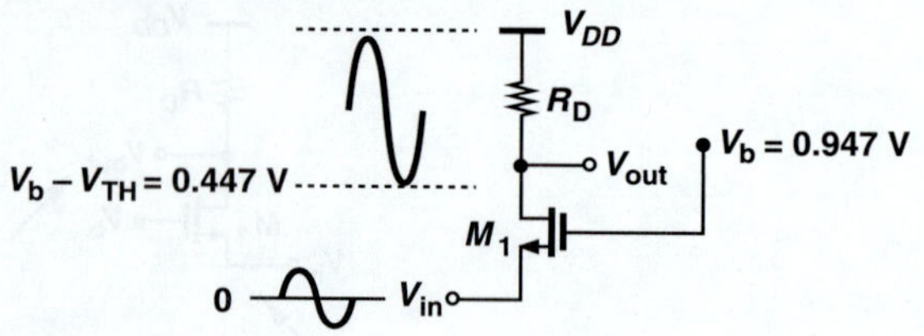

그림 7.23 CG 단의 신호 레벨

또한, 위의 W/L과 I_D에서 $g_m = (447\ \Omega)^{-1}$과 다음 값을 얻을 수 있다.

$$A_v \leq 6.06 \tag{7.100}$$

그림 7.23은 이 설계의 허용 가능한 신호 레벨을 간략하게 보여 준다. 게이트 전압은 그림 7.21(a)와 유사한 저항 분할기를 이용하여 발생시킬 수 있다.

연습문제 만약 10의 전압 이득이 필요하다면, W/L 값을 얼마로 선택해야 하는가?

이제 CB 토폴로지와 유사한 결과를 예상하면서, CG 단의 입출력 임피던스를 계산해 보자. 지금은 채널길이 변조를 무시하고, 그림 7.24(a)로부터 $v_1 = -v_X$와 다음 값을 얻을 수 있다.

$$i_X = -g_m v_1 \tag{7.101}$$

$$= g_m v_X \tag{7.102}$$

즉,

$$R_{in} = \frac{1}{g_m} \tag{7.103}$$

이것은 상대적으로 작은 값이다. 또한 그림 7.24(b)로부터, $v_1 = 0$이므로

$$R_{out} = R_D \tag{7.104}$$

그림 7.24(b)와 그림 7.8이 동일하기 때문에 예상했던 결과를 얻는다.

Did you know ?

공통 게이트 단은 때때로 WiFi 수신기의 입력단에서 저잡음 RF 증폭기로 사용된다. 이 토폴로지의 낮은 입력 임피던스는 안테나와 간단한 '임피던스 매칭'을 허용하기 때문에 매력적이다. 그러나 스케일링에 따른 고유 이득 $g_m r_O$의 감소로 인해 입력 임피던스 R_{in}이 이제 너무 커져 버렸다.

$$R_{in} = \frac{R_D + r_O}{1 + g_m r_O}$$

이것은 채널길이 변조를 통해 표시될 수 있는데, $g_m r_O \gg 1$이고 $R_D \ll r_O$일 경우에만 $1/g_m$로 감소될 수 있다. 이러한 조건들 중 어느 것도 더 이상 유지되지 않기 때문에 CG 단은 RF 회로 설계자들에게 새로운 도전이 되고 있다.

유한한 소스 임피던스(그림 7.25)를 가지면서 여전히 $\lambda = 0$인 CG 단의 동작에 대해 살펴보자. 5장의 CB 토폴로지에서 기술된 바와 비슷한 방식으로 다음과 같이 표현할 수 있다.

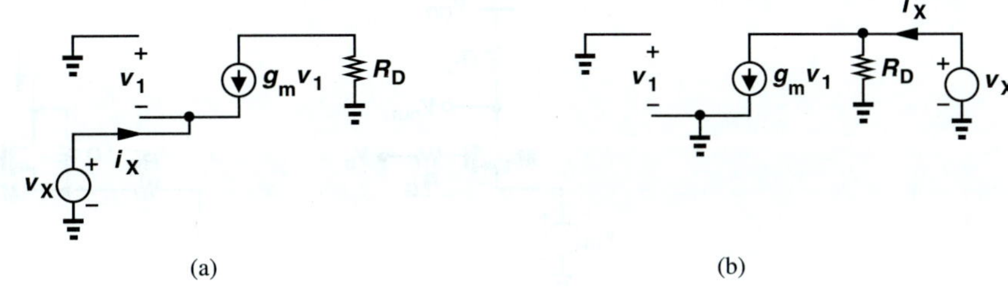

그림 7.24 (a) CG 단의 입력 임피던스; (b) CG 단의 출력 임피던스

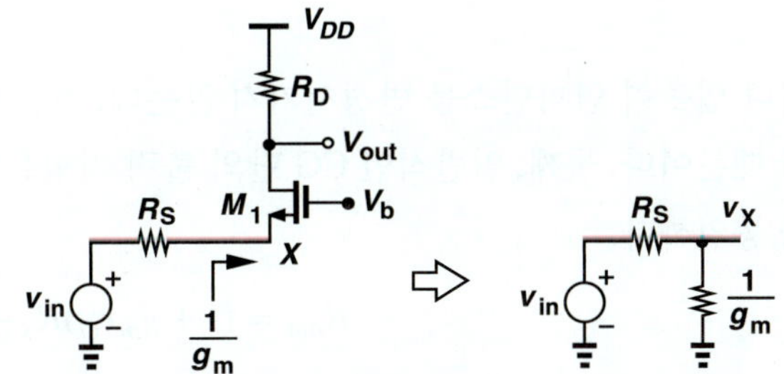

그림 7.25 신호 소스 저항을 갖는 공통 게이트 단의 간략화

$$v_X = \frac{\dfrac{1}{g_m}}{\dfrac{1}{g_m} + R_S} v_{in} \tag{7.105}$$

$$= \frac{1}{1 + g_m R_S} v_{in} \tag{7.106}$$

그러므로

$$\frac{v_{out}}{v_{in}} = \frac{v_{out}}{v_X} \cdot \frac{v_X}{v_{in}} \tag{7.107}$$

$$= \frac{g_m R_D}{1 + g_m R_S} \tag{7.108}$$

$$= \frac{R_D}{\dfrac{1}{g_m} + R_S} \tag{7.109}$$

전압 이득은 그러므로 음의 부호를 제외하고는 축퇴된 CS 단과 동일하다.

공통 소스(CS) 단과 대조적으로 CG 증폭기는 단일의(=1) 전류 이득을 가진다: 입력 전압 소스에 의해 공급된 전류는 단순히 채널을 통해 흘러서 드레인 노드로 빠져나온다.

채널길이 변조와 유한한 소스 임피던스를 모두 포함한 일반적인 경우의 공통 게이트(CG) 단에 대한 분석은 이 책의 범위를 벗어난다(문제 7.42). 그렇지만 두 가지를 고찰해 볼 수 있다. 첫째, 게이트 단자에 직렬로 연결된 저항은[그림 7.26(a)] (저주파수에서) 이득

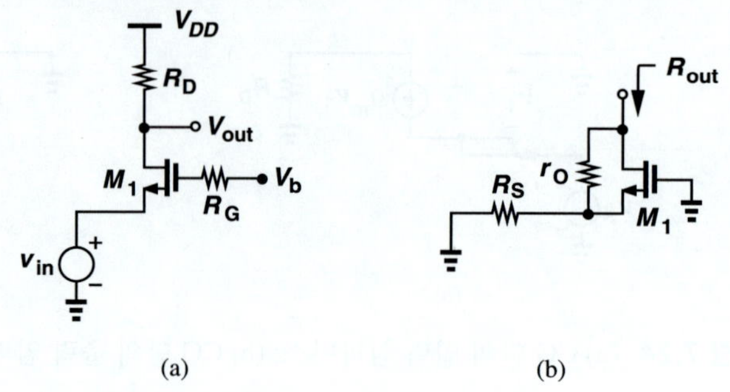

그림 7.26 (a) 게이트 저항을 갖는 CG 단; (b) CG 단의 출력 저항

이나 입출력 임피던스를 변경시키지 않는데, 이는 마치 그 값이 0인 것처럼 전위 강하가 없기 때문이다. 둘째, 일반적인 CG 단의 출력 저항은[그림 7.26(b)] 축퇴된 CS 토폴로지의 것과 동일하다.

$$R_{out} = (1 + g_m r_O)R_S + r_O \tag{7.110}$$

예제 7.13

그림 7.27(a)의 회로에서 $\lambda = 0$일 때의 전압 이득과 $\lambda > 0$일 때의 출력 임피던스를 계산하라.

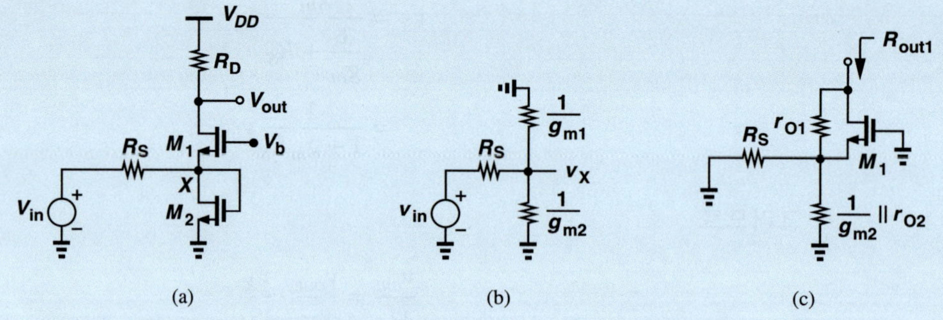

그림 7.27 (a) CG 단의 예; (b) 등가 입력 회로망; (c) 출력 임피던스의 계산

풀이 먼저 그림 7.27(b)에 그려진 등가 회로에서 v_X/v_{in}을 계산한다.

$$\frac{v_X}{v_{in}} = \frac{\dfrac{1}{g_{m2}} \Big\| \dfrac{1}{g_{m1}}}{\dfrac{1}{g_{m2}} \Big\| \dfrac{1}{g_{m1}} + R_S} \tag{7.111}$$

$$= \frac{1}{1 + (g_{m1} + g_{m2})R_S} \tag{7.112}$$

$v_{out}/v_X = g_{m1}R_D$임을 주의하면 다음과 같이 된다.

$$\frac{v_{out}}{v_{in}} = \frac{g_{m1}R_D}{1+(g_{m1}+g_{m2})R_S} \tag{7.113}$$

출력 임피던스를 계산하기 위해 그림 7.27(c)에 보이는 R_{out1}을 먼저 고려하면 식 (7.110)으로부터 다음과 같이 된다.

$$R_{out1} = (1+g_{m1}r_{O1})\left(\frac{1}{g_{m2}}||r_{O2}||R_S\right)+r_{O1} \tag{7.114}$$

$$\approx g_{m1}r_{O1}\left(\frac{1}{g_{m2}}||R_S\right)+r_{O1} \tag{7.115}$$

그러면 전체 출력 임피던스는 다음과 같이 주어진다.

$$R_{out} = R_{out1}||R_D \tag{7.116}$$

$$\approx \left[g_{m1}r_{O1}\left(\frac{1}{g_{m2}}||R_S\right)+r_{O1}\right]\Bigg\|R_D \tag{7.117}$$

연습문제 M_2의 게이트에 일정한 전압이 인가된 경우 출력 임피던스를 계산하라.

7.3.1 바이어스된 CG 단

5장의 CB 바이어싱에서 배운 바와 같이 CG 증폭기는 그림 7.28에 보이는 것처럼 바이어스할 수 있음을 추측해 볼 수 있다. 만약 신호 소스가 유한한 출력 임피던스 R_S를 갖는다면, 저항 R_3는 바이어스 전류가 접지로 흐르는 경로를 제공하면서 입력 임피던스를 작게 만들고, 따라서 전압 이득도 작아진다.

X 노드의 오른쪽을 바라본 임피던스는 $R_3||(1/g_m)$과 동일하기 때문에 다음과 같이 되며, 여기서 채널길이 변조는 무시되었다.

$$\frac{v_{out}}{v_{in}} = \frac{v_X}{v_{in}}\cdot\frac{v_{out}}{v_X} \tag{7.118}$$

$$= \frac{R_3||(1/g_m)}{R_3||(1/g_m)+R_S}\cdot g_mR_D \tag{7.119}$$

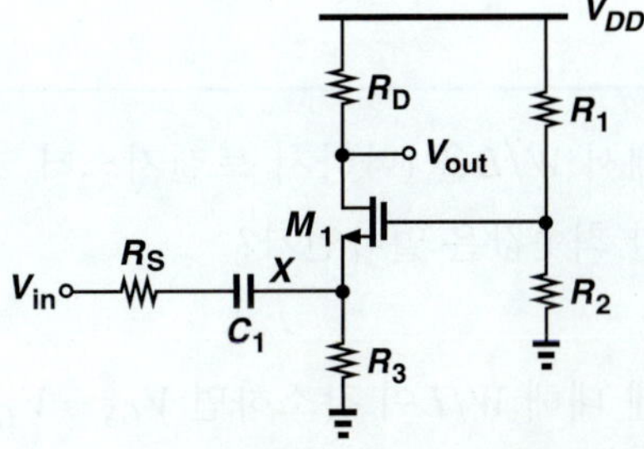

그림 7.28 바이어스된 CG 단

기존에 언급한 바와 같이 R_1과 R_2로 구성한 전압 분배기는 (저주파수에서) 회로의 소신호 동작에 영향을 주지 않는다.

예제 7.14 다음 변수들을 갖는 그림 7.28의 CG 단을 설계하라: $v_{out}/v_{in} = 5$, $R_S = 0$, $R_3 = 500$ Ω, $1/g_m = 50$ Ω, 한계 전력 소모 = 2 mW, $V_{DD} = 1.8$ V. 또한 $\mu_n C_{ox} = 100$ μA/V², $V_{TH} = 0.5$ V, $\lambda = 0$이라고 가정한다.

풀이 한계 전력 소모 스펙에서 전체 공급 전류로 1.11 mA를 구한다. R_1과 R_2, 전압 분배기에 10 μA를 할당하고, M_1의 드레인 전류로 1.1 mA를 할당한다. 그러므로 R_3에서 전압 강하는 550 mV와 같다.

이제 밀접한 관계가 있는 2개의 변수 W/L과 R_D를 계산해야 한다. W/L 값이 클수록 큰 g_m을 만들며, 작은 R_D 값을 허용하게 된다. 예제 7.11에서처럼 적당한 W/L 추측값에 도달하기 위해 V_{GS}의 초깃값을 선택한다. 예를 들어, $V_{GS} = 0.8$ V이면 $W/L = 244$, $g_m = 2I_D/(V_{GS} - V_{TH}) = (136.4\ \Omega)^{-1}$이 되고, $v_{out}/v_{in} = 5$를 위해 $R_D = 682\ \Omega$으로 정해진다.

M_1이 포화 상태에서 동작하는지 확인해 보자. 게이트 전압은 V_{GS} 더하기 R_3에서의 전압 강하로 계산하면 1.35 V가 된다. 반면에, 드레인 전압은 $V_{DD} - I_D R_D = 1.05$ V로 주어진다. 드레인 전압이 $V_G - V_{TH}$를 넘기 때문에, M_1은 실제로 포화 영역에 있다.

R_1과 R_2로 구성된 저항 분할기는 10 μA를 흘리면서 1.35 V의 게이트 전압을 만들어야 한다.

$$\frac{V_{DD}}{R_1 + R_2} = 10\ \mu\text{A} \tag{7.120}$$

$$\frac{R_2}{R_1 + R_2} V_{DD} = 1.35\ \text{V} \tag{7.121}$$

따라서 $R_1 = 45$ kΩ 그리고 $R_2 = 135$ kΩ이 된다.

연습문제 만약 W/L 값이 100을 넘지 못하면, 얼마의 전압 이득을 얻을 수 있는가?

예제 7.15 예제 7.14에서 W/L을 (따라서 트랜지스터 커패시턴스도) 최소화하고자 한다. W/L의 허용 가능한 최솟값은 얼마인가?

풀이 주어진 I_D에 대해 W/L이 감소하면 $V_{GS} - V_{TH}$는 증가한다. 그러므로 먼저 허용 가능한 최대 V_{GS} 값을 계산해야만 한다. 포화 상태를 위해 다음 조건을 부과한다.

$$V_{DD} - I_D R_D > V_{GS} + V_{R3} - V_{TH} \quad (7.122)$$

여기서 V_{R3}는 R_3에서의 전압 강하를 나타내고, $g_m R_D$를 필요한 이득으로 정한다.

$$\frac{2I_D}{V_{GS} - V_{TH}} R_D = A_v \quad (7.123)$$

식 (7.122)와 (7.123)으로부터 R_D를 제거하면

$$V_{DD} - \frac{A_v}{2}(V_{GS} - V_{TH}) > V_{GS} - V_{TH} + V_{R3} \quad (7.124)$$

그러므로

$$V_{GS} - V_{TH} < \frac{V_{DD} - V_{R3}}{\dfrac{A_v}{2} + 1} \quad (7.125)$$

달리 말하면

$$W/L > \frac{2I_D}{\mu_n C_{ox}\left(2\dfrac{V_{DD} - V_{R3}}{A_v + 2}\right)^2} \quad (7.126)$$

이므로 다음과 같이 된다.

$$W/L > 172.5 \quad (7.127)$$

연습문제 $A_v = 10$이 되도록 위의 예제를 반복하라.

7.4 소스 폴로어

그림 7.29에 보인 바와 같이 이미터 폴로어에 상응하는 MOS 구조를 '소스 폴로어'(또는 '공통 드레인' 단)라고 부른다. 증폭기는 게이트에 입력이 가해지고, 소스에서 출력을 생성하며, 드레인은 V_{DD}와 연결되어 있다. 회로의 동작은 상응하는 바이폴라 증폭기와 유사하다.

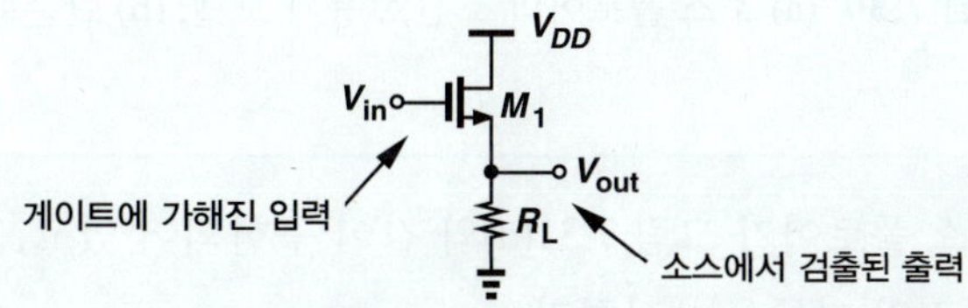

그림 7.29 소스 폴로어

7.4.1 소스 폴로어 코어

만약 그림 7.29에서 M_1의 게이트 전압이 작은 양인 ΔV_{in}만큼 증가되면, 게이트-소스 전압도 증가하게 되고, 그에 따라 소스 전류를 증가시키고, 따라서 출력 전압이 증가한다. 그러므로 v_{out}은 v_{in}을 '따라간다'. v_{out}의 직류 레벨이 v_{in}보다 V_{GS}만큼 낮기 때문에 폴로어가 '레벨 시프트' 회로로 동작할 수 있다고 말한다. 5장의 이미터 폴로어 분석으로부터, 이 토폴로지 역시 1 이하의 이득을 가질 것이라고 예상할 수 있다.

그림 7.30(a)는 채널길이 변조를 포함한 소스 폴로어의 소신호 등가 모델을 나타낸다. r_O가 R_L과 병렬로 연결되어 있음을 인지하면

$$g_m v_1(r_O||R_L) = v_{out} \tag{7.128}$$

또한

$$v_{in} = v_1 + v_{out} \tag{7.129}$$

이고 다음과 같이 된다.

$$\frac{v_{out}}{v_{in}} = \frac{g_m(r_O||R_L)}{1 + g_m(r_O||R_L)} \tag{7.130}$$

$$= \frac{r_O||R_L}{\dfrac{1}{g_m} + r_O||R_L} \tag{7.131}$$

그러므로 전압 이득은 양의 값이며 1보다 작다. R_L(그리고 r_O)을 최대화하는 것이 바람직하다.

이미터 폴로어에서처럼 위의 결과는 $1/g_m$과 동일한 하나의 저항과 $r_O||R_L$과 동일한 또 다른 저항 사이의 전압 분할로 볼 수 있다[그림 7.30(b)]. 게이트와 직렬로 놓인 저항은 0의 전압 강하를 보이기 때문에 (저주파수에서) 식 (7.131)에 아무런 영향을 미치지 못하는 것을 또한 주의하자.

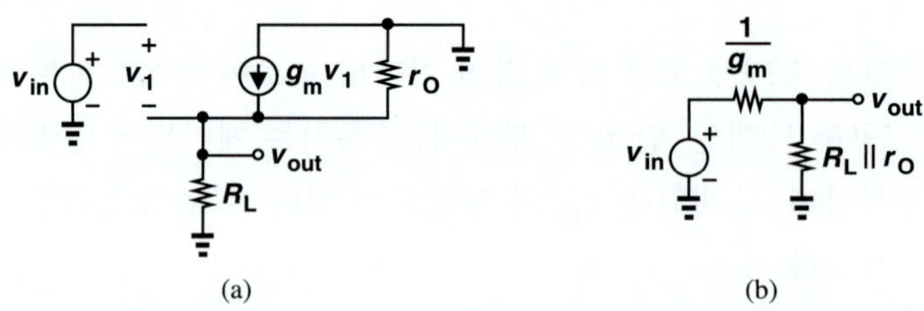

그림 7.30 (a) 소스 폴로어의 소신호 등가 모델; (b) 단순화한 회로

예제 7.16

소스 폴로어가 그림 7.31(a)와 같이 구현되어 있고, M_2는 전류 소스로 동작한다. 이 회로의 전압 이득을 계산하라.

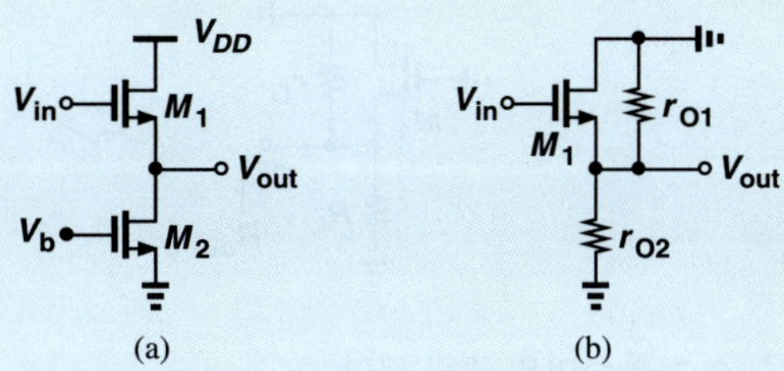

그림 7.31 (a) 이상적인 전류 소스를 갖는 폴로어; (b) 단순화한 회로

풀이 M_2는 단순히 출력 노드로부터 교류 접지 사이에 r_{O2}의 임피던스로 나타나기 때문에[그림 7.31(b)], 식 (7.131)에서 $R_L = r_{O2}$로 대체한다.

$$A_v = \frac{r_{O1} || r_{O2}}{\frac{1}{g_{m1}} + r_{O1} || r_{O2}} \tag{7.132}$$

만약 $r_{O1} || r_{O2} \gg 1/g_{m1}$이면, $A_v \approx 1$과 같다.

연습문제 M_2의 소스에 직렬로 연결된 저항 R_S가 있을 경우 위의 예제를 다시 풀어라.

예제 7.17 50 Ω의 부하를 구동하기 위해 0.5의 전압 이득과 10 mW의 한계 전력 소모를 가지는 소스 폴로어를 설계하라. $\mu_n C_{ox} = 100\ \mu\text{A/V}^2$, $V_{TH} = 0.5$ V, $\lambda = 0$, $V_{DD} = 1.8$ V라고 가정한다.

풀이 그림 7.29에서 $R_L = 50\ \Omega$ 그리고 $r_O = \infty$를 가지면 다음과 같아진다.

$$A_v = \frac{R_L}{\frac{1}{g_m} + R_L} \tag{7.133}$$

그러므로

$$g_m = \frac{1}{50\ \Omega} \tag{7.134}$$

한계 전력 소모와 공급 전압은 최대 공급 전류로 5.56 mA를 생성한다. 이 I_D의 값을 $g_m = \sqrt{2\mu_n C_{ox}(W/L)I_D}$ 에 사용하면 다음 값을 얻는다.

$$W/L = 360 \tag{7.135}$$

연습문제 만약 한계 전력 소모가 15 mW로 증가한다면 전압 이득은 얼마를 얻을 수 있는가?

그림 7.32 소스 폴로어의 출력 저항

소스 폴로어의 출력 임피던스를 계산해 보는 것은 유익하다.[2] 그림 7.32에 묘사된 것처럼 R_{out}은 소스 쪽으로 위로 바라본 저항과 R_L 쪽으로 아래로 바라본 저항의 병렬로 구성된다. $\lambda \neq 0$일 때 소스 쪽으로 위로 바라본 저항은 $(1/g_m) || r_O$와 동일하므로, 다음 결과를 가져온다.

$$R_{out} = \frac{1}{g_m} || r_O || R_L \tag{7.136}$$

$$\approx \frac{1}{g_m} || R_L \tag{7.137}$$

요약하면, 소스 폴로어는 매우 큰 입력 임피던스와 상대적으로 작은 출력 임피던스를 보이므로, 버퍼링 능력을 제공한다.

7.4.2 바이어스된 소스 폴로어

소스 폴로어의 바이어싱은 이미터 폴로어(5장)의 바이어싱과 유사하다. 그림 7.33은 R_G를 통해 M_1의 게이트에 직류 전압 V_{DD}를 형성하고(왜 그럴까?), R_S가 드레인 바이어스 전류를 결정하는 것을 보여 준다. 게이트와 드레인 전압이 동일하기 때문에 M_1은 포화 상태에서 동작함을 유의하자. 또한 이 회로의 입력 임피던스는 무한대에서 R_G로 낮아졌다.

이제 회로의 바이어스 전류를 계산해 보자. R_G를 통한 전압 강하가 0이므로 다음과 같이

$$V_{GS} + I_D R_S = V_{DD} \tag{7.138}$$

채널길이 변조를 무시하면 다음과 같이

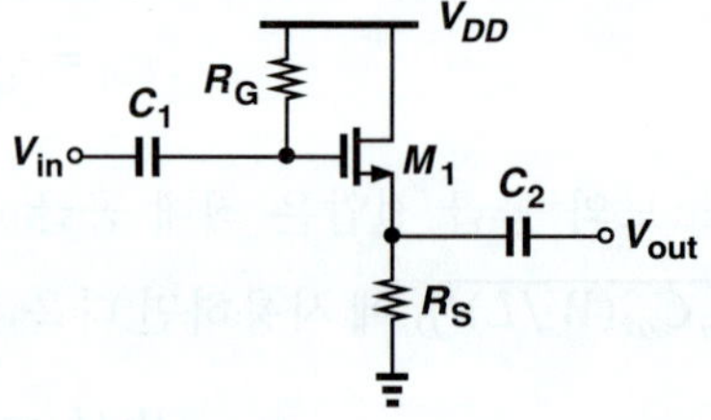

그림 7.33 입력과 출력 커플링(결합) 커패시터를 가지는 소스 폴로어

2) 입력 임피던스는 저주파수에서 무한대이다.

$$I_D = \frac{1}{2}\mu_n C_{ox}\frac{W}{L}(V_{GS} - V_{TH})^2 \tag{7.139}$$

$$= \frac{1}{2}\mu_n C_{ox}\frac{W}{L}(V_{DD} - I_D R_S - V_{TH})^2 \tag{7.140}$$

결과로 나온 2차 방정식은 I_D를 구하기 위해 풀어 볼 수 있다.

예제 7.18 1 mA의 드레인 전류와 0.8의 전압 이득을 가지는 그림 7.33의 소스 폴로어를 설계하라. $\mu_n C_{ox} = 100\ \mu A/V^2$, $V_{TH} = 0.5$ V, $\lambda = 0$, $V_{DD} = 1.8$ V, $R_G = 50$ kΩ이라고 가정한다.

풀이 이 문제에서 V_{GS}, W/L, R_S가 미지이고, 다음 3개의 식이 만들어질 수 있다.

$$I_D = \frac{1}{2}\mu_n C_{ox}\frac{W}{L}(V_{GS} - V_{TH})^2 \tag{7.141}$$

$$I_D R_S + V_{GS} = V_{DD} \tag{7.142}$$

$$A_v = \frac{R_S}{\frac{1}{g_m} + R_S} \tag{7.143}$$

만약 g_m을 $2I_D/(V_{GS} - V_{TH})$로 쓴다면, 식 (7.142)와 (7.143)은 W/L을 포함하지 않게 되고, V_{GS}와 R_S를 결정하기 위해 풀어 볼 수 있다. 식 (7.142)를 이용하면, 식 (7.143)은 다음과 같다.

$$A_v = \frac{R_S}{\frac{V_{GS} - V_{TH}}{2I_D} + R_S} \tag{7.144}$$

$$= \frac{2I_D R_S}{V_{GS} - V_{TH} + 2I_D R_S} \tag{7.145}$$

$$= \frac{2I_D R_S}{V_{DD} - V_{TH} + I_D R_S} \tag{7.146}$$

그러므로

$$R_S = \frac{V_{DD} - V_{TH}}{I_D}\frac{A_v}{2 - A_v} \tag{7.147}$$

$$= 867\ \Omega \tag{7.148}$$

그리고

$$V_{GS} = V_{DD} - I_D R_S \tag{7.149}$$

$$= V_{DD} - (V_{DD} - V_{TH})\frac{A_v}{2 - A_v} \tag{7.150}$$

$$= 0.933\ \text{V} \tag{7.151}$$

식 (7.141)로부터 다음과 같이 된다.

$$\frac{W}{L} = 107 \tag{7.152}$$

연습문제 만약 W/L이 50을 넘지 못한다면 얼마의 전압 이득을 얻을 수 있는가?

식 (7.140)은 소스 폴로어의 바이어스 전류가 공급 전압에 따라 변한다는 것을 나타낸다. 이런 효과를 피하기 위해 집적 회로들은 전류 소스를 사용하여 폴로어를 바이어스한다(그림 7.34).

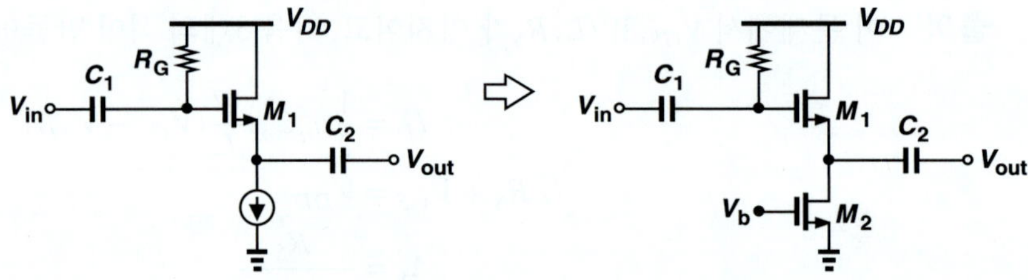

그림 7.34 바이어스를 가지는 소스 폴로어

로봇공학 응용: CMOS 카메라

비전 기반 로봇은 환경을 '보고' 그에 따라 행동하기 위해 카메라에 의존한다. 공장에서 부품을 검사하거나 다른 물체와의 충돌을 피하면서 지형을 탐색하는 로봇이 그런 예이다.

1장에서 설명한 것과 같이, 디지털 카메라는 픽셀 배열로 구성되며, 각 픽셀은 빛을 받고, 역방향 바이어스된 포토다이오드를 통해 이를 전류로 변환한다. 이 결과를 어떻게 처리할까? 여기서 CMOS 장치는 필수적이다. 그림 7.35와 같이, 먼저 S_0를 켜고, 포토다이오드 D_1의 전압을 V_{DD}로 설정한다. 다음으로 S_0를 끄고 빛에 의해 D_1 내에서 생성된 캐리어가 C_1을 방전하도록 한다. 이러한 전압 변화는 소스 폴로어에 의해 감지되

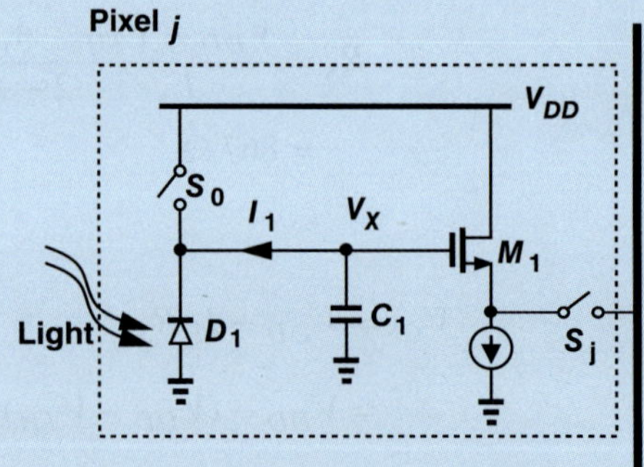

그림 7.35 CMOS 카메라의 픽셀 전자 장치

며 다른 픽셀들에 연결된 열에서 사용 가능하다. S_j가 켜지면 픽셀 j에서 제공하는 전압이 측정되고 디지털화되어 열 처리 회로에 의해 저장된다. 그런 다음 이 스위치는 꺼지고 다음 픽셀이 감지된다.

스위치와 폴로어는 CMOS 기술의 장점을 충분히 활용한다. 여기서 소스 폴로어 대신 이미터 폴로어를 사용할 수 있을까? 바이폴라 트랜지스터는 C_1에서 베이스 전류를 끌어와 커패시터를 방전하고 V_X의 오차를 발생시킨다.

7.5 요약 및 추가 예제

이 장에서는 세 가지 기본 CMOS 구성 요소인 공통 소스 단, 공통 게이트 단, 그리고 소스 폴로어를 공부했다. 이 장을 통해 고찰해 본 것처럼, 이 회로들의 소신호 동작은 게이트 단자에서 보는 높은 임피던스를 제외하고는 상응하는 바이폴라 회로들의 동작과 상당히 유사하다. 바이어싱 기법들도 또한 유사함을 주목했었는데, 지수적인 I_C-V_{BE} 특성을 대체하여 이차적인 I_D-V_{GS} 관계를 갖는다.

이 절에서는 관찰을 통한 분석을 강조하면서 이 장에서 소개한 개념들을 확실히 하기 위해 여러 추가 예제들을 고찰해 보도록 한다.

예제 7.19 그림 7.36(a)에 보인 회로의 전압 이득과 출력 임피던스를 계산하라.

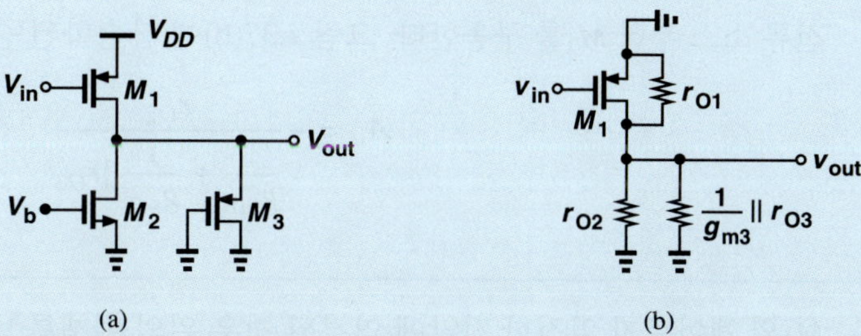

그림 7.36 (a) CS 단의 예; (b) 단순화한 회로

풀이 회로의 게이트에서 입력을 감지하고 드레인에서 출력을 생성하기 때문에 M_1이 공통 소스 소자임을 알 수 있다. 트랜지스터 M_2와 M_3는 그러므로 부하로 동작하며, M_2는 전류 소스, M_3는 다이오드 연결 소자로 동작한다. 따라서 M_2는 r_{O2}의 값을 가지는 소신호 저항으로, M_3는 $(1/g_{m3})\|r_{O3}$의 값을 가지는 또 다른 저항으로 대체될 수 있다. 이 회로는 이제 그림 7.36(b)에 도시된 것처럼 단순화되며 다음 값을 만들어 낸다.

$$A_v = -g_{m1}\left(\frac{1}{g_{m3}}||r_{O1}||r_{O2}||r_{O3}\right) \quad (7.153)$$

그리고

$$R_{out} = \frac{1}{g_{m3}}||r_{O1}||r_{O2}||r_{O3} \quad (7.154)$$

두 식 모두에서 $1/g_{m3}$가 주도적이다.

연습문제 M_2가 다이오드 연결 소자로 바뀔 경우 위의 예제를 반복하라.

예제 7.20 그림 7.37(a)에 나타낸 회로의 전압 이득을 계산하라. M_1에서 채널길이 변조는 무시한다.

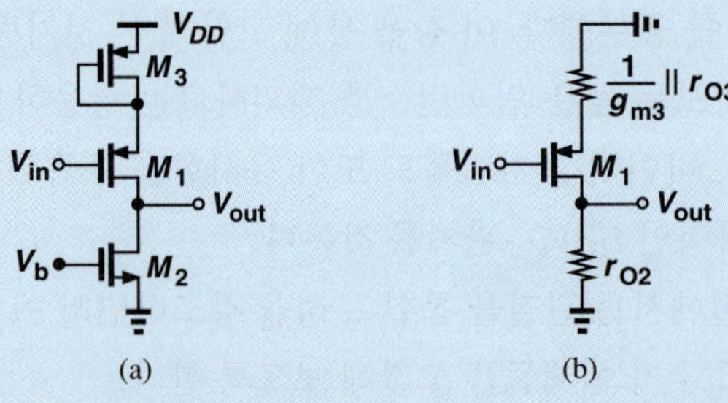

그림 7.37 (a) CS 단의 예; (b) 단순화한 회로

풀이 공통 소스 단으로 동작하며 다이오드 연결 소자 M_3에 의해 축퇴되었고, 트랜지스터 M_1이 전류 소스 부하 M_2를 구동한다. 그림 7.37(b)에 단순화된 증폭기에서 다음과 같이 된다.

$$A_v = -\frac{r_{O2}}{\dfrac{1}{g_{m1}} + \dfrac{1}{g_{m3}}||r_{O3}} \quad (7.155)$$

연습문제 M_3의 게이트가 일정한 전압에 연결된 경우 위의 예제를 반복하라.

예제 7.21 그림 7.38에 그려진 증폭기의 전압 이득을 결정하라. 단순화를 위해 그림 7.38(b)에서 $r_{O1} = \infty$로 가정한다.

풀이 R_S에 의해 축퇴된 그림 7.38(a)의 트랜지스터 M_1은 M_2의 드레인에서 볼 때 $(1+g_{m1}r_{O1})R_S + r_{O1}$의 임피던스를 가진다. 그러므로 드레인에서 바라본 전체 임피던스는 $[(1+g_{m1}r_{O1})$

그림 7.38 (a) CS 단의 예; (b) CG 단의 예

$R_S + r_{O1}] \,||\, r_{O2}$와 같고, 전압 이득으로 다음 값이 주어진다.

$$A_v = -g_{m2}\{[(1 + g_{m1}r_{O1})R_S + r_{O1}]||r_{O2}\} \quad (7.156)$$

그림 7.38(b)에서 M_1은 공통 게이트 단으로 동작하고 M_2는 부하로 동작한다. 식 (7.109)로부터 다음을 얻는다.

$$A_{v2} = \frac{r_{O2}}{\dfrac{1}{g_{m1}} + R_S} \quad (7.157)$$

연습문제 R_S를 다이오드 연결 소자로 대체한 후 해석을 반복하라.

예제 7.22 그림 7.39(a)에 보인 회로의 전압 이득을 $\lambda = 0$일 때 계산하라.

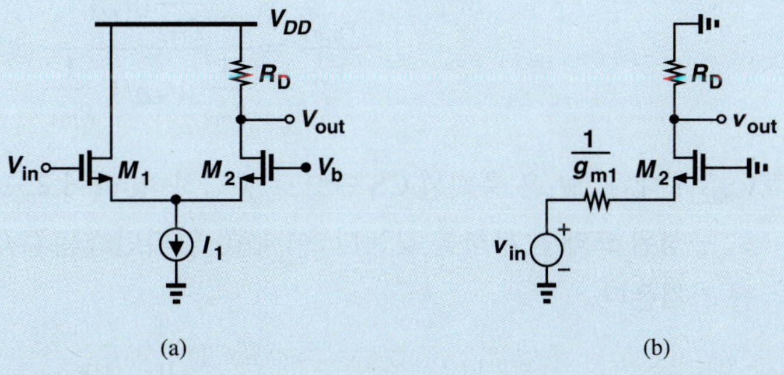

그림 7.39 (a) 복합 단의 예; (b) 단순화한 회로

풀이 이 회로에서 M_1은 소스 폴로어, M_2는 공통 게이트 단으로 동작한다.(왜 그럴까?) 이 회로를 해석하는 간단한 방법은 테브냉 등가 회로로 v_{in}과 M_1을 바꾸는 것이다. 그림 7.30(b)로부터 우리는 그림 7.39(b)에 그려진 모델을 얻을 수 있다. 그러므로

$$A_v = \frac{R_D}{\frac{1}{g_{m1}} + \frac{1}{g_{m2}}} \tag{7.158}$$

연습문제 만약 저항 R_1이 M_1의 드레인에 직렬로 연결될 경우 어떻게 되는가?

예제 7.23 그림 7.40의 회로는 2개의 출력을 생성한다. 입력으로부터 Y와 X까지의 전압 이득을 각각 계산하라. M_1의 $\lambda = 0$으로 가정한다.

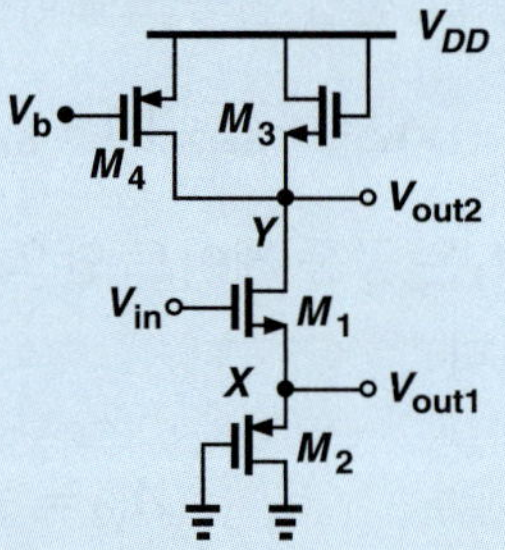

그림 7.40 복합 단의 예

풀이 v_{out1}에 대해, 이 회로는 소스 폴로어로 동작한다. $r_{O1} = \infty$이면 M_3와 M_4는 소스 폴로어의 동작에 영향을 주지 않는다는 것을 알 수 있다. 트랜지스터 M_2는 폴로어의 부하로서 동작하는데, $(1/g_{m2})||r_{O2}$의 소신호 임피던스를 가지며, 식 (7.131)로부터 다음과 같이 주어진다.

$$\frac{v_{out1}}{v_{in}} = \frac{\frac{1}{g_{m2}}||r_{O2}}{\frac{1}{g_{m2}}||r_{O2} + \frac{1}{g_{m1}}} \tag{7.159}$$

v_{out2}에 대해, M_1은 축퇴된 CS 단으로 동작하며, 다이오드 연결 소자 M_3와 전류 소스 M_4로 구성된 드레인 부하를 갖는다. 이 부하 임피던스는 $(1/g_{m3})||r_{O3}||r_{O4}$이며, 다음 결과를 가져온다.

$$\frac{v_{out2}}{v_{in}} = -\frac{\frac{1}{g_{m3}}||r_{O3}||r_{O4}}{\frac{1}{g_{m1}} + \frac{1}{g_{m2}}||r_{O2}} \tag{7.160}$$

연습문제 두 이득 중 어느 쪽이 더 높은가? 직관적으로 왜 그런지 이유를 설명하라.

생명공학 응용: 건강 모니터링

사용자의 생체 신호를 지속적으로 모니터링하고 기록할 수 있는 다양한 장치가 도입되고 있다. 이러한 데이터 수집은 모든 개인에게 유용한 것으로 판명되었다. 예를 들어 의사는 환자에게 단순히 몇 가지 질문을 하는 것보다 몇 년간의 환자의 건강 기록을 살펴봄으로써 더 쉽게 진단을 내릴 수 있다.

손가락의 혈류를 검사하여 사용자의 심박수, 혈압, 산소 포화도를 모니터링할 수 있다. 그림 7.41과 같이 LED는 손가락을 통해 빛을 전달하고, 포토다이오드 배열은 다른 쪽에서 빛을 모은다[1]. 이 빛의 세기는 크고 상대적으로 일정한 성분('바이어스' 값으로 볼 수 있음)과 혈관 내 혈류로 인해 작고 시간에 따라 변하는 성분을 가지고 있다.

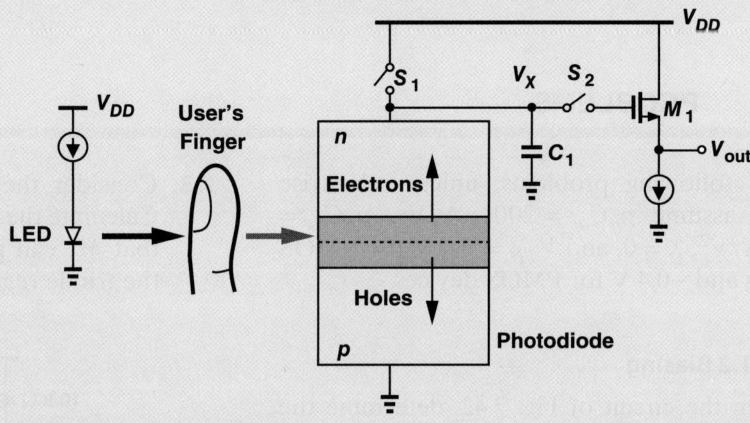

그림 7.41 사용자의 손가락 혈류를 검사하는 생체 신호 모니터링

회로는 다음과 같이 동작한다[1]. 먼저 S_1이 켜져서 포토다이오드 커패시턴스를 V_{DD}로 충전한다. 다음으로 S_1이 꺼지고 S_2가 켜져서 포토다이오드 전류가 커패시턴스를 방전한다. V_X의 변화는 빛의 세기에 비례하고 소스 폴로어에 의해 감지된다. 손가락의 넓은 영역에서 수집하려면 수십 개의 포토다이오드와 관련 회로가 필요하다.

7.6 요약

- MOSFET의 게이트, 드레인, 소스를 바라본 임피던스는 각각 무한대, r_O(소스가 접지된 상태), 그리고 $1/g_m$(게이트가 접지된 상태)과 같다.
- g_m과 r_O같이 필요한 소신호 MOS 파라미터들을 얻기 위해서 트랜지스터는 '바이어스'되어져야만 한다. 즉, 일정한 드레인 전류가 흐르고, 일정한 게이트-소스와 드레인-소스 전압이 유지되어야 한다. 신호들은 간단히 이러한 조건들에 혼란을 가져온다.

- 바이어싱 기술들은 공급전원선이나 출력 노드(자기 바이어싱)로의 저항 경로를 사용하여 필요로 하는 게이트 전압을 형성한다.
- 하나의 트랜지스터를 통해 오직 세 가지의 증폭기 토폴로지가 가능하다: 공통 소스(CS) 단, 공통 게이트(CG) 단, 소스 폴로어.
- CS 단은 적당한 전압 이득, 높은 입력 임피던스, 그리고 적당한 출력 임피던스를 갖는다.
- 소스 축퇴는 선형성을 향상시키지만 전압 이득을 낮춘다.
- 소스 축퇴는 CS 단의 출력 임피던스를 상당히 증가시킨다.
- CG 단은 적당한 전압 이득, 낮은 입력 임피던스, 그리고 적당한 출력 임피던스를 갖는다.
- CS 단과 CG 단의 전압 이득 표현식은 유사하지만, 부호가 반대이다.
- 소스 폴로어는 좋은 전압 버퍼로서 사용되며 1보다 적은 전압 이득, 높은 입력 임피던스, 그리고 낮은 출력 임피던스를 제공한다.

PROBLEMS

In the following problems, unless otherwise stated, assume $\mu_n C_{ox} = 200\ \mu\text{A/V}^2$, $\mu_p C_{ox} = 100\ \mu\text{A/V}^2$, $\lambda = 0$, and $V_{TH} = 0.4$ V for NMOS devices and −0.4 V for PMOS devices.

Sec. 7.1.2 Biasing

7.1. In the circuit of Fig. 7.42, determine the maximum allowable value of W/L if M_1 must remain in saturation. Assume $\lambda = 0$.

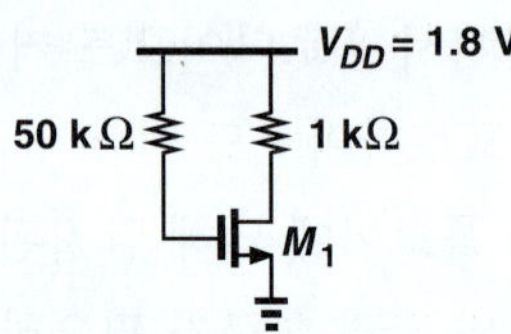

Figure 7.42

7.2. We wish to design the circuit of Fig. 7.43 for a drain current of 1 mA. If $W/L = 20/0.18$, compute R_1 and R_2 such that the input impedance is at least 20 kΩ.

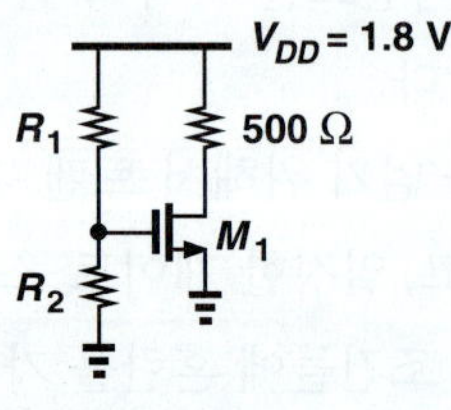

Figure 7.43

7.3. Consider the circuit shown in Fig. 7.44. Calculate the maximum transconductance that M_1 can provide (without going into the triode region.)

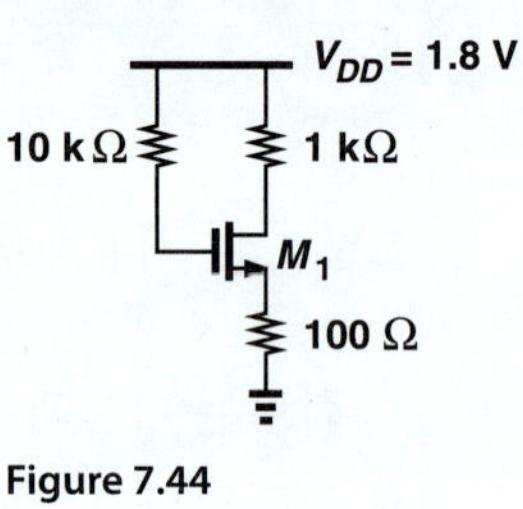

Figure 7.44

7.4. The circuit of Fig. 7.45 must be designed for a voltage drop of 200 mV across R_S.

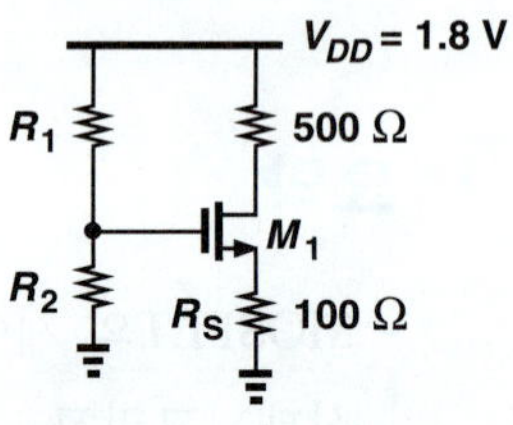

Figure 7.45

(a) Calculate the minimum allowable value of W/L if M_1 must remain in saturation.

(b) What are the required values of R_1 and R_2 if the input impedance must be at least 30 kΩ?

SOL **7.5.** Consider the circuit depicted in Fig. 7.46, where $W/L = 20/0.18$. Assuming the current flowing through R_2 is one-tenth of I_{D1}, calculate the values of R_1 and R_2 so that $I_{D1} = 0.5$ mA.

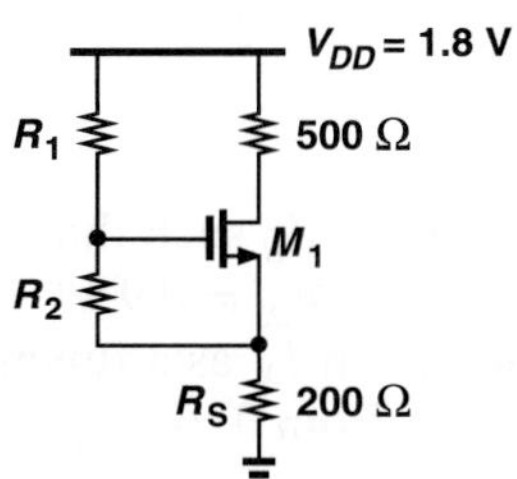

Figure 7.46

7.6. The self-biased stage of Fig. 7.47 must be designed for a drain current of 1 mA. If M_1 is to provide a transconductance of $1/(100\ \Omega)$, calculate the required value of R_D.

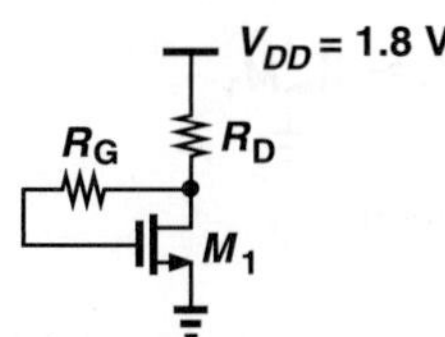

Figure 7.47

7.7. We wish to design the stage in Fig. 7.48 for a drain current of 0.5 mA. If $W/L = 50/0.18$, calculate the values of R_1 and R_2 such that these resistors carry a current equal to one-tenth of I_{D1}.

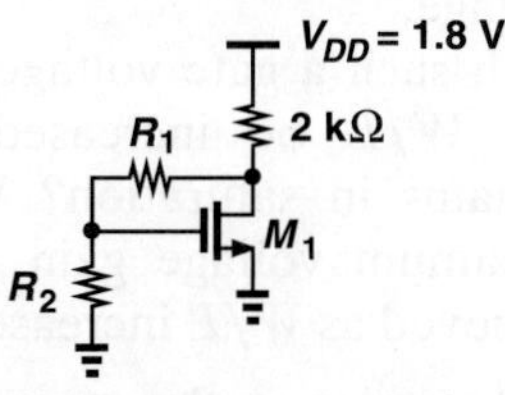

Figure 7.48

***7.8.** Due to a manufacturing error, a parasitic resistor, R_P has appeared in the circuit of Fig. 7.49. We know that circuit samples free from this error exhibit $V_{GS} = V_{DS} +$ 100 mV whereas defective samples exhibit $V_{GS} = V_{DS} + 50$ mV. Determine the values of W/L and R_P.

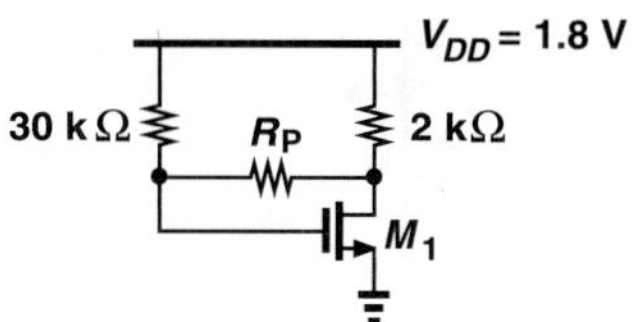

Figure 7.49

***7.9.** Due to a manufacturing error, a parasitic resistor, R_P has appeared in the circuit of Fig. 7.50. We know that circuit samples free from this error exhibit $V_{GS} = V_{DS}$ whereas defective samples exhibit $V_{GS} = V_{DS} + V_{TH}$. Determine the values of W/L and R_P if the drain current is 1 mA without R_P.

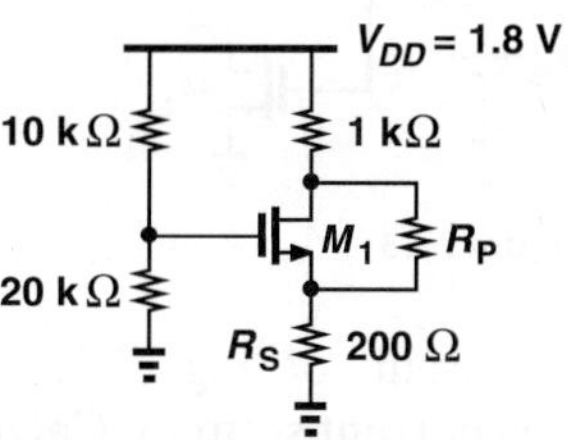

Figure 7.50

Sec. 7.1.3 Realization of Current Sources

7.10. In the circuit of Fig. 7.51, M_1 and M_2 have lengths equal to 0.25 μm and $\lambda = 0.1\ \text{V}^{-1}$. Determine W_1 and W_2 such that $I_X = 2I_Y = 1$ mA. Assume $V_{DS1} = V_{DS2} = V_B - 0.8$ V. What is the output resistance of each current source?

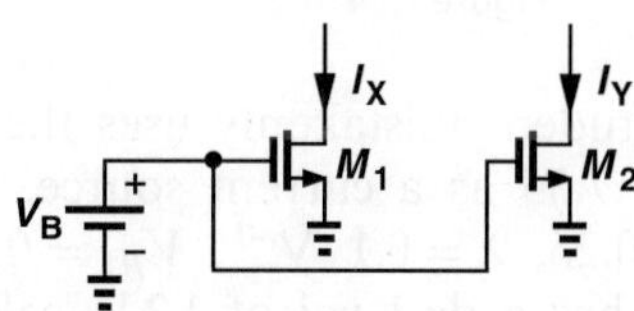

Figure 7.51

7.11. An NMOS current source must be designed for an output resistance of 20 kΩ and an output current of 0.5 mA. What is the maximum tolerable value of λ?

7.12. The two current sources in Fig. 7.52 must be designed for $I_X = I_Y = 0.5$ mA. If $V_{B1} = 1$ V, $V_{B2} = 1.2$ V, $\lambda = 0.1\ \text{V}^{-1}$, and

$L_1 = L_2 = 0.25$ μm, calculate W_1 and W_2. Compare the output resistances of the two current sources.

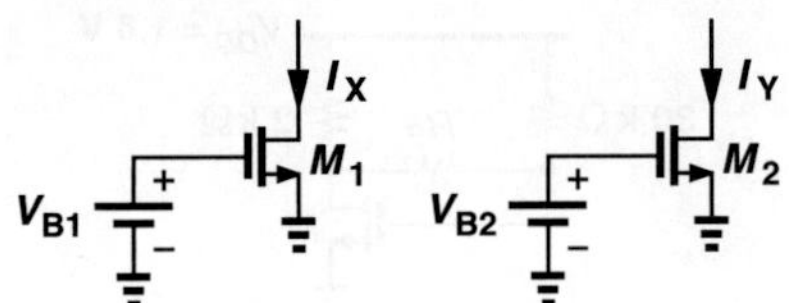

Figure 7.52

7.13. Consider the circuit shown in Fig. 7.53, where $(W/L)_1 = 10/0.18$ and $(W/L)_2 = 30/0.18$. If $\lambda = 0.1\ \text{V}^{-1}$, calculate V_B such that $V_X = 0.9$ V.

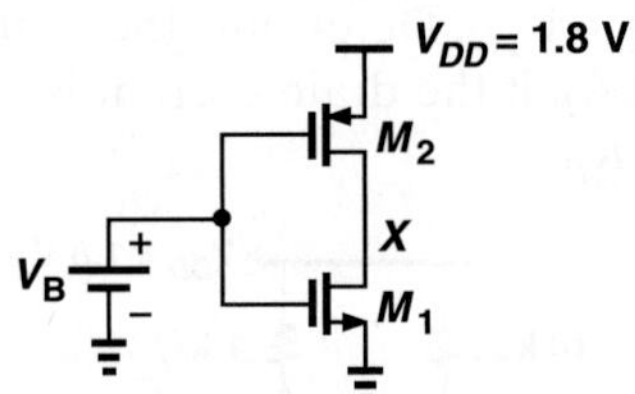

Figure 7.53

7.14. In the circuit of Fig. 7.54, M_1 and M_2 serve as current sources. Calculate I_X and I_Y if $V_B = 1$ V and $W/L = 20/0.25$. How are the output resistances of M_1 and M_2 related?

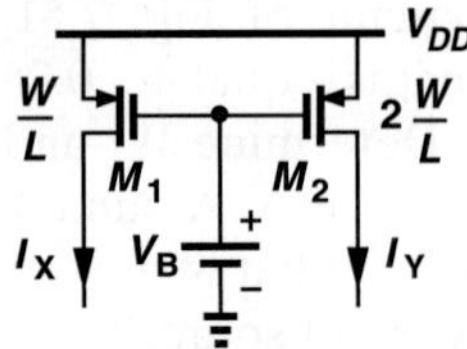

Figure 7.54

***7.15.** A student mistakenly uses the circuit of Fig. 7.55 as a current source. If $W/L = 10/0.25$, $\lambda = 0.1\ \text{V}^{-1}$, $V_{B1} = 0.2$ V, and V_X has a dc level of 1.2 V, calculate the impedance seen at the source of M_1.

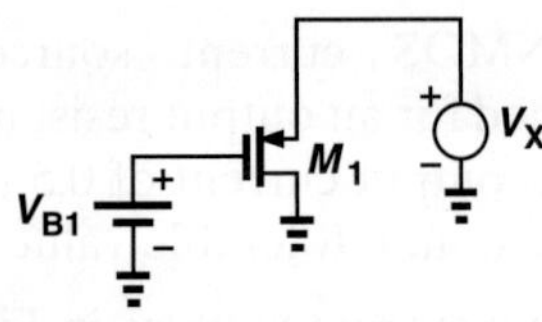

Figure 7.55

****7.16.** In the circuit of Fig. 7.56, $(W/L)_1 = 5/0.18$, $(W/L)_2 = 10/0.18$, $\lambda_1 = 0.1\ \text{V}^{-1}$, and $\lambda_2 = 0.15\ \text{V}^{-1}$.

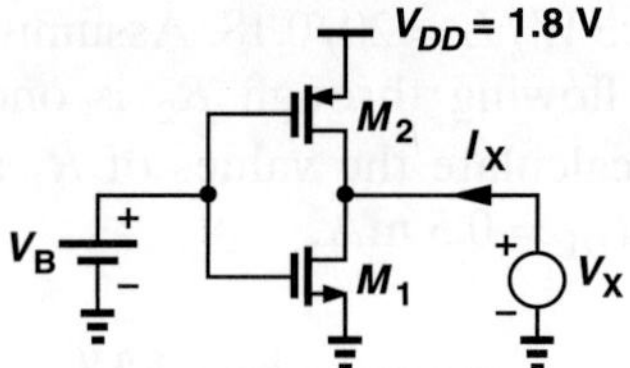

Figure 7.56

(a) Determine V_B such that $I_{D1} = |I_{D2}| = 0.5$ mA for $V_X = 0.9$ V.
(b) Now sketch I_X as a function of V_X as V_X goes from 0 to V_{DD}.

Sec. 7.2 Common-Source Stage

7.17. In the common-source stage of Fig. 7.57, $W/L = 30/0.18$ and $\lambda = 0$.

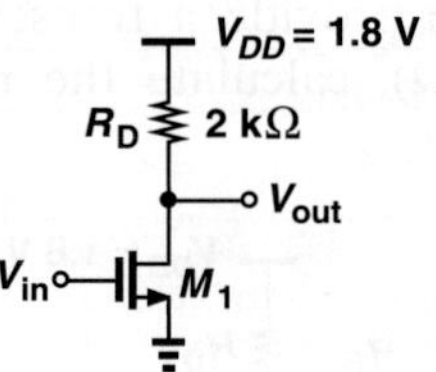

Figure 7.57

(a) What gate voltage yields a drain current of 0.5 mA? (Verify that M_1 operates in saturation.)
(b) With such a drain bias current, calculate the voltage gain of the stage.

7.18. The circuit of Fig. 7.57 is designed with $W/L = 20/0.18$, $\lambda = 0$, and $I_D = 0.25$ mA.
(a) Compute the required gate bias voltage.
(b) With such a gate voltage, how much can W/L be increased while M_1 remains in saturation? What is the maximum voltage gain that can be achieved as W/L increases?

7.19. We wish to design the stage of Fig. 7.58 **SOL** for a voltage gain of 5 with $W/L \leq 20/0.18$. Determine the required value of R_D if the power dissipation must not exceed 1 mW.

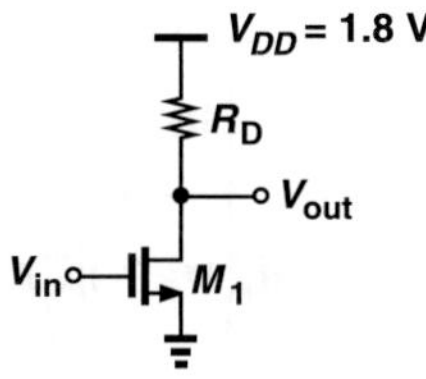

Figure 7.58

7.20. The CS stage of Fig. 7.59 must provide a voltage gain of 10 with a bias current of 0.5 mA. Assume $\lambda_1 = 0.1\ \text{V}^{-1}$, and $\lambda_2 = 0.15\ \text{V}^{-1}$.

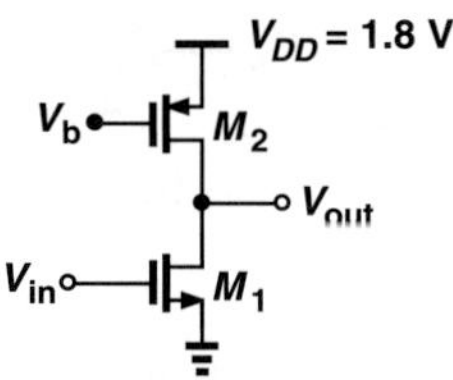

Figure 7.59

(a) Compute the required value of $(W/L)_1$.

(b) If $(W/L)_2 = 20/0.18$, calculate the required value of V_B.

7.21. In the stage of Fig. 7.59, M_2 has a long length so that $\lambda_2 \ll \lambda_1$. Calculate the voltage gain if $\lambda_1 = 0.1\ \text{V}^{-1}$, $(W/L)_1 = 20/0.18$, and $I_D = 1$ mA.

****7.22.** The circuit of Fig. 7.59 is designed for a bias current of I_1 with certain dimensions for M_1 and M_2. If the width and the length of both transistors are doubled, how does the voltage gain change? Consider two cases: (a) the bias current remains constant, or (b) the bias current is doubled.

7.23. The CS stage depicted in Fig. 7.60 must achieve a voltage gain of 15 at a bias current of 0.5 mA. If $\lambda_1 = 0.15\ \text{V}^{-1}$ and $\lambda_2 = 0.05\ \text{V}^{-1}$, determine the required value of $(W/L)_2$.

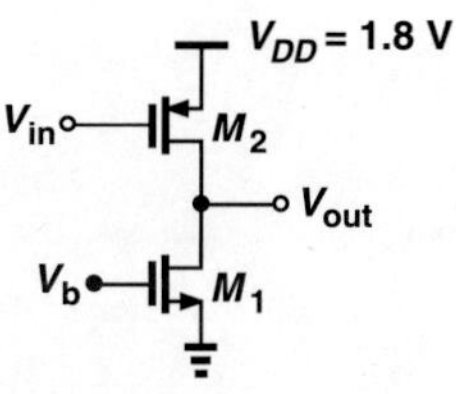

Figure 7.60

7.24. Explain which one of the topologies shown in Fig. 7.61 is preferred.

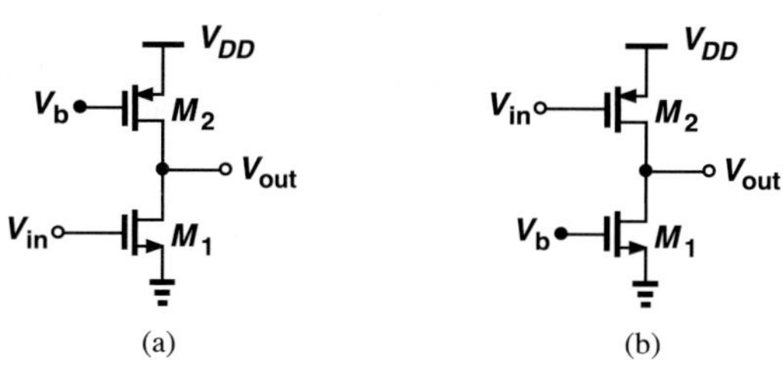

Figure 7.61

7.25. We wish to design the circuit shown in Fig. 7.62 for a voltage gain of 3. If $(W/L)_1 = 20/0.18$, determine $(W/L)_2$. Assume $\lambda = 0$. SOL

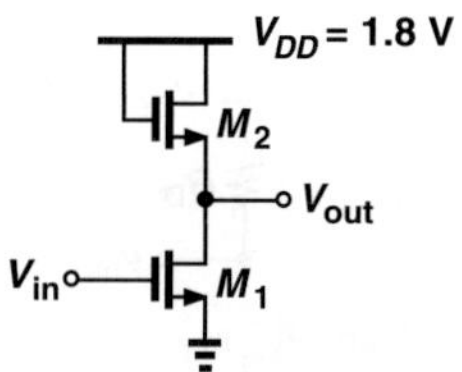

Figure 7.62

7.26. In the circuit of Fig. 7.62, $(W/L)_1 = 10/0.18$ and $I_{D1} = 0.5$ mA.

(a) If $\lambda = 0$, determine $(W/L)_2$ such that M_1 operates at the edge of saturation.

(b) Now calculate the voltage gain.

(c) Explain why this choice of $(W/L)_2$ yields the maximum gain.

7.27. The CS stage of Fig. 7.62 must achieve a voltage gain of 5.

(a) If $(W/L)_2 = 2/0.18$, compute the required value of $(W/L)_1$.

(b) What is the maximum allowable bias current if M_1 must operate in saturation?

****7.28.** If $\lambda \neq 0$, determine the voltage gain of the stages shown in Fig. 7.63.

***7.29.** In the circuit of Fig. 7.64, determine the gate voltage such that M_1 operates at the edge of saturation. Assume $\lambda = 0$.

***7.30.** The degenerated CS stage of Fig. 7.64 must provide a voltage gain of 4 with a bias current of 1 mA. Assume a drop of 200 mV across R_S and $\lambda = 0$.

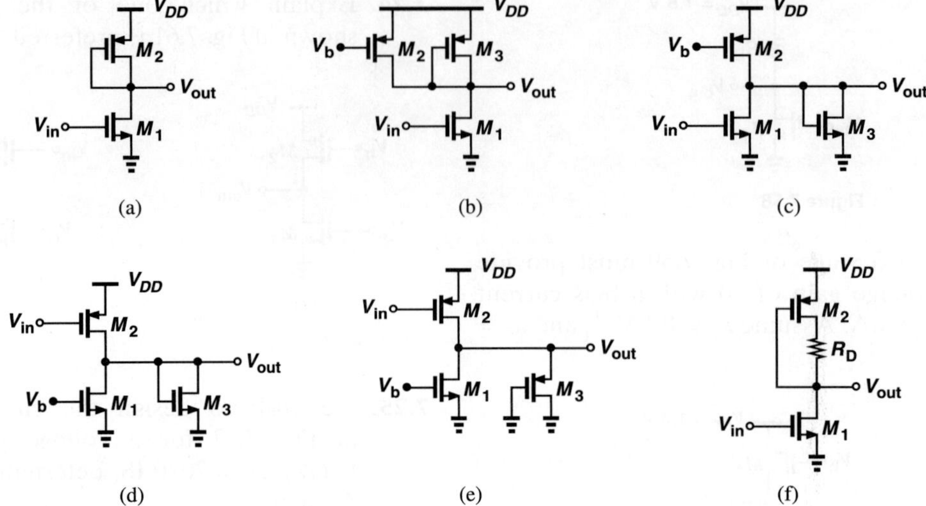

Figure 7.63

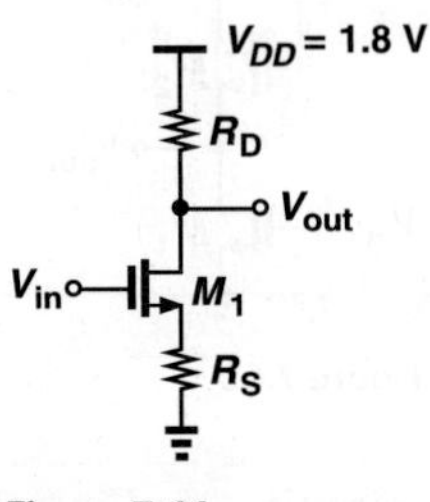

Figure 7.64

(a) If $R_D = 1\ \text{k}\Omega$, determine the required value of W/L. Does the transistor operate in saturation for this choice of W/L?

(b) If $W/L = 50/0.18$, determine the required value of R_D. Does the transistor operate in saturation for this choice of R_D?

****7.31.** Calculate the voltage gain of the circuits depicted in Fig. 7.65. Assume $\lambda = 0$.

****7.32.** Consider a degenerated CS stage with $\lambda > 0$. Assuming $g_m r_O \gg 1$, calculate the voltage gain of the circuit.

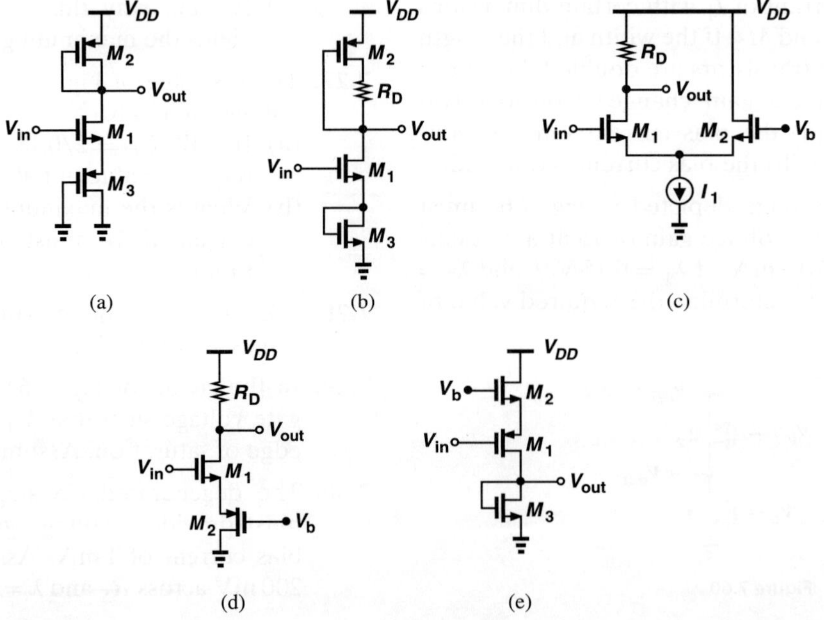

Figure 7.65

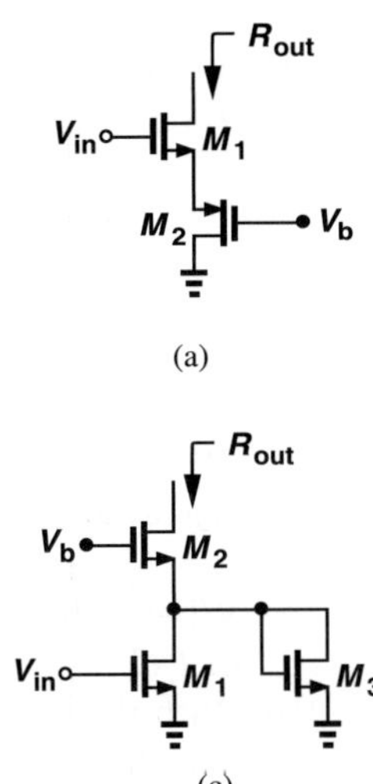

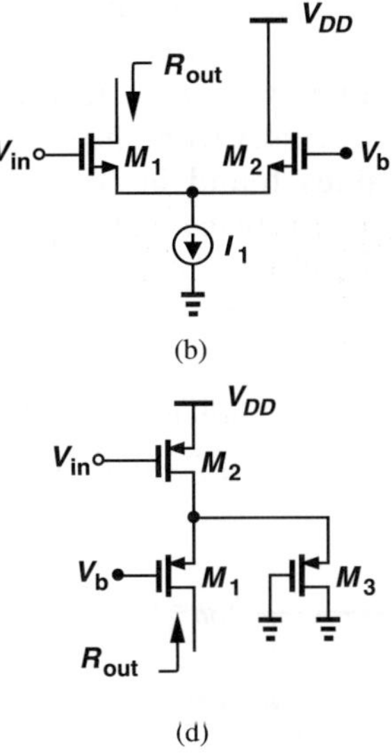

Figure 7.66

SOL *7.33. Determine the output impedance of each circuit shown in Fig. 7.66. Assume $\lambda \neq 0$.

7.34. The CS stage of Fig. 7.67 carries a bias current of 1 mA. If $R_D = 1$ kΩ and $\lambda = 0.1\text{ V}^{-1}$, compute the required value of W/L for a gate voltage of 1 V. What is the voltage gain of the circuit?

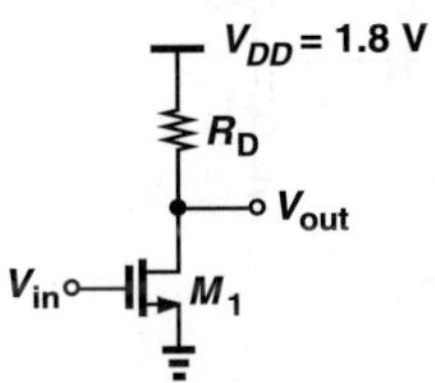

Figure 7.67

7.35. Repeat Problem 7.34 with $\lambda = 0$ and compare the results.

7.36. An adventurous student decides to try a new circuit topology wherein the input is applied to the drain and the output is sensed at the source (Fig. 7.68). Assume $\lambda \neq 0$, determine the voltage gain of the circuit and discuss the result.

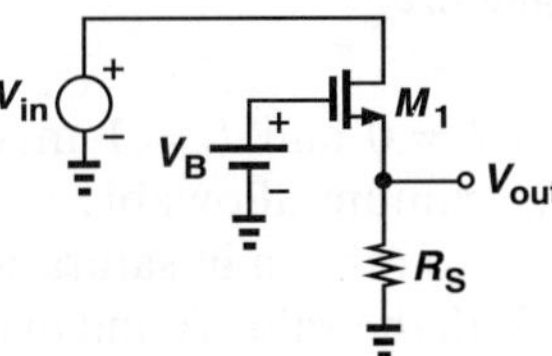

Figure 7.68

7.37. In the common-source stage depicted in Fig. 7.69, the drain current of M_1 is defined by the ideal current source I_1 and remains independent of R_1 and R_2 (why?). Suppose $I_1 = 1$ mA, $R_D = 500\ \Omega$, $\lambda = 0$, and C_1 is very large.

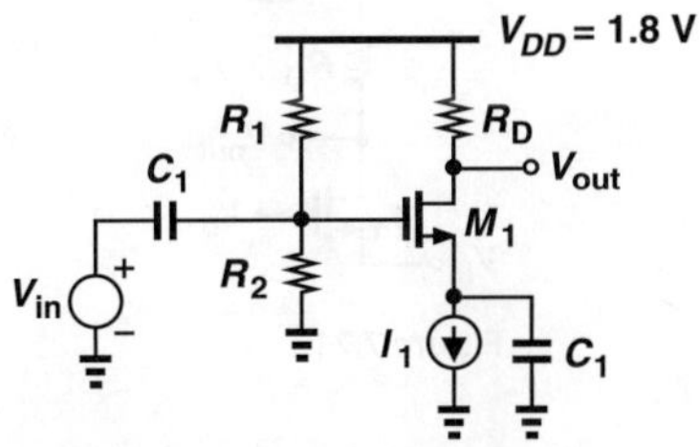

Figure 7.69

(a) Compute the value of W/L to obtain a voltage gain of 5.

(b) Choose the values of R_1 and R_2 to place the transistor 200 mV away from the triode region while $R_1 + R_2$ draws no more than 0.1 mA from the supply.

(c) With the values found in (b), what happens if W/L is twice that found in (a)? Consider both the bias conditions (e.g., whether M_1 comes closer to the triode region) and the voltage gain.

7.38. Consider the CS stage shown in Fig. 7.70, where I_1 defines the bias current of M_1 and C_1 is very large.

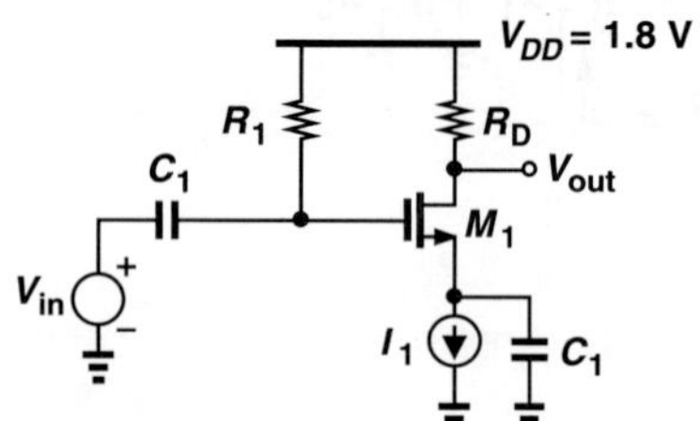

Figure 7.70

(a) If $\lambda = 0$ and $I_1 = 1$ mA, what is the maximum allowable value of R_D for M_1 to remain in saturation?

(b) With the value found in (a), determine W/L to obtain a voltage gain of 5.

Sec. 7.3 Common-Gate Stage

7.39. The common-gate stage shown in Fig. 7.71 must provide a voltage gain of 4 and an input impedance of 50 Ω. If $I_D = 0.5$ mA, and $\lambda = 0$, determine the values of R_D and W/L.

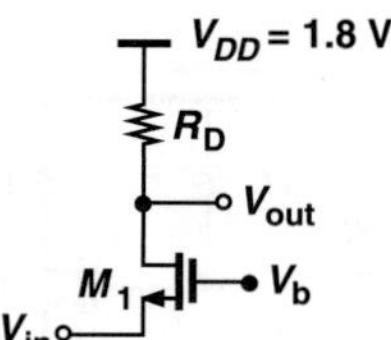

Figure 7.71

7.40. Suppose in Fig. 7.71, $I_D = 0.5$ mA, $\lambda = 0$, and $V_b = 1$ V. Determine the values of W/L and R_D for an input impedance of 50 Ω and maximum voltage gain (while M_1 remains in saturation).

7.41. The CG stage depicted in Fig. 7.72 must provide an input impedance of 50 Ω and an output impedance of 500 Ω. Assume $\lambda = 0$.

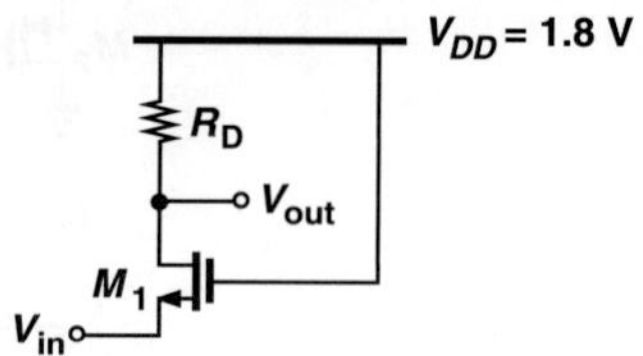

Figure 7.72

(a) What is the maximum allowable value of I_D?

(b) With the value obtained in (a), calculate the required value of W/L.

(c) Compute the voltage gain.

***7.42.** A CG stage with a source resistance of R_S employs a MOSFET with $\lambda > 0$. Assuming $g_m r_O \gg 1$, calculate the voltage gain of the circuit.

7.43. The CG amplifier shown in Fig. 7.73 is biased by means of $I_1 = 1$ mA. Assume $\lambda = 0$ and C_1 is very large.

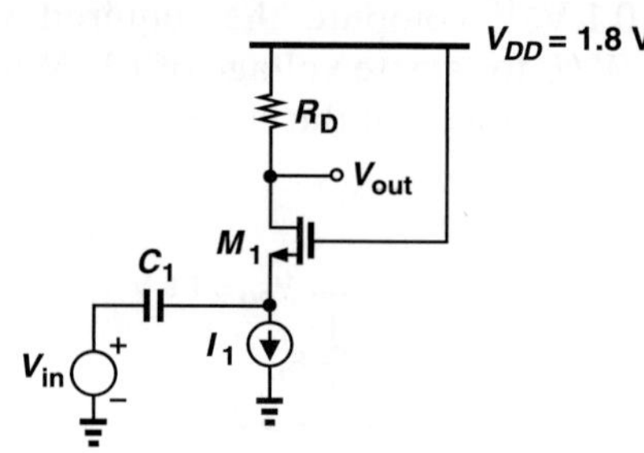

Figure 7.73

(a) What value of R_D places the transistor M_1 100 mV away from the triode region?

(b) What is the required W/L if the circuit must provide a voltage gain of 5 with the value of R_D obtained in (a)?

***7.44.** Determine the voltage gain of each stage depicted in Fig. 7.74. Assume $\lambda = 0$.

7.45. Consider the circuit of Fig. 7.75, where a common-source stage (M_1 and R_{D1}) is followed by a common-gate stage (M_2 and R_{D2}).

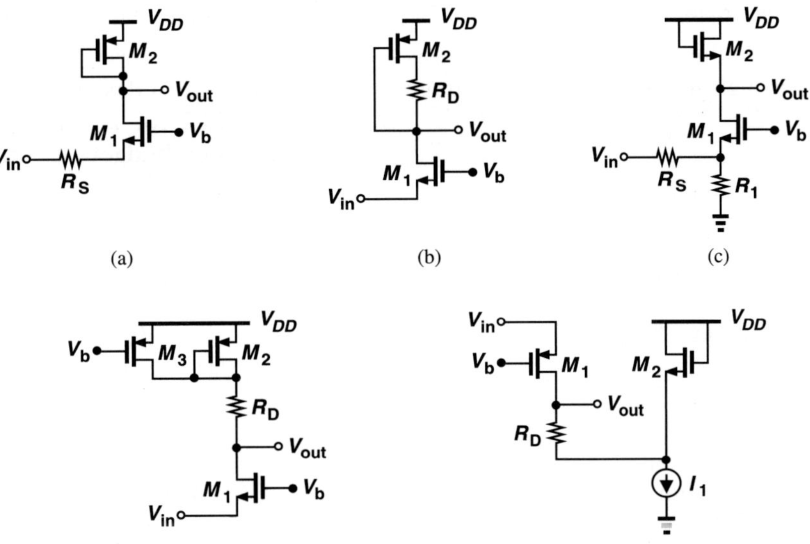

Figure 7.74

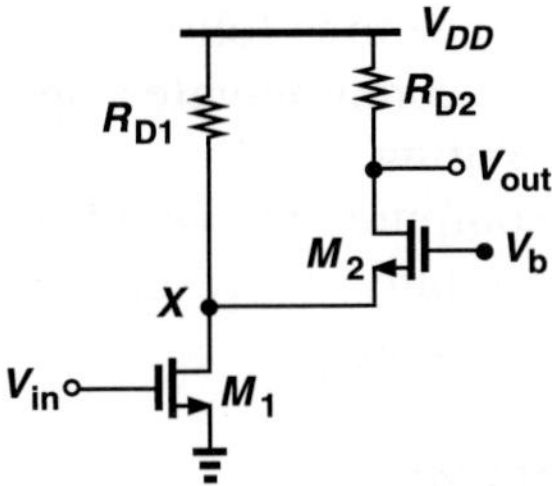

Figure 7.75

(a) Writing $v_{out}/v_{in} = (v_X/v_{in})(v_{out}/v_X)$ and assuming $\lambda = 0$, compute the overall voltage gain.

(b) Simplify the result obtained in (a) if $R_{D1} \to \infty$. Explain why this result is to be expected.

SOL **7.46.** Repeat Problem 7.45 for the circuit shown in Fig. 7.76.

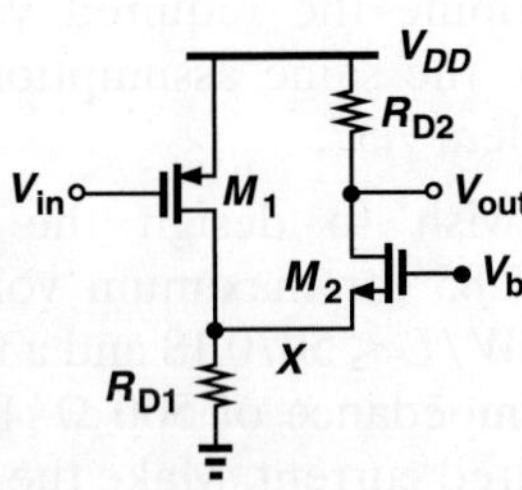

Figure 7.76

7.47. Assuming $\lambda = 0$, calculate the voltage gain of the circuit shown in Fig. 7.77. Explain why this stage is *not* a common-gate amplifier.

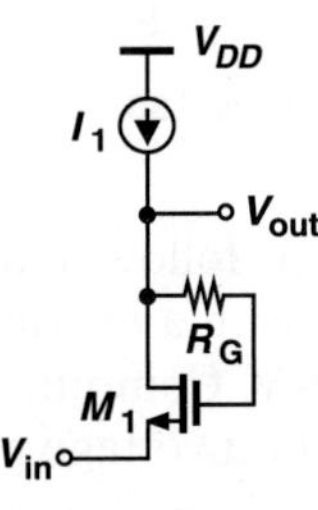

Figure 7.77

7.48. Calculate the voltage gain of the stage depicted in Fig. 7.78. Assume $\lambda = 0$ and the capacitors are very large.

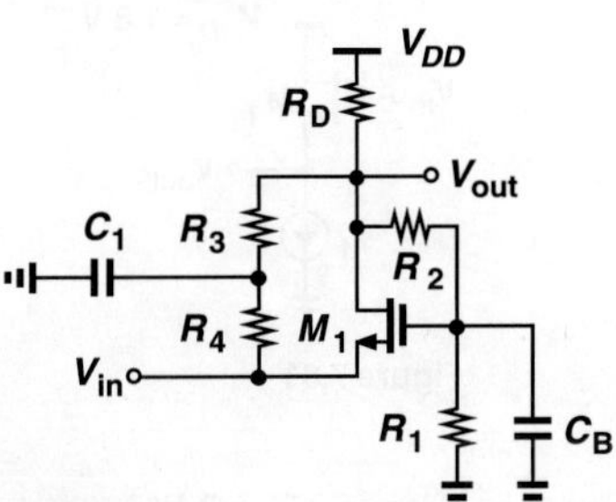

Figure 7.78

Sec. 7.4 Source Follower

7.49. The source follower shown in Fig. 7.79 is biased through R_G. Calculate the voltage gain if $W/L = 20/0.18$ and $\lambda = 0.1\ \text{V}^{-1}$.

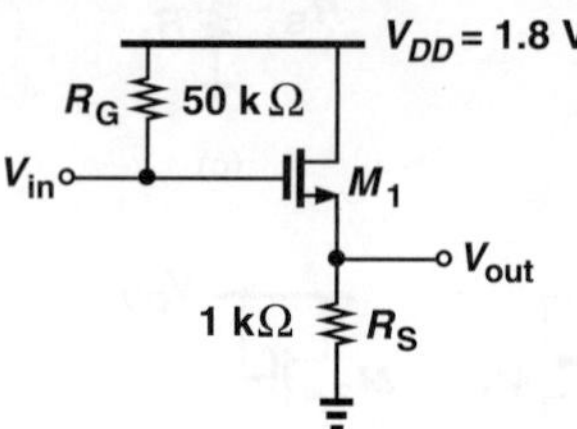

Figure 7.79

7.50. We wish to design the source follower shown in Fig. 7.80 for a voltage gain of 0.8. If $W/L = 30/0.18$ and $\lambda = 0$, determine the required gate bias voltage.

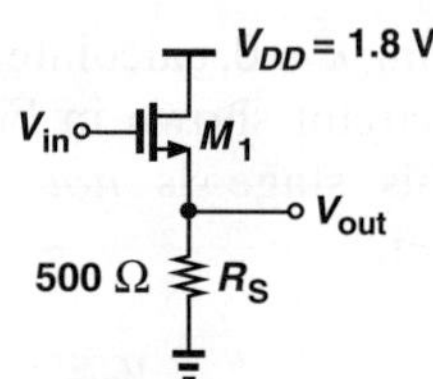

Figure 7.80

7.51. The source follower of Fig. 7.80 is to be designed with a maximum bias gate voltage of 1.8 V. Compute the required value of W/L for a voltage gain of 0.8 if $\lambda = 0$.

7.52. The source follower depicted in Fig. 7.81 employs a current source. Determine the values of I_1 and W/L if the circuit must provide an output impedance less than 100 Ω with $V_{GS} = 0.9$ V. Assume $\lambda = 0$.

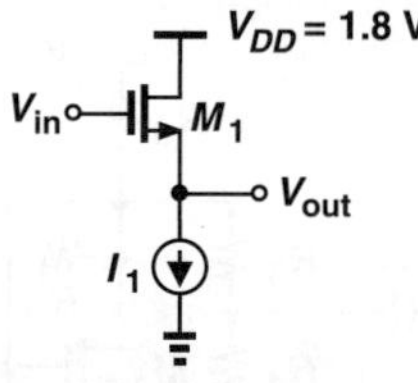

Figure 7.81

SOL **7.53.** The circuit of Fig. 7.81 must exhibit an output impedance of less than 50 Ω with a power budget of 2 mW. Determine the required value of W/L. Assume $\lambda = 0$.

7.54. We wish to design the source follower of Fig. 7.82 for a voltage gain of 0.8 with a power budget of 3 mW. Compute the required value of W/L. Assume C_1 is very large and $\lambda = 0$.

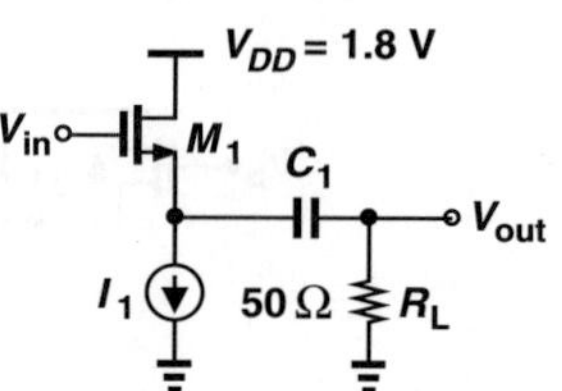

Figure 7.82

*__7.55.__ Determine the voltage gain of the stages shown in Fig. 7.83. Assume $\lambda \neq 0$.

*__7.56.__ Consider the circuit shown in Fig. 7.84, where a source follower (M_1 and I_1) precedes a common-gate stage (M_2 and R_D).
(a) Writing $v_{out}/v_{in} = (v_X/v_{in})(v_{out}/v_X)$, compute the overall voltage gain.
(b) Simplify the result obtained in (a) if $g_{m1} = g_{m2}$.

Design Problems

In the following problems, unless otherwise stated, assume $\lambda = 0$.

7.57. Design the CS stage shown in Fig. 7.85 for a voltage gain of 5 and an output impedance of 1 kΩ. Bias the transistor so that it operates 100 mV away from the triode region. Assume the capacitors are very large and $R_D = 10$ kΩ.

7.58. The CS amplifier of Fig. 7.85 must be designed for a voltage gain of 5 with a power budget of 2 mW. If $R_D I_D = 1$ V, determine the required value of W/L. Make the same assumptions as those in Problem 7.57.

7.59. We wish to design the CS stage of Fig. 7.85 for maximum voltage gain but with $W/L \leq 50/0.18$ and a maximum output impedance of 500 Ω. Determine the required current. Make the same assumptions as those in Problem 7.57.

(a) (b) (c)

(d) (e) (f)

Figure 7.83

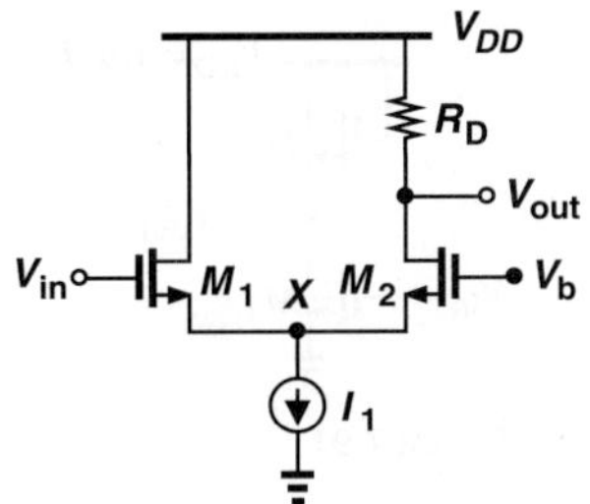

Figure 7.84

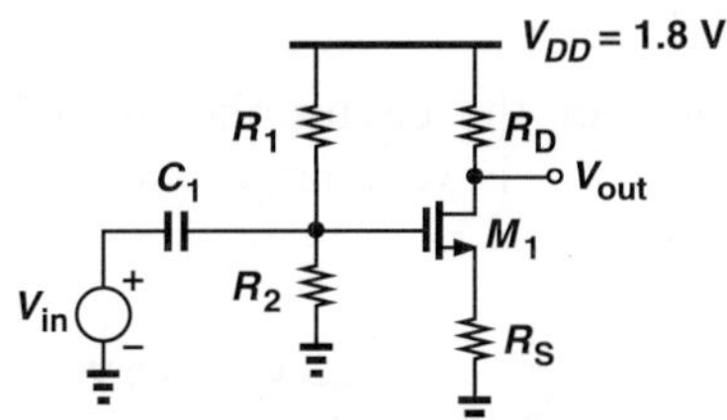

Figure 7.86

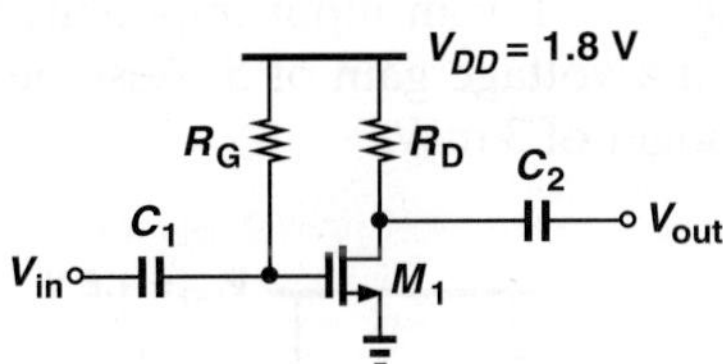

Figure 7.85

7.60. The degenerated stage depicted in Fig. 7.86 must provide a voltage gain of 4 with a power budget of 2 mW while the voltage drop across R_S is equal to 200 mV. If the overdrive voltage of the transistor must not exceed 300 mV and $R_1 + R_2$ must consume less than 5% of the allocated power, design the circuit. Make the same assumptions as those in Problem 7.57.

7.61. Design the circuit of Fig. 7.86 for a voltage gain of 5 and a power budget of 6 mW. Assume the voltage drop across R_S is equal to the overdrive voltage of the transistor and $R_D = 200\ \Omega$.

7.62. The circuit shown in Fig. 7.87 must provide a voltage gain of 6, with C_S serving as a low impedance at the frequencies of interest. Assuming a power budget of 2 mW and an input impedance of 20 kΩ, design the circuit such that M_1 operates 200 mV away from the triode region. Select the values of C_1 and C_S so that their impedance is negligible at 1 MHz.

7.63. In the circuit of Fig. 7.88, M_2 serves as a current source. Design the stage for a voltage gain of 20 and a power budget of 2 mW. Assume $\lambda = 0.1\ \text{V}^{-1}$ for both transistors and the maximum allowable level

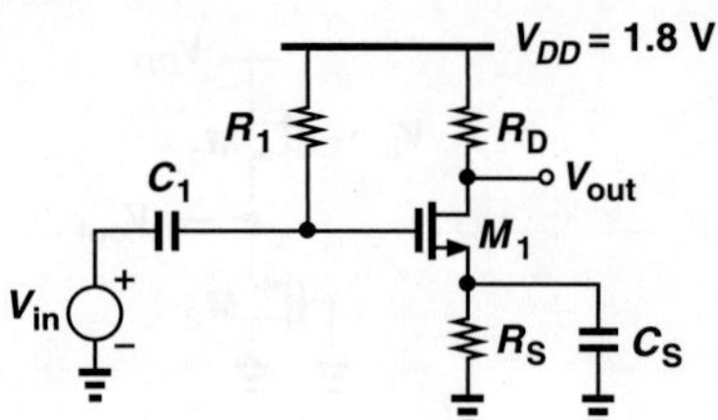

Figure 7.87

at the output is 1.5 V (i.e., M_2 must remain in saturation if $V_{out} \leq 1.5$ V).

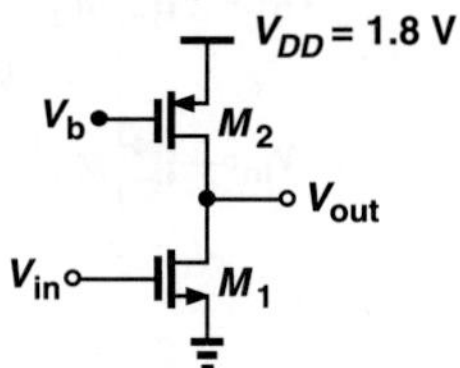

Figure 7.88

7.64. Consider the circuit shown in Fig. 7.89, where C_B is very large and $\lambda_n = 0.5\lambda_p = 0.1\ \text{V}^{-1}$.

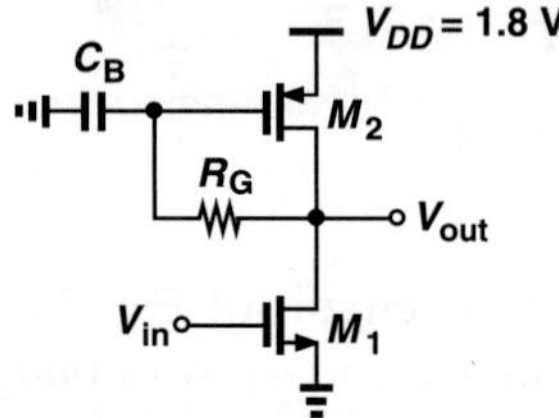

Figure 7.89

(a) Calculate the voltage gain.
(b) Design the circuit for a voltage gain of 15 and a power budget of 3 mW. Assume $R_G \approx 10(r_{O1}||r_{O2})$ and the dc level of the output must be equal to $V_{DD}/2$.

7.65. The CS stage of Fig. 7.90 incorporates a degenerated PMOS current source. The degeneration must raise the output impedance of the current source to about $10r_{O1}$ such that the voltage gain remains nearly equal to the intrinsic gain of M_1. Assume $\lambda = 0.1\ \text{V}^{-1}$ for both transistors and a power budget of 2 mW.

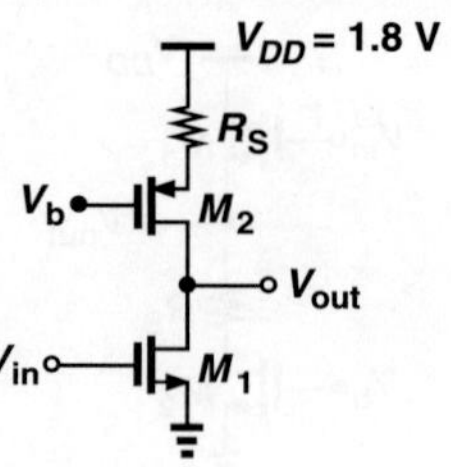

Figure 7.90

(a) If $V_B = 1$ V, determine the values of $(W/L)_2$ and R_S so that the impedance seen looking into the drain of M_2 is equal to $10r_{O1}$.
(b) Determine $(W/L)_1$ to achieve a voltage gain of 30.

7.66. Assuming a power budget of 1 mW and an overdrive of 200 mV for M_1, design the circuit shown in Fig. 7.91 for a voltage gain of 4. SOL

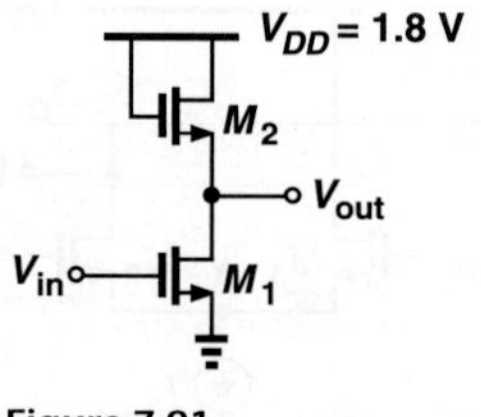

Figure 7.91

7.67. Design the common-gate stage depicted in Fig. 7.92 for an input impedance of 50 Ω and a voltage gain of 5. Assume a power budget of 3 mW.

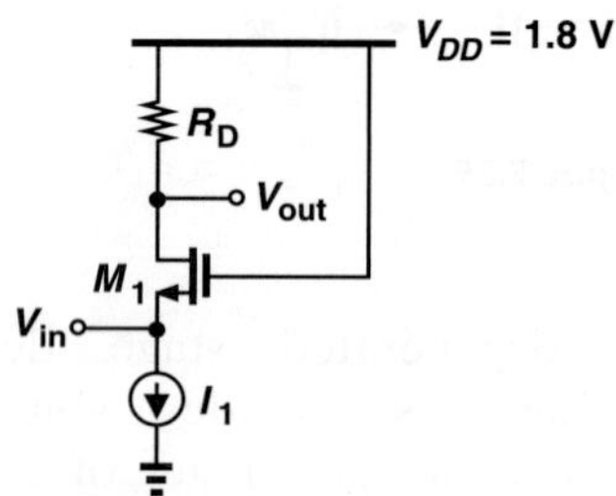

Figure 7.92

7.68. Design the circuit of Fig. 7.93 such that M_1 operates 100 mV away from the triode region while providing a voltage gain of 4. Assume a power budget of 2 mW.

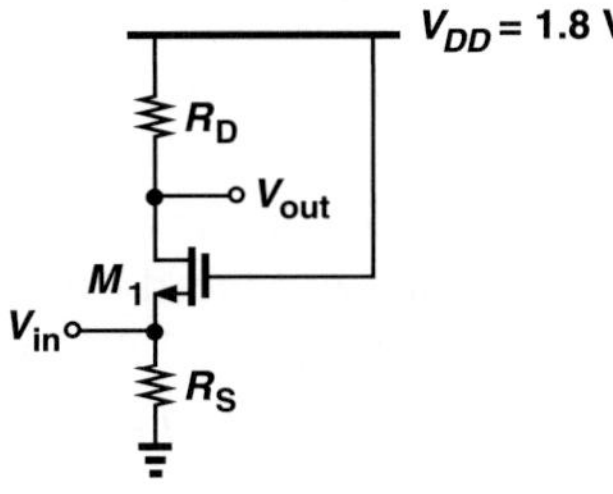

Figure 7.93

7.69. Figure 7.94 shows a self-biased common-gate stage, where $R_G \approx 10R_D$ and C_G serves as a low impedance so that the voltage gain is still given by $g_m R_D$. Design the circuit for a power budget of 5 mW and a voltage gain of 5. Assume $R_S \approx 10/g_m$ so that the input impedance remains approximately equal to $1/g_m$.

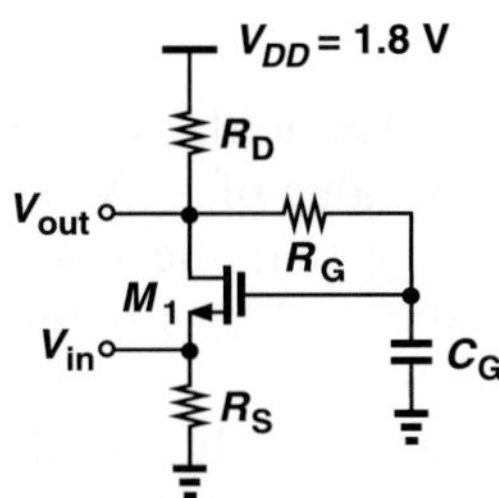

Figure 7.94

7.70. Design the CG stage shown in Fig. 7.95 such that it can accommodate an output swing of 500 mV$_{pp}$, i.e., V_{out} can fall below its bias value by 250 mV without driving M_1 into the triode region. Assume a voltage gain of 4 and an input impedance of 50 Ω. Select $R_S \approx 10/g_m$ and $R_1 + R_2 = 20$ kΩ.
(Hint: Since M_1 is biased 250 mV away from the triode region, we have $R_S I_D + V_{GS} - V_{TH} + 250\text{ mV} = V_{DD} - I_D R_D$.)

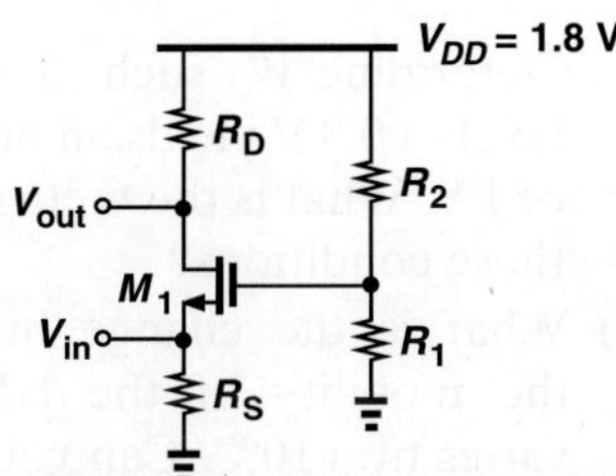

Figure 7.95

7.71. Design the source follower depicted in Fig. 7.96 for a voltage gain of 0.8 and a power budget of 2 mW. Assume the output dc level is equal to $V_{DD}/2$ and the input impedance exceeds 10 kΩ.

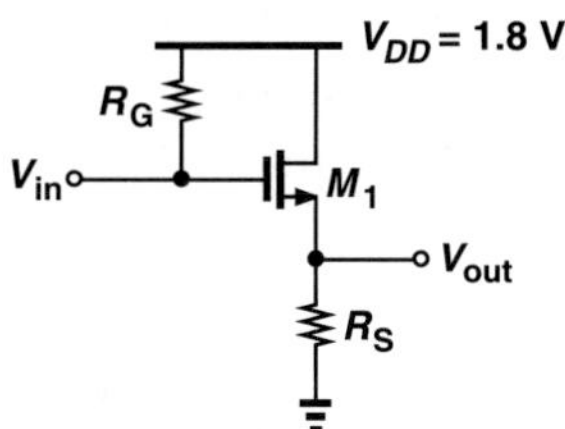

Figure 7.96

7.72. Consider the source follower shown in Fig. 7.97. The circuit must provide a voltage gain of 0.6 at 100 MHz. Design the circuit such that the dc voltage at node X is equal to $V_{DD}/2$. Assume the input impedance exceeds 20 kΩ.

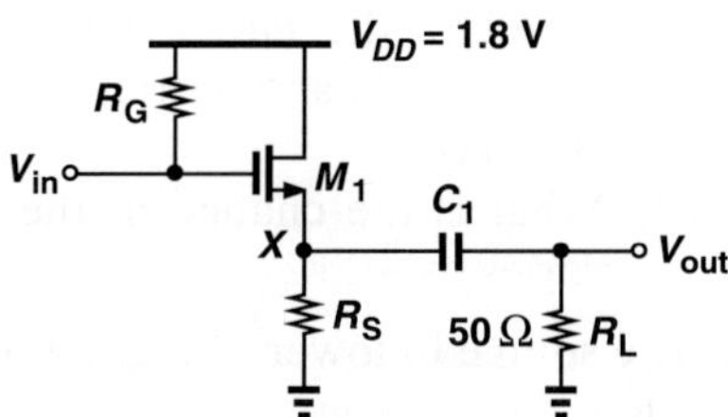

Figure 7.97

7.73. In the source follower of Fig. 7.98, M_2 serves as a current source. The circuit must operate with a power budget of 3 mW, a voltage gain of 0.9, and a minimum allowable output of 0.3 V (i.e., M_2 must remain in saturation if $V_{DS2} \geq 0.3$ V). Assuming $\lambda = 0.1\text{ V}^{-1}$ for both transistors, design the circuit.

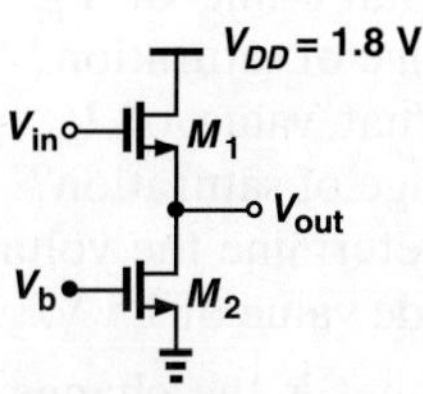

Figure 7.98

SPICE PROBLEMS

In the following problems, use the MOS models and source/drain dimensions given in Appendix A. Assume the substrates of NMOS and PMOS devices are tied to ground and V_{DD}, respectively.

7.74. In the circuit of Fig. 7.99, I_1 is an ideal current source equal to 1 mA.

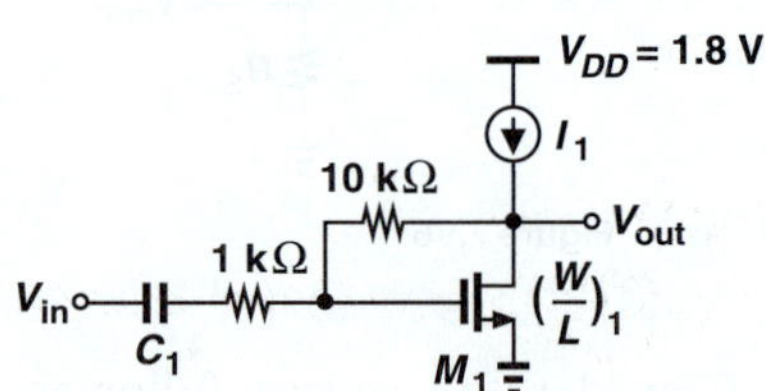

Figure 7.99

(a) Using hand calculations, determine $(W/L)_1$ such that $g_{m1} = (100\ \Omega)^{-1}$.
(b) Select C_1 for an impedance of $\approx 100\ \Omega$ ($\ll 1$ kΩ) at 50 MHz.
(c) Simulate the circuit and obtain the voltage gain and output impedance at 50 MHz.
(d) What is the change in the gain if I_1 varies by ±20%?

7.75. The source follower of Fig. 7.100 employs a bias current source, M_2.

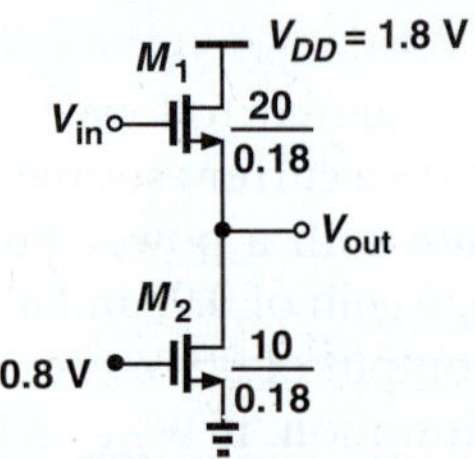

Figure 7.100

(a) What value of V_{in} places M_2 at the edge of saturation?
(b) What value of V_{in} places M_1 at the edge of saturation?
(c) Determine the voltage gain if V_{in} has a dc value of 1.5 V.
(d) What is the change in the gain if V_b changes by ±50 mV?

7.76. Figure 7.101 depicts a cascade of a source follower and a common-gate stage. Assume $V_b = 1.2$ V and $(W/L)_1 = (W/L)_2 = 10\ \mu\text{m}/0.18\ \mu\text{m}$.

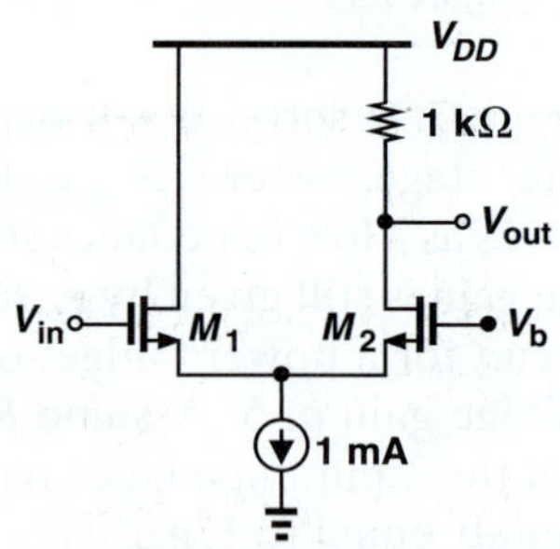

Figure 7.101

(a) Determine the voltage gain if V_{in} has a dc value of 1.2 V.
(b) Verify that the gain drops if the dc value of V_{in} is higher or lower than 1.2 V.
(c) What dc value at the input reduces the gain by 10% with respect to that obtained in (a)?

7.77. Consider the CS stage shown in Fig. 7.102, where M_2 operates as a resistor.

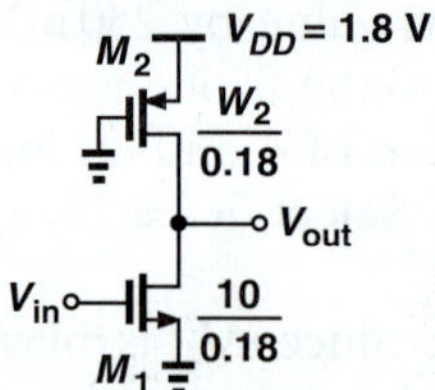

Figure 7.102

(a) Determine W_2 such that an input dc level of 0.8 V yields an output dc level of 1 V. What is the voltage gain under these conditions?
(b) What is the change in the gain if the mobility of the NMOS device varies by ±10%? Can you explain this result using the expressions derived in Chapter 6 for the transconductance?

7.78. Repeat Problem 7.77 for the circuit illustrated in Fig. 7.103 and compare the sensitivities to the mobility.

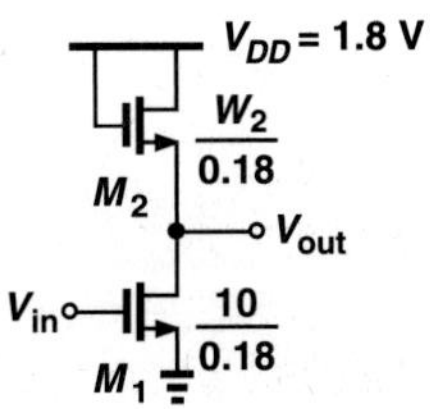

Figure 7.103

REFERENCE

1. A. Caizzone, et al., "A 2.6-μW monolithic CMOS photoplethysmographic (PPG) sensor operating with 2-μW LED power for continuous health monitoring," *IEEE Trans. Biomedical Circuits and Systems*, vol. 13, pp. 1243–1253, Dec. 2019.

8

블랙박스로서의 연산 증폭기

관련 YouTube 비디오:

Razavi Electronics 1, 강의 42: Op Amp Circuits I
https://www.youtube.com/watch?v=WzdmaSUCQGM

Razavi Electronics 1, 강의 43: Op Amp Circuits II
https://www.youtube.com/watch?v=oWMBjDfRacc

Razavi Electronics 1, 강의 44: Nonlinear Op Amp Circuits, Op Amp Nonidealities I
https://www.youtube.com/watch?v=FWBVjEgPx0U

Razavi Electronics 1, 강의 45: Op Amp Nonidealities II
https://www.youtube.com/watch?v=VN8SeVA8LnU

'연산 증폭기(Op Amp)'라는 용어는 트랜지스터와 집적 회로가 발명되기 전인 1940년대에 만들어졌다. 진공관[1]에 의해 실현된 연산 증폭기는 '적분기', '미분기' 등 전자의 핵심으로 사용되었고, 주어진 미분 방정식을 푸는 시스템을 구성하였다. '아날로그 컴퓨터'로 불린 그런 회로는 제어나 전력 시스템과 같은 분야에서 발생된 미분 방정식의 안정성을 연구하는 데 사용되었다. 각 연산 증폭기는 수학적인 연산(operation, 예를 들면 적분)을 수행하였기 때문에 '연산 증폭기'라는 용어가 탄생하였다.

연산 증폭기는 요즈음 개별 및 집적 전자의 넓은 분야에서 응용된다. 예를 들어 1장에서 공부한 휴대전화에서 집적된 연산 증폭기는 (능동) 필터에서의 블록을 만드는 데 사용된다. 마찬가지로 디지털 카메라에 사용되는 아날로그-디지털 변환기에도 가끔 연산 증폭기를 사용한다.

이 장에서는 흥미롭거나 유용한 기능을 수행하는 연산 증폭기를 바탕으로 하는 회로를 개발하는 블랙박스로서의 연산 증폭기를 공부한다. 이 장의 주요 내용은 다음과 같다.

1) 진공관은 전자를 방출하는 필라멘트, 전자를 모으는 판, 흐름을 제어하는 부분으로 구성된 증폭 소자로서 MOSFET와 어느 정도 비슷하다.

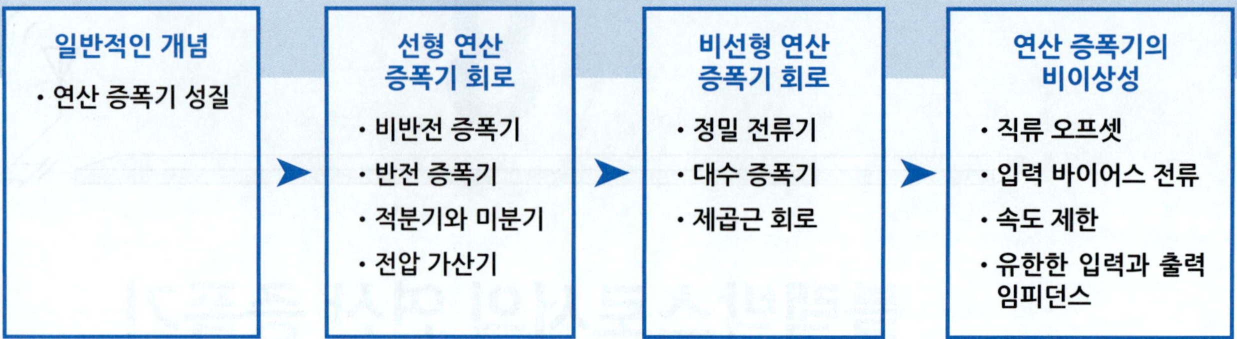

8.1 일반적인 고찰

연산 증폭기는 2개의 입력과 1개의 출력을 갖는 블랙박스로 요약할 수 있다.[2] 그림 8.1(a)에서 보여 주듯이 연산 증폭기 기호는 2개의 입력이 양과 음의 부호로 구별되어 있으며, V_{in1}과 V_{in2}는 각각 '비반전' 입력과 '반전' 입력으로 불린다. 연산 증폭기는 2개 입력 사이의 차이를 증폭시키는 회로로 볼 수 있으며, 그림 8.1(b)에 그려진 등가 회로로 나타낸다. 전압 이득은 A_0로 표시한다.

$$V_{out} = A_0(V_{in1} - V_{in2}) \tag{8.1}$$

A_0를 '개루프' 이득이라 부른다.

다른 입력은 0을 유지하면서 1개 입력의 함수로 V_{out}을 그리면 유익하다. $V_{in2} = 0$일 때 $V_{out} = A_0 V_{in1}$이고, 그림 8.2(a)에 나와 있는 동작을 얻을 수 있다. 양의 기울기(이득)는 V_{in1}에 '비반전'이라는 말과 일치한다. 이와 반대로 만일 $V_{in1} = 0$이면 $V_{out} = -A_0 V_{in2}$이며[그림 8.2(b)], 음의 기울기를 나타내고 이에 따라 '반전' 동작을 나타낸다.

독자는 왜 연산 증폭기가 2개의 입력을 갖는지 의아할 것이다. 요컨대 5장과 7장에서 공부한 증폭기 단은 오직 1개의 입력 노드를 갖는다.(즉, 그들은 접지에 대한 입력 전압을 감지한다.) 이 장 전체에 걸쳐 보여 주듯이 연산 증폭기의 중요한 성질 $V_{out} = A_0(V_{in1} - V_{in2})$

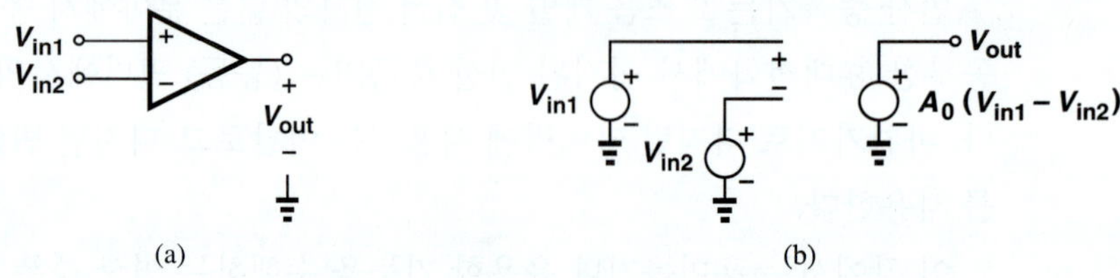

그림 8.1 (a) 연산 증폭기 기호; (b) 등가 회로

2) 현대의 집적 회로에서 연산 증폭기는 일반적으로 크기가 같고 반대의 양으로 변하는 2개의 출력을 갖는다.

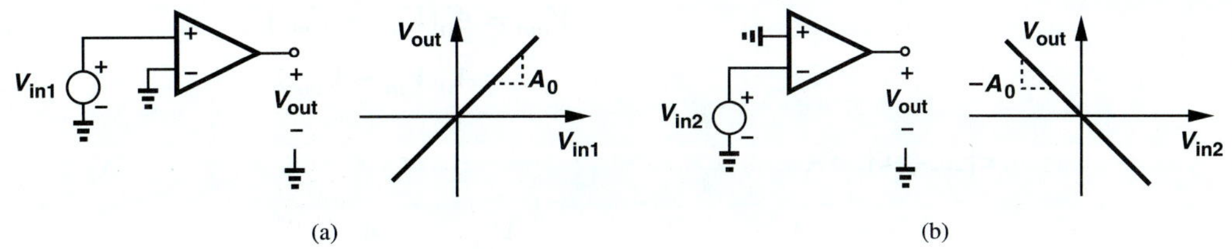

그림 8.2 (a) 비반전과 (b) 반전 입력으로부터 출력으로의 연산 증폭기 특성

는 $V_{out} = AV_{in}$을 갖는 증폭기를 사용하여 실현하기에 어려운 많은 회로 토폴로지의 기초를 형성한다. 2개의 입력을 갖는 증폭기 회로는 10장에서 공부한다.

'이상적인' 연산 증폭기는 어떻게 동작하는가? 그런 연산 증폭기는 무한대의 전압 이득, 무한대의 입력 저항, 0의 출력 저항, 무한대의 속도를 갖는다. 실제로 연산 증폭기 기반 회로의 1차 해석은 일반적으로 이 이상화로부터 시작하며, 회로의 기본 기능을 빠르게 보여준다. 그다음에 성능에 대한 연산 증폭기의 '비이상성'의 효과를 고려한다.

연산 증폭기의 아주 높은 이득으로부터 중요한 관찰을 할 수 있다. 실제 회로는 유한한 출력폭, 예를 들면 2 V를 만들기 때문에 그림 8.1(a)에서 V_{in1}과 V_{in2} 사이의 차는 항상 작다.

$$V_{in1} - V_{in2} = \frac{V_{out}}{A_0} \tag{8.2}$$

다시 말하면, 주변 회로와 함께 있는 연산 증폭기는 V_{in1}과 V_{in2}를 서로 가깝게 한다. 앞에서 언급한 이상화에 따라 만일 $A_0 = \infty$이면 $V_{in1} = V_{in2}$라고 말할 수 있다.

일반적인 실수는 마치 두 단자 V_{in1}과 V_{in2}가 서로 단락된 것처럼 $V_{in1} = V_{in2}$를 해석하는 것이다. $V_{in1} - V_{in2}$는 $A_0 \to \infty$에 따라 무한히 작아지게 될 뿐 정확하게 0이 된다고 가정할 수는 없음을 명심해야 한다.

예제 8.1

그림 8.3에 나와 있는 회로는 '단위 이득' 버퍼로 불린다. 출력은 반전 입력에 연결되어 있음에 유의하라. $V_{in1} = +1$ V이고 $A_0 = 1000$일 때 출력 전압을 결정하라.

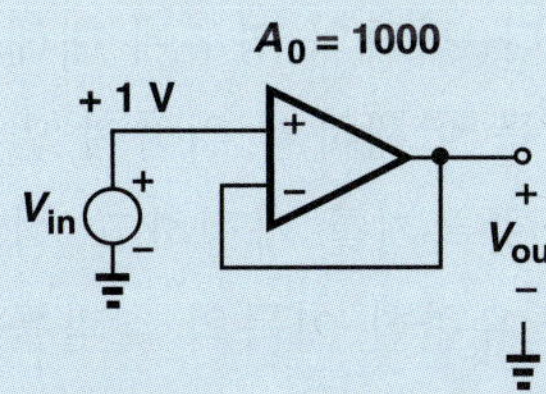

그림 8.3 단위 이득 버퍼

풀이 만일 연산 증폭기의 전압 이득이 무한대라면 두 입력 사이의 차는 0이고 $V_{out} = V_{in}$이다. 따라서 '단위 이득 버퍼'라 불린다. 유한한 이득의 경우

$$V_{out} = A_0(V_{in1} - V_{in2}) \tag{8.3}$$

$$= A_0(V_{in} - V_{out}) \tag{8.4}$$

라고 쓴다. 즉,

$$\frac{V_{out}}{V_{in}} = \frac{A_0}{1 + A_0} \tag{8.5}$$

이다. 예상한 대로 A_0가 커짐에 따라 이득은 1에 접근한다. 이 예제에서는 $A_0 = 1000$, $V_{in} = 1$ V, $V_{out} = 0.999$ V이다. 확실히 $V_{in1} - V_{in2}$는 V_{in}과 V_{out}에 비해 작다.

연습문제 출력 전압이 0.9999와 같기 위해 필요한 A_0의 값은 얼마인가?

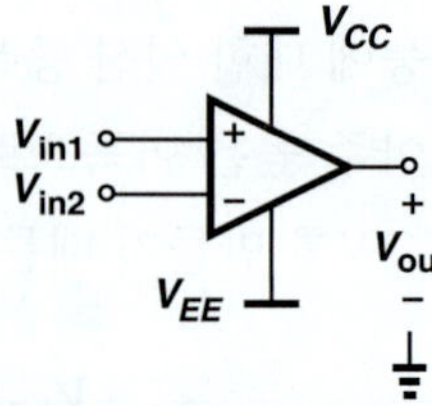

그림 8.4 전원 레일을 갖는 연산 증폭기

연산 증폭기는 전원 전압 V_{EE}와 V_{CC}를 명백히 나타내기 위하여 가끔 그림 8.4와 같이 나타낸다. 예를 들면 어떤 연산 증폭기는 $V_{EE} = 0$인 경우 접지와 양의 전원 사이에서 동작하기도 한다.

8.2 연산 증폭기 기반 회로

이 절에서는 아날로그 신호를 처리하기 위하여 연산 증폭기를 사용하는 여러 가지 회로를 공부한다. 각각의 경우에 대해 기초가 되는 원리를 이해하기 위하여 먼저 이상적인 연산 증폭기를 가정하고, 다음에 성능에 대한 유한한 이득의 효과를 조사한다.

Did you know ?

초기 연산 증폭기는 개별 바이폴라 트랜지스터 및 기타 구성 요소를 사용하여 구현되었으며 5∼10 cm 크기의 '모듈'로 패키징되었다. 더 중요한 것은 이러한 연산 증폭기의 가격이 1960년대에 100∼200달러라는 것이다. 대조적으로 오늘날의 기성 연산 증폭기 IC(예를 들면, 741)는 1달러 미만이다. 큰 규모의 집적 회로 내에서 실현되는 연산 증폭기는 1센트 정도의 적은 비용만 든다.

8.2.1 비반전 증폭기

5장과 7장에서 배운 증폭기의 전압 이득은 일반적으로 부하 저항과 온도나 공정

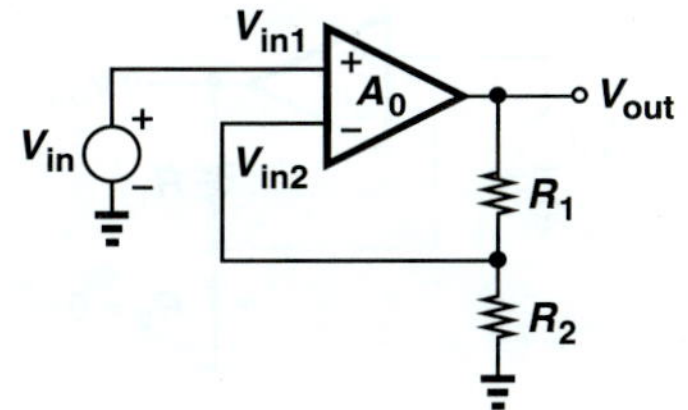

그림 8.5 비반전 증폭기

에 따라 심하게 변하는 다른 변수들에 의존한다는 사실을 상기하자.[3] 그 결과 전압 이득 자체는 ±20% 정도 변하게 된다. 그러나 어떤 응용 분야(예를 들면, A/D 변환기)에서는 좀 더 정확한 이득(예를 들면, 2.000)이 요구된다. 연산 증폭기 기반 회로는 그런 정확성을 제공할 수 있다.

그림 8.5에서와 같이 비반전 증폭기는 연산 증폭기와 출력 전압의 일부를 반전 입력에 되돌려 주는 전압 분배기로 구성되어 있다.

$$V_{in2} = \frac{R_2}{R_1 + R_2} V_{out} \tag{8.6}$$

높은 연산 증폭기 이득은 V_{in1}과 V_{in2} 사이의 작은 차이를 유발하므로

$$V_{in1} \approx V_{in2} \tag{8.7}$$

$$\approx \frac{R_2}{R_1 + R_2} V_{out} \tag{8.8}$$

을 얻을 수 있고 이에 따라

$$\frac{V_{out}}{V_{in}} \approx 1 + \frac{R_1}{R_2} \tag{8.9}$$

가 된다. 양의 이득 때문에 회로는 '비반전 증폭기(noninverting amplifier)'로 불린다.

흥미롭게도 전압 이득은 오직 저항의 비 값에만 의존한다. 만일 R_1과 R_2가 20% 증가해도 R_1/R_2는 그대로 유지된다. 오직 같은 차원을 갖는 양의 비 값에 의존하는 개념은 회로 설계에 중심적인 역할을 한다.

예제 8.2 두 가지 극단의 경우인 $R_1/R_2 = \infty$와 $R_1/R_2 = 0$에 대한 비반전 증폭기를 공부하라.

풀이 만일 $R_1/R_2 \to \infty$, 예를 들어 R_2가 0에 가까워지면 $V_{out}/V_{in} \to \infty$임에 유의하라. 물론 그림 8.6(a)에 묘사되어 있듯이, 이것은 출력이 입력으로 귀환되지 않아 회로가 연산 증폭기로 단순화되기 때문에 일어난다. 만일 연산 증폭기가 이상적이라면 저항 R_1은 단순히

3) 공정에 따른 변동은 다른 '가마'에서 제조된 회로가 어느 정도 다른 특성을 나타냄을 의미한다.

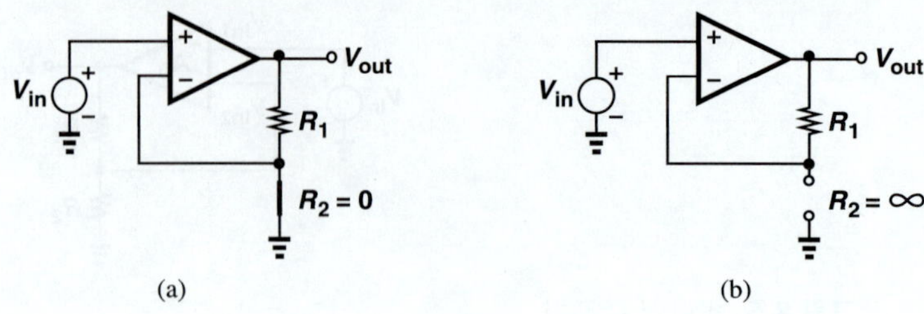

그림 8.6 R_2가 (a) 0일 때의 비반전 증폭기; (b) 무한대일 때의 비반전 증폭기

이득에 영향을 미치지 않는 출력 노드의 부하가 된다.

만일 $R_1/R_2 \to 0$, 예를 들어 R_2가 무한대에 가까워지면 $V_{out}/V_{in} \to 1$임에 유의하라. 그림 8.6(b)에서 보여 주듯이, 사실 이 경우는 이상적인 연산 증폭기가 입력에서 전류를 흘려 주지 못하므로 R_1 사이에 전압 강하가 0이 되고 이에 따라 $V_{in2} = V_{out}$이기 때문에 그림 8.3의 단위 이득 버퍼로 단순화된다.

연습문제 공칭 전압 이득이 2.00이지만 R_1과 R_2가 5%의 부정합을 갖는 경우에 대해 설계된 회로를 생각하자[$R_1 = (1 \pm 0.05)R_2$]. 실제 전압 이득은 얼마인가?

이제 연산 증폭기의 유한한 이득에 대해 고려해 보자. 그림 8.1(b)에 나와 있는 모델을 바탕으로

$$(V_{in1} - V_{in2})A_0 = V_{out} \tag{8.10}$$

을 쓸 수 있다. 식 (8.6)에서 V_{in2}를 치환하면

$$\frac{V_{out}}{V_{in}} = \frac{A_0}{1 + \dfrac{R_2}{R_1 + R_2}A_0} \tag{8.11}$$

가 된다. 예상한 대로 만일 $A_0R_2/(R_1 + R_2) \gg 1$이면 이 결과는 식 (8.9)로 단순화된다. 연산 증폭기의 이득 A_0와 전체 증폭기의 이득 V_{out}/V_{in} 사이의 혼동을 피하기 위해 전자를 '개루프' 이득, 후자를 '폐루프' 이득이라고 부른다.

식 (8.11)은 연산 증폭기의 유한한 이득이 V_{out}/V_{in}의 값에 작은 오차를 일으킴을 나타낸다. 항 $A_0R_2/(R_1 + R_2)$가 1보다 훨씬 크다면, 근사식 $(1 + \epsilon)^{-1} \approx 1 - \epsilon$을 통해 분모를 인수분해할 수 있다.

$$\frac{V_{out}}{V_{in}} \approx \left(1 + \frac{R_1}{R_2}\right)\left[1 - \left(1 + \frac{R_1}{R_2}\right)\frac{1}{A_0}\right] \tag{8.12}$$

'이득 오차'로 불리는 항 $(1 + R_1/R_2)/A_0$는 각각의 응용 분야의 요구에 따라 최소화되어야 한다.

예제 8.3 비반전 증폭기에 이득이 1000인 연산 증폭기를 사용하였다. 공칭 이득이 (a) 5, (b) 50일 때 이득 오차를 결정하라.

풀이 공칭 이득이 5일 경우, $1 + R_1/R_2 = 5$이므로 다음과 같은 이득 오차를 얻는다.

$$\left(1 + \frac{R_1}{R_2}\right)\frac{1}{A_0} = 0.5\% \tag{8.13}$$

반면에 만일 $1 + R_1/R_2 = 50$이면

$$\left(1 + \frac{R_1}{R_2}\right)\frac{1}{A_0} = 5\% \tag{8.14}$$

이다. 다시 말하면 더 높은 폐루프 이득은 필연적으로 더 작은 정확도를 갖는다.

연습문제 연산 증폭기가 500의 이득을 가질 때 위의 예제를 다시 풀어라.

이상적인 연산 증폭기의 경우 비반전 증폭기는 무한대의 입력 임피던스와 0의 출력 임피던스를 갖는다. 비이상적인 연산 증폭기의 경우 I/O 임피던스는 문제 8.6에서 유도된다.

8.2.2 반전 증폭기

그림 8.7(a)에 묘사되어 있듯이 '반전 증폭기'는 R_1, R_2 및 연산 증폭기로 구성되며 비반전 입력은 접지에 단락된다. 8.1절에서 만일 연산 증폭기의 이득이 무한대라면 유한한 출력 폭은 $V_{in1} - V_{in2} \to 0$으로 해석됨을 배웠다. 즉, 노드 X는 비록 접지에 단락되지는 않지만 0의 전위를 유지한다. 이런 이유 때문에 노드 X를 '가상 접지(virtual ground)'라고 부른다.

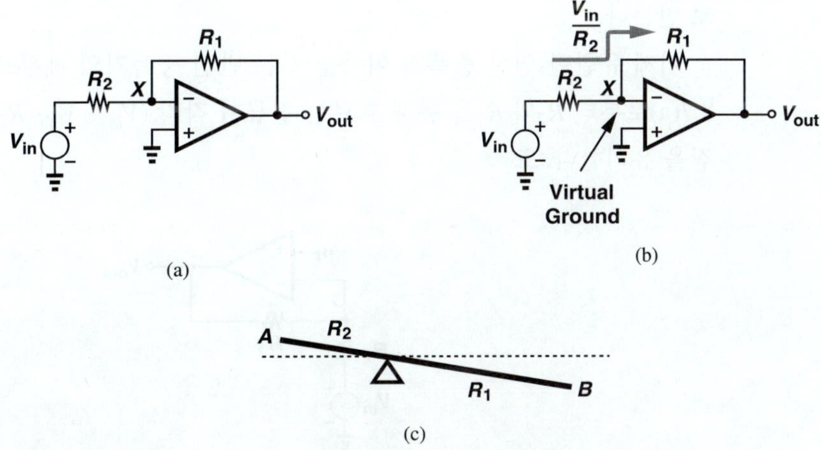

그림 8.7 (a) 반전 증폭기; (b) 저항에 흐르는 전류; (c) 시소와의 닮음

이 조건 아래에서, 입력 전압 전체가 R_2 양단에 나타나고 V_{in}/R_2의 전류를 흐르게 하며, 만일 연산 증폭기의 입력이 전류를 흡수하지 않으면 이 전류는 R_1을 통해 흘러야 한다[그림 8.7(b)]. R_1의 왼쪽 노드는 0을 유지하고 오른쪽 노드는 V_{out}이므로

$$\frac{0 - V_{out}}{R_1} = \frac{V_{in}}{R_2} \tag{8.15}$$

는

$$\frac{V_{out}}{V_{in}} = \frac{-R_1}{R_2} \tag{8.16}$$

으로 정리된다. 음의 이득 때문에 회로는 '반전 증폭기(inverting amplifier)'라고 불린다. 비반전 증폭기와 마찬가지로 이 회로의 이득은 두 저항의 비 값으로 주어지고, 이에 따라 온도와 공정에 따른 변동이 작아진다.

이 회로에서 가상 접지의 역할을 이해하는 것이 중요하다. 만일 연산 증폭기의 반전 입력이 0의 전위 근처에 있지 않으면 V_{in}/R_2와 V_{out}/R_1 모두 각각 R_2와 R_1을 통해 흐르는 전류를 정확하게 나타내지 않는다. 이 동작은 시소[그림 8.7(c)]와 비슷하다. 여기서 두 팔 사이의 점은 '핀으로 고정되어' 있으며(다시 말하면 움직이지 않는다), 점 A의 변위가 점 B에서 '증폭되게'(그리고 '반전되게') 한다.

위의 전개는 왜 가상 접지가 실제 접지에 단락될 수 없는지를 보여 준다. 그림 8.7(b)에서 그런 단락은 R_2를 통해 흐르는 모든 전류를 접지로 흐르게 하고 $V_{out} = 0$이 되게 한다. 반전 증폭기가 그림 8.8과 같이 그려질 수 있음에 유의하는 것은 흥미롭다. 입력이 다른 점에 인가되는 것만 제외하면 비반전 증폭기와 비슷하게 보인다.

비반전 증폭기와 달리, 그림 8.7(b)의 입력 전류 V_{in}/R_2로부터 알 수 있듯이 그림 8.7(a)의 토폴로지는 입력 임피던스가 R_2와 같음을 보인다. 즉, 더 낮은 R_2는 더 작은 입력 임피던스를 갖지만 더 큰 이득을 준다. 이 균형은 가끔 이 증폭기를 비반전 증폭기보다 덜 매력적으로 만든다.

이제 유한한 연산 증폭기 이득을 갖는 반전 증폭기의 폐루프 이득을 계산해 보자. 그림 8.7(a)로부터 R_2와 R_1을 통해 흐르는 전류가 각각 $(V_{in} - V_X)/R_2$와 $(V_X - V_{out})/R_1$으로 주어짐을 유의한다. 또

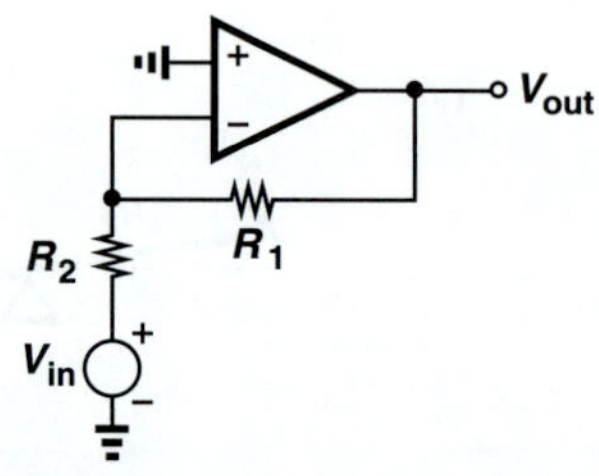

그림 8.8 반전 증폭기

$$V_{out} = A_0(V_{in1} - V_{in2}) \tag{8.17}$$
$$= -A_0 V_X \tag{8.18}$$

가 된다. R_2와 R_1을 통해 흐르는 전류를 같게 놓고 V_X 대신에 $-V_{out}/A_0$로 치환하면

$$\frac{V_{out}}{V_{in}} = -\frac{1}{\frac{1}{A_0} + \frac{R_2}{R_1}\left(\frac{1}{A_0} + 1\right)} \tag{8.19}$$
$$= -\frac{1}{\frac{R_2}{R_1} + \frac{1}{A_0}\left(1 + \frac{R_2}{R_1}\right)} \tag{8.20}$$

을 얻는다. 분모로부터 R_2/R_1를 빼내고 $(1 + R_1/R_2)/A_0 \ll 1$이라고 가정하면

$$\frac{V_{out}}{V_{in}} \approx -\frac{R_1}{R_2}\left[1 - \frac{1}{A_0}\left(1 + \frac{R_1}{R_2}\right)\right] \tag{8.21}$$

을 얻는다. 예상한 대로 더 높은 폐루프 이득($\approx -R_1/R_2$)은 더 큰 이득 오차를 동반한다. 이득 오차 표현은 비반전 증폭기와 반전 증폭기가 같다.

예제 8.4 공칭 이득이 4이고, 이득 오차가 0.1%이며, 입력 임피던스가 적어도 10 kΩ인 경우, 그림 8.7(a)와 같은 반전 증폭기를 설계하라.

풀이 공칭 이득과 이득 오차가 주어졌기 때문에 먼저 최소 연산 증폭기 이득을 결정해야 한다.

$$\frac{R_1}{R_2} = 4 \tag{8.22}$$
$$\frac{1}{A_0}\left(1 + \frac{R_1}{R_2}\right) = 0.1\% \tag{8.23}$$

따라서

$$A_0 = 5000 \tag{8.24}$$

이다. 입력 임피던스가 대략 R_2와 같으므로 다음과 같이 선택한다.

$$R_2 = 10\ \text{k}\Omega \tag{8.25}$$
$$R_1 = 40\ \text{k}\Omega \tag{8.26}$$

연습문제 이득 오차가 1%일 경우에 대하여 위의 예제를 다시 풀고 결과를 비교하라.

위의 예제에서 입력 임피던스가 근사적으로 R_2와 같다고 가정하였다. 이 가정은 얼마나 정확한가? $A_0 = 5000$일 때 가상 접지는 $-V_{out}/5000 \approx -4V_{in}/5000$의 전압을 갖고, $(V_{in} + 4V_{in}/5000)/R_1$의 입력 전류를 생기게 한다. 즉, 우리의 가정이 대략 0.08%의 오차(대부분의 응용에서 받아들일 수 있는 값)를 생기게 한다.

생명공학 응용: 생체 신호 측정

우리 몸의 많은 기능은 피부에서 측정 가능한 전압을 만들어 낸다. 예로 들면 뇌 및 심장 활동이 있다.

환자의 몸에 가해지는 전압을 감지하기 위해 반전 증폭기를 사용한다고 가정하자[그림 8.9(a)]. 이 경우 증폭기의 낮은 입력 임피던스는 환자의 피부에서 약간의 전류를 생성시킨다. 이러한 동작은 피부가 특히 건조할 때 높은 출력 임피던스를 나타내어 신호의 상당한 감쇠를 초래하기 때문에 심각한 문제로 작용한다[그림 8.9(b)]. 여기서 다음과 같은 식을 얻을 수 있다.

$$V_{out} = -\frac{R_2}{R_1 + R_{skin}} V_{out} \tag{8.27}$$

이와 같은 이유로 우리는 입력 임피던스가 높은 비반전 증폭기를 선호한다[그림 8.9(c)].

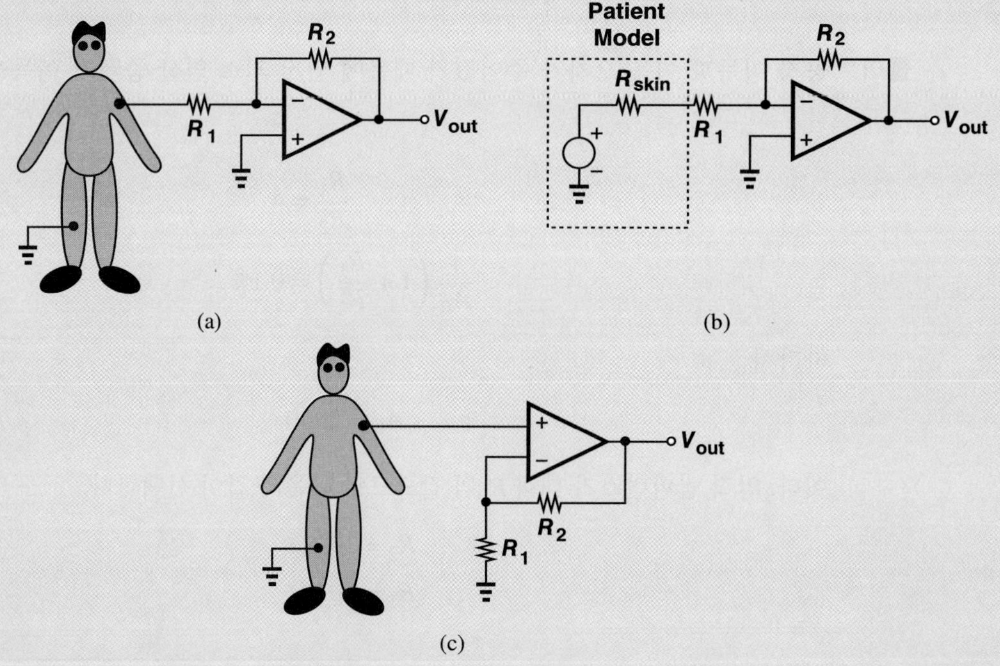

그림 8.9 (a) 반전 증폭기로 인체의 전압 측정; (b) 높은 전압 감쇠를 나타내는 피부 모델; (c) 신호 감쇠를 피하기 위한 비반전 증폭기 사용

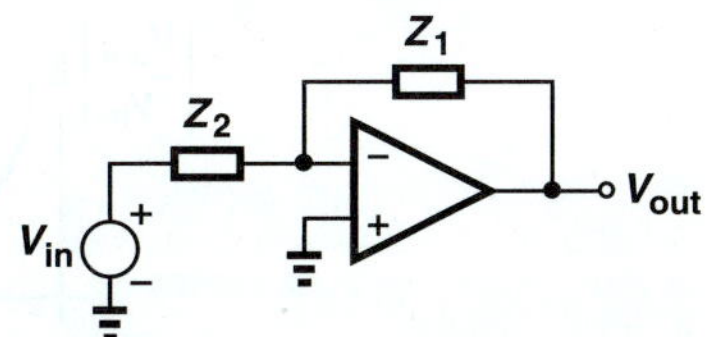

그림 8.10 연산 증폭기 주변에 일반적인 임피던스가 있는 회로

8.2.3 적분기와 미분기

앞 절에서의 반전 토폴로지에 대한 공부는 연산 증폭기 주변이 저항 회로망이라고 가정한 경우였다. 일반적으로 그 대신에 복소 임피던스를 사용하는 것이 가능하다(그림 8.10). 식 (8.16)과 비슷하게

$$\frac{V_{out}}{V_{in}} \approx -\frac{Z_1}{Z_2} \tag{8.28}$$

으로 쓸 수 있다. 여기서 연산 증폭기의 이득이 크다고 가정한다. 만일 Z_1이나 Z_2가 커패시터이면 두 가지 흥미로운 기능을 얻을 수 있다.

적분기 그림 8.10에서 Z_1이 커패시터이고 Z_2가 저항이라고 가정하자(그림 8.11). $Z_1 = (C_1 s)^{-1}$과 $Z_2 = R_1$이므로 이상적인 연산 증폭기의 경우

$$\frac{V_{out}}{V_{in}} = -\frac{\frac{1}{C_1 s}}{R_1} \tag{8.29}$$

$$= -\frac{1}{R_1 C_1 s} \tag{8.30}$$

을 얻는다. 원점에서 극점[4]을 갖기 때문에 회로는 적분기(저역통과 필터)로 동작한다. 그림 8.12는 V_{out}/V_{in}의 크기를 주파수의 함수로 그린 것이다. 이것을 시간 영역에서도 해석할 수 있다. R_1과 C_1을 통해 흐르는 전류를 같게 놓으면

$$\frac{V_{in}}{R_1} = -C_1 \frac{dV_{out}}{dt} \tag{8.31}$$

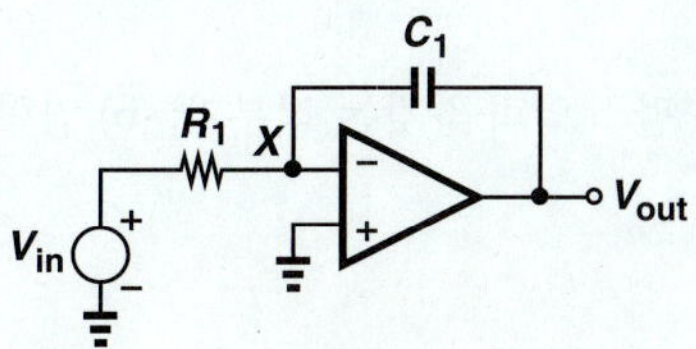

그림 8.11 적분기

4) 극점 주파수는 전달 함수의 분모를 0으로 놓으면 얻어진다.

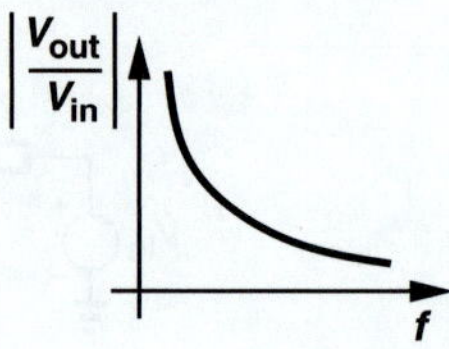

그림 8.12 적분기의 주파수 응답

이 되고 이에 따라

$$V_{out} = -\frac{1}{R_1 C_1} \int V_{in}\, dt \tag{8.32}$$

가 된다.

식 (8.30)은 입력 주파수가 0이 됨에 따라 V_{out}/V_{in}이 무한대에 접근함을 나타낸다. 이것은 예상했던 것으로 커패시터 임피던스는 저주파에서 매우 크게 되고, 개방 회로가 되며 회로는 개루프 연산 증폭기가 된다.

이 장의 초반에 언급한 바와 같이 적분기는 최초에 미분 방정식을 시뮬레이트하기 위해 아날로그 컴퓨터에서 사용되었다. 요즘에는 전자 적분기가 아날로그 필터, 제어 시스템과 기타 많은 응용에서 사용되고 있다.

예제 8.5 그림 8.13(a)에 나와 있는 회로의 출력 파형을 도시하라. C_1 양단의 초기 전압은 0이고 이상적인 연산 증폭기라고 가정하라.

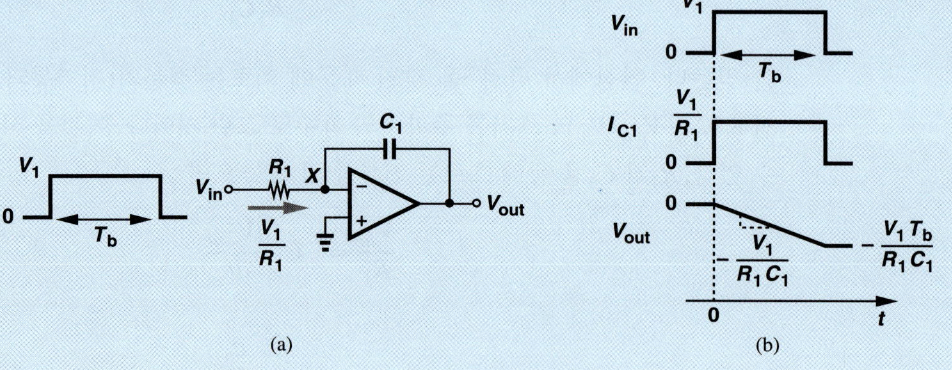

그림 8.13 (a) 펄스 입력을 갖는 적분기; (b) 입력과 출력 파형

풀이 입력이 0에서 V_1으로 뛰어오를 때 V_1/R_1과 같은 정전류가 저항을 통해 흐르기 시작하고, 이에 따라 C_1의 왼쪽 판 전압이 0에 고정되어 있는 동안 오른쪽 판 전압은 시간에 따라 선형적으로 감소한다[그림 8.13(b)].

$$V_{out} = -\frac{1}{R_1C_1}\int V_{in}\,dt \tag{8.33}$$

$$= -\frac{V_1}{R_1C_1}t \qquad 0 < t < T_b \tag{8.34}$$

(R_1C_1이 감소함에 따라 출력 파형이 '더 날카로워짐'을 유의하라.) V_{in}이 0이 되면 R_1과 C_1에 흐르는 전류도 0이 된다. 따라서 커패시터 사이의 전압과 V_{out}은 $-V_1T_b/(R_1C_1)$를 유지한다.(입력 펄스 아래의 면적에 비례한다.)

연습문제 V_1이 음의 값일 때 앞의 예제를 다시 풀어라.

앞의 예제는 적분기에서 가상 접지의 역할을 보여 준다. 식 (8.33)에 의해 표현된 이상적인 적분은 C_1의 왼쪽 판이 0에 고정되어 있기 때문에 발생한다. 더 통찰하기 위하여 적분기와 1차 RC 필터를 계단 응답으로 비교해 보자. 그림 8.14에서 설명하듯이 적분기는 커패시터를 통해 (V_1/R_1과 같은) 정전류를 강제로 흐르게 한다. 한편 RC 필터는 V_{out}이 커짐에 따라 감소하는 $(V_{in} - V_{out})/R_1$과 같은 전류를 만들어 낸다. 따라서 RC 필터를 적분기의 '수동적' 근사 형태로 생각할 수도 있다. 사실 큰 R_1C_1 곱의 경우에는 그림 8.14(b)의 지수 응답이 경사로로 근사화될 수 있을 정도로 느리게 된다.

이제 $A_0 < \infty$일 때 적분기의 성능을 조사한다. 그림 8.11에서 가상 접지 노드의 전위를 V_X로 나타내면

$$\frac{V_{in} - V_X}{R_1} = \frac{V_X - V_{out}}{\dfrac{1}{C_1 s}} \tag{8.35}$$

과

$$V_X = \frac{V_{out}}{-A_0} \tag{8.36}$$

을 얻는다. 따라서

$$\frac{V_{out}}{V_{in}} = \frac{-1}{\dfrac{1}{A_0} + \left(1 + \dfrac{1}{A_0}\right)R_1C_1s} \tag{8.37}$$

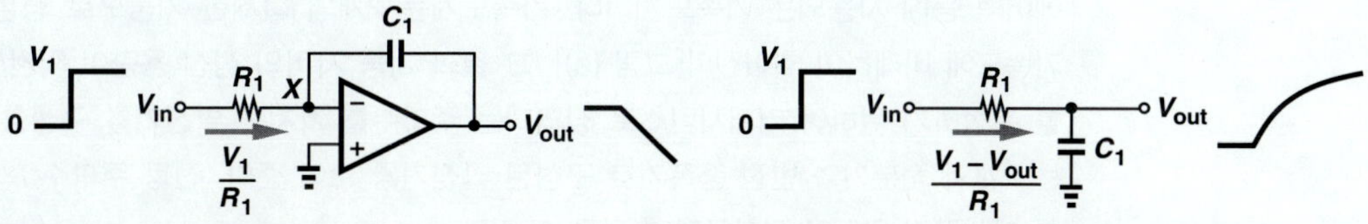

그림 8.14 적분기와 RC 회로의 비교

은 $s=0$에서의 이득은 (무한대보다는) A_0로 제한되고 극점 주파수는 0으로부터

$$s_p = \frac{-1}{(A_0+1)R_1C_1} \tag{8.38}$$

로 이동함을 보여 준다. 그런 회로는 비이상적인 이득과 극점 위치를 강조하기 위해 가끔 '손실이 많은' 적분기로 불린다.

예제 8.6

그림 8.15에 나와 있는 RC 필터는 $-1/(R_XC_X)$에서 극점을 포함한다는 기본 회로 이론을 상기하라. 이 회로가 위 적분기의 극점과 같은 극점을 갖도록 R_X와 C_X의 값을 결정하라.

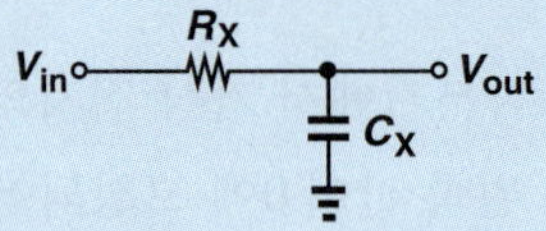

V_{in} R_X V_{out} C_X

그림 8.15 간단한 저역통과 필터

풀이 식 (8.38)로부터

$$R_XC_X = (A_0+1)R_1C_1 \tag{8.39}$$

이다. 이들 곱이 식 (8.39)를 만족시키는 한 R_X와 C_X의 선택은 임의적이다. 관심 있는 선택은

$$R_X = R_1 \tag{8.40}$$

$$C_X = (A_0+1)C_1 \tag{8.41}$$

이다. 이것은 연산 증폭기가 C_1의 값을 A_0+1배만큼 '높이는' 것과 같다.

연습문제 $C_X = C_1$일 때 필요한 R_X의 값은 얼마인가?

Did you know?

이 장에서 설명하는 회로와 더불어 많은 다른 기능으로 연산 증폭기를 사용한다. 예를 들면 필터, 기준 전압, 아날로그 배율기, 발진기, 조정 전원 공급 장치가 있다. 흥미로운 응용 분야는 자동차 에어백 등에 사용되는 가속도계이다. 가속도계는 2개의 미세한 기둥으로 형성되며 그중 하나는 가속도에 비례하여 휘어진다[그림 (a)]. 그 결과 기둥 사이의 정전 용량이 약간씩 변한다. 이 변화를 측정하기 위하여 커패시턴스로 정의되는 주파수를 가지는 발진기를 구성할 수 있다. 그림 (b)는 2개의 적분기와 반전 증폭기로 구성된 발진기를 보여 준다. 진동 주파수 f_{out}의 변화는 가속도를 계산하기 위하여 정확하게 측정될 수 있다.

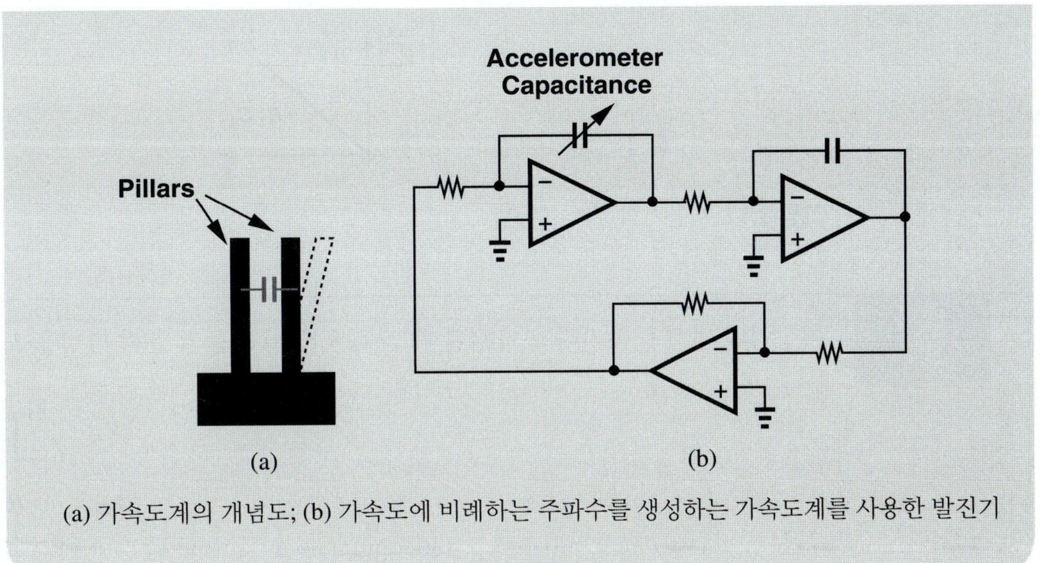

(a) 가속도계의 개념도; (b) 가속도에 비례하는 주파수를 생성하는 가속도계를 사용한 발진기

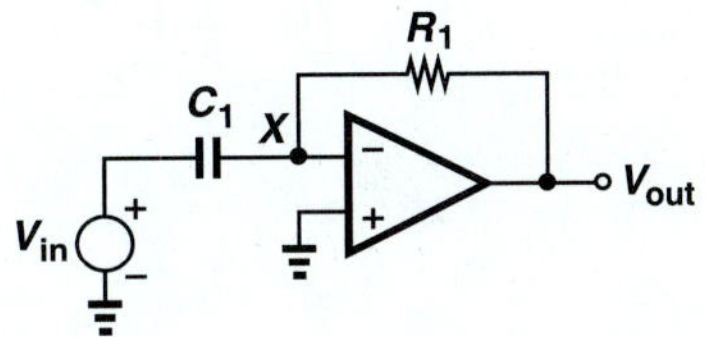

그림 8.16 미분기

미분기 만일 그림 8.10의 일반적인 토폴로지에서 Z_1이 저항이고 Z_2가 커패시터라면(그림 8.16)

$$\frac{V_{out}}{V_{in}} = -\frac{R_1}{\frac{1}{C_1 s}} \tag{8.42}$$

$$= -R_1 C_1 s \tag{8.43}$$

이다. 원점에서 영점을 가지기 때문에 이 회로는 미분기(고역통과 필터)처럼 동작한다. 그림 8.17은 V_{out}/V_{in}의 크기를 주파수 함수로 나타낸 것이다. 시간 영역의 관점으로부터 C_1과 R_1에 흐르는 전류를 같게 놓을 수 있고

$$C_1 \frac{dV_{in}}{dt} = -\frac{V_{out}}{R_1} \tag{8.44}$$

그 결과

$$V_{out} = -R_1 C_1 \frac{dV_{in}}{dt} \tag{8.45}$$

가 된다.

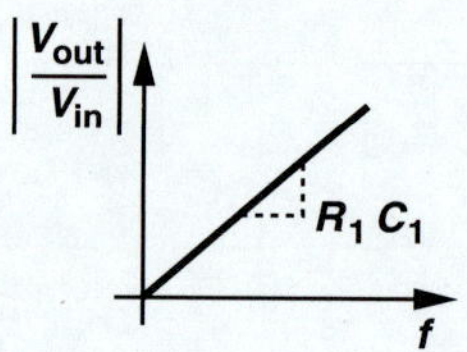

그림 8.17 미분기의 주파수 응답

예제 8.7 이상적인 연산 증폭기라고 가정할 때 그림 8.18(a) 회로의 출력 파형을 도시하라.

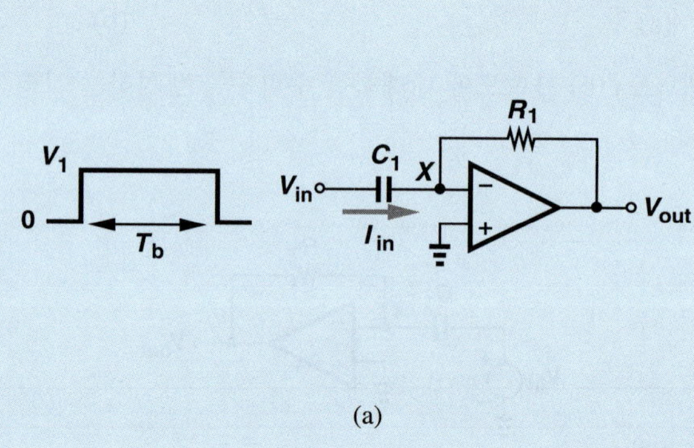

(a)

(b)

그림 8.18 (a) 펄스 입력을 갖는 미분기; (b) 입출력 파형

풀이 $t = 0^-$에서 $V_{in} = 0$이고 $V_{out} = 0$이다.(왜 그럴까?) V_{in}이 V_1으로 뛰어오르면 연산 증폭기는 V_X를 일정하게 유지시키기 때문에 다음과 같은 임펄스 전류가 C_1을 통해 흐른다.

$$I_{in} = C_1 \frac{dV_{in}}{dt} \tag{8.46}$$

$$= C_1 V_1 \delta(t) \tag{8.47}$$

R_1을 통해 흐르는 전류는

$$V_{out} = -I_{in} R_1 \tag{8.48}$$

$$= -R_1 C_1 V_1 \delta(t) \tag{8.49}$$

로 주어지는 출력을 생성한다. 그림 8.18(b)는 그 결과를 나타낸다. $t = T_b$에서 V_{in}은 0이 되고, C_1에 다시 임펄스 전류를 만든다.

$$I_{in} = C_1 \frac{dV_{in}}{dt} \tag{8.50}$$

$$= C_1 V_1 \delta(t) \tag{8.51}$$

이에 따라

$$V_{out} = -I_{in}R_1 \tag{8.52}$$
$$= R_1C_1V_1\delta(t) \tag{8.53}$$

가 된다. 따라서 회로는 임펄스 전류[$\pm C_1V_1\delta(t)$]를 생성하고 V_{out}을 만들기 위해 R_1에 의해 '증폭'한다고 말할 수 있다. 물론 실제로는 출력이 무한대의 크기(전원 전압에 의해 제한됨)나 0인 대역폭(연산 증폭기의 비이상성에 의해 제한됨)을 나타낼 수 없다.

연습문제 V_1이 음일 때 출력을 도시하라.

미분기의 동작을 '수동 소자' 미분기(그림 8.19)의 동작과 비교하는 것은 유익하다. 이상적인 미분기에서 가상 접지 노드는 입력이 C_1 양단의 전압을 순간적으로 변화하게 한다. 이와 달리 RC 필터에서는 노드 X가 '고정되어' 있지 않으므로 $t = 0$에서 입력 변화를 따라가고 회로의 초기 전류를 V_1/R_1에 제한시킨다. 만일 감쇠 시상수 R_1C_1이 충분히 작으면 수동 회로는 이상적인 미분기의 근사 형태로 볼 수 있다.

이제 유한한 연산 증폭기 이득을 갖는 미분기에 대해 공부하자. 그림 8.16의 커패시터와 저항 전류를 같게 놓으면

$$\frac{V_{in} - V_X}{\frac{1}{C_1s}} = \frac{V_X - V_{out}}{R_1} \tag{8.54}$$

이 된다. V_X 대신 $-V_{out}/A_0$으로 대체하면

$$\frac{V_{out}}{V_{in}} = \frac{-R_1C_1s}{1 + \frac{1}{A_0} + \frac{R_1C_1s}{A_0}} \tag{8.55}$$

를 얻는다. 이상적인 미분기와 달리 이 회로는

$$s_p = -\frac{A_0 + 1}{R_1C_1} \tag{8.56}$$

에서 극점을 갖는다.

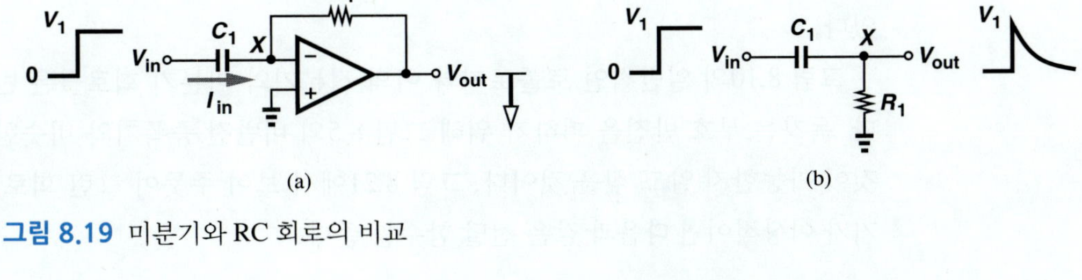

그림 8.19 미분기와 RC 회로의 비교

예제 8.8

그림 8.20에 나와 있는 고역통과 필터의 전달 함수를 결정하고, 식 (8.56)과 일치하는 극점을 갖는 R_X와 C_X를 선택하라.

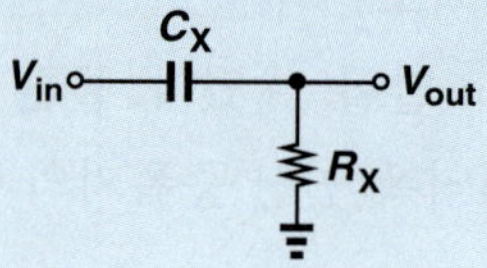

그림 8.20 간단한 고역통과 필터

풀이 커패시터와 저항은 전압 분배기처럼 동작한다.

$$\frac{V_{out}}{V_{in}} = \frac{R_X}{R_X + \frac{1}{C_X s}} \tag{8.57}$$

$$= \frac{R_X C_X s}{R_X C_X s + 1} \tag{8.58}$$

따라서 회로는 원점에서 영점을 그리고 $-1/(R_X C_X)$에서 극점을 보인다. 이 극점이 식 (8.56)과 같은 경우

$$\frac{1}{R_X C_X} = \frac{A_0 + 1}{R_1 C_1} \tag{8.59}$$

이 필요하다. R_X와 C_X의 하나의 선택은

$$R_X = \frac{R_1}{A_0 + 1} \tag{8.60}$$

$$C_X = C_1 \tag{8.61}$$

이다.

연습문제 $R_X = R_1$일 때 필요한 C_X의 값은 얼마인가?

미분기의 중요한 단점은 고주파 잡음을 증폭하는 데 있다. 식 (8.43)과 그림 8.17에 의해 제안되듯이 고주파에서 점점 커지는 회로의 이득은 회로에서의 잡음을 증가시키는 경향이 있다.

그림 8.10의 일반적인 토폴로지와 이의 적분기와 미분기 회로들은 반전 회로로 동작한다. 독자는 부호 반전을 피하기 위해 그림 8.5의 비반전 증폭기와 비슷한 구성을 채용하는 것이 가능한지 알고 싶을 것이다. 그림 8.21에서 보여 주듯이 그런 회로는 만일 연산 증폭기가 이상적이면 다음과 같은 전달 함수를 준다.

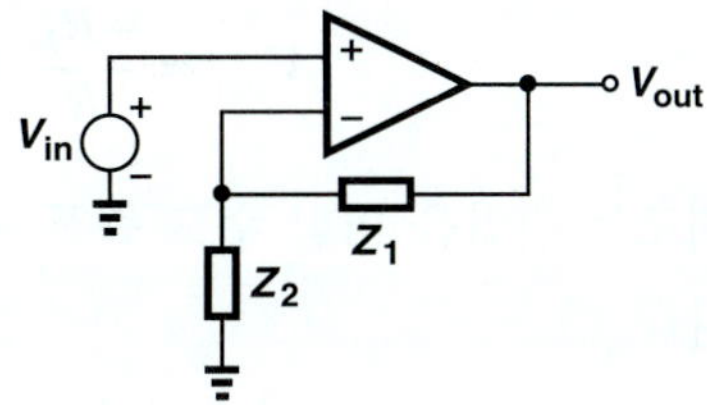

그림 8.21 일반적인 회로망을 갖는 연산 증폭기

$$\frac{V_{out}}{V_{in}} = 1 + \frac{Z_1}{Z_2} \tag{8.62}$$

안타깝게도 이 함수는 이상적인 적분이나 미분으로 바뀔 수 없다. 예를 들면 $Z_1 = R_1$과 $Z_2 = 1/(C_2 s)$은 비이상적인 미분기를 만든다.(왜 그럴까?)

8.2.4 전압 가산기

많은 응용 분야에서 전압을 더할 필요가 생긴다. 예를 들면 오디오 녹음 시 많은 마이크는 여러 가지 악기의 소리를 전압으로 바꾸고, 이 전압들은 전체 음악 작품을 만들기 위해 더해져야 한다. 이러한 작업을 오디오 산업에서는 '믹싱(mixing)'이라 부른다.[5] 예를 들면 '잡음 제거' 헤드폰에서는 주변 잡음이 비반전 증폭기에 가해지고 이어서 그 자신을 제거하기 위해 신호에 더해진다.

그림 8.22는 연산 증폭기를 사용한 전압 가산기('덧셈기')를 나타낸다. 이상적인 연산 증폭기의 경우 $V_X = 0$이고, R_1과 R_2는 V_1과 V_2에 비례하는 전류를 각각 흘려 준다. 두 전류는 가상 접지 노드에서 더해져서 R_F를 통해 흐른다.

$$\frac{V_1}{R_1} + \frac{V_2}{R_2} = \frac{-V_{out}}{R_F} \tag{8.63}$$

즉,

$$V_{out} = -R_F \left(\frac{V_1}{R_1} + \frac{V_2}{R_2} \right) \tag{8.64}$$

이다. 예를 들어 만일 $R_1 = R_2 = R$이면

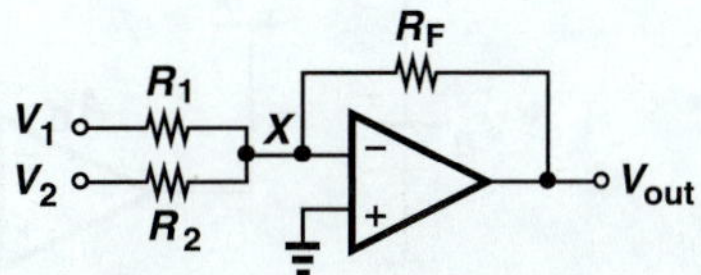

그림 8.22 전압 가산기

5) '믹싱'이라는 용어는 RF와 무선 산업에서는 완전히 다른 의미를 갖는다.

$$V_{out} = \frac{-R_F}{R}(V_1 + V_2) \tag{8.65}$$

가 된다. 이 회로는 전압을 더할 수도 증폭시킬 수도 있다. 2개 이상의 전압으로 확장하는 일은 간단하다.

식 (8.64)는 V_1과 V_2가 서로 다른 비중, 즉 각각 R_F/R_1과 R_F/R_2로 합해질 수 있다는 것을 나타낸다. 이 성질은 많은 응용 분야에서 유용하게 사용된다. 예를 들어 오디오 녹음 시 음악 작품의 일부로서 한 악기의 '볼륨'을 낮출 필요가 있을 때 저항 R_1과 R_2를 변화시키면 된다.

유한 이득을 가지는 연산 증폭기의 회로 동작은 문제 8.31에서 공부한다.

로봇공학 응용: 전압 레귤레이터

모바일 로봇은 배터리로 작동하지만 서로 다른 공급 전압을 필요로 하는 다른 장치를 사용한다. 예를 들어 어떤 장치는 6 V 배터리에서 마이크로컨트롤러용 3 V 전원을 생성해야 한다. 이것은 '전압 레귤레이터'에 의해 수행된다.

그림 8.23은 일반적인 조정기 구성을 보여 준다. 부하에 필요한 전압 또는 전류를 전달하는 바이폴라(또는 MOS) 트랜지스터로 구성된다. 출력 전압은 R_1과 R_2에 의해 나누어지고 그 결과는 A_0인 연산 증폭기의 반전 입력에 인가된다. 다른 입력은 정확한 기준 전압인 V_{REF}를 감지한다. 연산 증폭기는 Q_1의 기본 전압을 제어한다. 잘 설계된 회로에서는 연산 증폭기의 입력 전압 차이가 작다는 것을 기억해야 한다. 따라서 $V_X \approx V_{REF}$이다. $V_X = [R_2/(R_1 + R_2)]V_{out}$이므로 다음과 같은 식을 얻을 수 있다.

$$V_{out} = \left(1 + \frac{R_1}{R_2}\right) V_{REF} \tag{8.66}$$

회로가 출력 전압을 '조절'하는 방법을 보기 위해 큰 전류를 끌어오기 위한 부하를 결정한다고 가정하자. 결과적으로 V_{out}은 낮아지는 경향이 있고 V_X도 마찬가지이다. 따라서 연산 증폭기의 출력 전압이 상승한다.(왜 그럴까?) Q_1은 이 변화에 어떻게 반응할까? 연

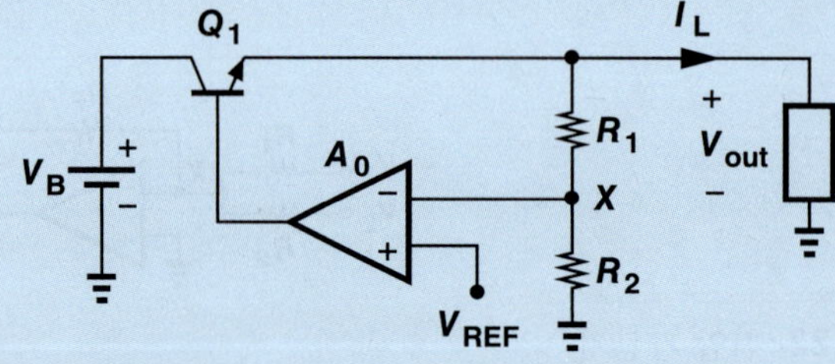

그림 8.23 전압 레귤레이터 토폴로지

산 증폭기 출력 신호가 Q_1의 베이스에 적용되고 출력 V_{out}이 이미터에서 감지되기 때문에 Q_1이 이미터 폴로어로 구성되어 있음을 인식하자. 결과적으로 베이스 전압이 증가함에 따라 V_{out}도 증가하여, 부하가 더 큰 전류를 요구하더라도 원래 값으로 돌아가는 것을 알 수 있다.

V_{REF}에서 V_{out}을 빼기 전에 저항 R_1과 R_2에 의하여 V_{out}을 나누는 이유는 무엇인가? 기준 전압이 원하는 출력 전압과 같지 않을 수도 있다(일반적으로 낮다). 따라서 식 (8.66)과 같이 V_{REF}를 이용하여 V_{out}을 생성한다.

8.3 비선형 기능

연산 증폭기와 트랜지스터 같은 비선형 소자를 사용하여 유용한 비선형 기능을 실현하는 것이 가능하다. 여기서도 가상 접지 성질은 중요한 역할을 한다.

8.3.1 정밀 정류기

3장에서 설명한 정류 회로는 다이오드를 동작시키는 데 필요한 유한한 전압으로 인해 '불감대(dead zone)'가 발생한다. 즉, 만일 입력 신호의 진폭이 근사적으로 0.7 V보다 작으면 다이오드는 여전히 오프 상태가 되고 출력 전압은 0이 된다. 이런 결점은 고정밀 응용 분야, 예를 들면 휴대전화에 의해 수신된 작은 신호가 그 진폭을 결정하기 위해 정류되어야 하는 경우 회로를 사용할 수 없게 만든다.

'정밀 정류기(precision rectifier)', 즉 아주 작은 신호도 정류하는 회로를 실현하기 위하여 연산 증폭기 주변에 다이오드를 놓으면 된다. 저항 부하가 연결된 단위 이득 버퍼로부터 시작하자[그림 8.24(a)]. 연산 증폭기의 높은 이득은 노드 X가 (양과 음의 주기 모두에 대해) V_{in}을 따라가도록 한다. 이제 음의 주기 동안 X가 0을 유지하기를 원한다고 가정하자.

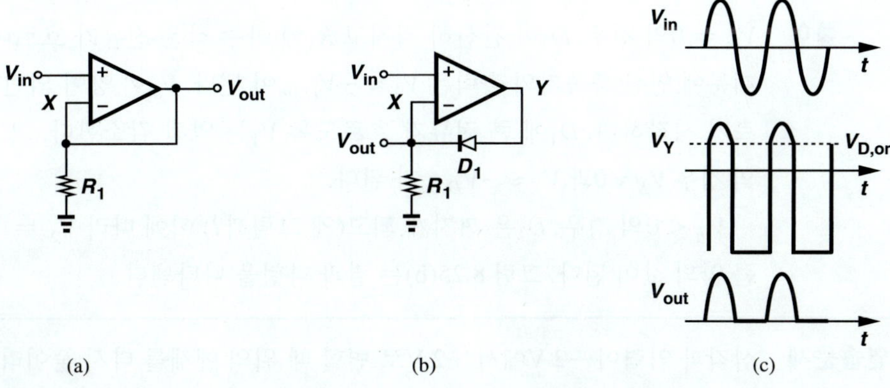

그림 8.24 (a) 단순한 연산 증폭기 회로; (b) 정밀 정류기; (c) 회로 파형

즉, 연산 증폭기의 출력과 반전 입력 사이의 연결을 '끊기'를 원한다고 가정하자. 이것은 그림 8.24(b)에서 묘사한 회로에 의해 달성된다. 여기서 D_1은 귀환 루프에 삽입된다. V_{out}은 연산 증폭기의 출력보다는 X에서 감지됨에 유의하라.

이 회로의 동작을 해석하기 위하여 먼저 $V_{in} = 0$이라고 가정하자. 비반전과 반전 입력 사이의 전압 차이를 최소화하기 위한 시도에서 연산 증폭기는 D_1을 간신히 켜는 $V_{D1,on}$까지 V_Y를 증가시킨다. 그러나 아주 작은 전류가 흘러 $V_X \approx 0$이 된다. 이제 만일 V_{in}이 약간 양이 된다면 V_Y는 더 증가해 D_1과 R_1을 통해 전류가 흐르고 $V_{out} \approx V_{in}$이 된다. 즉, 입력에서 작은 양의 레벨도 출력에 나타난다.

만일 V_{in}이 약간 음이 된다면 어떤 일이 일어나는가? 음의 값이라고 가정하는 V_{out}의 경우 D_1은 X에서 Y로 전류를 흘려야 하는데 이것은 불가능하다. 따라서 D_1은 오프 상태가 되고 비반전 입력은 반전 입력 아래로 떨어지기 때문에 연산 증폭기는 매우 큰 음의 출력(음의 전원 전압 근처)을 만든다. 그림 8.24(c)는 정현 입력에 대한 응답으로 회로의 파형을 그린 것이다.

예제 8.9 정현 입력에 대한 응답으로 그림 8.25(a) 회로의 파형을 도시하라.

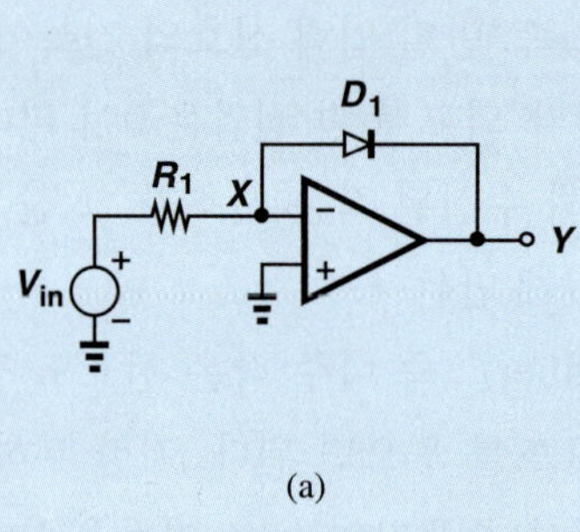

(a)

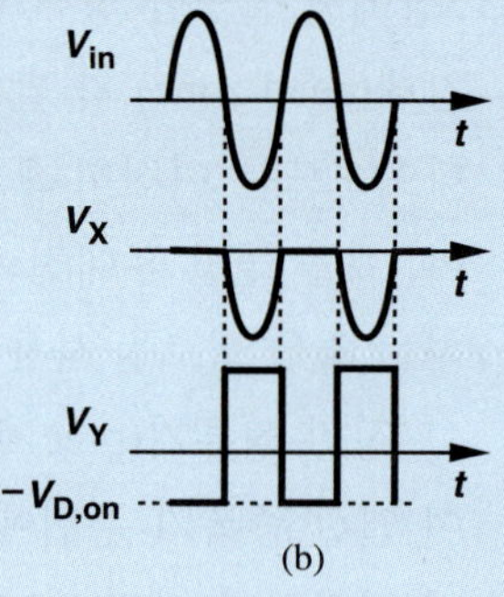

(b)

그림 8.25 (a) 반전 정밀 정류기; (b) 회로 파형

풀이 $V_{in} = 0$의 경우, D_1이 간신히 켜지고 R_1에 아주 작은 전류가 흐르며 X는 가상 접지이기 때문에 연산 증폭기의 출력은 $V_Y \approx -V_{D,on}$이 된다. V_{in}이 양이 되면 R_1을 통해 전류가 흐르기 시작하며, D_1에 큰 전류가 흐르도록 V_Y는 약간 감소한다. 그 결과 양의 입력 주기의 경우 $V_X \approx 0$과 $V_Y \approx -V_{D,on}$가 된다.

$V_{in} < 0$의 경우, D_1은 꺼지게 되고(왜 그럴까?) 이에 따라 $V_X = V_{in}$이 되며 V_Y는 매우 큰 양의 값이 된다. 그림 8.25(b)는 결과 파형을 나타낸다.

연습문제 삼각파 입력이 −2 V에서 +2 V로 변할 때 위의 예제를 다시 풀어라.

그림 8.24(b)와 8.25(a) 연산 증폭기의 출력에서 큰 폭은 연산 증폭기가 D_1이 켜지기 전 포화된 값으로부터 '회복'되어야 하기 때문에 회로의 속도를 낮춘다. 부가적인 기술은 이런 문제점을 해결할 수 있다(문제 8.39).

8.3.2 대수 증폭기

바이폴라 트랜지스터가 연산 증폭기 주변에 놓인 그림 8.26과 같은 회로를 고려해 보자. 이상적인 연산 증폭기의 경우 R_1에 전류 V_{in}/R_1이 흐르고 Q_1에도 흐른다. 따라서

$$V_{BE} = V_T \ln \frac{V_{in}/R_1}{I_S} \tag{8.67}$$

이다. 또 $V_{out} = -V_{BE}$이므로

$$V_{out} = -V_T \ln \frac{V_{in}}{R_1 I_S} \tag{8.68}$$

이다. 따라서 출력은 V_{in}의 자연 대수에 비례하게 된다. 앞의 선형 및 비선형 회로에서와 마찬가지로 Q_1을 통해 흐르는 전류가 V_{in}에 정확히 비례하도록 가상 접지는 여기서도 중요한 역할을 한다.

대수 증폭기('logamp')는 입력 신호가 큰 인수로 변할지도 모르는 응용에서 유용하다. 이것은 약한 신호는 증폭하고 강한 신호는 감쇠('압축')하는, 즉 대수 의존의 경우에 바람직하다.

식 (8.68)에서 음의 부호가 예상된다. 만일 V_{in}이 증가하면 R_1과 Q_1을 통해 흐르는 전류도 증가하고, V_{BE}의 증가를 필요로 한다. 베이스가 0이므로 큰 컬렉터 전류가 흐르도록 이미터 전압은 0 밑으로 떨어져야 한다. 베이스와 컬렉터 모두 0을 유지하므로 Q_1은 활성 영역에서 동작함에 유의하라. 이득이 유한한 연산 증폭기의 효과는 문제 8.41에서 공부한다.

독자는 만일 V_{in}이 음이 되면 어떤 일이 발생하는지 궁금할 것이다. 식 (8.68)로부터 V_{out}이 정의되지 않음을 예측할 수 있다. 실제 회로에서 Q_1은 '부'의 전류를 흘릴 수 없으므로 연산 증폭기 근처의 루프는 끊어지고, V_{out}은 부의 전원 전압에 접근한다. 따라서 V_{in}을 양이 되게 유지하는 것이 필요하다.

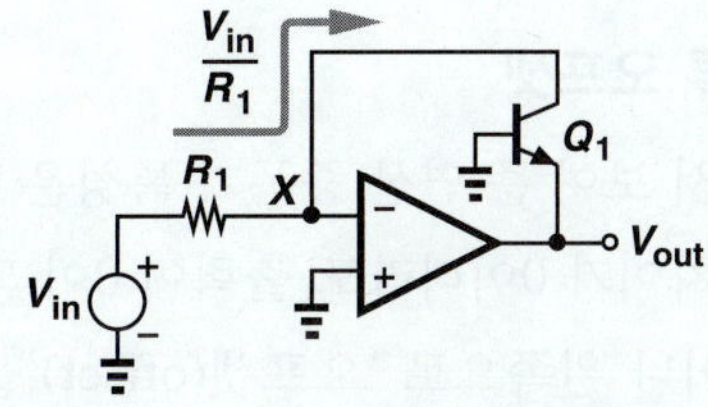

그림 8.26 대수 증폭기

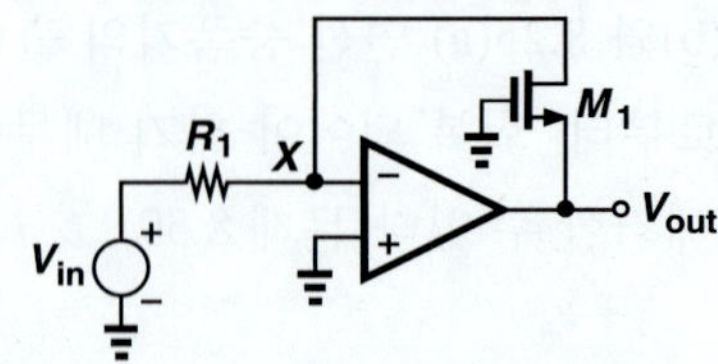

그림 8.27 제곱근 회로

8.3.3 제곱근 증폭기

그림 8.26의 대수 증폭기가 지수 특성의 역기능을 수행한다는 사실을 고려하면, 바이폴라 트랜지스터 대신 MOSFET로 대치하면 '제곱근(square-root)' 증폭기가 됨을 추측할 수 있다. 그림 8.27에서 보여 주듯이 그런 회로는 M_1이 V_{in}/R_1과 같은 전류를 흘리는 것을 요구한다.

$$\frac{V_{in}}{R_1} = \frac{1}{2}\mu_n C_{ox}\frac{W}{L}(V_{GS} - V_{TH})^2 \tag{8.69}$$

(채널길이 변조는 여기서 무시된다.) $V_{GS} = -V_{out}$이므로

$$V_{out} = -\sqrt{\frac{2V_{in}}{\mu_n C_{ox}\frac{W}{L}R_1}} - V_{TH} \tag{8.70}$$

이다. 만일 V_{in}이 거의 0이면 V_{out}은 $-V_{TH}$를 유지하고, M_1이 전도의 모서리에 놓인다. V_{in}이 더 양이 되면 V_{out}은 M_1이 더 큰 전류를 흘리게 한다. 게이트와 드레인이 0이 되면 M_1은 포화 영역에서 동작한다.

8.4 연산 증폭기의 비이상성

통찰을 확립하기 위해 앞 절에서 우리는 유한 이득이라는 점을 제외한 비교적 이상적인 연산 증폭기 모델을 다루었다. 그러나 실제로 연산 증폭기는 성능에 심각한 영향을 미치는 다른 불완전성을 갖는다. 이 절에서는 그런 비이상성을 다룬다.

8.4.1 직류 오프셋

그림 8.2에서 보여 준 연산 증폭기 특성은 만일 $V_{in1} = V_{in2}$이면 $V_{out} = 0$을 의미한다. 실제로는 입력 차이가 0이더라도 출력이 0이 되지 않는다! 그림 8.28(a)에서 보여 주듯이 특성은 오른쪽이나 왼쪽으로 '오프셋(offset)'을 갖는다. $V_{out} = 0$이 되려면 입력 차이가 입력 '오프셋' 전압이라고 부르는 어느 정도의 값 V_{os}가 되어야 한다.

무엇이 오프셋을 일으키는가? 연산 증폭기의 내부 회로는 제조나 패킹 중에 랜덤하

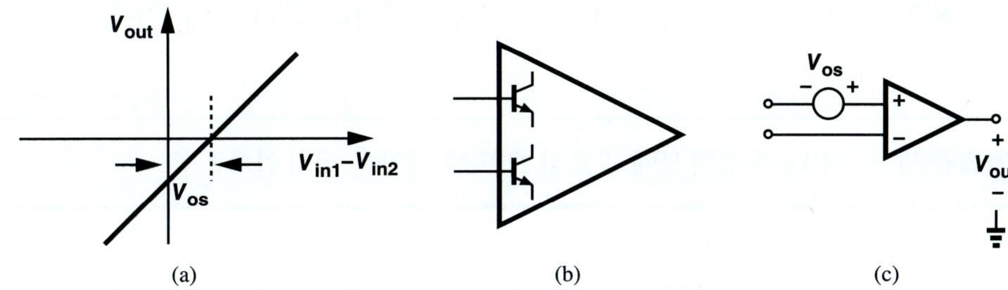

그림 8.28 (a) 연산 증폭기의 오프셋; (b) 입력 소자 사이의 부정합; (c) 오프셋의 표현

게 비대칭('부정합')이 된다. 예를 들면 그림 8.28(b)에서 개념적으로 보여 주듯이 두 입력을 감지하는 바이폴라 트랜지스터가 약간 다른 베이스-이미터 전압을 나타낼 수 있다. MOSFET에도 같은 결과가 발생한다. 단일 전압원을 1개의 입력과 직렬로 연결함으로써 오프셋을 모델링한다[그림 8.28(c)]. 오프셋은 랜덤하고 그에 따라 양이나 음이 될 수 있기 때문에 V_{os}는 임의의 극성으로 입력에 나타날 수 있다.

왜 직류 오프셋이 중요한가? 연산 증폭기 오프셋이 존재할 때 8.2절에서 공부한 몇 개의 회로 토폴로지를 다시 조사해 보자. 그림 8.29에서 묘사한 대로 비반전 증폭기의 입력은 $V_{in} + V_{os}$이고, 이에 따라 출력은

$$V_{out} = \left(1 + \frac{R_1}{R_2}\right)(V_{in} + V_{os}) \tag{8.71}$$

가 된다. 다시 말하면 회로는 신호뿐만 아니라 오프셋도 증폭시키며, 이에 따라 정확성 제한을 초래한다.[6)]

예제 8.10

트럭 계량소가 출력이 그림 8.29의 회로에 의해 증폭되는 전자 압력계를 사용한다. 만일 압력계가 100 kg의 부하에 대해 20 mV를 발생시키고 연산 증폭기 오프셋이 2 mV라면 계량소의 정확성은 얼마인가?

그림 8.29 비반전 증폭기에서의 오프셋

6) 독자는 V_{os}를 연산 증폭기의 비반전 입력에 직렬로 연결할 수 있으며 이때에도 같은 결과가 나온다.

풀이 2 mV의 오프셋은 10 kg의 부하에 해당한다. 따라서 계량소는 측정 시 ±10 kg의 오차를 갖는다.

연습문제 ±1 kg의 정확성에 필요한 오프셋 전압은 얼마인가?

직류 오프셋은 증폭기를 '포화'시킬지도 모른다. 다음 예제는 이 점을 보여 준다.

예제 8.11 전기공학과 학생이 마이크에 의해 만들어진 신호를 증폭하기 위해 그림 8.30의 회로를 만들었다. 매우 낮은 레벨의 소리(다시 말하면 μV 신호)를 탐지할 수 있도록 목표로 하는 이득이 10^4이다. 만일 연산 증폭기 A_1이 2 mV의 오프셋을 나타낼 경우 어떤 일이 일어나는지 설명하라.

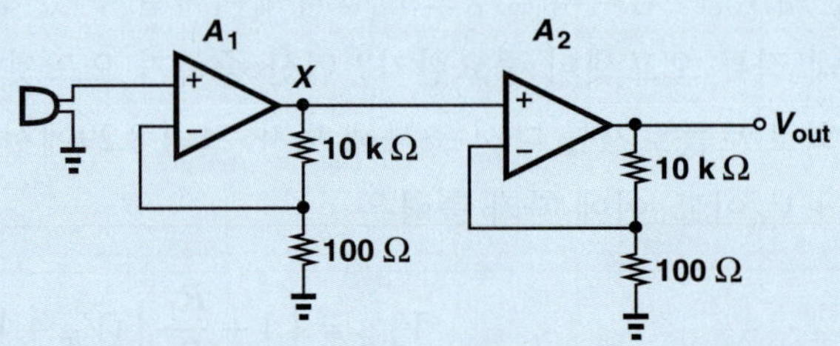

그림 8.30 2단 증폭기

풀이 그림 8.29로부터 첫째 단은 오프셋을 100배만큼 증폭하고 (만일 마이크로폰이 0의 직류 출력을 만들면) 노드 X에서 200 mV의 직류 레벨을 생성함을 알 수 있다. 둘째 단은 V_X를 100배만큼 증폭하고 $V_{out} = 20$ V를 생성한다. 만일 A_2가 3 V의 전원 전압에서 동작한다면 출력은 이 값을 초과할 수 없고, 두 번째 연산 증폭기는 트랜지스터를 (바이폴라 소자의 경우) 포화시키거나 (MOSFET의 경우) 트라이오드 영역에서 동작하도록 하며, 이득을 작은 값으로 떨어뜨린다. 우리는 이 둘째 단이 포화되었다고 말한다.(종속되는 단에서의 오프셋 증폭의 문제는 교류 결합을 통해 해결된다.)

연습문제 둘째 단이 10의 전압 이득을 가질 때 위의 예제를 다시 풀어라.

직류 오프셋은 비슷한 방법으로 그림 8.7(a)의 반전 증폭기에 나쁜 영향을 준다. 이것은 문제 8.48에서 공부한다.

이제 그림 8.11의 적분기에 대한 오프셋의 효과를 조사하자. 입력이 0이고 V_{os}가 비반전 입력[그림 8.31(a)]에 인가되었다고 가정하자. 출력에 어떤 일이 일어나는가? 그림 8.21

과 식 (8.62)로부터 이 '입력'의 응답은 입력 자신[식 (8.62)의 첫 번째 항]과 입력의 적분[식 (8.62)의 두 번째 항]으로 구성된다는 것을 알았다. 따라서 V_{out}을 시간 영역에서

$$V_{out} = V_{os} + \frac{1}{R_1 C_1}\int_0^t V_{os}\,dt \tag{8.72}$$

$$= V_{os} + \frac{V_{os}}{R_1 C_1}t \tag{8.73}$$

로 표시할 수 있다. 여기서 C_1 양단의 초기 조건은 0이라고 가정한다. 다시 말하면 회로는 연산 증폭기 오프셋을 적분하고, V_{os}의 부호에 따라 $+\infty$나 $-\infty$로 접근하는 출력을 생성한다. 물론 V_{out}이 양이나 음의 전원 전압에 접근함에 따라 연산 증폭기의 트랜지스터는 이득을 주는 데 실패하고 출력은 포화된다[그림 8.31(b)].

오프셋의 문제는 적분기에서 심각해진다. 입력 신호가 있는 경우에서도 그림 8.31(a)의 회로는 오프셋을 적분하고 포화에 이른다. 그림 8.31(c)는 저항 R_2를 C_1과 병렬로 연결한 수정 회로를 나타낸다. 그림 8.5와 8.31(c)의 회로가 저주파에서는 비슷하므로 이제 출력에서의 V_{os}의 효과가 식 (8.9)에 의해 주어진다.

$$V_{out} = V_{os}\left(1 + \frac{R_2}{R_1}\right) \tag{8.74}$$

예를 들어 만일 $V_{os} = 2$ mV와 $R_2/R_1 = 100$이라면 V_{out}은 202 mV의 직류 오차를 포함하지만 적어도 포화는 되지 않는다.

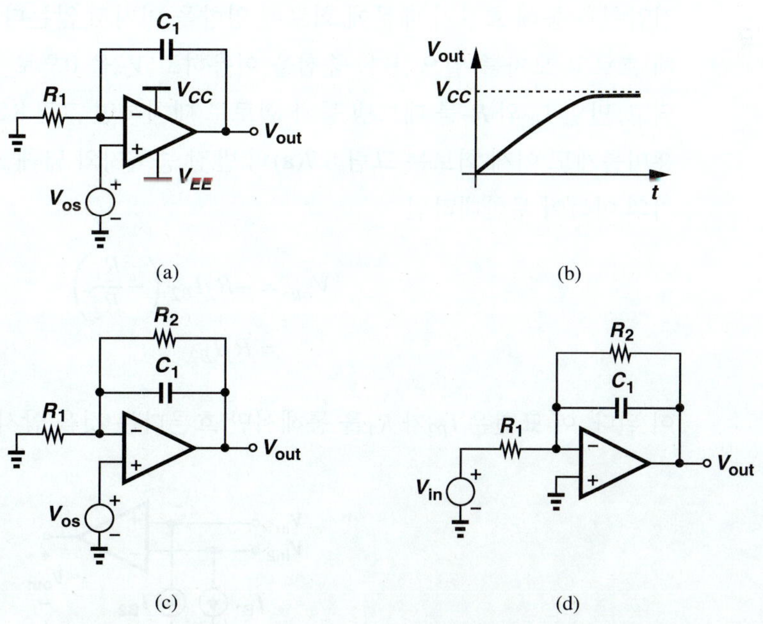

그림 8.31 (a) 적분기에서의 오프셋; (b) 출력 파형; (c) 오프셋의 효과를 줄이기 위한 R_2의 추가; (d) 전달 함수의 결정

R_2가 적분 기능에 어떻게 영향을 미치는가? V_{os}를 무시하면서, 그림 8.31(d)의 회로를 보고 식 (8.28)을 사용하면

$$\frac{V_{out}}{V_{in}} = -\frac{R_2}{R_1}\frac{1}{R_2C_1s+1} \tag{8.75}$$

을 얻는다. 따라서 회로는 원점보다는 $-1/(R_2C_1)$에서 극점을 포함한다. 만일 관심 있는 입력 신호 주파수가 이 값보다 훨씬 크면 $R_2C_1s \gg 1$이고

$$\frac{V_{out}}{V_{in}} = -\frac{1}{R_1C_1s} \tag{8.76}$$

이다. 즉, $1/(R_2C_1)$보다 훨씬 큰 입력 주파수에 대해서만 적분 기능이 성립한다. 따라서 식 (8.74)에 의해 주어지는 증폭된 오프셋을 최소화하기 위하여 R_2/R_1는 충분히 작아야 하며, 한편으로 관심 있는 신호 주파수에 무시할 정도의 영향을 주도록 R_2C_1은 충분히 커야 한다.

8.4.2 입력 바이어스 전류

바이폴라 기술로 만들어진 연산 증폭기는 각각의 입력으로부터 베이스 전류를 빨아들인다. 비교적 작지만(≈0.1~1 μA) 입력 바이어스 전류는 어떤 회로에서는 부정확성을 일으킨다. 그림 8.32에서 보여 주듯이 각 바이어스 전류는 해당하는 입력과 접지 사이에 연결된 전류원에 의해 모델링된다. 명목상 $I_{B1} = I_{B2}$이다.

이제 비반전 증폭기에서 입력 전류의 효과를 공부하자. 그림 8.33(a)에서와 같이 I_{B1}은 전압원을 통해 흐르기 때문에 회로에 영향을 미치지 않는다. 이와 달리 I_{B2}는 R_1과 R_2를 통해 흐르고 오차를 일으킨다. 중첩을 이용하고 V_{in}을 0으로 놓으면, 그림 8.33(b)의 회로가 되고, 만일 I_{B2}와 R_2를 테브냉 등가 회로로 대치하면 그림 8.33(c)의 회로로 변환될 수 있다. 흥미롭게도 이제 회로는 그림 8.7(a)의 반전 증폭기와 닮게 되고, 이에 따라 만일 연산 증폭기의 이득이 무한대라면

$$V_{out} = -R_2I_{B2}\left(-\frac{R_1}{R_2}\right) \tag{8.77}$$

$$= R_1I_{B2} \tag{8.78}$$

이 된다. 이 표현은 I_{B2}가 R_1을 통해서만 흐른다는 것을 암시하며, 그림 8.33(b)의 X에서 가

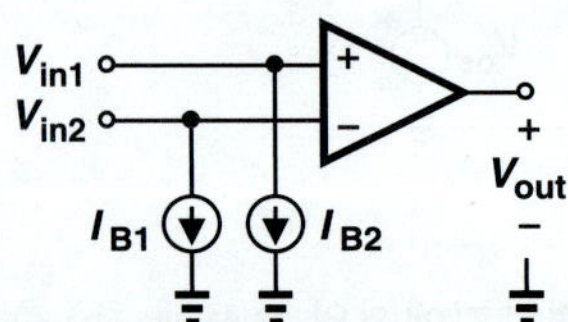

그림 8.32 입력 바이어스 전류

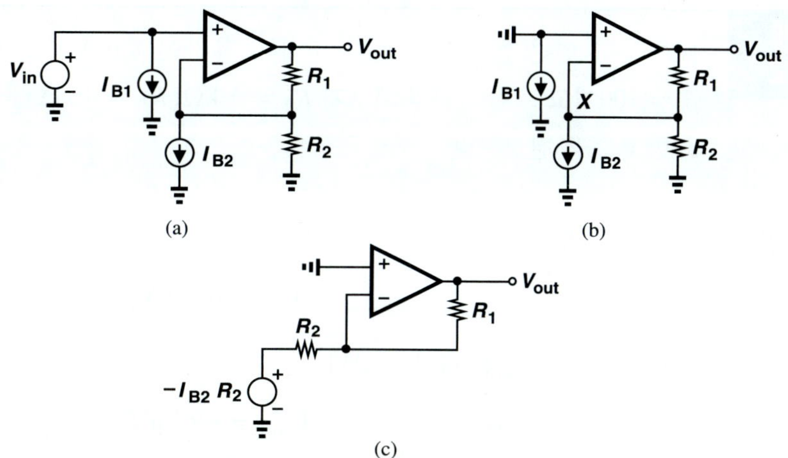

그림 8.33 (a) 비반전 증폭기에서 나타나는 입력 바이어스 전류의 효과; (b) 단순화한 회로; (c) 테브냉 등가 회로

상 접지는 R_2 양단의 전압을 0으로 만들고 이에 따라 저항을 통한 전류는 0이 되므로 결과를 예상할 수 있다.

입력 바이어스 전류에 의한 오차는 그림 8.29에서 설명한 직류 오프셋 효과와 비슷하게 나타나며, 출력을 훼손시킨다. 그러나 직류 오프셋과는 달리 이 현상은 랜덤하지 않다. 연산 증폭기에 사용된 바이폴라 트랜지스터에서 바이어스 전류가 주어진 경우 반전과 비반전 입력으로부터 빨아들이는 베이스 전류는 근사적으로 같다. 따라서 이 오차를 제거하는 방법을 찾을 수 있다. 예를 들면 V_{out}을 0으로 만들기 위해 비반전 입력과 직렬로 교정 전압을 삽입할 수 있다(그림 8.34). V_{corr}을 비반전 증폭기의 입력으로 '볼' 수 있으므로

$$V_{out} = V_{corr}\left(1 + \frac{R_1}{R_2}\right) + I_{B2}R_1 \tag{8.79}$$

을 얻는다. $V_{out} = 0$인 경우

$$V_{corr} = -I_{B2}(R_1||R_2) \tag{8.80}$$

이 된다.

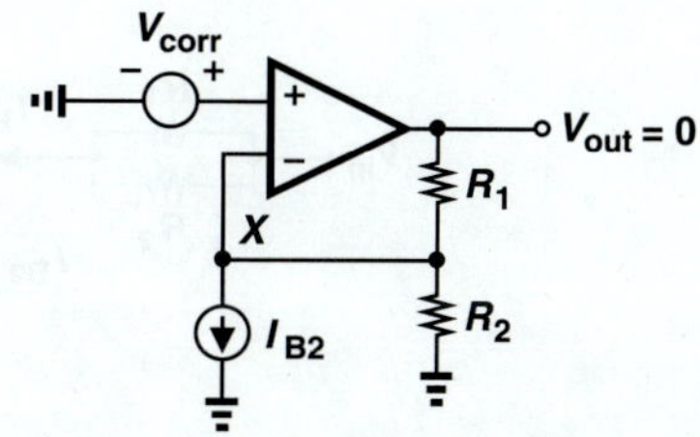

그림 8.34 입력 바이어스 전류를 교정하기 위한 전압원의 추가

예제 8.12

바이폴라 연산 증폭기가 입력 소자의 각각에 1 mA의 컬렉터 전류를 흘리고 있다. $\beta = 100$이고 그림 8.34의 회로가 $R_2 = 1\ \text{k}\Omega$, $R_1 = 10\ \text{k}\Omega$을 사용할 때 출력 오차와 필요한 V_{corr}을 결정하라.

풀이 $I_B = 10\ \mu\text{A}$이므로

$$V_{out} = 0.1\ \text{mV} \tag{8.81}$$

이다. 따라서 V_{corr}은 다음과 같다.

$$V_{corr} = -9.1\ \mu\text{V} \tag{8.82}$$

연습문제 $\beta = 200$일 때 교정 전압을 결정하라.

식 (8.80)은 V_{corr}이 I_{B2}와 트랜지스터의 전류 이득에 의존한다는 것을 의미한다. β가 공정과 온도에 따라 변하기 때문에 V_{corr}은 고정된 값을 유지할 수 없고 β를 '추적'해야 한다. 다행히도 식 (8.80)은 또한 $R_1 || R_2$와 같은 저항을 통해 베이스 전류를 흘려 주고 그림 8.35에 나와 있는 토폴로지에 이르게 함으로써 V_{corr}을 얻을 수 있음을 보여 준다. 여기서 만일 $I_{B1} = I_{B2}$이면 $V_{in} = 0$일 때 $V_{out} = 0$이다. 연산 증폭기의 유한한 이득을 고려한다면 V_{out}이 거의 0임을 독자는 증명하기 바란다.

그림 8.33(b)의 회로로부터 입력 바이어스 전류가 반전 증폭기와 같은 효과를 갖는 것을 관찰할 수 있다. 따라서 그림 8.35의 교정 기술은 이 회로에도 적용할 수 있다.

실제로 연산 증폭기의 내부 회로의 비대칭은 I_{B1}과 I_{B2} 사이의 약간의 (랜덤) 부정합을 도입한다. 그림 8.35의 출력에 대한 이 부정합의 효과를 문제 8.53에서 배운다.

이제 적분기의 성능에 대한 입력 바이어스 전류의 효과를 고찰하자. 그림 8.36(a)에서 보여 주듯이 $V_{in} = 0$이고 I_{B1}은 생략한다.(왜 그럴까?) R_1에서의 전압 강하가 0이므로 이 회로는 I_{B2}가 C_1을 통해 흐르도록 한다. 사실 R_1과 I_{B2}의 테브냉 등가[그림 8.36(b)]는

$$V_{out} = -\frac{1}{R_1 C_1}\int V_{in}\, dt \tag{8.83}$$

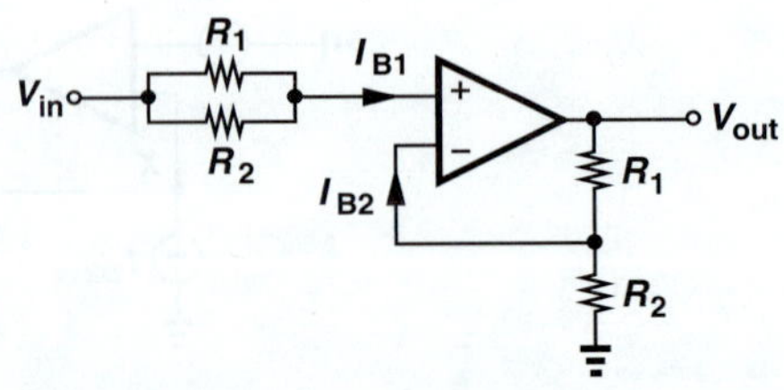

그림 8.35 베타의 변동을 위한 교정

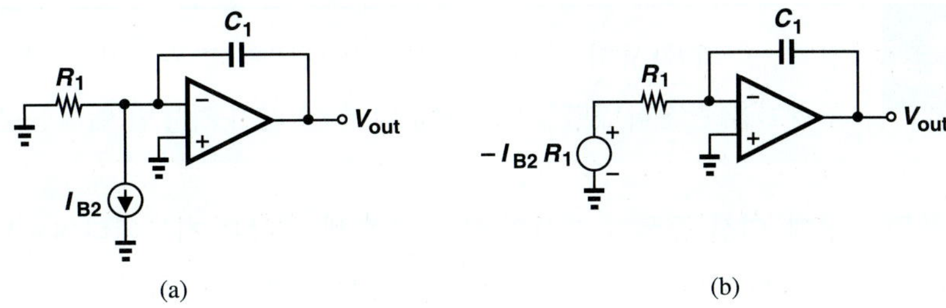

그림 8.36 (a) 적분기에서 나타나는 입력 바이어스 전류의 효과; (b) 테브냉 등가 회로

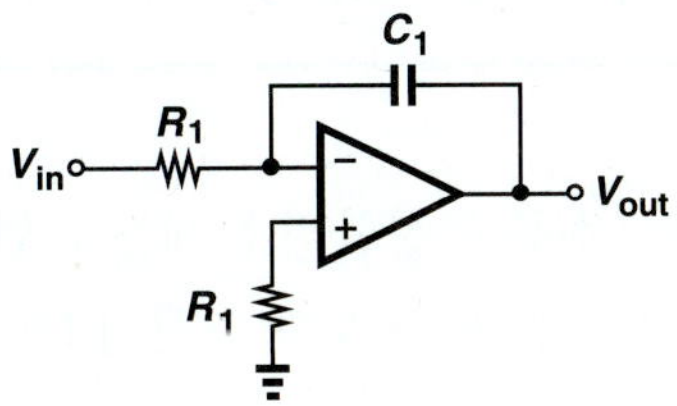

그림 8.37 적분기에서의 입력 전류 교정

$$= +\frac{1}{R_1 C_1} I_{B2} R_1 \, dt \tag{8.84}$$

$$= \frac{I_{B2}}{C_1} \, dt \tag{8.85}$$

를 생기게 한다.(물론 C_1을 통한 I_{B2}는 같은 결과에 이르게 한다.) 다시 말하면 회로는 입력 바이어스 전류를 적분하고 이로 인해 V_{out}은 결국 양이나 음의 전원 전압 근처로 포화된다.

그림 8.35의 교정 기술을 적분기에 적용할 수 있는가? 그림 8.36(b)의 모델은 R_1과 같은 저항을 비반전 입력과 직렬로 놓음으로써 효과를 제거할 수 있다는 것을 암시한다. 결과는 그림 8.37에 묘사되었다.

Did you know?

연산 증폭기 설계는 항상 흥미로운 도전에 직면했고 새로운 아이디어를 이끌어 냈다. 사실상 연산 증폭기 내에서 사용하기 위해 발명된 많은 기술은 다른 회로에도 빠르게 적용되었다. 초기 연산 증폭기는 높은 이득을 얻으려고 노력했지만 때때로 *발진*하는 불안정에 직면하였다. 후속 세대의 연산 증폭기는 높은 입력 임피던스, 낮은 출력 임피던스, 또는 낮은 공급 전압을 위해 설계되었으며, 저소음 또는 고속 작동을 위해 많은 다른 방법들이 도입되었다. 대부분의 논쟁들은 오늘날의 연산 증폭기 설계에서도 지속되고 있다. 흥미롭게도 연산 증폭기에 사용되는 트랜지스터의 수는 50년 동안 크게 변하지 않았다. 741에는 약 20개의 트랜지스터가 포함되었고 최신 연산 증폭기도 마찬가지이다.

예제 8.13 전기공학과 학생이 실험실에서 그림 8.37의 토폴로지를 시도하였는데 여전히 출력이 포화됨을 관찰하였다. 이 효과에 대한 세 가지 가능한 이유를 제시하라.

풀이 첫째, 연산 증폭기 자신의 직류 오프셋 전압은 적분된다(8.4.1절). 둘째, 두 입력 바이어스 전류는 약간의 부정합을 항상 갖는다. 따라서 불완전한 제거를 일으킨다. 셋째, 그림 8.37의 두 저항 역시 부정합을 보이고 부가적인 오차를 만든다.

연습문제 연산 증폭기의 내부 회로가 MOS 소자를 사용한다면 저항 R_1이 필요하겠는가?

입력 바이어스 전류 부정합의 문제는 그림 8.31(c)의 회로와 비슷한 수정을 요구한다. 부정합 전류는 C_1보다는 R_2를 통해 흐른다.(왜 그럴까?)

8.4.3 속도 제한

유한한 대역폭 지금까지는 속도 제한이 없다는 가정 아래 연산 증폭기를 다루었다. 실제로는 연산 증폭기의 내부 커패시터가 고주파에서 성능을 저하시킨다. 예를 들면 그림 8.38에서 보여 주듯이 동작 주파수가 f_1을 초과하면 이득이 떨어지기 시작한다. 이 장에서는 그런 효과를 간단히 해석하고, 더 자세한 공부는 11장으로 미룬다.

그림 8.38에 나와 있는 이득 감소를 나타내기 위하여 그림 8.1의 연산 증폭기 모델을 수정한다. 간단히 근사화하면 연산 증폭기의 내부 회로는 다음과 같은 전달 함수를 갖는 1차(단일 극점) 시스템에 의해 모델링될 수 있다.

$$\frac{V_{out}}{V_{in1} - V_{in2}}(s) = \frac{A_0}{1 + \frac{s}{\omega_1}} \tag{8.86}$$

여기서 $\omega_1 = 2\pi f_1$이다. ω_1보다 훨씬 낮은 주파수에서는 $s/\omega_1 \ll 1$이고 이득이 A_0와 같음을 유의하라. 아주 높은 주파수에서는 $s/\omega_1 \gg 1$이고 연산 증폭기의 이득은 $\omega_u = A_0\omega_1$에서 1로 떨어진다. 이 주파수를 연산 증폭기의 '단위 이득 대역폭'이라 부른다. 이 모델을 사용하면 앞 절에서 공부한 회로의 성능을 재조사할 수 있다.

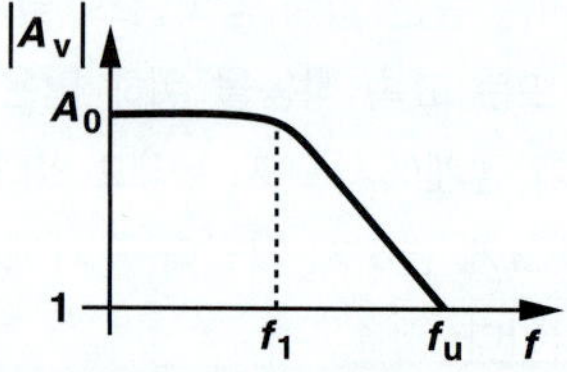

그림 8.38 연산 증폭기의 주파수 응답

그림 8.5의 비반전 증폭기에 대해 고려하자. 식 (8.11)에서 A_0 대신 위의 전달 함수로 대체하면

$$\frac{V_{out}}{V_{in}}(s) = \frac{\dfrac{A_0}{1+\dfrac{s}{\omega_1}}}{1+\dfrac{R_2}{R_1+R_2}\dfrac{A_0}{1+\dfrac{s}{\omega_1}}} \tag{8.87}$$

가 된다. 분자와 분모에 $(1+s/\omega_1)$을 곱하면

$$\frac{V_{out}}{V_{in}}(s) = \frac{A_0}{\dfrac{s}{\omega_1}+\dfrac{R_2}{R_1+R_2}A_0+1} \tag{8.88}$$

를 얻을 수 있다. 시스템은 아직까지 1차이고 폐루프 전달 함수의 극점은

$$|\omega_{p,closed}| = \left(1+\frac{R_2}{R_1+R_2}A_0\right)\omega_1 \tag{8.89}$$

로 주어진다. 그림 8.39에 묘사되어 있듯이 폐루프 회로의 대역폭은 연산 증폭기 자신의 대역폭보다 훨씬 크다. 물론 이런 개선은 대역폭 증가에 비례하여 이득이 A_0에서 $1+R_2A_0/(R_1+R_2)$로 감소하는 희생의 결과로 생긴다.

예제 8.14

비반전 증폭기에 개루프 이득이 100이고 대역폭이 1 MHz인 연산 증폭기를 사용하였다. 폐루프 이득이 16이 되도록 회로가 설계되었을 때 대역폭과 시상수를 구하라.

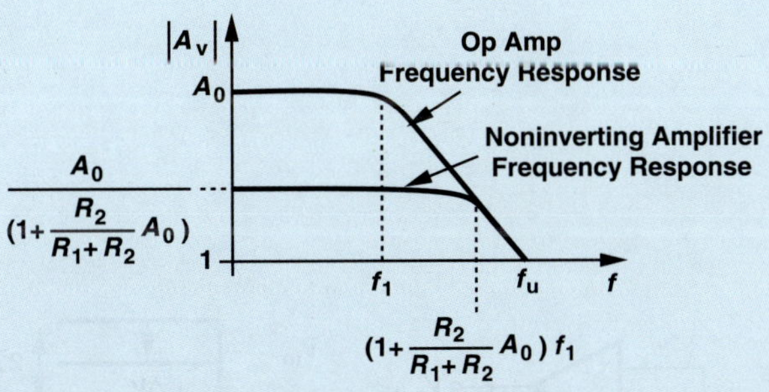

그림 8.39 개루프 연산 증폭기와 폐루프 회로의 주파수 응답

풀이 폐루프 이득이 16일 경우 $1+R_1/R_2 = 16$이다. 따라서

$$|\omega_{p,closed}| = \left(1 + \frac{R_2}{R_1 + R_2} A_0\right)\omega_1 \tag{8.90}$$

$$= \left(1 + \frac{1}{\frac{R_1}{R_2} + 1} A_0\right)\omega_1 \tag{8.91}$$

$$= 2\pi \times (7.25\ \text{MHz}) \tag{8.92}$$

이다. $|\omega_{p,closed}|^{-1}$로 주어지는 회로의 시상수는 2.51 ns이다.

연습문제 연산 증폭기의 이득이 500일 때 위의 예제를 다시 풀어라.

위의 해석은 반전 증폭기에서도 반복될 수 있다. 독자는 결과가 식 (8.89)와 비슷하다는 것을 증명할 수 있다.

연산 증폭기의 유한한 대역폭은 적분기의 성능을 심각하게 저하시킬지도 모른다. 이 해석은 이 책의 범위를 벗어나며, 흥미를 갖는 독자를 위해 문제 8.57에서 개요를 보여 준다.

연산 증폭기를 사용할 때 또 다른 문제는 **안정성**이다. 만일 위에서 보여 준 토폴로지에 놓인다면 어떤 연산 증폭기는 발진할지도 모른다. 연산 증폭기의 내부 커패시터 때문에 발생하는 이 현상은 가끔 '주파수 보상(frequency compensation)'이라고 불리는 내부나 외부의 안정화를 요구한다. 이 개념은 12장에서 배운다.

슬루율 대역폭과 안정성 문제와 더불어 대신호에 대한 응답과 관련된 또 다른 흥미로운 효과가 연산 증폭기에서 관찰된다. 그림 8.40(a)에 나와 있는 비반전 구조를 고려하자. 여기서 폐루프 전달 함수는 식 (8.88)에 의해 주어진다. 입력에서의 작은 계단 ΔV는

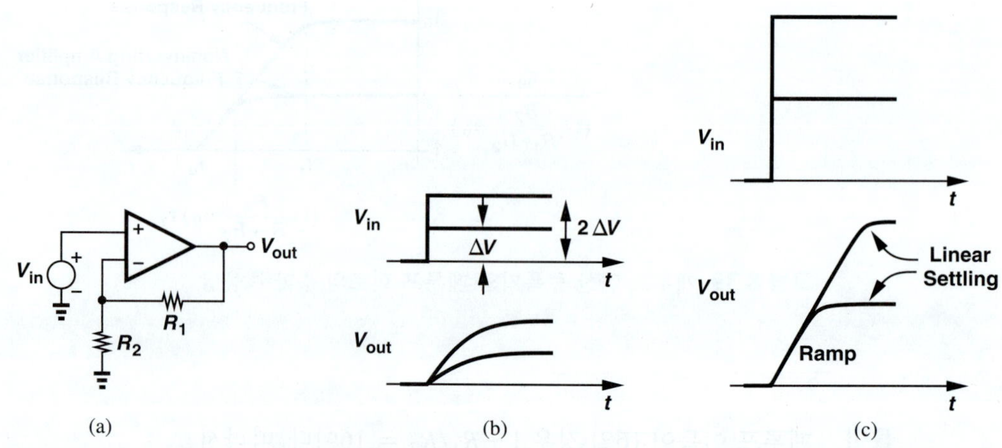

그림 8.40 (a) 비반전 증폭기; (b) 선형 체제에서의 입력과 출력 파형; (c) 슬루잉 체제에서의 입력과 출력 파형

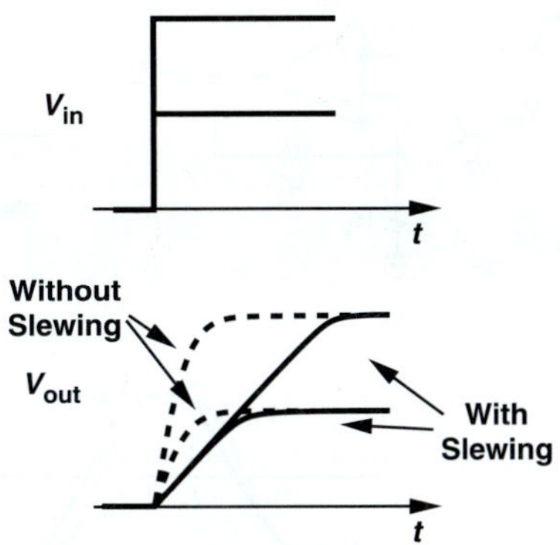

그림 8.41 슬루잉이 있거나 없는 출력 안정 속도

$|\omega_{p,closed}|^{-1}$과 같은 시상수를 갖는 증폭된 출력 파형을 만든다[그림 8.40(b)]. 만일 입력 계단이 $2\Delta V$로 증가하면 출력 파형에서의 각 점은 2배만큼 오른다.[7] 다시 말하면 입력 진폭의 배가는 출력 진폭과 출력의 기울기를 모두 2배로 만든다.

실제로 만일 신호의 진폭이 크면 연산 증폭기는 위의 동작을 보이지 않는다. 그림 8.40(c)에서 보여 주듯이 출력은 처음에는 일정한 기울기(즉, 경사로)로 증가하고 결국 그림 8.40(b)의 선형 경우처럼 안정된다. 큰 입력 계단의 경우 연산 증폭기의 내부 회로가 커패시터를 충전시키는 정전류원으로 바뀌기 때문에 파형의 경사로 부분은 증가한다. 이 시간 동안 연산 증폭기는 '슬루한다(slew)'고 말한다. 경사의 기울기는 '슬루율(SR: slew rate)'이라고 부른다.

더욱이 슬루잉은 연산 증폭기의 속도를 제한한다. 소신호 계단의 경우 출력 응답은 폐루프 시상수에 의해 결정되는 데 반하여 대신호 계단은 선형 안정 전에 슬루잉에 직면한다. 그림 8.41은 비슬루잉 회로의 응답과 슬루잉 연산 증폭기의 응답을 비교한 것으로, 후자의 경우에서 더 긴 안정 시간을 보여 준다.

슬루잉이 비선형 현상이라고 이해하는 것이 중요하다. 그림 8.40(c)의 파형에 의해 제시되듯이 계단 부분에서의 점들은 선형 비율을 따르지 않는다.(만일 $x \rightarrow y$이면 $2x \not\rightarrow 2y$이다). 비선형성은 대신호 사인파를 그림 8.40(a)의 회로에 인가하고 주파수를 점진적으로 증가시킴으로써 관찰될 수 있다(그림 8.42). 저주파에서는 사인파의 최대 경사가 연산 증폭기의 슬루율보다 작으므로 연산 증폭기 출력은 사인파를 '따라간다'[그림 8.42(a)]. $V_{in}(t) = V_0 \sin \omega t$와 $V_{out}(t) = V_0(1 + R_1/R_2) \sin \omega t$라고 쓰면

$$\frac{dV_{out}}{dt} = V_0 \left(1 + \frac{R_1}{R_2}\right) \omega \cos \omega t \tag{8.93}$$

를 얻는다. 따라서 출력은 (영 교차점에서) 최대 경사 $V_0\omega(1 + R_1/R_2)$를 나타내고, 슬루잉

7) 선형 시스템에서 만일 $x(t) \rightarrow y(t)$이면 $2x(t) \rightarrow 2y(t)$임을 기억하라.

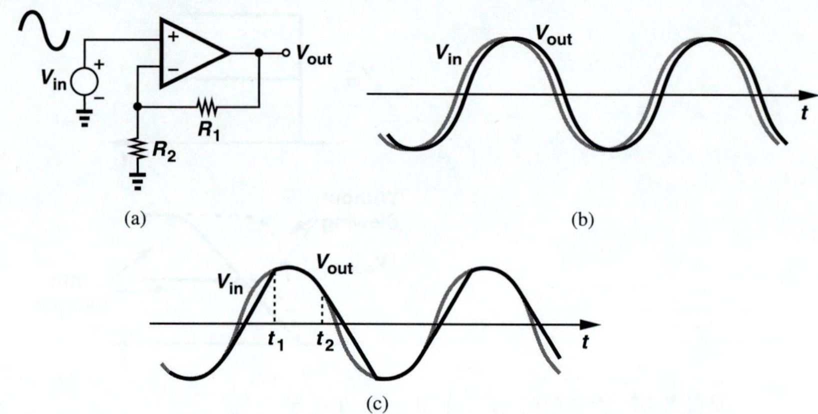

그림 8.42 (a) 간단한 비반전 증폭기; (b) 슬루잉이 없는 입력과 출력 파형; (c) 슬루잉이 있는 입력과 출력 파형

을 피하기 위하여 연산 증폭기 슬루율은 이 값을 초과해야 한다.

만일 연산 증폭기 슬루율이 불충분하면 어떤 일이 일어나는가? 출력은 0을 지나는 동안 정현파 형태를 따라가는 데 실패하고, 그림 8.42(b)에 나와 있는 왜곡된 동작을 보여 준다. 파형의 경사가 연산 증폭기의 슬루율을 초과하지 않는 한, 예를 들어 t_1과 t_2 사이의 출력이 입력을 따라감을 유의하라.

예제 8.15 연산 증폭기의 내부 회로는 대신호 동작 중 5 pF 커패시터를 충전시키는 1 mA 전류원으로 간략화될 수 있다. 만일 이 연산 증폭기를 사용한 증폭기가 진폭이 0.5 V인 정현파를 만들어 낼 때 슬루잉을 피하는 최대 동작 주파수를 구하라.

풀이 슬루율은 $I/C = 0.2$ V/ns로 주어진다. $V_p = 0.5$ V일 때 출력이 $V_{out} = V_p \sin \omega t$로 주어질 경우 최대 기울기는

$$\left.\frac{dV_{out}}{dt}\right|_{max} = V_p\omega \tag{8.94}$$

와 같다. 이것을 슬루율과 같게 놓으면

$$\omega = 2\pi(63.7 \text{ MHz}) \tag{8.95}$$

를 얻는다. 즉, 주파수가 63.7 MHz보다 높을 경우 출력의 영 교차들은 슬루잉에 걸린다.

연습문제 입력 주파수가 200 MHz일 때 출력 파형을 도시하라.

식 (8.93)은 슬루잉의 시작이 폐루프 이득 $1 + R_1/R_2$와 관계있다는 것을 가리킨다. 슬루

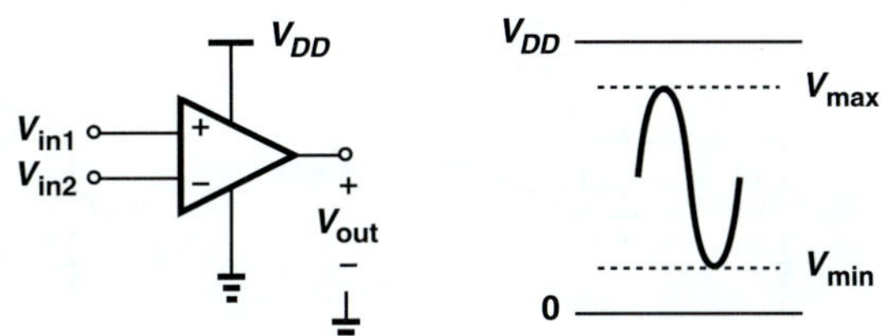

그림 8.43 연산 증폭기 최대 출력폭

잉이 일어나지 않는 최대 정현 주파수를 정의하기 위해, 최악의 경우 다시 말하면 연산 증폭기가 포화가 없는 최대 가능한 전압 변화폭을 만들 때를 가정하는 것이 일반적이다. 그림 8.43에 의해 예시되듯이 출력에서 허용되는 가장 큰 정현파는

$$V_{out} = \frac{V_{max} - V_{min}}{2} \sin \omega t + \frac{V_{max} + V_{min}}{2} \tag{8.96}$$

으로 주어진다. 여기서 V_{max}과 V_{min}은 포화가 없는 출력 레벨의 범위를 나타낸다. 만일 연산 증폭기가 슬루율 SR을 가졌다면 위 정현파의 최대 주파수는

$$\left.\frac{dV_{out}}{dt}\right|_{max} = SR \tag{8.97}$$

로부터 얻을 수 있다. 따라서

$$\omega_{FP} = \frac{SR}{\dfrac{V_{max} - V_{min}}{2}} \tag{8.98}$$

이 된다. '최대 전력 대역폭(full-power bandwidth)'이라고 불리는 ω_{FP}는 연산 증폭기의 유용한 대신호 속도의 척도를 제공한다.

8.4.4 유한한 입력과 출력 임피던스

실제 연산 증폭기는 무한대의 입력 임피던스[8)]나 0의 출력 임피던스를 갖지 않는다—후자는 가끔 설계 시 제한을 초래한다. 여기서 이러한 비이상성이 회로에 미치는 영향을 분석하자.

연산 증폭기의 출력 저항이 R_{out}이라고 가정하면서 그림 8.44(a)의 반전 증폭기를 고려하자. 회로를 어떻게 해석해야 하는가? 그림 8.1의 모델로 돌아가서 R_{out}을 출력 전압원에 직렬로 연결하자[그림 8.44(b)]. R_{out}이 있을 때 회로를 풀어야 한다. R_{out}을 통해 흐르는 전류는 $(-A_0 v_X - v_{out})/R_{out}$임을 알 수 있다. v_{in}부터 v_{out}까지 R_2와 R_1을 통하는 KVL을 쓰면

8) 입력에 MOS 트랜지스터를 채용한 연산 증폭기는 낮은 주파수에서 매우 높은 입력 임피던스를 갖는다.

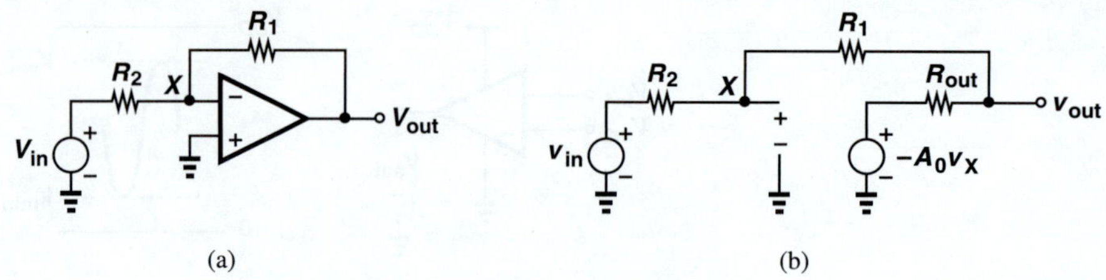

그림 8.44 (a) 반전 증폭기; (b) 연산 증폭기의 유한한 출력 저항의 효과

$$v_{in} + (R_1 + R_2)\frac{-A_0 v_X - v_{out}}{R_{out}} = v_{out} \tag{8.99}$$

이 된다. v_X에 대한 또 다른 식을 만들기 위해 R_1과 R_2를 전압 분배기로 보자.

$$v_X = \frac{R_2}{R_1 + R_2}(v_{out} - v_{in}) + v_{in} \tag{8.100}$$

식 (8.99)에 v_X를 대입하면

$$\frac{v_{out}}{v_{in}} = -\frac{R_1}{R_2}\frac{A_0 - \dfrac{R_{out}}{R_1}}{1 + \dfrac{R_{out}}{R_2} + A_0 + \dfrac{R_1}{R_2}} \tag{8.101}$$

이 된다. 분자에 있는 부가적인 항 $-R_{out}/R_1$과 분모에 있는 R_{out}/R_2는 회로의 이득을 증가시킨다.

예제 8.16 전기공학과 학생이 $A_0 = 10{,}000$이고 $R_{out} = 1\ \Omega$인 연산 증폭기를 구입하고, $R_1 = 50\ \Omega$과 $R_2 = 10\ \Omega$을 사용하여 그림 8.44(a)의 증폭기를 구성하였다. 안타깝게도 회로는 R_{out}/R_1과 R_{out}/R_2가 식 (8.101)의 A_0보다 훨씬 작음에도 불구하고 출력에서 대전압 변화폭을 가져 실패하였다. 이유를 설명하라.

풀이 출력폭이 2 V인 경우, 연산 증폭기는 R_1에 40 mA의 큰 전류를 흘려 줄 필요가 있을 것이다.(왜 그럴까?) 많은 연산 증폭기는 소신호 출력 임피던스가 매우 작을지라도 오직 작은 출력 전류만을 공급할 수 있다.

연습문제 연산 증폭기가 5 mA의 전류를 공급할 수 있다면, 출력 전압이 1 V 정도로 클 경우 가능한 저항 R_1의 값은 얼마인가?

8.5 설계 예제

앞 절에서 학습한 연산 증폭기의 응용에 이어 연산 증폭기 회로의 설계 과정의 몇 가지 예를 생각해 보자. 간단한 예로부터 시작하여 점차 더 어려운 문제로 진행한다.

예제 8.17

공칭 이득이 4, 이득 오차가 0.1%, 입력 임피던스가 적어도 10 kΩ인 반전 증폭기를 설계하라. 여기서 필요한 연산 증폭기 최소 이득을 결정하라.

풀이 입력 임피던스가 10 kΩ인 경우 그림 8.7(a)의 R_2로는 같은 값을 선택하며, 공칭 이득이 4인 경우 $R_1 = 40$ kΩ이 된다. 이 조건하에서 식 (8.21)은

$$\frac{1}{A_0}\left(1+\frac{R_1}{R_2}\right) < 0.1\% \tag{8.102}$$

를 요구하며, 이에 따라

$$A_0 > 5000 \tag{8.103}$$

이다.

연습문제 공칭 이득이 8인 경우 위의 예제를 다시 풀고 결과를 비교하라.

예제 8.18

폐루프 이득 = 5, 이득 오차 = 1%, 폐루프 대역폭 = 50 MHz를 만족시키는 비반전 증폭기를 설계하라. 필요한 연산 증폭기의 개루프 이득과 대역폭을 결정하라. 연산 증폭기의 입력 바이어스 전류는 0.2 μA이다.

풀이 그림 8.5와 식 (8.9)로부터

$$\frac{R_1}{R_2} = 4 \tag{8.104}$$

이다. R_1과 R_2의 선택은 연산 증폭기의 '구동 능력'(출력 저항)에 의존한다. 예를 들어 $R_1 = 4$ kΩ과 $R_2 = 1$ kΩ을 선택할 수 있고 마지막으로 식 (8.101)로부터 오차 이득을 검사할 수 있다. 1% 오차 이득의 경우

$$\frac{1}{A_0}\left(1+\frac{R_1}{R_2}\right) < 1\% \tag{8.105}$$

이고 이에 따라

$$A_0 > 500 \tag{8.106}$$

이다. 또 식 (8.89)로부터 개루프 대역폭은 다음과 같이 주어진다.

$$\omega_1 > \frac{\omega_{p,closed}}{1 + \dfrac{R_2}{R_1 + R_2} A_0} \tag{8.107}$$

$$\omega_1 > \frac{\omega_{p,closed}}{1 + \left(1 + \dfrac{R_1}{R_2}\right)^{-1} A_0} \tag{8.108}$$

$$> \frac{2\pi(50 \text{ MHz})}{100} \tag{8.109}$$

따라서 연산 증폭기는 적어도 500 kHz의 개루프 대역폭을 가져야 한다.

연습문제 오차 이득이 2%인 경우 위의 예제를 다시 풀고 결과를 비교하라.

예제 8.19 단위 이득 주파수가 10 MHz이고 입력 임피던스가 20 kΩ인 적분기를 설계하라. 만일 연산 증폭기가 0.1 V/ns의 슬루율을 갖는다면 1 MHz의 입력에 대해 슬루잉이 일어나지 않는 출력을 만들어 내는 최대 피크-피크(peak-to-peak) 정현 전압 변화폭은 얼마인가?

풀이 식 (8.30)으로부터

$$\frac{1}{R_1 C_1 (2\pi \times 10 \text{ MHz})} = 1 \tag{8.110}$$

이고, $R_1 = 20 \text{ k}\Omega$에 대해

$$C_1 = 0.796 \text{ pF} \tag{8.111}$$

이다.(개별 설계에서 이렇게 작은 커패시터는 비실용적이다.)

$V_{in} = V_p \cos \omega t$로 주어지는 입력에 대해서

$$V_{out} = \frac{-1}{R_1 C_1} \frac{V_p}{\omega} \sin \omega t \tag{8.112}$$

이고, 최대 기울기는

$$\left.\frac{dV_{out}}{dt}\right|_{max} = \frac{1}{R_1 C_1} V_p \tag{8.113}$$

이다. 이 결과를 0.1 V/ns로 놓으면

$$V_p = 1.59\ \text{V} \tag{8.114}$$

이다. 다시 말하면 1 MHz에서의 입력 피크-피크 전압 변화폭은 출력이 슬루잉에 걸리지 않기 위하여 3.18 V보다 작아야 한다.

연습문제 만일 연산 증폭기가 0.5 V/ns의 슬루율을 갖는다면 위의 결과는 어떻게 바뀌는가?

8.6 요약

- 연산 증폭기는 높은 전압 이득과 두 입력의 차에 비례하는 출력을 갖는 회로이다.
- 높은 전압 이득으로 인해 연산 증폭기는 아주 작은 입력 차이에도 적당한 출력폭을 만든다.
- 비반전 증폭기 토폴로지에서는 공칭 이득이 1과 두 저항의 비 값을 더한 값과 같다. 회로 역시 연산 증폭기의 이득에 반비례하는 이득 오차를 갖는다.
- 반전 증폭기 구성에서는 공칭 이득이 두 저항의 비 값과 같다. 이득 오차는 비반전 구성과 같다. 연산 증폭기의 비반전 입력은 접지되고, 반전 입력 역시 접지 전위와 거의 같으며 이를 '가상 접지'라 부른다.
- 만일 비반전 구성의 귀환 저항이 커패시터로 대체되면 회로는 적분기로 동작한다. 적분기는 아날로그 필터와 아날로그-디지털 변환기에서 널리 응용된다.
- 만일 반전 구성의 입력 저항이 커패시터로 대체되면 회로는 미분기로 동작한다. 높은 잡음으로 인해 미분기는 적분기보다 덜 보급되어 있다.
- 가상 접지에 연결된 여러 개의 입력 저항을 사용하는 반전 구성은 전압 가산기로 동작한다.
- 연산 증폭기 주변에 다이오드를 놓으면 정밀 정류기, 즉 아주 작은 입력폭을 정류할 수 있는 회로가 된다.
- 연산 증폭기 주변에 바이폴라 소자를 놓으면 대수 기능을 제공한다.
- 연산 증폭기는 직류 오프셋과 입력 바이어스 전류를 포함하는 여러 가지 결함을 갖는다. 이들은 여러 회로의 성능에 영향을 미치며, 적분기에서 특히 두드러진다.
- 연산 증폭기 회로의 속도는 연산 증폭기의 대역폭에 의해 제한된다. 대신호의 경우 연산 증폭기는 유한한 슬루율을 가지며 출력 파형을 왜곡시킨다.

PROBLEMS

Sec. 8.1 General Considerations

8.1. Actual op amps exhibit "nonlinear" characteristics. For example, the voltage gain (the slope) may be equal to 1000 for $-1\text{ V} < V_{out} < +1\text{ V}$, 500 for $1\text{ V} < |V_{out}| < 2\text{ V}$, and close to zero for $|V_{out}| > 2\text{ V}$.
- (a) Plot the input/output characteristic of this op amp.
- (b) What is the largest input swing that the op amp can sense without producing "distortion" (i.e., nonlinearity)?

8.2. An op amp exhibits the following nonlinear characteristic:

$$V_{out} = \alpha \tanh[\beta(V_{in1} - V_{in2})]. \quad (8.115)$$

Sketch this characteristic and determine the small-signal gain of the op amp in the vicinity of $V_{in1} - V_{in2} \approx 0$.

Sec. 8.2.1 Noninverting Amplifier

SOL **8.3.** A noninverting amplifier employs an op amp having a nominal gain of 2000 to achieve a nominal closed-loop gain of 8. Determine the gain error.

8.4. A noninverting amplifier must provide a nominal gain of 4 with a gain error of 0.1%. Compute the minimum required op amp gain.

8.5. Looking at Equation (8.11), an adventurous student decides that it is possible to achieve a *zero* gain error with a finite A_0 if $R_2/(R_1 + R_2)$ is slightly adjusted from its nominal value.
- (a) Suppose a nominal closed-loop gain of α_1 is required. How should $R_2/(R_1 + R_2)$ be chosen?
- (b) With the value obtained in (a), determine the gain error if A_0 drops to $0.6A_0$.

***8.6.** A noninverting amplifier employs an op amp with a finite output impedance, R_{out}. Representing the op amp as depicted in Fig. 8.45, compute the closed-loop gain and output impedance. What happens if $A_0 \to \infty$?

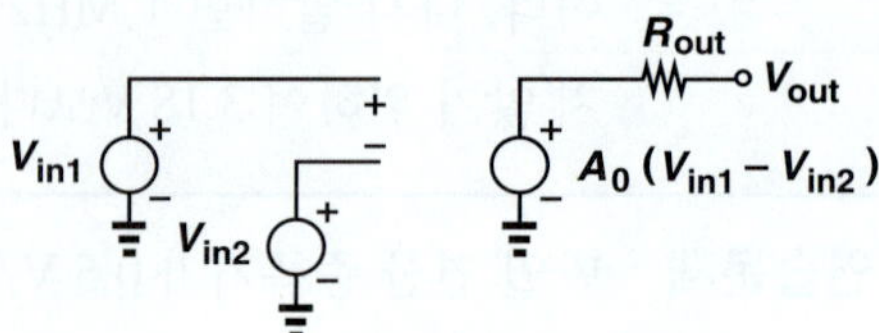

Figure 8.45

***8.7.** A noninverting amplifier incorporates an op amp having an input impedance of R_{in}. Modeling the op amp as shown in Fig. 8.46, determine the closed-loop gain and input impedance. What happens if $A_0 \to \infty$?

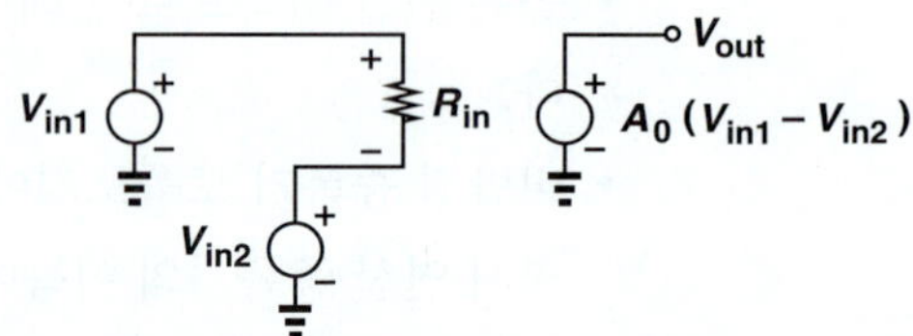

Figure 8.46

8.8. In the noninverting amplifier shown in Fig. 8.47, resistor R_2 deviates from its nominal value by ΔR. Calculate the gain error of the circuit if $\Delta R/R_2 \ll 1$.

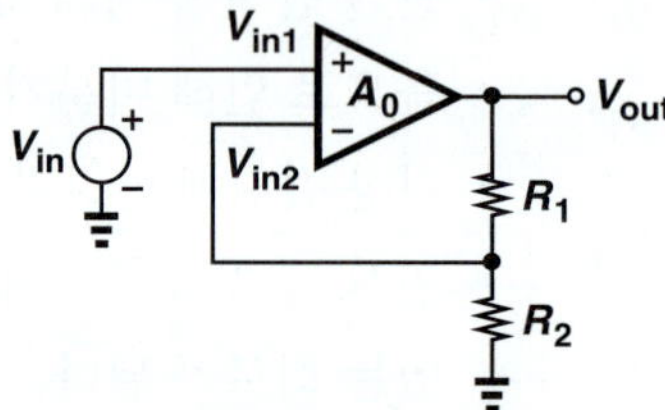

Figure 8.47

***8.9.** The input/output characteristic of an op amp can be approximated by the piecewise-linear behavior illustrated in Fig. 8.48, where the gain drops from A_0 to $0.8A_0$ and eventually to zero as $|V_{in1} - V_{in2}|$ increases. Suppose this op amp is used in a noninverting amplifier with a nominal gain of 5. Plot the closed-loop input/output characteristic of the circuit. (Note that the closed-loop gain experiences much less variation; i.e., the closed-loop circuit is much more linear.)

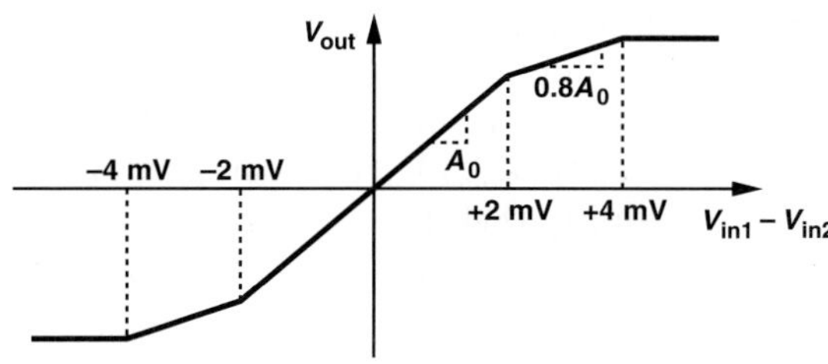

Figure 8.48

SOL **8.10.** A truck weighing station incorporates a sensor whose resistance varies linearly with the weight: $R_S = R_0 + \alpha W$. Here R_0 is a constant value, α a proportionality factor, and W the weight of each truck. Suppose R_S plays the role of R_2 in the noninverting amplifier (Fig. 8.49). Also, $V_{in} = 1$ V. Determine the gain of the system, defined as the change in V_{out} divided by the change in W.

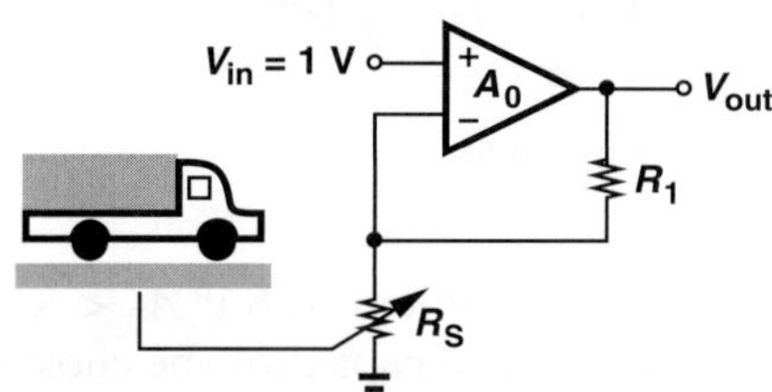

Figure 8.49

*__8.11.__ Calculate the closed-loop gain of the noninverting amplifier shown in Fig. 8.50 if $A_0 = \infty$. Verify that the result reduces to expected values if $R_1 \to 0$ or $R_3 \to 0$.

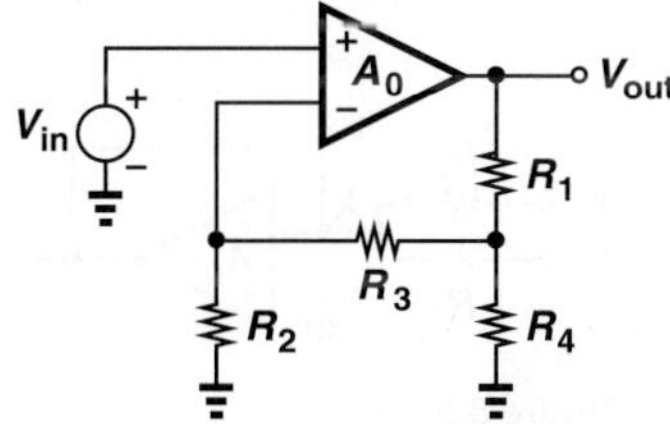

Figure 8.50

Sec. 8.2.2 Inverting Amplifier

8.12. An inverting amplifier must provide a nominal gain of 8 with a gain error of 0.2%. Determine the minimum required op amp gain.

8.13. The op amp used in an inverting amplifier exhibits a finite input impedance, R_{in}. Modeling the op amp as shown in Fig. 8.45, determine the closed-loop gain and input impedance.

8.14. An inverting amplifier employs an op amp having an output impedance of R_{out}. Modeling the op amp as depicted in Fig. 8.46, compute the closed-loop gain and output impedance.

8.15. An inverting amplifier must provide an input impedance of approximately 10 kΩ and a nominal gain of 4. If the op amp exhibits an open-loop gain of 1000 and an output impedance of 1 kΩ, determine the gain error.

8.16. Assuming $A_0 = \infty$, compute the closed-loop gain of the inverting amplifier shown in Fig. 8.51. Verify that the result reduces to expected values if $R_1 \to 0$ or $R_3 \to 0$.

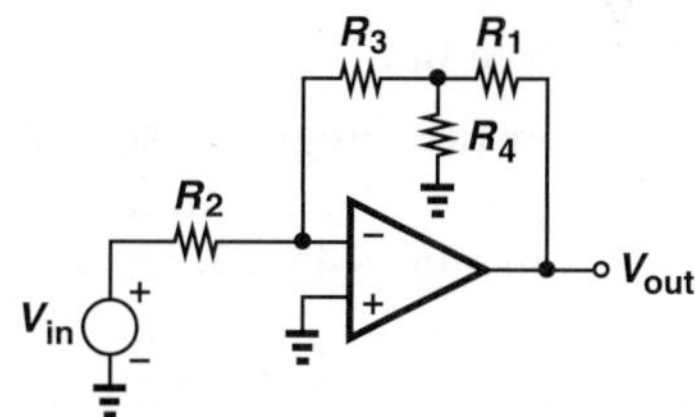

Figure 8.51

8.17. An inverting amplifier is designed for a nominal gain of 8 and a gain error of 0.1% using an op amp that exhibits an output impedance of 2 kΩ. If the input impedance of the circuit must be equal to approximately 1 kΩ, calculate the required open-loop gain of the op amp.

**__8.18.__ Determine the closed-loop gain of the circuit depicted in Fig. 8.52 if $A_0 = \infty$.

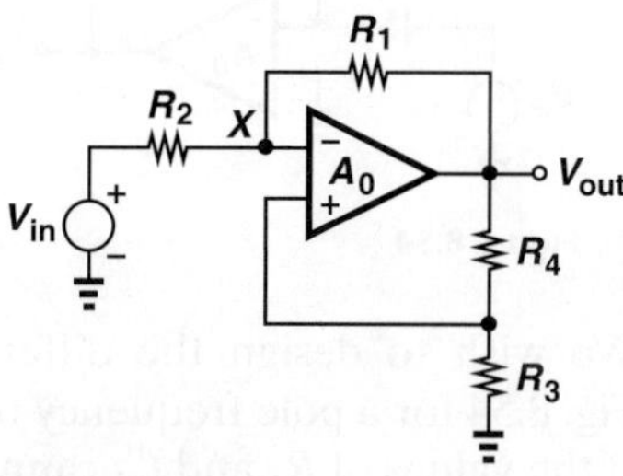

Figure 8.52

Sec. 8.2.3 Integrator and Differentiator

SOL **8.19.** The integrator of Fig. 8.53 senses an input signal given by $V_{in} = V_0 \sin \omega t$. Determine the output signal amplitude if $A_0 = \infty$.

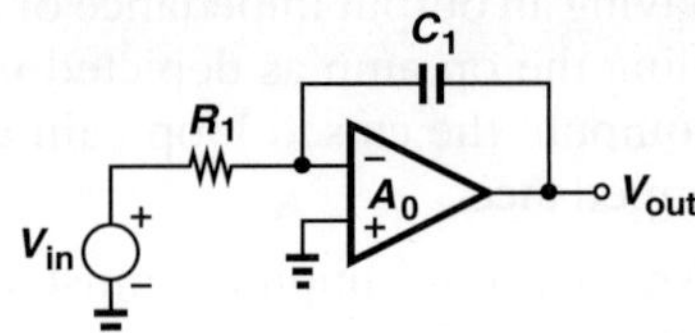

Figure 8.53

8.20. The integrator of Fig. 8.53 is used to amplify a sinusoidal input by a factor of 10. If $A_0 = \infty$ and $R_1C_1 = 10$ ns, compute the frequency of the sinusoid.

8.21. The integrator of Fig. 8.53 must provide a pole at no higher than 1 Hz. If the values of R_1 and C_1 are limited to 10 kΩ and 1 nF, respectively, determine the required gain of the op amp.

***8.22.** Consider the integrator shown in Fig. 8.53 and suppose the op amp is modeled as shown in Fig. 8.45. Determine the transfer function V_{out}/V_{in} and compare the location of the pole with that given by Eq. (8.38).

***8.23.** The op amp used in the integrator of Fig. 8.53 exhibits a finite output impedance and is modeled as depicted in Fig. 8.46. Compute the transfer function V_{out}/V_{in} and compare the location of the pole with that given by Eq. (8.38).

8.24. The differentiator of Fig. 8.54 is used to amplify a sinusoidal input at a frequency of 1 MHz by a factor of 5. If $A_0 = \infty$, determine the value of R_1C_1.

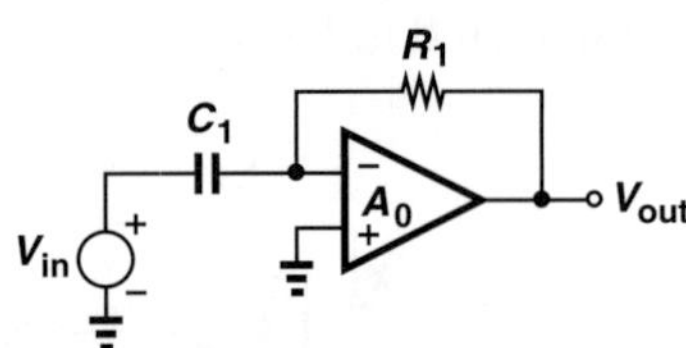

Figure 8.54

8.25. We wish to design the differentiator of Fig. 8.54 for a pole frequency of 100 MHz. If the values of R_1 and C_1 cannot be lower than 1 kΩ and 1 nF, respectively, compute the required gain of the op amp.

***8.26.** Suppose the op amp in Fig. 8.54 exhibits a finite input impedance and is modeled as shown in Fig. 8.45. Determine the transfer function V_{out}/V_{in} and compare the result with Eq. (8.43).

***8.27.** The op amp used in the differentiator of Fig. 8.54 suffers from a finite output impedance and is modeled as depicted in Fig. 8.46. Compute the transfer function and compare the result with Eq. (8.43).

8.28. Calculate the transfer function of the circuit shown in Fig. 8.55 if $A_0 = \infty$. What choice of component values reduces $|V_{out}/V_{in}|$ to unity at all frequencies?

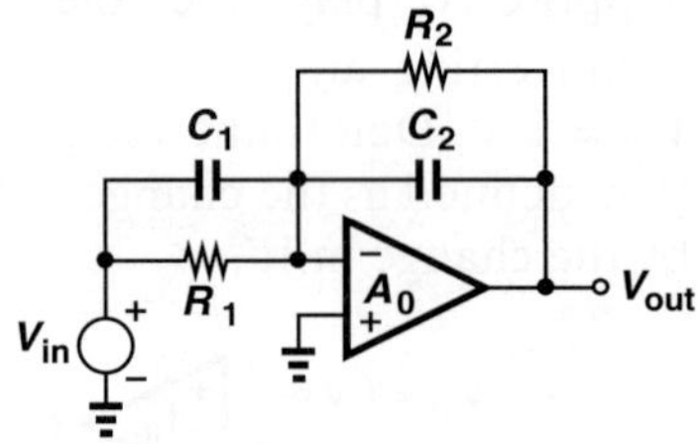

Figure 8.55

****8.29.** Repeat Problem 8.28 if $A_0 < \infty$. Can the resistors and capacitors be chosen so as to reduce $|V_{out}/V_{in}|$ to approximately unity?

Sec. 8.2.4 Voltage Adder

8.30. Consider the voltage adder shown in Fig. 8.56. Plot V_{out} as a function of time if $V_1 = V_0 \sin \omega t$ and $V_2 = V_0 \sin(3\omega t)$. Assume $R_1 = R_2$ and $A_0 = \infty$. SOL

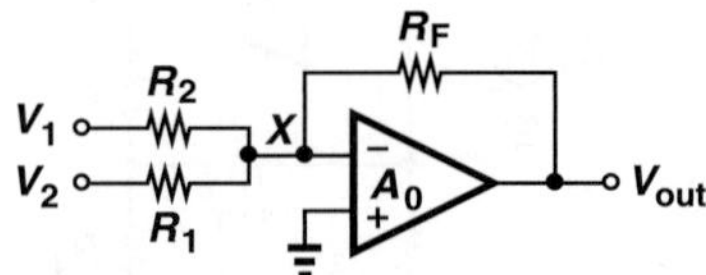

Figure 8.56

8.31. The op amp in Fig. 8.56 suffers from a finite gain. Calculate V_{out} in terms of V_1 and V_2.

8.32. The voltage adder of Fig. 8.56 employs an op amp having a finite output impedance, R_{out}. Using the op amp model depicted in Fig. 8.46, compute V_{out} in terms of V_1 and V_2.

8.33. Due to a manufacturing error, a parasitic resistance R_P has appeared in the adder of Fig. 8.57. Calculate V_{out} in terms of V_1 and V_2 for $A_0 = \infty$ and $A_0 < \infty$. (Note that R_P can also represent the input impedance of the op amp.)

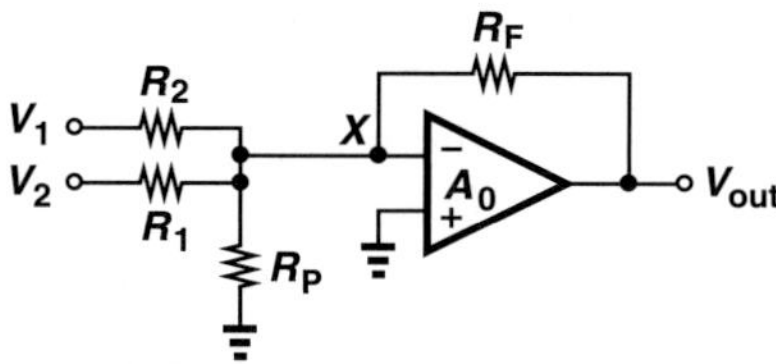

Figure 8.57

*__8.34.__ Consider the voltage adder illustrated in Fig. 8.58, where R_P is a parasitic resistance and the op amp exhibits a finite input impedance. With the aid of the op amp model shown in Fig. 8.45, determine V_{out} in terms of V_1 and V_2.

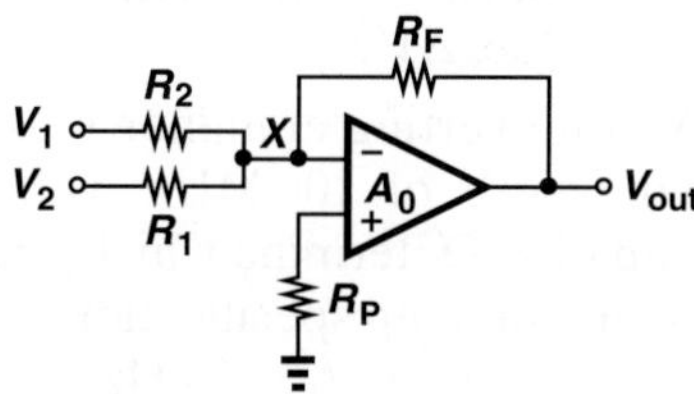

Figure 8.58

Sec. 8.3 Nonlinear Functions

8.35. Plot the current flowing through D_1 in the precision rectifier of Fig. 8.24(b) as a function of time for a sinusoidal input.

8.36. Plot the current flowing through D_1 in the precision rectifier of Fig. 8.25(a) as a function of time for a sinusoidal input.

8.37. Figure 8.59 shows a precision rectifier producing negative cycles. Plot V_Y, V_{out}, and the current flowing through D_1 as a function of time for a sinusoidal input.

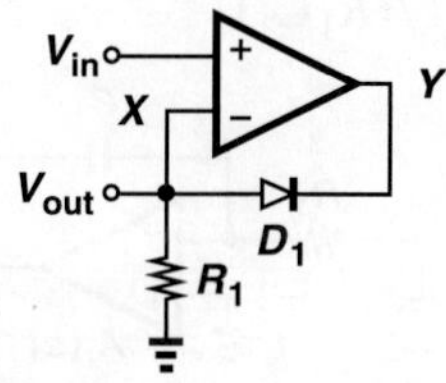

Figure 8.59

**__8.38.__ Consider the precision rectifier depicted in Fig. 8.60, where a parasitic resistor R_P has appeared in parallel with D_1. Plot V_X and V_Y as a function of time in response to a sinusoidal input. Use a constant-voltage model for the diode.

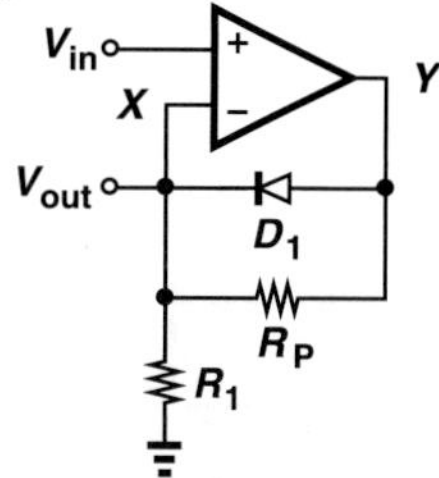

Figure 8.60

8.39. We wish to improve the speed of the rectifier shown in Fig. 8.24(b) by connecting a diode from node Y to ground. Explain how this can be accomplished.

8.40. Suppose V_{in} in Fig. 8.26 varies from −1 V to +1 V. Sketch V_{out} and V_X as a function of V_{in} if the op amp is ideal. SOL

8.41. Suppose the gain of the op amp in Fig. 8.26 is finite. Determine the input/output characteristic of the circuit.

8.42. Determine the small-signal voltage gain of the logarithmic amplifier depicted in Fig. 8.26 by differentiating both sides of Eq. (8.68) with respect to V_{in}. Plot the magnitude of the gain as a function of V_{in} and explain why the circuit is said to provide a "compressive" characteristic.

*__8.43.__ A student attempts to construct a *noninverting* logarithmic amplifier as illustrated in Fig. 8.61. Describe the operation of this circuit.

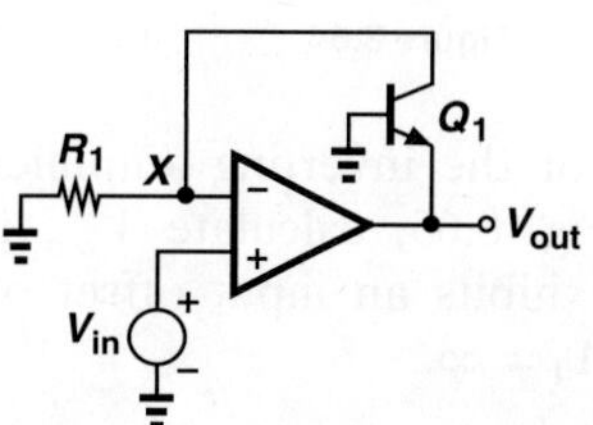

Figure 8.61

8.44. The logarithmic amplifier of Fig. 8.26 must "map" an input voltage of 1 V to an output voltage of −50 mV.

(a) Determine the required value of $I_S R_1$.
(b) Calculate the small-signal voltage gain at this input level.

8.45. The circuit illustrated in Fig. 8.62 can be considered a "true" square-root amplifier. Determine V_{out} in terms of V_{in} and compute the small-signal gain by differentiating the result with respect to V_{in}.

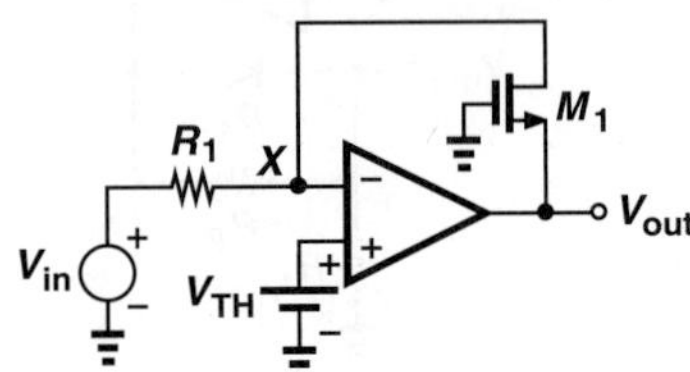

Figure 8.62

*__8.46.__ Calculate V_{out} in terms of V_{in} for the circuit shown in Fig. 8.63.

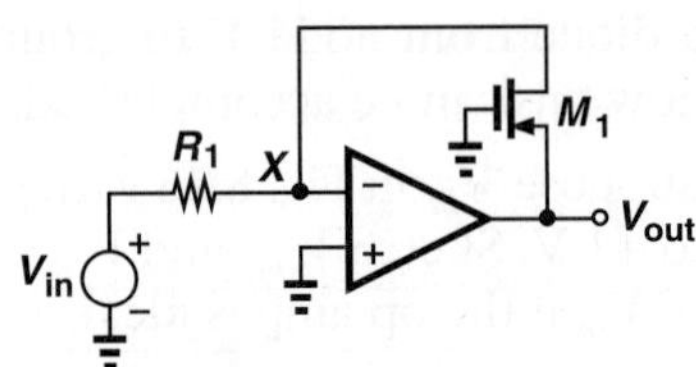

Figure 8.63

Sec. 8.4 Op Amp Nonidealities

8.47. In the noninverting amplifier of Fig. 8.64, the op amp offset is represented by a voltage source in series with the inverting input. Calculate V_{out}.

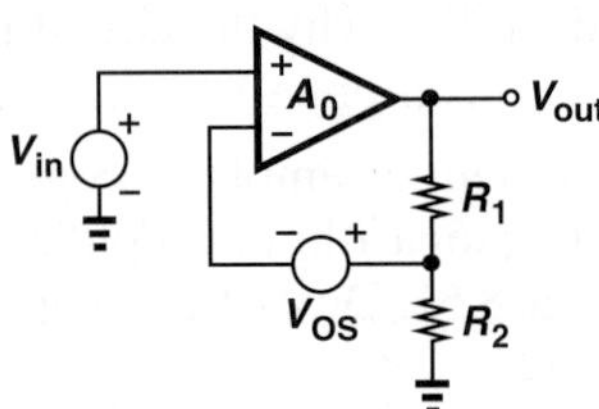

Figure 8.64

8.48. For the inverting amplifier illustrated in Fig. 8.65, calculate V_{out} if the op amp exhibits an input offset of V_{os}. Assume $A_0 = \infty$.

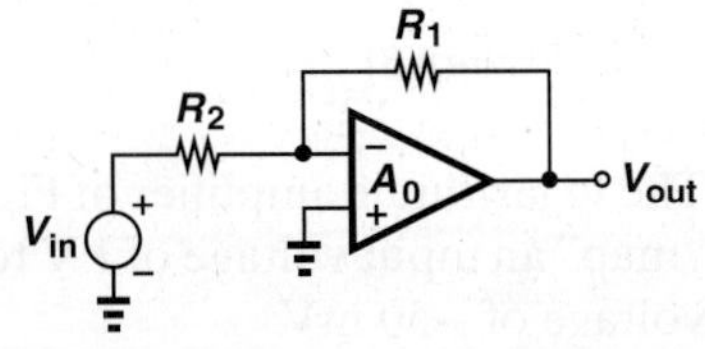

Figure 8.65

8.49. Suppose each op amp in Fig. 8.30 suffers from an input offset of 3 mV. Determine the maximum offset error in V_{out} if each amplifier is designed for a gain of 10.

8.50. The integrator of Fig. 8.31(c) must operate with frequencies as low as 1 kHz while providing an output offset of less than 20 mV with an op amp offset of 3 mV. Determine the required values of R_1 and R_2 if $C_1 \le 100$ pF.

8.51. Explain why dc offsets are not considered a serious issue in differentiators.

8.52. Explain the effect of op amp offset on the output of a logarithmic amplifier. SOL

8.53. Suppose the input bias currents in Fig. 8.33 incur a small offset, i.e., $I_{B1} = I_{B2} + \Delta I$. Calculate V_{out}.

8.54. Repeat Problem 8.55 for the circuit shown in Fig. 8.35. What is the maximum allowable value of $R_1||R_2$ if the output error due to this mismatch must remain below a certain value, ΔV?

8.55. A noninverting amplifier must provide a bandwidth of 100 MHz with a nominal gain of 4. Determine which one of the following op amp specifications is adequate:
(a) $A_0 = 1000, f_1 = 50$ Hz.
(b) $A_0 = 500, f_1 = 1$ MHz.

8.56. An inverting amplifier incorporates an op amp whose frequency response is given by Eq. (8.86). Determine the transfer function of the closed-loop circuit and compute the bandwidth.

**__8.57.__ Figure 8.66 shows an integrator employing an op amp whose frequency response is given by

$$A(s) = \frac{A_0}{1 + \dfrac{s}{\omega_0}}. \tag{8.116}$$

Determine the transfer function of the overall integrator. Simplify the result if $\omega_0 \gg 1/(R_1 C_1)$.

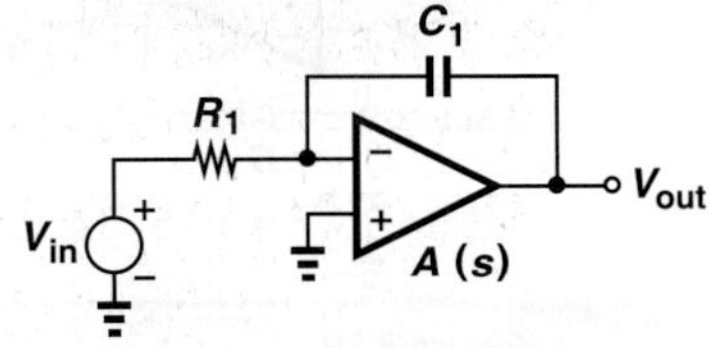

Figure 8.66

SOL **8.59.** A noninverting amplifier with a nominal gain of 4 senses a sinusoid having a peak amplitude of 0.5 V. If the op amp provides a slew rate of 1 V/ns, what is the highest input frequency for which no slewing occurs?

Design Problems

8.60. Design a noninverting amplifier with a nominal gain of 4, a gain error of 0.2%, and a total resistance, $R_1 + R_2$, of 20 kΩ. Assume the op amp has a finite gain but is otherwise ideal.

8.61. Design the inverting amplifier of Fig. 8.7(a) for a nominal gain of 8 and a gain error of 0.1%. Assume $R_{out} = 100\ \Omega$.

8.62. Design an integrator that attenuates input frequencies above 100 kHz and exhibits a pole at 100 Hz. Assume the largest available capacitor is 50 pF.

8.63. With a finite op amp gain, the step response of an integrator is a slow exponential rather than an ideal ramp. Design an integrator whose step response approximates $V(t) = \alpha t$ with an error less than 0.1% for the range $0 < V(t) < V_0$ (Fig. 8.67). Assume $\alpha = 10$ V/μs, $V_0 =$ 1 V, and the capacitor must remain below 20 pF.

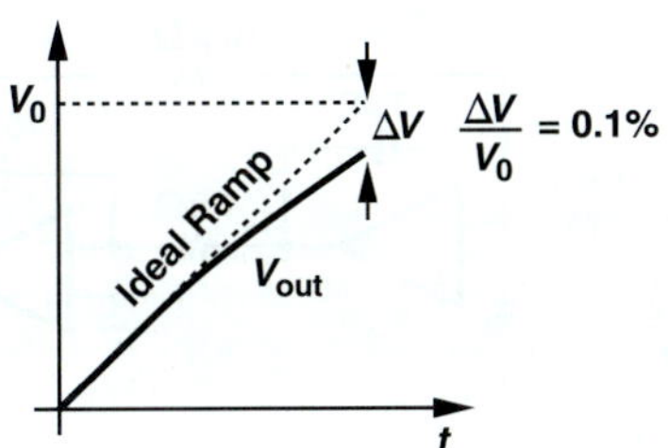

Figure 8.67

8.64. A voltage adder must realize the following function: $V_{out} = \alpha_1 V_1 + \alpha_2 V_2$, where $\alpha_1 = -0.5$ and $\alpha_2 = -1.5$. Design the circuit if the worst-case error in α_1 or α_2 must remain below 0.5% and the input impedance seen by V_1 or V_2 must exceed 10 kΩ.

8.65. Design a logarithmic amplifier that "compresses" an input range of [0.1 V 2 V] to an output range of [−0.5 V −1 V].

8.66. Can a logarithmic amplifier be designed to have a small-signal gain (dV_{out}/dV_{in}) of 2 at $V_{in} = 1$ V and 0.2 at $V_{in} = 2$ V? Assume the gain of the op amp is sufficiently high.

SPICE PROBLEMS

8.67. Assuming an op amp gain of 1000 and $I_S = 10^{-17}$ A for D_1, plot the input/output characteristic of the precision rectifier shown in Fig. 8.68.

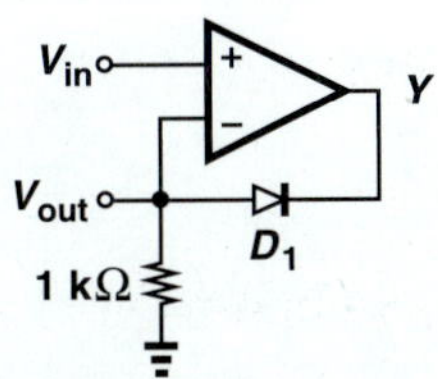

Figure 8.68

8.68. Repeat Problem 8.67 but assuming that the op amp suffers from an output resistance of 1 kΩ.

8.69. In the circuit of Fig. 8.69, each op amp provides a gain of 500. Apply a 10-MHz sinusoid at the input and plot the output as a function of time. What is the error in the output amplitude with respect to the input amplitude?

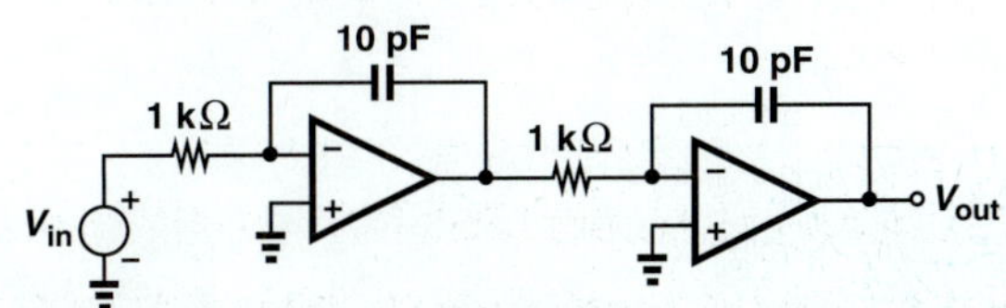

Figure 8.69

8.70. Using ac analysis in SPICE, plot the frequency response of the circuit depicted in Fig. 8.70.

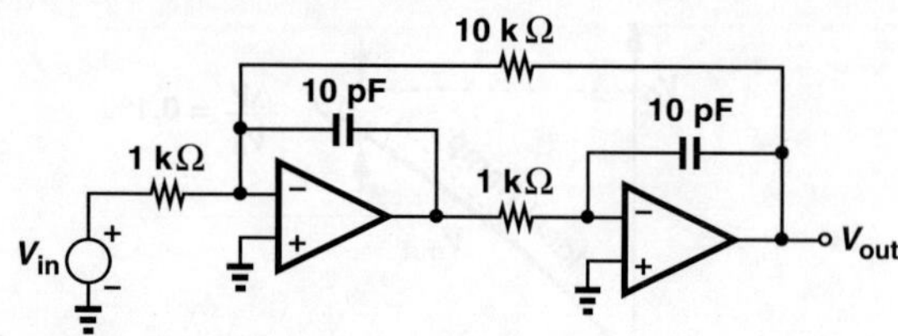

Figure 8.70

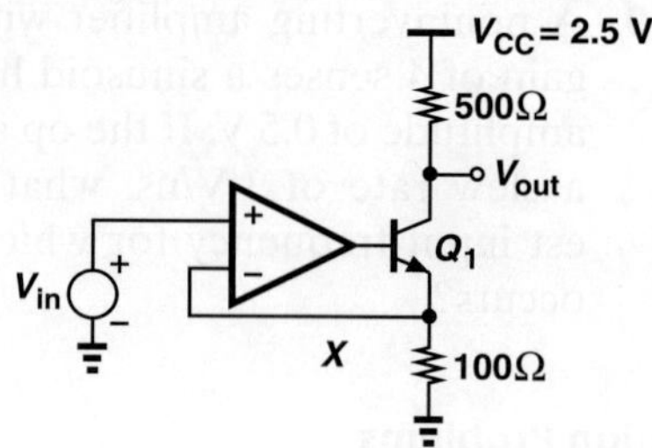

Figure 8.71

8.71. The arrangement shown in Fig. 8.71 incorporates an op amp to "linearize" a common-emitter stage. Assume $I_{S,Q1} = 5 \times 10^{-16}$ A, and $\beta = 100$.

(a) Explain why the small-signal gain of the circuit approaches R_C/R_E if the gain of the op amp is very high. (Hint: $V_X \approx V_{in}$.)

(b) Plot the input/output characteristic of the circuit for 0.1 V < V_{in} < 0.2 V and an op amp gain of 100.

(c) Subtract $V_{out} = 5\,V_{in}$ (e.g., using a voltage-dependent voltage source) from the input/output characteristic and determine the maximum error.

9

캐스코드 단과 전류 거울

관련 YouTube 비디오:

Razavi Electronics 2, 강의 1: Introduction, Cascode Current Sources
https://www.youtube.com/watch?v=pK2elUcXWzs

Razavi Electronics 2, 강의 2: MOS and Bipolar Cascode Current Sources, Introduction to Cascode Amplifiers
https://www.youtube.com/watch?v=GAvZLyii3aw

Razavi Electronics 2, 강의 3: MOS and Bipolar Cascode Amplifiers
https://www.youtube.com/watch?v=icrn9cYIPUA

Razavi Electronics 2, 강의 4: Additional Cascode Examples, Cascode Amp with PMOS Input
https://www.youtube.com/watch?v=EIbiWDyYb0Q

Razavi Electronics 2, 강의 5: Problem of Biasing; Introduction to Current Mirrors
https://www.youtube.com/watch?v=aDteBKenpWk

Razavi Electronics 2, 강의 6: Current Mirror Examples, Proper Scaling, Bipolar Current Mirrors
https://www.youtube.com/watch?v=PxsY1U8aMso

앞 장에서 배운 기본적인 바이폴라와 MOS 증폭기에 이어 이 장에서는 2개의 다른 중요한 기본 구성 요소를 다룬다. '캐스코드(cascode)'[1] 단은 공통 이미터나 공통 소스 토폴로지의 수정판으로 고성능 회로 설계 시 유용하며, '전류 거울(current mirror)'은 집적 회로에 광범위하게 채용되는 흥미롭고 융통성 있는 기술이다. 이 장에서는 각 기본 구성 요소의 바이폴라와 MOS 실현에 대해 배운다. 이 장의 주요 내용은 다음과 같다.

1) 진공관 시대에 만들어졌기 때문에 '캐스코드'라는 말은 '캐스코드 트라이오드'의 약어로 생각된다.

캐스코드 단		전류 거울
• 전류원으로서의 캐스코드 • 증폭기로서의 캐스코드	➤	• 바이폴라 거울 • MOS 거울

9.1 캐스코드 단

9.1.1 전류원으로서의 캐스코드

5장과 7장에서 배운 것처럼 전류원 부하의 사용이 증폭기의 전압 이득을 현저히 증가시킨다는 사실을 상기하자. 단일 트랜지스터는 출력 임피던스가 (바이폴라에서) 얼리 효과나 (MOSFET에서) 채널길이 변조에 의해 제한되지만 전류원으로 동작할 수 있음도 알 수 있다.

전류원으로 동작하는 트랜지스터의 출력 임피던스를 어떻게 증가시킬 수 있을까? 5장과 7장에서 관찰한 중요한 사항들이 여기서의 우리의 공부에 기초를 형성한다. 이미터나 소스의 축퇴는 컬렉터나 드레인을 들여다보는 임피던스를 각각 '증가시킨다'. 그림 9.1의 회로에 대해서

$$R_{out1} = [1 + g_m(R_E||r_\pi)]r_O + R_E||r_\pi \tag{9.1}$$

$$= (1 + g_m r_O)(R_E||r_\pi) + r_O \tag{9.2}$$

$$R_{out2} = (1 + g_m R_S)r_O + R_S \tag{9.3}$$

$$= (1 + g_m r_O)R_S + r_O \tag{9.4}$$

를 얻을 수 있으며, R_E나 R_S는 출력 저항을 증가시키기 위해 증가될 수 있다. 그러나 안타깝게도 축퇴 저항에서의 전압 강하 역시 비례적으로 증가하고, 여유 전압을 필요로 하며, 결국에는 그런 전류원을 사용하는 회로에 의해 공급되는 전압 변화폭이 제한된다. 예를 들어 만일 R_E가 300 mV를 유지하고 Q_1이 최소 500 mV의 컬렉터-이미터 전압을 필요로 하면 축퇴 전류원은 800 mV의 여유 전압을 더 '필요'로 한다.

바이폴라 캐스코드 출력 임피던스와 전압 헤드룸 사이의 균형을 완화하기 위하여 축퇴 저항을 트랜지스터로 대치할 수 있다. 바이폴라 캐스코드의 경우 그림 9.2(a)와 같이 개념은

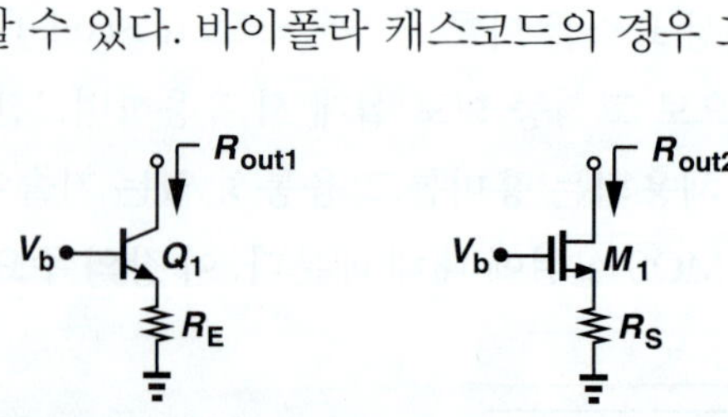

그림 9.1 축퇴된 바이폴라와 MOS 소자의 출력 임피던스

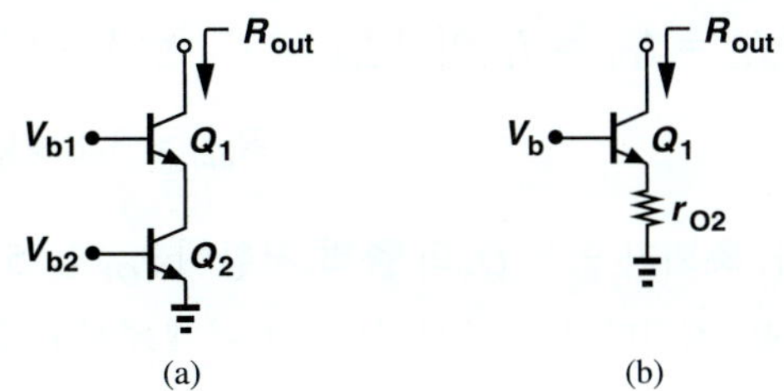

그림 9.2 (a) 캐스코드 바이폴라 전류원; (b) 등가 회로

전류와는 무관한 헤드룸을 소비하면서 Q_1의 이미터에 큰 소신호 저항(r_{O2})을 도입하는 것이다. 이런 경우 Q_2는 소프트 포화를 유지하기 위하여 대략 0.4 V의 제한을 필요로 한다. 이런 구성은 '캐스코드' 단이라고 불린다.[2] 여기서 Q_1과 Q_2가 명백히 다른 역할을 하는 것을 강조하기 위하여 Q_1을 캐스코드 트랜지스터, Q_2를 축퇴 트랜지스터로 부른다. 만일 $\beta_1 \gg 1$이면 $I_{C1} \approx I_{C2}$임에 유의하라.

그림 9.2(a)의 바이폴라 캐스코드의 출력 임피던스를 계산해 보자. Q_2의 베이스-이미터 전압이 일정하므로 이 트랜지스터는 간단히 r_{O2}와 같은 소신호 저항으로 동작한다[그림 9.2(b)]. 그림 9.1의 저항성 축퇴와 비슷하게

$$R_{out} = [1 + g_{m1}(r_{O2}||r_{\pi 1})]r_{O1} + r_{O2}||r_{\pi 1} \tag{9.5}$$

을 얻을 수 있다. 일반적으로 $g_{m1}(r_{O2} \parallel r_{\pi 1}) \gg 1$이므로

$$R_{out} \approx (1 + g_{m1}r_{O1})(r_{O2}||r_{\pi 1}) \tag{9.6}$$

$$\approx g_{m1}r_{O1}(r_{O2}||r_{\pi 1}) \tag{9.7}$$

이다. 그러나 r_O는 일반적으로 r_π보다 훨씬 크다고 가정할 수 없음에 유의하라.

예제 9.1

그림 9.2(a)의 Q_1과 Q_2가 1 mA의 컬렉터 전류로 바이어스되었을 때 출력 저항을 결정하라. 두 트랜지스터 모두 $\beta = 100$, $V_A = 5$ V라고 가정하라.

풀이 Q_1과 Q_2가 똑같고 같은 전류 레벨로 바이어스되었기 때문에 식 (9.7)은 $g_m = I_C/V_T$, $r_O = V_A/I_C$, $r_\pi = \beta V_T/I_C$에 유의함으로써 간단히 될 수 있다.

$$R_{out} \approx \frac{I_{C1}}{V_T} \cdot \frac{V_{A1}}{I_{C1}} \cdot \frac{\dfrac{V_{A2}}{I_{C2}} \cdot \dfrac{\beta V_T}{I_{C1}}}{\dfrac{V_{A2}}{I_{C2}} + \dfrac{\beta V_T}{I_{C1}}} \tag{9.8}$$

$$\approx \frac{1}{I_{C1}} \cdot \frac{V_A}{V_T} \cdot \frac{\beta V_A V_T}{V_A + \beta V_T} \tag{9.9}$$

2) 또는 간단히 '캐스코드'.

여기서 $I_C = I_{C1} = I_{C2}$이고 $V_A = V_{A1} = V_{A2}$이다. 상온에서 $V_T \approx 26$ mV이므로

$$R_{out} \approx 328.9\ \text{k}\Omega \tag{9.10}$$

이 된다. 축퇴가 없는 Q_1의 출력 저항이 $r_{O1} = 5\ \text{k}\Omega$인 것과 비교하면 여기서 '캐스코딩'은 R_{out}을 66배만큼 증가시킨다. 이 예제에서 r_{O2}와 $r_{\pi1}$은 동등함에 유의하라.

연습문제 출력 저항이 500 kΩ이 되기 위해 요구되는 얼리 전압은 얼마인가?

만일 r_{O2}가 $r_{\pi1}$보다 훨씬 크게 된다면 R_{out1}은

$$R_{out,max} \approx g_{m1} r_{O1} r_{\pi1} \tag{9.11}$$

$$\approx \beta_1 r_{O1} \tag{9.12}$$

에 가까워짐에 유의하는 것은 흥미롭다. 이것은 바이폴라 캐스코드에 의해 주어지는 최대 출력 임피던스이다. 결국 $r_{O2} = \infty$(그림 9.3)[또는 식 (9.1)에서 $R_E = \infty$]이더라도 $r_{\pi1}$은 Q_1의 이미터로부터 교류 접지까지 나타나며, 그에 따라 R_{out}은 $\beta_1 r_{O1}$으로 제한된다.

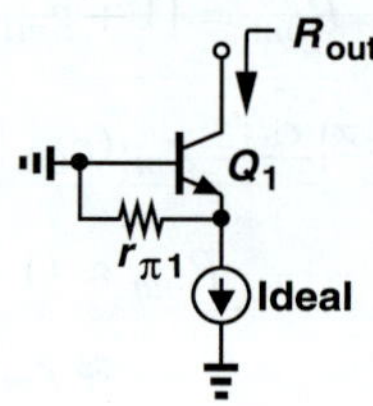

그림 9.3 이상적인 진류원을 사용한 캐스코드 토폴로지

예제 9.2

예제 9.1에서 Q_2의 얼리 전압이 50 V라고 가정하라.[3] 캐스코드의 출력 저항과 식 (9.12)에 의해 주어지는 상한 범위를 비교하라.

풀이 $g_{m1} = (26\ \Omega)^{-1}, r_{\pi1} = 2.6\ \text{k}\Omega, r_{O1} = 5\ \text{k}\Omega, r_{O2} = 50\ \text{k}\Omega$이므로

$$R_{out} \approx g_{m1} r_{O1}(r_{O2} || r_{\pi1}) \tag{9.13}$$

$$\approx 475\ \text{k}\Omega \tag{9.14}$$

가 된다. 상한 범위는 500 kΩ으로, 약 5% 더 크다.

연습문제 Q_1의 얼리 전압이 10 V일 때 위의 예제를 다시 풀어라.

3) 집적 회로에서 모든 바이폴라 트랜지스터는 같은 얼리 전압을 나타내는 같은 웨이퍼상에서 제조된다. 이 예제는 별개의 실현에 적용된다.

예제 9.3 그림 9.2(a)의 바이폴라 캐스코드의 출력 저항을 Q_2의 이미터에 저항성 축퇴를 사용하여 2배만큼 증가시키고자 한다. Q_1과 Q_2가 같을 때 요구되는 축퇴 저항의 값을 결정하라.

풀이 그림 9.4에서 나타나는 바와 같이 Q_2와 R_E 대신 식 (9.1)의 등가 저항으로 대치하자.

$$R_{outA} = [1 + g_{m2}(R_E||r_{\pi 2})]r_{O2} + R_E||r_{\pi 2} \tag{9.15}$$

식 (9.7)로부터

$$R_{out} \approx g_{m1}r_{O1}(R_{outA}||r_{\pi 1}) \tag{9.16}$$

이 성립한다. 이 값이 식 (9.7)로 주어지는 값의 2배가 되기를 원하므로

$$R_{outA}||r_{\pi 1} = 2(r_{O2}||r_{\pi 1}) \tag{9.17}$$

이 된다. 이것은

$$R_{outA} = \frac{2r_{O2}r_{\pi 1}}{r_{\pi 1} - r_{O2}} \tag{9.18}$$

이다. 실제로 $r_{\pi 1}$은 일반적으로 r_{O2}보다 작고 R_{outA}의 양의 값이 존재하지 않는다. 다시 말하면 이미터 축퇴에 의해 캐스코드의 출력 임피던스를 2배로 하는 것은 불가능하다.

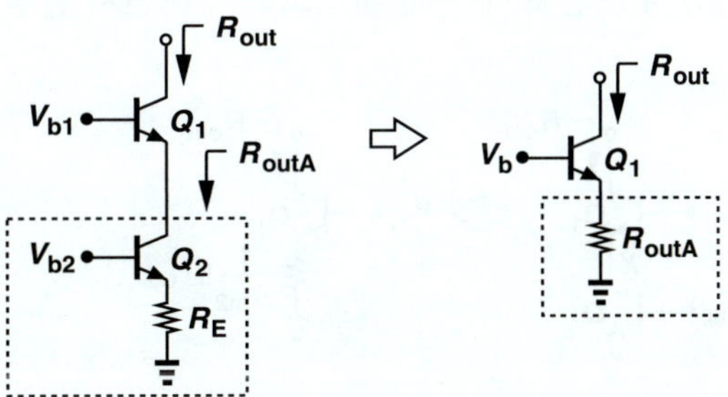

그림 9.4

연습문제 출력 임피던스가 1.5배 증가되어야 한다면 해는 존재하는가?

위의 결과가 무엇을 의미하는가? 예제 9.1과 9.2에서 얻은 출력 저항을 비교하면 같은 트랜지스터라도 상한선(=500 kΩ)과 멀지 않은 R_{out}(=328.9 kΩ)을 생기게 한다. 더 구체적으로 식 (9.7)과 (9.12)의 비 값이 $r_{O2}/(r_{O2}+r_{\pi 1})$와 같고, 만일 $r_{O2} > r_{\pi 1}$이면 0.5보다 크게 된다.

그림 9.5는 *pnp* 캐스코드를 보여 준다. 여기서 Q_1은 캐스코드 소자로 동작하고 Q_2는 축퇴 소자로 동작한다. 출력 임피던스는 식 (9.5)로 주어진다.

그림 9.5 *pnp* 캐스코드 전류원

그림 9.6 Q_2 위에 Q_1을 쌓는 것으로 본 캐스코드 토폴로지의 전개

이미터 축퇴의 극단적인 경우로 캐스코드에 도달한 반면에 그림 9.6과 같이 전개된 것으로 보는 것도 가능하다. 즉, Q_2가 r_{O2}의 출력 임피던스만을 주기 때문에 R_{out}을 증가시키기 위해 Q_1을 위에 '쌓는다'.

예제 9.4 그림 9.7의 토폴로지가 왜 캐스코드가 아닌지 설명하라.

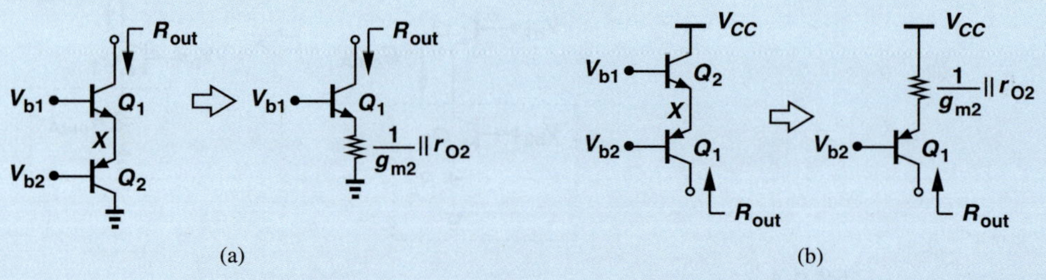

그림 9.7

풀이 그림 9.2(a)의 캐스코드와 달리 그림 9.7의 회로는 Q_1의 이미터가 Q_2의 이미터에 연결되어 있다. 트랜지스터 Q_2는 (전류원 대신) 다이오드 연결 소자로 동작한다. 따라서 노드 X에서의 임피던스는 (r_{O2} 대신) $(1/g_{m2}) \| r_{O2}$이다. 따라서 식 (9.1)에 의해 주어진 대로 출력 임피던스 R_{out}은 상당히 작다.

$$R_{out} = \left[1 + g_{m1}\left(\frac{1}{g_{m2}} \| r_{O2} \| r_{\pi 1}\right)\right] r_{O1} + \frac{1}{g_{m2}} \| r_{O2} \| r_{\pi 1} \tag{9.19}$$

실제로 $1/g_{m2} \ll r_{O2}, r_{\pi 1}$과 $g_{m1} \approx g_{m2}$(왜 그럴까?)이기 때문에

$$R_{out} \approx \left(1 + \frac{g_{m1}}{g_{m2}}\right) r_{O1} + \frac{1}{g_{m2}} \tag{9.20}$$

$$\approx 2r_{O1} \tag{9.21}$$

이다. 같은 방법으로 그림 9.7(b)의 토폴로지를 관찰할 수 있다.

연습문제 컬렉터 바이어스 전류가 1 mA이고 $V_A = 8$ V일 경우 출력 임피던스를 추정하라.

MOS 캐스코드 축퇴단에 대한 식 (9.1)과 (9.3)의 유사성은 캐스코딩이 전류원의 출력 임피던스를 증가시키기 위해 MOSFET로 실현될 수 있다는 것을 암시한다. 그림 9.8에서 보여주듯이 개념은 축퇴 저항을 MOS 전류원으로 바꾸는 것으로 X와 접지 사이에 소신호 저항 r_{O2}를 나타낸다. 식 (9.3)은

$$R_{out} = (1 + g_{m1} r_{O2}) r_{O1} + r_{O2} \tag{9.22}$$

$$\approx g_{m1} r_{O1} r_{O2} \tag{9.23}$$

로 쓸 수 있으며 여기서 $g_{m1} r_{O1} r_{O2} \gg r_{O1}, r_{O2}$라고 가정한다.

식 (9.23)은 대단히 중요한 결과로서 출력 임피던스가 캐스코드 소자의 고유 이득에 비례하는 것을 의미한다.

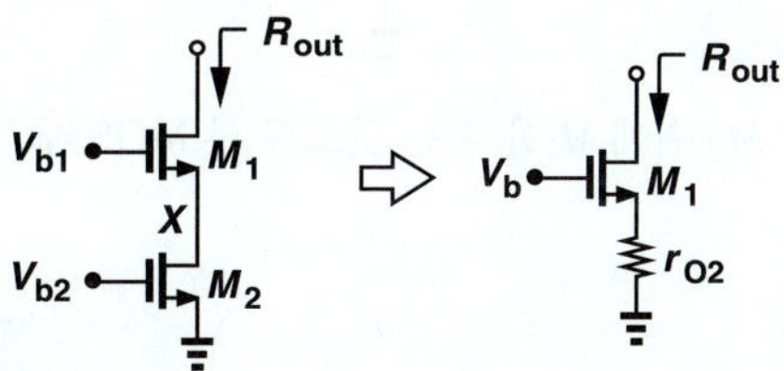

그림 9.8 MOS 캐스코드 전류원과 등가 회로

예제 9.5

출력 임피던스가 500 kΩ이고 전류가 0.5 mA인 NMOS 캐스코드를 설계하라. 단순화를 위해 그림 9.8에서 M_1과 M_2가 같다고 가정하라(같을 필요는 없다). $\mu_n C_{ox} = 100\ \mu\text{A/V}^2, \lambda = 0.1\ \text{V}^{-1}$이라고 가정하라.

풀이 2개의 트랜지스터가 다음과 같도록 W/L을 결정해야 한다.

$$g_{m1} r_{O1} r_{O2} = 500\ \text{k}\Omega \tag{9.24}$$

$r_{O1} = r_{O2} = (\lambda I_D)^{-1} = 20\ \text{k}\Omega$이기 때문에 $g_{m1} = (800\ \Omega)^{-1}$이 요구된다. 따라서

$$\sqrt{2\mu_n C_{ox} \frac{W}{L} I_D} = \frac{1}{800\ \Omega} \tag{9.25}$$

이다. 이에 따라

$$\frac{W}{L} = 15.6 \tag{9.26}$$

이 된다. $g_{m1}r_{O1} = 25 \gg 1$임을 유의해야 한다.

연습문제 $W/L = 32$일 때 출력 임피던스는 얼마인가?

MOS 캐스코드(그림 9.9)에 대한 그림 9.6에 묘사된 또 다른 관점을 예로 들면 전류원 위에 MOSFET를 쌓는 것이 임피던스를 $g_{m2}r_{O2}$(캐스코드 트랜지스터의 고유 이득)배만큼 '증가'시킨다는 것을 알 수 있다. 이런 관찰은 바이폴라와 MOS 캐스코드 사이의 현저한 차이에 대한 흥미로운 점을 보여 준다. 전자에서 r_{O2}의 증가가 결과적으로 $R_{out,bip} = \beta r_{O1}$이 되게 하는 것에 반하여 후자에서는 $R_{out,MOS} = g_{m1}r_{O1}r_{O2}$가 끝없이 증가한다.[4] 이것은 MOS 소자에서 β와 r_π가 (저주파에서) 무한대이기 때문이다.

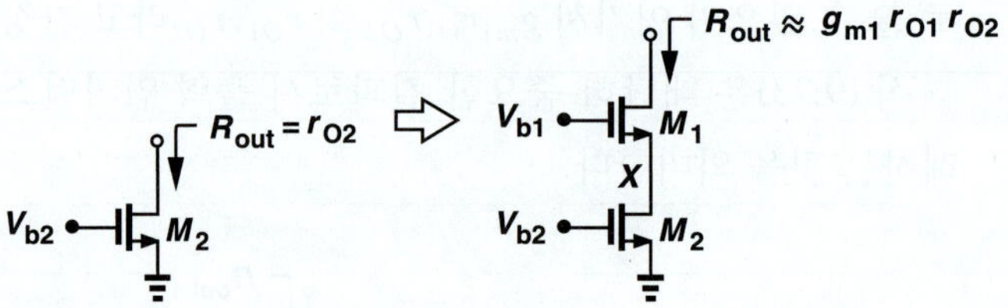

그림 9.9 M_2 위에 M_1을 쌓는 것으로 본 MOS 캐스코드

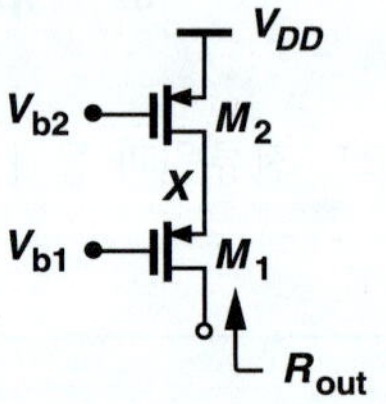

그림 9.10 PMOS 캐스코드 전류원

그림 9.10은 PMOS 캐스코드를 보여 준다. 출력 저항은 식 (9.22)에 의해 주어진다.

예제 9.6 제조하는 동안 큰 기생 저항 R_P가 그림 9.11과 같이 캐스코드에 나타났다. 출력 저항을 결정하라.

4) 실제의 경우 다른 2차 효과는 MOS 캐스코드의 출력 임피던스를 제한한다.

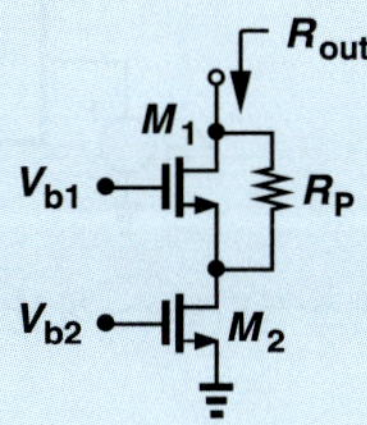

그림 9.11

풀이 R_P가 r_{O1}에 병렬로 연결되어 있다. 따라서 식 (9.23)을 다음과 같이 다시 쓰는 것이 가능하다.

$$R_{out} = g_{m1}(r_{O1}||R_P)r_{O2} \tag{9.27}$$

만일 $g_{m1}(r_{O1}||R_P)$가 1보다 훨씬 크지 않다면 원래의 식 (9.22)로 돌아온다. r_{O1} 대신에 $r_{O1}||R_P$로 치환하면 다음과 같이 된다.

$$R_{out} = (1 + g_{m1}r_{O2})(r_{O1}||R_P) + r_{O2} \tag{9.28}$$

연습문제 출력 임피던스가 2배로 감소하는 R_P의 값은 얼마인가?

9.1.2 증폭기로서의 캐스코드

캐스코드 토폴로지는 전류원으로서 높은 출력 임피던스를 줄 뿐만 아니라 높은 이득을 갖는 증폭기로도 동작한다. 실제로 출력 임피던스와 증폭기의 이득은 밀접한 관계가 있다.

아래의 공부를 위해 회로의 트랜스컨덕턴스 개념을 이해할 필요가 있다. 4장과 6장에서 트랜지스터의 트랜스컨덕턴스는 컬렉터나 드레인 전류의 변화를 베이스-이미터나 게이트-소스 진입으로 나눈 값이라고 정의하였다. 이 개념은 회로에도 잘 일반화될 수 있다. 그림 9.12에서 보여 주듯이 출력 전압은 출력 노드를 접지에 단락시켜 0으로 만들며, 회로의 '단락 회로 트랜스컨덕턴스'는

$$G_m = \frac{i_{out}}{v_{in}}\bigg|_{vout=0} \tag{9.29}$$

로 정의된다. 트랜스컨덕턴스는 입력 전압을 전류로 변환하는 회로의 '힘'을 의미한다.[5] 그림 9.12에서 i_{out}의 방향에 유의하라.

5) 단순화를 위해 4장과 6장에서는 생략했지만 조건 $v_{out} = 0$은 트랜지스터의 트랜스컨덕턴스에 필요하다. 이것은 컬렉터나 드레인을 교류 접지에 단락시켜야 함을 의미한다.

Circuit i_{out} v_{in} ac GND

그림 9.12 회로에서의 트랜스컨덕턴스 계산

Did you know ?

캐스코드는 2개의 트랜지스터 회로, 즉 CE/CB 캐스케이드로 볼 수 있다. 흥미로운 질문은 얼마나 많은 의미 있는 2-트랜지스터 회로 토폴로지를 실현할 수 있는가이다. 다음은 그 질문들의 일부이다: 어느 것이 친숙해 보이는가? 다른 방법을 생각할 수 있나? *npn-pnp* 조합은 어떨까?

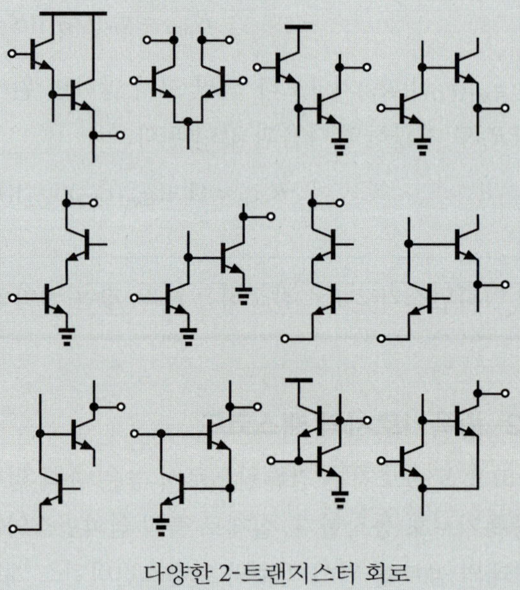

다양한 2-트랜지스터 회로

예제 9.7 그림 9.13(a)에 나와 있는 CS 단의 트랜스컨덕턴스를 계산하라.

V_{DD} R_D v_{out} v_{in} M_1 (a)

V_{DD} R_D i_{out} v_{in} M_1 ac GND (b)

그림 9.13

풀이 그림 9.13(b)에서 보여 주듯이 출력 노드를 교류 접지로 단락시킨다. R_D에 전류가 흐르지 않음에 유의하라.(왜 그럴까?)

$$G_m = \frac{i_{out}}{v_{in}} \tag{9.30}$$

$$= \frac{i_{D1}}{v_{GS1}} \tag{9.31}$$

$$= g_{m1} \tag{9.32}$$

이 경우에 회로의 트랜스컨덕턴스는 트랜지스터의 트랜스컨덕턴스와 같다.

연습문제 트랜지스터의 폭과 바이어스 전류가 2배로 된다면 G_m은 어떻게 변하는가?

보조 정리 선형 회로의 전압 이득은

$$A_v = -G_m R_{out} \tag{9.33}$$

으로 표시될 수 있다. 여기서 R_{out}은 (입력 전압을 0으로 놓을 때) 회로의 출력 저항을 나타낸다.

증명 선형 증폭기는 노턴 등가 회로[그림 9.14(a)]로 바꿀 수 있다. 노턴 정리는 i_{out}이 출력을 접지($v_{out} = 0$)에 단락시키고 단락 회로 전류[그림 9.14(b)]를 계산함으로써 얻어질 수 있음을 말해 준다. 또한 회로의 트랜스컨덕턴스 $G_m = i_{out}/v_{in}$에 의해 i_{out}과 v_{in}의 관계가 형성된다. 따라서 그림 9.14(a)에서

$$v_{out} = -i_{out} R_{out} \tag{9.34}$$

$$= -G_m v_{in} R_{out} \tag{9.35}$$

가 되고 이에 따라

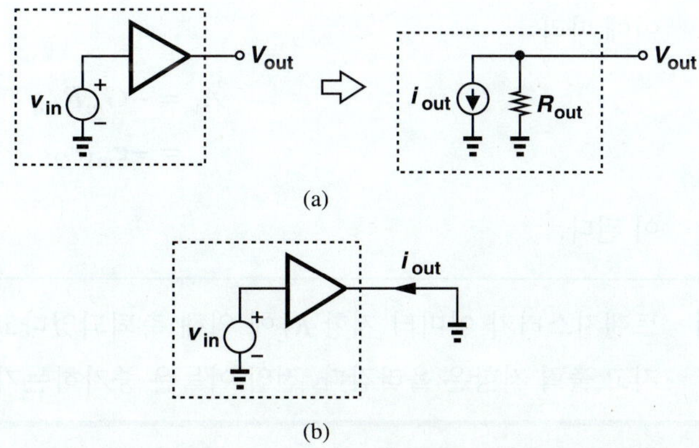

그림 9.14 (a) 노턴 등가 회로; (b) 단락 회로 출력 전류의 계산

$$\frac{v_{out}}{v_{in}} = -G_m R_{out} \tag{9.36}$$

이 된다.

예제 9.8

그림 9.15(a)에 나와 있는 공통 이미터 단의 전압 이득을 결정하라.

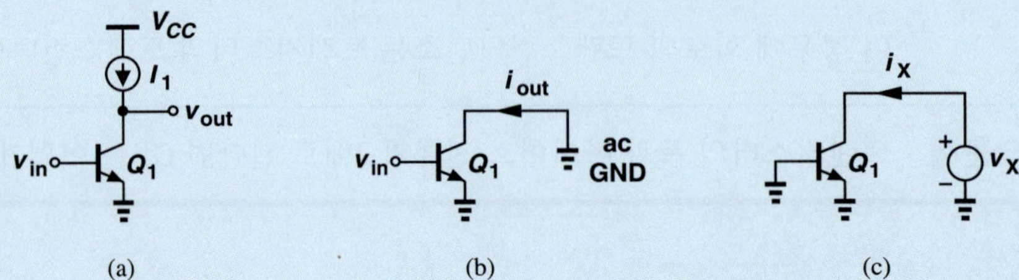

그림 9.15

풀이 회로의 단락 회로 트랜스컨덕턴스를 계산하기 위하여 출력을 접지에 교류 단락시키고 흐르는 전류를 구한다[그림 9.15(b)]. 이 경우 i_{out}은 단순히 Q_1의 컬렉터 전류 $g_{m1}v_{in}$과 같다. 즉,

$$G_m = \frac{i_{out}}{v_{in}} \tag{9.37}$$

$$= g_{m1} \tag{9.38}$$

이다. 여기서 r_O에는 전류가 흐르지 않음에 유의하라.(왜 그럴까?) 다음으로 그림 9.15(c)에 묘사된 출력 저항을 구한다.

$$R_{out} = \frac{v_X}{i_X} \tag{9.39}$$

$$= r_{O1} \tag{9.40}$$

이에 따라

$$A_v = -G_m R_{out} \tag{9.41}$$

$$= -g_{m1} r_{O1} \tag{9.42}$$

이 된다.

연습문제 트랜지스터가 이미터 저항 R_E에 의해 축퇴되었다고 가정하자. 트랜스컨덕턴스는 떨어지고 출력 저항은 올라간다. 전압 이득은 증가하는가? 감소하는가?

위의 보조 정리는 이득 계산의 다른 방법을 제시한다. 아울러 캐스코드에서처럼 출력 임피던스를 증가시킴으로써 회로의 전압 이득은 증가될 수 있음을 가리킨다.

바이폴라 캐스코드 증폭기 4장에서 공통 이미터 단의 전압 이득을 최대화하기 위하여 컬렉터 부하 임피던스는 최대화되어야 한다는 사실을 알았다. 극단적으로 부하[그림 9.16(a)]로 동작하는 이상적인 전류원은 다음과 같은 전압 이득을 생기게 한다.

$$A_v = -g_{m1}r_{O1} \tag{9.43}$$

$$= -\frac{V_A}{V_T} \tag{9.44}$$

이 경우에 Q_1에 의해 만들어진 소신호 전류 $g_{m1}v_{in}$은 r_{O1}을 통해 흐르고, 이에 따라 출력 전압 $-g_{m1}v_{in}r_{O1}$을 생성한다.

이제 그림 9.16(b)에서 보여 주듯이 Q_1 위에 트랜지스터를 쌓는다고 가정하자. 9.1.1절로부터 회로는 높은 출력 임피던스를 나타내며, 위의 보조 정리로부터 CE 단의 전압 이득에 비해 더 높은 전압 이득을 얻을 수 있음을 알 수 있다.

위의 보조 정리의 도움을 받아 바이폴라 캐스코드의 전압 이득을 결정하자. 그림 9.17(a)에서 보여 주듯이 단락 회로 트랜스컨덕턴스는 i_{out}/v_{in}과 같다. 공통 이미터 단과 같이 Q_1은 계속해서 Q_2를 통해 흐르고 출력 단락 회로를 통해 흐르는 컬렉터 전류 $g_{m1}v_{in}$을 만든다.

$$i_{out} = g_{m1}v_{in} \tag{9.45}$$

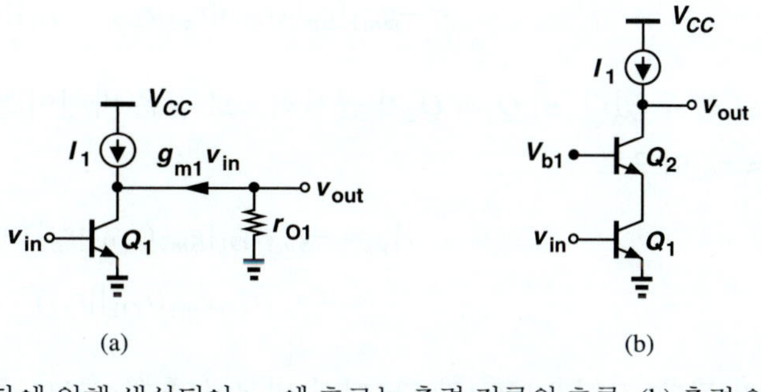

그림 9.16 (a) CE 단에 의해 생성되어 r_{O1}에 흐르는 출력 전류의 흐름; (b) 출력 임피던스

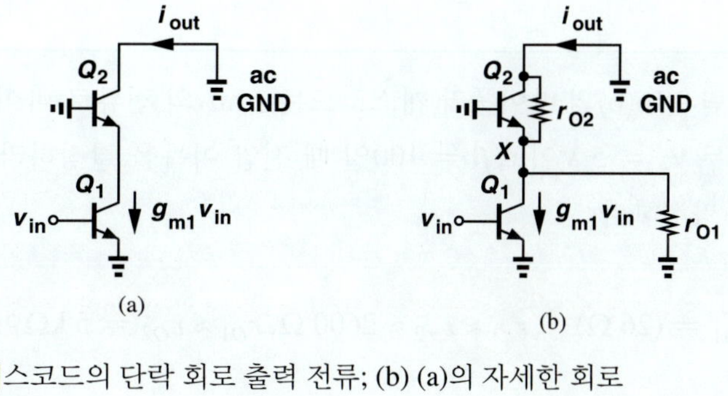

그림 9.17 (a) 캐스코드의 단락 회로 출력 전류; (b) (a)의 자세한 회로

즉,

$$G_m = g_{m1} \tag{9.46}$$

이 된다.

독자는 식 (9.46)을 의심스럽게 볼 것이다. 그림 9.17(b)에서 보여 주듯이 결국 Q_1의 컬렉터 전류는 r_{O1}과 Q_2의 이미터를 들여다본 임피던스 사이로 나누어져야 한다. 따라서 $g_{m1}v_{in}$의 무시할 만한 부분만이 r_{O1}에서 '낭비'된다는 것을 증명해야 한다. Q_2의 베이스와 컬렉터 전압은 같기 때문에 이 트랜지스터는 임피던스 $(1/g_{m2})||r_{O2}$를 갖는 다이오드 연결 소자로 볼 수 있다. 이 임피던스와 r_{O1} 사이를 $g_{m1}v_{in}$으로 나누면

$$i_{out} = g_{m1}v_{in}\frac{r_{O1}||r_{\pi2}}{r_{O1}||r_{\pi2} + \dfrac{1}{g_{m2}}||r_{O2}} \tag{9.47}$$

를 얻을 수 있다. 일반적인 트랜지스터의 경우 $1/g_{m2} \ll r_{O2}, r_{O1}$이고 이에 따라

$$i_{out} \approx g_{m1}v_{in} \tag{9.48}$$

이 된다. 이것은 근사식 $G_m = g_{m1}$이 타당하다는 것을 보여 준다.

전체 전압 이득을 얻기 위하여 식 (9.33)과 (9.5)로부터

$$A_v = -G_mR_{out} \tag{9.49}$$

$$= -g_{m1}\{[1 + g_{m2}(r_{O1}||r_{\pi2})]r_{O2} + r_{O1}||r_{\pi2}\} \tag{9.50}$$

$$\approx -g_{m1}[g_{m2}(r_{O1}||r_{\pi2})r_{O2} + r_{O1}||r_{\pi2}] \tag{9.51}$$

로 쓸 수 있다. 또 Q_1과 Q_2가 근사적으로 같은 바이어스 전류를 흘려 주고, $g_{m1} \approx g_{m2}$와 $r_{O1} \approx r_{O2}$이므로

$$A_v = -g_{m1}r_{O1}[g_{m1}(r_{O1}||r_{\pi2}) + 1] \tag{9.52}$$

$$\approx -g_{m1}r_{O1}g_{m1}(r_{O1}||r_{\pi2}) \tag{9.53}$$

가 된다. 그림 9.16(a)의 CE 단과 비교하면 캐스코드 증폭기는 $g_{m1}(r_{O1}||r_{\pi2})$배만큼 더 높은 이득—r_{O1}과 $r_{\pi2}$가 $1/g_{m1}$보다 훨씬 크기 때문에 비교적 큰 이득—을 준다.

예제 9.9

그림 9.16(b)의 바이폴라 캐스코드는 1 mA의 전류로 바이어스되어 있다. 두 트랜지스터 모두 $V_A = 5$ V이고 $\beta = 100$일 때 전압 이득을 결정하라. 부하는 이상적인 전류원이라고 가정하라.

풀이 $g_{m1} = (26\ \Omega)^{-1}, r_{\pi1} \approx r_{\pi2} \approx 2600\ \Omega, r_{O1} \approx r_{O2} = 5$ kΩ이므로

$$g_{m1}(r_{O1}||r_{\pi 2}) = 65.8 \quad (9.54)$$

이고 식 (9.53)으로부터

$$|A_v| = 12{,}654 \quad (9.55)$$

가 된다. 따라서 캐스코딩은 전압 이득을 65.8배만큼 증가시킨다.

연습문제 5000의 전압 이득을 주는 얼리 전압은 얼마인가?

캐스코드 증폭기를 공통 베이스 단이 붙어 있는 공통 이미터 단으로 보는 것이 가능하다. 그림 9.18에서 보여 주듯이 개념은 캐스코드 소자 Q_2를 Q_1에 의해 만들어진 소신호 전류를 감지하는 공통 베이스 트랜지스터로 생각하는 것이다. 이런 시각은 어떤 경우에는 유용하다는 것이 증명되었다.

캐스코드 토폴로지의 높은 전압 이득은 많은 응용 분야에 매력적이다. 그러나 그림 9.16(b)의 회로에서 부하는 이상적인 전류원으로 가정되어 있다. 실제 전류원은 출력 노드에서 들여다본 임피던스를 낮추고 이에 따라 전압 이득도 감소시킨다. 예를 들어 그림 9.19(a)의 회로는 *pnp* 전류원이 출력 노드와 접지 사이에 오직 r_{O3}의 임피던스만 제공하므

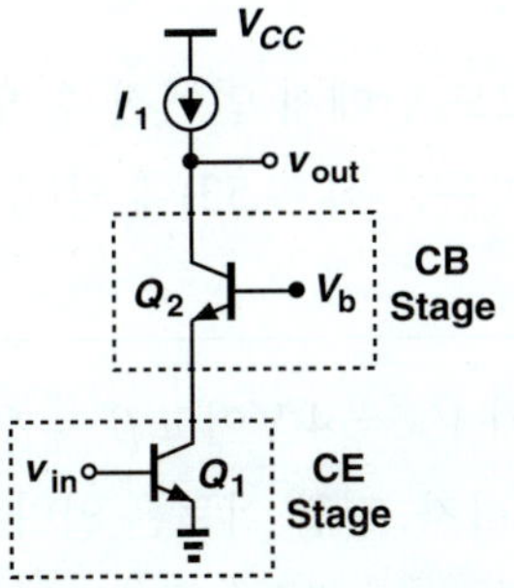

그림 9.18 CE 단과 CB 단의 캐스케이드로서의 캐스코드 증폭기

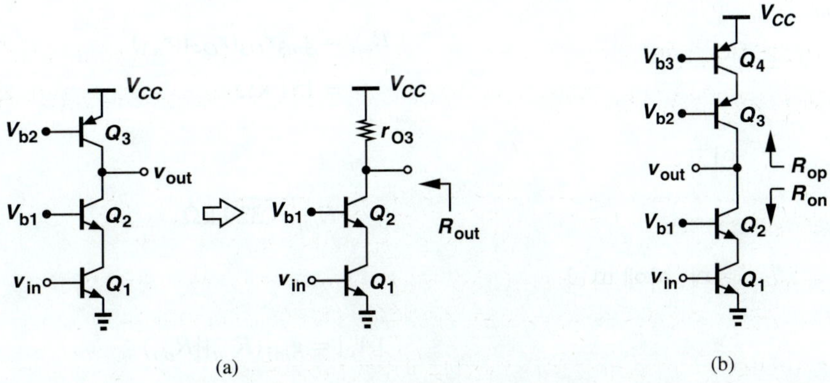

그림 9.19 (a) 간단한 전류원 부하를 갖는 캐스코드; (b) 전압 이득을 증가시키기 위한 부하에서의 캐스코드

로 낮은 이득을 주며, 출력 임피던스를 다음과 같이 떨어뜨린다.

$$R_{out} = r_{O3}||\{[1 + g_{m2}(r_{O1}||r_{\pi 2})]r_{O2} + r_{O1}||r_{\pi 2}\} \tag{9.56}$$

$$\approx r_{O3}||[g_{m2}r_{O2}(r_{O1}||r_{\pi 2}) + r_{O1}||r_{\pi 2}] \tag{9.57}$$

부하 전류원이 높은 이득을 유지하려면 어떻게 실현해야 하는가? 9.1.1절로부터 캐스코딩은 전류원의 출력 임피던스를 증가시키고, 그림 9.5의 회로가 좋은 후보자이며 그림 9.19(b)에 묘사된 단에 도달한다는 것을 알았다. 이제 출력 임피던스는 *npn*과 *pnp* 캐스코드의 출력 임피던스 R_{on}과 R_{op}의 병렬 연결로 주어진다. 식 (9.7)을 이용하면

$$R_{on} \approx g_{m2}r_{O2}(r_{O1}||r_{\pi 2}) \tag{9.58}$$

$$R_{op} \approx g_{m3}r_{O3}(r_{O4}||r_{\pi 3}) \tag{9.59}$$

를 얻을 수 있다. *npn*과 *pnp* 소자는 다른 얼리 전압을 가질 수 있으므로 $r_{O1}(=r_{O2})$은 $r_{O3}(=r_{O4})$와 다를 수 있음에 유의하라.

단의 단락 회로 트랜스컨덕턴스 G_m은 아직 근사적으로 g_{m1}과 같다.(왜 그럴까?) 전압 이득을 다음과 같이 쓸 수 있다.

$$A_v = -g_{m1}(R_{on}||R_{op}) \tag{9.60}$$

$$\approx -g_{m1}\{[g_{m2}r_{O2}(r_{O1}||r_{\pi 2})]||[g_{m3}r_{O3}(r_{O4}||r_{\pi 3})]\} \tag{9.61}$$

이 결과는 캐스코드 단에서 얻어질 수 있는 가장 높은 전압 이득을 나타낸다. R_{on}과 R_{op}가 비슷할 경우 이 이득은 식 (9.53)에 의해 표현되는 값의 절반이 된다.

예제 9.10 예제 9.9의 회로가 $V_A = 4$ V이고 $\beta = 50$인 *pnp* 트랜지스터를 사용한 캐스코드 부하를 사용했다고 가정하자. 전압 이득은 얼마인가?

풀이 부하 트랜지스터는 근사적으로 1 mA의 컬렉터 전류를 흘려 준다. 따라서

$$R_{op} = g_{m3}r_{O3}(r_{O4}||r_{\pi 3}) \tag{9.62}$$

$$= 151\ \text{k}\Omega \tag{9.63}$$

이고

$$R_{on} = 329\ \text{k}\Omega \tag{9.64}$$

이다. 이에 따라

$$|A_v| = g_{m1}(R_{on}||R_{op}) \tag{9.65}$$

$$= 3{,}981 \tag{9.66}$$

이다. 이상적인 전류원의 경우와 비교하면 *pnp* 소자가 얼리 전압과 β의 영향을 받으므로 이득은 대략 3배만큼 감소한다.

연습문제 컬렉터 바이어스 전류가 0.5 mA일 경우 위의 예제를 다시 풀어라.

해석 기법을 회고하고 평가하는 것은 중요하다. 만일 각 트랜지스터를 소신호 모델로 대체하고 그 결과 회로를 풀려고 한다면 그림 9.19(b)의 캐스코드는 아주 복잡하다. 이 단을 만들기 위한 단계적인 접근은 출력 임피던스의 직관적인 계산을 하면서 각 소자의 역할을 보이는 것이다. 더욱이 그림 9.14에서 보여 준 보조 정리는 단의 전압 이득을 빠르게 주기 위하여 출력 임피던스에 대한 우리의 지식을 이용한다.

Did you know ?

캐스코드 단은 원래 '밀러 효과'(11장)라는 바람직하지 않은 고주파 현상을 억제하기 위하여 발명되었다. 사실 많은 개별 바이폴라 증폭기가 여전히 같은 이유로 캐스코딩을 사용하지만 초기 CMOS 기술에서는 캐스코드가 높은 출력 임피던스와 높은 전압 이득을 제공할 수 있어 널리 사용된다는 사실이 인식되었다.

CMOS 캐스코드 증폭기 바이폴라 캐스코드 증폭기에 대한 앞에서의 해석은 CMOS 캐스코드로 쉽게 확장시킬 수 있다. 이상적인 전류원 부하를 갖는 그림 9.20(a)에서 묘사하듯이 만일 $1/g_{m2} \ll r_{O1}$이면 이 단 역시 단락 회로 트랜스컨덕턴스 $G_m \approx g_{m1}$을 준다. 출력 저항은 식 (9.22)에 의해 주어지고 전압 이득

$$A_v = -G_m R_{out} \tag{9.67}$$

$$\approx -g_{m1}[(1 + g_{m2}r_{O2})r_{O1} + r_{O2}] \tag{9.68}$$

$$\approx -g_{m1}r_{O1}g_{m2}r_{O2} \tag{9.69}$$

를 생기게 한다. 다시 말하면 간단한 공통 소스 단과 비교하여 전압 이득은 $g_{m2}r_{O2}$(캐스코

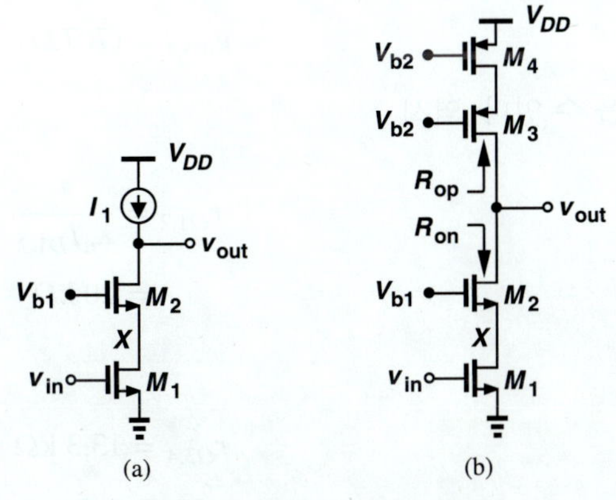

그림 9.20 (a) MOS 캐스코드 증폭기; (b) PMOS 캐스코드에 의한 부하의 실현

드 소자의 고유 이득)배만큼 증가한다. MOS 소자의 경우 β와 r_π가 (저주파에서) 무한대이므로 식 (9.69)에 도달하기 위해 식 (9.53)을 사용할 수 있다. 그러나 M_1과 M_2가 비록 같은 전류를 흘려 주더라도 같은 트랜스컨덕턴스나 출력 저항을 가질 필요가 없음(두께나 길이가 같을 필요가 없다)에 유의하라.(왜 그럴까?)

바이폴라 캐스코드와 마찬가지로 MOS 캐스코드 증폭기는 높은 전압 이득을 유지하기 위하여 캐스코드 PMOS 전류원을 사용해야 한다. 그림 9.20(b)에서 보여 주듯이 회로는 다음과 같은 출력 임피던스 성분을 보인다.

$$R_{on} \approx g_{m2} r_{O2} r_{O1} \tag{9.70}$$

$$R_{op} \approx g_{m3} r_{O3} r_{O4} \tag{9.71}$$

따라서 전압 이득은

$$A_v \approx -g_{m1}[(g_{m2} r_{O2} r_{O1}) || (g_{m3} r_{O3} r_{O4})] \tag{9.72}$$

와 같다.

예제 9.11

그림 9.20(b)의 캐스코드 증폭기가 다음과 같은 소자 파라미터를 갖는다: $(W/L)_{1,2} = 30, (W/L)_{3,4} = 40, I_{D1} = \cdots = I_{D4} = 0.5$ mA. $\mu_n C_{ox} = 100\ \mu\text{A/V}^2, \mu_p C_{ox} = 50\ \mu\text{A/V}^2, \lambda_n = 0.1\ \text{V}^{-1}, \lambda_p = 0.15\ \text{V}^{-1}$일 때 전압 이득을 결정하라.

풀이 여기서 소자 파라미터를 $g_{m1} = g_{m2}, r_{O1} = r_{O2}, g_{m3} = g_{m4}, r_{O3} = r_{O4}$라고 특별히 선택하면

$$g_{m1,2} = \sqrt{2\mu_n C_{ox}\left(\frac{W}{L}\right)_{1,2} I_{D1,2}} \tag{9.73}$$

$$= (577\ \Omega)^{-1} \tag{9.74}$$

과

$$g_{m3,4} = (707\ \Omega)^{-1} \tag{9.75}$$

을 얻을 수 있다. 역시

$$r_{O1,2} = \frac{1}{\lambda_n I_{D1,2}} \tag{9.76}$$

$$= 20\ \text{k}\Omega \tag{9.77}$$

과

$$r_{O3,4} = 13.3\ \text{k}\Omega \tag{9.78}$$

을 얻을 수 있다. 따라서 식 (9.70)과 (9.71)은 각각

$$R_{on} \approx 693 \text{ k}\Omega \tag{9.79}$$

$$R_{op} \approx 250 \text{ k}\Omega \tag{9.80}$$

과

$$A_v = -g_{m1}(R_{on}||R_{op}) \tag{9.81}$$

$$\approx -318 \tag{9.82}$$

을 준다.

연습문제 위의 예제에서 왜 바이어스 전류를 감소시킬수록 출력 임피던스가 더 증가하는지 설명하라. 드레인 전류가 0.25 mA일 경우 출력 임피던스를 계산하라.

로봇공학 응용: GPS

GPS(Global Positioning System)는 점진적으로 로봇에 적용되고 있다. 농업과 같은 야외 애플리케이션에서 사용하는 경우 로봇은 탐색을 위해 GPS를 탑재하고 있어야 한다. 드론이 농장 위로 날아가 해충에 의해 손상된 식물을 감지한 다음 로봇이 해당 식물에 도달하여 살충제를 살포하는 사례는 흥미롭다.

GPS는 지구 대기권에 위치한 3개의 위성으로 구성된다. 로봇의 GPS 수신기(RX)는 위성에서 3개의 신호를 수신하고 각각의 지연 또는 위상에 따라 위치를 계산한다. 이동하는 거리가 광범위하기 때문에 위성 신호는 수신기에 도달할 때 크게 감쇠된다. 이러한 약한 신호를 감지하기 위해 RX는 최소한의 '노이즈'를 추가해야 하므로 '저잡음 증폭기(LNA)'가 필요하다[그림. 9.21(a)].

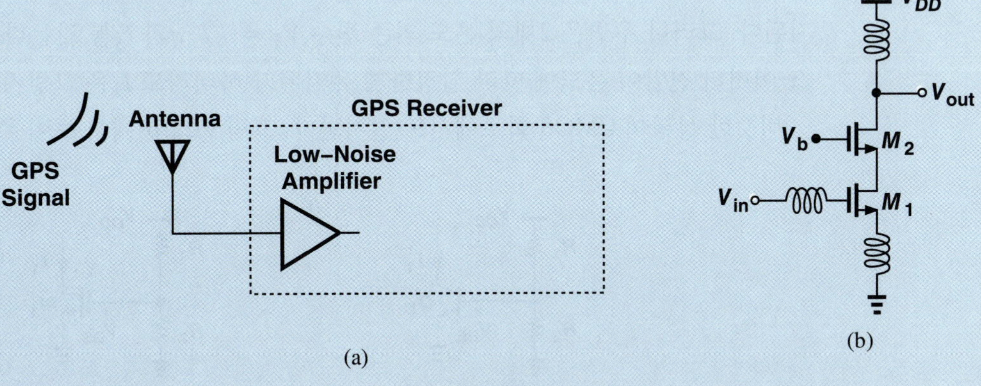

그림 9.21 (a) GPS 수신기; (b) 캐스코드 저잡음 증폭기

일반적인 LNA 토폴로지는 그림 9.21(b)와 같이 캐스코드 구조를 사용한다. 인덕터의 역할은 고급 과정에서 설명된다. 이 장의 연구는 더 높은 출력 임피던스를 얻기 위하여 캐스코드를 이용했지만 LNA에서는 M_2에 의존하여 회로를 안정화한다. 즉, 발진을 방지한다.

9.2 전류 거울

9.2.1 초기 생각

4장과 6장에서 바이폴라와 MOS 증폭기에 대해 공부한 바이어싱 기술은 고성능 마이크로 전자회로에는 적당하지 않다고 밝혀졌다. 예를 들면 CE와 CS 단의 바이어스 전류는 전원 전압의 함수가 된다—실제의 경우 이 전압은 어느 정도 변동하기 때문에 심각한 문제가 된다. 예를 들어 휴대전화나 랩톱 컴퓨터의 충전지는 방전함에 따라 점차 전압이 낮아지며, 이에 따라 회로가 전원 전압의 범위에 따라 적절하게 동작함이 요구된다.

바이어싱에서 또 다른 심각한 문제는 주변 온도 변화와 관련 있다. 휴대전화는 핀란드에서는 -20°C에서, 사우디아라비아에서는 $+50^\circ$C에서 성능이 유지되어야 한다. 온도가 바이어싱에 어떻게 영향을 미치는가를 이해하기 위하여 그림 9.22(a)에 나와 있는 바이폴라 전류원을 고려하자. 여기서 R_1과 R_2는 V_{CC}를 나누어 요구되는 V_{BE}로 낮추어 준다. 즉, 원하는 전류 I_1에 대해

$$\frac{R_2}{R_1 + R_2} V_{CC} = V_T \ln \frac{I_1}{I_S} \tag{9.83}$$

을 얻는다. 여기서 베이스 전류는 무시한다. 그러나 만일 온도가 변한다면 어떤 일이 일어나는가? 만일 저항이 같은 물질로 만들어졌고 같은 퍼센트로 변한다면 좌변은 일정하게 유지된다. 그러나 우변은 2개의 온도 의존 변수 $V_T = kT/q$와 I_S를 갖는다. 따라서 만일 베이스-이미터 전압이 온도에 따라 일정하게 유지된다 하더라도 I_1은 그렇지 않다.

비슷한 상황이 CMOS 회로에서도 일어난다. 그림 9.22(b)에서 보여 주는 바와 같이 저항

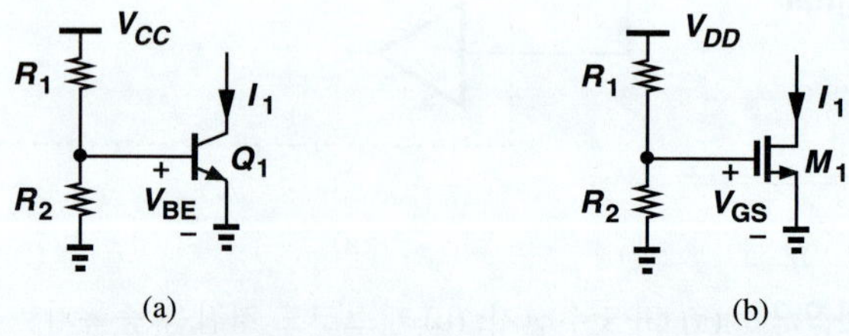

그림 9.22 (a) 바이폴라와 (b) MOS 전류원의 비현실적인 바이어싱

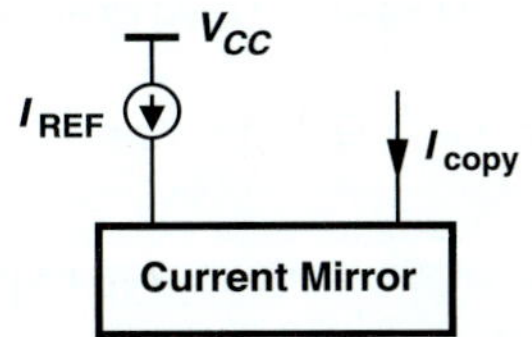

그림 9.23 전류 거울의 개념

분배기에 의해 바이어스되는 MOS 전류원은 V_{DD}와 온도의 영향을 받는다. 여기서 다음과 같이 쓸 수 있다.

$$I_1 = \frac{1}{2}\mu_n C_{ox}\frac{W}{L}(V_{GS} - V_{TH})^2 \tag{9.84}$$

$$= \frac{1}{2}\mu_n C_{ox}\frac{W}{L}\left(\frac{R_2}{R_1 + R_2}V_{DD} - V_{TH}\right)^2 \tag{9.85}$$

이동도와 문턱 전압은 온도에 따라 변하기 때문에 V_{GS}가 일정하다고 해도 I_1은 일정하지 않다.

요약하면 4장과 6장에서 도입한 바이어싱 방법은 만일 전원 전압이나 주변 온도가 변하게 되면 일정한 전압이나 드레인 전류를 유지하는 데 실패하게 된다. 다행히도 전원과 온도에 의존하지 않는 전압과 전류를 발생시키는 좋은 방법이 존재하고 거의 모든 마이크로전자 시스템에 나타난다. '밴드갭 기준 회로(bandgap reference circuit)'라고 부르고 수십 개의 소자를 사용하는 이 방법은 더 상급 책에서 다룬다[1].

밴드갭 회로 혼자서 우리의 문제 전부를 해결해 주지는 않는다. 예를 들면 집적 회로는 높은 이득을 얻기 위해 CE나 CS 단의 부하 임피던스로서 수백 개의 전류원을 사용한다. 안타깝게도 밴드갭의 복잡성 때문에 대규모 집적 회로에서 각각의 전류원을 위한 사용은 금지된다.

우리의 생각을 정리하자. 전원과 온도 의존성을 피하기 위하여 밴드갭 기준은 수십 개의 소자를 사용하는 반면에 '귀중한 전류'를 공급한다. 이제 밴드갭 회로를 복제하지 않고 귀중한 전류를 '복사'하는 방법을 찾아야 한다. 전류 거울은 이런 목적을 만족시킨다.

여기서 그림 9.23은 우리의 목표를 개념적으로 보여 준다. 밴드갭 기준에 의해 생성되는 귀중한 전류는 전류 거울에 의해 '읽히고' I_{REF}들과 같은 특성을 갖는 복사물이 만들어진다. 예를 들면 $I_{copy} = I_{REF}$나 $2I_{REF}$이다.

9.2.2 바이폴라 전류 거울

그림 9.23에서 I_{copy}를 생성하는 전류원은 바이폴라나 MOS 트랜지스터로 실현되기 때문에 전류 거울은 그림 9.24(a)의 토폴로지와 닮은 것으로 추측된다. 그림 9.24(a)에서 Q_1은 순방향 능동 영역에서 동작하고 블랙박스는 온도나 트랜지스터의 특성에 관계없이 $I_{copy} = I_{REF}$를 보장한다.(MOS의 경우도 비슷하다.)

그림 9.24(a)의 블랙박스는 어떻게 실현될 수 있는가? 블랙박스는 Q_1이 I_{REF}와 같은 전류를 흘리도록 출력 전압 $V_X(=V_{BE})$를 생성한다.

$$I_{S1} \exp \frac{V_X}{V_T} = I_{REF} \tag{9.86}$$

여기서 얼리 효과는 무시한다. 따라서 블랙박스는 다음 관계를 만족시켜야 한다.

$$V_X = V_T \ln \frac{I_{REF}}{I_{S1}} \tag{9.87}$$

따라서 출력 전압이 입력의 자연 대수에 비례하는, 즉 바이폴라 트랜지스터 특성의 역기능을 갖는 회로를 조사해야 한다. 다행히도 단일 다이오드 연결 회로는 식 (9.87)을 만족시킨다. 그림 9.24(b)의 베이스 전류를 무시하면

$$V_1 = V_T \ln \frac{I_{REF}}{I_{S,REF}} \tag{9.88}$$

를 얻을 수 있다. 여기서 $I_{S,REF}$는 Q_{REF}의 역포화 전류를 나타낸다. 다시 말하면 만일 $I_{S,REF} = I_{S1}$, 즉 Q_{REF}가 Q_1과 같으면 $V_1 = V_X$이다.

그림 9.24(c)는 전류 거울 회로를 나타내는 우리의 생각을 결합한 회로이다. Q_1은 Q_{REF}를 통해 흐르는 전류를 '반사'시키거나 복사한다고 말한다. 이제 베이스 전류를 무시할 경우, Q_{REF}가 I_{REF}의 자연 대수를 취하고 Q_1이 V_X의 지수를 취한다는 관점으로부터 $I_{copy} = I_{REF}$를 얻는다. 또 다른 관점으로 보면 Q_{REF}와 Q_1이 같은 베이스-이미터 전압을 갖기 때문에 다음과 같이 쓸 수 있다.

$$I_{REF} = I_{S,REF} \exp \frac{V_X}{V_T} \tag{9.89}$$

$$I_{copy} = I_{S1} \exp \frac{V_X}{V_T} \tag{9.90}$$

따라서

$$I_{copy} = \frac{I_{S1}}{I_{S,REF}} I_{REF} \tag{9.91}$$

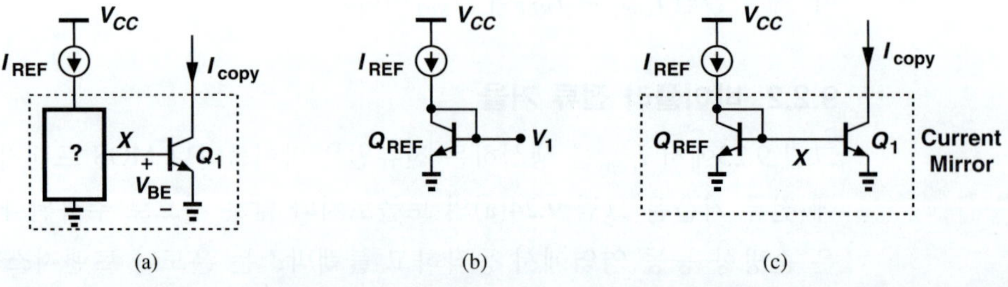

그림 9.24 (a) 전류 복사의 개념상의 예; (b) 전류의 자연 대수에 비례하는 전압; (c) 바이폴라 전류원

이고, 만일 Q_{REF}와 Q_1이 같다면 $I_{copy} = I_{REF}$가 된다. 이것은 V_T와 I_S가 온도에 따라 변할 때에도 성립한다. V_X는 온도에 따라 변하지만 I_{copy}는 그렇지 않다는 점에 유의하라.

예제 9.12 전류 거울 개념에 의해 자극받은 전기공학과 학생이 회로를 구성하면서 Q_{REF}의 베이스와 컬렉터를 연결하는 것을 잊었다(그림 9.25). 어떤 일이 발생하는지 설명하라.

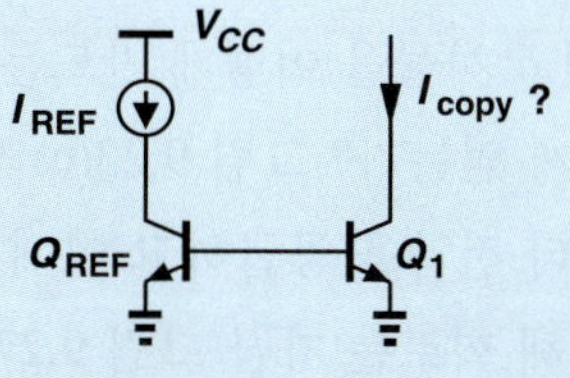

그림 9.25

풀이 회로에는 트랜지스터의 베이스 전류를 위한 길이 없다. 더 근본적으로 소자의 베이스-이미터 전압이 정의되지 않았다. 베이스 전류가 없으므로 $I_{copy} = 0$이다.

연습문제 Q_{REF}의 동작 영역은 무엇인가?

예제 9.13 위의 회로에서 잘못된 점을 고치기 위해 배터리 V_X가 베이스 전류를 공급하고 Q_{REF}와 Q_1의 이미터-베이스 전압을 규정하기를 희망하면서 그림 9.26과 같이 수정하였다. 어떤 일이 일어나는지 설명하라.

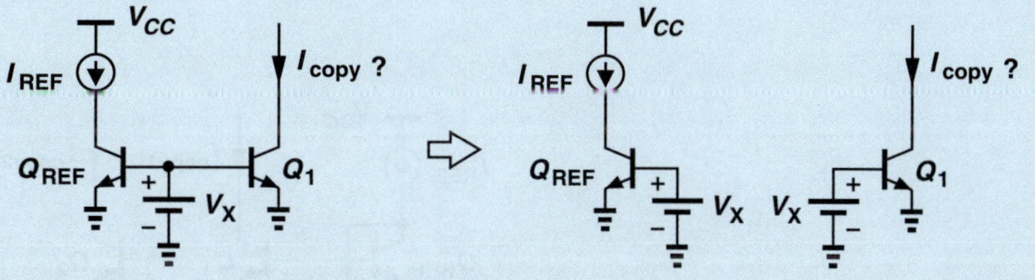

그림 9.26

풀이 Q_1에 유한한 전류가 흐르는 한 Q_1의 바이어싱은 그림 9.22의 바이어싱과 다르지 않다. 즉,

$$I_{copy} = I_{S1} \exp \frac{V_X}{V_T} \tag{9.92}$$

이고, 만일 V_X가 일정하면 온도의 함수가 된다. 학생은 V_X가 $\ln(I_{REF}/I_{S,REF})$에 비례하기

위해서는 여기에 다이오드 연결 소자가 필요하다는 사실을 잊었던 것이다.

연습문제 V_X가 필요한 값 $V_T \ln(I_{REF}/I_{S,REF})$보다 약간 크다고 가정하자. Q_{REF}는 어떤 영역에서 동작하는가?

이제 2개의 중요한 질문을 던지려 한다. 첫째, 집적 회로의 다른 부분에 공급하기 위해 I_{REF}의 추가적인 복사물을 어떻게 만드는가? 둘째, 예를 들면 $2I_{REF}$, $5I_{REF}$와 같은 복사물의 다른 값을 어떻게 얻는가? 그림 9.23(c)의 토폴로지를 생각해 보면 V_X가 여러 트랜지스터의 베이스-이미터 전압을 공급하고 이에 따라 그림 9.27(a)의 회로가 된다는 것을 알 수 있다. 단순화를 위해 회로는 가끔 그림 9.27(b)와 같이 그린다. 여기서 트랜지스터 Q_j는 다음과 같이 주어지는 전류 $I_{copy,j}$를 흘려 준다.

$$I_{copy,j} = I_{S,j} \exp \frac{V_X}{V_T} \tag{9.93}$$

식 (9.87)과 결합하면

$$I_{copy,j} = \frac{I_{S,j}}{I_{S,REF}} I_{REF} \tag{9.94}$$

가 된다.

여기서 요점은 I_{REF}와 Q_{REF} 자신이 복사될 필요가 없기 때문에 I_{REF}의 배수 복사물이 최소한의 추가적인 복잡성으로 생성될 수 있다는 점이다.

식 (9.94)는 두 번째 질문에도 쉽게 답을 준다. 만일 $I_{S,j}$($\propto$ Q_j의 이미터 면적)가 $I_{S,REF}$($\propto$ Q_{REF}의 이미터 면적)의 n배로 선택된다면 $I_{copy,j} = nI_{REF}$가 된다. 복사물은 I_{REF}에 대해

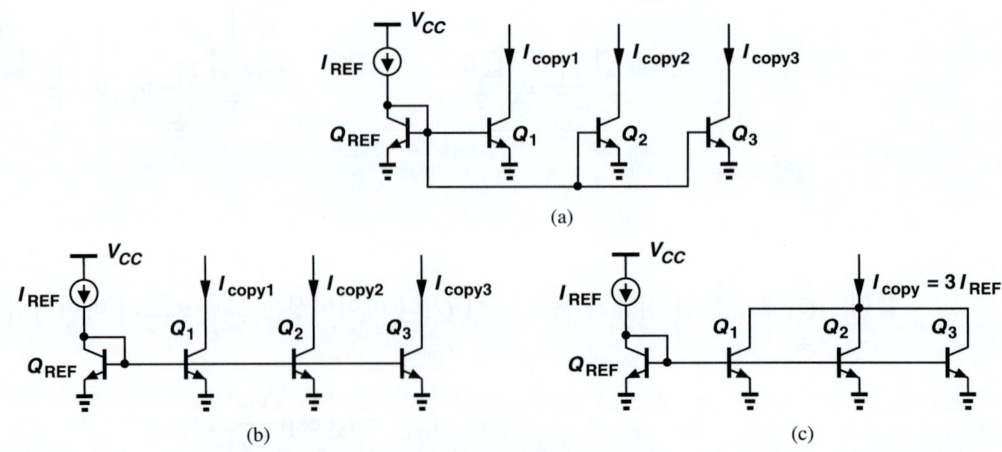

그림 9.27 (a) 기준 전류의 배수 복사; (b) (a)의 간략화된 그림; (c) 확대 복사를 생성하기 위한 출력 전류의 결합

'스케일링되었다'고 말한다. 4장에서 배운 것처럼 이것은 n개의 트랜지스터가 병렬로 연결된 것과 등가임을 기억하라. 그림 9.27(c)는 Q_1~Q_3가 Q_{REF}와 같을 때 $I_{copy} = 3I_{REF}$가 되는 예를 보여 준다.

예제 9.14 다단 증폭기가 0.75 mA와 0.5 mA 두 전류원을 포함하고 있다. 0.25 mA의 밴드갭 기준 전류를 사용하여 필요한 전류원을 설계하라. 베이스 전류 효과는 무시하라.

풀이 그림 9.28은 회로의 한 예이다. 여기서 I_{REF}의 적당한 스케일링이 가능하도록 모든 트랜지스터는 같다.

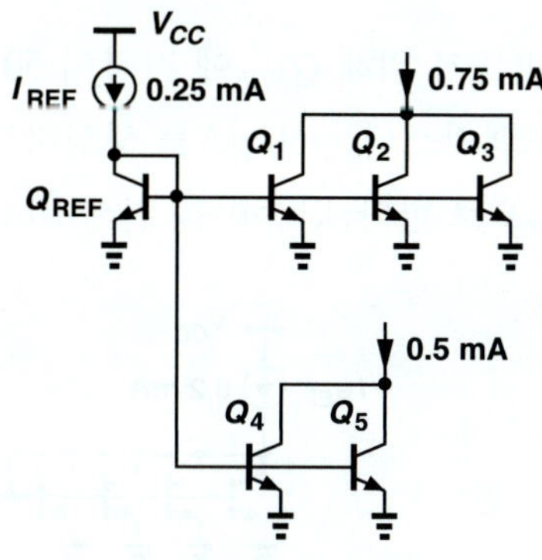

그림 9.28

연습문제 밴드갭 기준 전류가 0.1 mA일 때 위의 예제를 다시 풀어라.

여러 개의 트랜지스터를 병렬로 사용하면 전류 거울에서 기준 전류의 정확한 스케일링 방법을 알려 준다. 그러나 I_{REF}의 일부분은 어떻게 만들 수 있는가? 이것은 Q_{REF} 자신을 여러 개의 병렬 트랜지스터로 실현함으로써 만들 수 있다. 그림 9.29의 회로의 개념을 예로 들면 트랜지스터 Q_1이 더 작은 전류를 생성할 수 있도록 더 큰 $I_{S,REF}$(여기서는 $3I_S$)로 시작하는 것이다. 식 (9.89)와 (9.90)의 표현을 반복하면

$$I_{REF} = 3I_S \exp \frac{V_X}{V_T} \tag{9.95}$$

$$I_{copy} = I_S \exp \frac{V_X}{V_T} \tag{9.96}$$

를 얻을 수 있고, 이에 따라

$$I_{copy} = \frac{1}{3} I_{REF} \tag{9.97}$$

가 된다.

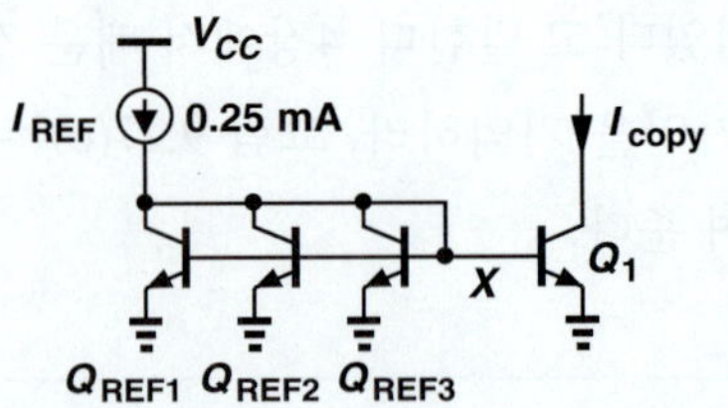

그림 9.29 기준 전류의 부분 복사

예제 9.15 200 μA의 기준 전류로부터 50 μA와 500 μA의 두 전류를 생성하고자 한다. 전류 거울 회로를 설계하라.

풀이 작은 전류를 만들기 위해 Q_{REF}에 각각이 50 μA를 흘려 주는 4개의 트랜지스터를 사용한다. 1개의 트랜지스터는 50 μA를 생성하므로(그림 9.30) 500 μA의 전류는 10개의 트랜지스터를 필요로 한다. 단순화를 위해 $10A_E$로 나타내었다.

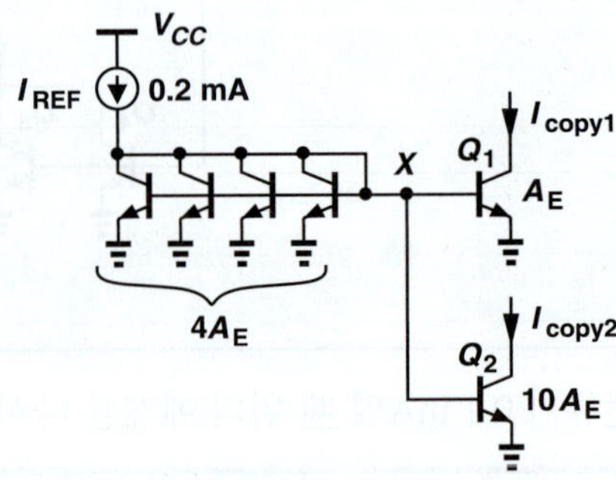

그림 9.30

연습문제 150 μA의 밴드갭 기준 전류에 대하여 위의 예제를 다시 풀어라.

베이스 전류의 효과 지금까지는 그림 9.27(a)의 노드 X로부터 모든 트랜지스터로 흘러가는 베이스 전류를 무시하였다. 이 효과는 복사의 수(다시 말하면, 전체 복사 전류)에 따라 심각한 오차를 일으킨다. 오차는 I_{REF}의 일부분이 Q_{REF}의 컬렉터로 흐르기보다는 베이스를 통해 흐르기 때문에 발생한다. 그림 9.31 회로의 도움을 받아 오차를 해석한다. 여기서 A_E와 nA_E는 각각 1개의 트랜지스터와 n개의 트랜지스터를 나타낸다. 우리의 목적은 Q_{REF}와 Q_1이 같은 베이스-이미터 전압을 갖고 이에 따라 n배의 전류를 흘려 준다는 것을 인지하면서 I_{copy}를 계산하는 것이다. 따라서 Q_1과 Q_{REF}의 베이스 전류는 다음과 같이 표시할 수 있다.

$$I_{B1} = \frac{I_{copy}}{\beta} \tag{9.98}$$

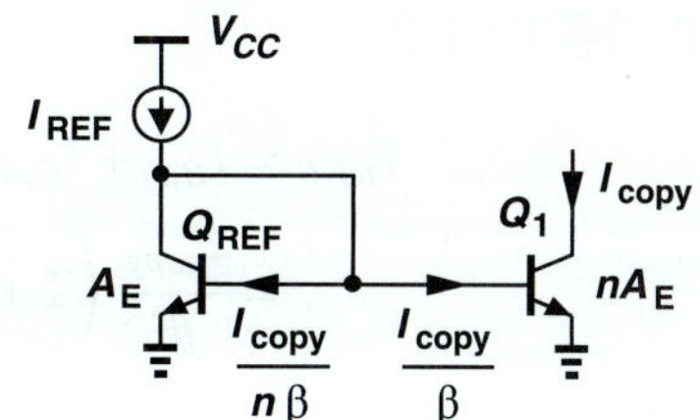

그림 9.31 베이스 전류에 의한 오차

$$I_{B,REF} = \frac{I_{copy}}{\beta} \cdot \frac{1}{n} \tag{9.99}$$

X에서 KCL을 적용하면

$$I_{REF} = I_{C,REF} + \frac{I_{copy}}{\beta} \cdot \frac{1}{n} + \frac{I_{copy}}{\beta} \tag{9.100}$$

가 되고 $I_{C,REF} = I_{copy}/n$이므로

$$I_{copy} = \frac{nI_{REF}}{1 + \frac{1}{\beta}(n+1)} \tag{9.101}$$

가 된다.

큰 β와 적당한 n의 경우 분모의 둘째 항은 1보다 훨씬 작으므로 $I_{copy} \approx nI_{REF}$가 된다. 그러나 복사되는 전류($\propto n$)가 증가함에 따라 I_{copy}에서의 오차가 커진다.

위의 오차를 줄이기 위하여 바이폴라 전류 거울은 그림 9.32와 같이 수정될 수 있다. 여기서 이미터 폴로어 Q_F는 Q_{REF}의 컬렉터와 노드 X 사이에 넣으며, 그것에 의해서 베이스 전류의 효과가 β배만큼 감소한다. 더 특별하게 $I_{C,F} \approx I_{E,F}$라고 가정하면 X에서 KCL을 씀으로써 위의 해석을 반복할 수 있다.

$$I_{C,F} = \frac{I_{copy}}{\beta} + \frac{I_{copy}}{\beta} \cdot \frac{1}{n} \tag{9.102}$$

Q_F의 베이스 전류는 다음과 같이 얻어진다.

$$I_{B,F} = \frac{I_{copy}}{\beta^2}\left(1 + \frac{1}{n}\right) \tag{9.103}$$

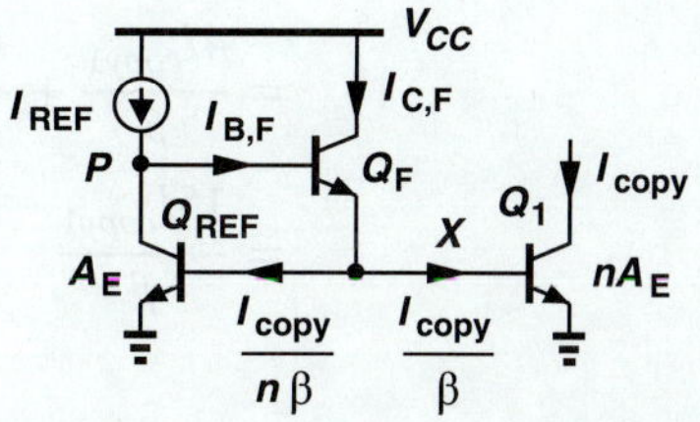

그림 9.32 베이스 전류에 의한 오차를 줄이기 위한 이미터 폴로어의 추가

노드 P에서 또 다른 KCL은

$$I_{REF} = I_{B,F} + I_{C,REF} \tag{9.104}$$

$$= \frac{I_{copy}}{\beta^2}\left(1 + \frac{1}{n}\right) + \frac{I_{copy}}{n} \tag{9.105}$$

를 주며, 이에 따라

$$I_{copy} = \frac{nI_{REF}}{1 + \frac{1}{\beta^2}(n+1)} \tag{9.106}$$

가 된다. 즉, 오차는 β배만큼 감소한다.*

예제 9.16 그림 9.30에서 폴로어를 붙이기 전후의 I_{copy1}과 I_{copy2}에서의 오차를 계산하라.

풀이 I_{copy1}, I_{copy2}와 $I_{C,REF}$(4개의 트랜지스터를 통해 흐르는 전체 전류)는 아직 그들의 공칭 비율을 유지한다. X에서 KCL을 쓰면

$$I_{REF} = I_{C,REF} + \frac{I_{copy1}}{\beta} + \frac{I_{copy2}}{\beta} + \frac{I_{C,REF}}{\beta} \tag{9.107}$$

$$= 4I_{copy1} + \frac{I_{copy1}}{\beta} + \frac{10I_{copy1}}{\beta} + \frac{I_{C,REF}}{\beta} \tag{9.108}$$

가 되고, 따라서

$$I_{copy1} = \frac{I_{REF}}{4 + \frac{15}{\beta}} \tag{9.109}$$

$$I_{copy2} = \frac{10I_{REF}}{4 + \frac{15}{\beta}} \tag{9.110}$$

가 된다. 이미터 폴로어(그림 9.33)를 붙이면 X에서

$$I_{C,F} = \frac{I_{C,REF}}{\beta} + \frac{I_{copy1}}{\beta} + \frac{I_{copy2}}{\beta} \tag{9.111}$$

$$= \frac{4I_{copy1}}{\beta} + \frac{I_{copy1}}{\beta} + \frac{10I_{copy1}}{\beta} \tag{9.112}$$

$$= \frac{15I_{copy1}}{\beta} \tag{9.113}$$

* 더 복잡한 설계에서 정전류는 X에서 뽑아낸다.

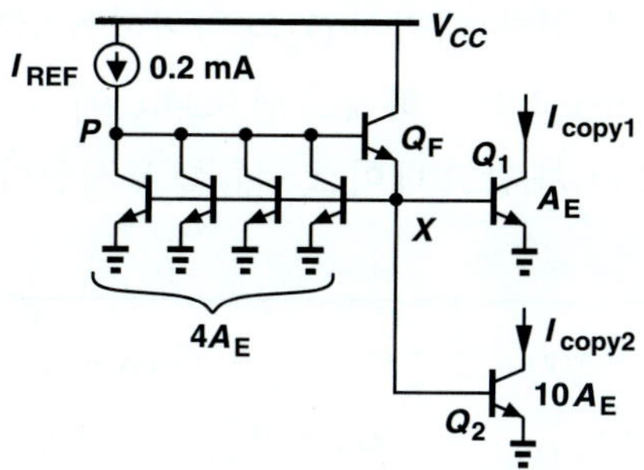

그림 9.33

을 얻는다. 따라서 P에서 KCL은 다음 식을 생기게 한다.

$$I_{REF} = \frac{15I_{copy1}}{\beta^2} + I_{C,REF} \tag{9.114}$$

$$= \frac{15I_{copy1}}{\beta^2} + 4I_{copy1} \tag{9.115}$$

따라서

$$I_{copy1} = \frac{I_{REF}}{4 + \frac{15}{\beta^2}} \tag{9.116}$$

$$I_{copy2} = \frac{10I_{REF}}{4 + \frac{15}{\beta^2}} \tag{9.117}$$

이다.

연습문제 4개의 트랜지스터 중 1개가 생략되었을 때, 다시 말하면 기준 트랜지스터가 $3A_E$의 면적을 가질 때 I_{copy1}을 계산하라.

***pnp* 거울** 그림 9.34(a)의 공통 이미터 단을 고려하자. 전류원은 높은 전압 이득을 얻기 위하여 부하로 사용된다. 전류원은 능동 영역[그림 9.34(b)]에서 동작하는 *pnp* 트랜지스터

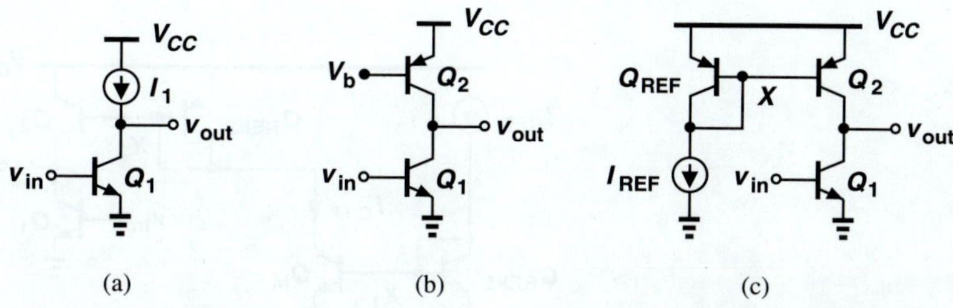

그림 9.34 (a) 전류원 부하를 갖는 CE 단; (b) *pnp* 소자에 의한 전류원의 실현; (c) Q_2의 적당한 바이어싱

로 실현될 수 있다. 따라서 Q_2의 바이어스 전류는 적당히 정의되어야 한다. 그림 9.24(c)의 *npn* 전류 거울과 비슷하게 그림 9.34(c)에 묘사된 *pnp* 전류 거울을 구성한다. 예를 들어 만일 Q_{REF}와 Q_2가 같고 베이스 전류를 무시한다면 Q_2는 I_{REF}와 같은 전류를 흘린다.

예제 9.17 전압 이득이 100이고 전력 소모가 2 mW인 그림 9.34(c)의 회로를 설계하라. $V_{A,npn} = 5$ V, $V_{A,pnp} = 4$ V, $I_{REF} = 100$ μA, $V_{CC} = 2.5$ V라고 가정하라.

풀이 전력 소모와 $V_{CC} = 2.5$ V로부터 800 μA의 전체 전원 전류를 얻으며, 그중에서 100 μA는 I_{REF}와 Q_{REF}에 제공된다. 따라서 Q_1과 Q_2는 700 μA의 전류로 바이어스되며, 이에 따라 Q_2의 (이미터) 면적이 Q_{REF} 면적의 7배가 되어야 한다.(예를 들면, Q_{REF}는 1개의 단위 소자와 7개의 Q_1 단위 소자를 결합한다.)

전압 이득은 다음과 같이 쓸 수 있다.

$$A_v = -g_{m1}(r_{O1}||r_{O2}) \tag{9.118}$$

$$= -\frac{1}{V_T} \cdot \frac{V_{A,npn}V_{A,pnp}}{V_{A,npn} + V_{A,pnp}} \tag{9.119}$$

$$= -85.5 \tag{9.120}$$

여기서 어떤 일이 일어나는가? 100의 전압 이득을 얻으려고 했지만 불가피하게 85.5의 값을 얻었다! 이것은 단의 이득이 단순히 기술의 기본적인 상수이며 바이어스 전류와는 관계없는 얼리 전압과 V_T로 주어졌기 때문이다. 따라서 얼리 전압을 위와 같이 선택하면 회로의 이득은 100이 될 수 없다.

연습문제 전압 이득이 100일 경우 필요한 얼리 전압은 얼마인가?

이제 흥미로운 문제를 다루어야 한다. 그림 9.34(c)에서 X로부터 접지로 전류가 흐르는 것에 반하여 그림 9.24(c)의 거울에서는 귀중한 전류가 V_{CC}에서 노드 X로 흐른다고 가정했다. 전자로부터 후자를 어떻게 생성하는가? 이 목적을 위하여 그림 9.35에서 보여 주

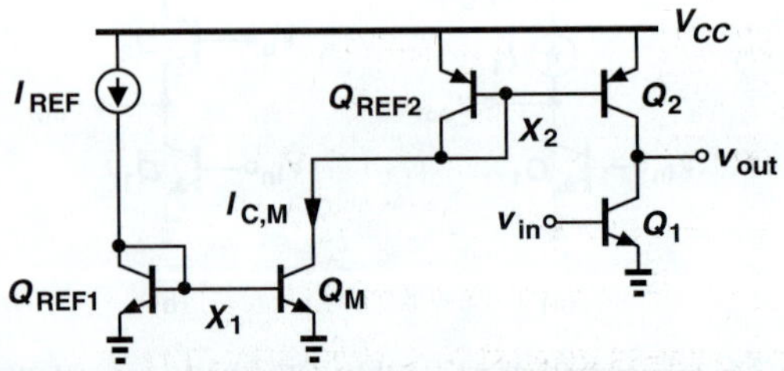

그림 9.35 *pnp* 소자에 대한 전류의 생성

듯이 *npn*과 *pnp* 거울을 조합하는 것이 가능하다. 단순화를 위해 Q_{REF1}, Q_M, Q_{REF2}, Q_2가 모두 같고 베이스 전류를 무시한다고 가정하면, Q_M이 Q_{REF2}로부터 전류 I_{REF}를 흘러나오게 함을 관찰할 수 있고, 그로 인해 Q_2와 Q_1을 통해 같은 전류가 흐르게 한다. Q_{REF1}과 Q_M, Q_{REF2}와 Q_2 사이에 여러 가지 스케일링을 만들 수 있다. I_{REF}가 $I_{C,M}$으로 복사되고 $I_{C,M}$은 I_{C2}로 복사됨에 따라 베이스 전류가 누적 오차를 생기게 함에 유의하라.

예제 9.18 그림 9.35에서 $I_{REF} = 25\ \mu A$일 때 컬렉터 전류가 1 mA가 되게 Q_1과 Q_2를 바이어스시키고자 한다. 트랜지스터의 수가 최소가 되도록 회로에서의 스케일링 인수를 선택하라.

풀이 전체 스케일링 인수가 $1\ mA/25\ \mu A = 40$일 경우

$$I_{C,M} = 8I_{REF} \tag{9.121}$$

$$|I_{C2}| = 5I_{C,M} \tag{9.122}$$

또는

$$I_{C,M} = 10I_{REF} \tag{9.123}$$

$$|I_{C2}| = 4I_{C,M} \tag{9.124}$$

을 선택할 수 있다.(각 경우에 *npn*과 *pnp* 스케일링 인수는 바꿀 수 있다.) 전자의 경우 전류 거울 회로에서 4개의 트랜지스터들이 15단위를 요구하며, 후자의 경우 16단위를 요구한다. $I_{C,M} = 40I_{C,REF1}$과 $I_{C2} = I_{C,REF2}$의 경우는 43단위를 필요로 하므로 무조건 버렸음에 유의하라.

연습문제 모든 트랜지스터에서 $\beta = 50$일 때 I_{C2}의 정확한 값을 계산하라.

예제 9.19 전기공학과 학생이 2개의 명목상 같은 개별 바이폴라 트랜지스터를 구입하고 그림 9.24(c)와 같은 전류 거울을 구성하였다. 안타깝게도 I_{copy}가 I_{REF}보다 30% 컸다. 이유를 설명하라.

풀이 두 트랜지스터가 다른 가마에서 제조되고 이에 따라 약간 다른 공정을 겪는 것이 가능하다. 제조 중에 일어나는 무작위적인 변화는 소자 파라미터와 이미터 면적까지 바꿀지도 모른다. 그 결과 두 트랜지스터는 심각한 I_S 부정합을 나타낸다. 이것이 전류 거울이 개별 설계에서 드물게 사용되는 이유이다.

연습문제 얼마의 I_S 부정합이 30%의 컬렉터 전류 부정합을 일으키는가?

9.2.3 MOS 전류 거울

9.2.2절에서의 원리는 역시 MOS 전류 거울에도 적용될 수 있다. 특별히 그림 9.36(a)에 그림 9.24(a)의 MOS 전류 거울을 그렸다. 블랙박스는 다음과 같은 V_X를 생성해야 한다.

$$\frac{1}{2}\mu_n C_{ox}\left(\frac{W}{L}\right)_1 (V_X - V_{TH1})^2 = I_{REF} \tag{9.125}$$

여기서 채널길이 변조는 무시되었다. 따라서 블랙박스는 다음과 같은 입력(전류)/출력(전압) 특성을 만족시켜야 한다.

$$V_X = \sqrt{\frac{2I_{REF}}{\mu_n C_{ox}\left(\frac{W}{L}\right)_1}} + V_{TH1} \tag{9.126}$$

이것은 '제곱근'처럼 동작해야 한다. 6장에서 다이오드 연결 MOSFET는 그런 특성[그림 9.36(b)]을 갖는다는 것을 알았다. 따라서 그림 9.36(c)에 묘사된 NMOS 전류 거울에 도달

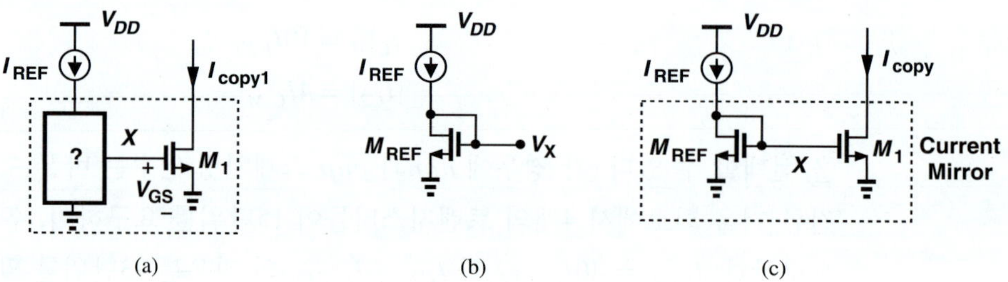

그림 9.36 (a) NMOS 소자에 의한 전류 복사의 개념상의 예; (b) 전류의 제곱근에 비례하는 전압의 생성; (c) MOS 전류 거울

Did you know?

간단한 전류 미러는 2-트랜지스터 회로 토폴로지로 간주될 수도 있다. 이러한 배열을 이용하여 전류 증폭기를 구현할 수도 있다. 아래 그림과 같이 기준(다이오드 연결) 장치가 전류원 트랜지스터보다 작으면 $I_{out}/I_{in} > 1$이다. 예를 들어 I_{in}이 1 μA만큼 변하면 I_{out}은 1 μA × n만큼 변한다. 전류 증폭기는 때때로 아날로그 시스템에서 사용된다. 사실 일부 아날로그 설계자들은 1990년대에 '전류 모드 회로'의 개념을 장려했지만 그 움직임은 따라가지 못했다.

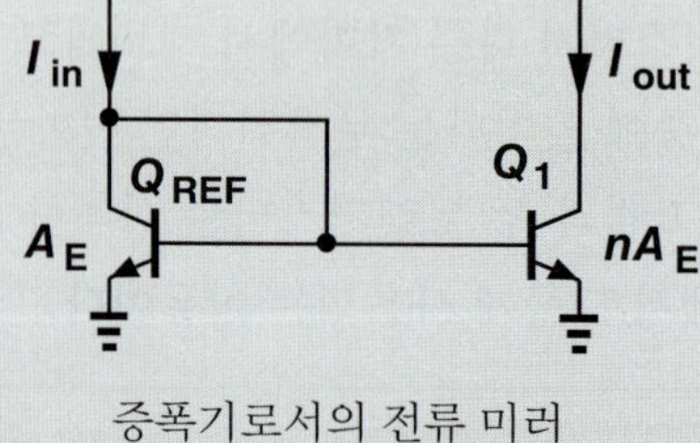

증폭기로서의 전류 미러

한다. 바이폴라 버전과 마찬가지로 2개의 관점에서 회로의 동작을 볼 수 있다: (1) M_{REF}는 I_{REF}의 제곱근을 갖고 M_1은 제곱을 갖는다. (2) 두 트랜지스터의 드레인 전류는 다음과 같이 표현된다.

$$I_{D,REF} = \frac{1}{2}\mu_n C_{ox}\left(\frac{W}{L}\right)_{REF}(V_X - V_{TH})^2 \tag{9.127}$$

$$I_{copy} = \frac{1}{2}\mu_n C_{ox}\left(\frac{W}{L}\right)_1(V_X - V_{TH})^2 \tag{9.128}$$

여기서 문턱 전압은 같다고 가정한다. 이로부터

$$I_{copy} = \frac{\left(\frac{W}{L}\right)_1}{\left(\frac{W}{L}\right)_{REF}} I_{REF} \tag{9.129}$$

가 되며 만일 두 트랜지스터가 같으면 $I_{copy} = I_{REF}$가 된다.

예제 9.20

예제 9.12와 9.13의 회로를 공부하는 학생이 게이트 전류가 0이라는 것을 생각하고 게이트를 전원에 연결하지 않은 채로 MOS 전류 거울을 만들기로 결정하였다(그림 9.37). 어떤 일이 일어나는지 설명하라.

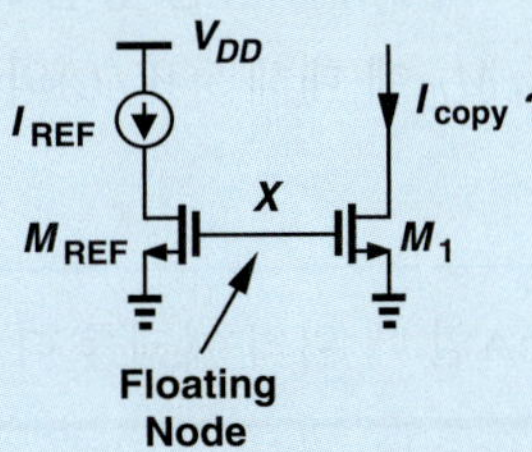

그림 9.37

풀이 오직 다이오드 연결 소자만이 식 (9.129)를 만족시키고 복사 전류가 소자의 변수와 온도에 독립적이기 때문에 이 회로는 전류 거울이 아니다. M_{REF}와 M_1의 게이트가 플로팅 상태이므로 어떤 전압, 예를 들면 공급 전원이 켜질 때 노드 X에서 만들어진 초기 상태로 가정된다. 다시 말하면 I_{copy}는 아주 불완전하게 정의된다.

연습문제 이 회로에서 M_{REF}는 항상 차단 상태인가?

다른 스케일링 인수를 갖는 I_{REF}의 부가적인 복사물의 생성 역시 그림 9.27에서 보여 준 원리에 따른다. 다음 예제는 이런 개념을 보여 준다.

예제 9.21 집적 회로가 그림 9.38(a)에 나와 있는 소스 폴로어와 공통 소스 단을 사용한다. 0.3 mA의 기준으로부터 I_1과 I_2를 만드는 전류 거울을 설계하라.

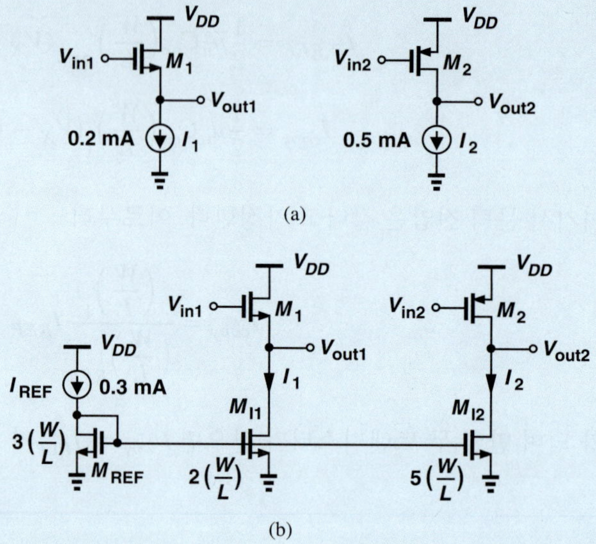

그림 9.38

풀이 그림 9.29와 9.30에서 묘사한 방법으로부터 다이오드 연결 소자에 대해 $3(W/L)$, M_{I1}에 대해 $2(W/L)$, M_{I2}에 대해 $5(W/L)$의 비율을 선택한다. 그림 9.38(b)는 전체 회로를 보여 준다.

연습문제 $I_{REF} = 0.8$ mA일 때 위의 예제를 다시 풀어라.

MOS 소자는 무시할 만한 게이트 전류를 빨아들이기 때문에[6] MOS 거울은 그림 9.32에서 보여 준 기술에 의존할 필요가 없다. 한편 전류원 트랜지스터에서의 채널길이 변조는 부가적인 오차의 원인이 된다. 문제 9.53에서 조사되는 이 효과는 좀 더 상급 교재에서 다루게 되는 회로의 수정을 요구한다[1].

NMOS와 PMOS 전류 거울의 결합 개념은 그림 9.35에서 묘사되는 바이폴라 짝을 따라간다. 그림 9.39의 회로는 이러한 개념을 예시한다.

6) deep-submicron CMOS 기술에서는 게이트 산화물의 두께가 30 Å보다 작고 이에 따라 '터널링'과 현저한 게이트 전류를 발생시킨다. 이 효과는 이 책의 범위를 넘는다.

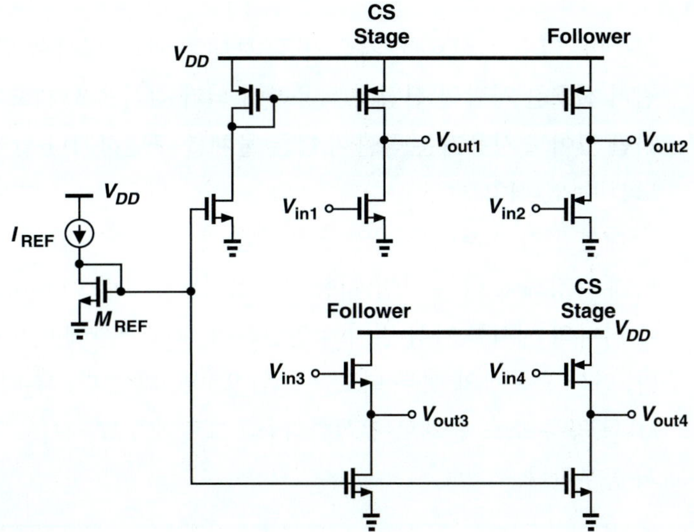

그림 9.39 일반적인 회로의 NMOS와 PMOS 전류 거울

생명공학 응용: 전자 피부

팔이나 다리를 잃은 사람들은 의수 교체의 혜택을 받을 수 있다. 이 기계적인 신체 부위는 원래의 팔다리와 유사한 능력을 사람에게 제공하지만 촉각을 느낄 수는 없다. 최근 '전자 피부'로 이 문제를 해결하려는 움직임이 있다. 예를 들어 그림 9.40(a)에서 볼 수

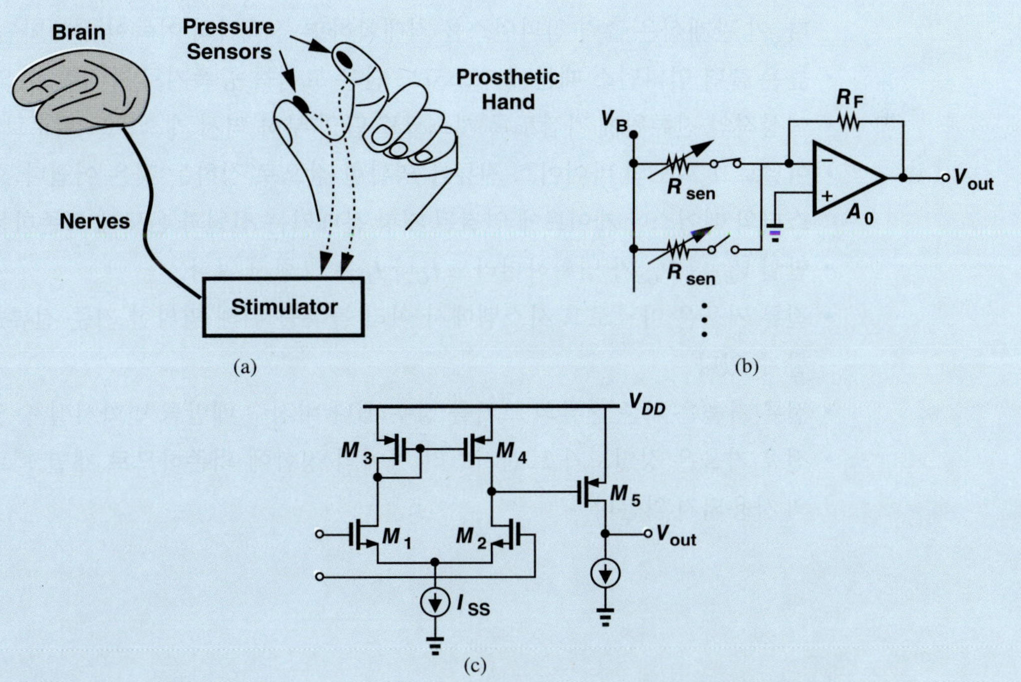

그림 9.40 (a) 촉각을 제공하기 위한 의수에 압력 센서 사용; (b) 측정 회로; (C) 연산 증폭기 구현

있듯이, 의수는 신호를 '자극기'로 보내는 압력 센서로 덮여 있다. 자극기는 해당하는 전기 신호를 사람의 신경에 적용하여 뇌가 감각을 느끼도록 한다. 흥미롭게도 3개의 센서만 있어도 사용자는 곡률이 다른 물체를 구별하거나 날카로운 물체를 만질 때 통증을 느낄 수 있다[2].

대형 전자 피부에는 다양한 센서와 관련 회로가 필요하다. 압전력 센서는 값을 정확하게 측정해야 하는 가변 저항 역할을 한다. 그림 9.40(b)는 [2]의 예로서, 주어진 시간에 하나의 센서를 가상 접지에 연결하여 센서 저항에 반비례하는 출력 전압을 발생시킨다. 연산 증폭기의 내부 회로는 그림 9.40(c)와 같다. M_3와 M_4를 전류 미러로 인식하고 M_5를 공통 소스 단계로 인식한다.(왜 그럴까?) M_1-M_4로 구성된 토폴로지는 다음 장에서 공부한다.

9.3 요약

- 트랜지스터를 다른 트랜지스터 위에 쌓으면 캐스코드 구조가 되며, 고출력 임피던스를 갖는다.
- 캐스코드 토폴로지는 소스나 이미터 축퇴의 극단적인 사례라고 볼 수 있다.
- 증폭기의 전압 이득은 G_m이 단락 회로 트랜스컨덕턴스일 때 $-G_mR_{out}$으로 표시할 수 있다. 이 관계식은 출력 임피던스를 최대화하면 증폭기의 이득이 최대화됨을 가리킨다.
- 높은 출력 임피던스 때문에 캐스코드 단은 고이득 증폭기로 동작할 수 있다.
- 이상적인 전류원에 가깝도록 캐스코드 단의 부하 역시 캐스코드 회로로 실현된다.
- 아날로그 회로의 바이어스 전류를 명확한 값으로 정하는 것은 어렵다. 예를 들면 트랜지스터의 베이스나 게이트에 연결된 저항 분배기는 전원과 온도에 의존하는 전류를 만든다.
- 만일 V_{BE}나 V_{GS}가 명확하더라도 I_C나 I_D는 그렇지 않다.
- 전류 거울은 아날로그 시스템에서 여러 블록을 위해 명확한 기준 전류를 여러 번 '복사'할 수 있다.
- 전류 거울은 기준 전류의 크기를 정수 배나 비정수 배만큼 변화시킬 수 있다.
- 전류 거울은 정밀도가 트랜지스터 사이의 정합에 의존하므로 개별 회로 설계에서는 거의 사용되지 않는다.

PROBLEMS

Sec. 9.1.1 Cascode as a Current Source

9.1. In the bipolar cascode stage of Fig. 9.2(a), $I_S = 6 \times 10^{-17}$ A and $\beta = 100$ for both transistors. Neglect the Early effect.
(a) Compute V_{b2} for a bias current of 1 mA.
(b) Noting that $V_{CE2} = V_{b1} - V_{BE1}$, determine the value of V_{b1} such that Q_2 experiences a base-collector forward bias of only 300 mV.

9.2. Consider the cascode stage depicted in Fig. 9.41, where $V_{CC} = 2.5$ V.

Figure 9.41

(a) Repeat Problem 9.1 for this circuit, assuming a bias current of 0.5 mA.
(b) With the minimum allowable value of V_{b1}, compute the maximum allowable value of R_C such that Q_1 experiences a base-collector forward bias of no more than 300 mV.

SOL **9.3.** In the circuit of Fig. 9.41, we have chosen $R_C = 1$ kΩ and $V_{CC} = 2.5$ V. Estimate the maximum allowable bias current if each transistor sustains a base-collector forward bias of 200 mV.

*__9.4.__ Due to a manufacturing error, a parasitic resistor R_P has appeared in the cascode circuits of Fig. 9.42. Determine the output resistance in each case.

9.5. Repeat Example 9-1 for the circuit shown in Fig. 9.43, assuming I_1 is ideal and equal to 0.5 mA, i.e., $I_{C1} = 0.5$ mA while $I_{C2} = 1$ mA.

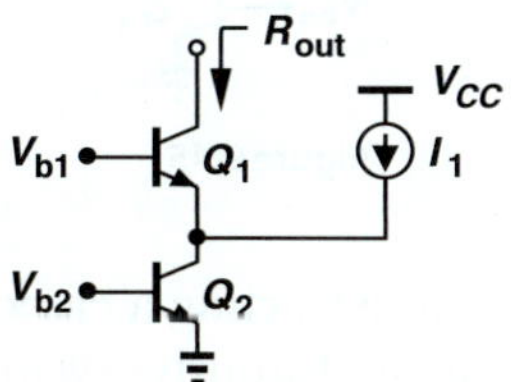

Figure 9.43

9.6. Suppose the circuit of Fig. 9.43 is realized as shown in Fig. 9.44, where Q_3 plays the role of I_1. Assuming $V_{A1} = V_{A2} = V_{A,n}$ and $V_{A3} = V_{A,p}$, determine the output impedance of the circuit.

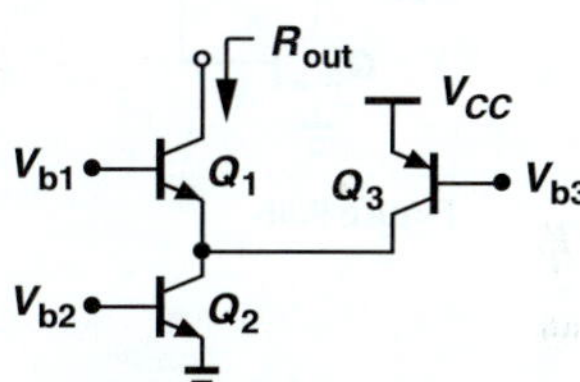

Figure 9.44

*__9.7.__ Excited by the output impedance "boosting" capability of cascodes, a student decides to extend the idea as illustrated

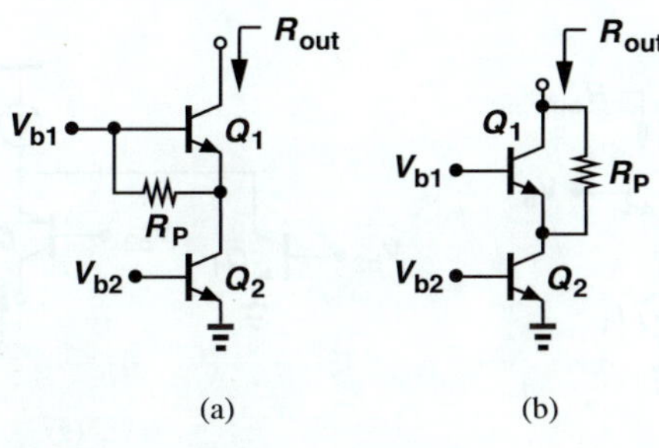

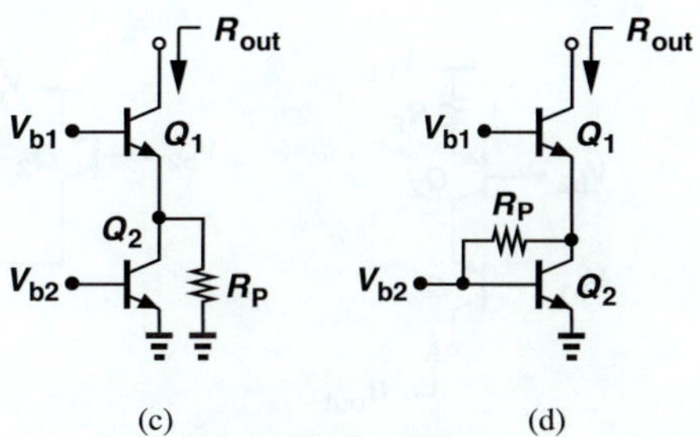

Figure 9.42

in Fig. 9.45. What is the maximum output impedance that the student can achieve? Assume the transistors are identical.

Figure 9.45

*9.8. While constructing a cascode stage, a student adventurously swaps the collector and base terminals of the degeneration transistor, arriving at the circuit shown in Fig. 9.46.

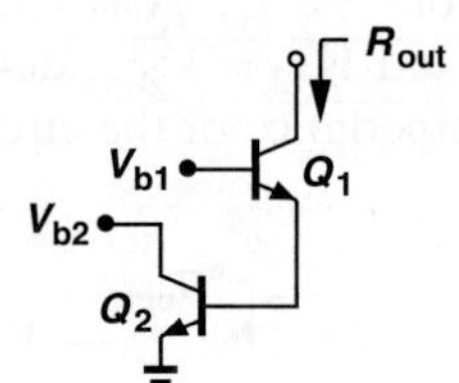

Figure 9.46

(a) Assuming both transistors operate in the active region, determine the output impedance of the circuit.
(b) Compare the result with that of a cascode stage for a *given bias current* (I_{C1}) and explain why this is generally not a good idea.

9.9. For discrete bipolar transistors, the Early voltage reaches tens of volts, allowing the approximation $V_A \gg \beta V_T$ if $\beta < 100$. Using this approximation, simplify Eq. (9.9) and explain why the result resembles that in Eq. (9.12). SOL

*9.10. The *pnp* cascode depicted in Fig. 9.47 must provide a bias current of 0.5 mA to a circuit. If $I_S = 10^{-16}$ and $\beta = 100$,

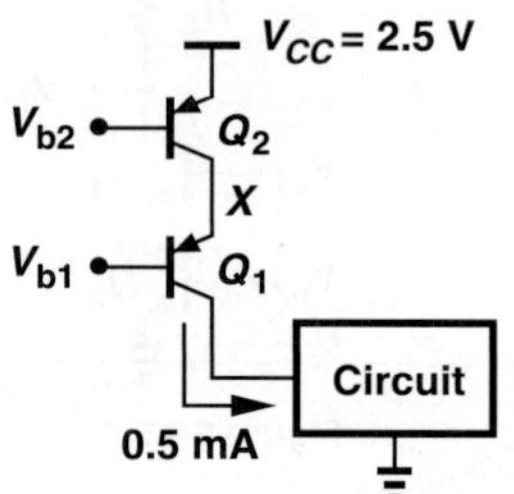

Figure 9.47

(a) Calculate the required value of V_{b2}.
(b) Noting that $V_X = V_{b1} + |V_{BE1}|$, determine the maximum allowable value

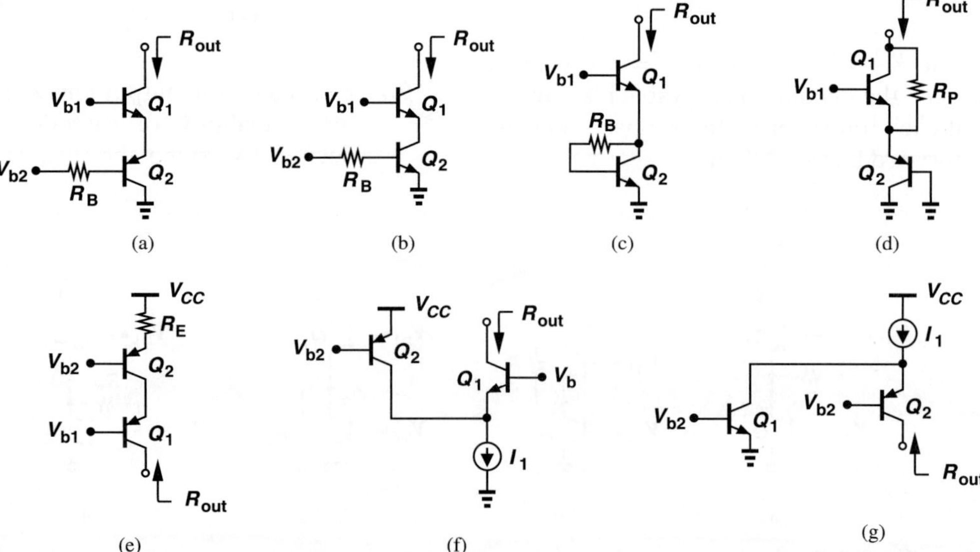

Figure 9.48

of V_{b1} such that Q_2 experiences a base-collector forward bias of only 200 mV.

****9.11.** Determine the output impedance of each circuit shown in Fig. 9.48. Assume $\beta \gg 1$. Explain which ones are considered cascode stages.

9.12. The MOS cascode of Fig. 9.49 must provide a bias current of 0.5 mA with an output impedance of at least 50 kΩ. If $\mu_n C_{ox} = 100\ \mu\text{A/V}^2$ and $W/L = 20/0.18$ for both transistors, compute the maximum tolerable value of λ.

Figure 9.49

9.13. (a) Writing $G_m = \sqrt{2\mu_n C_{ox}(W/L)I_D}$, express Eq. (9.23) in terms of I_D and plot the result as a function of I_D.
(b) Compare this expression with that in Eq. (9.9) for the bipolar counterpart. Which one is a stronger function of the bias current?

9.14. The cascode current source shown in Fig. 9.50 must be designed for a bias current of 0.5 mA. Assume $\mu_n C_{ox} = 100\ \mu\text{A/V}^2$ and $V_{TH} = 0.4$ V.

Figure 9.50

(a) Neglecting channel-length modulation, compute the required value of V_{b2}. What is the minimum tolerable value of V_{b1} if M_2 must remain in saturation?
(b) Assuming $\lambda = 0.1\ \text{V}^{-1}$, calculate the output impedance of the circuit.

9.15. Consider the circuit shown in Fig. 9.51, where $V_{DD} = 1.8$ V, $(W/L)_1 = 20/0.18$, and $(W/L)_2 = 40/0.18$. Assume $\mu_n C_{ox} = 100\ \mu\text{A/V}^2$ and $V_{TH} = 0.4$ V.

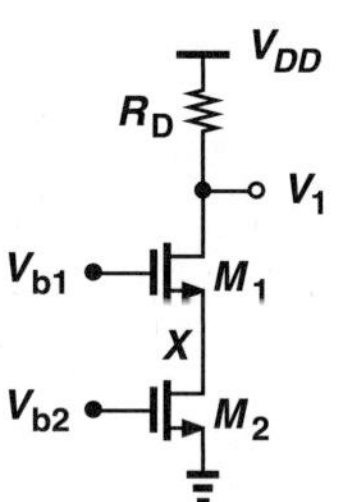

Figure 9.51

(a) If we require a bias current of 1 mA and $R_D = 500\ \Omega$, what is the highest allowable value of V_{b1}?
(b) With such a value chosen for V_{b1}, what is the value of V_X?

****9.16.** Compute the output resistance of the circuits depicted in Fig. 9.52. Assume all of the transistors operate in saturation and $g_m r_O \gg 1$.

9.17. The PMOS cascode of Fig. 9.53 must provide a bias current of 0.5 mA with an output impedance of 40 kΩ. If $\mu_p C_{ox} = 50\ \mu\text{A/V}^2$ and $\lambda = 0.2\ \text{V}^{-1}$, determine the required value of $(W/L)_1 = (W/L)_2$.

***9.18.** The PMOS cascode of Fig. 9.53 is designed for a given output impedance, R_{out}. Using Eq. (9.23), explain what happens if the SOL

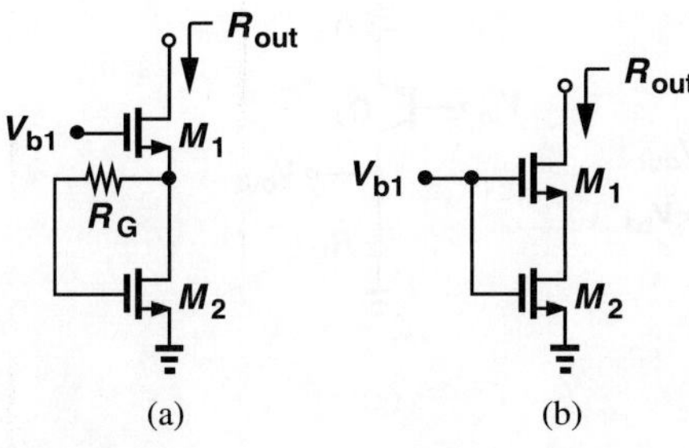

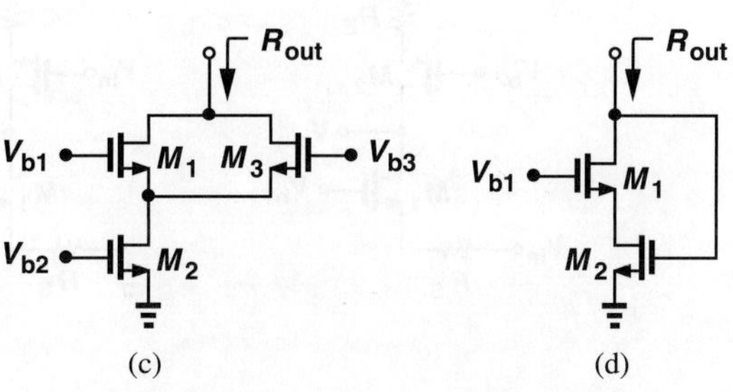

Figure 9.52

Figure 9.53

widths of both transistors are increased by a factor of N while the transistor lengths and bias currents remain unchanged. Assume $\lambda \propto L^{-1}$.

**9.19. Determine the output impedance of the stages shown in Fig. 9.54. Assume all of the transistors operate in saturation and $g_m r_O \gg 1$.

Sec. 9.1.2 Cascode as an Amplifier

9.20. Compute the short-circuit transconductance and the voltage gain of each of the stages in Fig. 9.55. Assume $\lambda > 0$ and $V_A < \infty$.

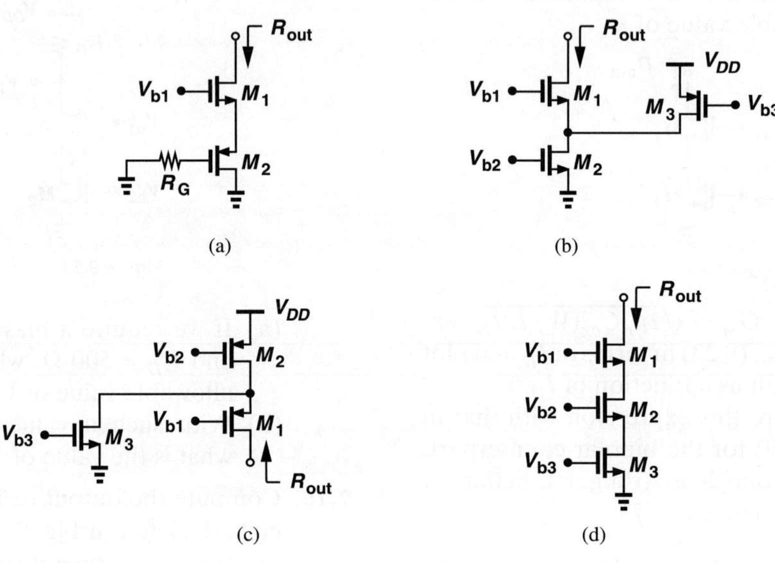

Figure 9.54

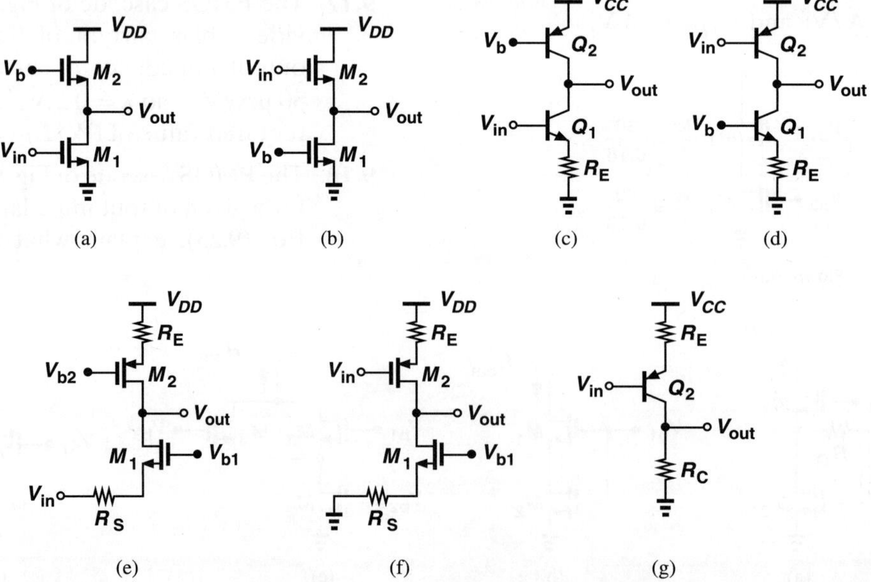

Figure 9.55

*__9.21.__ Prove that Eq. (9.53) reduces to

$$A_v \approx \frac{-\beta V_A^2}{V_T(V_A + \beta V_T)}, \qquad (9.130)$$

a quantity independent of the bias current.

9.22. The cascode stage of Fig. 9.16(b) must be designed for a voltage gain of 500. If $\beta_1 = \beta_2 = 100$, determine the minimum required value of $V_{A1} = V_{A2}$. Assume $I_1 = 1$ mA.

**__9.23.__ Having learned about the high voltage gain of the cascode stage, a student adventurously constructs the circuit depicted in Fig. 9.56, where the input is applied to the base of Q_2 rather than to the base of Q_1.

Figure 9.56

(a) Replacing Q_1 with r_{O1}, explain intuitively why the voltage gain of this stage cannot be as high as that of the cascode.

(b) Assuming $g_m r_O \gg 1$, compute the short-circuit transconductance and the voltage gain.

*__9.24.__ Determine the short-circuit transconductance and the voltage gain of the circuit shown in Fig. 9.57.

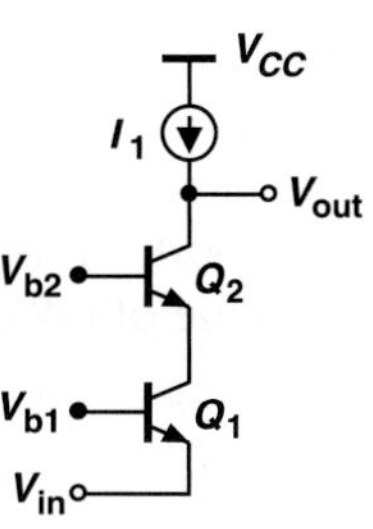

Figure 9.57

**__9.25.__ Calculate the voltage gain of each stage illustrated in Fig. 9.58.

9.26. Consider the cascode amplifier of Fig. 9.19 and assume $\beta_1 = \beta_2 = \beta_N$, $V_{A1} = V_{A2} = V_{A,N}$, $\beta_3 = \beta_4 = \beta_P$, $V_{31} = V_{A4} = V_{A,P}$. Express Eq. (9.61) in terms of these quantities. Does the result depend on the bias current?

*__9.27.__ Due to a manufacturing error, a bipolar cascode amplifier has been configured as shown in Fig. 9.59. Determine the voltage gain of the circuit.

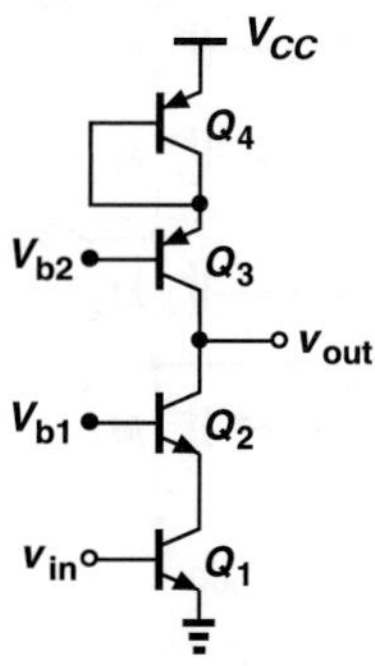

Figure 9.59

9.28. Writing $g_m = \sqrt{2\mu_n C_{ox}(W/L)I_D}$ and $r_O = 1/(\lambda I_D)$, express Eq. (9.72) in terms of the device parameters and plot the result as a function of I_D. SOL

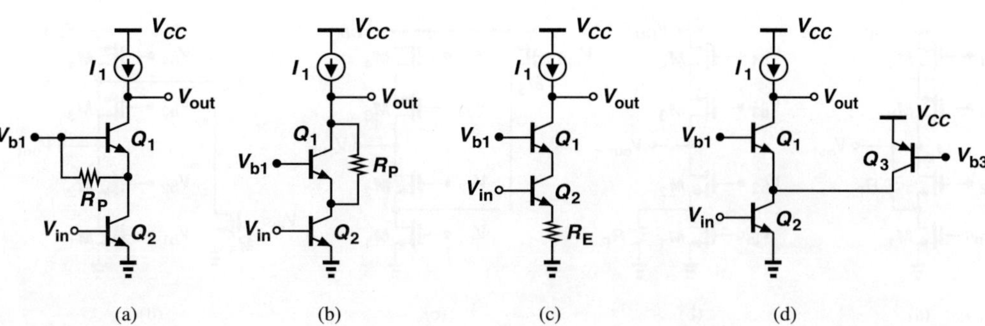

Figure 9.58

9.29. The MOS cascode of Fig. 9.20(a) must provide a voltage gain of 200 with a bias current of 1 mA. If $\mu_n C_{ox} = 100\ \mu\text{A/V}^2$ and $\lambda = 0.1\ \text{V}^{-1}$ for both transistors, determine the required value of $(W/L)_1 = (W/L)_2$.

*__9.30.__ The MOS cascode of Fig. 9.20(a) is designed for a given voltage gain, A_v. Using Eq. (9.79) and the result obtained in Problem 9.28, explain what happens if the widths of the transistors are increased by a factor of N while the transistor lengths and bias currents remain unchanged.

*__9.31.__ Repeat Problem 9.30 if the lengths of both transistors are increased by a factor of N while the transistor widths and bias currents remain unchanged.

9.32. Due to a manufacturing error, a CMOS cascode amplifier has been configured as shown in Fig. 9.60. Calculate the voltage gain of the circuit.

Figure 9.60

9.33. In the cascode stage of Fig. 9.20(b), $(W/L)_1 = \cdots = (W/L)_4 = 20/0.18$. If $\mu_n C_{ox} = 100\ \mu\text{A/V}^2$, and $\mu_p C_{ox} = 50\ \mu\text{A/V}^2$, $\lambda_n = 0.1\ \text{V}^{-1}$, and $\lambda_p = 0.15\ \text{V}^{-1}$, calculate the bias current such that the circuit achieves a voltage gain of 500.

**__9.34.__ Determine the voltage gain of each circuit in Fig. 9.61. Assume $g_m r_O \gg 1$.

Sec. 9.2.2 Bipolar Current Mirror

*__9.35.__ From Eq. (9.83), determine the sensitivity of I_1 to V_{CC}, defined as $\partial I_1/\partial V_{CC}$. Explain intuitively why this sensitivity is proportional to the transconductance of Q_1.

9.36. Repeat Problem 9.35 for Eq. (9.85) (in terms of V_{DD}). SOL

9.37. The parameters $\mu_n C_{ox}$ and V_{TH} in Eq. (9.85) also vary with the fabrication process. (Integrated circuits fabricated in different batches exhibit slightly different parameters.) Determine the sensitivity of I_1 to V_{TH} and explain why this issue becomes more serious at low supply voltages.

9.38. Having learned about the logarithmic function of the circuit in Fig. 9.24(b), a student remembers the logarithmic amplifier studied in Chapter 8 and constructs the circuit depicted in Fig. 9.62. Explain what happens.

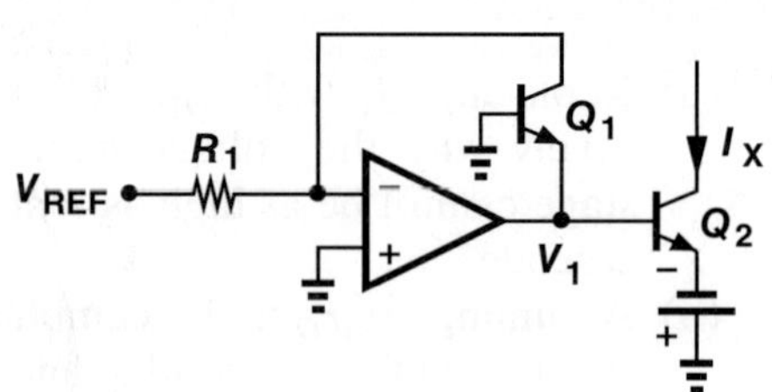

Figure 9.62

9.39. Repeat Problem 9.38 for the topology shown in Fig. 9.63.

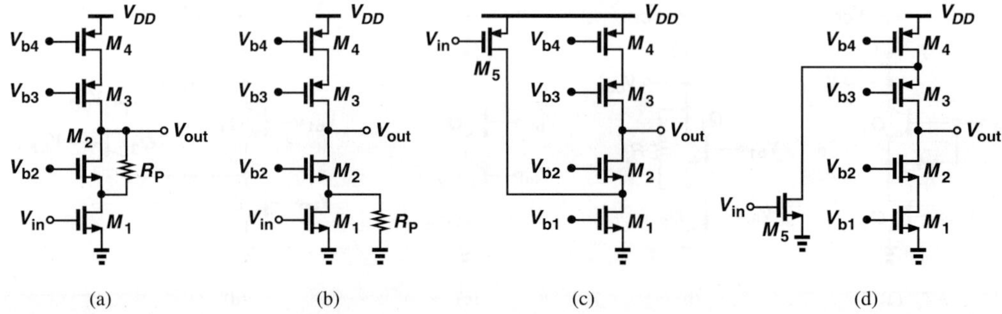

Figure 9.61

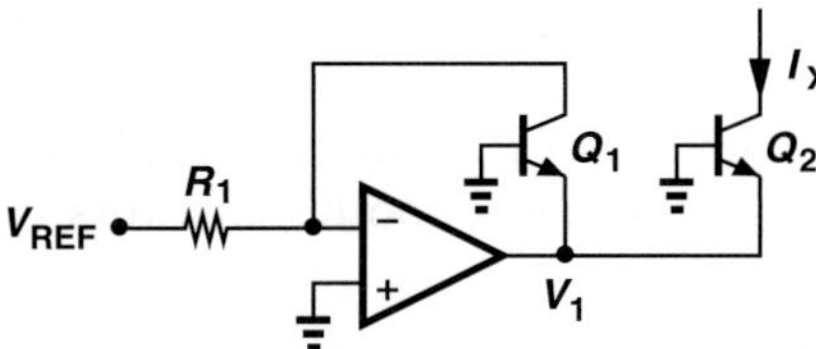

Figure 9.63

***9.40.** Due to a manufacturing error, resistor R_P has appeared in series with the emitter of Q_1 in Fig. 9.64. If I_1 is half of its nominal value, express the value of R_P in terms of other circuit parameters. Assume Q_{REF} and Q_1 are identical and $\beta \gg 1$.

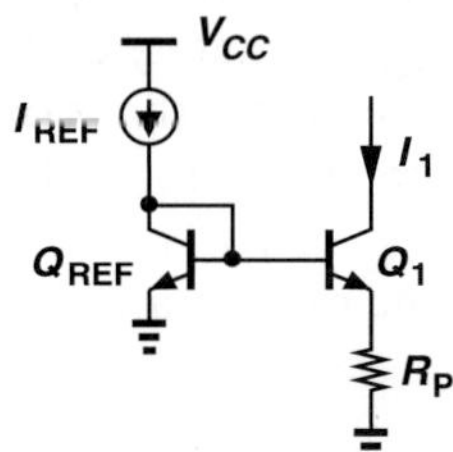

Figure 9.64

***9.41.** Repeat Problem 9.40 for the circuit shown in Fig. 9.65, but assuming that I_1 is twice its nominal value.

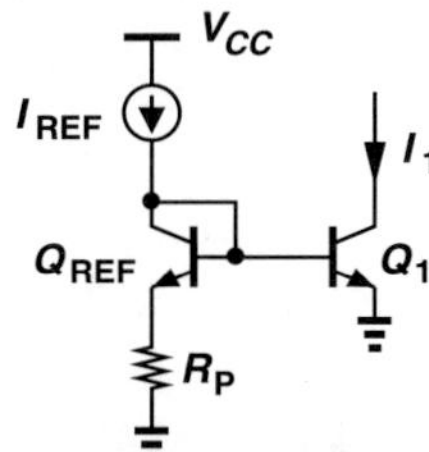

Figure 9.65

9.42. We wish to generate two currents equal to 50 μA and 230 μA from a reference of 130 μA. Design an *npn* current mirror for this purpose. Neglect the base currents.

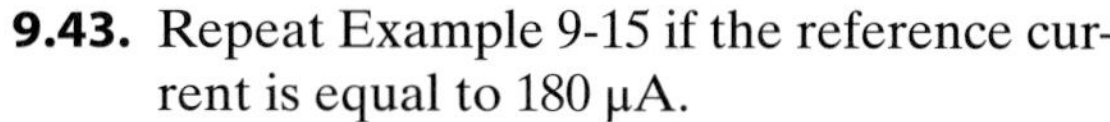
9.43. Repeat Example 9-15 if the reference current is equal to 180 μA.

****9.44.** Due to a manufacturing error, resistor R_P has appeared in series with the base of Q_{REF} in Fig. 9.66. If I_1 is 10% greater than its nominal value, express the value of R_P in terms of other circuit parameters. Assume Q_{REF} and Q_1 are identical.

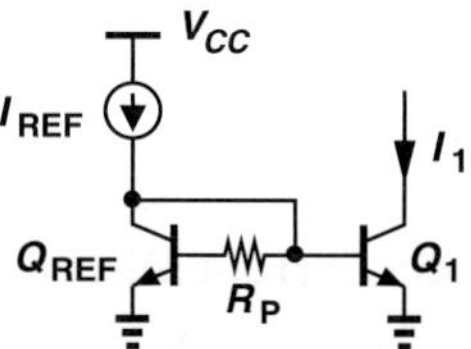

Figure 9.66

***9.45.** Repeat Problem 9.44 for the circuit shown in Fig. 9.67, but assuming I_1 is 10% less than its nominal value.

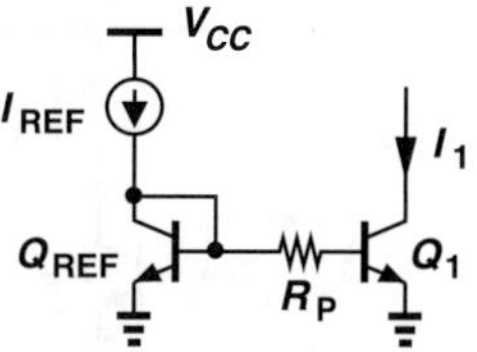

Figure 9.67

9.46. Taking base currents into account, determine the value of I_{copy} in each circuit depicted in Fig. 9.68. Normalize the error to the nominal value of I_{copy}.

***9.47.** Calculate the error in I_{copy} for the circuit shown in Fig. 9.69.

9.48. Taking base currents into account, compute the error in I_{copy} for each of the circuits illustrated in Fig. 9.70.

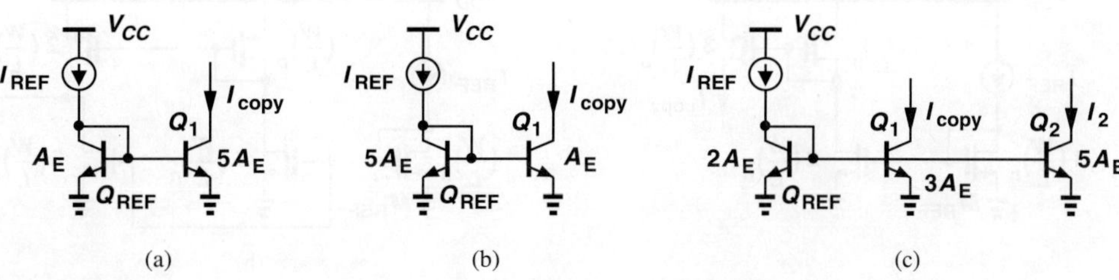

Figure 9.68

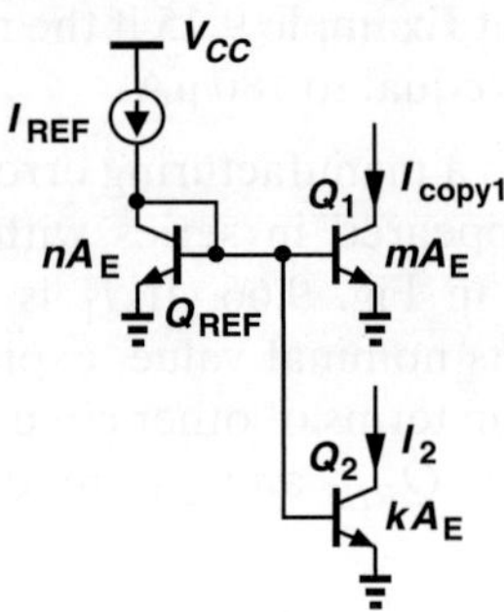

Figure 9.69

Sec. 9.2.3 MOS Current Mirror

9.49. Determine the value of R_P in the circuit of Fig. 9.71 such that $I_1 = I_{REF}/2$. With this choice of R_P, does I_1 change if the threshold voltage of both transistors increases by ΔV?

9.50. Determine the value of R_P in the circuit of Fig. 9.72 such that $I_1 = 2I_{REF}$. With this choice of R_P, does I_1 change if the threshold voltage of both transistors increases by ΔV?

9.51. Repeat Example 9-21 if the reference current is 0.35 mA.

9.52. Calculate I_{copy} in each of the circuits shown in Fig. 9.73. Assume all of the transistors operate in saturation.

****9.53.** Consider the MOS current mirror shown in Fig. 9.36(c) and assume M_1 and M_2 are identical but $\lambda \neq 0$.

(a) How should V_{DS1} be chosen so that I_{copy1} is exactly equal to I_{REF}?

(b) Determine the error in I_{copy1} with respect to I_{REF} if V_{DS1} is equal to $V_{GS} - V_{TH}$ (so that M_1 resides at the edge of saturation).

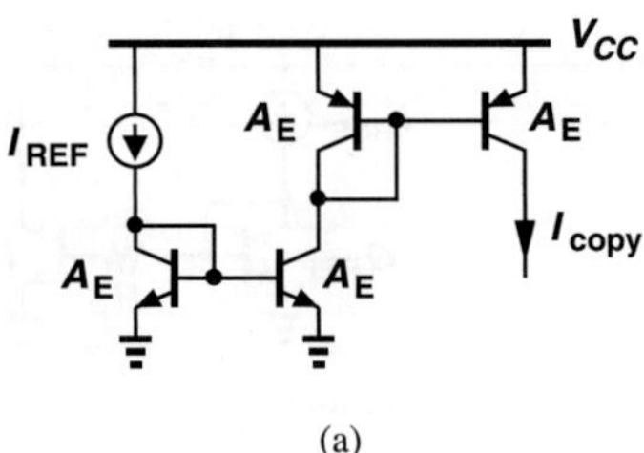

(a)

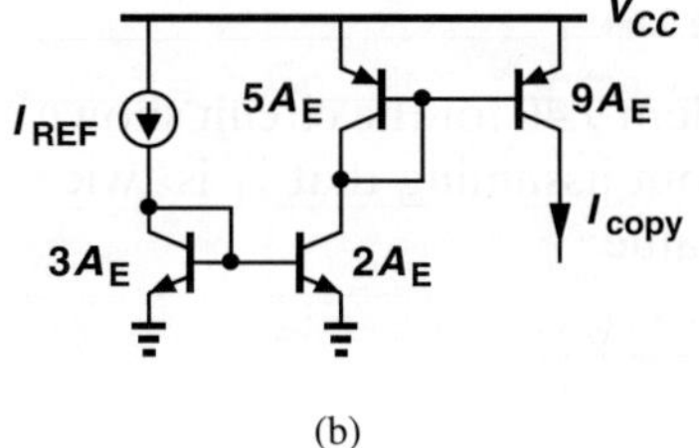

(b)

Figure 9.70

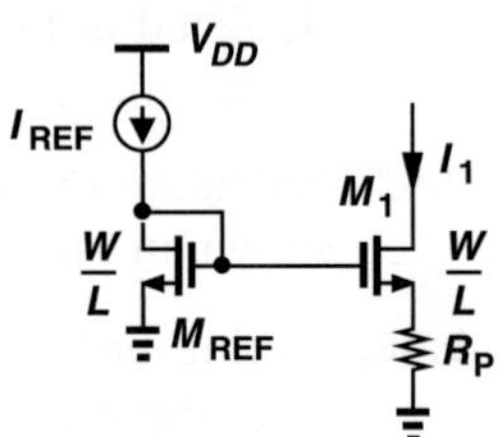

Figure 9.71

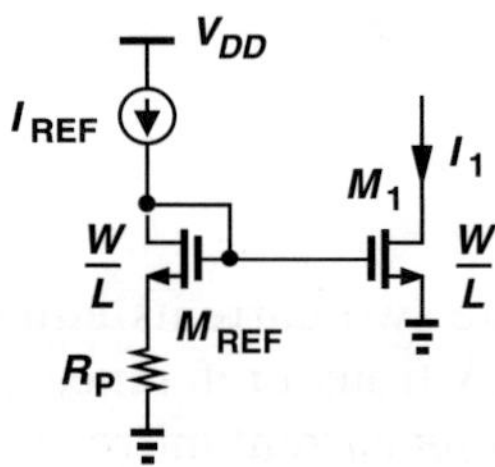

Figure 9.72

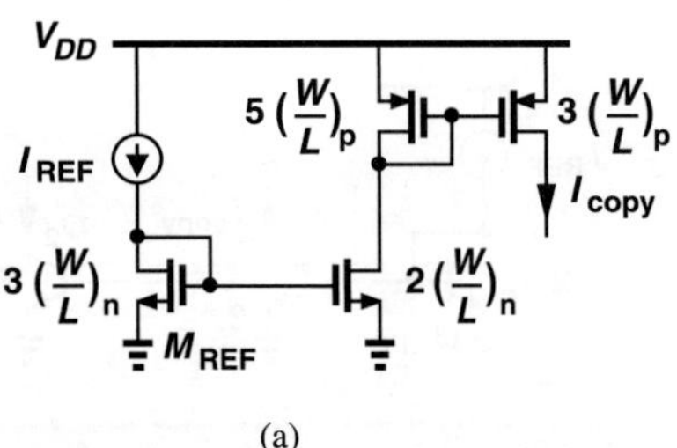

(a)

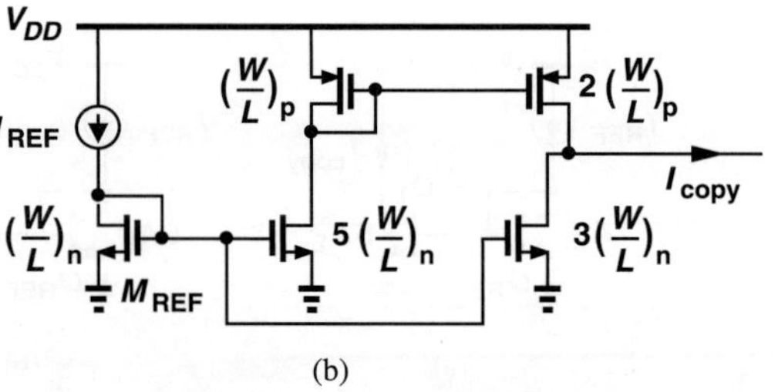

(b)

Figure 9.73

Design Problems

In the following problems, unless otherwise stated, assume $I_{S,n} = I_{S,p} = 6 \times 10^{-16}$ A, $V_{A,n} = V_{A,p} = 5$ V, $\beta_n = 100$, $\beta_p = 50$, $\mu_n C_{ox} = 100$ µA/V^2, $\mu_p C_{ox} = 50$ µA/V^2, $V_{TH,n} = 0.4$ V, and $V_{TH,p} = -0.5$ V, where the subscripts n and p refer to n-type (*npn* or NMOS) and p-type (*pnp* or PMOS) devices, respectively.

9.54. Assuming a bias current of 1 mA, design the degenerated current source of Fig. 9.74(a) such that R_E sustains a voltage approximately equal to the minimum required collector-emitter voltage of Q_2 in Fig. 9.74(b) ($\approx$ 0.5 V). Compare the output impedances of the two circuits.

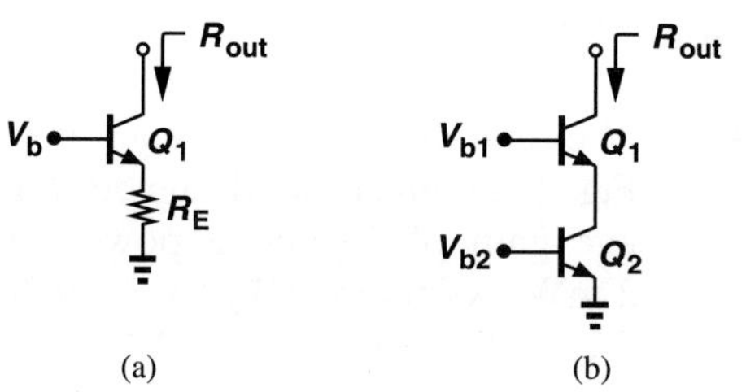

Figure 9.74

9.55. Design the cascode current source of Fig. 9.74(b) for an output impedance of 50 kΩ. Select V_{b1} such that Q_2 experiences a base-collector forward bias of only 100 mV. Assume a bias current of 1 mA.

9.56. We wish to design the MOS cascode of Fig. 9.75 for an output impedance of 200 kΩ and a bias current of 0.5 mA.

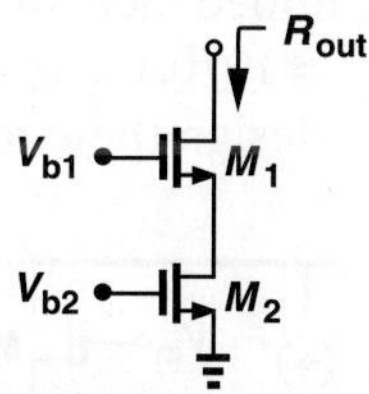

Figure 9.75

(a) Determine $(W/L)_1 = (W/L)_2$ if $\lambda = 0.1$ V^{-1}.
(b) Calculate the required value of V_{b2}.

9.57. The bipolar cascode amplifier of Fig. 9.76 must be designed for a voltage gain of 500. Use Eq. (9.53) and assume $\beta = 100$.

(a) What is the minimum required value of V_A?
(b) For a bias current of 0.5 mA, calculate the required bias component in V_{in}.
(c) Compute the value of V_{b1} such that Q_1 sustains a collector-emitter voltage of 500 mV.

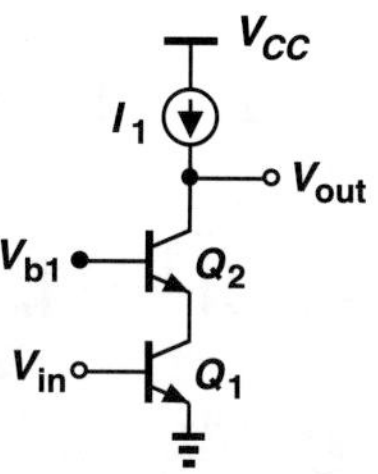

Figure 9.76

9.58. Design the cascode amplifier shown in Fig. 9.77 for a power budget of 2 mW. Select V_{b1} and V_{b2} such that Q_1 and Q_4 sustain a base-collector forward bias of 200 mV. What voltage gain is achieved?

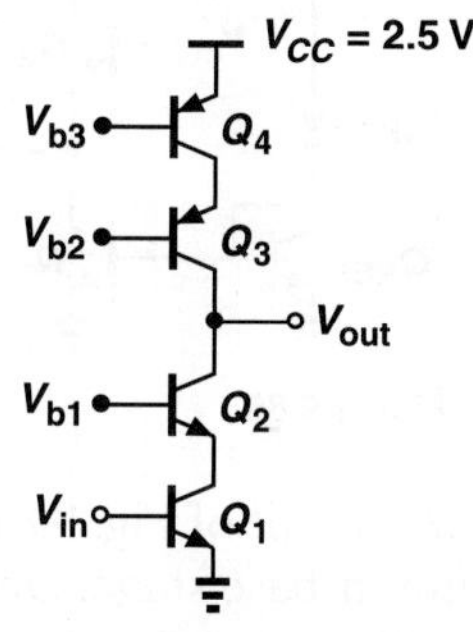

Figure 9.77

9.59. Design the CMOS cascode amplifier of Fig. 9.78 for a voltage gain of 200 and a power budget of 2 mW with $V_{DD} = 1.8$ V. Assume $(W/L)_1 = \cdots = (W/L)_4 = 20/0.18$ and $\lambda_p = 2\lambda_n = 0.2$ V^{-1}. Determine the required dc levels of V_{in} and V_{b3}. For simplicity, assume $V_{b1} = V_{b2} = 0.9$ V.

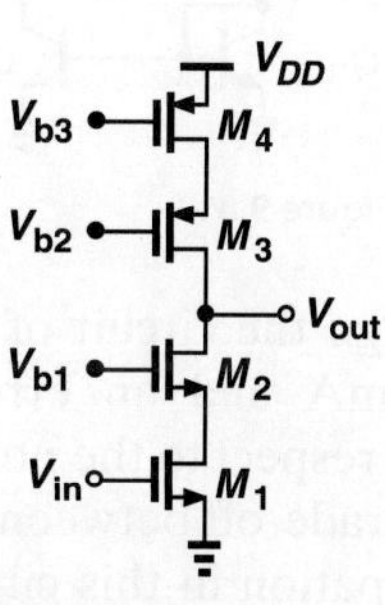

Figure 9.78

SOL **9.60.** The current mirror shown in Fig. 9.79 must deliver $I_1 = 0.5$ mA to a circuit with a total power budget of 2 mW. Assuming $V_A = \infty$ and $\beta \gg 1$, determine the required value of I_{REF} and the relative sizes of Q_{REF} and Q_1.

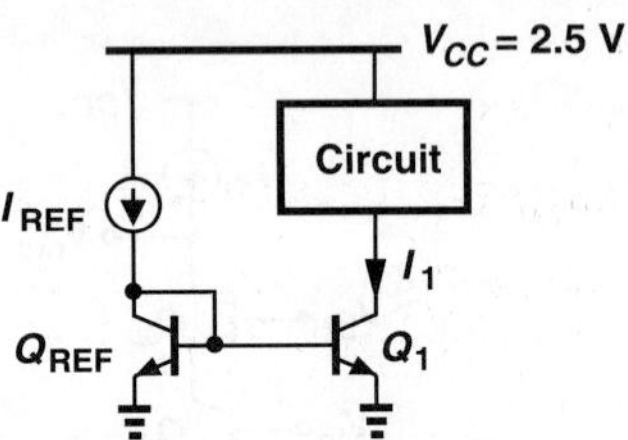

Figure 9.79

9.61. In the circuit of Fig. 9.80, Q_2 operates as an emitter follower. Design the circuit for a power budget of 3 mW and an output impedance of 50 Ω. Assume $V_A = \infty$ and $\beta \gg 1$.

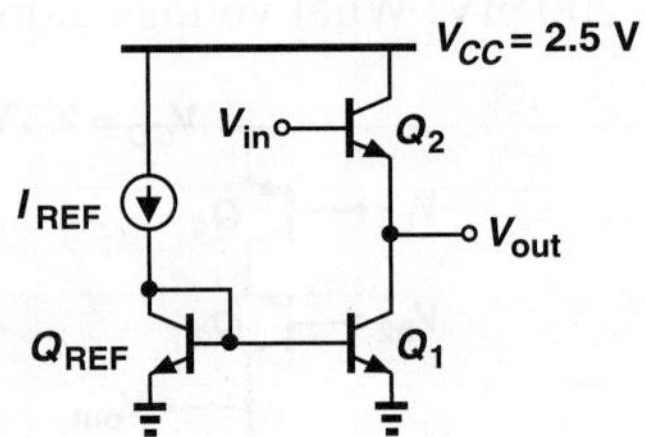

Figure 9.80

9.62. In the circuit of Fig. 9.81, Q_2 operates as a common-base stage. Design the circuit for an output impedance of 500 Ω, a voltage gain of 20, and a power budget of 3 mW. Assume $V_A = \infty$ and $\beta \gg 1$.

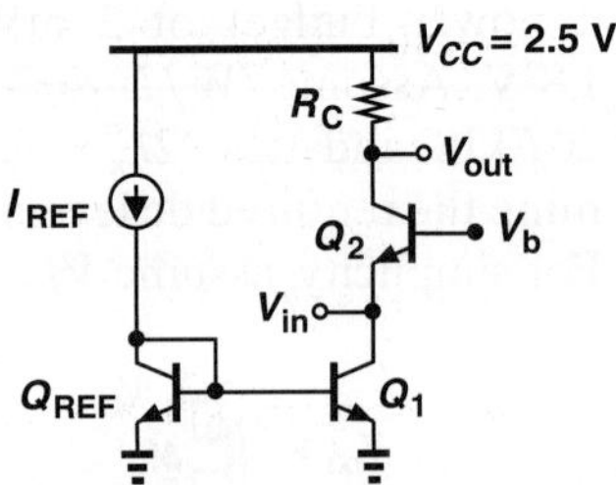

Figure 9.81

9.63. Design the circuit of Fig. 9.31 for $I_{copy} = 0.5$ mA and an error of less than 1% with respect to the nominal value. Explain the trade-off between accuracy and power dissipation in this circuit. Assume $V_{CC} = 2.5$ V.

9.64. Design the circuit of Fig. 9.35 such that the bias current of Q_2 is 1 mA and the error in I_{C1} with respect to its nominal value is less than 10%. Is the solution unique?

9.65. Figure 9.82 shows an arrangement where M_1 and M_2 serve as current sources for circuits 1 and 2. Design the circuit for a power budget of 3 mW.

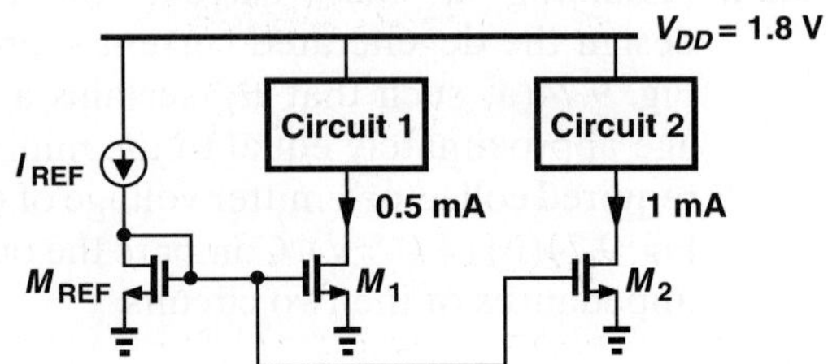

Figure 9.82

9.66. The common-source stage depicted in Fig. 9.83 must be designed for a voltage gain of 20 and a power budget of 2 mW. Assuming $(W/L)_1 = 20/0.18$, $\lambda_n = 0.1\ \text{V}^{-1}$, and $\lambda_p = 0.2\ \text{V}^{-1}$, design the circuit.

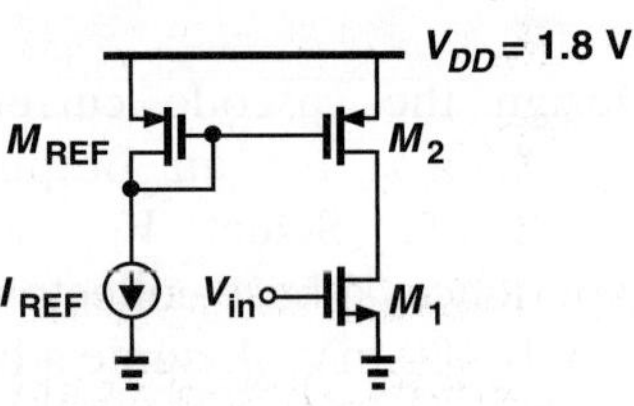

Figure 9.83

9.67. The source follower of Fig. 9.84 must achieve a voltage gain of 0.85 and an output impedance of 100 Ω. Assuming $(W/L)_2 = 10/0.18$, $\lambda_n = 0.1\ \text{V}^{-1}$, and $\lambda_p = 0.2\ \text{V}^{-1}$, design the circuit.

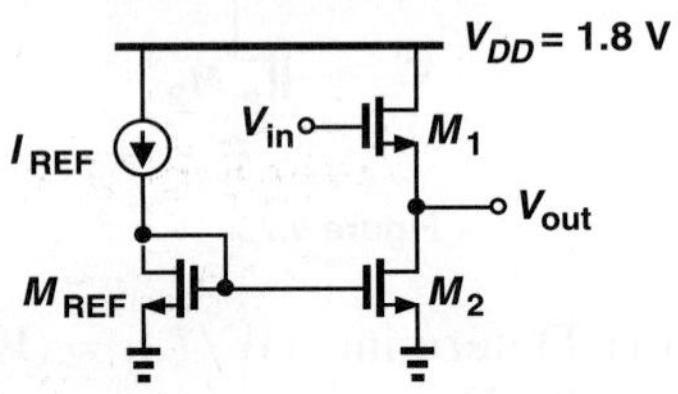

Figure 9.84

9.68. The common-gate stage of Fig. 9.85 employs the current source M_3 as the load to achieve a high voltage gain. For simplicity, neglect channel-length modulation in M_1. Assuming $(W/L)_3 = 40/0.18$, $\lambda_n = 0.1\ V^{-1}$, and $\lambda_p = 0.2\ V^{-1}$, design the circuit for a voltage gain of 20, an input impedance of 50 Ω, and a power budget of 13 mW. (You may not need all of the power budget.)

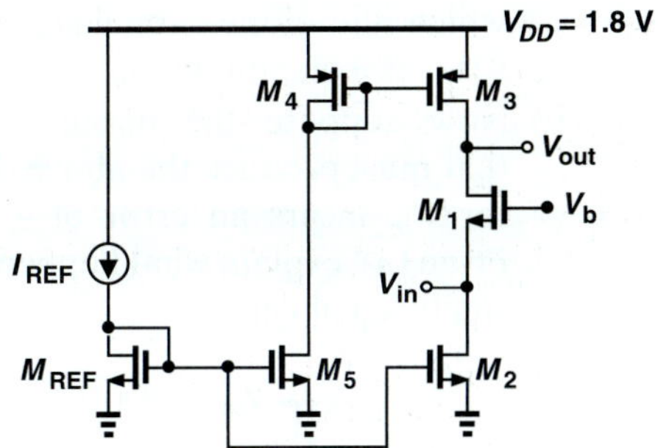

Figure 9.85

SPICE PROBLEMS

In the following problems, use the MOS device models given in Appendix A. For bipolar transistors, assume $I_{S,npn} = 5 \times 10^{-16}$ A, $\beta_{npn} = 100$, $V_{A,npn} = 5$ V, $I_{S,pnp} = 8 \times 10^{-16}$ A, $\beta_{pnp} = 50$, $V_{A,pnp} = 3.5$ V.

9.69. In the circuit of Fig. 9.86, we wish to suppress the error due to the base currents by means of resistor R_P.

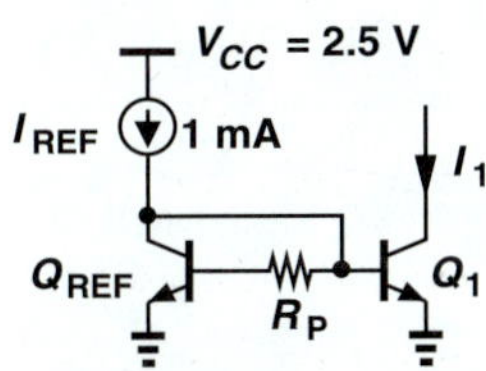

Figure 9.86

(a) Tying the collector of Q_2 to V_{CC}, select the value of R_P so as to minimize the error between I_1 and I_{REF}.
(b) What is the change in the error if the β of both transistors varies by ±3%?
(c) What is the change in the error if R_P changes by ±10%?

9.70. Repeat Problem 9.69 for the circuit shown in Fig. 9.87. Which circuit exhibits less sensitivity to variations in β and R_P?

9.71. Figure 9.88 depicts a cascode current source whose value is defined by the mirror arrangement, M_1-M_2. Assume $W/L = 5\ \mu m/0.18\ \mu m$ for M_1-M_3.

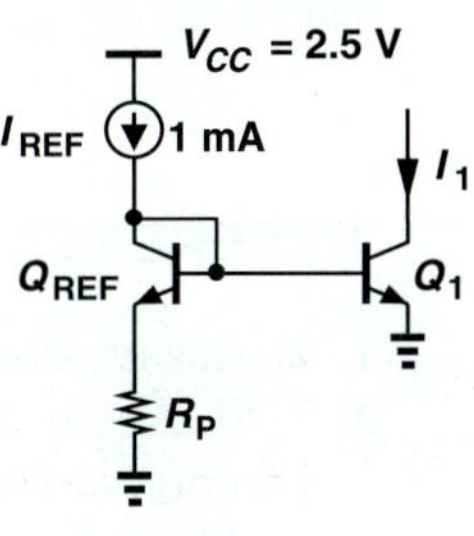

Figure 9.87

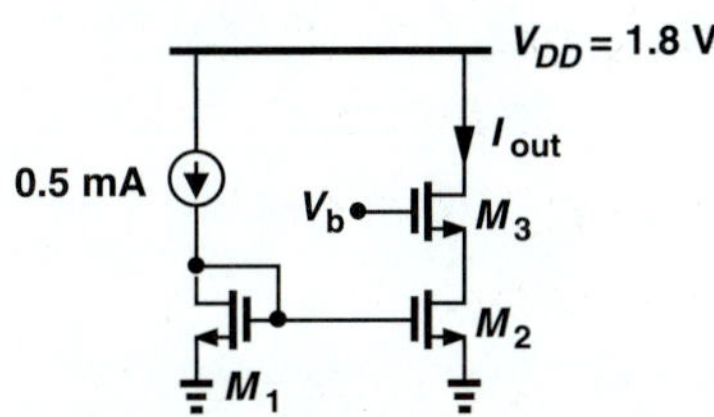

Figure 9.88

(a) Select the value of V_b so that I_{out} is precisely equal to 0.5 mA.
(b) Determine the change in I_{out} if V_b varies by ±100 mV. Explain the cause of this change.
(c) Using both hand analysis and SPICE simulations, determine the output impedance of the cascode and compare the results.

9.72. We wish to study the problem of biasing in a high-gain cascode stage, Fig. 9.89. Assume $(W/L)_{1,2} = 10\ \mu m/0.18\ \mu m$, $V_b = 0.9$ V, and $I_1 = 1$ mA is an ideal current source.

(a) Plot the input/output characteristic and determine the value of V_{in} at which the slope (small-signal gain) reaches a maximum.

(b) Now, suppose the biasing circuitry that must produce the above dc value for V_{in} incurs an error of ±20 mV. From (a), explain what happens to the small-signal gain.

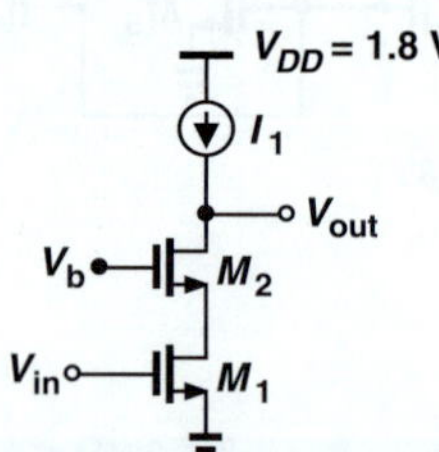

Figure 9.89

9.73. Repeat Problem 9.72 for the cascode shown in Fig. 9.90, assuming $W/L = 10\ \mu m/0.18\ \mu m$ for all of the transistors.

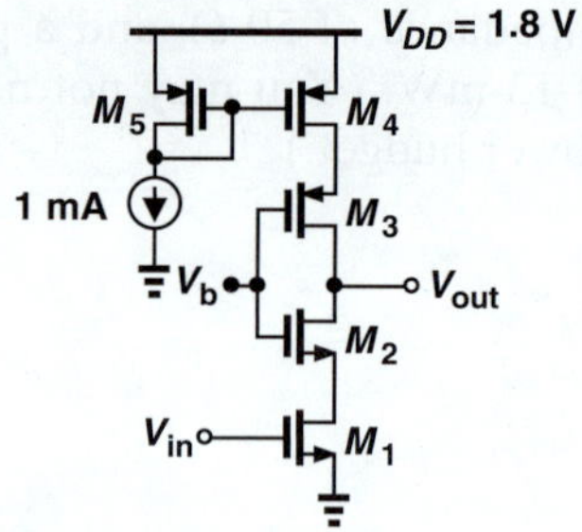

Figure 9.90

REFERENCE

1. B. Razavi, *Design of Analog CMOS Integrated Circuits*, McGraw-Hill, 2001.
2. L. E. Aygun, et al., "Hybrid LAE-CMOS force-sensing system employing TFT-based compressed sensing for scalability of tactile sensing," *IEEE Trans. Biomedical Circuits and Systems*, vol. 13, pp. 1264–1276, Dec. 2019.

10

차동 증폭기

관련 YouTube 비디오:

Razavi Electronics 2, 강의 7: Problem of Noise Coupling, Introduction to Differential Pair
https://www.youtube.com/watch?v=GXCsDRKJPag

Razavi Electronics 2, 강의 8: Intuitive Study of Bipolar Diff. Pair, CM and Diff. Characs.
https://www.youtube.com/watch?v=xRBHZRDYPqE

Razavi Electronics 2, 강의 9: Large-Signal Analysis of Bipolar Differential Pair
https://www.youtube.com/watch?v=CW6yT69n9BA

Razavi Electronics 2, 강의 10: Small-Signal Analysis of Bipolar Differential Pair
https://www.youtube.com/watch?v=4GGfQvvvcNE

Razavi Electronics 2, 강의 11: Additional Examples of Bipolar Diff. Pairs
https://www.youtube.com/watch?v=gUgOsZfyhOE

Razavi Electronics 2, 강의 12: Large-Signal Analysis of MOS Differential Pair
https://www.youtube.com/watch?v=RgpH9_sy5iI

Razavi Electronics 2, 강의 13: Additional Analysis of MOS Differential Pair
https://www.youtube.com/watch?v=5MWQWe0S9mo

Razavi Electronics 2, 강의 14: Small-Signal Analysis of MOS Differential Pair
https://www.youtube.com/watch?v=cBcjMVxBJ4A

Razavi Electronics 2, 강의 15: High-Gain Differential Pairs, Introduction to Diff. Pair with Active Load
https://www.youtube.com/watch?v=gjKTAx9FQHo

Razavi Electronics 2, 강의 16: Small-Signal Behavior of Diff. Pair with Active Load
https://www.youtube.com/watch?v=cst7wjPd6R4

'차동' 신호와 증폭기에 대한 고상한 개념은 1940년대에 창안되어 진공관 회로에서 처음으로 사용되었다. 그 이후로 차동 회로는 마이크로 전자공학에서 획기적으로 널리 쓰여 왔으며, 오늘날 많은 시스템에서 안정된 고성능의 설계 범례로 역할을 하고 있다. 이 장에서는 바이폴라와 MOS 차동 증폭기를 설명하고, 그것들의 대신호와 소신호 특성을 공식으로 나타내 본다. 이 장의 주요 내용은 다음과 같다.

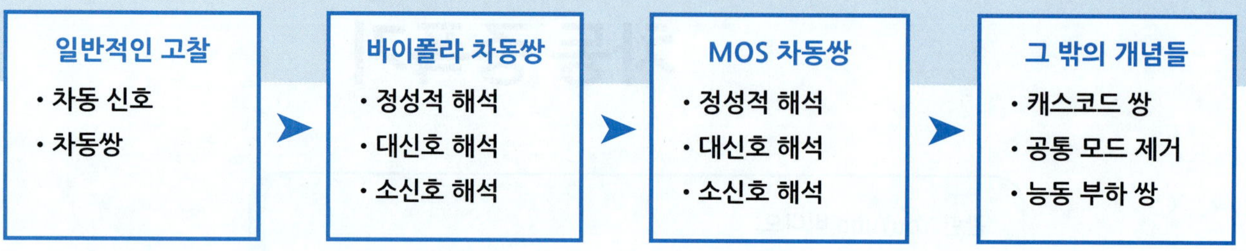

10.1 일반적인 고찰

10.1.1 초기 생각

우리는 이미 Op Amp가 2개의 입력을 가진다는 것을 살펴보았는데, 이것은 이전 장들에서 공부한 증폭기들과는 다른 대조적인 점의 하나이다. 차동 회로의 필요성을 좀 더 이해하기 위해 먼저 예제를 고찰해 보자.

예제 10.1

전기공학과 학생이 정류기와 기본 증폭기 단의 설계를 공부한 후에 마이크로부터 발생되는 신호를 증폭시키기 위해 그림 10.1(a)의 회로를 구성하였다. 스피커에 결과를 적용하자 안타깝게도 심하게 '윙윙거리는' 잡음(즉, 규칙적인 저주파 성분)을 포함한 증폭기 출력이 관찰되었다. 어떻게 된 현상인지 설명하라.

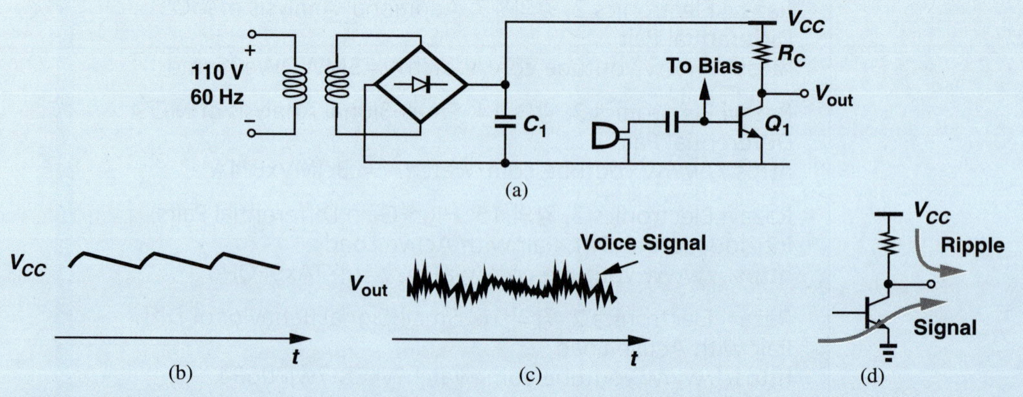

그림 10.1 (a) 정류기에 의해 전력이 공급되는 CE 단; (b) 공급 전압의 리플; (c) 출력에서의 결과; (d) 출력으로의 리플과 신호의 경로

풀이 3장에서 정류된 출력으로부터의 전류는 교류 라인 주파수(50 또는 60 Hz)의 2배의 리플 파형을 생성했음을 상기하라[그림 10.1(b)]. CE 단의 출력을 조사해 보면 두 가지 성분, 즉 (1) 마이크 신호의 증폭된 버전, (2) V_{CC}에 존재하는 리플 파형을 알아낼 수 있다. 후자에 대해 다음과 같이 쓸 수 있다.

$$V_{out} = V_{CC} - R_C I_C \tag{10.1}$$

V_{out}은 단순히 V_{CC}를 '뒤따르기' 때문에 리플을 전부 포함한다. '윙윙거리는 잡음'은 리플로부터 비롯된다. 그림 10.1(c)는 신호와 리플이 모두 존재하는 전체 출력을 보여 준다. 그림 10.1(d)에 도시된 것처럼 이러한 현상은 '공급 전원 잡음이 단위 이득(=1)을 가지고 출력으로 나온다'고 요약할 수 있다.(MOS로 구현해도 동일한 문제점을 겪을 것이다.)

연습문제 전파 정류기 또는 반파 정류기에서 윙윙거리는 잡음의 주파수는 얼마인가?

그렇다면 어떻게 위의 예제에서의 윙윙거리는 잡음을 줄일 수 있을까? C_1을 증가시켜서 리플 진폭을 줄일 수 있지만, 만약 여러 회로들이 정류기로부터 전류를 끌어 쓴다면, 필요한 커패시터 크기는 엄청나게 커질 수도 있다. 다른 대안으로, 출력이 V_{CC}에 영향을 받지 않도록 증폭기의 토폴로지를 변경할 수 있다. 어떻게 그것이 가능할까? 식 (10.1)은 V_{CC}의 변화가 직접 V_{out}에 나타난다는 것을 의미하는데, 이것은 근본적으로 V_{out}과 V_{CC} 값 둘 다 접지에 대해 측정되어지고, $R_C I_C$만큼 다르기 때문이다. 그러나 만약 V_{out}이 접지로부터 '기준'이 되지 않는다면 어떻게 되겠는가?! 보다 명확히 표현하자면, V_{out}이 같은 크기의 공급 리플을 갖는 또 다른 기준에 대해 측정되어진다면 어떻게 되겠는가? 그리하여 '순' 출력으로부터 리플을 제거하는 것이 가능하다.

다소 추상적이지만, 위의 추측은 쉽게 구현될 수 있다. 그림 10.2(a)는 그 핵심 개념을 설명하고 있다. 오른쪽에 CE 단이 중복되어 있고, 출력은 이제 X 노드에서 접지까지가 아니라 대신 X 노드와 Y 노드 사이에서 측정된다. V_{CC}가 리플을 포함하고 있다면 어떻게 될까?

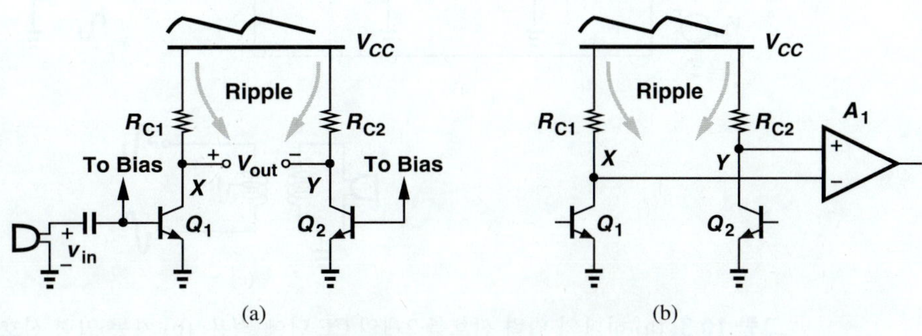

그림 10.2 리플 효과를 제거하기 위한 2개의 CE 단의 사용

V_X와 V_Y 둘 모두 똑같은 양만큼 증가하고 감소하므로 V_X와 V_Y 간의 차이에는 리플이 없다. 사실, 리플을 v_r로 표시하면, 이 노드들에서 소신호 전압을 다음과 같이 표시할 수 있다.

$$v_X = A_v v_{in} + v_r \tag{10.2}$$

$$v_Y = v_r \tag{10.3}$$

즉,

$$v_X - v_Y = A_v v_{in} \tag{10.4}$$

Q_2는 신호를 전송하지 않으며, 단순히 일정한 전류 소스로 작동한다는 것을 명심하자.

위와 같은 발전이 차동 증폭기의 토대가 되었다: 대칭하는 CE 단은 2개의 출력 노드를 제공하는데, 이들 간의 전압 차이에는 공급 리플이 남아 있지 않다.

10.1.2 차동 신호

그림 10.2(a)로 돌아가서, Q_2와 R_{C2}로 구성된 중복 단은 활동이 없으며, 단지 전류를 '소모'하고 있다. 그러므로 이 단이 V_{out}을 위해 기준점을 세워 주는 것 외에도 신호의 증폭을 제공할 수 있는지 궁금해진다. 첫 번째 시도로, Q_2의 베이스에 입력 신호를 직접 걸어 본다 [그림 10.3(a)]. 안타깝게도 X와 Y 노드의 신호 성분은 동위상으로, $v_X - v_Y$로 나타낼 때 서로 상쇄되어 없어진다.

$$v_X = A_v v_{in} + v_r \tag{10.5}$$

$$v_Y = A_v v_{in} + v_r \tag{10.6}$$

$$\Rightarrow v_X - v_Y = 0 \tag{10.7}$$

출력에서 신호 성분을 서로 커지게 하기 위해 그림 10.3(b)처럼 입력 위상 중 하나를 반전

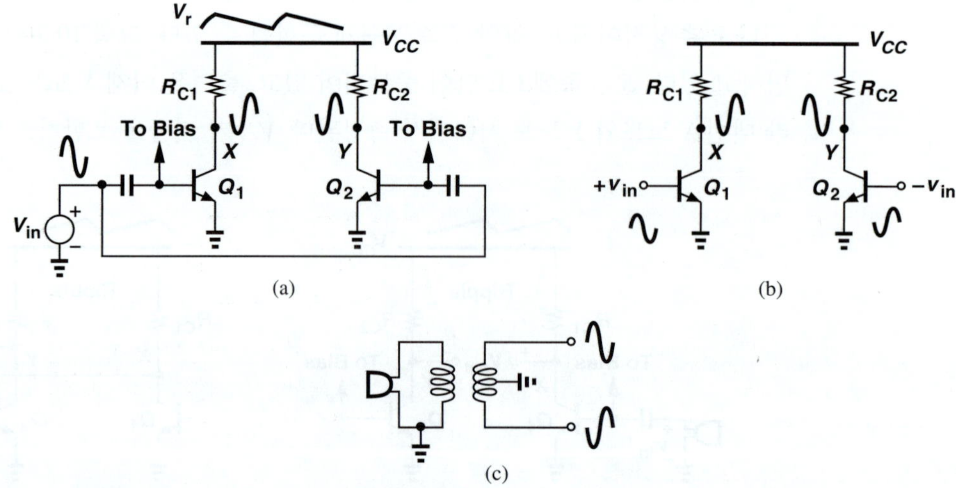

그림 10.3 (a) 하나의 입력 신호를 2개의 CE 단에 적용; (b) 차동 입력 신호의 사용; (c) 1개의 신호로부터 차동 위상의 생성

시킬 수 있으며, 다음을 얻게 된다.

$$v_X = A_v v_{in} + v_r \tag{10.8}$$

$$v_Y = -A_v v_{in} + v_r \tag{10.9}$$

그러므로

$$v_X - v_Y = 2A_v v_{in} \tag{10.10}$$

그림 10.2(a)의 회로와 비교해 보면, 이 토폴로지는 중복 단의 증폭 능력을 이용하여 2배의 출력 스윙을 제공한다.

독자는 어떻게 $-v_{in}$을 만들어 낼 수 있는지 궁금할 것이다. 그림 10.3(c)에 도시된 바와 같이, 간단한 접근 방법은 마이크 신호를 180°의 위상차를 갖는 2개의 성분으로 변환시키기 위해 변압기(트랜스포머)를 사용하는 것이다.

이런 사고 과정은 그림 10.3(b)의 특정한 파형에 이르게 한다: 회로는 동일한 크기의 반대방향으로 변하는 2개의 입력을 감지하고, 같은 방식으로 동작하는 2개의 출력을 생성한다. 이러한 파형들이 '차동' 신호의 예이며, 이 책의 이전 장들과 기본 회로들로부터 익숙해진 타입인 '싱글엔디드' 신호와 대조를 이룬다. 좀 더 구체적으로, 싱글엔디드 신호는 공통 접지에 대해 측정되어지고[그림 10.4(a)] '하나의 선(라인)으로 전송되어진다'. 그에 반해 차동 신호는 동일하면서 반대방향의 스윙을 갖는 2개의 노드 사이에서 측정되어지고[그림 10.4(b)], 따라서 '2개의 라인을 통해 전송되어진다'.

그림 10.4(c)는 앞서 말한 현상을 요약한다. 여기서 V_1과 V_2는 동일한 크기로 반대방향으로 변하며, 접지에 대해 동일한 평균 (직류) 레벨 V_{CM}을 갖는다.

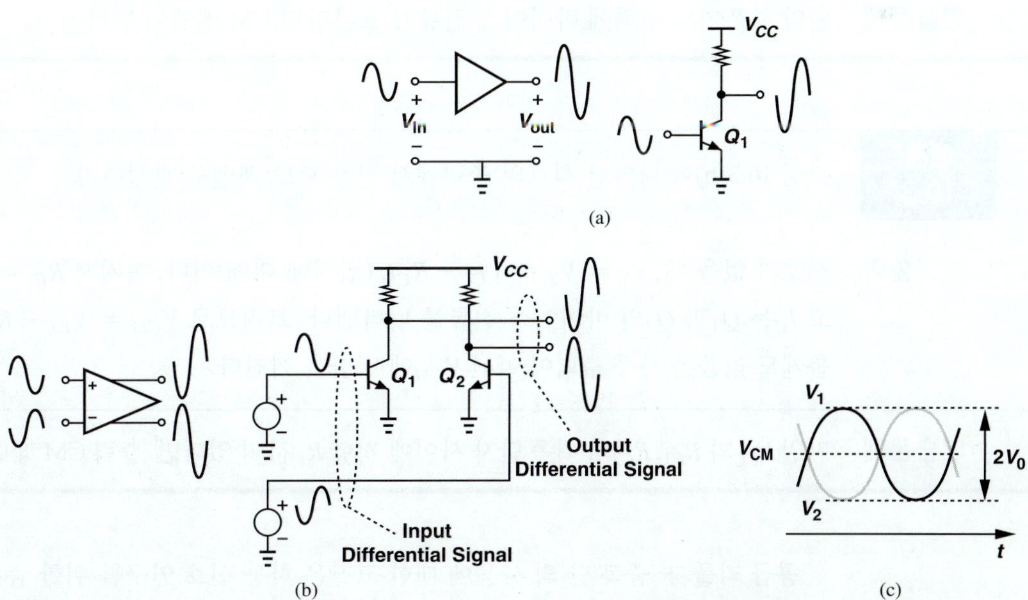

그림 10.4 (a) 싱글엔디드 신호; (b) 차동 신호; (c) 공통 모드 레벨의 실례

$$V_1 = V_0 \sin \omega t + V_{CM} \tag{10.11}$$

$$V_2 = -V_0 \sin \omega t + V_{CM} \tag{10.12}$$

V_1과 V_2는 각각 $2V_0$의 피크-투-피크 스윙을 갖기 때문에, '차동 스윙'은 $4V_0$라고 한다. 또한 V_1과 V_2가 고정된 레벨 V_{CM} 주위를 반대방향으로 같은 양만큼 변하는 것을 강조하기 위해 '차동 신호'라고 한다.

V_1과 V_2 양쪽에 공통인 dc 전압[그림 10.4(c)의 V_{CM}]을 '공통 모드(CM) 레벨'이라고 부른다. 즉, 차동 신호가 없을 때 두 출력 노드는 글로벌 접지에 대해 V_{CM}의 전위값을 가지며 유지된다. 예를 들어 그림 10.3(c)의 변압기(트랜스포머)에서 $+v_{in}$과 $-v_{in}$은 0의 CM 레벨을 보이는데, 왜냐하면 변압기의 중앙 탭이 접지되어 있기 때문이다.

예제 10.2 그림 10.3(c)의 변압기가 +2 V의 출력 CM 레벨을 만들려면 어떻게 해야 하는가?

풀이 중앙 탭을 간단히 +2 V의 전압에 묶어 준다(그림 10.5).

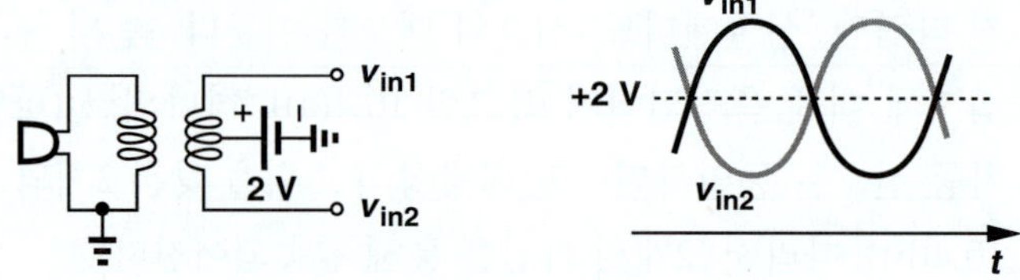

그림 10.5

연습문제 만약 증폭기의 입력에 바이어스 전류가 흐른다면 CM 레벨이 변하는가?

예제 10.3 그림 10.3(b)에 나타난 회로의 출력에서 공통 모드 레벨을 결정하라.

풀이 신호가 없을 때, $V_X = V_Y = V_{CC} - R_C I_C$(접지에 대해)이다. 여기서 $R_C = R_{C1} = R_{C2}$이고 I_C는 Q_1과 Q_2의 바이어스 전류를 나타낸다. 그러므로 $V_{CM} = V_{CC} - R_C I_C$이다. 흥미롭게도 리플은 차동 출력이 아닌 V_{CM}에 영향을 끼친다.

연습문제 만일 V_{CC}와 R_{C1}, R_{C2}의 위쪽 단자 사이에 저항 R_1 값이 있다면, 출력 CM 레벨은 얼마인가?

공급 리플과 '중복 단'의 사용에 대한 고찰은 차동 신호 연구를 위한 충분한 당위성을 제공한다. 그러나 공통 모드 레벨은 어떠한가? 위의 예제에서 $V_{CM} = V_{CC} - R_C I_C$의 중요성은 무엇인가? 리플이 V_{CM}에만 나타나고 차동 출력에는 나타나지 않는 것이 왜 흥미로운가? 다음 절에서 이러한 중요한 질문들에 대한 해답을 살펴보자.

생명공학 응용: 심전도

심전도는 우리 심장의 활동을 측정한다. 우리의 심장이 박동할 때, 우리 몸의 좌측과 우측 사이에 전압 차이가 발생한다. '심전도(ECG)'는 이 차이를 감지하기 위해 2개의 전극을 사용한다[그림 10.6(a)]. 그 결과를 단순히 V_1으로 보거나, 노드 X와 Y가 각각 접지(그라운드)에 대해 특정 전압을 가지므로 $V_X - V_Y = V_1$에 관심이 있다고도 할 수 있다. 전압 파형은 밀리볼트 범위의 진폭을 가지며, 심장 상태에 대한 많은 세부 정보를 포함하므로 손상이 최소화되게 감지되어야 한다.

ECG 전지 장치의 큰 문제는 전극에 부착된 와이어(전선)가 라인 전압('주' 전압이라고도 함)(60 Hz에서 110 V 또는 50 Hz에서 220 V)[그림 10.6(b)]으로부터 노이즈(잡음)를 받는다는 것이다. 와이어가 대칭으로 연결된 경우 X에 대한 노이즈 커플링은 Y에 대

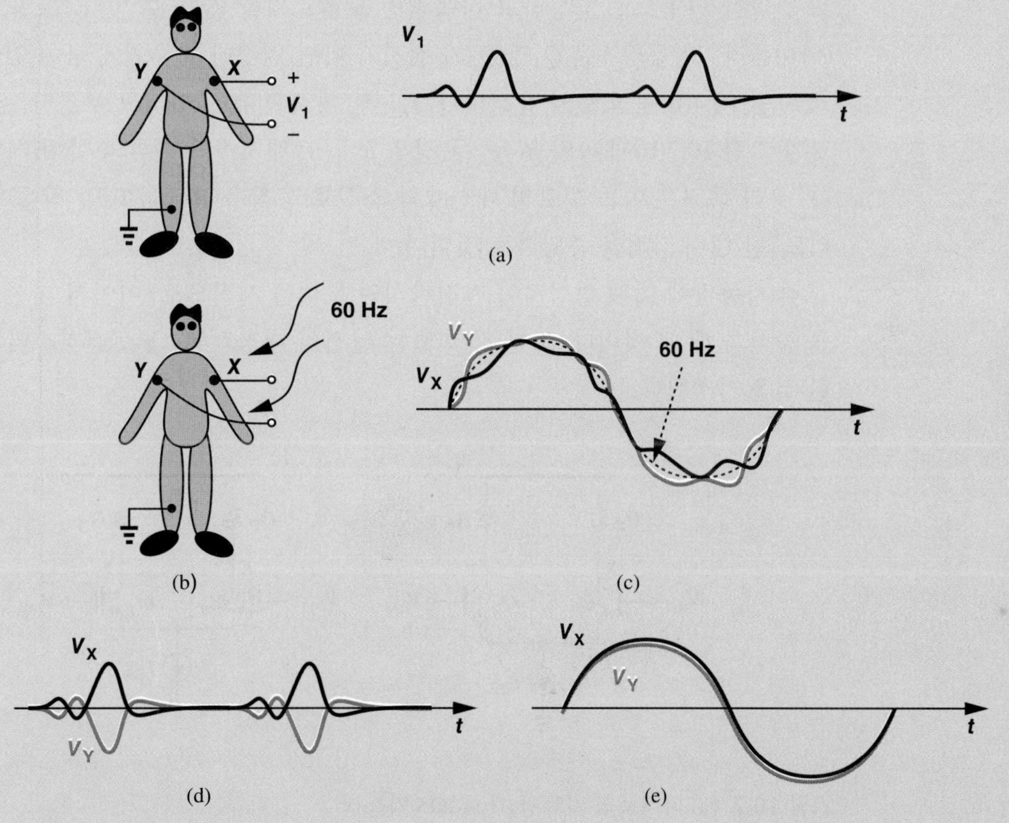

그림 10.6 (a) 신체의 전압차에 의한 심장 활동 감지; (b) 60 Hz 노이즈 문제; (c) 60 Hz 노이즈가 V_X와 V_Y에 미치는 영향; (d) 60 Hz 노이즈가 없는 V_X 및 V_Y의 동작; (e) 사망한 환자에 대한 V_X와 V_Y의 동작

해서도 동일하다. 즉, 60 Hz 또는 50 Hz의 커플링은 공통 모드 효과로 작용된다. 그림 10.6(c)에 보인 바와 같이, V_X와 V_Y는 차등적으로 변하지만(이 점을 증명하지는 않았음) 공통 모드 변동도 경험한다. 그럼에도 불구하고 $V_X - V_Y$는 노이즈가 없다.

차동 및 공통 모드의 구성 요소는 두 가지 경우, 즉 (1) 60 Hz 교란이 없을 때[그림 10.6(d)], 또는 (2) 환자가 사망하고 심장 활동이 없을 때[그림 10.6(e)]를 고려하면 더 잘 이해할 수 있다. 후자의 경우 $V_X - V_Y = 0$이고, 환자가 '플랫라인드(사망했다)'라고 한다.

10.1.3 차동쌍

정식으로 차동쌍을 소개하기 전에, 우리는 그림 10.4(b)의 회로가 2개의 입력을 감지하고 따라서 그림 10.2(b)의 A_1과 같이 동작한다는 것을 인지해야만 한다. 이러한 관찰이 차동쌍으로 인도한다.

차동 신호를 감지하고 생성할 때, 그림 10.4(b)의 회로는 몇 가지 결점을 가진다. 다행히도 간단한 변형으로 고상하고 다목적인 토폴로지를 만들 수 있다. 그림 10.7(a)에 도시된 (바이폴라) '차동쌍'[1)]은 Q_1과 Q_2가 접지가 아닌 일정한 전류원에 묶여 있다는 것을 제외하고 그림 10.4(b)의 회로와 유사하다. I_{EE}를 '테일 전류원'이라고 부른다. 상응하는 MOS 회로가 그림 10.7(b)에 나와 있다. 두 경우 모두 트랜지스터 전류의 합이 테일 전류와 동일하다. 우리 목적은 이들 회로의 대신호와 소신호 동작을 분석하고 앞 장들에서 배운 '싱글엔디드' 단 대비 장점을 증명하는 것이다.

각 차동쌍에 대해 정성적이고 직관적인 분석을 시작으로, 이어서 대신호와 소신호 동작을 공식화 해 볼 것이다. 또한 각 회로는 완전히 대칭적인, 즉 트랜지스터와 저항들이 동일한 것을 가정한다.

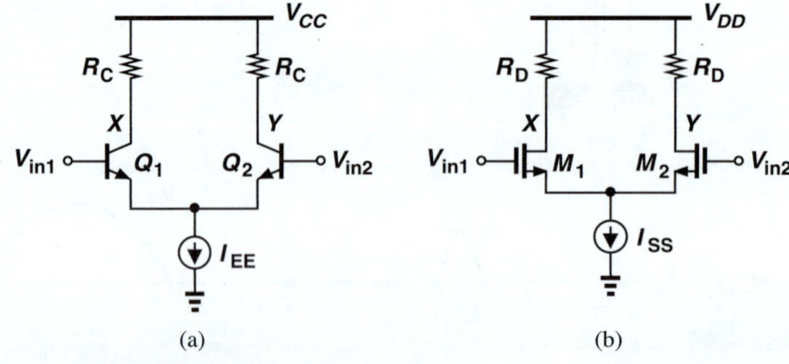

그림 10.7 (a) 바이폴라 차동쌍; (b) MOS 차동쌍

1) '이미터-커플드 쌍' 혹은 '롱-테일드 쌍'이라고도 불린다.

로봇공학 응용: 광센서

어떤 로봇들은 주변 밝기를 감지하고, 어두운 지점을 피하거나, 광원을 찾기 위해 광센서를 포함하고 있다. 이러한 센서는 '전자 눈'이라고도 불리는 '포토트랜지스터'나 '포토레지스터'를 사용한다. 단순화를 위해, 빛을 수신하는 작은 윈도우(창)를 가진 저항 소자인 후자만을 여기서 다룬다. 저항은 일반적으로 광도가 증가함에 따라 떨어진다.

주변 광도를 나타내는 전압을 생성하는 회로를 구성해 보자. 그림 10.8(a)에 보인 것은 아래 식의 예에 해당한다.

$$V_{out} = \frac{R_1}{R_1 + R_{p1}} V_B \tag{10.13}$$

따라서 V_{out}은 광도가 증가함에 따라 증가한다. 일반적인 상황은 광도가 특정 임계값 미만인 경우 로봇이 멈춰야 한다는 것이다. 이는 R_{p1}과 V_{out}이 특정 값을 초과하면 로봇이 정지해야 함을 의미한다. 예를 들어, 일반적인 주변광에서 $R_{p1} = 1\ \mathrm{k}\Omega$인 경우, $R_1 = 1\ \mathrm{k}\Omega$으로 선택하고, 임계값으로 간주하는 $V_{out} = V_B/2$를 얻는다. 로봇이 어두운 지점에 도달하면, $V_{out} < V_B/2$가 되며 로봇이 정지하도록 명령한다.

그림 10.8(a)의 회로는 중요한 문제에 직면한다. 로봇 환경에서 다양한 모터와 액추에이터(구동기)의 동작으로 인해 공급 전압에 상당한 '노이즈'가 발생한다는 것이다. 이 노이즈 생성의 정확한 메커니즘은 이 책의 범위를 벗어나는데, 겉보기에는 조용해 보이는 V_B가 실제로는 변동이 있다는 것이다[그림 10.8(b)]. 이 노이즈는 때때로 그림

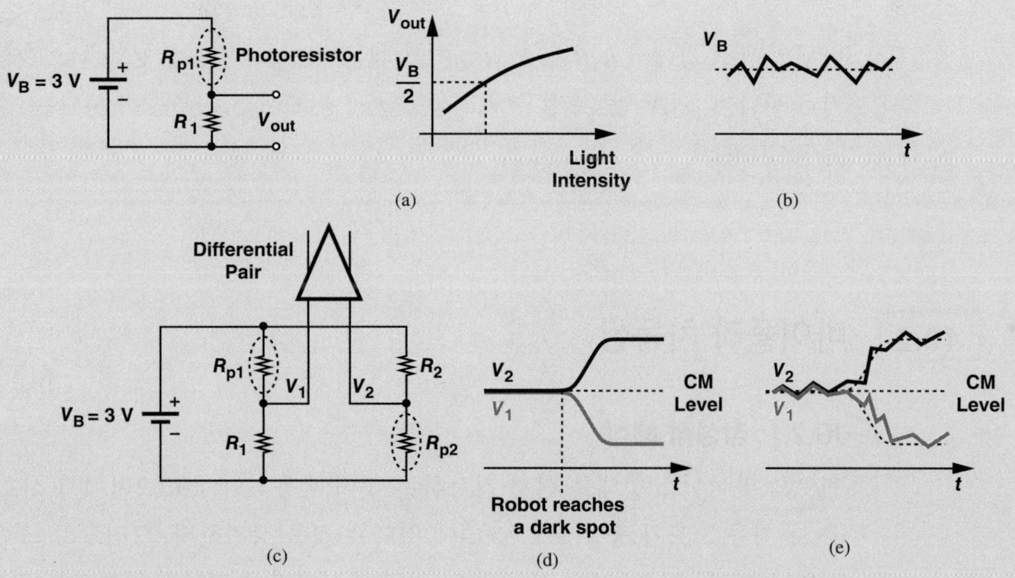

그림 10.8 (a) 광도 측정을 위한 간단한 회로; (b) V_B의 노이즈; (c) 광도 측정을 위한 차동 회로; (d) V_1과 V_2의 파형; (e) CM 노이즈의 영향

10.8(a)의 V_{out}을 임계값 아래로 떨어뜨리며, 로봇이 어두운 지점에 들어가지 않았음에도 불구하고 강제로 정지하도록 한다. '싱글엔디드(단일 종단)' 출력은 노이즈에 취약하다고들 한다.

이제 출력이 전원 노이즈에 훨씬 덜 민감한 개선된 설계를 해 보자. 2개의 포토레지스터 R_{p1}과 R_{p2}가 2개의 전압 분배기에 사용되는 그림 10.8(c)의 구성을 고려해 보자. 일반적인 빛에서 $R_{p1} = R_{p2} = R_1 = R_2$라고 가정하고, V_1과 V_2의 차이를 출력으로 본다.

$$V_1 - V_2 = \frac{R_1}{R_1 + R_{p1}} V_B - \frac{R_{p2}}{R_{p2} + R_2} V_B \tag{10.14}$$

로봇이 어두운 지점에 접근할수록 무슨 일이 일어나는가? R_{p1}과 R_{p2} 모두 조금 증가하며, 아래의 관계식을 가지게 된다.

$$\frac{dV_1}{dR_{p1}} = \frac{-R_1}{(R_1 + R_{p1})^2} V_B \tag{10.15}$$

$$\frac{dV_2}{dR_{p2}} = \frac{R_2}{(R_2 + R_{p2})^2} V_B \tag{10.16}$$

따라서 V_1과 V_2는 크기는 같으나 부호가 반대로 변하게 된다[그림 10.8(d)]. V_1과 V_2는 공통 모드 레벨에서 시작하여 차동적으로 변해 간다. 또한 V_B의 노이즈가 $V_1 - V_2$에 아주 조금만 영향을 미친다는 것도 아래 식으로 증명할 수 있다.

$$V_1 - V_2 = \frac{R_1 R_2 - R_{p1} R_{p2}}{(R_1 + R_{p2})(R_{p2} + R_2)} V_B \tag{10.17}$$

미세한 광 조건에서 $R_1 R_2 \approx R_{p1} R_{p2}$이기 때문에, V_B의 변동은 $V_1 - V_2$에 거의 영향을 주지 못한다. V_1과 V_2는 이 경우에도 상당한 공통 모드 노이즈를 겪는다는 것을 주목하라 [그림 10.8(e)].

10.2 바이폴라 차동쌍

10.2.1 정성적 해석

회로의 바이어스 상태를 먼저 검사하는 것이 유용하다. 10.1.2절에서 신호가 존재하지 않을 때 차동 노드가 공통 모드 레벨에 있다는 것을 상기하라. 그러므로 그림 10.9에 그려진 바와 같이, 두 입력을 V_{CM}으로 묶어 입력에 신호가 존재하지 않는다는 것을 보여 줄 수 있다. 대칭성에 의해

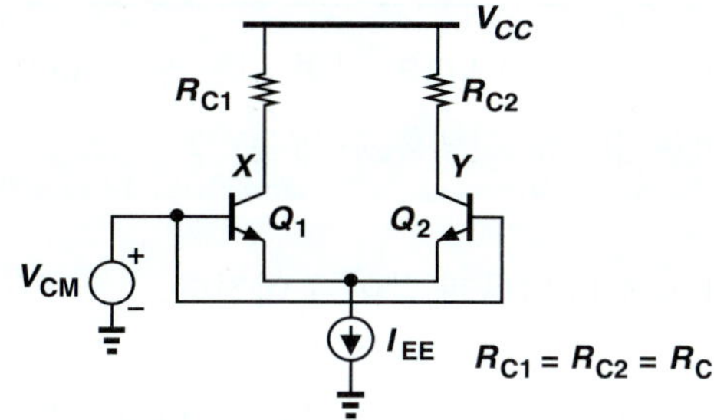

그림 10.9 공통 모드(CM) 입력에 대한 차동쌍의 응답

$$V_{BE1} = V_{BE2} \tag{10.18}$$

$$I_{C1} = I_{C2} = \frac{I_{EE}}{2} \tag{10.19}$$

여기서 컬렉터 전류와 이미터 전류는 동일하다고 가정하였다. 이러한 회로를 '평형 상대'에 있다고 한다.

그러므로 각 부하 저항을 통한 전압 강하는 $R_C I_{EE}/2$로 동일하며, 따라서

$$V_X = V_Y = V_{CC} - R_C \frac{I_{EE}}{2} \tag{10.20}$$

바꿔 말해서, 두 입력 전압이 같다면 두 출력 전압도 같아진다는 것이다. 0의 차동 입력은 0의 차동 출력을 생성한다. 이 회로는 또한 전원 전압의 떨림 영향을 제거한다: V_{CC}가 변하는 경우가 발생해도 차동 출력 $V_X - V_Y$는 변하지 않는다.

Q_1과 Q_2는 능동 영역에 있는가? 포화 상태를 피하기 위해, 콜렉터 전압은 베이스 전압 이하로 떨어져서는 안 되는데, 이것은 V_{CM}이 임의로 높은 값을 가질 수 없다는 것을 나타낸다.

$$V_{CC} - R_C \frac{I_{EE}}{2} \geq V_{CM} \tag{10.21}$$

Did you know ?

이전 장들에서 공부한 증폭기는 접지에 대해 하나의 입력을 가지는 반면[그림 (a)] 차동쌍은 2개의 개별 입력을 갖는다. 차동쌍의 중요한 응용 분야는 반전 및 비반전 입력 단자가 필요한 연산 증폭기의 입력부이다[그림 (b)]. 이 두 번째 입력이 없다면 많은 연산 증폭기 기반의 기능 실현이 어려울 것이다. 예를 들어, 비반전 증폭기와 정밀 정류기는 두 입력을 모두 사용한다.

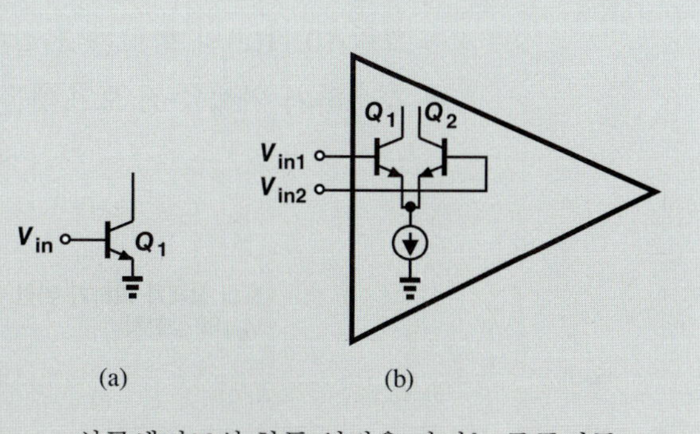

싱글엔디드와 차동 입력을 가지는 증폭기들

예제 10.4 바이폴라 차동쌍이 1 kΩ의 부하 저항과 1 mA의 테일 전류를 가진다. V_{CM}을 V_{CC}에 얼마나 가까운 값으로 선택할 수 있는가?

풀이 식 (10.21)로부터 다음과 같이 주어진다.

$$V_{CC} - V_{CM} \geq R_C \frac{I_{EE}}{2} \tag{10.22}$$

$$\geq 0.5 \text{ V} \tag{10.23}$$

즉, V_{CM}은 V_{CC}보다 적어도 0.5 V만큼 작아야 한다.

연습문제 트랜지스터가 400 mV의 베이스-컬렉터 순방향 바이어스를 견딜 수 있다면, 입력 CM 레벨이 V_{CC}에 가까워지도록 해 주는 R_C의 값은 얼마인가?

이제 그림 10.9의 V_{CM}을 조금 변화시켜 보고 회로의 응답을 결정해 보자. 흥미롭게도 식 (10.18)~(10.20)은 변화 없이 남아 있는데, 이것은 트랜지스터의 컬렉터 전류와 컬렉터 전압이 영향을 받지 않는다는 것을 암시한다. 이를 두고 회로가 입력 공통 모드 레벨의 변화에 응답하지 않는다고 말하거나, 혹은 회로가 입력 공통 모드의 변화를 '제거한다'고 말한다. 그림 10.10은 이러한 결과를 요약하고 있다.

차동쌍의 '공통 모드 제거' 능력은 차동쌍을 그림 10.4(b)의 원래 회로와 명백히 구별시켜 준다. 후자[그림 10.4(b)]에서, Q_1과 Q_2의 베이스 전압이 변한다면, 그들의 컬렉터 전류와 전압도 변화한다.(왜 그럴까?) 독자는 일정한 컬렉터 전류와 입력 공통 모드의 제거를 보장하는 것이 차동쌍의 테일 전류원이라는 것을 인지했을 것이다.

공통 모드 응답의 취급 방법을 가지고 이제 차동 응답의 좀 더 흥미로운 경우를 다뤄 보자. 한쪽 입력은 고정시키고, 다른 쪽은 변화시키면서 두 트랜지스터에서의 전류 흐름을 관찰한다. 완전히 차동은 아닐지라도, 이러한 입력 신호는 간단하고 직관적인 출발점을 제공한다. $I_{C1} + I_{C2} = I_{EE}$임을 상기하라.

그림 10.11(a)의 회로를 고찰해 보자. Q_1이 조금 더 큰 양의 베이스 전압을 감지하는 것을 강조하기 위해 수직 오프셋을 가지도록 그려진 2개의 트랜지스터가 있다. Q_1과 Q_2의 베

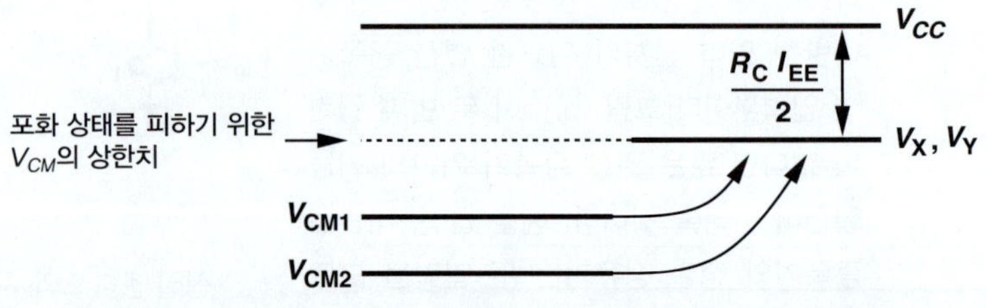

그림 10.10 출력에서 V_{CM1}과 V_{CM2}의 영향

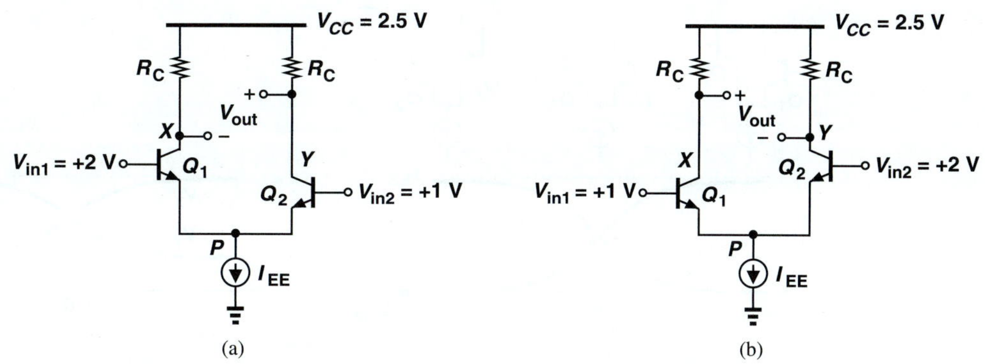

그림 10.11 바이폴라 차동쌍의 응답: (a) 큰 양의 차동 입력; (b) 큰 음의 차동 입력

이스 전압 간의 차이가 매우 크기 때문에, Q_1이 테일 전류의 전부를 '독차지하고', 그에 따라 Q_2는 오프된다고 가정한다. 즉,

$$I_{C1} = I_{EE} \tag{10.24}$$

$$I_{C2} = 0 \tag{10.25}$$

이 때문에

$$V_X = V_{CC} - R_C I_{EE} \tag{10.26}$$

$$V_Y = V_{CC} \tag{10.27}$$

이다.

그러나 어떻게 Q_1이 실제로 I_{EE}의 전부를 흡수한다는 것을 증명할 수 있을까? 실제로 그렇지 않다고 가정하자. 즉, $I_{C1} < I_{EE}, I_{C2} \neq 0$. 만약에 Q_2가 상당한 전류를 운반한다면, 그것의 베이스-이미터 전압은 전형적인 값, 즉 0.8 V에 이르러야 한다. 베이스를 +1 V에 고정시키면, Q_2는 $V_P \approx 0.2$ V의 이미터 전압을 필요로 한다. 그러나 이것은 Q_1이 $V_{in1} - V_P = +2\text{ V} - 0.2\text{ V} = 1.8$ V의 베이스-이미터 전압을 유지하는 것을 의미한다. $V_{BE} = 1.8$ V를 가지고 일반적인 트랜지스터는 엄청난 전류를 흘리는데, I_{C1}은 I_{EE}를 초과할 수 없기 때문에, $V_{BE1} = 1.8$ V와 $V_P \approx 0.2$ V의 조건은 발생할 수 없다고 결론짓는다. 사실, 0.8 V의 일반적인 베이스-이미터 전압을 가지고, Q_1은 P 노드를 대략 +1.2 V로 유지시키고, Q_2가 오프되어 있는 것을 보장한다.

회로의 대칭 구조는 Q_1과 Q_2의 베이스 전압을 교환하는 것이 상황을 반전시킬 것을 암시하며[그림 10.11(b)], 다음과 같이 주어진다.

$$I_{C2} = I_{EE} \tag{10.28}$$

$$I_{C1} = 0 \tag{10.29}$$

이 때문에

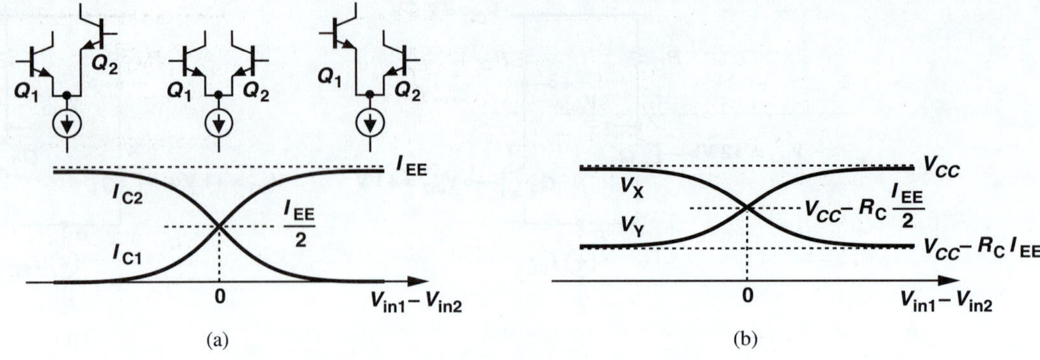

그림 10.12 컬렉터 전류(a)와 입력의 함수로 본 출력 전압(b)의 변화

$$V_Y = V_{CC} - R_C I_{EE} \tag{10.30}$$

$$V_X = V_{CC} \tag{10.31}$$

위의 실험은 차동쌍이 두 입력 간의 차이가 영에서 멀어질수록 한쪽 트랜지스터부터 다른 쪽 트랜지스터로 테일 전류를 '조종한다'는 것을 나타낸다. 결국 식 (10.19), (10.24), (10.28)을 바탕으로, 차동 입력의 함수로서 Q_1과 Q_2의 컬렉터 전류를 그릴 수 있다[그림 10.12(a)]. 아직 이러한 특성들을 공식화하지 않았지만 $|V_{in1} - V_{in2}|$가 충분히 커진다면 각 트랜지스터의 컬렉터 전류가 0에서부터 I_{EE}로 변하는 것을 관찰할 수 있다.

V_X와 V_Y가 $V_{in1} - V_{in2}$에 대응하여 차동적으로 변하는 것에 주목하는 것이 또한 중요하다. 식 (10.20), (10.26), (10.30)으로부터, 그림 10.12(b)와 같이 회로의 입출력 특성을 그릴 수 있다. 즉, 0이 아닌 차동 입력은 0이 아닌 차동 출력을 가져온다. 이는 공통 모드 응답과 뚜렷한 대조를 이루는 동작이다. V_X와 V_Y가 차동이므로, 이것들을 위해 공통 모드 레벨을 정의할 수 있다. $V_{CC} - R_C I_{EE}/2$로 주어지는 이 양은 '출력 공통 모드 레벨'로 불린다.

예제 10.5 바이폴라 차동쌍이 0.5 mA의 테일 전류와 1 kΩ의 컬렉터 저항을 가지고 있다. 차동 입력이 테일 전류를 완벽하게 조종할 만큼 충분히 크다면 허용 가능한 최대 베이스 전압은 얼마인가? $V_{CC} = 2.5$ V로 가정한다.

풀이 I_{EE}를 완벽하게 조종할 수 있다면, 전류가 흐르고 있는 트랜지스터는 그것의 컬렉터 전압을 $V_{CC} - R_C I_{EE} = 2$ V까지 낮춘다. 그러므로 베이스 전압은 포화를 피하기 위해 이 값 이하로 유지되어야 한다.

연습문제 테일 전류가 1 mA까지 증가된 경우 위의 예제를 다시 풀어라.

정성적인 해석의 마지막 단계로, $V_{in1} - V_{in2} = 0$(평형 상태) 주변을 '확대'해 보고 작은 차동 입력에 대한 회로의 동작을 연구해 보자. 그림 10.13(a)에 도시된 바와 같이, Q_2의 베이스 전압이 ΔV만큼 V_{CM}보다 작아지는 동안 Q_1의 베이스 전압은 같은 양만큼 V_{CM}보다 커져 있다. I_{C1}이 조금 증가할 것이고, $I_{C1} + I_{C2} = I_{EE}$이므로, I_{C2}는 같은 양만큼 감소할 것으로 추측된다.

$$I_{C1} = \frac{I_{EE}}{2} + \Delta I \tag{10.32}$$

$$I_{C2} = \frac{I_{EE}}{2} - \Delta I \tag{10.33}$$

ΔI가 ΔV에 얼마나 연관되어 있는가? Q_1과 Q_2의 이미터가 접지와 직접 연결되어 있다면, ΔI는 단순하게 $g_m \Delta V$와 같아질 것이다. 그러나 차동쌍에서 P 노드는 자유롭게 증가하거나 감소할 수 있다. 그러므로 V_P의 변화를 계산해야만 한다.

그림 10.13(b)에 보인 바와 같이, V_P가 ΔV_P만큼 증가한다고 가정하자. 그 결과로, V_{BE1}에서의 순 증가분은 $\Delta V - \Delta V_P$와 같아지므로

$$\Delta I_{C1} = g_m(\Delta V - \Delta V_P) \tag{10.34}$$

마찬가지로, V_{BE2}에서의 순 증가분은 $\Delta V + \Delta V_P$와 같으므로

$$\Delta I_{C2} = -g_m(\Delta V + \Delta V_P) \tag{10.35}$$

그러나 식 (10.32)와 (10.33)으로부터 ΔI_{C1}은 $-\Delta I_{C2}$와 같아야만 한다는 것을 상기하면 다음과 같이 쓸 수 있다.

$$g_m(\Delta V - \Delta V_P) = g_m(\Delta V + \Delta V_P) \tag{10.36}$$

그러므로

$$\Delta V_P = 0 \tag{10.37}$$

흥미롭게도 두 입력이 작은 양만큼 차동적으로 변화하면 테일 전압은 일정하게 유지된다. 이는 회로의 소신호 해석에 있어 매우 중요한 관찰 포인트이다.

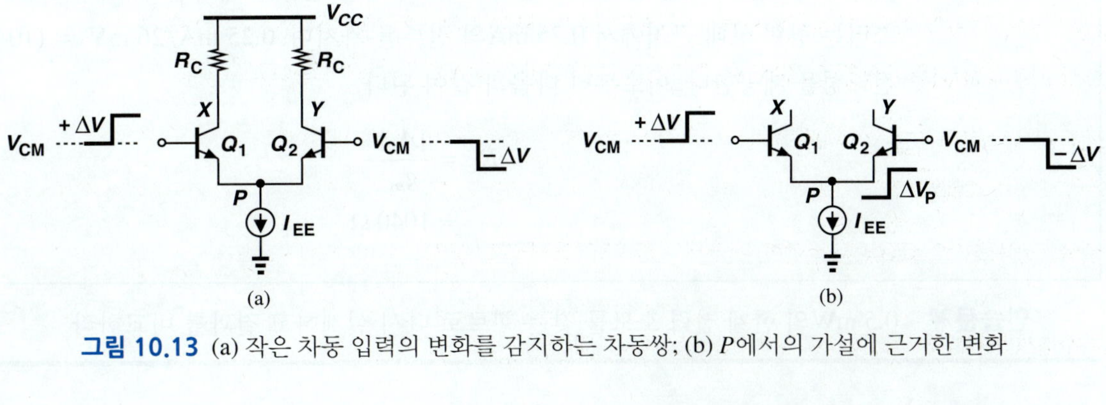

그림 10.13 (a) 작은 차동 입력의 변화를 감지하는 차동쌍; (b) P에서의 가설에 근거한 변화

독자는 ΔV가 크다면 왜 식 (10.37)이 유지되지 않는지 이상하게 여길지도 모른다. 위의 식들 중 어느 것이 잘못된 것일까? 큰 차동 입력에 대하여 Q_1과 Q_2에는 상당히 다른 전류가 흐르므로 서로 동일하지 않은 전도성을 가지게 되고, 식 (10.36)의 양단에서 g_m의 생략을 불허한다.

그림 10.13(a)에서 $\Delta V_P = 0$이라면, 식 (10.34)와 (10.35)를 각각 다음과 같이 다시 쓸 수 있다.

$$\Delta I_{C1} = g_m \Delta V \tag{10.38}$$

$$\Delta I_{C2} = -g_m \Delta V \tag{10.39}$$

그리고

$$\Delta V_X = -g_m \Delta V R_C \tag{10.40}$$

$$\Delta V_Y = g_m \Delta V R_C \tag{10.41}$$

그러므로 차동 출력은 0부터 다음 값으로 변하게 된다.

$$\Delta V_X - \Delta V_Y = -2 g_m \Delta V R_C \tag{10.42}$$

회로의 소신호 차동 이득을 다음과 같이 정의한다.

$$A_v = \frac{\text{Change in Differential Output}}{\text{Change in Differential Input}} \tag{10.43}$$

$$= \frac{-2 g_m \Delta V R_C}{2\Delta V} \tag{10.44}$$

$$= -g_m R_C \tag{10.45}$$

(차동 입력에서의 변화는 $2\Delta V$라는 것을 주의하라.) 이 표현은 공통 이미터 단의 그것과 비슷하다.

예제 10.6 공급 전압 2 V, 이득이 10이고 한계 전력 소모가 1 mW인 바이폴라 차동쌍을 설계하라.

풀이 $V_{CC} = 2$ V를 가지면 전력 소모는 0.5 mA의 테일 전류로 해석된다. 그러므로 각 트랜지스터는 평형 상태 근처에서 0.25 mA의 전류를 가지며, 0.25 mA/26 mV $= (104\ \Omega)^{-1}$의 전도성을 제공한다. 이로부터 다음과 같이 된다.

$$R_C = \frac{|A_v|}{g_m} \tag{10.46}$$

$$= 1040\ \Omega \tag{10.47}$$

연습문제 0.5 mW의 한계 전력 소모를 갖는 회로로 다시 설계하고 결과를 비교하라.

예제 10.7 바이폴라 차동쌍의 전력 소모를 공통 이미터(CE) 단의 전력 소모와 비교하라. 두 회로의 전압 이득, 컬렉터 저항, 공급 전압이 같다고 가정한다.

풀이 차동쌍의 이득은 식 (10.45)로부터 다음과 같이 쓸 수 있다.

$$|A_{V,\text{diff}}| = g_{m1,2}R_C \tag{10.48}$$

여기서 $g_{m1,2}$는 두 트랜지스터 각각의 전도성을 나타낸다. CE 단에서

$$|A_{V,CE}| = g_m R_C \tag{10.49}$$

그러므로

$$g_{m1,2}R_C = g_m R_C \tag{10.50}$$

따라서

$$\frac{I_{EE}}{2V_T} = \frac{I_C}{V_T} \tag{10.51}$$

여기서 $I_{EE}/2$는 차동쌍에서 각 트랜지스터의 바이어스 전류이고, I_C는 CE 단의 바이어스 전류를 나타낸다. 다시 말해서

$$I_{EE} = 2I_C \tag{10.52}$$

차동쌍이 2배의 전력을 소비한다는 것을 나타낸다. 이것은 차동 회로의 단점 중의 하나이다.

연습문제 두 회로가 같은 한계 전력 소모, 같은 컬렉터 저항, 같은 공급 전압을 가질 때, 두 회로의 전압 이득을 비교하라.

10.2.2 대신호 해석

바이폴라 차동쌍의 동작에 대한 통찰을 얻은 후, (그림 10.12에 그려진) 회로의 입출력 특성을 공식화해 보는 것을 목표로 차동쌍의 대신호 동작을 정량화해 보자. 이전 장들에서 대신호 해석을 보지 못했으므로, 차동쌍의 이런 점에 대해 왜 갑자기 관심을 갖는지 당연히 이상하게 여길 수 있다. 우리의 관심은 (a) 선형 증폭기의 역할을 하는 데 있어 회로의 한계에 대한 이해의 필요성과 (b) (비선형) 전류 조종(커런트 스티어링) 회로로서 차동쌍의 응용에 기인한다.

회로의 차동 입력과 출력 사이의 관계를 유도하기 위해 우선 그림 10.14로부터 다음을 주목하자.

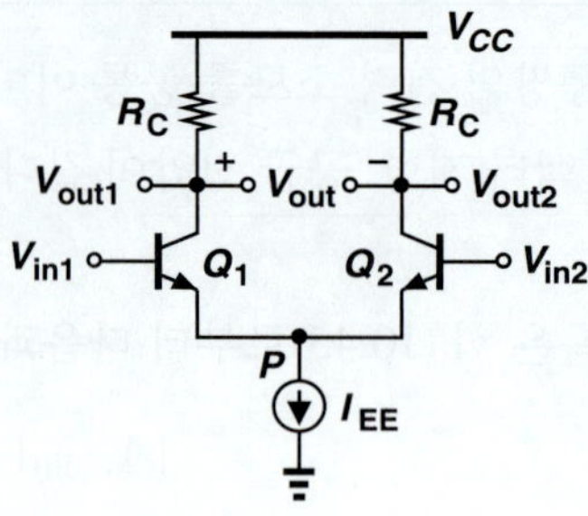

그림 10.14 대신호 해석을 위한 바이폴라 차동쌍

$$V_{out1} = V_{CC} - R_C I_{C1} \tag{10.53}$$

$$V_{out2} = V_{CC} - R_C I_{C2} \tag{10.54}$$

따라서

$$V_{out} = V_{out1} - V_{out2} \tag{10.55}$$

$$= -R_C(I_{C1} - I_{C2}) \tag{10.56}$$

그러므로 차동 입력의 항으로 I_{C1}과 I_{C2}를 계산해야만 한다. $\alpha = 1$이고 $V_A = \infty$라고 가정하고, 4장에서 $V_{BE} = V_T \ln (I_C/I_S)$를 상기하면, 입력 회로망 주위에서 KVL을 사용하여 다음과 같이 나타낼 수 있고

$$V_{in1} - V_{BE1} = V_P = V_{in2} - V_{BE2} \tag{10.57}$$

다음을 얻는다.

$$V_{in1} - V_{in2} = V_{BE1} - V_{BE2} \tag{10.58}$$

$$= V_T \ln \frac{I_{C1}}{I_{S1}} - V_T \ln \frac{I_{C2}}{I_{S2}} \tag{10.59}$$

$$= V_T \ln \frac{I_{C1}}{I_{C2}} \tag{10.60}$$

또한, P 노드에서의 KCL로부터

$$I_{C1} + I_{C2} = I_{EE} \tag{10.61}$$

식 (10.60)과 (10.61)은 2개의 미지수를 포함한다. 식 (10.60)과 (10.61)로부터 I_{C1}을 치환하면 다음을 얻는다.

$$I_{C2} \exp \frac{V_{in1} - V_{in2}}{V_T} + I_{C2} = I_{EE} \tag{10.62}$$

그러므로

$$I_{C2} = \frac{I_{EE}}{1 + \exp \dfrac{V_{in1} - V_{in2}}{V_T}} \tag{10.63}$$

V_{in1}과 V_{in2} 그리고 I_{C1}과 I_{C2}에 대한 회로의 대칭성은 I_{C1}이 식 (10.63)과 같은 동작을 보일 것을 암시하는데, V_{in1}과 V_{in2}의 역할은 서로 바뀐다.

$$I_{C1} = \frac{I_{EE}}{1 + \exp \dfrac{V_{in2} - V_{in1}}{V_T}} \tag{10.64}$$

$$= \frac{I_{EE} \exp \dfrac{V_{in1} - V_{in2}}{V_T}}{1 + \exp \dfrac{V_{in1} - V_{in2}}{V_T}} \tag{10.65}$$

다른 방법으로는, I_{C1}을 얻기 위해서 식 (10.61)의 I_{C2}를 식 (10.63)에서 치환시켜 볼 수 있다.

식 (10.63)과 (10.65)는 차동쌍의 동작에 대한 정량적인 이해에 있어서 중대한 역할을 한다. 특히 $V_{in1} - V_{in2}$가 매우 큰 음수라면 $\exp(V_{in1} - V_{in2})/V_T \to 0$이 되고, 정성적인 해석으로 그림 10.11(b)에 예상된 바와 같이 다음과 같아진다.

$$I_{C1} \to 0 \tag{10.66}$$

$$I_{C2} \to I_{EE} \tag{10.67}$$

유사하게, $V_{in1} - V_{in2}$가 매우 큰 양수라면 $\exp(V_{in1} - V_{in2})/V_T \to \infty$가 되며 다음과 같아진다.

$$I_{C1} \to I_{EE} \tag{10.68}$$

$$I_{C2} \to 0 \tag{10.69}$$

'매우 큰' 양수 혹은 음수라는 의미가 무엇일까? 예를 들어, 만약에 $V_{in1} - V_{in2} = -10V_T$라면 $I_{C1} \approx 0, I_{C2} \approx I_{EE}$라고 할 수 있을까? $\exp(-10) \approx 4.54 \times 10^{-5}$이기 때문에,

$$I_{C1} \approx \frac{I_{EE} \times 4.54 \times 10^{-5}}{1 + 4.54 \times 10^{-5}} \tag{10.70}$$

$$\approx 4.54 \times 10^{-5} I_{EE} \tag{10.71}$$

그리고

$$I_{C2} \approx \frac{I_{EE}}{1 + 4.54 \times 10^{-5}} \tag{10.72}$$

$$\approx I_{EE}(1 - 4.54 \times 10^{-5}) \tag{10.73}$$

다시 말해서, Q_1은 테일 전류의 단지 0.0045%만을 흘리고, 따라서 I_{EE}는 완전히 Q_2에 의해 조종된다고 간주할 수 있다.

예제 10.8 트랜지스터 하나가 테일 전류의 98%를 조종할 때의 차동 입력 전압을 구하라.

풀이 다음을 필요로 한다.

$$I_{C1} = 0.02 I_{EE} \tag{10.74}$$

$$\approx I_{EE} \exp \frac{V_{in1} - V_{in2}}{V_T} \tag{10.75}$$

그러므로

$$V_{in1} - V_{in2} \approx -3.91 V_T \tag{10.76}$$

$4V_T$의 차동 입력이 바이폴라 쌍의 한쪽을 거의 오프(차단)시키기에 충분하다고 흔히 말한다. 이 값은 I_{EE}와 I_S에 독립적이라는 것에 주목하자.

연습문제 테일 전류의 90%를 조종하기 위해 필요한 차동 입력은 얼마인가?

그림 10.14에서 출력 전압을 얻기 위해 아래와 같이 정리해 보자.

$$V_{out1} = V_{CC} - R_C I_{C1} \tag{10.77}$$

$$= V_{CC} - R_C \frac{I_{EE} \exp \dfrac{V_{in1} - V_{in2}}{V_T}}{1 + \exp \dfrac{V_{in1} - V_{in2}}{V_T}} \tag{10.78}$$

$$V_{out2} = V_{CC} - R_C I_{C2} \tag{10.79}$$

$$= V_{CC} - R_C \frac{I_{EE}}{1 + \exp \dfrac{V_{in1} - V_{in2}}{V_T}} \tag{10.80}$$

특히 중요한 것은 차동 출력 전압이다.

$$V_{out1} - V_{out2} = -R_C (I_{C1} - I_{C2}) \tag{10.81}$$

$$= R_C I_{EE} \frac{1 - \exp \dfrac{V_{in1} - V_{in2}}{V_T}}{1 + \exp \dfrac{V_{in1} - V_{in2}}{V_T}} \tag{10.82}$$

$$= -R_C I_{EE} \tanh \frac{V_{in1} - V_{in2}}{2V_T} \tag{10.83}$$

그림 10.15는 결과를 요약해 준다. 차동 출력 전압은 매우 큰 음의 차동 입력에 대해 '포화된' 값인 $+R_C I_{EE}$로부터 시작하여, 상대적으로 작은 $|V_{in1} - V_{in2}|$의 값에 대하여 점차적으로 $V_{in1} - V_{in2}$의 선형 함수가 되고, $V_{in1} - V_{in2}$가 매우 큰 양으로 됨에 따라 포화된 값인 $-R_C I_{EE}$에 도달한다. 예제 10.8에서 $4V_T \approx 104$ mV의 차동 입력으로도 차동쌍을 '개폐' 시킬 수 있다는 것을 인식하였으며, 따라서 선형 동작을 위해서는 이 값보다 상당히 작게

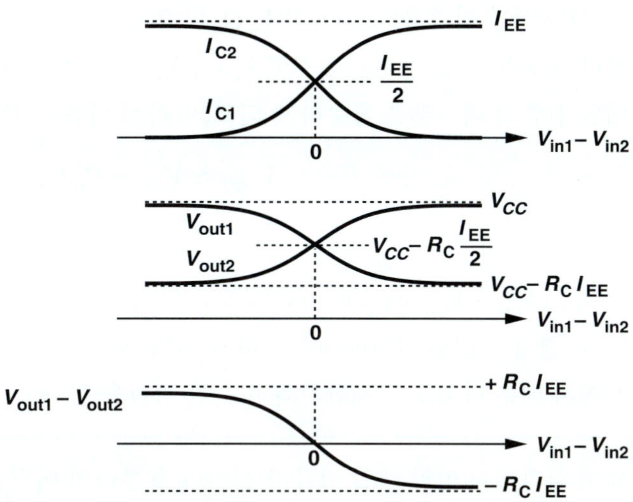

그림 10.15 입력 함수에 따른 전류와 전압의 변화

$|V_{in1} - V_{in2}|$을 유지시켜야 한다는 결론을 내릴 수 있다.

예제 10.9 그림 10.16(b)와 (c)의 사인파(정현파) 입력에 대한 응답으로 그림 10.16(a)의 바이폴라 차동쌍의 출력 파형을 그려라. Q_1과 Q_2는 순방향 활성 영역에 있다고 가정한다.

풀이 그림 10.16(b)에 그려진 사인(정현) 곡선에 대해, 최대 차동 입력이 ± 2 mV이기 때문에 회로는 선형적으로 동작한다. 그러므로 출력은 1 mV $\times$ $g_m R_C$의 피크 진폭을 가진 사인 곡선이 된다[그림 10.16(d)]. 반면에 그림 10.16(c)의 사인 곡선은 최대 차동 입력으로

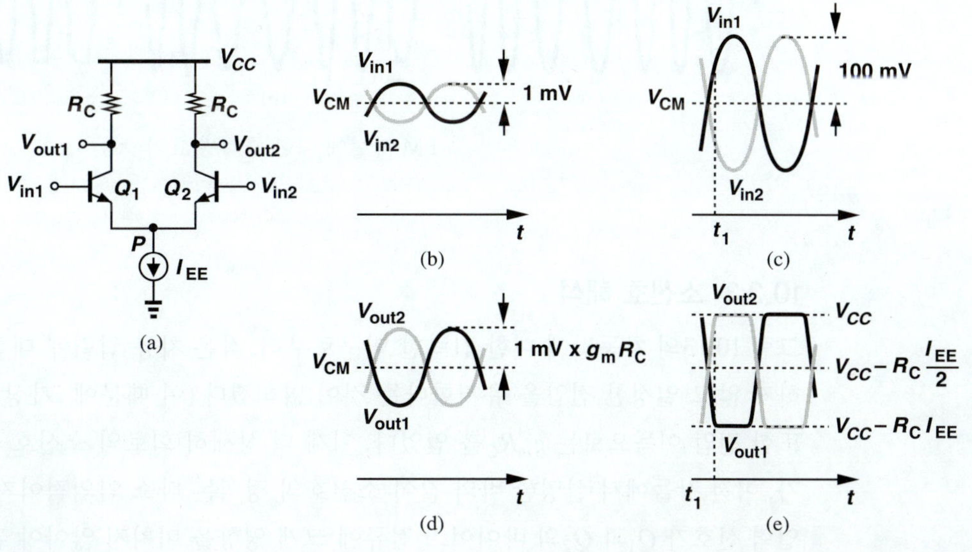

그림 10.16

$\pm$200 mV를 인가하므로 Q_1 또는 Q_2를 오프시킨다. 예를 들어, ($t = t_1$에서) V_{in1}이 V_{CM}보다 50 mV 큰 값에 가까워지고 V_{in2}가 V_{CM}보다 50 mV 작은 값에 도달하게 되면, Q_1은 테일 전류의 대부분을 흡수하게 되고, 따라서 다음과 같은 결과를 도출한다.

$$V_{out1} \approx V_{CC} - R_C I_{EE} \tag{10.84}$$

$$V_{out2} \approx V_{CC} \tag{10.85}$$

그 후, $|V_{in1} - V_{in2}|$가 100 mV 이하로 떨어지기 전까지 출력은 포화 상태로 남아 있게 된다. 결과가 그림 10.16(e)에 그려져 있다. 이 경우에 회로는 '제한기'처럼 동작하고, 3장에서 배운 다이오드 제한기와 비슷한 역할을 한다.

연습문제 위의 결과에서 만약 테일 전류가 절반만 흐른다면 어떻게 되는가?

Did you know?

차동쌍은 입력 차이가 큰 경우 제한기(리미터)로 작동할 수 있는데, 이 경우 신호 파형의 상단과 하단을 '절단(클리핑)'하게 된다. 물론 음성과 같은 신호를 제한하면 왜곡을 발생시키므로 바람직하지 않다. 그러나 일부 응용 분야에서는 제한 기능이 유용할 수도 있다. 일반적인 예는 FM 라디오를 들 수 있는데, RF 파형은 이상적으로 주파수 변조만 포함해야 하지만[그림 (a)], 실제로는 약간의 노이즈를 발생시킨다[그림 (b)]. 리미터는 진폭의 노이즈를 제거하여 신호 품질을 향상시킬 수 있다[그림 (c)].

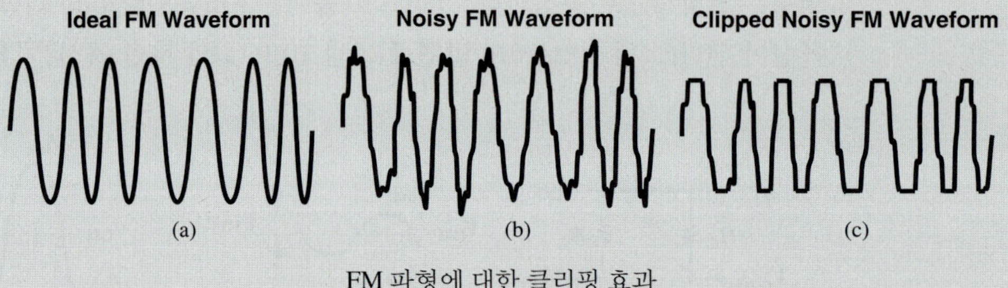

FM 파형에 대한 클리핑 효과

10.2.3 소신호 해석

그림 10.13의 차동쌍에 대한 간략한 연구로부터, 작은 차동 입력에 대하여 테일 노드는 변하지 않고 일정한 전압을 유지한다는 것이 밝혀졌다.(이 때문에 '가상 접지'라고 불린다.) 또한 전압 이득으로는 $g_m R_C$를 얻었다. 이제 더 상세히 회로의 소신호 동작에 대해 알아보자. 이전 장들에서 설명한 바와 같이 소신호의 정의는 다소 임의적이지만, 그 필요 조건은 입력 신호가 Q_1과 Q_2의 바이어스 전류에 크게 영향을 미치지 않아야 된다는 것이다. 다시 말해서 두 트랜지스터는 대략적으로 동일한 전도성을 가져야만 한다—노드 P가 가상 접

지처럼 보이기 위해서도 같은 조건이 필요하다. 실제로 10 mV보다 작은 차동 입력은 대부분의 응용에서 '소신호'로 간주된다.

완벽한 대칭과 이상적인 테일 전류원, 그리고 $V_A = \infty$를 가정하고, 그림 10.17(a)에 보인 바와 같이 회로의 소신호 모델을 구성하였다. 여기서 v_{in1}과 v_{in2}는 각 입력에서의 작은 변화를 나타내며, 차동 동작을 위해서 $v_{in1} = -v_{in2}$를 만족해야만 한다. 테일 전류원이 개방 회로로 대체된 것을 주목하자. 이전의 대신호 해석에서처럼 입력 회로망 주변에서는 KVL을, P 노드에서는 KCL을 써 보자.

$$v_{in1} - v_{\pi1} = v_P = v_{in2} - v_{\pi2} \tag{10.86}$$

$$\frac{v_{\pi1}}{r_{\pi1}} + g_{m1}v_{\pi1} + \frac{v_{\pi2}}{r_{\pi2}} + g_{m2}v_{\pi2} = 0 \tag{10.87}$$

$r_{\pi1} = r_{\pi2}$와 $g_{m1} = g_{m2}$를 가지고, 식 (10.87)에서 다음을 얻는다.

$$v_{\pi1} = -v_{\pi2} \tag{10.88}$$

또한 $v_{in1} = -v_{in2}$이기 때문에, 식 (10.86)은 다음과 같이 된다.

$$2v_{in1} = 2v_{\pi1} \tag{10.89}$$

즉,

$$v_P = v_{in1} - v_{\pi1} \tag{10.90}$$

$$= 0 \tag{10.91}$$

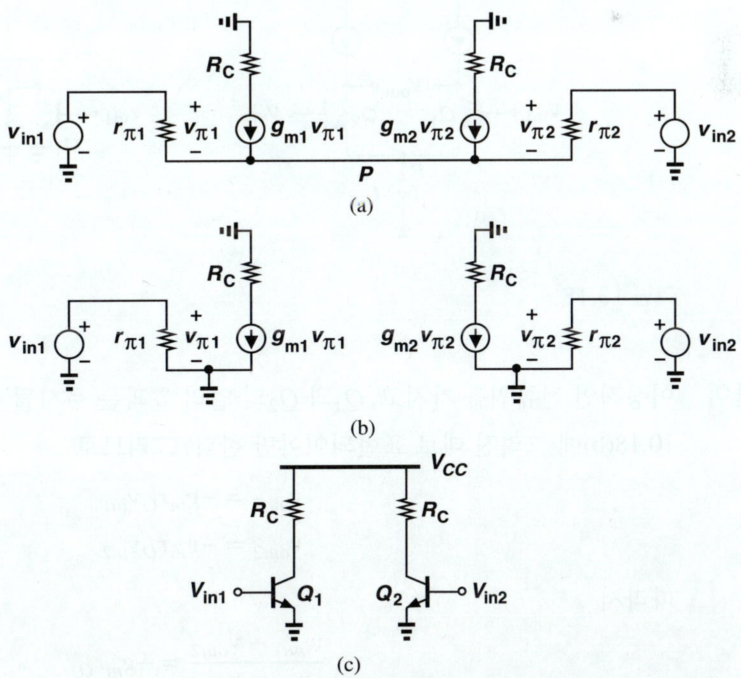

그림 10.17 (a) 바이폴라 쌍의 소신호 모델; (b) 단순화한 소신호 모델; (c) 단순화한 다이어그램

그러므로 소신호 모델은 식 (10.37)에 의한 예측을 확인시켜 준다. 문제 10.28에서, 이 특성이 얼리 효과가 존재할 때에도 역시 유효하다는 것을 증명해 본다.

차동 소신호 입력을 위한 P 노드의 가상 접지 성질은 회로 해석을 상당히 간단하게 해준다. $v_P = 0$이기 때문에 이 노드는 교류 접지로 단락(쇼트)될 수 있으며, 그림 10.17(a)의 차동쌍은 2개의 '절반 회로'로 간략화된다[그림 10.17(b)]. 각 절반 회로는 공통 이미터(CE) 단과 닮았으므로 다음과 같이 쓸 수 있다.

$$v_{out1} = -g_m R_C v_{in1} \tag{10.92}$$

$$v_{out2} = -g_m R_C v_{in2} \tag{10.93}$$

차동쌍의 차동 전압 이득은 다음과 같이 되는데

$$\frac{v_{out1} - v_{out2}}{v_{in1} - v_{in2}} = -g_m R_C \tag{10.94}$$

이것은 식 (10.45)에 표현된 것과 같다. 단순화를 위해, 증가하는 입력들이 작고 차동이라는 것에 대한 이해를 바탕으로, 그림 10.17(c)처럼 2개의 절반 회로를 그려 볼 수 있다. 또한 두 절반 회로는 동일하므로 하나의 절반회로만 그려도 된다.

예제 10.10

그림 10.18(a)에 보인 회로의 차동 이득을 계산하라. 이득을 최대로 하기 위해 이상적인 전류원이 사용되었다.

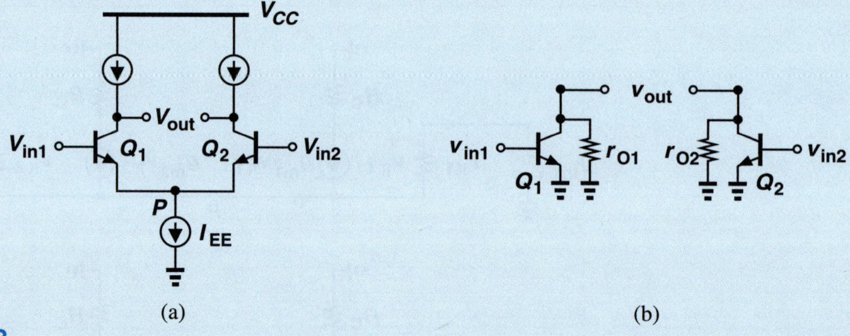

그림 10.18

풀이 이상적인 전류원을 가지고, Q_1과 Q_2의 얼리 효과는 무시될 수 없으며, 절반 회로는 그림 10.18(b)에 그려진 대로 표현되어야만 한다. 그러므로

$$v_{out1} = -g_m r_O v_{in1} \tag{10.95}$$

$$v_{out2} = -g_m r_O v_{in2} \tag{10.96}$$

따라서

$$\frac{v_{out1} - v_{out2}}{v_{in1} - v_{in2}} = -g_m r_O \tag{10.97}$$

연습문제 $V_A = 5$ V일 때의 이득을 계산하라.

예제 10.11 그림 10.19(a)는 그림 10.18(a)에서 보인 토폴로지의 구현을 설명하고 있다. 차동 전압 이득을 계산하라.

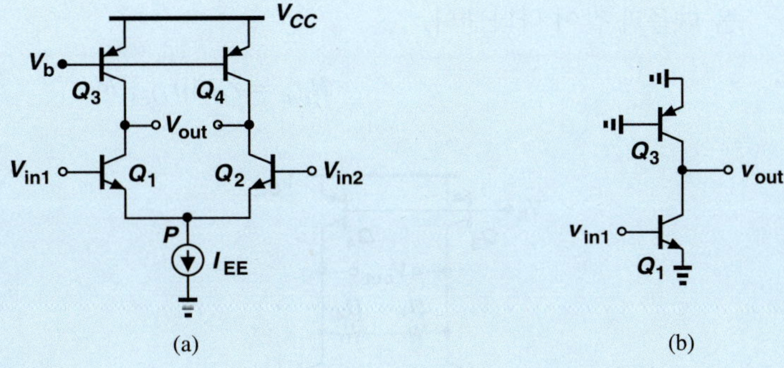

그림 10.19

풀이 각 *pnp* 소자가 출력 노드에서 r_{OP} 저항을 생성하는 데 주의하며 그림 10.19(b)처럼 절반 회로를 그리면, 다음을 얻는다.

$$\frac{v_{out1} - v_{out2}}{v_{in1} - v_{in2}} = -g_m(r_{ON}||r_{OP}) \tag{10.98}$$

여기서 r_{ON}은 *npn* 트랜지스터의 출력 임피던스를 나타낸다.

연습문제 Q_3와 Q_4가 다이오드 연결 소자로 형성되었을 때의 이득을 계산하라.

차동 전압 이득은 출력들 간의 차이가 입력들 간의 차이에 의해 나뉜 것으로 정의된다는 것을 강조한다. 그 정의로서, 이 이득은 각 절반 회로의 싱글엔디드 이득과 동일하다.

이제 차동 회로의 해석에 유용한 관찰을 해 보자. 위에서 언급한 대로, 입력의 증가가 작고 차동이라면 회로의 대칭성($g_{m1} = g_{m2}$)은 그림 10.14의 P 노드에 가상 접지를 만들게 한다. 이 특성은 대칭축상에 나타나는 다른 노드들에도 유효하다. 예를 들어, 그림 10.20의 두 저항들은 (1) $R_1 = R_2$이고 (2) A와 B 노드가 같은 크기로 반대방향으로 변한다면 X에서 가상 접지를 형성한다.[2] 추가적인 예제는 이 개념을 좀 더 명확하게 만든다. 각각의 경우에

그림 10.20

2) 저항이 선형이기 때문에, 이 경우에 신호는 작을 필요가 없다.

대해서 완벽한 대칭이라고 가정한다.

예제 10.12 그림 10.21(a)의 회로에서 $V_A < \infty$이고 회로가 대칭일 때 차동 이득을 결정하라.

풀이 그림 10.21(b)와 같이 절반 회로 중의 하나를 그리면, Q_1의 컬렉터에서 바라본 전체 저항을 다음과 같이 나타낸다.

$$R_{out} = r_{O1}||r_{O3}||R_1 \tag{10.99}$$

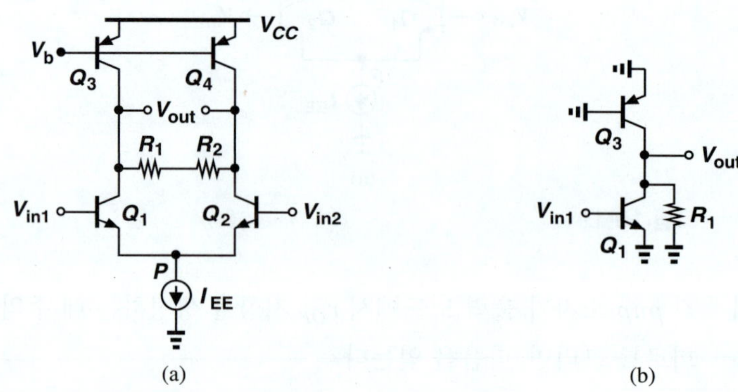

그림 10.21

그러므로 전압 이득은 다음과 같다.

$$A_v = -g_{m1}(r_{O1}||r_{O3}||R_1) \tag{10.100}$$

연습문제 만약 $R_1 \neq R_2$일 때, 위의 예제를 반복하라.

예제 10.13 $V_A < \infty$일 때, 그림 10.22(a)에 표현된 회로의 차동 이득을 계산하라.

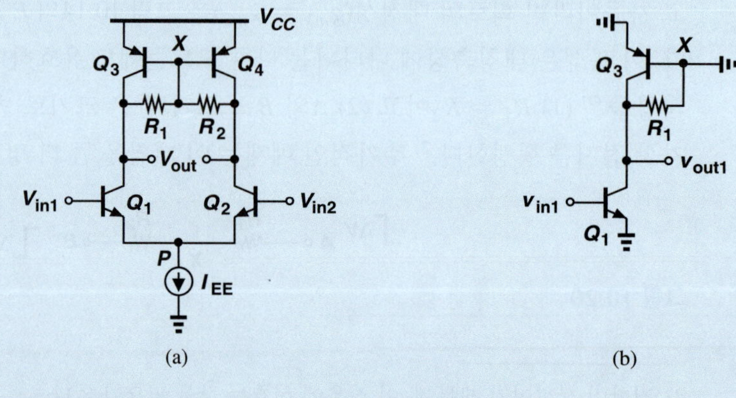

그림 10.22

풀이 작은 차동 입력과 출력에 대해 V_X는 일정하게 유지되므로, 그림 10.22(b)에 그려진 개념적인 절반 회로가 된다(위의 예제와 동일). 이것은 두 가지 경우 모두에서 Q_3와 Q_4가 일정한 베이스-이미터 전압을 가지며, 그 때문에 전류원으로 동작하고 오직 출력 저항만을 나타내게 된다. 따라서 다음과 같이 된다.

$$A_v = -g_{m1}(r_{O1}||r_{O3}||R_1) \tag{10.101}$$

연습문제 모든 트랜지스터에서 $V_A = 4$ V이고, $R_1 = R_2 = 10$ kΩ, $I_{EE} = 1$ mA일 때 이득을 계산하라.

예제 10.14 그림 10.23(a)와 (b)에 보인 축퇴된 차동쌍의 이득을 구하라. $V_A = \infty$로 가정한다.

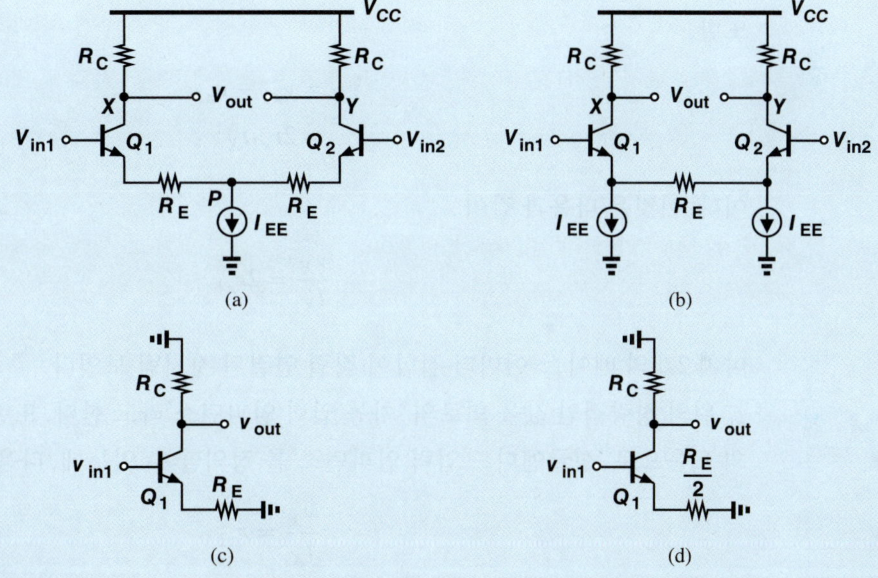

그림 10.23

풀이 그림 10.23(a)의 토폴로지에서 P 노드는 가상 접지이고, 그림 10.23(c)에 그려진 절반 회로로 나타낸다. 5장으로부터

$$A_v = -\frac{R_C}{R_E + \dfrac{1}{g_m}} \tag{10.102}$$

이다. 그림 10.23(b)의 회로에서, R_E의 '중간점'을 통해서 대칭의 선이 지나가고 있다. 다시 말해, R_E를 2개의 $R_E/2$가 직렬 연결된 것으로 간주하면 두 $R_E/2$ 저항 사이의 노드는 가상 접지처럼 동작한다[그림 10.23(d)]. 이것은 다음과 같아진다.

$$A_v = -\frac{R_C}{\frac{R_E}{2} + \frac{1}{g_m}} \tag{10.103}$$

그림 10.23(b)의 쌍이 총 $2R_E$의 축퇴 저항을 구비하면 두 회로는 같은 이득을 제공한다.

연습문제 이득이 5이고 전력 소모가 2 mW인 각각의 회로를 설계하라. $V_{CC} = 2.5$ V, $V_A = \infty$, $R_E = 2/g_m$라고 가정한다.

I/O 임피던스 차동쌍을 위하여, 그림 10.24(a)에 그려진 바와 같이 입력 임피던스를 정의할 수 있다. 그림 10.24(b)의 등가 회로로부터 다음을 알 수 있다.

$$\frac{v_{\pi1}}{r_{\pi1}} = i_X = -\frac{v_{\pi2}}{r_{\pi2}} \tag{10.104}$$

또한,

$$v_X = v_{\pi1} - v_{\pi2} \tag{10.105}$$

$$= 2r_{\pi1}i_X \tag{10.106}$$

이다. 이것은 다음과 같이

$$\frac{v_X}{i_X} = 2r_{\pi1} \tag{10.107}$$

마치 2개의 베이스-이미터 접합이 직렬 연결된 것처럼 보인다.

위의 정량적인 값을 회로의 '차동 입력 임피던스'라고 한다. 또한, 절반 회로(그림 10.25)의 도움으로 '싱글엔디드 입력 임피던스'를 정의할 수 있는데, 다음을 얻는다.

$$\frac{v_X}{i_X} = r_{\pi1} \tag{10.108}$$

이 결과는 식 (10.107)에 관해 새로운 정보를 제공하지는 않지만, 몇몇 계산에서 유용함이

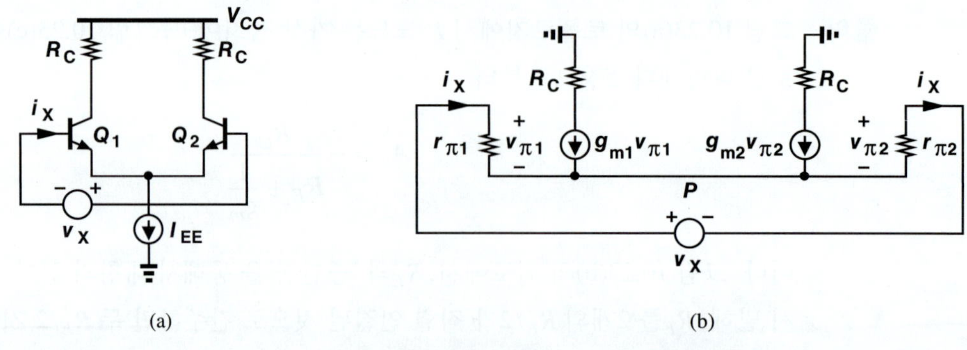

그림 10.24 (a) 차동 입력 임피던스의 계산을 위한 방법; (b) (a)의 등가 회로

그림 10.25 싱글엔디드 입력 임피던스의 계산

판명되었다.

앞의 전개와 유사한 방식으로 독자는 차동 출력 임피던스와 싱글엔디드 출력 임피던스가 각각 $2R_C$와 R_C임을 보일 수 있을 것이다.

10.3 MOS 차동쌍

이전 절에서 배웠던 바이폴라 차동쌍에 대한 대부분의 원리들은 상응하는 MOS 차동쌍에 또한 직접적으로 적용된다. 이런 이유로, 이번 절에서 MOS 회로의 취급이 더욱 간결해진다. 계속해서 완벽한 대칭을 가정한다.

10.3.1 정성적 해석

그림 10.26(a)는 V_{CM}으로 묶인 두 입력을 가지는 MOS 쌍을 나타내며, 다음 값을 갖는다.

$$I_{D1} = I_{D2} = \frac{I_{SS}}{2} \tag{10.109}$$

그리고

$$V_X = V_Y = V_{DD} - R_D\frac{I_{SS}}{2} \tag{10.110}$$

즉, 제로 차동 입력은 제로 차동 출력을 만들어 준다. 출력 공통 모드 레벨이 $V_{DD} - R_D I_{SS}/2$라는 것을 주목하라.

다음의 유도에서, M_1과 M_2의 '평형 과구동 전압'인 $(V_{GS} - V_{TH})_{equil}$을 계산하는 것이 유

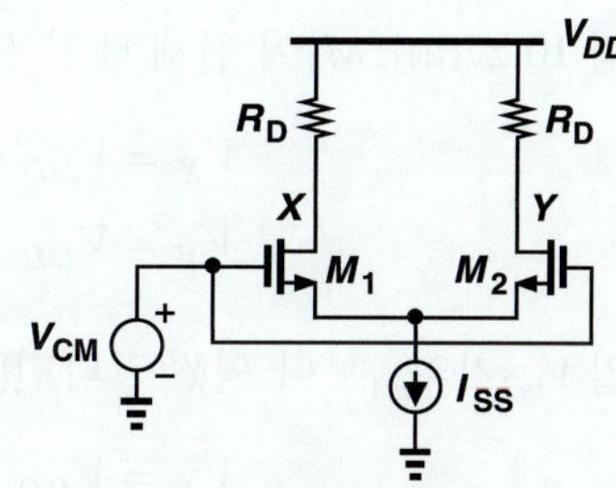

그림 10.26 입력 공통 모드 변화에 대한 MOS 차동쌍의 응답

용하다. $\lambda = 0$이고 그러므로 $I_D = (1/2)\mu_n C_{ox}(W/L)(V_{GS} - V_{TH})^2$을 가정한다. $I_{SS}/2$의 전류가 흐를 때 각 소자는 다음의 과구동 값을 갖는다.

$$(V_{GS} - V_{TH})_{equil.} = \sqrt{\frac{I_{SS}}{\mu_n C_{ox}\frac{W}{L}}} \tag{10.111}$$

예상한 바와 같이, 테일 전류가 클수록 또는 W/L이 작을수록 더 큰 평형 과구동(오버드라이브)으로 전환된다.

M_1과 M_2가 포화에서 동작하는 것을 보장하기 위해서는 M_1과 M_2의 드레인 전압이 $V_{CM} - V_{TH}$ 아래로 내려가지 않는 것이 요구된다.

$$V_{DD} - R_D\frac{I_{SS}}{2} > V_{CM} - V_{TH} \tag{10.112}$$

또한 V_{CM}의 변화가 $I_{D1} = I_{D2} = I_{SS}/2$를 변경할 수 없다는 것이 관찰되었고, V_X와 V_Y를 교란되지 않은 채 남게 한다. 그러므로 이 회로는 입력 공통 모드의 변화를 제거한다.

예제 10.15 MOS 차동쌍이 1.6 V의 입력 공통 모드 레벨로 구동되고 있다. 만약 $I_{SS} = 0.5$ mA, $V_{TH} = 0.5$ V, $V_{DD} = 1.8$ V라면, 허용 가능한 최대 부하 저항은 얼마인가?

풀이 식 (10.112)로부터 다음을 얻는다.

$$R_D < 2\frac{V_{DD} - V_{CM} + V_{TH}}{I_{SS}} \tag{10.113}$$

$$< 2.8\ \text{k}\Omega \tag{10.114}$$

나중에 설명하겠지만, 이러한 제한이 차례로 회로의 전압 이득을 억제할 수 있는지 의심해 볼 수 있다.

연습문제 부하 저항이 5 kΩ이라면 최대 테일 전류는 얼마인가?

그림 10.27은 큰 차동 입력에 대한 MOS 쌍의 응답을 설명한다. 만일 V_{in1}이 V_{in2}보다 훨씬 크다면[그림 10.27(a)], M_1이 전체 테일 전류를 흘리며, 다음을 생성한다.

$$V_X = V_{DD} - R_D I_{SS} \tag{10.115}$$

$$V_Y = V_{DD} \tag{10.116}$$

유사하게, 만일 V_{in2}가 V_{in1}보다 훨씬 크다면[그림 10.27(b)]

$$V_X = V_{DD} \tag{10.117}$$

$$V_Y = V_{DD} - R_D I_{SS} \tag{10.118}$$

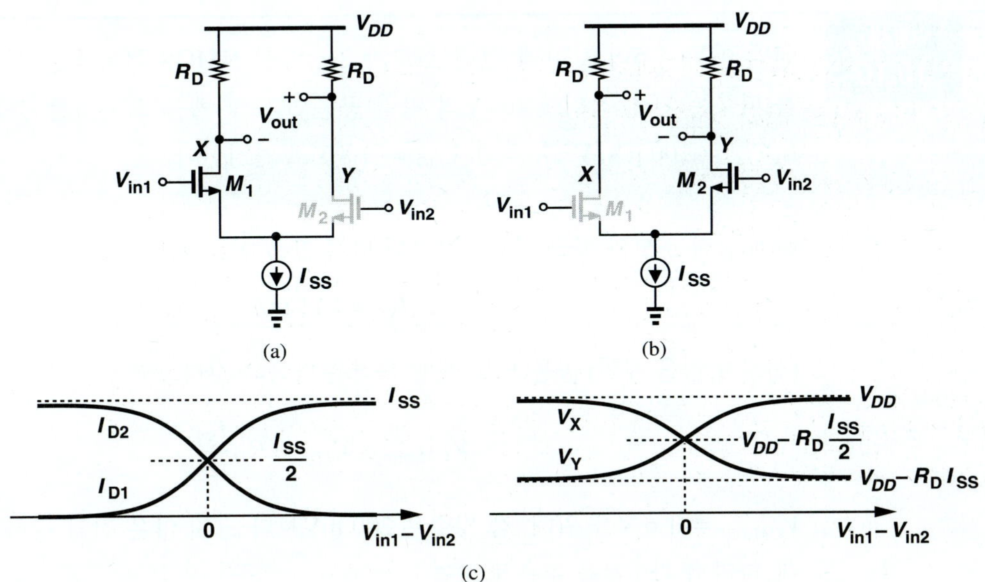

그림 10.27 (a) 큰 양의 입력에 대한 MOS 차동쌍의 응답; (b) 큰 음의 입력에 대한 MOS 차동쌍의 응답; (c) 전류와 전압의 정성적인 그림

그러므로 회로는 한쪽에서 다른 쪽으로 테일 전류를 조종하게 되고, 차동 입력에 응답하여 차동 출력을 생성하게 된다. 그림 10.27(c)는 회로의 특성을 나타낸다.

이제 작은 입력 차이에 대한 회로의 동작을 살펴보자. 그림 10.28(a)에 묘사된 것처럼, 이러한 시나리오는 V_P를 일정하게 유지시키는데, 식 (10.32)~(10.37)이 이러한 경우에 똑같이 잘 적용되기 때문이다.

$$\Delta I_{D1} = g_m \Delta V \tag{10.119}$$

$$\Delta I_{D2} = -g_m \Delta V \tag{10.120}$$

그리고

$$\Delta V_X - \Delta V_Y = -2g_m R_D \Delta V \tag{10.121}$$

예상한 대로, 차동 전압 이득은 다음과 같이 주어지는데, 공통 소스 단의 이득과 유사하다.

$$A_v = -g_m R_D \tag{10.122}$$

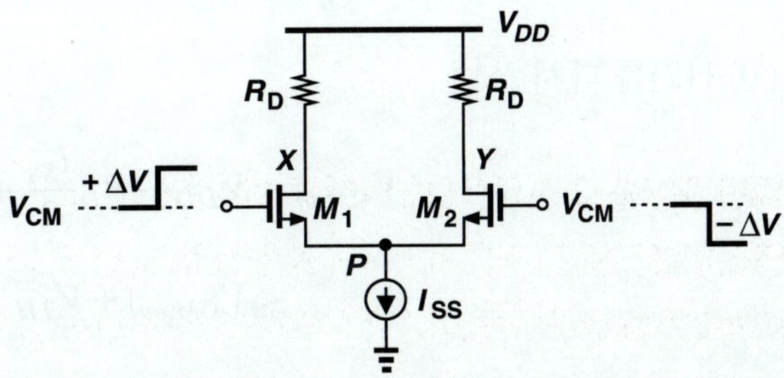

그림 10.28 작은 차동 입력에 대한 MOS 쌍의 응답

예제 10.16

전압 이득이 5이고 한계 전력 소모가 2 mW인 NMOS 차동쌍을 설계하는데, 차동쌍을 따르는 단이 적어도 1.6 V의 입력 공통 모드 레벨을 요구하는 것을 조건으로 한다. $\mu_n C_{ox} = 100\ \mu A/V^2, \lambda = 0, V_{DD} = 1.8$ V로 가정한다.

풀이 한계 전력 소모와 공급 전원으로부터 다음 값을 얻는다.

$$I_{SS} = 1.11\ \text{mA} \tag{10.123}$$

(신호가 없을 때의) 공통 모드 레벨 출력은 다음과 같다.

$$V_{CM,out} = V_{DD} - R_D \frac{I_{SS}}{2} \tag{10.124}$$

$V_{CM,out} = 1.6$ V를 위해, 각 저항은 200 mV보다 크지 않은 전압 강하를 유지해야 하는데, 따라서 최댓값을 추측해 보면

$$R_D = 360\ \Omega \tag{10.125}$$

$g_m R_D = 5$로 놓으면, 트랜지스터의 크기는 $g_m = 5/(360\ \Omega)$가 되도록 선택해야 한다. 각 트랜지스터가 $I_{SS}/2$의 드레인 전류를 흘리기 때문에

$$g_m = \sqrt{2\mu_n C_{ox} \frac{W}{L} \frac{I_{SS}}{2}} \tag{10.126}$$

이에 따라

$$\frac{W}{L} = 1738 \tag{10.127}$$

이 큰 종횡비는 부하 저항에 걸리는 전압의 허용된 값이 작은 데 기인한다.

연습문제 종횡비가 200 이하로 유지되어야 한다면, 얼마의 전압 이득을 얻을 수 있는가?

예제 10.17

이전 예제에서 $V_{TH} = 0.4$ V라면 허용 가능한 최대 입력 공통 모드 레벨은 얼마인가?

풀이 식 (10.112)를 다시 쓰면

$$V_{CM,in} < V_{DD} - R_D \frac{I_{SS}}{2} + V_{TH} \tag{10.128}$$

$$< V_{CM,out} + V_{TH} \tag{10.129}$$

이것이 그림 10.29에 개념적으로 도시되어 있다. 그러므로

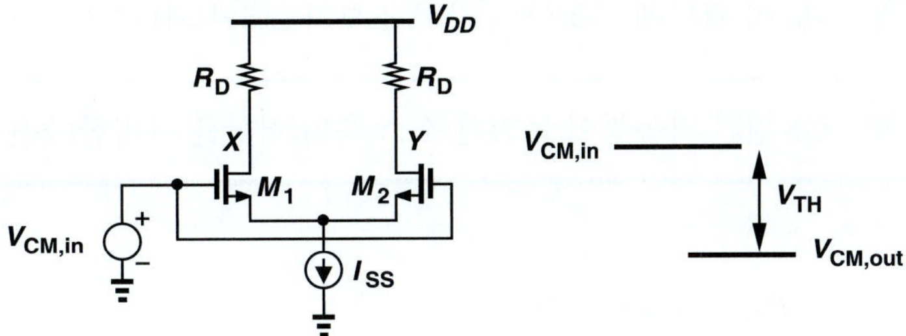

그림 10.29

$$V_{CM,in} < 2\text{ V} \tag{10.130}$$

흥미롭게도 입력 공통 모드 레벨은 V_{DD}에서 안정적으로 유지될 수 있다. 예제 10.5와 대조적으로, 이러한 경우 부하 저항에 대한 제한은 출력 공통 모드 레벨의 조건으로부터 유발된다.

연습문제 $V_{TH} = 0.2$ V라면 위의 결과가 유지되는가?

예제 10.18 그림 10.30의 공통 소스 단과 차동쌍은 동일한 부하 저항들로 구성된다. 만약 두 회로가 전압 이득과 공급 전압이 같도록 설계되었다면, (a) 주어진 한계 전력 소모에 대한 트랜지스터의 크기와 (b) 주어진 트랜지스터 크기를 위한 전력 소모의 선택에 대해 토의해 보라.

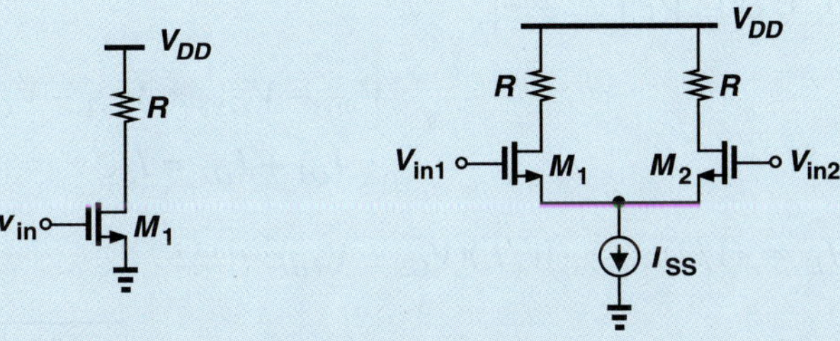

그림 10.30

풀이 (a) 두 회로가 동일한 양의 전력을 소모하기 위해 $I_{D1} = I_{SS} = 2I_{D2} = 2I_{D3}$, 즉 차동쌍의 각 트랜지스터는 CS 트랜지스터의 드레인 전류의 절반에 해당하는 전류를 흘린다. 그러므로 식 (10.126)은 같은 전압 이득을 얻기 위해서 차동쌍 트랜지스터가 CS 소자보다 2배만큼 넓어야 할 것을 요구한다.

(b) 양 회로에서 트랜지스터들이 같은 크기를 갖는다면, 차동쌍의 테일 전류는 CS 단의 바이어스 전류보다 2배만큼 커야만 차동쌍의 $M_1 \sim M_3$가 CS 단과 같은 전도성을 가지는

데, 이 때문에 차동쌍의 전력 소모가 2배가 된다.

연습문제 CS 단과 차동쌍이 동일한 소스 축퇴 저항을 구비한다면 위의 결과가 어떨지 논의하라.

Did you know?

MOS 차동쌍은 바이폴라 차동쌍의 자연스러운 확장형으로 매우 중요한 장점을 제공하는데, 그것은 입력 전류가 매우 적다는 점이다. 그러나 높은 입력 임피던스 연산 증폭기(Op Amp)에 대한 필요성은 사실 MOS Op Amp가 제조되기 훨씬 이전부터 있어 왔다. 문제는 전계효과 트랜지스터(일반적으로 적은 게이트 전류를 가짐)를 다른 바이폴라 소자와 동일한 칩에 집적하는 것이었다. FET의 제조는 제대로 제어되지 않았고 큰 오프셋(offset) 문제를 겪었다. 1970년대가 되어서야 고입력 임피던스 Op Amp가 일반화되었다. MOS Op Amp는 또한 '스위치드 커패시터' 필터 및 아날로그-디지털 변환기의 핵심 역할을 하는 아날로그 집적 회로에서 중요한 역할을 하기 시작했다.

10.3.2 대신호 해석

바이폴라 쌍의 대신호 해석에서와 같이, 이 절의 목적은 차동 입력이 큰 음의 값에서 큰 양의 값으로 변할 때 MOS 쌍의 입출력 특성을 유도해 보는 것이다. 그림 10.31로부터

$$V_{out} = V_{out1} - V_{out2} \tag{10.131}$$

$$= -R_D(I_{D1} - I_{D2}) \tag{10.132}$$

$I_{D1} - I_{D2}$를 얻기 위해, 채널길이 변조를 무시하고 입력 회로망 주변에 KVL을 쓰고, 테일 노드에는 KCL을 쓴다.

$$V_{in1} - V_{GS1} = V_{in2} - V_{GS2} \tag{10.133}$$

$$I_{D1} + I_{D2} = I_{SS} \tag{10.134}$$

$I_D = (1/2)\mu_n C_{ox}(W/L)(V_{GS} - V_{TH})^2$이므로

$$V_{GS} = V_{TH} + \sqrt{\frac{2I_D}{\mu_n C_{ox}\frac{W}{L}}} \tag{10.135}$$

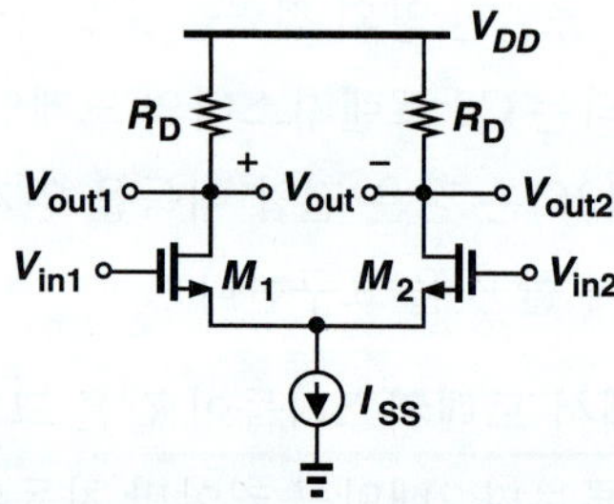

그림 10.31 대신호 분석을 위한 MOS 차동쌍

이다. 식 (10.133)에서 V_{GS1}과 V_{GS2}를 치환하면

$$V_{in1} - V_{in2} = V_{GS1} - V_{GS2} \tag{10.136}$$

$$= \sqrt{\frac{2}{\mu_n C_{ox}\frac{W}{L}}}(\sqrt{I_{D1}} - \sqrt{I_{D2}}) \tag{10.137}$$

이고, 양변을 제곱하면 다음과 같아진다.

$$(V_{in1} - V_{in2})^2 = \frac{2}{\mu_n C_{ox}\frac{W}{L}}(I_{D1} + I_{D2} - 2\sqrt{I_{D1}I_{D2}}) \tag{10.138}$$

$$= \frac{2}{\mu_n C_{ox}\frac{W}{L}}(I_{SS} - 2\sqrt{I_{D1}I_{D2}}) \tag{10.139}$$

이제 $\sqrt{I_{D1}I_{D2}}$ 를 찾아보면

$$4\sqrt{I_{D1}I_{D2}} = 2I_{SS} - \mu_n C_{ox}\frac{W}{L}(V_{in1} - V_{in2})^2 \tag{10.140}$$

위의 결과를 다시 제곱하면

$$16I_{D1}I_{D2} = \left[2I_{SS} - \mu_n C_{ox}\frac{W}{L}\left(V_{in1} - V_{in2}\right)^2\right]^2 \tag{10.141}$$

I_{D2}를 $I_{SS} - I_{D1}$로 치환하면

$$16I_{D1}(I_{SS} - I_{D1}) = \left[2I_{SS} - \mu_n C_{ox}\frac{W}{L}(V_{in1} - V_{in2})^2\right]^2 \tag{10.142}$$

이것은 다음과 같아진다.

$$16I_{D1}^2 - 16I_{SS}I_{D1} + \left[2I_{SS} - \mu_n C_{ox}\frac{W}{L}(V_{in1} - V_{in2})^2\right]^2 = 0 \tag{10.143}$$

그러므로

$$I_{D1} = \frac{I_{SS}}{2} \pm \frac{1}{4}\sqrt{4I_{SS}^2 - \left[\mu_n C_{ox}\frac{W}{L}(V_{in1} - V_{in2})^2 - 2I_{SS}\right]^2} \tag{10.144}$$

문제 10.44에서, 오직 두 항의 합으로 이루어진 해답만이 만족스럽다는 것을 확인할 것이다.

$$I_{D1} = \frac{I_{SS}}{2} + \frac{V_{in1} - V_{in2}}{4}\sqrt{\mu_n C_{ox}\frac{W}{L}\left[4I_{SS} - \mu_n C_{ox}\frac{W}{L}(V_{in1} - V_{in2})^2\right]} \tag{10.145}$$

회로의 대칭성은 또한 다음을 의미한다.

$$I_{D2} = \frac{I_{SS}}{2} + \frac{V_{in2} - V_{in1}}{4}\sqrt{\mu_n C_{ox}\frac{W}{L}\left[4I_{SS} - \mu_n C_{ox}\frac{W}{L}(V_{in2} - V_{in1})^2\right]} \tag{10.146}$$

즉,

$$I_{D1} - I_{D2} = \frac{1}{2}\mu_n C_{ox}\frac{W}{L}(V_{in1} - V_{in2})\sqrt{\frac{4I_{SS}}{\mu_n C_{ox}\frac{W}{L}} - (V_{in1} - V_{in2})^2} \tag{10.147}$$

식 (10.145)~(10.147)은 MOS 차동쌍에 대한 이해의 기초를 형성시켜 준다.

이제 식 (10.147)을 면밀히 살펴보자. 그림 10.27(c)의 특성에서 예상되듯이, 우변은 $V_{in1} - V_{in2}$의 기(대칭)함수이고, 0의 차동 입력에 대해 0으로 떨어진다. 하지만 제곱근 안의 차이도 또한 없앨 수 있는가? 이것은 $(V_{in1} - V_{in2})^2$이 $4I_{SS}/(\mu_n C_{ox} W/L)$에 다가감에 따라 $I_{D1} - I_{D2}$의 값이 0으로 떨어진다는 것을 의미하는데, 그림 10.27(c)의 정성적인 그림으로부터는 예측할 수 없는 효과이다. 더욱이 $(V_{in1} - V_{in2})^2$ 값이 이 값을 초과하면 제곱근의 인수가 음이 되는 것을 나타낸다. 이러한 결과는 어떻게 해석되어야 할까?

앞의 유도에서 함축된 의미는 두 트랜지스터가 온되어 있다는 가정이다. 그러나 $|V_{in1} - V_{in2}|$가 증가함에 따라, 어떤 지점에서 M_1 혹은 M_2가 오프되므로, 위의 수식들을 위반하게 된다. 그러므로 트랜지스터 중의 하나가 전도의 끝에 놓이게 하는 차동 입력 값을 결정해야만 한다. 이것은 식 (10.145), (10.146), 혹은 (10.147)이 I_{SS}와 같다고 함으로써 구할 수 있지만 장황한 대수학으로 이어질 수 있다. 대신에 예를 들어 M_1이 전도의 끝에 도달하면 게이트-소스 전압이 V_{TH}와 같은 값으로 떨어진다는 것을 그림 10.32로부터 알 수 있다. 또한 M_2의 게이트-소스 전압은 I_{SS}의 드레인 전류를 수용하기 위해 충분히 커야만 한다.

$$V_{GS1} = V_{TH} \tag{10.148}$$

$$V_{GS2} = V_{TH} + \sqrt{\frac{2I_{SS}}{\mu_n C_{ox}\frac{W}{L}}} \tag{10.149}$$

식 (10.133)으로부터 다음과 같이 되는데

$$|V_{in1} - V_{in2}|_{max} = \sqrt{\frac{2I_{SS}}{\mu_n C_{ox}\frac{W}{L}}} \tag{10.150}$$

여기서 $|V_{in1} - V_{in2}|_{max}$는 하나의 트랜지스터를 전도의 끝에 위치하도록 하는 입력의 차이 값을 나타낸다. 식 (10.150)은 이 값보다 큰 차동 입력에 대해서는 유효하지 않다. 실제

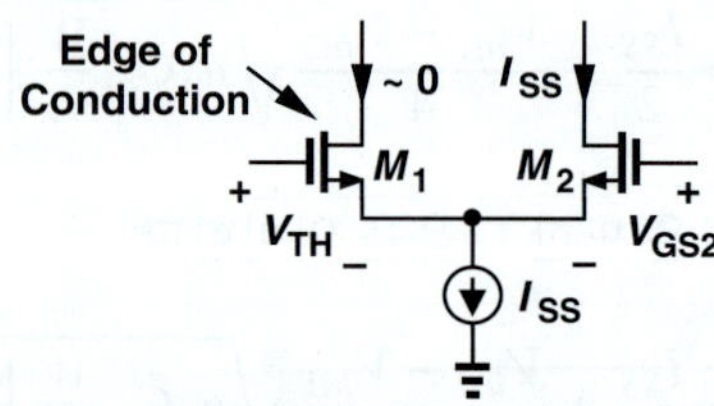

그림 10.32 한쪽 소자가 오프된 MOS 차동쌍

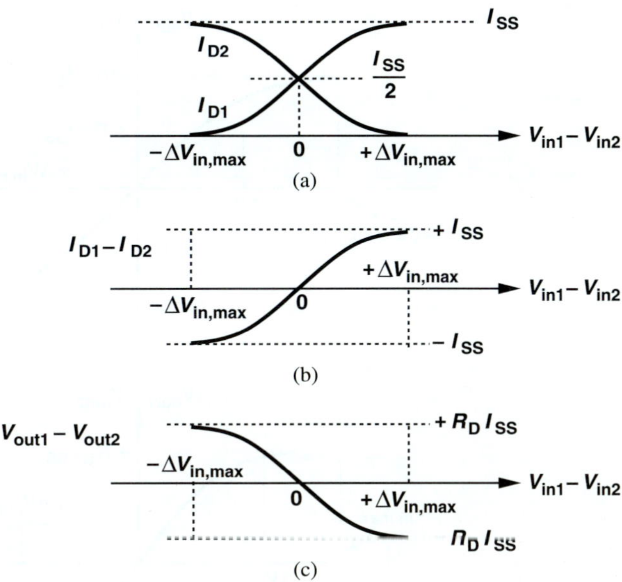

그림 10.33 (a) 드레인 전류의 변화; (b) 드레인 전류 간 차이의 변화; (c) 입력 함수에 따른 차동 출력 전압의 변화

로, 식 (10.150)을 식 (10.147)에 치환하여 또한 $|I_{D1} - I_{D2}| = I_{SS}$를 얻을 수 있다. 또한 $|V_{in1} - V_{in2}|_{max}$는 평형 과구동[식 (10.111)]과 다음과 같이 연관될 수 있다.

$$|V_{in1} - V_{in2}|_{max} = \sqrt{2}(V_{GS} - V_{TH})_{equil} \tag{10.151}$$

위의 발견은 매우 중요하며 바이폴라 차동쌍의 동작과 식 (10.83)과 대조를 이룬다: MOS 쌍은 $|V_{in1} - V_{in2}|_{max}$일 때 테일 전류의 전부를[3] 조종하여 흘리지만, 반면에 바이폴라 쌍은 유한한 차동 입력으로 이러한 상태에 오직 근접해 갈 뿐이다. 식 (10.151)은 MOS 쌍의 동작에 대한 아주 커다란 직관적 통찰을 제공한다. 구체적으로는, 그림 10.33(a)와 같이 I_{D1}과 I_{D2}를 그릴 수 있고, 그림 10.33(b)와 (c)에 있는 차동 특성에 도달하게 된다. 여기서 $\Delta V_{in} = V_{in1} - V_{in2}$이다. 그러므로 이 회로는 작은 값의 ΔV_{in}에 대해서 선형적으로 동작하고, $\Delta V_{in} > \Delta V_{in,max}$에 대해서 완전히 비선형적으로 된다. 바꿔 말해서, $\Delta V_{in,max}$는 출력에 어떤 영향을 미칠 수 있는 입력 신호 레벨의 절대적인 경계 역할을 한다.

예제 10.19 (a) 테일 전류가 2배일 때, 또는 (b) 트랜지스터 종횡비가 2배일 때, MOS 차동쌍의 입출력 특성을 고찰하라.

풀이 (a) 식 (10.150)은 2배의 I_{SS}가 $\Delta V_{in,max}$를 $\sqrt{2}$ 배만큼 증가시킨다는 것을 말한다. 그러므로 그림 10.33(c)의 특성은 수평적으로 확장된다. 게다가 $I_{SS}R_D$가 2배가 되므로, 이 특성

3) 사실 MOS 소자는 $V_{GS} = V_{TH}$에서 작은 전류를 흘리므로, 이러한 고찰은 오직 근사적인 예이다.

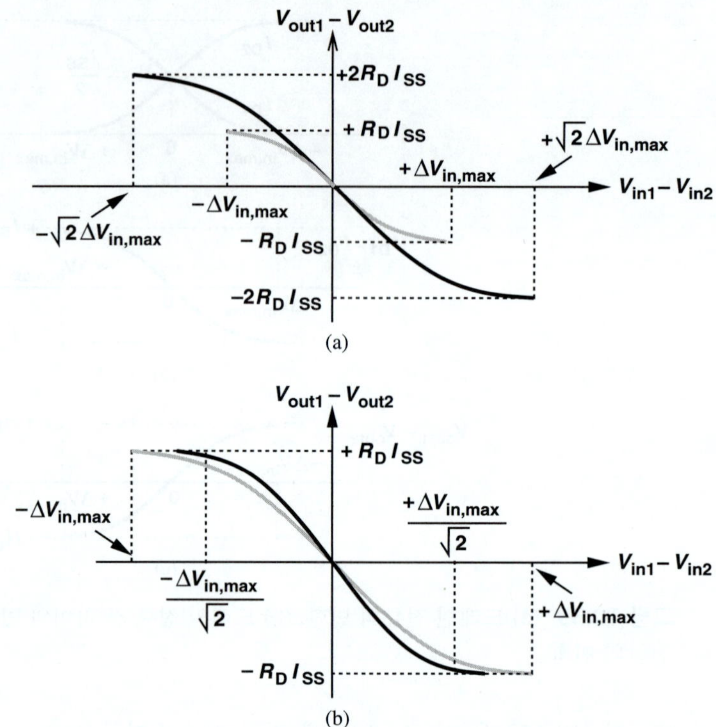

그림 10.34

은 수직적으로도 확장된다. 그림 10.34(a)는 그 결과를 설명하며 더 커진 경사를 보인다.

(b) $I_{SS}R_D$가 상수로 유지되는 동안, 2배의 W/L은 $\Delta V_{in,max}$를 $\sqrt{2}$ 배만큼 감소시킨다. 그러므로 특성은 수평적으로 줄어들고[그림 10.34(b)], $\Delta V_{in} = 0$ 부근에서 더 급격해진 기울기를 보이게 된다.

연습문제 (a) 테일 전류가 반일 때, 또는 (b) 트랜지스터 종횡비가 반일 때, 위의 예제를 반복하라.

예제 10.20 한계 전력 소모가 3 mW이고 $\Delta V_{in,max} = 500$ mV인 NMOS 차동쌍을 설계하라. $\mu_n C_{ox} = 100\ \mu A/V^2$, $V_{DD} = 1.8$ V로 가정한다.

풀이 테일 전류는 3 mW/1.8 V = 1.67 mA를 초과해서는 안 된다. 식 (10.150)으로부터

$$\frac{W}{L} = \frac{2I_{SS}}{\mu_n C_{ox} \Delta V_{in,max}^2} \tag{10.152}$$

$$= 133.6 \tag{10.153}$$

부하 저항의 값은 요구된 전압 이득에 의해 결정된다.

연습문제 한계 전력 소모가 5 mW로 증가된다면 위의 설계는 어떻게 되겠는가?

10.3.3 소신호 해석

MOS 차동쌍의 소신호 해석은 10.2.3절의 바이폴라 쌍과 비슷한 방식으로 진행된다. 이 경우에 '소'신호의 정의는 식 (10.147)에서 볼 수 있다. 만약

$$|V_{in1} - V_{in2}|^2 \ll \frac{4I_{SS}}{\mu_n C_{ox}\dfrac{W}{L}} \tag{10.154}$$

라면, 다음과 같이 된다.

$$I_{D1} - I_{D2} \approx \frac{1}{2}\mu_n C_{ox}\frac{W}{L}(V_{in1} - V_{in2})\sqrt{\frac{4I_{SS}}{\mu_n C_{ox}\dfrac{W}{L}}} \tag{10.155}$$

$$= \sqrt{\mu_n C_{ox}\frac{W}{L}I_{SS}}(V_{in1} - V_{in2}) \tag{10.156}$$

이제 차동 입력과 출력은 선형적으로 비례하며, 이 회로는 선형적으로 동작한다.

작은 차동 입력이 존재할 때에도 테일 노드가 일정하게 유지된다는 것을 증명하기 위해 이제 소신호 모델을 사용한다. 만약 $\lambda = 0$이라면, 회로는 그림 10.35(a)에 보인 것처럼 단순화되고, 다음과 같이 된다.

$$v_{in1} - v_1 = v_{in2} - v_2 \tag{10.157}$$

$$g_{m1}v_1 + g_{m2}v_2 = 0 \tag{10.158}$$

완벽한 대칭이라고 가정하면, 식 (10.158)로부터

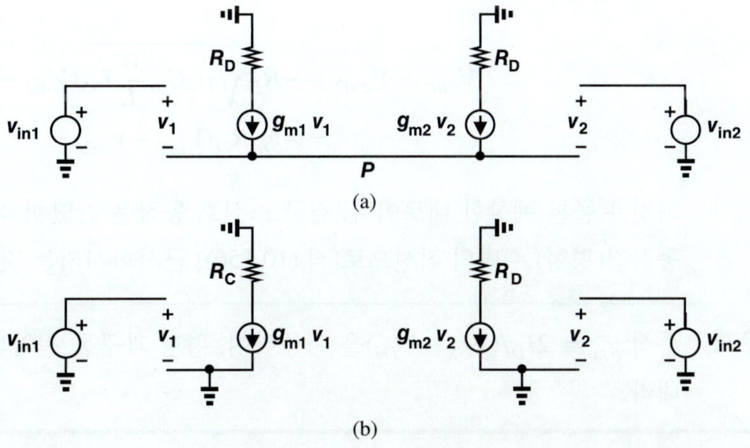

그림 10.35 (a) MOS 차동쌍의 소신호 모델; (b) 단순화한 회로

$$v_1 = -v_2 \tag{10.159}$$

그리고 차동 입력에 대해 $v_{in1} = -v_{in2}$를 요구한다. 그러므로 식 (10.157)은 다음으로 바뀐다.

$$v_{in1} = v_1 \tag{10.160}$$

그러므로

$$v_P = v_{in1} - v_1 \tag{10.161}$$

$$= 0 \tag{10.162}$$

다른 방법으로는, 식 (10.86)~(10.91)을 MOSFET에서 $v_\pi / r_\pi = 0$이라는 고찰과 함께 이용하여, 같은 결과에 도달하게 된다.

가상 접지로 동작하는 P 노드를 가지고, 절반 회로의 개념을 적용하여 그림 10.35(b)의 단순화된 토폴로지로 이어진다. 여기서

$$v_{out1} = -g_m R_D v_{in1} \tag{10.163}$$

$$v_{out2} = -g_m R_D v_{in2} \tag{10.164}$$

그러므로

$$\frac{v_{out1} - v_{out2}}{v_{in1} - v_{in2}} = -g_m R_D \tag{10.165}$$

이다.

예제 10.21 식 (10.156)이 차동 전압 이득 또한 산출할 수 있음을 증명하라.

풀이 $V_{out1} - V_{out2} = -R_D(I_{D1} - I_{D2})$이고 $g_m = \sqrt{\mu_n C_{ox}(W/L) I_{SS}}$ 이므로(왜 그럴까?), 식 (10.156)으로부터

$$V_{out1} - V_{out2} = -R_D \sqrt{\mu_n C_{ox} \frac{W}{L} I_{SS}} (V_{in1} - V_{in2}) \tag{10.166}$$

$$= -g_m R_D (V_{in1} - V_{in2}) \tag{10.167}$$

이것은 물론 예상한 대로이다. 결국 소신호 동작은 간단히 식 (10.147)의 입출력 특성을 동작점(평형) 주변의 직선으로[식 (10.156)] 근사화시키는 것을 의미한다.

연습문제 수식 $g_m = 2I_D/(V_{GS} - V_{TH})$을 이용하여, 평형 과구동 전압의 항으로 위의 결과를 나타내라.

예제 10.10과 10.14에서 배운 바이폴라 회로에서처럼, 가상 접지가 확인된다면 MOS 차동 토폴로지의 분석은 매우 간단해진다. 다음 예제들은 이 개념을 보강한다.

예제 10.22 그림 10.36(a) 회로의 전압 이득을 구하라. $\lambda \neq 0$을 가정한다.

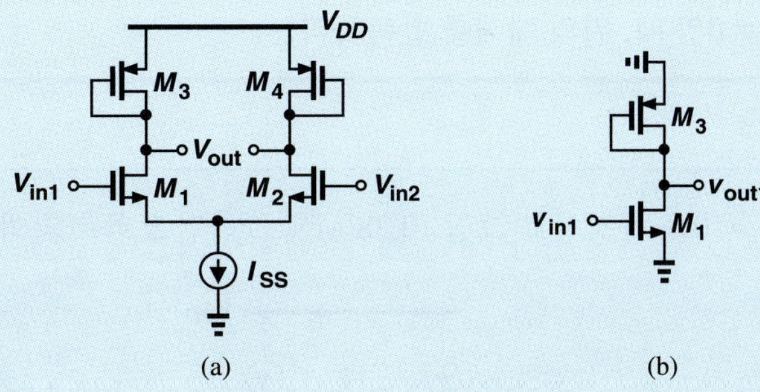

그림 10.36

풀이 그림 10.36(b)처럼 절반 회로를 그리고, M_1의 드레인에서 보이는 전체 저항이 $(1/g_{m3})||r_{O3}||r_{O1}$과 같다는 것을 주의한다. 전압 이득은 그러므로 다음과 같다.

$$A_v = -g_{m1}\left(\frac{1}{g_{m3}}||r_{O3}||r_{O1}\right) \tag{10.168}$$

연습문제 R_1 값을 가진 저항이 M_3와 M_4의 소스에 직렬로 삽입된 경우, 위의 예제를 반복하라.

예제 10.23 $\lambda = 0$을 가정하고 그림 10.37(a)에 그려진 회로의 전압 이득을 계산하라.

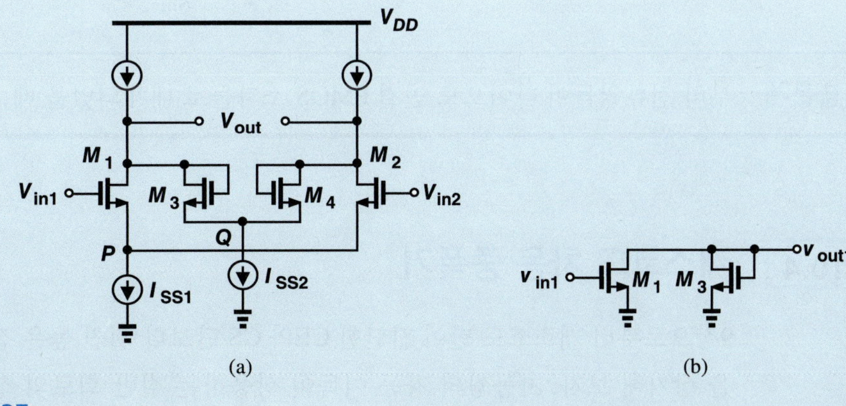

그림 10.37

풀이 P 노드와 Q 노드 모두 가상 접지로 볼 수 있고, 그림 10.37(b)와 같이 절반 회로를 만들면 다음과 같아진다.

$$A_v = -\frac{g_{m1}}{g_{m3}} \tag{10.169}$$

연습문제 $\lambda \neq 0$일 때, 위의 예제를 반복하라.

예제 10.24 $\lambda = 0$을 가정하고 그림 10.38(a)에 그려진 토폴로지의 전압 이득을 계산하라.

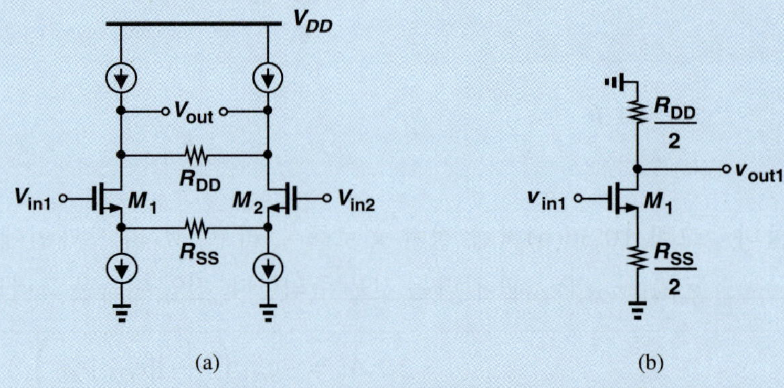

그림 10.38

풀이 R_{SS}와 R_{DD}의 중점을 접지시키면 그림 10.38(b)의 절반 회로를 얻을 수 있고, 다음과 같은 결과를 얻는다.

$$A_v = -\frac{\frac{R_{DD}}{2}}{\frac{R_{SS}}{2} + \frac{1}{g_m}} \tag{10.170}$$

연습문제 부하 전류원들이 다이오드 연결 PMOS 소자들로 대체되었을 때, 위의 예제를 반복하라.

10.4 캐스코드 차동 증폭기

9장으로부터 캐스코드 단이 간단한 CE와 CS 단보다 훨씬 높은 전압 이득을 제공한다는 것을 상기해 보자. 차동쌍의 차동 이득이 상응하는 절반 회로의 싱글엔디드 이득과 같다는 것에 주목하면, 캐스코딩이 차동쌍의 이득 역시 올릴 수 있다는 것을 추측할 수 있다.

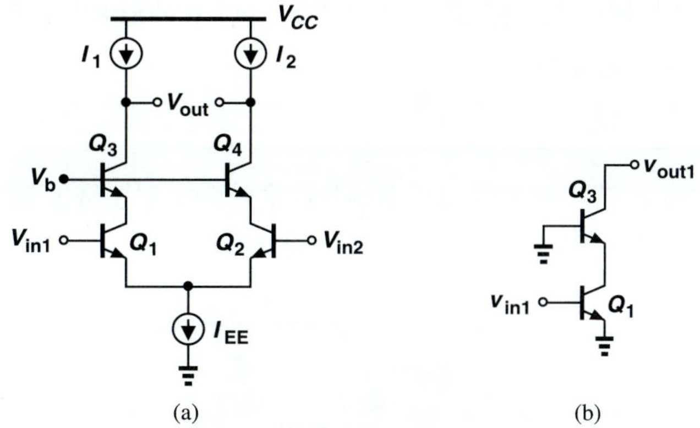

그림 10.39 (a) 바이폴라 캐스코드 차동쌍; (b) (a)의 절반 회로

그림 10.39(a)에 있는 구조를 가지고 연구를 시작하는데, 여기서 Q_3와 Q_4는 캐스코드 소자의 역할을 하고 I_1과 I_2는 이상적이다. Q_3와 Q_4의 베이스는 교류 접지에 있다는 것을 인지하면서, 그림 10.39(b)처럼 절반 회로를 구성한다. 식 (9.51)은 다음과 같이 쉽게 이득을 구해 주며

$$A_v = -g_{m1}[g_{m3}(r_{O1}||r_{\pi3})r_{O3} + r_{O1}||r_{\pi3}] \tag{10.171}$$

차동 캐스코드가 훨씬 큰 이득을 얻을 수 있음을 확인해 준다.

9장의 전개는 또한 그림 10.39(a)에서 전류원 I_1과 I_2를 위해 *pnp* 캐스코드의 사용을 제안한다. 그림 10.40(a)에 도시된 바와 같이, 결과적인 구성은 그림 10.40(b)에 있는 절반 회로의 도움으로 해석될 수 있다. 식 (9.61)을 이용하여 전압 이득을 다음과 같이 표현할 수 있다.

$$A_v \approx -g_{m1}[g_{m3}r_{O3}(r_{O1}||r_{\pi3})]||[g_{m5}r_{O5}(r_{O7}||r_{\pi5})] \tag{10.172}$$

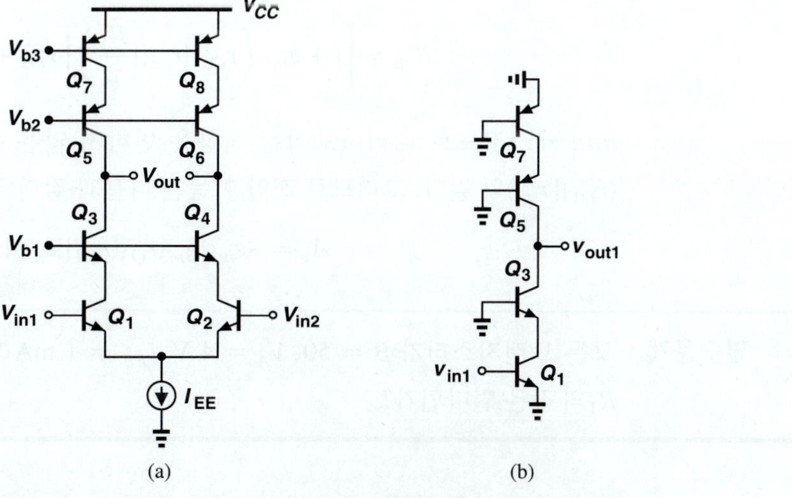

그림 10.40 (a) 캐스코드 부하를 가진 바이폴라 캐스코드 차동쌍; (b) (a)의 절반 회로

'텔레스코픽 캐스코드'로 불리는 그림 10.40(b)의 토폴로지는 몇몇 연산 증폭기의 내부 회로의 예가 된다.

예제 10.25 제조 결함 때문에 그림 10.41(a)의 회로에 있는 A 노드와 B 노드 사이에 기생 저항이 나타났다. 회로의 전압 이득을 구하라.

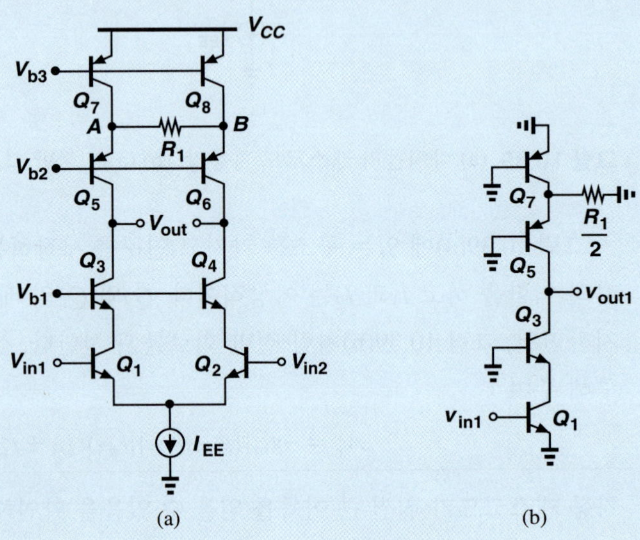

그림 10.41

풀이 회로의 대칭성은 R_1의 중점이 가상 접지임을 의미하고, 그림 10.41(b)의 절반 회로로 이끈다. 그러므로 $R_1/2$이 r_{O7}과 병렬로 나타나고, pnp 캐스코드의 출력 임피던스를 낮춘다. R_1의 값이 주어지지 않았으므로 근사화시킬 수 없으며, 캐스코드 출력 임피던스에 대한 본래의 표현인 식 (9.1)로 돌아가야 한다.

$$R_{op} = \left[1 + g_{m5}\left(r_{O7}||r_{\pi5}||\frac{R_1}{2}\right)\right] r_{O5} + r_{O7}||r_{\pi5}||\frac{R_1}{2} \tag{10.173}$$

npn 캐스코드로 내려다보이는 저항은 변하지 않은 채로 있으며, 근사적으로 $g_{m3}r_{O3}(r_{O1}||r_{\pi3})$와 같다. 그러므로 전압 이득은 다음과 같다.

$$A_v = -g_{m1}[g_{m3}r_{O3}(r_{O1}||r_{\pi3})]||R_{op} \tag{10.174}$$

연습문제 모든 트랜지스터가 $\beta = 50$, $V_A = 4$ V, $I_{EE} = 1$ mA라면, 이득을 2배만큼 감소시키는 R_1의 값은 얼마인가?

이제 관심을 차동 MOS 캐스코드로 돌려 보자. 상응하는 바이폴라에 대한 위의 전개를

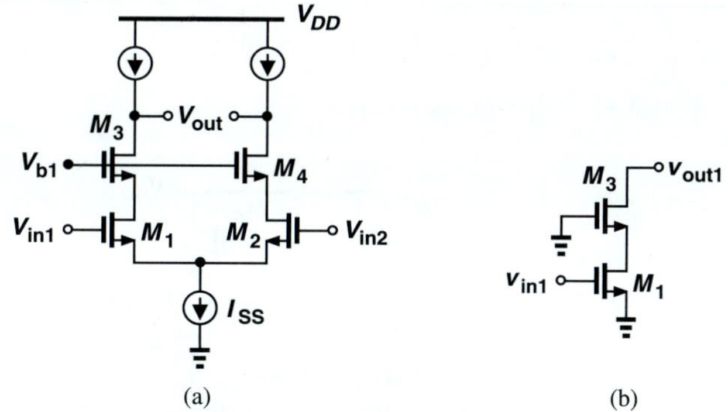

그림 10.42 (a) MOS 캐스코드 차동쌍; (b) (a)의 절반 회로

따라 그림 10.42(a)의 간략한 토폴로지를 고찰하고 그림 10.42(b)에 표현된 것처럼 절반 회로를 그린다. 식 (9.69)로부터

$$A_v \approx -g_{m3}r_{O3}g_{m1}r_{O1} \qquad (10.175)$$

이다.

그림 10.43(a)에 도시된 바와 같이, 완전한 CMOS 텔레스코픽 캐스코드 증폭기는 부하 전류원으로 PMOS 캐스코드를 가지며, 그림 10.43(b)의 절반 회로를 만들어 낸다. 식 (9.72)로부터 전압 이득은 다음과 같이 주어진다.

> **Did you know?**
>
> 대부분의 독립형 바이폴라 Op Amp는 텔레스코픽 캐스코드 차동쌍을 사용하지 않는다. 한 가지 이유는 이 회로의 입력 공통 모드 범위가 상당히 제한적이어서 범용 Op Amp로 쓰기에는 큰 문제가 될 수 있다. 반면에 아날로그 집적 회로에서는 텔레스코픽 캐스코드 Op Amp들이 광범위하게 활용되어 왔는데, 이는 높은 전압 이득을 제공하고 다른 Op Amp 구조들보다 더 우수한 고주파 동작을 하기 때문이다. WiFi 또는 휴대폰 수신기를 열면 텔레스코픽 Op Amp를 사용하는 아날로그 필터나 아날로그-디지털 변환기를 볼 수도 있을 것이다.

$$A_v \approx -g_{m1}[(g_{m3}r_{O3}r_{O1})||(g_{m5}r_{O5}r_{O7})] \qquad (10.176)$$

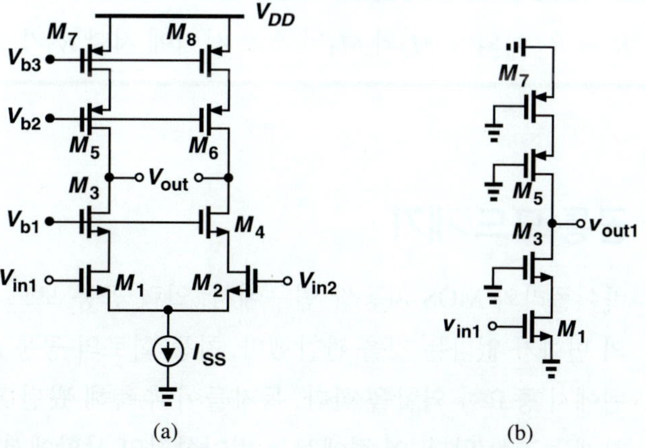

그림 10.43 (a) MOS 텔레스코픽 캐스코드 증폭기; (b) (a)의 절반 회로

예제 10.26 제조 결함으로 2개의 같은 기생 저항 R_1, R_2가 그림 10.44(a)에 보이는 것처럼 나타났다. 이 회로의 전압 이득을 구하라.

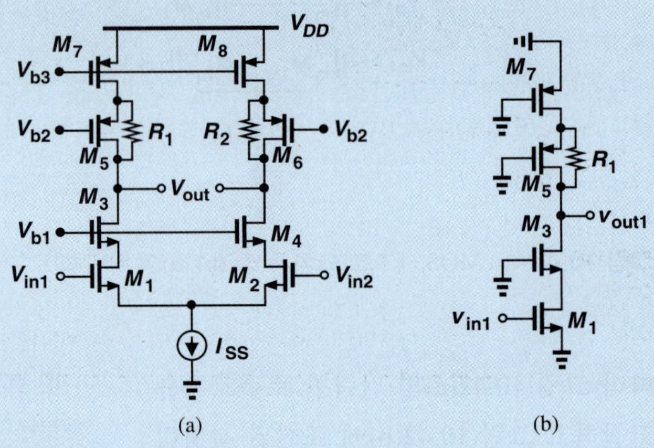

그림 10.44

풀이 R_1과 R_2가 각각 r_{O5}, r_{O6}와 병렬로 나타남을 주목하고, 그림 10.44(b)에 표현된 것처럼 절반 회로를 그린다. 주어진 R_1 값이 없으므로, 출력 임피던스의 본래의 표현인 식 (9.3)으로 가야 한다.

$$R_p = [1 + g_{m5}(r_{O5}||R_1)]r_{O7} + r_{O5}||R_1 \tag{10.177}$$

NMOS 캐스코드의 드레인으로 보이는 저항은 여전히 다음과 같이 근사화될 수 있다.

$$R_n \approx g_{m3}r_{O3}r_{O1} \tag{10.178}$$

그렇다면 전압 이득은 간단하게 다음과 같이 된다.

$$A_v = -g_{m1}(R_p||R_n) \tag{10.179}$$

연습문제 R_1과 R_2 이외에, M_3와 M_4의 소스 사이에 저항 R_3가 있을 때, 위의 예제를 반복하라.

10.5 공통 모드 제거

바이폴라와 MOS 차동쌍 연구에서, 입력 공통 모드 레벨이 변해도 이러한 회로들은 출력의 변화가 없다는 것을 관찰했다. 차동 회로의 공통 모드 제거 특성은 오늘날의 전자 시스템에서 중요한 역할을 한다. 독자들이 추측해 봤던 것처럼, 실제로 공통 모드 제거가 무한하게 높지는 않다. 이 절에서는 비이상적인 상황에서의 공통 모드 제거를 고찰해 본다.

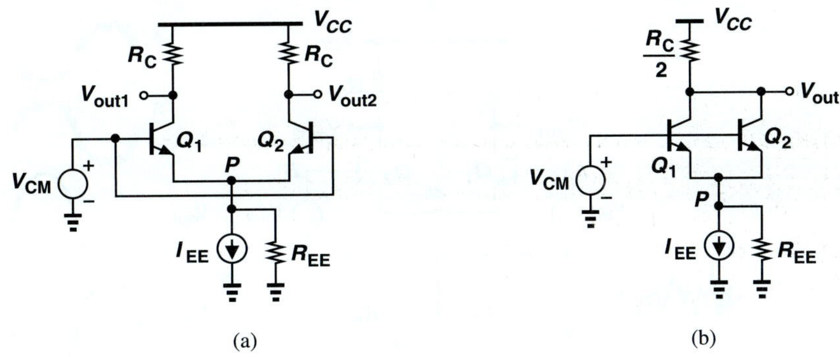

그림 10.45 (a) 유한한 테일 임피던스가 존재하는 차동쌍의 공통 모드 응답; (b) (a)의 단순화된 회로

첫 번째 비이상적인 것은 테일 전류원의 출력 임피던스와 관련이 있다. R_{EE}가 I_{EE}의 출력 임피던스를 나타내는 그림 10.45(a)에 보인 토폴로지를 고려해 보자. 입력 공통 모드 레벨이 작은 양만큼 변한다면 어떤 일이 일어나겠는가? 대칭성은 Q_1과 Q_2가 여전히 같은 전류를 흘리며 $V_{out1} = V_{out2}$임을 요구한다. 그러나 Q_1과 Q_2의 베이스 전압이 증가하기 때문에 V_P도 증가하게 된다. 사실상 $V_{out1} = V_{out2}$임에 주목해 보면, 출력 노드 사이에 단락 회로를 배치할 수 있고, 토폴로지를 그림 10.45(b)에 있는 것으로 줄일 수 있다. 즉, 노드 P에 관한 한 Q_1과 Q_2는 이미터 폴로어로서 동작한다. V_P가 증가함에 따라 R_{EE}를 통해 흐르는 전류도 증가하게 되고 따라서 Q_1과 Q_2의 컬렉터 전류도 증가하게 된다. 결과적으로 출력 공통 모드 레벨은 낮아지게 된다. 출력 공통 모드 레벨의 변화는 그림 10.45(b)의 단이 축퇴된 CE 단을 닮았다는 것에 주목함으로써 계산될 수 있다. 즉, 5장으로부터

$$\frac{\Delta V_{out,CM}}{\Delta V_{in,CM}} = -\frac{\frac{R_C}{2}}{R_{EE} + \frac{1}{2g_m}} \tag{10.180}$$

$$= -\frac{R_C}{2R_{EE} + g_m^{-1}} \tag{10.181}$$

여기서 $2g_m$은 Q_1과 Q_2 병렬 조합의 전도성을 나타낸다. 위의 양은 '공통 모드 이득'이라고 불린다. 이러한 관찰은 상응하는 MOS에도 똑같이 잘 적용된다. 식 (10.180)에 도달하기 위한 다른 방도로의 접근은 문제 10.65에 약술되어 있다.

요약하면, 테일 전류가 유한한 출력 임피던스를 나타낸다면, 차동쌍은 입력 공통 모드의 변화에 대해 출력 공통 모드의 변화를 생성한다. 독자는 자연스럽게 이것이 심각한 문제인지에 대해 의문을 가질 것이다. 결국, 관심의 양이 출력들 간의 차이에 있는 한, 출력 공통 모드 레벨의 변화는 문제가 되지 않는다. 그림 10.46(a)는 이러한 상황을 설명한다. 여기서 두 차동 입력 V_{in1}과 V_{in2}는 약간의 공통 모드 잡음인 $V_{in,CM}$을 접하게 된다. 그 결과 Q_1과 Q_2의 베이스 전압은 접지에 대해 그림 10.46(b)처럼 나타난다. 이상적인 테일 전류원을 가지면 입력 공통 모드의 변화는 출력에 영향을 주지 않으며, 그림 10.46(b)에 보인 출력 파형

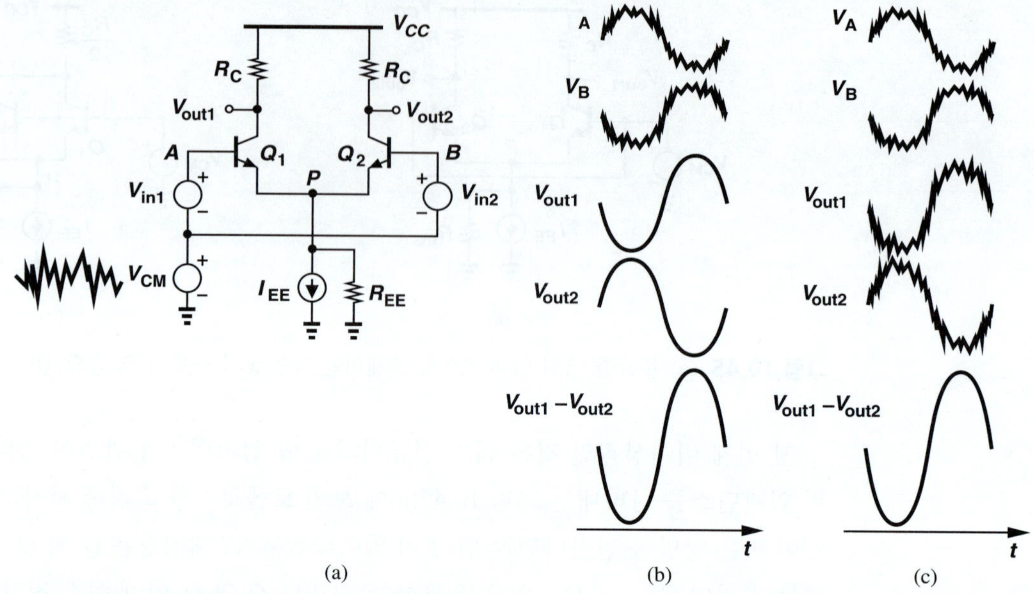

그림 10.46 (a) 공통 모드 입력 잡음을 감지하는 차동쌍; (b) $R_{EE} = \infty$일 때, 출력에서 본 공통 모드 잡음의 효과; (c) $R_{EE} \neq \infty$일 때, 출력에서 본 공통 모드 잡음의 효과

을 이끈다. 반면에 $R_{EE} < \infty$라면, 그림 10.46(c)와 같이 싱글엔디드 출력은 변질되지만, 차동 출력은 영향이 없을 것이다.

요약하면, 위의 연구는 입력 공통 모드 잡음이 있을 때, 유한한 공통 모드 이득은 차동 출력을 변질시키지 않으며, 따라서 아무 문제가 없음을 증명한다.[4] 그러나 회로가 비대칭이고 유한한 테일 전류원 임피던스를 갖는다면, 차동 출력은 변질될 것이다. 제조 과정 동안, 임의의 '미스매치(부정합)'가 차동쌍의 양단에 나타나는데, 예를 들면 트랜지스터나 부하 저항들이 다소 다른 값을 가질 수도 있다. 결과적으로 입력 공통 모드의 변화에 의한 테일 전류의 변화는 차동 출력에 영향을 줄 수도 있다.

비대칭 효과의 예로서, 부하 저항 미스매치의 간단한 경우를 살펴보자. MOS 쌍에 대해

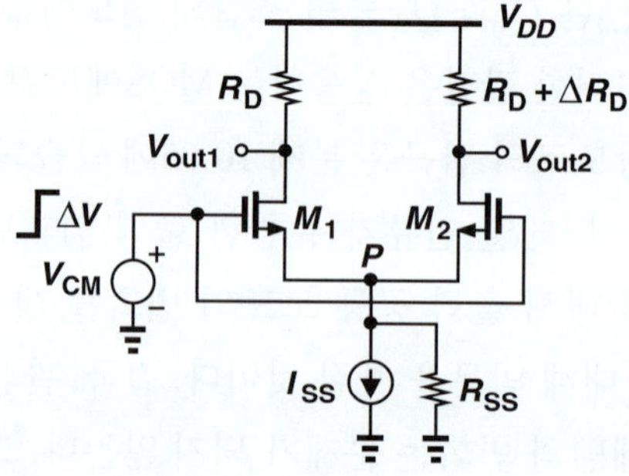

그림 10.47 비대칭 부하를 가진 MOS 쌍

4) 흥미롭게도, 오래된 문헌들은 이 효과를 문제점으로 여겨 왔다.

그림 10.47(a)에 표현된 바와 같이[5] 이 결합은 V_{out1}과 V_{out2} 간의 차이를 초래한다. I_{D1}과 I_{D2}의 변화를 계산해야 하고 결과에 R_D와 $R_D + \Delta R_D$를 곱해야 한다.

어떻게 I_{D1}과 I_{D2}의 변화를 결정할 것인가? 채널길이 변조를 무시하면 우선 다음을 얻을 수 있다.

$$I_{D1} = \frac{1}{2}\mu_n C_{ox}\frac{W}{L}(V_{GS1} - V_{TH})^2 \tag{10.182}$$

$$I_{D2} = \frac{1}{2}\mu_n C_{ox}\frac{W}{L}(V_{GS2} - V_{TH})^2 \tag{10.183}$$

$V_{GS1} = V_{GS2}$이고 따라서 $\Delta V_{GS1} = \Delta V_{GS2}$이기 때문에 ΔI_{D1}은 ΔI_{D2}와 같아야만 한다고 결론지어진다. 바꿔 말하면, 부하 저항 미스매치는 M_1과 M_2에 의해 흐르는 전류의 대칭성에 영향을 주지 못한다.[6] $\Delta I_{D1} = \Delta I_{D2} = \Delta I_D$와 $\Delta V_{GS1} = \Delta V_{GS2} = \Delta V_{GS}$라고 쓰면, ΔI_{D1}과 ΔI_{D2}는 둘 다 R_{SS}를 통해 흐르는 것을 인지하고, 그것을 가로질러 $2\Delta I_D R_{SS}$의 전압 변화를 생성한다. 그러므로

$$\Delta V_{CM} = \Delta V_{GS} + 2\Delta I_D R_{SS} \tag{10.184}$$

그리고 $\Delta V_{GS} = \Delta I_D / g_m$이므로

$$\Delta V_{CM} = \Delta I_D \left(\frac{1}{g_m} + 2R_{SS}\right) \tag{10.185}$$

즉,

$$\Delta I_D = \frac{\Delta V_{CM}}{\dfrac{1}{g_m} + 2R_{SS}} \tag{10.186}$$

각각의 트랜지스터에 의해 생성된 이 전류 변화는 R_D와 $R_D + \Delta R_D$ 모두를 통해 흐르게 되고, 그에 따라 다음과 같은 차동 출력 변화를 생성하게 된다.

$$\Delta V_{out} = \Delta V_{out1} - \Delta V_{out2} \tag{10.187}$$

$$= \Delta I_D R_D - \Delta I_D (R_D + \Delta R_D) \tag{10.188}$$

$$= -\Delta I_D \cdot \Delta R_D \tag{10.189}$$

$$= -\frac{\Delta V_{CM}}{\dfrac{1}{g_m} + 2R_{SS}} \Delta R_D \tag{10.190}$$

이것은 다음과 같아진다.

---

5) 양쪽 기술에 대해 같은 취급을 보이기 위해 여기서 MOS 쌍을 선택하였다.

6) 그러나 $\lambda \neq 0$이라면, 영향을 줄 것이다.

$$\left|\frac{\Delta V_{out}}{\Delta V_{CM}}\right| = \frac{\Delta R_D}{\dfrac{1}{g_m} + 2R_{SS}} \tag{10.191}$$

(이 결과는 소신호 해석으로부터도 얻어질 수 있다.) 회로가 '공통 모드에서 차동 모드(DM)로의 변환'을 보인다고 하며 위의 이득을 A_{CM-DM}으로 나타낸다. 실제로는 테일 전류원의 출력 임피던스를 최대화함으로써 이 변질을 최소화하기 위해 노력한다. 예를 들면, 바이폴라 전류원은 이미터 축퇴를 쓸 수 있고, MOS 전류원은 비교적 긴 트랜지스터를 사용할 수도 있다. 그러므로 $R_{SS} \gg 1/g_m$과 다음을 가정하는 것은 합당하다.

$$A_{CM-DM} \approx \frac{\Delta R_D}{2R_{SS}} \tag{10.192}$$

예제 10.27 그림 10.48에 보인 회로의 A_{CM-DM}을 구하라. Q_1과 Q_2의 $V_A = \infty$라고 가정한다.

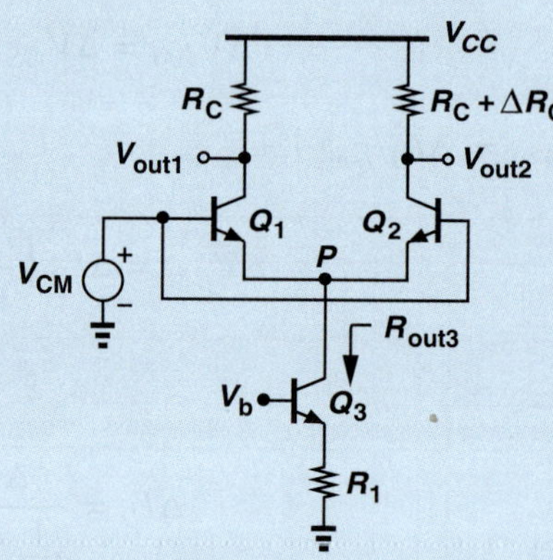

그림 10.48

풀이 5장으로부터 이미터 축퇴는 출력 임피던스를 다음과 같이 증가시킨다는 것을 상기하자.

$$R_{out3} = [1 + g_{m3}(R_1||r_{\pi 3})]r_{O3} + R_1||r_{\pi 3} \tag{10.193}$$

식 (10.191)의 R_{SS} 값을 이 값으로 대치하면 다음과 같다.

$$A_{CM-DM} = \frac{\Delta R_C}{\dfrac{1}{g_{m1}} + 2\{[1 + g_{m3}(R_1||r_{\pi 3})]r_{O3} + R_1||r_{\pi 3}\}} \tag{10.194}$$

연습문제 $R_1 \to \infty$일 때, 위의 결과를 계산하라.

또한 차동쌍의 트랜지스터들 사이의 미스매치는 CM-DM 변환을 야기한다. 이 효과는 이 책[1]의 범위를 벗어난다.

바람직하지 않지만, CM-DM 변환은 간단하게 A_{CM-DM}으로 정량화될 수 없다. 회로가 큰 차동 이득 A_{DM}을 제공한다면, 출력에서의 상대적인 변질은 작다. 그러므로 다음과 같이 '공통 모드 제거비(CMRR)'를 정의한다.

$$\text{CMRR} = \frac{A_{DM}}{A_{CM-DM}} \tag{10.195}$$

CMRR은 입력이 차동 신호와 공통 모드 노이즈로 구성된 경우에 출력에 원하는 신호의 양과 원치 않는 변질이 나타나는 정도를 측정하는 척도로 쓰이는데, '나쁜 것'분의 '좋은 것'의 비율로 나타낼 수 있다.

예제 10.28 그림 10.48 회로의 CMRR을 계산하라.

풀이 작은 미스매치에 대해서(예를 들면, 1%), $\Delta R_C \ll R_C$이고 차동 이득은 $g_{m1}R_C$와 같다. 그러므로

$$\text{CMRR} = \frac{g_{m1}R_C}{\Delta R_C}\left\{\frac{1}{g_{m1}} + 2[1 + g_{m3}(R_1||r_{\pi3})]r_{O3} + 2(R_1||r_{\pi3})\right\} \tag{10.196}$$

이다.

연습문제 $R_1 \to \infty$일 때, CMRR을 구하라.

10.6 능동 부하를 가진 차동쌍

이 절에서는 많은 응용에서 유용함이 증명된 차동쌍과 전류 거울의 흥미로운 조합에 대해 연구해 본다. 회로에 도달하기 위해, 우선 몇몇 경우에 마주치는 문제를 다루어 보자.

8장에서 사용된 차동 증폭기는 차동 입력과 싱글엔디드 출력을 가지는 것을 상기해 보자 [그림 10.49(a)]. 그러므로 이러한 차동 증폭기의 내부 회로는 차동 입력을 싱글엔디드 출력으로 '변환하는' 단을 구비해야만 한다. 그림 10.49(b)에 보인 토폴로지를 이 과제에 대한 후보로 자연스럽게 생각해 볼 수 있다. 여기서 출력은 X 노드가 아닌 접지에 대하여 Y 노드에서 감지된다.[7] 유감스럽게도, X 노드의 신호 스윙은 사용되지 않기 때문에 전압 이득은 이제 절반이 된다.

7) 실제로, 높은 이득을 제공하기 위해 추가적인 단이 이 단 앞에 선행한다.

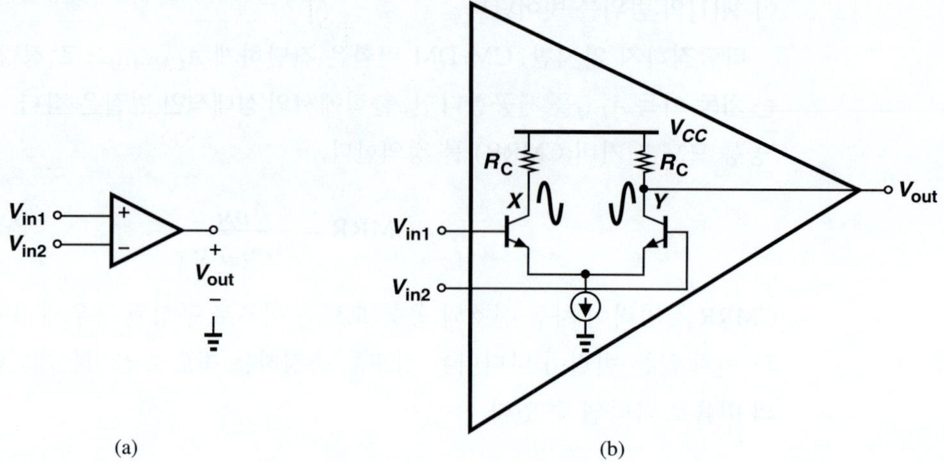

그림 10.49 (a) 차동 입력과 싱글엔디드 출력을 가진 회로; (b) (a)의 적절한 완성

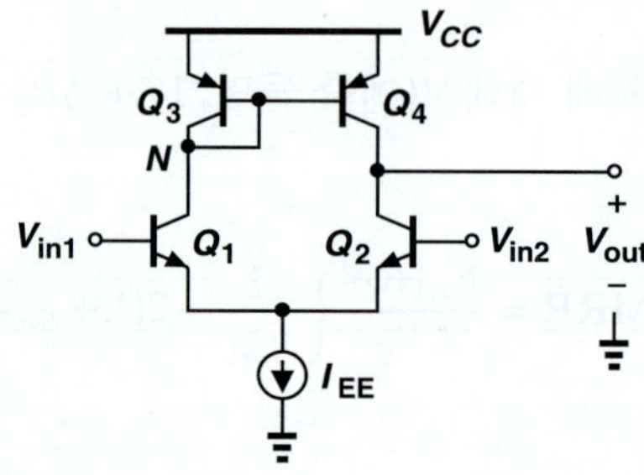

그림 10.50 능동 부하를 가진 차동쌍

이제 위의 문제를 해결하면서 동시에 '차동 신호를 싱글엔디드 신호로' 변환하는 일을 제공하는 토폴로지를 소개해 본다. 그림 10.50에 보인 회로는 전류 거울 부하인 Q_3, Q_4와 함께 대칭 차동쌍인 Q_1과 Q_2를 구비한다.(트랜지스터 Q_3와 Q_4 또한 동일하다.) 출력은 접지에 대하여 감지된다.

10.6.1 정성적 해석

우선 그림 10.50의 회로를 두 부분—입력 차동쌍과 전류 거울 부하—으로 나누는 것이 유용하다. 그림 10.51(a)에 그려진 것처럼(가상의 부하 R_L과 함께), 입력의 차동 변화에 응답하여 Q_1과 Q_2는 그것의 컬렉터 전류에 같으면서도 반대인 변화를 일으키고, R_L에 걸쳐 ΔIR_L의 전압 변화를 생성한다. 이제 그림 10.51(b)의 회로를 고려해 보고, Q_3로부터 빠져나오는 전류가 $I_{EE}/2$에서 $I_{EE}/2+\Delta I$만큼 증가한다고 가정해 보자. 무슨 일이 일어나는가? 첫째, N 노드에서 바라다보이는 소신호 임피던스는 근사적으로 $1/g_{m3}$와 같기 때문에, V_N은 $\Delta I/g_{m3}$(작은 ΔI에 대해서)만큼 변하게 된다. 둘째, 전류 거울 동작에 의해, Q_4의 컬렉터 전류 또한 ΔI만큼 증가하게 된다. 그 결과, R_L에 걸리는 전압은 ΔIR_L만큼 변하게 된다.

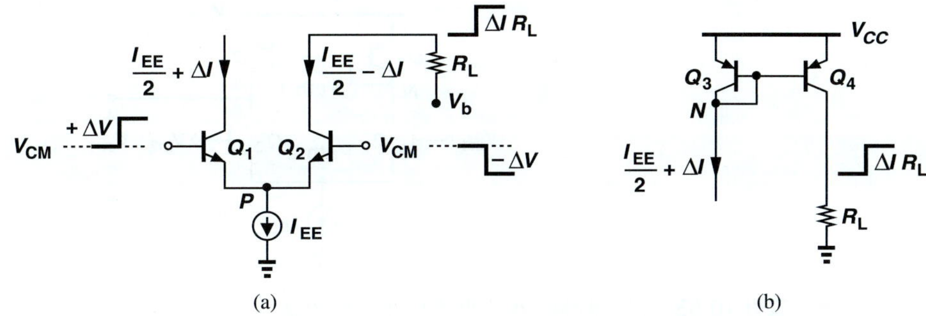

그림 10.51 (a) 입력 변화에 대한 입력쌍의 응답; (b) 전류 변화에 대한 능동 부하의 응답

회로의 상세한 동작을 이해하기 위해 입력에 작은 차동 변화를 인가하고 출력으로 그 신호를 따라간다(그림 10.52). 직관을 키우기 위해 부하 저항인 R_L이 추가되었지만 실제 동작을 위해서는 필요하지 않다. 여기 보여진 입력 전압 차이를 가지고, I_{C1}은 ΔI만큼 어느 정도 증가하고, I_{C2}는 같은 양만큼 감소하는 것을 주목한다. 당분간 Q_3와 Q_4의 역할을 무시하면, Q_2가 R_L로부터 보다 적은 전류를 끌어내기 때문에 I_{C2}의 감소가 V_{out}의 증가로 변환된다는 것을 관찰할 수 있다. 그러므로 출력의 변화는 ΔV의 증폭된 버전이 될 수 있다.

이제 어떻게 I_{C1}의 변화가 Q_3와 Q_4를 거쳐 여행하는지 결정해 보자. 이 두 트랜지스터의 베이스 전류를 무시하면, I_{C3}에서의 변화가 역시 ΔI와 같다는 것을 인지할 수 있다. 이 변화는 전류 거울 동작에 의해 I_{C4}에 복제된다. 다른 말로, 그림 10.52에 보여진 차동 입력에 응답하여 I_{C1}, $|I_{C3}|$, $|I_{C4}|$는 ΔI만큼 증가한다. Q_4가 출력 노드로 더 큰 전류를 '주입'하기 때문에, V_{out}은 증가한다.

요약하면, 그림 10.52의 회로는 2개의 신호 경로를 포함하고 있는데, 하나는 Q_1과 Q_2를 통해서이고, 다른 하나는 Q_1, Q_3, Q_4를 통해서이다(그림 10.53). 차동 입력 변화에 대해 각각의 경로는 전류 변화를 겪으며, 이것은 출력 노드에서 전압 변화로 변환된다. 여기서 중요한 점은 두 경로는 출력에서 서로를 강화시킨다는 것이다; 위 예제에서 각 경로는 V_{out}이 증가하도록 힘을 미친다.

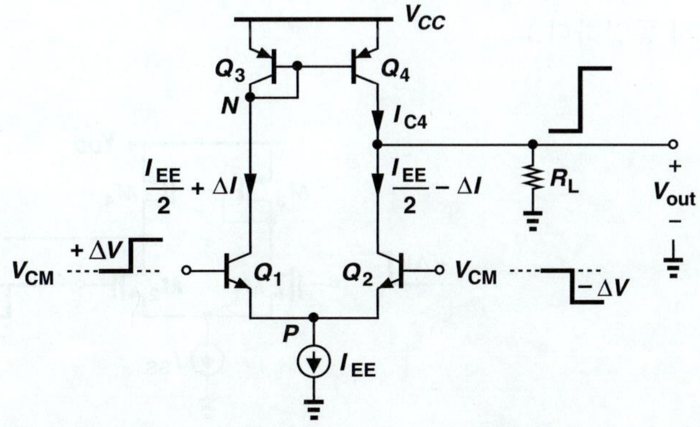

그림 10.52 능동 부하를 가진 쌍의 상세한 동작

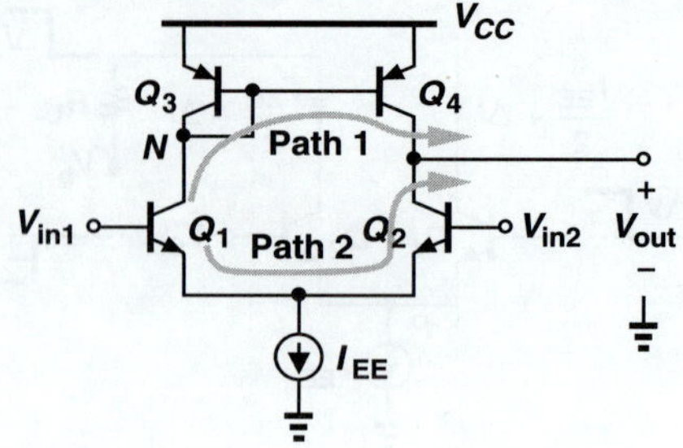

그림 10.53 능동 부하를 가진 쌍에서의 신호 경로

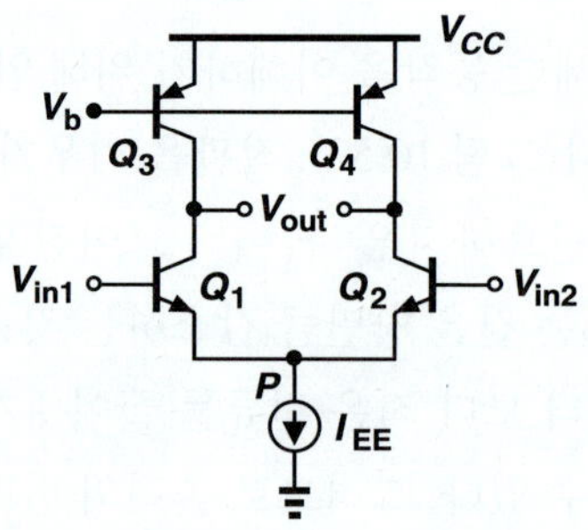

그림 10.54 전류원 부하를 가진 차동쌍

그림 10.52의 Q_3와 Q_4에 대한 초기 고찰은 9장에서 공부한 전류 거울에 관하여 흥미로운 차이를 나타낸다: 여기서 Q_3와 Q_4는 바이어스 전류 이외에도 신호를 운반한다. 이것은 또한 그림 10.54의 전류원 부하와 대조를 이루는데, 그림 10.54에서 베이스-이미터 전압은 상수로 유지되며 신호에 독립적이다. 그림 10.54의 부하 트랜지스터와 구별하기 위해 '능동 부하'라고 불리는 Q_3와 Q_4의 조합은 회로의 동작에서 결정적인 역할을 한다.

앞의 해석은 그림 10.55에 보인 상응하는 CMOS에 직접적으로 적용된다. 구체적으로 말하면, 작은 차동 입력에 응답하여 I_{D1}은 $I_{SS}/2+\Delta I$로 증가하고 I_{D2}는 $I_{SS}/2-\Delta I$로 감소한다. I_{D2}의 변화는 V_{out}을 증가시키는 경향이 있다. 또한, I_{D1}과 I_{D3}의 변화는 I_{D4}로 복제되고, 따라서 $|I_{D4}|$가 커지고 V_{out}은 올라가게 된다.(이 회로에서 전류 거울 트랜지스터는 역시 동일하다.)

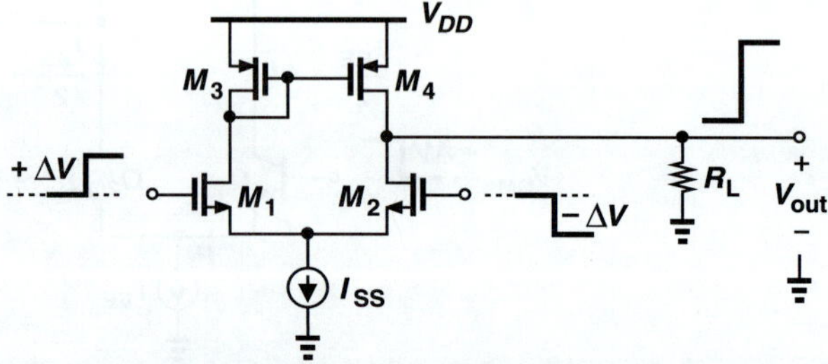

그림 10.55 능동 부하를 가진 MOS 차동쌍

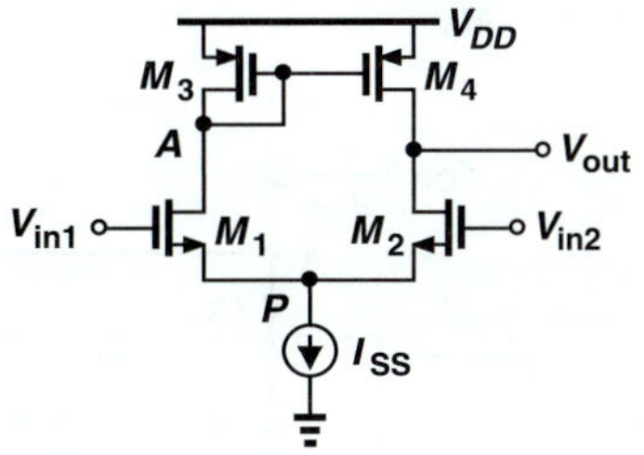

그림 10.56 소신호 해석을 위한 MOS 쌍

10.6.2 정량적 해석

차동 신호를 싱글엔디드 신호로 변환하는 회로에서 신호 경로들의 존재는 회로의 전압 이득이 접지에 대해 오직 하나의 출력 노드가 감지되는 차동 토폴로지의 이득보다 커야만 함을 제시한다[예를 들면, 그림 10.49(b)]. 이 예상을 확인하기 위해서, 소신호 차동 입력 $v_{in1} - v_{in2}$에 의해 나누어진 소신호 싱글엔디드 출력 v_{out}을 결정해 보고자 한다. CMOS와 바이폴라 버전이 둘 다 동일하게 취급된다는 것을 증명하기 위해 CMOS 구현을(그림 10.56) 여기서 다룬다.

> **Did you know ?**
>
> 능동 부하는 Op Amp의 설계에서 중요한 혁신이었다. 이전의 Op Amp들은 입력에 차동쌍을 사용했지만 최종 출력에서 한쪽 신호를 버렸다. 활성 부하의 첫 번째 흔적은 1967년 National Semiconductor의 Robert Widlar가 설계한 LM101A Op Amp에서 찾아볼 수 있다. Widlar는 능동 부하가 (큰 칩 영역을 차지하는) 큰 저항값을 사용하지 않고, 전압 헤드룸(headroom)을 아끼며, 높은 이득을 제공한다는 것을 알았다. 활성 부하가 있는 차동쌍은 '5-트랜지스터 OTA'라고도 알려져 있는데, 여기서 OTA는 'operational transconductance amplifier'를 의미하며, 예전에는 CMOS Op Amp를 지칭하는 데 사용되었었다.

그림 10.56의 회로는 불확실한 상태를 나타낸다. 비록 트랜지스터들 자신이 대칭이고 입력 신호가 작고 차동이라고 할지라도, 회로가 비대칭이다. A 노드에 작은 임피던스를 만드는 다이오드 연결 소자 M_3를 가지고, 이 노드에서 상대적으로 작은 전압 스윙(입력 스윙의 차수 정도)을 기대하게 된다. 반면에, 트랜지스터 M_2와 M_4는 높은 임피던스를 제공하고 따라서 출력 노드에서 높은 전압 스윙을 제공한다.(결국, 회로는 증폭기의 역할을 한다.) M_1과 M_2의 드레인에서 매우 다른 전압 스윙으로 인한 비대칭성은 소신호 해석을 위해 P 노드를 접지시키는 것을 허용하지 않는다. 이 회로를 풀기 위해 두 가지 접근법을 제시한다.

접근법 I 절반 회로를 이용할 수 없다면, 이 해석은 증폭기의 완전한 소신호 모델을 사용하여 수행할 수 있다. 파선으로 된 상자가 각각의 트랜지스터를 가리키는 그림 10.57에 보인 등가 회로를 참고하여, 두 단계로 해석을 수행할 수 있다. 첫 번째 단계로, i_X와 i_Y의 합은 P 노드에서 제로가 되어야만 하고 따라서 $i_X = -i_Y$가 된다. 또한 $v_A = -i_X(g_{mP}^{-1}) || r_{OP})$이다. 따라서

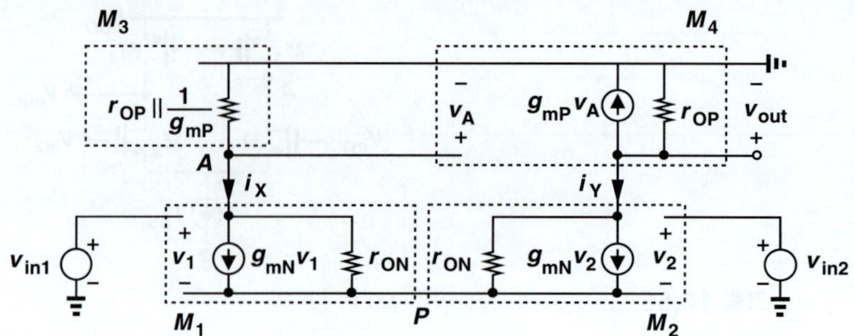

그림 10.57 능동 부하를 가진 차동쌍의 소신호 등가 회로

$$-i_Y = \frac{v_{out}}{r_{OP}} + g_{mP}v_A \tag{10.197}$$

$$= \frac{v_{out}}{r_{OP}} - g_{mP}i_X\left(\frac{1}{g_{mP}}\middle\| r_{OP}\right) \tag{10.198}$$

$$= i_X \tag{10.199}$$

그러므로

$$i_X = \frac{v_{out}}{r_{OP}\left[1 + g_{mP}\left(\frac{1}{g_{mP}}\middle\| r_{OP}\right)\right]} \tag{10.200}$$

두 번째 단계로, 모두 4개의 트랜지스터로 구성된 루프 둘레에서 KVL을 쓴다. M_1의 r_{ON}에 흐르는 전류는 $i_X - g_{mN}v_1$과 같고 M_2의 r_{ON}에 흐르는 전류는 $i_Y - g_{mN}v_2$와 같다. 이것은 다음과 같이 된다.

$$-v_A + (i_X - g_{mN}v_1)r_{ON} - (i_Y - g_{mN}v_2)r_{ON} + v_{out} = 0 \tag{10.201}$$

$v_1 - v_2 = v_{in1} - v_{in2}$이고 $i_X = -i_Y$이기 때문에

$$-v_A + 2i_Xr_{ON} - g_{mN}r_{ON}(v_{in1} - v_{in2}) + v_{out} = 0 \tag{10.202}$$

위에서 v_A와 i_X를 치환하면 다음을 얻는다.

$$\frac{v_{out}}{r_{OP}\left[1 + g_{mP}\left(\frac{1}{g_{mP}}\middle\| r_{OP}\right)\right]}\left(\frac{1}{g_{mP}}\middle\| r_{OP}\right) + 2r_{ON}\frac{v_{out}}{r_{OP}\left[1 + g_{mP}\left(\frac{1}{g_{mP}}\middle\| r_{OP}\right)\right]} + v_{out} = g_{mN}r_{ON}(v_{in1} - v_{in2}) \tag{10.203}$$

v_{out}을 위해 풀어 보면 다음을 얻는다.

$$\frac{v_{out}}{v_{in1} - v_{in2}} = g_{mN}r_{ON}\frac{r_{OP}\left[1 + g_{mP}\left(\frac{1}{g_{mP}}\middle\| r_{OP}\right)\right]}{2r_{ON} + 2r_{OP}} \tag{10.204}$$

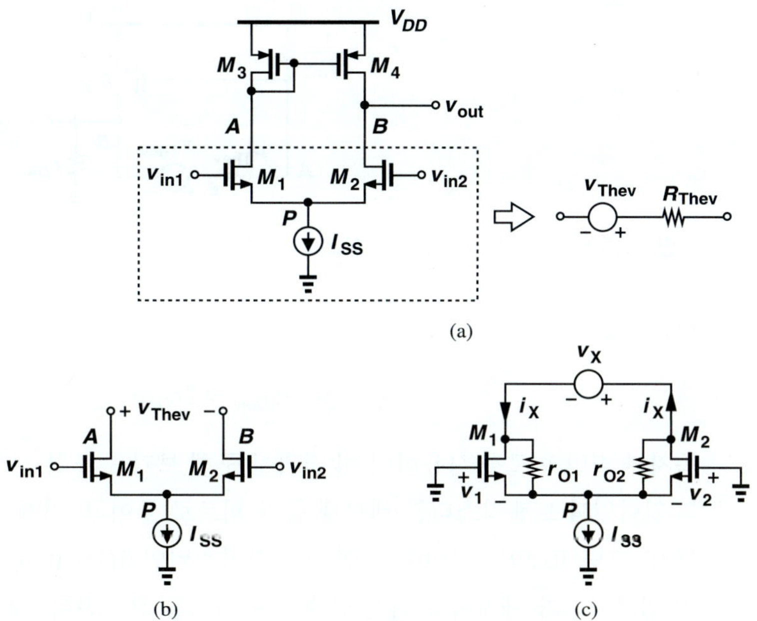

그림 10.58 (a) 테브냉 등가 회로; (b) 테브냉 전압; (c) 입력쌍의 테브냉 저항

이것이 이득에 대한 정확한 표현이다. $g_{mP}r_{OP} \gg 1$이라면, 다음과 같아진다.

$$\frac{v_{out}}{v_{in1} - v_{in2}} = g_{mN}(r_{ON}||r_{OP}) \tag{10.205}$$

이득은 g_{mP}에 대해 독립적이며, 완전 차동 회로의 이득과 같다. 다시 말해, 능동 부하의 사용은 이득을 복구시켜 주었다.

접근법 II* 이 접근법에서는 회로를 관찰을 통한 분석에 더욱 쉬운 부분들로 분할한다. 우선 그림 10.58(a)에 도시된 것처럼, $v_{in1}, v_{in2}, M_1, M_2$로 구성된 부분에 대한 테브냉 등가 회로를 먼저 구하고, v_{in1}과 v_{in2}는 차동이라고 가정한다. v_{Thev}는 '개로 조건'에서 A와 B 사이의 전압이라는 것을 상기하자[그림 10.58(b)]. 이 조건하에서 회로는 대칭이고, 그림 10.18(a)의 토폴로지를 닮게 된다. 식 (10.97)은 그러므로 다음을 제공한다.

$$v_{Thev} = -g_{mN}r_{ON}(v_{in1} - v_{in2}) \tag{10.206}$$

여기서 아래첨자 N은 NMOS 소자를 나타낸다.

테브냉 저항을 결정하기 위해서, 입력을 제로로 두고 출력 단자 사이에 전압을 인가한다[그림 10.58(c)]. M_1과 M_2는 같은 게이트-소스 전압($v_1 = v_2$)을 가진다는 것을 주목하고 '출력' 루프 둘레에 KVL을 쓰면 다음을 얻는다.

$$(i_X - g_{m1}v_1)r_{O1} + (i_X + g_{m2}v_2)r_{O2} = v_X \tag{10.207}$$

* 이 절은 처음 읽을 때는 건너뛰어도 된다.

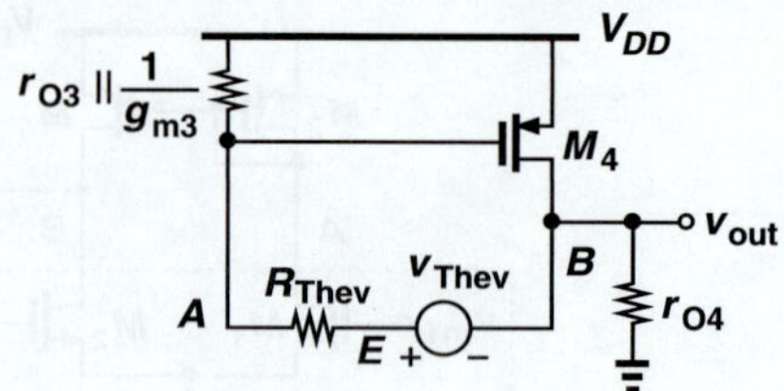

그림 10.59 전압 이득의 계산을 위해 단순화된 회로

그러므로

$$R_{Thev} = 2r_{ON} \tag{10.208}$$

독자가 절반 회로를 사용하여 이 결과를 구해 보기를 또한 권장한다.

입력원과 트랜지스터를 테브냉 등가 회로로 줄이고, 이제 전체 증폭기의 이득을 계산해 보자. 그림 10.59는 다이오드 연결 트랜지스터인 M_3가 $(1/g_{m3}) \| r_{O3}$로 대체되고 M_4의 출력 임피던스가 자세히 그려진 단순화된 회로를 묘사한다. 그 목적은 v_{Thev}의 항으로 v_{out}을 계산하는 것이다. 접지에 대한 E 노드에서의 전압이 $v_{out} + v_{Thev}$와 같으므로, v_A를 v_E의 분할된 버전으로 볼 수 있다.

$$v_A = \frac{\frac{1}{g_{m3}} \Big\| r_{O3}}{\frac{1}{g_{m3}} \Big\| r_{O3} + R_{Thev}} (v_{out} + v_{Thev}) \tag{10.209}$$

$g_{m4}v_A$에 의해 주어진, M_4의 소신호 드레인 전류는 출력 노드에서의 KCL을 만족해야만 한다.

$$g_{m4}v_A + \frac{v_{out}}{r_{O4}} + \frac{v_{out} + v_{Thev}}{\frac{1}{g_{m3}} \Big\| r_{O3} + R_{Thev}} = 0 \tag{10.210}$$

여기서 좌변의 마지막 항은 R_{Thev}을 통해 흐르는 전류를 나타낸다. 식 (10.209)와 (10.210)으로부터 다음을 얻을 수 있다.

$$\left(g_{m4} \frac{\frac{1}{g_{m3}} \Big\| r_{O3}}{\frac{1}{g_{m3}} \Big\| r_{O3} + R_{Thev}} + \frac{1}{\frac{1}{g_{m3}} \Big\| r_{O3} + R_{Thev}} \right) (v_{out} + v_{Thev}) + \frac{v_{out}}{r_{O4}} = 0 \tag{10.211}$$

$1/g_{m3} \ll r_{O3}$, $1/g_{m3} \ll R_{Thev}$이라는 것을 인지하고 $g_{m3} = g_{m4} = g_{mp}$와 $r_{O3} = r_{O4} = r_{OP}$를 가정하면, 식 (10.211)을 다음과 같이 줄일 수 있다.

$$\frac{2}{R_{Thev}} (v_{out} + v_{Thev}) + \frac{v_{out}}{r_{OP}} = 0 \tag{10.212}$$

그러므로 식 (10.206)과 식 (10.212)는 다음을 준다.

$$v_{out}\left(\frac{1}{r_{ON}}+\frac{1}{r_{OP}}\right)=\frac{g_{mN}r_{ON}(v_{in1}-v_{in2})}{r_{ON}} \tag{10.213}$$

따라서

$$\frac{v_{out}}{v_{in1}-v_{in2}}=g_{mN}(r_{ON}||r_{OP}) \tag{10.214}$$

이득은 g_{mP}에 독립적이다. 흥미롭게도 이 회로의 이득은 그림 10.53(b)에 있는 토폴로지의 차동 이득과 똑같다. 다른 말로, 능동 부하를 통과하는 경로는 출력이 싱글엔디드일지라도 이득을 복구한다.

예제 10.29 이전 관찰에서, 그림 10.58에서 A 노드의 전압 스윙이 출력 노드의 스윙보다 훨씬 작다고 추측했다. 이 점을 증명하라.

풀이 그림 10.60에 그려진 것처럼, 출력 노드에서의 KCL은 M_2에 의해 빼낸 전체 전류가 $-v_{out}/r_{O4}-g_{m4}v_A$와 같아야만 한다는 것을 나타낸다. 이 전류는 M_1을 통해 흐르고 따라서 M_3를 통해 흐르며, 다음을 야기한다.

$$v_A=-(v_{out}/r_{O4}+g_{m4}v_A)\left(\frac{1}{g_{m3}}\middle\|r_{O3}\right) \tag{10.215}$$

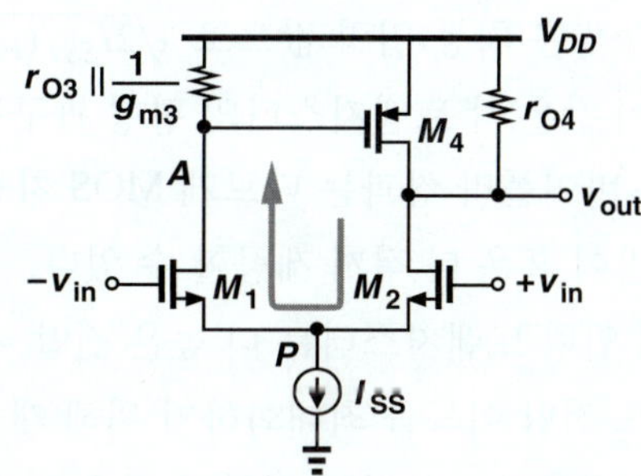

그림 10.60

즉,

$$v_A\approx-\frac{v_{out}}{2g_{mP}r_{OP}} \tag{10.216}$$

v_A가 정말 v_{out}보다 훨씬 작다는 것을 나타낸다.

연습문제 차동 입력으로부터 A 노드까지의 전압 이득을 계산하라.

10.7 요약

- 싱글엔디드 신호는 접지에 대하여 측정되는 전압이다. 차동 신호는 2개의 전선을 통해 전송되는 2개의 싱글엔디드 신호로 구성되며, 두 성분은 같은 dc(공통 모드) 레벨로부터 시작하고 반대방향으로 동일한 크기만큼 변화한다.
- 싱글엔디드 신호와 비교하여, 차동 신호는 공통 모드 잡음의 영향을 훨씬 적게 받는다.
- 차동쌍은 2개의 동일한 트랜지스터와 하나의 테일 전류, 그리고 2개의 동일한 부하로 구성된다.
- 차동쌍에서 트랜지스터 전류는 입력 공통 모드 레벨이 변할 때 변함없이 일정하게 유지된다. 즉, 회로는 입력 공통 모드의 변화를 '제거'한다.
- 차동 입력이 인가되면 트랜지스터 전류는 반대방향으로 변한다. 즉, 회로는 차동 입력에 반응하게 된다.
- 입력에서 작은 차동 변화에 대해서, 차동쌍의 테일 노드 전압은 변하지 않고 일정하게 유지되고 따라서 가상 접지 노드로 간주된다.
- 바이폴라 차동쌍은 쌍곡선 탄젠트 입출력 특성을 나타낸다. 테일 전류는 약 $4V_T$의 차동 입력으로 거의 한쪽으로 조종될 수 있다.
- 소신호 동작에 대해, 바이폴라 차동쌍의 차동 입력 스윙은 대략 V_T보다 작게 유지되어야만 한다. 그러면 이 쌍은 2개의 절반 회로로 나눌 수 있고, 그 각각은 간단히 공통 이미터(CE) 단이다.
- MOS 차동쌍은 차동 입력 값으로 $\sqrt{2I_{SS}/(\mu_n C_{ox}W/L)}$를 가지고 테일 전류를 조종할 수 있는데, 이 값은 각 트랜지스터의 평형 과구동보다 $\sqrt{2}$배 크다.
- 상응하는 바이폴라 쌍과는 다르게 MOS 차동쌍은 소자 크기의 선택에 따라 선형적인 특성을 더 많이 혹은 더 적게 제공할 수 있다.
- 차동쌍의 입력 트랜지스터는 더 높은 전압 이득을 얻기 위해 캐스코드될 수 있다. 유사하게, 부하도 전압 이득을 최대화하기 위해 캐스코드될 수 있다.
- 완벽하게 대칭인 차동쌍의 차동 출력은 입력 공통 모드의 변화로부터 영향을 받지 않는다. 비대칭과 유한한 테일 전류원 임피던스가 존재할 때, 입력 공통 모드 변화의 일부는 출력에서 차동 성분으로서 나타나게 되고, 원하는 신호를 변질시킨다.
- 원하는 신호에 의해 보여진 이득으로 표준화된 공통 모드 변화에 의해 보여진 이득을 공통 모드 제거비(CMRR)라고 한다.
- 원래 이득을 유지하면서도 싱글엔디드 출력을 제공하기 위하여, 차동쌍의 부하를 전류 거울로 대체하는 것이 가능하다. 이 회로를 능동 부하를 가진 차동쌍이라고 부른다.

PROBLEMS

Sec. 10.1 General Considerations

SOL **10.1.** To calculate the effect of ripple at the output of the circuit in Fig. 10.1, we can assume V_{CC} is a small-signal "input" and determine the (small-signal) gain from V_{CC} to V_{out}. Compute this gain, assuming $V_A < \infty$.

10.2. Repeat Problem 10.1 for the circuit of Fig. 10.2(a), assuming $R_{C1} = R_{C2}$.

10.3. Repeat Problem 10.1 for the stages shown in Fig. 10.61. Assume $V_A < \infty$ and $\lambda > 0$.

10.4. In the circuit of Fig. 10.62, $I_1 = I_0 \cos \omega t + I_0$ and $I_2 = -I_0 \cos \omega t + I_0$. Plot the waveforms at X and Y and determine their peak-to-peak swings and common-mode level.

10.5. Repeat Problem 10.4 for the circuit depicted in Fig. 10.63. Also, plot the voltage at node P as a function of time.

SOL **10.6.** Repeat Problem 10.4 for the topology shown in Fig. 10.64.

10.7. Repeat Problem 10.4 for the topology shown in Fig. 10.65.

10.8. Repeat Problem 10.4, but assume $I_2 = -I_0 \cos \omega t + 0.8I_0$. Can X and Y be considered true differential signals?

***10.9.** Assuming $I_1 = I_0 \cos \omega t + I_0$ and $I_2 = -I_0 \cos \omega t + I_0$, plot V_X and V_Y as a function of time for the circuits illustrated in Fig. 10.66. Assume I_0 is constant.

***10.10.** Assuming $V_1 = V_0 \cos \omega t + V_0$ and $V_2 = -V_0 \cos \omega t + V_0$, plot V_P as a function of time for the circuits shown in Fig. 10.67. Assume I_T is constant.

Sec. 10.2 Bipolar Differential Pair

10.11. Suppose in Fig. 10.9, V_{CC} rises by ΔV. Neglecting the Early effect, determine the change in V_X, V_Y, and $V_X - V_Y$. Explain why we say the circuit "rejects" supply noise.

10.12. In Fig. 10.9, I_{EE} experiences a change of ΔI. How do V_X, V_Y, and $V_X - V_Y$ change? SOL

10.13. Repeat Problem 10.12, but assuming that $R_{C1} = R_{C2} + \Delta R$. Neglect the Early effect.

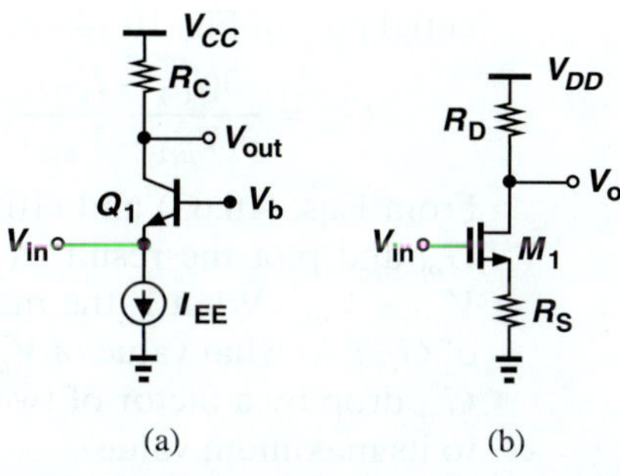

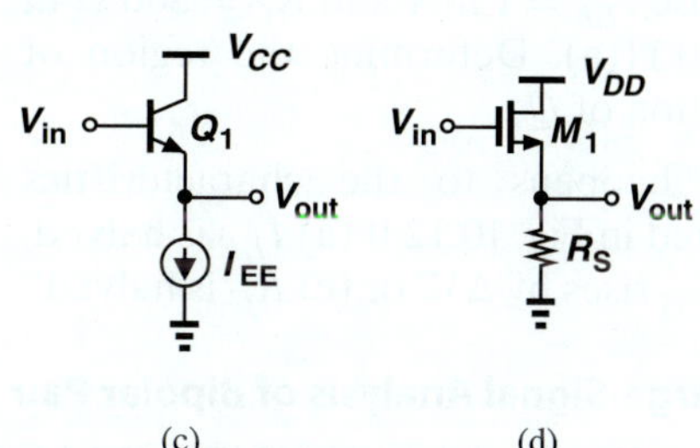

Figure 10.61

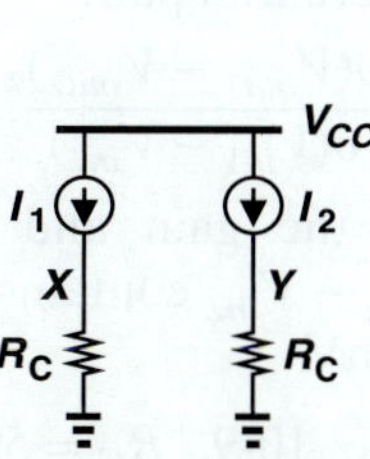

Figure 10.62

Figure 10.63

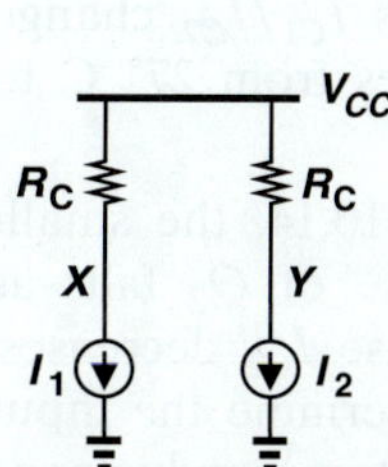

Figure 10.64

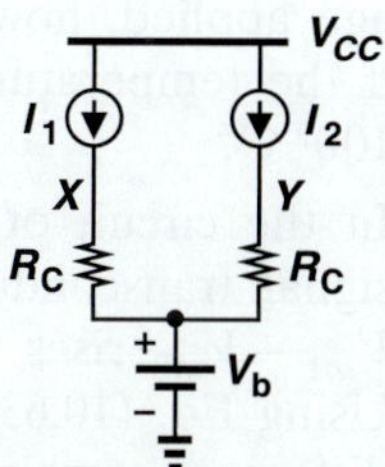

Figure 10.65

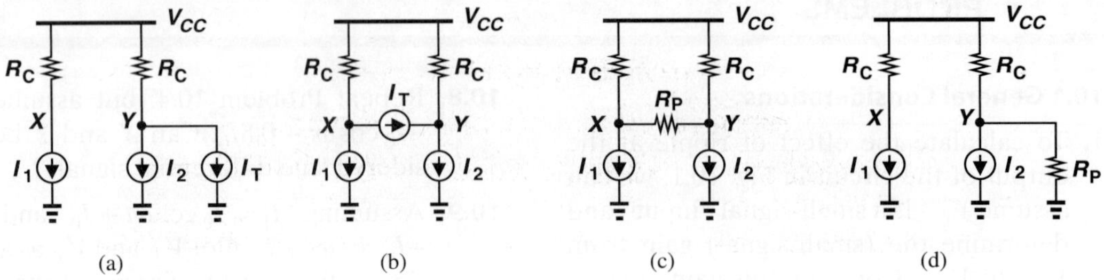

Figure 10.66

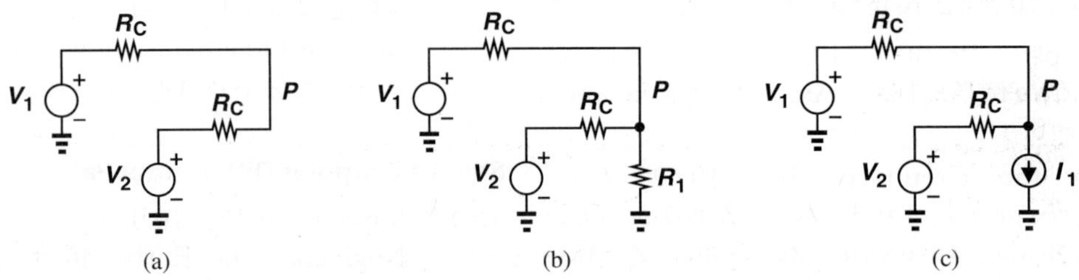

Figure 10.67

10.14. Consider the circuit of Fig. 10.11(a) and assume $I_{EE} = 1$ mA. What is the maximum allowable value of R_C if Q_1 must remain in the active region?

10.15. In the circuit of Fig. 10.11(b), $R_C = 500\ \Omega$. What is the maximum allowable value of I_{EE} if Q_2 must remain in the active region?

10.16. Suppose $I_{EE} = 1$ mA and $R_C = 800\ \Omega$ in Fig. 10.11(a). Determine the region of operation of Q_1.

***10.17.** What happens to the characteristics depicted in Fig. 10.12 if (a) I_{EE} is halved, (b) V_{CC} rises by ΔV, or (c) R_C is halved?

Sec. 10.2.2 Large-Signal Analysis of Bipolar Pair

10.18. In the differential pair of Fig. 10.14, $I_{C1}/I_{C2} = 5$. What is the corresponding input differential voltage? With this voltage applied, how does I_{C1}/I_{C2} change if the temperature rises from 27° C to 100° C?

10.19. In the circuit of Fig. 10.14, the small-signal transconductance of Q_2 falls as $V_{in1} - V_{in2}$ rises because I_{C2} decreases. Using Eq. (10.63), determine the input difference at which the transconductance of Q_2 drops by a factor of 2.

10.20. Suppose the input differential signal applied to a bipolar differential pair must not change the transconductance (and hence the bias current) of each transistor by more than 10%. From Eq. (10.63), determine the maximum allowable input.

***10.21.** It is possible to define a differential transconductance for the bipolar differential pair of Fig. 10.14:

$$G_m = \frac{\partial(I_{C1} - I_{C2})}{\partial(V_{in1} - V_{in2})}. \qquad (10.217)$$

From Eqs. (10.63) and (10.65), compute G_m and plot the result as a function of $V_{in1} - V_{in2}$. What is the maximum value of G_m? At what value of $V_{in1} - V_{in2}$ does G_m drop by a factor of two with respect to its maximum value?

***10.22.** With the aid of Eq. (10.83), we can compute the small-signal voltage gain of the bipolar differential pair: SOL

$$A_v = \frac{\partial(V_{out1} - V_{out2})}{\partial(V_{in1} - V_{in2})}. \qquad (10.218)$$

Determine the gain and compute its value if $V_{in1} - V_{in2}$ contains a dc component of 30 mV.

****10.23.** In Example 10-9, $R_C = 500\ \Omega$, $I_{EE} = 1$ mA, and $V_{CC} = 2.5$ V. Assume

$$V_{in1} = V_0 \sin \omega t + V_{CM} \quad (10.219)$$

$$V_{in2} = -V_0 \sin \omega t + V_{CM}, \quad (10.220)$$

where $V_{CM} = 1$ V denotes the input common-mode level.

(a) If $V_0 = 2$ mV, plot the output waveforms (as a function of time).

(b) If $V_0 = 50$ mV, determine the time t_1 at which one transistor carries 95% of the tail current. Plot the output waveforms.

10.24. Explain what happens to the characteristics shown in Fig. 10.15 if the ambient temperature goes from 27° C to 100° C.

****10.25.** The study in Example 10-9 suggests that a differential pair can convert a sinusoid to a square wave. Using the circuit parameters given in Problem 10.23, plot the output waveforms if $V_0 = 80$ mV or 160 mV. Explain why the output square wave becomes "sharper" as the input amplitude increases.

10.26. In Problem 10.25, estimate the slope of the output square waves for $V_0 = 80$ mV or 160 mV if $\omega = 2\pi \times (100 \text{ MHz})$.

Sec. 10.2.3 Small-Signal Analysis of Bipolar Pair

10.27. Repeat the small-signal analysis of Fig. 10.17 for the circuit shown in Fig. 10.68. (First, prove that P is still a virtual ground.)

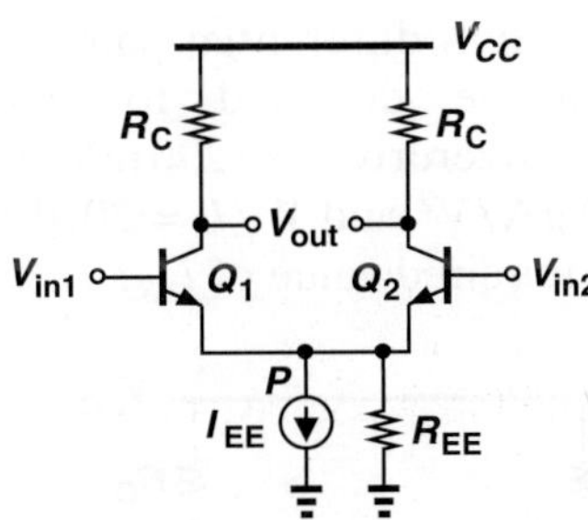

Figure 10.68

10.28. Using a small-signal model and including the output resistance of the transistors, prove that Eq. (10.91) holds in the presence of the Early effect.

***10.29.** In Fig. 10.69, $I_{EE} = 1$ mA and $V_A = 5$ V. Calculate the voltage gain of the circuit. Note that the gain is independent of the tail current.

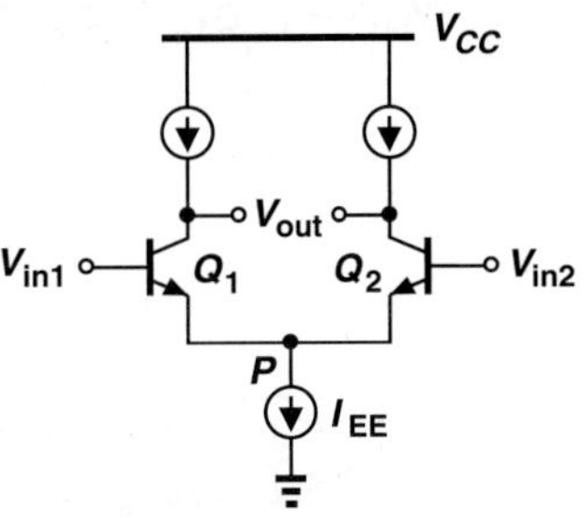

Figure 10.69

10.30. Consider the circuit shown in Fig. 10.70, where $I_{EE} = 2$ mA, $V_{A,n} = 5$ V $V_{A,p} =$ 4 V. What value of $R_1 = R_2$ allows a voltage gain of 50?

10.31. The circuit of Fig. 10.70 must provide a gain of 50 with $R_1 = R_2 = 5$ kΩ. If $V_{A,n} = 5$ V and $V_{A,p} = 4$ V, calculate the required tail current.

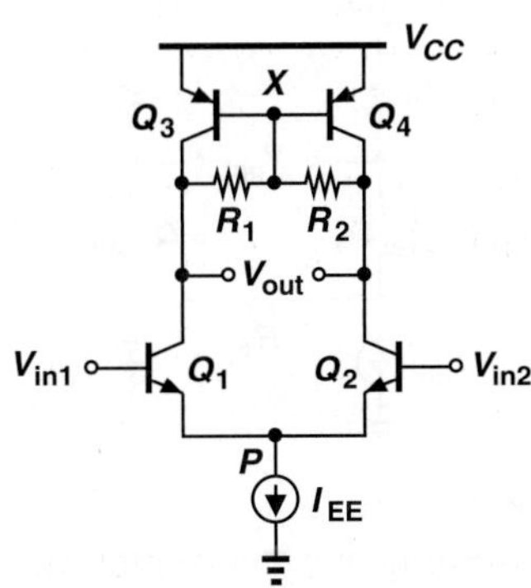

Figure 10.70

****10.32.** Assuming perfect symmetry and $V_A < \infty$, compute the differential voltage gain of each stage depicted in Fig. 10.71.

***10.33.** Consider the differential pair illustrated in Fig. 10.72. Assuming perfect symmetry and $V_A = \infty$,

(a) Determine the voltage gain.

(b) Under what condition does the gain become *independent* of the tail currents? This is an example of a very linear circuit because the gain does not vary with the input or output signal levels.

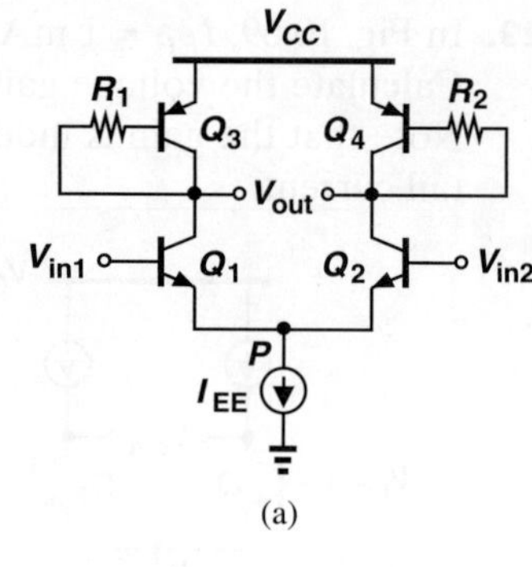

(a)

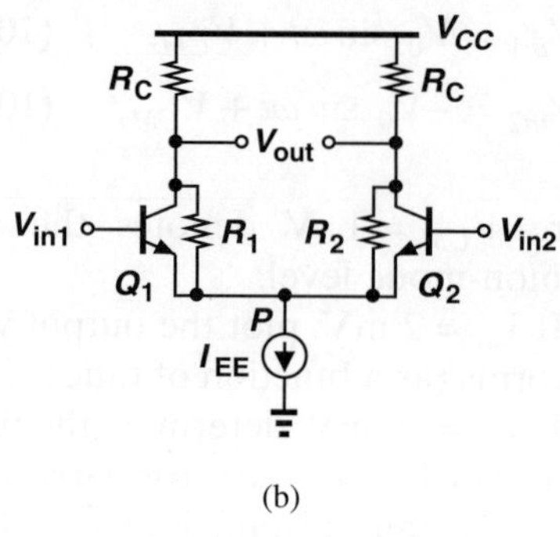

(b)

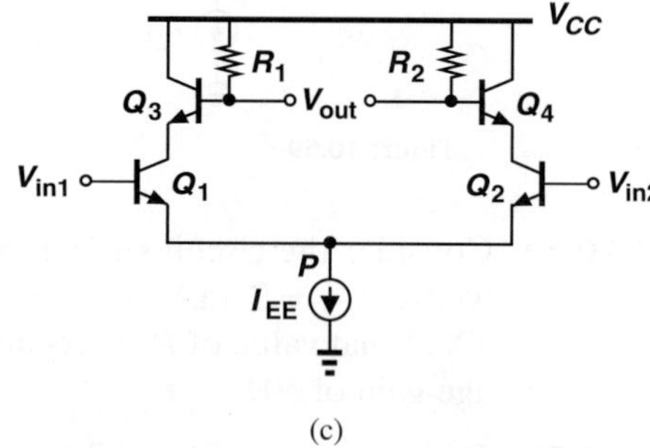

(c)

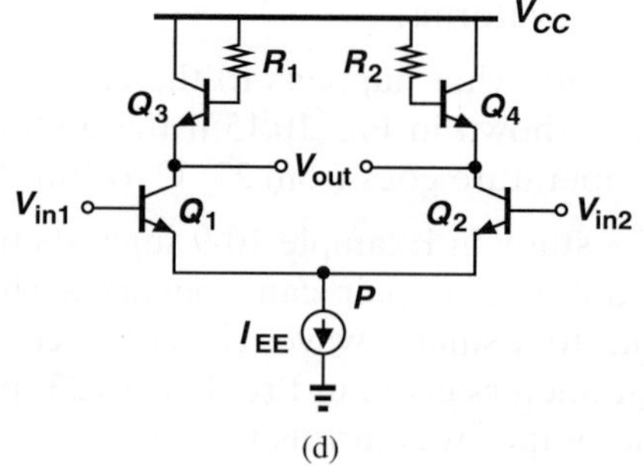

(d)

Figure 10.71

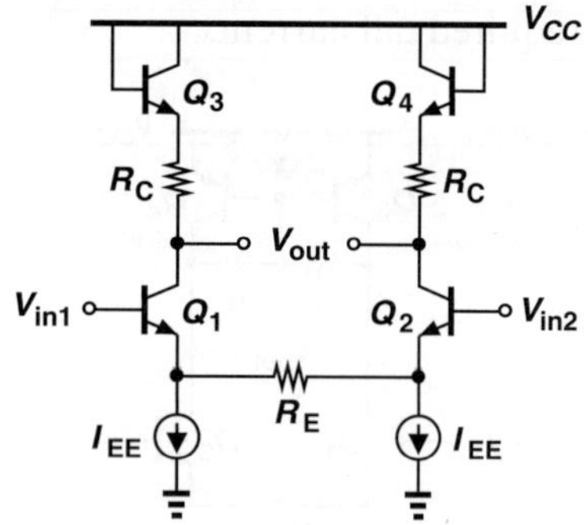

Figure 10.72

10.34. Assuming perfect symmetry and $V_A < \infty$, compute the differential voltage gain of each stage depicted in Fig. 10.73. You may need to compute the gain as $A_v = -G_m R_{out}$ in some cases.

Sec. 10.3 MOS Differential Pair

10.35. Consider the MOS differential pair of Fig. 10.26. What happens to the tail node voltage if (a) the width of M_1 and M_2 is doubled, (b) I_{SS} is doubled, (c) the gate oxide thickness is doubled? SOL

10.36. In the MOS differential pair of Fig. 10.26, $V_{CM} = 1$ V, $I_{SS} = 1$ mA, and $R_D = 1$ kΩ. What is the minimum allowable supply voltage if the transistors must remain in saturation? Assume $V_{TH,n} = 0.5$ V.

10.37. The MOS differential pair of Fig. 10.26 must be designed for an equilibrium overdrive of 200 mV. If $\mu_n C_{ox} = 100\ \mu A/V^2$ and $W/L = 20/0.18$, what is the required value of I_{SS}?

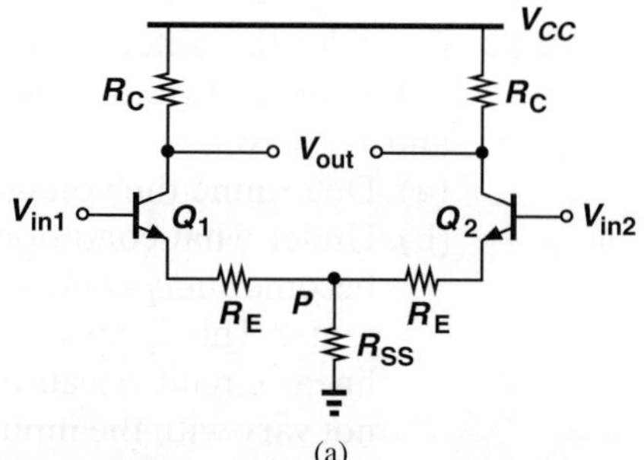

(a)

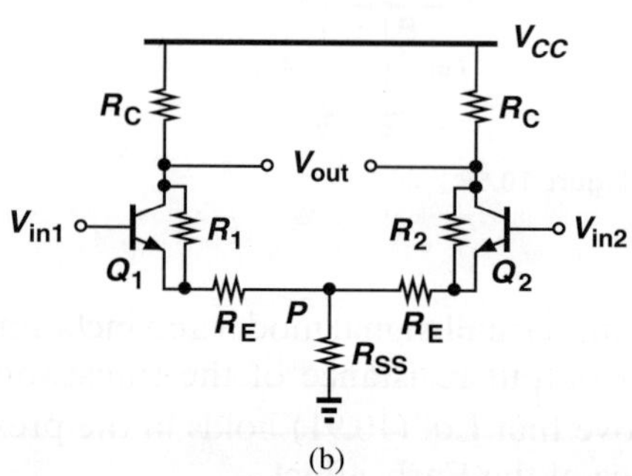

(b)

Figure 10.73

10.38. For a MOSFET, the "current density" can be defined as the drain current divided by the device width for a given channel length. Explain how the equilibrium overdrive voltage of a MOS differential pair varies as a function of the current density.

***10.39.** A MOS differential pair contains a parasitic resistance tied between its tail node and ground (Fig. 10.74). Without using the small-signal model, prove that P is still a virtual ground for small, differential inputs.

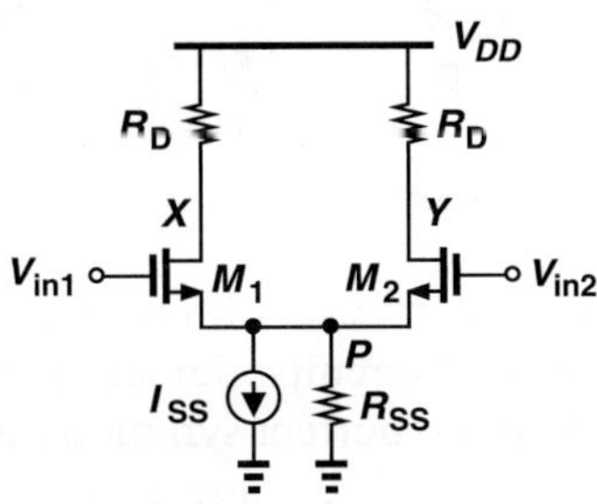

Figure 10.74

SOL **10.40.** In Fig. 10.27(a), $V_{in1} = 1.5$ V and $V_{in2} = 0.3$ V. Assuming M_2 is off, determine a condition among the circuit parameters that guarantees operation of M_1 in saturation.

10.41. An adventurous student constructs the circuit shown in Fig. 10.75 and calls it a "differential amplifier" because $I_D \propto (V_{in1} - V_{in2})$. Explain which aspects of our differential signals and amplifiers this circuit violates.

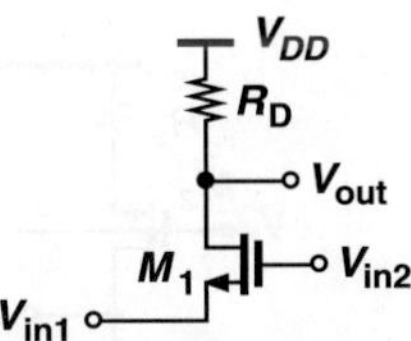

Figure 10.75

10.42. Repeat Example 10-16 for a supply voltage of 2 V. Formulate the trade-off between V_{DD} and W/L for a given output common-mode level.

Sec. 10.3.2 Large-Signal Analysis of MOS Pair

10.43. Examine Eq. (10.139) for the following cases: (a) $I_{D1} = 0$, (b) $I_{D1} = I_{SS}/2$, and (c) $I_{D1} = I_{SS}$. Explain the significance of these cases.

10.44. Prove that the right-hand side of Eq. (10.144) is always negative if the solution with the negative sign is considered.

10.45. From Eq. (10.147), determine the value of $V_{in1} - V_{in2}$ such that $I_{D1} - I_{D2} = I_{SS}$. Verify that is result is equal to $\sqrt{2}$ times the equilibrium overdrive voltage.

10.46. From Eq. (10.147), compute the small-signal transconductance of a MOS differential pair, defined as

$$G_m = \frac{\partial(I_{D1} - I_{D2})}{\partial(V_{in1} - V_{in2})}. \tag{10.221}$$

Plot the result as a function of $V_{in1} - V_{in2}$ and determine its maximum value.

****10.47.** Suppose a new type of MOS transistor has been invented that exhibits the following I-V characteristic:

$$I_D = \gamma(V_{GS} - V_{TH})^3, \tag{10.222}$$

where γ is a proportionality factor. Figure 10.76 shows a differential pair employing such transistors.

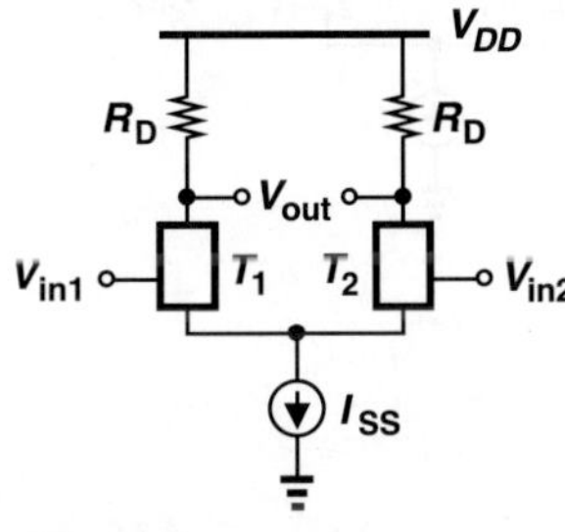

Figure 10.76

(a) What similarities exist between this circuit and the standard MOS differential pair?
(b) Calculate the equilibrium overdrive voltage of T_1 and T_2.
(c) At what value of $V_{in1} - V_{in2}$ does one transistor turn off?

***10.48.** Using the result obtained in Problem 10.46, calculate the value of $V_{in1} - V_{in2}$

at which the transconductance drops by a factor of 2.

*10.49. Explain what happens to the characteristics shown in Fig. 10.33 if (a) the gate oxide thickness of the transistor is doubled, (b) the threshold voltage is halved, (c) I_{SS} and W/L are halved.

SOL *10.50. Assuming that the mobility of carriers falls at high temperatures, explain what happens to the characteristics of Fig. 10.33 as the temperature rises.

Sec. 10.3.3 Small-Signal Analysis of MOS Pair

10.51. A student who has a single-ended voltage source constructs the circuit shown in Fig. 10.77, hoping to obtain differential outputs. Assume perfect symmetry but $\lambda = 0$ for simplicity.

(a) Viewing M_1 as a common-source stage degenerated by the impedance seen at the source of M_2, calculate v_X in terms of v_{in}.

(b) Viewing M_1 as a source follower and M_2 as a common-gate stage, calculate v_Y in terms of v_{in}.

(c) Add the results obtained in (a) and (b) with proper polarities. If the voltage gain is defined as $(v_X - v_Y)/v_{in}$, how does it compare with the gain of differentially driven pairs?

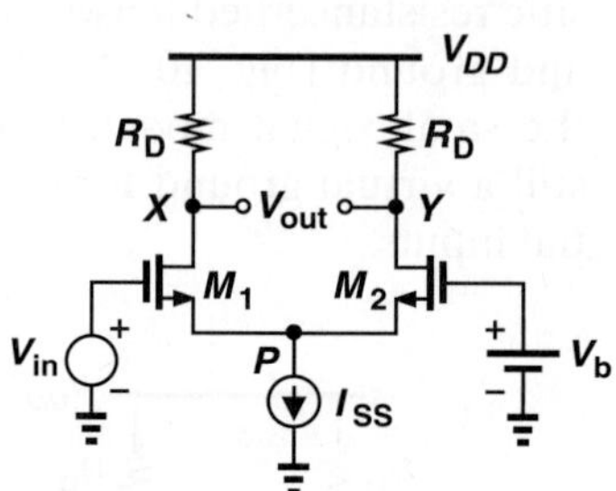

Figure 10.77

10.52. Calculate the differential voltage gain of the circuits depicted in Fig. 10.78. Assume perfect symmetry and $\lambda > 0$.

*10.53. Calculate the differential voltage gain of the circuits depicted in Fig. 10.79.

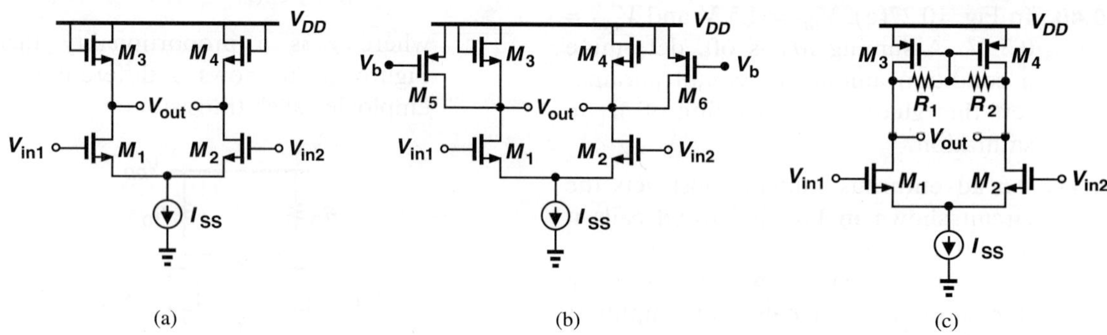

Figure 10.78

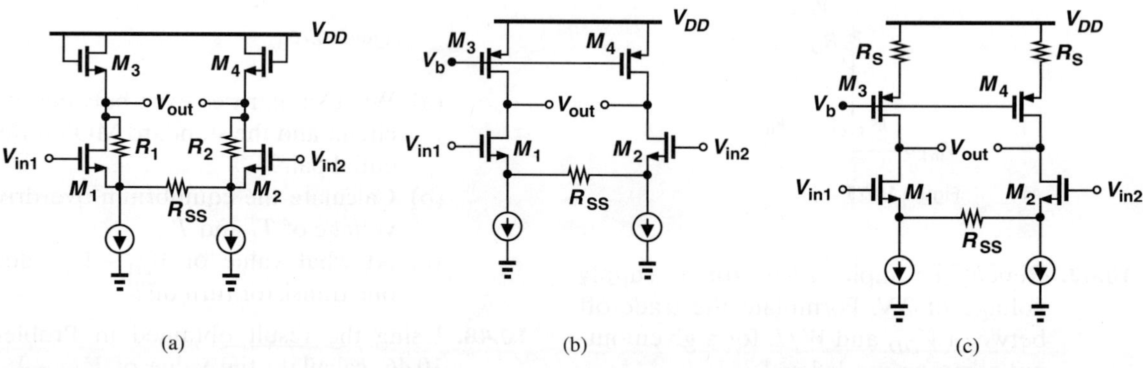

Figure 10.79

Assume perfect symmetry and $\lambda > 0$. You may need to compute the gain as $A_v = -G_m R_{out}$ in some cases.

Sec. 10.4 Cascode Differential Pairs

10.54. The cascode differential pair of Fig. 10.39(a) must achieve a voltage gain of 4000. If Q_1–Q_4 are identical and $\beta = 100$, what is the minimum required Early voltage?

10.55. Due to a manufacturing error, a parasitic resistance, R_P, has appeared in the circuit of Fig. 10.80. Calculate the voltage gain.

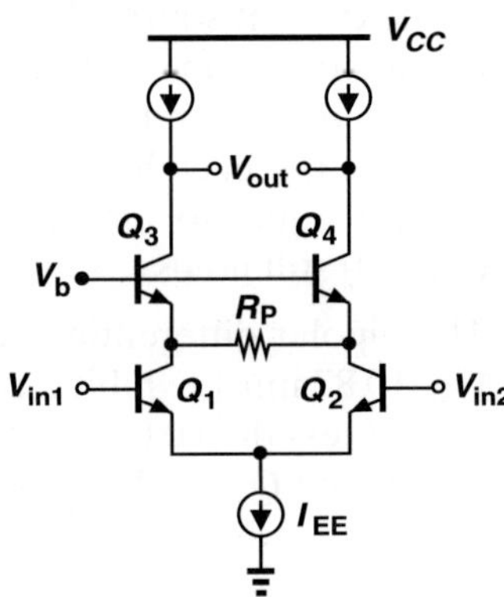

Figure 10.80

10.56. Repeat Problem 10.53 for the circuit shown in Fig. 10.81.

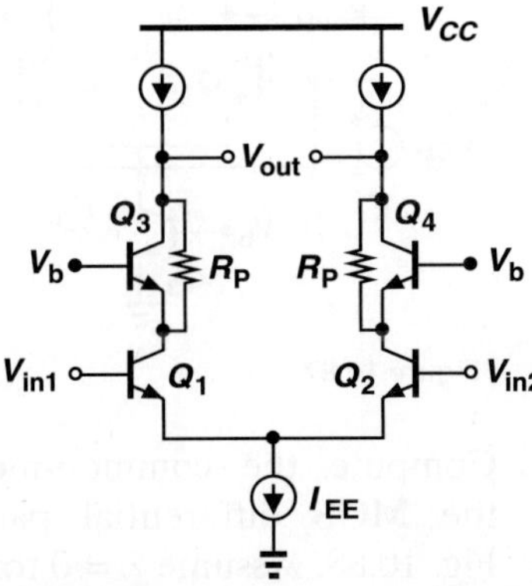

Figure 10.81

****10.57.** A student has mistakenly used *pnp* cascode transistors in a differential pair as illustrated in Fig. 10.82. Calculate the voltage gain of the circuit. (Hint: $A_v = -G_m R_{out}$.)

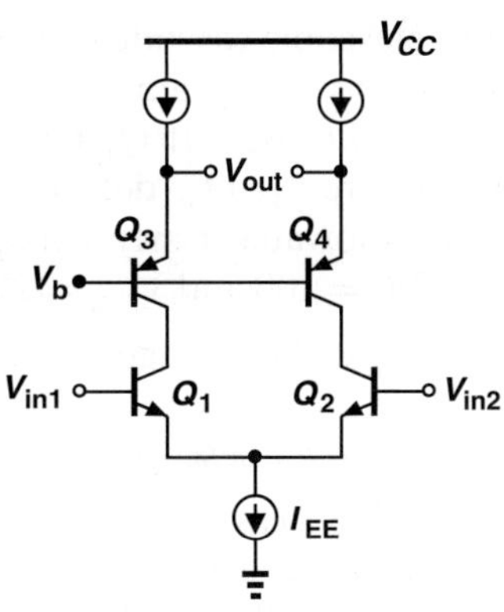

Figure 10.82

***10.58.** Calculate the voltage gain of the degenerated pair depicted in Fig. 10.83. (Hint: $A_v = -G_m R_{out}$.)

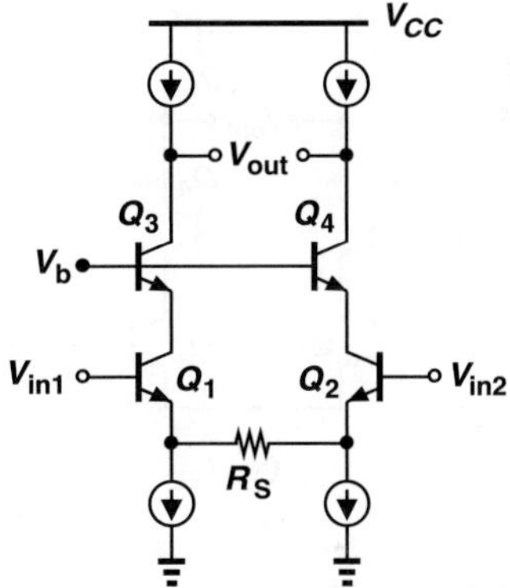

Figure 10.83

***10.59.** Realizing that the circuit of Fig. 10.82 suffers from a low gain, the student makes the modification shown in Fig. 10.84. Calculate the voltage gain of this topology. SOL

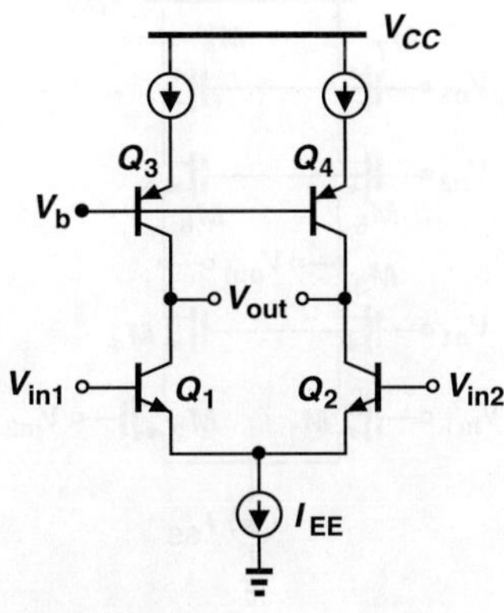

Figure 10.84

**10.60. The telescopic cascode of Fig. 10.40 is to operate as an op amp having an open-loop gain of 800. If Q_1-Q_4 are identical and so are Q_5-Q_8, determine the minimum allowable Early voltage. Assume $\beta_n = 2\beta_p = 100$ and $V_{A,n} = 2V_{A,p}$.

10.61. Determine the voltage gain of the circuit depicted in Fig. 10.85. Is this topology considered a telescopic cascode?

10.62. The MOS cascode of Fig. 10.42(a) must provide a voltage gain of 300. If $W/L = 20/0.18$ for M_1-M_4 and $\mu_n C_{ox} = 100\ \mu A/V^2$, determine the required tail current. Assume $\lambda = 0.1\ V^{-1}$.

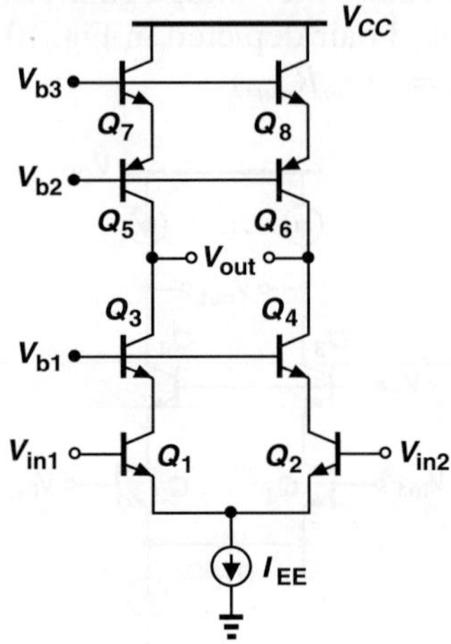

Figure 10.85

**10.63. A student adventurously modifies a CMOS telescopic cascode as shown in Fig. 10.86, where the PMOS cascode transistors are replaced with NMOS devices. Assuming $\lambda > 0$, compute the voltage gain of the circuit. (Hint: The impedance seen looking into the source of M_5 or M_6 is *not* equal to $1/g_m || r_O$.)

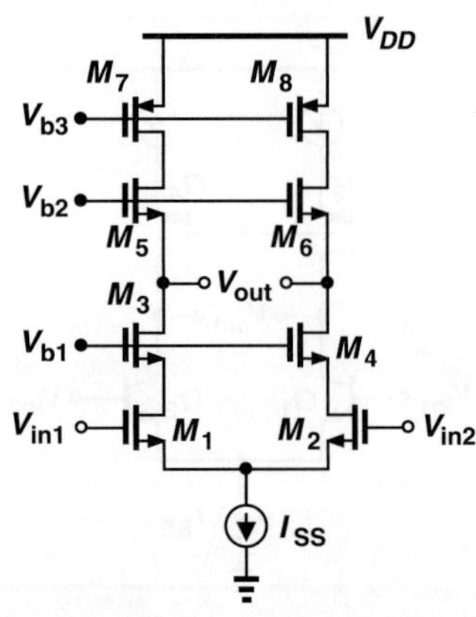

Figure 10.86

10.64. The MOS telescopic cascode of Fig. 10.43(a) is designed for a voltage gain of 200 with a tail current of 1 mA. If $\mu_n C_{ox} = 100\ \mu A/V^2$, $\mu_p C_{ox} = 50\ \mu A/V^2$, $\lambda_n = 0.1\ V^{-1}$, and $\lambda_p = 0.2\ V^{-1}$, determine $(W/L)_1 = \cdots = (W/L)_8$.

Sec. 10.5 Common-Mode Rejection

10.65. Consider the circuit of Fig. 10.45(a) and replace R_{EE} with two parallel resistors equal to $2R_{EE}$ places on the two sides of the current source. Now draw a vertical line of symmetry through the circuit and decompose it to two common-mode half circuits, each having a degeneration resistor equal to $2R_{EE}$. Prove that Eq. (10.180) still holds.

10.66. The bipolar differential pair depicted in Fig. 10.87 must exhibit a common-mode gain of less than 0.01. Assuming $V_A = \infty$ for Q_1 and Q_2 but $V_A < \infty$ for Q_3, prove that

$$R_C I_C < 0.02(V_A + V_T). \qquad (10.223)$$

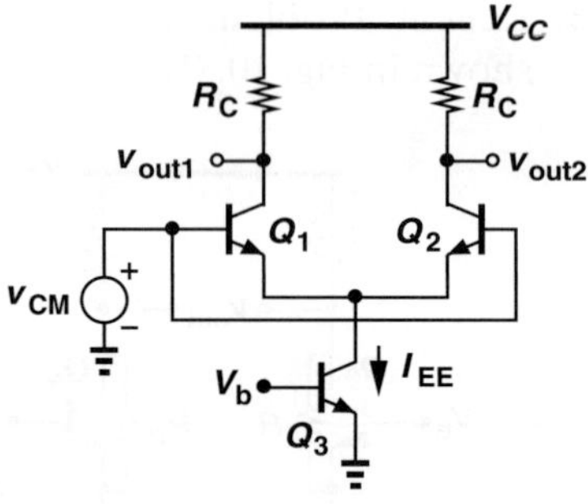

Figure 10.87

*10.67. Compute the common-mode gain of the MOS differential pair shown in Fig. 10.88. Assume $\lambda = 0$ for M_1 and M_2 but $\lambda \neq 0$ for M_3. Prove

$$A_{CM} = \frac{-R_D I_{SS}}{\dfrac{2}{\lambda} + (V_{GS} - V_{TH})_{eq.}}, \qquad (10.224)$$

where $(V_{GS} - V_{TH})_{eq.}$ denotes the equilibrium overdrive of M_1 and M_2.

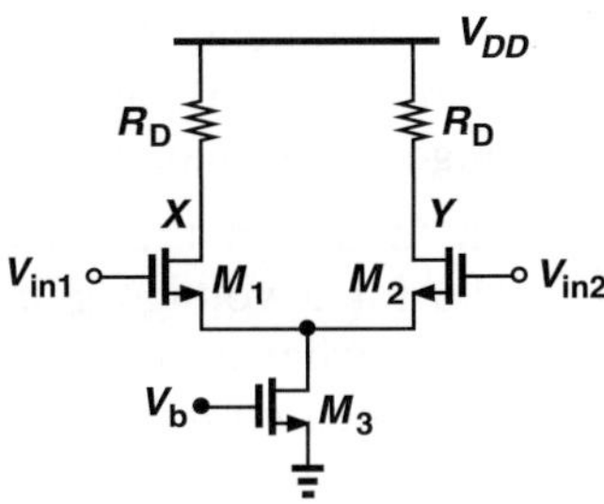

Figure 10.88

10.68. Calculate the common-mode gain of the circuit depicted in Fig. 10.89. Assume $\lambda > 0, g_m r_O \gg 1$, and use the relationship $A_v = -G_m R_{out}$.

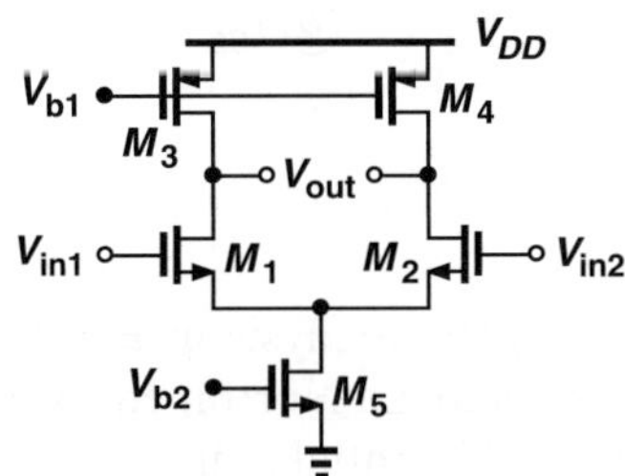

Figure 10.89

10.69. Repeat Problem 10.68 for the circuits shown in Fig. 10.90.

***10.70.** Compute the common-mode rejection ratio of the stages illustrated in Fig. 10.91 and compare the results. For simplicity, neglect channel-length modulation in M_1 and M_2 but not in other transistors.

Sec. 10.6 Differential Pair with Active Load

10.71. Determine the small-signal gain v_{out}/i_1 in the circuit of Fig. 10.92 if $(W/L)_3 = N(W/L)_4$. Neglect channel-length modulation. SOL

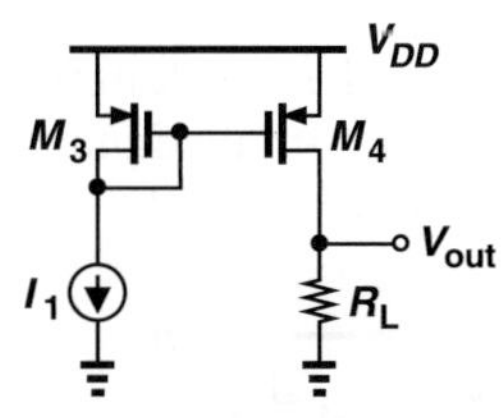

Figure 10.92

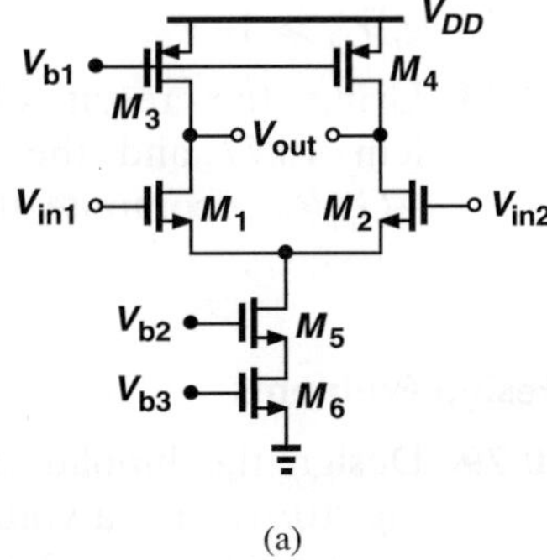

(a)

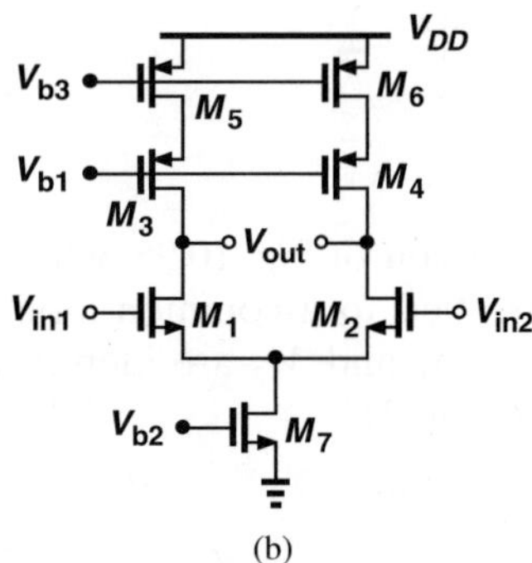

(b)

Figure 10.90

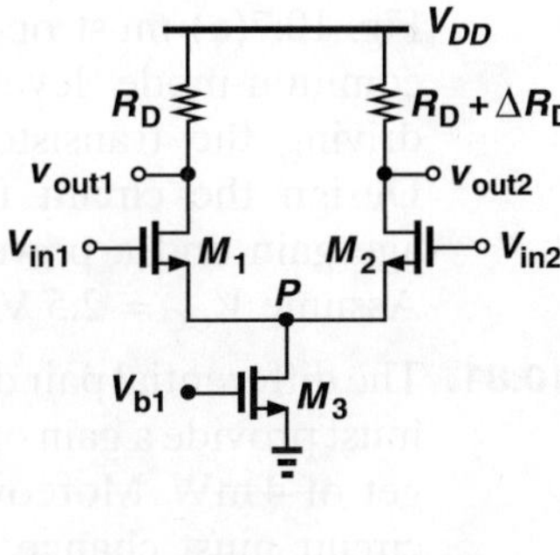

(a)

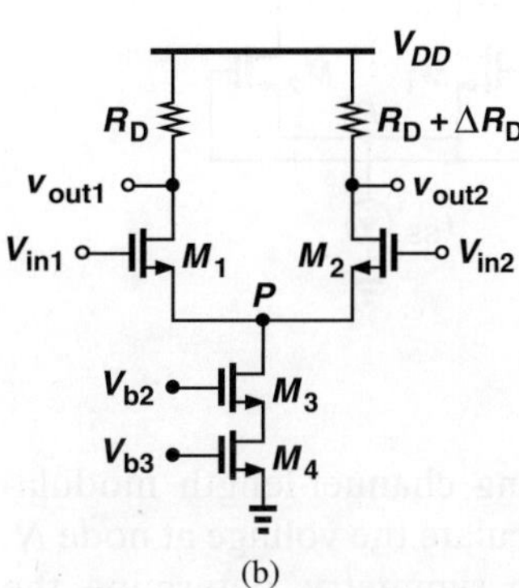

(b)

Figure 10.91

10.72. In the circuit shown in Fig. 10.93, I_1 changes from I_0 to $I_0 + \Delta I$ and I_2 from I_0 to $I_0 - \Delta I$. Neglecting channel-length modulation, calculate V_{out} before and after the change if
(a) $(W/L)_3 = (W/L)_4$.
(b) $(W/L)_3 = 2(W/L)_4$.

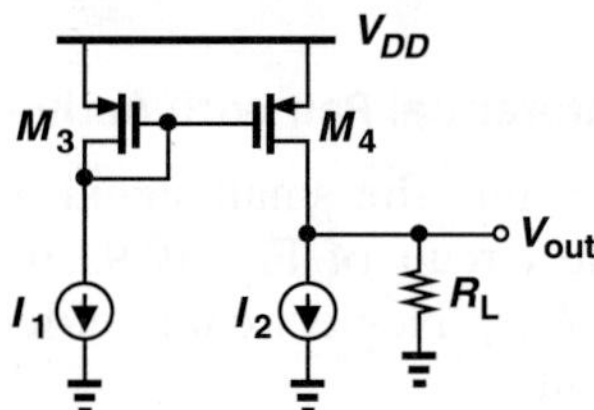

Figure 10.93

10.73. Neglecting channel-length modulation, compute the small-signal gains v_{out}/i_1 and v_{out}/i_2 in Fig. 10.94.

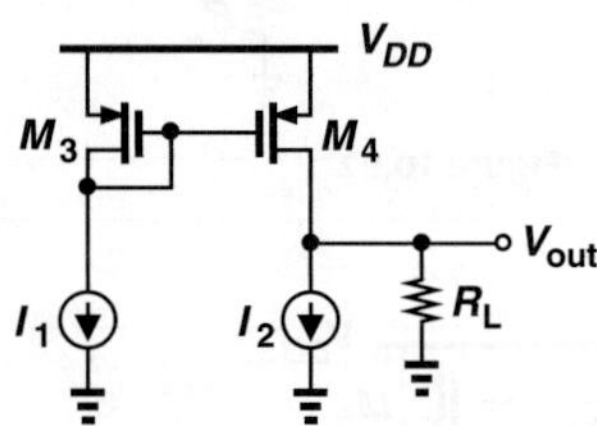

Figure 10.94

****10.74.** Consider the circuit of Fig. 10.95, where the inputs are tied to a common-mode level. Assume M_1 and M_2 are identical and so are M_3 and M_4.

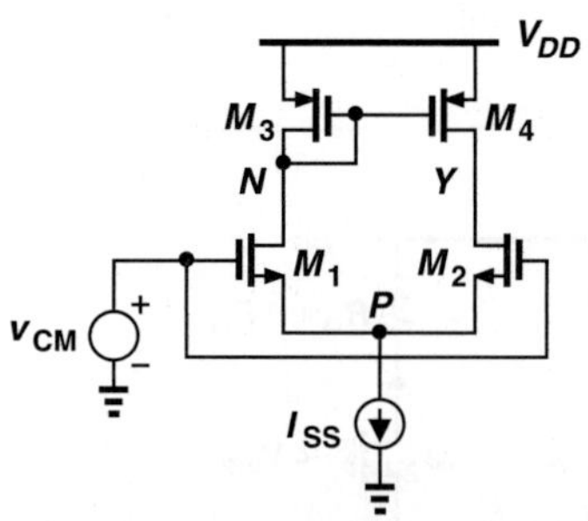

Figure 10.95

(a) Neglecting channel-length modulation, calculate the voltage at node N.
(b) Invoking symmetry, determine the voltage at node Y.
(c) What happens to the results obtained in (a) and (b) if V_{DD} changes by a small amount ΔV?

10.75. We wish to design the stage shown in Fig. 10.96 for a voltage gain of 100. If $V_{A,n} = 5$ V, what is the required Early voltage for the *pnp* transistors?

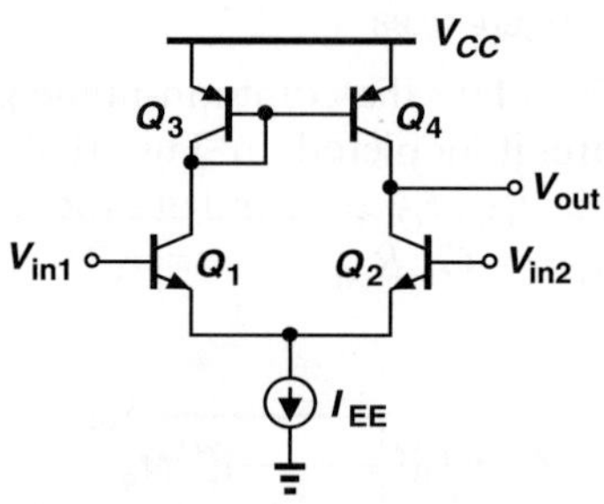

Figure 10.96

10.76. Repeat the analysis in Fig. 10.58 but by constructing a Norton equivalent for the input differential pair.

****10.77.** Determine the output impedance of the circuit shown in Fig. 10.56. Assume $g_m r_O \gg 1$.

10.78. Using the result obtained in Problem 10.77 and the relationship $A_v = -G_m R_{out}$, compute the voltage gain of the stage.

Design Problems

10.79. Design the bipolar differential pair of Fig. 10.7(a) for a voltage gain of 10 and a power budget of 2 mW. Assume $V_{CC} =$ 2.5 V and $V_A = \infty$.

10.80. The bipolar differential pair of Fig. 10.7(a) must operate with an input common-mode level of 1.2 V without driving the transistors into saturation. Design the circuit for maximum voltage gain and a power budget of 3 mW. Assume $V_{CC} = 2.5$ V.

10.81. The differential pair depicted in Fig. 10.97 must provide a gain of 5 and a power budget of 4 mW. Moreover, the gain of the circuit must change by less than 2% if the collector current of either transistor changes by 10%. Assuming $V_{CC} = 2.5$ V and $V_A = \infty$, design the circuit. (Hint: A 10% change in I_C leads to a 10% change in g_m.)

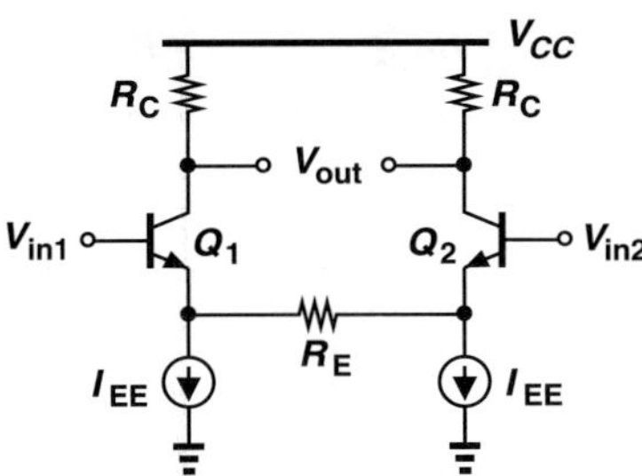

Figure 10.97

10.82. Design the circuit of Fig. 10.98 for a gain of 50 and a power budget of 1 mW. Assume $V_{A,n} = 6$ V and $V_{CC} = 2.5$ V.

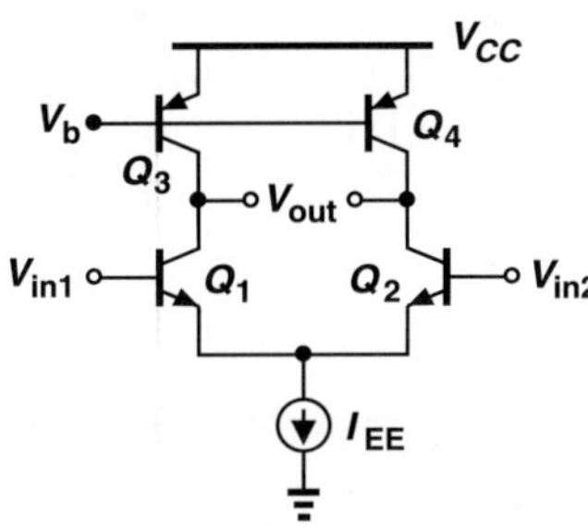

Figure 10.98

10.83. Design the circuit of Fig. 10.99 for a gain of 100 and a power budget of 1 mW. Assume $V_{A,n} = 10$ V, $V_{A,p} = 5$ V, and $V_{CC} = 2.5$ V. Also, $R_1 = R_2$.

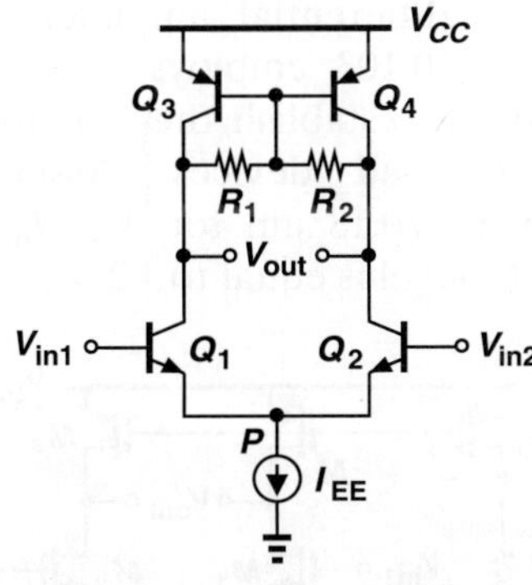

Figure 10.99

SOL **10.84.** Design the MOS differential pair of Fig. 10.31 for $\Delta V_{in,max} = 0.3$ V and a power budget of 3 mW. Assume $R_D = 500\ \Omega$, $\lambda = 0$, $\mu_n C_{ox} = 100\ \mu A/V^2$, and $V_{DD} = 1.8$ V.

10.85. Design the MOS differential pair of Fig. 10.31 for an equilibrium overdrive voltage of 100 mV and a power budget of 2 mW. Select the value of R_D to place the transistor at the edge of triode region for an input common-mode level of 1 V. Assume $\lambda = 0$, $\mu_n C_{ox} = 100\ \mu A/V^2$, $V_{TH,n} = 0.5$ V, and $V_{DD} = 1.8$ V. What is the voltage gain of the resulting design?

10.86. Design the MOS differential pair of Fig. 10.31 for a voltage gain of 5 and a power dissipation of 1 mW if the equilibrium overdrive must be at least 150 mV. Assume $\lambda = 0$, $\mu_n C_{ox} = 100\ \mu A/V^2$, and $V_{DD} = 1.8$ V.

10.87. The differential pair depicted in Fig. 10.100 must provide a gain of 40. Assuming the same (equilibrium) overdrive for all of the transistors and a power dissipation of 2 mW, design the circuit. Assume $\lambda_n = 0.1\ V^{-1}$, $\lambda_p = 0.2\ V^{-1}$, $\mu_n C_{ox} = 100\ \mu A/V^2$, $\mu_p C_{ox} = 100\ \mu A/V^2$, and $V_{DD} = 1.8$ V.

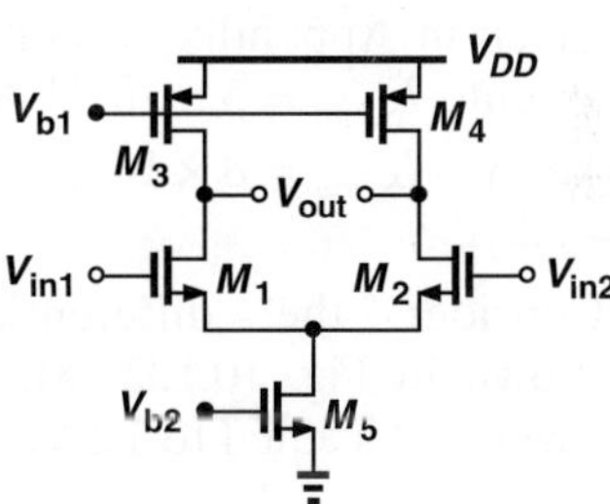

Figure 10.100

10.88. Design the circuit of Fig. 10.39(a) for a voltage gain of 4000. Assume Q_1-Q_4 are identical and determine the required Early voltage. Also, $\beta = 100$, $V_{CC} = 2.5$ V, and the power budget is 1 mW.

10.89. Design the telescopic cascode of Fig. 10.40(a) for a voltage gain of 2000. Assume Q_1-Q_4 are identical and so are Q_5-Q_8. Also, $\beta_n = 100$, $\beta_p = 50$, $V_{A,n} = 5$ V, $V_{CC} = 2.5$ V, and the power budget is 2 mW.

10.90. Design the telescopic cascode of Fig. 10.43(a) for a voltage gain of 600 and a power budget of 4 mW. Assume an (equilibrium) overdrive of 100 mV for the NMOS devices and 150 mV for the PMOS devices. If $V_{DD} = 1.8$ V, $\mu_n C_{ox} = 100\ \mu A/V^2$, $\mu_p C_{ox} = 50\ \mu A/V^2$, and $\lambda_n = 0.1\ V^{-1}$, determine the required value of λ_p. Assume M_1-M_4 are identical and so are M_5-M_8.

10.91. The differential pair of Fig. 10.101 must achieve a CMRR of 60 dB(= 1000). Assume a power budget of 2 mW, a nominal differential voltage gain of 5, and neglecting channel-length modulation in M_1 and M_2, compute the minimum required λ for M_3. Assume $(W/L)_{1,2} = 10/0.18$, $\mu_n C_{ox} = 100\ \mu A/V^2$, $V_{DD} = 1.8$ V, and $\Delta R/R = 2\%$.

SOL **10.92.** Design the differential pair of Fig. 10.50 for a voltage gain of 200 and a power budget of 3 mW with a 2.5-V supply. Assume $V_{A,n} = 2V_{A,p}$.

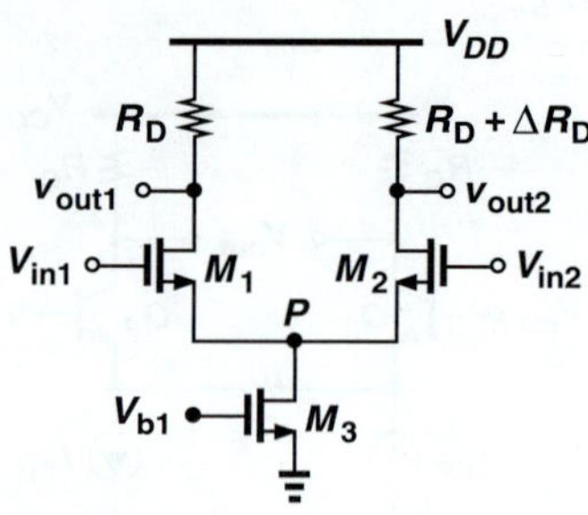

Figure 10.101

10.93. Design the circuit of Fig. 10.56 for a voltage gain of 20 and a power budget of 1 mW with $V_{DD} = 1.8$ V. Assume M_1 operates at the edge of saturation if the input common-mode level is 1 V. Also, $\mu_n C_{ox} = 2\mu_p C_{ox} = 100\ \mu A/V^2$, $V_{TH,n} = 0.5$ V, $V_{TH,p} = -0.4$ V, $\lambda_n = 0.5\lambda_p = 0.1\ V^{-1}$.

SPICE PROBLEMS

In the following problems, use the MOS device models given in Appendix A. For bipolar transistors, assume $I_{S,npn} = 5 \times 10^{-16}$ A, $\beta_{npn} = 100$, $V_{A,npn} = 5$ V, $I_{S,pnp} = 8 \times 10^{-16}$ A, $\beta_{pnp} = 50$, $V_{A,pnp} = 3.5$ V.

10.94. Consider the differential amplifier shown in Fig. 10.102, where the input CM level is equal to 1.2 V.

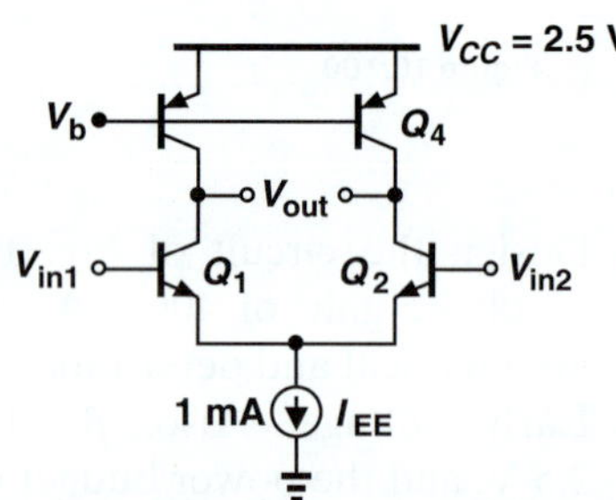

Figure 10.102

(a) Adjust the value of V_b so as to set the output CM level to 1.5 V.

(b) Determine the small-signal differential gain of the circuit. (Hint: To provide differential inputs, use an independent voltage source for one side and a voltage-dependent voltage source for the other.)

(c) What happens to the output CM level and the gain if V_b varies by ±10 mV?

10.95. The differential amplifier depicted in Fig. 10.103 employs two current mirrors to establish the bias for the input and load devices. Assume $W/L = 10\ \mu m/0.18\ \mu m$ for M_1-M_6. The input CM level is equal to 1.2 V.

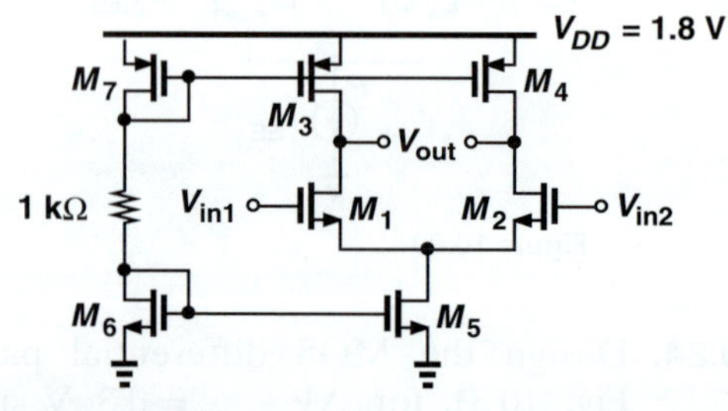

Figure 10.103

(a) Select $(W/L)_7$ so as to set the output CM level to 1.5 V. (Assume $L_7 =$ 0.18 μm.)
(b) Determine the small-signal differential gain of the circuit.
(c) Plot the differential input/output characteristic.

10.96. Consider the circuit illustrated in Fig. 10.104. Assume a small dc drop across R_1 and R_2.
(a) Select the input CM level to place Q_1 and Q_2 at the edge of saturation.
(b) Select the value of R_1 $(= R_2)$ such that these resistors reduce the differential gain by no more than 20%.

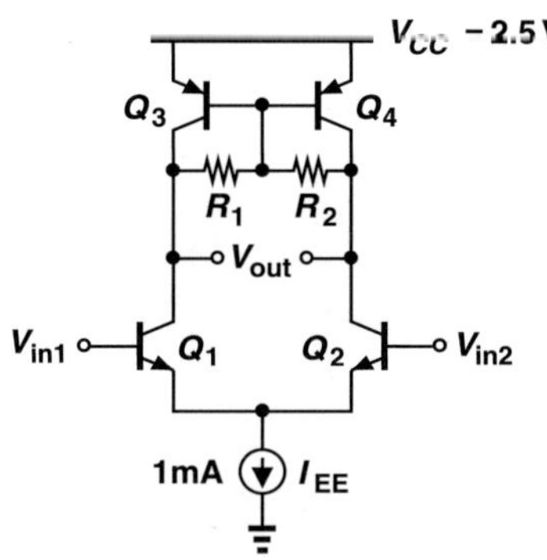

Figure 10.104

10.97. In the differential amplifier of Fig. 10.105, $W/L = 10$ μm/0.18 μm for all of the transistors. Assume an input CM level of 1 V and $V_b = 1.5$ V.
(a) Select the value of I_1 so that the output CM level places M_3 and M_4 at the edge of saturation.
(b) Determine the small-signal differential gain.

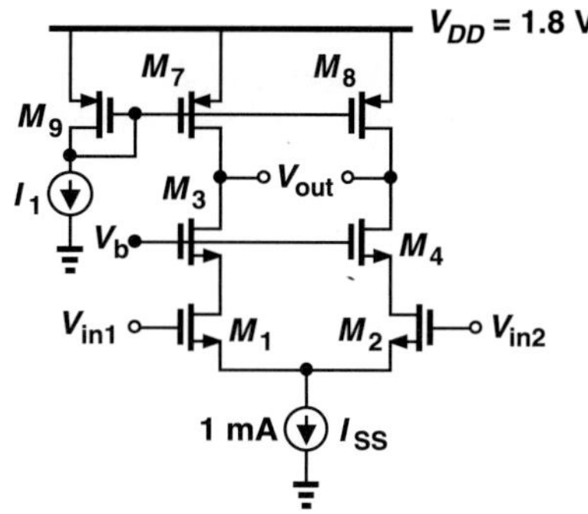

Figure 10.105

10.98. In the circuit of Fig. 10.106, $W/L =$ 10 μm/0.18 μm for M_1-M_4. Assume an input CM level of 1.2 V.

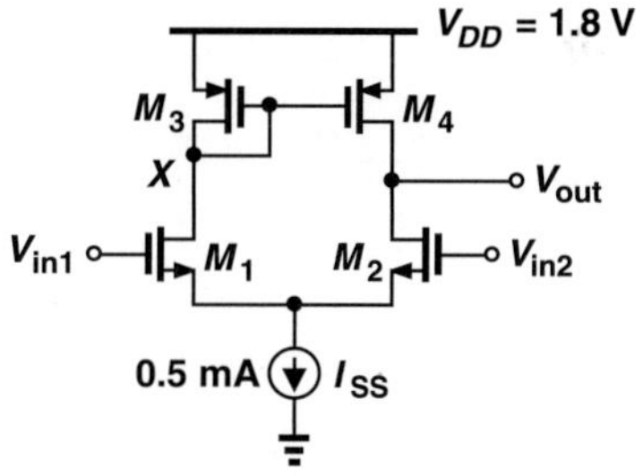

Figure 10.106

(a) Determine the output dc level and explain why it is equal to V_X?
(b) Determine the small-signal gains $v_{out}/(v_{in1} - v_{in2})$ and $v_X/(v_{in1} - v_{in2})$.
(c) Determine the change in the output dc level if W_4 changes by 5%.

REFERENCE

1. B. Razavi, *Design of Analog CMOS Integrated Circuits*, McGraw-Hill, 2001.

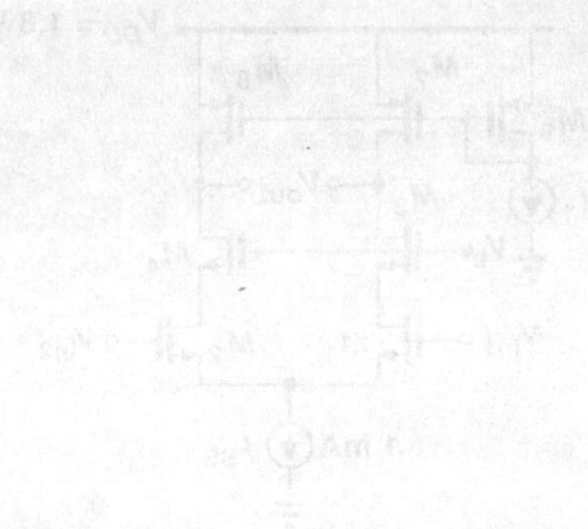

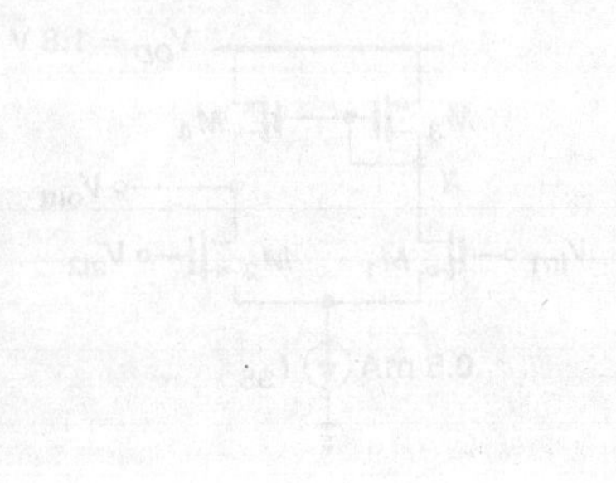

11

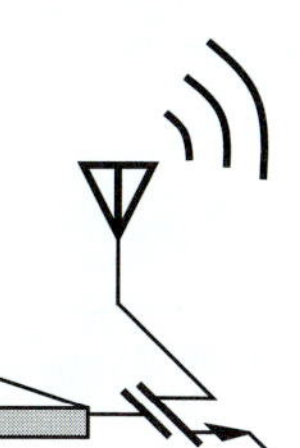

주파수 응답

관련 YouTube 비디오:

Razavi Electronics 2, 강의 17: Introduction to Frequency Response: Basic Concepts
https://www.youtube.com/watch?v=XbM1-WgGXQc

Razavi Electronics 2, 강의 18: Useful Frequency Response Concepts, Finding Poles by Inspection
https://www.youtube.com/watch?v=oC2otEX3i0I

Razavi Electronics 2, 강의 19: Miller Effect, High-Frequency Model of Bipolar Transistors
https://www.youtube.com/watch?v=sUObJPJQ8Os

Razavi Electronics 2, 강의 20: Examples of Capacitances in Bipolar Circuits, High-Freq. Model of MOSFETs
https://www.youtube.com/watch?v=MoORc8I0RtE

Razavi Electronics 2, 강의 21: Computation of Freq. Resp., Freq. Resp. of Common-Emitter/Source Stages
https://www.youtube.com/watch?v=0r3zsOlSsG8

Razavi Electronics 2, 강의 22: Dominant-Pole Approx., Resp. of CE/CS & Common-Base/Gate Stage
https://www.youtube.com/watch?v=anYWGLJIOB8

Razavi Electronics 2, 강의 23: Examples of High-Speed Circuits, Response of Common-Base/Gate Stage
https://www.youtube.com/watch?v=IntsUt7dUjQ

Razavi Electronics 2, 강의 24: Response of Emitter/Source Followers, Input & Output Impedances
https://www.youtube.com/watch?v=_kLV7tIPuE

Razavi Electronics 2, 강의 25: Output Imp. of Followers, Freq. Resp. of Cascodes and Diff. Pairs; ft
https://www.youtube.com/watch?v=Q8G_If19GrE

Razavi Electronics 2, 강의 26: Additional Examples of Frequency Response, Cascaded Stages
https://www.youtube.com/watch?v=z8aC8W8XflY

더욱더 높은 스피드에서 동작해야 하는 회로들에 대한 필요성은 항상 회로 설계 디자이너들에게 도전으로 다가왔다. 1940년대의 레이더와 텔레비전 시스템부터 오늘날의 기가헤르츠 마이크로프로세서에 이르기까지, 회로들을 고속으로 밀고 가는 요구는 회로들의 스피드 한계에 대한 정확한 이해를 필요로 한다.

이 장에서는 트랜지스터와 회로의 스피드를 제한하는 현상들에 대해 학습하고, 고속 동작을 더 쉽게 하기 위한 토폴로지들에 대해 알아본다. 안정도와 주파수 보상(12장)의 학습을 위한 중요 요소인 회로의 전달 함수를 유도해 보기 위한 기법들을 전개해 본다. 바이폴라 트랜지스터는 능동 모드에 있고, MOSFET는 포화 모드에 있는 것을 가정한다. 이 장의 주요 내용은 다음과 같다.

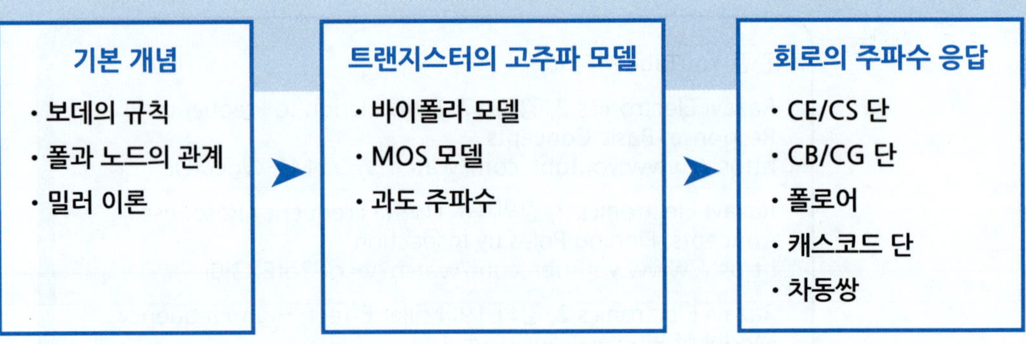

11.1 기본 개념

11.1.1 일반적인 고찰

'주파수 응답'이란 무엇을 의미하는가? 그림 11.1(a)에 도시된 바와 같이, 그 기본적인 아이디어는 회로의 입력에 정현파(사인 곡선)를 주고 그 주파수를 변화시켜 가며 출력을 관찰해 보는 것이다. 그림 11.1(a)에 예시된 바와 같이, 저주파수에서 회로는 높은 전압 이득(게인)을 보이다가 주파수가 증가할수록 게인의 감소(롤오프)를 보일 것이다. 관심 동작 주파

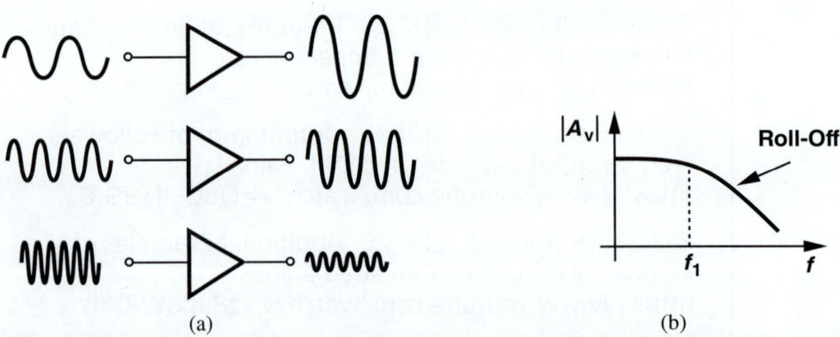

그림 11.1 (a) 주파수 응답에 대한 개념적 실험; (b) 주파수에 대한 이득 감소(롤오프)

수의 전 영역에서 회로의 동작을 보이기 위해 그림 11.1(b)에 게인의 절댓값을 보여 주고 있다. 그림에서 f_1을 회로의 유효 밴드위스라고 대략 칭할 수 있다. 이러한 롤오프의 원인에 대해 살펴보기 이전에 우리는 먼저 왜 주파수 응답이 중요한가에 대해 자문해 보아야 한다. 아래 예제들이 이러한 이슈들에 대해 설명해 준다.

예제 11.1 왜 전화를 통한 사람들의 목소리가 마주 보고 대화할 때의 목소리와 다른지를 설명해 보라.

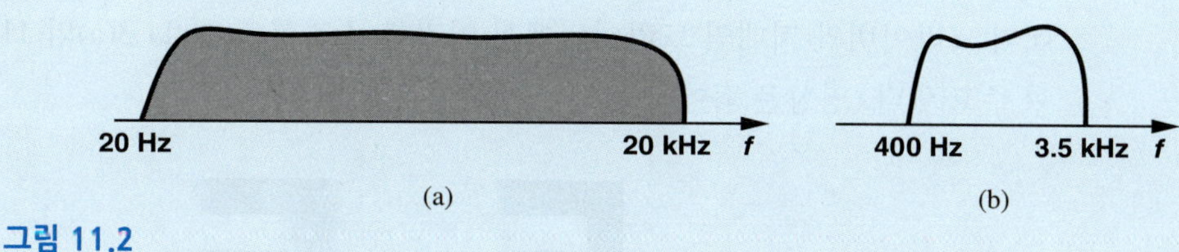

그림 11.2

풀이 사람들의 목소리는 그림 11.2(a)에 보인 바와 같이 20 Hz에서 20 kHz 사이의 주파수 성분을 가진다. 따라서 목소리를 처리하는 회로들은 이 주파수 대역을 모두 포용해야만 한다. 하지만 안타깝게도 전화 시스템은 그림 11.2(b)에 보인 주파수 응답에서와 같이 제한된 밴드위스의 문제를 갖는다. 전화기는 3.5 kHz 이상의 주파수를 차단하기 때문에 사람들의 목소리가 달라지게 된다. 반면에 고성능 오디오 시스템에서는 회로들이 전체 주파수 영역을 모두 다룰 수 있게 설계되어 있다.

연습문제 전화 시스템에서 남자와 여자 중 어느 쪽 목소리가 더 변화되는가?

예제 11.2 자신의 음성을 녹음하여 들었을 때, 그 소리가 자신이 말하면서 들을 때와 약간 다르게 들린다. 왜 그런지 이유를 설명해 보라.

풀이 녹음 시에 음성은 공기를 타고 전파되어 녹음기에 다다른다. 반면에, 말을 하면서 자신의 목소리를 동시에 들을 때, 그 목소리는 공기 중으로 전파되는 것이 아니라 자신의 입에서 두개골을 거쳐 귀로 전파되는 것이다. 두개골을 거쳐 전파되는 통로의 주파수 응답이 공기 중을 통한 주파수 응답과 다르기 때문에(즉, 두개골은 다른 통로들보다 특정 주파수를 더 쉽게 통과시킨다) 당신이 자신의 목소리를 듣는 방식과 다른 사람들이 당신의 목소리를 듣는 방식이 다른 것이다.

연습문제 감기에 걸렸을 때 목소리에 어떤 변화가 생기는지 설명해 보라.

예제 11.3 영상 신호들은 일반적으로 약 5 MHz의 대역폭을 갖는다. 예를 들어 컴퓨터의 화면에 영상 신호를 전송하는 그래픽 카드는 최소한 5 MHz 대역폭을 지원해야 한다. 만약 영상 시스템의 대역폭이 부족하다면 어떤 일이 생기는지 설명하라.

풀이 대역폭이 부족할 경우 화면 영상의 뚜렷한 테두리들이 부드러워져 흐릿한 영상을 보이게 된다. 이것은 화면을 구동하는 회로들이 콘트라스트를 완전한 백색에서 완전한 검정색으로 한 픽셀에서 다음 픽셀로 급격히 바꿀 수 있을 만큼 빠르지 못하기 때문이다. 고대역 드라이버와 저대역 드라이버에서 이러한 효과를 그림 11.3(a)와 11.3(b)에 각각 보여 주고 있다.(영상은 좌에서 우로 스캔되어 있다.)

그림 11.3

연습문제 위 그림의 영상이 위에서 아래로 스캔된다면 무슨 일이 일어나겠는가?

그림 11.1에서 게인의 감소(roll-off)를 가져오는 원인은 무엇인가? 한 예로 그림 11.4(a)에 도시된 저역여파기(low-pass filter)를 보자. 저주파수에서 C_1은 거의 오픈이며 R_1을 통해 흐르는 전류는 거의 0이고, 따라서 $V_{out} = V_{in}$이다. 주파수가 증가함에 따라, C_1의 임피던스는 감소하고, R_1과 C_1으로 구성된 전압 분배기(voltage divider)는 V_{in}의 전달을 더 많이 감쇠시킨다. 따라서 회로는 그림 11.4(b)와 같은 특성을 나타낸다.

더 흥미 있는 예로서, 그림 11.5(a)에 그려진 부하 커패시턴스 C_L이 출력에 있는 공통 소스 단을 살펴보자. 저주파수에서 C_L의 임피던스는 $1/C_L s$로 크기 때문에, M_1에 의해 생성되는 전류 신호는 주로 R_D를 통해 흐르게 된다. 고주파에서는 반면에, C_L이 신호 전류의 일부를 '끌어가고', 접지로 분로를 만들므로, 출력에서 보다 작은 전압 스윙이 유도된다. 사실 그림 11.5(b)의 소신호 등가 회로로부터 R_D와 C_L이 병렬인 것을 알 수 있으므로 다음과 같

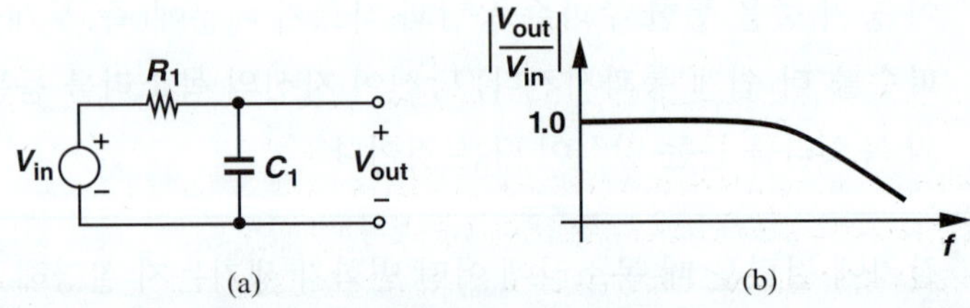

그림 11.4 (a) 간단한 저역여파기; (b) 저역여파기의 주파수 응답

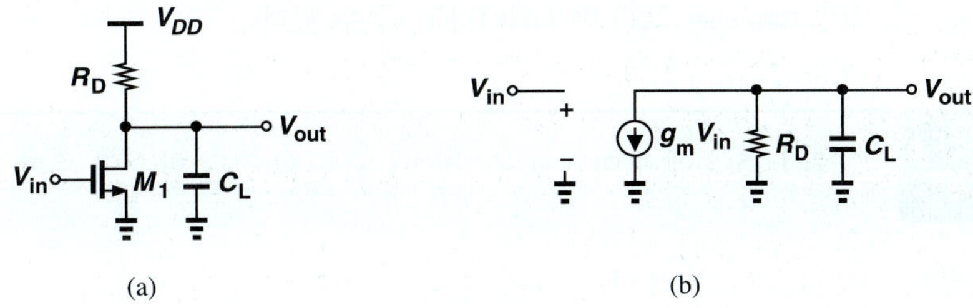

그림 11.5 (a) 부하 커패시턴스를 가지는 공통 소스(CS) 단; (b) 회로의 소신호 모델

이 된다.[1)]

$$V_{out} = -g_m V_{in}\left(R_D \parallel \frac{1}{C_L s}\right) \tag{11.1}$$

즉, 주파수가 증가함에 따라 병렬 임피던스는 떨어지고 V_{out}의 진폭도 작아진다.[2)] 전압 이득은 그러므로 고주파에서 감소하게 된다.

독자는 주파수 응답의 연구에서 왜 정현파 입력을 사용하는지 의아하게 생각할 수도 있다. 어쨌든, 증폭기는 정현파와는 닮지 않은 음성 혹은 영상 신호를 감지할 것이다. 다행스럽게, 이러한 음성 혹은 영상 신호는 서로 다른 주파수와 위상을 가진 여러 정현파들의 합으로 볼 수 있다. 그리하여 그림 11.5(b)와 같은 응답은 그 회로가 선형이고 따라서 중첩(superposition)이 적용 가능하다고 하는 한 유효한 것으로 증명된다.

11.1.2 전달 함수와 주파수 응답과의 관계

우리는 기본적인 회로 이론으로부터 회로의 전달 함수를 다음과 같이 쓸 수 있음을 안다.

$$H(s) = A_0 \frac{\left(1-\frac{s}{\omega_{z1}}\right)\left(1-\frac{s}{\omega_{z2}}\right)\cdots}{\left(1-\frac{s}{\omega_{p1}}\right)\left(1-\frac{s}{\omega_{p2}}\right)\cdots} \tag{11.2}$$

여기서 A_0는 $s \to 0$일수록 $H(s) \to A_0$가 되기 때문에 저주파수 이득을 나타낸다. 주파수 ω_{zj}와 ω_{pj}는 각각 전달 함수의 영점과 극점을 나타낸다. 만약 회로의 입력이 $x(t) = A\cos(2\pi f t) = A\cos\omega t$의 사인 함수 형태라면, 출력은 다음과 같이 표현될 수 있다.

$$y(t) = A|H(j\omega)|\cos[\omega t + \angle H(j\omega)] \tag{11.3}$$

여기서 $H(j\omega)$는 $s = j\omega$를 대입하여 얻어진다. $|H(j\omega)|$와 $\angle H(j\omega)$는 각각 '크기'와 '위상'이라고 불리며, 회로의 주파수 응답을 나타낸다. 이 장에서는 우선 전자인 크기에 관심을 가져 보자. f(Hz)와 ω(초당 라디안)는 2π배와 관련이 있음을 주의하자. 예를 들어 ω는 5 ×

1) 채널길이 변조는 여기서 무시되었다.

2) 주파수 도메인의 양(라플라스 변환)을 위해, 비록 소신호 값을 표시할 때도 대문자를 사용한다.

10^{10} rad/s $= 2\pi(7.96$ GHz)라고 쓸 수 있다.

예제 11.4 그림 11.5(a)에 보여진 공통 소스(CS) 단의 전달 함수와 주파수 응답을 결정하라.

풀이 식 (11.1)로부터 다음 식을 얻을 수 있다.

$$H(s) = \frac{V_{out}}{V_{in}}(s) = -g_m\left(R_D \parallel \frac{1}{C_L s}\right) \tag{11.4}$$

$$= \frac{-g_m R_D}{R_D C_L s + 1} \tag{11.5}$$

사인 함수 입력에 대해, s를 $j\omega$로 대체하고, 전달 함수의 크기를 계산한다.[3)]

$$\left|\frac{V_{out}}{V_{in}}\right| = \frac{g_m R_D}{\sqrt{R_D^2 C_L^2 \omega^2 + 1}} \tag{11.6}$$

예상했던 대로, 저주파수에서 전압 이득은 초깃값 $g_m R_D$에서 시작하여, $R_D^2 C_L^2 \omega^2$이 1에 유사해짐에 따라 감소해 간다. $\omega = 1/(R_D C_L)$일 때

$$\left|\frac{V_{out}}{V_{in}}\right| = \frac{g_m R_D}{\sqrt{2}} \tag{11.7}$$

$20 \log \sqrt{2} \approx 3$ dB이므로, 회로의 -3 dB 대역폭은 $1/(R_D C_L)$에 해당한다(그림 11.6).

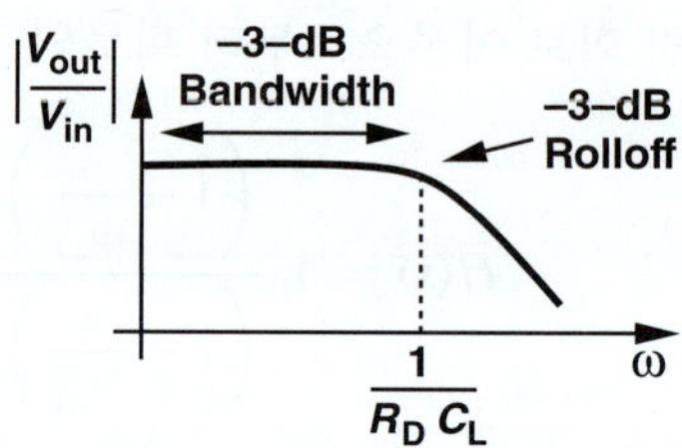

그림 11.6

연습문제 $\lambda \neq 0$일 경우 위 예제의 결과를 유도하라.

예제 11.5 그림 11.7의 공통 이미터(CE) 단을 살펴보자. 회로의 전압 이득, -3 dB 대역폭, 그리고 전력 소모 간의 관계를 유도하라. $V_A = \infty$를 가정한다.

---

3) 복소수 $a + jb$의 절댓값은 $\sqrt{a^2 + b^2}$ 이다.

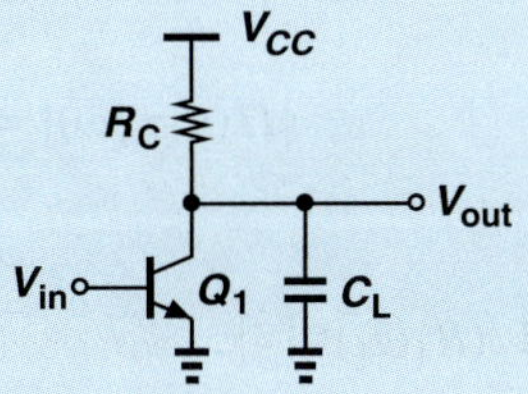

그림 11.7

풀이 그림 11.5(a)의 공통 소스(CS) 토폴로지와 비슷한 방식으로, −3 dB 대역폭은 $1/(R_C C_L)$로 주어지며, 저주파수 전압 이득은 $g_m R_C = (I_C/V_T)R_C$이고, 전력 소모는 $I_C \cdot V_{CC}$이다. 최고의 성능을 위해, 전압 이득과 대역폭 모두를 최대화하고(그러므로 둘의 곱을 최대화하고), 전력 소모는 최소화하기를 원한다. 그러므로 다음과 같이 '성능 지수'를 정의한다.

$$\frac{\text{Gain} \times \text{Bandwidth}}{\text{Power Consumption}} = \frac{\dfrac{I_C}{V_T} R_C \times \dfrac{1}{R_C C_L}}{I_C \cdot V_{CC}} \tag{11.8}$$

$$= \frac{1}{V_T \cdot V_{CC}} \frac{1}{C_L} \tag{11.9}$$

따라서 전체적인 성능은 (a) 온도를 낮추거나,[4] (b) 전압 스윙 제한의 손실을 감수해야 하지만 V_{CC}를 낮추거나, 또는 (c) 부하 커패시턴스를 낮춤으로써 개선될 수 있다. 사실, 부하 커패시턴스가 가장 큰 비중을 차지한다. 식 (11.9)는 CS 단에서 더욱 복잡해진다 (문제 11.15).

연습문제 $V_A < \infty$일 때 위의 결과를 유도하라.

예제 11.6 그림 11.4(a)에 나타낸 간단한 저역통과 필터의 주파수 응답과 계단 응답 사이의 관계를 설명하라.

풀이 전달 함수를 얻기 위해, 회로를 전압 분배기로서 바라보면, 다음과 같이 나타낼 수 있다.

$$H(s) = \frac{V_{out}}{V_{in}}(s) = \frac{\dfrac{1}{C_1 s}}{\dfrac{1}{C_1 s} + R_1} \tag{11.10}$$

$$= \frac{1}{R_1 C_1 s + 1} \tag{11.11}$$

4) 예를 들어, 회로를 액화질소($T = 77°\text{K}$) 속에 담가둘 수 있지만, 이용자는 탱크를 지니고 다녀야 할 것이다.

주파수 응답은 s를 $j\omega$로 대체하고 크기를 계산함으로써 구해진다.

$$|H(s=j\omega)| = \frac{1}{\sqrt{R_1^2C_1^2\omega^2+1}} \tag{11.12}$$

-3 dB 대역폭은 $1/(R_1C_1)$이다.

$V_0u(t)$의 계단 함수에 대한 회로의 응답은 다음과 같이 주어진다.

$$V_{out}(t) = V_0\left(1-\exp\frac{-t}{R_1C_1}\right)u(t) \tag{11.13}$$

식 (11.12)와 (11.13) 사이의 관계를 보면, R_1C_1이 증가할수록 대역폭은 감소하고, 계단 응답은 더 느려진다. 그림 11.8은 이러한 동작을 보여 주는데, 좁은 대역폭은 느린 시간 응답을 초래한다. 이러한 관찰이 그림 11.3(b)에 나타난 효과를 설명할 수 있다: 신호가 빠르게 낮은 레벨(하양)에서 높은 레벨(검정)로 뛰지 못하기 때문에, 중간 레벨(회색 그림자)에서 시간을 소비하고 '흐릿한' 가장자리가 만들어진다.

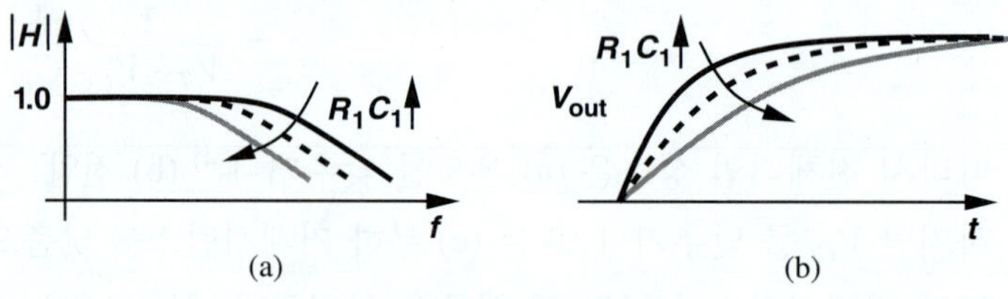

그림 11.8

연습문제 $|H|$가 2배로 감소할 때의 주파수는 얼마인가?

생명공학 응용: 임피던스 분광법

환자의 몸에서 세포들의 임피던스를 측정하면 환자의 건강에 대한 정보를 얻을 수 있다. 이런 종류의 분석을 위해서는 특정 주파수 범위에서 임피던스를 측정해야 하며, 이것을 '임피던스 분광법(IS: impedance spectroscopy)이라고 한다. 예를 들어 퇴행성 신경질환은 IS[1]의 도움으로 연구될 수 있다.

IS의 구현 예는 [1]에 설명되어 있다. 그림 11.9(a)에 보인 바와 같이, 시스템은 샘플에 정현파 전압을 인가하기 위해 파형 발생기를 사용하고, 결과로 나오는 전류를 측정하기 위해 전류 감지 회로를 사용한다. 전압 V_1과 전류 I_1의 비율은 임피던스 Z_{cell}을 나타낸다. 정현파의 주파수는 1 Hz에서 10 MHz까지 달리할 수 있다.

전류 감지 회로는 그림 11.9(b)에 나와 있는데, I_1은 가상 접지와 R_F를 통해 흐르고, 전압 V_{out}을 생성한다. $Z_{\text{cell}} = V_1/I_1$이고 $V_{out} = -I_1R_F$이며, 다음과 같아진다.

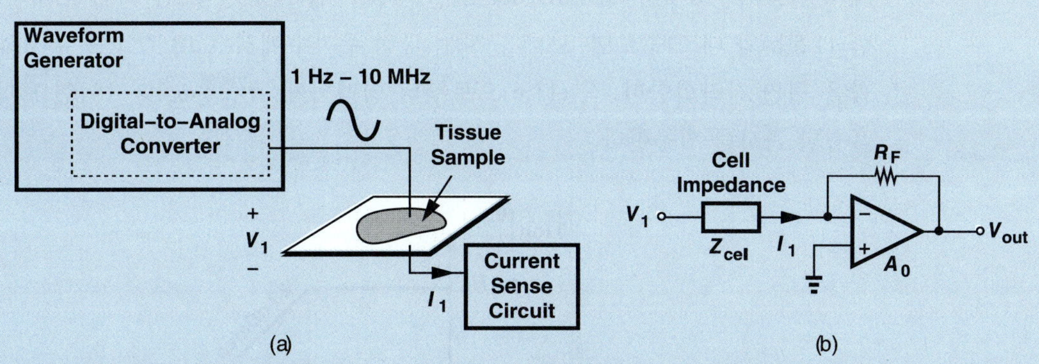

그림 11.9 (a) 조직 세포에 대한 임피던스 분광법을 수행하기 위한 시스템; (b) 회로 구현

$$Z_{\text{cell}} = -R_F \frac{V_1}{V_{out}} \tag{11.14}$$

V_1과 V_{out}을 알고 있으므로 각 정현파 주파수에서 Z_{cell}을 계산할 수 있다. 셀 임피던스는 일반적으로 병렬 RC 회로처럼 동작하므로[1], $|Z_{\text{cell}}|$이 주파수 증가에 따라 작아지게 한다.

11.1.3 보데의 규칙

$H(s)$로부터 $|H(j\omega)|$를 얻고 그 결과를 그리는 일은 다소 지루하다. 이런 이유로, 빨리 $|H(j\omega)|$를 그리기 위해 보데(Bode)의 규칙(근사치)을 종종 사용한다. $|H(j\omega)|$에 대한 보데의 규칙은 다음과 같다.

- ω가 각 극점 주파수를 지날 때, $|H(j\omega)|$의 기울기는 20 dB/dec만큼 감소한다.(20 dB/dec의 기울기는 단순히 주파수가 10배수 증가할 때 H가 10배 변하는 것을 의미한다.)
- ω가 각 영점 주파수를 지날 때, $|H(j\omega)|$의 기울기는 20 dB/dec만큼 증가한다.[5)]

예제 11.7 그림 11.5(a)에 도시된 공통 소스(CS) 단에서 $|H(j\omega)|$의 보데 플롯을 그려라.

풀이 식 (11.5)에서 극점 주파수는 다음과 같이 나타난다.

$$|\omega_{p1}| = \frac{1}{R_D C_L} \tag{11.15}$$

저주파수에서 절댓값은 $g_m R_D$에서 시작하여, $\omega = |\omega_{p1}|$까지 평평하게 유지된다. 이 점

5) 복소수 극점은 주파수 응답에서 날카로운 극치를 야기하는데, 보데 근사에서는 무시된 효과이다.

에서 기울기는 0에서 −20 dB/dec로 변한다. 그림 11.10은 그 결과를 도시하고 있다. 그림 11.5(b)와 대조해 보면, 보데 근사는 극점 주파수에서 3 dB 감소를 무시하지만, 대수학을 훨씬 간략화한다. 식 (11.6)으로부터 명백하게, $R_D^2 C_L^2 \omega^2 \gg 1$이면 보데의 규칙은 훌륭한 근사를 제공한다.

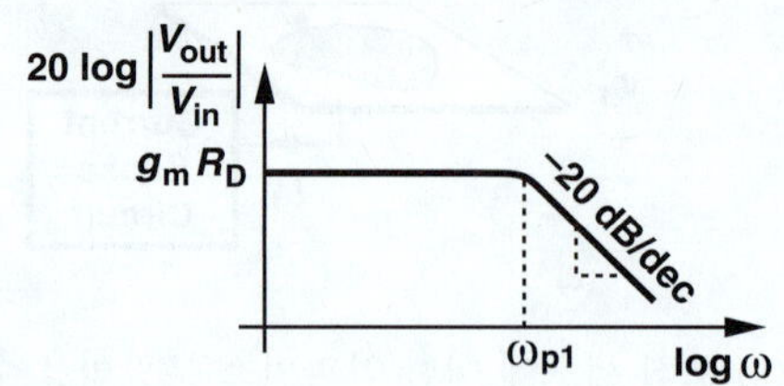

그림 11.10

연습문제 $g_m = (150\ \Omega)^{-1}, R_D = 2\ \text{k}\Omega, C_L = 100$ fF일 경우에 보데 플롯을 그려라.

11.1.4 노드와 극점의 연관

회로의 전달 함수의 극점은 주파수 응답에서 중심적인 역할을 한다. 그러므로 설계자는 직관적으로 그 극점들을 구별해 낼 수 있어야만 하는데, 이는 회로의 어느 부분이 '속도의 장애 요인'으로 나타나는지를 결정하기 위해서이다.

예제 11.4에서 학습한 공통 소스(CS) 토폴로지는 직관적으로 극점을 확인하는 데 좋은 예를 제공한다. 식 (11.5)는 극점 주파수가 출력 노드와 접지 사이의 전체 저항 값과 출력 노드와 접지 사이의 전체 커패시턴스 값의 곱을 역수를 취함으로써 주어진다는 것을 나타낸다. 많은 회로에서 응용할 수 있는 이러한 관찰은 다음과 같이 일반화할 수 있다: 만약 신호 경로상의 노드 j에 소신호 저항 R_j와 커패시턴스 C_j가 접지되어 있다면, 이것은 전달 함수에서 $(R_jC_j)^{-1}$의 크기를 갖는 극점으로 기여한다.

Did you know?

보데의 규칙은 '필요는 발명의 어머니'의 예이다. 헨드릭 보데(Hendrik Bode)는 1930년대 벨 연구소에서 전자 필터와 이퀄라이저를 연구하면서, 이 분야의 다른 연구자들과 마찬가지로 복잡한 회로와 시스템의 안정성을 결정하는 문제에 직면하였다. 사용할 수 있는 컴퓨터나 계산기가 없었기 때문에, 그 시대의 엔지니어들은 이러한 목적을 위해 긴 수작업 계산을 해야 했다. 따라서 보데는 주파수 응답에 대한 근사치와, 12장에서 볼 수 있듯이 피드백 시스템의 안정성을 연구하는 간단한 방법을 제시하였다.

예제 11.8 그림 11.11에 나타낸 회로의 극점을 결정하라. $\lambda = 0$으로 가정한다.

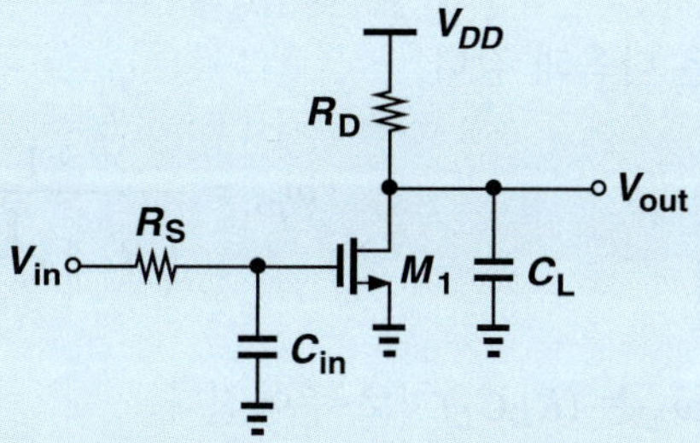

그림 11.11

풀이 V_{in}을 0으로 두면, M_1의 게이트는 저항 R_S와 커패시턴스 C_{in}을 접지에 대해 보게 됨을 알 수 있다. 그러므로

$$|\omega_{p1}| = \frac{1}{R_S C_{in}} \tag{11.16}$$

이다. ω_{p1}이 입력 회로망에서 비롯됨을 나타내기 위해 '입력 극점'이라고 부를 수 있다. 비슷하게, '출력 극점'은 다음과 같이 주어진다.

$$|\omega_{p2}| = \frac{1}{R_D C_L} \tag{11.17}$$

회로의 저주파수 전압 이득은 $-g_m R_D$이기 때문에, 전달 함수의 크기를 다음과 같이 쉽게 쓸 수 있다.

$$\left|\frac{V_{out}}{V_{in}}\right| = \frac{g_m R_D}{\sqrt{\left(1 + \omega^2/\omega_{p1}^2\right)\left(1 + \omega^2/\omega_{p2}^2\right)}} \tag{11.18}$$

연습문제 $\omega_{p1} = \omega_{p2}$라면, 어느 주파수에서 전압 이득이 3 dB만큼 떨어지는가?

예제 11.9 그림 11.12에 나타낸 회로의 극점들을 계산하라. $\lambda = 0$으로 가정한다.

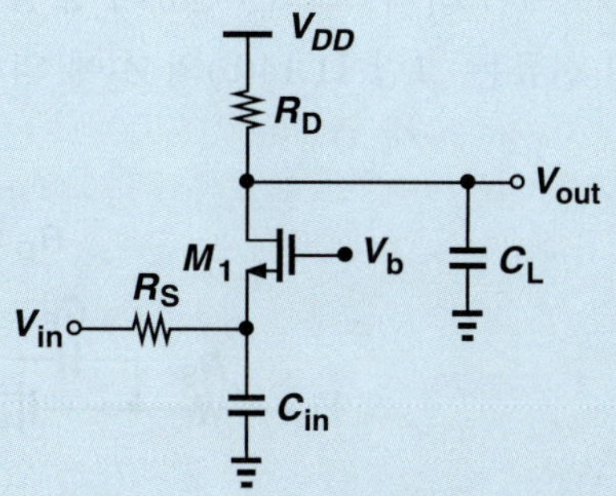

그림 11.12

풀이 $V_{in} = 0$을 가지고 M_1의 소스에서 바라본 소신호 저항값은 $R_S \| (1/g_m)$으로 주어지며, 입력 극점은 다음과 같다.

$$\omega_{p1} = \frac{1}{\left(R_S \| \frac{1}{g_m}\right) C_{in}} \tag{11.19}$$

출력 극점 ω_{p2}는 $(R_D C_L)^{-1}$로 주어진다.

연습문제 출력 극점 주파수가 입력 극점 주파수의 10배라면 R_D의 값을 어떻게 선택해야 하는가?

독자는 만약 노드에 '부유' 커패시터를 부하로 갖는 경우, 즉 커패시터의 다른 단자가 신호 경로의 노드에 연결되어 있는 경우(그림 11.13)에, 앞의 기술이 어떻게 적용되는지 궁금할 것이다. 일반적으로는 이 기술을 사용할 수 없으며, 그 회로의 식을 전개하고 전달 함수를 구해야만 한다. 그러나 어떤 경우에는 '밀러 이론'으로 주어지는 근사식으로 작업을 간략화할 수 있다.

11.1.5 밀러 이론

앞에서 배운 것과 그림 11.13의 예는 하나의 부유 커패시터를 2개의 접지된 커패시터들로 '변환시키는' 방법을 얻는 것을 가능하게 하고, 따라서 각 노드에 하나의 극점을 연관시키도록 허용한다. 이러한 방법이 밀러 이론이다. 그러나 밀러 이론은 본래 다른 이유로 창안되었다. 1910년대 후반, 존 밀러(John Miller)는 증폭기의 입력과 출력 사이에 나타나는 기생 커패시턴스가 입력 임피던스를 상당하게 낮춰 주는 것을 관찰했다. 그래서 그는 그 원리로 인도하는 해석을 제안하였다.

그림 11.14(a)에 보인 일반적인 회로를 고찰해 보면, 부유 임피던스 Z_F가 노드 1과 2 사이에 존재한다. 그림 11.14(b)에 도시된 바와 같이 Z_F를 2개의 접지된 임피던스로 변환시키고자 하며, 동시에 회로의 모든 전류와 전압은 변하지 않고 유지되도록 보장한다. Z_1과 Z_2를 결정하기 위해, 두 가지 고찰을 한다: (1) 그림 11.14(a)의 노드 1로부터 Z_F로 흐르는 전류는 그림 11.14(b)의 Z_1에 흐르는 전류와 동일해야만 한다. 그리고 (2) 그림 11.14(a)의 노드 2에 주입된 전류는 그림 11.14(b)의 Z_2에 의해 주입되는 전류와 동일해야만 한다.(이러

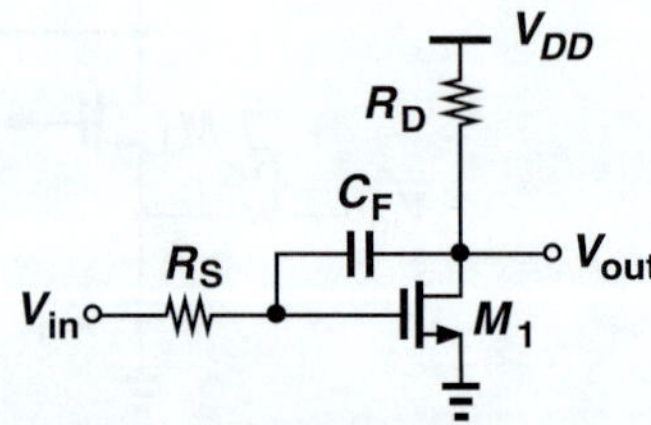

그림 11.13 부유 커패시터를 가지는 회로

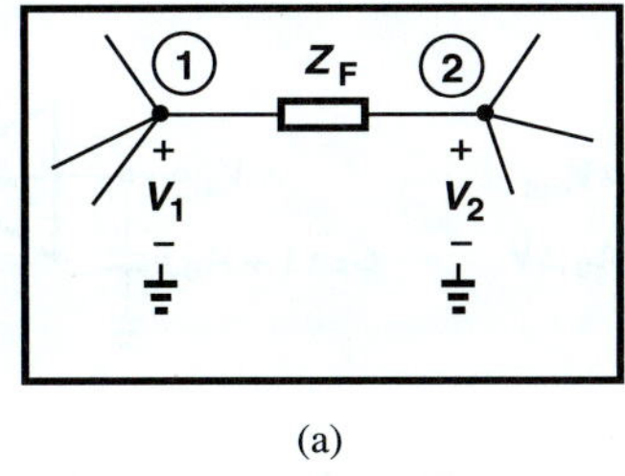

(a)

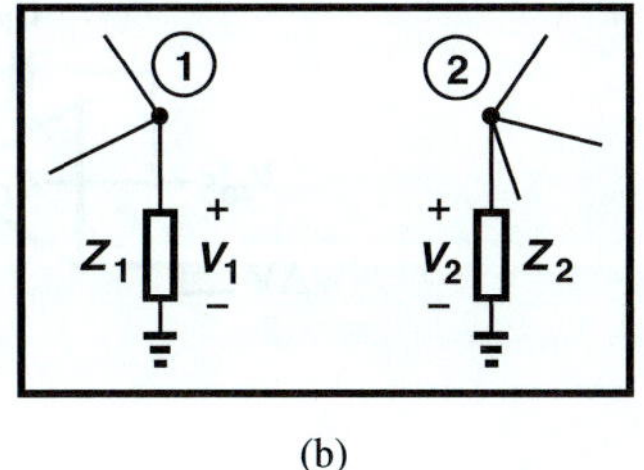

(b)

그림 11.14 (a) 부유 임피던스를 갖는 일반적인 회로; (b) 밀러 이론으로 얻은 (a)의 등가 회로

한 조건들은 회로가 변환을 '감지'하지 못하도록 보증해 준다.) 그러므로

$$\frac{V_1 - V_2}{Z_F} = \frac{V_1}{Z_1} \tag{11.20}$$

$$\frac{V_1 - V_2}{Z_F} = -\frac{V_2}{Z_2} \tag{11.21}$$

노드 1에서 노드 2로의 전압 이득을 A_v로 나타내면 다음을 얻는다.

$$Z_1 = Z_F \frac{V_1}{V_1 - V_2} \tag{11.22}$$

$$= \frac{Z_F}{1 - A_v} \tag{11.23}$$

$$Z_2 = Z_F \frac{-V_2}{V_1 - V_2} \tag{11.24}$$

$$= \frac{Z_F}{1 - \frac{1}{A_v}} \tag{11.25}$$

밀러 이론이라 불리는, 식 (11.23)과 (11.25)로 표현된 결과들은 회로의 해석과 설계에 매우 유용함이 증명되었다. 특히 식 (11.23)은 부유 임피던스가 노드 1에서 바라보았을 때 $1 - A_v$배만큼 줄어든다는 것을 제시한다.

밀러 이론의 중요한 예로서, Z_F를 반전 증폭기의 입력과 출력 사이에 연결되어 있는 하나의 커패시터 C_F라고 가정하자[그림 11.15(a)]. 식 (11.23)을 적용하면 다음을 얻는다.

$$Z_1 = \frac{Z_F}{1 - A_v} \tag{11.26}$$

$$= \frac{1}{(1 + A_0)C_F s} \tag{11.27}$$

여기서 $A_v = -A_0$로 대입하였다. Z_1은 어떤 종류의 임피던스인가? $1/s$의 의존성은 $(1 + A_0)C_F$ 값의 커패시터 하나를 제시하는데, 이는 마치 C_F가 $1 + A_0$배만큼 '증폭된' 것이다. 다시 말해서, A_0의 전압 이득을 갖는 반전 증폭기의 입력과 출력 사이의 연결된 커패시터 C_F는 입력 커패시턴스를 $(1 + A_0)C_F$로 증가시킨다. 이런 경우 회로가 커패시터의 '밀러

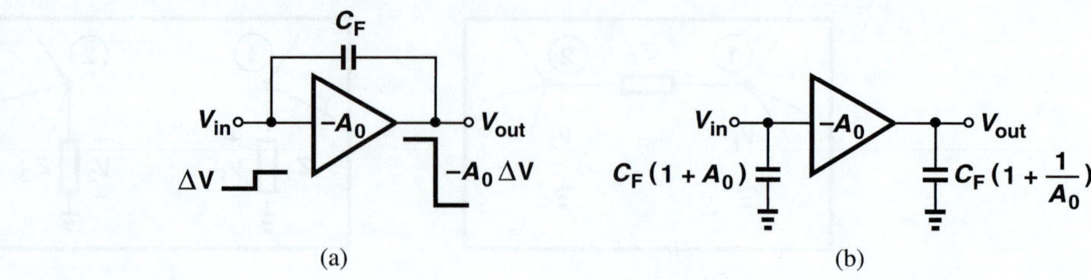

그림 11.15 (a) 부유 커패시터를 갖는 반전 회로; (b) 밀러 이론으로 얻은 등가 회로

증배' 문제를 겪는다고 한다.

출력에서 C_F의 효과는 식 (11.25)로부터 얻을 수 있다.

$$Z_2 = \frac{Z_F}{1 - \frac{1}{A_v}} \tag{11.28}$$

$$= \frac{1}{\left(1 + \frac{1}{A_0}\right) C_F s} \tag{11.29}$$

위 식은 $A_0 \gg 1$라면 $(C_F s)^{-1}$에 근접한다. 그림 11.15(b)는 이런 결과들을 요약한 것이다.

커패시터의 밀러 증배는 또한 직관적으로도 설명할 수 있다. 그림 11.15(a)의 입력 전압을 작은 양 ΔV만큼 증가시켰다고 가정하자. 그러면 출력은 $A_0\Delta V$만큼 감소하게 된다. 즉, C_F에 걸리는 전압은 $(1 + A_0)\Delta V$만큼 증가하게 되는데, 이때 입력에서 그에 비례하는 전하

Did you know?

밀러 효과는 1919년 존 밀러(John Miller)에 의해 발견되었다. 밀러는 그의 원본 논문에서 "튜브 전극들 사이의 실제 커패시티(용량)보다 보여지는 입력 커패시티(용량)가 몇 배 더 커질 수 있다"는 것을 관찰하였다.[당시에는 capacitance(정전 용량)와 capacitor(커패시터)를 각각 'capacity(용량)'와 'condensor(콘덴서)'라고 불렀다.] 밀러 증배에 대한 흥미로운 효과는, 만약 증폭기 이득이 양이고 1보다 크면 음의 입력 커패시턴스 $(1 - A_v)C_F$를 얻는다는 것이다. 이런 일이 발생할까? 그렇다. 그림은 음의 커패시턴스를 구현하는 회로이다. V_{in1}에서 V_Y로(그리고 V_{in2}에서 V_X로)의 이득이 양수이므로, C_F는 음수 배로 증배될 수 있다. 이 기술은 많은 고속 회로에서 원치 않는 (양의) 커패시턴스의 영향을 부분적으로 제거하기 위해 사용된다.

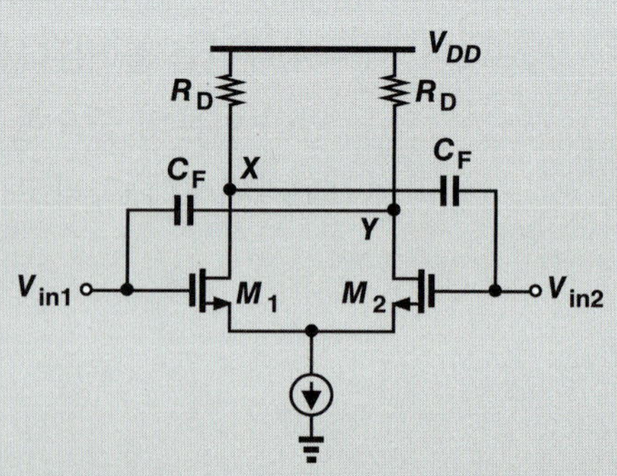

음의 입력 커패시턴스를 가지는 회로

의 제공이 요구된다. 그에 반해, C_F가 부유 커패시터가 아니고 C_F의 오른쪽 전압이 변하지 않는다면, 오직 ΔV만큼 전압 변화가 있고, 더 적은 전하를 필요로 할 것이다.

앞서 배운 내용은 부유 커패시터를 접지된 커패시터들로 전환하기 위한 밀러 이론의 이용에 대해 지적하고 있다. 다음 예제는 이 원리를 증명한다.

예제 11.10 그림 11.16(a)에 보인 회로의 극점을 예측하라. $\lambda = 0$을 가정한다.

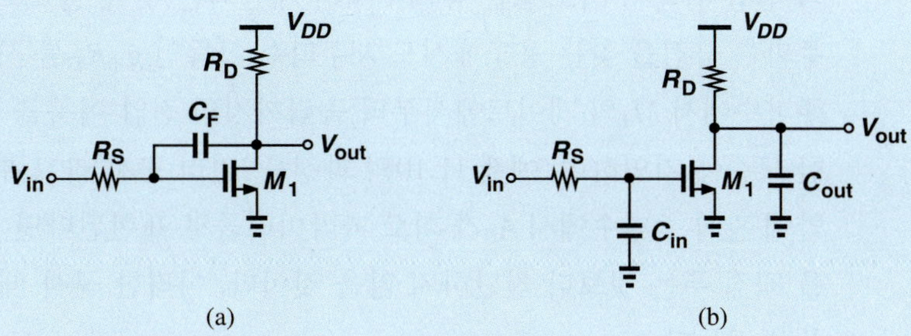

그림 11.16

풀이 M_1과 R_D가 $-g_mR_D$의 이득을 갖는 반전 증폭기를 구성함을 주의하면서, 그림 11.15(b)의 결과를 이용해 다음과 같이 쓸 수 있다.

$$C_{in} = (1 + A_0)C_F \tag{11.30}$$

$$= (1 + g_mR_D)C_F \tag{11.31}$$

그리고

$$C_{out} = \left(1 + \frac{1}{g_mR_D}\right)C_F \tag{11.32}$$

따라서 그림 11.16(b)에 도시된 토폴로지에 도달한다. 예제 11.8에서 배운 대로 다음을 얻는다.

$$\omega_{in} = \frac{1}{R_SC_{in}} \tag{11.33}$$

$$= \frac{1}{R_S(1 + g_mR_D)C_F} \tag{11.34}$$

그리고

$$\omega_{out} = \frac{1}{R_DC_{out}} \tag{11.35}$$

$$= \frac{1}{R_D\left(1 + \frac{1}{g_mR_D}\right)C_F} \tag{11.36}$$

왜 (a) 회로는 하나의 폴을 가지고 (b)는 2개의 폴을 가지는가? 이 해답은 아래에 설명되어 있다.

연습문제 $g_m = (150\ \Omega)^{-1}, R_D = 2\ \text{k}\Omega, C_F = 80$ fF일 경우에 C_{in}을 계산하라.

독자는 위의 예제가 약간 모순적인 것을 발견할지도 모른다. 밀러 이론은 부유 임피던스와 전압 이득이 서로 같은 주파수에서 계산되는 것을 필요로 하는데, 반면 예제 11.10은 고주파수 극점을 찾는 용도에서도 **저주파수** 이득인 g_mR_D를 사용하였다. 즉, C_F의 존재가 고주파수에서 M_1의 게이트에서부터 출력까지의 전압 이득을 낮춘다는 것을 알고 있다. 이러한 모순에 기인하여, 예제 11.10의 과정을 '밀러 근사'라고 부른다. 이러한 근사 없이, 즉 만약에 관심 주파수에서 A_0가 회로 파라미터들로 표현된다면, 밀러 이론의 적용은 회로 식들을 직접 푸는 것보다 간단하지 않을 것이다. 이러한 근사 때문에, 위 예제의 회로는 2개의 폴을 갖는다.

밀러 근사의 또 다른 인위적 요소는 그것이 전달 함수의 **영점**을 제거할지도 모른다는 것이다. 이 쟁점은 11.4.3절에서 다시 다룰 것이다.

식 (11.23)의 일반적인 표현은 다음과 같이 해석될 수 있다: A_v의 이득을 갖는 반전 증폭기의 입력과 출력 사이에 연결되어 있는 임피던스는 입력에서 바라본다면 (접지에 대해) $1 + A_v$배만큼 줄어든다. 이러한 임피던스의 감소(따라서 커패시턴스의 증가)를 '밀러 효과'라고 부른다. 예를 들면, 밀러 효과가 그림 11.16(a)의 회로의 입력 커패시턴스를 $(1 + g_mR_D)C_F$로 증가시킨다고 말한다.

11.1.6 일반적인 주파수 응답

앞의 학습은 회로의 커패시턴스가 고주파수에서 전압 이득을 낮추는 경향이 있음을 보여 준다. 커패시터들은 **저주파수**에서도 또한 전압 이득을 줄일 수 있다. 간단한 예로 그림 11.17(a)에 보인 고역통과 여파기를 고려해 보도록 하자. 여기서 C_1과 R_1 사이의 전압 분할은 다음을 가져온다.

$$\frac{V_{out}}{V_{in}}(s) = \frac{R_1}{R_1 + \frac{1}{C_1 s}} \tag{11.37}$$

$$= \frac{R_1 C_1 s}{R_1 C_1 s + 1} \tag{11.38}$$

따라서

$$\left|\frac{V_{out}}{V_{in}}\right| = \frac{R_1 C_1 \omega}{\sqrt{R_1^2 C_1^2 \omega_1^2 + 1}} \tag{11.39}$$

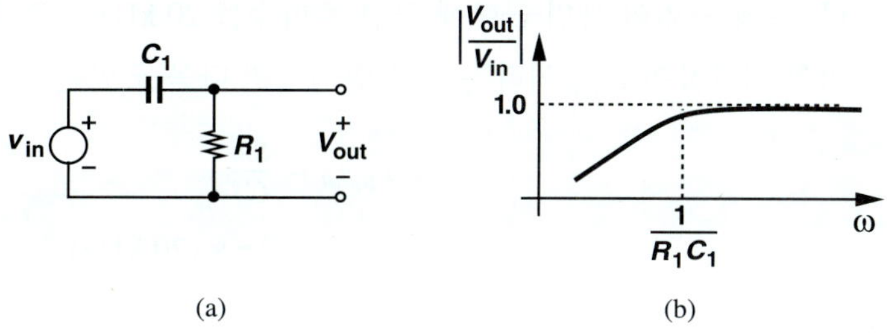

그림 11.17 (a) 간단한 고역통과 여파기; (b) (a)의 주파수 응답

이다. 그림 11.17(b)에 그려진 대로, 동작 주파수가 $1/(R_1C_1)$ 이하로 떨어짐에 따라 주파수 응답은 감소를 보인다. 식 (11.38)에서 알 수 있는 것처럼, 이런 감소는 전달 함수의 영점이 원점에서 발생하기 때문에 생긴다.

저주파수 감소는 바람직하지 않을 수 있는 것으로 증명되었다. 다음 예제에서 이에 대해 설명하겠다.

예제 11.11

그림 11.18은 고성능 오디오 증폭기에서 사용되는 소스 폴로어를 그린 것이다. 여기서 R_i는 M_1을 위해 V_{DD}와 같은 게이트 바이어스 전압을 형성하고, I_1은 드레인 바이어스 전류를 정의한다. $\lambda = 0$, $g_m = 1/(200\ \Omega)$, $R_1 = 100\ \text{k}\Omega$으로 가정한다. 필요한 최소 C_i 값과 허용 가능한 최대 C_L 값을 결정하라.

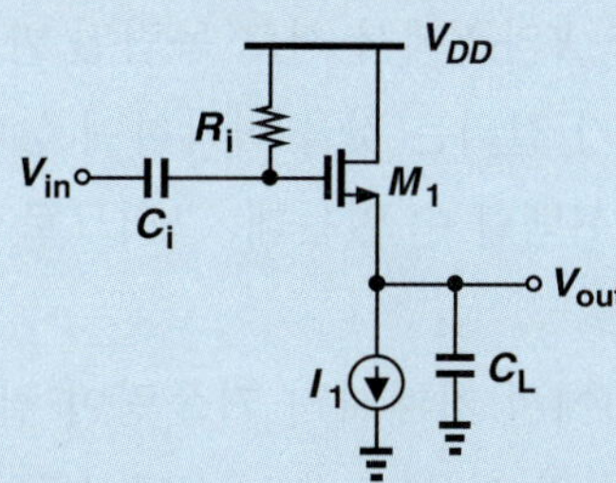

그림 11.18

풀이 그림 11.17의 고역통과 여파기와 유사하게, R_i와 C_i로 구성된 입력 회로망은 저주파수에서 신호를 감쇠시킨다. 20 Hz 정도로 낮은 음성 성분이 감쇠를 적게 겪도록 보장하기 위해, 코너 주파수 $1/(R_iC_i)$를 $2\pi \times (20\ \text{Hz})$로 정하면 다음 값을 얻는다.

$$C_i = 79.6\ \text{nF} \tag{11.40}$$

물론 이 값은 한 칩 안에 집적화하기에는 너무 크다. 식 (11.39)가 $\omega = 1/(R_iC_i)$에서 3 dB 감쇠를 나타내기 때문에, 사실 적은 감쇠가 요구된다면, 심지어는 더 큰 커패시터를 선택해야만 한다.

부하 커패시턴스는 출력 노드에 극점을 만들고, 고주파수에서 전압 이득을 낮게 한다. 음성 범위의 상위 끝단에 극점 주파수를 20 kHz로 정하고, 출력 노드에서 접지를 바라본 저항값이 $1/g_m$이라는 것을 인지하면 다음을 얻는다.

$$\omega_{p,out} = \frac{g_m}{C_L} \tag{11.41}$$

$$= 2\pi \times (20\text{ kHz}) \tag{11.42}$$

따라서

$$C_L = 39.8\text{ nF} \tag{11.43}$$

이다. 효율적인 드라이버인 소스 폴로어는 (오디오 대역에서) 아주 큰 부하 커패시턴스를 견딜 수 있다.

연습문제 I_1과 M_1의 폭이 반으로 줄어들었을 때, 위의 예제를 반복하라.

위의 예제에서 왜 C_i를 사용해야 했는가? C_i가 없다면, 회로의 전압 이득은 저주파수에서 떨어지지 않을 것이고, 위의 계산을 수행할 필요가 없었을 것이다. '커플링(coupling)' 커패시터라고 불리는 C_i는 관심 신호 주파수가 회로를 통과하도록 해 주는 반면 V_{in}의 직류 성분은 차단시킨다. 다시 말해서 C_i는 소스 폴로어의 바이어스 조건을 앞단으로부터 독립시킨다. 그림 11.19(a)는 CS 단이 소스 폴로어 앞에 위치한 예를 도시하고 있다. 커플링 커패시터는 노드 X와 Y에서 서로 독립된 바이어스 전압을 허용한다. 예를 들면, V_Y를 R_D에 큰 전압 강하가 걸리는 것을 허락하여 상대적으로 낮게(M_2가 거의 트라이오드 영역 근처에 놓이도록) 선택할 수 있는데, 그러므로 CS 단의 전압 이득을 최대화할 수 있다.(왜 그럴까?)

그림 11.19(a)에서 커패시터 커플링이 필수적이라는 것을 독자에게 확신시키기 위해서, '직접 커플링'의 경우[그림 11.19(b)]도 고려해 보자. 여기서 전압 이득을 최대화하기 위해 V_P는 $V_{GS2} - V_{TH2}$의 바로 위인 200 mV로 둔다. 이에 반해서 M_2의 게이트는 적어도 $V_{GS1} + V_{I1}$의 전압에 있어야만 하며, 여기서 V_{I1}은 I_1에 의해 요구되는 최소 전압을 나타낸

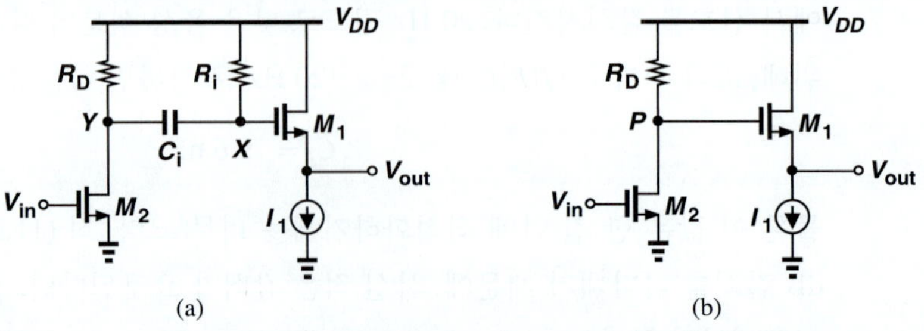

그림 11.19 (a) CS 단과 커플링 커패시터를 가지는 소스 폴로어의 캐스케이드; (b) CS 단과 직접 커플링으로 연결된 소스 폴로어의 캐스케이드

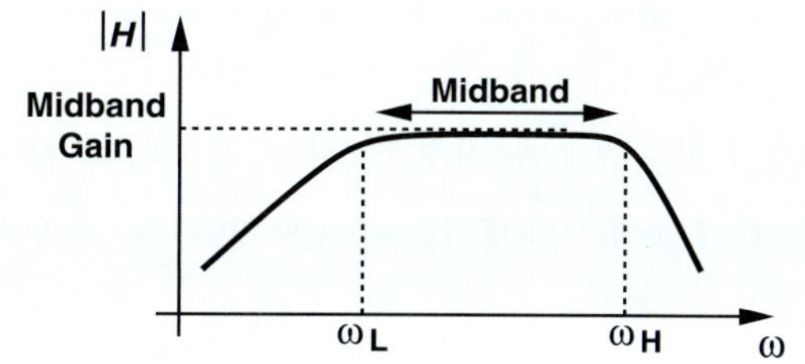

그림 11.20 전형적인 주파수 응답

다. $V_{GS1} + V_{I1}$이 600~700 mV에 달할 수 있기 때문에, 두 단은 바이어스 전위들에 있어서 상당히 호환성이 없으며, 따라서 커패시터 커플링을 필요로 한다.

커패시터 커플링(또한 'ac 커플링'이라고 불린다)은 많은 응용 분야(예를 들면, 위의 오디오 예제의 C_i)에서 필요로 하는 큰 커패시터 값 때문에 부품 회로 설계에서 더욱 일반적으로 쓰인다. 그럼에도 불구하고 많은 집적 회로에서도, 특히 저전압에서 만일 필요한 커패시터 값이 몇 피코패럿(pF) 이상이 아니라면, 커패시터 커플링을 쓰고 있다.

그림 11.20은 전형적인 주파수 응답과 여러 특성들을 나타내고자 사용한 전문 용어를 보여 준다. ω_L을 낮은 코너 또는 낮은 '차단' 주파수라고 부르며, ω_H를 높은 코너 또는 높은 차단 주파수라고 부른다. 관심 신호 주파수를 수용하기 위해 선택된 ω_L과 ω_H 사이의 대역폭을 '중간 주파수 범위(midband range)', 그에 상응하는 이득을 '중간 주파수 이득'이라고 부른다.

로봇공학 응용: 가속도계

가속도계는 가속도를 측정하고, 로봇이 오르막길을 가는지 내리막길을 가는지 중력을 결정하거나 로봇의 속도와 이동 거리를 계산하기 위해 로봇공학에서 광범위하게 사용된다.

가속도계는 장치의 커패시턴스 변화를 감지하여 작동한다. 전도성 플레이트(판)(기둥) 1과 2가 비전도성 기판에 설치된 그림 11.21(a)에 묘사된 개념적 구조를 고려해 보자. 플레이트 2가 가속도에 따라 기울어지도록 설계되었고[그림 11.21(b)], 플레이트 1은 고정된 상태로 유지된다고 가정해 보자. 따라서 장치가 왼쪽 혹은 오른쪽으로 가속됨에 따라 두 플레이트 사이의 커패시턴스가 변하게 된다.

실제로 C_{12}의 작은 변화를 측정하는 것은 어렵다. 따라서 그림 11.21(c)에 표시된 '차동 커패시터' 형태로 구조를 수정해 보자. 여기에서 첫 번째 플레이트는 기울어질 수 있는 2개의 플레이트 2와 3의 옆에 위치한다. 만약 이 플레이트들이 오른쪽으로 기울어지면, C_{12}는 감소하고 C_{13}은 증가한다; 이 변화들은 작은 경사각에 대해 거의 동일하다. 이제 C_{12}와 C_{13}의 차이를 측정하여 가속도를 나타내는 양으로 표현할 수 있다. 그림

11.21(d)에 보인 바와 같이, 차동 정현파 V_a와 V_b로 플레이트 2와 3을 각각 구동하고, 플레이트 1의 전압을 살펴보자. 각 커패시터의 임피던스를 $1/(Cs)$로 쓰고 커패시티브(용량성) 전압 분배기에 중첩(superposition)을 적용하면 다음과 같아진다.

$$V_{out} = \frac{C_{12}}{C_{12} + C_{13}} V_a + \frac{C_{13}}{C_{12} + C_{13}} V_b \tag{11.44}$$

가속도가 없으면 $C_{12} = C_{13}$이고 $V_a = -V_b$이므로 $V_{out} = 0$이다. 한편 가속에서는 $C_{12} = C_0 + \Delta C, C_{13} = C_0 - \Delta C$가 되어 아래와 같아진다.

$$V_{out} = \frac{\Delta C(V_a - V_b)}{C_{12} + C_{13}} \tag{11.45}$$

여기서 C_0는 두 커패시터가 같을 때의 값이다. V_{out}은 가속도 방향에 따라 양수 또는 음수 값으로 가정한다. 다른 유형의 가속도계들은 발진기에 가변 커패시턴스를 배치하고 발진 주파수의 변화를 측정한다.

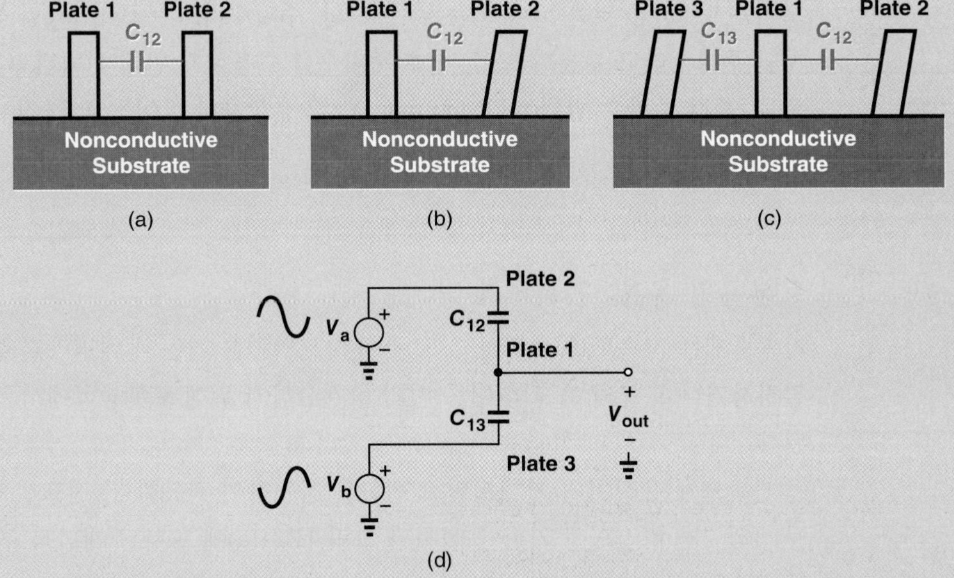

그림 11.21 (a) 단순한 커패시터 구조; (b) 가속에 따른 커패시턴스의 변화; (c) 차동 구조; (d) 커패시턴스 변화 측정

11.2 트랜지스터의 고주파수 모델

많은 회로의 속도는 각 트랜지스터 내에 있는 커패시턴스들에 의해 제한된다. 그러므로 주의 깊게 이 커패시턴스들에 대해 학습할 필요가 있다.

11.2.1 바이폴라 트랜지스터의 고주파수 모델

4장에서 바이폴라 트랜지스터가 2개의 *pn* 접합으로 구성되었음을 상기해 보자. 접합들[6]과 관련된 공핍 영역은 베이스와 이미터 사이의 커패시터 C_{je}, 그리고 베이스와 컬렉터 사이의 커패시터 C_{μ}를 초래한다[그림 11.22(a)]. 이 커패시턴스들을 소신호 모델에 추가해 보면 그림 11.22(b)에 나타낸 대로 표현할 수 있다.

안타깝게도 이 모델은 불완전한데 이는 베이스-이미터 접합이 고려해야만 하는 또 다른 효과를 표시해야 하기 때문이다. 4장에서 설명했던 바와 같이, 트랜지스터의 동작은 컬렉터 쪽으로 캐리어 확산이 일어날 수 있도록 베이스 영역에서의 (비균일한) 전하 윤곽을 필요로 한다. 달리 말해서, 만약 트랜지스터가 갑자기 온된다면, 충분한 전하 캐리어들이 베이스 영역으로 유입되고 필요한 윤곽을 만들기 위해 축적되기 전까지는 적절한 동작이 시작되지 않는다. 유사하게, 만약 트랜지스터가 갑자기 오프된다면, 베이스에 저장된 전하 캐리어들은 컬렉터 전류를 0으로 떨어뜨리기 위해 제거되어야만 한다.

위 현상은 커패시터를 충전하고 방전하는 것과 상당히 비슷하다: 컬렉터 전류를 변화시키기 위해, 어느 정도 전자 또는 홀을 주입하거나 제거해 줌으로써 베이스 전하 윤곽을 변화시켜야만 한다. 베이스와 이미터 사이에서 두 번째 커패시터 C_b로 모델링되는 이 효과는 일반적으로 공핍 영역 커패시턴스보다 더 중요하다. C_b와 C_{je}가 병렬로 나타나기 때문에, 이것들을 하나로 합쳐 C_{π}로 표현된다[그림 11.22(c)].

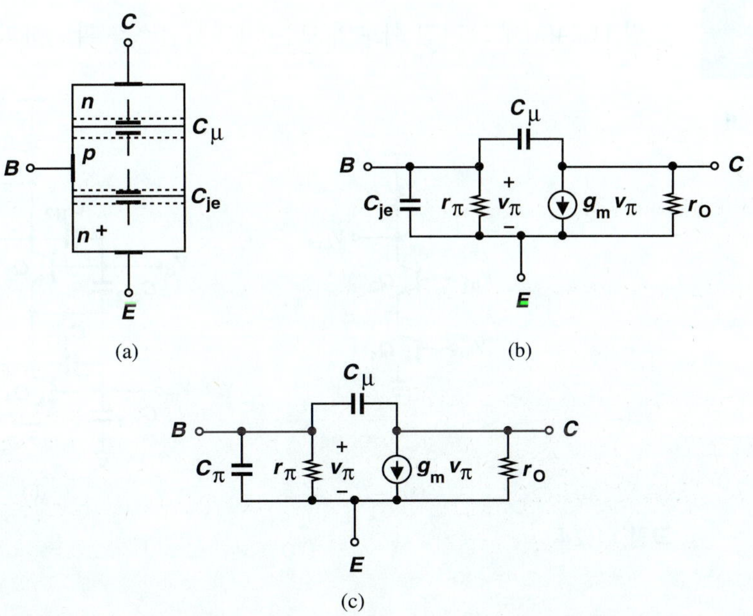

그림 11.22 (a) 접합 커패시턴스들을 나타낸 바이폴라 트랜지스터 구조; (b) 접합 커패시턴스를 갖는 소신호 모델; (c) 베이스 전하를 고려한 완벽한 모델

---

6) 4장에서 언급한 대로, 순방향과 역방향 바이어스된 접합은 모두 공핍 영역을 포함하며, 그에 관련된 커패시턴스를 갖는다.

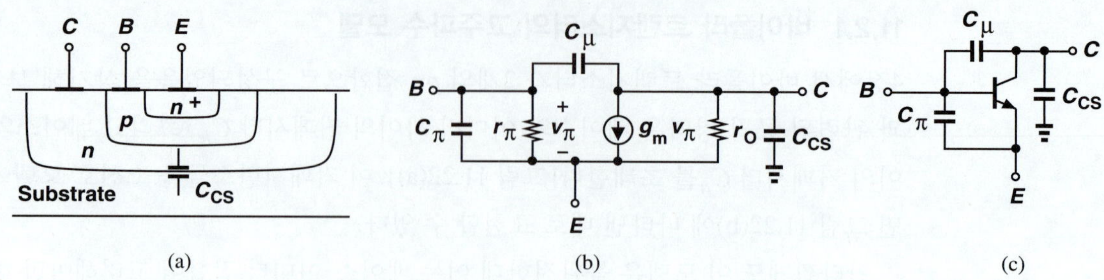

그림 11.23 (a) 집적 바이폴라 트랜지스터의 구조; (b) 컬렉터-기판 커패시턴스를 포함한 소신호 모델; (c) 커패시턴스들을 명확히 보인 소자 심벌

집적 회로에서 바이폴라 트랜지스터는 접지된 기판 위에 제작된다[그림 11.23(a)]. 컬렉터-기판 접합은 역바이어스로 유지되며(왜 그럴까?), C_{CS}로 표시되는 접합 커패시턴스를 가진다. 완결된 모델이 그림 11.23(b)에 도시되어 있다. 앞으로 회로 해석에 이 모델을 사용한다. 최근의 집적 회로 바이폴라 트랜지스터에서 C_{je}, C_μ, C_{CS}는 최소 크기의 소자에 대해 대략 수 펨토패럿[fF] 정도의 값을 가진다.

주파수 응답의 분석에서, 먼저 회로 다이어그램에 트랜지스터 커패시턴스들을 그리고, 결과를 간략화하고, 그다음에 소신호 등가 회로를 그리는 것이 종종 편리하다. 그러므로 그림 11.23(c)에 보인 바와 같이 트랜지스터를 표현할 수 있다.

예제 11.12 그림 11.24(a)에 그려진 회로의 모든 커패시턴스를 확인하라.

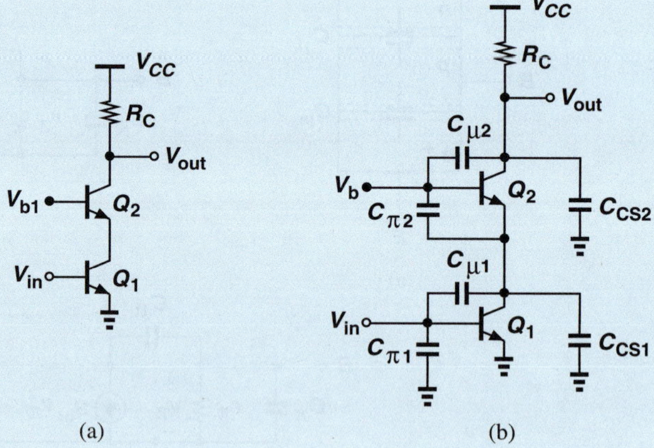

그림 11.24

풀이 그림 11.23(b)로부터 각 트랜지스터에 3개의 커패시턴스들을 추가하여 그림 11.24(b)에 도시하였다. 흥미롭게도, C_{CS1}과 $C_{\pi 2}$는 병렬로 나타나고, $C_{\mu 2}$와 C_{CS2}도 마찬가지이다.

연습문제 위 캐스코드의 소신호 등가 회로를 그려라.

11.2.2 MOSFET의 고주파 모델

6장의 MOSFET 구조를 학습하면서 몇 가지 커패시터 성분들을 밝혔다. 이제 소자에서 이 커패시턴스들을 아주 자세히 학습해 보자.

그림 11.25(a)에 도시된 바대로 MOSFET는 3개의 중요한 커패시턴스들을 보여 준다: 게이트와 채널 사이에('게이트 산화막 커패시턴스'라고 불리며 WLC_{ox}로 주어진다) 하나, 그리고 역 바이어스 된 소스-벌크와 드레인-벌크 접합에 관련된 2개이다. 첫 번째 성분은 모델링에 어려움을 보이는데, 트랜지스터 모델이 '채널'을 포함하지 않기 때문이다. 그러므로 이 커패시턴스를 게이트와 소스 사이에 하나, 그리고 게이트와 드레인 사이에 다른 하나로 분해해야만 한다[그림 11.25(b)]. 이 커패시턴스의 정확한 분할은 이 책의 범위를 벗어나지만, 포화 영역에서 C_1은 대략 게이트-채널 커패시턴스의 2/3를 차지하며, 그에 반해 $C_2 \approx 0$이다.

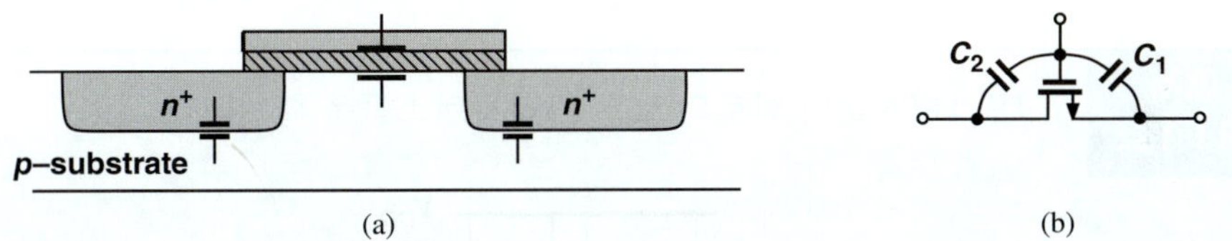

그림 11.25 (a) 다양한 커패시턴스들을 보여 주는 MOS 소자의 구조; (b) 소스와 드레인 사이의 게이트-채널 커패시턴스의 분할

MOSFET에서 2개의 또 다른 커패시턴스들은 몇몇 회로에서 중대한 역할을 한다. 그림 11.26에 보인 바와 같이, 이 성분들은 게이트와 소스/드레인 영역[7] 사이의 물리적 겹침과 게이트 끝과 S/D 영역 윗부분 사이의 언저리 필드 두 가지 모두에 의해 발생한다. 게이트-드레인 혹은 게이트-소스 '겹침(overlap)' 커패시턴스라고 불리는 이 (대칭적인) 효과는 MOSFET가 오프된 경우에도 잔존한다.

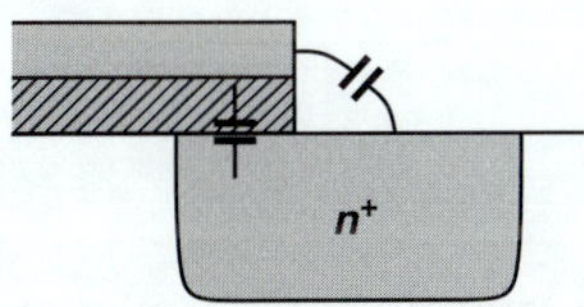

그림 11.26 게이트와 드레인(혹은 소스) 사이의 겹침 커패시턴스

이제 MOSFET의 고주파 모델을 구성해 보자. 그림 11.27(a)에 도시된 바대로, 이 표현은 다음으로 구성되어 있다: (1) 게이트와 소스 사이의 커패시턴스 C_{GS}(겹침 성분 포함), (2) 게이트와 드레인 사이의 커패시턴스 C_{GD}(겹침 성분 포함), (3) 소스와 벌크 사이 그리고

7) 6장에서 언급한 바대로, S/D 영역은 제조 공정 동안에 게이트 밑으로 비어져 들어온다.

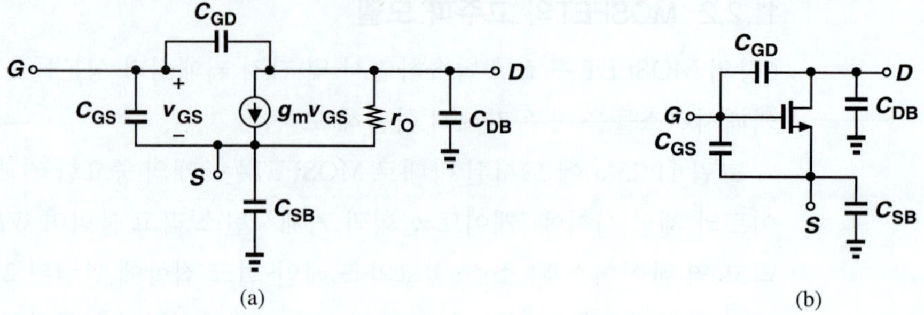

그림 11.27 (a) MOSFET의 고주파 모델; (b) 커패시턴스가 명시적으로 표시된 디바이스 심벌

드레인과 벌크 사이의 접합 커패시턴스 C_{SB}와 C_{DB}.(벌크는 교류 접지 상태로 가정한다.) 11.2.1절에서 언급한 것처럼, 소신호 모델을 구성하기 전에 트랜지스터 기호에 커패시턴스들을 종종 그린다[그림 11.27(b)].

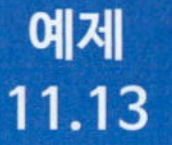

그림 11.28(a)의 회로의 모든 커패시턴스들을 확인하라.

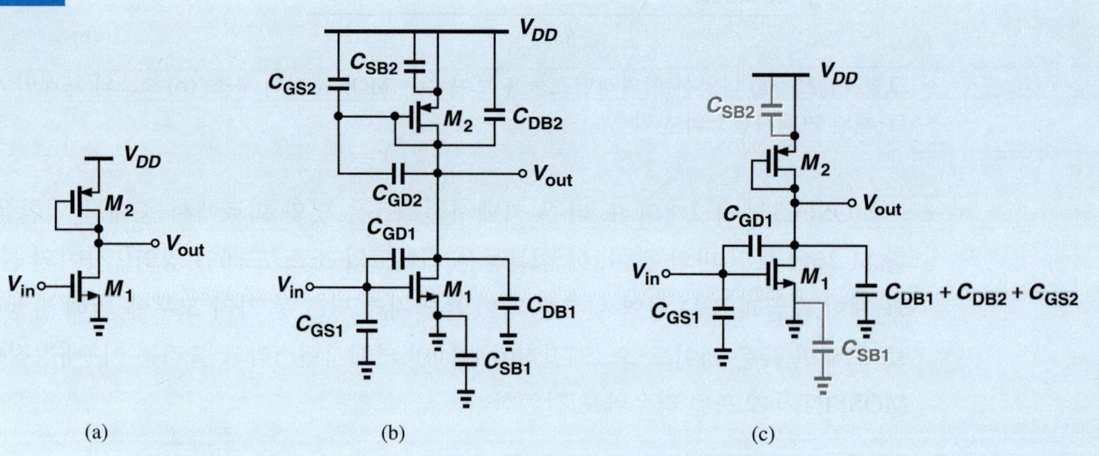

그림 11.28

풀이 그림 11.27로부터 각 소자마다 4개의 커패시턴스들을 추가하면, 그림 11.28(b)의 회로를 도출할 수 있다. C_{SB1}과 C_{SB2}는 모두 끝이 교류 접지에 단락되었으며, C_{GD2}는 '출력'에 단락되었고, C_{DB1}, C_{DB2}, C_{GS2}는 출력 노드에 병렬로 연결되어 있는 것에 주의하자. 그러므로 회로는 그림 11.28(c)와 같이 줄일 수 있다.

연습문제 M_2가 다이오드 연결 소자임을 유념하고, 위 증폭기의 소신호 등가 회로를 그려라.

11.2.3 트랜싯(통과) 주파수

바이폴라와 MOS 소자를 둘러싼 다양한 커패시턴스들을 가지고, 트랜지스터의 최고 속도를 표현하는 양을 정의하는 것이 가능하겠는가? 그런 양은 트랜지스터의 다른 종류 또는 세대를 비교하는 데 유용할 뿐만 아니라, 그 소자들을 포함한 회로의 성능을 예견하는 데도 유용할 것이라 판명된다.

트랜지스터의 고유 속도[8]를 측정하는 것은 '트랜싯(통과)' 또는 '차단' 주파수 f_T이고, 이것은 소자의 소신호 전류 이득이 1로 떨어질 때의 주파수로 정의된다. 그림 11.29에 (바이어스 회로 없이) 도시된 바와 같이, 이 개념은 입력 주파수 f_{in}이 증가시키면서, 베이스나 게이트에 사인파 전류를 주입하고, 결과적인 컬렉터 혹은 드레인 전류를 측정하는 것이다. f_{in}이 증가함에 따라, 소자의 입력 커패시턴스는 입력 임피던스 Z_{in}를 줄이고, 따라서 입력 전압 $V_{in} = I_{in}Z_{in}$과 출력 전류도 줄어드는 것을 주의한다. 여기서 C_μ와 C_{GD}는 무시되었다.(그러나 문제 11.26에서는 고려한다.) 그림 11.29(a)의 바이폴라 소자에 대해서

$$Z_{in} = \frac{1}{C_\pi s} \parallel r_\pi \tag{11.46}$$

$I_{out} = g_m I_{in} Z_{in}$이기 때문에

$$\frac{I_{out}}{I_{in}} = \frac{g_m r_\pi}{r_\pi C_\pi s + 1} \tag{11.47}$$

$$= \frac{\beta}{r_\pi C_\pi s + 1} \tag{11.48}$$

이다. 트랜싯 주파수 $\omega_T (=2\pi f_T)$에서, 전류 이득의 크기가 1로 떨어진다.

$$r_\pi^2 C_\pi^2 \omega_T^2 = \beta^2 - 1 \tag{11.49}$$

$$\approx \beta^2 \tag{11.50}$$

즉,

$$\omega_T \approx \frac{g_m}{C_\pi} \tag{11.51}$$

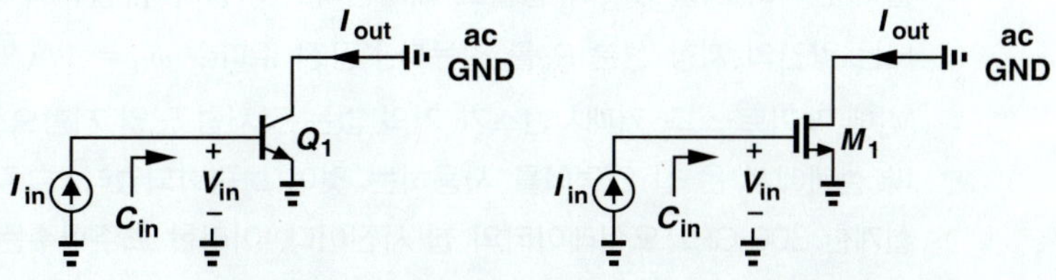

그림 11.29 트랜지스터의 f_T 측정을 위한 개념적인 구성

8) '고유' 속도는 회로에 의해 부여된 제한이나 제공된 향상이 없는 소자 자체만의 성능을 의미한다.

이다. MOSFET의 트랜싯 주파수도 비슷한 방식으로 얻어진다. 그러므로 다음과 같이 쓸 수 있다.

$$2\pi f_T \approx \frac{g_m}{C_\pi} \text{ 또는 } \frac{g_m}{C_{GS}} \tag{11.52}$$

컬렉터-기판이나 드레인-벌크 커패시턴스는 출력에 형성된 교류 접지로 인해 f_T에 영향을 미치지 못함을 주의한다.

최신의 바이폴라와 MOS 트랜지스터들은 100 GHz 이상의 f_T를 자랑한다. 물론 이런 소자들을 이용한 복잡한 회로의 속도는 훨씬 낮다.

예제 11.14 MOSFET의 최소 채널 길이는 1980년대 후반 1 μm에서 오늘날 65 nm로 축소되어 왔다. 또한 피할 수 없는 공급 전압의 축소는 게이트-소스 과구동 전압을 약 400 mV에서 100 mV로 줄게 하였다. MOSFET의 f_T는 몇 배나 증가했는가?

풀이 다음을 증명할 수 있다(문제 11.28).

$$2\pi f_T = \frac{3}{2}\frac{\mu_n}{L^2}(V_{GS} - V_{TH}) \tag{11.53}$$

그러므로 트랜싯 주파수는 대략적으로 59배 증가되었다. 예를 들어, 만약 $\mu_n = 400$ cm²/(V·s)이면, 100 mV의 과구동 전압을 갖는 65 nm 소자는 226 GHz의 f_T를 보인다.

연습문제 채널 길이는 45 nm로 축소되었지만, 이동도가 300 cm²/(V·s)로 떨어진 경우에 f_T를 결정하라.

Did you know?

65 nm MOSFET의 f_T가 약 220 GHz인 경우, 이런 소자를 더 높은 주파수에서 동작시킬 수 있을까? 물론이다. 핵심은 커패시터의 효과를 상쇄하기 위해 인덕터를 사용하는 것이다. 그림 (a)와 같이 인덕터 L_1을 C_{GS}와 병렬로 배치한다고 가정하자.[칩에서 메탈(금속) 나선으로 구현된 인덕터는 약간의 저항 성분 R_S를 갖는다.] 공진 주파수 $\omega_0 = 1/\sqrt{L_1 C_{GS}}$에서, 이 병렬 조합은 마치 M_1에 게이트-소스 커패시턴스가 거의 없는 것처럼 단일 저항으로 줄어든다! 이러한 이유로 고주파 설계에서 온-칩 인덕터를 사용하는 것이 보편화되었다. 그림 (b)는 저자가 65 nm 공정으로 설계한 300 GHz 오실레이터의 칩 사진이다. 이러한 고주파수는 의료 영상 응용 분야에서 볼 수 있다.

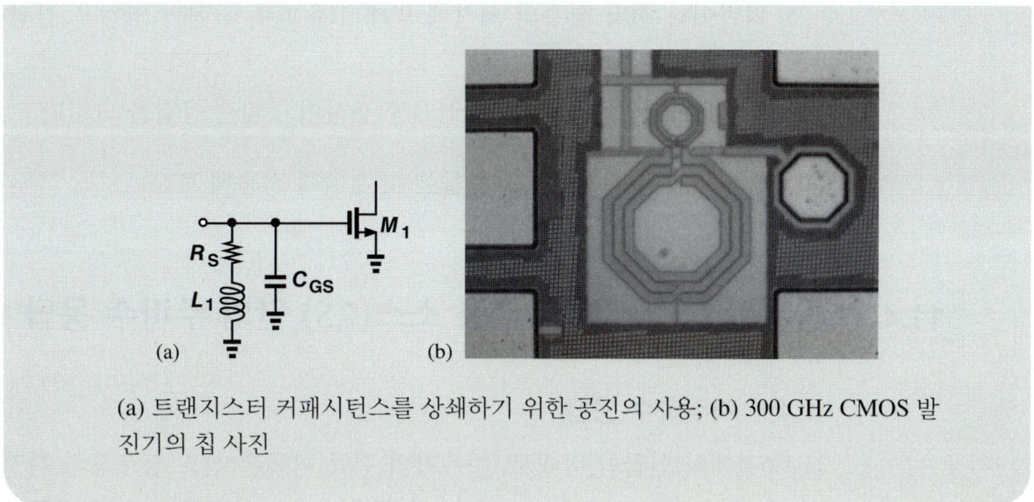

(a) 트랜지스터 커패시턴스를 상쇄하기 위한 공진의 사용; (b) 300 GHz CMOS 발진기의 칩 사진

11.3 분석 절차

이제까지 회로의 주파수 응답을 학습하는 데 도움이 되는 여러 가지 개념과 방식들을 알아보았다. 특히 다음과 같은 사항을 관찰했다.

- 주파수 응답은 시스템의 전달 함수의 크기를 나타낸다.[9)]
- 보데 근사는 만약 극점과 영점을 안다면 주파수 응답을 그리는 일을 간략화시킨다.
- 많은 경우에, 신호 경로상의 각 노드에 극점을 하나씩 연관시키는 것이 가능하다.
- 밀러 이론은 부유 커패시턴스를 접지된 요소들로 분해하는 데 도움이 된다.
- 바이폴라와 MOS 소자는 회로의 속도를 제한하는 여러 커패시턴스들을 갖는다.

다양한 회로의 주파수 응답을 체계적으로 분석하기 위해, 다음과 같은 단계를 정한다.

1. 어떤 커패시터들이 저주파수 영역에서 응답에 영향을 미치는지 결정하고, 저주파 차단 주파수를 계산한다. 이 계산에서 트랜지스터 커패시턴스들은 오직 고주파수 영역에서만 영향을 미치기에 무시될 수 있다.
2. 위의 커패시터들을 단락 회로로 대치함으로써 중간 주파수 이득을 계산하는데, 여전히 트랜지스터 커패시턴스들은 무시한다.
3. 각 트랜지스터들에 의해 주어진 커패시턴스들을 확인하고 회로에 추가한다.
4. 교류 접지(예를 들면, 공급 전압이나 일정한 바이어스 전압)를 주의하면서, 병렬로 연결된 커패시터들을 병합하고, 회로에서 아무 역할이 없는 커패시터들을 생략한다.

---

9) 좀 더 일반적인 경우, 주파수 응답은 또한 전달 함수의 위상을 포함한다. 이에 대해 12장에서 배울 것이다.

5. 직관이나 전달 함수의 계산에 의해 고주파수 극점과 영점을 결정한다. 여기서 밀러 이론이 유용하다.
6. 보데의 규칙이나 정확한 계산을 이용하여 주파수 응답을 그린다.

이제 다양한 증폭기 토폴로지들에 이 절차를 적용해 보자.

11.4 공통 이미터(CE)와 공통 소스(CS) 단의 주파수 응답

11.4.1 저주파수 응답

11.1.6절에서 언급한 바대로, 증폭기의 전압 이득은 신호 경로상의 특정 커패시터들로 인해 저주파수에서 감소할 수 있다. 입력 바이어스 회로망과 입력 커플링 커패시터를 갖는 일반적인 공통 소스(CS) 단을 고려해 보도록 하자[그림 11.30(a)]. 저주파수에서, 트랜지스터 커패시턴스들은 주파수 응답에 거의 영향을 미치지 못하며, 오직 C_i만이 주파수 의존 성분으로 남는다. $V_{out}/V_{in} = (V_{out}/V_X)(V_X/V_{in})$로 쓰고, 채널길이 변조는 무시하며, R_1과 R_2 모두 X와 교류 접지 사이에 연결되어 있음을 주의한다. 그러므로 $V_{out}/V_X = -R_D/(R_S + 1/g_m)$이고

$$\frac{V_X}{V_{in}}(s) = \frac{R_1 \parallel R_2}{R_1 \parallel R_2 + \dfrac{1}{C_i s}} \tag{11.54}$$

$$= \frac{(R_1 \parallel R_2)\, C_i s}{(R_1 \parallel R_2)\, C_i s + 1} \tag{11.55}$$

이다. 그림 11.17의 고역통과 여파기와 유사하게, 이 회로망은 저주파수를 감소시키는데, 이는 낮은 차단 주파수가 최저 신호 주파수인 $f_{sig,\min}$(예를 들면, 오디오 응용의 20 Hz) 이하에서 선택됨을 가리킨다.

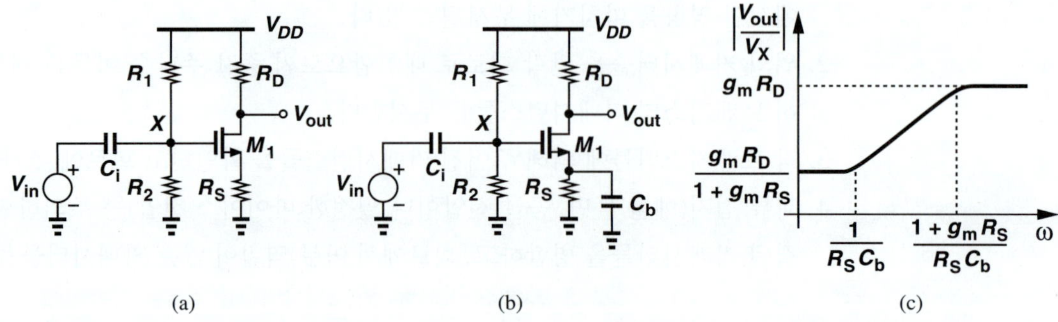

그림 11.30 (a) 입력 커플링 커패시터를 갖는 CS 단; (b) 바이패스된 축퇴의 효과; (c) 바이패스된 축퇴를 가진 주파수 응답

$$\frac{1}{2\pi[(R_1 \parallel R_2) C_i]} < f_{sig,\min} \tag{11.56}$$

더 큰 중간 주파수 이득이 요구되는 응용에서는 중간 주파수에서의 축퇴 효과를 제거하고자 '바이패스' 커패시터를 R_S와 병렬[그림 11.30(b)]로 연결한다. C_b의 역할을 정량화하고자, 그 임피던스 $1/(C_b s)$를 R_S와 병렬로 중간 주파수 이득 표현식에 쓴다.

$$\frac{V_{out}}{V_X}(s) = \frac{-R_D}{R_S \parallel \dfrac{1}{C_b s} + \dfrac{1}{g_m}} \tag{11.57}$$

$$= \frac{-g_m R_D (R_S C_b s + 1)}{R_S C_b s + g_m R_S + 1} \tag{11.58}$$

그림 11.30(c)는 이런 경우 주파수 응답의 보데 플롯을 보여 준다. 주파수가 영점보다 충분히 낮을 때, 이 단은 축퇴된 공통 소스(CS) 증폭기로서 동작하고, 주파수가 극점보다 충분히 높을 때, 이 회로는 축퇴를 겪지 않는다. 그러므로 극점 주파수는 최소 관심 신호 주파수보다 상당히 낮게 선택되어야만 한다.

위 분석은 또한 공통 이미터(CE) 단에도 적용할 수 있다. 두 경우 모두 입력 커플링 커패시터와 축퇴 바이패스 커패시터에 기인한 저주파 감소를 보인다.

11.4.2 고주파수 응답

그림 11.31(a)에 보인 CE와 CS 증폭기를 고려해 보자. 여기서 R_S는 앞단의 출력 임피던스를 표현하며, 고의로 추가된 것은 아니다. Q_1과 M_1의 커패시턴스들을 확인해 보면, 그림 11.31(b)에 도시된 전체 회로에 도달할 수 있으며, 여기서 M_1의 소스-벌크 커패시턴스는 양 끝단이 모두 접지되어 있다. 이들 회로의 소신호 등가 회로는 오직 r_π만 다르며[그림 11.31(c)],[10] 만약 V_{in}, R_S, r_π를 테브냉 등가로 대치한다면 하나의 회로로 줄일 수 있다[그림 11.31(d)]. 실제로, $R_S \ll r_\pi$이고 따라서 $R_{Thev} \approx R_S$이다. 각 트랜지스터의 출력 저항은 R_L과 병렬로 간단하게 나타낼 수 있다.

이 통합된 모델을 가지고 이제 고주파수 응답을 학습하는데, 먼저 통찰력을 키우기 위해 밀러 근사를 적용하고, 다음으로 보다 일반적인 결과에 도달하기 위해 정확한 분석을 수행한다.

11.4.3 밀러 이론의 이용

두 부유 노드 사이에 연결된 C_{XY}를 가지고는 각 노드에 하나의 극점을 간단히 연관시킬 수 없다. 그러나 예제 11.10과 같이 밀러 근사를 따른다면, C_{XY}를 2개의 접지 성분으로 분할할 수 있다(그림 11.32).

---

10) 여기서 얼리 효과와 채널길이 변조는 무시되었다.

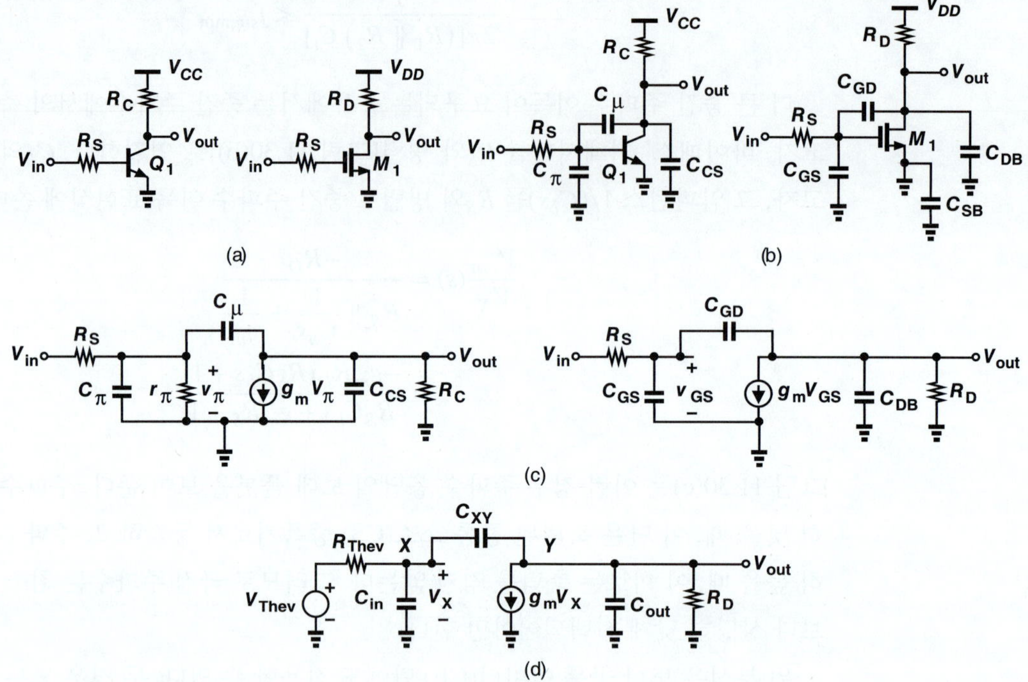

그림 11.31 (a) CE 단과 CS 단; (b) 트랜지스터 커패시턴스들의 포함; (c) 소신호 등가 회로; (d) 두 회로의 통합된 모델

$$C_X = (1 + g_m R_L)\, C_{XY} \tag{11.59}$$

$$C_Y = \left(1 + \frac{1}{g_m R_L}\right) C_{XY} \tag{11.60}$$

이제 각 노드는 접지로의 저항과 커패시턴스들만 보게 된다. 11.1절의 표기를 따르면, 다음과 같이 쓸 수 있다.

$$|\omega_{p,in}| = \frac{1}{R_{Thev}[C_{in} + (1 + g_m R_L) C_{XY}]} \tag{11.61}$$

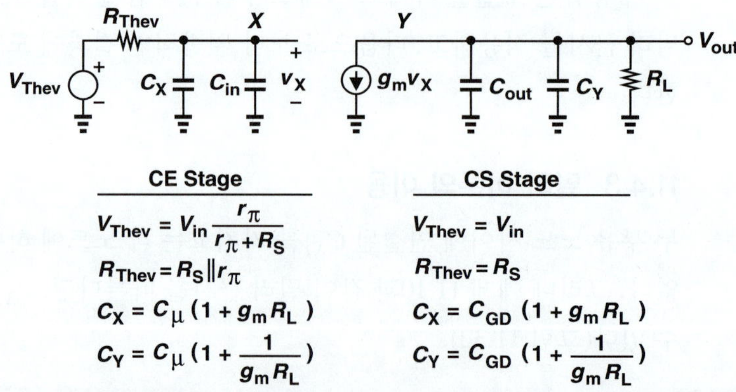

그림 11.32 밀러 근사를 한 CE와 CS 단의 통합 모델의 파라미터

$$|\omega_{p,out}| = \frac{1}{R_L\left[C_{out} + \left(1 + \frac{1}{g_m R_L}\right) C_{XY}\right]} \tag{11.62}$$

만약 $g_m R_L \gg 1$이라면, 출력 노드에서의 커패시턴스는 간단히 $C_{out} + C_{XY}$와 같아진다.

밀러 이론의 적용으로부터 얻은 직관이 매우 중요함이 입증되었다. 입력 극점은 대략적으로 소스 저항, 베이스-이미터 또는 게이트-소스 커패시턴스, 그리고 베이스-컬렉터 또는 게이트-드레인 커패시턴스의 밀러 증배에 의해 주어진다. 밀러 증배는 회로가 높은 이득을 갖는 데 바람직하지 않다. 출력 극점은 부하 저항, 컬렉터-기판 또는 드레인-벌크 커패시턴스, 그리고 베이스-컬렉터 또는 게이트-드레인 커패시턴스에 의해 대략적으로 결정된다.

예제 11.15

그림 11.31(a)의 CE 단에서 $R_S = 200\ \Omega$, $I_C = 1$ mA, $\beta = 100$, $C_\pi = 100$ fF, $C_\mu = 20$ fF, $C_{CS} = 30$ fF이다.

(a) 만약 $R_L = 2\ \text{k}\Omega$일 경우, 입력과 출력 극점을 계산하라. 어떤 노드가 (대역폭을 제한하는) 속도의 장애요인으로 나타나는가?

(b) 출력 극점이 대역폭을 제한하도록 R_L을 선택하는 것이 가능한가?

풀이 (a) $r_\pi = 2.6\ \text{k}\Omega$이기 때문에, $R_{Thev} = 186\ \Omega$이다. 그러므로 그림 11.32와 식 (11.61)과 (11.62)는 다음을 준다.

$$|\omega_{p,in}| = 2\pi \times (516\ \text{MHz}) \tag{11.63}$$

$$|\omega_{p,out}| = 2\pi \times (1.59\ \text{GHz}) \tag{11.64}$$

밀러 효과에 의해 C_μ가 78배가 되어 C_π보다 훨씬 큰 기여를 하게 됨을 관찰할 수 있다. 결론적으로, 입력 극점이 대역폭을 제한한다.

(b) $|\omega_{p,in}| > |\omega_{p,out}|$가 되도록 하는 R_L 값을 찾아야만 한다.

$$\frac{1}{(R_S \parallel r_\pi)[C_\pi + (1 + g_m R_L)C_\mu]} > \frac{1}{R_L\left[C_{CS} + \left(1 + \frac{1}{g_m R_L}\right) C_\mu\right]} \tag{11.65}$$

만약 $g_m R_L \gg 1$이면, 다음과 같다.

$$[C_{CS} + C_\mu - g_m(R_S \parallel r_\pi)C_\mu]R_L > (R_S \parallel r_\pi)C_\pi \tag{11.66}$$

이 예제에서 가정한 대로, 좌측 값은 음수인데 이것은 해답이 존재하지 않음을 의미한다. 독자는 $g_m R_L$이 1보다 훨씬 크지 않을 때조차도 이 식이 유지됨을 증명할 수 있다. 그러므로 여기서 입력 극점은 속도 장애요인으로 남아 있다.

연습문제 $I_C = 2$ mA이고 $C_\pi = 180$ fF인 경우에 위의 예제를 반복하라.

예제 11.16 전기공학과 학생이 특정 저주파수 이득과 고주파수 응답을 갖는 그림 11.31(a)의 공통 소스(CS) 단을 설계하였다. 안타깝게도 레이아웃 단계에서 이 학생은 본래 설계보다 폭이 절반인 MOSFET를 사용하였다. 바이어스 전류 또한 절반이라고 가정하고, 회로의 이득과 극점을 결정하라.

풀이 트랜지스터의 폭과 바이어스 전류 모두 절반이 되었고, 그래서 전도성도 절반이 되었다.(왜 그럴까?) 그러므로 소신호 이득 $g_m R_L$ 역시 절반이 된다.

트랜지스터의 폭이 2배로 축소된 것은 역시 모든 커패시턴스들을 2배로 줄어들게 한다. 그림 11.32와 식 (11.61), (11.62)로부터, 극점들을 다음과 같이 표현할 수 있다.

$$|\omega_{p,in}| = \frac{1}{R_S\left[\dfrac{C_{in}}{2} + \left(1 + \dfrac{g_m R_L}{2}\right)\dfrac{C_{XY}}{2}\right]} \tag{11.67}$$

$$|\omega_{p,out}| = \frac{1}{R_L\left[\dfrac{C_{out}}{2} + \left(1 + \dfrac{2}{g_m R_L}\right)\dfrac{C_{XY}}{2}\right]} \tag{11.68}$$

여기서 C_{in}, g_m, C_{XY}, C_{out}은 본래 소자 폭에 부합하는 파라미터들을 나타낸다. $\omega_{p,in}$은 2배 이상 크기가 증가했고, $\omega_{p,out}$은 대략(만약 $g_m R_L \gg 2$이면) 2배이다. 다시 말해서, 이득은 절반이 되었고 대역폭은 대략 2배 증가했는데, 이는 이득-대역폭 곱이 거의 일정하다는 것을 암시한다.

연습문제 만약 폭과 바이어스 전류가 원래 값의 2배가 될 경우에는 어떻게 되겠는가?

11.4.4 직접 해석

앞 절에서 밀러 이론 사용은 성능에 대한 빠르고 직관적인 관점을 제공한다. 그런데 이제 밀러 근사의 한계를 이해하기 위해서 좀 더 정확한 해석을 실행해야만 한다.

그림 11.31(d)의 회로는 2개의 노드를 가지고 있으며, 그러므로 2개의 KCL을 써서 풀 수 있다. 즉,[11)]

$$\text{At Node } X: (V_{out} - V_X)C_{XY}s = V_X C_{in}s + \frac{V_X - V_{Thev}}{R_{Thev}} \tag{11.69}$$

$$\text{At Node } Y: (V_X - V_{out})C_{XY}s = g_m V_X + V_{out}\left(\frac{1}{R_L} + C_{out}s\right) \tag{11.70}$$

식 (11.70)으로부터 V_X를 계산하면 다음과 같다.

---

11) 대문자로 주파수 영역에서의 양을 표시한다는 것을 상기하라.

$$V_X = V_{out}\frac{C_{XY}s + \dfrac{1}{R_L} + C_{out}s}{C_{XY}s - g_m} \tag{11.71}$$

그리고 이 결과를 식 (11.69)에 대입하면

$$V_{out}C_{XY}s - \left(C_{XY}s + C_{in}s + \frac{1}{R_{Thev}}\right)\frac{C_{XY}s + \frac{1}{R_L} + C_{out}s}{C_{XY}s - g_m}V_{out} = \frac{-V_{Thev}}{R_{Thev}} \tag{11.72}$$

따라서 다음과 같다.

$$\frac{V_{out}}{V_{Thev}}(s) = \frac{(C_{XY}s - g_m)R_L}{as^2 + bs + 1} \tag{11.73}$$

여기서

$$a = R_{Thev}R_L(C_{in}C_{XY} + C_{out}C_{XY} + C_{in}C_{out}) \tag{11.74}$$

$$b = (1 + g_mR_L)C_{XY}R_{Thev} + R_{Thev}C_{in} + R_L(C_{XY} + C_{out}) \tag{11.75}$$

이다. 그림 11.32로부터 공통 이미터(CE) 단에 대해 식 (11.73)은 극점과 영점의 위치에 영향을 미치지 않고 V_{out}/V_{in}을 얻기 위해 $r_\pi/(R_S + r_\pi)$만큼 곱해져야만 함을 주의한다.

위의 결과를 주의 깊게 살펴보도록 하자. 전달 함수는 다음 값에서 영점을 보인다.

$$\omega_z = \frac{g_m}{C_{XY}} \tag{11.76}$$

(밀러 근사로는 이 영점을 예상하는 데 실패했다.) C_{XY}(즉, 베이스-컬렉터 또는 게이트-드레인 겹침 커패시턴스)가 상대적으로 작기 때문에, 영점은 전형적으로 아주 고주파수에서 나타나며 따라서 중요하지 않다.[12)]

예상대로, 시스템은 분모를 0으로 만드는 s의 값에 의해 주어지는 2개의 극점을 가진다. 극점을 결정하기 위해 2차 함수인 $as^2 + bs + 1 = 0$을 풀 수 있지만, 그 결과는 통찰력을 거의 주지 않는다. 대신에, 먼저 2차 함수인 분모에 대하여 흥미로운 관찰을 할 수 있다: 만약 극점이 ω_{p1}와 ω_{p2}로 주어진다면, 다음과 같이 쓸 수 있다.

$$as^2 + bs + 1 = \left(\frac{s}{\omega_{p1}} + 1\right)\left(\frac{s}{\omega_{p2}} + 1\right) \tag{11.77}$$

$$= \frac{s^2}{\omega_{p1}\omega_{p2}} + \left(\frac{1}{\omega_{p1}} + \frac{1}{\omega_{p2}}\right)s + 1 \tag{11.78}$$

이제 하나의 극점이 다른 것보다 원점에서 훨씬 멀리 떨어져 있다고 가정하자: $\omega_{p2} \gg \omega_{p1}$. ($\omega_{p1}$이 주파수 응답을 주도한다는 것을 강조하기 위해 '주극점' 근사라고 부른다.) 그러면 $\omega_{p1}^{-1} + \omega_{p2}^{-1} \approx \omega_{p1}^{-1}$이다. 즉,

---

12) 좀 더 고급 과정에서 설명되는 것처럼, 이 영점은 연산 증폭기의 내부 회로에서 문제가 된다.

$$b = \frac{1}{\omega_{p1}} \tag{11.79}$$

이고 식 (11.75)로부터

$$|\omega_{p1}| = \frac{1}{(1 + g_m R_L)C_{XY}R_{Thev} + R_{Thev}C_{in} + R_L(C_{XY} + C_{out})} \tag{11.80}$$

이다. 이 결과와 밀러 근사를 사용하여 얻은 결과를 비교하면 어떠한가? 식 (11.80)은 C_{XY}의 밀러 효과를 나타내지만, 이 식은 또한 추가적으로 $R_L(C_{XY} + C_{out})$을 포함하고 있다.[식 (11.62)에서 예측했던 출력 시간 상수와 유사하다.]

'주극점이 아닌' ω_{p2}를 결정하기 위해서, 식 (11.78)과 (11.79)로부터 다음을 알 수 있다.

$$|\omega_{p2}| = \frac{b}{a} \tag{11.81}$$

$$= \frac{(1 + g_m R_L)C_{XY}R_{Thev} + R_{Thev}C_{in} + R_L(C_{XY} + C_{out})}{R_{Thev}R_L(C_{in}C_{XY} + C_{out}C_{XY} + C_{in}C_{out})} \tag{11.82}$$

예제 11.17

주극점 근사를 사용하여, 그림 11.33(a)에 보인 회로의 극점들을 계산하라. 트랜지스터들은 모두 포화 영역에서 동작하며 $\lambda \neq 0$이라고 가정한다.

풀이 C_{SB1}, C_{GS2}, 그리고 C_{SB2}는 회로에 영향을 미치지 않음을 주의하면서(왜 그럴까?), 그림 11.33(b)에 남은 커패시턴스들을 추가하였고, 그림 11.33(c)에 나타낸 바대로 결과를 간략화하였다. 여기서

$$C_{in} = C_{GS1} \tag{11.83}$$

$$C_{XY} = C_{GD1} \tag{11.84}$$

$$C_{out} = C_{DB1} + C_{GD2} + C_{DB2} \tag{11.85}$$

이다. 식 (11.80)과 (11.82)로부터 극점들은 다음과 같다.

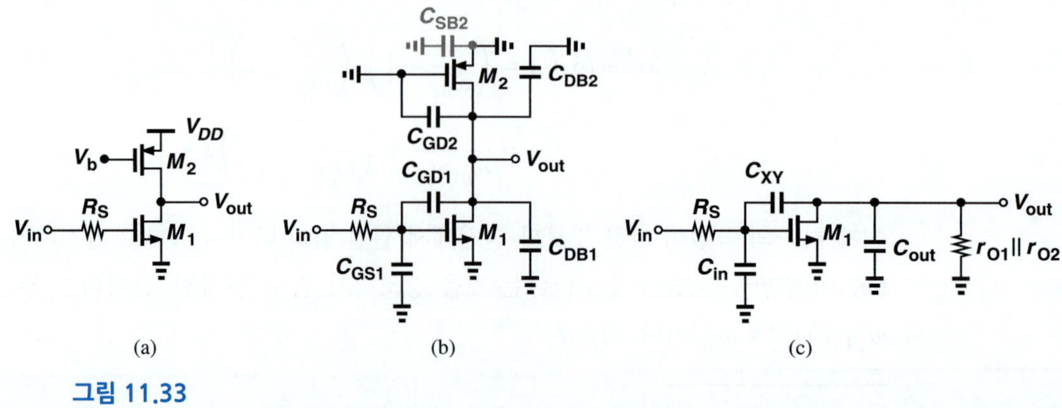

그림 11.33

$$\omega_{p1} \approx \frac{1}{[1 + g_{m1}(r_{O1} \parallel r_{O2})]C_{XY}R_S + R_S C_{in} + (r_{O1} \parallel r_{O2})(C_{XY} + C_{out})} \tag{11.86}$$

$$\omega_{p2} \approx \frac{[1 + g_{m1}(r_{O1} \parallel r_{O2})]C_{XY}R_S + R_S C_{in} + (r_{O1} \parallel r_{O2})(C_{XY} + C_{out})}{R_S(r_{O1} \parallel r_{O2})(C_{in}C_{XY} + C_{out}C_{XY} + C_{in}C_{out})} \tag{11.87}$$

연습문제 $\lambda \neq 0$일 경우에 위 예제를 반복하라.

예제 11.18 그림 11.31(a)의 공통 소스(CS) 단에서, $R_S = 200\ \Omega$, $C_{GS} = 250$ fF, $C_{GD} = 80$ fF, $C_{DB} = 100$ fF, $g_m = (150\ \Omega)^{-1}$, $\lambda = 0$, $R_L = 2\ \text{k}\Omega$이다. (a) 밀러 근사, (b) 정확한 전달 함수, (c) 주극점 근사를 이용하여 주파수 응답을 각각 그려라.

풀이 (a) $g_m R_L = 13.3$이고, 식 (11.61)과 (11.62)로부터

$$|\omega_{p,in}| = 2\pi \times (571\ \text{MHz}) \tag{11.88}$$

$$|\omega_{p,out}| = 2\pi \times (428\ \text{MHz}) \tag{11.89}$$

(b) 식 (11.73)의 전달 함수는 $g_m/C_{GD} = 2\pi \times (13.3\ \text{GHz})$일 때 영점을 준다. 또한 $a = 2.12 \times 10^{-20}\ \text{s}^{-2}$이고 $b = 6.39 \times 10^{-10}$이다. 그러므로

$$|\omega_{p1}| = 2\pi \times (264\ \text{MHz}) \tag{11.90}$$

$$|\omega_{p2}| = 2\pi \times (4.53\ \text{GHz}) \tag{11.91}$$

밀러 근사에서 예측했던 값과 큰 오차가 있음을 주의하라. 이 오차는 고주파수에서의 이

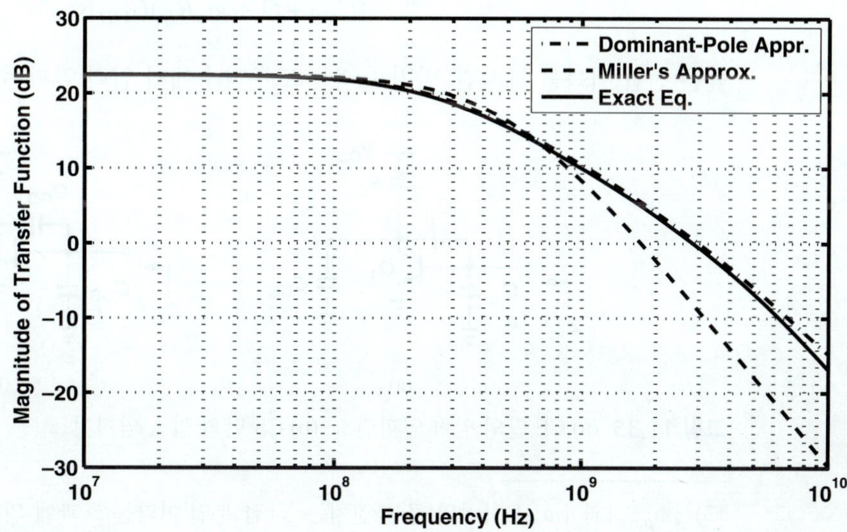

그림 11.34

득[13]이 아닌 중간 주파수 이득 $(1+g_mR_L)$을 C_{GD}와 곱했기 때문에 생긴 것이다.

(c) (b)에서 얻은 결과들은 주극점 근사가 두 극점이 상당히 멀리 떨어져 있는 한 상대적으로 정확한 결과를 생성할 것임을 예견한다. 식 (11.80)과 (11.82)로부터

$$|\omega_{p1}| = 2\pi \times (249\text{ MHz}) \tag{11.92}$$

$$|\omega_{p2}| = 2\pi \times (4.79\text{ GHz}) \tag{11.93}$$

그림 11.34는 이 결과들을 나타낸다. 저주파수 이득은 22 dB ≈ 13이고, 정확한 식으로부터 예상된 −3 dB 대역폭은 약 250 MHz이다.

연습문제 소자의 폭(따라서 커패시턴스들)과 바이어스 전류가 절반일 경우 위의 예제를 반복하라.

11.4.5 입력 임피던스

CE와 CS 증폭기의 고주파 입력 임피던스는 이 회로들이 다른 단들에 의해 구동될 때의 용이함을 결정한다. 주파수 응답에 대한 이전의 해석, 특히 밀러 근사는 이 임피던스를 간단히 구해 준다.

그림 11.35(a)에 도시된 바와 같이, CE 단의 입력 임피던스는 두 가지 병렬 성분으로 구성된다: $C_\pi + (1+g_mR_D)C_\mu$와 r_π이다.[14] 즉,

$$Z_{in} \approx \frac{1}{[C_\pi + (1+g_mR_D)C_\mu]s} \parallel r_\pi \tag{11.94}$$

유사하게, 상응하는 MOS 회로의 입력 임피던스는 다음과 같다.

$$Z_{in} \approx \frac{1}{[C_{GS} + (1+g_mR_D)C_{GD}]s} \tag{11.95}$$

높은 전압 이득을 가지면, 밀러 효과는 고주파수에서 입력 임피던스를 상당히 낮출 것이다.

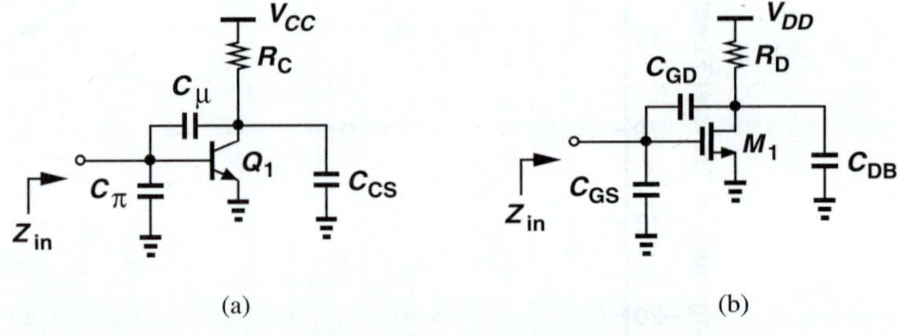

그림 11.35 (a) CE 단의 입력 임피던스; (b) CS 단의 입력 임피던스

13) $|\omega_{p,out}|$과 $|\omega_{p2}|$ 사이의 큰 불일치는 '극점 분열'이라는 효과에 의한 결과인데, 이는 좀 더 고급 과정에서 학습한다.

14) 입력 임피던스 계산에서, (R_S로 표시하는) 앞단의 출력 임피던스는 제외한다.

Did you know ?

대부분의 RF 수신기는 전단부(프런트 엔드)에 공통 소스 또는 공통 이미터 증폭기를 포함한다. 이 '저잡음' 증폭기는 안테나의 임피던스와 '매칭(정합)'을 위해 50 Ω의 입력 저항을 제공해야 한다[그림 (a)]. 하지만 어떻게 CS 단이 이렇게 작은 입력 저항을 가질 수 있을까? 기발한 기술은 트랜지스터의 소스와 직렬로 인덕터를 추가하는 것이다[그림 (b)]. 입력 임피던스가 아래와 같이 주어진다는 것을 알 수 있다.

$$Z_{in}(s) = \frac{1}{C_{GS}s} + L_1 s + \frac{L_1 g_m}{C_{GS}}$$

마지막 항이 저항을 나타내는 실제 값이라는 것을 주목하라. L_1, g_m, C_{GS}를 적절히 선택하면 50 Ω의 값을 제공할 수 있다. 다음번에 휴대폰이나 GPS를 켤 때, 인덕티브 축퇴(inductively degenerated) CS 증폭기를 통해 RF 신호를 수신할 수도 있을 것이다.

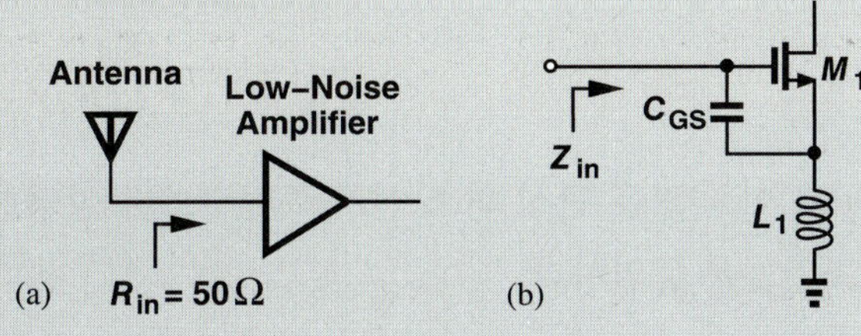

리시버(수신기)에서 입력 임피던스의 매칭

11.5 공통 베이스(CB)와 공통 게이트(CG) 단의 주파수 응답

11.5.1 저주파수 응답

공통 이미터(CE)와 공통 소스(CS) 단에서처럼 커패시터 커플링의 사용은 공통 베이스(CB)와 공통 게이트(CG) 단에서의 저주파수 롤오프를 이끌어 낸다. 그림 11.36(a)에 표현된 CB 회로를 고려해 보는데, 여기서 I_1은 Q_1의 바이어스 전류로 정의되고, V_b는 순방향 능동 영역에서의 동작을 보장하도록 선택된다.(V_b는 컬렉터 바이어스 전압보다 낮다.) C_i는 얼마나 커야만 하는가? C_i가 R_S와 직렬로 나타나기 때문에, $R_C/(R_S+1/g_m)$인 중간 주파수 이득 표현식에서 R_S를 $R_S+(C_i s)^{-1}$로 대체하고, 결과적인 전달 함수를 다음과 같이 쓴다.

$$\frac{V_{out}}{V_{in}}(s) = \frac{R_C}{R_S + (C_i s)^{-1} + 1/g_m} \tag{11.96}$$

$$= \frac{g_m R_C C_i s}{(1+g_m R_S)C_i s + g_m} \tag{11.97}$$

식 (11.96)은 $|(C_i s)^{-1}| \ll R_S + 1/g_m$이라면 신호가 C_i의 영향을 '느끼지' 못한다는 것을

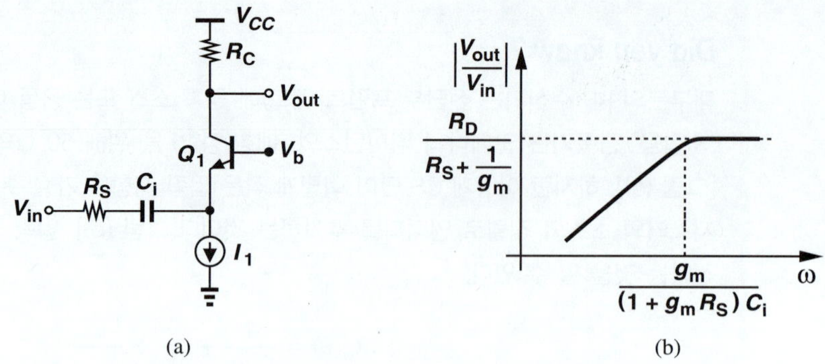

그림 11.36 (a) 입력 커패시터 커플링을 가진 CB 단; (b) 결과적인 주파수 응답

나타낸다. 다른 관점에서 식 (11.97)은 그림 11.36(b)에 보인 응답을 초래하며, 다음 주파수에서 하나의 극점을 나타낸다.

$$|\omega_p| = \frac{g_m}{(1 + g_m R_S)C_i} \tag{11.98}$$

그리고 이 극점은 관심 최소 신호 주파수보다 상당히 낮게 있어야 함을 제시한다. 이 두 가지 조건들은 동일하다.

11.5.2 고주파수 응답

5장과 7장에서 공통 베이스(CB)와 공통 게이트(CG) 단이 상대적으로 낮은 입력 임피던스 ($\approx 1/g_m$)를 나타내는 것을 알았다. 이 회로들의 고주파수 응답은 밀러 효과로 인한 문제를 겪지 않는데, 이는 어떠한 경우에는 중요한 이점이 된다.

그림 11.37에 보인 단들을 고려해 보는데, $r_O = \infty$이고 트랜지스터 커패시턴스가 포함되어 있다. V_b가 교류 접지이기 때문에 (1) C_π와 $C_{GS} + C_{SB}$는 접지가 되고, (2) Q_1의 C_{CS}와 C_μ는 접지에 병렬로 나타나며, 또한 M_1의 C_{GD}와 C_{DB}도 마찬가지이며, (3) 입력과 출력 회로망 사이에는 커패시턴스가 나타나지 않고 따라서 밀러 효과를 피하게 된다. 실제로, 단자들 중의 하나에서 접지를 바라보는 모든 커패시턴스들을 가지고, 각 노드에 하나의 극점

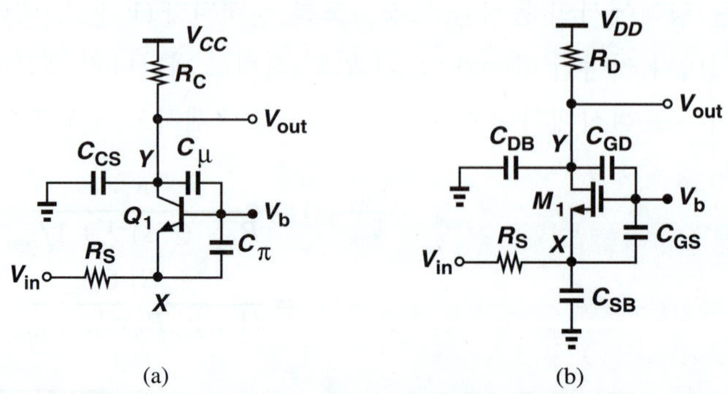

그림 11.37 (a) 트랜지스터 커패시턴스를 포함한 CB 단과 (b) CG 단

을 간단히 연관시켜 볼 수 있다. X 노드에서, 접지를 바라보는 전체 저항은 $R_S \| (1/g_m)$으로 주어지고, 극점은 다음과 같아진다.

$$|\omega_{p,X}| = \frac{1}{\left(R_S \parallel \dfrac{1}{g_m}\right) C_X} \tag{11.99}$$

여기서 $C_X = C_\pi$ 또는 $C_{GS} + C_{SB}$이다. 유사하게, Y 노드에서는

$$|\omega_{p,Y}| = \frac{1}{R_L C_Y} \tag{11.100}$$

여기서 $C_Y = C_\mu + C_{CS}$ 또는 $C_{GD} + C_{DB}$이다.

'입력' 극점의 크기가 트랜지스터의 f_T와 비슷하다는 것을 주목해 보는 것은 흥미롭다: 접지를 바라본 저항이 $1/g_m$보다 작은 한, C_X는 C_μ와 같거나 또는 대략 C_{GS}와 같다. 이러한 이유로, CB/CG 단의 입력 극점은 좀처럼 속도의 장애요인을 일으키지 않는다.[15)]

예제 11.19 그림 11.38(a)의 회로의 극점을 계산하라. $\lambda = 0$으로 가정한다.

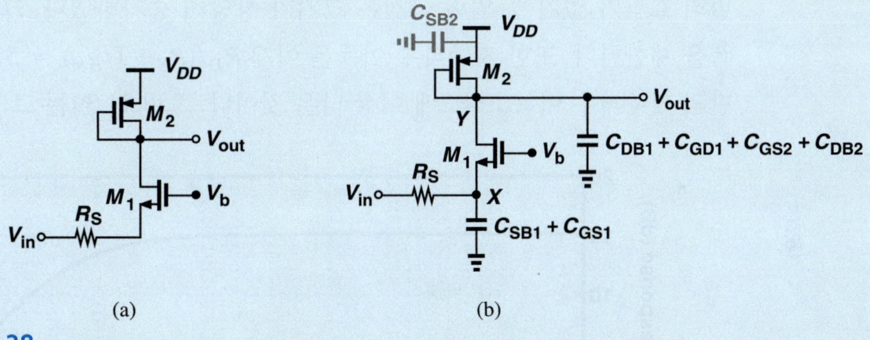

그림 11.38

풀이 C_{GD2}와 C_{SB2}가 회로에서 아무런 역할을 하지 않음을 유의하면서 그림 11.38(b)에 도시한 대로 소자의 커패시턴스들을 추가한다. 입력 극점은 그러므로 다음과 같이 주어진다.

$$|\omega_{p,X}| = \frac{1}{\left(R_S \middle\| \dfrac{1}{g_{m1}}\right)(C_{SB1} + C_{GD1})} \tag{11.101}$$

출력 노드에서의 소신호 저항은 $1/g_{m2}$와 같기 때문에

15) 한 가지 예외는 무선 주파수 회로(예를 들면, 휴대전화)에서 마주칠 수 있는데, 여기서는 입력 커패시턴스가 바람직하지 못하다.

$$|\omega_{p,Y}| = \frac{1}{\frac{1}{g_{m2}}(C_{DB1} + C_{GD1} + C_{GS2} + C_{DB2})} \tag{11.102}$$

연습문제 M_2가 전류원으로 동작할 경우, 즉 M_2의 게이트에 정전압이 연결되어 있는 경우에 위의 예제를 반복하라.

예제 11.20 예제 11.18의 공통 소스(CS) 단을 (R_S가 트랜지스터의 소스에 연결된) 공통 게이트 증폭기로 재구성하였다. 이 회로의 주파수 응답을 그려라.

풀이 예제 11.18에서 주어진 값과 $C_{SB} = C_{DB}$임을 유의하여,[16] 식 (11.99)와 (11.100)으로부터 다음을 얻을 수 있다.

$$|\omega_{p,in}| = 2\pi \times (5.31\text{ GHz}) \tag{11.103}$$

$$|\omega_{p,out}| = 2\pi \times (442\text{ MHz}) \tag{11.104}$$

밀러 효과가 없기에, 입력 극점은 크기가 상당히 증가하였다. 그러나 출력 극점은 대역폭을 제한한다. 또한 저주파수 이득은 이제 $R_D/(R_S + 1/g_m) = 5.7$과 같은데, 이것은 CS 단의 저주파수 이득보다 2배 이상 낮은 것이다. 그림 11.39는 그 결과를 보여 준다. 저주

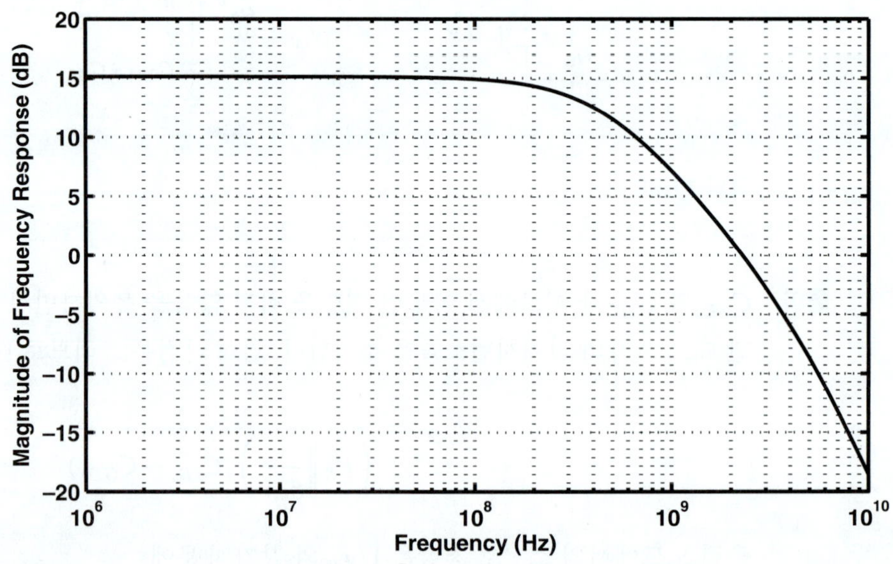

그림 11.39

16) 실제로, 접합 커패시턴스 C_{SB}와 C_{DB}는 서로 다른 역바이어스 전압을 유지하므로 완전히 같지는 않다.

파수 이득은 15 dB ≈ 5.7과 같고, −3 dB 대역폭은 약 450 MHz이다.

연습문제 공통 게이트(CG) 증폭기가 150 fF의 부하 커패시턴스를 구동할 경우에 위의 예제를 반복하라.

11.6 폴로어의 주파수 응답

폴로어의 저주파수 응답은 예제 11.11에서 학습한 것과 비슷하고, CE/CS 단의 저주파수 응답과도 유사하다. 그러므로 여기서는 고주파수 동작을 학습한다.

5장과 7장에서 이미터 폴로어와 소스 폴로어는 높은 입력 임피던스와 상대적으로 낮은 출력 임피던스를 제공하는 반면에 1 이하의 (양의) 전압 이득의 문제를 갖는다. 이미터 폴로어는(가끔 소스 폴로어도) 버퍼로서 사용되며, 이들의 주파수 특성은 우리의 관심사이다.

그림 11.40은 관련된 커패시턴스들을 갖는 단을 설명한다. 이미터 폴로어는 보다 일반적인 경우를 만들면서도 바이폴라와 MOS 상응쌍 사이에 큰 유사점을 갖도록 만들기 위해 C_L을 부하로 갖는다. 각 회로가 2개의 접지된 커패시터들과 하나의 부유 커패시터를 포함하고 있는 것을 볼 수 있다. 후자의 부유 커패시터의 경우 밀러 근사를 이용하여 분할할 수 있을지라도, 그 결과적인 해석은 이 책의 범위를 벗어난다. 그러므로 회로 방정식을 써서 직접 해석을 수행한다. 그림 11.40의 바이폴라와 MOS 버전은 오직 r_π만 다르기 때문에, 먼저 이미터 폴로어를 해석하고, 그 후에 소스 폴로어의 전달 함수를 구하기 위하여 r_π(또는 β)가 무한대가 되도록 한다.

그림 11.41의 소신호 등가 회로를 고려해 보자. $V_X = V_{out} + V_\pi$이고 r_π와 C_π의 병렬 커플링을 통해 흐르는 전류가 $V_\pi/r_\pi + V_\pi C_\pi s$로 주어짐을 인지하고, 노드 X에서 KCL을 쓰면

$$\frac{V_{out} + V_\pi - V_{in}}{R_S} + (V_{out} + V_\pi)C_\mu s + \frac{V_\pi}{r_\pi} + V_\pi C_\pi s = 0 \qquad (11.105)$$

그리고 출력 노드에서 KCL을 쓰면

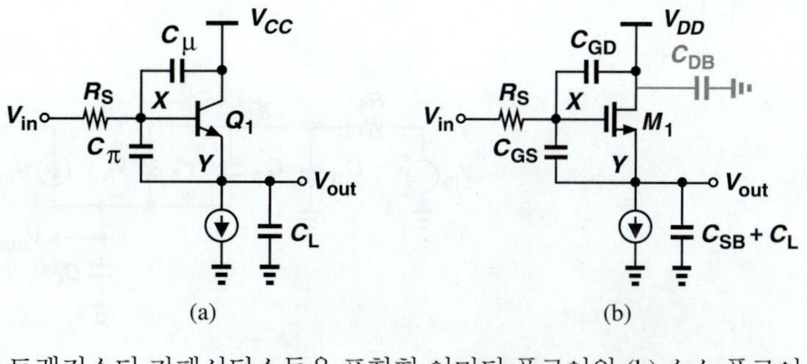

그림 11.40 (a) 트랜지스터 커패시턴스들을 포함한 이미터 폴로어와 (b) 소스 폴로어

$$\frac{V_\pi}{r_\pi} + V_\pi C_\pi s + g_m V_\pi = V_{out} C_L s \tag{11.106}$$

후자의 식으로부터

$$V_\pi = \frac{V_{out} C_L s}{\dfrac{1}{r_\pi} + g_m + C_\pi s} \tag{11.107}$$

식 (11.105)에 대입하고 $r_\pi \gg g_m^{-1}$이라고 가정하면 다음을 얻을 수 있다.

$$\frac{V_{out}}{V_{in}} = \frac{1 + \dfrac{C_\pi}{g_m} s}{as^2 + bs + 1} \tag{11.108}$$

여기서

$$a = \frac{R_S}{g_m}(C_\mu C_\pi + C_\mu C_L + C_\pi C_L) \tag{11.109}$$

$$b = R_S C_\mu + \frac{C_\pi}{g_m} + \left(1 + \frac{R_S}{r_\pi}\right)\frac{C_L}{g_m} \tag{11.110}$$

그러므로 이 회로는 다음에서 영점을 나타낸다.

$$|\omega_z| = \frac{g_m}{C_\pi} \tag{11.111}$$

그리고 이것은 식 (11.52)의 트랜지스터의 f_T에 가깝다. 그 회로의 극점은 11.4.4절에 기술된 주극점 근사를 이용하여 계산할 수 있다. 그러나 실제로는 2개의 극점이 서로 멀리 떨어져 있지 않으므로, 2차 방정식 분모의 직접적인 풀이를 필요로 한다.

위의 결과들은, 만약 $r_\pi \to \infty$이고 대응하는 커패시턴스 대입이 이루어지면, 소스 폴로어에도 역시 적용할 수 있다(C_{SB}와 C_L이 병렬이다).

$$\frac{V_{out}}{V_{in}} = \frac{1 + \dfrac{C_{GS}}{g_m} s}{as^2 + bs + 1} \tag{11.112}$$

여기서

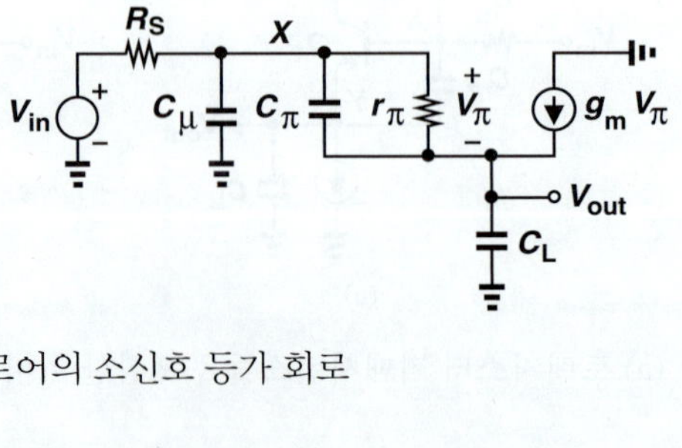

그림 11.41 이미터 폴로어의 소신호 등가 회로

$$a = \frac{R_S}{g_m}[C_{GD}C_{GS} + C_{GD}(C_{SB} + C_L) + C_{GS}(C_{SB} + C_L)] \tag{11.113}$$

$$b = R_S C_{GD} + \frac{C_{GS} + C_{SB} + C_L}{g_m} \tag{11.114}$$

이다.

예제 11.21

소스 폴로어가 200 Ω의 저항에 의해 구동되고 100 fF의 부하 커패시턴스를 구동하고 있다. 예제 11.18에 주어진 트랜지스터 파라미터들을 이용하여 회로의 주파수 응답을 그려라.

풀이 영점은 $g_m/C_{GS} = 2\pi \times (4.24\text{ GHz})$에서 발생한다. 극점을 계산하기 위해 식 (11.113)과 (11.114)로부터 a와 b를 각각 다음과 같이 얻을 수 있다.

$$a = 2.58 \times 10^{-21}\text{ s}^{-2} \tag{11.115}$$

$$b = 5.8 \times 10^{-11}\text{ s} \tag{11.116}$$

그렇다면 2개의 극점은 다음과 같다.

$$\omega_{p1} = 2\pi[-1.79\text{ GHz} + j(2.57\text{ GHz})] \tag{11.117}$$

$$\omega_{p2} = 2\pi[-1.79\text{ GHz} - j(2.57\text{ GHz})] \tag{11.118}$$

여기서 선택된 값들을 보면, 이 극점들은 복소수이다. 그림 11.42는 주파수 응답을 나타낸다. −3 dB 대역폭은 대략 3.5 GHz와 같다.

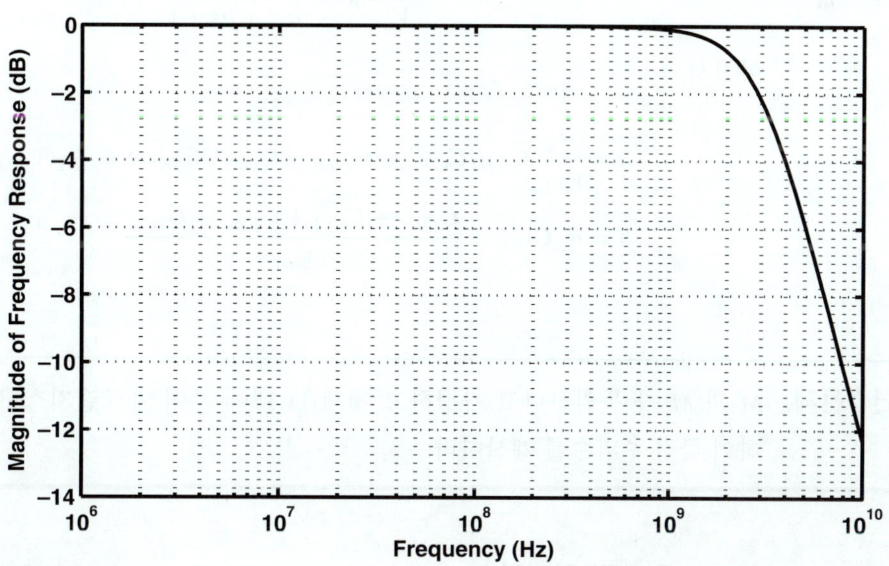

그림 11.42

연습문제 2개의 극점이 실수이고 같아지도록 하는 g_m의 값은 얼마인가?

예제 11.22 그림 11.43(a)에 그려진 소스 폴로어의 전달 함수를 결정하라. 여기서 M_2는 전류원으로 동작한다.

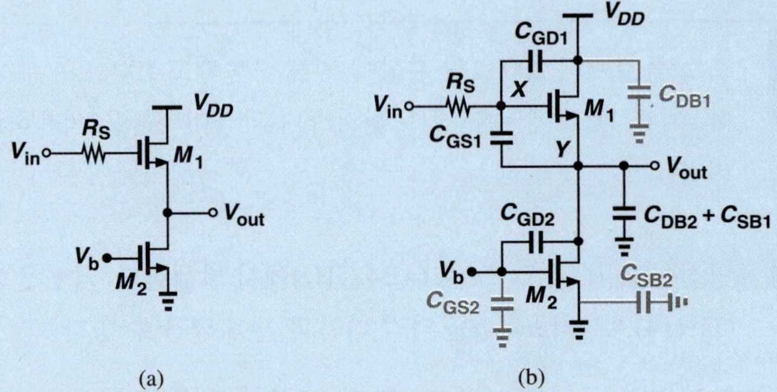

그림 11.43

풀이 C_{GS2}와 C_{SB2}는 이 회로에서 아무런 역할을 하지 않음을 유의하면서, 그림 11.43(b)에 그려진 것처럼 트랜지스터 커패시턴스들을 포함시킨다. 이 결과는 그림 11.40과 닮았지만, C_{SB1}과 병렬로 나타나는 C_{GD2}와 C_{DB2}를 갖는다. 그러므로 식 (11.112)는 다음과 같이 다시 쓸 수 있다.

$$\frac{V_{out}}{V_{in}}(s) = \frac{1 + \dfrac{C_{GS1}}{g_{m1}}s}{as^2 + bs + 1} \tag{11.119}$$

여기서

$$a = \frac{R_S}{g_{m1}}[C_{GD1}C_{GS1} + (C_{GD1} + C_{GS1})(C_{SB1} + C_{GD2} + C_{DB2})] \tag{11.120}$$

$$b = R_S C_{GD1} + \frac{C_{GD1} + C_{SB1} + C_{GD2} + C_{DB2}}{g_{m1}} \tag{11.121}$$

이다.

연습문제 M_1과 M_2가 동일하다고 가정하고 예제 11.18에 주어진 트랜지스터 파라미터들을 사용하여 극점 주파수를 계산하라.

11.6.1 입출력 임피던스

5장에서 이미터 폴로어의 입력 저항이 $r_\pi + (\beta + 1)R_L$로 주어지는 것을 관찰했으며, 여기서

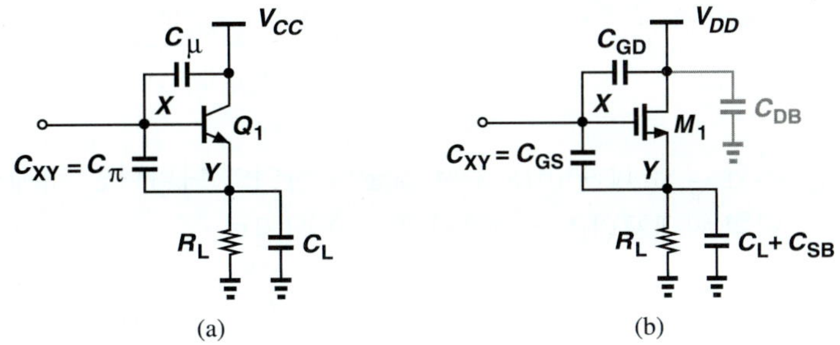

그림 11.44 (a) 이미터 폴로어와 (b) 소스 폴로어의 입력 임피던스

R_L은 부하 저항을 나타낸다. 또한 7장에서 소스 폴로어의 입력 저항은 저주파수에서 무한대에 접근하는 것을 알았다. 이제 폴로어의 입력 커패시턴스를 구하기 위해서 대략적이지만 직관적인 분석을 사용해 본다.

그림 11.44에 나타낸 회로를 고려해 보자. 여기서 C_π와 C_{GS}가 입력과 출력 사이에서 나타나고 따라서 밀러 이론을 이용하여 분할할 수 있다. 저주파수 이득은 다음과 같기 때문에

$$A_v = \frac{R_L}{R_L + \dfrac{1}{g_m}} \tag{11.122}$$

C_π 또는 C_{GS}의 '입력' 성분이 다음과 같이 표현되는 것을 유념한다.

$$C_X = (1 - A_v)C_{XY} \tag{11.123}$$

$$= \frac{1}{1 + g_m R_L} C_{XY} \tag{11.124}$$

흥미롭게도 폴로어의 입력 커패시턴스는 C_π 또는 C_{GS}의 일부분만을 포함하는데, 이것은 $g_m R_L$이 얼마나 크냐에 따라 좌우된다. 물론 C_μ 또는 C_{GD}는 전체 입력 커패시턴스를 나타내기 위해 이 값에 직접 더해진다.

예제 11.23 그림 11.45에 있는 폴로어의 입력 커패시턴스를 계산하라. $\lambda \neq 0$을 가정한다.

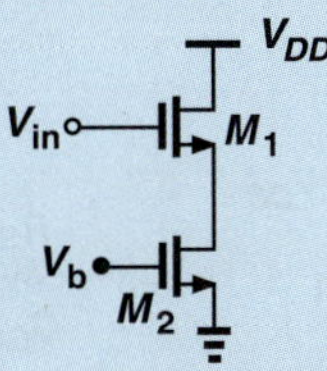

그림 11.45

풀이 7장으로부터, 이 회로의 저주파수 이득은 다음과 같이 쓸 수 있다.

$$A_v = \frac{r_{O1} \| r_{O2}}{r_{O1} \| r_{O2} + \frac{1}{g_{m1}}} \tag{11.125}$$

또한 그림 11.44(b)로부터 입출력 사이에 나타나는 커패시턴스는 C_{GS1}과 같고, 따라서 입력 커패시턴스는 다음과 같이 얻어진다.

$$C_{in} = C_{GD1} + (1 - A_v)C_{GS1} \tag{11.126}$$

$$= C_{GD1} + \frac{1}{1 + g_{m1}(r_{O1} \| r_{O2})} C_{GS1} \tag{11.127}$$

예를 들어, 만일 $g_{m1}(r_{O1} \| r_{O2}) \approx 10$이라면, 단지 C_{GS1}의 9%만이 입력에서 나타난다.

연습문제 $\lambda = 0$일 때, 위의 예제를 반복하라.

이제 폴로어의 출력 임피던스로 관심을 돌려 보자. 5장에서 이미터 폴로어에 대한 학습을 통해 출력 저항이 $R_S/(\beta + 1) + 1/g_m$과 같음을 밝혔다. 유사하게, 7장에서는 소스 폴로어에 대하여 $1/g_m$의 출력 저항을 나타냈다. 고주파수에서 이 회로는 흥미로운 동작을 보인다.

그림 11.46(a)에 도시된 폴로어를 고려해 보자. 여기서 다른 커패시턴스와 저항은 간략화하기위해 무시되었다. 여느 때처럼 R_S는 이전 단 혹은 이전 소자의 출력 저항을 나타낸다. 우선 이미터 폴로어의 출력 임피던스를 계산하고, 이어서 소스 폴로어의 출력 임피던스를 결정하기 위하여 $r_\pi \to \infty$라고 하자. 그림 11.46(b)에 있는 등가 회로로부터 다음을 얻는다.

$$(I_X + g_m V_\pi)\left(r_\pi \left\| \frac{1}{C_\pi s}\right.\right) = -V_\pi \tag{11.128}$$

또한

$$(I_X + g_m V_\pi)R_S - V_\pi = V_X \tag{11.129}$$

식 (11.128)로부터 V_π를 구하면

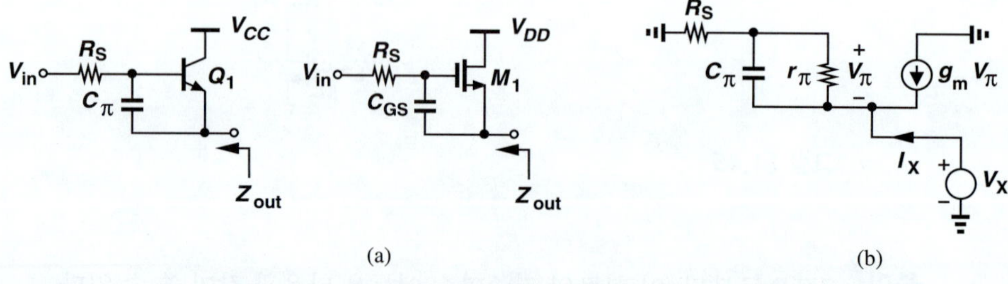

그림 11.46 (a) 이미터 폴로어와 소스 폴로어의 출력 임피던스; (b) 소신호 모델

$$V_\pi = -I_X \frac{r_\pi}{r_\pi C_\pi s + \beta + 1} \tag{11.130}$$

이고 식 (11.129)에 대입해 보면 다음을 얻는다.

$$\frac{V_X}{I_X} = \frac{R_S r_\pi C_\pi s + r_\pi + R_S}{r_\pi C_\pi s + \beta + 1} \tag{11.131}$$

예상했던 바와 같이, 저주파수에서 $V_X/I_X = (r_\pi + R_S)/(\beta + 1) \approx 1/g_m + R_S/(\beta + 1)$이다. 반면에 매우 고주파수에서는 $V_X/I_X = R_S$인데, 이는 C_π가 단락 회로가 되는 것을 고려한 의미 있는 결과이다.

이미터 폴로어의 출력 임피던스에 대해 위에서 계산한 2개의 극단적으로 큰 값들은 더 큰 통찰력을 발달시키기 위해 사용될 수 있다. 그림 11.47에 그려진 이 임피던스의 크기는 $R_S < 1/g_m + R_S/(\beta + 1)$인 경우 ω에 대해 떨어지게 되고, 만약 $R_S > 1/g_m + R_S/(\beta + 1)$인 경우에는 ω에 대해 증가한다. 커패시터와 인덕터의 임피던스에서 유추하여, 전자의 경우 Z_{out}이 커패시티브 동작을 나타내고, 후자의 경우 인덕티브 동작을 나타낸다고 말한다.

어떤 경우가 실제로 더 많이 일어날 것 같은가? 폴로어는 구동 임피던스를 감소시키기 위해 사용되기 때문에, 폴로어의 저주파수 출력 임피던스는 R_S보다 작다[17)]고 가정하는 것이 합당하다. 그러므로 인덕티브 동작이 보다 일반적으로 일어난다.(심지어 만일 폴로어가 어느 정도의 부하 커패시턴스를 갖는다면 인덕티브 출력 임피던스는 진동을 유발시키는 것도 가능하다.)

위의 전개는 식 (11.131)의 분자와 분모를 r_π로 인수분해하고 r_π와 β를 무한대로 접근시킴으로써 소스 폴로어로 확장시킬 수 있다.

$$\frac{V_X}{I_X} = \frac{R_S C_{GS} s + 1}{C_{GS} s + g_m} \tag{11.132}$$

여기서 $(\beta + 1)/r_\pi$는 g_m으로, C_π는 C_{GS}로 대체된다. 그림 11.47은 소스 폴로어에 대하여 그림 11.48에 다시 그려졌으며, 유사한 동작을 보인다.

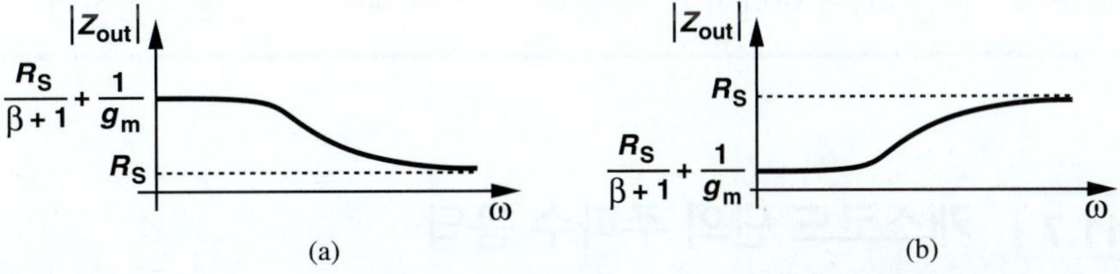

그림 11.47 (a) 작은 R_S와 (b) 큰 R_S에 대한 주파수 함수로서 이미터 폴로어의 출력 임피던스

17) 만일 폴로어 출력 저항이 R_S보다 크다면, 폴로어를 제거하는 게 더 낫다.

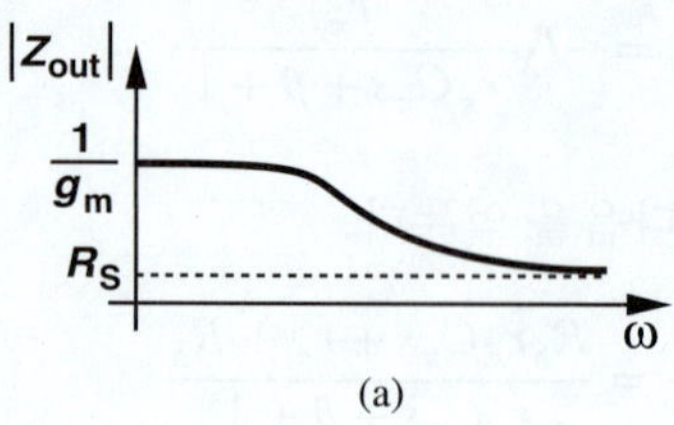

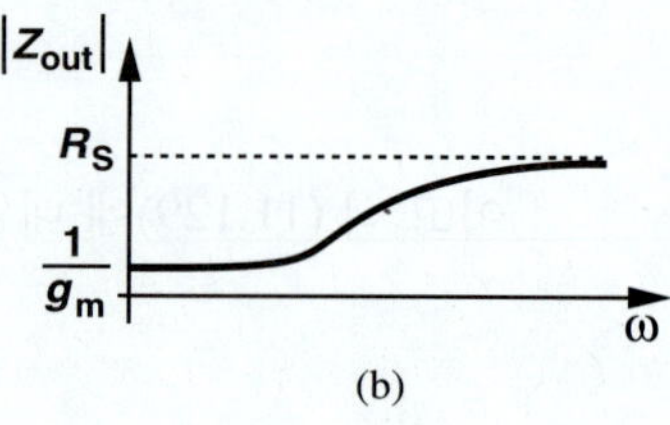

그림 11.48 (a) 작은 R_S와 (b) 큰 R_S에 대한 주파수 함수로서 소스 폴로어의 출력 임피던스

폴로어의 출력에서 보이는 인덕티브 임피던스는 '능동 인덕터'의 실현에 있어 유용하다고 입증되었다.

예제 11.24 그림 11.49는 CS 회로와 소스 폴로어로 구성된 이단 증폭기를 나타낸다. M_1과 M_2에 대하여 $\lambda \neq 0$이고, 그러나 M_3의 $\lambda = 0$이라 가정하고, C_{GS3}를 제외한 모든 커패시턴스를 무시하면서, 증폭기의 출력 임피던스를 계산하라.

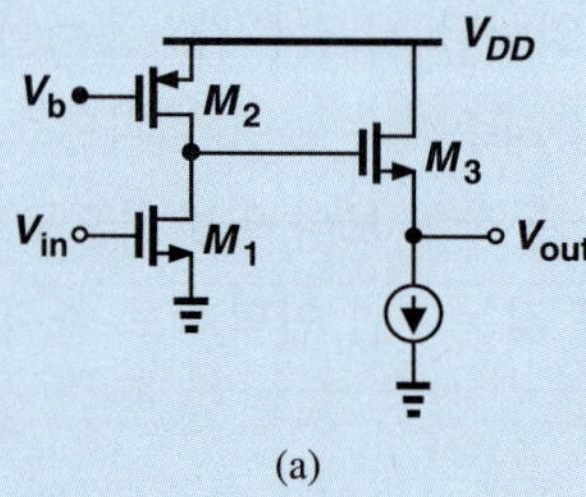

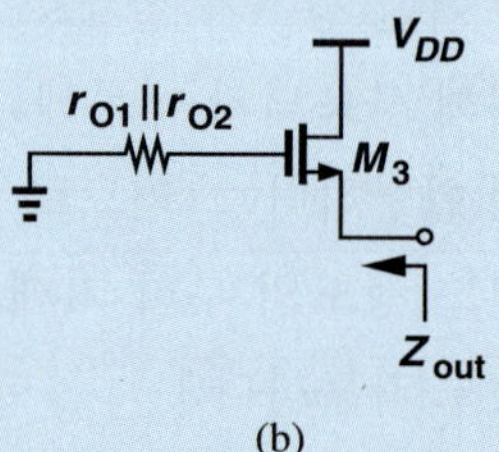

그림 11.49

풀이 폴로어에서 바라본 소스 임피던스는 CS 단의 출력 저항과 동일하며, 이는 $r_{O1} \| r_{O2}$와 같다. 식 (11.132)에서 $R_S = r_{O1} \| r_{O2}$라고 가정하면, 다음과 같다.

$$\frac{V_X}{I_X} = \frac{(r_{O1} \| r_{O2})C_{GS3}s + 1}{C_{GS3}s + g_{m3}} \tag{11.133}$$

연습문제 $M_1 \sim M_3$에 대하여 $\lambda \neq 0$일 때, 위의 예제에서 Z_{out}을 결정하라.

11.7 캐스코드 단의 주파수 응답

11.4절의 CE/CS 단과 11.5절의 CB/CG 단의 해석에서 전자의 경우 비교적 높은 입력 저항을 제공하지만 밀러 효과의 문제점을 겪는 반면에 후자의 경우는 비교적 낮은 입력 저항을 보이지만 밀러 효과로부터 무관하다는 것을 밝혔다. 두 토폴로지의 바람직한 특성들을 결합하기를 희망하며, 상대적으로 높은 입력 저항을 가지며 밀러 효과가 없거나 혹은 적은 회

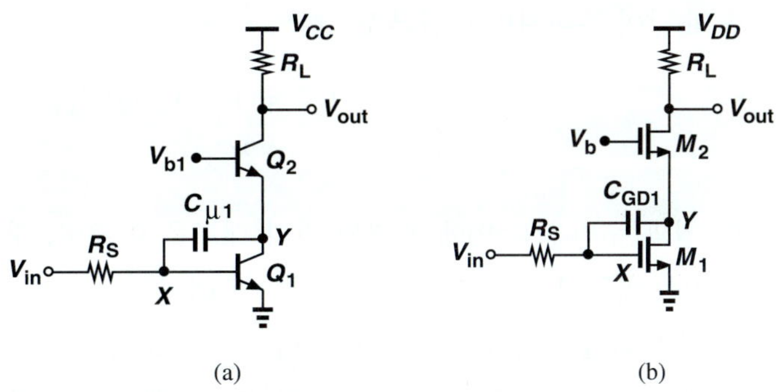

그림 11.50 (a) 바이폴라; (b) MOS 캐스코드 단

로를 얻을 수 있다. 실제로 이러한 고찰은 1940년대 캐스코드 토폴로지의 발명을 이끌었다.

그림 11.50에 보인 캐스코드를 고려해 보자. 9장에서 언급한 바대로, 이 구조는 Q_1/M_1을 CE/CS 트랜지스터로 볼 수 있으며, CB/CG 소자인 Q_2/M_2가 뒤따른다. 그런 구조로서 이 회로는 $g_{m1}R_L$의 전압 이득을 제공하면서도 여전히 비교적 높은(Q_1에 대하여) 혹은 무한한(M_1에 대하여) 입력 저항을 나타낸다.[18] 하지만 $C_{\mu 1}$ 또는 C_{GD1}의 밀러 증배는 어떠한가? 우선 X 노드로부터 Y 노드까지의 전압 이득을 계산해야만 한다. 모든 트랜지스터에서 $r_O = \infty$라고 가정하면, Y에서 바라본 임피던스가 $1/g_{m2}$와 같음을 알 수 있고, 다음과 같은 소신호 이득을 가져오게 된다.

$$A_{v,XY} = \frac{v_Y}{v_X} \tag{11.134}$$

$$= -\frac{g_{m1}}{g_{m2}} \tag{11.135}$$

바이폴라 캐스코드에서, $g_{m1} = g_{m2}$이고(왜 그럴까?), -1의 이득을 가져온다. 상응하는 MOS에서, M_1과 M_2는 동일할 필요는 없지만, g_{m1}과 g_{m2}는 W/L에 대해 비교적 약한 의존성 때문에 비슷하다. 그러므로 X부터 Y까지의 이득은 대부분의 실제 경우에도 거의 -1로 유지되고, $C_{XY} = C_{\mu 1}$ 또는 C_{GD1}의 밀러 효과는 다

Did you know?

C_μ의 밀러 증배를 줄이는 것 외에도, 캐스코드 구조는 더 높은 출력 임피던스, 더 높은 전압 이득 및 더 큰 안정성을 제공한다. 안정성이란 증폭기가 발진하지 않는 경향을 의미한다. C_μ 또는 C_{GD}는 출력 신호의 일부를 입력으로 반환하기 때문에, 고주파 증폭기에서 불안정성을 유발할 수 있다. 이러한 이유로 우리는 일반적으로 RF 수신기의 전단부에서 종종 아래 보인 인덕티브 디제너레이션(축퇴)을 가지는 캐스코드 구조를 사용한다.

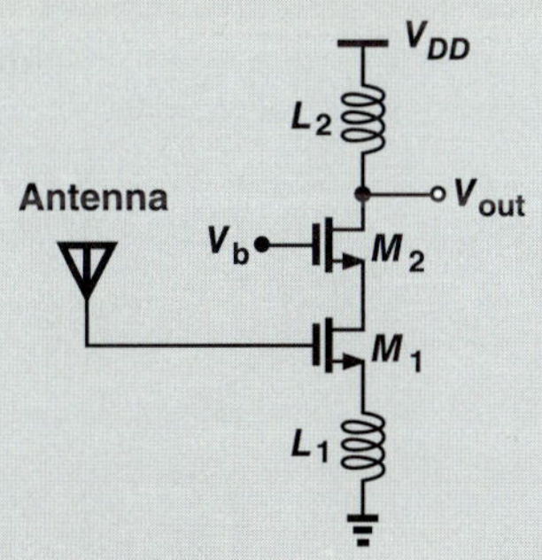

휴대폰용 저잡음 증폭기에서 캐스코드의 사용

18) R_S와 $r_{\pi 1}$ 간의 전압 분배는 바이폴라 회로에서의 이득을 약간 낮춘다.

음과 같이 주어진다고 결론짓는다.

$$C_X = (1 - A_{v,XY})C_{XY} \tag{11.136}$$

$$\approx 2C_{XY} \tag{11.137}$$

이 결과는 식 (11.59)에 표현된 것과 대조를 이루며, 캐스코드 트랜지스터가 밀러 효과에 기인한 이득과 입력 커패시턴스 간의 트레이드오프를 깨뜨리고 있다는 것을 제시한다.

이 분석을 계속해서 해 보고 밀러 근사의 도움을 빌려 캐스코드 토폴로지의 극점들을 계산해 보자. 그림 11.51에 도시된 회로는 트랜지스터 커패시턴스들을 추가한 바이폴라 캐스코드이다. 또한 Y에서 $C_{\mu 1}$의 영향은 $(1 - A_{v,XY}^{-1})C_{\mu 1} = 2C_{\mu 1}$과 같다는 것을 유념하자. 각 노드에 하나의 극점을 연관시켜 보면 다음이 주어진다.

$$|\omega_{p,X}| = \frac{1}{(R_S \parallel r_{\pi 1})(C_{\pi 1} + 2C_{\mu 1})} \tag{11.138}$$

$$|\omega_{p,Y}| = \frac{1}{\frac{1}{g_{m2}}(C_{CS1} + C_{\pi 2} + 2C_{\mu 1})} \tag{11.139}$$

$$|\omega_{p,out}| = \frac{1}{R_L(C_{CS2} + C_{\mu 2})} \tag{11.140}$$

만일 $C_{\pi 2} \gg C_{CS1} + 2C_{\mu 1}$이라면, Y 노드에서 극점이 거의 Q_2의 f_T로 낮아짐을 아는 것은 흥미롭다. $C_{\pi 2}$의 값과 $C_{CS1} + 2C_{\mu 1}$의 값이 비슷하더라도, 이 극점은 일반적으로 신호 대역폭보다 훨씬 높은 주파수인 $f_T/2$의 값을 갖는다고 말할 수 있다. 이런 이유 때문에, Y 노드에서의 극점은 종종 캐스코드 단의 주파수 응답에 무시할 만한 영향을 미친다.

MOS 캐스코드가 밀러 근사를 사용 후에 트랜지스터 캐패시턴스들과 함께 그림 11.52에 나타나 있다. 이 경우에 X에서 Y까지의 이득이 -1과 같지 않을 수 있기 때문에, 좀 더 일반적인 풀이에 도달하기 위해서 실제 값인 $-g_{m1}/g_{m2}$를 사용한다. 각 노드에 하나의 극점을 연관시켜 보면 다음을 얻는다.

$$|\omega_{p,X}| = \frac{1}{R_S\left[C_{GS1} + \left(1 + \frac{g_{m1}}{g_{m2}}\right)C_{GD1}\right]} \tag{11.141}$$

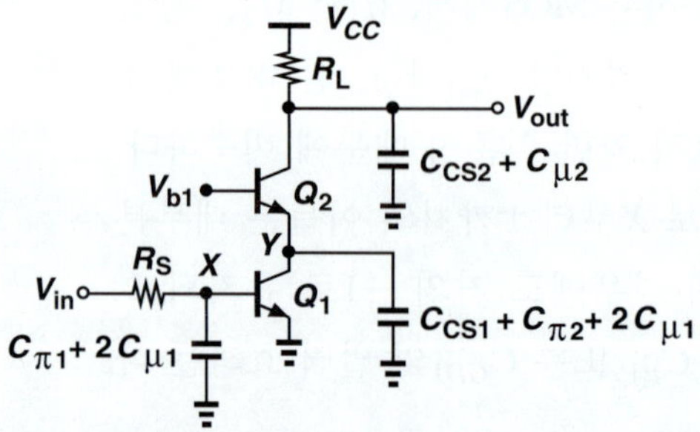

그림 11.51 트랜지스터 커패시턴스를 포함한 바이폴라 캐스코드

그림 11.52 트랜지스터 커패시턴스를 포함한 MOS 캐스코드

$$|\omega_{p,Y}| = \frac{1}{\frac{1}{g_{m2}}\left[C_{DB1} + C_{GS2} + \left(1 + \frac{g_{m2}}{g_{m1}}\right)C_{GD1} + C_{SB2}\right]} \tag{11.142}$$

$$|\omega_{p,out}| = \frac{1}{R_L(C_{DB2} + C_{GD2})} \tag{11.143}$$

C_{GS2}와 $C_{DB1} + (1 + g_{m2}/g_{m1})C_{GD1}$이 비슷하다면, $\omega_{p,Y}$는 여전히 $f_T/2$의 범위에 있음을 유념한다.

예제 11.25 예제 11.18에서 학습한 CS 단이 캐스코드 토폴로지로 변환되었다. 2개의 트랜지스터가 동일하다고 가정하여, 극점을 예측하고 주파수 응답을 그리고, 예제 11.18과 결과를 비교하라. $C_{DB} = C_{SB}$로 가정한다.

풀이 예제 11.18에 주어진 값들을 이용하여, 식 (11.141), (11.142), (11.143)으로부터 각 극점

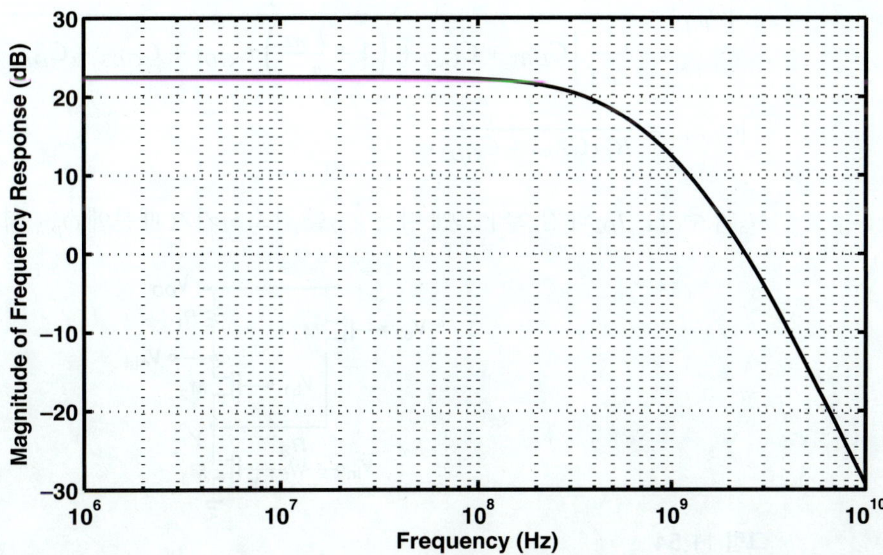

그림 11.53

들을 다음과 같이 쓸 수 있다.

$$|\omega_{p,X}| = 2\pi \times (1.95\ \text{GHz}) \quad (11.144)$$

$$|\omega_{p,Y}| = 2\pi \times (1.73\ \text{GHz}) \quad (11.145)$$

$$|\omega_{p,out}| = 2\pi \times (442\ \text{MHz}) \quad (11.146)$$

이 특별한 예제에서는 Y 노드에서의 극점이 $f_T/2$보다 상당히 작다는 것을 유념하라. 예제 11.18에서 얻어진 밀러 근사 결과와 비교해서, 입력 극점은 상당히 증가하였다. 그 예제로부터 유도된 정확한 값과 비교해 보면, 캐스코드 대역폭(442 MHZ)은 거의 2배만큼 크다. 그림 11.53은 이 캐스코드 단의 주파수 응답을 그린 것이다.

연습문제 M_2의 폭과 그러므로 모든 커패시턴스가 2배인 경우 위의 예제를 반복하라. $g_{m2} = (100\ \Omega)^{-1}$로 가정한다.

예제 11.26 그림 11.54의 캐스코드에서, 트랜지스터 M_3는 일정한 전류원 역할을 하고, M_1에 M_2보다 큰 전류를 흐르도록 해 준다. $\lambda = 0$임을 가정하고 이 회로의 극점을 계산하라.

풀이 트랜지스터 M_3는 Y 노드에 C_{GD3}와 C_{DB3}를 제공하므로, 대응하는 극점 크기를 낮춘다. 이 회로는 다음의 극점들을 갖는다.

$$|\omega_{p,X}| = \frac{1}{R_S\left[C_{GS1} + \left(1 + \frac{g_{m1}}{g_{m2}}\right)C_{GD1}\right]} \quad (11.147)$$

$$|\omega_{p,Y}| = \frac{1}{\frac{1}{g_{m2}}\left[C_{DB1} + C_{GS2} + \left(1 + \frac{g_{m2}}{g_{m1}}\right)C_{GD1} + C_{GD3} + C_{DB3} + C_{SB2}\right]} \quad (11.148)$$

$$|\omega_{p,out}| = \frac{1}{R_L(C_{DB2} + C_{GD2})} \quad (11.149)$$

M_3의 추가는 I_{D2}의 감소와 그에 따른 g_{m2}를 감소시키기 때문에 $\omega_{p,X}$ 역시 크기가 감소한다.

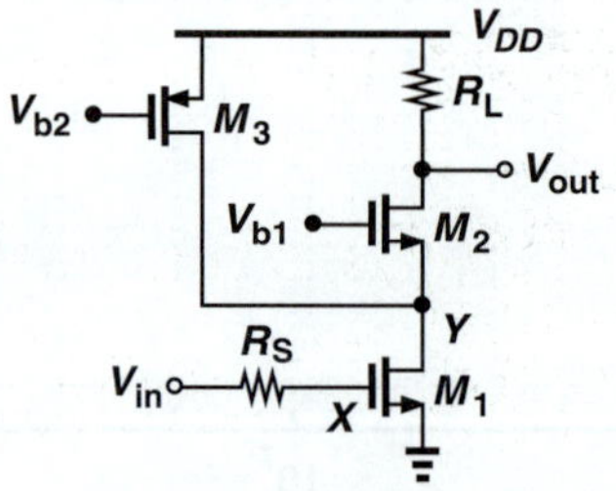

그림 11.54

연습문제 예제 11.18에서 $M_1 \sim M_3$에 대해 주어진 트랜지스터 파라미터들을 이용하여 위의 예제에서의 극점 주파수를 계산하라.

9장과 이번 장에서 캐스코드 토폴로지에 대한 학습으로부터, 이 회로의 중요하고 뚜렷한 2개의 특성을 확인한다: (1) 큰 출력 임피던스를 제공할 수 있는 능력과 따라서 좋은 전류원 그리고/또는 고이득 증폭기로서 역할을 하는 능력, (2) 밀러 효과의 감소와 그에 따른 보다 나은 고주파수 성능. 이러한 모든 특성들이 광범위하게 활용되고 있다.

11.7.1 입출력 임피던스

캐스코드 단에 대한 앞에서의 해석은 입출력 임피던스를 위한 개산을 쉽게 제공해 준다. 그림 11.51로부터 바이폴라 캐스코드의 입력 임피던스는 다음과 같이 주어진다.

$$Z_{in} = r_{\pi 1} \Bigg\| \frac{1}{(C_{\pi 1} + 2C_{\mu 1})s} \tag{11.150}$$

여기서 Z_{in}은 R_S를 포함하고 있지 않다. 출력 임피던스는 다음과 같다.

$$Z_{out} = R_L \Bigg\| \frac{1}{(C_{\mu 2} + C_{CS2})s} \tag{11.151}$$

여기서 얼리 효과는 무시되었다. 비슷하게, 그림 11.52에 있는 MOS 단에 대해 다음 값을 갖는다.

$$Z_{in} = \frac{1}{\left[C_{GS1} + \left(1 + \frac{g_{m1}}{g_{m2}}\right) C_{GD1}\right] s} \tag{11.152}$$

$$Z_{out} = R_L \frac{1}{(C_{GD2} + C_{DB2})} \tag{11.153}$$

여기서 $\lambda = 0$이라고 가정되었다.

만약 R_L이 크다면, 트랜지스터의 출력 저항은 고려되어야 한다. 이 계산은 이 책의 범위를 벗어난다.

11.8 차동쌍의 주파수 응답

10장에서 소개된 절반 회로 개념은 차동쌍의 고주파수 모델에서도 적용될 수 있고, 그러므로 회로를 위에서 학습한 것으로 줄일 수 있다.

그림 11.55(a)는 2개의 바이폴라와 MOS 차동쌍을 그것들의 커패시턴스와 함께 나타낸다. 작은 차동 입력에 대해서, 절반 회로가 그림 11.55(b)에 보인 것처럼 그려질 수 있다. 그

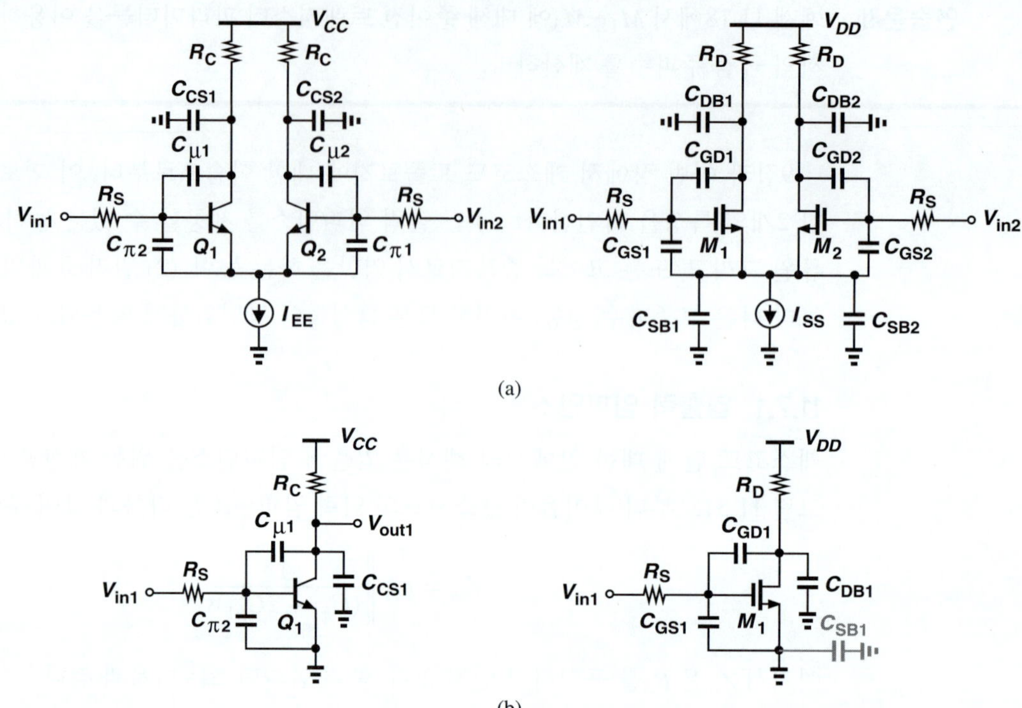

그림 11.55 (a) 트랜지스터 커패시턴스를 포함한 바이폴라와 MOS 쌍; (b) 절반 회로

러므로 전달 함수는 식 (11.73)에 의해 주어진다.

$$\frac{V_{out}}{V_{Thev}}(s) = \frac{(C_{XY}s - g_m)R_L}{as^2 + bs + 1} \tag{11.154}$$

여기서 같은 표시법이 다양한 파라미터들을 위해 사용되었다. 비슷하게, 입력과 출력 임피던스는 (각 노드에서 접지까지) 각각 식 (11.94), (11.95)와 같다.

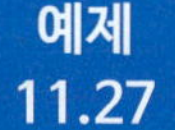

예제 11.27

차동쌍이 밀러 효과를 낮추기 위해서 캐스코드 소자를 사용한다[그림 11.56(a)]. 이 회로의 극점을 어림잡아 계산하라.

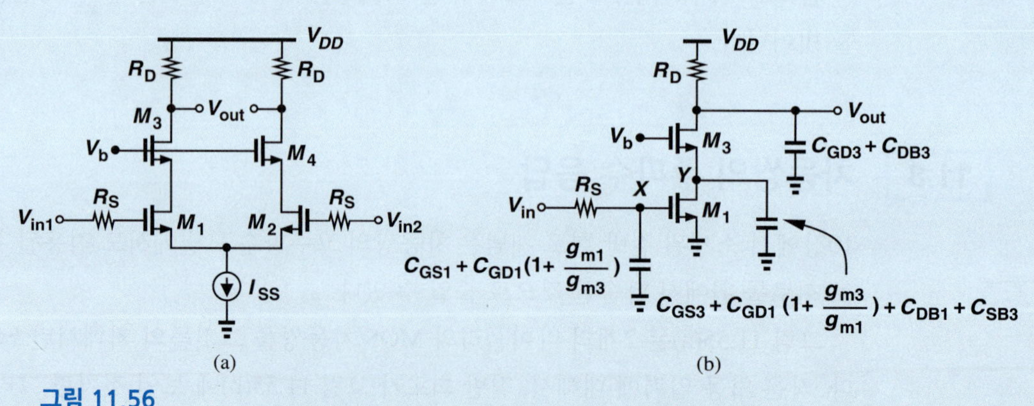

그림 11.56

풀이 그림 11.56(b)에 보인 절반 회로를 이용하여, 11.7절에서 얻어진 결과를 사용한다.

$$|\omega_{p,X}| = \frac{1}{R_S\left[C_{GS1} + \left(1 + \frac{g_{m1}}{g_{m3}}\right)C_{GD1}\right]} \tag{11.155}$$

$$|\omega_{p,Y}| = \frac{1}{\frac{1}{g_{m3}}\left[C_{DB1} + C_{GS3} + \left(1 + \frac{g_{m3}}{g_{m1}}\right)C_{GD1}C_{SB3}\right]} \tag{11.156}$$

$$|\omega_{p,out}| = \frac{1}{R_L(C_{DB3} + C_{GD3})} \tag{11.157}$$

연습문제 예제 11.18에서 주어진 트랜지스터 파라미터들을 사용하여 극점 주파수를 계산하라. M_3의 폭과 그에 따른 커패시턴스가 M_1의 2배라고 가정한다. 또한 $g_{m3} = \sqrt{2}g_{m1}$이다.

11.8.1 공통 모드 주파수 응답*

10장에서 학습한 공통 모드(CM) 응답은 트랜지스터 커패시턴스들을 포함하지 않았다. 고주파수에서 커패시턴스들은 공통 모드 이득을 증가시킬 수도 있다.(그리고 차동 이득을 감소시킬 수도 있다.) 따라서 공통 모드 제거비를 감소시킨다.

그림 11.57(a)에 보인 MOS 차동쌍을 고려해 보자. 여기서 유한한 커패시턴스가 P 노드와 접지 사이에 나타나 있다. C_{SS}가 R_{SS}와 병렬이기 때문에, 고주파수에서 P 노드와 접지 사이의 전체 임피던스가 떨어질 것으로 예상되고, 더 큰 CM 이득을 초래한다. 사실, 간단하게 식 (10.191)에서 R_{SS}를 $R_{SS} \,||\, [1/(C_{SS}s)]$로 대체할 수 있다.

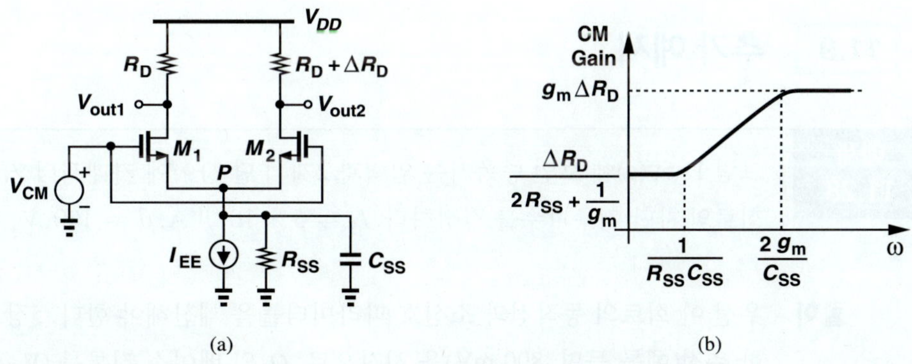

그림 11.57 (a) 테일 노드에서 기생 커패시턴스를 갖는 차동쌍; (b) 공통 모드(CM) 주파수 응답

* 이 절은 처음 읽을 때는 건너뛰어도 된다.

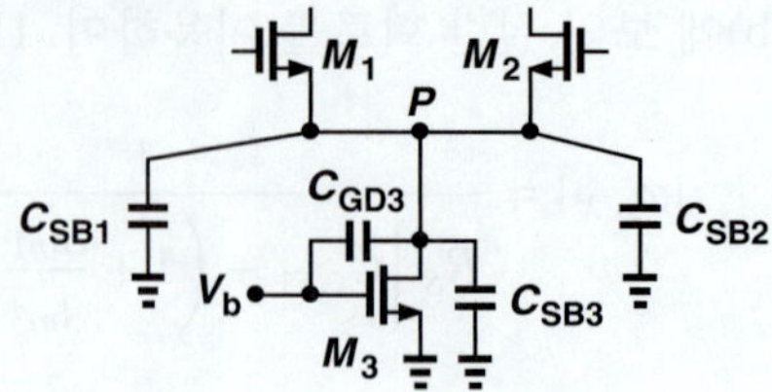

그림 11.58 테일 노드에 대한 트랜지스터 커패시턴스의 기여

$$\left|\frac{\Delta V_{out}}{\Delta V_{CM}}\right| = \frac{\Delta R_D}{\dfrac{1}{g_m} + 2\left(R_{SS} \,\Big\|\, \dfrac{1}{C_{SS}s}\right)} \tag{11.158}$$

$$= \frac{g_m \Delta R_D (R_{SS}C_S + 1)}{R_{SS}C_{SS}s + 2g_mR_{SS} + 1} \tag{11.159}$$

R_{SS}는 일반적으로 매우 크기 때문에($2g_mR_{SS} \gg 1$), 다음과 같은 영점 주파수와 극점 주파수를 야기한다.

$$|\omega_z| = \frac{1}{R_{SS}C_{SS}} \tag{11.160}$$

$$|\omega_p| = \frac{2g_m}{C_{SS}} \tag{11.161}$$

그리고 보데 근사가 그림 11.57(b)에 그려져 있다. CM 이득은 실제로 고주파수에서 $2g_mR_{SS}$배만큼 극적으로 크게 증가한다.(왜 그럴까?)

그림 11.58은 C_{SS}를 구성하는 트랜지스터 커패시턴스를 도시한다. 예를 들어, M_3는 작은 V_{DS}에 동작할 수 있도록 전형적으로 폭이 넓은 소자이고, 따라서 P 노드에 큰 커패시턴스들이 추가된다.

11.9 추가 예제

예제 11.28 그림 11.59(a)에 보인 증폭기는 입력과 2개의 단 사이에 커패시터 커플링을 형성한다. 이 회로의 차단 저주파수를 결정하라. $I_S = 5 \times 10^{-16}$ A, $\beta = 100$, $V_A = \infty$라고 가정한다.

풀이 우선 이 회로의 동작점과 소신호 파라미터들을 계산해야 한다. 5장으로부터, V_{BE1}에 대한 추정(예를 들면, 800 mV)을 시작으로, Q_1의 베이스 전류를 $(V_{CC}-V_{BE1})/R_{B1}$과 같이 나타낸다. 따라서

$$I_{C1} = \beta\frac{V_{CC} - V_{BE1}}{R_{B1}} \tag{11.162}$$

$$= 1.7\text{ mA} \tag{11.163}$$

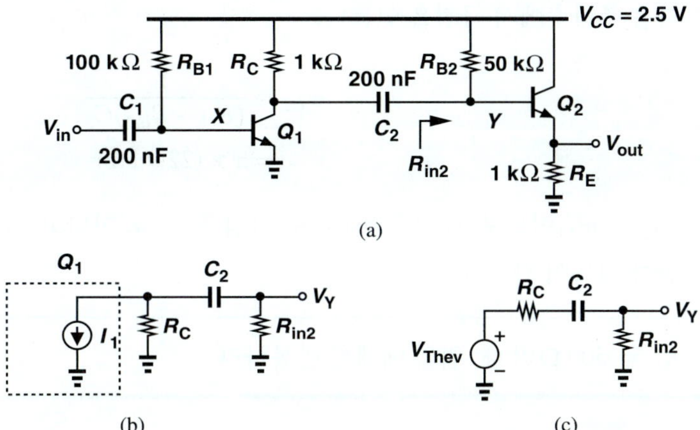

그림 11.59

이에 따라 $V_{BE1} = V_T \ln(I_{C1}/I_{S1}) = 748$ mV이고 $I_{C1} = 1.75$ mA이다. 그러므로 $g_{m1} = (14.9\ \Omega)^{-1}$이 되고 $r_{\pi 1} = 1.49$ kΩ이 된다. Q_2에 대해서는 다음과 같다.

$$V_{CC} = I_{B2}R_{B2} + V_{BE2} + R_E I_{C2} \tag{11.164}$$

그러므로

$$I_{C2} = \frac{V_{CC} - V_{BE2}}{R_{B2}/\beta + R_E} \tag{11.165}$$

$$= 1.13 \text{ mA} \tag{11.166}$$

여기서 $V_{BE2} \approx 800$ mV라고 가정되었다. 위의 과정을 반복하면 $I_{C2} = 1.17$ mA가 되고 따라서 $g_{m2} = (22.2\ \Omega)^{-1}$이고 $r_{\pi 2} = 2.22$ kΩ이다.

이제 첫 번째 단 자체를 생각해 보자. 커패시터 C_1은 회로의 입력 저항인 R_{in1}과 함께 고역통과 여파기를 형성하고, 따라서 저주파수를 감소시킨다. $R_{in1} = r_{\pi 1} || R_{B1}$이므로, 이 단의 차단 지주파수는 다음과 같다.

$$\omega_{L1} = \frac{1}{(r_{\pi 1} \parallel R_{B1})C_1} \tag{11.167}$$

$$= 2\pi \times (542 \text{ Hz}) \tag{11.168}$$

두 번째 커플링 커패시터도 두 번째 단의 입력 저항인 $R_{in2} = R_{B2} || [r_{\pi 2} + (\beta + 1)R_E]$와 함께 고역통과 응답을 만들어 낸다. 차단 주파수를 계산하기 위해서, 그림 11.59(b)에 나타낸 간략화된 인터페이스를 구성하고 V_Y/I_1을 결정한다. 이 경우에 그림 11.59(c)와 같이 I_1과 R_C를 테브냉 등가 회로로 대체하면 더 간단해진다. 여기서 $V_{Thev} = -I_1 R_C$이다. 이제 다음과 같아진다.

$$\frac{V_Y}{V_{Thev}}(s) = \frac{R_{in2}}{R_C + \frac{1}{C_2 s} + R_{in2}} \tag{11.169}$$

다음 주파수에서 극점을 얻는다.

$$\omega_{L2} = \frac{1}{(R_C + R_{in2})C_2} \tag{11.170}$$

$$= \pi \times (22.9\ \text{Hz}) \tag{11.171}$$

$\omega_{L2} \ll \omega_{L1}$이므로, ω_{L1}이 저주파수 응답을 '주도'한다고 결론짓는다. 즉, ω_{L1}에서 3 dB 만큼 이득이 감소한다.

연습문제 $R_E = 500\ \Omega$일 때, 위의 예제를 반복하라.

예제 11.29

그림 11.60(a)의 회로는 집적 회로들에서 구현되는 증폭기들의 예이다. 이것은 역퇴단과 자가 바이어스 단으로 구성되어 있으며, 적당한 값의 C_1과 C_2를 갖는다. M_1과 M_2는 동일하며 예제 11.18에 주어진 것과 동일한 파라미터들을 갖는다고 가정하고, 증폭기의 주파수 응답을 그려라.

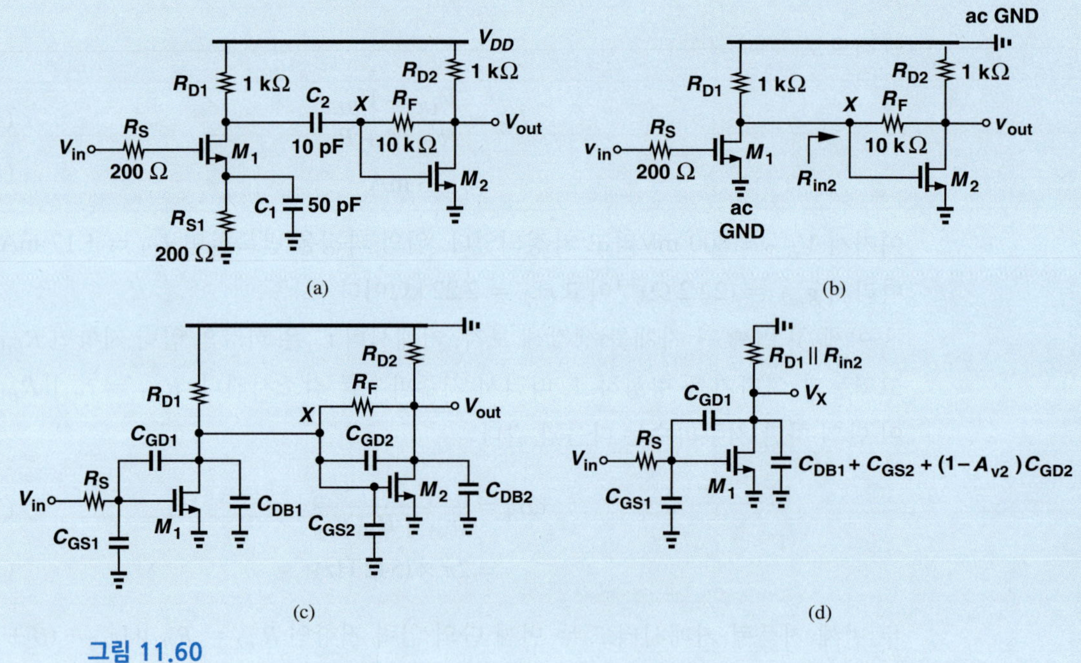

그림 11.60

풀이 **저주파수 동작** 저주파수 영역을 시작으로, 먼저 C_1의 역할을 고려해 보자. 식 (11.58)과 그림 11.30(c)로부터, C_1이 다음에서 저주파수 차단에 기여한다는 것에 유념한다.

$$\omega_{L1} = \frac{g_{m1}R_{S1} + 1}{R_{S1}C_1} \tag{11.172}$$

$$= 2\pi \times (37.1\ \text{MHz}) \tag{11.173}$$

두 번째 저주파수 차단은 C_2와 두 번째 단의 입력 저항인 R_{in2}가 기여한다. 이 저항은 밀러 이론의 도움으로 계산될 수 있다.

$$R_{in2} = \frac{R_F}{1 - A_{v2}} \tag{11.174}$$

여기서 A_{v2}는 X부터 출력까지의 전압 이득을 나타낸다. $R_F \gg R_{D2}$이므로, $A_{v2} \approx -g_{m2}R_{D2} = -6.67$을 가지며[19] $R_{in2} \approx 1.30\ \text{k}\Omega$을 얻는다. 이전의 예제와 유사한 분석을 이용하여 다음을 보일 수 있다.

$$\omega_{L2} = \frac{1}{(R_{D1} + R_{in2})C_2} \tag{11.175}$$

$$= 2\pi \times (6.92\ \text{MHz}) \tag{11.176}$$

ω_{L1}은 ω_{L2}보다 상당히 위에 있기 때문에, 차단은 전자에 의해 주도된다.

중간대역 동작 다음 단계로 중간대역 이득을 계산한다. 중간대역 주파수에서 C_1과 C_2는 단락 회로로 동작하고, 트랜지스터 커패시턴스들은 무시될 만한 역할을 하며, 이는 회로를 그림 11.60(b)로 줄일 수 있게 해 준다. $v_{out}/v_{in} = (v_X/v_{in})(v_{out}/v_X)$인 것을 알고 M_1의 드레인에서 교류 접지로 2개의 저항 R_{D1}과 R_{in2}를 본다는 것을 인지한다. 즉,

$$\frac{v_X}{v_{in}} = -g_{m1}(R_{D1} \parallel R_{in2}) \tag{11.177}$$

$$= -3.77 \tag{11.178}$$

X 노드에서 출력까지의 전압 이득은 근사적으로 $-g_{m2}R_{D2}$와 같은데 왜냐하면 $R_F \gg R_{D2}$[20] 이기 때문이다. 그러므로 전체적인 중간대역 이득은 대략 25.1과 같다.

고주파수 동작 고주파수에서 증폭기의 응답을 학습하기 위해서는 트랜지스터 커패시턴스를 삽입해야 하고, M_1과 M_2의 소스 단자가 교류 접지에 있기 때문에 C_{SB1}과 C_{SB2}는 아무 역할을 하지 않는다는 것을 유념한다. 그러므로 전체 전달 함수가 $V_{out}/V_{in} = (V_X/V_{in})(V_{out}/V_X)$로 주어지는 그림 11.60(c)에 보인 간략화된 토폴로지에 도달한다.

어떻게 두 번째 단의 부하가 있는 상태에서 V_X/V_{in}을 계산하는가? 두 커패시턴스 C_{DB1}과 C_{GS2}는 병렬이지만, R_F와 C_{GD2}의 영향은 어떠한가? 밀러 근사를 적용하여 두 성분들이 접지된 소자로 변하도록 한다. R_F의 밀러 효과는 위에서 $R_{in2} = 1.3\ \text{k}\Omega$이라고 계산되었다. C_{GD2}의 밀러 증배는 $(1-A_{v2})C_{GD2} = 614\ \text{fF}$으로 주어진다. 첫 번째 단은 이제 그림 11.60(d)에 도시된 바와 같이 그려질 수 있고, 이것은 11.4절에서 수행된 공통

19) 이러한 이득의 추정과 함께, 출력에서 R_F의 밀러 효과를 $R_F/(1 - A_{v2}^{-1}) \approx 8.7\ \text{k}\Omega$으로 표현할 수 있고, 이 저항을 R_{L2}와 병렬로 연결하여 $A_{v2} = -g_{m2}(R_{D2} \parallel 8.7\ \text{k}\Omega)$이라고 쓴다. 하지만 간략화를 위하여 이러한 반복 없이 계속한다.

20) 만일 아니라면, 회로는 완벽한 소신호 등가 회로를 이용하여 풀어져야 한다.

소스(CS) 분석을 하기에 적합하게 된다. 영점은 $g_{m1}/C_{GD1} = 2\pi \times (13.3\ \text{GHz})$로 주어진다. 두 극점은 식 (11.73), (11.74), (11.75)에 의해 계산될 수 있다.

$$|\omega_{p1}| = 2\pi \times (242\ \text{MHz}) \tag{11.179}$$

$$|\omega_{p2}| = 2\pi \times (2.74\ \text{GHz}) \tag{11.180}$$

두 번째 단은 그것의 출력 노드에서 극점에 기여한다. 출력에서의 C_{GD2}의 밀러 효과는 $(1 - A_{v2}^{-1})C_{GD2} \approx 1.15C_{GD2} = 92$ fF으로 표현된다. C_{DB2}를 이 값에 더하면 출력 극점은 다음과 같다.

$$|\omega_{p3}| = \frac{1}{R_{L2}(1.15C_{GD2} + C_{DB2})} \tag{11.181}$$

$$= 2\pi \times (0.829\ \text{GHz}) \tag{11.182}$$

우리는 ω_{p1}이 고주파수 응답을 주도한다는 것을 관찰한다. 그림 11.61은 전체적인 응답을 나타낸다. 중간대역 이득은 약 26 dB ≈ 20이고, 계산된 결과보다 대략 20% 낮다. 이것은 주로 R_F에 대한 밀러 근사의 사용 때문이다. 또한 '유용한' 대역폭은 저주파 −3 dB 차단(≈40 MHz)에서 고주파 −3 dB 차단(≈300 MHz)까지 정의되고, 거의 10배의 폭을 갖는다. 이득은 약 2.3 GHz에서 1로 떨어진다.

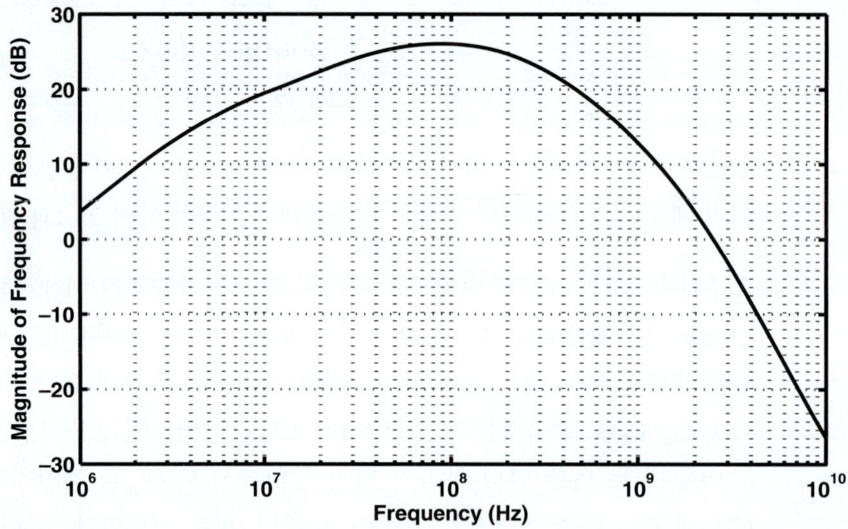

그림 11.61

11.10 요약

- 회로의 속도는 트랜지스터들과 다른 성분들이 각각의 노드에 기여하는 다양한 커패시턴스에 의해 제한된다.
- 속도는 시간 영역(예를 들면, 계단 함수를 적용하여) 또는 주파수 영역(예를 들면, 사인

함수를 적용하여)에서 학습할 수 있다. 회로의 주파수 응답은 후자의 실험에 해당한다.

- 동작 주파수가 증가함에 따라서 커패시턴스는 낮은 임피던스를 나타내고 이득을 감소시킨다. 그러므로 이득은 고신호 주파수에서 감소된다.
- 주파수 응답을 얻기 위해서, 회로의 전달 함수를 유도해야만 한다. 전달 함수의 크기는 이득이 주파수에 따라 어떻게 변하는가를 나타낸다.
- 보데의 규칙은 만일 극점과 영점을 알 경우에 주파수 응답을 근사화시킨다.
- 반전 증폭기의 입력과 출력 사이에 연결된 커패시턴스는 1에서 증폭기의 이득을 뺀 만큼 곱해져서 입력에 나타낼 수 있다. 이것을 밀러 효과라고 부른다.
- 많은 회로에서 각 노드에 극점을 연관시키는 것이 가능하다. 즉, 극점 주파수를 그 노드와 교류 접지 사이에서 보이는 커패시턴스와 저항의 곱의 역수로서 계산할 수 있다.
- 밀러 이론은 부유 임피던스를 접지된 임피던스들로 분할할 수 있게 한다.
- 커플링 또는 축퇴 커패시터들로 인하여, 주파수가 아주 낮아질 때에도 또한 주파수 응답이 감소하는 것을 보일 수 있다.
- 바이폴라와 MOS 트랜지스터는 단자들 사이와 어떤 단자들에서 교류 접지까지에 커패시턴스들을 포함하고 있다. 회로를 해석할 때 이러한 커패시턴스들이 확인되어야 하고 간략화된 회로가 구해져야 한다.
- CE와 CS 단들은 2차 전달 함수와 그에 따른 2개의 극점을 나타낸다. 밀러 근사는 베이스-컬렉터 또는 게이트-드레인 커패시턴스의 밀러 증배를 표현하는 입력 극점을 지적해 준다.
- 만약 회로의 두 극점이 서로 멀리 떨어져 있다면, 각 극점 주파수에 대한 간단한 표현을 찾기 위해 '주극점 근사'가 사용될 수 있다.
- CB와 CG 단은 밀러 효과 영향을 받지 않고 CE/CS 단보다 빠른 속도를 얻지만, 이들의 낮은 입력 임피던스는 그들의 응용을 제한한다.
- 이미터와 소스 폴로어는 넓은 대역폭을 제공한다. 하지만 이들의 출력 임피던스는 인덕티브할 수 있는데, 경우에 따라서는 불안정을 야기할 수 있다.
- CE/CS 단의 높은 입력 임피던스로부터 이익을 얻으면서도 또한 밀러 효과를 감소시키기 위해 캐스코드 단이 사용될 수 있다.
- 차동쌍의 차동 주파수 응답은 CE/CS 단의 주파수 응답과 유사하다.

PROBLEMS

Sec. 11.1.2 Transfer Function and Frequency Response

11.1. In the amplifier of Fig. 11.62, $R_D = 1\ \text{k}\Omega$ and $C_L = 1$ pF. Neglecting channel-length modulation and other capacitances, determine the frequency at which the gain falls by 10% (≈ 1 dB).

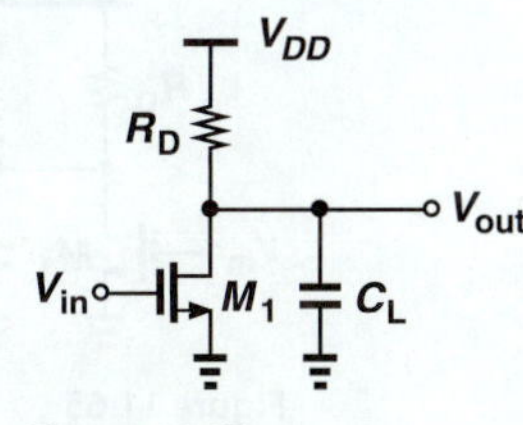

Figure 11.62

SOL **11.2.** In the circuit of Fig. 11.63, we wish to achieve a −3-dB bandwidth of 1 GHz with a load capacitance of 2 pF. What is the maximum (low-frequency) gain that can be achieved with a power dissipation of 2 mW? Assume $V_{CC} = 2.5$ V and neglect the Early effect and other capacitances.

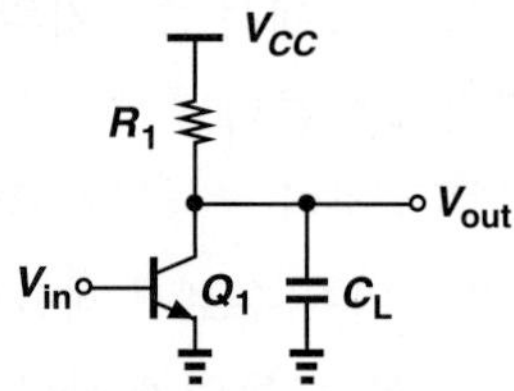

Figure 11.63

11.3. Determine the −3 dB bandwidth of the circuits shown in Fig. 11.64. Assume $V_A = \infty$ but $\lambda > 0$. Neglect other capacitances.

Sec. 11.1.3 Bode's Rules

11.4. Construct the Bode plot of $|V_{out}/V_{in}|$ for the stages depicted in Fig. 11.64.

11.5. A circuit contains two coincident (i.e., equal) poles at ω_{p1}. Construct the Bode plot of $|V_{out}/V_{in}|$.

11.6. An amplifier exhibits two poles at 100 MHz and 10 GHz and a zero at 1 GHz. Construct the Bode plot of $|V_{out}/V_{in}|$.

11.7. An ideal integrator contains a pole at the origin, i.e., $\omega_p = 0$. Construct the Bode plot of $|V_{out}/V_{in}|$. What is the gain of the circuit at arbitrarily *low* frequencies?

11.8. An ideal differentiator provides a zero at the origin, i.e., $\omega_z = 0$. Construct the Bode plot of $|V_{out}/V_{in}|$. What is the gain of the circuit at arbitrarily *high* frequencies?

11.9. Figure 11.65 illustrates a cascade of two identical CS stages. Neglecting channel-length modulation and other capacitances, construct the Bode plot of $|V_{out}/V_{in}|$. Note that $V_{out}/V_{in} = (V_X/V_{in})(V_{out}/V_X)$.

*__11.10.__ In Problem 11.9, derive the transfer function of the circuit, substitute $s = j\omega$, and obtain an expression for $|V_{out}/V_{in}|$. Determine the −3 dB bandwidth of the circuit.

*__11.11.__ Consider the circuit shown in Fig. 11.66. Derive the transfer function assuming $\lambda > 0$ but neglecting other capacitances. SOL

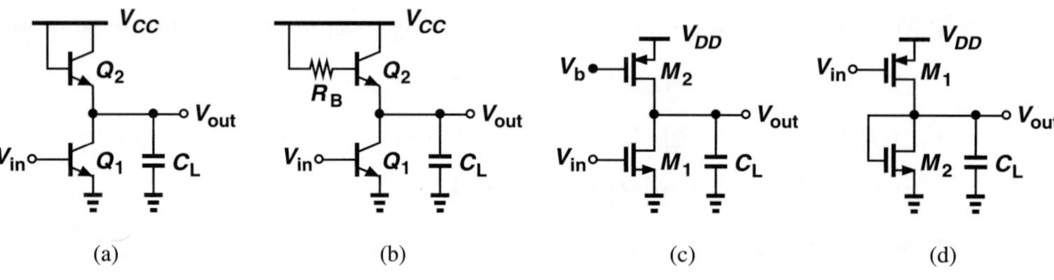

Figure 11.64

Figure 11.65

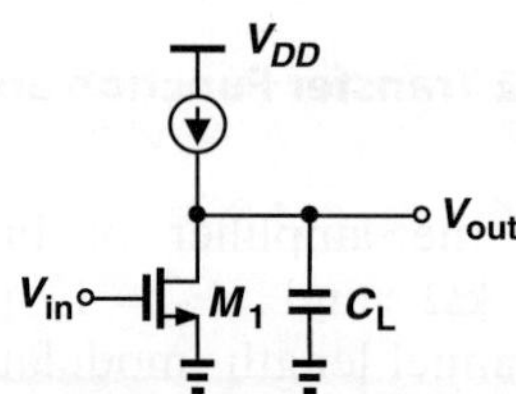

Figure 11.66

Explain why the circuit operates as an ideal integrator if $\lambda \to 0$.

***11.12.** Due to a manufacturing error, a parasitic resistance R_p has appeared in series with the source of M_1 in Fig. 11.67. Assuming $\lambda = 0$ and neglecting other capacitances, determine the input and output poles of the circuit.

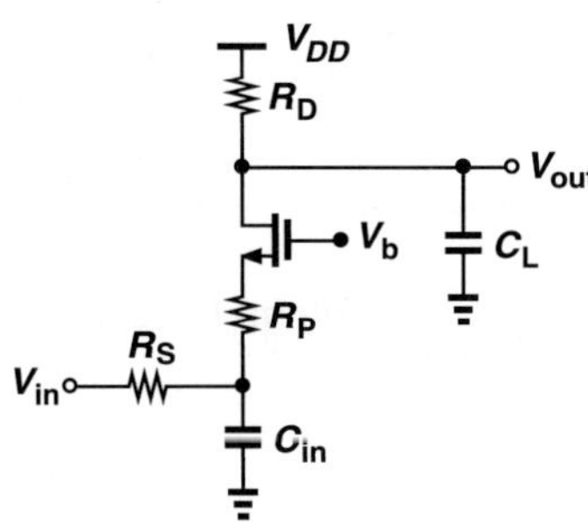

Figure 11.67

11.13. Repeat Problem 11.13 for the circuit shown in Fig. 11.68.

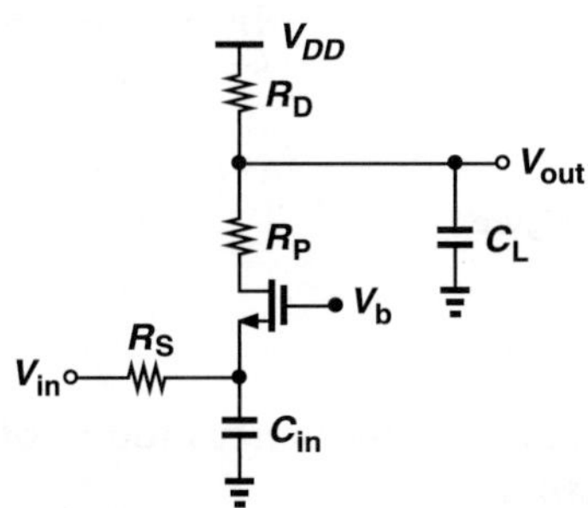

Figure 11.68

11.14. Repeat Problem 11.12 for the CS stage depicted in Fig. 11.69.

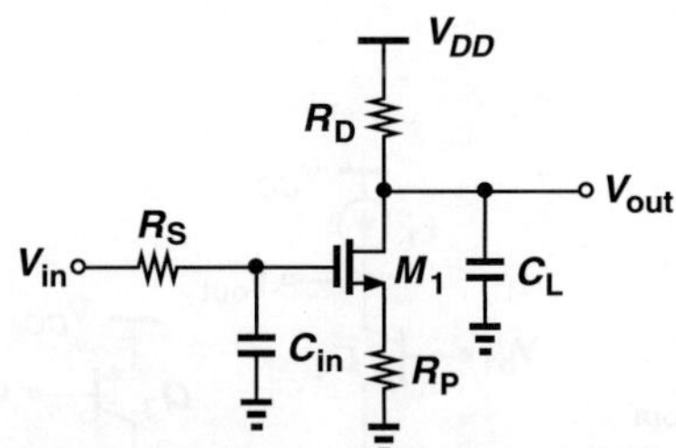

Figure 11.69

***11.15.** Derive a relationship for the figure of merit defined by Eq. (11.8) for a CS stage. Consider only the load capacitance.

Sec. 11.1.5 Miller's Theorem

11.16. Apply Miller's theorem to resistor R_F in Fig. 11.70 and estimate the voltage gain of the circuit. Assume $V_A = \infty$ and R_F is large enough to allow the approximation $v_{out}/v_X = -g_m R_C$.

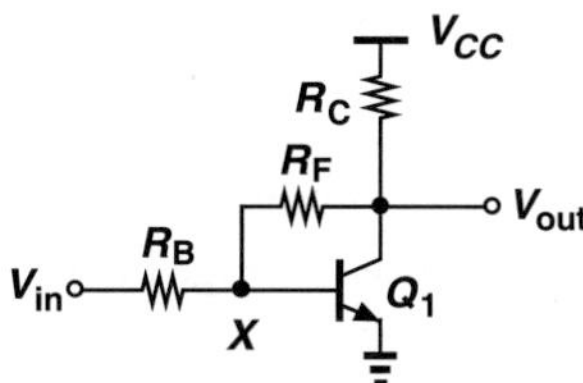

Figure 11.70

11.17. Repeat Problem 11.16 for the source follower in Fig. 11.71. Assume $\lambda = 0$ and R_F is large enough to allow the approximation $v_{out}/v_X = R_L/(R_L + g_m^{-1})$.

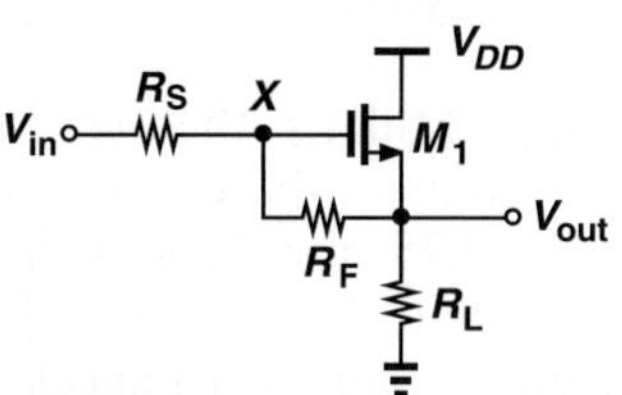

Figure 11.71

****11.18.** Consider the common-base stage illustrated in Fig. 11.72, where the output resistance of Q_1 is drawn explicitly. Utilize Miller's theorem to estimate the gain. Assume r_O is large enough to allow the approximation $v_{out}/v_X = g_m R_C$.

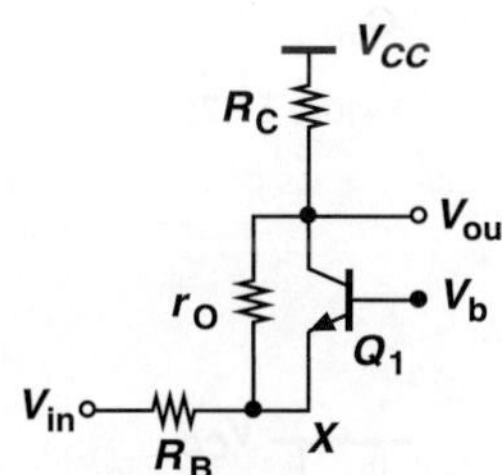

Figure 11.72

***11.19.** Using Miller's theorem, estimate the input capacitance of the circuit depicted in Fig. 11.73. Assume $\lambda > 0$ but neglect other capacitances. What happens if $\lambda \to 0$?

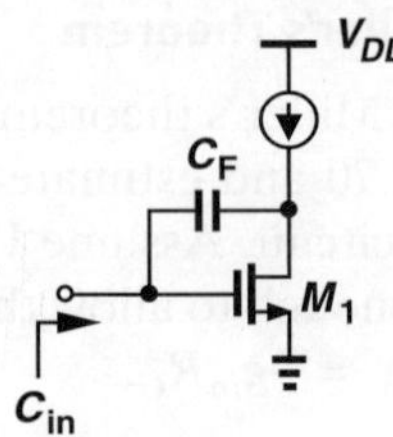

Figure 11.73

11.20. Repeat Problem 11.19 for the source follower shown in Fig. 11.74.

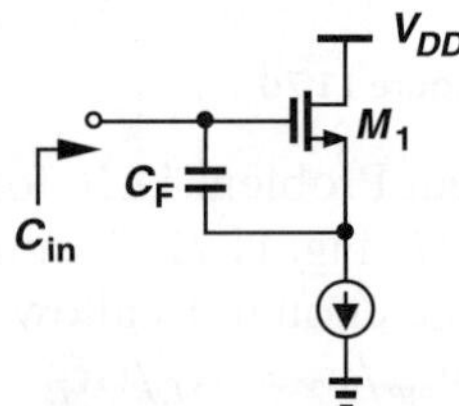

Figure 11.74

SOL *__11.21.__ Using Miller's theorem, explain how the common-base stage illustrated in Fig. 11.75 provides a *negative* input capacitance. Assume $V_A = \infty$ and neglect other capacitances.

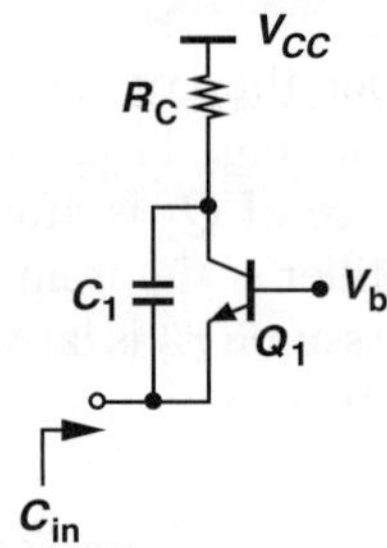

Figure 11.75

11.22. Use Miller's theorem to estimate the input and output poles of the circuit shown in Fig. 11.76. Assume $V_A = \infty$ and neglect other capacitances. Note that the circuit in fact has only one pole.

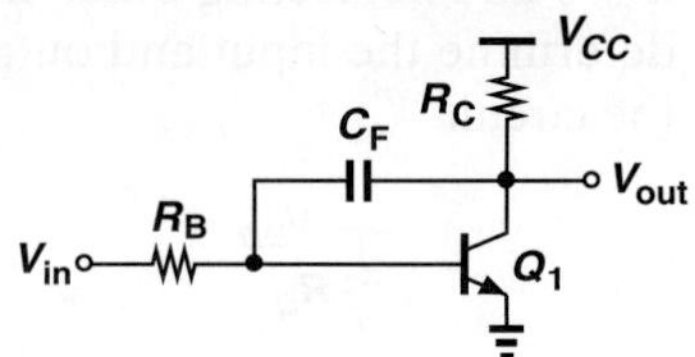

Figure 11.76

**__11.23.__ Repeat Problem 11.22 for the circuit in Fig. 11.77.

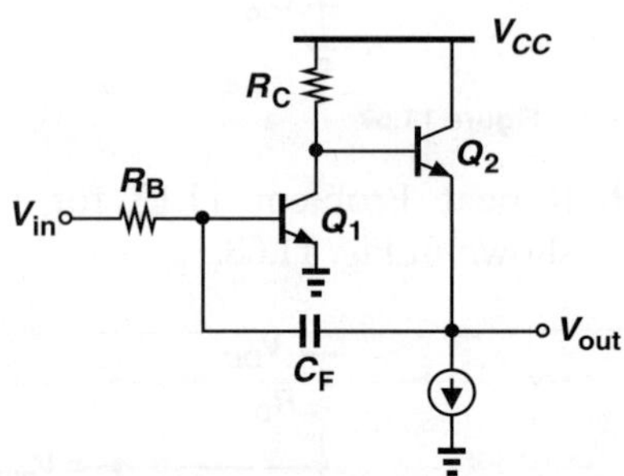

Figure 11.77

Sec. 11.2 High-Frequency Models of Transistors

11.24. For the bipolar circuits depicted in Fig. 11.78, identify all of the transistor capacitances and determine which ones are in parallel and which ones are grounded on both ends.

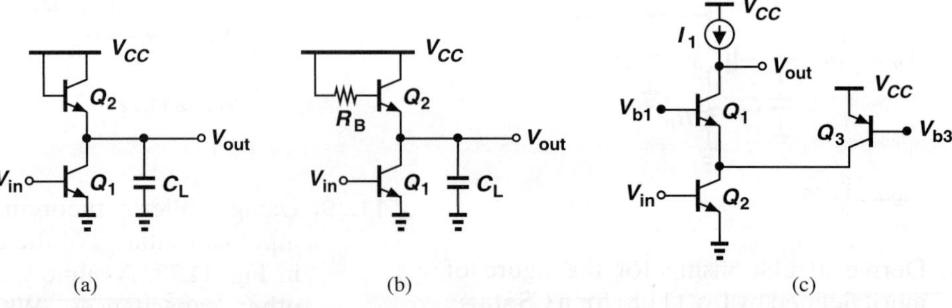

Figure 11.78

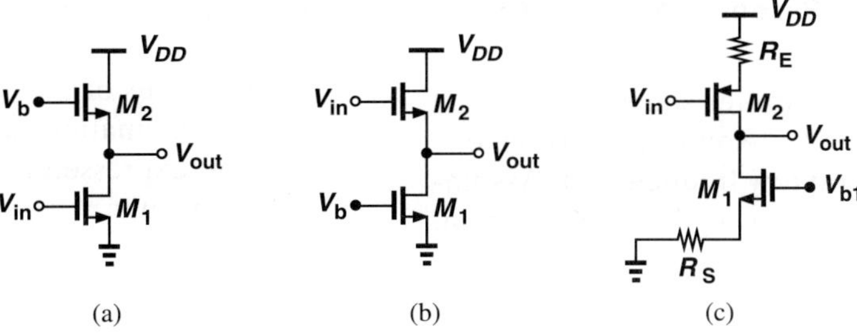

Figure 11.79

11.25. For the MOS circuits shown in Fig. 11.79, identify all of the transistor capacitances and determine which ones are in parallel and which ones are grounded on both ends.

11.26. In arriving at Eq. (11.52) for the f_T of transistors, we neglected C_μ and C_{GD}. Repeat the derivation without this approximation.

11.27. It can be shown that, if the minority carriers injected by the emitter into the base take τ_F seconds to cross the base region, then $C_b = g_m \tau_F$.

(a) Writing $C_\pi = C_b + C_{je}$, assuming that C_{je} is independent of the bias current, and using Eq. (11.52), derive an expression for the f_T of bipolar transistors in terms of the collector bias current.

(b) Sketch f_T as a function of I_C.

SOL ***11.28.** It can be shown that $C_{GS} \approx (2/3)WLC_{ox}$ for a MOSFET operating in saturation. Using Eq. (11.52), prove that

$$2\pi f_T = \frac{3}{2}\frac{\mu_n}{L^2}(V_{GS} - V_{TH}). \quad (11.183)$$

Note that f_T increases with the overdrive voltage.

***11.29.** Having solved Problem 11.28 successfully, a student attempts a different substitution for g_m: $2I_D/(V_{GS} - V_{TH})$, arriving at

$$2\pi f_T = \frac{3}{2}\frac{2I_D}{WLC_{ox}}\frac{1}{V_{GS} - V_{TH}}. \quad (11.184)$$

This result suggests that f_T *decreases* as the overdrive voltage increases! Explain this apparent discrepancy between Eqs. (11.183) and (11.184).

***11.30.** Using Eq. (11.52) and the results of Problems 11.28 and 11.29, plot the f_T of a MOSFET (a) as a function of W for a constant I_D, (b) as a function of I_D for a constant W. Assume L remains constant in both cases.

***11.31.** Using Eq. (11.52) and the results of Problems 11.28 and 11.29, plot the f_T of a MOSFET (a) as a function of $V_{GS} - V_{TH}$ for a constant I_D, (b) as a function of I_D for a constant $V_{GS} - V_{TH}$. Assume L remains constant in both cases.

***11.32.** Using Eq. (11.52) and the results of Problems 11.28 and 11.29, plot the f_T of a MOSFET (a) as a function of W for a constant $V_{GS} - V_{TH}$, (b) as a function of $V_{GS} - V_{TH}$ for a constant W. Assume L remains constant in both cases.

***11.33.** In order to lower channel-length modulation in a MOSFET, we double the device length. (a) How should the device width be adjusted to maintain the same overdrive voltage and the same drain current? (b) How do these changes affect the f_T of the transistor?

***11.34.** We wish to halve the overdrive voltage of a transistor so as to provide a greater voltage headroom in a circuit. Determine the change in the f_T if (a) I_D is constant and W is increased, or (b) W is constant and I_D is decreased. Assume L is constant.

11.35. Using Miller's theorem, determine the input and output poles of the CE and CS stages depicted in Fig. 11.31(a) while including the output impedance of the transistors.

Sec. 11.4 Frequency Response of CE and CS Stage

11.36. The common-emitter stage of Fig. 11.80 employs a current-source load to achieve a high gain (at low frequencies). Assuming $V_A < \infty$ and using Miller's theorem, determine the input and output poles and hence the transfer function of the circuit.

Figure 11.80

11.37. Repeat Problem 11.36 for the stage shown in Fig. 11.81.

Figure 11.81

***11.38.** Assuming $\lambda > 0$ and using Miller's theorem, determine the input and output poles of the stages depicted in Fig. 11.82.

SOL **11.39.** In the CS stage of Fig. 11.31(a), $R_S = 200\ \Omega$, $R_D = 1\ \text{k}\Omega$, $I_{D1} = 1$ mA, $C_{GS} = 50$ fF, $C_{GD} = 10$ fF, $C_{DB} = 15$ fF, and $V_{GS} - V_{TH} = 200$ mV. Determine the poles of the circuit using (a) Miller's approximation, and (b) the transfer function given by Eq. (11.73). Compare the results.

11.40. Consider the amplifier shown in Fig. 11.83, where $V_A = \infty$. Determine the poles of the circuit using (a) Miller's approximation, and (b) the transfer function expressed by Eq. (11.73). Compare the results.

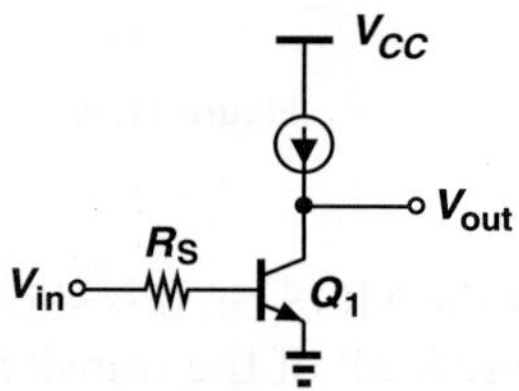

Figure 11.83

11.41. Repeat Problem 11.40 but use the dominant-pole approximation. How do the results compare?

***11.42.** The circuit depicted in Fig. 11.84 is called an "active inductor." Neglecting other capacitances and assuming $\lambda = 0$, compute Z_{in}. Use Bode's rule to plot $|Z_{in}|$ as a function of frequency and explain why it exhibits inductive behavior.

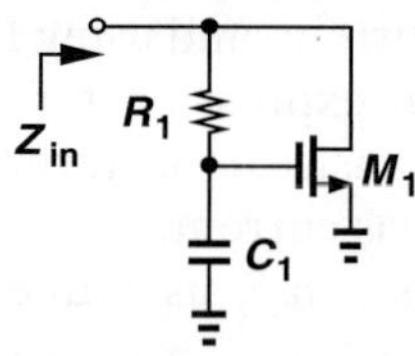

Figure 11.84

***11.43.** Determine the input and output impedances of the stage depicted in Fig. 11.85 without using Miller's theorem. Assume $V_A = \infty$.

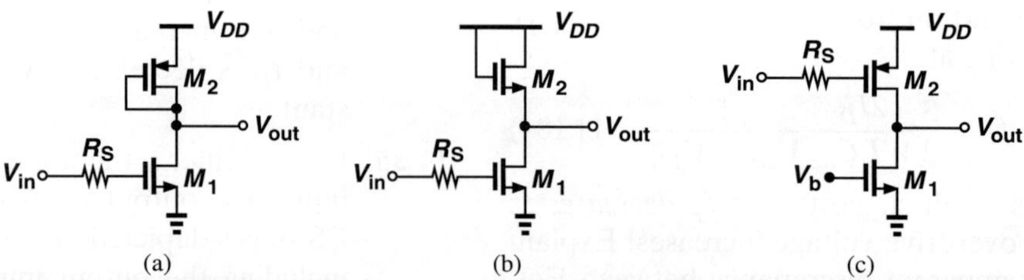

Figure 11.82

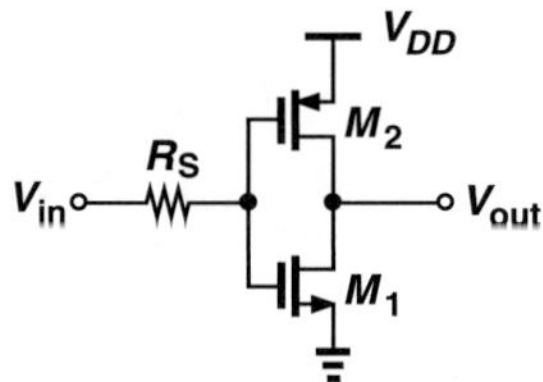

Figure 11.85

**11.44. Compute the transfer function of the circuit shown in Fig. 11.86 without using Miller's theorem. Assume $\lambda > 0$.

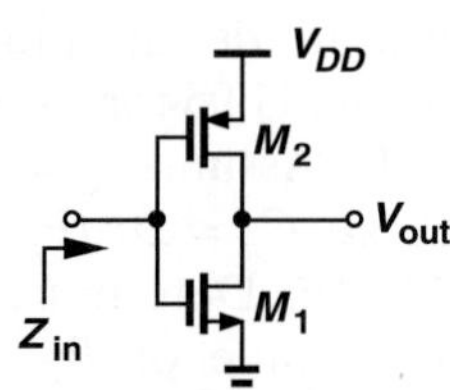

Figure 11.86

*11.45. Calculate the input impedance of the stage illustrated in Fig. 11.87 without using Miller's theorem. Assume $\lambda = 0$.

Figure 11.87

Sec. 11.5 Frequency Response of CB and CG Stages

11.46. Determine the transfer function of the circuits shown in Fig. 11.88. Assume $\lambda = 0$ for M_1.

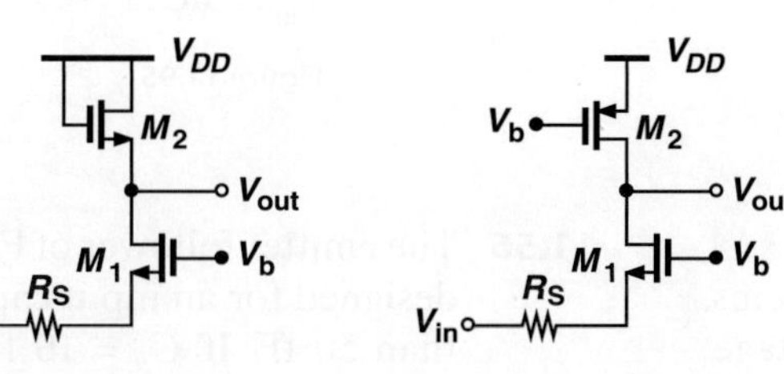

Sec. 11.6 Frequency Response of Followers

11.47. Consider the source follower shown in Fig. 11.89, where the current source is mistakenly replaced with a diode-connected device. Taking into account only C_{GS1}, compute the input capacitance of the circuit. Assume $\lambda \neq 0$. SOL

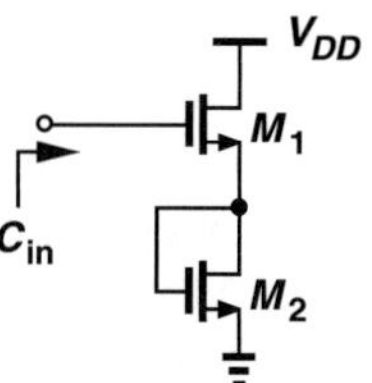

Figure 11.89

11.48. Determine the output impedance of the emitter follower depicted in Fig. 11.90, including C_μ. Sketch $|Z_{out}|$ as a function of frequency. Assume $V_A = \infty$.

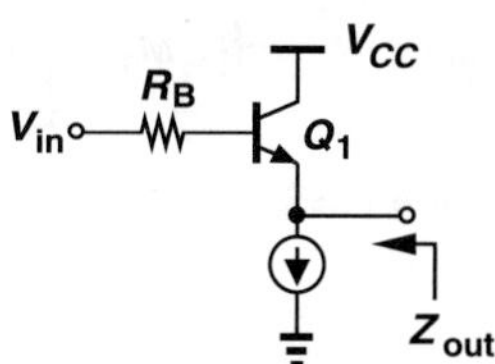

Figure 11.90

Sec. 11.7 Frequency Response of Cascode Stage

11.49. In the cascode of Fig. 11.91, Q_3 serves as a constant current source, providing 75% of the bias current of Q_1. Assuming $V_A = \infty$ and using Miller's theorem, determine the poles of the circuit. Is Miller's effect more or less significant here than in the standard cascode topology of Fig. 11.50(a)?

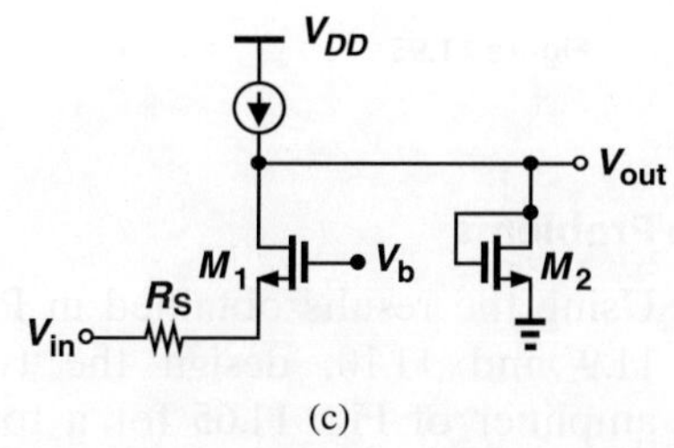

Figure 11.88

Figure 11.91

**11.50. Due to manufacturing error, a parasitic resistor R_p has appeared in the cascode stage of Fig. 11.92. Assuming $\lambda = 0$ and using Miller's theorem, determine the poles of the circuit.

Figure 11.92

**11.51. In analogy with the circuit of Fig. 11.91, a student constructs the stage depicted in Fig. 11.93 but mistakenly uses an NMOS device for M_3. Assuming $\lambda = 0$ and using Miller's theorem, compute the poles of the circuit.

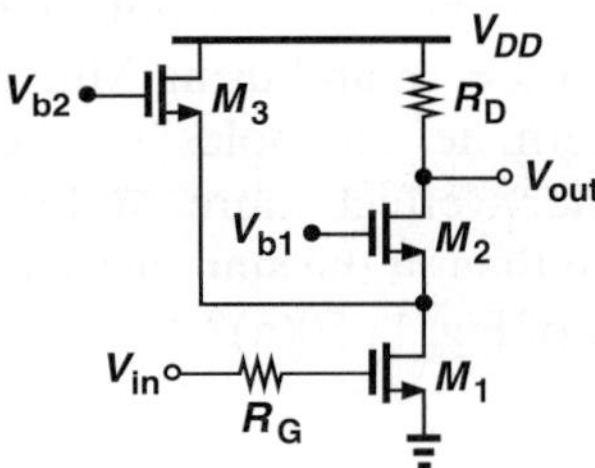

Figure 11.93

Design Problems

11.52. Using the results obtained in Problems 11.9 and 11.10, design the two-stage amplifier of Fig. 11.65 for a total voltage gain of 20 and a −3 dB bandwidth of 1 GHz. Assume each stage carries a bias current of 1 mA, $C_L = 50$ fF, and $\mu_n C_{ox} = 100 \mu A/V^2$.

11.53. We wish to design the CE stage of Fig. 11.94 for an input pole at 500 MHz and an output pole at 2 GHz. Assuming $I_C = 1$ mA, $C_\pi = 20$ fF, $C_\mu = 5$ fF, $C_{CS} = 10$ fF, and $V_A = \infty$, and using Miller's theorem, determine the values of R_B and R_C such that the (low-frequency) voltage gain is maximized. You may need to use iteration.

Figure 11.94

11.54. Repeat Problem 11.53 with the additional assumption that the circuit must drive a load capacitance of 20 fF.

11.55. We wish to design the common-base stage of Fig. 11.95 for a −3 dB bandwidth of 10 GHz. Assume $I_C = 1$ mA, $V_A = \infty$, $R_S = 50\ \Omega$, $C_\pi = 20$ fF, $C_\mu = 5$ fF, and $C_{CS} = 20$ fF. Determine the maximum allowable value of R_C and hence the maximum achievable gain. (Note that the input and output poles may affect the bandwidth.)

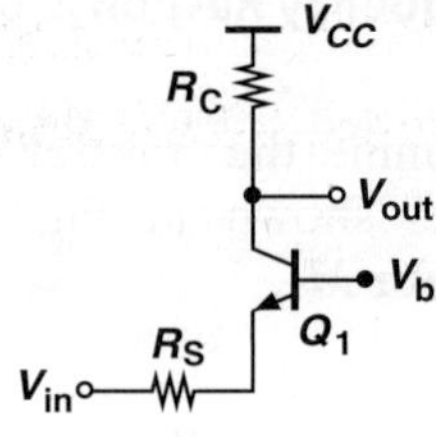

Figure 11.95

11.56. The emitter follower of Fig. 11.96 must be designed for an input capacitance of less than 50 fF. If $C_\mu = 10$ fF, $C_\pi = 100$ fF, $V_A = \infty$, and $I_C = 1$ mA, what is the minimum tolerable value of R_L?

Figure 11.96

11.57. An NMOS source follower must drive a load resistance of 100 Ω with a voltage gain of 0.8. If $I_D = 1$ mA, $\mu_n C_{ox} = 100\ \mu\text{A/V}^2$, $C_{ox} = 12\ \text{fF}/\mu\text{m}^2$, and $L = 0.18\ \mu\text{m}$, what is the minimum input capacitance that can be achieved? Assume $\lambda = 0$, $C_{GD} \approx 0$, $C_{SB} \approx 0$, and $C_{GS} = (2/3)WLC_{ox}$.

11.58. We wish to design the MOS cascode of Fig. 11.97 for an input pole of 5 GHz and an output pole of 10 GHz. Assume M_1 and M_2 are identical, $I_D = 0.5$ mA, $C_{GS} = (2/3)WLC_{ox}$, $C_{ox} = 12\ \text{fF}/\mu\text{m}^2$, $\mu_n C_{ox} = 100\ \mu\text{A/V}^2$, $\lambda = 0$, $L = 0.18\ \mu\text{m}$ and $C_{GD} = C_0 W$, where $C_0 = 0.2\ \text{fF}/\mu\text{m}$ denotes the gate-drain capacitance per unit width. Determine the maximum allowable values of R_G, R_D, and the voltage gain. Use Miller's approximation for C_{GD1}. Assume an overdrive voltage of 200 mV for each transistor.

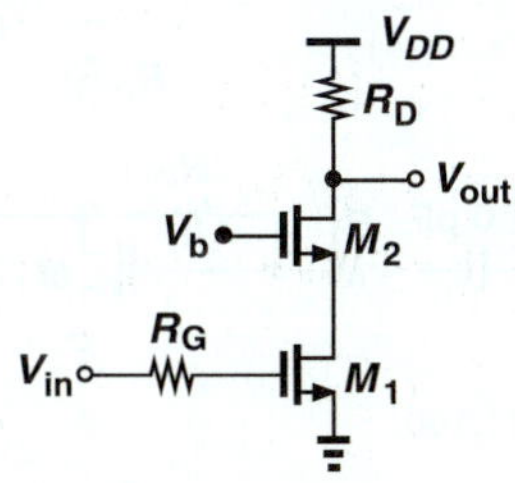

Figure 11.97

11.59. Repeat Problem 11.58 if $W_2 = 4W_1$ so as to reduce the Miller multiplication of C_{GD1}.

SPICE PROBLEMS

In the following problems, use the MOS device models given in Appendix A. For bipolar transistors, assume $I_{S,npn} = 5 \times 10^{-16}$ A, $\beta_{npn} = 100$, $V_{A,npn} = 5$ V, $I_{S,pnp} = 8 \times 10^{-16}$ A, $\beta_{pnp} = 50$, $V_{A,pnp} = 3.5$ V. Also, SPICE models the effect of charge storage in the base by a parameter called $\tau_F = C_b/g_m$. Assume $\tau_F(tf) = 20$ ps.

11.60. In the two-stage amplifier shown in Fig. 11.98, $W/L = 10\ \mu\text{m}/0.18\ \mu\text{m}$ for M_1-M_4.

(a) Select the input dc level to obtain an output dc level of 0.9 V.

(b) Plot the frequency response and compute the low-frequency gain and the −3 dB bandwidth.

(c) Repeat (a) and (b) for $W = 20\ \mu\text{m}$ and compare the results.

11.61. The circuit of Fig. 11.99 must drive a load capacitance of 100 fF.

(a) Select the input dc level to obtain an output dc level of 1.2 V.

(b) Plot the frequency response and compute the low-frequency gain and the −3 dB bandwidth.

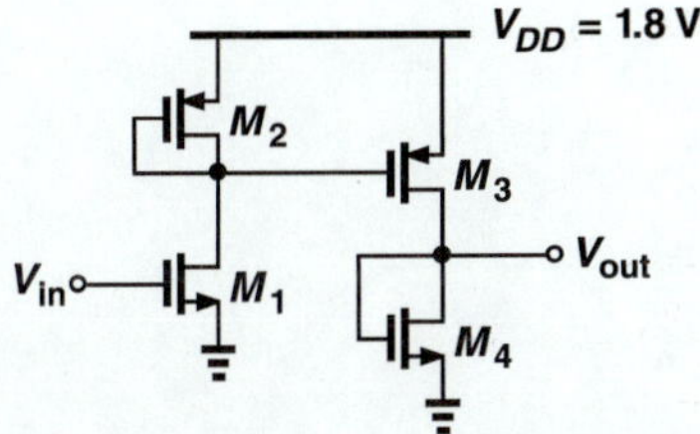

Figure 11.98

Figure 11.99

11.62. The self-biased stage depicted in Fig. 11.100 must drive a load capacitance of 50 fF with a maximum gain-bandwidth product (= midband gain × unity-gain bandwidth). Assuming $R_1 = 500\ \Omega$ and $L_1 = 0.18\ \mu m$, determine W_1, R_F, and R_D.

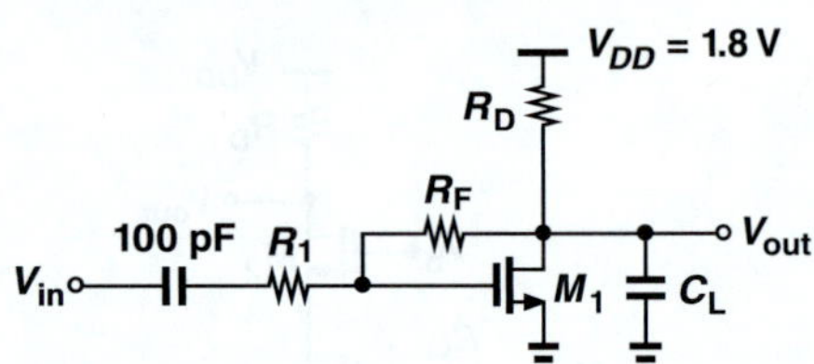

Figure 11.100

11.63. Repeat Problem 11.62 for the circuit shown in Fig. 11.101. (Determine R_F and R_C.)

11.64. The two-stage amplifier shown in Fig. 11.102 must achieve a maximum gain-bandwidth product while driving $C_L = 50$ fF. Assuming M_1-M_4 have a width of W And a length of 0.18 μm, determine R_F and W.

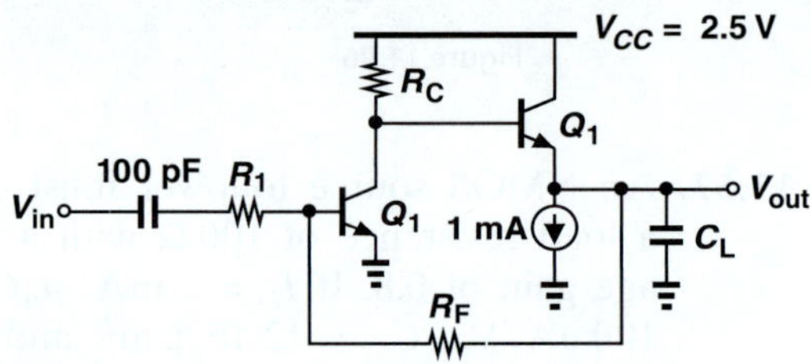

Figure 11.101

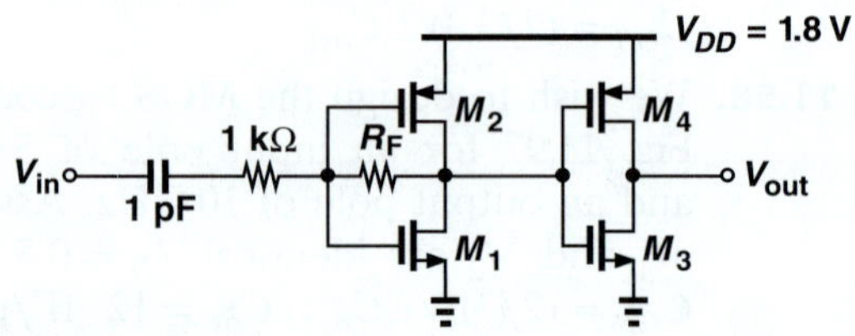

Figure 11.102

REFERENCE

1. V. Viswam, et al., "Impedance spectroscopy and electrophysiological imaging of cells with a high-density CMOS microelectrode array system," *IEEE Trans. Biomedical Circuits and Systems*, vol. 12, pp. 1356–1368, Dec. 2018.

12

귀환

관련 YouTube 비디오:

Razavi Electronics 2, 강의 27: Introduction to Feedback, General Feedback System
https://www.youtube.com/watch?v=Ok-1kMqUnPk

Razavi Electronics 2, 강의 28: Feedback Examples, Concept of Loop Gain
https://www.youtube.com/watch?v=1TL0swYML8Q

Razavi Electronics 2, 강의 29: Application Examples of Feedback, Properties of Feedback
https://www.youtube.com/watch?v=98uAU2xG3EI

Razavi Electronics 2, 강의 30: A Closer Look at Properties of Feedback Systems
https://www.youtube.com/watch?v=zCyAsliPRRs

Razavi Electronics 2, 강의 31: Foundations for Feedback Analysis: Types of Amplifiers
https://www.youtube.com/watch?v=lZtvEkFCtXQ

Razavi Electronics 2, 강의 32: Foundations for Feedback Analysis: Sense & Return Mechanisms
https://www.youtube.com/watch?v=udClJeiQKBI

Razavi Electronics 2, 강의 33: Feedback Circuit Examples, Sign of Feedback
https://www.youtube.com/watch?v=caoAI1EEXDk

Razavi Electronics 2, 강의 34: Four Feedback Topologies, Voltage-Voltage (Shunt-Series) Feedback
https://www.youtube.com/watch?v=GQ7T9MeH-60

Razavi Electronics 2, 강의 35: Examples of Voltage-Voltage Feedback
https://www.youtube.com/watch?v=jtjikoFRIK8

Razavi Electronics 2, 강의 36: Additional Examples of Voltage-Voltage Feedback
https://www.youtube.com/watch?v=S6Ks8btnmB8

Razavi Electronics 2, 강의 37: Voltage-Current (Shunt-Shunt) Feedback https://www.youtube.com/watch?v=rKs0RTxIxa8

Razavi Electronics 2, 강의 38: Examples of Voltage-Current Feedback, Current-Voltage-Feedback
https://www.youtube.com/watch?v=a2O59zdMYx4

Razavi Electronics 2, 강의 39: Application Examples of Feedback, More on Current-Voltage Feedback
https://www.youtube.com/watch?v=ZNWbV5G2wrs

Razavi Electronics 2, 강의 40: Current-Current Feedback, App. of Feedback in Power Management
https://www.youtube.com/watch?v=QzHxmqB8I1U

Razavi Electronics 2, 강의 41: Effect of Loading in Feedback, Opening the Loop Properly
https://www.youtube.com/watch?v=NRYMrheAAJI

Razavi Electronics 2, 강의 42: Accurate Analysis of Feedback Circuits
https://www.youtube.com/watch?v=8h0n65voDDU

Razavi Electronics 2, 강의 43: Introduction to Instability in Feedback Systems
https://www.youtube.com/watch?v=kC8FYL8gr3E

Razavi Electronics 2, 강의 44: Bode's Rules, Stability Condition, Circuit Examples
https://www.youtube.com/watch?v=UKf4tVoULlo

Razavi Electronics 2, 강의 45: Additional Stability Examples, Phase Margin, Freq. Compensation
https://www.youtube.com/watch?v=KQjOVSKydyM

귀환은 우리 생활의 필수 부분이다. 감은 눈에 당신의 손가락을 접촉해 보라. 당신의 운동을 일상적으로 '통제'하는 귀환 루프를 깨뜨렸기 때문에 처음에는 성공하지 못할지도 모른다. 귀환의 조정 역할은 '기능'을 정확히 실현하는 생물, 기계, 전자 시스템에서 명백히 나타난다. 예를 들면 이득이 정확히 2인 증폭기는 귀환이 없을 때보다 있을 때 더 쉽게 설계된다.

이 장은 (부)귀환의 원리와 전자회로에의 응용을 다룬다. 이 장의 주요 내용은 다음과 같다.

일반적인 고찰
- 귀환 시스템 요소
- 루프 이득
- 부귀환의 성질

증폭기와 감지 및 반송 방법
- 증폭기 형태
- 증폭기 모델
- 감지 및 반송 방법
- 귀환의 극성

귀환 회로의 해석
- 귀환의 네 가지 형태
- 유한 I/O 임피던스의 효과

안정성과 보상
- 루프 불안정성
- 위상 마진
- 주파수 보상

12.1 일반적인 고찰

18살이 되자마자 존은 운전면허증을 취득하고 중고차를 사서 운전하기 시작한다. 부모의 엄격한 충고에 따라 존은 고속도로 위의 다른 모든 자동차들이 빠르게 운전하는 것을 보고도 속도 제한을 계속 지킨다. 그런 뒤 그는 속도 제한이 '권고'이며 약간의 초과는 해롭지 않다고 판단한다. 몇 달 후 어느 날 존은 길 위의 다른 운전자를 따라잡기 위해 점점 속도를 높이다가 후방 거울을 통해 번쩍이는 불빛을 보게 된다. 그는 갓길에 차를 주차하고 경찰관의 설교를 들으며 속도위반 딱지를 받고 부모님의 반응을 두려워하면서 집으로 돌아간다—이제 정확히 속도 제한에 걸렸다.

존의 이야기는 부귀환의 '조정'이나 '개선' 역할을 예증한다. 경찰관의 관여가 없다면 존은 아마도 계속 더 빨리 운전했을 것이며 결국에는 길 위의 위협적인 존재가 되었을 것이다.

그림 12.1에 나와 있는 바와 같이 부귀환 시스템은 4개의 필수 성분으로 구성된다. (1) 피드포워드 시스템[1]: 대개 '거칠고' 형편없이 조절되는 주 시스템. 존, 가속 페달과 차는 피드포워드 시스템을 형성하며, 입력은 존이 가속 페달에 가하는 압력의 양이고, 출력은 차의 속도이다. (2) 출력 감지 장치: 출력을 측정하는 방법. 경찰관의 레이더는 여기서 이 목적을 수행한다. (3) 귀환 회로망: 감지된 출력으로부터 '귀환 신호' X_F를 생성하는 회로망. 경찰관은 레이더 계기판을 읽고, 존의 차로 걸어가고, 그에게 속도위반 딱지를 줌으로써 귀환 회로망처럼 행동한다. $K = X_F/Y$를 '귀환율(feedback factor)'이라고 부른다. (4) 비교 또는 반송 장치: '오차' $E = X - X_F$를 얻기 위하여 입력으로부터 귀환 신호를 빼는 방법. 존은 적어도 한동안 가속 페달을 덜 밟음으로써 이 비교를 스스로 한다.

X_F가 X로부터 빼지기 때문에 그림 12.1의 귀환을 '부귀환(negative feedback)'이라고 부른다. 정귀환 역시 발진기와 디지털 래치 같은 응용에서 발견된다. 만일 $K = 0$, 즉 귀환되는 신호가 없으면 '개루프(open-loop)' 시스템을 얻는다. 만일 $K \neq 0$이면 시스템은 '폐루프(closed-loop)' 모드에서 동작한다고 말한다. 이 장 전체에 걸쳐 귀환 시스템의 해석은 폐루프 변수를 개루프 변수로 표시하는 것을 요구한다. 귀환 회로망의 입력 포트는 순방향

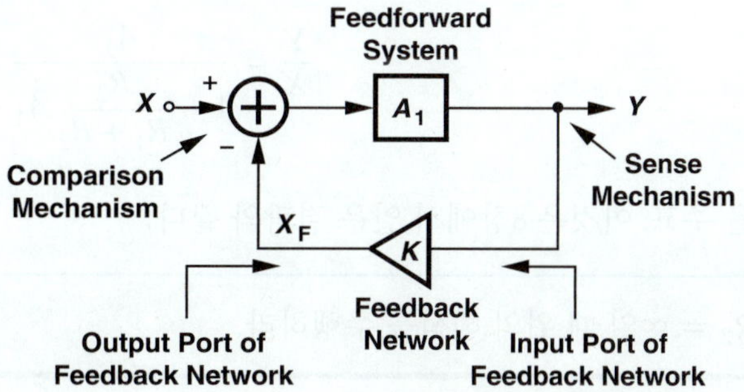

그림 12.1 일반적인 귀환 시스템

1) '순방향' 시스템이라고도 불린다.

시스템의 출력을 감지하는 포트를 가리킴에 유의하라.

그림 12.1의 귀환 시스템을 이해하기 위한 첫 번째 단계로 폐루프 전달 함수 Y/X를 구하자. $X_F = KY$이므로, 뺄셈기에 의해 만들어지는 오차는 $X - KY$이고 순방향 시스템의 입력이 된다.

$$(X - KY)A_1 = Y \tag{12.1}$$

이에 따라

$$\frac{Y}{X} = \frac{A_1}{1 + KA_1} \tag{12.2}$$

가 된다. 이 식은 귀환을 다루는 데 있어 중요한 역할을 하며, 부귀환이 (개루프 시스템의) 이득인 A_1으로부터 $A_1/(1 + KA_1)$으로 이득을 감소시킴을 보여 준다. $A_1/(1 + KA_1)$을 '폐루프 이득'이라고 부른다. 왜 회로의 이득을 일부러 감소시키는가? 12.2절에서 설명하겠지만, 부귀환으로부터 얻는 이득은 이득의 감소를 매우 잘 정당화한다.

예제 12.1 귀환의 관점으로 그림 12.2의 비반전 증폭기를 해석하라.

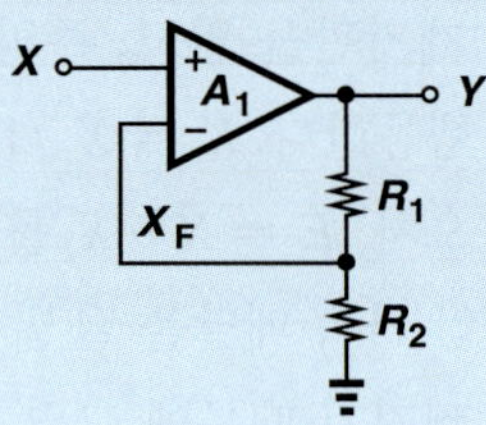

그림 12.2

풀이 연산 증폭기 A_1은 두 가지 기능을 하는데 X에서 X_F의 뺄셈과 증폭을 수행한다. 회로망 R_1과 R_2 역시 두 가지 기능을 하는데, 출력 전압을 감지하고 귀환율 $K = R_2/(R_1 + R_2)$를 제공한다. 따라서 식 (12.2)는

$$\frac{Y}{X} = \frac{A_1}{1 + \frac{R_2}{R_1 + R_2}A_1} \tag{12.3}$$

을 주고, 이것은 8장에서 얻은 결과와 같다.

연습문제 $R_2 = \infty$일 때 위의 해석을 수행하라.

뺄셈기에 의해 만들어지는 오차 E를 계산하는 것은 유익하다. $E = X - X_F$와 $X_F = KA_1E$이므로

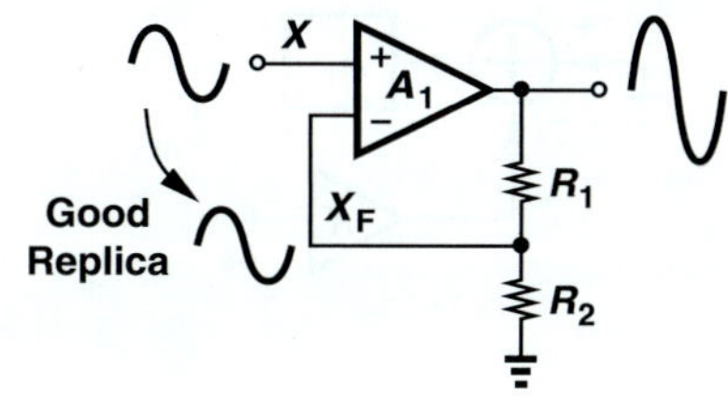

그림 12.3 입력의 훌륭한 복제로서의 귀환 신호

$$E = \frac{X}{1 + KA_1} \tag{12.4}$$

이고, 귀환 신호와 입력 사이의 차는 KA_1이 증가함에 따라 감소함을 암시한다. 다시 말하면 귀환 신호는 입력(그림 12.3)의 '복제'와 가깝게 된다. 이런 관찰은 귀환 시스템의 동작을 깊게 통찰할 수 있게 한다.

예제 12.2 그림 12.2의 회로에서 $[R_2/(R_1+R_2)]A_1$이 1보다 훨씬 크게 됨에 따라 왜 Y/X가 $1+R_1/R_2$로 접근하는지 설명하라.

풀이 만일 $KA_1 = [R_2/(R_1+R_2)]A_1$이 크다면 X_F는 X와 거의 같게 된다. 즉, $X_F \approx X$이다. 따라서 전압 분배기는

$$Y\frac{R_2}{R_1 + R_2} \approx X \tag{12.5}$$

를 요구하며 이에 따라

$$\frac{Y}{X} \approx 1 + \frac{R_1}{R_2} \tag{12.6}$$

이 된다. 만일 $[R_2/(R_1+R_2)]A_1 \gg 1$이면 물론 식 (12.3)은 같은 결과를 가져온다.

연습문제 $R_2 = \infty$일 때 위의 예제를 다시 풀어라.

12.1.1 루프 이득

그림 12.1에서 순방향 시스템의 이득과 귀환율의 곱인 KA_1은 전체 시스템의 많은 성질을 결정한다. '루프 이득(loop gain)'이라 불리는 KA_1은 흥미로운 해석을 갖는다. 입력 X를 0으로 놓고 임의의 점에서 루프를 '끊자'[예를 들면 그림 12.4(a)와 같이]. 결과로 생기는 토폴로지는 입력이 M이고 출력이 N인 시스템으로 볼 수 있다. 이제 그림 12.4(b)에서와 같이

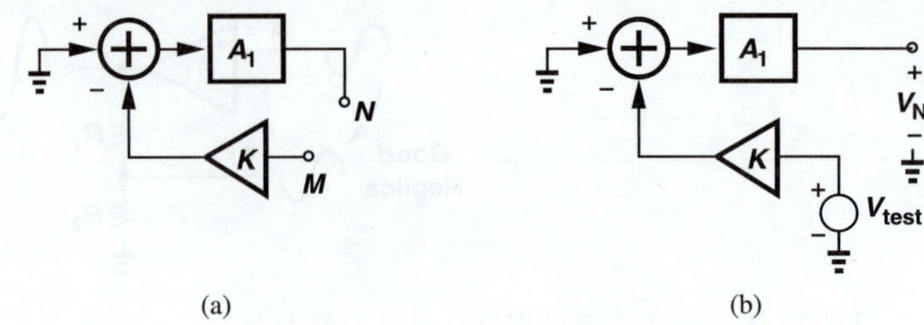

그림 12.4 (a) 루프를 끊고 (b) 테스트 신호를 인가함으로써 루프 이득 계산

M에 테스트 신호를 인가하고 N에서 신호를 얻기 위해 귀환 회로망, 뺄셈기, 순방향 시스템을 통해 따라가자.[2] A_1의 입력은 $-KV_{test}$이고 이에 따라

$$V_N = -KV_{test}A_1 \tag{12.7}$$

이 되고

$$KA_1 = -\frac{V_N}{V_{test}} \tag{12.8}$$

이 된다. 다시 말해서 만일 신호가 '루프를 따라 흐르면' '루프 이득'이라 불리는 $-KA_1$과 같은 이득을 얻게 된다. 폐루프 이득 $A_1/(1+KA_1)$과 루프 이득 KA_1을 혼동하지 않는 것이 중요하다.

예제 12.3 A_1의 입력에서 루프를 끊음으로써 그림 12.1의 귀환 시스템의 루프 이득을 계산하라.

풀이 그림 12.5는 테스트 신호가 A_1의 입력에 가해지는 시스템이다. 귀환 회로망의 출력은 KA_1V_{test}와 같고

$$V_N = -KA_1V_{test} \tag{12.9}$$

가 된다. 따라서 식 (12.8)과 같은 결과가 된다.

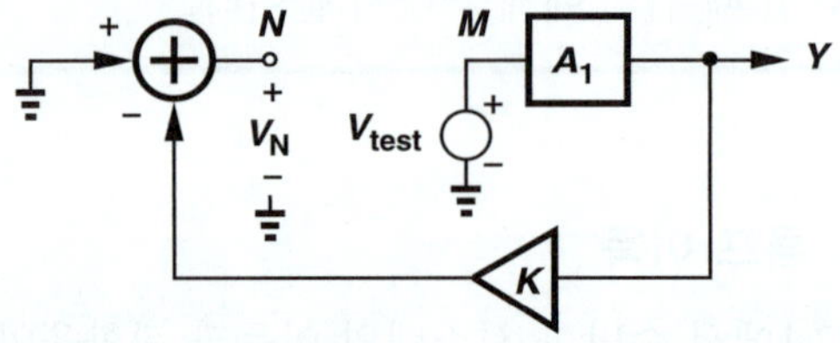

그림 12.5

2) 이 예제에서는 전압 양을 사용한다. 그러나 다른 양도 작동한다.

연습문제 뺄셈기의 입력에서 루프를 끊을 때 루프 이득을 계산하라.

독자는 루프 이득 테스트에서 신호 흐름의 방향에 대하여 애매함이 있을지도 모른다고 생각할 것이다. 예를 들면 그림 12.4(b)의 토폴로지를 그림 12.6과 같이 수정할 수 있을까? 이것은 V_{test}를 A_1의 출력에 인가하고 입력, 결국 N에서 신호를 관측하기를 기대함을 의미한다. 유한한 값을 얻을 수는 있지만 그런 테스트는 회로의 실제 동작을 나타내지 못한다. 귀환 시스템에서 신호는 A_1의 입력에서 출력으로 흐르고 귀환 회로망의 입력에서 출력으로 흐른다.

Did you know?

부귀환은 자연에서 흔히 볼 수 있는 현상이다. 밝은 방에 들어가면 뇌는 동공이 작아지도록 명령한다. 몇 시간 동안 음악을 매우 크게 들으면 귀가 볼륨에 반응하여 청력 임계값을 조정하기 때문에 나중에는 듣는 것이 어렵게 느껴진다. 그리고 눈을 감고 쓰려고 하면 펜 스트로크를 모니터링하는 피드백 루프가 끊어져 필기가 좋지 않다.

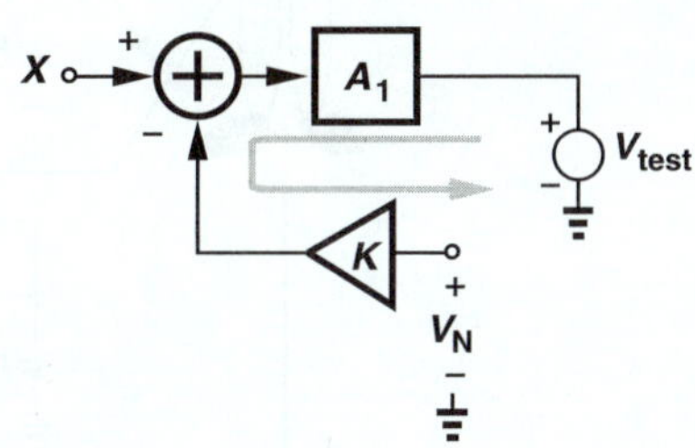

그림 12.6 테스트 신호를 인가하는 잘못된 방법

생명공학 응용: 심전도

8장과 10장에서 우리의 연구는 ECG 신호가 2개의 비반전 증폭기에 의해 차동적으로 감지될 수 있음을 알았다[그림 12.7(a)]. 60 Hz 공통 모드 잡음은 V_X, V_Y, V_A, V_B에 존재하지만 $V_X - V_Y$ 또는 $V_A - V_B$에는 존재하지 않는다.

실제 상황은 더 복잡하며 $V_A - V_B$는 60 Hz에서 완전히 자유롭지 않다. 예를 들어 제조 허용오차로 인해 R_2와 R_2'이 정확히 같지 않다고 가정하자. 그런 다음 우리는 그것을 관찰한다.

$$V_A - V_B = \left(1 + \frac{R_2}{R_1}\right) V_X - \left(1 + \frac{R_2'}{R_1}\right) V_Y \tag{12.10}$$

$$= \left(1 + \frac{R_2}{R_1}\right) (V_X - V_Y) + \frac{R_2 - R_2'}{R_1} V_Y \tag{12.11}$$

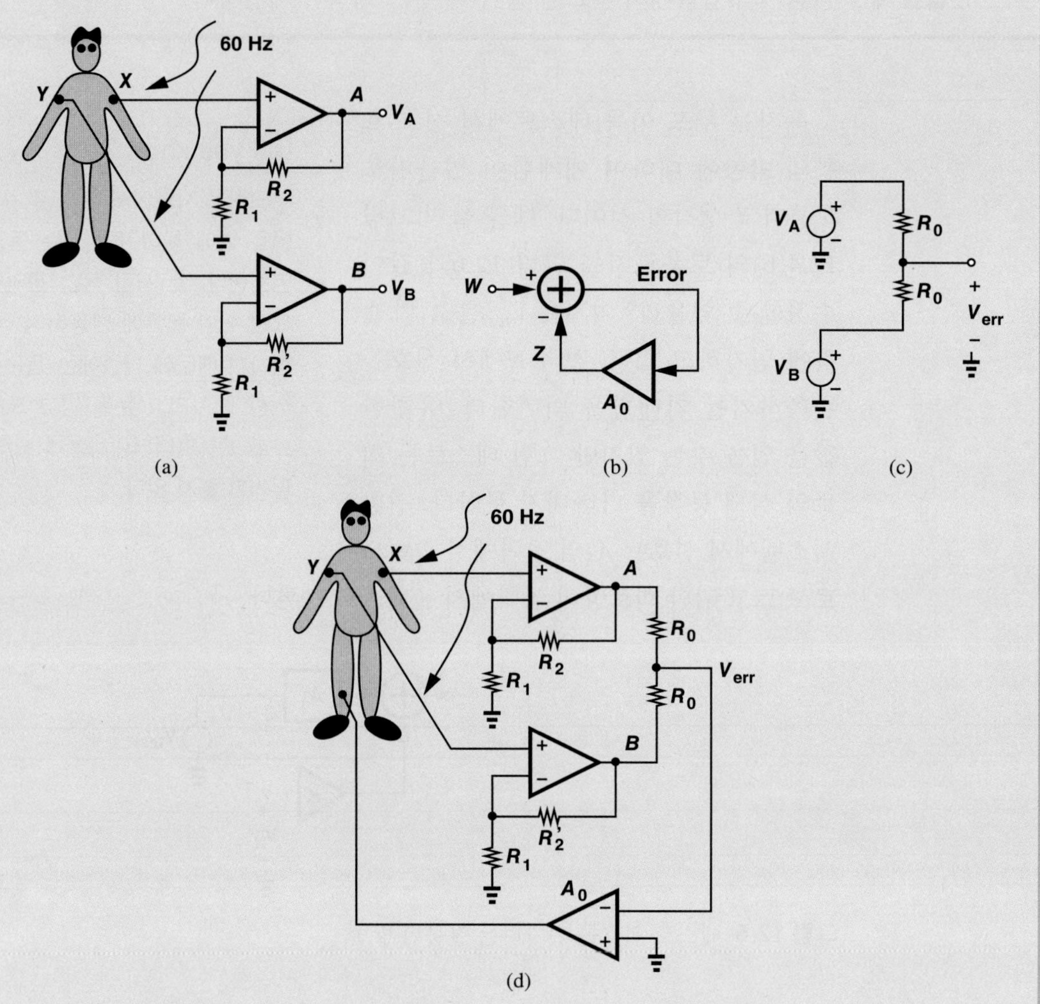

그림 12.7 (a) 2개의 비반전 증폭기로 심장 신호 측정; (b) 부귀환에 의한 오차 억제; (C) V_A, V_B의 CM 노이즈의 재구성; (d) CM 노이즈를 억제하는 부귀환 루프

흥미롭지만 안타깝게도 $V_A - V_B$는 60 Hz CM 교란을 포함하는 V_Y 항목을 포함하고 있다.

$V_A - V_B$에서 이 잔류 노이즈를 어떻게 억제할까? V_X 및 V_Y에서 CM 노이즈를 마술처럼 줄일 수 있다면 $V_A - V_B$에서의 손상도 적어진다. 이것은 심장 신호와 함께 V_X 및 V_Y가 감지되도록 60 Hz 파형을 환자의 몸에 의도적으로 '주입'하면 달성할 수 있다. 이 주입되는 파형의 극성을 원래의 60 Hz 노이즈와 반대로 하고 진폭을 적절하게 선택하면 둘은 서로 상쇄된다.

이 '활성' 제거 아이디어는 흥미롭지만 제거를 위해 주입된 신호의 극성(위상)과 진폭을 조정하는 방법을 알아봐야 한다. 주 전원으로부터의 60 Hz 커플링이 방 내의 물체와 사람의 위치에 따라 다르다는 점을 감안할 때 조정은 '적응적'이어야 한다는 결론을 내릴 수 있다.

부귀환은 여기에서 우리를 구해 준다. 높은 루프 이득이 오차 $W - Z = W/(1 + A_0)$로 작다는 것을 보장할 수 있는 그림 12.7(b)에 표시된 시스템을 고려하라. 이것은 신호 내의 오류를 최소화하기 위해 오차를 감지하고 증폭한 다음 신호에서 빼는 것을 제안한 것이다. A_0의 루프 이득에 대해 오차는 $1 + A_0$의 인수만큼 감소한다. 그림 12.7(a)로 돌아가서, 심장 신호를 제외하고 60 Hz '오차'를 어떻게 측정할 수 있을까? 그림 12.7(c)에 표시된 회로는 이 작업을 쉽게 수행할 수 있게 한다. 중첩을 사용하여 판독기는 다음을 증명할 수 있다.

$$V_{err} = \frac{V_A + V_B}{2} \tag{12.12}$$

우리는 이 오차 양이 V_A 및 V_B의 공통 모드 60 Hz 성분만을 포함한다는 것을 확실히 말할 수 있다. 다음으로 이 오차를 증폭하여 환자의 몸에 적용하면서 전반적인 피드백이 음수인지 확인한다[그림 12.7(d)].

다른 관점에서 그림 12.7(d)의 루프는 A_0에 대한 입력을 서로 가깝게 유지하여 $V_{err} \approx 0$이 되도록 한다. 이는 V_A 및 V_B(및 V_X 및 V_Y) 자체에 작은 공통 모드 교란이 있는 경우에만 발생할 수 있다. 따라서 V_X 및 V_Y에서 60 Hz 성분이 교란을 발생하여 식 (12.11)을 적용하기 전에 억제하였다.

12.2 부귀환의 성질

12.2.1 이득 둔감화

그림 12.1의 A_1이 이득이 나쁘게 조절되는 증폭기라고 가정하자. 예를 들어 CS 단은 전압 이득 $g_m R_D$를 제공하는데 g_m과 R_D는 공정과 온도에 따라 변한다. 따라서 이득은 ±20%만큼 많이 변할지도 모른다. 또 전압 이득 4.00을 요구한다고 가정하자.[3] 그런 정밀도는 어떻게 얻을 수 있을까? 식 (12.2)는 가능한 해를 가리킨다. 만일 $KA_1 \gg 1$이면 A_1에 관계없는 양

$$\frac{Y}{X} \approx \frac{1}{K} \tag{12.13}$$

을 얻는다. 또 다른 관점으로부터 식 (12.4)는 $KA_1 \gg 1$은 작은 오차를 만들고, 이는 X_F가 X와 거의 같게 하고 이에 따라 Y가 X/K와 거의 같게 한다는 뜻이다. 따라서 만일 K가 정확

3) 어떤 아날로그-디지털 변환기(ADC)는 매우 정밀한 전압 이득을 요구한다. 예를 들면 10비트 ADC는 2.000의 이득을 필요로 할지도 모른다.

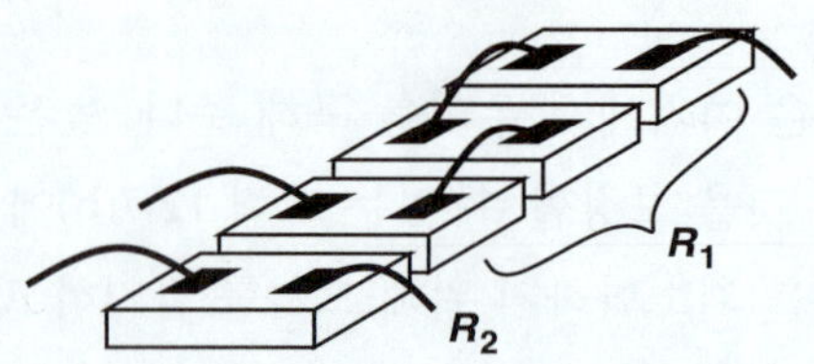

그림 12.8 좋은 정합을 위한 저항의 구성

히 정의될 수 있으면 A_1은 Y/X에 무시할 만큼 영향을 미치고 이득에서 높은 정밀도를 얻을 수 있다. 그림 12.2는 이 개념을 매우 잘 예증한다. 만일 $A_1R_2/(R_1+R_2) \gg 1$이면

$$\frac{Y}{X} \approx \frac{1}{K} \tag{12.14}$$

$$\approx 1 + \frac{R_1}{R_2} \tag{12.15}$$

이다.

왜 R_1/R_2가 g_mR_D보다 더 정확하게 정의되는가? 만일 R_1과 R_2가 같은 물질로 만들어지고 같게 구성되었다면 공정과 온도에 따른 그들의 값의 변화는 그들의 비 값에 영향을 미치지 않는다. 예를 들어 4.00의 폐루프 이득의 경우 $R_1 = 3R_2$를 선택하고 R_1을 R_2와 같은 3개의 '단위' 저항의 직렬 결합으로 실현한다. 그림 12.8에서 보여 주듯이 이 생각은 R_1과 R_2가 서로 '추적'하도록 보장하는 것이다. 만일 R_2가 20% 증가한다면 R_1의 각 단위와 이에 따라 R_1의 전체 값에서도 마찬가지가 되고 여전히 $1 + 1.2R_1/(1.2R_2) = 4$의 이득을 생기게 한다.

예제 12.4

공칭 전압이 4가 되도록 그림 12.2의 회로가 설계되었다. (a) $A_1 = 1000$일 때 실제 이득을 결정하라. (b) A_1이 500으로 감소할 때 이득의 % 변화율을 결정하라.

풀이 공칭 전압이 4일 경우 식 (12.15)는 $R_1/R_2 = 3$을 의미한다. (a) 실제 이득은 다음과 같이 주어진다.

$$\frac{Y}{X} = \frac{A_1}{1+KA_1} \tag{12.16}$$

$$= 3.984 \tag{12.17}$$

루프 이득이 $KA_1 = 1000/4 = 250$임을 유의하라. (b) 만일 A_1이 500으로 감소하면

$$\frac{Y}{X} = 3.968 \tag{12.18}$$

이다. 따라서 A_1이 1/2만큼 감소할 때 폐루프 이득은 겨우 $(3.984 - 3.968)/3.984 = 0.4\%$만큼만 변한다.

연습문제 A_1이 200으로 감소할 때 이득의 % 변화율을 결정하라.

위의 예제는 루프 이득 KA_1이 1보다 충분히 크게 유지되는 한 귀환 회로의 폐루프 이득은 개루프 이득에 상대적으로 독립적이게 된다는 것을 나타낸다. 이런 부귀환의 성질을 '이득 둔감화(gain desensitization)'라고 부른다.

이제 이득이 $1+KA_1$배만큼 감소하는 것을 왜 기꺼이 받아들이는지 살펴보자. 높지만 나쁘게 조절되는 이득을 갖는 증폭기부터 시작하고, 불가피하게 낮지만 더 좋게 규정된 이득을 얻기 위하여 주변에 부귀환을 건다. 이 개념은 8장에서 설명한 연산 증폭기 회로에서도 광범위하게 사용되었다.

부귀환의 이득 둔감화 성질은 개루프 이득에 영향을 미치는 어떤 요인도 폐루프 이득에는 영향을 덜 미친다는 것을 의미한다. 지금까지 공정과 온도 변화만의 탓으로 돌렸지만, 다른 많은 현상도 이득을 변하게 한다.

- 신호의 주파수가 높아지면 A_1은 떨어진다. 그러나 $A_1/(1+KA_1)$은 상대적으로 일정하게 유지된다. 따라서 부귀환이 (이득을 희생한 대가로) 대역폭을 증가시킴을 예상할 수 있다.
- 만일 부하 저항이 변하면 A_1도 변할지 모른다. 즉, CS 단의 이득은 부하 저항에 의존한다. 이와 반대로 부귀환은 이득이 부하 변동에 덜 민감하게 만든다.
- 순방향 증폭기가 비선형성을 갖기 때문에 신호 진폭은 A_1에 영향을 미친다. 예를 들면 10장의 차동쌍의 대신호 해석은 입력 크기가 클 때 소신호 이득이 떨어짐을 보여 준다. 그러나 부귀환에서는 비선형성에 의한 개루프 이득의 변동은 폐루프 특성에서 더 약한 정도로 나타난다. 즉, 부귀환은 선형성을 개선시킨다.

이러한 성질을 좀 더 자세히 알아보자.

12.2.2 대역폭 확장

전달 함수가 다음과 같은 단일 극점 개루프 증폭기를 고려해 보자.

$$A_1(s) = \frac{A_0}{1+\dfrac{s}{\omega_0}} \tag{12.19}$$

여기서 A_0는 저주파 이득, ω_0는 -3 dB 대역폭을 나타낸다. 식 (12.2)에서 알 수 있었듯이 부귀환은 저주파 이득을 $1+KA_1$배만큼 감소시킴에 유의하면서, 결과적인 대역폭의 개선을 결정해 보자. 폐루프 전달 함수는 식 (12.2)의 A_1에 식 (12.19)를 대입함으로써 얻어진다.

$$\frac{Y}{X} = \frac{\dfrac{A_0}{1+\dfrac{s}{\omega_0}}}{1+K\dfrac{A_0}{1+\dfrac{s}{\omega_0}}} \tag{12.20}$$

분자와 분모에 $1+s/\omega_0$를 곱하면

$$\frac{Y}{X}(s) = \frac{A_0}{1+KA_0+\dfrac{s}{\omega_0}} \tag{12.21}$$

$$= \frac{\dfrac{A_0}{1+KA_0}}{1+\dfrac{s}{(1+KA_0)\omega_0}} \tag{12.22}$$

가 얻어진다. 식 (12.19)와 비슷하게 폐루프 시스템은 다음을 나타낸다.

$$\text{폐루프 이득} = \frac{A_0}{1+KA_0} \tag{12.23}$$

$$\text{폐루프 대역폭} = (1+KA_0)\omega_0 \tag{12.24}$$

다시 말하면, 이득과 대역폭은 반대방향으로 같은 인수만큼 스케일링되며, 일정한 곱을 나타낸다.

예제 12.5

$K = 0, 0.1, 0.5$일 때 식 (12.22)로 주어지는 폐루프 주파수 응답을 도시하라. $A_0 = 200$으로 가정하라.

풀이 $K = 0$의 경우 귀환은 사라지고 Y/X는 식 (12.19)로 주어지는 $A_1(s)$로 바뀐다. $K = 0.1$의 경우 $1+KA_0 = 21$이므로 이득은 감소하고 대역폭은 같은 인수만큼 증가한다. 마찬가지로 $K = 0.5$의 경우 $1+KA_0 = 101$이므로 비례적으로 이득은 감소하고 대역폭은 증가한다. 결과는 그림 12.9에 그려져 있다.

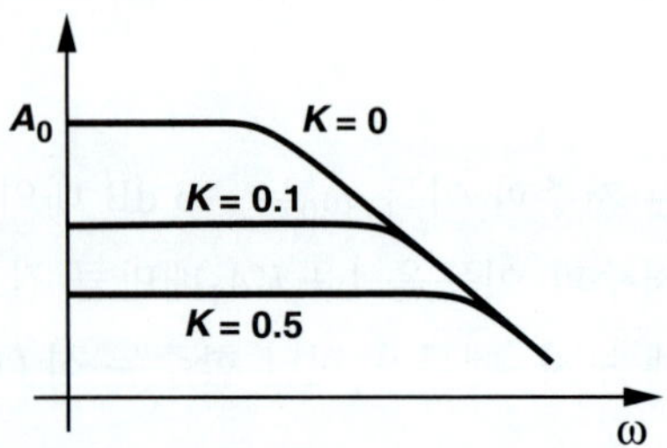

그림 12.9

연습문제 $K = 1$일 경우 위의 예제를 다시 풀어라.

예제 12.6 $1 + KA_0 \gg 1$과 $K^2 \ll 1$일 때 위 시스템의 단일 이득 대역폭이 K와 관계없이 일정하게 유지됨을 증명하라.

풀이 식 (12.22)의 크기는 다음과 같다.

$$\left|\frac{Y}{X}(j\omega)\right| = \frac{\dfrac{A_0}{1+KA_0}}{\sqrt{1+\dfrac{\omega^2}{(1+KA_0)^2\omega_0^2}}} \tag{12.25}$$

이 결과를 1과 같게 놓고 양변을 제곱하면 다음과 같이 쓸 수 있다.

$$\left(\frac{A_0}{1+KA_0}\right)^2 = 1 + \frac{\omega_u^2}{(1+KA_0)^2\omega_0^2} \tag{12.26}$$

여기서 ω_u는 단일 이득 대역폭을 나타내며, 개루프 시스템의 이득-대역폭 곱과 같다.

$$\omega_u = \omega_0\sqrt{A_0^2 - (1+KA_0)^2} \tag{12.27}$$

$$\approx \omega_0\sqrt{A_0^2 - K^2A_0^2} \tag{12.28}$$

$$\approx \omega_0 A_0 \tag{12.29}$$

그림 12.10은 이 결과를 나타낸다.

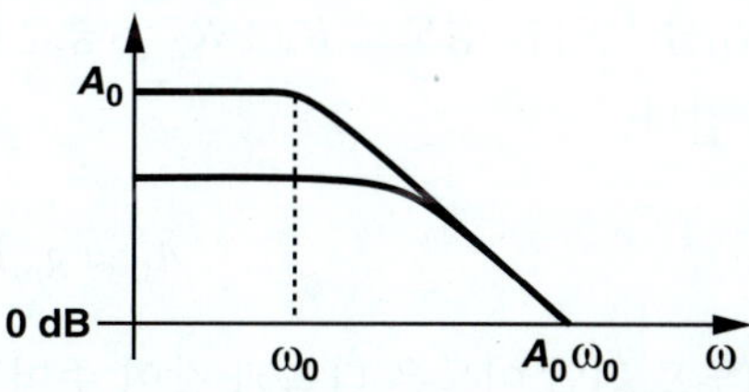

그림 12.10

연습문제 $A_0 = 1000, \omega_0 = 2\pi \times (10\text{ MHz}), K = 0.5$일 때 식 (12.27)과 (12.29)로부터 단일 이득 대역폭을 구하고 결과를 비교하라.

12.2.3 I/O 임피던스의 변화

위에서 언급한 바와 같이 부귀환은 폐루프 이득이 부하 저항에 덜 민감하게 만든다. 이 효과는 기본적으로 귀환의 결과로서 출력 임피던스의 변화 때문에 일어난다. 귀환은 마찬가지로 입력 임피던스도 변화시킨다. 이어지는 절들에서 이런 효과를 주의 깊게 공식화할 예정이지만, 이 시점에서 예제를 공부하는 것이 도움이 된다.

예제 12.7 그림 12.11은 그림 12.2 귀환 회로의 트랜지스터 레벨 실현을 보여 준다. 단순화를 위해 $\lambda = 0$과 $R_1 + R_2 \gg R_D$라고 가정한다. (a) 귀환 시스템의 네 가지 성분을 밝혀라. (b) 개루프와 폐루프 전압 이득을 결정하라. (c) 개루프와 폐루프 I/O 임피던스를 결정하라.

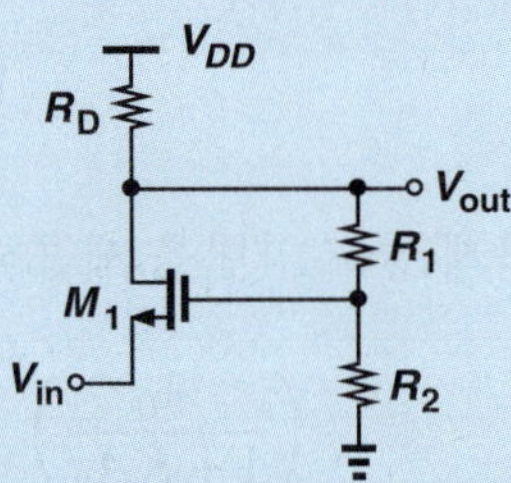

그림 12.11

풀이 (a) 그림 12.11과 비슷하게 순방향 시스템(주 증폭기)은 M_1과 R_D로 구성되어 있다. 즉, 공통 게이트 단이다. 저항 R_1과 R_2는 감지 장치와 귀환 회로망으로 $V_{out}R_2/(R_1+R_2)$와 같은 신호를 뺄셈기에 반송한다. 소신호 드레인 전류는 게이트와 소스 전압 사이의 차에 비례하기 때문에 트랜지스터 M_1 자신은 뺄셈기로 동작한다.

$$i_D = g_m(v_G - v_S) \tag{12.30}$$

(b) 부하 R_D를 무시할 정도로 $R_1 + R_2$가 충분히 크기 때문에 순방향 시스템의 전압 이득은 다음과 같다.

$$A_0 \approx g_m R_D \tag{12.31}$$

따라서 폐루프 전압 이득은 다음과 같이 주어진다.

$$\frac{v_{out}}{v_{in}} = \frac{A_0}{1 + KA_0} \tag{12.32}$$

$$= \frac{g_m R_D}{1 + \frac{R_2}{R_1 + R_2} g_m R_D} \tag{12.33}$$

귀환에 대해 모르더라도 이 단의 전체 이득 역시 회로 방정식을 풀면 간단히 얻어짐을 알 수 있다. 그러나 귀환의 개념을 이용하면 회로가 더 복잡할 때 쉽게 알 수 있고 일을 간단히 할 수 있다.

(c) 개루프 I/O 임피던스는 CG 단의 I/O 임피던스와 같다.

$$R_{in,open} = \frac{1}{g_m} \tag{12.34}$$

$$R_{out,open} = R_D \tag{12.35}$$

이 시점에서 폐루프 I/O 임피던스가 개루프 변수의 항으로 어떻게 얻어지는지 알 수 없다. 따라서 단순히 회로를 풀어야 한다. 그림 12.12(a)로부터 $R_1 + R_2$가 크다고 가정하였기 때문에 R_D는 i_X와 근사적으로 같은 전류를 흘린다. 따라서 M_1의 드레인 전압은 $i_X R_D$에 의해 주어지고, 게이트 전압을 $+i_X R_D R_2/(R_1 + R_2)$와 같게 만든다. 트랜지스터 M_1은 v_{GS}에 비례하는 드레인 전류를 생성한다.

$$i_D = g_m v_{GS} \tag{12.36}$$

$$= g_m \left(\frac{+i_X R_D R_2}{R_1 + R_2} - v_X \right) \tag{12.37}$$

$i_D = -i_X$이므로 식 (12.37)은

$$\frac{v_X}{i_X} = \frac{1}{g_m} \left(1 + \frac{R_2}{R_1 + R_2} g_m R_D \right) \tag{12.38}$$

를 생기게 한다. 즉, 입력 저항은 $1/g_m$로부터 이득이 감소한 비율과 같은 비율 $1 + g_m R_D R_2/(R_1 + R_2)$만큼 증가한다.

출력 저항을 결정하기 위하여 그림 12.12(b)로부터

$$v_{GS} = \frac{R_2}{R_1 + R_2} v_X \tag{12.39}$$

와 같이 쓴다. 따라서

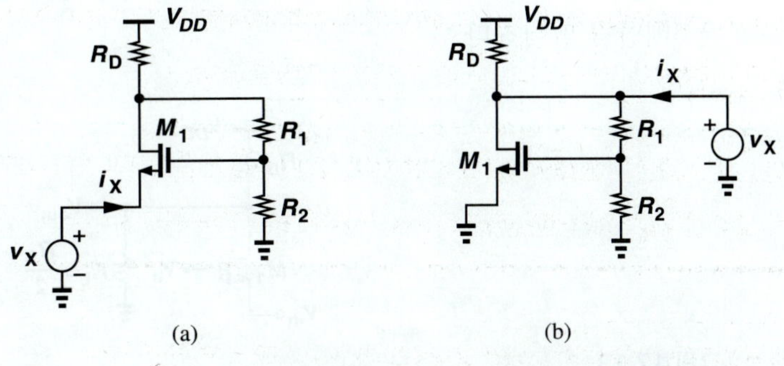

그림 12.12

$$i_D = g_m v_{GS} \tag{12.40}$$

$$= g_m \frac{R_2}{R_1 + R_2} v_X \tag{12.41}$$

이다. 만일 $R_1 + R_2 \gg R_D$라면 $i_X \approx i_D + v_X/R_D$임에 유의하면

$$i_X \approx g_m \frac{R_2}{R_1 + R_2} v_X + \frac{v_X}{R_D} \tag{12.42}$$

를 얻는다. 이것은

$$\frac{v_X}{i_X} = \frac{R_D}{1 + \dfrac{R_2}{R_1 + R_2} g_m R_D} \tag{12.43}$$

가 되게 한다. 따라서 출력 저항은 '보편적인' 인수 $1 + g_m R_D R_2/(R_1 + R_2)$만큼 감소한다.

이와 같은 I/O 임피던스의 계산은 귀환 개념을 이용하면 아주 간단하게 할 수 있다. 식 (12.38)과 (12.43)에 의해 예증되듯이 $1 + KA_0 = 1 + g_m R_D R_2/(R_1 + R_2)$는 여기서 핵심적인 역할을 한다. 이 장에서 귀환 회로의 취급은 이 점을 위한 기초를 제공한다.

연습문제 어떤 응용에서는 증폭기의 입력과 출력 임피던스가 모두 50 Ω과 같아야 한다. 어떤 관계가 위 회로의 입력과 출력 임피던스가 같도록 보장하는가?

독자는 이 시점에서 몇 가지 의문이 생길 것이다. 입력 임피던스와 출력 임피던스는 각각 항상 확대 또는 축소되는가? 귀환에 의한 I/O 임피던스의 변경은 바람직한 것인가? 요점을 보이기 위해 여기서 한 예를 고려한다. 보다 정밀한 답은 다음 절들로 넘긴다.

예제 12.8 그림 12.11의 공통 게이트 단은 부하 저항 $R_L = R_D/2$를 구동해야 한다. (a) 귀환이 없을 때와 (b) 귀환이 있을 때 이득은 얼마나 변화하는가?

풀이 (a) 귀환이 없을 때[그림 12.13(a)], CG 이득은 $g_m(R_D || R_L) = g_m R_D/3$와 같다. 즉, 이득은 3배만큼 떨어진다.

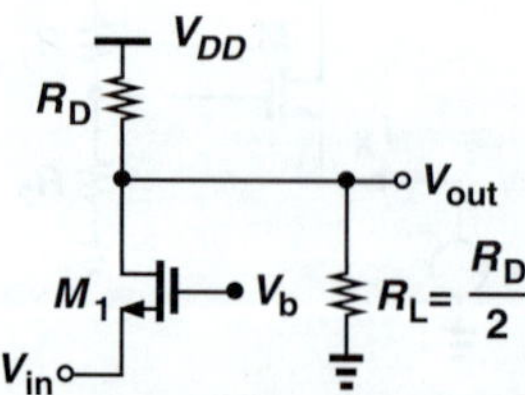

그림 12.13

(b) 귀환이 있을 때, 개루프 이득이 $g_mR_D/3$로 떨어진 것을 인지하면서 식 (12.33)을 사용한다.

$$\frac{v_{out}}{v_{in}} = \frac{g_mR_D/3}{1+\dfrac{R_2}{R_1+R_2}g_mR_D/3} \tag{12.44}$$

$$= \frac{g_mR_D}{3+\dfrac{R_2}{R_1+R_2}g_mR_D} \tag{12.45}$$

예를 들어 만일 $g_mR_DR_2/(R_1+R_2) = 10$이면 이 결과는 식 (12.33)의 '무부하' 이득과 대략 18%만큼 다르다. 따라서 귀환은 부하 변동에 따른 이득을 덜 민감하게 한다.

연습문제 $R_L = R_D$일 때 위의 예제를 다시 풀어라.

12.2.4 선형성 개선

그림 12.14(a)에 나와 있는 입력/출력 특성을 갖는 시스템을 고려하자. 여기서 관측된 비선형성은 특성의 기울기, 즉 소신호 이득의 변동으로 볼 수 있다. 예를 들면 이 시스템은 $x = x_1$ 근처에서 A_1 그리고 $x = x_2$ 근처에서 A_2의 이득을 나타낸다. 만일 부귀환 루프에 놓이면, 시스템은 다른 신호 레벨에 대해 더 균일한 이득을 갖는다. 따라서 더 선형적으로 동작한다. 사실 폐루프 시스템에 대해 그림 12.14(b)에서 보여 주듯이

$$\text{Gain at } x_1 = \frac{A_1}{1+KA_1} \tag{12.46}$$

$$\approx \frac{1}{K}\left(1-\frac{1}{KA_1}\right) \tag{12.47}$$

이라고 쓸 수 있다. 여기서 $KA_1 \gg 1$이라고 가정하였다. 마찬가지로

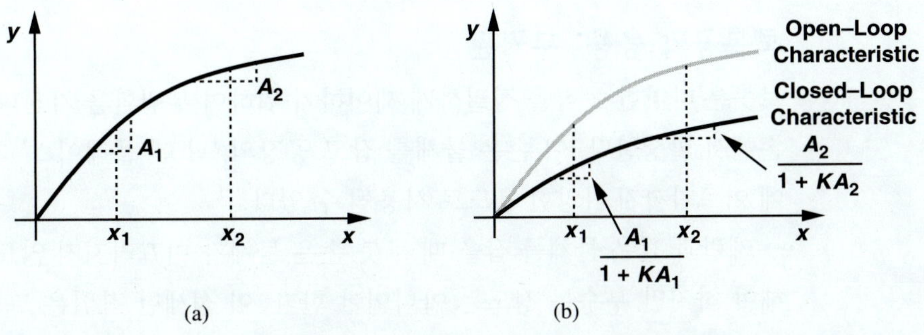

그림 12.14 (a) 증폭기의 비선형 개루프 특성; (b) 귀환에 의한 선형성의 개선

Did you know?

회로의 대신호 동작은 일반적으로 비선형이다. 예를 들어 스피커를 구동하는 저품질 오디오 증폭기는 볼륨을 높이면 비선형성이 발생한다(즉, 출력 신호가 스윙함). 그 결과 사운드의 뚜렷한 왜곡이 나타난다. 비선형성의 익숙한 형태는 차동쌍에서 관찰되는 유형이다(예를 들면, 양극 구현에서 얻은 쌍곡선 관계). 실제로 스테레오 시스템의 오디오 증폭기는 입력 및 다른 단계에서 높은 출력 전력을 전달할 수 있는 차동쌍을 가지고 있다[그림 (a)]. 회로는 왜곡을 줄이기 위해 부귀환 루프를 적용한다[그림 (b)].

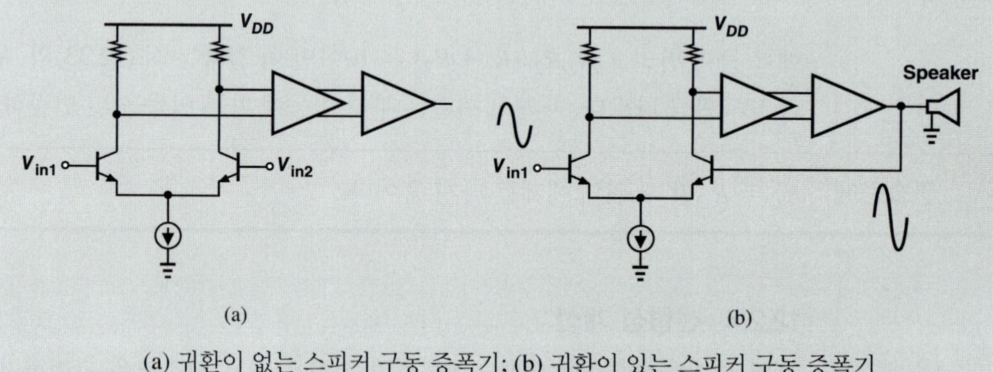

(a) 귀환이 없는 스피커 구동 증폭기; (b) 귀환이 있는 스피커 구동 증폭기

$$\text{Gain at } x_2 = \frac{A_2}{1 + KA_2} \tag{12.48}$$

$$\approx \frac{1}{K}\left(1 - \frac{1}{KA_2}\right) \tag{12.49}$$

이다. 따라서 KA_1과 KA_2가 크게 유지되는 동안 신호 레벨에 따른 폐루프 이득의 변동은 개루프 이득의 변동에 비해 훨씬 작게 유지된다.

위에서 다룬 부귀환의 모든 특성은 그림 12.3에서 보여 준 최소 오차 성질의 결과라고 생각할 수 있다. 예를 들어 만일 다른 신호 레벨에서 순방향 증폭기의 이득이 변하면 귀환은 여전히 귀환 신호가 입력의 복제에 더 가깝도록 보장하며, 출력도 마찬가지이다.

로봇공학 응용: 부귀환

로봇은 다양한 동작을 정밀하게 제어하기 위하여 부귀환을 가진다. 흥미로운 예는 로봇 손에서 발생한다. 이 손은 물체를 잡고 공장의 '픽 앤 플레이스' 기능에서 인간의 수술에 이르기까지 다양한 용도로 사용될 수 있다.

계란과 같은 물체를 잡을 때 로봇 손은 물체가 미끄러지지 않도록 충분한 압력을 가해야 하지만 부수는 정도는 아니어야 한다. 이 섬세한 작업은 그림 12.15와 같이 로봇 손의 손가락에 압력 센서를 사용하여 수행된다. 각 센서는 압력에 따라 값이 달라지는

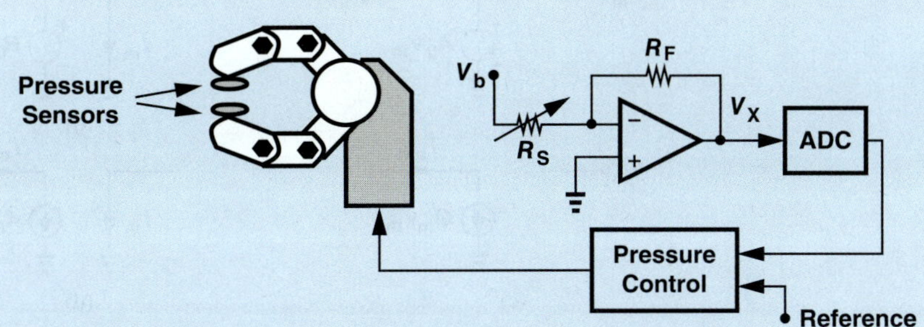

그림 12.15 로봇 팔의 압력 제어를 위한 부귀환 루프

저항 R_S로 동작한다. R_S, R_F 및 연산 증폭기로 구성된 스테이지는 식 (12.50)과 같은 전압—즉, 압력을 나타내는 전압—을 출력한다.

$$V_X = -\frac{R_F}{R_S} V_B \tag{12.50}$$

이 결과는 아날로그-디지털 변환기(ADC)에 의해 디지털화되고 기준값과 비교된다. 그 차이('오차')는 손가락이 물체에 가하는 압력을 제어한다. 이 부귀환 루프는 ADC 출력과 기준 전압 사이의 오차를 최소화하며, 결과적으로 특정 압력으로 안정화된다. 물론 이 기준값은 신중하게 선택해야 한다.

12.3 증폭기 형태

이 책에서 지금까지 공부한 증폭기는 전압을 감지하고 만든다. 덜 직관적이지만 다른 형태의 증폭기, 즉 전류를 감지하고 만드는 증폭기도 존재한다. 그림 12.16은 이상적인 경우에 입력과 출력 임피던스에 따른 4개의 가능한 조합을 보여 준다. 예를 들면 전류를 감지하는 회로는 전류계를 닮기 위해 낮은 입력 임피던스를 나타내야 한다. 마찬가지로 출력 전류를

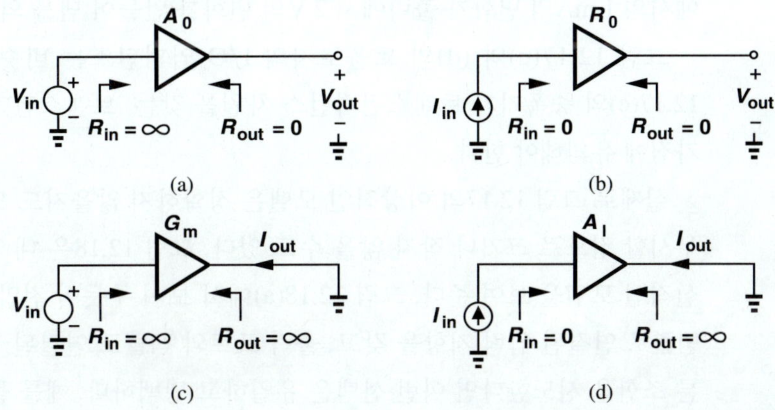

그림 12.16 (a) 전압; (b) 트랜스임피던스; (c) 트랜스컨덕턴스; (d) 전류 증폭기에 대한 이상적인 모델

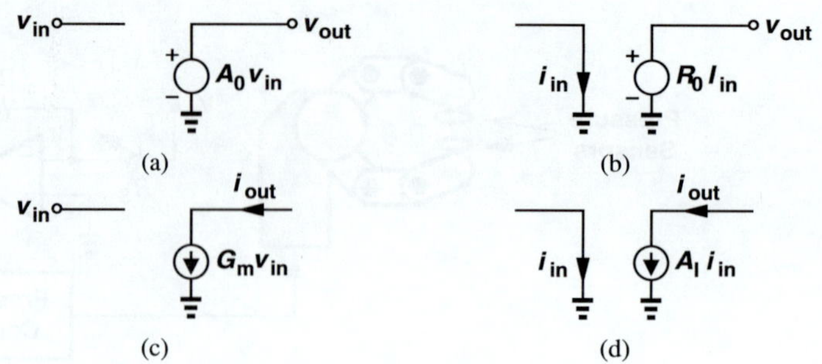

그림 12.7 (a) 전압; (b) 트랜스임피던스; (c) 트랜스컨덕턴스; (d) 전류 증폭기에 대한 이상적인 모델

생성하는 회로는 전류원에 가깝게 되도록 높은 출력 임피던스를 가져야 한다. 다른 경우도 확인하기를 독자에게 권한다. 네 가지 형태의 증폭기의 차이점은 귀환 회로 해석에서 중요하게 된다. 그림 12.16(b)와 (c)의 '전류-전압'과 '전압-전류' 증폭기는 일반적으로 각각 '트랜스임피던스'와 '트랜스컨덕턴스' 증폭기로 알려져 있다.

12.3.1 간단한 증폭기 모델

이 장에서 나중에 배울 내용을 위하여, 네 가지 증폭기의 형태에 대한 간단한 모델을 유도하는 것은 유익하다. 그림 12.17의 모델은 이상적인 경우에 대한 모델들이다. 그림 12.17(a)의 전압 증폭기는 이상적인 전압계(다음 단을 부하로 삼지 않는)로서 전압을 감지할 수 있도록 무한대의 입력 임피던스를 갖는다. 또 회로는 이상적인 전압원으로 동작하기 위하여 0의 출력 임피던스를 갖는다. 다시 말하면 부하 임피던스를 무시하고 $v_{out} = A_0 v_{in}$을 넘겨준다.

그림 12.17(b)의 트랜스임피던스 증폭기는 이상적인 전류계로서 전류를 측정할 수 있도록 0의 입력 임피던스를 갖는다. 전압 증폭기와 비슷하게, 만일 회로가 이상적인 전압원으로 동작한다면 출력 임피던스 역시 0이다. 이 증폭기의 '트랜스임피던스 이득' $R_0 = v_{out}/i_{in}$은 저항의 차원을 가짐에 유의하라. 예를 들면 2 kΩ의 트랜스임피던스 이득은 입력 전류에서의 1 mA의 변화가 출력에서 2 V의 변화를 만들어 냄을 의미한다.

그림 12.17(c)와 (d)의 토폴로지의 I/O 임피던스는 비슷하게 관찰할 수 있다. 그림 12.17(c)의 증폭기가 트랜스컨덕턴스 차원을 갖는 '트랜스컨덕턴스 이득' $G_m = i_{out}/v_{in}$을 가짐에 유의해야 한다.

실제로 그림 12.17의 이상적인 모델은 정확하지 않을지도 모른다. 특히 I/O 임피던스는 무시할 정도로 크거나 작지 않을 수도 있다. 그림 12.18은 네 가지 증폭기 형태의 좀 더 현실적인 모델을 보여 준다. 그림 12.18(a)에서 보여 주듯이 전압 증폭기 모델은 입력 포트와 병렬로 연결된 입력 저항을 갖고, 출력 포트와 직렬로 연결된 출력 저항을 갖는다. 만일 다른 조합을 시도한다면 이런 선택은 유일하고 명백하다. 예를 들어 그림 12.18(b)에 나와 있는 모델을 상상하면 입력과 출력 임피던스는 R_{in}과 R_{out}의 값에 관계없이 각각 무한대와 0

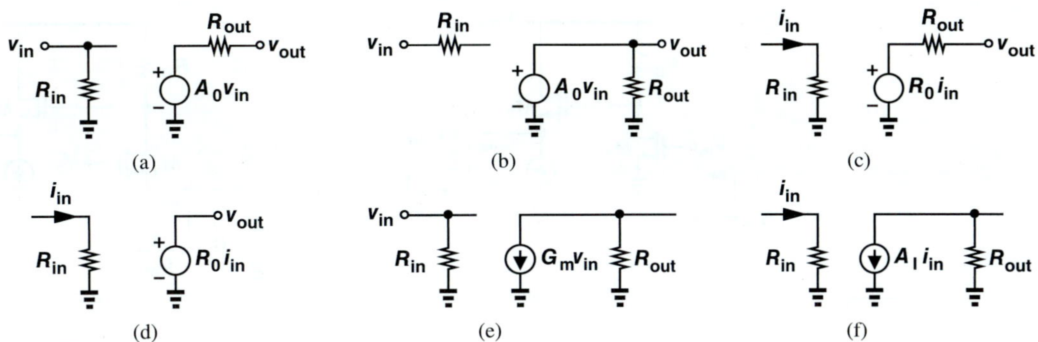

그림 12.18 (a) 전압 증폭기의 실제 모델; (b) 부정확한 전압 증폭기 모델; (c) 트랜스임피던스 증폭기의 실제 모델; (d) 부정확한 트랜스임피던스 증폭기 모델; (e) 트랜스컨덕턴스 증폭기의 실제 모델; (f) 전류 증폭기의 실제 모델

이다.(왜 그럴까?) 따라서 그림 12.18(a)의 토폴로지는 유한한 I/O 임피던스를 나타내는 가능한 모델이 된다.

그림 12.18(c)는 비이상적인 트랜스임피던스 증폭기를 나타낸다. 여기서 입력 저항은 입력과 직렬로 나타난다. 만일 다시 그림 12.18(d)와 같은 모델을 시도한다면 입력 임피던스는 0이다. 그림 12.18(e)와 (f)의 다른 두 증폭기 모델은 비슷한 개념을 따라간다.

12.3.2 증폭기 형태의 예

위의 네 가지 형태의 예를 배우는 것은 유익하다. 그림 12.19(a)는 '전압 증폭기'로서 CS 단과 소스 폴로어의 직결을 보여 준다. 회로는 확실히 (전압계와 비슷한) 높은 입력 임피던스와 (전압원과 비슷한) 낮은 출력 임피던스를 준다. 그림 12.19(b)는 트랜스임피던스 증폭기로서 CG 단과 소스 폴로어의 직결을 보여 준다. 그런 회로는 '전류 감지기'와 '전압 발생기'로 알맞도록 낮은 입력과 출력 임피던스를 나타낸다. 그림 12.19(c)는 트랜스컨덕턴스 증폭기로서 단일 MOSFET를 보여 준다. 높은 입력과 출력 임피던스를 갖기 때문에 회로는 효율적으로 전압을 감지하고 전류를 발생시킨다. 마지막으로 그림 12.19(d)는 전류 증폭기로서 공통 게이트 트랜지스터를 보여 준다. 이런 회로는 낮은 입력 임피던스와 높은 출력 임피던스를 준다.

단순화를 위해 $\lambda = 0$이라고 가정하면서 그림 12.19에서 각 회로의 소신호 '이득'을 결정해 보자. 그림 12.19(a)에서 직결의 전압 이득 A_0는 만일 $\lambda = 0$이면[4] $-g_m R_D$와 같다. 그림 12.19(b)에서 회로의 이득은 '트랜스임피던스'로 불리고 R_T로 표시되는 v_{out}/i_{in}으로 정의된다. 이 경우에 i_{in}은 M_1과 R_D를 통해 흐르고, M_1의 드레인과 M_2의 소스 모두에서 $i_{in}R_D$와 같은 전압을 생성한다. 즉, $v_{out} = i_{in}R_D$이고 이에 따라 $R_T = R_D$이다.

그림 12.19(c)의 경우 이득은 '트랜스컨덕턴스'로 불리고 G_m으로 표시되는 i_{out}/v_{in}으로

4) 이 경우에 소스 폴로어의 이득이 1과 같음을 7장에서 배웠다.

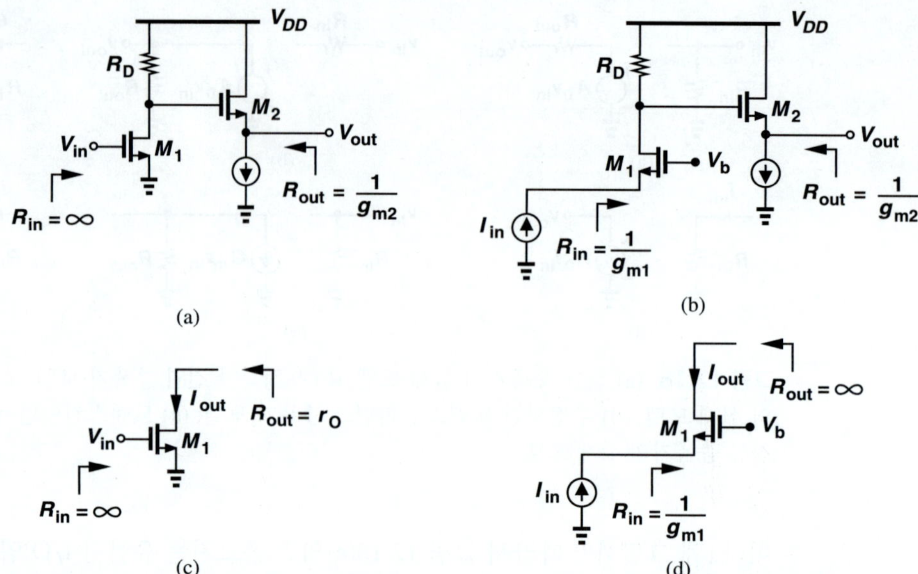

그림 12.19 (a) 전압; (b) 트랜스임피던스; (c) 트랜스컨덕턴스; (d) 전류 증폭기의 예

정의된다. 이 예제에서는 $G_m = g_m$이다. 그림 12.19(d)의 전류 증폭기의 경우 전류 이득 A_I는 입력 전류가 단순히 출력으로 흐르므로 1과 같다.

예제 12.9

전류 이득이 1인 그림 12.19(d)의 토폴로지는 한 조각의 전선보다 조금도 좋아 보이지 않는다. 이 회로의 장점은 무엇인가?

풀이 이 회로의 중요한 성질은 입력 임피던스에 있다. 입력으로 사용되는 전류원이 큰 기생 커패시턴스 C_p를 갖는다고 가정하자. 만일 저항 R_D에 직접 인가되면[그림 12.20(a)], 전류는 -3 dB 대역폭이 겨우 $(R_D C_p)^{-1}$인 고주파에서 C_p를 통해 소비된다. 반면에 CG 단의 사용은 입력 극점을 아주 높은 주파수인 g_m/C_p으로 옮긴다[그림 12.20(b)].

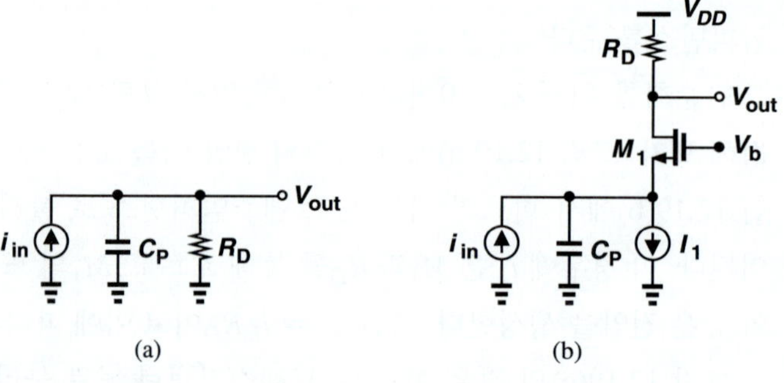

그림 12.20

연습문제 위 회로의 각각에 대하여 전달 함수 V_{out}/I_{in}을 결정하라.

12.4 감지 및 반송 기술

귀환 시스템이 출력을 감지하고 귀환 신호를 입력에 '반송'하는 방법을 포함한다는 것을 12.1절에서 배웠다. 이 절에서는 복잡한 귀환 회로에서 그것을 쉽게 알아보는 방법을 공부한다.

포트 양단의 전압을 어떻게 측정하는가? 포트와 **병렬**로 전압계를 놓고, 전압계는 회로를 교란시키지 않도록[그림 12.21(a)] 높은 입력 임피던스를 가져야 한다. 마찬가지로 출력 전압을 감지하는 귀환 회로는 출력과 병렬로 나타나고, 이상적으로는 무한대의 임피던스를 가져야 한다[그림 12.21(b)]. 그림 12.21(c)는 출력 전압을 감지하고 귀환 신호 v_F를 생성하는 R_1과 R_2로 구성된 저항 분배기의 예이다. 이상적인 경우가 되기 위하여 A_1이 저항 분배기의 효과를 '느끼지' 못하도록 R_1+R_2는 매우 커야 한다.

전선을 흐르는 전류를 어떻게 측정하는가? 전선을 **끊고** 전류계를 전선과 **직렬**로 놓는다[그림 12.22(a)]. 실제로 전류계는 회로를 교란시키지 않도록 작은 저항과 저항 양단의 전압 강하를 측정하는 전압계로 구성된다[그림 12.22(b)]. 따라서 출력 전류를 감지하는 피드백 회로는 출력과 직렬로 나타나며, 이상적으로는 제로 임피던스로 나타낸다(임피던스는 0이다)[그림 12.22(c)]. 그림 12.22(d)는 이런 개념의 실현이다. M_1의 소스와 직렬로 놓인 저항은 출력 전류를 감지하고, 비례하는 귀환 전압 V_F를 생성한다. 이상적으로는 M_1의 동작이 영향을 받지 않도록 R_S는 매우 작다($\ll 1/g_{m1}$).

전압이나 전류를 입력에 반송하기 위하여 그런 양을 더하거나 빼는 구조를 사용해야 한다.[5] 두 전압원을 더하기 위하여 그들을 **직렬**로 놓는다[그림 12.23(a)]. 따라서 전압을 반송하는 귀환 회로망은 입력 신호와 직렬로 나타나야 한다[그림 12.23(b)]. 따라서

$$v_e = v_{in} - v_F \tag{12.51}$$

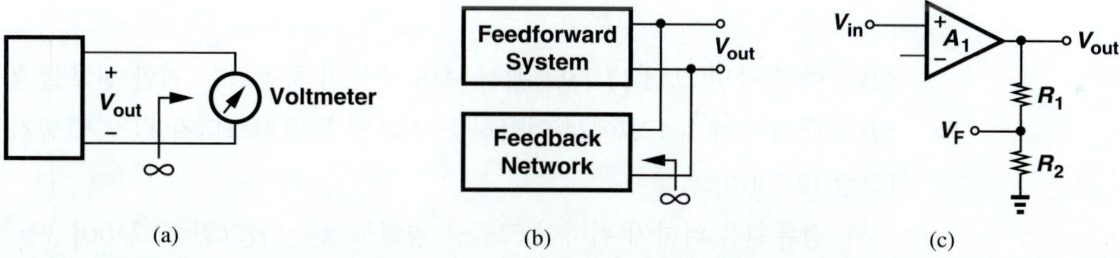

그림 12.21 (a) 전압계에 의한 전압 감지; (b) 귀환 회로망에 의한 출력 전압의 감지; (c) 실현의 예

5) 물론 같은 차원을 갖는 양만 더하거나 뺄 수 있다. 즉, 전압은 전류에 더해질 수 없다.

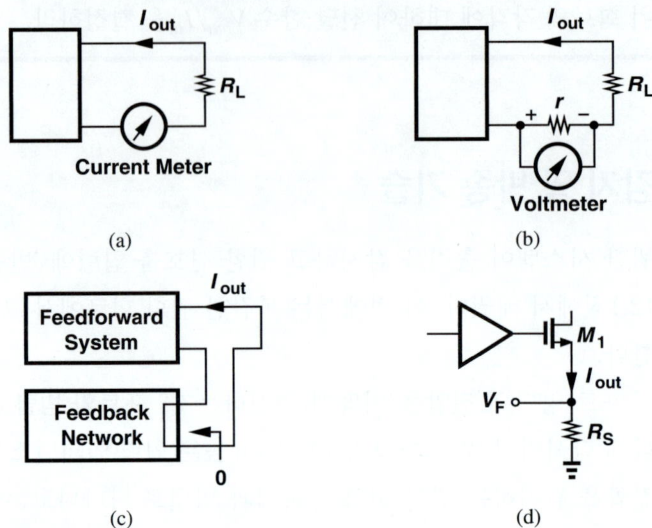

그림 12.22 (a) 전류계에 의한 전류 감지; (b) 전류계의 실제 실현; (c) 귀환 회로망에 의한 출력 전류의 감지; (d) 실현의 예

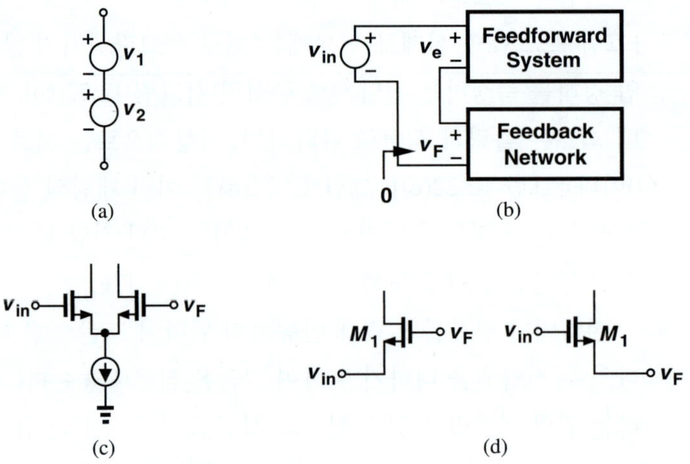

그림 12.23 (a) 두 전압의 합; (b) 귀환과 입력 전압의 합; (c) 전압 뺄셈기로서의 차동쌍; (d) 전압 뺄셈기로서의 단일 트랜지스터

이다. 예를 들면 그림 12.23(c)에서 보여 주듯이 차동쌍은 귀환 신호를 입력으로부터 뺄 수 있다. 대신에 예제 12.7에서 언급하듯이 단일 트랜지스터가 전압 뺄셈기로 동작할 수 있다[그림 12.23(d)].

두 전류원을 더하기 위하여 그들을 **병렬**로 놓는다[그림 12.24(a)]. 따라서 전류를 반송하는 귀환 회로망은 입력 신호와 병렬로 나타나야 한다[그림 12.24(b)]. 따라서

$$i_e = i_{in} - i_F \tag{12.52}$$

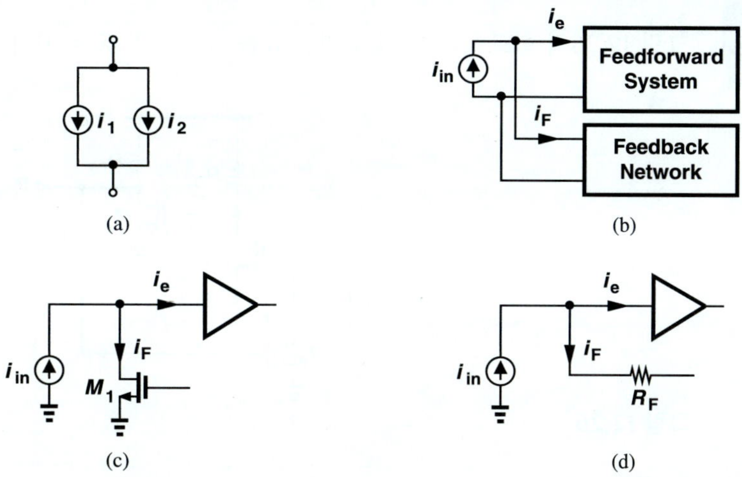

그림 12.24 (a) 두 전류의 합; (b) 귀환 전류와 입력 전류의 합; (c) 회로 실현; (d) 다른 실현

이다. 예를 들면 트랜지스터는 전류를 입력에 반송할 수 있다[그림 12.24(c)]. 만일 전류원으로 근사화될 수 있도록 충분히 크다면 저항도 마찬가지로 할 수 있다[그림 12.24(d)].

예제 12.10 그림 12.25에서 신호를 감지하고 반송하는 형태를 결정하라.

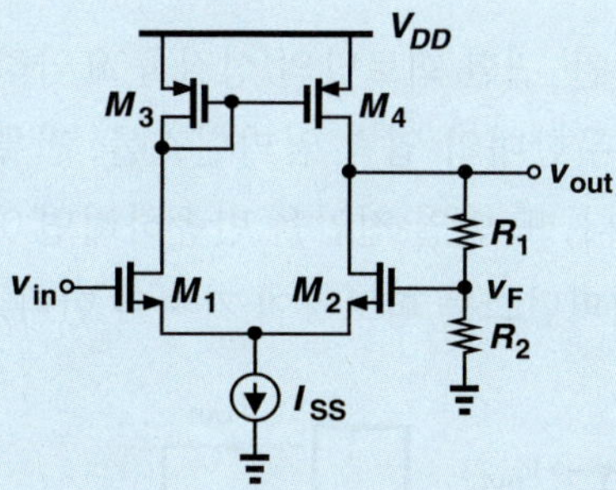

그림 12.25

풀이 회로는 그림 12.2에서 보여 준 비반전 증폭기의 실현이다. 여기서 능동 부하를 갖는 차동쌍은 연산 증폭기의 중요한 역할을 한다. 저항 분배기는 출력 전압을 감지하고 귀환 회로망으로 동작하며, $v_F = [R_2/(R_1+R_2)]v_{out}$을 만든다. M_1과 M_2 역시 연산 증폭기(순방향 시스템)의 부분과 전압 뺄셈기로 동작한다. 따라서 증폭기는 그림 12.21(c)와 12.23(c)의 토폴로지를 조합한다.

연습문제 $R_2 = \infty$일 때 위의 예제를 다시 풀어라.

예제 12.11 그림 12.26의 회로에 대하여 귀환율 K를 계산하라. $\lambda = 0$이라고 가정하라.

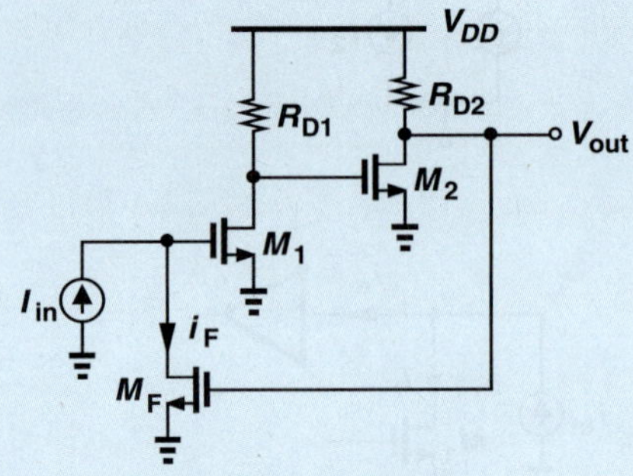

그림 12.26

풀이 트랜지스터 M_F는 출력 전압을 감지하고 입력에 전류를 반송한다. 따라서 귀환율은

$$K = \frac{i_F}{v_{out}} = g_{mF} \tag{12.53}$$

로 주어진다. 여기서 g_{mF}는 M_F의 트랜스컨덕턴스를 나타낸다.

연습문제 M_F가 저항 R_S에 의해 축퇴될 때 귀환율을 계산하라.

'이상적인' 귀환 회로망의 성질을 요약하자. 그림 12.27에서 보여 주듯이 만일 전압을 감지하려면 무한대의 입력 임피던스를, 전류를 감지하려면 0의 입력 임피던스를 회로망이 가져야 한다. 또 만일 전압을 반송하려면 0의 출력 임피던스를, 전류를 반송하려면 무한대의 출력 임피던스를 회로망이 가져야 한다.

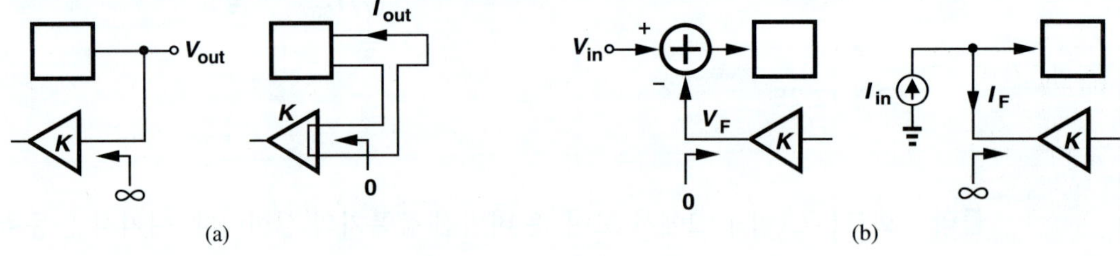

그림 12.27 (a) 전압과 전류 양 감지를 위한 이상적인 귀환 회로망의 입력 임피던스; (b) 전압과 전류 양 생산을 위한 이상적인 귀환 회로망의 출력 임피던스

12.5 귀환의 극성

그림 12.1의 귀환 시스템의 블록 다이어그램이 귀환의 극성을 쉽게 나타내는 데 비해 실제 회로 실현은 그렇지 않을 것이다. 극성을 결정하는 과정은 세 단계로 이루어진다: (a) 입력

신호가 증가(감소)한다고 가정한다; (b) 순방향 증폭기와 귀환 회로망을 통하는 변화를 따라간다; (c) 반송된 양이 입력 변화에 의해 만들어진 원래의 '효과'를 방해하는지 개선시키는지 결정한다. 간단한 과정은 다음과 같다: (a) 입력을 영으로 놓는다; (b) 루프를 끊는다; (c) 테스트 신호 V_{test}를 인가하고, 루프를 따라 진행한 후 반송된 신호 V_{ret}를 조사하고, V_{ret}/V_{test}의 극성을 결정한다.

예제 12.12 그림 12.28의 회로에서 귀환의 극성을 결정하라.

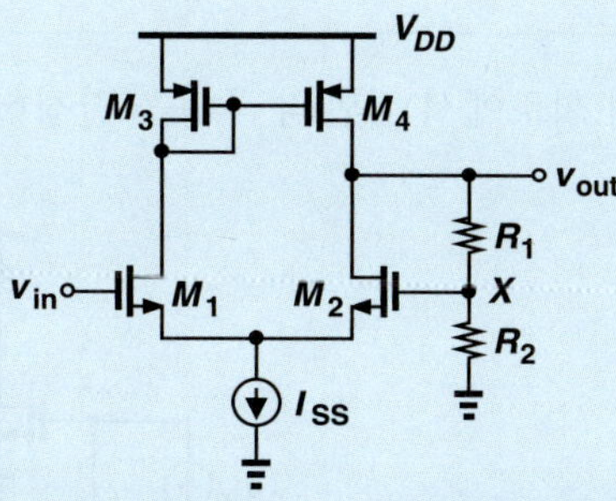

그림 12.28

풀이 만일 V_{in}이 증가하면 I_{D1}은 증가하려 하고 I_{D2}는 감소하려 한다. 그 결과 V_{out}과 V_X는 증가하려 한다. V_X의 증가는 I_{D2}를 증가시키려 하고 I_{D1}을 감소시키려 하며 V_{in}에서의 변화의 효과를 방해한다. 따라서 귀환은 부귀환이다. 독자는 두 번째 절차를 적용하는 것이 좋다.

연습문제 R_1의 위 단자가 M_2의 드레인 대신 M_1의 드레인에 연결되었다고 가정하라. 귀환의 극성을 결정하라.

예제 12.13 그림 12.29의 회로에서 귀환의 극성을 결정하라.

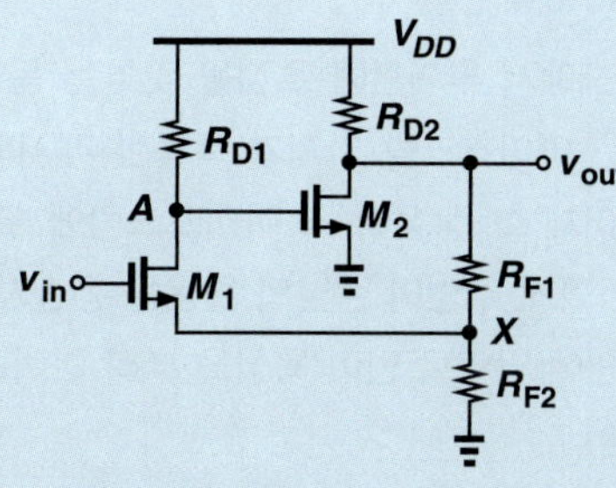

그림 12.29

풀이 만일 V_{in}이 증가하면 I_{D1}은 증가하려 한다. 따라서 V_A는 떨어지고 V_{out}은 올라가며 V_X 역시 올라간다. V_X의 증가는 I_{D1}을 감소시키려 한다.(왜 그럴까?) 따라서 V_{in}에 의해 만들어진 효과를 방해한다. 따라서 귀환은 부귀환이다.

연습문제 M_2가 CG 단으로 바뀌었을 때, 다시 말하면 소스가 노드 A에 연결되고 게이트가 바이어스 전압에 연결되었을 때 위의 예제를 다시 풀어라.

예제 12.14 그림 12.30의 회로에서 귀환의 극성을 결정하라.

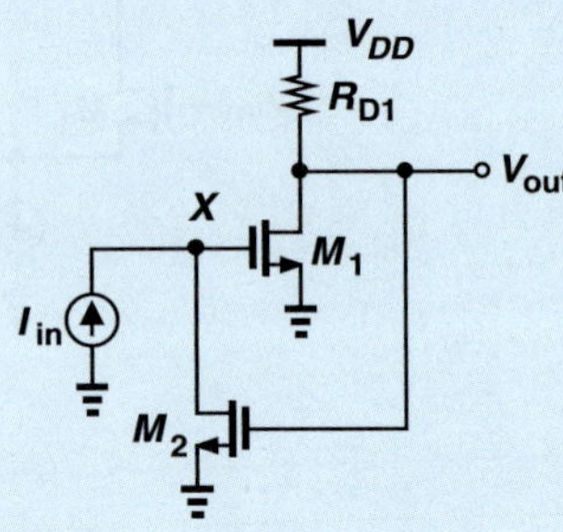

그림 12.30

풀이 만일 I_{in}이 증가하면 V_X는 증가하려 하고(왜 그럴까?), 따라서 I_{D1}은 증가한다. 그 결과 V_{out}은 떨어지고 I_{D2}는 감소하며 V_X를 증가시킨다.(왜 그릴까?) 반송된 신호는 I_{in}에 의해 만들어진 효과를 개선시키므로 귀환의 극성은 양이다.

연습문제 M_2가 PMOS 소자(아직 CS 단으로 동작함)일 때 위의 예제를 다시 풀어라. 만일 $R_D \rightarrow \infty$이라면 어떤 일이 일어나는가? 이 결과가 예상되는가?

Did you know?

우리가 이 책에서 부귀환에 초점을 맞추는 동안, 정귀환 또한 자체적 응용을 찾을 수 있다. 예를 들어 새로운 아이스크림 가게가 독특한 레시피를 채택하여 많은 손님을 끌어당기기 시작한다고 가정하자. 이제 그 상점이 각 아이스크림에 *무료로* 한 스쿱을 추가해 준다면 더 많은 손님을 끌 것이다. 즉, 가게 주인이 손님의 반응을 *향상*시키기 위해서 귀환 신호(정귀환)를 제공하고 있다는 것이다. 반면에 만약 주인이 욕심을 부려 아이스크림의 크기를 *줄인다면* 가게는 손님이 줄어들 것이다(부귀환).

12.6 귀환 토폴로지

12.3절에서의 증폭기의 다른 형태와 12.4절에서의 감지 및 반송 구조에 대한 공부는 네 가지 귀환 토폴로지가 만들어질 수 있음을 암시한다. 각 토폴로지는 순방향 시스템으로서 네 가지 형태의 증폭기 중 한 가지를 포함한다. 물론 귀환 회로망은 순방향 시스템에 의해 만들어지고 감지되는 그런 양을 각각 감지하고 반송해야 한다. 예를 들면 전압 증폭기는 귀환 회로망이 전압을 감지하고 반송함을 요구하고, 반면에 트랜스임피던스 증폭기는 전압을 감지하고 전류를 반송하는 귀환 회로망을 사용해야 한다. 이 절에서는 각 토폴로지를 공부하고 귀환 회로망이 이상적이라는 가정하에 이득과 I/O 임피던스 같은 폐루프 특성을 계산한다(그림 12.27).

12.6.1 전압-전압 귀환

그림 12.31(a)에서 설명한 대로 이 토폴로지는 전압 증폭기를 포함하며, 귀환 회로망이 출력 전압을 감지하고 빼셈기에 전압을 반송한다. 12.4절에서 배웠듯이 그런 귀환 회로망이 출력과 **병렬**로, 입력과 **직렬**로 나타나고,[6] 이상적으로는 무한대의 입력 임피던스와 0의 출력 임피던스를 가진다.

먼저 폐루프 이득을 계산하자.

$$V_1 = V_{in} - V_F \tag{12.54}$$

$$V_{out} = A_0 V_1 \tag{12.55}$$

$$V_F = KV_{out} \tag{12.56}$$

이므로

$$V_{out} = A_0(V_{in} - KV_{out}) \tag{12.57}$$

이며, 따라서 예상한 결과

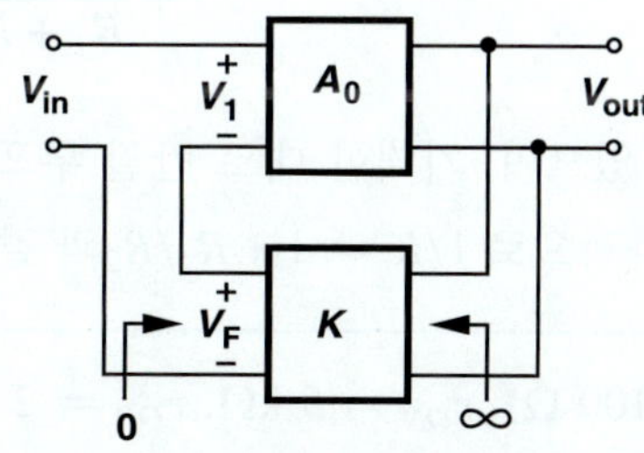

그림 12.31 전압-전압 귀환

6) 이런 이유로 이런 형태의 귀환을 '직·병렬' 토폴로지라 부른다. 여기서 첫 번째 항은 입력에서의 반환 구조를 언급하며, 두 번째 항은 출력에서의 감지 구조를 언급한다.

$$\frac{V_{out}}{V_{in}} = \frac{A_0}{1 + KA_0} \tag{12.58}$$

를 얻는다.

예제 12.15 $R_1 + R_2$가 매우 크다고 가정할 때 그림 12.32에서 보여 주는 회로의 폐루프 이득을 결정하라.

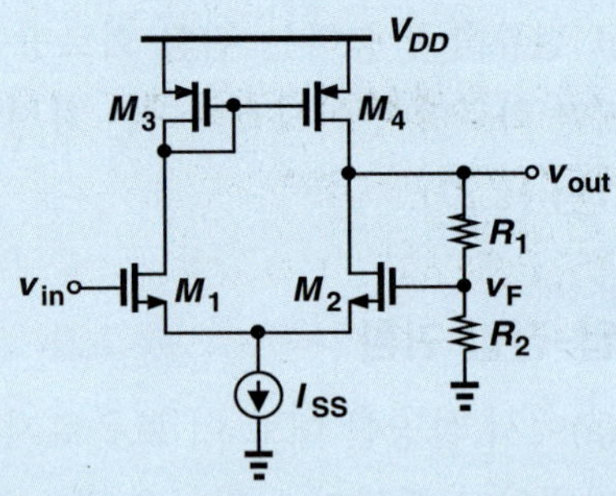

그림 12.32

풀이 예제 12.10과 12.12로부터 명백하게 알 수 있듯이 이 토폴로지는 확실히 부 전압-전압 귀환을 사용한다. 저항 회로망은 높은 임피던스로 V_{out}을 감지하고($R_1 + R_2$가 매우 크므로), M_2의 게이트에 전압을 반송한다. 예제 12.10에서 언급한 바와 같이 M_1과 M_2는 순방향 시스템의 입력단과 뺄셈기로 동작한다.

A_0는 M_1~M_4로 구성되는 회로의 이득임을 유의하라. 10장으로부터

$$A_0 = g_{mN}(r_{ON}||r_{OP}) \tag{12.59}$$

라고 쓸 수 있으며, 여기서 아래첨자 N과 P는 각각 NMOS와 PMOS를 나타낸다.[7] $K = R_2/(R_1 + R_2)$의 경우

$$\frac{V_{out}}{V_{in}} = \frac{g_{mN}(r_{ON}||r_{OP})}{1 + \dfrac{R_2}{R_1 + R_2} g_{mN}(r_{ON}||r_{OP})} \tag{12.60}$$

를 얻을 수 있으며, 기대한 대로 만일 루프 이득이 1보다 충분히 크게 유지되면 폐루프 이득은 근사적으로 $1/K = 1 + R_1/R_2$과 같다.

연습문제 $g_{mN} = 1/(100\ \Omega)$, $r_{ON} = 5\ \text{k}\Omega$, $r_{OP} = 2\ \text{k}\Omega$일 때, 폐루프 이득이 4가 되는 데 필요한 $R_2/(R_1 + R_2)$의 값을 결정하라. 결과를 $(R_2 + R_1)/R_2 = 4$의 공칭값과 비교하라.

7) 이 식을 만족시키려면 $R_1 + R_2$는 $r_{ON}||r_{OP}$보다 훨씬 커야 한다. 이것은 $R_1 + R_2$의 정의가 '매우 크다'에 맞다.

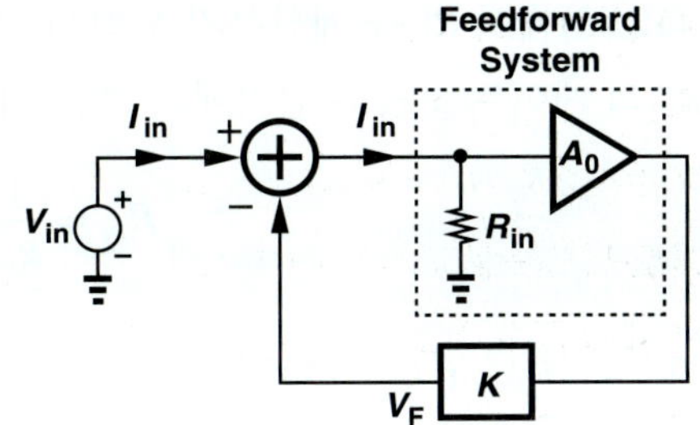

그림 12.33 입력 임피던스의 계산

I/O 임피던스에 대한 귀환의 효과를 해석하기 위하여 귀환 회로망은 이상적인 반면에 순방향 시스템은 비이상적인 전압 증폭기라고 가정하자.(다시 말하면 유한한 I/O 임피던스를 갖는다.) 그림 12.33과 같이 전체 토폴로지는 순방향 증폭기에 대한 유한한 입력 저항을 포함한다. 귀환이 없으면 물론 전체 입력 신호가 R_{in} 양단에 나타나고, 입력 전류는 V_{in}/R_{in}이 된다.[8] 한편 귀환이 있으면, A_0의 입력에 나타난 전압은 $V_{in}-V_F$가 되고 $I_{in}R_{in}$과 같게 된다. 따라서

$$I_{in}R_{in} = V_{in} - V_F \tag{12.61}$$

$$= V_{in} - (I_{in}R_{in})A_0K \tag{12.62}$$

가 된다. 이로부터

$$\frac{V_{in}}{I_{in}} = R_{in}(1 + KA_0) \tag{12.63}$$

가 된다. 흥미롭게도 전압 증폭기의 부귀환은 입력 임피던스를 1 더하기 루프 이득이라는 보편적인 인수만큼 증가시킨다. 이 임피던스 변화는 회로를 이상적인 전압 증폭기에 더 가깝게 만든다.

예제 12.16

$R_1 + R_2$가 매우 클 때 그림 12.34(a)에 나와 있는 단의 입력 임피던스를 결정하라.

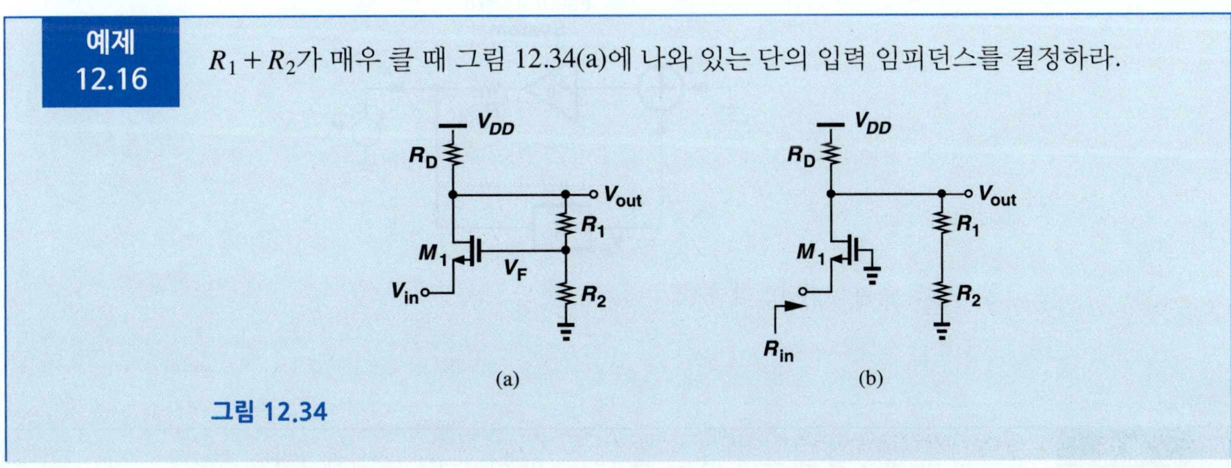

그림 12.34

8) 귀환 회로망이 입력과 직렬로 나타나므로 V_{in}과 R_{in}에 같은 전류가 흐름에 유의하라.

풀이 먼저 식 (12.63)에서 R_{in}을 계산하기 위하여 루프를 연다. 루프를 열기 위하여 귀환 신호로부터 M_1의 게이트를 끊고 접지에 연결한다[그림 12.34(b)].

$$R_{in} = \frac{1}{g_m} \tag{12.64}$$

따라서 폐루프 입력 임피던스는 다음과 같이 주어진다.

$$\frac{V_{in}}{I_{in}} = \frac{1}{g_m}\left(1 + \frac{R_2}{R_1 + R_2} g_m R_D\right) \tag{12.65}$$

연습문제 $R_2 \to \infty$일 때 무슨 일이 일어나는가? 이 결과는 예상되는가?

출력 임피던스에 대한 귀환의 효과는 그림 12.35의 다이어그램으로 공부할 수 있다. 여기서 순방향 증폭기는 출력 임피던스 R_{out}을 갖는다. A_0의 입력에서의 오차 신호를 $-V_F = -KV_X$라 표시하면 A_0의 출력 전압을 $-KA_0V_X$라 쓸 수 있고 이에 따라

$$I_X = \frac{V_X - (-KA_0V_X)}{R_{out}} \tag{12.66}$$

가 된다. 여기서 귀환 회로망이 빨아들이는 전류는 무시된다. 따라서

$$\frac{V_X}{I_X} = \frac{R_{out}}{1 + KA_0} \tag{12.67}$$

은 만일 토폴로지가 출력 전압을 감지하면 부귀환이 출력 임피던스를 낮춤을 나타낸다. 12.2절에서의 이득 둔감 해석에 의해 예상되었듯이 이 회로는 더 좋은 전압 증폭기이다.

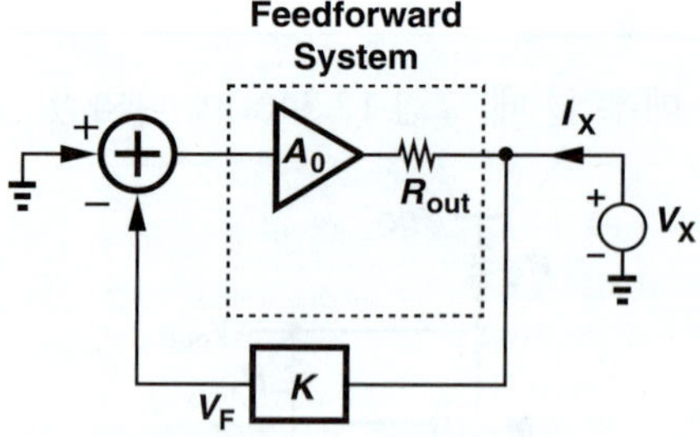

그림 12.35 출력 임피던스의 계산

예제 12.17 $R_1 + R_2$가 매우 클 때 그림 12.36 회로의 출력 임피던스를 계산하라.

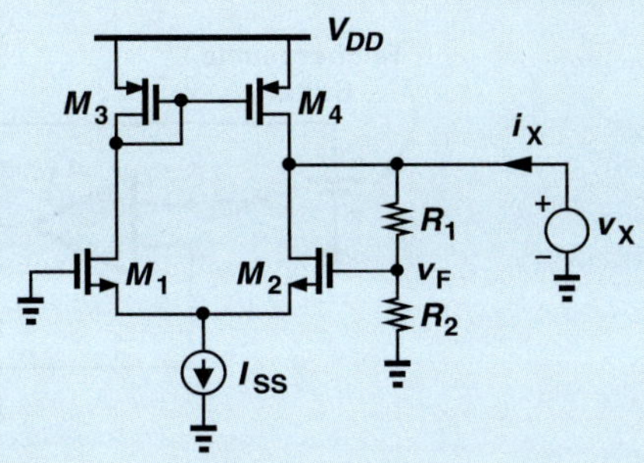

그림 12.36

풀이 예제 12.15로부터 개방 루프 출력 임피던스가 $r_{ON}||r_{OP}$와 같고 $KA_0 = [R_2/(R_1+R_2)]g_{mN}(r_{ON}||r_{OP})$임을 알았다. 따라서 폐루프 출력 임피던스 $R_{out,closed}$는

$$R_{out,closed} = \frac{r_{ON}||r_{OP}}{1 + \dfrac{R_2}{R_1+R_2}g_{mN}(r_{ON}||r_{OP})} \tag{12.68}$$

로 주어진다. 만일 루프 이득이 1보다 훨씬 크면

$$R_{out,closed} \approx \left(1 + \frac{R_1}{R_2}\right)\frac{1}{g_{mN}} \tag{12.69}$$

은 r_{ON} 및 r_{OP}와 관계없는 값이 된다. 다시 말하면 개루프 증폭기가 높은 출력 임피던스를 갖는 반면, 부귀환의 적용은 R_{out}을 $1/g_{mN}$배만큼 낮추어 준다.

연습문제 $R_2 \to \infty$일 때 무슨 일이 일어나는가? 회로의 직접적인 해석으로부터 이 결과를 증명할 수 있는가?

요약하면, 전압-전압 귀환은 이득과 출력 임피던스를 $1 + KA_0$만큼 낮추어 주고 입력 임피던스를 같은 인수만큼 높여 준다.

Did you know?

대부분의 전자 장치는 '전압 레귤레이터' 안에 부귀환을 포함하고 있다. 휴대전화와 같은 집적 회로는 좁은 공급 전압 범위에서 작동해야 하므로 레귤레이터는 배터리가 방전되고 전압이 떨어질 때 배터리 전압에 따라 상대적으로 일정한 전압을 제공한다. 아래 그림은 Q_1, 저항 분배기 및 연산 증폭기가 부귀환을 형성하는 예를 보여 준다. 출력 전압 V_{reg}를 조정하기 위해 루프는 이를 분할하고 그 결과를 기준 전압 V_{REF}와 비교한다. 루프 이득이 높으면 $V_{reg}R_1/(R_1 + R_2) \approx V_{REF}$가 되어야 하므로 $V_{reg} \approx (1 + R_2/R_1)V_{REF}$가 되어야 한다. 즉, 출력은 V_{bat} 및 A_1에 독립적이다. 물론 V_{REF} 자체는 일정하게 유지되어야 한다. 이 전압은 개별 구현되는 제너 다이오드 또는 집적화된 '밴드갭 회로'에 의해 제공된다.

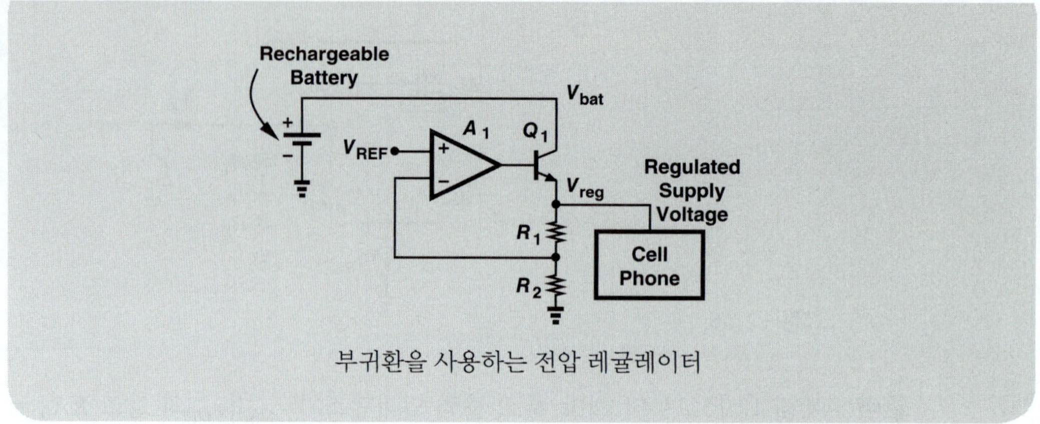

부귀환을 사용하는 전압 레귤레이터

12.6.2 전압-전류 귀환

그림 12.37에 나와 있는 바와 같이 이 토폴로지는 순방향 시스템으로 트랜스임피던스 증폭기를 사용하며, 귀환 회로망이 출력 전압을 감지하고 뺄셈기에 전류를 반송한다. 우리가 사용하는 용어 '전압-전류 귀환'에서 첫째 항은 출력에서 감지되는 양을 말하고, 둘째 항은 입력에 반송하는 양을 말한다.(이 용어는 표준이 아니다.) 12.4절에서 그런 귀환 회로망은 출력과 입력에 병렬로 나타나야 함을 배웠다.[9] 이상적으로는 무한대의 입력 임피던스와 무한대의 출력 임피던스를 갖는다.(왜 그럴까?) 이 경우 귀환율은 $K = I_F/V_{out}$이기 때문에 컨덕턴스의 차원을 갖는다.

잘 알려진 결과가 나오기를 기대하면서 먼저 폐루프 이득을 계산하자. $I_e = I_{in} - I_F$와 $V_{out} = I_eR_0$이기 때문에

$$V_{out} = (I_{in} - I_F)R_0 \tag{12.70}$$

$$= (I_{in} - KV_{out})R_0 \tag{12.71}$$

이다. 따라서

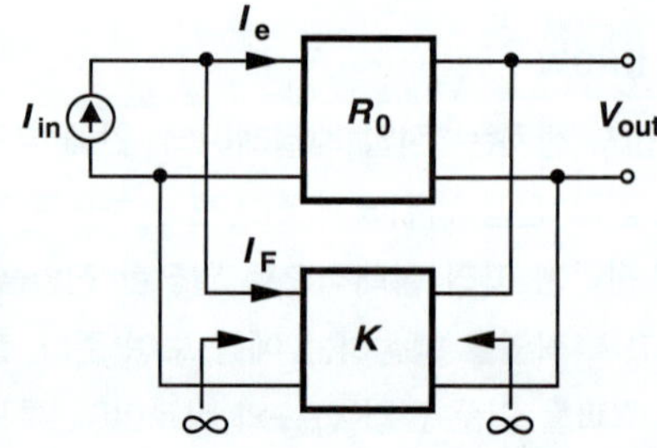

그림 12.37 전압-전류 귀환

9) 이런 이유로 이런 형태를 '병-병렬' 귀환이라고 부른다.

$$\frac{V_{out}}{I_{in}} = \frac{R_0}{1 + KR_0} \tag{12.72}$$

이다.

예제 12.18

그림 12.38(a)의 회로에서 $\lambda = 0$과 R_F가 매우 크다고 가정하고, (a) 귀환이 부귀환임을 증명하라. (b) 개루프 이득을 계산하라. (c) 폐루프 이득을 계산하라.

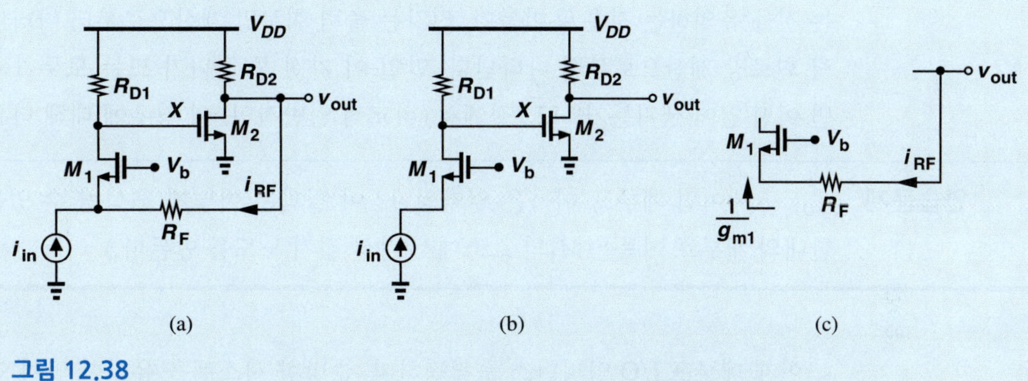

그림 12.38

풀이 (a) 만일 I_{in}이 증가하면 I_{D1}이 감소하고 V_X는 증가한다. 그 결과 V_{out}은 감소하고 이에 따라 I_{RF}는 감소한다. I_{in}과 R_F에 의해 입력 노드로 주입된 전류가 반대방향으로 변화하므로 귀환은 부귀환이다.

(b) 개루프 이득을 계산하기 위하여 귀환 회로망이 없는 순방향 증폭기를 고려하고, R_F가 매우 크다는 가정을 활용한다[그림 12.38(b)]. 트랜스임피던스 이득은 I_{in}부터 V_X까지의 이득(즉, R_{D1})과 V_X부터 V_{out}까지의 이득(즉, $-g_{m2}R_{D2}$)의 곱에 의해 주어진다.

$$R_0 = R_{D1}(-g_{m2}R_{D2}) \tag{12.73}$$

이 결과는 둘째 단의 이득이 $-g_{m2}R_{D2}$가 되도록 $R_F \gg R_{D2}$라고 가정했음에 유의하라.

(c) 폐루프 이득을 구하기 위하여, 먼저 R_F에 의해 입력으로 반송되는 전류가 만일 R_F가 매우 크다면 근사적으로 V_{out}/R_F과 같음에 유의한다. 이것을 증명하기 위하여 그림 12.38(c)와 같이 회로의 일부분을 고려하면

$$I_{RF} = \frac{V_{out}}{R_F + \dfrac{1}{g_{m1}}} \tag{12.74}$$

과 같이 쓸 수 있다. 따라서 만일 $R_F \gg 1/g_{m1}$이면 반송되는 전류는 근사적으로 V_{out}/R_F과 같다.("R_F는 전류원처럼 동작한다"라고 말한다.) 따라서 $K = -1/R_F$이다. 여기서 음

의 부호는 그림 12.37에서의 전류의 방향과 관련하여 입력 노드로부터 R_F에 의해 흘러나오는 전류의 방향으로부터 생긴다. $1 + KR_0$ 형식으로 보면 폐루프 이득은

$$\left.\frac{V_{out}}{I_{in}}\right|_{closed} = \frac{-g_{m2}R_{D1}R_{D2}}{1+\dfrac{g_{m2}R_{D1}R_{D2}}{R_F}} \tag{12.75}$$

와 같고 만약 $g_{m2}R_{D1}R_{D2} \gg R_F$인 경우 $-R_F$로 감소한다.

R_F가 매우 크다는 가정이 이 예제에서 2개의 조건 $R_F \gg R_{D2}$와 $R_F \gg 1/g_{m1}$로 바뀐다는 것을 유의하는 것은 흥미롭다. 전자는 출력 회로망 계산으로부터 나타나고 후자는 입력 회로망 계산으로부터 나타난다. 만일 이 가정 중 하나가 또는 모두가 유효하지 않다면 어떤 일이 생기는가? 12.7절에서 (비교적 일반적인) 이 경우에 대해 다룬다.

연습문제 $R_{D1} \to \infty$이면 폐루프 이득은 얼마인가? 이 결과는 어떻게 해석될 수 있는가?(힌트: 무한대의 개루프 이득은 M_1의 소스에서 가상 접지 노드를 만든다.)

이제 폐루프 I/O 임피던스를 결정하자. 순방향 시스템을 유한한 입력 임피던스 R_{in}(12.3절)을 갖는 이상적인 트랜스임피던스 증폭기로 모델링하고 그림 12.39의 테스트 회로를 만든다. R_{in}을 통해 흐르는 전류가 V_X/R_{in}와 같기 때문에(왜 그럴까?) 순방향 증폭기는 $(V_X/R_{in})R_0$와 같은 출력 전압을 만든다. 따라서

$$I_F = K\frac{V_X}{R_{in}}R_0 \tag{12.76}$$

가 된다. 입력 노드에 KCL을 적용하면

$$I_X - K\frac{V_X}{R_{in}}R_0 = \frac{V_X}{R_{in}} \tag{12.77}$$

가 된다. 따라서

$$\frac{V_X}{I_X} = \frac{R_{in}}{1+KR_0} \tag{12.78}$$

이 된다. 전류를 반송하는 귀환 루프가 입력 임피던스를 1에 루프 이득을 더한 인수만큼 감소시키고, 회로를 이상적인 '전류 감지기'에 더 가깝도록 만든다.

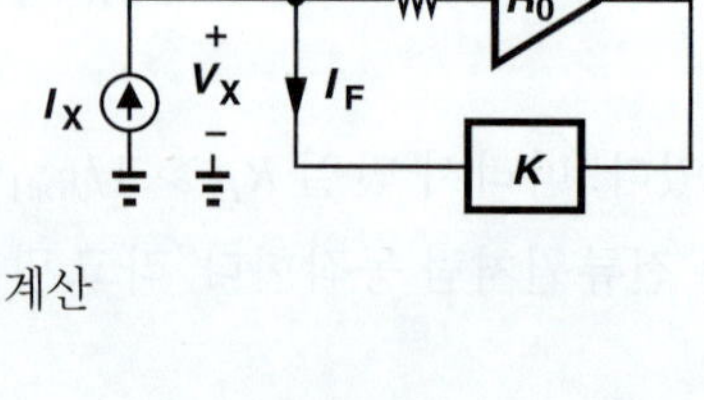

그림 12.39 입력 임피던스의 계산

예제 12.19 예제 12.18에서 배운 회로의 폐루프 입력 임피던스를 결정하라.

풀이 그림 12.38(b)의 개루프 증폭기는 R_F가 매우 크다고 가정했기 때문에 입력 임피던스 $R_{in} = 1/g_{m1}$을 갖는다. 식 (12.75)의 분모가 $1 + KR_0$이므로

$$R_{in,closed} = \frac{1}{g_{m1}} \cdot \frac{1}{1 + \dfrac{g_{m2}R_{D1}R_{D2}}{R_F}} \tag{12.79}$$

을 얻는다.

연습문제 $RD_1 \to \infty$이면 무슨 일이 일어나고 왜 그러는지 설명하라.

12.6.1절의 전압-전압 귀환에서 배운 것처럼, 전압-전류 귀환 역시 귀환 루프가 부하 임피던스가 변함에도 불구하고 출력 전압을 안정화하는 방향으로 '조절'하기 때문에 출력 임피던스를 감소시킨다는 것을 가정할 수 있다. 입력 전류원을 0으로 놓고 R_{out}이 개루프 출력 저항인 그림 12.40의 회로로부터 귀환 회로망은 전류 $I_F = KV_X$를 만든다는 것을 관찰할 수 있다. 순방향 증폭기를 통해 흐르는 이 전류는 $V_A = -KV_XR_0$로 바뀐다. 따라서

$$I_X = \frac{V_X - V_A}{R_{out}} \tag{12.80}$$

$$= \frac{V_X + KV_XR_0}{R_{out}} \tag{12.81}$$

가 된다. 여기서 귀환 회로망에 의해 빨려 나가는 전류는 무시되었다. 따라서 예상했던 결과

$$\frac{V_X}{I_X} = \frac{R_{out}}{1 + KR_0} \tag{12.82}$$

을 얻는다.

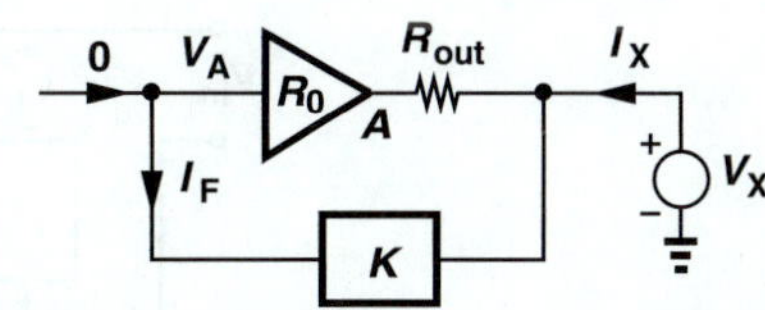

그림 12.40 출력 임피던스의 계산

예제 12.20 예제 12.18에서 배운 회로의 폐루프 출력 임피던스를 계산하라.

풀이 그림 12.38(b)의 개루프 회로로부터 R_F가 매우 크다고 가정했기 때문에 $R_{out} \approx R_{D2}$가 된다. 식 (12.75)의 분모가 $1 + KR_0$이므로

$$R_{out,closed} = \frac{R_{D2}}{1 + \frac{g_{m2}R_{D1}R_{D2}}{R_F}} \tag{12.83}$$

를 얻을 수 있다.

연습문제 $R_{D1} \to \infty$이면 무슨 일이 일어나는지 설명하라.

12.6.3 전류-전압 귀환

그림 12.41에서 보여 주듯이 이 토폴로지는 트랜스컨덕턴스 증폭기를 포함하며, 귀환 회로망이 출력 전류를 감지하고 전압을 뺄셈기에 반송한다. 우리가 사용하는 용어 '전류-전압 귀환'에서 첫째 항은 출력에서 감지되는 양을 말하고, 둘째 항은 입력에 반송하는 양을 말한다. 12.4절에서 그런 귀환 회로망은 출력과 입력에 직렬로 나타나고,[10)] 이상적으로는 0의 입력과 출력 임피던스를 보여야 함을 배웠다. 이 경우에 $K = V_F/I_{out}$이므로 귀환율은 저항의 차원을 갖는다.

먼저 폐루프 이득이 개루프 이득을 1 더하기 루프 이득으로 나눈 값과 같음을 확인할 수 있다. 순방향 시스템이 $I_{out} = G_m(V_{in} - V_F)$와 같은 전류를 만들고 $V_F = KI_{out}$이기 때문에

$$I_{out} = G_m(V_{in} - KI_{out}) \tag{12.84}$$

을 얻을 수 있다. 이에 따라

$$\frac{I_{out}}{V_{in}} = \frac{G_m}{1 + KG_m} \tag{12.85}$$

이 된다.

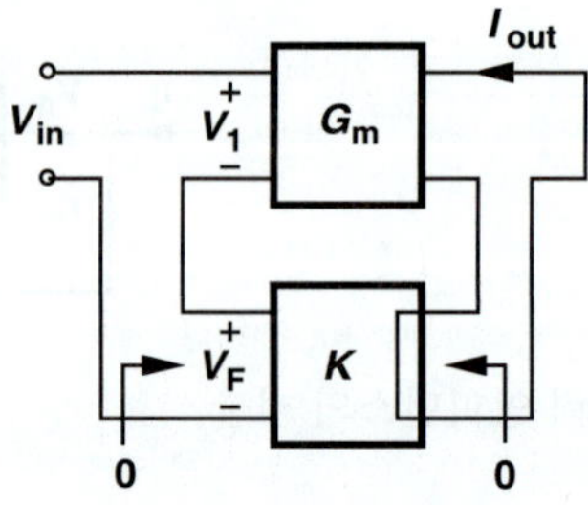

그림 12.41 전류-전압 귀환

10) 이런 이유로 이 형태를 '직-직렬' 귀환이라고도 부른다.

예제 12.21

그림 12.42(a)의 레이저 다이오드에 잘 정의된 전류를 공급하려 한다.[11] 그러나 M_1의 트랜스컨덕턴스는 불완전하게 조절된다. 이런 이유로 작은 저항 R_M을 직렬로 삽입하고 R_M 양단의 전압을 감지하며 결과를 연산 증폭기의 입력에 반송함으로써 전류를 '감시'한다[그림 12.42(b)]. 연산 증폭기가 매우 높은 이득을 가질 때 I_{out}을 추정하라. 그림 12.42(c)의 회로에 대해 폐루프 이득을 계산하라.

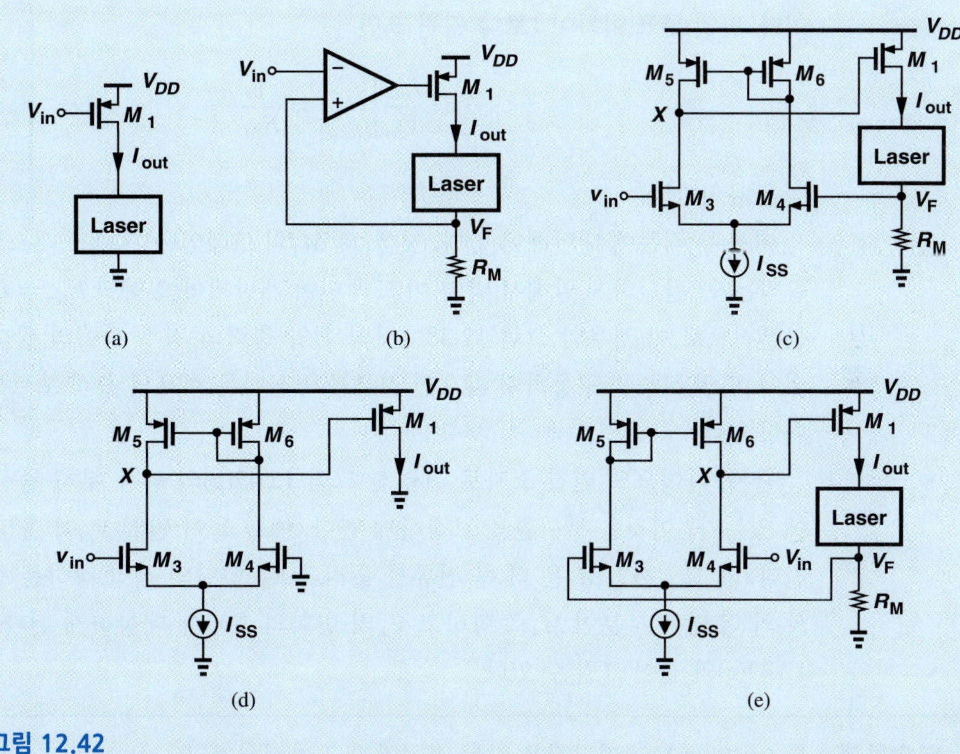

그림 12.42

풀이 만일 연산 증폭기의 이득이 매우 높으면 V_{in}과 V_F의 차이는 매우 작다. 따라서 R_M은 V_{in}과 같은 전압을 유지하고 이에 따라

$$I_{out} \approx \frac{V_{in}}{R_M} \tag{12.86}$$

이 된다.

이제 그림 12.42(c)의 트랜지스터 레벨 실현의 개루프 이득을 결정하자. 순방향 증폭기는 그림 12.42(d)에서와 같음을 확인할 수 있다. 여기서 M_4의 게이트는 귀환 신호(전압)가 0이 되므로 접지된다. $I_{out} = -g_{m1}V_X$(왜 그럴까?)와 $V_X = -g_{m3}(r_{O3} \| r_{O5})V_{in}$이

11) 레이저 다이오드는 전기 신호를 광 신호로 변환하며 DVD 플레이어, 장거리 통신 등에 널리 사용된다.

므로

$$G_m = g_{m1}g_{m3}(r_{O3}||r_{O5}) \tag{12.87}$$

를 얻는다. 귀환율은 $K = V_F/I_{out} = R_M$이다. 따라서

$$\left.\frac{I_{out}}{V_{in}}\right|_{closed} = \frac{g_{m1}g_{m3}(r_{O3}||r_{O5})}{1+g_{m1}g_{m3}(r_{O3}||r_{O5})R_M} \tag{12.88}$$

이다. 만일 루프 이득이 1보다 훨씬 크면

$$\left.\frac{I_{out}}{V_{in}}\right|_{closed} \approx \frac{1}{R_M} \tag{12.89}$$

임을 유의하라.

이제 두 질문에 대답해야 한다. 첫째, 왜 M_1의 드레인은 개루프 테스트에서 접지에 단락되는가? 간단하게 말해서 만일 이 드레인이 개방되어 있다면 $I_{out} = 0$이다! 그러나 더 근본적으로 이 경우와 그림 12.38에서의 전압 출력의 경우 사이의 쌍대성을 관찰할 수 있다. 만일 부하를 구동하지 않으면 전류를 공급하는 회로의 출력 포트는 접지로 단락되어야 한다.

둘째, 다이오드 연결 소자로 그려진 그림 12.42(c)의 능동 부하 증폭기는 왜 오른쪽에 있는가? 이것은 부귀환을 보장하게 한다. 예를 들어 만일 V_{in}이 올라가면 V_X는 내려간다.(왜 그럴까?) M_1은 더 큰 전류를 흘리고 R_M 양단의 전압 강하는 증가한다. 따라서 I_{SS}의 더 많은 부분이 M_4로 향하고 V_{in}의 변화의 효과에 대항하게 된다. 또 다르게 그림 12.42(e)와 같이 그릴 수 있다.

연습문제 V_{in}이 100 mV의 피크값을 갖는 정현파라고 가정하자. $R_M = 10\ \Omega$과 $G_m = 1/(0.5\ \Omega)$일 때 V_F와 레이저를 통하는 전류를 시간의 함수로 도시하라. M_1의 게이트에서의 전압은 반드시 정현파인가?

12.6.1절과 12.6.2절의 다른 귀환 토폴로지의 해석으로부터 전류-전압 귀환이 입력 임피던스를 $1 + KG_m$배만큼 증가시킴을 알았다. 사실 그림 12.43(a)의 테스트 회로는 순방향 시스템이 A_0 대신 G_m으로 표시되는 것만 제외하면 그림 12.33의 회로와 비슷하다. 따라서 식 (12.63)은

$$\frac{V_{in}}{I_{in}} = R_{in}(1 + KG_m) \tag{12.90}$$

과 같이 다시 쓸 수 있다.

출력 임피던스는 그림 12.43(b)의 테스트 회로를 이용하여 계산할 수 있다. 그림 12.35와

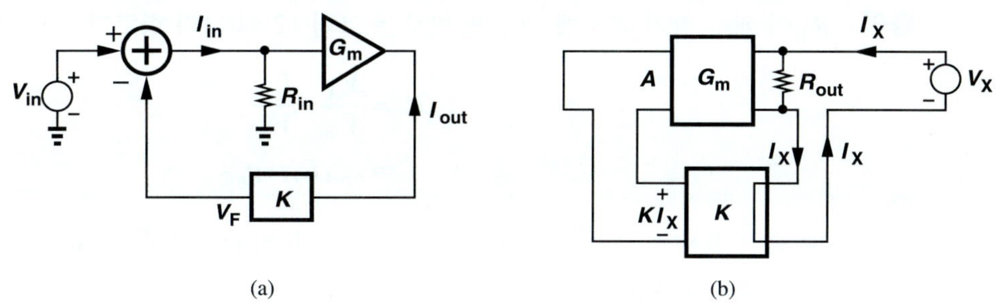

그림 12.43 (a) 입력과 (b) 출력 임피던스의 계산

12.40의 경우와 대비하여 테스트 전압원이 순방향 증폭기의 출력 포트와 귀환 회로망의 입력 포트와 직렬로 삽입되었음을 유의하라. 포트 A의 전압이 $-KI_X$와 같고 G_m 단으로 흐르는 전류는 $-KG_mI_X$와 같다. R_{out}을 통해 흐르는 전류가 V_X/R_{out}로 주어지기 때문에 출력 노드에서의 KCL로부터

$$I_X = \frac{V_X}{R_{out}} - KG_mI_X \tag{12.91}$$

를 얻는다. 이에 따라

$$\frac{V_X}{I_X} = R_{out}(1 + KG_m) \tag{12.92}$$

가 된다. 흥미롭게도 출력 전류를 감지하는 부귀환 루프는 출력 임피던스를 증가시키고, 회로를 이상적인 전류 발생기에 더 가깝게 한다. 지금까지의 다른 경우와 마찬가지로 이것은 감지하는 출력량을 조절하려는 부귀환 때문에 발생한다.

예제 12.22

레이저 다이오드에 공급되는 전류를 조절하는 또 다른 방법이 그림 12.44(a)에 나타나 있다. 그림 12.42(b)의 회로처럼 매우 작은 저항 R_M은 전류를 감시하고 비례하는 전압을 생성하며, 빼셈 소자 M_1에 전압을 되돌려 준다. 회로의 폐루프 이득과 I/O 임피던스를 결정하라.

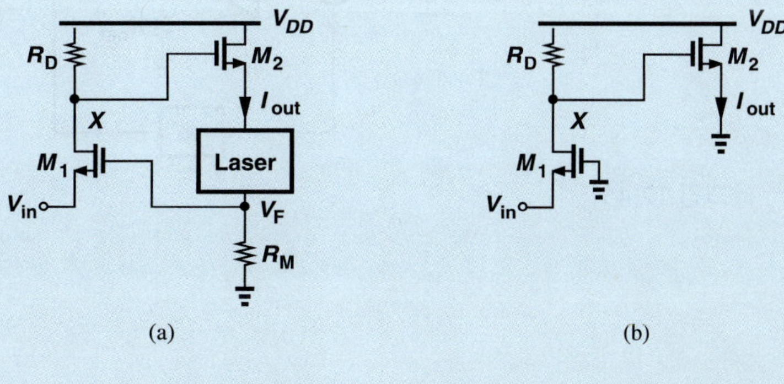

그림 12.44

풀이 R_M이 매우 작기 때문에 개루프 회로는 그림 12.44(b)의 회로가 된다. 여기서 이득은

$$G_m = \frac{V_X}{V_{in}} \cdot \frac{I_{out}}{V_X} \tag{12.93}$$

$$= g_{m1}R_D \cdot g_{m2} \tag{12.94}$$

와 같이 표현될 수 있다. 입력 임피던스는 $1/g_{m1}$과 같고 출력 임피던스는 $1/g_{m2}$과 같다.[12] 귀환율은 R_M과 같고

$$\left.\frac{I_{out}}{V_{in}}\right|_{closed} = \frac{g_{m1}g_{m2}R_D}{1 + g_{m1}g_{m2}R_D R_M} \tag{12.95}$$

가 된다. 여기서 만일 루프 이득이 1보다 훨씬 크면 $1/R_M$이 된다. 입력 임피던스는 $1 + G_m R_M$배만큼 증가한다.

$$R_{in,closed} = \frac{1}{g_{m1}}(1 + g_{m1}g_{m2}R_D R_M) \tag{12.96}$$

출력 임피던스도 마찬가지이다(즉, 레이저에서 본 임피던스).

$$R_{out,closed} = \frac{1}{g_{m2}}(1 + g_{m1}g_{m2}R_D R_M) \tag{12.97}$$

연습문제 500 Ω의 입력 임피던스와 5 kΩ의 출력 임피던스를 원할 때 필요한 g_{m1}과 g_{m2}의 값을 결정하라. $R_D = 1$ kΩ과 $R_M = 100$ Ω이라고 가정하라.

예제 12.23

학생이 그림 12.45에 그려진 회로의 도움을 받아 전류-전압 귀환 토폴로지의 출력 임피던스를 계산하려고 한다. 왜 이 토폴로지가 실제 회로의 잘못된 표현인지 설명하라.

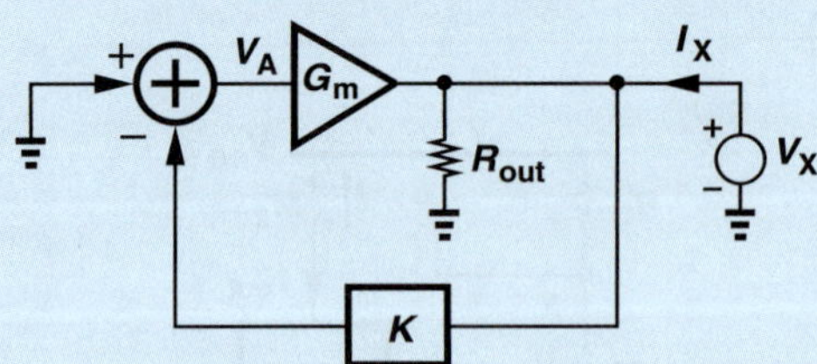

그림 12.45

12) 출력 임피던스를 측정하기 위하여 테스트 전압원은 출력선과 직렬로 놓여야 한다.

풀이 만일 출력 전류를 감지하려면 귀환 회로망은 순방향 증폭기의 출력 포트와 직렬로 유지되어야 하고 테스트 신호원도 마찬가지가 되어야 한다. 다시 말하면 순방향 시스템의 출력 전류는 귀환 회로망의 입력 전류와 [그림 12.43(b)에서와 같이] V_X에 의해 흘려 주는 전류와 같아야 한다. 그러나 그림 12.45의 배치에서는 V_X가 출력과 병렬로 놓여 이런 원리를 어겼다.[13)]

연습문제 그림 12.44의 회로에 위의 (잘못된) 테스트를 인가하고 결과를 조사하라.

12.6.4 전류-전류 귀환

처음 3개의 귀환 토폴로지의 해석으로부터 이 형태가 모두 1 더하기 루프 이득의 인수만큼 이득을 낮추고, 출력 임피던스를 높이며, 입력 임피던스를 낮춤을 예측할 수 있다.

그림 12.46에서 보여 주듯이 전류-전류 귀환은 출력을 직렬로 감지하고 신호를 입력과 병렬로 반송한다. 순방향 시스템은 전류 이득 A_I를 갖고 귀환 회로망은 차원이 없는 이득 $K = I_F/I_{out}$를 갖는다. $I_{in} - I_F$로 주어지는 순방향 증폭기에 입력되는 전류는

$$I_{out} = A_I(I_{in} - I_F) \tag{12.98}$$

$$= A_I(I_{in} - KI_{out}) \tag{12.99}$$

를 만들고 이에 따라

$$\frac{I_{out}}{I_{in}} = \frac{A_I}{1 + KA_I} \tag{12.100}$$

가 된다.

회로의 입력 임피던스는 그림 12.47에 그려져 있는 배치의 도움으로 계산된다. 전압-전류 귀환(그림 12.39)의 경우처럼 순방향 증폭기의 입력 임피던스는 직렬 저항 R_{in}에 의해

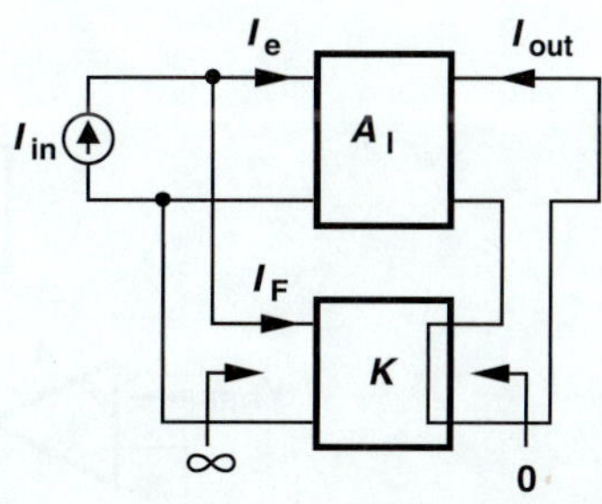

그림 12.46 전류-전류 귀환

13) 만일 귀환 회로망이 이상적이고 이에 따라 0의 입력 임피던스를 가지면 V_X는 무한대의 전류를 공급해야 한다.

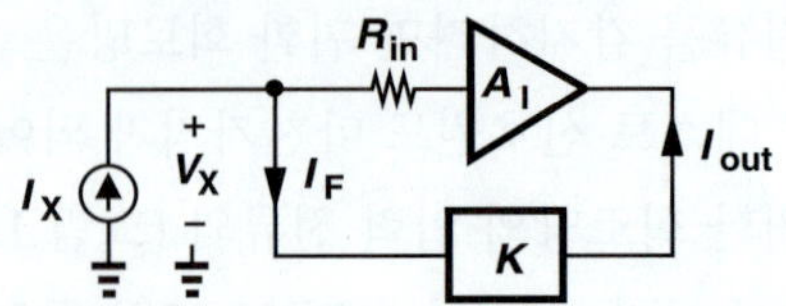

그림 12.47 입력 임피던스의 계산

모델링된다. R_{in}을 통해 흐르는 전류가 V_X/R_{in}와 같기 때문에 $I_{out} = A_I V_X/R_{in}$를 얻고 이에 따라 $I_F = KA_I V_X/R_{in}$를 얻는다. 입력 노드에서의 KCL로부터

$$I_X = \frac{V_X}{R_{in}} + I_F \tag{12.101}$$

$$= \frac{V_X}{R_{in}} + KA_I\frac{V_X}{R_{in}} \tag{12.102}$$

를 얻을 수 있다. 즉,

$$\frac{V_X}{I_X} = \frac{R_{in}}{1 + KA_I} \tag{12.103}$$

이다.

Did you know?

전압 조정보다 직관적이지 않지만 전류 조정은 실제로 배터리 충전기에서 매우 일반적이다. 일정한 전압으로 충전된 배터리는 수명이 짧을 수 있다.(값이 같지 않은 2개의 이상적인 전압 소스를 병렬로 배치하면 어떻게 되는지 상상해보자!) 이러한 이유로 우리는 배터리를 정전류로 충전하는 것을 선호한다. 아래 그림은 연산 증폭기 A_1이 V_X를 기준 전압 V_{REF}에 가깝게 만드는 예를 보여준다. R_S와 A_1이 M_1의 소스 전류를 모니터링하고 안정화한다. M_1의 드레인 전류는 배터리를 구동한다. 물론 배터리가 충전되면서 전압이 결국 허용치를 초과하여 손상을 입게 된다. 따라서 충전기는 과충전 보호를 위한 추가 회로를 통합해야 한다.

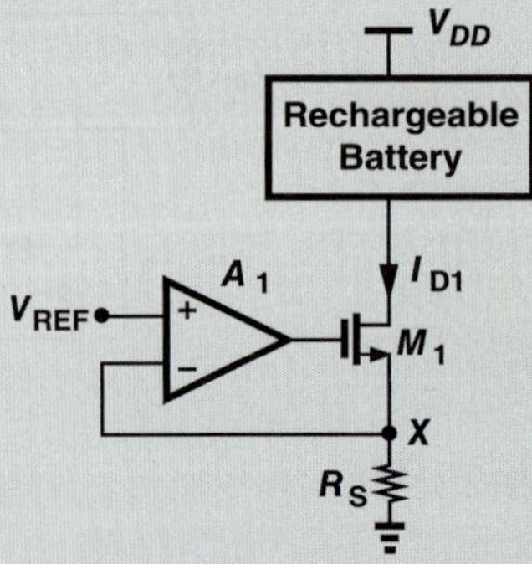

배터리 충전기의 전류 조정

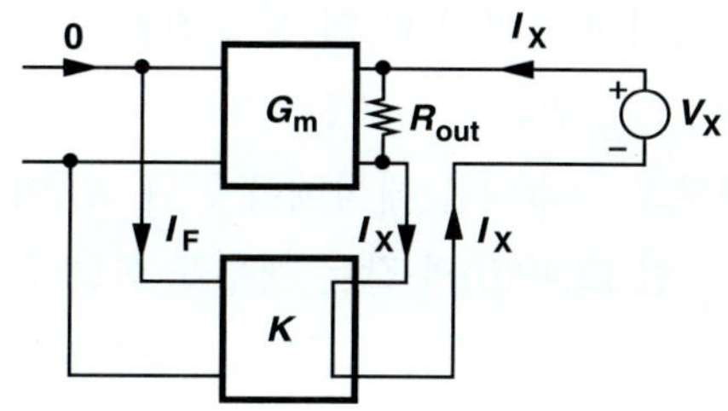

그림 12.48 출력 임피던스의 계산

출력 임피던스의 경우 그림 12.48에 나와 있는 테스트 회로를 사용한다. 여기서 입력은 개방되고 V_X가 출력 포트와 직렬로 삽입된다. $I_F = KI_X$이므로 순방향 증폭기는 $-KA_I I_X$와 같은 전류를 만든다. R_{out}에 전류 V_X/R_{out}가 흐름에 유의하고 출력 노드에서 KCL을 쓰면

$$I_X = \frac{V_X}{R_{out}} - KA_I I_X \tag{12.104}$$

를 얻는다. 이에 따라

$$\frac{V_X}{I_X} = R_{out}(1 + KA_I) \tag{12.105}$$

가 된다.

예제 12.24

그림 12.49(a)의 회로를 고려하자. 여기서 레이저 다이오드에 공급되는 출력 전류는 부귀환에 의해 조절된다. R_M이 매우 작고 R_F가 매우 클 때 귀환이 부귀환임을 증명하고 폐루프 이득과 I/O 임피던스를 계산하라.

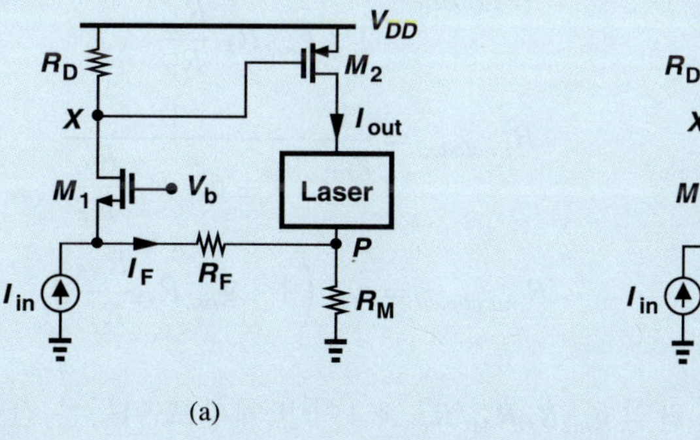

(a)

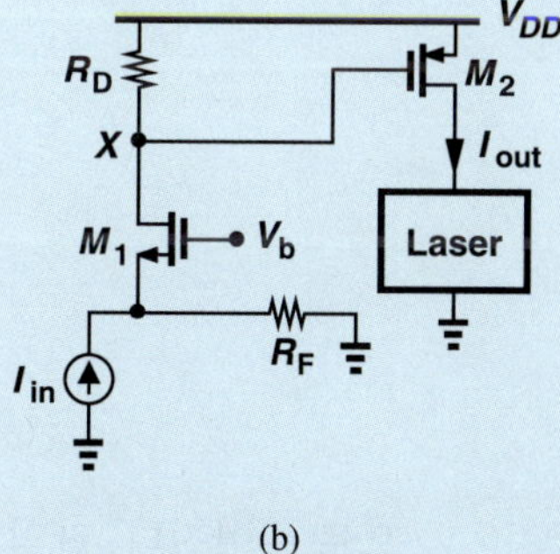

(b)

그림 12.49

풀이 I_{in}이 증가한다고 가정하자. 그러면 M_1의 소스 전압은 증가하려 하고 드레인 전압도 마찬가지이다.(왜 그럴까?) 그 결과 M_2의 과구동은 감소하고 I_{out}과 이에 따른 V_P는 떨어지

고, I_F는 증가하며 따라서 M_1의 소스 전압을 낮춘다. 귀환 신호 I_F는 I_{in}에 의해 생기는 효과를 억제하므로 귀환은 부귀환이다.

이제 개루프 시스템을 해석해야 한다. R_M이 매우 작기 때문에 V_P가 0 근처에 있다고 가정하면 그림 12.49(b)와 같은 개루프 회로에 도달한다. R_F가 매우 크다는 가정은 I_{in}의 대부분이 M_1과 R_D를 통해 흐른다는 것을 가리키고, 따라서 $V_X = I_{in}R_D$를 생성한다. 이에 따라

$$I_{out} = -g_{m2}V_X \tag{12.106}$$

$$= -g_{m2}R_D I_{in} \tag{12.107}$$

이다. 즉,

$$A_I = -g_{m2}R_D \tag{12.108}$$

이다. 입력 임피던스는 근사적으로 $1/g_{m1}$과 같고 출력 임피던스는 r_{O2}와 같다.

폐루프 변수를 얻기 위하여 귀환율 I_F/I_{out}를 계산해야 한다. 예제 12.18에서 R_F에 의해 반송되는 전류는 만일 $R_F \gg 1/g_{m1}$이면 $-V_P/R_F$로 근사화될 수 있음을 알았다. $V_P = I_{out}R_M$에 유의하면

$$K = \frac{I_F}{I_{out}} \tag{12.109}$$

$$= \frac{-V_P}{R_F} \cdot \frac{1}{I_{out}} \tag{12.110}$$

$$= -\frac{R_M}{R_F} \tag{12.111}$$

에 이를 수 있다. 따라서 폐루프 변수는

$$A_{I,closed} = \frac{-g_{m2}R_D}{1 + g_{m2}R_D\dfrac{R_M}{R_F}} \tag{12.112}$$

$$R_{in,closed} = \frac{1}{g_{m1}} \cdot \frac{1}{1 + g_{m2}R_D\dfrac{R_M}{R_F}} \tag{12.113}$$

$$R_{out,closed} = r_{O2}\left(1 + g_{m2}R_D\frac{R_M}{R_F}\right) \tag{12.114}$$

으로 주어진다. 만일 $g_{m2}R_DR_M/R_F \gg 1$이면 폐루프 이득은 간단하게 $-R_F/R_M$로 주어진다.

연습문제 $R_{out}|_{closed}$가 폐루프 회로에서 레이저에서 본 임피던스임을 유의하고, 레이저를 구동할 수 있는 전체 회로에 대한 노턴 등가 회로를 만들어라.

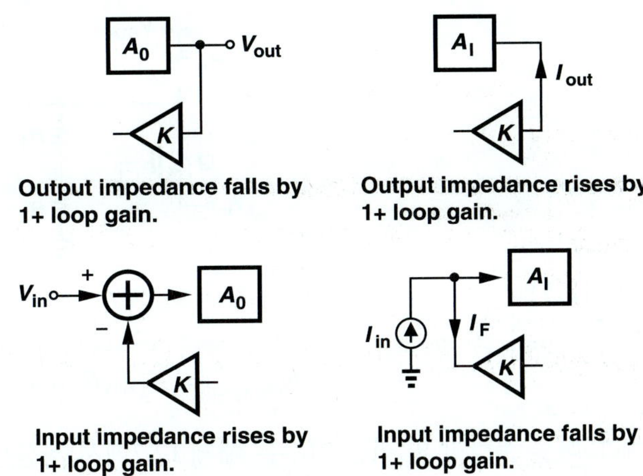

그림 12.50 입력과 출력 임피던스에 대한 귀환의 효과

순방향 증폭기의 입력과 출력 임피던스에 대한 귀환의 효과는 그림 12.50에 요약되어 있다.

12.7 비이상적인 I/O 임피던스의 영향

12.6절에서는 귀환 회로망에 대한 이상적인 모델에 근거하여 귀환 토폴로지를 배웠는데, 항상 이 회로망의 I/O 임피던스가 귀환의 형태에 따라 매우 크거나 매우 작다고 가정하였다. 그러나 실제로 귀환 회로망의 유한한 I/O 임피던스는 회로의 성능을 심각하게 변화시킬지도 모른다. 이에 따라 이러한 효과를 고려한 해석 기법이 필요하다. 그런 경우에 귀환 회로망이 순방향 증폭기를 '로드(load)'한다고 말하며 '부하 효과(loading effect)'가 결정되어야 한다.

해석에 들어가기에 앞서 예제를 풀어 보면서 이해하는 것이 도움이 된다.

예제 12.25 예제 12.7의 회로에서 $R_1 + R_2$가 R_D에 비해 훨씬 크지 않다고 가정하자. 회로를 어떻게 해석하여야 하는가?

풀이 예제 12.7에서 $R_1 + R_2$의 효과를 단순히 무시하여 개루프 회로를 만들었다. 반면에 여기서는 $R_1 + R_2$가 R_D와 병렬로 나타나기 때문에 개루프 이득을 감소시키려고 한다. 따라서 개루프 회로는 그림 12.51과 같이 구성되어야 한다고 생각한다. 개루프 이득은

$$A_O = g_{m1}[R_D||(R_1 + R_2)] \tag{12.115}$$

로 주어지고 출력 임피던스는

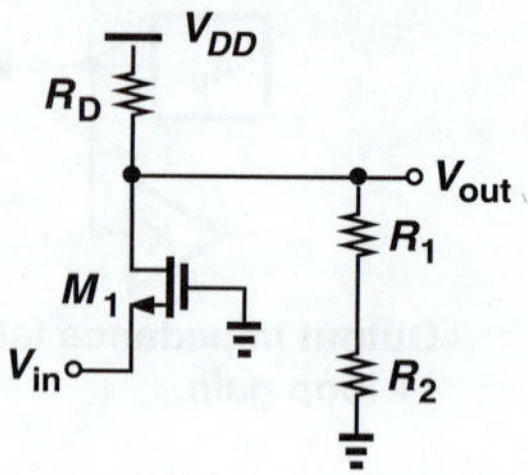

그림 12.51

$$R_{out,open} = R_D||(R_1 + R_2) \tag{12.116}$$

이다. 다른 순방향 및 귀환 변수는 예제 12.7에서 계산된 것과 같다. 따라서

$$A_{v,closed} = \frac{g_{m1}[R_D||(R_1 + R_2)]}{1 + \frac{R_2}{R_1 + R_2} g_{m1}[R_D||(R_1 + R_2)]} \tag{12.117}$$

$$R_{in,closed} = \frac{1}{g_{m1}} \left\{ 1 + \frac{R_2}{R_1 + R_2} g_{m1}[R_D||(R_1 + R_2)] \right\} \tag{12.118}$$

$$R_{out,closed} = \frac{R_D||(R_1 + R_2)}{1 + \frac{R_2}{R_1 + R_2} g_{m1}[R_D||(R_1 + R_2)]} \tag{12.119}$$

이다.

연습문제 R_D가 이상적인 전류원으로 대체되었을 때 위의 예제를 다시 풀어라.

위의 예제는 직관적으로 조사하는 데 도움을 준다. 그러나 다른 많은 회로는 그렇지 않다. 해석하는 데 더 많은 확신을 얻고 더 복잡한 회로를 다루기 위하여 체계적인 접근법을 개발해야 한다.

12.7.1 I/O 효과의 포함

만일 순방향 증폭기의 I/O 임피던스나 귀환 회로망이 이상적인 값과 다르더라도 네 가지 귀환 토폴로지의 해석이 가능한 방법을 여기서 제공한다. 이 방법은 공식적인 증명을 근거로 하는데 이 책의 범위를 다소 벗어나며 참고문헌 [2]에 수록되어 있다.

우리의 방법은 여섯 단계로 진행된다.

1. 순방향 증폭기를 확인한다.
2. 귀환 회로망을 확인한다.
3. 아래에서 설명하는 법칙에 따라 귀환 회로망을 끊는다.
4. 개루프 변수를 계산한다.

5. 아래에서 설명하는 법칙에 따라 귀환율을 결정한다.
6. 폐루프 변수를 계산한다.

귀환 회로망을 끊는 법칙 세 번째 과정은 전체 시스템의 입력과 출력에 귀환 회로망을 '복사'함으로써 이루어진다. 그림 12.52에서 설명한 대로 개념은 귀환 회로망의 적당한 사본을 순방향 증폭기의 입력과 출력에 '로드'하는 것이다. 출력에 연결된 복사물은 '감지 복제(sense duplicate)'라고 부르고 입력에 연결된 복사물은 '반송 복제(return duplicate)'라고 부른다. 전자의 출력 포트와 후자의 입력 포트를 어떻게 다룰지, 즉 이런 포트를 단락시킬지 개방시킬지 결정해야 한다. 이것은 그림 12.53에서 묘사한 '종지(termination)' 법칙을 사용하여 이룰 수 있다. 예를 들면 전압-전압 귀환[그림 12.53(a)]의 경우 감지 복제의 출력 포트는 개방으로 놓는 한편 반송 복제의 입력 포트는 단락시킨다. 마찬가지로 전압-전류 귀환[그림 12.53(b)]의 경우 감지 복제의 출력 포트와 반송 복제의 입력 포트 모두 단락시킨다.

이런 개념의 공식적인 증명은 참고문헌 [1]에 주어져 있다. 그러나 다음과 같은 (아주 엄격하지는 않지만) 직관적인 관찰에 바탕을 둔 이런 법칙을 기억하는 것이 도움이 된다. 이상적인 환경에서는 출력 전압을 감지하는 귀환 회로망은 0의 임피던스, 말하자면 순방향 증폭기의 출력 임피던스에 의해 구동된다. 따라서 반송 복제의 입력 포트는 단락된다. 또 전압을 입력에 반송하는 귀환 회로망은 이상적으로 무한대의 임피던스, 말하자면 순방향

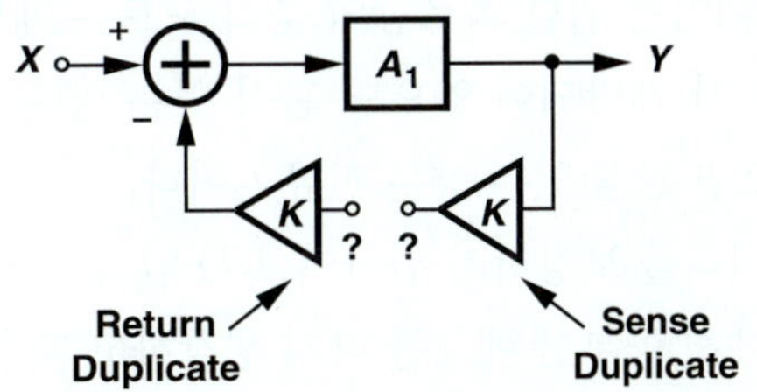

그림 12.52 귀환 루프를 끊는 방법

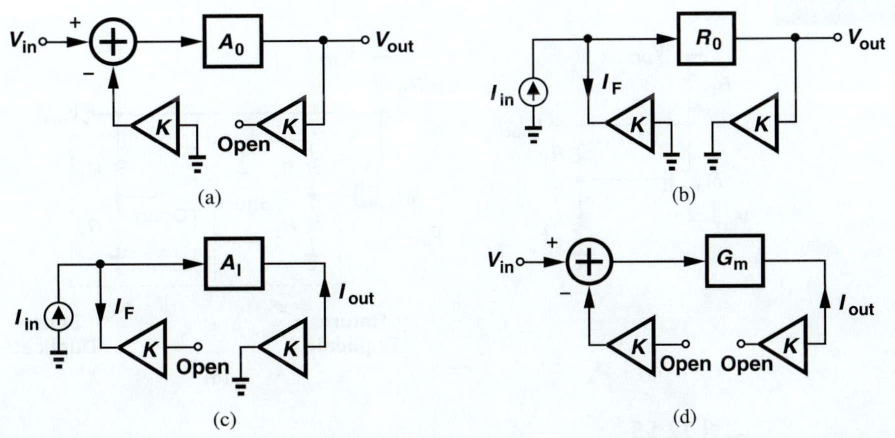

그림 12.53 (a) 전압-전압; (b) 전압-전류; (c) 전류-전류; (d) 전류-전압 귀환에서 복제의 적당한 종지

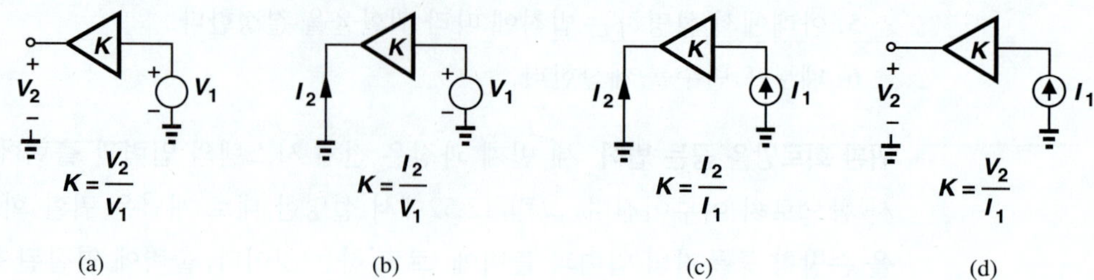

그림 12.54 (a) 전압-전압; (b) 전압-전류; (c) 전류-전류; (d) 전류-전압 귀환에 대한 귀환율의 계산

증폭기의 입력 임피던스를 본다. 따라서 감지 복제의 출력 포트는 개방시킨다. 이와 비슷한 관찰을 다른 세 경우에도 적용할 수 있다.

귀환율의 계산 다섯 번째 과정은 그림 12.54에서 설명한 법칙에 필요한 작업인 귀환율의 계산을 필요로 한다. 귀환의 형태에 따라 귀환 회로망의 출력 포트가 단락되거나 개방되고, 입력에 대한 출력 전류나 전압의 비 값이 귀환율로 정의된다. 예를 들면 전압-전압 귀환 토폴로지에서 귀환 회로망의 출력 포트는 개방되고[그림 12.54(a)] $K = V_2/V_1$이다.

이들 법칙의 증명은 참고문헌 [1]에 있다. 그러나 직관적인 조사도 개발되어 있다. 첫째, 귀환 회로망의 입력에 인가한 자극(전압이나 전류)은 순방향 증폭기의 출력에서 감지된 양과 같은 형태이다. 둘째, 그림 12.53의 감지 복제의 경우와 마찬가지로 만일 반송되는 양이 전압(전류)이면 귀환 회로망의 출력 포트는 개방된다(단락된다). 물론 만일 귀환 회로망의 출력 포트가 개방되어 있으면 관심 있는 양은 전압 V_2이다. 마찬가지로 만일 포트가 단락되어 있으면 관심 있는 양은 전류 I_2이다.

위의 원리를 보강하기 위하여, I/O 임피던스 효과를 무시할 수 없을 경우에 대해 지금까지 이 장에서 공부한 예제를 다시 생각하고 페루프 변수를 결정하자.

예제 12.26 $R_1 + R_2$가 R_D보다 충분히 작지 않을 때 그림 12.55(a)에 그려진 증폭기를 해석하라.

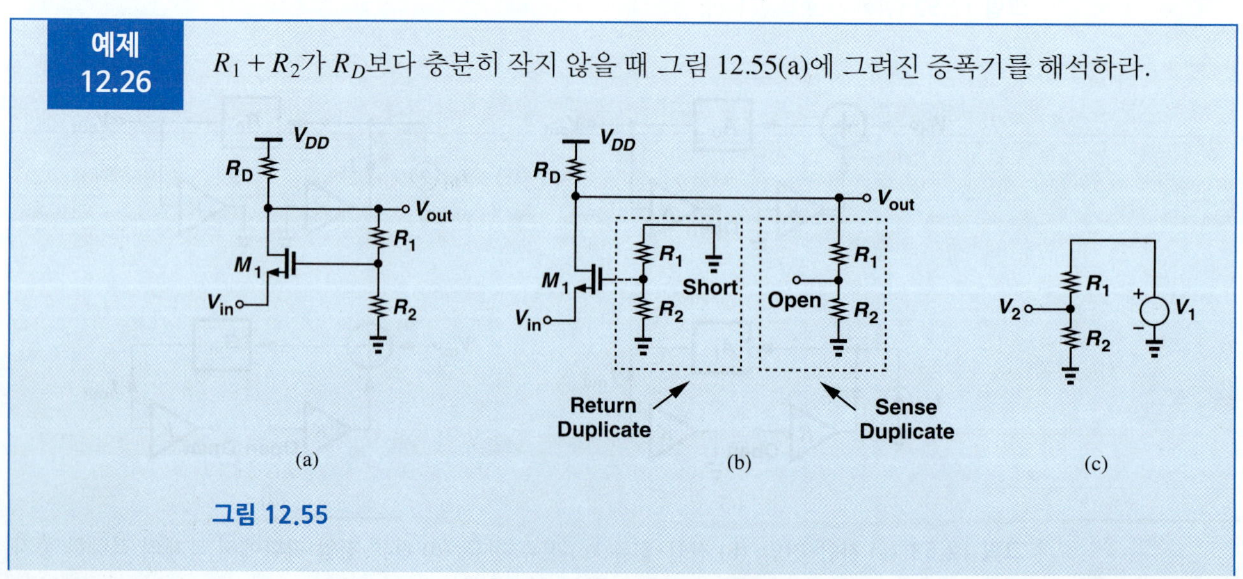

그림 12.55

풀이 순방향 시스템은 M_1과 R_D, 귀환 회로망은 R_1과 R_2이다. 그림 12.55(b)에서 보여 주듯이 그림 12.53(a)에 따라 개루프 회로를 만든다. 귀환 회로망이 두 번 나타남에 유의하라. 감지 복제의 출력 포트는 개방되어 있고 반송 복제의 입력 포트는 단락되었다. 이 토폴로지의 개루프 변수는 예제 12.25에서 계산되었다.

귀환율을 결정하기 위하여 그림 12.54(a)의 법칙을 따른다. 그림 12.55(c)의 회로로부터

$$K = \frac{V_2}{V_1} \tag{12.120}$$

$$= \frac{R_2}{R_1 + R_2} \tag{12.121}$$

에 도달한다. 이에 따라

$$KA_0 = \frac{R_2}{R_1 + R_2} g_{m1}[R_D || (R_1 + R_2)] \tag{12.122}$$

이고 따라서

$$A_{v,closed} = \frac{g_{m1}[R_D || (R_1 + R_2)]}{1 + \dfrac{R_2}{R_1 + R_2} g_{m1}[R_D || (R_1 + R_2)]} \tag{12.123}$$

$$R_{in,closed} = \frac{1}{g_{m1}} \left\{ 1 + \frac{R_2}{R_1 + R_2} g_{m1}[R_D || (R_1 + R_2)] \right\} \tag{12.124}$$

$$R_{out,closed} = \frac{R_D || (R_1 + R_2)}{1 + \dfrac{R_2}{R_1 + R_2} g_{m1}[R_D || (R_1 + R_2)]} \tag{12.125}$$

이다. 일반적인 방법을 통해 얻은 이 결과는 예제 12.25의 조사에서 발견된 결과와 일치한다.

연습문제 R_D가 이상적인 전류원으로 대체될 때 위의 해석을 반복하라.

예제 12.27 $R_1 + R_2$가 $r_{OP} || r_{ON}$보다 충분히 크지 않을 때 그림 12.56(a)의 회로를 해석하라.

풀이 여기서 M_1~M_4는 순방향 증폭기를, R_1과 R_2는 귀환 회로망을 구성한다. 귀환의 형태가 같기 때문에[그림 12.56(b)] 루프는 예제 12.26의 회로와 비슷한 방법으로 끊어진다. 따라서 개루프 변수는

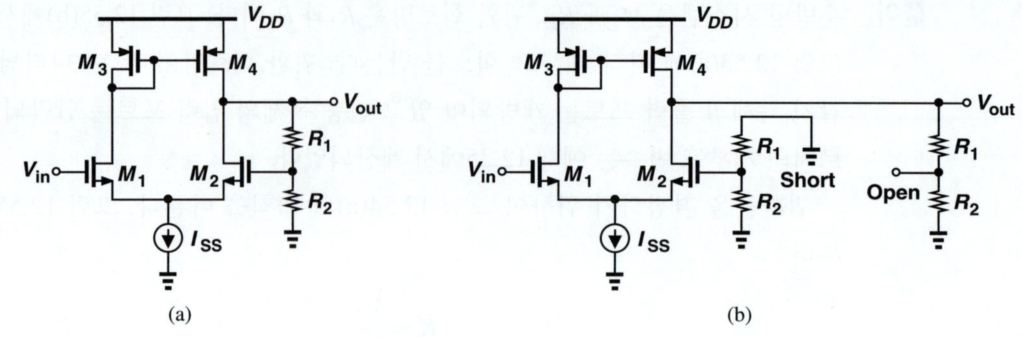

(a) (b)

그림 12.56

$$A_0 = g_{mN}[r_{ON}||r_{OP}||(R_1 + R_2)] \tag{12.126}$$

$$R_{in,open} = \infty \tag{12.127}$$

$$R_{out,open} = r_{ON}||r_{OP}||(R_1 + R_2) \tag{12.128}$$

에 의해 주어진다. 귀환율 계산을 위한 테스트 회로는 그림 12.55(c)의 회로와 같고

$$K = \frac{R_2}{R_1 + R_2} \tag{12.129}$$

를 생기게 한다. 이에 따라

$$\left.\frac{V_{out}}{V_{in}}\right|_{closed} = \frac{g_{mN}[r_{ON}||r_{OP}||(R_1 + R_2)]}{1 + \dfrac{R_2}{R_1 + R_2} g_{mN}[r_{ON}||r_{OP}||(R_1 + R_2)]} \tag{12.130}$$

$$R_{in,closed} = \infty \tag{12.131}$$

$$R_{out,closed} = \frac{r_{ON}||r_{OP}||(R_1 + R_2)}{1 + \dfrac{R_2}{R_1 + R_2} g_{mN}[r_{ON}||r_{OP}||(R_1 + R_2)]} \tag{12.132}$$

가 된다.

연습문제 부하 저항 R_L이 회로의 출력과 접지 사이에 연결되었을 때 위의 예제를 다시 풀어라.

예제 12.28 그림 12.57(a)의 회로를 해석하라.

풀이 순방향 시스템은 M_1, R_{D1}, M_2, R_{D2}이고, 귀환 회로망은 R_1과 R_2로 구성되며, 전압을 뺄셈 트랜지스터 M_1의 소스에 반송한다. 앞의 두 예제와 비슷한 방법으로 개루프 회로를 그림 12.57(b)와 같이 만든다. 지금 M_1이 $R_1||R_2$에 의해 축퇴됨을 유의하라. $A_0 = (V_X/V_{in})(V_{out}/V_X)$라고 쓰면

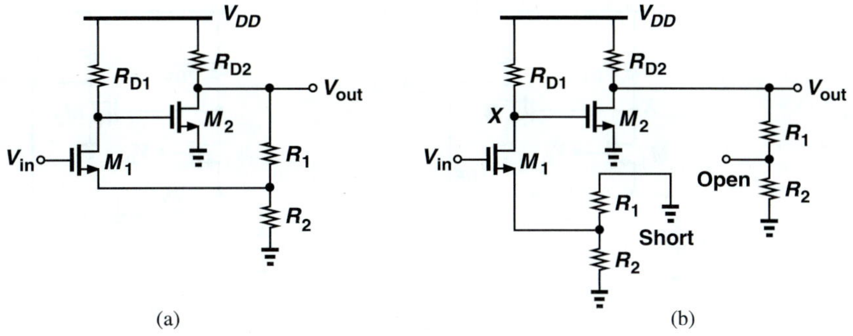

(a)

(b)

그림 12.57

$$A_0 = \frac{-R_{D1}}{\frac{1}{g_m} + R_1 || R_2} \cdot \{-g_{m2}[R_{D2}||(R_1+R_2)]\} \tag{12.133}$$

$$R_{in,open} = \infty \tag{12.134}$$

$$R_{out,open} = R_{D2}||(R_1+R_2) \tag{12.135}$$

를 얻는다. 위의 예제와 마찬가지로 귀환율은 $R_2/(R_1+R_2)$와 같고

$$\left.\frac{V_{out}}{V_{in}}\right|_{closed} = \frac{A_0}{1+\frac{R_2}{R_1+R_2}A_0} \tag{12.136}$$

$$R_{in,closed} = \infty \tag{12.137}$$

$$R_{out,closed} = \frac{R_{D2}||(R_1+R_2)}{1+\frac{R_2}{R_1+R_2}A_0} \tag{12.138}$$

를 생기게 한다. 여기서 A_0는 식 (12.133)으로 주어진다.

연습문제 M_2가 저항 R_S에 의해 축퇴되었을 때 위의 예제를 다시 풀어라.

예제 12.29 R_F가 매우 크지 않다고 가정할 때 그림 12.58(a)의 회로를 해석하라.

풀이 전압-전류 귀환 토폴로지처럼 이 회로는 그림 12.53(b)와 12.54(b)의 법칙에 따라 다루어야 한다. 순방향 증폭기는 M_1, R_{D1}, M_2, R_{D2}에 의해 형성되고, 귀환 회로망은 단순히 R_F로 구성된다. 루프는 그림 12.58(b)와 같이 개방된다. 여기서 그림 12.53(b)로부터 감지 복제의 출력 포트는 단락된다. I_{in}이 R_F와 M_1으로 나누어지므로

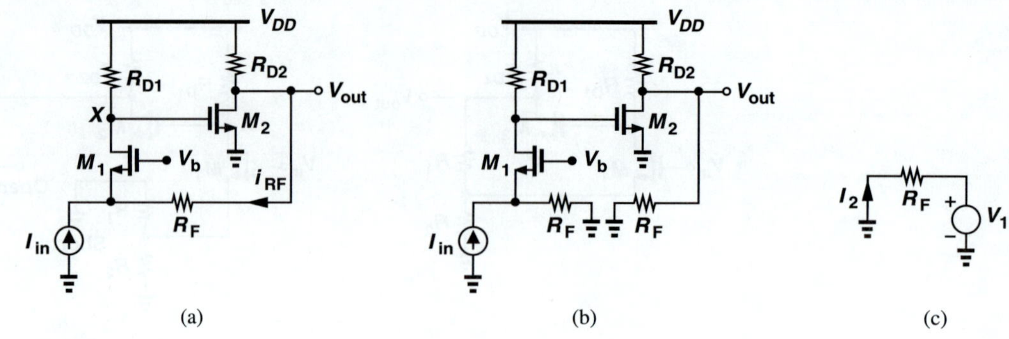

그림 12.58

$$V_X = I_{in}\frac{R_F R_{D1}}{R_F + \frac{1}{g_{m1}}} \tag{12.139}$$

이 된다. $R_0 = V_{out}/I_{in} = (V_X/I_{in})(V_{out}/V_X)$임에 유의하면

$$R_0 = \frac{R_F R_{D1}}{R_F + \frac{1}{g_{m1}}} \cdot [-g_{m2}(R_{D2}||R_F)] \tag{12.140}$$

라고 쓸 수 있다.

개루프 입력과 출력 임피던스는 각각

$$R_{in,open} = \frac{1}{g_{m1}}||R_F \tag{12.141}$$

$$R_{out,open} = R_{D2}||R_F \tag{12.142}$$

로 주어진다.

귀환율을 얻기 위하여 그림 12.54(b)의 법칙을 따라가고 그림 12.58(c)와 같이 테스트 회로를 만들면

$$K = \frac{I_2}{V_1} \tag{12.143}$$

$$= -\frac{1}{R_F} \tag{12.144}$$

을 얻는다. 여기서 R_0와 K가 모두 음이므로 양의 루프 이득을 생기게 하고 따라서 귀환이 부귀환임을 확인할 수 있다. 따라서 폐루프 변수는

$$\left.\frac{V_{out}}{I_{in}}\right|_{closed} = \frac{R_0}{1 - \frac{R_0}{R_F}} \tag{12.145}$$

$$R_{in,closed} = \frac{\frac{1}{g_{m1}}||R_F}{1 - \frac{R_0}{R_F}} \tag{12.146}$$

$$R_{out,closed} = \frac{R_{D2}||R_F}{1 - \frac{R_0}{R_F}} \tag{12.147}$$

와 같이 표현할 수 있다. 여기서 R_0는 식 (12.140)으로 주어진다.

연습문제 R_{D2}가 이상적인 전류원으로 대체되었을 때 위의 예제를 다시 풀어라.

예제 12.30 R_M이 작지 않고, $r_{O1} < \infty$이고 레이저 다이오드가 임피던스 R_L을 갖는다고 가정할 때 그림 12.59(a)의 회로를 해석하라.

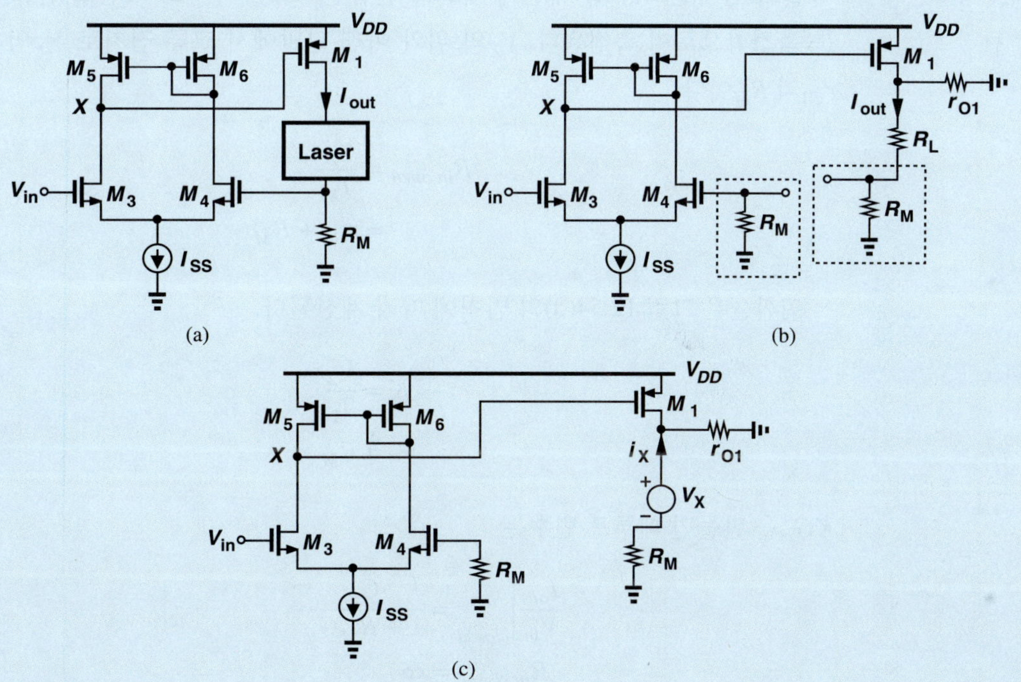

그림 12.59

풀이 이 회로는 전류-전압 귀환을 사용하고, 그림 12.53(d)와 12.54(d)에서 보여 준 법칙에 따라 개방되어야 한다. 순방향 증폭기는 M_1과 M_3~M_6로 이루어지고, 귀환 회로망은 R_M으로 구성되어 있다. 그림 12.54(d)에 그려진 대로 개루프 회로는 감지 복제의 출력 포트와 반송 복제의 입력 포트가 개방으로 남겨진 귀환 회로망의 두 가지 사례를 포함한다.

개루프 이득은 $G_m = I_{out}/V_{in} = (V_X/V_{in})(I_{out}/V_X)$이고

$$\frac{V_X}{V_{in}} = -g_{m3}(r_{O3}||r_{O5}) \tag{12.148}$$

이다. I_{out}/V_X을 계산하기 위하여 M_1에 의해 만들어진 전류는 r_{O1}과 R_L+R_M으로 나누어짐을 유의하라.

$$I_{out} = -\frac{r_{O1}}{r_{O1}+R_L+R_M}g_{m1}V_X \tag{12.149}$$

여기서 음의 부호는 I_{out}이 트랜지스터로 흘러 나가기 때문에 나타난다. 따라서 개루프 이득은

$$G_m = \frac{g_{m3}(r_{O3}||r_{O5})g_{m1}r_{O1}}{r_{O1}+R_L+R_M} \tag{12.150}$$

과 같다.

출력 임피던스는 R_L 대신에 테스트 전압원으로 대체하고 소신호 전류[그림 12.59(c)]를 측정함으로써 측정된다. V_X의 위와 아래 단말에서 교류 접지로 본 임피던스는 각각 r_{O1}과 R_M이다.

$$R_{in,open} = \frac{V_X}{I_X} \tag{12.151}$$

$$= r_{O1} + R_M \tag{12.152}$$

귀환율은 그림 12.54(d)의 법칙에 따라 계산된다.

$$K = \frac{V_2}{I_1} \tag{12.153}$$

$$= R_M \tag{12.154}$$

KG_m을 만들면 폐루프 변수는

$$\left.\frac{I_{out}}{V_{in}}\right|_{closed} = \frac{G_m}{1+R_MG_m} \tag{12.155}$$

$$R_{in,closed} = \infty \tag{12.156}$$

$$R_{out,closed} = (r_{O1}+R_M)(1+R_MG_m) \tag{12.157}$$

으로 표시할 수 있다. 여기서 G_m은 식 (12.150)으로 주어진다.

연습문제 레이저를 구동하는 전체 회로의 노턴 등가 회로를 만들어라.

예제 12.31 R_M이 작지 않고, 레이저 다이오드가 임피던스 R_L을 갖는다고 가정할 때 그림 12.60(a)의 회로를 해석하라.

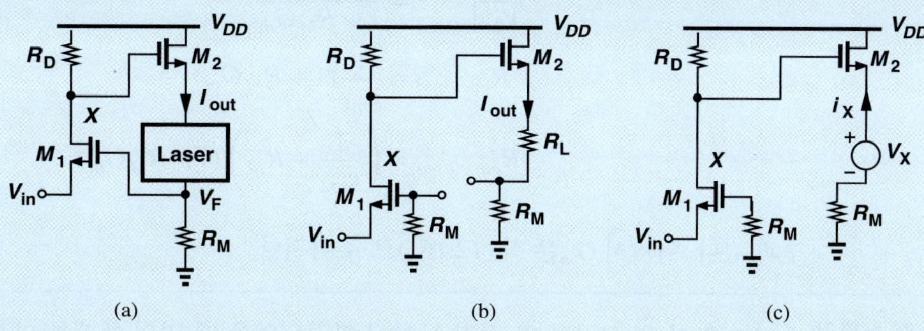

그림 12.60

풀이 M_1, R_D, M_2로 구성되는 순방향 증폭기는 전압을 감지하고 전류를 부하에 공급하며, 저항 R_M은 귀환 회로망의 중요한 역할을 한다. 예제 12.30과 비슷한 방법으로 그림 12.60(b)에서 보여 주듯이 루프를 개방한다. 여기서 $G_m = I_{out}/V_{in} = (V_X/V_{in})(I_{out}/V_X)$이다. 공통 게이트 단처럼 M_1과 R_D는 $V_X/V_{in} = g_{m1}R_D$를 만든다. I_{out}을 결정하기 위하여 먼저 M_2를 소스 폴로어로 보고 7장에서 배운 대로 전압 이득 V_A/V_X를 계산한다.

$$\frac{V_A}{V_X} = \frac{R_L + R_M}{R_L + R_M + \dfrac{1}{g_{m2}}} \tag{12.158}$$

따라서

$$I_{out} = \frac{V_A}{R_L + R_M} \tag{12.159}$$

$$= \frac{V_X}{R_L + R_M + \dfrac{1}{g_{m2}}} \tag{12.160}$$

는 개루프 이득을

$$G_m = \frac{g_{m1}R_D}{R_L + R_M + \dfrac{1}{g_{m2}}} \tag{12.161}$$

로 생기게 한다. 개루프 입력 임피던스는 $1/g_{m1}$과 같다. 개루프 출력 임피던스의 경우 R_L 대신에 테스트 전압원[그림 12.60(c)]으로 대체하면

$$\frac{V_X}{I_X} = \frac{1}{g_{m2}} + R_M \tag{12.162}$$

을 얻는다.

귀환율은 예제 12.30의 귀환율과 같다. 이에 따라 폐루프 변수는

$$\left.\frac{I_{out}}{V_{in}}\right|_{closed} = \frac{G_m}{1 + R_M G_m} \tag{12.163}$$

$$R_{in,closed} = \frac{1}{g_{m1}}(1 + R_M G_m) \tag{12.164}$$

$$R_{out,closed} = \left(\frac{1}{g_{m2}} + R_M\right)(1 + R_M G_m) \tag{12.165}$$

과 같다. 여기서 G_m은 식 (12.161)로 주어진다.

연습문제 저항 R_1이 M_2의 소스와 접지 사이에 연결되었을 때 위의 예제를 다시 풀어라.

예제 12.32 R_F가 크지 않고, R_M이 작지 않으며, 레이저 다이오드가 저항 R_L에 의해 모델링될 때 그림 12.61(a)의 회로를 해석하라. 역시 $r_{O2} < \infty$라고 가정하라.

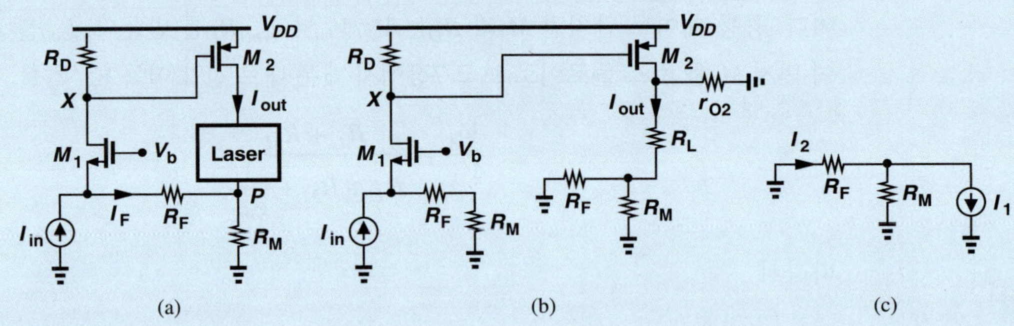

그림 12.61

풀이 전류-전류 귀환 토폴로지처럼 증폭기는 그림 12.53(c)와 12.54(c)에 설명한 법칙에 따라 해석되어야 한다. 순방향 시스템은 M_1, R_D, M_2로 구성되고 귀환 회로망은 R_M과 R_F를 포함한다. 루프는 그림 12.61(b)에서 설명한 대로 개방이고, 여기서 귀환 회로망이 전류를 입력에 반송하므로 감지 복제의 출력 포트는 단락이다. $(V_X/I_{in})(I_{out}/V_X)$으로 주어지므로 개루프 이득은

$$A_{I,open} = \frac{(R_F + R_M)R_D}{R_F + R_M + \dfrac{1}{g_{m1}}} \cdot \frac{-g_{m2} r_{O2}}{r_{O2} + R_L + R_M || R_F} \tag{12.166}$$

로 계산된다. 여기서 두 분수는 I_{in}이 $R_F + R_M$과 M_1으로 나누어지는 것을 설명한다.

개루프 I/O 임피던스는

$$R_{in,open} = \frac{1}{g_{m1}} || (R_F + R_M) \tag{12.167}$$

$$R_{out,open} = r_{O2} + R_F || R_M \tag{12.168}$$

로 표시된다. 후자는 그림 12.59(c)에서 설명한 것과 비슷한 방법으로 구해진다.

귀환율을 결정하기 위하여 그림 12.61(c)에서 보여 주듯이 그림 12.54(c)의 법칙을 적용하면

$$K = \frac{I_2}{I_1} \tag{12.169}$$

$$= -\frac{R_M}{R_M + R_F} \tag{12.170}$$

이 얻어진다. 따라서 폐루프 변수는

$$A_{I,closed} = \frac{A_{I,open}}{1 - \frac{R_M}{R_M + R_F} A_{I,open}} \tag{12.171}$$

$$R_{in,closed} = \frac{\frac{1}{g_{m1}} || (R_F + R_M)}{1 - \frac{R_M}{R_M + R_F} A_{I,open}} \tag{12.172}$$

$$R_{out,closed} = (r_{O2} + R_F || R_M) \left(1 - \frac{R_M}{R_M + R_F} A_{I,open}\right) \tag{12.173}$$

로 주어진다. 여기서 $A_{I,open}$은 식 (12.166)으로 주어진다.

연습문제 레이저를 구동하는 전체 회로의 노턴 등가 회로를 만들어라.

예제 12.33

그림 12.62(a)는 그림 12.61(a)와 비슷한 회로를 묘사하지만 여기서 관심 있는 출력은 V_{out}이다. 증폭기를 해석하고 두 회로 사이의 차이를 공부하라.

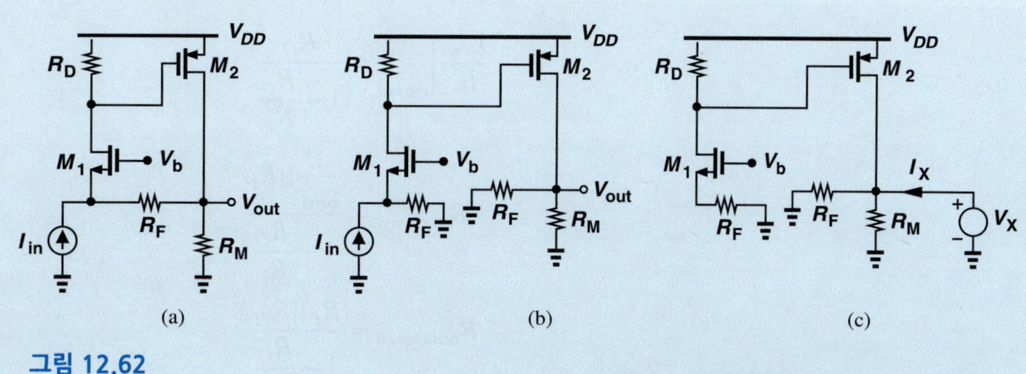

그림 12.62

풀이 회로는 전압-전류 귀환을 포함한다. 앞의 경우와 다르게 이제 R_M은 귀환 회로망보다는 순방향 증폭기에 포함된다. 결국 M_2는 R_M 없이 출력에서 전압을 생성할 수 없다. 사실 이 회로는 공통 소스 단이 PMOS 소자를 사용한 것을 제외하면 그림 12.58(a)의 구조와 닮았다.

그림 12.53(b)의 법칙에 따라 루프를 열면, 그림 12.62(b)의 토폴로지에 도달한다. 이 경우(R_F) 반송 복제가 그림 12.61(b)($R_F + R_M$)의 반송 복제와 다르다. 따라서 개루프 이득은

$$R_O = \frac{V_{out}}{I_{in}} \tag{12.174}$$

$$= \frac{R_F R_D}{R_F + \dfrac{1}{g_{m1}}}[-g_{m2}(R_F||R_M)] \tag{12.175}$$

과 같고, 개루프 입력 임피던스는

$$R_{in,open} = \frac{1}{g_{m1}}||R_F \tag{12.176}$$

로 주어진다. 출력 임피던스는 그림 12.62(c)에서 설명한 대로 계산된다.

$$R_{out,open} = \frac{V_X}{I_X} \tag{12.177}$$

$$= R_F||R_M \tag{12.178}$$

만일 $r_{O2} < \infty$이면 식 (12.175)와 (12.178) 모두에서 R_F와 R_M의 병렬로 간단히 나타난다.

귀환율 역시 예제 12.32의 귀환율과 다르고 그림 12.54(b)의 도움으로 결정되며

$$K = \frac{I_2}{V_1} \tag{12.179}$$

$$= -\frac{1}{R_F} \tag{12.180}$$

폐루프 변수에 대한 다음 식을 생기게 한다.

$$\left.\frac{V_{out}}{I_{in}}\right|_{closed} = \frac{R_O}{1 - \dfrac{R_O}{R_F}} \tag{12.181}$$

$$R_{in,closed} = \frac{\dfrac{1}{g_{m1}}||R_F}{1 - \dfrac{R_O}{R_F}} \tag{12.182}$$

$$R_{out,closed} = \frac{R_F||R_M}{1 - \dfrac{R_O}{R_F}} \tag{12.183}$$

예제 12.32와 달리 이 경우 회로 토폴로지가 변하지 않더라도 출력 임피던스는 $1-R_O/R_F$배만큼 감소한다. 이것은 두 경우에 출력 임피던스가 매우 어렵게 측정되기 때문이다.

연습문제 M_2가 저항 R_S에 의해 축퇴되었을 때 위의 예제를 다시 풀어라.

12.8 귀환 시스템의 안정성

이 장에서 부귀환의 많은 중요한 장점이 드러났다. 그러나 안타깝게도 잘못 설계되면 부귀환 증폭기는 '나쁘게' 동작하거나 발진하기도 한다. 이때를 시스템이 조금 안정 또는 간단하세 불안정이라고 밀한다. 이 절에서는 '나쁘게 동작'한다는 의미를 정의하기 위하여 귀환에 대한 이해를 재조사하고 불안정성의 원인을 결정한다.

12.8.1 보데의 규칙 복습

11장의 보데의 규칙을 복습하면서, 전달 함수의 크기의 기울기는 주파수가 극점(영점)을 지나면 20 dB/dec로 감소(증가)함에 유의하자. 이제 전달 함수의 위상을 그리기 위하여 보데의 규칙을 복습한다.

Did you know ?

실제로 상당한 혼란을 야기하는 간단한 피드백 회로는 연산 증폭기 기반 비반전 증폭기[그림 (a)] 또는 'poor man's'의 실현[그림 (b)]이다. 여기에 어떤 유형의 피드백이 있을까? 출력에서 감지되는 것은 전압이지만 입력으로 반환되는 것은 무엇일까? 입력 신호 V_{in}은 전압이므로 피드백 네트워크(R_2)가 전압을 반환한다고 의심할 수 있다. 그러나 두 전압을 더하거나 빼려면 직렬로 배치해야 한다. 여기에서 적절한 관점은 R_1 및 R_2를 각각 가정하고 V_{in} 및 V_{out}을 전류로 변환하고 그 전류는 가상 접지 노드 X에서 합산된다. 우리는 고급 과정에서 이러한 일반적으로 사용되는 회로를 연구한다.

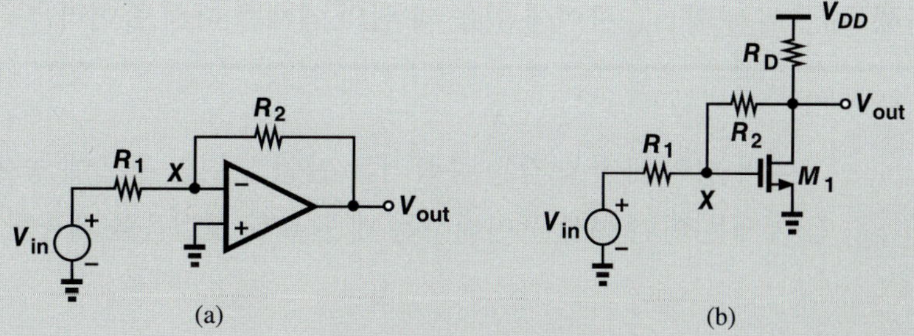

귀환이 있는 반전 증폭기

전달 함수의 위상은 극점(영점) 주파수의 1/10부터 감소(증가)하기 시작하여 극점(영점) 주파수에서 $-45°(+45°)$로 바뀌고 극점(영점) 주파수의 10배에서 거의 $-90°(+90°)$로 바뀐다.[14)]

위상이 극점이나 영점 주파수의 1/10에서 변화하기 시작하므로, 멀리 있다고 보이는 영점과 극점이라도 크기의 동작과 달리 심각하게 영향을 미칠 수 있다.

예제 12.34

그림 12.63(a)는 증폭기의 크기 특성을 보여 준다. 보데의 규칙을 이용하여 위상 응답을 도시하라.[15)]

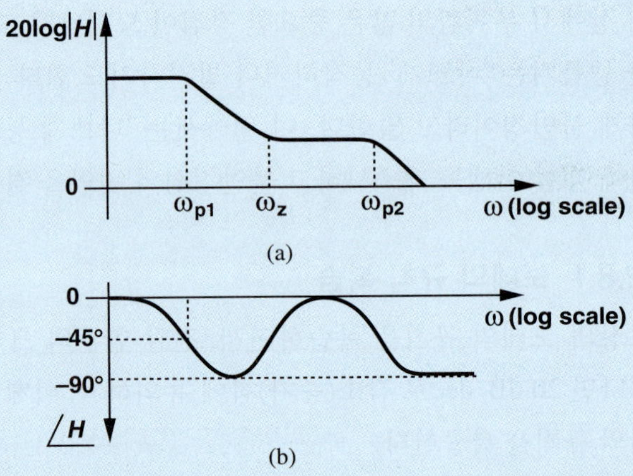

그림 12.63

풀이 그림 12.63(b)에 그린 바와 같이 위상은 $0.1\omega_{p1}$에서 하강하기 시작하여 ω_{p1}에서 $-45°$가 되고 $10\omega_{p1}$에서 $-90°$가 되며, $0.1\omega_z$에서 상승하기 시작하여 ω_z에서 $-45°$가 되고 $10\omega_z$에서 근사적으로 $0°$가 되며, 마지막으로 $0.1\omega_{p2}$에서 하강하기 시작하여 ω_{p2}에서 $-45°$가 되고 $10\omega_{p2}$에서 $-90°$가 된다. 이 예제에서 극점과 영점 주파수는 $10\omega_{p1} < 0.1\omega_z$와 $10\omega_z < 0.1\omega_{p2}$가 되도록 충분히 떨어져 있다고 가정한다. 실제로 이런 조건이 성립하지 않으면 더 정확한 계산을 필요로 한다.

연습문제 ω_{p1}이 ω_z와 ω_{p2} 사이에 있을 때 위의 예제를 다시 풀어라.

여러 개의 극점을 갖는 증폭기는 만일 부귀환 루프에 놓이면 불안정하게 될 수 있다. 다음 예제는 이런 현상을 이해하는 데 필요한 첫걸음을 제공한다.

14) 극점과 영점은 좌반면에 위치한다고 가정한다.

15) 일반적으로 크기 그림으로부터 위상 프로파일을 만드는 것은 불가능할 것이다.

예제 12.35 (a) 단일 극점, (b) 2개의 극점, (c) 3개의 극점을 갖는 증폭기의 크기와 위상 응답을 만들어라.

풀이 그림 12.64(a)~(c)는 세 경우에 대한 응답을 보여 준다. 입력과 출력 사이의 위상 시프트는 단일 극점, 2개의 극점, 3개의 극점 시스템에서 각각 점근적으로 −90°, −180°, −270°에 도달한다. 여기서 중요한 관찰은 3개의 극점 시스템이 유한한 주파수 ω_1에서 입력 정현파의 부호를 바꾸는 −180°의 위상 시프트를 갖는다는 것이다[그림 12.64(d)]. 예를 들어 1 GHz 정현파는 0.5 ns만큼 편이(지연)된다.

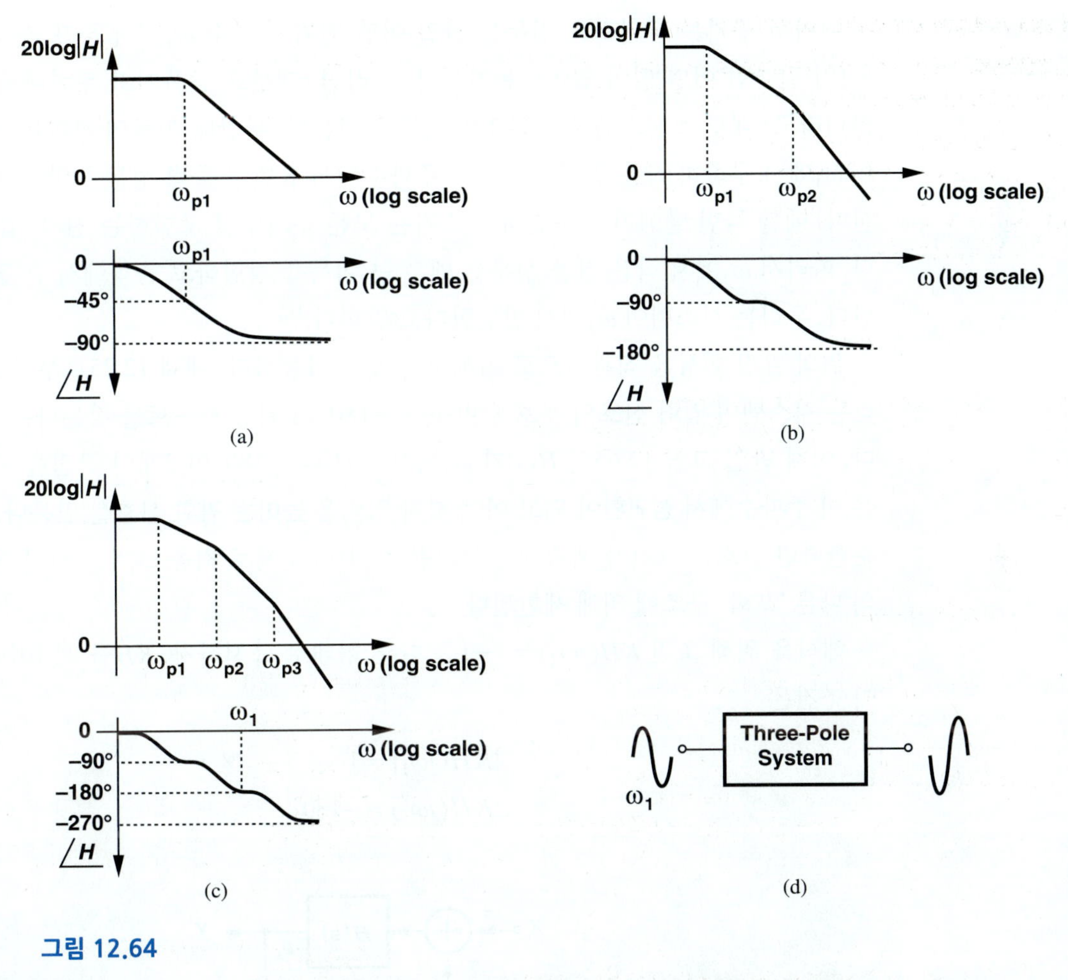

그림 12.64

연습문제 $\omega_{p1} = \omega_{p2}$일 때 3개의 극점을 갖는 시스템에 대한 위의 해석을 반복하라.

12.8.2 불안정성 문제

전달 함수 $H(s)$를 갖는 증폭기가 부귀환 루프(그림 12.65)에 놓여 있다고 가정하자. 12.1절에서 배운 경우에 따라 폐루프 이득 전달 함수를 다음과 같이 쓸 수 있다.

$$\frac{Y}{X}(s) = \frac{H(s)}{1 + KH(s)} \tag{12.184}$$

여기서 $KH(s)$는 주파수 종속성을 강조하기 위하여 가끔 루프 이득 대신 '루프 전송'이라고 부른다. 11장에서 배웠듯이 정현파 입력 $x(t) = A \cos \omega t$의 경우 위의 전달 함수에 $s = j\omega$를 간단히 대입한다. 귀환율 K가 주파수 의존성이 없다고 가정한다.(예를 들면, 귀환율이 두 저항의 비 값과 같다.)

여기서 생기는 흥미로운 질문은 만일 어떤 입력 주파수 ω_1에서 루프 전송 $KH(j\omega_1)$이 -1이 된다면 어떤 일이 일어나는가이다. 그러면 (개루프 증폭기가 무한대의 이득을 갖지 않더라도) 폐루프 시스템은 무한대의 이득을 갖는다. 무한대 이득의 결과를 이해하기 위하여 ω_1에서 무한히 작은 입력이라도 이 주파수에서 유한한 출력 성분을 만든다는 것을 인식한다. 예를 들면 뺄셈기를 포함하는 소자는 모든 주파수를 포함하는 전자 '잡음'을 생성한다. 따라서 ω_1에서 작은 잡음 성분은 매우 큰 이득을 경험하고 출력에서 큰 정현파로 나타난다. 우리는 시스템이 ω_1에서 발진한다고 말한다.[16)]

위의 발진 현상을 직관적으로 이해하는 것이 가능하다. 예제 12.35로부터 3개의 극점을 갖는 시스템이 입력 신호의 부호를 바꾸는 $-180°$의 위상 시프트를 갖는다는 것을 알 수 있다. 이제 만일 그림 12.65의 $H(s)$가 ω_1에서 $\angle H = -180°$인 3개의 극점을 포함하면 귀환은 이 주파수에서 정귀환이 되고 이에 따라 입력을 높이는 귀환 신호를 만든다. 루프 주위를 순환하면 신호는 크기가 계속해서 증가할 것이다. 실제로 최종 크기는 전원 전압이나 회로의 다른 '포화' 구조에 의해 제한된다.

해석을 위해 조건 $KH(j\omega_1) = -1$을 다른 형태로 표시하자. KH를 복소수 양으로 보면 이 조건은

$$|KH(j\omega_1| = 1 \tag{12.185}$$

$$\angle KH(j\omega_1) = -180° \tag{12.186}$$

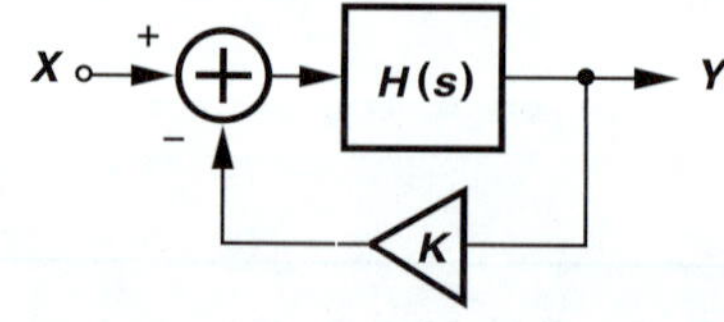

그림 12.65 부귀환 시스템

16) 소자의 전자 잡음이 존재하는 것을 멈추더라도 ω_1에서 회로가 정현파를 계속 만든다는 것을 증명할 수 있다. 용어 '발진'은 이렇게 정당화된다.

와 등가임을 알 수 있으며, 후자는 위의 직관적인 시각을 확인한다. 사실 식 (12.186)은 정귀환을 보장하고 식 (12.185)는 순환하는 신호가 커지도록 충분한 루프 이득을 보장한다. 발진을 위한 '바르크하우젠 조건(Barkhausen's criteria)'이라 불리는 식 (12.185)와 (12.186)은 안정성의 공부에 매우 유용하다.

예제 12.36 왜 2개의 극점을 갖는 시스템은 발진할 수 없는지 설명하라.[17)]

풀이 그림 12.64(b)의 보데 그림으로부터 분명히 알 수 있듯이, 그런 시스템에 의해 만들어진 위상 시프트는 $\omega = \infty$에서만 $-180°$에 도달하고 $|H| \rightarrow 0$이다. 다시 말하면 식 (12.185)와 (12.186)을 모두 만족시키는 주파수는 없다.

연습문제 만일 극점 중 1개가 원점에 있다면 어떤 일이 일어나는가?

정리하면, 만일 순방향 증폭기가 유한한 주파수 ω_1에서 $-180°$의 위상 시프트를 갖고, 루프 전송 $|KH|$가 그 주파수에서 1이 되면 부귀환 시스템은 불안정하게 될지도 모른다. 이런 조건은 시간 영역에서도 직관적이 된다. 그림 12.66(a)에서 보여 주듯이 시스템에 주파수가 ω_1인 작은 정현파를 인가하고 시간이 지남에 따라 루프 주위를 따라간다고 가정하자. 정현파는 순방향 증폭기의 출력에 나타날 때 부호가 바뀐다[그림 12.66(b)]. 주파수 독립성을 가정하면 귀환율은 단순히 그 결과를 K배만큼 스케일링하고, 만일 $|KH(j\omega_1)| = 1$이면 노드 A에서 입력의 반전된 복제를 만든다. 이 신호는 이제 입력으로부터 빼지고, 노드 B에서 크기가 2배가 된 정현파를 생성한다[그림 12.66(c)]. 따라서 신호 레벨은 루프 주위를 돌 때마다 계속 커진다. 한편 만일 $|KH(j\omega_1)| < 1$이면 출력은 무한대

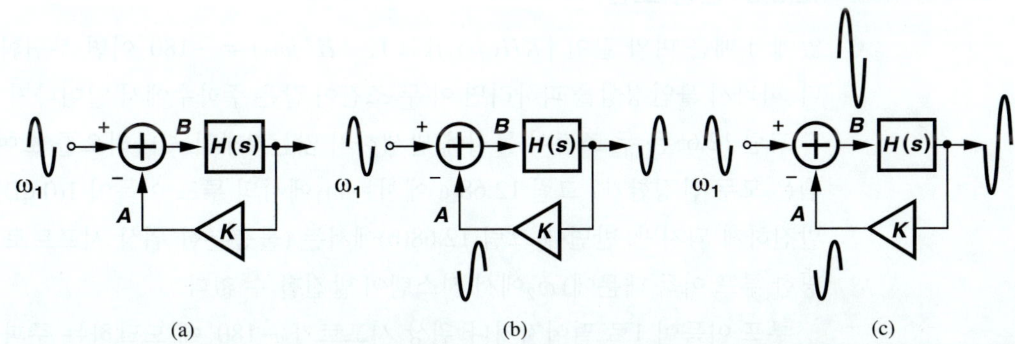

그림 12.66 발진 시스템의 시간에 따른 전개: (a) ω_1에서의 성분이 입력에서 감지된다; (b) 성분이 180°의 위상 시프트를 갖고 뺄셈기로 반송된다; (c) 뺄셈기가 노드 B에서 신호를 높인다.

17) 극점 중 적어도 1개는 원점에 있지 않다고 가정한다.

로 커질 수 없다.

예제 12.37 3개의 극점을 갖는 귀환 시스템이 그림 12.67에 그려진 주파수 응답을 나타낸다. 이 시스템은 발진하는가?

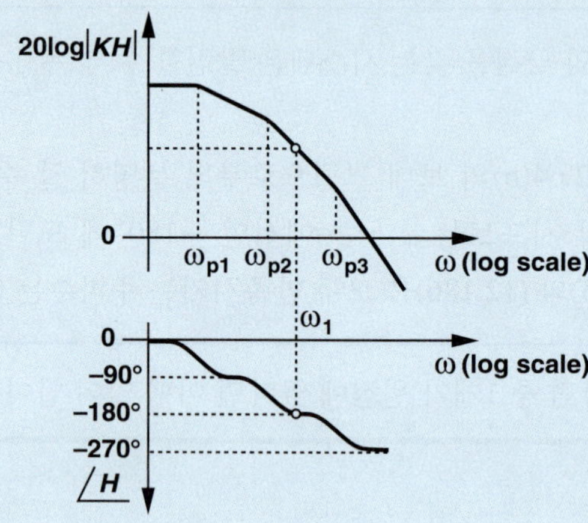

그림 12.67

풀이 그렇다. ω_1에서 루프 이득은 1보다 크다. 그러나 그림 12.66의 해석에 따라 한계가 없는 신호의 증가가 계속 일어난다. 실제로는 매우 빨리 일어난다. 루프를 돌 때마다 ω_1에서의 정현파는 $|KH| > 1$인 이득을 경험하고 뺄셈기에 반대의 위상을 반송한다.

연습문제 ω_{p1}이 반으로 줄었다고 가정하라. 이 시스템은 아직도 발진하는가?

12.8.3 안정 조건

앞에서 배운 바와 같이 $|KH(j\omega_1)| \geq 1$, $\angle H(j\omega_1) = -180°$이면 부귀환 시스템은 발진한다. 따라서 불안정성을 피하려면 이 두 조건이 같은 주파수에서 일어나지 않도록 해야 한다.

그림 12.68은 두 조건이 동시에 발생하지 않는 2개의 시나리오를 보여 준다. 이 두 시스템은 모두 안정한가? 그림 12.68(a)에서는 ω_1에서의 루프 이득이 1(0 dB)을 초과하고 결국 발진하게 되지만, 반면에 그림 12.68(b)에서는 (불충분한 위상 시프트로 인해) ω_1과 (부적당한 루프 이득 때문에) ω_2에서 시스템이 발진할 수 없다.

루프 이득이 1로 떨어지거나 위상 시프트가 $-180°$에 도달하는 주파수는 특별한 이름이 붙여질 만큼 중요한 역할을 한다. 전자를 '이득 교차 주파수(gain crossover frequency)'(ω_{GX}), 후자를 '위상 교차 주파수(phase crossover frequency)'(ω_{PX})라 부른다. 예를 들면 그림 12.68(b)에서는 $\omega_{GX} = \omega_1$, $\omega_{PX} = \omega_2$이다. 위의 두 시나리오로부터 얻어지는 요점은 안정성이

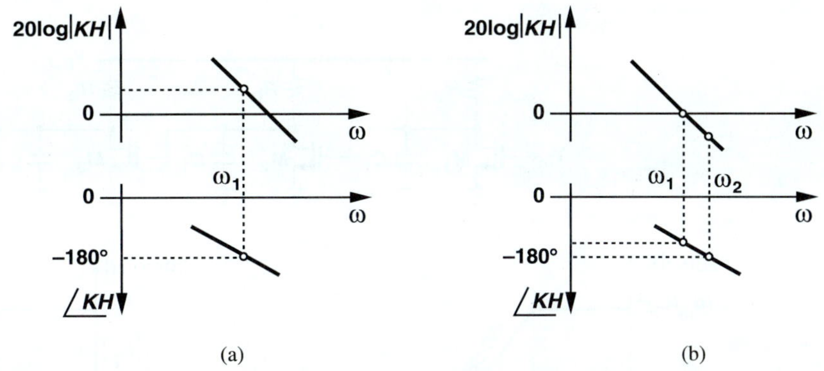

그림 12.68 루프 이득이 1에 도달하기 (a) 전과 (b) 후에 −180°에 도달하는 위상을 갖는 시스템

$$\omega_{GX} < \omega_{PX} \tag{12.187}$$

를 요구한다는 것이다.

요약하면, 부귀환 시스템에서 안정성을 보장하기 위해서는 바르크하우젠 조건이 같은 주파수에서 충족되지 않도록 위상 시프트가 −180°에 도달하기 전에 루프 이득이 1로 떨어져야 한다.

Did you know ?

루프에 큰 위상 편이가 발생하면 부귀환 시스템이 불안정해질 수 있음을 확인하였다. 위상 편이와 *지연*은 거의 동일하기 때문에 과도한 지연이 불안정성을 유발한다고 말할 수 있다. 좁은 복도에서 서로를 지나쳐 걸어가던 두 사람은 몸을 교정하는 데 약간의 지연이 발생하기 때문에 때때로 왼쪽과 오른쪽으로 춤을 추게 된다. 스피커 시스템에 연결된 마이크(아래 그림 참조)는 공기를 통해 스피커에서 마이크로 되돌아오는 소리가 지연되기 때문에 휘파람을 일으킬 수 있다. 이 경우 마이크, 증폭기, 스피커 및 공기를 통한 귀환 경로로 구성된 피드백 시스템이 진동한다. 이럴 경우, 지연을 조정하여 진동 주파수(호루라기의 피치)를 변경할 수 있다.

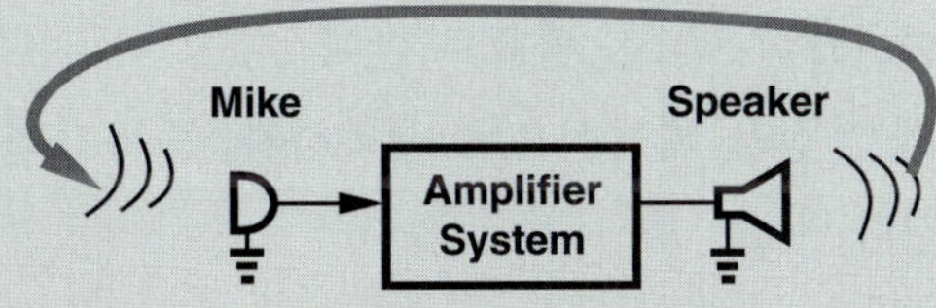

스피커에서 마이크로폰으로의 원치 않는 피드백

예제 12.38

그림 12.69(a)의 3단 증폭기에 $K = 1$인 부귀환을 걸려고 한다. 다른 커패시턴스를 무시하고 단이 모두 같다고 가정할 때 회로의 주파수 응답을 그리고 안정성 조건을 결정하라. $\lambda = 0$이라고 가정하라.

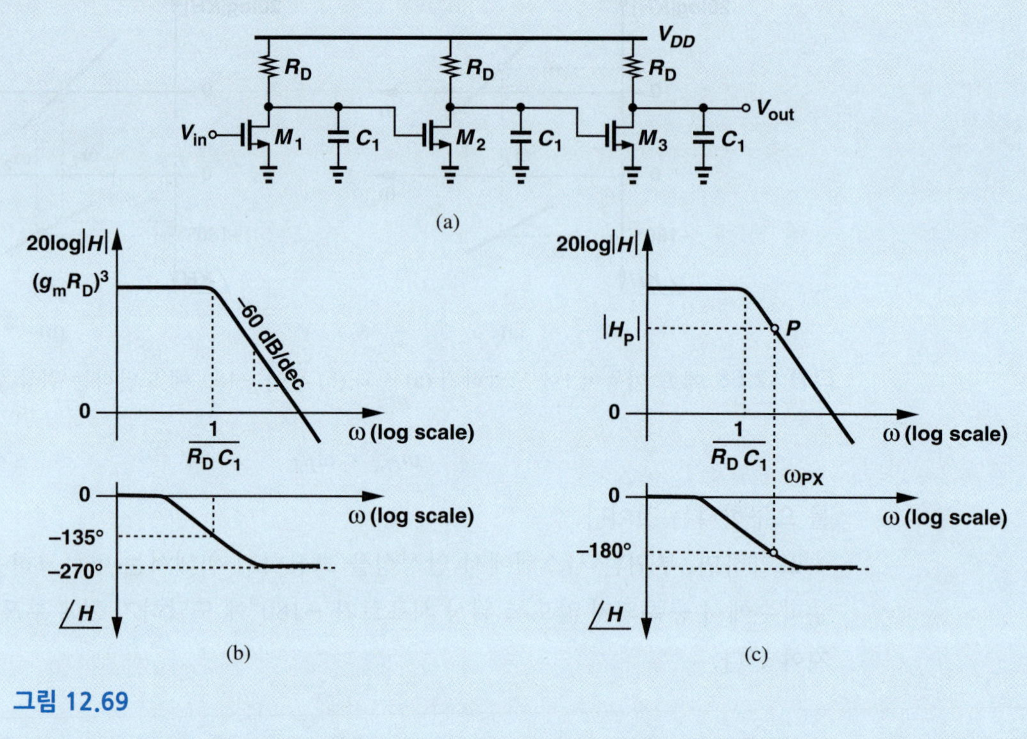

그림 12.69

풀이 회로는 저주파 이득 $(g_m R_D)^3$을 나타내고 3개의 중복된 극점은 $(R_D C_1)^{-1}$로 주어진다. 따라서 그림 12.69(b)에서 보여 주듯이 $|H|$는 $\omega_p = (R_D C_1)^{-1}$에서 60 dB/dec의 비율로 떨어지기 시작한다. 위상은 이 주파수의 1/10에서 변하기 시작하여[18] ω_p에서 $-135°$에 도달하고 $10\omega_p$에서 $-270°$에 접근한다.

이 증폭기를 사용한 단일 귀환 시스템이 안정함을 보장하기 위하여, $|KH|(=|H|)$이 위상 교차 주파수에서 1 이하로 떨어짐을 보장해야 한다. 그림 12.69(c)에서 설명한 대로 과정은 위상 응답에 대한 ω_{PX}의 확인을 필요로 하고, 이득 응답에 대응하는 점 P를 찾으며, $|H_P| < 1$를 필요로 한다.

이제 과정을 해석적으로 반복하자. 증폭기의 전달 함수는 3단의 전달 함수의 곱으로 주어진다.[19]

$$H(s) = \frac{(g_m R_D)^3}{\left(1 + \frac{s}{\omega_p}\right)^3} \tag{12.188}$$

여기서 $\omega_p = (R_D C_1)^{-1}$이다. 전달 함수의 위상은

18) 엄밀히 말하면, 3개의 중복되는 극점은 $0.1\omega_p$ 아래의 주파수에서만 위상에 영향을 미친다.
19) 단순화를 위해 여기서 각 단의 이득에서 음의 부호는 생략한다. 최종 결과는 여전히 유효하다.

$$\angle H(j\omega) = -3\tan^{-1}\frac{\omega}{\omega_p} \tag{12.189}$$

로 표시될 수 있다.[20] 여기서 인수 3은 3개의 중복된 극점을 고려한 것이다. 만일 $\tan^{-1}(\omega/\omega_p) = 60°$이면 위상 교차가 발생하며 이에 따라

$$\omega_{PX} = \sqrt{3}\omega_p \tag{12.190}$$

가 된다. 이 주파수에서 크기는 1보다 작게 유지되어야 한다.

$$\frac{(g_mR_D)^3}{\left[\sqrt{1+\left(\dfrac{\omega_{PX}}{\omega_p}\right)^2}\right]^3} < 1 \tag{12.191}$$

따라서

$$g_mR_D < 2 \tag{12.192}$$

이다. 만일 각 단의 저주파 이득이 2를 초과하면 $K = 1$인 이 증폭기 근처의 귀환 루프는 불안정해진다.

연습문제 마지막 단에 $2R_D$인 부하 저항을 연결할 때 위의 예제를 다시 풀어라.

예제 12.39 공통 소스 단이 그림 12.70에 나와 있는 단일 이득 귀환 루프에 놓여 있다. 이 회로가 왜 발진하지 않는지 설명하라.

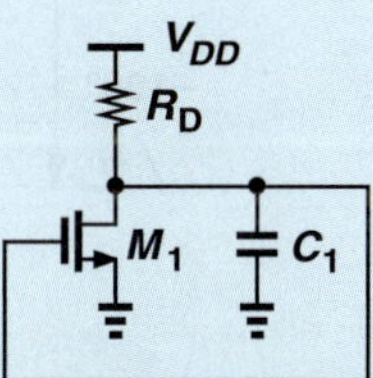

그림 12.70

풀이 회로가 오직 1개의 극점을 포함하므로 어떤 주파수에서도 위상 시프트가 180°에 도달할 수 없다. 따라서 이 회로는 안정하다.

연습문제 $R_D \to \infty, \lambda \to 0$일 때 무슨 일이 일어나는가?

20) 복소수 $a + jb$의 위상은 $\tan^{-1}(b/a)$로 주어짐을 상기하라. 곱의 위상도 역시 위상의 합과 같다.

예제 12.40 K의 목표값이 1/2일 때, 즉 귀환이 약해질 때 예제 12.38을 반복하라.

풀이 $|KH| = 0.5|H|$와 $\angle KH = \angle H$를 그림 12.71(a)에 그렸다. $|KH|$ 그림이 대수 눈금에서 단순히 6 dB만큼 밑으로 이동함에 유의하라. 위상 교차 주파수로부터 시작하여 $|KH|$에 대응하는 점 P를 결정하고 $0.5|HP| < 1$를 필요로 한다. 식 (12.189)와 (12.190)이 여전히 성립함을 인지하면

$$\frac{0.5(g_m R_D)^3}{\left[\sqrt{1+\left(\frac{\omega_{PX}}{\omega_p}\right)^2}\right]^3} < 1 \tag{12.193}$$

라고 쓸 수 있다. 즉,

$$(g_m R_D)^3 < \frac{2^3}{0.5} \tag{12.194}$$

이다. 따라서 약한 귀환은 개루프 이득을 크게 한다.

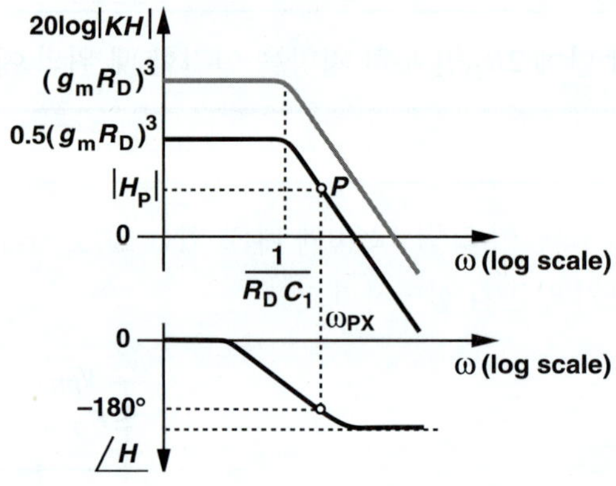

그림 12.71

연습문제 세 번째 단이 부하 저항 $2R_D$에 연결되었을 때 위의 예제를 다시 풀어라.

12.8.4 위상 마진

부귀환 시스템에서의 불안정성에 대한 공부는 발진을 피하기 위하여 ω_{GX}가 ω_{PX} 밑에 있어야 한다는 것을 나타낸다. 그러나 얼마나 많이 밑에 있어야 하는가? 만일 $\omega_{GX} < \omega_{PX}$이지만 둘 사이의 차이가 작으면 귀환 시스템은 거의 발진 응답을 보인다고 추측한다. 그림 12.72에 이 점을 설명한 세 경우를 나타내었다. 그림 12.72(a)에서 바르크하우젠 조건은 충

족되고 시스템은 입력 계단에 대한 응답으로 발진한다. 그림 12.72(b)에서 $\omega_{GX} < \omega_{PX}$이지만 계단 응답은 시스템이 '조금' 안정이기 때문에 오랫동안 '진동'하고 '나쁘게' 움직인다. 따라서 잘 동작하는 시스템은 ω_{GX}와 ω_{PX} 사이에 충분한 '마진(margin)'이 허용될 때만 얻어진다고 간주한다[그림 12.72(c)]. 이 경우 ω_{GX}에서 $\angle KH$은 -180°보다 충분히 더 양의 값을 유지한다. K에는 위상 편이가 없으므로 $\angle KH = \angle H$라고 가정한다.

귀환 시스템의 안정성의 양을 표시하는 데 일반적으로 사용되는 척도는 '위상 마진(PM: phase margin)'이다. 그림 12.72의 예에서 보듯이 시스템이 더 안정할수록 $\angle H(\omega_{GX})$와 -180° 사이의 차이는 더 커진다. 확실히 이 차이를 위상 마진이라고 부른다.

$$\text{Phase Margin} = \angle H(\omega_{GX}) + 180^\circ \tag{12.195}$$

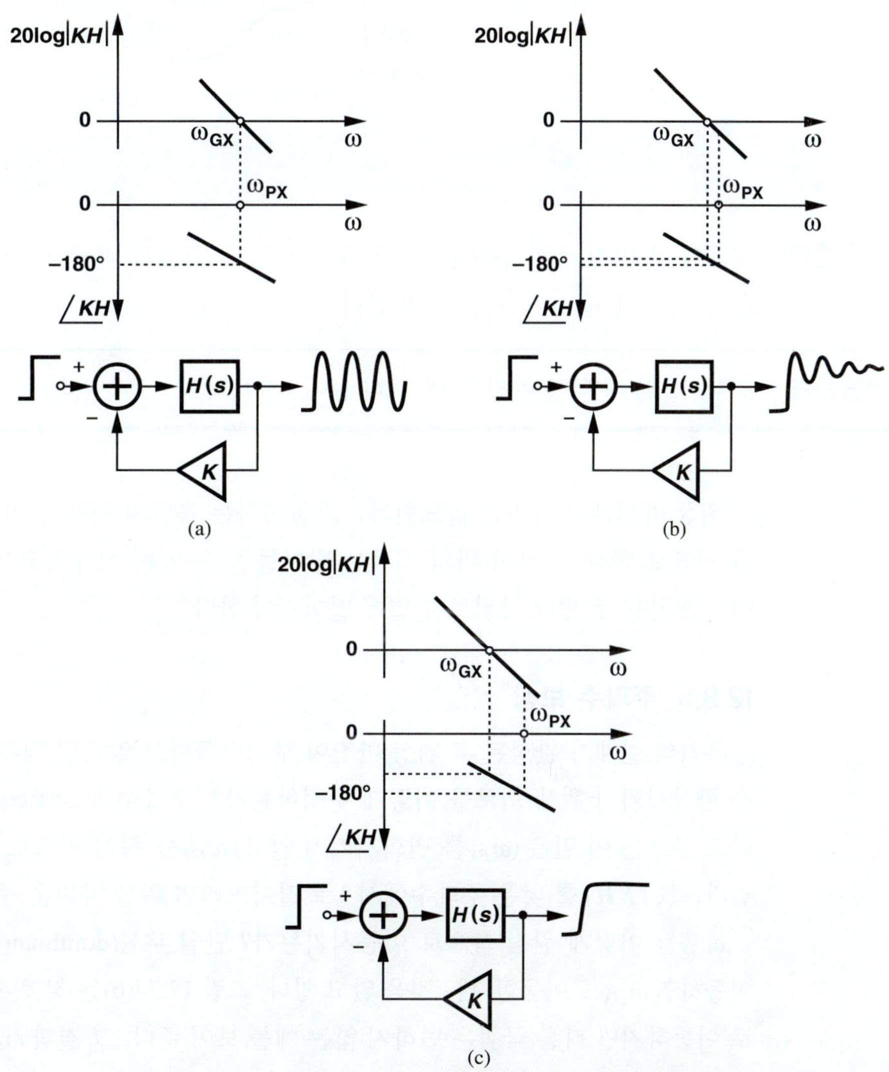

그림 12.72 (a) 이득과 위상 교차가 동시에 일어나는 시스템; (b) 이득 교차가 위상 교차보다 약간 낮은 시스템; (c) 이득 교차가 위상 교차보다 한참 낮은 시스템

예제 12.41

그림 12.73은 여러 개의 극점을 갖는 시스템의 주파수 응답을 그린 것이다. 두 번째 극점 주파수에서 크기가 1로 떨어졌다. $K = 1$인 이 증폭기를 사용한 귀환 시스템의 위상 마진을 결정하라.

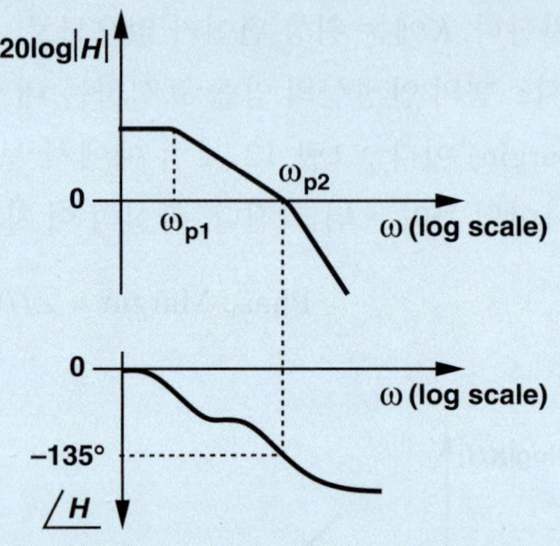

그림 12.73

풀이 그림은 두 번째 극점 주파수(즉, 멀리 떨어진 극점)에서 위상이 $-135°$에 도달함을 보여 준다. 따라서 위상 마진은 $45°$와 같다.

연습문제 $K = 0.5$일 때 위상 마진은 $45°$보다 큰가? 작은가?

위상 마진은 얼마만큼 필요한가? 잘 동작하는 응답의 경우 일반적으로 $60°$의 위상 마진을 필요로 한다. 따라서 위의 예제는 받아들일 수 있는 설계라고 볼 수 없다. 다시 말하면 이득 교차는 두 번째 극점보다 밑에 떨어져야 한다.

12.8.5 주파수 보상

증폭기의 설계가 완성된 후 위상 마진이 부적당하다고 알려질 경우가 있을 것이다. 안정성을 향상시키기 위해 회로를 어떻게 수정하는가? '주파수 보상(frequency compensation)'이라고 부르는 이 일은 (ω_{PX}를 변화시키지 않고) ω_{GX}를 원점 쪽으로 이동시킴으로써 이루어진다. 즉, $|KH|$를 낮은 주파수에서 1로 떨어뜨리면 위상 마진은 증가한다[그림 12.74(a)].

ω_{GX}를 어떻게 원점 쪽으로 이동시키는가? 만일 우성(dominant) 극점이 낮은 주파수로 이동하면 ω_{GX}도 이동한다는 것을 알고 있다. 그림 12.74(b)는 첫 번째 극점이 ω_{p1}에서 ω'_{p1}으로 이동하지만 다른 극점은 변하지 않는 예를 보여 준다. 그 결과 ω_{GX}는 크기가 감소한다.

보상 후 위상에 어떤 일이 일어나는가? 그림 12.74(b)에서 보여 주듯이 $\angle KH$의 저주파 구간은 ω_{p1}이 ω'_{p1}으로 이동하였기 때문에 변한다. 그러나 ω_{GX} 근처의 중요한 구간은 변하

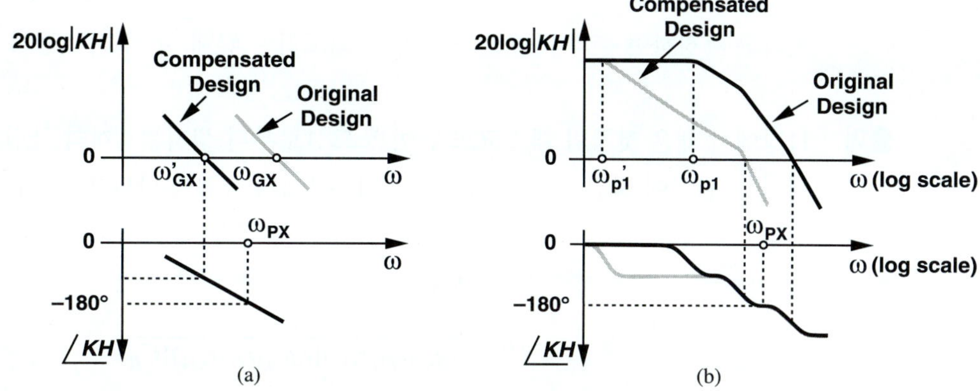

그림 12.74 (a) 주파수 보상의 개념; (b) 위상 개요에 대한 효과

지 않는다. 결과적으로 위상 마진이 증가한다.

예제 12.42

그림 12.75(a)의 증폭기가 캐스코드 단과 CS 단을 사용한다. 노드 B에서의 극점이 우성

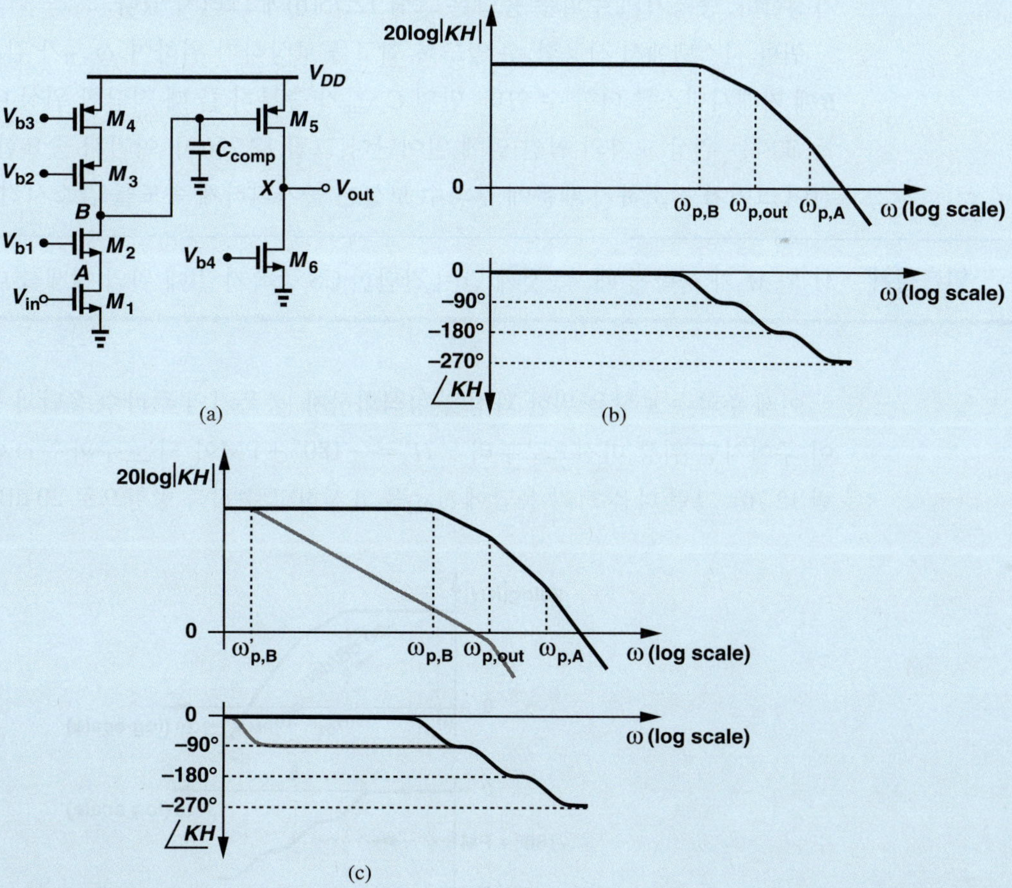

그림 12.75

이라고 가정하여 주파수 응답을 그리고, 회로가 어떻게 '보상'되었는지 설명하라.

풀이 11장에서 배운 것처럼 캐스코드 단이 노드 A로부터 생기는 1개의 극점과 노드 B로부터 생기는, 원점에 훨씬 가깝게 떨어지는 다른 1개의 극점을 나타낸다. 이런 극점을 각각

$$\omega_{p,A} \approx \frac{g_{m2}}{C_A} \tag{12.196}$$

$$\omega_{p,B} \approx \frac{1}{[(g_{m2}r_{O2}r_{O1})||(g_{m3}r_{O3}r_{O4})]C_B} \tag{12.197}$$

로 표시할 수 있다. 여기서 C_A와 C_B는 각 노드에서 접지로 본 전체 커패시턴스를 나타낸다. 세 번째 극점은 출력 노드와 관계있다.

$$\omega_{p,out} = \frac{1}{(r_{O5}||r_{O6})C_{out}} \tag{12.198}$$

여기서 C_{out}은 출력 노드에서의 전체 커패시턴스를 나타낸다. $\omega_{p,B} < \omega_{p,out} < \omega_{p,A}$라고 가정한다. 증폭기의 주파수 응답은 그림 12.75(b)에 그려져 있다.

귀환 시스템에서 사용할 수 있도록 회로를 보상하기 위하여, $\omega_{p,B}$가 감소하도록 노드 B에 커패시턴스를 더할 수 있다. 만일 C_{comp}가 충분히 클 때 적당한 위상 마진을 주면 이득 교차는 위상 교차의 훨씬 밑에 일어난다[그림 12.75(c)]. 여기서 중요한 점은 우성 극점이 크기가 감소하기 때문에 주파수 보상은 불가피하게 속도를 감소시킨다는 것이다.

연습문제 M_2와 M_3가 생략될 때, 즉 첫째 단이 간단한 CS 증폭기일 때 위의 예제를 다시 풀어라.

이제 주파수 보상을 위한 과정을 형식화하자. 증폭기의 주파수 응답과 원하는 위상 마진이 주어지면 위상 마진으로부터 $\angle H = -180^\circ + \text{PM}$이 되는 주파수 ω_{PM}을 결정한다(그림 12.76). 그런 다음 크기 응답에 ω_{PM}을 표시하고 수직축 방향으로 20 dB/dec의 기울기를

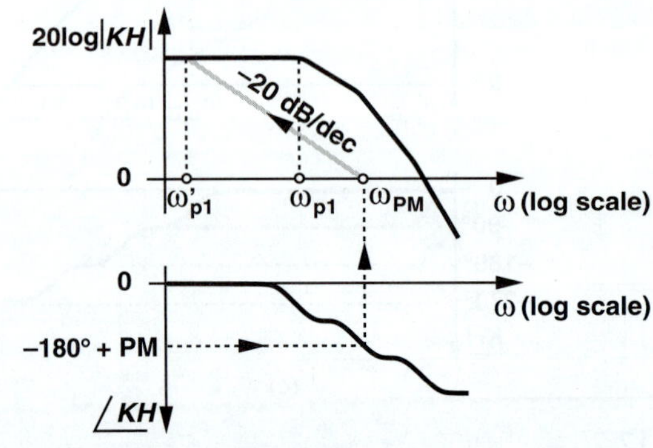

그림 12.76 주파수 보상을 위한 체계적인 방법

갖는 선을 그린다. 이 선과 원래의 크기 응답이 만나는 점이 우성 극점 ω'_{p1}의 새로운 위치를 나타낸다. 설계에 의해 보상된 증폭기는 이제 ω_{PM}에서 이득 교차를 나타낸다.

예제 12.43 여러 개의 극점을 갖는 증폭기가 그림 12.77에 그려진 주파수 응답을 나타낸다. 극점이 멀리 떨어져 있다고 가정하고 $K = 1$일 때 45°의 위상 마진을 갖도록 증폭기를 보상하라.

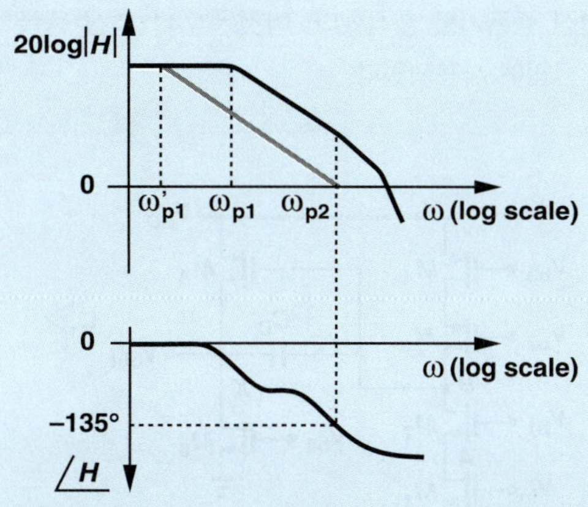

그림 12.77

풀이 $\omega = \omega_{p2}$에서 위상이 $-135°$에 도달하므로 이 예제에서 $\omega_{PM} = \omega_{p2}$이다. 따라서 ω_{p2}로부터 수직축 방향으로 -20 dB/dec의 기울기를 갖는 선을 그린다. 따라서 우성 극점은 ω'_{p1}으로 이동해야 한다. 이 위상 마진이 일반적으로 부적당하므로 실제에서는 $\omega_{PM} < \omega_{p2}$이다.

연습문제 $K = 0.5$일 경우 위의 예제를 다시 풀고 결과를 비교하라.

독자는 ω_{PM}에서 시작하는 선이 왜 수직축 방향으로 (40 dB이나 60 dB보다) 20 dB/dec의 기울기로 상승해야 하는가라고 의아해할 것이다. 예제 12.41과 12.43으로부터 적당한 위상 마진을 위하여 이득 교차는 두 번째 극점 밑에 있어야 한다는 것을 알았다. 따라서 보상된 증폭기의 크기 응답은 ω_{GX}에 접근함에 따라 두 번째 극점을 '보지' 못한다. 즉, 크기 응답은 오직 -20 dB/dec의 기울기를 갖는다.

12.8.6 밀러 보상

예제 12.42에서 증폭기를 보상하기 위하여 커패시터가 노드 B와 접지 사이에 연결될 수 있음을 알았다. 이 커패시터에 필요한 값은 적분 회로 상의 큰 면적에 필요할 정도로 아주 클 것이다. 그러나 11장의 밀러 정리로부터 만일 소자가 반전 증폭기의 입력과 출력 사이에

Did you know?

하나의 커패시터가 어떻게 제품의 운명을 영원히 바꿔 놓았는지 아는 것은 흥미롭다. 1967년 National Semiconductor의 Robert Widlar가 소개한 혁신적인 범용 연산 증폭기(LM101)는 외부 30 pF 커패시터와 함께 밀러 보상을 사용했다. 분명한 것은 보상 커패시터는 사용자에게 더 큰 유연성을 제공하기 위해 오프칩으로 남겨졌다는 것이다. 1968년 Fairchild Semiconductor의 David Fullagar가 보상 커패시터를 칩에 통합한 경우를 제외하고는 LM101과 매우 유사한 또 다른 연산 증폭기를 출시했다. 이것은 741 연산 증폭기로 빠르게 인기를 얻었고 거의 반세기 동안 전자 산업에 사용되었다.

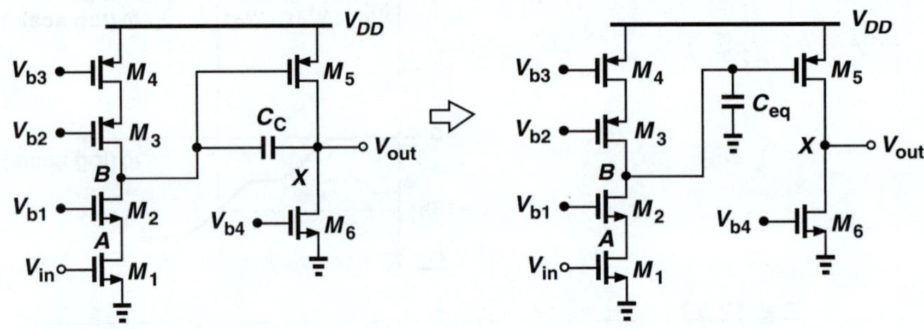

그림 12.78 밀러 보상의 예

연결되어 있으면 커패시터의 외견상의 값이 증가한다는 것을 배웠다. 그림 12.75(a)의 2단 증폭기는 두 번째 단이 약간의 전압 이득을 갖기 때문에 밀러 곱을 갖는다는 것을 관찰할 수 있다. 그림 12.78에서 설명한 대로 이 개념은 두 번째 단의 입력과 출력 사이에 보상 커패시터를 도입하는 것이다. 따라서

$$C_{eq} = (1 - A_v)C_c \tag{12.199}$$

$$= [1 + g_{m5}(r_{O5}||r_{O6})]C_c \tag{12.200}$$

로 주어지는 B에서의 등가 접지된 커패시터를 만들어 낸다. '밀러 보상(Miller compensation)'이라고 불리는 이 기술은 C_c의 필요한 값을 $1 + g_{m5}(r_{O5}\,||\,r_{O6})$배만큼 감소시킨다.

밀러 보상은 많은 흥미로운 부작용을 일으킨다. 예를 들면 우성 극점뿐만 아니라 출력 극점도 이동시킨다. 그런 현상은 더 고급 교재, 예를 들면 참고문헌 [2]에서 다룬다.

12.9 요약

- 부귀환은 모든 점에서 거칠고 나쁘게 조절되는 시스템의 동작을 조절하는 데 사용될 수 있다.
- 부귀환 시스템은 4개의 요소, 즉 순방향 시스템, 출력 감지 구조, 귀환 회로망, 입력 비교

구조로 구성된다.

- 귀환 시스템의 루프 이득은 원칙적으로 루프를 끊고, 테스트 신호를 넣고, 신호가 루프 주위를 돌 때 이득을 계산함으로써 얻어질 수 있다. 루프 이득은 귀환 시스템의 많은 성질, 즉 이득, 주파수 응답과 I/O 임피던스를 결정한다.
- 루프 이득과 폐루프 이득을 혼동하지 말아야 한다. 후자는 귀환 루프가 닫혀 있는 동안 주 입력으로부터 주 출력으로의 전체 이득을 말한다.
- 만일 루프 이득이 1보다 훨씬 크면 폐루프 이득은 근사적으로 귀환율의 역수와 같다.
- 폐루프 이득이 비교적 개루프 이득과 무관하면 부귀환은 많은 유용한 성질을 준다. 성분 변동, 부하 변동, 주파수 변동과 신호 레벨 변동에 대한 이득의 감도를 감소시킨다.
- 증폭기는 일반적으로 전압이나 전류의 입력과 출력에 따른 네 가지 형태 중 하나로 볼 수 있다. 이상적인 경우에, 회로의 입력 임피던스는 전압을 감지하면 무한대이고 전류를 감지하면 0이다. 마찬가지로 이상적인 회로의 출력 임피던스는 전압을 생성하면 0이고 전류를 생성하면 무한대이다.
- 전압량은 병렬로 감지되고 전류량은 직렬로 감지된다. 전압량은 직렬로 더해지고 전류량은 병렬로 더해진다.
- 순방향 증폭기의 형태에 따라 네 가지 귀환 토폴로지가 만들어질 수 있다. 각각의 폐루프 이득은 개루프 이득을 루프 이득에 1을 더한 값으로 나눈 값과 같다.
- 부귀환 루프 감지와 출력 전압의 안정화는 출력 임피던스를 루프 이득에 1을 더한 비율만큼 감소시키며, 회로를 더 좋은 전압원으로 만든다.
- 부귀환 루프 감지와 출력 전류의 안정화는 출력 임피던스를 루프 이득에 1을 더한 비율만큼 증가시키며, 회로를 더 좋은 전류원으로 만든다.
- 전압을 입력에 반송하는 부귀환 루프는 입력 임피던스를 루프 이득에 1을 더한 비율만큼 증가시키며, 회로를 더 좋은 전압 감지기로 만든다.
- 전류를 입력에 반송하는 부귀환 루프는 입력 임피던스를 루프 이득에 1을 더한 비율만큼 감소시키며, 회로를 더 좋은 전류 감지기로 만든다.
- 만일 귀환 회로망이 이상적인 모델로부터 벗어나면 순방향 증폭기 특성을 '로드'한다. 이런 경우 올바른 방법은 유한한 I/O 임피던스 효과를 포함해야 한다.
- 순방향 증폭기를 통과하는 고주파 신호는 심각한 위상 시프트를 일으킨다. 극점이 몇 개 있는 경우 위상 시프트는 180°에 도달할 수 있다.
- 큰 위상 시프트를 일으키는 부귀환 루프는 어떤 주파수에서 정귀환 루프가 될 수 있고, 만일 그 주파수에서 루프 이득이 1이거나 1보다 크면 발진하기 시작한다.
- 발진을 피하기 위하여 이득 교차 주파수는 위상 교차 주파수보다 작아야 한다.
- 위상 마진은 180°에서 이득 교차 주파수에서의 루프 전송 위상을 뺀 값으로 정의된다.
- 잘 동작하는 시간과 주파수 응답을 보장하기 위하여 부귀환 시스템은 충분한 위상 마진,

예를 들면 60°를 실현해야 한다.

- 만일 귀환 회로가 불충분한 위상 마진을 갖는다면 '주파수 보상'이 되어야 한다. 가장 보편적인 방법은 (위상 개요를 변화시키지 않고) 이득 교차 주파수를 감소시키기 위하여 우성 극점을 낮추는 것이다. 이것은 일반적으로 우성 극점과 접지 사이에 큰 커패시터를 더하면 된다.
- 우성 극점을 낮추기 위하여 커패시터의 밀러 곱을 이용할 수 있다.

PROBLEMS

Sec. 12.1 General Considerations

12.1. Determine the transfer function, Y/X, for the systems shown in Fig. 12.79.

12.2. For the systems depicted in Fig. 12.79, compute the transfer function W/X.

SOL **12.3.** For the systems depicted in Fig. 12.79, compute the transfer function E/X.

12.4. Calculate the loop gain of the circuits illustrated in Fig. 12.80. Assume the op amp exhibits an open-loop gain of A_1, but is otherwise ideal. Also, $\lambda = 0$.

12.5. Using the results obtained in Problem 12.4, compute the closed-loop gain of the circuits shown in Fig. 12.80.

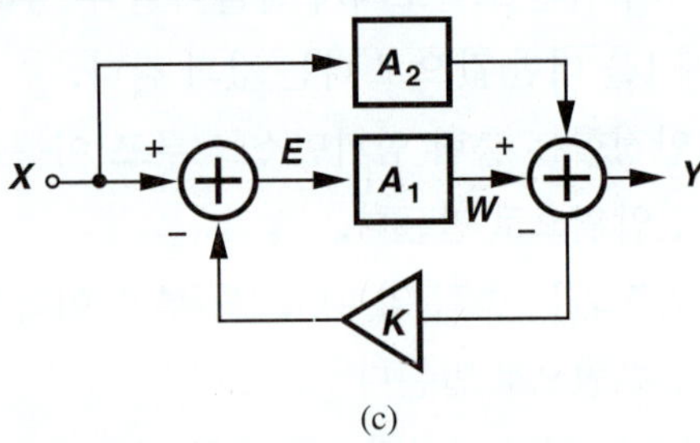

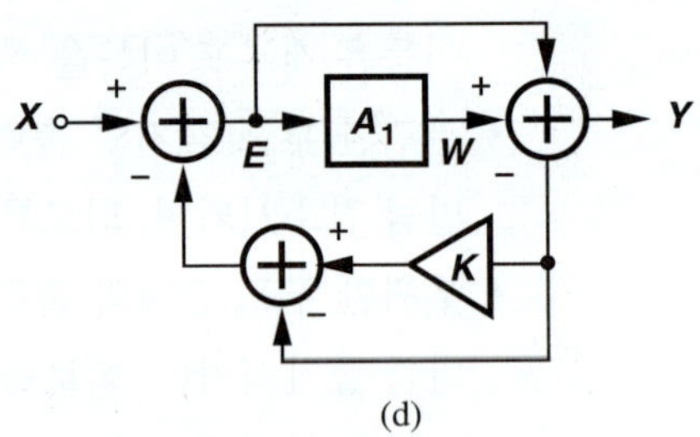

Figure 12.79

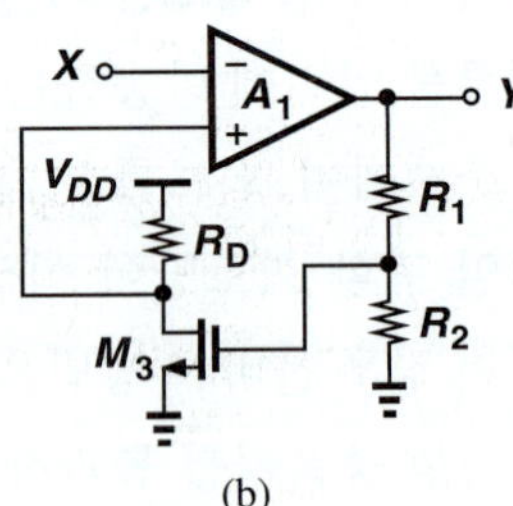

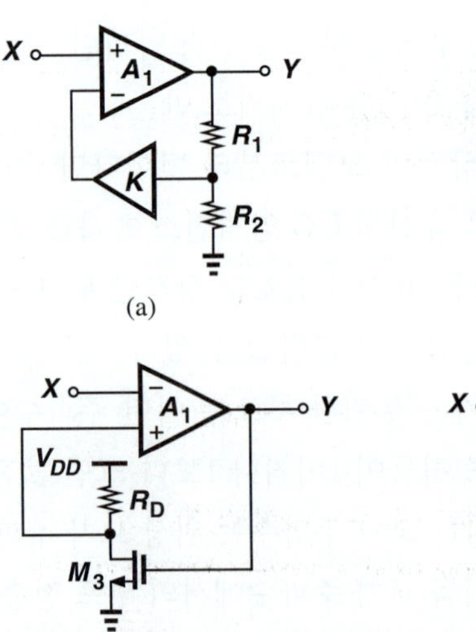

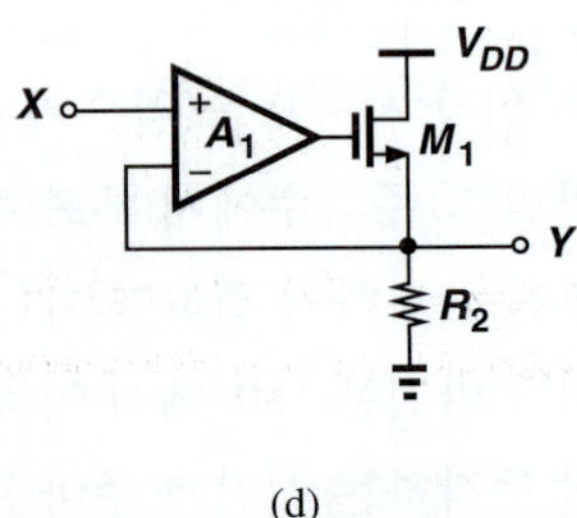

Figure 12.80

12.6. In the circuit of Fig. 12.3, the input is a sinusoid with a peak amplitude of 2 mV. If $A_1 = 500$ and $R_1/R_2 = 7$, determine the amplitude of the output waveform and the feedback waveform.

Sec. 12.2 Properties of Negative Feedback

12.7. Suppose the open-loop gain A_1 in Fig. 12.1 changes by 20%. Determine the minimum loop gain necessary to ensure the closed-loop gain changes by less than 1%.

12.8. Consider the feedback system shown in Fig. 12.81, where the common-source stage serves as the feedforward network. Assume $\mu_n C_{ox}$ may vary by $\pm 10\%$ and λ by $\pm 20\%$. What is the minimum loop gain necessary to guarantee that the closed-loop gain varies by less than $\pm 5\%$?

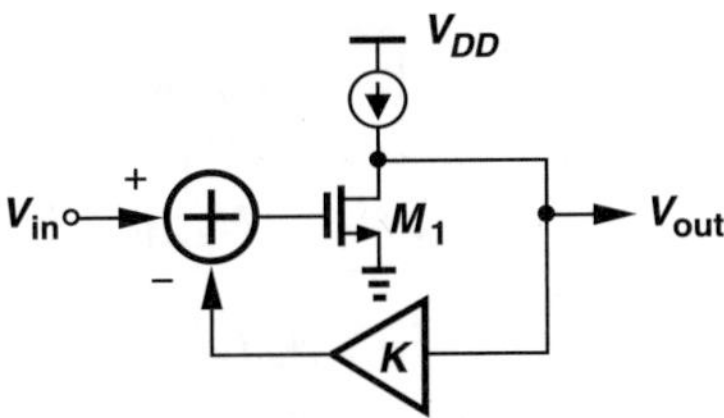

Figure 12.81

12.9. In some applications, we may define a "−1 dB bandwidth" as the frequency at which the gain falls by 10%. Determine the −1 dB bandwidth of the open-loop and closed-loop first-order systems described by Eqs. (12.19) and (12.22). Can we say the −1 dB bandwidth increases by $1 + KA_0$ as a result of feedback?

12.10. The circuit of Fig. 12.82 must achieve a closed-loop −3 dB bandwidth of B. Determine the required value of K. Neglect other capacitances and assume $\lambda > 0$.

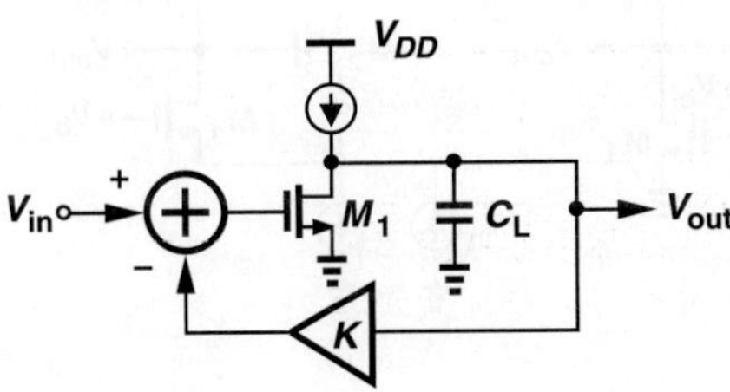

Figure 12.82

12.11. Repeat Example 12-7 for the circuit depicted in Fig. 12.83. Assume the impedance of C_1 and C_2 at the frequency of interest is much higher than R_D.

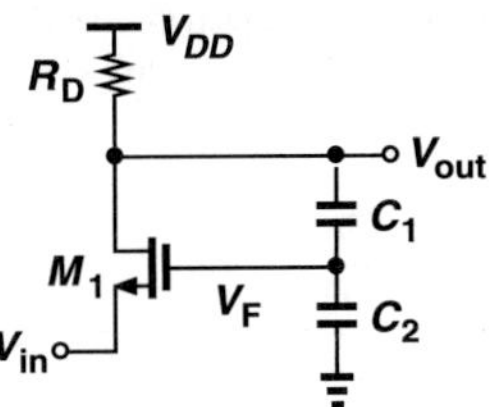

Figure 12.83

12.12. In Example 12-8, the closed-loop gain of the circuit must fall below its "unloaded" value by less than 10%. What is the lowest tolerable value of R_L?

12.13. In Fig. 12.14, $A_1 = 500$ and $A_2 = 420$. SOL What value of K guarantees that the closed-loop gains at x_1 and x_2 differ by less than 5%? What closed-loop gain is achieved under this condition?

*__12.14.__ The characteristic in Fig. 12.14(a) is sometimes approximated as

$$y = \alpha_1 x - \alpha_3 x^3, \tag{12.201}$$

where α_1 and α_3 are constant.

(a) Determine the small-signal gain $\partial y/\partial x$ at $x = 0$ and $x = \Delta x$.

(b) Determine the closed-loop gain at $x = 0$ and $x = \Delta x$ for a feedback factor of K.

12.15. Using the developments in Fig. 12.18, draw the amplifier model for each stage in Fig. 12.19.

12.16. Determine the amplifier model for the circuit depicted in Fig. 12.84. Assume $\lambda > 0$.

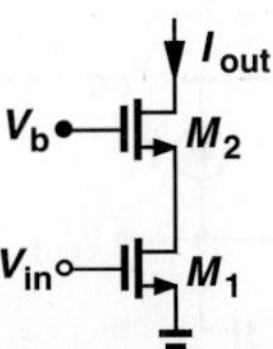

Figure 12.84

12.17. Repeat Problem 12.16 for the circuit in Example 12-7.

Sec. 12.4 Sense and Return Mechanisms

12.18. Identify the sense and return mechanisms in each amplifier depicted in Fig. 12.85.

12.19. Identify the sense and return mechanisms in each amplifier depicted in Fig. 12.86.

12.20. Identify the sense and return mechanisms in each amplifier depicted in Fig. 12.87.

*__12.21.__ Identify the sense and return mechanisms in each amplifier depicted in Fig. 12.88.

Sec. 12.5 Polarity of Feedback

*__12.22.__ Determine the polarity of feedback in each of the stages illustrated in Fig. 12.89.

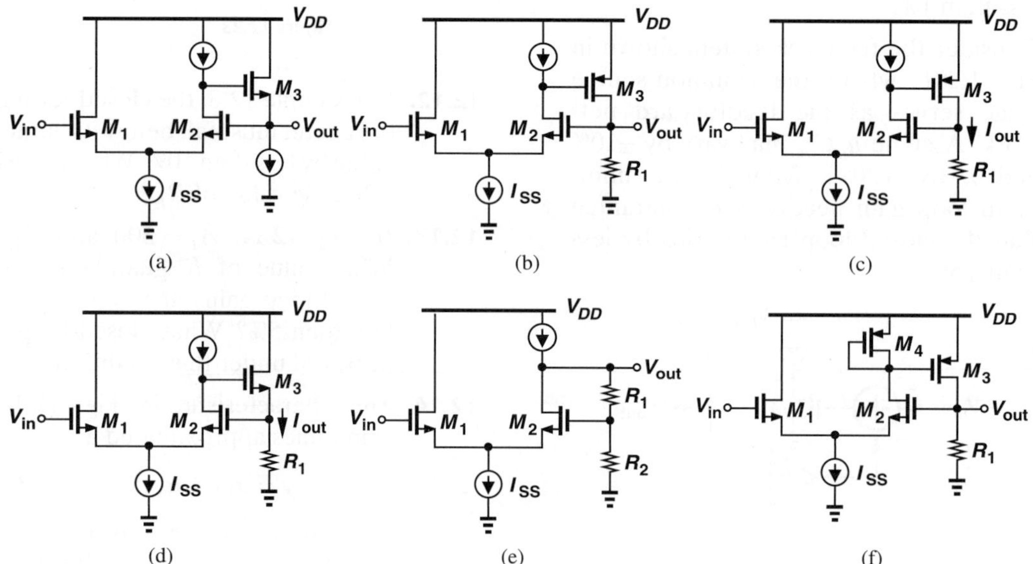

Figure 12.85

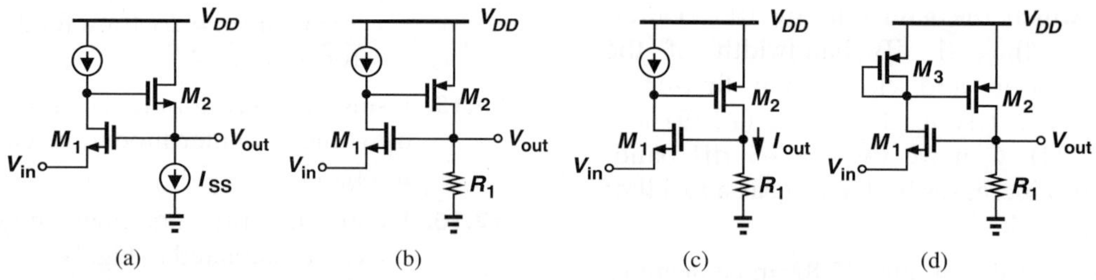

Figure 12.86

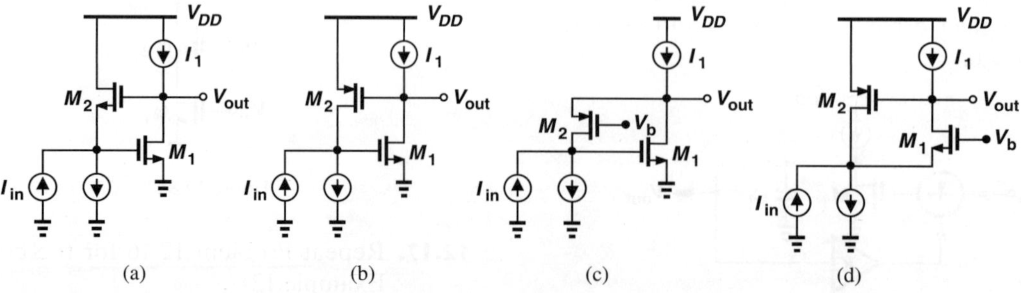

Figure 12.87

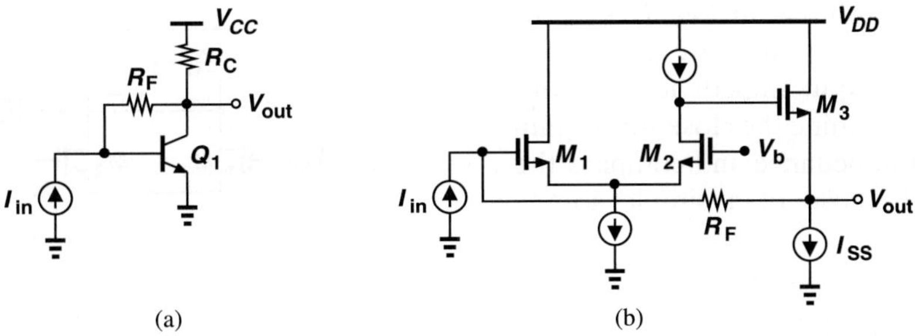

Figure 12.88

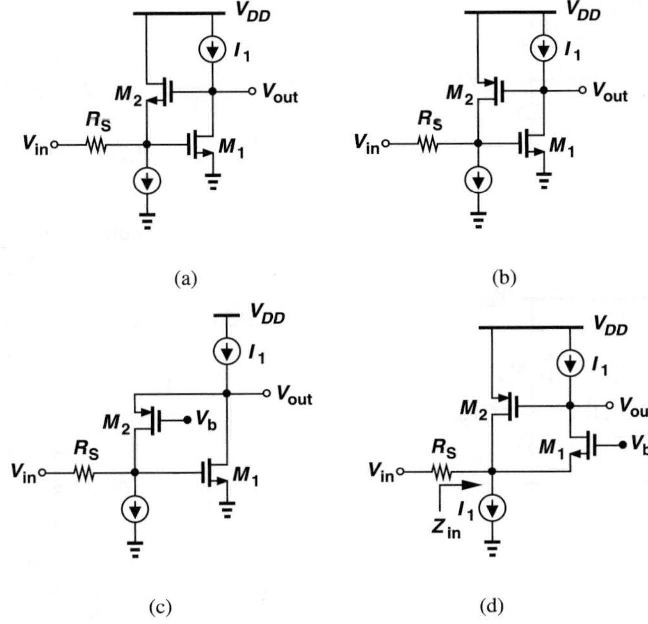

Figure 12.89

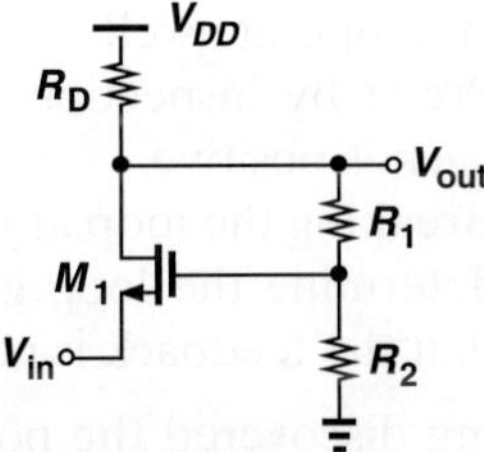

Figure 12.90

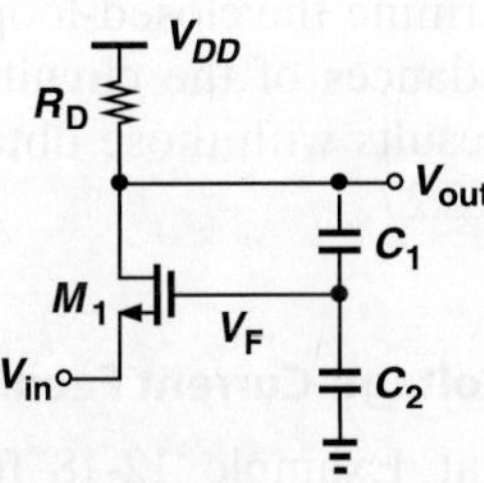

Figure 12.91

12.23. Determine the polarity of feedback in the circuit of Example 12-11.

SOL **12.24.** Determine the polarity of feedback in the circuits depicted in Figs. 12.85–12.88.

Sec. 12.6.1 Voltage-Voltage Feedback

12.25. Consider the feedback circuit shown in Fig. 12.90, where $R_1 + R_2 \gg R_D$. Compute the closed-loop gain and I/O impedances of the circuit. Assume $\lambda \neq 0$.

12.26. Repeat Problem 12.25 for the topology of Fig. 12.91. Assume C_1 and C_2 are very small and neglect other capacitances.

12.27. The amplifier shown in Fig. 12.92 provides a closed-loop gain close to unity but a very low output impedance. Assuming $\lambda > 0$, determine the closed-loop gain and output impedance and compare the results with those of a simple source follower.

*__12.28.__ An adventurous student replaces the NMOS source follower in Fig. 12.92 with a PMOS common-source stage

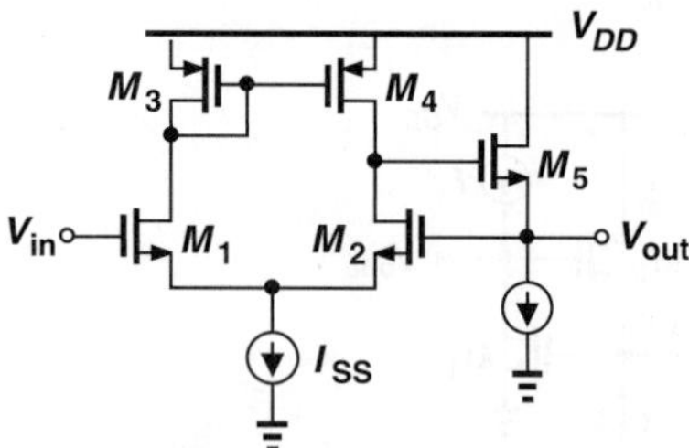

Figure 12.92

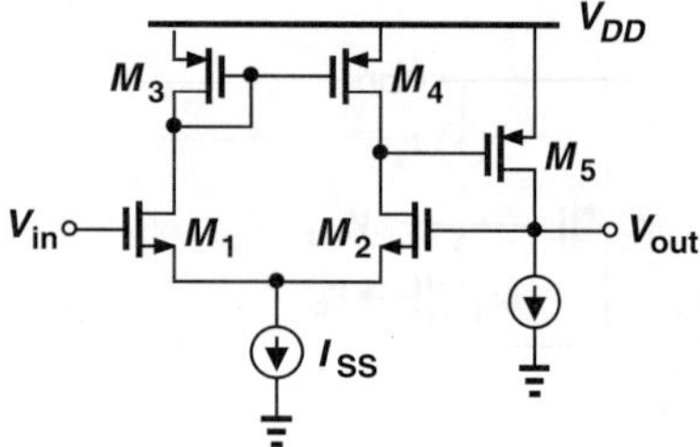

Figure 12.93

(Fig. 12.93). Unfortunately, the amplifier does not operate well.

(a) Prove by inspection that the feedback is positive.

(b) Breaking the loop at the gate of M_2, determine the loop gain and prove that the feedback is positive.

*__12.29.__ Having discovered the polarity of feedback, the student in Problem 12.28 modifies the circuit as shown in Fig. 12.94. Determine the closed-loop gain and I/O impedances of the circuit and compare the results with those obtained in Problem 12.27.

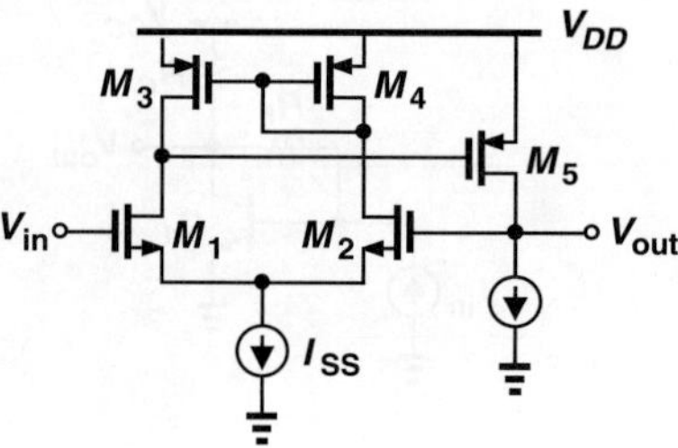

Figure 12.94

Sec. 12.6.2 Voltage-Current Feedback

12.30. Repeat Example 12-18 for the circuit illustrated in Fig. 12.95.

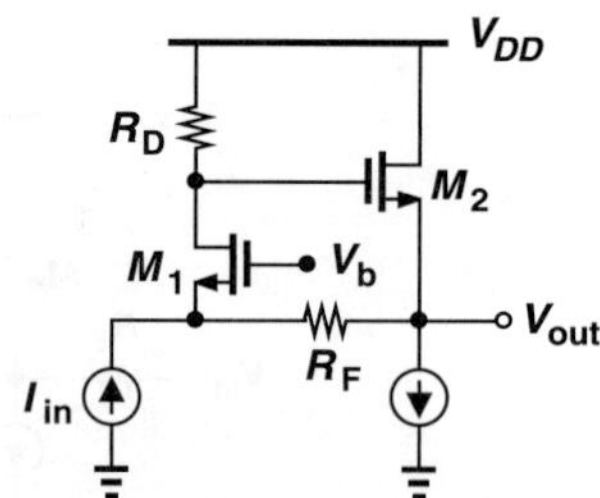

Figure 12.95

12.31. A student adventurously modifies the circuit of Example 12-18 to that shown in Fig. 12.96. Assume $\lambda = 0$.

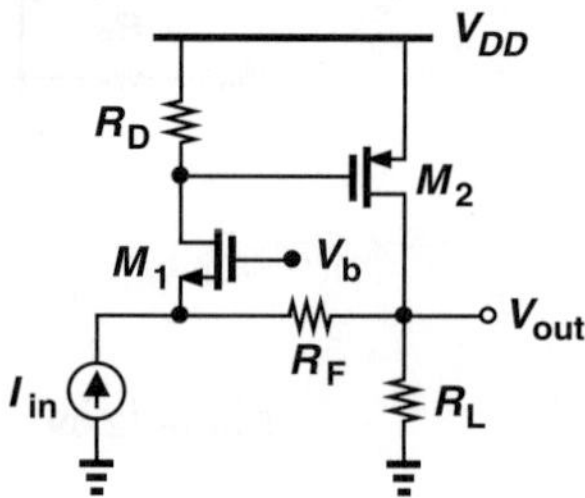

Figure 12.96

(a) Prove by inspection that the feedback is positive.

(b) Assuming R_F is very large and breaking the loop at the gate of M_2, calculate the loop gain and prove that the feedback is positive.

12.32. Determine the closed-loop I/O impedances of the circuit shown in Fig. 12.96.

**__12.33.__ The amplifier depicted in Fig. 12.97 consists of a common-gate stage (M_1 and R_D) and a feedback network (R_1, R_2, and M_2). Assuming $R_1 + R_2$ is very large and $\lambda = 0$, compute the closed-loop gain and I/O impedances. SOL

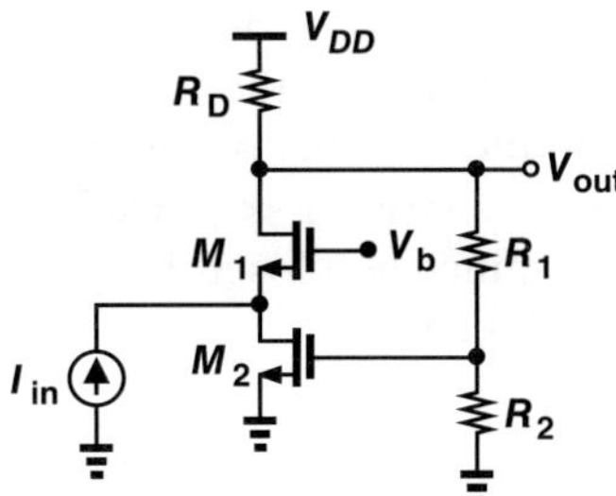

Figure 12.97

**12.34. Repeat Problem 12.33 for the circuit illustrated in Fig. 12.98. Assume C_1 and C_2 are very small and neglect other capacitances.

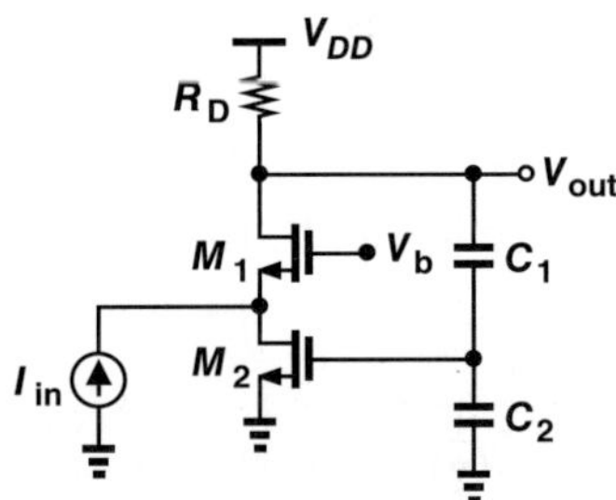

Figure 12.98

Sec. 12.6.3 Current-Voltage Feedback

12.35. A "laser diode" converts current to light (as in laser pointers). We wish to design a circuit that delivers a well-defined current to a laser diode. Shown in Fig. 12.99 is an example in which resistor R_M measures the current flowing through D_1 and amplifier A_1 subtracts the resulting voltage drop from V_{in}. Assume R_M is very small and $V_A = \infty$.

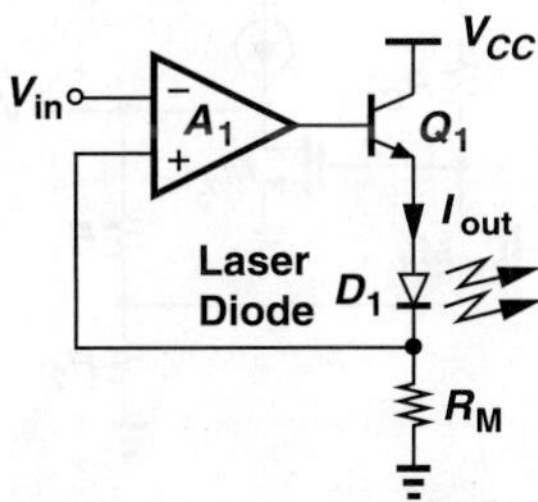

Figure 12.99

(a) Following the procedure used in Example 12-21, determine the open-loop gain.
(b) Calculate the loop gain and the closed-loop gain.

12.36. Following the procedure used in Example 12-22, compute the open-loop and closed-loop output impedances of the circuit depicted in Fig. 12.99.

*12.37. A student mistakenly replaces the common-emitter *pnp* device in Fig. 12.99 with an *npn* emitter follower (Fig. 12.100). Repeat Problems 12.35 and 12.36 for this circuit and compare the results.

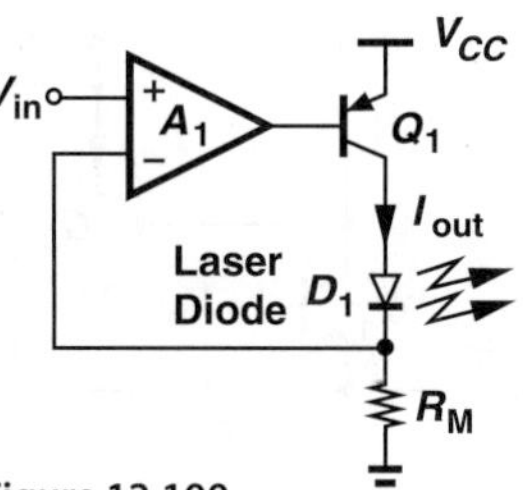

Figure 12.100

12.38. The amplifier A_1 in Fig. 12.100 can be realized as a common-base stage (Fig. 12.101). Repeat Problem 12.37 for this circuit. For simplicity, assume $\beta \to \infty$.

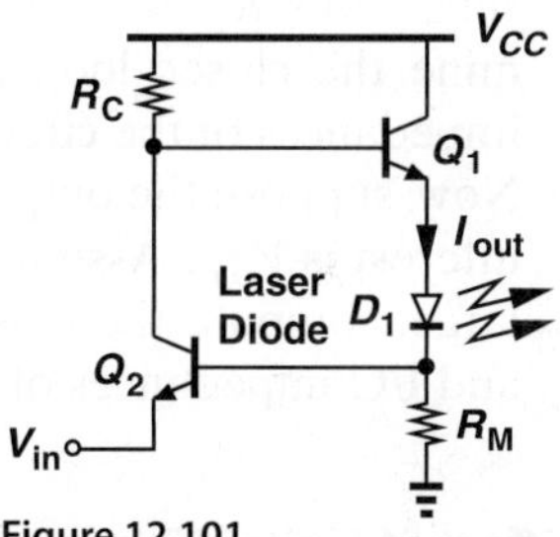

Figure 12.101

Sec. 12.6.4 Current-Current Feedback

12.39. A student has adventurously replaced the PMOS common-source stage in Fig. 12.49(a) with an NMOS source follower (Fig. 12.102).

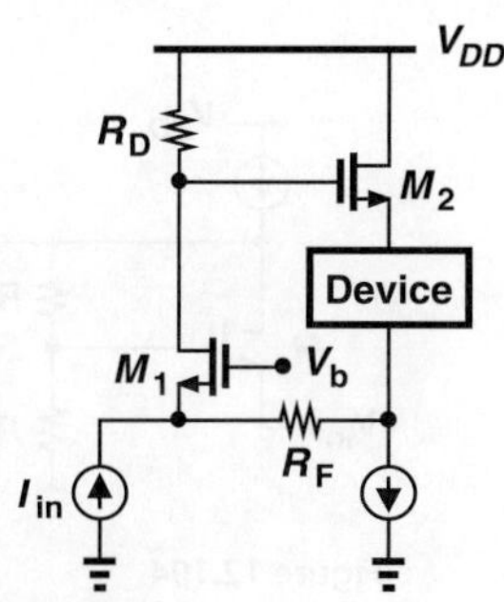

Figure 12.102

(a) Prove by inspection that the feedback is positive.
(b) Break the loop at the gate of M_2, determine the loop gain, and prove that the feedback is positive.

12.40. Consider the feedback circuit depicted in Fig. 12.103. Assume $V_A = \infty$. **

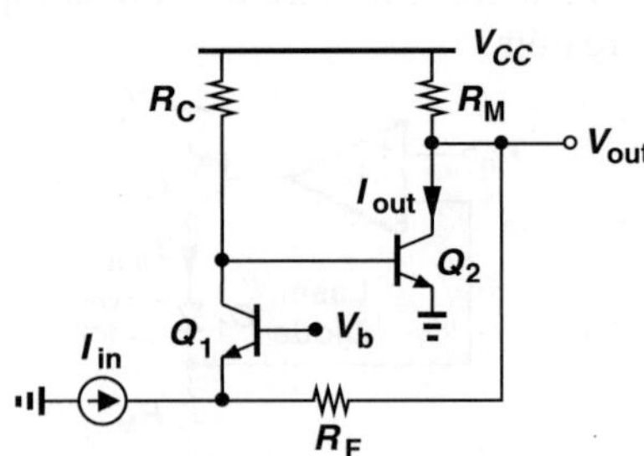

Figure 12.103

(a) Suppose the output quantity of interest is the collector current of Q_2, I_{out}. Assuming R_M is very small and R_F is very large, determine the closed-loop gain and I/O impedances of the circuit.
(b) Now, suppose the output quantity of interest is V_{out}. Assuming R_F is very large, compute the closed-loop gain and I/O impedances of the circuit.

Sec. 12.7 Effect of Finite I/O Impedances

12.41. The common-gate stage shown in Fig. 12.104 employs an ideal current source as its load, requiring that the loading introduced by R_1 and R_2 be taken into account. Repeat Example 12-26 for this circuit.

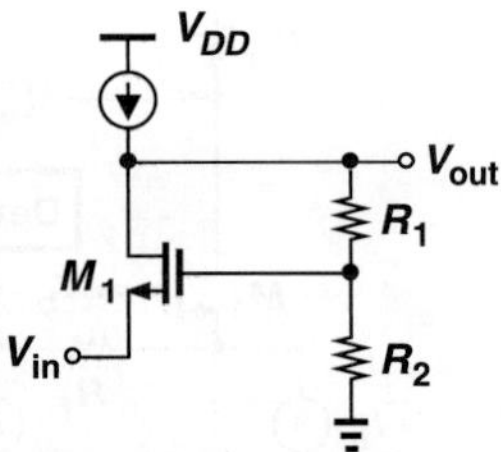

Figure 12.104

12.42. Figure 12.105 depicts the bipolar counterpart of the circuit studied in Example 12-26. Assuming $R_1 + R_2$ is not very large, $1 \ll \beta < \infty$ and $V_A = \infty$, determine the closed-loop gain and I/O impedances. SOL

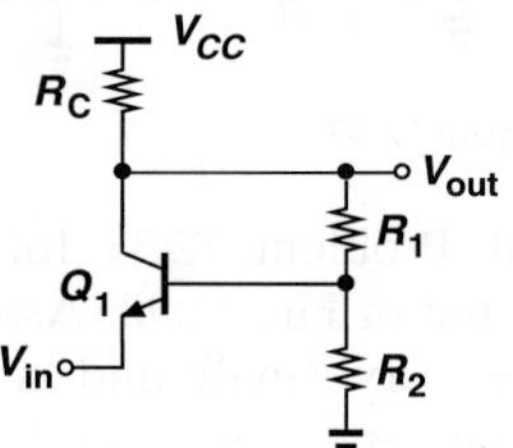

Figure 12.105

12.43. Repeat Problem 12.42 for the amplifier illustrated in Fig. 12.106.

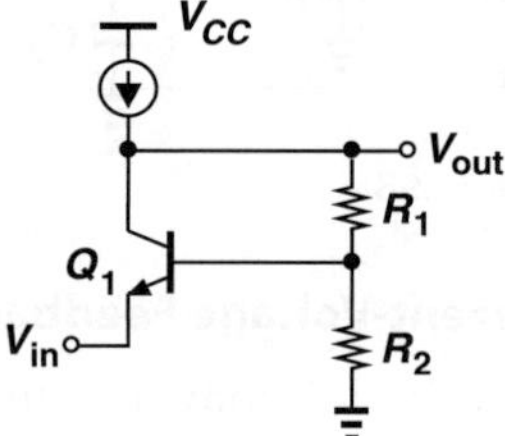

Figure 12.106

*12.44. Repeat Example 12-28 for the circuit shown in Fig. 12.107. Assume $\lambda = 0$.

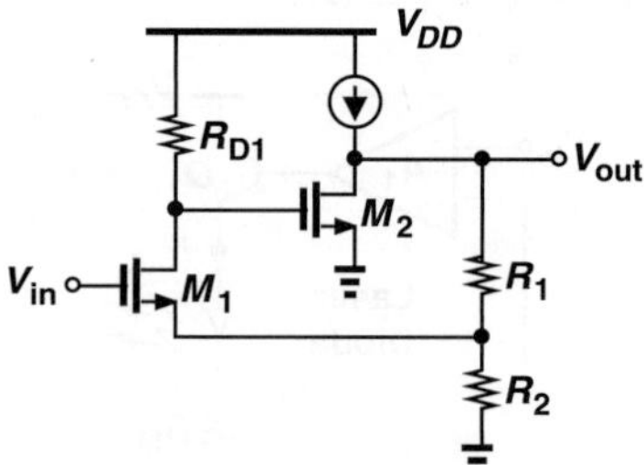

Figure 12.107

*12.45. Repeat Example 12-28 for the circuit shown in Fig. 12.108. Assume $V_A = \infty$.

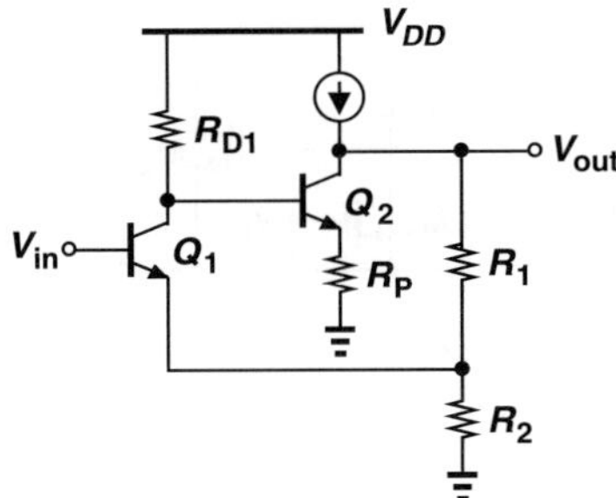

Figure 12.108

12.46. Assuming $V_A = \infty$, determine the closed-loop gain and I/O impedances of the amplifier depicted in Fig. 12.109. (For open-loop calculations, it is helpful to view Q_1 and Q_2 as a follower and a common-base stage, respectively.)

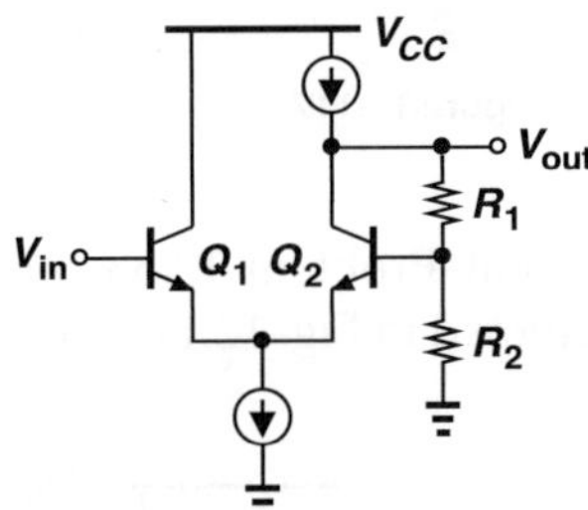

Figure 12.109

**12.47. Repeat Example 12-29 for the circuit illustrated in Fig. 12.110. Assume $\lambda > 0$.

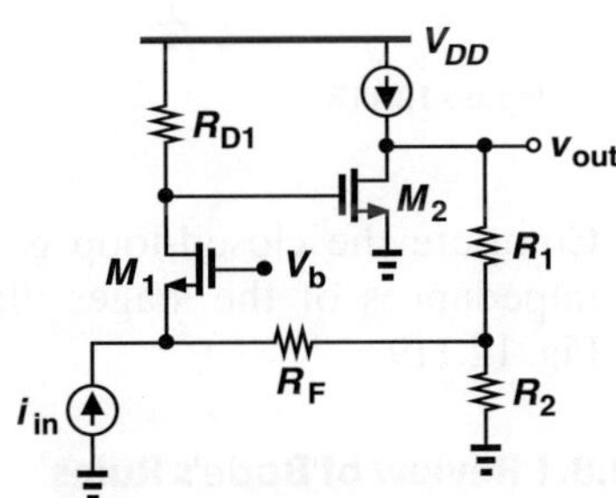

Figure 12.110

12.48. Repeat Example 12-29 for the bipolar transimpedance amplifier shown in Fig. 12.111. Assume $V_A = \infty$.

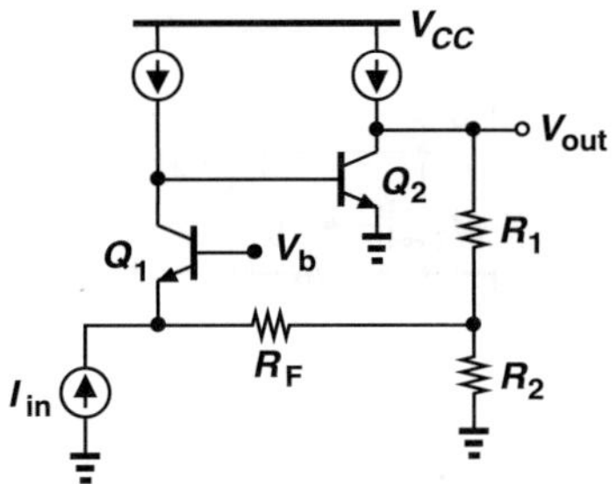

Figure 12.111

12.49. Figure 12.112 depicts a popular transimpedance amplifier topology. Repeat the analysis of Example 12-29 for this circuit. Assume $V_A < \infty$.

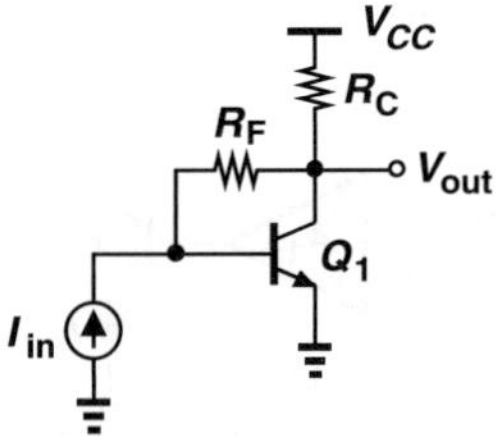

Figure 12.112

*12.50. The circuit of Fig. 12.112 can be improved by inserting an emitter follower at the output (Fig. 12.113). Assuming $V_A < \infty$, repeat Example 12-29 for this topology.

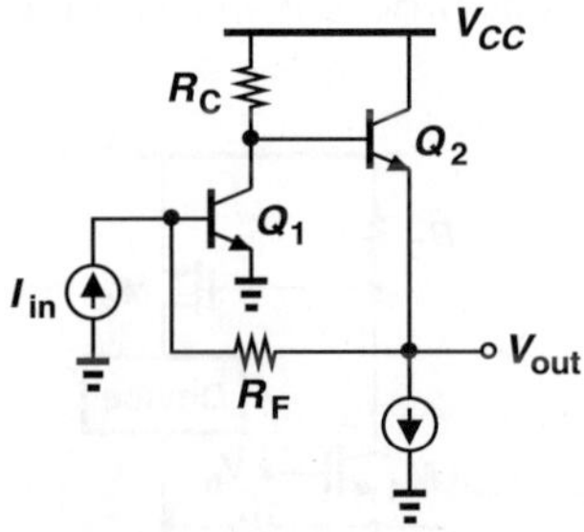

Figure 12.113

**12.51. Determine the closed-loop gain and I/O impedances of the circuits shown in Fig. 12.114, including the loading effects of each feedback network. Assume $\lambda = 0$.

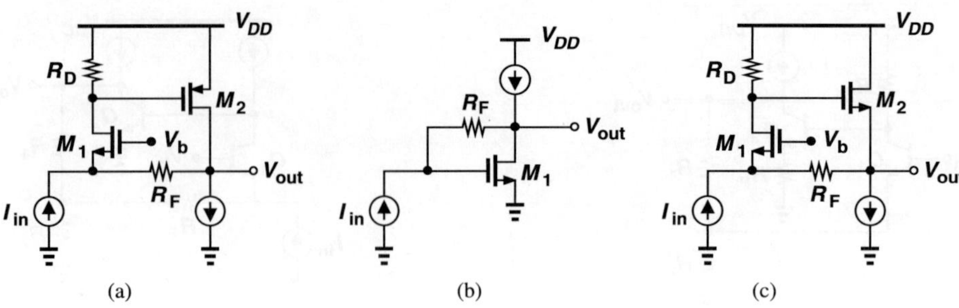

Figure 12.114

12.52. The circuit of Fig. 12.99, repeated in Fig. 12.115, employs a value for R_M that is not very small. Assuming $V_A < \infty$ and the diode exhibits an impedance of R_L, repeat the analysis of Example 12-30 for this circuit.

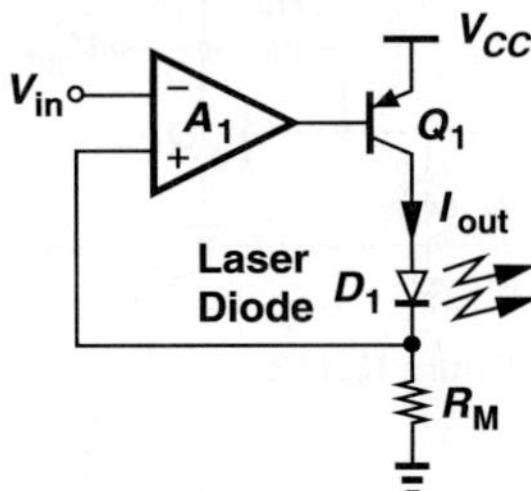

Figure 12.115

12.53. Repeat Example 12-32 for the circuit shown in Fig. 12.116. Note that R_M is replaced with a current source but the analysis proceeds in a similar manner.

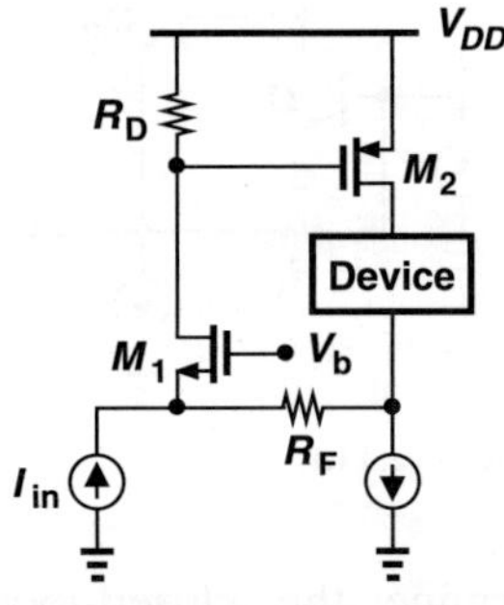

Figure 12.116

12.54. Repeat Problem 12.53 for the circuit illustrated in Fig. 12.117. Assume $V_A = \infty$.

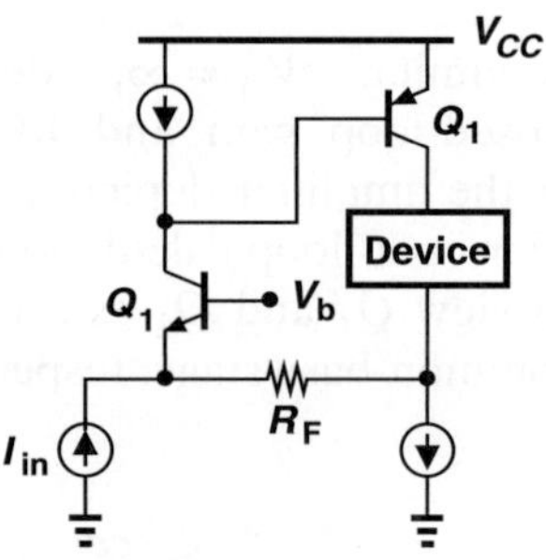

Figure 12.117

12.55. Repeat Problem 12.53 for the topology depicted in Fig. 12.118. Assume $V_A = \infty$.

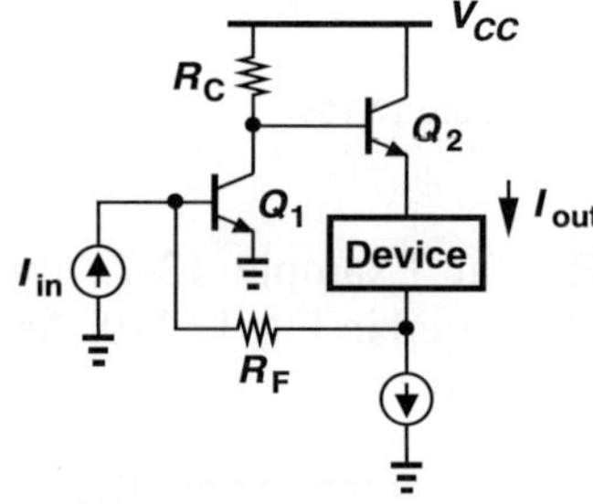

Figure 12.118

****12.56.** Compute the closed-loop gain and I/O impedances of the stages illustrated in Fig. 12.119.

Sec. 12.8.1 Review of Bode's Rules

12.57. Construct the Bode plots for the magnitude and phase of the following systems:

(a) $\omega_{p1} = 2\pi \times (10\ \text{MHz})$, $\omega_{p2} = 2\pi \times (120\ \text{MHz})$, $\omega_z = 2\pi \times (1\ \text{GHz})$.

(b) $\omega_z = 2\pi \times (10\ \text{MHz})$, $\omega_{p1} = 2\pi \times (120\ \text{MHz})$, $\omega_{p2} = 2\pi \times (1\ \text{GHz})$.

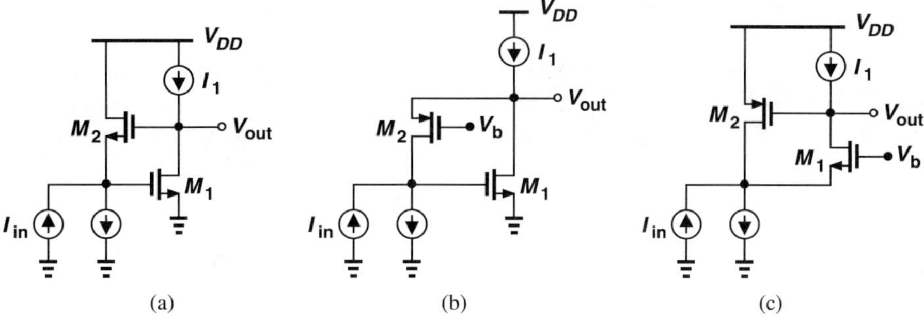

Figure 12.119

(c) $\omega_z = 0$, $\omega_{p1} = 2\pi \times (10 \text{ MHz})$, $\omega_{p2} = 2\pi \times (120 \text{ MHz})$.

(d) $\omega_{p1} = 0$, $\omega_z = 2\pi \times (10 \text{ MHz})$, $\omega_{p2} = 2\pi \times (120 \text{ MHz})$.

12.58. In the Bode plots of Fig. 12.63, explain qualitatively what happens as ω_z comes closer to ω_{p1} or ω_{p2}.

****12.59.** Assuming $\lambda = 0$ and without using Miller's theorem, determine the transfer function of the circuit depicted in Fig. 12.120 and construct its Bode plots.

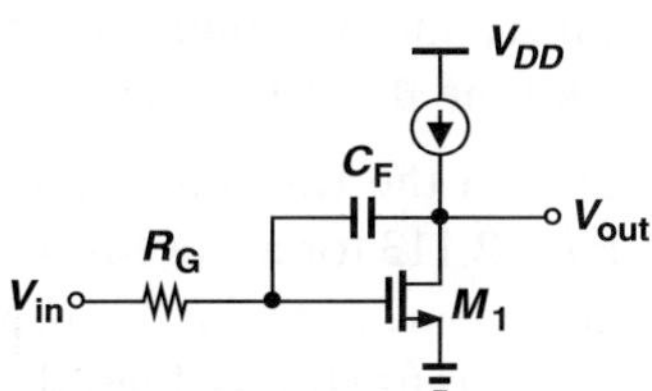

Figure 12.120

Sec. 12.8.2 Problem of Instability

12.60. In the system of Example 12-37, we gradually decrease the value of K without changing the position of the poles. Explain why decreasing K can make the system stable?

SOL ***12.61.** The three coincident poles in Example 12-38 do affect the phase even at $0.1\omega_p$. Calculate the phase of the transfer function at $\omega = 0.1\omega_p$.

***12.62.** Unlike a one-pole system, the magnitude response of the circuit in Example 12-38 falls by more than 3 dB at the pole frequency. Determine $|H|$ at ω_p. Can we say $|H|$ falls 9 dB due to three coincident poles?

12.63. Repeat Example 12-38 for $K = 0.1$.

12.64. Repeat Example 12-38 for four identical stages and compare the results.

12.65. Consider a one-pole circuit whose open-loop transfer function is given by

$$H(s) = \frac{A_0}{1 + \dfrac{s}{\omega_0}}. \tag{12.202}$$

Determine the phase margin of a feedback network using this circuit with $K = 1$.

12.66. Repeat Problem 12.65 for $K = 0.5$.

12.67. In each case illustrated in Fig. 12.72, what happens if K is reduced by a factor of 2?

12.68. Suppose the amplifier in Example 12-41 is described by

$$H(s) = \frac{A_0}{\left(1 + \dfrac{s}{\omega_{p1}}\right)\left(1 + \dfrac{s}{\omega_{p2}}\right)}, \tag{12.203}$$

where $\omega_{p2} \gg \omega_{p1}$. Compute the phase margin if the circuit is employed in a feedback system with $K = 0.5$.

12.69. Explain what happens to the characteristics illustrated in Fig. 12.74 if K drops by a factor of two. Assume ω_{p1} and ω'_{p1} remain constant.

****12.70.** Figure 12.121 depicts the amplifier of Example 12-38 with a compensation capacitor added to node X. Explain how the circuit can be compensated for a phase margin of 45°.

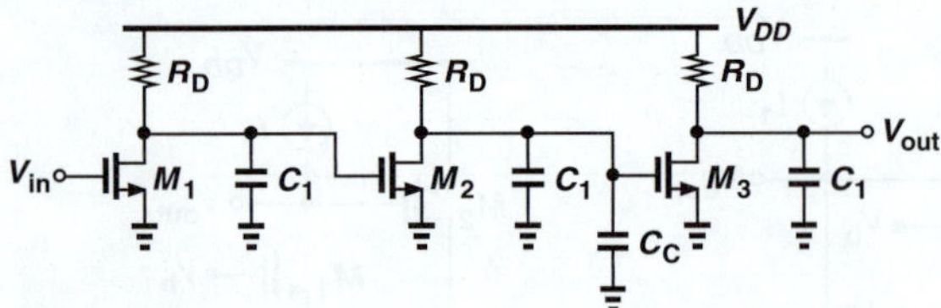

Figure 12.121

Design Problems

In the following problems, unless otherwise stated, assume $\mu_n C_{ox} = 2\mu_p C_{ox} = 100\ \mu A/V^2$ and $\lambda_n = 0.5\lambda_p = 0.1V^{-1}$.

12.71. Design the circuit of Example 12-15 for an open-loop gain of 50 and a nominal closed-loop gain of 4. Assume $I_{SS} =$ 0.5 mA. Choose $R_1 + R_2 \approx 10(r_{O2}||r_{O4})$.

12.72. Design the circuit of Example 12-16 for an open-loop gain of 10, a closed-loop input impedance of 50 Ω, and a nominal closed-loop gain of 2. Calculate the closed-loop I/O impedances. Assume $R_1 + R_2 \approx 10R_D$.

SOL **12.73.** Design the transimpedance amplifier of Example 12-18 for an open-loop gain of 10 kΩ, a closed-loop gain of 1 kΩ, a closed-loop input impedance of 50 Ω, and a closed-loop output impedance of 200 Ω. Assume $R_{D1} = 1$ kΩ and R_F is very large.

12.74. Repeat Problem 12.73 for the circuit shown in Fig. 12.96.

12.75. We wish to design the transimpedance amplifier depicted in Fig. 12.103 for a closed-loop gain of 1 kΩ. Assume each transistor carries a collector bias current of 1 mA, $\beta = 100$, $V_A = \infty$, and R_F is very large.
(a) Determine the values of R_C and R_M for an open-loop gain of 20 kΩ and an open-loop output impedance of 500 Ω.
(b) Compute the required value of R_F.
(c) Calculate the closed-loop I/O impedances.

12.76. Design the circuit illustrated in Fig. 12.108 for an open-loop voltage gain of 20, an open-loop output impedance of 2 kΩ, and a closed-loop voltage gain of 4. Assume $\lambda = 0$. Is the solution unique? If not, how should the circuit parameters be chosen to minimize the power dissipation?

12.77. Design the circuit of Fig. 12.109 for a closed-loop gain of 2, a tail current of 1 mA, and minimum output impedance. Assume $\beta = 100$ and $V_A = \infty$. SOL

12.78. Design the transimpedance amplifier of Fig. 12.113 for a closed-loop gain of 1 kΩ an output impedance of 50 Ω. Assume each transistor is biased at a collector current of 1 mA and $V_A = \infty$.

SPICE PROBLEMS

In the following problems, use the MOS device models given in Appendix A. For bipolar transistors, assume $I_{S,npn} = 5 \times 10^{-16}$ A, $\beta_{npn} = 100$, $V_{A,npn} = 5$ V, $I_{S,pnp} = 8 \times 10^{-16}$ A, $\beta_{pnp} = 50$, $V_{A,pnp} = 3.5$ V. Also, SPICE models the effect of charge storage in the base by a parameter called $\tau_F = C_b/g_m$. Assume $\tau_F(tf) = 20$ ps.

12.79. Figure 12.122 shows a transimpedance amplifier often used in optical communications. Assume $R_F = 2$ kΩ.
(a) Select the value of R_C so that Q_1 carries a bias current of 1 mA.
(b) Estimate the loop gain.
(c) Determine the closed-loop gain and I/O impedances.
(d) Determine the change in the closed-loop gain if V_{CC} varies by ±10%.

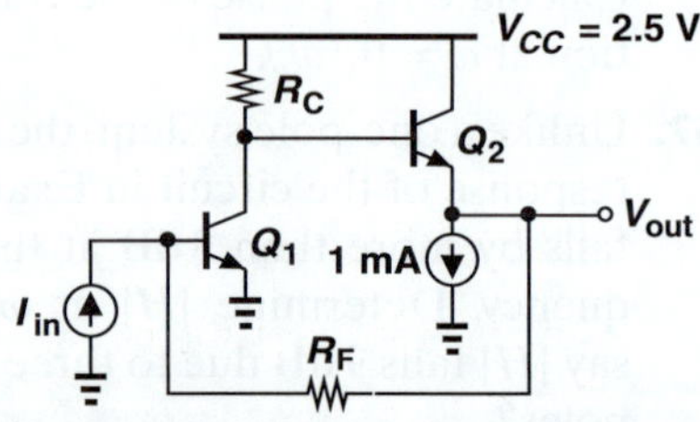

Figure 12.122

12.80. Figure 12.123 depicts another transimpedance amplifier, where the bias current of M_1 is defined by the mirror arrangement (M_2 and M_3). Assume $W/L = 20\ \mu m/0.18\ \mu m$ for M_1–M_3.

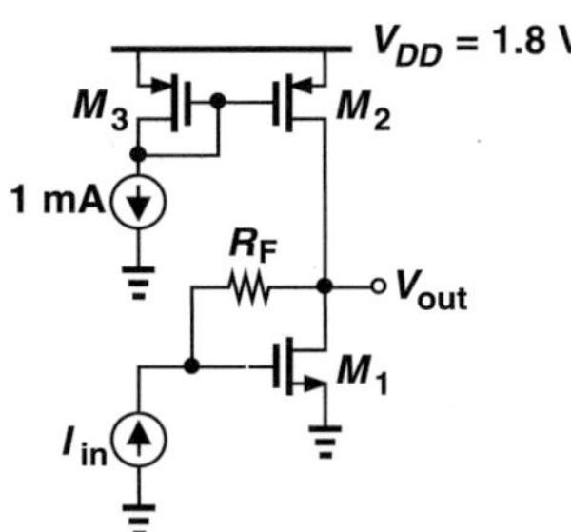

Figure 12.123

(a) What value of R_F yields a closed-loop gain of 1 kΩ?
(b) Determine the change in the closed-loop gain if V_{DD} varies by ±10%.
(c) Suppose the circuit drives a load capacitance of 100 fF. Verify that the input impedance exhibits *inductive* behavior and explain why.

12.81. In the circuit shown in Fig. 12.124, $W/L = 20\ \mu m/0.18\ \mu m$ for M_1 and M_2.

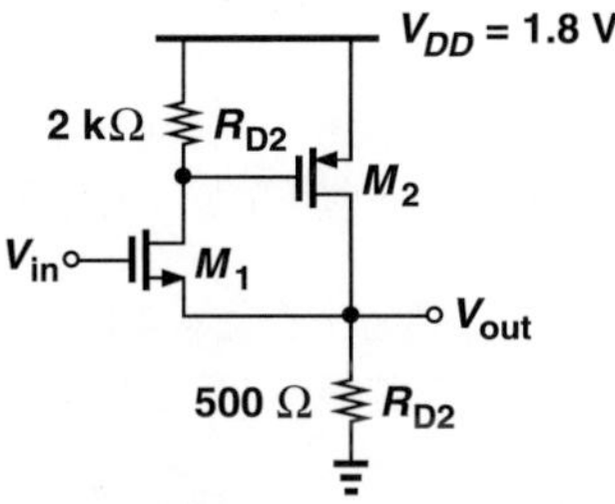

Figure 12.124

(a) Determine the circuit's operating points for an input dc level of 0.9 V.
(b) Determine the closed-loop gain and I/O impedances.

12.82. In the circuit of Fig. 12.125, the three stages provide a high gain, approximating an op amp. Assume $(W/L)_{1-6} = 10\ \mu m/0.18\ \mu m$.

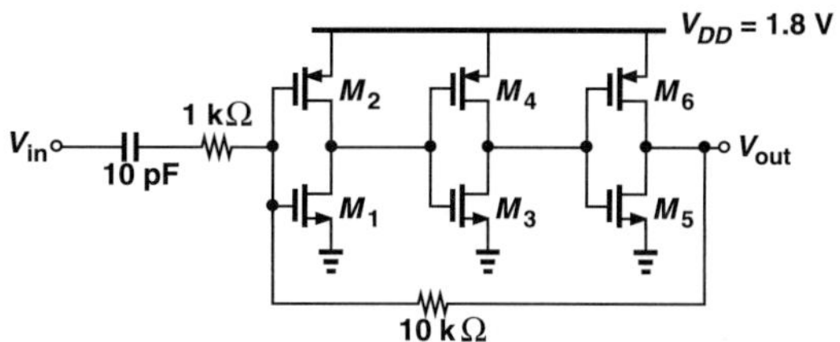

Figure 12.125

(a) Explain why the circuit is potentially unstable.
(b) Determine the step response and explain the circuit's behavior.
(c) Place a capacitor between nodes X and Y and adjust its value to obtain a well-behaved step response.
(d) Determine the gain error of the circuit with respect to the nominal value of 10.

12.83. In the three-stage amplifier of Fig. 12.126, $(W/L)_{1-7} = 20\ \mu m/0.18\ \mu m$.

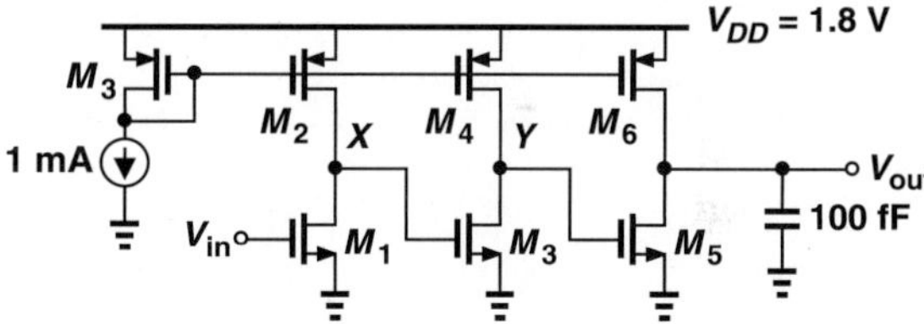

Figure 12.126

(a) Determine the phase margin.
(b) Place a capacitor between nodes X and Y so as to obtain a phase margin of 60°. What is the unity-gain bandwidth under this condition?
(c) Repeat (b) if the compensation capacitor is tied between X and ground and compare the results.

REFERENCE

1. A. Almassri, et al., "Pressure sensor: state of the art, design, and application for robotic hand," *J. Sensors*, vol. 2015, July 2015.
2. B. Razavi, *Design of Analog CMOS Integrated Circuits*, McGraw-Hill, 2001.

13

발진기

이전 장들에 있는 대부분의 학습 내용들은 증폭기의 분석과 설계에 집중되어 있다. 이 장에서는 아날로그 회로의 또 다른 부류인 발진기로 관심을 전환하고자 한다. 노트북에서 휴대전화에 이르기까지 오늘날의 전자 장비는 여러 가지 용도로 발진기를 사용하고 있으며, 흥미로운 도전을 제기해 왔다. 예를 들어 3 GHz의 마이크로프로세서를 구동하는 클럭은 3 GHz로 동작하는 온칩 발진기에 의해서 생성된다. 또한 와이파이 트랜시버는 '캐리어'를 생성하기 위해서 2.4 GHz 또는 5 GHz의 온칩 발진기에 사용한다. 이 장의 주요 내용은 다음과 같다. 발진기에 대해서 본격적으로 공부하기에 앞서 12장을 복습할 것을 권한다.

일반적인 고찰
- 바르크하우젠 조건
- 발진기 피드백 시스템
- 스타트업 조건
- 발진기 토폴로지

➤

링 발진기
- 1단 또는 2단 피드백
- 3단 링 발진기
- 내부 파형들

➤

LC 발진기
- 병렬 LC 탱크
- 교차 결합 발진기
- 콜피츠 발진기

➤

기타 발진기
- 위상 시프트 발진기
- 빈-브리지 발진기
- 크리스털 발진기

13.1 일반적인 고찰

우리는 증폭기가 신호를 감지하고 원하는 이득을 추가해서 출력단에서 재현한다는 것을 이전 장들에서 보았다. 반면에 발진기는 일반적으로 하나의 주기적인 신호를 생성한다. 예를 들어 마이크로프로세서에 사용되는 클럭은 구형파와 유사하다(그림 13.1).

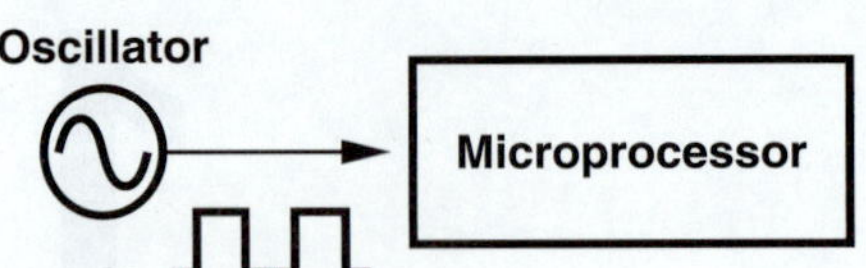

그림 13.1 마이크로프로세서를 구동하는 고속 발진기

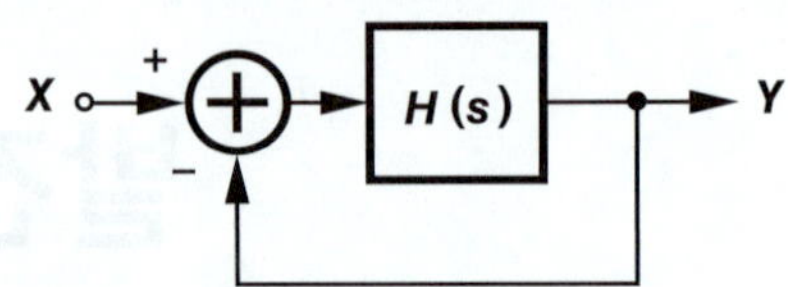

그림 13.2 발진기 학습을 위한 귀환 시스템

어떻게 회로는 입력 없이도 주기적으로 출력을 생성할 수 있을까? 12장의 증폭기 안정성에 대한 부분으로 돌아가서, 바르크하우젠 조건이 만족이 되면 부귀환 회로가 발진할 수 있음을 상기하자. 그림 13.2에서 볼 수 있는 바와 같이

$$\frac{Y}{X}(s) = \frac{H(s)}{1 + H(s)} \tag{13.1}$$

식 (13.1)에서 만약 $H(s = j\omega_1) = -1$, 즉 등가적으로 $|H(j\omega_1)| = 1$이고 $\angle H(j\omega_1) = 180°$인 조건이 만족되면, ω_1의 주파수에서 무한대의 값으로 수렴한다. 따라서 발진기를 잘못 설계된 귀환 증폭기로 볼 수 있다. 여기에서 중요한 점은 루프 내의 신호가 너무 많은 위상 시프트(즉, 지연)를 겪게 되면, 신호가 감산기에 도달할 때, 실제로 X를 강화한다는 것이다. 충분한 루프 이득을 가지고 있을 경우 회로는 X 노드의 유한한 스윙으로부터 무한대의 큰 출력 파형을 생성하면서 X를 무제한으로 계속해서 증폭하게 된다.

부귀환에 필요한 180° 위상 시프트와 바르크하우젠 조건에 의해 규정된 주파수에 의존하는 180° 위상 시프트를 혼동하지 않는 것이 중요하다. 그림 13.3(a)에 도시된 바와 같이, 루프는 부귀환을 보장하기 위해서 한 번의 순수한 신호 반전(가산기 입력의 음의 표시)과 ω_1에서 또 다른 180°의 위상 시프트를 포함하고 있다. 즉, 루프 주위의 전체 위상 시프트는 ω_1에서 360°에 도달하게 된다[그림 13.3(b)].

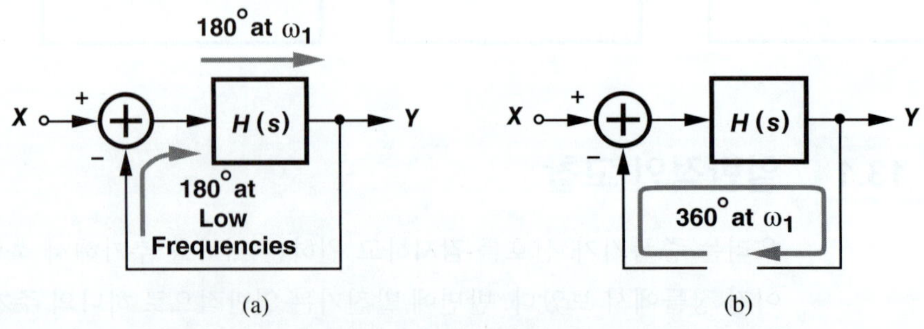

그림 13.3 (a) 발진기 루프 내의 위상 시프트; (b) 다른 관점

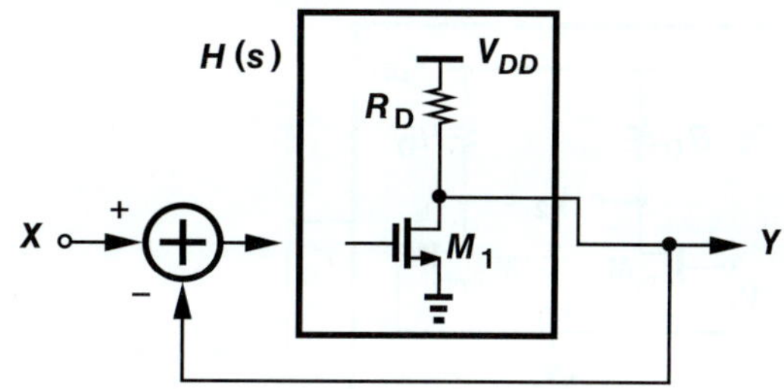

그림 13.4 공통 소스 단을 포함하고 있는 귀환 루프

> **Did you know?**
>
> 발진기의 가장 일반적인 사용처는 (전자) 시계에 있다(이 장에서 나중에 공부함). 크리스털 발진기는 32,768(=2^{15}) Hz의 정확한 주파수에서 동작한다. 그다음에 이 주파수는 '시간 기반'을 제공하면서 1 Hz 정사각형 파형을 생성하기 위해서 15 bit 카운터를 사용하여 분주된다. 이 파형은 시계에 초를 보여 준다. 이 주파수는 또한 분과 시간을 각각 카운트하기 위해서 60으로 나눠지고, 또 다른 60으로 나눠진다. 초기 전자 시계의 큰 과제는 시계의 배터리가 몇 달 동안 지속되도록 전력 소모가 매우 적은 카운터들을 설계하는 것이었다.

우리는 지금 두 가지 긴급한 질문에 대답해야 한다. 첫 번째 질문은 "X는 어디에서 오는가?"이다.(우리는 방금 전에 발진기가 입력을 가지고 있지 않다고 하였다.) 실제로 X는 루프 내 소자들의 잡음으로부터 온다. 발진기 내의 트랜지스터와 저항들은 ω_1에서의 발진을 위한 '씨앗(seed)'을 제공하면서, 모든 주파수에서 잡음을 생성한다. 두 번째 질문은 "출력 진폭은 정말 무한대로 가는가?"이다. 아니다. 실제로는 회로 내의 포화 또는 비선형 효과에 의해서 출력 진폭이 제한된다. 결국, 만약 공급 전압이 1.5 V이면, 이 양보다 더 큰 진폭을 생성하기는 어려울 것이다.[1] 예를 들어 그림 13.4에서 보이는 것과 같이 공통 소스 단이 $H(s)$ 내에서 증폭을 제공하는 개념적인 배치를 고려해 보자. 출력 스윙이 커질수록 특정 지점에서 M_1은 트라이오드 영역에 들어가고, 트랜스컨덕턴스가 감소하게 된다. 결과적으로 루프 이득은 감소해서, 결국 간신히 허용 가능한 값, 1에 근접하게 된다.

예제 13.1 발진기는 차동쌍을 활용한다[그림 13.5(a)]. 출력 진폭을 어떤 요인이 제한하는지 설명하라.

풀이 차동쌍의 입력 스윙이 커짐에 따라 회로는 포화 영역에 들어가기 시작한다.(10장에서 배운 차동쌍의 대신호 동작을 상기하라.) 그래서 차동쌍의 이득(즉, 입력/출력 특성의

1) 그러나 몇몇 발진기는 약 2배의 공급 전압에 해당되는 출력 진폭을 생성할 수 있다.

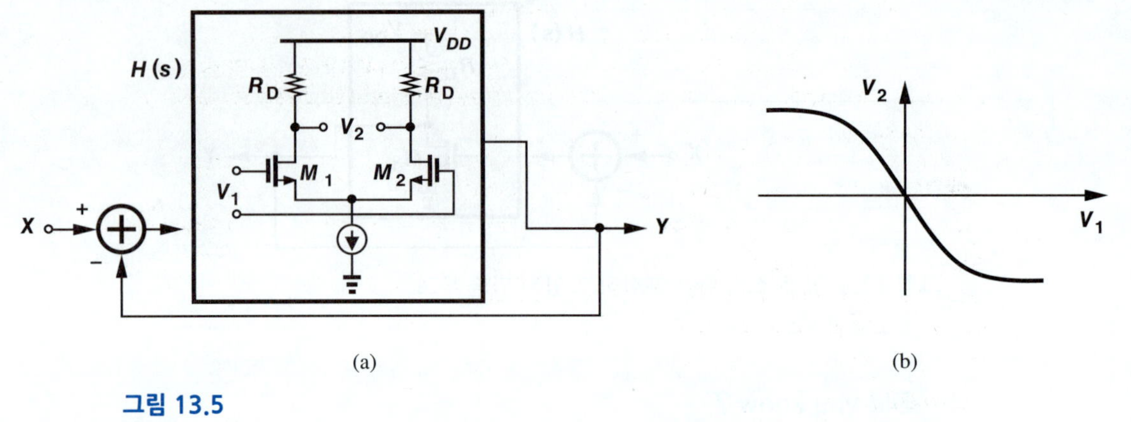

(a) (b)

그림 13.5

기울기)이 떨어지고 루프 이득 역시 감소한다. 발진 진폭의 성장은 어느 시점에서 중지된다. 사실 만약 V_1이 충분히 크다면, 테일 전류는 완전히 왼쪽 또는 오른쪽으로 흐르며, 그에 따라 V_2는 $-I_{SS}R_D$에서 $+I_{SS}R_D$로 스윙한다. 이것이 최대 발진 진폭이다.

연습문제 바이폴라 차동쌍에 대해서 위의 예제를 반복하라.

스타트업 조건 첫 번째 바르크하우젠 조건으로부터 우리는 원하는 발진 주파수 ω_1에서 단일 루프 이득을 갖는 회로를 설계할 수 있다. 이것을 발진기의 '스타트업 조건'이라고 부른다. 그러나 이러한 선택은 회로를 오동작의 가장자리에 놓이게 한다. 약간의 온도, 공정, 또는 공급 전압의 변화에도 루프 이득이 1 아래로 떨어질 수 있다. 이 때문에 그리고 다른 이유들로 루프 이득은 보통 1보다 꽤 크게 잡는다.(사실 설계에서는 전형적으로 루프 이득보다는 요구되는 출력 전압 스윙을 만족하고자 한다.)

표 13.1 여러 발진기 토폴로지와 그 응용

		LC 발진기				
발진기 토폴로지	링 발진기	교차 결합 발진기	콜피츠 발진기	위상 시프트 발진기	빈-브리지 발진기	크리스털 발진기
구현	집적	집적	개별 소자 또는 집적	개별 소자	개별 소자	개별 소자 또는 집적
전형적인 주파수 범위	~ 수 GHz	~ 수백 GHz	~ 수십 GHz	~ 수 MHz	~ 수 MHz	~ 100 MHz
응용 분야	마이크로프로세서 또는 메모리	무선 송수신기	단독 발진기	프로토타입 설계	프로토타입 설계	정확한 레퍼런스

발진기 설계의 어떤 측면이 중요한가? 응용에 따라서 사양에는 발진 주파수, 출력 진폭, 전력 소비, 복잡도 등이 포함된다. 경우에 따라서는 출력 파형의 '잡음' 또한 중요하다.

발진기는 집적 회로 또는 개별 회로의 형태로 구현될 수 있다. 두 경우의 토폴로지들은 완전히 다르지만, 여전히 바르크하우젠 조건에 의존한다. 이 장에서 공부하게 될 여러 가지 발진기 종류를 슬쩍 보는 것이 도움이 될 것이다. 표 13.1은 토폴로지들과 그 특성을 요약하고 있다.

13.2 링 발진기

대부분의 마이크로프로세서 및 메모리는 CMOS '링 발진기'를 포함한다. 이름에서 알 수 있듯이, 링 내에 많은 단으로 구성되어 있는데, 근본적인 원리들을 이해하기 위해서는 몇 가지 단계를 다시 돌아보아야 한다.

부귀환 내에 공통 소스 증폭기를 두고, 그 회로가 발진하는지 확인해 보자. 그림 13.6(a)에서 볼 수 있는 바와 같이, 우리는 출력을 입력에 묶는다. 그 단은 $-g_mR_D$(만약, $\lambda = 0$이라면)의 전압 이득을 가지고 있으므로, (저주파에서는) 귀환은 음이다. 이제 소신호 모델을 고려해 보자[그림 13.6(b)]. 이 회로는 발진하는가? 두 가지 바르크하우젠 조건 중에서 루프 이득 요구 조건 $|H(j\omega_1)| = 1$은 만족이 가능해 보인다. 하지만 위상 조건은 어떻게 될까? C_{GD1}을 무시하면 회로의 커패시턴스들은 X 노드에서 하나로 합쳐져서 R_D와 함께 $\omega_{p,X} = -(R_DC_L)^{-1}$이라는 하나의 (개루프) 극점을 형성함을 알 수 있다. 안타깝게도 하나의 극점은 ($\omega = \infty$에서) 최대 $-90°$의 위상 시프트를 제공할 수 있다. 즉, 개루프 전달 함수 $H(s)$의 주파수에 의존하는 위상 시프트는 $-90°$를 넘을 수 없으므로, 발진이 일어날 수 없다. 그림 13.3(b)의 관점에서, 루프 내의 총 위상 시프트는 360°에 도달할 수 없다.

이 간단한 분석을 통해서 우리는 루프 내의 지연이나 위상 시프트를 증가시켜야 한다는 것을 알 수 있다. 예를 들어 2개의 CS 단을 캐스케이드해 보자(그림 13.7). 이제 개루프 회로가 최대 180°의 위상 시프트를 가지면서, 2개의 극점을 포함하고 있다. 이제 발진기로 동작할 것인가? 아직 아니다. 각 CS 단은 $\omega = \infty$에서만 최대 $-90°$의 위상 시프트와 무이

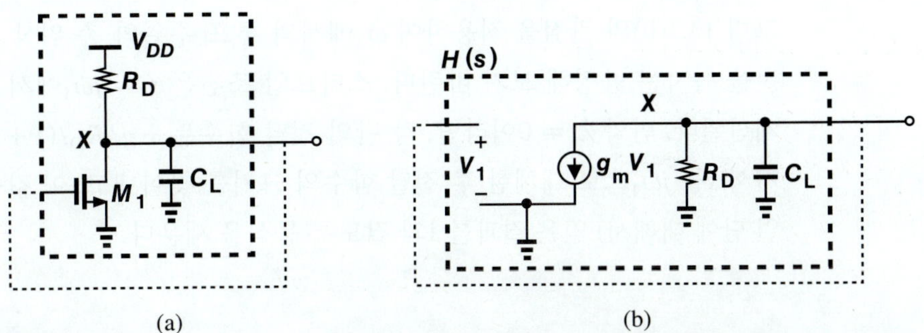

그림 13.6 (a) 하나의 CS 단을 이용한 가상적인 발진기; (b) (a)의 등가 회로

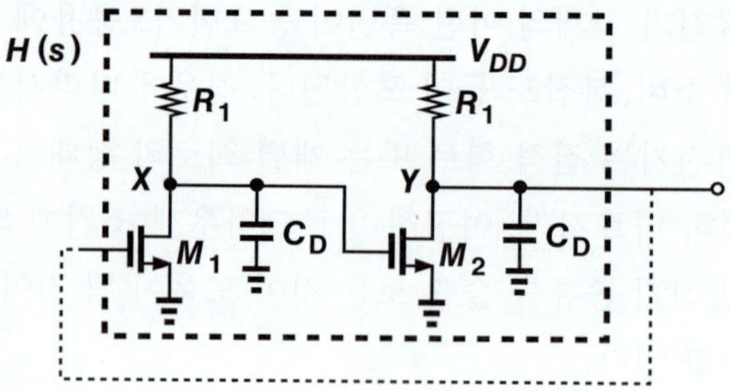

그림 13.7 2개의 CS 단을 이용한 피드백 루프

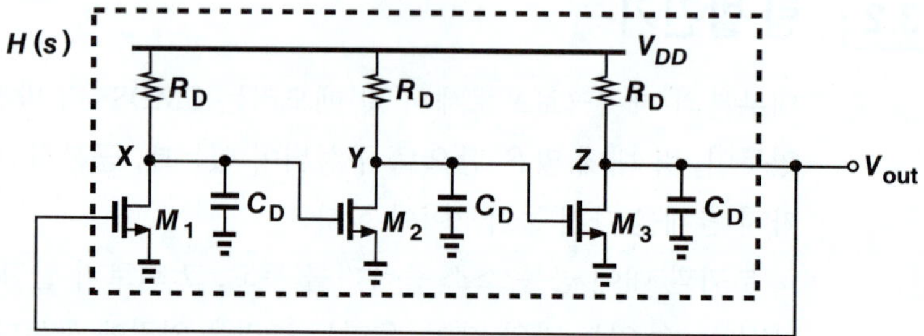

그림 13.8 간단한 3단 링 발진기

득을 보인다. 즉, 우리는 여전히 같은 주파수에서 바르크하우젠 조건을 동시에 만족할 수 없다.

지금까지 우리는 경향을 파악했고, 그림 13.8[2)]의 '링 발진기'에서 보이는 것처럼 루프 내에 하나의 CS 단을 더 추가해야 한다는 것을 알았다. 각 극점은 단지 60°(또는 −60°)의 위상 시프트만을 제공해야 한다. R_DC_D에 의한 극점에서의 위상 시프트가 $-\tan^{-1}(R_DC_D\omega)$와 같기 때문에, 식 (13.2)가 성립한다.

$$-\tan^{-1}(R_DC_D\omega_1) = -60° \tag{13.2}$$

따라서 발진 주파수는 식 (13.3)과 같다.

$$\omega_1 = \frac{\sqrt{3}}{R_DC_D} \tag{13.3}$$

그림 13.3(b)의 관점을 적용하여 ω_1에서의 루프 주위의 총 위상 시프트가 360°가 된다는 것을 독자는 증명해 보기 바란다. 스타트업 조건은 $s = j\omega_1$에서 $H(s)$ 값을 1로 설정하여 계산된다. 만약 $\lambda = 0$이라면, 각 단의 전달 함수는 $-g_mR_D/(1+R_DC_Ds)$ 로 주어진다. 여기서 s를 $j\omega_1$으로 대체한 후 전달 함수의 크기를 찾아내고, 이 값을 세제곱하여 (3개의 동일 단에 대해서) 얻은 결과를 1과 같도록 등식을 세운다.

---

2) 우리는 여기서 C_{GD}는 무시한다.

$$\left(\frac{g_m R_D}{\sqrt{1+R_D^2 C_D^2 \omega_1^2}}\right)^3 = 1 \tag{13.4}$$

결국,

$$g_m R_D = \sqrt{1+R_D^2 C_D^2 \omega_1^2} \tag{13.5}$$

$$= 2 \tag{13.6}$$

식 (13.5)와 (13.6)으로부터 발진 시작을 보장하기 위해서는 각 단의 저주파 이득이 2를 초과해야 한다는 것을 보여 준다.

예제 13.2 한 학생이 그림 13.8의 링 발진기에서 과도(transient) SPICE 시뮬레이션을 수행하여, 3개의 모든 드레인 전압들이 동일하며, 회로가 발진하지 않는 것을 관찰하였다. 왜 그런지 설명하라. 각 단들은 동일하다고 가정한다.

풀이 과도 시뮬레이션을 시작할 때, SPICE는 모든 소자들의 dc 동작점을 계산한다. 동일한 단에서, SPICE는 동일한 드레인 전압들이 네트워크의 하나의 정답이라고 보고, 그것을 유지한다. 따라서 세 드레인 전압들은 무제한으로 같은 값을 유지한다. 반면에 실제 회로에서는, 소자들의 전자 잡음이 이 전압들을 교란시켜서 발진을 야기한다.(SPICE에서의 과도 시뮬레이션은 소자의 잡음을 무시한다.) SPICE에서 회로에 '자극'을 주기 위해서, 예를 들어 노드 X에 0을 인가하는 등으로 초기 조건을 적용할 수 있다. 그 결과, V_X 값을 V_{DD}로 상승시키면서, $V_Y = V_{DD}$이고, $V_Z \approx 0$이 된다. 따라서 SPICE는 평형점을 찾을 수 없으며, 발진이 일어나게 된다.

연습문제 만약 링 발진기가 4개의 동일한 단으로 이루어져 있고 초기 조건으로 노드들 중의 하나에 0을 인가한다면 어떻게 될까?

또 다른 유형의 링 발진기도 다음과 같이 생각해 볼 수 있다. 그림 13.8의 부하 저항들을 그림 13.9(a)에서 보이는 바와 같이 PMOS 전류원으로 대체한다고 가정하자. 만약 R_D를 $r_{Op} \| r_{On}$으로 대체한다면, 이 회로는 여전히 위의 유도 과정을 만족한다.[3] 하지만 증폭 소자의 게이트를 해당 단의 입력으로 연결함으로써 각 PMOS 전류원을 증폭 소자로 바꿔 보자[그림 13.9(b)]. 양쪽의 트랜지스터들이 포화 영역에 있다면, 이제 각 단은 $-(g_{mp}+g_{mn})$

3) 드레인 전압이 0 또는 V_{DD}에 근접할 때 모든 트랜지스터들이 포화 영역에 있다는 가정은 정확하지 않다.

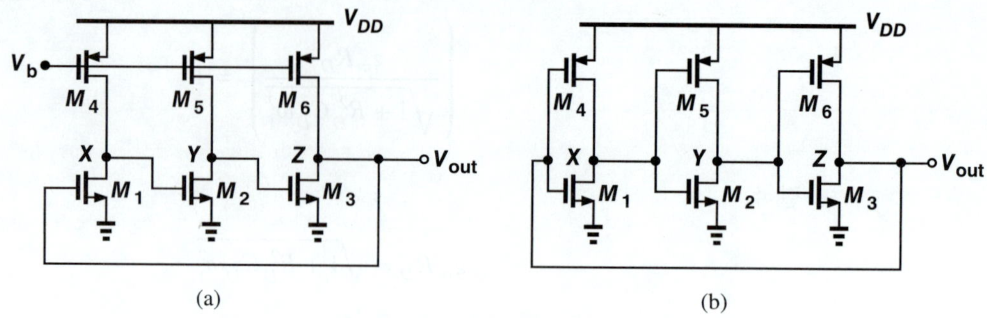

그림 13.9 (a) PMOS 부하를 가지고 있는 CS 단; (b) CMOS 인버터를 이용한 링 발진기

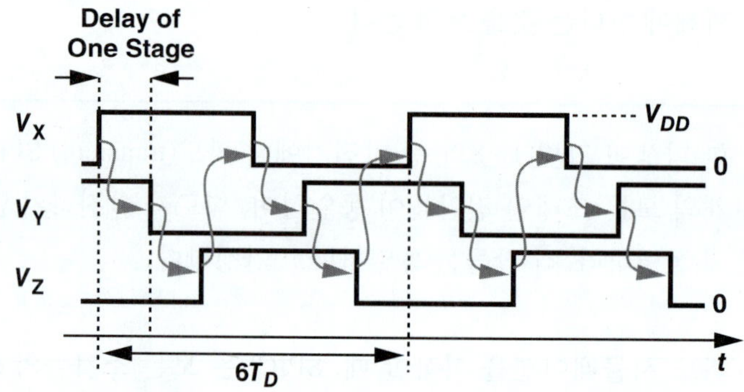

그림 13.10 링 발진기의 파형들

$(r_{Op} \| r_{On})$의 전압 이득을 갖는 CMOS 인버터(논리 설계의 기초적인 블록)가 된다. 이 유형의 링 발진기들은 많은 응용 분야에서 쓰인다. 트랜지스터들 자체가 각 노드에 커패시턴스를 기여하면서, 속도를 제한한다는 점을 주목하라.

인버터 기반 링 발진기의 동작은 다른 관점에서도 연구해 볼 수 있다. V_X 값이 0에서부터 시작한다면, $V_Y = V_{DD}$, $V_Z = 0$이 된다. 따라서 첫 번째 단은 V_X 값을 V_{DD}까지 올리려고 한다. 각 단에서 약간의 위상 시프트(지연)가 발생하기 때문에, 이 회로는 세 전압들이 0에서 V_{DD} 사이를 연속적으로 토글링하면서 발진하는 회로가 된다(그림 13.10). 먼저 V_X 값이 상승하여; 약간의 지연 후에 V_Y 값이 하강하게 된다; 또 약간의 지연 후에 V_Z 값이 상승하여; 결국에는 약간의 지연 후에 V_X 값이 하강하게 된다. 각 인버터 단이 T_D초의 지연을 갖는다면, 총 발진 주기는 $6T_D$가 되고, 따라서 출력 주파수는 $1/(6T_D)$로 주어진다.

예제 13.3 4개의 인버터들을 연속으로 연결하여 4단 링 발진기를 구성할 수 있을까?

풀이 아니다. 불가능하다. 그림 13.11의 링 발진기를 생각하고 이 회로가 $V_X = 0$에서 시작한다고 가정해 보자. 따라서 $V_Y = V_{DD}$, $V_Z = 0$, $V_W = V_{DD}$를 만족한다. 첫 번째 단은 높은 입력을 감지하기 때문에 무기한으로 낮은 출력을 유지한다. 모든 트랜지스터들이 꺼지

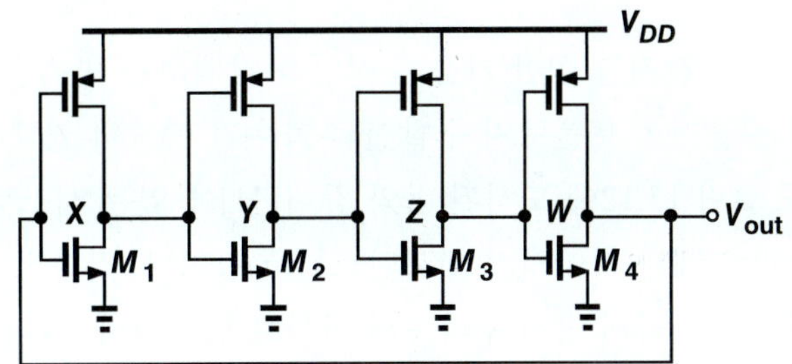

그림 13.11

거나 (0의 드레인 전류를 가지고) 깊은 트라이오드 영역에 빠지며, 0의 루프 이득을 만들면서 바르크하우젠의 첫 번째 조건을 위반한다. 이 회로를 '래치 업'이라고 부른다. 일반적으로, 짝수 개의 인버터를 갖는 싱글엔디드 출력 링 발진기에서는 래치 업이 발생한다.

링 발진기는 얼마나 빠르게 동작할까? 40 nm CMOS 공정에서의 게이트 지연은 약 8 ps이다. 따라서 3단 링 발진기는 20 GHz만큼 높은 주파수에서 발진이 가능하다. 링 발진기들은 단순함으로 인해서 많은 집적 회로에서 흔히 사용된다. 예를 들어 메모리, 마이크로프로세서 및 몇몇 통신 시스템에서는 링 발진기를 온칩 클럭 발생기로 사용한다.

생명공학 응용: 근접 생명 신호 탐지기

일부 응용에서는 사람들의 신체에 접촉 없이 호흡이나 심장 박동을 감지하는 것이 바람직하다. 예를 들어 화재 시에 벽 뒤에서 인간을 감지하거나 유아에게 장치를 부착하지 않고 호흡을 모니터링하는 것은 매우 도움이 된다. 유사하게, 그러한 '비접촉식' 장치가 사용자의 생체 신호를 측정하기 위해 휴대전화 내부에 위치해 있을 수 있다.

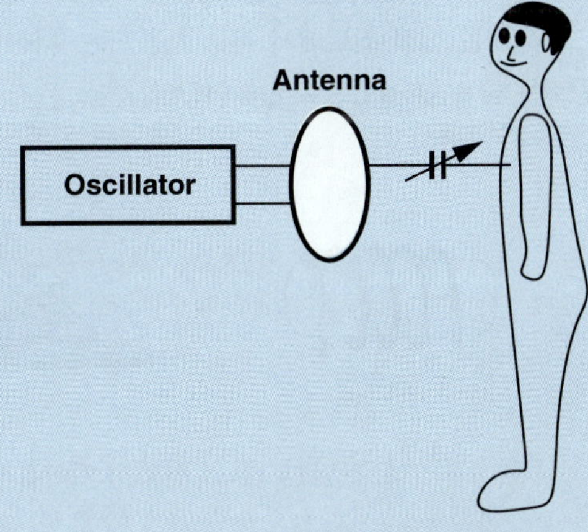

그림 13.12 커패시턴스 변화를 측정하여 가슴 움직임을 감지

호흡 감지를 위한 가슴 움직임을 감지하는 방법은 발진기를 사용한다[1]. 교차 결합 또는 콜피츠 토폴로지의 발진 주파수가 탱크의 커패시턴스에 의존한다는 점을 상기하자. 그림 13.12에 도시된 바와 같이, [1]에 있는 시스템은 탱크의 일부로서 피사체의 가슴과 안테나 사이의 커패시턴스를 통합한다. 결과적으로, 가슴 움직임은 커패시턴스의 변화와 따라서 발진 주파수의 변화로 변환된다. 여기서 가장 큰 도전은 정전 용량 변화가 매우 작으며, 주파수가 큰 정확도를 가지고 측정되어야 한다는 점이다.

13.3 LC 발진기

다른 부류의 발진기들은 발진 주파수를 정의하기 위해 인덕터와 커패시터들을 사용한다. 'LC 발진기'라고 불리는 이 회로들은 서로 다른 토폴로지들과 설계 제한 요인들을 가지고, 집적 또는 개별 형태로 구현될 수 있다. 집적화된 LC 발진기부터 살펴보자.

왜 LC 발진기를 쓸까? 왜 링 발진기를 쓰지 않을까? LC 발진기를 특히 RF와 무선 송수신기에서 널리 쓰이게 만드는 두 가지 장점이 있다. 첫째로, 링 발진기보다 빠른 속도로 동작한다는 것(저자는 65 nm CMOS 공정에서 300 GHz에 달하는 발진기를 개발한 적이 있다), 그리고 (비록 이 책에서는 잡음에 관해 공부하지 않지만) 더 낮은 잡음을 갖는다는 것이다. 안타깝게도 LC 발진기는 링 발진기에 비해 설계하기가 더 어려우며 더 큰 면적을 차지한다. 첫 번째 단계로, 기초적인 회로 이론으로부터 몇 가지 개념들을 떠올려 보자.

Did you know ?

집적 LC 발진기의 설계에서의 어려운 과제는 온칩 인덕터들의 구현이었다. 개별 인덕터들은 3차원으로 쉽게 확장될 수 있는 반면[그림 (a)], 집적된 소자들은 '평면'(2차원) 구조에 기반하는 것이 선호된다. 그림 (b)는 집적 회로에서 흔히 사용되는 '나선형' 인덕터를 보여 준다. 나선형은 온칩 배선에 사용되는 금속층(구리)으로 만들어진다.

(a) 간단한 3차원 인덕터; (b) 집적 나선형 인덕터

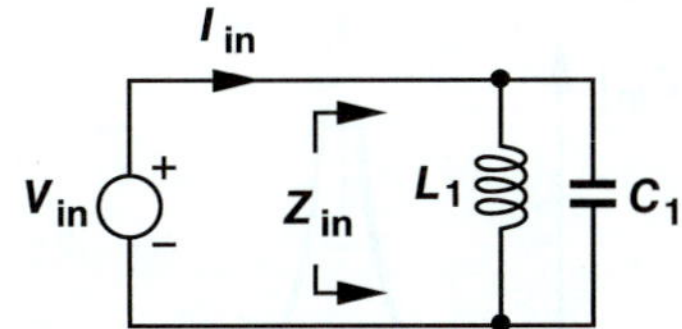

그림 13.13 병렬 LC 탱크의 임피던스

13.3.1 병렬 LC 탱크들

그림 13.13에서 보았듯이, 이상적인 병렬 LC 탱크가 다음과 같은 임피던스를 갖는다.

$$Z_1(s) = (L_1 s)||\frac{1}{C_1 s} \tag{13.7}$$

$$= \frac{L_1 s}{L_1 C_1 s^2 + 1} \tag{13.8}$$

사인 입력 전류 또는 전압에 대해서, $s = j\omega$를 식 (13.8)에 대입하면 식 (13.9)와 같으며,

$$Z_1(j\omega) = \frac{jL_1\omega}{1 - L_1 C_1 \omega^2} \tag{13.9}$$

$\omega_1 = 1/\sqrt{L_1 C_1}$에서의 임피던스가 무한대로 수렴한다. 즉, 탱크에 인가되는 전압 V_{in}이 시간에 대해서 사인의 형태로 변한다 하더라도, 탱크로 흘러 들어가는 순 전류는 0이 된다. 어떻게 이런 일이 발생할까? $\omega = \omega_1$에서, 인덕터와 커패시터는 값은 같고 부호는 반대인 임피던스들[각각, $jL_1\omega_1$과 $1/(jC_1\omega_1)$]을 가짐으로써, 서로 상쇄하면서 개회로를 만든다. 다시 말해서, L_1에서 필요한 전류는 C_1에서 정확하게 공급된다. 우리는 이 탱크가 $\omega = \omega_1$에서 '공진한다'라고 한다.

예제 13.4 $Z_1(j\omega)$의 크기와 위상을 주파수 함수로 스케치하라.

풀이

$$|Z_1(j\omega)| = \frac{L_1\omega}{|1 - L_1 C_1 \omega^2|} \tag{13.10}$$

식 (13.10)으로부터 그림 13.14(a)를 얻을 수 있다. 위상 관점에서, 식 (13.9)로부터 $\omega < \omega_1$이라면, $1 - L_1C_1\omega^2 > 0$, $\angle Z_1(j\omega) = \angle(jL_1\omega) = +90^\circ$라는 것에 주목하자[그림 13.14(b)]. 반면에, $\omega > \omega_1$이라면, $1 - L_1C_1\omega^2 < 0$, $\angle Z_1(j\omega) = \angle(jL_1\omega_1) - 180^\circ = -90^\circ$가 성립한다. 이 탱크는 간략하게 $\omega < \omega_1$에서는 인덕터 역할, $\omega > \omega_1$에서는 커패시터 역할을 한다고 볼 수 있다.

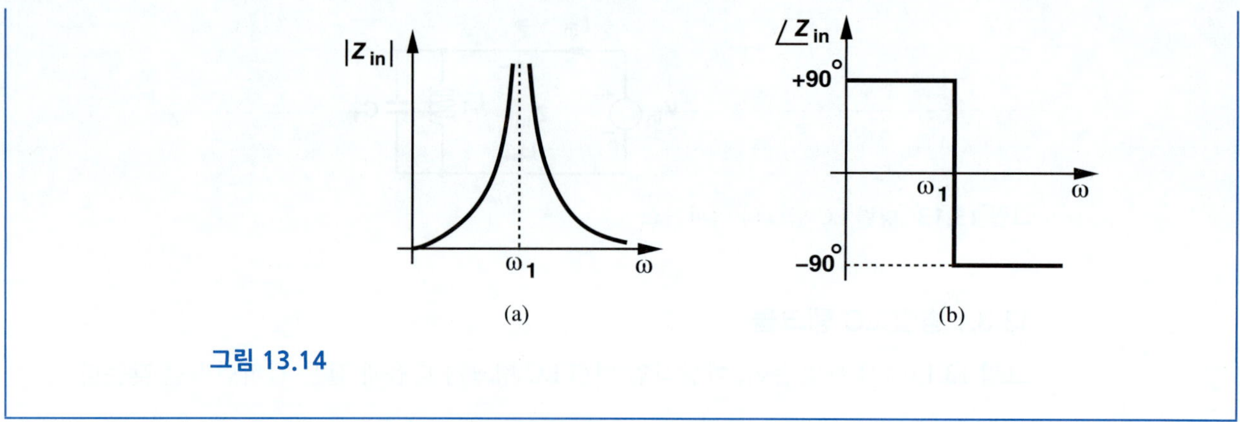

그림 13.14

연습문제 $\omega = \omega_1/2$과 $\omega = 2\omega_1/2$에서의 $|Z_1|$을 결정하라.

실제로, 공진 주파수에서의 병렬 LC 탱크의 임피던스는 무한대로 수렴하지 않는다. 이 점을 이해하기 위해서는 인덕터를 이루는 전선이 유한한 저항을 갖는다는 점을 알아야 한다. 그림 13.15(a)에서 볼 수 있듯이, L_1에 전류가 흐를 때 이 전선의 저항 R_1은 뜨거워지며 에너지를 소모한다. 따라서 전압 V_{in}은 매 사이클마다 이 에너지를 보충해야 하며 공진에서조차 $Z_2 < \infty$가 된다. 이 회로는 이제 인덕터 내의 저항으로 인한 에너지 손실을 강조하기 위해 '손실 탱크'라고 불린다.

LC 발진기의 분석에서, 병렬 저항 R_p로 탱크의 손실을 모델링하는 것이 더 선호된다[그림 13.15(b)]. 그림 13.15의 두 회로가 등가일까? 두 회로는 모든 주파수에서 등가일 수는 없다: $\omega \approx 0$에서 L_1은 닫히며, C_1은 열림으로써, 그림 13.15(a)에서는 $Z_2 = R_1$이 되지만, 그림 13.15(b)에서는 $Z_2 = 0$이 된다. 하지만 공진 주파수 주변의 좁은 범위에서는 두 모델이 등가가 될 수 있다. 관심 있는 독자를 위해 증명과 유도 과정이 문제 13.23에 서술되었지만 여기에는 최종 결과만 기술한다: 두 탱크가 거의 등가가 되기 위해서는 식 (13.11)이 성립한다.

$$R_p = \frac{L_1^2\omega^2}{R_1} \tag{13.11}$$

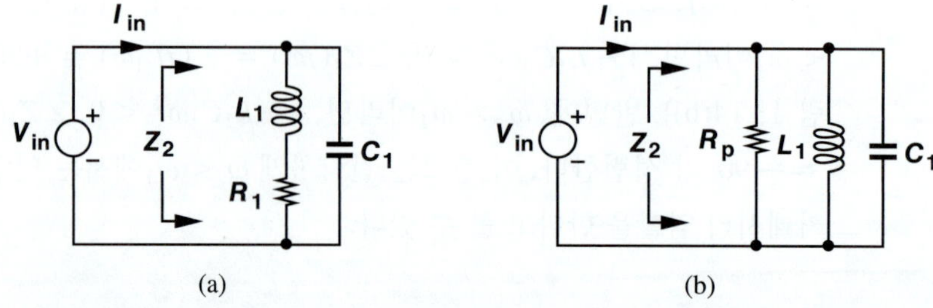

그림 13.15 (a) 손실 탱크의 임피던스; (b) (a)의 등가 회로

이상적인 인덕터는 $R_1 = 0, R_p = \infty$라는 점에 주목하자. 아래 예제는 병렬 모델이 어떻게 분석을 단순화하는지 보여 준다.

예제 13.5 그림 13.15(b)에서 $Z_2(s)$의 크기와 위상을 주파수 함수로 그려라.

풀이

$$Z_2(s) = R_p||(L_1 s)||\frac{1}{C_1 s} \tag{13.12}$$

$$= \frac{R_p L_1 s}{R_p L_1 C_1 s^2 + L_1 s + R_p} \tag{13.13}$$

$s = j\omega$에서

$$Z_2(j\omega) = \frac{jR_p L_1 \omega}{R_p(1 - L_1 C_1 \omega^2) + jL_1 \omega} \tag{13.14}$$

인덕터와 커패시터의 임피던스가 서로 상쇄시키기 때문에, $\omega_1 = 1/\sqrt{L_1 C_1}$에서 예상대로 $Z_2(j\omega_1) = R_p$가 된다. Z_2는 ω_1에서 하나의 저항으로 감소되어, $\angle Z_2(j\omega_1) = 0$이 된다. 또한, (1) 매우 낮은 주파수에서는 $jL_1\omega$ 값이 매우 작아 병렬 조합의 값, 즉 $Z_2 \approx jL_1\omega$를 좌우하고, (2) 매우 높은 주파수에서는 $1/(jC_1\omega)$ 값이 매우 작아 $Z_2 \approx 1/(jC_1\omega)$가 된다. 따라서 $|Z_2|$와 $\angle Z_2$는 그림 13.16에서 볼 수 있는 바와 같이 일반적인 동작을 따르게 된다.

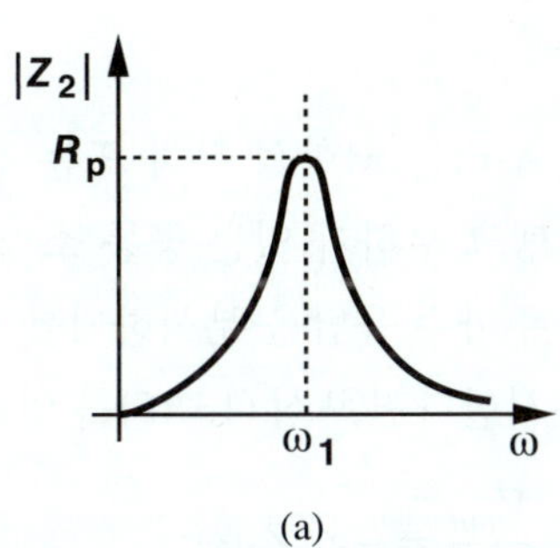

(a)

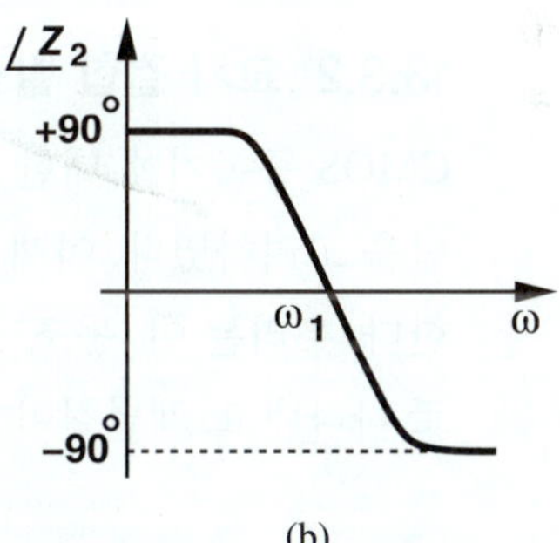

(b)

그림 13.16 손실 탱크의 크기와 위상

연습문제 $\omega = \omega_1/2$과 $\omega = 2\omega_1/2$에서의 $|Z_2|$를 결정하라.

예제 13.6 분리된 병렬 탱크 내의 커패시터 양단의 V_0의 초기 전압을 인가했다고 가정하자. 만약 탱크가 이상적이거나 손실이 있을 경우, 시간 영역에서의 회로의 동작을 분석하라.

풀이 그림 13.17(a)에 있는 이상적인 탱크에서, 커패시터는 인덕터를 통해 방전을 시작한다, 즉, 전기 에너지가 자기 에너지로 변환된다. $V_{out}=0$일 때, L_1이 전류의 형태로 에너지를 이동시킨다. 이 전류는 이제 C_1을 $-V_0$ 쪽으로 계속해서 충전시킨다. C_1과 L_1 사이의 에너지 전송은 반복되며, 탱크를 무기한으로 발진시킨다.

반면에, 손실 탱크[그림 13.17(b)]에서는 영이 아닌 출력 전압이 R_p를 통한 전류의 흐름과 에너지 손실을 유발한다. 따라서 탱크는 매 사이클마다 얼마의 에너지를 잃게 되어 감쇠된 발진 출력을 생성한다. 발진기를 구성할 때 우리는 반드시 이러한 감쇠를 어떤 형태로든지 상쇄시켜야 한다.

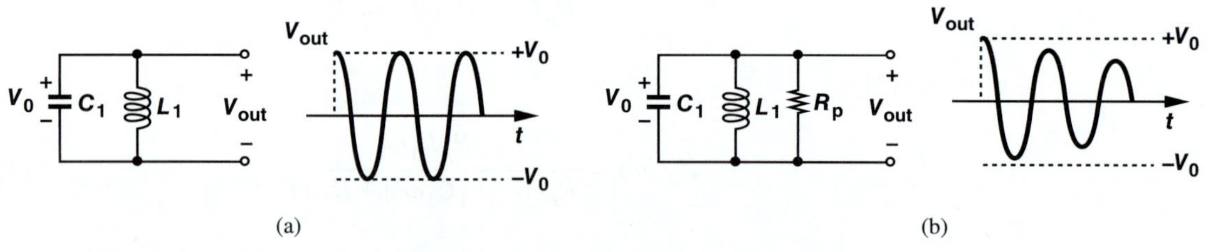

그림 13.17 (a) 이상적인 (b) 손실 탱크의 시간 영역에서의 동작

연습문제 그림 13.17(a)의 L_1에 저장되는 최대 에너지를 계산하라.

이제 우리는 병렬 LC 탱크의 기본적인 이해를 바탕으로 증폭단과 발진기를 만들 수 있다.

13.3.2 교차 결합 발진기

CMOS 증폭기에 대한 연구에서 우리는 저항성 부하 또는 전류원 부하가 있는 공통 소스단을 고려하였다. 이제 병렬 LC 탱크 부하가 있는 공통 소스[그림 13.18(a)]를 구성하고자 한다. 우리는 이 '동조' 증폭기의 주파수 응답을 분석하기를 원한다. 탱크의 임피던스를 Z_2로 나타내고, 채널길이 변조를 무시한다면,[4] 식 (13.15)를 얻을 수 있다.

$$\frac{V_{out}}{V_{in}}=-g_mZ_2(s) \tag{13.15}$$

여기서 $Z_2(s)$는 식 (13.13)으로 주어진다. 그림 13.16에 있는 $|Z_2|$와 $\angle Z_2$를 이용하여 그림 13.18(b)와 같이 $|V_{out}/V_{in}|$과 $\angle(V_{out}/V_{in})$을 스케치할 수 있다. $\angle(V_{out}/V_{in})$은 $-g_mZ_2(s)$에 있는 음의 부호를 고려해서, $\angle Z_2$를 180°만큼 이동(위 또는 아래)함으로써 얻을 수 있다. CS 단은 공진 주파수에서 g_mR_p가 최댓값에 도달하고 저주파 또는 고주파에서 0에 근접하는 이득을 보인다. 공진에서 부하가 저항을 감소시키기 때문에 ω_1에서 위상 시프트는 180°

4) M_1의 출력 저항은 단순히 R_p에 흡수될 수 있다.

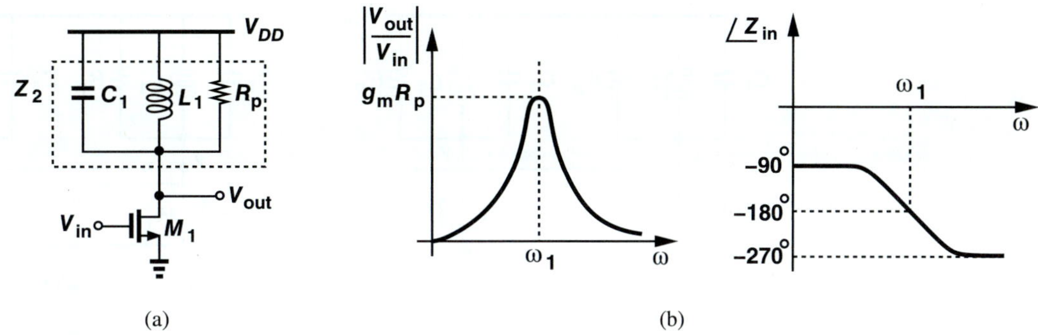

그림 13.18 (a) 탱크 부하를 가지고 있는 CS 단; (b) CS 단의 크기 및 위상

와 같다.

그림 13.18(a)에 있는 CS 단의 입력에 출력을 연결하는 경우, CS 단이 발진할까? 그림 13.3(b)와 같이, 루프 주위의 전체 위상 변화가 유한의 주파수에서 360°에 도달해야 하는데, 그림 13.18(b)는 이것이 불가능하다는 것을 보여 주고 있다. 따라서 루프 내에 하나 이상의 CS 단을 삽입하고 다시 시도해 보자[그림 13.19(a)]. 360°의 위상 시프트를 위해서, 각 단은 그림 13.18(b)에서와 같이 $\omega = \omega_1$에서 180°를 제공해야 한다. 이 주파수에서 루프 이득이 충분하다면, 회로는 ω_1에서 발진한다. 각 단은 ω_1에서 $g_m R_p$의 전압 이득을 가지므로, 바르크하우젠의 루프 이득 조건은 다음과 같이 바뀌게 된다.

$$(g_m R_p)^2 \geq 1 \tag{13.16}$$

더 정확하게 말하면, 스타트업 조건은 $g_m(R_p \| r_O) \geq 1$로 나온다. 동일한 단에서 그림 13.19의 발진기는 노드 X와 Y의 차동 신호를 생성하는데[그림 13.19(b)], 이는 집적 회로 응용에서 유용한 특성이다.

위의 토폴로지에서 중요한 이슈는 트랜지스터의 바이어스 전류가 제대로 정의되지 않는다는 점이다. 전류 미러 또는 적절한 바이어스의 다른 수단이 사용되지 않기 때문에, M_1

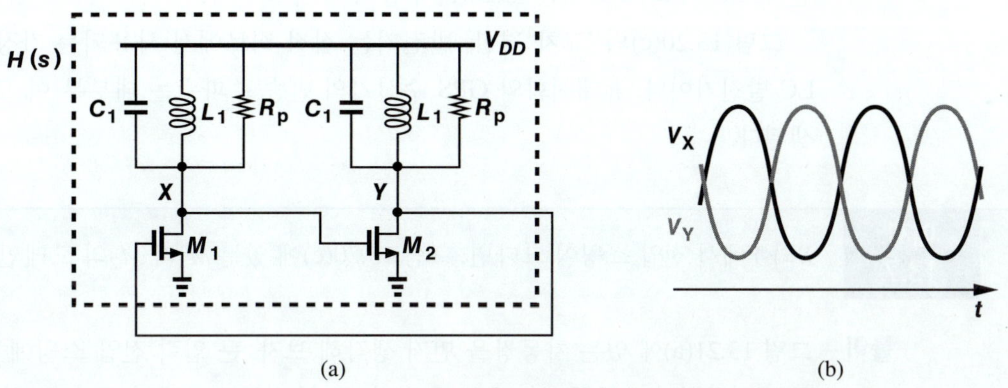

그림 13.19 (a) 루프 내의 2개의 LC 부하 CS 단들; (b) 발진 파형들

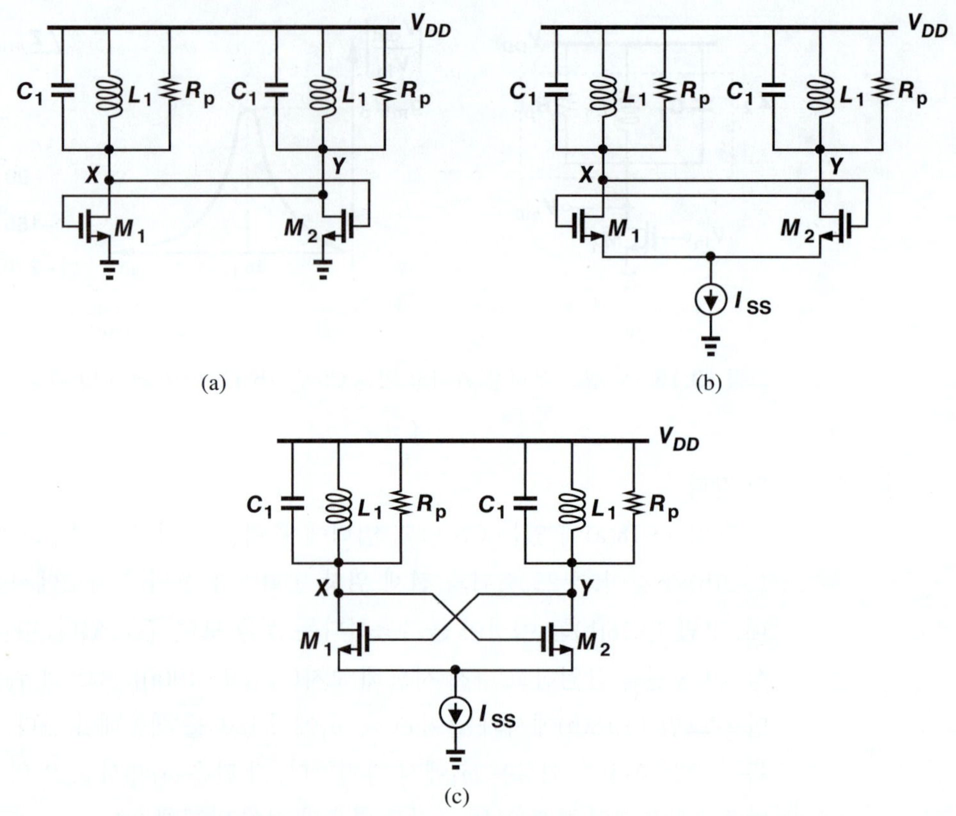

그림 13.20 교차 결합 발진기의 다른 도면들

과 M_2의 드레인 전류는 공정, 공급 전압 및 온도에 따라 변화한다. 예를 들면, 트랜지스터의 문턱 전압이 명목상의 값보다 작다면, V_X의 최대치는 M_2에 대해서 더 큰 오버드라이브 전압과 더 큰 드레인 전류를 생성한다. 이 문제를 해결하기 위해서 각 소자의 게이트를 다른 소자의 드레인에 연결하고, 그림 13.20(a)와 같이 다시 회로를 그릴 수 있다. 이제 M_1과 M_2는 출력이 입력으로 궤환되는 차동쌍과 거의 비슷하게 되었다. 그리고 그림 13.20(b)에 나타난 것처럼 M_1과 M_2의 전류의 총합이 I_{SS}와 같도록 테일 전류원을 추가한다. 우리는 일반적으로 이 회로를 그림 13.20(c)와 같이 다시 그린다.

그림 13.20(c)의 '교차 결합' 발진기는 집적 회로에서 사용되는 가장 유명하고 견고한 LC 발진기이다. 휴대전화와 GPS 수신기의 반송 주파수는 대부분 이 토폴로지에 의해 발생된다.

예제 13.7 X와 Y에서 전압 스윙이 크다면, 그림 13.20(c)에 있는 M_1과 M_2의 드레인 전류를 그려라.

풀이 그림 13.21(a)에 있는 차동쌍을 먼저 생각해 보자. 큰 입력 전압 스윙에 대해서, 전체 전류는 왼쪽이나 오른쪽으로 흐르게 된다[그림 13.21(b)]. 그림 13.20(b)의 회로 또한 드레

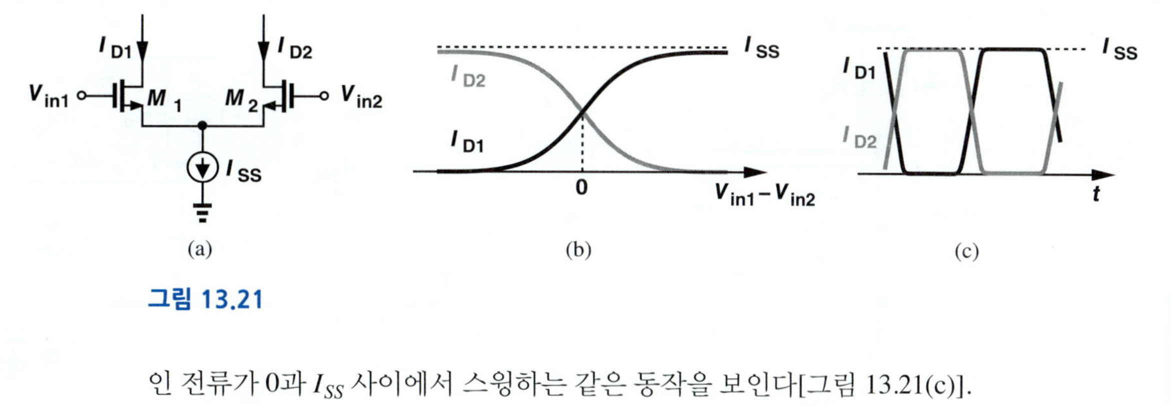

그림 13.21

인 전류가 0과 I_{SS} 사이에서 스윙하는 같은 동작을 보인다[그림 13.21(c)].

연습문제 PMOS 트랜지스터를 가지고 있는 교차 결합 발진기를 그려라.

링 및 교차 결합 발진기에 대한 공부를 통해서 발진기의 분석을 위한 일반적 절차를 알았다: (12장에서와 같이 I/O의 임피던스들의 영향을 포함한 상태에서) 피드백 루프를 열고, (루프 이득과 유사한) 루프 주위의 전달 함수를 결정하고, 이 결과의 위상과 크기가 각각 360°와 1과 같도록 등식을 세운다. 다음 절에서는 이 절차를 콜피츠 발진기에 적용한다.

13.3.3 콜피츠 발진기

콜피츠 토폴로지는 오직 하나의 트랜지스터만 사용하고 개별 설계에 다양하게 응용될 수 있다. 이것은 (고주파) 개별 트랜지스터들이 수동 개별 소자들보다 더 비싸기 때문이다.(반면, 집적 회로에서는 트랜지스터들이 가장 작은 면적을 차지하므로 가장 저렴하다.) 바이폴라 트랜지스터들은 개별 설계에서 MOSFET들보다 훨씬 더 일반적이기 때문에 여기에서는 바이폴라 콜피츠 발진기를 분석한다.

어떻게 트랜지스터 하나로 발진기를 구성할 수 있을까? 그림 13.6(a)와 13.18(a)에서 공통 소스(또는 공통 이미터) 단은 이 용도로 사용될 수 없음을 알 수 있다. 그러나 공통 게이트(또는 공통 베이스) 단은 어떠할까? 그림 13.22(a)에서와 같이 콜피츠 발진기는 출력(컬렉터 전압)이 입력(이미터 노드))으로 궤환되는 공통 베이스 토폴로지와 유사하다. 전류원 I_1은 Q_1의 바이어스 전류를 정의하고, V_b는 Q_1이 순방향 활성 영역 앞에 있도록 한다. 교차-결합 발진기와 마찬가지로 인덕터의 손실은 저항 R_p로 나타낼 수 있다. 발진기가 간단한 공통 이미터 단을 구동하는 경우, 이 저항은 또한 다음 단의 입력 저항, 예를 들어 r_π를 모델링할 수 있다.

콜피츠 발진기를 분석하기 위해 궤환 루프를 끊고자 한다. 얼리 효과를 무시하면, 그림 13.22(a)의 Q_1은 Y 노드에 소신호 전류를 인가하면서 이상적인 전압종속 전류원으로 동작한다. 따라서 그림 13.22(b)처럼 컬렉터에서의 루프를 끊고 관심 있는 양인 비종속 전류원 I_{ret}를 측정한다. 전달 함수 I_{ret}/I_{test}는 발진 주파수에서 360°의 위상과 적어도 1 이상의 크기

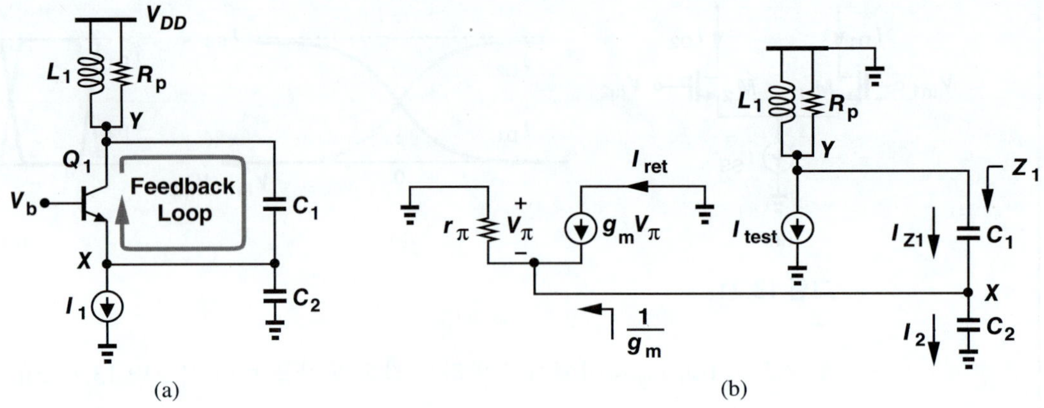

그림 13.22 (a) 콜피츠 발진기; (b) (a)의 개루프 등가 회로

를 가진다.

I_{test}가 식 (13.17)과 (13.18)과 같이 $(L_1s)||R_p = L_1sR_p/(L_1s = R_p)$와 Z_1 사이에서 나누어지는 것을 알 수 있다.

$$Z_1 = \frac{1}{C_1s} + \frac{1}{g_m}\left\|\frac{1}{C_2s}\right. \tag{13.17}$$

$$= \frac{1}{C_1s} + \frac{1}{C_2s + g_m} \tag{13.18}$$

즉, C_1을 통해 흐르는 전류는 식 (13.19)와 같다.

$$I_{Z1} = -I_{test}\frac{\dfrac{L_1sR_p}{L_1s+R_p}}{\dfrac{L_1sR_p}{L_1s+R_p}+\dfrac{1}{C_1s}+\dfrac{1}{C_2s+g_m}} \tag{13.19}$$

이 전류는 이제 $1/(C_2s)$과 $1/g_m$의 병렬 조합에 의해 곱해져 V_X를 출력한다. $I_{ret} = g_mV_\pi = -g_mV_X$이므로, 식 (13.20)이 성립한다.

$$\frac{I_{ret}}{I_{test}}(s) = \frac{g_mR_pL_1C_1s^2}{L_1C_1C_2R_ps^3 + [g_mR_pL_1C_1 + L_1(C_1+C_2)]s^2 + [g_mL_1 + R_p(C_1+C_2)]s + g_mR_p} \tag{13.20}$$

이 전달 함수를 1과 같다고 두고(위상이 360°이며, 크기는 1인 것과 등가임), 교차 곱셈을 하여 식 (13.21)을 얻을 수 있다.

$$L_1C_1C_2R_ps^3 + L_1(C_1+C_2)s^2 + [g_mL_1 + R_p(C_1+C_2)]s + g_mR_p = 0 \tag{13.21}$$

발진 주파수 $s = j\omega_1$에서, 우변의 실수부와 허수부는 0으로 떨어져야 한다.

$$-L_1(C_1+C_2)\omega_1^2+g_mR_p=0 \tag{13.22}$$

$$-L_1C_1C_2R_p\omega_1^3+[g_mL_1+R_p(C_1+C_2)]\omega_1=0 \tag{13.23}$$

두 번째 식으로부터 발진 주파수를 얻을 수 있다.

$$\omega_1^2=\frac{(C_1+C_2)}{L_1C_1C_2}+\frac{g_m}{R_pC_1C_2} \tag{13.24}$$

우변의 두 번째 항은 일반적으로 무시할 수 있고, 식 (13.25)와 같이 정리될 수 있다.

$$\omega_1^2\approx\frac{1}{L_1\dfrac{C_1C_2}{C_1+C_2}} \tag{13.25}$$

즉, 발진은 L_1과 C_1, C_2의 직렬 조합의 공진으로 인해 발생한다. 식 (13.22)의 결과를 사용하면 다음과 같은 스타트업 조건을 구할 수 있다.

$$g_mR_p=\frac{(C_1+C_2)^2}{C_1C_2} \tag{13.26}$$

트랜지스터가 이러한 요구 조건을 충족하거나 넘기기 위해 충분한 트랜스컨덕턴스를 제공해야 한다. $C_1=C_2$일 경우 우변은 최소이므로, g_mR_p는 최소한 4 이상이 되어야 한다고 결론지을 수 있다.

예제 13.8 교차 결합 발진기와 콜피츠 발진기의 스타트업 조건을 비교하라.

풀이 식 (13.16)으로부터 교차 결합 토폴로지는 최소 1 이상의 g_mR_p 값을 필요로 한다는 것을 확인했다. 즉, 그것은 콜피츠 발진기보다 좀 더 인덕터의 손실에 견딜 수 있다.(또한, 콜피츠 토폴로지는 오로지 싱글엔디드 출력만을 제공한다는 것을 확인할 수 있다.)

연습문제 그림 13.22(a)의 노드 Y에서 dc 전압은 얼마인가? 이 노드에서 발진 파형을 그릴 수 있는가?

그림 13.22(a)의 발진기에서 출력 노드는 어디인가? 출력은 노드 Y에서 감지될 수 있으며, 이 경우 그다음 단의 입력 저항(예를 들면, r_π)은 R_p와 병렬 연결되며, 스타트업 조건을 만족하기 위해 더 큰 g_m을 필요로 한다. 대안으로, 출력은 이미터에서 감지될 수 있다(그림 13.23). 이것은 대개 개별 소자를 이용한 설계에서 선호될 수 있다. 왜냐하면 (1) 개별 인덕터는 적은 손실(높은 등가 R_p)을 가지고 있으며 따라서 부하 저항에 민감하며, (2) R_{in}만이 이미터에 부하를 가하는(또한 $R_p\to\infty$) 상태에서, 스타트업 조건은 식 (13.27)과 같이 바뀌

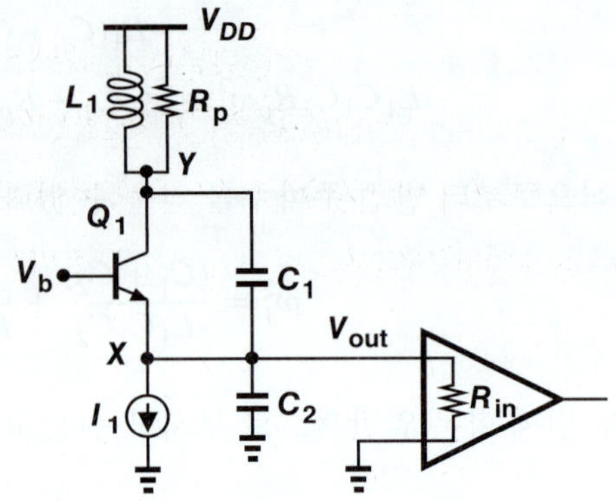

그림 13.23 이미터에서 다음 단을 구동하는 콜피츠 발진기

게 된다.

$$g_m R_{in} = 1 \tag{13.27}$$

문제 13.37에서 유도된 바와 같이, 더 완화된 조건은 발진기의 설계를 단순화시킨다. 예를 들어 그 발진기는 부하가 컬렉터에 묶였을 때보다 더욱 작은 부하 저항을 구동할 수 있다. 대부분의 교재들은 식 (13.27)을 스타트업 조건으로 유도하는데, 이는 R_p가 매우 클 때(인덕터가 적은 손실을 가질 때)에만 적용될 수 있다는 사실을 아는 것이 중요하다.

13.4 위상 시프트 발진기

13.2절에 있는 링 발진기의 설계에서 우리는 3개의 능동 단을 캐스케이드함으로써 충분한 위상 시프트를 얻었다. 대안으로, 같은 목표를 얻기 위해 우리는 단일 증폭기와 함께 수동 소자 영역을 캐스케이드할 수 있다. 그림 13.24(a)는 이러한 원리를 기반에 둔 '위상 시프트 발진기'를 보여 주고 있다. 우리는 증폭기 자체는 무시할 만한 위상에 기여하지만 3개의 RC 영역들이 180°의 위상 시프트를 제공한다는 것을 기대한다. 그럼에도 불구하고 수동 단들에 의한 신호 감쇄는 스타트업 조건을 만족하기 위해서 증폭기에 의해 보상되어야만 한다.[5)]

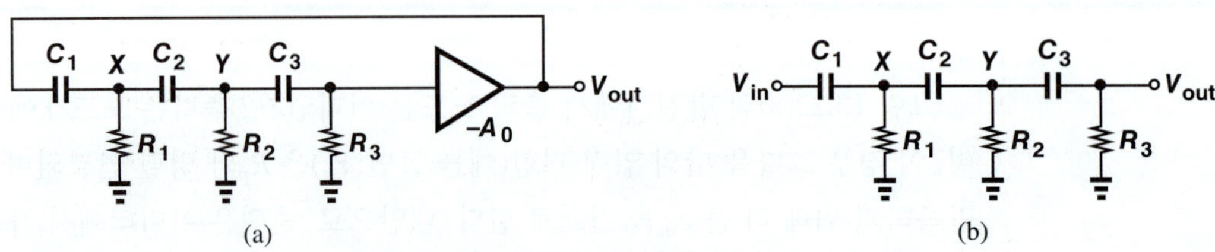

그림 13.24 (a) 위상 시프트 발진기; (b) 위상 시프트 망

5) R_3의 아래쪽 단자는 사실상 증폭기에 적합한 바이어스 전압에 묶여야 한다.

$C_1 = C_2 = C_3 = C$이고 $R_1 = R_2 = R_3 = R$이라고 가정하고, 그림 13.24(b)에 있는 수동 네트워크의 전달 함수를 계산해 보자. 출력으로부터 시작하여, R_3를 통한 전류를 V_{out}/R이라고 적으면 식 (13.28)과 같다.

$$V_Y = \frac{V_{out}}{R}\frac{1}{Cs} + V_{out} \tag{13.28}$$

V_Y를 R_2로 나누고 그것에 $1/(C_2 s)$을 곱하면, C_2 양단에 걸리는 전압 강하는 식 (13.29)와 같다.

$$V_X = \left(\frac{V_Y}{R_2} + \frac{V_{out}}{R_3}\right)\frac{1}{Cs} + V_Y \tag{13.29}$$

$$= \left(\frac{1}{RCs} + 1\right)^2 V_{out} + \frac{V_{out}}{RC_3} \tag{13.30}$$

결론적으로, 식 (13.31)이 성립한다.

$$V_{in} = \frac{V_{out}}{R^3C^3s^3} + \frac{5V_{out}}{R^2C^2s^2} + \frac{6V_{out}}{RCs} + V_{out} \tag{13.31}$$

따라서 식 (13.32)를 얻을 수 있다.

$$\frac{V_{out}}{V_{in}} = \frac{(RCs)^3}{(RCs)^3 + 6(RCs)^2 + 5RCs + 1} \tag{13.32}$$

$s = j\omega_1$에서, 식 (13.33)이 성립한다.

$$\angle\frac{V_{out}}{V_{in}} = 3 \times 90° - \tan^{-1}\frac{5RC\omega - (RC\omega)^3}{1 - 6R^2C^2\omega^2} \tag{13.33}$$

ω_1에서 발진이 일어나기 위해서, 위상은 $180°$에 도달해야 한다.

$$1 - 6R^2C^2\omega_1^2 = 0 \tag{13.34}$$

식 (13.34)로부터 식 (13.35)를 얻을 수 있다.

$$\omega_1 = \frac{1}{\sqrt{6}RC} \tag{13.35}$$

스타트업 조건이 성립되도록, 식 (13.32)의 크기에 증폭기의 전압 이득을 곱하여 결과가 1이 되는 등식을 세운다.

$$\frac{(\sqrt{6})^{-3}A}{5/\sqrt{6} - (\sqrt{6})^{-3}} = 1 \tag{13.36}$$

즉, 증폭기의 이득은 적어도 식 (13.37)과 같아야 한다.

$$A = 29 \tag{13.37}$$

위상 시프트 발진기는 단지 1개의 증폭 단만을 필요로 하기 때문에 종종 개별 소자를 이용한 설계에 사용된다. 이 토폴로지는 출력 잡음이 꽤 높기 때문에 집적 회로에서 광범위하게 적용되지는 않는다.

예제 13.9 연산 증폭기를 이용해서 위상 시프트 발진기를 설계하라.

풀이 우리는 연산 증폭기를 이용해서 반전 증폭기를 구성해야 한다. 그림 13.25(a)는 그 예를 보여 준다. 그러나 저항 R_4가 노드 Z와 가상 접지 사이에 보이고, 저항 R_3와 병렬로 보인다. 따라서 앞선 유도 결과들을 적용하기 위해서, $R_3 || R_4 = R_2 = R_1 = R$이 되도록 선택해야 한다. 사실, 우리는 단순히 R_3가 무한대, R_4가 R과 동일하도록 허용함으로써, 그림 13.25(b)의 토폴로지에 도달할 수 있다.

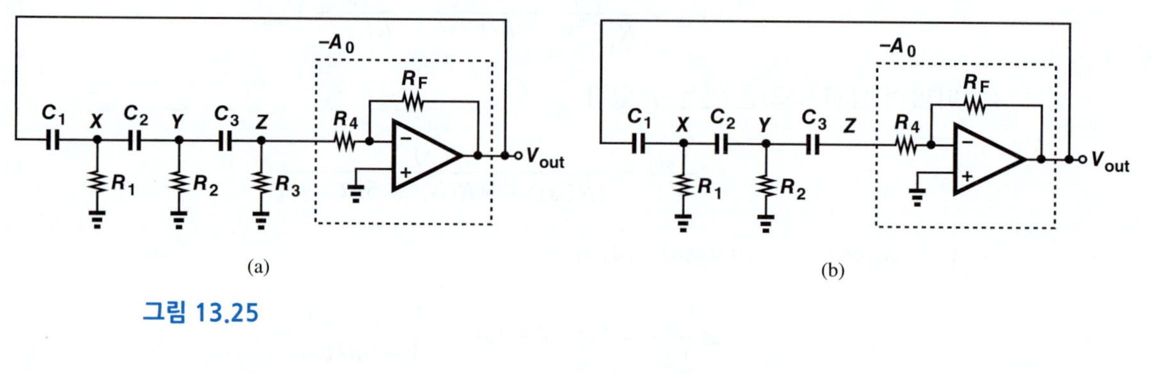

그림 13.25

연습문제 발진 주파수에서 루프 이득이 1이 되도록 하려면 R_F/R_4는 어떤 값을 가져야 하는가?

그림 13.25(b)의 회로에서 무엇이 발진 크기를 결정하는가? 만약 ω_1에서의 루프 이득이 1보다 크다면, 연산 증폭기의 출력이 공급 전압부터 다른 전압까지 스윙할 때까지 진폭이 증가할 것이다. 연산 증폭기의 포화 때문에 출력 파형은 사인파보다는 구형파에 가까운데, 이는 어떤 응용 분야에서는 원하지 않는 효과이다. 게다가 포화는 최대 발진 주파수를 제한하면서 연산 증폭기의 응답을 느리게 하는 경향이 있다. 이러한 이유들 때문에 추가적인 방법을 통해 발진 크기를 정의하는('안정화하는') 방법을 택할 수 있다. 예를 들어 그림 13.26(a)에 제시된 것과 같이 우리는 궤환 저항을 '반대방향으로 병렬로 연결된' 다이오드들로 대체할 수 있다. 출력은 이제 평균값의 위아래로 1개의 다이오드의 전압 강하($V_{D,on} = 700 \sim 800$ mV)만큼 스윙한다.

위에서 구한 발진 크기는 많은 응용 분야들에서 불충분할 수도 있다. 그러므로 우리는

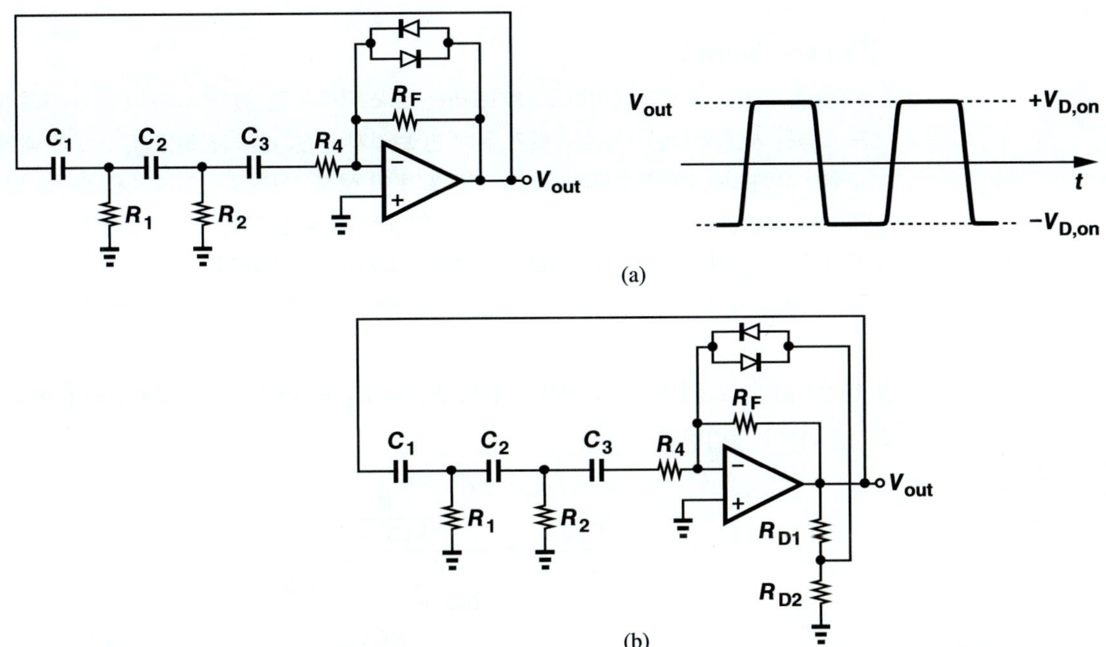

그림 13.26 (a) 출력 스윙을 제한하기 위한 다이오드들의 사용; (b) 보다 더 큰 출력 스윙을 제공하기 위한 다른 토폴로지

V_{out}이 더 큰, 미리 결정된 값에 도달할 때만 다이오드가 켜지도록 귀환 망으로 변경해야 한다. 이런 목적을 위해서 우리는 V_{out}을 분배해서 그 결과를 다이오드에 인가해야 한다[그림 13.26(b)]. D_1과 D_2에 대한 일정 전압 모델을 가정하면, 하나의 다이오드는 다음과 같을 때 켜진다는 것을 알 수 있다.

$$V_{out}\frac{R_{D2}}{R_{D2}+R_{D1}} = V_{D,on} \tag{13.38}$$

따라서 식 (13.39)가 성립함을 알 수 있다.

$$V_{out} = \left(1+\frac{R_{D1}}{R_{D2}}\right)V_{D,on} \tag{13.39}$$

13.5 빈-브리지 발진기

빈-브리지 발진기는 단지 1개의 증폭 단만을 필요로 하므로, 개별 소자를 이용한 설계에서 종종 사용되는 또 다른 토폴로지이다. 그러나 위상 시프트 발진기와는 달리 빈-브리지 구성은 180° 위상 시프트보다는 0°의 위상 시프트를 갖는 수동 귀환 망을 사용한다. 따라서 발진 주파수에서의 총 위상 시프트가 0(또는 360°)과 같도록 하기 위해서 증폭기는 양의 이득을 제공해야 한다.

먼저 단일 주파수에서 0의 위상 시프트를 갖는 간단한 수동 네트워크를 구성해 보자. 그

Did you know ?

1939년, 윌리엄 휴렛과 데이비드 패커드라는 두 스탠포드 졸업생은 디즈니 영화 판타지아의 사운드 트랙용 사운드 생성기를 설계하기 위해 빈-브리지 발진기를 사용하였다. 휴렛과 패커드는 지도교수인 프레드릭 터먼으로부터 500달러를 빌려 이 생성기 8개를 건설하여 디즈니에 팔았다. 그렇게 하여 오늘날 HP로 알려진 회사가 시작되었다. 처음 수십 년간 HP는 오실로스코프, 신호 발생기, 전원 공급 장치 등과 같은 테스트 장비만을 설계 및 제조하였다.

림 13.27(a)가 그 예가 될 수 있다. 만약 $R_1 = R_2 = R$이고 $C_1 = C_2 = C$이면, 식 (13.40)과 (13.41)이 성립한다.

$$\frac{V_{out}}{V_{in}}(s) = \frac{\dfrac{R}{RCs+1}}{\dfrac{R}{RCs+1} + \dfrac{1}{Cs} + R} \tag{13.40}$$

$$= \frac{RCs}{R^2C^2s^2 + 3RCs + 1} \tag{13.41}$$

따라서 위상은 식 (13.42)와 같이 표현되며,

$$\angle\frac{V_{out}}{V_{in}}(s = j\omega) = \frac{\pi}{2} - \tan^{-1}\frac{3RC\omega}{1 - R^2C^2\omega^2} \tag{13.42}$$

다음과 같은 주파수에서 0으로 떨어진다.

$$\omega_1 = \frac{1}{RC} \tag{13.43}$$

그림 13.27(b)에서 제시된 바와 같이, 연산 증폭기 주위에 이 네트워크를 배치한다. 비반전 증폭기의 이득을 A라고 나타내면, 우리는 식 (13.41)의 크기에 A를 곱하고 그 결과가 1과 같도록 할 수 있다.

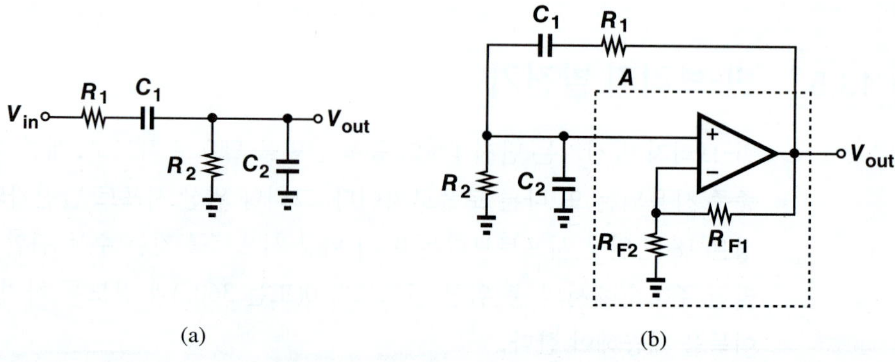

그림 13.27 (a) 위상 시프트 네트워크; (b) 빈-브리지 발진기

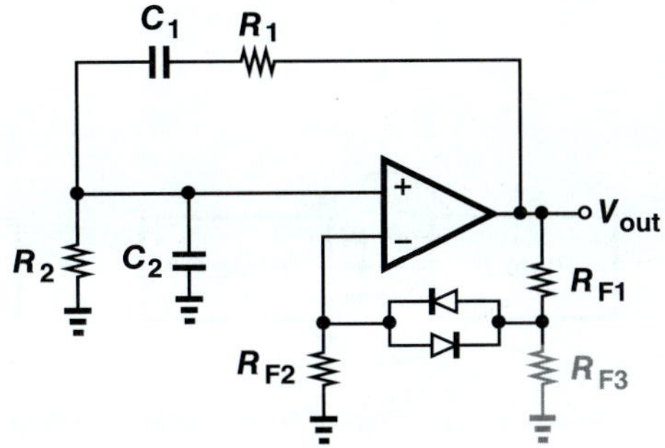

그림 13.28 빈-브리지 발진기의 출력 스윙을 제한하기 위한 다이오드들의 추가

$$\left|\frac{ARCj\omega}{1 - R^2C^2\omega^2 + 3jRC\omega}\right| = 1 \tag{13.44}$$

ω_1에서, 이 식은 다음의 결과를 제공한다.

$$A = 3 \tag{13.45}$$

즉, 우리는 $R_{F1} \geq 2R_{F2}$를 선택한다.

제어하기 힘든 진폭의 상승을 피하기 위해서, 빈-브리지 발진기는 이득 정의 네트워크인 R_{F1}과 R_{F2}에 다이오드를 결합할 수 있다. 그림 13.28에 보이는 것과 같이, $|V_{out}|$이 $V_{D,on}$을 초과할 때 강한 피드백을 만들기 위해서 R_{F1}과 직렬로 2개의 병렬 연결된 다이오드가 삽입되어질 수 있다. 만약, 더 큰 진폭을 원한다면, V_{out}을 분배하고 그 결과를 다이오드에 인가하기 위해서 저항 R_{F3}이 추가될 수 있다.

로봇공학 응용: 정전 용량 센서

정전 용량 센서는 인간과 로봇 상호 작용—예를 들면 노인의 로봇 지원 드레싱 또는 로봇 환경에서의 안전 강화—에서 응용 분야를 찾을 수 있다. '프리터치(pretouch)' 감지를 수행하면 이러한 센서가 충돌을 방지하는 데 도움이 된다.

정전 용량 센서는 물체가 지정된 구조의 커패시턴스를 얼마만큼 바꾸었는지 측정함으로써 근처의 물체를 감지할 수 있다. 먼저 그림 13.29(a)에 표시된 커패시터를 고려하고 플레이트 A에서 플레이트 B로 이동하는 전기장 라인에 주목한다. 물체가 커패시터 구조의 위쪽에 접근하면 플레이트 B에 도착하는 필드 라인 중 일부를 변경할 수 있고 따라서 A와 B 사이의 커패시턴스를 변화시킨다[그림 13.29(b)]. 우리는 이 변화량을 측정해야 한다.

커패시턴스 변화를 측정하는 한 가지 방법이 그림 13.29(c)에 나와 있다. 먼저 S_1을 켜고 C_{AB}를 V_1으로 충전한다. 다음으로 S_1을 끄고 아날로그-디지털 변환기(ADC)를 이

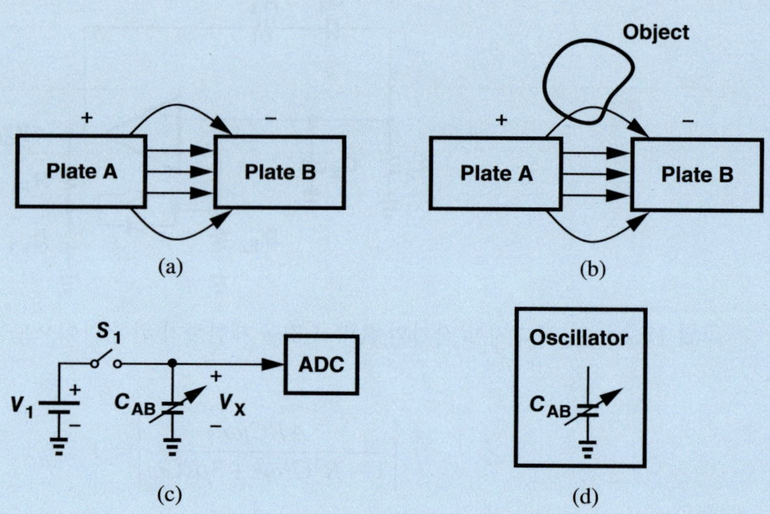

그림 13.29 (a) 필드 라인이 있는 커패시터; (b) 물체의 근접에서 필드 라인의 변화; (c) 커패시턴스 변화를 측정하기 위한 ADC의 사용; (d) 커패시턴스 변화를 측정하기 위한 발진기의 사용

용해서 V_X를 모니터링한다. C_{AB}가 일정하게 유지되면 $V_X = V_1$ 관계가 성립한다. 반면에, C_{AB}가 변경되면 커패시터의 전하가 $Q = CV$로서 일정하기 때문에 V_X가 변하게 된다. 따라서 V_X와 V_1을 비교함으로써, ADC는 V_X와 C_{AB}가 얼마나 바뀌었는지 결정하게 된다. C_{AB}의 변화량을 초당 수백 번 이상 캡처하기 위해서 이 동작은 반복된다.

또 다른 방법은 C_{AB}를 발진기 내에 배치하여[그림 13.29(d)] 발진기의 주파수가 커패시턴스의 함수가 되도록 발진되게 하는 것이다. 링, LC, 위상 시프트, 또는 빈-브리지 발진기 들은 이 조건을 만족한다는 것을 알 수 있다.

13.6 크리스털 발진기

지금까지 배운 발진기는 정확한 출력 주파수를 제공하지 않는다. 예를 들어, 온도가 변할 때 각각의 회로에 있는 커패시터 값도 그에 따라 변하게 될 것이고, 결과적으로 주파수의 변화를 야기할 것이다. 반면에 많은 응용들은 정확한 클럭 주파수를 요구한다. 만약 당신의 시계에 사용되는 발진기의 주파수가 2^{15} Hz에서 0.1%만큼 틀어진다면, 일주일 뒤 시계의 시간은 10분 뒤처질 것이다.

높은 정확성이 요구되는 응용에서, 크리스털 발진기가 사용된다. 크리스털은 석영과 같은 압전성의 물질로 구성되어 있으며, 만약 전압 차이의 영향을 받는다면, 이것이 특정한 주파수에서 기계적으로 진동한다. 크리스털은 세 가지 이유로 인해 주파수 '기준'으로 매력적이다. (1) 크리스털의 물리적인 치수가 주어졌을 때, 진동 주파수는 온도에 대하여 매우 안정적이며 온도가 1° 변할 때마다, 고작 수백만분의 몇(ppm)만큼만 변화한다. (2) 정확한, 예를 들어 약 10~20 ppm[6]의 오차를 가진, 진동 주파수를 만들기 위해 크리스털은 공장에서 상대적으로 쉬운 방법으로 가공될 수 있다. (3) 크리스털은 거의 이상적인 LC 탱크와 같이 동작하며, 매우 적은 손실을 가진다. 즉, 발진이 줄어들기 전까지, 크리스털에 인가되는 전기적인 자극이 그것을 수천 사이클 동안 진동하게 만든다.

이 절에서는 크리스털 발진기들을 다음과 같이 다룰 예정이다. 먼저, 크리스털을 위한 회로 모델을 얻으면서, 그것이 손실이 있는 LC 탱크로서 동작하는 것으로 결론을 맺는다. 그다음, 음의 저항값을 제공하는 능동 회로를 개발한다. 마지막으로, 오실레이터를 형성하기 위하여 크리스털을 위와 같은 회로에 부착한다.

13.6.1 크리스털 모델

회로의 설계를 위해서는 크리스털의 전기적인 모델을 필요로 한다. 그림 13.30(a)는 크리스털의 회로 기호와 전형적인 임피던스 특성을 보여 준다. 임피던스는 ω_1에서 거의 0 근처로 떨어지고 ω_2에서 굉장히 높은 값으로 올라간다. 이런 동작을 표현하기 위해 RLC 회로 모델을 구성해 보자. ω_1에서 임피던스가 거의 0에 근접하기 때문에, 우리는 이 주파수에서 직렬 공진을 생각한다[그림 13.30(b)]: 만약 $\omega = \omega_1$에서 $jL_1\omega + 1/(jC_1\omega) = 0$이라면, 임피던스가 일반적으로 작은 값인 R_S로 감소한다. 즉, ω_1 부근에서 Z_S가 크리스털을 모델링할 수 있다.

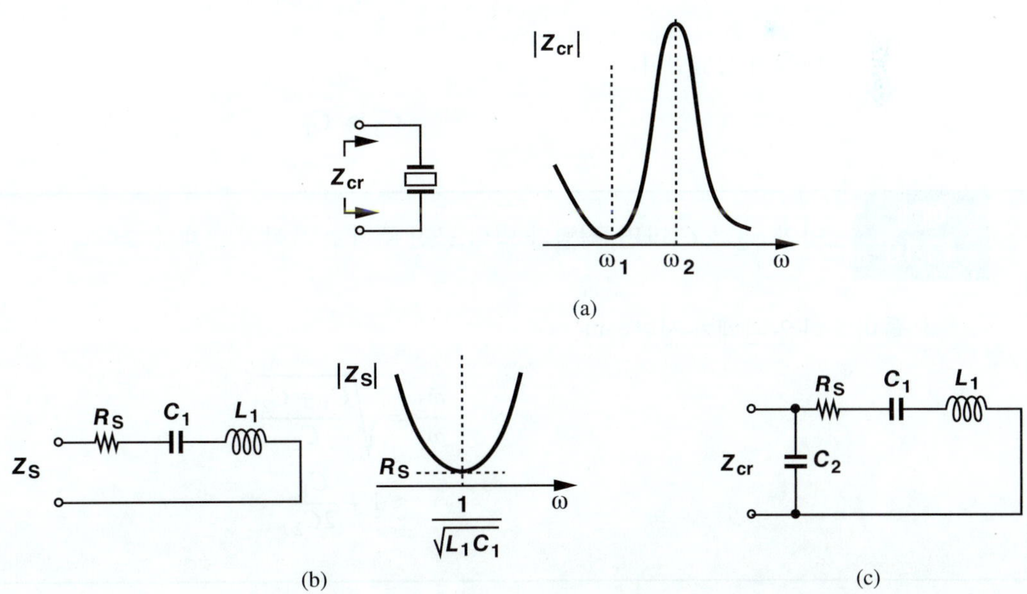

그림 13.30 (a) 크리스털의 기호 및 임피던스; (b) 직렬 공진에 대한 회로 모델; (c) 완벽한 모델

6) 더 작은 ppm의 오차를 가지고 있는 크리스털도 사용 가능하지만, 가격이 더 비싸다.

ω_2 부근에서 소자는 앞의 LC 발진기에서 보았던 **병렬** 공진을 경험한다. 따라서 우리는 그림 13.30(c)와 같이 Z_S와 병렬로 커패시턴스를 놓을 수 있다. 회로 파라미터들 관점에서 ω_2를 결정하기 위해 R_S를 무시하고 식 (13.46)을 유도할 수 있다.

$$Z_{cr}(j\omega) = Z_S(j\omega)||\frac{1}{jC_2\omega} \tag{13.46}$$

$$\approx \frac{1 - L_1C_1\omega^2}{j\omega(C_1 + C_2 - L_1C_1C_2\omega^2)} \tag{13.47}$$

우리는 Z_{cr}이 다음의 주파수에서 무한대로 가는 것에 주목한다.

$$\omega_2 = \frac{1}{\sqrt{L_1\frac{C_1C_2}{C_1 + C_2}}} \tag{13.48}$$

실제로 ω_1과 ω_2는 매우 가까이 있다. 즉,

$$\frac{1}{\sqrt{L_1C_1}} \approx \frac{1}{\sqrt{L_1\frac{C_1C_2}{C_1 + C_2}}} \tag{13.49}$$

따라서

$$C_1 \approx \frac{C_1C_2}{C_1 + C_2} \tag{13.50}$$

다음이 성립한다.

$$C_2 \gg C_1 \tag{13.51}$$

예제 13.10 만약 $C_2 \gg C_1$라면, 직렬과 병렬 공진 주파수 사이의 관계를 찾아라.

풀이 다음 관계가 성립한다.

$$\frac{\omega_2}{\omega_1} = \sqrt{\frac{C_1 + C_2}{C_2}} \tag{13.52}$$

$$\approx 1 + \frac{C_1}{2C_2} \tag{13.53}$$

연습문제 R_S를 무시할 수 없다고 가정할 경우, ω_2/ω_1에 대한 식을 유도하라.

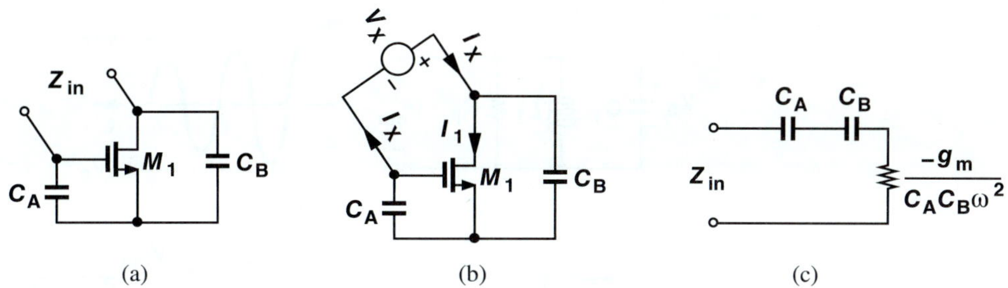

그림 13.31 (a) 음 저항을 제공하는 회로; (b) 임피던스 측정을 위한 구성; (c) 등가 임피던스

13.6.2 음의 저항 회로

빈번하게 쓰이는 크리스털 발진기 토폴로지를 만들기 위해서는 먼저 음의 (소신호) 입력 저항을 제공하는 회로를 고안해야 한다. 단순화를 위해 M_1의 바이어스 회로가 생략된 그림 13.31(a)를 고려해 보자. 채널길이 변조와 다른 커패시턴스 값들은 무시하고, 그림 13.31(b)의 도움으로 Z_{in}을 구해 보자. I_X가 C_A를 통해 흐르면서 M_1의 게이트-소스 전압을 만든다. 따라서 드레인 전류는 다음과 같이 주어진다.

$$I_1 = -\frac{I_X}{C_A s} g_m \tag{13.54}$$

C_B가 $I_X - I_1$만큼의 전류를 흘리므로, 양단 사이의 전압은 $(I_X - I_1)/C_B s = [I_X + g_m I_X/(C_A s)]/(C_B s)$이다. C_A, V_X, C_B 주위로 KVL을 사용하여 마침내 식 (13.55)를 얻을 수 있다.

$$V_X = \frac{I_X}{C_A s} + \frac{I_X}{C_B s} + \frac{g_m I_X}{C_A C_B s^2} \tag{13.55}$$

즉,

$$Z_{in}(s) = \frac{1}{C_A s} + \frac{1}{C_B s} + \frac{g_m}{C_A C_B s^2} \tag{13.56}$$

사인 입력에 대해서 $s = j\omega$이므로

$$Z_{in}(j\omega) = \frac{1}{jC_A\omega} + \frac{1}{jC_B\omega} - \frac{g_m}{C_A C_B \omega^2} \tag{13.57}$$

이 수식에 있는 세 가지 항들은 무엇을 의미할까? 첫 두 항들은 직렬로 연결된 2개의 커패시터를 나타낸다. 반면, 세 번째 항은 실수이고, 저항이며, 음의 값을 가진다[그림 13.31(c)]. 소신호 음의 저항은 디바이스 양단의 전압이 증가했을 때, 이것을 통하는 전류가 감소한다는 것을 단순히 의미한다.

음의 저항은 발진이 유지되는 것을 도와줄 수 있다. 이 점을 이해하기 위해 손실성 있는 병렬 LC 탱크를 고려해 보자[그림 13.32(a)]. 앞의 설명대로, R_p가 매 주기마다 에너

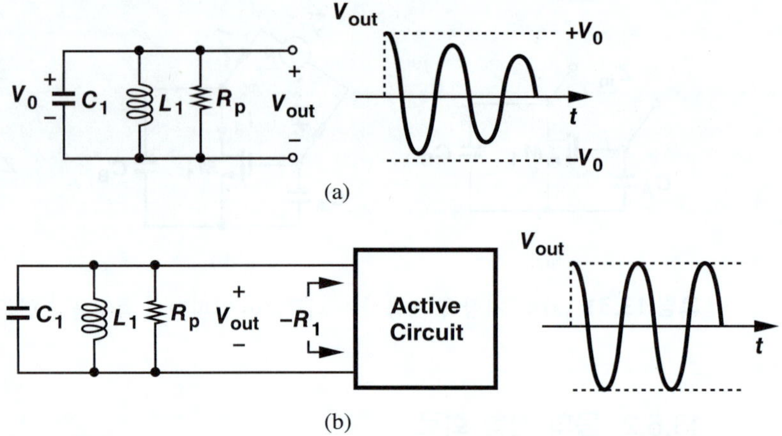

그림 13.32 (a) 손실성 LC 탱크의 시간 응답; (b) 탱크의 손실을 상쇄하기 위한 음의 저항의 사용

지를 소모하기 때문에 커패시터의 초기 조건은 발진이 감소되게 한다. 음의 저항을 R_p와 병렬로 연결해 보자[그림 13.32(b)]. $|-R_1| = R_p$가 되도록 선택하면, $(-R_1)||R_p = \infty$를 얻을 수 있다. R_1과 R_p가 상쇄되기 때문에, L_1과 C_1으로 구성된 탱크는 마치 탱크가 무손실인 것처럼 손실을 보지 않는다. 다른 말로, 매 주기마다 R_p에 의한 에너지의 손실이 능동 회로에 의해서 보충되므로, 발진이 무기한으로 계속된다.

만약 $|-R_1| < R_p$라면 어떻게 될까? $(-R_1)||R_p$이 여전히 음의 값을 가지므로, 능동 회로의 비선형적인 메커니즘이 진폭을 제한할 때까지 발진 진폭이 계속 증가할 것이다(13.1절).

Did you know?

크리스털 발진기는 매우 정밀하고 안정적인 출력 주파수를 제공한다. 그러나 가변 주파수가 필요하다면 어떨까? 예를 들어 당신의 노트북 컴퓨터에 있는 마이크로프로세서는 계산량이 많은 경우 높은 클럭 주파수에서 동작하지만, 계산량 요구가 적을 경우에는 전력 소모를 줄이기 위해서 낮은 클럭 주파수로 전환한다. 그러한 클럭은 어떻게 생성될까? 이런 기능은 크리스털 주파수를 가변 분주비만큼 곱하는 회로인 '위상 동기 루프'를 사용하여 달성 가능하다. 예를 들어서, 10 MHz의 크리스털 주파수와 10에서부터 300까지의 가변 분주비를 기반으로 마이크로프로세서는 100 MHz부터 3 GHz까지의 클럭 주파수에서 동작할 수 있다.

13.6.3 크리스털 발진기 구현

우리는 이제 발진기를 형성하기 위해 크리스털을 음의 저항에 부착한다[그림 13.33(a)]. 크리스털을 전기적인 모델로, 음의 저항 회로를 등가 네트워크로 각각 대치함으로써 그림 13.33(b)를 얻을 수 있다. 물론, 크리스털의 정확한 공진 주파수의 장점을 활용하기 위해서, 발진 주파수에 대한 영향을 최소화하기 위한 C_A와 C_B를 선택해야 한다. 이것이 그림 13.33(b)로부터 명백해지는데, 만약 $C_AC_B/(C_A + C_B)$가 크리스털 임피던스인 Z_{cr}보다 훨

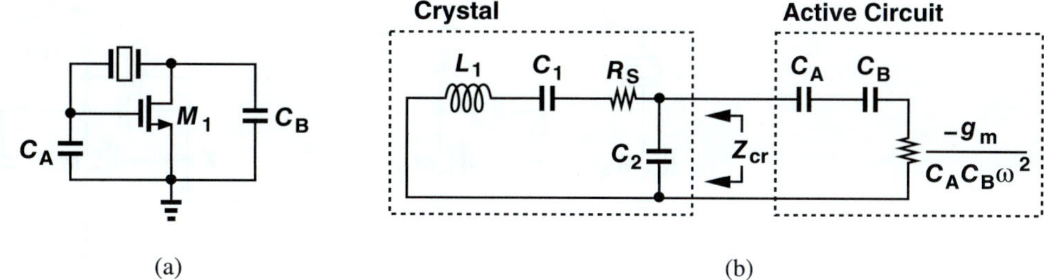

그림 13.33 (a) 크리스털 손실을 줄이기 위한 음의 저항의 사용; (b) 등가 회로

씬 작다면 이것이 발생한다. 그러나 만약 C_A와 C_B가 지나치게 크다면, 음의 저항인 $-g_m/(C_AC_B\omega^2)$이 크리스털 손실을 상쇄하기에 충분히 '강한' 특성을 가지지 못하게 된다. 전형적인 설계에서, C_A와 C_B가 C_2보다 10~20배가량 작게 선택된다.

그림 13.33에 있는 기본적인 크리스털 발진기의 분석은 이 책의 범위를 다소 벗어나며 관심 있는 독자들을 위해 문제 13.51에서 개요가 설명된다. 만약 식 (13.58)이 성립한다면 회로는 크리스털의 병렬 공진 주파수에서 발진한다.

$$L_1C_1\omega^2 - 1 \le g_m R_S \frac{C_1C_2}{C_AC_B} \tag{13.58}$$

크리스털의 데이터시트는 L_1, C_1, C_2, 그리고 R_S를 명시하고 있다. 설계자는 반드시 C_A, C_B, 그리고 g_m을 적절히 선택해야 한다. 우리는 이제 회로에 바이어스 소자들을 추가해야 한다. 병렬 LC 탱크와는 다르게 크리스털은 바이어스 전류 또는 전압을 위한 경로를 따로 제공하지 않는다.(크리스털 모델에서, 직렬 커패시턴스 C_1을 상기해 보자.) 예를 들어, 그림 13.34(a)에 있는 단들은 M_A의 바이어스 전류가 0이고 M_B의 게이트 바이어스 전압이 정의되어 있지 않기 때문에 적절하게 동작하지 않는다. 그림 13.34(b)에서 보듯이, '셀프-바이어스' 단을 구현하기 위해서 피드백 저항을 추가할 수 있다. R_F가 손실에 기여하는 부분을 무시하기 위해서는 매우 큰 값(수십 kΩ)을 사용해야 한다. 우리는 R_D를 전류원으로 교체할 수 있다[그림 13.34(c)]. 만약 이것의 게이트가 노드 X에 연결되어 있다면, 전류원이 증폭 소자로 변형될 수 있다[그림 13.34(d)].

그림 13.34(d)의 회로는 몇 가지 주목할 만한 장점들을 가진다. 첫째, 발진이 일어나기 전에 2개의 트랜지스터들이 포화 영역에 바이어스된다.(왜 그럴까?) 둘째, 소신호 동작에서, M_1과 M_2가 병렬로 연결되어 $g_{m1} + g_{m2}$의 총 트랜스컨덕턴스를 제공한다. 셋째, M_1과 M_2를 트립 지점에서 바이어스된 CMOS 인버터(16장)로 볼 수 있다. 이 발진기 구조는 칩 밖에 있는 크리스털과 칩 내부에 있는 인버터와 함께 집적 회로에서 많이 쓰인다.

그림 13.34(d)의 회로는 크리스털의 병렬 공진 주파수의 더 높은 하모닉 부근에서 회로가 발진하려는 경향을 보여 주고 있다. 예를 들어 만약 이 공진 주파수가 20 MHz라면, 회로는 40 MHz에서 발진할 수도 있다. 이러한 문제를 피하기 위해서 높은 주파수 대역에서

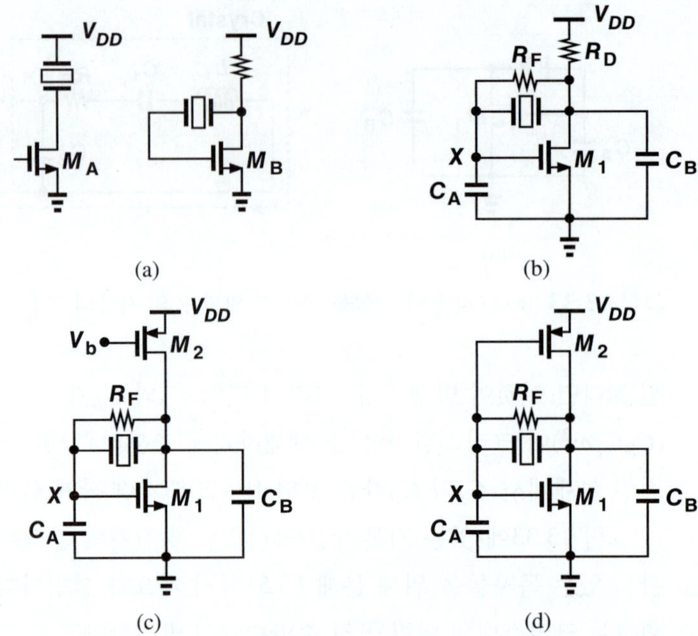

그림 13.34 (a) dc 바이어스 경로가 없는 단들; (b) 크리스털 발진기의 간단한 바이어싱; (c) PMOS 전류원을 사용하는 바이어싱; (d) 인버터 기반 크리스털 발진기

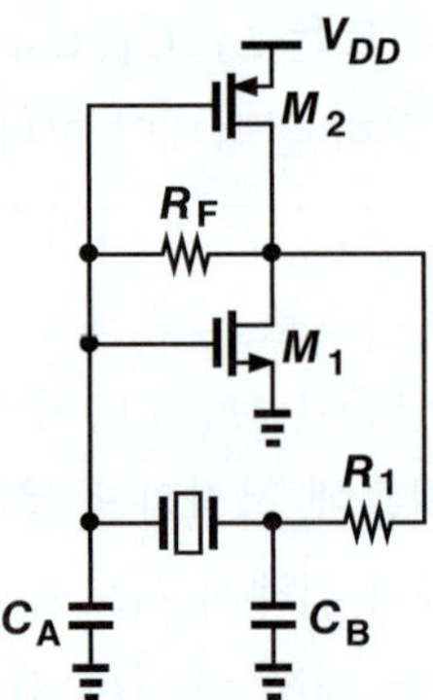

그림 13.35 고차 모드들을 피하기 위해서 저역통과 필터를 포함한 완벽한 크리스털 발진기

이득을 감소시킬 수 있는 저역통과 필터가 피드백 루프 내에 삽입되어야 한다. 그림 13.35에 보이듯이, 저항 R_1을 귀환 망과 직렬로 연결한다. 극점 주파수인 $1/(2\pi R_1 C_B)$ 은 일반적으로 발진 주파수보다 약간 크게 선택된다.

개별 소자를 이용한 회로 설계에서, 고속의 CMOS 인버터는 사용이 가능하지 않을 수 있다. 다른 대안으로, 그림 13.36(a)에서 볼 수 있는 바와 같이, 1개의 바이폴라 트랜지스터를 사용하는 토폴로지가 그림 13.33(a)의 회로로부터 얻어질 수 있다. 트랜지스터를 바이어스하기 위해서, 컬렉터로부터 베이스 사이에 큰 저항을, 컬렉터와 V_{CC} 사이에 인덕터를 추가한다[그림 13.36(b)]. 우리는 L_1이 Q_1의 바이어스 전류를 공급하는 것을 원하지만, 발진 주파수에 영향을 주는 것을 원치 않는다. 따라서 $L_1\omega$가 (근사적으로 개회로

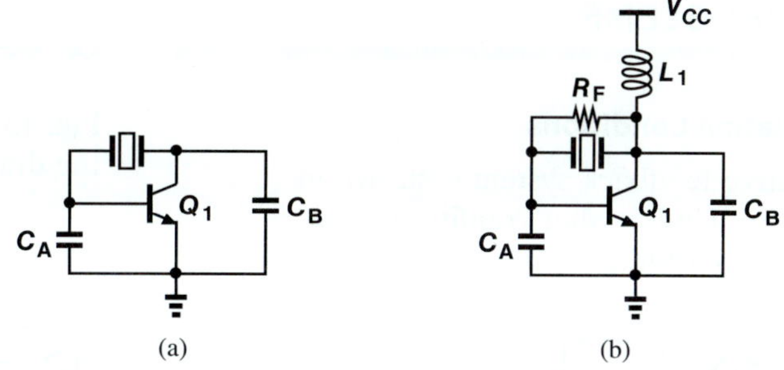

13.36 바이폴라 소자를 사용한 크리스털 발진기

와 같은) 높은 임피던스를 가지도록 충분히 큰 L_1을 선택한다. 이러한 역할을 하는 인덕터를 'RFC(radio-frequency choke)'라고 부른다. 만약 R_F와 L_1이 크다면, 이 회로는 그림 13.36(a)와 같이 단순화될 수 있음에 주목해야 한다.

13.7 요약

- 발진기는 루프 내의 위상 시프트(지연)로 인해서 발진 주파수에서 귀환이 양이 되는 부귀환 시스템으로 볼 수 있다.
- 루프 이득의 크기는 발진 주파수 부근에서 1을 넘어야 한다. 이것을 '스타트업 조건'이라고 부른다.
- 발진기 내의 전압 스윙은 소자들의 포화 또는 비선형 동작에 의해서 결정된다.
- 링 발진기는 루프 내의 여러 개의 동일한 이득 단들로 구성되어 있으며, 마이크로프로세서와 메모리 등의 집적 회로 내에서 다양한 응용을 찾을 수 있다.
- 병렬 LC 탱크의 임피던스는 공진 시에 위상이 0이 된다. 손실 탱크는 이 주파수에서 하나의 저항으로 단순화될 수 있다.
- 공진 부하들을 가지고 있는 2개의 공통 소스 단들이 귀환 루프 내에 위치해 있다면, 발진기가 형성된다.
- 교차 결합 LC 발진기는 WiFi 송수신기와 같은 고주파 집적 회로에서 광범위하게 사용된다. 이 토폴로지는 차동 출력을 제공한다.
- 콜피츠 LC 발진기는 하나의 트랜지스터를 채택하며, 고주파 개별 소자 설계에서 다양한 응용을 찾을 수 있다. 이 토폴로지는 싱글엔디드 출력을 제공한다.
- 위상 시프트 발진기와 빈-브리지 발진기는 저주파수부터 중간 주파수 대역까지 개별 소자 설계에서 사용된다. 이 발진기들은 연산 증폭기를 이용하여 쉽게 구현될 수 있다.
- 크리스털 발진기는 정확하고 안정된 주파수를 생성하기 위해서 사용될 수 있다. 크리스털 발진기는 메모리나 무선 송수신기 등의 많은 응용 분야에서 '기준 주파수'로 사용된다.

PROBLEMS

Sec. 13.1 Oscillation Conditions

13.1. A negative-feedback system is shown in Fig. 13.37. Under what conditions does the system oscillate?

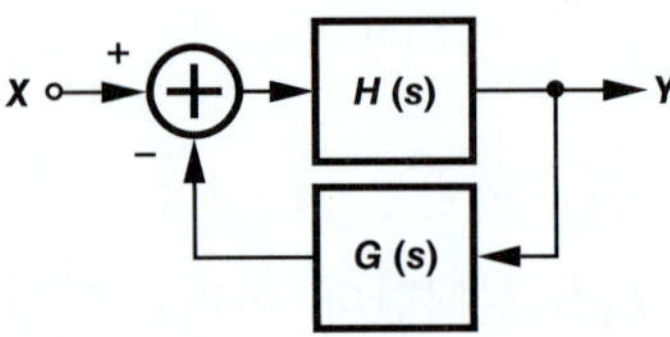

Figure 13.37

13.2. A negative-feedback system is shown in Fig. 13.38. Under what conditions does the system oscillate?

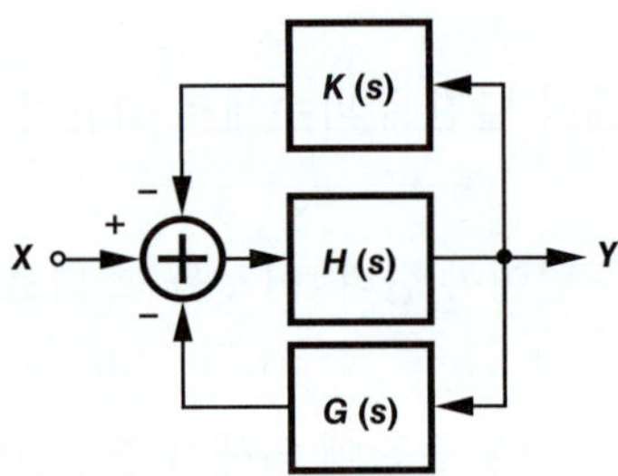

Figure 13.38

13.3. Consider the simple common-emitter stage shown in Fig. 13.39. Explain why this circuit does not oscillate.

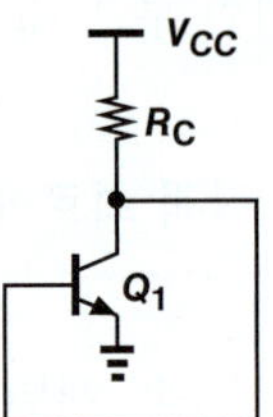

Figure 13.39

13.4. A differential pair is placed in a negative-feedback loop as shown in Fig. 13.40. Can this circuit oscillate? Explain.

***13.5.** Explain what happens if the polarity of feedback is changed in the circuit of Fig. 13.40, i.e., the gate of M_1 is tied to the drain of M_2 and vice versa.

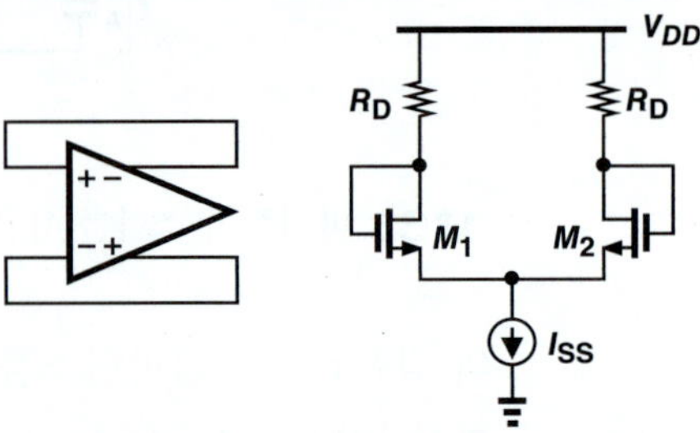

Figure 13.40

***13.6.** A differential pair followed by source followers is placed in a negative-feedback loop as illustrated in Fig. 13.41. Consider only the capacitances shown in the circuit. Can this circuit oscillate? Explain.

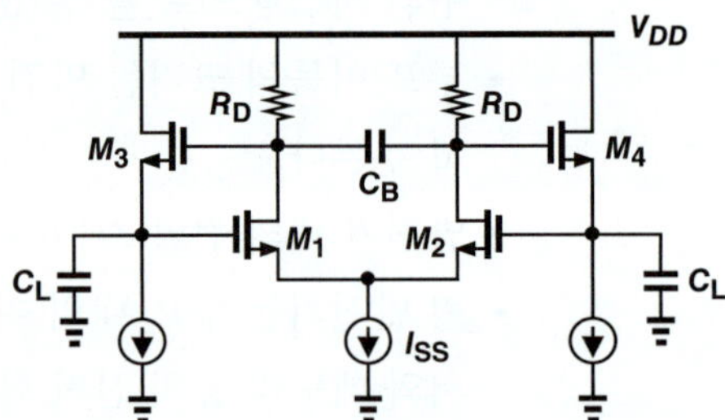

Figure 13.41

****13.7.** We insert two resistors in series with the gates of M_1 and M_2 in Fig. 13.41. Taking into account C_{GS1} and C_{GS2} in addition to the other four capacitors, explain whether the circuit can oscillate.

Sec. 13.2 Ring Oscillators

13.8. Suppose in the ring oscillator of Fig. 13.8, the value of R_D is doubled. How do the oscillation frequency and startup condition change?

***13.9.** Suppose in the ring oscillator of Fig. 13.8, the value of C_D is doubled. How do the oscillation frequency and startup condition change?

*13.10. In the ring oscillator of Fig. 13.8, we assume C_D arises from C_{GS} and neglect other capacitances. If the width and bias current of each transistor are doubled and R_D is halved, what happens to the oscillation frequency?

13.11. The supply voltage of the ring oscillator of Fig. 13.8 is gradually reduced. Explain why the oscillation eventually ceases.

**13.12. Derive the oscillation frequency and startup condition for the ring oscillator of Fig. 13.8 if the number of stages is increased to five.

*13.13. Derive the oscillation frequency and startup condition for the ring oscillator of Fig. 13.9(a). Consider only the C_{GS} of the NMOS transistors and assume all transistors are in saturation.

13.14. Suppose the bias voltage, V_b, in Fig. 13.9(a) is gradually raised to reduce the bias current of each stage. Does the circuit have a lower or higher tendency to oscillate? (Hint: as the bias current decreases, r_O rises more rapidly than g_m falls.)

**13.15. Derive the oscillation frequency and startup condition for the ring oscillator of Fig. 13.9(b). Consider the C_{GS} of both NMOS and PMOS transistors and assume all transistors are in saturation.

13.16. Draw the large-signal waveforms of Fig. 13.10 for a five-stage ring oscillator similar to the circuit of Fig. 13.9(b).

13.17. A ring oscillator is sometimes used to provide *multiple* outputs with different phases. What is the phase difference between consecutive nodes in the circuit of Fig. 13.9(b)? (Hint: consider the waveforms in Fig. 13.10.)

13.18. A ring oscillator employs N stages. What is the phase difference between the consecutive outputs of the circuit?

Sec. 13.3 LC Oscillators

13.19. Repeat the plots in Fig. 13.14 if both L_1 and C_1 in Fig. 13.13 are doubled.

13.20. In the circuit of Fig. 13.13, assume $V_{in}(t) = V_0 \cos \omega_{in} t$. Plot $I_{in}(t)$ if ω_{in} is slightly below ω_1 or above ω_1. (Hint: consider the magnitude and phase response in Fig. 13.14.)

13.21. Compute $Z_2(s)$ in the tank of Fig. 13.15(a). Compute the pole frequencies.

13.22. Determine the pole frequencies of $Z_2(s)$ in Eq. (13.13) and sketch their locations on the complex plane as R_p goes from infinity to a small value.

*13.23. In this problem, we wish to determine how the tank in Fig. 13.15(a) can be transformed to that in Fig. 13.15(b). Compute the impedance of each tank at a frequency $s = j\omega$ and equate the two impedances. Now, equate their real parts and do the same with their imaginary parts. Also, assume $L_1\omega/R_1 \gg 1$. (We say the inductor has a high quality factor, Q.) Determine the value of R_p.

13.24. Explain qualitatively what happens to the plots in Fig. 13.16 if R_p is doubled.

13.25. Sketch the instantaneous power dissipated by R_p in Fig. 13.17(b) as a function of time. Can you predict what we will obtain if we integrate the area under this plot?

13.26. In the CS stage of Fig. 13.18(a), $V_{in} = V_0 \cos \omega_1 t + V_1$, where $\omega_1 = 1/\sqrt{L_1 C_1}$ and V_1 is a bias value. Plot V_{out} as a function of time. (Hint: what is the dc value of the output when the input is just equal to V_1?)

13.27. Explain qualitatively what happens to the plots in Fig. 13.18(b) if R_p is doubled.

**13.28. In the circuit of Fig. 13.19(a), we break the loop at the gate of M_1 and apply an input as shown in Fig. 13.42. Suppose $V_{in} = V_0 \cos \omega_1 t + V_1$, where ω_1 is the resonance frequency of each tank and V_1 is a bias voltage. Plot the waveforms at nodes X and Y.

13.29. Suppose the LC oscillator of Fig. 13.19(a) is realized with *ideal* tanks, i.e., $R_p = \infty$. Taking channel-length modulation into account, determine the startup condition.

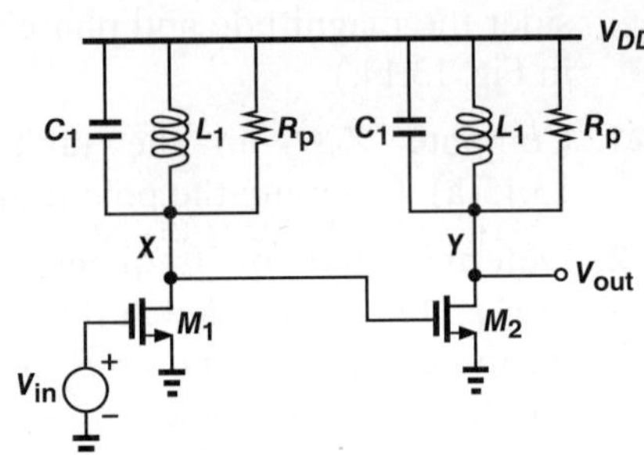

Figure 13.42

*13.30. Suppose the two tanks in the oscillator of Fig. 13.19(a) have slightly different resonance frequencies. Can you roughly predict the oscillation frequency? (Hint: consider the open-loop frequency response.)

13.31. Explain why the circuit of Fig. 13.20(c) does not oscillate if the tanks are replaced with resistors.

13.32. If we increase C_1 in the Colpitts oscillator of Fig. 13.22(a), do we relax or tighten the startup condition?

13.33. What happens if $C_2 = 0$ in the Colpitts oscillator of Fig. 13.22(a)?

**13.34. Repeat the analysis of the Colpitts oscillator but by breaking the loop at the emitter of Q_1. The equivalent circuit is shown in Fig. 13.43. Note that the loading seen at the emitter, $1/g_m$, is included in parallel with C_2.

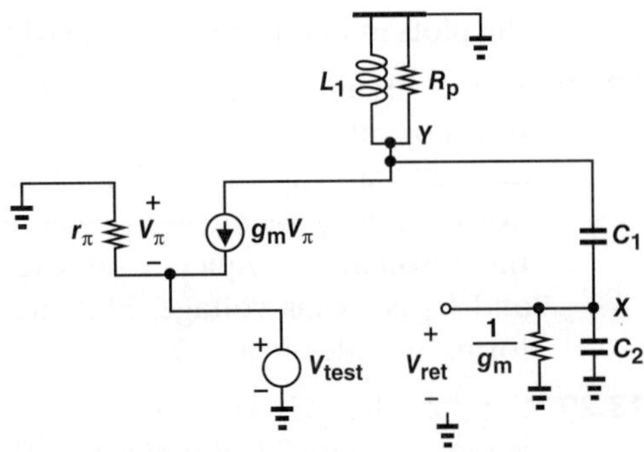

Figure 13.43

13.35. Repeat the analysis of the Colpitts oscillator while including r_O of Q_1 but assuming $R_p = \infty$.

13.36. Repeat the analysis of the Colpitts oscillator while assuming an output resistance, R_1, for I_1 but neglecting R_p.

13.37. Derive Eq. (13.27) if $R_p = \infty$. You can use the equivalent circuit of Fig. 13.22(b) and tie R_{in} from X to ground.

Sec. 13.4 and 13.5 Phase Shift and Wien Bridge Oscillators

13.38. In the oscillator of Fig. 13.24(a), we have $R_1 = R_2 = R_3 = R$, $C_1 = C_2 = C_3 = C$, and $V_{out} = V_0 \cos \omega_0 t$, where $\omega_0 = 1/(RC)$. Plot the waveforms at X and Y. Assume $A_0 = 2$.

13.39. A student decides to employ three *low-pass* sections to create the phase shift necessary in a phase shift oscillator (Fig. 13.44). If $R_1 = R_2 = R_3 = R$ and $C_1 = C_2 = C_3 = C$, repeat the analysis for this circuit.

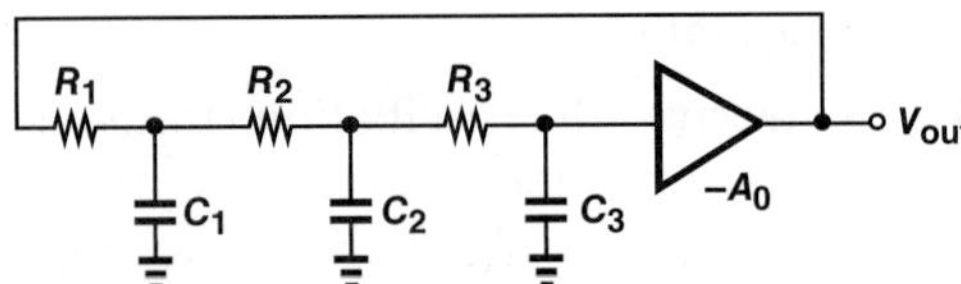

Figure 13.44

13.40. Compare the oscillation frequency and startup condition of the phase shift oscillator with those of a three-stage ring oscillator.

13.41. Suppose a phase shift oscillator incorporates *four* high-pass sections with equal resistors and capacitors. Derive the oscillation frequency and the startup condition for such a circuit.

*13.42. Can the circuit shown in Fig. 13.45 oscillate? Explain. Assume $R_1 = R_2 = R_3 = R$ and $C_1 = C_2 = C_3 = C$.

13.43. Consider the oscillator of Fig. 13.24(a) and assume the amplifier contains a pole, i.e., $A(s) = A_0/(1 + s/\omega_0)$. Also, assume the phase shift network contains only two high-pass sections with $R_1 = R_2 = R$ and $C_1 = C_2 = C$. Can ω_0 be chosen such that this circuit oscillates?

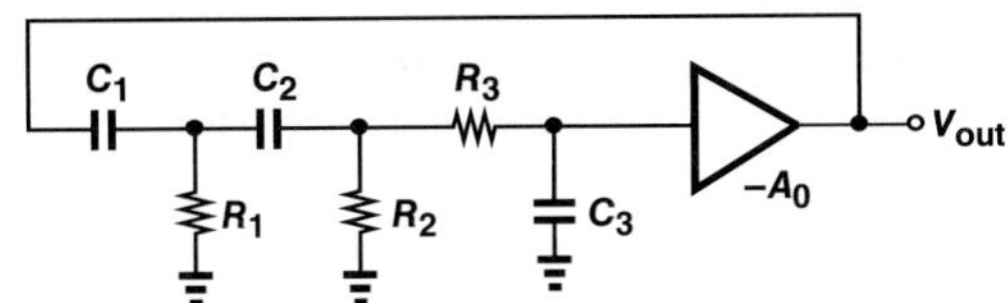

Figure 13.45

13.44. In the circuit of Fig. 13.27(a), $R_1 = R_2 = R$ and $C_1 = C_2 = C$. If $V_{in} = V_0 \cos \omega_0 t$, where $\omega_0 = 1/(RC)$, plot V_{out} as a function of time.

***13.45.** A student decides to modify the Wien oscillator of Fig. 13.27(b) as shown in Fig. 13.46. Can this circuit oscillate? Explain.

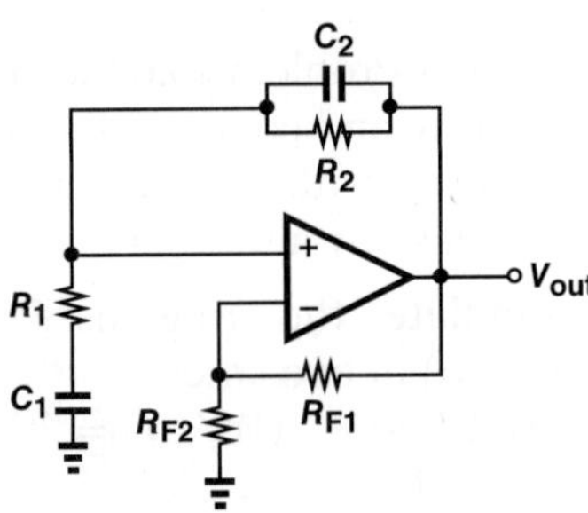

Figure 13.46

Sec. 13.6 Crystal Oscillators

13.46. Derive an expression for Z_S in Fig. 13.30(b) if $s = j\omega$.

13.47. Sketch the real and imaginary parts of Z_{in} in Fig. 13.31(c) as a function of frequency.

13.48. Suppose the negative-resistance circuit of Fig. 13.31(a) employs a bipolar transistor rather than a MOSFET. Determine Z_{in} and the equivalent circuit.

13.49. Determine Z_{in} in Fig. 13.31(a) if channel-length modulation is not neglected. Can you construct a simple equivalent circuit for Z_{in} such as that in Fig. 13.31(c)?

13.50. Suppose capacitor C_1 in Fig. 13.32(a) begins with an initial condition of V_0. Derive an equation for V_{out} assuming that R_p is large. (A large R_p means the tank has a high quality factor, Q.)

****13.51.** We wish to determine the startup condition for the crystal oscillator of Fig. 13.33(b).

(a) Prove that Z_{cr} is given by the following equation at the parallel resonance frequency:

$$Z_{cr}(j\omega_2) = \frac{L_1 C_1 \omega_2^2 - 1}{R_S C_1 C_2 \omega_2^2} + \frac{1}{jC_2\omega_2}. \qquad (13.59)$$

(b) Now, cancel the real part of $Z_{cr}(j\omega_2)$ by the negative resistance and prove Eq. (13.58).

****13.52.** Repeat Problem 13.51 if channel-length modulation is not neglected.

Design Problems

In the following problems, unless otherwise stated, assume $\mu_n C_{ox} = 2\mu_p C_{ox} = 100\ \mu\text{A/V}^2$, $\lambda_n = 0.5\ \ \lambda_p = 0.1\ \ \text{V}^{-1}$, $V_{THN} = 0.3$ V, and $V_{THP} = -0.35$ V.

13.53. In Fig. 13.8, $R_D = 1\ \text{k}\Omega$. Design the circuit for a power budget of 3 mW and a frequency of 1 GHz. Assume $V_{DD} = 1.5$ V and $\lambda = 0$.

13.54. In the circuit of Fig. 13.9(a), $V_{DD} - V_b = 0.6$ V.

(a) Choose W/L of the PMOS devices for a bias current of 1 mA.

(b) Choose W/L of the NMOS devices to meet the startup condition, $g_{mN}(r_{ON}||r_{OP}) = 2$.

13.55. (a) A 10 nH inductor has a series resistance of 10 Ω. Determine the equivalent parallel resistance, R_p, at 1 GHz.

(b) Design a 1 GHz cross-coupled oscillator using this inductor with a power budget of 2 mW and $V_{DD} = 1.5$ V. Choose W/L of the two transistors such that 95% of the tail current is steered to the left or to the right for $|V_X - V_Y| = 500$ mV. For simplicity, assume each transistor contributes a capacitance of $1.5 \times W$ fF, where W is in microns.

13.56. (a) A 20 nH inductor has a series resistance of 15 Ω. Compute the equivalent parallel resistance, R_p, at 2 GHz.

(b) Design a 2 GHz Colpitts oscillator using this inductor with a power budget of 2 mW and $V_{DD} = 1.5$ V. For simplicity, neglect the capacitances of the bipolar transistor and assume $C_1 = C_2$. Verify that the startup condition is met.

13.57. Design the phase shift oscillator of Fig. 13.25 for a frequency of 10 MHz, assuming an ideal op amp and $C_1 = C_2 = C_3 = 1$ nF.

13.58. Design the Wien bridge oscillator of Fig. 13.28(b) for a frequency of 10 MHz, assume an ideal op amp and $C_1 = C_2 = 1$ nF.

13.59. (a) A crystal with a parallel resonance frequency at 10 MHz has $C_2 = 100$ pF, $C_1 = 10$ pF [Fig. 13.30(c)]. Determine the value of L_1.

(b) Suppose the crystal series resistance is equal to 5 Ω. Design the oscillator of Fig. 13.34(d) for a frequency of 10 MHz. Neglect the transistor capacitances and assume $C_A = C_B = 20$ pF, $(W/L)_2 = 2(W/L)_1$, and $V_{DD} = 1.2$ V.

SPICE PROBLEMS

In the following problems, use the MOS device models given in Appendix A. For bipolar transistors, assume $I_S = 5 \times 10^{-16}$ A, $\beta = 100$, and $V_A = 5$ V. Also, assume a supply voltage of 1.8 V. (In SPICE, one node of the oscillators must be initialized near zero or V_{DD} to ensure startup.)

13.60. Simulate the oscillator of Fig. 13.8 with $W/L = 10/0.18$ and $C_D = 20$ fF. Choose the value of R_D so that the circuit barely oscillates. Compare the value of $g_m R_D$ with the theoretical minimum of 2. Plot the voltage swings at X, Y, and Z and measure their phase difference.

13.61. Repeat Problem 13.60 but choose R_D equal to four times the minimum acceptable value. How much is the voltage swing in this case? Does the frequency decrease by a factor of 4?

13.62. Simulate the oscillator of Fig. 13.9(a) with $(W/L)_N = 10/0.18$ and $(W/L)_P = 15/0.18$. Choose V_b to obtain a bias current of 0.5 mA in each branch.

(a) Measure the oscillation frequency.

(b) Now, change V_b by ±100 mV and measure the oscillation frequency. Such a circuit is called a voltage-controlled oscillator (VCO).

13.63. Repeat Problem 13.62 with five stages in the ring and compare the oscillation frequencies with the previous case. Do they decrease by a ratio of 5 to 3?

13.64. Simulate the ring oscillator of Fig. 13.9(b) in two cases.

(a) Choose $(W/L)_P = 2(W/L)_N = 20/0.18$.

(b) Choosc $(W/L)_P = 2(W/L)_N = 10/0.18$. Which case yields a higher oscillation frequency?

13.65. We wish to design the circuit of Fig. 13.9(b) for the highest oscillation frequency. Begin with $(W/L)_N = (W/L)_P = 5/0.18$ and decrease the width of the transistors in 0.5 μm steps. Plot the oscillation frequency as a function of W.

13.66. We can construct a *four*-stage ring oscillator if we employ differential pairs rather than inverters. Simulate a ring comprising four identical differential pairs with $W/L = 10/0.18$, a tail current of 0.5 mA, and a load resistor of 1 kΩ. Choose the feedback to be *negative* at low frequencies. Plot the waveforms provided by the four stages and measure their phase difference.

13.67. Simulate the cross-coupled oscillator of Fig. 13.20(c) with $W/L = 10/0.18$, $I_{SS} = 1$ mA, and $L_1 = 10$ nH. Place a resistance of 10 Ω in series with each inductor (and exclude R_p) and add enough capacitance from X and Y to ground so as to obtain an oscillation frequency of 1 GHz. Plot the output voltages and the drain currents of M_1 and M_2 as a function of time. What is the minimum value of I_{SS} to sustain oscillation?

13.68. Design and simulate the Colpitts oscillator of Fig. 13.22(a) with $L_1 = 10$ nH, $V_b = 1.2$ V, and $I_1 = 1$ mA. Choose R_p such that $Q = R_p/(L_1\omega) = 10$ at 2 GHz. Also, select the value of $C_1 = C_2$ for an oscillation frequency of 2 GHz. Plot the waveforms at the collector and emitter of Q_1.

13.69. In Problem 13.68, reduce I_1 in steps of 0.1 mA until the oscillation ceases. Compare the minimum required I_1 with the theoretical value predicted by Eq. (13.26).

REFERENCE

1. Y. Hong, et al., "Noncontact proximity vital sign sensor based on PLL for sensitivity enhancement," *IEEE Trans. Biomedical Circuits and Systems*, vol. 8, pp. 584–593, Aug. 2014.

14

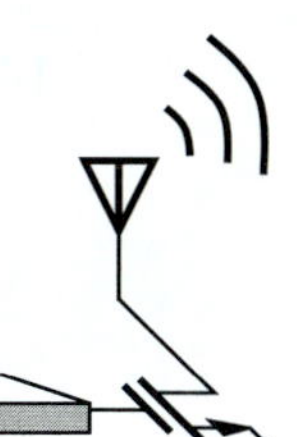

출력단 및 전력 증폭기

앞 장들에서 학습한 증폭기 회로들은 높은 이득(높은 증폭률)과 적절한 입력과 출력 임피던스 값(예를 들면, 전압 증폭기의 경우 높은 입력 임피던스와 낮은 출력 임피던스 값)을 갖도록 하는 것을 목표로 하였다. 그런데 많은 응용에서는 높은 전력의 출력을 부하에 전달할 수 있는 회로를 필요로 한다. 예를 들면, 1장에서 설명한 휴대전화는 안테나를 1 W 이상의 출력으로 구동해야 한다. 다른 예를 들면, 보통의 스테레오 시스템은 수십 또는 수백 W의 음성 정보 출력을 스피커에 전달한다. 이러한 고출력 회로들을 전력 증폭기(PA: power amplifier)라고 부른다.

이 장에서는 높은 출력 전력을 생성할 수 있는 회로들에 관해 학습한다. 우선 앞의 장들에서 학습한 회로들을 다시 살펴보고, 그 회로들이 고출력 응용에 적합하지 않은 이유를 이해한다. 그다음에 '푸시풀(push-pull)' 단과 푸시풀 단의 성능을 향상시키기 위한 개선 변형 방법을 학습한다. 이 장의 주요 내용은 다음과 같다.

기본적인 단들
- 이미터 폴로어
- 푸시풀 단과 이를 개선한 변형들

➤

대신호 고찰
- *pnp* 트랜지스터의 제거
- 높은 충실도를 위한 설계

➤

열 방사
- 전력 등급
- 열 폭주

➤

효율 및 전력 증폭기 등급
- PA의 효율
- PA의 등급

14.1 일반적인 고찰

독자들은 왜 앞 장들에서 학습한 증폭기 단들이 고출력의 응용에 적합하지 않은지 궁금할 것이다. 이제 1 W를 8 Ω짜리 스피커에 전달하려는 경우를 생각해 보자. 신호를 진폭이 V_P인 사인파로 근사화하면, 스피커에 의해 흡수되는 전력은 다음과 같이 표현할 수 있다.

$$P_{out} = \left(\frac{V_P}{\sqrt{2}}\right)^2 \cdot \frac{1}{R_L} \tag{14.1}$$

여기서 $V_P/\sqrt{2}$는 사인파의 rms 값을, R_L은 스피커의 임피던스를 나타낸다. 예를 들어 $R_L = 8\ \Omega$이고 $P_{out} = 1$ W인 경우

$$V_P = 4\ \text{V} \tag{14.2}$$

가 된다. 또한 스피커를 통해 흐르는 전류의 피크값은 $I_P = V_P/R_L = 0.5$ A로 주어진다.

이로부터 몇 가지 중요한 사실을 알 수 있다. (1) 전력 증폭기가 구동해야 하는 부하 저항은 앞 장들에서 다룬(보통 수백~수천 옴 정도) 일반적인 부하 저항보다 매우 작다. (2) 이 예에서 다루고 있는 전류의 크기는 앞 장들에서 다룬 일반적인 전류의 크기(밀리암페어 정도)보다 훨씬 크다. (3) 전력 증폭기가 전달하는 전압의 스윙 폭은 매우 커서 '소신호'라고 보기 어렵다. 따라서 회로의 대신호 동작에 대한 충실한 이해가 필요하다. (4) 전원으로부터 공급받는 전력은 최소한 1 W 이상으로서 일반적인 경우보다 훨씬 크다. (5) 트랜지스터에 이와 같이 많은 전류가 흐르는 동시에 높은 전압이 걸리면 매우 많은 전력이 소모되므로 따라서 트랜지스터의 온도가 높아진다. 이에 따라 고출력 트랜지스터들은 큰 전류와 고온을 견딜 수 있어야 한다.[1)]

전력 단을 설계할 때 관심을 가져야 하는 파라미터들이 어떤 것들일지를 위의 관찰 결과로부터 예측할 수 있다.

1. 왜곡(distortion): 대신호 동작에서 오는 비선형성을 말한다. 고급 오디오 증폭기는 음악을 충실도가 높게 재현하기 위해서 왜곡이 매우 낮아야 한다. 앞의 장들에서는 왜곡을 거의 다루지 않았다.
2. 전력 효율(power efficiency): 간단히 '효율'이라고도 한다. 보통 η로 나타내며 다음과 같이 정의된다.

$$\eta = \frac{\text{부하에 전달되는 전력}}{\text{전원에 의해 공급되는 전력}} \tag{14.3}$$

예를 들어 휴대전화의 전력 증폭기가 배터리에서 3 W를 소모하여 안테나에 1 W를 전달한다면 효율은 $\eta \approx 33.3\%$가 된다. 앞의 장들에서 회로의 효율이 별로 고려의 대

1) 그리고 어떤 응용의 경우에는 고전압도 견뎌야 한다.

상이 되지 않았던 것은 소모하는 전력의 절댓값이 매우 작아서 보통 수 mW 정도밖에 되지 않았기 때문이다.

3. 전압 등급(voltage rating): 식 (14.1)이 말하고 있는 것과 같이 전력 레벨이 높거나 부하 저항이 클 경우 큰 전압 스윙이 필요하며 높은 전원 전압도 필요할 수 있다. 또한 출력단의 트랜지스터들의 항복 전압은 출력 전압 스윙보다 훨씬 더 커야 한다.

14.2 전력 증폭기로서의 이미터 폴로어

이미터 폴로어는 출력 임피던스가 비교적 작기 때문에 '큰' 부하, 즉 작은 임피던스를 구동하는 데 유력한 후보로 고려될 수 있다. 5장에서 보인 것처럼, 폴로어의 소신호 이득은 다음과 같이 주어진다.

$$A_v = \frac{R_L}{R_L + \dfrac{1}{g_m}} \tag{14.4}$$

이로부터 $R_L = 8\ \Omega$인 경우, 1에 가까운 이득을 얻기 위해서는 $1/g_m \ll R_L$, 즉 $1/g_m = 0.8\ \Omega$ 정도가 필요하다는 것을 알 수 있는데, 이를 위해서 컬렉터 바이어스 전류는 32.5 mA가 되어야 한다. 여기서 $\beta \gg 1$을 가정하였다.

그런데 이 회로가 (예를 들면, 4 V와 같은) 큰 전압 스윙을 큰 부하에 전달하려는 상황에서 어떻게 동작할지를 분석해 보자. 이를 위해 그림 14.1(a)의 폴로어를 살펴보면 우선 I_1은 바이어스 전류원의 역할을 하는 것을 알 수 있다. 해석을 간단히 하기 위해, 회로가 음과 양의 전원 전압을 가지며, V_{out}은 0을 중심으로 스윙을 한다고 가정한다. $V_{in} \approx 0.8$ V일 때, $V_{out} \approx 0$이며 $I_C \approx 32.5$ mA가 된다. 만일 V_{in}이 0.8 V에서 4.8 V로 높아지면, 이미터 전압은 베이스 전압과의 차이 0.8 V를 비교적 일정하게 유지하며, 따라서 출력은 4 V의 스윙을 한다[그림 14.1(b)].

이제 V_{in}이 +0.8 V에서 점점 내려가는 경우를 생각해 보자[그림 14.1(c)]. 이때 우리는 V_{out}이 0 V 밑으로 떨어질 것이며, 따라서 I_1의 일부는 R_L로부터 흘러들 것이라고 예측할 수 있다. 예를 들어 만일 $V_{in} \approx 0.7$ V이면 $V_{out} \approx -0.1$ V가 되며 따라서 R_L에는 12.5 mA의 전류가 흐르고 $I_{C1} \approx I_{E1} = 20$ mA가 된다. 마찬가지로 $V_{in} \approx 0.6$ V일 때 $V_{out} \approx -0.2$ V, $I_{RL} \approx 25$ mA 및 $I_{C1} \approx 7.5$ mA가 된다. 다시 말해서, V_{in}이 감소함에 따라 Q_1의 컬렉터 전류는 계속 감소한다.

만일 V_{in}이 더 음수가 되면 어떻게 될까? V_{out}은 V_{in}을 따라서 계속 감소할 것인가? 앞의 논의로부터, V_{in}이 충분히 낮을 경우 Q_1의 컬렉터 전류는 마침내 0이 되고, 이때 I_1 전체가 R_L을 통해서 흐를 것을 알 수 있다[그림 14.1(d)]. 만일 V_{in}이 이보다 더 낮아지면, Q_1은 계속 꺼져 있을 것이며 출력 전압은 $V_{out} = -I_1 R_L = -260$ mV에서 움직이지 않을 것이다.

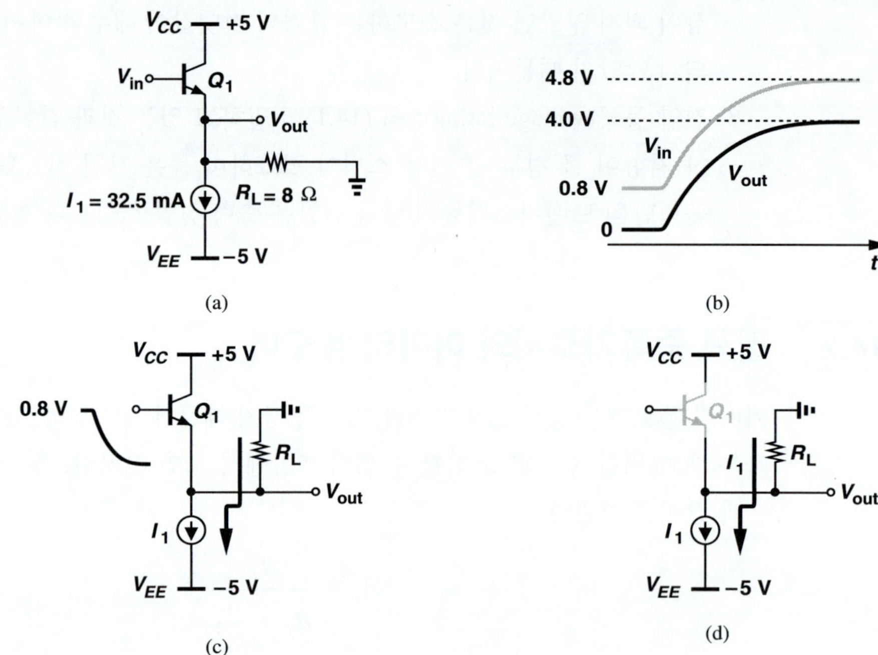

그림 14.1 (a) 무거운 부하를 구동하는 폴로어; (b) 입력 및 출력 파형; (c) 입력이 음으로 더 커질 때의 전류의 경로; (d) 입력이 양으로 더 커질 때의 전류의 경로

예제 14.1

그림 14.1(a)에서 $I_S = 5 \times 10^{-15}$ A일 때, $V_{in} = 0.5$ V에 대한 출력 전압을 결정하라. V_{in}이 얼마일 때 Q_1을 통해서 흐르는 전류가 I_1의 1%밖에 안 되는가?

풀이 우선 다음 관계들이 성립한다.

$$V_{in} - V_{BE1} = V_{out} \tag{14.5}$$

$$\frac{V_{out}}{R_L} + I_1 = I_{C1} \tag{14.6}$$

또한 $V_{BE1} = V_T \ln(I_{C1}/I_S)$이므로, 식 (14.5) 및 (14.6)을 결합하여 다음을 얻을 수 있다.

$$V_{in} - V_T \ln\left[\left(\frac{V_{out}}{R_L} + I_1\right)\frac{1}{I_S}\right] = V_{out} \tag{14.7}$$

우선 $V_{out} = -0.2$ V로부터 시작해서 반복법을 몇 차례 사용하면 다음을 얻을 수 있다.

$$V_{out} \approx -211 \text{ mV} \tag{14.8}$$

이때 식 (14.6)에서 $I_{C1} \approx 6.13$ mA가 됨을 알 수 있다.

$I_{C1} \approx 0.01 I_1 = 0.325$ mA가 되게 하는 V_{in}의 값을 결정하기 위해서 식 (14.5) 및 (14.6)에서 V_{out}을 소거하여 다음을 얻는다.

$$V_{in} = V_T \ln \frac{I_{C1}}{I_S} + (I_{C1} - I_1)R_L \tag{14.9}$$

이 식에서 $I_{C1} = 0.325$ mA라고 놓으면 다음을 얻을 수 있다.

$$V_{in} \approx 390 \text{ mV} \tag{14.10}$$

이때 $V_{out} \approx -257$ mV가 되는 것은 식 (14.5)로부터 알 수 있다.

연습문제 위의 예제를 $R_L = 16\ \Omega$이고 $I_1 = 16$ mA라고 놓고 다시 풀어라.

지금까지의 생각을 정리해 보자. 그림 14.1(a)와 같은 구조에서 V_{in}이 증가할 때 출력은 입력을 좇아가는데[2] 이것은 I_1과 R_L을 통해 흐르는 전류가 모두 Q_1을 통해 흐를 수 있기 때문이다. 반면에 V_{in}이 감소하면 I_{C1}이 감소하며 결국은 Q_1이 꺼지는데, 이렇게 되면 입력이 더 변해도 출력은 변하지 않고 일정하게 고정된다. 따라서 그림 14.2(a)의 파형에 나타나 있는 것처럼, 출력은 심하게 왜곡된다. 또 다른 관점에서, 그림 14.2(b)에 있는 바와 같이 V_{in}이 0.4 V 이하로 감소할 때 회로의 입력/출력 특성은 직선에서 심하게 이탈한다(이 그림은 예제 14.2의 경우를 나타냄).

이제까지의 결과는 그림 14.1(a)의 폴로어가 ±4 V 정도의 출력 전압 스윙을 8 Ω 스피커에 전달할 수 없다는 것을 말해 준다. 그러면 이 상황을 어떻게 개선할 수 있을까? $V_{out,min} = -I_1R_L$인 것을 생각하면, I_1을 50 mA 이상으로 증가시켜서 $V_{out} = -4$ V일 때도 Q_1이 계속 켜져 있게 할 수도 있다. 하지만 이 방법을 사용하면 전력 소모가 커지며, 따라서 효율이 나빠진다.

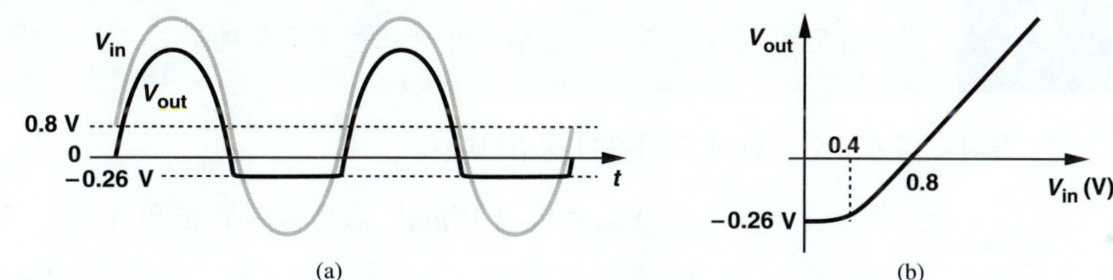

그림 14.2 (a) 폴로어에서 발생하는 왜곡; (b) 입력/출력 특성

14.3 푸시풀 단

앞 절에서의 이미터 폴로어의 동작을 잘 검토해 보면 큰 I_1이 필요할 때만 I_1을 증가시키면

2) 출력이 입력을 좇아가는 데는 약간의 오차가 있을 수 있는데 이것은 V_{BE}에 약간의 변화가 생기기 때문이다. 하지만 당분간 이 효과는 무시한다.

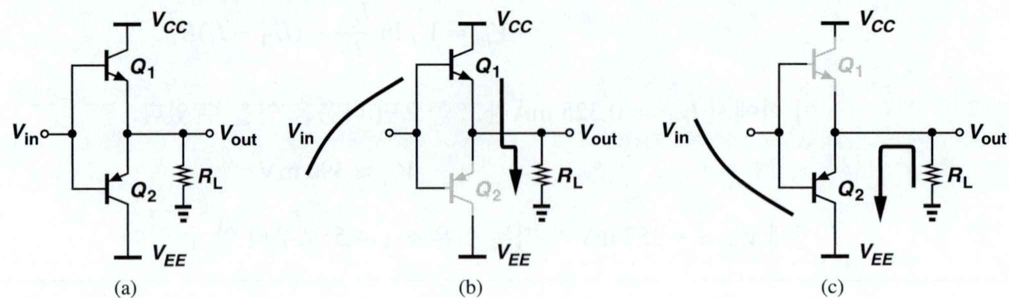

그림 14.3 (a) 기본적인 푸시풀 단; (b) 양의 방향으로 충분히 큰 입력에 대한 전류의 경로; (c) 음의 방향으로 충분히 큰 입력에 대한 전류의 경로

성능이 개선될 것이라고 예상할 수 있다. 다시 말하면, V_{in}이 더 음의 방향으로 커질 때 I_1이 증가하고 반대의 경우 I_1이 감소하는 구조를 생각할 수 있다. 그림 14.3(a)에 있는 구조가 이러한 발상을 실제로 구현한 것이다. 여기서는 정전류원이 *pnp* 이미터 폴로어로 대체되었으며 이에 따라 Q_1이 꺼질 때 Q_2가 '켜져서' V_{out}이 V_{in}을 쫓아갈 수 있게 해 준다.

이러한 회로를 '푸시풀' 단이라고 부르는데 자세히 공부할 필요가 있다. 만일 V_{in}이 충분히 양수이면 Q_1이 이미터 폴로어로 동작하며 $V_{out} = V_{in} - V_{BE1}$이 된다. 이때 Q_2는 꺼져 있는데 이것은 Q_2의 베이스-이미터 접합이 역방향으로 바이어스되기 때문이다[그림 14.3(b)]. 이와 대칭으로 만일 V_{in}이 충분히 음수이면 위와 반대가 되어[그림 14.3(c)] 출력은 $V_{out} = V_{in} + |V_{BE2}|$이 된다. 여기서 앞의 경우에는 Q_1이 R_L에 전류를 밀어 넣는다['푸시(push)']고 이야기하고, 뒤의 경우에는 Q_2가 R_L로부터 전류를 잡아당긴다['풀(pull)']고 이야기한다.

예제 14.2 푸시풀 단의 입력/출력 특성을 입력이 양 또는 음으로 매우 큰 경우에 대해서 스케치하라.

풀이 위에서 언급한 대로 다음이 성립한다.

$$V_{out} = V_{in} + |V_{BE2}| \quad \text{음으로 매우 큰 입력} \tag{14.11}$$

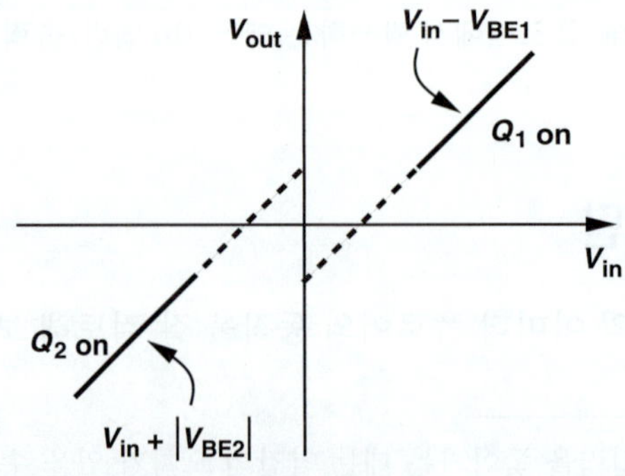

그림 14.4 푸시풀 단의 특성

$$V_{out} = V_{in} - V_{BE1} \quad \text{양으로 매우 큰 입력} \qquad (14.12)$$

즉, 음의 입력에서 Q_2는 신호를 위로 약간 시프트시키며, 양의 입력에서 Q_1은 신호를 아래로 약간 시프트시킨다. 그림 14.4가 이와 같은 특성을 보여 준다.

연습문제 CMOS를 사용한 출력단에 대하여 위의 예제를 다시 풀어라.

만일 V_{in}이 0에 가까워지면 어떤 일이 발생하는가? 그림 14.4에 대략적으로 그린 특성을 보면, 만일 특성 곡선을 구성하는 두 부분을 직선으로 계속 연장할 경우, 이들이 서로 만나서 이어질 수가 없으리라는 것을 알 수 있다. 다시 말해서 두 부분이 만나기 위해서는 전체적인 특성에 비선형성이 발생할 수밖에 없다. 이때 특성은 그림 14.5에 있는 것과 같이 $V_{in} = 0$ 부근에서 '불감대(dead zone)'가 발생하는 모양이 될 것이다.

이 회로의 특성에 불감대가 생기는 이유는 무엇인가? 다음 두 가지 사실을 지적할 수 있다. 첫째, 이 회로에서 Q_1과 Q_2는 동시에 켜질 수 없다. 왜냐하면 Q_1이 켜지기 위해서는 $V_{in} > V_{out}$이어야 하고, Q_2가 켜지기 위해서는 $V_{in} < V_{out}$이어야 하기 때문이다. 둘째, $V_{in} = 0$이면 V_{out}은 반드시 0이 되어야 한다. 이것은 그렇지 않다고 가정할 경우 모순에 빠지는 사실로부터 증명할 수 있다. 예를 들어 만일 $V_{out} > 0$이라고 가정하면(그림 14.6), 전류 V_{out}/R_L이 (V_{CC}로부터) Q_1을 통해 흘러야 하는데, 이를 위해서는 $V_{BE1} > 0$이 필요하다. 그러면 $V_{out} = V_{in} - V_{BE1} < 0$이 되는데, 이는 $V_{out} > 0$이라고 한 가정에 모순이다. 따라서 $V_{in} = 0$일 때, 두 트랜지스터는 모두 꺼진다.

이제 V_{in}이 0으로부터 증가하기 시작하는 경우를 생각해 보자. V_{out}은 0에서 시작하므로 V_{in}이 최소한 $V_{BE} \approx 600 \sim 700$ mV 정도에 도달해야 Q_1이 켜진다. 따라서 $V_{in} < 600$ mV인 동안 출력이 0에서 변하지 않으며 이에 따라 불감대가 나타나게 되는데 이것을 나타낸 것이 그림 14.5이다. $V_{in} < 0$일 때 불감대가 발생하는 것도 비슷한 방법으로 설명할 수 있다.

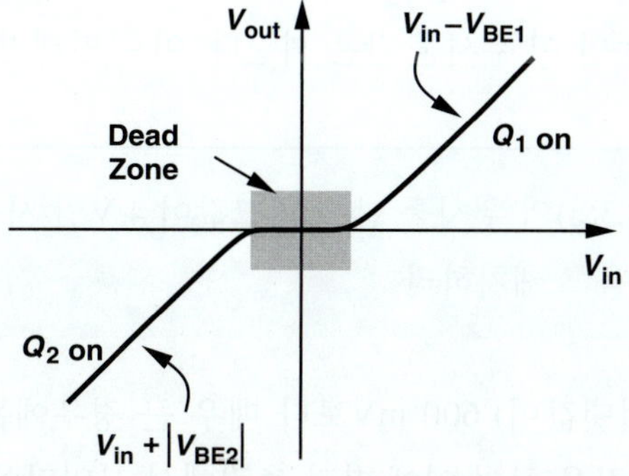

그림 14.5 푸시풀 단의 특성이 불감대를 보여 주고 있는 모습

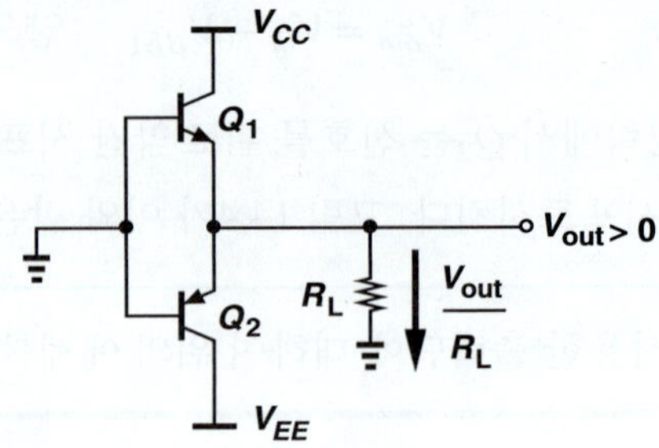

그림 14.6 입력 전압이 0 V일 때의 푸시풀 단

예제 14.3 그림 14.5의 특성에 대해 소신호 이득을 V_{in}의 함수로 스케치하라.

풀이 입력이 음 혹은 양으로 매우 클 때 이득은 1에 가까운데, 불감대에서는 이득이 0으로 떨어진다. 그림 14.7이 이러한 결과를 나타낸다.

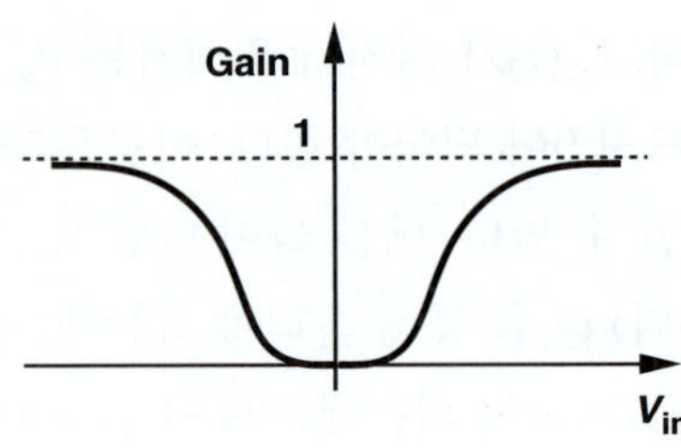

그림 14.7 푸시풀 단의 이득을 입력의 함수로 나타낸 것

연습문제 위의 예제를 R_L을 이상적인 전류원으로 바꾸어 다시 풀어라.

요약하면, 그림 14.3(a)의 간단한 푸시풀 단은 입력이 음 또는 양으로 충분히 큰 경우에는 각각 *pnp* 또는 *npn* 이미터 폴로어로 동작한다. 하지만 입력이 $-600\text{ mV} < V_{in} < +600\text{ mV}$인 동안 이 푸시풀 단은 꺼진다. 이로 인해 발생하는 불감대는 출력을 상당히 왜곡한다.

예제 14.4 그림 14.3(a)의 푸시풀 단에 피크값이 4 V인 사인파를 가하는 경우를 생각하자. 이때 출력 파형을 스케치하라.

풀이 V_{in}이(절댓값이) 600 mV보다 매우 큰 경우에는 Q_1이나 Q_2 둘 중 하나가 이미터 폴로어로 동작을 하며 이에 따라 출력에서 사인파에 가까운 파형을 얻을 수 있다. 그림 14.5는 위의 조건이 충족될 때 $V_{out} = V_{in} + |V_{BE2}|$ 또는 $V_{in} - V_{BE1}$이 되는 것을 말해 준다. 하지만 불감대 안에서는 $V_{out} \approx 0$이 된다. 그림 14.8에 나타낸 대로, V_{out}은 '영 교차(zero

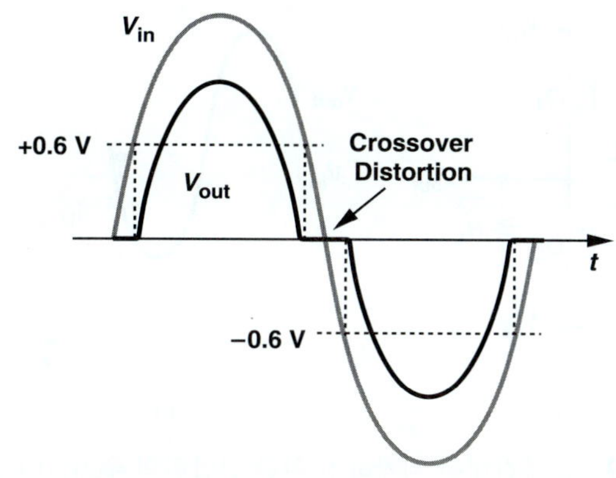

그림 14.8 불감대가 있을 때의 입력 및 출력 파형

crossing)' 부근이 왜곡된다. 우리는 이때 회로에 '교차 왜곡(crossover distortion)'이 발생한다고 말한다.

연습문제 위의 푸시풀 단을 문턱 전압이 0 V인 NMOS와 PMOS로 구성한다고 생각해 보자. 이때 입력과 출력의 파형을 스케치하라.

14.4 개선된 푸시풀 단

14.4.1 교차 왜곡의 완화

대부분의 응용에서는 그림 14.3(a)의 간단한 푸시풀 단은 왜곡이 너무 커서 사용할 수 없다. 따라서 불감대를 줄이거나 완전히 제거하는 방법을 고안해야 한다.

앞의 푸시풀 단에서 왜곡이 발생하는 근본적인 이유는 입력이 연결되는 방식에 있다. 즉, 그림 14.3(a)에서 Q_1과 Q_2의 베이스들이 서로 단락되어 있기 때문에 두 트랜지스터는 $V_{in} = 0$인 근처에서 동시에 켜질 수 없다. 따라서 그림 14.9(a)와 같이 회로를 수정하는 것을 생각해 볼 수 있다. 이 회로에서는 두 베이스 사이에 V_B의 전압을 가진 배터리가 삽입되어 있다. V_B의 값은 얼마가 되어야 하는가? Q_1이 켜져 있기 위해서는 $V_1 = V_{out} + V_{BE1}$이 되어야 한다. 마찬가지로 Q_2가 켜져 있기 위해서는

> **Did you know?**
> 귀는 폴로어 또는 푸시풀 단계에서 생성된 클리핑 또는 교차 왜곡에 매우 민감하다. 주파수 f_{in}에서 정현파 입력이 있으면 출력은 더 이상 순수한 정현파가 아니며 $2f_{in}$, $3f_{in}$ 등에서 고조파를 나타낸다. 그러면 귀가 고조파에 민감하다고 말할 수 있다. 실제로 많은 오디오 애호가, 특히 기타리스트는 진공관('밸브'라고도 함)을 사용하는 전력 증폭기를 선호한다. 이들 장치는 트랜지스터보다 클리핑 특성이 더 부드럽기 때문이다.

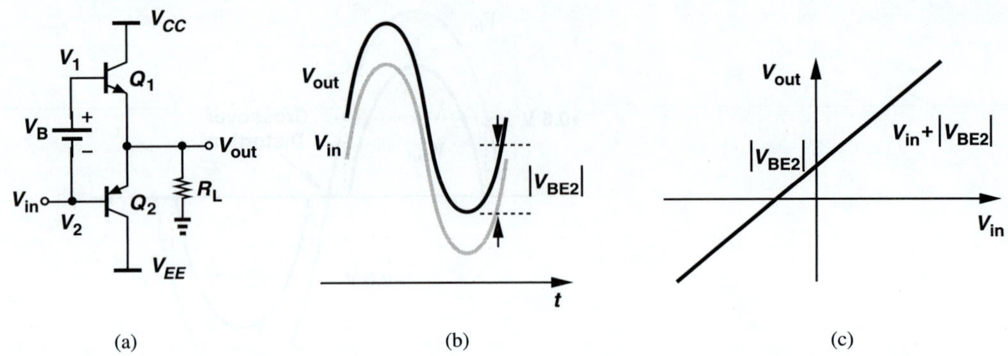

그림 14.9 (a) 불감대를 제거하기 위한 전압원의 추가; (b) 입력 및 출력 파형; (c) 입력/출력 특성

$V_2 = V_{out} - |V_{BE2}|$가 되어야 한다. 이로부터 다음을 얻을 수 있다.

$$V_B = V_1 - V_2 \tag{14.13}$$

$$= V_{BE1} + |V_{BE2}| \tag{14.14}$$

따라서 V_B는 대략 $2V_{BE}$가 되어야 한다고 할 수 있다.(하지만 V_{BE1}과 $|V_{BE2}|$는 같지 않을 수 있다.)

V_{in}이 Q_2의 베이스에 연결될 때, $V_{out} = V_{in} + |V_{BE2}|$가 된다. 즉, 출력은 입력과 모양이 같으며 다만 위쪽으로 $|V_{BE2}|$만큼 시프트된다. 만일 Q_1과 Q_2의 베이스-이미터 전압이 일정하다면, 입력 및 출력 전압 값에 상관없이 두 트랜지스터는 항상 켜져 있으며 출력 파형은 그림 14.9(b)에 있는 것과 같이 된다. 따라서 불감대는 제거된다. 입력/출력 특성이 그림 14.9(c)에 나타나 있다.

예제 14.5

그림 14.10(a)에 있는 단의 동작을 학습하라. $V_B \approx 2V_{BE}$라고 가정하라.

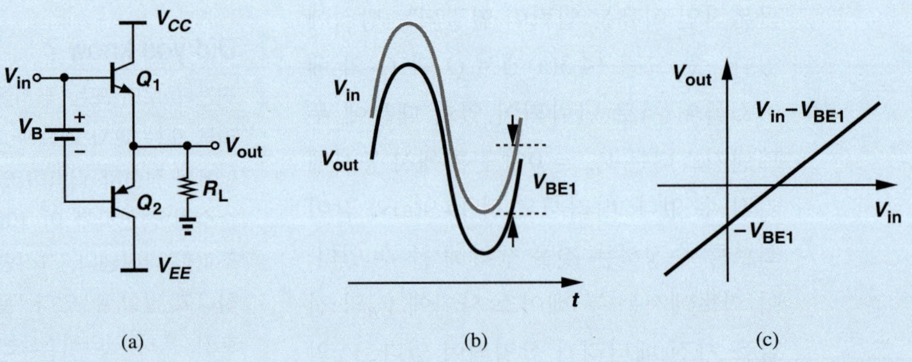

그림 14.10 (a) 입력이 Q_1의 베이스에 가해지는 푸시풀 단; (b) 입력 및 출력 파형; (c) 입력/출력 특성

풀이 이 회로에서 두 트랜지스터는 동시에 켜져 있으며 $V_{out} = V_{in} - V_{BE1}$이 된다. 따라서 출력은 입력과 파형이 똑같으며 다만 아래쪽으로 시프트되어 있다. 그림 14.10(b)와 (c)가 각각 입출력 파형과 입력/출력 특성을 보여 주고 있다.

연습문제 만일 $V_B \approx V_{BE}$이면 어떻게 되는가?

이제 그림 14.9(a)의 배터리가 실제로 어떻게 구현되어야 하는지를 결정하자. $V_B = V_{BE1} + |V_{BE2}|$이므로 2개의 다이오드를 직렬로 연결하면 필요한 전압 강하를 얻을 수 있을 것이라는 결론에 자연스럽게 도달할 수 있으며, 그림 14.11(a)가 이러한 토폴로지를 보여 준다. 그러나 안타깝게도 이 다이오드들에는 전류가 흐르지 않으므로(왜 그럴까?) 따라서 전압 강하는 0 V이다. 이 문제는 다이오드의 윗부분에 전류원을 추가함으로써 바로 해결할 수 있다[그림 14.11(b)]. 이 회로에서 I_1이 D_1과 D_2의 바이어스 전류와 Q_1의 베이스 전류를 모두 공급한다.

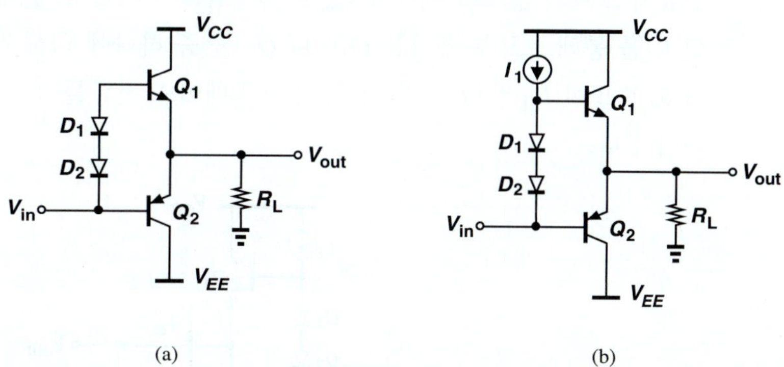

그림 14.11 (a) 다이오드를 사용한 전압원의 구현; (b) 다이오드를 바이어스하기 위한 전류원 I_1의 추가

예제 14.6 그림 14.11(b)의 회로에서 전압원 V_{in}을 통해 흐르는 전류를 계산하라.

풀이 D_1과 D_2를 통해 흐르는 전류는 $I_1 - I_{B1}$이다(그림 14.12). 전압원 V_{in}은 이 전류와 Q_2의 베이스 전류를 모두 흡수해야 한다. 따라서 전압원을 통해 흐르는 총 전류량은 $I_1 - I_{B1} + |I_{B2}|$이다.

연습문제 V_{in}이 −4 V에서 +4 V로 변화할 때 전압원 V_{in}을 통해 흐르는 전류의 크기를 V_{in}의 함수로 스케치하라. $\beta_1 = 25, \beta_2 = 15, R_L = 8\ \Omega$으로 가정하라.

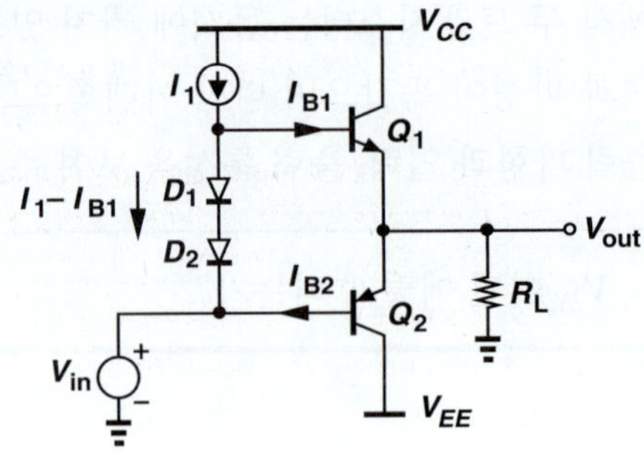

그림 14.12 베이스 전류를 살펴보기 위한 회로

예제 14.7

그림 14.11(b)에서 Q_1과 Q_2의 베이스 전류가 같기 위한 조건은 무엇인가? $\beta_1 = \beta_2 \gg 1$이라고 가정하라.

풀이 $I_{C1} = |I_{C2}|$이기 위한 조건을 구해야 한다. 그림 14.13에 있는 대로, 이것은 R_L을 통해 전류가 흐르지 않으며 따라서 $V_{out} = 0$ V임을 의미하다. 반대로 만일 V_{out}이 0 V가 아니면 R_L을 통해 흐르는 전류는 Q_1이나 Q_2 둘 중 하나에 의해 제공된다. 이때 $I_{C1} \neq |I_{C2}|$가 되며 또한 $I_{B1} \neq |I_{B2}|$가 된다. 따라서 베이스 전류들이 같기 위해서는 $V_{out} = 0$이 되어야 한다.

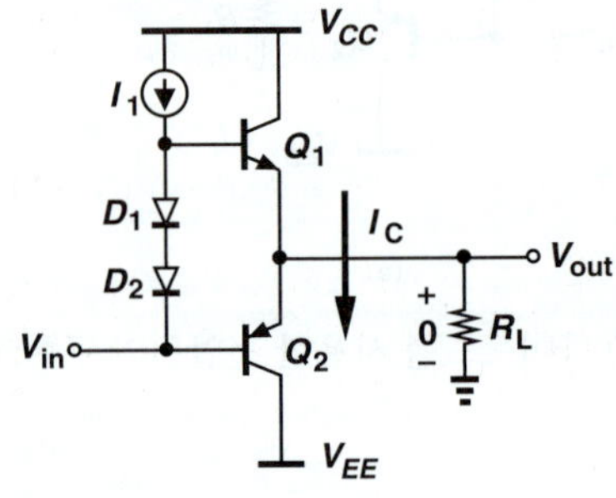

그림 14.13 출력 전압이 0 V일 때의 단

연습문제 $\beta_1 = 2\beta_2$의 경우에 대하여 위의 예제를 다시 풀어라.

Did you know?

연산 증폭기의 출력에서 푸시풀 단을 사용할 수 있는가? 그렇다. 741과 같은 많은 범용 연산 증폭기에는 이미터 폴로어보다 부하를 더 효율적으로 구동하기 위해 푸시풀 단이 포함되어 있다. 반면에 통합 연산 증폭기는 낮은 공급 전압으로 작동해야 하며 푸시풀 단을 피해야 한다. 결국, 1 V 전원 공급 장치는 2개의 V_{BE}를 수용할 수 없다.

예제 14.8

그림 14.14 회로의 동작을 학습하라. 이 회로에서 I_2는 D_2와 I_{B2}의 바이어스 전류를 모두 흡수한다.

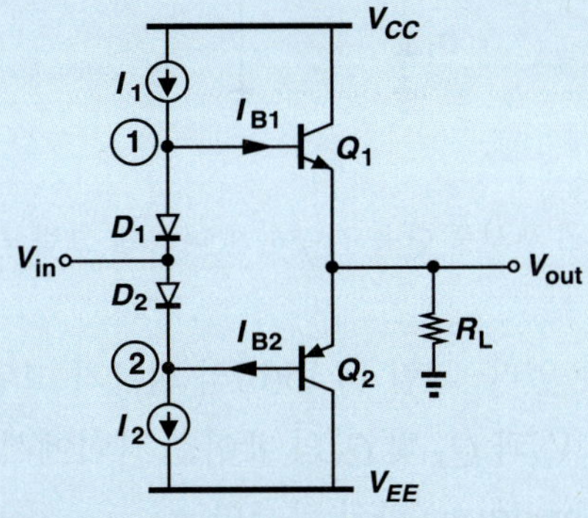

그림 14.14 입력이 다이오드들의 중간점에 가해진 단

풀이 여기서 $V_1 = V_{in}+V_{D1}$이고 $V_{out} = V_1 - V_{BE1}$이다. 만일 $V_{D1} \approx V_{BE1}$이면 $V_{out} \approx V_{in}$이 되며, 입력에 비교하여 출력 레벨의 시프트는 발생하지 않는다. 또한 D_1을 통해서 흐르는 전류는 $I_1 - I_{B1}$이, D_2를 통해 흐르는 전류는 $I_2 - |I_{B2}|$가 된다. 따라서 만일 $I_1 = I_2$이고 $I_{B1} \approx I_{B2}$이면, $V_{out} = 0$일 때 입력 전압원은 전류를 흡수하거나 생성하지 않아도 된다. 이 점은 그림 14.12 회로의 경우와 뚜렷이 비교된다.

연습문제 입력원이 생성해야 하는 전류를 V_{in}의 함수로 스케치하라(-4 V $< V_{in} <$ $+4$ V). $\beta_1 = 25, \beta_2 = 15$ 및 $R_L = 8\,\Omega$으로 가정하라.

14.4.2 CE 단의 추가

그림 14.14의 두 전류원은 그림 14.15(a)에서와 같이 *pnp*와 *npn* 트랜지스터를 사용하여 구현할 수 있다. 이때 입력 신호를 두 전류원 트랜지스터 중 하나의 베이스에 가하면 더 큰 이

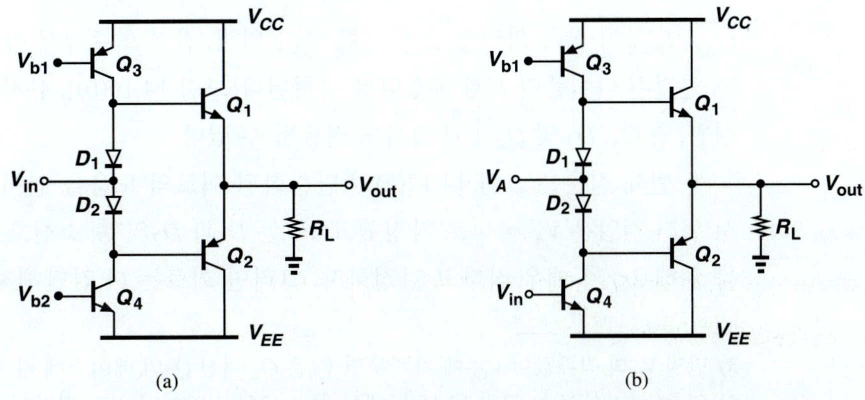

그림 14.15 (a) 전류원을 구현한 푸시풀 단; (b) 입력이 Q_4의 베이스에 가해진 단

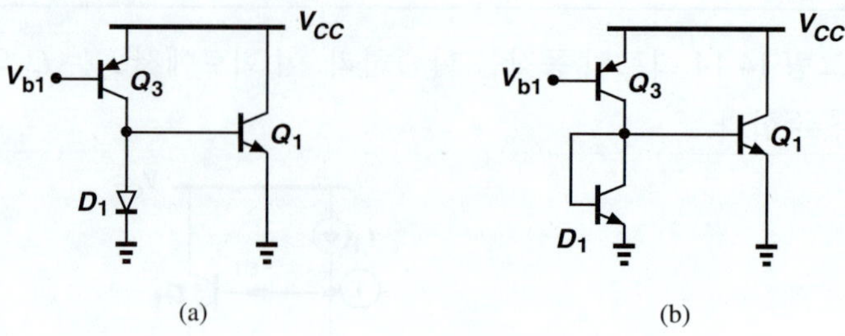

그림 14.16 (a) 푸시풀 단을 간략하게 나타낸 그림; (b) 전류 거울 동작의 설명

득을 얻을 수 있다. 그림 14.15(b)의 회로가 그런 예인데, 여기서는 Q_4를 공통 이미터 단으로 사용하여 V_{in}과 Q_1 및 Q_2의 베이스 사이에서 전압 이득을 얻고 있다.[3] 이때 CE 단을 '프리드라이버(predriver)'라고 부른다.

그림 14.15(b)의 푸시풀 회로는 고전력 출력단에서 광범위하게 사용되므로 자세히 분석할 필요가 있다. 우선 다음과 같은 질문에 답할 필요가 있다: (1) Q_3와 Q_4의 바이어스 전류가 주어졌을 때, Q_1과 Q_2의 바이어스 전류는 어떻게 결정되는가? (2) 부하 저항 R_L이 존재할 때 회로의 총 전압이득은 얼마인가?

위의 첫 번째 질문에 답하기 위해서, 바이어스 상태에서 $V_{out} = 0$이고 또한 $I_{C4} = I_{C3}$라고 가정하자. 만일 $V_{D1} = V_{BE1}$이고 $V_{D2} = |V_{BE2}|$이면 V_A[4] $= 0$이 된다.(왜 그럴까?) V_{out}과 V_A가 모두 0이므로 회로는 그림 14.16(a)에 있는 것과 같이 간략히 나타낼 수 있는데, 이를 보면 전류 거울과 놀랄 만큼 닮은 것을 알 수 있다. 실제로 Q_1의 베이스 전류를 무시하고 D_1의 포화 전류를 $I_{S,D1}$으로 나타낼 때

$$V_{D1} = V_T \ln \frac{|I_{C3}|}{I_{S,D1}} \tag{14.15}$$

가 성립하는 것과 $V_{BE1} = V_T \ln(I_{C1}/I_{S,Q1})$인 것으로부터 다음을 얻을 수 있다.

$$I_{C1} = \frac{I_{S,Q1}}{I_{S,D1}} |I_{C3}| \tag{14.16}$$

$I_{S,Q1}/I_{S,D1}$이 잘 정의된 값을 갖도록 하기 위해, 집적 회로에서 다이오드 D_1은 보통 다이오드 연결된 바이폴라 트랜지스터로 구현된다[그림 14.16(b)]. 유사한 해석이 회로의 아래쪽 절반, 즉 Q_4, D_2 및 Q_2에 대해서도 적용될 수 있다.

두 번째 질문은 그림 14.17(a)의 단순화된 회로의 도움을 얻어 답할 수 있다. 이 그림에서 얼리 전압은 $V_A = \infty$로 가정했고 $2r_D$는 D_1과 D_2의 총 소신호 저항을 나타낸다. 단순화를 위해 $2r_D$가 매우 작다고 가정하자. 그러면 회로는 더 간단해져서 그림 14.17(b)에 나타

3) 만일 V_{in}의 직류값이 V_{CC}에 가까우면 V_{in}은 Q_2 대신 Q_3의 베이스에 가해진다.

4) 역주: 여기서 V_A는 그림 14.15(b)에서 Ⓐ 노드의 전압이며 얼리 전압이 아니다.

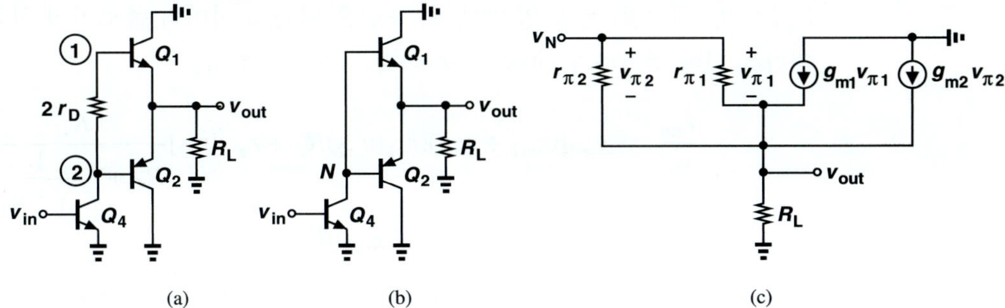

그림 14.17 (a) 이득을 계산하기 위해 단순화한 회로; (b) 다이오드의 저항이 생략된 회로; (c) 소신호 모델

낸 것과 같이 된다.[5] 이때 이득을 다음과 같이 나타낼 수 있다.

$$\frac{v_{out}}{v_{in}} = \frac{v_N}{v_{in}} \cdot \frac{v_{out}}{v_N} \tag{14.17}$$

이제 Q_1과 Q_2는 병렬로 연결된 2개의 이미터 폴로어처럼, 다시 말하면 r_π가 $r_{\pi1}||r_{\pi2}$이고 g_m이 $g_{m1}+g_{m2}$인 하나의 트랜지스터처럼 동작한다[그림 14.17(c)]. 이 회로에서 $v_{\pi1} = v_{\pi2} = v_N - v_{out}$이므로 다음이 성립한다.

$$\frac{v_{out}}{R_L} = \frac{v_N - v_{out}}{r_{\pi1}||r_{\pi2}} + (g_{m1} + g_{m2})(v_N - v_{out}) \tag{14.18}$$

이로부터 다음을 얻을 수 있다.

$$\frac{v_{out}}{v_N} = \frac{1 + (g_{m1} + g_{m2})(r_{\pi1}||r_{\pi2})}{\dfrac{r_{\pi1}||r_{\pi2}}{R_L} + 1 + (g_{m1} + g_{m2})(r_{\pi1}||r_{\pi2})} \tag{14.19}$$

위의 분모와 분자에 R_L을 곱하고 다시 각각을 $(g_{m1}+g_{m2}) \times (r_{\pi1}||r_{\pi2})$로 나누어 준 후 $(g_{m1}+g_{m2}) \times (r_{\pi1}||r_{\pi2}) \gg 1$을 가정하면 다음을 얻을 수 있다.

$$\frac{v_{out}}{v_N} = \frac{R_L}{R_L + \dfrac{1}{g_{m1} + g_{m2}}} \tag{14.20}$$

이 결과는 트랜스컨덕턴스가 $g_{m1}+g_{m2}$인 트랜지스터로 구성된 폴로어에서 바로 예상할 수 있는 것이다.

v_N/v_{in}을 계산하기 위해서는 우선 노드 N에서 들여다본 임피던스 R_N을 유도해야 하는데, 그림 14.17(c)의 회로에서 독자들은 다음을 보일 수 있다.

$$R_N = (g_{m1} + g_{m2})(r_{\pi1}||r_{\pi2})R_L + r_{\pi1}||r_{\pi2} \tag{14.21}$$

---

5) 이와 같이 나타내는 것은 신호에 대해서만 성립하고 바이어스에 대해서는 성립하지 않는다는 것에 주목해야 한다.

($I_{C1} = I_{C2}$이고 $\beta_1 = \beta_2$일 때 위의 표현은 단순히 이미터 폴로어의 입력 임피던스로 귀착된다는 것에 주목하자.) 따라서 총 이득은 다음과 같다.

$$\frac{v_{out}}{v_{in}} = -g_{m4}[(g_{m1} + g_{m2})(r_{\pi1}||r_{\pi2})R_L + r_{\pi1}||r_{\pi2}]\frac{R_L}{R_L + \dfrac{1}{g_{m1} + g_{m2}}} \tag{14.22}$$

$$= -g_{m4}(r_{\pi1}||r_{\pi2})(g_{m1} + g_{m2})R_L \tag{14.23}$$

예제 14.9 그림 14.18(a) 회로의 출력 임피던스를 계산하라. 단순화를 위해 $2r_D$가 작다고 가정하라.

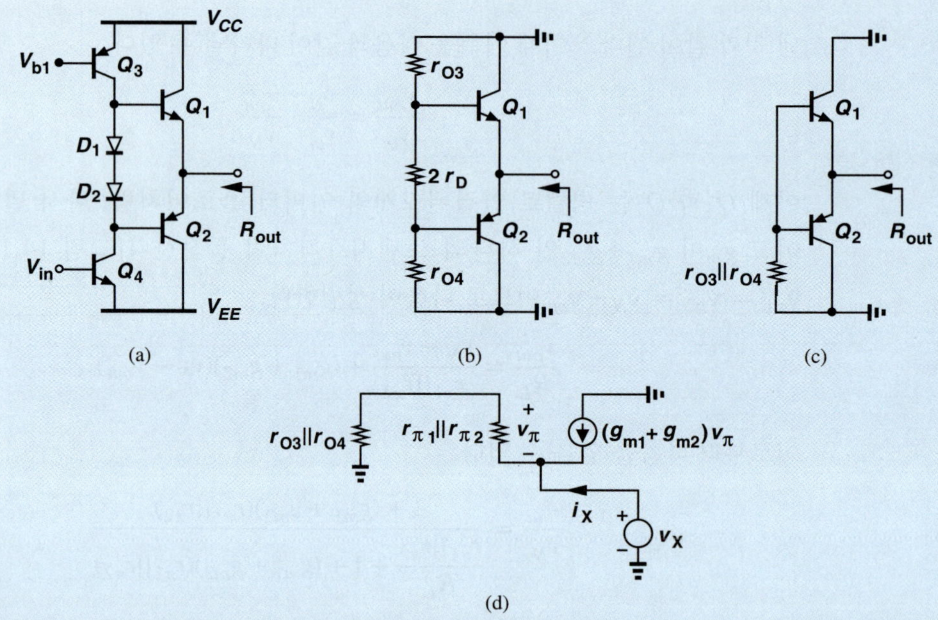

그림 14.18 (a) 출력 임피던스를 계산하기 위한 회로; (b) 간략화한 그림; (c) 더 간략화한 그림; (d) 소신호 모델

풀이 이 회로는 그림 14.18(b)와 같이 그릴 수 있는데, $2r_D$가 무시할 만큼 작을 경우 다시 그림 14.18(c)로 간략화된다. 그림 14.17(c)의 합성 모델을 사용하면 그림 14.18(d)의 소신호 등가 회로를 얻을 수 있다. 여기서 Q_1과 Q_2에 대해서는 $V_A = \infty$로 가정했지만 Q_3와 Q_4에 대해서는 그렇게 하지 않았다. 이때 $r_{O3}||r_{O4}$와 $r_{\pi1}||r_{\pi2}$는 다음과 같이 전압 분배기로 동작한다.

$$v_\pi = -v_X\frac{r_{\pi1}||r_{\pi2}}{r_{\pi1}||r_{\pi2} + r_{O3}||r_{O4}} \tag{14.24}$$

출력 노드에서 KCL을 적용하면 다음을 얻는다.

$$i_X = \frac{v_X}{r_{\pi1}||r_{\pi2} + r_{O3}||r_{O4}} + (g_{m1} + g_{m2})v_X \frac{r_{\pi1}||r_{\pi2}}{r_{\pi1}||r_{\pi2} + r_{O3}||r_{O4}} \tag{14.25}$$

이로부터 다음을 얻을 수 있다.

$$\frac{v_X}{i_X} = \frac{r_{\pi1}||r_{\pi2} + r_{O3}||r_{O4}}{1 + (g_{m1} + g_{m2})(r_{\pi1}||r_{\pi2})} \tag{14.26}$$

$$\approx \frac{1}{g_{m1} + g_{m2}} + \frac{r_{O3}||r_{O4}}{(g_{m1} + g_{m2})(r_{\pi1}||r_{\pi2})} \tag{14.27}$$

위에서 $(g_{m1}+g_{m2})(r_{\pi1}||r_{\pi2}) \gg 1$을 가정하였다.

여기서 놓치지 말아야 할 것은 식 (14.27)의 두 번째 항이 출력 임피던스를 상당히 증가시킬 수 있다는 것이다. $r_{O3} \approx r_{O4}$, $g_{m1} \approx g_{m2}$ 및 $r_{\pi1} \approx r_{\pi2}$라고 가정하고 아주 대략적으로 계산하면 두 번째 항은 $(r_O/2)/\beta$ 정도의 크기를 갖는다는 것을 알 수 있다. 특히 이 효과는 개별 소자를 이용한 설계에서 문제가 되는데 왜냐하면 일반적으로 전력용 트랜지스터들은 β 값이 작기 때문이다.

연습문제 $r_{O3} \approx r_{O4}$, $g_{m1} \approx g_{m2}$ 및 $r_{\pi1} \approx r_{\pi2}$일 때, 식 (14.27)의 두 번째 항이 첫 번째 항과 같은 크기가 되게 하는 β 값은 얼마인가?

14.5 대신호에 대한 고려

14.4.2절의 계산을 통해 개선된 푸시풀 단의 소신호 성능을 구했고, 이 회로의 한계에 대해 기본적으로 이해하게 되었다. 하지만 대신호 동작에서는 이 밖에 몇 가지 추가적인 이슈가 발생하며 이들을 자세히 공부하는 것이 필요하다.

14.5.1 바이어스에 관한 이슈

다음 예제로 논의를 시작하자.

예제 14.10 그림 14.15(b)의 출력단을 설계하는데 CE 증폭기의 전압 이득이 5가 되고 $R_L = 8\ \Omega$일 때 출력단의 전압 이득이 0.8이 되게 하려 한다. $\beta_{npn} = 2\beta_{pnp} = 100$이고 $V_A = \infty$일 때, 필요한 바이어스 전류의 크기를 계산하라. $I_{C1} \approx I_{C2}$라고 가정하라.(이 가정은 대신호에서 성립하지 않을 수도 있다.)

풀이 $v_{out}/v_N = 0.8$을 식 (14.20)에 적용하면 다음을 얻는다.

$$g_{m1} + g_{m2} = \frac{1}{2\ \Omega} \tag{14.28}$$

$I_{C1} \approx I_{C2}$일 때, $g_{m1} \approx g_{m2} \approx (4\ \Omega)^{-1}$이 되므로 $I_{C1} \approx I_{C2} \approx 6.5$ mA가 된다. 또한 $r_{\pi1} || r_{\pi2} = 133\ \Omega$이 된다. 식 (14.20)이 $-5 \times 0.8 = -4$가 되게 하는 조건으로부터 $I_{C4} \approx 195\ \mu$A를 얻는다. 따라서 Q_3와 Q_4는 195 μA로 바이어스해야 한다.

연습문제 두 번째 단의 이득을 2로 놓고 위의 예제를 다시 풀어라.

위의 예제에서는 너무 크지 않은 밀리암페어 수준의 전류를 다루었다. 그런데 만일 위의 단이, 예를 들어 4 V와 같은 큰 스윙을 부하에 전달해야 하는 경우에는 어떻게 될지 생각해 보자. 이때 각각의 트랜지스터는 $4\ \text{V}/8\ \Omega = 500$ mA의 피크 전류를 제공해야 한다. 예제 14.10의 설계가 이러한 전압 및 전류 스윙을 전달하는 데 문제가 없겠는가? 두 가지 문제가 반드시 고려되어야 한다. 첫째, 500 mA의 전류를 흐르게 하는 바이폴라 트랜지스터는 이미터 면적이 매우 커야 하는데 1 mA의 전류를 다룰 수 있는 트랜지스터에 비해 대략 500배가 되어야 한다.[6] 둘째, β가 100일 때 베이스 전류의 피크값은 5 mA가 된다! 이 베이스 전류는 어떤 경로를 통해 흐르는가? 트랜지스터 Q_1으로 흘러드는 베이스 전류를 최대로 만들기 위해서는 Q_4가 꺼져서 I_{C3} 전체가 Q_1의 베이스로 흘러야 한다. 예제 14.10에서 구한 바이어스 전류의 예를 들면 양의 반주기의 피크에서 회로는 다음 그림 14.19와 같이 된다. 그런데 이 회로에서는 I_{C3}가 겨우 195 μA밖에 안 되므로, Q_1의 컬렉터 전류는 대략 $100 \times 195\ \mu\text{A} = 19.5$ mA을 초과할 수 없는데, 이는 500 mA에 훨씬 못 미치는 것이다.

여기서 핵심적인 관찰 사항은, 이 단은 8 Ω의 부하 저항에 대해서 1에 매우 가까운 소신호 이득을 얻을 수 있지만, 8 Ω의 부하에 전달할 수 있는 최대 출력 스윙은 19.5 mA × 8

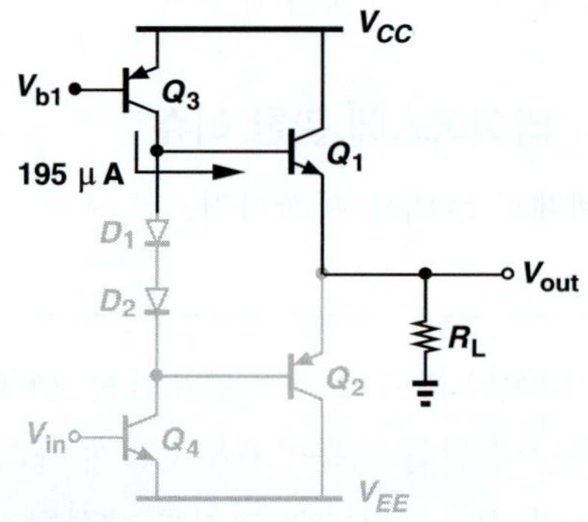

그림 14.19 최대 활용 가능한 전류의 계산

6) 이미터 면적이 주어졌을 때, 만일 컬렉터 전류가 어떤 정해진 값을 넘으면, '높은 레벨 주입'이 일어나서 트랜지스터의 성능, 예를 들어 β를 떨어뜨린다.

Ω = 156 mV_P에 불과하다는 것이다. 출력 스윙을 증가시키기 위해서는 훨씬 더 큰 베이스 전류를 제공해야 하며, 이를 위해서는 프리드라이버 단의 바이어스 전류를 이에 비례해서 증가시켜야 한다. 또 실제의 경우에는 전력 트랜지스터의 β가 매우 낮은 것이(예를 들면, 20 정도) 문제를 더 악화시킨다.

14.5.2 *pnp* 전력 트랜지스터의 제거

pnp 전력 트랜지스터는 보통 전류 이득이 매우 낮고 f_T도 낮은 문제점을 가지고 있어서 출력단을 설계하는 데 심각한 제한을 가한다. 다행히 *npn* 소자를 *pnp* 소자와 결합하여 성능을 향상시키는 것이 가능하다.

그림 14.20(a)에서 공통 이미터 트랜지스터 Q_2를 생각해 보자. 우리는 이 회로를 수정해서 Q_2가 이미터 폴로어의 특성을 갖게 하려고 한다. 이를 위해 *pnp* 소자 Q_3를 그림 14.20(b)와 같이 추가하고 이때 생기는 Q_2-Q_3 조합이 이미터 폴로어로서 동작한다는 것을 증명한다. 그림 14.20(c)의 소신호 등가 회로의 도움을 받고($V_A = \infty$), Q_3의 컬렉터 전류가 Q_2의 베이스 전류 역할을 한다는 것에 주목하면, $g_{m2}v_{\pi 2} = -\beta_2 g_{m3}(v_{in} - v_{out})$을 이용하여 다음과 같이 출력 노드에서 KCL을 작성할 수 있다.

$$-g_{m3}(v_{in} - v_{out})\beta_2 + \frac{v_{out} - v_{in}}{r_{\pi 3}} - g_{m3}(v_{in} - v_{out}) = -\frac{v_{out}}{R_L} \tag{14.29}$$

이 식의 좌변의 첫째 항이 Q_2의 컬렉터 전류를 나타낸다는 것에 주목하자. 이 식을 정리하면 다음을 얻는다.

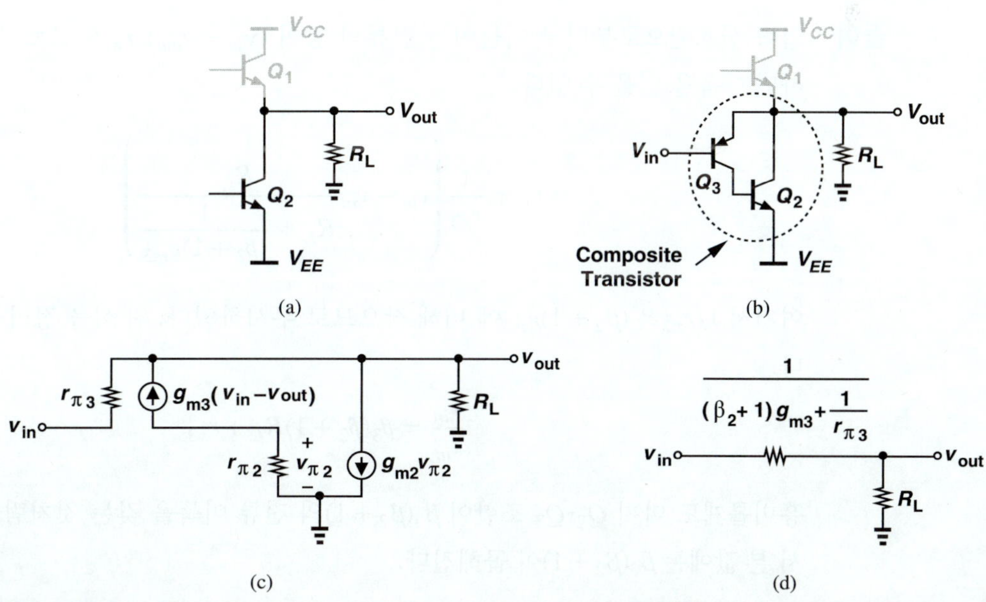

그림 14.20 (a) 풀다운 동작을 위한 *npn* 트랜지스터의 사용; (b) 합성 소자; (c) 소신호 모델; (d) 등가 회로

$$\frac{v_{out}}{v_{in}} = \frac{R_L}{R_L + \dfrac{1}{(\beta_2+1)g_{m3} + \dfrac{1}{r_{\pi 3}}}} \tag{14.30}$$

보통의 이미터 폴로어(5장)의 경우에서와 마찬가지로, 이 결과를 2개의 저항 즉 $[(\beta_2+1)g_{m3} + 1/r_{\pi 3}]^{-1}$과 R_L 사이의 전압 분배로 생각할 수 있다[그림 14.20(d)]. 이때 (R_L을 제외한) 회로의 출력 저항은 다음과 같이 주어진다.

$$R_{out} = \frac{1}{(\beta_2+1)g_{m3} + \dfrac{1}{r_{\pi 3}}} \tag{14.31}$$

$$\approx \frac{1}{(\beta_2+1)g_{m3}} \tag{14.32}$$

위에서 $1/r_{\pi 3} = g_{m3}/\beta_3 \ll (\beta_2+1)g_{m3}$임을 이용하였다. 만일 Q_3가 단독으로 폴로어로 동작했다면 출력 임피던스는 이보다 훨씬 큰 $1/g_{m3}$이 되었을 것이다.

식 (14.30) 및 (14.32)가 나타내는 결과는 매우 흥미로운 것이다. 만일 Q_2-Q_3 조합의 출력 임피던스 $[(\beta_2+1)g_{m3}]^{-1}$이 R_L보다 매우 작다면 이 회로의 전압 이득은 1에 매우 가깝게 될 수 있다. 다시 말하면, 이 회로는 출력 임피던스가 β_2+1배만큼 작은 이미터 폴로어로 동작한다.

예제 14.11 그림 14.20(c) 회로의 입력 임피던스를 계산하라.

풀이 입력 신호원으로부터 끌어들이는 전류의 양이 $(v_{in} - v_{out})/r_{\pi 3}$이므로 식 (14.30)을 이용하면 다음을 얻을 수 있다.

$$i_{in} = \frac{1}{r_{\pi 3}}\left(v_{in} - v_{in}\frac{R_L}{R_L + \dfrac{1}{(\beta_2+1)g_{m3}}}\right) \tag{14.33}$$

여기서 $1/r_{\pi 3}$은 $(\beta_2+1)g_{m3}$에 비해 작으므로 무시하였다. 위 식을 정리하면 다음을 얻는다.

$$\frac{v_{in}}{i_{in}} = \beta_3(\beta_2+1)R_L + r_{\pi 3} \tag{14.34}$$

흥미롭게도 마치 Q_2-Q_3 조합이 $\beta_3(\beta_2+1)$의 전류 이득을 갖는 것처럼, R_L을 입력 쪽에서 본 값에는 $\beta_3(\beta_2+1)$이 곱해진다.

연습문제 $r_{O3} < \infty$인 경우에 대하여 출력 임피던스를 계산하라.

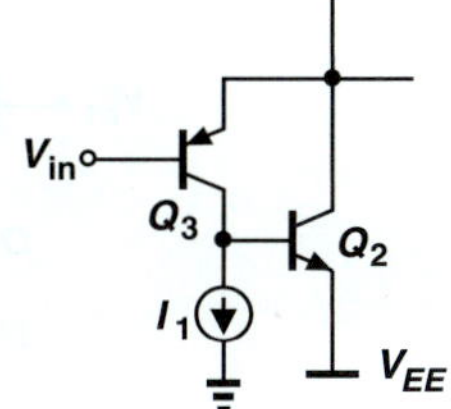

그림 14.21 합성 소자의 속도를 향상시키기 위한 전류원의 추가

그림 14.20(b)의 회로는 *pnp*만을 단독으로 사용한 회로에 비해서 성능이 뛰어나다. 하지만 이 회로는 또한 Q_2의 베이스에 극점을 추가로 생성한다. 또한 Q_3를 통해 흐르는 전류의 양이 적으므로, Q_3는 이 노드에 붙어 있는 큰 커패시턴스를 빨리 충전 및 방전하지 못할 수 있다. 이러한 문제점을 완화하기 위해서 보통 그림 14.21에서와 같이 정전류원이 추가되어 Q_3의 바이어스 전류를 증가시킨다.

예제 14.12 허용되는 최소 입력 전압 및 생성 가능한 최소 출력 전압의 관점에서 그림 14.22의 두 회로를 비교하라(그림에서 바이어스를 위한 부분은 생략되었음). 트랜지스터들이 포화 영역에 들어가지 않는다고 가정한다.

풀이 그림 14.22(a)의 이미터 폴로어에서 V_{in}은 0 V까지 내려가서 Q_2가 포화 영역의 경계에서 동작하게 할 수 있다. 따라서 이 회로에서 얻을 수 있는 최소 출력 전압은 $|V_{BE2}| \approx 0.8$ V이다.

그림 14.22(b)의 토폴로지에서 V_{in}은 Q_3의 컬렉터 전압에까지 내려갈 수 있는데 이 값은 접지보다 V_{BE2}만큼 높다. 따라서 출력의 최솟값은 $V_{in} + |V_{BE3}| = V_{BE2} + |V_{BE3}| \approx$ 1.6 V가 되는데 이 점이 이 토폴로지의 약점 중 하나이다. 우리는 이 회로가 V_{BE} 하나만큼의 전압 여유공간을 '낭비'한다고 말한다.

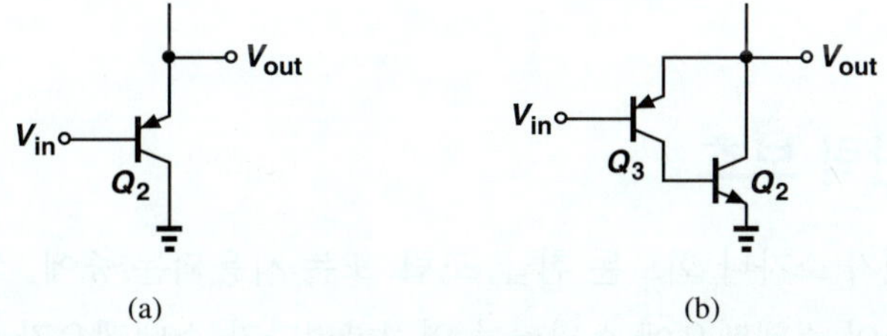

그림 14.22 전압 여유공간: (a) 간단한 폴로어의 경우; (b) 합성 소자를 사용한 경우

연습문제 왜 이 회로에서 Q_2가 포화 영역에 들어갈 수 없는지 설명하라.

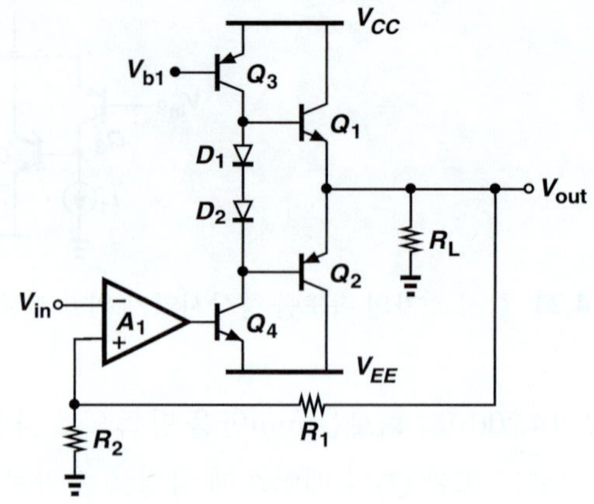

그림 14.23 왜곡을 감소시키기 위한 귀환의 사용

14.5.3 고충실도 설계

그림 14.15(b)에서와 같이 다이오드들을 사용하는 경우에도 출력단이 신호를 어느 정도 왜곡하는 것은 피할 수 없다. 구체적으로 말하면, 각각의 반주기 안에서 Q_1과 Q_2의 컬렉터 전류는 상당히 변화하며 이와 함께 이들의 트랜스컨덕턴스도 변한다. 이에 따라 식 (14.20)이 나타내는 이미터 폴로어의 전압 분배 관계가 입력에 의존하는 모습을 보이게 된다. 즉, V_{out}이 양의 방향으로 더 커질수록 g_{m1}은 증가하고(왜 그럴까?) A_v는 1에 더 가까워진다. 따라서 회로는 비선형성을 겪는다.

대부분의 응용 분야에서, 특히 오디오 시스템에서는 푸시풀 단이 생성하는 왜곡은 매우 거슬린다. 이 때문에 이 회로는 보통 부귀환 루프 안에 넣어져서 비선형성을 줄이는 형태로 사용이 된다. 그림 14.23이 이러한 예를 개념적으로 보여 주고 있는데, 여기서 증폭기 A_1, 출력단, 저항 R_1과 R_2가 비반전 증폭기를 구성하고 있다(8장 참조). 이 회로에서 출력은 $V_{out} \approx (1 + R_1/R_2)V_{in}$로 주어지며, 왜곡은 대폭 감소된다. 하지만 A_1 및 푸시풀 단이 생성하는 여러 개의 극점 때문에 이 토폴로지는 비안정적이 될 수 있으며, 이에 따라 주파수 보상이 필요할 수 있다(12장 참조).

14.6 단락 보호

전자 소자나 회로는 취급, 조립, 또는 사용되는 중에 '적대적'인 상황을 겪을 수 있다. 예를 들어 스테레오에 스피커를 연결하려다가 스테레오가 켜져 있는 동안 증폭기의 출력을 실수로 접지에 단락시킬 수 있다. 이러한 조건에서 회로에 흐르는 큰 전류는 출력 트랜지스터들을 영구히 손상시킬 수 있다. 따라서 단락 전류를 제한할 수 있는 방법이 필요하다.

단락 보호의 바탕이 되는 원리는 (작은 직렬 저항을 사용하여) 출력 전류를 측정하고 이 전류가 일정한 크기를 초과할 경우 출력 트랜지스터의 베이스 전류를 감소시키는 것이다.

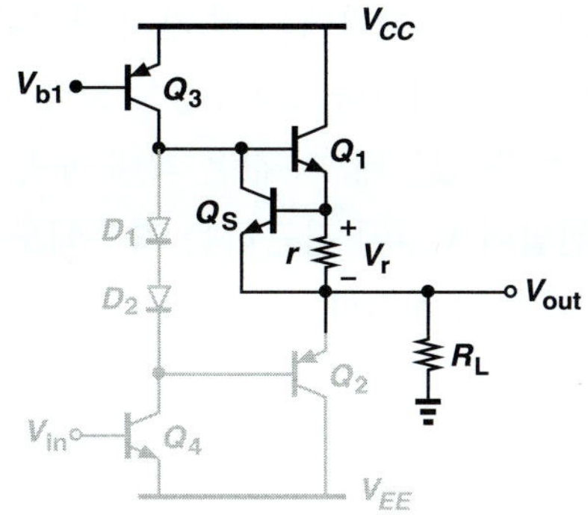

그림 14.24 단락 회로 보호

그림 14.24가 그러한 예를 보여 주는데, 이 회로에서는 저항 r 양단의 전압 강하 V_r이 0.7 V에 접근할 때 Q_S가 Q_1의 베이스 전류의 일부를 '훔친다'. 예를 들어 만일 $r = 0.25\ \Omega$이면, Q_1의 이미터 전류는 최대 약 2.8 A로 제한된다.

Did you know?

많은 오디오 전력 증폭기가 '하이브리드'로 구현된다. 하이브리드는 패키지 형태가 아닌 칩 형태로 부품이 탑재된 작은 판('기판'이라고 함)으로 구성된다. 아래 그림은 산요에서 만든 100 W 오디오 PA인 STK4200을 단순화한 회로도이다. 여기에서 대부분의 회로 구성을 인식한다. 트랜지스터 $Q_1 \sim Q_4$는 능동 부하와 차동쌍을 형성하여 단순한 연산 증폭기 역할을 한다. 트랜지스터 Q_5는 두 번째 이득 단계를 실현하고 C_c는 밀러 보상을 수행한다. 장치 Q_6 및 Q_7은 R_1 및 R_2와 함께 'V_{BE} 승수'로 구성되어 A와 B 사이에 약 4 V_{BE}의 직류 전압 차이를 생성한다. 마지막으로 $Q_8 \sim Q_{11}$ 및 D_1은 푸시풀 단계로 작동한다. 회로는 비반전 증폭기와 유사한 방식으로 부귀환 루프에 배치된다.

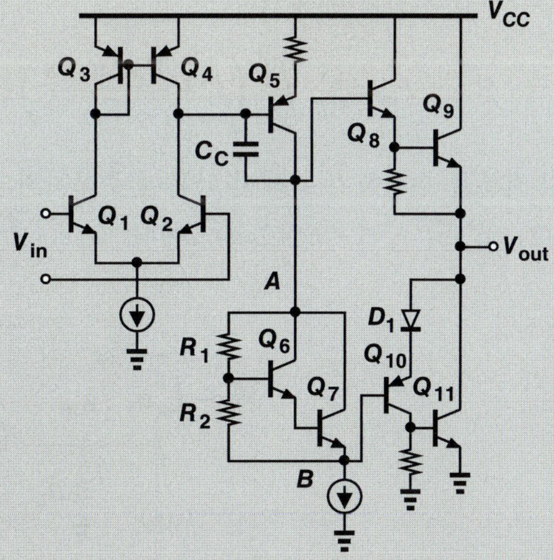

고출력 오디오 증폭기 STK4200를 단순화한 회로

그림 14.24의 보호 방법에는 몇 가지 단점이 있다. 첫째, 저항 r은 회로의 출력 임피던스를 직접적으로 증가시킨다. 둘째, 정상 동작 중에 r 양단에 걸친 전압 강하는 가령 0.5~0.6 V 정도까지 될 수 있는데, 이 값은 최대 출력 전압 스윙을 감소시킨다. 예를 들어 만일 Q_1의 베이스 전압이 V_{CC}에 접근하는 경우에도 출력의 최댓값은 $V_{out} = V_{CC} - V_{BE1} - V_r \approx V_{CC} - 1.4$ V에 그치게 된다.

14.7 열 소모

전력 증폭기의 출력 트랜지스터들을 통해 전류가 흐를 때 이들 소자에는 전압도 인가되므로, 이들은 전력을 소모하고 가열된다. 만일 접합 온도가 과도하게 상승하면 트랜지스터들은 비가역적으로 손상된다. 따라서 설계를 할 때는 각 트랜지스터의 '전력 등급'(power rating, 허용 가능한 최대 전력 소모)을 적절히 선정해야 한다.

14.7.1 이미터 폴로어의 전력 등급

그림 14.25의 간단한 이미터 폴로어에서 Q_1이 소모하는 전력을 계산해 보자. 여기서는 이 회로가 사인파 $V_P \sin \omega t$를 부하 저항 R_L에 전달한다고 가정하자. 14.2절에서 V_{out}이 $-V_P$에 이르도록 하기 위해서는 $I_1 \geq V_P/R_L$이 필요하다는 조건을 상기하자. Q_1이 소모하는 순시 전력은 $I_C \cdot V_{CE}$로 주어지므로 (한 주기에 걸친) 평균 전력은 다음과 같다.

$$P_{av} = \frac{1}{T}\int_0^T I_C \cdot V_{CE}\, dt \tag{14.35}$$

여기서 $T = 2\pi/\omega$이다. $I_C \approx I_E = I_1 + V_{out}/R_L$이고 $V_{CE} = V_{CC} - V_{out} = V_{CC} - V_P \sin \omega t$이므로 다음을 얻을 수 있다.

$$P_{av} = \frac{1}{T}\int_0^T \left(I_1 + \frac{V_P \sin \omega t}{R_L}\right)(V_{CC} - V_P \sin \omega t)\, dt \tag{14.36}$$

위의 적분을 수행하기 위해서 다음에 주목하자: (1) $\sin \omega t$의 한 주기 T 동안의 평균은 0이다. (2) $\sin^2 \omega t = (1 - \cos 2\omega t)/2$이다. (3) $\cos 2\omega t$의 한 주기 동안의 평균은 0이다. 이들을

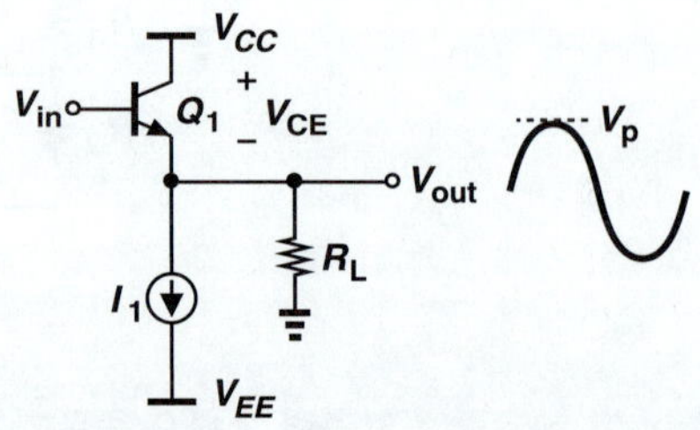

그림 14.25 폴로어의 전력 소모를 계산하기 위한 회로

이용하면 다음을 얻을 수 있다.

$$P_{av} = I_1 \left(V_{CC} - \frac{V_P}{2} \right) \tag{14.37}$$

이 결과는 트랜지스터의 종류에 관계없이 성립함에 주목하자.(왜 그럴까?) 흥미롭게도 Q_1이 소모하는 전력은 신호가 없을 때, 즉 $V_P = 0$일 때 최대가 된다.

$$P_{av,\max} = I_1 V_{CC} \tag{14.38}$$

반대쪽의 극단으로 만일 $V_P \approx V_{CC}$이면 다음이 성립한다.[7)]

$$P_{av} \approx I_1 \frac{V_{CC}}{2} \tag{14.39}$$

예제 14.13 그림 14.25에서 전류원 I_1이 소모하는 전력을 계산하라.

풀이 전류원에 인가되는 전압은 $V_{out} - V_{EE} = V_P \sin \omega t - V_{EE}$이다. 이로부터 다음을 얻는다.

$$P_{I1} = \frac{1}{T} \int_0^T I_1 (V_P \ \sin \ \omega t - V_{EE}) \, dt \tag{14.40}$$

$$= -I_1 V_{EE} \tag{14.41}$$

이 값은 물론 양수인데 그것은 출력이 음의 방향으로도 스윙을 하기 위해서 $V_{EE} < 0$이 사용되기 때문이다.

연습문제 왜 V_{EE}가 전달하는 전력이 I_1이 소모하는 전력과 같은지 설명하라.

14.7.2 푸시풀 단의 전력 등급

이제 푸시풀 단의 출력 트랜지스터들이 소모하는 전력을 계산해 보자(그림 14.26). 계산을 간단히 하기 위해서 $V_{out} = 0$일 때 트랜지스터들에 흐르는 전류는 무시할 만큼 작으며 트랜지스터들이 절반의 시간 동안은 완전히 꺼져 있다고 가정한다. 만일 $V_{out} = V_P \sin \omega t$이면 반주기 동안 $I_{RL} = (V_P/R_L) \sin \omega t$가 된다. 또한 Q_1의 컬렉터-이미터 전압은 $V_{CC} - V_{out} = V_{CC} - V_P \sin \omega t$으로 주어진다. 따라서 Q_1이 소모하는 평균 전력은 다음과 같다.

$$P_{av} = \frac{1}{T} \int_0^{T/2} V_{CE} \cdot I_C dt \tag{14.42}$$

$$= \frac{1}{T} \int_0^{T/2} (V_{CC} - V_P \ \sin \ \omega t) \left(\frac{V_P}{R_L} \ \sin \ \omega t \right) dt \tag{14.43}$$

7) 여기서 V_{BE}는 V_P에 비교하여 무시되었다.

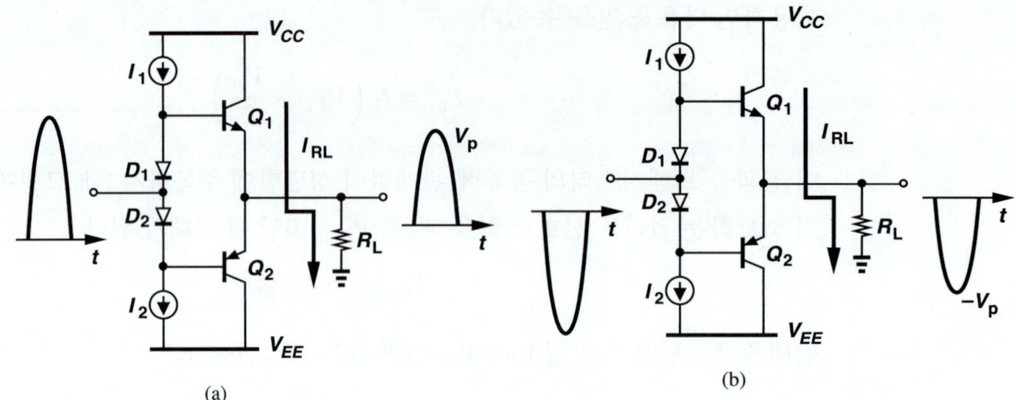

그림 14.26 (a) 양의 반주기 및 (b) 음의 반주기 동안의 푸시풀 단의 동작

여기서 $T = 1/\omega$이며 β가 매우 커서 $I_C \approx I_E$로 근사화하는 것이 가능하다고 가정하였다. 이때 위의 적분 안의 항들을 전개하고

$$\int_0^{T/2} \cos 2\omega t \, dt = 0 \tag{14.44}$$

의 관계를 이용하면 다음을 얻을 수 있다.

$$P_{av} = \frac{1}{T}\int_0^{T/2} \frac{V_{CC}V_P}{R_L} \sin \omega t \, dt - \frac{1}{T}\int_0^{T/2} \frac{V_P^2}{2R_L} dt \tag{14.45}$$

$$= \frac{V_{CC}V_P}{\pi R_L} - \frac{V_P^2}{4R_L} \tag{14.46}$$

$$= \frac{V_P}{R_L}\left(\frac{V_{CC}}{\pi} - \frac{V_P}{4}\right) \tag{14.47}$$

예를 들어 만일 $V_P = 4$ V, $R_L = 8\ \Omega$, $V_{CC} = 6$ V이면 Q_1은 455 mW를 소모한다. 만일 $|V_{EE}| = V_{CC}$이면 트랜지스터 Q_2도 이와 같은 양의 전력을 소모한다.

식 (14.47)은 $V_P \approx 0$이거나 $V_P \approx 4V_{CC}/\pi$일 때 Q_1이 소모하는 전력이 0에 가까워진다는 것을 말해 주고 있다. 따라서 P_{av}는 이 두 극단 사이의 어딘가에서 최댓값에 도달하게 된다. P_{av}를 V_P로 미분한 결과를 0으로 놓으면 $V_P = 2V_{CC}/\pi$를 얻으며 이로부터 다음도 얻을 수 있다.

$$P_{av,\max} = \frac{V_{CC}^2}{\pi^2 R_L} \tag{14.48}$$

예제 14.14

한 학생이 식 (14.47)로부터 $V_P = 4V_{CC}/\pi$일 때 $P_{av} = 0$인 것을 보고, 피크 스윙을 이렇게 선택하면 트랜지스터가 '낭비'하는 전력이 최소화되므로 최상이라는 결론을 내렸다. 이 학생의 추론에 있는 결함을 설명하라.

풀이 전원 전압이 V_{CC}일 때 이 회로는 $4V_{CC}/\pi(>V_{CC})$의 피크 스윙을 전달하지 못한다. 따라서 $P_{av}=0$에 도달하는 것이 불가능하다.

연습문제 $V_P=2V_{CC}/\pi$일 때 Q_1이 소모하는 전력을 R_L에 전달되는 전력과 비교하라.

전력 레벨이 수백 밀리와트보다 커질 때 열 소모 문제는 아주 중요해진다. 트랜지스터의 물리적인 크기는 매우 작아서 가령 1 mm×1 mm × 0.5 mm 정도밖에 되지 않으므로 열이 방출될 수 있는 표면적도 작다. 물론 단순히 열을 방출하기 위해서 소자를 크게 만드는 것도 소자의 커패시턴스나 비용 측면에서 곤란하다. 따라서 열 전도를 증가시키기 위해서는 다른 방법을 사용하는 것이 바람직하다. 그림 14.27에 있는 '방열판(heat sink)'이 그런 방법 중 하나로 금속(보통은 알루미늄)을 표면적이 큰 형태로 만든 것이다. 이 위에 트랜지스터나 칩의 패키지를 부착하면 패키지에서 발생하는 열이 '흡수'된 후 금속 흡수체의 큰 표면적을 통해서 방출된다.

Did you know?

방열판은 전력 트랜지스터에만 필요한 것은 아니다. 높은 전력을 발산하는 다른 반도체 장치는 고온으로 상승하는 것을 피하기 위해 방열판이 필요할 수 있다. 예를 들어 일부 마이크로프로세서는 100 W를 소비하므로 방열판에 연결해야 한다. 사실 10~20년 전에는 마이크로프로세서의 열 제거 능력이 제한적이기 때문에 마이크로프로세서의 발전이 결국 멈출 것이라는 종말론적 예언이 있었다. 다행히 이 문제를 해결할 수 있는 정교한 방열판이 도입되었다.

14.7.3 열 폭주

위에서 설명한 대로, 전력 증폭기의 출력 트랜지스터는 높은 온도를 경험한다. 좋은 방열판을 사용하더라도 푸시풀 단은 '열 폭주(thermal runaway)'라는 현상에 노출될 수 있으며, 이때 소자는 손상을 입을 수 있다.

이 효과를 이해하기 위해서 그림 14.28(a)와 같은 가상적인 증폭기 단을 생각해 보자. 이 회로에서는 $V_{out}=0$ 주변의 불감대를 제거하기 위해서 $V_B\approx 2V_{BE}$의 배터리가 사용되었다.

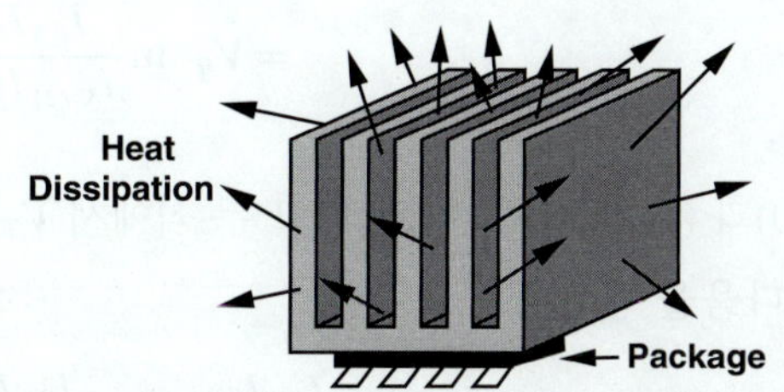

그림 14.27 방열판의 예

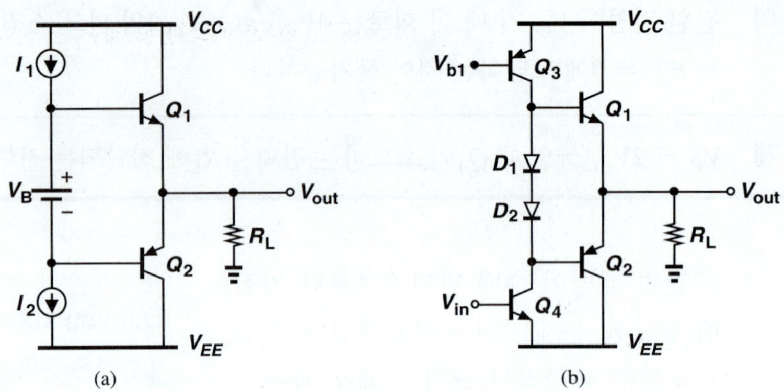

그림 14.28 (a) 전압 시프트 V_B가 일정할 때의 폭주; (b) 폭주를 방지하기 위한 다이오드의 사용

Q_1과 Q_2의 온도가 높아질 때 어떤 일이 발생하는가? 주어진 베이스-이미터 전압에서 온도가 올라갈 때 컬렉터 전류가 증가한다는 사실은 알려져 있으며 증명할 수 있다. 따라서 V_B가 일정할 때, Q_1과 Q_2를 통해 점점 더 많은 전류가 흐르며 더 많은 전력이 소모된다. 그런데 전력 소모가 증가하면 접합부의 온도는 더 증가하며 이는 전류의 양을 더욱 증가시킨다. 이와 같은 정귀환 작용은 트랜지스터들이 파괴될 때까지 계속 진행될 수 있다.

흥미롭게도 다이오드를 사용한 바이어스 방법[그림 14.28(b)]은 열 폭주를 방지할 수 있다. 만일 다이오드들이 출력 트랜지스터와 같은 온도의 변화를 겪는 경우 온도가 증가함에 따라 $V_{D1} + V_{D2}$는 감소하는데 이는 바이어스 전류가 (온도 변화에 대해서) 비교적 일정하기 때문이다. 따라서 Q_1과 Q_2의 컬렉터 전류가 안정화된다. 또 다른 관점에서 보면, D_1과 Q_1이 전류 거울을 형성하므로, 만일 D_1과 Q_1이 같은 온도에 있다면 I_{C1}은 I_1의 일정한 배수가 된다. 더 정확하게 말하면 D_1과 D_2에 대해 다음이 성립한다.

$$V_{D1} + V_{D2} = V_T \ln \frac{I_{D1}}{I_{S,D1}} + V_T \ln \frac{I_{D2}}{I_{S,D2}} \tag{14.49}$$

$$= V_T \ln \frac{I_{D1} I_{D2}}{I_{S,D1} I_{S,D2}} \tag{14.50}$$

같은 이유로 Q_1과 Q_2에 대해서도 다음이 성립한다.

$$V_{BE1} + V_{BE2} = V_T \ln \frac{I_{C1}}{I_{S,Q1}} + V_T \ln \frac{I_{C2}}{I_{S,Q2}} \tag{14.51}$$

$$= V_T \ln \frac{I_{C1} I_{C2}}{I_{S,Q1} I_{S,Q2}} \tag{14.52}$$

식 (14.50)과 (14.52)를 같다고 놓고 두 식에서 V_T가 같다고 가정하면(즉, 온도가 같다고 가정하면) 다음을 얻는다.

$$\frac{I_{D1} I_{D2}}{I_{S,D1} I_{S,D2}} = \frac{I_{C1} I_{C2}}{I_{S,Q1} I_{S,Q2}} \tag{14.53}$$

$I_{D1} \approx I_{D2} \approx I_1$ 및 $I_{C1} \approx I_{C2}$이므로, 온도가 변화할 때 I_S 값들이 서로 같이 변화하는 한, I_{C1}과 I_{C2}가 I_1과 함께 변화할 것을 알 수 있다.

14.8 효율

전력 증폭기들은 전원으로부터 많은 양의 전력을 빨아들여 소모한다. 따라서 대부분의 응용에서 전력 증폭기의 '효율(efficiency)'은 매우 중요하다. 예를 들어 휴대전화에서 1 W의 전력을 안테나에 전달하는 PA는 수 와트의 배터리 전력을 소모할 수 있는데 이는 휴대전화의 나머지 회로의 전력 소모량을 합친 것과 비슷한 양이다.

PA의 '전력 변환 효율(power conversion efficiency)' η는 다음과 같이 정의된다.

$$\eta = \frac{\text{부하에 전달되는 전력}}{\text{전원에 의해 공급되는 전력} } \tag{14.54}$$

즉, 위의 휴대전화 예에서 효율이 30%라면 이것은 배터리에서 3.33 W의 전력이 소모됨을 의미한다.

이 장에서 배운 두 출력단의 효율을 계산해 보는 것이 학습에 도움이 된다. 이 과정은 세 단계로 이루어진다: (1) 부하에 전달되는 전력 P_{out}을 계산한다. (2) 출력 트랜지스터 등 회로의 부품들에서 소모되는 전력 P_{ckt}를 계산한다. (3) $\eta = P_{out}/(P_{out} + P_{ckt})$를 계산한다.

14.8.1 이미터 폴로어의 효율

14.7.1절의 결과를 사용하면 이미터 폴로어의 효율은 바로 계산할 수 있다. Q_1이 소모하는 전력이

$$P_{av} = I_1 \left(V_{CC} - \frac{V_P}{2} \right) \tag{14.55}$$

이고 I_1이 소모하는 전력이

$$P_{I1} = -I_1 V_{EE} \tag{14.56}$$

임을 기억하자. 만일 $V_{EE} = -V_{CC}$이면 회로에서 '낭비되는' 총 전력은 다음과 같이 주어진다.

$$P_{ckt} = I_1 \left(2V_{CC} - \frac{V_P}{2} \right) \tag{14.57}$$

이로부터 다음을 구할 수 있다.

$$\eta = \frac{P_{out}}{P_{out} + P_{ckt}} \tag{14.58}$$

$$= \frac{\dfrac{V_P^2}{2R_L}}{\dfrac{V_P^2}{2R_L} + I_1\left(2V_{CC} - \dfrac{V_P}{2}\right)} \tag{14.59}$$

정상적인 동작을 위해서 필요한 I_1의 최솟값은 V_P/R_L인데, 이때 효율은 다음과 같다.

$$\eta = \frac{V_P}{4V_{CC}} \tag{14.60}$$

위에서 V_P가 V_{CC}에 가까워질 때 효율은 극대화되어 25%가 된다.[8] 단, 이 결과는 $I_1 = V_P/R_L$일 때만 성립함을 기억하자.

예제 14.15 V_P의 피크 스윙을 전달하도록 설계된 이미터 폴로어가 $V_P/2$의 출력 스윙으로 동작하고 있다. 이 회로의 효율을 결정하라.

풀이 이 회로는 원래 V_P의 출력 스윙을 갖도록 설계되었으므로 $V_{CC} = -V_{EE} \approx V_P$이고 $I_1 = V_P/R_L$이 성립할 것이다. 이때 식 (14.59)에서 V_P를 $V_{CC}/2$로, I_1을 V_{CC}/R_L로 대체하면 다음을 얻는다.

$$\eta = \frac{1}{15} \tag{14.61}$$

이렇게 효율이 나쁜 이유는 전원 전압과 I_1이 '과도하게 설계'되었기 때문이다.

연습문제 피크 스윙이 얼마일 때 효율이 20%가 되는가?

이미터 폴로어의 최대 효율이 25%인 것은 많은 응용에서 만족스럽지 못하다. 예를 들어 50 W를 스피커에 전달하는 스테레오 증폭기는 출력단에서 150 W를 소모할 것이며 따라서 매우 큰(그리고 비싼) 방열판을 필요로 할 것이다.

14.8.2 푸시풀 단의 효율

14.7.2절에서 그림 14.26의 Q_1과 Q_2가 소모하는 평균 전력이 다음과 같음을 계산하였다.

$$P_{av} = \frac{V_P}{R_L}\left(\frac{V_{CC}}{\pi} - \frac{V_P}{4}\right) \tag{14.62}$$

따라서 효율은 다음과 같다.

---

8) V_{CE}나 I_1 양단의 전압 강하가 0이 될 수는 없으므로 이것은 근사적인 결과일 뿐이다.

$$\eta = \frac{\dfrac{V_P^2}{2R_L}}{\dfrac{V_P^2}{2R_L} + \dfrac{2V_P}{R_L}\left(\dfrac{V_{CC}}{\pi} - \dfrac{V_P}{4}\right)} \tag{14.63}$$

$$= \frac{\pi}{4}\frac{V_P}{V_{CC}} \tag{14.64}$$

따라서 효율은 $V_P \approx V_{CC}$일 때 최댓값 $\pi/4 = 78.5\%$에 도달한다. 이 결과는 이미터 폴로어와 비교해서 매우 매력적이다. 이 때문에 푸시풀 단은 오디오 증폭기 등을 포함한 많은 응용에서 흔하게 사용된다.

예제 14.16 그림 14.26에 있는 단의 효율을 계산하라. 출력의 피크 스윙이 V_P가 되도록 $I_1(=I_2)$이 결정되었다고 가정하라. 또 $V_{CC} = -V_{EE}$이다.

풀이 14.3절에서 I_1이 최소한 $(V_P/R_L)/\beta$가 되어야 함을 알았다. 따라서 I_1, D_1, D_2, I_2로 구성된 가지가 소모하는 전력은 $2V_{CC}(V_P/R_L)/\beta$가 되며 이때 전체적인 효율은 다음과 같다.

$$\eta = \frac{\dfrac{V_P^2}{2R_L}}{\dfrac{2V_PV_{CC}}{\pi R_L} + \dfrac{2V_PV_{CC}}{\beta R_L}} \tag{14.65}$$

$$= \frac{1}{4}\frac{V_P}{\dfrac{V_{CC}}{\pi} + \dfrac{V_P}{\beta}} \tag{14.66}$$

여기서 어떤 근사가 사용되었는지를 확인해 두는 것이 필요하다. 실제로 이 회로에서와 같이 다이오드가 바이어스에 사용될 때 각각의 출력 트랜지스터가 반주기 동안만 켜져 있다고 가정하는 것은 불가능하다. 즉, Q_1 및 Q_2는 (위에서 계산한 것보다) 약간 더 큰 전력을 소모하며 이에 따라 η도 낮아진다.

연습문제 만일 $V_P \leq V_{CC}$이고 $\beta \gg \pi$이면 이 회로에서 얻을 수 있는 최대 효율은 얼마인가?

14.9 전력 증폭기의 등급

이 장에서 배운 이미터 폴로어와 푸시풀 단은 완전히 다른 성질을 보여 준다. 전자의 경우 전체 주기에 걸쳐서 트랜지스터를 통해 전류가 흐르며 효율이 낮다. 후자의 경우 각각의

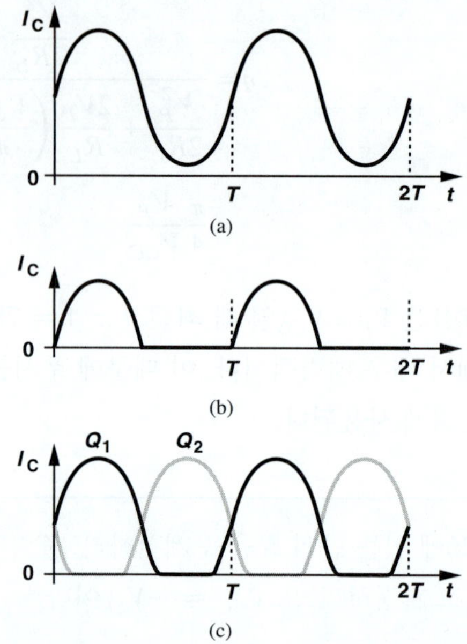

그림 14.29 여러 가지 등급의 전력 증폭기에서 컬렉터 전류 파형의 비교: (a) A급; (b) B급; (c) AB급

트랜지스터는 반주기 동안에만 켜지며 효율은 높다. 이러한 관찰의 결과가 'PA 등급'의 분류로 이어진다.

내부의 각각의 트랜지스터가 전체 주기에 걸쳐 켜져 있는 증폭기를 'A급 증폭기'라고 부른다[그림 14.29(a)]. 14.2절의 이미터 폴로어가 A급 증폭기의 한 예인데, A급 증폭기는 효율이 낮은 문제가 있으나 대신 다른 급의 증폭기에 비해 높은 선형성을 제공한다.

'B급 증폭기'는 그 내부의 트랜지스터들이 각각 반주기 동안만 전류를 통하는 증폭기이다[그림 14.29(b)]. 그림 14.3(a)의 간단한 푸시풀 단은 B급 증폭기의 예이다.[9] 이 경우 효율은 $\pi/4 = 78.5\%$까지 도달할 수 있으나 왜곡이 비교적 크다.

많은 경우 PA들은 선형성과 효율 사이에서 절충을 하여 'AB급'으로 구성되는데 이 경우 증폭기의 각각의 트랜지스터는 반주기보다 약간 긴 시간 동안 켜진다[그림 14.29(c)]. 그림 14.11(a)의 개선된 푸시풀 단이 AB급 증폭기의 예이다.

이 외에도 많은 종류의 PA가 발명되고 다양한 응용에서 사용되었다. 예를 들면 C, D, E, F급 등이 있는데 관심 있는 독자는 더 고급 과정의 교재를 참조하기 바란다[1].

14.10 요약

• 전력 증폭기는 비교적 작은 부하 임피던스에 큰 전력 레벨과 큰 신호의 전압 변화를 처리

9) 이 단에는 불감대가 존재하므로, 실제로는 각각의 트랜지스터가 반주기보다 약간 짧은 동안만 켜져 있다.

한다.

- 전력 증폭기의 왜곡과 효율 모두가 매우 중요한 파라미터이다.
- 이미터 폴로어는 소신호 출력 임피던스는 작지만 대신호 조건에서의 동작은 출력의 왜곡을 야기한다.
- 푸시풀 단은 *npn* 트랜지스터와 *pnp* 트랜지스터로 구성되어 있다. 각각의 소자는 대략 입력 신호의 절반의 주기 동안 전류가 흐르며, 이에 따라 효율이 증가한다.
- 간단한 푸시풀 단은 불감대(dead zone)가 있는 문제점이 있다. 불감대에서는 두 트랜지스터가 모두 꺼지며, 출력은 0이 된다.(즉, 왜곡이 발생한다.)
- 불감대로 인한 교차 왜곡(crossover distortion)은 불감대 구간 동안 약간씩의 바이어스 전류가 흐르도록 회로를 추가함으로써 감소시킬 수 있다.
- 푸시풀 트랜지스터의 베이스들 사이에 2개의 다이오드를 배치하고, 이 단의 앞에 CE 증폭기를 배치함으로써, 이 회로는 높은 출력 전력과 낮은 왜곡을 제공할 수 있다.
- 어떤 경우 출력 *pnp* 트랜지스터는 높은 전류 이득을 갖는 *pnp-npn* 합성 구조로 대체된다.
- 저왜곡 응용의 경우에는 비선형성을 줄이기 위해 출력단을 부귀환 루프 안에 배치할 수 있다.
- 고온에서 동작하는 푸시풀 단은 열 폭주의 문제를 겪을 수 있다. 열 폭주는 높은 온도 때문에 출력 트랜지스터에 더 많은 전류가 흐르고 이는 다시 더 많은 열을 발생시키는 현상을 말한다.
- 이미터 폴로어의 전력 효율은 보통 25%에도 미치지 못한다. 이에 반해 푸시풀 단의 효율은 79%에까지 도달할 수 있다.
- 전력 증폭기는 그 내부의 각 트랜지스터가 한 주기의 어느 정도 시간 동안 켜져 있느냐에 따라 여러 등급으로 분류된다. 이러한 등급으로는 A급 및 B급이 있다.

PROBLEMS

Unless otherwise stated, assume $V_{CC} = +5$ V, $V_{EE} = -5$ V, $V_{BE,on} = 0.8$ V, $I_S = 6 \times 10^{-17}$, $V_A = \infty$, $R_L = 8\ \Omega$, and $\beta \gg 1$ in the following problems.

Sec. 14.2 Emitter Follower as Power Amplifier

14.1. Consider the emitter follower shown in Fig. 14.30. We wish to deliver a power of 0.5 W to $R_L = 8\ \Omega$.

(a) Determine I_1 for a small-signal voltage gain of 0.8.

(b) Writing $g_m = I_C/V_T$, calculate the voltage gain as V_{in} reaches its positive peak value (corresponding to an output power of 0.5 W). The change in voltage gain represents nonlinearity.

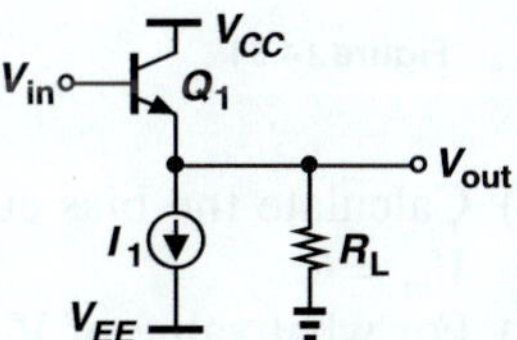

Figure 14.30

14.2. For the emitter follower of Fig. 14.30, we can express the voltage gain as

$$A_v = \frac{I_C R_L}{I_C R_L + V_T}. \tag{14.67}$$

Recall from Section 14.2 that $I_1 \geq V_P/R_L$, where V_P denotes the peak voltage delivered to R_L

(a) Assuming $I_1 = V_P/R_L$ and $V_P \gg V_T$, determine an expression for A_V if the swings are small.

(b) Now assume the output reaches a peak of V_P. Calculate the small-signal voltage gain in this region and obtain the change with respect to the result in part (a).

14.3. A student designs the emitter follower of Fig. 14.30 for a small-signal voltage gain of 0.7 and a load resistance of 4 Ω. For a sinusoidal input, estimate the largest average power that can be delivered to the load without turning Q_1 off.

SOL **14.4.** Suppose the follower of Fig. 14.30 is designed for a small-signal voltage gain of A_v. Determine the maximum power that can be delivered to the load without turning Q_1 off.

14.5. Due to a manufacturing error, the load of an emitter follower is tied between the output and V_{CC} (Fig. 14.31). Assume $I_{S1} = 5 \times 10^{-17}$ A, $R_L = 8$ Ω and $I_1 = 20$ mA.

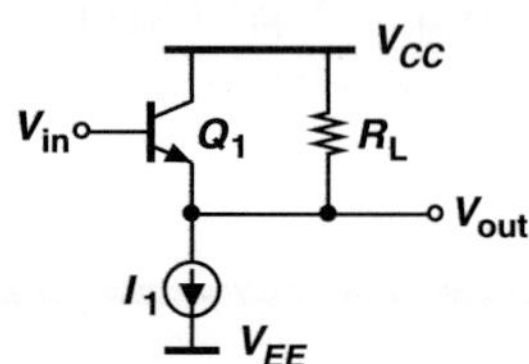

Figure 14.31

(a) Calculate the bias current of Q_1 for $V_{in} = 0$.

(b) For what value of V_{in} does Q_1 carry only 1% of I_1?

14.6. The emitter follower of Fig. 14.30 senses a sinusoidal input with a peak amplitude of 1 V. Assume $I_{S1} = 6 \times 10^{-17}$ A, $R_L = 8$ Ω and $I_1 = 25$ mA.

(a) Calculate V_{BE} for $V_{in} = +1$ V and $V_{in} = -1$ V. (This change is a measure of the nonlinearity.)

(b) Noting that $V_{out} = V_{in} - V_{BE}$, sketch the output waveform.

14.7. In the circuit of Problem 14.6, determine the maximum input swing for which V_{BE} changes by less than 10 mV from the positive peak to the negative peak. Determine the ratio of ΔV_{BE} and peak-to-peak output swing as a measure of the nonlinearity.

Sec. 14.3 Push-Pull Stage

14.8. For the push-pull stage of Fig. 14.3(a), sketch the base current of Q_1 as a function of V_{in}.

14.9. Consider the push-pull stage depicted in Fig. 14.32, where a current source, I_1, is tied from the output node to ground.

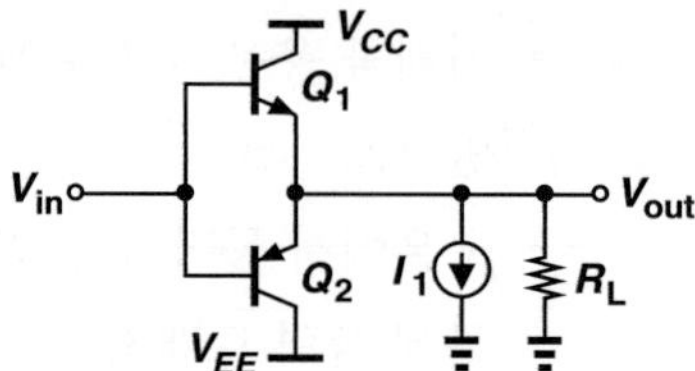

Figure 14.32

(a) Suppose $V_{in} = 0$. Determine a relationship between I_1 and R_L to guarantee that Q_1 is on, i.e., $V_{BE1} \approx 800$ mV.

(b) With the condition obtained in (a), calculate the input voltage at which Q_2 turns on, i.e., $V_{BE2} \approx 800$ mV.

14.10. Explain how I_1 in Fig. 14.32 alters the input/output characteristic and the dead zone.

***14.11.** The circuit shown in Fig. 14.33 precedes the output *npn* device with an emitter SOL

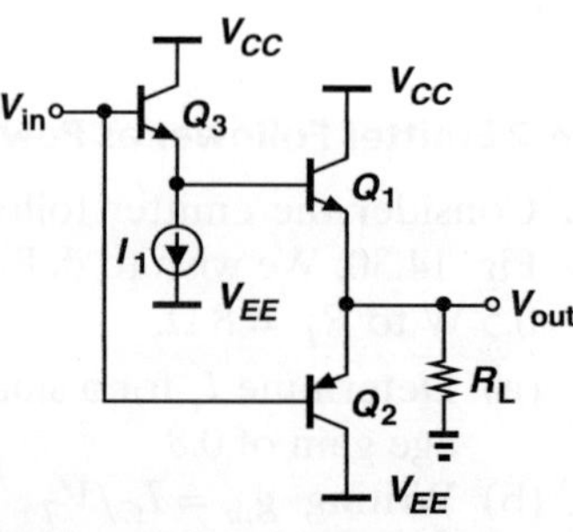

Figure 14.33

follower. Sketch the input/output characteristic and estimate the width of the dead zone.

*14.12. Repeat Problem 14.11 for the stage depicted in Fig. 14.34.

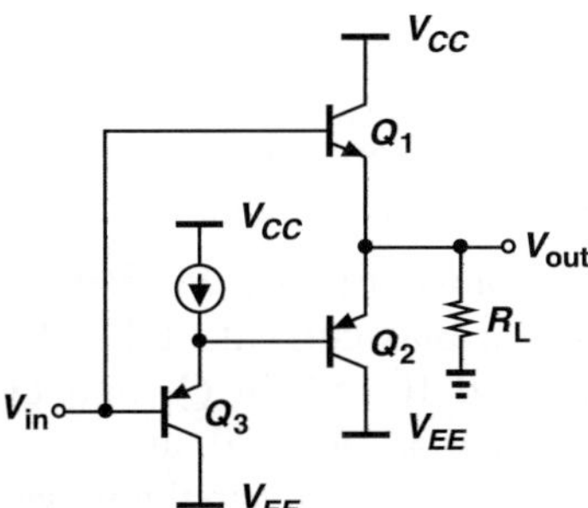

Figure 14.34

14.13. Figure 14.35 shows a CMOS realization of the push-pull stage.

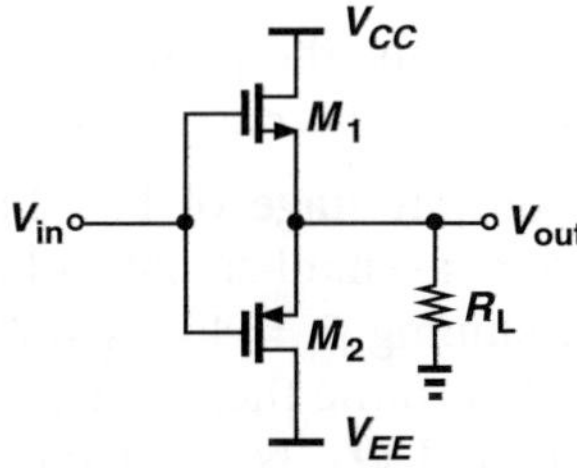

Figure 14.35

(a) Sketch the input/output characteristic of the circuit.
(b) Determine the small-signal voltage gain for the positive and negative inputs outside the dead zone.

14.14. A large sinusoidal input is applied to the circuit of Fig. 14.33. Sketch the output waveform.

14.15. Repeat Problem 14.14 for the circuit of Fig. 14.34.

Sec. 14.4 Improved Push-Pull Stage

14.16. Consider the push-pull stage illustrated in Fig. 14.36, where $V_B \approx V_{BE}$ (rather than $2V_{BE}$).

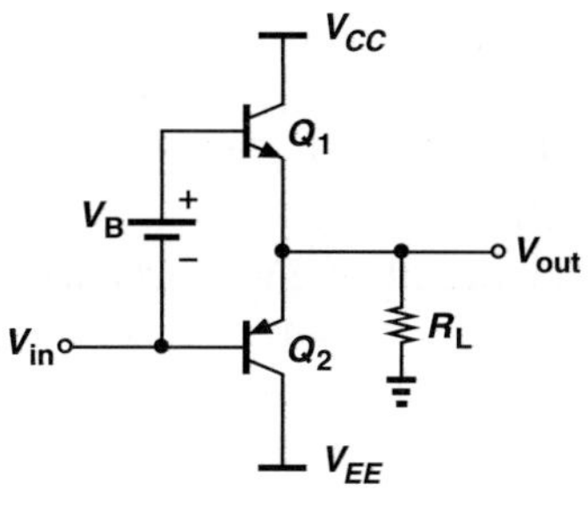

Figure 14.36

(a) Sketch the input/output characteristic.
(b) Sketch the output waveform for a sinusoidal input.

14.17. In the push-pull stage of Fig. 14.36, $I_{S1} = 5 \times 10^{-17}$ A and $I_{S2} = 8 \times 10^{-17}$ A. Calculate the value of V_B so as to establish a bias current of 5 mA in Q_1 and Q_2 (for $V_{out} = 0$).

14.18. Suppose the design in Problem 14.17 operates with a peak input swing of 2 V and $R_L = 8\ \Omega$.
(a) Calculate the small-signal voltage gain for $V_{out} \approx 0$.
(b) Use the gain obtained in (a) to estimate the output voltage swing.
(c) Estimate the peak collector current of Q_1 assuming that Q_2 still carries 5 mA.

14.19. The stage of Fig. 14.36 is designed with $V_B \approx 2V_{BE}$ to suppress crossover distortion. Sketch the collector currents of Q_1 and Q_2 as a function of V_{in}. SOL

14.20. Consider the circuit shown in Fig. 14.37, where V_B is placed in series with the emitter of Q_1. Sketch the input/output characteristic.

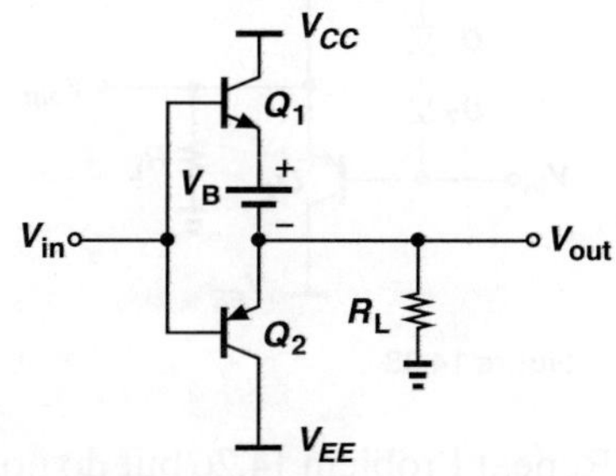

Figure 14.37

14.21. In the circuit of Fig. 14.11(b), we have $V_{BE1} + |V_{BE2}| = V_{D1} + V_{D2}$. Under what condition can we write $I_{C1}I_{C2} = I_{D1}I_{D2}$?

14.22. The circuit of Fig. 14.11(b) is designed with $I_1 = 1$ mA and $I_{S,Q1} = I_{S,Q2} = 16I_{S,D1} = 16I_{S,D2}$. Calculate the bias current of Q_1 and Q_2 (for $V_{out} = 0$). (Hint: $V_{BE1} + |V_{BE2}| = V_{D1} + V_{D2}$.)

14.23. The stage of Fig. 14.11(b) must be designed for a bias current of 5 mA in Q_1 and Q_2 (for $V_{out} = 0$). If $I_{S,Q1} = I_{S,Q2} = 8I_{S,D1} = 8I_{S,D2}$, determine the required value of I_1. (Hint: $V_{BE1} + |V_{BE2}| = V_{D1} + V_{D2}$.)

14.24. In the output stage of Fig. 14.11(b), $I_1 = 2$ mA, $I_{S,Q1} = 8I_{S,D1}$, and $I_{S,Q2} = 16I_{S,D2}$. Determine the bias current of Q_1 and Q_2 (for $V_{out} = 0$). (Hint: $V_{BE1} + |V_{BE2}| = V_{D1} + V_{D2}$.)

*__14.25.__ A critical problem in the design of the push-pull stage shown in Fig. 14.11(b) is the temperature difference between the diodes and the output transistors because the latter consume much greater power and tend to rise to a higher temperature. Noting that $V_{BE1} + |V_{BE2}| = V_{D1} + V_{D2}$, explain how a temperature difference introduces an error in the bias currents of Q_1 and Q_2.

SOL *__14.26.__ Determine the small-signal voltage gain of the stage depicted in Fig. 14.38. Assume I_1 is an ideal current source. Neglect the incremental resistance of D_1 and D_2.

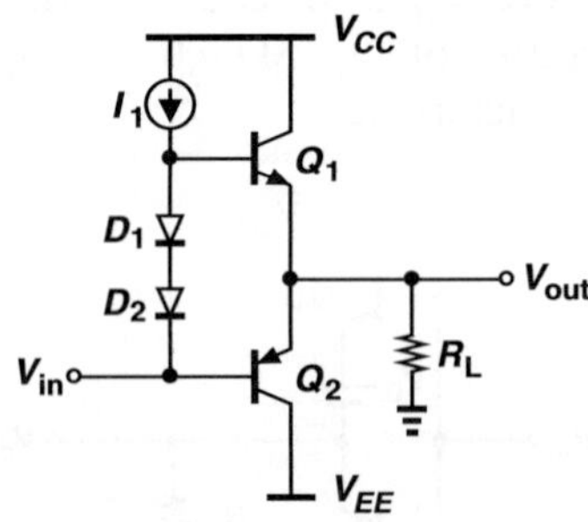

Figure 14.38

**__14.27.__ Repeat Problem 14.26 but do not neglect the incremental resistance of D_1 and D_2.

14.28. The output stage of Fig. 14.38 must achieve a small-signal voltage gain of 0.8. Determine the required bias current of Q_1 and Q_2. Neglect the incremental resistance of D_1 and D_2.

14.29. Compute the small-signal input impedance of the output stage depicted in Fig. 14.38 if the incremental resistance of D_1 and D_2 is not neglected. From the result, determine the condition under which this resistance is neglected.

14.30. The stage of Fig. 14.15(b) is designed with a bias current of 1 mA in Q_3 and Q_4 and 10 mA in Q_1 and Q_2. Assuming $\beta_1 = 40$, $\beta_2 = 20$, and $R_L = 8\ \Omega$, calculate the small-signal voltage gain if the incremental resistance of D_1 and D_2 is neglected.

*__14.31.__ Noting that $g_{m1} \approx g_{m2}$ in Fig. 14.15(b), prove that Eq. (14.23) reduces to

$$\frac{v_{out}}{v_{in}} = -\frac{2\beta_1\beta_2}{\beta_1 + \beta_2} g_{m4} R_L. \qquad (14.68)$$

Interestingly, the gain remains independent of the bias current of Q_1 and Q_2.

14.32. The output stage of Fig. 14.15(b) must provide a small-signal voltage gain of 4. Assuming $\beta_1 = 40$, $\beta_2 = 20$, and $R_L = 8\ \Omega$, determine the required bias current of Q_3 and Q_4. Neglect the incremental resistance of D_1 and D_2.

**__14.33.__ Consider Eq. (14.27) and note that $g_{m1} \approx g_{m2} = g_m$. Prove that the output impedance can be expressed as SOL

$$\frac{v_X}{i_X} \approx \frac{1}{2g_m} + \frac{r_{O3}||r_{O4}}{2\beta_1\beta_2}(\beta_1 + \beta_2). \qquad (14.69)$$

14.34. The push-pull stage of Fig. 14.15(b) employs a bias current of 1 mA in Q_3 and Q_4 and 8 mA in Q_1 and Q_2. If Q_3 and Q_4 suffer from the Early effect and $V_{A3} = 10$ V and $V_{A4} = 15$ V,

(a) Calculate the small-signal output impedance of the circuit if $\beta_1 = 40$ and $\beta_2 = 20$.

(b) Using the result obtained in (a), determine the voltage gain if the stage drives a load resistance of 8 Ω.

14.35. The circuit of Fig. 14.15(b) employs a bias current of 1 mA in Q_3 and Q_4. If $\beta_1 = 40$ and $\beta_2 = 20$, calculate the maximum current that Q_1 and Q_2 can deliver to the load.

14.36. We wish to deliver a power of 0.5 W to an 8-Ω load. Determine the minimum required bias current of Q_3 and Q_4 in Fig. 14.15(b) if $\beta_1 = 40$ and $\beta_2 = 20$.

14.37. The push-pull stage of Fig. 14.15 delivers an average power of 0.5 W to $R_L = 8\ \Omega$ with $V_{CC} = 5$ V. Compute the average power dissipated in Q_1.

14.38. The push-pull stage of Fig. 14.15 incorporates transistors with a maximum power rating of 0.75 W. If $V_{CC} = 5$ V, what is the largest power that the circuit can deliver to an 8-Ω load?

14.39. Repeat Problem 14.38 but assume that V_{CC} can be chosen freely.

Sec. 14.5 Large-Signal Considerations

14.40. Consider the composite stage shown in Fig. 14.39. Assume $I_1 = 5$ mA, $\beta_1 = 40$, and $\beta_2 = 50$. Calculate the base current of Q_2.

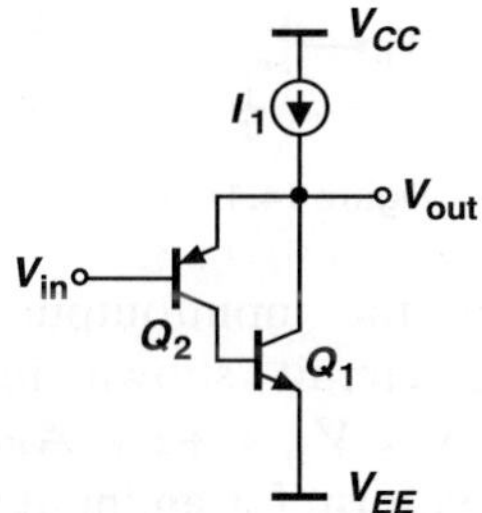

Figure 14.39

SOL **14.41.** In Problem 14.40, $V_{in} = 0.5$ V. Determine the output voltage if $I_{S2} = 6 \times 10^{-17}$ A.

14.42. In Problem 14.40, calculate the input and output impedances of the circuit.

14.43. In the circuit of Fig. 14.39, determine the value of I_1 so as to obtain an output impedance of 1 Ω. Assume $\beta_1 = 40$ and $\beta_2 = 50$.

14.44. An emitter follower delivers a peak swing of 0.5 V to an 8-Ω load with $V_{CC} = 2$ V. If the bias current is 70 mA, calculate the power efficiency of the circuit.

14.45. In a realistic emitter follower design, the peak swing reaches only $V_{CC} - V_{BE}$. Determine the efficiency in this case.

14.46. Repeat Problem 14.45 for a push-pull stage.

*__14.47.__ A push-pull stage is designed to deliver a peak swing of V_P to a load resistance of R_L. What is the efficiency if the circuit delivers a swing of only $V_P/2$?

14.48. A push-pull stage operating from $V_{CC} = 3$ V delivers a power of 0.2 W to an 8-Ω load. Determine the efficiency of the circuit.

Design Problems

14.49. We wish to design the emitter follower of Fig. 14.30 for a power of 1 W delivered to $R_L = 8\ \Omega$. Determine I_1 and the power rating of Q_1.

14.50. The emitter follower of Fig. 14.30 must be designed to drive $R_L = 4\ \Omega$ with a voltage gain of 0.8. Determine I_1, the maximum output voltage swing, and the power rating of Q_1.

14.51. Consider the push-pull stage shown in Fig. 14.38. Determine the bias current of Q_1 and Q_2 so as to obtain a voltage gain of 0.6 with $R_L = 8\ \Omega$. Neglect the incremental resistance of D_1 and D_2. SOL

14.52. The push-pull stage of Fig. 14.38 must deliver a power of 1 W to $R_L = 8\ \Omega$. Determine the minimum allowable supply voltage if $|V_{BE}| \approx 0.8$ V and the minimum value of I_1 if $\beta_1 = 40$.

14.53. Suppose the transistors in the stage of Fig. 14.38 exhibit a maximum power rating of 2 W. What is the largest power that the circuit can deliver to an 8-Ω load?

14.54. Repeat Problem 14.53 for a 4-Ω load.

14.55. We wish to design the push-pull amplifier for Fig. 14.15(b) for a small-signal voltage gain of 4 with $R_L = 8\ \Omega$. If $\beta_1 = 40$

and $\beta_2 = 20$, compute the bias current of Q_3 and Q_4. What is the maximum current that Q_1 can deliver to R_L?

14.56. Repeat Problem 14.55 with $R_L = 4\ \Omega$ and compare the results.

14.57. The push-pull stage of Fig. 14.15(b) must be designed for an output power of 2 W and $R_L = 8\ \Omega$. Assume $|V_{BE}| \approx 0.8$ V, $\beta_1 = 40$, and $\beta_2 = 20$.
(a) Determine the minimum required supply voltage if Q_3 and Q_4 must remain in the active region.
(b) Calculate the minimum required bias current of Q_3 and Q_4.
(c) Determine the average power dissipated in Q_1 while the circuit delivers 2 W to the load.
(d) Compute the overall efficiency of the circuit, taking into account the bias current of Q_3 and Q_4.

14.58. A stereo system requires a push-pull stage similar to that in Fig. 14.15(b) with a voltage gain of 5 and an output power of 5 W. Assume $R_L = 4\ \Omega$, $\beta_1 = 40$, and $\beta_2 = 20$.
(a) Calculate the bias current of Q_3 and Q_4 to achieve the required voltage gain. Does the result satisfy the required output power?
(b) Determine the bias current of Q_3 and Q_4 to achieve the required output power. What is the resulting voltage gain?

SPICE PROBLEMS

In the following problems, use the MOS device models given in Appendix A. For bipolar transistors, assume $I_{S,npn} = 5 \times 10^{-16}$ A, $\beta_{npn} = 100$, $V_{A,npn} = 5$ V, $I_{S,pnp} = 8 \times 10^{-16}$ A, $\beta_{pnp} = 50$, $V_{A,pnp} = 3.5$ V. Also, SPICE models the effect of charge storage in the base by a parameter called $\tau_F = C_b/g_m$. Assume $\tau_F(tf) = 20$ ps.

14.59. The emitter follower shown in Fig. 14.40 must deliver a power of 50 mW to an 8-Ω speaker at a frequency of 5 kHz.

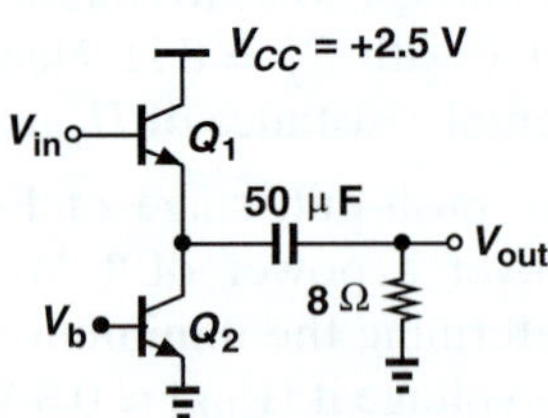

Figure 14.40

(a) Determine the minimum required supply voltage.
(b) Determine the minimum bias current of Q_2.
(c) Using the values obtained in (a) and (b) and a current mirror to bias Q_2, examine the output waveform. What supply voltage and bias current yield a relatively pure sinusoid?

14.60. Repeat Problem 14.59 for the source follower of Fig. 14.41, where $(W/L)_{1-2} = 300\ \mu\text{m}/0.18\ \mu\text{m}$ and compare the results.

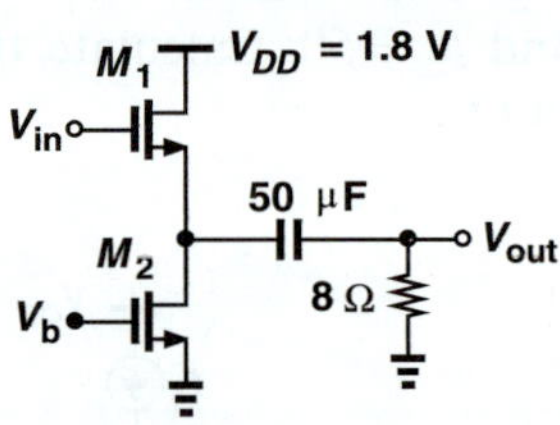

Figure 14.41

14.61. Plot the input/output characteristic of the circuit shown in Fig. 14.42 for $-2\text{ V} < V_{in} < +2\text{ V}$. Also, plot the output waveform for an input sinusoid having a peak amplitude of 2 V. How are these results changed if the load resistance is raised to 16 Ω.

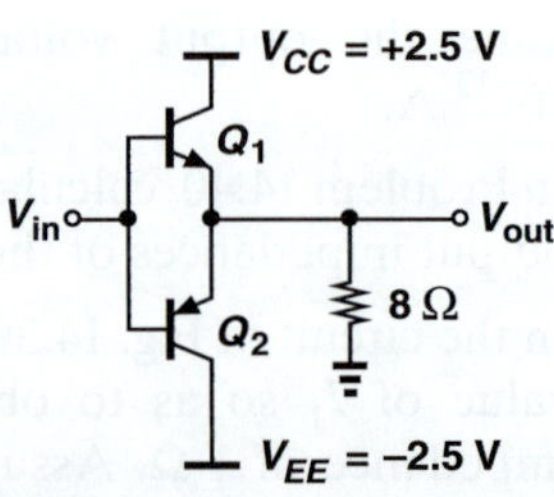

Figure 14.42

14.62. In the push-pull stage of Fig. 14.43, Q_3 and Q_4 operate as diodes.

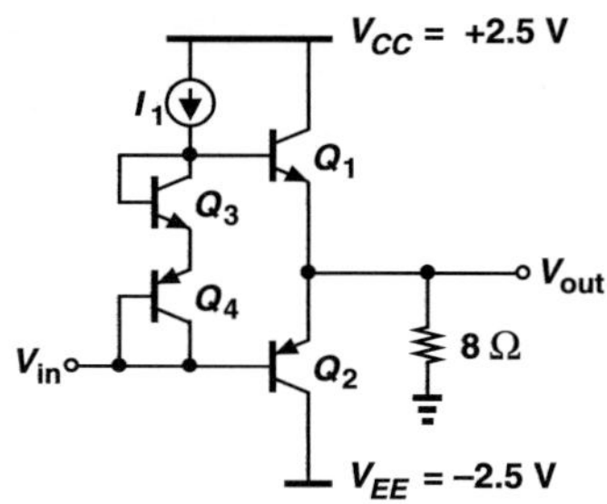

Figure 14.43

(a) Select I_1 so that the circuit can deliver a peak swing of 1.5 V to the load.

(b) Under these conditions, examine the output waveform and explain what happens.

(c) SPICE allows scaling of bipolar transistors as follows: `q1 col bas emi sub bimod m=16`, where $m = 16$ denotes a 16-fold increase in the size of the transistor (as if 16 unit transistors were placed in parallel). Using $m = 16$ for Q_1 and Q_6, repeat part (b).

14.63. The feedback push-pull stage of Fig. 14.44 must deliver a peak swing of 1.5 V to an 8-Ω load.

(a) What is the minimum required value of I_1?

(b) Using an input dc level of −1.7 V and a scaling factor of 16 for Q_1 and Q_2 (as in Problem 14.62), examine the output waveform.

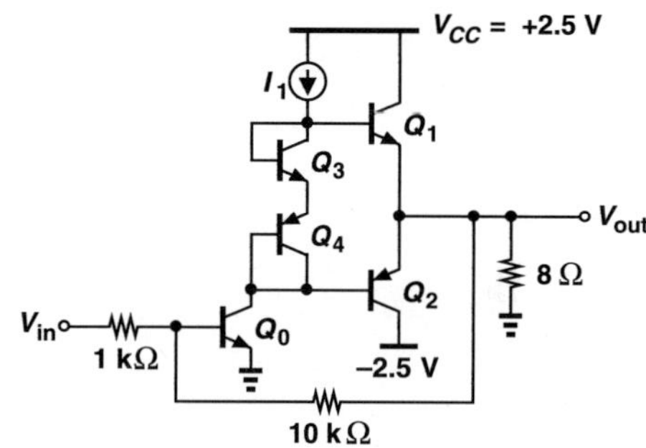

Figure 14.44

REFERENCE

1. B. Razavi, *RF Microelectronics*, Upper Saddle River, NJ: Prentice Hall, 1998.

15

아날로그 필터

이제까지 마이크로 전자공학을 공부하면서 대부분 증폭의 문제를 집중적으로 다루었다. 전자 시스템에서 많이 이용되는 또 다른 중요한 기능은 '필터링(filtering)'이다. 예를 들어 휴대전화는 요구되는 신호에 부가하여 받아들여지는 '간섭자(interferer)'를 억제하기 위한 필터를 가지고 있다. 마찬가지로 고성능 오디오 시스템은 60 Hz(50 Hz) 교류 선 간섭을 제거하기 위한 필터를 반드시 사용해야만 한다. 이 장에서는 아날로그 필터에 대해 소개한다. 이 장에서 다룰 주요 내용은 다음과 같다.

일반적인 고찰	2차 필터	능동 필터	필터 응답의 근사화
• 필터 특성 • 필터의 분류 • 필터의 전달 함수 • 감도의 문제	• 특별한 경우 • RLC 구현	• 살렌과 키 필터 • KHN 바이쿼드 • 토우-토마스 바이쿼드 • 흉내낸 인덕터를 기반으로 한 바이쿼드	• 버터워스 응답 • 체비셰프 응답

15.1 일반적인 고찰

필터의 성능 파라미터를 정하기 위하여 먼저 응용들을 간략히 살펴본다. 휴대전화가 중심 주파수가 900 MHz이고 200 kHz의 대역폭을 가지는 요구되는 신호 $X(f)$를 받는다고 가정하자[그림 15.1(a)]. 1장에서 언급된 것과 같이 수신기는 이 스펙트럼을 0 주파수로 옮기고 이어서 신호를 '검출'한다.

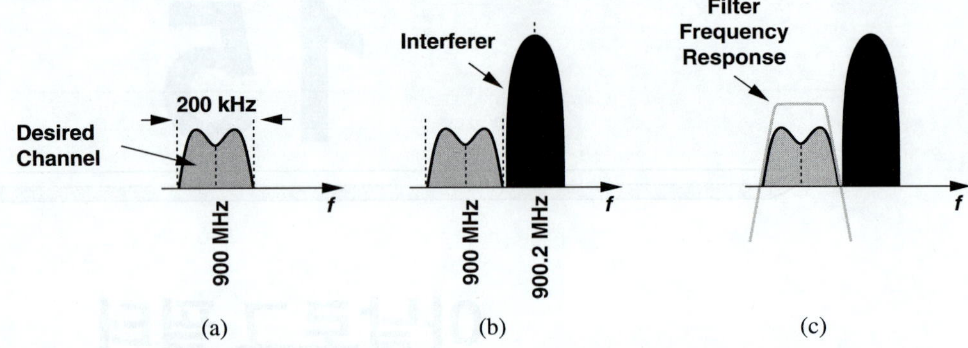

그림 15.1 (a) 수신단에서 요구되는 채널; (b) 큰 간섭; (c) 간섭을 억제하기 위한 필터 사용

이제 휴대전화가 $X(f)$에 부가하여 900 MHz + 200 kHz에 중심이 있는 간섭자를 받는다고 가정하자[그림 15.1(b)].[1)] 0 주파수로 변환한 후 요구되는 신호는 아직 큰 간섭자를 동반하고 적절히 검출될 수가 없다. 그러므로 필터를 이용하여 간섭자를 '제거'해야만 한다[그림 15.1(c)].

15.1.1 필터 특성

위 필터의 어떤 특성이 여기서 중요한가? 첫 번째로 필터는 요구되는 신호에 영향을 주어서는 안 된다. 즉, 필터는 $X(f)$의 대역폭을 가로질러 '평탄(flat)'한 주파수 응답을 제공하여야만 한다. 두 번째로 필터는 간섭을 충분히 감쇠시켜야만 한다. 즉, 필터는 '예리한(sharp)' 천이를 보여 주어야만 한다[그림 15.2(a)]. 보다 정식으로 필터의 주파수 응답은 3개의 영역으로 나뉜다: '통과대역(passband)', '천이대역(transition band)', '저지대역(stopband)'. 그림 15.2(b)에 그려진 바와 같이 각 대역에서 필터의 특성은 성능에 중요한 역할을 한다. 통과대역의 '평탄성(flatness)'은 크기 응답이 나타내는 '리플(ripple)'의 양에 의해서 정량화된다. 리플이 지나치게 많은 경우에 리플은 실제로(그리고 바람직하지 않게) 신호의 주파수

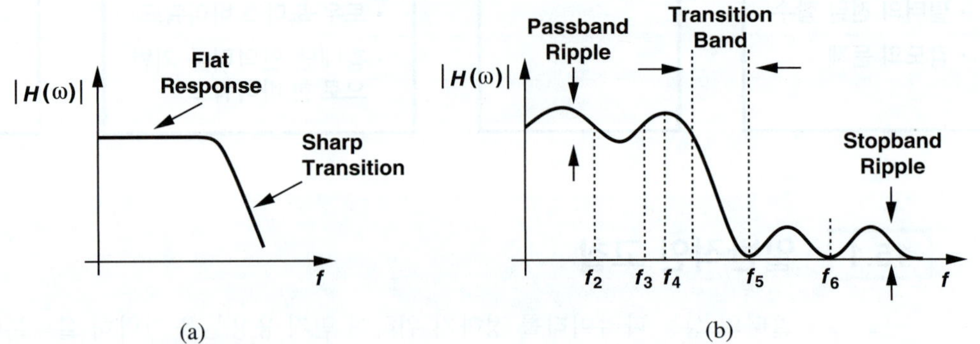

그림 15.2 (a) 일반적인 필터 특성; (b) 실제적인 필터 특성

1) 이것은 '인접 채널(adjacent channel)'이라 불린다.

내용을 바꾼다. 예를 들어 그림 15.2(b)에서 f_2와 f_3 사이의 주파수를 가지는 신호는 감쇠되고 반면에 f_3와 f_4 사이의 주파수는 증폭된다.

천이대역의 넓이는 얼마나 많은 양의 간섭자가 신호와 함께 남아 있는가를 결정한다. 즉, 간섭에 의해 신호에 가해지는 피할 수 없는 변조이다. 이 때문에 천이대역은 충분히 좁아야만 한다. 즉, 필터는 충분한 '감도(selectivity)'를 제공하여야만 한다.

저지대역 '감쇠(attenuation)'와 리플 또한 성능에 영향을 준다. 감쇠는 충분히 커서 간섭자가 신호 크기보다 훨씬 작도록 억제하여야만 한다. 이 경우 리플은 단순히 저지대역 감쇠로부터 빼진다는 것을 제외하면 통과대역의 리플보다는 덜 중요한 것으로 알려져 있다. 예를 들어 그림 15.2(b)에서 저지대역 감쇠는 리플의 결과로서 f_5와 f_6 사이에서 떨어진다.

예제 15.1 무선 응용에서 인접 채널에서의 간섭자는 요구되는 신호보다 25 dB 높다. 신호 전력이 적절한 검출을 위해 간섭자 전력을 15 dB만큼 초과하여야만 하는 경우에 그림 15.2(b)에 있는 필터의 요구되는 저지대역 감쇠를 결정하라.

풀이 그림 15.3에 설명된 바와 같이 필터는 간섭자를 40 dB만큼 억제하여야만 하며 같은 양의 저지대역 감쇠를 요구한다.

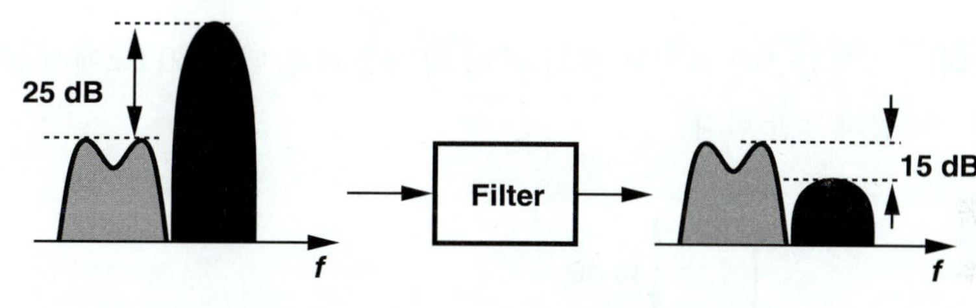

그림 15.3

연습문제 2개의 인접 채널에서 요구되는 신호보다 25 dB 큰 2개의 간섭자가 있다고 가정하자. 신호 전력이 각 간섭자를 18 dB만큼 초과하여야만 하는 경우에 대하여 저지대역 감쇠를 결정하라.

위의 특성들에 부가하여 다른 아날로그 필터의 선형성, 잡음, 전력 소모와 복잡도 같은 파라미터가 고려되어야만 한다. 이들 문제는 참고문헌 [1]에 기술되어 있다.

15.1.2 필터의 분류

필터는 다양한 성질에 의하여 분류될 수 있다. 이 절에서는 필터의 몇 가지 분류에 대하여 공부한다.

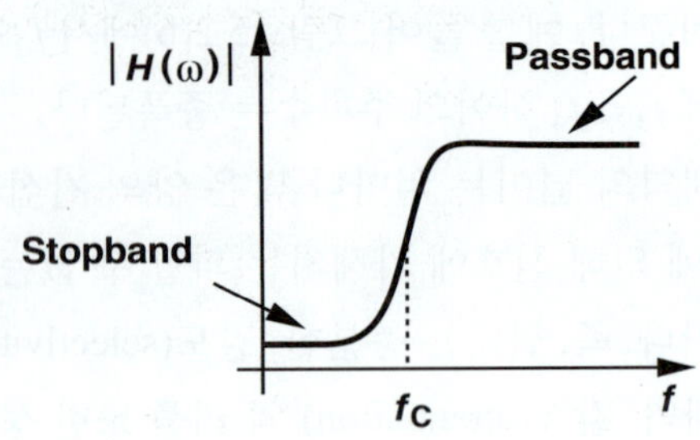

그림 15.4 고역통과 필터 주파수 응답

필터의 한 분류는 필터가 '통과(pass)' 또는 '제거(reject)'하는 주파수 대역과 관계있다. 그림 15.2(b)에 설명된 예는 낮은 주파수 신호를 통과시키고 높은 주파수 성분을 제거하므로 '저역통과(low-pass)' 필터라고 부른다. 반대로 낮은 주파수 신호가 제거되는(그림 15.4) '고역통과(high-pass)' 필터를 생각할 수 있다.

예제 15.2 1 kHz 근처의 신호를 증폭하기 원하지만 회로 기판과 선은 전원으로부터 강한 60 Hz 성분을 취한다. 이 성분이 요구되는 신호보다 40 dB 높으면 신호 레벨이 간섭자 레벨보다 20 dB 크게 유지되는 것을 보장하기 위하여 어떤 필터의 저지대역 감쇠가 필요한가?

풀이 그림 15.5에 보이는 것과 같이 고역통과 필터는 60 Hz에서 60 dB의 저지대역 감쇠를 제공해야만 한다.

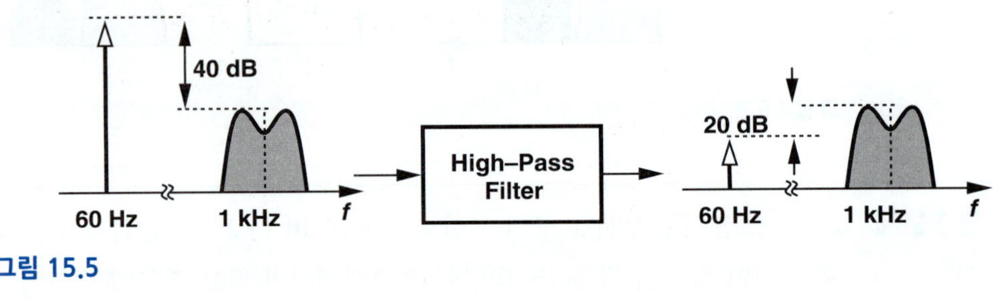

그림 15.5

연습문제 오디오 주파수 범위에 있는 신호가 100 kHz에 있는 간섭자를 동반한다. 간섭자가 요구되는 신호보다 30 dB 큰 경우에 신호가 간섭자보다 20 dB 위에 존재하기 위해서는 어떤 저지대역 감쇠가 필요한가?

어떤 응용은 '대역통과(bandpass)' 필터, 즉 낮고 높은 주파수를 모두 제거하고 그 사이의 대역만을 통과시키는 필터를 요구한다(그림 15.6). 아래 예제가 그와 같은 필터의 필요성을 설명한다.

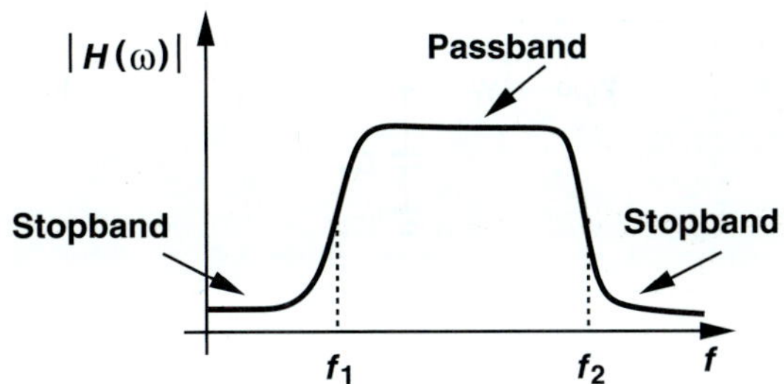

그림 15.6

예제 15.3 GPS를 위해 설계된 수신기는 대략 1.5 GHz의 주파수에서 동작한다. GPS 신호를 오염시키는 간섭자 및 그것들을 억제하기 위해서 필요한 필터의 형태를 결정하라.

풀이 이 경우에 간섭의 중요한 근원은 900 MHz와 1.9 GHz 대역에서 동작하는 휴대전화이다.[2)] 그러므로 이 간섭자를 제거하기 위해서는 대역통과 필터가 요구된다(그림 15.7).

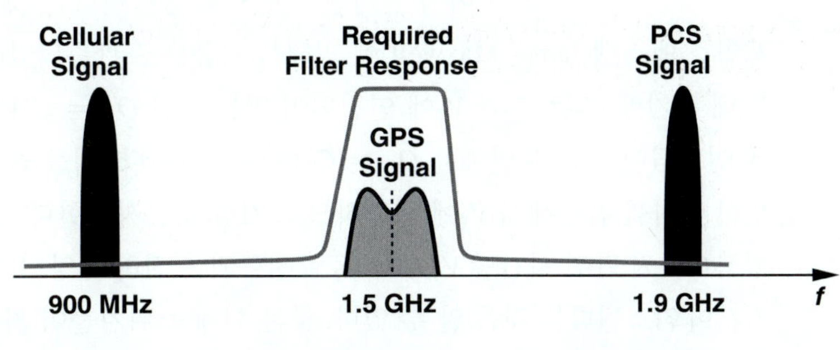

그림 15.7

연습문제 블루투스 송신기는 2.4 GHz에서 동작한다. PCS 신호에 의한 블루투스 신호의 손실을 피하려면 어떤 형태의 필터가 요구되는가?

그림 15.8은 f_1과 f_2 사이의 성분들을 억제하는 '대역제거(band-reject)' 응답을 포함하는 네 가지 형태의 필터를 요약한 것이다.

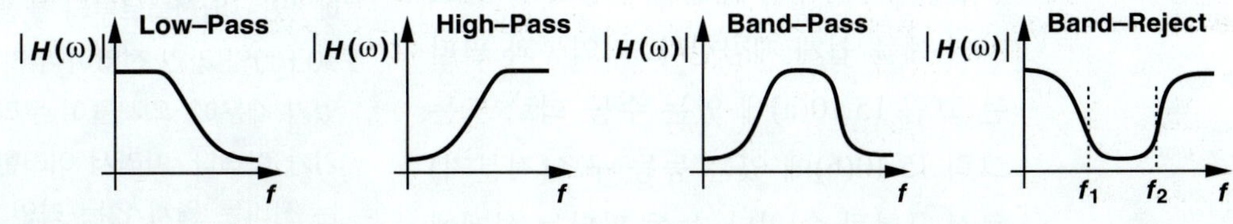

그림 15.8 필터 응답 요약

2) 전자는 '셀 방식 대역(cellular band)'이라 불리고 후자는 'PCS 대역(PCS band)'이라 불린다. 여기서 PCS는 개인 통신 시스템을 나타낸다.

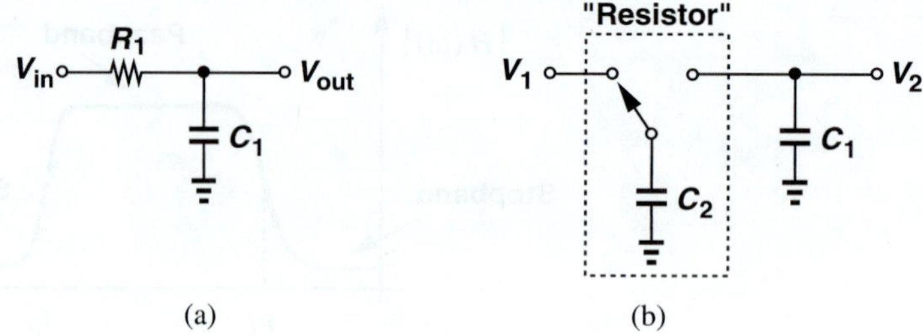

그림 15.9 저역통과 필터의 (a) 연속 시간과 (b) 불연속 시간 구현

또 다른 아날로그 필터의 분류는 회로 구현과 관계가 있으며 '연속 시간(continuous time)'과 '불연속 시간(discrete time)' 구현을 포함한다. 앞의 형태는 그림 15.9(a)에 그려진 익숙한 RC 회로에 의해 예시된다. 여기서 C_1은 주파수가 증가함에 따라 낮은 임피던스를 나타내므로 고주파를 감쇠한다. 그림 15.9(b)의 구현은 R_1을 '스위치붙이 커패시터' 회로망으로 대체하였다. 여기서 C_2는 전압 V_1과 V_2를 가지는 두 노드를 주기적으로 스위칭한다. 이 회로망은 두 노드 사이에 연결된 저항으로 동작한다는 것을 증명할 것이다—19세기에 제임스 맥스웰(James Maxwell)에 의해서 처음으로 관측되었다.

매 주기에 C_2는 C_2가 V_1에 연결되어 있는 동안 $Q_1 = C_2V_1$의 전하를 저장하고 C_2가 V_2에 연결되어 있는 동안에는 $Q_2 = C_2V_2$를 저장한다. 예를 들어 $V_1 > V_2$이면 C_2는 V_1으로부터 전하를 흡수해서 V_2에 전달하므로 저항을 근사화한다. 스위칭이 보다 높은 비율로 수행됨으로써 단위 시간당 V_1에서 V_2로 전달되는 전하의 양이 증가하기 때문에 이 저항의 등가값이 감소된다는 것을 알 수 있다. 물론 실제 스위치붙이 커패시터는 보다 세련된 구조를 사용한다.

필터의 세 번째 분류는 '수동'과 '능동' 구현을 구별하는 것이다. 전자는 저항, 커패시터, 인덕터 같은 수동 소자만을 포함하는 반면에 후자는 트랜지스터 및 연산 증폭기와 같은 증폭시키는 구성 요소를 사용한다.

8장에서 공부한 개념은 수동과 능동 소자의 예를 쉽게 제공한다. 저역통과 필터는 그림 15.10(a)에 있는 수동 회로 또는 그림 15.10(b)에 있는 능동 구조(적분기)로서 구현될 수 있다. 능동 필터는 설계에 있어서 훨씬 더 많은 유연성을 제공하고 많은 전자 시스템에서 광범위한 응용이 있다. 표 15.1에 이 분류를 요약하였다.

Did you know ?

필터에 대한 연구는 진공관 및 트랜지스터 개발보다 먼저 이루어졌다. 19세기 후반에도 필터는 전신기 및 전화 시스템에서 사용하는 것이 고려되었다. 오늘날 필터는 거의 모든 전자기기에 적용되고 있다. 예를 들어, 우리 주변에 있는 배선들로부터 발생되는 60 Hz(또는 50 Hz)의 라인 전압이 우리 몸에 영향을 주고 있기 때문에, 의사들이 우리의 뇌파를 측정하기가 어렵다. 따라서 이러한 파형들을 감지하는 장비는 원치 않는 라인 전압 성분을 제거하기 위해 대역 제거 필터를 포함해야만 한다.

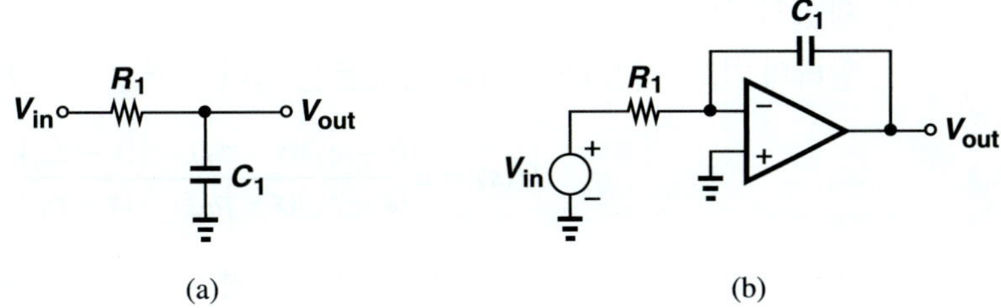

그림 15.10 저역통과 필터의 (a) 수동 구현; (b) 능동 구현

표 15.1 필터의 분류

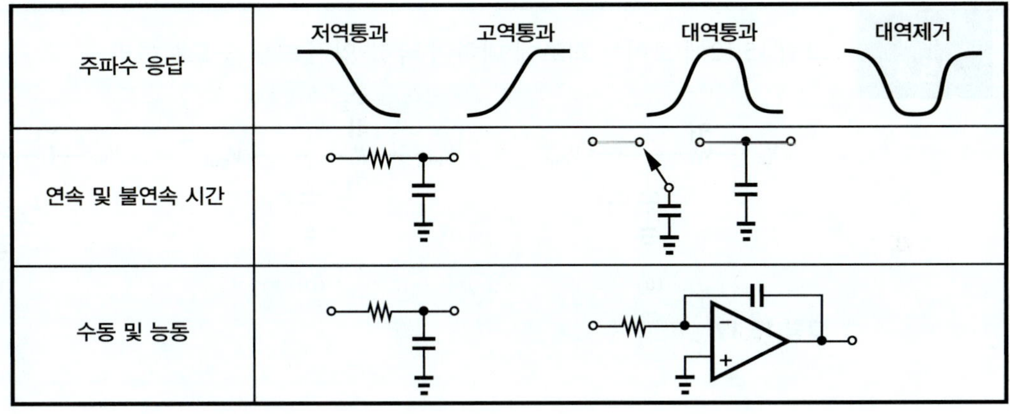

주파수 응답	저역통과	고역통과	대역통과	대역제거
연속 및 불연속 시간				
수동 및 능동				

15.1.3 필터의 전달 함수

필터 응용에 대한 이전의 예제들은 많은 경우에 예리한 천이(높은 감도)의 필요성을 강조하였다. 이는 (1) 간섭자 주파수가 요구되는 신호 대역과 가깝고 (2) 간섭자 레벨이 요구되는 신호보다 매우 높기 때문이다.

어떻게 높은 감도를 달성할 수 있을까? 그림 15.11(a)의 단순한 저역통과 필터는 통과대역을 넘어서 단지 -20 dB/dec의 기울기를 보여 줌으로써 주파수가 10배 증가함에 따라서 단지 10배의 억제를 보여 준다. 그러므로 2개의 단을 직렬로 연결하는 것은 기울기를 -40 dB/dec로 예리하게 하고 100배의 주파수 증가에 대하여 10배의 억제를 제공한다는 것이 자명하다[그림 15.11(b)]. 다시 말해서 전달 함수의 '차수'를 증가시키는 것은 필터의 감도

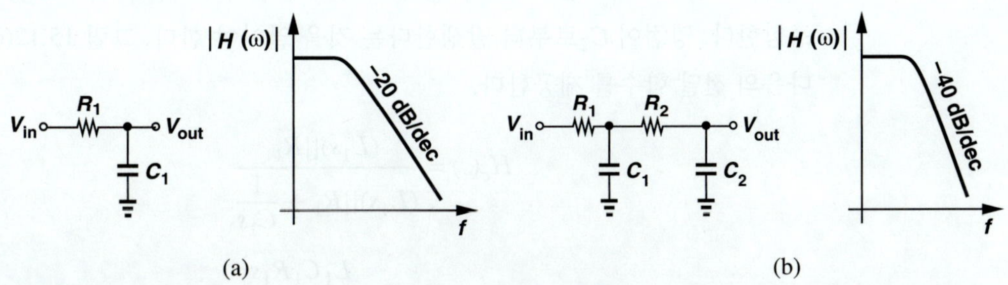

그림 15.11 (a) 1차 필터와 그 주파수 응답; (b) 감도를 날카롭게 하기 위한 또 하나의 RC 부분 추가

를 향상시킨다.

필터의 감도, 리플과 또 다른 특징들은 필터의 전달 함수 $H(s)$에 반영되어 있다.

$$H(s) = \alpha \frac{(s - z_1)(s - z_2)\cdots(s - z_m)}{(s - p_1)(s - p_2)\cdots(s - p_n)} \tag{15.1}$$

여기서 z_k와 p_k(실수 또는 복소수)는 각각 영점 및 극점 주파수를 나타낸다.

z_k와 p_k를 $\sigma + j\omega$로 나타내는 것은 일반적이며 여기서 σ는 실수 부분을 나타내고 ω는 허수 부분을 나타낸다. 그래서 복소수 평면에 극점과 영점을 그릴 수 있다.

예제 15.4

그림 15.12에 보이는 회로에 대하여 극점-영점 그림을 도시하라.

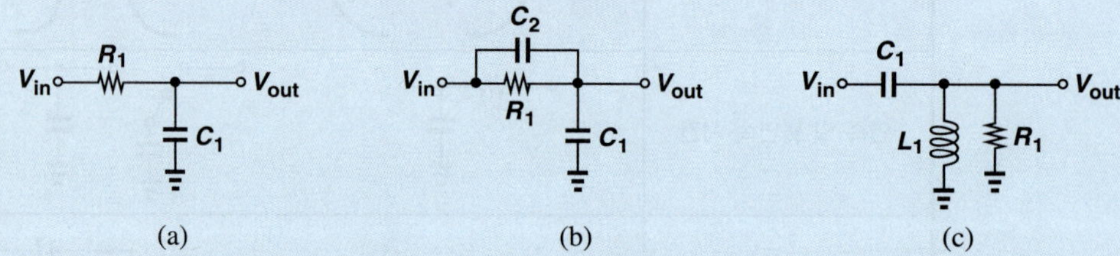

그림 15.12

풀이 그림 15.12(a)에 있는 회로에 대하여

$$H_a(s) = \frac{1}{R_1C_1s + 1} \tag{15.2}$$

이 되고 $-1/(R_1C_1)$에 있는 실수 극점을 얻는다. 그림 15.12(b)에 있는 구조에 대하여

$$H_b(s) = \frac{\dfrac{1}{C_1s}}{\dfrac{1}{C_1s} + R_1 || \dfrac{1}{C_2s}} \tag{15.3}$$

$$= \frac{R_1C_2s + 1}{R_1(C_1 + C_2)s + 1} \tag{15.4}$$

이다. 그러므로 회로는 $-1/(R_1C_2)$에 하나의 영점과 $-1/[R_1(C_1 + C_2)]$에 하나의 극점을 포함한다. 영점이 C_2로부터 발생한다는 것을 알아야 한다. 그림 15.12(c)에 있는 배열은 다음의 전달 함수를 제공한다.

$$H_c(s) = \frac{(L_1s)||R_1}{(L_1s)||R_1 + \dfrac{1}{C_1s}} \tag{15.5}$$

$$= \frac{L_1C_1R_1s^2}{R_1L_1C_1s^2 + L_1s + R_1} \tag{15.6}$$

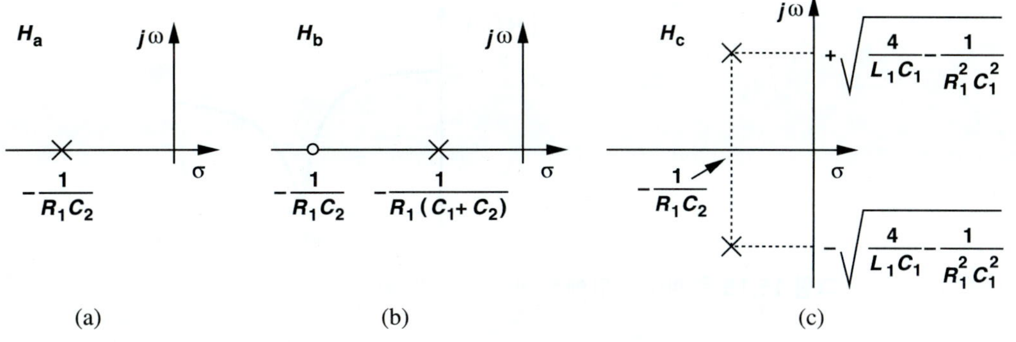

그림 15.13

회로는 0 주파수에서 하나의 영점과 $L^2 - 4R_1^2L_1C_1$이 양수인가 음수인가에 따라서 실수 또는 복소수가 되는 2개의 극점을 나타낸다. 그림 15.13은 세 회로에 대한 결과를 요약한 것이다. 여기서 $H_c(s)$는 복소수 극점을 포함한다고 가정하였다.

연습문제 그림 15.12(c)에 있는 커패시터와 인덕터가 교환되었을 때 위의 예제를 다시 풀어라.

예제 15.5 그림 15.12 회로의 극점이 좌반 평면에 놓여 있는 이유를 설명하라.

풀이 시스템의 임펄스 응답은 $\exp(p_kt) = \exp(\sigma_kt)\exp(j\omega_kt)$와 같은 항을 갖고 있다. $\sigma_k >$ 0이면 이 항들은 시간에 따라 무한정 커지는 반면에 주파수 ω_k에서 진동한다[그림 15.14(a)]. $\sigma_k = 0$이면 이 항들은 여전히 ω_k에서 진동한다[그림 15.14(b)]. 따라서 시스템이 안정하기 위해서는 $\sigma_k < 0$이어야 한다[그림 15.14(c)].

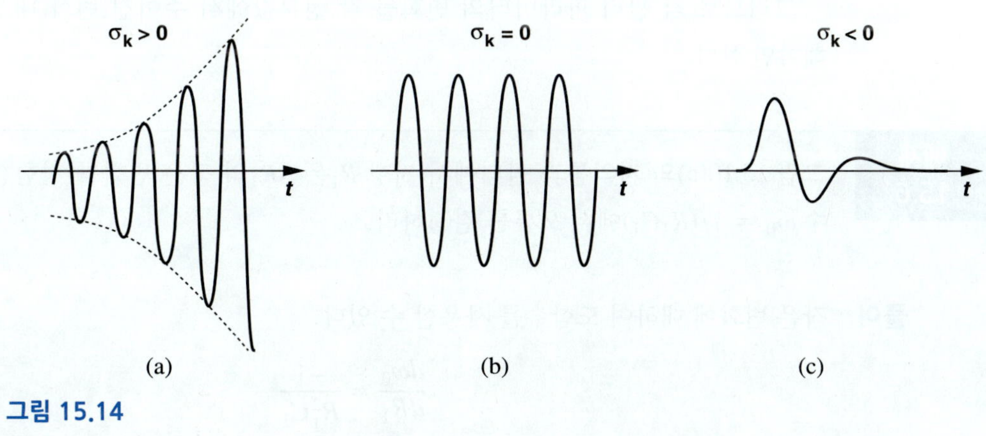

그림 15.14

연습문제 ω_k가 2배로 될 경우에 대하여 위의 파형을 다시 그려라.

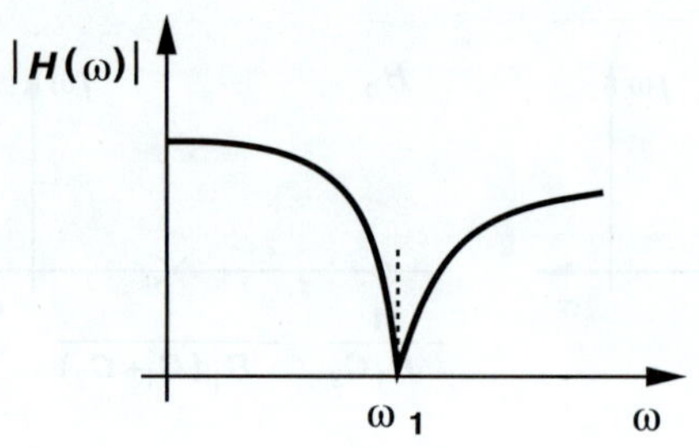

그림 15.15 주파수 응답에서 허수 영점의 영향

식 (15.1)에 대하여 여러 가지 관찰을 하는 것이 유용하다. (1) 분자의 차수 m은 분모의 차수를 초과할 수 없다. 그렇지 않으면 $s \to \infty$일 때 $H(s) \to \infty$가 되며 이는 비현실적이다. (2) 실제 구현 가능한 전달 함수에 대하여 복소수 영점과 극점은 켤레, 즉 $z_1 = \sigma_1 + j\omega_1$과 $z_2 = \sigma_1 - j\omega_1$로 나타나야만 한다. (3) 영점이 $j\omega$축상에 위치하는, 즉 $z_{1,2} = \pm j\omega_1$인 경우에 $H(s)$는 ω_1의 정현파 입력 주파수에서 0으로 떨어진다(그림 15.15). 이것은 분자가 $(s - j\omega_1)(s + j\omega_1) = s^2 + \omega_1^2$과 같은 $s = j\omega_1$에서 사라지는 곱을 포함하기 때문이다. 다시 말해서 허수 영점은 $|H|$가 0이 되게 하며 그럼으로써 그 근처에서 상당한 감쇠를 제공한다. 이와 같은 이유로 허수 영점은 단지 저지대역에 존재한다.

15.1.4 감도의 문제

아날로그 필터의 주파수 응답은 당연히 구성하는 성분의 값에 의존한다. 예를 들어 그림 15.10(a)의 단순한 필터에서 -3 dB 코너 주파수는 $1/(R_1C_1)$에 의해 주어진다. 그와 같은 의존성은 차단 주파수와 다른 파라미터에 대하여 다음의 두 상황에서 오류를 일으킨다: (a) 성분들의 값은 공정과 온도에 의하여 변한다(집적 회로에서), 또는 (b) 구성 요소의 이용할 수 있는 값은 설계에 의해 요구되는 값으로부터 벗어난다(분리된 구현에서).[3)]

그러므로 각 필터 파라미터의 변화를 각 성분값에서 주어진 변화(내성)에 대하여 결정해야만 한다.

예제 15.6

그림 15.10(a)의 저역통과 필터에서 저항 R_1은 ΔR_1의 작은 변화를 경험한다. 코너 주파수 $\omega_0 = 1/(R_1C_1)$에서 오류를 결정하라.

풀이 작은 변화에 대하여 도함수를 사용할 수 있다.

$$\frac{d\omega_0}{dR_1} = \frac{-1}{R_1^2C_1} \tag{15.7}$$

3) 예를 들어 특별한 설계는 1.15 kΩ 저항을 요구하지만 가장 가까운 이용할 수 있는 값은 1.2 kΩ이다.

일반적으로 R_1의 상대적인 변화에 대하여 ω_0의 상대적인(백분율) 오류에 관심이 있으므로, 다음과 같이 쓴다.

$$\frac{d\omega_0}{\omega_0} = -\frac{dR_1}{\omega_0 \cdot R_1^2 C_1} \tag{15.8}$$

$$= -\frac{dR_1}{R_1} \cdot \frac{1}{\omega_0 R_1 C_1} \tag{15.9}$$

$$= -\frac{dR_1}{R_1} \tag{15.10}$$

예를 들어 R_1의 $+5\%$ 변화는 ω_0의 -5% 변화로 변환된다.

연습문제 C_1이 ΔC의 작은 변화를 경험할 때 위의 예제를 다시 풀어라.

위의 예제는 각 필터의 파라미터가 각 성분의 값에 대하여 얼마나 민감한가 하는 '감도(sensitivity)'의 개념에 이르게 한다. 1차 회로에서 $|d\omega_0/\omega_0| = |dR_1/R_1|$이므로 이 예제에서 ω_0의 R_1에 대한 감도는 1이다. 보다 공식적으로 파라미터 P의 성분값 C에 대한 감도는 다음과 같이 정의된다.

$$S_C^P = \frac{\frac{dP}{P}}{\frac{dC}{C}} \tag{15.11}$$

감도는 성분의 변화가 존재하는 상황에서 요구되는 전달 함수의 합리적인 근사를 얻는 것을 어렵게 하므로 감도가 1보다 높은 것은 바람직하지 않다.

예제 15.7 그림 15.10(a)의 저역통과 필터에 대하여 C_1에 대한 ω_0의 감도를 계산하라.

풀이

$$\frac{d\omega_0}{dC_1} = -\frac{1}{R_1 C_1^2} \tag{15.12}$$

이므로

$$\frac{d\omega_0}{\omega_0} = -\frac{dC_1}{C_1} \tag{15.13}$$

을 얻는다. 그러므로

$$S_{C1}^{\omega 0} = -1 \tag{15.14}$$

이다.

연습문제 그림 15.12(b)에 있는 회로의 R_1에 대한 극점 주파수의 감도를 계산하라.

15.2 1차 필터

필터 분석의 첫 번째 단계로서 전달 함수에 의해 기술되는 1차 구현을 고려한다.

$$H(s) = \alpha \frac{s - z_1}{s - p_1} \tag{15.15}$$

그림 15.12(b)의 회로와 식 (15.4)에 있는 그것의 전달 함수가 이 형태 필터의 예이다. z_1과 p_1의 상대적인 값에 의존하여 그림 15.16의 그림에서 설명되는 것과 같이 저역통과 또는 고역통과 특성이 생긴다. 저지대역 감쇠 지수는 z_1/p_1에 의해 주어진다.

위의 전달 함수를 구현하기 위한 후보로서 그림 15.12(b)의 수동 회로를 고려하자. $z_1 = -1/(R_1C_2)$이고 $p_1 = -1/[R_1(C_1 + C_2)]$이므로 영점은 항상 극점 위에 놓이고 단지 그림 15.16(b)에 보이는 응답을 허용한다는 것을 알고 있다.

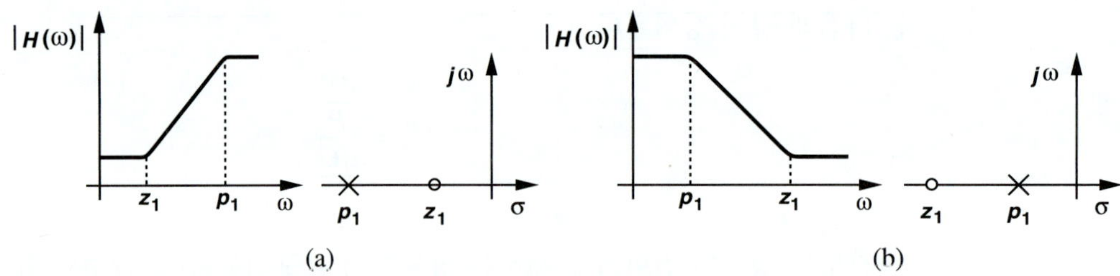

그림 15.16 1차 (a) 고역통과 필터와 (b) 저역통과 필터

예제 15.8 그림 15.17(a)에 그려진 회로의 응답을 결정하라.

풀이 다음의 식이 충족된다.

$$\frac{V_{out}}{V_{in}}(s) = \frac{R_2 || \frac{1}{C_2 s}}{R_2 || \frac{1}{C_2 s} + R_1 || \frac{1}{C_1 s}} \tag{15.16}$$

$$= \frac{R_2(R_1C_1s + 1)}{R_1R_2(C_1 + C_2)s + R_1 + R_2} \tag{15.17}$$

이 회로는 $-1/(R_1C_1)$에서 영점을, $-[(C_1 + C_2)R_1 || R_2]^{-1}$에서 극점을 포함한다. 성분값에 따라서 영점은 극점의 아래나 위에 놓일 것이다. 특히 영점 주파수가 낮은 경우에

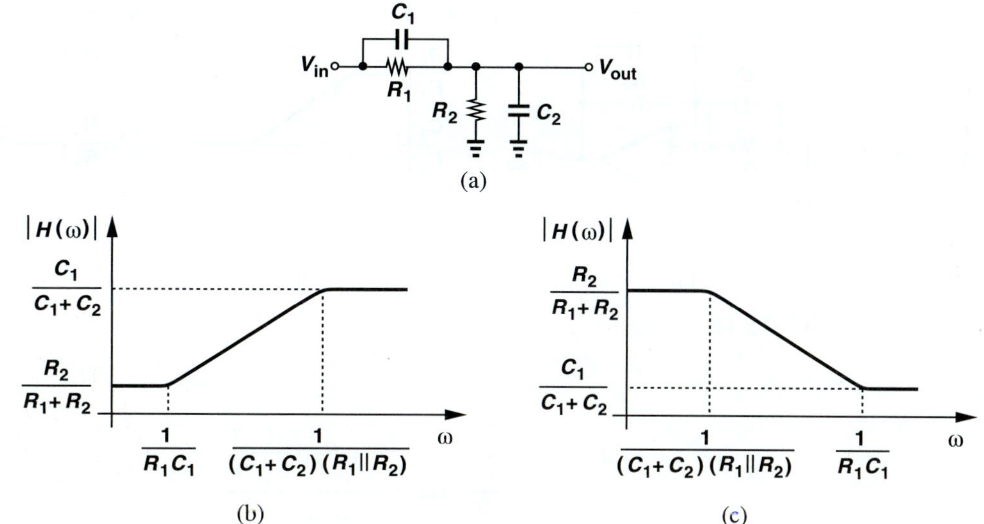

그림 15.17

$$\frac{1}{R_1C_1} < \frac{R_1 + R_2}{(C_1 + C_2)R_1R_2} \tag{15.18}$$

이고 그러므로

$$1 + \frac{C_2}{C_1} < 1 + \frac{R_1}{R_2} \tag{15.19}$$

이다. 즉,

$$R_2C_2 < R_1C_1 \tag{15.20}$$

이다. 그림 15.17(b)와 (c)는 $R_2C_2 < R_1C_1$과 $R_2C_2 > R_1C_1$의 두 경우에 대한 응답을 각각 그린 것이다. $s = 0$에서 커패시터가 개방 회로로 동작하므로 $V_{out}/V_{in} = R_2/(R_1 + R_2)$가 되는 것을 인지하라. 마찬가지로 $s = \infty$에서 커패시터의 임피던스는 R_1과 R_2보다 훨씬 작게 되어 결정 요인이 되므로 $V_{out}/V_{in} = C_1/(C_1 + C_2)$이 된다.

연습문제 50 MHz의 영점 주파수와 100 MHz의 극점 주파수를 가지는 고역통과 필터에 대한 회로를 설계하라. 10 pF보다 크지 않은 커패시터를 사용하라.

예제 15.9 그림 15.18(a)는 그림 15.17(a)에 그려진 필터의 능동 대응 회로를 보여 준다. 회로의 응답을 계산하라. 연산 증폭기의 이득을 가정한다.

풀이 8장으로부터 다음의 식을 얻는다.

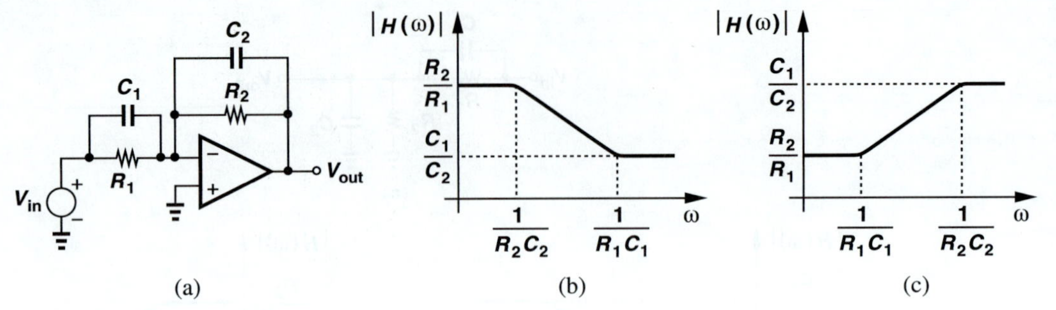

그림 15.18

$$\frac{V_{out}}{V_{in}}(s) = \frac{-\left(R_2 || \frac{1}{C_2 s}\right)}{R_1 || \frac{1}{C_1 s}} \tag{15.21}$$

$$= -\frac{R_2}{R_1} \cdot \frac{R_1 C_1 s + 1}{R_2 C_2 s + 1} \tag{15.22}$$

기대하는 것과 같이 $s = 0$에서 $V_{out}/V_{in} = -R_2/R_1$이고 $s = \infty$에서 $V_{out}/V_{in} = -C_1/C_2$이다. 그림 15.18(b)와 (c)는 $R_1C_1 < R_2C_2$과 $R_1C_1 > R_2C_3$의 두 경우에 대한 응답을 각각 그린 것이다.

연습문제 통과대역 이득이 저지대역 이득의 10배일 때 극점 주파수가 영점 주파수의 5배가 되는 것이 가능한가?

위에서 공부한 1차 필터는 천이대역에서 단지 -20 dB/dec의 기울기를 제공한다. 예리한 감쇠를 위해서는 높은 차수의 회로를 추구하여야만 한다.

15.3 2차 필터

2차 필터의 일반적인 전달 함수는 '4차(biquadratic)' 식으로 주어진다.

$$H(s) = \frac{\alpha s^2 + \beta s + \gamma}{s^2 + \frac{\omega_n}{Q}s + \omega_n^2} \tag{15.23}$$

분자와 다르게 분모는 응답의 중요한 측면을 나타내는 ω_n과 Q의 항으로 표시된다. 극점들의 주파수를 계산하는 것으로 공부를 시작한다. 대부분의 2차 필터는 복소수 극점들을 포함하므로 $(\omega_n/Q)^2 - 4\omega_n^2 < 0$을 가정하면 다음의 식을 얻는다.

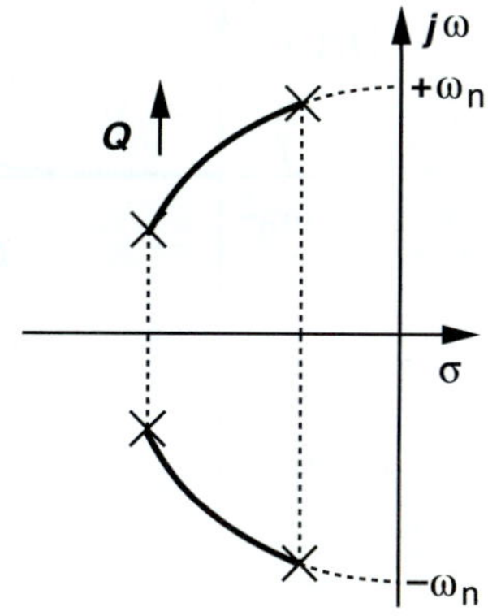

그림 15.19 Q의 함수로서 극점들의 변화

$$p_{1,2} = -\frac{\omega_n}{2Q} \pm j\omega_n\sqrt{1-\frac{1}{4Q^2}} \tag{15.24}$$

극점의 '양호도(quality factor)' Q가 증가함에 따라 허수 부분이 $\pm\omega_n$으로 접근하는 반면에 실수 부분은 감소한다는 것을 인지하여야 한다. 이 움직임이 그림 15.19에 설명되어 있다. 다시 말해서 높은 Q에 대하여 극점들은 '매우 허수'처럼 보이고 그럼으로써 회로를 불안정한 상태에 가깝게 만든다.

15.3.1 특별한 경우

실제로 유용함이 증명된 4차 전달 함수의 특별한 경우를 고려하는 것은 유용하다. 첫 번째로 $\alpha = \beta = 0$이어서 회로가 단지 극점들[4]을 포함하고 저역통과 필터로 동작하는(왜 그럴까?) 경우를 가정하자. 그러면 전달 함수의 크기는 식 (15.23)에서 $s = j\omega$로 대체하여 얻어지고 다음의 식으로 표현된다.

Did you know ?

필터의 주파수 응답에서 발생하는 피킹(peaking)을 가지는 것이 바람직할까? 일반적으로 바람직하지 않다. 20 Hz～20 kHz 주파수 영역의 필터를 활용하는 오디오 시스템이 어떤 중간 주파수 영역에서 원하지 않는 큰 피킹을 가지고 있는 경우를 생각해 보자. 이 경우에 피크값을 가지는 해당 주파수의 오디오 신호가 다른 신호들보다 크게 증폭되어 귀를 자극한다. 그럼에도 불구하고 오디오 시스템에서 바람직한 주파수 응답은 일반적으로 평평한 형태는 아니다. 실제로는 스테레오 시스템에 존재하는 '이퀄라이저'가 다른 주파수 영역의 이득을 조절하여, 사용자들이 다양하게 다른 종류의 음악에 대해 소리를 맞출 수 있게 한다. 이퀄라이저는 오디오 주파수 영역에 걸쳐 존재하는 여러 개의 조절 가능한 대역통과 필터들로 구성되어 있다.

---

4) $s = \infty$에서 $H(s) \to 0$이므로 회로는 무한대에서 2개의 극점을 보인다고 한다.

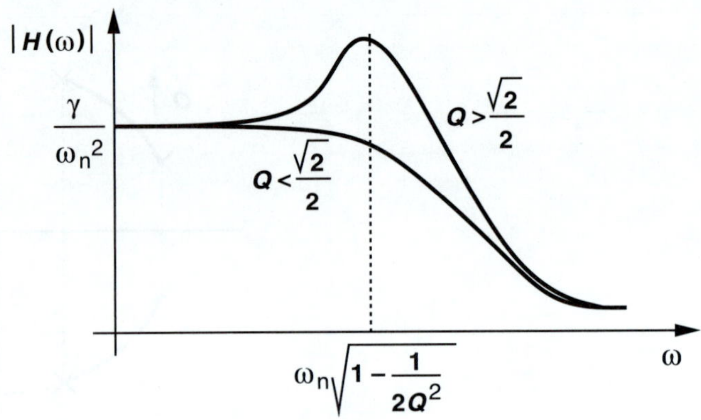

그림 15.20 다른 Q 값에 대한 2차 시스템의 주파수 응답

$$|H(j\omega)|^2 = \frac{\gamma^2}{(\omega_n^2 - \omega^2)^2 + \left(\dfrac{\omega_n}{Q}\omega\right)^2} \tag{15.25}$$

$|H(j\omega)|$는 통과대역(즉, $\omega \gg \omega_n$) 이상에서 -40 dB/dec의 기울기를 제공한다는 것을 인지하여야 한다. $Q \le \sqrt{2}/2$이면 응답이 (a) 피킹으로부터 자유롭고 (b) $Q > \sqrt{2}/2$이면 $\omega_n\sqrt{1-1/(2Q^2)}$에서 피크에 이른다는 것을 보일 수 있다(그림 15.20). 후자의 경우에 통과대역 크기에 표준화된 피크 크기는 $Q/\sqrt{1-(4Q^2)^{-1}}$과 같다.

예제 15.10 2차 LPF가 $Q = 3$으로 설계되었다고 가정한다. 주파수 응답에서 피크의 크기와 주파수를 예측하라.

풀이 $2Q^2 = 18 \gg 1$이므로 표준화된 피크 크기는 $Q/\sqrt{1-1/(4Q^2)} \approx Q \approx 3$이고 대응되는 주파수는 $\omega_n\sqrt{1-1/(2Q^2)} \approx \omega_n$이다. 동작은 그림 15.21에 그려져 있다.

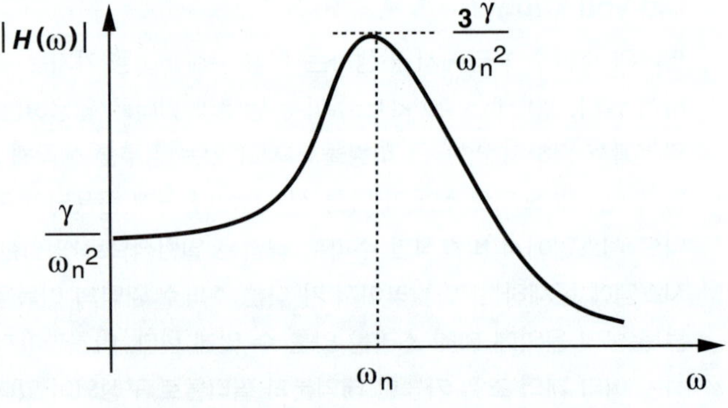

그림 15.21

연습문제 $Q = 1.5$에 대하여 위의 예제를 다시 풀어라.

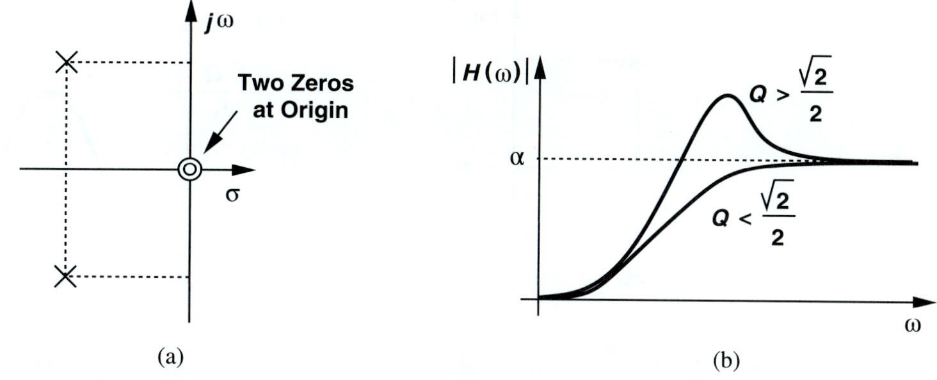

그림 15.22 (a) 극점과 영점 위치; (b) 2차 고역통과 필터의 주파수 응답

식 (15.23)에 있는 전달 함수는 어떻게 고역통과 응답을 제공할까? 그림 15.12(b)에 있는 1차 구현과 유사한 방법으로 영점은 극점보다 아래에 있어야만 한다. 예를 들어 원점에 두 영점을 가지고

$$H(s) = \frac{\alpha s^2}{s^2 + \dfrac{\omega_n}{Q}s + \omega_n^2} \tag{15.26}$$

이 되는데, $s \to 0$에 따라 $H(s)$는 0에 접근하고 $s \to \infty$에 따라 상수값 α에 접근함으로써 고역통과 동작을 제공한다(그림 15.22). 저역통과 상대물로서 회로는 $Q > \sqrt{2}/2$이면 표준화된 $Q/\sqrt{1 - 1/(4Q^2)}$의 피크값을 $\omega_n\sqrt{1 - 1/(2Q^2)}$에서 나타낸다.

예제 15.11 4차 식이 단지 하나의 영점을 가지면 고역통과 응답을 얻을 수 없는 이유를 설명하라.

풀이 그와 같은 경우를 다음의 식으로 표현하자.

$$H(s) = \frac{\beta s + \gamma}{s^2 + \dfrac{\omega_n}{Q}s + \omega_n^2} \tag{15.27}$$

$s \to \infty$에 따라 $H(s) \to 0$이므로 시스템은 고역통과 필터로 동작할 수 없다.

연습문제 $H(s)$의 크기를 계산하라.

2차 시스템은 또한 대역통과 응답을 제공할 수 있다. 특히 다음 식이 충족되면

$$H(s) = \frac{\beta s}{s^2 + \dfrac{\omega_n}{Q}s + \omega_n^2} \tag{15.28}$$

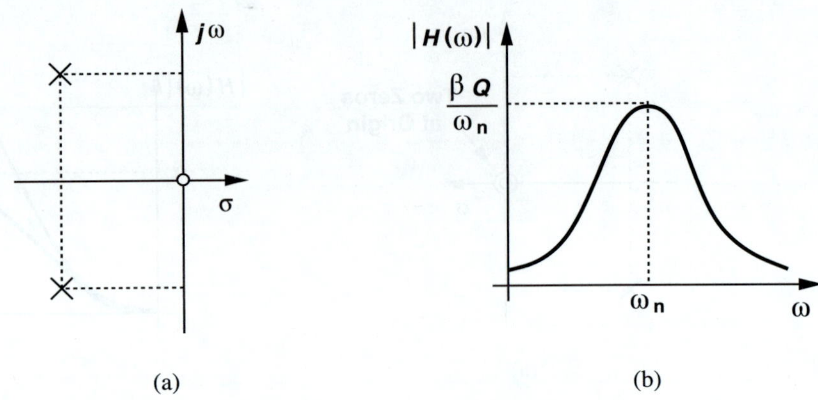

그림 15.23 2차 대역통과 필터의 (a) 극점과 영점 위치; (b) 주파수 응답

크기는 $s \to 0$과 $s \to \infty$에서 0에 접근하며 그 사이에서 최고점에 이른다(그림 15.23). 피크가 $\omega = \omega_n$에서 발생하고 $\beta Q/\omega_n$의 값을 갖는 것이 증명될 수 있다.

예제 15.12 식 (15.28)에 의해 표현되는 응답의 -3 dB 대역폭을 결정하라.

풀이 그림 15.24에 보이는 것과 같이 응답은 주파수 ω_1과 ω_2에서 피크값의 $1/\sqrt{2}$ 배에 이르며 $\omega_2 - \omega_1$의 대역폭을 나타낸다. ω_1과 ω_2를 계산하기 위하여 제곱된 크기를 $(\beta Q/\omega_n)^2(1/\sqrt{2})^2$과 같게 한다.

$$\frac{\beta^2\omega^2}{(\omega_n^2 - \omega^2)^2 + \left(\dfrac{\omega_n}{Q}\omega\right)^2} = \frac{\beta^2 Q^2}{2\omega_n^2} \tag{15.29}$$

다음 식을 얻는다.

$$\omega_{1,2} = \omega_0\left[\sqrt{1 + \frac{1}{4Q^2}} \pm \frac{1}{2Q}\right] \tag{15.30}$$

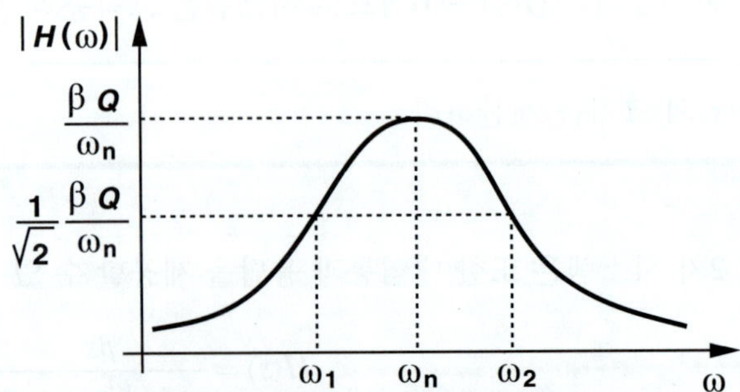

그림 15.24

전체 −3 dB 대역폭은 ω_1과 ω_2에 걸쳐 있고 ω_o/Q와 같다. 일반적으로 '표준화된' 대역폭은 $1/Q$에 의해 주어진다. 즉, 대역폭은 Q와 교환된다.

연습문제 ω_2가 ω_1의 2배가 되기 위한 Q 값은 얼마인가?

15.3.2 RLC 구현

식 (15.23)의 2차 전달 함수를 저항, 커패시터, 인덕터를 이용하여 구현하는 것이 가능하다. 그와 같은 RLC 구현은 (a) 저주파 개별 회로 또는 고주파 집적 회로에서 실제 응용을 찾으며, (b) 능동 필터를 설계하기 위한 과정으로 유용하다는 것이 알려져 있다. 그러므로 RLC로 구현된 2차 전달 함수의 특성을 공부하고 어떻게 저역통과, 고역통과, 대역통과 응답을 내는지를 결정한다.

그림 15.25(a)에 그려진 병렬 LC 조합('LC 탱크'라 불리는)을 고려하자. 다음과 같이

$$Z_1 = (L_1 s) || \frac{1}{C_1 s} \tag{15.31}$$

$$= \frac{L_1 s}{L_1 C_1 s^2 + 1} \tag{15.32}$$

을 씀으로써 임피던스는 원점에서 영점을, $\pm j/\sqrt{L_1 C_1}$에서 2개의 허수 극점을 포함하는 것을 인지한다[그림 15.25(b)]. s를 $j\omega$로 대체함으로써 임피던스의 크기를 검토한다.

$$|Z_1| = \frac{L_1 \omega}{1 - L_1 C_1 \omega^2} \tag{15.33}$$

그러므로 크기는 $\omega = 0$에서 0으로 시작해서 $\omega_0 = 1/\sqrt{L_1 C_1}$에서 무한대로 가고 $\omega = \infty$에서 0으로 돌아온다[그림 15.25(c)]. ω_0에서 무한 임피던스는 단순히 L_1과 C_1의 임피던스가 병렬로 동작하는 동안 서로 상쇄되기 때문에 발생한다.

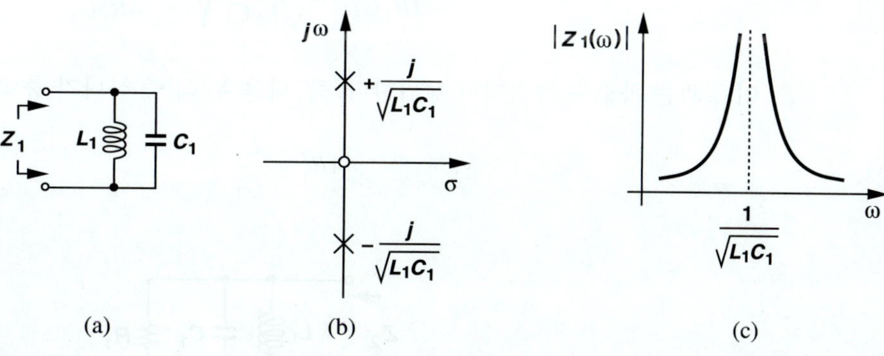

그림 15.25 (a) LC 탱크; (b) 허수 극점; (c) 주파수 응답

예제 15.13 탱크의 임피던스가 $\omega = 0$과 $\omega = \infty$에서 왜 0으로 가는지를 직관적으로 설명하라.

풀이 $\omega = 0$에서 L_1은 단락 회로로 동작한다. 마찬가지로 $\omega = \infty$에서 C_1은 단락된다.

연습문제 임피던스가 원점에서 0이 되는 이유를 설명하라.

이제 그림 15.26(a)에 그려진 병렬 RLC 탱크로 주의를 돌리자. R_1을 식 (15.32)에 있는 Z_1과 병렬이 되게 함으로써 Z_2를 얻을 수 있다.

$$Z_2 = R_1 || \frac{L_1 s}{L_1 C_1 s^2 + 1} \tag{15.34}$$

$$= \frac{R_1 L_1 s}{R_1 L_1 C_1 s^2 + L_1 s + R_1} \tag{15.35}$$

임피던스는 인덕터 때문에 여전히 원점에서 영점을 포함한다. 극점을 계산하기 위하여, 분모로부터 $R_1 L_1 C_1$을 인수분해함으로써 식 (15.23)의 분모와 유사한 형태를 얻을 수 있다.

$$R_1 L_1 C_1 s^2 + L_1 s + R_1 = R_1 L_1 C_1 \left(s^2 + \frac{1}{R_1 C_1} s + \frac{1}{L_1 C_1} \right) \tag{15.36}$$

$$= R_1 L_1 C_1 \left(s^2 + \frac{\omega_n}{Q} s + \omega_n^2 \right) \tag{15.37}$$

여기서 $\omega_n = 1/\sqrt{L_1 C_1}$과 $Q = R_1 C_1 \omega_n = R_1 \sqrt{C_1/L_1}$이다. 식 (15.24)로부터 다음 식이 성립한다.

$$p_{1,2} = -\frac{\omega_n}{2Q} \pm j\omega_n \sqrt{1 - \frac{1}{4Q^2}} \tag{15.38}$$

$$= -\frac{1}{2R_1 C_1} \pm j \frac{1}{\sqrt{L_1 C_1}} \sqrt{1 - \frac{L_1}{4R_1^2 C_1}} \tag{15.39}$$

이 결과는 복소수 극점에서 성립한다. 즉, 다음 두 식 중 하나가 충족되면 성립한다.

$$4R_1^2 > \frac{L_1}{C_1} \tag{15.40}$$

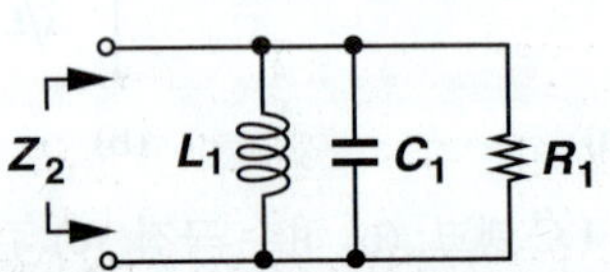

그림 15.26 손실 있는 탱크

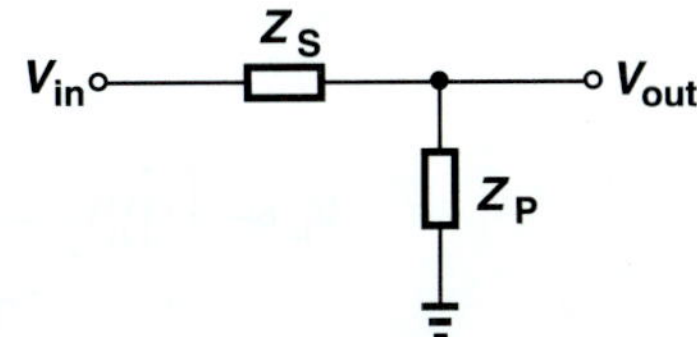

그림 15.27 일반적인 임피던스를 사용하는 전압 분배기

$$Q > \frac{1}{2} \tag{15.41}$$

반면에 R_1이 감소하고 $4R_1^2 < L_1/C_1$인 경우에는 실수 극점을 얻는다.

$$p_{1,2} = -\frac{\omega_n}{2Q} \pm \omega_n \sqrt{\frac{1}{4Q^2} - 1} \tag{15.42}$$

$$= -\frac{1}{2R_1C_1} \pm \frac{1}{\sqrt{L_1C_1}} \sqrt{\frac{L_1}{4R_1^2C_1} - 1} \tag{15.43}$$

회로의 자극이 그것의 구조를 바꾸지 않는 한[5] 극점은 식 (15.39)와 (15.43)에 의하여 주어진다. 이 점은 필터 구조의 선택에 유용하다고 알려져 있다.

다른 RLC 필터를 공부하기 전에 몇 가지 관측을 하는 것이 좋다. 그림 15.27에 보이는 전압 분배기를 고려하자. 여기서 직렬 임피던스 Z_S와 병렬 임피던스 Z_P는

$$\frac{V_{out}}{V_{in}}(s) = \frac{Z_P}{Z_S + Z_P} \tag{15.44}$$

가 되게 한다. 우리는 (a) 고주파수에서 Z_P가 0으로 가고(또는) Z_S가 무한대로 가면[6] 회로는 저역통과 필터로 동작하고, (b) 저주파수에서 Z_P가 0으로 가고(또는) Z_S가 무한대로 가면 회로는 고역통과 필터로 역할을 하며, (c) 저주파수 및 고주파수에서 Z_S가 상수를 유지하고 Z_P가 0으로 가면 이 구조는 대역통과 응답을 나타낸다는 것을 알고 있다. 이 경우가 그림 15.28에 개념적으로 설명되어 있다.

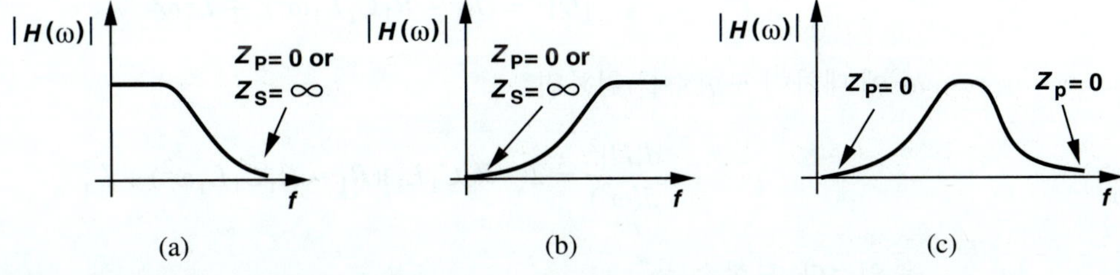

그림 15.28 그림 15.27의 전압 분배기로부터 얻어진 (a) 저역통과 응답; (b) 고역통과 응답; (c) 대역통과 응답

5) 회로의 '구조'는 모든 독립 전원을 0으로 놓음으로써 얻어진다.

6) Z_S와 Z_P가 동시에 0 또는 무한대로 가지 않는다고 가정한다.

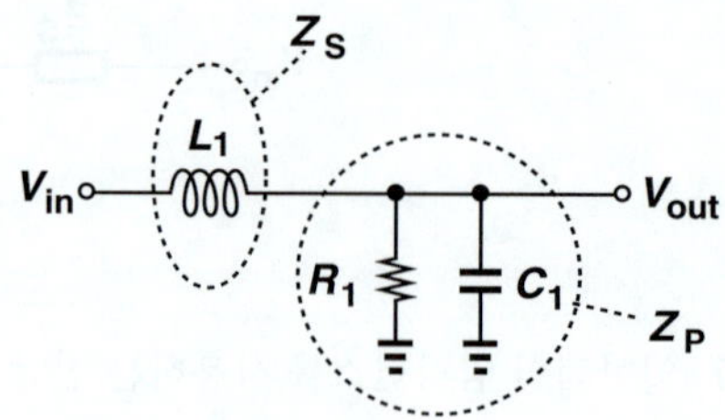

그림 15.29 그림 15.27로부터 얻어진 저역통과 필터

저역통과 필터 그림 15.28(a)에 그려진 관측에 따라 그림 15.29에 보이는 회로를 구성한다. 여기서

$$Z_S = L_1 s \rightarrow \infty \text{ as } s \rightarrow \infty \tag{15.45}$$

$$Z_P = \frac{1}{C_1 s} || R_1 \rightarrow 0 \text{ as } s \rightarrow \infty \tag{15.46}$$

이다. 이 배열은 $V_{in} = 0$인 동안 그림 15.26의 구조로 간단하게 변형되므로 식 (15.39) 또는 (15.43)에 의해 주어지는 극점과 같은 극점을 가지는 저역통과 필터를 제공한다. 더불어 통과대역을 초과하는 천이는 $Z_S \rightarrow \infty$이고 $Z_P \rightarrow 0$이기 때문에 2차 롤오프를 보인다. 독자는 다음 식을 증명할 수 있다.

$$\frac{V_{out}}{V_{in}}(s) = \frac{R_1}{R_1 C_1 L_1 s^2 + L_1 s + R_1} \tag{15.47}$$

예제 15.14 식 (15.47)의 전달 함수가 1보다 큰 전압 이득을 어떻게 제공할 수 있는지 설명하라.

풀이 회로망의 Q가 충분히 크면 주파수 응답은 '피킹(peaking)'을 보인다. 즉, 어떤 주파수 범위에서 이득이 1보다 크다. 전달 함수는 분모가 일정한 분자를 가지고 국소 최솟값으로 떨어지면 이 효과를 제공한다. 분모를 제곱한 크기를 다음 식으로 쓰고

$$|D|^2 = (R_1 - R_1 C_1 L_1 \omega^2)^2 + L_1^2 \omega^2 \tag{15.48}$$

ω^2에 대하여 도함수를 취하면

$$\frac{d|D|^2}{d(\omega^2)} = 2(-R_1 C_1 L_1)(R_1 - R_1 C_1 L_1 \omega^2) + L_1^2 \tag{15.49}$$

을 얻는다. 도함수는

$$\omega_a^2 = \frac{1}{L_1 C_1} - \frac{1}{2R_1^2 C_1^2} \tag{15.50}$$

에서 0이 된다. 해가 존재하기 위하여

$$2R_1^2\frac{C_1}{L_1} > 1 \tag{15.51}$$

또는

$$Q > \frac{1}{\sqrt{2}} \tag{15.52}$$

가 요구된다. 식 (15.41)과 비교하면 여기서는 극점이 복소수임을 나타낸다. 다른 R_1 값에 따른 결과적인 주파수 응답을 그리고 피크값이 R_1이 감소함에 따라서 증가함을 증명해 보기 바란다.

연습문제 ω_a에서의 이득을 $1/\sqrt{L_1C_1}$ 에서의 이득과 비교하라.

위의 예제에서 공부한 피킹 현상은 신호의 주파수 성분들을 비례하지 않게 증폭하므로 바람직하지 않은 것으로 판명되었다. 통과대역에서의 리플로 보이는 피킹은 그와 같은 경우에 대략적으로 1 dB(10%) 아래를 유지해야 한다.

예제 15.15 그림 15.30에 보이는 저역통과 회로가 그림 15.29의 저역통과 회로와 비교하여 왜 덜 유용한지를 설명하라.

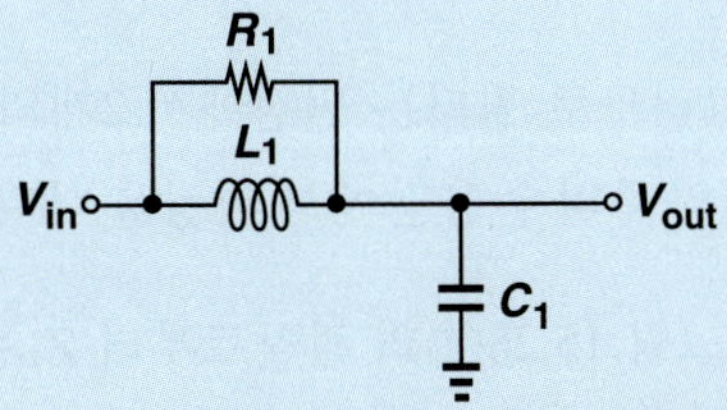

그림 15.30

풀이 이 회로는 그림 15.28(a)에 있는 개념적인 설명을 만족시키므로 저역통과 필터로 동작한다. 그러나 고주파수에서 $L_1\omega \to \infty$이므로 L_1과 R_1의 병렬 연결은 R_1에 의해 지배되고 따라서 회로를 R_1과 C_1으로 간략화한다. 그러므로 필터는 이전 설계의 2차 응답보다 덜 예리한 롤오프를 나타낸다.

연습문제 L_1과 C_1이 교환되면 어떤 형태의 주파수 응답이 얻어지는가?

고역통과 필터 고역통과 응답을 얻기 위하여 그림 15.29에서 L_1과 C_1을 교환하여 그림 15.31에 그려진 배열에 도달하였다. 그 회로는 그림 15.28(b)에 설명된 원리를 만족시키면

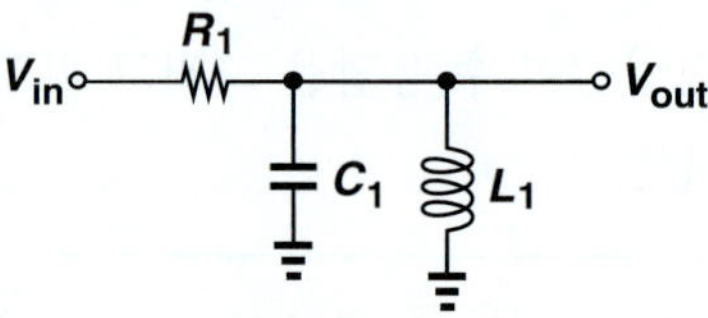

그림 15.31 그림 15.27로부터 얻은 고역통과 필터

그림 15.32 그림 15.27로부터 얻은 대역통과 필터

서 $s \to 0$에 따라 C_1은 개방 회로로, L_1은 단락 회로로 접근하기 때문에 2차 필터로 동작한다. 전달 함수는

$$\frac{V_{out}}{V_{in}}(s) = \frac{(L_1 s)||R_1}{(L_1 s)||R_1 + \frac{1}{C_1 s}} \tag{15.53}$$

$$= \frac{L_1 C_1 R_1 s^2}{L_1 C_1 R_1 s^2 + L_1 s + R_1} \tag{15.54}$$

로 주어진다. 그러므로 필터는 원점에서 2개의 영점을 포함한다. 저역통과 대응물과 같이 이 회로도 그것의 주파수 응답에서 피킹을 나타낼 수 있다.

대역통과 필터 그림 15.28(c)의 관찰로부터 Z_P는 커패시터와 인덕터를 모두 포함하여 $s \to 0$이거나 $s \to \infty$이면 0으로 접근한다고 가정한다. 하나의 후보가 그림 15.32에 그려져 있다. $\omega = 1/\sqrt{L_1 C_1}$에서 L_1과 C_1의 병렬 조합은 개방 회로로 동작하고 $|V_{out}/V_{in}| = 1$이 된다. 전달 함수는

$$\frac{V_{out}}{V_{in}}(s) = \frac{(L_1 s)||\frac{1}{C_1 s}}{(L_1 s)||\frac{1}{C_1 s} + R_1} \tag{15.55}$$

$$= \frac{L_1 s}{L_1 C_1 R_1 s^2 + L_1 s + R_1} \tag{15.56}$$

로 주어진다.

15.4 능동 필터

이전 절에서의 2차 시스템에 대한 공부는 수동 RLC 구현에 집중되었다. 그러나 수동 필터는 많은 단점이 있다. 예를 들면 수동 필터는 구현될 수 있는 전달 함수의 형태를 제한하고 상당히 큰 인덕터를 요구할 수도 있다. 이 절에서는 2차 또는 보다 높은 응답을 제공하는 능동 구현을 소개한다. 대부분의 능동 필터는 단순화하는 이상화를 허용함으로써 회로 설계에 대한 체계적인 과정을 허용히는 연산 증폭기를 사용한다. 예를 들면 8장에서 공부하고 그림 15.10(a)에서 반복된 연산 증폭기를 기반으로 하는 적분기는 이상적인 연산 증폭기를 사용하는 경우에만 이상적인 적분기로 동작하지만 실제 연산 증폭기를 가지고도 여전히 적절한 근사를 제공한다.(그러므로 용어 '적분기'는 단순화하는 이상화이다.)

능동 필터 설계에서 하나의 중요한 관심사는 전력 소모 및 심지어 회로의 비용을 결정하는 연산 증폭기의 수이다. 그러므로 1개, 2개, 또는 3개의 연산 증폭기를 사용하는 2차 구현을 고려한다.

Did you know ?

인덕터가 커패시터 및 저항과 더불어 필터를 구성할 수 있다는 것을 보았다. 이산 인덕터는 인덕터의 전기 기호처럼 금속 선으로 만들어진 나선 형태로 구현된다. 반면 집적된 인덕터는 어떻게 구성될까? 아래 그림에 보이는 것처럼 일반적인 구조는 칩 위에 인터커넥트로 사용되는 금속 선들로 만들어진 평평한 나선 형태이다. 집적된 인덕터의 인덕턴스는 가로 길이 d(그리고 나선 수)에 의해 결정되며, 보통 수십 nH를 초과하지 않는다. 이러한 이유로 온칩 인덕터는 대략 500 MHz 이상의 고주파수 동작에만 적합하다. 예를 들어 RF 송수신기는 기생 커패시턴스와 공명을 위해 여러 개의 온칩 인덕터를 사용한다.

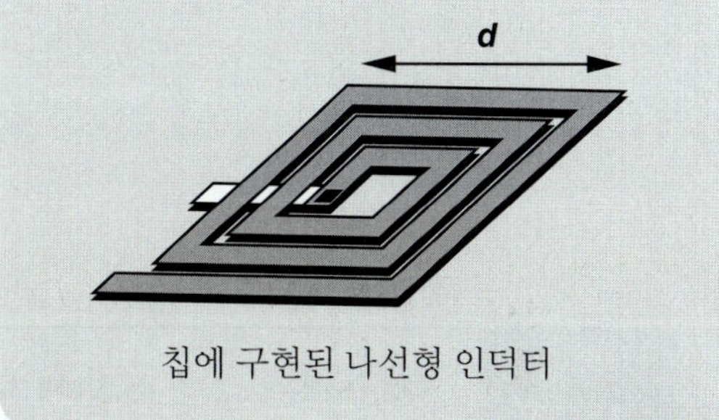

칩에 구현된 나선형 인덕터

15.4.1 살렌과 키 필터

저역통과 살렌과 키(SK: Sallen and Key) 필터는 2차 전달 함수를 제공하기 위하여 하나의 연산 증폭기를 사용한다(그림 15.33). 연산 증폭기는 단위 이득 버퍼로 동작함으로써 최대 대역폭을 제공한다는 것을 알고 있어야 한다. 이상적인 연산 증폭기를 가정하면 $V_X = V_{out}$

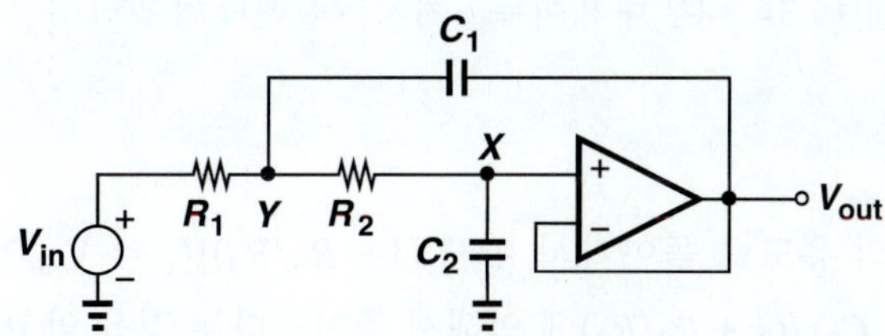

그림 15.33 기본적인 살렌과 키 필터

이 된다. 또한 연산 증폭기는 전류를 끌어들이지 않으므로 R_2를 통하여 흐르는 전류는 $V_X C_2 s = V_{out} C_2 s$와 같고

$$V_Y = R_2 C_2 s V_{out} + V_{out} \tag{15.57}$$

$$= V_{out}(1 + R_2 C_2 s) \tag{15.58}$$

이다. 그러므로 노드 Y에서 KCL을 쓰면

$$\frac{V_{out}(1 + R_2 C_2 s) - V_{in}}{R_1} + V_{out} C_2 s + [V_{out}(1 + R_2 C_2 s) - V_{out}] C_1 s = 0 \tag{15.59}$$

이므로

$$\frac{V_{out}}{V_{in}}(s) = \frac{1}{R_1 R_2 C_1 C_2 s^2 + (R_1 + R_2) C_2 s + 1} \tag{15.60}$$

이다. 식 (15.23)에 있는 형태와 유사한 형태를 얻기 위하여 분자와 분모를 $R_1 R_2 C_1 C_2$로 나누고

$$Q = \frac{1}{R_1 + R_2}\sqrt{R_1 R_2 \frac{C_1}{C_2}} \tag{15.61}$$

$$\omega_n = \frac{1}{\sqrt{R_1 R_2 C_1 C_2}} \tag{15.62}$$

을 정의한다.

예제 15.16

SK 구조는 그림 15.34에 보이는 것과 같이 구성되면 1보다 큰 통과대역 이득을 제공할 수 있다. 이상적인 연산 증폭기를 가정하고 회로의 전달 함수를 결정하라.

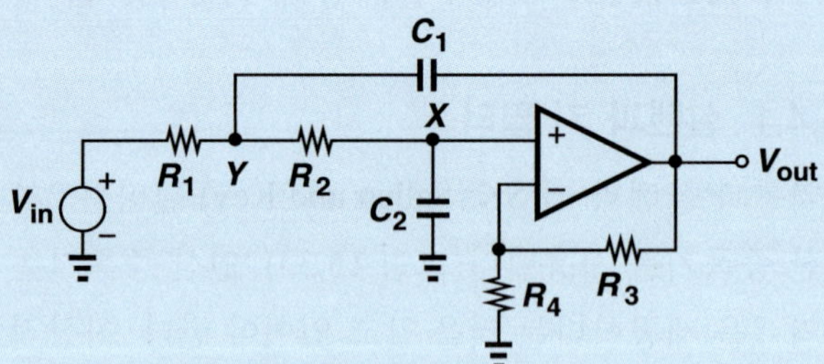

그림 15.34 내부 대역 이득을 가지는 살렌과 키 필터

풀이 위의 유도로 돌아가서 이제 $(1 + R_3/R_4)V_X = V_{out}$이고 R_2로 흐르는 전류는 $V_X C_2 s = V_{out} C_2 s/(1 + R_3/R_4)$에 의해서 주어진다는 것을 알고 있다. 다음의 식이 성립한다.

$$V_Y = \frac{V_{out}}{1+\frac{R_3}{R_4}} + \frac{R_2 V_{out} C_2 s}{1+\frac{R_3}{R_4}} \tag{15.63}$$

$$= V_{out}\frac{1+R_2C_2s}{1+\frac{R_3}{R_4}} \tag{15.64}$$

그러므로 노드 Y에서 KCL은

$$\frac{1}{R_1}\left(V_{out}\frac{1+R_2C_2s}{1+\frac{R_3}{R_4}} - V_{in}\right) + \left(V_{out}\frac{1+R_2C_2s}{1+\frac{R_3}{R_4}} - V_{out}\right)C_1 s + \frac{V_{out}C_2 s}{1+\frac{R_3}{R_4}} = 0 \tag{15.65}$$

을 가져오고 따라서

$$\frac{V_{out}}{V_{in}}(s) = \frac{1+\frac{R_3}{R_4}}{R_1R_2C_1C_2s^2 + \left(R_1C_2 + R_2C_2 - R_1\frac{R_3}{R_4}C_1\right)s + 1} \tag{15.66}$$

이다. 흥미롭게도 ω_n 값은 변하지 않고 유지된다.

연습문제 R_0의 저항값이 Y와 접지 사이에 묶일 때 위의 분석을 반복하라.

예제 15.17 SK 필터의 일반적인 구현은 $R_1 = R_2$와 $C_1 = C_2$를 가정한다. 그와 같은 필터가 복소수 극점을 포함하는가? 그림 15.34에 그려진 일반적인 경우를 고려하라.

풀이 식 (15.66)으로부터

$$\frac{1}{Q} = \sqrt{\frac{R_1C_2}{R_2C_1}} + \sqrt{\frac{R_2C_2}{R_1C_1}} - \sqrt{\frac{R_1C_1}{R_2C_2}}\frac{R_3}{R_4} \tag{15.67}$$

를 얻는다. 이 식은 $R_1 = R_2$와 $C_1 = C_2$에 대하여

$$\frac{1}{Q} = 2 - \frac{R_3}{R_4} \tag{15.68}$$

로 간략화된다. 즉,

$$Q = \frac{1}{2-\frac{R_3}{R_4}} \tag{15.69}$$

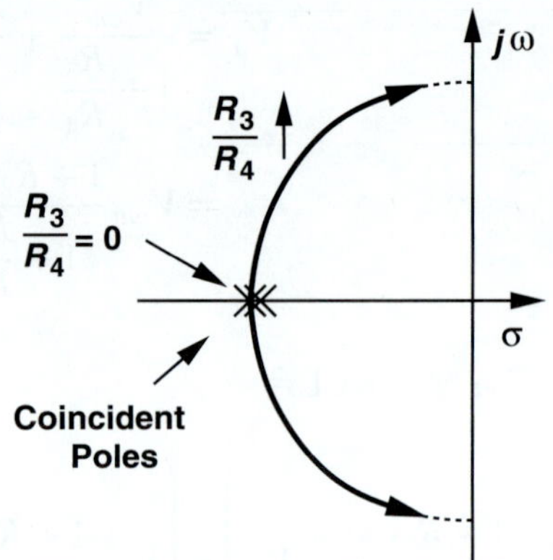

그림 15.35

이다. 이 식은 R_3/R_4가 0이면(단위 이득 귀환) Q가 1/2로부터 시작해서 R_3/R_4가 2에 접근함에 따라서 증가한다는 것을 암시한다. 두 극점은 $R_3/R_4 = 0$에 대하여 실수의 동일한 값으로 시작해서 $R_3/R_4 > 0$에 대하여 복소수가 된다(그림 15.35).

연습문제 $R_3 = R_4$인 경우 극점 주파수를 계산하라.

감도 분석 수많은 성분과 함께 요구되는 주파수 응답을 위하여 SK 필터가 어떻게 설계되어야 하는가? 값을 선택하는 중요한 목적은 회로의 감도를 최소화하는 것이다. 그림 15.34에 보이는 구조를 고려하고 $K = 1 + R_3/R_4$로[7] 정의하면서 저항과 커패시터 값에 대한 ω_n과 Q의 감도를 계산한다.

식 (15.66)으로부터 $\omega_n = 1/\sqrt{R_1R_2C_1C_2}$ 이므로

$$\frac{d\omega_n}{dR_1} = -\frac{1}{2} \cdot \frac{1}{R_1\sqrt{R_1R_2C_1C_2}} \tag{15.70}$$

이다. 즉,

$$\frac{d\omega_n}{\omega_n} = -\frac{1}{2}\frac{dR_1}{R_1} \tag{15.71}$$

그리고

$$S_{R1}^{\omega n} = -\frac{1}{2} \tag{15.72}$$

이다. 이것은 R_1에서 1% 오류가 ω_n에서 0.5% 오류로 변환됨을 의미한다. 마찬가지로

7) 필터에 관한 문헌에서 K는 필터의 이득을 나타내며 귀환 요소와 혼동해서는 안 된다(12장).

$$S_{R2}^{\omega n} = S_{C1}^{\omega n} = S_{C2}^{\omega n} = -\frac{1}{2} \tag{15.73}$$

이 된다.

Q 감도를 위하여 먼저 식 (15.67)을 $K = 1 + R_3/R_4$의 항으로 다시 쓴다.

$$\frac{1}{Q} = \sqrt{\frac{R_1C_2}{R_2C_1}} + \sqrt{\frac{R_2C_2}{R_1C_1}} - (K-1)\sqrt{\frac{R_1C_1}{R_2C_2}} \tag{15.74}$$

좌변을 Q에 대해, 우변을 R_1에 대해 미분하면

$$\frac{-dQ}{Q^2} = \frac{dR_1}{2\sqrt{R_1}}\sqrt{\frac{C_2}{R_2C_1}} - \frac{dR_1}{2R_1\sqrt{R_1}}\sqrt{\frac{R_2C_2}{C_1}} - (K-1)\frac{dR_1}{2\sqrt{R_1}}\sqrt{\frac{C_1}{R_2C_2}} \tag{15.75}$$

$$= \frac{dR_1}{2R_1}\left[\sqrt{\frac{R_1C_2}{R_2C_1}} - \sqrt{\frac{R_2C_2}{R_1C_1}} - (K-1)\sqrt{\frac{R_1C_1}{R_2C_2}}\right] \tag{15.76}$$

이 되고, 다음 식이 성립한다.

$$S_{R1}^{Q} = -\frac{1}{2}\left[\sqrt{\frac{R_1C_2}{R_2C_1}} - \sqrt{\frac{R_2C_2}{R_1C_1}} - (K-1)\sqrt{\frac{R_1C_1}{R_2C_2}}\right]Q \tag{15.77}$$

각 괄호 안의 식은 두 번째 항의 부호가 변한 것 외에는 식 (15.74)에 있는 식과 유사하다. 이 식에 $2\sqrt{R_2C_2}/\sqrt{R_1C_1}$을 더하고 빼고 식 (15.74)로부터 Q를 대체하면

$$S_{R1}^{Q} = -\frac{1}{2} + Q\sqrt{\frac{R_2C_2}{R_1C_1}} \tag{15.78}$$

에 이른다. 같은 과정을 따르면

$$S_{R2}^{Q} = -S_{R1}^{Q} \tag{15.79}$$

$$S_{C1}^{Q} = -S_{C2}^{Q} = -\frac{1}{2} + Q\left(\sqrt{\frac{R_1C_2}{R_2C_1}} + \sqrt{\frac{R_2C_2}{R_1C_1}}\right) \tag{15.80}$$

$$S_{K}^{Q} = QK\sqrt{\frac{R_1C_1}{R_2C_2}} \tag{15.81}$$

을 증명할 수 있다.

예제 15.18

일반적인 선택인 $R_1 = R_2 = R$과 $C_1 = C_2 = C$에 대하여 SK 필터의 Q 감도를 결정하라.

풀이 식 (15.74)로부터

$$Q = \frac{1}{3-K} \tag{15.82}$$

을 얻는다. 그러므로

$$S_{R1}^{Q} = -S_{R2}^{Q} = -\frac{1}{2} + \frac{1}{3-K} \tag{15.83}$$

$$S_{C1}^{Q} = -S_{C2}^{Q} = -\frac{1}{2} + \frac{2}{3-K} \tag{15.84}$$

$$S_{K}^{Q} = \frac{K}{3-K} \tag{15.85}$$

이다. 흥미롭게도 $K = 1$에 대하여 R_1과 R_2에 대한 감도는 사라지고

$$\left|S_{C1}^{Q}\right| = \left|S_{C2}^{Q}\right| = \left|S_{K}^{Q}\right| = \frac{1}{2} \tag{15.86}$$

이다. 그러므로 동일한 성분값의 선택과 $K = 1$은 낮은 감도에 이르나 또한 제한된 Q에 이르게 됨으로써 겨우 알맞은 천이 기울기에 이른다. 게다가 회로는 통과대역에서 전압 이득을 제공하지 않는다.

연습문제 $R_1 = 2R_2$인 경우 위 예제를 다시 풀어라.

높은 Q와 높은 K를 요구하는 응용에서, 타당한 감도를 유지하기 위해 동일하지 않은 저항과 커패시터를 선택할 수 있다. 다음 예제는 이 점을 보여 준다.

예제 15.19 SK 필터는 $Q = 2$와 $K = 2$에 대하여 설계되어야 한다. 최소 감도를 위한 필터 성분의 선택을 결정하라.

풀이 $S_{k2}^{Q} = 0$에 대하여

$$Q\sqrt{\frac{R_2 C_2}{R_1 C_1}} = +\frac{1}{2} \tag{15.87}$$

을 얻어야만 한다. 그러므로

$$\sqrt{\frac{R_2 C_2}{R_1 C_1}} = \frac{1}{4} \tag{15.88}$$

이 된다. 예를 들면 $R_1 = 4R_2$와 $C_1 = 4C_2$를 선택할 수 있다. 그러나 다른 감도는 어떤가? $S_{C1}^{Q} = -S_{C2}^{Q}$가 사라지게 하기 위하여

$$\sqrt{\frac{R_1C_2}{R_2C_1}} + \sqrt{\frac{R_2C_2}{R_1C_1}} = \frac{1}{4} \tag{15.89}$$

이라는 조건은 $\sqrt{R_1C_2}/\sqrt{R_2C_1} = 0$으로 변형되므로 식 (15.88)과 모순된다. 사실상 식 (15.78)과 (15.80)을 결합하여

$$S^Q_{R1} + Q\sqrt{\frac{R_1C_2}{R_2C_1}} = S^Q_{C1} \tag{15.90}$$

을 얻고 그럼으로써 두 감도는 동시에 사라질 수 없다는 것을 알 수 있다. 더불어 항 $\sqrt{R_2C_2}/\sqrt{R_1C_1}$은 S^Q_{R1}와 S^Q_K에 대하여 반대 역할을 하며

$$S^Q_K = \frac{Q^2K}{S^Q_{R1} + \frac{1}{2}} \tag{15.91}$$

에 이른다. 즉, S^Q_{R1}를 낮추는 것은 S^Q_K를 높이는 것이다.

이전의 관측은 적절한(반드시 최소가 아닌) 감도를 얻기 위하여 절충이 이루어져야 한다는 것을 나타낸다. 예를 들어

$$S^Q_{R1} = 1 \Rightarrow \sqrt{\frac{R_2C_2}{R_1C_1}} = \frac{3}{4} \tag{15.92}$$

$$S^Q_{C1} = \frac{5}{4} \Rightarrow \sqrt{\frac{R_1C_1}{R_2C_2}} = \frac{1}{8} \tag{15.93}$$

$$S^Q_K = \frac{8}{1.5} \tag{15.94}$$

을 선택한다.

K에 대한 감도가 매우 높아 개별 소자 설계에서는 받아들여질 수 없다. 반면에 집적 회로에서는 K(일반적으로 두 저항의 비율)가 상당히 정확하게 제어될 수 있으므로 큰 값의 S^Q_K를 허용한다.

연습문제 S^Q_K가 2보다 아래에 유지되도록 R_1과 C_1에 대한 감도를 선택할 수 있는가?

15.4.2 적분기 기반 바이쿼드

적분기를 이용하여 식 (15.23)의 바이쿼드 전달 함수를 구현하는 것이 가능하다. 이 목적으로 $\beta = \gamma = 0$인 특별한 경우를 고려하자.

$$\frac{V_{out}}{V_{in}}(s) = \frac{\alpha s^2}{s^2 + \frac{\omega_n}{Q}s + \omega_n^2} \tag{15.95}$$

양변을 교차해서 곱하고 항들을 재배열하면

$$V_{out}(s) = \alpha V_{in}(s) - \frac{\omega_n}{Q} \cdot \frac{1}{s} V_{out}(s) - \frac{\omega_n^2}{s^2} V_{out}(s) \tag{15.96}$$

를 얻는다. 이 식은 V_{out}이 세 항의 합으로 만들어질 수 있다는 것을 제시한다: 입력의 비율 버전, 출력의 적분된 버전, 출력의 두 번 적분된 버전. 그림 15.36(a)는 V_{out}이 2개의 적분기와 하나의 전압 덧셈기에 의하여 어떻게 발생되는지를 설명한다. 8장에 소개된 구조를 이용하여 그림 15.36(b)에 그려진 회로 구현에 쉽게 이른다. 각 적분기에서 내재된 신호의 반전은 V_X를 덧셈기의 비반전 입력으로, V_Y를 반전 입력으로 돌리게 한다.

$$V_X = -\frac{1}{R_1 C_1 s} V_{out} \tag{15.97}$$

과

$$V_Y = -\frac{1}{R_2 C_2 s} V_X \tag{15.98}$$

$$= \frac{1}{R_1 R_2 C_1 C_2 s^2} V_{out} \tag{15.99}$$

이므로 그림 15.36(c)로부터 V_{in}, V_X, V_Y의 가중된 합을

$$V_{out} = \frac{V_{in} R_5 + V_X R_4}{R_4 + R_5}\left(1 + \frac{R_6}{R_3}\right) - V_Y \frac{R_6}{R_3} \tag{15.100}$$

$$= \frac{R_5}{R_4 + R_5}\left(1 + \frac{R_6}{R_3}\right) V_{in} - \frac{R_4}{R_4 + R_5} \frac{1}{R_1 C_1 s} V_{out} - \frac{R_6}{R_3} \frac{1}{R_1 R_2 C_1 C_2 s^2} V_{out} \tag{15.101}$$

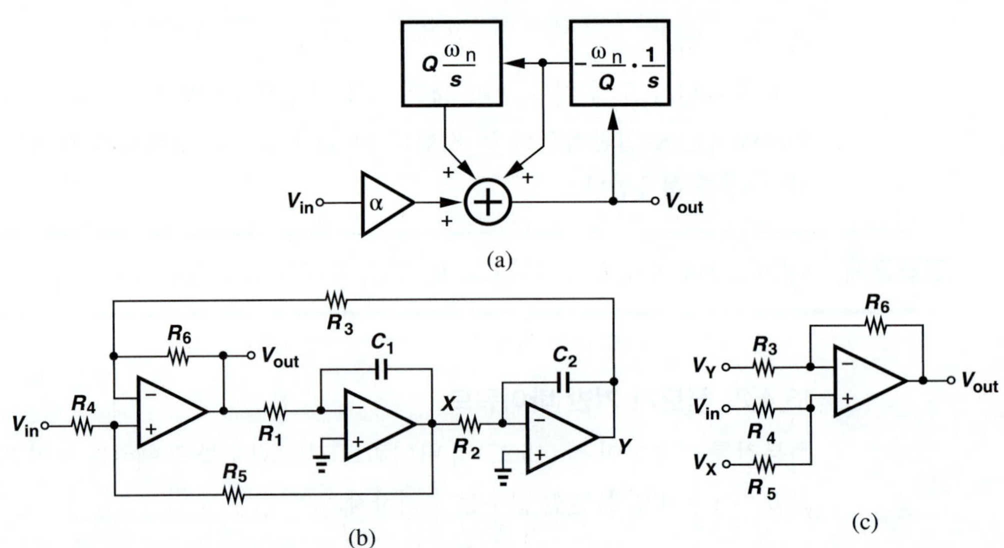

그림 15.36 (a) V_{out}을 세 항의 가중된 합으로서 발생시키는 흐름도; (b) (a)의 구현; (c) V_{out}을 계산하기 위해 단순화한 그림

으로 얻는다. 식 (15.96)과 (15.101)에 있는 유사한 항을 같게 놓으면

$$\alpha = \frac{R_5}{R_4 + R_5}\left(1 + \frac{R_6}{R_3}\right) \tag{15.102}$$

$$\frac{\omega_n}{Q} = \frac{R_4}{R_4 + R_5} \cdot \frac{1}{R_1 C_1} \tag{15.103}$$

$$\omega_n^2 = \frac{R_6}{R_3} \cdot \frac{1}{R_1 R_2 C_1 C_2} \tag{15.104}$$

이 된다. 그러므로 성분값을 선택하여 요구하는 전달 함수를 얻게 하는 것이 가능하다.

발명가인 Kerwin, Huelsman, Newcomb의 이름을 따서 'KHN 바이쿼드'라 부르는 그림 15.36(b)의 구조는 매우 다목적이라는 것이 입증되었다. 고역통과 전달 함수를 제공하는 것에 더하여 회로는 또한 저역통과와 대역통과 필터로서도 역할을 할 수 있다. 특히

$$\frac{V_X}{V_{in}} = \frac{V_{out}}{V_{in}} \cdot \frac{V_X}{V_{out}} \tag{15.105}$$

$$= \frac{\alpha s^2}{s^2 + \frac{\omega_n}{Q}s + \omega_n^2} \cdot \frac{-1}{R_1 C_1 s} \tag{15.106}$$

은 대역통과 함수이다. 또한

$$\frac{V_Y}{V_{in}} = \frac{V_{out}}{V_{in}} \cdot \frac{V_Y}{V_{out}} \tag{15.107}$$

$$= \frac{\alpha s^2}{s^2 + \frac{\omega_n}{Q}s + \omega_n^2} \cdot \frac{1}{R_1 R_2 C_1 C_2 s^2} \tag{15.108}$$

은 저역통과 응답을 제공한다.

아마도 KHN 바이쿼드의 가장 중요한 특성은 성분값에 대한 작은 감도일 것이다. 모든 값에 대한 ω_n의 감도가 0.5와 같다는 것을 보일 수 있고

$$\left|S^{Q}_{R1,R2,C1,C2}\right| = 0.5 \tag{15.109}$$

$$\left|S^{Q}_{R4,R5}\right| = \frac{R_5}{R_4 + R_5} < 1 \tag{15.110}$$

$$\left|S^{Q}_{R3,R6}\right| = \frac{Q}{2}\frac{|R_3 - R_6|}{1 + \frac{R_5}{R_4}}\sqrt{\frac{R_2 C_2}{R_3 R_6 R_1 C_1}} \tag{15.111}$$

흥미롭게 $R_3 = R_6$이면 $S^{Q}_{R3,\,R6}$는 사라진다.

그림 15.36(b)의 귀환 루프에 있는 3개 연산 증폭기의 사용은 각각의 연산 증폭기가 여러 개의 극점에 원인이 되므로 안정성에 대한 우려를 유발한다. 진동을 피하기 위한 주의 깊은 시뮬레이션이 필요하다.

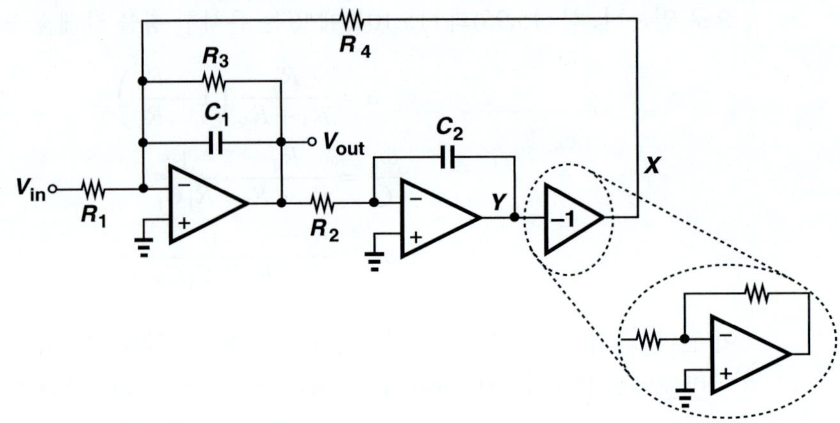

그림 15.37 토우-토마스 바이쿼드

토우(Tow)와 토마스(Thomas)에 의해 개발된 또 다른 형태의 바이쿼드가 그림 15.37에 나와 있다. 여기서 덧셈기와 첫 번째 적분기가 합쳐졌고 저항 R_3가 손실 있는 적분을 만들기 위하여 삽입되었다.(R_3 없이 2개의 이상적인 적분기로 구성하는 루프는 진동한다.) $V_Y = -V_{out}/(R_2C_2s)$과 $V_X = -V_Y$임을 인지하고 R_4와 R_1으로 흐르는 전류를 더하고 그 결과에 R_3와 C_1의 병렬 임피던스를 곱한다.

$$\left(\frac{V_{out}}{R_2C_2s}\cdot\frac{1}{R_4}+\frac{V_{in}}{R_1}\right)\frac{R_3}{R_3C_1s+1}=-V_{out} \tag{15.112}$$

다음 식이 성립한다.

$$\frac{V_{out}}{V_{in}}=-\frac{R_2R_3R_4}{R_1}\frac{C_2s}{R_2R_3R_4C_1C_2s^2+R_2R_4C_2s+R_3} \tag{15.113}$$

이는 대역통과 응답을 제공한다. Y에서 출력은 저역통과 동작을 나타낸다.

$$\frac{V_Y}{V_{in}}=\frac{R_3R_4}{R_1}\frac{1}{R_2R_3R_4C_1C_2s^2+R_2R_4C_2s+R_3} \tag{15.114}$$

성분값에 대한 토우-토마스 필터의 감도는 0.5 또는 1과 같다는 것을 보일 수 있다. KHN 바이쿼드와 비교할 때 이 구조의 중요한 장점은 집적 회로 설계에서 발생하며, 여기서 차동

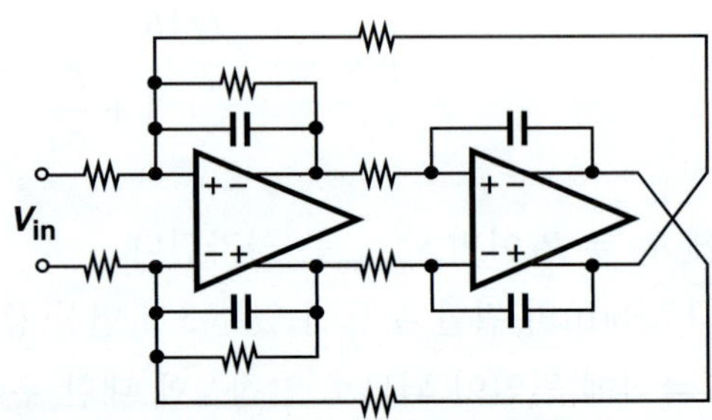

그림 15.38 차동 토우-토마스 필터

적분기는 반전 단에 대한 필요성을 제거함으로써 하나의 연산 증폭기를 줄일 수 있다. 그림 15.38에 설명된 아이디어는 부귀환을 만들기 위하여 두 번째 적분기의 차동 출력을 교환하는 것이다.

예제 15.20 토우-토마스 필터의 ω_n과 Q는 독립적으로 조절될 수 있음을 증명하라.

풀이 식 (15.114)로부터

$$\omega_n = \frac{1}{\sqrt{R_2 R_4 C_1 C_2}} \tag{15.115}$$

을 얻는다. 그리고

$$Q^{-1} = \frac{1}{R_3}\sqrt{\frac{R_2 R_4 C_2}{C_1}} \tag{15.116}$$

이다. 그러므로 ω_n은 R_2와 R_4에 의해, Q는 R_3에 의해 조절이 가능하다. 기대한 바와 같이 $R_3 = \infty$이면 $Q = \infty$이고 회로는 2개의 허수 극점을 갖는다.

연습문제 토우-토마스 필터는 $\omega_n = 2\pi \times 10$ MHz와 $Q = 5$를 나타낸다. $R_1 = R_2 = R_3$와 $C_1 = C_2$를 가지는 것이 가능한가?

15.4.3 흉내낸 인덕터를 사용하는 바이쿼드

15.3.2절에서 배웠듯이, 2차 RLC 회로는 저역통과, 고역통과, 또는 대역통과 응답을 제공하지만 집적 회로에서는 값이 크고 품질이 우수한 온칩 인덕터를 만드는 것이 어렵기 때문에 2차 RLC 회로의 사용이 제한된다는 것을 상기하자. 그러므로 다음과 같이 질문할지도 모른다: 능동(인덕터가 없는) 회로를 사용하여 인덕터의 동작을 모방할 수는 없는가?

그림 15.39에 보이는 회로를 고려하자. 여기서 임피던스 Z_1~Z_5는 직렬로 놓이고 두 연산 증폭기에 의해 제공되는 귀환 루프는 $V_1 - V_3$와 $V_3 - V_5$를 0으로 만든다.

Did you know?

집적 회로에서 능동 필터는 수동 필터보다 훨씬 더 일반적으로 사용된다. 첫 번째 이유는, 수동 필터는 특별하게 높은 감도를(즉, 주파수 응답에서 예리한 천이) 제공해야 하는 경우에 신호를 약화시키는 경향이 있다. 두 번째 이유는, 수동 필터는 Q가 높은 인덕터를 필요로 하는데, Q가 높은 인덕터는 온칩으로 구현하기 어렵다(집적된 도선의 저항이 비교적 높으므로). 따라서 연산 증폭기, 저항과 커패시터로 구성된 능동 필터가 집적 회로 시스템에서 수동필터보다 성공 가능한 해결책이다. 능동 필터의 동작 주파수는 연산 증폭기의 대역폭으로 당연하게 제한되고, 이는 연구할 가치가 있는 문제이다.

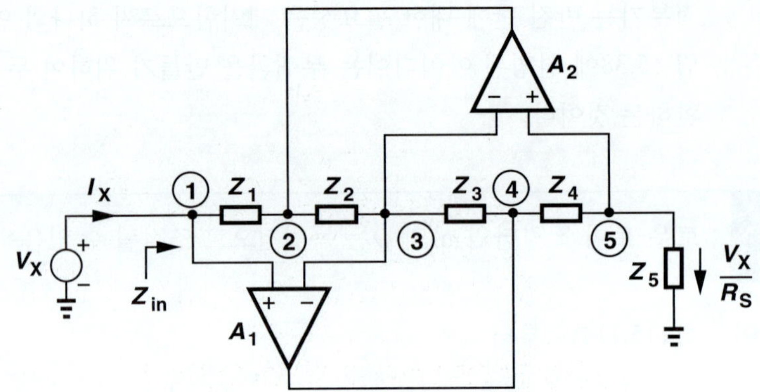

그림 15.39 일반적인 임피던스 변환기

$$V_1 = V_3 = V_5 = V_X \tag{15.117}$$

즉, 연산 증폭기는 Z_5를 통하여 V_X/Z_5의 전류를 만든다. 이 전류는 Z_4를 통하여 흐르고

$$V_4 = \frac{V_X}{Z_5}Z_4 + V_X \tag{15.118}$$

이 된다. Z_3를 통해(그러므로 Z_2를 통해) 흐르는 전류는

$$I_{Z_3} = \frac{V_4 - V_3}{Z_3} \tag{15.119}$$

$$= \frac{V_X}{Z_5} \cdot \frac{Z_4}{Z_3} \tag{15.120}$$

로 주어진다. 그러므로 노드 2에서 전압은

$$V_2 = V_3 - Z_2 I_{Z3} \tag{15.121}$$

$$= V_X - Z_2 \cdot \frac{V_X}{Z_5} \cdot \frac{Z_4}{Z_3} \tag{15.122}$$

와 같다. 결국

$$I_X = \frac{V_X - V_2}{Z_1} \tag{15.123}$$

$$= V_X \frac{Z_2 Z_4}{Z_1 Z_3 Z_5} \tag{15.124}$$

이고 그러므로

$$Z_{in} = \frac{Z_1 Z_3}{Z_2 Z_4} Z_5 \tag{15.125}$$

이다. 위의 결과는 Z_1~Z_4가 적절히 선택되면 회로가 Z_5를 임피던스의 다른 형태로 '변환' 할 수 있다는 것을 제시한다. 예를 들어 $Z_5 = R_X$, $Z_2 = (Cs)^{-1}$, $Z_1 = Z_3 = Z_4 = R_Y$(그림

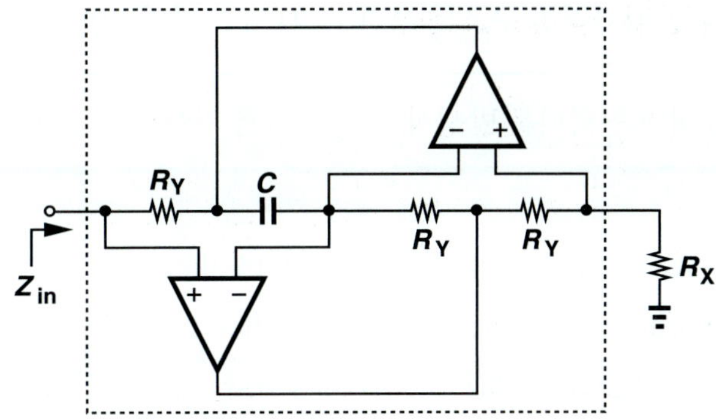

그림 15.40 인덕턴스 시뮬레이션 예

15.40)이면

$$Z_{in} = R_X R_Y Cs \tag{15.126}$$

을 얻는다. 이 식은 $R_X R_Y C$ 값을 가지는 인덕터이다.(왜 그럴까?) 이는 회로가 저항을 인덕터로 변환했다고 말한다. 즉, 회로가 인덕터를 '흉내냈다'라고 한다.[8)]

예제 15.21 식 (15.125)로부터 흉내낸 인덕터를 발생시키는 또 다른 가능한 성분의 조합을 결정하라.

풀이 $Z_4 = (Cs)^{-1}$이고 남아 있는 수동 소자가 저항 $Z_1 = Z_2 = Z_3 = R_Y$이 되게 선택하는 것은 가능하다. 그러므로

$$Z_{in} = R_X R_Y Cs \tag{15.127}$$

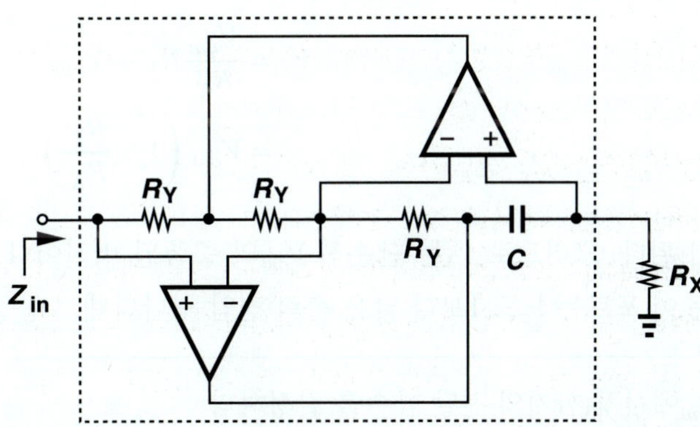

그림 15.41

8) 오늘날의 용어에서는 회로 시뮬레이션 프로그램과의 혼동을 피하기 위하여 이것을 '흉내낸(emulated)' 인덕터라 부른다. 그러나 용어 '흉내낸(simulated)'은 1960년대 이후에 이 관계에 사용되어 왔다.

이다. 결과적인 구조는 그림 15.41에 그려져 있다.

연습문제 흉내낸 인덕터를 발생시키는 또 다른 가능한 조합이 아직 있는가?

Antoniou에 의해 소개된 그림 15.39에 있는 '일반적인 임피던스 변환기(GIC: general impedance converter)'와 그림 15.40과 15.41에 있는 그것의 후속물들이 수동 RLC 필터를 능동 대응물로 변환하는 데 유용하다는 것이 입증되었다. 예를 들어 그림 15.42에 그려진 것과 같이 고역통과 능동 부분이 L_1을 흉내낸 인덕터로 대체함으로써 얻어진다.

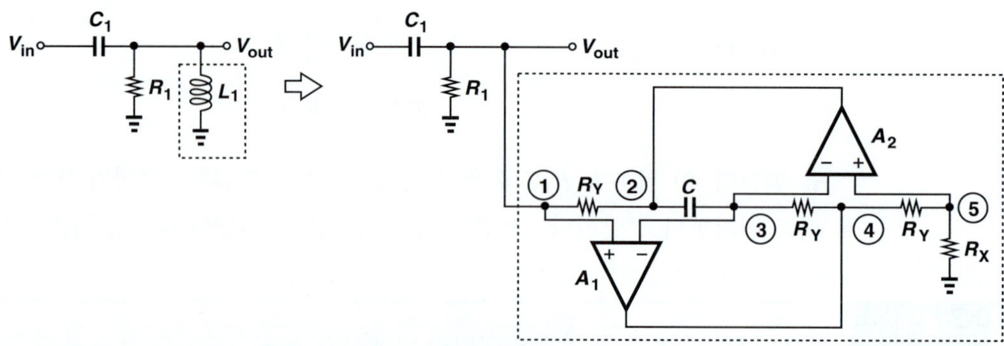

그림 15.42 흉내낸 인덕터를 사용하는 고역통과 필터

예제 15.22 그림 15.42에 있는 노드 4 또한 출력의 역할을 할 수 있다는 것을 증명하라.

풀이 $V_{out} = V_1 = V_3 = V_5$이므로 R_X로 흐르는 전류는 V_{out}/R_X과 같고

$$V_4 = \frac{V_{out}}{R_X} R_Y + V_{out} \tag{15.128}$$

$$= V_{out}\left(1 + \frac{R_Y}{R_X}\right) \tag{15.129}$$

이 된다. 그러므로 V_4는 단순히 V_{out}의 증폭된 버전이다. 연산 증폭기 A_1에 의해 구동되는 이 포트는 노드 1보다 낮은 출력 전압을 나타내고 종종 그 회로의 출력으로 사용된다.

연습문제 V_{in}에서 V_3까지의 전달 함수를 결정하라.

저역통과 필터가 어떻게 구동되는가? 그림 15.29의 RLC 회로망으로부터 고정되지 않은 (접지되기보다는) 인덕터의 필요성을 알고 있고 그림 15.43(a)에 보이는 것과 같은 소자를 만드는 것을 시도한다. 이 회로가 고정되지 않은 인덕터로서의 역할을 할 수 있을까? 단순

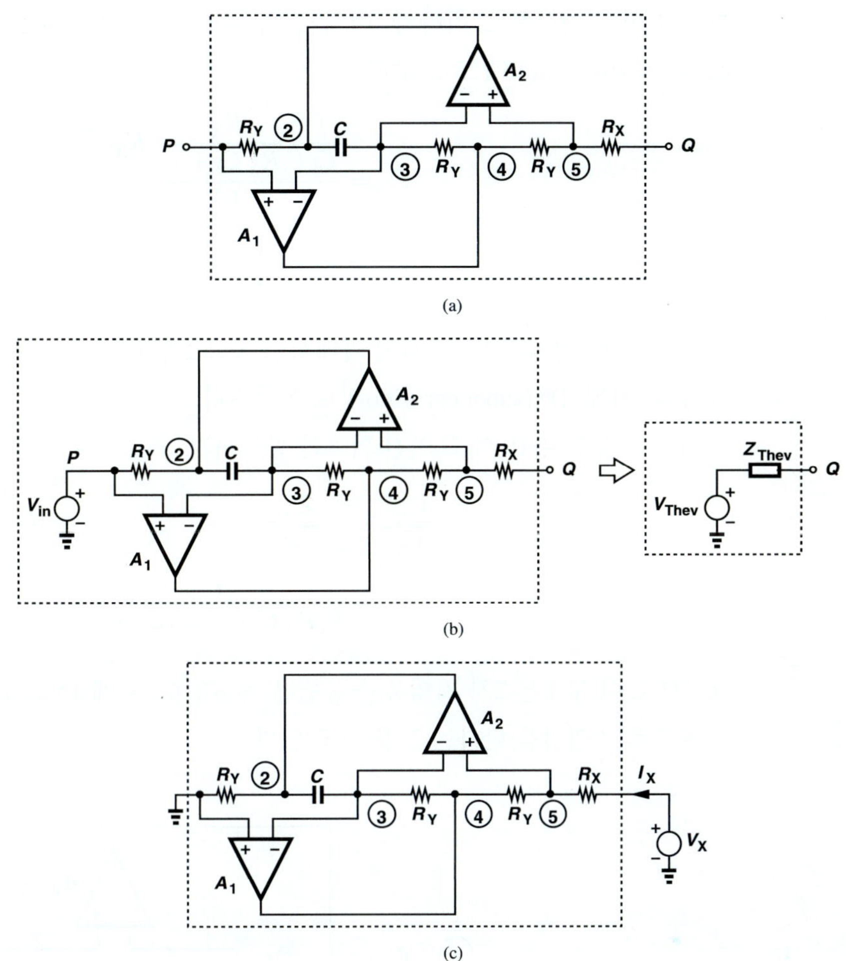

그림 15.43 (a) 고정되지 않은 임피던스로 여겨지는 일반적인 임피던스 변환기; (b) 테브냉 등가; (c) 출력 임피던스를 얻기 위한 실험 회로

한 실험은 전압원을 노드 P에 연결하고 노드 Q로부터 보이는 테브냉 등가를 정하는 것이다[그림 15.43(b)]. 개방 회로 전압 V_{Thev}를 계산하기 위하여 연산 증폭기는 V_5가 $V_P(=V_{in})$와 같게 되도록 한다는 것을 상기하자. R_X를 통한 전류의 흐름이 없으므로

$$V_{Thev} = V_{in} \tag{15.130}$$

이 된다. Z_{Thev}를 얻기 위하여 V_{in}을 0으로 하고 하나의 전압을 R_X의 왼쪽 단자에 가한다[그림 15.43(c)]. $V_5 = V_1 = 0$이므로 $I_X = V_X/R_X$이고 따라서

$$Z_{Thev} = R_X \tag{15.131}$$

이다.

불행히도 회로망이 고정되지 않은 인덕터라기보다 단순한 저항으로 동작한다! 다행히도 그림 15.39의 임피던스 변환기는 이 어려움을 극복할 수 있다. 그림 15.44(a)에 설

명된 특별한 경우를 고려하자. 여기서 $Z_1 = (Cs)^{-1}$, $Z_3 = (Cs)^{-1} || R_X$이고 $Z_2 = Z_4 = Z_5 = R_X$이다. 식 (15.125)로부터

$$Z_{in} = \frac{\frac{1}{Cs} \cdot \frac{R_X}{R_X Cs + 1} \cdot R_X}{R_X^2} \tag{15.132}$$

$$= \frac{1}{Cs(R_X Cs + 1)} \tag{15.133}$$

을 얻는다. 이 임피던스는 2개의 커패시턴스 요소인 $(Cs)^{-1}$와 $(R_X Cs + 1)^{-1}$의 곱과 같으므로 '슈퍼 커패시터(super capacitor)'로 여겨진다.

이제 그림 15.44(b)에 그려진 회로를 공부하자.

$$\frac{V_{out}}{V_{in}} = \frac{Z_{in}}{Z_{in} + R_1} \tag{15.134}$$

$$= \frac{1}{R_1 R_X C^2 s^2 + R_1 Cs + 1} \tag{15.135}$$

그러므로 이 구조는 2차 저역통과 응답을 제공한다. 예제 15.22로부터 노드 4가 더 좋은 출력 포트로서 역할을 한다는 것을 알고 있다.

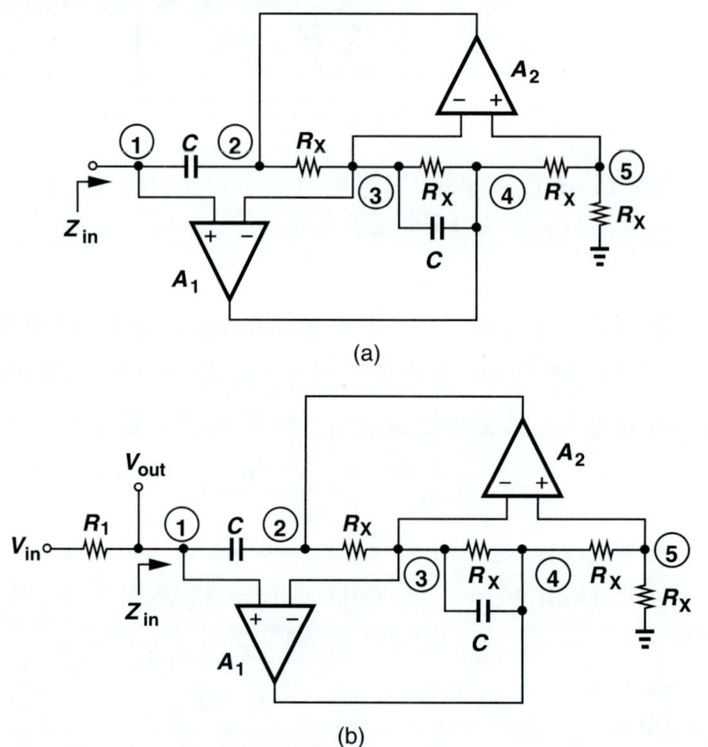

그림 15.44 (a) '슈퍼 커패시터'를 만드는 일반적인 임피던스 변환기; (b) (a)로부터 얻어진 2차 저역통과 필터

예제 15.23

일반적인 임피던스 변환기의 다양성에 들뜬 학생이 그림 15.45에 보이는 회로를 그림 15.44에 있는 회로의 대안으로 구성하였다. 이 구조가 덜 유용한 이유를 설명하라.

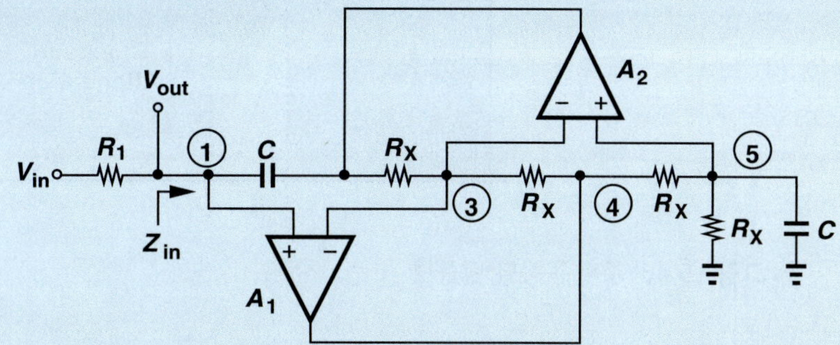

그림 15.45

풀이 $Z_3 = R_X$와 $Z_5 = (Cs)^{-1} \| R_X$를 사용함으로써 이 구성은 식 (15.135)와 같은 전달 함수를 제공한다. 그러나 V_4는 더 이상 V_{out}의 비율 버전이 아니다.

$$V_4 = \left[V_{out}\left(\frac{1}{R_X} + Cs\right)\right] R_X + V_{out} \tag{15.136}$$

$$= V_{out}(2 + R_X Cs) \tag{15.137}$$

그러므로 출력은 단지 노드 1에서 감지될 수 있고, 상대적으로 높은 임피던스가 문제가 된다.

연습문제 V_{in}에서 V_5까지의 전달 함수를 구하라.

일반적인 임피던스 변환기와 성분값들에 대한 결과적인 필터들의 감도는 0.5 또는 1과 같다는 것이 증명될 수 있다. 그러므로 그와 같은 회로는 개별 및 집적 설계에서 모두 유용하다는 것을 입증한다.

15.5 필터 응답의 근사

필터의 설계를 어떻게 시작하는가? 요구되는 신호와 간섭자의 기대되는 레벨에 근거하여 요구되는 저지대역 감쇠를 결정한다. 다음으로 간섭자 주파수가 요구되는 주파수와 얼마나 가까운가에 따라서 천이 영역의 기울기를 선택한다. 마지막으로 요구되는 신호의 특성(오디오, 비디오 등)에 따라서 허용할 수 있는 통과대역 리플(예를 들면, 0.5 dB)을 선택한다. 그러므로 필터의 주파수 응답에 대하여 그림 15.46에 보이는 '템플릿(template)'에 이른다.

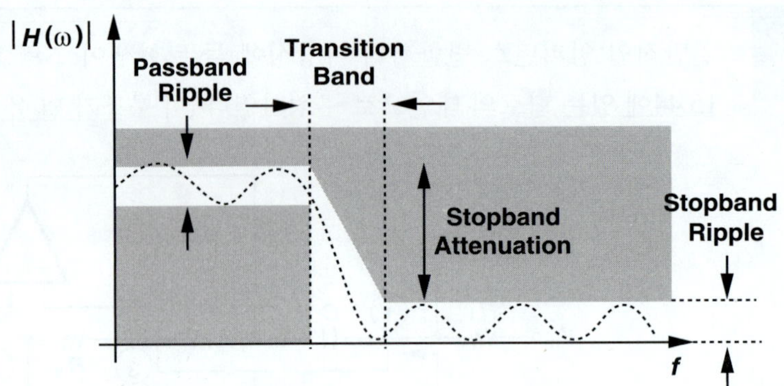

그림 15.46 주파수 응답 템플릿

템플릿을 가지고 요구되는 전달 함수를 어떻게 결정하는가? 이 작업은 전달 함수가 템플릿에 의해 묘사된 응답을 근사화하기 위하여 선택된다는 의미에서 '근사 문제(approximation problem)'로 불린다. 우리는 효율적이고 저감도인 회로 구현에 적합한 전달 함수를 선택하는 것을 선호한다.

다양한 상충 관계와 함께 많은 근사가 존재한다는 것은 실제에서 유용하다고 알려져 있다. 예는 '버터워스', '체비셰프', '타원', '베셀' 응답을 포함한다. 대부분의 필터는 통과대역 리플과 천이대역 기울기 사이의 상충 관계의 문제가 있다. 먼저 여기서 두 형태를 공부하고 다른 형태의 필터 설계는 참고문헌 [1]을 참조하기 바란다.

15.5.1 버터워스 응답

버터워스(Butterworth) 응답은 천이대역 기울기의 대가로 통과대역(그리고 저지대역)에서 리플을 완전히 막을 수 있다. 이 형태의 응답은 단지 전달 함수의 크기(magnitude)를

$$|H(j\omega)| = \frac{1}{\sqrt{1+\left(\dfrac{\omega}{\omega_0}\right)^{2n}}} \tag{15.138}$$

로 규정한다. 여기서 n은 필터의 차수를 나타낸다.[9)]

식 (15.138)을 주의 깊게 조사하고 그것의 성질을 이해하는 것은 유용하다. 먼저

$$\frac{1}{\sqrt{1+\left(\dfrac{\omega_{-3\mathrm{dB}}}{\omega_0}\right)^{2n}}} = \frac{1}{\sqrt{2}} \tag{15.139}$$

로 계산되는 -3 dB 대역폭을 관찰하면

$$\omega_{-3\mathrm{dB}} = \omega_0 \tag{15.140}$$

9) 이것은 식 (15.138)의 첫 번째 $2n-1$ 도함수가 $\omega = 0$에서 사라지므로 '최평탄' 응답이라 불린다.

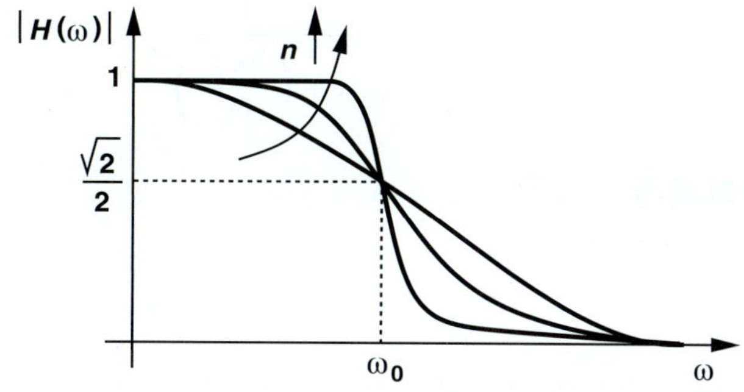

그림 15.47 버터워스 응답

이다. 흥미롭게도 −3 dB 대역폭이 필터의 차수에 상관없이 유지된다. 두 번째로 n이 증가함에 따라 응답은 더 날카로운 천이와 더 큰 통과대역 평탄함을 나타낸다. 세 번째로 응답은 식 (15.138)의 ω에 대한 첫 번째 도함수가 단지 $\omega = 0$에서 사라지므로 리플(국소 최대 또는 최소)을 나타내지 않는다. 그림 15.47은 이 점을 설명한다.

예제 15.24 저역통과 필터는 $f < f_1 = 1$ MHz에 대하여 0.45 dB의 통과대역 평탄함과 $f_2 = 2$ MHz에서 9 dB의 저지대역 감쇠를 제공해야만 한다. 이 요구를 만족시키는 버터워스 필터의 차수를 결정하라.

풀이 그림 15.48은 요구되는 응답의 템플릿을 보여 준다. $|H(f_1 = 1\text{ MHz})| = 0.95(\approx -0.45$ dB)이고 $|H(f_2 = 2\text{ MHz})| = 0.355(\approx -9$ dB)임을 인지하고 2개의 미지수를 가진 2개의 방정식을 구성한다.

$$\frac{1}{1+\left(\frac{2\pi f_1}{\omega_0}\right)^{2n}} = 0.95^2 \tag{15.141}$$

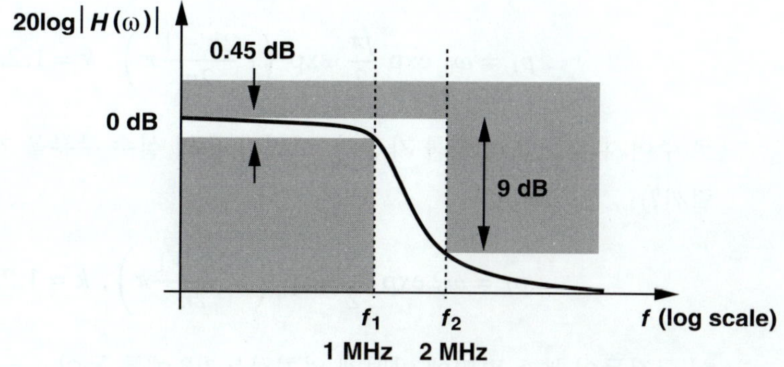

그림 15.48

$$\frac{1}{1+\left(\frac{2\pi f_2}{\omega_0}\right)^{2n}} = 0.355^2 \quad (15.142)$$

앞의 식은

$$\omega_0^{2n} = \frac{(2\pi f_1)^{2n}}{0.108} \quad (15.143)$$

이 되게 한다. 이 식을 뒤의 식에 대입하면

$$\left(\frac{f_2}{f_1}\right)^{2n} = 64.2 \quad (15.144)$$

가 된다. $f_2 = 2f_1$이므로 요구를 만족시키는 최소 n은 3이다. $n = 3$과 식 (15.141)로부터 ω_0를 얻는다: $\omega_0 = 2\pi \times (1.45\ \text{MHz})$.

연습문제 필터의 차수가 2를 초과하지 않으려면 f_1에서 f_2로 얼마나 많은 감쇠가 일어날 수 있는가?

필터의 사양 그러므로 템플릿이 주어지면 쉽게 식 (15.138)에 있는 ω_0와 n을 선택하여 수락할 수 있는 버터워스 근사에 이른다. 그러나 식 (15.138)을 어떻게 전달 함수로 변형하고 그럼으로써 회로 구현을 하는가? 식 (15.138)은 대응되는 전달 함수가 영점을 포함하지 않는다는 것을 제시한다. 극점을 얻기 위하여 역치환, $\omega = s/j$를 하고 분모를 0으로 만든다.

$$1+\left(\frac{s}{j\omega_0}\right)^{2n} = 0 \quad (15.145)$$

즉,

$$s^{2n} + (-1)^n\omega_0^{2n} = 0 \quad (15.146)$$

이다. 이 다항식은

$$p_k = \omega_0 \exp\frac{j\pi}{2} \exp\left(j\,\frac{2k-1}{2n}\pi\right),\ k = 1, 2, \ldots, 2n \quad (15.147)$$

로 주어지는 $2n$개의 해를 가진다. 그러나 음의 실수 부분을 가지는 해들만 허용된다.(왜 그럴까?)

$$p_k = \omega_0 \exp\frac{j\pi}{2} \exp\left(j\,\frac{2k-1}{2n}\pi\right),\ k = 1, 2, \ldots, n \quad (15.148)$$

이 극점들이 복소 평면에 어떻게 위치하는가? 예를 들어 $n = 2$를 가정한다. 그러면

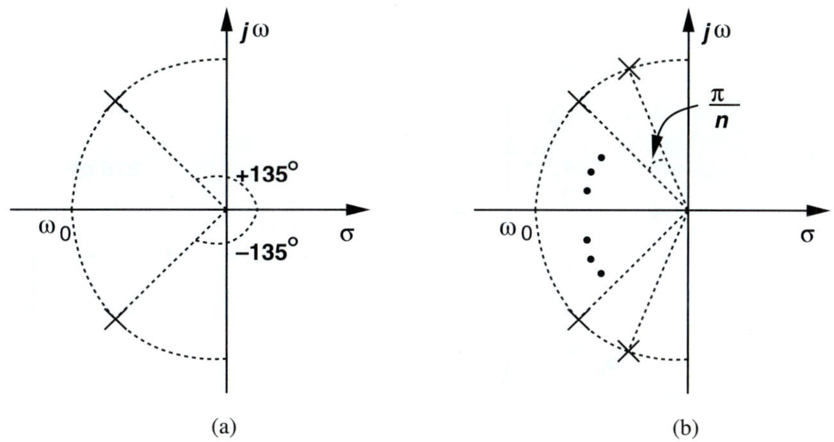

그림 15.49 (a) 2차, (b) n차 버터워스 필터에 대한 극점들의 위치

$$p_1 = \omega_0 \ \exp\left(j\frac{3\pi}{4}\right) \tag{15.149}$$

$$p_2 = \omega_0 \ \exp\left(j\frac{5\pi}{4}\right) \tag{15.150}$$

가 된다. 그림 15.49(a)에 보이는 것과 같이 극점들은 $\pm 135^\circ$에 위치한다. 즉, 극점들의 실수와 허수 부분들은 동일한 크기이다. 큰 n 값에 대하여 각 극점은 반지름 ω_0의 원에 놓이며 다음 극점에 대하여 π/n의 각도를 나타낸다[그림 15.49(b)].

얻어진 극점을 가지고 이제 전달 함수를

$$H(s) = \frac{(-p_1)(-p_2)\cdots(-p_n)}{(s-p_1)(s-p_2)\cdots(s-p_n)} \tag{15.151}$$

로 표현한다. 여기서 분자에 있는 인수는 $H(s=0)=1$을 내기 위하여 포함되었다.

예제 15.25 살렌과 키를 핵심으로 사용하여 예제 15.24에서 유도된 응답에 대한 버터워스 필터를 설계하라.

풀이 $n = 3, \omega_0 = 2\pi \times (1.45 \text{ MHz})$이면 극점들은 그림 15.50(a)에 보이는 것과 같이 나타난다. 복소수 켤레 극점 p_1과 p_3는 2차 SK 필터에 의해, 실수 극점 p_2는 단순 RC 부분에 의해 만들어질 수 있다. 다음 식들이 충족되므로

$$p_1 = 2\pi \times (1.45 \text{ MHz}) \times \left(\cos\frac{2\pi}{3} + j\sin\frac{2\pi}{3}\right) \tag{15.152}$$

$$p_3 = 2\pi \times (1.45 \text{ MHz}) \times \left(\cos\frac{2\pi}{3} - j\sin\frac{2\pi}{3}\right) \tag{15.153}$$

SK 전달 함수는

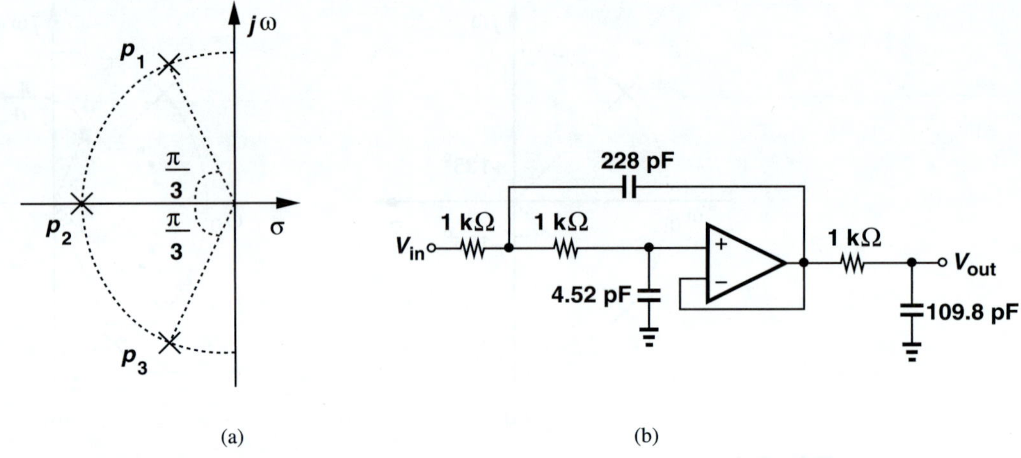

그림 15.50

$$H_{SK}(s) = \frac{(-p_1)(-p_3)}{(s-p_1)(s-p_3)} \tag{15.154}$$

$$= \frac{[2\pi \times (1.45\ \text{MHz})]^2}{s^2 - [4\pi \times (1.45\ \text{MHz})\ \cos(2\pi/3)]s + [2\pi \times (1.45\ \text{MHz})]^2} \tag{15.155}$$

로 쓸 수 있다. 즉, 다음과 같다.

$$\omega_n = 2\pi \times (1.45\ \text{MHz}) \tag{15.156}$$

$$Q = \frac{1}{2\ \cos\dfrac{2\pi}{3}} = 1 \tag{15.157}$$

식 (15.61)에서 $Q = 1$을 얻기 위하여 $R_1 = R_2$와 $C_1 = 4C_2$를 선택한다. 식 (15.62)로부터 $\omega_n = 2\pi \times (1.45\ \text{MHz}) = \left(\sqrt{4R_1^2C_2^2}\right)^{-1} = (2R_1C_2)^{-1}$을 얻는 것은 어느 정도 자유스럽다. 예를 들면 $R_1 = 1\ \text{k}\Omega$이면 $C_2 = 54.9$ pF이다. 이 설계가 작은 감도를 성취한다는 것은 독자가 증명해 보기 바란다.

실수 극점 p_2는 RC 부분에 의해 쉽게 만들어진다.

$$\frac{1}{R_3C_3} = 2\pi \times (1.45\ \text{MHz}) \tag{15.158}$$

예를 들면 $R_3 = 1\ \text{k}\Omega$이고 $C_3 = 109.8$ pF이다. 그림 15.50(b)는 결과적인 설계를 보여준다.

연습문제 228 pF이 10%의 오류를 초래하는 경우 f_1 값의 오류를 결정하라.

버터워스 응답은 통과대역에서 리플이 허용되지 않는 흔치 않은 경우에만 사용된다. 일반적으로 예리한 천이 기울기 그럼으로써 보다 큰 저지대역 감쇠를 제공하는 응답을 활용하기 위하여 작은 리플(예를 들면, 0.5 dB)을 허용한다. 체비셰프 응답이 그러한 예 중 하나이다.

15.5.2 체비셰프 응답

체비셰프 응답은 '리플이 일정한(equiripple)', 즉 동일한 국소 최댓값(그리고 동일한 국소 최솟값)을 가지는 통과대역을 제공한다. 이러한 형태의 응답은 전달 함수의 크기를

$$|H(j\omega)| = \frac{1}{\sqrt{1 + \epsilon^2 C_n^2\left(\dfrac{\omega}{\omega_0}\right)}} \tag{15.159}$$

로 명기한다. 여기서 ϵ은 리플의 양을 정하고 $C_n^2(\omega/\omega_0)$는 n차의 '체비셰프 다항식(Chebyshev polynomial)'을 나타낸다. ω_0를 필터의 '대역폭(bandwidth)'으로 간주한다. 이 다항식은 반복적으로

$$C_1\left(\frac{\omega}{\omega_0}\right) = \frac{\omega}{\omega_0} \tag{15.160}$$

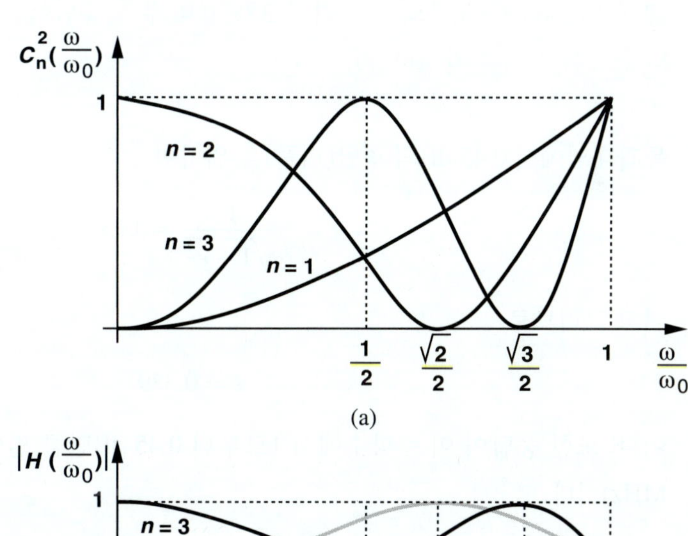

그림 15.51 (a) 체비셰프 다항식의 움직임; (b) 2차 및 3차 체비셰프 응답

$$C_2\left(\frac{\omega}{\omega_0}\right) = 2\left(\frac{\omega}{\omega_0}\right)^2 - 1 \tag{15.161}$$

$$C_3\left(\frac{\omega}{\omega_0}\right) = 4\left(\frac{\omega}{\omega_0}\right)^3 - 3\frac{\omega}{\omega_0} \tag{15.162}$$

$$C_{n+1}\left(\frac{\omega}{\omega_0}\right) = 2\frac{\omega}{\omega_0}C_n\left(\frac{\omega}{\omega_0}\right) - C_{n-1}\left(\frac{\omega}{\omega_0}\right) \tag{15.163}$$

로서 표현된다. 또는 대신에

$$C_n\left(\frac{\omega}{\omega_0}\right) = \cos\left(n\cos^{-1}\frac{\omega}{\omega_0}\right) \quad \omega < \omega_0 \tag{15.164}$$

$$= \cosh\left(n\cosh^{-1}\frac{\omega}{\omega_0}\right) \quad \omega > \omega_0 \tag{15.165}$$

로서 표현된다. 그림 15.51(a)에 설명된 것과 같이 높은 차수의 다항식은 $0 \leq \omega/\omega_0 \leq 1$ 영역에서 많은 수의 파동을 경험하고 그 후에 단조롭게 증가한다. ϵ^2에 의해서 스케일링된 이 파동은 $|H|$의 통과대역에서 n 리플에 이르게 된다[그림 15.51(b)].

예제 15.26 예제 15.24에서 요구되는 필터가 3차 체비셰프 응답에 의해 구현된다고 가정한다. 2 MHz에서 감쇠를 결정하라.

풀이 통과대역에서 0.45 dB의 평탄(리플)을 위하여

$$\frac{1}{\sqrt{1+\epsilon^2}} = 0.95 \tag{15.166}$$

이고 그러므로

$$\epsilon = 0.329 \tag{15.167}$$

이다. 또한 응답이 이 주파수에서 1로부터 0.45 dB만큼 떨어져 있으므로 $\omega_0 = 2\pi \times (1$ MHz)이다.

$$|H(j\omega)| = \frac{1}{\sqrt{1 + 0.329^2\left[4\left(\frac{\omega}{\omega_0}\right)^3 - 3\frac{\omega}{\omega_0}\right]^2}} \tag{15.168}$$

$\omega_2 = 2\pi \times (2$ MHz)에서

$$|H(j\omega_2)| = 0.116 \tag{15.169}$$

$$= -18.7 \text{ dB} \tag{15.170}$$

이다. 두드러지게도 체비셰프 응답이 사용되는 경우 저지대역 감쇠가 9.7 dB만큼 향상되었다.

연습문제 차수가 4로 증가하면 얼마나 많은 감쇠가 얻어질 수 있는가?

체비셰프 응답에 대해 이해한 내용을 요약해 보자. 그림 15.52에 그려진 것과 같이 통과대역에서 전달 함수의 크기는

$$|H_{PB}(j\omega)| = \frac{1}{\sqrt{1+\epsilon^2\cos^2\left(n\cos^{-1}\dfrac{\omega}{\omega_0}\right)}} \tag{15.171}$$

로 주어지며

$$\text{Ripple}|_{\text{dB}} = 20\log\sqrt{1+\epsilon^2} \tag{15.172}$$

의 피크 리플을 나타낸다. 저지대역에서

$$|H_{SB}(j\omega)| = \frac{1}{\sqrt{1+\epsilon^2\cosh^2\left(n\cosh^{-1}\dfrac{\omega}{\omega_0}\right)}} \tag{15.173}$$

은 ω_0보다 큰 주파수에서 감쇠를 나타낸다. 실제로는 ω_0, 리플과 저지대역 감쇠의 요구되는 값들을 얻기 위하여 n을 결정하여야 한다.

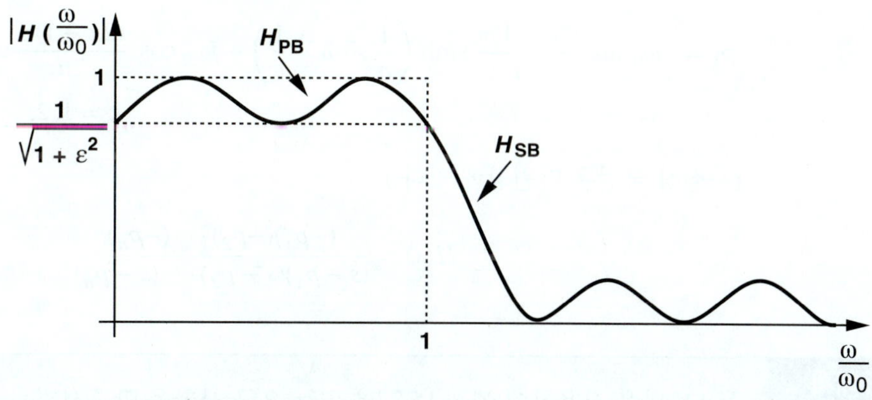

그림 15.52 일반적인 체비셰프 응답

예제 15.27 체비셰프 필터는 5 MHz의 대역폭에 걸쳐서는 1 dB의 통과대역 리플을, 10 MHz에서는 30 dB의 감쇠를 제공하여야만 한다. 필터의 차수를 결정하라.

풀이 ω_0를 $2\pi \times$ (5 MHz)로 놓고

$$1\ \text{dB} = 20\ \log\sqrt{1+\epsilon^2} \tag{15.174}$$

을 쓰면

$$\epsilon = 0.509 \tag{15.175}$$

에 이른다. 이제 식 (15.173)을 $\omega = 2\omega_0$에서 0.0316(=−30 dB)과 같게 하면 다음과 같다.

$$\frac{1}{\sqrt{1+0.509^2\cosh^2(n\cosh^{-1}2)}} = 0.0316 \tag{15.176}$$

$\cosh^{-1} 2 \approx 1.317$이므로, 식 (15.176)은

$$\cosh^2(1.317n) = 3862 \tag{15.177}$$

가 되게 한다. 따라서

$$n > 3.66 \tag{15.178}$$

이고 그러므로 $n = 4$를 선택하여야 한다.

연습문제 차수가 3으로 제한되면, 10 MHz에서 얻어질 수 있는 감쇠의 양은 얼마인가?

결정된 응답의 차수를 가지고 설계할 경우 다음 단계는 극점을 그러므로 전달 함수를 얻는 것이다. 극점이 다음 식으로 얻어질 수 있다는 것을 보일 수 있다[1].

$$p_k = -\omega_0 \sin\frac{(2k-1)\pi}{2n}\sinh\left(\frac{1}{n}\sinh^{-1}\frac{1}{\epsilon}\right) + j\omega_0\cos\frac{(2k-1)\pi}{2n}\cosh\left(\frac{1}{n}\sinh^{-1}\frac{1}{\epsilon}\right)$$
$$k = 1, 2, \ldots, n \tag{15.179}$$

(사실상 극점은 타원상에 있다.)

$$H(s) = \frac{(-p_1)(-p_2)\cdots(-p_n)}{(s-p_1)(s-p_2)\cdots(s-p_n)} \tag{15.180}$$

예제 15.28 두 SK 단을 사용하여 예제 15.27에 있는 요구 사항을 만족시키는 필터를 설계하라.

풀이 $\epsilon = 0.509$와 $n = 4$를 가지고

$$p_k = -0.365\omega_0 \sin\frac{(2k-1)\pi}{8} + 1.064j\omega_0\cos\frac{(2k-1)\pi}{8}, \quad k = 1, 2, 3, 4 \tag{15.181}$$

를 얻는다. 이 식은 두 조의 켤레 극점으로 분류할 수 있다.

$$p_{1,4} = -0.365\omega_0 \sin\frac{\pi}{8} \pm 1.064j\omega_0 \cos\frac{\pi}{8} \tag{15.182}$$

$$= -0.140\omega_0 \pm 0.983j\omega_0 \tag{15.183}$$

$$p_{2,3} = -0.365\omega_0 \sin\frac{3\pi}{8} \pm 1.064j\omega_0 \cos\frac{3\pi}{8} \tag{15.184}$$

$$= -0.337\omega_0 \pm 0.407\, j\omega_0 \tag{15.185}$$

그림 15.53(a)는 극점의 위치를 나타낸다. p_1과 p_4는 허수축 근처에 놓이므로 상대적으로 높은 Q를 나타낸다. p_1과 p_4를 위한 SK 단은 다음 전달 함수에 의해 특징지어진다.

$$H_{SK1}(s) = \frac{(-p_1)(-p_4)}{(s-p_1)(s-p_4)} \tag{15.186}$$

$$= \frac{0.986\omega_0^2}{s^2 + 0.28\omega_0 s + 0.986\omega_0^2} \tag{15.187}$$

이 식은 다음을 나타낸다.

$$\omega_{n1} = 0.993\omega_0 = 2\pi \times (4.965\text{ MHz}) \tag{15.188}$$

$$Q_1 = 3.55 \tag{15.189}$$

식 (15.61)은 그와 같이 높은 Q는 단지 C_1/C_2이 큰 경우에만 얻어질 수 있다는 것을 제시한다. 예를 들어 $R_1 = R_2$이면

$$C_1 = 50.4\, C_2 \tag{15.190}$$

가 필요하고 따라서

$$\frac{1}{\sqrt{50.4}R_1C_2} = 2\pi \times (4.965\text{ MHz}) \tag{15.191}$$

이다. $R_1 = 1\text{ k}\Omega$이면 $C_2 = 4.52\text{ pF}$이다.(개별 소자 구현에 대하여 이 C_2의 값은 상당히 작고 R_1이 계수 5에 의해 줄어들어야 한다.)

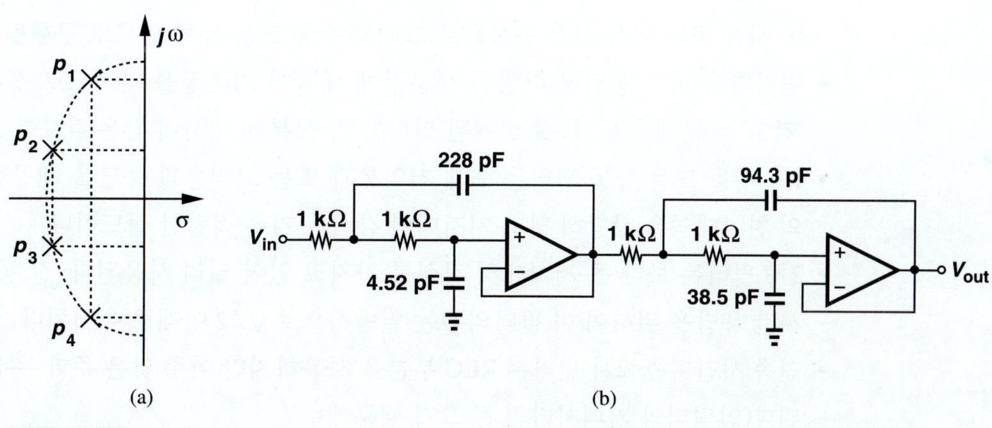

그림 15.53

마찬가지로 p_2와 p_3를 위한 SK 단은

$$H_{SK2}(s) = \frac{(-p_2)(-p_3)}{(s-p_2)(s-p_3)} \tag{15.192}$$

$$= \frac{0.279\omega_0^2}{s^2 + 0.674\omega_0 s + 0.279\omega_0^2} \tag{15.193}$$

을 만족시킨다. 따라서

$$\omega_{n2} = 0.528\omega_0 = 2\pi \times (2.64\text{ MHz}) \tag{15.194}$$

$$Q_2 = 0.783 \tag{15.195}$$

이다. $R_1 = R_2 = 1\text{ k}\Omega$이면 식 (15.61)과 (15.62)는

$$C_1 = 2.45C_2 \tag{15.196}$$

$$= 2.45 \times (38.5\text{ pF}) \tag{15.197}$$

으로 변형된다. 그림 15.53(b)는 전체 설계를 보여 준다. 감도는 독자가 계산해 보기 바란다.

연습문제 커패시터 값이 50 pF보다 커야 할 경우에 대하여 위의 예제를 다시 풀어라.

15.6 요약

- 아날로그 필터가 요구되는 신호와 동반하는 원치 않는 주파수 성분을 제거하는 데 필수적이라는 것은 잘 알려져 있다.
- 필터의 주파수 응답은 통과대역, 저지대역과 두 대역 사이의 천이대역으로 구성된다. 통과대역과 저지대역은 어느 정도의 리플을 보일 것이다.
- 필터는 저역통과, 고역통과, 대역통과, 또는 대역제거 구조로 분류될 수 있다. 필터는 연속 시간 또는 이산 시간 구성으로 그리고 수동 또는 능동 회로로 구현될 수 있다.
- 필터의 주파수 응답은 다양한 성분값에 대하여 의존성을 가지므로 성분의 변화에 대한 '감도'는 문제가 된다. 잘 설계된 필터는 각 성분에 대하여 작은 감도를 보장한다.
- 1차 수동 또는 능동 필터는 쉽게 저역통과 또는 고역통과 응답을 제공할 수 있으나 그들의 천이대역은 상당히 넓고 저지대역 감쇠는 겨우 적당한 정도이다.
- 2차 필터는 보다 큰 저지대역 감쇠를 가지고 있어 널리 사용된다. 잘 동작하는 주파수와 시간 응답을 위하여 이 필터의 Q는 일반적으로 $\sqrt{2}2$ 아래로 유지된다.
- 연속 시간 수동 2차 필터는 RLC 부분을 사용하지만 아주 낮은 주파수에서는 비현실적이 된다(인덕터와 커패시터의 큰 크기 때문에).

- 능동 필터는 요구되는 주파수 응답을 얻기 위하여 연산 증폭기, 저항, 커패시터를 사용한다. 살렌과 키 구조가 한 예이다.
- 2차 능동(바이쿼드) 부분은 적분기를 기반으로 할 수 있다. 예는 KHN 바이쿼드와 토우-토마스 바이쿼드를 포함한다.
- 바이쿼드는 또한 '일반적인 임피던스 변환기(GIC)'로 유도되는 흉내낸 인덕터를 포함할 수 있다. GIC는 2개의 연산 증폭기를 사용하여 큰 인덕터와 커패시터를 만들 수 있다.
- 요구되는 필터 응답은 실제에 있어서 구현 가능한 전달 함수에 의해 근사화되어야만 한다. 가능한 전달 함수는 버터워스와 체비셰프 응답을 포함한다.
- 버터워스 응답은 하나의 원 위에 n개의 복소수 극점을 포함하고 최평탄 동작을 나타낸다. 통과대역에서 어떤 리플도 허용하지 않는 응용에 적합하다.
- 체비셰프 응답은 통과대역과 저지대역에서 어느 정도의 리플을 대가로 버터워스보다 예리한 천이를 제공한다. 체비셰프 응답은 하나의 타원 위에 n개의 복소수 극점을 포함한다.

PROBLEMS

Sec. 15.1 General Considerations

15.1. Determine the type of response (low-pass, high-pass, or band-pass) provided by each network depicted in Fig. 15.54.

15.2. Derive the transfer function of each network shown in Fig. 15.54 and determine the poles and zeros.

SOL **15.3.** We wish to realize a transfer function of the form

$$\frac{V_{out}}{V_{in}}(s) = \frac{1}{(s+a)(s+b)}, \qquad (15.198)$$

where a and b are real and positive. Which one of the networks illustrated in Fig. 15.54 can satisfy this transfer function?

*__15.4.__ In some applications, the input to a filter may be provided in the form of a current. Compute the transfer function, V_{out}/I_{in}, of each of the circuits depicted in Fig. 15.55 and determine the poles and zeros.

Sec. 15.2 First-Order Filters

15.5. For the high-pass filter depicted in Fig. 15.56, determine the sensitivity of the pole and zero frequencies with respect to R_1 and C_1.

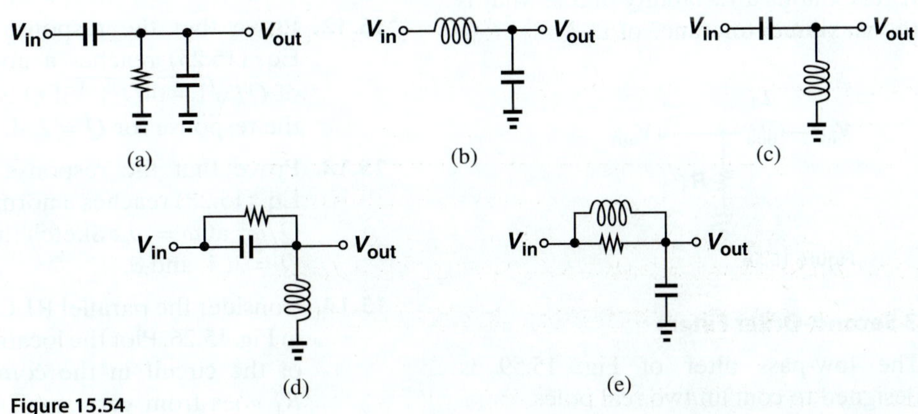

Figure 15.54

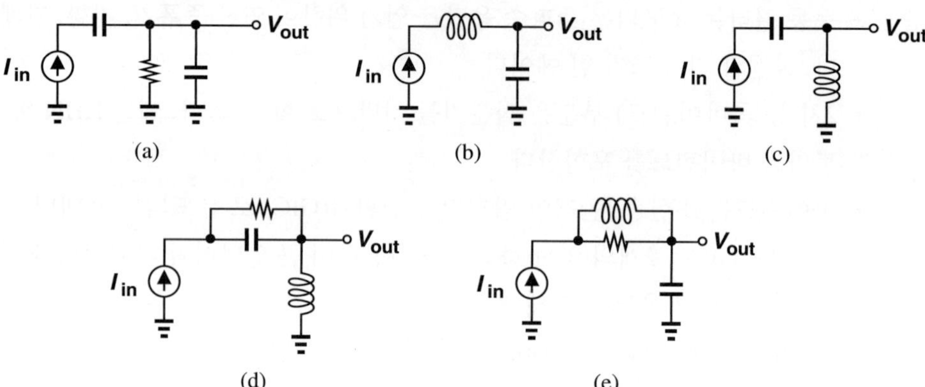

Figure 15.55

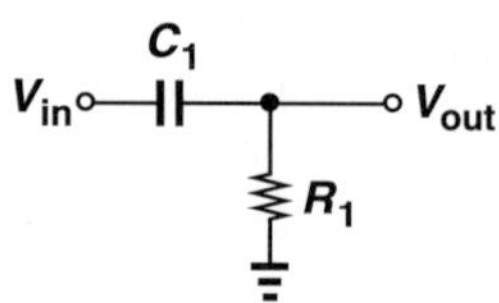

Figure 15.56

15.6. Consider the filter shown in Fig. 15.57. Compute the sensitivity of the pole and zero frequencies with respect to C_1, C_2, and R_1.

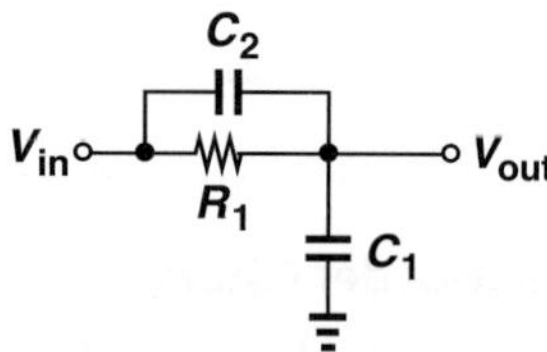

Figure 15.57

15.7. We wish to achieve a pole sensitivity of 5% in the circuit illustrated in Fig. 15.58. If R_1 exhibits a variability of 3%, what is the maximum tolerance of L_1?

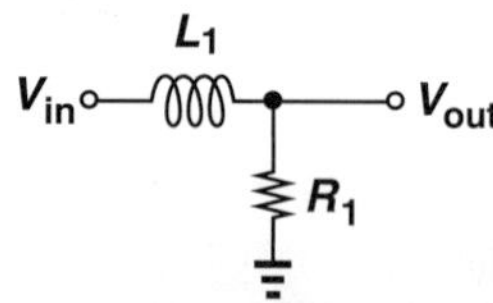

Figure 15.58

Sec. 15.3 Second-Order Filters

15.8. The low-pass filter of Fig. 15.59 is designed to contain two real poles.

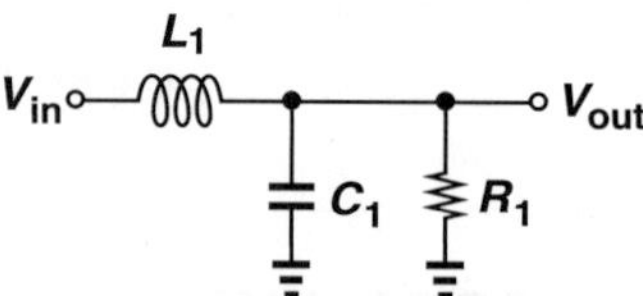

Figure 15.59

(a) Derive the transfer function.
(b) Compute the poles and the condition that guarantees they are real.
(c) Calculate the pole sensitivities to R_1, C_1, and L_1.

15.9. Explain what happens to the transfer functions of the circuits in Figs. 15.17(a) and 15.18(a) if the pole and zero coincide.

15.10. For what value of Q do the poles of the biquadratic transfer function, (15.23), coincide? What are the resulting pole frequencies? SOL

15.11. Prove that the response expressed by Eq. (15.25) exhibits no peaking (no local maximum) if $Q \le \sqrt{2}/2$.

****15.12.** Prove that the response expressed by Eq. (15.25) reaches a normalized peak of $Q/\sqrt{1-(4Q^2)^{-1}}$ if $Q > \sqrt{2}/2$. Sketch the response for $Q = 2$, 4, and 8.

***15.13.** Prove that the response expressed by Eq. (15.28) reaches a normalized peak of Q/ω_n at $\omega = \omega_n$. Sketch the response for $Q = 2$, 4, and 8.

15.14. Consider the parallel RLC tank depicted in Fig. 15.26. Plot the location of the poles of the circuit in the complex plane as R_1 goes from very small values to very large values while L_1 and C_1 remain constant.

*__15.15.__ Repeat Problem 15.14 if R_1 and L_1 remain constant and C_1 varies from very small values to very large values.

15.16. With the aid of the observations made for Eq. (15.25), determine a condition for the low-pass filter of Fig. 15.29 to exhibit a peaking of 1 dB (10%).

Sec. 15.4.1 Sallen and Key Filter

15.17. Determine the poles of the Sallen and Key filter shown in Fig. 15.33 and plot their location in the complex plane as (a) R_1 varies from zero to ∞, (b) R_2 varies from zero to ∞, (c) C_1 varies from zero to ∞, or (d) C_2 varies from zero to ∞. In each case, assume other component values remain constant.

SOL *__15.18.__ A student mistakenly configures a Sallen and Key filter as shown in Fig. 15.60. Determine the transfer function and explain why this is not a useful circuit.

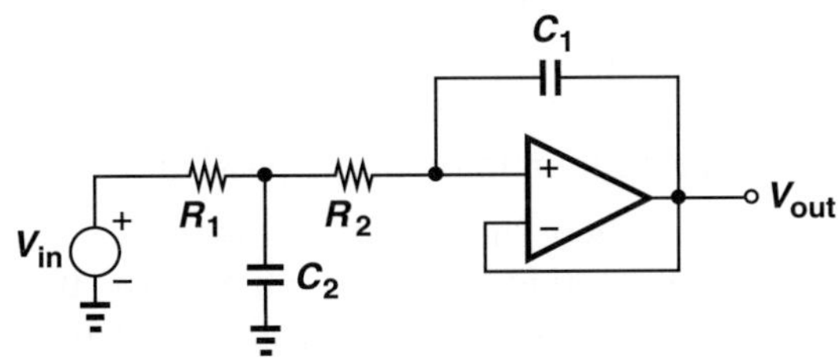

Figure 15.60

15.19. The Sallen and Key filter of Fig. 15.34 must be designed with $K = 4$ and $C_1 = C_2$. How should R_1/R_2 be chosen to yield $Q = 4$? What is the resulting Q sensitivity to R_1?

15.20. A Sallen and Key filter with $K = 1$ must exhibit a peaking of only 1 dB in its response. Determine the relationship required among the component values.

15.21. The Sallen and Key filter of Fig. 15.33 exhibits $S_{R1}^{Q} = 2$. If $C_2 = C_1$, plot Q as a function of $\sqrt{R_2/R_1}$ and determine the acceptable range of values of Q and $\sqrt{R_2/R_1}$.

*__15.22.__ Figure 15.61 shows a high-pass Sallen and Key filter. Derive the transfer function and determine Q and ω_n.

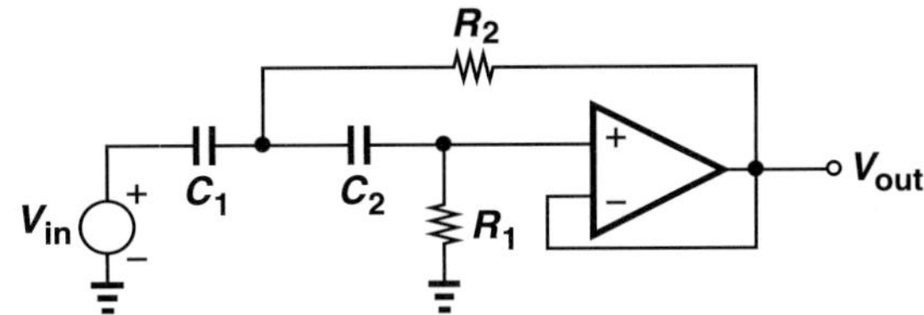

Figure 15.61

**__15.23.__ From the results obtained in Problem 15.22, compute the Q sensitivities of the circuit.

Sec. 15.4.2 Integrator-Based Biquads

15.24. It is possible to realize the transfer function of Eq. (15.95) by means of differentiators rather than integrators. Noting that the factor s in the frequency domain translates to d/dt in the time domain, construct a block diagram such as that shown in Fig. 15.36(a) but using only differentiators. (Due to amplification of noise at high frequencies, this implementation is less popular.)

15.25. The KHN biquad of Fig. 15.36(b) must provide a band-pass response with $Q = 2$ and $\omega_n = 2\pi \times (2\ \text{MHz})$. If $R_6 = R_3$, $R_1 = R_2$, and $C_1 = C_2$, determine the resistor and capacitor values subject to the restrictions $10\ \text{pF} < C < 1\ \text{nF}$ and $1\ \text{k}\Omega < R < 50\ \text{k}\Omega$.

15.26. From Eqs. (15.103) and (15.104), derive an expression for Q and explain why the sensitivity to R_3 and R_6 vanishes if $R_3 = R_6$. SOL

15.27. The KHN biquad of Fig. 15.36(b) must be designed for a low-pass response with a low-frequency gain $\alpha = 2$. Explain why this is impossible if $S_{R3,R6}^{Q}$ must be zero.

15.28. A KHN biquad must exhibit a peaking of only 1 dB in its low-pass response. Determine the relationship required among the component values. Assume $R_3 = R_6$ and the gain is unity.

*15.29. A student mistakenly omits resistor R_5 from the KHN biquad of Fig. 15.36(b). Derive the resulting transfer function V_{out}/V_{in} and determine α, Q, and ω_n.

**15.30. Determine the sensitivities of the Tow-Thomas filter shown in Fig. 15.37 with respect to resistor and capacitor values.

15.31. Equation (15.114) implies that the low-frequency gain of the Tow-Thomas filter is equal to R_4/R_1. Setting C_1 and C_2 to zero in Fig. 15.37, explain intuitively why this result makes sense.

*15.32. The Tow-Thomas filter of Fig. 15.37 must be designed for a low-pass response having a peaking of 1 dB and a bandwidth $\omega_n = 2\pi \times (10\text{ MHz})$. If $R_3 = 1\text{k}\Omega$, $R_2 = R_4$, and $C_1 = C_2$, determine the values of R_2 and C_1.

SOL 15.33. The transfer function in Eq. (15.114) reveals that resistor R_1 affects the low-frequency gain of the Tow-Thomas filter but not the frequency response. Replacing V_{in} and R_1 in Fig. 15.37 with a Norton equivalent, explain intuitively why this result makes sense.

Sec. 15.4.3 Biquads Using Simulated Inductors

**15.34. For the general impedance converter of Fig. 15.39, determine all possible combinations of Z_1-Z_5 that yield an inductive behavior for Z_{in}. Assume each of Z_1-Z_5 consists of only one resistor or one capacitor. (Note that a solution is not acceptable if it does not provide a dc path to each input of the op amps.)

15.35. Repeat Problem 15.34 if a capacitive behavior for Z_{in} is required.

15.36. In Example 15-23, the parallel RC branch tied between node 5 and ground is replaced with a series branch $R_X + (Cs)^{-1}$. Determine the resulting transfer function V_{out}/V_{in}.

*15.37. Select the components in Fig. 15.39 such that the circuit provides a large capacitive impedance, i.e., it multiplies the value of a capacitor by a large number.

Sec. 15.5 Approximation of Filter Response

15.38. We wish to design a Butterworth filter with a roll-off of 1 dB at $\omega = 0.9\omega_0$. Determine the required order.

15.39. Using Eq. (15.138), plot the roll-off of a Butterworth response at $\omega = 0.9\omega_0$ as a function of n. Express the roll-off (on the vertical axis) in decibels.

15.40. Repeat Problem 15.39 for $\omega = 1.1\omega_0$. What order is required to obtain an attenuation of 20 dB at this frequency?

15.41. Suppose the filter of Example 15-24 receives an interferer at 5 MHz. How much attenuation does the filter provide?

15.42. A low-pass Butterworth filter must provide a passband flatness of 0.5 dB for $f < f_1 = 1$ MHz. If the order of the filter must not exceed 5, what is the greatest stopband attenuation at $f_2 = 2$ MHz?

*15.43. Explain why the poles expressed by Eq. (15.148) lie on a circle.

15.44. Repeat Example 15-25 but with an KHN biquad.

15.45. Repeat Example 15-25 but with a Tow-Thomas filter.

*15.46. Plot the Chebyshev response expressed by Eq. (15.159) for $n = 4$ and $\epsilon = 0.2$. Estimate the locations of the local maxima and minima in the passband.

15.47. A Chebyshev filter must provide an attenuation of 25 dB at 5 MHz. If the order of the filter must not exceed 5, what is the minimum ripple that can be achieved across a bandwidth of 2 MHz?

15.48. Repeat Problem 15.47 for an order of 6 and compare the results.

15.49. Repeat Example 15-28 but with two KHN biquads.

15.50. Repeat Example 15-28 but with two Tow-Thomas biquads.

Design Problems

15.51. Design the first-order filter of Fig. 15.18(a) for a high-pass response so that the circuit attenuates an interferer at 1 MHz by 10 dB and passes frequencies above 5 MHz with a gain close to unity.

15.52. Design the passive filter of Fig. 15.29 for a −3 dB bandwidth of approximately SOL

100 MHz, a peaking of 1 dB, and an inductance value less than 100 nH.

15.53. Design the SK filter of Fig. 15.34 for $\omega_n = 2\pi \times (50\ \text{MHz})$, $Q = 1.5$, and low-frequency gain of 2. Assume capacitor values must fall in the range of 10 pF to 100 pF.

15.54. Design a low-pass SK filter for a −3 dB bandwidth of 30 MHz with sensitivities no greater than unity. Assume a low-frequency gain of 2.

15.55. Design the KHN biquad of Fig. 15.36(b) for a bandpass response so that it provides a peak gain of unity at 10 MHz and an attenuation of 13 dB at 3 MHz and 33 MHz. Assume $R_3 = R_6$.

15.56. The design obtained in Problem 15.55 also provides low-pass and high-pass outputs. Determine the −3 dB corner frequencies for these two transfer functions.

15.57. Repeat Problem 15.55 for the Tow-Thomas biquad shown in Fig. 15.37.

15.58. Design the active high-pass filter of Fig. 15.42 for a −3 dB corner frequency of 3.69 MHz and an attenuation of 13.6 dB at 2 MHz. Assume a peaking of 1 dB at 7 MHz.

15.59. Design the low-pass filter of Fig. 15.44(b) for a −3 dB bandwidth of 16.4 MHz and an attenuation of 6 dB at 20 MHz. Assume a peaking of 0.5 dB at 8 MHz.

15.60. For each frequency response template shown in Fig. 15.62, determine a Butterworth and a Chebyshev transfer function.

15.61. Following the methodology outlined in Examples 15-25 and 15-28, design filters for the Butterworth and Chebyshev transfer functions obtained in Problem 15.62.

15.62. Repeat Problem 15.61 but with Tow-Thomas biquads (and, if necessary, first-order RC sections).

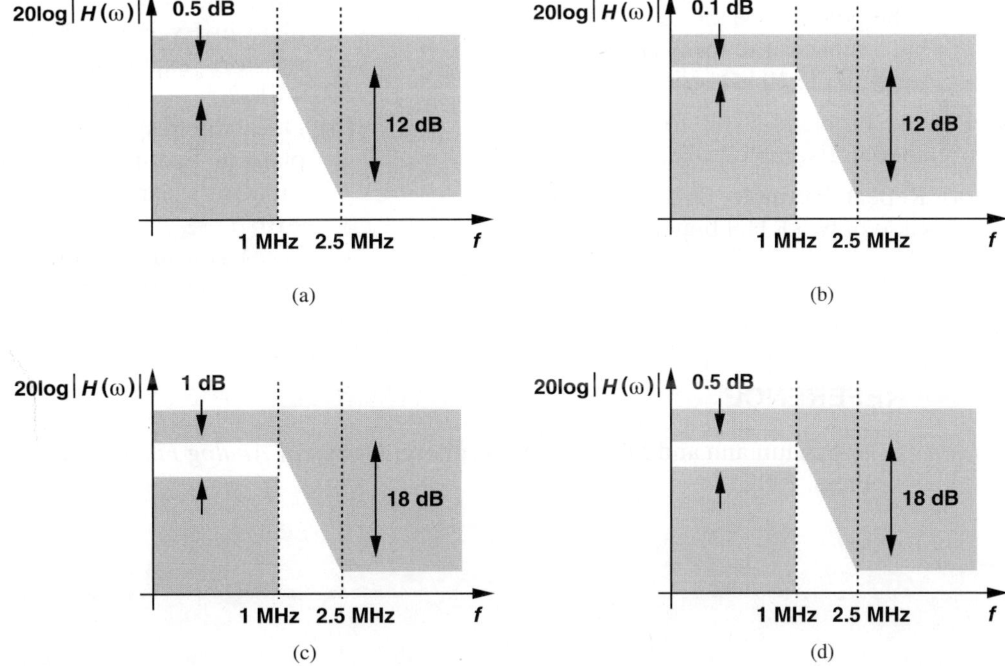

Figure 15.62

SPICE PROBLEMS

15.63. Figure 15.63 shows the Butterworth filter designed in Example 15-25.

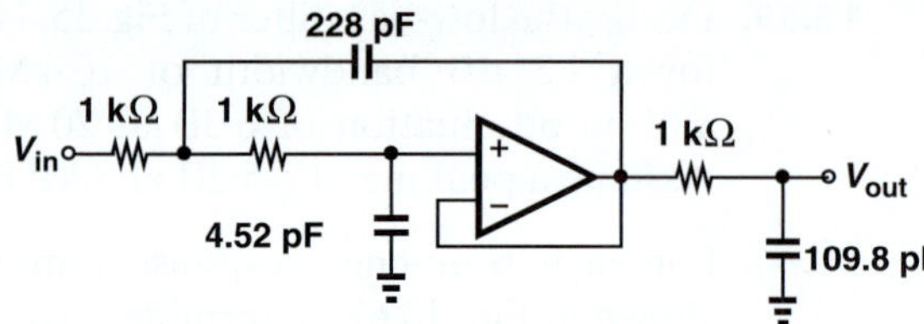

Figure 15.63

(a) Simulate the circuit with an op amp gain of 500 and determine if it meets the template specified in Example 15-24.

(b) Repeat (a) if the op amp exhibits an (open-loop) output resistance of 10 kΩ. (The output resistance can be modeled by inserting a 10 kΩ in series with the voltage-dependent source.)

(c) Repeat (b) if the op amp exhibits a single (open-loop) pole at 500 kHz. (The pole can be modeled by allowing a capacitor to form a low-pass filter with the 10 kΩ resistor.)

15.64. Repeat Problem 15.63 for the design obtained in Example 15-28.

15.65. (a) Repeat Example 15-28 with a cascade of two KHN biquads.

(b) Using SPICE, determine the minimum required op amp bandwidth if the overall response must exhibit a peaking no higher than 3 dB. Assume an op amp gain of 1000 and model the bandwidth as explained in Problem 15.63.

(c) Repeat (b) for the SK realization obtained in Example 15-28 and compare the results.

15.66. We must select an op amp for the SK design in Example 15-25. Suppose two types of op amps are available: one with an output resistance of 5 kΩ and a single pole at 200 MHz, and another with an output resistance of 10 kΩ and single pole at 100 MHz. Use SPICE to determine which op amp yields smaller peaking.

15.67. Consider the SK design in Example 15-25. Suppose the op amp provides an openloop gain of 1000 but is otherwise ideal.

(a) Does the response meet the template in Example 15-24 if all three resistors experience a change of +10%?

(b) Does the response meet the template in Example 15-24 if all three capacitors experience a change of +10%?

(c) What is the maximum tolerable error in the value of the resistors?

REFERENCE

1. R. Schaumann and M. E. van Valkenberg, *Design of Analog Filters*, Oxford University Press, 2001.

16

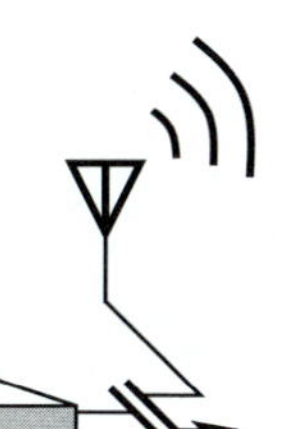

디지털 CMOS 회로

일상생활에서 디지털 회로를 포함하지 않는 전자기기를 찾는 것은 사실상 불가능하다. 시계와 카메라로부터 컴퓨터와 휴대전화에 이르기까지 디지털 회로는 반도체 시장의 80% 이상을 차지한다. 마이크로프로세서, 메모리 및 디지털 신호 처리 IC 등이 그 예에 해당한다.

이 장에서는 디지털 CMOS(complementary metal oxide semiconductor) 회로의 분석 및 설계에 대해 소개한다. 목적은 디지털 회로 설계에 대한 과목을 준비하기 위하여 논리 게이트의 자세한 트랜지스터 수준의 이해를 제공하는 것이다. 이 장의 주요 내용은 다음과 같다.

일반적인 고찰		CMOS 인버터		기타 CMOS 게이트
• 정적 특성 • 동적 특성	➤	• 전압 전달 특성 • 동적 동작 • 전력 소모	➤	• NOR 게이트 • NAND 게이트

16.1 일반적인 고찰

지난 50년 동안 디지털 회로는 1960년대의 칩당 몇 개의 게이트에서 오늘날 칩당 수억 개의 트랜지스터로 극적으로 발전해 왔다. 매우 초기 세대는 단지 저항과 다이오드만을 사용하였고 '저항-다이오드 논리 회로(RDL: resistor-diode logic)'라고 불렀다. '트랜지스터-트랜지스터 논리 회로(TTL: transistor-transistor logic)'와 '이미터 결합 논리 회로(ECL: emitter-coupled logic)'와 같은 바이폴라 구현이 그 뒤를 이었다. 그러나 CMOS 기술의 출현과 디지털 CMOS 회로의 독특한 특성이 디지털 시스템의 폭발적인 증가를 이끌었다. 이 장에서는 이 특성을 공부하고 이해한다.

기본적인 논리 회로 설계로부터 디지털 시스템은 게이트, 래치와 플립플롭 등의 기본 구성 요소를 사용한다는 것을 알 수 있었다. 예를 들어 게이트는 2진 그레이 디코더로 동작하는 '조합(combinational)' 회로를 만들 수 있다. 또한 게이트와 플립플롭은 카운터나 '유한 상태 기계(finite-state machine)'로 동작하는 '순차(sequential)' 회로를 구성할 수 있다. 이 장에서는 이들 기본 구성 요소의 내부 설계를 탐구하고 제한점들을 분석한다. 특히 세 가지 중요한 질문을 다룬다.

1. 무엇이 디지털 게이트의 속도를 제한하는가?
2. 하나의 게이트가 일정한 속도로 동작할 때 얼마나 많은 전력을 소모하는가?
3. 하나의 게이트가 유효한 출력을 발생시킬 때 얼마나 많은 '잡음'을 견뎌 낼 수 있는가?

이 질문들은 디지털 시스템 설계에서 매우 중요한 역할을 한다. 첫 번째는 마이크로프로세서 속도가 지난 10년 동안 어떻게 수백 메가헤르츠에서 수 기가헤르츠로 증가했는지를 밝힌다. 두 번째는 마이크로프로세서가 휴대용 컴퓨터의 전지로부터 얼마나 많은 전력을 소모하는지를 예측하는 데 도움을 준다. 세 번째는 하나의 게이트가 시스템에서 비선형이 존재할 때 얼마나 신뢰성 높게 동작하는지를 설명한다.

16.1.1 게이트의 정적 특성

이 책에서 공부한 많은 증폭단과는 다르게 논리 게이트는 항상 대신호로 동작한다. 디지털 CMOS 회로에서 논리 ONE은 공급 전압 V_{DD}와 같은 전압에 의해서 표현되고 논리 ZERO는 0볼트에 의해서 표현된다. 그러므로 게이트의 입력과 출력은 다른 상태들이 처리됨으로써 0과 V_{DD} 사이에서 움직인다.

회로의 대신호 동작의 특성을 어떻게 기술할까? 3장에서 전체 허용되는 구간(예를 들면, $0 \sim V_{DD}$)에 걸쳐 입력을 변화시키면서 대응되는 출력을 계산함으로써 입력/출력 특성을 구성할 수 있다는 것을 배웠다. 또한 '전압 전달 특성(VTC: voltage transfer characteristic)'[1)]으로 불리는 그 결과는 게이트의 동작을 아주 자세히 설명하며 이상적인 경우로부터 벗어나는 것을 밝힌다.

한 예로서 논리 동작이 $X = \overline{A}$로 표현되는 NOT 게이트를 고려하자. '인버터(inverter)'로 불리고 그림 16.1(a)에 보이는 기호로 나타내는 게이트는 이상적으로 그림 16.1(b)에 그려진 것과 같이 동작하여야만 한다. $V_{in} = 0$에 대하여 출력은 논리 ONE, $V_{out} = V_{DD}$에 유지된다. $V_{in} = V_{DD}$에 대하여 출력은 논리 0, $V_{out} = 0$을 발생시킨다. V_{in}이 0에서 V_{DD}로 감으로써 V_{out}은 입력 V_1의 어떤 값에서 그것의 상태를 갑자기 바꾼다.

---

1) 용어 '전달'을 전달 함수와 혼동해서는 안 된다.

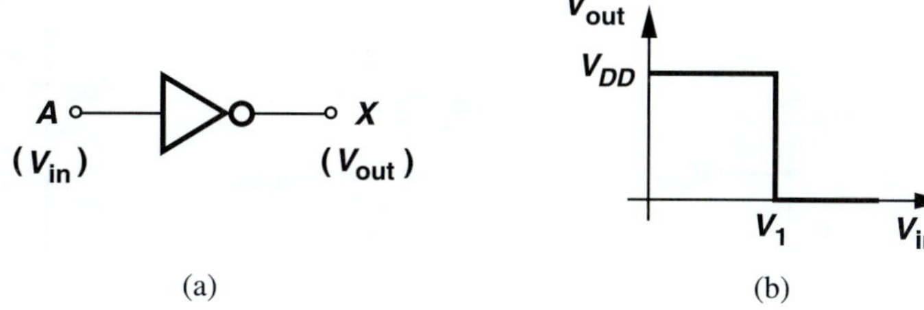

그림 16.1 (a) 인버터; (b) 이상적인 특성

예제 16.1 공통 소스 단이 인버터로서 동작할 수 있는 이유를 설명하라.

풀이 그림 16.2(a)에 보이는 CS 단에서, $V_{in} = 0$이면 M_1은 꺼지고 R_D에 걸린 전압은 0이므로 $V_{out} = V_{DD}$가 된다. 반면에 $V_{in} = V_{DD}$이면 M_1은 상대적으로 많은 전류를 R_D로부터 끌어내고 $V_{out} = V_{DD} - I_D R_D$가 거의 0이 될 수 있다. 그러므로 그림 16.2(b)에 그려진 것과 같이 입력/출력 특성은 인버터의 입력/출력 특성과 유사하다.

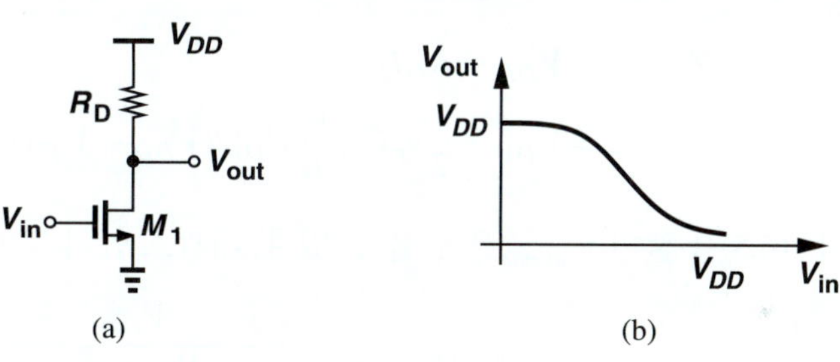

그림 16.2 (a) CS 단; (b) 입력/출력 특성

연습문제 R_D가 PMOS 전류원으로 교체되면 무슨 일이 발생하는가?

예제 16.2 공통 소스 단은 인버터로서 동작한다. 그와 같은 구현에 대하여 VTC를 구하라.

풀이 그림 16.3(a)에 보이는 CS 단을 고려하자. V_{in}을 0에서 V_{DD}로 변화시키면서 대응되는 출력을 그린다. $V_{in} \leq V_{TH}$이면 M_1은 꺼진 상태를 유지하고 $V_{out} = V_{DD}$가 된다(논리 ONE). V_{in}이 V_{TH}를 초과함으로써 M_1은 켜지고 V_{out}은 떨어지기 시작한다.

$$V_{out} = V_{DD} - I_D R_D \tag{16.1}$$

$$= V_{DD} - \frac{1}{2}\mu_n C_{ox}\frac{W}{L}R_D(V_{in} - V_{TH})^2 \tag{16.2}$$

여기서 채널길이 변조는 무시되었다. 입력이 더 증가함으로써 V_{out}은 떨어지고 결국 M_1

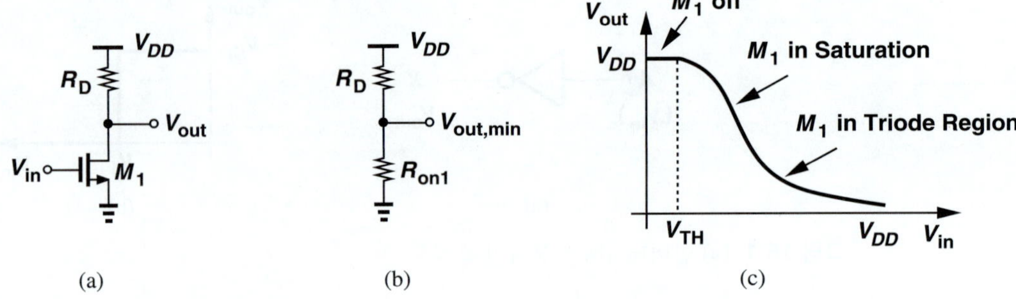

그림 16.3 (a) CS 단; (b) 깊은 선형 영역에서의 등가 회로; (c) 입력/출력 특성

을 $V_{out} \leq V_{in} - V_{TH}$에 대하여 선형 영역으로 들어가게 하므로

$$V_{DD} - \frac{1}{2}\mu_n C_{ox}\frac{W}{L}R_D(V_{in1} - V_{TH})^2 \leq V_{in1} - V_{TH} \tag{16.3}$$

가 된다. 이 식으로부터 M_1을 선형 영역의 끝에 위치시키는 V_{in}의 값이 계산될 수 있다. V_{in}이 이 값을 초과함으로써 V_{out}은 계속 감소하고 $V_{in} = V_{DD}$에서 가장 낮은 값에 도달한다.

$$V_{out,min} = V_{DD} - R_D I_{D,max} \tag{16.4}$$

$$= V_{DD} - \frac{1}{2}\mu_n C_{ox}\frac{W}{L}R_D[2(V_{DD} - V_{TH})V_{out,min} - V_{out,min}^2] \tag{16.5}$$

식 (16.5)를 풀면 $V_{out,min}$을 얻을 수 있다. 대괄호 안의 두 번째 항을 무시하면

$$V_{out,min} \approx \frac{V_{DD}}{1 + \mu_n C_{ox}\frac{W}{L}R_D(V_{DD} - V_{TH})} \tag{16.6}$$

이다. 물론 이것은 M_1을 $R_{on1} = [\mu_n C_{ox}(W/L)R_D(V_{DD} - V_{TH})]^{-1}$ 값을 가지는 저항으로 보는 것과 동일하므로 $V_{out,min}$을 R_D와 R_{on1} 사이의 전압 분할의 결과로 보는 것과 동일하다[그림 16.3(b)]. 그림 16.3(c)는 동작 영역을 설명하는 VTC를 그린 것이다. 이와 같은 역할에서 CS 단은 또한 'NMOS 인버터'로 불린다.

연습문제 R_D가 PMOS 전류원으로 교체되었을 때 위의 예제를 다시 풀어라.

그림 16.1(b)의 특성이 실제로 실현될 수 있을까? V_1 근처에서 아주 극소한 양의 V_{in} 변화에 대하여 V_{out}은 V_{DD}와 동일한 양만큼 변한다는 것을 알고 있다. 즉, 이 점에서 회로의 전압 이득은 무한대이다. 실제에서는 예제 16.2에 설명되었듯이 이득은 유한한 값을 유지하고 그 때문에 하이에서 로우로 점진적인 천이가 발생한다(그림 16.4). $V_0 < V_{in} < V_2$ 영역을 '천이 영역(transition region)'이라 한다.

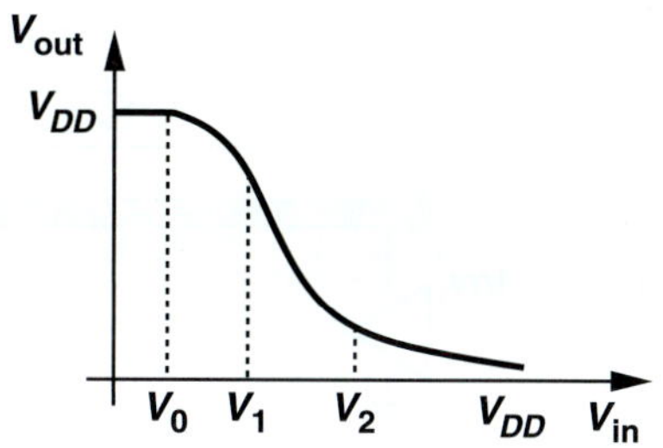

그림 16.4 유한 이득을 가지는 특성

예제 16.3 인버터는 단지 50 mV 너비의 천이 영역을 나타내어야만 한다. 공급 전압이 1.8 V일 때 이 영역에서 회로의 이득을 추정하라.

풀이 입력에서 50 mV의 변화는 대략 출력에서 1.8 V의 변화를 야기하므로 전압 이득은 $1.8/0.05 = 36$이다.

연습문제 NMOS 트랜지스터의 너비가 증가하면 천이 영역에 무슨 일이 발생하는가?

독자는 그림 16.4에서 점진적인 천이가 왜 문제가 될 수 있는지에 대하여 의아해할 것이다. 아무튼 입력이 0과 V_{DD} 사이에서 이동하면 출력은 유효한 논리 레벨을 여전히 제공한다. 그러나 실제에서는 입력이 정확히 0 또는 V_{DD}에 이르지 않을 수도 있다. 예를 들어 논리 0이 0 V보다는 100 mV로 나타날 수 있다. 그와 같은 논리 레벨의 '감소'는 큰 집적 회로에서 다양한 현상으로부터 발생하며 단순한 예가 이 효과를 설명할 수 있다.

예제 16.4 공급 전압 V_{DD}는 마이크로프로세서에서 15 mm 길이의 넓은 금속선을 이용하여 공급되고 있다[그림 16.5(a)]. '전력선(power bus)'이라 불리는 이 선은 5 A의 전류를 흐르게 하고 25 mΩ의 저항 때문에 문제가 된다. 인버터 Inv_1이 V_{DD}의 국부 값에 의해 주어지는 논리 ONE을 제공하는 경우에 인버터 Inv_2에 의해서 감지되는 이 레벨의 감소를 결정하라.

풀이 전력선은 점 A에서 점 B로 $5\text{ A} \times 25\text{ m}\Omega = 125\text{ mV}$의 전압 강하를 경험하며 그 때문에 Inv_1의 출력에서의 전압은 단지 $1.8\text{ V} - 0.125\text{ V} = 1.675\text{ V}$의 논리 ONE을 허용한다[그림 16.5(b)]. 결과적으로 Inv_2는 그것 자신의 공급 전압 1.8 V 대비 125 mV만큼 감소된 하이 레벨을 감지한다.

연습문제 전력선의 너비가 반으로 되는 경우 위의 예제를 다시 풀어라.

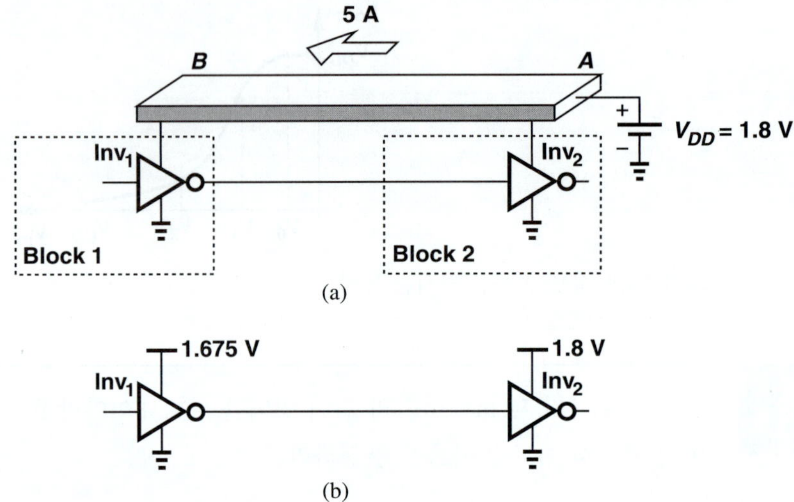

그림 16.5 (a) 칩에서 긴 거리에 의해 분리된 2개의 인버터; (b) 등가 공급 전압

> **Did you know ?**
>
> MOS 공정 기술의 초기 세대는 NMOS 또는 PMOS 소자만을 제공하였다. NMOS와 PMOS 트랜지스터를 모두 동일 칩에 제작하는 것은 (몇 년 후에는 해결된) 기술 및 경제적인 문제에 직면하였었다. 한 가지 소자 타입만 이용할 수 있는 경우, 논리 게이트는 저항이 다른 트랜지스터로 대체되는 것을 제외하면, 여기서 배운 공통 소스 단과 유사하다. 첫 번째 인텔 마이크로프로세서 4004는 1971년에 PMOS 기술로 구현되었고 2300개의 트랜지스터를 포함하고 있다. NMOS 또는 PMOS 게이트만 사용하는 경우의 문제는 칩이 동작하지 않을 때도 전력을 소모하는 것이다('정적 전류'). 반도체 산업에 혁신을 일으킨 것은 CMOS 논리 발명이다.

게이트에 인가되는 입력 레벨에 있어서 얼마나 많은 감소를 견뎌 낼 수 있을까? 그림 16.6에 그려진 상황을 고려하자. 여기서 입력 V_0와 V_2의 로우와 하이 레벨이 각각 그들의 이상적인 값으로부터 상당히 벗어나 있다. 이 레벨을 VTC에 적용하여 출력을 구하면 V_{out}

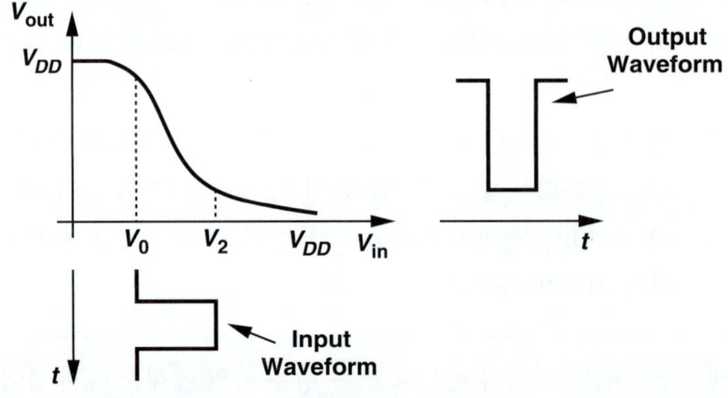

그림 16.6 인버터에서의 출력 크기 감소

또한 감소된 논리 레벨을 나타낸다는 것을 관측하게 된다. 일련의 게이트에서 그와 같은 연속적인 감소는 시스템을 매우 '취약'하게 하고 심지어 상태를 완전히 손상시킨다.

예제 16.5 그림 16.4에 보이는 특성에 대하여 V_{in}의 함수로서 소신호 전압 이득을 도시하라.

풀이 VTC의 기울기는 0으로부터 시작해서 V_0 위에서 보다 음수가 되고 $V_{in} > V_2$에서 다시 0으로 접근한다. 그림 16.7은 그 결과를 보여 준다.

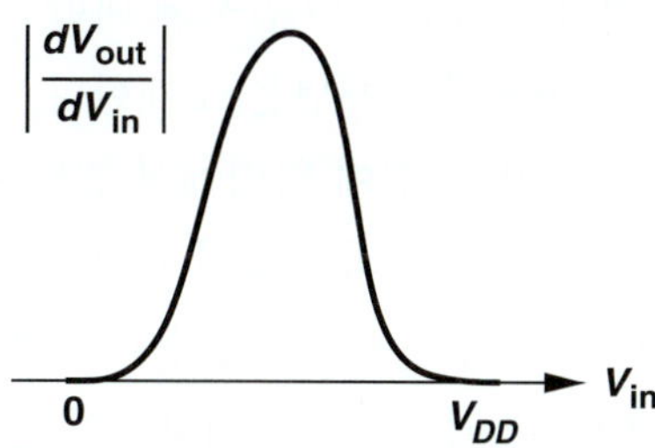

그림 16.7

연습문제 이 그림이 반드시 대칭인가? CS 단을 예로 사용하라.

예제 16.6 예제 16.5에서 얻은 소신호 이득의 크기가 어떤 점에서는 1을 넘어야만 한다는 것을 증명하라.

풀이 그림 16.8에 보이는 것과 같이 기울기가 -1인 선을 포개면 VTC의 기울기가 천이 영역의 부분을 가로질러서 1보다 가파르다는 것을 알 수 있다. 이것은 천이 영역이 0~V_{DD}보다 좁은 영역에 걸쳐 있기 때문이다.

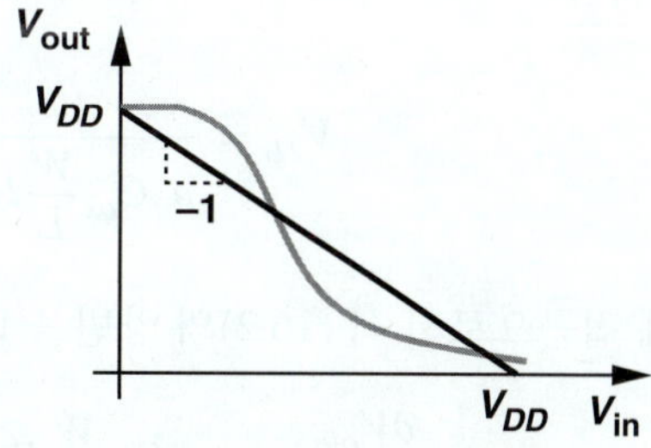

그림 16.8

연습문제 인버터가 천이 영역에서 이득이 2이다. 천이 영역은 얼마나 넓은가?

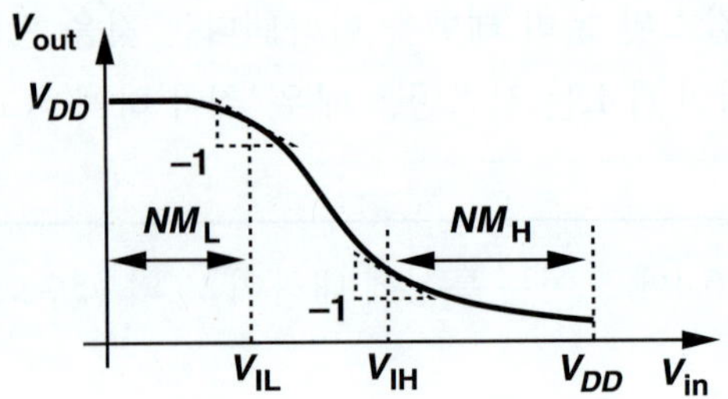

그림 16.9 잡음 마진 설명

잡음 마진 입력 논리 레벨의 감소에 대한 게이트의 강건함을 정량화하기 위하여 '잡음 마진(NM: noise margin)'의 개념을 소개한다. 개략적인 정의는 다음과 같다: NM은 출력이 '심각하게' 영향을 받기 전에 입력에서 견딜 수 있는 감소(잡음)의 최대 양이다. '심각하게'의 의미는 무엇인가? 회로의 이득이 1보다 작게 유지되면 출력은 상대적으로 영향을 받지 않고 유지된다고 가정되므로 다음과 같은 정의에 이르게 된다: 잡음 마진은 게이트를 1의 소신호 전압 이득에 위치시키는 이상적인 논리 레벨로부터의 최대 이탈이다.

NM을 계산하는 과정은 간단하다: VTC를 구성하고 소신호 이득이 1에 이르는 입력 레벨을 결정한다. 이 레벨과 이상적인 논리 레벨 사이의 차가 NM이다. 물론, 입력 로우 레벨과 연관된 잡음 마진이 NM_L이고 입력 하이 레벨과 연관된 잡음 마진이 NM_H이다. 그림 16.9에 이 개념이 요약되어 있다. 두 입력 전압은 각각 V_{IL}과 V_{IH}로 나타낸다.

예제 16.7 공통 소스 단은 NMOS 인버터로서 동작한다. 잡음 마진을 계산하라.

풀이 여기서 두 접근 중 하나를 적용할 수 있다. 첫 번째로 그 단의 소신호 이득이 $-g_mR_D$이고 $g_m = \mu_nC_{ox}(W/L)(V_{GS} - V_{TH})$이므로

$$\mu_nC_{ox}\frac{W}{L}(V_{IL} - V_{TH})R_D = 1 \tag{16.7}$$

을 얻고 그러므로

$$V_{IL} = \frac{1}{\mu_nC_{ox}\frac{W}{L}R_D} + V_{TH} \tag{16.8}$$

이다. 두 번째 접근으로서 식 (16.2)의 양변을 V_{in}에 대하여 바로 미분하면

$$\frac{\partial V_{out}}{\partial V_{in}} = -\mu_nC_{ox}\frac{W}{L}R_D(V_{IL} - V_{TH}) \tag{16.9}$$

$$= -1 \tag{16.10}$$

이고 그러므로

$$NM_L = V_{IL} = \frac{1}{\mu_n C_{ox}\frac{W}{L}R_D} + V_{TH} \tag{16.11}$$

이다. 즉, 입력은 회로가 단위 이득 점에 이르기 위하여 V_{TH}를 $(\mu_n C_{ox} R_D W/L)^{-1}$만큼 초과해야만 한다.

V_{in}이 M_1을 선형 영역으로 가게 함에 따라 M_1의 트랜스컨덕턴스 그러므로 회로의 전압 이득은 떨어지기 시작한다. 6장에서는 선형 영역에서 동작하는 MOSFET에 대한 소신호 모델을 유도하지 않았으므로 두 번째 접근을 계속한다.

$$V_{out} = V_{DD} - R_D I_D \tag{16.12}$$

$$= V_{DD} - \frac{1}{2}\mu_n C_{ox}\frac{W}{L}R_D[2(V_{in} - V_{TH})V_{out} - V_{out}^2] \tag{16.13}$$

NM_H를 결정하기 위해서 이 특성의 기울기를 -1과 같게 놓아야만 한다.

$$\frac{\partial V_{out}}{\partial V_{in}} = -\frac{1}{2}\mu_n C_{ox}\frac{W}{L}R_D\left[2V_{out} + 2(V_{in} - V_{TH})\frac{\partial V_{out}}{\partial V_{in}} - 2V_{out}\frac{\partial V_{out}}{\partial V_{in}}\right] \tag{16.14}$$

$\partial V_{out}/\partial V_{in} = -1$이므로 식 (16.14)는

$$V_{out} = \frac{1}{2\mu_n C_{ox}\frac{W}{L}R_D} + \frac{V_{in} - V_{TH}}{2} \tag{16.15}$$

가 된다. 이 V_{out} 값을 식 (16.13)에 대입하면 요구되는 V_{in}(그림 16.9에서 V_{IH})의 값이 구해질 수 있다. 그러므로 $NM_H = V_{DD} - V_{IH}$이다.

연습문제 $R_D = 1\ \text{k}\Omega, \mu_n C_{ox} = 100\ \mu\text{A/V}^2, W/L = 10, V_{TH} = 0.5\ \text{V}, V_{DD} = 1.8\ \text{V}$인 경우, 하이와 로우 잡음 마진을 계산하라.

예제 16.8 식 (16.6)에 의하여 제안된 바와 같이 NMOS 인버터의 출력 로우 레벨은 항상 감소된다. 이 감소가 $0.05V_{DD}$ 아래에 유지되는 것을 보장하기 위한 관계를 유도하라.

풀이 식 (16.6)을 $0.05V_{DD}$와 같게 하면

$$\mu_n C_{ox}\frac{W}{L}R_D(V_{DD} - V_{TH}) = 19 \tag{16.16}$$

을 얻고 그러므로

$$R_D = \frac{19}{\mu_n C_{ox}\frac{W}{L}(V_{DD} - V_{TH})} \tag{16.17}$$

이다. 우변 항은 M_1의 온-저항의 19배와 같다. 그러므로 R_D는 $19R_{on1}$보다 크게 유지되어야 한다.

연습문제 감소가 $0.1V_{DD}$만큼 커지는 경우에 대하여 위의 예제를 다시 풀어라.

16.1.2 게이트의 동적 특성

게이트의 입력/출력 특성은 회로가 그것의 입력 레벨에 있어서 견디어 낼 수 있는 감소를 결정하는 데 유용한 것으로 알려져 있다. 게이트 성능의 또 다른 중요한 관점은 속도이다. 논리 게이트의 속도를 어떻게 정량화할 것인가? 게이트는 입력과 출력에서 큰 신호로 동작하고 그러므로 큰 비선형성을 경험하므로 전달 함수와 대역폭의 개념은 여기서 무의미하다. 대신에 디지털 시스템에서 게이트의 역할에 따른 속도를 정해야 한다. 이 시점에서 도움이 되는 예제를 보자.

예제 16.9 NMOS의 입력은 $t = 0$에서 V_{DD}로부터 0으로 움직인다[그림 16.10(a)]. 회로가 C_L의 부하 커패시턴스를 보는 경우에, 출력이 이상적인 하이 레벨의 5% 내에 도달하기 위해 얼마나 걸리는가? M_1이 켜졌을 때 V_{out}이 식 (16.6)에 의하여 근사화될 수 있다고 가정한다.

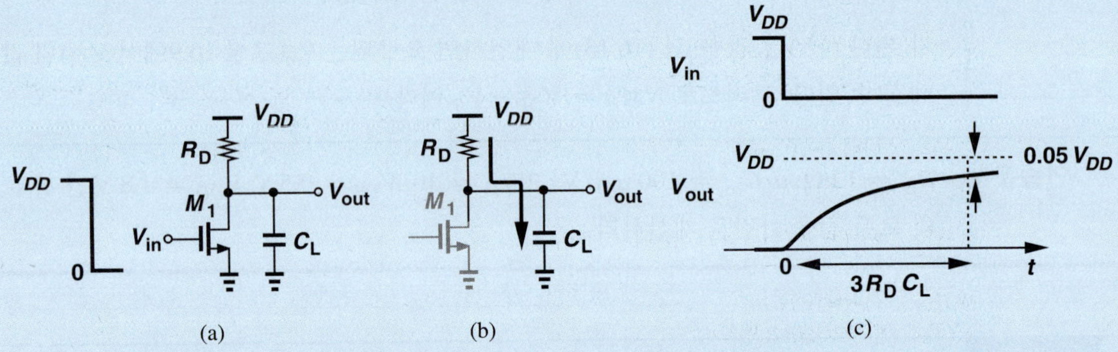

그림 16.10 (a) 계단 입력을 경험하는 NMOS 인버터; (b) C_L에 대한 충전 경로; (c) 입력과 출력 파형

풀이 $t = 0^-$에서, M_1은 켜지고 C_L에 걸리는 초기 조건을

$$V_{out}(0^-) = \frac{V_{DD}}{1 + \mu_n C_{ox}\dfrac{W}{L}R_D(V_{DD} - V_{TH})} \tag{16.18}$$

와 같게 세운다. $t = 0^+$에서, 회로는 그림 16.10(b)에 보이는 회로로 단순화한다. 여기서 C_L은 R_D를 통해 V_{DD}를 향하여 충전된다. 그러므로

$$V_{out}(t) = V_{out}(0^-) + [V_{DD} - V_{out}(0^-)]\left(1 - \exp\frac{-t}{R_D C_L}\right) \qquad t > 0 \tag{16.19}$$

를 얻는다.(이 방정식은 $t = 0$을 선택하면 첫 번째 항이 초깃값을 나타내고 $t = \infty$를 선택하면 첫 번째와 두 번째 항의 합이 최종값을 나타내도록 구성되었다.) 출력이 V_{DD}의 95% $T_{95\%}$ 안에 이르게 하기 위하여 요구되는 시간은

$$0.95V_{DD} = V_{out}(0^-) + [V_{DD} - V_{out}(0^-)]\left(1 - \exp\frac{-T_{95\%}}{R_D C_L}\right) \tag{16.20}$$

로부터 얻어진다. 따라서

$$T_{95\%} = -R_D C_L \ln\frac{0.05V_{DD}}{V_{DD} - V_{out}(0^-)} \tag{16.21}$$

가 성립한다. $V_{DD} - V_{out}(0^-) \approx V_{DD}$이면

$$T_{95\%} \approx 3R_D C_L \tag{16.22}$$

이다. 다시 말해서 출력이 이상적인 하이 레벨에 근접한 전압에 이르기 위해서는 약 3배의 시상수가 걸린다[그림 16.10(c)]. 기본적인 논리 설계에 사용되는 이상적인 게이트와는 다르게 이 인버터는 출력에서 유한한 천이 시간을 나타낸다.

연습문제 출력이 이상적인 값의 90%에 이르게 하기 위하여 몇 배의 시상수가 걸리는가?

위의 예제는 기본적인 한계를 드러낸다: 부하 커패시터가 존재하면, 논리 게이트는 입력에 즉각적으로 반응할 수 없다. 그림 16.10(a)의 회로는 출력에 신뢰성 있는 레벨을 발생시키기 위해서 대략 3배의 시상수 시간을 소요하고 그럼으로써 '지연(delay)'의 문제가 발생한다. 즉, 게이트의 속도는 출력에서 유한한 천이와 결과적인 지연에 의해서 제한된다.

고속 디지털 시스템 설계에서 중요한 역할을 하는 천이시간과 지연은 주의 깊게 정의되어야 한다. 그림 16.11(a)에 설명된 것과 같이, 출력 '상승시간(rise time)' T_R은 출력이 V_{DD}의 10%로부터 90%로 가는 데 걸리는 시간으로 정의된다.[2] 마찬가지로 출력 '하강시간(fall time)' T_F는 출력이 V_{DD}의 90%로부터 10%로 가는 데 걸리는 시간으로 정의된다. 일반적으로 T_R과 T_F는 동일하지 않을 수 있다.

게이트로의 입력은 다른 게이트의 입력에 의해 발생하고 그러므로 유한한 천이시간이 문제가 되므로, 게이트의 지연은 그림 16.11(a)에 있는 급격한 계단 대신에 실제적인 입력 파형으로 특성이 기술되어야 한다. 그러므로 입력에 일반적인 상승시간을 가지는 계단을 적용하고 전파 지연은 입력과 출력이 $V_{DD}/2$를 가로지르는 점에서 시간 차이로 정의된다[그림 16.11(b)]. 출력의 상승시간과 하강시간이 같지 않을 수 있으므로, 로우에서 하이로의 지연 T_{PLH}와 하이에서 로우로의 지연 T_{PHL}이 속도의 특성을 기술하기 위하여 필요하다. 오늘날 CMOS 기술에서는 10 ps만큼 적은 게이트 지연이 얻어질 수 있다.

2) 이 정의는 로우와 하이 입력 레벨이 각각 0과 V_{DD}인 경우에만 적용한다.

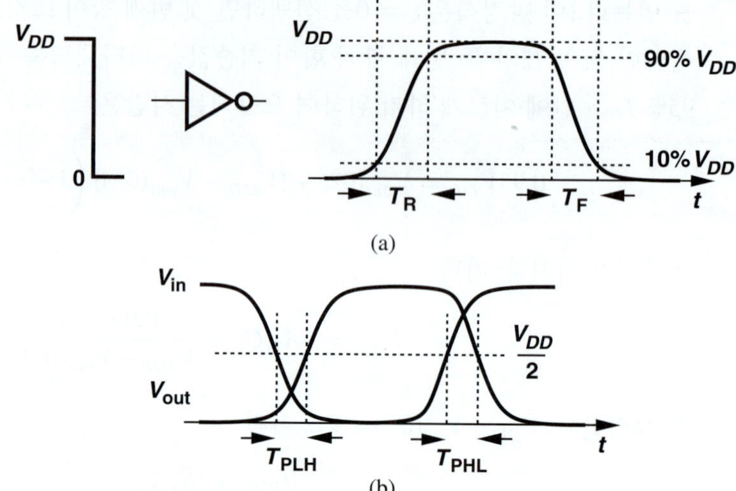

그림 16.11 (a) 상승과 하강 시간의 정의; (b) 전파 지연의 정의

독자는 예제 16.9에 있는 부하 커패시턴스의 본질에 대하여 의아해할 것이다. 게이트가 칩에서 단지 또 다른 게이트만을 구동한다면 이 커패시턴스는 2개의 근원으로부터 발생한다: 수반하는 게이트(들)의 입력 커패시턴스와 신호를 한 회로에서 다른 회로로 전달하는 '인터커넥트(interconnect)'(온칩 선)에 관련된 커패시턴스.

예제 16.10

하나의 NMOS 인버터가 그림 16.12에 그려진 것과 같이 하나의 동일한 단을 구동한다. 첫 번째 단이 1의 '팬아웃(fanout)'을 본다고 말한다. 출력 로우 레벨에 5%의 감소가 있다고 가정하는 경우에(예제 16.8) V_X가 로우에서 하이로 갈 때 노드 X에서 시상수를 결정하라. $C_X \approx WLC_{ox}$를 가정한다.

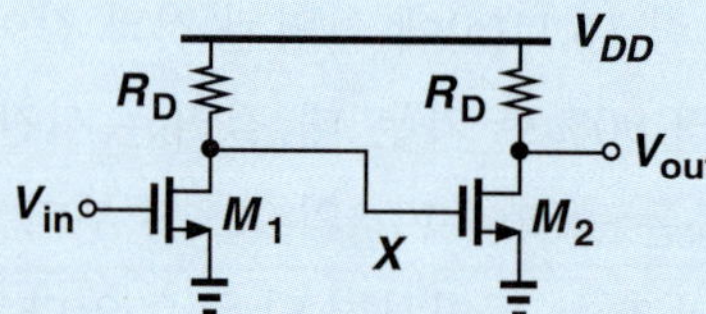

그림 16.12 인버터들의 직렬 연결

풀이 예제 16.9로부터 시상수는 단순히 $R_D C_X$와 같다는 것을 알고 있다. $R_D = 19R_{on1}$을 가정하면

$$\tau = R_D C_X \tag{16.23}$$

$$= \frac{19}{\mu_n C_{ox} \frac{W}{L}(V_{DD} - V_{TH})} \cdot WLC_{ox} \tag{16.24}$$

$$= \frac{19L^2}{\mu_n (V_{DD} - V_{TH})} \tag{16.25}$$

을 얻는다.

연습문제 M_1이 변하지 않은 반면에 M_2의 너비가 2배가 되었다고 가정하자. 시상수를 계산하라.

예제 16.11 예제 16.4에서, Inv_1의 출력을 Inv_2의 입력에 연결하는 선이 마이크론 길이당 50×10^{-18} F(50 aF)[3)]의 커패시터를 나타낸다. Inv_1에 의해 구동되는 인터커넥트 커패시턴스는 얼마인가?

풀이 15,000마이크론에 대하여

$$C_{int} = 15{,}000 \times 50 \times 10^{-18}\ \text{F} \tag{16.26}$$

$$= 750\ \text{fF} \tag{16.27}$$

이다. 이 값의 중요성을 이해하기 위하여, 작은 MOSFET의 게이트 커패시턴스를 계산하자. 예를 들어 $W = 0.5\ \mu\text{m}, L = 0.18\ \mu\text{m}, C_{ox} = 13.5\ \text{fF}/\mu\text{m}^2$이면

$$C_{GS} \approx WLC_{ox} \tag{16.28}$$

$$\approx 1.215\ \text{fF} \tag{16.29}$$

이 된다. 다시 말해서 Inv_1은 마치 640개의 게이트를 구동하는 것처럼 750 fF/1.215 fF ≈ 617의 팬아웃과 동일한 부하를 본다.

연습문제 선의 너비가 반이 되면 등가 팬아웃은 얼마인가?

16.1.3 전력-속도 상충

수백만 개의 게이트를 포함하는 집적 회로는 매우 높은 전력(수십 와트)을 소모할 수 있다. 전력 소모는 여러 가지 이유로 중요하다고 알려져 있다. 첫째로 전력 소모는 휴대용 컴퓨터와 휴대전화와 같은 휴대용 응용에서 전지 수명을 결정한다. 두 번째로 전력 소모는 칩의 온도를 증가시켜 트랜지스터의 성능을 감소시킨다.[4)] 세 번째로 전력 소모는 열을 칩으로부터 전도해 버릴 수 있는 특별한(비싼) 패키지를 요구한다.

게이트가 전력을 어떻게 소모할까? 예로서 그림 16.13의 NMOS 인버터를 고려하자. $V_{in} = 0$이면 M_1이 꺼진다. 반면에 $V_{in} = V_{DD}$이면 M_1은

3) 10^{-18}에 대한 약자는 'ato'이다.

4) 예를 들어 MOS 소자의 이동도는 온도가 올라감에 따라 떨어진다.

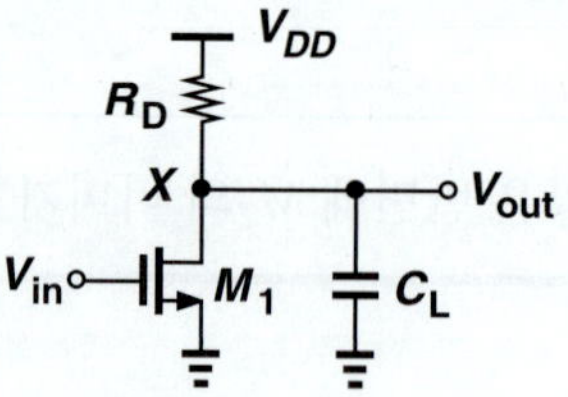

V_{DD} R_D X V_{out} V_{in} M_1 C_L

그림 16.13 부하 커패시턴스를 구동하는 NMOS 인버터

$$I_D = \frac{V_{DD} - V_{out,min}}{R_D} \tag{16.30}$$

와 같은 전류를 이끌어 내며 이 식은 식 (16.6)으로부터

$$I_D = \frac{\mu_n C_{ox}\frac{W}{L}(V_{DD} - V_{TH})V_{DD}}{1 + \mu_n C_{ox}\frac{W}{L}R_D(V_{DD} - V_{TH})} \tag{16.31}$$

로 변형된다. 또 다른 표현으로

$$I_D = \frac{V_{DD}}{R_D + R_{on1}} \tag{16.32}$$

이다. 그러므로 게이트는 출력이 로우일 때 $I_D \cdot V_{DD}$의 전력을 소모한다($R_D \gg R_{on1}$이면, $I_D V_{DD} \approx V_{DD}^2/R_D$). 이제 예제 16.9에서 배운 것처럼 게이트의 출력 상승시간은 시상수 $R_D C_L$에 의해서 결정된다는 것을 상기하자. 그러므로 전력 소모와 속도 사이에는 직접적인 상충이 있다는 것을 알게 된다: 높은 R_D 값은 전력 소모를 줄이지만 보다 긴 지연을 만든다. 사실상 전력 소모와 시상수의 곱으로 성능 지수를 정의할 수 있다.

$$(I_D V_{DD}) \cdot (R_D C_X) = \frac{V_{DD}^2}{R_D + R_{on1}} \cdot (R_D C_X) \tag{16.33}$$

예제 16.8에서 알게 된 바와 같이, 일반적으로 $R_D \gg R_{on1}$이고 그러므로

$$(I_D V_{DD}) \cdot (R_D C_X) \approx V_{DD}^2 C_X \tag{16.34}$$

이다.

디지털 설계에서, 성능 지수는 전력 소모 P와 시상수보다는 게이트 지연의 곱으로 정의된다. 이것은 종종 게이트의 비선형 동작이 출력 천이 동작을 하나의 시상수로 표현하지 못하기 때문이다. 그러므로 성능 지수는 '전력-지연 곱(PDP: power-delay product)'이라 불린다. T_{PHL}과 T_{PLH}가 같지 않을 수 있으므로, PDP를 T_{PHL}과 T_{PLH}의 평균에 대하여 정의한다.

$$PDP = P \cdot \frac{T_{PHL} + T_{PLH}}{2} \tag{16.35}$$

PDP는 에너지의 단위를 가진다. 즉, PDP는 논리 동작에 얼마만큼의 에너지가 소모되는가를 나타낸다.

예제 16.12 예제 16.10에서 공부한 동일한 인버터의 직렬 연결을 고려하자. T_{PLH}가 대략적으로 시상수의 3배와 같다고 가정하고 노드 X에서 로우에서 하이로 천이할 때 전력-지연 곱을 구하라.

풀이 전력 소모를 $I_D V_{DD} \approx V_{DD}^2/R_D$로 표현하면

$$PDP = (I_D V_{DD})(3R_D C_X) \tag{16.36}$$

$$= 3V_{DD}^2 C_X \tag{16.37}$$

$$= 3V_{DD}^2 WLC_{ox} \tag{16.38}$$

를 얻는다. 예를 들어 $V_{DD} = 1.8$ V, $W = 0.5$ μm, $L = 0.18$ μm, $C_{ox} = 13$ fF/μm^{2}이면, $PDP = 1.14 \times 10^{-14}$ J $= 11.4$ fJ이다.

연습문제 회로가 1 GHz로 동작하면 얼마나 많은 평균 전력이 소모되는가?

16.2 CMOS 인버터

CMOS 기술에서 가장 멋지고 중요한 발명품인 CMOS 인버터는 현대 디지털 시스템에 대한 기초를 만들어 냈다. 이 절에서는 이 회로의 정적 및 동적 성질을 공부한다.

16.2.1 초기 생각

16.1.1절에서 NOT(인버터) 함수는 공통 소스 단 그림 16.3(a)에 의해서 실현될 수 있다는 것을 보았다. 예제 16.8과 16.9에서 공식화된 것처럼 이 회로는 다음의 문제에 직면한다: (1) 부하 저항 R_D는 트랜지스터의 온-저항보다 아주 크게 선택되어야 한다. (2) R_D 값은 속도와 전력 소모 사이에 상충을 만든다. (3) 인버터는 출력이 로우를 유지하는 한 대략 V_{DD}^2/R_D의 전력을 소모한다. 큰 디지털 회로에서 마지막 결과는 인버터가 스위칭하지 않아도 에너지를 소모하므로 '정적 전력 소모'라 불리며 특별한 관심사이다. 예를 들어 백만 개의 게이트를 포함하는 VLSI 칩에서 출력의 반은 주어진 시간에 로우에 있고 그 때문에 $5 \times 10^5 \times V_{DD}^2/R_D$의 전력 소모를 필요로 한다. $V_{DD} = 1.8$ V이고 $R_D = 10$ kΩ인 경우에 이것은 162 W의 정적 전력 소모에 이르게 된다.

이전의 NMOS의 단점들은 기본적으로 '풀업(pull-up)' 소자로 불리는 부하 저항의 '수동' 특징으로부터 발생한다. R_D가 V_{DD}와 출력 노드 사이의 일정한 저항을 표현하므로 (1) M_1은 출력 노드를 로우로 만드는 동안 R_D와 싸워야만 하고 그러므로 R_{on1}은 R_D보다 아주 작게 유지하여야 한다[그림 16.14(a)]. (2) M_1이 꺼진 후 단지 R_D가 출력 노드를 V_{DD}를 향

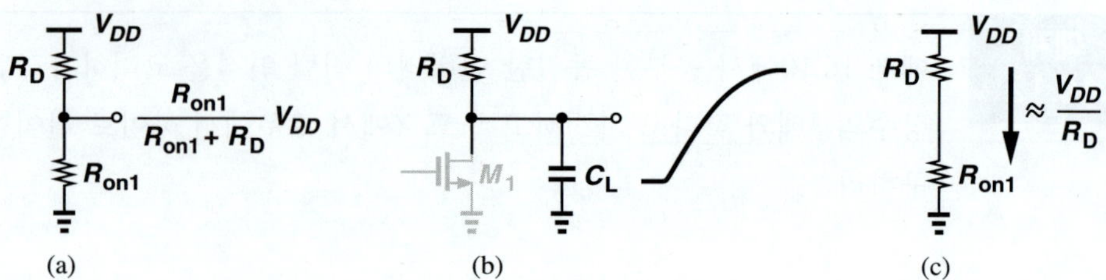

그림 16.14 (a) NMOS 인버터에서의 출력 크기 감소; (b) R_D에 의한 출력시간 제한; (c) 출력이 로우인 동안 소모되는 정적 전력

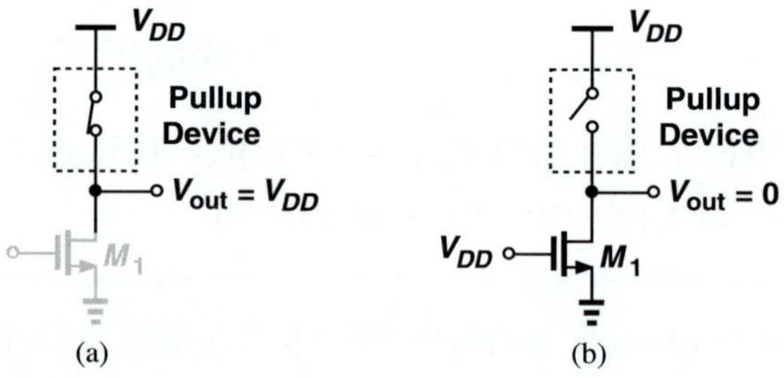

그림 16.15 (a) 높은 출력과 (b) 낮은 출력을 위한 능동 풀업 소자의 사용

하여 끌어올릴 수 있다[그림 16.14(b)]. (3) 회로는 출력이 로우일 때 전력 공급원으로부터 대략 V_{DD}/R_D의 전류를 끌어낸다[그림 16.14(c)]. 그러므로 '지적인(intelligent)' 풀업 소자를 사용하는 보다 효율적인 구현을 추구한다.

이상적인 풀업 소자가 인버터에서 어떻게 동작해야만 하는가에 대해서 질문해 보자. M_1이 꺼질 때, 풀업 소자는 출력 노드를 가급적이면 작은 저항으로 V_{DD}에 연결하여야 한다[그림 16.15(a)]. 반면에 M_2가 켜지면 풀업 소자는 V_{DD}로부터 접지로 전류가 흐르지 않게 하기 위해서 꺼져야만 한다(그리고 V_{out}은 정확히 0과 같게 하기 위하여). 후자의 성질은 또한 다음 예제에 설명된 것처럼 출력에서의 하강시간을 줄인다.

예제 16.13

그림 16.16에 그려진 2개의 인버터 구현을 고려하자. V_{in}이 $t = 0$에서 V_{DD}로 변하고 그림 16.16(b)에 있는 풀업 소자가 동시에 꺼진다고 가정하자. 두 회로에서 M_1과 C_L이 동일한 경우에 두 회로의 출력 하강시간을 비교하라.

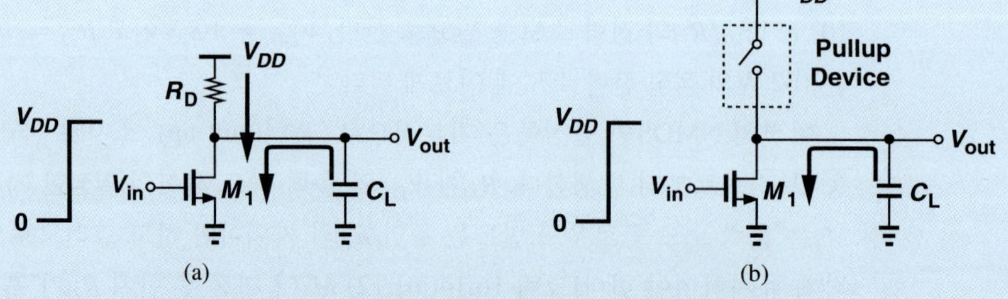

그림 16.16 (a) NMOS 인버터와 (b) 능동 풀업 소자를 사용하는 인버터의 비교

풀이 그림 16.16(a)에서 M_1은 두 전류를 흡수해야만 한다: 하나는 R_D에 의하여 전달되며 또 다른 하나는 C_L을 방전하기 위하여 요구된다. 반면에 그림 16.16(b)에서 I_{D1}은 풀업 소자가 꺼지기 때문에 단순히 C_L을 방전한다. 결과적으로 V_{out}은 그림 16.16(b)의 구조에서 보다 급격하게 떨어진다.

연습문제 각 회로에서, V_{out}이 V_{DD}에서 0으로 떨어짐으로써 M_1에 의해서 소모되는 에너지를 결정하라.

요약하면, M_1이 꺼질 때 그림 16.15에 있는 풀업 소자가 꺼지길 원하고 그 반대의 경우도 원한다. 이 목적을 위하여 트랜지스터를 사용하고 입력 전압에 의해서 그것을 켜고 끄는 것이 가능할까[그림 16.17(a)]? V_{in}이 로우일 때 트랜지스터는 켜져야만 하고 PMOS 소자가 필요하다는 것을 예상할 수 있다[그림 16.17(b)]. 'CMOS 인버터'라 불리는 이 구조는 NMOS 소자와 PMOS 소자 사이의 '상호 동작'으로부터 이익을 얻는다: M_1이 V_{out}을 끌어올리기 원할 때, M_2는 꺼지며 그 반대도 성립한다.

'능동' 풀업 소자에 의하여 CMOS 인버터는 NMOS 실현의 단점들을 피한다는 것을 인지하는 것이 중요하다: (1) 출력 로우 레벨은 $V_{in} = V_{DD}$가 M_2가 꺼져 있는 것을 보장하기 때문에 정확하게 0과 같다. (2) 회로는 하이와 로우 출력 레벨에 대하여 0 정적 전력을 소모한다. 그림 16.17(c)는 입력과 출력 특성의 개략적인 그림을 보여 주면서 $V_{in} = V_{DD}$에 대하

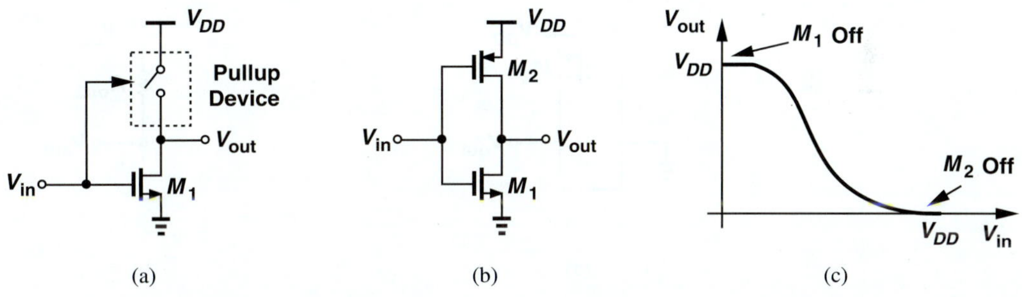

그림 16.17 (a) 입력에 의해 조절되는 풀업 소자; (b) CMOS 인버터; (c) 입력/출력 특성

Did you know?

CMOS 인버터는 1963년에 Fairchild의 Sah와 Wanlass에 의해 제안되었다. 기존 논리 계열과 다르게 CMOS 인버터는 동작하지 않을 때 전력을 거의 소모하지 않아서 저전력 디지털 집적 회로 구현의 기회를 주었다. 흥미롭게도 CMOS 논리의 첫 번째 응용은 1970년 제작된 디지털 시계였다. 1976년에 RCA는 1802 마이크로프로세서를 소개하였는데 이는 분명한 첫 번째 CMOS 구현이었다. 저전력 소모 특성(및 우주 방사선에 대한 내성) 덕분에 이 프로세서는 목성 무인 탐사선 갈릴레오에 사용되었다.

여 $V_{out} = 0$이라는 것을 강조한다. 이 장에서는 인버터에서 NMOS와 PMOS 트랜지스터의 비를 각각 $(W/L)_1$과 $(W/L)_2$로 나타낸다.

16.2.2 전압 전달 특성

CMOS 인버터에 대한 깊이 있는 공부를 그것의 정적 특성으로 시작한다. V_{in}을 0으로부터 V_{DD}로 변화시키고 대응되는 출력을 그린다. 2개의 트랜지스터는 모든 조건에서 (인버터가 다른 회로에 의해서 부하가 걸리지 않는 한) 동일한 전류를 흐르게 한다. $V_{in} = 0$[그림 16.18(a)]을 가정하자. 그러면 M_1은 꺼지고 M_2는 켜진다. $|I_{D2}| = I_{D1} = 0$인 동안 M_2가 어떻게 켜진 상태를 유지하는가? 이것은 M_2가 0 드레인-소스 전압을 유지하는 경우에만 가능하다. 즉,

$$|I_{D2}| = \frac{1}{2}\mu_p C_{ox}\left(\frac{W}{L}\right)_2 [2(V_{DD} - |V_{TH2}|)|V_{DS2}| - V_{DS}^2] = 0 \tag{16.39}$$

이

$$V_{DS2} = 0 \tag{16.40}$$

을 요구하고 그러므로

$$V_{out} = V_{DD} \tag{16.41}$$

이다. 다른 측면에서, M_2는 다음의 저항값으로 동작하며

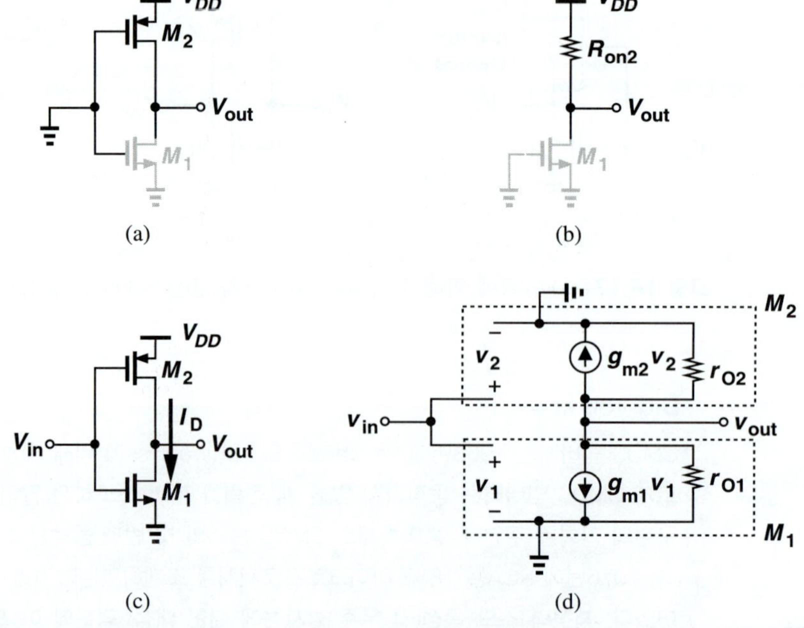

그림 16.18 (a) 로우 입력을 감지하는 CMOS 인버터; (b) 등가 회로; (c) 양 트랜지스터가 켜졌을 때의 공급 전류; (d) 소신호 모델

$$R_{on2} = \frac{1}{\mu_p C_{ox}\left(\frac{W}{L}\right)_2 (V_{DD} - |V_{TH2}|)} \tag{16.42}$$

출력 노드를 V_{DD}로 끌어올린다[그림 16.18(b)].

V_{in}이 증가함에 따라 M_2의 게이트-소스 과구동은 감소하고 그것의 온-저항은 증가한다. 그러나 $V_{in} < V_{TH1}$에 대하여 M_1은 꺼져 있고 $V_{out} = V_{DD}$이다. V_{in}이 V_{TH1}을 약간 초과할 때 M_1은 켜지고 M_2의 온-저항을 통하여 V_{DD}로부터 전류를 끌어낸다[그림 16.18(c)]. V_{out}이 아직 V_{DD}에 가까우므로 M_1은 포화 영역에서 동작하고 M_2는 여전히 선형 영역에 놓여 있다. 2개의 드레인 전류를 같게 놓으면

$$\frac{1}{2}\mu_n C_{ox}\left(\frac{W}{L}\right)_1 (V_{in} - V_{TH1})^2$$

$$= \frac{1}{2}\mu_p C_{ox}\left(\frac{W}{L}\right)_2 [2(V_{DD} - V_{in} - |V_{TH2}|)(V_{DD} - V_{out}) - (V_{DD} - V_{out})^2] \tag{16.43}$$

을 얻으며 여기서 채널길이 변조는 무시되었다. 이 제곱 방정식은 V_{out}의 동작을 V_{in}의 함수로 표현하기 위하여 $V_{DD} - V_{out}$ 항으로 풀 수 있다. 그러나 정량적 관점으로부터 V_{in}이 증가함에 따라 I_{D1}과 M_2의 채널 저항이 모두 증가하므로 V_{out}이 계속 떨어지기 시작하는 것을 관찰한다.

V_{out}이 충분히 떨어지면 M_2는 포화 영역으로 들어간다. 즉, $V_{out} = V_{in} + |V_{TH2}|$ 이면 M_2는 선형 영역을 막 벗어나려고 한다. 그러나 M_1은 어떤가? M_1의 드레인 전압$(=V_{out})$이 그것의 게이트 전압(V_{in})보다 높으므로 이 소자는 아직 포화 영역에서 동작한다. 이 영역에서 인버터 VTC를 얻기 위해서 다시 드레인 전류를 같게 하고 채널길이 변조를 무시한다.

$$\frac{1}{2}\mu_n C_{ox}\left(\frac{W}{L}\right)_1 (V_{in} - V_{TH1})^2 = \frac{1}{2}\mu_p C_{ox}\left(\frac{W}{L}\right)_2 (V_{DD} - V_{in} - |V_{TH2}|)^2 \tag{16.44}$$

여기서 V_{out}에 무슨 일이 생겼는가? 식 (16.44)는 V_{out}을 포함하지 않고 V_{in}에 대하여 유일한 값을 암시하므로 무의미하다. 이 문제는 두 이상적인 전류원이 출력 노드에서 서로 싸우는 것을 허용했기 때문에 발생한다. 채널길이 변조를 포함하면 이 문제가 해결된다.

$$\frac{1}{2}\mu_n C_{ox}\left(\frac{W}{L}\right)_1 (V_{in} - V_{TH1})^2 (1 + \lambda_1 V_{out})$$

$$= \frac{1}{2}\mu_p C_{ox}\left(\frac{W}{L}\right)_2 (V_{DD} - V_{in} - |V_{TH2}|)^2 [1 + \lambda_2 (V_{DD} - V_{out})] \tag{16.45}$$

따라서

$$V_{out} = \frac{\mu_p\left(\frac{W}{L}\right)_2 (V_{DD} - V_{in} - |V_{TH2}|)^2 - \mu_n\left(\frac{W}{L}\right)_1 (V_{in} - V_{TH1})^2}{\lambda_2 \mu_p\left(\frac{W}{L}\right)_2 (V_{DD} - V_{in} - |V_{TH2}|)^2 + \lambda_1 \mu_n\left(\frac{W}{L}\right)_1 (V_{in} - V_{TH1})^2} \tag{16.46}$$

이 성립한다.

더 많은 통찰력을 얻고 V_{out}이 여기서 급격히 변한다는 것을 증명하기 위하여 이 영역에서 인버터의 소신호 이득을 계산하자. 동작은 포화 영역에서 하고 각 트랜지스터는 유한 출력 임피던스를 가지는 전압종속 전류원으로서 모델링된다[그림 16.18(d)]. $v_1 = v_2 = v_{in}$이므로, 출력 노드에서 KCL은

$$\frac{v_{out}}{v_{in}} = -(g_{m1} + g_{m2})(r_{O1}\|r_{O2}) \tag{16.47}$$

가 성립하게 하며 이 식은 전압 이득이 MOSFET의 고유 이득 정도임을 나타낸다.

그림 16.19(a)는 지금까지의 결과를 요약한 것이다. 출력은 $V_{in} < V_{TH1}$이면 V_{DD}에 유지되고, V_{in}이 V_{TH1}을 초과함으로써 떨어지기 시작하고, M_2가 포화 영역으로 들어갈 때 급격한 떨어짐을 경험한다. $V_{out} = V_{in}$일 때 입력 레벨은 인버터의 '트립점(trip point)'으로 불린다('스위칭 임계점'이라고도 불림)[그림 16.19(b)]. 이 점에서 두 트랜지스터는 포화 영역에 있다.(왜 그럴까?) 트립점은 V_M으로 나타낸다. 또한 게이트 출력의 최댓값과 최솟값은 각각 V_{OH}와 V_{OL}로 나타낸다.

입력이 트립점 이상으로 감에 따라 $V_{in} - V_{out}$은 결국 V_{TH1}을 초과하고 그럼으로써 M_1을 선형 영역으로 작동시킨다. 그러므로 M_1의 트랜스컨덕턴스는 떨어지고 회로의 소신호 이득도 떨어진다[그림 16.19(c)]. 이제

$$\frac{1}{2}\mu_n C_{ox}\left(\frac{W}{L}\right)_1[2(V_{in} - V_{TH1})V_{out} - V_{out}^2] = \frac{1}{2}\mu_p C_{ox}\left(\frac{W}{L}\right)_2(V_{DD} - V_{in} - |V_{TH2}|)^2 \tag{16.48}$$

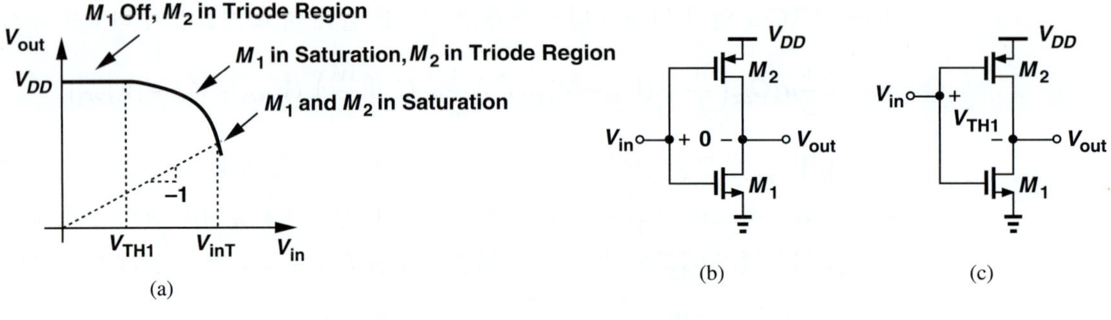

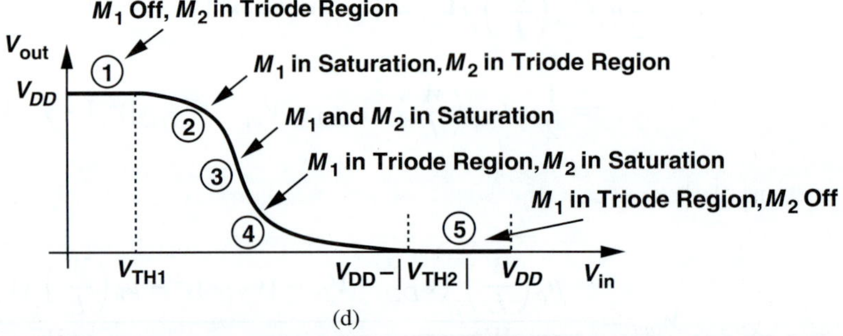

그림 16.19 (a) $V_{in} \leq V_{inT}$에 대하여 CMOS 인버터의 동작; (b) 트립점에서의 CMOS 인버터; (c) 포화 영역 끝에서의 M_1; (d) 전체적인 특성

을 얻는다. 여기서 채널길이 변조는 무시되었다. 이 2차 방정식으로부터 V_{out}이 V_{in}의 항으로 표현될 수 있지만 M_1이 선형 영역에서 동작하는 것으로 인하여 보다 점진적인 기울기를 기대한다.

마지막으로 V_{in}이 $V_{DD}-|V_{TH2}|$로 증가함으로써 M_2는 꺼지고 $V_{out}=0$이 되는 것을 허용한다. 이 영역에서 M_1은 0 전류를 흐르게 하는 저항으로서 동작한다. 그림 16.19(d)는 전체적인 VTC를 그리며 숫자에 의해서 다른 동작 영역들을 식별한다.

예제 16.14 CMOS 인버터의 트립점을 $V_{DD}/2$로 만드는, 그러므로 '대칭적인' VTC를 제공하는 $(W/L)_1$과 $(W/L)_2$ 사이의 관계를 결정하라.

풀이 V_{in}과 V_{out}을 식 (16.45)에서 모두 $V_{DD}/2$로 대치하면

$$\mu_n C_{ox}\left(\frac{W}{L}\right)_1\left(\frac{V_{DD}}{2}-V_{TH1}\right)^2\left(1+\lambda_1\frac{V_{DD}}{2}\right) \tag{16.49}$$

$$=\mu_p C_{ox}\left(\frac{W}{L}\right)_2\left(\frac{V_{DD}}{2}-|V_{TH2}|\right)^2\left(1+\lambda_2\frac{V_{DD}}{2}\right)$$

를 얻고 그러므로

$$\frac{\left(\frac{W}{L}\right)_1}{\left(\frac{W}{L}\right)_2}=\frac{\mu_p\left(\frac{V_{DD}}{2}-|V_{TH2}|\right)^2\left(1+\lambda_2\frac{V_{DD}}{2}\right)}{\mu_n\left(\frac{V_{DD}}{2}-V_{TH1}\right)^2\left(1+\lambda_1\frac{V_{DD}}{2}\right)} \tag{16.50}$$

이다. 실제로 $|V_{TH2}|$와 V_{TH1}의 차이는 $V_{DD}/2-|V_{TH1,2}|$에 비하여 무시될 수 있다. 마찬가지로 $1+\lambda_1 V_{DD}/2 \approx 1+\lambda_2 V_{DD}/2$이다. 또한 디지털 설계에서 L_1과 L_2 모두 일반적으로 최소 허용 값과 같게 선택된다.

$$\frac{W_1}{W_2}\approx\frac{\mu_p}{\mu_n} \tag{16.51}$$

PMOS 이동도는 NMOS 이동도의 약 3분의 1이므로 M_2는 일반적으로 M_1 너비의 2~3배이다.

연습문제 이 조건에서 인버터의 소신호 이득은 무엇인가?

예제 16.15 PMOS 트랜지스터의 너비가 증가함에 따라(즉, PMOS 소자가 '더 강해짐'에 따라) CMOS 인버터의 VTC에 무슨 일이 발생하는지를 정량적으로 설명하라.

풀이 트립점 주변의 천이 영역을 고려하자. 여기서 M_1과 M_2는 모두 포화 영역에서 동작한다. PMOS 소자가 더 강해짐에 따라 회로는 $I_{D1} = |I_{D2}|$를 성립하게 하기 위하여 좀 더 높은 전압을 요구한다. 이는 식 (16.45)로부터 분명해진다: $V_{out} = V_{DD}/2$에 대하여 $(W/L)_2$가 증가하면 V_{in} 또한 증가하여 우변에서 $(V_{DD} - V_{in} - |V_{TH2}|)^2$이 감소하고 좌변에서 $(V_{in} - V_{TH1})^2$은 증가하게 된다. 결과적으로 특성은 오른쪽으로 이동한다.(왜 그럴까?) (트립점 근처에서 소신호 이득에 어떤 일이 생기는가?)

연습문제 PMOS 소자가 저항 축퇴를 경험하면 CMOS 인버터의 VTC에 무슨 일이 생기는가?

잡음 마진 예제 16.6으로부터 디지털 인버터는 항상 입력/출력 특성의 어떤 영역에서는 1보다 큰 소신호 전압 이득을 보인다는 것을 알았다. CMOS 인버터의 이득이 $V_{in} = 0$과 $V_{in} = V_{DD}$ 근처에서 0으로 떨어지므로 0과 V_{DD} 사이의 두 점에서 (음의) 1의 이득을 기대한다.

논리 로우 레벨에서 전압 마진을 결정하기 위하여 그림 16.19(d)에서 영역 2에 집중한다. 선형 영역에 있는 M_2로 인해 전압 이득은 상대적으로 작고 어디에선가는 1의 크기라고 쉽게 가정된다. 예제 16.7과 유사한 방법으로 식 (16.43)의 양변을 V_{in}에 대하여 직접 미분하면

$$2\mu_n\left(\frac{W}{L}\right)_1(V_{in} - V_{TH1}) = \mu_p\left(\frac{W}{L}\right)_2\left[-2(V_{DD} - V_{out}) - 2(V_{DD} - V_{in} - |V_{TH2}|)\frac{\partial V_{out}}{\partial V_{in}} + 2(V_{DD} - V_{out})\frac{\partial V_{out}}{\partial V_{in}}\right] \tag{16.52}$$

이다. 이득이 -1에 이르는 입력 크기 V_{IL}은 $\partial V_{out}/\partial V_{in} = -1$을 가정하면 풀 수 있다.

$$\mu_n\left(\frac{W}{L}\right)_1(V_{IL} - V_{TH1}) = \mu_p\left(\frac{W}{L}\right)_2(2V_{OH} - V_{IL} - |V_{TH2}| - V_{DD}) \tag{16.53}$$

여기서 V_{OH}는 대응되는 출력 크기를 나타낸다. 식 (16.53)으로부터 V_{OH}를 얻기 위하여 식 (16.43)에 대입하고 좀 더 긴 대수를 수행하면

$$V_{IL} = \frac{2\sqrt{a}(V_{DD} - V_{TH1} - |V_{TH2}|)}{(a-1)\sqrt{a+3}} - \frac{V_{DD} - aV_{TH1} - |V_{TH2}|}{a-1} \tag{16.54}$$

에 이른다. 여기서

$$a = \frac{\mu_n\left(\frac{W}{L}\right)_1}{\mu_p\left(\frac{W}{L}\right)_2} \tag{16.55}$$

이다.

예제 16.16 예제 16.14로부터 대칭 VTC는 $a = 1$, $V_{TH1} = |V_{TH2}|$와 $\lambda_1 = \lambda_2$의 결과라는 것을 알았다. 이 경우에 V_{IL}을 계산하라.

풀이 식 (16.54)에서 $a = 1$을 선택하면 $V_{IL} = \infty - \infty$가 된다. 먼저 식 (16.54)를

$$V_{IL} = \frac{2\sqrt{a}(V_{DD} - 2V_{TH1}) - \sqrt{a+3}[V_{DD} - (a+1)V_{TH1}]}{(a-1)\sqrt{a+3}} \tag{16.56}$$

과 같이 다시 쓰고 로피탈(L'Hopital)의 법칙을 사용할 수 있다. 여기서 $V_{TH1} = |V_{TH2}|$가 가정되었다. 분자와 분모를 a에 대하여 미분하고 a를 1로 대체하면

$$V_{IL} = \frac{3}{8}V_{DD} + \frac{1}{4}V_{TH1} \tag{16.57}$$

을 얻는다. 예를 들어 $V_{DD} = 1.8$ V이고 V_{TH1}이 0.5 V이면 $V_{IL} = 0.8$ V이다.

연습문제 V_{IL}이 왜 V_{TH1}을 초과해야만 하는가를 설명하라.

이제 NM_H를 논하며 식 (16.48)의 양변을 V_{in}에 대하여 미분한다.

$$\mu_n\left(\frac{W}{L}\right)_1\left[2V_{out} + 2(V_{in} - V_{TH1})\frac{\partial V_{out}}{\partial V_{in}} - 2V_{out}\frac{\partial V_{out}}{\partial V_{in}}\right]$$
$$= 2\mu_p\left(\frac{W}{L}\right)_2(V_{in} - V_{DD} - |V_{TH2}|) \tag{16.58}$$

다시 $\partial V_{out}/\partial V_{in} = -1$, $V_{in} = V_{IH}$이고 $V_{out} = V_{OL}$로 가정하면

$$V_{IH} = \frac{2a(V_{DD} - V_{TH1} - |V_{TH2}|)}{(a-1)\sqrt{1+3a}} - \frac{V_{DD} - aV_{TH1} - |V_{TH2}|}{a-1} \tag{16.59}$$

를 얻는다. 독자는 $a = 1$, $V_{TH1} = |V_{TH2}|$, $\lambda_1 = \lambda_2$에 대하여 다음 식을 증명할 수 있다.

$$NM_H = NM_L = \frac{3}{8}V_{DD} + \frac{1}{4}V_{TH1} \tag{16.60}$$

예제 16.17 식 (16.60)에 의해서 표현되는 잡음 마진을 이상적인 인버터의 잡음 마진과 비교하라.

풀이 동일한 인버터는 그림 16.1(b)에서 설명된 동작에 의해 특징지어진다. 여기서 소신호 이득이 트립점에서 갑자기 0에서 무한대로 간다. 대칭 VTC로 인해

$$NM_{H,\text{ideal}} = NM_{L,\text{ideal}} = \frac{V_{DD}}{2} \tag{16.61}$$

가 된다. 이 값은 V_{TH1}과 $|V_{TH2}|$가 일반적으로 $V_{DD}/2$보다 작으므로 식 (16.60)의 잡음 마진보다 크다.(그리고 천이 영역에서 이득은 무한대보다 작다.)

연습문제 천이 영역 이득이 5일 때 이상적인 인버터의 잡음 마진의 감소를 결정하라. 대칭 VTC를 가정한다.

예제 16.18 CMOS 인버터의 V_{TH1}과 $|V_{TH2}|$가 $V_{DD}/2$를 초과하면 무슨 일이 일어나는지 설명하라.

풀이 $V_{in} = V_{DD}/2$에 대하여 회로의 동작을 고려하자. 이 경우에 양 트랜지스터는 꺼지고 출력 노드를 '부유'하게 한다. 이것과 속도 때문에 (다음 절에서 설명되는) 문턱 전압은 일반적으로 $V_{DD}/4$보다 작게 선택된다.

연습문제 $V_{TH1} = V_{DD}/4$이지만 $|V_{TH2}| = 3V_{DD}/4$인 경우 무슨 일이 생기는가?

16.2.3 동적 특성

16.1.2절에 설명된 것과 같이 게이트의 동적 동작은 출력이 하나의 논리 레벨로부터 다른 논리 레벨로 변하는 비율에 관련된다. 이제 회로가 유한 부하 커패시턴스를 구동하는 동안 CMOS 인버터의 계단 입력에 대한 응답을 분석한다. 16.1.2절에서 다룬 NMOS 인버터에 대한 내용과 16.2.1설에서 이끌어 낸 대비가 여기서 유용하다.

정성적 공부 먼저 CMOS 인버터가 어떻게 부하 커패시턴스를 충전하고 방전하는지를 이해하자. 그림 16.20(a)에 그려진 것과 같이 V_{in}이 $t = 0$에서 V_{DD}로부터 0으로 변하고 V_{out}이 0으로부터 올라가기 시작한다고 가정하자. M_1은 꺼지고 M_2가 켜져서 C_L을 V_{DD}로 충전한다. M_2에 의해 제공되는 상대적으로 일정한 전류를 가지고 V_{out}은 M_2가 선형 영역으로 들어가서 더 작은 전류를 제공할 때까지 선형적으로 증가한다. 출력 전압은 마치 M_2가 저항

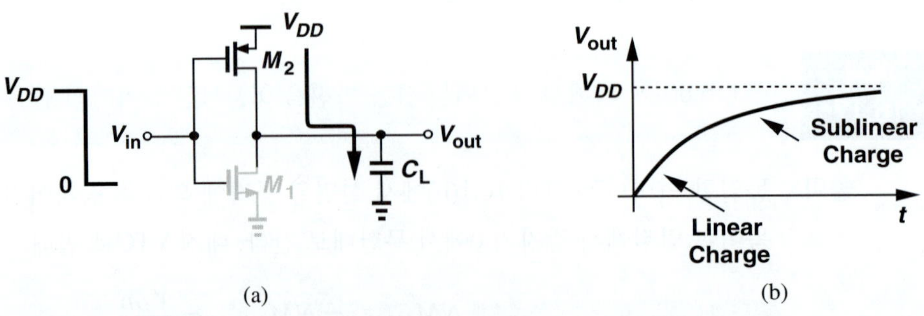

그림 16.20 (a) 부하 커패시턴스를 충전하는 CMOS 인버터; (b) 출력 파형

으로 동작하는 것처럼 계속 증가하여 결국 V_{DD}에 이르고 M_2의 드레인 전류가 0이 되게 한다. 그림 16.20(b)는 출력의 동작을 그린 것이다.

예제 16.19 M_2의 드레인 전류를 시간의 함수로 도시하라.

풀이 전류는 높은(포화된) 값에서 시작하여 V_{out}이 $|V_{TH2}|$를 초과함으로써 떨어지기 시작한다.(왜 그럴까?) 그 후에 전류는 V_{out}이 V_{DD}에 접근함에 따라 계속 감소하고 그러므로 V_{DS2}는 0으로 떨어진다. 그림 16.21은 그 결과를 보여 준다.

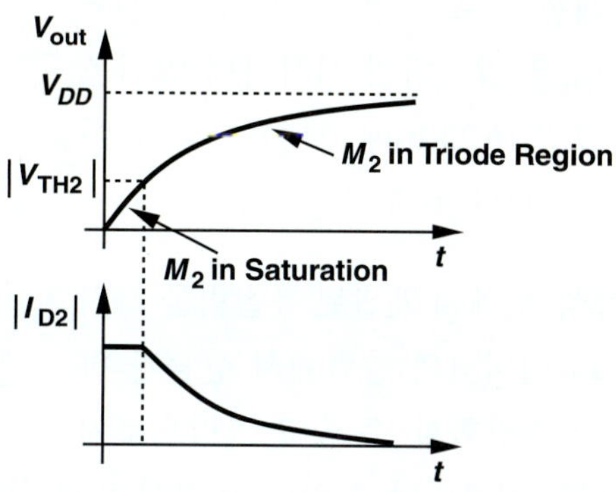

그림 16.21

연습문제 공급 전류를 시간의 함수로 도시하라.

예제 16.20 다른 $(W/L)_2$에 대하여 그림 16.20(b)의 출력 파형을 도시하라.

풀이 $(W/L)_2$가 증가함에 따라 M_2의 전류 구동 또한 증가한다(포화와 선형 영역 모두에서). 그러므로 그림 16.22에 설명된 것과 같이 회로는 빠른 상승 천이를 보인다. 물론 매우 큰 W_2에 대해서는 출력 노드에서 M_2 자신에 의한 커패시턴스가 C_L과 비슷해지고 속도는 덜 향상된다.

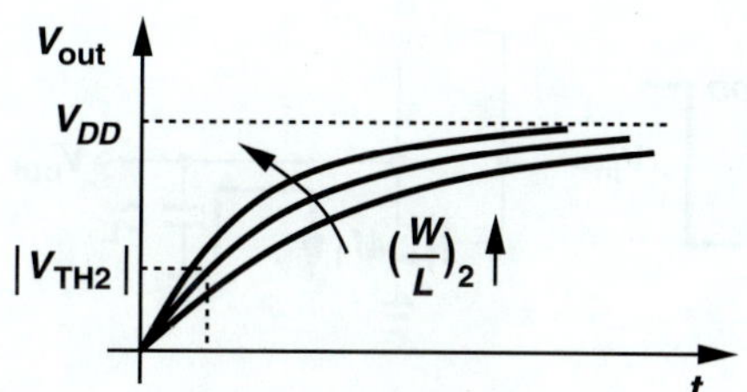

그림 16.22

연습문제 다른 $(W/L)_2$ 값에 대하여 M_2의 드레인 전류를 도시하라.

출력 방전 동작은 어떤가? 그림 16.23(a)에 보이는 것과 같이 입력이 $t = 0$에서 0으로부터 V_{DD}로 올라가면 M_2는 꺼지고 M_1은 켜져서 C_L을 V_{DD}에서 0으로 방전하기 시작한다. 트랜지스터 M_1은 V_{out}이 게이트 전압$(=V_{DD})$보다 V_{TH1}만큼 아래로 떨어질 때까지 포화 영역에서 동작한다. 여기서 I_{D1}은 감소하기 시작하며 방전을 늦춘다. 그림 16.23(b)에 그려진 것과 같이 V_{out}은 점진적으로 0에 접근한다.

Did you know?

인텔의 첫 번째 프로세서 4004는 최대 클럭 주파수 750 kHZ로 동작한 반면에, 현재 프로세서들은 거의 4 GHz까지 동작한다. 이 5300배에 달하는 속도 향상은 소자의 채널 길이를 10 μm에서 30 nm까지 (약 330배) 줄인 것에 기인한다. 최근 게이트 지연은 대략 8 ps 정도이다. 하지만 8 ps는 4 GHz보다 훨씬 더 빠른 속도를 의미하지 않는가? 여기서 중요한 것은 8 ps는 동일한 인버터들로 구성된 체인에서의 지연이라는 점이다. 큰 팬아웃, 보다 중요하게 칩에서 긴 선의 영향을 고려하면, 지연은 상당히 크게 된다.

정량적 해석 위에서 개발된 통찰력을 가지고 CMOS 인버터의 출력에서 상승과 하강 천이를 정량화할 수 있고 그럼으로써 전파 지연도 정량화할 수 있다. 여기서 채널길이 변조는 무시한다.

그림 16.20으로부터 입력이 0으로 떨어진 후에 M_2는

$$|I_{D2}| = \frac{1}{2}\mu_p C_{ox}\left(\frac{W}{L}\right)_2 (V_{DD} - |V_{TH2}|)^2 \tag{16.62}$$

으로 주어지는 일정 전류로 C_L을 충전하기 시작한다는 것을 알 수 있다. 이는

$$V_{out}(t) = \frac{|I_{D2}|}{C_L}t \tag{16.63}$$

$$= \frac{1}{2}\mu_p \frac{C_{ox}}{C_L}\left(\frac{W}{L}\right)_2 (V_{DD} - |V_{TH2}|)^2 t \tag{16.64}$$

를 만든다. 트랜지스터 M_2는

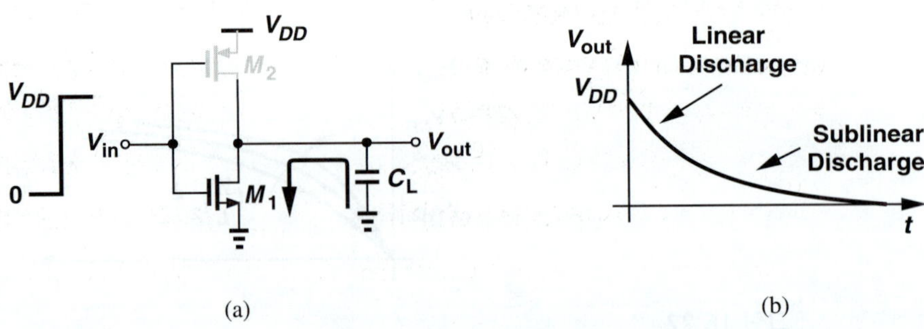

그림 16.23 (a) 부하 커패시턴스를 방전하는 CMOS 인버터; (b) 출력 파형

$$T_{PLH1} = \frac{2|V_{TH2}|C_L}{\mu_p C_{ox}\left(\frac{W}{L}\right)_2 (V_{DD} - |V_{TH2}|)^2} \tag{16.65}$$

로 주어지는 시간에 $V_{out} = |V_{TH2}|$에 대하여 선형 영역으로 들어간다. 그 후에 M_2는 선형 영역으로 동작하며

$$|I_{D2}| = C_L \frac{dV_{out}}{dt} \tag{16.66}$$

이 성립하게 하고 그러므로

$$\frac{1}{2}\mu_p C_{ox}\left(\frac{W}{L}\right)_2 \left[2(V_{DD} - |V_{TH2}|)(V_{DD} - V_{out} - (V_{DD} - V_{out})^2\right] = C_L \frac{dV_{out}}{dt} \tag{16.67}$$

이 된다. 항들을 재배열하면

$$\frac{dV_{out}}{2(V_{DD} - |V_{TH2}|)(V_{DD} - V_{out}) - (V_{DD} - V_{out})^2} = \frac{1}{2}\mu_p \frac{C_{ox}}{C_L}\left(\frac{W}{L}\right)_2 dt \tag{16.68}$$

가 된다. $V_{DD} - V_{out} = u$라고 정의하고 다음을 유념하면

$$\int \frac{du}{au - u^2} = \frac{1}{a} \ln \frac{u}{a - u} \tag{16.69}$$

아래 식을 얻는다.

$$\frac{-1}{2(V_{DD} - |V_{TH2}|)} \ln \frac{V_{DD} - V_{out}}{V_{DD} - 2|V_{TH2}| + V_{out}}\Bigg|_{Vout=|VTH2|}^{Vout=VDD/2} = \frac{1}{2}\mu_p \frac{C_{ox}}{C_L}\left(\frac{W}{L}\right)_2 T_{PLH2} \tag{16.70}$$

여기서 시간의 원점은 단순화를 위해 $t = T_{PLH1}$과 일치하게 선택되었으며, T_{PLH2}는 V_{out}이 $|V_{TH2}|$에서 $V_{DD}/2$로 가는 데 필요한 시간을 나타낸다. 따라서

$$T_{PLH2} = \frac{C_L}{\mu_p C_{ox}\left(\frac{W}{L}\right)_2 [V_{DD} - |V_{TH2}|)} \ln\left(3 - 4\frac{|V_{TH2}|}{V_{DD}}\right) \tag{16.71}$$

이 성립한다. 흥미롭게도 식 (16.71)의 분모는 M_2가 깊은 선형 영역에서 동작할 때 M_2의 온-저항의 역수를 표현한다. 그러므로 다음과 같다.

$$T_{PLH2} = R_{on2}C_L \ln\left(3 - 4\frac{|V_{TH2}|}{V_{DD}}\right) \tag{16.72}$$

$4|V_{TH2}| \approx V_{DD}$이면 이 결과는 C_L이 R_{on2}와 동일한 일정한 저항을 통하여 충전되는 것처럼 $T_{PLH2} = R_{on2}C_L \ln 2$로 간략화된다. 그러므로 전체 전파 지연은 다음 식으로 주어진다.

$$T_{PLH} = T_{PLH1} + T_{PLH2} \tag{16.73}$$

$$= R_{on2}C_L\left[\frac{2|V_{TH2}|}{V_{DD} - |V_{TH2}|} + \ln\left(3 - 4\frac{|V_{TH2}|}{V_{DD}}\right)\right] \tag{16.74}$$

여기서 중요한 관측은 T_{PLH}는 V_{DD}가 증가하면 감소한다는 것이다.(왜 그럴까?) 또한 $|V_{TH2}| \approx V_{DD}/4$에 대하여 대괄호 안에 있는 두 항은 거의 동일하다.

예제 16.21 한 학생이 M_2에 대한 평균 전류를 사용함으로써 앞의 T_{PLH2}에 대한 유도를 회피하기로 결정하였다. 즉, I_{D2}가 그것의 초깃값인 $(1/2)\mu_p C_{ox}(W/L)_2(V_{DD} - |V_{TH2}|)^2$과 그것의 최종값인 0 사이의 평균과 동일한 일정한 값으로 근사화되었다. 결과적인 T_{PLH2}를 결정하고 식 (16.72)에 의해 표현된 T_{PLH2}와 비교하라.

풀이 평균 전류는 $(1/4)\mu_p C_{ox}(W/L)_2(V_{DD} - |V_{TH2}|)^2$과 같고

$$T_{PLH2} = \frac{C_L}{\mu_p C_{ox}\left(\dfrac{W}{L}\right)_2 (V_{DD} - |V_{TH2}|)} \cdot \frac{V_{DD}/2 - (V_{DD} - |V_{TH2}|)}{V_{DD} - |V_{TH2}|} \tag{16.75}$$

가 성립하게 한다. $|V_{TH2}|$가 대략 $V_{DD}/4$와 같으므로 $V_{DD}/(V_{DD} - |V_{TH2}|) \approx 4/3$라 가정하면

$$T_{PLH2} \approx \frac{4}{3} R_{on2} C_L \tag{16.76}$$

이 된다. 위에서 얻어진 것보다 약 50% 크다.

연습문제 $|V_{TH2}| \approx V_{DD}/3$이면 무슨 일이 발생하는가?

T_{PHL}의 계산은 위와 동일한 과정을 따른다. 특히 입력이 0에서 V_{DD}로 바뀐 후[그림 16.23(a)] M_2는 꺼지고 M_1은 $(1/2)\mu_n C_{ox}(W/L)_1(V_{DD} - |V_{TH1}|)^2$ 전류를 끌어낸다. M_1을 선형 영역으로 들어가게 하기 위하여 요구되는 시간은

$$T_{\text{PHL1}} = \frac{2V_{TH1} C_L}{\left(\mu_n C_{ox} \dfrac{W}{L}\right)_1 (V_{DD} - V_{TH1})^2} \tag{16.77}$$

로 주어진다. 이 시간 이후에는 다음과 같다.

$$\frac{1}{2}\mu_n C_{ox}\left(\frac{W}{L}\right)_1 [2(V_{DD} - V_{TH1})V_{out} - V_{out}^2] = -C_L \frac{dV_{out}}{dt} \tag{16.78}$$

여기서 우변 항의 음의 부호는 커패시터 밖으로의 전류의 흐름을 설명한다. 이 미분 방정식을 풀기 위하여 식 (16.69)를 사용하고 $V_{out}(t = 0) = V_{DD} - V_{TH1}$임을 명심하면

$$\frac{-1}{2(V_{DD} - |V_{TH1}|)} \ln \frac{V_{out}}{2(V_{DD} - V_{TH2}) - V_{out}} \Bigg|_{V_{out}=VDD-VTH1}^{V_{out}=VDD/2} = \frac{1}{2}\mu_n \frac{C_{ox}}{C_L}\left(\frac{W}{L}\right)_1 T_{PLH2} \tag{16.79}$$

를 얻는다. 따라서

$$T_{\mathrm{PHL2}} = R_{on1}C_L \ln\left(3 - 4\frac{V_{TH1}}{V_{DD}}\right) \tag{16.80}$$

이 성립한다. 물론 이 식은 식 (16.72)와 같은 형태이다. 또한 전체 지연은

$$T_{PHL} = T_{\mathrm{PHL1}} + T_{\mathrm{PHL2}} \tag{16.81}$$

$$= R_{on1}C_L\left[\frac{2V_{TH1}}{V_{DD} - V_{TH1}} + \ln\left(3 - 4\frac{V_{TH1}}{V_{DD}}\right)\right] \tag{16.82}$$

으로 주어진다.

예제 16.22 V_{TH1}이 0에서 $V_{DD}/2$로 변할 때 식 (16.82)의 대괄호 안의 두 항을 비교하라.

풀이 $V_{TH1} = 0$에 대하여 첫 번째 항은 0과 같고 두 번째 항은 $\ln 3 \approx 1.1$과 같다. V_{TH1}이 증가함에 따라 두 항은 수렴하며 $V_{TH1} = 0.255V_{DD}$에 대하여 0.684에 이른다. 결국 $V_{TH1} = V_{DD}/2$에 대하여 첫 번째 항은 2로 올라가고 두 번째 항은 0으로 떨어진다. 그림 16.24는 각 항과 2개의 합을 그린 것이며, 낮은 문턱 전압이 속도를 향상시킨다는 것을 제시한다.

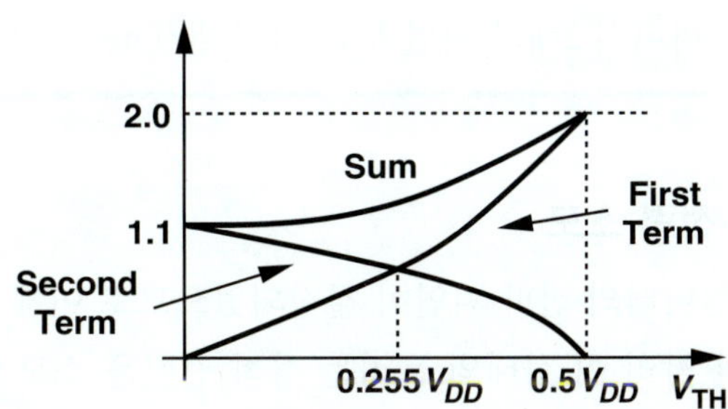

그림 16.24

연습문제 V_{TH1}이 0에서 $3V_{DD}/4$로 변할 때 위의 예제를 다시 풀어라.

예제 16.23 제조 불량으로 인하여 인버터가 그림 16.25에 보이는 것과 같이 구성되었다. 여기서 M_1'은 M_1과 직렬로 나타났으며 M_1과 동일하다. 출력 하강시간에 무슨 일이 발생하는지 설명하라. 단순화를 위해, M_1과 M_1'이 켜졌을 때 M_1과 M_1'을 저항으로 본다.

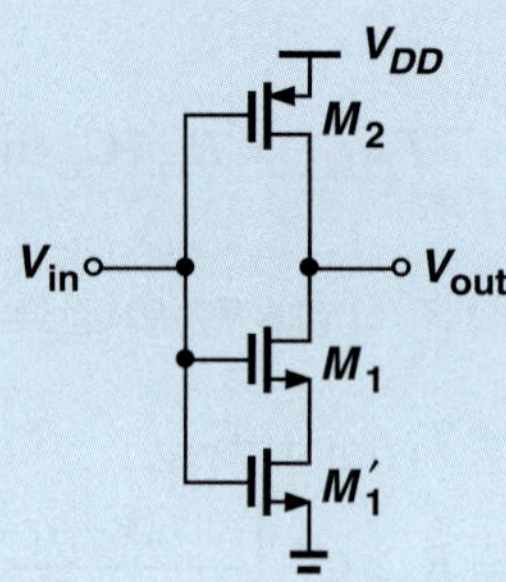

그림 16.25

풀이 2개의 온-저항을 위치시킴으로써 다음 식을 얻는다.

$$R_{on1}\|R'_{on1} = \frac{1}{\mu_n C_{ox}\left(\frac{W}{L}\right)_1 (V_{DD} - V_{TH1})} + \frac{1}{\mu_n C_{ox}\left(\frac{W}{L}\right)'_1 (V_{DD} - V'_{TH1})} \tag{16.83}$$

$$= \frac{2}{\mu_n C_{ox}\left(\frac{W}{L}\right)_1 (V_{DD} - V_{TH1})} \tag{16.84}$$

$$= 2R_{on1} \tag{16.85}$$

그러므로 하강시간이 2배가 된다.

연습문제 M_1'이 M_1 너비의 2배가 되면 무슨 일이 발생하는가?

16.2.4 전력 소모

CMOS 인버터의 전파 지연이 결정되었으므로 이제 회로의 전력 소모를 알아보자. NMOS 인버터와 달리 이 형태의 논리는 정적 전력을 소모하지 않는다. 그러므로 천이 동안의 동작만을 공부하고 '동적' 전력 소모만을 결정할 필요가 있다. 먼저 입력에서 급격한 천이를 가정하자.

입력 전압이 V_{DD}에서 0으로 바뀌면, PMOS 소자는 부하 커패시턴스를 V_{DD}로 충전시킨다[그림 16.26(a)]. V_{out}이 V_{DD}에 접근함으로써 C_L에 저장된 에너지는

$$E_1 = \frac{1}{2} C_L V_{DD}^2 \tag{16.86}$$

과 같다. 이 에너지는 V_{DD}로부터 M_2에 의하여 공급된다. 반면에 V_{in}이 0에서 V_{DD}로 증가하면, NMOS 소자는 부하 커패시턴스를 0으로 방전시킨다[그림 16.26(b)]. 즉, 에너지 E_1이 C_L로부터 제거되고 방전 과정에서 M_1에 의하여 소모된다. 이 주기는 입력에서 모든 하강과 상승 쌍에 대하여 반복된다.

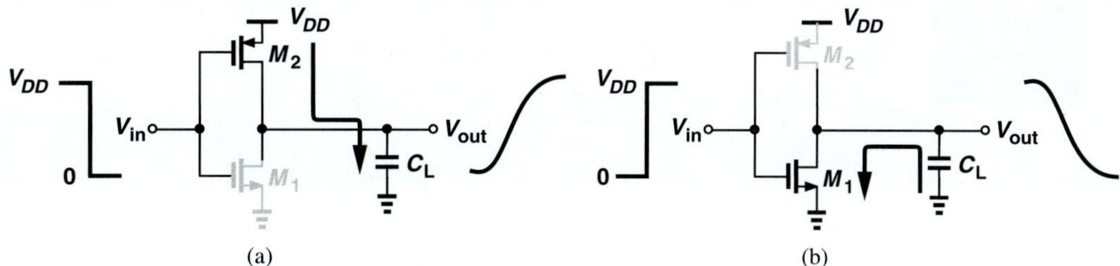

그림 16.26 부하 커패시턴스의 (a) 충전 및 (b) 방전 동안 트랜지스터에서 소모되는 전력

요약하면, 인버터의 입력에서 모든 하강과 상승 쌍에 대하여 C_L은 $(1/2)C_LV_{DD}^2$의 에너지를 얻고 잃는다. 그러면 주기적인 입력에 대하여, 회로가 평균 $(1/2)C_LV_{DD}^2/T_{in}$의 전력을 소모한다고 예측할 수도 있다. 여기서 T_{in}은 입력 주기를 나타낸다. 안타깝게도 이 결과는 옳지 않다. C_L에 에너지를 공급하는 것에 부가하여, 그림 16.26(a)에 있는 PMOS 트랜지스터는 유한한 전압을 유지하면서 유한한 전류를 흘리므로 또한 전력을 소모한다. 다시 말해서 그림 16.26(a)에서 V_{DD}로부터 끌어내는 전체 에너지는 C_L에 저장된 에너지와 M_2에 의해서 소모되는 에너지를 더한 것으로 이루어진다.

M_2에 의해 소모된 에너지를 어떻게 계산할까? 먼저 (a) M_2에서 소모되는 순간 전력이 $|V_{DS2}||I_{D2}| = (V_{DD} - V_{out})|I_{D2}|$로 주어지고 (b) 이 트랜지스터가 부하 커패시턴스를 충전하고 그러므로 $|I_{D2}| = C_LdV_{out}/dt$라는 것을 알고 있다. M_2에 의해 잃게 되는 에너지를 계산하기 위하여 순간 전력 소모를 시간에 대하여 적분해야만 한다.

$$E_2 = \int_{t=0}^{\infty}(V_{DD} - V_{out})\left(C_L\frac{dV_{out}}{dt}\right)dt \tag{16.87}$$

이 식은

$$E_2 = C_L\int_{Vout=0}^{VDD}(V_{DD} - V_{out})dV_{out} \tag{16.88}$$

$$= \frac{1}{2}C_LV_{DD}^2 \tag{16.89}$$

으로 간략화된다. 흥미롭게도 M_2에 의하여 소모된 에너지는 C_L에 저장된 에너지와 동일하다. 그러므로 V_{DD}로부터 끌어낸 전체 에너지는

$$E_{tot} = E_1 + E_2 \tag{16.90}$$

$$= C_LV_{DD}^2 \tag{16.91}$$

이다. 그러므로 주파수 f_{in}의 주기적인 입력에 대하여 V_{DD}로부터 끌어낸 평균 전력은

$$P_{av} = f_{in}C_LV_{DD}^2 \tag{16.92}$$

과 같다.

예제 16.24 그림 16.27의 회로에서, $t = 0$에서 $V_{out} = 0$이다. V_{out}이 V_{DD}에 도달함으로써 공급 전압으로 끌어낸 전류를 구하라.

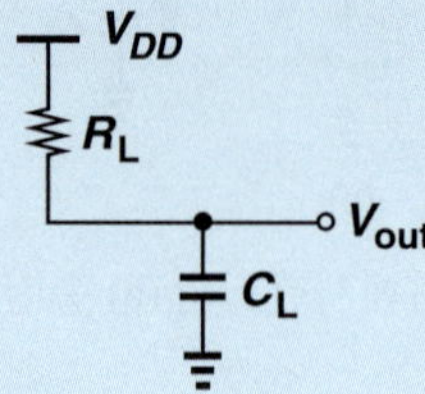

그림 16.27

풀이 식 (16.91)에 이르는 유도는 완전히 일반적이며 C_L을 충전하는 소자의 I/V 특성에 무관하다는 것을 알고 있다. 다시 말해서 그림 16.27에 있는 회로는 부하 커패시턴스에 (1/2) $C_L V_{DD}^2$의 에너지를 저장하고 C_L을 충전하는 동안 R_1에서 $(1/2)C_L V_{DD}^2$의 에너지를 소모한다. 그러므로 V_{DD}에 의하여 공급되는 전체 에너지는 $C_L V_{DD}^2$과 같다.

연습문제 R_L에 의해 소모되는 에너지를 계산하라.

식 (16.92)는 CMOS 논리 설계에서 중요한 역할을 하며 데이터 변화율, 부하 커패시턴스, 공급 전압에 대한 의존성을 명쾌하게 표현한다. V_{DD}에 대한 제곱의 의존성은 공급 전압의 감소를 요구하는 반면에 전파 지연에 대한 식 (16.74)와 (16.82)는 V_{DD}를 올리는 것을 장려한다.

전력-지연 곱 16.1.3절에서 언급한 것과 같이, 전력-지연 곱은 전력 소모와 속도 사이의 상충 관계를 표현한다. 식 (16.35), (16.74), (16.82)를 이용하고 T_{PHL}과 T_{PLH}가 대략 같다고 가정하면

$$PDP = R_{on1} C_L^2 V_{DD}^2 \left[\frac{2V_{TH}}{V_{DD} - V_{TH}} + \ln\left(3 - 4\frac{V_{TH}}{V_{DD}}\right) \right] \tag{16.93}$$

Did you know?

CMOS 인버터와 논리 계열은 정적 전력을 '거의' 소모하지 않아 많이 사용되고 있다. 하지만 지난 10년간 '거의'라는 단어도 문제가 되었다: MOS 트랜지스터는 $V_{GS} = 0$이어도 완전히 꺼지지 않기 때문에, 각 게이트는 동작하지 않는 상태에서도 누설 전류를 흘린다. 수천에서 수억 개의 게이트를 사용하면서 정적 전류는 마이크로프로세서에 의해 공급 전압원으로부터 사용되는 전체 전류의 상당 부분에 이르게 되었다. 사실상 2000년대 초반에 누설 전류는 2000년대 중반에서 말에 동적 전류보다 커질 것이라고 예측되었었다. 다행히 MOS 트랜지스터 공정 기술과 회로 설계의 혁신으로 이를 피해 가고 있다.

가 된다. 흥미롭게도 PDP는 회로에서 C_L^2에 비례하며 부하 커패시턴스를 최소화하는 것의 중요성을 강조한다.

예제 16.25 긴 연결선이 없으면 그림 16.26에서 C_L은 단지 트랜지스터 커패시턴스로부터 발생한다. 그림 16.28의 직렬로 연결된 동일한 2개의 인버터를 고려하자. 여기서 PMOS 소자는 대칭 VTC를 제공하기 위하여 NMOS 트랜지스터 너비의 3배이다. 단순화를 위해 노드 X에서의 커패시턴스는 $4WLC_{ox}$와 같다고 가정한다. 또한 $V_{THN} = |V_{THP}| \approx V_{DD}/4$이다. PDP를 계산하라.

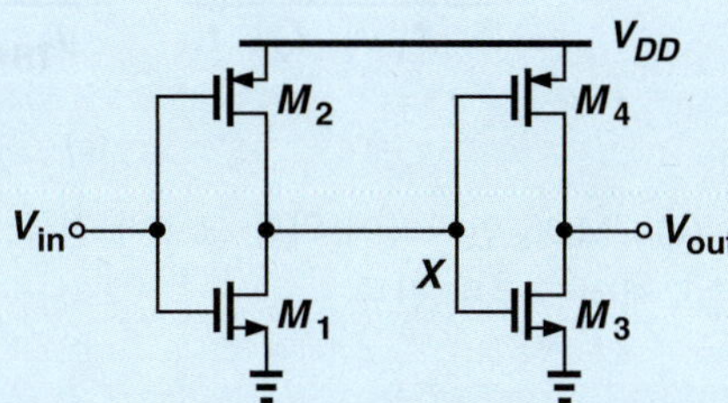

그림 16.28

풀이

$$R_{on} = \frac{1}{\mu_n C_{ox}\left(\frac{W}{L}\right)(V_{DD} - V_{TH})} \tag{16.94}$$

$$\approx \frac{4}{3}\frac{1}{\mu_n C_{ox}\left(\frac{W}{L}\right)V_{DD}} \tag{16.95}$$

이 성립한다. 또한 예제 16.22로부터 식 (16.74)와 (16.82)의 대괄호에 있는 두 항의 합은 1.36이다. 그러므로 식 (16.93)은

$$PDP = \frac{7.25WL^2C_{ox}f_{in}V_{DD}^2}{\mu_n} \tag{16.96}$$

으로 간략화된다.

연습문제 4개의 모든 트랜지스터의 너비가 2배가 되었다고 가정하자. 첫 번째 인버터의 지연이 변하는가? 트랜지스터당 소모되는 전력은 어떠한가? 이 관찰로부터 PDP가 W에 선형적으로 비례하는 이유를 설명하라.

크로바 전류 정적 전력 소모를 다룰 때 입력에서의 급격한 천이를 가정하였다. 그러나 실제에 있어서 입력은 유한한 천이시간으로 문제가 되고 그럼으로써 또 다른 전력 소모 원인이

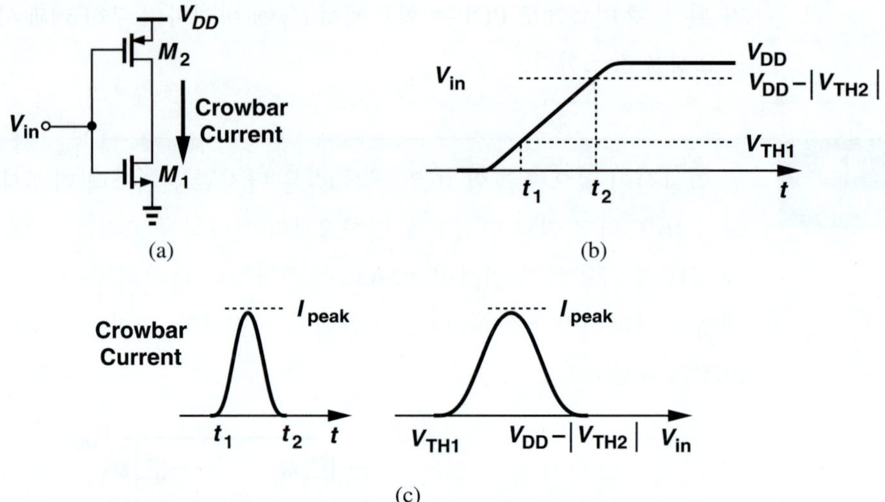

그림 16.29 (a) CMOS 인버터에 의한 크로바 전류; (b) 크로바 전류가 발생되는 시간 구간; (c) 시간과 V_{in}의 함수로서의 크로바 전류

된다.

그림 16.19(d)에서 인버터의 두 트랜지스터는 영역 2, 3, 4에서 켜지는 것을 보았다. 즉, 입력이 $[V_{TH1}\ V_{DD} - |V_{TH2}|]$에 있으면 M_2는 V_{DD}로부터 전류를 끌어내고 M_1은 이 전류를 접지로 통과시킨다—직접 경로가 V_{DD}로부터 접지로 전류를 전도하는 것처럼[그림 16.29(a)]. '크로바 전류(crowbar current)'라 불리는 이 성분은 입력이 유한 천이시간을 가지고 한 레일(rail)에서 다른 레일로 변할 때마다 발생한다. 그림 16.29(b)에 설명된 것과 같이, 회로는 t_1에서 t_2까지 크로바 전류를 흘린다.

그림 16.29(b)에 있는 t_1과 t_2 사이에서 크로바 전류가 어떻게 변할까? V_{in}이 V_{TH1}보다 조금 클 때 M_1은 간신히 켜지며 적은 양의 전류를 흘린다. V_{in}이 인버터의 트립점에 도달함으로써 두 트랜지스터는 포화 영역으로 들어가고 크로바 전류는 최댓값에 이른다. 결국 V_{in}이 $V_{DD} - |V_{TH2}|$에 도달함으로써 크로바 전류는 0으로 되돌아간다. 그림 16.29(c)는 이 전류의 움직임을 t와 V_{in}의 함수로 그린 것이다. 피크값은 식 (16.45)의 양변에서 $V_{in} = V_{out} = V_{DD}/2$를 가정하고 얻어진다.

$$I_{\text{peak}} = \frac{1}{2}\mu_n C_{ox}\left(\frac{W}{L}\right)_1\left(\frac{V_{DD}}{2} - V_{TH1}\right)^2\left(1 + \lambda_1\frac{V_{DD}}{2}\right) \tag{16.97}$$

16.3 CMOS NOR 및 NAND 게이트

CMOS 인버터는 다른 논리 게이트를 구현하기 위한 기초 역할을 한다. 이 절에서는 광범위한 응용이 있는 NOR와 NAND 게이트를 공부한다.

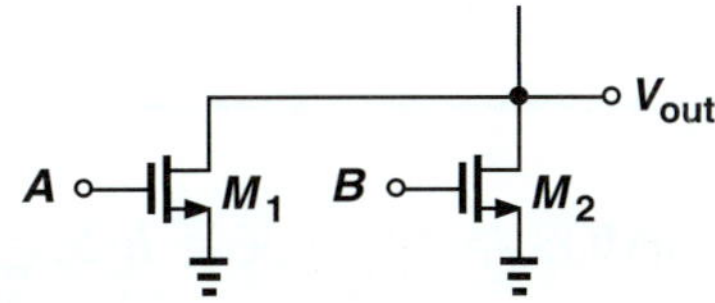

그림 16.30 NOR 게이트의 NMOS 부분

16.3.1 NOR 게이트

기본 논리 설계에서 OR 동작 $A + B$는 최소한 하나의 입력이 하이이면 하이 출력을 발생시킨다는 것을 배웠다. 그러므로 NOR 게이트 $\overline{A + B}$는 최소한 하나의 입력이 하이이면 로우 출력을 발생시킨다.

CMOS 인버터가 NOR 게이트로 동작하기 위하여 어떻게 바뀌어야 하는가? 첫 번째로 두 입력에 의해서 조절되는 두 조의 NMOS와 PMOS가 필요하다. 두 번째로 NMOS 부분을 먼저 고려하면 NMOS 게이트 중 하나가 하이이면 출력은 로우를 유지해야 한다는 것을 알고 있다. 그다음에 A 또는 B가 하이이면 대응되는 트랜지스터가 켜지고 V_{out}을 0으로 만드는 것을 인지하면 NMOS 부분이 그림 16.30에 보이는 것과 같이 구현될 수 있다는 것을 추측한다. 물론 이것은 회로의 다른 부분(PMOS 부분)이 16.2.1절에 있는 인버터에서 관측된 것과 같이 협력하는 경우에만 발생한다.

예제 16.26

그림 16.30의 단순한 구현에 신난 학생이 PMOS 부분을 유사한 구조로 통합하기로 결정하여 그림 16.31(a)에 그려진 회로에 도달하였다. 이 구성이 왜 NOR 게이트로 동작하지 않는지 설명하라.

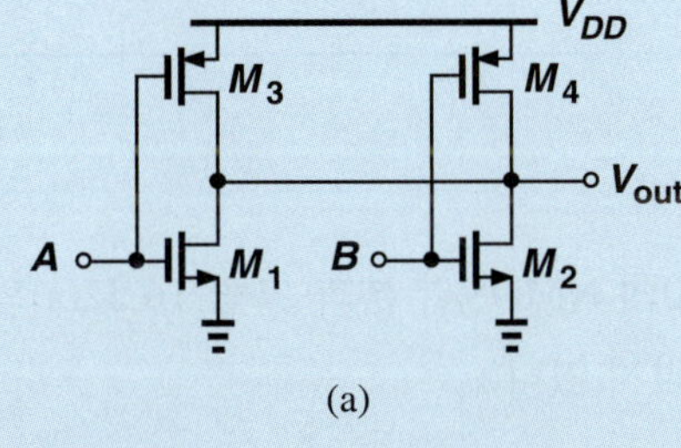

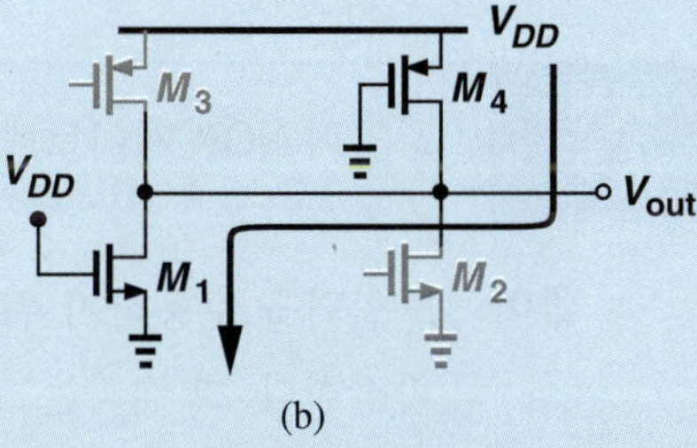

그림 16.31

풀이 16.2.1절에서 배웠듯이 NMOS와 PMOS 부분의 협력은 하나가 켜졌을 때 다른 것이 반드시 꺼져야 한다는 것을 의미한다. 안타깝게도 그림 16.31(a) 회로는 이 원리를 만족시키지 않는다. 특히 A가 하이이고 B가 로우이면 M_1과 M_4가 모두 켜지고[그림 16.31(b)] 서로 '충돌'하여 잘못 정의된 논리 출력을 발생시킨다.(또한 회로는 상당한 정적 전력을 V_{DD}로부터 끌어낸다.)

연습문제 M_4가 제거되면 무슨 일이 발생하는가?

위의 예제는 PMOS 부분은 A 또는 B(또는 둘 다)가 하이이면 꺼진 상태를 유지하여야 한다는 것을 의미한다. 게다가 양 입력이 모두 로우이면 PMOS 부분은 V_{out}이 V_{DD}로 올라가는 것을 확실하게 하기 위하여 켜져야만 한다. 그와 같은 회로가 그림 16.32(a)에 보이며, 입력 중 하나가 하이이면 V_{DD}로부터 V_{out}의 경로를 막지만(왜 그럴까?) 두 입력이 모두 로우이면 V_{out}을 V_{DD}로 올린다. 물론 동작은 A와 B가 교체되어도 변하지 않는다.

그림 16.32(b)는 전체 CMOS NOR 구현을 보여 준다. 독자가 4개의 모든 입력 논리 조합에 대한 동작을 검증하고 회로가 정적 전력을 소모하지 않는다는 것을 증명해 보기 바란다.

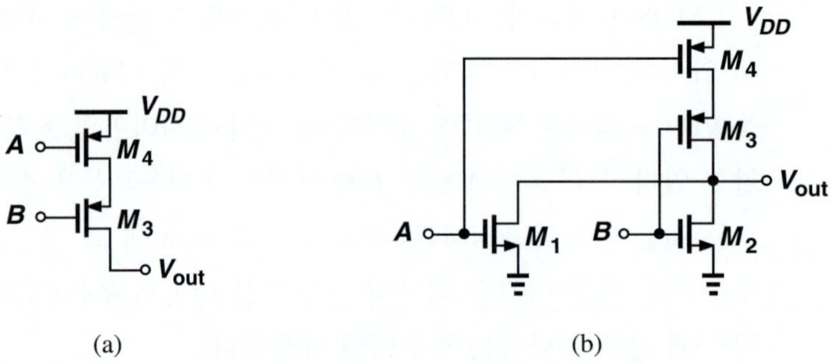

그림 16.32 (a) NOR 게이트의 PMOS 부분; (b) 완전한 CMOS NOR 게이트

독자는 OR 게이트를 구현하는 것을 왜 시도하지 않는지 의아해할 수 있다. 이전 전개로부터 분명해진 것처럼 CMOS 인버터로부터의 회로의 발달은 반전을 내재하고 있다. OR 게이트가 필요하면 그림 16.32(b)의 구조 뒤에 인버터가 올 수 있다.

예제 16.27 3-입력 NOR 게이트를 구성하라.

풀이 3-입력을 수용하기 위하여 그림 16.30의 NMOS 부분과 그림 16.32(a)의 PMOS 부분을 확장한다. 그 결과는 그림 16.33에 그려져 있다.

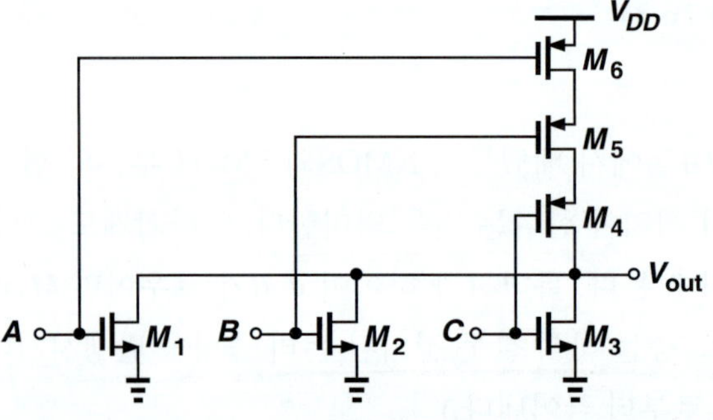

그림 16.33

연습문제 M_3가 실수로 제거되는 경우에 대하여 회로의 동작을 조사하라.

CMOS NOR 게이트의 중요한 단점은 PMOS를 직렬로 사용한다는 것에서 유래한다. 정공의 낮은 이동도는 대칭 VTC와, 더 중요하게는 동일한 상승과 하강 시간을 얻기 위해 비례적으로 넓은 PMOS 인버터를 요구한다는 것을 상기하자. 단순화를 위해 2-입력 NOR 게이트에 있는 트랜지스터를 저항으로 보면, PMOS 부분은 각 PMOS 소자의 2배 저항값으로 문제가 되며(예제 16.23), 출력에 늦은 상승시간을 초래한다(그림 16.34). R_{on}을 줄이기 위하여 넓은 PMOS 트랜지스터를 사용하면 게이트 커패시턴스($\approx WLC_{ox}$)는 증가하고 그럼으로써 이전 단의 부하가 증가한다. 그 상황은 게이트에 대한 입력의 수가 증가함으로써 나빠진다.

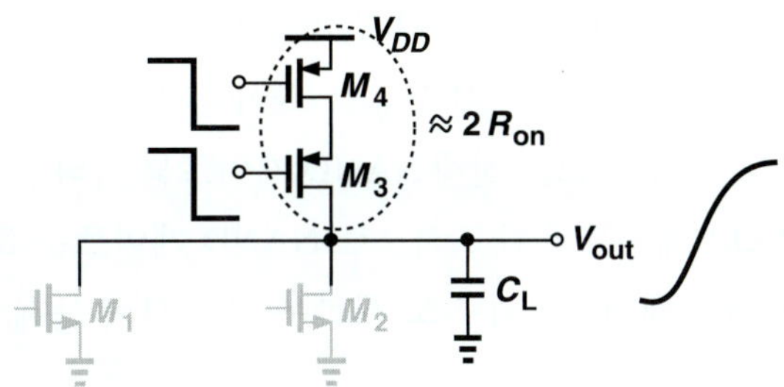

그림 16.34 부하 커패시턴스를 충전하는 직렬 PMOS 소자

예제 16.28 동일한 상승과 하강 시간을 위하여 그림 16.33의 3-입력 NOR 게이트에 있는 트랜지스터의 상대적인 너비를 선택하라. $\mu_n \approx 2\mu_p$와 동일한 채널 길이를 가정하라.

풀이 PMOS 소자 3개의 직렬 조합은 NMOS 트랜지스터의 저항값과 동일한 저항값을 나타내야 한다. $W_1 = W_2 = W_3 = W$이면 각 PMOS 소자가 각 NMOS 트랜지스터 온-저항의 1/3이 되도록

$$W_4 = W_5 = W_6 = 6W \tag{16.98}$$

를 선택하여야 한다. 게이트는 대략 인버터의 커패시턴스($\approx 3WLC_{ox}$)보다 훨씬 큰 $7WLC_{ox}$의 커패시턴스를 나타낸다.

연습문제 $\mu_n \approx 3\mu_p$인 경우 위의 예제를 다시 풀어라.

16.3.2 NAND 게이트

NOR 게이트에 대한 16.3.1절에서의 전개는 NAND 게이트를 만들기 위해 쉽게 확장될 수

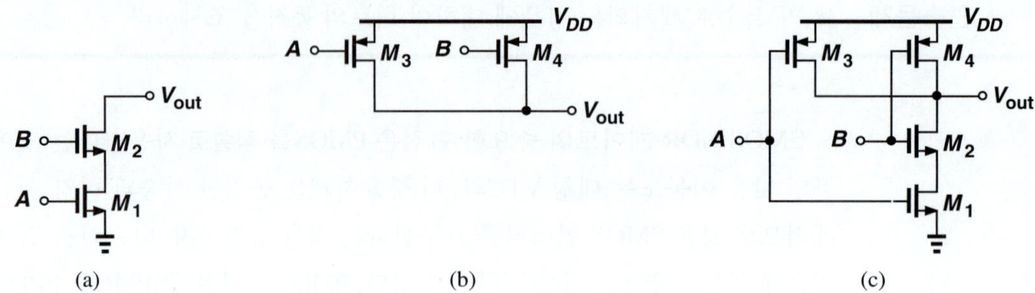

그림 16.35 (a) NAND 게이트의 NMOS 부분; (b) NAND 게이트의 PMOS 부분; (c) 완전한 CMOS NAND 게이트

있다. NAND 동작 $\overline{A \cdot B}$은 두 입력이 하이이면 0 출력을 내보내므로 NMOS 부분을 그림 16.35(a)에 보이는 것과 같이 구성한다. 여기서 M_1 또는 M_2는 두 입력이 모두 하이를 유지하지 않는 한 V_{out}으로부터 접지로의 경로를 막는다. 반면에 PMOS 부분은 최소한 하나의 입력이 로우이면 V_{out}을 V_{DD}로 끌어올려야 하고 그럼으로써 그림 16.35(b)와 같이 구현된다. 그림 16.35(c)는 전체 NAND 게이트를 나타낸다. 이 회로 또한 0 정적 전력을 소모한다.

NOR 게이트와 대조적으로 NAND 게이트는 NMOS를 직렬로 위치시키고 그럼으로써 PMOS 트랜지스터의 속도 제한은 덜 심각한 문제가 된다. 다음 예제는 이 점을 설명한다.

예제 16.29 3-입력 NAND 게이트를 설계하고 동일한 상승과 하강 시간을 위한 트랜지스터의 상대적인 너비를 구하라. $\mu_n \approx 2\mu_p$와 동일한 채널 길이를 가정하라.

풀이 그림 16.36은 게이트의 구현을 보여 준다. 직렬로 연결된 3개의 NMOS 트랜지스터인 M_1~M_3에 대하여 $3W$의 너비를 선택하여 전체 직렬 저항 값이 W의 너비를 가지는 한 소자와 동일하게 한다. 그러므로 각 PMOS 소자는 $2W$의 너비를 가져야만 한다. 결과적으로 각 입력에서 보이는 커패시턴스는 예제 16.28에 있는 NOR 게이트의 입력에서 보이는 커패시턴스보다 약 30% 적은 대략 $5WLC_{ox}$와 같다.

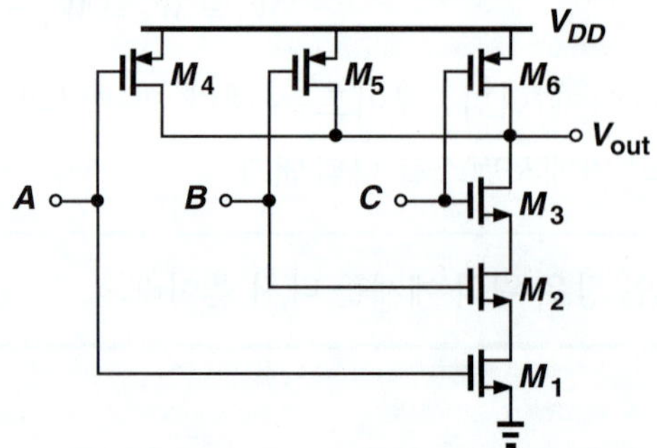

그림 16.36

연습문제 $\mu_n \approx 3\mu_p$인 경우 위의 예제를 다시 풀어라.

CMOS 논리에서 PMOS와 NMOS 부분은 서로에게 '쌍대(dual)'라고 불린다. 사실상 한 부분이 주어지면 다음의 법칙에 따라서 다른 부분을 구성할 수 있다. 즉, 각 직렬 가지를 병렬 가지로 변환하고 각 병렬 가지를 직렬 가지로 변환한다.

예제 16.30 그림 16.37(a)에 보이는 회로의 PMOS 쌍대를 결정하고 전체 CMOS 구현에 의해 수행되는 논리 함수를 결정하라.

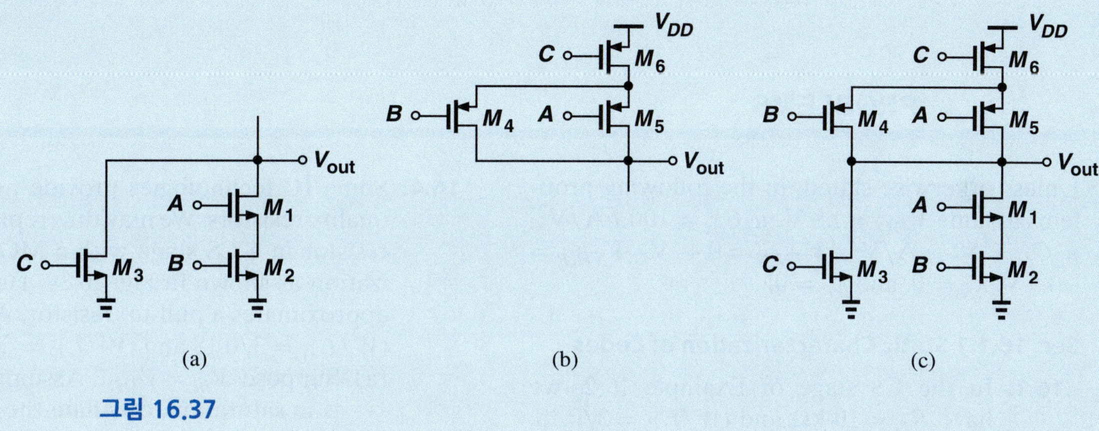

그림 16.37

풀이 여기서 M_1과 M_2는 직렬로 놓여 있고(NAND 동작을 수행하기 위하여) 그 조합은 M_3와 병렬로 나타난다(NOR 함수를 구현하기 위하여). 그러므로 PMOS 쌍대는 두 트랜지스터의 병렬 조합과 이 조합과 직렬인 세 번째 트랜지스터로 구성한다[그림 16.37(b)]. 그림 16.37(c)는 논리 함수 $\overline{A \cdot B + C}$를 수행하는 전체 게이트를 그린 것이다.

연습문제 M_3가 사고로 제거되었다고 가정하자. 게이트의 동작을 조사하라.

16.4 요약

- 디지털 CMOS 회로는 반도체 시장의 80% 이상을 차지한다.
- 디지털 게이트의 속도, 전력 소모 및 잡음 내성이 중요한 파라미터이다.
- 게이트의 입력/출력 특성이 게이트의 잡음에 대한 내성 또는 감소된 논리 레벨을 나타낸다.
- 잡음 마진은 입력/출력 특성의 단위 이득 점에 신호를 위치시키는 하이 또는 로우 레벨 상의 전압 하락으로 정의된다.

- 게이트의 속도는 트랜지스터의 구동 능력과 트랜지스터와 연결선에 의한 커패시턴스에 의해 주어진다.
- 게이트의 전력-속도 절충 관계는 전력-지연 곱으로 정량화된다.
- CMOS 인버터는 디지털 설계에서 필수적인 기본 구성 요소이다. CMOS 인버터는 신호의 천이가 없으면 전력 소모가 없다.
- 인버터에서 NMOS와 PMOS는 '능동' 풀다운과 풀업 전류를 제공하고 그러므로 다른 동작을 향상시킨다.
- CMOS 인버터에 의해서 소모되는 평균 전력은 $f_{in}C_LV_{DD}^2$과 같다.
- CMOS 인버터를 기반으로 NOR와 NAND 게이트 같은 다른 게이트가 유도될 수 있다. 이 게이트들도 정적 전력을 소모하지 않는다.

PROBLEMS

Unless otherwise stated, in the following problems assume $V_{DD} = 1.8$ V, $\mu_nC_{ox} = 100\ \mu$A/V^2, $\mu_pC_{ox} = 50\ \mu$A/V^2, $V_{TH,N} = 0.4$ V, $V_{TH,P} = -0.5$ V, $\lambda_N = 0$, and $\lambda_P = 0$.

Sec. 16.1.1 Static Characterization of Codes

16.1. In the CS stage of Example 16-2, we have $R_D = 10$ kΩ and $(W/L)_1 = 3/0.18$. Calculate the output low level when $V_{in} = V_{DD}$.

16.2. The CS stage of Example 16-2 must achieve an output low level no higher than 100 mV. If $R_D = 5$ kΩ, determine the minimum required value of $(W/L)_1$.

16.3. Consider the PMOS common-source stage shown in Fig. 16.38. We wish to utilize this circuit as a logical inverter. Compute the low and high output levels if $(W/L)_1 = 20/0.18$ and $R_D = 5$ kΩ. Assume the input swings from zero to V_{DD}.

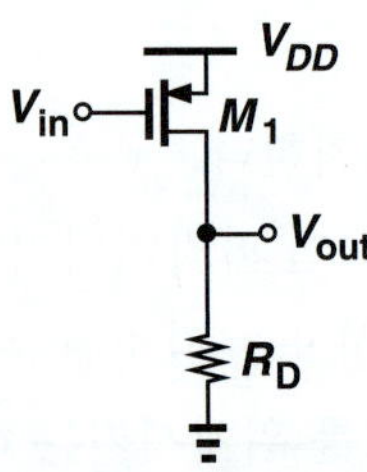

Figure 16.38

***16.4.** Some IC technologies provide no high-quality resistors. We may thus replace the resistor in a CS stage with a MOS realization as shown in Fig. 16.39. Here, M_2 approximates a pull-up resistor. Assume $(W/L)_1 = 3/0.18$ and $(W/L)_2 = 2/0.18$.

(a) Suppose $V_{in} = V_{DD}$. Assuming M_2 is in saturation, calculate the output low level. Is this assumption valid?

(b) Determine the trip point of this inverter, i.e., the input level at which $V_{out} = V_{in}$.

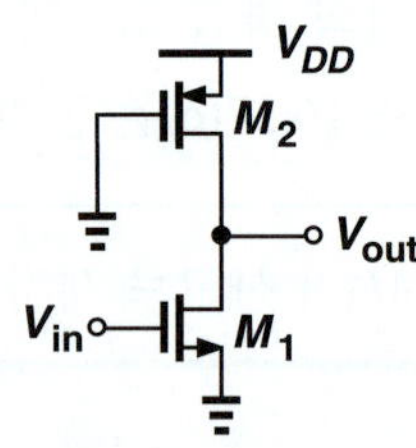

Figure 16.39

16.5. In the inverter of Fig. 16.39, the output low level must remain below 100 mV. If $(W/L)_2 = 3/0.18$, determine the minimum required value of $(W/L)_1$. SOL

16.6. The inverter of Fig. 16.39 must provide an output low level no higher than 80 mV. If $(W/L)_1 = 2/0.18$, what is the maximum allowable value of $(W/L)_2$?

16.7. In an NMOS inverter, $(W/L)_1 = 5/0.18$ and $R_D = 2\ \text{k}\Omega$. Calculate the noise margins.

***16.8.** Due to a manufacturing error, an NMOS inverter has been reconfigured as shown in Fig. 16.40.

(a) Determine the output for $V_{in} = 0$ and $V_{in} = V_{DD}$. Does the circuit invert?

(b) Can a trip point be obtained for this circuit?

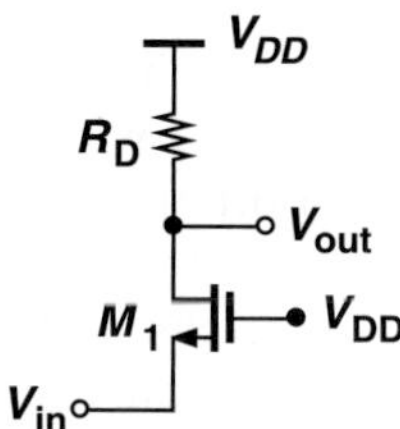

Figure 16.40

16.9. In Problem 16.7, we double the value of W/L or R_D. Determine what happens to the noise margins in each case.

16.10. A more conservative definition of noise margins would use the input level at which the small-signal gain reaches −0.5 (rather than −1). For an NMOS inverter with $(W/L)_1 = 5/0.18$ and $R_D = 2\ \text{k}\Omega$, compute such noise margins and compare the results with those obtained in Problem 16.7.

16.11. Consider the inverter shown in Fig. 16.39, assuming $(W/L)_1 = 4/0.18$ and $(W/L)_2 = 9/0.18$. Calculate the noise margins.

****16.12.** Consider the cascade of identical NMOS inverters depicted in Fig. 16.41. If $R_D = 5\ \text{k}\Omega$, determine $(W/L)_{1,2}$ such that the output low level of M_1 (for $V_{in} = V_{DD}$) is equal to NM_L of the second inverter. (In this situation, the output of the first inverter is degraded so much as to place the second stage at the point of unity gain.)

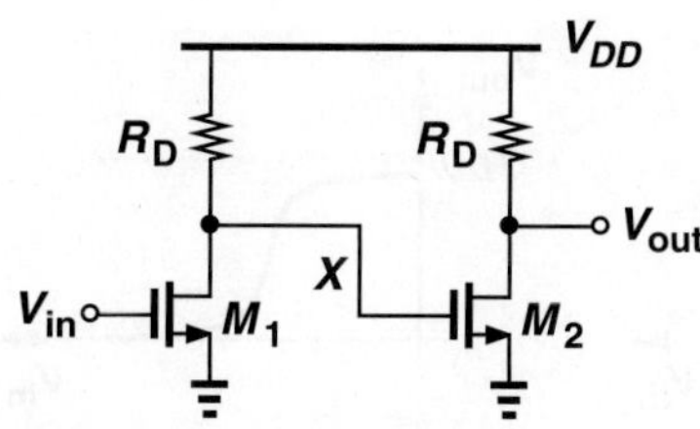

Figure 16.41

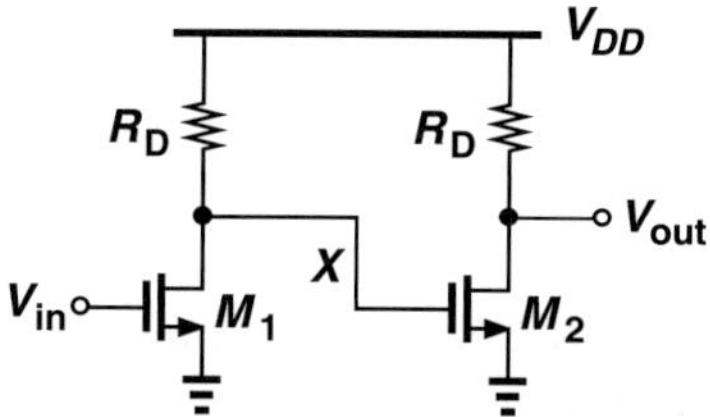

Figure 16.41

****16.13.** Two inverters having the characteristics shown in Fig. 16.42 are placed in a cascade. Sketch the overall VTC of the cascade if (a) inverter A precedes inverter B, or (b) inverter B precedes inverter A. SOL

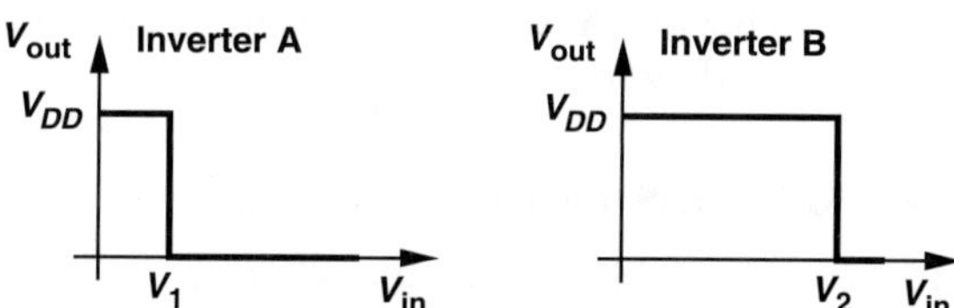

Figure 16.42

Sec. 16.1.2 Dynamic Characterization of Gates

16.14. An inverter is constructed as illustrated in Fig. 16.43, where R_{on} denotes the on-resistance of the switch. Assume $R_{on} \ll R_2$ so that the output low level is degraded negligibly.

(a) Compute the time required for the output to reach 95% of V_{DD} if S_1 turns off at $t = 0$.

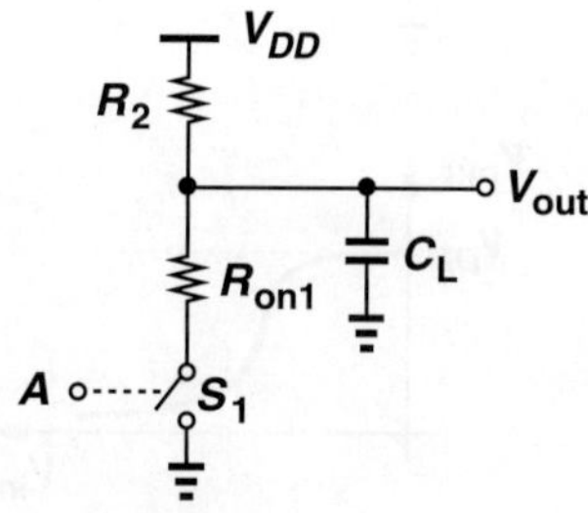

Figure 16.43

(b) Compute the time required for the output to reach 5% of V_{DD} if S_1 turns on at $t = 0$. How does the result compare with that in (a)?

16.15. An NMOS inverter with a load capacitance of 100 fF exhibits an output low level of 50 mV and an output risetime of 200 ps. Compute the load resistor and $(W/L)_1$ if the risetime is given by three output time constants.

16.16. An NMOS inverter must drive a load capacitance of 50 fF with an output risetime of 100 ps. Assuming the risetime is given by three output time constants, determine the maximum load resistor value.

16.17. An NMOS inverter must drive a load capacitance of 100 fF while drawing a supply current of less than 1 mA when the output is low. What is the fastest risetime that the circuit can achieve? Assume the output low level is nearly zero.

Sec. 16.2 CMOS Inverter

16.18. In a CMOS inverter, $(W/L)_1 = 2/0.18$ and $(W/L)_2 = 3/0.18$. Determine the trip point of the circuit and the supply current drawn at this point.

16.19. For the inverter of Problem 16.18, calculate the small-signal voltage gain at the trip point if $\lambda_N = 0.1\text{V}^{-1}$ and $\lambda_P = 0.2\text{V}^{-1}$.

16.20. Explain qualitatively what happens to the VTC of a CMOS inverter as the *length* of M_1 or M_2 is increased.

16.21. A CMOS inverter employs $(W/L)_1 = 3/0.18$ and $(W/L)_2 = 7/0.18$. Derive expressions for the VTC in each region of Fig. 16.19(d) and plot the result.

16.22. A CMOS inverter must provide a trip point equal to 0.5 V. Determine the required value of $(W/L)_1/(W/L)_2$. Note that a *low* trip point necessitates a strong NMOS device. SOL

16.23. We often approximate the trip point of a CMOS inverter with the input voltage that places both transistors in saturation.
(a) Explain why this is a reasonable approximation if the inverter exhibits a high voltage gain around the trip point.
(b) Assuming $(W/L)_1 = 3/0.18$ and $(W/L)_2 = 7/0.18$, determine the minimum and maximum input voltages at which both transistors operate in saturation and calculate the difference between each and the trip point. Is the difference small?

***16.24.** Explain why a CMOS inverter with the device parameters given at the beginning of this problem set cannot achieve a trip point of 0.3 V.

16.25. Figure 16.44 shows three circuits along with three VTCs. Match the VTC with its corresponding circuit.

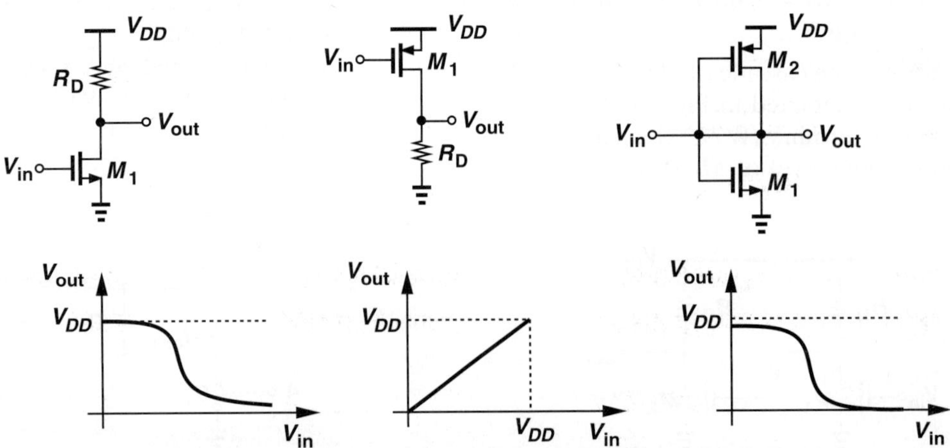

Figure 16.44

16.26. Due to a manufacturing error, a parasitic resistor $R_P = 2\ \text{K}\Omega$ has appeared in the inverter of Fig. 16.45. If $(W/L)_1 = 3/0.18$ and $(W/L)_2 = 5/0.18$, calculate the low and high output levels and the trip point.

16.27. Calculate the small-signal voltage gain of the circuit in Problem 16.26 at the trip point with and without R_P.

16.28. Calculate the noise margins for a CMOS inverter if $(W/L)_1 = 5/0.18$ and $(W/L)_2 = 11/0.18$.

16.29. Determine $(W/L)_1/(W/L)_2$ for a CMOS inverter if $NM_L = 0.6$ V. (Hint: solve the resulting equation by iteration.)

*__16.30.__ Consider Eq. (16.54) for V_{IL} ($= NM_L$). Sketch the noise margin as a varies from 0 to infinity. Explain the results intuitively for very small and very large values of a.

16.31. Repeat Problem 16.30 for NM_H.

16.32. Calculate the noise margins for the circuit in Problem 16.26.

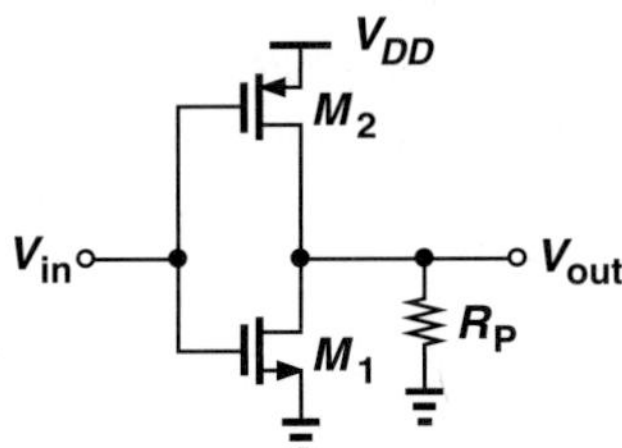

Figure 16.45

16.33. Consider the circuit shown in Fig. 16.20(a), where $V_{out}(t = 0) = 0$. If $(W/L)_2 = 6/0.18$ and $C_L = 50$ fF, determine the time it takes for the output to reach $V_{DD}/2$.

SOL **16.34.** Repeat Problem 16.33 for the time it takes the output to reach $0.95V_{DD}$ and compare the results.

16.35. In the circuit depicted in Fig. 16.23(a), the input jumps from 0 to V_1 at $t = 0$. Assuming $V_{out}(t = 0) = V_{DD}$, $(W/L)_1 = 1/0.18$, and $C_L = 30$ fF, determine the time it takes the output to fall to $V_{DD}/2$ if (a) $V_1 = V_{DD}$ and (b) $V_1 = V_{DD}/2$.

16.36. Repeat Problem 16.35 for the time it takes the output to fall to $0.05V_{DD}$ and compare the results.

16.37. A CMOS inverter with $(W/L)_1 = 1/0.18$ and $(W/L)_2 = 3/0.18$ drives a load capacitance of 80 fF. Calculate T_{PHL} and T_{PLH}.

16.38. Suppose the supply voltage in Problem 16.37 is raised by 10%. By how much do T_{PHL} and T_{PLH} decrease?

16.39. Repeat Problem 16.38 with $V_{DD} = 0.9$ V and compare the results. Note the significant increase in T_{PHL} and T_{PLH}.

16.40. In Eq. (16.82), suppose $V_{TH1} = 0.4$ V. For what supply voltage do the two terms in the square brackets become equal? How should the supply voltage be chosen to make the first term 10% of the second?

16.41. A CMOS inverter must achieve symmetric propagation delays equal to 80 ps while driving a load capacitance of 50 fF. Determine $(W/L)_1$ and $(W/L)_2$. SOL

16.42. A CMOS inverter with $(W/L)_1 = 1/0.18$ exhibits a T_{PHL} of 100 ps with $C_L =$ 80 fF. Determine the supply voltage.

**__16.43.__ We have received a CMOS inverter with unknown device dimensions and thresholds. Tests indicate $T_{PHL} = 120$ ps with $C_L = 90$ fF and $V_{DD} = 1.8$ V, and $T_{PHL} =$ 160 ps with $C_L = 90$ fF and V, $V_{DD} =$ 1.5 V. Determine $(W/L)_1$ and V_{TH1}.

16.44. In Eq. (16.82), the argument of the logarithm becomes negative if $V_{DD} < 4V_{TH1}/3$. Explain intuitively why this happens.

16.45. A 1-kΩ resistor charges a capacitance of 100 fF from 0 V to V_{DD}. Determine the energy dissipated in the resistor.

16.46. A digital circuit contains one million gates, and runs with a clock frequency of 2 GHz. Assuming that, on the average, 20% of the gates switch in every clock cycle, and the average load capacitance seen by each gate is 20 fF, determine the average power dissipation. Neglect the crowbar current. (Note that the result is unrealistically low because the crowbar current is neglected.)

16.47. An inverter using very wide transistors is used as a "clock buffer" in a microprocessor to deliver a 2-GHz clock to various flipflops. Suppose the buffer drives five million transistors with an average width of 1 μm. If the gate length is 0.18 μm, $C_{ox} = 10$ fF/μm^2 and the gate capacitance is approximated by WLC_{ox}, determine the power dissipated by the clock buffer. Neglect the crowbar current (even though it is not negligible).

16.48. The supply voltage of an inverter increases by 10%. If $(W/L)_1 = 2/0.18$ and $(W/L)_2 = 4/0.18$, determine the change in the peak crowbar current.

****16.49.** Approximating the crowbar current waveform in Fig. 16.29(c) with an isosceles triangle, calculate the average power dissipation resulting from this mechanism. Assume an operation frequency of f_1.

Sec. 16.3 CMOS NOR and NAND Gates

SOL **16.50.** A CMOS NOR gate drives a load capacitance of 20 fF. Suppose the input waveforms are as shown in Fig. 16.46, each having a frequency of $f_1 = 500$ MHz. Calculate the power dissipated by the gate. Neglect the crowbar current.

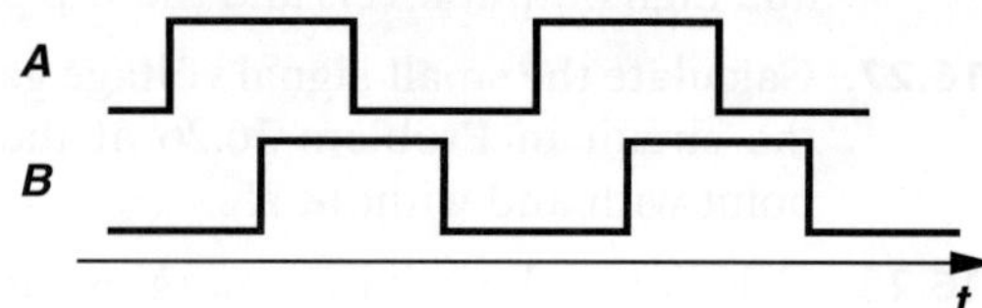

Figure 16.46

16.51. Repeat Problem 16.50 for a NAND gate.

16.52. For each NMOS section shown in Fig. 16.47, draw the dual PMOS section, construct the overall CMOS gate, and determine the logical function performed by the gate.

Design Problems

16.53. Design an NMOS inverter (i.e., determine R_D and W/L) for a static power budget of 0.5 mW and an output low level of 100 mV.

16.54. Design an NMOS inverter (i.e., determine R_D and W/L) for a static power budget of 0.25 mW and $NM_L =$ 600 mV.

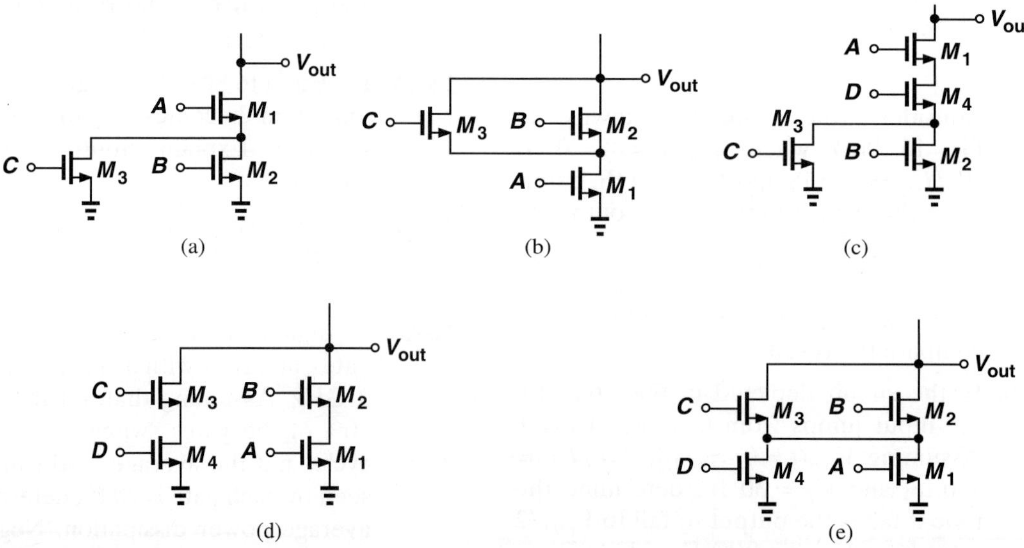

Figure 16.47

16.55. Design an NMOS inverter (i.e., determine R_D and W/L) for an output low level of 100 mV and a power budget of 0.25 mW.

SOL **16.56.** Determine $(W/L)_{1,2}$ for a CMOS inverter such that the trip point is equal to 0.8 V and the current drawn from V_{DD} at this point is equal to 0.5 mA. Assume $\lambda_n = 0.1\text{V}^{-1}$ and $\lambda_p = 0.2\text{V}^{-1}$.

16.57. Is it possible to design a CMOS inverter such that $NM_L = NM_H = 0.7$ V if $V_{TH1} \neq |V_{TH2}|$? Explain why?

16.58. Determine $(W/L)_{1,2}$ for a CMOS inverter such that $T_{PLH} = T_{PHL} = 100$ ps while the circuit drives a load capacitance of 50 fF.

SPICE PROBLEMS

In the following problems, use the MOS device models given in Appendix A.

16.59. The inverter of Fig. 16.48 must provide a trip point at 0.8 V. If $(W/L)_1 = 0.6\ \mu\text{m}/0.18\ \mu\text{m}$, determine $(W/L)_2$. Also, plot the supply current as a function of V_{in} for $0 < V_{in} < 1.8$ V.

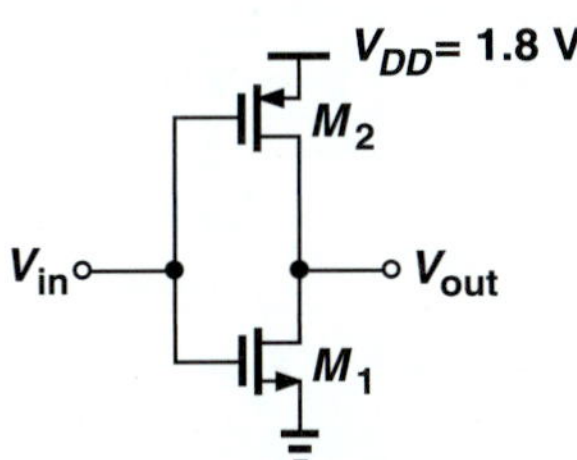

Figure 16.48

16.60. The inverter cascade shown in Fig. 16.49 drives a load capacitance of 100 fF. Assume $W_1 = 0.5W_2 = 0.6\ \mu\text{m}$, $W_3 = 0.5W_4$, and $L = 0.18\ \mu\text{m}$ for all four devices.

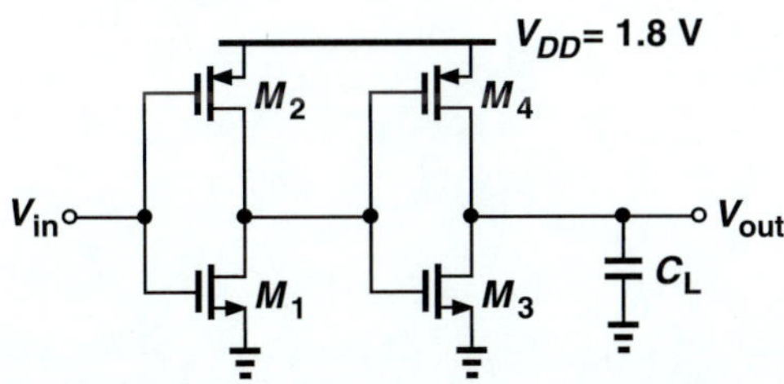

Figure 16.49

(a) Determine the optimum choice of W_3 (and W_4) if the total delay from V_{in} to V_{out} must be minimized. What is the delay contribution of each stage?

(b) Determine the average power dissipation of the circuit at a frequency of 500 MHz.

16.61. Consider a CMOS NAND gate with its inputs shorted together so as to form an inverter (Fig. 16.50). We wish to determine the delay of this circuit with a fanout of four; i.e., if it is loaded by a similar stage that incorporates devices whose width is scaled up by a factor of four. Use SPICE to compute this delay.

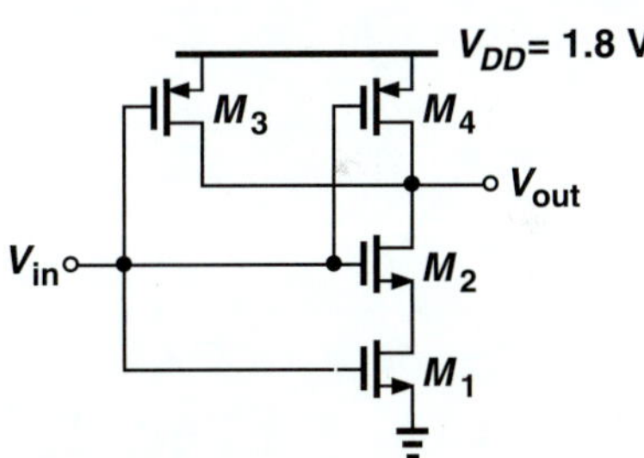

Figure 16.50

16.62. Repeat Problem 16.61 for a NOR gate and compare the results.

16.63. The circuit depicted in Fig. 16.51 is called a "ring oscillator." Assuming $V_{DD} = 1.8$ V and $W/L = 2\ \mu\text{m}/0.18\ \mu\text{m}$ for the NMOS devices, select W/L for the PMOS transistors such that the frequency of oscillation is maximized. (To start the oscillation in SPICE, you must apply an initial condition to one of the nodes, e.g., ic v(x) = 0.)

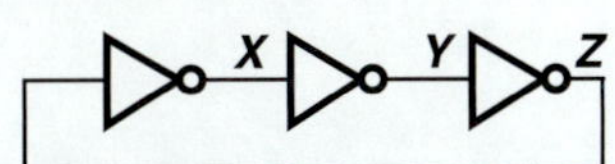

Figure 16.51

16.55. Design an NMOS inverter, i.e., determine R_D and $(W/L)_1$ for an output low level of 100 mV and a power budget of 0.25 mW.

16.56. Determine $(W/L)_p$ for a CMOS inverter such that the trip point is equal to 0.8 V and the current drawn from V_{DD} at this point is equal to [illegible] mA. Assume [illegible] V and $\lambda_n = \lambda_p = 0$.

16.57. Is it possible to design a CMOS inverter such that [illegible] V_{TH} [illegible] $V_{DD}/2$? Explain.

16.58. Determine $(W/L)_p$ for a CMOS inverter such that [illegible] = 100 ps while the circuit drives a load capacitance of [illegible].

SPICE PROBLEMS

In the following problems, use the MOS device models given in Appendix A.

16.59. The inverter of Fig. [illegible] must provide a trip point at [illegible] V. If $(W/L)_1$ = [illegible], determine $(W/L)_2$. Also plot the supply current as a function of V_{in} for $0 < V_{in} < 1.8$ V.

Figure 16.59

16.60. The inverter cascade shown in Fig. 16.60 drives a load capacitance of [illegible]. Assume [illegible] and L = [illegible] for all devices.

Figure 16.60

(a) Determine the optimum values of W_2 and W_3 if the total delay from V_{in} to V_{out} must be minimized. What is the delay contribution of each stage?

(b) Determine the average power dissipation of the circuit if a frequency of [illegible] MHz.

16.61. Consider a CMOS NAND gate with its inputs shorted together so as to form an inverter (Fig. 16.59). We wish to determine the delay of this circuit with a fanout of four, i.e., if it is loaded by a similar stage that incorporates devices whose width is scaled up by a factor of four. Use SPICE to compute the delay.

Figure 16.61

16.62. Repeat Problem [illegible] for a NOR gate and compare the results.

16.63. The circuit depicted in Fig. [illegible] is called a "ring oscillator." Assuming [illegible] = 1.8 V and W/L = [illegible] for the NMOS devices, select W/L for the PMOS transistors such that the frequency of oscillation is maximized. (To start the simulation in SPICE, you must apply an initial condition to one of the nodes, e.g., $V_X = 0$.)

Figure 16.63

17

CMOS 증폭기*

6장에서 MOS 트랜지스터의 물리와 동작을 배웠다. 이 장에서는 소자를 이용한 증폭 회로를 다룬다. 마이크로 전자 분야는 증폭기 이상의 것을 다루지만, 1장에서 배운 휴대전화나 디지털 카메라는 증폭 현상을 광범위하게 이용하고 있어, 증폭기 블록의 해석 및 설계에 숙달될 필요가 있다. 이 장의 주요 내용은 다음과 같다.

일반적인 개념		동작점 해석		증폭기 토폴로지
• 입출력 임피던스 • 바이어스 • 직류 및 소신호 해석	➤	• 간단한 바이어스 • 소스 축퇴 • 자기 바이어스 • PMOS 소자의 바이어스	➤	• 공통 소스 단 • 공통 게이트 단 • 소스 폴로어

이 책에서 남아 있는 내용의 기초를 세우는 이 장은 아주 길다. 여기서 소개되는 개념의 대부분은 5장(바이폴라 증폭기)에서 취급된 것이다. 그러므로 독자는 내용을 조금씩 자주 분리해서 이해하도록 권장한다.

17.1 일반적인 고찰

부하 저항이 있는 전압제어 전류원은 증폭기가 될 수 있다는 것을 6장에서 배웠다. 일반적으로 증폭기에서 출력(전압 또는 전류)은 입력(전압 또는 전류)에 비해 증폭된 것이다. 대부분의 전자회로는 전압을 만들어 내고 크기를 판단하기 때문에,[1] '전압 증폭기'와 '전압 이득' v_{out}/v_{in}의 개념에 논의의 주안점을 둔다.

증폭기 성능의 또 다른 중요한 점은 무엇인가? 쉽게 생각나는 세 가지 매개변수는 (1) 전력 소모(예를 들면, 전력 소모는 휴대전화나 디지털 카메라의 배터리 수명을 결정하기 때문에), (2) 속도(예를 들면, 휴대전화의 증폭기 또는 디지털 카메라의 아날로그-디지털 변환기는 고주파에서 동작한다), (3) 잡음(예를 들면, 휴대전화나 디지털 카메라의 전반부 증폭기는 소신호를 포함하고 있어 무시될 수 있는 잡음으로 제어되어야 한다)이다.

17.1.1 입출력 임피던스

위에 언급한 매개변수 외에도 증폭기의 입출력(I/O) 임피던스는 전단과 후단의 경계면에서 중요한 역할을 한다. 이 개념을 이해하기 위해서 이상적인 전압 증폭기의 I/O 임피던스를 먼저 결정하자. 입력에서 회로는 전압계(즉, 앞단에 영향을 주지 않으면서 전압을 판별하는)로 동작해야 한다. 그러므로 이상적인 임피던스는 무한대이다. 출력에서 회로는 전압원(즉, 부하 임피던스에 일정한 신호만 제공하는)으로 동작해야 한다. 따라서 이상적인 출력 임피던스는 0과 같다.

실제로 전압 증폭기의 I/O 임피던스는 이상적인 값과 거리가 멀어, 다른 단의 경계면에 주의를 기울일 필요가 있다. 다음 예제는 이를 반영한 것이다.

예제 17.1

전압 이득이 10인 증폭기가 마이크로폰의 신호를 감지하여 스피커에 증폭된 출력을 내고 있다[그림 17.1(a)]. 마이크로폰은 10 mV 피크-피크 신호를 가지고 직렬 저항이 200 Ω인 전압원으로 생각될 수 있다. 또한 스피커의 내부 저항은 8 Ω으로 가정하라.

(a) 회로의 내부 저항이 2 kΩ 또는 500 Ω일 때 증폭기가 감지한 신호 크기를 구하라.

(b) 회로의 내부 저항이 10 Ω 또는 2 Ω일 때 스피커에 전달된 신호 크기를 구하라.

풀이 (a) 그림 17.1(b)는 마이크로폰과 증폭기의 경계면을 보여 준다. 증폭기에 의해 감지된 전압은

$$v_1 = \frac{R_{in}}{R_{in} + R_m} v_m \tag{17.1}$$

이다. $R_{in} = 2\ \text{k}\Omega$에 대하여

$$v_1 = 0.91 v_m \tag{17.2}$$

---

* 이 장은 바이폴라 회로 이전에 CMOS 회로를 다루는 과정으로 쓰여졌다.

1) 예외는 12장에서 다루어졌다.

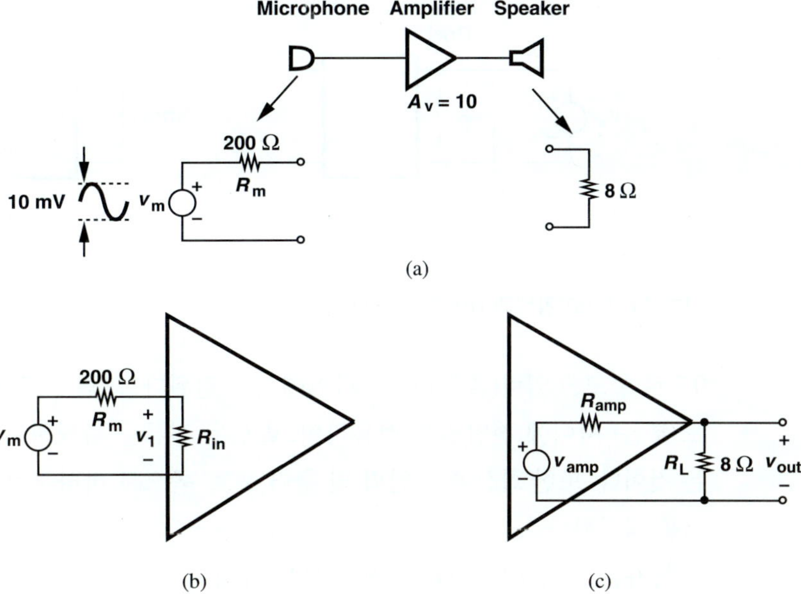

그림 17.1 (a) 간단한 오디오 시스템; (b) 증폭기의 입력 임피던스에 의한 신호 손실; (c) 증폭기의 출력 임피던스에 의한 신호 손실

인데 이는 마이크로폰의 신호 크기보다 9% 작다. 반면에 $R_{in} = 500\ \Omega$에 대해서는

$$v_1 = 0.71 v_m \tag{17.3}$$

즉, 거의 30% 소모가 있다. 그러므로 이러한 경우 입력 임피던스를 최대화할 필요가 있다.

(b) 그림 17.1(c)와 같이 증폭기와 마이크로폰의 경계면을 그리면 다음과 같이 된다.

$$v_{out} = \frac{R_L}{R_L + R_{amp}} v_{amp} \tag{17.4}$$

$R_{amp} = 10\ \Omega$에 대하여

$$v_{out} = 0.44 v_{amp} \tag{17.5}$$

로 상당한 감소를 보인다. $R_{amp} = 2\ \Omega$에 대해서는

$$v_{out} = 0.8 v_{amp} \tag{17.6}$$

이다. 그러므로 증폭기의 출력 임피던스를 최소화해야 한다.

연습문제 R_L에 소모된 전력은 $R_{amp} = R_L$일 때 최대가 된다는 것을 증명하라.

입력(출력) 임피던스의 중요성을 그것을 측정하는 방법에서 알아보자. 저항과 커패시터 같은 2단자 소자의 임피던스에 관해서 입력(출력) 임피던스는 회로의 모든 독립된 소스를

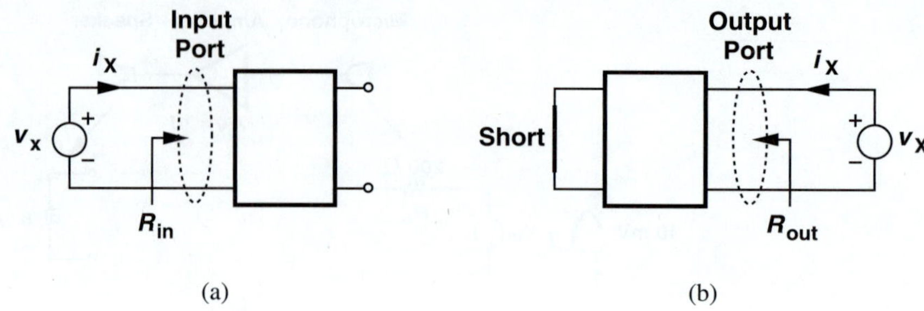

그림 17.2 (a) 입력과 (b) 출력 임피던스 측정

0으로 놓고,[2] 입력(출력) 단자 사이에서 측정된다. 그림 17.2의 방법은 두 단자('포트'라고도 부름) 사이에 전압원을 적용하여, 발생된 전류를 측정하고 임피던스로 v_X/i_X를 정의하는 것이다. 또한 화살표는 입력 및 출력 포트 '쪽으로 바라보는' 것을 나타내고 관련 임피던스를 정의한다.

독자는 그림 17.2(a)의 출력 포트는 개방되어 있고 그림 17.2(b)의 입력 포트는 단락되어 있는 것을 이상하게 생각할지 모른다. 전압 증폭기는 정상 동작하에서는 전압원에 의해 인가되고 또한 모든 독립된 소스는 0으로 놓으므로, 그림 17.2(b)의 입력 포트는 0의 전압원을 표현하기 위해서 단락되어 있는 것으로 한다. 출력 임피던스를 구하는 과정도 회로(1장)의 테브냉 임피던스를 구하기 위해 사용된 방법과 동일하다. 반면에 그림 17.2(a)에서는 출력이 외부 소스와 연결되어 있지 않기 때문에 개방되어 있다.

입출력 임피던스는 첫째 단과 다음 단의 전달 특성에 영향을 주므로 일반적으로 소신호로 간주된다—여기서 신호 크기는 작은 것으로 가정한다. 예를 들어 입력 임피던스는 입력 전압에 작은 변화를 주어 입력 전류의 변화량을 측정하여 얻어진다. 그러므로 반도체 소자의 소신호 모델은 아주 중요하다.

예제 17.2

트랜지스터가 포화 영역에서 동작한다고 가정하고 그림 17.3(a) 회로의 입력 임피던스를 구하라.

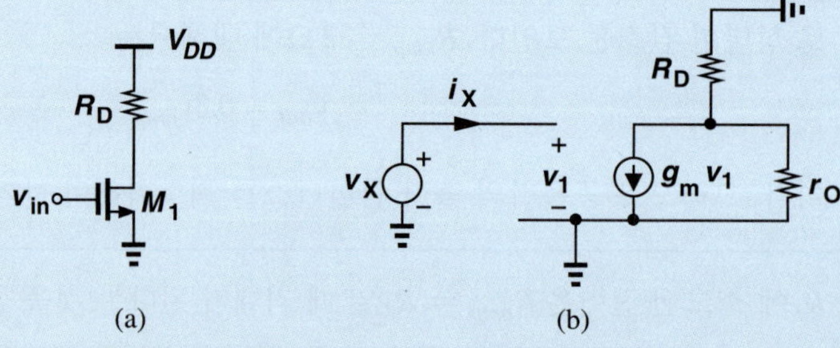

그림 17.3 (a) 간단한 증폭단; (b) 소신호 모델

2) 0의 전압원은 단락으로, 0의 전류원은 개방으로 다루어진다.

풀이 그림 17.3(b)의 소신호 등가 회로를 그린다. 게이트는 전류를 발생시키지 않고(저주파수) 입력 임피던스는 다음과 같다.

$$\frac{v_x}{i_x} = \infty \tag{17.7}$$

연습문제 만약 $R_D = 0$ 또는 $\lambda = 0$이라면 입력 임피던스는 얼마인가?

기호와 도표를 단순화하기 위하여 두 단자(포트)에서보다는 한 단자에서 본 임피던스를 알아보자. 그림 17.4에서와 같이 다른 단자는 접지되어 있다고 가정한다. 즉, 시험 전압원이 접지와 단자 사이에 가해졌다.

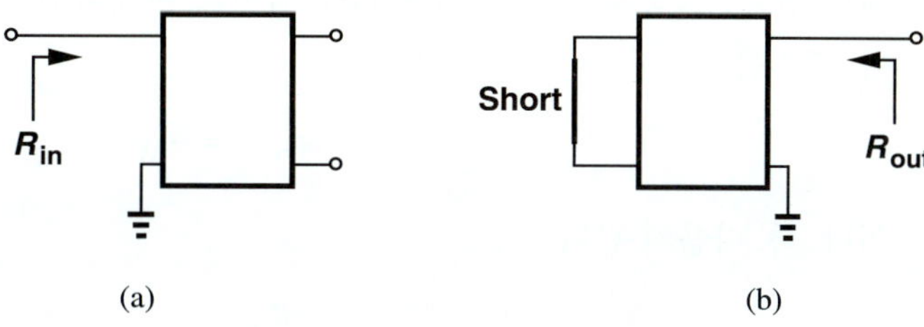

그림 17.4 한 단자에서 본 임피던스 개념

예제 17.3 그림 17.5(a) M_1의 드레인에서 본 임피던스를 계산하라.

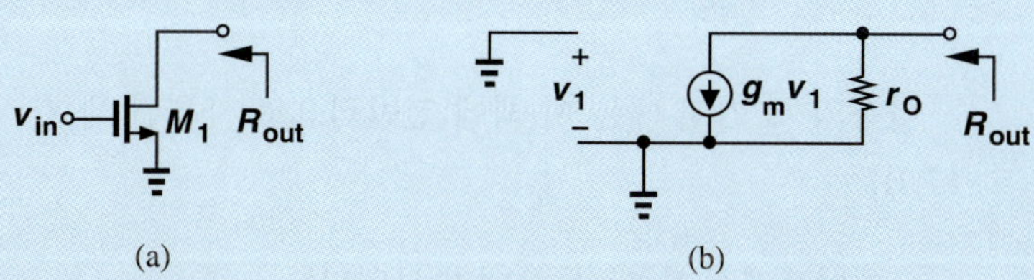

그림 17.5 (a) M_1의 드레인에서 본 임피던스; (b) 소신호 모델

풀이 입력 전압을 0으로 놓고, 그림 7.5(b)의 소신호 모델을 사용하면 $v_1 = 0$, $g_m v_1 = 0$, $R_{out} = r_O$이다.

연습문제 저항이 M_1의 게이트와 직렬로 연결되어 있다면 출력 임피던스는 얼마인가?

예제 17.4 그림 17.6(a) M_1의 소스에서 본 임피던스를 계산하라. 단순화를 위해 채널길이 변조는 무시하라.

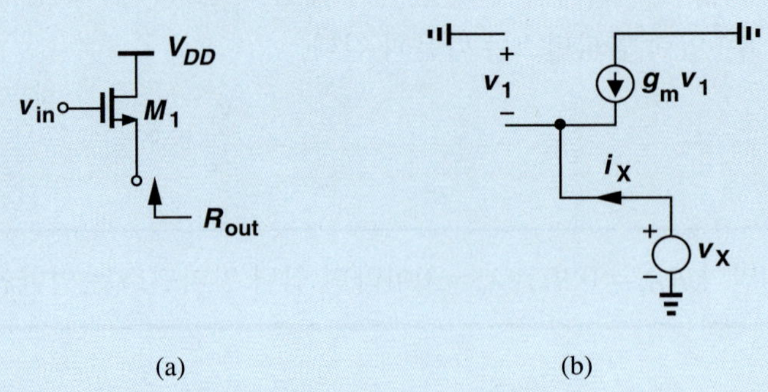

그림 17.6 (a) 소스에서 본 임피던스; (b) 소신호 모델

풀이 입력 전압을 0으로 놓고 V_{DD}를 교류 접지로 대체하면 그림 17.6(b)의 소신호 모델이 된다. 흥미롭게도 $v_1 = -v_X$ 그리고

$$g_m v_1 = -i_X \tag{17.8}$$

이다. 즉, 다음과 같다.

$$\frac{v_X}{i_X} = \frac{1}{g_m} \tag{17.9}$$

연습문제 만약 저항이 M_1의 드레인 단자와 직렬로 연결되어 있다면 위 결과는 달라지는가?

다음의 세 가지 예는 이 책에 전반적으로 사용된 세 가지 중요한 규칙을 제공한다(그림 17.7).

- 게이트에서 볼 때, 무한대가 보인다.
- 드레인에서 볼 때, 소스가 (교류) 접지되었다면 r_O가 보인다.
- 소스에서 볼 때, 게이트가 (교류) 접지되고 채널길이 변조가 무시되어 있다면 $1/g_m$이 보인다.

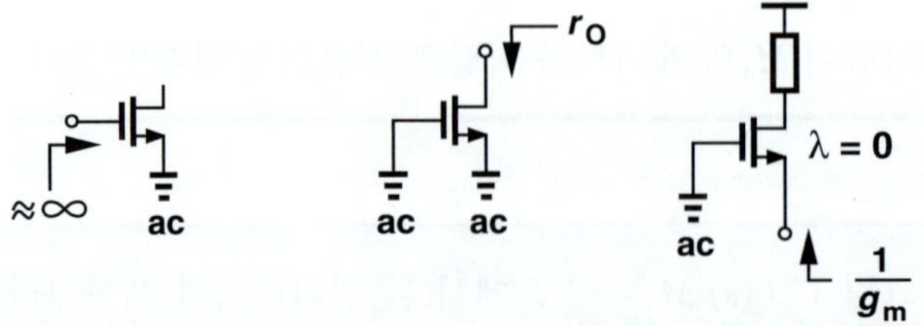

그림 17.7 MOS 트랜지스터에서 본 임피던스 요약

이 규칙을 숙지하여 보다 복잡한 회로에 적용할 수 있어야 한다.[3)]

17.1.2 바이어스

6장에서 MOS 트랜지스터는 포화 영역에서 바이어스되어 있으면 증폭 소자로 동작한다는 것을 배웠다. 즉, 소신호가 없을 때, 소자의 주변 환경은 과구동이 가능하도록 V_{GS}가 충분히 크고, V_{DS}도 채널에서 핀치오프가 가능하도록 크게 해야 한다. 더욱이 6장에서 설명한 바와 같이, g_m이나 r_O와 같은 트랜지스터의 증폭 특성은 정지(바이어스) 드레인 전류에 종속적이다. 그러므로 주변 회로는 소자의 바이어스 전류를 적절히 설정해야 한다.

Did you know ?

게이트에서 보이는 (저주파수) 임피던스가 무한대라는 것은 게이트 전류가 0이라는 가정에서 기인한다. 흥미롭게도 최신 MOS 트랜지스터에서는 눈에 띄는 게이트 누설 전류가 보인다. 이 전류는 매우 얇은 게이트 산화물을 통한 캐리어의 '터널링(tunneling)'으로 발생한다. 터널링은 신기한 효과이다. 만약 산화물이 충분히 얇다면, 채널에 있는 전자는 *무작위로* 산화물을 건너 게이트로 들어갈 수 있다. 전자의 입자-파동 이중성에서 예측한 것처럼, 게이트 산화물 두께가 감소함에 따라 터널링은 기하급수적으로 증가한다. 이것은 더 두꺼운 유전체를 사용하는 MOSFET에 대한 광범위한 연구를 촉발했다. 다행히도 이 전류의 크기는 여전히 대부분의 증폭기에서 우려하지 않아도 될 만큼 충분히 작다.

17.1.3 직류 및 소신호 분석

다음 관찰은 증폭기(또 다른 많은 회로)의 분석 과정을 소개한다. 먼저 소신호가 없을 때 각 트랜지스터의 동작(정지) 조건(단자의 전압과 전류)을 계산하자. '직류 분석' 또는 '바이어스 분석'이라 불리는 과정은 동작 영역(포화 또는 트라이오드)과 소자의 매개변수를 동시에 결정한다. 두 번째로 '소신호 분석', 즉 소신호에 대한 회로의 반응 연구와 전압 이득과 출력 임피던스 계산을 수행한다. 일례로 그림 17.8은 전압과 전류의 바이어스와 소신호 성분을 보여 준다.

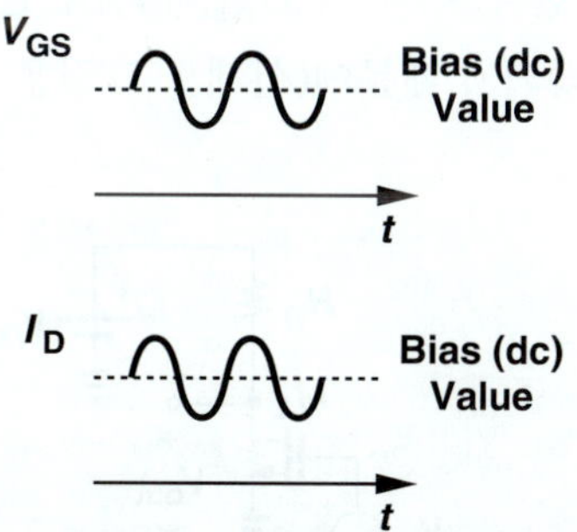

그림 17.8 MOS 트랜지스터의 바이어스와 소신호 레벨

3) 이 책의 범위를 넘어서지만, 소스에서 본 임피던스는 드레인이 비교적 낮은 임피던스에 접속되어 있으면 $1/g_m$과 같다.

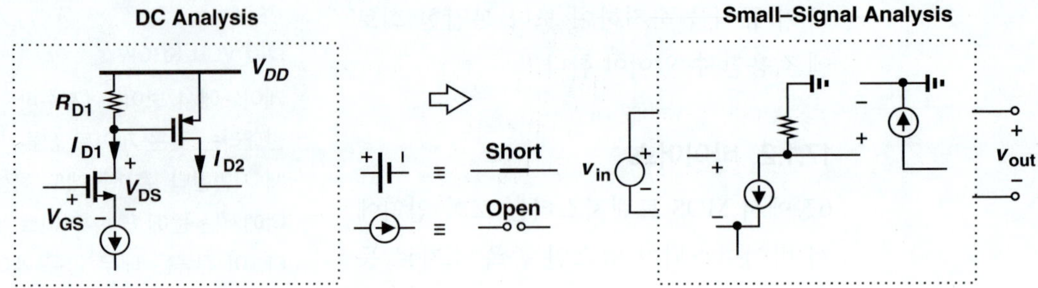

그림 17.9 일반적인 회로 분석의 과정

소신호 분석은 동작점 부근에서 회로의 전압 및 전류의 (조그만) 변화를 다룬다는 것을 명심하자. 6장에서 언급된 바와 같이 시간에 따라 변하지 않는 전압 및 전류원은 소신호 분석을 위해 0으로 만들어야 한다. 예를 들어 공급 전압은 일정하다. 그리고 적절한 바이어스 점이 설정되면 소신호에 대응하여 어떤 역할도 하지 않는다. 그러므로 소신호 등가 회로를 만들 때, 모든 일정한 전압원은 접지시키고,[4] 모든 일정한 전류원은 개방시킨다. 관점을 달리하면, 위에 언급된 두 가지 방법은 중첩의 원리를 따른다: 첫째, 신호원을 0으로 놓고 일정한 전압과 전류 효과를 분석한다. 둘째, 일정한 소스를 0으로 놓고 신호원의 반응을 분석한다. 그림 17.9는 이러한 개념을 요약한 것이다.

증폭기 설계도 똑같은 과정을 밟는다는 것을 명심하자. 첫째, 트랜지스터 주변 회로에서 적절한 바이어스 조건과 필요한 소신호 매개변수를 찾는다. 둘째, 필요한 작업을 증명하기 위해 회로의 소신호 특성을 연구한다. 두 과정 사이의 반복은 원하는 작업에 접근되도록 하는 데 필요하다.

소신호와 대신호 동작은 어떤 차이점을 가지고 있는가? 달리 표현하면, 어떤 조건에서 소자를 소신호 모델로 표현할 수 있는가? 만약 신호가 바이어스 점에 무시할 만한 변화를 주면 회로는 소신호 영역에 있다고 말한다. 예를 들어 그림 17.8에서 신호에 의한 I_D의 변화는 작아야 한다. 이 규칙은 g_m과 r_O 같은 트랜지스터의 증폭 특성은 소신호 해석에서 일정하다고 생각되기 때문에(실제로 그것은 신호가 I_D를 변화시킬 때 변화하지만) 정당화된

그림 17.10 공급 전압의 표현

4) 접지되어 있는 모든 일정한 전압원은 '교류 접지'로 대체한다.

다. 즉, 트랜지스터의 선형적 표현은 소신호 매개변수가 거의 무시할 만큼 변할 때 적용된다. '무시할 만큼'의 정의는 회로와 그 응용에 종속적이다. 드레인 전류의 10% 변화는 소신호 동작의 한계치로 생각할 수 있다.

이제부터는 회로도를 그릴 때 단순화된 표시와 기호를 사용한다. 그림 17.10은 공급 전압으로서의 배터리가 V_{DD}로 대체된 예를 보여 주고 있다.[5] 또한 입력 전압원은 V_{in}으로 표시된 노드로 단순화되어 있고, 다른 노드는 접지되어 있다.

이 장에서 바이어스 조건을 찾는 공부를 하고, MOS 단의 설계 및 직류 분석을 시작한다. 앞으로는 회로의 입력 및 출력단의 신호에 관하여 더 알아야 할 필요가 없다. 다음으로 여러 가지 증폭기의 토폴로지를 소개하고 그것을 소신호로 해석하고자 한다.

17.2 동작점 해석 및 설계

동작점에 관한 예제로 시작하자.

예제 17.5 MOS 소자에 익숙한 학생이 그림 17.11 회로를 구성하여 마이크로폰의 신호를 증폭하고자 한다. 마이크로폰의 출력 신호는 0의 직류 (평균) 전압에 20 mV의 피크값을 가지고 있다. 어떻게 되는지 설명하라.

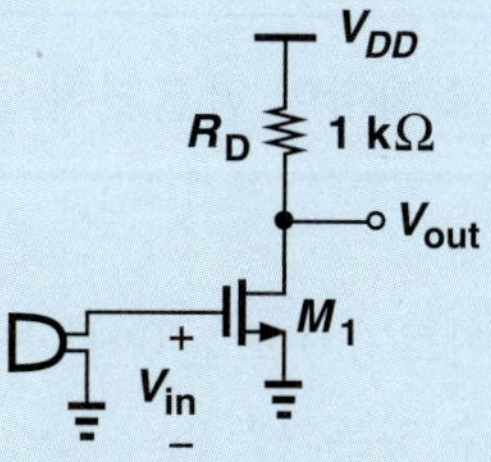

그림 17.11 마이크로폰을 이용한 증폭기

풀이 안타깝게도 트랜지스터의 바이어스 조건을 잊어버렸다. 마이크로폰은 직류 출력을 내지 않기 때문에 20 mV의 피크 입력은 트랜지스터를 켜지 못한다. 결과적으로 트랜지스터는 드레인 전류를 흘리지 못하고 트랜스컨덕턴스는 0이다. 그러므로 회로는 출력 신호를 발생시키지 못한다.

연습문제 소자의 역치 전압이 0이면 증폭을 기대할 수 있는가?

5) 아래첨자 *DD*는 드레인의 공급 전압을 나타낸다.

17.1.2절에 언급한 바와 같이 바이어스는 두 가지 목적을 이루기 위해 사용한다: 포화 영역에서 동작하게 하고, 드레인 전류를 원하는 값에 맞추기 위한 것이다. 위의 예제로 돌아가 보자.

예제 17.6

바이어스 문제를 이해한 후, 예제 17.5의 회로를 그림 17.12와 같이 수정하였다. 직류 바이어스를 얻기 위해 게이트에 V_{DD}를 인가하였다. 이 학생이 바이어스에 대해 더 많이 공부해야 하는 이유는 무엇인가?

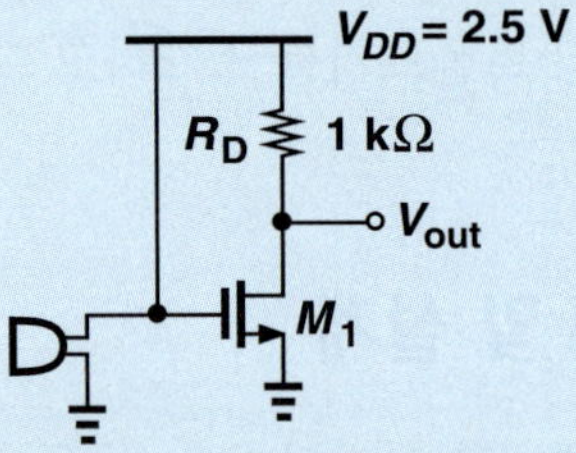

V_{DD} = 2.5 V
R_D 1 kΩ
V_{out}
M_1

그림 17.12 게이트가 V_{DD}에 연결된 증폭기

풀이 마이크로폰에 의해 발생된 신호는 V_{DD}로 단락되어 있다. 이상적인 전압원으로 동작한다는 것은 게이트 전압이 V_{DD}로 일정한 값을 유지하고 마이크로폰에 의한 변화는 없는 것이다. V_{GS}가 일정하므로 출력 전압 V_{out}도 일정하여 증폭은 없다.

연습문제 M_1의 소스와 직렬로 저항이 연결되어 있다면 어떻게 되는가?

앞의 예제는 게이트가 0 또는 0이 아닌 직류 전압에 연결될 수 없다는 것을 나타낸다. 그렇다면 무엇을 할 수 있는가?

예제 17.7

이 학생은 매우 낙담하여 생물학과로 전과를 해야 하나 고민 중이다. 그러나 한 번 더 생각해 보고, $V_B = 0.75$ V인 그림 17.13 회로를 만들어 보았다. 이 회로는 증폭기로 동작할 수 있는가?

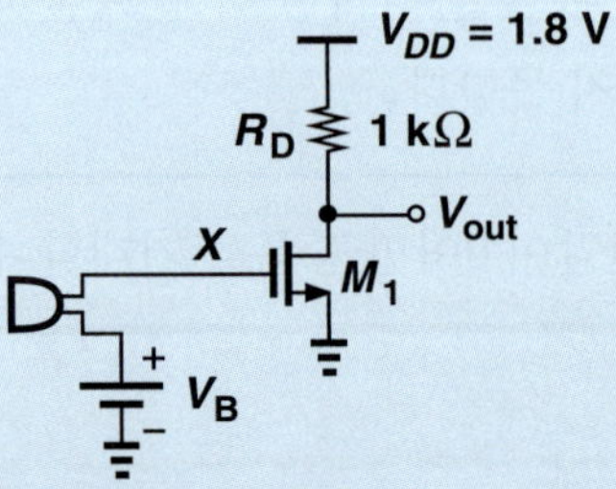

V_{DD} = 1.8 V
R_D 1 kΩ
V_{out}
X
M_1
V_B

그림 17.13 게이트 바이어스를 가진 증폭기

풀이 동작할 수 있다. 소리가 없으면 마이크로폰의 출력은 0이고, $V_{GS} = V_B$이다. 적당한 V_B 값은 필요한 드레인 전류(트랜스컨덕턴스)로 포화 영역에서 동작하게 한다.

안타깝게도 이런 구조는 각 증폭단에 각각의 배터리를 필요로 한다.(다른 단은 또 다른 게이트-소스 전압으로 동작할 수 있다.) 그러므로 배터리 대신에 대체할 수 있는 간단한 것을 찾아야 한다. 이 정도면 충분하므로, 전기공학을 떠날 필요는 없다.

연습문제 게이트 전압은 R_D 값에 종속적인가?

17.2.1 간단한 바이어스

그림 17.14(a)의 토폴로지를 생각해 보자. 여기서 게이트 바이어스 전압을 얻기 위하여, 게이트는 비교적 큰 저항 R_G를 통하여 V_{DD}에 연결되어 있다. R_G에 흐르는 전류를 0으로 놓으면(왜 그럴까?) $V_{GS} = V_{DD}$가 된다. 이는 비교적 크고 고정된 값이다. 반면에 증폭기 설계의 대부분은 V_{GS} 선택의 가변성을 필요로 한다. 이런 문제는 그림 17.14(b)에 소개된 방법으로도 풀 수 있다. 여기서 다음과 같다.

$$V_{GS} = \frac{R_2}{R_1 + R_2} V_{DD} \tag{17.10}$$

회로를 분석하고 바이어스 전류와 전압을 구해 보자.

M_1이 포화 영역에서 동작한다고 가정하고(이 가정을 마지막에도 확인하라), 바이어스 계산에서 채널길이 변조는 무시하자. 제곱 법칙 특성에서 다음을 알 수 있다.

$$I_D = \frac{1}{2}\mu_n C_{ox}\frac{W}{L}(V_{GS} - V_{TH})^2 \tag{17.11}$$

$$= \frac{1}{2}\mu_n C_{ox}\frac{W}{L}\left(\frac{R_2}{R_1 + R_2}V_{DD} - V_{TH}\right)^2 \tag{17.12}$$

그러므로 저항 분배율과 W/L을 적절히 선택하면 필요한 바이어스 전류를 구할 수 있다. 드레인-소스 전압을 계산해야 한다. 그리고 소자가 포화 영역에 있는지도 조사해야 한다. R_D에는 I_D 전류가 흘러 전압 강하는 $R_D I_D$이다. 공급 전압에 대한 KVL을 적용하면 출력단

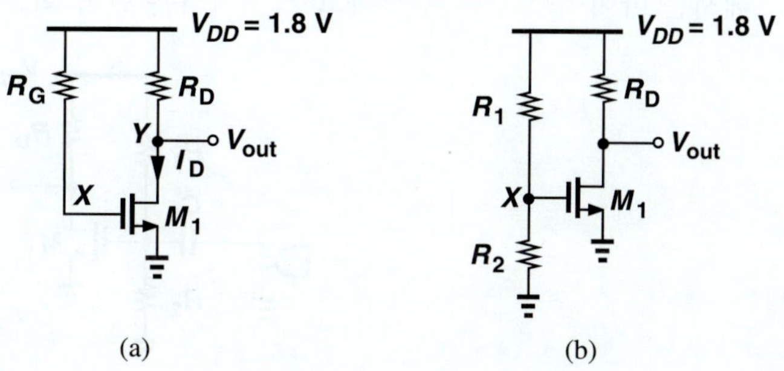

그림 17.14 게이트 바이어스를 얻기 위해 (a) R_G 사용; (b) 저항 분배기 사용

에서는 다음과 같다.

$$V_{DS} = V_{DD} - R_D I_D \tag{17.13}$$

포화 영역에서 동작하기 위해서는 드레인 전압이 $V_{DS} \geq V_{GS} - V_{TH}$를 만족시켜야 한다.

$$V_{DD} - R_D I_D \geq V_{GS} - V_{TH} \tag{17.14}$$

$$\geq \frac{R_2}{R_1 + R_2} V_{DD} - V_{TH} \tag{17.15}$$

예제 17.8 $V_{TH} = 0.5$ V, $\mu_n C_{ox} = 100\ \mu$A/V^2, $W/L = 5/0.18$, $\lambda = 0$, $R_1 = 20$ kΩ, $R_2 = 15$ kΩ을 가정할 때 그림 17.14(b) M_1의 바이어스 전류를 구하라. M_1이 포화 영역에 있기 위해서 R_D의 최대 허용치는 얼마인가?

풀이 $V_{GS} = 0.771$ V이므로

$$I_D = 102\ \mu\text{A} \tag{17.16}$$

이다. 드레인 전압은 $V_{GS} - V_{TH} = 0.271$ V로 떨어질 수 있다. 그러므로 R_D의 최댓값은 15 kΩ이 되고, R_D의 전압 강하는 1.529 V가 된다.

연습문제 W가 2배가 되면, M_1이 포화 영역에 있기 위해서 R_D의 최대 허용치는 얼마인가?

위의 예제에서 R_D의 최대 허용치에 왜 관심을 가져야 하는가에 대해 의문을 가질지 모른다. 나중에 이해되겠지만, 회로의 전압 이득은 최댓값이 되어야 하고 R_D에 비례한다.

마이크로폰이 어떻게 증폭기에 연결되었는지 관심을 가져 보자. 신호가 회로에 가해지고 마이크로폰의 0 직류 전압이 바이어스를 교란시키지 않기 위해서는, 신호는 통과시키고 직류 전압은 막아 주는 소자(즉, 그림 17.15의 커패시터)가 마이크로폰과 직렬로 연결되어 있어야 한다. 이 기술은 앞에서 언급된 중첩의 원리를 이용한 것이다: 바이어스 계산을 위해 신호는 존재하지 않고 커패시터는 개방 회로라 가정한다. 반면에 소신호 계산을 위해서는 바이어스 값은 무시하고 커패시터는 단락 회로라 가정한다. 커패시터의 임피던스

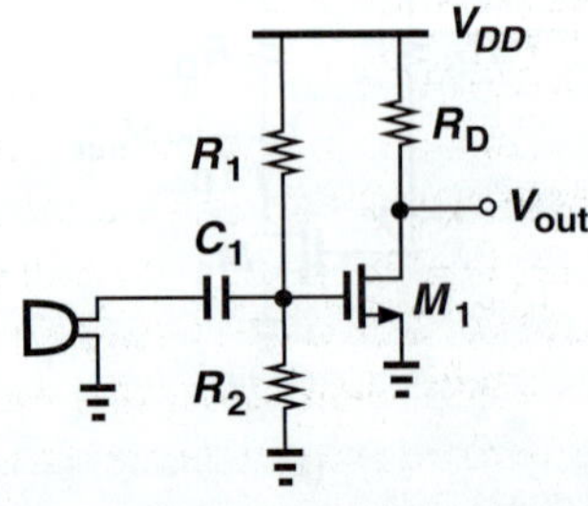

그림 17.15 마이크로폰으로부터 바이어스를 고립시키기 위해 커패시터 결합을 사용한 것

$1/(C_1 s)$이 동작 주파수에 반비례하므로 저주파수에서 단락 회로가 되기 위해서는 C_1이 커야 한다. 나중에 이 개념을 다시 생각해 보자.

Did you know ?

집적 회로에서의 심각한 문제는 대형 커패시터의 구현이었다. 일반적인 구조의 커패시터는 2개의 병렬 도체(예를 들면, 칩에서 연결선으로 사용되는 금속층)로 구성된다. 문제는 몇 피코패럿(pF)보다 큰 집적 커패시터가 넓은 면적을 소비하여 칩을 비싸게 만드는 것이다. 오디오 애플리케이션에 100 nF 커패시터가 필요할 경우 어떤 일이 발생하는지 상상해 보자. 그 커패시터 면적은 나머지 회로보다 훨씬 큰 6~10 mm^{2}가 된다. 이러한 이유로 대형 온칩(on-chip) 커패시터 사용을 피하기 위한 다양한 회로 기술이 발명되었다.

17.2.2 소스 축퇴의 바이어스

경우에 따라서 저항은 트랜지스터의 소스와 직렬로 연결되어 '소스 축퇴(source degeneration)' 현상을 일으킨다. 그림 17.16은 그러한 토폴로지를 나타낸 것인데, 게이트 전압은 R_1과 R_2에 의해 정의되어 있다. M_1은 포화 영역에서 동작하고 채널길이 변조는 무시한다. 게이트 전류는 0이므로 다음과 같다.

$$V_X = \frac{R_2}{R_1 + R_2} V_{DD} \tag{17.17}$$

$V_X = V_{GS} + I_D R_S$이므로 다음과 같다.

$$\frac{R_2}{R_1 + R_2} V_{DD} = V_{GS} + I_D R_S \tag{17.18}$$

$$I_D = \frac{1}{2}\mu_n C_{ox} \frac{W}{L}(V_{GS} - V_{TH})^2 \tag{17.19}$$

I_D와 V_{GS}를 얻기 위해 식 (17.18)과 (17.19)를 이용한다. 반복 방법 또는 식 (17.18)에서 I_D를 구해 식 (17.19)에 대입하는 방법을 이용하면 다음을 얻는다.

$$\left(\frac{R_2}{R_1 + R_2} V_{DD} - V_{GS}\right) \frac{1}{R_S} = \frac{1}{2}\mu_n C_{ox} \frac{W}{L}(V_{GS} - V_{TH})^2 \tag{17.20}$$

즉,

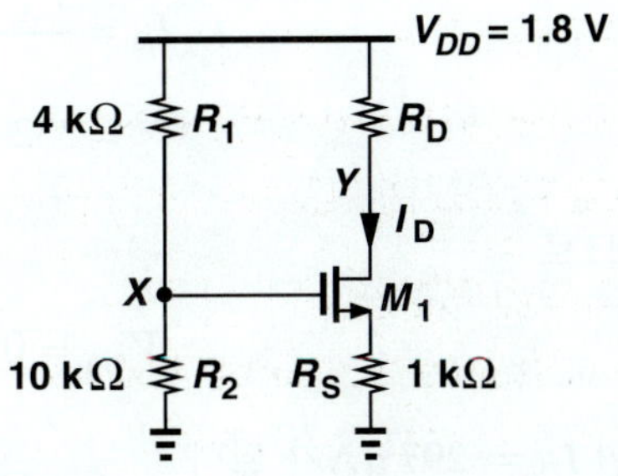

그림 17.16 바이어스를 가진 MOS 단

$$V_{GS} = -(V_1 - V_{TH}) + \sqrt{(V_1 - V_{TH})^2 - V_{TH}^2 + \frac{2R_2}{R_1 + R_2} V_1 V_{DD}} \tag{17.21}$$

$$= -(V_1 - V_{TH}) + \sqrt{V_1^2 + 2V_1\left(\frac{R_2 V_{DD}}{R_1 + R_2} - V_{TH}\right)} \tag{17.22}$$

이고 여기서

$$V_1 = \frac{1}{\mu_n C_{ox} \frac{W}{L} R_S} \tag{17.23}$$

이다. V_{GS} 값은 I_D를 얻기 위해 식 (17.18)에 대입할 수 있다. 물론 V_Y는 포화 영역에서 동작을 위해 $V_X - V_{TH}$보다 커야 한다.

예제 17.9

$V_{TH} = 0.5$ V, $\mu_n C_{ox} = 100\ \mu\text{A/V}^2$, $W/L = 5/0.18$, $\lambda = 0$으로 가정할 때, 그림 17.16 M_1의 바이어스 전류를 구하라. M_1이 포화 영역에 있기 위해서 R_D의 최대 허용치는 얼마인가?

풀이

$$V_X = \frac{R_2}{R_1 + R_2} V_{DD} \tag{17.24}$$

$$= 1.286 \text{ V} \tag{17.25}$$

초기 가정으로 $V_{GS} = 1$ V로 하면, R_S의 전압 강하는 $V_X - V_{GS} = 286$ mV로 되고, 드레인 전류는 286 μA이다. 식 (17.19)로부터

$$V_{GS} = V_{TH} + \sqrt{\frac{2I_D}{\mu_n C_{ox} \frac{W}{L}}} \tag{17.26}$$

$$= 0.954 \text{ V} \tag{17.27}$$

이고 결과적으로

$$I_D = \frac{V_X - V_{GS}}{R_S} \tag{17.28}$$

$$= 332\ \mu\text{A} \tag{17.29}$$

이다. 그러므로

$$V_{GS} = 0.989 \text{ V} \tag{17.30}$$

이고 그러면 $I_D = 297\ \mu$A가 된다.

반복 방법에서 알 수 있듯이 답은 조금씩 수렴한다. 그러므로 긴 계산을 피하기 위해 식 (17.22)의 결과를 이용해도 좋다. $V_1 = 0.36$ V이므로

$$V_{GS} = 0.974 \text{ V} \tag{17.31}$$

$$I_D = \frac{V_X - V_{GS}}{R_S} \tag{17.32}$$

$$= 312\ \mu\text{A} \tag{17.33}$$

이다. $V_Y = V_X - V_{TH} = 0.786$ V가 되면 R_D의 최대 허용치가 얻어지는데 다음과 같다.

$$R_D = \frac{V_{DD} - V_Y}{I_D} \tag{17.34}$$

$$= 3.25\ \text{k}\Omega \tag{17.35}$$

연습문제 R_S가 2배가 될 때 바이어스 전류를 구하라.

예제 17.10 예제 17.9의 회로에서 M_1이 포화 영역에 있고 $R_D = 2.5$ kΩ이라 가정하자. (a) W/L의 최대 허용치를 구하라. (b) $W/L = 5/0.18$일 때 R_S의 최소 허용치를 구하라. $\lambda = 0$으로 가정하라.

풀이 (a) W/L이 증가하므로 주어진 V_{GS}에 대해 M_1은 보다 큰 전류를 흘릴 수 있다. $R_D = 2.5$ kΩ, $V_X = 1.286$ V이므로 I_D의 최대 허용치는 다음과 같다.

$$I_D = \frac{V_{DD} - V_Y}{R_D} \tag{17.36}$$

$$= 406\ \mu\text{A} \tag{17.37}$$

R_S의 전압 강하는 406 mV가 되고, $V_{GS} = 1.286\text{ V} - 0.406\text{ V} = 0.88$ V가 된다. 즉, M_1에는 $V_{GS} = 0.88$ V에서 406 μA의 전류가 흐른다.

$$I_D = \frac{1}{2}\mu_n C_{ox}\frac{W}{L}(V_{GS} - V_{TH})^2 \tag{17.38}$$

$$406\ \mu\text{A} = (50\ \mu\text{A/V}^2)\frac{W}{L}(0.38\text{ V})^2 \tag{17.39}$$

그러므로 다음과 같다.

$$\frac{W}{L} = 56.2 \tag{17.40}$$

(b) $W/L = 5/0.18$이므로, R_S의 최소 허용치에서 드레인 전류는 406 μA이다.

$$V_{GS} = V_{TH} + \sqrt{\frac{2I_D}{\mu_n C_{ox}\frac{W}{L}}} \tag{17.41}$$

$$= 1.041\ \text{V} \tag{17.42}$$

R_S의 전압 강하는 $V_X - V_{GS} = 245$ mV로 되고, 따라서 다음과 같이 된다.

$$R_S = \frac{V_X - V_{GS}}{I_D} \tag{17.43}$$

$$= 604\ \Omega \tag{17.44}$$

연습문제 $V_{DD} = 1.5$ V일 때, 위의 예제를 다시 풀어라.

17.2.3 자기 바이어스 단

이산 회로와 집적 회로에서 일반적으로 사용되는 또 다른 바이어스 구조가 그림 17.17에 나타나 있다. 게이트 전압이 드레인으로부터 공급되기 때문에 '자기 바이어스(self-biased)'라 불리는데, 이 구조단은 흥미롭고 많이 사용된다. R_G의 전압 강하는 0이고 M_1은 포화 영역에 있다고 생각하고 회로를 분석할 수 있다.(왜 그럴까?) 그러므로

$$I_D R_D + V_{GS} + R_S I_D = V_{DD} \tag{17.45}$$

이다. 이 방정식에서 V_{GS}를 얻어 식 (17.19)에 대입하면

$$I_D = \frac{1}{2}\mu_n C_{ox}\frac{W}{L}[V_{DD} - (R_S + R_D)I_D - V_{TH}]^2 \tag{17.46}$$

이고 여기서 채널길이 변조를 무시하면 다음과 같다.

$$(R_S + R_D)^2 I_D^2 - 2\left[(V_{DD} - V_{TH})(R_S + R_D) + \frac{1}{\mu_n C_{ox}\frac{W}{L}}\right]I_D + (V_{DD} - V_{TH})^2 = 0 \tag{17.47}$$

I_D 값은 2차 방정식을 풀어 구할 수 있다. I_D를 알면 V_{GS}도 계산할 수 있다.

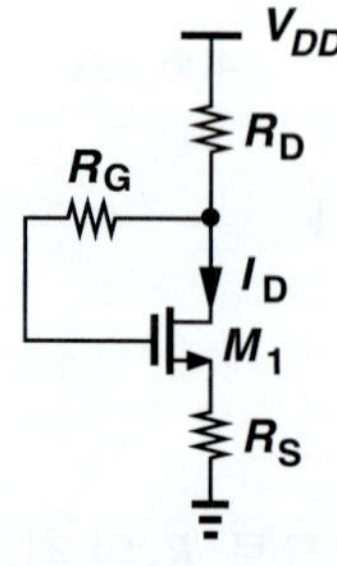

그림 17.17 자기 바이어스 MOS 단

예제 17.11

$V_{TH} = 0.5$ V, $\mu_n C_{ox} = 100\ \mu\text{A/V}^2$, $\lambda = 0$으로 가정할 때, 그림 17.18 M_1의 드레인 전류를 구하라. I_D가 반으로 감소한다면 R_D의 값은 얼마인가?

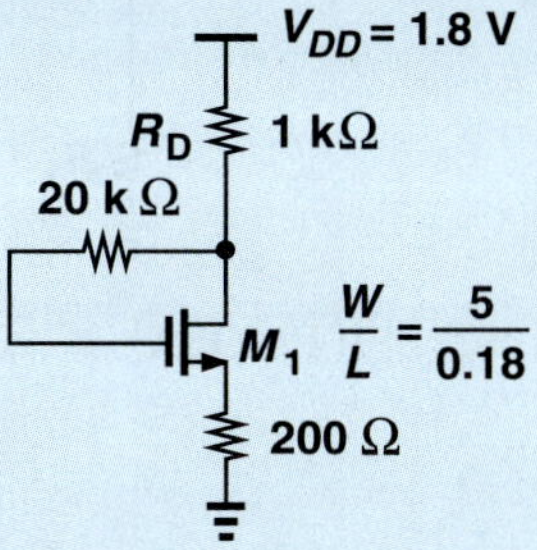

그림 17.18 자기 바이어스 MOS 단의 예

풀이 식 (17.47)에서 다음을 얻는다.

$$I_D = 556\ \mu\text{A} \tag{17.48}$$

I_D를 278 μA로 감소시키기 위하여, 식 (17.47)을 풀어 R_D를 구한다.

$$R_D = 2.867\ \text{k}\Omega \tag{17.49}$$

연습문제 W가 4배로 되면 바이어스 전류도 4배로 증가하는가?

17.2.4 PMOS 트랜지스터의 바이어스

지금까지 NMOS 소자의 직류 바이어스를 다루었다. 유사한 개념이 PMOS 소자에 대해서도 적용되는데, 이 경우 포화 영역에서 동작이 가능하도록 극성과 전압 관계에 주의를 기울여야 한다. 다음 예제들은 이 관계를 보여 준다.

예제 17.12

$V_{TH} = -0.5$ V, $\mu_p C_{ox} = 50\ \mu\text{A/V}^2$, $W/L = 5/0.18$, $\lambda = 0$, $R_1 = 20\ \text{k}\Omega$, $R_2 = 15\ \text{k}\Omega$을 가정할 때, 그림 17.19 M_1의 바이어스 전류를 구하라. M_1이 포화 영역에 있기 위해서 R_D의 최대 허용치는 얼마인가?

풀이 트랜지스터의 게이트-소스 전압은 R_2의 전압 강하로 주어진다.

$$V_{GS} = -\frac{R_2}{R_1 + R_2} V_{DD} \tag{17.50}$$

$$= -0.771\ \text{V} \tag{17.51}$$

드레인 전류는 다음과 같다.

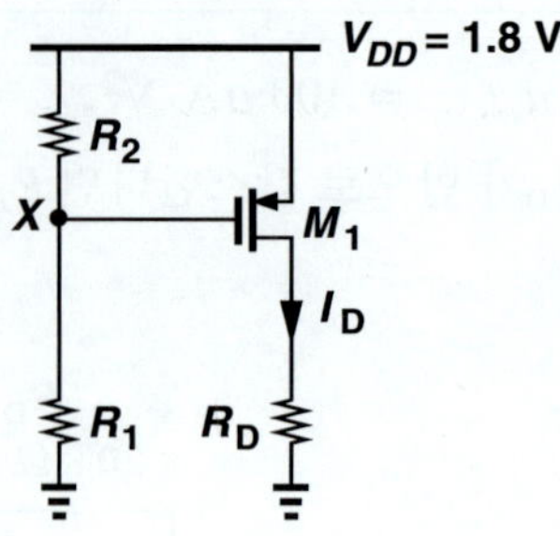

그림 17.19 바이어스를 가진 PMOS 단

$$I_D = \frac{1}{2}\mu_p C_{ox}\frac{W}{L}(V_{GS} - V_{TH})^2 \tag{17.52}$$

$$= 56\ \mu\text{A} \tag{17.53}$$

M_1이 포화 영역에 있기 위해서는 드레인 전압이 게이트 전압보다 최대 V_{TH}만큼 커야 한다. 즉, R_D는 최대 전압 $V_X + |V_{TH}| = 1.529$ V를 가질 수 있다. R_D의 최대 허용치는 27.3 kΩ이다.

연습문제 만약 $W/L = 10/0.18$이면 바이어스 전류 값은 얼마인가?

예제 17.13 $V_{TH} = -0.5$ V, $\mu_p C_{ox} = 50\ \mu\text{A/V}^2$, $W/L = 5/0.18$, $\lambda = 0$을 가정할 때, 그림 17.20의 자기 바이어스 단의 바이어스 전류를 구하라.

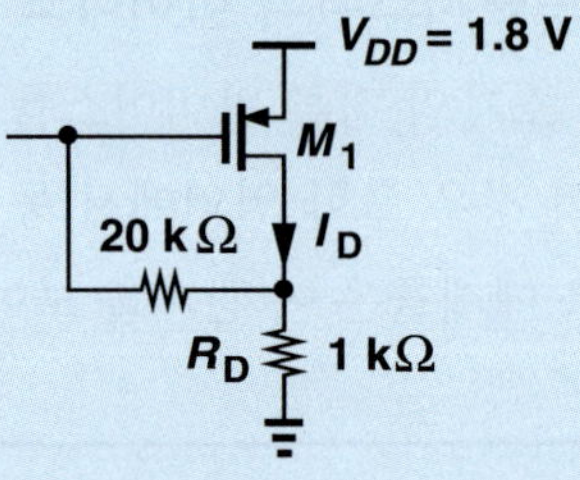

그림 17.20 자기 바이어스를 가진 PMOS 단

풀이 $I_D R_D + |V_{GS}| = V_{DD}$이므로 다음을 얻는다.

$$I_D = \frac{1}{2}\mu_p C_{ox}\frac{W}{L}(V_{DD} - I_D R_D - |V_{TH}|)^2 \tag{17.54}$$

I_D에 대한 2차 방정식을 풀면 다음과 같다.

$$I_D = 418\ \mu\text{A} \tag{17.55}$$

소자는 항상 포화 영역에 있다.

연습문제 공급 전압이 얼마일 때 바이어스 전류가 200 μA가 되는가?

17.2.5 전류원의 구현

포화 영역에서 동작하는 MOS 트랜지스터는 전류원으로 작용할 수 있다. 그림 17.21(a)에 나와 있는 바와 같이 NMOS 소자는 한쪽이 접지되어 있는 전류원으로 동작한다. 즉, 점 X에서 접지로 전류를 흘린다. 반면에 PMOS 트랜지스터[그림 17.21(b)]는 V_{DD}에서 점 Y로 전류를 흘린다. 만약 $\lambda = 0$이라면 이러한 전류들은 V_X 또는 V_Y에 독립적이다(트랜지스터가 포화 영역에 있는 한).

MOSFET의 드레인 단자만이 직류 전류를 끌어들이며 높은 임피던스를 나타낸다는 것을 이해하는 것은 중요하다. 그림 17.21(c)와 (d)에 있는 NMOS와 PMOS 소자는 전류원으로 작용하지 않는다. 왜냐하면 V_X나 V_Y의 변화는 각 트랜지스터의 게이트-소스 전압을 변화시켜 드레인 전류를 상당히 변화시키기 때문이다. 또 다른 관점에서 이해하기 위하여, 두 회로의 Y 또는 X(교류 접지)에서 본 소신호 저항은 비교적 낮은 값인 $1/g_m$이 된다는 것을 증명해 보기 바란다.

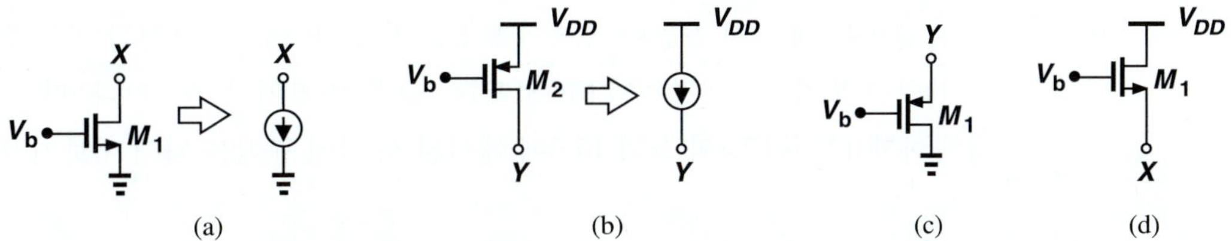

그림 17.21 (a) 전류원으로 작용하는 NMOS 소자; (b) 전류원으로 작용하는 PMOS 소자; (c) 전류원으로 작용하지 않는 PMOS 토폴로지; (d) 전류원으로 작용하지 않는 NMOS 토폴로지

17.3 CMOS 증폭기 토폴로지

바이어스를 상세히 공부하였으므로 이제 차동 증폭기 토폴로지와 그 소신호 특성에 대해 알아볼 차례이다.[6)]

MOS 트랜지스터는 3개의 단자를 가지고 있으므로,[7)] 그림 17.22(a)~(c)에 나와 있는 바와 같이 소자에 입력 신호를 인가하는 3개의 가능성이 있다. 마찬가지로 출력 신호는 어떤 단자(접지에 대하여)에서도 감지될 수 있고[그림 17.22(d)~(f)], 입출력망은 9개의 가능한 조합이 있어 9개의 증폭기 토폴로지가 가능하다.

그러나 6장에서 본 바와 같이, 포화 영역에서 동작하는 MOSFET의 게이트-소스 전압이 변하면 드레인 전류도 변한다. 그러므로 그림 17.22(c)의 입력 연결은 배제된다. 왜냐하면

---

6) 이 책의 범위를 벗어나지만, 증폭기의 대신호 특성은 많이 응용되고 있고 중요하다.

7) 기판은 몸체 효과의 단자로 작용하기도 한다. 그러나 이 책에서 그 현상은 무시하자.

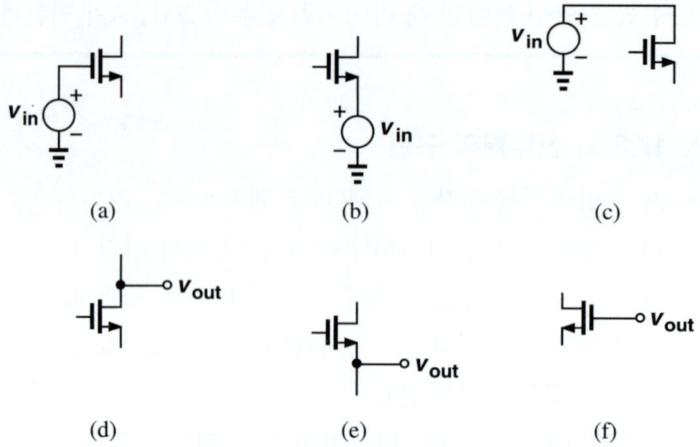

그림 17.22 MOS 트랜지스터의 가능한 입출력 연결

그림의 V_{in}은 게이트나 소스 전압에 영향을 주지 않기 때문이다. 또한 그림 17.22(f)의 토폴로지는 V_{out}이 드레인 전류 변화에 영향을 받지 않으므로 생각해 볼 가치가 없다. 그러므로 4개의 가능성만 남는다. 그러나 그림 17.22(b)와 (e)의 입출력 연결은 모순된다. 왜냐하면 V_{out}이 입력단(소스)에서 감지될 수 있고, 회로는 어떤 함수도 나타내지 않기 때문이다.

위 설명은 세 가지 가능한 증폭기 토폴로지를 나타낸다. 그것의 이득과 입출력 임피던스를 계산해 보자. 모든 경우에 MOSFET는 포화 영역에서 동작한다. 다음 과정을 진행하기 전에 예제 17.2~17.4와 그림 17.7에 예시된 세 가지 규칙을 되새겨 보기 바란다.

17.4 공통 소스 토폴로지

입력 신호가 게이트에 인가되고[그림 17.22(a)], 출력 신호가 드레인에서 감지되면[그림 17.22(d)], 회로는 '공통 소스(CS: common-source)' 단이라 불린다(그림 17.23). 다른 장에서 그것의 이름을 사용하지 않고 회로를 분석해 본 바 있다. '공통 소스'라는 용어는 소스 단자가 접지되어 있어, 입출력단에 공통으로 사용된다는 뜻에서 유래한다. 그럼에도 더욱 복잡한 토폴로지에서의 혼선을 피하기 위하여, 입출력 연결(각각 게이트에, 드레인으로부터)에 근거한 단을 설정하였다.

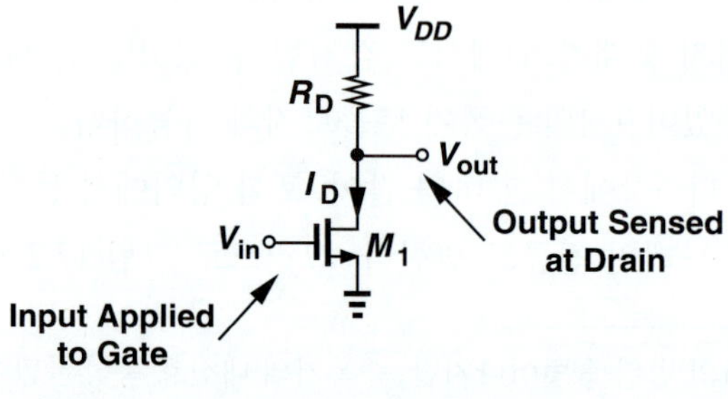

그림 17.23 공통 소스 단

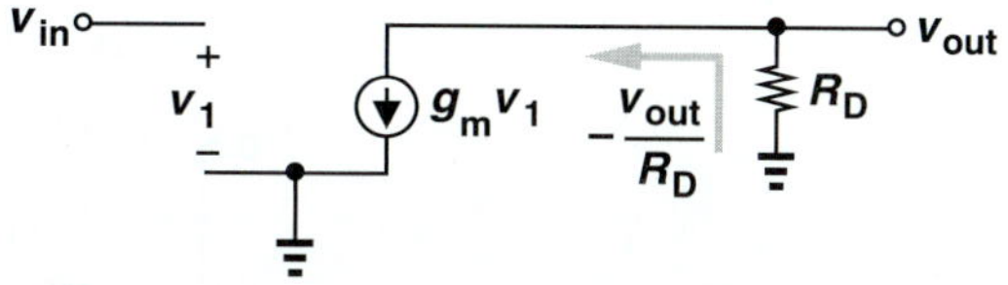

그림 17.24 CS 단의 소신호 모델

CS 증폭기를 두 가지 관점에서 조사하자: (a) 근본적인 성질을 이해하기 위한 CS 코어 분석, (b) 현실적인 경우로 바이어스 회로를 포함한 CS 단의 분석.

CS 코어 분석 트랜스컨덕턴스의 정의에서 다음을 기억해 보자. 그림 17.23 M_1의 베이스에 인가된 ΔV만큼의 미세 증가는 드레인 전류를 $g_m \Delta V$만큼 증가시켜 R_D에 $g_m \Delta V R_D$의 전압 강하를 일으킨다. CS 단의 증폭 성질을 공부하기 위하여, 그림 17.24에 나와 있는 소신호 등가 회로를 구성하였다. 6장에서 설명한 바와 같이 공급 전압 V_{DD}는 시간에 대해 일정하므로 교류 접지로 간주한다. 여기서 채널길이 변조는 무시하자.

먼저 소신호 전압 이득 $A_v = v_{out}/v_{in}$을 계산하자. 출력단에서 시작하여 드레인에 KCL을 적용하면

$$-\frac{v_{out}}{R_D} = g_m v_1 \tag{17.56}$$

그리고 $v_1 = v_{in}$이므로 다음을 얻는다.

$$A_v = -g_m R_D \tag{17.57}$$

식 (17.57)은 CS 단의 두 가지 중요한 성질을 설명해 준다. 첫째, 그림 17.23의 게이트 전압 증가는 드레인 전류를 증가시키고 V_{out}을 감소시키므로 소신호 이득은 음의 값이다. 둘째, A_v는 $g_m = \sqrt{2\mu_n C_{ox}(W/L)I_D}$ (즉, 소자의 종횡비와 드레인 바이어스 전류)와 드레인 저항 R_D에 비례한다.

이 단의 전압 이득은 공급 전압에 의해 제한된다는 것을 명심하자. 드레인 바이어스 전류나 R_D를 증가시키면 R_D의 전압 강하를 증가시킨다. 그러나 이 전압 강하는 V_{DD}를 초과할 수 없다.

예제 17.14 $I_D = 1$ mA, $\mu_n C_{ox} = 100\ \mu\text{A/V}^2$, $V_{TH} = 0.5$ V, $\lambda = 0$으로 가정할 때, 그림 17.25 CS 단의 소신호 전압 이득을 계산하라. 그리고 M_1이 포화 영역에 있다는 것을 증명하라.

풀이 여기서

$$g_m = \sqrt{2\mu_n C_{ox}\frac{W}{L}I_D} \tag{17.58}$$

$$= \frac{1}{300\ \Omega} \tag{17.59}$$

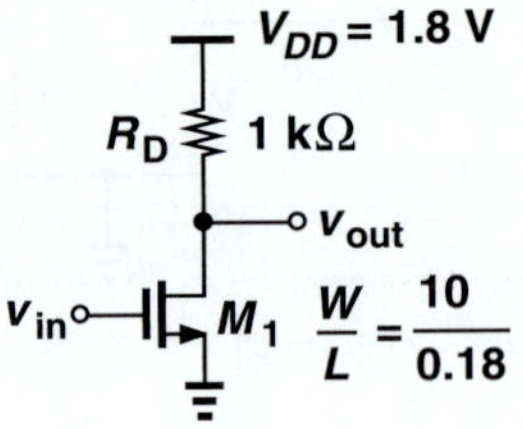

그림 17.25 CS 단의 예

이다. 그러므로

$$A_v = -g_m R_D \tag{17.60}$$

$$= 3.33 \tag{17.61}$$

이다. 동작 영역을 확인하기 위해서 우선 게이트-소스 전압을 결정하자.

$$V_{GS} = V_{TH} + \sqrt{\frac{2I_D}{\mu_n C_{ox}\frac{W}{L}}} \tag{17.62}$$

$$= 1.1 \text{ V} \tag{17.63}$$

드레인 전압은 $V_{DD} - R_D I_D = 0.8$ V와 같다. $V_{GS} - V_{TH} = 0.6$ V이므로 소자는 포화 영역에서 동작하고 트라이오드 영역에 대하여 0.2 V 여유를 가진다. 만약 A_v를 2배로 만들기 위해서 R_D를 2배로 증가시키면, M_1은 트라이오드 영역에 있게 되고 트랜스컨덕턴스는 감소한다.

연습문제 W를 배로 하고 M_1이 포화 영역의 가장자리에 존재하도록 R_D를 선택하면, 이득은 위의 결과보다 커지겠는가? 작아지겠는가?

예제 17.15 $V_{DD} = 1.8$ V, 전압 이득 5, 허용 전력 1 mW인 CS 회로를 설계하라. $V_{TH} = 0.5$ V, $\mu_n C_{ox} = 100\ \mu\text{A/V}^2$, $W/L = 5/0.18$, $\lambda = 0$으로 가정하라.

풀이 $P = I_D V_{DD}$이므로 회로의 최대 바이어스 전류는 556 μA이다. 이 전류에서 트랜지스터의 트랜스컨덕턴스는 $g_m = \sqrt{2\mu_n C_{ox}(W/L)I_D} = 1/(569\ \Omega)$이 된다. 이때 이득이 5가 되기 위해 $R_D = 2845\ \Omega$이 되어야 한다.

바이어스 전류와 부하 저항의 선택은 공급 전압과 관련 있는가? M_1이 포화 영역에서 동작하는가? 먼저 $V_{GS} = V_{TH} + \sqrt{2I_D/(\mu_n C_{ox} W/L)}$을 계산해야 한다. $I_D = 556$ μA일 때 $V_{GS} = 1.133$ V가 된다. 반면에 드레인 바이어스 전류는 $V_{DD} - R_D I_D = 0.218$ V가 된다. 안타깝게도 드레인 전압은 $V_{GS} - V_{TH} = 0.633$ V보다 작아서 M_1이 포화 영역에 존

재하지 않는다. 즉, 답이 아니다.

연습문제 허용 전력이 1 mW 이하이면 답이 존재하는가?

전압 이득을 써 보면 다음과 같다.

$$A_v = -\sqrt{2\mu_n C_{ox}\frac{W}{L}I_D}R_D \tag{17.64}$$

W/L이 무한정 증가하면 이득도 증가한다고 가정할지 모른다. 그러나 현실적으로 소자의 폭이 증가할 때(드레인 전류는 일정하고) '역치 전도(subthreshold conduction)' 효과가 발생하고 이는 트랜스컨덕턴스를 제한한다. 이는 이 책의 범위를 벗어나는데, MOSFET의 트랜스컨덕턴스는 W/L만 증가한다고 해서 무한정 증가하지 않는다는 것을 명심하자.

CS 단의 입출력 임피던스를 계산해 보자. 그림 17.26(a)의 등가 회로를 이용하면 다음과 같다.

$$R_{in} = \frac{v_X}{i_X} \tag{17.65}$$

$$= \infty \tag{17.66}$$

매우 높은 입력 임피던스는 많은 응용에서 필수적이라는 것을 나타낸다.

출력 임피던스는 그림 17.26(b)에서 얻어지는데, 여기서 입력 전압원은 0으로(단락으로 대치) 놓는다. $v_1 = 0$이므로, 종속 전류원은 없고, R_D는 v_X에서 본 유일한 요소이다. 즉, 다음과 같다.

$$R_{out} = \frac{v_X}{i_X} \tag{17.67}$$

$$= R_D \tag{17.68}$$

출력 임피던스는 전압 이득 $-g_mR_D$에 포함되어 있다.

채널길이 변조의 추가 식 (17.57)은 CS 단의 전압 이득은 g_m이 일정하더라도 $R_D \rightarrow \infty$이면 무한대로 증가할 수 있다는 것을 나타낸다. 직관적으로, 입력 전압에 변화가 있으면 드레인 전류는 R_D 증가로 더 큰 출력 스윙을 일으킨다.

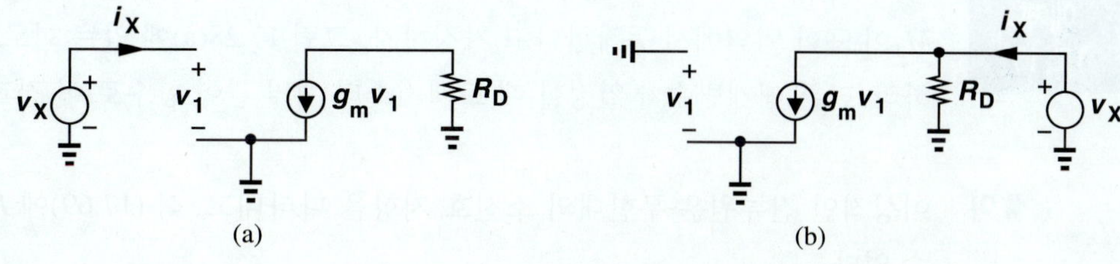

그림 17.26 (a) CS 단의 입력 임피던스 계산; (b) 출력 임피던스 계산

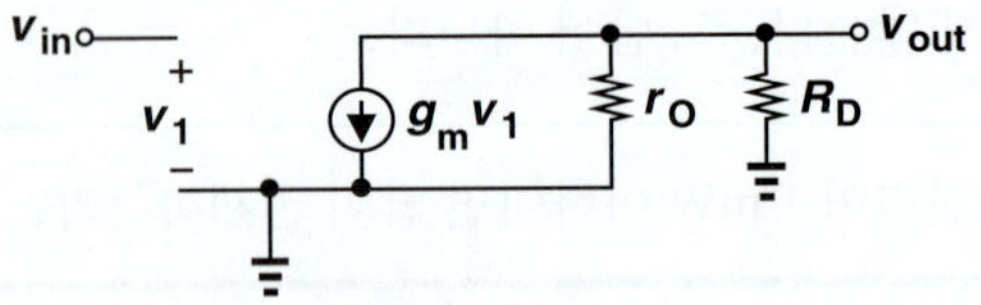

그림 17.27 채널길이 변조를 가진 CS 단

그러나 실제로 채널길이 변조는 R_D가 무한대일 때라도 전압 이득을 제한한다. 연산 증폭기에서 높은 이득을 얻는 것은 회로에 중요한 문제이므로, 채널길이 변조가 있을 때 위의 유도 과정을 다시 생각해 보자.

그림 17.27은 트랜지스터 출력 저항을 가진 CS 단의 소신호 등가 회로를 나타낸다. 식 (17.57)을 다음과 같이 쓸 때, r_O는 R_D와 병렬 연결이다.

$$A_v = -g_m(R_D||r_O) \tag{17.69}$$

출력 임피던스가 다음과 같을 때 입력 임피던스는 무한대로 있다는 것을 명심하자.

$$R_{out} = R_D||r_O \tag{17.70}$$

예제 17.16 CS 단의 전압 이득은 채널길이 변조를 포함시켰을 때 반으로 감소한다. 트랜지스터의 λ는 어떻게 되는가?

풀이 반으로 감소한다는 것은 $r_O = R_D$를 의미한다. 6장에서 I_D가 바이어스 전류일 때, $r_O = 1/(\lambda I_D)$이라는 것을 배웠다. 따라서 다음을 알 수 있다.

$$\lambda = \frac{1}{I_D R_D} \tag{17.71}$$

연습문제 채널길이 변조를 포함시켰을 때 이득이 10% 감소하면 λ 값은 얼마인가?

$R_D \to \infty$이면 어떻게 되는가? 다음 예제가 이 경우를 나타낸다.

예제 17.17 M_1이 포화 영역에서 동작한다고 가정하자. 그림 17.28(a)에 있는 회로의 전압 이득을 구하라. 다른 매개변수가 일정할 때 트랜지스터 채널 길이 함수로 이 결과를 그려라.

풀이 이상적인 전류원은 무한대의 소신호 저항을 나타내고, 식 (17.69)에 $R_D = \infty$를 적용할 수 있다.

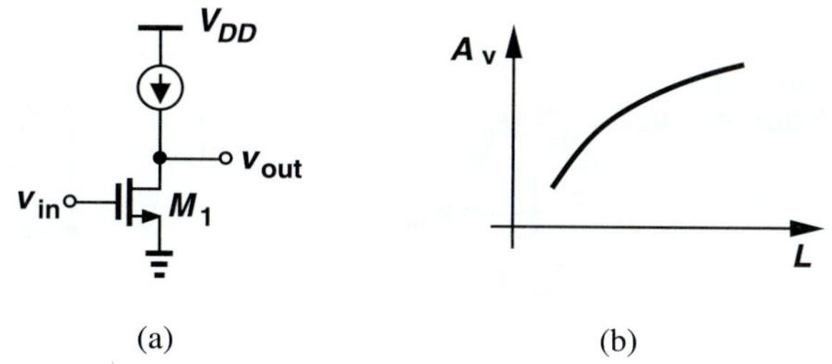

그림 17.28 (a) 이상적인 전류원을 부하로 가지고 있는 CS 단; (b) 채널 길이 함수로 표현한 이득

$$A_v = -g_m r_O \tag{17.72}$$

'고유 이득(intrinsic gain)'이라 불리는 이것은 단일 트랜지스터가 가질 수 있는 최대 전압 이득이며, 크기는 MOS 소자의 경우 10~30의 범위에 있다. $g_m = \sqrt{2\mu_n C_{ox}(W/L)I_D}$ 와 $r_O = 1/(\lambda I_D)$을 이용하면 다음을 얻는다.

$$|A_v| = \frac{\sqrt{2\mu_n C_{ox}\frac{W}{L}}}{\lambda\sqrt{I_D}} \tag{17.73}$$

이것은 $|A_v|$는 L이 증가할 때 감소한다는 것을 나타내지만, 6장에서는 $\lambda \propto L^{-1}$이라는 것을 배웠다.

$$|A_v| \propto \sqrt{\frac{2\mu_n C_{ox} WL}{I_D}} \tag{17.74}$$

결과적으로 $|A_v|$는 L과 같이 증가하며[그림 17.28(b)], I_D에 대해서는 감소한다.

연습문제 W와 I_D가 2배로 되면 이득은 얼마인가? 이것은 2개의 트랜지스터를 병렬로 연결한 것과 같다.

17.4.1 전류원 부하를 가진 CS 단

앞의 예제에서 보았듯이 CS 단의 이득은 부하 저항을 전류원으로 대체하면 극대화될 수 있다. 그러나 어떻게 전류원을 포함시킬 수 있는가? 그림 17.21(b)를 조사해 보면, NMOS CS 증폭기[그림 17.29(a)]에 PMOS 소자를 부하로 사용하면 가능하다는 것을 알 수 있다.

회로의 소신호 이득과 출력 임피던스를 계산해 보자. M_2에 관련하여 그림 17.29(b)와 같이 회로를 구성하면, M_2의 게이트-소스 전압은 일정(즉, $v_1 = 0$)함을 알 수 있다(v_1은 V_{GS}의 변화를 나타내므로). 그러므로 $g_{m2}v_1 = 0$이 되고, M_2는 단지 출력 임피던스와 같은 저항으로 작용한다. 이 임피던스는 출력점과 교류 접지 사이에 놓여 있으므로 그림 17.29(c)와 같이 회로를 재구성할 수 있는데, 여기에 M_1의 출력 저항은 구체적으로 나타나 있다. 이

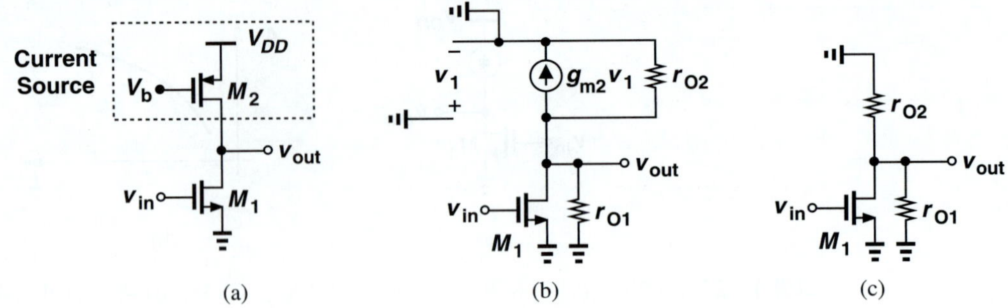

그림 17.29 (a) PMOS 소자를 전류원으로 사용한 CS 단; (b) M_2의 소신호 모델; (c) 단순화한 회로

회로단은 2개의 병렬 저항이 출력점과 교류 접지 사이에 놓여 있는 것을 제외하면 표준 CS 증폭기와 유사하다. 식 (17.69)와 (17.70)은 각각 다음과 같이 된다.

$$A_v = -g_{m1}(r_{O1}||r_{O2}) \tag{17.75}$$

$$R_{out} = r_{O1}||r_{O2} \tag{17.76}$$

실제로 전류원을 포함하면 이득의 본래 값 $g_m r_O$에서 위에 주어진 값으로 감소한다는 것을 나타낸다. 이는 대략 1/2 값이다.

예제 17.18 그림 17.30(a)는 부하로 NMOS 전류원을 가진 PMOS CS 단을 보여 주고 있다. 회로의 전압 이득을 계산하라.

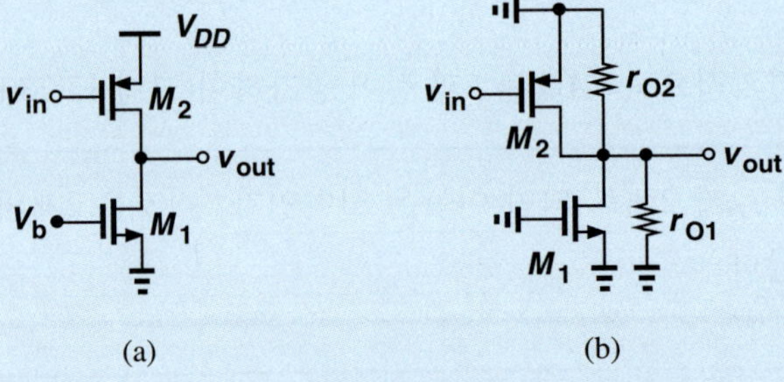

그림 17.30 (a) 전류원으로 NMOS 소자를 가진 CS 단; (b) 단순화한 회로

풀이 여기서 M_2는 '입력' 소자로, M_1은 전류원으로 작용한다. 그러므로 M_2는 $g_{m2}v_{in}$과 같은 소신호 전류를 발생시키고, 이는 그림 17.30(b)에 나와 있는 바와 같이 $r_{O1}||r_{O2}$를 통하여 흐르고 $v_{out} = -g_{m2}v_{in}(r_{O1}||r_{O2})$을 일으킨다. 그러므로 다음과 같다.

$$A_v = -g_{m2}(r_{O1}||r_{O2}) \tag{17.77}$$

연습문제 주어진 바이어스 전류에 대하여 L_1이 증가하면 이득은 증가하는가?

독자는 우리가 소신호 등가 회로를 드물게 사용한다는 사실을 알아차렸을 것이다. 우리의 목표는 '관찰을 통한 분석'을 배우는 것이다. 회로를 보기만 해도 회로의 성질을 알 수 있기를 원한다! 이러한 능력은 복잡한 회로를 다룰 때 더욱 중요하게 된다.

17.4.2 다이오드 연결 부하를 가진 CS 단

6장에서 설명된 바와 같이 게이트와 드레인이 단락된 MOSFET는 $(1/g_m)||r_O \approx 1/g_m$의 임피던스를 가진 2단자 소자로 작용한다. 어떤 회로에서는 다이오드 연결 MOSFET를 드레인 부하로 사용하기도 한다. 그림 17.31(a)에 나와 있는 바와 같이 그러한 토폴로지는 다이오드 연결 소자의 낮은 임피던스에 의하여 이득은 크지 않다. $\lambda = 0$이면 M_2는 $1/g_{m2}$과 같은 소신호 저항을 가지고 있고, $A_v = -g_m R_D$가 된다.

$$A_v = -g_{m1} \cdot \frac{1}{g_{m2}} \tag{17.78}$$

$$= -\frac{\sqrt{2\mu_n C_{ox}(W/L)_1 I_D}}{\sqrt{2\mu_n C_{ox}(W/L)_2 I_D}} \tag{17.79}$$

$$= -\sqrt{\frac{(W/L)_1}{(W/L)_2}} \tag{17.80}$$

여기서 이득은 M_1과 M_2의 크기 단위에 의해 결정되며, 공정 매개변수 μ_n, C_{ox}와 드레인 전류 I_D에는 독립적이다.

그림 17.31(a)에 있는 회로의 보다 정확한 이득은 채널길이 변조를 포함시켜야 한다. 그림 17.31(b)와 같이 드레인에서 본 저항은 $(1/g_{m2})||r_{O2}||r_{O1}$과 같다.

$$A_v = -g_{m1}\left(\frac{1}{g_{m2}}||r_{O2}||r_{O1}\right) \tag{17.81}$$

마찬가지로 회로의 출력 저항은 다음과 같다.

$$R_{out} = \frac{1}{g_{m2}}||r_{O2}||r_{O1} \tag{17.82}$$

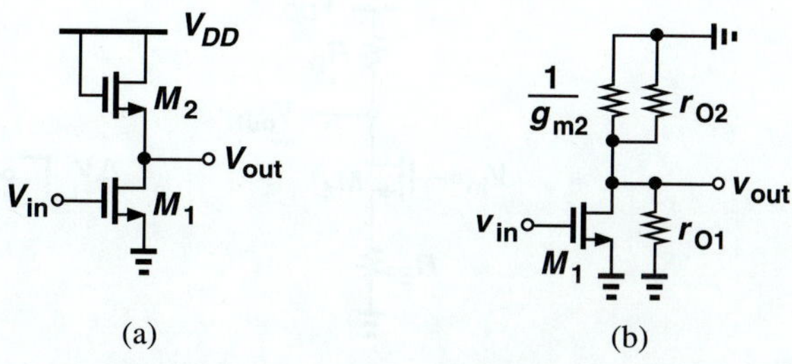

그림 17.31 (a) 다이오드 연결 부하를 가진 MOS 단; (b) (a)의 단순화한 회로

예제 17.19 $\lambda \neq 0$일 때, 그림 17.32에 있는 회로의 전압 이득을 구하라.

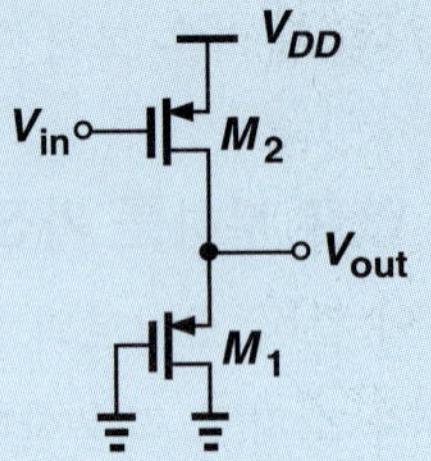

그림 17.32 다이오드 연결 PMOS 소자를 가진 CS 단

풀이 이 회로는 그림 17.31(a)의 회로와 유사하다. 그러나 여기서는 NMOS 소자를 PMOS 소자로 대체하였다: M_1은 공통 소스 소자로, M_2는 다이오드 연결 부하로 작용하고 있다. 그러므로 다음과 같다.

$$A_v = -g_{m2}\left(\frac{1}{g_{m1}}||r_{O1}||r_{O2}\right) \tag{17.83}$$

연습문제 M_1의 게이트 전압이 0.5 V의 일정 전압일 때 이득을 구하라.

17.4.3 소스 축퇴를 가진 CS 단

많은 응용에서 CS 단은 그림 17.33(a)와 같은 회로로 수정된다. 여기서 저항 R_S는 소스와 직렬로 연결되어 있다. '소스 축퇴(source degeneration)'라 불리는 이 기술은 회로의 '선형성'을 개선하고 많은 상위 과목에 흥미로운 성질을 제공한다.

CS 단과 같이 M_1의 바이어스가 적절히 되었을 때, 회로의 전압 이득과 입출력 임피던스를 결정하자. 자세한 분석을 수행하기 전에 정성적 관찰을 해 보는 것이 중요하다. 입력 신호가 게이트 전압을 ΔV만큼 증가시켰다고 하자[그림 17.33(b)]. R_S가 0이라면 게이트-소스 전압은 ΔV만큼 증가하여 드레인 전류 변화는 $g_m\Delta V$이었을 것이다. 그러나 $R_S \neq 0$이므로

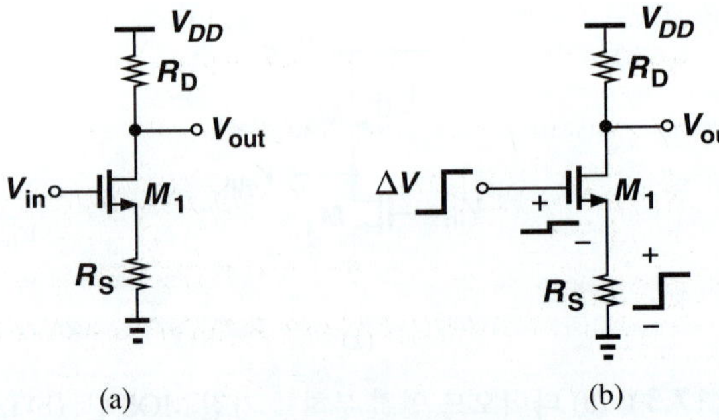

(a) (b)

그림 17.33 (a) 축퇴를 가진 CS 단; (b) 입력 전압 변화의 효과

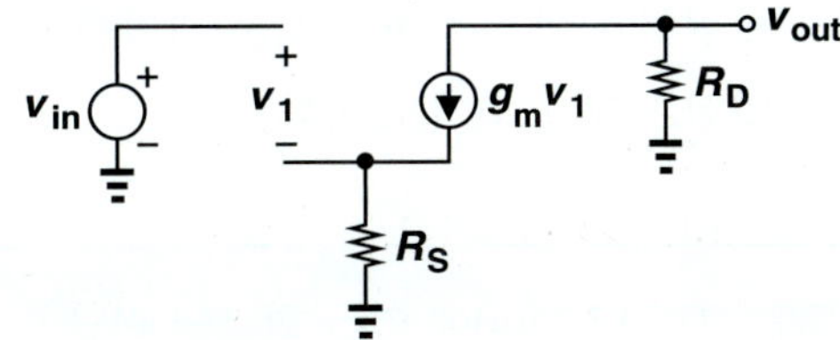

그림 17.34 소스 축퇴를 가진 CS 단의 소신호 모델

ΔV의 효과가 R_S에 나타나고 V_{GS}에 ΔV보다 작은 변화를 일으킨다. 결론적으로 드레인 전류 변화는 $g_m\Delta V$보다 작다. 그러므로 축퇴단의 전압 이득은 축퇴가 없는 CS 단의 전압 이득보다 작다. 이득의 감소는 바람직하지 않으나 다른 성능을 향상시키기도 한다.

회로의 소신호 동작을 분석함으로써 다음을 정량적으로 관찰해 보자. 그림 17.34에 있는 소신호 등가 회로는 V_{DD}가 교류 접지로 되어 있고 채널길이 변조가 무시되어 있다. v_{out}/v_{in}를 정하기 위하여 출력점에 KCL을 쓰면 다음과 같다.

$$g_m v_1 = -\frac{v_{out}}{R_D} \tag{17.84}$$

여기서 다음을 얻는다.

$$v_1 = -\frac{v_{out}}{g_m R_D} \tag{17.85}$$

R_S에 흐르는 전류는 $g_m v_1$과 같다. 그러므로 R_S의 전압 강하는 $g_m v_1 R_S$가 된다. R_S의 전압 강하와 v_1이 v_{in}에 추가되므로

$$v_{in} = v_1 + g_m v_1 R_S \tag{17.86}$$

$$= \frac{-v_{out}}{g_m R_D}(1 + g_m R_S) \tag{17.87}$$

을 얻고 그러므로

$$\frac{v_{out}}{v_{in}} = -\frac{g_m R_D}{1 + g_m R_S} \tag{17.88}$$

이 된다. 앞에서 언급한 바와 같이 전압 이득의 크기는 $R_S \neq 0$에 대하여 $g_m R_D$보다 작다.

식 (17.88)을 보다 쉽게 이해하기 위해서 분모와 분자를 g_m으로 나누면

$$A_v = -\frac{R_D}{\dfrac{1}{g_m} + R_S} \tag{17.89}$$

이다. 이 결과를 다음과 같이 기억하면 도움이 된다: "축퇴된 CS 단의 이득은 드레인에서 본 부하 저항을 $1/g_m$과 소스와 접지 사이의 저항을 합한 것으로 나눈 것과 같다."(말로 표현할 때 이득의 음의 부호는 가끔 무시하지만 그것이 포함되어 있다는 점을 알아 두자.)

이 책 전체에 걸쳐 이와 유사한 해석은 관찰을 통한 분석을 위해 (소신호 회로를 그릴 필요가 없는) 강력한 도구가 되기도 한다.

예제 17.20 $\lambda = 0$일 때, 그림 17.35(a)에 있는 회로의 전압 이득을 구하라.

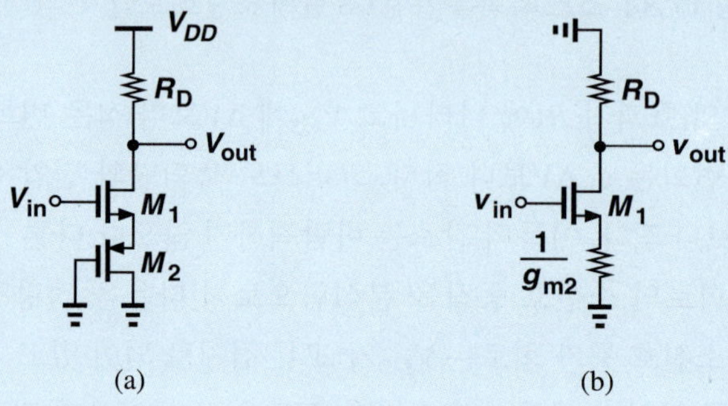

그림 17.35 (a) 축퇴를 가진 CS 회로의 예; (b) 단순화한 회로

풀이 트랜지스터 M_2는 $1/g_{m2}$의 임피던스를 가진 다이오드 연결 소자로 작용한다[그림 17.35(b)]. 그러므로 이득은 R_S가 $1/g_{m2}$로 대체된다면 식 (17.89)로 표현된다.

$$A_v = -\frac{R_D}{\frac{1}{g_{m1}} + \frac{1}{g_{m2}}} \tag{17.90}$$

연습문제 M_2에 대하여 $\lambda \neq 0$이라 가정하고 위의 예제를 다시 풀어라.

축퇴된 CS 회로의 입력 임피던스는 무한대이다. 출력 임피던스는 어떤가? 그림 17.36과 같이 등가 회로를 생각하면 R_S에 흐르는 전류는 $g_m v_1$과 같고 v_1과 R_S의 전압을 합하면 0이 된다.(왜 그럴까?)

$$g_m v_1 R_S + v_1 = 0 \tag{17.91}$$

즉, $v_1 = 0$이고 i_x는 R_D로 흐른다는 것을 나타낸다.

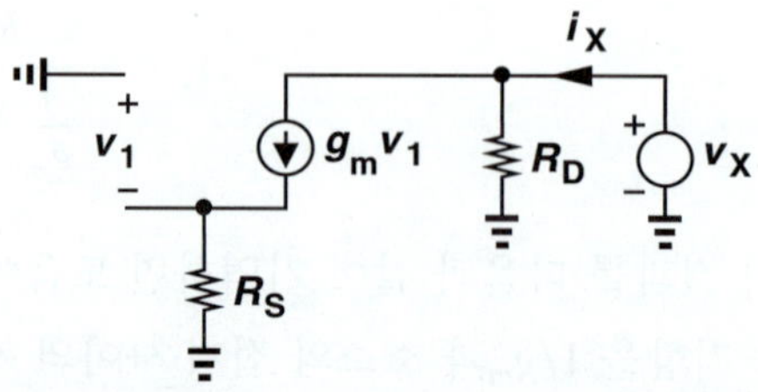

그림 17.36 출력 임피던스를 계산하기 위한 등가 회로

$$\frac{v_X}{i_X} = R_D \tag{17.92}$$

이는 축퇴되지 않은 회로의 결과와 같다.

예제 17.21 CS 회로가 1/(200 Ω)의 트랜스컨덕턴스를 가진 MOS 소자를 가지고 있다. 만약 회로가 축퇴 없이 8의 전압 이득이 있고 축퇴를 가질 경우 4의 이득이 있을 때, R_S와 출력 임피던스를 계산하라. $\lambda = 0$이라 가정하자.

풀이 축퇴가 없으면 $g_m R_D = 8$이므로 $R_D = 1.6\ \text{k}\Omega$이 된다. 축퇴가 있으면 다음과 같다.

$$\frac{g_m R_D}{1 + g_m R_S} = 4 \tag{17.93}$$

그리하여 $R_D = 1/g_m = 200\ \Omega$이 된다.

연습문제 R_S가 50 Ω으로 감소하면 전압 이득은 얼마인가?

Did you know ?

소스 축퇴는 많은 회로[예를 들면, 고속 "이퀄라이저(equalizer)"]에서 사용된다. 이더넷(CAT-5) 케이블을 통해 초당 1기가비트 전송률로 데이터를 전송하는 경우를 가정하자. 케이블은 고주파를 감쇠시키기 때문에[그림 (a)], 이러한 주파수를 저주파보다 더 크게 증폭하는 회로를 케이블에 연결한다. 이러한 회로를 이퀄라이저라 하며, 축퇴된 CS 단으로 구현할 수 있다[그림 (b)]. 여기서 커패시터는 R_S와 병렬로 연결한다. 주파수가 증가함에 따라 커패시터의 임피던스가 감소하여, 축퇴 정도가 낮아지고 전압 이득은 높아진다. 컴퓨터와 서버 또는 컴퓨터 보드 위의 두 칩 간의 통신에서 이런 문제에 직면해 있다.

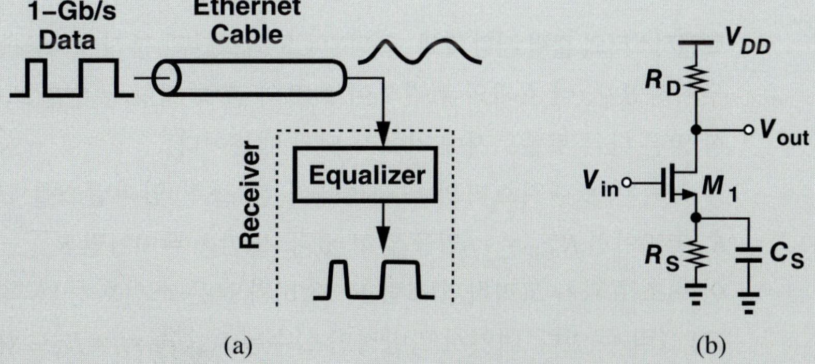

(a) 고속 데이터를 전송하는 손실 케이블; (b) 커패시터 축퇴를 이용한 이퀄라이저 회로

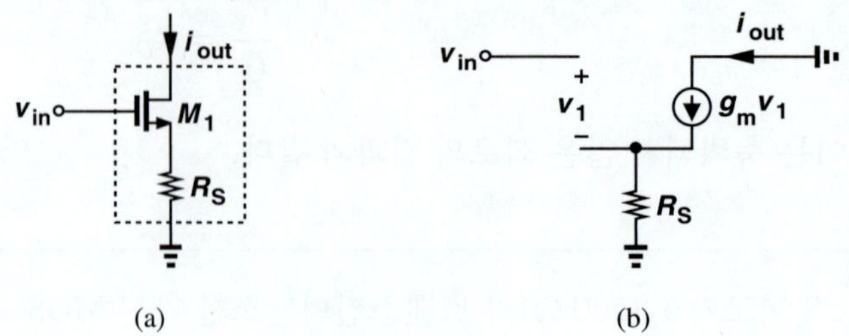

그림 17.37 (a) 점선 내부에 표시된 축퇴된 MOSFET; (b) 소신호 등가 회로

축퇴된 CS 회로에서 더 많은 것을 알 수 있도록 다른 관점에서 조사해 보자. 사각형 점선 내부에 트랜지스터와 소스 저항이 있는데, 3개의 단자로 구성되어 있다[그림 17.37(a)]. 소신호 동작을 위하여 점선 내부를 새로운 트랜지스터로 보고, 트랜스컨덕턴스와 임피던스의 새로운 값을 도입해 보자. M_1에 g_m과의 혼동을 피하기 위하여 G_m 값을 쓰는데, 등가 트랜스컨덕턴스는 그림 17.37(b)에서 얻어진다. R_S로 흐르는 전류는 i_{out}이고, R_S에 걸리는 전압에 v_1과 v_{in}을 더하면 $v_1 + g_m v_1 R_S = v_{in}$이 되며, 결과적으로 $v_1 = v_{in}/(1 + g_m R_S)$이 된다.

$$i_{out} = g_m v_1 \tag{17.94}$$

$$= g_m \frac{v_{in}}{1 + g_m R_S} \tag{17.95}$$

그러므로

$$G_m = \frac{i_{out}}{v_{in}} \tag{17.96}$$

$$= \frac{g_m}{1 + g_m R_S} \tag{17.97}$$

이다. 하나의 예로 부하 저항이 R_D인 회로단의 전압 이득은 $-G_m R_D$이다.

축퇴된 CS 회로단에서 만약 $g_m R_S \gg 1$이면, 전압 이득이 트랜지스터의 트랜스컨덕턴스와 바이어스 전류에 독립적이라는 사실은 흥미롭다. 식 (17.89)에서 이 조건을 적용하면 $A_v \to -R_D/R_S$이 된다.

트랜지스터의 출력 저항 효과 축퇴된 CS 회로단의 분석에서 채널길이 변조 효과는 지금까지 무시하였다. 이 효과와 관련하여 회로의 출력 저항 부분을 조사해 보자. 이는 나중에 공부할 많은 다른 토폴로지에 기초가 되기 때문이다.

축퇴된 트랜지스터의 드레인에서 본 출력 임피던스를 조사해 보자[그림 17.38(a)]. $R_S = 0$이면 $R_{out} = r_O$임을 알고 있다. 또한 $\lambda = 0$이면 $R_{out} \to \infty$이다.(왜 그럴까?) 채널길이 변조 효과를 고려하면 그림 17.38(b)와 같은 소신호 등가 회로를 (입력 단자를 접지로 하고) 그릴 수 있다. 여기서 일반적인 실수는 $R_{out} = r_O + R_S$로 해석하는 것이다. $g_m v_1$은 출력점에서 P로 흐르므로 저항 r_O와 R_S는 직렬 연결이 아니다. R_S로 흐르는 전류가 i_X와 같다. 그러므로

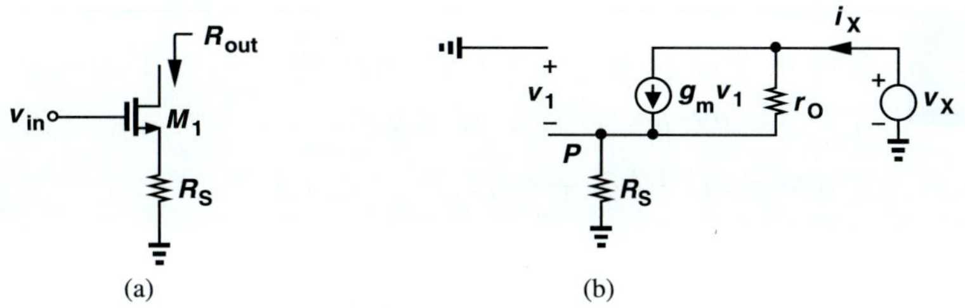

그림 17.38 (a) 축퇴된 단의 출력 임피던스; (b) 등가 회로

$$v_1 = -i_X R_S \tag{17.98}$$

이고 여기서 음의 표시는 v_1의 양의 쪽이 접지되어 있기 때문이다. r_O에는 $i_X - g_m v_1$의 전류가 흐르고 $(i_X - g_m v_1) r_O$의 전압 강하가 있다는 것을 알고 있다. 이 전압에 R_S의 전압 $-v_1$을 더하고 v_X에 대해서 풀면

$$v_X = (i_X - g_m v_1) r_O - v_1 \tag{17.99}$$

$$= (i_X + g_m i_X R_S) r_O + i_X R_S \tag{17.100}$$

이다. 그러므로 다음과 같다.

$$R_{out} = (1 + g_m R_S) r_O + R_S \tag{17.101}$$

$$= r_O + (g_m r_O + 1) R_S \tag{17.102}$$

식 (17.72)로부터 트랜지스터의 고유 이득이 $g_m r_O \gg 1$이라는 것을 고려하면

$$R_{out} \approx r_O + g_m r_O R_S \tag{17.103}$$

$$\approx r_O (1 + g_m R_S) \tag{17.104}$$

이 된다. 출력 임피던스가 소스 축퇴에 의하여 r_O에서 $r_O(1 + g_m R_S)$로 증가한다는 사실은 흥미롭다.

출력 임피던스 증가가 바람직한 것인지 또는 그렇지 않은지 의심을 가져 볼 만하다. 축퇴의 결과로 출력 저항의 '증가'는 회로 설계에서 매우 유익하다. 증폭기에 이상적인 전류원을 제공할 뿐 아니라 이득을 증가시키기 때문이다. 이 개념은 9장에 있다.

회로 분석에서 트랜지스터에 출력 저항을 그려 넣어 그 의미를 강조할 수도 있다(그림 17.39). 물론 이러한 표현은 M_1이 또 다른 r_O를 포함하지 않는다는 것을 가정한 것이다.

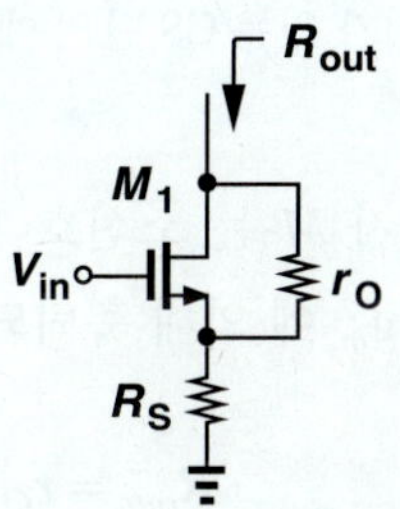

그림 17.39 r_O를 포함한 회로단

예제 17.22

NMOS 전류원의 전류가 1 mA이고 출력 저항이 20 kΩ인 회로를 설계하고자 한다. $\mu_n C_{ox} = 100\ \mu\text{A/V}^2, \lambda = 0.25\ \text{V}^{-1}$로 가정하자. V_{DS}의 최솟값이 0.3 V일 때 소자의 종횡비와 축퇴 저항을 구하라.

풀이 트랜지스터의 과구동 전압을 0.3 V로 놓으면(과구동 전압은 같은 값의 최소 V_{DS}를 견딜 수 있다) 다음과 같이 쓸 수 있다.

$$g_m = \frac{2I_D}{V_{GS} - V_{TH}} \tag{17.105}$$

$$= \frac{1}{150\ \Omega} \tag{17.106}$$

$g_m = \mu_n C_{ox}(W/L)(V_{GS} - V_{TH})$이므로 $W/L = 222$가 된다. 그리고 $r_O = 1/(\lambda I_D) = 4$ kΩ이다. 출력 저항이 20 kΩ이 되기 위해서는

$$(1 + g_m R_S) r_O + R_S = 20\ \text{k}\Omega \tag{17.107}$$

이고 그러므로 다음과 같이 된다.

$$R_S = 578\ \Omega \tag{17.108}$$

연습문제 $I_D = 1$ mA, $V_{DS} = 0.15$ V, $R_S = 200\ \Omega$이면, 출력 저항은 얼마인가?

예제 17.23

M_1과 M_2가 동일하다면 그림 17.40(a) 회로의 출력 저항은 얼마인가?

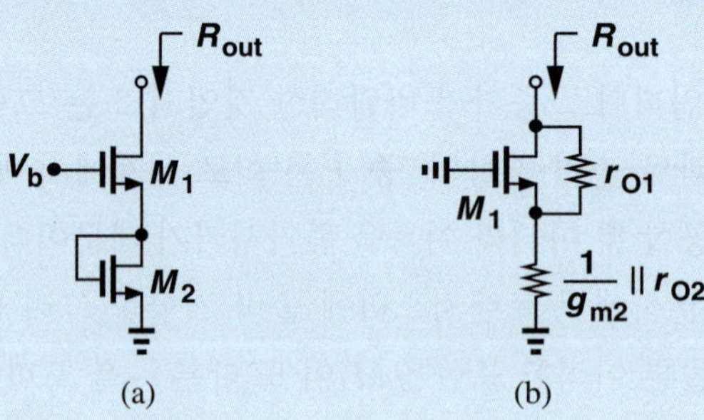

그림 17.40 (a) 축퇴가 있는 CS 단의 예; (b) 단순화한 회로

풀이 다이오드 연결 소자 M_2는 소신호 저항으로 표시될 수 있다. 트랜지스터 M_1은 이 저항 $(1/g_{m2}) \| r_{O2} \approx 1/g_{m2}$에 의해 축퇴되어 있다. 식 (17.101)로부터

$$R_{out} = r_{O1}\left(1 + g_{m1}\frac{1}{g_{m2}}\right) + \frac{1}{g_{m2}} \tag{17.109}$$

이고 $g_{m1} = g_{m2} = g_m$이므로 출력 저항은 다음과 같다.

$$R_{out} = 2r_{O1} + \frac{1}{g_m} \tag{17.110}$$

$$\approx 2r_{O1} \tag{17.111}$$

연습문제 $W_2 = 2W_1$일 때, 출력 임피던스를 계산하라.

회로를 점진적으로 단순화하여 알려진 토폴로지로 만드는 작업은 매우 중요하다. '관찰을 통한 분석'의 방법은 복잡한 소신호 모델이나 계산을 요하지 않는다. 위의 예를 회로의 소신호 모델을 사용해서 해석해 보고, 직관적인 접근법의 효율성을 음미해 보라.

예제 17.24 그림 17.41(a) 회로의 출력 저항을 구하고, 위 예제의 결과와 비교해 보라. M_1과 M_2가 포화 영역에 있다고 가정하자.

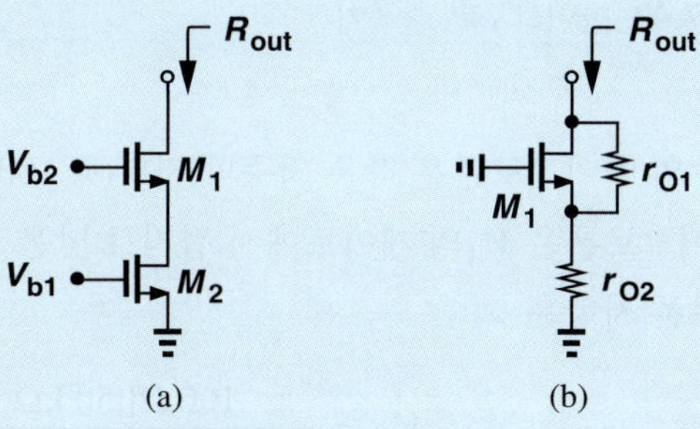

그림 17.41 (a) 축퇴가 있는 CS 단의 예; (b) 단순화한 회로

풀이 게이트-소스 전압이 일정하다. M_2는 전류원으로 동작하고 있고, M_1의 소스와 접지 사이에 저항 r_{O2}가 있다[그림 17.41(b)].

그러므로 식 (17.101)은 다음과 같이 쓸 수 있다.

$$R_{out} = (1 + g_{m1}r_{O1})r_{O2} + r_{O1} \tag{17.112}$$

$$\approx g_{m1}r_{O1}r_{O2} + r_{O1} \tag{17.113}$$

$g_{m1}r_{O2} \gg 1$이라 가정하면(실제로도 가능함) 다음을 얻는다.

$$R_{out} \approx g_{m1}r_{O1}r_{O2} \tag{17.114}$$

이 값은 식 (17.111) 값보다 상당히 크다.

연습문제 R_1의 저항이 M_2의 드레인에 직렬로 연결되어 있다면 출력 임피던스는 얼마인가?

바이어스가 있는 CS 단 공통 소스 증폭기의 소신호 성질과 그 변수를 배웠으므로, 회로가 바이어스 회로를 포함할 때의 일반적인 경우를 공부해 보자. 앞에서 공부한 바 있는 단순한 바이어스 회로에서 시작하여 점진적으로 복잡한 회로(더욱 다양한 기능)를 다뤄 보자. 예제를 풀면서 공부해 보자.

예제 17.25

CS 단과 단순한 바이어스 회로에 익숙한 학생이 마이크로폰의 신호를 증폭하기 위하여 그림 17.42 회로를 구성하였다. 안타깝게도 M_1은 전류도 흘리지 못하고 증폭도 안 된다. 문제의 원인을 설명하라.

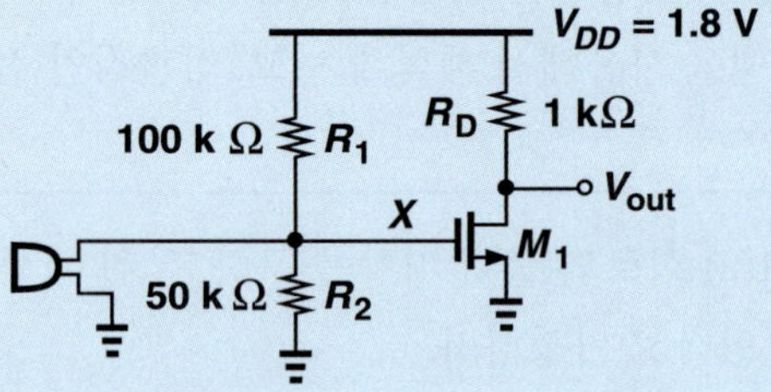

V_{DD} = 1.8 V
R_D 1 kΩ
100 k Ω R_1
V_{out}
X
M_1
50 k Ω R_2

그림 17.42 마이크로폰 증폭기

풀이 상당수의 마이크로폰은 작은 저주파 저항(< 100 Ω)을 가지고 있다. 이 회로에 사용된다면 마이크로폰은 M_1의 게이트에서 접지로 낮은 저항을 형성한다. 예를 들어 100 Ω의 마이크로폰 저항은

$$V_X = \frac{100\ \Omega || 50\ \text{k}\Omega}{100\ \text{k}\Omega + 100\ \Omega || 50\ \text{k}\Omega} \times 2.5\ \text{V} \quad (17.115)$$

$$\approx 2.5\ \text{mV} \quad (17.116)$$

이다. 그러므로 마이크로폰의 저주파 저항은 증폭기의 바이어스를 붕괴시킨다.

연습문제 M_1의 소스를 음의 전압에 연결시키면 이 문제는 해결되는가?

그림 17.42의 회로는 어떻게 수정될 수 있는가? 단지 마이크로폰에 의해 발생된 신호에만 관심이 있으므로, 마이크로폰으로부터 증폭기의 직류 바이어스를 고립시키기 위하여 그림 17.43에서와 같이 직렬 커패시터를 삽입할 수 있다. 즉, M_1의 바이어스 점은 마이크로폰의 저항에 독립적으로 존재하게 된다. 왜냐하면 C_1이 바이어스 전류를 흘리지 못하기 때문이다. C_1의 값은 가용 주파수에 대해 낮은 임피던스(거의 단락 회로)를 제공하도록 선택된다. C_1은 '결합(coupling)' 커패시터라 불리는데, 이 회로의 입력은 '교류 결합' 또는 '커패시터 결합'으로 되어 있다. 많은 회로에서 '바람직하지 않은' 효과를 바이어스 조건에서 분리시키기 위하여 커패시터를 사용한다. 나중에 많은 예를 통하여 이 내용을 확인할 것이다.

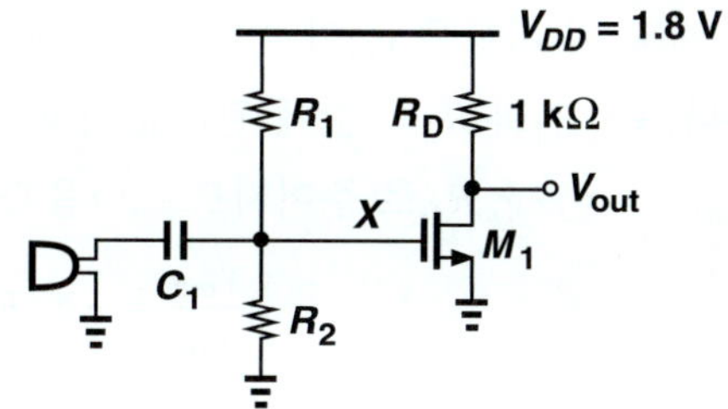

그림 17.43 마이크로폰 증폭기의 입력에 커패시터를 결합함

다음 설명은 그림 17.9의 방법론이 추가적인 규칙을 포함해야 한다는 것을 나타낸다: 직류 분석에서는 모든 커패시터를 개방 회로로 하고 소신호 분석을 위해서는 단락 회로로 한다.

그림 17.44(a)의 CS 회로를 생각해 보자. 바이어스 계산을 위해 그림 17.44(b)와 같이 소스 신호를 0으로 하고 C_1은 개방한다. 앞에서 본 바와 같이

$$I_D = \frac{1}{2}\mu_n C_{ox}\frac{W}{L}(V_{GS} - V_{TH})^2 \tag{17.117}$$

$$= \frac{1}{2}\mu_n C_{ox}\frac{W}{L}\left(\frac{R_2}{R_1 + R_2}V_{DD} - V_{TH}\right)^2 \tag{17.118}$$

이다. M_1이 포화 영역에서 동작하도록 $V_{DS}(=V_{DD} - R_D I_D)$는 과구동 전압보다 커야 한다.

바이어스 전류가 구해지면 소신호 매개변수 g_m과 r_O는 구해질 수 있다. 소신호 분석으로 돌아가서 그림 17.44(c)의 단순화한 회로를 생각해 보자. 여기서 C_1은 단락시키고 V_{DD}는 교류 접지로 놓는다. 그러나 M_1은 그대로 둔다. 이제 R_1과 R_2는 병렬 연결로 되어 있다. 회로를 직관적인 방법으로 풀어 보자: 방법이 여의치 않으면 M_1을 소신호로 놓고 KVL과 KCL을 적용해 보자.

그림 17.44(c)의 회로는 R_1과 R_2에 대해서만 제외하면 그림 17.23의 CS 회로와 유사하

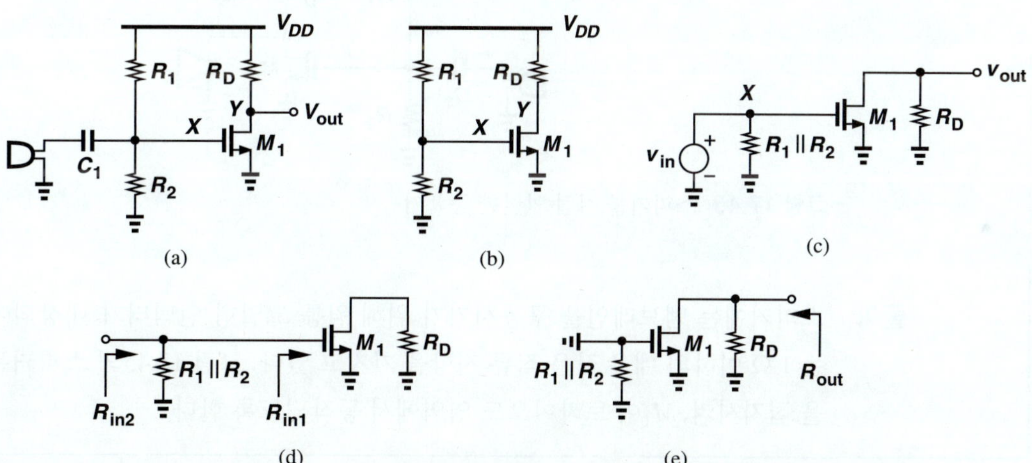

그림 17.44 (a) CS 회로의 입력에 커패시터를 결합함; (b) 바이어스 계산을 위한 단순화한 회로; (c) 소신호 계산을 위한 단순화한 회로; (d) 입력 임피던스 계산을 위한 단순화한 회로; (e) 출력 임피던스 계산을 위한 단순화한 회로

다. 흥미롭게도 이 저항은 v_{in}이 이상적인 전원으로 동작하는 한 X 위치의 전압에 영향을 주지 않는다. 즉, R_1과 R_2의 값에 관계없이 $v_X = v_{in}$이다. 게이트에서 드레인으로의 전압 이득이 $v_{out}/v_X = -g_m R_D$로 주어지므로 다음과 같다.

$$\frac{v_{out}}{v_{in}} = -g_m R_D \tag{17.119}$$

만약 $\lambda \neq 0$이면 다음과 같다.

$$\frac{v_{out}}{v_{in}} = -g_m(R_D || r_O) \tag{17.120}$$

그러나 입력 임피던스는 R_1과 R_2에 영향을 받는다[그림 17.44(d)]. 그림 17.7에서 게이트로 본 임피던스 R_{in1}이 무한대라는 것을 되새겨 보자. 여기서 R_1과 R_2는 R_{in1}에 병렬 연결로 되어 있어 다음과 같이 된다.

$$R_{in2} = R_1 || R_2 \tag{17.121}$$

그러므로 바이어스 저항은 입력 임피던스를 감소시킨다.

출력 임피던스를 구하기 위하여 입력원은 0으로 놓는다[그림 17.44(e)]. 이 회로와 그림 17.27의 그것과 비교하면 R_{out}은 변화하지 않는다는 것을 확인할 수 있다.

$$R_{out} = R_D || r_O \tag{17.122}$$

예제 17.26 교류 결합에 대해 배웠으므로, 예제 17.25의 학생은 그림 17.45의 회로 설계를 변경해 보고, 스피커를 동작시켜 보았다. 안타깝게도 회로는 동작하지 않는다. 이유를 설명하라.

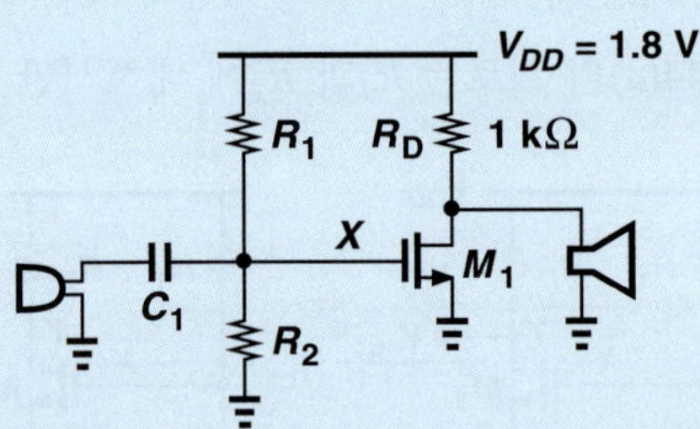

그림 17.45 스피커를 직접 연결한 증폭기

풀이 스피커에는 멤브레인을 구동시키기 위해 원통 코일형 인덕터가 내장되어 있다. 인덕터는 1 Ω 이하의 매우 작은 직류 저항을 가지고 있다. 그림 17.45의 스피커는 M_1의 드레인을 접지시켜, M_1이 트라이오드 영역에서 동작되도록 한다.

연습문제 만약 스피커의 아래 단자가 접지되어 있지 않고 V_{DD}에 연결되어 있다면, 회로는 더 잘 동작하는가?

예제 17.27

출력에 교류 결합을 적용하였다[그림 17.46(a)]. 적절한 바이어스를 형성하기 위하여 동작점을 측정하려고 한다. 드레인 바이어스 전압은 1.0 V이고, M_1은 포화 영역에서 동작한다. 그러나 회로에서 전압 이득은 관찰되지 않고 있다. 만약 $g_m = (100\ \Omega)^{-1}$이고, 스피커가 오디오 영역에서 $R_{sp} = 8\ \Omega$의 임피던스를 가지고 있다면, 회로에서 전압 이득이 관찰되지 않고 있는 이유는 무엇인가?

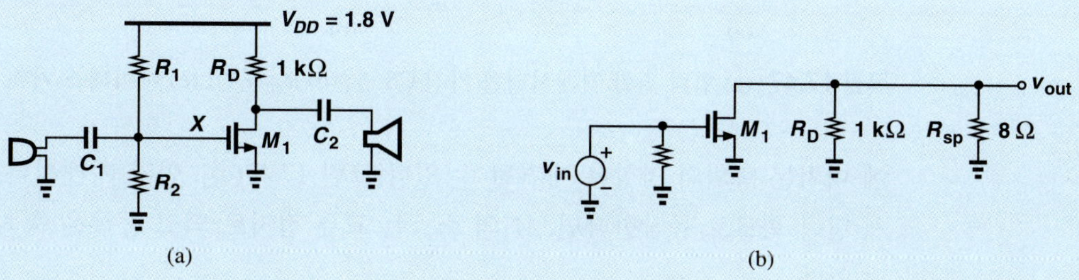

그림 17.46 (a) 출력과 입력에 커패시터 결합이 있는 증폭기; (b) 단순화된 소신호 모델

풀이 그림 17.46(b)의 소신호 회로에서 등가 부하 저항은 $R_D || R_{sp} \approx 8\ \Omega$이다. 그러므로 다음과 같다.

$$|A_v| = g_m(R_D || R_{sp}) = 0.08 \tag{17.123}$$

연습문제 스피커의 임피던스가 얼마일 때 CS 단의 이득이 반으로 감소하는가?

그림 17.46(a)의 설계는 증폭기와 부하 사이의 부적절한 연결을 설명해 준다: 출력 임피던스가 부하 임피던스보다 너무 커서, 증폭기에 부하를 연결하면 이득은 급격하게 감소한다.

여기서 부하의 문제를 어떻게 해결할 수 있는가? 전압 이득이 g_m에 비례하므로 이득을 증가시키기 위하여 매우 큰 전류에서 M_1의 바이어스를 형성할 수 있다. 또 다른 방법으로 CS 증폭기와 스피커 사이에 '버퍼' 단을 삽입할 수 있다(17.4.5절).

그림 17.47(a)의 회로를 생각해 보자. 여기서 트랜지스터는 R_S에 의해 축퇴되어 있다. 일반적인 경우와 같이 입력에 직렬로 일정한 저항 R_G를 포함하고 있다(즉, 앞의 회로 단이나 신호원의 출력 임피던스)[그림 17.47(b)]. R_1과 R_2가 R_G와 연결되어 전압 분배기를 형성하므로 전체의 전압 이득은 다음과 같이 감소한다.

$$A_v = \frac{R_1 || R_2}{R_G + R_1 || R_2} \cdot \frac{-R_D}{\dfrac{1}{g_m} + R_S} \tag{17.124}$$

여기서 λ는 0이라 가정한다.

바이어스를 위하여 축퇴를 사용할 수 있다. 또한 바이패스 커패시터에 의해 소신호 특성

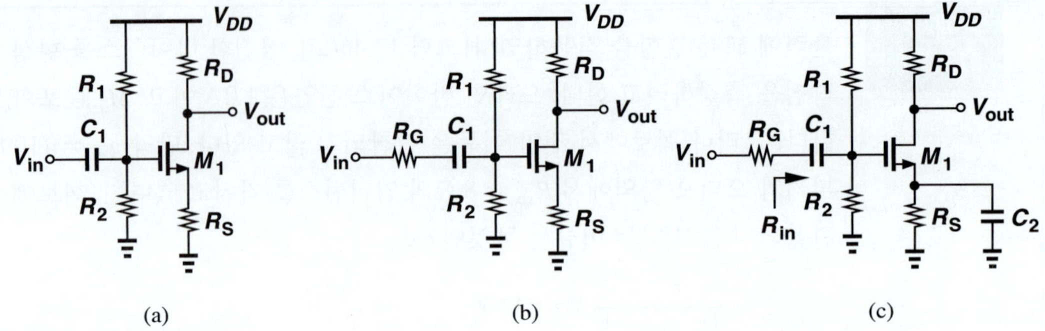

그림 17.47 (a) 입력 결합 커패시터를 가진 CS 단; (b) R_G 포함; (c) 바이패스 커패시터 사용

에 미치는 축퇴의 영향은 제거될 수 있다[그림 17.47(c)]. 만약 커패시터가 동작 주파수에서 단락 회로로 동작한다면, M_1의 소스는 교류 접지로 되고 증폭은 축퇴로부터 자유로울 수 있다.

$$A_v = -\frac{R_1||R_2}{R_G + R_1||R_2} g_m R_D \tag{17.125}$$

예제 17.28

전압 이득 5, 입력 임피던스 0 kΩ, 전력 소모 5 mW인 그림 17.47(c)의 CS 단을 설계하라. $\mu_n C_{ox} = 100\ \mu\text{A/V}^2$, $V_{TH} = 0.5$ V, $\lambda = 0$, $V_{DD} = 1.8$ V로 가정하고, R_S의 전압 강하는 400 mV라 가정하라.

풀이 $V_{DD} = 1.8$ V에서 허용된 전력 소모는 최대 공급 전류 2.78 mA를 요구한다. 초기 가정으로 M_1에 2.7 mA를 놓고, R_1과 R_2에 남아 있는 80 μA를 할당하면 다음과 같다.

$$R_S = 148\ \Omega \tag{17.126}$$

전형적인 설계 문제와 같이 $g_m R_D = 5$이므로 g_m과 R_D의 선택은 유동적이다. 그러나 I_D가 알려져 있으므로 V_{GS}에 적절한 값을 선택해야 한다. 즉, $V_{GS} = 1$ V이다. 그러므로

$$g_m = \frac{2I_D}{V_{GS} - V_{TH}} \tag{17.127}$$

$$= \frac{1}{92.6\ \Omega} \tag{17.128}$$

이고

$$R_D = 463\ \Omega \tag{17.129}$$

이다. 전류 공식을 이용하면

$$I_D = \frac{1}{2}\mu_n C_{ox} \frac{W}{L}(V_{GS} - V_{TH})^2 \tag{17.130}$$

이고, 다음을 얻는다.

$$\frac{W}{L} = 216 \tag{17.131}$$

$V_{GS} = 1$ V이고, R_S의 전압 강하가 400 mV이므로 게이트 전압이 1.4 V가 되기 위해서는

$$\frac{R_2}{R_1 + R_2} V_{DD} = 1.4 \text{ V} \tag{17.132}$$

이어야 한다. $R_{in} = R_1 || R_2 = 50$ kΩ이므로 다음과 같다.

$$R_1 = 64.3 \text{ k}\Omega \tag{17.133}$$

$$R_2 = 225 \text{ k}\Omega \tag{17.134}$$

M_1이 포화 영역에 있는지 확인해야 한다. 드레인 전압은 $V_{DD} - R_D I_D = 1.8$ V − 1.25 V = 0.55 V가 된다. 게이트 전압이 1.4 V이므로, 게이트-드레인 전압이 V_{TH}보다 커야 M_1이 트라이오드 영역에 있게 된다!

이러한 결과를 얻기 위해서 어떤 설계 과정을 따를까? 주어진 I_D에 대해서는 V_{GS}가 적절한 값이라도, 충분히 큰 R_D 또는 충분히 작은 g_m이 선택된다($g_m R_D = 5$이므로). 그러므로 R_D를 작게 하기 위하여 g_m을 증가시켜야 한다. 예를 들어 W/L를 4배 증가시켜 R_D를 반으로, g_m을 2배로 해 보자.

$$\frac{W}{L} = 864 \tag{17.135}$$

$$g_m = \frac{1}{46.3\ \Omega} \tag{17.136}$$

게이트-소스 전압은 식 (17.127)에서 얻어진다.

$$V_{GS} = 250 \text{ mV} \tag{17.137}$$

그러므로 게이트 전압은 650 mV가 된다.

M_1이 포화 영역에 있는가? 드레인 전압은 $V_{DD} - R_D I_D = 1.17$ V가 된다. 이 값은 게이트 전압에서 V_{TH}를 뺀 값보다 크다. 그러므로 M_1이 포화 영역에서 동작한다.

연습문제 허용 전력이 3 mW이고 $V_{DD} = 1.2$ V일 때 위 예제를 다시 풀어라.

그림 17.48은 이 절에서 공부한 개념을 요약한 것이다.

17.4.4 공통 게이트 토폴로지

CS 단을 광범위하게 공부하였으므로 이제 '공통 게이트(CG: common-gate)' 토폴로지를 알아보자. CS 구조에서 언급된 거의 모든 개념이 여기서도 적용된다. 그러므로 같은 사고

그림 17.48 지금까지 공부한 개념의 요약

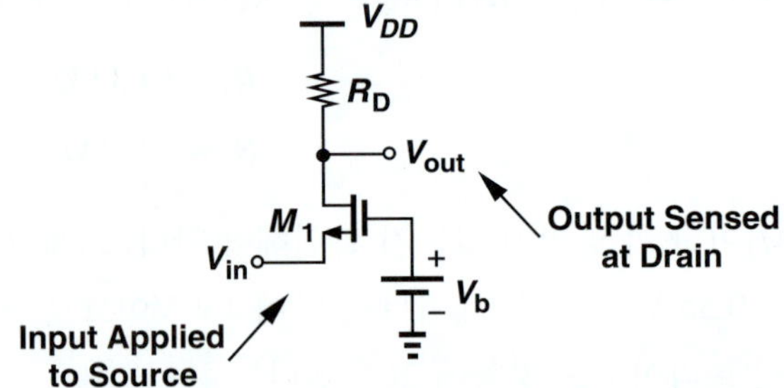

그림 17.49 공통 게이트 단

의 순서를 따르고, 좀 더 빠르게 진행해 보자.

CS 단의 증폭을 공부하였는데, 왜 다른 증폭기의 토폴로지는 공부하지 않는지 의문을 가질지 모른다. 잠시 후 알게 되겠지만, 다른 구조는 CS 단의 특성보다 나은 다른 성질을 보여 주기도 한다. 다음 과정을 진행하기 전에, 예제 17.2~17.4, 그림 17.7에 언급된 규칙, 그림 17.22의 가능한 토폴로지를 복습해 볼 필요가 있다.

그림 17.49는 CG 단을 나타낸다. 입력은 소스에 인가되고 출력은 드레인에서 측정된다. 바이어스는 적절한 전압에 놓고 게이트는 교류 접지, 즉 입출력단에 '공통' 점으로 놓는다. CS 단과 같이 회로의 코어를 공부하고, 점진적으로 바이어스 요소를 공부해 본다.

CG 코어 분석 그림 17.50(a)의 CG 단은 입력 신호에 어떻게 반응할까?[8] V_{in}이 작은 값인 ΔV만큼 증가하면, 게이트 전압이 고정되어 있으므로 M_1의 게이트-소스 전압은 같은 값만큼 감소한다. 결과적으로 드레인 전류는 $g_m\Delta V$ 크기로 감소하고 V_{out}은 $g_m\Delta VR_D$만큼 증가한다. 그러므로 소신호 전압 이득은 다음과 같다.

$$A_v = g_m R_D \tag{17.138}$$

흥미롭게도 이 식은 CS 토폴로지의 이득과 같다. 그러나 CS 단과 다른 점은 회로가 양의 이득을 나타낸다는 것이다. 이는 V_{in}의 증가가 V_{out}의 증가로 이루어지기 때문이다.

그림 17.50(b)의 소신호 등가 회로를 사용하여 위 결과를 확인해 보자. 채널길이 변조는 무시한다. 출력점에서 시작하면 R_D로 흐르는 전류는 $g_m v_1$이다.

---

8) 그림 17.49와 그림 17.50(a)의 토폴로지는 M_1이 다르게 그려졌더라도 같다.

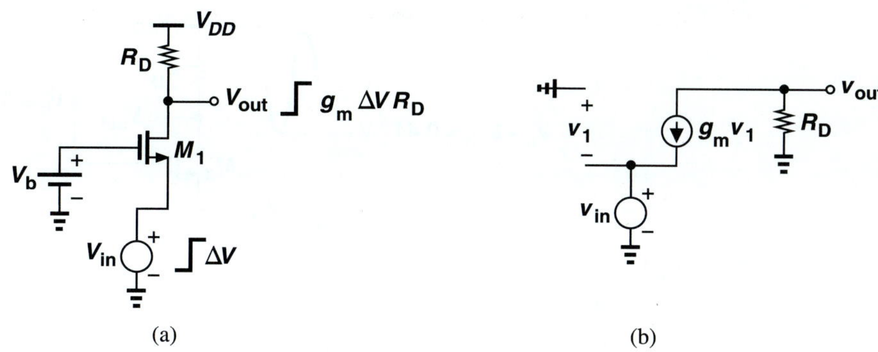

그림 17.50 (a) 소신호 입력 변화에 대한 CG 단의 반응; (b) 소신호 모델

$$-\frac{v_{out}}{R_D} = g_m v_1 \tag{17.139}$$

이때 $v_1 = -v_{out}/(g_m R_D)$를 얻는다. 다음 입력점을 생각하면 $v_1 = -v_{in}$이 되고 다음의 결과를 얻는다.

$$\frac{v_{out}}{v_{in}} = g_m R_D \tag{17.140}$$

CS 단과 같이 CG 토폴로지도 이득, 전압, 입출력 임피던스의 상관관계가 있다. 다음 예제는 이러한 상관관계를 보여 준다.

예제 17.29 직류 전압이 0인 마이크로폰이 바이어스 전류가 $I_D = 0.5$ mA로 CG 단을 구동한다. $W/L = 50, \mu_n C_{ox} = 100\ \mu A/V^2, V_{TH} = 0.5$ V, $V_{DD} = 1.8$ V로 가정할 때, 최대의 R_D와 전압 이득의 값을 구하라. 채널길이 변조는 무시하라.

풀이 W/L이 알려져 있으면 게이트-소스 전압은 다음 공식에서 결정된다.

$$I_D = \frac{1}{2}\mu_n C_{ox}\frac{W}{L}(V_{GS} - V_{TH})^2 \tag{17.141}$$

그러므로

$$V_{GS} = 0.947\ \text{V} \tag{17.142}$$

이다. 그림 17.50(a)의 M_1이 포화 영역에 있기 위해서는

$$V_{DD} - I_D R_D > V_b - V_{TH} \tag{17.143}$$

이고 그러므로

$$R_D < 2.71\ \text{k}\Omega \tag{17.144}$$

이다. 또한 위에 주어진 W/L과 I_D 값으로 $g_m = (447\ \Omega)^{-1}$이 얻어진다.

그림 17.51 CG 단의 신호 크기

$$A_v \leq 6.06 \tag{17.145}$$

그림 17.51은 이 설계에서 가능한 신호 크기를 요약하고 있다. 게이트 전압은 그림 17.47(a)와 유사한 저항 분배기를 사용하여 인가된다.

연습문제 이득 10이 요구된다면 W/L의 크기는 얼마인가?

전후 회로단이 있을 때 경계면에서의 특성을 이해하기 위하여 CG 토폴로지의 입출력 임피던스를 계산해 보자. 그림 17.7의 규칙은 소신호 등가 회로를 필요로 하지 않는 매우 유용한 것이다. 그림 17.52(a)에 있는 간단한 교류 회로는 R_{in}이 게이트가 교류 접지이고 소스로 본 임피던스임을 나타낸다. 그림 17.7의 규칙에서 $\lambda = 0$이면 다음과 같다.

$$R_{in} = \frac{1}{g_m} \tag{17.146}$$

그러므로 CG 단의 입력 임피던스는 몇백 Ω 이하의 상대적으로 낮은 값이다.

CG 단의 입력 임피던스는 직관적으로 알 수 있다[그림 17.52(b)]. M_1의 소스에 전압원 V_X가 작은 크기의 ΔV만큼 변화한다고 생각해 보자. 게이트-소스 전압은 같은 크기로 변화하게 되고, 드레인의 전류 변화는 $g_m \Delta V$가 된다. 결과적으로 $R_{in} = \Delta V_X / \Delta I_X = 1/g_m$이 된다.

낮은 입력 임피던스를 가진 증폭기는 실제로 사용될 수 있는가? 그렇다. 예를 들어 많은

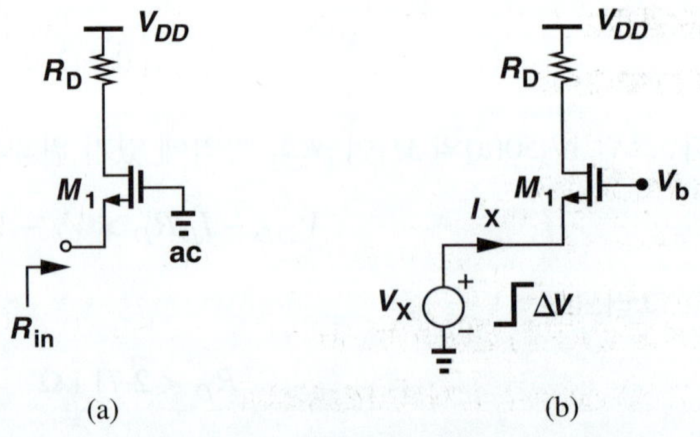

그림 17.52 (a) CG 단의 입력 임피던스; (b) 입력에 작은 변화가 있을 때의 반응

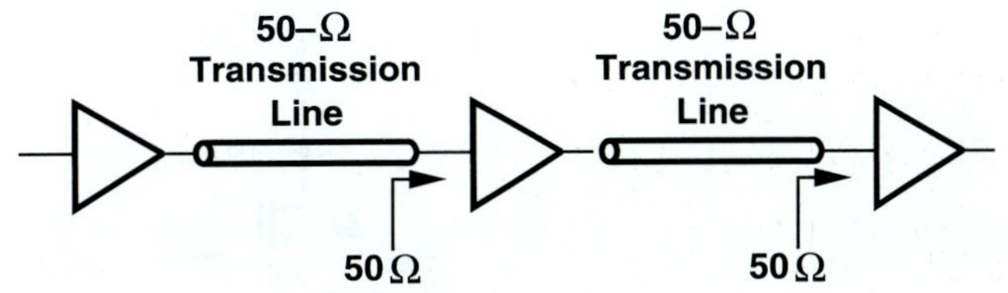

그림 17.53 전송선을 사용한 시스템

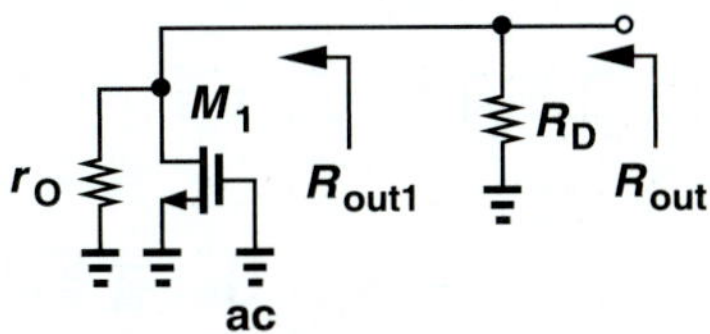

그림 17.54 CG 단의 출력 임피던스

고주파 증폭기는 입력 저항이 50 Ω으로 설계되어 있는데, 이는 캐스케이드 모듈과 모듈을 연결하는 전송선 사이에 '임피던스 정합'을 제공한다(그림 17.53).[9]

CG 단의 출력 임피던스는 그림 17.54의 도움으로 계산될 수 있는데, 여기서 입력 전압원은 0으로 놓고 있다. $R_{out} = R_{out1} \| R_D$이며, 여기서 R_{out1}은 소스를 접지시킨 상태에서 드레인에서 본 임피던스이다. 그림 17.7의 규칙에서 $R_{out1} = r_O$가 되고

$$R_{out} = r_O \| R_D \tag{17.147}$$

또는

$$R_{out} = R_D \text{ if } \lambda = 0 \tag{17.148}$$

이다.

예제 17.30 입력 임피던스가 R_{in}이고 출력 임피던스가 R_{out}인 공통 게이트 증폭기가 있다. 채널길이 변조를 무시하였을 때 회로의 전압 이득을 구하라.

풀이 $R_{in} = 1/g_m, R_{out} = R_D$이므로 다음과 같다.

$$A_v = \frac{R_{out}}{R_{in}} \tag{17.149}$$

연습문제 CG 단의 '전류 이득'이 1이 되는 이유를 설명하라.

9) 각 단의 입력 임피던스가 앞단의 전송선의 특성 임피던스와 일치하지 않는다면 '반사'가 일어난다. 이는 신호를 왜곡시키거나 선의 길이에 종속적인 현상을 발생시킨다.

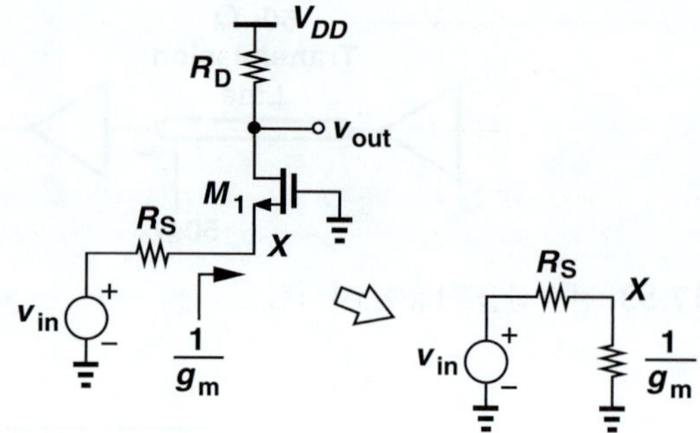

그림 17.55 유한 소스 저항이 있는 CG 단

유한 소스 저항이 있을 때, CG 토폴로지에 관한 내용을 공부해 보자. 그림 17.55에 나와 있는 바와 같이 회로는 입력에서 점 X까지의 신호 약화가 있다. 좀 더 자세히 설명하면, M_1의 소스로(게이트는 접지) 본 임피던스가 $1/g_m$이 되므로($\lambda = 0$)

$$v_X = \frac{\frac{1}{g_m}}{R_S + \frac{1}{g_m}} v_{in} \tag{17.150}$$

$$= \frac{1}{1 + g_m R_S} v_{in} \tag{17.151}$$

이다. 식 (17.140)에서 소스에서 출력까지의 이득이

$$\frac{v_{out}}{v_X} = g_m R_D \tag{17.152}$$

이다. 그러므로

$$\frac{v_{out}}{v_{in}} = \frac{g_m R_D}{1 + g_m R_S} \tag{17.153}$$

$$= \frac{R_D}{\frac{1}{g_m} + R_S} \tag{17.154}$$

가 되는데, 이는 R_S를 소스 축퇴 저항으로 생각하면 CS 단의 결과와 같다.

CS 단과 같이 일반적인 경우에 CG 토폴로지를 분석해 보자: 소스는 축퇴되어 있고, $\lambda \neq 0$이며, 저항이 게이트에 직렬로 연결되어 있다[그림 17.56(a)]. 이 분석은 이 책의 범위를 벗어나지만 출력 임피던스를 계산해 보자. 그림 17.56(b)에서와 같이 R_{out}은 R_D와 R_{out1}의 병렬 연결인데, R_{out1}은 드레인으로 본 임피던스이다. 그러나 R_{out1}은 소스 축퇴된 공통 소스 단의 출력 저항과 같다.

$$R_{out1} = (1 + g_m R_S) r_O + R_S \tag{17.155}$$

그러므로

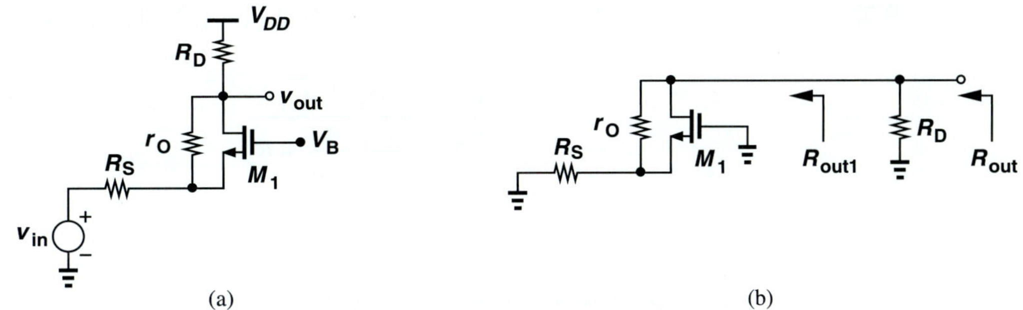

그림 17.56 (a) 일반적인 CG 단; (b) 다른 점에서 본 출력 임피던스

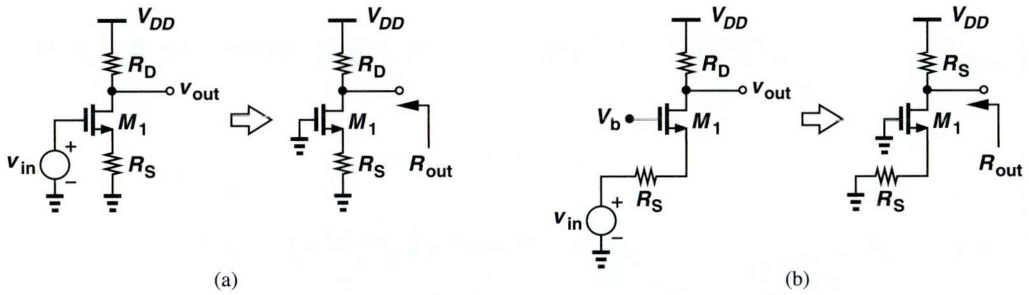

그림 17.57 (a) 출력 임피던스를 계산하기 위하여 단순화된 CS 단과 (b) CG 단

$$R_{out} = R_D || [(1 + g_m R_S) r_O + R_S] \tag{17.156}$$

이 된다. CG 단의 출력 임피던스는 CS 단의 출력 임피던스와 같다는 것을 이미 알고 있었을 것이다. 이 사실이 일반적으로 옳은가? 출력 임피던스가 입력원을 0으로 설정하면서 결정된다는 것을 상기해 보자. 달리 표현하면, R_{out}을 계산할 때 그림 17.57의 CS와 CG 단에 관한 회로에서 입력 단자에 관한 정보는 없다. 같은 가정을 양 회로(동일한 λ와 소스 축퇴)에 적용해 보면 출력 임피던스가 동일하다는 것은 맞지 않는다.

예제 17.31

그림 17.58(a) 회로에서 $\lambda = 0$일 때 전압 이득과 $\lambda > 0$일 때 출력 임피던스를 계산하라.

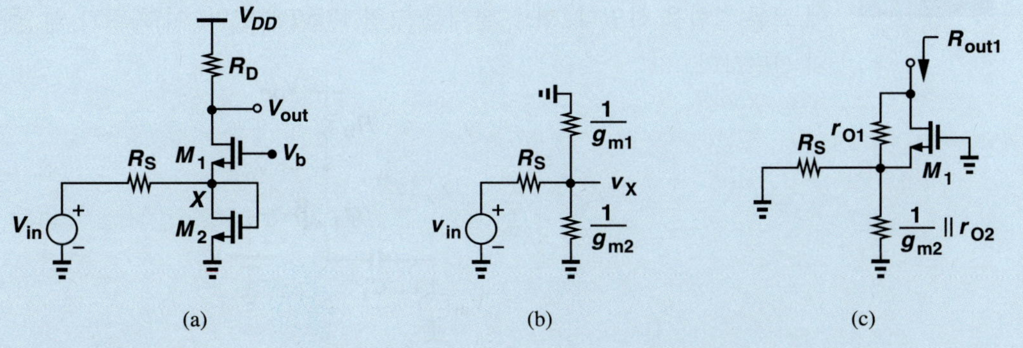

그림 17.58 (a) CG 단의 예; (b) 등가 입력단; (c) 출력 임피던스의 계산

풀이 먼저 그림 17.58(b)에 있는 등가 회로의 도움으로 v_X/v_{in}을 계산하면 다음과 같다.

$$\frac{v_X}{v_{in}} = \frac{\frac{1}{g_{m2}}||\frac{1}{g_{m1}}}{\frac{1}{g_{m2}}||\frac{1}{g_{m1}} + R_S} \tag{17.157}$$

$$= \frac{1}{1 + (g_{m1} + g_{m2})R_S} \tag{17.158}$$

$v_{out}/v_X = g_{m1}R_D$를 적용하면(왜 그럴까?) 다음을 얻는다.

$$\frac{v_{out}}{v_{in}} = \frac{g_{m1}R_D}{1 + (g_{m1} + g_{m2})R_S} \tag{17.159}$$

출력 임피던스를 계산하기 위하여 그림 17.58(c)에 있는 R_{out1}을 먼저 생각해 보면 다음과 같다.

$$R_{out1} = (1 + g_{m1}r_{O1})\left(\frac{1}{g_{m2}}||r_{O2}||R_S\right) + r_{O1} \tag{17.160}$$

$$\approx g_{m1}r_{O1}\left(\frac{1}{g_{m2}}||R_S\right) + r_{O1} \tag{17.161}$$

전체 출력 임피던스는 다음과 같다.

$$R_{out} = R_{out1}||R_D \tag{17.162}$$

$$\approx \left[g_{m1}r_{O1}\left(\frac{1}{g_{m2}}||R_S\right) + r_{O1}\right]||R_D \tag{17.163}$$

연습문제 M_2의 게이트에 일정한 전압이 인가되었을 때 출력 임피던스를 구하라.

바이어스가 있는 CG 단 CG 코어의 소신호 성질을 배웠으므로 바이어스가 있는 회로를 분석해 보자. 예제가 도움이 될 것이다.

예제 17.32 바이어스가 신호원에 의해 영향을 받지 않는다는 것을 확인하기 위하여 CG 단의 입력에 교류 결합을 하였다. 회로 설계는 그림 17.59에 있다. 이 회로가 왜 동작을 하지 않는지 설명하라.

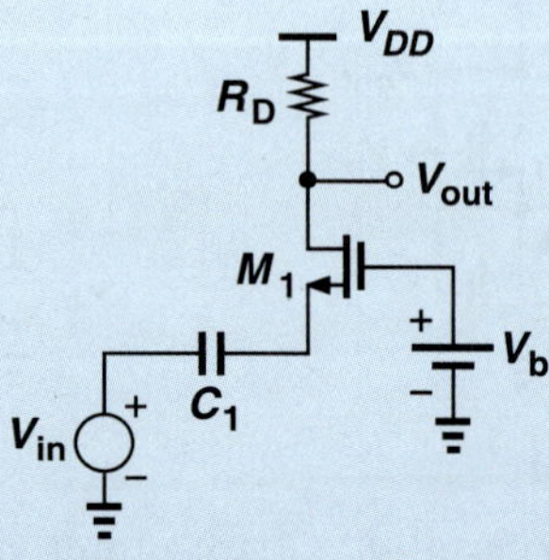

그림 17.59 바이어스 전류가 없는 CG 단

풀이 안타깝게도 이 설계에는 M_1의 소스 전류로 직류 통로가 없다. 그리하여 바이어스 전류와 전도성이 0이다.

연습문제 만약 M_1의 소스와 접지 사이에 커패시터가 연결되어 있다면 위 문제는 해결되는가?

예제 17.33 당황스러울지 모르겠는데, $V_{GS} = V_b$가 되고 적절한 바이어스 전류가 형성되도록 소스를 접지시켰다(그림 17.60). '서두르면 일을 그르치는' 이유를 설명하라.

그림 17.60 소스를 접지시킨 CG 단

풀이 신호를 교류 접지시켰다. 즉, 소스 전압이 v_{in}의 값과 관계없이 0이어서 $v_{out} = 0$이 된다.

연습문제 신호 전류가 C_1을 통해 흐르는가?

다음 예제들은 소스가 개방 또는 접지시킬 수 있도록 어떤 형태의 바이어스가 필요하다는 것을 나타낸다. 그림 17.61(a)는 R_1이 입력 임피던스를 낮추는 대신 바이어스 전류의 통로가 된다고 설명하는 예이다. R_{in}은 두 병렬 성분으로 구성되어 있다: (1) 소스에서 '위로' 본 $1/g_m$, (2) '밑으로' 본 R_1. 그러므로 다음과 같다.

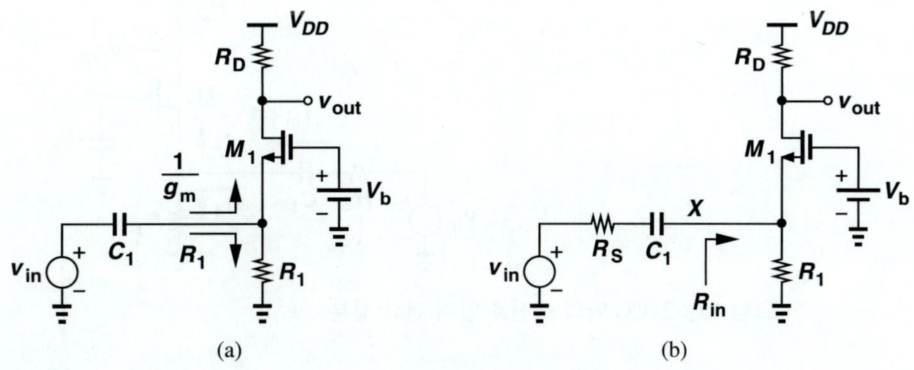

그림 17.61 (a) 바이어스가 있는 CG 단; (b) 신호 발생기의 저항 포함

$$R_{in} = \frac{1}{g_m} || R_1 \tag{17.164}$$

만약 신호 발생기가 일정한 출력 저항을 가지고 있다면 R_{in}의 감소는 확대된다. 그림 17.61(b) 회로는 신호를 감쇠시켜, 전체의 전압 이득을 감소시킨다. 그림 17.55에 언급된 분석을 따르면 다음과 같이 쓸 수 있다.

$$\frac{v_X}{v_{in}} = \frac{R_{in}}{R_{in} + R_S} \tag{17.165}$$

$$= \frac{\frac{1}{g_m} || R_1}{\frac{1}{g_m} || R_1 + R_S} \tag{17.166}$$

$$= \frac{1}{1 + (1 + g_m R_1) R_S / R_1} \tag{17.167}$$

$v_{out}/v_X = g_m R_D$이므로 다음과 같다.

$$\frac{v_{out}}{v_{in}} = \frac{1}{1 + (1 + g_m R_1) R_S / R_1} \cdot g_m R_D \tag{17.168}$$

일반적으로 소신호 등가 회로를 그리는 것보다는 직관적인 방법으로 답을 찾는 것이 현명하다.

이 생각에 모순이 있음을 발견할지 모른다: 한편으로 CG 단의 낮은 입력 임피던스는 유용한 성질로 간주되는 반면에 R_1에 의한 입력 임피던스의 감소는 바람직하지 않다. 이 모순점을 해결하기 위하여 두 성분 $1/g_m$과 R_1을 구분해야 한다. 후자는 입력 소스 전류를 접지로 해서 신호를 '소모'시킨다는 것을 알아 두자. 그림 17.62에서와 같이 i_{in}은 두 갈래로 나눠지는데, i_2만 R_D에 도착하여 출력 신호에 기여한다. $1/g_m$이 일정하게 유지되고 R_1이 감소하면 i_2도 감소한다.[10] 그러므로 R_1에 의한 R_{in}의 감소는 바람직하지 않다. 반면에 R_1이 일정하게 유지되고 $1/g_m$이 감소하면 i_2는 증가한다. R_1이 입력 임피던스에 거의 영향을 주

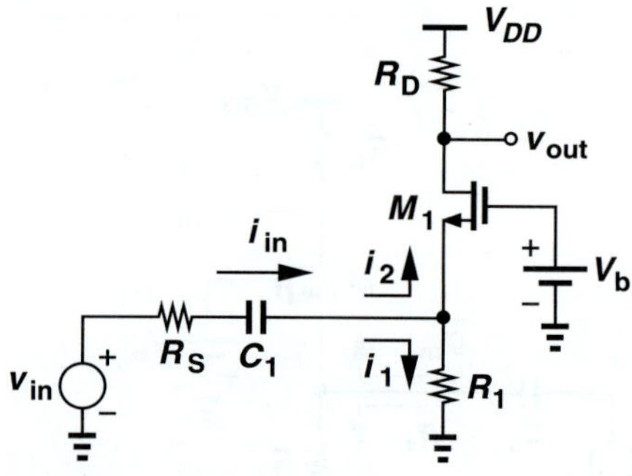

그림 17.62 CG 단의 소신호 입력 전류 성분

10) 극단적인 경우에 $R_1 = 0$(예제 17.33)이고 $i_2 = 0$이다.

지 않기 위하여 다음과 같이 되어야 한다.

$$R_1 \gg \frac{1}{g_m} \tag{17.169}$$

게이트 전압 V_b는 어떻게 발생되는가? CS 단에서 사용된 것과 유사한 저항 분배기를 이용할 수 있다. 그림 17.63이 그 토폴로지이다.

예제 17.34 다음 매개변수를 갖는 그림 17.63의 공통 게이트 단을 설계하라: $v_{out}/v_{in} = 5$, $R_S = 0$, $R_1 = 500\ \Omega$, $1/g_m = 50\ \Omega$, 허용 전력 $= 2$ mW, $V_{DD} = 1.8$ V이다. $\mu_n C_{ox} = 100\ \mu\text{A/V}^2$, $V_{TH} = 0.5$ V, $\lambda = 0$으로 가정하자.

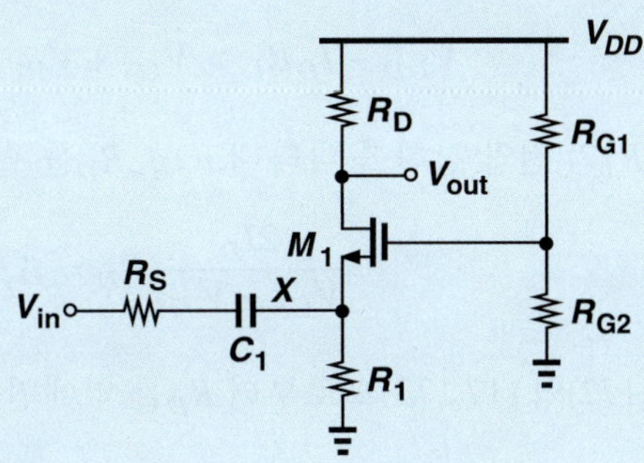

그림 17.63 게이트 바이어스 회로를 가진 CG 단

풀이 허용 전력으로부터 공급 전류 1.11 mA가 얻어진다. 전압 분배기 R_{G1}과 R_{G2}에 10 μA를 할당하면 M_1의 드레인 전류는 1.1 mA가 된다. 그러므로 R_1의 전압 강하는 550 mV가 된다.

2개의 상호 관계가 있는 W/L과 R_D를 계산하자. W/L이 증가하면 g_m이 커지고 R_D는 감소하게 된다. 예제 17.28과 같이 W/L이 적당한 값이 되도록 V_{GS}의 초깃값을 정한다. 예를 들어 $V_{GS} = 0.8$ V이면 $W/L = 244$, $g_m = 2I_D/(V_{GS} - V_{TH}) = (136.4\ \Omega)^{-1}$이 된다. 그리고 $v_{out}/v_{in} = 5$에 대해서 $R_D = 682\ \Omega$이다.

M_1이 포화 영역에서 동작하고 있는지 알아보자. 게이트 전압은 V_{GS}에 R_1의 전압 강하를 합친 것과 같은 1.35 V이다. 반면에 드레인의 전압 강하는 $V_{DD} - R_D I_D = 1.05$ V이다. 드레인 전압이 $V_G - V_{TH}$보다 크므로 M_1은 포화 영역에 있다.

R_{G1}과 R_{G2}로 구성된 저항 분배기는 게이트 전압이 1.35 V가 되도록 해야 하고 그때의 전류는 10 μA이다.

$$\frac{V_{DD}}{R_{G1} + R_{G2}} = 10\ \mu\text{A} \tag{17.170}$$

$$\frac{R_{G2}}{R_{G1} + R_{G2}} V_{DD} = 1.35\ \text{V} \tag{17.171}$$

그러므로 $R_{G1} = 45\ \mathrm{k\Omega}, R_{G2} = 135\ \mathrm{k\Omega}$이 된다.

연습문제 W/L이 100을 초과하지 않는다면 전압 이득은 얼마가 되는가?

예제 17.35 예제 17.34를 생각해 보자. W/L을 최소화하고자 한다(트랜지스터 커패시턴스도 마찬가지로). W/L의 최소 허용치는 얼마인가?

풀이 주어진 I_D에 대하여 W/L이 감소하면 $V_{GS} - V_{TH}$는 증가한다. 그러므로 먼저 V_{GS}의 최대 허용치가 계산되어야 한다. 포화 영역에서 있을 조건은 다음과 같다.

$$V_{DD} - I_D R_D > V_{GS} + V_{R1} - V_{TH} \tag{17.172}$$

여기서 V_{R1}은 R_1의 전압 강하를 나타내고, $g_m R_D$를 필요한 이득으로 하면 다음과 같다.

$$\frac{2I_D}{V_{GS} - V_{TH}} R_D = A_v \tag{17.173}$$

그리고 식 (17.172)와 (17.173)으로부터 R_D를 없애면

$$V_{DD} - \frac{A_v}{2}(V_{GS} - V_{TH}) > V_{GS} - V_{TH} + V_{R1} \tag{17.174}$$

이고 그러므로

$$V_{GS} - V_{TH} < \frac{V_{DD} - V_{R1}}{\frac{A_v}{2} + 1} \tag{17.175}$$

이다. 다르게 표현하면

$$W/L > \frac{2I_D}{\mu_n C_{ox}\left(2\frac{V_{DD} - V_{R1}}{A_v + 2}\right)^2} \tag{17.176}$$

이고 다음과 같이 된다.

$$W/L > 172.5 \tag{17.177}$$

연습문제 $A_v = 10$에 대하여 위의 예제를 다시 풀어라.

17.4.5 소스 폴로어

또 하나의 중요한 회로 토폴로지는 소스 폴로어이다.('공통 드레인' 단이라 불리기도 한

그림 17.64 소스 폴로어

다.) 다음 과정을 진행하기 전에 예제 17.2~17.3, 그림 17.7의 규칙, 그림 17.22의 토폴로지를 다시 읽어 볼 필요가 있다. 이 장에서 '폴로어(follower)'란 소스 폴로어이다.

그림 17.64와 같이 소스 폴로어는 트랜지스터의 게이트가 입력이고 소스가 출력이다. 드레인에는 V_{DD}가 가해져서 교류 접지이다. 먼저 회로의 코어를 공부하고, 바이어스 요소를 추가하여 공부해 보자.

소스 폴로어 코어 그림 17.65(a)의 폴로어는 V_{in}의 변화에 어떻게 반응할까? V_{in}이 소량 ΔV_{in}만큼 증가하면 M_1의 게이트-소스 전압은 증가하게 되고 드레인 전류도 증가한다. 드레인 전류가 커질수록 R_S의 전압 강하도 커져서 V_{out}도 커지게 된다.(잘못하여 V_{out}이 감소한다고 가정하면 V_{GS}와 I_D는 증가해야 하고 이는 V_{out}의 증가를 요구한다.) V_{out}이 V_{in}과 같은 방향으로 변하기 때문에 전압 이득은 양이다. V_{out}은 항상 V_{in}보다 V_{GS}만큼 작다는 것과 회로는 '레벨 시프터(level shifter)'를 제공한다는 것을 알아 두자.

여기서 또 하나의 재미있고 중요한 내용은, V_{out}의 변화는 V_{in}의 변화보다 클 수 없다는 것이다. V_{in}이 V_{in1}에서 $V_{in1} + \Delta V_{in}$으로 증가하고, V_{out}도 V_{out1}에서 $V_{out1} + \Delta V_{out}$으로 증가한다고 가정하자[그림 17.65(b)]. 출력이 입력보다 더 크게 변화한다면, 즉 $\Delta V_{out} > \Delta V_{in}$이면, V_{GS2}는 V_{GS1}보다 작아야 한다. 그러나 이는 드레인 전류가 감소한다는 것과 $I_D R_S = V_{out}$을 의미한다. 이는 V_{out}이 증가한다는 가정과 모순된다. 그러므로 $\Delta V_{out} < \Delta V_{in}$이 되고 이는 폴로어의 이득이 1보다 작다는 것을 나타낸다.[11)]

이득이 1보다 작은 증폭기가 실용적으로 가능한가에 대한 의문을 가질 수 있다. 나중에 설명하겠지만, 소스 폴로어의 입출력 임피던스는 실제 응용에서 유용한 회로가 될 수 있다.

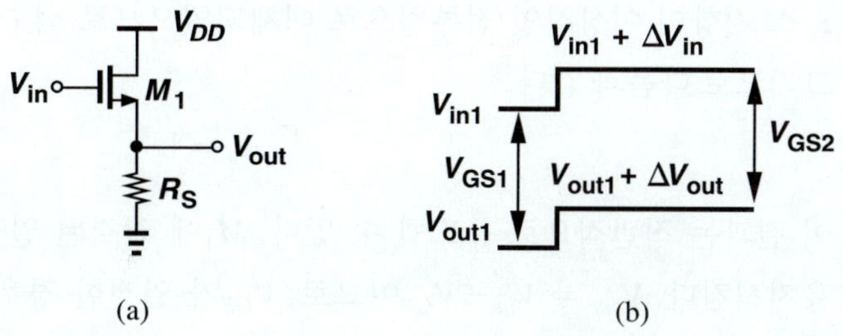

그림 17.65 (a) 입력 변화를 감지하는 소스 폴로어; (b) 회로의 반응

11) 나중에 설명하게 될 극단적인 경우에 이득은 1이 된다.

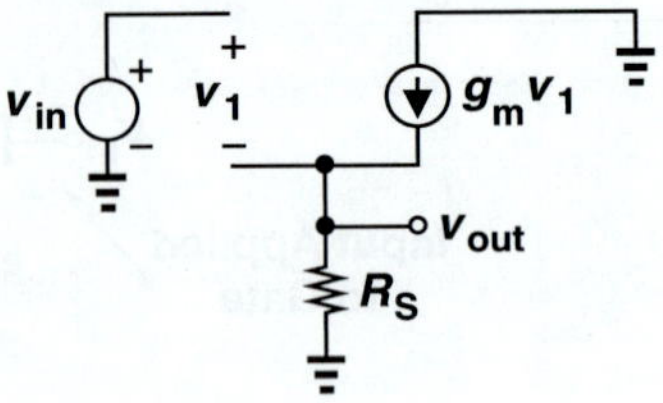

그림 17.66 소스 폴로어의 소신호 모델

$\lambda = 0$을 가정하여 폴로어의 소신호 성질을 유도해 보자. 그림 17.66에 나와 있는 바와 같이 등가 회로는 다음과 같다.

$$g_m v_1 = \frac{v_{out}}{R_S} \tag{17.178}$$

$v_{in} = v_1 + v_{out}$이므로

$$\frac{v_{out}}{v_{in}} = \frac{R_S}{R_S + \dfrac{1}{g_m}} \tag{17.179}$$

가 된다. 그러므로 전압 이득은 양이고 1보다 작다.

예제 17.36 집적 회로에서 폴로어는 그림 17.67과 같은 구조로 되어 있다. 전류원이 이상적이고 $V_A = \infty$일 때 전압 이득을 구하라.

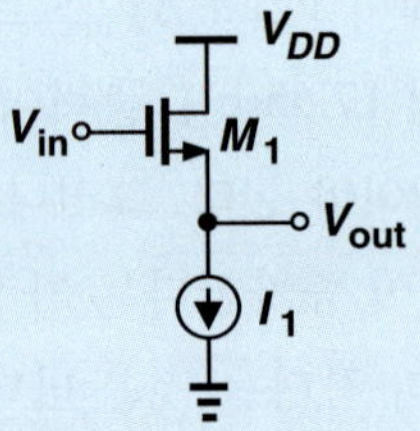

그림 17.67 전류원을 가진 폴로어

풀이 소스 저항이 이상적인 전류원으로 대체되었으므로 식 (17.179)의 R_S 값은 무한대이다. 그러므로 다음과 같다.

$$A_v = 1 \tag{17.180}$$

이 결과는 직관적으로 유도될 수 있다. M_1에 연결된 일정한 전류원은 V_{GS}를 일정하게 유지시킨다. $V_{out} = V_{in} - V_{GS}$이므로, V_{GS}가 일정한 경우 V_{out}이 정확히 V_{in}을 따른다는 것을 알 수 있다.

연습문제 $\lambda \neq 0$일 때 이득을 계산하라.

그림 17.68 (a) 소스 폴로어 단; (b) 테브냉 전압; (c) 테브냉 저항; (d) 단순화한 회로

식 (17.179)는 소스 폴로어가 전압 분배기로 동작한다는 것을 나타낸다. 이는 다른 분석으로 이해될 수 있다. 그림 17.68(a)와 같이 v_{in}과 M_1을 테브냉 등가 회로로 변환한다고 하자. M_1이 $R_S = \infty$로 동작하는 것같이(예제 17.36) 테브냉 전압은 M_1에 의한 개방 회로의 출력 전압이다[그림 17.68(b)]. 그러므로 $v_{Thev} = v_{in}$이다. 테브냉 저항은 입력을 0으로 놓고[그림 17.68(c)] 얻어지는데 $1/g_m$과 같다. 그러므로 그림 17.68(a)의 회로는 그림 17.68(d)와 같이 단순화되고, 전압 분배기로 동작하는 것을 확인할 수 있다.

그림 17.69(a)는 소스 폴로어의 소신호 등가 회로인데, 채널길이 변조를 포함하고 있다. r_O가 R_S와 병렬로 연결되어 있고 회로가 전압 분배기로 동작하는 것을 확인하면[그림 17.69(b)] 다음과 같이 된다.

$$\frac{v_{out}}{v_{in}} = \frac{r_O || R_S}{\dfrac{1}{g_m} + r_O || R_S} \tag{17.181}$$

R_S와 r_O가 최대화되는 것이 바람직하다.

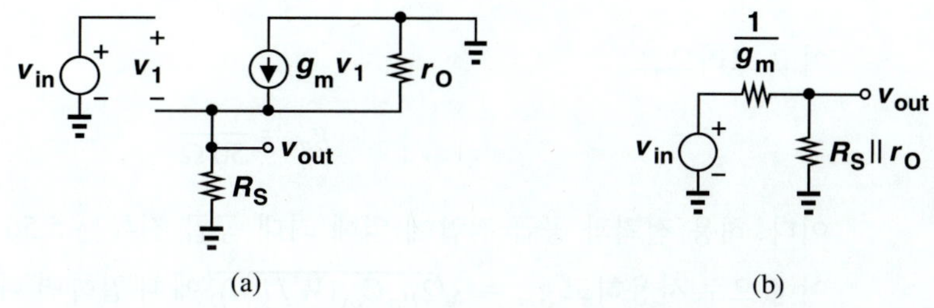

그림 17.69 (a) 소스 폴로어의 소신호 등가 회로; (b) 단순화한 회로

예제 17.37 소스 폴로어는 그림 17.70(a)와 같은 구조로 되어 있다. 여기서 M_2는 전류원으로 동작한다. 회로의 전압 이득을 구하라.

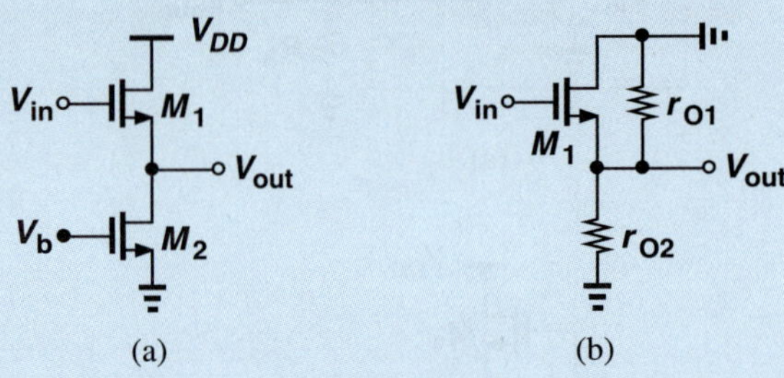

그림 17.70 (a) 이상적인 전류원을 가진 폴로어; (b) 단순화한 회로

풀이 M_2가 출력에서 교류 접지까지 임피던스 r_{O2}를 나타내므로[그림 17.70(b)], 식 (17.181)에 $R_S = r_{O2}$를 대입할 수 있다.

$$A_v = \frac{r_{O1}||r_{O2}}{\frac{1}{g_{m1}} + r_{O1}||r_{O2}} \tag{17.182}$$

만약 $r_{O1}||r_{O2} \gg 1/g_{m1}$이면 $A_v \approx 1$이 된다.

연습문제 R_S 저항이 M_2의 소스와 직렬로 놓여 있을 때 위의 예제를 다시 풀어라.

예제 17.38 이득이 0.5, 소모 전력 10 mW, 부하 저항 50 Ω인 소스 폴로어를 설계하라. $\mu_n C_{ox} = 100$ $\mu A/V^2$, $V_{TH} = 0.5$ V, $\lambda = 0$, $V_{DD} = 1.8$ V로 가정하라.

풀이 그림 17.64에 $R_S = 50\,\Omega$, $r_O = \infty$를 대입하면

$$A_v = \frac{R_S}{\frac{1}{g_m} + R_S} = 0.5 \tag{17.183}$$

이고 그러므로

$$g_m = \frac{1}{50\,\Omega} \tag{17.184}$$

이다. 허용 전력과 공급 전압에 의해 최대 공급 전류는 5.56 mA가 된다. 드레인 전류를 이 값으로 사용하고 $g_m = \sqrt{2\mu_n C_{ox}(W/L)I_D}$에 대입하면 다음과 같다.

$$W/L = 360 \tag{17.185}$$

연습문제 허용 전력이 15 mW로 증가하면 전압 이득은 얼마인가?

소스 폴로어의 유용성을 확인하기 위하여 입출력 임피던스를 계산해 보자. 입력 임피던스는 저주파수에서 매우 커서 회로가 훌륭한 '전압계'로 보인다. 즉, 폴로어는 회로를 교란시키지 않고 전압을 잴 수 있다. 그림 17.71에 나와 있는 바와 같이 출력 임피던스는 소스로 본 저항과 R_S 위로 본 저항의 병렬 연결이다. $\lambda \neq 0$이고, R_S 위로 본 저항은 $(1/g_m) || r_O$이므로

$$R_{out} = \frac{1}{g_m} || r_O || R_S \tag{17.186}$$

이다. 그러므로 회로는 비교적 낮은 출력 임피던스를 나타낸다. 폴로어는 CS 단과 낮은 임피던스 부하 사이에 훌륭한 '버퍼'로 사용될 수 있다(예제 17.27에서처럼).

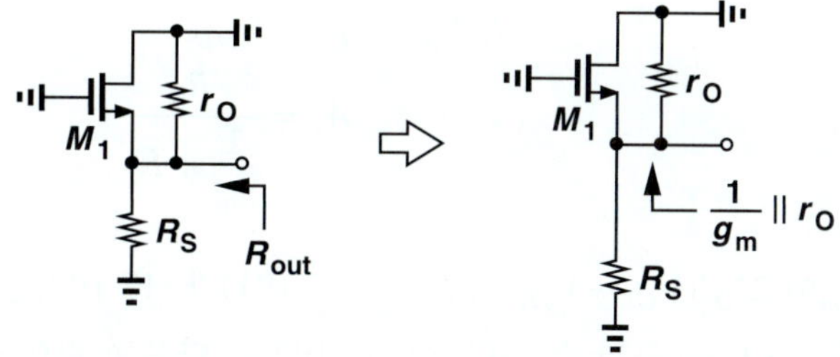

그림 17.71 소스 폴로어의 출력 저항

바이어스가 있는 소스 폴로어 소스 폴로어의 바이어스는 단자 전압들과 드레인 전류를 정의하는 것도 포함한다. 그림 17.72의 예에서 R_G는 M_1의 게이트에 V_{DD}와 같은 직류 전압을 형성하고(왜 그럴까?) R_S는 드레인 바이어스 전류를 형성한다. 게이트와 드레인 전압이 같기 때문에 M_1은 포화 영역에서 동작한다. 또한 회로의 입력 임피던스는 무한대에서 R_G로 감소한다.

회로의 바이어스 전류를 계산해 보자. R_G에 전압 강하가 없으면 다음과 같다.

$$V_{GS} + I_D R_S = V_{DD} \tag{17.187}$$

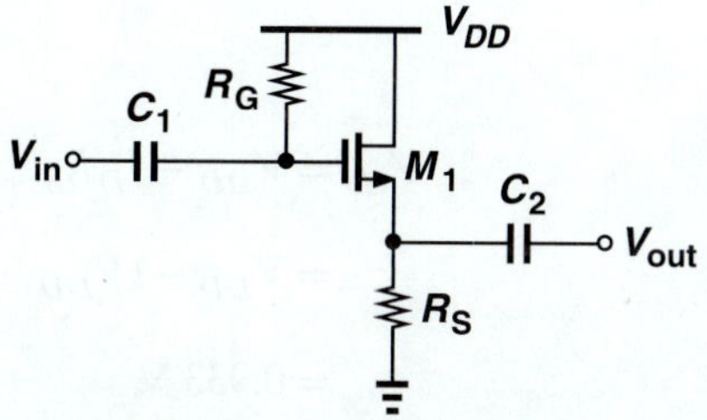

그림 17.72 바이어스와 결합 커패시터가 있는 소스 폴로어

채널길이 변조를 무시하면 다음과 같다.

$$I_D = \frac{1}{2}\mu_n C_{ox}\frac{W}{L}(V_{GS} - V_{TH})^2 \tag{17.188}$$

$$= \frac{1}{2}\mu_n C_{ox}\frac{W}{L}(V_{DD} - I_D R_S - V_{TH})^2 \tag{17.189}$$

2차 방정식을 풀면 I_D가 구해진다.

예제 17.39 드레인 전류가 1 mA이고, 전압 이득이 0.8인 그림 17.72의 소스 폴로어를 설계하라. $\mu_n C_{ox} = 100\ \mu\text{A/V}^2$, $V_{TH} = 0.5$ V, $\lambda = 0$, $V_{DD} = 1.8$ V, $R_G = 50$ kΩ으로 가정하자.

풀이 문제에서 V_{GS}, W/L, R_S의 값은 주어져 있지 않다. 다음 3개의 방정식이 구해질 수 있다.

$$I_D = \frac{1}{2}\mu_n C_{ox}\frac{W}{L}(V_{GS} - V_{TH})^2 \tag{17.190}$$

$$I_D R_S + V_{GS} = V_{DD} \tag{17.191}$$

$$A_v = \frac{R_S}{\dfrac{1}{g_m} + R_S} \tag{17.192}$$

g_m이 $2I_D/(V_{GS} - V_{TH})$이면, 식 (17.191)과 (17.192)는 W/L을 포함하지 않고, 이 식들로 V_{GS}와 R_S를 구할 수 있다. 식 (17.192)는 다음과 같이 쓸 수 있다.

$$A_v = \frac{R_S}{\dfrac{V_{GS} - V_{TH}}{2I_D} + R_S} \tag{17.193}$$

$$= \frac{2I_D R_S}{V_{GS} - V_{TH} + 2I_D R_S} \tag{17.194}$$

$$= \frac{2I_D R_S}{V_{DD} - V_{TH} + I_D R_S} \tag{17.195}$$

그러므로

$$R_S = \frac{V_{DD} - V_{TH}}{I_D}\frac{A_v}{2 - A_v} \tag{17.196}$$

$$= 867\ \Omega \tag{17.197}$$

이고

$$V_{GS} = V_{DD} - I_D R_S \tag{17.198}$$

$$= V_{DD} - (V_{DD} - V_{TH})\frac{A_v}{2 - A_v} \tag{17.199}$$

$$= 0.933\ \text{V} \tag{17.200}$$

이다. 식 (17.190)에서 다음을 구할 수 있다.

$$\frac{W}{L} = 107 \tag{17.201}$$

연습문제 W/L이 50을 초과하지 않는다면 전압 이득은 얼마인가?

식 (17.189)는 소스 폴로어의 바이어스 전류가 공급 전압에 따라 변한다는 것을 나타낸다. 이 효과를 없애기 위해 집적 회로는 전류원에 의해 폴로어를 바이어스한다(그림 17.73).

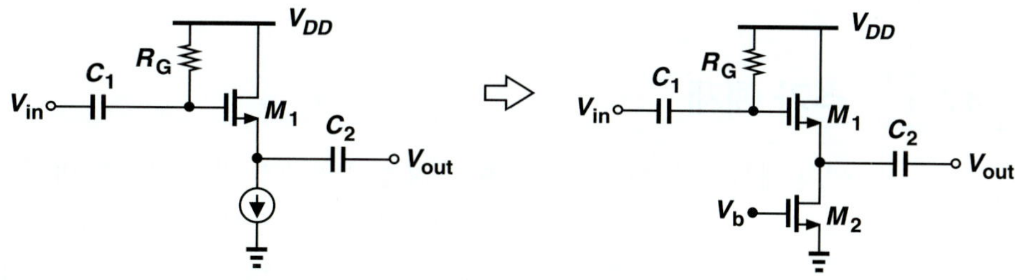

그림 17.73 바이어스가 있는 소스 폴로어

로봇공학 응용: CMOS 카메라

비전 기반 로봇은 환경을 '보고' 그에 따라 행동하기 위해 카메라에 의존한다. 공장에서 부품을 검사하거나 다른 물체와의 충돌을 피하면서 지형을 탐색하는 로봇이 그런 예이다.

1장에서 설명한 것과 같이, 디지털 카메라는 픽셀 배열로 구성되며, 각 픽셀은 빛을 받고, 역방향 바이어스된 포토다이오드를 통해 이를 전류로 변환한다. 이 결과를 어떻게 처리할까? 여기서 CMOS 장치는 필수적이다. 그림 17.74와 같이, 먼저 S_0를 켜고, 포토다이오드 D_1의 전압을 V_{DD}로 설정한다. 다음으로 S_0를 끄고 빛에 의해 D_1 내에서 생성된 캐리어가 C_1을 방전하도록 한다. 이러한 전압 변화는 소스 폴로어에 의해 감지되

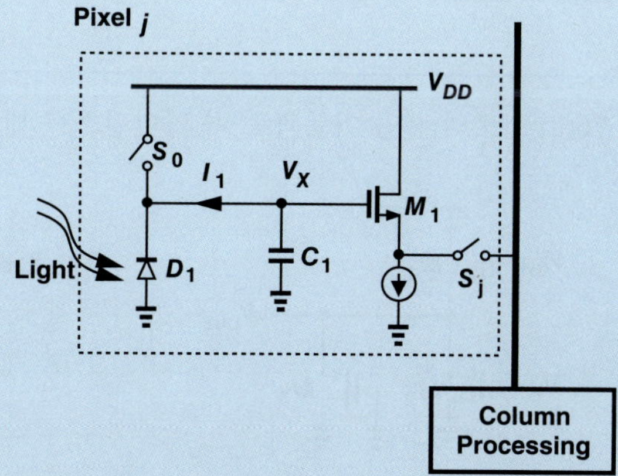

그림 17.74 CMOS 카메라의 픽셀 전자 장치

며 다른 픽셀들에 연결된 열에서 사용 가능하다. S_j가 켜지면 픽셀 j에서 제공하는 전압이 측정되고 디지털화되어 열 처리 회로에 의해 저장된다. 그런 다음 이 스위치는 꺼지고 다음 픽셀이 감지된다.

스위치와 폴로어는 CMOS 기술의 장점을 충분히 활용한다. 여기서 소스 폴로어 대신 이미터 폴로어를 사용할 수 있을까? 바이폴라 트랜지스터는 C_1에서 베이스 전류를 끌어와 커패시터를 방전하고 V_X의 오차를 발생시킨다.

17.5 추가 예제

이 장에서는 각 회로의 소신호 특성을 정의하기 위해 적절한 바이어스 포인트가 설정되어야 함을 강조하면서 증폭기 설계의 기초를 만들었다. 그림 17.75의 세 가지 증폭기 토폴로지는 각각 특정 응용 분야에 도움이 되는 서로 다른 이득과 I/O 임피던스를 나타낸다.

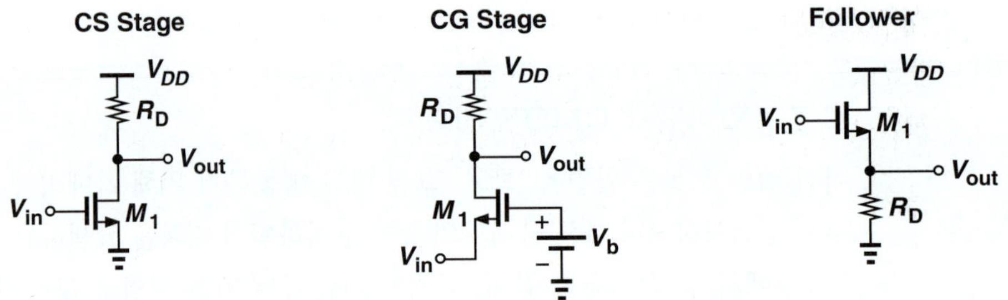

그림 17.75 MOS 증폭기 토폴로지 요약

이 절에서는 회로 분석 기술을 개선하기 위해 여러 가지 도전적인 예를 다룬다. 직관적으로 답을 찾고 회로를 이해하는 것에 중점을 두었다. 각 회로에서 사용되는 다양한 커패시터는 관심 있는 신호 주파수에서 무시할 수 있는 임피던스를 갖는다고 가정한다.

예제 17.40 그림 17.76(a) 회로의 전압 이득과 출력 임피던스를 계산하라.

(a) (b)

그림 17.76 (a) CS 단의 예; (b) 단순화한 회로

풀이 M_1은 게이트에서 입력을 감지하고 드레인에서 출력을 생성하기 때문에, M_1은 공통 소스 소자이다. 따라서 트랜지스터 M_2와 M_3는 부하 역할을 한다. 전자는 전류원으로, 후자는 다이오드 연결 소자로 사용된다. 그러므로 M_2는 r_{O2}와 같은 소신호 저항으로, M_3는 $(1/g_{m3}) || r_{O3}$와 같은 소신호 저항으로 대체될 수 있다. 이 회로는 그림 17.76(b)와 같이 단순화되고, 다음과 같이 된다.

$$A_v = -g_{m1}\left(\frac{1}{g_{m3}}||r_{O1}||r_{O2}||r_{O3}\right) \tag{17.202}$$

$$R_{out} = \frac{1}{g_{m3}}||r_{O1}||r_{O2}||r_{O3} \tag{17.203}$$

$1/g_{m3}$은 두 수식 모두에서 우세하다.

연습문제 M_2가 다이오드 연결 소자로 대체되었을 때, 위의 예제를 다시 풀어라.

예제 17.41 그림 17.77(a) 회로의 전압 이득을 계산하라. M_1의 채널길이 변조는 무시하라.

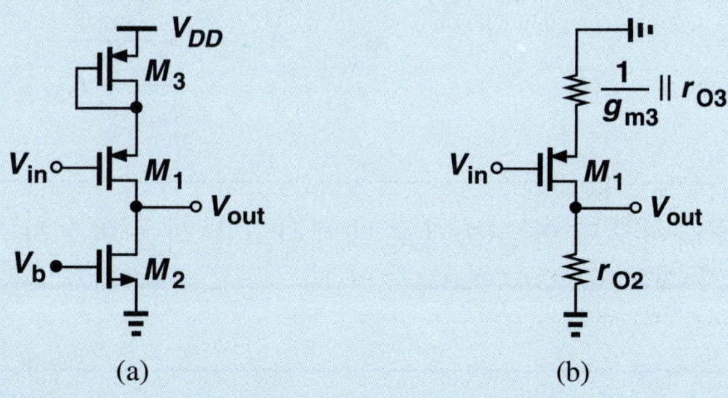

그림 17.77 (a) CS 단의 예; (b) 단순화한 회로

풀이 CS 단으로 동작하면서 다이오드 연결 소자 M_3에 의해 축퇴된 트랜지스터 M_1은 전류원 부하 M_2를 구동한다. 증폭기를 그림 17.77(b)로 단순화하면 다음과 같이 된다.

$$A_v = -\frac{r_{O2}}{\dfrac{1}{g_{m1}} + \dfrac{1}{g_{m3}}||r_{O3}} \tag{17.204}$$

연습문제 M_3의 게이트가 일정한 전압에 연결되어 있을 때, 위의 예제를 다시 풀어라.

예제 17.42 그림 17.78에 그려진 증폭기의 전압 이득을 구하라. 단순화를 위해 그림 17.78(b)에서 $r_{O1} = \infty$로 가정하라.

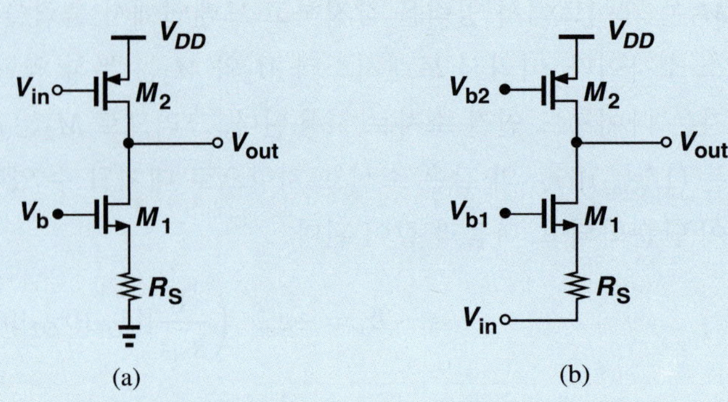

그림 17.78 (a) CS 단의 예; (b) CG 단의 예

풀이 R_S에 의해 축퇴된 그림 17.78(a)의 트랜지스터 M_1은 M_2의 드레인에 $(1+g_{m1}r_{O1})R_S+r_{O1}$의 임피던스로 보인다. 따라서 드레인에서 보이는 전체 임피던스는 $[(1+g_{m1}r_{O1})R_S+r_{O1}]||r_{O2}$이며, 전압 이득은 다음과 같이 된다.

$$A_{v1}=-g_{m2}\{[(1+g_{m1}r_{O1})R_S+r_{O1}]||r_{O1}\} \tag{17.205}$$

그림 17.78(b)에서 M_1은 공통 게이트 단으로, M_2는 부하로 동작하고, 다음과 같이 된다.

$$A_{v2}=\frac{r_{O2}}{\dfrac{1}{g_{m1}}+R_S} \tag{17.206}$$

연습문제 R_S를 다이오드 연결 소자로 대체하고 분석을 반복하라.

예제 17.43 $\lambda=0$일 때 그림 17.79(a) 회로의 전압 이득을 계산하라.

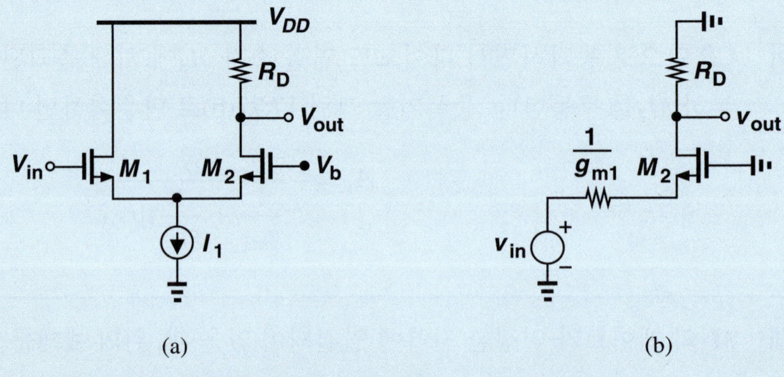

그림 17.79 (a) 복합 단의 예; (b) 단순화한 회로

풀이 이 회로에서 M_1은 소스 폴로어로, M_2는 CG 단으로 동작한다.(왜 그럴까?) 이 회로를 분석하는 간단한 방법은 v_{in}과 M_1을 테브냉 등가로 교체하는 것이다. 그림 17.68에서 그림

17.79(b)에 묘사된 모델을 유도하면 다음과 같이 된다.

$$A_v = \frac{R_D}{\frac{1}{g_{m1}} + \frac{1}{g_{m2}}} \tag{17.207}$$

연습문제 값 R_1의 저항이 M_1의 드레인과 직렬로 연결되면 어떻게 되는가?

예제 17.44 그림 17.80의 회로는 2개의 출력을 생성한다. 입력에서 Y와 X로의 전압 이득을 계산하라. M_1에서 $\lambda = 0$으로 가정하라.

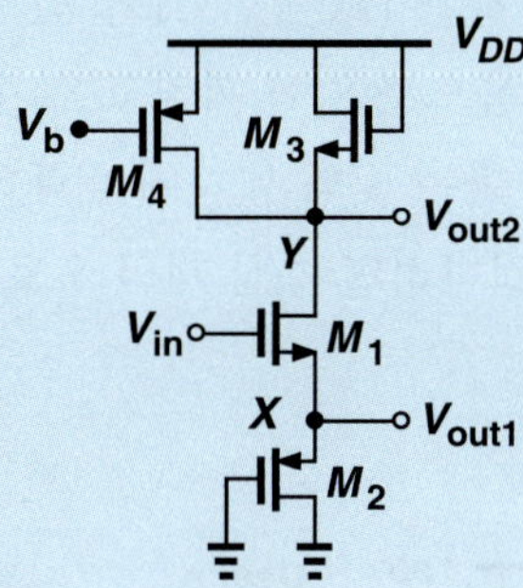

그림 17.80 복합 단의 예

풀이 V_{out1}의 경우 회로는 소스 폴로어로 동작한다. 만약 $r_{O1} = \infty$이면 M_3와 M_4가 소스 폴로어에 영향을 미치지 않는다. $(1/g_{m2}) || r_{O2}$의 소신호 임피던스를 나타내는 트랜지스터 M_2는 소스 폴로어의 부하로 작용하고, 식 (17.181)로부터 다음과 같이 된다.

$$\frac{v_{out1}}{v_{in}} = \frac{\frac{1}{g_{m2}} || r_{O2}}{\frac{1}{g_{m2}} || r_{O2} + \frac{1}{g_{m1}}} \tag{17.208}$$

V_{out2}의 경우 M_1은 다이오드 연결 소자 M_3와 전류원 M_4로 구성된 드레인 부하를 가진 축퇴된 CS 단으로 동작한다. 부하 임피던스는 $(1/g_{m3}) || r_{O3} || r_{O4}$와 같으며, 결과적으로 다음과 같이 된다.

$$\frac{v_{out2}}{v_{in}} = -\frac{\frac{1}{g_{m3}} || r_{O3} || r_{O4}}{\frac{1}{g_{m1}} + \frac{1}{g_{m2}} || r_{O2}} \tag{17.209}$$

연습문제 두 전압 이득 중 어느 것이 더 큰가? 이유를 직관적으로 설명하라.

생명공학 응용: 건강 모니터링

사용자의 생체 신호를 지속적으로 모니터링하고 기록할 수 있는 다양한 장치가 도입되고 있다. 이러한 데이터 수집은 모든 개인에게 유용한 것으로 판명되었다. 예를 들어 의사는 환자에게 단순히 몇 가지 질문을 하는 것보다 몇 년간의 환자의 건강 기록을 살펴봄으로써 더 쉽게 진단을 내릴 수 있다.

손가락의 혈류를 검사하여 사용자의 심박수, 혈압, 산소 포화도를 모니터링할 수 있다. 그림 17.81과 같이 LED는 손가락을 통해 빛을 전달하고, 포토다이오드 배열은 다른 쪽에서 빛을 모은다[1]. 이 빛의 세기는 크고 상대적으로 일정한 성분('바이어스' 값으로 볼 수 있음)과 혈관 내 혈류로 인해 작고 시간에 따라 변하는 성분을 가지고 있다.

회로는 다음과 같이 동작한다[1]. 먼저 S_1이 켜져서 포토다이오드 커패시턴스를 V_{DD}로 충전한다. 다음으로 S_1이 꺼지고 S_2가 켜져서 포토다이오드 전류가 커패시턴스를 방전한다. V_X의 변화는 빛의 세기에 비례하고 소스 폴로어에 의해 감지된다. 손가락의 넓은 영역에서 수집하려면 수십 개의 포토다이오드와 관련 회로가 필요하다.

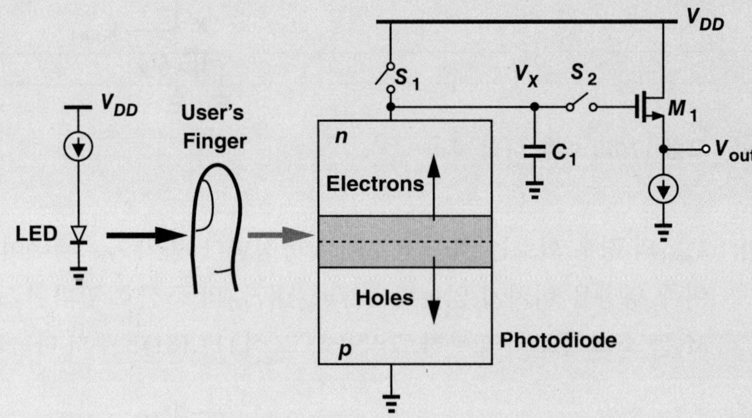

그림 17.81 사용자의 손가락 혈류를 검사하는 생체 신호 모니터링

17.6 요약

- MOSFET의 게이트, 드레인, 소스에서 본 임피던스는 각각 무한대, r_O(소스는 접지되어 있음), $1/g_m$(게이트는 접지되어 있음)이다.
- g_m이나 r_O와 같은 필요한 소신호 MOS 매개변수를 얻기 위해서는 트랜지스터가 '바이어스'되어 있어야 한다. 즉, 드레인 전류를 흘려야 하고 게이트-소스, 드레인-소스 전압을 가지고 있어야 한다.
- 바이어스는 전원 측이나 출력점에서 저항을 이용하여 필요한 게이트 전압을 형성하는

것이다(자기 바이어스).

- 단일 트랜지스터로서는 3개의 증폭기 토폴로지가 가능한데, 공통 소스, 공통 게이트, 소스 폴로어가 가능하다.
- CS 단은 적당한 전압 이득, 높은 입력 임피던스, 적당한 출력 임피던스를 가지고 있다.
- 소스 축퇴는 선형성은 개선하지만 전압 이득은 감소시킨다.
- 소스 축퇴는 CS 단의 출력 임피던스를 상당히 증가시킨다.
- CG 단은 적당한 전압 이득, 낮은 입력 임피던스, 적당한 출력 임피던스를 가지고 있다.
- CS와 CG 단의 전압 이득은 유사한 형태를 가지나 부호는 다르다.
- 소스 폴로어의 전압 이득은 1보다 작다. 그리고 폴로어는 높은 입력 임피던스와 낮은 출력 임피던스를 가지고 있어 훌륭한 전압 버퍼가 된다.

PROBLEMS

In the following problems, unless otherwise stated, assume $\mu_n C_{ox} = 200\ \mu A/V^2$, $\mu_p C_{ox} = 100\ \mu A/V^2$, $\lambda = 0$, and $V_{TH} = 0.4$ V for NMOS devices and −0.4 V for PMOS devices.

Sec. 17.2.1 Simple Biasing

17.1. In the circuit of Fig. 17.82, determine the maximum allowable value of W/L if M_1 must remain in saturation. Assume $\lambda = 0$.

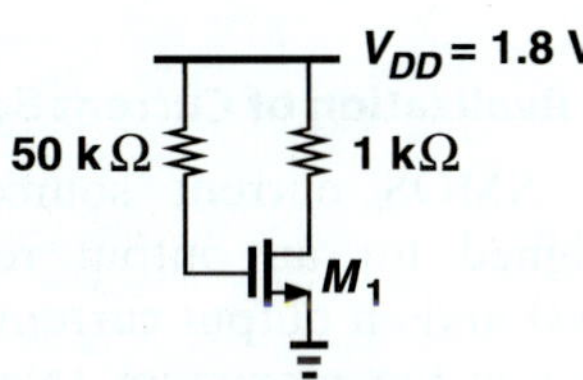

Figure 17.82

17.2. We wish to design the circuit of Fig. 17.83 for a drain current of 1 mA. If $W/L = 20/0.18$, compute R_1 and R_2 such that the input impedance is at least 20 kΩ.

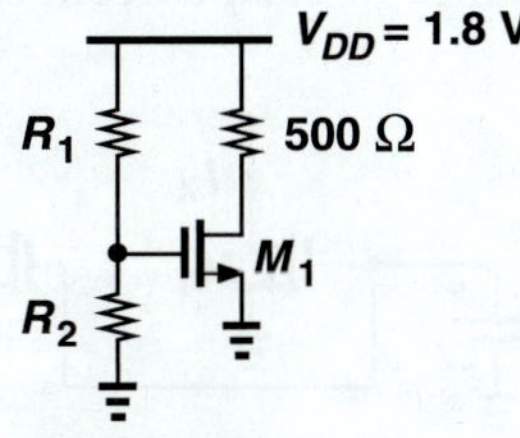

Figure 17.83

Sec. 17.2.2 Biasing with Source Degeneration

17.3. Consider the circuit shown in Fig. 17.84. Calculate the maximum transconductance that M_1 can provide (without going into the triode region).

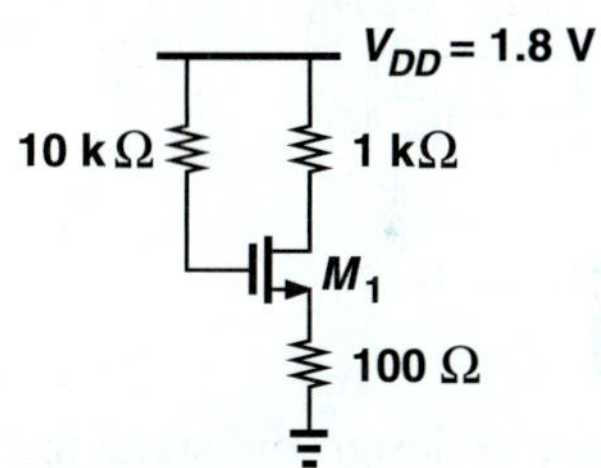

Figure 17.84

17.4. The circuit of Fig. 17.85 must be designed for a voltage drop of 200 mV across R_S. SOL

(a) Calculate the minimum allowable value of W/L if M_1 must remain in saturation.

(b) What are the required values of R_1 and R_2 if the input impedance must be at least 30 kΩ?

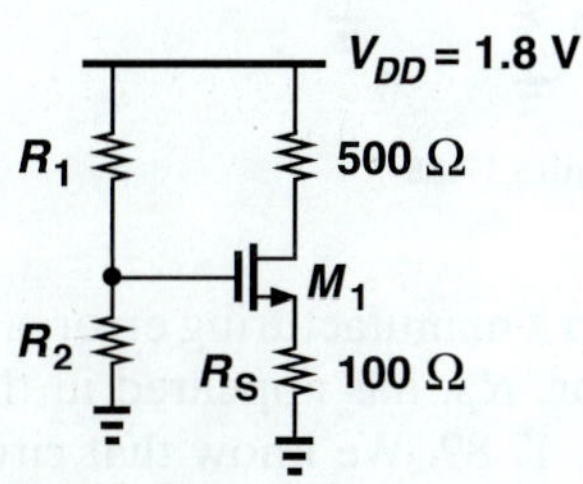

Figure 17.85

17.5. Consider the circuit depicted in Fig. 17.86, where $W/L = 20/0.18$. Assuming the current flowing through R_2 is one-tenth of I_{D1}, calculate the values of R_1 and R_2 so that $I_{D1} = 0.5$ mA.

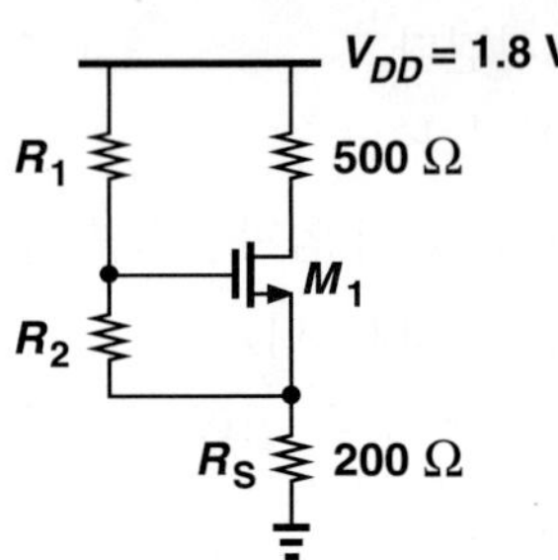

Figure 17.86

Sec. 17.2.3 Self-Biased Stage

17.6. The self-biased stage of Fig. 17.87 must be designed for a drain current of 1 mA. If M_1 is to provide a transconductance of 1/(100 Ω), calculate the required value of R_D.

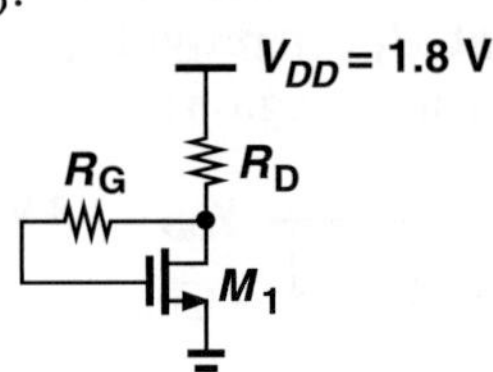

Figure 17.87

17.7. We wish to design the stage in Fig. 17.88 for a drain current of 0.5 mA. If $W/L = 50/0.18$, calculate the values of R_1 and R_2 such that these resistors carry a current equal to one-tenth of I_{D1}.

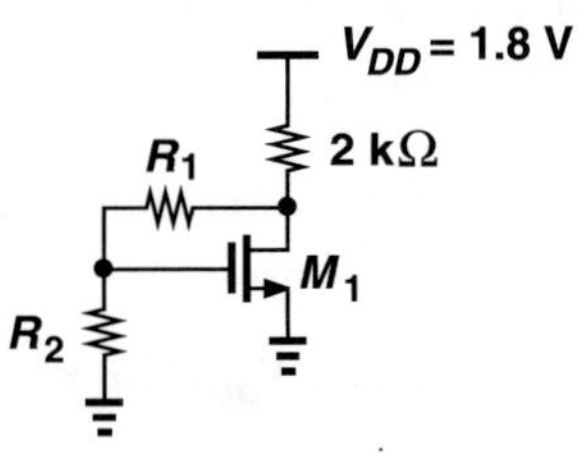

Figure 17.88

17.8. Due to a manufacturing error, a parasitic resistor, R_P, has appeared in the circuit of Fig. 17.89. We know that circuit samples free from this error exhibit $V_{GS} = V_{DS}$ whereas defective samples exhibit $V_{GS} = V_{DS} + V_{TH}$. Determine the values of W/L and R_P.

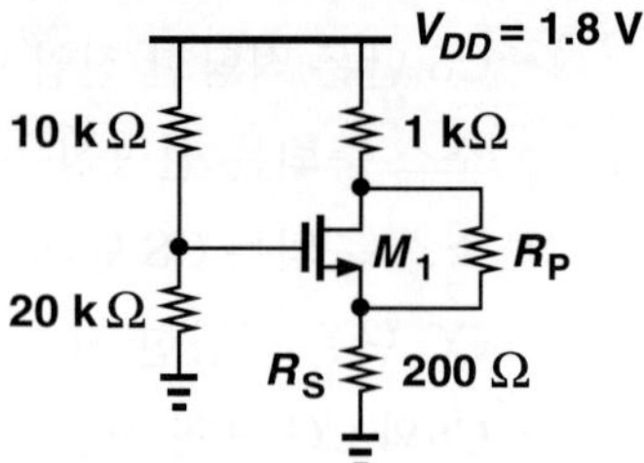

Figure 17.89

***17.9.** Due to a manufacturing error, a parasitic resistor, R_P, has appeared in the circuit of Fig. 17.90. We know that circuit samples free from this error exhibit $V_{GS} = V_{DS} + 100$ mV whereas defective samples exhibit $V_{GS} = V_{DS} + 50$ mV. Determine the values of W/L and R_P.

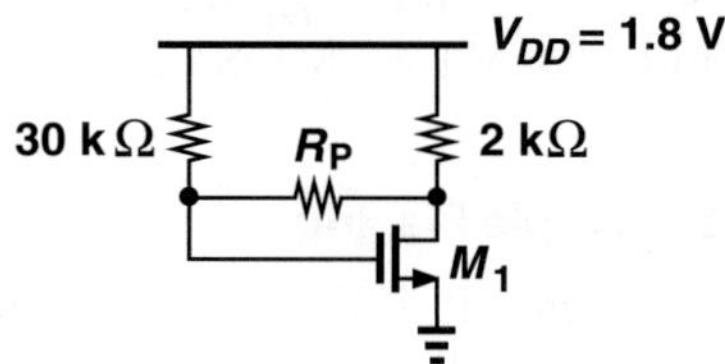

Figure 17.90

Sec. 17.2.5 Realization of Current Sources

17.10. An NMOS current source must be designed for an output resistance of 20 kΩ and an output current of 0.5 mA. What is the maximum tolerable value of λ? SOL

17.11. In the circuit of Fig. 17.91, M_1 and M_2 have lengths equal to 0.25 μm and $\lambda = 0.1\ \text{V}^{-1}$. Determine W_1 and W_2 such that $I_X = 2I_Y = 1$ mA. Assume $V_{DS1} = V_{DS2} = V_B = 0.8$ V. What is the output resistance of each current source?

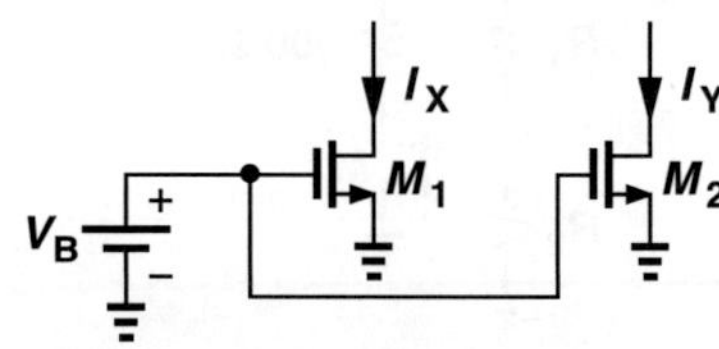

Figure 17.91

17.12. The two current sources in Fig. 17.92 must be designed for $I_X = I_Y = 0.5$ mA. If $V_{B1} = 1$ V, $V_{B2} = 1.2$ V, $\lambda = 0.1$ V^{-1}, and $L_1 = L_2 = 0.25$ μm, calculate W_1 and W_2. Compare the output resistances of the two current sources.

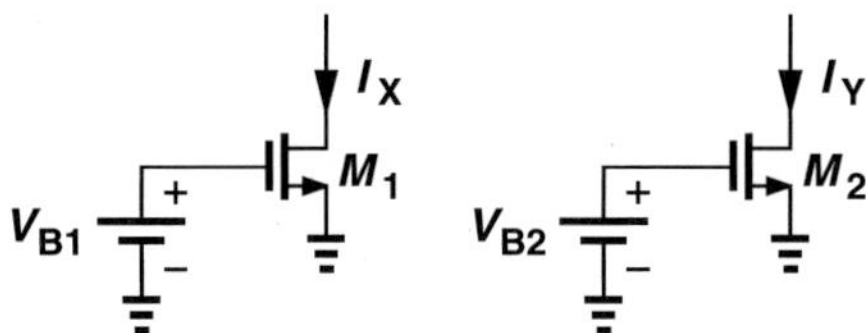

Figure 17.92

17.13. A student mistakenly uses the circuit of Fig. 17.93 as a current source. If $W/L = 10/0.25$, $\lambda = 0.1$ V^{-1}, $V_{B1} = 0.2$ V, and V_X has a dc level of 1.2 V, calculate the impedance seen at the source of M_1.

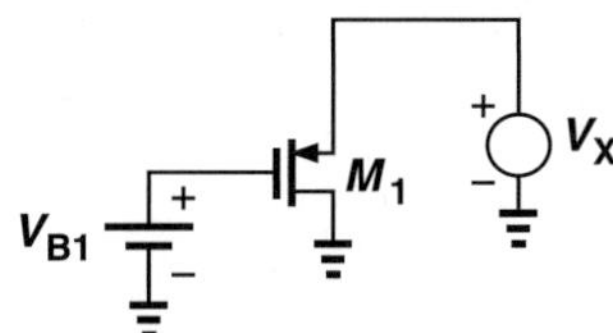

Figure 17.93

17.14. Consider the circuit shown in Fig. 17.94, where $(W/L)_1 = 10/0.18$ and $(W/L)_2 = 30/0.18$. if $\lambda = 0.1$ V^{-1}, calculate V_B such that $V_X = 0.9$ V.

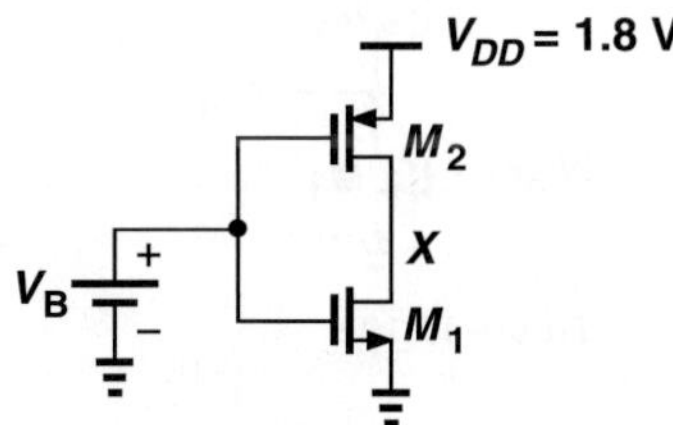

Figure 17.94

17.15. In the circuit of Fig. 17.95, M_1 and M_2 serve as current sources. Calculate I_X and I_Y if $V_B = 1$ V and $W/L = 20/0.25$. How are the output resistances of M_1 and M_2 related?

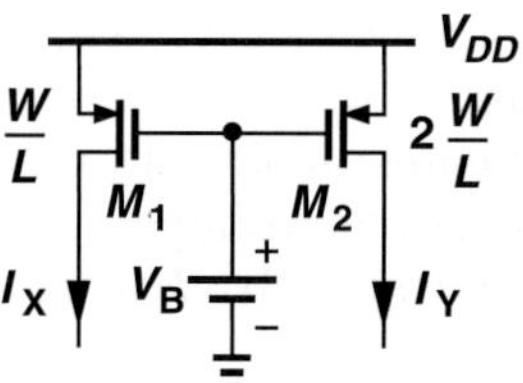

Figure 17.95

***17.16.** In the circuit of Fig. 17.96, $(W/L)_1 = 5/0.18$, $(W/L)_2 = 10/0.18$, $\lambda_1 = 0.1$ V^{-1}, and $\lambda_2 = 0.15$ V^{-1}.

(a) Determine V_B such that $I_{D1} = |I_{D2}| = 0.5$ mA for $V_X = 0.9$ V.

(b) Now sketch I_X as a function of V_X as V_X goes from 0 to V_{DD}.

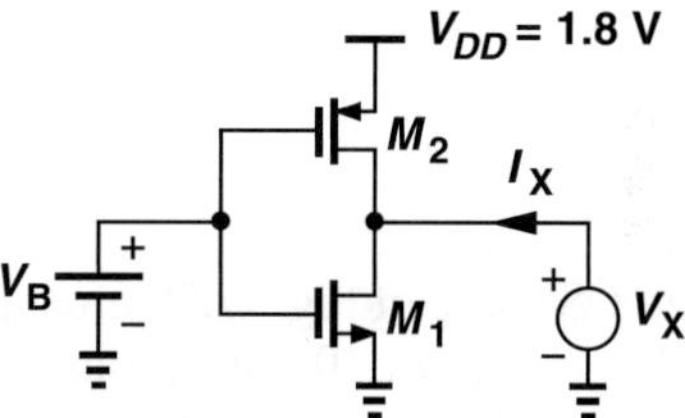

Figure 17.96

Sec. 17.4 Common-Source Stage

17.17. In the common-source stage of Fig. 17.97, $W/L = 30/0.18$ and $\lambda = 0$. **SOL**

(a) What gate voltage yields a drain current of 0.5 mA? (Verify that M_1 operates in saturation.)

(b) With such a drain bias current, calculate the voltage gain of the stage.

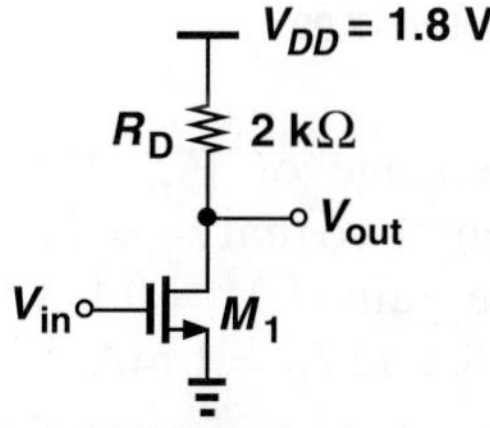

Figure 17.97

17.18. The circuit of Fig. 17.97 is designed with $W/L = 20/0.18$, $\lambda = 0$, and $I_D = 0.25$ mA.

(a) Compute the required gate bias voltage.

(b) With such a gate voltage, how much can W/L be increased while M_1 remains in saturation? What is the maximum voltage gain that can be achieved as W/L increases?

17.19. We wish to design the stage of Fig. 17.98 for a voltage gain of 5 with $W/L \leq 20/0.18$. Determine the required value of R_D if the power dissipation must not exceed 1 mW.

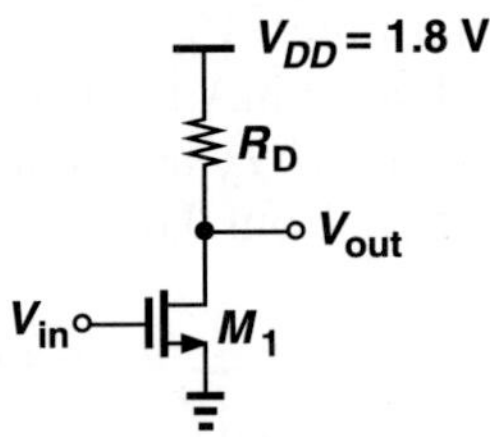

Figure 17.98

17.20. The CS stage of Fig. 17.99 must provide a voltage gain of 10 with a bias current of 0.5 mA. Assume $\lambda_1 = 0.1\ \text{V}^{-1}$, and $\lambda_2 = 0.15\ \text{V}^{-1}$.

(a) Compute the required value of $(W/L)_1$.

(b) If $(W/L)_2 = 20/0.18$, calculate the required value of V_B.

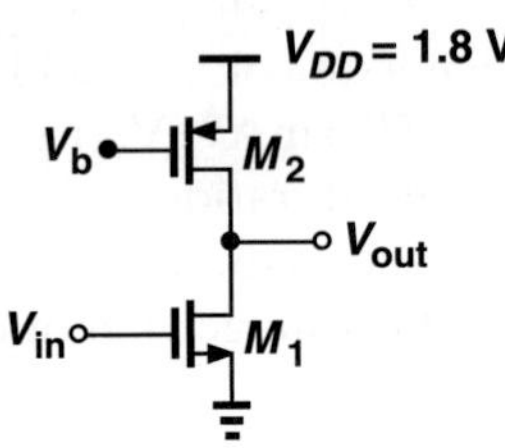

Figure 17.99

17.21. In the stage of Fig. 17.99, M_2 has a long length so that $\lambda_2 \ll \lambda_1$. Calculate the voltage gain if $\lambda_1 = 0.1\ \text{V}^{-1}$, $(W/L)_1 = 20/0.18$, and $I_D = 1$ mA.

****17.22.** The circuit of Fig. 17.99 is designed for a bias current of I_1 with certain dimensions for M_1 and M_2. If the width and the length of both transistors are doubled, how does the voltage gain change? Consider two cases: (a) the bias current remains constant, or (b) the bias current is doubled.

17.23. The CS stage depicted in Fig. 17.100 must achieve a voltage gain of 15 at a bias current of 0.5 mA. If $\lambda_1 = 0.15\ \text{V}^{-1}$ and $\lambda_2 = 0.05\ \text{V}^{-1}$, determine the required value of $(W/L)_2$.

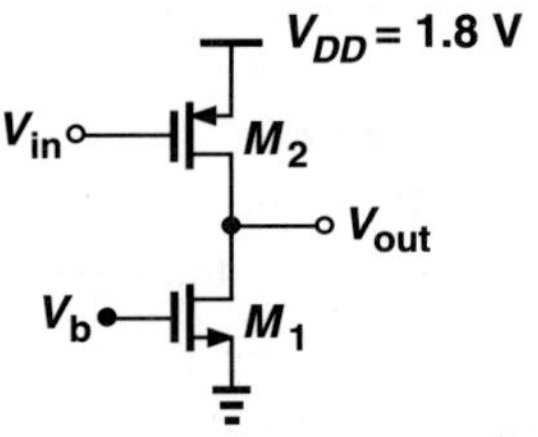

Figure 17.100

17.24. Explain which one of the topologies shown in Fig. 17.101 is preferred.

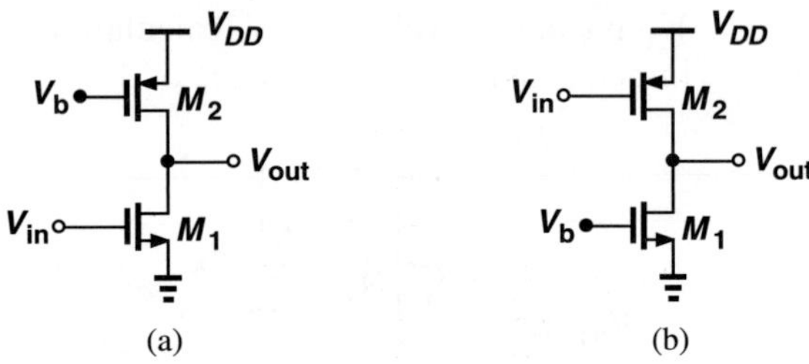

Figure 17.101

17.25. We wish to design the circuit shown in Fig. 17.102 for a voltage gain of 3. If $(W/L)_1 = 20/0.18$, determine $(W/L)_2$. Assume $\lambda = 0$.

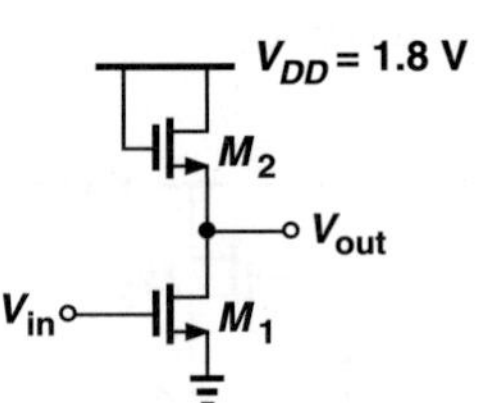

Figure 17.102

17.26. In the circuit of Fig. 17.102, $(W/L)_1 = 10/0.18$ and $I_{D1} = 0.5$ mA.

(a) If $\lambda = 0$, determine $(W/L)_2$ such that M_1 operates at the edge of saturation.

(b) Now calculate the voltage gain.

(c) Explain why this choice of $(W/L)_2$ yields the maximum gain.

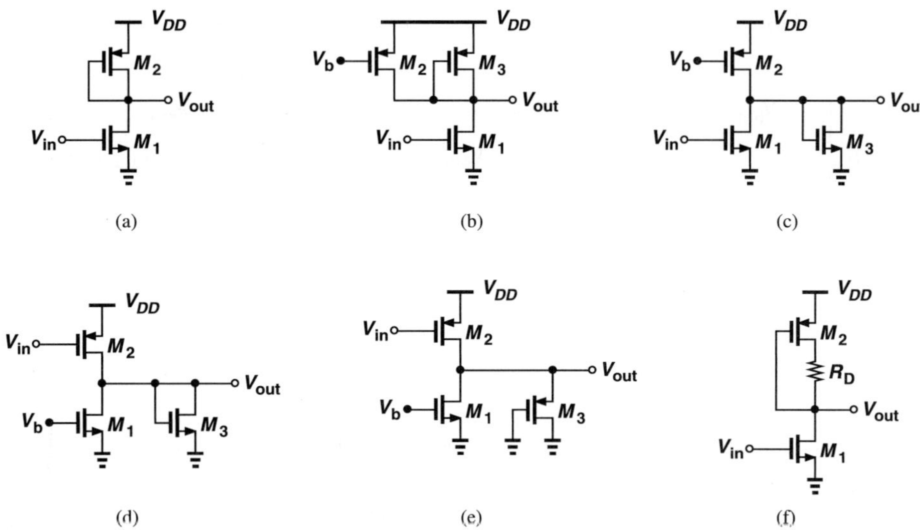

Figure 17.103

SOL **17.27.** The CS stage of Fig. 17.102 must achieve a voltage gain of 5.

(a) If $(W/L)_2 = 2/0.18$, compute the required value of $(W/L)_1$.

(b) What is the maximum allowable bias current if M_1 must operate in saturation?

***17.28.** If $\lambda \neq 0$, determine the voltage gain of the stages shown in Fig. 17.103.

Sec. 17.4.3 CS Stage with Source Degeneration

17.29. In the circuit of Fig. 17.104, determine the gate voltage such that M_1 operates at the edge of saturation. Assume $\lambda = 0$.

17.30. The degenerated CS stage of Fig. 17.104 must provide a voltage gain of 4 with a bias current of 1 mA. Assume a drop of 200 mV across R_S and $\lambda = 0$.

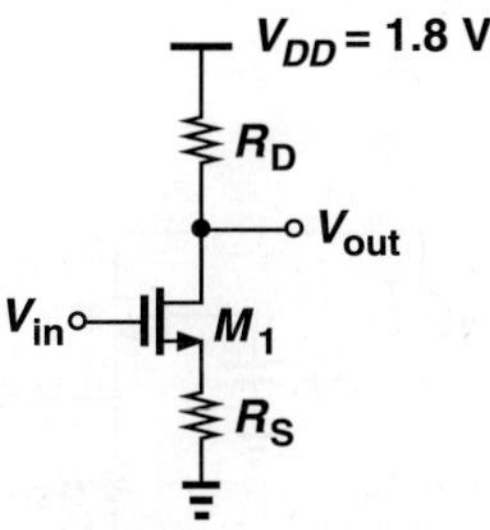

Figure 17.104

(a) If $R_D = 1\ \text{k}\Omega$, determine the required value of W/L. Does the transistor operate in saturation for this choice of W/L?

(b) If $W/L = 50/0.18$, determine the required value of R_D. Does the transistor operate in saturation for this choice of R_D?

17.31. Consider a degenerated CS stage with $\lambda > 0$. Assuming $g_m r_O \gg 1$, calculate the voltage gain of the circuit.

****17.32.** Calculate the voltage gain of the circuits depicted in Fig. 17.105. Assume $\lambda = 0$.

****17.33.** Determine the output impedance of each circuit shown in Fig. 17.106. Assume $\lambda \neq 0$.

17.34. The CS stage of Fig. 17.107 carries a bias current of 1 mA. If $R_D = 1\ \text{k}\Omega$ and $\lambda = 0.1\ \text{V}^{-1}$, compute the required value of W/L for a gate voltage of 1 V. What is the voltage gain of the circuit? SOL

17.35. Repeat Problem 17.34 with $\lambda = 0$ and compare the results.

***17.36.** An adventurous student decides to try a new circuit topology wherein the input is applied to the drain and the output is sensed at the source (Fig. 17.108). Assume $\lambda \neq 0$, determine the voltage gain of the circuit and discuss the result.

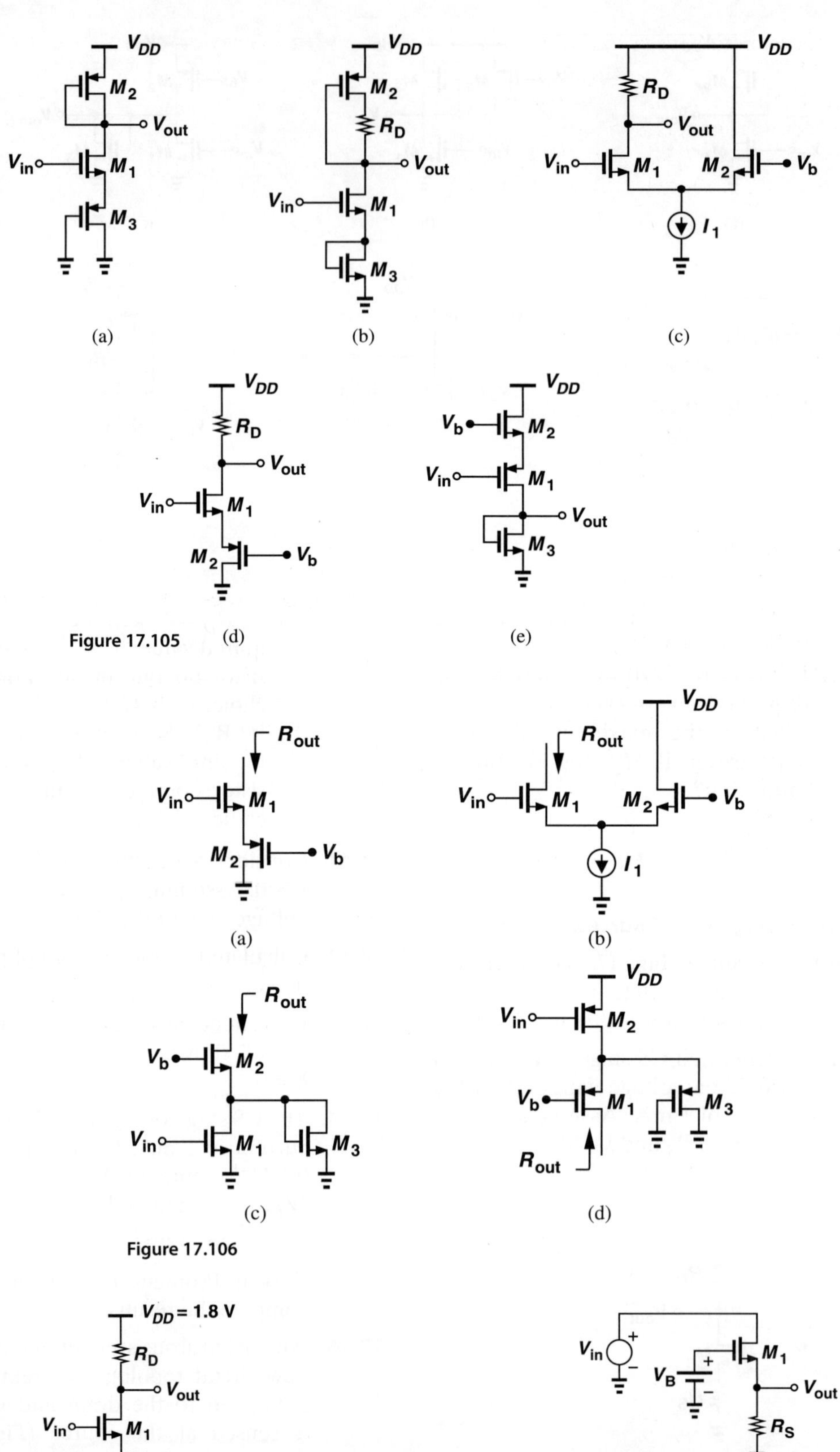

Figure 17.105

Figure 17.106

Figure 17.107

Figure 17.108

17.37. In the common-source stage depicted in Fig. 17.109, the drain current of M_1 is defined by the ideal current source I_1 and remains independent of R_1 and R_2 (why?). Suppose $I_1 = 1$ mA, $R_D = 500\ \Omega$, $\lambda = 0$, and C_1 is very large.

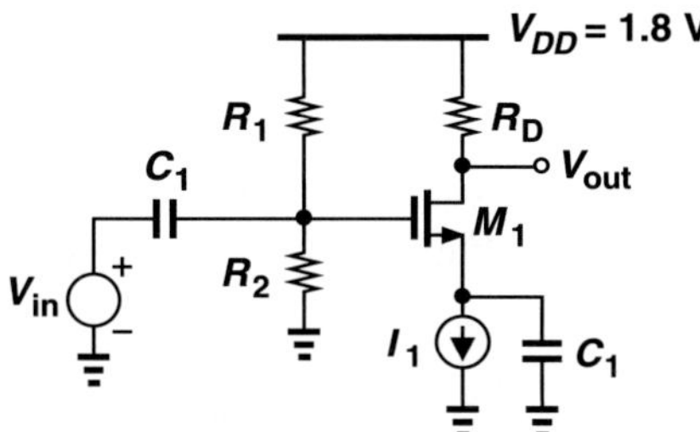

Figure 17.109

(a) Compute the value of W/L to obtain a voltage gain of 5.
(b) Choose the values of R_1 and R_2 to place the transistor 200 mV away from the triode region while $R_1 + R_2$ draws no more than 0.1 mA from the supply.
(c) With the values found in (b), what happens if W/L is twice that found in (a)? Consider both the bias conditions (e.g., whether M_1 comes closer to the triode region) and the voltage gain.

17.38. Consider the CS stage shown in Fig. 17.110, where I_1 defines the bias current of M_1 and C_1 is very large.
(a) If $\lambda = 0$ and $I_1 = 1$ mA, what is the maximum allowable value of R_D?
(b) With the value found in (a), determine W/L to obtain a voltage gain of 5.

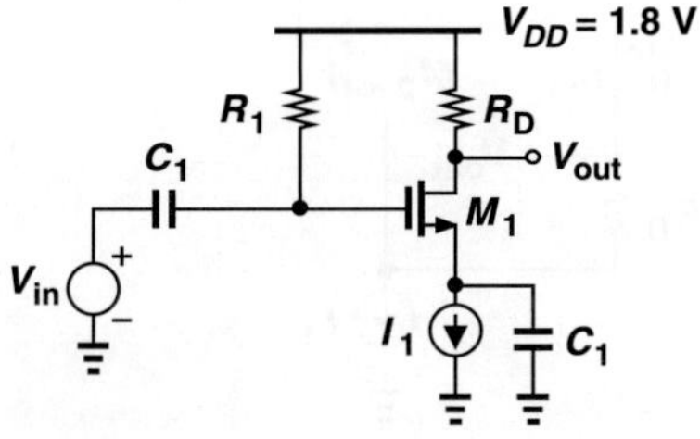

Figure 17.110

Sec. 17.4.4 Common-Gate Topology

17.39. The common-gate stage shown in Fig. 17.111 must provide a voltage gain of 4 and an input impedance of 50 Ω. If $I_D = 0.5$ mA, and $\lambda = 0$, determine the values of R_D and W/L.

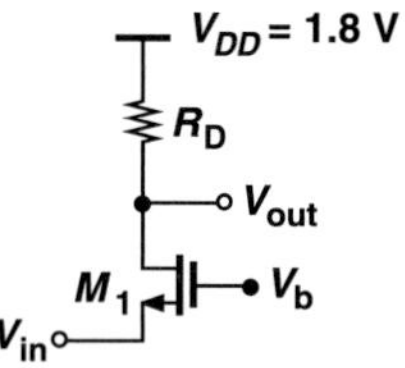

Figure 17.111

17.40. Suppose in Fig. 17.111, $I_D = 0.5$ mA, $\lambda = 0$, and $V_b = 1$ V. Determine the values of W/L and R_D for an input impedance of 50 Ω and maximum voltage gain (while M_1 remains in saturation).

17.41. A CG stage with a source resistance of R_S employs a MOSFET with $\lambda > 0$. Assuming $g_m r_O \gg 1$, calculate the voltage gain of the circuit.

17.42. The CG stage depicted in Fig. 17.112 must provide an input impedance of 50 Ω and an output impedance of 500 Ω. Assume $\lambda = 0$. SOL
(a) What is the maximum allowable value of I_D?
(b) With the value obtained in (a), calculate the required value of W/L.
(c) Compute the voltage gain.

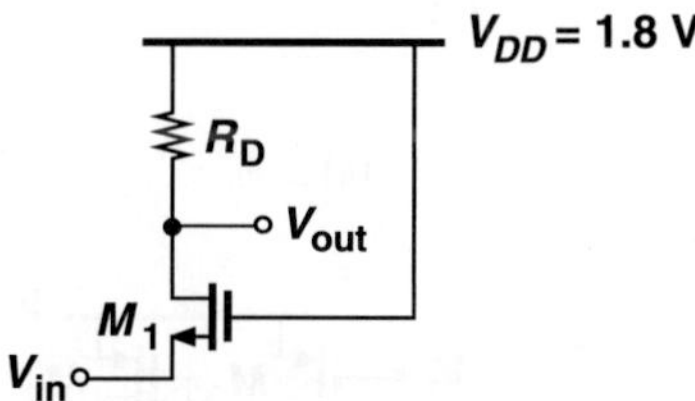

Figure 17.112

17.43. The CG amplifier shown in Fig. 17.113 is biased by means of $I_1 = 1$ mA. Assume $\lambda = 0$ and C_1 is very large.
(a) What value of R_D places the transistor M_1 100 mV away from the triode region?

(b) What is the required W/L if the circuit must provide a voltage gain of 5 with the value of R_D obtained in (a)?

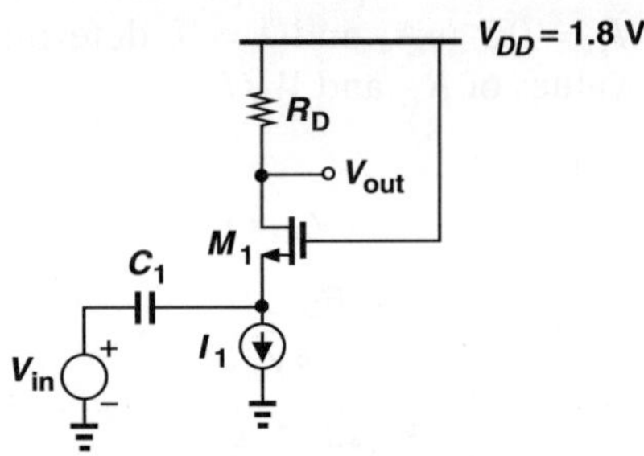

Figure 17.113

**17.44. Determine the voltage gain of each stage depicted in Fig. 17.114. Assume $\lambda = 0$.

*17.45. Consider the circuit of Fig. 17.115, where a common-source stage (M_1 and R_{D1}) is followed by a common-gate stage (M_2 and R_{D2}).

(a) Writing $v_{out}/v_{in} = (v_X/v_{in})(v_{out}/v_X)$ and assuming $\lambda = 0$, compute the overall voltage gain.

(b) Simplify the result obtained in (a) if $R_{D1} \rightarrow \infty$. Explain why this result is to be expected.

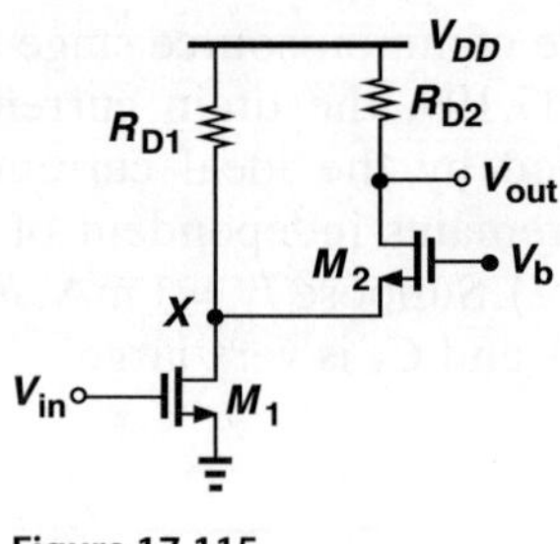

Figure 17.115

17.46. Repeat Problem 17.45 for the circuit shown in Fig. 17.116.

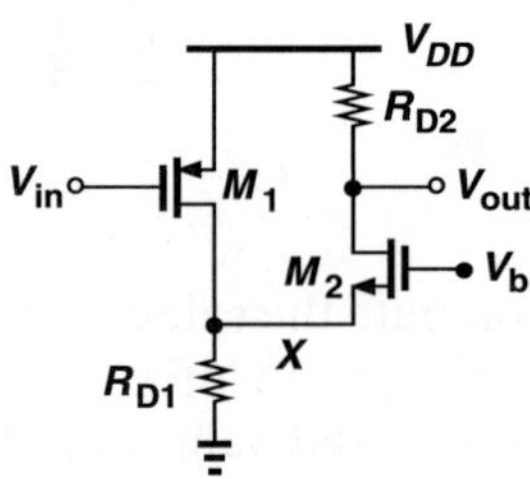

Figure 17.116

17.47. Calculate the voltage gain of the stage depicted in Fig. 17.117. Assume $\lambda = 0$ and the capacitors are very large.

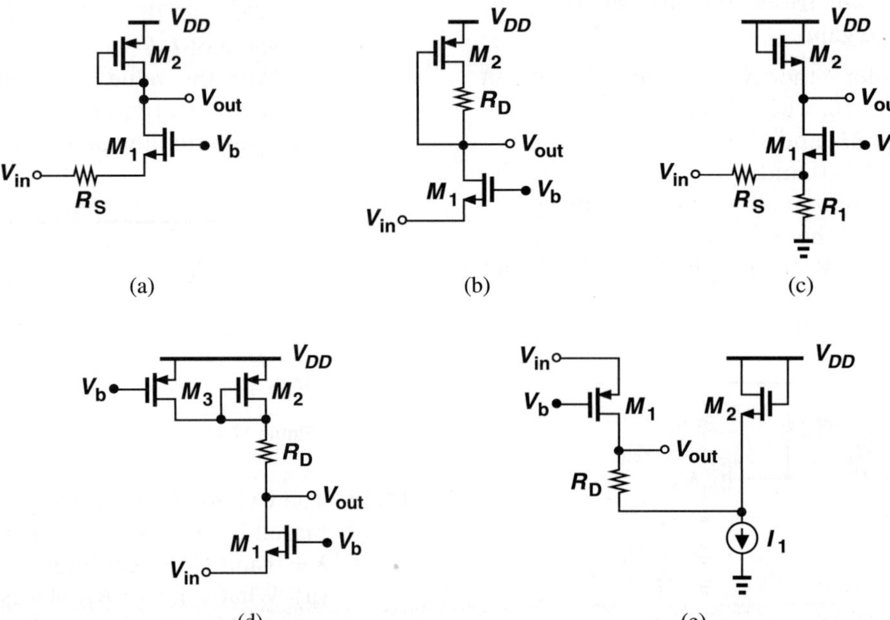

Figure 17.114

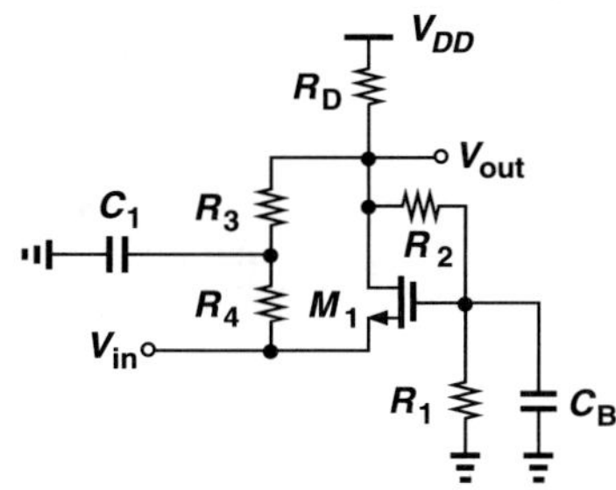

Figure 17.117

*__17.48.__ Assuming $\lambda = 0$, calculate the voltage gain of the circuit shown in Fig. 17.118. Explain why this stage is *not* a common-gate amplifier.

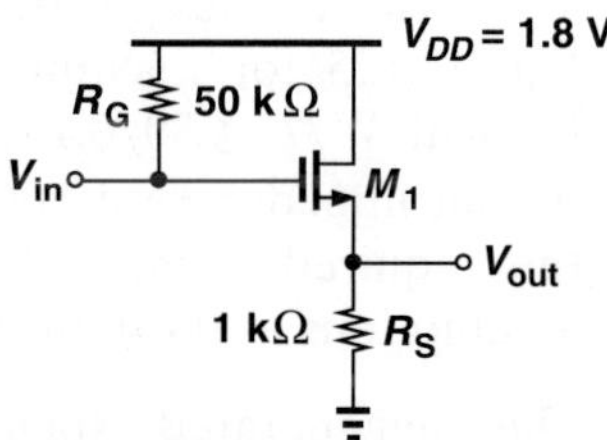

Figure 17.118

Sec. 17.4.5 Source Follower

17.49. The source follower shown in Fig. 17.119 is biased through R_G. Calculate the voltage gain if $W/L = 20/0.18$ and $\lambda = 0.1\ V^{-1}$.

Figure 17.119

SOL **17.50.** We wish to design the source follower shown in Fig. 17.120 for a voltage gain of 0.8. If $W/L = 30/0.18$ and $\lambda = 0$, determine the required gate bias voltage.

17.51. The source follower of Fig. 17.120 is to be designed with a maximum bias gate voltage of 1.8 V. Compute the required value of W/L for a voltage gain of 0.8 if $\lambda = 0$.

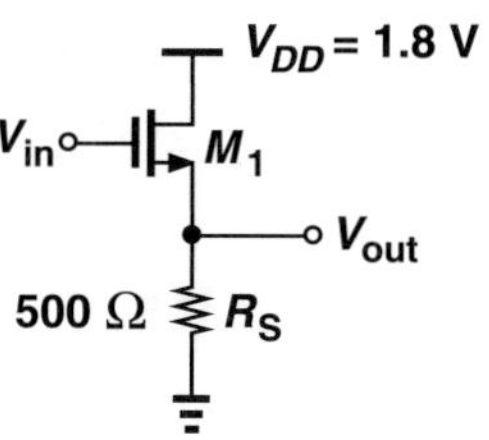

Figure 17.120

17.52. The source follower depicted in Fig. 17.121 employs a current source. Determine the values of I_1 and W/L if the circuit must provide an output impedance less than 100 Ω with $V_{GS} = 0.9$ V. Assume $\lambda = 0$.

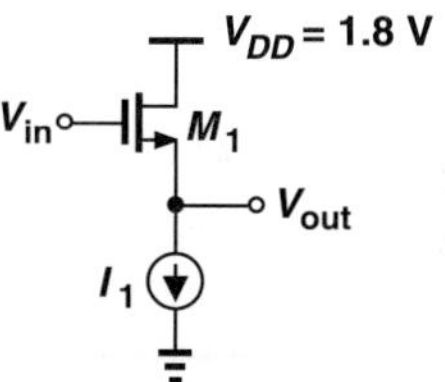

Figure 17.121

17.53. The circuit of Fig. 17.121 must exhibit an output impedance of less than 50 Ω with a power budget of 2 mW. Determine the required value of W/L. Assume $\lambda = 0$.

17.54. We wish to design the source follower of Fig. 17.122 for a voltage gain of 0.8 with a power budget of 3 mW. Compute the required value of W/L. Assume C_1 is very large and $\lambda = 0$.

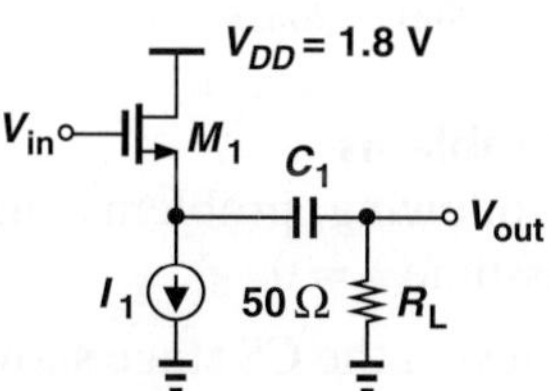

Figure 17.122

**__17.55.__ Determine the voltage gain of the stages shown in Fig. 17.123. Assume $\lambda \neq 0$.

*__17.56.__ Consider the circuit shown in Fig. 17.124, where a source follower (M_1 and I_1) precedes a common-gate stage (M_2 and R_D).

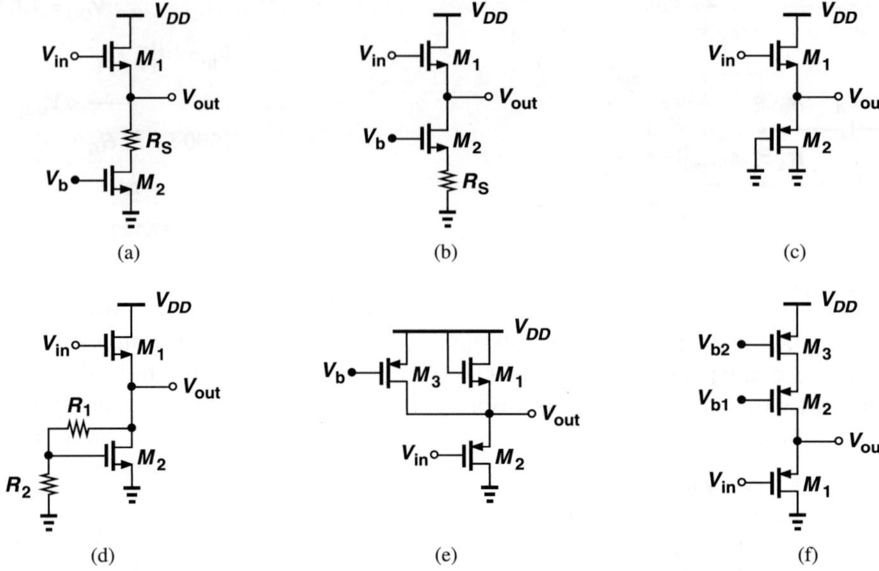

Figure 17.123

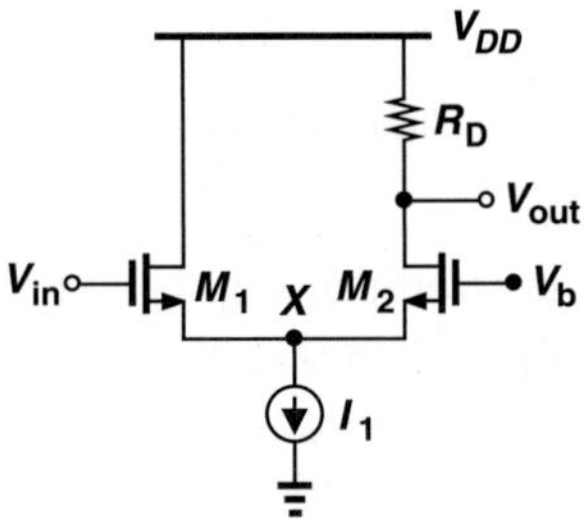

Figure 17.124

(a) Writing $v_{out}/v_{in} = (v_X/v_{in})(v_{out}/v_X)$, compute the overall voltage gain.

(b) Simplify the result obtained in (a) if $g_{m1} = g_{m2}$.

Design Problems

In the following problems, unless otherwise stated, assume $\lambda = 0$.

SOL **17.57.** Design the CS stage shown in Fig. 17.125 for a voltage gain of 5 and an output impedance of 1 kΩ. Bias the transistor so that it operates 100 mV away from the triode region. Assume the capacitors are very large and $R_D = 10$ kΩ.

17.58. The CS amplifier of Fig. 17.125 must be designed for a voltage gain of 5 with a power budget of 2 mW. If $R_D I_D = 1$ V, determine the required value of W/L. Make the same assumptions as those in Problem 17.57.

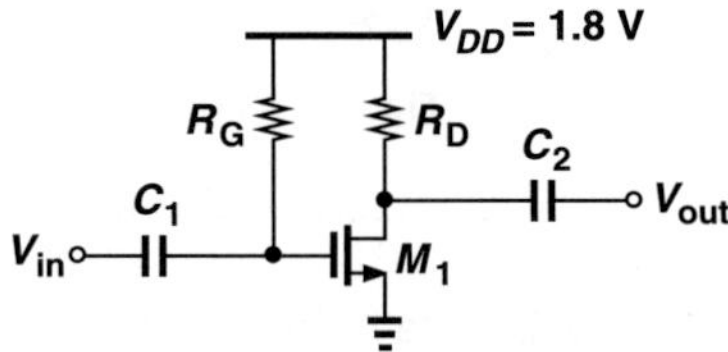

Figure 17.125

17.59. We wish to design the CS stage of Fig. 17.125 for maximum voltage gain but with $W/L \leq 50/0.18$ and a maximum output impedance of 500 Ω. Determine the required current. Make the same assumptions as those in Problem 17.57.

17.60. The degenerated stage depicted in Fig. 17.126 must provide a voltage gain of 4 with a power budget of 2 mW while

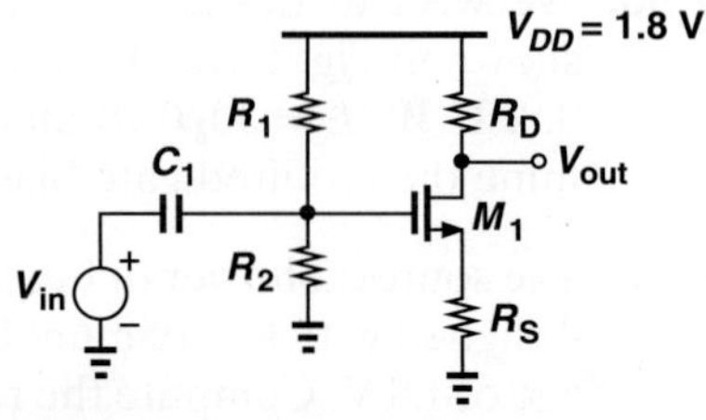

Figure 17.126

the voltage drop across R_S is equal to 200 mV. If the overdrive voltage of the transistor must not exceed 300 mV and $R_1 + R_2$ must consume less than than 5% of the allocated power, design the circuit. Make the same assumptions as those in Problem 17.57.

17.61. Design the circuit of Fig. 17.126 for a voltage gain of 5 and a power budget of 6 mW. Assume the voltage drop across R_S is equal to the overdrive voltage of the transistor and $R_D = 200\ \Omega$.

17.62. The circuit shown in Fig. 17.127 must provide a voltage gain of 6, with C_S serving as a low impedance at the frequencies of interest. Assuming a power budget of 2 mW and an input impedance of 20 kΩ, design the circuit such that M_1 operates 200 mV away from the triode region. Select the values of C_1 and C_S so that their impedance is negligible at 1 MHz.

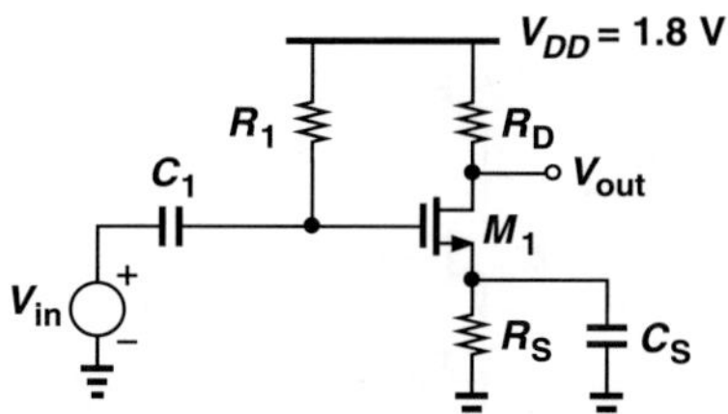

Figure 17.127

17.63. In the circuit of Fig. 17.128, M_2 serves as a current source. Design the stage for a voltage gain of 20 and a power budget of 2 mW. Assume $\lambda = 0.1\ V^{-1}$ for both transistors and the maximum allowable level at the output is 1.5 V (i.e., M_2 must remain in saturation if $V_{out} \leq 1.5$ V).

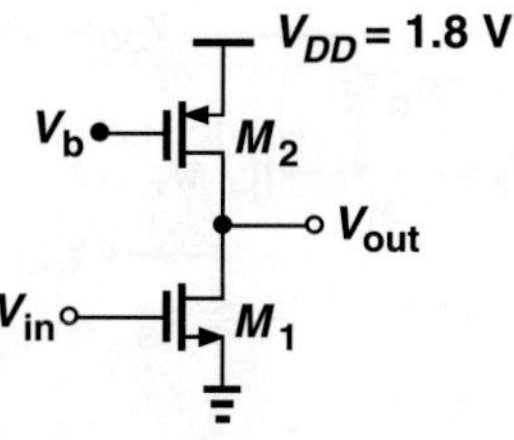

Figure 17.128

17.64. Consider the circuit shown in Fig. 17.129, where C_B is very large and $\lambda_n = 0.5\lambda_p = 0.1\ V^{-1}$.

(a) Calculate the voltage gain.

(b) Design the circuit for a voltage gain of 15 and a power budget of 3 mW. Assume $R_G \approx 10(r_{O1}||r_{O2})$ and the dc level of the output must be equal to $V_{DD}/2$.

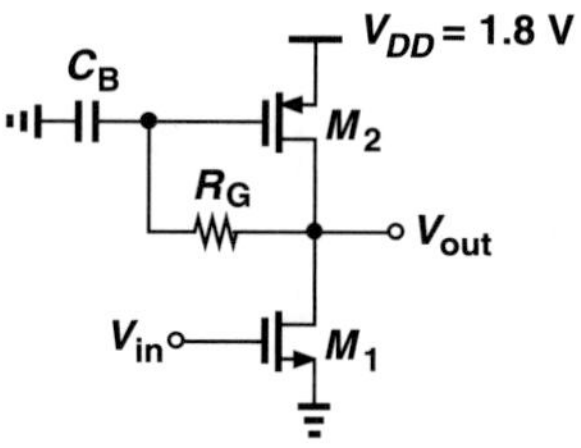

Figure 17.129

17.65. The CS stage of Fig. 17.130 incorporates a degenerated PMOS current source. The degeneration must raise the output impedance of the current source to about $10r_{O1}$ such that the voltage gain remains nearly equal to the intrinsic gain of M_1. Assume $\lambda = 0.1\ V^{-1}$ for both transistors and a power budget of 2 mW.

(a) If $V_B = 1$ V, determine the values of $(W/L)_2$ and R_S so that the impedance seen looking into the drain of M_2 is equal to $10r_{O1}$.

(b) Determine $(W/L)_1$ to achieve a voltage gain of 30.

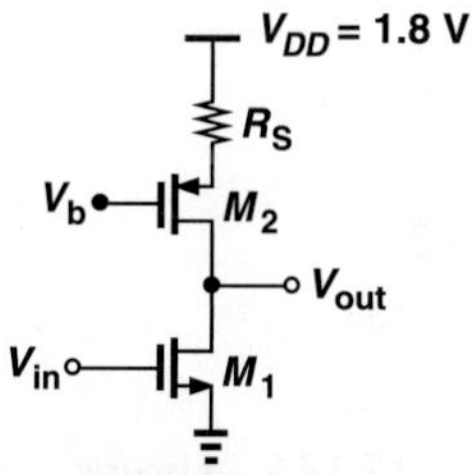

Figure 17.130

17.66. Assuming a power budget of 1 mW and an overdrive of 200 mV for M_1, design the circuit shown in Fig. 17.131 for a voltage gain of 4. SOL

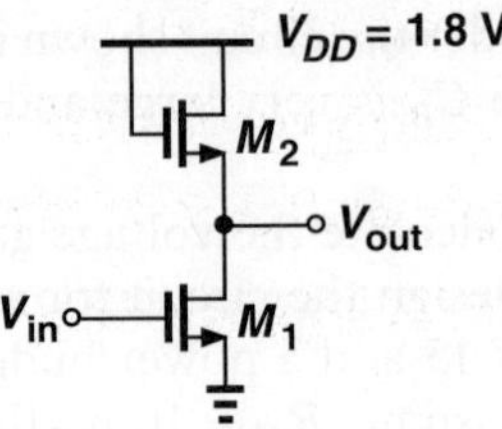

Figure 17.131

17.67. Design the common-gate stage depicted in Fig. 17.132 for an input impedance of 50 Ω and a voltage gain of 5. Assume a power budget of 3 mW.

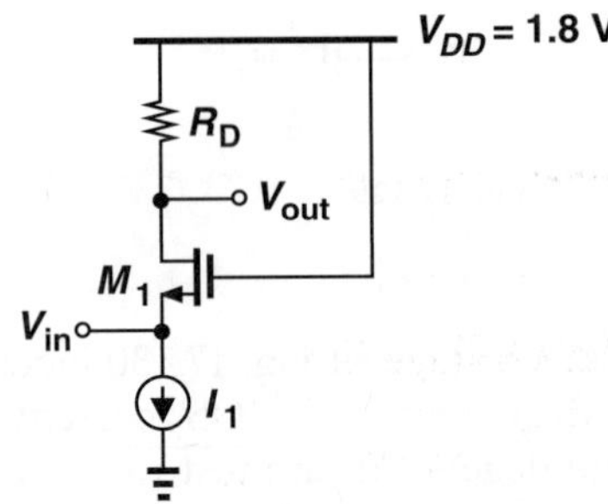

Figure 17.132

17.68. Design the circuit of Fig. 17.133 such that M_1 operates 100 mV away from the triode region while providing a voltage gain of 4. Assume a power budget of 2 mW.

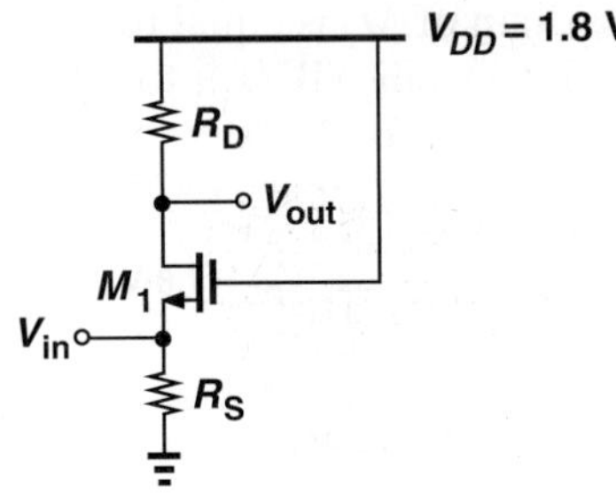

Figure 17.133

17.69. Figure 17.134 shows a self-biased common-gate stage, where $R_G \approx 10R_D$ and C_G serves as a low impedance so that the voltage gain is still given by $g_m R_D$. Design the circuit for a power budget of 5 mW and a voltage gain of 5. Assume $R_S \approx 10/g_m$ so that the input impedance remains approximately equal to $1/g_m$.

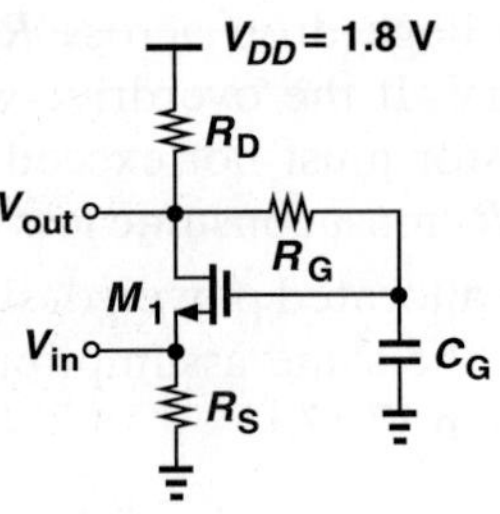

Figure 17.134

17.70. Design the CG stage shown in Fig. 17.135 such that it can accommodate an output swing of 500 mV$_{pp}$, i.e., V_{out} can fall below its bias value by 250 mV without driving M_1 into the triode region. Assume a voltage gain of 4 and an input impedance of 50 Ω. Select $R_S \approx 10/g_m$ and $R_1 + R_2 = 20$ kΩ. (Hint: since M_1 is biased 250 mV away from the triode region, we have $R_S I_D + V_{GS} - V_{TH} + 250\text{ mV} = V_{DD} - I_D R_D$.)

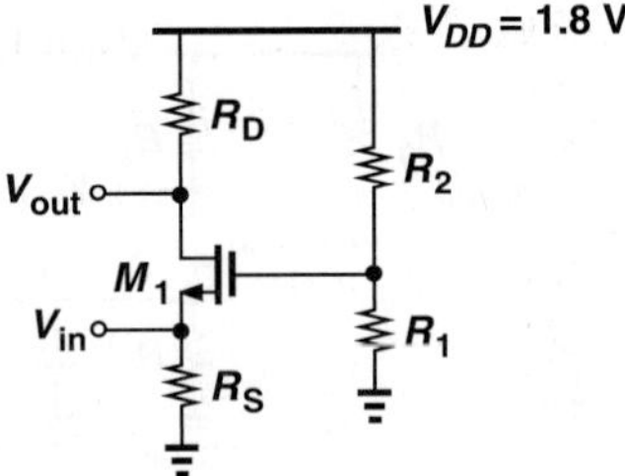

Figure 17.135

17.71. Design the source follower depicted in Fig. 17.136 for a voltage gain of 0.8 and a power budget of 2 mW. Assume the output dc level is equal to $V_{DD}/2$ and the input impedance exceeds 10 kΩ.

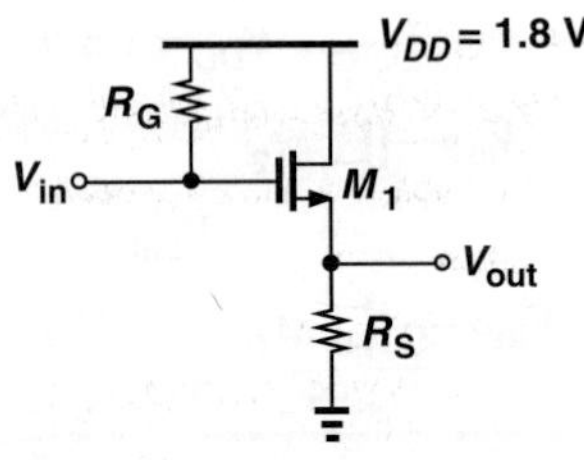

Figure 17.136

17.72. Consider the source follower shown in Fig. 17.137. The circuit must provide a voltage gain of 0.8 at 100 MHz while consuming 3 mW. Design the circuit such that the dc voltage at node X is equal to $V_{DD}/2$. Assume the input impedance exceeds 20 kΩ.

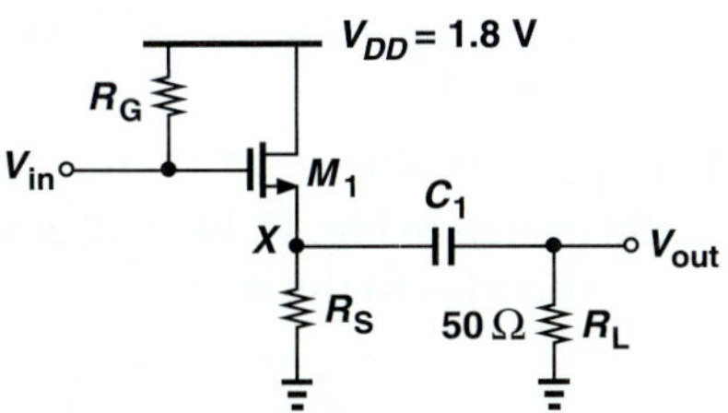

Figure 17.137

17.73. In the source follower of Fig. 17.138, M_2 serves as a current source. The circuit must operate with a power budget of 3 mW, a voltage gain of 0.9, and a minimum allowable output of 0.3 V (i.e., M_2 must remain in saturation if $V_{DS2} \geq$ 0.3 V). Assuming $\lambda = 0.1\ \text{V}^{-1}$ for both transistors, design the circuit. SOL

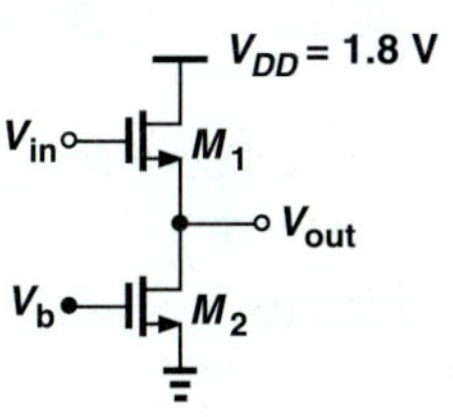

Figure 17.138

SPICE PROBLEMS

In the following problems, use the MOS models and source/drain dimensions given in Appendix A. Assume the substrates of NMOS and PMOS devices are tied to ground and V_{DD}, respectively.

17.74. In the circuit of Fig. 17.139, I_1 is an ideal current source equal to 1 mA.

(a) Using hand calculations, determine $(W/L)_1$ such that $g_{m1} = (100\ \Omega)^{-1}$.

(b) Select C_1 for an impedance of $\approx 100\ \Omega$ ($\ll 1$ kΩ) at 50 MHz.

(c) Simulate the circuit and obtain the voltage gain and output impedance at 50 MHz.

(d) What is the change in the gain if I_1 varies by ±20%?

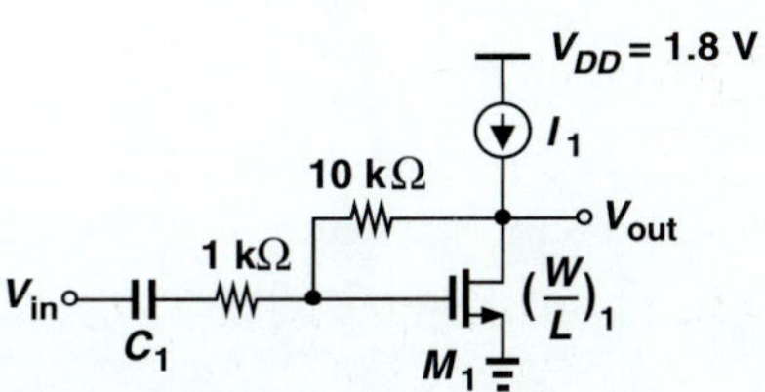

Figure 17.139

17.75. The source follower of Fig. 17.140 employs a bias current source, M_2.

(a) What value of V_{in} places M_2 at the edge of saturation?

(b) What value of V_{in} places M_1 at the edge of saturation?

(c) Determine the voltage gain if V_{in} has a dc value of 1.5 V.

(d) What is the change in the gain if V_b changes by ±50 mV?

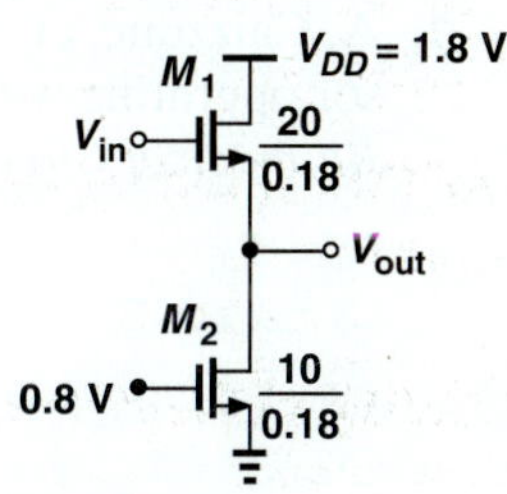

Figure 17.140

17.76. Figure 17.141 depicts a cascade of a source follower and a common-gate stage. Assume $V_b = 1.2$ V and $(W/L)_1 = (W/L)_2 = 10\ \mu\text{m}/0.18\ \mu\text{m}$.

(a) Determine the voltage gain if V_{in} has a dc value of 1.2 V.

(b) Verify that the gain drops if the dc value of V_{in} is higher or lower than 1.2 V.

(c) What dc value at the input reduces the gain by 10% with respect to that obtained in (a)?

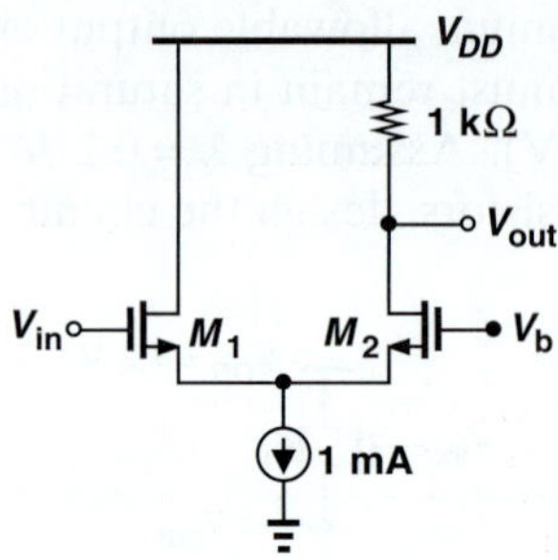

Figure 17.141

17.77. Consider the CS stage shown in Fig. 17.142, where M_2 operates as a resistor.

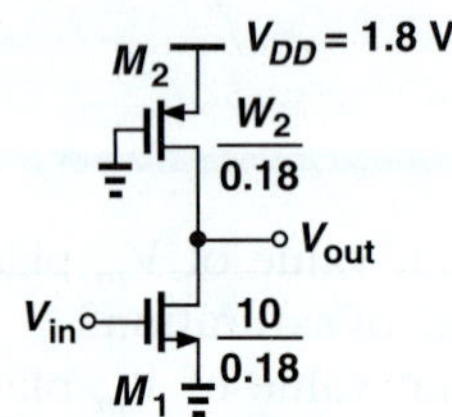

Figure 17.142

(a) Determine W_2 such that an input dc level of 0.8 V yields an output dc level of 1 V. What is the voltage gain under these conditions?

(b) What is the change in the gain if the mobility of the NMOS device varies by ±10%? Can you explain this result using the expressions derived in Chapter 6 for the transconductance?

17.78. Repeat Problem 17.77 for the circuit illustrated in Fig. 17.143 and compare the sensitivities to the mobility.

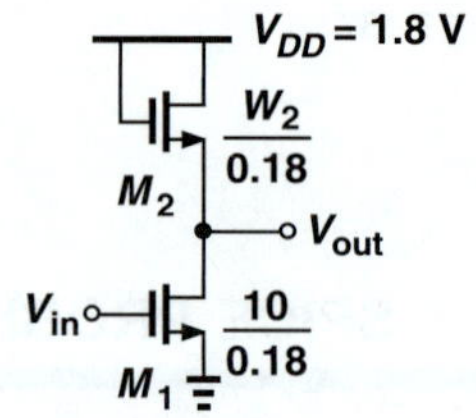

Figure 17.143

REFERENCE

1. A. Caizzone, et al., "A 2.6-μW monolithic CMOS photoplethysmographic (PPG) sensor operating with 2-μW LED power for continuous health monitoring," *IEEE Trans. Biomedical Circuits and Systems*, vol. 13, pp. 1243–1253, Dec. 2019.

APPENDIX

스파이스의 소개

마이크로 전자공학에서 마주치는 회로들은 10개 이하에서부터 수백만 개 이상의 소자들을 포함한다.[1)] 우리는 어떻게 이 회로들을 분석하고 설계할 것인가? 한 회로에서 소자의 개수가 증가할수록 손으로 분석하기는 점점 더 어려워지고 결국 다른 효율적인 방법이 필요하게 된다. 예를 들어 개별 소자는 그것의 동작을 관찰함으로써 모델을 만들 수 있다. 그러나 개별 소자들의 모델로는 요즘 집적 회로들의 동작 특성을 추정하기가 힘들다. 게다가 고작 수백 개의 소자들에 대해서도 개별 소자 모델들은 터무니없이 복잡해진다.

오늘날의 마이크로 전자공학은 시뮬레이션 프로그램을 광범위하게 사용한다. 회로의 동작을 예측하기 위해 이용되는 유용한 도구로 스파이스(Simulation Program with Integrated Circuit Emphasis, SPICE)가 있다. 스파이스는 본래 버클리 대학에서 공용 프로그램으로 개발되었으나, 대부분 같은 형식을 가지고 있는 PSPICE, HSPICE 등과 같이 상업적인 프로그램으로 진화해 왔다. 이 부록은 독자가 기본적인 시뮬레이션을 수행할 수 있게 하기 위해 스파이스의 개괄적인 내용을 제공한다. 더 자세한 사항은 참고문헌 [1]에서 찾을 수 있다.

A.1 시뮬레이션 절차

그림 A.1(a)에 나와 있는 회로에 대해 그 회로의 주파수 응답을 알아보기 위해 스파이스를 사용하고 싶다고 가정하자. 즉, 주파수 응답은 $f < 1/(2\pi R_1 C_1) \approx 15.9$ MHz에서 비교적 평평하고 그 이후부터 떨어지기 시작한다는 것을 확인하려고 한다[그림 A.1(b)]. 이를 위해

1) 최근의 마이크로프로세서들은 10억 개의 MOS 트랜지스터들로 구성된다.

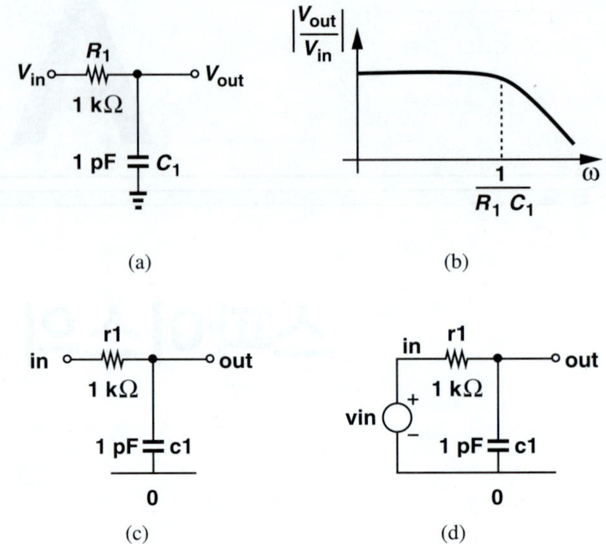

그림 A.1 (a) 간단한 저항-커패시터 회로; (b) (a)에 대한 주파수 응답; (c) 노드들에 이름을 붙인 경우; (d) 구성 소자에 이름을 붙인 경우

입력에 사인파 전압을 인가하고 주파수를 1 MHz에서 50 MHz로 변화시킨다.

그 절차는 두 단계로 구성된다: (1) 회로를 스파이스가 이해하는 언어(형식)로 정의하고, (2) 스파이스가 주파수 응답을 결정하도록 하는 적당한 명령을 사용한다. 먼저 첫 번째 단계부터 시작해 보자. 이 단계는 세 가지로 구성된다.

1. 회로에서 각 노드들에 이름을 붙인다. 그림 A.1(c)에서 'in'과 'out'은 각각 입력과 출력 노드들을 말한다. 스파이스에서 공통 (접지) 노드는 '0'으로 불러야 한다. 다른 노드들의 이름은 임의로 정하는데 회로의 스파이스 설명을 읽기 쉽게 하기 위해 각 노드들에 대한 어떤 정보를 가지고 이름을 정하면 좋다.
2. 회로에서 각 구성 소자에 이름을 붙인다. 구성 소자의 종류(저항, 커패시터 등)를 정할 때, 그 이름들은 스파이스가 그 구성 소자를 인식하도록 특정한 글자로 시작해야 한다. 예를 들면, 저항은 r, 커패시터는 c, 인덕터는 l, 다이오드는 d, 전압 소스는 v로 시작해야 한다.[2] 예로 간단한 회로가 그림 A.1(d)에 나와 있다.
3. 각 구성 소자와 그 구성 소자에 연결되어 있는 노드에 대한 정확한 설명인 '네트리스트'를 구성한다. 네트리스트는 다음 두 단자를 갖는 소자에 대한 형식과 함께 각각 하나의 구성 소자를 설명하는 문자열들로 구성된다.

   ```
   elementlabel node1 node2 value
   ```

   그림 A.1(d)에 있는 예로부터 네트리스트를 다음과 같이 시작한다.

2) 스파이스는 대, 소문자 구별을 하지 않는다.

```
r1 in out 1k
c1 out 0 1p
```

단위는 한 문자로 표현한다는 것을 유의하기 바란다(k는 10^3, p는 10^{-12} 등). 입력 전압원에 대해서는 다음과 같이 쓸 수 있다.

```
vin in 0 ac 1
```

여기서 ac는 우리가 주파수 응답을 결정하려는 것과 이에 따라 V_{in}을 주파수가 변환되는 사인파 전압원으로 나타내려 한다는 것을 보여 준다. 끝의 1은 사인파의 최대 진폭 크기를 나타낸다. 첫 노드 'in'은 전압원의 양의 단자로 가정된다는 것도 유의하기 바란다.

네트리스트는 또한 우리가 스파이스에서 수행되기를 바라는 '분석의 종류'를 포함해야 한다. 앞의 예에서 스파이스는 하나의 값으로부터 다른 값으로, 즉 1 MHz에서 50 MHz로 주파수를 변환해야 한다. 이에 해당하는 명령은 다음과 같다.

```
.ac dec 200 1meg 50meg
```

각 '명령' 줄은 .(점)으로 시작한다. 처음에 오는 'ac'는 스파이스가 '교류 분석'을 하도록 요청한다. 즉, 주파수 응답을 결정한다. 두 번째와 세 번째로 오는 'dec 200'은 스파이스에게 각 10단위의 주파수(1 MHz ~ 10 MHz)에서 200개의 주파수 값에 대해 회로를 시뮬레이트하도록 말한다. 마지막에 오는 '1meg 50meg'는 각각 주파수 범위의 최솟값과 최댓값을 결정한다. 'meg'는 10^6을 나타내는데 10^3을 나타내는 'm'과 혼동하지 않도록 유의한다.

우리의 네트리스트를 완성하기 위해 두 줄이 더 필요하다. 파일의 첫 줄은 '제목'이라 불리고 스파이스에게 정보를 전달하지 않는다. 예를 들어 제목 줄은 'Test Circuit for Frequency Response'라고 쓸 수 있다. 만약 제목을 포함시키지 않는다면 스파이스는 에러를 발생시키고, 파일의 첫 줄은 언제나 무시한다는 것에 유의하라. 파일의 마지막 줄은 '.end'라는 명령이 되어야 한다. 네트리스트는 이제 아래와 같이 표현된다.

```
Test Circuit for Frequency Response
r1 in out 1k
c1 out 0 10p
vin in 0 ac 1
.ac dec 200 1meg 50 meg
.end
```

첫째 줄과 마지막 줄을 제외하면 네트리스트에서 줄의 순서는 중요하지 않다.

위의 네트리스트로 무엇을 할까? 예를 들어 이 파일 이름을 test.sp라고 저장하고 스파이스를 '돌려야' 한다. 동작 시스템에 따라 달라지지만 그래픽 기반에서 아이콘을 클릭하거나 아래와 같이 타이핑함으로써 스파이스가 돌아가기 시작한다.

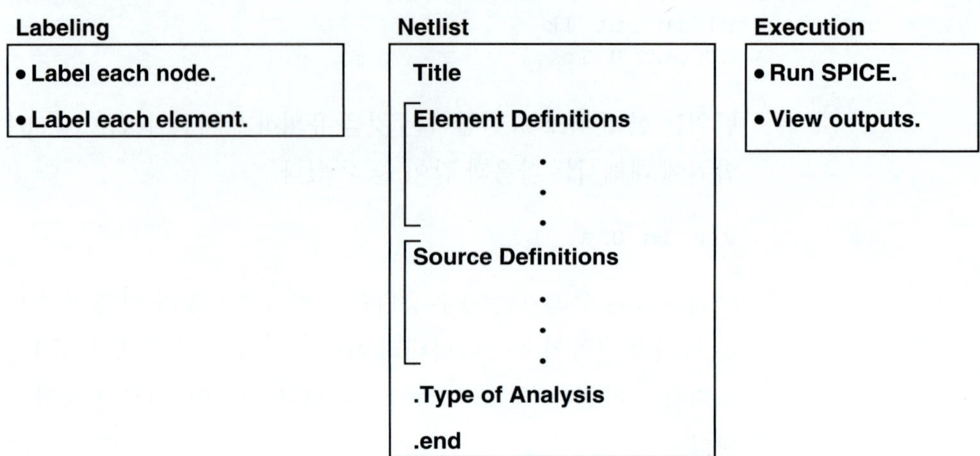

그림 A.2 시뮬레이션 진행 순서

```
spice test.sp
```

시뮬레이션이 성공적으로 돌아간 뒤, 다양한 노드의 전압은 스파이스와 함께 사용되는 그래픽 기반의 프로그램을 이용하여 그려질 수 있다.

그림 A.2는 스파이스 시뮬레이션의 진행을 요약한다. 네트리스트에서 (전압이나 전류) 전원의 정의는 분석의 종류와 함께 일정해야 한다. 위의 예에서 입력 전압원의 정의는 스파이스가 다른 전원이 아닌 V_{in}에서 주파수 변화를 적용하기 위해 'ac'라는 예약어를 포함한다.

이 시점에서 독자는 많은 질문이 떠오를 것이다: 네트리스트에서 다른 구성 소자들은 어떻게 정의되는가? 단위는 어떻게 표기되는가? 노드 이름들의 순서는 네트리스트에서 중요한가? 다른 유형의 분석은 어떻게 표기되는가? 우리는 이러한 질문들에 대해 다음 절에서 설명할 것이다.

A.2 분석의 종류

주파수 응답과 더불어 회로의 다른 측면들 또한 관심의 대상이다. 이 절은 (전압이나 전류) 전원의 표시와 다른 종류의 분석을 수행하기 위한 명령어들을 제공한다.

A.2.1 동작점 해석

많은 전자회로에서 우리는 먼저 소자의 바이어스 상태를 결정해야 한다. 스파이스는 .op 명령어로 그러한 분석을 수행한다. 다음 예제는 그 진행을 나타낸다.

예제 A.1

그림 A.3(a)에서 R_3와 R_4에 흐르는 전류를 결정하라.

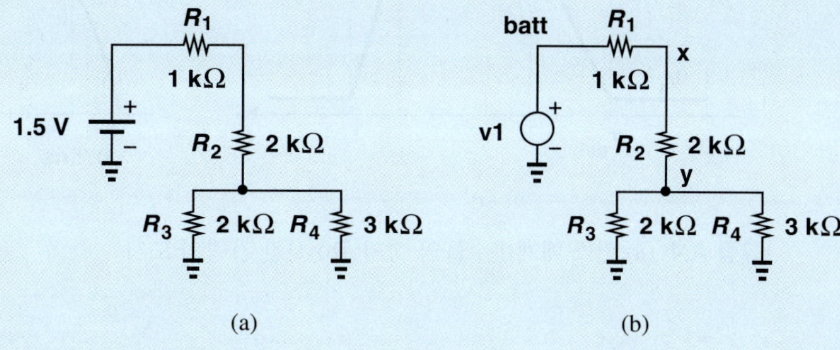

(a) (b)

그림 A.3

풀이 그림 A.3(b)에 나와 있는 것과 같이 노드에 이름을 붙이고 다음과 같이 네트리스트를 구성한다.

```
Simple Resistive Network
v1 batt 0 1.5
r1 batt x 1k
r2 x y 2k
r3 y 0 2k
r4 y 0 3k
.op
.end
```

스파이스는 R_3에 0.214 mA 그리고 R_4에 0.143 mA가 흐를 것이라고 예상한다.

A.2.2 과도 해석

그림 A.1(d)와 같이 RC 섹션의 펄스 응답을 알아본다고 가정하자. '과도 해석'이라고 불리는 이런 유형의 시뮬레이션은 R_1과 C_1은 같은 네트리스트를 유지하면서 vin과 .ac 줄을 바꾸어야 한다. 전압원은 이제 아래와 같이 표기되어야 한다.

```
                 V1  V2  Tdel  Tr  Tf  Tw
vin in 0 pulse(0  1   0     1n  2n  5n)
```

여기서 V_1, ⋯, T_w는 그림 A.4(a)에서와 같이 정의된다.[3] 우리는 V_{in}을 0 V에서 1 V로 제로 지연(T_{del}), 1 ns의 상승 전이(T_R), 2 ns의 하강 전이(T_F), 그리고 5 ns의 폭(T_w)으로 올라간다고 한다. 첫 노드인 'in'은 전압원의 양의 종단으로 가정된다는 것에 유의한다.

우리는 어떻게 스파이스가 과도 해석을 수행하도록 할 것인가? 명령어는 다음과 같다.

3) 펄스 설명 뒤에 나오는 괄호는 명확성을 위한 것으로 필수적이지는 않다.

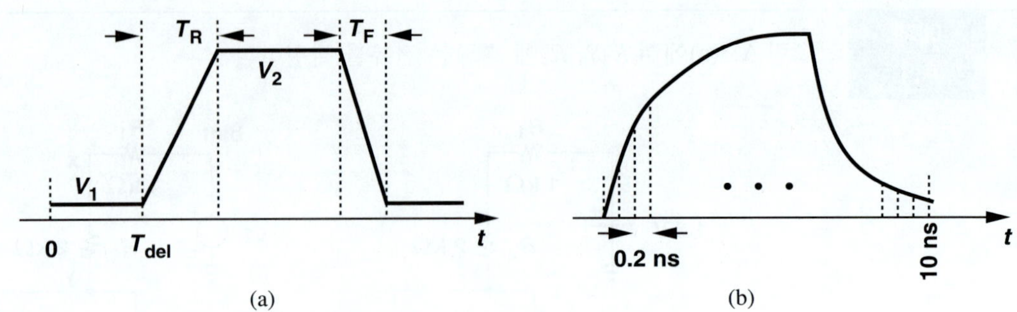

그림 A.4 (a) 펄스 매개변수들의 정의; (b) 시간 간격의 도시

```
.tran 0.2n 10n
```

0.2n은 스파이스가 응답을 계산할 때의 증가량('시간 간격'), 그리고 10n은 관심 있는 총 시간을 가리킨다[그림 A.4(b)].

전체의 네트리스트는 이제 다음과 같다.

```
Pulse Response Example
r1 in out 1k
c1 out 0 10p
vin in 0 pulse(0 1 0 1n 2n 5n)
.tran 0.2n 10n
.end
```

예제 A.2 그림 A.5(a)에 나와 있는 회로의 펄스 응답에 대한 스파이스 네트리스트를 구성하라.

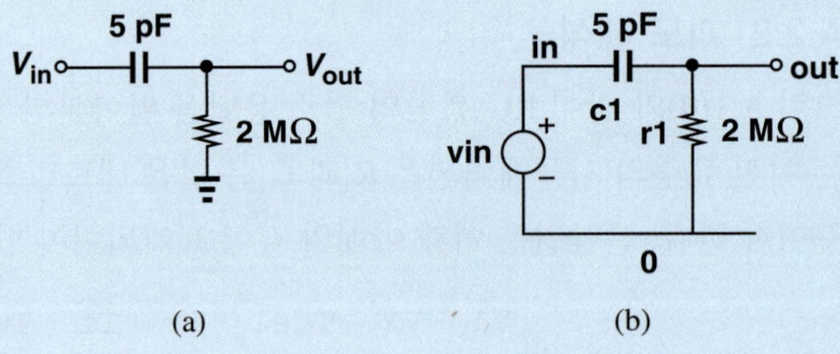

그림 A.5

풀이 노드들과 구성 소자에 이름을 붙이는 것부터 시작한다[그림 A.5(b)]. 주어진 시상수 $R_1C_1 = 10$ μs로부터 입력 펄스의 상승과 하강 전이는 약 1 μs가 된다고 추측할 수 있고 회로에는 여전히 '갑작스러운' 현상으로 나타난다. 출력이 '안정화되도록' 펄스의 폭은 30 μs로 선택한다. 그러므로 아래와 같은 네트리스트를 얻는다.

```
High-Pass Filter Pulse Response
c1 in out 5p
r1 out 0 2meg
vin in 0 pulse(0 1 1u 1u 30u)
.tran 0.2u 60u
.end
```

(펄스 설명의 u는 10^{-6}을 나타낸다.) 시간 간격은 펄스의 전이 시간보다 충분히 작도록 선택해야 하고, 총 전이 시간은 입력이 0으로 떨어진 후 응답을 나타낼 수 있도록 충분히 크게 해야 한다.

예제 A.3 회로의 계단 응답을 관찰하기 위해 예제 A.2에 구성된 스파이스 네트리스트를 수정하라.

풀이 V_{in}이 1 V로 뛰고 이 수준이 유지되기를 바란다. 또한 펄스 폭에 대한 정보도 기술해야 한다. 그러므로 펄스 폭은 우리의 '관찰 범위'보다 충분히 크게 선택한다.

```
vin in 0 pulse(0 1 1u 1u 1)
.tran 0.2u 30u
```

대부분의 회로는 훨씬 더 빠른 응답을 가지므로, 1 s의 펄스 폭은 계단 응답에 있어서 꽤 융통성이 있다. 총 전이 시간은 이제 단지 입력의 상승 에지에 대한 응답을 보이기 위해 충분히 긴 30 μs임에 유의한다.

예제 A.4 그림 A.6(a)에 나타낸 회로의 계단 응답에 대한 스파이스 네트리스트를 구성하라.

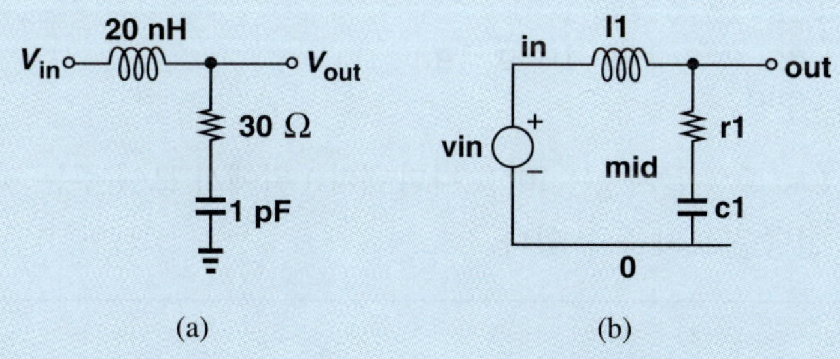

그림 A.6

풀이 노드들과 구성 소자들의 이름을 붙이는 것에서 시작한다[그림 A.6(b)]. 계단의 전이 시간을 어떻게 선택할 것인가? 일단 회로의 감쇠 특성을 무시하고 응답의 시상수로서 $R_1/(2L_1) = 1.5$ ns를 고려할 수 있고, 이 경우 150 ps의 전이 시간을 선택할 수 있다. 네트리스트는 다음과 같다.

```
My RLC Circuit
l1 in out 20n
r1 out mid 30
c1 mid 0 1p
vin in 0 pulse(0 1 0 150p 150p 1)
.tran 25p 500p
.end
```

여기서 하강 전이 시간은 중요하지 않다.

예제 A.5 그림 A.6(a)에 나와 있는 RLC 회로의 주파수 응답을 알고 싶다고 하자. 이에 맞도록 네트리스트를 수정하라.

풀이 종종 과도 해석과 교류 해석 둘 다 알아보아야 한다. 편의를 위해 단지 하나의 파일이 위의 두 가지 목적에 쓰여야 한다. 다행히 스파이스는 문장의 시작에 *을 삽입함으로써 파일의 '주석'을 달 수 있게 한다. 그러므로 우리는 과도 해석과 관련된 줄을 주석으로 처리하고 교류 해석에 필요한 줄을 첨가함으로써 위의 예제에서 사용한 네트리스트를 다시 사용할 수 있다.

```
My RLC Circuit
l1 in out 20n
r1 out mid 30
c1 mid 0 1p
*vin in 0 pulse(0 1 0 150p 150p 1)
*.tran 25p 500p
*Added next two lines for ac analysis.
vin in 0 ac 1
.ac dec 100 1meg 1g
.end
```

(.ac 줄의 글자 g는 10^9을 나타낸다.) 위에서 보여 주는 것과 같이, 주석 줄은 회로에 대한 설명을 도와줄 수 있다.

A.2.3 직류 해석

어떤 경우에는 회로의 출력 전압(또는 전류)을 입력 전압(또는 전류)의 함수로 나타낼 필요가 있다. '직류 해석'이라고 불리는 이러한 시뮬레이션 종류는 스파이스가 입력을 충분히 작은 단계로 나누어 값을 바꾸어 가며 계산하도록 해야 한다. 예를 들어 직류 해석을 위해 다음과 같이 쓸 수 있다.

```
vin   in   0   dc 1
               Lower     Upper     Step
               End       End       Size
.dc    vin     0.5       2         1m
```

'vin'은 평균값이 1 V[4]인 직류를 나타낸다. 직류 변환 명령어는 '.dc'로 시작하고 'vin'을 변환이 이루어져야 하는 전원으로 지정한다. 다음에 오는 두 값은 각각 변환 범위의 최솟값과 최댓값을 나타내고, 마지막에 오는 전압값은 변환 단계의 크기를 나타낸다.

예제 A.6

그림 A.7(a)에 나와 있는 회로의 V_{out}을 V_{in}의 함수로 나타내기 위한 네트리스트를 구성하라. 입력의 범위는 2 mV의 단계로 −1 V에서 +1 V까지로 가정하라.

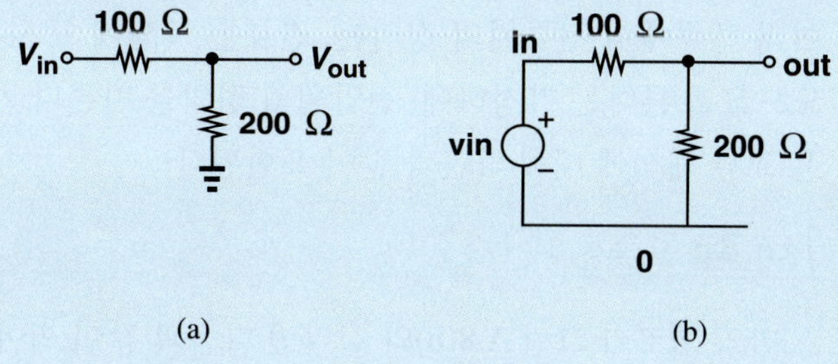

그림 A.7

풀이 그림 A.7(b)와 같이 노드 이름과 저항의 이름을 붙인다. 네트리스트는 다음과 같이 쓰여질 수 있다.

```
Voltage Divider
r1 in out 100
r2 out 0 200
vin in 0 dc 1
.dc vin -1 +1 2m
.end
```

스파이스에서 저항의 단위는 옴으로 가정하므로, r1과 r2의 값은 단위 표시 없이 쓰여진다.

A.3 구성 소자 설명

이제까지 스파이스 네트리스트에 관하여 저항, 커패시터, 인덕터, 그리고 전압원에 대해 설명했다. 이 절에서는 전류원, 다이오드, 바이폴라 트랜지스터, 그리고 MOSFET에 대해

4) 이 평균값은 임의로 정해지고 직류 해석에서는 중요하지 않다.

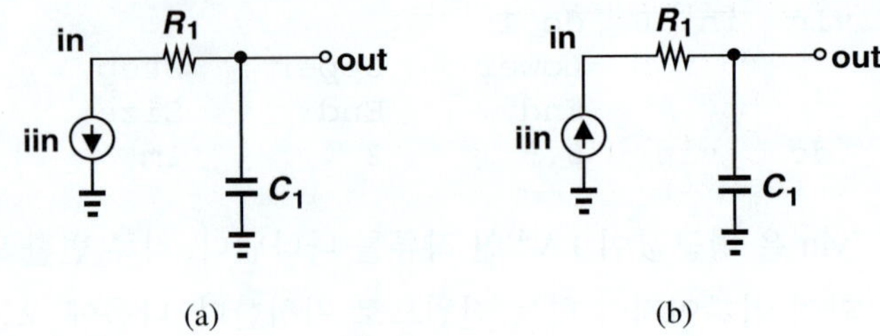

그림 A.8 스파이스에서의 전류원의 극성을 표현하는 회로

설명한다.

A.3.1 전류원

여러 해석에서 전류원의 정의는, 전류는 그림에 표시된 것처럼 첫 번째 노드에서 두 번째 노드로 흐른다는 가정하에, 전압원의 정의를 따른다. 예를 들어 그림 A.8(a)에 있는 전류원은 교류 해석에 대해 다음과 같이 표현된다.

```
iin in 0 ac 1
```

만약 회로가 그림 A.8(b)와 같다면 다음과 같이 써야 한다.

```
iin 0 in ac 1
```

펄스 응답에서도 비슷하게, 그림 A.8(a)의 전류원은 다음과 같이 표현될 수 있다. 전류는 0에서 1 mA로 지연 시간 없이 상승하고 상승 전이 시간은 0.1 ns이다.

```
iin in 0 pulse(0 1m 0 0.1n 0.1n 5n)
```

예제 A.7 그림 A.9(a)에 나와 있는 회로의 입력 전류 계단에 대한 응답을 알아보라.

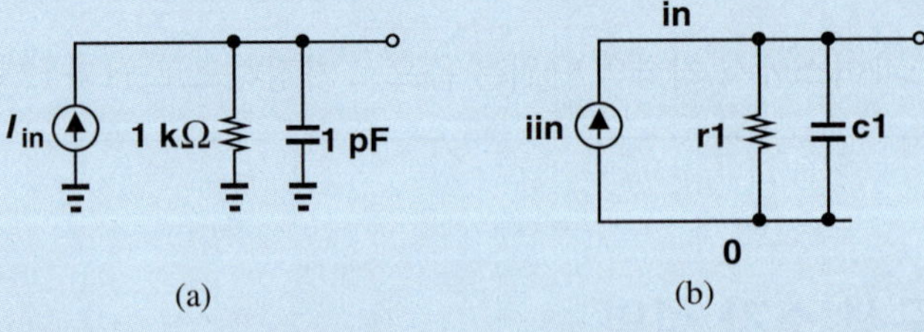

그림 A.9

풀이 그림 A.9(b)에 나와 있는 것과 같이 회로의 구성 소자에 이름을 붙이고 1 ns의 시상수에 유의하면 아래와 같이 쓸 수 있다.

```
Step Response Example
r1 in 0 1k
c1 in 0 1p
iin 0 in pulse(0 1m 0 0.1n 0.1n 1)
.tran 20p 3n
.end
```

A.3.2 다이오드

이제까지의 수동 소자와는 달리 다이오드는 '값'으로 설명될 수 없다. 오히려 식 $I_D = I_S[\exp(V_D/V_T) - 1]$에서 I_S 값이 주어져야 함을 나타낸다. 그러므로 그림 A.10의 예에서 다음과 같이 쓸 수 있다.

```
        Anode  Cathode   Is
d1      in     out       is=1f
```

d로 시작하는 예약어는 다이오드를 나타낸다. 첫 노드는 양극, 두 번째 노드는 음극을 나타낸다. 마지막에 오는 값은 I_S의 값이 1×10^{-15} A임을 나타낸다.[5)]

몇몇의 경우에 역방향으로 바이어스된 다이오드는 접합 커패시턴스의 값이 나타나야 하는 전압에 의존적인 커패시터로 동작한다. $C_j = C_{j0}/\sqrt{1 + |V_R|/V_0}$ 이고 $V_R < 0$는 역방향 바이어스 전압임을 상기해 보자. 따라서 우리는 C_{j0}와 V_0의 값을 스파이스에 제공해야 한다.

위의 다이오드 줄은 다음과 같이 바뀌게 된다.

```
d1 in out is=1f, cjo=1p, vj=0.7
```

(cjo의 세 번째 글자인 o는 영이 아님에 유의한다.) 스파이스는 다이오드에서 vj를 V_0로 인식한다.

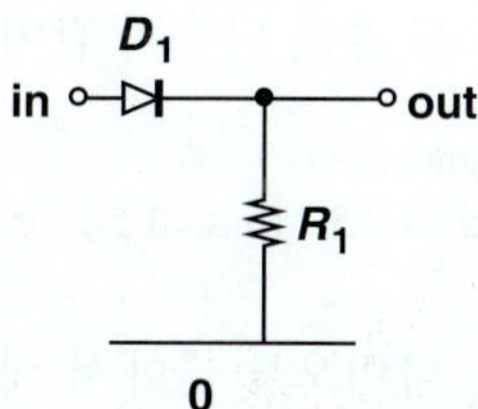

그림 A.10 간단한 다이오드 회로

5) f는 패럿(farad)이 아닌 펨토(femto)를 나타냄에 유의한다. 즉, 스파이스에서 1 f로 표현된 커패시터는 1 fF의 값을 나타낸다고 가정한다.

예제 A.8 V_{in}이 0에서 1 V로 상승하고 D_1이 위에 주어진 매개변수를 만족시킬 경우 그림 A.11 회로의 계단 응답을 결정하라.

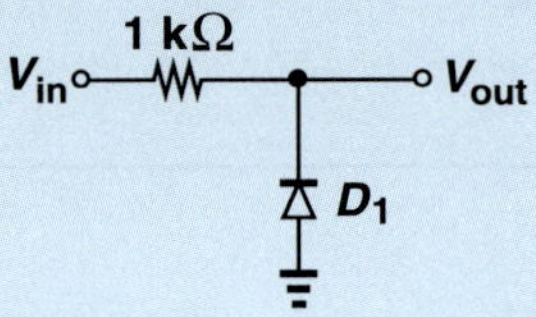

그림 A.11

풀이 D_1의 접합 커패시턴스의 전압에 대한 의존성은 회로의 해석을 어렵게 만든다. 영 근처의 V_{out}에 대해, D_1에는 C_{j0}에 가까운 커패시턴스를 보이는 작은 역방향 바이어스가 걸린다. 그러나 V_{out} 전압이 올라가면서 커패시턴스 값은 작아지고 회로의 시상수도 마찬가지로 작아진다. 그러므로 스파이스는 이를 확인하는 데 매우 유용하게 쓰일 수 있다.

마음속으로 회로에 이름을 붙이고 다음과 같이 네트리스트를 쓴다.

```
Step Response Example
r1 in out 1k
d1 out 0 is=1f, cjo=1p, vj=0.7
vin in 0 pulse(0 1 0 0.1n 0.1n 1)
.tran 25p 3n
.end
```

소자 모델링이 더욱 복잡해지면서 스파이스 기술을 위해 추가되어야 할 매개변수의 개수는 증가하고 이것은 네트리스트를 구성하는 일을 성가시고 실수를 범하기 쉽게 만든다. 예를 들어 오늘날의 MOSFET들은 스파이스 기술에서 수백 개의 매개변수를 요구한다. 각 구성 소자의 매개변수를 반복하지 않기 위해 스파이스는 'model'의 정의를 허용한다. 예를 들어 위의 다이오드 줄은 다음과 같이 쓰여질 수 있다.

```
d1 in out mymodel
.model mymodel d (is=1f, cjo=1p, vj=0.7)
```

d1으로 시작하는 다이오드 줄에서 네 번째 인자에 도달하면 스파이스는 이것을 값이 아닌 모델 이름이라고 인식하고 'mymodel'의 자세한 사항을 정의하는 .model 명령어를 찾는다. .model 줄에서 'd'라는 글자는 다이오드 모델을 나타낸다. 아래에 나와 있듯이 이 글자는 *npn* 바이폴라 트랜지스터에 대해서는 'npn'으로, NMOS 소자에 대해서는 'nmos'로 대체된다.

예제 A.9

그림 A.12에 나와 있는 회로의 입출력 특성을 도시하라. D_1과 D_2는 위의 다이오드 모델을 따른다고 가정한다.

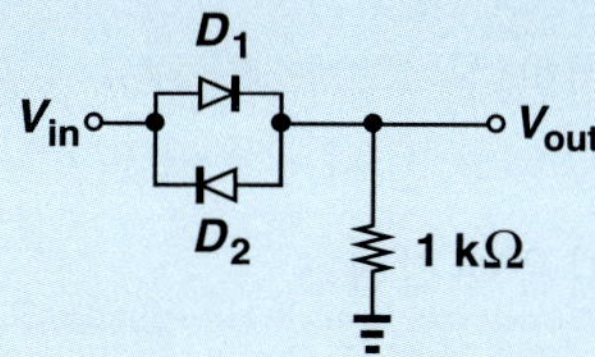

그림 A.12

풀이 마음속으로 회로에 이름을 붙이고 다음과 같이 네트리스트를 쓴다.

```
Diode Circuit
d1 in out mymodel
d2 out in mymodel
r1 out 0 1k
vin in 0 dc 1
.dc vin -3 +3 2m
.end
```

A.3.3 바이폴라 트랜지스터

바이폴라 트랜지스터의 정의는 종단의 순서에 특별한 주의를 필요로 한다. 그림 A.13에 나와 있는 예를 생각해 보자. Q_1은 다음과 같이 표현된다.

```
      Collector  Base    Emitter  Substrate  Model
q1      out       in       emi        0      bimod
```

q로 시작하는 소자는 바이폴라 트랜지스터를 나타내고 첫 4개의 노드들은 각각 컬렉터, 베이스, 이미터, 그리고 기판 종단을 가리킨다.(대부분의 경우 *npn* 트랜지스터의 기판은 접지와 연결된다.) 다이오드와 같이 트랜지스터의 매개변수들은 예를 들어 bimod로 불리는 모델 내에서 표현된다.

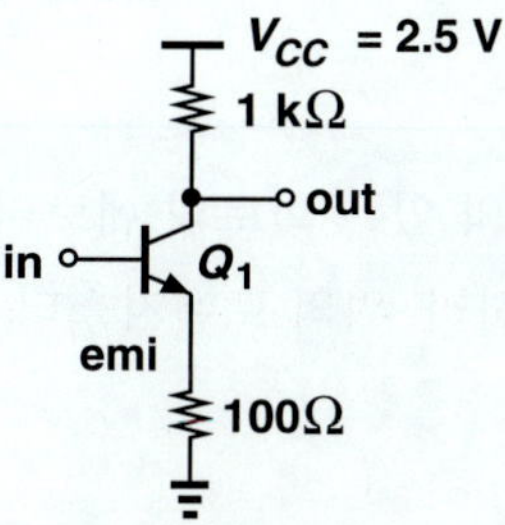

그림 A.13 공통 이미터 단

```
.model bimod npn (beta=100, is=10f)
```

예제 A.10 그림 A.13의 회로에 대한 스파이스 네트리스트를 구성하라. 입력은 0.8 V에서 0.9 V로 변환된다고 가정한다.

풀이 네트리스트는 다음과 같다.

```
Simple CE Stage
q1 out in emi 0 bimod
remi emi 0 100
rout out vcc 1k
vcc vcc 0 2.5
vin in 0 dc 1
.dc 0.8 0.9 1m
.model bimod npn (beta=100, is=10f)
.end
```

여기에서 두 가지를 관찰해 볼 수 있다. (1) 2개의 저항은 그들이 연결되는 노드에 따라서 이름이 붙여진다. 이 방법은 예를 들어 r1이라고 단순히 의미 없는 숫자로 이름이 붙여질 때보다 각 저항을 좀 더 빨리 찾게 해 준다. (2) 위의 네트리스트에서 'vcc'라는 용어는 두 가지 구별되는 사항을 나타낸다: 전압원(vcc 줄의 첫 요소)과 노드(vcc 줄의 두 번째 요소).

바이폴라 트랜지스터의 모델은 고주파 효과를 고려해야 한다. 예를 들어 베이스-이미터와 베이스-컬렉터 접합 커패시턴스는 각각 cje와 cjc로 표현된다. 베이스 지역에서의 전하 축적 효과는 전이 시간 tf(τ_F와 같은)로 나타낸다. 또한 집적되는 바이폴라 트랜지스터에 대해, 컬렉터-기판 접합 커패시턴스는 cjs로 나타내야 한다. 그러므로 더 완전한 모델은 다음과 같다.

```
.model newmod npn (beta=100, is=10f, cje=5f, cjc=6f,
cjs=10f, tf=5p)
```

현대의 바이폴라 트랜지스터 모델들은 수백 개의 매개변수를 포함한다.

예제 A.11 그림 A.14(a)에 나와 있는 회로의 네트리스트를 구성하고 100 MHz에서 10 GHz까지의 주파수 응답을 구하라. 위의 트랜지스터 모델을 사용하라.

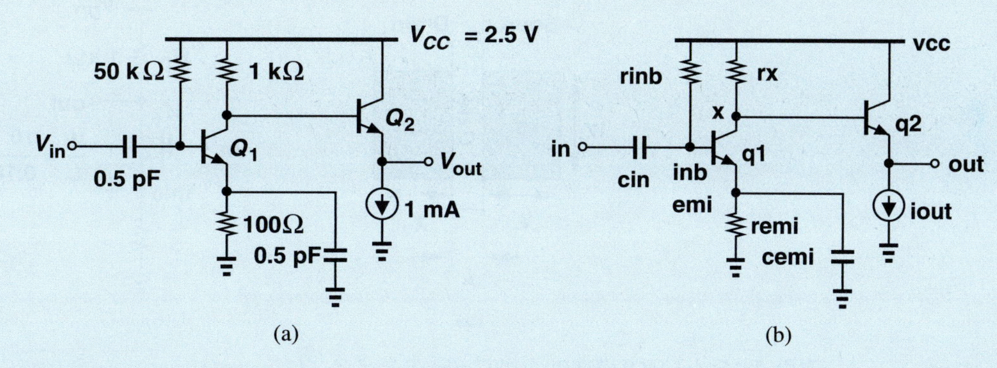

그림 A.14

풀이 그림 A.14(b)와 같이 회로에 이름을 붙이고 다음과 같이 쓸 수 있다.

```
Two-Stage Amp
cin in inb 0.5p
rinb inb vcc 50k
q1 x inb emi 0 newmod
rx x vcc 1k
remi emi 0 2k
cemi emi 0 0.5p
q2 vcc x out 0 newmod
iout out 0 1m
vcc vcc 0 2.5
vin in 0 ac 1
.ac dec 100 100meg 10g
.model newmod npn (beta=100, is=10f, cje=5f, cjc=6f,
cjs=10f, tf=5p)
.end
```

A.3.4 MOSFET

스파이스에서 MOSFET의 정의는 바이폴라 트랜지스터의 정의와 어느 정도 비슷하나 소자의 크기에 관한 내용을 포함하고 있다. 바이폴라 트랜지스터와 달리 MOSFET는 소신호 특성을 얻기 위해 바이어스와 크기가 주어진다. 예를 들어 트랜스컨덕턴스와 MOSFET의 출력 저항은 채널의 길이에 따라 달라진다.

소자가 어떻게 설명되는지를 이해하기 위해 먼저 그림 A.15(a)에 나와 있는 평면도를 생각해 보자. 스파이스가 연관된 커패시턴스를 계산할 수 있도록 채널의 너비와 길이, 그리고 소스/드레인의 크기를 제공해야 한다. 이 때문에 소스와 드레인 접합의 '면적'과 '주변 길이'를 명시해야 한다. 소스에 대해 각각 'as'와 'ps'(드레인에 대해 'ad'와 'pd')로 표시되어 면적과 주변 길이는 다음과 같이 계산된다: as $= X_1 \cdot W$, ps $= 2X_1 + 2W$, ad $= X_2 \cdot W$, pd $= 2X_2 + 2W$. 대부분의 경우 $X_1 = X_2$이고 따라서 as = ad이고 ps = pd이다.

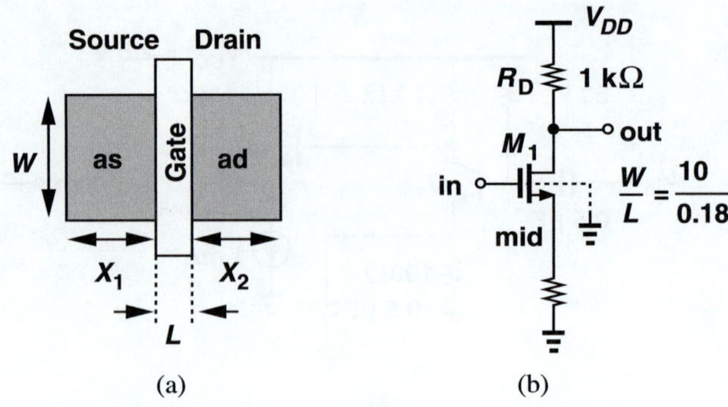

그림 A.15 (a) MOSFET의 평면도; (b) 공통 소스 단

$X_{1,2}$의 값은 각각의 특정한 공정 기술에 따른 '설계 규정'에 따라 결정된다. 경험 법칙으로 $X_{1,2} \approx 3L_{min}$을 가정한다. L_{min}은 최소 가능한 채널의 길이(예를 들면, 0.18 μm)를 뜻한다. 이 절에서 $X_{1,2}$는 0.6 μm로 가정한다.

이제 그림 A.15(b)에 나와 있는 예를 생각해 보자. M_1에 붙은 점선은 기판을 의미한다. 크기를 생각하기 전에 다음과 같이 쓸 수 있다.

```
       Drain  Gate  Source  Substrate  Model
m1      out   in     mid       0       nmos
```

바이폴라 트랜지스터에서처럼 종단의 이름은 드레인, 게이트, 소스, 기판의 순서를 갖는다. 이제 트랜지스터 크기를 덧붙인다.

```
   Drain Gate Source Substrate   Model
m1  out   in    mid       0        nmos    w=10u l=0.18u as=6p
+ps=21.2u ad=6p pd=21.2u
```

(+표시는 다음 줄까지 연결할 수 있게 한다.) 크기의 순서는 중요하지 않지만 네트리스트를 더 읽기 편하게 만들기 위해 네트리스트 전체에 일관성 있는 패턴을 유지하는 데 도움을 준다.

```
as=6p
```

위의 기술은 6×10^{-12} m^{2}임을 유의한다.

MOSFET의 모델은 여러 가지 매개변수, 즉 이동도(uo), 게이트 옥사이드 두께(tox), 문턱 전압(vth), 채널길이 변조 계수(lambda) 등을 제공해야 한다. 예를 들면 다음과 같이 쓸 수 있다.

```
.model mymod nmos (uo=360, tox=0.4n, vth=0.5, lambda=0.4)
```

다른 매개변수의 단위는 미터법을 기반으로 하는 데 반해, 이동도의 기본 단위는 cm^2/s임에 유의한다. 예를 들어

```
tox=0.4n
```

은 0.4×10^{-9} m $=$ 40 Å을 의미한다.

예제 A.12

그림 A.16(a)는 2단 증폭기를 나타내고 있다. 회로의 입출력 특성을 보기 위한 스파이스 네트리스트를 구성하라. 기본적으로 NMOS 소자의 기판은 접지로, PMOS 소자의 접지는 V_{DD}로 연결되었다고 가정하고 기판 연결은 나타내지 않았다.

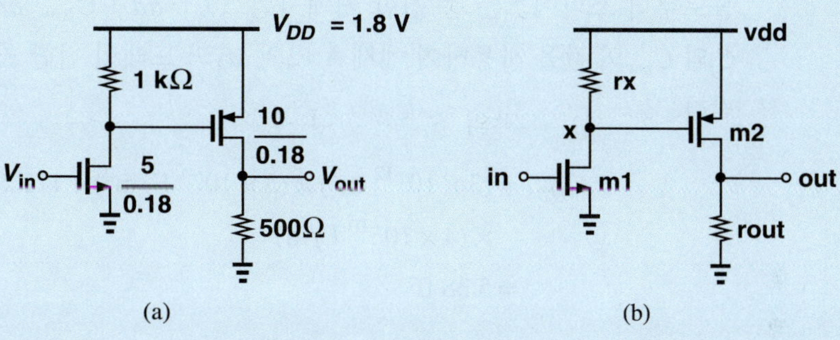

그림 A.16

풀이 그림 A.16(b)에 나와 있는 것과 같이 회로에 이름을 붙이고 다음과 같이 쓸 수 있다.

```
MOS Amplifier
m1 x in 0 0 nmos w=5u l=0.18u as=3p ps=11.2u ad=3p
pd=11.2u
rx x vdd 1k
m2 out x vdd vdd pmos w=10u l=0.8u as=6p ps=21.2u ad=6p
pd=21.2u
rout out 0 500
vdd vdd 0 1.8
vin in 0 dc 1
.dc vin 0 1 1m
.model mymod nmos (uo=360, tox=0.4n, vth=0.5, lambda=0.4)
.end
```

고주파 해석을 위해, 소스와 드레인 면적의 접합 커패시턴스를 명시해야 한다. 그림 A.17에 나와 있는 것과 같이 이 커패시턴스는 2개의 구성 요소, 즉 '면적' 커패시턴스 C_j와 '측면' 커패시턴스 C_{jsw}로 나누어진다. C_j와 C_{jsw}(즉, 단위 면적당)의 값은 보통 다르기 때문에 이 구별은 필요하다.

스파이스에서 위의 커패시턴스는 다르게 정의된다. 면적 커패시턴스는 단위 면적당 값으로 정의된다. 즉, $C_j = 3 \times 10^{-4}$ F/m^2(=0.3 fF/μm^2)이 된다. 반면에 측면 커패시턴스는 단위 두께당 값으로 정의된다. 즉, $C_{jsw} = 4 \times 10^{-10}$ F/m(=0.4 fF/μm)이다. 이러한 값

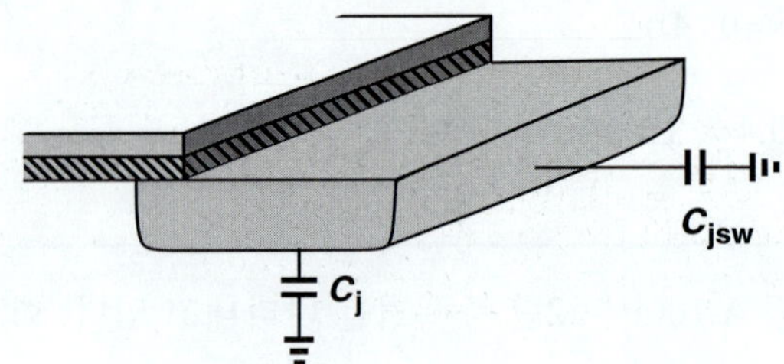

그림 A.17 면적 커패시턴스와 측면 커패시턴스

들로부터 스파이스는 총 접합 커패시턴스 $C_j \cdot ad + C_{jsw} \cdot pd$를 계산한다. 예를 들어 위의 C_j와 C_{jsw}의 값을 사용하여 예제 A.12의 M_1의 드레인 접합 커패시턴스를 구해 보면 다음과 같다.

$$C_{DB1} = (3 \times 10^{-12}\ \text{m}^2) \times (3 \times 10^{-4}\ \text{F/m}^2) + (11.2 \times 10^{-6}\ \text{m}) \times (4 \times 10^{-10}\ \text{F/m}) \tag{A.1}$$

$$= 5.38\ \text{fF} \tag{A.2}$$

면적과 주변 길이 값들이 네트리스트에 빠져 있다면 스파이스는 영의 기본값을 사용하고 따라서 회로의 커패시턴스가 실제보다 작게 될 수 있다는 것에 유의한다.

소스/드레인 접합 커패시턴스는 전압 의존성을 나타내고 이것은 '계단' pn 접합과 연관된 제곱근 방정식을 따르지 않을 수 있다. 스파이스는 다음과 같은 형태의 식을 허용한다.

$$C = \frac{C_0}{\left(1 + \frac{V_R}{\phi_B}\right)^m} \tag{A.3}$$

여기서 C_0는 접합의 영 전압에 대한 값을 나타내고 m은 보통 0.3~0.4의 범위로 떨어진다. 따라서 C_j, C_{jsw}에 대해 다음과 같이 쓸 수 있다.

```
(cjo, mj)
(cjswo, mjsw)
```

따라서 더 완전한 MOS 모델은 다음과 같다.

```
.model mymod nmos (level=1, uo=360, tox=0.4n, vth=0.5,
lambda=0.4, +cjo=3e-4, mj=0.35, cjswo=40n, mjswo=0.3)
```

'level'은 모델에 대한 어떤 복잡도를 나타낸다. 실제적으로 더 높은 수준에서 더 많은 매개변수가 쓰인다. 마찬가지로 PMOS 모델은 다음과 같이 구성된다.

```
.model mymod2 pmos (level=1, uo=150, tox=0.4n, vth=-0.55,
+lambda=0.5, cjo=3.5e-4, mj=0.35, cjswo=35n, mjswo=0.3)
```

그림 A.18 전압종속 전압원

A.4 그 외 구성 소자와 명령어들

A.4.1 종속 전원

위에서 공부한 독립적인 전압원 및 전류원과 더불어, 시뮬레이션에서 의존적인 전원들 역시 함께 사용해야 할 필요가 있을 수 있다. 예를 들어 8장에서 언급되었듯이 연산 증폭기는 전압종속 전압원으로 볼 수 있다. 마찬가지로 MOSFET는 전압종속 전류원으로 행동한다.

그림 A.18에 나와 있는 배열을 생각해 보자. C 노드와 D 노드에 묶여진 전압원이 A 노드와 B 노드 사이 전압의 3배가 된다. 간단하게 A, B를 '입력 노드', C, D를 '출력 노드', 그리고 3이란 인수를 '이득'이라고 부른다. 그러한 전압종속 전압원은 아래와 같이 표현된다.

```
        Output              Input      DC        Gain
        Nodes               Nodes     Value
e1      c d    poly(1)       a b        0         3
```

'e'로 시작하는 예약어 이름은 전압종속 전압원을 나타내기 위한 것임을 유의한다. 다음에 오는 c와 d는 출력 노드를 나타내고 앞에 오는 c가 양의 단자임을 나타낸다. poly(1)은 V_{CD}와 V_{AB} 사이의 일차 관계식을 의미한다. 다음에 제어(입력) 노드가 설명되어 있고, 0은 추가적인 직류 전압이 없음을 나타낸다. 최종적 3은 이득을 나타낸다. 좀 더 일반적인 상황에서 이 표현은 $V_{CD} = \alpha + \beta V_{AB}$를 실현할 수 있다. α는 직류값(위의 예에서는 0이다)을 나타내고, β는 이득(위의 예에서는 3이다)을 나타낸다.

예제 A.13 그림 A.19(a)의 회로는 이득이 500인 연산 증폭기를 쓰고 있다. 이 회로에 대한 스파이스 네트리스트를 구성하라.

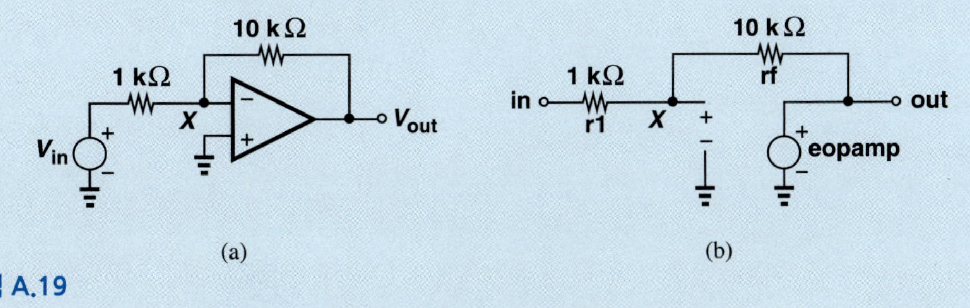

그림 A.19

풀이 먼저 그림 A.19(b)와 같이 회로를 그리고 이름을 붙인다. 그러면 아래와 같이 쓸 수 있다.

```
r1 in x 1k
rf x out 5k
eopamp out 0 poly(1) x 0 0 -500
```

그림 A.20에 그려진 전압종속 전류원은 아래와 같다.

```
g1 c d poly(1) a b 0 0.05
```

여기서 g는 전압종속 전류원을 나타내고 이득은 $1/(20\ \Omega) = 0.05\ \Omega^{-1}$이다.

전류종속 전압원과 전류종속 전류원도 비슷하게 기술할 수 있지만 거의 쓰이지 않는다.

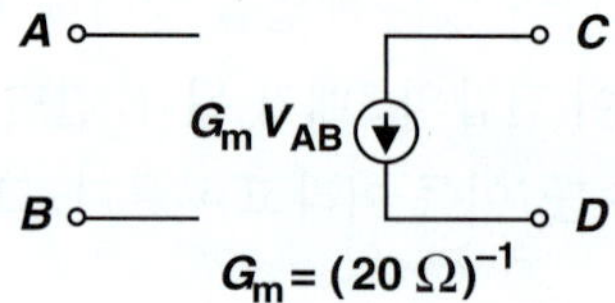

그림 A.20 전압종속 전류원

A.4.2 초기 조건

회로의 과도 해석에서, 노드들의 접지에 대한 초기 전압을 정해 주어야 할 때가 있다. 이런 경우 .ic 명령어를 써서 전압값을 초기화할 수 있다.

```
.ic v(x)=0.5
```

이 예는 노드 X의 초기 전압을 0.5 V로 정한다.

REFERENCE

1. G. Roberts and A. S. Sedra, *SPICE*, Oxford University Press, 1997.

찾아보기

ㄱ

가변 저항 309
가상 접지(virtual ground) 407, 518, 520, 521
간섭자(interferer) 811
감도(selectivity) 813
감쇠(attenuation) 813
감지 복제(sense duplicate) 689
강인한 바이어스 209
게이트(G: gate) 305
게이트-드레인 커패시턴스 601
게이트 산화막 커패시턴스 593
결합 커패시터 242
겹침(overlap) 커패시턴스 593
고역통과(high-pass) 필터 814
고유 반도체(intrinsic semiconductor) 28
고유 이득(intrinsic gain) 226
공유결합(covalent bond) 25
공통 게이트(CG) 607
공통 게이트(CG) 단 369
공통 모드(CM) 레벨 502
공통 모드(CM) 응답 625
공통 모드에서 차동 모드(DM)로의 변환 546
공통 모드 이득 543
공통 모드 제거 508, 542
공통 모드 제거비(CMRR) 547
공통 베이스(CB: common-base) 252, 607
공통 베이스 토폴로지 252
공통 소스(CS) 607
공통 소스(CS) 단 356
공통 이미터(CE: common-emitter) 220, 607
공통 컬렉터(common-collector) 269
공핍 영역 커패시턴스 306
과구동 전압(overdrive voltage) 321
과도 해석 997
관찰을 통한 분석 240
교류 결합 242
교류 분석 995
교차 결합 발진기 744
교차 왜곡(crossover distortion) 779
귀환율(feedback factor) 643
극점 580
극점 주파수 625
근사 문제(approximation problem) 852
금속-산화물-반도체 전계효과 트랜지스터 (MOSFET: metal-oxide-semiconductor field-effect transistor) 303
기판(substrate) 305

ㄴ

내장 전위(built-in potential) 43
노드 194, 580, 1006
능동 부하 550
능동 인덕터 618
능동 필터 835

ㄷ

다이오드(diode) 306, 1003
다이오드 피크 전류 105
단위 이득 대역폭 432
단위 이득 버퍼 835
대수 증폭기 423
대신호 동작(large-signal operation) 90

대신호 모델(large-signal model) 90, 331
대역제거(band-reject) 응답 815
대역통과(bandpass) 필터 814
대역폭 812
도핑(doping) 28
동작점 해석 198, 923, 996
동적 전력 898
드레인(D: drain) 306, 356, 362
드레인-벌크 커패시턴스 596
드레인 전류 315
드리프트(drift) 31, 310
디지털-아날로그 변환기 251

ㄹ
라인 레귤레이션(line regulation) 113
라인 전압 503
레벨 시프트(level shift) 270
레귤레이터 420
롱-테일드 쌍 504
루프 이득(loop gain) 645
리플(ripple) 103, 812
링 발진기 735

ㅁ
몸체(body) 330
몸체 효과 330
문턱아래 전도(subthreshold conduction) 331
문턱 전압(threshold voltage) 308
미분기 415
믹싱(mixing) 419
밀도(density) 27
밀러 근사 586
밀러 보상 716
밀러 이론 582, 599
밀러 증배 583, 601
밀러 효과 584

ㅂ
바르크하우젠 조건(Barkhausen's criteria) 705
바이어스 190, 199
바이어스 해석(bias analysis) 196
바이어스 회로 196
바이쿼드 전달 함수 841
바이패스 커패시터(bypass capacitor) 267, 599
바이폴라 전류 거울 469
바이폴라 차동쌍 506
바이폴라 캐스코드 450, 620
바이폴라 캐스코드 증폭기 461
바이폴라 트랜지스터 189, 591, 1005
반송 복제(return duplicate) 689
반전 증폭기(inverting amplifier) 408
반파 정류기(half-wave rectifier) 99, 100
방열판(heat sink) 797
배전압기(voltage doubler) 119
밴드갭 에너지(bandgap energy) 27
버터워스(Butterworth) 응답 852
버퍼 245
벌크(bulk) 330
보데의 규칙 579, 701
본드 와이어 261
부귀환(negative feedback) 643
부하 저항 615
불감대(dead zone) 421, 777
불연속 시간(discrete time) 816
브리지 정류기(bridge rectifier) 108
비반전 증폭기(noninverting amplifier) 405
빈-브리지 발진기 753

ㅅ
살렌과 키(SK: Sallen and Key) 필터 835
상보적 MOS(complementary MOS) 338
상승시간(rise time) 879
선형 영역 320
선형화 197
성능 지수 577
소스(S: source) 305
소스 폴로어 375, 378
소신호 동작(small-signal operation) 92
소신호 모델(small-signal model) 92, 333
소신호 저항(small-signal resistance) 94

소신호 해석(small-signal analysis) 196, 518
소프트 포화 222
속도 포화(velocity saturation) 34, 329
수동 필터 835
순방향 바이어스에서의 *pn* 접합 51
순방향 활성 영역 321
순차(sequential) 회로 870
슬루율(SR: slew rate) 435
싱글엔디드 신호 501
싱글엔디드 입력 임피던스 524

ㅇ

아날로그-디지털 변환기(analog-to-digital converter) 7
아날로그 필터 811
아인슈타인 관계(Einstein relation) 39
애노드(anode) 70
애벌런치 항복 61
양호도(quality factor) 825
얼리 효과 195, 225
에너지 수확(energy harvesting) 124
역방향 바이어스에서의 *pn* 접합 45
역치 전도 357
연산 증폭기(Op Amp) 401
연속 시간(continuous time) 816
열 폭주(thermal runaway) 797
영 교차(zero crossing) 778
온-저항(on-resistance) 310
옴성(ohmic) 접촉 305
왜곡(distortion) 772
외부 반도체(extrinsic semiconductor) 28
위상 575
위상 교차 주파수(phase crossover frequency) 706
위상 마진(PM: phase margin) 711
위상 시프트 발진기 750
유전체(dielectric) 304
유한 상태 기계(finite-state machine) 870
유한한 대역폭 432
이득 교차 주파수(gain crossover frequency) 706
이득 둔감화(gain desensitization) 651
이미터 축퇴 206, 227
이미터-커플드 쌍 504
이미터 폴로어(emitter follower) 269, 617
이상적인 다이오드(ideal diode) 69
이상적인 전압 증폭기 190
이진 모터 제어 325
인버터(inverter) 870
임피던스 매칭 370
임피던스 정합 256
입력 극점 581, 601, 609
입력 및 출력(I/O) 임피던스 190
입력 바이어스 전류 428
입력 임피던스 224, 606
입력 커패시턴스 583
입출력 임피던스 614, 623

ㅈ

자기 바이어스(self-bias) 211
잡음 마진(NM: noise margin) 876
저역여파기(low-pass filter) 574
저역통과(low-pass) 필터 814
저지대역(stopband) 812
저항 분할 바이어스 회로 202
저항성 분배기 203
적분기 411
전달 함수 822
전력 등급(power rating) 794
전력 변환 효율(power conversion efficiency) 799
전력 증폭기(PA: power amplifier) 771
전력-지연 곱(PDP: power-delay product) 882
전력 효율(power efficiency) 772
전류 거울 468
전류원 1002
전류원으로서의 캐스코드 450
전류 이득(current gain) 226, 258, 277
전류-전류 귀환 683
전류-전압 귀환 678
전류/전압 특성 54
전압 가산기 419

전압 등급(voltage rating) 773
전압 레귤레이터(voltage regulator) 112
전압 버퍼 276
전압 분배기(voltage divider) 272, 574
전압 여유공간 223
전압 이득(voltage gain) 190
전압 전달 특성(VTC: voltage transfer characteristic) 870
전압-전류 귀환 674
전압-전압 귀환 669
전압 증폭기(voltage amplifier) 190
전파 정류기(FWR: full-wave rectifier) 107
전파 지연 879
전하 캐리어 25
절반 회로 520
절연체 304
정공(hole) 26
정류기(rectifier) 76
정밀 정류기(precision rectifier) 421
정적 전력 898
제곱근 증폭기 424
제곱 법칙(square-law) 321
제너 항복 60
제한기 518
제한 회로 115
조합(combinational) 회로 870
종속 전원 1011
주극점 근사 603
주파수 보상(frequency compensation) 434, 712
주파수 응답 572, 598, 607, 611, 618, 623, 625, 993
중간 주파수 범위(midband range) 589
중간 주파수 이득 589, 606
중첩(superposition) 575, 590
증폭기 189
증폭기로서의 캐스코드 457
증폭기 토폴로지 219
직류 오프셋 424
직류 해석(dc analysis) 196, 1000
직접 커플링 588

ㅊ

차단 주파수 589
차동 스윙 502
차동 신호 500, 502
차동쌍 504
차동 입력 임피던스 524
차동 토우-토마스 필터 844
채널(channel) 304
채널길이 변조(channel-length modulation) 324
채널길이 변조 계수 325
채널 전하 밀도 314
천이대역(transition band) 812
체비셰프 응답 857
출력 공통 모드 레벨 510, 525
출력 극점 581
출력 임피던스 191, 224

ㅋ

캐소드(cathode) 70
캐스코드 단 450
캐스코드 차동 증폭기 538
캐스코드 회로 241
커패시터 결합 242
커패시터 커플링 588, 589
커플링(coupling) 커패시터 588
컬렉터-기판 596
컬렉터-기판 접합 592
콜피츠 발진기 747
크로바 전류(crowbar current) 902
크리스털 발진기 756

ㅌ

테브냉 등가 회로 249, 272, 553
테브냉 저항 553
테일 전류원 504, 508, 543
텔레스코픽 캐스코드 540
템플릿(template) 851
토우-토마스 바이쿼드 844
통과대역(passband) 812
트라이오드 영역(triode region) 320

트라이오드 영역(triode region) 320
트랜스컨덕턴스 327
트랜싯(통과) 주파수 595
트랜지스터 출력 임피던스 364
트랜지스터 출력 저항의 효과 237

ㅍ

평탄성(flatness) 812
평형 과구동 전압 525
포화(saturation) 320
포화 영역 321
폴로어 269
폴리실리콘 306
프리드라이버(predriver) 784
피드스루(feedthrough) 127
피크 검출기(peak detector) 121
피킹 826
핀치오프 312, 313
필터링(filtering) 811

ㅎ

하강시간(fall time) 879
혈관 내피 성장 인자(VEGF: vascular endothelial growth factor) 338
확산(diffusion) 36
효율(efficiency) 799
흉내낸 인덕터 845, 848

기타

AB급 증폭기 802
ac 커플링 589
A급 증폭기 802
B급 증폭기 802
CMOS 338
CMOS 인버터 883
CMOS 캐스코드 증폭기 465
CMOS 회로 870
FM 송신기 250
H-브리지 325
I/V 특성 314
KHN 바이쿼드 843
MOSFET 593, 1007
MOSFET의 구조 304
MOS 전류 거울 480
MOS 증폭기 190
MOS 차동쌍 525
MOS 캐스코드 455
MOS 트랜스컨덕턴스 327
NOR 게이트 903
*n*형 MOS(NMOS) 306
OR 게이트 904
PMOS 335
PMOS 트랜지스터 336
pn 접합 80
SK 필터 838